第三届中国深层超深层油气勘探开发关键技术与装备交流会论文集

中国石油学会　编

中国石化出版社
·北京·

图书在版编目(CIP)数据

第三届中国深层超深层油气勘探开发关键技术与装备交流会论文集 / 中国石油学会编 .—北京：中国石化出版社，2025. 4. —ISBN 978-7-5114-7949-5

Ⅰ. P618. 130. 8-53；TE3-53

中国国家版本馆 CIP 数据核字第 2025UM9573 号

中国石化出版社出版发行

地址:北京市东城区安定门外大街 58 号

邮编:100011 电话:(010)57512500

发行部电话:(010)57512575

http://www. sinopec-press. com

E-mail:press@ sinopec. com

北京艾普海德印刷有限公司

全国各地新华书店经销

*

880 毫米×1230 毫米 16 开本 51. 25 印张 1493 千字

2025 年 4 月第 1 版　2025 年 4 月第 1 次印刷

定价:398. 00 元

序

当今世界正经历百年未有之大变局，党的二十大科学擘画了新时代能源革命的宏伟蓝图，将“加大油气资源勘探开发和增储上产力度”上升为国家战略。作为保障国家能源安全的“主力军”，我国油气企业始终牢记习近平总书记“向地球深部进军”的嘱托，以推动能源供给革命与技术革命为己任，在海洋深水、陆地深层超深层(“两深”)等战略接替领域持续攻关并取得系列突破，通过理论创新、技术攻关与装备研发的协同推进，科学发展保障油气自主供给安全的新质生产力，为我国能源结构转型贡献了重要力量。

在全球能源竞争焦点向“两深”领域加速转移背景下，中国石油学会联合中国石油勘探开发研究院、中国石化石油勘探开发研究院、中海油研究总院有限责任公司、深层油气全国重点实验室和中国石油超深层复杂油气藏勘探开发技术研究中心共同举办“第三届中国深层超深层油气勘探开发关键技术与装备交流会”。这不仅是对“七年行动计划”的阶段性总结，更是面向未来深地工程的技术总动员，标志着我国在突破地质禁区、挑战勘探极限的征程上迈出新的步伐。

本论文集系统梳理了近年来在“两深”油气成藏富集机制与预测技术、地球物理勘探技术与装备、高效智能钻完井工艺与技术装备、压裂增产工艺与技术装备、智能开发理论与技术及相关设备等方面的最新研究进展，总结了“两深”勘探开发在理论创新、技术创新、装备创新、管理创新等方面的成功经验，形成了一系列具有推广意义的先进成果，这些成果不仅是科研智慧的结晶，更是产学研用协同创新的典范。

我们期待本次会议形成的理论突破、技术创新和装备成果可为攻克万米深层、进军海域深渊难题提供关键支撑。期待广大科研工作者以本次会议为契机，在“两深”领域开展更深入的跨界合作，共同谱写新时代中国深层、超深层油气勘探开发事业蓬勃发展的壮丽篇章！

中国工程院院士

2025年4月16日

前　言

油气资源是保障国家能源安全的基石。当前，我国油气对外依存度常年居高不下，油气供应持续面临挑战。党的二十大明确提出“加大油气资源勘探开发和增储上产力度”战略部署，为破解能源安全困局指明了方向。我国陆上深层超深层和海洋深水(“两深”)油气资源量超950亿吨油当量，其规模化开发是保障能源自主供给、支撑经济高质量发展的重要接替力量。

面对错综复杂的国际国内形势，我国各油气企业坚决实施“大力提升油气勘探开发力度七年行动计划”，持续加大“两深”油气勘探开发力度，取得了一系列历史性突破：陆上钻成亚洲首口超万米科探井——深地塔科1井，标志着我国陆地深层油气资源勘探迈入“万米时代”；海域探明珠江口盆地开平南、琼东南盆地宝岛21-1等亿吨级油气田，实现了海洋深水深层油气勘探重大突破。上述成果印证了我国在“两深”油气领域均具备巨大的勘探开发潜力，为构建“深地-深海”立体能源开发体系奠定坚实基础。

为加速推进深层超深层能源革命，更好地服务国家深地科学战略，瞄准前沿科技领域和产业发展制高点，推动“两深”油气勘探开发领域新质生产力发展，有力支撑规模增储上产，中国石油学会联合中国石油、中国石化和中国海油于2025年4月23日—25日在北京市共同举办“第三届中国深层超深层油气勘探开发关键技术与装备交流会”。本届大会以“扛起‘两深’增储上产责任使命，向更深、更好、更快发展”为主题，聚焦“两深”油气高质量发展，重点围绕陆上深层超深层、海洋深水深层油气勘探开发关键技术及装备研究前沿和最新成果开展交流研讨，增强“两深”科技发展动力，拓展“两深”领域油气增储上产空间，更好地服务保障国家能源安全。

本次大会得到了国家有关部委、中国石油、中国石化、中国海油、延长石油、中国地质调查局油气资源调查中心、各大高等院校和科研院所等单位油气勘探开发专家和科技工作者的大力支持。大会共征集论文225篇，中国石油学会学术交流部组织专家经认真审核，择优收入119篇辑册成集并公开出版发行。全集共分三部分，分别为深层、超深层油气勘探技术篇，深层、超深层油气开发技术篇，深层、超深层油气工程技术篇，内容涵盖“两深”油气成藏富集机制与预测技术、地球物理勘探技术与装备、智能钻完井工艺与技术装备、压裂增产工艺与技术装备、高效开发理论与技术设备等领域。

论文集的作者来自院士科研团队精英、油田一线技术骨干及中青年学科带头人，既有深耕深地领域数十年的资深专家、教授，也有近年来脱颖而出的中青年专家学者，他们分享了最新的科研成果和技术方法，展现了我国近年来在“两深”油气勘探开发领域良好的发展前景。本论文集不仅记录了我国石油人向地球深部进军的坚实足迹，更为攻克陆上万米深地和海洋深水深层开发等世界级难题提供智力支撑，将为构建自主可控的深层超深层能源技术体系、保障国家能源安全作出重要贡献。

由于时间紧迫，编者水平有限，书中难免有不足之处，敬请读者批评指正。

本书编委会

2025 年 4 月

目　录

第一篇　深层、超深层油气勘探技术篇

第二篇 深层、超深层油气开发技术篇

第三篇 深层、超深层油气工程技术篇

第一篇 深层、超深层油气勘探技术篇

我国“两深”油气有着巨大的勘探潜力和良好的开发前景，已经成为油气勘探的主阵地。近年来，各大油(气)公司都在强化“两深”油气地质理论和勘探技术攻关，在成烃、成储、成藏油气地质理论和地球物理技术领域取得了系列颠覆性进展，有效支撑了塔里木、四川、准噶尔、松辽、渤海湾、莺歌海–琼东南等盆地的油气勘探实践。本篇汇集了我国近几年在相关领域油气地质理论与勘探技术实践进展的优秀文章，包括烃源岩生烃机理、规模储层发育机理、成藏主控因素和富集条件、勘探新方法和方向、地震采集装备和处理解释、复杂条件测录井技术等方面的最新成果，将对我国“两深”油气勘探开发具重要的指导意义。

东非鲁伍马盆地上始新统重力流与底流交互作用沉积模式及数值模拟

吴佳男[1]　左国平[1]　佡北南[2]　王晓丰[2]　赵雅新[2]

(1. 中国石油勘探开发研究院；2. 中国石油莫桑比克公司)

摘　要　深水重力流与底流交互作用是当今世界深水沉积研究的热点领域，以东非鲁伍马盆地上始新统为例，综合利用钻井及三维地震资料，借助ANSYS有限元分析软件，开展这一主题研究。结果表明：(1)研究区上始新统深水沉积体系主要发育水道、溢岸及朵叶3种沉积单元；(2)底流剥离重力流中的细粒物质在深水沉积体系北侧(顺底流一侧)堆积形成非对称的溢岸/漂积体正地形，进而限制水道或朵叶向南侵蚀或沉积，上始新统深水沉积体系及沉积结构单元均表现出逆底流侧向单向迁移叠置样式；(3)沉积水动力数值模拟揭示底流对细粒颗粒具有改造作用，印证了重力流与底流交互作用下水道逆底流迁移的沉积机制。

关键词　重力流与底流交互作用；深水沉积结构单元；单向迁移水道；深水沉积体系；数值模拟；鲁伍马盆地

1　引言

深水重力流与底流交互作用在多数大陆边缘普遍存在，且日渐成为当今世界深水沉积研究的热点领域。顺陆坡而下的事件性重力流可以在数秒至数天时间内搬运大量的沉积物进入深海，而在地质历史时期长期、准稳态存在的平行陆坡方向的底流亦具有一定的侵蚀和搬运能力，二者方向近于垂直，相互作用过程复杂，可形成多样化的沉积样式。结合西非、东非及中国南海北部等地的研究实例，一些学者关注于深水重力流和底流相互作用导致重力流水道-朵叶体系侧向迁移的成因机制及储集体构型特征的研究，并提出水道-朵叶体系顺底流方向迁移和逆底流方向迁移两种不同的沉积模式。

近年来，东非鲁伍马盆地深水区海底扇储集体的重大油气发现使得盆地深水沉积体系成为油气勘探和研究的热点。目前针对盆地上始新统深水沉积体系的研究较少，Lu等和Luan等依据地震资料提出盆地上始新统发育明显的重力流与底流交互沉积作用，且形成6个自北向南逆底流方向逐次迁移的海底扇水道-朵叶复合体。随着计算机性能的增强，各类流体的沉积过程与流体机制可以通过数值模拟技术有效地揭示，然而至今数值模拟技术主要使用单一浊流模式或者单一底流模式，较少研究重力流与底流交互作用对沉积物分布的控制效应及其沉积—侵蚀机制。本文以鲁伍马盆地上始新统深水沉积体系为研究对象，基于重新处理的高精度三维地震资料及已有钻井资料，对盆地上始新统开展沉积体系构成单元、沉积特征开展研究，建立了上始新统重力流与底流交互作用背景下海底扇的沉积及演化模式，对于研究区及类似地区的深水油气勘探及重力流与底流交互作用研究具有重要的理论及实践意义。

2　研究区概况

东非鲁伍马盆地(Rovuma Basin)是东非被动大陆边缘主要含油气盆地之一，横跨坦桑尼亚东南部和莫桑比克东北海岸。盆地西部以莫桑比克褶皱带(Mozambique Fold Belt)前寒武系基底露头为边界，北部以坦桑尼亚海岸盆地曼德瓦次盆(Mandawa Sub-basin)为界，向东以凯瑞巴斯盆地(Kerimbas Basin)为界，南部边界为莫桑比克褶皱带向东最大延伸位置(图1a)。盆地呈南窄北宽的“倒三角”形展布，面积约$7\times10^4km^2$，超过50%面积位于海上，发育宽约5~30km的狭窄大陆架。盆地深水区自西向东可划分为3个构造带，分别是陆坡逆冲构造带、凯瑞巴斯地堑带(Querimbas Graben)及戴维隆起带(Davie Fracture Zone)，继续向东则过渡至印度洋洋壳部分。研究区位于鲁伍马盆地深水—超深水区域，水深约1500~2500m，构造上处于陆坡逆冲构造带前缘构造稳定区，构造简单，断裂相对不发育。

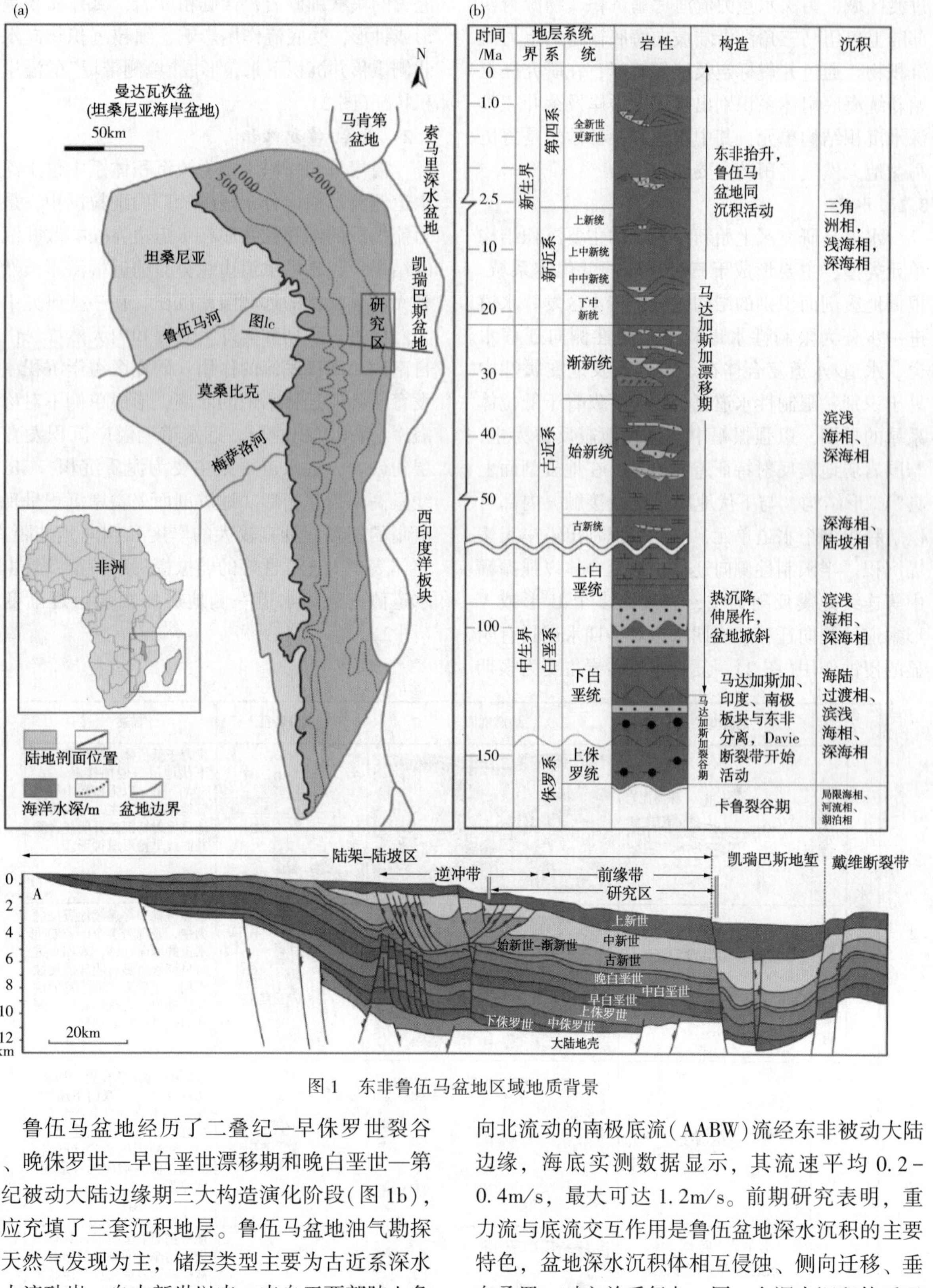

图1　东非鲁伍马盆地区域地质背景

鲁伍马盆地经历了二叠纪—早侏罗世裂谷期、晚侏罗世—早白垩世漂移期和晚白垩世—第四纪被动大陆边缘期三大构造演化阶段(图1b)，相应充填了三套沉积地层。鲁伍马盆地油气勘探以天然气发现为主，储层类型主要为古近系深水重力流砂岩。自古新世以来，来自于西部陆上鲁伍马三角洲沉积不断向海推进，大量的陆源碎屑通过峡谷或水道顺陆坡由西向东搬运至深水区，形成规模庞大的深水沉积体系，上始新统深水重力流砂岩是盆地重要油气储集层之一。现今由南向北流动的南极底流(AABW)流经东非被动大陆边缘，海底实测数据显示，其流速平均0.2-0.4m/s，最大可达1.2m/s。前期研究表明，重力流与底流交互作用是鲁伍盆地深水沉积的主要特色，盆地深水沉积体相互侵蚀、侧向迁移、垂向叠置，时空关系复杂，同一个深水沉积体系通常由不同期次的沉积单元迁移叠置而成。

3　深水沉积体系结构单元类型

研究区上始新统沉积处于下陆坡向深海盆地

过渡区域，为深水重力流海底扇沉积，物源为西部陆上鲁伍马三角洲沿陆坡向海底输送的重力流沉积物。通过井震标定及地震解释，在研究区上始新统海底扇体系识别出水道、溢岸及朵叶三类深水沉积结构单元，其中水道和朵叶砂岩是鲁伍马盆地天然气气田的主要储集体。

3.1 水道

水道是研究区上始新统发育的主要沉积结构单元类型，主要形成于三级层序的低位体系域，根据地震剖面识别的结构差异，将本区发育水道进一步分为限制性水道和半限制性侧向迁移水道。水道/水道复合体在地震剖面及地震属性中易于识别，限制性水道复合体主要发育于低位体系域的早期，以强振幅中等连续地震反射为主，与围岩弱地震反射特征差异明显，在地震剖面上具“V”形结构，与下伏地层呈侵蚀接触，内部可以解释出多个水道单元，双侧可识别出溢岸天然堤沉积。半限制性侧向迁移水道复合体以强振幅中等连续地震反射为主，表现为多个 U 形或 V 形水道的侧向迁移，晚期水道对早期水道具有明显的侵蚀作用(图 2)。复合水道砂岩主要为多期叠置的块状细砂岩，含砾粗砂岩，测井曲线呈箱形或钟形，受底流作用影响，细粒沉积物向水道北侧漂移并沉积下来，形成“单侧带堤”的溢岸沉积特征(图 2)。

3.2 溢岸/漂积沉积

溢岸沉积指深水重力流沉积体系中位于深水水道侧翼且横向分布范围较广的细粒沉积，是重力流携载的细颗粒物质在水道边界处扩散并沉积的结果，包括沿水道边缘分布的近端溢岸天然堤和无明显起伏的远端溢岸沉积。在一些研究中将天然堤进一步划分为外天然堤和内天然堤。由于自南向北南极底流的作用，研究区溢岸沉积主要发育于各期迁移水道的北侧，形成单侧不对称的溢岸/漂积沉积地形。近水道端溢岸沉积发育薄层粉砂岩，远水道端则主要为泥质沉积，GR 曲线呈高幅齿化箱形。地震剖面上溢岸沉积呈现为清晰的楔形，具有较大的厚度和侧向延伸距离，整体表现为连续性好的弱振幅反射特征，且由近水道侧向远离水道一侧地震振幅能量逐渐变弱(图 2)。

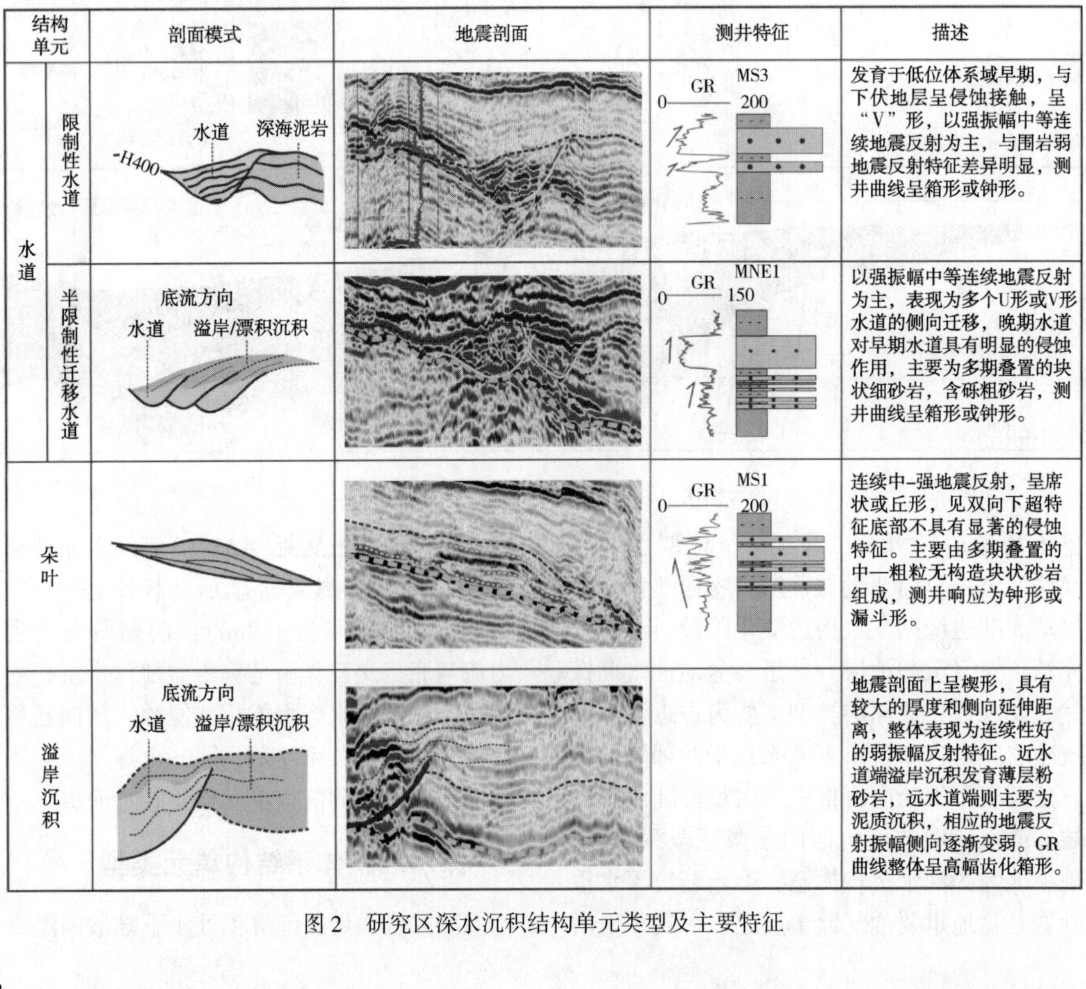

图 2　研究区深水沉积结构单元类型及主要特征

3.3 朵叶

朵叶常位于水道下倾斜坡处，受地形坡度变缓等因素影响，水道趋于消亡，沉积物因脱离水道限制发生卸载形成朵叶沉积，朵叶与水道伴生组成水道-朵叶复合体。在地震剖面上表现为连续中-强反射，呈席状或丘形，见双向下超特征，与水道相比，朵叶沉积底部通常不具有显著的侵蚀特征。在平面上由于朵叶迁移缓慢且分布更宽泛不受限制，往往多期朵叶互相叠置，单一朵叶难以识别，但多期朵叶垂向叠置形成的朵叶复合体可以通过地震剖面解释及地震属性识别其分布范围。朵叶或朵叶复合体砂岩主要由多期叠置的中-粗粒无构造块状砂岩组成，测井响应为钟形或漏斗形(图2)。

4 沉积发育模式及形成机制

4.1 重力流沉积体系逆底流侧向迁移沉积模式

关于重力流与底流交互作用前人主要关注水道的迁移规律且存在一定的争议，如 Gong 等，李华等在中国南海深水陆坡环境下发现了顺底流方向单向迁移的水道沉积。然而，来自东非鲁伍马等盆地的研究实例却为逆底流方向单向迁移水道。Fonnesu 等．总结重力流与底流交互作用可能存在的三种情形：①二者同期交互作用；②二者交替发生作用；③。Chen 等考虑螺旋流，重力流及底流三个因素来解释深水弯曲重力流水道侧向迁移的空间差异性，上述研究体现了深水重力流与底流交互作用的多样式与复杂性。

鲁伍马盆地上始新统深水水道—朵叶复合体整体表现为向南逆底流方向单向迁移(图3)。研究区顺陆坡而下的重力流与自南向北流动的南极底流的交互作用是这种侧向单向迁移的主要原因，底流剥离重力流中的细粒物质使其向顺底流方向飘移，并聚集堆积形成北侧的天然堤—溢岸/漂积体沉积，这种侧向沉积使沉积体系的北侧地形变高、变陡，迫使水道—朵叶复合体不断向南侧单向迁移(图3)。

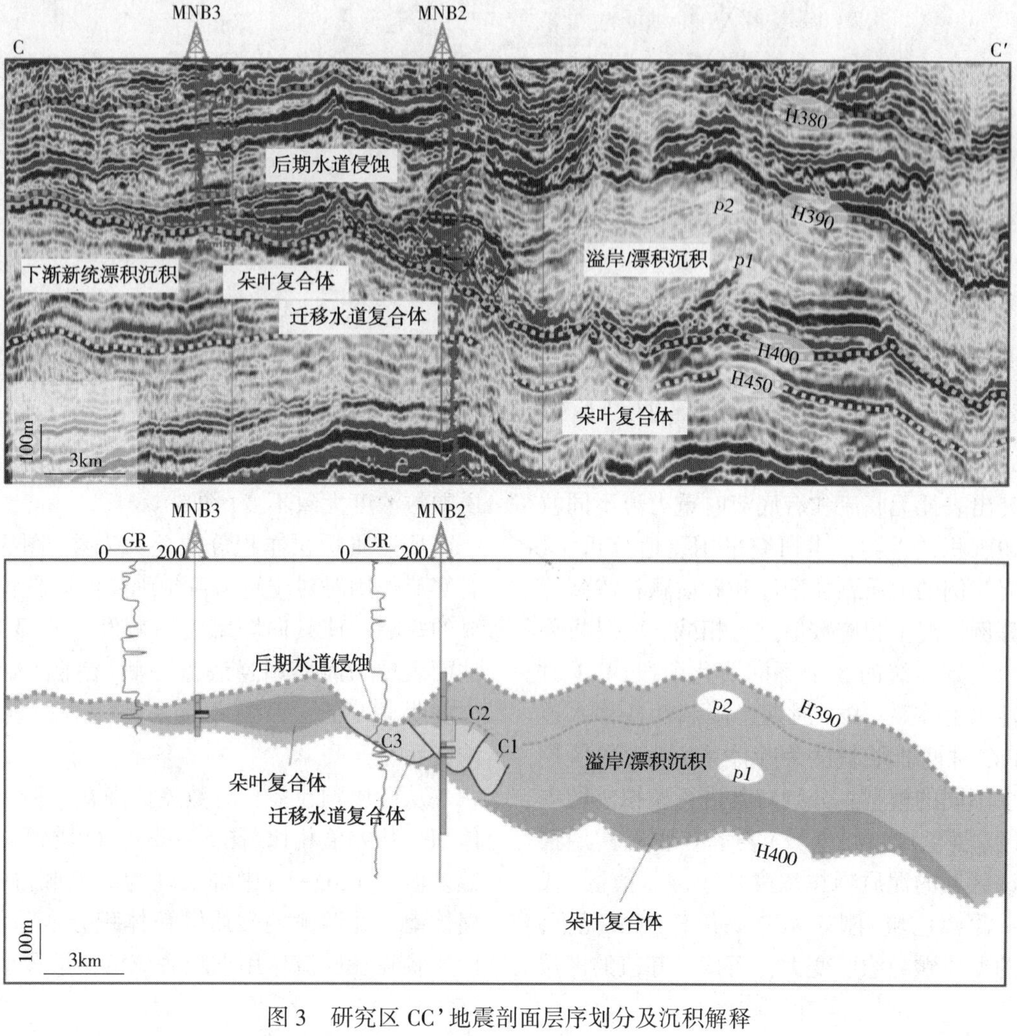

图3　研究区 CC’地震剖面层序划分及沉积解释

研究区上始新统三级层序深水沉积体系从早期(Ps1 层序)的限制性水道—朵叶复合体，到中期(Ps2 层序)的半限制性水道—朵叶复合体，再到晚期(Ps3 层序)朵叶复合体的演化过程代表了重力流与底流交互作用过程中由以重力流作用为主导，到底流作用相对增强这一演化过程。反映了是海平面持续上升，海底地貌充填变迁及重力流能量衰减，底流作用相对增强背景下三级层序内的规律性旋回演化过程(图 4)。

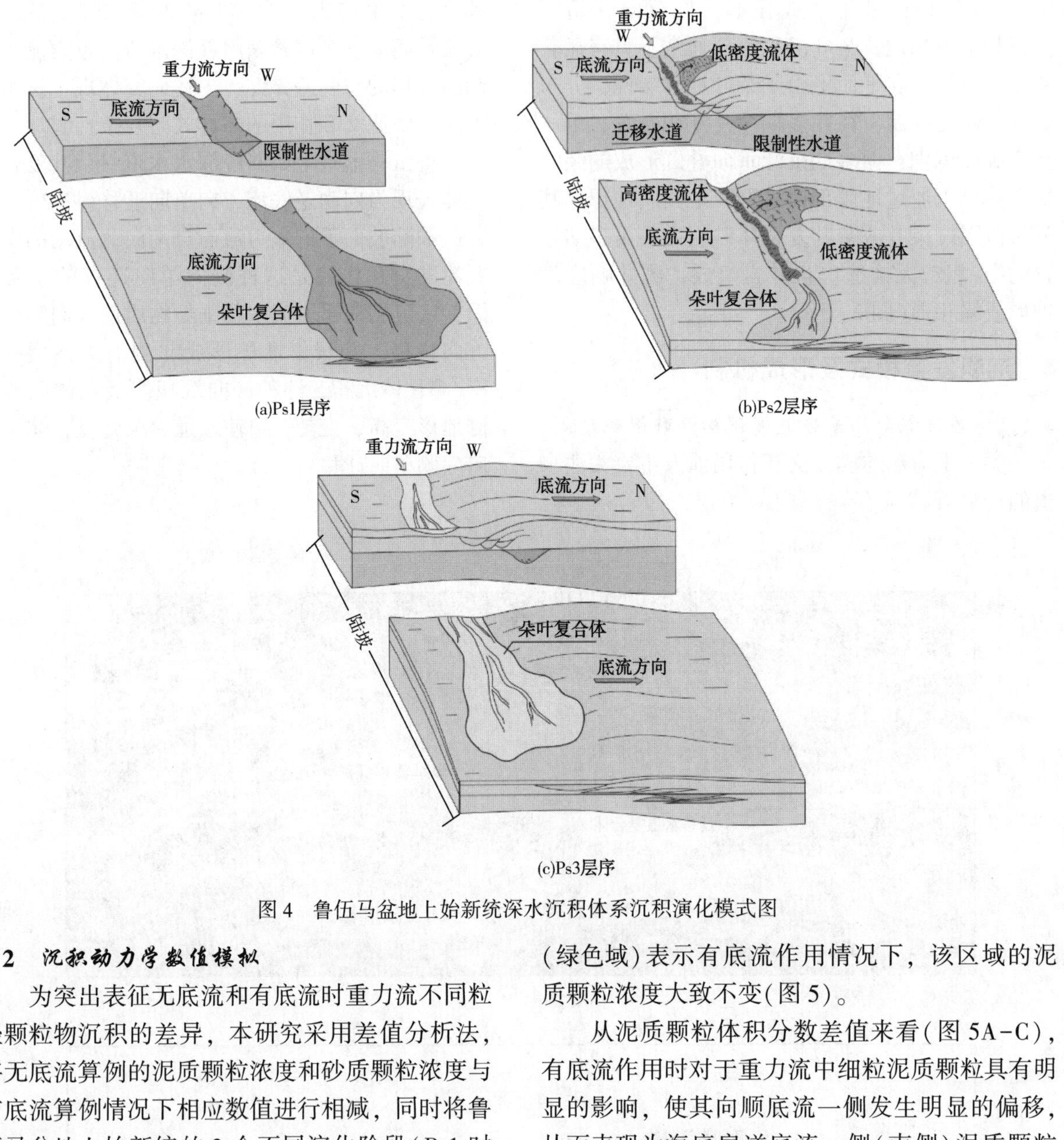

图 4　鲁伍马盆地上始新统深水沉积体系沉积演化模式图

4.2　沉积动力学数值模拟

为突出表征无底流和有底流时重力流不同粒径颗粒物沉积的差异，本研究采用差值分析法，将无底流算例的泥质颗粒浓度和砂质颗粒浓度与有底流算例情况下相应数值进行相减，同时将鲁伍马盆地上始新统的 3 个不同演化阶段(Ps1 时期限制性水道体系、Ps2 时期半限制性迁移水道体系、Ps3 时期非限制性朵叶体系)视为数值模拟中三个不同的模型，分别对其进行模拟。图中的正值区(黄色域—红色域)表示有底流作用情况下，该区域的泥质颗粒浓度变小，负值区(浅蓝色域—深蓝色域)刚表示有底流作用情况下，该区域的泥质颗粒浓度变大，而接近零值的区域(绿色域)表示有底流作用情况下，该区域的泥质颗粒浓度大致不变(图 5)。

从泥质颗粒体积分数差值来看(图 5A-C)，有底流作用时对于重力流中细粒泥质颗粒具有明显的影响，使其向顺底流一侧发生明显的偏移，从而表现为海底扇逆底流一侧(南侧)泥质颗粒浓度明显变低，而顺底流一侧(北侧)泥质颗粒浓度明显升高。

从砂质颗粒体积分数差值来看，和泥质颗粒体积分数差值相比(图 5A-C)，砂质颗粒体积分数差值(图 5D-F)中都表现为绿色域占比较大，扇体南、北两侧的砂质颗粒体积分数差值较小，砂质颗粒在底流作用下顺底流偏移量较小。

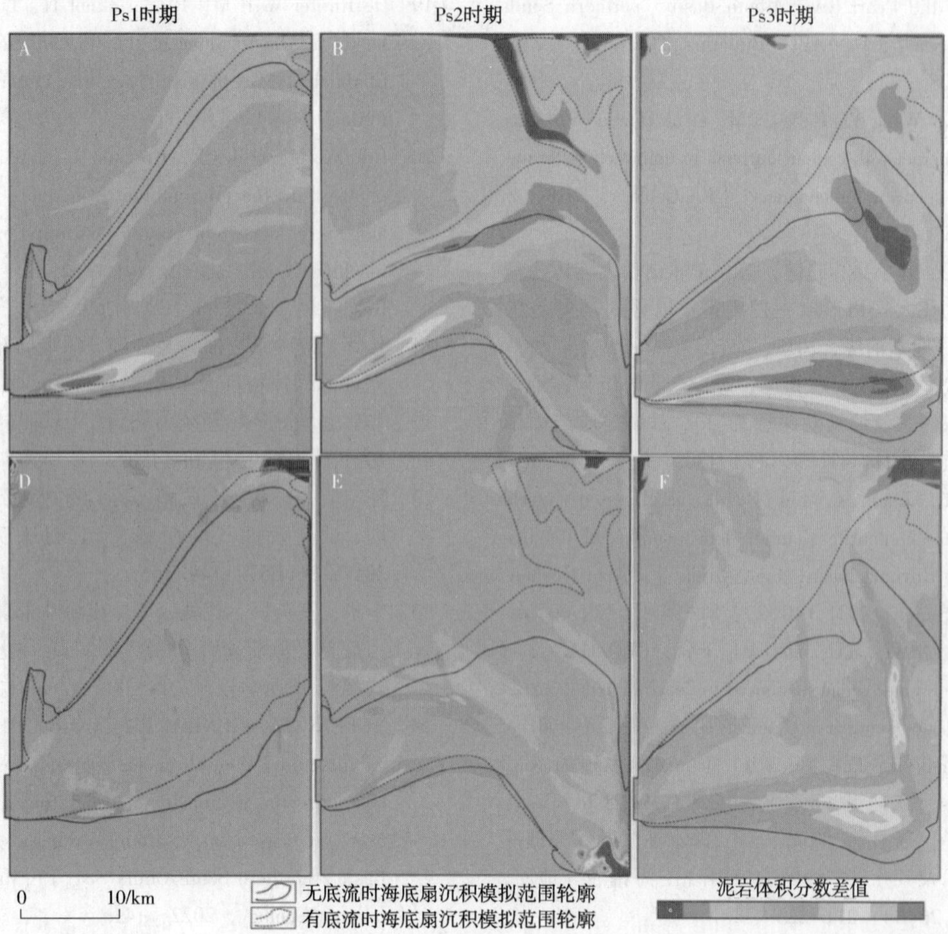

图 5

参 考 文 献

[1] RODRIGUES S., HERNANDEZ-MOLINA F. J., FONNESU M., et al. A new classification system for mixed (turbidite-contourite) depositional systems: Examples, conceptual models and diagnostic criteria for modern and ancient records[J]. Earth-Science Reviews: The International Geological Journal Bridging the Gap between Research Articles and Textbooks, 2022, 230.

[2] 张佳佳，吴胜和，王瑞峰，等．东非鲁伍马盆地深水X气藏海底扇储层构型研究：重力流—底流交互作用的指示意义[J]．古地理学报，2023，25(1)：163-179.

[3] Middleton G V, Hampton M A. Sediment gravity flows: mechanics of flow and deposition[M]. In: Turbidites & Deep Water Sedimentation, ed. Middleton G V, Bouma A H. SEPM (Pacific Section) Short Course Notes, 1973, 1-38, Anaheim.

[4] Covault J A, Shelef E, Traer M, et al. Deep-Water Channel Run-Out Length: Insights from Seafloor Geomorphology[J]. Journal of Sedimentary Research, 2012, 82(1): 25-40.

[5] Fonnesu M, Palermo D, Galbiati M, et al. A new world-class deep-water play-type, deposited by the syndepositional interaction of turbidity flows and bottom currents: The giant Eocene Coral Field in northern Mozambique[J]. Marine and Petroleum Geology, 2020, 111: 179-201.

[6] Fonnesu, F. The Mamba Complex Supergiant Gas Discovery (Mozambique): an example of turbidite fans modified by deepwater tractive bottom currents[C]. In: The 12th PESGB/HGS Conference on African E&P, London, 2013.

[7] 孙辉，刘少治，马宏霞，等．东非鲁武马盆地海底水道-朵体体系粗粒浊流沉积物波特征及主控因素[J]．沉积学报，2017，35(4)：763-771.

[8] Sansom P. Hybrid turbidite-contourite systems of the Tanzanian margin[J]. Petroleum Geoscience, 2018, 24(3): 258-276. doi: 10.1144/petgeo2018-044.

[9] Gong C, Wang Y, Zhu W, et al. Upper Miocene to Quaternary unidirectionally migrating deep-water chan-

nels in the Pearl River Mouth Basin, northern South China Sea [J]. AAPG Bulletin, 2013, 97 (2): 285-308.

[10] Gong C, Wang Y, Rebesco M, et al. How do turbidity flows interact with contour currents in unidirectionally migrating deep-water channels? [J]. Geology, 2018, 46 (6): 551-554.

[11] 张光亚，刘小兵，赵健，等. 东非被动大陆边缘盆地演化及大气田形成主控因素：以鲁武马盆地为例[J]. 地学前缘，2018，25(2)：24-32.

[12] 曹全斌，曹旭文，鲁银涛，等. 东非鲁伍马盆地深水沉积体系及油气勘探意义[J]. 海洋地质与第四纪地质，2021，41(2)：173-180.

[13] Lu Y, Luan X, Shi B, et al. Migrated hybrid turbidite-contourite channel-lobe complex of the late Eocene Rovuma Basin, East Africa[J]. Acta Oceanologica Sinica, 2021, 40(2): 81-94.

[14] LUAN, XIWU, LU, YINTAO, FAN, GUOZHANG, et al. Deep-water sedimentation controlled by interaction between bottom current and gravity flow: A case study of Rovuma Basin, East Africa[J]. Journal of African earth sciences, 2021, 180(Aug.): 104228.1-104228.14.

[15] 左国平，范国章，孙辉，等. 深水油气勘探关键评价技术及其在东非海域的应用[J]. 海相油气地质，2021，26(3)：211-223.

[16] 孙辉，范国章，王红平，等. 东非鲁伍马盆地中始新统深水沉积特征及层序界面识别方法[J]. 岩性油气藏，2023，35(6)：106-116.

[17] 史卜庆，丁梁波，马宏霞，等. 东非海域大型深水沉积体系及油气成藏特征[J]. 岩性油气藏，2023，35(6)：10-17.

[18] Fuhrmann A, Kane I A, Clare M A, et al. Hybrid turbidite-drift channel complexes: An integrated multiscale model[J]. Geology, 2020, 48(6): 562-568.

[19] De Ruijter W P M, Ridderinkhof H, Lutjeharms J R E, et al. Observations of the flow in the Mozambique Channel[J]. Geophysical Research Letters, 2002, 29 (10): 140-1.

[20] Breitzke M, Wiles E, Krocker R, et al. Seafloor morphology in the Mozambique Channel: evidence for long-term persistent bottom-current flow and deep-reaching eddy activity [J]. Marine Geophysical Research, 2017, 38: 241-269.

[21] 孙辉，范国章，邵大力，等. 深水局部限制型水道复合体沉积特征及其对储层性质的影响——以东非鲁武马盆地始新统为例[J]. 石油与天然气地质，2021，42(6)：1440-1450.

[22] 陈宇航，朱增伍，贾鹏，等. 重力流沉积砂岩的成因、改造及油气勘探意义[J]. 地质科技情报，2017，36(05)：148-155.

[23] 李华，王英民，徐强，等. 南海北部珠江口盆地重力流与等深流交互作用沉积特征、过程及沉积模式[J]. 地质学报，2014，88(06)：1120-1129.

[24] YUFENG LI, RENHAI PU, GONGCHENG ZHANG. Architecture, controlling factors and evolution history of unidirectionally upstream-migrating turbidite channels: A case study from southern Qiongdongnan Basin, northern South China Sea[J]. Marine and Petroleum Geology, 2022, 141.

[25] 曹全斌，鲁银涛，陈宇航，等. 东非鲁伍马盆地下始新统深水沉积储层特征及沉积演化[J]. 海相油气地质，2022，27(4)：396-404.

[26] Chen Y, Yao G, Wang X, et al. Flow processes of the interaction between turbidity flows and bottom currents in sinuous unidirectionally migrating channels: An example from the Oligocene channels in the Rovuma Basin, offshore Mozambique [J]. Sedimentary geology, 2020, 404: 105680.

河套盆地临河坳陷深层碎屑岩油气地质认识与勘探重大发现

陈树光　史原鹏　李小冬　项　鑫　武　函　田　宁　王建广　张晰蒙

（中国石油华北油田公司）

摘　要　为了实现河套盆地临河坳陷深层碎屑岩油气藏勘探突破，近年利用重磁电震等综合物探资料，开展了成盆、成烃、成储、成藏机理研究。结果表明：①古地貌和古沉积环境控制烃源岩生烃物质及其展布，揭示了两套咸化湖相烃源岩早熟早排高效成烃机理；②盆缘大型构造转换带和拗陷湖盆整体沉降控制大型浅水辫状河三角洲砂体广覆式沉积，石英含量高，抗压实作用强，胶结物含量低，深埋时间晚，成岩作用弱，储层物性好，推测有效储层深度达8000m；③环洼源储配置好，同时受早期基底构造影响，发育大型鼻隆构造等有利汇聚体，控制油气汇聚富集成藏，形成环洼汇聚体控藏新认识，指导深层井位部署，实现了临河坳陷北部深层油气勘探重大突破，发现了深层碎屑岩领域兴华、扎格等高丰度富集油藏。研究成果极大丰富了拗断叠合盆地晚期油气富集成藏理论新认识，为其他地区深层碎屑岩领域油气勘探提供重要理论参考。

关键词　河套盆地；古构造控带，晚构造控圈；古环境控烃，弱成岩控储；汇聚体控藏

随着全球能源需求的日益增长和油气探明程度逐年加深，油气勘探向更复杂领域拓展，深层超深层以及非常规领域已成为未来油气勘探的重要趋势。目前国内外在深层碎屑岩领域尤其发育原生孔隙的深层碎屑岩油气藏鲜有报道。临河坳陷北部目的层埋藏深(古近系平均4500m以深)，深埋时间晚(5.3Ma以来快速沉降)，埋藏时间短，导致储层压实作用弱和成岩演化相对滞后，保留了大量原生孔隙，储层物性较好。

2018年，临河坳陷中部吉兰泰构造带在古近系、白垩系、太古界三大领域均取得石油勘探重大突破，生油岩位于白垩系，展现了临河坳陷良好勘探潜力。但临河坳陷北部20世纪80年代钻井8口，均未取得油气勘探突破。究其原因，早期钻井主要集中在坳陷北部兴隆构造带外带，圈闭落实程度低，古近系烃源岩热演化程度低。基于前期钻井分析，认为该地区古近系烃源岩较为发育，储层物性普遍较好，源储互生，作为演化程度更高的古近系(超)深层能否实现勘探突破？其资源潜力、成储机理以及勘探前景如何？本文针对北部古近系资源潜力、油气成藏主控因素开展重点研究，为实现临河坳陷中北部油气勘探重要突破和规模储量发现提供了重要支撑。

1　地质概况

河套盆地位于内蒙古自治区中西部，北邻阴山山脉，东接鄂尔多斯高原，东南与贺兰山、桌子山毗邻，西至狼山，为弧形展布的中-新生代拗断叠合盆地，自西向东依次发育临河坳陷、乌拉山隆起、乌前坳陷、包头隆起以及呼和坳陷，形成“三坳两隆”的构造格局(图1)，其中西部临河坳陷呈NNE-EW向弧形构造展布形态，具有面积大($2.24\times10^4km^2$)、埋藏深(最大基底埋深超1.4×10^4m)的特点，基底为太古界-元古界变质岩系，沉积盖层主要为白垩系、古近系、新近系、第四系砂泥岩地层(图1)，发育白垩系和古近系两套主力烃源岩，成藏配置条件较好，是目前盆内最主要的生油坳陷和含油气区。

2　油气成藏条件

2.1　古环境控烃

关于临河坳陷烃源岩基本特征及分布不少学者基于早期钻井资料做了相关研究，指出临河坳陷主要发育白垩系和古近系两套烃源岩，其中古近系临河组烃源岩主要分布在临河坳陷中北部，表现为咸化湖沉积特点，具有演化程度低、早熟早排的成烃特征。而关于优质烃源岩的成烃环境

及其早熟早排的成烃机制研究较少，本次通过开展生烃组分、来源及热模拟研究，进一步明确了临河坳陷古近系临河组烃源岩发育环境与成烃机制，为下步精准资源潜力评价提供重要参考。

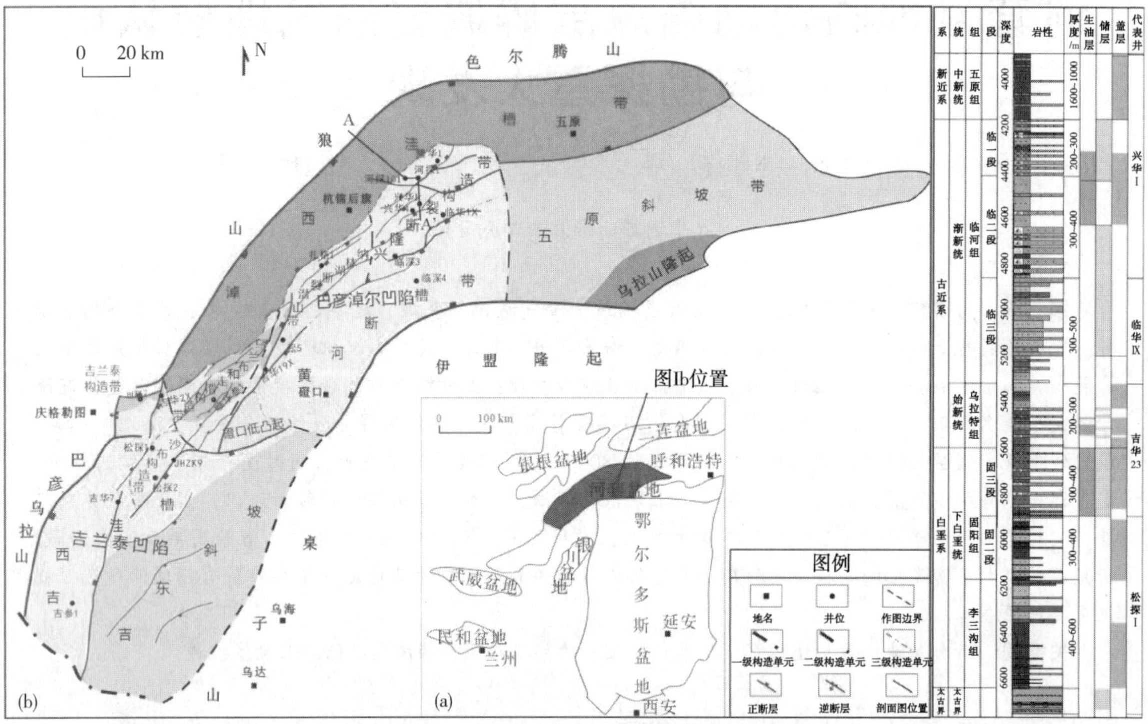

图 1　河套盆地临河坳陷构造单元划分与综合柱状图

通过临河坳陷北部临河组烃源岩色质谱图（图 2）分析发现，该烃源岩具有低姥植比（<1）、高 γ 胡萝卜烷、高 γ 蜡烷（>C30 霍烷）的特点，表明该时期为典型咸化湖沉积特征，而 C27<C29，呈反 L 型，表明生烃有机质可能以来自陆源高等植物为主；古生物研究表明，烃源岩孢粉中裸子植物孢粉含量高，其中松科属的含量高达 88%，包括单双束松粉含量近 40%，方体云杉粉、云杉粉和破隙杉粉含量合计超 40%，一方面指示当时为干旱温热的气候条件，另一方面松科粉属中含有丰富的树脂体，其可生成大量的 C21-C35 烃类化合物，是原油中蜡质的主要来源，这与研究区临河组原油高含蜡（约 20%）特征相一致。同时，干旱温热气候条件，蒸发能力强，大气降水能力弱，水体盐度较大（伽马蜡烷指数为 1~1.5），水体分层现象明显，水体表层富氧，发育大量有机质，底层水体缺氧-还原，有机质的保存条件优越，形成“高生产、优保存”的生烃模式。

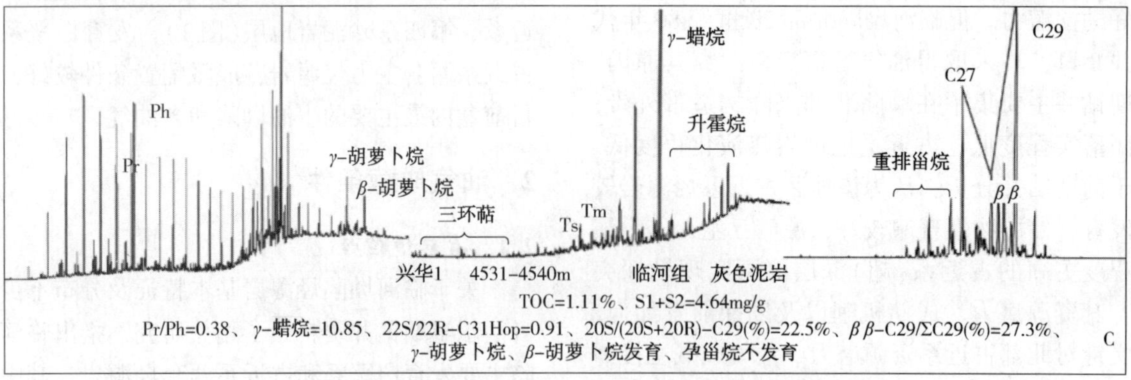

图 2　兴华 1 井临河组灰色泥岩气相色谱图、色质谱图

通过开展热模拟和显微组分分离实验，基于样品量和实验要求，本次测定出基质镜质体、藻类体和树脂体的热解参数（表 1），其中

树脂体生烃潜力最大($S_1+S_2=94.35$mg/g)，生烃最早($T_{max}=426$℃)，有机质丰度(17.64%)、氢指数(508.33mg/g TOC)最高；同时，树脂体生烃活化能低(223~256kJ/mol)，累计生烃量高(139mg/g)，完成生烃总量的40%(图3)，热演化要求低(Ro为0.2%~0.9%)，生烃高峰早(Ro=0.61%)；其次为藻类体，主体活化能在235~266kJ/mol，累计生烃量最高为116mg/g，完成生烃总量的45%(图3)，热演化区间为0.27%~1.70%，在Ro为0.9%时达到生烃高峰(图4)。树脂体和藻类体生烃百分比占比高，生烃量大，是咸湖烃源岩早熟早排、高产烃率主因(图4)，整体处于国内优质烃源岩最好行列(图4b)。

表1　研究区烃源岩中不同显微组分的热解参数

显微组分	S_1/mg/g	S_2/(mg/g)	(S_1+S_2)/(mg/g)	T_{max}/℃	TOC/%	I_H/(mg/g TOC)
基质镜质体	1.23	29.78	31.01	430	9.37	317.82
藻类体	2.46	65.34	67.80	430	13.24	493.50
树脂体	4.68	89.67	94.35	426	17.64	508.33

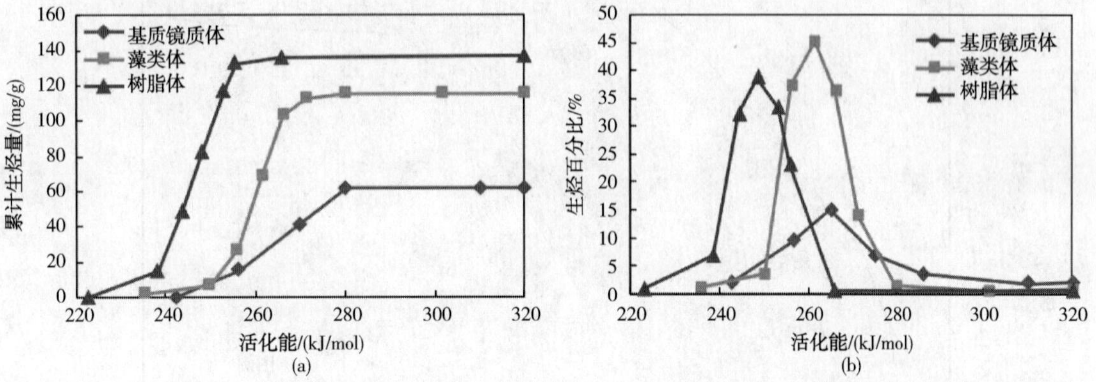

图3　临河坳陷烃源岩中不同显微组分的热解活化能特征

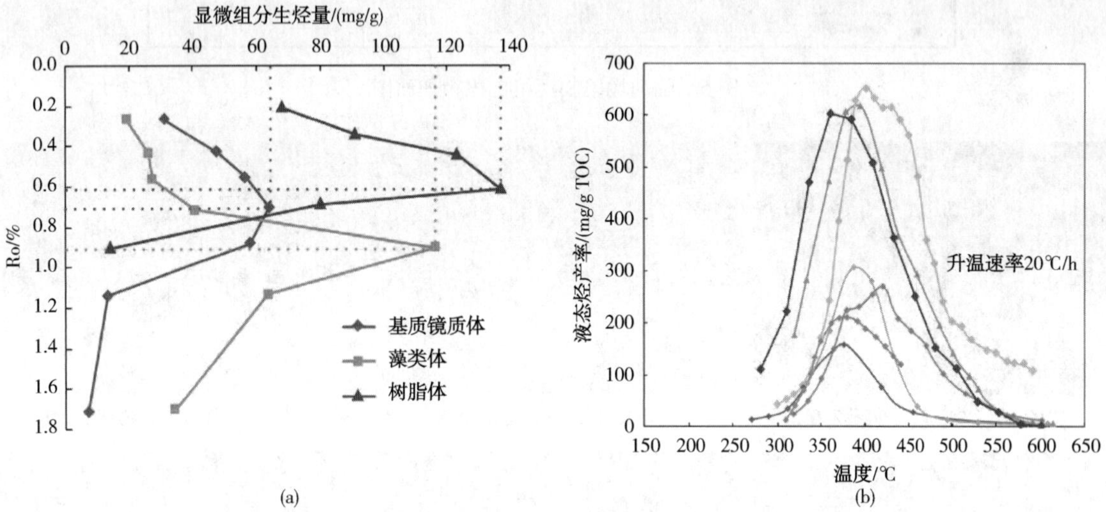

图4　临河组烃源岩不同显微组分生烃热演化及国内典型烃源岩产率对比图

2.2　转换带控砂

河套盆地新生代以来为继承性发育盆地，古近纪沉积期，盆地处于弱伸展拗断转换期，整体地形较为平缓，其中北部物源欠发育，狼山和伊盟隆起尚未成型及形成规模，因此物源主要来自中南部成山较早、高差较大的桌子山、贺兰山、巴音乌拉山等，不同山脉间发育大型构造转换带，是大型物源体系发育的最有利通道。通过露头观察、盆内古水流、轻矿物变化、砂地比以及地震相特征分析，提出盆内主要发育5大物源体系，以东南部桌子山与贺兰山形成的3大物源体系为主，发育大型浅水辫状河三角洲沉积，具有扇体规模大，延伸距离远，矿物成分、结构成熟度高，尤其石英含量高，抗压实作用强，为深层碎屑岩形成优质有效储层提供了良好的物质基础。

临河坳陷临河组沉积相平面图，如图5所示。

2.3 弱成岩控储

据河套盆地深层已钻井的铸体薄片观察表明，研究区临河组储层储集空间主要为原生粒间孔，发育少量次生溶孔，局部由于泥质和泥晶碳酸盐含量的增加使储层中出现微孔隙。

临河组辫状河三角洲型砂岩储层储集空间特征，如图6所示。

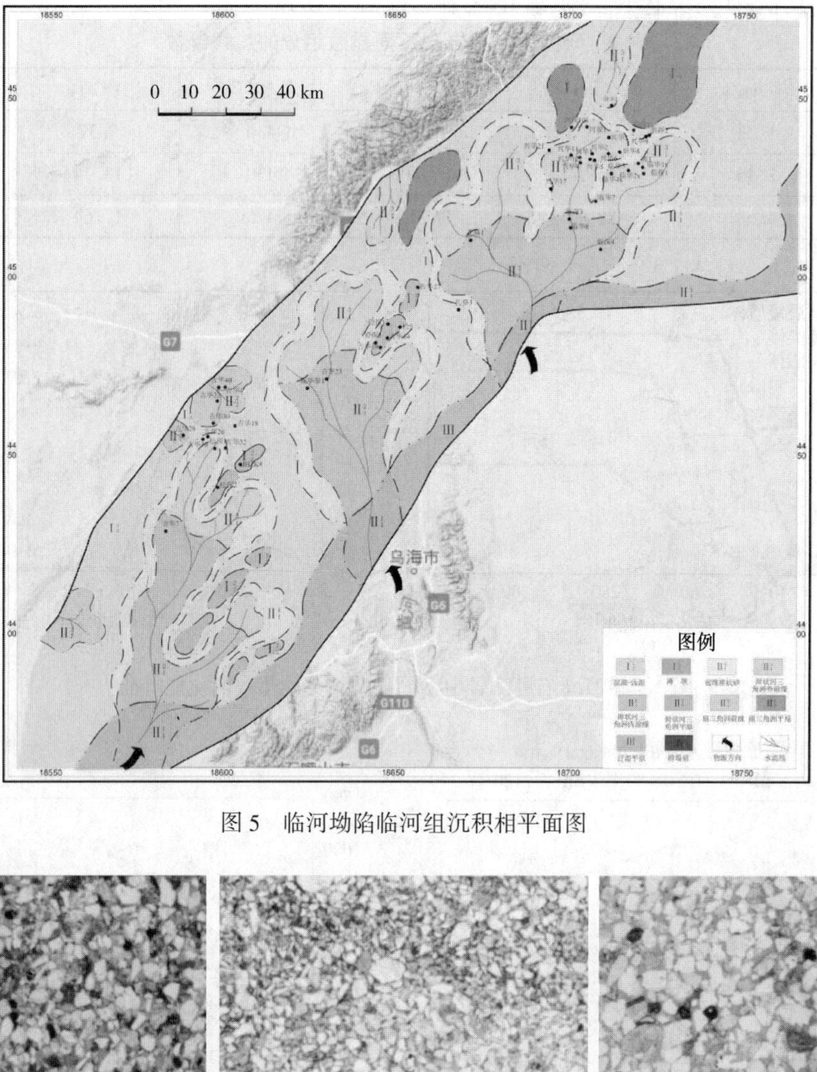

图5　临河坳陷临河组沉积相平面图

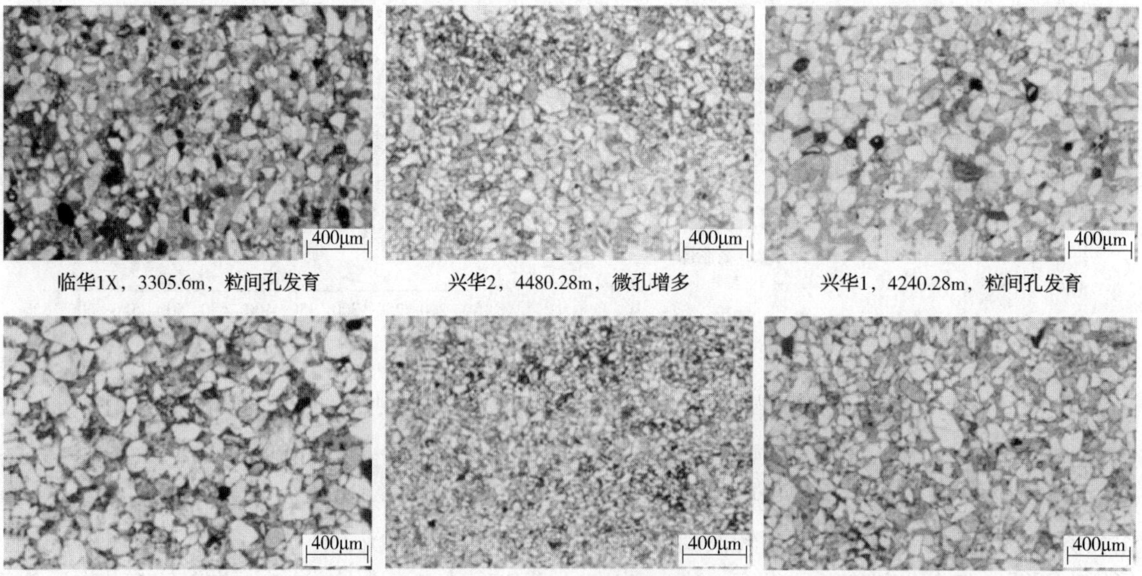

临华1X，3305.6m，粒间孔发育　　兴华2，4480.28m，微孔增多　　兴华1，4240.28m，粒间孔发育

兴华2，4922.72m，粒间孔发育　　兴华2，4923,65m，微孔发育　　兴华2，4926.45m，微孔发育

图6　临河组辫状河三角洲型砂岩储层储集空间特征

河套盆地临河坳陷深埋时间晚，直到上新世(5.3Ma)以来才开始快速沉降，导致储层压实作用弱，实际钻井揭示4500m以浅深层砂岩岩心较为疏松，成岩作用不强；另外，根据已钻井实测计算临河坳陷平均地温梯度小于2.5℃/100m，地温梯度低，成岩演化相对滞后，保留大量原生孔隙；弱成岩作用是河套盆地特有地质背景下形成的孔隙度随埋深减小率明显低于其他盆地的一种独特现象。河套盆地优质储层的孔隙度随埋深减小率为3%/1000m，明显低于冀中拗陷7%/1000m。兴隆地区碎屑组分中石英含量高，可达50%以上，具有较强的抗压实能力，同时石英含量与孔隙度的相关性也表明：石英含量越高，孔隙度越大，说明较高的石英含量导致储层抗压实能力强，导致压实减孔小，保存较多的原生孔隙。

一般来说，胶结作用与砂岩的孔隙度、渗透率呈负相关的关系，主要是由于胶结物占据了砂岩的储集空间，并切割了砂岩的渗流通道，对储层的物性起到了破坏的作用。河套盆地临河组由于晚期快速深埋虽然导致温度达到中成岩A期，由于成岩时间短，胶结作用没有表现出相应强胶结的特征，使河套盆地储层胶结强度明显滞后于成岩演化阶的一种特殊现象。其中，砂体连通性是控制胶结物含量的重要因素，水下分流河道砂体连通性好，胶结物含量低。河套盆地较缓的坡度导致砂体广覆式分布，砂体稳定且连通性好，是导致储层胶结作用弱的内在原因。兴隆地区优质储层中胶结物含量整体较低，胶结物未占据太多原生孔隙空间，导致原生孔隙得以大量保留。根据实钻井孔隙度与深度关系，拟合时间温度指数(TTI)关系式，预测最大有效孔隙度埋深超8000m，整体弱成岩控制深层碎屑岩储层物性较好。

2.4　汇聚体控藏

赵文智院士(2005)曾提出，油气藏的形成必须具备三大要素，即成藏地质要素、成藏作用过程以及能量场环境。地质要素是油气流体赋存的载体，成藏作用过程是油气从生成、运移、聚集、保存与改造的全过程，能量场环境是地质要素形成和作用过程发生的环境条件。而油气富集成藏就要求三大要素同时具有良好的时空配置关系。通过对河套盆地油气成藏特征和富集规律研究，认为充足的油源条件、近源良好的构造背景和圈闭条件以及强大的源动力条件是河套盆地晚期富集成藏的最重要因素。

古近系临河组深埋时间晚，热演化程度低，烃源岩生烃门限深(>3700m)，已钻井揭示兴隆构造带5700m以深才进入生排烃高峰期。因此，兴隆构造带埋藏相对较浅的中外带(<5000m)烃源岩成熟度低，排烃量少；内带埋藏深(>6000m)，油气源更加丰富。油源对比也发现油气主要来自临河组自身烃源岩，中外带原油成熟度均高于本地烃源岩成熟度，说明原油主要来自本层系深层烃源岩，油气以侧向运移成藏为主。

河套盆地油气成藏期晚(3~5Ma以来)，源内良好的构造背景形成有利的汇聚方向和较强的流体势是油气短期内富集成藏关键，也是汇聚体控藏核心。受早期基底构造影响，处于杭五断层负反转后上升盘的兴华构造、纳林湖断层上升盘的扎格构造、纳林湖断鼻/断垒构造以及狼山分支断层控制的吉华2断鼻构造、上升盘潜山构造等，为洼槽区生成的大量油气提供了有利汇聚体，是油气汇聚的最有利方向。而晚期构造尤其是继承性发育的盆地，受早期构造影响，在先存构造薄弱带上更容易发生断裂活动，形成复杂的断裂体系和多种圈闭类型，为汇聚体定型及控藏提供重要保障。根据以上汇聚体控藏新认识，近年围绕以上有利构造背景勘探，先后发现了吉华1潜山油藏，吉华2高丰度富集油藏，兴华高丰度富集油藏以及扎格、纳林湖油藏等，实现正装规模高效储量发现，为河套盆地“十四五末”建成200×10^4t新油田提供坚实资源基础。

源动力强度制约因素主要包括生烃强度、油源远近、流体势差大小、输导体系强弱。兴隆构造带烃源岩有机质主要来自陆生富含树脂体松科属植物及水生的富藻类体生物，叠加干旱温热蒸发环境形成咸化湖优质烃源岩，热模拟表明Ro=0.7%-0.9%为生烃高峰期，生烃强度大；晚期强伸展断陷，形成西断东超的半地堑结构，以及盆中央断裂带发现大型构造圈闭，西侧往往发育大型顺向断层，使源-圈配置好，流体势差大，源动力强。同时，源储互生使超深层生成的油气快速排到临近砂层中，油气在砂体中的运移速度远远高于烃源岩自身，结合大型辫状河三角洲砂体大面积广泛稳定分布的特点，洼槽区生成的大量油气通过砂体高速公路向临近低势区快速汇聚富集成藏。临洼的兴华油藏和吉华2油藏均是晚期强源动力高效汇聚为形成规模富集油藏提供重要保障，而纳林湖断鼻油气富集程度较低，与该断鼻埋藏较深，流体势差相对较小，叠加洼槽区发育巴音构造，油气输导欠顺畅等不利条件密切相关。

兴隆构造带油藏模式图，如图7所示。

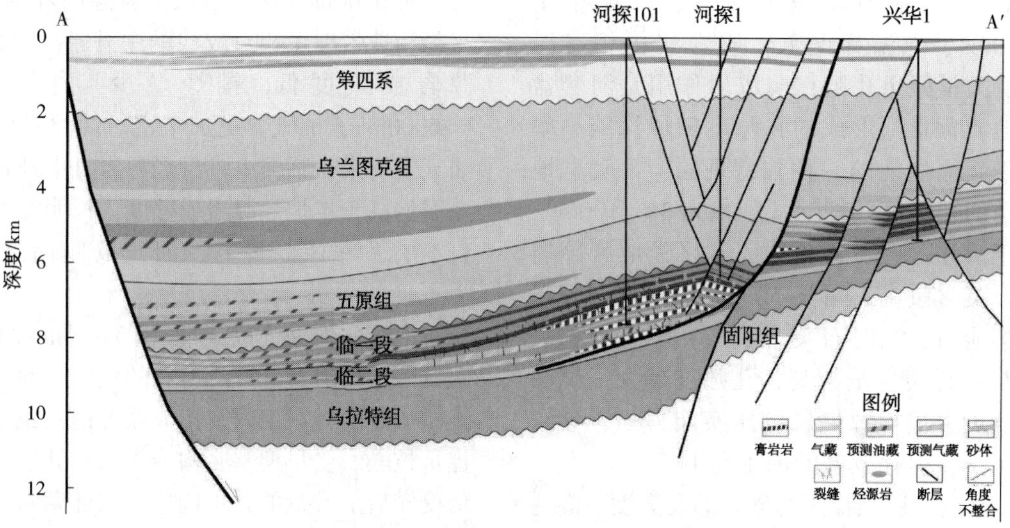

图7　兴隆构造带油藏模式图

3　结论

（1）干旱温热蒸发古气候及坡缓水浅大量陆源沉积物供应的古环境条件，为内陆咸化湖早熟早排、高产烃率优质烃源岩发育提供了重要的资源保障。

（2）盆缘大型构造转换带控制发育远物源高成分和结构成熟度的大型辫状河三角洲沉积砂体，为形成良好的抗压实和弱胶结砂体储层提供有利条件，结合晚深埋、弱成岩的地质特点，预测有效储层埋深可达8000m，极大拓展了陆相断陷盆地碎屑岩领域油气勘探空间。

（3）提出大型汇聚体控制晚期油气富集成藏。继承性发育盆地形成的早期构造是大型汇聚体形成的重要基础，晚期构造是大型汇聚体定型及圈闭形成的关键，强流体势和强源动力是大型汇聚体晚期富集成藏的重要保障。

参　考　文　献

[1] 庞雄奇．深层油气藏成因机制与分布发育规律[C]．第六届石油地质年会，2015.

[2] 何治亮，金晓辉，沃玉进，等．中国海相超深层碳酸盐岩油气成藏特点及勘探领域[J]．中国石油勘探，2016，21(1)：3-14.

[3] Zhu Guangyou，Milkov Alexei V，Chen Feiran，et al. Noncracked oil in ultra-deep high-temperature reservoirs in the Tarim Basin，China[J]. Marine and Petroleum Geology，2018，89：252-262.

[4] 马永生，蔡勋育，郭旭升．普光气田的发现[J]．中国工程科学，2010，12(10)：14-23.

[5] 马永生，傅强，郭彤楼，等．川东北地区普光气田长兴—飞仙关气藏成藏模式与成藏过程[J]．石油实验地质，2005，27(5)：455-461.

[6] 杨雨，黄先平，张健，等．四川盆地寒武系沉积前震旦系顶界岩溶地貌特征及其地质意义[J]．天然气工业，2014，34(3)：38- 43.

[7] 杜金虎，邹才能，徐春春，等．川中古隆起龙王庙组特大型气田战略发现与理论技术创新[J]．石油勘探与开发，2014，41(3)：268-277.

[8] 施和生，王清斌，王军，等．渤中凹陷深层渤中19-6构造大型凝析气田的发现及勘探意义[J]．中国石油勘探，2019，24(1)：36-45.

[9] 张锐锋，何海清，陈树光，等．河套盆地临河坳陷石油地质新认识与重大发现[J]．中国石油勘探，2020. 25(6)：1-12.

[10] 沈华，何海清，张锐锋，等．河套盆地洼槽区河探1井风险勘探突破及意义[J]．石油学报，2022，43(9)：1213-1222.

[11] 张锐锋，何海清，朱庆忠，等．河套盆地临河坳陷石油地质特征与油气富集规律[J]．石油勘探与开发，2023，50(4)：695-705.

[12] 张以明，张锐锋，王少春，等．河套盆地临河坳陷油气勘探重要发现的实践与认识[J]．中国石油勘探，2018，23(5)：1-11.

[13] 付锁堂，付金华，喻建，等．河套盆地临河坳陷石油地质特征及勘探前景[J]．石油勘探与开发，2018，45(5)：749-762.

[14] Shaochun Wang，Zengyuan Zhou，Dexiang Yang et al. Study on saturated hydrocarbons in organic rich rocks indicative significance of special compound molecules for hydrocarbons [J]. Fresenius Environmental Bulletin，2021. 30(7)：8109-8116.

[15] Chenxi Li，Zhen Liu，Shaochun Wang，et al. Prediction of major source rocks distribution in the transition from depressed to rifted basin using seismic and geological data：The Guyang to Linhe Formations in the Linhe Depression，Hetao Basin，China[J]. Journal of Petroleum Science and Engineering.

[16] 陆鹿，陈树光，李壮福，等．河套盆地临河坳陷白垩纪-古近纪沉积环境演化及油气地质意义[J]．古地理学报，2022，24(2)：308-331.

[17] 张锐锋，于福生，刘喜恒，等．河套盆地临河坳陷及周边地区中-新生代成盆演化特征[J]．石油与天然气地质，2020，41(6)：1139-1150.

[18] 赵文智，汪泽成，李晓清，等．油气藏形成的三大要素[J]．自然科学进展，2005，15(3)：304-312.

珠江口盆地惠州凹陷深层凝析气藏成藏史及其勘探意义

杨兴业　龙祖烈　史玉玲　熊万林　何　莹　高　翔

[中海石油(中国)有限公司深圳分公司]

摘　要　珠一坳陷深层温压条件复杂，烃类多相态共存，油气成藏特征复杂。本次研究基于天然气、轻烃、原油生物标志化合物等分析天然气和原油成因来源，基于流体包裹体荧光光谱、显微测温及古压力恢复，结合盆地模拟技术，分析了深层凝析气藏成藏演化史。结果表明惠州凹陷深层凝析气来源于文昌组湖相烃源岩，具以有干酪根降解气为主，受到可溶有机质裂解生气影响。文昌组烃源岩地层经历了常压-低幅超压-强超压的演化。深层油气藏两期原油和一期天然气充注，晚期天然气差异充注及油气驱替作用明显，晚期气侵不同层段充注阻力不同引起油气差异分布，增强砂泥互层复合盖层封闭性。

关键词　深层；凝析气；地层压力、油气成藏；珠江口盆地

随着勘探技术的不断进步和勘探程度的提高，惠州凹陷的勘探重点正逐步从传统的中浅层转向更具挑战性的深层领域。近年来，在惠州26-6构造及其周边地区，特别是在古近系和中生代古潜山领域，已经发现了若干大中型油气田，标志着惠州凹陷深层勘探的新阶段。在惠州26-6构造的高部位，HZ6-1井的钻探取得了突破性成果，钻遇了古近系恩平组、文昌组及中生代古潜山油气层，总厚度达到390.7m，其中，文昌组砂砾岩展现出了高产油气流，测试结果表明该层为凝析气层。惠州26-6油气田在垂直方向上的成藏层段可以细分为中生代古潜山、文昌组和恩平组3个主要构造单元。恩平组和文昌组的油气分布特征表现为上部轻质油藏和下部凝析气藏，而中生代古潜山则显示为上部凝析气藏和下部挥发性油藏。油气差异分布的多样性不仅为勘探提供了新的视角，也带来了新的挑战。尽管在惠州凹陷深层勘探领域，关于天然气的成因、油源关系以及油气成藏等关键科学问题已经取得了新的研究进展，但对天然气生成和聚集的地质过程的全面理解仍有待深入。深层油气成藏的动力学机制是一个研究难点，亟需通过更深入的探讨和分析。当前的研究挑战在于深化对惠州凹陷深层天然气成因的理解，并揭示油气在深层地层中的运移、聚集和保存过程。准确厘定惠州凹陷深层油气成藏历史，对于珠一坳陷乃至整个中国近海深层油气勘探具有重要的指导意义。

1　研究区概况

惠州26洼位于珠江口盆地珠一坳陷惠州凹陷西南部，洼陷南部隆起带为惠西低凸起，紧邻东沙隆起，洼陷主体构造和沉积受控于南部边界断裂(图1A、图1B)。从古近纪到第四纪期间发育古近系的文昌组、恩平组和珠海组，新近系的珠江组、韩江组、粤海组、万山组及第四系地层(图1C)。珠江口盆地的构造演化可划分为三个关键阶段。第一阶段是古新世至早渐新世，这一时期以裂陷为特征；第二阶段从晚渐新世延续至中中新世，表现为裂后拗陷；第三阶段为晚中新世开始至今，以断层活化为主要特点。古新世至早渐新世裂陷期，在文昌组沉积时期，受到太平洋板块俯冲后退的影响，区域应力场向NNW方向拉张，惠州26洼逐渐形成了断陷湖盆，受控洼断层的控制，陡坡带发育水下扇及扇三角洲，缓坡带发育辫状河三角洲，洼陷中心发育滨浅湖和半深-深湖；恩平组沉积时期，区域应力场的方向逐渐转变为近SN向拉张，与文昌期相比，断裂活动性减弱，湖水变浅，惠州26洼主要沉积浅湖相-湖沼相-三角洲平原沼泽-河流相沉积。晚渐新世至中中新世为裂后拗陷期盆地断裂活动较平静，以海相沉积为主，包括珠海组、珠江组、韩江组。晚中新世以来受到东沙运动的影响，区域应力场转为NE向拉张，此时的控洼断裂部分活化。根据油-源地球化学特征对比表

明，惠州26周边油气主要来源于文昌组泥岩，从珠江组到古潜山均有油气发现，不同层系、不同成因及不同控制因素形成的油气藏叠加连片分布。

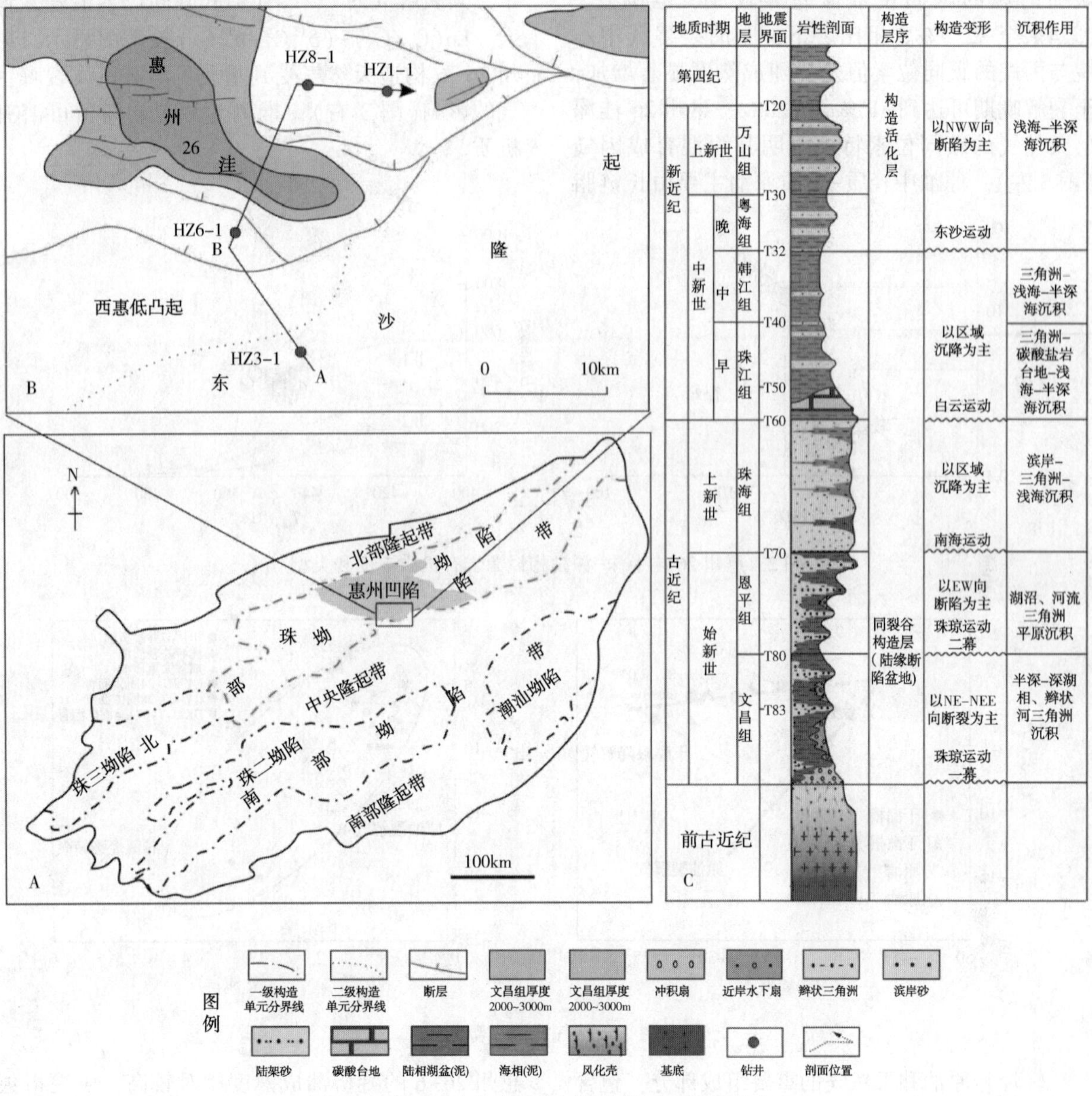

图1　珠江口盆地及研究区构造单元及地层划分

2　凝析油气成因

惠州26洼是珠江口盆地已证实的富油气洼陷，文昌组发育半深-深湖相优质烃源岩。文昌组钻遇的半深-深湖相烃源岩有机碳含量(TOC)主要分布在2.0%~6.0%，均值为3.9%，HI主体分布在305~647mg/g，均值为419mg/g，有机质类型为Ⅰ~$Ⅱ_1$型(图2)。惠州26洼陷文昌组烃源岩在珠江组沉积晚期(16Ma)进入成熟阶段，镜质组反射率(Ro)为0.7%~0.9%；韩江组沉积晚期洼陷中心部位Ro为1.2%~1.4%；目前洼陷文昌组烃源岩主体已进入高成熟期，Ro为1.3%~1.9%，已经进入生气阶段。

根据惠州26-6构造天然气样品甲烷含量为76.6%~87.2%，乙烷含量分布在8.1%~14.3%，丙烷含量介于2.5%~5.7%，干燥系数介于0.78~0.87，平均为0.83，整体表现出湿气的特征。在深层高地温条件下，原油(包括胶质和沥青质等可溶有机质)可能发生裂解，转化为天然气。天然气的成因可以通过组分和碳同位素特征进行判别。尽管已有相关研究，但惠州凹陷深层天然气的成因仍有争议。生烃模拟实验显示，通过比较天然气中甲烷的$\delta^{13}C_1$值与其他组分碳同位素值的差异($\delta^{13}C_2$-$\delta^{13}C_3$)，可以有效区分天然气的成因类型。随着成熟度的增加，干酪根热解产生的甲烷碳同位素值 $\delta^{13}C_1$ 升高，而乙烷和丙烷的碳同位素值差异较小，范围在-0.24‰至-2.8‰。相比之下，原油裂解气中乙烷与丙烷的碳同位素值差异随成熟度显著增加，至裂解晚期可达到-15‰至-20‰。惠州 26 洼深层天然气的碳同位素特征表明其为混合成因气（图 3 左）。原油中轻质-中质原油主要由长链脂肪族化合物组成，其裂解气 C_1/C_2 比值和碳同位素值差异较小。而重质原油和可溶有机质组成复杂，其裂解气的 C_1/C_2 比值和碳同位素值差异较大。$Ln(C_1/C_2)-(\delta^{13}C_1-\delta^{13}C_2)$ 关系图显示，惠州 26-6 构造天然气受到重质可溶有机质裂解生气的影响（图 3 右），推测为烃源岩滞留可溶有机质。

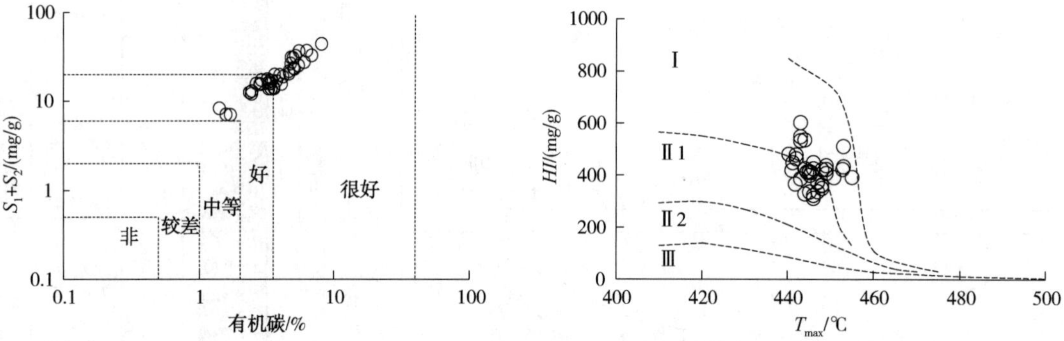

图 2　惠州 26 洼半深-深湖相烃源岩有机质丰度和类型

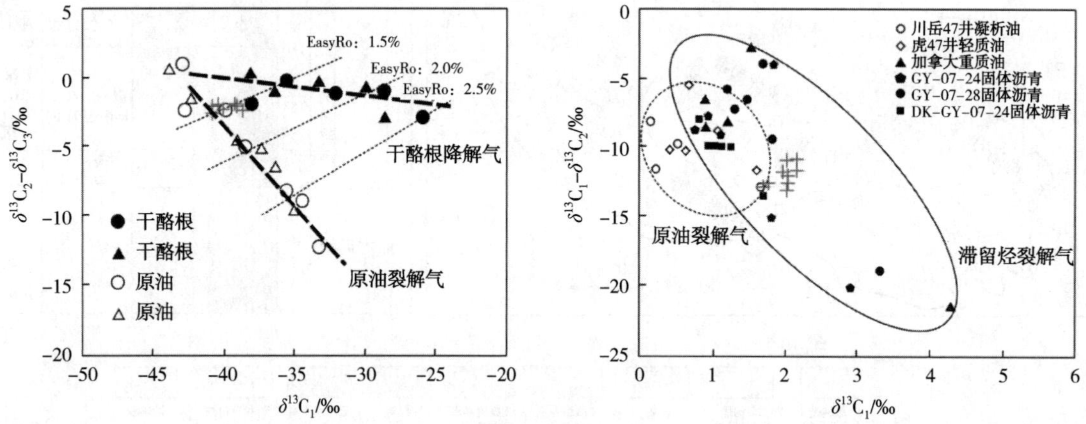

图 3　天然气成因来源判识

轻烃是原油和天然气的重要组成部分，包含反映油气来源、成熟度和油气次生改造过程等信息。轻烃系列化合物中二甲基环戊烷（$\sum$DMCyC$_5$）、正庚烷（nC_7）和甲基环己烷（$MCyC_6$）的生物来源意义不同，与油气成因关系密切。惠州 26-6 构造凝析油中 nC_7 含量为 39.3%～46.4%，均值为 42.2%；$MCyC_6$ 含量为 32.8%～39.3%，均值为 35.2%；$\sum$DMCyC$_5$ 含量为 20.4%～25.7%，均值为 22.5%。根据天然气轻烃三角图指示天然气成因为油型气，指示其主要来源于低等水生生物相对丰富的半深-深湖相泥岩（图 4）。利用正庚烷指数和异庚烷指数可以有效地判识烃类成熟度和母质来源类型。惠州 26-6 构造凝析油集中在脂肪族曲线附近，指示其源岩母质类型较好，以腐泥型有机质为主；从成熟度角度看，惠州 26-6 的凝析油成熟度相对较高，庚烷指数处于 28.9%～34.3%，对应成熟度 Ro 约为 1.2%～1.3%（图 4）。

储层抽提烃与原油成因来源分析。惠州 26-6 构造文昌组、古潜山井壁心储层抽提烃均记录了早期原油充注信息，储层抽提烃 C_{30}4-甲基甾烷丰富，双杜松烷 T 化合物含量低，整体表现为文昌组半深-深湖相原油特征，成熟度均较低（图 3）。现今油气藏中流体，记录了油气充注过程，以晚期充注为主，恩平和文昌组储层原油（凝析油），C_{30}4-甲基甾烷丰富，双杜松烷 T 化合物含量较低，主体表现为文昌组半深-深湖相原油特征；古潜山原油（凝析油），C_{30}4-甲基甾烷丰富，双杜松烷 T 化合物含量较高，为文昌组浅湖-半深湖相原油特征均为成熟原油（图 5）。

储层抽提烃和原油中较高丰度 C_{30}4-甲基甾烷与双杜松烷 T 构型化合物的共存，反映了以低等水生生物来源有机质为主的宏观背景下一定丰度陆源树脂类有机质的输入。

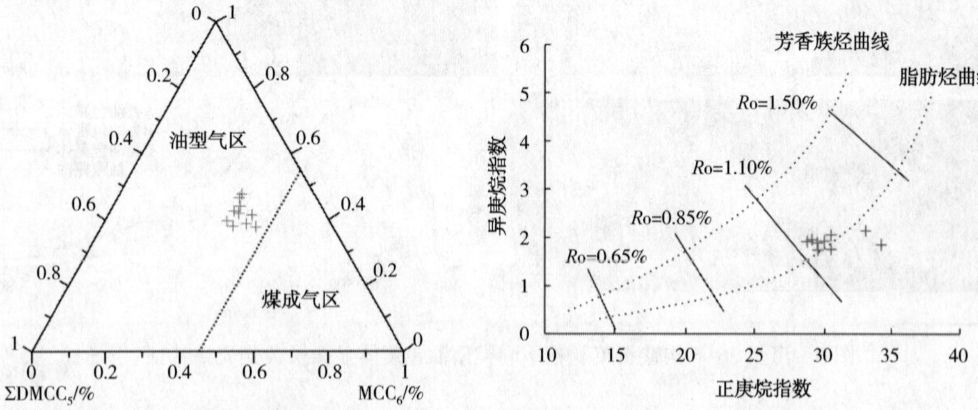

图 4　惠州 26-6 构造天然气 C_7 轻烃组分判识成因来源(左)及正庚烷-异庚烷值分布特征(右)

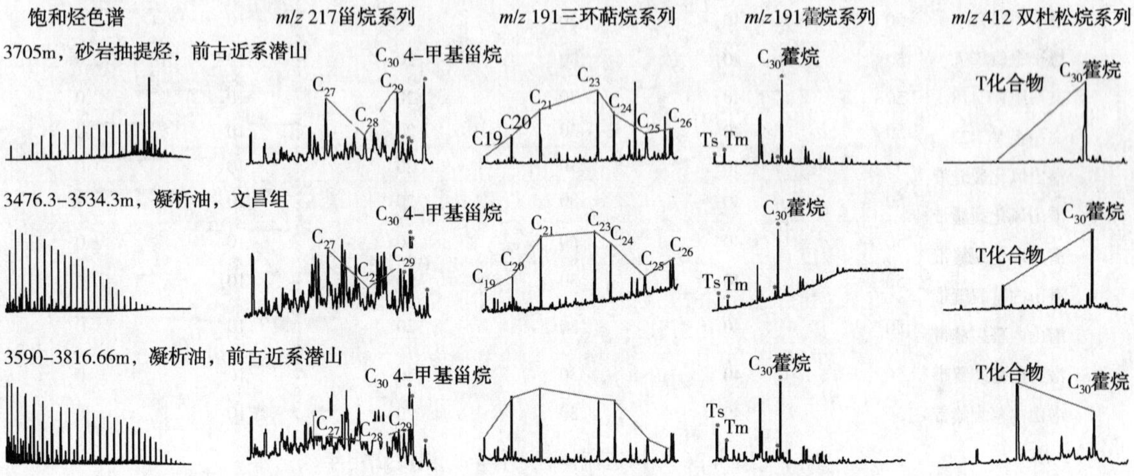

图 5　惠州 26-6 构造储层烃及原油生物标志化合物特征

3　油气成藏过程

油气成熟度差异指示惠州 26-6 构造深层存在 3 期油气充注。第一期为弱成藏期，较低成熟半深-深湖相原油在文昌组—古潜山储层均有充注；第二期为主力成藏期，成熟油大规模充注至潜山、文昌组及恩平组；第三期为重要成藏期，高熟油和天然气在相对优质储层段成藏。

储层流体包裹体分析验证了 3 期油气充注事件(图 6)。第一期油包裹体多见于石英颗粒内裂纹，形态以椭圆形和近三角形为主，气泡充满度为 5%~10%，荧光色为黄橙色，主峰波长 527~530nm，QF535 值为 2.98~3.57。第二期油包裹体分布于石英颗粒内外裂纹，形态狭长椭圆形，气泡充满度与第一期相似，荧光色为蓝绿色，主峰波长 486~511nm，QF535 值为 2.37-2.88。第三期包裹体主要穿石英颗粒裂纹，形态为长方形和椭圆形，气泡充满度 55%~70%，荧光为蓝色至浅蓝色，主峰波长 451~482nm，QF535 值为 1.14-2.55。第三期高成熟油的荧光光谱与油藏原油一致，表明其对当前凝析气藏的形成贡献最为显著。

流体包裹体均一温度法是油气成藏的时期的重要方法，该方法通过实验测试油包裹体同期盐水包裹体均一温度，进而推算出油气充注时的古地温。结合沉积埋藏史和热演化史，通过地质时间的投影分析，进而确定惠州 26-6 古近系-古潜山 3 期油气充注时间分别为：19.1~13.8Ma，13.8~10Ma，10Ma~现今(图 7)。

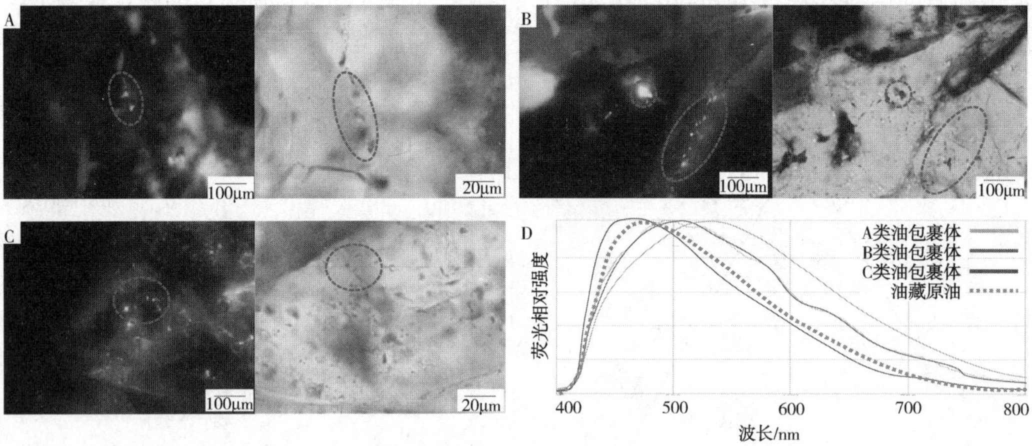

图 6　惠州 26-6 构造石英颗粒不同类型油包裹体显微及荧光光谱特征

图 7　惠州 26-6 构造流体包裹体均一温度法定年

4　油气充注与地层压力演化

惠州 26 洼韩江组、珠江组、珠海组和恩平组砂岩储层共计 698 个测压数据点，压力系数处于 0.96~1.10，均值为 1.01，地层压力总体展现出常压特征。文昌组储层共计 58 个测压点，压力系数处于 0.97~1.56。实测压力数据与深度关系反映文昌组压力系数随着深度增加具有增大的趋势，现今超压(压力系数>1.2)主要发育深度大于 4000m。惠州 26-6 构造深层地层压力为常压，超压主要发育于洼陷内部。惠州 26 洼具备生烃增压的烃源和演化条件。同时，不同成因的超压在声波速度和密度交汇图上有显著不同的特征，由图 8 可见研究区超压带泥岩中部分点偏离了正常压力带的分布趋势，符合泥岩内部流体膨胀增压的特征。

本次研究主要采用盆地模拟的方法开展地层压力演化分析。盆地模拟法地层压力的演化分析考虑盆地演化过程中机械压实、温度变化、成岩胶结、生烃作用引起的孔隙空间减小、流体膨胀以及流体排除之间的相互关系，正演地层压力的演化过程。本文基于烃源岩生烃史和油气充注时间，定量计算压力演化过程，并通过流体包裹体恢复油气充注期地层压力，进行模拟地层压力标定约束。

图 9 展示了惠州 26 洼的地层压力演化。在古新世至早渐新世的裂陷期，惠州 26 洼处于拉张应力环境，洼陷中心区文昌组沉积期沉积速率为 290m/Ma，恩平组沉积期沉积速率为 210m/Ma，恩平组沉积末期(33Ma)文昌组中间面泥岩镜质体反射刚接近 0.5%，该时期文昌组地层压力以静水压力为主，地层剩余压力主体小于 5MPa。晚渐新世至中中新世坳陷期，断裂活动较平静，珠海组沉积期沉积速率为 77m/Ma，珠江组和韩江组沉积期沉积速率增加，分别为 235m/Ma 和

233m/Ma。珠江组沉积末期(16Ma)洼陷中心区文昌组中间面泥岩镜质体反射约0.75%，进入大规模生油阶段，此时，洼陷中心部位文昌组地层剩余压力达到15～20Ma，压力系数处于1.25～1.35。韩江组沉积末期(10Ma)洼陷中心区文昌组中间面泥岩镜质体反射约1.30%，开始进入大规模生气阶段，文昌组地层剩余压力达到25～30Ma，压力系数处于1.40～1.60。晚中新世以来洼陷处于断裂活化期，沉积速率约为70m/Ma。现今文昌组中间面泥岩镜质体反射达到1.90%，文昌组烃源岩总体进入生气阶段，文昌组地层剩余压力达到40～45Ma，压力系数处于1.40～1.80。惠州26洼形成演化过程中总体处于张性应力环境，沉积速率相对较小，不超过300m/Ma，因此构造应力和欠压实作用对文昌组超压形成的贡献较小。

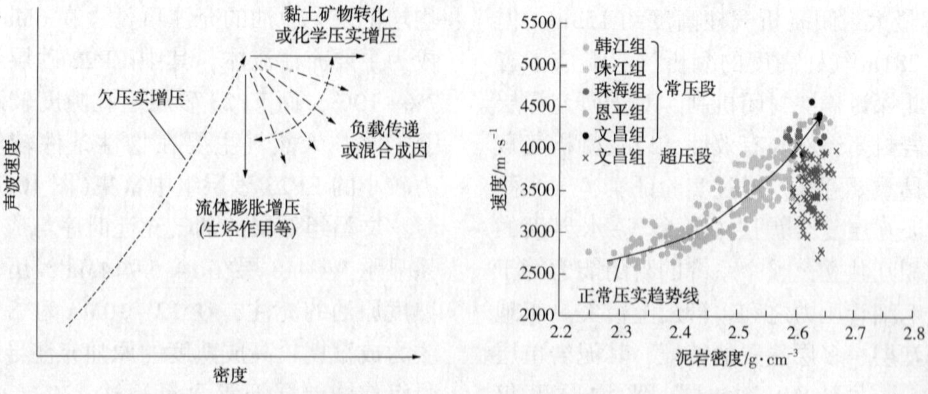

图8　超压成因判别示意图及惠州26洼超压成因判识

文昌组中间面关键成藏期剩余压力分布特征可以看出，惠州26洼早期成藏期(16Ma)文昌组剩余压力相对较小，超压范围主要集中在洼陷中心部位，最大剩余压力约20MPa，剩余压力梯度平缓，平均剩余压力梯度为1.43MPa/km；10Ma以来剩余压力增加显著，洼陷中心部位剩余压力可达45MPa，由洼陷中心区向边缘区剩余压力梯度增大，其中南部陡坡带剩余压力变化最快，剩余压力梯度为4.09MPa/km(图9)，为深层油气充注提供充足动力。

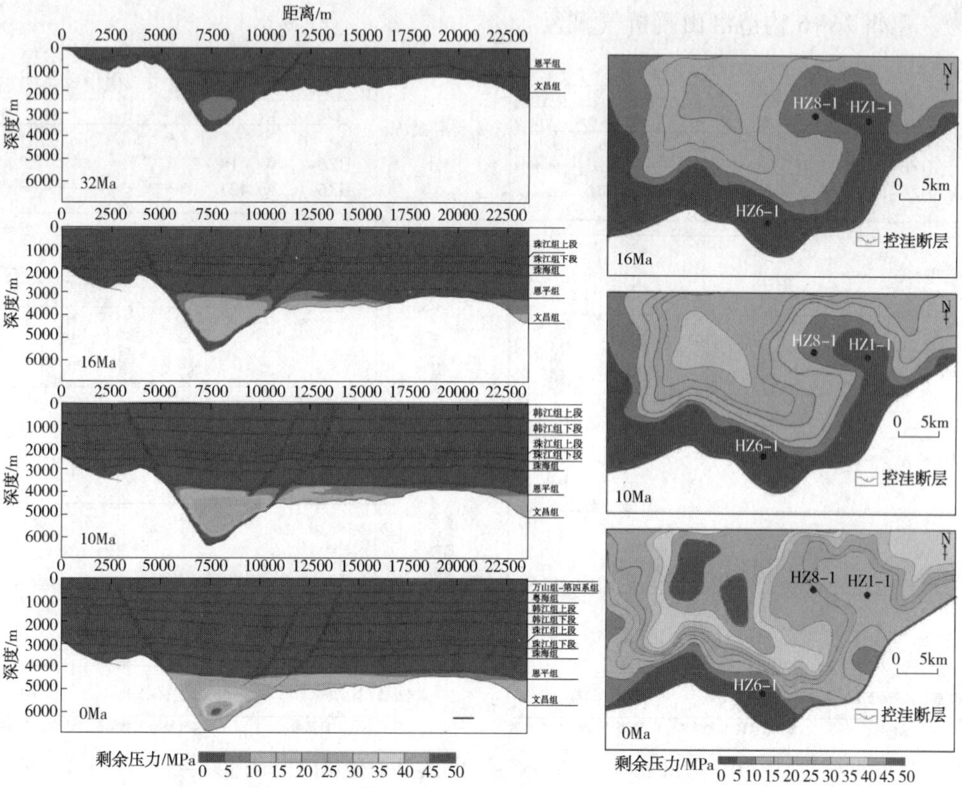

图9 惠州26洼地层剩余压力演化

5　油气充注与盖层封闭机制

惠州26-6构造油气藏垂向可划分为恩平组、文昌组和古潜山三个油气层段，具有多相态复合成藏特点，其中潜山凝析气藏气柱高度达281m。潜山凝析气藏的直接盖层为文昌组湖相沉积地层，今埋藏深度3450~3550m，盖层内部不发育异常高压，泥岩实测突破压力0.5~2MPa，折算最大封闭凝析气柱高度约153m，但是该盖层对281m气柱高度的凝析气层形成了有效封闭，因此探讨盖层封闭机制，对于研究深层湖相薄层泥岩封闭天然气有效性，以及凝析气藏分布规律均具重要意义。通过实验证实，气水两相条件下砂泥互层复合盖层中各个气-水界面的毛细管作用相互独立，整个系统的封闭能力等于各个界面的毛细管压力之和。潜山上覆文昌组地层具有砂泥互层、多层叠置的特征，其泥岩单层厚度1~10m，共计10~15层，平均厚度仅2.6m。对于惠州H6构造潜山凝析气藏，天然气的生成和充注对于砂泥互层复合盖层的形成至关重要。晚期天然气在超压和浮力作用下由烃源岩层沿断层向上运移至砂泥互层段后优先进入毛细管阻力较小的砂岩层，并部分或完全驱替孔隙流体，而泥岩仍然饱和地层水，从而形成复合毛细管封闭压力。惠州26-6构造潜山凝析气藏复合盖层中存在10~15个被天然气饱和的砂岩层，则会产生20~30个气水两相界面，由此产生的毛细管压力足以封闭下伏油气藏。

6　油气充注与油气差异分布

恩平组储层油气充注与储层成岩时序关系揭示了原油充注期为13.8~10Ma，该时期储层孔隙度10%~20%，原油充注阻力小，各个砂层组均均记录了原油的充注事件。在6Ma~今天然气成为主要充注流体，其中EP22砂层组孔隙度为7%~10%，而EP23砂层组孔隙度较高，为12%至17%，天然气主要在物性条件较优、充注阻力较小的EP23砂层组中富集(图10)。

文昌组储层的油气充注时序与成岩作用的关系显示WC418层在14.5~14Ma经历了一期低成熟度原油的充注，在12~10MA和8~3.5MA为主力成藏期较高成熟度的原油充注导致沥青的大量沉淀，储层沥青含量高达12%，而储层的剩余孔隙度降至约1%。，沥青对孔隙的堵塞作用限制了晚期天然气的充注能力。WC427层在油气充注期间孔隙度保持在20%~15%，油气充注阻力相对较小，符合常规动力成藏的条件，早期聚集的原油容易被后期充注的天然气所驱替，形成凝析气藏(图10)。

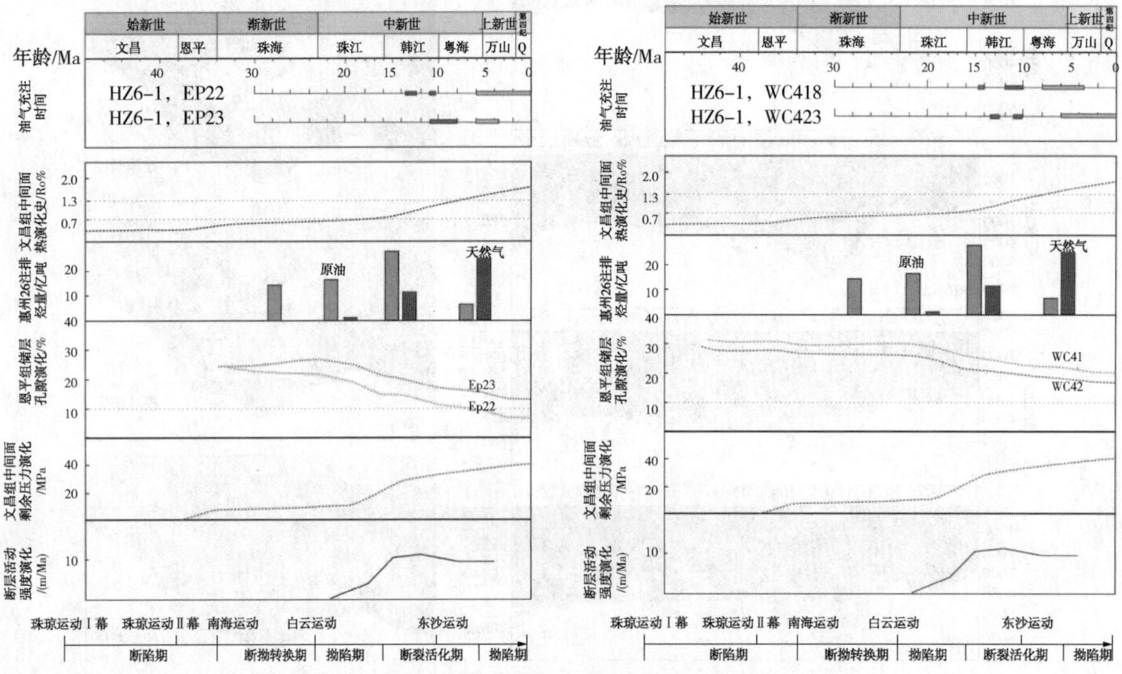

图10　惠州26-6构造古近系油气充注与储层成岩时序关系

惠州 26-6 构造古近系-古潜山储层均存在不同类型原油和天然气多期充注，孔渗条件较好的储层段(面孔率约>8%)天然气包裹体含量显著增高，指示储层致密程度控制了晚期天然气充注强度。惠州 26-6 构造古近系储层中油层段现今孔隙平均半径(0.28～1.03μm)明显低于气层(0.77～4.21μm)，形成恩平组、文昌组上部油藏下部高-特高含凝析油的气藏分布格局。潜山风化裂缝带孔渗条件较好，储集空间为孔隙型和裂缝孔隙型，孔隙度 6.2%～7.1%，渗透率 4.7～5.1mD，晚期天然气充注阻力小；内幕裂缝带孔渗条件相对差一些，储集空间为裂缝型和孔隙裂缝型，孔隙度 3.3%～4.7%，渗透率 1.1～1.2mD，晚期天然气充注阻力相对较大，形成上部潜山风化裂缝带高-特高含凝析油的气藏、下部内幕裂缝带挥发型油藏的分布格局(图 11)。

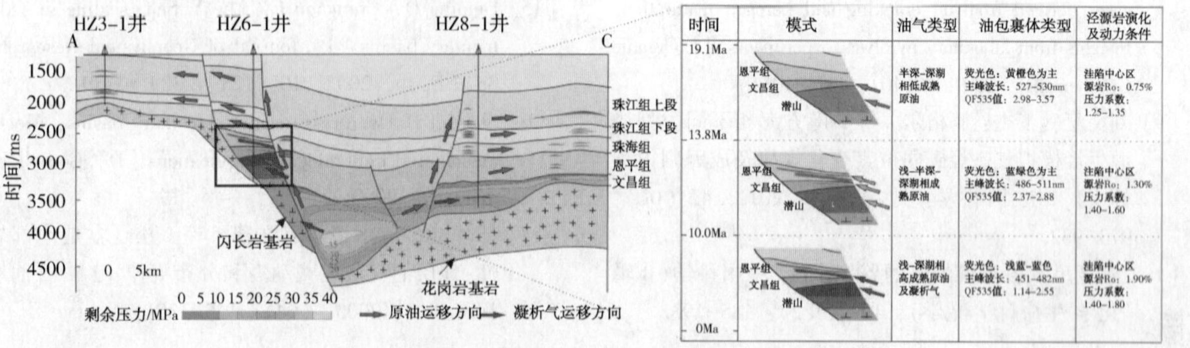

图 11　惠州 26 洼深层油气成藏成藏过程及模式

惠州凹陷文昌组发育厚层湖相油型烃源岩，总体上已进入成熟至高成熟的演化阶段，深层油气生成提供了良好的物质基础。深部古近系储层为辫状河三角洲和扇三角洲沉积背景下的砂砾岩、含砾粗砂岩及中砂岩，储层物性非均质性强。潜山储层包括上部风化裂缝带和下部内幕裂缝带，风化裂缝带储集空间以裂缝和溶蚀孔洞为主，内幕裂缝带以裂缝为主。近洼长期活动的控洼断裂和储层共同为深层油气运移提供通道。盖层具有薄层泥岩为主，砂泥互层具有多层叠置封盖的特点，晚期晚期气侵增强砂泥互层复合盖层封闭性。

7　结论

(1) 惠州 26-6 构造凝析气来源于文昌组烃源岩，为偏油型烃源岩在相对高成熟阶段(Ro 处于 1.16%～1.49%)生成，具有干酪根降解气和滞留分散有机质裂解气混合成因的特征。

(2) 惠州 26-6 构造深层油气充注分为三个阶段：早期(19.1～13.8Ma)为弱成藏期，充注低成熟原油至恩平组-古潜山储层；中期(13.8～10Ma)为主力成藏期，成熟半深-深湖相原油主要在恩平组和文昌组储层成藏；晚期(10Ma 至今)为重要成藏期，以高成熟天然气-凝析气充注为主，集中于优质储层段。

(3) 惠州 26 洼文昌组存在生烃超压现象，自 10Ma 起剩余压力显著增加，中心部位可达 45MPa，压力梯度由中心向边缘递增，南部陡坡带压力梯度最高，为深层油气充注提供了强劲动力。

(4) 惠州 26-6 构造深层高熟油和天然气表现出显著的差异充注和驱替作用，晚期气体侵入导致不同层段的充注阻力差异，进而影响油气分布，并增强了砂泥互层的复合盖层封闭性。

参 考 文 献

[1] 徐长贵，高阳东，刘军，等．南海东部富砂砾型大中型油气田发现与启示——以珠江口盆地惠州 26 洼古近系恩平组为例[J]．石油勘探与开发，2024，51(01)：14-27.

[2] 施和生，高阳东，刘军，等．珠江口盆地惠州 26 洼“源-汇-聚”特征与惠州 26-6 大油气田发现启示[J]．石油与天然气地质，2022，43(04)：777-791.

[3] 彭光荣，王绪诚，陈维涛，等．珠江口盆地惠州 26 洼东南缘古近系恩平组上段断-拗转换期源-汇系统及勘探意义[J]．石油与天然气地质，2023，44(03)：613-625.

[4] 朱俊章，石创，黄玉平，等．珠江口盆地惠州 26-6 油气田有效气源岩分析[J]．天然气地球科学，2022，33(11)：1723-1733.

[5] 史玉玲，张向涛，龙祖烈，等．珠一拗陷惠州凹陷

惠州 26-6 构造深层天然气成因及来源[J]. 成都理工大学学报(自然科学版), 2022, 49(04): 432-441.

[6] 刘杰, 徐国盛, 温华华, 等. 珠江口盆地惠州 26-6 构造古潜山—古近系油气成藏主控因素[J]. 天然气工业, 2021, 41(11): 54-63.

[7] 田立新, 刘杰, 张向涛, 等. 珠江口盆地惠州 26-6 大中型泛潜山油气田勘探发现及成藏模式[J]. 中国海上油气, 2020, 32(04): 1-11.

[8] Liguo G, Xianming X, Hui T, et al. Distinguishing gases derived from oil cracking and kerogen maturation: Insights from laboratory pyrolysis experiments[J]. Organic Geochemistry, 2009, 40(10): 1074-1084.

[9] 刘文汇, 王杰, 腾格尔, 等. 南方海相不同类型烃源生烃模拟气态烃碳同位素变化规律及成因判识指标[J]. 中国科学: 地球科学, 2012, 42(07): 973-982.

[10] 戴金星. 各类烷烃气的鉴别[J]. 中国科学(B 辑 化学 生命科学 地学), 1992, (2): 185-193.

[11] 戴金星. 利用轻烃鉴别煤成气和油型气[J]. 石油勘探与开发, 1993, 20(5): 26-32.

[12] Bowers G L, Katsube T J. The role of shale pore structure on the sensitivity of wire-line logs to overpressure [J]. AAPG Memoir, 2004: 43-60.

[13] 石万忠, 陈红汉, 陈长民, 等. 珠江口盆地白云凹陷地层压力演化与油气运移模拟[J]. 地球科学, 2006, (02): 229-236.

[14] 解习农, 李思田, 刘晓峰. 异常压力盆地流体动力学[M]. 中国地质大学出版社, 2006.

[15] Deming D, Cranganu C, Lee Y. Self-sealing in sedimentary basins [J]. Journal of Geophysical Research: Solid Earth, 2002, 107(12): 2329 -2339.

[16] Shosa J D. Overpressure in sedimentary basins: Mechanisms and mineralogical implications [D]. Cornell University, 2000.

[17] 邹才能, 贾承造, 赵文智, 等. 松辽盆地南部岩性-地层油气藏成藏动力和分布规律[J]. 石油勘探与开发, 2005, (04): 125-130.

元素录井影响因素研究及在超深层复杂油气勘探中的应用

王泽宇[1] 杨 琳[1,2] 李洪玺[1] 李 立[1] 罗谋兵[1] 唐 谢[1] 赵 磊[1,2] 何 硕[1] 付 宇[1] 吴 晓[1]

(1. 中国石油集团川庆钻探工程有限公司；2. 成都理工大学油气藏地质及开发工程全国重点实验室)

摘 要 元素录井凭借原位分析、实用性强的优势，可随钻开展复杂岩性识与地层精细评价，在区域地质研究、现场工程应用等方面发挥了重要作用。然而，元素录井原始数据受现场设备工艺、分析条件等因素影响，制约了元素录井解释效果。为提高数据质量，通过室内实验，系统揭示了选样、制样、设备检测等不同因素对元素录井数据质量的影响，并提出操作建议。基于建议后的元素录井数据在蓬莱气田31口超深井开展随钻地层识别应用，效果良好，支撑了超深层复杂地层高效勘探开发。

关键词 深层-超深层；元素录井；影响因素；重复性实验；标定方法

近年来，随着油气勘探开发理论与认识的不断深入，钻井新工艺、新装备不断升级迭代，油气勘探逐渐向深层、超深层领域迈进。根据石油行业通用标准结合勘探实际，国内学者通常将4500~6000m定义为深层，超过6000m定义为超深层。目前我国深层、超深层油气勘探主要聚焦于四川盆地、塔里木盆地、鄂尔多斯盆地、准格尔盆地、松辽盆地、渤海湾盆地等地区。

相比浅层油气勘探，深层、超深层油气勘探面临地层岩性复杂、压力系统多样、泥浆安全密度窗口窄等诸多挑战，钻完井周期长、成本高，难以保障油气勘探经济高效勘探开发，提升随钻地质评价的及时性与精准性已迫在眉睫。然而，传统地质评价手段如岩心取样、测井因时效滞后，无法满足深层、超深层钻井过程中对地层信息的即时反馈需求。相比之下，元素录井凭借其原位分析、实用性强的优势，利用少量岩屑样品可实现多种元素的定量检测，为深层-超深层复杂岩性识、地层精细评价与高温高压环境下的随钻决策提供关键数据支撑。

元素录井自2007年被引进到地质录井行业，持续受到广泛的关注。相比其他肉眼或显微观察等传统录井技术，元素录井能较好解决粉末状岩屑的分析难题，实现了对不同特征元素的定量表征，有效降低了深层、超深层钻井新工艺对岩性识别的影响。目前，元素录井技术已在国内川渝、长庆、塔里木、渤海湾、松辽、大庆等多个区块实现规模应用，众多石油地质学者依托该项技术开展地层分层卡层、地质导向、沉积环境研究、储层评价和可钻性评价等工作(表1)，取得了良好的应用效果。

尹平等(2017)总结了川渝地区元素录井关键参数的特征，建立了曲线趋势法、特征元素比值法、指数法等地层划分方法，有效解决了川渝地区钻井新工艺条件下的地层分层难题；阚留杰等(2020)根据元素地球化学理论及元素在古环境中的迁移规律，实现了对渤海油田曹妃甸区块岩相古地理的恢复；何叶等(2021)利用元素录井辅助昭通示范区太阳浅层页岩气田五峰组—龙马溪组地质导向工作，并依托元素录井数据建立了页岩气储层评价参数的计算模型，应用效果良好；胡宗敏等(2023)以松辽盆地火成岩为研究对象，构建了基于元素含量的岩石可钻性预测模型，为实时评价地层的抗钻特性提供了新的思路与方法。

表1 元素录井应用现状

应用类型	方向	方法
现场工程应用	地层分层卡层	标志层特征元素、曲线趋势法、比值法、指数法等
	地质导向	
	可钻性评价	优选岩石抗钻特性敏感元素构建可钻性模型等

续表

应用类型	方向	方法
区域地质研究	沉积环境研究	根据元素地球化学理论分析元素分异规律、相敏感元素特征等
	储层评价	根据敏感参数建立储层评价参数计算模型

调研表明元素录井技术在油气勘探过程中起到了重要作用，然而，现有的研究侧重于元素录井解释技术，对于元素录井原始数据影响因素的研究仍显不足。实际工作中元素录井测量数据易受环境因素、设备差异、标定方式、人为操作等多方面影响，制约了元素录井在深层、超深层油气勘探过程解释效果。为了提高元素录井原始数据的质量，更好发挥元素录井作用，本文系统分析了元素录井的影响因素，提出操作建议，并在四川盆地开展了应用研究，以期为元素录井技术研究与方法应用提供新的思路。

1　元素录井影响因素

元素录井技术主要依据 X 射线荧光光谱分析原理(X-ray Fluorescence，XRF)(图 1)，利用 X 射线激发岩心、岩屑等样品产生二次 X 射线，通过测量二次 X 射线的波长及强度等特征，达到定量测量元素含量的目的。

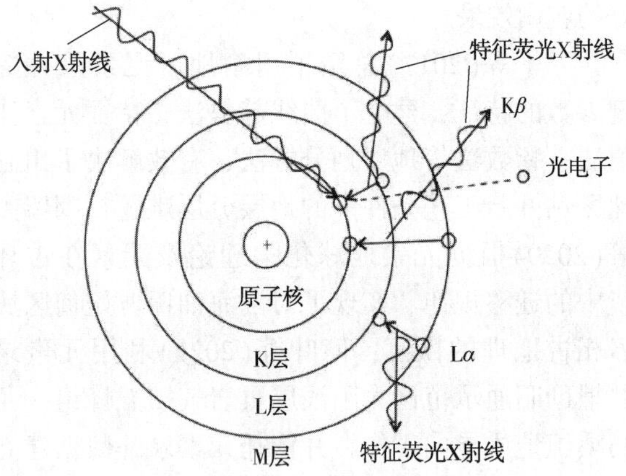

图 1　特征 X 射线产生的过程

元素录井作为一种有效的岩性定量解释技术，目前正处于大面积推广应用阶段。勘探实践表明，元素录井在应用过程中会受到现场设备工艺的差异和分析条件的制约等多种因素影响，现有的元素录井技术规范虽然对分析过程制定了相关程序，但在应用过程中仍会出现数据稳定性弱，对比性较差的问题，本文从选样、制样、设备等方面入手，系统分析不同环节对元素录井数据的影响。

1.1　选样对元素录井数据的影响

实钻过程中上返的岩屑由于受到钻井液浸泡，采用清水清洗并不能完全去除钻井液中的处理剂。无论钻井液采用水基或油基体系，钻井液中的重晶石粉、赤铁矿粉、膨润土、凹凸棒石、海泡石等大多数处理剂若未完全筛除，影响 S、Ba、Fe、Mg、Si 等元素的原始数据质量。

1.2　制样对元素录井数据的影响

元素录井制样常用研钵研磨压制成型，再压片处理。本文重点研究样品粒径、元素含量对元素录井数据的影响，选取了四川盆地白云岩、石灰岩、页岩、粉砂岩、中砾岩、玄武岩等六种常见岩屑开展不同制样粒径的室内实验研究，分析设备采用了 CIT-3000SY 元素录井分析仪。

1.2.1　样品粒径对元素录井数据的影响

本研究采用研钵将六种岩性的岩屑样品研磨成粉，利用筛网筛选出 >0.45mm、0.35 ~ 0.45mm、0.22 ~ 0.35mm、0.1 ~ 0.22mm、<0.1mm等五种不同粒径的样品，并随机将一粒径样品与<0.1mm 的样品混合，得到六种不同粒径的样品后压饼制样。为了分析不同粒径下每组元素录井数据的稳定性，本研究将六种岩性在每一个制样粒径下分别开展三次重复性实验，计算了每次重复性实验的相对误差(图 2)。

实验结果表明：不同岩性、不同粒径样品的稳定性各不相同。其中粒径 φ<0.1mm 的样品数据重复性实验稳定性整体优于更大粒径。通过对相同岩性不同粒径的样品对比可见(表 2)：随着粒径的减小，不同岩性样品表面的颜色均呈现由 >0.45mm 的杂色向<0.1mm 的纯色过渡的特征，这与样品的表面状态和不均匀性效应有关。表面粗糙时，来自 X 射线光管的 X 射线不能均匀地照射在样品表面上，造成样品产生的 X 射线强度随位置而变化，因表面形状不同而造成的的散射也可能会有差别，导致重复性实验误差偏高；相反，对于粒径相对较小的样品，均质性更强，重复性实验的相对误差更低(图 3)。

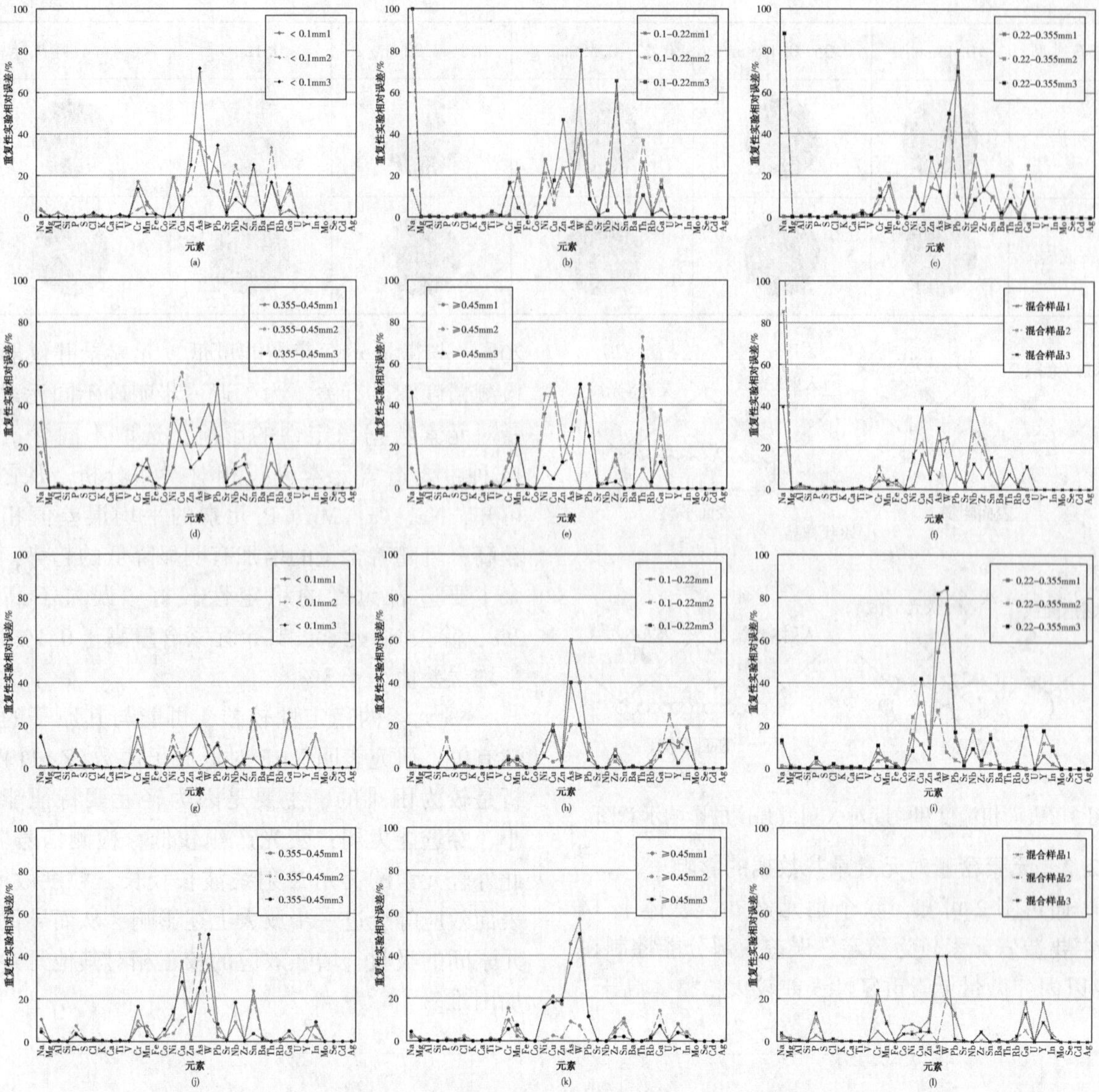

图 2　不同粒径的重复性实验相对误差(以白云岩(a)-(f)和粉砂岩(g)-(l)为例)

表 2　不同岩性、粒径样品照片统计表

岩石类型	>0.45mm/g	0.35~0.45mm/g	0.22~0.35mm/g	0.1~0.22mm/g	<0.1mm/g	<0.1mm+随机样品
白去岩						
粉砂岩						
中砾岩						
石灰岩						

续表

岩石类型	>0.45mm/g	0.35~0.45mm/g	0.22~0.35mm/g	0.1~0.22mm/g	<0.1mm/g	<0.1mm+随机样品
页岩				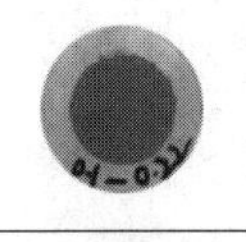	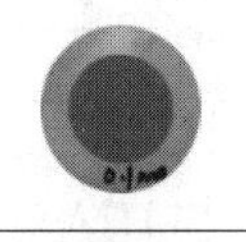	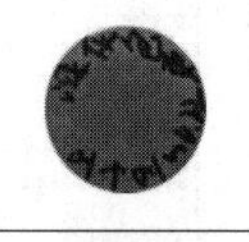
玄武岩	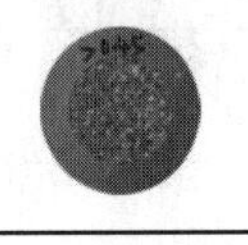	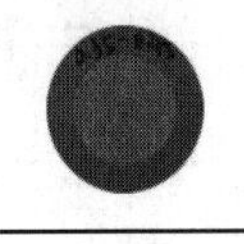	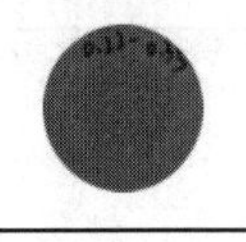	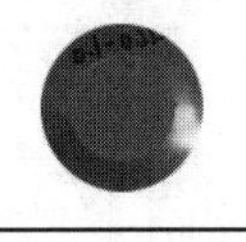	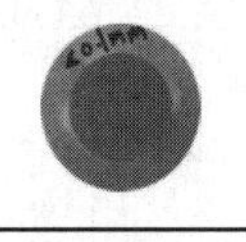	

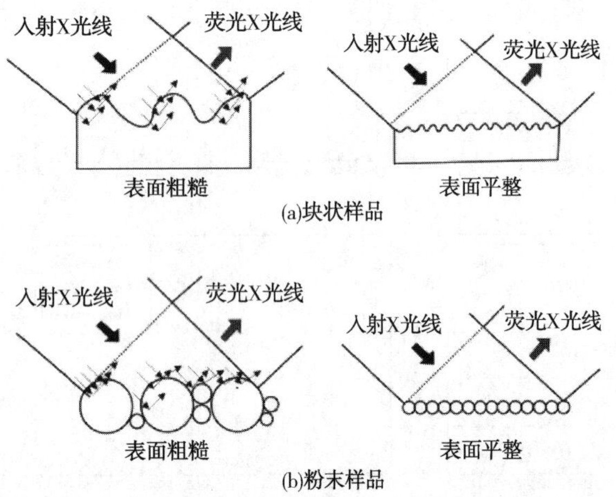

图 3　表面粗糙度和粒度对 X 射线强度的影响示意图

1.2.2　元素含量对元素录井数据的影响

通过图 2 可知，除个别元素外，总体上 14 种主要造岩元素较为稳定，误差大部分能控制在 5%以内；微量元素重复性误差较大，整体高于 20%，与微量元素荧光能量低、元素录井仪器的检测精度不足有关。为了近一步明确不同元素含量对元素数据稳定性的影响，选取不同含量的 14 种主要造岩元素进行相对误差分析。从图 4 可知，Na、Cr、Mn、P 元素的平均误差值相对较高，且随着含量的增加有明显降低的趋势；其余主要造岩元素的稳定性较好，误差不高于 2%，除去 Na 元素，其余元素含量高于 0.1%时，平均误差值小于 3%。

Na 元素的稳定性较差，可能与其原子的特性有关。研究表明 XRF 对低原子序数(Z<11)分析是较为困难的，主要是因为轻元素特征能量小，穿透能力弱；荧光产额较低，检测信号弱。此外轻元素的荧光 X 射线波长较长，粒度效应、表面效应等会进一步放大上述影响，从而导致轻元素间的吸收、增强效应的校正相对其他元素更加困难。

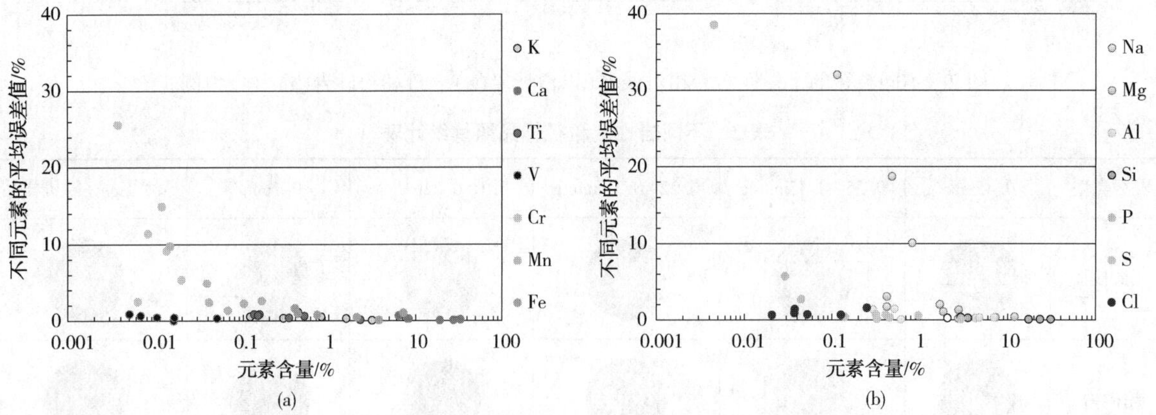

图 4　不同含量相对误差值差分析图

1.3　设备对元素录井数据的影响

元素录井设备出厂前均会进行设备标定，不同厂家的标定原理、方法和标定物质各不相同，部分厂家的校正物质是将国家标准物质进行不同成分混合后配备的，混合过程的不确定性可能导致混合样品的均质性和准确性存疑，且随着设备使用次数和使用时间的增加可能导致设备的稳定性和准确性变差。

本研究选取了不同型号的三台设备进行了国家标准物质测量，测试结果表明不同设备检测值与真实值存在明显差异(图 5a)。经过与国家标准物质进行标准化数据拟合后，大部分数据与真实值的相关性明显提高(图5b)。也有学者通过元素录井与元素测井数据进行相关性分析，筛选了关键元素进行标准化处理。

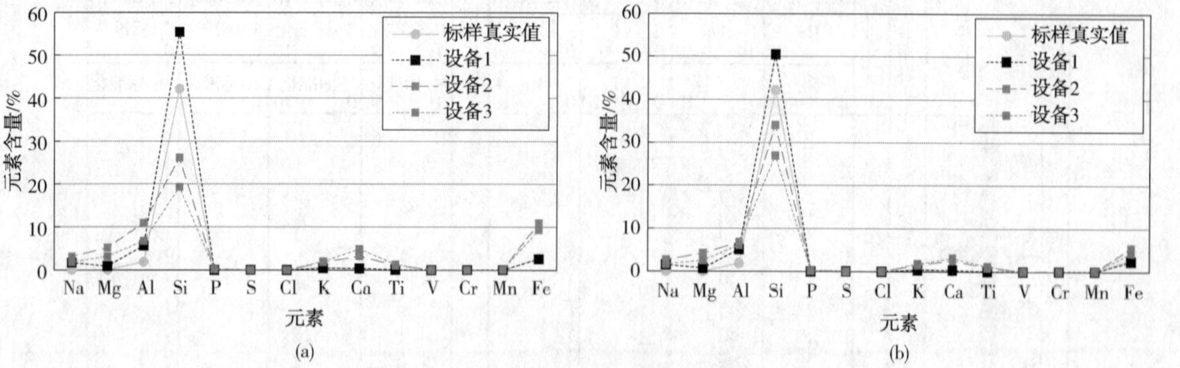

图5　不同设备检测的国家标准物质含量对比

2　元素录井操作建议

研究表明钻进过程中的钻井液处理剂会导致元素录井数据失真，但钻井液规范对处理剂粒径作了相关要求，常见处理剂粒径多低于75μm，故采用0.1mm筛网可有效去除钻井液处理剂。

研磨后的样品粒径对元素录井数据的影响研究表明不同粒径的样品重复性实验稳定性各不相同，建议采用φ<0.1mm样品进行制样。

设备对元素录井数据的影响研究表明，虽然设备出厂前均已校正，但测量值与国家标准物质的真实值仍存在误差，这要求现场操作人员定期采用标准物质校正设备，或根据区域地质特征针对相关性较强的数据进行标准化拟合。

元素含量对元素录井数据的影响研究表明不同元素的稳定性各不相同，14种主要造岩元素的稳定性明显优于其余元素，建议结合区域地质特征重点选取主要造岩元素开展解释评价。

根据选样、制样、设备等方面对元素录井原始数据的影响研究成果和生产现场简单易行的原则建议(图6)：①岩屑筛选，选样过程中用镊子和5mm的滤网将大型团块状假岩屑挑出，用0.1mm筛网将岩屑中混杂的钻井液添加剂筛除；②标准化制样，制样过程中将选样后的岩屑样品采用研钵手工研磨岩屑，并将经过0.1mm筛网的研磨样品放入制样设备压片(根据元素录井技术规范，压片压力不小于5kN)；③环境干扰校正，每次标定前定期检查国家标准物质的测量值，若误差较大及时进行设备校验，根据区域地质特征针对相关性较强的数据进行拟合；④关键元素筛选，在解释评价过程中结合区域地质特征重点选取主要造岩元素。

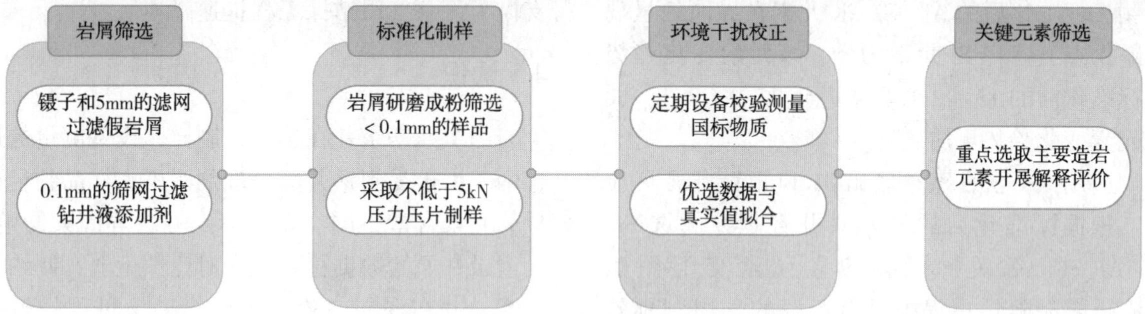

图6　元素录井操作及解释评价建议

3　应用效果

近年来，四川盆地在川中蓬莱气田灯影组取得勘探突破，探明规模储量，成为超深层碳酸盐岩气藏增储上产的核心阵地。该区块位于德阳-安岳裂陷槽东缘，震旦系-寒武系地层接触关系复杂、剥蚀程度不一，常规录井手段难以在随钻过程中高效准确的识别灯影组顶界。录井现场利用元素录井手段虽可以开展岩性与地层的辅助判别，但由于元素数据受钻井液污染、岩屑混杂及仪器漂移等多重因素干扰，关键界面仍难以卡取(图7)，导致在蓬莱气田随钻过程中无法快速完成灯影组顶界识别，影响降低钻井时效及后续固井、取心、完井作业。

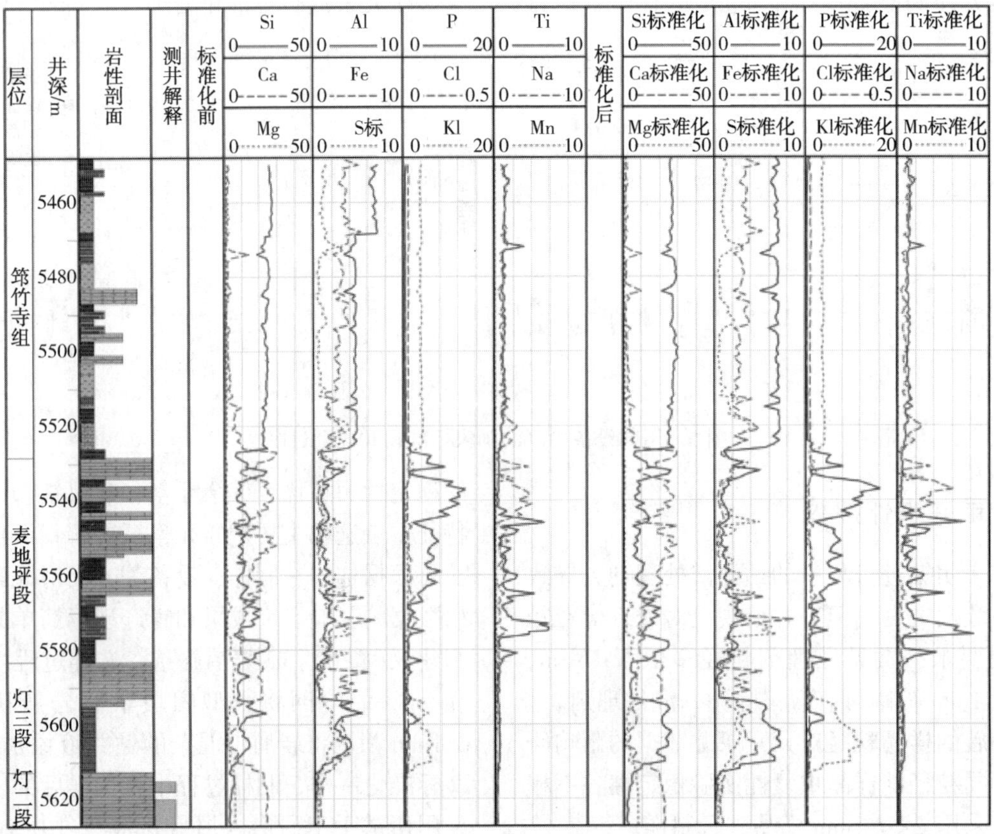

图7　P1井元素录井标准化数据对比

针对上述问题，采用本研究中“岩屑筛选-标准化制样-环境干扰校正”的标准化方法，在蓬莱气田P1井开展应用。通过对比(图7)，标准化后的元素数据有效消除了外在因素对Al、Si、K等灯影组分界关键判别元素的干扰。以P1井灯二段顶界标志层——页岩与白云岩分界为例，标准化后的Al、Si、K元素在界面处呈现陡峭拐点，仅以Si元素为例，该元素变化趋势由标准化前的13.4↓1.6突增至25.9↓2.1，关键元素变化趋势更加显著。

应用该方法在蓬莱气田31口正钻井开展应用。根据标准化后的元素录井数据，优选Si、K、Al、Fe等关键元素建立元素交汇图版(图8)，在随钻过程中具有极好的分层判别效果，筇竹寺组下底部SI-K交汇与Al-Fe交汇呈现大面积充填，表明整体以高黏土类矿物岩性为主；进入麦地坪组后，两者呈现间断小面积交汇，表明该层位特征以黏土类与非黏土类矿物交互沉积为主，是一种典型的混积沉积表现；进入灯影组后整体呈现不交汇的特点，且维持稳定的SI-K、Al-Fe平直特征，表明进入几乎不含黏土类矿物的稳定沉积地层。该判别方式高效精准地指导了随钻过程中灯影组顶界的地层识别工作，提高了中完卡层效率。卡层实践结果表明，除岩电误差外，录井分层与电测分层深度对比无误差，有效节省了现场控时钻进与循环分析带来的钻井时效损失，单井平均节约卡层时间1.25d，支撑了蓬莱气田钻探工程提速降本。

4　认识

(1) 元素录井在选样、制样、设备测量的过程中，由于受到钻井液处理剂污染、样品粒径差异、元素含量不同、设备标定方法等因素影响，元素录井原始数据稳定性和对比性偏弱，制约了元素录井在深层、超深层油气勘探过程的解释效果。

(2) 通过元素录井数据影响因素分析，提出“岩屑筛选-标准化制样-环境干扰校正”的标准化方法，优选稳定性较强的主要造岩元素开展解释评价工作。

(3) 根据操作及解释评价建议，选取关键元素建立元素交汇法，在蓬莱气田31口超深井开展随钻地层识别应用，效果良好，支撑了超深层复杂地层高效勘探开发。

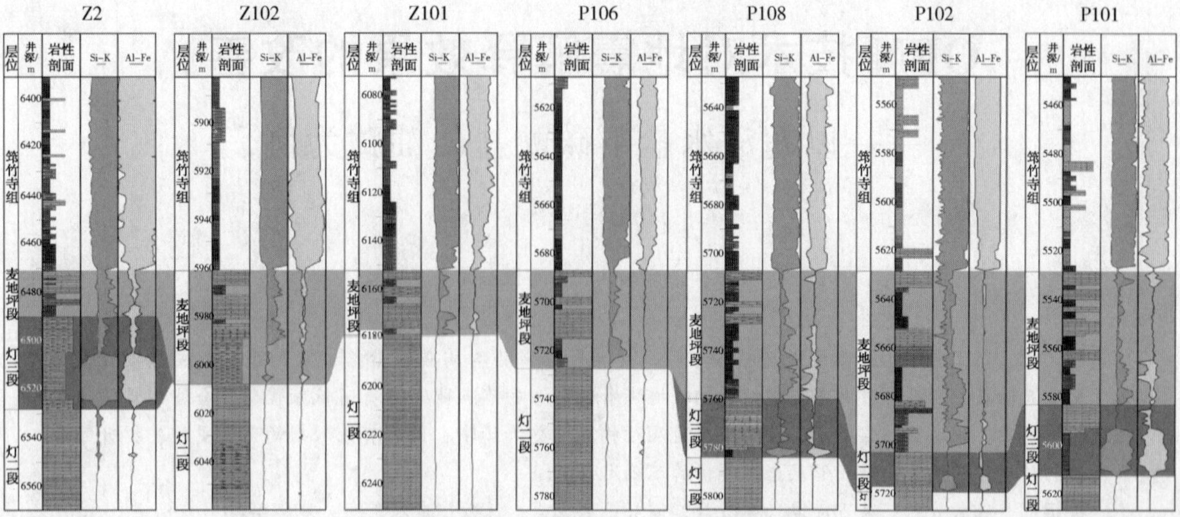

图 8　蓬莱气田元素交汇地层对比图

参 考 文 献

[1] 黄福喜，汪少勇，李明鹏，等．中国石油深层、超深层油气勘探进展与启示[J]．天然气工业，2024，44(01)：86-96.

[2] 李剑，余源琦，高阳，等．中国陆上深层—超深层天然气勘探领域及潜力[J]．中国石油勘探，2019，24(04)：403-417.

[3] 于京都，郑民，李建忠，等．我国深层天然气资源潜力、勘探前景与有利方向[J]．天然气地球科学，2018，29(10)：1398-1408.

[4] 徐春春，邹伟宏，杨跃明，等．中国陆上深层油气资源勘探开发现状及展望[J]．天然气地球科学，2017，28(08)：1139-1153.

[5] 李一超，李春山，刘德伦．X 射线荧光岩屑录井技术[J]．录井工程，2008，(01)：1-8+13+75.

[6] 唐谢，尹平，唐家琼，等．元素录井应用中的问题及对策[J]．天然气工业，2020，40(04)：51-58.

[7] 尹平，罗利，唐家琼，等．元素录井在川渝地区地层划分中的应用[J]．录井工程，2017，28(02)：56-61+135.

[8] 杨琳，张宇，刘达贵，等．四川盆地二叠系火成岩元素录井岩性识别方法[J]．天然气技术与经济，2020，14(05)：28-33.

[9] 杨琳，唐家琼，赵磊，等．元素录井在碳酸盐岩地层分层中的应用——以鄂尔多斯盆地马家沟组为例[J]．天然气技术与经济，2016，10(06)：9-11+81.

[10] 毛勇军，周勇平，向军武，等．元素录井技术在塔里木油田现场录井中的应用[J]．录井工程，2019，30(03)：52-57+186.

[11] 方锡贤．元素录井资料在页岩油勘探中的应用[J]．录井工程，2024，35(01)：1-8.

[12] 阚留杰，谭忠健，胡云，等．元素录井沉积岩相古地理特征研究探索[J]．录井工程，2020，31(04)：149-152+157.

[13] 何叶，张涵冰，郑儒，等．基于元素录井的页岩气水平井钻遇小层分析及储层评价参数计算[J]．天然气工业，2021，41(S1)：110-117.

[14] 胡宗敏，张立刚，罗光东，等．基于元素录井的深层火成岩抗钻特性评价[J]．录井工程，2023，34(01)：24-28.

[15] 韩学彪，陈伟，杨毅，等．元素测、录井技术测量精度对比分析[J]．海洋石油，2023，43(03)：58-63.

[16] 唐诚，王志战，刘长富，等．X 射线荧光元素录井仪测量精度分析效果比对[J]．录井工程，2019，30(03)：117-123+189.

[17] 罗立强，詹秀春．X 射线荧光光谱仪[M]．北京：化学工业出版，2008：108.

OBN 技术对地震解释效果的改善

——以超深水盐下碳酸盐岩油藏为例

史瑞其

（中国海洋石油国际有限公司）

摘　要　研究区位于大西洋沿岸超深水区，发育巨厚强非均质碳酸盐岩储层，并被火成岩侵入复杂化，构造及储层识别存在较大不确定性。相较拖缆资料，海底节点地震具有富低频优势，全波形反演速度处理精度更高，深度偏移误差更小且对深层地层结构成像更加清晰；同时有效入射角范围更广，提升了叠前反演的精度，降低了构造及储层岩性解释的不确定性。

关键词　海底节点；盐下成像；碳酸盐岩储层；火成岩；低频；广入射角；地震解释

1　地质背景及地震采集概况

大西洋沿岸 A 区块位于 2100m 超深水区，如图 1 所示，目地层位于早白垩世 Aptian 阶地层、埋深 3000m 以上，发育巨厚（>300m）生物礁灰岩储层、并存在大量火成岩侵入；目的层上覆巨厚、高陡复杂形态盐岩盖层（厚度 0~4000m 不等），地震波传播路径复杂，给地震采集处理带来很大挑战。该区块在勘探早期开展了拖缆地震采集、获得商业发现，经评价后进入油田开发阶段，为进一步落实构造储层研究以及开展后续四维监测，实施了海底节点（OBN）地震采集。本文将以地震资料解释角度对 OBN 数据带来的改善展开实例介绍。

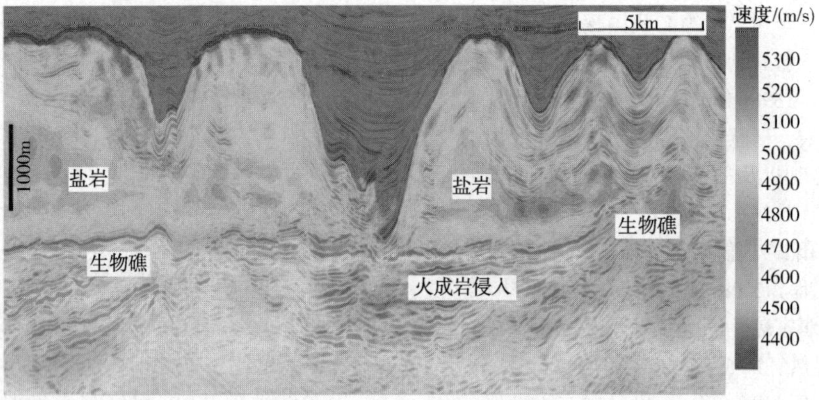

图 1　过 A 区块典型地震剖面

2　构造解释

地质人员开展构造解释工作时，地震剖面对地层体的波组特征区分度直接影响着解释的难易程度。而地震资料的低频成分直接决定了这种区分度的强弱。图 2 为一过井剖面对比，该口井钻穿碳酸盐岩目的层、在目的层下覆钻遇喷发火成岩体。从图 2（a）拖缆剖面来看，虽然目的层底部（对应井上橘色与棕色岩相交界）对应一强反射界面，但由于低频信息不佳、如图 3 所示特别是 5Hz 以下低频信息匮乏，碳酸盐岩生物礁体与下覆火山体的波阻特征之间不存在明显区分，都表现为一系列正负相间的震荡反射，特别是与裂谷期碎屑岩沉积地层相比，除了振幅强弱之外，波组形态并无实质性区分度。而图 2（b）的 OBN 地震剖面上，碳酸盐岩目的层浅部呈现出一种近似衡负反射特征，对应目的层上段的叠层石灰岩沉积，而目的层深部呈现近似衡正反射，对应下段的贝壳灰岩沉积；而下覆喷发岩体呈现近似衡负特征，并且无论是碳酸盐岩生物礁还是火成岩体，均与层状的碎屑岩沉积地层形成了较为明显的波组特征对比。图 3 频谱表明，OBN 频谱呈现富低频特征、在 5Hz 以下带来的信息提升，将地层结构更好地反映出来。

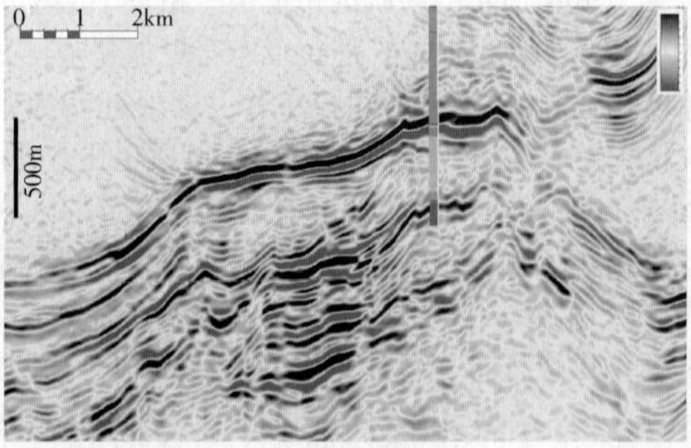

(a)

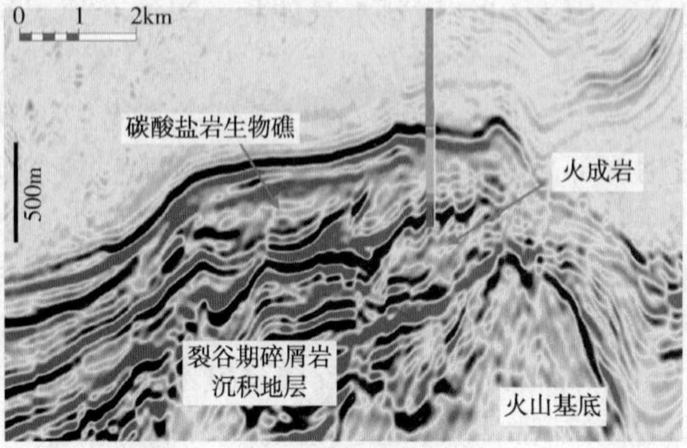

(b)

图 2　(a) 拖缆与图 2(b) OBN 盐下目的层地震剖面对比

此外，由图 2 对比发现，图 2(a) 中拖缆剖面对于高陡构造难以成像，断面特征并不清晰；而图 2(b) 中 OBN 资料对于高陡地层结构刻画更为清晰，沿火山基底的控边断层反射完全显现出来。这是因为拖缆采集方式为衡定偏移距，缆长为 8km；而 OBN 采集时，检波器在海底，偏移距变化灵活，取决于船只与海底检波器的距离，本实例中最大偏移距为 27km，使得来自高陡结构(如断层、火山基底)的反射，可以被接收并成像。

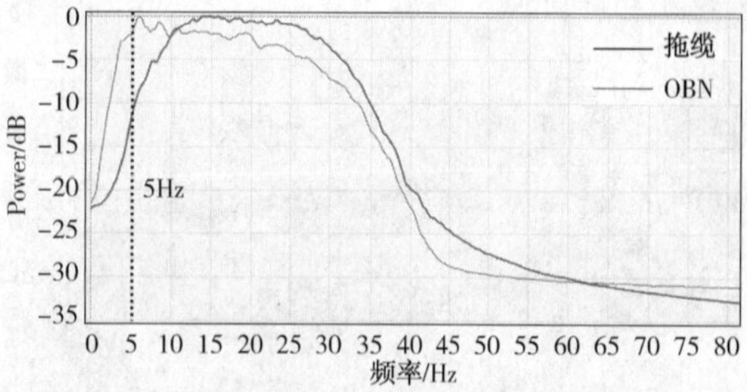

图 3　拖缆与 OBN 频率对比

在深度偏移精度方面，全波形速度反演 (FWI) 容易受到由于初始迭代模型不准陷于局部极小、从而速度反演不准的影响，OBN 数据在低频端的优势弥补了这一缺陷，在全波形反演速度建模中可以获得相对准确的初始速度，使得 FWI 最终迭代的精度比拖缆更高。图 4 为油田内所有钻井的盐底(目的层顶)深度偏移误差统计，拖缆与 OBN 均使用逆时偏移(RTM)处理，可见 OBN 的误差水平较拖缆整体上明显下降。图 5(a) 为一条过地震处理后完钻井(即盲井)的拖缆剖面，可见盐底井分层与盐底同相轴(黑色波峰)之间存在误差，而图 5(b) 中 OBN 剖面上，二者吻合度更高、深度偏移构造精度提升，构造风险下降。

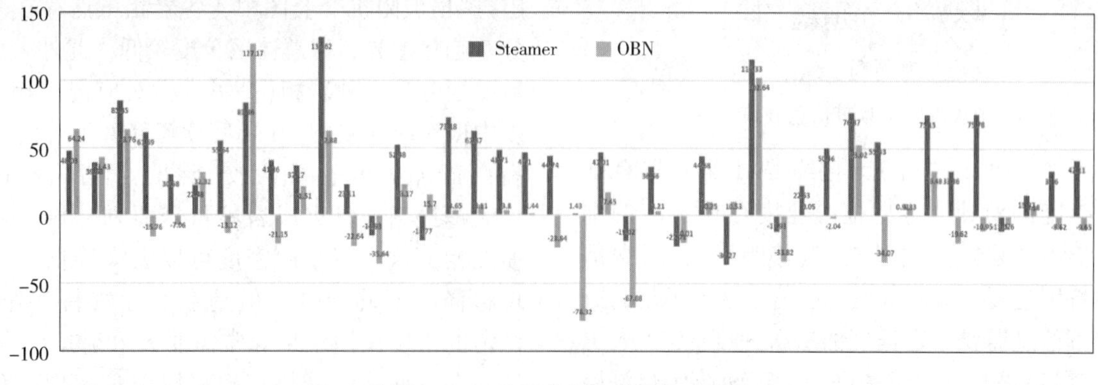

图 4　拖缆与 OBN 盐岩底深度偏移构造误差对比

3　地震反演

地震反演的实质是对带限反射资料补充低频形成绝对阻抗，从而便于利用测井域的弹性参数尺度对地震域的反演弹性参数进行岩石物理解释。图 6 所示，反射系数(相当于地震)与偏移速度之间通常存在一定的频带缺失，由于拖缆地震低频成分不足，速度与反射系数之间存在较宽的频率缺失区，这就需要加入井控弥补频率缺失，也就是反演工作中的井插值建模；而富低频的 OBN 地震与偏移速度之间的频率缺失较窄，这就意味着在利用 OBN 资料开展绝对阻抗反演时，可以极大减少井控干预，让无井区的反演结果更多来自地震资料而非井控插值，反演结果的数据驱动性更强。

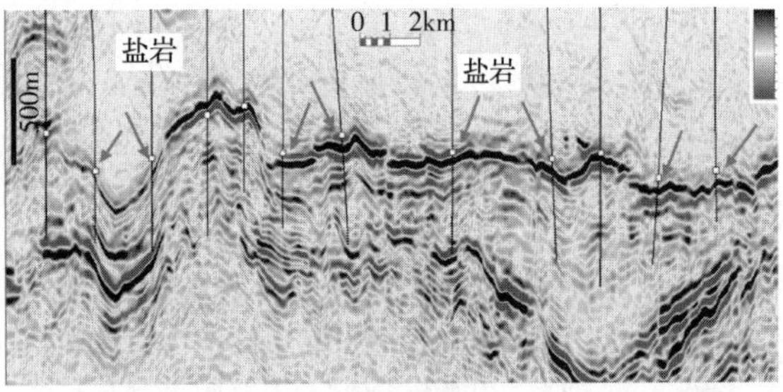

(a)拖缆

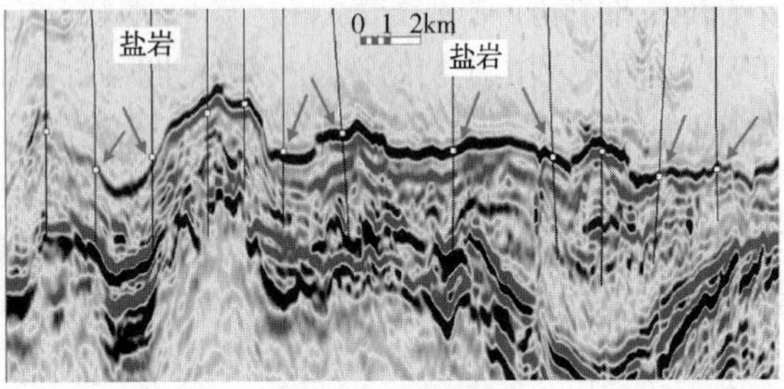

(b)OBN地震数据吻合对比

图 5　井分层

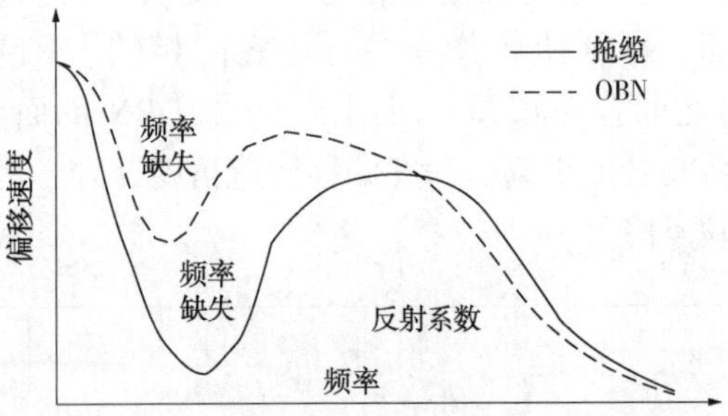

图 6　地震资料各频带信息分布示意图

图 7(a)与图 7(b)为拖缆 FWI 速度与 OBN FWI 速度的对比，可见拖缆速度存在一定的细节，但由于采集方式限制(偏移距窄)，对深部地层特别是复杂盐岩下覆地层信号接收不足，所以盐下信息需要一定程度的层析速度(基于人工层位解释)来弥补，无法进一步正确迭代超深层的大套速度结构；而图 7(b)中 OBN 资料具有超大偏移距的优势，可以接收到超深层地层的信号，因此经 FWI 速度迭代后，盐下生物礁体、火山基底以及火山侵入特征都得到成像，地层岩性结构相对清晰得多，这意味着将 OBN 的地震偏移速度作为反演建模的初始约束会更加可靠。需要强调的是，反演工作中经常需要用到如不整合面、上超下切这种地层厚度突的高难度解释层位用于建模约束，并且对于靶区这种生物礁体与火成岩分布为主的块状沉积地层，相较于层状沉积的碎屑岩地层而言，层位形态会更加复杂，如果实施“井插层控”的建模工作，需要耗费大量时间来让初始模型的地层结构在地质上更合理。而对于 OBN 资料，基于章节 2 中与本节前述讨论，由于低频信息覆盖更广，在实施反演建模时可不依赖于人工解释层位，也就是说井信息不需要通过层控外推，只约束井点附近的模型信息。也就是说，在使用 OBN 资料这种富低频资料开展反演工作时，并不需要事先完成构造层位解释工作，因为 OBN 资料本身就具备着大套地层结构的信息。图 7(c)与图 7(d)为拖缆与 OBN 反演纵波阻抗对比，图 7(c)中拖缆数据因 FWI 速度对深部高速基底地层信息反映不清晰，模型加入了基底解释作为层控，在反演结果作为边界层，同时由于低频速度信息局限，反演阻抗上对于生物礁体与火山的体现并不清晰；而观察图 7(d)的 OBN 反演阻抗，反演建模不需要人工解释层位控制，可以在整个数据上开展反演计算，反演结果上高阻抗值的火山基底、火成岩侵入区、中阻抗值生物礁体以及低阻抗值的碎屑岩地层特征分布较为清晰。

更重要的，叠前地震信息直接决定了定量地震解释的成败与质量，这就要求地震数据具有更广的入射角信息。图 8 岩石物理交会可见，纵波阻抗-横波阻抗交会图中，各岩相虽然存在一定分布趋势差异，但总体区分度较低，此外火成岩需要划分为两种岩相(高纵高横对应侵入相、中纵中横对应喷发相)开展后续解释，不确定性较高；而纵波阻抗-密度交会图上，各岩相区分度大幅提高，且火成岩不再需要划分侵入相与喷发相，这说明利用密度可以大大降低岩石物理解释的不确定性。但是在实际资料工作中，稳定的密度反演结果通常需要大入射角(>40°)的信息，而拖缆资料在超深层很难实现大角度信息覆盖。图 9 为拖缆与 OBN 数据的超远道(数据最大入射角范围)部分角度叠加剖面对比，图 9(a)中拖缆数据为 29°~40°叠加(等效约 35°)，并且拖缆的超远道数据本身信噪比低，在叠前反演中不得不切除掉，否则会拉低反演结果的信噪比，因此拖缆数据的可用入射角度实际上只有 30°左右，这样的入射角范围只能反演横波信息(横波速度、横波阻抗或剪切模量，取决于所选反演方程)，不足以反演密度。而图 9(b)中 OBN 的超远道数据为 34°～50°叠加(等效约 42°)，在该角度范围依然有着很高的信噪比，完全可以用于叠前反演并尝试求取密度。这从根本上得益于 OBN 采集方式：接收器布设在海底，可以接收到来自目深层的大入射角度(大偏移距)信号用于地震成像，使得地震道集在远偏移距有着更高的数据质量。

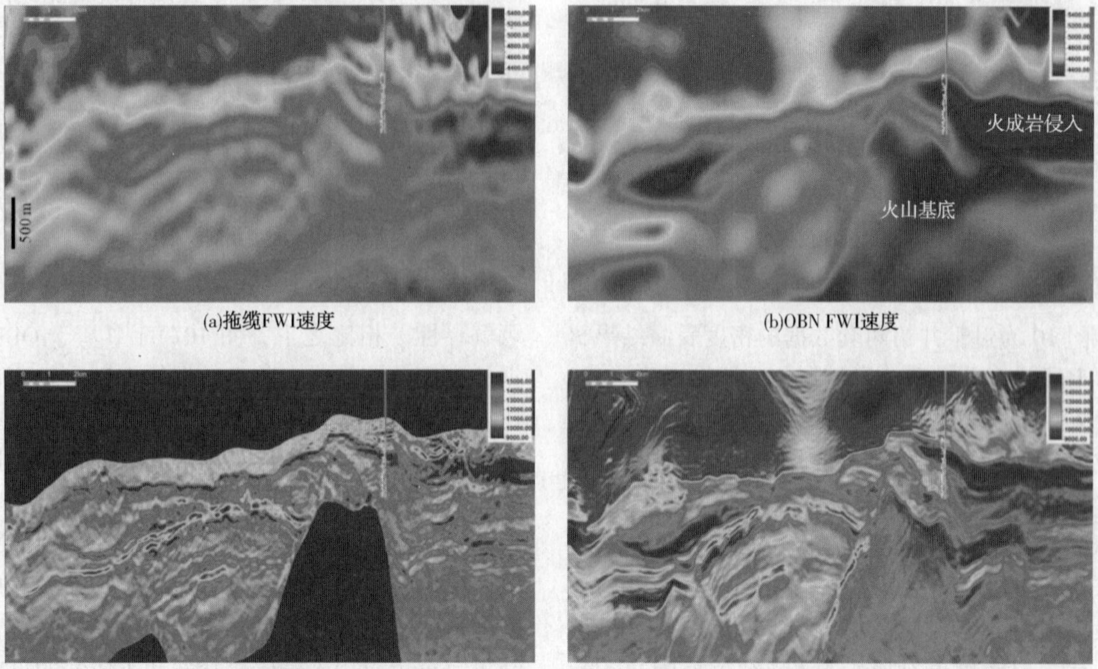

(a)拖缆FWI速度　(b)OBN FWI速度

(c)拖缆纵波阻抗　(d)OBN纵波阻抗

图 7　拖缆与 OBN 数据偏移速度与纵波阻抗反演对比

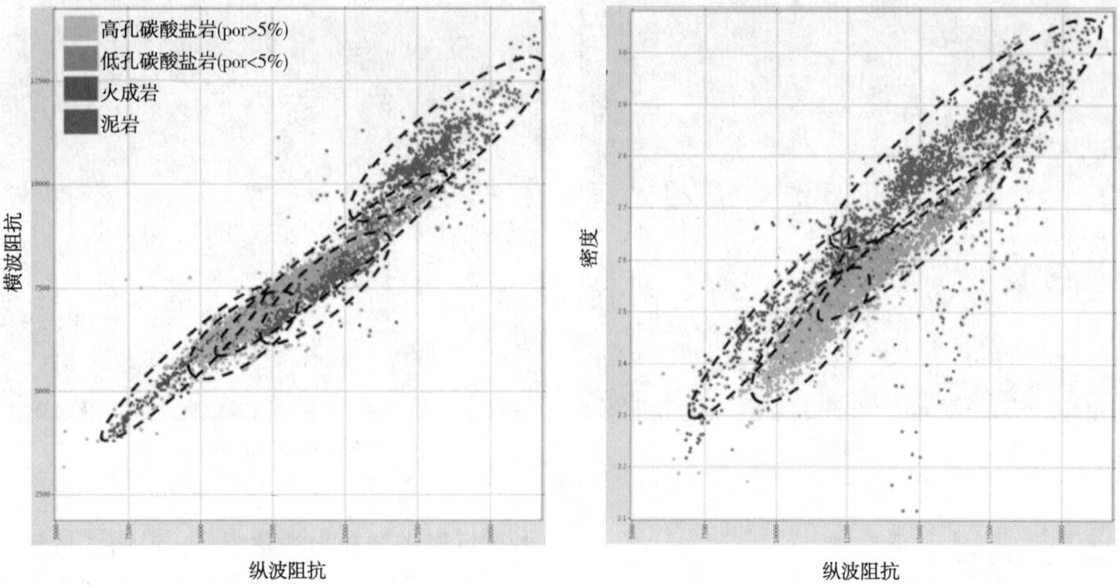

图 8　各岩相的岩石物理交会

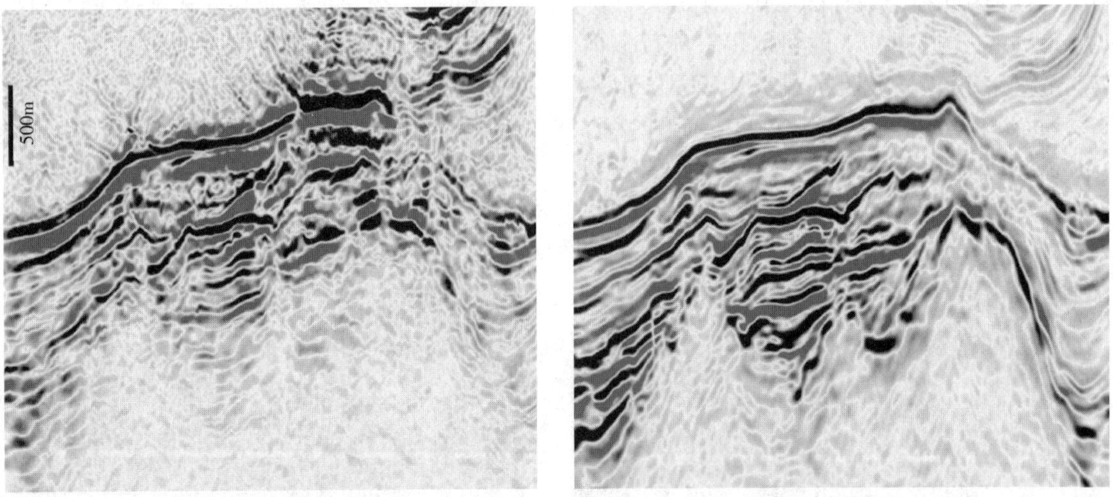

(a)拖缆远角度叠加　　(b)OBN远角度叠加剖面对比

图 9

图 10 为过某井的两套数据的密度反演结果，该井上段为高孔碳酸盐岩储层，中段钻遇到火成岩侵入，下段为储层与致密层的互层，疑似受到火成岩侵入影响，且与上段储层为两个压力系统，说明上下段储层在空间上不连通。观察图 10(a)中拖缆数据密度结果，根据图 8 岩石物理分析，上段好储层对应低密度(橘黄色范围)，中段火山侵入岩对应高密度(紫色范围)，下段高低孔互层密度值有所上升(暗红色范围)，与井上具有一定匹配性，但整个数据体噪声很大，地质体、地层结构区分度低，在空间上几乎没有可解释性。相比之下，图 10(b)中基于 OBN 数据的密度反演结果在整个数据体上都有较高信噪比，可解释性强：上段为一套的低密度的高孔储层，中段钻遇高密度的火山侵入岩通道，该通道从右侧高密度的火山带一直向浅部蔓延至盐底附近，将碳酸盐岩生物礁体分割复杂化，形成上下端两段储层，而下段的高、低孔碳酸盐岩互层在密度剖面上也呈现为橘黄与暗红色互层，该密度结果完全可以用于对碳酸盐岩和火成岩的贝叶斯分类，形成较为可靠的岩相解释体。

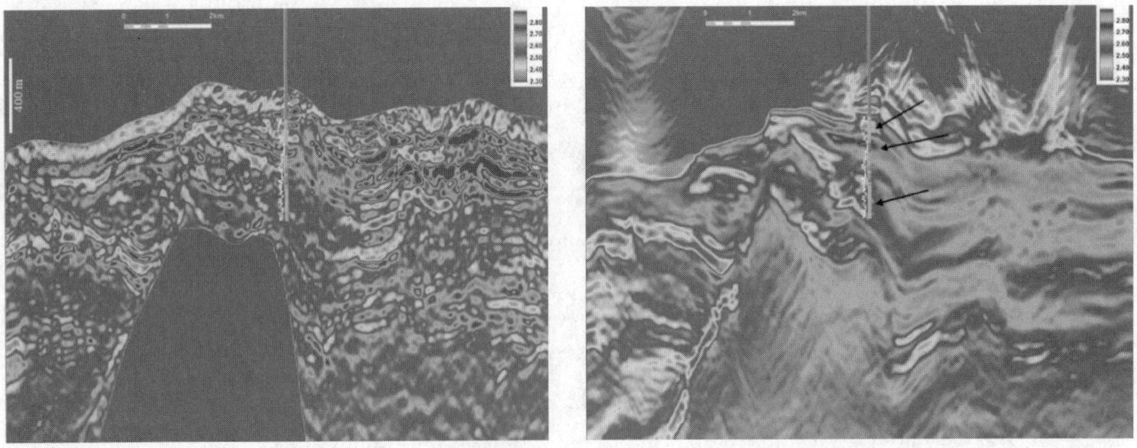

(a)拖缆　　(b)OBN数据的密度反演结果对比

图 10

4　结论与展望

本文从地震资料解释出发，以地震资料最终应用的角度阐述了 OBN 数据的实际应用效果，以地震照明困难、目的层横向非均质强的超深水盐下巨厚碳酸盐岩油藏为例，说明了低频信息多、入射角度广的 OBN 数据可以全面提升构造解释、储层预测效果，降低地质预测风险。但 OBN 采集由于设备昂贵、施工期较长，整体成本较拖缆更高，目前在工业生产中只用于油田开发阶段，在对降低地质风险需求更高的深水勘探研究中，OBN 采集难以大规模应用，但近年新出现的稀疏 OBN+拖缆的混合采集处理方式可以一定程度降低成本，并整合 OBN 数据的低频框架准确、大偏移距信息丰富的优点，从而降低勘探风险。

参考文献

[1] 程涛，康洪全，白博，等．巴西桑托斯盆地盐下湖相碳酸盐岩勘探关键技术及其应用[J]．中国海上油气，2018，30(4)：27-35.

[2] 史瑞其，张世鑫，侯波，等桑托斯盆地 A 区块碳酸盐岩及火成岩地震预测[J]．中国海上油气，2022，34(2)：49-58.

[3] Sylvain Masclet，Fang Wang，Guillaume Henin，et al. Advancedimaging of hybrid acquisition data：exploring new frontiers[J]，First Break，2023，Volume 41，Issue 12：77-85.

断陷湖盆深层天然气成藏特征研究
——以辽河清水洼陷为例

蔡国刚　杨光达　汪百齐　张东伟　周　艳　翁文胜　王伟成

（中国石油辽河油田公司）

摘　要　辽河西部凹陷为典型的富油气凹陷，随着勘探开发程度的提高，中浅层已进入较高勘探阶段，然而深层勘探程度比较低，潜力大。尤其是近年来双兴1井的成功，揭示了深层天然气资源潜力的良好苗头。针对深层有无资源潜力、是否发育规模储集体等问题，展开攻关研究，明确了深层烃源岩规模与品质、沉积物源及储集体分布、油气成藏模式，形成了具有辽河特色深层天然气成藏地质特征认识，为储量发现提供依据。

关键词　天然气；深层；清水洼陷；成藏地质特征；勘探潜力

不同含油气盆地由于地温梯度、地层时代的差异，对深层的定义也不相同。本次采用国内学者广泛认可的标准，即中古东部地区以埋深3500~4500m为深层，超过4500m为超深层。辽河坳陷已发现天然气主要集中在中浅层，深层面积近4000km^{2}的广大领域仍处勘探早期，具有很大的资源勘探潜力。近年来，通过加强新领域的勘探实践，在清水地区沙三段深层发现了高成熟天然气。双兴1井在古近系沙四段5028.7~5060.7m的深层砂岩中，压裂后5mm油嘴，日产气近4×10^{4}m^3，天然气甲烷同位素分析测试值为-30‰，表现为高成熟演化类型，它的发现拉开了深层天然气的勘探序幕。

1　构造演化与深层构造背景

清水洼陷为辽河坳陷新生界埋藏最深、规模最大的断陷湖盆。该区位于辽河断陷西部凹陷中南部，为典型东断西超的狭长箕状湖盆，构造线整体走向北东，东侧紧邻中央凸起，西侧为双台子—双南断裂背斜带，北接兴隆台潜山带，南侧与鸳鸯沟洼陷隔隆相望，洼陷构造带面积约200km^2，最大埋深区域位于清水洼陷的北部。受东侧台安—大洼断层持续活动的控制，清水洼陷为西部凹陷继承性的沉积-沉降中心。自新生代以来经历了地壳拱张、裂陷和坳陷三大地质发育阶段，沉积了沙四段、沙三段、沙一二段、东营组、馆陶-第四系五个构造层，代表了新生代湖盆形成和演化的五个阶段。

初始裂陷期(沙四段沉积期)：湖盆沉积-沉降中心位于清水洼陷的北部，地层沉积受断层控制不明显，洼陷基底正断层发育，东侧边界断层(台安-大洼断裂)逐渐开始发育。强烈裂陷期(沙三段沉积期)：东侧边界断层强烈活动，控制沉积作用明显，地层厚度变化大，基底断层活动减弱，形成东断西超的半地堑结构。构造回返期(沙一二段沉积期)：边界断层活动渐弱，总体上表现为断坳结构，沉降-沉积中心向西南迁移，地层沉积分布范围广。晚期边界断裂受区域应力改造，与伸展、走滑相关的盖层断裂开始发育。断坳转换期(东营组沉积期)：边界断裂强烈走滑活动导致构造反转，洼陷东西两侧差异升降明显，西侧主要发育东西走向、南掉的阶梯式断层，东侧依托台安—大洼断层发育北东走向北掉断层，并呈锐角与之相交。沉积地层分布范围广，厚度变化较大。坳陷期(馆陶-第四系沉积期)：构造活动明显减弱，以坳陷整体变形为主要特征，沉积地层厚度变化不大。对东营期的走滑变形有明显的继承作用，发育断层多为继承性正断层。

总体上，清水洼陷现今构造形态主要受断、坳两期断裂系统控制，以沙三段中部(最大湖泛面MFS)大套泥岩地层为界，可划分为上下两个断裂系统，即下部断裂系统和上部断裂系统(图1)。下部断裂系统发育在沙四、沙三段下部构造层，多为拉张正断层，控制洼陷格局和地层沉积；上部断裂系统主要在沙一二段及上部构造层发育，多为走滑正断层，控制地层沉积作用不明显。

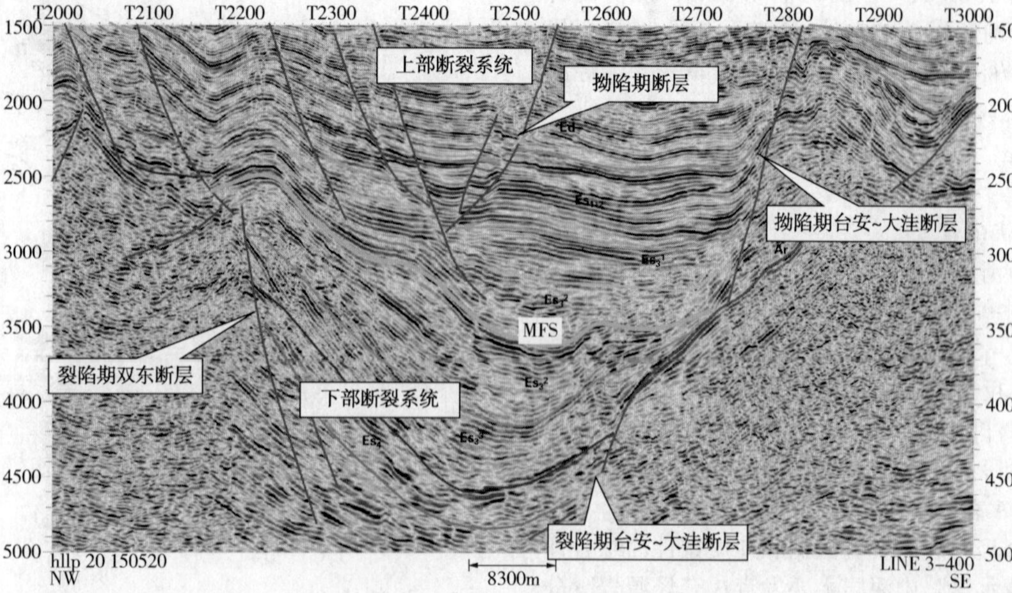

图 1　清水洼陷构造形态解释剖面图

裂陷期沉积了巨厚的烃源岩，后来构造活动逐渐减弱，沙一二期开始发生走滑活动，仅有少数断层断至沙三上部地层，使得沙三期最大湖泛面之下的深层原生油气藏得以完好保存，清水洼陷中深层也成为高成熟天然气勘探的有利场所。

2　清水洼陷主力烃源岩特征

2.1　烃源岩厚度

清水洼陷主力烃源岩是沙四段和沙三中亚段湖相泥页岩，厚度大、分布广，它的规模存在为深层气藏提供了充足的气源条件。据钻井数据，并结合地震资料分析，清水洼陷沙四段烃源岩(图 2)最大厚度达 400m，西侧斜坡部位厚度较薄，一般为 50～100m。沙三段中亚段烃源岩最大厚度 800m，沉积中心靠近控凹断层一侧，厚度普遍大于 600m，西侧斜坡部位厚度变薄，一般为 50～400m。

2.2　烃源岩类型

镜检结果结合热解数据显示清水洼陷烃源岩类型为 $Ⅱ_1$ 型(图 2)，其中沙三上亚段的有机质类型主要为 $Ⅱ_1$ 型，顶部存在Ⅰ型有机质，底部出现 $Ⅱ_2$ 型有机质；沙三中亚段的有机质类型主要为 $Ⅱ_2$ 型，顶部存在 $Ⅱ_1$ 型有机质；沙三下亚段的有机质类型为Ⅲ型。

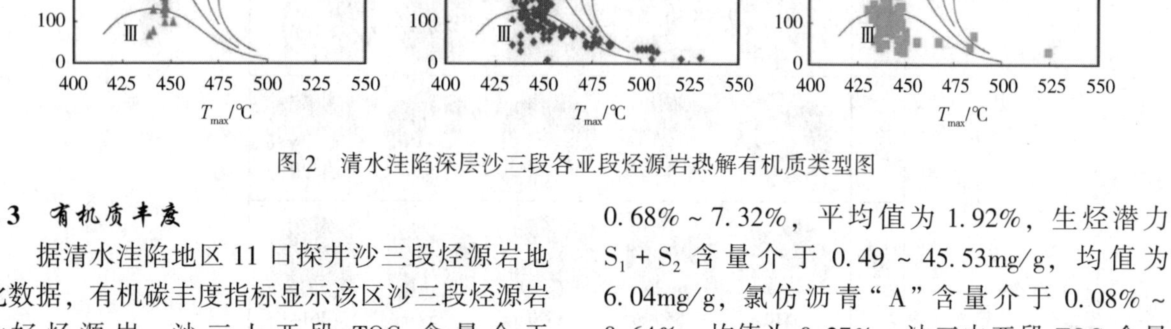

图 2　清水洼陷深层沙三段各亚段烃源岩热解有机质类型图

2.3　有机质丰度

据清水洼陷地区 11 口探井沙三段烃源岩地化数据，有机碳丰度指标显示该区沙三段烃源岩为好烃源岩。沙三上亚段 TOC 含量介于 0.68%～7.32%，平均值为 1.92%，生烃潜力 S_1+S_2 含量介于 0.49～45.53mg/g，均值为 6.04mg/g，氯仿沥青“A”含量介于 0.08%～0.64%，均值为 0.27%；沙三中亚段 TOC 含量平均值为1.61%，S_1+S_2均值4.06%；氯仿沥青“A”含量均值为0.472%；沙三下亚段TOC含量介于0.67%~2.29%，平均值为1.49%，生烃潜力S_1+S_2含量介于0.43~13.31mg/g，均值为2.21mg/g，氯仿沥青“A”含量介于0.006%~1.005%，均值为0.243%。

2.4 热演化程度

分析清水洼陷地区沙三段烃源岩的干酪根镜质体发射率(*Ro*)数据，共70个样品点，总体上处于成熟-高成熟演化阶段。沙三段烃源岩的干酪根镜质体反射率(*Ro*)主体随着埋深的增加逐渐增大。清水洼陷地区沙三段烃源岩在3000m左右进入成熟阶段，在4300m左右达到高成熟阶段。

2.5 烃源岩综合评价

结合烃源岩的实测数据和地质条件，综合评价认为清水洼陷中深层主要发育3套烃源岩，分别是沙四段、沙三下亚段和沙三中亚段。沙四段烃源岩为成熟—高成熟中等烃源岩。沙三下段烃源岩为成熟—高成熟好烃源岩(图3)，沙三中段烃源岩为成熟好烃源岩(图4)。

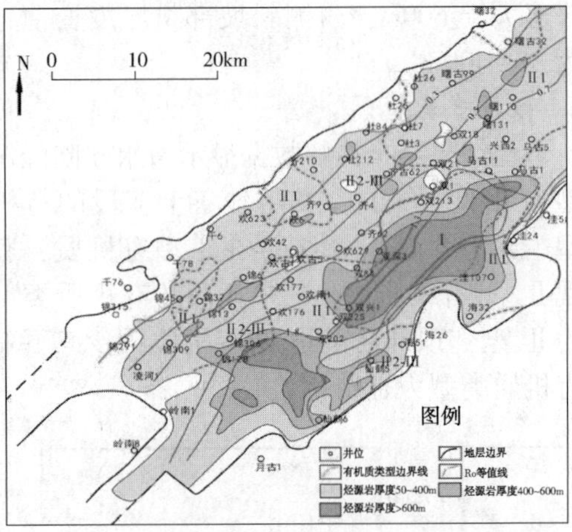

图3　沙三中段烃源岩综合评价图

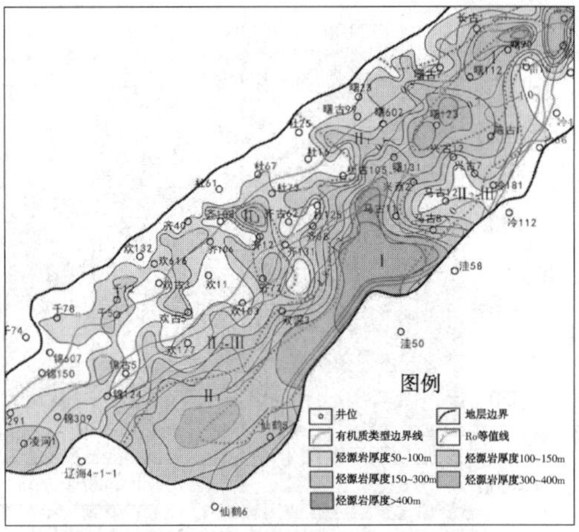

图4　沙三下段烃源岩综合评价图

3 深层碎屑岩储层特征

3.1 物源体系

据沙三段重矿物特征对比(图5)，位于清水洼陷北侧的马深1井和冷家地区重矿物分析锆石含量均小于35%，电气石含量均在3%以下，而西斜坡锆石含量均大于35%，电气石含量均大于3%。表明清水洼陷东侧物源重矿物特征与北部冷家地区相类似，同受来自东部中央凸起的物源控制。通过沙三中段岩屑成分统计分析，洼陷内的清东-清北扇体与冷家地区母岩性质相近，以变质岩为主，岩浆岩次之；而西斜坡的齐家和欢喜岭地区母岩则以岩浆岩为主，变质岩次之。

另外，东侧中央凸起多口钻井揭露古潜山地层遭受严重剥蚀，推算横向剥蚀区可达6km，纵向剥蚀厚度达800m。顺物源方向剖面显示，在边界大断裂的持续活动控制下，碎屑物质易整体滑塌直接入湖，清水洼陷为主要卸载区。整体上为一个受古地貌背景和边界断裂控制的物源体系，对应沉积了多个扇体。

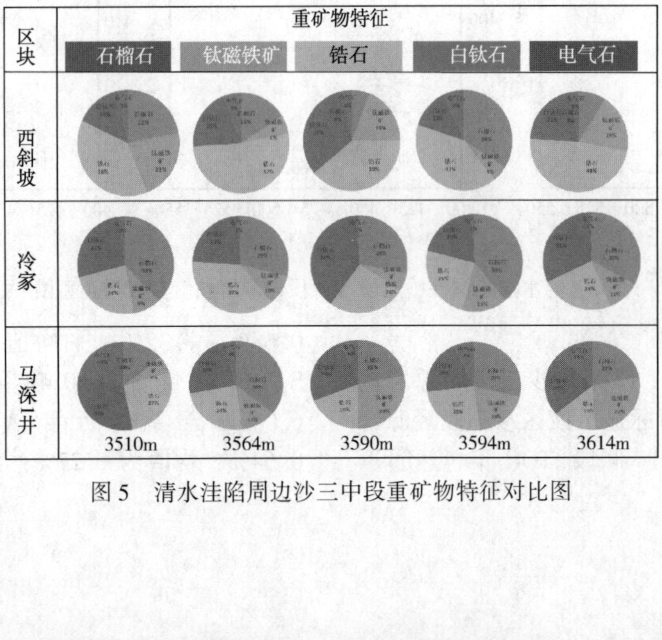

图5　清水洼陷周边沙三中段重矿物特征对比图

3.2　沉积相及扇体分布

清水洼陷及周边发育的沉积相类型主要有扇三角洲相、湖底扇相和近岸水下扇相。由于深层基本无钻井资料，为了确定两大物源体系控制的扇体分布，开展了以地震相为主，辅以地震属性的低勘探程度区扇体识别与刻画。结果显示沙三下段沉积时期，清水洼陷西部缓坡带为缓坡型扇三角洲相，洼陷中心为湖底扇相，洼陷东部陡坡带为陡坡型扇三角洲相图(图6)。此时，湖盆水域面积较小，水体相对较浅，处于低位体系，地形差异最大，主要发育古地貌沟槽控制的扇三角洲砂体。沙三中段沉积时期，洼陷西部缓坡带和洼陷中心主要为大面积的湖底扇相，而东部陡坡带则为近岸水下扇相(图7)。该时期清水洼陷处于水进体系域，此时，湖盆水域面积达到最大，水体达到最深，东侧发育清北-清东两大近岸水下扇砂体，是清水洼陷深层主要储集体。

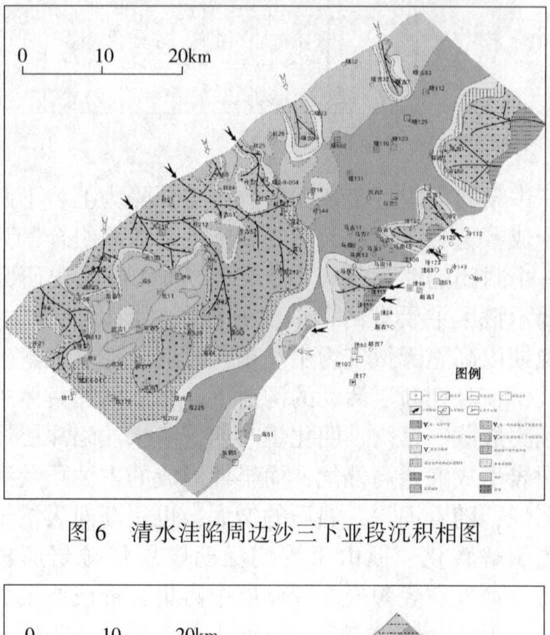

图6　清水洼陷周边沙三下亚段沉积相图

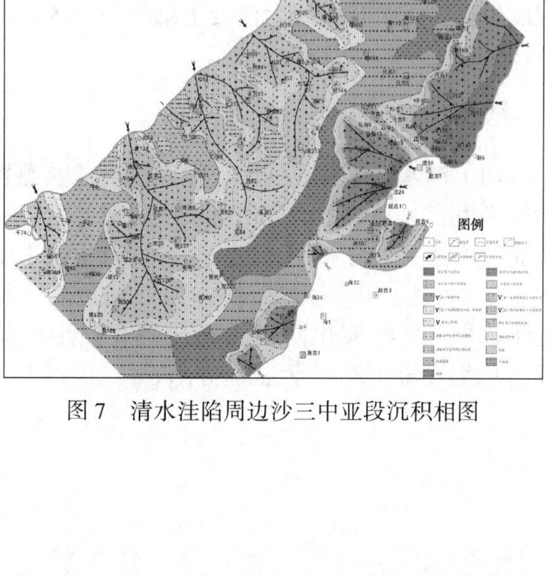

图7　清水洼陷周边沙三中亚段沉积相图

3.3　储层特征

3.3.1　储集岩性

根据清水洼陷周边探井沙三中段岩石薄片鉴定结果，岩性有岩屑长石砂岩、岩屑砂岩、砂砾岩、砂质砾岩和长石岩屑砂岩等，其中以岩屑长石砂岩和长石岩屑砂岩为主。石英含量为16%~37%，平均值为27%，含量偏低。长石含量为15%~55%，平均值为35%；岩屑的岩性以变质岩和岩浆岩为主，平均含量为36%。碎屑岩填隙物中杂基以泥质为主，平均值为3.3%，泥质含量较低；胶结物以方解石和石英为主。从石英、长石和岩屑的含量来看，清水洼陷深层碎屑岩为低成分成熟度，矿物和岩屑不稳定，有利于次生孔隙的发育。

3.3.2　储层孔隙特征

镜下薄片显示深层砂岩孔隙以粒内溶孔和粒间溶孔为主，其次是粒间扩大孔，原生粒间孔隙少见。粒内溶孔为为长石、岩屑等碎屑颗粒部分溶蚀形成的孔隙。粒间溶孔是由于颗粒间的胶结物、杂基及颗粒表面被溶蚀所形成的胶结物溶孔和杂基溶孔，主要是碳酸盐胶结物部分溶蚀形成的孔隙，还有菱铁矿和高岭石等溶蚀形成的孔隙。

3.3.3　储层物性特征

通过研究区沙三段48口井岩心实测孔隙度与渗透率分析(图8)，认为沙三段碎屑岩储层主要为中-低孔、低渗-特低渗型致密储层。孔隙度值集中分布在5%~20%，渗透率值集中分布在0.1~100mD。

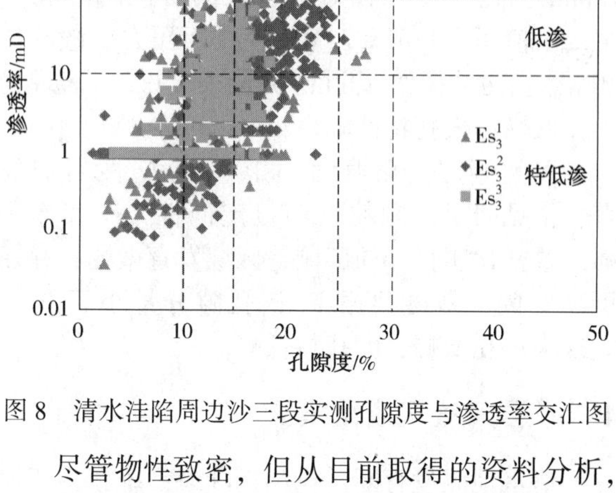

图8　清水洼陷周边沙三段实测孔隙度与渗透率交汇图

尽管物性致密，但从目前取得的资料分析，辽河坳陷深层3500m以下的储集层绝大部分物性都高于天然气储层物性下限值，可以满足天然气的储集条件。

3.3.4　储层分类评价

沙三中储层孔隙度普遍小于10%、渗透率小于1mD，属特低孔特低渗型储层，沙三中孔隙结构-总体上表现为低孔、细喉、低分选、强非均质性的特点，储层可分为四类，并建立了主要储层及非储层识别图版(图9)。

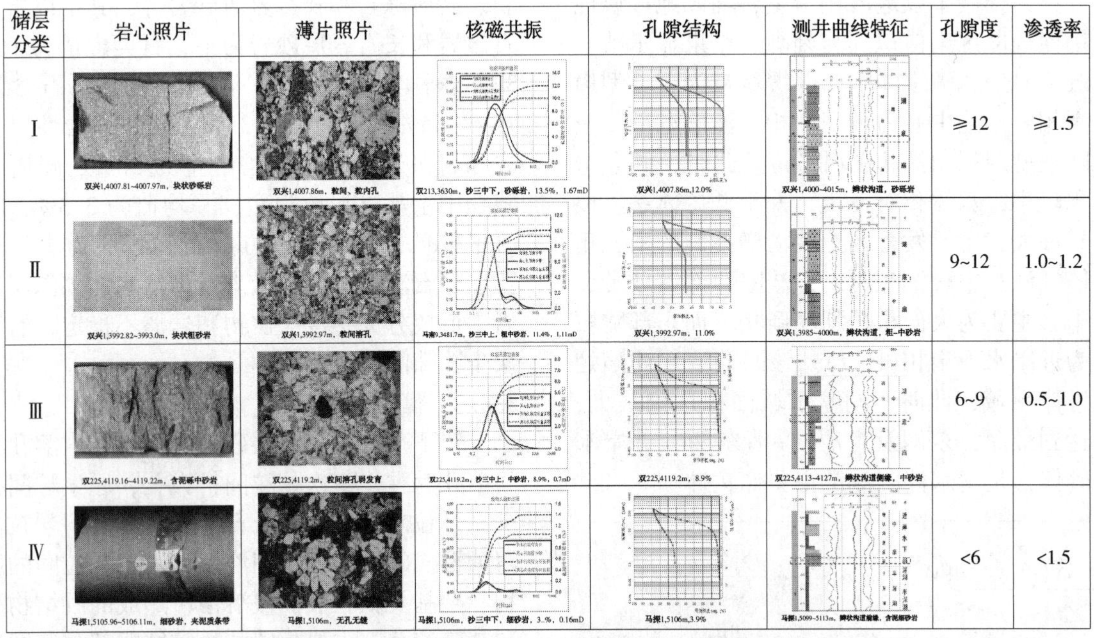

图9　清水洼陷沙三中不同类型储层典型特征图版

Ⅰ类储层：孔隙度>12%，渗透率>1.5mD，孔隙类型以粒内及粒间溶孔为主。中值压力小于10MPa，排驱压力≤1MPa，核磁共振 T_2 谱孔隙分量大于0.6，形态表现为宽幅单峰，孔隙大小分布范围广，大孔是主要的可动区间。

Ⅱ类储层：孔隙度9%~12%，渗透率1.0~1.5mD，以粒间、粒内溶孔为主。中值压力一般≤15MPa，排驱压力一般≤2MPa，核磁共振 T_2 谱孔隙分量大于0.6，形态表现为小孔为主，大孔为辅，可动流体主要由大孔贡献。

Ⅲ类储层：孔隙度6%~9%，渗透率0.5~1.0mD，孔隙发育较差，以粒间、粒内溶孔为主。中值压力一般≤25MPa，排驱压力一般≤10 MPa，核磁共振 T_2 谱孔隙分量小于0.3，表现为小孔低峰，大孔特低峰。

Ⅳ类储层：孔隙度小于6%，塑性岩屑发育，常见云母，颗粒见明显定向性，压实作用强，致密化明显，局部顺缝区域发育微孔，存在可动空间，核磁共振 T_2 谱孔隙分量小于0.2，表现为小孔低峰，大孔特低峰。

4　深层天然气成藏模式

清水地区发育断、坳两期断裂系统，由于沙三中湖泛面附近暗色泥岩的封盖分隔为上、下两个成藏组合，深层天然气属于下部成藏组合，为一个封闭的原生气藏(图10)。油气成藏史研究揭示该区主要有两期油气充注，早期以油为主，晚期以高熟天然气为主。东营时期，油气大量生成，在晚期断层活动的沟通下，在上部储集体中聚集成藏。馆陶、明化镇时期，清水洼陷深层烃源岩生成大量高熟气，而早期形成的古油藏及液态烃，随着埋深、温压的增大，也逐渐向天然气藏裂解转化，但由于受湖泛期厚层烃源岩所覆盖，油气在烃源岩内部储层中富集，形成原生气藏。因此，以沙三中湖泛面为界，清水洼陷发育上、下两套成藏组合。目前，上部成藏组合勘探程度较高，下部成藏组合尚处于勘探空白区，具有很大的勘探潜力。

5　结论

(1) 清水洼陷深层沙三、沙四段高成熟源岩的规模发育，奠定了大气田形成的资源基础。暗色泥岩厚度大，分布广，主力烃源岩有机碳丰度大于1.5%，平均值为2.0%，为好烃源岩，均处于成熟-高熟演化阶段为高成熟、强生气阶段，总生气量达4.79万亿立方米。

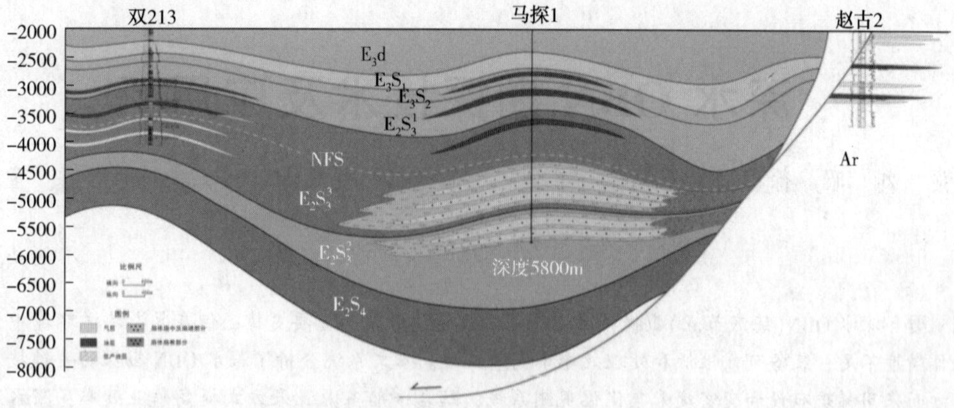

图 10　西部凹陷清水洼陷成藏模式图

（2）东侧陡岸带储集体的规模发育，基于重矿物和岩屑成分的分析，证实其东侧紧邻的中央凸起为长期的继承性物源供给区，清水洼陷为主要卸载区。沙三下低位期，水体相对较浅，主要发育清北扇三角洲扇体；沙三中水进期，水体大幅加深，坡度变陡，主要发育断裂控制的清北-清东近岸水下扇体。

（3）受清水洼陷断、坳两期断裂影响，加之沙三中湖泛期区域泥岩的封盖作用，划分为上、下两个成藏组合，深层天然气属于下部成藏组合，属于封闭成藏系统。油气在烃源岩内部储层中富集，形成原生气藏，具有很大的勘探潜力。

参考文献

[1] 戴金星，秦胜飞，胡国艺，等．新中国天然气勘探开发 70 年来的重大进展[J]．石油勘探与开发，2019，46(6)：1037-1046.

[2] 李剑，王晓波，魏国齐，等．天然气基础地质理论研究新进展与勘探领域[J]．天然气工业，2018，38(4)：37-45

[3] 宋岩，陈孟晋，秦胜飞，仇明祥．中国天然气地质理论进展[J]．石油勘探与开发，2004(01)：8-11.

[4] 王涛．中国东部裂谷盆地油气藏地质[M]．北京：石油工业出 版社，1997：28-32.

[5] 李剑，佘源琦，高阳，杨桂茹，李明鹏，杨慎．中国陆上深层—超深层天然气勘探领域及潜力[J]．中国石油勘探，2019，24(04)：403-417.

[6] 肖敦清，姜文亚，蒲秀刚，王娜，岳云福，孙超囡，代昆，滑双君．渤海湾盆地歧口凹陷中深层天然气成藏条件与资源潜力[J]．天然气地球科学，2018，29(10)：1409-1421.

[7] 周旭红，李军，王延山，赵佳，李德星．辽河坳陷陆上深层天然气勘探潜力研究[J]．岩性油气藏，2011，23(03)：23-28.

深水 OBN 勘探技术及应用

曹明强　刘　昭　徐朝红　罗敏学　梁全有　佘　航　杜海涛　杜晓斌　徐玉超　童利清

（中国石油集团东方地球物理勘探有限责任公司）

摘　要　深水 OBN（海底节点）勘探技术是深海油气资源开发的重要支撑，但在复杂海洋环境中仍面临数据采集精度不足、装备可靠性低和处理效率不高等挑战。本文系统分析了深水 OBN 勘探的关键技术：采集设计方面采用稀疏布设和变密度采集优化观测系统，结合一船多源混采方式提高作业效率；深水装备与数据质量控制方面叙述了综合导航定位系统（USBL 结合惯性导航），气枪震源与节点数据的质量控制方法，以及深水节点收放机器人 ROV 等深水装备在提高节点布设精度中的应用。实际应用表明，该技术体系有效解决了深水 OBN 4D 勘探的关键技术难题，为深海油气田的高效开发提供了可靠保障。

关键词　深水 OBN 勘探；ROV；导航定位；数据质控；稀疏采集

全球海洋油气勘探开发按水深可分为三个区域：浅海（<500m）、深水（500～1500m）和超深水（>1500m）。全球约 60% 的海洋油气资源分布在浅水大陆架，其余 40% 分布于水深超过 1000m 的深水区。巴西盐下油田、墨西哥湾深水区等深水油气田开发项目正引领全球海洋油气产业的发展。

中国作为海洋大国，拥有约 $300 \times 10^4 km^2$ 管辖海域，油气资源丰富。其中深水油气勘探开发程度较低但潜力巨大，是我国石油工业可持续发展的重要战略接替区。2022 年，中国石油和天然气对外依存度分别达 72% 和 42%，能源安全形势严峻。因此，向深水、深层和非常规领域拓展是保障国家能源安全、实现油气增储上产的战略选择，也是建设海洋强国的重要举措。

本文系统探讨深水 OBN（海底节点）勘探技术在复杂海洋环境中面临的技术挑战，详细阐述深水勘探技术在变密度采集设计优化、一船多源混采、深水导航定位、气枪震源质量控制以及海量节点地震数据质量控制等方面取得的技术突破。通过评估这些创新技术在提升勘探精度和降低作业成本方面的实际效果，为深水油气资源的高效开发提供科学依据和技术指导。

1　深水 OBN 勘探面临的挑战

深水 OBN（海底节点）勘探技术在复杂海洋环境中面临多项关键技术挑战，这些挑战直接影响勘探数据质量和作业效率。首先，深水强洋流和复杂海底地形显著影响节点布放的精度和稳定性，需要提升 OBN 系统的定位性能，确保节点精确定位并稳定工作。在 1500m 以上的超深水区，定位精度随水深急剧衰减，为此需综合运用 INS 与 USBL 的多源融合定位技术，通过数据融合算法提升定位精度，满足深水勘探节点定位的要求。其次，深水环境显著影响地震信号传播，包括低频信号衰减和多次波干扰，这会降低深部地层信号穿透能力，影响成像质量。再者，近年来 OBN 勘探数据量呈指数增长，单个项目可达 PB 级，需要开发高性能计算平台和智能算法应对数据处理挑战。最后，深水作业成本高昂，需优化稀疏采集方案，在保证质量前提下降低深水 OBN 布设密度。这些关键技术突破将决定深水 OBN 技术的竞争力，对全球深水油气开发具有重要意义。

2　深水 OBN 勘探关键技术

2.1　稀疏采集方案设计

深水 OBN 勘探中，稀疏采集优化设计技术是提高勘探效率与降低作业成本的关键技术。主流采集优化技术包括稀疏布设、变密度采集和高密度采集三种模式，各具特点和应用优势。稀疏网格布设技术通过优化节点间距，在确保数据质量的同时显著减少设备用量，既能满足地质成像需求，又可降低设备成本。变密度采集技术根据地质目标差异，灵活调整区域节点布设密度。构造复杂区采用高密度网格，简单区则使用稀疏网格。这种差异化策略既保证关键构造成像精度，又优化整体成本。高密度采集技术适用于复杂构造区和重点勘探区。采用小网格进行节点布设，并配合高覆盖次数的炮点激发，可获得高分辨率地震数据。实际作业中，这三种技术常需结合应用。通过前期方案论证，建立地质目标导向的优化设计模型，综合考量水深、地质复杂度、设备和预算等因素，选择最优采集方案。深水 OBN 勘探多采用“稀疏布设+变密度补充”的混合模式，兼顾勘探效果和经济效益。

2.2　一船多源混采技术

稀疏节点观测系统中，提升炮点密度是改善地震成像质量的核心技术手段。一船多源混采技术采用多震源交替激发模式，显著提升炮点密度。但当航速提升时，固定记录长度条件下炮点激发时间间隔可能小于记录长度，导致单炮记录混叠。为确保目的层反射信息完整性，须确保有效记录时间小于混叠记录时间。数据处理中，基于压缩感知理论的稀疏脉冲反演算法可实现混叠数据有效分离。通过引入人为随机延迟时间增强激发时序随机性，可显著改善数据分离效果。该技术的核心参数优化包括：航速选择需平衡有效记录与作业效率，随机延迟参数设置需满足数据分离的随机性要求。该技术体系最终实现采集质量与作业效率的协同优化。

2.3　深水综合导航定位技术

深水 OBN 勘探采用声学定位与惯性导航相结合的定位方法获取节点位置。声学定位系统具有长周期稳定性优势，但易受噪声干扰影响精度。而自主式惯性导航系统不依赖外部信号且无电磁辐射，通过积分载体加速度获取速度、航向及位置信息，具有独立工作特性，抗外界干扰能力强，系统鲁棒性优异。同时，ROV 搭载的 IMU、多普勒测速仪(DVL)和高精度压力传感器可提供连续的定位数据。通过融合惯性导航系统(INS)的陀螺仪与加速度计位移数据，结合超短基线(USBL)、DVL、深度传感器及 GPS 的绝对位置参考，可获得高精度定位结果。

2.4　气枪震源质控技术

海洋节点(OBN)地震勘探中，气枪震源激发的质量控制直接影响地震数据的准确性与可靠性。近场子波实时监测是气枪激发质量评估的核心手段，涵盖子波形态分析和激发属性评估。该质量控制体系包含线上实时监测与线下深度分析两个阶段。线上监测通过专用软件实时监测气枪压力稳定性、阵列容量一致性、沉放深度控制精度、多枪同步性及自激检测等关键参数。通过设定参数阈值建立自动报警系统，实时触发异常预警，指导现场人员调整作业参数或停机检修，有效防止无效炮的产生。线下分析阶段对近场子波数据进行观测系统加载，精确关联激发点三维坐标(经度、纬度、高程)与激发时间，建立后续成像处理的基础数据集。该处理流程既提升原始数据质量，又为气枪阵列优化提供决策依据。这种分级质控体系同时保障野外采集的实时质量监控与后期处理的高精度要求。随着 OBN 勘探向深水/超深水延伸，精细化气枪激发质控技术的重要性日益凸显。

2.5　节点数据质控技术

在 OBN 地震勘探中，数据下载后的质量控制是确保后续处理可靠的关键环节。当前，数据质控工作采用多维度分析方法，如地震数据可视化检查、能量一致性分析、线性动校正(LMO)验证等。更系统地看，这些方法可归纳为两个核心维度：节点的点位质控和旋转质控。这种分类方式既涵盖了传统地震数据的基本质量要求，又充分考虑了 OBN 特有的四分量数据特征，是确保数据采集质量的核心保障。

节点点位质控的核心，是通过姿态监测和位置校正，确保受深水强洋流影响的节点坐标准确。具体来说，首先，分析节点记录的俯仰角(Pitch)、横滚角(Roll)和方位角(Yaw)等姿态参数，通过检测参数突变，判断节点是否位移及位移发生时间。其次在此基础上，把整个记录时段划分为若干子区间，对每个子区间分别进行位置标定。目前，常用的节点定位方法有初至波定位技术和雷达扫描算法。为验证定位结果的准确性，可采用线性动校正(LMO)显示这一重要质控手段，通过分析动校正后同相轴的平直程度，评估节点坐标的精确性。

节点旋转质控的核心，是通过系统化的“评估-验证-优化”流程，确保三分量检波器姿态角(Pitch/Roll/Yaw)记录准确。在评估阶段，首先采用 RMS 能量分析法对节点数据进行可视化检查，通过分析能量分布的方向性特征，初步判断姿态角质量，同时检测异常能量分布，识别仪器故障或耦合问题；在验证阶段，随后实施 RT 坐标系旋转，确认径向(R)分量是否呈现能量最大化特征，横向(T)分量是否达到能量最小化要求；当发现姿态角精度不足时，便进入优化阶段，基于数据驱动原则，采用 RT 旋转能量最大化优化算法，通过迭代计算确定最佳旋转角度。

2.6 深水 OBN 勘探特有装备

2.6.1 深水声速度测量装备

随着深海 OBN 采集水深增加，海水声波传播速度的精度直接影响导航声学定位和现场质量控制工作。因此，在深水 OBN 采集中，对声波速度测量往往有更高要求，常使用压力倒置回声测深仪(PIES)和盐温仪(TS-Dip)两种传感器记录设备。

PIES 设备部署于海底，用于测量海水平均声速及潮汐数据。该设备包括声学换能器、压力传感器和浮力环。其中声学换能器定期向海面发生高频信号并接收回波；记录声波的双程旅行时，压力传感器记录海水压力；应用浮力环可以确保设备整体悬浮于海底上方，并通过末端配置的绳索固定位置，使声学换能器始终保持垂直方向。利用该设备可以实现声波速度和潮汐值的定期测量和记录，可提供几乎整个勘探期间的声速测量结果。

TS-Dip 设备以一定的深度间隔测量特定深度位置的盐度、温度，并据此计算海水声速，这种测量方式更为灵活，能够在更大空间范围内开展声速测量。海水中的声速直接影响地震波的传播路径和时间。精确的海水速度可用于校正海洋地震勘探中采集的反射波或折射波数据，提高地下地质结构的成像分辨率。

2.6.2 深水节点收放水下机器人(ROV)

ROV(遥控水下机器人)作为深水勘探作业的核心装备，已发展成集机械、电子、导航控制等多学科技术于一体的复杂系统，由释放回收系统、液压动力站、脐带缆传输系统和智能控制单元等核心模块组成。系统集成机械臂、4K 高清摄像机及多普勒声呐等传感器，能够完成 OBN 节点高精度布设、海底设施检测等复杂任务。

在深水 OBN 地震勘探领域，工作级 ROV 凭借远程操控、抗 4000m 水深高压和精准作业能力，成为主流选择。在深水节点铺设过程中，通过 A 架将 ROV 从母船放至目标水域，利用超短基线 USBL 结合惯性导航 INS 精确定位 ROV 和节点位置，并通过 ROV 摄像头实时监控铺设精度，必要时根据海底地貌情况调整节点位置。

当前，ROV 技术面临超深水长时续航和自主避障等挑战。多传感器融合导航与 AI 驱动的智能控制系统，正成为研发重点。这些技术的突破将显著提升深水 OBN 勘探作业效率和安全性，为海洋资源开发提供关键技术支撑。

3 典型应用案例

下面以某深水项目为例说明应用效果。该工区水深范围 1400~1700m，采用深水 ROV 进行节点铺设。考虑勘探效果和经济效率的同时兼顾，采用变密度的差异化布设方案，如图 1 所示，该方案在油田构造复杂区域采用高密度网格布设(346m×300m)，在构造简单区域扩展至稀疏网格(346m×600m)。如图 2 所示为项目使用的深水节点收放机器人 ROV，通过超短基线和惯性导航系统联合使用，并结合 ROV 系统多种传感器数据，以及精确声波速度的融合处理，实现了检波点的高精度定位，表 1 为检波点布设位置与设计点位的偏移统计，可以看出，在水深 1700m 区域，检波点偏移在 3m 范围内的精度为 90.48%，满足了 4D 勘探检波点位置重复性的技术要求。

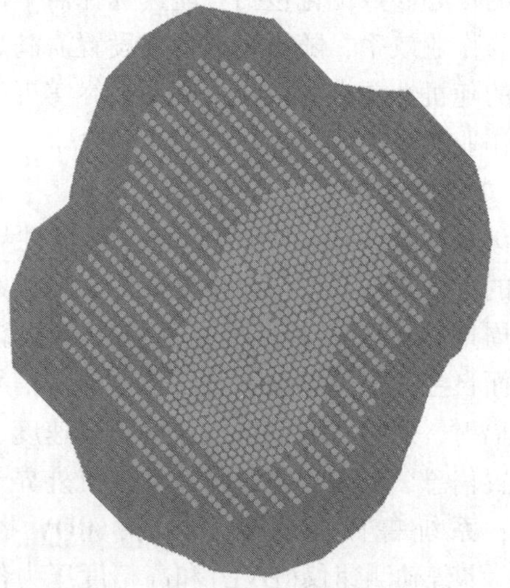

图 1　某深水项目变密度节点布设图，图中蓝色圆点表示炮点，绿色圆点表示检波点

图 2　项目使用的深水节点收放机器人 ROV

表 1　检波点布设位置与设计点位的偏移统计

检波点偏移范围	分段百分比/%	累计百分比/%
0~1m	38.01	38.01
1~2m	39.88	77.89
2~3m	12.59	90.48
3~4m	5.87	96.34
4~5m	2.55	98.89
>5m	1.11%	100.00%

为提升数据采集质量，本项目采用了炮点网格 18.75m×18.75m 的一船三源混采技术提升炮点密度，并在激发环节引入±500ms 的人为随机延迟时间。如图 3 所示为数据分离前原始数据显示，如图 4 所示为数据分离后数据显示，可以看出，经过稀疏脉冲反演算法分离后，原始数据中的混叠噪声得到了有效去除。另外，高密度炮点施工方式使得采集数据量剧增，系统的气枪质控技术和节点数据质控技术的应用，实现了海量地震数据的全流程质量监控，有效保障了原始地震资料的质量。

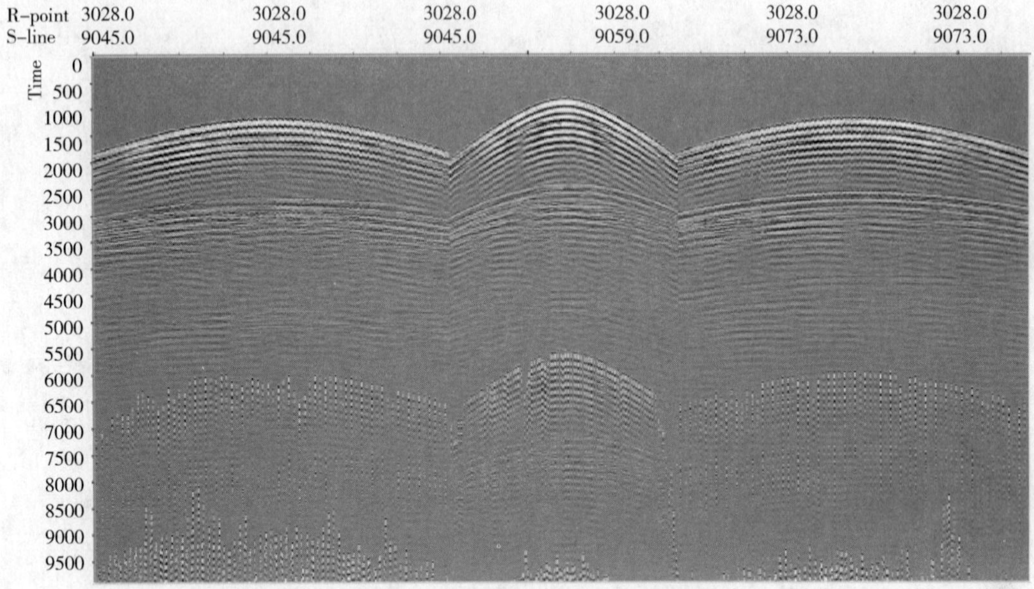

图 3　一船多源混采原始数据显示

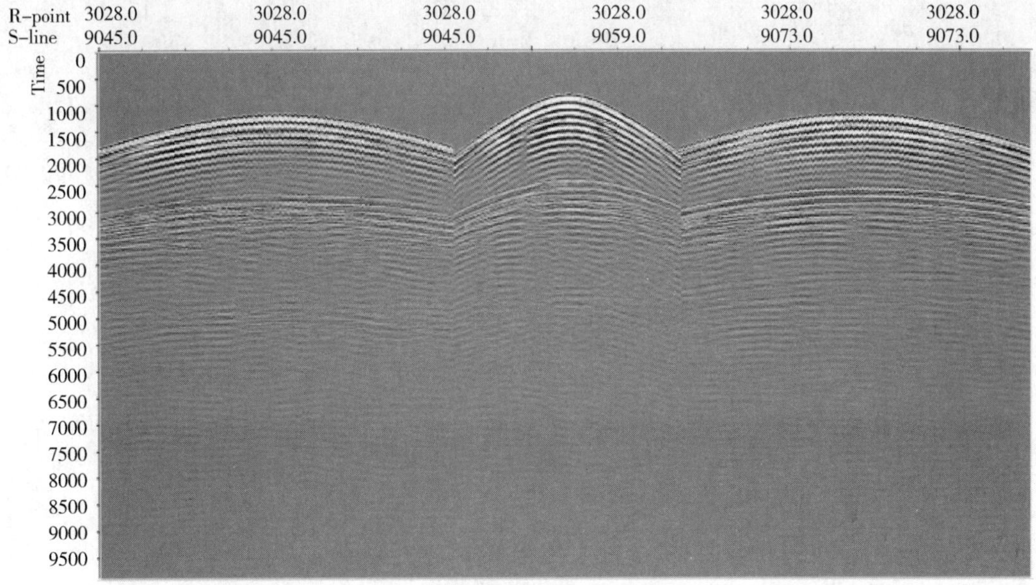

图 4　一船多源混采分离后数据显示

致谢

感谢东方地球物理公司海洋物探分公司提供相关资料并准许文章的发表。

参 考 文 献

[1] 王陆新，潘继平，杨丽丽．水油气勘探开发现状与前景展望，科技论坛：2020，39(2)：31-37.

[2] 周松，吕尧，吕公河，等．基于压缩感知的非规则地震勘探观测系统设计与数据重建．石油物探，2017，56(5)：617-625.

[3] 白杰，全海燕，汪长辉，等．水下机器人在深水OBN地震采集中的应用，石油物探，2022，61(2)：286-292.

SC 盆地超深层地震勘探采集技术及应用

杨　智　张　孟　代　杰　袁光银　刘　维　杜均国

（中国石油集团东方地球物理勘探有限责任公司）

摘　要　SC 盆地超深层油蕴藏丰富天然气资源，但受复杂地表影响，静校正问题突出；地腹深层储层波阻抗差异小，且受膏盐岩盖层影响，反射能量弱；同时，城镇障碍密集，导致物理点无序偏移，严重影响成像精度。本研究系统构建了包括宽方位高密度三维观测、多信息融合近地表建模、增能降噪激发、基于 AI 的智能布点、宽频接收等为主的超深层地震勘探技术体系，并在应用中显著提升了深层地震资料品质，为超深层油气勘探提供了可靠的技术支撑。

关键词　油气勘探；超深层；宽方位高密度；增能降噪；宽频接收

1　引言

四川盆地（SC 盆地）作为我国重要的能源战略接替区，其超深层油气资源禀赋优势显著。勘探成果显示，盆地内叠置发育多套优质储层，成藏地质条件优越，目前已在深层古隆起核部地区实现重大突破，累计探明常规天然气储量达 $1.36\times10^{12}m^3$。值得关注的是盆地周缘区域仍蕴藏 $9.18\times10^{12}m^3$ 的剩余资源量，其中北斜坡与东部延伸区作为未来重点突破方向，将承担 $5000\times10^8m^3$ 新增探明储量的战略任务。然而，该区域“地表+地腹”双复杂特征形成的立体勘探屏障，正成为制约深层油气资源高效开发的核心瓶颈。我们经过多年勘探实践，较系统构建了深层地震勘探技术体系。

2　深层勘探采集面临的主要问题

2.1　地表地质条件复杂

SC 盆地复杂地表，不但有复杂近地表结构，还有广泛分布的各类障碍。地表结构方面，盆地中部主要为深丘-低山地形，起伏不大，出露侏罗系蓬莱镇组、遂宁组、沙溪庙组砂岩、泥岩为主，静校正问题不突出，主要面对砂泥岩地层交互，激发井深的优选问题。盆地西部地区表层结构较复杂，广泛出露第四系砾石，层厚变化大，规律性差。同时，伴随剧烈起伏的地表，导致速度建模难、静校正和吸收衰减问题突出。盆周山地区，以起伏剧烈山地地形为主，高差大，近地表岩性多样，变化快，岩层破碎、堆积垮塌物较多。速度横向变化大，精准建模困难，存在静校正问题。地表障碍方面，分布密集城镇、工业区、高速路网、水域等障碍物，严重影响物理点布设的均匀性，常导致覆盖次数分布失衡，形成观测盲区或局部覆盖不足，进而影响地震数据的代表性和空间采样完整性，降低对地下地质结构的刻画精度。

2.2　地腹储层条件差

SC 盆地超深层勘探，不但要面对地震波被浅中层遮挡、吸收、路径变化，储层本身地震勘探条件也差。SC 盆地地层作为中国重要的含油气盆地，地层层系发育完整，从元古宇到新生界均有分布，具有明显的“多层结构”特征。层厚度受构造演化、沉积环境及后期改造共同控制，不同构造单元差异显著，受多期构造运动形成的断裂网络、岩性突变体及速度异常带，造成地震波传播速度场呈现强烈空间各向异性，多套膏盐岩盖层（如三叠系），导致深层目标体的成像分辨率下降。同时，深层目的层自身也存在天然缺陷，埋藏深，地震波传播距离远，吸收衰减严重，同时，目的层属于“沟槽控相控储”储层，储层与围岩之间波阻抗差异小，导致反射能量弱，加之储层类型多，变化快，地层纵横向非均质性强，反射的连续性较差。

3　主要采集技术

BGP 公司近年来通过多年针对 SC 深层地震勘探项目的实施，结合以往常规地震勘探项目的采集经验，总结了针对提高复杂地区地震资料深层分辨率行之有效的采集技术方法，并取得较好的采集效果，助力了 SC 盆地深层地震勘探采集技术的发展。

3.1 宽方位高密度三维观测技术

宽方位高密度三维地震采集技术与常规三维地震技术相比，具有高覆盖次数、小空间采样间隔、宽方位角、道密度高、面元内炮检对属性更均匀对称。但是，观测系统参数与成本成正相关，高密度必将需要高投入，高性价比是在确定高密度三维观测参数时重要考虑因数。在实际应用中，我们充分考虑地质需求和投入之间的平衡点，经过反复试验摸索确定了20m面元参数，较好实现有效波、干扰波(面波、散射波)充分地采样，利于后期去噪处理；确定了200次左右覆盖次数，提高资料信噪比和成像精度；横纵比0.7以上的宽方位观测，可使面元属性较好。宽方位高密度成果剖面同相轴聚焦成像较好，信噪比及纵横向分辨率较高，有利刻画非均质地质体的各向异性。

3.2 多信息融合近地表建模技术

针对SC盆地复杂地表，形成了微测井、微动和大炮初至等多信息融合建模技术，有效提高近地表模型精度。该方法充分利用微测井精度高，微动调查点密、调查深度大，大炮初至横向刻画精度高的特点。微动技术是利用地球表面存在的天然的微弱振动作为震源，通过在地表接收微动传播信息，并从微动信息中提取瑞利面波频散曲线，再通过频散曲线反演近地表横波速度结构。该技术可有效解决城区、砾石区不能进行微测调查难题，能较真实的反映了城区和砾石区的近地表速度结构。图1是SC盆地西部YY三维不同建模方法获得的近地表10m等深速度切片图(图中纵轴和横轴都是距离，单位是米，色标表示速度，单位是m/s)。图1中多信息融合建模对于低降速层刻画更精确，变化细节更清晰，城区和砾石区的速度结构变化情况与野外实际情况更吻合。

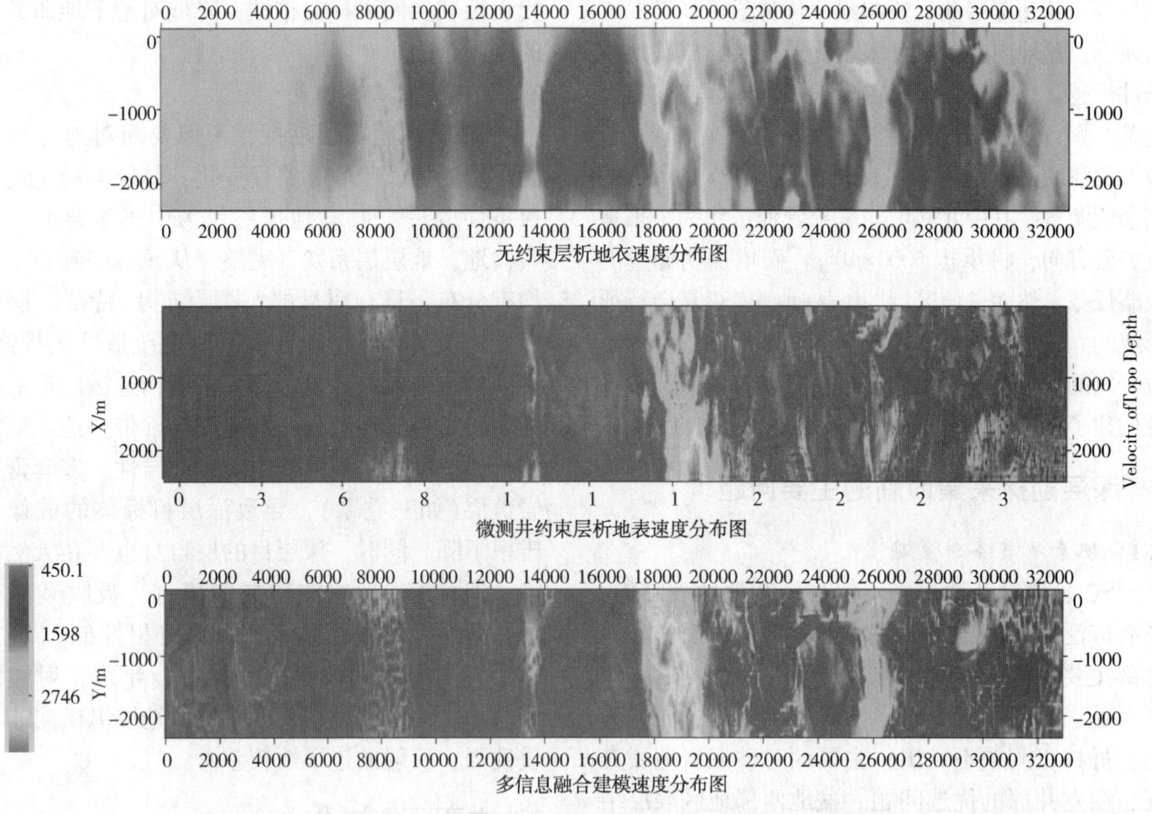

图1　SC盆地西部YY三维不同近地表建模10m等深速度切片图(局部)

3.3 增能降噪激发技术

在井深选择方面，利用SC盆地近地表砂泥互层特点，通过表层结构调查、动态井深识别，优选泥岩或砂泥岩激发，使激发地震波能量最强，频率适中。在药量参数选择方面，在保证超深层能量基本要求前提下，充分考虑干扰波与有效波的能量比例，优选有效波能量占比最高的药量参数。为保证不同地形、不同岩性激发能量的一致性，通过试验获得典型地形、岩性的最佳药量，并根据高程、起伏度、录井岩性逐点设计激发药量。

3.4　基于面元属性的过障碍智能布点技术

保证目标层各面元内偏移距、方位角等属性分布均匀性和相邻面元间属性一致性，对于超深层弱反射、非均质地质体的勘探至关重要。但是，大型障碍会使物理点布设与理论点之间存在较大的偏移，导致面元内各属性的改变。为了减弱这类偏移产生的影响，我们开发软件，利用高精度遥感信息，融合 AI 深度学习进行障碍的智能提取自动提取地面障碍，在此基础上再利用软件自动在非障碍区进行物理点偏移和加炮处理，并根据目标层面元属性情况，自动优选物理点最佳偏移位置和加炮位置、数量，提高覆盖次数均匀性。避免传统手动避障导致的覆盖次数极不均匀，能够最大程度的确保覆盖次数的均匀性，图 2 是 YY 三维物理点智能布设前后面元覆盖次数对比图，采用基于面元属性的智能避障布点后，覆盖次的均匀性得到明显改善，图 2 中左图是智能布设前后物理点的分布图，右图是智能布设前后深层的覆盖次数分布图。

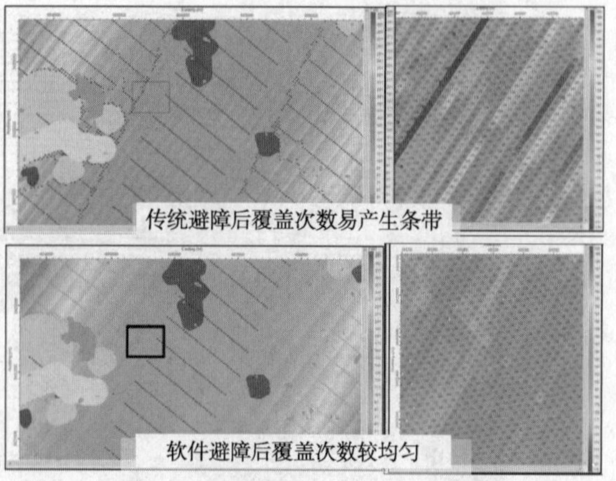

图 2　YY 三维物理点智能布设前后面元覆盖次数对比图(局部)

3.5　宽频接收技术

利用单点高精度 GT DS-5Hz 检波器高灵敏低频检波器，提高了检波器对深层高低频、弱反射的响应，拓展深层资料的频宽。图 3 是采用 5Hz 和 10Hz 检波器接收单炮分频扫描图。图中 5Hz 检波器接收资料 8Hz 以下低频段，反射更突出。

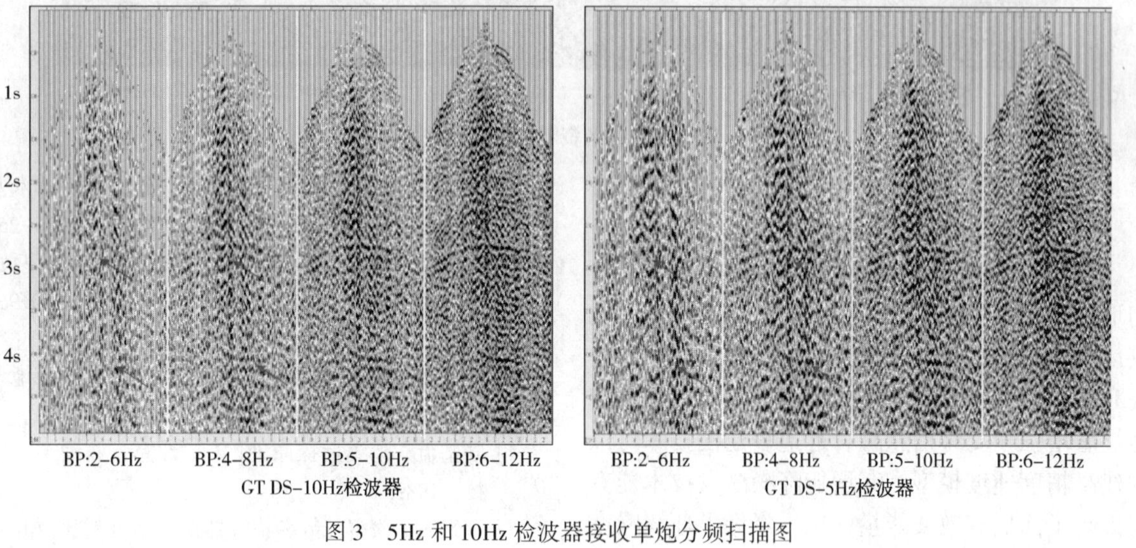

图 3　5Hz 和 10Hz 检波器接收单炮分频扫描图

4　应用及效果

4.1　工区条件

SC 盆地西部地区 xx 三维勘探项目，地表出露岩性复杂，有砂岩、泥岩、砂泥岩、河滩砾石、黄土砾石、砾岩。地形起伏剧烈，最高海拔 1413m，最低海拔 426m，相对高差 987m。障碍物点多面广，共有城市、乡镇 51 个，涉及面积 $380km^2$。

4.2　实施效果

通过应用以上技术对策，获得的超深层地震剖面有较大改善，清晰地反映出储层的形态。图 4YY 三维新老资料剖面对比图(局部)图中上图是二维老资料，下图是新三维采集资料，新三维采集资料在超深层弱反射的能量得到明显加强，反射连续，波组特征清楚。

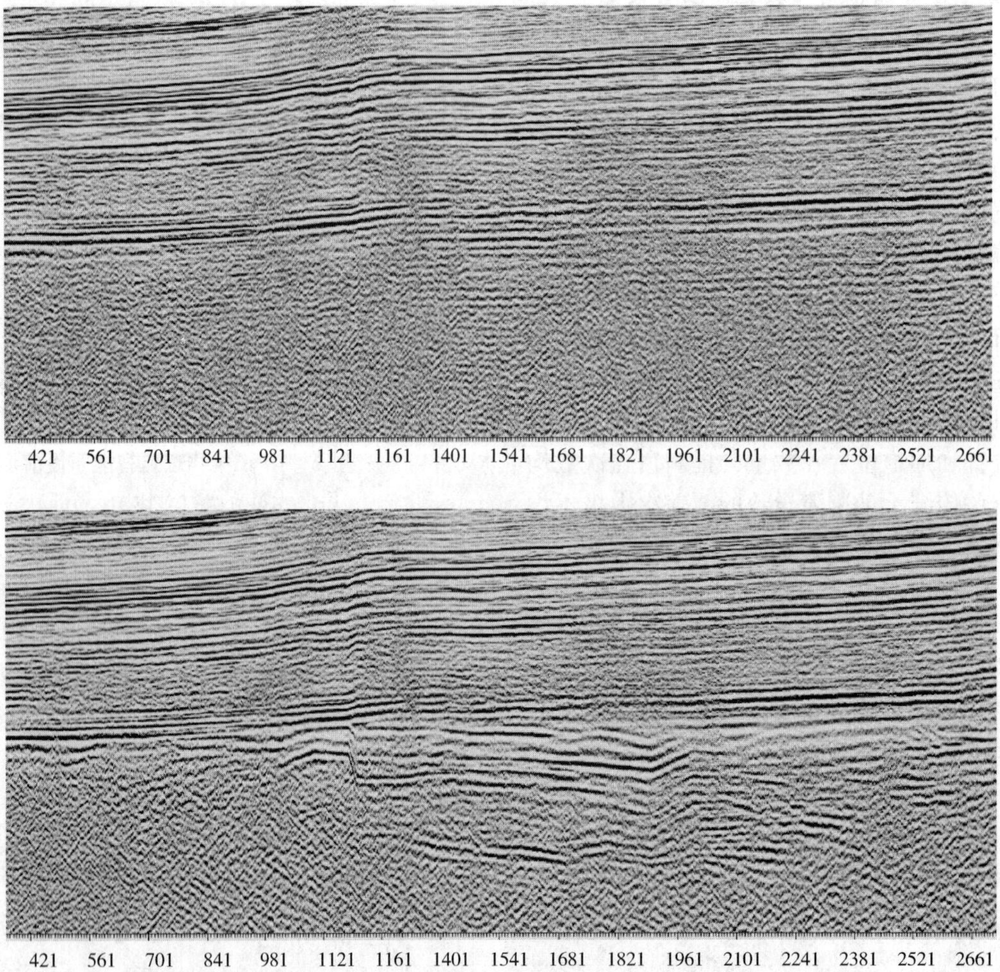

图 4　YY 三维新老资料剖面对比图(局部)

5　结论

针对 SC 盆地“地表+地腹”双复杂问题，我们形成了超深层地震勘探技术体系，获得以下几点认识：①宽方位高密度三维观测技术，能有效提升了深层弱反射信号的成像精度，储层识别能力显著增强。②多信息融合近地表建模技术可以构建高精度速度模型。③增能降噪激发技术能有效提高了深层有效波能量占比，降低了环境噪声干扰。④AI 智能布点可以有效改善面元的属性。⑤宽频接收技术可以拓宽了地震信号频带，提升了深层弱反射的识别能力。

参　考　文　献

[1] 曹宏，代双和，李金付，胡善政，古发明，钟厚财，周丽萍，吴俊军．中国致密油气地震勘探技术及其发展方向[J]．石油学报，2025，46(1)：236-254.

[2] 宁宏晓，唐东磊，皮红梅，等．国内陆上“两宽一高”地震勘探技术及发展[J]．石油物探 2019，58(5)：645653.

[3] 曹务祥．高空间密度采样资料分析[J]．勘探地球物理进展，2006，29(3)：178-182.

[4] 陆基孟．地震勘探原理[M]．北京：石油工业出版社，1989.

[5] 魏继东．模拟与数字检波器记录精度对比及其对信噪比的影响[J]．地球物理学进展，2018，33(4)：17261733.

分布式多参数电磁探测系统在油气勘查中的应用研究

李建华[1,2,3]　丁卫忠[1,2,3]　林品荣[1,2,3]　郑采君[1,2,3]　孙夫文[1,2,3]　周海涛[1,2,3]

（1. 中国地质科学院地球物理地球化学勘查研究所；2. 自然资源部地球物理电磁法探测技术重点实验室；3. 国家现代地质勘查工程技术研究中心）

摘　要　分布式多参数电磁探测系统（DEM-07），是具有我国自主知识产权的国产多功能电磁法探测系统，其具备 AMT/MT、CSAMT/CSEM、IP 等测量功能，主要指标达到国际先进水平，可广泛应用于金属矿、地热、油气等能源资源勘查，深部地质结构调查和三维地质填图等领域。深层超深层油气资源勘探开发是当前我国开展地球深部探测的重要组成部分，分布式多参数电磁探测系统涉及方法技术多、抗干扰能力强、探测深度大，可经济、快速、准确地为查明油气勘查中盆地性质、断裂特征、隆拗分布、地层展布、基底结构等基本地质问题提供地球物理依据。在油气勘查的不同阶段针对不同地质目标可采用该系统中的不同方法或方法组合，作为一种寻找油气藏的非震手段，其可服务油气勘探开发全过程。

关键词　国产设备；电磁探测；深部能源资源勘查；水力压裂监测

1　分布式多参数电磁探测系统简介

分布式多参数电磁探测系统是由中国地质科学院地球物理地球化学勘查研究所历经 20 余年自主研发的电磁探测技术与装备，不仅填补了国内空白、打破国外技术垄断，同时创新了多项技术。近年来，该系统也在我国的地勘行业实现广泛推广与应用示范，取得了良好的应用成效，为我国的能源资源勘查和基础地质调查提供了大深度探测的方法技术与专业设备支撑。其技术先进适用，符合国家产业发展方向和高效、绿色、低碳、智能勘查要求，入选了自然资源部《矿产资源节约和综合利用先进适用技术目录》。

分布式多参数电磁探测系统由大功率电磁法发射机、分布式多功能电磁法接收机、感应式磁传感器，以及数据处理解释软件组成，主要组件实物图见图 1。系统采用电流精细采样、高分辨接收、抗干扰数据采集与处理、人机交互建模等技术，具有人工源的可控源（音频）大地电磁测深（CSEM/CSAMT）、时间域激发极化法（TDIP）、频率域激发极化法（FDIP），天然源的音频大地电磁测深（AMT）和大地电磁测深（MT）等测量功能，可满足复杂地质条件下多参量、大深度、多目标的探测需求。当采取多台接收机同时观测时，可一次性的覆盖一个区域，在整个面积上进行同步观测，实现快速高效的三维高精度探测。

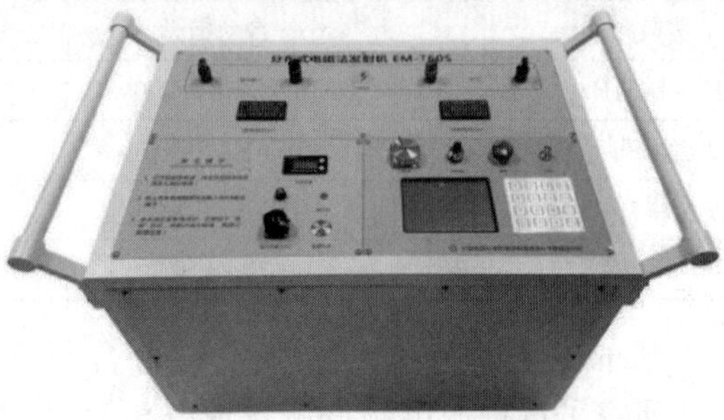

(a)EM-T60S大功率电磁法发射机

(b)DEM-R07多功能接收机

(c)感应式磁传感器

图 1　分布式多参数电磁探测系统实物图

2　关键技术与创新

2.1　硬件指标的提升

针对地球内部能源资源大深度勘查对地球电磁探测技术的需求，分布式多参数电磁探测系统突破了电磁法大功率高精度发射，研发了从5kW、30kW、60kW 到 160kW 的系列实用化发射机，并突破了基于卫星高精度授时的分布式高分辨电磁场接收，利用全波形采样，获取地下介质的多种电性参数(激电的视极化率、绝对相位等；可控源电磁法的电磁场、视电阻率等；天然场电磁法的视电阻率、阻抗相位等)，为复杂地质条件下的能源资源勘查提供了自主、先进、适用的多参数电磁探测技术支撑。相较于常规的多功能电磁法探测技术，增加了解释参数，提高了勘探精度与深度。

系统主要指标如表 1 和表 2 所示，表中对设备关键技术指标与常用的国外同类产品 GDP32、V8 进行了对比，由对比可见，自主研发的大功率发射机、分布式多参数接收机的主要技术指标与国外同类先进仪器技术指标相当，且在同步方式、发射功率方面优于国外同类仪器。

表 1　大功率发射机的主要技术指标对比

科目	DEM 发射机	GGT-30 发射机	TXU30 发射机
国别	中国	美国	加拿大
供电功能	CSEM/CSAMT、TDIP、FDIP	CSAMT、FDIP、TDIP、TEM	CSAMT、FDIP、TDIP、TEM
频率范围	10000Hz~1/128Hz	8192Hz~1024S	9600Hz~256
供电波形	单频+多频	单频	单频
同步方式	卫星授时 精度：UTC±0.02μs	恒温晶体 精度：5×10^{-10}s/d	卫星授时 精度：UTC±0.5μs
工作模式	自动扫频	手工切换频点	指定频点，定时供电
最高电压	1600V	1000V	1000V
最大电流	100A	45A	1—40A/0.5—20A
最大功率	160kW	30kVA(最大输入)	30kW
温度范围	-10~+70℃	-44~+55℃	-20~+45℃

表 2　分布式接收机的主要技术指标对比

科目	DEM 接收系统	GDP-32^{II} 接收系统	V8 接收单元 RXU
国别	中国	美国	加拿大
测量功能	CSEM/CSAMT、TDIP、FDIP、AMT/MT	CSAMT、TDIP、FDIP、TEM、AMT/MT	CSAMT、TDIP、FDIP、TEM、AMT/MT
工作模式	自动扫频	手工切换频点	自动扫频
频率范围	32000Hz~0.001Hz	8kHz~1/64Hz	10，000Hz~0.00005Hz
通道数	3-6 道可选	8 道可选	3 道、6 道可选
分辨率	24 位/7.8μs	16 位/17μs	24 位/10μs
温度范围	-20~+70℃	-40~+45℃	-20~+50℃

2.2　方法技术的创新

除了硬件研发中指标的提升，在数据处理与解释方面，我们也创新研究了多参数提取、人工源大深度高精度探测等方法技术。因可控源音频大地电磁测深(CSAMT)为人工源电磁法，其信噪比高而日益广泛地应用于地球探测的多个领域，但其探测深度一般小于 2000m 而无法在深层超深层油气藏探测中发挥作用。

基于传统的 CSAMT，我们结合自研设备，创新研究了可控源电磁探测技术(CSEM)，不仅继承了常规 CSAMT 的人工发射源信号强、抗干扰的显著特点，同时可压制 CSAMT 测量中的场源效应和静态位移影响，并增大探测深度。对于人工发射源产生的电磁场，不再定义各种视电阻率参数，而是直接基于测量的电磁场进行反演，来获取由浅至深的地球内部电性结构。

我们知道，理论上可控源电磁法观测的频段

范围越宽、频率个数越多，得到的观测资料越丰富，勘探效果越好。CSEM 中，针对大深度探测需求，在数据采集方面采用大电流供电、宽频带测量，将常规 CSAMT 低频观测频率由 0.1Hz 拓展至 0.025Hz。在数据处理与解释方面对观测电场分量、磁场分量直接处理和反演。反演中初始模型由几何参数和电场幅值计算的全区视电阻率确定，建立模型真电阻率与场分量之间的响应关系，采用非线性共轭梯度方法对电场 Ex 直接进行反演，形成 CSEM 大深度高分辨探测技术，探测深度可达 5000m。

在河北雄安新区一有已知深孔测区开展了 CSEM 大深度探测的试验验证。对过已知钻孔的可控源电磁法剖面测量数据进行处理和反演，获得了剖面反演结果，并结合钻孔资料进行了解释，推断了各地层的分布和地热目标层的展布，反演电阻率断面及解释与已知钻孔的对应情况如图 2 所示。电阻率反演得到电性变化特征与已知钻孔测井电阻率变化特征一致，同时反演电阻率结果清晰地显示出各地层层状分布特征，且与已知钻孔揭示地层信息非常吻合：浅层高电阻率对应第四系砂岩、泥岩，中、低阻区属新近系和古近系泥岩；深层高电阻率为蓟县系雾迷山组白云岩的反映，其中蓟县系顶界面埋深达 3635m，CSEM 反演电阻率对该目标层反映清晰，有效验证了所研究的新方法技术大深度探测的能力。

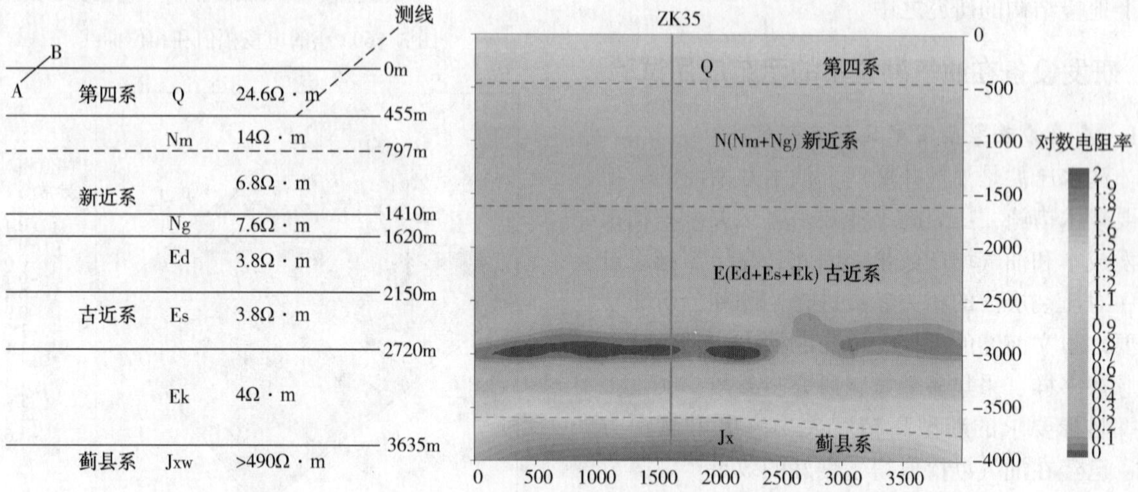

图 2　雄安新区已知地热孔 CSEM 剖面解释结果与钻孔对应关系

3 适应场景

分布式多参数电磁探测系统是一种多功能的地球物理电磁法专业设备，其既可以开展天然场源电磁法(MT/AMT)，也具备人工场源电磁法功能(CSEM/CSAMT/IP)，应用极其广泛。天然源电磁法，它是通过研究地表观测的天然电磁场信号来研究地下电性结构；人工源电磁法，它是通过人工向地下供入可控制的电流，再在地面上测定人工电磁场的变化规律。

各种电磁勘探方法是适应不同地质任务的需要而发展起来的，其各具特点，应用范围也不尽相同。地球物理学者们会根据不同资源的特点和地质背景来选择合适的电磁勘探方法来进行宝藏的发掘。金属矿产埋藏相对较浅，一般在千米以内，人们发现矿化岩石与围岩相比有良好的激发极化效应，于是在金属矿勘查中我们就常常看到“激发极化法”的身影，而且它成为寻找矿产资源的重要方法之一。在中国南方海相地区，富有机质页岩往往和灰岩伴生，二者具有显著的电性差异，富有机质的页岩储层又普遍含有具有明显激发极化效应的黄铁矿，地球物理勘探者当然会抓住这种物性特点，将在金属矿勘查中较为成熟的电磁法勘探技术运用到我国的非常规能源勘查中。

此外，电磁法勘探具有对流体识别的优势，需求日益增长的地热资源和油气资源因此成为电磁法勘探的主战场。热储构造的电阻率在地层温度和地层破碎双重作用下会发生明显改变而往往呈现为低电阻率的现象，再结合揭示的源、运、储、盖地热资源四要素的电性特征，电磁法勘探能为地热井位的优选提供可靠的支撑。在油气勘查中，在普查阶段，大深度探测的 MT 能应用于盆地普查及沉积层发育、基底深度及深大断裂带等研究；在详查阶段，高精度的人工源电磁法CSAMT等则能成为检测是否为油气圈闭的重要技术手段之一。近年来，随着仪器精度提高和方法技术的发展，高分辨率的可控源电磁法也逐步用于致密油气藏的水力压裂监测中，通过布设测点覆盖目标区域，实现监测水力压裂活动，分析压裂液波及范围，评估压裂效果，实时调整方案，研究段间干扰，提高单井产量。

因此，总体来说，电磁法勘探可发挥其低成本、适用性广、绿色、高效等优点，在工程地质和水文地质勘察、石油、天然气和煤田地质构造调查，寻找金属及非金属矿产，环境监测、地质填图等方面，它都能有用武之地，还可用于地壳与上地幔结构的研究之中。

4　研发设备在油气勘查中的示范应用试验

4.1　在水力压裂监测中的试验研究

注水压裂是油气井增产、油水井增注的一项重要技术措施，压裂施工的效果直接关系到油田开发成本和油气增产数量。因此，在压裂施工过程中对压裂层段的相关参数进行监测和分析非常重要。本文前述的可控源电磁勘探方法是一种激发脉冲多样、采集多分量、研究多参数、实现多勘探目标要求的新型高精度大功率电磁测深方法，已经在油气勘探取得了良好的效果。

我们采用自研的分布式多参数电磁探测系统，通过使用可控源电磁法对宣城地区某水力压裂井进行了监测。监测井位于安徽宣城，地表植被覆盖多、干扰源多，目标层位与压裂液的电性差异较小。针对不利因素，采用分布式多参数电磁探测系统采取了分布式阵列布设方式、大功率发射和抗干扰数据采集处理技术，实现了高质量的压裂前、中、后电场信号的监测(图3)，获取的目标层位压裂液的电性异常形态与同期地面微震监测记录的震动事件分布范围吻合(图4)，且体现出电磁法监测识别流体分布及其连通性的优势。参考压裂单位液量、停泵压力和砂量等参数，综合解释了压裂过程中裂缝的几何形态和延伸范围，以及流体走向等信息，为页岩井的压裂及其效果评价提供了方法技术支撑。

取得的试验结果表明，电磁勘探新方法新技术用于监测水力压裂过程，可发挥其流体识别的优势，获取压裂过程中流体走向、体积大小变化及连通性等敏感参数，达到非常规油气藏储层改造中的动态监测之目的，展示出可控源电磁法在页岩气开发的压裂监测中具有良好的应用前景。

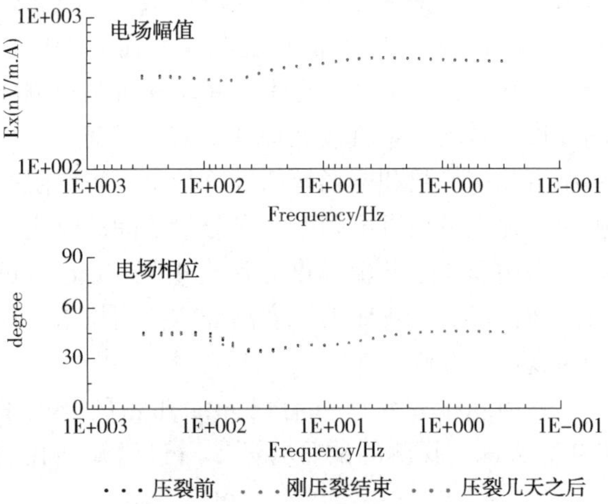

图3　603点的电场幅值和相位曲线

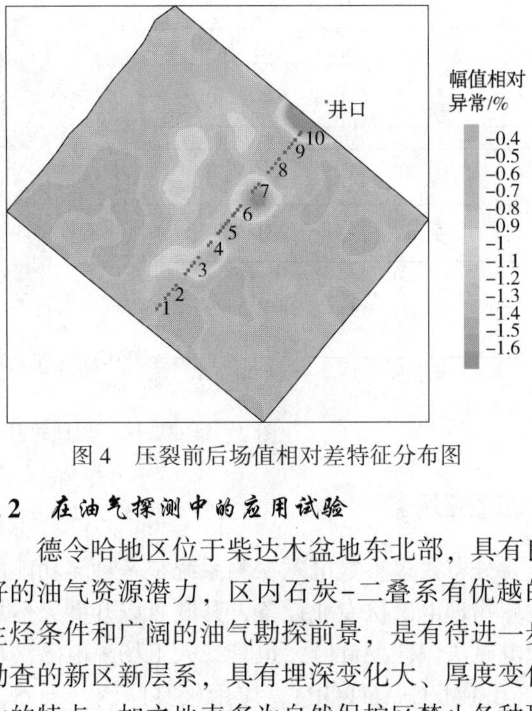

图4　压裂前后场值相对差特征分布图

4.2　在油气探测中的应用试验

德令哈地区位于柴达木盆地东北部，具有良好的油气资源潜力，区内石炭-二叠系有优越的生烃条件和广阔的油气勘探前景，是有待进一步勘查的新区新层系，具有埋深变化大、厚度变化大的特点，加之地表多为自然保护区禁止各种形势的开挖，勘探工作受到一定影响。

在乌中一井附近选择2条试验剖面，采用分布式多参数电磁探测系统开展了非开挖式MT测深试验工作，MT反演结果三维展示示意图如图5所示，由图可见，试验区地层电阻率呈相对水平层状特征，由浅至深整体电性分布呈现“较低-低-中-高”特征。第一层中低电阻率层电阻率值约10Ω·m；第二低电阻率层的电阻率值最低，约5~1Ω·m；第三层电阻率层呈中高阻特征，电阻率值约50~250Ω·m；第四层电阻率层为高阻特征，电阻率最高约1000Ω·m，对应地层划分为新生界低阻层（Q-E）、石炭系中高阻层（C）和前石炭系高阻层；横向上电阻率值连续性不好，推测由于构造引起。MT 获得的电性异常形态与地震资料吻合良好，结合乌中一井的物性资料，圈定了石炭系顶底界面，为柴达木盆地油气资源探测提供了地球物理电性依据。

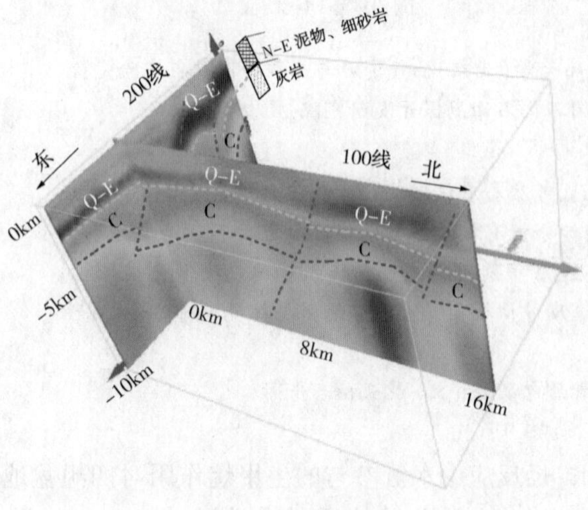

图 5　德令哈地区 MT 反演电阻率三维断面图

5　结论

（1）随着科学技术的发展，新方法、新理论的应用，电磁法勘探技术和电磁法仪器得到了飞速发展，并日趋完善。分布式多参数电磁探测系统是一项自主创新科技成果。该系统具有技术含量高、软硬件集成度高、处理与解释较完善等特点，为电磁法多参量融合探测提供了技术装备，可有效服务于深部能源资源探测、三维地质填图等领域，促进地学领域的科技创新。

（2）分布式多参数电磁探测系统包含有多种电磁探测方法技术，适用于油气普查到详查各阶段，可针对勘探目标所处位置、规模、性质、埋深等，优选不同的电磁勘探方法，合理配置，做到既节约勘探经费，又达到勘探目的。

（3）国产设备的成功研发与推广应用，将能缓解我国的高端地球电磁仪器装备和核心软件主要依赖进口而面临技术垄断和封锁的风险危机，为我国能源资源安全提供自主有效的技术与装备支撑。

参考文献

[1] 李建华，林品荣，张强，等．可控源电磁法中关键技术研究与应用[J]．吉林大学学报：地球科学版，2022(003)：052.

[2] Wang Junlu et. al.，Three-dimensional tomography using high-power induced polarization with the similar central gradient array，APPLIED GEOPHYSICS，2017，14(2)，291-300.

[3] 底青云，朱日祥，薛国强，等．我国深地资源电磁探测新技术研究进展[J]．地球物理学报，2019，62(6)：2128-2138.

[4] 李建华，林品荣，丁卫忠，等．2015 国内外多功能电法仪的对比试验研究[J]．物探化探计算技术，37(4)：452-458.

[5] Hoversten，G. M.，Schwarzbach，C.，Haber，E.，Belliveau，P.，Boreholeto surface electro magnetic monitoring of hydraulicfractures[J]．6th International Symposium on Three-Dimensional Electromagnetics. Berkeley，California，USA，2017，March 28-30.

[6] 屈文璋，安志国．时移音频大地电磁监测数值模拟研究[J]．地球物理学进展，2020，35(4)：21595-1604.

超深层无机氢介入有机质生烃的判识：基于限域空间中烯-烷亚稳态平衡的地球化学模型

方　朋[1,2]　吴　嘉[2]　沈　斌[1]　徐学敏[1]　翟　佳[1]　陶小晚[3]　王　远[4]

［1. 中国地质科学院国家地质实验测试中心；2. 中国石油大学（北京）油气资源与工程全国重点实验室；
3. 中国石油勘探开发研究院；4. 中国石化石油勘探开发研究院］

摘　要　超深层高温高压和富氢物质的出现使得无机氢可参与有机质生烃。判识无机氢是否介入生烃是评估深层油气资源的重要问题。通过可靠的地球化学指标分析有机质体系的实际氢逸度和理论氢逸度为解决上述问题提供了可能。沥青质结构限域空间中的烯-烷准平衡可以为评估体系氢逸度提供关键证据。本研究基于对烯-烷转化的量子化学计算分析，构建了氢逸度评估模型，为认识超深层环境中有机-无机生烃的行为提供了新的制约参数。

关键词　超深层；有机-无机相互作用；氢逸度；沥青质包裹烃；烯-烷亚稳态平衡

1　引言

随着全球油气工业的发展，勘探领域逐渐由中浅层向深层和超深层延伸。据统计，全球已在深层（>4500m）和超深层（>6000m）发现油气藏1477个，其储量分别占总储量的40%和49%。由于油气资源需求增长，深层勘探进程加速。截至当前，塔里木盆地已钻成8000m以深井191口，占全国总量的50%以上。最近，塔里木盆地深地塔科1井完钻井深10910m，成为亚洲第一、世界第二垂深井，标志着我国钻探能力进入“万米时代”。在油气工业上游，深层-超深层优质烃源岩预测技术与资源潜力评价方法对攻克勘探难题至关重要。由于超深层具有埋深大、高温、高压等特点，烃源岩研究复杂化，传统生烃机理和模式在解释深层-超深层油气生成时面临挑战。

传统石油有机成因理论认为，干酪根晚期热降解生烃是自身氧化还原反应的结果，产物为相对富氢的油气和贫氢的残余干酪根。然而，在深层-超深层环境中，高温、高压及地球深部物质的存在使得干酪根生烃过程不再局限于自身氢转移，外源氢（如深部流体、水等）可能直接或间接参与生烃反应，从而将传统石油生成理论拓展至有机-无机复合生烃范式。探究外源氢如何影响干酪根生烃成为揭示有机-无机复合生烃机理的关键。基于氢同位素分馏模型的研究表明，水-烃反应中水氢参与的生甲烷作用对四川盆地常规气和页岩气的贡献分别为30%～60%和30%～80%。此外，外源氢不仅显著影响生气过程，也可能在干酪根主生油期介入石油生成反应。因此，确定外源氢开始参与干酪根生烃反应的界限至关重要。

先前的研究已经证明，有机地质大分子的复杂结构能够封闭一系列高活性的小分子有机物，如一系列原生性的正构1-烯烃。这些有机限域空间内的烯烃分子与同碳数正构烷烃之间的相互转化容易达到热力学亚稳态平衡。沥青质大分子结构内的烯烃-烷烃热力学平衡理论上不仅受控于温压，还受控于体系的氢逸度。有机限域空间的存在，一方面可以“渗透”氢对化学平衡的影响，另一方面使高活性的分子能够良好保存。因此，构建沥青质结构内的烯-烷平衡的热力学模型对于分析体系的氢逸度并评估外源氢是否介入生烃具有重要价值。

本研究以C_{16}和C_{18}的正构烷烃和正构1-烯烃为研究对象，通过量子化学计算的获得不同温度条件下烯烷转化反应的热力学能量，继而构建烯烷比和氢逸度之间的关系。基于先前的热模拟实验数据，校正体了系氢逸度的大小，并在虚拟盆地中分析了地层氢逸的潜在分布特征。最终以塔里木盆地玉尔吐斯组烃源岩为样品，通过分析比较实际氢逸度和理论氢逸度的大小，评估外源氢是否介入烃源岩生烃。

2 量子化学计算

量化计算的使用 Gaussian09 程序在 M06-2X/6-311+G＊＊计算水平上对反应物、过渡态、中间体及产物的结构进行了几何优化。在几何优化的同时，采用相同的计算水平对各个物质进行振动分析和频率计算，确保所得到的分子体系结构是势能面上的极小值点，即反应过程中体系最稳定和亚稳定的几何构型。通过对反应过程中优化所得到的过渡态进行内禀反应坐标(IRC)计算确定过渡态是在势能面上反应物向产物转化的能量最高点。为准确获得反应体系的热力学数据，在 M06-2X/6-311+G＊＊的计算水平上获得热力学校正量，在 M06-2X/def2-TZVP 的计算水平上计算反应体系中各物质的单点能，并与热力学校正量相加，得到了反应中各物质的能量之后以反应物能量为基准绘制反应体系的反应能级图。

3 结果与讨论

3.1 不同温度下烯烷转化反应的能垒与能变

量子化学计算获取了 C_{16} 和 C_{18} 的正构 1-烯烃和正构烷烃之间加氢转化的反应能变 $\Delta_r G$。由于地质条件下，烃源岩或原油稳定存在的温度区间一般不会超过 350℃，本研究选取了 25～350℃之间 8 个温度点。总体上看，C_{16} 和 C_{18} 的正构烷烃和正构 1-烯烃之间加氢转化的反应的正逆反应能垒均随温度升高而略有升高，但正反应能垒升高的幅度大于逆反应能垒，最终导致反应的吉布斯自由能变 $\Delta_r G$ 随温度升高而略有升高(图 1 和图 2)。

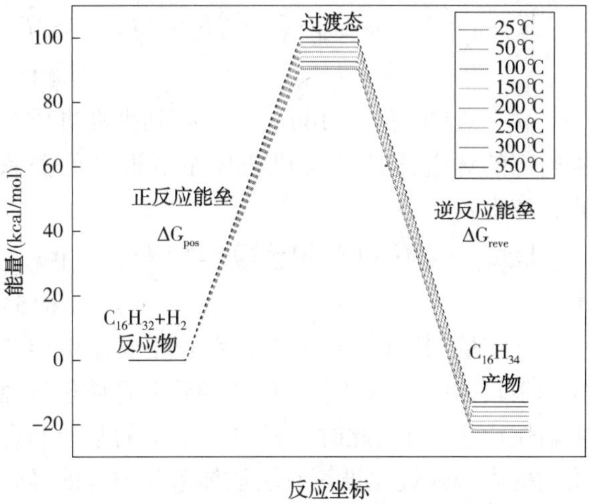

图 1 不同温度条件下下 nC_{16} 烯-烷转化能级图

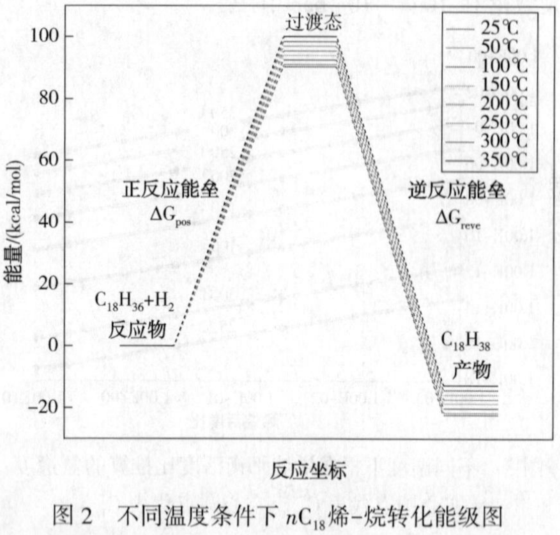

图 2 不同温度条件下 nC_{18} 烯-烷转化能级图

3.2 烯-烷平衡热力学模型的构建

以 C_{16} 正构 1-烯烃和 C_{16} 正构烷烃为为例，在沥青质结构内部(视为封闭体系)，当烯烷转化达到平衡状态时，满足以下关系式：

$$C_{16}H_{32}+H_2 \rightleftharpoons C_{16}H_{34} \quad (1)$$

$$K=\alpha(C_2H_6)/[\alpha(C_2H_4)\cdot f(H_2)] \quad (2)$$

$$\alpha(C_{16}H_{32})/\alpha(C_{16}H_{34})=1/[K\cdot f(H_2)] \quad (3)$$

其中，K 为烯烷转化的平衡常数；α 为化合物的活度；f 为逸度。

根据范特霍夫等温方程方程，当烯烷转化反应达到平衡时，满足下列关系：

$$\Delta_r G_m^{\Theta}=-RT\ln K^{\Theta} \quad (4)$$

式中，$\Delta_r G_m^{\Theta}$ 为标准状态下反应的摩尔吉布斯能变；R 为气体常数；T 为绝对温度；K^{Θ} 是标准状态下的平衡常数取决于反应物和生成物的活度商(式(2))。当反应体系的温度发生改变时，$\Delta_r G_m$ 和 K 相应地也会发生变化变化。本研究通过量子化学计算获得了反应的 $\Delta_r G_m$，由此可以计算得到相应的平衡常数。

前述热力学分析表明，一定温度条件下，体系的烯烷平衡活度比可以指示氢逸度的高低(式(3))。本研究在分析大量地质样品和热模拟实验过程中，发现了沥青质结构内部，C_{16} 和 C_{18} 的正构 1-烯烃和正构烷烃的相对丰度比值大多落在 0.1～2.0 区间内。烯烃和烷烃的相对丰度比值可以近似代表活度比。因此，在假定地质样品中沥青质结构内烯烷转化均接近平衡状态的前提下，可以根据大致 C_{16} 和 C_{18} 的烯烷比估算沥青质封闭体系的氢逸度。初步推算，在沉积有机质广泛存在的地温区间内，沥青质封闭体系的氢逸度

大致落在 $10^{-15}\sim10^{-5}$bar(图 3)。

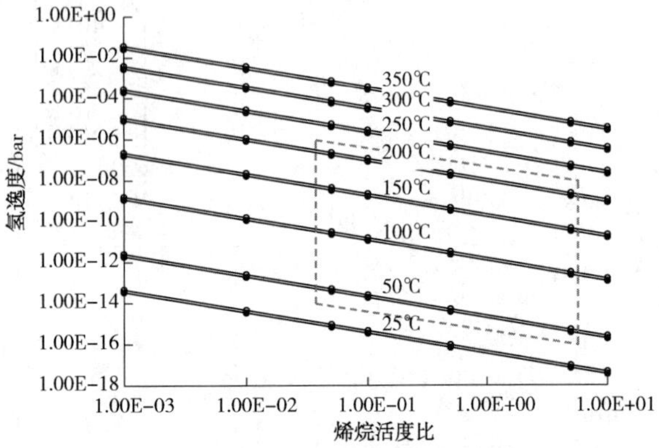

图 3　不同温度下根据烯烷平衡活度比推算的氢逸度
（实心圆点代表 C_{16}，空心圆点代表 C_{18}）

先前的研究中，含有矿物缓冲剂和水的沥青质热模拟实验将体系的氢逸度限定为 0.0003984bar（$MH-H_2O$）和 1.480bar（$CoCoO-H_2O$）。对应体系中沥青质包裹烃中 C_{16} 和 C_{18} 烯烷比落在 0.14～0.20 范围内，据此计算的体系氢逸度在 1.35×10^{-4}bar～1.80×10^{-4}bar。由此可见，热模拟实验中矿物缓冲剂控制的氢逸度明显高于上述据烯烷比计算的氢逸度 1 个数量级以上。这说明根据沥青质包裹烃中 C_{16} 和 C_{18} 烯烷比计算的氢逸度在绝对大小上与体系的氢逸度存在固有的差别。因此，估算体系的实际氢逸度大小还需要计算的氢逸度进行合理校正。

3.3　有机体系氢逸度的校正

基于先前的实验数据，本研究提出一种校正由沥青质包裹烃中烯烷比计算得到的氢逸度的方法。根据范特霍夫等温方程可知，当烯烷转化达到热力学平衡时有：

$$\Delta_r G_m=-2.303RT\lg[\alpha_{烷}/(\alpha_{烯}\cdot f_{H_2})] \tag{5}$$

即：

$$\lg(\alpha_{烯}/\alpha_{烷})+\lg f_{H_2}=\Delta_r G_m/(2.303RT) \tag{6}$$

当温度 T 一定时，$\Delta_r G_m$ 不变，气体摩尔常数 R 为定值。此时，式(6)等号右侧的值是恒定的。对于含沥青质的有机体系来说，沥青质结构内外可能因氢逸度不同而产生两种不同的烯烷亚稳态平衡，它们满足下列关系：

$$\lg(\alpha_{烯}/\alpha_{烷})_{外}+\lg f_{外H_2}=\Delta_r G_m/(2.303RT) \tag{7}$$

$$\lg(\alpha_{烯}/\alpha_{烷})_{内}+\lg f_{内H_2}=\Delta_r G_m/(2.303RT) \tag{8}$$

此时，引入参数 γ，并设：

$$\frac{\lg(\alpha烯/\alpha烷)内}{\lg(\alpha烯/\alpha烷)外}=\gamma \tag{9}$$

对式(7)两边同时乘以 γ 得：

$$\gamma\lg(\alpha_{烯}/\alpha_{烷})_{外}+\gamma\lg f_{外H_2}=\gamma\Delta_r G_m/(2.303RT) \tag{10}$$

联立式(9)和式(10)得：

$$\lg(\alpha_{烯}/\alpha_{烷})_{内}+\gamma\lg f_{外H_2}=\gamma\Delta_r G_m/(2.303RT) \tag{11}$$

式(10)减去式(8)得：

$$\gamma\lg f_{外H_2}-\lg f_{内H_2}=(\gamma-1)\cdot\Delta_r G_m/(2.303RT) \tag{12}$$

即：

$$\lg f_{外H_2}=(1/\gamma)\cdot\lg f_{内H_2}+(1-1/\gamma)\cdot\Delta_r G_m/(2.303RT) \tag{13}$$

对于沥青质结构外部的成分来说，烯烃的相对含量始终很低，这导致 $\lg(\alpha_{烯}/\alpha_{烷})_{外}$ 的值是绝对值较大的负数。对于沥青质结构内部来说，烯烷活度比通常分布在 0.1～10.0。这需要分两种情况考虑，当烯烷活度比分布在 0.1～1.0 时，$\lg(\alpha_{烯}/\alpha_{烷})_{内}$ 的值在-1～0，此时 γ 应该是一个接近 0 的正小数；当烯烷活度比分布在 1.0～10.0 时，$\lg(\alpha_{烯}/\alpha_{烷})_{内}$ 的值在 0～1，此时 γ 应该是一个接近 0 的负小数。

对于同一个系列的地质样品，γ 可以假定为相对恒定的常数，这时式(13)中便只有沥青质结构内外的氢逸度是变量，且二者之间呈一次函数关系。于是可根据式(13)对由沥青质包裹烃中烯烷比计算得到的氢逸度进行校正，进而得到体系中游离组分所处的氢逸度。先前的热模拟实验给出了 2 组可准确计算的沥青质结构内外的氢逸度的数据（$MH-H_2O$ 体系和 $CoCoO-H_2O$ 体系），据此可以对式(13)进行初步拟合。拟合结果显示参数 γ 近似为 0.04，可以以此为经验参数，进而根据式(13)可以给出校正公式如下：

$$\lg f_{外H_2}=25\cdot\lg f_{内H_2}-24\cdot[\Delta_r G_m/(2.303RT)] \tag{14}$$

联立式(8)和式(14)，可以得到据沥青质结构内部的烯烷比计算有机质体系氢逸度的关系式，如下：

$$\lg f_{外H_2}=\Delta_r G_m/(2.303RT)-25\cdot\lg(\alpha_{烯}/\alpha_{烷})_{内} \tag{15}$$

在深层-超深层环境中，水岩相互作用会造成体系较高的氢逸度。这往往导致沥青质包裹烃中烯烷比小于 1。此时，式(15)给出的基于沥青质结构内部烯烷比推算有机质体系氢逸度的经验公式是可以适用的。根据此经验公式，在一定温度条件下，可以在虚拟盆地（地表温度假设为25℃，地温梯度假设为2℃/100m）中给出地层氢逸度的分布预测图（图4）。

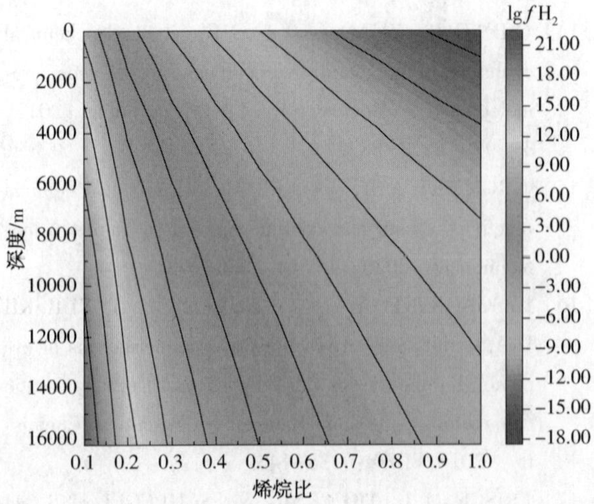

图4 虚拟盆地中氢逸度分布的预测图

3.4 地质应用

以塔里木盆地轮探1井钻得的超深层玉尔吐斯组烃源岩为例进行初步分析。对玉尔吐斯组烃源岩进行了有机质抽提并分离得到了沥青质包裹烃。根据包裹饱和烃的质量色谱图（m/z69 和 m/z85）计算可以得到该烃源岩沥青质包裹的 C_{16} 和 C_{18} 烯烃和烷烃的比值分别为 0.45 和 0.46。基于地层温度比较接近 150℃，可以（据式（15））计算得到体系的氢逸度约为 $10^{-1.12}$bar 和 $10^{-1.22}$bar（相当于 0.076bar 和 0.060bar）。

对于纯干酪根生烃的体系而言，将干酪根视为纯固相物质，限定固相干酪根的反应类型，在给定温压的条件下同样能够根据热力学计算得到干酪根脱氢反应控制的氢逸度。通过量子化学计算可以得到干酪根体系中不同位点脱氢的能垒与能变，其中链烷烃脱氢成双键、链烷烃脱氢环化、环烷烃芳构化以及芳芳缩合等脱氢的反应常温常压下的能变一般分布在 9.2～27.3kcal/mol。假定干酪根体系中这些脱氢过程局部是可逆的。由于干酪根本身是固相，活度记为1，由此可以通过热力学平衡原理计算得到体系的氢逸度的范围在 $10^{-20.01}$～10^{-64}bar。本文中烯烃加氢量化计算的结果表明，温度升高至 150℃时，脱氢反应的能变可能会降低大约 3.5kcal/mol，据此校正得到干酪根体系的理论氢逸度为 $10^{-12.29}$～$10^{-2.94}$bar。

根据烯烷热力学模型计算的体系氢逸度可以理解为样品中的实际氢逸度，上述计算结果表明样品实际氢逸度比根据固相干酪根脱氢过程计算的理论氢逸度至少高1个数量级。在地质历史时期必然有外源的无机氢介入了有机演化，并造成有机质体系的氢逸度有数量级的提升。因此，对于塔里木盆地超深层玉尔吐斯组烃源岩而言，有机-无机复合生烃过程是不可忽略的。综上所述，在具体盆地的具体层系分析烃源岩层的实际氢逸度和理论氢逸度可以判断外源无机氢是否介入生烃，进而可以评估外源氢的供氢强度。

4 结论

沥青质结构内的烯-烷平衡的热力学模型的构建提供了一种评估沉积有机质体系中氢逸度的方法。在实际的沉积盆地中，深部地层往往因水-岩相互作用或者富氢流体的活动而具有较高的氢逸度，它对有机质演化生烃的影响是不可忽略的。基于上述模型，在确定地层温度的前提下，可以推算体系的氢逸度。将计算氢逸度与固相有机质本身所能限定的理论氢逸度进行对比可以定性地判断无机氢对有机质的影响。评估表明塔里木盆地超深层环境中外源无机氢必然参与了有机质的演化，并在生烃过程中扮演了重要的角色。因此，根据沥青质结构内的烯-烷平衡的热力学模型刻画盆地或区域尺度上烃源岩层系的氢逸度，对分析超深层环境中有机-无机复合生烃过程具有实际价值。

参 考 文 献

[1] ZHANG N，WANG Q，WANG J，et al. Characteristics of oil and gas discoveries in recent 20 years and future exploration in the world [J]. China Petroleum Exploration，2018，23(1)：44-53.

[2] ZHANG G，MA F，LIANG Y，et al. Domain and theory-technology progress of global deep oil & gas exploration [J]. acta petrolei sinica，2015，36(9)：1156-1166.

[3] PANG X，WANG W，WANG Y，et al. Comparison of otherness on hydrocarbon accumulation conditions and characteristics between deep and middle-shallow in petroliferous basins [J]. Acta Petrolei Sinica，2015，36(10)：1167-1187.

[4] 崔立勇. 中国首口超万米深井：在沙漠腹地打出“中国深度”[N]. 中国改革报，2025-2025-02-28(004).

[5] 于江艳．深地“万米时代”的新疆机遇［N］．新疆日报(汉)，2025-2025-03-03(005)．

[6] JIANG T，TENG X，YANG X. Integrated techniques for rapid and highly-efficient development and production of ultra-deep tight sand gas reservoirs of Keshen 8 Block in the Tarim Basin［J］. Natural Gas Industry B，2017，4(1)：30-38.

[7] LI J，TAO X，BAI B，et al. Geological conditions，reservoir evolution and favorable exploration directions of marine ultra-deep oil and gas in China［J］. Petroleum Exploration and Development，2021，48(1)：60-79.

[8] TISSOT B P，WELTE D H. Petroleum formation and occurrence［M］. New York Springer Berlin，Heidelberg，1984.

[9] SEEWALD J S. Organic-inorganic interactions in petroleum-producing sedimentary basins［J］. Nature，2003，426(6964)：327-333.

[10] 刘全有，朱东亚，孟庆强，等．深部流体及有机-无机相互作用下油气形成的基本内涵［J］．中国科学：地球科学，2019，49(3)：499-520.

[11] 吴嘉，何坤，孟庆强，等．沉积盆地超深层有机-无机复合生烃机理及地质模式［J］．地质学报，2023，97(3)：961-972.

[12] HE K，ZHANG S，WANG X，et al. Pyrolysis of 1-methylnaphthalene involving water：Effects of Fe-bearing minerals on the generation，C and H isotope fractionation of methane from H_2O-hydrocarbon reaction［J］. Organic Geochemistry，2021，153：104151.

[13] HE K，ZHANG S，MI J，et al. Carbon and hydrogen isotope fractionation for methane from non-isothermal pyrolysis of oil in anhydrous and hydrothermal conditions［J］. Energy Exploration & Exploitation，2019，37(5)：1558-1576.

[14] CHENG B，ZHAO J，YANG C，et al. Geochemical evolution of occluded hydrocarbons inside geomacromolecules：A Review［J］. Energy & Fuels，2017，31(9)：8823-8832.

[15] GROMMET A B，FELLER M，KLAJN R. Chemical reactivity under nanoconfinement［J］. Nature Nanotechnology，2020，15(4)：256-271.

[16] LYSOGORSKIY Y V，AMINOVA R M，TAYURSKII D A. Initial steps in reactions of aquathermolysis of cyclohexyl phenyl sulfide by means of ab initio calculations［J］. Computational & Theoretical Chemistry，2016，1078：138-145.

[17] FRISCH M J，TRUCKS G W，SCHLEGEL H B，et al. Gaussian 09 Revision A. 1. Gaussian Inc［J］. Acta Crystallographica Section A，2008，64：112.

[18] 方朋．沉积有机物沥青质结构内的烯-烷平衡：地球化学约束及意义［D］；中国石油大学(北京)，2024.

[19] YANG H，YU S，ZHANG H，et al. Geochemical characteristics of Lower Cambrian sources rocks from the deepest drilling of Well LT-1 and their significance to deep oil gas exploration of the Lower Paleozoic system in the Tarim Basin［J］. Geochimica，2020，49(6)：666-682 (in Chinese).

[20] 王远．后生作用阶段干酪根供氢端反应活性与结构的关系［D］；中国石油大学(北京)，2022.

转换波地震成像技术在四川盆地深层碳酸盐岩储层中的应用

谢万学[1,2]　敬龙江[1,2]　杨智超[1,2]　王　栋[1,2]　陈　丹[1,2]　赵　尧[1,2]

（1. 中国石油集团东方地球物理勘探有限责任公司；2. 中油油气勘探软件国家工程研究中心有限公司）

摘　要　针对四川盆地某工区深层碳酸盐岩岩溶缝洞型储层转换波资料信噪比低、静校正问题严重、成像困难的特点，采用系数法、共检波点叠加互相关法与非线性全局寻优法剩余静校正相组合的综合静校正方法，有效解决了该地区转换波静校正问题；采用转换波 VTI 介质各向异性叠前时间偏移技术，通过建立精细的纵波、转换波偏移速度场及各向异性参数场模型，绕射能量得到有效归位，远炮检距道集被拉平，提高了低信噪比地区转换波成像质量。从最终纵波、转换波偏移成像剖面来看，二者剖面波组特征对应清楚，目的层成像清晰，归位合理，为储层气水识别与缝洞检测奠定了良好基础。

关键词　岩溶缝洞储层；低信噪比；转换波综合静校正；转换波各向异性叠前时间偏移

1　引言

迄今为止，纵波反射地震在油气勘探中仍发挥着主要的作用，这主要是因为其资料通常具有较高的信噪比，且容易激发和接收。但是随着勘探领域由构造向岩性勘探发展，我们要从地震资料中获得有关岩石类型、结构和孔隙流体饱和状态的信息，仅利用纵波资料是比较困难的，因为不同的岩石和不同的饱和流体可能产生类似的纵波响应，因此，需要利用多波来减少单一纵波信息的多解性。目前常使用的多波地震勘探是利用纵波震源激发、三分量检波器接收，其接收到的不仅有纵波信息，还有转换横波信息。那为什么要进行多分量勘探，它与常规地震勘探相比有什么不同呢？主要原因是：①不同的岩石和饱和流体可能产生类似的纵波响应，因此纵波信息有多解性，不能完全满足勘探需要；②转换波不仅能提供大量的信息且操作方便、成本相对较低。多波勘探是提高地震预测油气藏效果的主要方法之一，通过处理多分量数据，可以大大增加信息量。联合解释纵波和横波特性有助于更准确地确定地下储层和流体特性。

针对四川盆地某工区岩溶缝洞储层埋藏深，转换波资料信噪比低、静校正问题严重、成像困难的特点，采用系数法、共检波点叠加互相关法与非线性全局寻优法剩余静校正相组合的综合静校正方法，有效解决了该地区转换波静校正问题；针对各向异性严重，常规各向同性成像精度低，而转换波 VTI 多参数建模多解性强的实际问题特点，本文提出了利用纵横波匹配方法提高纵横波平均速度比 γ_0 计算精度，通过先各向同性双参数（V_C，γ_0）分析、再各向异性四参数（$_C$，γ_0，γ_{eff}，χ_{eff}）分析的建模思路，通过建立精细的纵波、转换波偏移速度场及各向异性参数场模型，绕射能量得到有效归位，远炮检距道集被拉平，提高了低信噪比地区转换波成像质量。

2　方法原理及应用效果

2.1　转换波综合静校正技术

转换波的静校正量由震源点处的 P 波静校正和接收点处 S 波的静校正组成。已有不同的方法解决转换波的静校正问题。如 ArminW Schafter 提出的转换波折射静校正法；P. W. Cary 和 D. ws. Eaton 提出利用优化共接收点叠加道相关来初步确定短波长的较大的静校正量；唐建侯等提出利用共接收点叠加道相干短波长静校正的方法等。本文主要采用采用系数法、共检波点叠加互相关法与非线性全局寻优法剩余静校正相组合的综合静校正方法。

2.1.1　平缓构造下的共检波点叠加静校正

转换波静校正包括炮点静校正和检波点静校正，炮点静校正量和纵波相同。根据地表一致性假设，任意一转换波地震道总的静校正量可分解为4部分：

$$T_{i,j}=S_i+G_j+C_k h_{i,j}^2+Y_k \tag{1}$$

式中，S_i 是第 i 个炮点位置的炮点静校正量；G_j是第 j 个检波点位置的接收点静校正量；C_k 是第 k 个共中心点位置剩余正常时差；$h_{i,j}$是第 i 个炮点到第 j 个检波点的炮检距；Y_k 是由于构造引起的静校正量。炮点静校正量 S_i 通常利用纵波资料来确定。对于构造平缓的转换波资料，一般有：

$$G_j>>C_k h_{i,j}^2+Y_k \tag{2}$$

因此，经过纵波炮点静校正后的转换波静校正可近似等于检波点的静校正：

$$T_{i,j}\approx G_j \tag{3}$$

基于上面的基本认识，首先将经过动校正后的转换波记录进行共检波点叠加，形成共检波点叠加剖面 $R(x,\ t)$，同理形成纵波共检波点叠加剖面 $P(x,\ t)$并由下式构造纵波与转换波共检波点叠加剖面的互相关能量函数：

$$E(\tau_k)=\sum_{i=1}^{n}R(t_i+\tau_k)P(t_i) \tag{4}$$

式中：n 是共检波点叠加剖面的时窗长度，则使互相关能量函数 E 取最大值时的 $\tau_{\max}$ 对应该检波点的转换波静校正量，即：

$$G_j=\tau_{\max} \tag{5}$$

2.1.2　倾斜构造下改进的共接收点叠加道相干法

共接收点道相干法适用于构造平缓的资料，其假设条件是检波点产生的静校正量远大于动校正的剩余时差和地层倾斜产生的静校正量之和。在实际资料中，地层界面往往存在倾角或者起伏。当倾角因素或起伏状况不可忽略时，按(4)式求得的转换波静校正量 G_j 是实际静校正量 $T_{i,j}$ 和地层倾角产生的静校正量 Y_k 之和。此时，消除地层构造影响的实际静校正量

$$G_j=T_{i,j}-Y_k \tag{6}$$

单纯依靠转换波资料是很难求取地层倾角对静校正量的影响的。考虑到转换波处理时，纵波资料一般已经处理完成，已经获取了纵波的叠加剖面，且通过纵波叠加剖面可以知道地下大体的构造，采用在纵波叠加剖面上拾取层位的办法可以求取地层倾角产生的静校正量 Y_k。因此，求出构造影响产生的静校正量后，根据(6)式，减去这个影响，就可以解决转换波的静校正问题。

实际资料处理时，将转换波静校正量分解为炮点纵波静校正量和接收点横波静校正量，炮点静校正量直接借用纵波静校正量。首先基于纵波接收点静校正量，通过系数扫描方法确定横波初始校正量。然后通过纵波构造约束互相关法(共检波点叠加)和地表一致性剩余静校正方法迭代解决短波长静校正量。最后采用蒙特卡罗非线性全局寻优法解决残留短波长静校正量。该方法技术流程如图1所示。应用上述转换波综合静校正方法，单炮处理效果如图2所示。解决转换波静校正问题后，转换波水平叠加剖面信噪比明显提高，如图3所示。

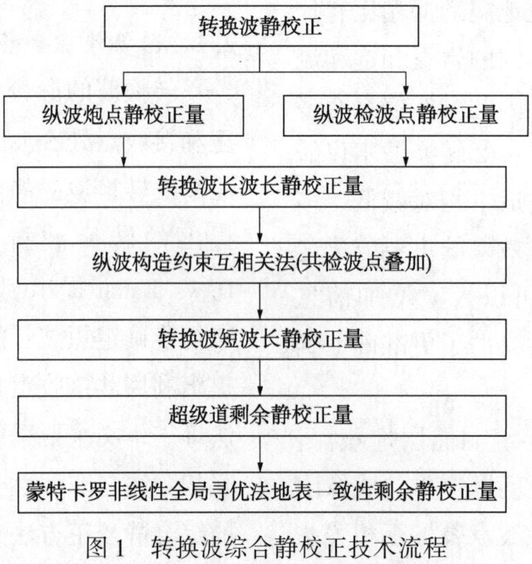

图1　转换波综合静校正技术流程

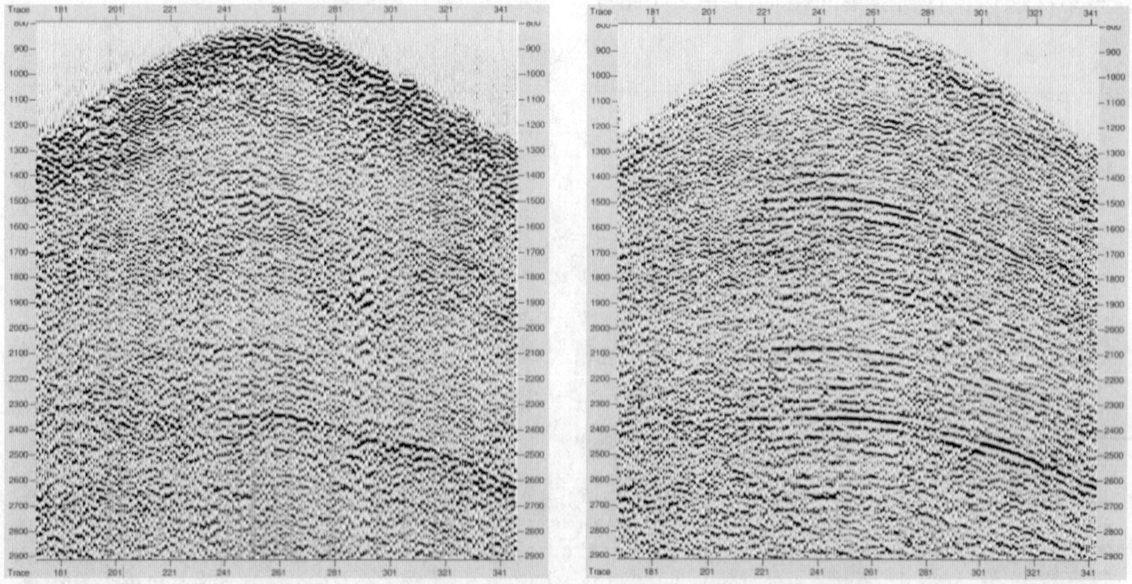

(a)静校正前　　(b)静校正后

图 2　转换波静校正前(a)、后(b)单炮对比

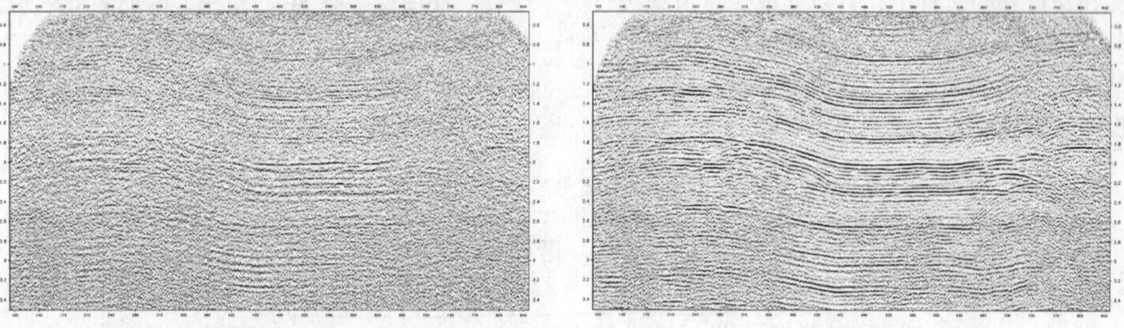

(a)静校正前　　(b)静校正后

图 3　转换波静校正前(a)、后(b)叠加剖面对比

2.2　转换波 VTI 介质各向异性叠前时间偏移技术

转换波叠前时间偏移采用 VTI 介质四参数各向异性叠前时间偏移技术，其中四参数为转换波速度 V_C，垂向纵横波速度比 γ_0，等效纵横波速度比 γ_{eff}以及转换波各向异性参数χ_{eff}。四参数速度建模的思路是：利用纵横波匹配方法提高纵横波平均速度比 γ_0计算精度，通过先各向同性双参数（V_C，γ_0）分析、再各向异性四参数（V_C，γ_0，γ_{eff}，χ_{eff}）分析的方法，建立精细的纵波、转换波偏移速度场及各向异性参数场模型。其处理流程如图 4 所示。

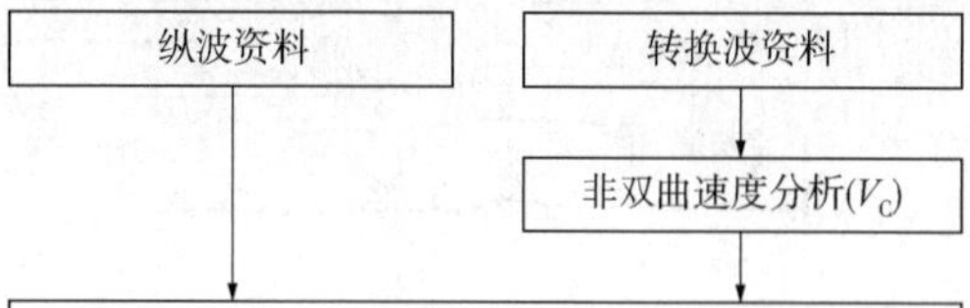

图 4　转换波各向异性叠前时间偏移流程

在实际资料处理过程中，在求取转换波等效叠加速度基础上，基于偏移成像速度扫描确定初始转换波偏移速度模型；然后利用井控纵波和转换波精细层位匹配技术，获取全区初始纵横波速度比值；再使用转换波初始偏移速度模型和初始纵横波速度比模型进行叠前时间偏移，得到共成像点道集；更新四参数谱使道集同相轴拉平，最后输入更新后的四参数，再次进行叠前时间偏

移，经多次迭代，直到道集同相轴拉平，如图 5　　所示。

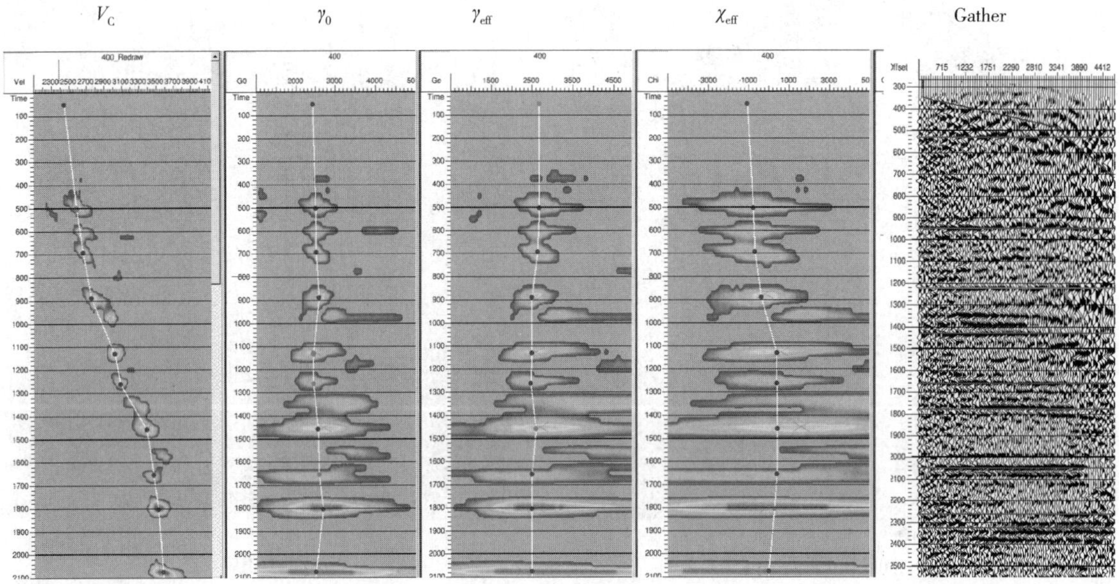

图 5　转换波各向异性四参数谱分析

在速度建模过程中，针对共成像点道集进行叠前去噪处理，可以解决深层碳酸盐岩岩溶储层低信噪比引起的四参数能量谱不聚焦问题，进一步提高了速度精度，能够加快后续迭代过程收敛速度。使用四参数速度建模技术所得速度场进行转换波叠前时间偏移，成果剖面与纵波波组对应关系好，目的层段反射特征清楚，如图 6 所示。

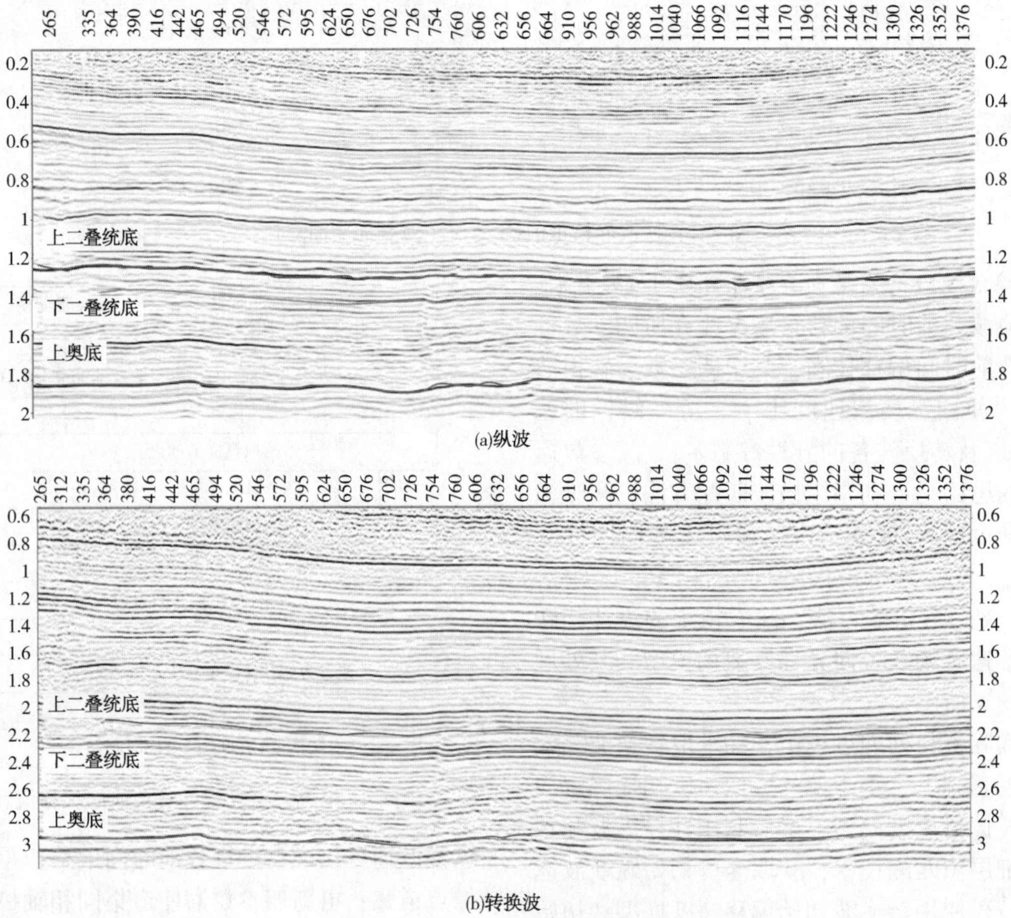

图 6　叠前时间偏移剖面对比

3 结论

多波多分量技术的普及和推广将极大地提高利用地震勘探技术探测地下构造、预测地下岩性的能力，扩展和深化人们对地下结构的认知水平。针对四川盆地某工区岩溶缝洞储层低信噪比转换波资料，依托现有处理技术，开展了转换波综合静校正、VTI介质各向异性叠前时间偏移速度建模等关键技术的研究，形成了配套的转换波成像技术流程，最终在深层碳酸盐岩岩溶缝洞储层获得了高质量的转换波成像结果。转换波综合静校正技术结合实际资料情况逐步解决转换波炮点和检波点静校正问题，大幅提升了转换波资料成像质量。通过转换波四参数叠前时间偏移速度建模技术得到了合理的四参数场，转换波偏移结果成像精度更高。从最终纵波、转换波偏移成像剖面来看，二者剖面波组特征对应清楚，目的层成像清晰，归位合理，为储层气水识别与缝洞检测奠定了良好基础。

参考文献

[1] 李国发，彭苏萍，何兵寿，等．转换波地震资料处理的关键问题与解决方法[J]．中国矿业大学学报，2005，34(1)：41-45.

[2] 郭向宇，蒋小松，朱志军．三分量地震数据处理技术及应用效果[J]．石油地球物理勘探，2007，42(1)：81-86.

[3] 张永刚，王赟，王妙月．目前多分量地震勘探中的几个关键问题[J]．地球物理学报，2004，47(1)：151-155.

[4] 石建新，王延光，毕丽飞，等．多分量地震资料处理解释技术研究[J]．地球物理学进展．2006，21(2)：505-511.

[5] Cary P W，Eaton D W S. A simp le method for resolving large converted-wave (P-SV) statistics[J]. Geophysics，1993，58(3)：429-433.

[6] 唐建侯，张金山．消除P-SV波大静校正量的方法[J]．石油地球物理勘探，1994，29(5)：650-653.

[7] Dai H，Li X. Anisotropic migration and model building for 4-C seismic data：A case study from Alba. 2001，71st Ann. Internat. Mtg：Soc. of Expl. Geophysics，795-798.

[8] 毕丽飞，王延光，夏吉庄，等．四参数速度分析法及其在垦71区转换波处理中的应用[J]．油气地球物理，2006，4(3)：27-31.

[9] Li X Y，Yuan J. Converted-wave moveout and conversion-point equations in layered VTI media：theory and application[J]. Journal of Applied Geophysics，2003，54：297-318.

[10] 马昭军，唐建明，徐天吉．多波多分量地震勘探技术研究进展，勘探地球物理进展，2010，33(4)：247-253.

[11] Dai H C，Li X Y. 2007a. Velocity model updating in prestack Kirchhoff time migration for PS converted waves：Part Ⅰ-Theory. Geophysical Prospecting，55(4)：525-547.

[12] Yang W，Wang X W，Bian D H et al. Converted-wave velocity modeling method of ultra-deep carbonate reservoir in western China. 77th EAGE Annual Technical Conference & Exhibition，2015，N116 08.

[13] 杨哲，王小卫，边冬辉，等．VSP约束下转换波和纵波层位非刚性自动匹配技术，CPS/SEG北京国际地球物理会议，2018，1229-1232.

[14] Chen H. F.，Li X. Y.，Qian Z. P. et al. Robust adaptive polarization analysis method for eliminating ground roll in 3C land seismic. Applied Geophysics，2013，10(3)：295-304.

北部湾盆地涠西南凹陷深层低位花岗岩潜山油气地质特征与成藏模式

范彩伟

[中海石油(中国)有限公司湛江分公司]

摘　要　前古近系潜山是北部湾盆地涠西南凹陷油气增储上产的重要新领域，受勘探程度和油气发现的限制，其油气成藏条件及成藏特征一直不明确。近年来，通过向深层—超深层进军，首次在二号断裂带低位花岗岩潜山钻探成功并测试获高产油气流。运用构造地质学、有机地球化学、储层岩石学、流体包裹体岩相学等分析技术对深层低位花岗岩潜山油气地质特征及成藏模式进行系统分析，取得如下认识：①涠西南凹陷基底潜山主要历经了3个构造演化及成山过程，其中花岗岩潜山形成于晚古生代，被改造于中生代—新生代早期，最终定型于新生代晚期；②始新统流沙港组二段沉积时期，控凹断裂强烈活动，在湖盆范围内广泛发育了厚层富有机质泥页岩及油页岩，为深层低位花岗岩潜山提供充足油气来源；③受构造活动、风化淋滤和溶蚀作用等影响，花岗岩潜山裂缝、溶孔等储集空间发育，且在垂向上具有明显分带性，可划分为风化残积带、风化裂缝带、内幕裂缝带与基岩带；④多期次、多阶段的构造—沉积演化在凹陷内形成多套区域和局部盖层，为花岗岩潜山油气藏提供了良好的封盖条件。上述研究成果表明本区深层低位花岗岩潜山具备良好的油气运聚成藏条件，整体具有“源储大面积对接、超压源岩强充注”侧窗式成藏模式，可作为重要的油气勘探层系，从而开拓了涠西南老油区油气勘探新局面。

关键词　低位花岗岩潜山；深层；成藏模式；油气地质特征；涠西南凹陷；北部湾盆地

北部湾盆地涠西南凹陷是已证实的富烃凹陷，长期以来油气勘探活动主要集中在中深层(埋藏深度介于2500~3500m)古近系碎屑岩领域，原油发现占比超过90%。随着时间推移，中深层古近系碎屑岩领域潜力目标呈“碎、小、难找”特征，挖潜难度日益增大，亟需寻找勘探新领域；而深层—超深层(埋藏深度介于3500~4500m及4500m以深)古近系碎屑岩及前古近系基底潜山领域勘探程度低，剩余资源潜力大，是油气增储上产的重要阵地；相较于深层—超深层古近系碎屑岩领域，深层—超深层前古近系低位基底潜山具有抗压实性强、储层物性受埋深影响小，表层风化壳、内幕溶洞或裂缝性储层发育的优势，勘探前景广阔。近年来，通过转变勘探思路向深层—超深层低位基底潜山等新区新领域进军，获得了一系列突破性进展；令人振奋的是，2024年10月在涠西南凹陷二号断裂带深层低位花岗岩潜山成功钻探了W-1/Sa井，在4100~4500m深度范围内获得超200m厚天然气层发现，地层测试日产天然气高达$37\times10^4m^3$、日产原油超100t，实现了北部湾盆地首个深层低位花岗岩潜山勘探重大突破，打开了涠西南老油区油气勘探新局面。然而，受勘探程度和油气发现的限制，前人针对碎屑岩领域油气成藏条件、油气成藏特征等开展了大量系统研究，而潜山领域尤其是低位花岗岩潜山领域油气地质特征、成藏模式等研究非常薄弱，花岗岩潜山油气成藏条件如何？油气地球化学特征及来源、运聚成藏特征等尚不清楚，严重制约了下步勘探进程。为此，笔者通过运用构造地质学、有机地球化学、储层岩石学、流体包裹体岩相学等分析技术，基于钻井、测井、地震、油气地球化学、储层岩石学等资料，对已发现深层低位花岗岩潜山油气藏进行深入剖析，以解决北部湾盆地涠西南凹陷深层低位花岗岩潜山油气地质特征、油气来源及成藏模式等认识不清的问题，进而为下步深层-超深层花岗岩潜山勘探部署决策提供依据。

1　区域地质背景

北部湾盆地位于欧亚板块、印度板块及太平洋板块交汇的南海北部大陆架边缘，是在前古近系基底之上形成的新生代拉张裂谷盆地，整体呈北东东走向，包括北部坳陷带、南部坳陷带和企西隆起3个一级构造单元，内部又可细分为涠西南凹陷、乌石凹陷、海中凹陷、迈陈凹陷、福山凹陷、雷东凹陷等15个负向构造单元和涠西南低凸起、流沙凸起、徐闻凸起等5个正向构造单元(图1(a)),总面积约$2.2\times10^4km^2$;其中涠西南凹陷位于北部坳陷带,发育A、B、C三个次洼(图1(b)),属于典型的具有"下断上坳"二元结构、"北断南超"特征的箕状断陷;其基底主要为古生界志留系—泥盆系变质岩、石炭系碳酸盐岩、晚奥陶—泥盆系花岗岩等,上覆地层以新生代碎屑岩为主,自下而上依次为古新统长流组、始新统流沙港组、渐新统涠洲组、中新统下洋组、中新统角尾组、中新统灯楼角组、上新统望楼港组及第四系(图1(c))。其中始新统流沙港组是烃源岩发育的有利层段,可进一步细分为流沙港组一、二、三段。区域构造沉积演化分析表明,受珠琼运动Ⅰ幕影响,始新统流沙港组沉积时期盆地构造应力以NNW-SSE向的拉张应力为主,控凹断裂强烈活动,湖盆快速沉降,大范围接受了一套河流三角洲、滨浅湖—中深湖相碎屑岩沉积;特别是流沙港组二段沉积时期,控凹边界断裂活动速率普遍大于200m/Ma,湖盆发育达到鼎盛阶段,形成了多套厚度大、分布广的富有机质泥页岩及油页岩,为潜山及新生代油气田的形成奠定了雄厚物质基础。

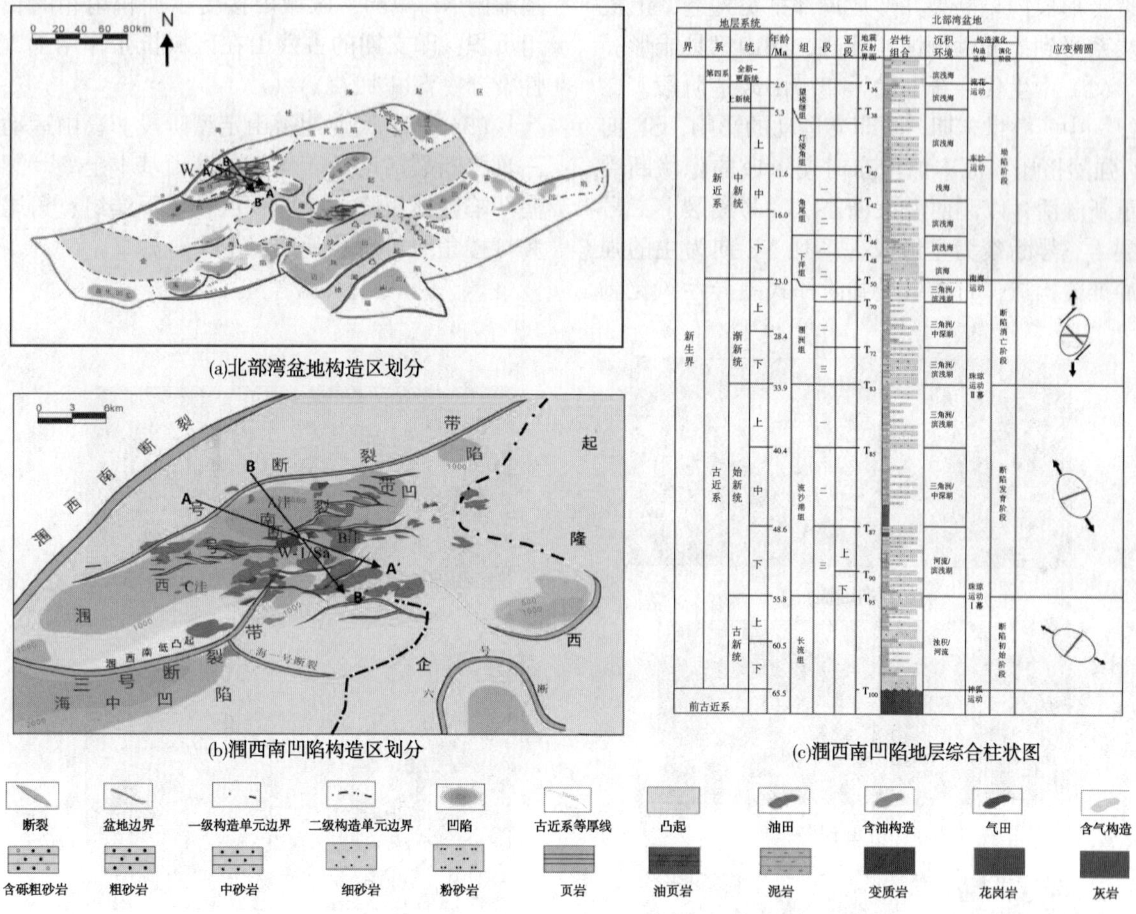

(a)北部湾盆地构造区划分

(b)涠西南凹陷构造区划分

(c)涠西南凹陷地层综合柱状图

图1　北部湾盆地涠西南凹陷构造区划分及地层综合柱状图

2　潜山构造演化及成山过程

受印度板块、太平洋板块与欧亚板块的共同作用影响,北部湾盆地涠西南凹陷基底潜山主要经历了以下3个构造演化及成山过程:

(1)晚古生代潜山雏形阶段。晋宁期,涠西南凹陷整体为元古代变质岩基底(图2(a))。早古生代,涠西南凹陷属于华南准地台的一部分,为地槽发展阶段,地壳主要以垂直升降为主,断裂与褶皱均不发育。志留纪,受加里东运动的影响,NW-SE向挤压,地壳抬升增厚,地槽褶皱回返,涠西南大断裂在该时期开始形成并逆冲活动,同时东南缘岩浆以底辟侵入或顺断层侵入的方式溶蚀二号断裂带的变质岩基底,整体隆升同时形成高低差异明显的古地貌。二号断裂带东南侧岩浆侵位较高,上覆变质岩偏薄,整体皆位于泥盆纪剥蚀基线以上,开始接受差异性剥蚀。由于早期岩浆侵入导致的隆升和同期相对海平下降,二号断裂带泥盆系未沉积,且持续受到风化剥蚀作用影响(图2(b))。进入石炭纪,受海西运动影响，涠西南大断裂回滑，涠西南凹陷整体沉降，石炭系滨海相碎屑岩和浅海相碳酸盐岩大范围连续沉积，即下石炭统孟公拗段、石磴子段、测水段、梓门桥段和上石炭统大埔组、黄龙组(图 2(c))。该时期仍一定程度保持了加里东期逆冲推覆造成的高低不平古地貌，局部地区上覆变质岩被完全剥蚀，暴露出花岗岩并受到大气淡水淋滤改造。起伏的古地貌使得石炭系原始沉积出现差异，沉积中心位于二号断裂带西北方向，至三号断裂带东南斜坡处逐渐尖灭。晚二叠世，受东吴运动 NE-SW 向挤压应力影响，二号断裂带形成内幕断裂并形成局部推覆构造，上覆石炭系受到差异性剥蚀。此时，潜山已具雏形。

(2) 中生代—新生代早期潜山改造阶段。二叠纪—中三叠世末期，受印支运动的影响，SE 向 NW 强烈挤压，原本加里东时期形成的隐伏断裂被重新激活，以涠西南大断裂、一号断裂、二号断裂、三号断裂为主形成一系列 NE 向为主的强逆冲推覆构造，石炭系受到阶梯式差异性风化剥蚀。应力主要来源于 SE 方向，一号断裂、二号断裂、三号断裂的上盘均被推到较高部位(高于剥蚀基线)，所受剥蚀强度较高，而一号断裂的下盘相对位置较低，受剥蚀程度较低。一号构造带、二号构造带、三号构造带均在此阶段形成雏形，长期暴露并受到淋滤改造(图 2(d)、图 2(e))。喜山早期，晚白垩世—古新世，区域性 NW—SE 向拉张，涠西南大断裂、一号断裂、二号断裂、三号断裂开始逐级反转回滑，其中三号断裂回滑相对较晚，导致三号断裂带新生界沉积间断，出现原始沉积差异。活动强度整体表现为 SW 向强，逐渐向 NE 减弱，区域内接受了冲积扇相的长流组沉积；印支期的古残山在区域拉张作用下，张性裂缝发育(图 2(f))。

(3) 新生代晚期潜山定型阶段。喜山运动第三幕，断裂活动趋于停止，潜山基本定型。涠西南凹陷整体沉降，大面积沉积了下洋组、角尾组和灯楼角组等海相地层(图 2(g))。

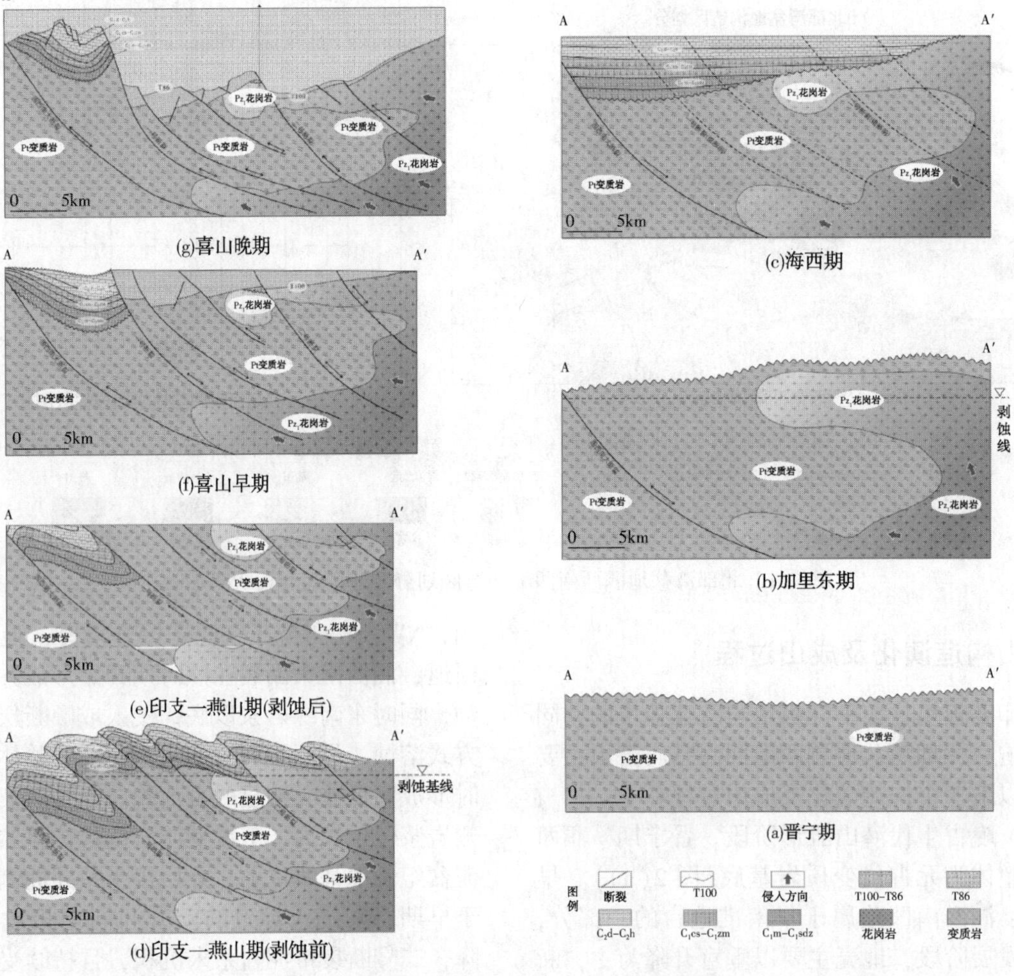

图 2　北部湾盆地涠西南凹陷基底构造演化

3　花岗岩潜山油气地质特征

3.1　烃源岩条件

勘探实践证实，始新统流沙港组二段中深湖相富有机质泥页岩及油页岩是涠西南凹陷主要烃源岩。其中，泥页岩主要呈深灰色、褐灰色，在流沙港组二段顶部、中部均有分布；厚度较大，最厚可达 1600m 左右，平均厚度约 500m，面积约 1018km^2。油页岩多呈灰褐色、灰黑色或棕-褐黑色，在流沙港组二段顶、底部均有分布，尤以流沙港组二段底部油页岩最为发育；厚度相对较薄，最厚约 210m，平均厚度约 72m，面积约 1002km^2。有机地球化学分析显示，流沙港组二段泥页岩有机质丰度较高，TOC 主要介于 1.0%~4.0%，S_1+S_2主要介于 0.43~44.11mg/g，平均 10.27mg/g；HI 主要介于 139.3 ~ 609.31mg/g.TOC 之间，平均 393.73mg/g.TOC；有机质类型主要为$Ⅱ_1$~$Ⅱ_2$型，干酪根稳定碳同位素偏轻，$\delta^{13}C$ 值多数介于-34.10‰~-26.71‰，属中等-好烃源岩。与泥页岩相比，油页岩的生烃品质更佳，TOC 普遍大于 3%，最高可达 10.3%，S_1+S_2主要介于 8.40~73.88mg/g，平均 25.7mg/g；HI 主要介于 213.55 ~ 978.51mg/g.TOC，平均 535.08mg/g.TOC；有机质类型主要为Ⅰ~$Ⅱ_1$，干酪根稳定碳同位素偏重，$\delta^{13}C$ 值多数介于-26.82‰~-23.81‰，绝大多数为优质烃源岩。由于以往多数钻遇烃源岩的探井位于凹陷边缘，实测镜质体反射率(R_o)偏低，主要分布在 0.58~1.10%，处于低熟-成熟演化阶段；埋藏史-热演化史模拟显示，凹陷中心流沙港组二段烃源岩埋藏深度大，现今已大面积成熟，处于大量生气阶段。

3.2　储层发育特征

受差异升降、风化淋滤和断裂活动的影响，涠西南凹陷花岗岩潜山储层发育，主要分布在二号断裂带、企西隆起等地。锆石定年分析表明，区内花岗岩主要形成于晚奥陶至早志留纪，花岗岩底辟侵入后，研究区隆起并长期沉积间断，上覆围岩剥蚀完全后花岗岩接受长时期风化改造，为储层发育奠定了基础。受暴露程度影响，风化作用强度由表层到深层逐渐减弱，花岗岩的岩石结构破坏程度也逐渐降低，导致花岗岩储层在垂向上具有明显分带特征，纵向上可划分为风化残积带、风化裂缝带、内幕裂缝带与基岩带(图 3)。其中风化裂缝带是花岗岩潜山最稳定、最易识别的储层，也是优质储层主要发育带，孔隙度、渗透率总体较高，储集空间以裂缝、溶孔为主(图 4(a))，成像测井特征、测井指标垂向变化趋势与风化壳物性变化趋势基本一致。风化残积带风化程度最高，矿物组分中的长石、角闪石等受风化淋滤作用溶解并流失，致密岩石变疏松，蚀变粘土矿物、砾石含量明显略高(图 4(b))，由于风化程度过高，储集空间未能得到良好保存，并且受上覆灰岩地层淋滤影响，镜下可见部分裂缝被方解石、粘土等物质半充填或全充填，储集空间受到破坏(图 4(c))。风化裂缝带是优质储层发育的主要层带，厚度约 350m，主要为浅灰色二长花岗岩，块状构造，壁心与岩心发育高角度裂缝(图 4(a))，矿物成分主要为石英、斜长石、碱性长石，长石呈半自形-它形，表面较脏，局部黏土化，石英呈它形粒状，表面干净，破碎较严重(图 4(d))。受长时间暴露风化淋滤作用和构造运动控制，风化裂缝带储集空间以裂缝与矿物溶蚀孔洞为主，构造运动形成大量构造缝，长石破碎严重，解理缝发育，多组裂缝交织成裂缝带，连通性好(图 4(e))，储集条件好，长石溶孔、溶缝较发育(图 4(f))，局部可见扩溶孔，主要分布在裂缝附近，呈多边形或不规则状，最大长径约 1200um(图 4(g))，主要为大气降水沿先存裂缝流动渗透导致原岩溶蚀破碎、裂缝进一步扩溶；内幕裂缝带埋深大，受风化作用影响小，花岗斑岩为主，似斑状结构，斑晶主要为斜长石和少量石英，基质呈微晶结构，壁心见绿泥石化蚀变(图 4(h))。储层相对较差，储集空间主要受构造控制，以构造裂缝为主，溶蚀缝、溶蚀孔次之，形成一系列沿裂缝方向发育的裂缝-孔洞系统(图 4(i))。

3.3　保存条件

涠西南凹陷经历了多期构造运动和湖平面频繁升降作用，滨浅湖、中深湖和泛滥平原相十分发育，形成流沙港组二段中深湖相厚层泥页岩、涠洲组二段浅-中深湖相厚层泥岩和角尾组中-上部滨浅海相泥岩等 3 套区域盖层。其中，流沙港组二段中深湖相泥页岩成岩性好，单层厚度大，分布广，横向连续性好；且因普遍存在欠压实而发育异常高压，对封盖能力具有一定的强化作用；实测结果显示其突破压力可达 5.55MPa，中值半径为 6.94nm，孔隙度一般小于 7%，扩散系数为 5.3886×10^{-6}cm/s，表明封闭条件优越，属良好的区域盖层。另外，局部盖层也较发育，主要包括长流组洪积相红色泥岩，流沙港组一、三段上部泥页岩，涠洲组三段泥岩和下洋组泥岩等。

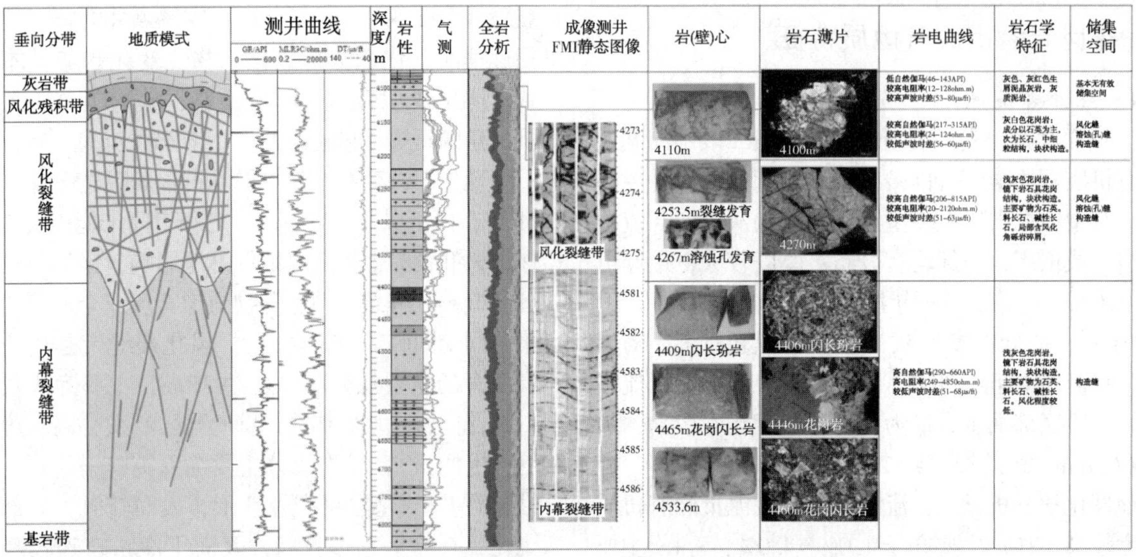

图 3　北部湾盆地涠西南凹陷 W-1Sa 井花岗岩潜山储层岩电特征及垂向分带

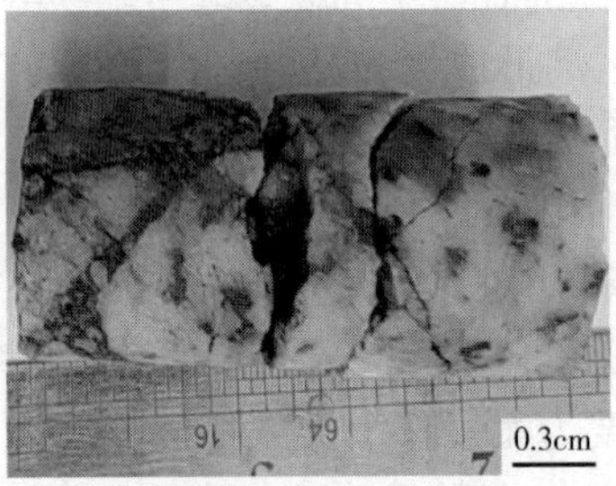

(a)W-1Sa井，4205m，花岗岩，网状裂缝发育，最宽最大3mm，裂缝处可见明显溶蚀

(b)W-3井，1469.6m，花岗岩岩心，风化严重，纵向上可见构造缝发育痕迹，风化粘土、角砾发育

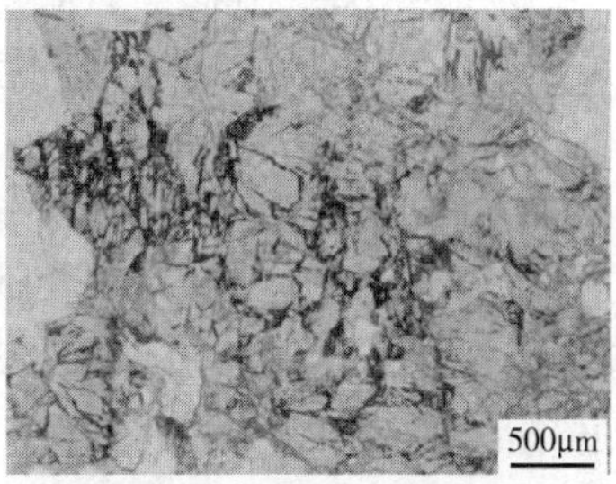

(c)W-1Sa井，4110m，4X(-)，风化残积带花岗岩角砾网状裂隙和平行裂隙多被赤褐铁矿、黄铁矿和粘土矿物充填

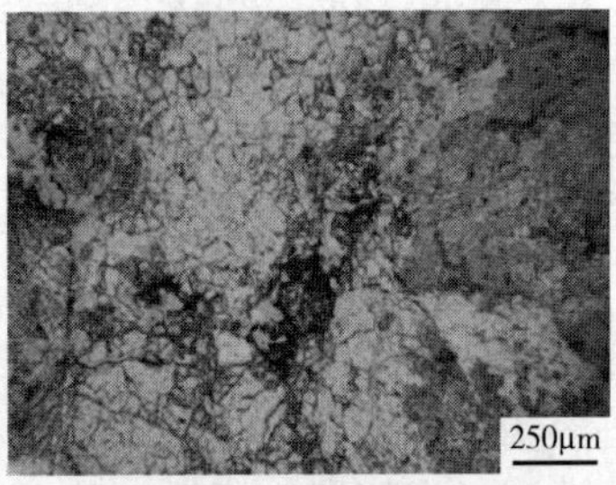

(d)W-2井，1547m，10X(-)，风化裂缝带弱蚀变微破裂化细-中粒二长花岗岩，石英破碎严重，长石蚀变为粘土

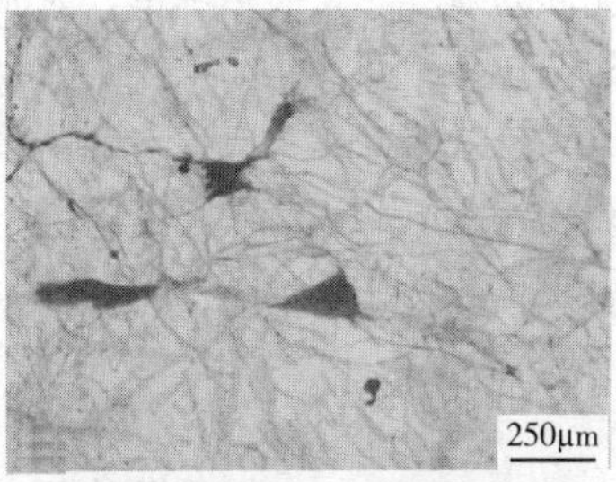

(e)W-1Sa井，4157.0m，10X(-)，风化裂缝带黑云二长花岗岩，裂缝交织，长石溶孔沿裂缝发育

(f)W-1Sa井，4267m，风化裂缝带花岗岩，中粗粒结构，块状构造长石具有风化特征，壁心发育3mm左右孔洞，无填充物

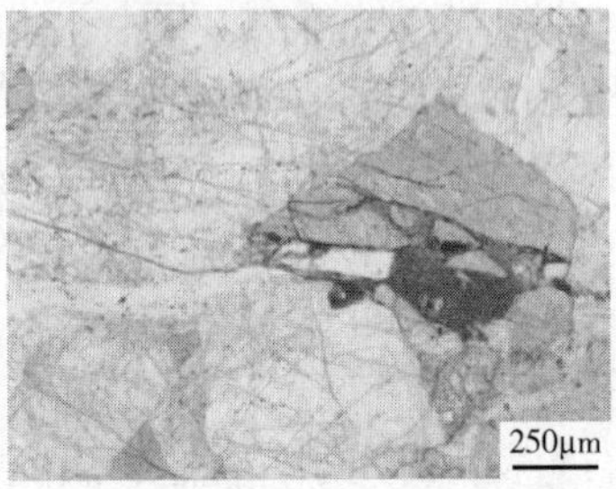

(g)W-1Sa井，4217m，10X(-)，风化裂缝带正长花岗岩，花岗结构，储集空间为长石溶孔及裂缝，长石溶孔主要沿裂缝附近分布，少部分零星分布，呈多边形或不规则状，最大长径约1200um

(h)W-1Sa井，4465m，壁心，内幕裂缝带花岗斑岩，似斑状结构，斑晶主要为斜长石和少量石英，基质呈微晶结构，壁心见绿泥石化蚀变

(i)W-1Sa井，4533.6m，10X(-)，内幕裂缝带二长花岗岩，花岗结构，储集空间为长石溶孔及裂缝扩溶

图 4　北部湾盆地涠西南凹陷花岗岩潜山储层特征

4　花岗岩潜山油气来源及成藏模式

4.1　油气地球化学特征及来源

4.1.1　原油地球化学特征及来源

钻获花岗岩潜山原油性质较轻，密度(20℃)介于0.764~0.781g/cm^3，平均0.769g/cm^3；凝固点达15~25℃；运动黏度(50℃)仅为1.19~1.79mm^2/s；硫含量甚微，不到0.1%；含蜡量较高，介于9.7%~15.3%。原油饱和烃气相色谱呈单峰态前峰型分布，以低碳数为主，主峰碳为nC_{11}~nC_{17}，基线较为平直，没有明显的鼓包(图5)，说明未遭受生物降解作用；$\sum nC_{21-}/\sum nC_{21}^{+}$为普遍大于1，介于1.36~3.05，奇偶优势比(OEP)和碳优势指数(CPI)均在1.0左右，奇偶优势消失，表现正常成熟原油特征。根据甲基菲指数换算成等效R_o介于1.27~1.36%，指示为干酪根成熟-高成熟阶段的演化产物。类异戊二烯烷烃含量相对较低，姥鲛烷、植烷含量明显低于nC_{17}和nC_{18}，Pr/nC_{17}和Ph/nC_{18}分别为0.11~0.13、0.06~0.10；姥鲛烷与植烷比值(Pr/Ph)介于1.82~2.03，反映原油母质主要形成于弱还原~弱氧化环境。C_7轻烃化合物中，正庚烷(nC_7)含量相对较高，介于51.68%~53.02%；甲基环己烷($MCyC_6$)含量次之，介于32.62%~34.73%；各种结构的二甲基环戊烷($\sum DMCC_5$)含量较低，介于13.23%~14.74%，指示原油主要来源于腐泥型烃源岩，部分为混合型烃源岩。此外，全油碳同位素$\delta^{13}C$值较重，主要介于-24.58‰~-23.53‰之间，与流沙港组二段油页岩干酪根稳定碳同位素值具有良好的可对比性，认为其主要来自流沙港组二段油页岩，但不排除有流沙港组二段泥页岩的贡献。

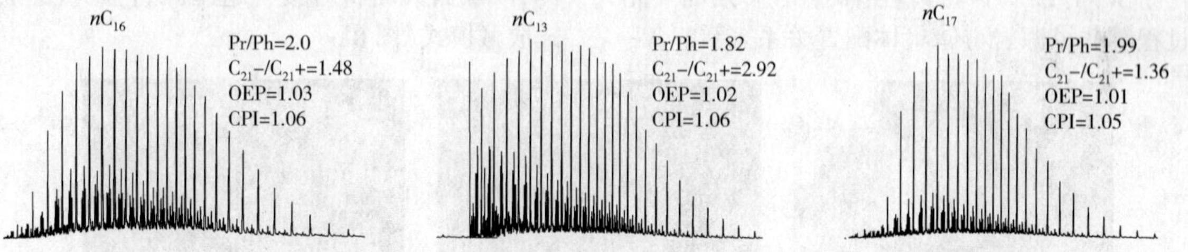

(a)W-1Sa井4100~4443.75m DST1-1#原油　(b)W-1Sa井4100~4443.75m DST1-4#原油　(c)W-1Sa井4457.64~4839.24m DST2原油

图5　北部湾盆地涠西南凹陷W-1Sa井花岗岩潜山原油饱和烃气相色谱特征

4.1.2　天然气成因类型及来源

涠西南凹陷花岗岩潜山天然气包括烃类气体和非烃类气体两大类，其中烃类气体中甲烷(CH_4)占绝大多数，其含量介于62.20%~79.18%，重烃(C_2^+)含量为8.84%~10.59%，干燥系数$C_1/\sum Cn$为0.87~0.89，为典型湿气；非烃类气体含量较低，以二氧化碳(CO_2)和氮气(N_2)为主，几乎不含氦气(He)、氢气(H_2)、硫化氢(H_2S)等气体；其中CO_2含量介于9.15%~13.03%，N_2含量介于0.59%~19.82%。C_7轻烃化合物中，正庚烷(nC_7)含量相对较高，平均为37.18%，最高可达51.02%；甲基环己烷($MCyC_6$)含量次之，介于25.94%~47.83%，平均为34.46%；各种结构的二甲基环戊烷($\sum DMCC_5$)含量略低，介于18.37%~37.59%，平均为28.36%，反映其母质来源复杂，以偏腐泥型为主，部分为混合型。甲烷碳同位素($\delta^{13}C_1$)值介于-38.33‰~-37.42‰；乙烷碳同位素($\delta^{13}C_2$)值介于-28.91‰~-27.68‰；丙烷碳同位素($\delta^{13}C_3$)值介于-27.19‰~-25.32‰；丁烷碳同位素($\delta^{13}C_4$)值介于-26.94‰~-25.36‰，且呈正碳同位素序列分布特征，即$\delta^{13}C_1<\delta^{13}C_2<\delta^{13}C_3<\delta^{13}C_4$，应用天然气$\delta_{13}C_1$与$\delta_{13}C_2$关系图版判别其为典型的油型气(图6)。此外，天然气与原油饱和蒸气轻烃指纹特征非常相似，表明油气同源，推测天然气的母源岩主要为涠西南凹陷流沙港组二段油页岩，部分为流二段泥页岩的贡献。

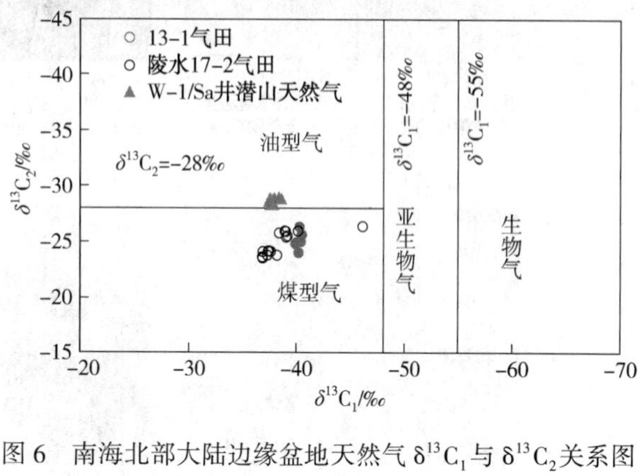

图6　南海北部大陆边缘盆地天然气$\delta^{13}C_1$与$\delta^{13}C_2$关系图

4.2　油气成藏模式

通过对W-1/Sa井花岗岩潜山储层进行系统采样与流体包裹体岩相学分析，发现花岗岩潜山储层中的流体包裹体非常丰富，主要发育3种类型的流体包裹体：烃类包裹体、含烃盐水包裹体和盐水包裹体。其中烃类包裹体包括油包裹体和气态烃包裹体，油包裹体主要分布于切穿石英颗粒的微裂隙中，少数分布在石英次生加大边中，在透射光下呈浅灰色、灰色、浅棕色[图7(a)、图7(d)、图7(g)、图7(i)]，在紫外光下呈现黄绿色、蓝色、蓝白色荧光[图7(b)、图7(c)、图7(e)、图7(f)、图7(h)]，多呈近椭圆形或不规则状；气态烃包裹体主要在石英颗粒微裂隙中发育，在透射光下多呈现深灰色或灰黑色粗边，在紫外光下不发荧光，多呈不规则状或近椭圆形[图7(i)]。流体包裹体的荧光颜色与有机质的热演化程度密切相关，一般而言，发蓝色、蓝白色荧光的烃类包裹体的成熟度较高，而发黄绿色荧光的烃类包裹体的成熟度相对较低，据此可判断W-1/Sa井区花岗岩潜山存在多期油气充注过程。从烃源岩与储集体配置关系来看，W-1/Sa井区花岗岩潜山紧邻B洼中心，且通过断面与成熟烃源岩大面积直接接触，其源储对接长度最大约2.2km，宽度约15.1km，面积约17.8km^2，供烃窗口大，具有“近水楼台先得月”的优势。钻探揭示，流沙港组烃源岩层普遍存在异常超压，地层压力系数通常大于1.4，最高可达2.0，而该区的潜山圈闭地层压力系数在1.0附近，处于异常超压释放区。因此，烃源岩生成的油气可在异常超压动力作用下从烃源岩高势区向潜山低势区短距离运移，直接进入潜山圈闭中聚集成藏。由于潜山储层紧邻高强度生烃中心，源储直接大面积对接，可接受持续油气充注；与此同时，潜山顶部覆盖了厚层的流沙港组烃源岩及杂乱堆积的、物性较差的长流组洪积相砂质泥岩、泥质中—细砂岩、砂砾岩等，可为低位花岗岩潜山油气藏提供良好封盖条件。整体上该潜山具有“源储大面积对接、超压源岩强充注”侧窗式成藏模式(图8)。

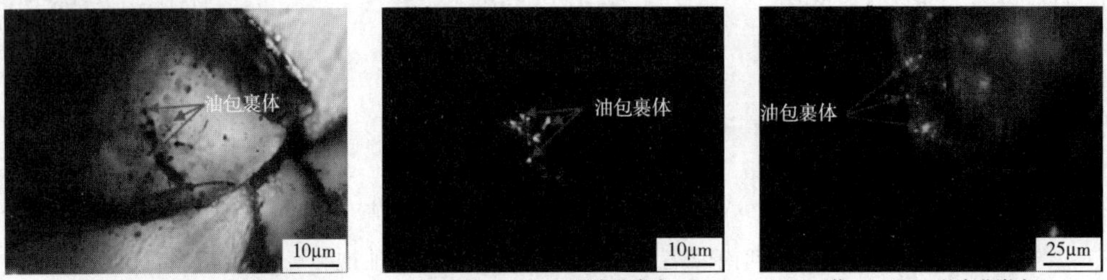

(a)W-1井，4170m，基底花岗岩，透射光，呈褐色的油包裹体沿石英颗粒内裂纹成带或集群分布

(b)W-1井，4170m，基底花岗岩，紫外光，呈黄绿色荧光的油包裹体沿石英颗粒内裂纹成带或集群分布

(c)W-1井，4170m，基底花岗岩，紫外光，呈蓝色荧光的油包裹体沿石英颗粒内裂纹成带分布

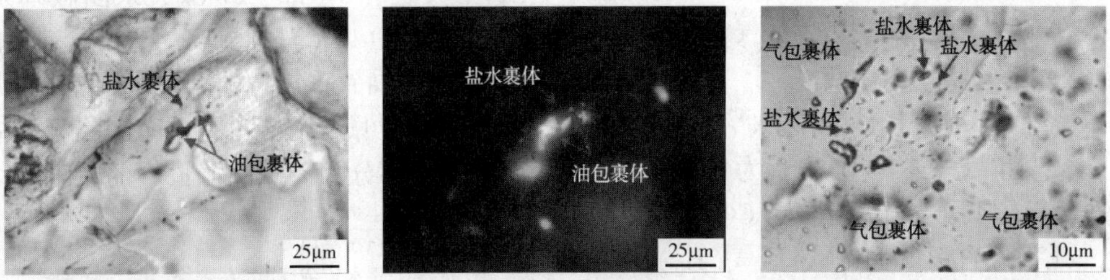

(d)W-1井，4204m，基底花岗岩，透射光，呈浅棕色或浅灰色的油包裹体及其附近的盐水包裹体沿石英颗粒内裂纹成带分布

(e)W-1井，4204m，基底花岗岩，紫外光，呈蓝色荧光的油包裹体及其附近不发荧光的盐水包裹体沿石英颗粒内裂纹成带分布

(f)W-1Sa井，4584m，基底花岗岩，透射光，褐灰色纯气相包裹体及伴生的同期盐水包裹体沿石英颗粒内裂纹分布

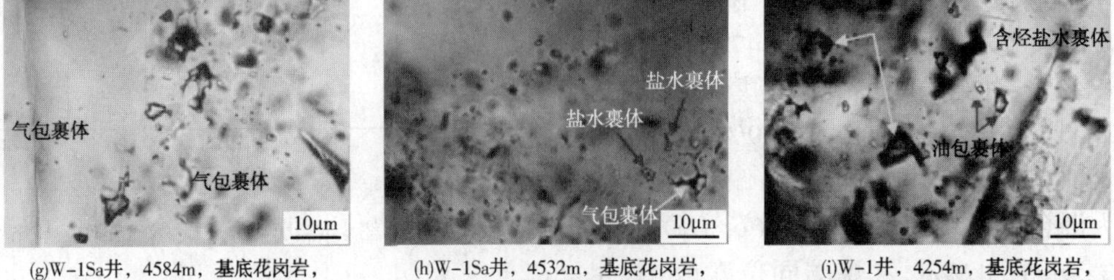

(g)W-1Sa井，4584m，基底花岗岩，透射光，呈灰色纯气相包裹体沿穿石英颗粒裂纹分布

(h)W-1Sa井，4532m，基底花岗岩，透射光，呈褐灰色纯气相包裹体及伴生的同期盐水包裹体沿穿石英颗粒裂纹分布

(i)W-1井，4254m，基底花岗岩，透射光，呈深灰色的天然气包裹体、透明浅灰色的油包裹体及其附近伴生的透明无色或浅灰色含烃盐水包裹体沿方解石颗粒裂纹分布

图7　北部湾盆地涠西南凹陷花岗岩潜山储集层中典型流体包裹体照片

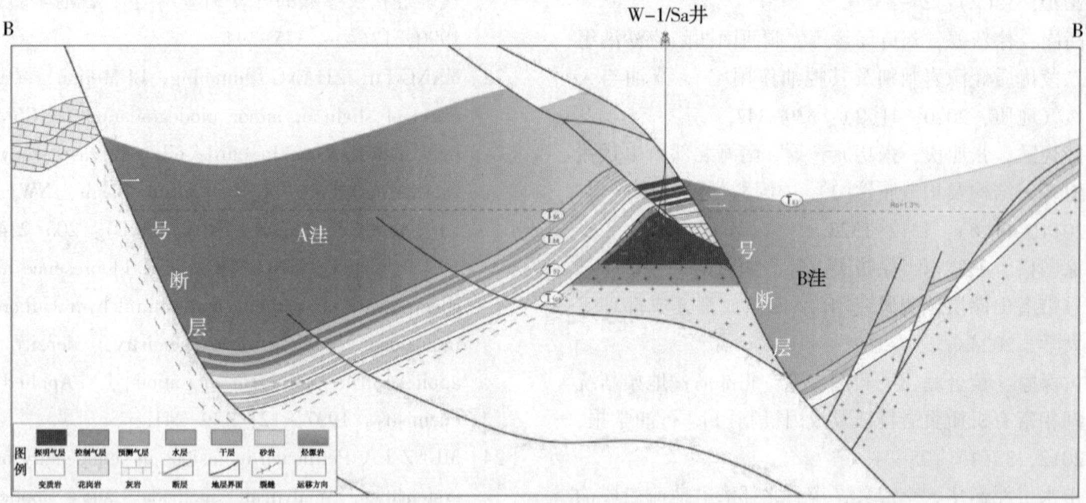

图 8　北部湾盆地涠西南凹陷深层低位花岗岩潜山“源储大面积对接、超压源岩强充注”侧窗式成藏模式

5　结论与认识

（1）受印度板块、太平洋板块与欧亚板块的共同作用影响，北部湾盆地涠西南凹陷基底潜山主要历经了 3 个构造演化及成山过程，其中花岗岩潜山形成于晚古生代，被改造于中生代—新生代早期，最终定型于新生代晚期。

（2）始新统流沙港组二段沉积时期，在湖盆范围内广泛发育了厚层富有机质泥页岩及油页岩，为深层低位花岗岩潜山提供充足油气来源；受构造活动、风化淋滤和溶蚀作用等影响，花岗岩潜山裂缝、溶孔等储集空间发育，且在垂向上具有明显分带性，可划分为风化残积带、风化裂缝带、内幕裂缝带与基岩带；多期次、多阶段的构造—沉积演化在凹陷内形成多套区域和局部盖层，为花岗岩潜山油气藏提供了良好的封盖条件。

（3）二号断裂带深层低位花岗岩潜山储层裂缝-孔洞系统发育，且紧邻高强度生烃中心，源储通过断面直接大面积对接，在源储压差作用下可接受持续油气充注；与此同时，上部被厚层的流沙港组烃源岩及杂乱堆积的、物性较差的长流组洪积相砂质泥岩、泥质中—细砂岩、砂砾岩等覆盖，整体具有“源储大面积对接、超压源岩强充注”侧窗式成藏模式。

参 考 文 献

[1] 谢泰俊，张通彩．北部湾盆地东北部含油气系统及勘探方向[J]．中国海上油气(地质)，1996，10(5)：297-303.

[2] 李绪深，甘军，张迎朝，等．南海西部海域断陷湖盆油气聚集规律及勘探前景[J]．中国海上油气，2015，27(4)：22-29.

[3] 徐长贵，范彩伟．南海西部近海大中型油气田勘探新进展与思考践[J]．中国海上油气，2021，33(2)：13-25.

[4] 邓勇，胡德胜，游君君，等．南海西部原油领域勘探进展与突破方向[J]．中国海上油气，2024，36(3)：11-24.

[5] 朱伟林，江文荣．北部湾盆地涠西南凹陷断裂与油气藏[J]．石油学报，1998，19(3)：6-10.

[6] 孙文钊，王传雷，杨希冰．北部湾盆地涠西南凹陷始新统隐蔽油气藏类型及勘探方向[J]．天然气地球科学，2007，18(1)：84-88.

[7] 徐新德，王碧维，李旭深，等．北部湾盆地涠西南凹陷流沙港组隐蔽油气藏油源及成藏特征[J]．天然气地球科学，2012，23(1)：92-98.

[8] 李才，杨希冰，范彩伟，等．北部湾盆地演化及局部构造成因机制研究[J]．地质学报，2018，92(10)：2028-2039.

[9] 杨希冰．南海北部北部湾盆地油气藏形成条件[J]．中国石油勘探，2016，21(4)：85-92.

[10] 赵顺兰，陈林，李才，等．涠西南凹陷碳酸盐岩潜山原油来源及成藏模式[J]．长江大学学报(自然科学版)，2019，16(6)：1-8.

[11] 傅宁，刘建升．北部湾盆地流二段 3 类烃源岩的生烃成藏特征[J]．天然气地球科学，2018，29(7)：932-941.

[12] 李友川，兰蕾，王柯，等．北部湾盆地流沙港组湖相烃源岩的差异[J]．石油学报，2019，40(12)：1451-1459.

[13] 于水，邓运华，李宏义，等．北部湾盆地流二段油页岩形成条件与分布控制因素[J]．中国海上油气，

2020，32(2)：24-33.
[14] 高岗，徐新德，刘诗局，等. 涠西南凹陷流沙港组二段优质烃源岩判别及其控油作用[J]. 石油与天然气地质，2020，41(2)：339-347.
[15] 孙晓猛，张旭庆，张功成，等. 南海北部新生代盆地基底结构及构造属性[J]. 中国科学：地球科学，2014，44(6)：1312-1323.
[16] 徐国盛，熊晓军，徐昉昊，等. 涠西南二号带、三号带潜山储层预测研究[R]. 四川成都，成都理工大学，2024.
[17] 黄保家，黄合庭，吴国瑄，等. 北部湾盆地始新统湖相富有机质页岩特征及成因机制[J]. 石油学报，2012，33(1)：25-31.
[18] 于水，邓运华，李宏义，等. 北部湾盆地流二段油页岩形成条件与分布控制因素[J]. 中国海上油气，2020，32(2)：24-33.
[19] 胡忠良. 北部湾盆地涠西南凹陷超压系统与油气运移[J]. 地学前缘，2000，7(3)：73-80.
[20] 宋刚练，席敏红，张萍，等. 北部湾盆地涠西南凹陷油气成藏特征研究[J]. 地质与勘探，2012，48(2)：415-420.
[21] 胡惕麟，戈葆雄，张义纲，等. 源岩吸附烃和天然气轻烃指纹参数的开发和应用[J]. 石油实验地质，1990，12(4)：375-394.
[22] YANG Lu，ZHANG Chunming，LI Meijun，et al. The effect of slight ot minor biodegradation on C6 to C7 light hydrocarbons in curde oils：A case study from Dawanqi Oilfield in the Tarim Basin，NW China [J]. Acta Geochimica，2016，35(2)：203-214.
[23] STASIUK L D，SNOWDON L R. Fluoresence micro-spectrometry of synthetic and natural hydrocarbon fluid inclusion：crude oil chemistry，density and application to petroleum migration [J]. Applied Geochemistry，1997，12：229-241.
[24] MUNZ I A. Petroleum inclusions in sedimentary basins：systematics，analytical methods and applications [J]. Lithos，2001，55：195-212.
[25] ZHAO Yanjun，CHEN Honghan. The relationship between fluorescence colors of oil inclusions and their maturities[J]. Earth Science-Journal of China University of Geosciences，2008，33(1)：91-95.
[26] 徐长贵，邓勇，范彩伟，等. 北部湾盆地涠西南凹陷页岩油地质特征与资源潜力[J]. 中国海上油气，2022，34(5)：1-12.

冀东油田高5断块致密油压后裂缝复杂程度评估方法及影响因素研究

刘天博　罗　成　黄坚毅

（中国石油冀东油田公司）

摘　要　深层致密油储层具有低孔隙度、特低渗透率、储层非均质性强的特点。针对冀东高5断块深层致密油储层，以构建复杂、有效缝网压裂为目标，开展深层致密油储层压后裂缝复杂指数研究，详细分析评估该区块压后裂缝参数，建立裂缝复杂度图版，明确快速评价压裂裂缝复杂程度的流程方法，对冀东油田高五断块致密油储层勘探开发提供了有力的技术支撑，也对其它区域深层致密油压裂具有借鉴和指导意义。

关键词　致密油；复杂度；裂缝参数；复杂指数；停泵压降；复杂裂缝；压后研究

我国致密油资源潜力巨大，全国致密油地质资源量为125×10⁸t，技术可采资源量达13×10⁸t，勘探开发区主要集中于松辽、鄂尔多斯、渤海湾、准噶尔盆地等区域，四大盆地合计占全国总资源量的73.3%。

冀东油田坐落于渤海湾盆地，致密油压裂改造技术先后经历了从侧重于制造单一且相对简单的裂缝形态，以低浓度瓜胶压裂液为主的小排量、小规模压裂工艺到侧重于构建复杂且高效的裂缝网络，以合成聚合物类变黏压裂液为主的大排量、大规模的体积压裂改造技术的转变。裂缝复杂程度越高，储层改造效果越好。裂缝复杂程度作为评价储层改造程度的重要参数，为解决储层非均质性强、渗流条件差等挑战提供了科学依据，是实现高效开发的关键支撑。对于深层致密油储层，只有尽可能增加缝网的复杂性，才能实现压裂裂缝波及范围的动用体积最大化。

本文系统阐述基于停泵压降分析方法的裂缝复杂指数评价模型，详细分析冀东高5断块致密油储层定直井与水平井压后裂缝复杂程度相关性及主控因素，建立了裂缝复杂度图版，明确了快速评价压裂裂缝复杂程度的流程方法，实现对裂缝复杂程度的快速、准确评估，指导压裂参数优化，构建复杂缝网，对其它区域深层致密油储层压裂具有一定参考意义。

1　冀东高5致密油储层概况

冀东高5断块为高柳地区典型致密油富集区，含油面积7.2km²，动用地质储量764×10⁴t。储层埋深3800~4400m，总体表现为断裂系统复杂，断层多，断块小的特点，面积小于1km²的断块个数占55%。开发目的层沙三3亚段Ⅴ油组油层，共分为18个小层，主要标志层：①Ⅴ油组顶部一套泥岩；②Ⅴ8小层泥岩；③Ⅴ16小层泥岩；④Ⅴ17底泥岩。Ⅴ9-18小层地层厚度130m，Ⅴ9-16地层厚度60m，Ⅴ17-18地层厚度70m。开发区生产整体表现为“四低”特点，即综合含水低、采油速度低、采出程度低、注采比低。

表1-1　冀东高5断块致密油储层断层与断块情况

断层			
开发单元	断层数/条	断距/m	区内延伸长度/km
高深北	13	10~400	0.6~10
高深南	15	30~410	0.35~5.5
断块			
开发单元	断块数/个	断块面积/km²	面积小于1km²断块比例/%
高深北	14	0.24~4.2	55
高深南	16	0.15~1.61	73.3

1.1　储层物性特征

根据岩心实验，沙三2+3储层孔隙度范围0.93%~10.85%，平均6.33%，渗透率平均0.23mD。具体物性测试结果如表1-2所示，个别岩心含有裂缝，其渗透率>1mD。实验结果显示该区块储层具有低孔隙度、特低渗透率、储层非均质性强的特点。

表 1-2　部分岩石孔渗物性测试结果

层位	深度/m	直径/mm	孔隙度/%	渗透率/mD
沙三$^{2+3}$	4086.19	24.9	5.073	0.0293
	4147.53	24.9	7.571	0.0978
	3834.15	25.0	4.817	68.347
	3894.38	25.0	10.35	0.0276
	4221.68	25.3	9.329	0.4012
	4142.56	25.0	1.456	1.0021
	4231.03	24.9	0.931	0.0951
	4237.32	24.9	6.075	0.1446
	4261.49	25.0	6.412	0.0248
	4142.56	24.9	1.186	0.0109
	4162.32	24.9	6.238	0.2004
	4158.58	25.3	10.72	0.5088

1.2　岩石力学特征

储层以为石英长石砂岩，细砂岩、粉砂岩为主，含少量粗砂、砾岩，岩屑含量高，粘土矿物含量平均 6.2%。实验结果显示(表 1-3)，储层杨氏模量普遍大于 1.3×10^4 MPa，泊松比小于 0.3。储层岩石杨氏模量偏低，泊松比稍高，脆性指数中等，岩石有一定弹塑性，有利于裂缝延伸。

表 1-3　冀东高 5 断块深层岩石力学实验结果

工区	层位	岩性	杨氏模量 MPa×10^4	泊松比	抗压强度/MPa
高深南区	Es3	砂岩	1.3~1.7	0.15~0.23	150~180
	Es3	含砾砂岩	1.8~2.2	0.19~0.23	115~190
高深北区	Es3	粗砂岩	1.3~1.8	0.14~0.31	90~180
	Es3	细砂岩	2.1~2.6	0.22~0.28	230~240

高 5 断块水平最大主应力呈 NEE-SSW 向(65~85°)，水平两向应力差较高，在 8~15MPa，受最大主应力约束，压裂易形成单一缝。

2　致密油压裂改造难点

综合对高五断块致密油储层认识分析，该区块主要存在以下改造难点：

（1）砂体规模小、储层非均质性强

该区块油砂体宽度 180~400m，平均含油井段 130m。纵向多油层叠合，单井钻遇油层 10~20 个，单层厚度平均 2.8m，且横向连续性差，平面及层间非均质强，渗透率变异系数多数大于 0.7。

（2）两向应力差大、天然裂缝不发育

高 5 断块Ⅴ油组裂缝发育程度低，该区块压裂缝以单剪缝为主，部分形成共轭剪切缝的缝网结构类型。定直井压后裂缝缝网结构相对较为单一，缺乏多样性和复杂性；水平井压后裂缝复杂度较高，导致裂缝网络的分布和形态多变。

（3）纵向薄互层发育，穿层压裂难度大

水平段纵向泥岩隔夹层厚度精准预测难度大，无法有效指导穿层压裂的工程甜点优选。泥岩隔夹层嵌入伤害程度高，裂缝有效支撑难度大。

前期已实施井生产效果未达到预期，暴露出对“定直井+水平井”综合协同补能认识不足，对大规模体积压裂形成的裂缝形态认识不明确，缺乏针对性致密油储层的压后裂缝综合评价方法的问题。

3　基于施工曲线的压后裂缝复杂指数评价模型

本文采用基于停泵压降原理的裂缝参数反演方法。该方法能够将裂缝的复杂度转化为一种可量化的标准，从而更加科学、精准地区分不同压裂参数对储层改造效果的差异性和影响程度。

3.1　停泵压降分析方法

根据早期停泵压力降落规律获得滤失系数、闭合应力、液体效率与多裂缝发育情况等；当关井时间足够长时，地层出现拟径向流，可以获取原始地层压力和有效渗透率等参数。根据泵注与停泵过程中的压力变化，可以将整个微注入压降测试分为 3 个阶段：裂缝扩展的主导阶段、裂缝持续闭合的过渡阶段与裂缝闭合后的储层物性主导阶段。

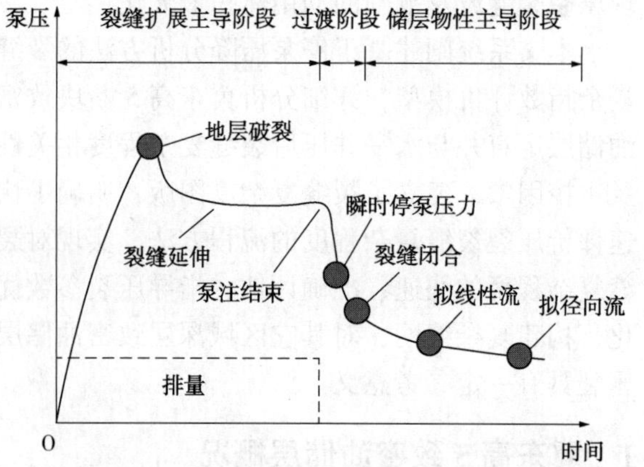

图 1　压裂施工压力曲线变化示意图

3.2 压后裂缝参数评估模型

Liu-Economides 模型中关于压力相关滤失(PDL)的模型可以模拟水力裂缝和天然裂缝的作用。具有以下假设条件：

(1) 天然裂缝和水力裂缝具有相同的滤失系数，且为定值。

(2) 停泵后，水力裂缝高度、半长、柔度以及天然裂缝的总面积为定值。

(3) 停泵后，天然裂缝的储集体积忽略不计。

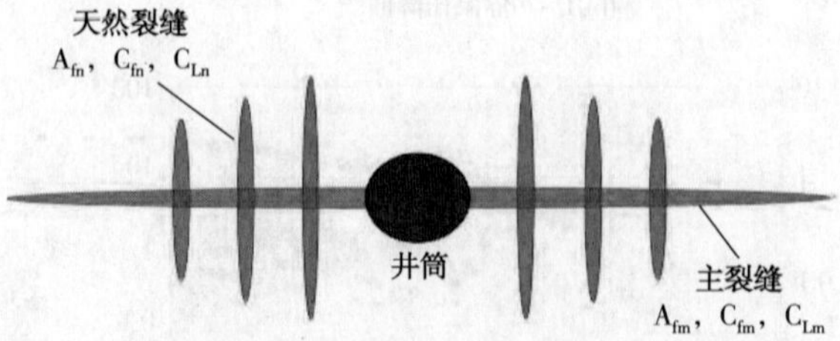

图2　天然裂缝与主裂缝示意图

在天然裂缝闭合前，井底压力可以写成。

$$ISIP-p_w(\Delta t)=p^* G(\Delta t_D,\ \alpha) \tag{1}$$

$$p^*=\frac{\pi r_p \sqrt{t_p}\, G_L(A_{fm}+A_{fn})}{2c_{fm}A_{fm}} \tag{2}$$

式中，p_w 为井底压力，Pa；Δt 为关井后时间，min；r_p 为可滤失裂缝面积与总裂缝面积的比例；t_p 为泵注时间，min；A_{fm} 为水力裂缝表面积，m^2；A_{fn} 为天然裂缝表面积，m^2；c_{fm} 为水力裂缝柔度，m/Pa；$G(\Delta t_D,\ \alpha)$ 为 G 函数；α 为裂缝面积指数；p^* 为裂缝闭合特征段 dp/dG 值。

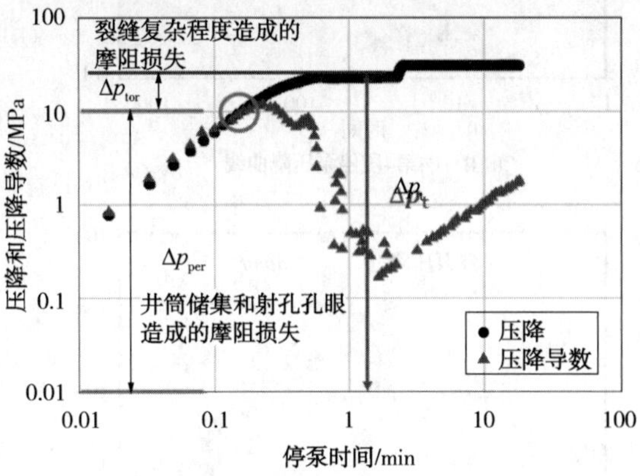

图3　停泵压降和压降导数双对数曲线

在关井后，总注入物质体积等于裂缝体积与滤失体积之和：

$$c_{fm}A_{fm}(ISIP-p_c)=\frac{V_p}{n_c}-2r_p\sqrt{t_p}\,C_L(A_{fm}+A_{fn})\,g_o \tag{3}$$

式中，p_c 裂缝闭合压力或地层最小主应力，Pa；V_p—该段裂缝总泵注液体体积，m^3；n_c 为段内总射孔簇个数；g_o 为常数。

将方程(2)与方程(3)联立，即可解出裂缝面积 A_{fm} 和 A_{fn}。由于 Petrel 模型中缝高基本完全穿透储层已明确，故可以计算裂缝半长。

3.3 压裂裂缝复杂指数快速评价流程

最终建立起一套裂缝复杂指数的快速评价流程，具体步骤如下：

(1) 通过施工泵注程序确定每段施工曲线的停泵点。

(2) 计算消除水击的停泵压力、停泵压降 dp 和 tdp/dt。

(3) 计算得到 G 函数、dp/dG。

(4) 选取适当的压力点，并代入地质、施工参数后计算主、次裂缝面积及裂缝复杂程度。

3.4 模型应用情况

图4为高5断块内，定向直井在停泵后的压降及压降导数双对数曲线图；图5为水平井。图表记录了压力随时间衰减的过程，通过压降导数(以蓝色数据点呈现)的特定斜率变化，提供了分析裂缝特性的重要线索。当曲线在后段出现斜率为1的区间时，标志着流体从裂缝系统向储层的线性流动阶段开始。该点对应的压力降(dp)与压力导数(dG)之比，是估算裂缝半长的关键参数。通过对比不同条件下的 dp/dG 值及其对应的裂缝半长，结合裂缝形态、密度、连通性等综合指标，可以量化评估压裂效果及储层改造的复杂程度。

4　压裂井裂缝参数评价分析

通过停泵压降曲线模型，完成裂缝复杂程度综合分析工作。共分析定直井41口49段次，水平井6口85段次。开展定直井与水平井各自施工参数之间的相关性分析。通过分析得出，定直井和水平井裂缝复杂指数均受到排量和液量的显著影响。

4.1 定直井裂缝参数分析

通过将裂缝复杂指数与施工参数进行相关性分析，分析结果表明：排量($R^2>0.4$)和液量($R^2>0.3$)是控制定直井裂缝复杂指数的主控因素。

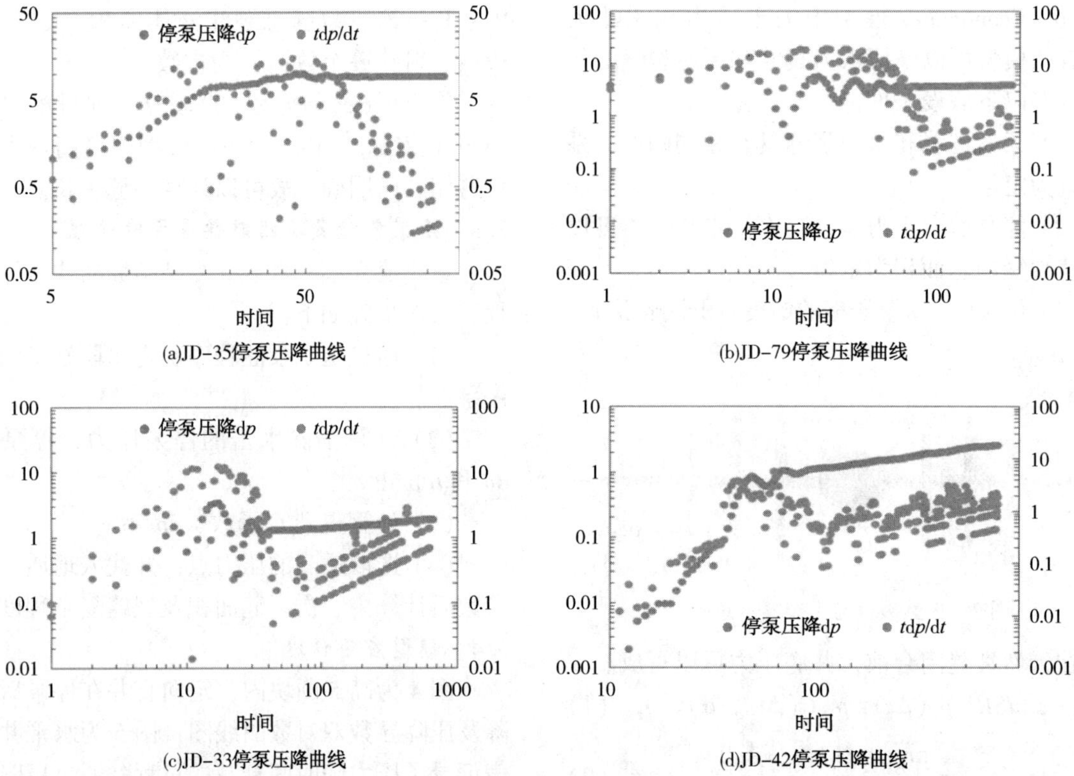

图 4　定直井停泵压降曲线

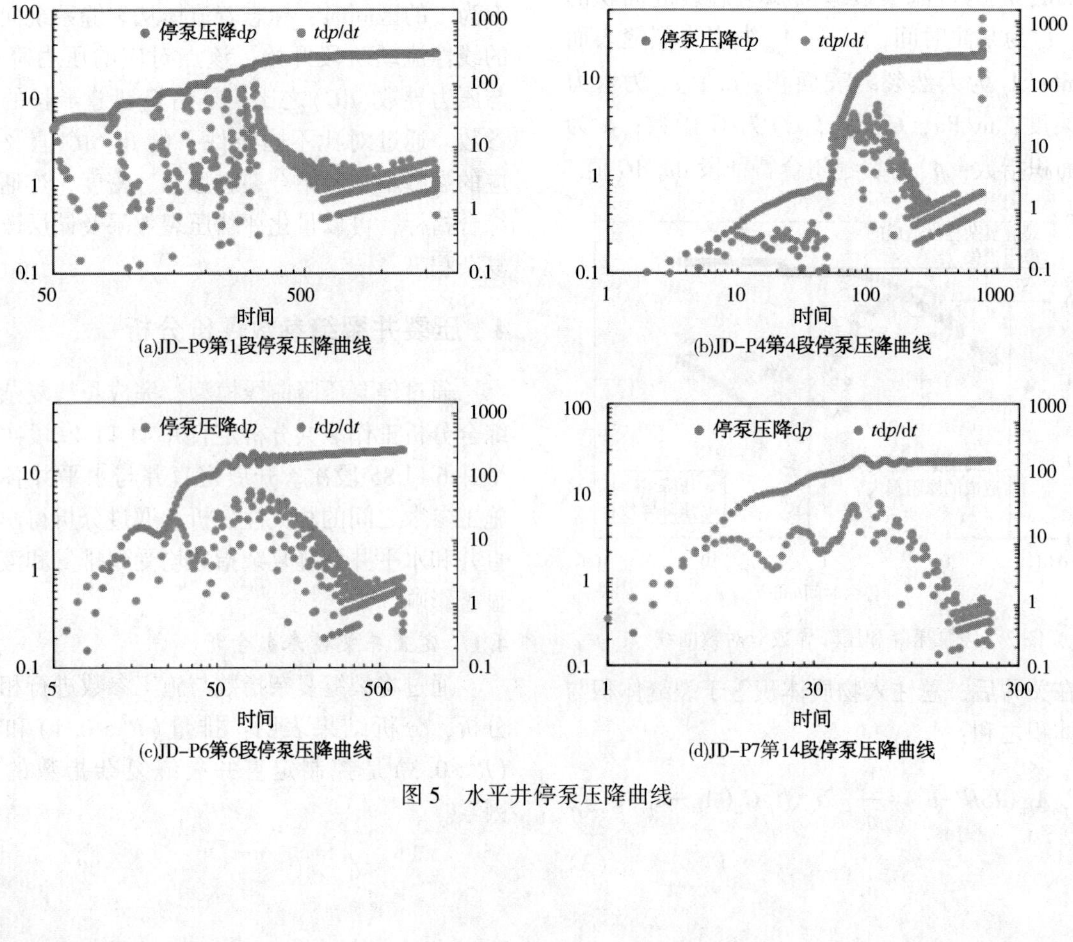

图 5　水平井停泵压降曲线

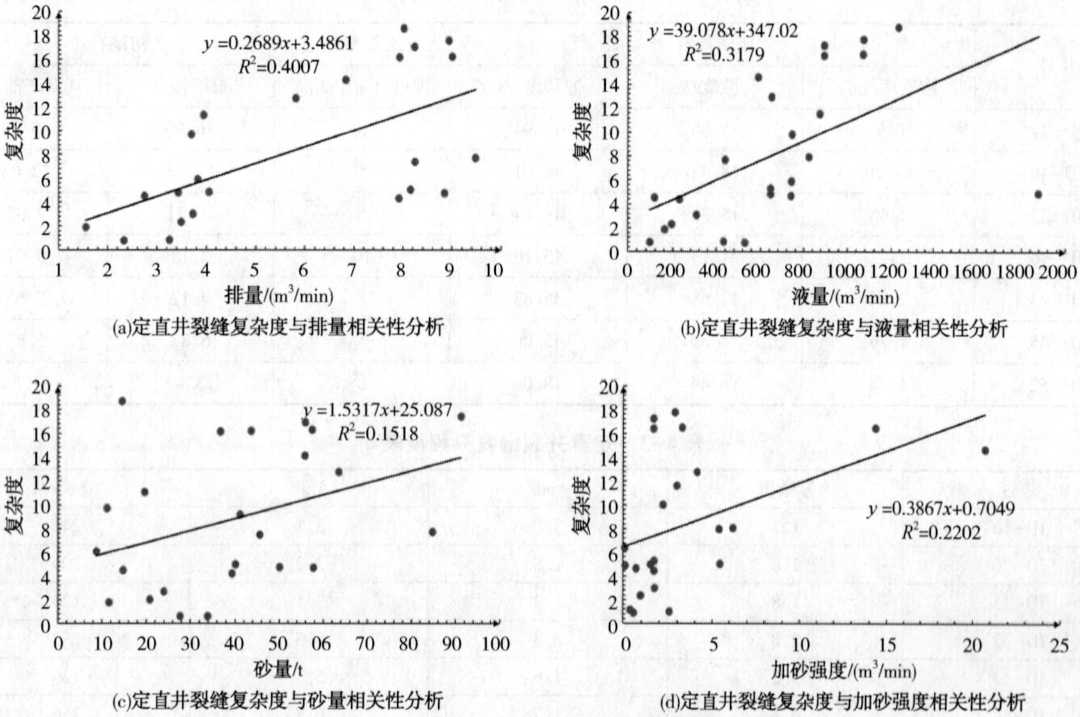

(a)定直井裂缝复杂度与排量相关性分析　(b)定直井裂缝复杂度与液量相关性分析

(c)定直井裂缝复杂度与砂量相关性分析　(d)定直井裂缝复杂度与加砂强度相关性分析

图6　定直井裂缝复杂程度相关性分析

较低复杂度的井组，其特征为低渗透率、低孔隙度及低流体饱和度，渗透率<5mD，孔隙度<14%，施工排量较低，多集中于 $4m^3/min$。相比之下高复杂度的井组储层性质较好，渗透率>5mD，孔隙度>14%，施工排量较高，多集中于 $5\sim8m^3/min$，部分井组可达 $10m^3/min$，压裂形成缝网结构复杂多样。

在实际施工时，可以适当提高排量、液量，为地层补充能量，在克服地层阻力的同时，引发诱导水力转向从而沟通天然裂缝，促进裂缝发育，形成复杂裂缝网络；也应考虑提高砂量和加砂强度，提升裂缝主次裂缝表面积，增强裂缝的支撑能力。

表4-1　低复杂度井组地质、施工参数

井号	地质参数			压裂参数	初期日产	
	渗透率/mD	孔隙度/%	饱和度/%	排量/(m^3/min)	日产液/t	日产油/t
JD-16	2.28	8.475	24.25	4	14.75	12.08
JD-20	1.54	12.13	32.76	4	11.44	1.45
JD-15	6.28	11.98	23.75	4	12.82	3.08
JD-13	0.55	9.53	30.07	4.5	12.18	6.34
JD-44	1.12	13.7	36.14	4.5	4	2.86
JD-43	5.56	13.55	45.6	10	0.56	0.44
JD-17	2.52	13.5	35.5	4	8.17	7.37
JD-31	0.33	5.13	14.05	4	4	3.69

表4-2　高复杂度井组地质、施工参数

井号	地质参数			压裂参数	初期日产	
	渗透率/mD	孔隙度/%	饱和度/%	排量/(m^3/min)	日产液/t	日产油/t
JD-41	3.88	11.13	51.75	5	2.58	2.14
JD-38	1.19	13.38	43.68	4.5	12.7	8.28

续表

井号	地质参数			压裂参数	初期日产	
	渗透率/mD	孔隙度/%	饱和度/%	排量/(m^3/min)	日产液/t	日产油/t
JD-24	0.9	15.08	45.94	8	16.66	15.98
JD-48	18.29	18.43	44.01	5	14.78	12.63
JD-53	4.46	15.38	48.64	5	10.21	2.32
JD-46	24.2	21.13	45.10	10	2.13	0.01
JD-23	2.84	12.68	35.83	8	9.12	7.65
JD-45	1.76	14.69	45.06	5	6.82	5.83
JD-52	4.74	16.45	48.08	8	13.42	11.54

表 4-3　定直井裂缝复杂程度表

井号	复杂度	Amf/	Anf/	缝长/m
JD-16	1.7	3.0	5.1	245
JD-20	1.8	1.8	3.2	209
JD-15	1.8	1.4	2.5	124
JD-32	2.8	2.3	6.5	182
JD-13	3.2	1.6	5.3	127
JD-44	3.8	1.7	6.7	256
JD-35	4.4	0.7	3.0	130
JD-43	5.1	4.9	25.0	280
JD-17	5.2	4.1	21.4	293
JD-14	5.3	2.7	14.2	153
JD-21	5.4	2.6	14.0	268
JD-21	5.5	3.6	19.6	320
JD-78	5.5	2.7	14.9	289
JD-42	5.6	5.1	28.6	276
JD-29	5.9	3.2	18.4	206
JD-88	6.7	2.3	15.1	250
JD-11	7.8	3.2	25.0	270
JD-35	8.2	3.2	26.3	275
JD-74	8.4	2.5	20.9	217
JD-33	8.9	2.0	18.0	198
JD-64	9.2	1.3	12.0	273
JD-31	10.1	2.7	27.4	205
JD-41	10.2	2.1	21.0	214
JD-38	11.8	3.9	46.4	278
JD-24	13.2	5.7	75.0	337
JD-48	14.6	6.2	91.0	249
JD-79	16.4	2.3	37.7	338
JD-53	16.5	1.1	17.9	214
JD-46	16.5	4.7	77.6	278
JD-23	17.3	3.0	52.6	316
JD-45	17.8	5.0	89.6	254
JD-52	18.7	8.2	154.1	294

4.2　水平井裂缝参数分析

通过将裂缝复杂指数与施工参数进行相关性分析，分析结果表明：排量(R^2>0.7)和液量(R^2>0.4)是控制水平井裂缝复杂指数的主控因素。

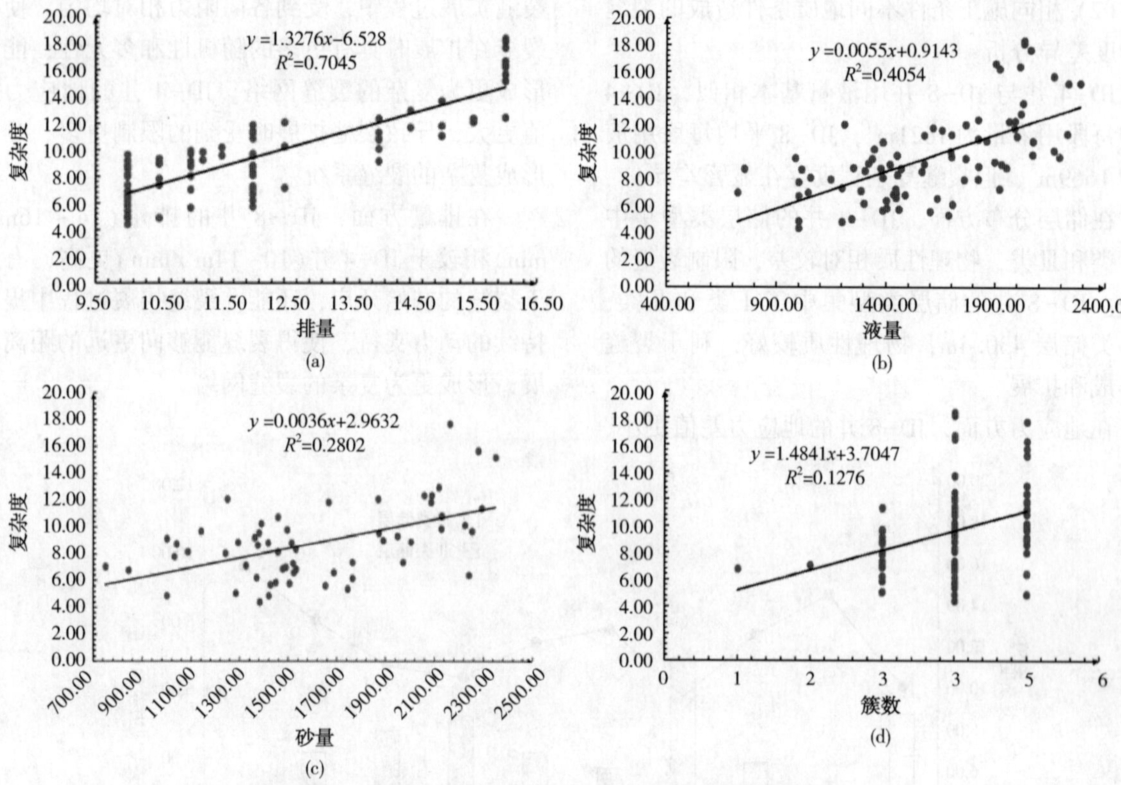

图7 水平井裂缝复杂程度相关性分析

高复杂度井组地质条件相对优越，地质构造复杂多变，且油气资源丰富。其储层主要以Ⅰ类和Ⅱ类储层为主导，孔隙度和渗透率良好，利于油气的储存和开采。地应力差值相对较低，通常小于6MPa，有助于裂缝的延伸和扩展。低复杂度井组地质条件相对简单，主要以Ⅱ类和Ⅲ类储层为主。地应力差值通常较高，普遍大于6MPa，高地应力差值一定程度上阻碍了裂缝的发育。

表4-4 水平井裂缝复杂程度

井号	压裂段数/段	平均复杂度	平均缝长/m
JD-4	14	8.03	233.4
JD-6	16	7.82	219.43
JD-7	19	10.52	365.12
JD-8	13	12.14	362.32
JD-9	10	7.47	237.06
JD-10	10	11.58	370.35

4.3 不同地质、施工参数井裂缝复杂度对比分析

（1）相同地质条件不同施工条件造成的裂缝复杂度差异分析

JD-23井与JD-17井、JD-78井、JD-64井在渗透率、孔隙度以及饱和度等地质特征上，均表现出相似性，但裂缝复杂程度存在显著差异。JD-17井的裂缝复杂程度为5.21，JD-78井的裂缝复杂程度为5.53，均为简单缝类型井组。JD-64井的裂缝复杂程度为9.2，为中复杂度类型井组。JD-23井的裂缝复杂程度高达17.3，为高复杂度类型井组。

在排量方面，JD-23井排量远高于JD-17井和JD-64井。同时，JD-17井和JD-64井的用液量偏低，导致裂缝的开启和延伸不够充分，进而影响压裂效果。在较大的排量和液量支持下，JD-23井能够确保高加砂量，有效防止裂缝在延伸过程中过早闭合，从而进一步提高压裂作业的效果。

表4-5 相同地质条件不同工程参数造成复杂度差异

井号	渗透率/mD	孔隙度/%	饱和度/%	排量/(m^3/min)	液量/m^3	砂量/m^3	复杂度
JD-17	2.52	13.5	35.5	4	491	43	5.21
JD-78	2.83	14.56	48.07	4.5	894	35	5.53
JD-64	2.26	13.34	43.34	4.5	487	35	9.2
JD-23	2.84	12.675	35.83	8	920	56	17.3

(2) 相同施工条件不同地质条件造成的裂缝复杂度差异分析

JD-4 井与 JD-8 井用液量基本相似，JD-4 平均每段用液量为 1621m^3，JD-8 平均每段用液量为 1669m^3，但裂缝复杂程度存在显著差异。

在储层分布方面，JD-4 井的储层类型集中于Ⅱ类和Ⅲ类，物理性质相对较差，限制裂缝的扩展。JD-8 井的储层类型集中于Ⅰ类和Ⅱ类，且Ⅰ类储层 430.4m，物理性质较好，利于裂缝的形成和扩展。

在地应力方面，JD-8 井的地应力差值更小，裂缝扩展过程中，受到各向阻力相对均匀，使得裂缝在扩展时具有更多的随机性和多元性，能够形成更为复杂的裂缝网络。JD-4 井的地应力差值更大，导致裂缝扩展时受到的限制更多，难以形成复杂的裂缝系统。

在排量方面，JD-8 井的排量（14~16m^3/min）相较于 JD-4 井（10~14m^3/min）更高，有助于裂缝的初始开启，还能在裂缝扩展过程中提供持续的动力支持，使得裂缝能够向更远的距离扩展，形成更为复杂的裂缝网络。

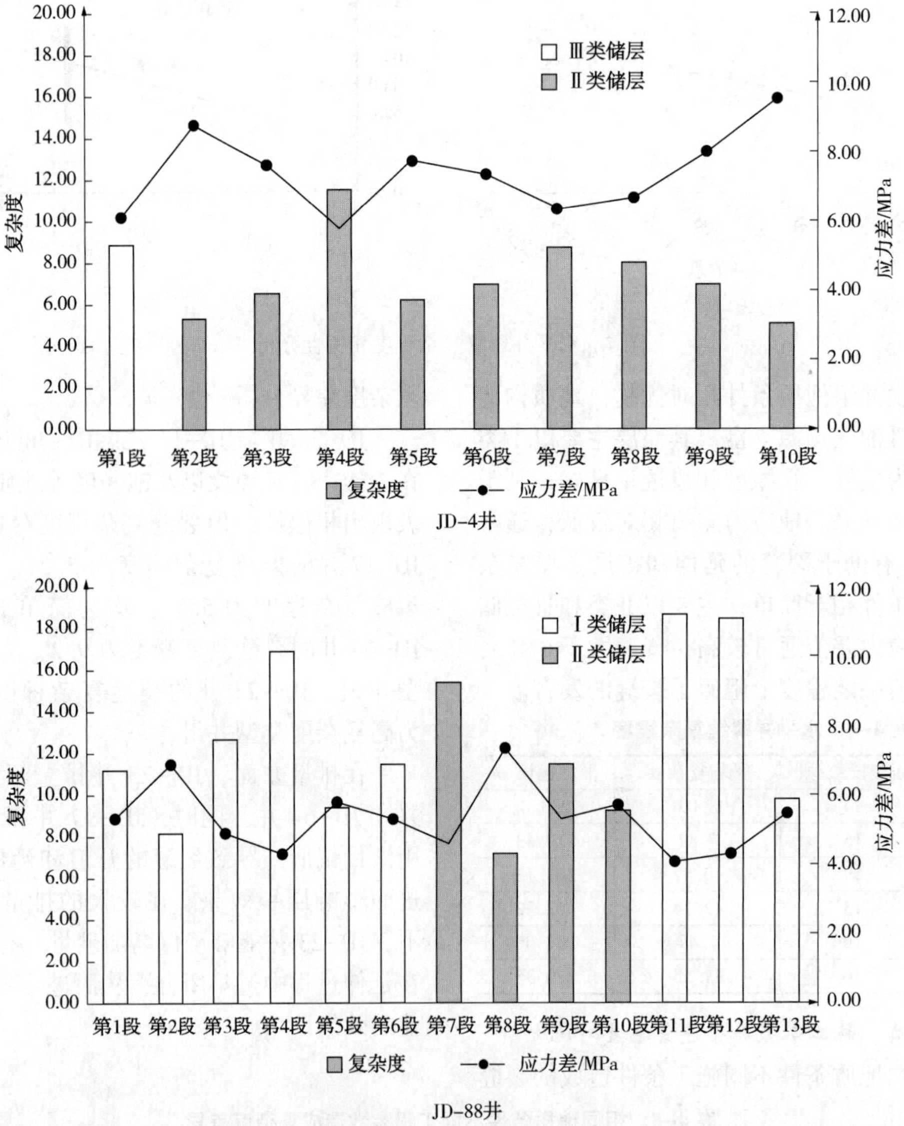

图 8　相似施工条件不同地层条件复杂度差异图

4.4　裂缝复杂指数图版

通过灰色关联度分析的方法，计算排量、液量与复杂指数之间的权重关系为排量 0.59、液量 0.41。流体造缝综合能力 = 0.59 排量 * 0.41 液量（以单簇平均值为准）。排量作为影响裂缝扩展速度和规模的关键因素，其权重 0.59 表明了它在决定流体造缝综合能力中的主导地位；而液量，虽然同样对裂缝的形成有重要作用，但其权重稍低，显示出在综合考量中的辅助角色。

基于上述权重关系，创新性地定义流体造缝综合能力参数。这一参数不仅综合考虑了排量与液量的影响，而且通过赋予它们不同的权重，更加精确地反映流体在形成裂缝过程中的综合效能，为评估裂缝形成的难易程度和复杂性提供量化指标。

利用流体造缝综合能力与裂缝复杂度之间的关系，进行线性回归拟合。通过拟合结果，设定三个区间来界定裂缝的复杂程度：当流体造缝综合能力小于460时，定义为简单缝；当流体造缝综合能力介于460与1100之间时，定义为中等复杂缝；而当流体造缝综合能力大于1100时，则定义为复杂缝。

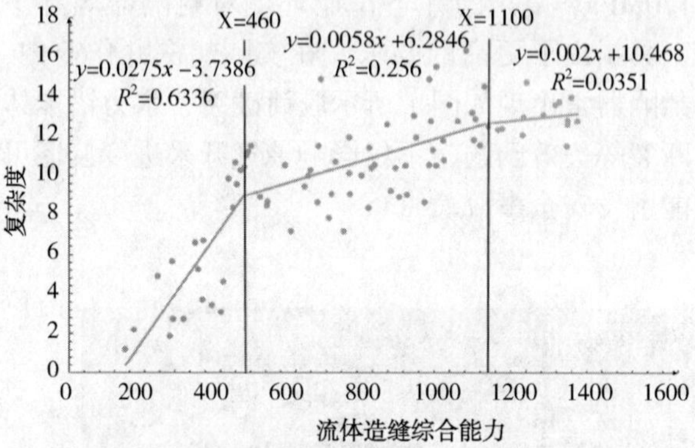

图9　流体造缝综合能力与裂缝复杂度之间的关系

5　结论及建议

（1）通过构建并应用基于停泵压降曲线的裂缝复杂度分析模型，明确高5断块压后裂缝形态与复杂程度，形成了一套流体综合造缝能力与复杂度分析图版，与现场吻合度较好。

（2）通过裂缝复杂指数与施工参数相关性分析，排量和液量是控制裂缝复杂指数的主控因素。在实际施工过程中，适当提高排量、液量，可以促进裂缝发育，形成复杂裂缝网络。

（3）在大排量和大液量前提下，地应力条件和加砂量也是影响裂缝复杂程度的重要因素。均匀的地应力分布可以促进裂缝多向扩展，充足的加砂量可以强化裂缝长效支撑，进一步提高压裂作业的效果。

（4）持续深化深层致密油储层裂缝扩展规律研究，基于裂缝复杂度分析指导压裂参数优化，加快冀东高5断块改造主体技术模式定型，将是下一步继续优化研究的方向。

参考文献

[1] 郑民，李建忠，吴晓智，等．我国主要含油气盆地油气资源潜力及未来重点勘探领域[J]．地球科学，2019，44(3)：833-847.

[2] 杨兆中，袁健峰，张景强，等．四川盆地海相页岩水平井压裂裂缝研究进展及认识[J]．油气藏评价与开发，2024，14(4)：600-609.

[3] 季伟．冀东油田致密油藏水平井钻井液体系研究[D]．大庆：东北石油大学，2023.

[4] 周彤，苏建政，李凤霞，等．基于停泵压力降落曲线分析的压后裂缝参数反演[J]．天然气地球科学，2019，30(11)：1646-1654.

[5] Ehlig-Economides C A, Liu G Q. Comparison Among Fracture Calibration Test Analysis Models[R]. SPE-184866-MS, 2017.

高性能可回收液压完井封隔器研发与应用

郭锐锋　郭知龙　曹宗波　陈志航

（中石化江汉石油工程有限公司）

摘　要　针对国内现有封隔器在耐温承压、解封可靠性以及处理便捷性等方面存在的不足，本文通过开展封隔器结构设计、有限元仿真分析及结构优化，研制了一款耐温232℃、耐压差105MPa、V0设计等级可回收液压完井封隔器，显著提升了封隔器的密封、锚定和整体安全性能。经室内多类型试验评价以及现场多井次应用验证，该款封隔器在塔里木盆地、四川盆地、南海盆地等超深高温高压区块表现卓越，成功解决了工具进口依赖问题，实现了高端工具国产化替代，有力推动了深地工程高效勘探开发进程，为保障国家能源安全提供了关键技术支撑。

关键词　超深井；深地工程；高温高压；完井封隔器；国产化替代

1　引言

在全球能源需求持续增长的背景下，常规油气资源日益短缺，促使油气勘探开发逐渐向深井、超深井以及致密油气等复杂地质领域拓展。然而，超深井开发面临着高温、高压、高应力环境等诸多挑战。在现场多口超深井的实测过程中发现，井底温度可达180~220℃，地层压力高达170MPa，复杂的井下作业环境对封隔器等井下工具提出了更高的要求。在实际超深井作业中，封隔器常出现如图1所示胶筒破裂、水力锚本体断裂等失效问题，不仅影响油气开采进度，还可能引发安全事故。

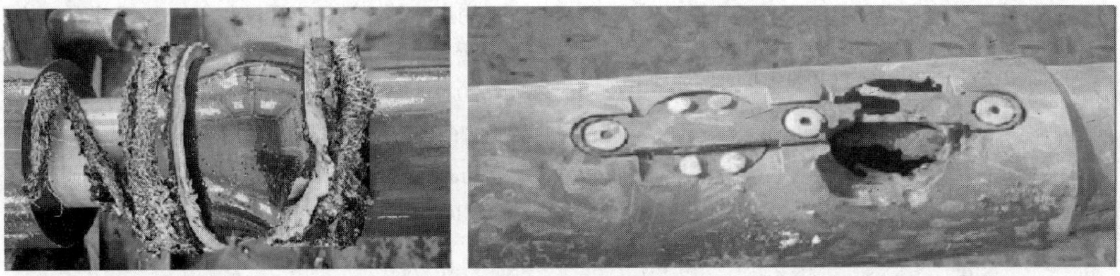

图1　封隔器现场失效图

封隔器作为油气开采过程中控制井下流体流动、隔离地层的核心工具，其性能优劣直接关系作业安全与效率。国内外学者针对封隔器密封性能、锚定性能及结构优化设计做了大量研究。Zhu等进行了基于超临界CO_2腐蚀试验的各种封堵橡胶材料的力学性能研究。李子丰等设计了应用于裸眼封隔器的疏砂槽结构。郭飞等研制了一款可模拟井下350℃高温以及20MPa压强工况的胶筒密封性能试验装置。姚辉前等针对封隔器胶筒材料开展了加速老化试验，得到了老化温度与老化时间对胶筒材料拉伸强度的影响规律，李林涛等设计了一款可应用于高温、高压及重浆环境的双向卡瓦可回收封隔器。曹银萍等基于断裂力学理论建立了套管裂纹扩展模型。韩传军等利用有限元法对卡瓦结构参数进行了优选。郝地龙基于正交试验法对整体式卡瓦应力槽与齿槽结构参数进行了优化改进。刘湘华基于正交试验法对RTTS封隔器镶齿卡瓦开展了结构优化设计。梁月松等针对海上热采井封隔器悬挂失效的问题，设计了一种新型全接触楔形卡瓦。

尽管在封隔器研究方面已取得诸多成果，但面对超深井井下复杂工况，国内封隔器仍存在明显不足。耐温承压能力难以满足超深井需求，可回收式封隔器解封成功率较低，严重制约勘探开发效率；封隔器异常处理时，存在处理时间长、成本高以及施工风险大等问题。鉴于此，本文围绕“密封有效性、锚定有效性、解封可靠性、处理简便性”四个关键方面，深入研究并设计了耐温232℃、耐压差105MPa、V0设计等级的易解封液压完井封隔器，并通过室内试验和现场应用，验证了封隔器性能稳定和功能可靠性，有效提升了现场施工成功率，为超深井油气田高效勘探开发提供有力支持。

2　封隔器结构设计

2.1　结构组成及特点

封隔器主要由防砂环、卡瓦锚定机构、密封胶筒组件、坐封活塞及解封结构等部分构成(结构示意图见图2)。其中，防砂环安装在特定位置，能够有效阻挡固相颗粒沉积在卡瓦上部，造成解封失败。

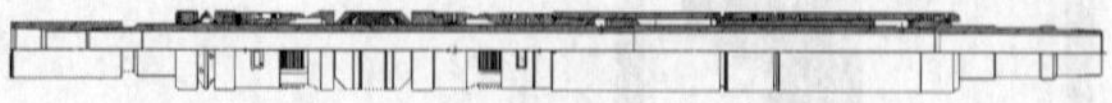

图2　封隔器结构示意图

卡瓦锚定机构采用分体式双向卡瓦设计，卡瓦本体选用特殊合金材质，并经过独特的热处理工艺，显著提高了表面硬度，使其能够牢固地锚定在高钢级套管上，有效防止管柱位移和封隔器失封。密封胶筒组件采用新型护肩形式，内部为双“O型圈+双向支撑”结构，极大地增强了胶筒的耐温耐压性能，确保在高温高压环境下实现可靠密封。

2.2　主要技术参数

主要技术参数见表1。

2.3　工作原理

封隔器为液压坐封，上提或专用工具回收，详细工作原理如下：

表1　封隔器规格参数表

规格/in	工作套管内径 (min)mm	工作套管内径 (max)mm	外径 mm	内径 mm	坐封力 MPa	解封力(可调) t	耐温 ℃	承压 MPa	抗拉强度 t
5 1/2	114.3	118.62	108	57	28	20.3×12	232	105	60
	120.36	124.26	114.3/118	620	28	1.32*6	232	105	60
7	152.5	157.08	144/147	76	25	1.36*6	232	105	80
7 5/8	168.28	171.84	160	82.5	28	1.36*6	232	105	80

(1) 坐封原理：坐封时，油管打压，液压压力作用于上下两级活塞，使剪切销钉剪断，启动坐封流程。防砂机构率先坐封，剪切上卡瓦启动销钉，上椎体上行带动上卡瓦锚定在套管上；随后，活塞力推动锚定机构、胶筒组件、卡瓦筒等上行，剪切防砂机构剪切销钉，使防砂环与套管内壁紧密贴合；接着，上胶筒在上卡瓦锚定后固定，下胶筒座在活塞力作用下持续压缩胶筒，直至胶筒完全压缩并牢固坐封在套管内壁；最后，活塞机构继续上行，剪断下卡瓦启动销钉，下卡瓦在下椎体上滑行并锚定在套管内壁。

(2) 上提解封原理：上提管柱，解封销钉剪断，芯轴上行，在分级解封机构作用下，4个分瓣上卡瓦依次解除锚定，同时在上锁环带动下，下椎体上行，使下卡瓦也解除锚定。卡瓦机构解除锚定后，继续上提管柱，胶筒复位，即可顺利起出封隔器。

(3) 专用工具解封原理：需要解封时，上提管柱1-2t后右旋取出锚定密封，起出完井管柱，用钻杆带专用解封工具下入至封隔器处后，下压解封管柱后上提管柱拉断解封销钉带动释放环上行，继续上提管柱逐步解封卡瓦锚定机构、胶筒机构，待胶筒复位后，即可顺利起出封隔器。

3　封隔器性能数值模拟及结构优化设计

3.1　关键结构仿真分析

为提高工具研发效率、缩短研发周期，针对封隔器胶筒、卡瓦及芯轴等关键零部件开展了结构安全性能全工况数值仿真模拟分析，确定了设计的科学性和有效性。

(1) 胶筒密封性能

在35MPa坐封载荷作用下，密封机构历经初始启动、中间胶筒膨胀、双向限位以及护肩扩展四个阶段，最终实现有效密封(图3)。胶筒初始密封能力达81MPa，密封机构中两侧护肩应力最大为363MPa，尚未达到材料屈服强度，表明结构安全可靠。

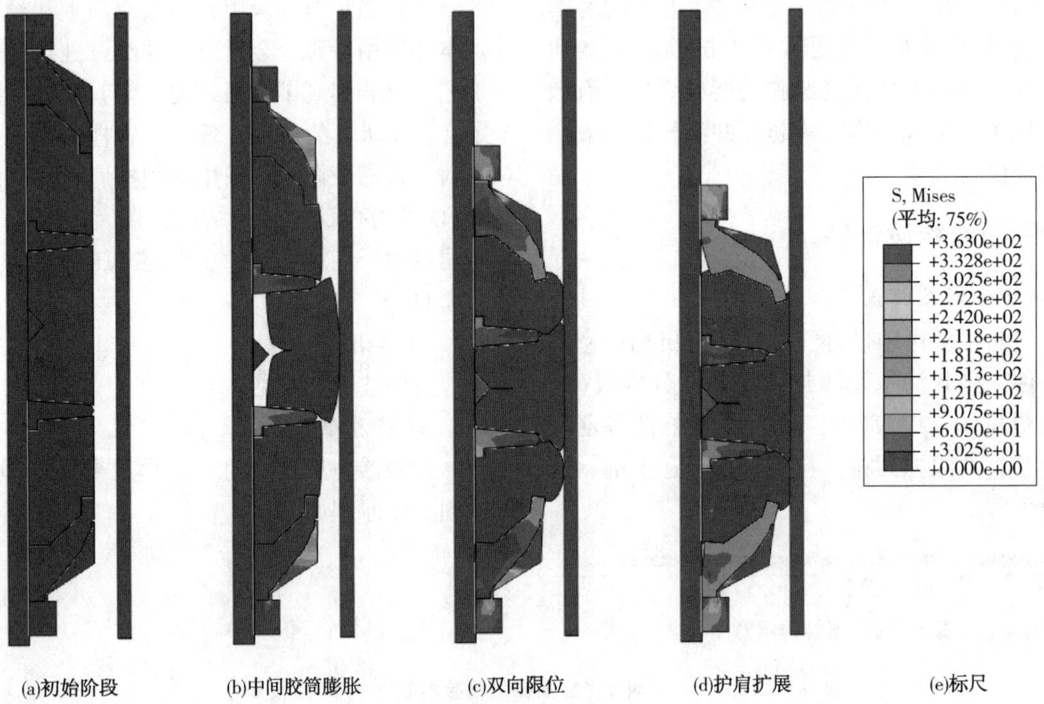

图 3　封隔器胶筒坐封过程

从不同工作载荷下胶筒与套管接触应力分布曲线(图 4)可以看出，各载荷条件下曲线分布规律相似，套管两侧接触应力较大，中部较为均匀。由于侧胶筒与中胶筒间存在隔环，导致侧胶筒与中胶筒间出现接触应力突降现象。随着工作载荷增加，套管接触应力逐渐增大，当工作压差达到 90MPa 时，最大接触应力为 143.55MPa，充分证明封隔器能够有效密封。

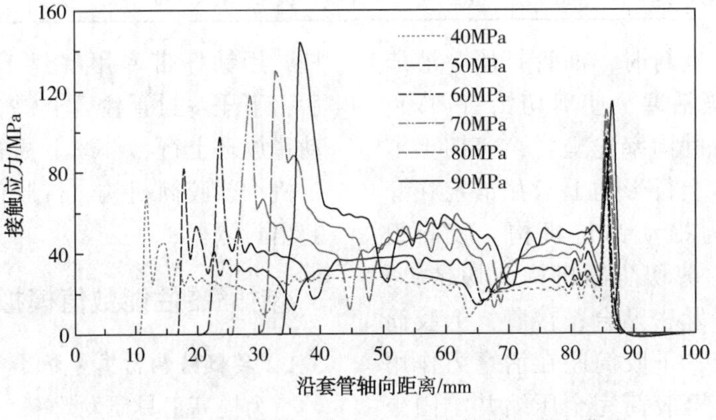

图 4　不同工作载荷下接触应力沿套管轴向分布曲线

(2) 卡瓦锚定性能

卡瓦坐封过程中，齿尖存在应力集中现象并发生局部塑性变形(见图 5)。随着卡瓦坐封载荷的增加，卡瓦齿与套管咬合长度不断增加，套管最大应力为 965MPa，材料失效区域较小，整体结构安全。不同工作压差下卡瓦最大应力和最大咬入套管深度呈现非线性增长趋势(见图 6)。卡瓦最大应力在快速上升后逐渐趋于平稳，材料达到强度极限后，继续增大载荷对其最大应力影响较小。在 105MPa 极限压差条件下，卡瓦最大 Mises 应力为 1025MPa，最大咬入套管深度为 0.94mm，相较于坐封工况增加了 405.38%。

(3) 芯轴结构安全性能

如图 7 所示为作业工况下上芯轴和下芯轴应力分布云图，从图中可以看出，上芯轴最大应力发生在小孔处，为 822.38MPa，小孔应力集中现象明显，材料发生局部塑性变形，最大位移变形量为 1.586mm，除小孔外其余结构应力较小整体结构安全。下芯轴最大应力为 461.7MPa，应力值未达到材料屈服强度 822.38MPa，整体结构安全。

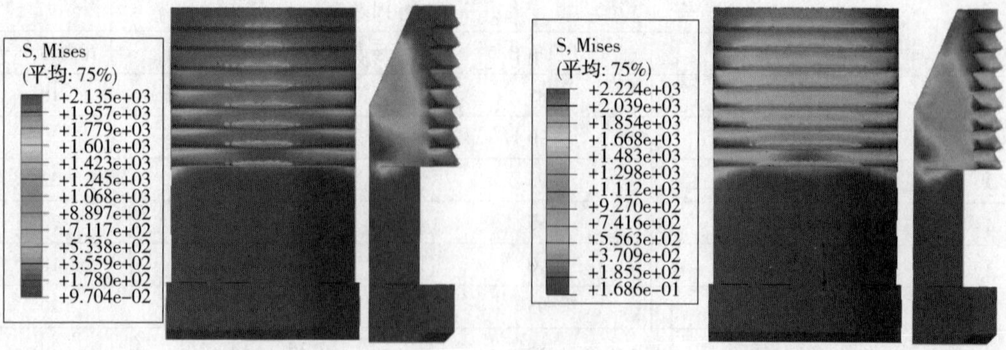

(a)开始坐封(15MPa)　　(b)结束坐封(35MPa)

图 5　坐封过程卡瓦应力分布云图

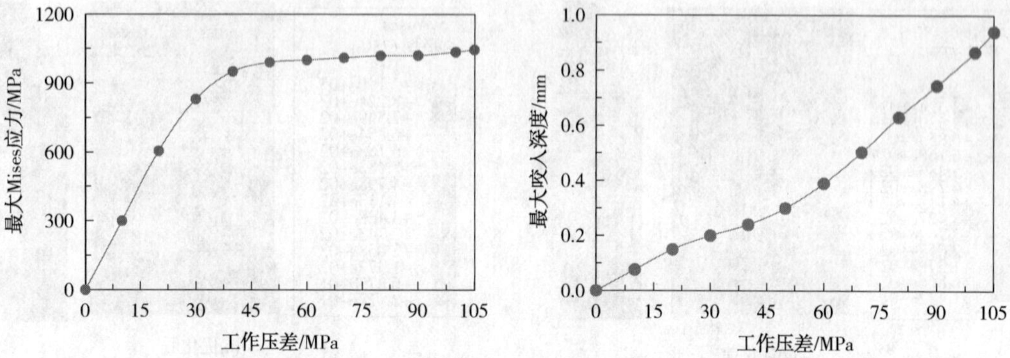

(a)最大Mises应力　　(b)最大咬入深度

图 6　最大 Mises 应力与最大咬入深度随工作压差变化曲线

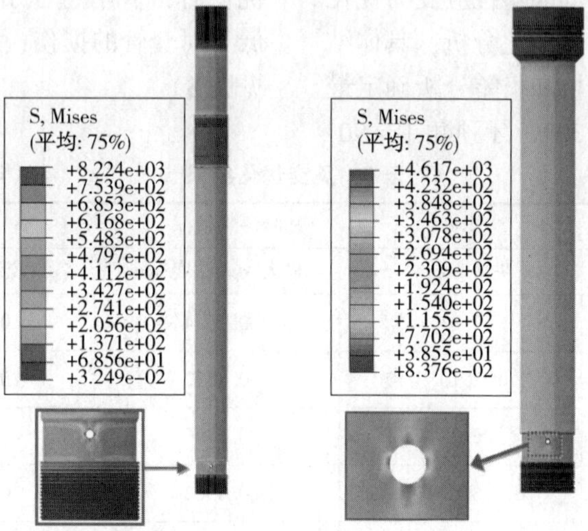

(a)上芯轴　　(b)下芯轴

图 7　作业工况下芯轴应力分布云图

3.2　结构优化设计

为进一步提升卡瓦锚定及结构安全性能，选择对卡瓦性能有显著影响的牙倾角 α(因素 A)、牙顶角 β(因素 B)和牙齿间宽度 d(因素 C)和卡瓦内锥角 γ(因素 D)4 个因素进行正交试验，具体参数设置见表 2。

表 2　正交优化参数表

试验序号	试验因素			
	牙倾角 α/°	牙顶角 β/°	牙齿间宽度 d /mm	卡瓦内锥角 γ/°
1	25	85	5. 35	18
2	25	90	6. 35	20
3	25	95	7. 35	22
4	30	85	6. 35	22
5	30	90	7. 35	18
6	30	95	5. 35	20
7	35	85	7. 35	20
8	35	90	5. 35	22
9	35	95	6. 35	18

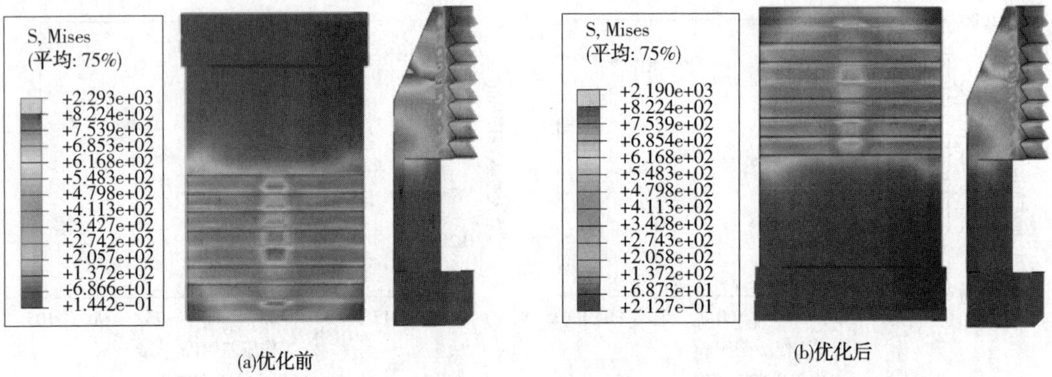

图 8　优化前后卡瓦应力分布云图

以卡瓦最大应力、卡瓦材料失效率、咬入深度、咬入深度均匀性、套管等效塑性应变为优化目标，开展了极限作业工况下优化分析，具体结果如表 3 所示。基于直观分析和极差分析确定最终优化方案为：牙倾角 α = 30°、牙顶角 β = 90°和牙齿间宽度 d = 5. 35mm 和卡瓦内锥角 γ = 20°。优化后，卡瓦应力分布均匀性显著改善，有效降低了对套管的损伤(优化前后卡瓦应力分布云图见图 8)。

表 3　正交优化结果

试验序号	试验评判指标				
	卡瓦最大应力/MPa	失效率/ %	最大咬入深度/mm	各齿咬入深度均匀性	套管等效塑性应变
1	2254	7. 83	0. 6644	0. 00446	0. 01316
2	2237	7. 10	0. 4532	0. 00199	0. 005195
3	1844	6. 28	0. 6896	0. 00561	0. 01352
4	2306	6. 69	0. 4902	0. 00256	0. 005697
5	2218	7. 92	0. 5538	0. 00337	0. 008946
6	1418	7. 09	0. 4692	0. 00200	0. 006099
7	2237	7. 28	0. 4592	0. 00210	0. 00448
8	2233	6. 47	0. 3968	0. 00204	0. 003822
9	1717	8. 52	0. 7490	0. 00456	0. 01771

4　室内试验评价

4.1　实验室情况简介

“十三五”期间，为应对勘探开发向深层、超深层储层进军过程中出现的新技术、新工艺、新工具带来的复杂问题，本团队在极高温高压动密封、精准温度控制、氦质谱气泡监测、试验数据智能检测及试验设备自动化控制等多个关键领域开展攻关，成功建成国内指标领先的高温高压井下工具实验室。

该实验室依据ISO/IEC17025《检测与校准实验室能力的通用要求》建立了完善的质量管理体系，明确了组织结构、程序、过程和资源等要素条件，先后取得CMA认证和CNAS认可，有力保障了检测结果的科学性、准确性和有效性。实验室可开展9-5/8"及以下尺寸井下工具在温度260℃、液压210MPa以及载荷3500kN条件下的井下工具综合性能试验。

4.2　封隔器室内试验

（1）卡瓦锚定性能测试

封隔器锚定结构采用上、下分体锚定卡瓦，具有良好的抗干扰性。通过卡瓦锚定力测试表明（图9），卡瓦可有效地锚定在155V钢级（等效硬度HRC40-42）套管中，在90t锚定力条件下锚定深度0.45mm，卡瓦无任何位移。

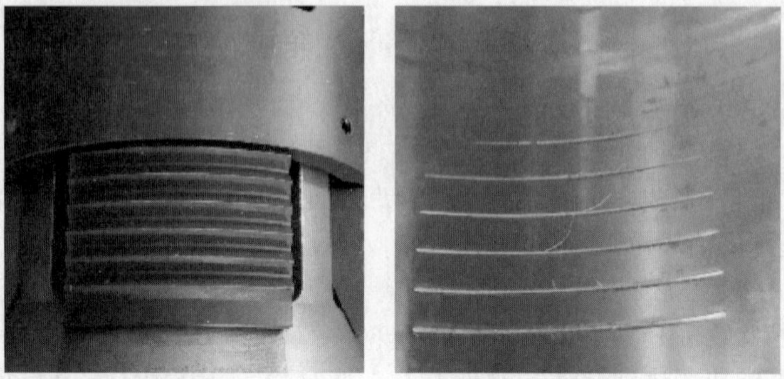

(a)卡瓦　　(b)套管

图9　卡实验解除后卡瓦和套管形貌

（2）整机测试

为全面验证封隔器性能指标及稳定性是否达到设计要求，依据《API Spec 11D1 Packers and Bridge Plugs》V0标准，对封隔器进行了232℃下坐封测试、232℃下两个（上-下-上）105MPa压力反转测试、232℃下封隔器信封曲线点测试、温度循环（232℃-120℃-232℃）测试及解封测试。测试结果显示，封隔器符合试验方案要求及0气泡接收准则。封隔器解封后各零部件状态良好（见图10），进一步证明了其性能的可靠性。

(a)胶筒　　(b)卡瓦

图10　封隔器解封后零部件状态

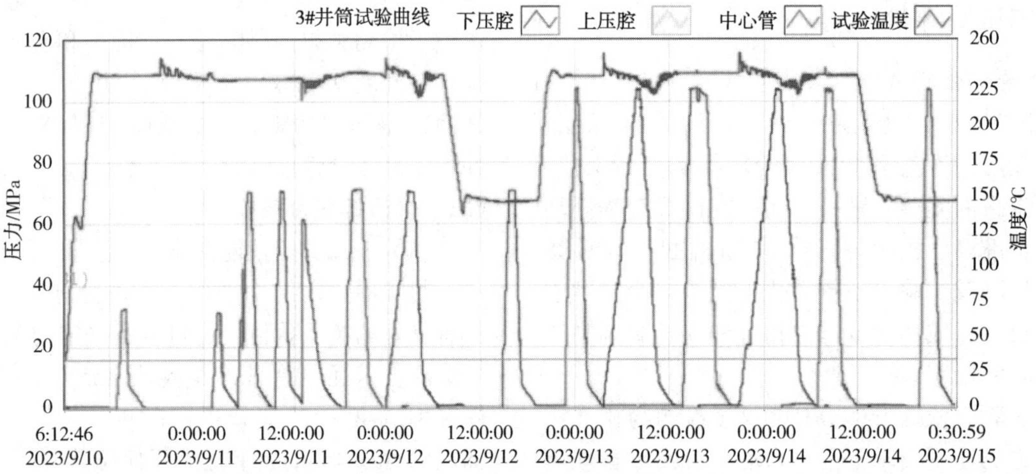

图 11　封隔器试验温压曲线

5　现场应用

232℃、105MPa、V0 等级可回收液压完井封隔器研制成功后，累计应用 130 余井次，应用井遍布塔里木盆地、准格尔盆地、四川盆地、南海西部盆地等深层超深层油气井聚集区，应用井最大井深 9432.55m，最大泥浆密度 2.35g/cm 813，08536封井段套管钢级最高 155V，承受最大压差超过 80MPa，应用成功率达到 99%，解决了同类型工具长期依赖进口的难题，实现了高端工具的国产化替代，逐步成为国内深地工程勘探开发持续突破的利器。

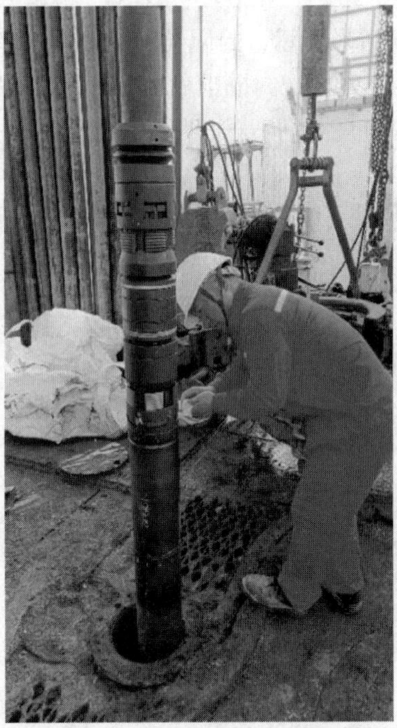

图 13　封隔器入井照片

6　结论

本文围绕超深井开发需求，针对国内现有封隔器在耐温承压、解封可靠性以及处理便捷性等方面的不足，成功研发高性能液压完井封隔器。通过结构设计、数值模拟及优化、室内试验和现场应用，取得以下成果：

（1）高性能可回收液压封隔器性能指标达到 232℃、105MPa、V0 设计等级，并实现了 5 1/2″-7 5/8″规格系列化，有效解决了国内封隔器耐温承压能力不足的问题；其精巧的解封结构使上提管柱或下入专用工具即可完成解封，大大提高了解封可靠性；同时，在异常封隔器处理方面，简化了操作流程，降低了处理成本与风险。

（2）依托相关技术研发，公司在高温高压井下工具实验室建设中，突破极高温高压动密封、精准温度控制等关键技术，建成国内指标领先的实验室，为各类井下工具研发及现场井下工具质量提升提供有力支撑。

（3）随着油气勘探开发向更深、更复杂地层迈进，封隔器技术仍需持续创新。未来，将进一步优化封隔器结构与材料，提高其在极端工况下的性能和可靠性；加强智能化技术在封隔器中的应用，实现远程监控与自动控制，提升作业效率与安全性；同时，持续拓展研发其他高端井下工具，完善产品体系，为我国乃至全球深层、超深层油气资源的高效开发提供技术保障。

表 4　封隔器现场应用情况统计

应用区块	封隔器规格	井号
江汉油田、塔里木油田	5 1/2″	涪页＊＊＊井、雄英＊＊＊井、建密＊＊＊井等
中海油、塔里木油田、西北油田、新春油田	7″	涠洲＊＊＊井、顺北＊＊＊井、格探＊＊＊井等
大庆塔东、塔里木油田	7 5/8″	都探＊＊＊井、岳探＊＊＊井、宿探＊＊＊井、满深＊＊＊井、富鹏＊＊＊井等

参 考 文 献

[1] 汪海阁，黄洪春，毕文欣，等．深井超深井油气钻井技术进展与展望[J]．天然气工业，2021，41(8)：163-177.

[2] 杨博仲，汪瑶，叶小科．川西地区复杂超深井钻井技术[J]．钻采工艺，2018，41(04)：27-30.

[3] 王克林，张波，李超，等．库车山前深层高温高压气井多封隔器分层压裂工艺[J]．石油钻采工艺，2021，43(02)：239-243.

[4] 崔龙兵，樊凌云，邹伟，等．顺北油田超深井可回收式套管封隔器失效因素分析及改进对策[J]．油气井测试，2022，31(1)：22-26.

[5] 练章华，牟易升，刘洋，等．高温高压超深气井油管柱屈曲行为研究[J]．天然气工业，2018，38(1)：89-94.

[6] Zhu D J，Lin Y H，Zhang H L，et al. Corrosion evaluation of packer rubber materials in CO2 injection wells under supercritical conditions[J]. Journal of Petroleum Science and Engineering，2017，151：311-317.

[7] 李子丰，宋广明，杨军伟，等．含疏砂槽结构的裸眼封隔器减阻效果实验[J]．天然气工业，2019，39(11)：92-96.

[8] 郭飞，温天政，黄毅杰，等．封隔器胶筒高温高压密封性能检测试验研究[J]．润滑与密封，2020，45(7)：23-27.

[9] 姚辉前，段风海，徐善瑞，等．基于 Arrhenius 方程封隔器胶筒的寿命预测研究[J]．钻采工艺，2023，46(2)：100-105.

[10] 李林涛，万小勇，黄传艳，等．双向卡瓦可回收高温高压封隔器的研制与应用[J]．石油机械，2019，47(3)：81-86.

[11] 曹银萍，索红娟，窦益华．RTTS 封隔器卡瓦咬伤套管裂纹塑性扩展分析[J]．塑性工程学报，2019，26(4)：287-292.

[12] 韩传军，彭雪峰，李林涛．封隔器卡瓦锚定力学行为与高温高压实验分析[J]．天然气工业，2020，40(7)：76-82.

[13] 郝地龙．桥塞整体式卡瓦工作原理分析及结构优化[D]．西南石油大学，2020.

[14] 刘湘华．基于正交试验法的高温封隔器镶齿卡瓦优化[J]．石油机械，2023，51(7)：96-103.

[15] 梁月松，季正欣，李良庆，等．海上热采井完井封隔器卡瓦结构优化[J]．石油钻采工艺，2023，45(5)：568-574.

超深水海底飞行节点地震勘探技术

耿建华[1,2]　胡耀星[3]　王顺礼[4]　于鹏飞[5]　刘玉柱[1,2]　程玖兵[1,2]

（1. 海洋地质全国重点实验室；2. 同济大学；3. 中国科学院地质与地球物理研究所；
4. 哈尔滨工程大学；5. 河海大学）

摘　要　研发了一款具有自主导航定位功能的超深水海底飞行节点地震仪，在3000m级水深成功实施了海试验证，获得了高质量海底四分量地震记录。提出了一种声-弹耦合理论，在此理论框架下，可同时利用海底四分量地震数据实现高精度弹性波反演成像。实际海底四分量地震数据弹性波逆时偏移成像测试证明了声-弹耦合理论的正确性与处理海底四分量地震数据的可行性与有效性。

关键词　超深水；飞行节点地震仪；声-弹耦合理论；四分量地震数据；弹性波成像

1　前言

与常规的海面拖缆地震勘探相比，海底四分量地震勘探具有受海况影响小便于提高地震数据采集效率和原始地震记录的信噪比、全方位观测能力便于提高深层复杂构造地震成像质量、良好的可重复性观测能力便于开展时移地震勘探、记录丰富的横波信息更好开展岩性与流体预测等方面的巨大优势，有望替代海面拖缆成为下一代主流的海洋地震勘探方法。在浅水区（<500m），一般采用海底电缆进行海底四分量地震数据采集；在深水区（500～1500m），由于海底电缆承压能力有限，采用海底节点进行海底四分量地震数据采集，节点布放与回收采用缆绳链接；在超深水区（>1500m），由于需要的缆绳太长，目前一般采用ROV进行海底节点布放与回收，但这种地震数据采集方式时效较低。到目前为止，海底四分量地震勘探并没有被大规模推广使用，原因是其相对较高的数据采集成本与地震记录信息的挖掘利用不成比例，即缺少有效针对海底四分量地震数据的处理技术，目前只是把压力记录作为纵波处理，而把速度记录作为转换横波处理获得转换波信息，这种简单的处理方法没有充分利用海底四分量地震记录信息，实现真正意义上的弹性波成像，主要原因是缺少合适的地震波理论框架实现同时利用海底四分量地震数据实现高精度弹性行波成像。针对上述问题，我们研发了一款具有自主导航定位功能的超深水海底飞行节点地震仪，无需ROV布放，在3000m级水深成功实施了海试验证，获得了高质量的海底四分量地震记录；同时，提出一种声-弹耦合理论，在此理论框架下可同时利用海底四分量地震数据进行高精度弹性波成像，为充分挖掘海底四分量地震记录信息提供了数据处理关键技术理论基础。

2　海底飞行节点地震仪

研发的海底飞行节点地震仪系统由搭载四分量地震信号采集模块的水下自主航行运载器（图1(a)）与带有水声时标功能（用于原子钟时间漂移校正）的长基线定位基站（图1(b)）组成，系

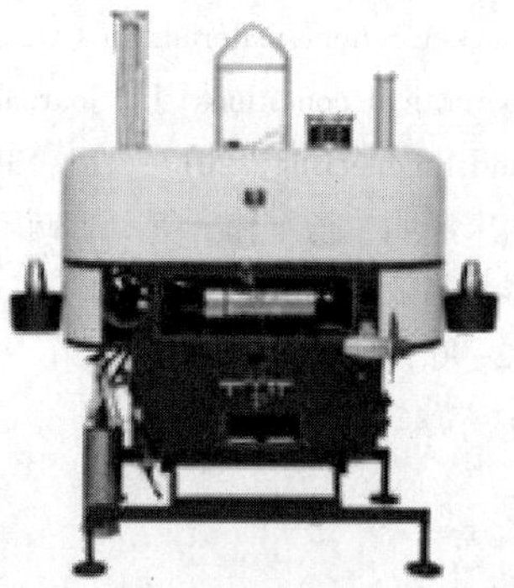

(a)载有海底四分量地震数据采集模块的自主航行运载器

(b)为自主航行运载器进行定位的长基线定位基站

图1　海底飞行节点地震仪系统

统配备任务规划软件，可实现大规模组网快速布放与回收。海底飞行节点地震仪设计最大工作水深 3000m，海底工作时长 30d。2022 年 8 月，该海底飞行节点地震仪系统在南海北部超深水区开展了海试验证，首次在 2861m 水深的海底里采集到高质量的四分量地震数据（图 2）。

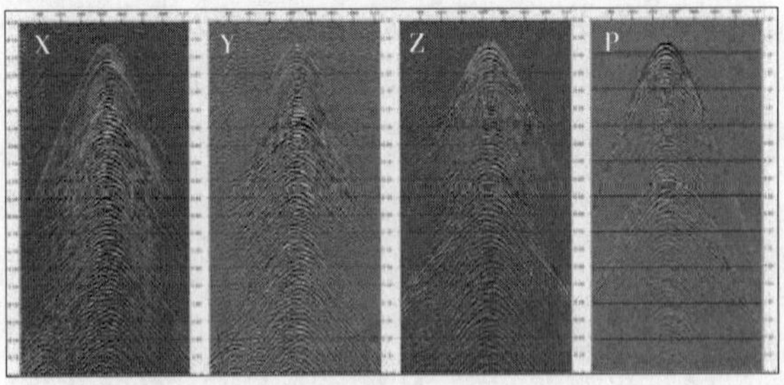

图 2　海底飞行节点地震仪系统在 2861m 水深的海底里采集到的四分量地震数据

3　声-弹耦合理论

在各向同性介质中，合成压力可以通过对主应力场求和并取负得到，将合成压力带入一阶弹性速度-应力方程中，可以得到一个新的声-弹耦合方程，其运动方程为：

$$\rho \frac{\partial}{\partial t}\mathbf{v} = \mathbf{L\Phi}, \tag{1}$$

应力-应变方程为：

$$\frac{\partial}{\partial t}\mathbf{\Phi} = \mathbf{C}\mathbf{L}^{T}\mathbf{v}, \tag{2}$$

式中，$\mathbf{v}=(v_x, v_y, v_z)^{\mathrm{T}}$ 为质点速度向量，$\mathbf{\Phi}=(p, \tau_{xx}^{s}, \tau_{yy}^{s}, \tau_{zz}^{s}, \tau_{xy}^{s}, \tau_{xz}^{s}, \tau_{yz}^{s})^{\mathrm{T}}$ 为各向同性 应力和偏应力组成的应力向量；ρ 为密度，t 为时间，$\mathbf{L}$ 为偏微分算子矩阵，$\mathbf{C}$ 为三维各向同性介质中的扩展刚度张量矩阵。由方程（1）和（2）可以看出，式中 含有压力项，可方便使用该方程同时利用海底四分量地震数据进行高精度弹性波成像，有效压制弹性波逆时偏移成像中的非物理噪声，从而提高弹性波地震成像质量。

4　海底四分量地震数据弹性波成像

图 3 展示了基于声弹耦合方程（1）-（2）利用拖缆地震数据与拖缆和海底节点地震数据进行联合弹性纵波逆时偏移成像的对比。对比图 3c 和图 3d 可以看出，同时利用海底四分量地震数据进行弹性纵波成像有效压制了地震成像中的非物理噪音（图 3 中箭头所示），从而大大提高了地震成像质量。

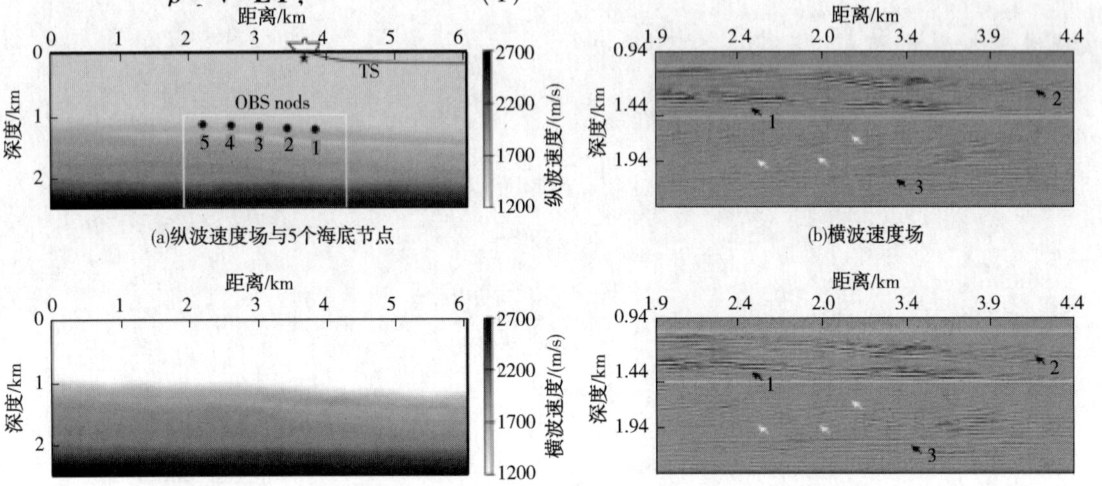

(a)纵波速度场与5个海底节点

(b)横波速度场

(c)拖缆地震数据逆时偏移成像

(d)海底节点与拖缆地震数据联合弹性纵波逆时偏移成像

图 3　基于声-弹耦合方程，联合利用拖缆与海底节点四分量地震数据进行弹性波成像

5　结论与展望

项目研发的一款超深水海底飞行节点地震仪系统是一种可在超深水区开展

高效海底四分量地震数据采集的新装备，实现了工程样机的海试验证，但需要进一步开展走向产品的升级迭代。声-弹耦合理论为海底四分量地震数据高质量弹性波反演成像提供了全新的理论框架，在此基础上可开发出利用海底四分量地震数据进行地震反演成像的系列技术。

致谢

研究获得国家重点研发计划项目（2018YFC0310100）和国家自然科学基金重点

项目(41630964)资助。

感谢中国科学院深海科学与工程研究所丁抗研究员、上海交通大学任平教授、广州海洋地质调查局杨胜雄教授级高工、中国21世纪议程管理中心孙清研究员的指导与帮助。

参 考 文 献

[1] Yu P F, Geng J H, Separating Quasi P Wave in VTI Medium by Composing Main Stress. 77th EAGE Conference and Exhibition 2015, 2015, 1-5.

[2] Pengfei Yu, Jianhua Geng, Xiaobo Li, Chenlong Wang, Acoustic-elastic coupled equation for ocean bottom seismic data elastic reverse time migration, Geophysics, 2016, 81(5): S333-S345.

[3] Pengfei Yu, Mingzhi Chu, Yunxia Xu, Baojin Zhang, and Jianhua Geng, Joint elastic reverse time migration of towed streamer and sparse ocean-bottom seismic node hybrid data, Geophysics, 2023, 88(1): S47-S57.

古龙断陷深层天然气成藏条件研究及突破方向

刘家军　杨　亮　孙立东　刘红艳　徐　妍　狄嘉祥　许金双

（大庆油田有限责任公司）

摘　要　古龙断陷是松辽盆地北部最大的断陷，勘探程度低、潜力大，以往针对钻探的多口井在下白垩统虽有不同级别的天然气显示，但一直未有重大突破。断陷盆地勘探实践证明，烃源岩的分布规律及源储匹配关系是制约深层勘探的重点。本文基于近十年的地震、钻井、分析化验等资料，在盆地演化、构造样式和充填特征研究的基础上，结合已钻井烃源岩的有机质类型、丰度、成熟度等指标分析，系统评价了古龙断陷深层成藏条件及勘探潜力。研究表明，①古龙断陷位于松辽盆地中部断陷带北部，处于S型构造带的转换部位，造成了复杂多样的小型断陷湖盆群，具有“三凹三凸一斜坡”的构造格局，断陷内部发育15个次洼，表现为多次洼分隔发育特点。断陷内部发育多种类型断陷组合模式，南部为大型双断组合模式，中部发育背倾式箕状断陷及断超—双断组合模式，北部以顺向箕状断陷组合模式为主。②发育三套烃源岩，沙河子组、营城组有机质丰度达到中等-好，登娄库组为差-中等烃源岩，类型以Ⅲ型为主，处于高成熟-过成熟阶段。其中沙河子组烃源岩规模最大，是深层主要气源岩层。不同的构造样式决定了沙河子组烃源岩的分布特征，南部宽而厚、中部薄而广、北部厚而窄。③营城组火山岩、沙河子组致密气为重点勘探层系，整体估算资源量为$4800\times10^8m^3$，其中营城组火山岩$1700\times10^8m^3$，沙河子组致密砂砾岩资源量$3100\times10^8m^3$，具备较大的勘探潜力。④葡西、新肇、敖南、让胡路带为重点勘探洼槽。新肇洼槽北部发育大规模火山岩体，与沙河子组优质烃源岩可形成良好的源储匹配关系，可作为古龙断陷深层火山岩勘探的突破口。敖南东侧埋深浅、扇体规模大、扇三角洲前缘相带与湖相烃源岩紧密接触，可作为古龙断陷深层致密气勘探的突破口。

关键词　古龙断陷；营城组；沙河子组；火山岩；砂砾岩；突破方向

松辽盆地多个断陷深层天然气均获得勘探突破，松辽盆地北部的徐家围子断陷和松辽盆地南部的长岭和英台断陷均已经提交了一定规模储量并且开发动用。古龙断陷与徐家围子相、长岭、英台断陷具有形似的地质条件和成藏条件，并且古龙断陷的勘探面积大、勘探领域广、资源丰富，具有发现大规模气藏的可能，未来可作为松北断陷接替领域战略突破口。勘探实践表明，地震资料品质差、成藏条件认识不足制约了古龙断陷深层油气勘探的进程。一方面，2012年以前部署的多口探井主要是通过重磁、二维资料、中浅层三维结合进行勘探，受地震资料品质影响，断陷结构认识不清，特别是对断陷期沙河子组烃源岩的分布范围存在多解性，造成古龙1井等多口井未钻遇有效烃源岩；另一方面，以往以火山岩控藏理论为指导部署的多口探井揭示储层厚度薄、物性差、未能获得工业产能，应用最新三维资料重新处理解释的成果研究表明，已钻井区火山机构叠置不明显、火口相规模小、源储匹配关系差是失利的重要原因。本次研究利用十三五以来最新的试验、地震资料，重新认识了古龙断陷地质结构、烃源岩特征、相带特征等主要成藏条件，系统开展了有利洼槽评价，提明了有利勘探方向，为古龙断陷勘探突破打下了良好的基础。研究成果可指导其他低勘探程度的断陷盆地勘探部署。

1　勘探概况

古龙断陷位于松辽盆地北部中部断陷带，东侧与徐家围子断陷相邻，西南侧与长岭、英台断陷相连。古龙断陷较开阔，断陷受NE向、NW向和NS向三组断裂控制，以西断东超为主，断陷主体部位靠近西部，北部浅、南部深，北部狭窄、南部宽缓，东西宽为15～45km、南北长为230km，勘探面积14682km^2。具有“三凹两凸一斜坡”的构造格局，发育让胡路凹陷带、葡西凹陷带、敖南凹陷带、林甸凸起和茂兴凸起等构造单元。断陷期整体埋深大，北部让胡路凹陷-林甸凸起带埋深一般 2000～4000m，南部葡西凹陷带-敖南凹陷带埋深一般 4000～6000m，南部主力洼槽区营城组、沙河子组顶面埋深一般大于 4000m。断陷期地层厚度一般 500～3000m，具有凹陷深、边部薄的特点。受区域地质构造及沉积作用，古龙断陷深层地层自下而上发育基岩、火石岭组、沙河子组、营城组、登娄库组、和泉头组一二段地层(图 1)。

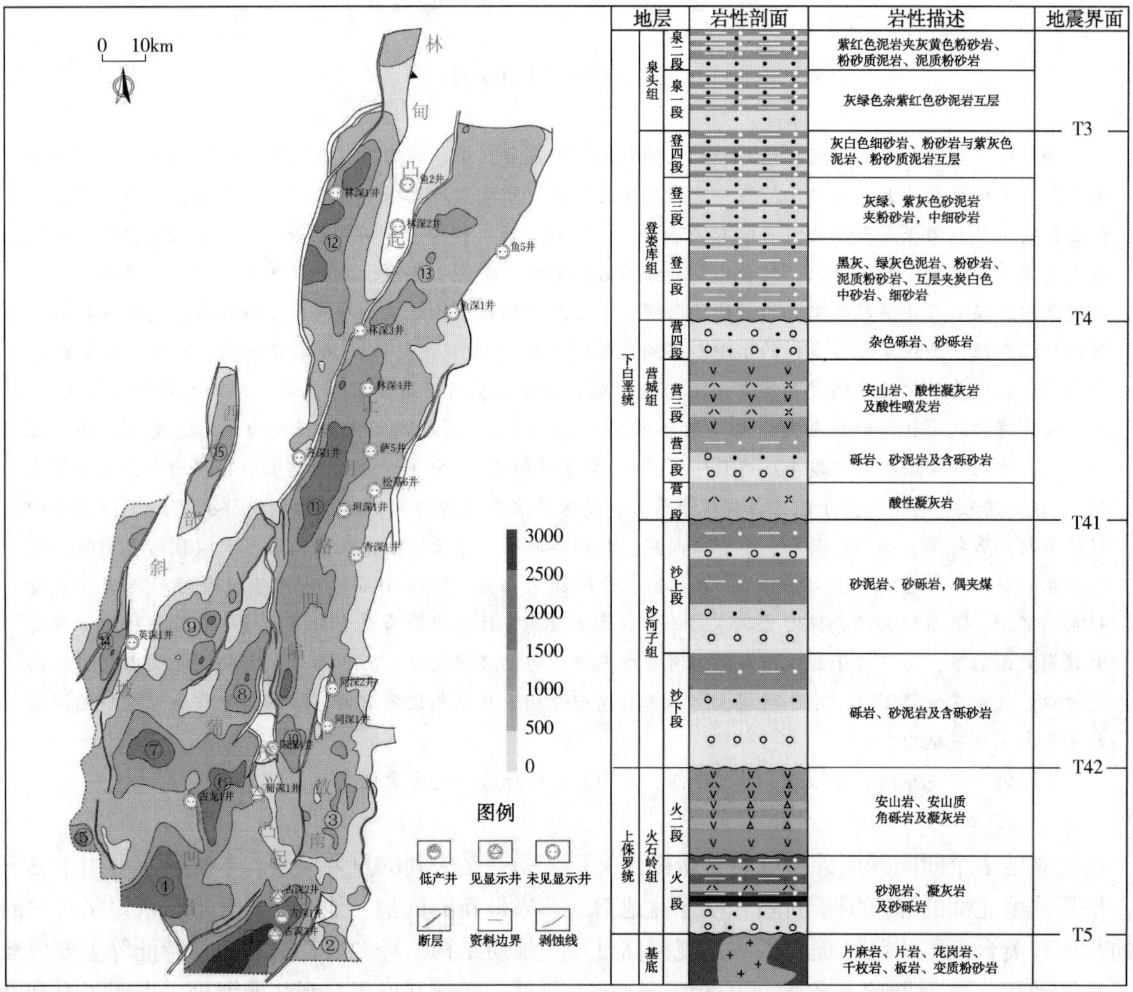

①敖南次洼；②敖南东次洼；③敖南北次洼；④新站次洼；③英台次洼；⑥新肇次洼；⑦葡西次洼；8高西次洼；⑨龙南次洼；⑩杏西次洼；⑪让胡路次洼；⑫林西次洼；⑬黑鱼泡次洼；⑭小林克次洼；⑮胡吉吐莫次洼

图 1　古龙断陷构造单元划分图与地层柱状图

截至目前，古龙断陷已完成二维测线 5600km，三维测网 7800km^2，针对深层的钻井工作始于 1963 年的松基 6 井，至今共完成钻井 21 口。2005 年之前的钻井主要是针对中浅层的兼探深层，从钻井的分布位置来看，主要分布在断陷斜坡区或凸起带之上，对断陷期地层的揭示相对较少。2005 年之后开始针对深层营城组火山岩部署了 7 口探井(古深 1、古深 2、古深 3、古龙 1、林深 3、林深 4、垣深 1)，均未获得工业突破。其中古深 1 井以营城组火山岩为目的层，钻遇火山岩 461m，压后获得 1455m^3/d 低产气流，证实了古龙断陷为一个含气断陷。古深 2 井钻遇沙河子组暗色泥岩厚度 357m，证实沙河子组发育优质的烃源岩。由于深层钻井较少、分布位置差异大，总体上古龙断陷勘探程度较低。十三五以来，针对全区 14682km^2 开展了二三维联合处理解释，建立了 6 个地层界面的区域地层格架，为整体认识古龙断陷断陷结构和成藏条件奠定了坚实的基础。

2　石油地质条件

2.1　构造特征

2.1.1　构造单元划分

研究表明，松北深层地质结构表现为断陷期

(火石岭组-营城组)、断坳转换期(登娄库组-泉二段)的双重结构，断陷期以断裂或地层超覆与局部隆起为界，形成了相互间隔的独立洼槽。按断裂活动时间可分为基底控陷断裂和洼内次级断裂。基底控陷断裂控制了断陷的形成、洼内次级断裂控制了洼槽的形成。总体而言，古龙断陷构造格局是由北西、北东和近南北向三组控陷断裂控制形成的、内部由多条断裂控制的复杂断陷，沉降、沉积中心在西部，面积较大，中部发育一近南北向的基底凸起，分布于凸起东侧的断陷基本上沿着凸起东翼呈 SN 向分布，断陷范围东西宽度较窄，但南北延伸较长。在断陷西北部的西部斜坡一带，分布着长期发育的基底凸起，东部紧邻古中央隆起带。由此可划分为“三凹两凸一斜坡”的构造格局，分布为敖南凹陷带、葡西凹陷带、让胡路凹陷带、茂兴凸起、林甸凸起和西部斜坡，受洼内次级断裂控制形成了让胡路、葡西、高西、新站、敖南等 15 个次凹，次凹间火石岭组到营城组早期相互分隔，营城组末期统一成一个整体(图 1)。

2.1.2 断陷组合样式及构造演化

古龙断陷松辽盆地中部断陷带北部，处于 S 型构造带的转换部位，造成了造成了复杂多样的小型断陷湖盆群[10]。通过对古龙断陷构造特征的分析，可总结出改区断陷结构类型有箕状结构、复合箕状结构、双断结构、不对称双断结构等。断陷结构类型的组合模式有以下两种情况，一种是由于断裂作用的不同造成同一断陷内存在两种或(两种)以上的断陷结构类型；另一种是初始多断陷发育后期统一形成复合盆地。古龙断陷基本属于第二种复合盆地的情况，比如林西-黑鱼泡复合而成的顺向箕状断陷组合模式，高西-杏西北部复合而成的背倾式箕状断陷组合模式，葡西-新肇复合而成的断超-双断组合模式，而敖南则为大型双断组合模式(图 2)。从古龙断陷的组合特征分析，反映了断陷初期多陡多凹的断陷演化特征，在沙河子组沉积后期，区域性沉降造成各断陷具有一定得连片成盆发育特征。因此，早期独立、后期统一成盆的发育特点有利于各断陷之间的过渡带具有多源供烃潜力，也是形成有效气藏的重要条件之一。

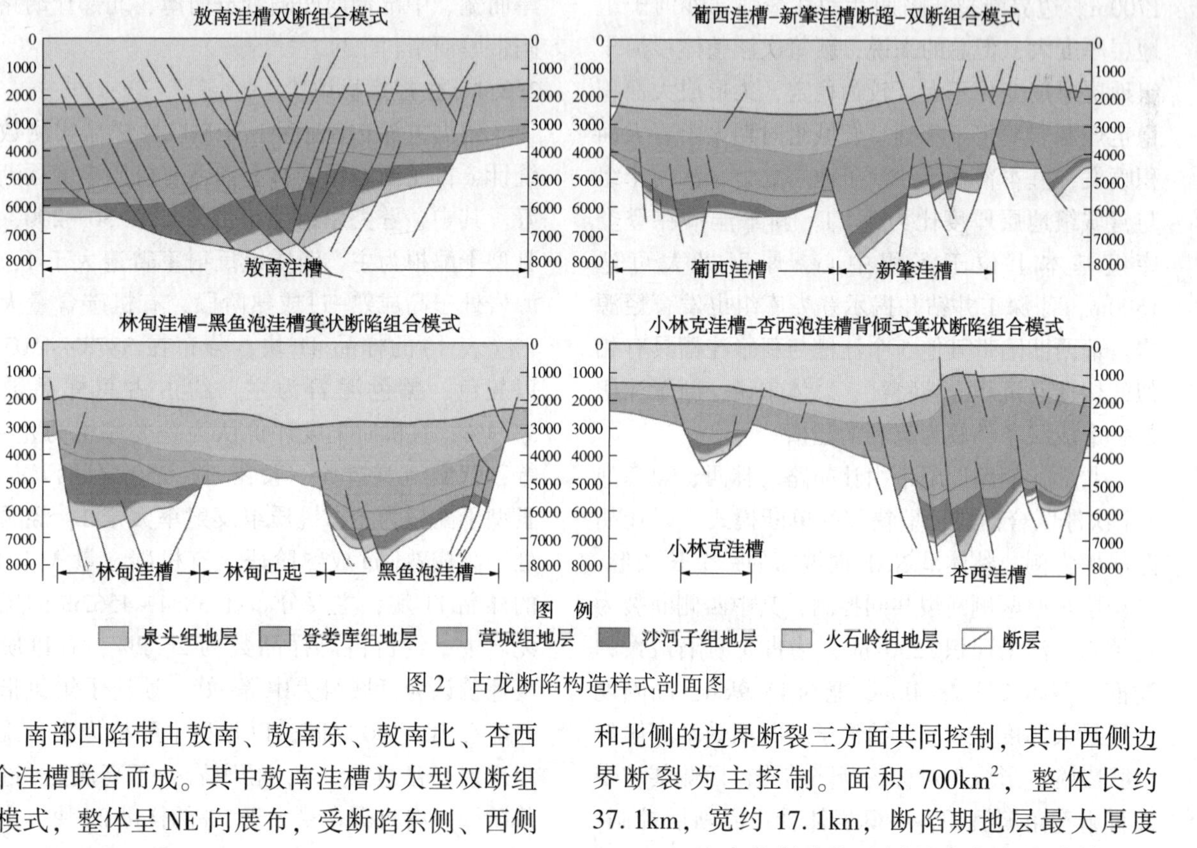

图 2 古龙断陷构造样式剖面图

南部凹陷带由敖南、敖南东、敖南北、杏西 4 个洼槽联合而成。其中敖南洼槽为大型双断组合模式，整体呈 NE 向展布，受断陷东侧、西侧和北侧的边界断裂三方面共同控制，其中西侧边界断裂为主控制。面积 700km^2，整体长约 37.1km，宽约 17.1km，断陷期地层最大厚度 3600m，为古龙断陷期地层最为发育的洼槽。沙河子组沉积中心主体位于洼槽中部，地层厚度普遍偏厚，最大可达1800m。随着自西向东的趋势逐渐减薄，加上断陷期的强烈伸展作用，形成了一系列北东向次级正断层，共同控制了敖南洼槽的发育。洼槽两侧均为陡坡带，发育扇三角洲沉积体系，洼槽中心为湖相沉积，为主力烃源岩层。营城组时期为断陷萎缩期，基底断裂较沙河子时期减弱，受区域应力背景控制，大范围火山活动明显，火山岩厚度最大可达1500m。登娄库组时期为断坳转化期，虽仍受基底断裂控制，但影响逐渐消失，地层展布逐渐表现为坳陷盆地的特征，发育大面积河流相沉积。

中部葡西凹陷带由葡西、新肇、高西、新站、龙南、同西6个洼槽复合而成。洼槽受多方向的边界断层控制，发育多种组合模式，葡西-新肇断超-双断组合模式，高西-杏西背倾式箕状断陷组合模式。以新肇洼槽为例，洼槽呈NNE向展布，北侧紧邻高西洼槽，两者通过继承性低凸起相连。该洼槽受东西两侧的断裂共同控制，其中西侧断裂为主控制，不对称双断结构。新肇洼槽面积约为503.3km^2，整体长约36.6km，宽约19.3km，断陷期地层最大厚度1700m。边界断裂断陷期活动性最强，沙河子组地层厚度大，但总的来说，新肇次洼整体沙河子组地层厚度变化不大，较为稳定，为形成大面积稳定烃源岩奠定了基础。营城组时期火山岩大面积喷发，基本覆盖于沙河子地层之上，沙河子组与营城组地层厚度比为1∶1。新肇洼槽在登娄库组基本上位于沉积中心，厚度最大可达1500m，葡深1井钻井揭示登娄库组也发育烃源岩。葡西凹陷带其他5个洼槽与新肇洼槽具有相似的构造及沉积充填特征，总体来说，新肇洼槽是一个成藏条件较为有利的洼槽。

北部让胡路凹陷带由让胡路、林西、黑鱼泡3个次洼联合而成，呈狭长的单断模式。以让胡路洼槽为例，整体呈NNE向展布的一个长条形，受洼槽东西两侧断裂共同控制，其中西侧断裂为主控制。洼槽面积1250km^2，为古龙断陷最大的洼槽，整体长约78.4km，宽约15.9km，断陷期地层最大厚度2300m。沙河子组时期受基底倾斜产状影响，形成不对称的断陷结构，西侧陡坡带发育扇三角洲沉积，砂砾岩体受边界断层控制，多分布在断层根部，东侧缓坡带边缘受一定的剥蚀作用，砂砾岩体厚度比陡坡带薄。营城组火山岩不发育，沙河子组与营城组地层厚度比为1∶4.5。

西部斜坡区发育小林克、胡吉吐莫两个相对独立的洼槽。以小林克洼槽为例，小林克洼槽呈NNE向展布的一长条形，受东、西边界断裂共同控制面积为135.7km^2，为林甸-古龙地区面积最小的断陷，断陷整体长约30.5km，宽约6.7km，断陷最大厚度1300m。小林克断陷呈“双断式”结构，但东、西边界断裂的活动程度略有不同，东侧的边界断裂活动早，沙河子期活动强度大，西侧的边界断裂活动晚，因而断陷期地层的充填特征在断陷东、西部也有差异。在东部边界断裂的伸展作用下，东部现今仍残留着一定厚度的火石岭组地层，沙河子组地层厚度也较大，而由于西部边界断裂活动较晚，火石岭组地层遭受剥蚀，甚至在某些地方剥蚀殆尽，而且沙河子组的沉积厚度也比较薄。

2.2　烃源岩特征

纵向上发育三套烃源岩，其中沙河子组烃源岩为主力烃源岩；平面上，盆地的构造样式及演化规律控制了烃源岩的展布，敖南凹陷带烃源岩厚而宽、中部葡西凹陷带宽而薄、北部让胡路凹陷带厚而窄(图3)。

2.2.1　生烃指标评价

依据古深2、葡深1等5口井样品实测数据统计，古龙断陷深层从上到下有机质丰度逐渐变好。其中，登娄库组氢指数一般在50~200，以Ⅲ型干酪根为主，镜质组反射率普遍大于1，烃源岩处于高成熟-过成熟阶段，有机碳含量大于1%(表1)的样品41块，分布在3878~4503m，以灰色、黑色泥岩为主，约占占总样品数的33.3%，有机质丰度评价认为登娄库组为差-中等；营城组氢指数一般在50~250之间，以Ⅱ、Ⅲ型干酪根为主，镜质组反射率大于1，烃源岩处于高成熟-过成熟阶段，有机碳含量大于1%的样品11块，主要分布在3884~4562m的黑色泥岩中，约占占总样品数的26.2%，有机质丰度评价认为营城组为中等-好；沙河子组氢指数一般在10~180之间，以Ⅲ型干酪根为主，镜质组反射率普遍大于1，烃源岩处于高成熟-过成熟阶段，有机碳含量大于1%的样品27块，主要分布在4742~5273m，岩性主要为黑色泥岩中，约占占总样品数的47.4%，有机质丰度评价认为沙河子组为中等-好。

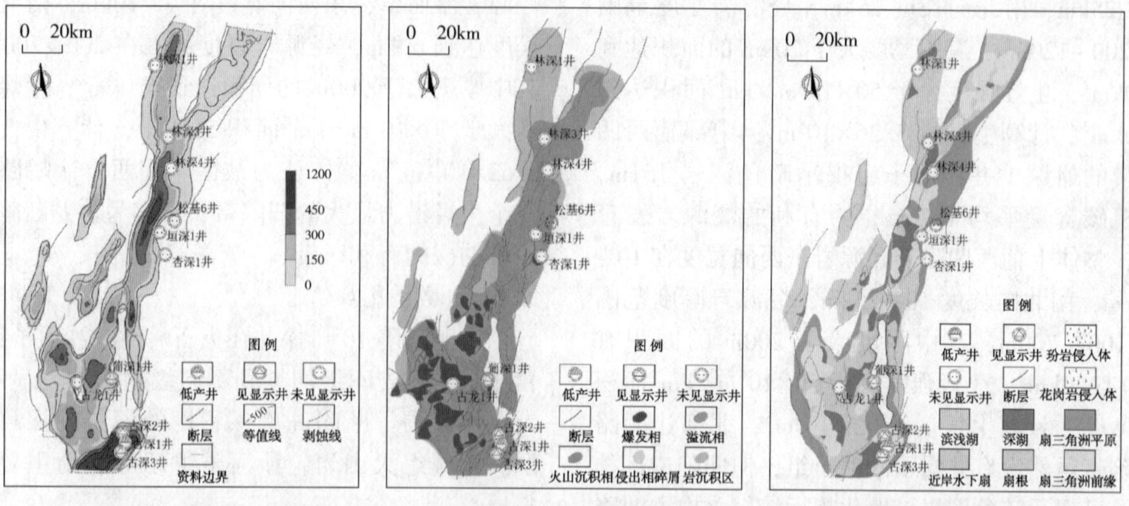

(a)古龙断陷沙河子组烃源岩厚度图　　(b)营城组火山岩相带图　　(c)沙河子组沉积相图

图3　古龙断陷沙河子组烃源岩厚度图(左)，营城组火山岩相带图(中)，沙河子组沉积相图(右)

表1　古龙断陷登娄库组-沙河子组有机质丰度数据表

层位	井号	井段/m	有机碳/%	镜质组反射率	氢指数/(mg·g^{-1})	生烃潜量/(mg·g^{-1})	类型	综合评价
登娄库组	葡深1	3309-4482	0.33(28) 0.11-1.34	2.74(13) 0.62-3.45	92(8) 15-373	0.53(8) 0.1-1.46	Ⅲ	非-差
	垣深1	3275-3938	0.52(42) 0.21-1.25	1.65(7) 1.54-4.87	132(42) 22-241	3.96(42) 0.31-14.12	Ⅲ	差-中
	林深4	3449-3807	1.13(26) 0.21-5.3	1.82(5) 1.56-1.95	133(26) 12-489	9.07(26) 0.03-38.72	Ⅱ、Ⅲ	中-较好
营城组	古深3	4424-4562	1.21(14) 0.22-3.05		171(14) 15-360	8.62(14) 0.07-43.66	Ⅱ、Ⅲ	中-好
	林深4	3834-4178	0.78(28) 0.45-1.77	1.97(5) 1.86-2.08	57(28) 8-78	3.65(28) 0.04-14.08	Ⅲ	中-较好
沙河子组	古深2	4879-5273	1.25(38) 0.11-6.67	2.36(9) 1.48-2.74	64(38) 7-286	4.37(38) 0.07-51.478	Ⅲ	中-好
	葡深1	4742-5030	1.76(19) 0.25-13.08	3.44(13) 0.56-4.1	48(2) 28-68	0.56(2) 0.40-0.73	Ⅲ	中-好

综合评价认为，古龙三套烃源岩均具备生成油气的物质基础，除营城组含有部分Ⅱ型干酪根外，其他层位的干酪根均以Ⅲ型为主，并且成熟度均处于高成熟-过成熟阶段，生气条件有利。沙河子组生烃指标最好，计算生气量15.07$\times10^{12}m^3$，为古龙断陷深层主要的气源层；营城组次之，计算生气量1.56$\times10^{12}m^3$；登娄库组一般，计算生气量2.62$\times10^{12}m^3$。

2.2.2　沙河子组烃源岩展布规律

沙河子组烃源岩在各凹陷带主体发育，南部敖南洼槽烃源岩厚而宽；中部葡西、新肇洼槽烃源岩薄而窄；北部让胡路洼槽烃源岩厚而窄。其中南部敖南凹陷带古深2井沙河子组揭示暗色泥岩厚度357m，有机碳含量平均1.25%，为有利烃源岩发育区，整体上敖南凹陷带东西向宽度在15~25km，南北向长度25km，烃源岩厚度范围在200~1200m，其中厚度大于200m的面积达到650km^2，生烃强度大于$50\times10^8m^3/km^2$面积达到650km^2，计算生气量$3.26\times10^8m^3$；中部葡西凹陷带的葡深1井沙河子组揭示暗色泥岩151m，有机碳含量平均1.76%，为有利的烃源岩发育区，整体上葡西凹陷带烃源岩东西向宽度在10~20km，南北向长度10~25km，烃源岩厚度范围在100~700m，其中厚度大于200m的面积有150~250km^2，生烃强度大于$50\times10^8m^3/km^2$面积600km^2，计算生气量$1.02\times10^8m^3$；北部让胡路凹陷带虽然没有井揭示沙河子组，但凹陷边部林深4已揭示暗色泥岩，地化指标较好，推测凹陷中部沙河子发育烃源岩，整体认为让胡路凹陷带烃源岩厚而窄，东西向宽度在7~10km，南北向长度达到60km，烃源岩厚度范围在200~700m，其中厚度大于200m的面积达到450km^2，生烃强度大于$50\times10^8m^3/km^2$面积566km^2，计算生气量$2.62\times10^{12}m^3$。整体认为敖南、葡西、让胡路为三个生烃潜力最大的凹陷带，可作为古龙断陷下一步勘探的有利区带。

2.3 主要含气层位

古龙断陷10口探井在火石岭组、沙河子组、营城组、登娄库组均见到不同级别的油气显示。对比徐家围子断陷高勘探程度的深层勘探目的层，营城组火山岩、沙河子组砂砾岩为主要储集层。

表2　古龙断陷深层探井含气显示情况表

层位	井号	显示井段/m	累计		气测 全烃最大/%	气测 基值/%	气测 比值	测试 日产气/m^3	测试 日产水/m^3
登娄库组	同深1	3220~3224	4m	1层	>5	0.1	>50	微量	2.84
	同深2	3250~3253	27m	3层	2.6	0.13	20	—	—
	葡深1	4012~4019	5m	1层	8.48	0.2	41	14	7.2
	杏深1	3696.0~3920.0	7m	5层	0.17	0.03	5.7	—	—
	古深1	4104.8~4111.8	7m	1层	0.57	0.03	19	—	—
营城组	同深2	3250~3253	14m	2层	0.32	0.03	10	—	—
	古深1	4176.0~4739.12	14m	7层	13.28	0.972	13.7	1455	19.2
	古深3	4397.5~4920.0	67m	20层	23.2	2.19	11.4	—	—
	林深3	3864~4671	56m	13层	0.436	0.12	3.7	—	—
沙河子组	古深2	4176.0~4739.12	20.2m	4层	67.59	0.01		中途点火成功	
火石岭组	葡深1	5206~5214	4m	1层	3.82	0.18		少量氢气	
	林深4	4799.5~4800.1	0.5m	1层	4.79	0.7	6.8	微量	22.56

2.3.1 营城组火山岩

营城组储层是深层天然气勘探的重要目标，包括火山岩储层和砂砾岩储层，尤其重要的是火山岩储层。火山岩储层岩石类型有两大类，分别是火山碎屑岩、火山喷发岩。火山碎屑岩包括火山角砾岩和凝灰岩，火山喷发岩从基性、中性至中酸性均有分布，基性喷发岩有玄武岩，中性喷发岩有安山岩，主要火山岩相为爆发相与溢流相。钻井岩心分析表明，孔隙度绝大多数在1%~6.4%，渗透率最大值为1.92mD，绝大多数在0.01~0.24mD。

古深1井储层分析表明，营城组下部火山岩储层以孔隙-裂缝为主，储层物性较好。该井钻遇营城组565m，其中火山岩461m，中上部以酸性凝灰岩为主，孔隙度0.2%~1.8%，渗透率为0.01~0.24mD；下部为安山岩，储层物性相对较好，孔隙度5.4%~6.4%，渗透率为0.01~0.11mD，裂缝发育。下部储层集中段岩芯观察为灰绿色安山岩，致密、性硬、岩石多被绿泥石化，距顶0.61m处见一条纵向裂缝，裂缝完全裂开，被方解石充填；距顶1.00m和1.15m处分别见一条横向裂缝，裂缝宽2~5mm，被方解石充填；距顶1.70m处见两条纵向裂隙，交叉呈"V"字形，裂隙宽1~5mm，被方解石充填，具稀疏孔洞，在1~5mm，大小不一。该井以爆发相和溢流相为主的火山岩储层，裂缝发育，下部火山岩物性相对较好。从地震剖面反射特征看，下部丘状、杂乱反射，反映了爆发相和溢流相为主的火山岩地震反射特征。因此，有利火山岩相带是古龙断陷重点勘探目标。

通过全区三维资料地震资料处理解释，落实23个火山岩体，分布面积1020km²，大型火山机构主要分布在中部地区，厚度一般为100～550m，整体估算资源潜力$1700\times10^8m^3$，由此可见，古龙断陷深层火山岩的天然气勘探具有较大的潜力。

2.3.2　沙河组组致密砂砾岩

沙河组致密砂砾岩储层是深层天然气勘探继火山之后又一的重要目标，目前已在徐家围子、长岭断陷等已获得工业发现。古龙断陷沙河组组埋深一般4000～6000m，常规储层基本不发育，孔隙类型以次生孔隙为主，储层孔隙度一般小于5%，渗透率一般小于0.1mD。古深2井揭示沙河子组岩性为砂泥岩互层，在4176.0～4739.12m处气侧显示全烃最大67.59%，并且点火成功，火苗2～3m，点火段从数字处理成果及成像处理成果显示，有效孔隙度在4.2%～4.8%，证实了古龙断陷沙河子组也是重要的勘探层系。

按照徐家围子断陷沙河子组致密砂砾岩的勘探经验，扇三角洲前缘相带靠近湖相烃源岩、砂地比适中、储层物性好，是致密气勘探最有利的沉积相带。古龙断陷沙河子组整体为扇三角洲沉积体系，扇体由四周及凸起向中心汇聚的特点，可划分为扇三角洲平原、扇三角洲前缘、滨浅湖及深湖相沉积。其中扇三角洲前缘相带分布面积1900km²，主要分布于敖南、葡西、让胡路凹陷带，整体估算资源潜力$3100\times10^8m^3$。古龙断陷沙河子组致密气是深层天然气勘探的又一重要领域。

3　勘探突破方向

前已述及，制约古龙断陷深层天然气勘探的核心问题是烃源岩的发育特征、优质储层分布。古龙断陷具有$4800\times10^8m^3$的资源潜力，其中营城组火山岩资源潜力$1700\times10^8m^3$，沙河子组致密气资源量$3100\times10^8m^3$。虽然营城组、沙河子组储层埋深较大且洼槽间分割明显，但古深1、古深2等钻井已经证实在4000m以下火山岩、致密砂砾岩均有较好含气显示。因此勘探方向的选择应该遵循以下原则：①能满足探明中大型气藏的生烃洼槽；②具有较大的资源规模，单个目标体的规模具备突破后效益开发的条件；③具备较好的储集条件，次生孔隙发育，不受埋深限制，单井可实现高产；④具有一定的代表性，突破后可带动一系列目标的快速展开；⑤除以上条件，盖层、保存、运移条件等其他成藏要素基本配套，尽量减少勘探风险。

根据以上原则，对古龙断陷15个洼槽进行了勘探风险评估和综合排序，优选葡西、新肇、敖南、让胡路为重点突破洼槽。其中葡西、新肇洼槽为营城组火山岩气藏勘探突破方向；敖南、让胡路洼槽为沙河子组致密砂砾岩气藏勘探突破方向。

3.1　营城组火山岩突破方向

葡西、新肇洼槽烃源岩规模较大，为葡西凹陷带烃源规模较大的两个洼槽，烃源岩厚度一般100–400m，其中厚度大于200m的面积400km²，区内葡深1井揭示沙河子组烃源岩150m，单层泥岩厚度可达14m，岩心TOC平均1.88%，具有较好的生烃条件。葡西、新肇洼槽发育大面积火山岩体13个，以火口–近火口相带为主，面积624km²，厚度一般100～300m，其中大于20km²的火山岩体5个，面积537km²。总体上来看，这两个洼槽具有较好的源储匹配关系，是古龙断陷重要的勘探方向。

新肇洼槽的北部发育一个大型火山岩体，火山岩体面积260km²，火口–近火口区分布面积110km²，厚度150～300m，与沙河子组优质烃源岩可形成良好的源储匹配关系，具备中型气藏的勘探条件，可作为古龙断陷深层火山岩勘探的突破口。

3.2　沙河子组致密气突破方向

敖南、让胡路洼槽均具有较好的成藏条件，敖南洼槽烃源岩的规模是古龙断陷15个洼槽中规模最大的，因此对于源储一体的致密气勘探来说是最有利的洼槽。敖南洼槽勘探面积700km²，烃源岩预测厚度一般200～1200m，平均400m，其中大于200m面积400km²。古深2井揭示沙河子烃源岩347m，TOC一般1%～5%，平均2.4%，整体烃源岩规模大、具有形成规模气藏的物质基础。

敖南洼槽双断式的结构控制了断陷两侧均为陡坡带，发育扇三角洲沉积体系，砂砾岩体受边界断层控制，断陷边部-中部逐渐由扇三角洲平原、三角洲前缘过渡为滨浅湖相。受断陷早期东高西的的古地貌的影响，物源主要来自于东侧古中央隆起带，强物源的注入使得断陷东侧扇体规模较大，扇体面积 240km^2，其中最有利的前缘相带分布范围可达 200km^2。同时，受后期断陷东侧中央古隆起带抬升作用影响，东侧埋深较浅，扇体沙河子组顶面埋深一般 3600~4400m，较西侧扇体埋深浅 500~1000m。因此断陷的东侧埋深浅、扇体规模大、扇三角洲前缘相带与湖相烃源岩紧密接触，成藏条件最为有利，可作为古龙断陷深层致密气勘探的突破口。

4　结论

（1）古龙断陷具有“三凹三凸一斜坡”的构造格局，断陷内部发育 15 个次洼，表现为多次洼分隔发育特点。南部为大型双断组合模式，中部发育背倾式箕状断陷及断超—双断组合模式，北部以顺向箕状断陷组合模式为主。

（2）发育三套烃源岩，沙河子组、营城组有机质丰度达到中等-好，登娄库组为差-中等烃源岩，类型以Ⅲ型为主，处于高成熟-过成熟阶段。沙河子组烃源岩厚度 100~1200m，生烃指标好，是深层主要气源岩层。

（3）营城组火山岩、沙河子组砂砾岩为主要储集层，预测资源潜力 4800×10^{8}m^3，其中营城组火山岩 1700×10^{8}m^3，沙河子组致密砂砾岩资源量 3100×10^{8}m^3。具备较大的勘探潜力。

（4）葡西、新肇洼槽为营城组火山岩气藏勘探方向，敖南、让胡路洼槽为沙河子组致密砂砾岩气藏勘探方向。新肇洼槽北部发育大规模火山岩体，与沙河子组优质烃源岩可形成良好的源储匹配关系，可作为古龙断陷深层火山岩勘探的突破口。敖南东侧埋深浅、扇体规模大、扇三角洲前缘相带与湖相烃源岩紧密接触，可作为古龙断陷深层致密气勘探的突破口。

参考文献

[1] 白雪峰，梁江平，等．松辽盆地北部深层天然气地质条件、资源潜力及勘探方向[J]．天然气地球科学，2018，29(10)：1443-1454.

[2] 王颖，邓守伟，等．松辽盆地南部重点断陷天然气地质条件、资源潜力及勘探方向[J]．天然气地球科学，2018，29(10)：1455-1464.

[3] 印长海，杨亮．松辽盆地北部沙河子组致密气勘探突破及下步攻关方向[J]．大庆石油地质与开发，2019，38(5)：135-142.

[4] 陆加敏，刘超．断陷盆地致密砂砾岩气成藏条件和资源潜力-以松辽盆地徐家围子断陷下白垩统沙河子组为例[J]．中国石油勘探，2016，21(2)：53-60.

[5] 张晓东，于晶，张大智，陆加敏，肖丽梅，李国政．徐家围子断陷沙河子组致密气成藏条件及勘探前景[J]．大庆石油地质与开发，2014，33(5)：86-91.

[6] 张大智，张晓东，杨步增．徐家围子断陷沙河子组致密气地质甜点综合评价[J]．岩性油气藏，2015，27(5)：98-103.

[7] 黄薇，杨步增，孙立东，等．松辽盆地北部深层断陷分布规律及勘探潜力[J]．大庆石油地质与开发，2014，33(5)：76-81.

[8] 杨辉，张研，邹才能，等．松辽盆地深层火山岩天然气勘探方向[J]．石油勘探与开发，2006，33(3)：274-281.

[9] 赵泽辉，孙平，罗霞，等．松辽断陷盆地火山岩大气田形成条件与勘探实践[J]．现代地质，2014，28(3)：592-603.

[10] 赵泽辉，徐淑娟，姜晓华，等．松辽盆地深层地质结构及致密砂砾岩气勘探[J]．石油勘探与开发，2016，43(1)：12-23.

[11] 龚幸林，胡金堂，何伟平，等．古龙断陷火山岩气藏勘探潜力评价[J]．资源与产业，2011，13(1)：42-48.

[12] 姜传金，苍思春，吴杰，等．徐家围子断陷深层气藏类型及成藏模式[J]．天然气工业，2009，29(8)：5-7.

[13] 王贵文，惠山，付广．徐家围子断陷天然气分布规律及其主控因素[J]．大庆石油地质与开发，2008，27(1)：6-9.

[14] 邵曌一，吴朝东，张大智．松辽盆地徐家围子断陷沙河子组储层特征及控制因素[J]．石油与天然气地质，2019，40(1)：101-108.

火山灰输入强度驱动页岩有机质富集的生物地球化学机制

——来自四川盆地东部晚二叠世的元素地球化学证据

王惠君　罗　兵　彭　伟　刘计勇　何　柳　王艳春　赵　帅　李蔚洋　龙幼康

（中国石化江汉油田分公司）

摘　要　弧岩浆作用与沉积盆地有机质富集的耦合机制是地球科学领域尚未破解的重要科学命题。本研究以华南晚二叠世吴家坪组海相页岩为研究对象，针对火山灰识别难题，构建高场强元素（Zr、Hf、V、Th）与传统地球化学指标相结合的综合分析方法，系统揭示火山活动强度对有机质富集的控制机理。研究结果表明：①火山活动强度呈现明显的幕式变化特征，其中 Ws3 上段对应 HFSE 浓度峰值（Zr172.9ppm，Hf5.01ppm）及密集火山灰层，指示古特提斯洋俯冲相关的弧火山活动高峰期；②火山灰输入通过双重效应驱动有机质超常富集：一方面释放生物活性元素（Ni、Fe、P）触发初级生产力跃升（TOC 与 Ni/Al 呈正相关）；另一方面加剧海水耗氧（V/(V+Ni)>0.6，黄铁矿含量达 16.3%），形成“生产力提升-缺氧强化”协同效应，最终实现 TOC 含量高达 8.97%的有机质超常保存；③建立“火山灰输入-生物泵效应-硫化封存”概念模型，阐明活动大陆边缘盆地中火山活动通过改变海洋生物地球化学循环调控优质烃源岩发育的新机制。该机制可为全球古大陆边缘（尤其是古特提斯域）富有机质页岩发育提供新的成因模型，对深入理解活动大陆边缘盆地的碳埋藏过程与油气资源分布规律具有重要科学价值。

关键词　四川盆地；红星；有机质富集；火山灰强度；晚二叠系

1　引言

解析火山活动与沉积盆地有机质富集之间的耦合关系，是揭示地质历史时期碳循环演化与气候演变机制的关键科学命题。晚二叠世（260～252Ma）作为全球构造-气候-生物协同演化的关键转折期，不仅见证了盘古大陆聚合引发的强烈岩浆活动，更记录了碳循环剧烈扰动与全球性烃源岩发育的重要地质事件。这一时期的火山灰沉积作为古海洋环境演化的重要载体，其地球化学指纹与沉积响应机制已成为重建古生产力变化与有机质富集过程的核心研究内容。

全球典型页岩发育事件分析表明，火山活动对有机质富集的促进作用具有普遍性地质意义。从奥陶纪/志留纪界线、晚泥盆世界线，到二叠纪/三叠纪转换期以及白垩纪末期，火山灰输入与富有机质页岩发育均呈现显著时空耦合关系。现代观测与古环境重建研究表明，火山灰可通过营养元素释放促进初级生产力，同时改变氧化还原条件增强有机质保存，这一双重机制为理解火山活动对碳埋藏的驱动作用提供了关键理论依据。

华南地块作为晚二叠世古特提斯洋东缘的重要构造单元，保存了全球最完整的同期海相沉积序列。四川盆地东部红星地区吴家坪组富有机质页岩中发育多套火山灰层，为揭示火山活动与有机质富集的内在联系提供了理想研究载体。该套页岩具有优越的页岩气生成潜力：总有机碳含量（TOC）平均达 8%，有机质类型为Ⅱ1 型，镜质体反射率（Ro）介于 2.66%～2.92%。红星地区是我国首个探明储量超千亿立方米的二叠系大型气田。尽管前期研究已基本查明该区火山灰层的年龄（253.0-253.7）与物源特征（主要源自西南缘金沙江-哀牢山及松马构造带，但火山作用强度及其对有机质富集的具体控制机制仍存在以下关键科学问题。

（1）火山活动强度定量表征方法亟待完善。现有研究多采用可见火山灰层识别、汞异常示踪等手段，但这些方法存在明显局限：可见火山灰层仅记录强喷发事件，而汞异常易受生物质燃烧、陆源输入等干扰。相比之下，锆、铪、钍、钒等高场强元素（HFSE）因具有抗风化迁移特性，可更可靠示踪火山物质输入强度，但相关定量评价体系尚未系统建立。

（2）火山灰沉积-有机质富集耦合机制尚不明确。尽管火山灰输入可通过铁、磷等营养元素释放提升初级生产力，但其与古生产力变化的响应关系具有显著时空差异性。同时，火山活动引发的海水缺氧虽有利于有机质保存，但如何区分生产力提升与保存条件改善的相对贡献仍缺乏有效判别指标。

针对上述问题，本文创新性构建多指标联合约束的火山作用强度定量评价体系，通过高精度地球化学分析与沉积环境重建，系统揭示晚二叠世火山灰沉积事件对四川盆地海相页岩有机质富集的控制机制。研究成果不仅为全球碳循环演化提供新的理论视角，更对深层页岩气勘探选区评价具有重要实践意义。

2　地质背景

2.1　构造背景

研究区位于四川盆地北缘红星地区(跨重庆市与湖北省利川市)，地处扬子地台重要台内裂陷体系——鄂西海槽北段[图1(a)]。该区发育我国首个探明储量超千亿立方米的二叠系大型气田，外围分布涪陵、彭水、武隆、南川等五峰组-龙马溪组页岩气田。该海槽形成于中-晚二叠世区域性伸展构造背景，具有典型克拉通内裂陷盆地特征。

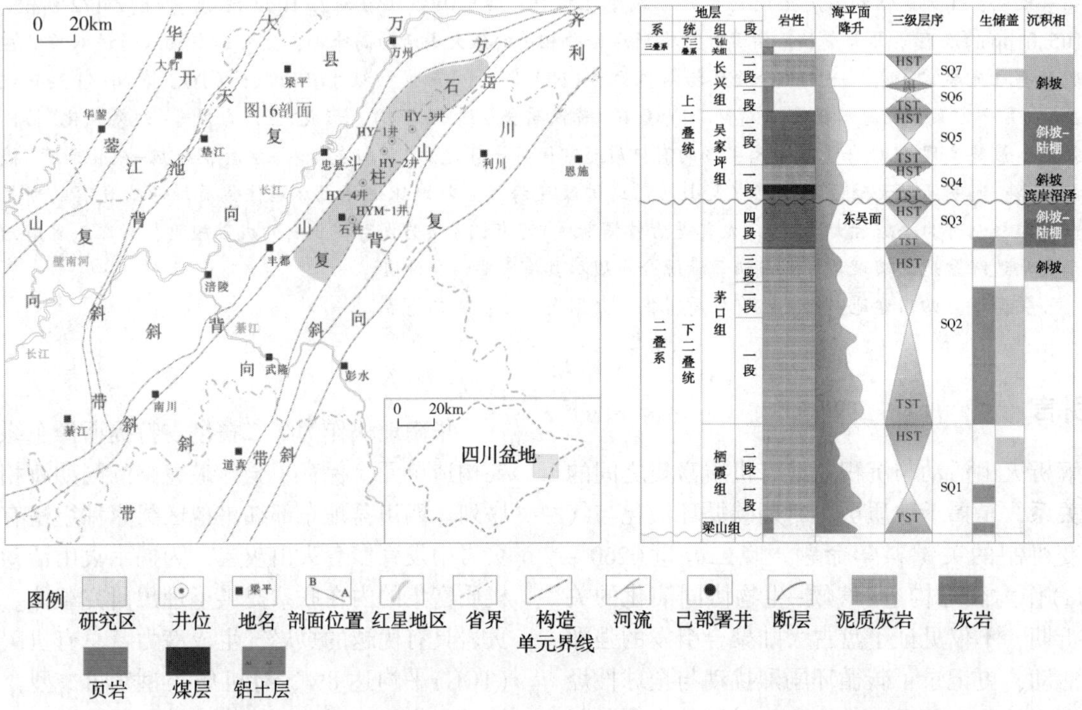

(a)四川盆地东部红星地区的地理位置　　(b)二叠系综合柱状图

图1　位置及柱状图

构造格局上，研究区以NE-ENE向石柱复向斜为主体构造单元，其东西两侧分别受控于齐岳山与方斗山复背斜夹持。这两条高角度褶皱带呈“S”型弧形展布，其中复向斜内部褶皱宽缓，与复背斜区紧密褶皱形成鲜明对比，共同构成区域典型的“隔档式”构造样式。吴家坪组底界埋深4000~4800m，该层系发育多层级阶梯式断层传播褶皱样式，揭示多滑脱层复合控滑特征。主控断层向下终止于上覆嘉陵江组泥岩层内，向上切割至吴家坪组顶界附近，形成典型的“下断上褶”构造响应。

2.2　沉积特征

研究区二叠系地层序列完整，自下而上发育梁山组、栖霞组、茅口组、吴家坪组及长兴组[图1(b)]。其中吴家坪组与川西南-川中地区龙潭组呈相变关系，主体为海陆过渡相沉积体系。吴二段作为火山灰层主要赋存层位，完整记录了中-晚二叠世火山活动对沉积环境的深刻影响。

吴二段可细分为Ws1~Ws5共5个小层，累计厚度 15~25m。岩性组合以灰黑色硅质页岩为主，夹泥质页岩与含泥灰岩薄层；其中 Ws2 小层厚 1.2~1.5m，以灰岩为主，横向分布稳定；Ws1、Ws3-Ws5 小层则以黑色硅质页岩与灰质页岩互层为特征，其中 Ws3 小层厚度最大。火山灰层主要富集于 Ws3-Ws5 小层硅质页岩中，指示该时期存在多期次火山喷发-沉积事件。

3　样品和分析方法

本研究样品采自四川盆地东部红星地区吴家坪组二段，包括火山灰与页岩两类样品。火山灰样品取自 HY-1 至 HY-5 井(图 2)，页岩样品集中于沉积序列完整的 HY-4 井。共获取火山灰样品 8 件、页岩样品 10 件，采样层位均位于页岩层系内赋存的火山灰夹层。火山灰层可通过独特灰白色与松散结构清晰识别，单层厚度 2~30mm，累计识别 30 余层，完整记录了沉积期多幕式火山活动特征。

样品分析采用多种技术进行综合表征：岩石学鉴定与 X 射线衍射分析、扫描电镜-能谱联用分析、总有机碳(TOC)含量测定均在中石化江汉油田勘探开发研究院实验中心完成；QEMSCAN 定量矿物分析在中国地质大学(武汉)完成；主量元素、微量元素及稀土元素地球化学分析则由长江大学完成。

4　结果

4.1　火山灰岩石学特征与蚀变强度

通过 XRD-QEMSCAN-显微岩相学联合分析(图 2~图 3)，揭示研究区火山灰发生了黏土化。XRD 全岩矿物组成显示黏土矿物(60%~82%)与黄铁矿(4.8%~32%)为主，含少量石英(2.5%~6.2%)、斜长石(1.0%~4.2%)、钾长石(0.7%~2.4%)及锐钛矿(0.4%~1.3%)。QEMSCAN 矿物分布图揭示伊利石-钠长石-石英-黄铁矿组合，其中棱角状石英碎屑与板状黏土矿物集合体共存，指示原始火山物质经历强烈成岩蚀变。SEM-EDS 面扫证实火山灰基质以 O-Al-Si 为主元素组合，伴随 P-S-K-Mo-Fe-Mg 等微量组分，与区域酸性火山灰蚀变特征一致。黏土矿物优势相(>60%)与钠长石残留体(1.0%~4.2%)的共生关系，为定量评估火山灰原始强度(岩浆喷发规模)与次生改造强度(蚀变程度)提供双重约束。

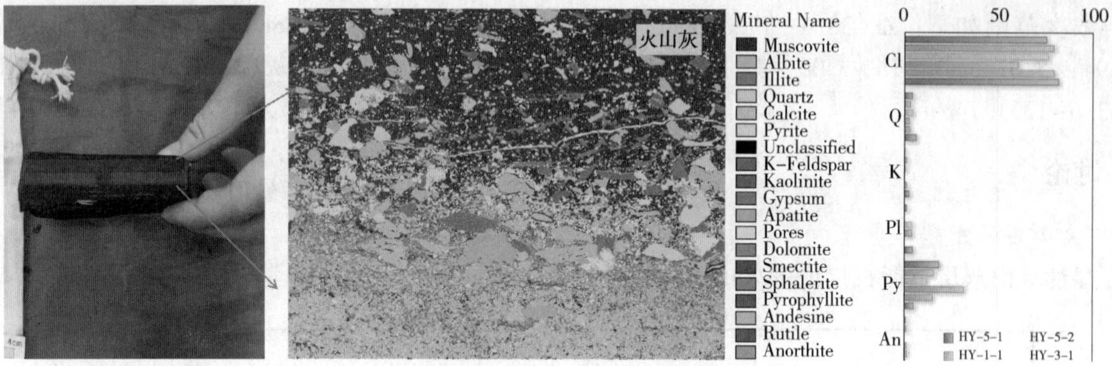

(a)火山灰样本　(b)QEMSCAN获得的川东红星地区火山灰矿物成分　(c)2 通过XRD获得的矿物成分

图 2　火山灰研究

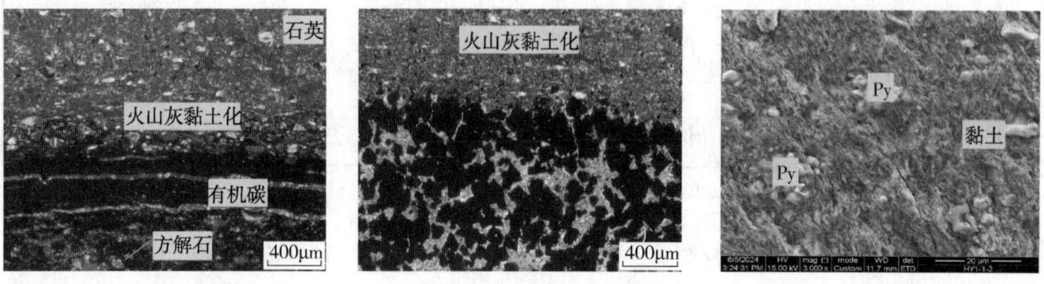

(a)　(b)　(c)

图 3　光学显微镜照片

图3　光学显微镜照片(续图)

4.2　页岩元素地化分析

页岩显示出独特的的稀土元素配分模式，Eu异常值(Eu/Eu＊)介于0.59~0.98之间(均值0.88)，显示正异常特征。微量元素富集因子显著高于地壳背景值，其中 Cu_{EF}=1.74~7.02，Ni_{EF}=4.04~14.00。

古生产力指标在整个演替过程中显示出巨大的变化：Ni/Al(22.26－77.00，均值42.09)、Cu/Al(8.7~35.1，均值22.19)、Zn/Al(13.51~42.44，均值24.03)及Bio-Si(8.55~26.75，均值14.24)。氧化还原敏感元素比值呈现系统性向上递增趋势：V/(V+Ni)=0.62~0.85(均值0.77)，Ni/Co=0.62~0.85(均值0.77)。高场强元素在Ws3上部富凝灰岩层段呈现显著富集特征，浓度范围如下：Zr(38.6~172.9ppm)、Hf(0.94~5.01ppm)、Th(3.08~14.97ppm)、V(163.6~1331.7ppm)。

5　讨论

5.1　火山灰强度

显性火山灰层虽能直接记录火山喷发事件，但火山活动的沉积响应常延伸至非火山层段，需通过多参数耦合实现系统性分析。本研究创新性构建"岩相识别-高场强元素定量"两位一体的火山活动强度评价体系，实现沉积盆地内火山活动期次、强度及环境效应的多维度约束。

Zr-Hf与V-Th协变关系(图4)清晰区分富火山灰层与背景沉积层，为火山活动强度定量评价提供独立于汞信号的高精度地球化学指纹。图4(a)中火山灰样品呈现显著的Zr-Hf正相关(R^2=0.89)，而背景页岩则呈离散分布；图4(b)显示V-Th在火山灰中具独特分异趋势，有效规避陆源碎屑干扰。

基于多指标耦合建立的火山活动强度分级框架表明(图5)：Ws3上部火山活动最为强烈，表现为高场强元素(HFSE)峰值(Zr>150ppm，Hf>4.5ppm)、密集火山灰层，对应区域性弧火山喷发高峰期；Ws3下部为中等强度(HFSE中等富集，火山灰层较薄)；Ws4-Ws5层段火山影响微弱(HFSE接近地壳背景值)。

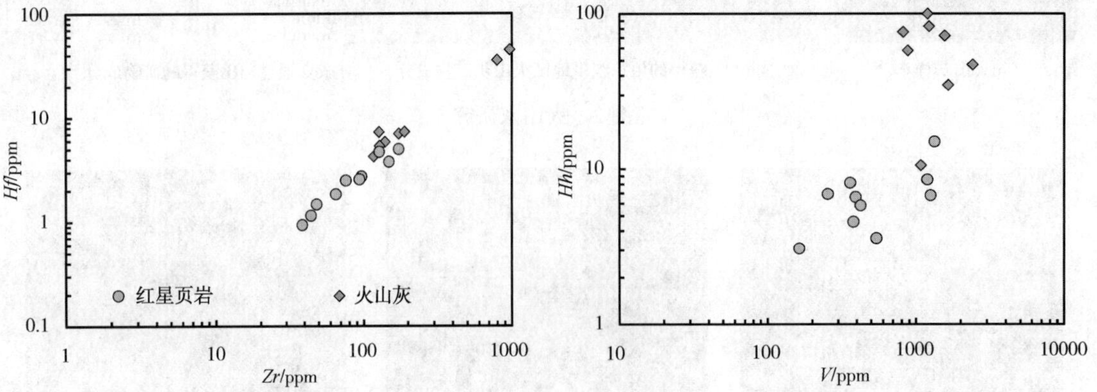

(a)火山灰和页岩中的Zr与Hf　　(b)火山灰和页岩中的V与Th

图4　晚二叠世地层中火山活动识别的地球化学指纹的交叉图

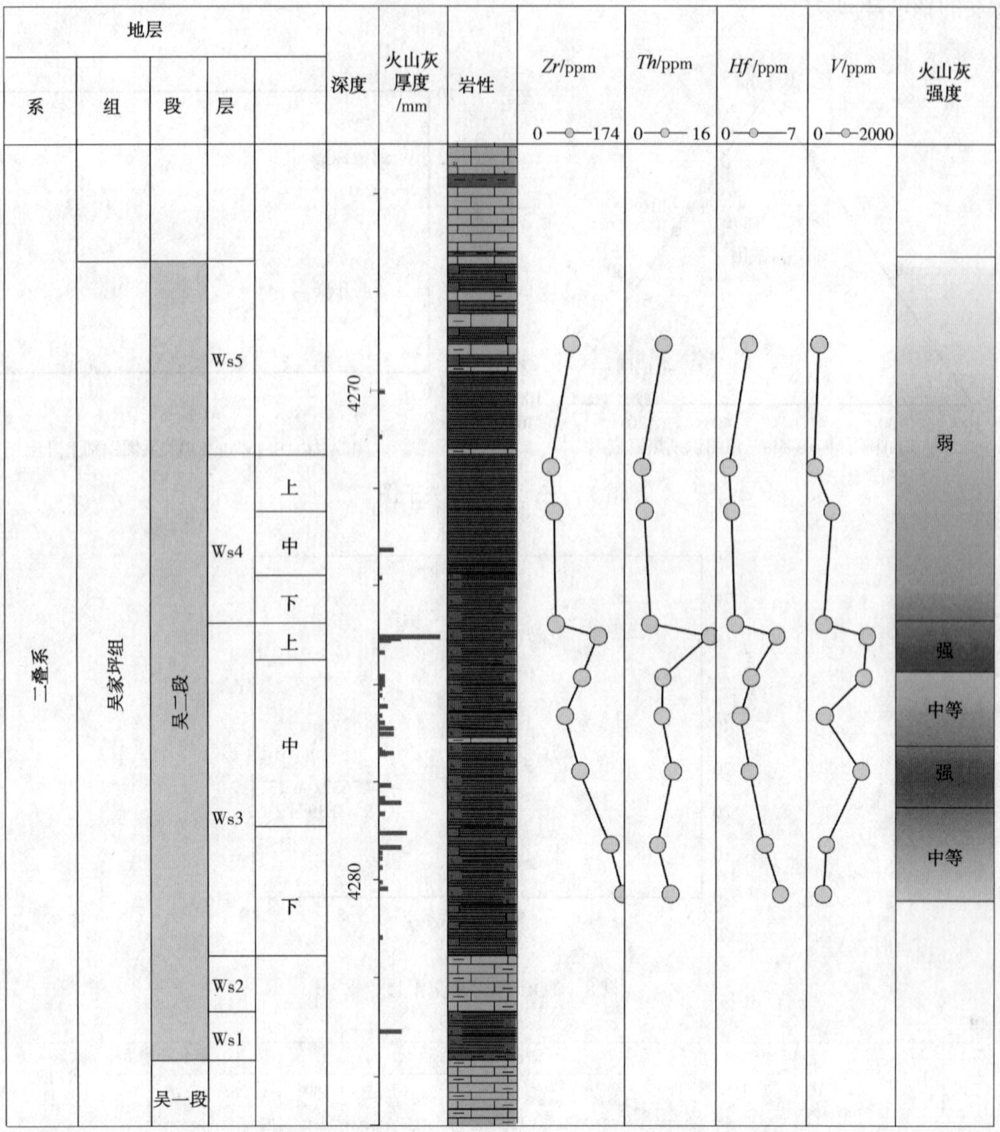

图 5　晚二叠世火山灰强度指数和火山灰强度

5.2　火山灰输入对有机质富集的级联效应

有机质富集是构造活动、海洋生产力与烃源岩形成的关键纽带。本研究揭示吴家坪组页岩有机质富集受控于火山灰输入驱动的“生产力提升-缺氧强化”正反馈机制。

多指标综合约束显示，吴家坪组沉积期持续发育还原环境：XRD 分析揭示黄铁矿含量（均值 16.3%）显著高于典型海相页岩（2%～5%）；氧化还原敏感元素比值 V/（V+Ni）（>0.6）与 Ni/Co（>7）的系统协变（图 6），指示 Ws3～Ws5 层段整体处于缺氧-硫化条件，而非间歇性缺氧事件。

通过 Al-Fe-Mn 三元图解（图 7（a））与 Al-$Co_{[EF]}\times Mn_{[EF]}$ 指标（图 7（b）），排除了热液输入与上升流对生产力提升的贡献。SEM-EDS 分析证实火山灰颗粒与有机碳密切共生（图 3），且

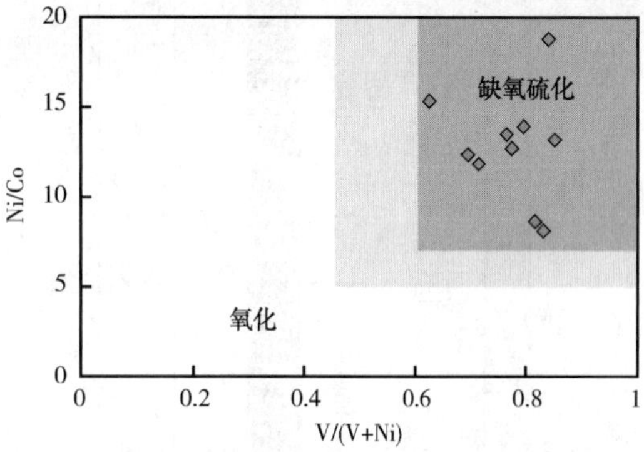

图 6　基于 V/（V+Ni）和 Ni/Co 的氧化还原判别

TOC 与古生产力指标 Ni/Al（$R^2=0.39$）呈显著正相关（图 8）。Ws3 段火山活动强度峰值与 Ni/Al、Bio-Si 及 TOC 的同步跃升（图 9），确证火山灰输入通过释放 Cu、Ni 等生物活性元素，成为古

生产力爆发的核心驱动力。

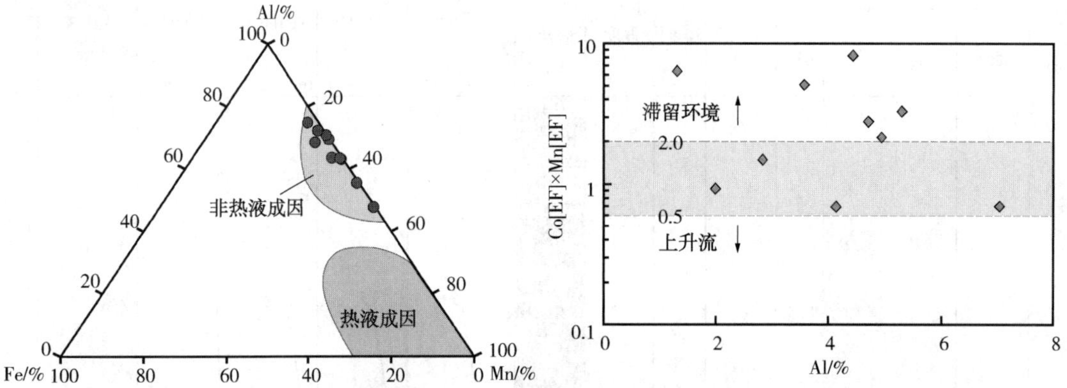

(a)利用Al-Fe-Mn三角图识别热液成因　　(b)Al-Co[EF]×Mn[EF]关系图识别上升流

图7　三元图解及关子图

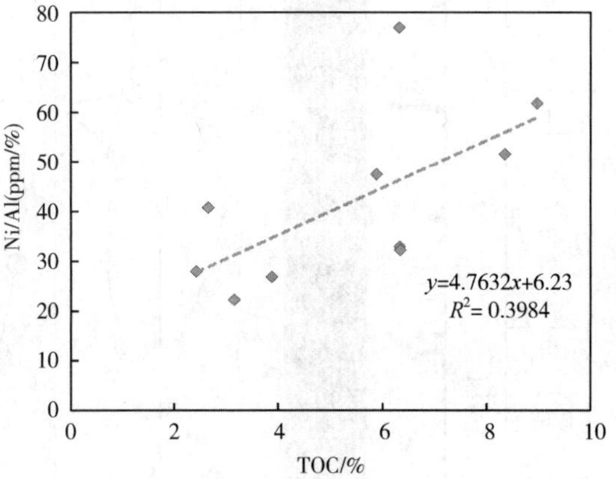

图8　TOC Ni/Al交汇图

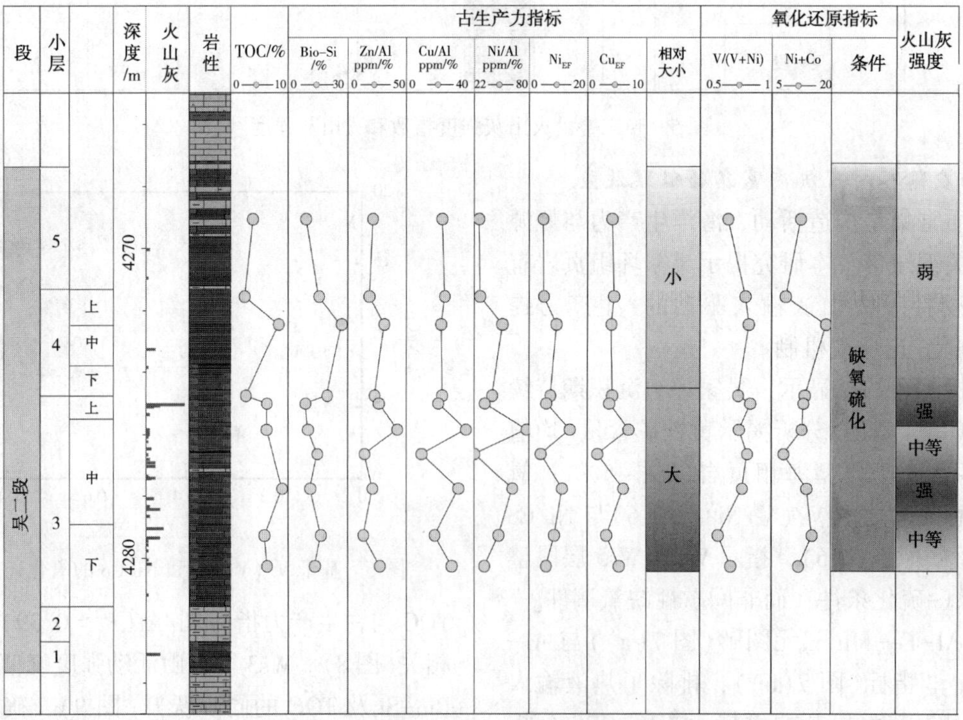

图9　红星地区古生产力和氧化还原条件的识别

古特提斯洋俯冲相关火山活动(~253Ma)向海盆输入中酸性火山灰，触发三级链式反应(图10)：①火山源营养盐刺激初级生产力，导致有机质产量增加；②微生物降解加剧海水耗氧，V/(V+Ni)与Ni/Co垂向递增趋势反映缺氧程度持续强化；③硫酸盐还原菌作用下，过量H_2S与铁质火山灰反应形成莓球状黄铁矿(5~20μm)，扩大楔形硫化水体范围，最终形成有机质高效保存的"自生圈闭"系统。

火山活动强度与有机质富集效率呈显著空间耦合：高火山强度区(Ws3小层上部，Zr>150ppm)对应TOC峰值(>6wt.%)与孔隙度优势发育带(3.8%~5.2%)。建议优先勘探华南地块西南缘古火山弧前缘带(火山灰层较厚，V/(V+Ni)>0.6)，该区兼具强火山输入、高生产力与稳定缺氧保存条件，构成页岩气富集"三元耦合甜点"。

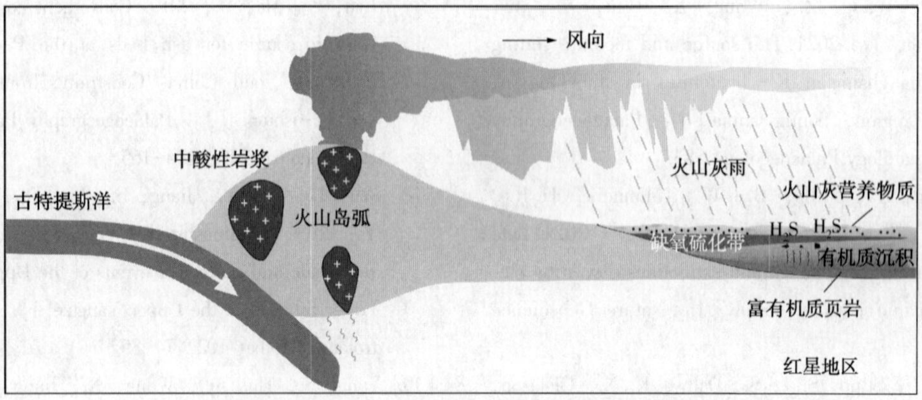

图10 川东红星地区页岩有机质富集模型图

6 结论

这项研究为晚二叠世弧岩浆作用和有机物富集之间的复杂相互作用提供了新的见解，对理解地球历史上的类似过程具有重要意义。主要发现包括：

(1) 建立了一种新的多代理方法来量化火山强度，结合HFSE富集模式和火山灰层特征。该方法揭示了明显的火山活动脉冲，在Ws3上部强度最大，以最大HFSE((Zr、Hf、V、Th))浓度为标志。

(2) 数据表明，火山活动和有机物富集之间通过可量化的反馈机制存在强有力的耦合：火山灰输入触发了初级生产力的提高(TOC与Ni/Al相关性$R^2=0.39$)，促进了还原条件(黄铁矿高达16.3%，V/(V+Ni)>0.6)，为有机物保存创造了最佳条件，最终实现了卓越的有机物保存(TOC高达8.97%)。这些发现表明，类似的机制可能在其他古大陆边缘发挥作用，特别是在板块活动会聚期间，为研究沉积盆地中有机物富集的构造控制提供了新的框架。

参考文献

[1] Browning, T. J., Bouman, H. A., Henderson, G. M., Mather, T. A., Pyle, D. M., Schlosser, C., Woodward, E. M. S., Moore, C. M., 2014. Strong responses of Southern Ocean phytoplankton communities to volcanic ash [J]. Geophysical Research Letters 41, 2851-2857.

[2] Deconinck, J. F., Crasquin, S., Bruneau, L., Pellenard, P., Baudin, F., Feng, Q., 2014. Diagenesis of clay minerals and K-bentonites in Late Permian/Early Triassic sediments of the Sichuan Basin (Chaotian section, Central China) [J]. Journal of Asian Earth Sciences 81, 28-37.

[3] Grasby, S. E., Shen, W., Yin, R., Gleason, J. D., Blum, J. D., Lepak, R. F., Hurley, J. P., Beauchamp, B., 2017. Isotopic signatures of mercury contamination in latest Permian oceans [J]. Geology 45, 55-58.

[4] Grasby, S. E., Them, T. R., II, Chen, Z., Yin, R., Ardakani, O. H., 2019. Mercury as a proxy for volcanic emissions in the geologic record[J]. Earth Science Reviews 196.

[5] Hong, H., Algeo, T. J., Fang, Q., Zhao, L., Ji, K., Yin, K., Wang, C., Cheng, S., 2019a. Facies dependence of the mineralogy and geochemistry of altered volcanic ash beds: An example from Permian - Triassic transition strata in southwestern China [J]. Earth - Science Reviews

190, 58-88.

[6] Jamieson, R. A., Baldini, J. U. L., Frappier, A. B., Mueller, W., 2015. Volcanic ash fall events identified using principal component analysis of a high-resolution speleothem trace element dataset[J]. Earth and Planetary Science Letters 426, 36-45.

[7] Lee, C. T. A., Jiang, H., Ronay, E., Minisini, D., Stiles, J., Neal, M., 2018. Volcanic ash as a driver of enhanced organic carbon burial in the Cretaceous[J]. Scientific Reports 8.

[8] Liu, T., Wang, Z., Wang, X., Liu, X., Ju, P., Zhong, J., 2021. The source and tectonic setting of the Changhsingian K-bentonites in the Huaying Mountain region, South China[J]. Palaeogeography Palaeoclimatology Palaeoecology 583.

[9] Longman, J., Mills, B. J. W., Manners, H. R., Gernon, T. M., Palmer, M. R., 2021. Late Ordovician climate change and extinctions driven by elevated volcanic nutrient supply[J]. Nature Geoscience 14, 924.

[10] Olsson, J., Stipp, S. L. S., Dalby, K. N., Gislason, S. R., 2013. Rapid release of metal salts and nutrients from the 2011 Grimsvotn, Iceland volcanic ash[J]. Geochimica Et Cosmochimica Acta 123, 134-149.

[11] Pellenard, P., Deconinck, J. F., Huff, W. D., Thierry, J., Marchand, D., Fortwengler, D., Trouiller, A., 2003. Characterization and correlation of Upper Jurassic (Oxfordian) bentonite deposits in the Paris Basin and the Subalpine Basin, France[J]. Sedimentology 50, 1035-1060.

[12] Plunkett, G., Pilcher, J. R., 2018. Defining the potential source region of volcanic ash in northwest Europe during the Mid- to Late Holocene[J]. Earth-Science Reviews 179, 20-37.

[13] Shen, J., Feng, Q., Algeo, T. J., Liu, J., Zhou, C., Wei, W., Liu, J., Them, T. R., II, Gill, B. C., Chen, J., 2020. Sedimentary host phases of mercury (Hg) and implications for use of Hg as a volcanic proxy[J]. Earth and Planetary Science Letters 543.

[14] Shen, S. Z., Zhang, H., Zhang, Y., Yuan, D., Chen, B., He, W., Mu, L., Lin, W., Wang, W., Chen, J., Wu, Q., Cao, C., Wang, Y., Wang, X., 2019. Permian integrative stratigraphy and timescale of China[J]. Science China-Earth Sciences 62, 154-188.

[15] Straeten, C. A. V., 2004. K-bentonites, volcanic ash preservation, and implications for Early to Middle Devonian volcanism in the Acadian orogen, eastern North America[J]. Geological Society of America Bulletin 116, 474-489.

[16] Wang, N., Dai, S., Nechaev, V. P., French, D., Graham, I. T., Song, X., Chekryzhov, I. Y., Tarasenko, I. A., Budnitskiy, S. Y., 2024. Detrital U-Pb zircon geochronology, zircon Lu-Hf and Sr-Nd isotopic signatures of the Lopingian volcanic-ash-derived Nb-Zr-REY-Ga mineralized horizons from eastern Yunnan, SW China[J]. Lithos 468.

[17] Wang, X., Cawood, P. A., Zhao, L., Chen, Z. Q., Lyu, Z., Ma, B., 2019. Convergent continental margin volcanic source for ash beds at the Permian-Triassic boundary, South China: Constraints from trace elements and Hf-isotopes[J]. Palaeogeography Palaeoclimatology Palaeoecology 519, 154-165.

[18] Wu, L., Lu, Y., Jiang, S., Liu, X., Liu, Z., Lu, Y., 2019. Relationship between the origin of organic-rich shale and geological events of the Upper Ordovician-Lower Silurian in the Upper Yangtze[J]. Marine and Petroleum Geology 102, 74-85.

[19] Yang, S., Hu, W., Wang, X., Jiang, B., Yao, S., Sun, F., Huang, Z., Zhu, F., 2019. Duration, evolution, and implications of volcanic activity across the Ordovician-Silurian transition in the Lower Yangtze region, South China[J]. Earth and Planetary Science Letters 518, 13-25.

[20] Zeng, Z., Pike, M., Tice, M. M., Kelly, C., Marcantonio, F., Xu, G., Maulana, I., 2018. Iron fertilization of primary productivity by volcanic ash in the Late Cretaceous (Cenomanian) Western Interior Seaway[J]. Geology 46, 859-862.

[21] Zhang, B., Yao, S., Wignall, P. B., Hu, W., Liu, B., Ren, Y., 2019. New timing and geochemical constraints on the Capitanian (Middle Permian) extinction and environmental changes in deep-water settings: evidence from the Lower Yangtze region of South China[J]. Journal of the Geological Society 176, 588-608.

[22] Zhao, T., Algeo, T. J., Feng, Q., Zi, J. W., Xu, G., 2019. Tracing the provenance of volcanic ash in Permian-Triassic boundary strata, South China: Constraints from inherited and syn-depositional magmatic zircons[J]. Palaeogeography Palaeoclimatology Palaeoecology 516, 190-202.

[23] Zheng, B., Mou, C., Zhou, R., Wang, X., Xiao, Z., Chen, Y., 2020. Nature and origin of the volcanic ash beds near the Permian-Triassic boundary in South China: new data and their geological implications[J]. Geological Magazine 157, 677-689.

内蒙古索伦地区哲斯组泥岩地球化学特征及古环境意义

段 煜

（吉林大学）

摘 要 本文通过对内蒙古索伦地区哲斯组泥岩的主量、微量元素分析，揭示了该地区中二叠世的古环境演化特征。研究结果表明，哲斯组泥岩主量元素 Si、Al、Fe、K 元素相对富集，而 Mg、Ca、Na 元素相对亏损。微量元素分析显示 Ba、Cs、Li、Y 元素相对富集，Co、Cr、Mo、Ni、Sr、Ti、W 元素含量较低。通过 V/(V+Ni)和 Cu/Zn 值分析，哲斯组沉积时期的水体经历了两次由弱还原环境向氧化还原过渡环境的变化过程。Rb/K 值指示半咸水环境，古盐度呈“高—降—短暂升—降”的演化趋势。Fe/Mn 及 Mn/Ti 值揭示主体沉积于深水环境，古水深呈现“深—浅—短暂深—浅”的变化过程，与古盐度变化趋势吻合。古气候指数 C 和 Sr/Cu 值显示研究区气候整体为温暖湿润，并经历“温暖湿润—半温暖半湿润”的周期性波动。综合研究表明，由构造-全球气候演化的相互作用，内蒙古索伦地区二叠纪从海相半咸水环境演化为陆地淡水环境。

关键词 索伦地区；哲斯组；地球化学；古环境

内蒙古索伦地区位于大兴安岭中部，地处佳蒙地块南缘，晚古生代地层以二叠系为主。其中哲斯组作为该地区重要的二叠系沉积地层，记录了中二叠世的沉积环境演化信息[1]。在以往的研究中，对哲斯组的研究大多围绕古生物特征、构造背景以及烃源岩的评估展开，近年来，随着对哲斯组沉积环境研究的深入，其古环境意义逐渐受到关注。

古环境重建是地质学研究中的重要课题之一，通过对沉积岩的地球化学特征进行分析，可以揭示地质历史时期的古气候、古盐度、古水深及氧化还原条件等环境信息。地球化学元素在泥岩中的分布和富集特征能够有效反映沉积环境的变迁。主量元素和微量元素的分析不仅可以揭示沉积物的来源，还能为古环境的恢复提供重要依据。因此，通过对泥岩的地球化学特征进行系统研究，可以完善对研究区古环境演化的认识。

本研究以内蒙古索伦地区中二叠统哲斯组泥岩为研究对象，通过野外勘探采样、室内薄片观察、生物化石鉴定及地球化学测试分析，系统探讨了哲斯组泥岩的主量元素、微量元素特征。并结合相关地球化学指标，恢复该地区哲斯组的古氧化还原条件、古盐度、古水深及古气候特征。研究结果不仅丰富了哲斯组的沉积环境信息，也为进一步理解内蒙古索伦地区二叠世的古环境演化提供了重要的地球化学依据。

1 地质背景

内蒙古索伦地区位于大兴安岭中部，东与乌兰浩特市为邻，南与西乌珠穆沁旗相接，西与阿尔山市交界(图 1)。按照大地构造区域划分的观点，索伦地区处于佳蒙地块的南缘。研究区晚古生代地层仅有二叠系出露，其呈北北西向的狭长带状分布，自下而上依次发育大石寨组、哲斯组以及林西组。大石寨组主要由浅海相喷发的中酸性熔岩及其凝灰岩组成，与上覆哲斯组整合接触。哲斯组主体为一套稳定的具有被动大陆边缘特征的沉积建造，属于海相及海陆交互相沉积，岩性主要为灰绿色泥岩、灰色砂岩、粉砂岩及灰色生物碎屑灰岩，与上覆林西组为假整合接触。林西组为一套陆相细粒碎屑岩，岩性主要为灰黑色泥岩、灰色粉砂质泥岩、灰色粉砂岩、灰色细砂岩。

2 岩性、沉积相特征

在野外露头观察、地层剖面测量的基础上，通过室内薄片观察、生物化石鉴定，综合分析岩性组合、沉积构造以及生物组合，将索伦哲斯组剖面划分为海相和三角洲相两种沉积相类型(图2)，包括半深海亚相、浅海亚相、滨海亚相、三角洲前缘亚相及前三角洲亚相。

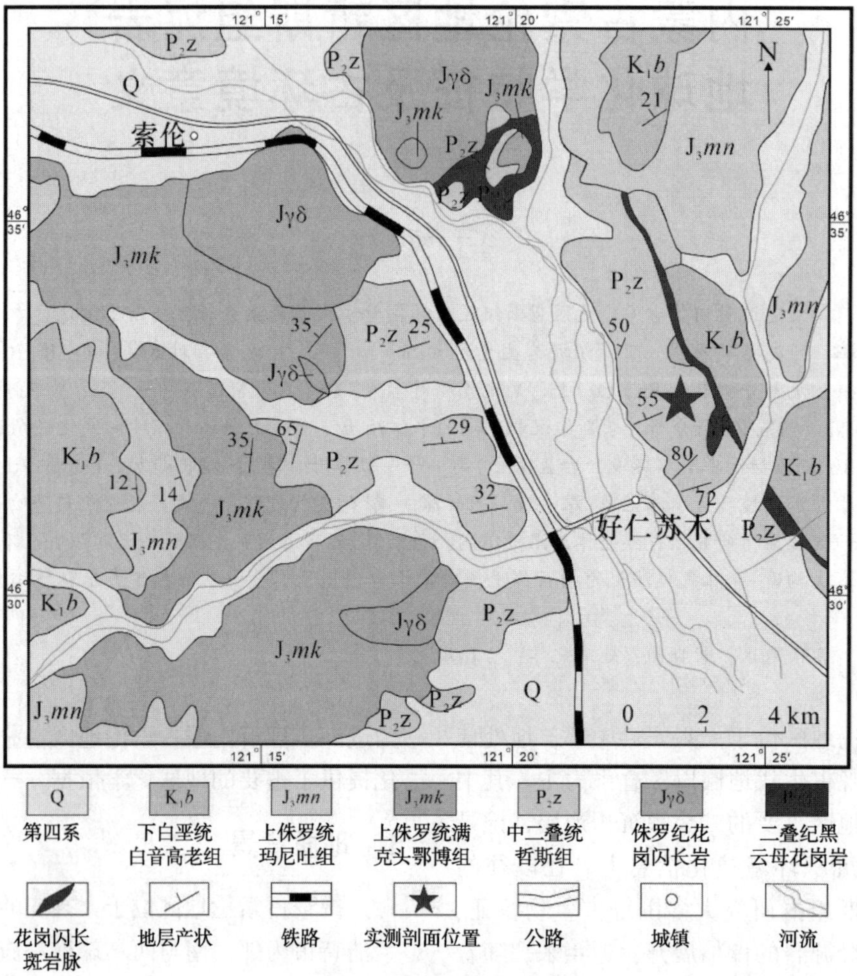

图1　内蒙古索伦地区地质简图

将1~7、11、16及23~25层划分为海相沉积。其中1~3层为半深海亚相，总厚316.27m，泥地比约为95.7%，泥岩含量高，主要发育厚层灰黑色泥岩，可见灰色细砂岩夹层。常见水平层理，由于露头出露限制，未观察到生物搅动构造。4~7、12层为浅海亚相，主要发育灰黑色泥岩、灰黑色粉砂质泥岩、灰黑色泥质粉砂岩、灰色粉砂岩及少量黄绿色、灰色细砂岩，泥质粉砂岩、粉砂岩中可见平行层理、波状层理，细砂岩中偶见石英岩脉。11、25层为滨海亚相，主要由深灰色生物碎屑灰岩组成，含有少量的灰色粒屑灰岩、灰色灰质细砂岩及灰色粉砂岩，颗粒较粗发育各种海相生物化石，包括海百合茎、放射层虫、有孔虫及腹足类等浅海相生物化石，种类繁多，保存相对较好，反映其形成于高能量的滩沉积环境(图3)。

该剖面海陆过渡相主要发育三角洲相，其中8~10、13~15、17~22层为三角洲前缘亚相。三角洲前缘沉积整体颗粒较细，主要发育黄绿色、浅灰色细砂岩与灰色粉砂岩，细砂岩中交错层理、波状层理较发育，部分细砂岩中含泥砾。16层为前三角洲亚相，主要发育灰色泥岩，可见灰黑色粉砂岩及泥质粉砂岩，水平层理发育。

3　元素地球化学特征

3.1　样品采集与测试

实测内蒙古索伦镇郝仁村哲斯组剖面1条(图1)，其长度为1454.78m，沿剖面从底到顶依次采集了新鲜样品共计211件。在泥岩段采取系统取样的方法，每隔2m采集一个新鲜样品。依据岩性、分化程度、层位以及变质程度选取泥岩样品20块进行分析测试，具体采样位置如图图2所示。

样品分析测试数据由中国石油华北油田勘探

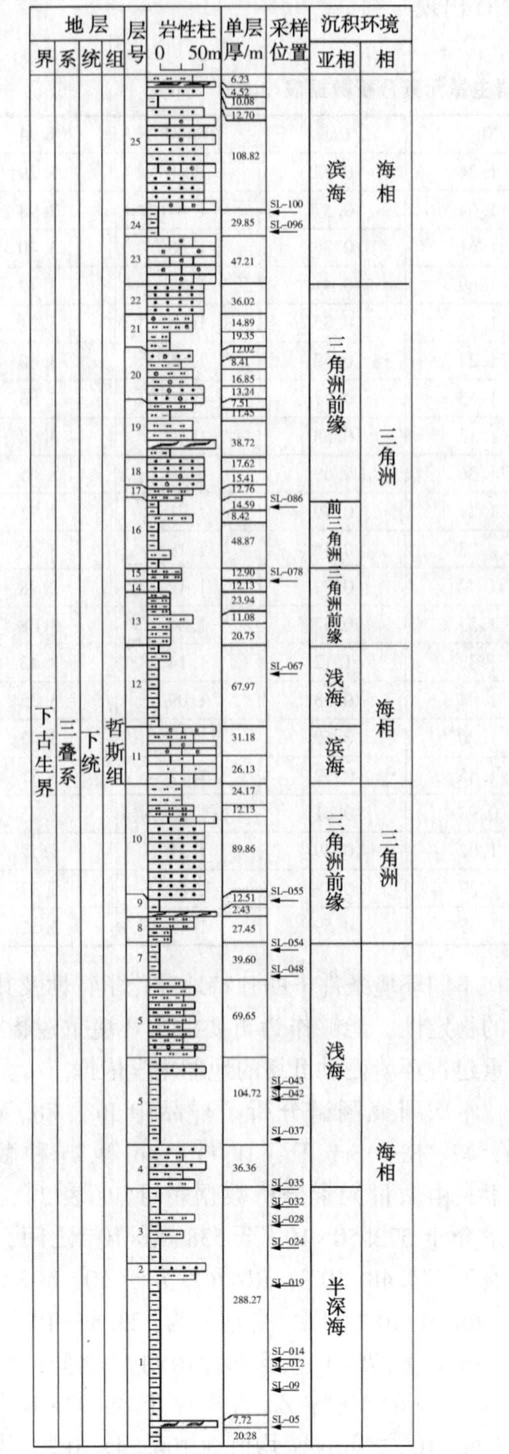

图2　内蒙古东部索伦地区中二叠统哲斯组岩性综合柱状图

开发研究院沉积实验室完成。主量、微量元素使用X射线荧光光谱(XRF)及电感耦合等离子体质谱仪(ICP-MS)进行测试。

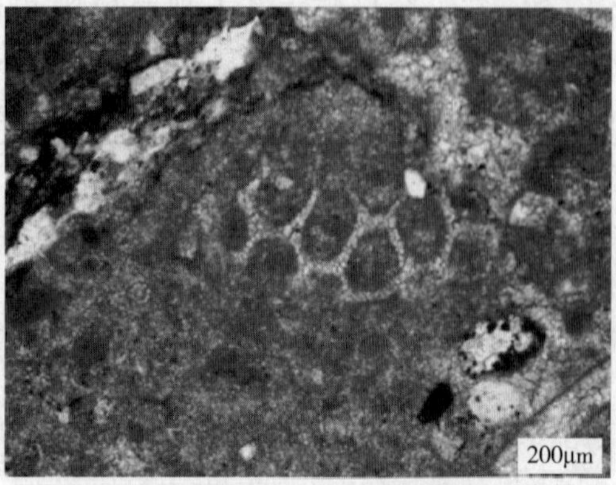

(a)Favositidae gen.et sp.indet. 蜂巢珊瑚

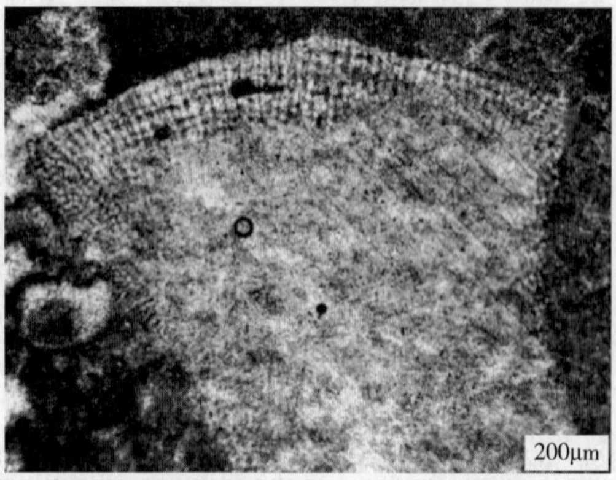

(b)Actinostromatidae gen.et sp.indet. 放射层孔虫

图3　哲斯组浅海相生物化石发育特征

3.2　主量元素特征

沉积物中的主量元素蕴含着丰富的地质信息，会随着沉积环境的改变出现迁移与富集，其含量及相关比值对沉积环境的变化有着较高的灵敏度，形成能够反映沉积环境的特殊记录。因此，可以用主量元素的差异来间接反映古环境的变迁。

由主量元素分析数据表可知(表1)，哲斯组泥岩样品中SiO_2质量分数在60.32%~66.17%之间，平均值为63.47%；其次为Al_2O_3，质量分数在16.02%~18.94%，平均值为17.62%，SiO_2和Al_2O_2的含量占据了主要部分；TFe_2O_3含量在4.87%~8.80%，变化较大，平均值为6.71%；碱土金属氧化物MgO和CaO的平均含量分别为1.37%和0.59%；碱金属氧化物Na_2O和K_2O的平均含量分别为1.41%和3.31%。采用大陆上地壳元素含量UCC对样品测试结果进行标准化，以此分析元素的富集情况，比值大于1表示元素相对富集，反之则表示元素相对亏损。主量元素富集箱线图(图4)表明各样品主量元素富集情况基本一致，SiO_2 含量与大陆上地壳较为相似，Al_2O_3、TFe_2O_3、K_2O 较为富集，MgO、CaO、Na_2O 出现亏损。

表 1　内蒙古索伦地区哲斯组泥岩主量元素分析数据表

样品编号	SiO_2	Al_2O_3	TFe_2O_3	MgO	CaO	Na_2O	K_2O
SL-100	64.52	17.86	5.95	1.24	0.52	1.48	3.29
SL-094	62.44	17.35	7.83	1.54	0.57	1.64	2.98
SL-086	62.41	17.62	7.85	1.61	0.36	1.65	3.40
SL-078	61.73	18.94	7.46	1.69	0.41	1.37	3.79
SL-067	62.40	17.89	7.75	1.78	0.35	1.64	3.21
SL-055	63.63	18.72	5.57	1.27	0.62	1.56	3.60
SL-054	60.32	17.00	8.18	1.55	0.77	1.45	2.86
SL-048	64.98	17.58	6.03	1.12	0.58	1.70	3.02
SL-043	61.92	17.76	7.18	1.36	0.69	1.39	3.45
SL-042	65.38	17.09	6.18	1.29	0.79	1.71	2.95
SL-037	65.10	17.64	5.52	1.25	0.55	1.13	3.48
SL-035	60.89	16.02	8.80	1.72	0.72	1.12	2.78
SL-032	62.89	16.69	7.49	1.53	0.57	1.34	3.08
SL-028	62.03	17.71	6.79	1.33	1.12	1.14	3.43
SL-024	64.93	17.35	6.01	1.08	0.53	1.09	3.35
SL-019	64.76	18.08	5.60	1.20	0.59	1.30	3.43
SL-014	62.04	17.62	7.71	1.45	0.52	1.12	3.31
SL-012	66.11	18.05	4.87	0.93	0.61	1.55	3.75
SL-009	66.17	17.96	5.11	1.02	0.49	1.35	3.57
SL-005	64.79	17.39	6.32	1.37	0.48	1.56	3.37
平均值	63.47	17.62	6.71	1.37	0.59	1.41	3.31

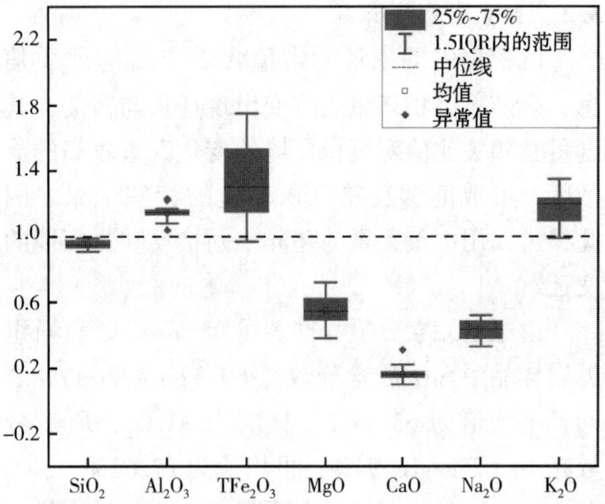

图 4　索伦地区中二叠统哲斯组泥岩主量元素富集箱线图

3.3 微量元素特征

在地壳或岩石中丰度小于 0.1% 的元素被称为微量元素，其含量显著低于主量元素。微量元素因其独特的电子排布、电子层构型、原子结构及晶体化学参数，在不同的成岩、成矿过程中，会呈现出显著差异的地球化学行为。微量元素因其在不同环境条件下的独特地球化学特性及其较好的稳定性，能够作为重要的古环境重建指标，为重建古环境提供可靠的地球化学依据。

本次研究测试分析了样品中 Ba、Co、Cr、Cu、Ni、Rb、Sr、Th、U、V、Zn 等 25 种微量元素，由微量元素分析数据表可知(表 2)，Ba 含量介于 372.50×10^{-6} 至 538.00×10^{-6} 之间，平均值为 475.48×10^{-6}；Rb 含量介于 100.80×10^{-6} 至 146.10×10^{-6} 之间，平均值为 123.86×10^{-6}；V 含量介于 99.70×10^{-6} 至 192.10×10^{-6} 之间，平均值为 123.06×10^{-6}；Zn 含量介于 86.07×10^{-6} 至 148.60×10^{-6} 之间，平均值为 106.24×10^{-6}，其余微量元素的平均含量均未超过 100×10^{-6}。由微量元素 UCC 标准化蛛网图(图 5)可知，与大陆上地壳相比，索伦地区哲斯组样品中 Ba、Cs、Li 及 Y 元素明显更为富集，Co、Cr、Mo、Ni、Sr、Ti 及 W 元素含量较低，其余元素较为接近。

表 2　内蒙古索伦地区中二叠统哲斯组微量元素分析数据

样品编号	Ba	Be	Bi	Cd	Co	Cr	Cs	Cu	Ga	La	Li	Mo	Nb	Ni	Pb	Rb	Sc	Sr	Ta	Th	Ti	V	W	Y	Zn
SL-100	483.90	2.62	0.37	0.09	8.18	58.70	8.01	29.36	24.74	38.86	50.14	0.61	14.59	31.13	15.54	118.40	16.47	84.30	1.05	11.68	3974.10	137.80	1.60	40.18	94.01
SL-094	457.20	3.34	0.59	0.10	7.71	64.90	5.82	26.09	23.78	43.27	60.21	0.84	13.45	36.11	28.08	103.80	16.85	86.80	0.97	12.86	4304.20	192.10	1.50	43.44	136.71
SL-086	475.60	2.88	0.81	0.10	15.00	53.80	7.88	33.68	26.39	39.28	60.11	1.41	14.05	30.81	68.64	128.90	17.56	78.10	1.04	13.19	4321.40	137.10	1.45	41.64	125.07
SL-078	477.10	2.86	0.54	0.11	6.31	65.00	8.78	29.32	28.54	43.25	63.66	1.07	15.63	36.78	20.64	146.10	18.72	79.00	1.14	13.99	4307.20	184.50	1.62	41.39	105.53
SL-067	380.10	3.00	1.08	0.12	9.34	61.90	6.92	34.36	27.15	42.25	82.18	0.91	14.88	41.88	23.77	128.20	18.84	77.10	1.10	13.46	4604.20	189.00	1.82	43.89	138.32
SL-055	538.00	2.98	0.64	0.07	10.13	59.00	15.06	35.62	25.59	37.06	33.35	0.98	16.38	34.52	17.02	128.00	16.25	103.40	1.17	12.75	4337.80	113.60	1.68	46.65	90.70
SL-054	420.90	2.76	0.49	0.11	9.95	63.20	14.73	51.72	25.55	35.49	67.22	1.21	16.53	36.60	19.89	105.20	20.31	107.60	1.19	12.81	4216.80	119.40	1.81	53.78	148.60
SL-048	514.20	3.10	0.45	0.10	19.88	54.00	12.32	27.95	24.06	45.08	30.55	0.66	14.39	39.44	18.08	109.80	14.36	90.90	1.06	11.20	3957.50	110.20	1.46	41.93	92.98
SL-043	521.50	2.76	0.39	0.14	14.95	58.20	18.75	36.25	24.18	42.78	37.40	1.79	15.63	36.31	17.23	132.50	17.09	103.20	1.13	12.72	3901.70	114.10	1.54	52.20	100.12
SL-042	478.30	2.53	0.48	0.09	7.41	54.90	12.35	54.79	22.00	32.28	32.56	0.65	13.21	25.54	21.38	110.50	13.47	104.90	0.94	10.01	4379.60	120.50	1.32	41.62	92.40
SL-037	511.30	3.29	0.42	0.07	11.67	59.30	13.34	29.60	23.69	37.88	42.41	1.03	14.48	30.73	18.69	125.30	14.27	67.60	1.05	11.93	4283.10	108.00	1.81	40.38	103.45
SL-035	372.50	2.98	0.36	0.08	10.52	52.70	13.80	34.33	22.36	37.38	63.82	0.97	13.59	32.05	24.11	100.80	16.55	85.00	1.00	11.95	4523.30	101.50	1.21	53.07	112.03
SL-032	431.80	2.86	0.38	0.11	15.98	52.10	27.19	37.39	23.21	38.28	37.22	1.38	14.89	30.86	22.57	127.10	16.13	87.10	1.08	12.71	4259.80	99.70	1.46	48.41	111.82
SL-028	511.00	3.61	0.45	0.10	11.39	55.50	22.71	35.01	25.84	41.68	44.46	1.38	15.16	30.53	18.68	135.40	16.28	98.80	1.07	12.95	4501.10	104.20	1.47	64.32	86.07
SL-024	446.00	3.77	0.34	0.06	6.21	63.20	17.59	40.45	22.88	41.36	43.67	0.95	15.15	29.76	10.89	128.60	16.69	65.80	1.10	12.74	4557.70	104.90	1.50	43.64	92.46
SL-019	511.30	3.29	0.46	0.11	11.63	57.00	13.86	25.39	24.91	41.13	32.86	1.04	16.69	31.11	22.03	117.80	14.98	83.60	1.26	13.47	4221.60	104.10	1.58	47.75	95.18
SL-014	471.30	3.27	0.41	0.11	11.64	57.20	13.27	44.36	24.27	42.35	47.00	1.19	15.89	34.00	14.14	126.40	17.55	67.60	1.16	13.11	4393.30	109.50	1.54	45.58	109.58
SL-012	531.50	4.51	0.62	0.18	17.09	55.10	21.32	42.76	23.48	39.75	23.08	1.03	15.25	29.36	21.77	133.50	13.87	82.40	1.12	12.58	3965.60	103.60	1.59	42.12	91.42
SL-009	448.70	5.77	0.38	0.07	6.29	58.20	19.32	28.75	25.76	42.89	35.31	1.01	16.02	29.99	10.58	132.80	15.94	89.30	1.16	13.29	4162.30	107.40	1.41	46.78	100.41
SL-005	527.30	5.99	0.27	0.11	10.94	52.10	28.65	27.14	22.88	39.06	34.41	0.90	14.96	31.89	15.65	138.00	15.52	86.20	1.13	12.98	4382.20	100.00	1.41	47.58	97.86
平均值	475.48	3.41	0.50	0.10	11.11	57.80	15.08	35.22	24.56	40.07	46.08	1.05	15.04	32.97	21.47	123.86	16.39	86.44	1.10	12.62	4277.73	123.06	1.54	46.32	106.24

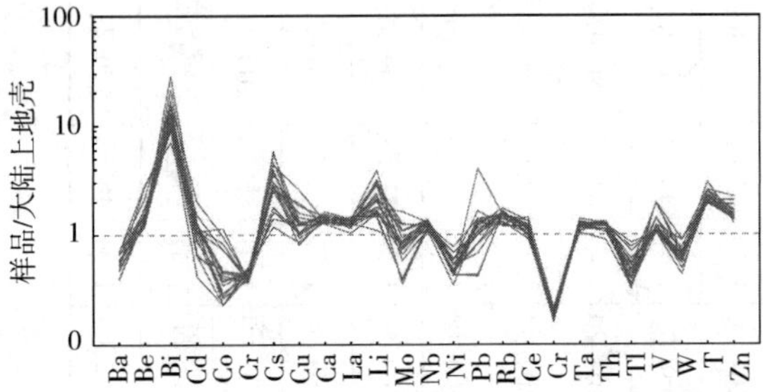

图 5　索伦地区中二叠统哲斯组泥岩微量元素标准化蛛网图

4　讨论

4.1　古氧化还原性

氧化还原敏感元素（Co、Mo、U、Th、V、Cu、Zn、Ni）是研究沉积物形成时期水体氧化还原环境的关键指标。这些元素在富氧水体中容易发生溶解，而在还原条件下则倾向于形成沉淀，沉淀后的化学性质相对稳定，不易发生迁移，因此能够有效记录并反映沉积水体的氧化还原状态。本次研究采用 V/（V+Ni）值和 Cu/Zn 值法对哲斯组氧化还原环境进行分析。

在氧化环境下，V 元素容易富集，而 Ni 元素通常富集于还原环境。因此，V/（V+Ni）值可以作为沉积环境氧化还原状态的有效指标。通常认为，当该比值大于 0.46 时，表明沉积环境为还原条件；反之，若比值小于 0.46，则指示氧化环境。V/（V+Ni）值测试结果在 0.74~0.84 之间，均大于 0.46，平均值为 0.78（表 3），指示沉积于还原环境。Cu/Zn 比值法是另一种常用的氧化还原环境判别指标，一般认为，Cu/Zn<0.21 反映还原环境，0.21~0.38 反映弱还原环境，0.38~0.50 反映氧化还原过渡环境，0.50~0.63 反映弱氧化环境，Cu/Zn>0.63 反映氧化环境。Cu/Zn 值测试结果在 0.19~0.59 之间，平均值为 0.34（表 3），表明总体沉积于弱还原环境，部分沉积于氧化还原过渡环境。其中，1~9 层 Cu/Zn 值逐渐增加，但波动明显，1、3 及 5 层局部出现较高值，12~24 层也表现为由低到高的变化趋势（图 6）。综上所述，研究区哲斯组泥岩沉积时期自下而上经历了两次由弱还原环境到氧化还原过渡环境的变化过程，沉积相演化与氧化还原环境的变化有较高的相关性。

表 3　内蒙古索伦地区中二叠统哲斯组泥岩微量元素比值数据

样品编号	V/（V+Ni）	Cu/Zn	Rb/K	Fe/Mn	Sr/Cu	Mn/Ti	C
SL-100	0.82	0.31	0.0043	66.70	2.87	0.16	0.85
SL-094	0.84	0.19	0.0042	109.14	3.33	0.12	1.09
SL-086	0.82	0.27	0.0046	61.65	2.32	0.21	1.05
SL-078	0.83	0.28	0.0046	74.58	2.69	0.16	0.96
SL-067	0.82	0.25	0.0048	99.59	2.24	0.12	1.05
SL-055	0.77	0.39	0.0043	74.56	2.90	0.12	0.73
SL-054	0.77	0.35	0.0044	64.81	2.08	0.21	1.17
SL-048	0.74	0.30	0.0044	37.68	3.25	0.28	0.88
SL-043	0.76	0.36	0.0046	59.56	2.85	0.22	0.97
SL-042	0.83	0.59	0.0045	91.21	1.91	0.11	0.86
SL-037	0.78	0.29	0.0043	78.42	2.28	0.11	0.80
SL-035	0.76	0.31	0.0044	74.57	2.48	0.18	1.32
SL-032	0.76	0.33	0.0050	87.71	2.33	0.14	1.08
SL-028	0.77	0.41	0.0048	69.60	2.82	0.15	0.90
SL-024	0.78	0.44	0.0046	97.64	1.63	0.09	0.91
SL-019	0.77	0.27	0.0041	75.76	3.29	0.12	0.80
SL-014	0.76	0.40	0.0046	87.39	1.52	0.14	1.12
SL-012	0.78	0.47	0.0043	79.61	1.93	0.11	0.65
SL-009	0.78	0.29	0.0045	104.48	3.11	0.08	0.73
SL-005	0.76	0.28	0.0049	166.37	3.18	0.06	0.86
平均值	0.78	0.34	0.0045	83.05	2.55	0.14	0.94

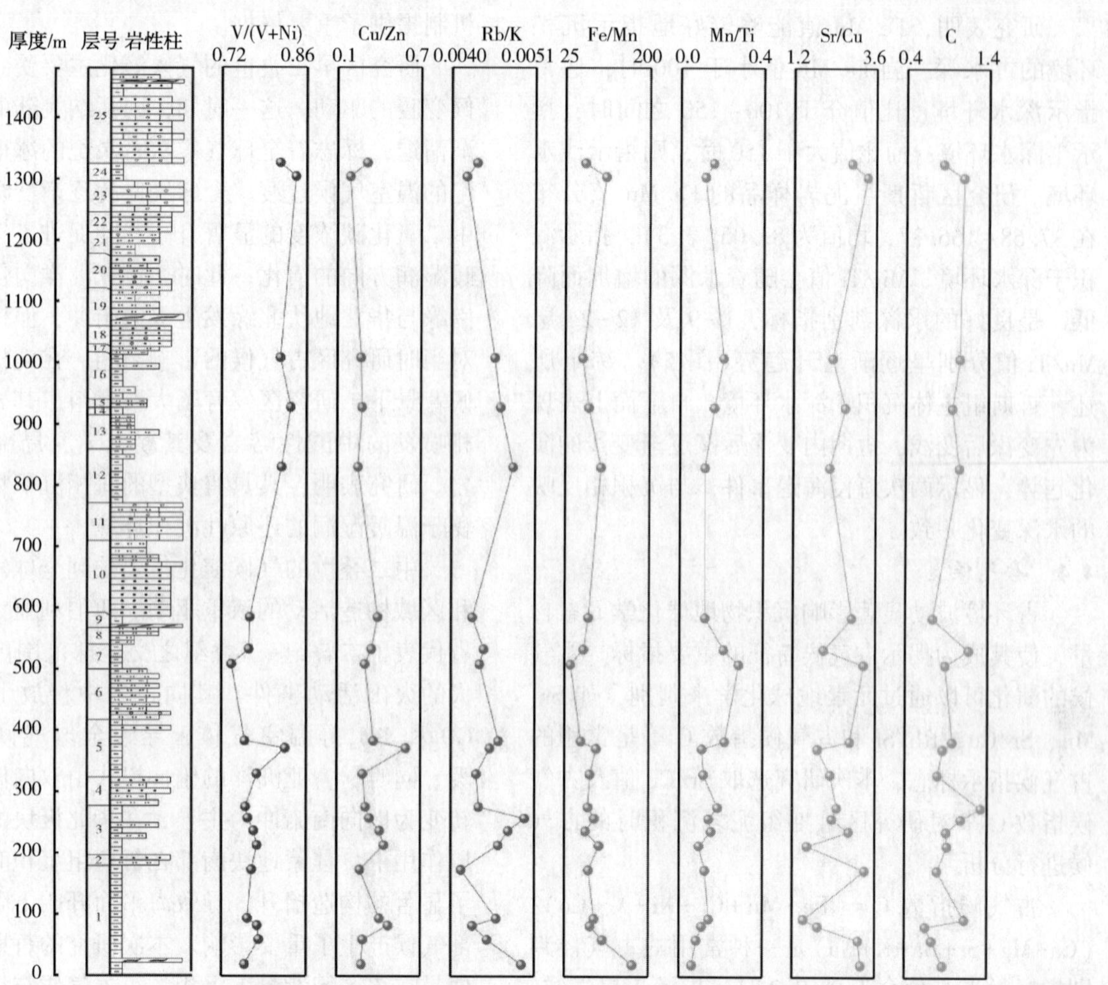

图6　内蒙古索伦地区中二叠统哲斯组泥岩微量元素比值变化曲线

4.2　古盐度

古盐度是反映地质历史时期沉积水体含盐程度的重要指标，其在恢复沉积古环境和重建古气候方面具有重要的研究意义。元素地球化学数据是揭示古沉积水体盐度特征的重要依据，其中B、Ba、Sr/Ba、Rb/K等微量元素常被用于古盐度的判别。由于Rb、K元素的地球化学性质稳定，且受后期成岩作用影响较小，本文选取Rb/K值作为研究区哲斯组沉积时期古盐度变化的表征指标。

在还原环境中，Rb元素常通过凝絮作用被黏土矿物和有机质吸附。随着水体盐度的增加，黏土矿物对Rb的吸附能力显著增强，因此较高的Rb/K值通常反映了更高盐度的水体环境。Rb/K值小于0.004指示淡水环境，介于0.004~0.006指示半咸水环境，大于0.006则指示咸水环境。Rb/K值测试结果介于0.0041~0.0050之间，平均值为0.0045(表3)，指示沉积于半咸水环境。1-9层Rb/K值呈现下降趋势，但在3和7层局部出现较高值，12~24层也呈现由高到低的变化趋势(图5)。综上所述，研究区哲斯组沉积时期主体为半咸水环境，呈现出初始阶段古盐度较高，随后缓慢降低，经过短暂的升高后，又逐渐下降的演化趋势，这一过程与沉积相的变化趋势一致。

4.3　古水深

沉积物中的元素含量会受到沉积分异作用的显著影响，随着离岸距离和水深的变化其含量会呈现明显的差异。例如Fe、Mn、Ti、Rb、Ba、Mg等元素，由于滨岸浅水环境通常具有较高的水动力条件和较强的氧化性，有利于这些元素的迁移和沉淀，这些元素往往在滨岸浅水环境中富集。随着离岸距离和水深的增加，水动力条件减弱，氧化性降低，还原性增强，Mn、Ca、Sr、Co等化学性质相对稳定的元素，在深水环境中更易富集。因此，通过分析沉积物中元素的分布特征，可以有效地反演沉积环境的古水深，为古环境重建提供重要的地球化学依据。

研究表明，Fe/Mn 值能够较好地指示沉积环境的古水深，当 Fe/Mn 值小于 100 时，通常指示深水环境；比值介于 100~150 之间时，指示半深水环境；而比值大于 150 时，则指示浅水环境。研究区哲斯组泥岩样品的 Fe/Mn 值分布在 37.68~166.37，均值为 83.05(表 3)，指示沉积于深水环境。Mn/Ti 值会随着水深的增加而降低，是良好的水深判别指标，1-9 及 12-24 层 Mn/Ti 值分别呈逐渐上升趋势(图 5)。综上所述，哲斯组主体沉积于深水环境，自下而上表现为先变深后变浅，短期内变深后又逐渐变浅的演化趋势，显示两次海侵海退事件，与沉积相反映的水深变化一致。

4.4　古气候

古环境波动显著影响沉积物地球化学元素含量，使其成为揭示古气候特征的重要指标。古气候的演化可以通过元素地球化学来判别，如 Sr、Mn、Sr/Cu、Rb/Sr 和古气候指数 C 等是常用的古气候指示标志，本次研究选取 Sr/Cu 值及古气候指数 C 来对研究区哲斯组泥岩沉积时的古气候进行分析。

古气候指数 C = (Fe+Mn+Cr+Ni+V+Co)/(Ca+Mg+Sr+Ba+K+Na)是一种常用的古气候判别指标。当 C 值介于 0~0.2 时，指示干旱气候；C 值在 0.2~0.6 之间，反映半干旱至半湿润气候；而 C 值大于 0.6 时，则表明湿润气候条件。古气候指数 C 介于 0.65~1.32，均值为 0.94(表 3)，集中在温暖湿润判别区。Sr/Cu 值能够对古气候进行半定量分析，当 Sr/Cu 值小于 5 时，指示温暖湿润的气候条件；比值介于 5~10 之间，表明半湿润至半干旱气候；而比值大于 10 时，则代表炎热干旱的气候环境。哲斯组泥岩样品的 Sr/Cu 值在 1.52~3.33 之间，均值为 2.55(表 3)，1~9 层 Sr/Cu 值逐渐增大，9~12 层逐渐减小，12~24 层逐渐增大，表明该时期整体为温暖湿润的古气候环境，自下而上呈现出温暖湿润-半温暖半湿润-温暖湿润-半温暖半湿润的变化趋势。

4.5　内蒙古索伦地区二叠纪古环境演化

二叠纪是地球历史上一个重要的地质时期，其气候演化不仅记录了全球气候从冰期向温室期的转变，还反映了构造活动与气候之间的复杂相互作用。研究区位于佳蒙地块与华北地块的交汇地带，其沉积记录为揭示二叠世气候演化的驱动机制提供了重要依据。

研究区早二叠世的气候演化主要受到全球气候变暖的驱动。这一时期，冈瓦纳大陆的冰川逐渐消退，标志着全球气候从石炭纪的冰期向二叠纪的温室气候过渡。全球气候的逐渐变暖与大气中二氧化碳浓度的显著升高共同促进了气候向温暖湿润方向的演化。此时，古亚洲洋向佳蒙地块南缘与华北地块北缘发生双向俯冲，但构造活动对当时研究区古气候的影响微弱。在此构造与气候背景下，研究区发育了大石寨组，其岩性为海相喷发的中酸性熔岩及其凝灰岩，局部夹沉积岩。研究表明，其具有典型的海相沉积特征，沉积于温暖湿润的还原性沉积环境。

中二叠世的气候演化主要受到全球气候变暖和区域构造活动的双重驱动。西伯利亚大火成岩省代表了二叠纪-三叠纪之交全球范围内规模最大的火山活动事件，其向大气中释放了巨量的 CO_2 和 CH_4 等温室气体，导致全球气候持续变暖。同时，古亚洲洋的俯冲模式由双向俯冲逐渐转变为以向南俯冲为主导，在华北板块的强烈挤压作用下，佳蒙地块南部在哲斯组沉积时期经历了显著的构造抬升，导致海平面开始下降，对局部气候产生了重要影响。本次研究的哲斯组地层便是在该区域背景下沉积的。古气候与沉积相的演化趋势表明，在沉积时期发生了两次明显的海侵-海退事件。其中，海平面相对上升的阶段主要出现在哲斯组底部和中部。索伦地区哲斯组的沉积记录显示其有明显的海相向海陆过渡相转变的特征，同时温湿气候下的半咸水海相还原环境，逐渐向半温暖半湿润气候下的氧化还原过渡环境转变。

晚二叠世全球气候发生了剧烈变化，大气 CO_2 浓度显著升高，导致全球气温进一步上升。随着古亚洲洋对佳蒙地块和华北地块的持续俯冲，两大板块之间的挤压作用不断增强，促使原本的“陆-洋-陆”碰撞模式逐步演变为“陆-陆”碰撞模式。大量研究已经证实了古亚洲洋最终闭合时期为晚二叠世至早三叠世，且闭合过程呈现出独特的“剪刀式”特征，即西部先闭合，随后逐渐向东部闭合，其中索伦缝合带通常被认为是古亚洲洋的最终缝合位置。该时期沉积的林西组沉积于缺氧—贫氧的淡水湖泊环境，说明在林西组沉积之前，大兴安岭南段的古亚洲洋已经闭合。沉积环境从哲斯组的海相沉积转变为林西组的陆相沉积，由此可以推断索伦地区古亚洲洋的闭合时间大致介于哲斯组和林西组沉积时期之间。

二叠纪的气候演化经历了从冰期向温室期的显著转变。早二叠世，全球气候变暖主导了研究区气候向温暖湿润方向的演化，沉积环境以海相还原性为主。中二叠世，全球气候持续变暖，叠加区域构造活动的影响，研究区气候逐渐向半温暖半湿润过渡，沉积环境从海相还原性向氧化还原过渡性转变。晚二叠世，则因全球气候的激烈变化和古亚洲洋的最终闭合，导致研究区从海相环境向陆相环境转变，研究区从海陆过渡相半咸水环境演化为陆相淡水环境。这一演化过程不仅反映了全球气候变化的背景，还揭示了构造活动对区域气候和沉积环境的影响。

5 结论

（1）综合分析中二叠统哲斯组岩性组合、沉积构造以及生物组合，认为哲斯组主体发育浅海相和三角洲相两种沉积相类型，并且两种沉积相呈韵律出现。

（2）氧化还原环境、古盐度、古水深和古气候指数分析表明，哲斯组主体沉积于还原的半咸水的深水环境，古气候温暖湿润。并且这些指数均有 2 次波动，表明弱还原环境向氧化还原过渡环境、古盐度由高降低、古水深由深变浅、气候由温暖湿润过渡为半温暖半湿润均具有两次转变过程。

（3）受构造-全球气候相互作用影响，研究区中二叠世气候逐渐向半温暖半湿润过渡，沉积环境从早期海相还原性向晚期氧化还原过渡性转变，至晚二叠世，因全球气候的激烈变化和古亚洲洋的最终闭合，导致研究区从海陆过渡相半咸水环境演化为陆相淡水环境。

参 考 文 献

[1] 李世臻，周新桂，王丹丹，等．内蒙古索伦地区二叠系哲斯组泥岩微孔隙特征[J]．石油实验地质，2016，38(04)：502-508.

[2] 蒋干清，高德臻，张维杰，等．内蒙古苏尼特左旗下二叠统哲斯组沉积组合类型及沉积序列演化[J]．现代地质，1995，(02)：162-169.

[3] 李尚林，王训练，徐兴永，等．内蒙古哲斯敖包茅口期生物礁特征[J]．沉积学报，2004，(03)：434-442.

[4] 宋土顺，朱占平，曲希玉，等．内蒙古乌兰浩特市索伦镇中二叠统哲斯组海相暗色泥岩有机地球化学特征[J]．地质通报，2011，30(Z1)：300-307.

[5] 王岚，周海燕，毕赫，等．松辽盆地北部青山口组黑色页岩的地质特征与海水侵入的成因模式[J]．西北大学学报（自然科学版），2022，52（04）：725-736.

[6] 王昌勇，常玖，李楠，等．四川盆地东部地区早侏罗世湖泊古水深恢复[J]．沉积学报，2024，42（01）：158-170.

[7] 高宏霞，刘晓东，刘平辉，等．巴音戈壁盆地巴音戈壁组上段古盐度恢复及意义[J]．高校地质学报，2022，28(04)：539-553.

[8] 史冀忠，牛亚卓，许伟，等．银额盆地石板泉西石炭系白山组碳酸盐岩地球化学特征及其环境意义[J]．吉林大学学报(地球科学版)，2021，51(03)：680-693.

[9] 吴林，黄智龙，王智琳，等．黔中猫场铝土矿地球化学研究[J]．矿物学报，2021，41(Z1)：475-484.

[10] 李世臻，周新桂，王丹丹，等．内蒙古索伦地区二叠系哲斯组泥岩微孔隙特征[J]．石油实验地质，2016，38(04)：502-508.

[11] 张兴洲，周建波，迟效国，等．东北地区晚古生代构造-沉积特征与油气资源[J]．吉林大学学报(地球科学版)，2008，(05)：719-725.

[12] 姚杰，胡大千，孙国胜，等．内蒙古索伦地区中二叠统哲斯组有机质的拉曼光谱特征及地质意义[J]．世界地质，2016，35(03)：760-770.

[13] 许立权．内蒙古自治区区域地质志．内蒙古自治区，内蒙古自治区地质调查院，2018-10-27.

[14] 黄清华，白雪峰，王辉，等．内蒙古林西地区中上二叠统界线碳酸盐岩微量元素和稀土元素地球化学特征及其地质意义[J]．世界地质，2019，38(03)：611-622.

[15] 文华国，郑荣才，唐飞，等．鄂尔多斯盆地耿湾地区长 6 段古盐度恢复与古环境分析[J]．矿物岩石，2008，(01)：114-120.

[16] Rudnick，R. L. and Gao，S.（2003）Vol. 3：The Crust，3. 01—The Composition of the Continental Crust. In：Holland，H. D. and Turekian，K. K.，Eds.，Treatise on Geochemistry，Elsevier-Pergamon，Oxford，1-64.

[17] 王涵．鄂尔多斯盆地志丹地区长 7 泥页岩层系成岩作用与孔隙演化[D]．成都理工大学，2022.

[18] 赵晴，王峻，蒋飞虎，等．东濮凹陷古近系沙三中亚段泥页岩地球化学特征及湖盆演化分析[J]．矿物岩石，2023，43(03)：105-118.

[19] 梁天意，刘敬党，李猛猛，等．大兴安岭中段上二叠统林西组核形石的发现及其地质意义[J]．地质论评，2021，67(03)：593-611.
[20] 何庆，高键，董田，等．鄂西地区下寒武统牛蹄塘组页岩元素地球化学特征及沉积古环境恢复[J]．沉积学报，2021，39(03)：686-703.
[21] Kala S，Devaraju J，Tiwari D M，et al.，2021. Organic petrology and geochemistry of Early Permian shales from the Krishna - Godavari Basin，India：Implications for Gondwana paleoenvironment and climate [J]. GeologicalJournal，56(11)：5621-5641.
[22] 张岩，漆富成，陈文，等．利用Mo-U等多指标判别黑色岩系中硅质岩形成氧化-还原环境的可行性分析及意义[J]．地质与勘探，2023，59(04)：852-871.
[23] 谢国梁，沈玉林，魏展航，等．鄂尔多斯盆地延川南地区下二叠统山西组泥岩稀土元素特征及地质意义[J]．天然气地球科学，2013，24(05)：991-998.
[24] 杨瑞东．贵州晚二叠世硅质岩类型及其沉积地球化学环境[J]．贵州地质，1990，(02)：171-176.
[25] 魏巍．内蒙古双尖子山银铅锌矿床成因矿物学及成矿作用研究[D]．中国地质大学，2021.
[26] 谢建磊，赵宝成，战庆，等．元素地球化学在古环境和古生态研究中的应用综述[J]．上海国土资源，2015，36(03)：64-70+74.
[27] 韩永林，王海红，陈志华，等．耿湾—史家湾地区长6段微量元素地球化学特征及古盐度分析[J]．岩性油气藏，2007，(04)：20-26.
[28] 类兴璇．内蒙古东部好仁剖面中二叠统哲斯组旋回特征及有机质富集条件[D]．吉林大学，2024.
[29] 杨万芹，朱德顺，银燕，等．古水深的地球化学恢复方法及在层序地层划分中的应用[J]．地质论评，2015，61(S1)：756-757.
[30] 胡奕明，杨海风，王飞龙，等．渤海海域庙西地区烃源岩有机相特征及其对优质烃源岩的指示意义[J]．天然气地球科学，2023，34(02)：226-239.
[31] 梁锋，曹哲．鄂尔多斯盆地华池地区三叠系长7页岩油储层特征、形成环境及富集模式[J]．岩性油气藏，2025，37(01)：24-40.
[32] 王随继，黄杏珍，妥进才，等．泌阳凹陷核桃园组微量元素演化特征及其古气候意义[J]．沉积学报，1997，(01)：66-71.
[33] Deng T，Li Y，Wang Z，et al.，2019. Geochemical characteristics and organic matter enrichment mechanism of black shale in the Upper Triassic Xujiahe Formation in the Sichuan basin：Implications for paleoweathering，provenance and tectonic setting[J]. Marine and Petroleum Geology，109：698-716.
[34] Montañez I P，Poulsen C J. The Late Paleozoic ice age：An evolving paradigm [J]. Annual Review of Earth and Planetary Sciences，2013，41 (1)：629-656.
[35] 赵芝．内蒙古大石寨地区早二叠世大石寨组火山岩的地球化学特征及其构造环境[D]．吉林大学，2008.
[36] 谢宏坤．东北地区早二叠世岩相古地理研究[D]．吉林大学，2012.
[37] Zhang S H，Zhao Y，Song B，et al.，2009. Contrasting Late Carboniferous andLate Permian-Middle Triassic intrusive suites from the northern margin of theNorth China craton：Geochronology，petrogenesis，and tectonic implications[J]. Geological Society of America Bulletin，121(1-2)：181-200.
[38] 刘建峰，迟效国，张兴洲，等．内蒙古西乌旗南部石炭纪石英闪长岩地球化学特征及其构造意义[J]．地质学报，2009，83(03)：365-376.
[39] 张华，蔡垚峰，角升林，等．二叠纪-三叠纪转折期升温事件与陆地生态系统[J]．第四纪研究，2024，44(05)：1093-1107.
[40] 李锦轶，刘建峰，曲军峰，等．中国东北地区主要地质特征和地壳构造格架[J]．岩石学报，2019，35(10)：2989-3016.
[41] 靳胜凯，刘博，马明，等．内蒙古化德地区二叠纪—三叠纪侵入岩年代学及地球化学特征：对古亚洲洋东段构造演化的制约[J]．地质学报，2024，98(01)：116-145. 2023264. [42] 董清水，何春生，楼仁兴，等．大兴安岭南段阿鲁科尔沁旗地区林西组沉积环境特征及其时限的地质意义．吉林大学学报(地球科学版)，2020，50(20)：425-441.
[43] 朱如凯，许怀先，邓胜徽，等．中国北方地区二叠纪岩相古地理[J]．古地理学报，2007，(02)：133-142.

内蒙扎鲁特地区林西组元素地球化学及古气候探讨

张芳霞　朱占平　张　雪　段　煜

（吉林大学）

摘　要　本文对内蒙古扎鲁特地区的陶海营子剖面林西组样品进行了主量元素、微量元素以及黏土矿物的测试分析，综合元素含量及有关比值的变化，并结合岩性、岩相特征以及黏土矿物的含量数据，深入探讨了内蒙古扎鲁特地区陶海营子剖面林西组沉积时期的古气候特征。研究结果表明：陶海营子剖面为三角洲相-湖泊相，研究区晚二叠世林西组地球化学元素特征参数 MgO/CaO 值为 0.08～2.83、Al_2O_3/MgO 值为 7.65～19.06、Sr/Cu 值为 1.36～22.31、Rb/Sr 值为 0.43～3.47，CIA 值指示中等风化作用，古气候指数 C 值为 0.43～4.23，整体显示林西组沉积时为温暖潮湿的气候环境，在沉积后期出现短暂的干旱气候。黏土矿物中绿泥石含量最高，伊利石次之，且呈现此消彼长的趋势，伊/蒙混层含量最少，含量为 29.58%，中间部分样品伊利石含量高于绿泥石含量，说明了林西组沉积时整体为温暖潮湿的气候环境，在沉积后期出现短暂的干旱气候，与地球化学元素分析显示的古气候结论一致。

关键词　晚二叠，林西组；古气候；元素地球化学；黏土矿物

古气候的研究是古今接轨，建立预测模型的前提，只有认识区域气候环境演化，才能准确认识全球的环境演化。晚二叠世林西组在油气资源探勘中占据十分重要的地位，通过对各地区晚二叠林西组的研究，可以用来整体分析晚二叠林西组的古气候特征。前人主要对晚二叠世林西组的沉积时代、古生物特征、沉积环境以及构造环境进行研究，李福来等(1999)认为内蒙古东北部上二叠统林西组为开阔的淡水环境，主要为陆相沉积体系。李树才等(2019)认为内蒙古林西官地上二叠统林西组为陆相河湖沉积。董清水等(2020)认为大兴安岭南段阿鲁科尔沁旗地区为缺氧或贫氧的淡水湖泊环境。张健等(2019)通过扎鲁特地区陶海营子剖面和鲁 D2 井泥岩样品认为林西组的沉积环境为淡水-半咸水的湖泊环境。余和中(2001)认为松辽及外围地区晚二叠世为陆相或海陆交互相环境。张永生等(2012)认为兴蒙地区在晚二叠世晚期仍属海相或以海相为主的沉积环境。但截至目前，对林西组沉积时期古气候的相关研究较少，现已有的研究认为大兴安岭中段索伦地区林西组沉积时总体为温湿气候，认为松辽盆地西斜坡区晚二叠世以来气候由干热转向湿润，期间存在多次干热-温湿交替变化。

本文将围绕陶海营子剖面林西组沉积时期盆地古气候特征开展研究。通过综合野外露头观察，分析陶海营子剖面样品主量元素、微量元素以及黏土矿物，对该剖面林西组沉积时期的古气候特征进行探讨。

1　区域地质背景

林西组广泛分布于兴蒙地区，是晚二叠世主要的岩石地层单位。从地表露头来看，可分为 3 个沉积中心，北部以嫩江-黑河为中心，中部以索伦-碾子山为中心，南部以林西-扎鲁特旗为中心。建组剖面为林西县官地-翟家沟剖面，该组最早是由法国人 Teilhard Chardin (1924) 在 1924 年命名，称为林西系或林西板岩。内蒙古第二区测队于 1967 年改称林西组。梁仲发(1982)根据双壳类、植物化石组合确定林西组的时代属晚二叠世。《内蒙古自治区区域地质志》(1991)将兴蒙地区西拉木伦河以北的上二叠统包尔敖包组、孙家坟组、老龙头组、索伦组等一并归入上二叠统林西组。

陶海营子剖面(图 1)是 1∶20 万扎鲁特旗幅所建二叠系陶海营子组的建组剖面，分为上下 2 段，下段为一套轻微变质的灰黑、灰绿色砂板岩组合，上段为变质细砂岩与斑点板岩、绢云母、黑云母板岩、堇青石板岩互层，建组是根据剖面中的双壳和植物化石的组合特征将其时代定为晚二叠世，相当于林西组上部层位。王五力(1984)、黄本宏(1987)先后根据叶肢介和植物

化石将其时代定为晚二叠世。1996 年内蒙古自治区地质矿产局将其划归上二叠统林西组。陶海营子剖面位于内蒙古阿鲁科尔沁旗白音塔拉苏木陶海营子村西 5km 处，大地构造上位于兴蒙造山带内，林西断裂与西拉木伦断裂之间。大致呈北东向带状分布，地层倾向北西，露头好，化石丰富，在林西组上部层位采集到孢粉、叶肢介、双壳、植物化石。

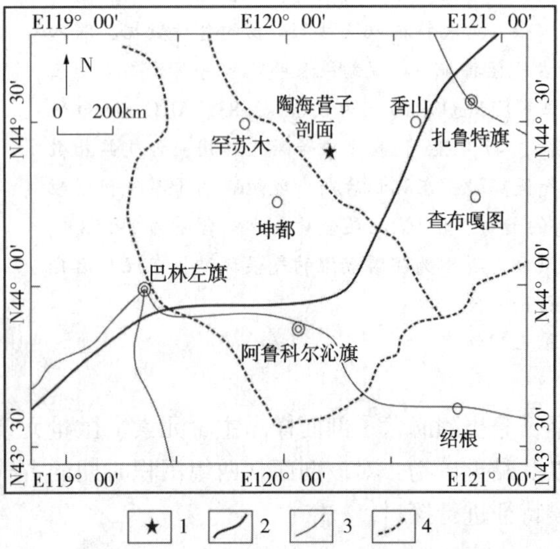

图 1　研究区位置图

1. 陶海营子剖面位置；2 国道；3 省道；4. 水系

2　样品采集及测试方法

2.1　露头样品采集

样品采自内蒙古自治区扎鲁特旗陶海营子大冲沟，陶海营子林西组剖面起点坐标为 N44°24′56″，E120°14′3″，剖面终点坐标为 N44°24′6″，E120°13′37″，剖面全长 820m，露头较好，但未见顶、底，均被第四系覆盖。岩性以灰黑色泥岩、粉砂质泥岩、泥质粉砂岩、灰色粉砂岩和灰绿色细砂岩为主。距陶海营子剖面起点 0～132m 主要发育细砂岩、粉砂岩、泥质粉砂岩；132～591m 主要发育细砂岩、砂岩；591～820m 主要发育细砂岩、泥岩(图 2)。

2.2　测试方法

本次在陶海营子剖面采集样品 12 件，样品元素地球化学分析(主量、微量元素)和黏土矿物均在东北石油大学油气藏形成机理与资源评价重点实验室完成。其中主、微量元素均采用理学 ZSXPrimus X 射线荧光光谱仪进行测试分析，使用标准为 GB/T 14506.28—2010，硅酸盐岩石化学分析方法第 28 部分：16 个主次成分量测定；黏土矿物采用德国布鲁克 D8AA25X 射线衍射仪进行测试分析，温度 25℃，相对湿度：40%，测试标准为 SY/T 5163—2018《沉积岩中黏土矿物和常见非黏土矿物 X 射线衍射分析方法》。

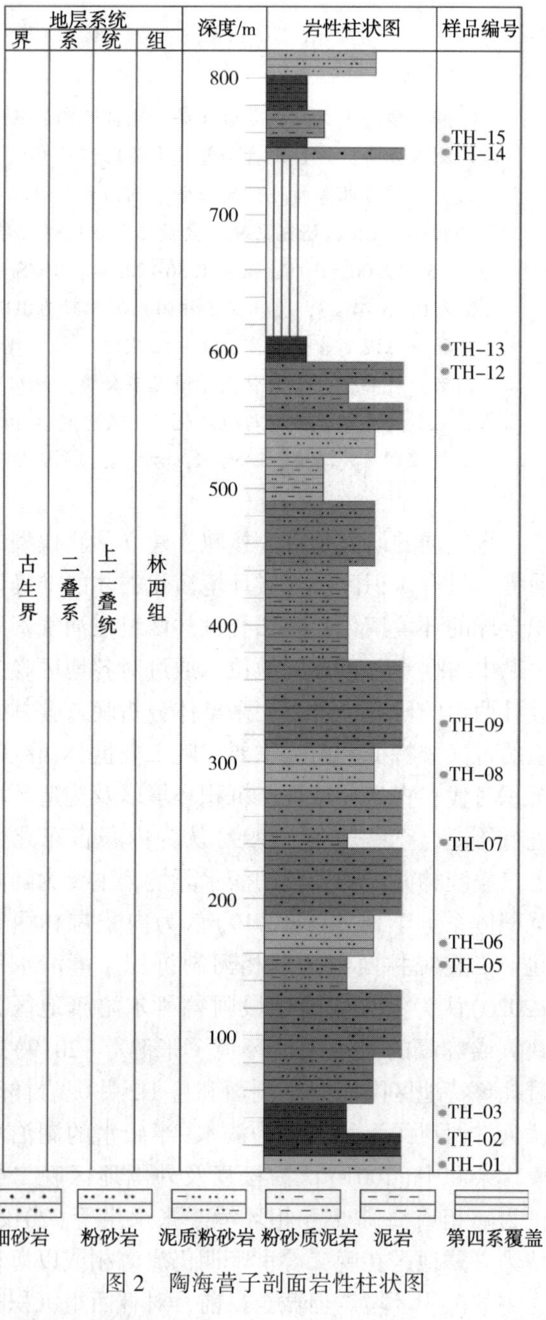

图 2　陶海营子剖面岩性柱状图

3　测试结果

3.1　主量元素

陶海营子剖面主量元素含量结果见表 1，分析结果表明样品的烧失量在 3.43%～10.35%，平均值为 6.03%，烧失量值相对较大，且波动明显，推测可能由于碳酸盐和黏土矿物中结构水的失去所引起。SiO_2 含量在 56.74%～70.04%，均值为 62.99%，在所有样品中均含量较高，是主要的化学组成。CaO 含量在 0.46%～12.73%，均值为 2.77 %；K_2O 含量在 1.39%～4.47%，均值为 3.00%；Na_2O 含量在 0.49%～3.09%，均值为 1.95%，Ca、K、Na 等元素亦受到化学分化作用，则元素含量变化稍有差异。含量最低的元素为 MnO，均值只有 0.12%。可知陶海营子剖面整体具有高 Si、Al，低 Mn、P 的特点。

表 1　陶海营子剖面主量元素含量

样品号	含量/%											
	Al2O3	CaO	Fe2O3	MnO	P2O5	K2O	SiO2	Na2O	TiO2	MgO	烧失量	总和
TH-01	19.00	0.90	2.54	0.04	0.23	2.72	64.67	2.87	0.33	1.52	4.82	99.65
TH-02	13.99	1.05	3.84	0.06	0.22	2.23	70.04	3.09	0.51	0.92	3.43	99.37
TH-03	15.70	1.21	3.97	0.09	0.38	3.87	66.06	2.52	0.52	1.62	3.85	99.79
TH-05	14.99	1.38	5.5	0.07	0.31	2.99	65.05	2.05	0.72	1.01	5.44	99.49
TH-06	11.38	10.12	8.43	0.12	0.25	1.39	56.74	1.67	0.46	1.49	7.78	99.83
TH-07	18.43	0.70	4.32	0.10	0.28	4.47	62.85	0.49	0.66	1.07	6.52	99.88
TH-08	17.61	0.46	3.97	0.11	0.29	3.69	65.84	2.13	0.45	1.3	3.76	99.61
TH-09	13.99	1.98	4.13	0.16	0.21	1.87	68.78	3.81	0.44	0.73	3.62	99.72
TH-12	9.43	12.73	4.31	0.20	0.27	1.86	59.12	1.87	0.41	1.04	8.32	99.56
TH-13	17.47	0.82	8.55	0.11	0.32	4.15	58.38	0.85	0.66	1.72	6.79	99.82
TH-14	15.20	1.02	6.12	0.17	0.41	3.37	60	0.97	0.54	1.57	10.35	99.72
TH-15	16.78	0.90	8.54	0.16	0.4	3.38	58.36	1.16	0.74	1.8	7.69	99.91
平均值	15.33	2.77	5.35	0.12	0.3	3	62.99	1.95	0.54	1.32	6.03	/

3.2　*微量元素*

陶海营子剖面微量元素含量结果见表 2，分析数据表明晚二叠世林西组微量元素中 V 含量为 48.29×10^{-6}～109.02×10^{-6}，Rb 含量为 57.63×10^{-6}～166.63×10^{-6}，Sr 含量为 43.24×10^{-6}～184.67×10^{-6}，Ba 含量为 292.92×10^{-6}～622.36×10^{-6}，Zr 含量为 177.07×10^{-6}～284.26×10^{-6}，Cd 含量为 0.1013×10^{-6}～0.2759×10^{-6} 具有高 V、Rb、Sr、Ba、Zr，低 Cd 的特点。

表 2　陶海营子剖面微量元素含量

样品号		TH-01	TH-02	TH-03	TH-05	TH-06	TH-07	TH-08	TH-09	TH-12	TH-13	TH-14	TH-15	平均值
含量/(μg/g)	Li	22.64	18.54	23.68	23.39	31.45	32.68	42.7	20.88	23.56	27.93	35.4	40.95	28.65
	Be	1.87	2.06	2.45	3.42	2.5	3.37	3.23	2.21	2.23	2.99	1.77	1.89	2.5
	V	71.5	64.14	91.69	104.87	69.97	89.84	102.62	48.29	60.02	109.02	60.29	93.27	80.46
	Cr	106.79	188.14	113.62	221.82	250.93	110.13	2110.68	411.89	149.43	153.32	372.89	111.84	358.46
	Co	6.72	6.37	23.58	42.15	15.72	7.91	81.79	12.92	9.18	18.38	11.28	7.28	20.28
	Ni	42.16	66.34	44.08	97.23	102.25	63.84	886.15	169.84	61.23	80.18	148.28	54.6	151.37
	Cu	15.08	9.68	21.61	44.97	11.28	31.83	66.9	9.67	7.63	30.23	18.26	30.74	24.82
	Zn	56.69	86.9	64.47	111.62	132.25	102.53	156.49	70	75.37	88.46	95.53	80.01	93.36
	Ga	17.41	18.48	21.78	24.37	20.23	24.23	24.85	20.67	23.76	25.3	22.06	21.3	22.04
	Rb	64.55	57.63	120.9	125.32	63.27	150.12	128.71	79.99	98.19	166.63	93.8	115.28	105.37
	Sr	69.89	84.05	69.4	84.25	82.77	43.24	124.39	184.67	170.3	85.64	154.64	81.96	102.93
	Cd	0.11	0.12	0.13	0.28	0.23	0.2	0.27	0.16	0.11	0.11	0.16	0.1	0.16
	In	0.05	0.05	0.07	0.07	0.08	0.11	0.09	0.05	0.07	0.09	0.07	0.08	0.07
	Sb	2.16	1.85	1.89	3.58	2.45	1.67	3.15	1.01	1.07	1.15	1.12	1.18	1.85
	Cs	10.77	9.3	15.47	20.71	9.34	14.97	20.1	11.1	8.34	25.45	7.07	10.6	13.6

续表

样品号		TH-01	TH-02	TH-03	TH-05	TH-06	TH-07	TH-08	TH-09	TH-12	TH-13	TH-14	TH-15	平均值
含量/(μg/g)	Ba	292.92	349.49	468.35	444.75	386.84	428.43	622.36	404.24	472.52	621.58	469.61	510.25	455.94
	Hf	7.28	6.82	6.52	8.24	6.27	6.68	6.31	5.31	7.07	5.53	6.75	5	6.48
	Tl	0.46	0.48	0.63	0.78	0.47	0.82	0.71	0.47	0.53	0.9	0.49	0.66	0.62
	Pb	7.37	14.47	13.43	22.17	16.89	23.43	49.25	17.36	19.44	14.47	47.81	23.58	22.47
	Bi	0.15	0.1	0.23	0.41	0.13	0.33	0.46	0.12	0.15	0.53	0.25	0.52	0.28
	U	1.89	1.74	2.95	3.04	2.32	3.05	3.76	2.5	2.79	2.86	2.71	2.75	2.7
	Nb	10.88	11.48	13.41	13.73	11.38	13.72	14.02	10.85	15.18	10.54	12.71	11.53	12.45
	Mo	1.4	0.96	0.69	1.74	3.22	1.46	5.17	1.91	0.7	1	1.65	0.71	1.72
	Ta	2.94	3.01	3.8	4.1	2.91	3.39	4.04	3.12	4.47	3.33	3.82	2.83	3.48
	W	1.71	2.44	2.32	3.46	2.75	2.09	3.15	1.54	1.86	1.77	2.03	1.62	2.23
	Re	0.0001	0.0002	0.0008	0.0019	0.0006	0.0009	0.003	<0.0000	0.0002	0.0021	0.0025	0.0009	0.0001
	Zr	257.6	246.06	233.49	284.26	219.14	236.37	215.43	184.81	284.55	202.14	249.03	177.07	229.5

4 沉积相

由图2可知，陶海营子剖面0~132m岩石主要为细砂岩和粉砂岩，粒度从上至下由粗变细，砂岩层中发育交错层理(图3a)、平行层理(图3b)，剖面可见水下分流河道砂岩的正粒序沉积；132~591m岩石主要为细砂岩、粉砂岩、泥质粉砂岩和粉砂质泥岩，发育交错层理、水平层理，厚层砂岩呈透镜状产出，可见河口坝的反粒序沉积，由此可初步判断林西组该段为三角洲沉积；591~820m岩石主要为泥岩和细砂岩，主要发育泥岩和砂岩的岩性组合，具有砂泥岩不等厚互层沉积的特征，由此可初步判断林西组该段为湖泊相沉积。

Sr/Ba比值常用来指示古盐度和判别海陆相环境，一般Sr/Ba<0.6时，为淡水陆相环境；0.6<Sr/Ba<1时，为过渡相；Sr/Ba>1时，为咸水海相环境。林西组的Sr/Ba为0.10~0.46，平均为0.23，可知林西组整体为淡水陆相沉积。

V/(V+Ni)值和Ni/Co值是可作为判断氧化-还原环境的标准，当V/(V+Ni)>0.46时，属于还原环境；当V/(V+Ni)<0.46时，属于氧化环境。林西组的V/(V+Ni)值为0.1~0.68，平均值为0.46，属于弱氧化-还原环境；当Ni/Co>5时，属于还原环境；当Ni/Co<5时，属于氧化环境。林西组的Ni/Co值为1.87~13.1，平均值为7.58，属于弱氧化-还原环境。结合岩石颜色的观察，陶海营子剖面岩石颜色主要为灰绿色、灰色、灰黑色、黑色，反映了水体中氧含量较低，为还原的沉积环境，主要出现在湖泊环境中。

通过对野外剖面、岩石类型、构造特征、古盐度以及氧化还原环境的分析，可判断陶海营子剖面林西组主要为三角洲相-湖泊相沉积。

(a)砂岩中交错层理　　(b)砂岩中平行层理

图3　野外岩石构造图

5　古气候讨论

5.1　元素地球化学对古气候的指示

5.1.1　主量元素对古气候演化的指示

主量元素在地层中含量的变化在一定程度上可以反映沉积时的古气候。MgO/CaO 值是气候变化的良好指示剂，当未形成钠钾盐层时，高比值指示干热气候，低比值反映温湿气候；若存在钠钾盐层(如碳钠盐岩)，由于 Mg^{2+} 优先沉淀而显著降低，此时低 MgO/CaO 比值需与 K^{+}、Na^{+} 的高含量结合，仍能指示干热气候。根据表 3 可知，研究区陶海营子剖面林西组 MgO/CaO 值在 0.08~2.83，平均值为 0.47，说明该剖面在林西组沉积时期整体为温暖潮湿的气候环境。

表 3　陶海营子主、微量元素特征参数

样品号	MgO/CaO	Al2O3/MgO	Sr/Cu	Rb/Sr	CIA	C	Sr/Ba	V/(V+Ni)	Ni/Co
TH-01	1.69	12.47	4.63	0.92	75	0.62	0.24	0.63	6.28
TH-02	0.87	15.23	8.69	0.69	69	0.75	0.24	0.49	10.41
TH-03	1.33	9.71	3.21	1.74	67	0.51	0.15	0.68	1.87
TH-05	0.73	14.87	1.87	1.49	70	0.88	0.19	0.52	2.31
TH-06	0.15	7.65	7.34	0.76	46	0.93	0.21	0.41	6.52
TH-07	1.55	17.16	1.36	3.47	77	0.58	0.1	0.58	8.07
TH-08	2.83	13.51	1.86	1.03	74	4.23	0.2	0.1	10.83
TH-09	0.37	19.06	19.09	0.43	65	1.09	0.46	0.22	13.11
TH-12	0.08	9.05	22.31	0.58	36	0.43	0.36	0.5	6.67
TH-13	2.09	10.15	2.83	1.95	75	0.51	0.14	0.58	4.36
TH-14	1.54	9.7	8.47	0.61	74	0.95	0.33	0.29	13.15
TH-15	1.99	9.32	2.67	1.41	76	0.46	0.16	0.63	7.5
平均值	0.47	11.65	4.15	1.02	66	0.99	0.23	0.35	7.47

Al_2O_3/MgO 值的大小反映沉积过程中古气候的变化。干旱气候条件下，由于水分蒸发导致水体碱性增强致使沉积介质中的 Mg 元素大量析出而在水底发生沉积高值，所以较高的 Al_2O_3/MgO 比值偏向于温湿气候，而较低的 Al_2O_3/MgO 比值则偏向于炎热气候。根据表 3 可知，研究区陶海营子剖面林西组 Al_2O_3/MgO 值 7.65~19.06，平均值为 11.65，说明该剖面在林西组沉积时期整体为温暖潮湿的气候环境。

5.1.2　微量元素对古气候演化的指示

微量元素对古气候探讨有着重要的指示意义，本文主要采用了 Sr/Cu 值、Rb/Sr 值来判别古气候。

Sr/Cu 是判别古气候的重要指标，通常，Sr/Cu 值介于 1.3~5.0，指示温湿气候；Sr/Cu 值介于 5~10，指示半湿润半干热气候；Sr/Cu 值大于 10 指示干热气候。根据表 3 可知，研究区陶海营子剖面林西组 Sr/Cu 值在 1.36~22.31，平均值为 4.15，除样品 TH-09、TH-12 的 Sr/Cu 值为 19.09 和 22.31，其余样品 Sr/Cu 值均小于 10，从图 3 中也可看出 Sr/Cu 值较为集中，说明林西组沉积时整体为温暖潮湿的气候环境，但在沉积后期出现短暂的干热气候。

Rb/Sr 也是判别古气候的重要指标，在温暖湿润的气候条件下，化学风化作用强烈，含 Sr 矿物易被淋滤分解，Sr^{2+} 随水体迁移流失，而 Rb 因吸附性强而保留在沉积物中，导致沉积物中 Rb/Sr 比值升高；在干旱气候环境下，化学风化作用相对较低，化学淋滤作用弱，Sr 的流失较少，Rb 与 Sr 的富集程度差异减小，导致 Rb/Sr 比值降低。因此，Rb/Sr 高值指示湿润气候，Rb/Sr 低值指示干旱气候。根据表 3 可知研究区陶海营子剖面林西组 Rb/Sr 值分布为 0.43~3.47，平均值为 1.02，除 TH-02、TH-09、TH-12 外，样品 Rb/Sr 值偏大，指示当时林西组沉积时整体为温暖潮湿的气候环境但在沉积后期出现短暂的干热气候。

结合 Sr/Cu 和 Rb/Sr 可知，林西组整体为温暖潮湿的气候环境，在沉积后期出现短暂的干热气候。

5.1.3　化学风化指数 CIA 对古气候演化的指示

岩石风化作用强度与气候环境密切相关，

Nesbitt et al.（1982）提出的化学风化指标 CIA，其计算公式如下：

$$CIA = 100 \times \frac{Al_2O_3}{Al_2O_3 + CaO^* + Na_2O + K_2O} \quad (1)$$

其中 CaO^* 指硅酸盐中的 CaO，即全岩中的 CaO 扣除化学沉积的 CaO 摩尔分数。

通常情况下，炎热潮湿的气候化学分化程度高。CIA 值在 50~65 之间，指示寒冷干燥的气候；CIA 值在 65~85 之间，指示温暖湿润的气候；CIA 值在 85~100 之间，指示炎热潮湿的气候。根据表 3 以及图 4 可知，研究区林西组的 CIA 值在 36~77，平均值为 66，除样品 TH-04、TH-12 外，大多数样品 CIA 值均在 65~85 之间，指示中等风化作用，反映当时林西组沉积时为温暖潮湿的气候环境。其中样品 TH-04、TH-12 的 CIA 值较小，分别为 46 和 36，说明化学风化作用极弱，气候条件可能为寒冷干燥。综上所述研究区林西组沉积时总体为温暖潮湿的气候环境，在存在短暂的干旱气候。

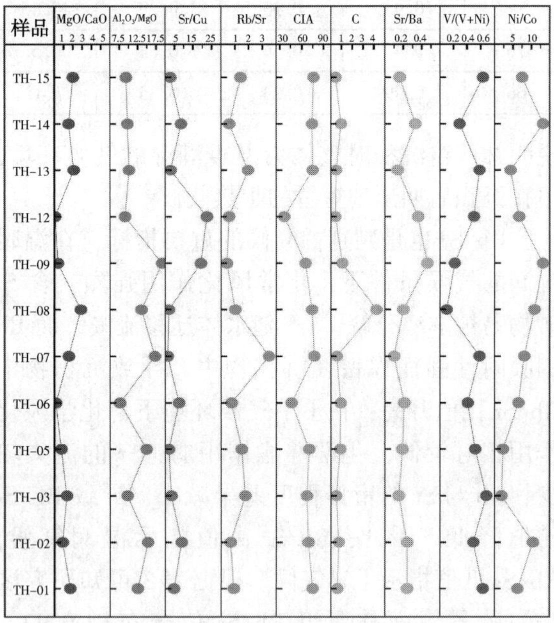

图 4　陶海营子剖面主、微量元素比值判别图

5.1.4　古气候指数 C 对古气候演化的指示

古气候指数 C 通过量化沉积岩中特定元素组合的比值反映气候特征。潮湿气候下，沉积岩中 Fe、Mn、Cr、V、Ni、Co 等元素因强烈化学风化而富集；干燥气候下，Ca、Mg、K、Na、Sr、Ba 等易溶元素含量相对较高，利用这两类元素的比值计算得出古气候指数 C（$C = \Sigma(Fe+Mn+Cr+V+Co+Ni)/\Sigma(Ca+Mg+Sr+Ba+K+Na)$），用于定量评估古气候变化。当 $C>0.80$，指示温湿气候；$0.60<C\leqslant 0.80$，指示半温湿气候；$0.40<C\leqslant 0.60$，指示半干热—半温湿气候；$0.20<C\leqslant 0.40$，指示半干热气候；$C\leqslant 0.20$，指示干热气候。根据表 3 以及图 4 可知，研究区林西组的古气候指数 C 值在 0.43~4.23，平均值为 0.99，说明晚二叠世以来气候主要为半温湿至温湿气候，在中后期出现短暂的半干热气候。

5.2　黏土矿物对古气候演化的指示

黏土矿物的形成和转化受多种因素的影响，其中气候因素起主要作用，不同气候条件下所形成的黏土矿物的特征与组合各不相同。研究表明，在寒冷或干旱的气候条件下，淋滤作用较弱，不利于碱土金属元素发生淋滤作用，有利于形成和保存伊利石，伊利石可作为寒冷干旱气候的指示标志矿物；绿泥石形成环境同伊利石一样，同样指示寒冷干旱的气候环境，因此伊利石和绿泥石含量的逐渐增加表示了逐渐干旱的气候条件，而当黏土矿物中绿泥石含量占一定的比例时，则反映当时气温较高，相对干旱的环境。在季节性的温暖、潮湿的气候条件下，层间碱金属（主要是 K^+）不断流失，水解程度增强，偏碱性的环境中有利于形成蒙脱石；在温暖潮湿的气候条件下，淋滤作用较强，母岩风化后，一些碱金属、碱土金属元素容易被淋滤流失，有利于形成高岭石，和蒙脱石相比，高岭石的形成比蒙脱石需要更高的温度和湿度。

陶海营子剖面林西组样品黏土矿物相对含量的测试数据显示（表 4），伊利石占总黏土矿物的 18%~52%，平均值为 33.08%；绿泥石占总黏土矿物的 14%~59%，平均值为 37.33%；伊/蒙混层占总黏土矿物的 19%~40%，平均值为 29.58%，可知样品中黏土矿物主要是绿泥石，伊利石次之，伊/蒙混层最少，其中缺少高岭石，推测高岭石因成岩作用已转化为伊利石或伊蒙混层。从样品 TH-01~TH-15 可以看出，整体上伊利石含量逐渐减少，绿泥石含量逐渐增加，呈现此消彼长的趋势，蒙脱石/伊利石混层指示气候向温湿转变，说明研究区林西组的气候主要以温暖潮湿为主，但是样品 TH-06、TH-07、TH-09、TH-12、TH-13 的伊利石含量较高，说明研究区中间向干旱气候转变。可知研究区内林西组沉积时气候主要为温暖潮湿但在沉积后期出现短暂的干旱气候，此结论也与地球化学元素分析显示的古气候结论一致。

表 4　陶海营子样品黏土矿物含量

样品号	黏土矿物含量百分比/%			伊蒙混层比	
	伊利石	绿泥石	伊/蒙混层	蒙皂石	伊利石
TH-01	52	14	34	15	85
TH-02	23	46	31	15	85
TH-03	27	41	32	15	85
TH-05	18	51	31	15	85
TH-06	45	23	32	15	85
TH-07	40	26	34	15	85
TH-08	20	40	40	15	85
TH-09	39	27	34	15	85
TH-12	42	35	23	10	90
TH-13	49	28	23	15	85
TH-14	20	58	22	15	85
TH-15	22	59	19	15	85
平均值	33.08	37.33	29.58	14.58	85.42

综合主量元素特征参数、微量元素特征参数以及黏土矿物，陶海营子剖面林西组沉积时总体呈现温暖潮湿的气候环境，在沉积后期出现短暂的干旱气候。

5.3　东北地区二叠纪到三叠纪的古气候演化

东北地区在中、晚二叠世时随着古亚洲洋的逐渐缩减，发生了大规模的构造抬升，海水由北向南退去，研究区乃至整个东北地区从海相沉积逐渐转变成陆相沉积，气候由温暖潮湿的海洋性气候向干燥炎热的大陆性气候转变。东北地区早二叠世时，古亚洲洋处于俯冲消减阶段，区域发育弧后裂谷盆地，伴随火山活动，火山释放的CO 81增强了温室效应，以大石寨组为代表，发育海相灰岩夹火山碎屑岩，含腕足类、珊瑚化石，海相生物繁盛，此时气候为温暖湿润；中二叠世时，随着俯冲带后撤，局部转为前陆盆地，出现海陆过渡相碎屑岩，研究区哲斯组发育灰岩、砂页岩夹灰岩、砂砾岩夹灰岩，富含腕足类、珊瑚等海相化石，反映浅海陆棚环境，气候仍以湿润为主；晚二叠世时，随着华北板块与西伯利亚板块的碰撞拼合，古亚洲洋逐渐闭合，区域构造活动表现为强烈的造山隆升，导致大兴安岭地区整体抬升，海水完全退出，沉积环境由早中二叠世的浅海相转变为陆相湖泊体系，晚二叠世林西组沉积时正处于海陆转换关键时期，发育灰黑色、灰绿色砂岩和黑色泥岩，含双壳、叶肢介、介形虫、植物、孢粉化石，植物化石分布广，喜湿的安加拉蕨类植物繁盛，整体为温湿的气候环境。岩石类型、主量元素、微量元素以及黏土矿物的综合分析表明，林西组处于水体中氧含量较低的还原条件，为三角洲—湖泊相沉积，主要为温暖潮湿的气候环境，在沉积后期出现短暂的干旱气候；早三叠世时，进入陆内伸展阶段，因全球二叠纪末生物大灭绝事件的影响二氧化碳浓度一直维持在一个较高的水平，以幸福之路组红层沉积为标志显示气候转为炎热干旱，同时辽宁兴城地区的同期沉积记录也显示二叠纪末至三叠纪初的气候从湿润向干旱过渡。研究表明东北地区二叠世至三叠世的古气候经历了由温暖潮湿转为干旱炎热的演化过程，而晚二叠世林西组沉积阶段气候的变化，对探讨东北地区二叠纪向三叠纪过渡古气候变化有着重要的承接意义。

6　结论

（1）陶海营子剖面林西组的岩性以灰黑色泥岩、粉砂质泥岩、泥质粉砂岩、灰色粉砂岩和灰绿色细砂岩为主，发育平行层理和交错层理，具有砂泥岩不等厚互层沉积的特征，结合 Sr/Ba 值指示淡水陆相沉积，V/(V+Ni) 值和 Ni/Co 值共同表征沉积时期水体处于低氧还原条件，确定林西组为三角洲相-湖泊相沉积。

（2）CIA 值表明林西组经历中等强度的风化作用，结合 MgO/CaO、Al_2O_3/MgO、Sr/Cu、Rb/Sr 等元素的比值、古气候 C 值数据及各黏土矿物含量变化，显示晚二叠世林西组总体呈现温暖潮湿的气候环境，在沉积后期出现短暂的干旱气候。

（3）东北地区二叠世至三叠世的古气候经历了由温暖潮湿转为干旱炎热的演化过程，而晚二叠世林西组沉积时处于海相向陆相转化的关键时期，其气候的研究对探讨东北地区二叠纪向三叠纪的古气候变化有着重要的承接意义。

参考文献

[1] 白立兵. 2013. 内蒙古二连—阿巴嘎地区晚古生代岩浆岩年代学、岩石组合与构造演化. 北京：中国地质大学(北京)博士学位论文.

[2] 曹建廷，王苏民，沈吉. 1999. 内蒙古岱海气候环境演变的沉积记录. 地理学与国土研究，(3)：82-86.

[3] 陈骥，姜在兴，姜正龙，等 . 2015. 塔东南坳陷侏罗系杨叶组沉积相特征及古环境研究 . 地球学报，36(3)：344-352.
[4] 董红梅，宋友桂 . 2009. 黏土矿物在古环境重建中的应用 . 海洋地质与第四纪地质，29(6)：119-130.
[5] 董清水，何春生，楼仁兴，等 . 2020. 大兴安岭南段阿鲁科尔沁旗地区林西组沉积环境特征及其时限的地质意义 . 吉林大学学报(地球科学版)，50(20)：425-441.
[6] 范代军 . 2022. 松辽盆地徐家围子断陷白垩系沙河子组古气候古环境及烃源岩发育模式 . 吉林：吉林大学博士学位论文 .
[7] 付金华，李士祥，徐黎明，等 . 2018. 鄂尔多斯盆地三叠系延长组长 7 段古沉积环境恢复及意义 . 石油勘探与开发，45(6)：936-946.
[8] 关有志 . 1992. 科尔沁沙地的元素、粘土矿物与沉积环境 . 中国沙漠，(1)：12-18.
[9] 韩杰，周建波，张兴洲，等 . 2011. 内蒙古林西地区上二叠统林西组砂岩碎屑锆石的年龄及其大地构造意义 . 地质通报，30(Z1)：258-269.
[10] 何大双，吕琴音，张耀阳，等 . 2023. 松辽盆地西斜坡中—晚二叠世古沉积环境演化及油气地质意义 . 地质学报，97(2)：507-522.
[11] 何龙，王云鹏，陈多福 . 2019. 川南地区晚奥陶-早志留世沉积环境与古气候的地球化学特征 . 地球化学，48(06)：555-566.
[12] 和政军，刘淑文，任纪舜，等 . 1997 内蒙古林西地区晚二叠世—早三叠世沉积演化及构造背景 . 中国区域地质，(4)：68-74+92.
[13] 和钟铧，王启智，王强 . 2020. 大兴安岭索伦地区哲斯组碎屑岩地球化学特征和锆石 U-Pb 年龄对沉积物源属性约束 . 吉林大学学报(地球科学版)，50(2)：405-424.
[14] 黄本宏 . 1987. 内蒙古昭乌达盟晚二叠世地层及植物化石 . 地层古生物论文集，(1)：214-226.
[15] 黄本宏 . 1993. 大兴安岭地区石炭、二叠系及植物群 . 北京：地质出版社：1-141.
[16] 黄云飞，张昌民，朱锐，等 . 2017. 准噶尔盆地玛湖凹陷晚二叠世至中三叠世古气候、物源及构造背景 . 地球科学，42(10)：1736-1749.
[17] 雷开宇，刘池洋，张龙，等 . 2017. 鄂尔多斯盆地北部侏罗系泥岩地球化学特征：物源与古沉积环境恢复 . 沉积学报，35(3)：621-636.
[18] 李福来，曲希玉，刘立，等 . 2009. 内蒙古东北部上二叠统林西组沉积环境 . 沉积学报，27(2)：265-272.
[19] 李树才，张雄华，李沅柏，等 . 2019. 内蒙古林西地区林西组地质时代及沉积环境 . 地质科技情报，38(1)：1-7.
[20] 李晓海，郑月娟，宗文明，等 . 2014. 内蒙古阿鲁科尔沁旗陶海营子地区林西组沉积环境 . 地质与资源，23(4)：357-363+382.
[21] 梁仲发 . 1982. 东北北部及内蒙古东部晚二叠世的一些双壳类化石及几个有关地层问题 . 沈阳地质矿产研究所所刊，(4)：130-148.
[22] 林晓慧，詹兆文，邹艳荣，等 . 2019. 准噶尔盆地东南缘芦草沟组油页岩元素地球化学特征及沉积环境意义 . 地球化学，48(1)：67-78.
[23] 明承栋，侯读杰，赵省民，等 . 2015. 内蒙古东部索伦地区中二叠世哲斯组古环境与海平面相对升降的地球化学记录 . 地质学报，89(8)：1484-1494.
[24] 南君亚，叶健骝，王筑明，等 . 1998. 贵州二叠纪—三叠纪古气候和古海洋环境的地球化学研究 . 矿物学报，18(2)：239-249.
[25] 内蒙古自治区地质矿产局 . 1991. 内蒙古自治区区域地质志 . 北京：地质出版社 .
[26] 内蒙古自治区地质矿产矿局 . 1996. 内蒙古自治区岩石地层 . 北京：中国地质大学出版社：219-220.
[27] 祁帅帅，王艳鹏，彭冰柔，等 . 2020. 豫西宜阳地区上二叠统孙家沟组古气候特征分析 . 地质学报，94(12)：3803-3818.
[28] 邵兴坤，侯红星，任柄璋，等 . 2024. 松嫩平原齐齐哈尔地区拜泉县地表基质特征及其古环境恢复 . 地质通报，43(9)：1498-1514.
[29] 师晶，黄文辉，吕晨航，等 . 2018. 鄂尔多斯盆地临兴地区上古生界泥岩地球化学特征及地质意义 . 石油学报，39(8)：876-889.
[30] 史小龙 . 2015. 内蒙古二连-贺根山缝合带西段的组成、同碰撞和碰撞后构造变形的研究 . 北京：中国地质大学(北京)硕士学位论文 .
[31] 王峰，刘玄春，邓秀芹，等 . 2017. 鄂尔多斯盆地纸坊组微量元素地球化学特征及沉积环境指示意义 . 沉积学报，35(6)：1265-1273.
[32] 王金奎，党胤，张文婧，等 . 2023. 黑龙江兰西地区三叠系老龙头组沉积岩元素地球化学特征及古环境 . 大庆石油地质与开发，42(6)：9-16.
[33] 王琳霖，浮昀，方诗杰 . 2018. 鄂尔多斯盆地东缘马家沟组元素地球化学特征及古沉积环境 . 石油实验地质，40(4)：519-525.
[34] 王随继，黄杏珍，妥进才，等 . 1997. 泌阳凹陷核桃园组微量元素演化特征及其古气候意义 . 沉积学报，(1)：66-71.
[35] 王五力 . 1984. 内蒙古昭乌达盟上二叠统陶海营子组的叶肢介化石 . 古生物学报，(1)：124-131+

157-158.

[36] 王争鸣 . 2003. 缺氧沉积环境的地球化学标志 . 甘肃地质学报，(2)：55-58.

[37] 殷科，洪汉烈，李荣彪，等 . 2010. 青海循化盆地晚渐新世沉积物中坡缕石的特征及其古气候指示意义 . 现代地质，24(1)187.

[38] 余和中 . 2001. 松辽盆地及周边地区石炭纪—二叠纪岩相古地理 . 沉积与特提斯地质，(4)：70-83.

[39] 张德军，张健，郑月娟，等 . 2019. 大兴安岭南部二叠纪-三叠纪之交孢粉化石及古气候环境分析 . 吉林大学学报(地球科学版)，49(5)：1350-1361.

[40] 张健，朱占平，孙雷，等 . 2019. 松辽盆地外围西部上二叠统林西组岩相古地理特征 . 东北石油大学学报，43(2)：1-11+139.

[41] 张旻旻，张梅生，李晓波，等 . 2015. 辽西兴城地区上古生界沉积环境识别 . 沉积学报，33(6)：1159-1169.

[42] 张天福，孙立新，张云，等 . 2016. 鄂尔多斯盆地北缘侏罗纪延安组、直罗组泥岩微量、稀土元素地球化学特征及其古沉积环境意义 . 地质学报，90(12)：3454-3472.

[43] 张逸鹏 . 2016. 内蒙古二连浩特西南部大石寨组、哲斯组变形及其对兴蒙造山带构造演化的意义 . 北京：中国地质大学(北京)硕士学位论文 .

[44] 张永生，牛绍武，田树刚，等 . 2012. 内蒙古林西地区上二叠统林西组叶肢介化石的发现及意义 . 地质通报，31(9)：1394-1403.

[45] 张祖陆，孙庆义，宋印胜，等 . 2007. 南四湖周边地区第四纪地层划分的初步研究 . 山东国土资源，23(7)：1-8.

[46] 赵英利，李伟民，温泉波，等 . 2016. 内蒙东部晚古生代构造格局：来自中、晚二叠-早三叠世砂岩碎屑锆石 U-Pb 年代学的证据 . 岩石学报，32(9)：2807-2822.

[47] 甄甄，陈树旺，郑月娟，等 . 2018. 内蒙古阿鲁科尔沁旗陶海营子剖面林西组地球化学特征及其对物源 - 构造背景的制约 . 中国地质，45(5)：1011-1022.

[48] 郑月娟，张健，陈树旺，等 . 2013. 内蒙古阿鲁科尔沁旗陶海营子剖面林西组化石新发现 . 地质通报，32(8)：1269-1276.

[49] 仲米山，吕东霖，王岐，等 . 2022. 大兴安岭中段索伦地区林西组岩石地球化学特征与沉积构造环境 . 中国地质调查，9(5)：89-96.

[50] BiscayeP E. 1965. Mineralogy and sedimentation of recent deep-sea clay in the atlantic ocean and adjacent seas and oceans. GSA Bulletin，76(7)：803-832 .

[51] CHAMLEY H. 1989. Clay Sedimentology. Berlin：Spring-Verlag：1-120.

[52] Li J. 2006. Permian geodynamic setting of Northeast China and adjacent regions：closure of the Paleo-Asian Ocean and subduction of the Paleo - Pacific Plate. Journal of Asian Earth Sciences，26：207-224.

[53] Nesbitt H W，Young G M. 1982. Early Proterozoicclimates and plate motions inferred from major element chemistry of lutites. Nature，299：715-717.

[54] Scheffler K，Dieter B，Lorenz S. 2006. Analysis of late Palaeozoicglacial to postglacialsedimentary successions in South Africa by geochemical proxies-response to climate evolution and sedimentary environment. Palaeogeography，Palaeoclimatology，Palaeoecology，240 (1 - 2)：184-203.

[55] Teilhard de Chardin. 1924. Geology of northern Chihli and eastern Mon - golia. Bullletin of the Geological Society of China，39(3)：399-407.

[56] Tian S F，Chen Z Q，Huang C J. 2014. Orbital Forcing and Sea-Level Changes in the Earliest Triassic of the Meishan Section，SouthChina. Journal of Earth Science，25(1)：64-73

柴达木盆地咸水泉区块高效改造技术研究与试验

肖　倩　冯昕媛　乔星宇　张　力　谢贵琪　郭得龙　王志晟　张　健

（中国石油青海油田公司）

摘　要　咸水泉区块位于柴达木盆地，该区域地质构造复杂多样，受多种构造运动的影响，形成了复杂且独特的构造形态。区域孔隙度、渗透率等参数差异较大，部分区域储层具有较高的孔隙度，但渗透率却较低，显示出明显的低渗透特性；而在一些断裂发育或构造较为活跃的区域，储层渗透率有所提高，但同时也伴随着复杂的流体运移通道。这种储层物性的不均匀性是该区块油气开采的关键技术难题之一，目前的措施改造后有效期短，效果不明显，对压裂提产增效提出了更高要求。结合国内外复杂油藏压裂成功案例和柴达木盆地非常规储层体积改造经验，开展咸水泉区块储层特征和措施改造历史分析，评估措施改造难点，优化形成“页岩油改造+低渗复杂缝网改造”两种复合压裂改造措施方案。

关键词　柴达木盆地；复杂油气构造；水力压裂；复合压裂；高效改造

1　引言

柴达木盆地位于青藏高原北部，是中国西部唯一以新生界为主的大型含油气系统。近年来，随着油气地质认识的提高，柴达木盆地油气勘探与改造实现了从构造到岩性、常规到非常规、浅层到深层的3大跨越，根据油田勘探工作的整体部署以及规划，柴西北地区受勘探技术和复杂地质条件的影响，该区探明率较低、剩余资源量大，具有较大的勘探潜力，包括咸水泉地区在内的柴达木盆地西部地区仍为柴达木盆地石油勘探的重点区域，然而，咸水泉地区构造运动频繁、断层发育多、含多套烃源岩，油的来源极其复杂，长期面临自然产能低、压裂有效期短等技术难题。传统单一储层改造技术在咸水泉地区面临支撑剂嵌入率高、裂缝延伸受限、导流能力衰减快等问题，亟需通过技术创新提高单井产能和储层动用效率。

近年来，国内外针对复杂油藏开发提出体积压裂与复合缝网改造技术，取得显著成效。北美页岩油储层的改造理念是通过高效率、低成本的压裂形成复杂缝网，获得最大的改造体积，推动了体积压裂（SRV）、密切割+高强度加砂等技术的成熟应用。国内学者针对陆相页岩油提出密切割压裂形成复杂的裂缝网络系统，形成“缝网压裂+渗吸置换”的复合改造理念，为低渗储层开发提供新思路，但各个区块储层的特征不同。非常规改造技术（如多次注入、耐高温压裂液、暂堵转向压裂）在提高裂缝复杂度和导流能力方面展现出潜力。

柴达木盆地柴西北区自50年代以来，各种钻井约1300多口，经过长期的勘探和开发，发现区内中浅层的多个油藏在开发中存在自然产能低、地层压力系数明显偏低的特征。受复杂山地影响，地震资料品质较差，勘探久攻不克。由于柴西北上第三系储层属中孔、低渗、低含油饱和度为特点的油藏类型单井产量较低，勘探和开发难度较大，未能形成效益开发。为更大程度的提高单井产量，提高该区的动用程度，结合以往经验，措施改造成为主要手段。研究表明，页岩油改造与低渗储层改造技术的耦合可突破单一技术局限，但针对咸水泉地区高应力差、高盐度储层的适配性仍需验证，该类储层的复杂性给压裂改造工艺提出了新的要求。目前成熟的储层改造工艺难以满足该类储层的勘探评价：一是低孔、低渗致密储层的影响，常规措施改造效果较差，措施改造方式、体系、规模、参数等优选难度大，有效措施改造难度大。二是咸水泉区块储层岩性混积特征较为明显，工艺选择难度大。三是措施后部分井单井产量提升程度有限，需差异化精准改造进一步提升单井产量。本文结合咸水泉区块地质特点，融合岩石力学分析、工艺参数优化及现场试验，形成适配该区块的高效改造技术体系，提高措施效果，为增储上产提供技术支撑。

2 储层特征

2.1 地质特点

咸水泉地区所在的柴达木盆地西部地区地表条件复杂，且储集层岩性复杂、孔隙类型多样、储层物性较差，属于典型的非常规低渗储集层，勘探程度相对较低。咸水泉构造中 $E_3{}^2$ 和 N_1 烃源岩为研究区的两套有效烃源岩，其有机质丰度高，且都达到成熟阶段，具有较强的生排烃能力。咸水泉构造中原油的轻组分有散失，庚烷值偏小，这与柴西北区其他区域不同。但异庚烷值、Rc%和 C29S/(S+R)值显示柴西北区中的原油皆达到成熟阶段。咸水泉构造的浅层原油以高伽马蜡烷值为特征。这与柴西北区其他构造中的原油和烃源岩特征不同，也与咸水泉深部烃源岩特征不同。咸水泉为一鼻状背斜构造，发育有多个构造高点，其与咸水泉南北(咸南和咸北)两条断层在剖面上形成“两断夹一隆”的形态，其储集体类型多样，具有杰出的生储盖组合。90 年代末在咸水泉区块相继钻探 X8、XD1 井均获工业油气流，打开了咸水泉区块探索含油性的序幕。咸水泉发育 $N_2{}^1$、N_1、$E_3{}^2$ 三套地层，因其复杂的地质构造，区域发育三种不同的储层：页岩储层(X101 井钻遇，测井特征表现为相对低的粘土、中等的碳酸盐岩含量，声波时差明显高于上下围岩，深浅侧向有差异且相对高值，电成像呈层性明显，构造稳定，推测该储层为页岩)、孔隙性碳酸盐岩储层(X102 井测试段，低黏土、高碳酸盐岩，核磁双峰特征明显，深浅侧向电阻率相对围岩低，井旁构造相对大，充填缝发育，可见到少量顺层裂缝)、混积型碳酸盐岩。储层岩性以泥质灰云岩、泥晶灰岩为主，少量藻灰岩和钙质粉砂岩。储集空间主要以溶蚀孔隙和晶间孔为主，见少量的裂缝。孔隙度范围集中在 0~7%，渗透率范围集中在 0.02mD 以下，储层孔隙度中值为 6.2%(5%下限)，整体为低孔、特低渗致密储层。地温梯度为 3.7℃/100m，压力梯度为 1.43MPa/100m。杨氏模量平均为 46GPa，泊松比平均为 0.26，脆性指数介于 0.4~0.8，最小主应力梯度为 0.021MPa/m，水平两相应力差为 10~18MPa，今最大水平主应力走向主要为北北东-南南西向，局部应力方向有偏转。

2.2 改造历史

对咸水泉进行储层综合评估，属致密储层(孔隙度 6.5%，渗透率 0.02mD)、储层含油饱和度 48%，天然裂缝欠发育，水平两相应力差中等偏大，脆性较好，总体可压性中等，有形成复杂缝的潜力。

咸水泉区块已部署 X11、X101、X103 井等探井，探井完井射孔后均无自然产能。对探井累计进行了 5 井次/13 层组压裂，平均厚度 6.7m，基本实现“压得开地层、加得进砂”且施工排量平均在 $8m^3/min$ 以上，单层最大加砂量达到 $130m^3$，平均砂比 20%，部分井段存在施工压力高、加砂困难问题。压裂后部分层段获得工业油气流。生产呈现“整体含油、油水同出”特点，压裂返排率高(85%)，并且地层能量供给能力较差，直井稳产能力差。

3 工艺优化

3.1 待压裂探井

X12、X13 井是柴达木盆地咸水泉区块的两口预探井，X12 井完钻层位 $E_3{}^2$ Ⅵ-11，采用 5-1/2″套管完井，完钻井深 4230m、共见气测异常 321m/87 层，全烃最高 99.99%/10 层，储层岩性分别为灰色灰质泥岩、灰色荧光灰质泥岩，测井综合解释均为油水层，目标改造 3 层段。X13 井完钻层位 $E_3{}^2$，采用 5-1/2″套管完井，完钻井深 4496m、储层岩性为灰色荧光泥灰岩、灰色荧光灰质粉砂岩，测井综合解释为油水层。目标改造 2 层段。

3.2 改造层位物性特征分析

通过对改造井段岩性及矿物组分分析，目的层段的碳酸盐岩组份更多，相比深部的页岩油体积改造思路，致密储层复杂缝改造更合适；从储层致密程度来看，储层致密，基质渗透率差(0.02mD 以下)，储层改造以低导流复杂缝改造比中高导流的常规缝改造更有效；从储集空间和含油性来看，储层灰云岩以晶间孔为主，纹层状灰云岩顺层微裂缝发育，碎屑岩杂基含量高，孔隙不发育，仅见少量原生粒间孔、残余粒间孔，岩心及薄片显示主要为裂缝面含油和晶间孔含油，沟通晶间孔和激活天然裂缝和层理缝是增产的关键；从天然裂缝发育情况来看，目的层天然裂缝不发育，层理较发育，需尽量通过高低粘液组合、中小粒径支撑剂组合的复杂缝改造激活层理和裂缝，天然裂缝方位与最大主应力方位小角度相交，裂缝倾角以中等角度为主，整体对复杂缝网较有利。同时，对于目的层压力系数相对较低的情况，适当的开展补能增压对压裂增产有利。X12 射孔层段可能受到邻近含油水层的影响不同，需差异化考虑缝高的控制。

3.3　储层改造思路

通过对国内非常规致密储层改造主体工艺进行调研，与国外致密油相比，我国致密油(鄂尔多斯、龙西)储层具有基质致密、厚度薄、埋藏深、分布零散、丰度低、油气水关系复杂等特点，开发难度更大。针对鄂尔多斯盆地东部致密碳酸盐岩储层研究形成了加砂压裂工艺技术，龙西地区研究开展重复压裂技术，束鹿凹陷致密油储层开展酸压与加砂压裂相结合的复合体积压裂技术。咸水泉区块物性与龙西地区扶余油层相比，除了储层厚度、含油饱和度、储量丰度偏低，其余参数接近，借鉴非常规复杂缝改造的思路，针对咸水泉储层施工压力高、上下层存在水层、天然裂缝激活困难等改造难点，确定咸水泉区块非常规改造第一种思路，即采用桥塞分段多簇+中小粒径支撑+高低粘组合液体激活层理和裂缝压裂工艺降低总液量和减小返排周期，组合粒径支撑剂支撑细微缝和主缝，尽可能增大有效泄流面积。同时利用油管滑套分隔两个目的层段，实现差异化充分改造储层。

在柴达木盆地页岩油开发实践中，采用地质工程一体化工作方法，开展“深穿射孔+大排量+逆复合控近扩远”为核心的体积压裂升级工艺，取得较好效果。借鉴页岩油体积压裂经验，确定咸水泉区块改造第二种思路，即采用深穿射孔+中小粒径为主+逆复合压裂工艺兼顾裂缝长度和复杂程度，前置液阶段利用低粘液体控制缝高的同时激活天然缝，利用滑溜水提高裂缝复杂程度，提高裂缝对储层控制程度，同时利用滑溜水携砂模式下动态缝宽=支撑缝宽解决近井筒转向导致导流能力的问题，最终达到提高单井产量的目的。

同时，为实现储层的充分改造，采用缝内暂堵为主的方式促进裂缝复杂，地层压力较低，适当增加前置液量，实现增能置换，采取有效的裂缝监测手段，准确评估裂缝波及体积，为区块其它井积累依据。

3.4　方案优化

3.4.1　裂缝缝长与导流优化

建立地质模型(图 1)，通过对比计算不同裂缝长度(120m、140m、160m、180m、200m)和不同导流能力(15D·cm、18D·cm、20D·cm、25D·cm、30D·cm)下单井产量得到最优裂缝长度和导流能力，优化半缝长为 100~160m，优化导流能力 15~25D·cm(图 2)。

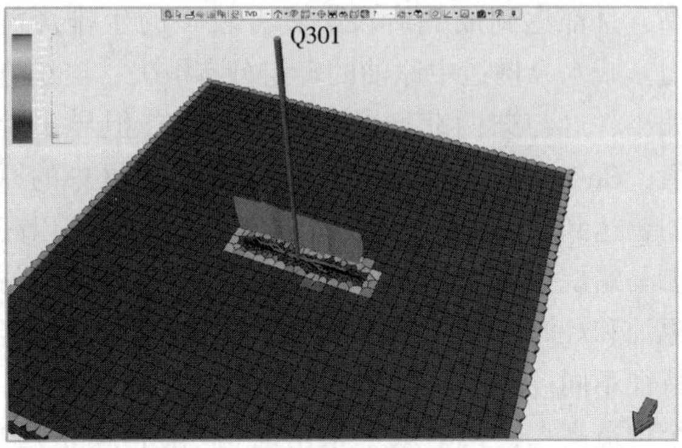

图 1　地质模型

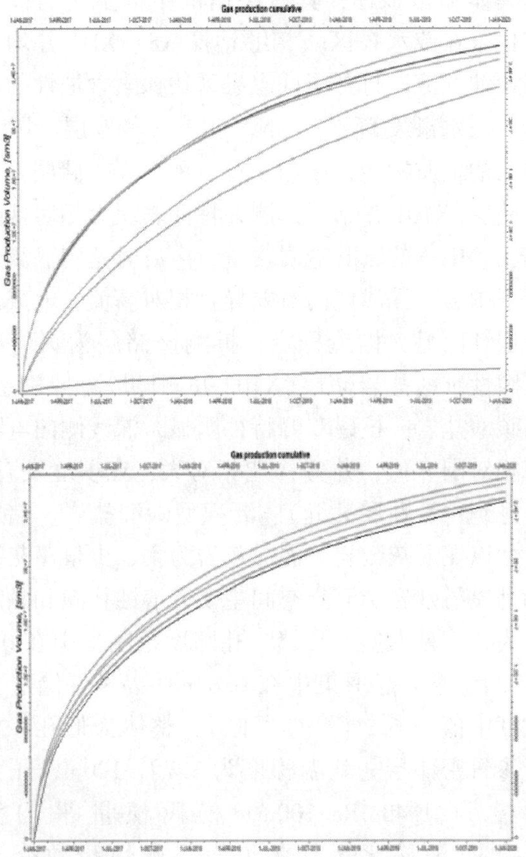

图 2　不同裂缝长度、导流能力与三年累产量关系图

3.4.2　排量优化

根据模拟结果，不同排量条件下提高排量有利于提高射孔簇开启效率，支撑剂和压裂液的均

匀分布情况更优。咸水泉区块破裂压力梯度0.022~0.028MPa/m，结合井身结构、破裂压力梯度和施工限压，模拟不同排量下裂缝变化规律进行对比，模拟选取排量为 $8m^3/min$、$10m^3/min$、$12\ m^3/min$、$14m^3/min$，模拟结果表明：随着排量的增大，裂缝高度增大，改造体积增大，优化排量为 $12m^3/min$，建议施工排量 $10\sim12m^3/min$（图3、图4）。现场实施采用限压不限排量思路，尽可能将排量提高。

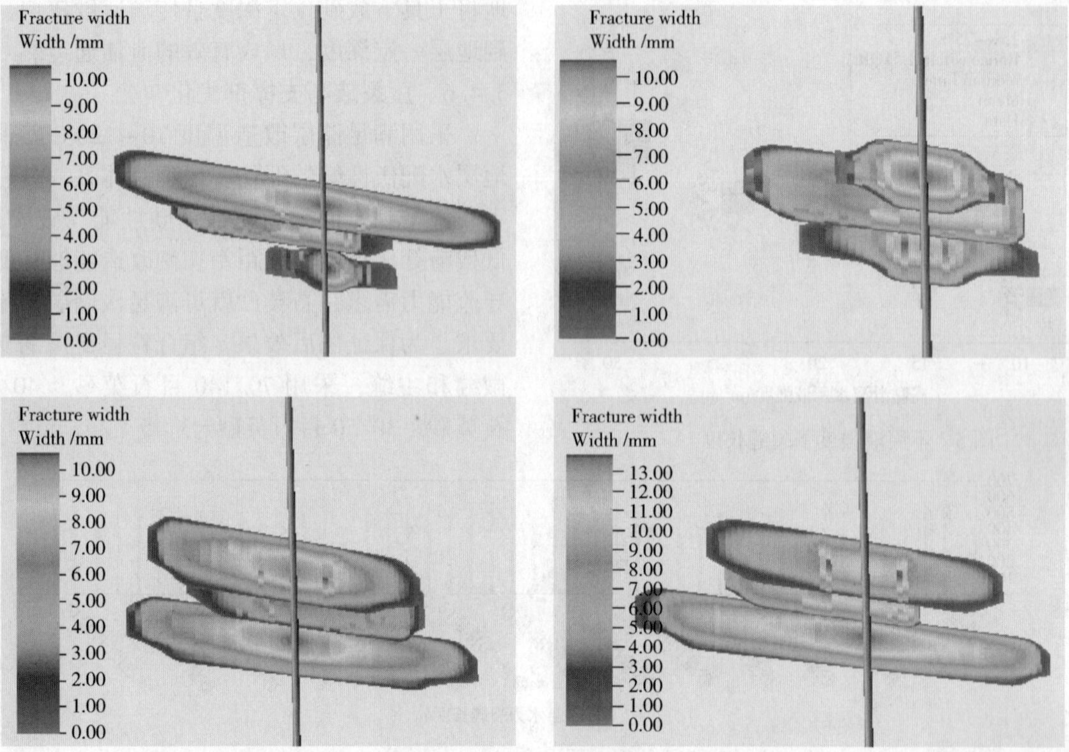

图3　不同排量下裂缝变化规律对比（$8m^3/min$、$10m^3/min$、$12\ m^3/min$、$14m^3/min$）

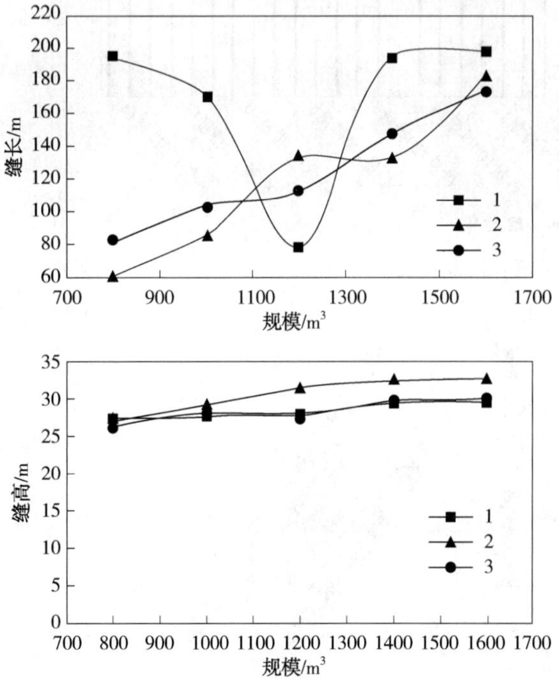

图4　规模与缝长缝高的关系

3.4.3　用液强度优化

结合储层特征，差异化设计，偏页岩储层改造以低黏液为主，逐级提高排量，控制缝高的同时激活天然缝，偏致密储层改造采用逆复合液体系，增大净压差，激活层理缝。根据不同用液强度方案对比，人工裂缝缝长及裂缝与基质的接触面积均随用液提升而增大，若都采用高黏滑溜水或冻胶时用液强度 $15m^3/m$，裂缝长度达到218m（图5），结合优化缝长建议"控液增砂"工艺思路用液强度采用 $12m^3/m$ 左右；低黏滑溜水部分建议"逆复合"工艺思路用液强度采用 $20m^3/m$ 左右。

3.4.4　加砂强度优化

基于储层闭合压力（约60MPa），采用中小粒径为主的支撑剂体系实现有效支撑，模拟显示段内每簇砂量增加，裂缝支撑体积及导流能力成增加趋势，单缝加砂强度超过 $45m^3$ 后，随着加砂规模增大，缝长增长趋缓，缝高有较明显增加（图6）。结合前面优化裂缝导流15~

25D · cm，建议加砂强度采用 45m^3/m。结合“控液增砂”工艺思路用液强度采用 12m^3/m 左右，建议加砂强度采用 40m^3/m；“逆复合”工艺思路用液强度采用 25m^3/m 左右，建议加砂强度采用 45m^3/m。

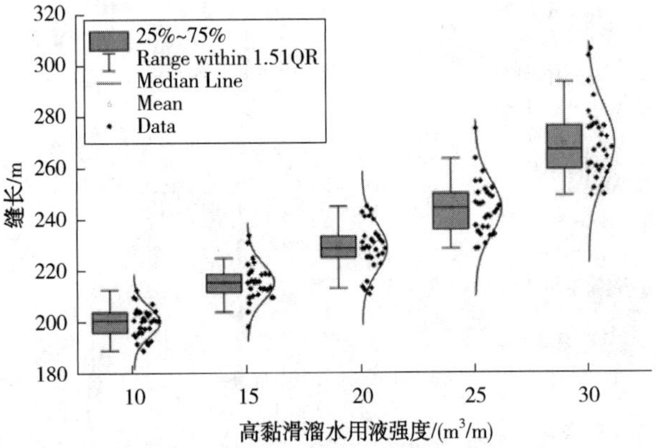

图 5　不用液强度下裂缝长度

3.4.5　射孔优化

通过软件模拟在排量 10~12m^3/min 下不同簇数裂缝扩展和延伸情况(图 7)，结合优化的簇间距建议单段 3~4 簇，实现射孔簇均衡起裂。同时，采用电缆传输+深穿射孔工艺，可以精确地将工具下放到预定深度且传输速度较快，深入到地层一定深度，形成有效的泄油通道。

3.4.6　压裂液与支撑剂优化

采用满足储层改造温度 70~120℃需求，和地层水配伍性好的低伤害压裂液体系，具有低伤害、快增黏、低黏高弹强携砂性能、破胶彻底、低残渣等优点。小簇距密切割改造能够降低裂缝导流能力需求，石英砂就可满足该储层导流能力要求。为保证压后效果，组合粒径支撑剂支撑细微缝和主缝，采用 70/140 目石英砂：40/70 目石英砂：30/50 目石英砂=3：5：2。

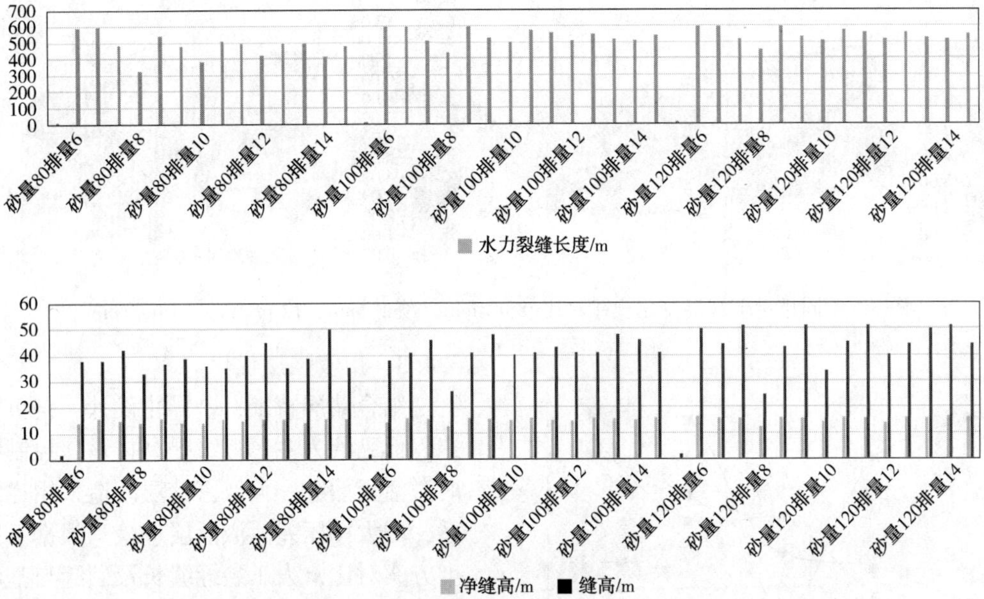

图 6　不同加砂强度下裂缝长度及宽度

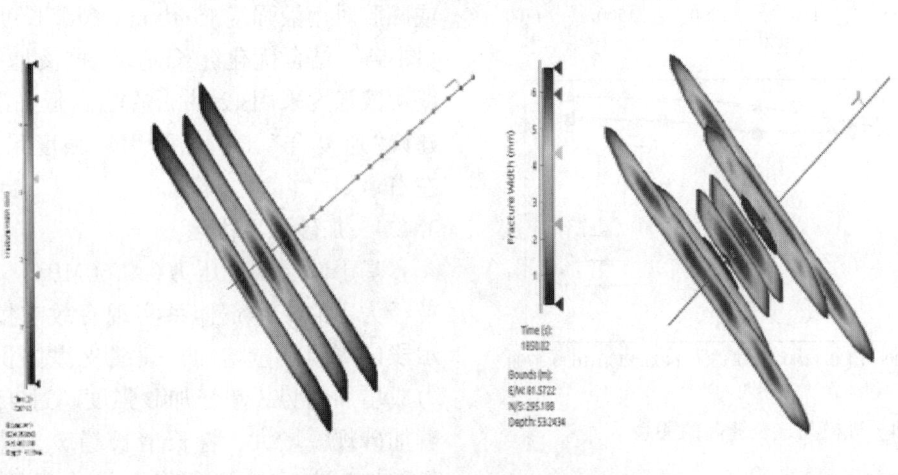

图 7　单段 3、6 簇裂缝延伸模拟图

4 现场应用

X13井采用逆复合缝网工艺思路，X12井存在断层，上部采用低黏液体体系。下部采用逆复合缝网工艺思路进行压裂设计，并于2024年实施压裂改造。X13排量为8~10m³/min，总液量1650.1m³，总砂量102.5m³，用液强度为13.9m³/m，加砂强度分别为41m³/m；X12排量为10~12m³/min，总液量1692.9m³，总砂量123.6m³，用液强度为13.9m³/m、19.8m³/m，加砂强度分别为41m³/m、45m³/m。总液量、总砂量与压裂方案设计符合率为94%以上，具体施工参数见表1。

表1　咸水泉区块现场试验参数统计表

井号	段数	入井总液量/m³	入井净液量				设计砂量/m³	入井砂量				暂堵剂1-3/mm	纤维/kg	设计排量/(m³/min)	施工排量/(m³/min)	破裂压力	停泵压力/MPa
			总液量/m³	前置酸/m³	滑溜水/m³	压裂液/m³		总量/m³	70-140目石英砂/m³	40-70目石英砂/m³	30-50目石英砂/m³						
X13	2	1650.1	1547.6	40	688	819.6	100	102.5	48.1	47.7	6.7	0	0	8-10	8-10	105.6	67
X12	2	1692.9	1615	40	837	778	140.15	123.6	40.1	58.2	25.3	50	20	10-12	10-12	92.1/100.3	40

通过压裂裂缝监测表明两口井段内裂缝扩展充分，形成了有效支撑裂缝。X13井裂缝长度和体积小于X12井，X12井开展缝内暂堵后裂缝形态增大，改造更充分。见图8、表2。

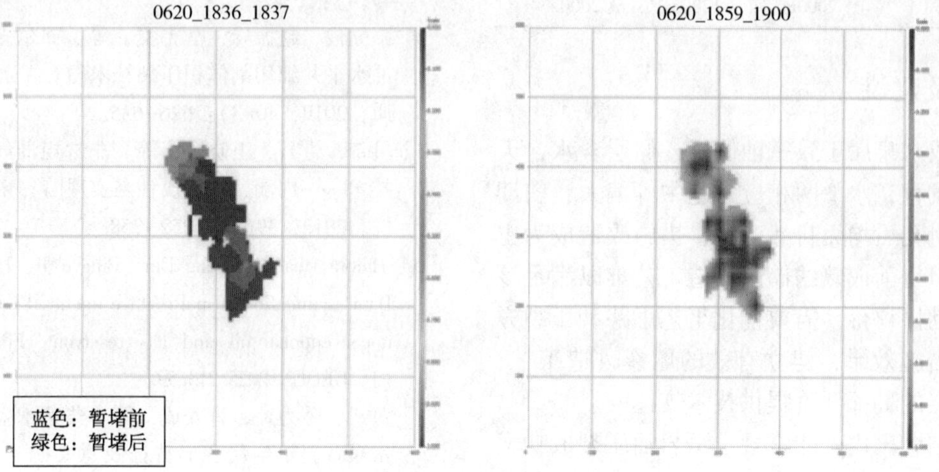

图8　X12(开展暂堵)、X13裂缝监测结果

表2　咸水泉区块压裂裂缝监测结果

井号	缝长/m	半缝长/m	缝高/m	缝高范围(垂深)/m	缝网最大宽度/m	缝网纵横比	方位/°	裂缝体积(SRV)/×10⁴m³	破裂活动次数
X12	247	西南139 东北108	30	4145-4175	85	0.35	158	46.46	16
X13	269	西南136 东北133	30	4055-4085	112	0.42	159	35.33	15

通过压裂施工数据软件拟合(图9)，计算得出X12缝内净压力6.2~18.5MPa，平均12MPa，前置段塞阶段次级破裂多次发生，近井带呈一定复杂缝网，连续加砂阶段净压力平稳上涨，远井呈主缝均匀扩展。加入暂堵剂后，净压力明显上升，说明暂堵效果较好。X13两段缝内净压力4~14MPa，施工过程中刚开始排量逐渐增加，净压力曲线上升后又急速下降出现拐点，说明目的层破裂，之后又多次出现拐点可能出现分支缝或者沟通了天然微裂缝。

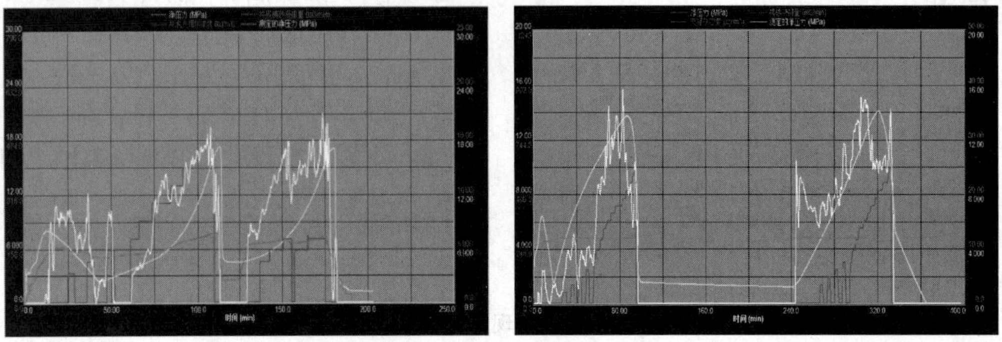

图 9　两口井净压力拟合图

如表 3 所示，从生产动态参数对比来看：X12 井比 X13 井见油时间要早；从压后最高日产来看：2 口井均获得工业气流，而 X13 井产量明显高于 X12。

表 3　X12、X13 井压后生产动态参数对比表

井号	压后见有天数	最高日产	累计产
X12	12d	油 8.61m^3	油 216.25m^3，液 3173.98m^3
X13	21d	油 52.22m^3，气 7000m^3	油 1111.67m^3，气 12805m^3，液 2000.74m^3

5　结论及建议

（1）咸水泉属于致密油储层，储层含水，天然裂缝欠发育，水平两相应力差中等偏大，前期探井完井射孔后均无自然产能，措施改造成为主要手段。但目前成熟的储层改造工艺难以满足该类储层的勘探评价，需要优化工艺思路和压裂方案，提高措施效果，建立有效的压裂改造工艺，为该类储层的勘探评价提供技术支撑。

（2）结合国内外非常规、页岩油压裂成功案例和柴达木盆地非常规储层体积改造经验，形成两种压裂工艺思路，分别是桥塞分段多簇+中小粒径支撑+高低粘组合液体压裂和深穿射孔+中小粒径为主+逆复合控近扩远压裂改造思路。

（3）两种方案压裂后均获得工业气流，其中 X13 井效果明显好于 X12 井。X13 井采用逆复合压裂工艺兼顾裂缝长度和复杂程度能有效增大改造体积，形成了复杂缝网，X12 井采用两种压裂工艺思路开展措施，通过监测显示裂缝形态好于 X13，但地层含油性较差，影响措施效果。建议后续在咸水泉区块开展探井措施采用差异化设计思路，增加裂缝复杂程度，实施高效改造。

参　考　文　献

[1] 付锁堂，马达德，陈琰，等. 柴达木盆地油气勘探新进展[J]. 石油学报，2016，37(增刊 1)：1-10.

[2] 陈琰，夏晓敏，李雅楠，等. 柴西咸水泉地区下油砂山组湖相沉积特征——以咸东 1 井取心段为例[J]. 沉积学报，2024，42(2)：619-13.

[3] 陈作，刘红磊，李英杰，等. 国内外页岩油储层改造技术现状及发展建议[J]. 石油钻探技术，2021，49(4)：1-7.

[4] 慕立俊，赵振峰，李宪文，等. 鄂尔多斯盆地页岩油水平井细切割体积压裂技术[J]. 石油与天然气地质，2019，40(3)：626-635.

[5] 吴奇，胥云，王晓泉，等. 非常规油气藏体积改造技术——内涵、优化设计与实现[J]. 石油勘探与开发，2012，39(3)：252-258.

[6] Haibin Chang，Cheng Dai，Bingyu Ji，Hong weiZhang. Data assimilation of multi-stage fractured horizontal well in unconventional oil and gas reservoir：Field case study [J]. GEOEN. 2025. 213659.

[7] 黄凯，陈力琦，肖安成，等. 柴达木盆地西北缘咸水泉背斜新生代变形特征及意义[J]. 高校地质学报，2018，24(5)：761-768.

[8] 付锁堂，马达德，郭召杰，等. 2015. 柴达木走滑叠合盆地及其控油气作用[J]. 石油勘探与开发，(6)：712-722.

[9] 雷群，杨立峰，段瑶瑶，等. 非常规油气"缝控储量"改造优化设计技术[J]. 石油勘探与开发，2018，45(4)：719-726.

[10] 金成志，何剑，林庆祥，等. 松辽盆地北部芳 198-133 区块致密油地质工程一体化压裂实践[J]. 中国石油勘探，2019(02)：218~225.

[11] 王拓，朱如凯，白斌，等. 非常规油气勘探、评价和开发新方法[J]. 岩性油气藏，20113，2506)：35-39.

[12] 臧士宾，赵为永，陈登钱，等. 柴达木盆地西部北区新近系非常规低渗储集层特征及控制因素分析

[J]. 沉积学报，2013，31(1)：157-166.

[13] Soeder D J. The successful development of gas and oil re-sources from shales in North America[J]. Journal of Pe-troleum Science and Engineering，2018(163)：399-420.

[14] LIU Baohua，JIN Yan，CHEN Mian. Influence of vugs in fractured-vuggy carbonate reservoirs on hydraulic fracture propagation based on laboratory experiments [J]. Journal of StructuralGeology，2019，124：143-150.

[15] 彭娇. 影响致密油层缝网压裂储层改造体积的主要因素研究[D]. 西安石油大学，2016.

[16] 才博，赵贤正，沈华，等. 束鹿凹陷致密油复合体积压裂技术[J]. 石油学报，2015，36(S1)：76-82.

[17] 张映红，路保平，陈作，等. 中国陆相致密油开采技术发展策略思考[J]. 石油钻探技术，2015，43(1)：1-6.

[18] 郝运轻，宋国奇，周广清，等. 济阳坳陷古近系泥页岩岩石学特征对可压性的影响[J]. 石油实验地质，2016，38(4)：489-495.

[19] 陈作，刘红磊，李英杰，等. 国内外页岩油储层改造技术现状及发展建议[J]. 石油钻探技术，2021，49(4)：1-7.

[20] 卢炳文. 电缆传输定向射孔技术探讨[J]. 中国石油和化工标准与质量，2019，39(4)：4-100.

基于多地质控因概率融合约束的潜山储层定量地震预测

王　林　龚　敏　徐　赫　韩　奕

[中海石油(中国)有限公司天津分公司]

摘　要　太古界深层变质岩潜山气藏裂成因复杂，受多类、多期地质因素共同控制，由于埋深较大、地震成像难度高、资料分辨率低等因素导致利用地震数据进行强非均质性裂缝预测难度极大，亟需引入地质控因描述潜山裂缝储层发育规律，提升地震预测精度。针对以上难题，本文开展了基于多地质控因概率融合约束的潜山储层定量地震技术研究。首先厘清了潜山气田复杂成储机制，明确了断裂、古地貌和应力是控制潜山裂缝形成和发育的主控因素，在分别通过基于多级断裂控缝能力评估、平衡剖面法古地貌恢复、喜山期潜山顶面弯曲应力模拟实现断裂、古地貌和地应力的精准刻画的基础上，基于SoftMax概率化融合将三类地质控因的确定性刻画结果转化为对应三级储层类型的地质概率分布，进一步构建储层类型对应的不同方位振幅属性的二维概率密度函数，基于贝叶斯原则进行地质地震信息融合实现潜山储层的定量地震预测。上述技术成功应用于渤海潜山B构造，验证了技术有效性。

关键词　变质岩潜山；裂缝预测；地质控因；SoftMax概率化融合；贝叶斯原则；方位振幅属性

近年来潜山构造逐渐成为热门油气勘探目标，渤海盆地已相继发现渤中19-6凝析气田、渤中13-2油田和渤中26-6油田等亿吨级油气田。目标潜山B构造发育于盆地太古界地层中，受多期构造运动和长期风化作用等影响，潜山内部高角度裂缝发育，是油气有利储集区域和运移通道。方位各向异性裂缝表征是该潜山构造主要的储层识别手段之一。随着宽方位地震采集和处理的发展，利用地震信息预测地下裂缝成为研究热点。

为了研究各向异性对地震波传播特征的影响，Thomsen提出了弱各向异性的理论，提出了用来表征各向异性影响的参数。Rüger对各向异性介质反射特征进行了研究，推导出HTI介质反射系数近似方程。Mallick等率先利用AVAZ数据进行裂缝介质弹性参数反演。詹仕凡等利用多尺度方位各向异性分析、研究了OVT域地震道集的裂缝预测方法。王建花等利用杨氏模量方位变化特征，推导了一种基于地震杨氏模量表征的方位弹性阻抗方程并建立了概率化地震反演方法。

对于深埋潜山B构造而言，潜山裂缝形成发育受古地貌、断裂活动、地应力等因素共同控制，非均质性强，裂缝储层发育规律不明，裂缝尺度、发育期次、填充度和倾向走向等复杂性及地震资料品质差异等问题进一步导致裂缝预测难度大。深埋多期次多尺度裂缝引起的方位各向异性强度相对复杂微弱，难以被有效地提取和反演。

渤海潜山储层发育岩性、构造应力场、断层、风化作用和填充等影响控制，如何进行地质控因量化及如何与地震有效融合是提升裂缝预测精度的关键。为为提升潜山变质岩储层裂缝预测精度，本文从变质岩成储机制分析和多种地质控因量化表征入手，基于SoftMax融合实现多地质控因的概率化表征，在此基础上，进一步构建储层类型对应的不同方位振幅属性的二维概率密度函数，基于贝叶斯原则进行地质地震信息融合实现潜山储层的定量地震预测。

1　变质岩成储机制及控因表征

1.1　渤海潜山B构造变质岩成储机制

"古应力、古地貌、古填充、古断层及现今应力场"的"四古一今"控储理论是渤海潜山储层发育模式的高度总结，结合钻井认识，厘清了渤海潜山B构造"早期构造活动成缝、暴露期风化改造、后期局部活化"的复杂成储机制，如图1所示。

断层通过影响周围构造应力强度控制着裂缝的发育，裂缝的发育程度随着距断层的距离增加而减小，渤海湾盆地变质基底形成以后，经历了复杂的构造运动，每口井的裂缝发育受附近多条断层控制，根据研究区探井的裂缝走向玫瑰花图，可以看出裂缝走向与相邻断层的走向平行或近乎平行，这表明断裂在构造裂缝发育过程中起到的重要作用。早期挤压造山活动(2.9~1.3亿年)在断层附近和褶皱核部形成裂缝，走滑及大断层附近裂缝开度大，随距断层距离增大，开度由700um降低到40um，从褶皱核部向两翼，开度由140um降低到36um。暴露期(2.4~0.6亿年)，构造运动形成的构造缝被风化改造为网状缝，储层厚度增大。根据风化作用强度差异，渤海湾盆地渤中凹陷变质岩储层垂向上可划分为强风化裂缝带，次风化裂缝带以及内幕裂缝带。高部位风化淋滤作用更强，储层净毛比可达60%，低部位风化作用弱，储层厚度下降，净毛比降低到20%；后期(0.65亿年至今)持续活动的大断层和应力作用持续活化裂缝，裂缝有效性得到改善，导致持续活动断层附近开发井产能高。基于以上分析，明确了断裂(早期)、古地貌(中期)和应力(后期)是控制潜山复杂裂缝形成和发育的主控因素。

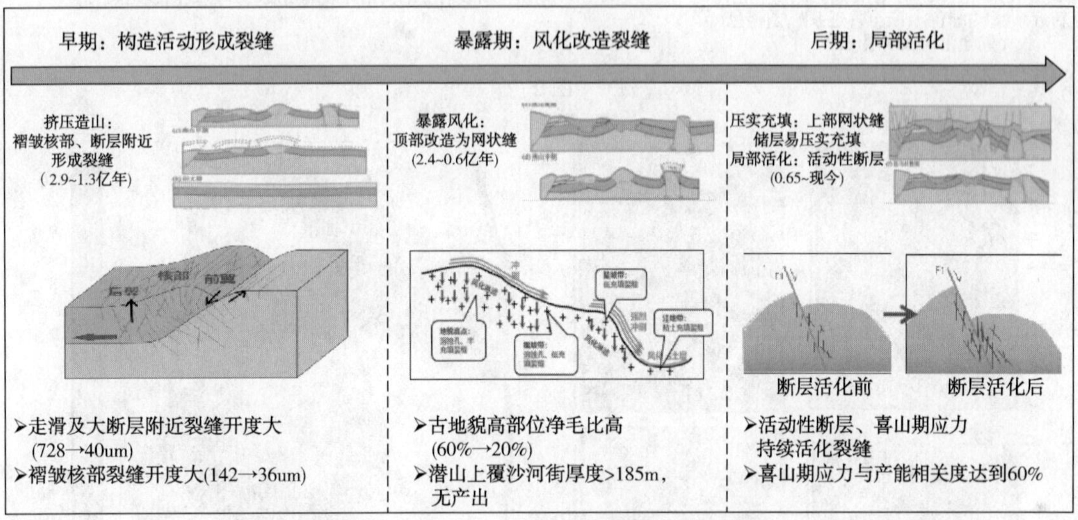

图1 渤海潜山B构造变质岩成储机制

1.2 基于断裂分级的控缝能力量化

断裂是早期控制裂缝形成和晚期裂缝活化的关键地质控因，多期构造运动造成了复杂的裂缝系统。基于1.1节分析开展构造区断裂分级和控缝权重估算。基于构造解释该区断裂划分为走滑及派生断层、断至新近系断层、断至古近系断层和断至潜山顶断层4类，如图2(a)所示，进一步针对四类断层开展实钻井裂缝密度与井点距断裂距离关系的统计分析，交会结果如图2(b)所示，参数相关度达到50%~65%，实钻裂缝参数与距断层距离关系统计分析证实了断层对裂缝改造作用显著。。基于实钻井位置处的裂缝密度及距不同断裂的距离作为样本点，进行深度学习拟合计算四类断裂对某位置处裂缝发育的不同控制权重，进一步开展针对四类断层的欧氏距离场计算，如图3(a)所示，结合控制权重即可实现基于断裂分级的裂缝密度刻画(图3)，验证井处预测裂缝密度相关度达到65%。

1.3 基于平衡剖面法的古地貌恢复

潜山古地貌恢复需通过多学科数据融合与定量化技术手段，逐步还原地质历史时期的地形特征及其与裂缝发育的耦合关系。首先依托高精度三维地震解释技术精细刻画古潜山顶面不整合面与断裂系统的空间展布，进一步结合钻井岩心、测井曲线与区域地质资料，利用井震标定法确定风化壳界面与剥蚀残留地层的接触关系。在此基础上，基于平衡剖面法的几何守恒，通过逆推断裂、褶皱构造变形的演化过程，消除后期构造运动的影响，并结合剥蚀量恢复，重建潜山储层的古地貌形态，如图4所示，该步骤利用3DMOVE软件模块实现。恢复的古地貌与实钻净毛比的相关度达到72%。

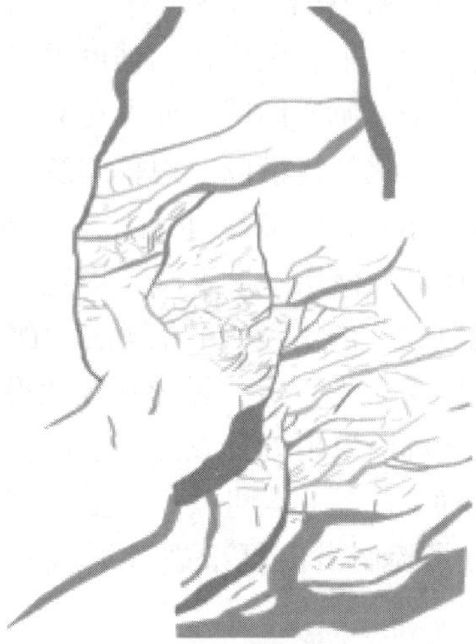

(a)潜山断裂系统分级：走滑及派生断层(蓝色)、断至新近系断层(绿色)、断至古近系断层(橙色)、断至潜山顶断层(黄色)

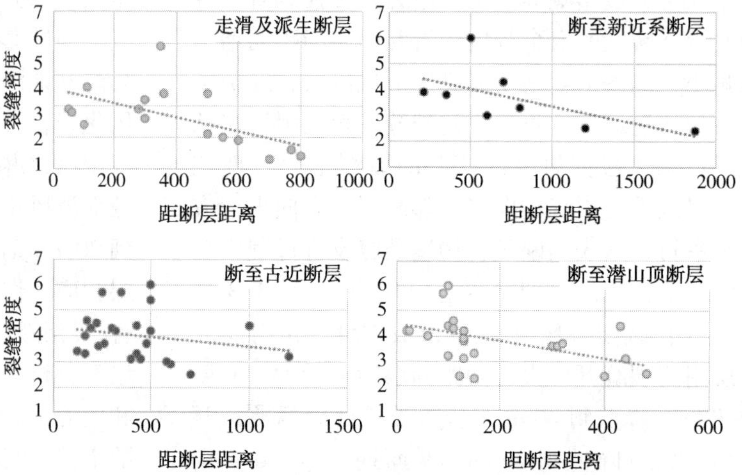

(b)四类断裂对应的实钻井裂缝密度与井点距断裂距离交会

图 2

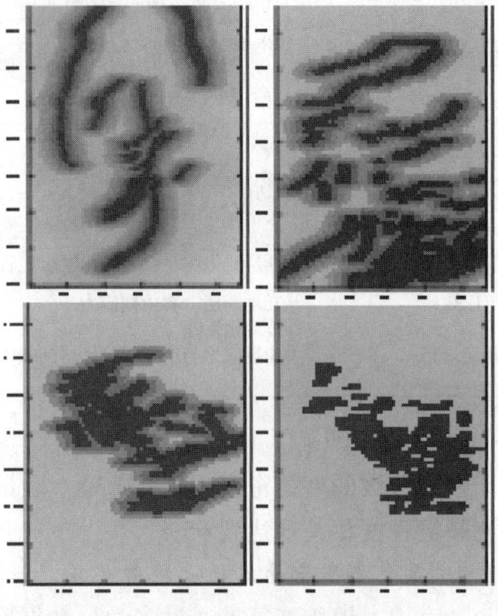

(a)距四类断层的欧氏距离场

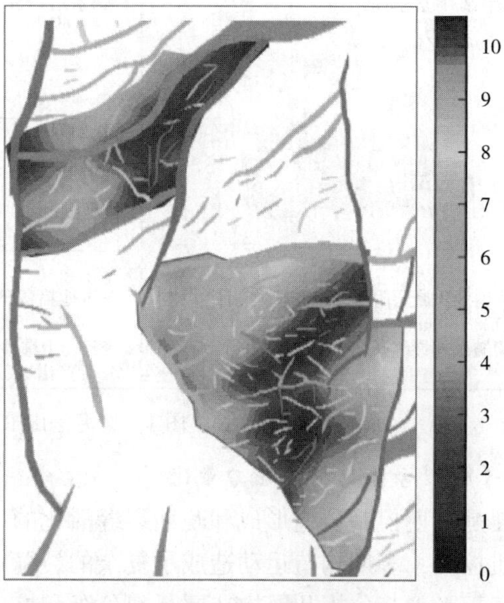

(b)基于断裂分级的裂缝密度预测

图 3

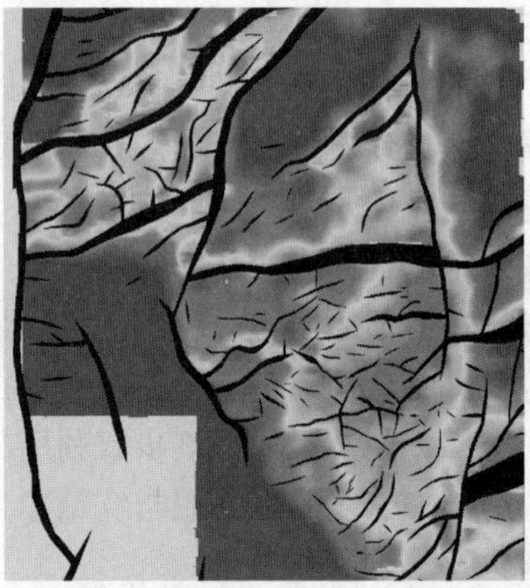

图 4　基于平衡剖面法的古地貌恢复

1.4　地应力控因地质表征

喜山期地应力是裂缝活化改造的关键时期，喜山期弯曲主应力模拟流程如图 5a 所示，在喜山早期和晚期的古地貌进行恢复的基础上，构建喜山早、晚期潜山顶面构造形变分量，公式如(1)所示，基于构造形变分量逐步计算应变分量(公式 2)和应力分量(公式 3)：

$$K_x=-\left(\frac{\partial^2 z_1}{\partial x^2}-\frac{\partial^2 z_2}{\partial x^2}\right),\ K_y=-\left(\frac{\partial^2 z_1}{\partial y^2}-\frac{\partial^2 z_2}{\partial y^2}\right),$$

$$K_{xy}=-\left(\frac{\partial^2 z_1}{\partial x\partial y}-\frac{\partial^2 z_2}{\partial x\partial y}\right),\qquad(1)$$

$$\varepsilon_x=z\left(\frac{\partial^2 z_1}{\partial x^2}-\frac{\partial^2 z_2}{\partial x^2}\right),\ \varepsilon_y=z\left(\frac{\partial^2 z_1}{\partial y^2}-\frac{\partial^2 z_2}{\partial y^2}\right),$$

$$\varepsilon_{xy}=2z\left(\frac{\partial^2 z_1}{\partial x\partial y}-\frac{\partial^2 z_2}{\partial x\partial y}\right) \tag{2}$$

$$\sigma_x=-\frac{Ez}{1-\nu^2}(K_x+\nu K_y),\ \sigma_y=-\frac{Ez}{1-\nu^2}(K_y+\nu K_x),$$

$$\sigma_{xy}=-\frac{Ez}{(1+\nu)}K_{xy} \tag{3}$$

研究区喜山期区域弯曲主应力计算公式如式(4)所示：

$$\sigma_{\max}=\frac{\sigma_x+\sigma_y}{2}+\sqrt{\left(\frac{\sigma_x-\sigma_y}{2}\right)^2+\tau_{xy}^2} \tag{4}$$

基于主应力结果可实现喜山期裂缝活化、改造作用的强弱预测如图5(b)所示。喜山期弯曲张应力与已钻井产量具有较好的相关性，在张应力集中区，裂缝活化作用更强，裂缝更易开启，高陡反射更发育，开发井产量更高。预测应力与产能相关度达到60%。

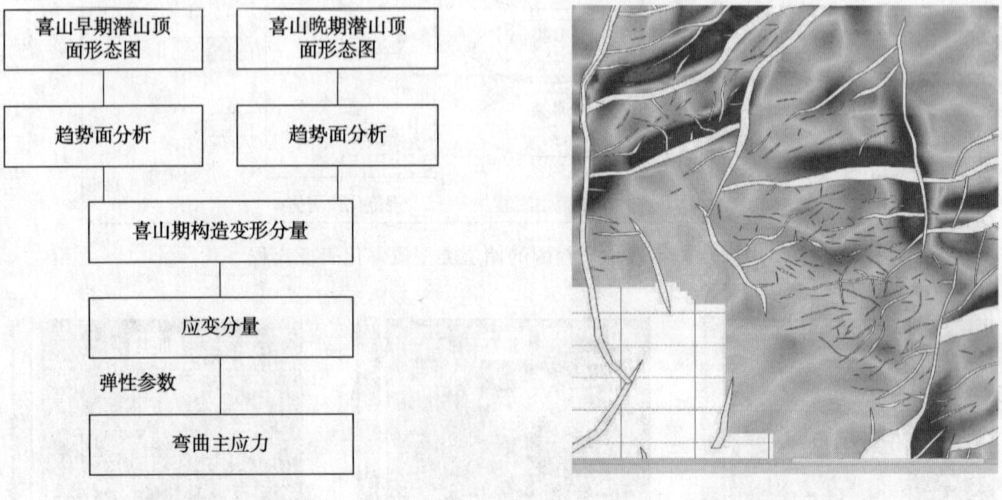

(a)弯曲主应力模拟流程　　(b)弯曲主应力模拟结果

图5　(a)弯曲主应力模拟流程；(b)弯曲主应力模拟结果

2　基于多地质控因的储层类型概率化表征

潜山裂缝受多种地质因素综合控制影响，单一地质控因对裂缝发育表征不全面，多因素融合表征的机理缺乏。针对以上问题，首先基于上节地质控因量化结果，结合实钻认识开展储层类型划分，见表1。

表1　储层类型划分

储层分类	断裂	古地貌	地应力	有效厚度/m	裂缝密度条/m	裂缝开度/μm
Ⅰ类	走滑断层及断至近系大断层(断距>300m)上升盘1200m内	被动盘高部位及高部位凸起带	走滑区，逆冲断层被动盘高部位，褶皱核部	>120	2.2~5.7	44~176
Ⅱ类(中)	断至古近系主控断层(断距150~600m)	斜坡带	逆冲断层被动盘中高部位、褶皱核部翼部过渡带	>80	2.2~4.0	41~63
Ⅲ类(差)	断至新近系主控断层(断距<150m)	低部位洼陷带	褶皱翼部	<80	1.7~4.3	24~54

Ⅰ类优质储层主要分布在走滑断层及断至新近系大断层(断距>300m)的上升盘1200m范围内的高古地貌褶皱核部，有效储层厚度超过120m，裂缝开度一般在44um~170um之间，靠近走滑及持续活动断层处裂缝开度可达cm级别。Ⅱ类储层主要分布在断至古近系主控断层(断距150~600m)附近的褶皱核部向翼部过渡带，古地貌中等，有效储层厚度大于80m，裂缝开度一般在41um~63um之间。Ⅲ类差储层则主要分布在断至新近系主控断层(断距<150m)附近的低部位低洼带，有效储层厚度小于80m，裂缝开度一般在24μm~54μm之间。

进一步通过卷积神经网络训将将断裂、古地貌和地应力刻画结果转化为对应三类储层的输出，然后通过 SoftMax 函数将 logits 转化成和为 1 的对应三类储层特征的概率分布实现多因素自适应融合及储层展布定性预测，过程如图 6 所示。对应三类储层的概率分布如图 7 所示，Ⅰ类优质储层主要分布在古地貌高部位及走滑断层附近的张应力发育区，Ⅱ类储层主要发育在古地貌相对高部位的张应力压应力过渡带，Ⅲ类储层则主要发育在古地貌低部位的褶皱翼部，远离走滑及持续活动大断层，发育位置与地质控因表征结果一致。

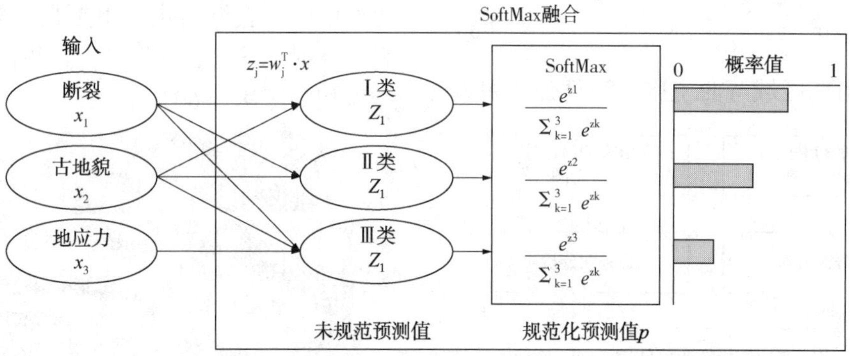

图 6　基于多地质控因的储层类型概率化表征流程

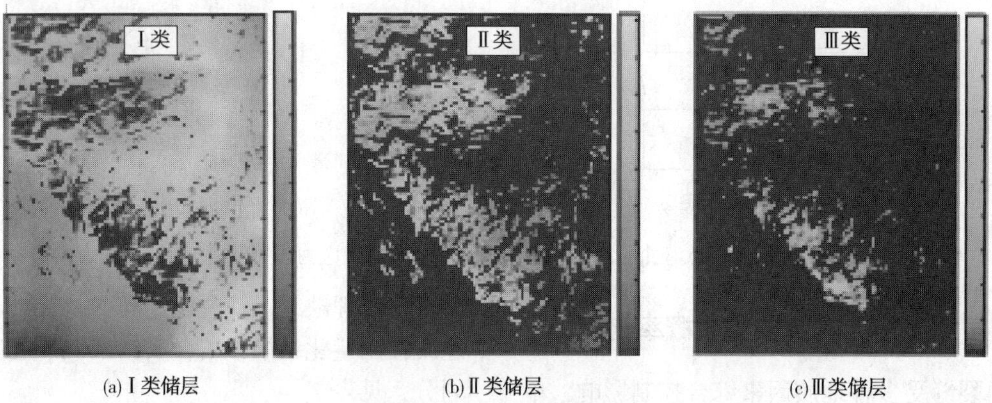

图 7　三类储层对应的基于地质控因的概率分布

（a）Ⅰ类储层；（b）Ⅱ类储层；（c）Ⅲ类储层

3　地质约束的储层定量地震预测

潜山顶面反射振幅能够一定程度反映复杂裂缝储层发育程度，实钻风化带净毛比与潜山顶面最大振幅交会如图 8 所示，顶面振幅越小（潜山与上覆沙河街的弹性阻抗差异越小），风化带储层净毛比越高。因此可以利用潜山顶面振幅信息进行裂缝发育程度预测。

上节提到的储层分类充分考虑了已钻井储层解释和产能信息，针对三类储层类型，可以分别开展基于已钻井的弹性信息扩充及方位反射系数计算，30°方位反射系数与 60°方位反射系数交会如图 9（a）所示，三类储层对应的反射系数有较好的可区分性。利用贝叶斯分类混淆矩阵进行不同方位潜山顶面最大振幅属性组合的概率密度函数分类能力比较，优选出 30°与 60°方位最大振幅属性组合，对应的的二维概率密度函数如图 9（b）所示。

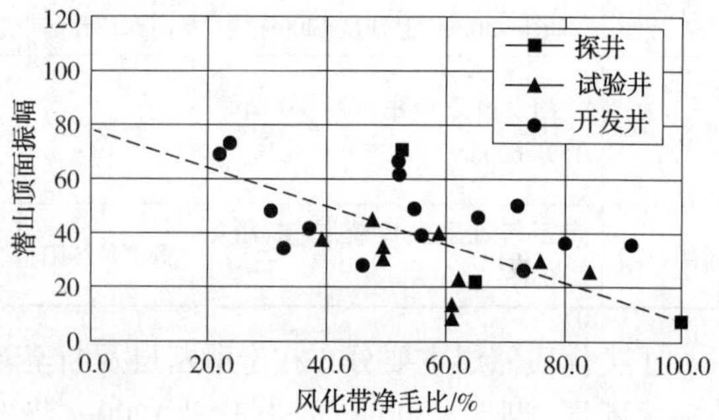

图 8　实钻风化带净毛比与潜山顶面最大振幅交会

基于二维概率密度函数，贝叶斯分类可用于分类数据（实际地震属性）为不同的岩相类别。三类储层对应的基于地质控因的概率分布（图 7）

可作为先验概率作为约束，降低地震多解性造成的储层错误解释概率。贝叶斯分类可表示为：

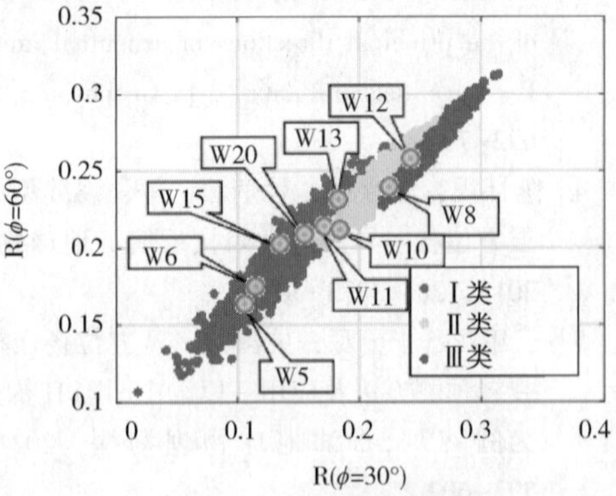

(a) 30° 方位反射系数与60°方位反射系数交会，颜色代表储层类别

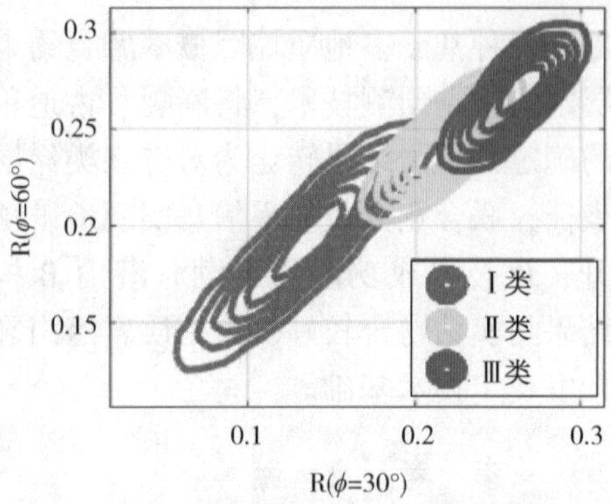

(b)三类储层对应的属性组合概率密度函数

图 9

$$\psi = \operatorname{argmax}(p(r \mid \omega)p(\omega)) \qquad (6)$$

其中 ψ 为待估计储层类型，r 为地震属性，ω 对应储层类型，$p(r \mid \omega)$ 为对应不同储层类型的二维概率密度函数，$p(\omega)$ 为不同储层类型的先验概率。

输入的地震属性如图 10(a)、10(b) 所示，分别代表提取的 30°与 60°方位最大振幅属性，最终的贝叶斯分类结果如图 10(c) 所示。过 W11-W8-W10-W7 井联井剖面(图 11)显示，Ⅰ类储层(W7 井)对应地震强高频强高陡反射，Ⅱ类储层(W10 井)对应中低频弱高陡反射、Ⅲ类储层(W8 井)则对应层状弱平行反射，地质成因控制的裂缝储层地震预测技术实现储层类型精准划分，分类结果与地震认识一致。基于研究结果，W11 井储层风险较大，暂缓实施。

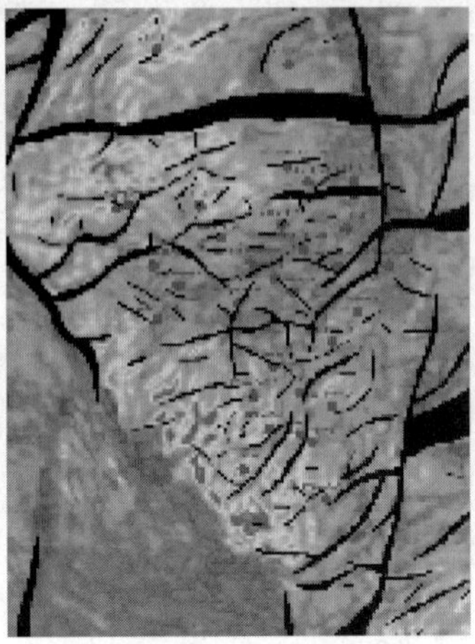

(a) 30° 方位潜山顶面最大振幅属性

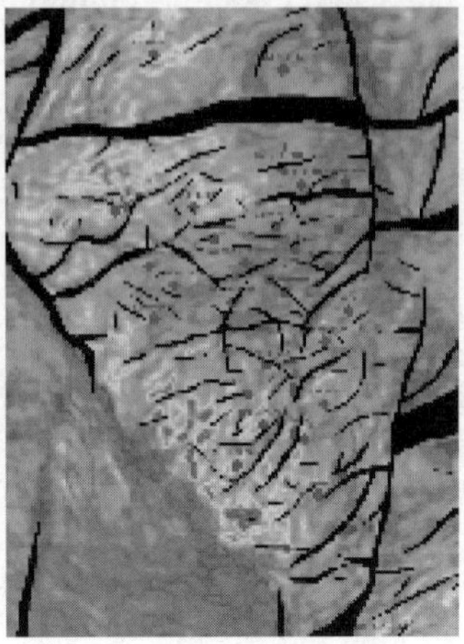

(b) 60° 方位潜山顶面最大振幅属性

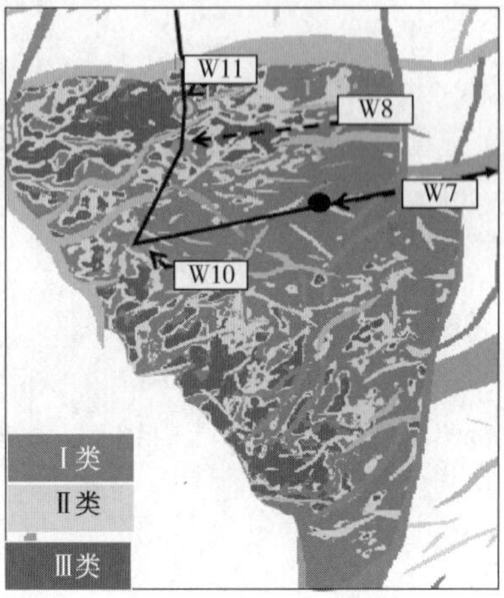

(c)地质约束的贝叶斯分类

图 10

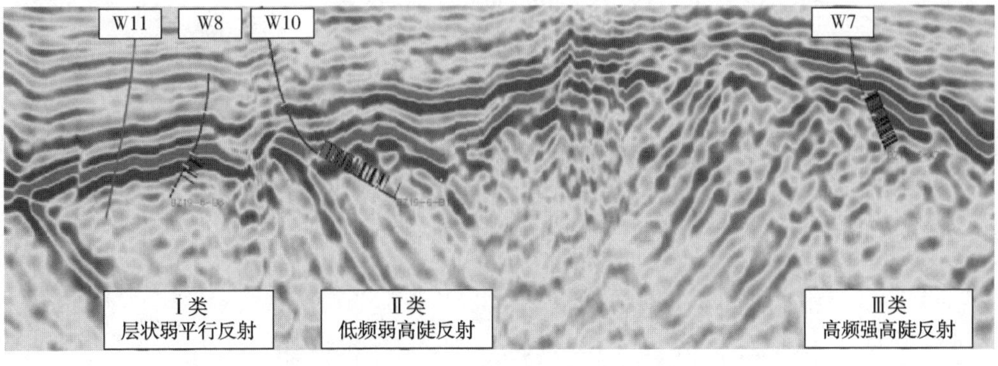

图 11　过 W11-W8-W10-W7 井地震剖面

4 结论

本文提出一种基于多地质控因概率融合约束的潜山储层定量地震预测技术，将断裂、古地貌和地应力的确定性刻画结果转化为对应三类储层的概率化表征，联合宽方位地震信息实现地震预测精度提升，该技术成功应用于渤海潜山 B 构造，预测结果与实钻吻合较好，为变质岩潜山裂缝预测和开发奠定技术基础。

参 考 文 献

[1] Thomsen L. Weak elastic anisotropy [J]. Geophysics, 1986, 51: 1954-1966.

[2] Ruger A. Variation of P-wave reflectivity with offset and azimuth in anisotropic media [J]. Geophysics, 1998, 63: 935-947.

[3] Mallick S, Craft K L, Meister L J, et al. Determination of the principal directions of azimuthal anisotropy from P-wave seismic data [J]. Geophysics, 1998, 63: 692-706.

[4] 陈怀震，印兴耀，杜炳毅，等，裂缝型碳酸盐岩储层方位各向异性弹性阻抗反演．地球物理学进展，2013，28：3073-3079.

[5] 王建花，张金森，吴国忱．宽方位杨氏模量反演和裂缝预测方法及应用—以渤中凹陷 H 构造潜山勘探为例[J]．石油地球物理勘探，2021，56(3)：593-602.

[6] Wang, L., F. Zhang, X. Y. Li, B. R. Di and L. B. Zeng, Quantitative seismic interpretation of rock brittleness based on statistical rock physics: Geophysics[J]. 2019, 84(4): 1-54.

渤中凹陷深层变质岩潜山"四古一今"储层综合评价研究

刘文超　程　奇　赵雨佳　李潇博　郑　华

[中海石油(中国)有限公司天津分公司]

摘　要　渤中凹陷渤中19-6气田是渤海湾盆地近年来投入开发的规模最大的深层变质岩潜山凝析气田，裂缝发育规律复杂，储层评价难度大。利用钻井、测井、岩心及薄片等资料，结合区域构造应力场研究，从古地貌、古应力、古断层、古充填及压实、现今应力场等角度开展了储层控制因素分析与储层综合评价。研究表明：古地貌主要控制储层厚度的分布，储层由高部位到低部位逐渐变薄。古应力主要控制优势裂缝走向，受印支、燕山期挤压及喜山期拉张再活化的控制，近东西向为优势裂缝走向。古断层控制优势裂缝分布，持续活动大断层附近裂缝开度大、倾角大。古充填及压实控制纵向裂缝有效性的分布，强风化带黏土充填程度高，且以低角度网状缝为主，抗压实能力弱，有效性差，次风化带黏土充填程度低，且以高角度构造缝为主，抗压实能力强，有效性好。基于有限元理论开展现今应力场模拟，与古应力场耦合预测了平面裂缝有效性分布。以"四古一今"控储规律为基础，开展储层综合评价，一类储层位于古地貌高部位、持续活动大断层附近。研究创新形成深层变质岩潜山"四古一今"储层综合评价方法，为气田后续开发井位优化及部署提供了理论依据。

关键词　深层变质岩潜山；古地貌；古应力；古断层；古充填及压实；"四古一今"；储层综合评价

潜山是油气勘探开发的重要领域之一，国内外潜山均发现了商业性油气田。渤海潜山油气勘探已有多年的历史，近年来，变质岩潜山勘探也取得了突破，在渤中凹陷发现了大型凝析气田-渤中19-6气田，该气田是渤海湾盆地近年来投入开发的规模最大的深层变质岩潜山凝析气田。该区变质岩潜山埋藏深度超过4000m，主要发育裂缝型储层，受多期复杂构造运动的叠加控制及风化淋滤作用综合改造，裂缝产状多样，储层参数变化快，发育规律极其复杂。前人对于该区储层的认识主要集中于关键构造期构造格局、潜山形成演化、成藏模式、储层特征及主控因素等方面，研究偏于宏观，储层评价难度大。本文以渤中19-6气田深层变质岩潜山为例，利用钻井、测井、岩心及薄片等资料，结合区域构造应力场研究，从古地貌、古应力、古断层、古充填及压实、现今应力场等角度开展储层控制因素分析，创新形成深层变质岩潜山"四古一今"储层综合评价方法，为渤中19-6气田后续开发井位优化及部署提供了理论依据。

1　区域地质背景

研究区主体为渤中19-6构造带，处于渤海湾盆地渤中凹陷西南部深层近南北向展布的构造脊上，东南与渤南低凸起相邻，西部与埕北低凸起相邻，南部与黄河口凹陷相接，北为渤中凹陷主洼，表现为渤中凹陷主洼、西南洼及黄河口凹陷夹持的、具有洼中隆特征的背斜构造带[图1(a)]。

研究区自上而下分别钻遇第四系，新近系馆陶组和明化镇组，古近系东营组、沙河街组、孔店组及新太古界潜山。含气层系以新太古界潜山凝析气藏为主，埋藏深度4000~5230m。顶部孔店组披覆有一套稳定分布的砂砾岩，新太古界主体岩性为变质岩。潜山储层非均质性极强，纵向上具有明显的分带性，自上而下划分为风化带和内幕带[图1(b)]，根据风化淋滤作用的强弱，风化带又划分为强风化带、次风化带。其中，风化带纵向上厚度一般不超过350m，自上而下风化作用逐渐减弱，孔隙发育逐渐减少，孔隙度、渗透率平均值分别为4.0%、$3.6\times10^{-3}\mu m^2$，整体表现为低孔低渗特征。内幕带风化作用影响极弱，主要为致密基岩，岩石密度大，孔隙发育变差。风化带为研究区潜山勘探开发的主要层系。

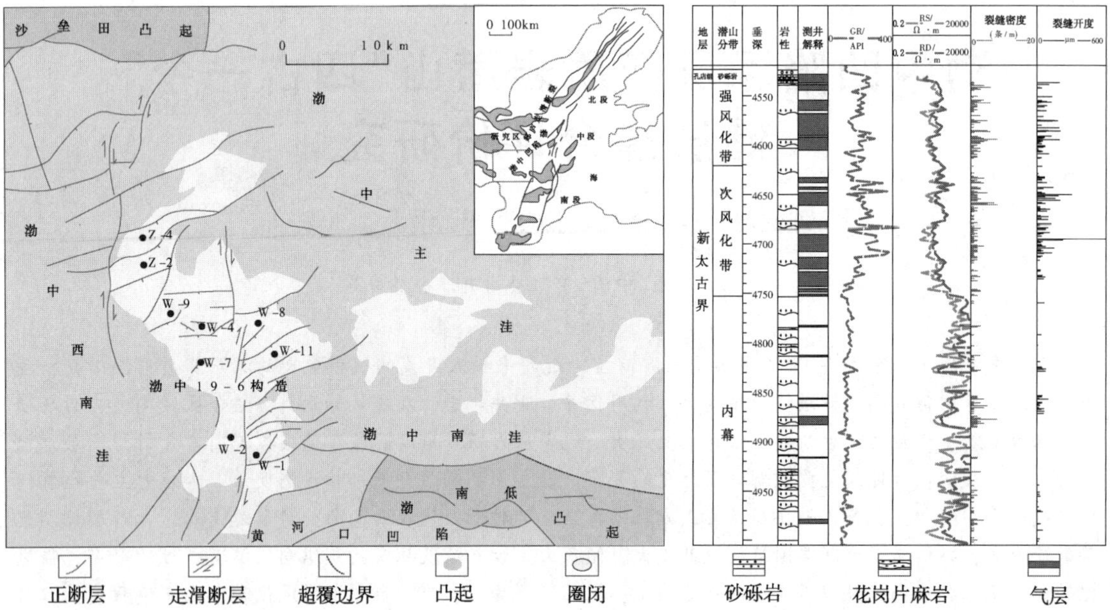

(a)　　　　(b)

图1　研究区区域构造位置(a)及新太古界潜山地层综合柱状图(b)

2　深层变质岩潜山储层特征

2.1　储层岩性特征

基于区域内已钻井的岩心、壁心资料，综合考虑薄片鉴定结果系统分析，研究区太古界潜山岩性主要包括变质岩和侵入岩两大类，以变质岩为主，种类包括区域变质岩和动力变质岩[图2(a)~(c)]。区域变质岩以花岗片麻岩为主，颜色呈浅灰色，成分主要为石英、长石，含少量暗色矿物，岩石结构呈现显晶质中粒结构，质地坚硬且较为致密。动力变质岩主要包括碎裂化片麻岩和碎裂岩。

根据岩浆性质，可将研究区侵入岩岩脉按类型划分为中性和基性[图2(d)~(f)]。中性岩脉主要为基质成分组成的灰色闪长玢岩，常见严重长石及角闪石斑晶蚀变，整体呈现斑状结构，岩石较为致密、坚硬；基性岩脉主要为辉绿岩，发育典型辉绿结构。

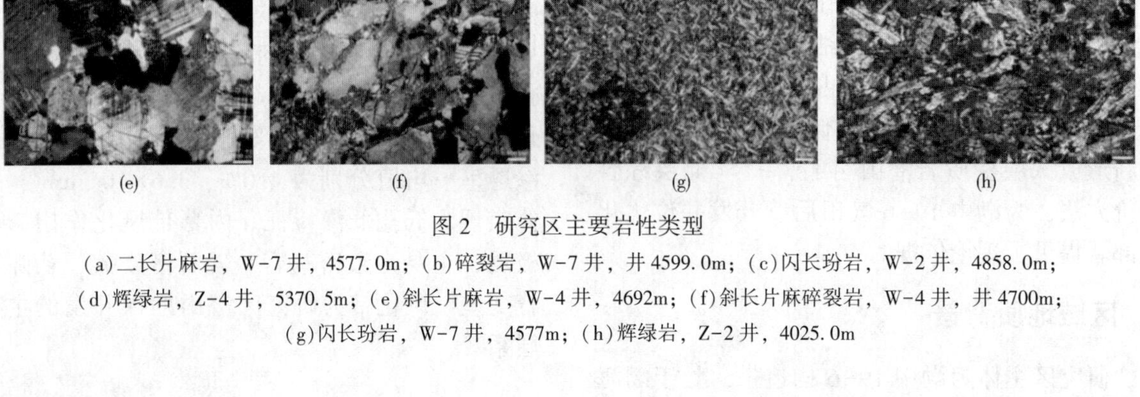

图2　研究区主要岩性类型

(a)二长片麻岩，W-7井，4577.0m；(b)碎裂岩，W-7井，井4599.0m；(c)闪长玢岩，W-2井，4858.0m；(d)辉绿岩，Z-4井，5370.5m；(e)斜长片麻岩，W-4井，4692m；(f)斜长片麻碎裂岩，W-4井，井4700m；(g)闪长玢岩，W-7井，4577m；(h)辉绿岩，Z-2井，4025.0m

2.2 储集空间特征

研究区潜山孔、缝共存发育，储集空间呈现双重介质特征，整体上受构造及风化淋滤作用的控制较为强烈，裂缝发育程度极高，形成交织分布的网状裂缝系统。孔隙类型以颗粒粒间孔及溶蚀孔隙为主[图 3(a)、(b)]。其中，碎裂颗粒粒间孔为颗粒粒间孔的主要类型，而溶蚀孔隙则常见为斜长石和角闪石或者粒间、裂缝中的碳酸盐类等易溶矿物填隙物发育的溶蚀孔隙。裂缝类型可根据成因类型细为风化缝和构造缝。风化网状缝主要由于长期风化淋滤作用控制形成，产状上一般呈现裂缝倾角小的特征，碎裂化程度整体上相对较低，多数不规则，相互交织且杂乱无章，有效性较差[图 3(c)、(d)、(g)]。构造缝主要受区域内构造活动影响形成，产状上一般呈现裂缝倾角较大的特征，碎裂化程度整体上相对较高，充填程度低，有效性较好[图 3(e)、(f)、(h)]。

潜山风化带储集空间类型自上而下由裂缝-孔隙型逐渐向孔隙-裂缝型过渡，强风化带多见风化网状缝发育，次风化带可见缝宽达 5~6mm 的特大型开启缝。孔、缝内部在纵向上呈现“距离潜山顶部越近，充填程度越高”的特征，上部强风化带网状缝中泥质充填较为常见，下部次风化带中泥质充填变少。

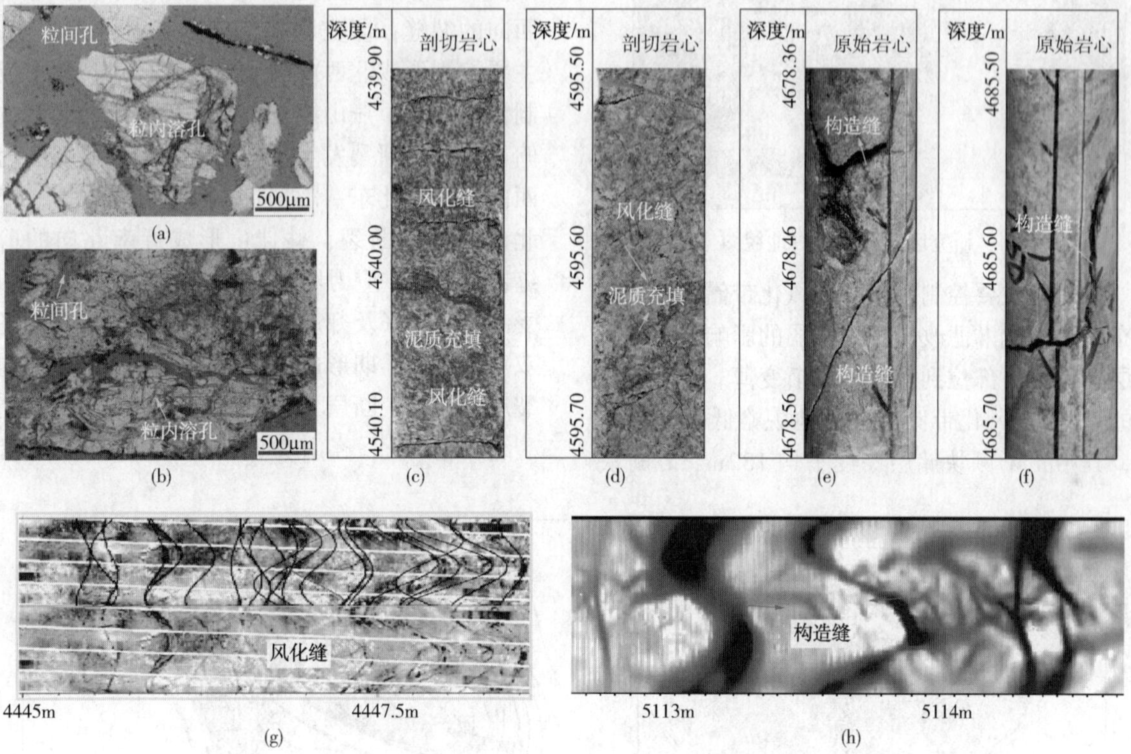

图 3　研究区主要储集空间类型

(a)粒间孔，W-4 井，4432.0m，铸体薄片；(b)粒间孔、粒内溶孔，Z-4 井，4650.0m，铸体薄片；
(c)强风化带风化缝、泥质充填，W-7 井，4539.90~4540.10m，岩心；
(d)强风化带风化缝、泥质充填，W-7 井，4595.50~4595.70m，岩心；
(e)次风化带构造缝，W-7 井，4678.36~4678.56m，岩心；
(f)次风化带构造缝，W-7 井，4685.50~4685.70m，岩心；
(g)强风化带风化缝，Z-2 井，4445~4447.5m，成像；
(h)次风化带构造缝，Z-2 井，5113~5114.5m，成像

3 深层变质岩潜山“四古一今”控储分析

3.1 古地貌对裂缝储层的控制

古地貌是潜山风化带储层发育程度的重要控制因素。古地貌较高的单元风化淋滤作用强，水-岩反应充分，岩石力学性能降低，裂缝易发生规模性溶蚀改造，形成优质风化带储层；古地貌较低的单元易发生汇水作用，裂缝大量充填泥质，储层发育变差。

根据研究区古地貌格局形成的关键时期印支

早期的恢复结果，南部W断块古地貌总体略高于北部Z断块，但不同断块各有不同。W断块总体呈现东南高、西北低的特点，Z断块则总体呈现中部及东部高、向西北两侧逐渐变低的特点，古地貌高部位主要依附于褶皱核部、持续活动边界大断层发育(图4)。

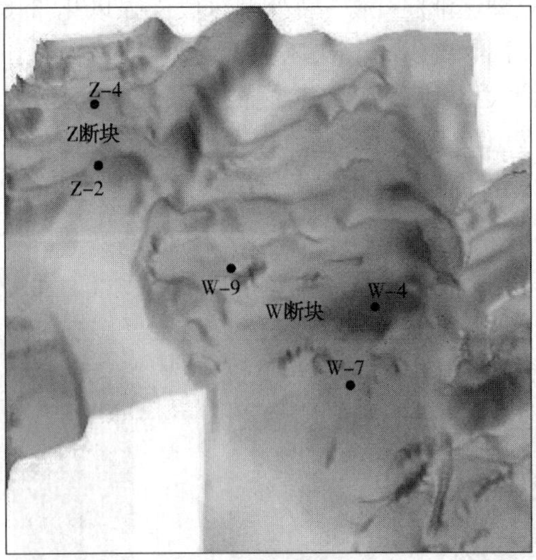

图4　研究区印支早期古地貌图

古地貌主要控制了研究区风化带储层厚度的分布，受风化淋滤改造程度强弱的影响，风化带储层总体由高部位到低部位逐渐变薄。古地貌较高的W断块风化带储层较古地貌略低的Z断块厚，其中，W断块储层厚度平均132m，Z断块储层厚度平均105m。分断块来看，W断块内部东南侧古地貌高部位的W-4井区及斜坡带的W-7井区储层厚度平均165m，西北侧古地貌低部位的W-9井区平均仅78m[图5(a)]。Z断块内部中部及东侧古地貌高部位储层厚度平均151m，西侧和北侧古地貌较低的部位储层厚度平均仅72m[图5(b)]。

3.2　古应力对裂缝储层的控制

区域构造演化史研究表明，研究区潜山经历多期次叠加的构造活动，印支期、燕山期及喜山期构造应力对于裂缝的形成起主控作用。印支早期，受华北板块与扬子板块强烈碰撞的影响，研究区由南向北发生强挤压作用，产生一系列近东西向的逆冲断层及宽缓褶皱，伴生形成大量近东西向的裂缝；印支晚期，挤压应力转为北东向，主要控制形成北西向褶皱与裂缝，对裂缝形成控制作用较小；燕山期，太平洋板块向北北西方向俯冲，郯庐断裂发生左旋走滑作用，研究区为北西向挤压及北东-南西向左行剪切应力场，产生北东向张性断裂，并伴生形成近南北向的剪切缝；喜山期，应力场方向及性质进一步发生变化，受南北向拉张及郯庐断裂右旋走滑剪切应力场的双重影响，早期形成的近东西、北西和北东向断裂反转形成正断层，早期因风化淋滤形成的充填裂缝发生活化，喜山晚期潜山构造形态基本定型。

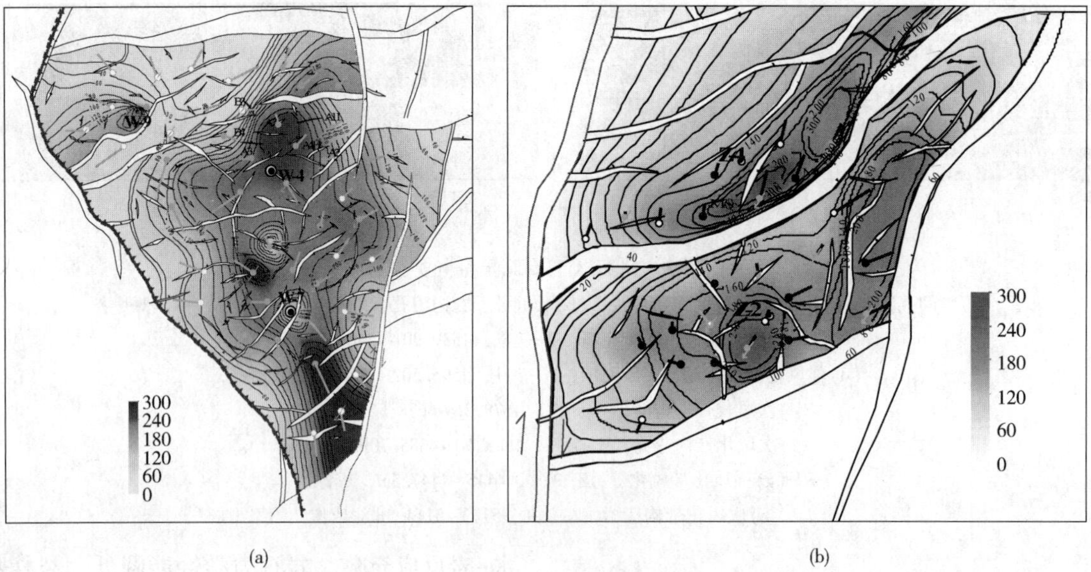

图5　研究区W断块和Z断块潜山风化带储层厚度图

(a)W断块潜山风化带储层厚度图；(b)Z断块潜山风化带储层厚度图

受多期构造运动的控制，潜山裂缝发育呈现多组特征，裂缝走向主要有三组：近东西向、北西-南东向和北东-南西向。近东西向的裂缝开度更大，裂缝有效性更强。根据研究区38口井

7838 个深度点的裂缝开度与裂缝走向交汇结果，近东西向(方位范围 45°~135°)的裂缝开度较近南北向(方位范围 135°~225°)大，近东西向开度 20μm 以上的裂缝数量占该方向的百分比 37%，平均开度 105μm，近南北向开度 20um 以上的裂缝数量占该方向的百分比 27%，平均开度 62μm(图 6)。

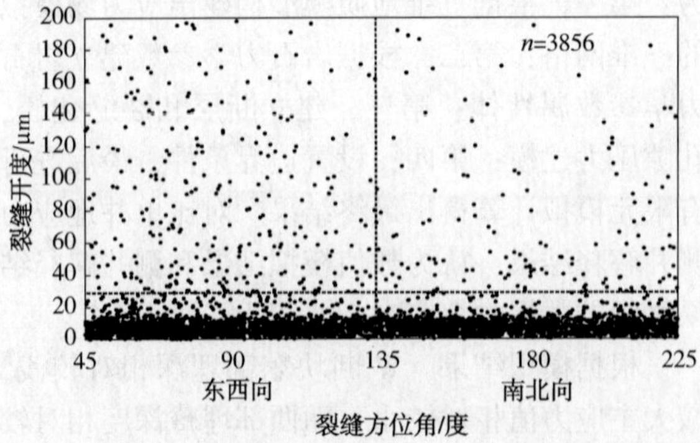

图 6 研究区潜山裂缝走向与开度关系图

3.3 古断层对裂缝储层的控制

研究区 W 断块在印支早期受南北向挤压的控制，主要产生近东西方向的宽缓褶皱，对裂缝发育起关键控制作用。而在燕山期，郯庐断裂左旋走滑主要产生近南北向展布的走滑大断层 F5，该断层持续活动，进入喜山期，又转为右旋走滑，持续改善周边裂缝的发育，使得附近裂缝开度变大、倾角变大，为 W 断块东侧区域关键控缝断层。走滑大断层 F5 附近单井裂缝开度一般大于 200μm，最高可达 457μm[图 7(a)]，裂缝倾角一般大于 50°[图 7(b)]，单井大于 1mm 的大缝比例一般超过 8%，开发井日产油气当量一般大于 350 方，最高可达 500m^3。

北部 Z 断块主要受印支早期南北向挤压、燕山期北西向挤压的双重控制，产生北东东向展布的逆冲大断层 F1 和 F20，喜山期反转形成正断层，最大断距可达 1000m，纵向上直通海底，说明该断层持续活动，对周边裂缝的发育起改善、活化作用。持续活动大断层 F1、F20 附近单井裂缝开度一般大于 150μm，最高可达 728μm[图 7(a)]，裂缝倾角一般大于 45°[图 7(b)]，单井大于 1mm 的大缝比例一般超过 10%，开发井日产油气当量一般大于 400 方，最高可达 1000 方。

W 断块北部 F4 断层及 Z 断块南部 F2 断层断距较小，小于 150m，纵向上仅断至新近系馆陶组，控缝能力较弱，附近单井裂缝开度一般小于 40μm[图 7(a)]，裂缝倾角一般低于 50°[图 7(b)]，单井一般不发育大于 1mm 的大缝，附近开发井日产油气当量一般小于 60 方，且多为低产低效井。

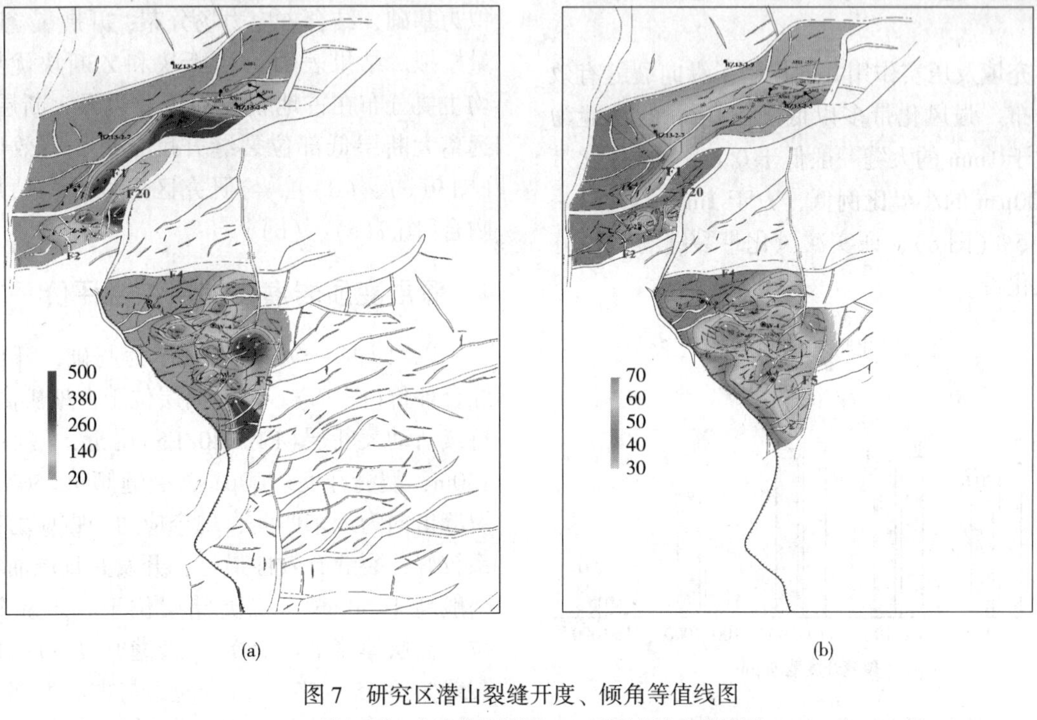

(a) (b)

图 7 研究区潜山裂缝开度、倾角等值线图

(a)裂缝开度、倾角等值线图；(b)裂缝倾角等值线图

3.4 古充填及压实对裂缝储层的控制

风化淋滤对潜山裂缝性储层形成是“双刃剑”，不仅起改造作用，而且起破坏性作用。一方面，淋滤作用产生的黏土矿物充填裂缝，另一方面，风化作用产生的网状缝抗压实性能弱，裂缝更容易闭合，均使得裂缝的有效性降低。

研究区潜山受风化淋滤作用的影响，印支、燕山期形成的构造缝大部分被黏土矿物充填。纵向上，自上而下充填程度自上而下依次变低。根据薄片等资料统计，强风化带全充填及半充填比例达到75%，次风化带全充填及半充填比例仅占到62%。强风化带岩心可见明显的黏土充填裂缝现象，整体较为致密[图3(c)、(d)]，次风化带岩心可见数条未充填的大缝，整体较为破碎[图3(e)、(f)]。

研究区潜山在印支、燕山期风化暴露过程中，顶部强风化带产生了大量风化缝。此类裂缝多数形态较杂乱，倾角低[图3(c)、(d)、(g)]，在上覆巨厚岩层的压实下，裂缝垂向封闭性较强，因此抗压实能力弱，更容易发生闭合。次风化带风化作用弱，较好的保存了原始的构造缝形态，倾角高[图3(e)、(f)、(h)]，裂缝垂向封闭性较弱，因此抗压实能力强，不容易发生闭合。根据成像测井资料的统计，强风化带裂缝倾角平均仅42°，次风化带裂缝倾角平均可达53°。

古充填及压实作用共同控制了纵向裂缝有效性的分布。强风化带多以低于100μm的小缝为主，大于1mm的大缝一般低于0.6%，次风化带低于100μm的小缝比例低，大于1mm的大缝一般高于5%(图8)，证实次风化带裂缝有效性好于强风化带。

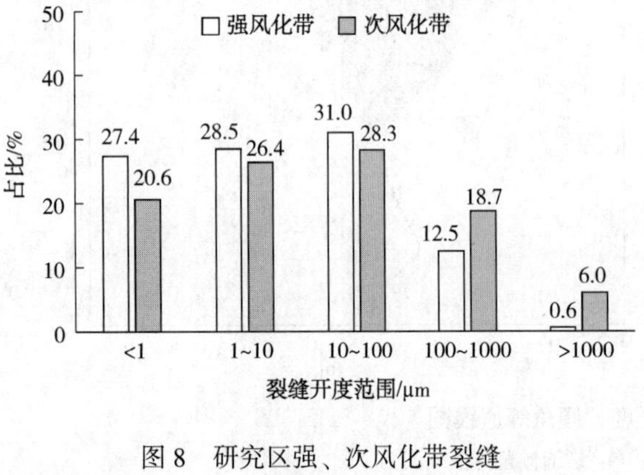

图8　研究区强、次风化带裂缝开度分布直方图

3.5 现今应力对裂缝储层的控制

现今地应力为目前存在于地层中的天然应力，对于裂缝型储层来说，现今地应力影响着裂缝的开启性。通常来说，现今最大主应力与天然裂缝方向一致，裂缝有效性最好，现今最大主应力与天然裂缝方向夹角越大，裂缝有效性越差。现今应力场模拟主要基于有限元方法，模拟流程为：第一，根据三维地质模型构建出应力场模拟的三维网格；第二，根据岩石力学参数建立岩石力学参数属性体；第三，建立断层和裂缝建模，孔隙压力建模；第四，设置边界条件，最后进行有限元模拟计算得出最终结果。对比单井地应力测井解释结果，认为数值模拟结果和测井解释结果之间的数据吻合率在85%以上。

根据模拟结果，W断块东部埋深相对较浅，最大主应力值相对较小，而西部埋藏深度相对较大，具有较高的应力值[图9(a)]；Z断块中部及大断层附近最大主应力值相对较小，西部、东北部低部位具有较高的应力值[图9(b)]。最大水平主应力的分布整体表现出在边界断层端点部位，出现局部应力集中。

现今水平最大主应力方向与古应力方向一致时，裂缝开启性最强，有效性最好，现今水平最大主应力方向与古应力方向夹角变大，裂缝开启性变弱，有效性变差。基于此，以现今应力场模拟为基础，结合古应力场分布，开展裂缝开度定量模拟。结果表明，W断块和Z断块优势储层均主要分布在古地貌高部位及边界大断层附近，远离大断层低部位裂缝开度变低、有效性变差[图9(c)、(d)]，与研究区开发井实钻规律相吻合[图7(a)、(b)]。

4 深层变质岩潜山储层综合评价

以“四古一今”控储规律为基础，开展储层综合评价(图10)。一类储层位于古地貌高部位、持续活动大断层(F1/F20/F5)附近，储层厚度>150m，裂缝开度>100μm，裂缝倾角>50°，优势裂缝走向为近东西向，现今应力与古应力耦合关系较好，裂缝有效性最好，开发井日产油气当量一般高于300m^3。二类储层位于古地貌斜坡部位，储层厚度80~150m，裂缝开度50~100μm，裂缝倾角45°~55°，现今应力与古应力耦合关系中等，裂缝有效性中等，开发井日产油气当量一般介于100~300m^3。三类储层位于远离大断层的低部位，储层厚度小于 80m，裂缝开度小于 50μm，裂缝倾角 40°~50°，现今应力与古应力耦合关系差，裂缝有效性最差，开发井日产油气当量一般低于 $70m^3$，且多为低产低效井。

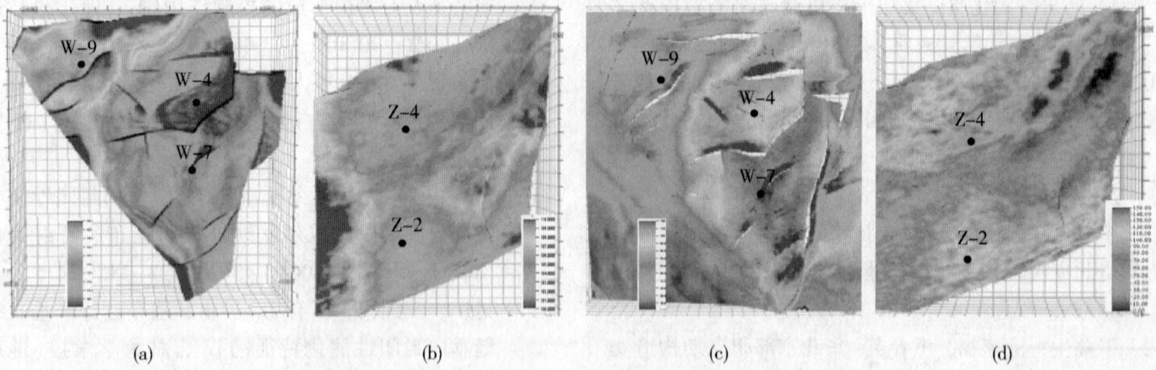

图 9 研究区现今水平最大主力及裂缝开度定量模拟结果分布图

(a)W 断块现今水平最大主力分布；(b)Z 断块现今水平最大主力分布；(c)W 断块裂缝开度定量模拟结果；(d)Z 断块裂缝开度定量模拟结果

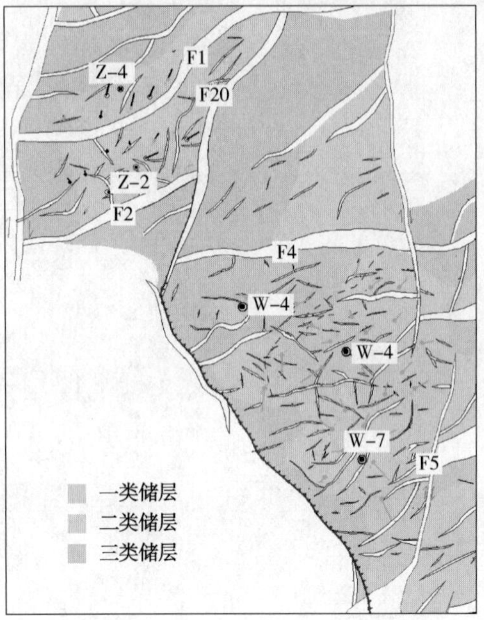

图 10 研究区储层综合分类评价图

5 结论

(1) 渤中凹陷深层变质岩潜山岩性为花岗片麻岩，储集空间具有孔、缝共存的双重介质特征，裂缝分为构造缝和风化缝两种类型；纵向上，强风化带多见风化缝及泥质充填，次风化带缝宽大，泥质充填少。

(2)“四古一今”储层综合评价研究表明：古地貌主要控制储层厚度的分布，高部位到低部位逐渐变薄；古应力主要控制形成近东西向优势裂缝；古断层主要控制优势裂缝分布，持续活动大断层附近易形成大尺度、高倾角构造缝。古充填及压实控制纵向裂缝有效性的分布，次风化带裂缝有效性好于强风化带。现今应力与古应力耦合控制平面裂缝有效性分布。

(3) 以“四古一今”控储规律为基础，开展储层综合评价，明确一类储层位于古地貌高部位、持续活动大断层(F1/F20/F5)附近，储层厚度大，裂缝开度大，裂缝倾角大，现今应力与古应力耦合关系较好，裂缝有效性最好。

参考文献

[1] 田纳新，陈文学，霍红，等. 利比亚锡尔特盆地油气地质特征及有利区带预测[J]. 石油与天然气地质，2008，29(4)：485-490.

[2] 郭子南. 兴隆台潜山基岩油藏储层分类评价[J]. 特种油气藏，2022，29(2)：64-71.

[3] 孙秀建，杨巍，白亚东，等. 柴达木盆地基岩油气藏储盖特征及组合方式[J]. 天然气地球科学，2019，30(2)：228-236.

[4] 周心怀，项华，于水，等. 渤海锦州南变质岩潜山油藏储集层特征与发育控制因素[J]. 石油勘探与开发，2005，32(6)：17-20.

[5] 王昕，周心怀，徐国胜，等. 渤海海域蓬莱 9-1 花岗岩潜山大型油气田储层发育特征与主控因素[J]. 石油与天然气地质，2015，36(2)：262-270.

[6] 施和生，王清斌，王军，等. 渤中凹陷深层渤中 19-6 构造大型凝析气田的发现及勘探意义[J]. 中国石油勘探，2019，24(1)：36-45.

[7] 徐长贵，于海波，王军，等. 渤海海域渤中 19-6 大型凝析气田形成条件与成藏特征[J]. 石油勘探与开发，2019，46(1)：25-38.

[8] 牛成民，王昕，叶涛，等. 渤中凹陷西南部大型变

质岩潜山裂缝特征及预测方法[J]. 石油钻采工艺，2018，40(S1)：66-69.

[9] 徐长贵，杜晓峰，刘晓健，等. 渤海海域太古界深埋变质岩潜山优质储集层形成机制与油气勘探意义[J]. 石油与天然气地质，2020，41(02)：235-247.

[10] 叶涛，牛成民，王清斌，等. 渤海湾盆地大型基岩潜山储层特征及其控制因素——以渤中19-6凝析气田为例[J]. 地质学报，2021，95(06)：1889-1902.

[11] 李三忠，索艳慧，戴黎明，等. 渤海湾盆地形成与华北克拉通破坏[J]. 地学前缘，2010，17(4)：64-89.

[12] 于福生，漆家福，王春英. 华北东部印支期构造变形研究[J]. 中国矿业大学学报，2002，31(4)：402-406.

[13] 吴梅莲. 燕山运动在济阳坳陷的地质表现以及中生界潜山研究[D]. 武汉：中国地质大学，2007.

[14] 李慧勇，肖述光，李飞，等. 渤海郯庐断裂西支构造特征及对潜山形成的控制作用[J]. 地质科技通报，2021，40(05)：33-41.

[15] 徐长贵. 渤海海域大型伸展-走滑复合断裂特征与控藏作用[J]. 中国海上油气，2022，34(06)：1-13.

[16] 付广，王有功，黄劲松. 倾斜裂缝垂向封闭性演化特征研究—以海拉尔盆地贝尔凹陷布达特群为例[J]. 地质科学，2008，43(1)：23-33.

[17] 付广，王国民，王有功. 贝尔凹陷布达特群垂直裂缝垂向封闭性演化特征[J]. 吉林大学学报(地球科学版)，2007，37(5)：913-918.

渤中凹陷西部中生界火山机构精细刻画技术及在勘探中的应用

王玉秀　严　帝　马　飞　樊建华　王　蔚

[中海石油(中国)有限公司天津分公司]

摘　要　渤海中部地区广泛发育中生界火山岩潜山，一直未获得大规模突破，随着近年来环渤中地区多个构造中生界火山岩油气藏的发现，展示了中生界大中型气田的勘探前景。由于中生界地层岩性组合多样且复杂，潜山内幕地震反射杂乱，受多期构造活动影响，火山机构识别难度大。本次研究根据火山机构地震反射特征，建立了“最大似然找通道、三维等时地层模型定外形、属性聚类分相带”的技术流程，在渤中凹陷西部中生界火山机构刻画上取得了较好效果。

关键词　渤中凹陷；中生界；火山通道；火山机构界面；属性聚类

1　区域地质背景

渤中凹陷位于渤海海域中部，属于渤海湾盆沉积沉降中心，总面积约 8729km^2。渤中凹陷西部具有凹中隆起背景，四面环洼，成藏位置优越。但早期勘探成果主要集中在新生界，如蓬莱19-3、秦皇岛 32-6 等多个亿吨级大油田，潜山勘探一直未获突破。2023 年在渤中凹陷西部渤中 A 构造钻探的 BZA1 井在中生界潜山钻遇近 120 米气层，揭示了该地区中生界巨大潜力，实现了渤中凹陷深层火山岩气藏勘探的重大领域突破。

2　火山机构刻画

2.1　基于高陡倾角约束的最大似然火山通道刻画技术

火山通道是指幔源或壳源岩浆穿切地层至地表喷发的通道火山通道控制火山喷发就位。在地震剖面上表现为裂隙式近直立、呈柱状和刺穿状、向上发散的反射特征，与走滑断层展布具有良好的一致性，因此通常采用裂缝预测手段刻画火山通道。目前主流预测方法采用叠后相干、方差、曲率等属性，但是常规属性对浅层大断裂识别效果较好，对于深层小断裂刻画精度不足，难以有效识别火山通道。最大似然属性是 Hale 在 2012 年提出的一种基于样点处理的断裂成像算法，较基于波形相似性计算的传统地震裂缝预测属性精度明显提升，不易漏失小尺度断裂。

相邻采样点的相似性表示为：

$$S=\frac{\langle\langle g\rangle_s^2\rangle_f}{\langle\langle g^2\rangle_s\rangle_f} \tag{1}$$

式中，S 为相邻采样点的相似性(数值在 0~1)；g 为地震数据体；$\langle . \rangle_s$ 为采样点构造导向平均值；$\langle . \rangle_f$ 表示沿断裂倾向、走向(倾角和方位角)平滑滤波。

断裂似然属性计算公式为：

$$F_l=1-S^8 \tag{2}$$

F_l 表示断裂发育可能性大小，值域范围为 0 到 1。

为了进一步刻画火山通道，本次研究采用基于高陡倾角约束的最大似然火山通道刻画技术，滤掉无关倾角，保留提取对于火山通道敏感的高陡倾角数据体，提高了火山通道识别效果。

高陡倾角约束的最大似然[图 1(b)]红色部分为识别出的火山通道位置，由于属性采用倾角约束，滤掉小角度倾角断层，所以识别出的火山通道更加清晰，指示的位置更加明确。

与原始地震剖面[图 1(a)]对比中可以看出，地震剖面上柱状反射可以被有效识别，反映该方法在火山通道识别方面的有效性。图 2 为基于高陡倾角约束的最大似然提取的均方根振幅平面，火山通道在平面上近似圆形(红色区域)，整体沿南北向的走滑断层分布。

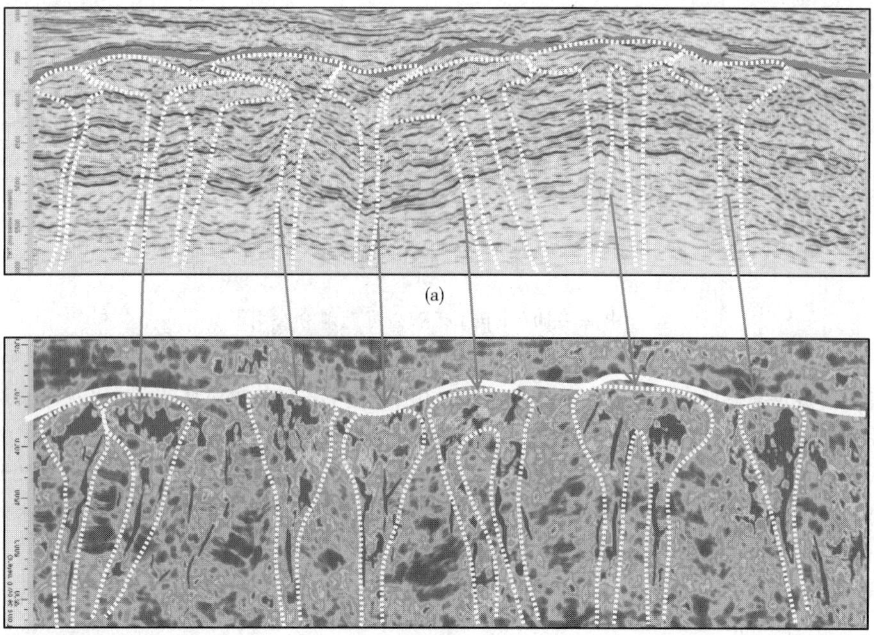

(a)

(b)

图 1　原始地震剖剖面与三维等时地层模型的火山机构识别剖剖面对比

(a)原始剖面；(b)三维等时地层模型的火山机构识别剖面

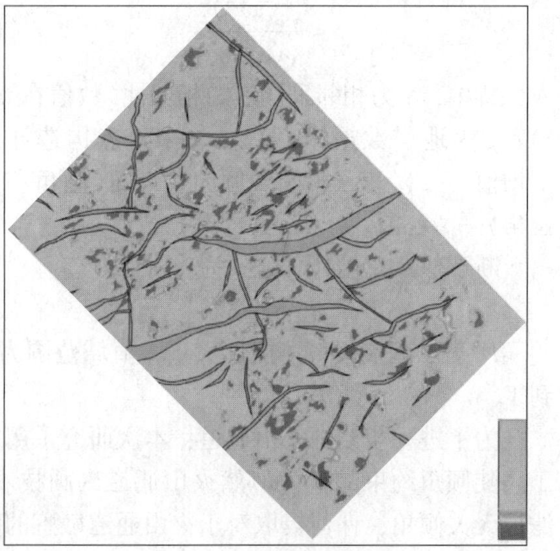

图 2　基于高陡倾角约束的最大似然火山通道刻画平面

2.2　基于三维等时地层模型的火山机构识别技术

火山岩特有地震特征为识别火山机构提供直观的信息，火山机构地震反射特征外型多为楔形或丘形强振幅、低频，横向递变快，内部为空白杂乱断续反射，中强振幅，平行斜交结构。火山锥上部常出现披覆构造和地堑的反射特征；厚度大的火山机构侧翼沉积岩常有上超现象，沉积岩反射同相轴与火山岩反射同相轴呈“指状”交错。根据火山机构与围岩地震反射差异，创新提出基于三维等时地层模型的火山机构识别技术。该方法基于数据驱动三维等时层序体建模，将“时间域地震数据体”转换到“地质年代域等时层序体”，再将地震数据分解为单个波峰、波谷组成的面元，随后对面元分配相对地质年代(等时同向轴归为同个等时界面)，生成三维等时地层模型。在三维等时地层模型上，利用不同层序间振幅梯度对模型进行赋值，通过该方法使得火山机构与沉积地层接触关系更为明确，从而达到机构刻画目的。

从图 3 中可以看到，基于三维等时地层模型的最终成果可以有效识别出火山机构顶底界面，为后续机构精细刻画提供支撑。

2.3　基于 Kmeans++算法属性聚类的相带划分

通过钻后反射特征分析与正演模拟，明确“丘形反射-中弱振幅-低频复波”为好储层响应特征。因此我们提取了多种振幅类、频率类属性，但是在后续研究中发现不同类型属性优质储层指示范围不统一，结果存在多解性。为了更加准确刻画不同地震相边界，采取了属性聚类的方法。首先通过地震属性相关度分析优相关度在 0.3~0.8 之间的属性，这样既防止属性相关度低又避免相关度过高带来的冗余。为了使聚类结果更加客观准确，本次聚类采用 Kmeans++算法，该算法完全基于数据驱动，避免了 Kmeans 随机选取 K 个聚类中心导致可能聚类中心选择的不好，最终对结果会产生很大的影响的问题。

图 4 为最终聚类结果，红色(Ⅰ类)为最优储层发育区，蓝色(Ⅴ类)为最差储层区，从结果看，优质储层主要发育在火山机构中心、近源相带内，符合火山岩优质储层发育地质规律。在此方法的指导下，成功部署 BZA2 井，2 井开钻后钻遇气层超 300m，创造了中国海上深层测试记录，真正意义实现了渤中凹陷中生界潜山天然气勘探重大突破，打开了渤海中生界潜山勘探新领域。

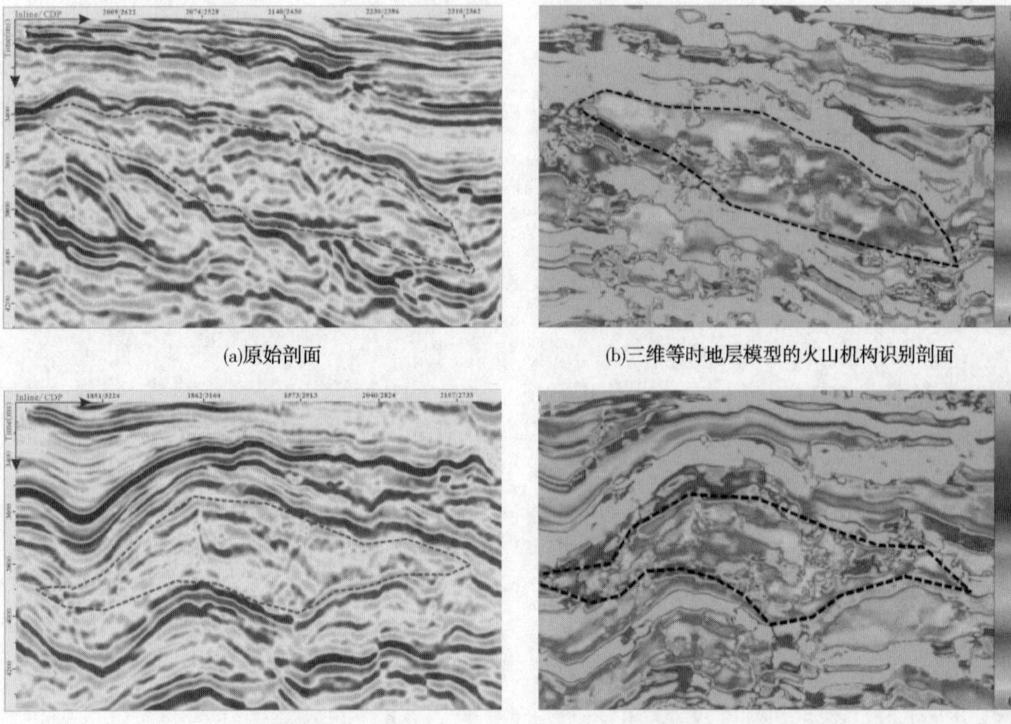

(a)原始剖面　(b)三维等时地层模型的火山机构识别剖面

(c)原始剖面　(d)三维等时地层模型的火山机构识别剖面

图 3　原始地震剖剖面与三维等时地层模型的火山机构识别剖面对比

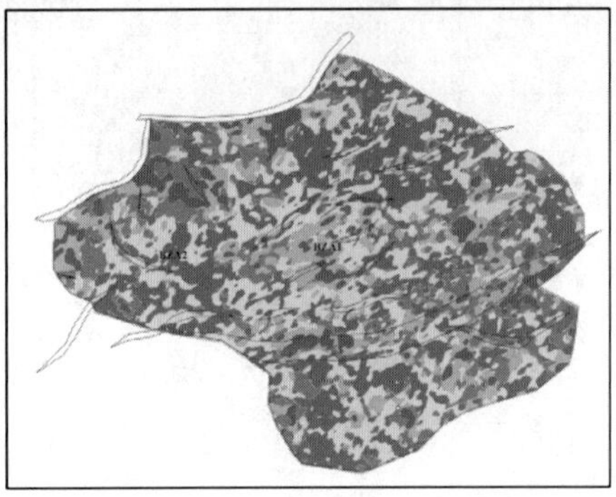

类型	反射特征
Ⅰ	弱振幅，高频杂乱反射
Ⅱ	弱振幅，中频较连续反射
Ⅲ	中等振幅，中频连续反射
Ⅳ	中强振幅，中频连续反射
Ⅴ	强振幅，低频连续反射

图 4　火山机构多属性聚类分析图

3　结论

本次研究，从火山通道、火山机构顶底界面与围岩地震反射特征差异出发，首先采用基于高陡倾角约束的最大似然火山通道刻画技术识别出火山通道，再在通道上部寻找火山机构。在机构刻画方面采用三维等时地层模型的火山机构识别技术，有效刻画出机构顶底界面，在此基础上利用 Kmeans++算法属性聚类的相带划分，通过属性聚类刻画出五类地震相边界，其中Ⅰ类反射特征是最优储层，为后续中生界评价提供有效支撑。

参 考 文 献

[1] 刘万洙，王璞珺，门广田，等. 松辽盆地北部深层火山岩储层特征[J]. 石油与天然气地质，2003，24(1)：28-31.
[2] 邓运华. 渤海大中型潜山油气田形成机理与勘探实践[J]. 石油学报，2015，36(3)：253-261.
[3] 赵海玲，刘振文，李剑，等. 火成岩油气储层的岩石学特征及研究方向[J]. 石油与天然气地质，2004，25(6)：609-612.
[4] 傅锴. 渤海湾盆地环渤中凹陷地区晚中生代埋藏火山的成因与分布及其构造过程[D]. 长春：吉林大学，2022.
[5] 杨海风，徐长贵，牛成民，等. 渤海湾盆地黄河口凹陷BZ34-9油田新生界“断裂-岩浆”联合控藏作用[J]. 石油与天然气地质，2018，39(5)：1056-1064.
[6] 侯启军. 松辽盆地南部火山岩储层主控因素[J]. 石油学报，2011，32(5)：749-756.
[7] 吴庆勋，王粤川，韦阿娟，等. 渤海海域中生代火山岩喷发旋回划分及与油气的关系[J]. 中国海上油气，2017，29(2)：18-26.
[8] 金春爽，乔德武，淡伟宁. 渤海湾盆地中，新生代火山岩分布及油气藏特征[J]. 石油与天然气地质，2012，33(1)：19-29.

黄河口凹陷深层古近系砂砾岩储层特征与成因机理

刘晓健　李慧勇　郭一凡　代黎明　刘泽宇

[中海石油(中国)有限公司天津分公司]

摘　要　近年来，渤海海域黄河口凹陷东洼已连续获得良好勘探成效，但北洼古近系储层由于埋藏较深至今未获得商业突破，随着勘探程度不断提高，北洼中深层砂砾岩储层将成为该区储量接替重要领域。钻井数量相对偏少、优质储层发育机理和分布预测难度大是制约黄河口凹陷北部中深层勘探的关键问题。因此，针对深层砂砾岩开展薄片、扫描电镜、成岩物理模拟等实验分析，开展裂缝参数定量化描述，建立黄河口北洼中深层优质砂砾岩储层砾石、泥质、裂缝三元定量表征评价技术。提出变质花岗岩砾石为主的砂砾岩储集体为优选型、以火山岩砾石为主的砂砾岩储集体为次优选择，以碳酸盐岩砾石为主的砂砾岩储集体最差，研究成果为研究区及邻区深层古近系勘探评价提供借鉴意义。

关键词　深层砂砾岩；成岩作用；储层成因；古近系；黄河口凹陷

近年来，渤海湾盆地海域秦南凹陷东南洼、庙西凹陷北洼、黄河口凹陷东洼等多个盆缘洼陷已先后成功发现秦皇岛 29-2 东、蓬莱 15-2、渤中 36-1 等多个亿吨级油田，展示盆缘洼陷良好的勘探潜力。黄河口凹陷北部古近系由于埋藏较深，长期以来在黄河口凹陷勘探程度不均衡，随着勘探程度不断提高，勘探重心向中深层领域转移是该区储量增长点的必然选择。黄河口凹陷北部背山面洼，坡折带类型多样，具有发育近源砂砾岩体的良好背景，古近系成藏条件优越，勘探潜力较大。但受限于钻井数量相对偏少、优质储层发育机理和分布预测难度大等难题，黄河口凹陷北部中深层砂砾岩一直未有商业性勘探突破。

目前，国内外学者针对储层研究已由定性分析向半定量-定量分析转变，范振峰等在对济阳坳陷车镇北带砂砾岩储层成岩作用研究中发现优质储层主要受到有机酸的溶蚀作用与异常高压的影响；操应长等发现沉积作用与相带决定了储层成分，支撑类型以及成岩作用，成为优质储层发育重要机理；李欢等对辽东凹陷旅大 29 构造沙二段优质储层研究发现，欠压实带、弱胶结、局部溶蚀增孔以及非构造缝的发育，是形成优质储层的成因。

本文以黄河口洼陷北部 5 口钻遇深层古近系储层探井为主要研究对象，通过岩心分析资料、近 300 余次薄片观察及统计、200 余样次扫描电镜分析及全岩黏土分析资料，对研究区深层古近系储层开展岩性、物性、储集空间类型、储层主控因素等定量分析，探讨研究区整体储层特征差异及成因，为邻区深层古近系勘探评价提供借鉴意义。

1　区域构造背景

黄河口凹陷位于渤海湾盆地渤海海域南部，面积约 $3800km^2$，凹陷北部为渤南凸起，南部为垦东-青坨子凸起，东南部为莱北低凸起，东部与庙西凹陷相邻(图 1)。黄河口凹陷基底为太古界，在太古界基底上，发育了下古生界海相碳酸盐岩、中生界火山岩和新生界沉积岩。新生代地层可以分为古近纪裂陷沉积旋回和新近纪坳陷沉积旋回(余宏忠，2009)，其中裂陷旋回阶段发育有古新世孔店组、始新世沙河街组和渐新世东营组，沙河街组又可细分为沙一段、沙二段、沙三段和沙四段，东营组分为东一段、东二段和东三段。坳陷旋回阶段主要发育新近纪馆陶组、明化镇组和第四纪平原组。研究区多口井在古近系深层钻遇砂砾岩体，储层差异较大，需要开展深入研究工作。

2　储层特征

2.1　*岩石学特征*

通过对黄河口凹陷古近系 6 口井岩心观察及 11 口井薄片鉴定分析，研究区储层以粗粒碎屑岩为主，包括砾岩、砂砾岩、含砾砂岩，颜色以灰褐色、灰白色和红褐色为主。碎屑颗粒多以次棱-次圆状为主，分选性分为好、中等、差三等

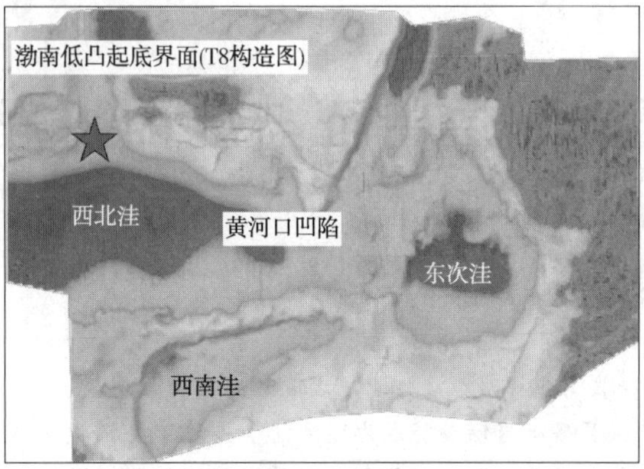

图 1　黄河口凹陷区域地质位置

级，根据颗粒间的排列方式、粒径大小、杂基含量以及分选性等，将砂砾岩支撑方式分为颗粒支撑、杂基支撑和胶结物支撑(图 2)，杂基以泥质为主，胶结物以碳酸盐胶结为主。

由于研究区物源条件复杂，三大岩类均有发育，且存在相对明显的分区特征。孔店组以砾岩沉积为主，中生界火山岩供源，BZ26-2 构造、BZ28-1 构造和 BZ34-2 构造为代表，砾石类型以中生界火山岩砾石为主，成分超过 50%，不等粒砂矿物成分主要为石英、长石、岩屑，颗粒粒度粗、磨圆大部分为次棱状-次圆状、分选较差、基质中泥质含量高，裂缝较为发育。代表井位 BZ26-2-B 井砂砾岩组分信息显示，石英相对含量 20%~25%，平均含量 23.75%，长石相对含量 10%~25%，平均含量 18.75%，岩屑相对含量 5%~60%，平均含量 57.5%，其中岩屑成分以火山岩岩屑为主，平均 48.75%，变质岩和沉积岩分别占 7.5%和 6.25%，泥质含量在 10%左右。

(a)BZ34-2-A，Es3，颗粒支撑　(b)BZ28-1-A，Ek，基质支撑　(c)BZ27-2-A，Es12，胶结物支撑

图 2　黄河口凹陷砂砾岩储层颗粒支撑类型

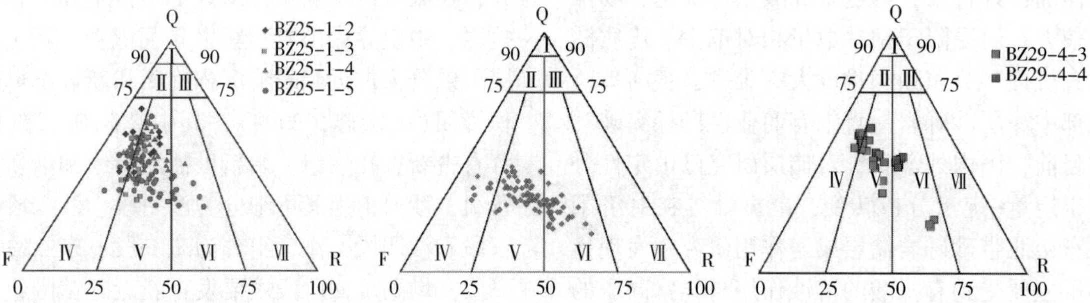

(a)渤中25-1构造沙三段砂岩分类三角图　(b)渤中27-2沙三段砂岩分类三角图　(c)渤中29-4构造沙三段砂岩分类三角图

图 3　黄河口凹陷渤中 25-1 构造、渤中 27-2、渤中 29-4 构造沙三段砂岩岩石类型

Ⅰ. 石英砂岩；Ⅱ. 长石质石英砂岩；Ⅲ. 岩屑质石英砂岩；Ⅳ. 长石砂岩；
Ⅴ. 岩屑(质)长石砂岩；Ⅵ. 长石(质)岩屑砂岩；Ⅶ. 岩屑砂岩

2.2　储集空间特征

黄河口凹陷古近系砂砾岩储层中发育的裂缝根据成因，可分为构造裂缝和成岩裂缝；根据裂缝与砾石颗粒之间的关系，可分为穿砾缝、砾内缝和砾缘缝。

(1) 原生孔隙：原生孔隙是岩石沉积及成岩过程中形成的并保存至今的孔隙，具有规则形状，边缘平直，内部杂基含量少等特点。黄河口凹陷砂砾岩储层的原生孔隙以原生粒间孔为主，孔隙形态较为规则，无溶蚀矿物残余现象，多发育在以前寒武变质岩砾石为主的储层中，以颗粒支撑-砂级基质-含砾砂岩相为代表。由于原岩结晶程度高，脆性矿物含量高，泥质含量很低，有利于原生粒间孔的保存[图 4(a)]。是砂砾岩储层中重要的储集空间类型。

（2）次生孔隙：溶解成因形成的次生孔隙按照其分布位置可以分为粒间溶蚀孔和粒内溶蚀孔。粒间溶蚀孔为长石边缘发生溶解而形成的粒间溶孔扩孔或者粒间填隙物发生溶解而形成的，BZ34-2-A 沙三段含砾中砂岩中可见花岗岩砾石内长石溶蚀，形成溶蚀孔[图 4(a)]，BZ26-2-B 基质中常见长石溶蚀形成的基质溶蚀孔隙[图 4(b)]；粒内溶蚀孔主要为长石和岩屑颗粒溶蚀而形成，尤其是以长石溶蚀形成的粒内孔居多[图 4(c)]，在 BZ26-2-B 孔店组火山岩砾石为主的储层中常见，以基质支撑-砂级基质-砾岩相为代表岩相，裂缝诱导下粒内溶蚀孔和基质溶蚀孔发育。

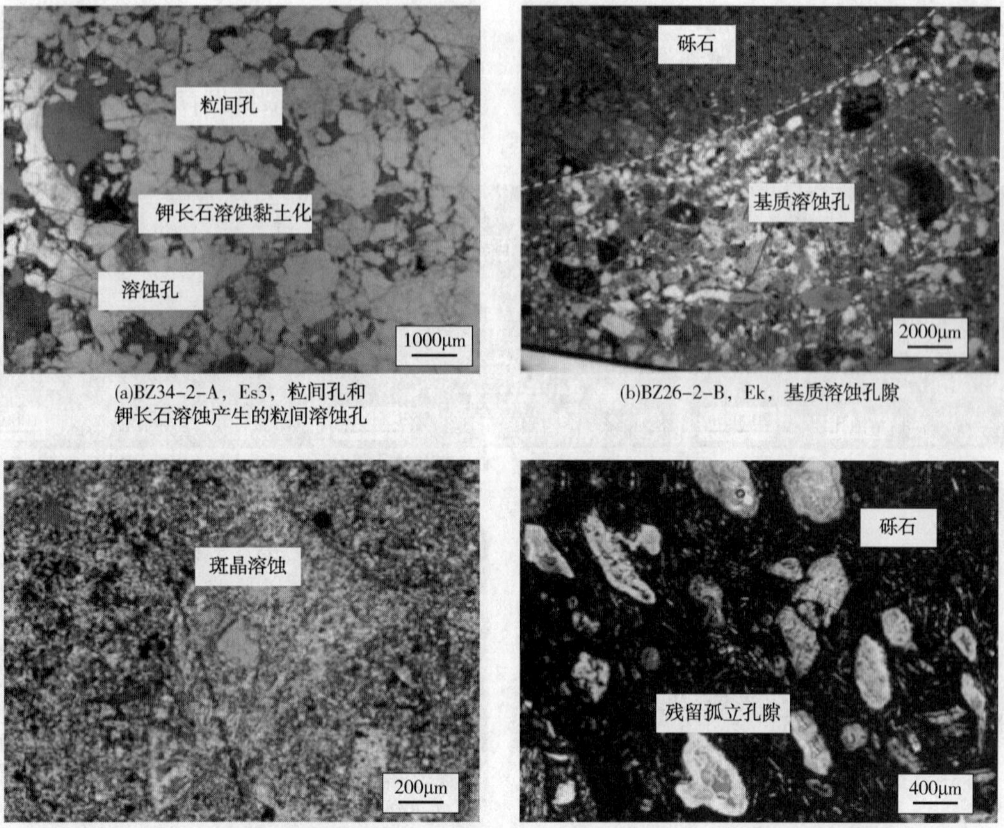

(a)BZ34-2-A，Es3，粒间孔和钾长石溶蚀产生的粒间溶蚀孔

(b)BZ26-2-B，Ek，基质溶蚀孔隙

(c)BZ28-1-A，Ek，含斑晶砾石斑晶溶蚀形成溶蚀孔

(d)BZ34-2-A，Ek，砾石内杏仁体构造被方解石和玉髓充填后残留的孤立孔隙

图 4　黄河口凹陷镜下微观尺度孔隙类型

（3）裂缝：通过岩心、薄片资料分析，以中生界火山岩和前寒变质岩砾石为主砂砾岩储层裂缝发育，以古生界碳酸盐岩砾石为主的砂砾岩储层缺乏裂缝发育。①火山岩砾石为主的砂砾岩储层：渤中 26-2 构造位于伸展断层之间，构造裂缝发育，形成高角度砾内裂缝与穿砾缝，存在孔缝被方解石充填现象[图 5(a)、图 5(d)]。渤中 28-1-5 以低联通性砾缘缝为主[图 5(b)]；②以花岗变质岩砾石为主的砂砾岩储层以渤中 34-2 沙三段为代表，因其原岩结晶程度高，脆性矿物含量高，基质中泥质含量低（<5%），颗粒粒径较大，相互支撑，压实作用导致压实缝发育，镜下薄片多见砾内缝[图 5(c)]；③碳酸盐岩砾石局部可见少量砾缘缝发育[图 5(e)]。

2.3　物性特征

研究区砂砾岩体多发育致密储层，结合测井物性、实测物性以及通过铸体图像分析检测报告和 Image J 软件对研究区物性进行系统总结分析。

孔店组发育以火山岩砾石为主的砂砾岩储层，孔隙度普遍比较低。BZ26-2-B 孔店组基质以砂级为主，沉积前气孔和斑晶发育，后被方解石和硅质充填，随着埋藏加深，压实作用明显，储集空间主要为裂缝和其诱导发育的基质溶孔、砾内溶孔，部分酸性火山岩岩屑溶蚀孔隙被石英和黄铁矿充填，面孔率在 0.6%～5.5%之间。BZ26-2-B 孔店组整体上从浅到深取芯依次分为

C1、C2、C3 三段，根据传统柱塞与全直径物性资料显示，每段的传统柱塞与全直径孔隙度差别不明显，C1 段孔隙度最高，在 4%~8%之间，C2 段孔隙度在 5%左右，C3 段孔隙度在 3%~5%之间。C1 段由于发育开放性的有效裂缝，渗透率最高，全直径渗透率相较传统柱塞高数个数量级；C2 段柱塞与全直径渗透率差别不明显，主要因为裂缝孔洞被方解石脉充填；C3 段柱塞与全直径渗透率差别较小，且渗透率在三段中最低，砾石相对偏基性，裂缝纵向连通性相对较差。BZ28-1-A 孔店组砂砾岩储层基质中泥质含量较高(14.5%~26.4%)，沉积前发育斑晶和气孔，随后沸石和黄铁矿充填，储集空间以溶蚀孔和低连通性砾缘缝为主，发育较少，面孔率在 0.3%~0.7%之间。BZ34-2-A 孔店组砂砾岩储层泥质含量最高(24%左右)，储层致密，裂缝欠发育，以残留孔隙为主，面孔率在 0.3%~0.4%之间。以 BZ26-2-B 孔店组为代表的砂砾岩储层，孔隙度介于 2.7%~10.4%之间，平均值为 6.2%，孔隙度普遍大于 5%。渗透率介于 0.01mD~43.3mD 之间，平均值 1.59mD，为特低孔低渗储层，裂缝发育改善渗透性(图 6)。

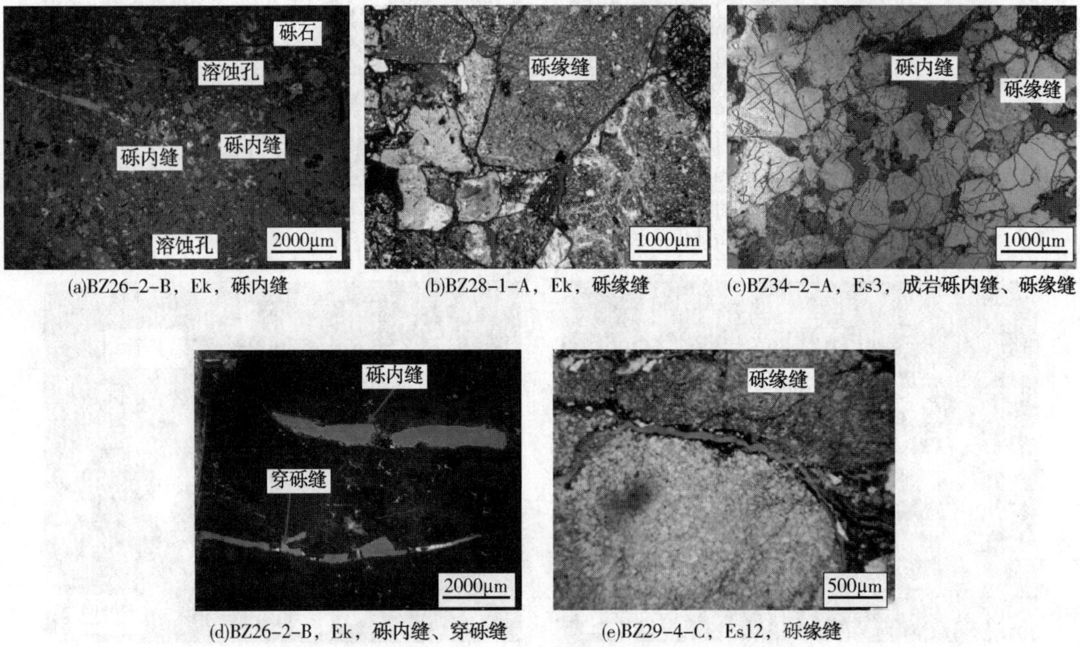

(a)BZ26-2-B，Ek，砾内缝　(b)BZ28-1-A，Ek，砾缘缝　(c)BZ34-2-A，Es3，成岩砾内缝、砾缘缝

(d)BZ26-2-B，Ek，砾内缝、穿砾缝　(e)BZ29-4-C，Es12，砾缘缝

图 5　黄河口凹陷镜下微观尺度裂缝类型

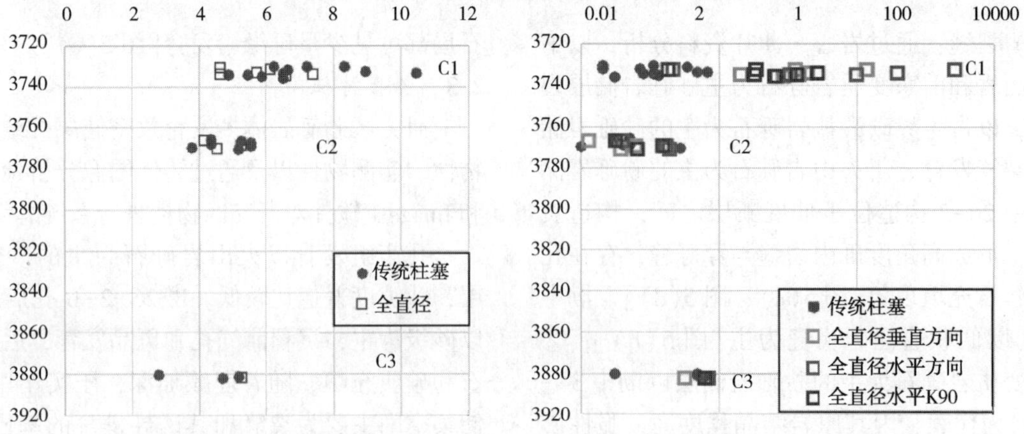

(a)传统柱塞与全直径孔隙度　(b)传统柱塞与全直径渗透率

图 6　BZ26-2-B 传统柱塞与全直径物性信息

3 砂砾岩储层成因机理

3.1 砾石类型

研究区由于受到郯庐断裂带与多幕裂陷活动叠合影响，形成多类型构造坡折带，呈现多物源供给特征。区域物源主要为渤南低凸起、莱北低凸起、垦东低凸起和长堤斜坡带，黄河口凹陷北缘孔店组、沙河街组的物源主要来自渤南低凸起，通过岩心与薄片资料分析，研究区内主要存在三种母岩类型——即中生界火山岩、古生界碳酸盐岩和前寒武变质花岗岩，不同母岩类型具有明显的区域性，与研究区内砾石类型相对应。

(1) 前寒武变质花岗岩砾石特征

变质岩是由各类岩石在地壳深处高温、高压作用下，原来的成分、结构发生变化而形成的新的岩石。它的岩性特征受原岩的控制，具有一定的继承性，又因为经受了不同的变质作用，在矿物成分和结构上又有新生性。母岩为花岗岩或者变质花岗岩的砾石，往往经过风化和剥蚀后极易形成大规模的砂体，成砂率较高，砂岩的储层物性较好。研究区变质花岗岩的砾石特点表现为砾石矿物成分以石英长石为主，结晶程度高，晶体大，泥质含量低。砾石脆性强，砾内压实缝发育。BZ34-2-A 井沙三段储层主要为含砾砂岩和细砾岩，石英与长石含量可达 94.3%～98.6%，泥质含量低位于 1.4%～3.7%(图 7)。

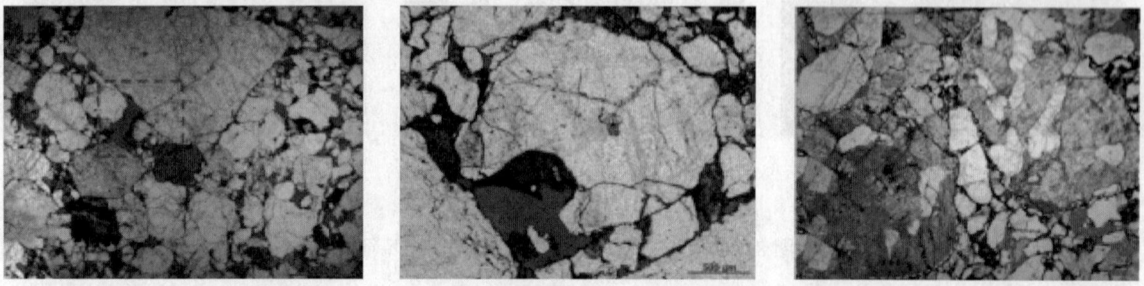

(a)BZ34-2-A, Es3, 3365.7m，前寒武变质岩砾石发育微裂缝贯通粒间孔　(b)BZ34-2-A, Es3，3368m，含砾中砂岩；花岗岩砾石内长石溶蚀，呈黏土状　(c)BZ34-2-A, Es3，3366.4m，细砾岩；花岗片麻岩砾石边界平滑，发育砾内溶蚀

图 7　前寒武变质花岗岩砾石型储层特征

(2) 中生界火山岩砾石性质

火成岩分为侵入岩和火山岩(喷出岩)，侵入岩是地下岩浆在内压力作用下侵入地壳上部冷却凝固而形成的岩石，矿物颗粒结晶较大，致密，如花岗岩；火山岩是地下岩浆在内压力作用下，沿地壳薄弱地带喷出地表，冷却凝固而成，由于结晶时间短，结晶程度低，从而导致火山岩的风化产物中泥质含量高，且火山岩砾石容易发生塑性变形从而压实致密。同时火山喷发过程中会产生气孔、杏仁等独特构造，如果发育裂缝，在其联通作用下，杏仁构造与斑晶利于溶蚀，若缺乏裂缝沟通，则容易压实，砾内孔隙孤立分布。西段 BZ26-2-B 孔店组钻遇厚度层砂砾岩体，砾石分选差，磨圆中等，大部分砾石呈高角度排列，漂浮于基质中。砾石内多发育气孔，杏仁构造，次生矿物充填丰富[图 8(a)，(b)]。部分裂缝充填方解石脉体[图 8(c)]，在开放构造裂缝沟通下，斑晶与杏仁构造易溶蚀，形成较好的储集空间，高石英、高钾长石反映中基性火山岩类型。东段 BZ28-1-A 与拉分段 BZ34-2-A 井钻遇孔店组厚层砂砾岩，砾石类型以火山岩为主，砾石蚀变严重，部分发生硅化[图 8(d)]，内部少量微孔隙发育，部分砾石残留继承性气孔与裂缝、砾缘发育少量裂缝[图 8(e)]。低石英、低钾长石相对高斜长石与辉石显示中基性物源贡献[图 8(f)]。

(3) 古生界碳酸盐岩砾石性质

碳酸盐岩砾石的主要矿物成分为方解石与白云石等碳酸盐矿物，局部发生硅化作用。碳酸盐岩砾石容易受物理化学风化作用影响，搬运距离近，多发育于近源位置，小规模分布，以碳酸盐岩为母语的砂砾岩后期成岩过程中易溶形成大量方解石胶结物，堵塞孔隙和裂缝，对储层有效性起到破坏性作用。通过对 BZ26-5-A 进行 QEM-scan 矿物成分分析可得，壁心中含有大量的碳酸盐尤其是碳酸盐岩砾石(紫色)。通过镜下薄片观察可得，BZ26-5-1 井胶结作用严重，颗粒间呈现漂浮-点状接触，发育大量铁白云石、贴方解石胶结物、通过X衍射分析可得，BZ26-5-1井孔店组砂砾岩碳酸盐含量为15%~60%，长英质最低不足30%，结合前人对白云石胶结物及早期碳酸盐岩胶结物对面孔率影响的研究可得大量碳酸盐岩母岩造成的早期方解石胶结是BZ26-5-A砂砾岩储层致密的重要原因(图9)。

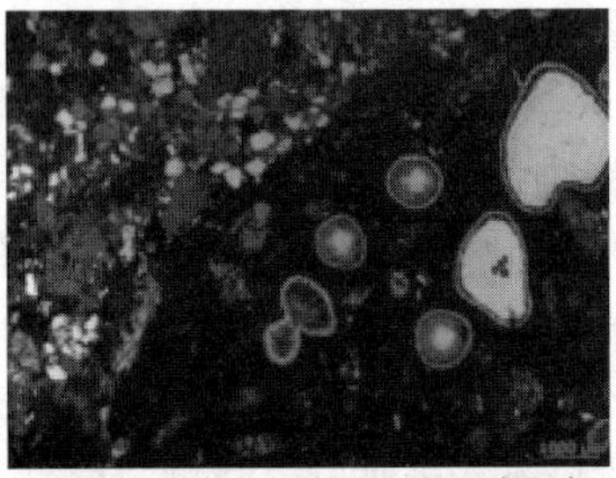

(a)BZ26-2-B，3770.36m，Ek，火山岩砾石，杏仁构造充填硅质、沸石

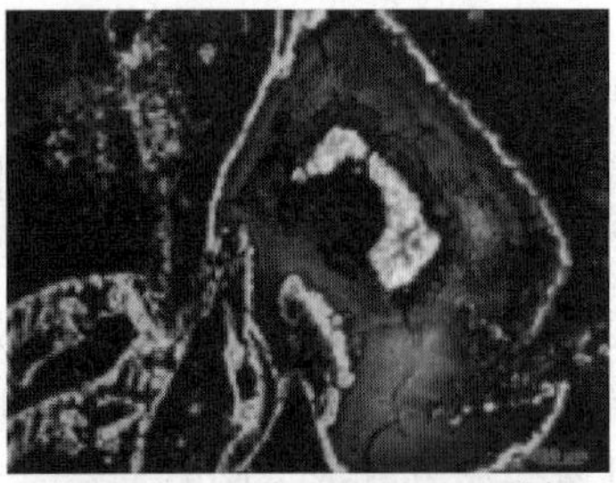

(b)BZ26-2-B，3770.36m，Ek，内部充填隐晶硅质、黏土、石英

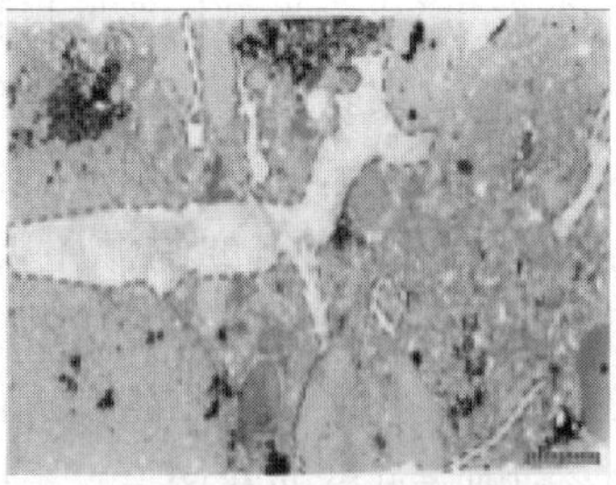

(cBZ26-2-B，3770.36m，Ek方解石脉体充填裂缝

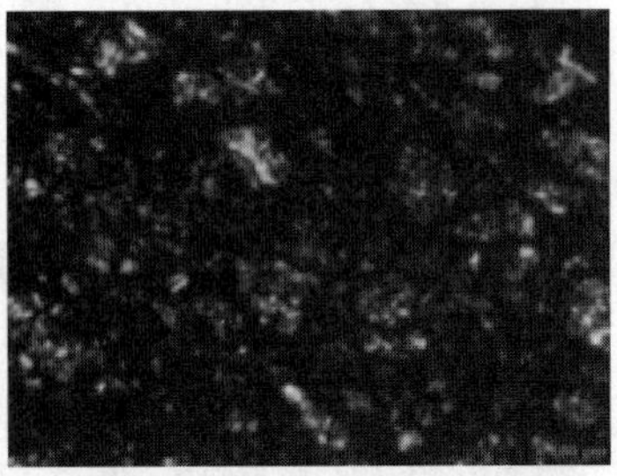

(d)BZ28-1-A，3078.5m，Ek，岩屑受较强的硅质蚀变，结构分辨不清，少量保留残余安山岩岩屑结构

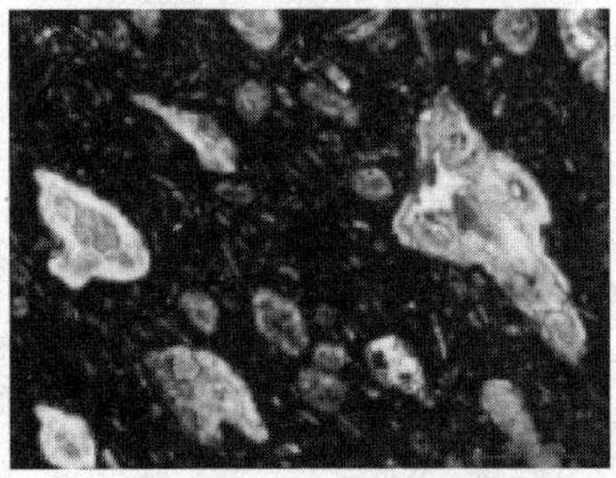

(e)BZ34-2-A，3822.7m，Ek，杏仁构造充填玉髓与方解石，部分残留孤立孔隙

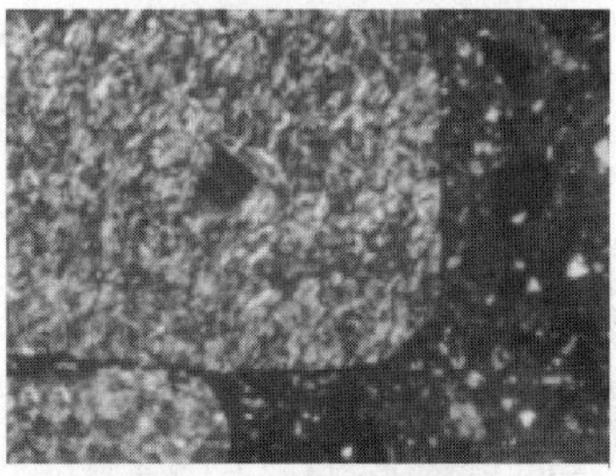

(f)BZ34-2-A，3822.3m，Ek，砾石以中酸性火山岩为主；

图8　中生界火成岩砾石型砂砾岩储层特征

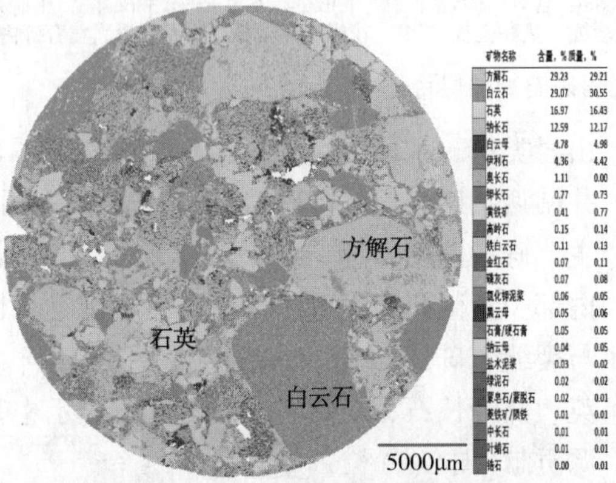

(a)BZ26-5-A，3745m，矿物定量分析

(b)BZ26-5-A，3558m，铁方解石胶结，颗粒程点状接触

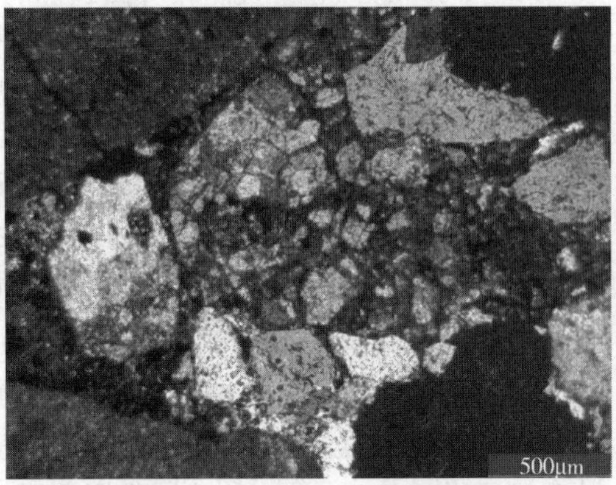

(c)BZ26-5-A，3940m，铁白云石胶结

(d)BZ26-5-A，3778m，铁方解石胶结，颗粒程点状接触

图9　古生代碳酸盐砾石型砂砾岩储层特征

3.2　泥质含量

泥质指颗粒直径小于 0.01mm 的碎屑物质，泥质含量，也叫做泥质体积，是指泥质体积占总体积的百分比。砂砾岩由于近物源，多水系和快速多变的沉积环境导致储层非均质性严重，岩性复杂多变，泥质含量的多少可以影响储层的孔隙结构，进而影响渗透性，是储层研究的关键。

研究在明确泥质含量为影响本区砂砾岩储层储集性能关键因素基础上，以泥质含量为主分类参数，结合前人研究，将砂砾岩储层划分为低泥质砂砾岩(泥质含量<10%)、中泥质砂砾岩(泥质含量 10%~20%)和高泥质砂砾岩(泥质含量>30%)三种岩相。由于砂砾岩泥质含量相对较高，且常规 X 衍射方法容易将砾石内部泥质测定为黏土含量，此次研究运用镜下薄片图像分析统计对关键井位关键层位进行了泥质含量分析。镜下薄片统计测量方法首先在 image J 软件内选择薄片照片，设置图片比例尺，再利用矩形框选工具，选择需要统计的视域区域，然后调整阈值，选中泥质成分(选中后显示红色)，计算得出泥质成分，将统计出的泥质含量进行分类：0~10%为低泥质含量、10%~20%为中泥质含量、大于 20%为高泥质含量(图 10)。

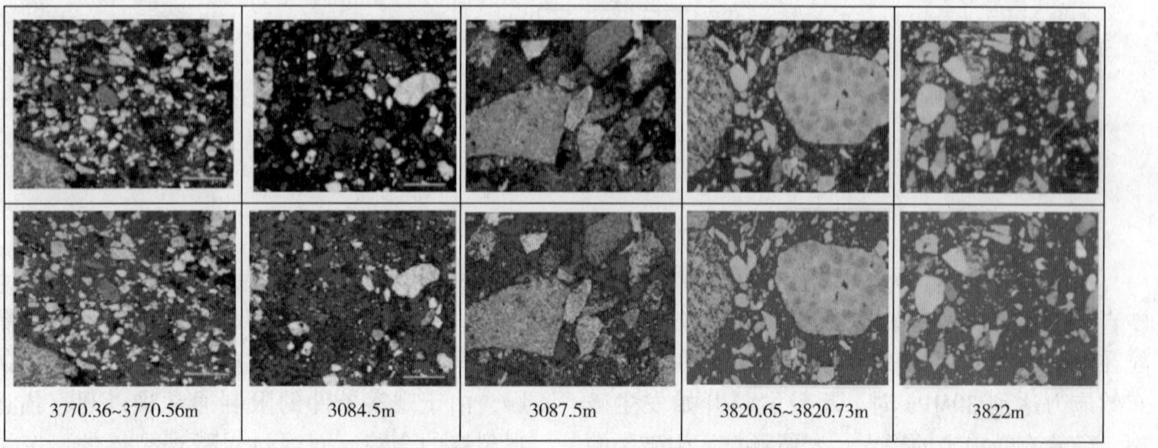

图 10　孔店组典型砂砾岩体储层样品泥质含量图像标注示例

3.3　裂缝发育程度

(1) 裂缝类型与成因分析

勘探实践表明裂缝的发育程度是决定致密储层储量和产量的关键条件。裂缝可同时作为油气的运移通道和储集空间。砂砾岩强烈的非均质性以及弱分选性，造成其具有与常规砂岩完全不同的岩石力学性质，其裂缝发育规律与常规砂岩差异巨大，因此需要以砂砾岩为对象开展研究，明确其裂缝发育规律。

研究致密储层裂缝的特征、成因及控制因素对储层有效评价和优质储层预测具有重要意义。利用岩心和薄片，在研究区岩心砾石类型、接触类型、泥质含量等研究基础上，对沙二段、沙三段，孔店组裂缝特征进行了定量计算及分析。根据裂缝成因可将裂缝分为构造缝、原生缝、成岩缝；根据裂缝延伸方向与砾石的关系可将裂缝分为砾内缝、砾缘缝、穿砾缝和基质缝。构造缝在构造应力条件下形成，是研究区最主要的裂缝成因类型，对改善致密储层物性起到了决定性作用，构造作用可形成砾缘缝、砾内缝、基质缝和穿砾缝。构造裂缝的发育特征和分布规律受到裂缝形成期的构造应力场强度及活动方式、岩石力学属性、变形强度等多方面的制约；原生缝是指砾石在沉积之前形成的砾内缝，是砾石在物源区经受风化作用、构造活动、变质作用等形成的微裂缝或薄弱面在搬运过程中经碰撞挤压等作用而进一步演化形成的砾内缝。成岩缝是砾石经强烈压实作用形成的、垂直于砾石边缘的压裂缝，以及平行层面的顺层缝。压裂缝具特定方向，且发育相对平直；顺层缝主要发育于细、粉砂岩薄夹层中或岩性界面处，裂缝平行于层面，倾角较小，缝面未见擦痕而具有凹凸不平的特点。

裂缝类型根据裂缝延伸方向与砾石的关系分为：砾内缝(分布与砾石内部，未切穿砾石边缘，相邻砾石具有不同方向的裂缝特征)；砾缘缝(裂缝沿砾石边缘分布，缝面方向性不明显，规模小，延伸短)；穿砾缝(裂缝切穿单个或多个裂缝，方向性明显)；基质缝(分布于基质缝，未切穿砾石，构造成因缝具有具有定向性）。

（2）裂缝实验模拟

针对砂砾岩砾内裂缝的控制因素设计成岩物理模拟实验。以大别山花岗岩风化砂样为例，保证砂样干燥，将其筛选为砾石、含砾粗砂、粗砂、中砂和细砂样品进行分装，砂与水泥配比5∶1搅拌均匀后装填压实，在100℃温度下压实9h后取出磨片（图11）。

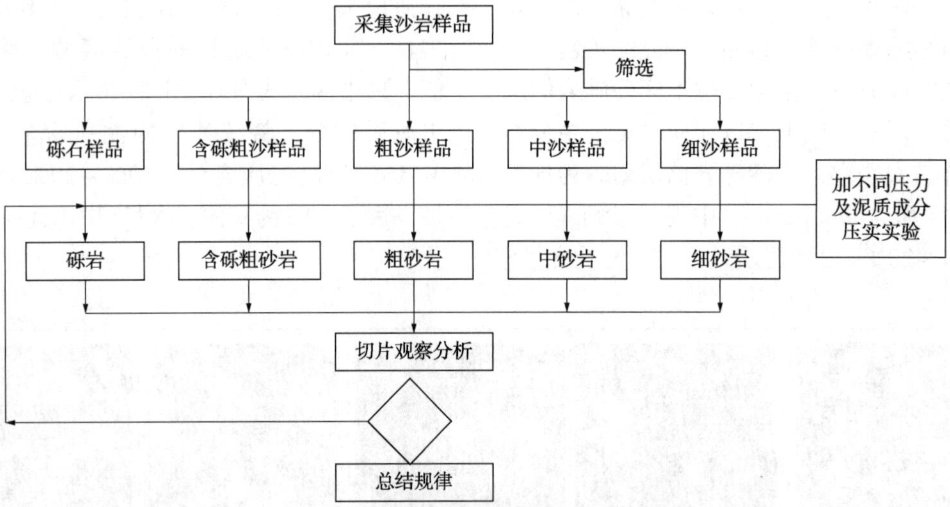

图11　覆压裂缝发育物理模拟实验步骤

实验结果显示，砾岩（小于10目）颗粒、粗砂岩（10~16目）和细砂岩（大于32目）的岩屑颗粒在经受20MPa~90MPa压力的压实作用后，当有效应力达到30MPa时，粗粒岩屑开始发生破裂，随着有效应力的增大，岩屑颗粒发生破裂的程度增强，而细砂岩显示没有明显的破裂（图12）。此外，泥质含量对岩屑的压实有一定的影响，泥质含量越高，岩屑越不容易发生破裂。粗粒颗粒在20MPa有效应力下，破裂的颗粒以长条状的岩屑为主，30MPa有效应力下，颗粒发生大量破裂，存在非长条状的颗粒发生破裂，以岩屑颗粒的碎裂为主。

黄河口凹陷BZ34-2构造沙三段以前寒武变质岩供源为主，前寒武变质岩以变质花岗岩和石英岩为主，埋藏深度深，成分和结构成熟度高，原岩结晶程度高，发育多晶石英，脆性矿物含量高，颗粒粒径较大，泥质含量极低。埋藏深遭受压实作用明显，镜下微观尺度可见砾内缝明显发育（图13）。

（3）裂缝参数定量化分析

裂缝参数的定量化分析由宏观和微观两个尺度组成，宏观裂缝指可以在岩心、野外露头及测井响应特征上直接观察和描述的裂缝，其张开度一般大于50μm［图14（a）］；微观裂缝指需借助显微镜进行放大来观察与描述的裂缝，其张开度一般小于50μm［图14（b）、（c）］。天然裂缝的发育具有自相似性，微观裂缝是宏观裂缝的缩影，由于观察条件的限制通常难以观察描述宏观裂缝的全貌，而通过对微观裂缝的研究可以间接反映宏观裂缝的特征及分布。研究内容包括：对照片上的裂缝进行分类、描绘，统计出各类裂缝总数；应用image J软件角度测量功能，对裂缝发育的主要参数进行测量。裂缝面密度：测量面积上所有裂缝长度之和与测量截面面积的比值，为裂缝密度分析的主要指标；裂缝线密度指与某测量线段正相交的裂缝的数目与此线段长度的比值；裂缝开度：裂缝壁之间的距离。

研究区BZ26-2-B与BZ28-1-A孔店组、BZ34-2-A沙三段发育不同成因类型的裂缝，基于岩心和薄片双尺度对其裂缝进行系统统计和测量。西段BZ26-2-B井孔店组（中低泥质含量，中酸性火山岩砾石）主要以发育构造裂缝，表现为穿砾缝、砾内缝、基质缝、砾缘缝等多形式［图15（a）］。岩心尺度上裂缝开度集中在0.1mm~0.5mm，裂缝以倾斜角度高于75度的高角度为主［图15（b）］，可见开度大于1mm的裂缝［图15（c）］。

	20MPa	30MPa	40MPa
<10目 砾岩	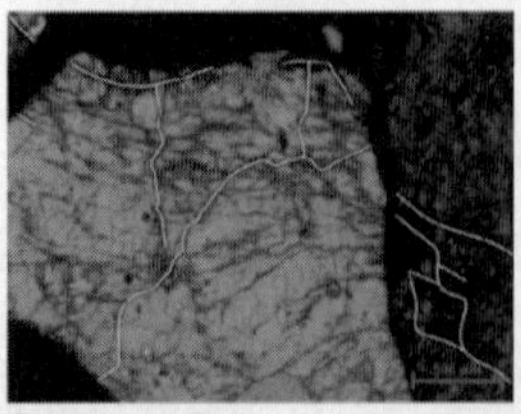	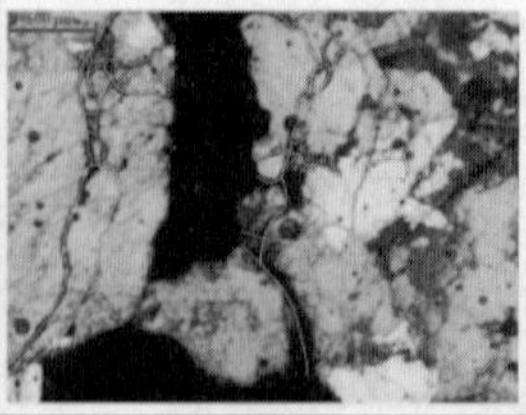	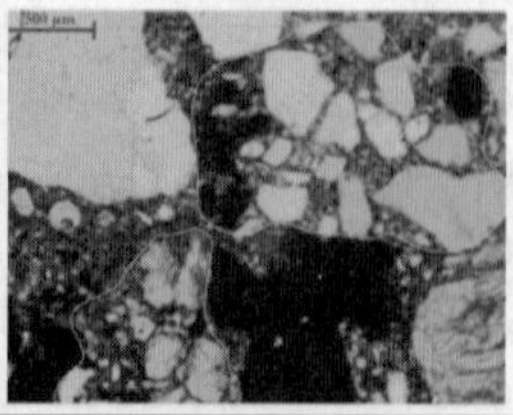
裂缝条数	11	40	完全碎裂
10~16目 粗砂岩	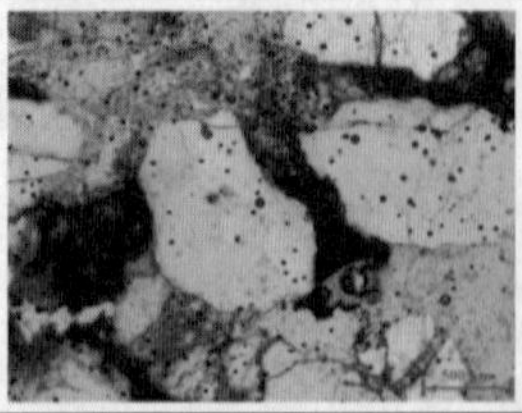	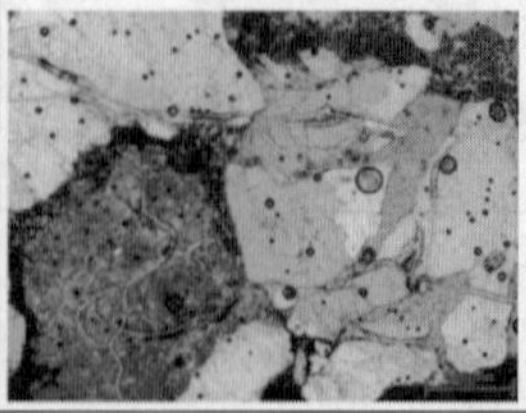	
裂缝条数	9	34	39
>32目 细砂岩			
裂缝条数	7	14	20

图 12　不同粒级颗粒压实成岩物理模拟实验镜下特征

(a)BZ34-2-A，沙三段，砾内缝　　(b)BZ34-2-B，沙三段，砾内缝

图 13　BZ34-2 构造压实裂缝镜下微观尺度特征

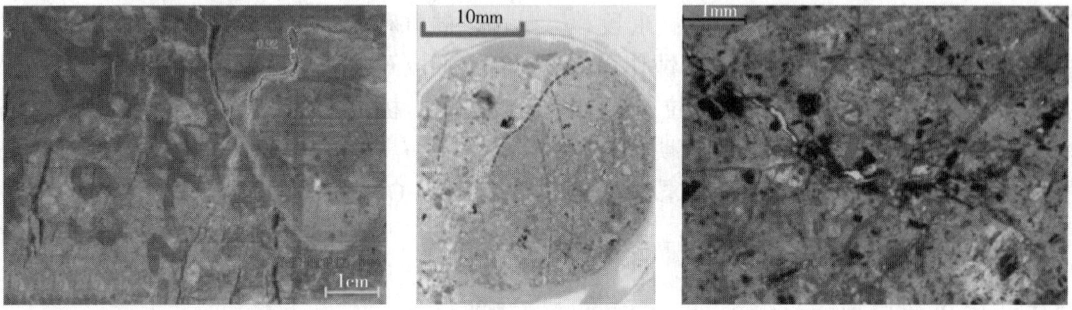

(a)岩心扫描尺度　　(b)薄片扫描尺度　　(c)薄片尺度

图 14　裂缝定量化分析尺度

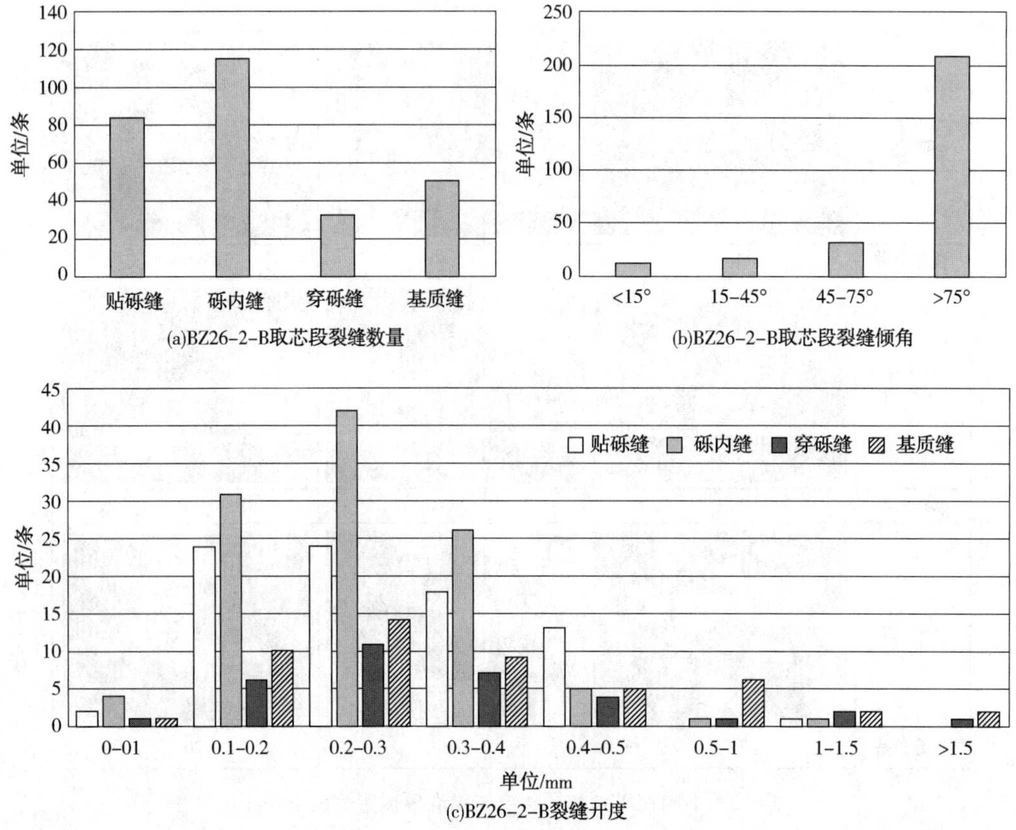

图 15　BZ26-2-B 裂缝数据信息

4　砂砾岩储层成岩演化模式

不同层段和构造的砂砾岩储层成岩演化差异性明显。孔店组砂砾岩储层泥质含量多，不同构造泥质含量差异大，埋藏深，压实作用明显，镜下见明显砾石破裂，储层致密化。BZ26-2 构造由于构造裂缝发育，形成相对开放体系，裂缝被硅质和黄铁矿充填现象明显。沙三段砂砾岩储层东西两段埋深差异明显，西段以 BZ27-2 构造为代表，埋藏深，压实作用明显，构造裂缝发育，弱钙质胶结，基质中含有少量泥质；东段以 BZ29-4 构造为代表，压实作用弱，溶蚀作用明显，弱钙质、铁质胶结；中央走滑拉分段以 BZ34-2 为代表，压实作用和溶蚀作用明显，砾内缝极为发育，泥质含量极低。沙一二段砂砾岩储层整体埋藏深，基质中溶蚀现象明显，钙质胶结作用强，储层物性差。

优质砂砾岩储层以 BZ26-2-B 孔店组、BZ34-2-A 沙三段和 BZ26-2-B 为代表。根据矿物之间的充填、切割、交代等现象，以及矿物的形成条件分析研究区成岩演化序列。结果表明，BZ26-2-2D 发育两期构造裂缝，在孔店组沉积时期，火山岩供给为主，出现斑晶和气孔等，硅质与沸石充填将气孔充填，后方解石与黄铁矿充填气孔裂缝；经历机械压实后，火山岩砾石假杂基化，砾石压实破碎，基质充填，孔隙度下降；一期构造裂缝在经过机械压实作用之后，构造裂缝发育后被方解石和黄铁矿胶结充填；二期构造裂缝切穿黄铁矿脉体，在裂缝的联通下，油气充注，附着于构造缝溶蚀扩大边界，砾内斑晶溶蚀，硅质和黄铁矿充填部分孔缝。构造裂缝发育，形成开放体系。BZ34-2-A 沙三段成岩演化序列为：机械压实、砾内压实缝发育→长石、岩屑溶蚀→高岭石向伊利石转换→铁白云石充填。BZ26-2-C 沙一二段储层成岩序列为：机械压实→云质、泥质充填→酸性流体注入→变质岩砾石溶蚀，基质中长石、岩屑溶蚀→高岭石充填（图 16）。

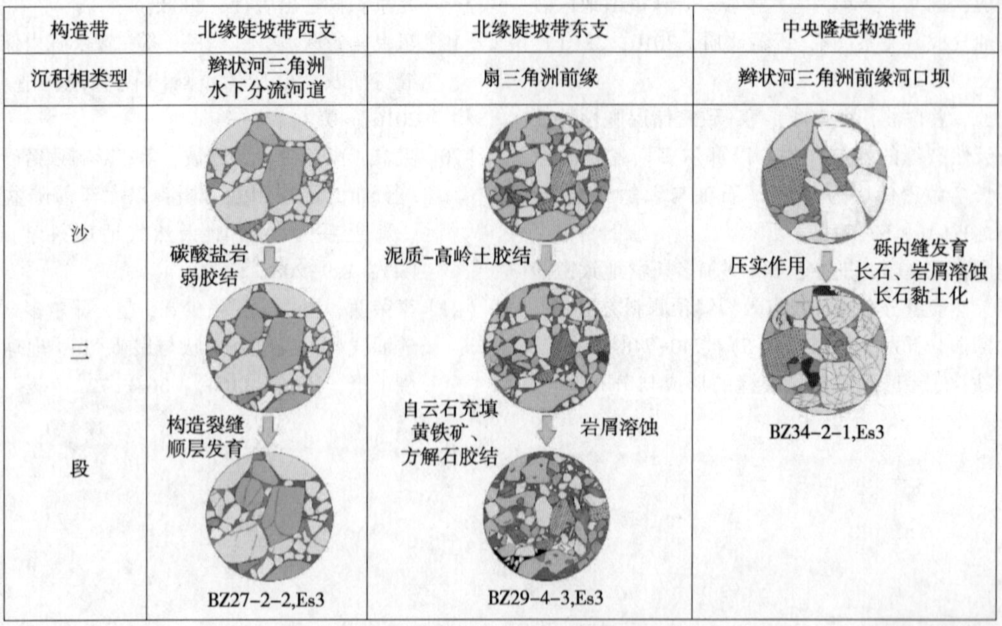

图 16　黄河口凹陷沙三段成岩演化模式图

5　结论

（1）不同母岩砾石类型对砂砾岩储层影响较大。以太古界变质花岗岩为主的砂砾岩储层，储层最好；以火山岩砾石为主的砂砾岩储层，储层次之；以碳酸盐岩砾石为主的砂砾岩储层，储层最差。

（2）不同类型母岩形成的砂砾岩泥质含量存在较大差异。以中生界火山岩砾石为主的砂砾岩储层中，泥质较发育。变质岩砾石为主的储层中泥质含量发育相对较少，碳酸盐岩砾石为主的砂砾岩储层泥质含量较低，但钙质胶结作用强烈。

（3）粒度与母岩类型是控制深层碎屑岩裂缝发育的主要因素。粗粒变质花岗岩为母岩的砂砾岩，在压实过程中会形成大量砾间压碎缝，对储层渗透性具有重要影响。

参　考　文　献

[1] 于兴河，瞿建华，谭程鹏，等. 玛湖凹陷百口泉组扇三角洲砾岩岩相及成因模式[J]. 新疆石油地质，2014，35(06)：619-627.

[2] 蒋裕强，张春，张本健，等. 复杂砂砾岩储集体岩相特征及识别技术——以川西北地区为例[J]. 天然气工业，2013，33(04)：31-36.

[3] 李丕龙，庞雄奇，张善文，等. 陆相断陷盆地隐蔽油气藏形成——以济阳坳陷为例[M]. 北京：石油工业出版社，2004.

[4] 汪孝敬，李维锋，董宏，等. 砂砾岩岩相成因分类及扇三角洲沉积特征——以准噶尔盆地西北缘克拉玛依油田五八区上乌尔禾组为例[J]. 新疆石油地质，2017，38(05)：537-543.

[5] 邹妞妞，张大权，史基安，等. 准噶尔西北缘玛北地区扇三角洲砂砾岩岩相分类及储集意义[J]. 地质学报，2017，91(02)：440-452.

[6] 昝灵，张枝焕，王顺华，等. 渤南洼陷北部陡坡带砂砾岩储层成岩作用研究[J]. 天然气地球科学，2011. 22(2)：299-306.

[7] 庞德新. 砂砾岩储层成因差异及其对储集物性的控制效应—以玛湖凹陷玛 2 井区下乌尔禾组为例[J]. 岩性油气藏，2015. 27(5)：149-154.

[8] 刘超，陈海峰，王洋，等. 徐家围子断陷砂砾岩储层纳米-微米级孔隙的形成及其与天然气充注的关系[J]. 地球科学，2017. 43(5)：1574-1586.

[9] 朱伟林，王国纯，周毅. 渤海油气资源浅析[J]. 石油学报，2000，3：1-7.

[10] 赖维成，宋章强，周心怀，等. “动态物源”控砂模式[J]. 石油勘探与开发，2010，6：763-768.

[11] 李铁刚，曹奇原，李安春，等. 从源到汇：大陆边缘的沉积作用[J]. 地球科学进展，2003，5：713-721.

[12] 曾允孚，田景春，赵志超，等. 东营凹陷北带沙河街组沙砾岩体的成因类型及其储集性研究[J]. 岩相古地理，1994. 1：1-10.

[13] 周文. 裂缝性油气储集层评价方法[M]. 成都：四川科学技术出版社，1998.

[14] 周新桂，张林炎，黄臣军，等. 华庆地区长 63 储层裂缝分布模型与裂缝有效性[J]. 吉林大学学报（地球科学版），2012，42(3)：689-697.

[15] 邓虎成，周文，彭军，等. 鄂尔多斯麻黄山地区裂缝与油气成藏关系[J]. 新疆地质，2010，28(1)：81-85.

[16] 赵向原，曾联波，祖克威，等. 致密储层脆性特征及对天然裂缝的控制作用：以鄂尔多斯盆地陇东地区长 7 致密储层为例[J]. 石油与天然气地质，2016，37(1)；62-71.

[17] 樊建明，屈雪峰，王冲，等. 鄂尔多斯盆地致密储集层天然裂缝分布特征及有效裂缝预测新方法[J]. 石油勘探与开发，2016，43(5)：740-748.

[18] 曾联波. 低渗透砂岩储层裂缝的形成与分布[M]. 北京：科学出版社，2008.

[19] 巩磊，曾联波，陈树民，等. 致密砾岩储层微观裂缝特征及对储层的贡献[J]. 大地构造与成矿学，2016，40(1)：38-46.

[20] 巩磊，高铭泽，曾联波，等. 影响致密砂岩储层裂缝分布的主控因素分析：以库车前陆盆地侏罗系—新近系为例[J]. 天然气地球科学，2017，28(2)；199-208.

[21] 李荣西，段立志，张少妮，等. 鄂尔多斯盆地低渗透油气藏形成研究现状与展望[J]. 地球科学与环境学报，2011，33(4)：364-372.

塔里木超深层二维地震资料处理关键技术研究

朱江贵　彭仁艳　丁建强　苏　燕　段伟伟

（中石化石油工程地球物理有限公司）

摘　要　塔里木超深层裂陷槽内前寒武系地层是该区重要的烃源岩发育区，深层断裂系统的运移作用在上覆地层的构造或圈闭中形成油气藏，查明超深层裂陷槽和断裂系统的分布特征对该区的油气勘探至关重要。该区地震资料一致性差、多次波发育且深层反射弱，导致超深层成像困难。本文开展了针对性的一致性处理、信噪分离与低频弱信号保护、多次波识别与压制以及高精度成像等技术攻关，形成了塔里木TXN地区超深层裂陷结构地震资料处理流程，提高了深层资料信噪比和成像质量，取得了良好的应用效果，研究成果对于推动塔里木地区的油气勘探开发具有重要意义。

关键词　超深层；裂陷槽；一致性；信噪分离；多次波；高精度成像

根据前期地质、地震等资料和邻区勘探成果，超深层油气藏是塔里木油气勘探的潜在领域。因此，查明超深层裂陷槽和断裂系统的分布特征对于该区油气勘探至关重要。由于超深层裂陷槽埋藏深(超过12000m)、下古生界地层反射弱、表层和上覆地层的吸收衰减强烈、上覆地层层间多次波发育以及各种噪音干扰的影响，该区深层反射信息能量弱、信噪比低，难以准确识别、保护和成像。前人在静校正、去噪、补偿和成像等技术上取得了一定进展，改进了深层地震资料成像效果。本文开展了地震资料一致性处理、信噪分离与低频弱信号保护、多次波识别与压制以及高精度成像处理等技术攻关，形成了一套针对塔里木TXN地区超深层裂陷结构资料处理流程，改善了成像质量，提高了裂陷槽的解释精度和可靠性，对该区油气勘探奠定了良好的基础。

1　超深层叠前处理关键技术

1.1　一致性处理技术

本文地震资料的一致性处理遵循先校正时差，再进行振幅补偿和子波一致性处理的原则，分步分级进行，先在单线内校正，再进行线间校正。完成线内线间校正后，采用二维拟三维的方式在全区再次进行一致性校正，分步逐级消除地震资料在时差、子波、相位、能量、频率等方面的差异。

1.1.1　二维拟三维处理技术

在统一基准面与替换速度下，首先通过高程静校正对各测线进行叠加，形成预叠加剖面，并比对求取各剖面的系统时差，以消除仪器系统、激发因素的差异引起的系统时差；然后采取拟三维连片层析静校正技术，消除由于地表差异引起的长波长静校正量；最后采用拟三维剩余静校正方法，通过多次迭代进一步消除静校正短波长分量。如图1所示，经时差校正与静校正后，全区的静校正闭合差最大仅为8ms，满足规范要求。

1.1.2　混源采集子波匹配处理技术

可控震源与井炮激发的子波在相位等方面存在较大差异，需要对两种资料的子波进行匹配和相位校正。通过对两种震源重叠段叠加剖面的子波统计，设计匹配褶积因子，对可控震源资料进行匹配处理，以实现可控震源向炸药震源匹配，消除相位差，使两者子波一致。图2显示了两种震源子波匹配前后的剖面段对比，经子波匹配后，两种资料的子波一致性显著提高，相位差得到消除。

1.2　信噪分离与低频弱信号保护技术

1.2.1　多域分类分频信噪分离技术

针对本区噪音特点，采用分域、分区、分类和分频去噪策略，保护低频弱信号。根据空间假频噪声、强线性和近道强能量干扰的特征和分布规律，依次在炮域、检波点域和CMP域进行信噪分离。

首先，在炮域内，采用谱反演技术分析、建模、反演和滤除，压制面波空间假频噪声。在切除假频后，进行谱分析、频散曲线拾取和反演建模，通过多轮迭代逐步分离噪声。然后，在检波点域，采用非规则采样相干噪声压制方法压制线性干扰，以保护低频弱信号。最后，在 CMP 域采用高分辨率时频变换信噪分离技术，进一步有效压制剩余频散面波及近道强能量，同时对井口震荡产生的双曲线型外源噪声进行有效压制。

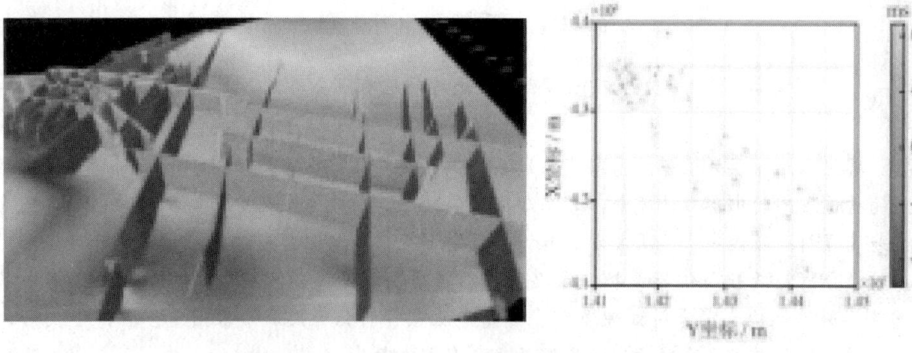

(a)闭合差检查　　(b)全区静校正量闭合差统计

图 1　全区静校正量闭合差统计

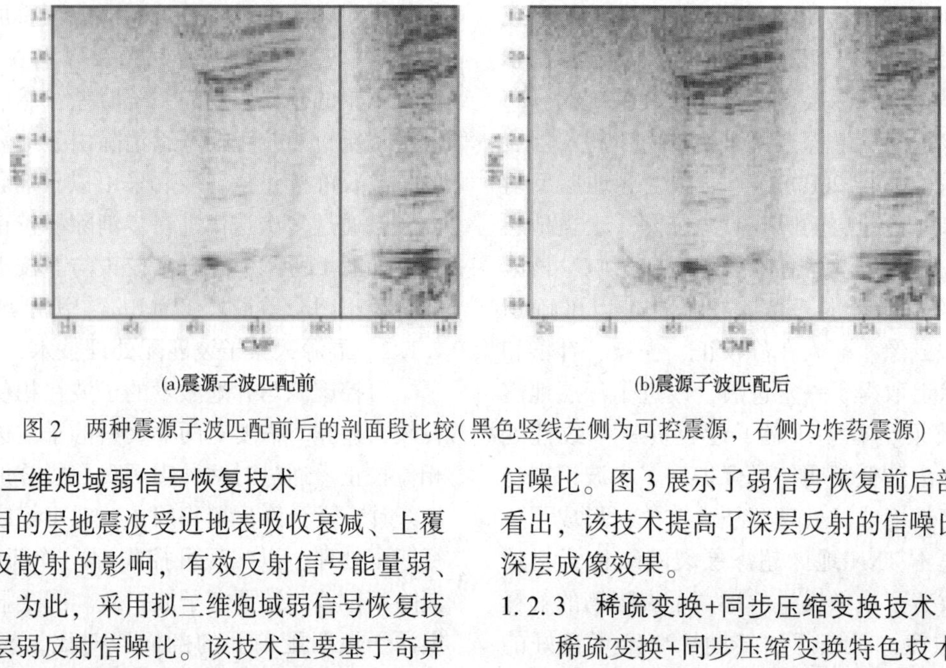

(a)震源子波匹配前　　(b)震源子波匹配后

图 2　两种震源子波匹配前后的剖面段比较(黑色竖线左侧为可控震源，右侧为炸药震源)

1.2.2　拟三维炮域弱信号恢复技术

超深目的层地震波受近地表吸收衰减、上覆地层屏蔽及散射的影响，有效反射信号能量弱、信噪比低。为此，采用拟三维炮域弱信号恢复技术提高深层弱反射信噪比。该技术主要基于奇异值分解(SVD)分离有效波场。地震记录有 m 道，每道 n 个采样点，则地震记录矩阵为 A，SVD 可以将其分解为三个特定矩阵的乘积：

$$A = USV^T \tag{1}$$

式中，U 为一个 $m \times m$ 的正交矩阵；S 为一个 $m \times n$ 的矩形对角矩阵，其对角线上的元素为 A 的奇异值；V 为一个 $n \times n$ 的正交矩阵。

利用 S 中不同的奇异值可重建原地震数据中不同相干特性的波场，较大奇异值对应各道间相干性较强的信号，较小奇异值对应随机干扰。处理中，按桩号排序，将炮与炮间的关系视为 Crossline 方向，炮内道的关系视为 Inline 方向，进行炮域弱信号提取与增强，以提高深层弱信号信噪比。图 3 展示了弱信号恢复前后剖面，可以看出，该技术提高了深层反射的信噪比，改善了深层成像效果。

1.2.3　稀疏变换+同步压缩变换技术

稀疏变换+同步压缩变换特色技术，使用了同步压缩方法估计了信号的局部波矢量(瞬时频率)，并重新分配了在局部波矢量(瞬时频率)周围的曲波系数。通过设定阈值参数，结合估计的局部波矢量(瞬时频率)和聚类方法，能够将信号的不同分量给分离出来。图 4 为稀疏变换+同步压缩变换噪声压制前后炮记录，可以看出，该信噪分离方法对噪声干扰取得了较好的压制效果。

1.3　多次波联合识别与预测及衰减技术

研究区内发育全程多次波和层间多次波。全程多次波位于目的层以下，频率高、能量强、角度大；层间多次波与一次波相比，频率相近、能量略弱、角度相近。全程多次波在剖面、速度谱、道集上易于识别，其速度与一次波差异较大；层间多次波的速度则与有效波接近，难以分离。多次波压制分两步进行，先正确识别，后准确压制。

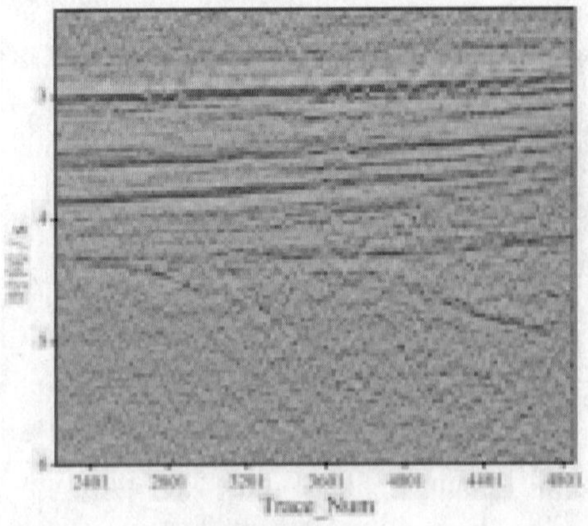

(a)弱信号恢复前　　(b)弱信号恢复后

图 3　弱信号恢复前后剖面

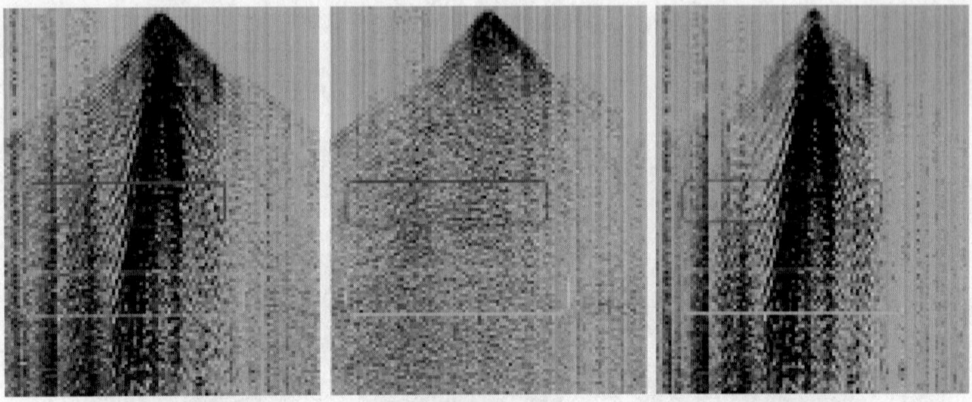

(a)信噪分离前炮记录　　(b)信噪分离后炮记录　　(c)去除的噪声

图 4　稀疏变换+同步压缩变换噪声压制前后炮记录

1.3.1　多次波的识别技术

本文采用多种方法识别多次波。首先通过实际剖面建立地质模型进行正演模拟(图 5)，分析多次波的产生和传播机理，掌握其时间、空间分布特征，并与实际资料的多次波进行比对。然后通过未压制多次波的区域大剖面分析多次波发育规律和分布区域。在多次波发育区，利用其低速度特性，应用低速叠加方法对多次波进行成像，以更好地分析识别多次波。同时利用大炮检距能有效压制多次波的原理，按照不同炮检距进行叠加成像，进一步分析识别多次波。

1.3.2　分步多域逐级多次波衰减技术

正确识别多次波后，如何有效压制多次波是另一个重要的处理环节。在实际资料处理中，采取了多种方法联合、分步逐级压制多次波的方法。

全程多次波速度与一次波差异较大，高精度拉东变换能取得良好的压制效果。层间多次波与反射波速度接近，对超深层成像影响最大，采用逆散射级数法压制层间多次波，并与解释人员结合进行层位拾取、建立多次波预测模型和自适应衰减等，有效压制了多次波。最后，在叠前时间偏移 CRP 道集中再次进行多次波衰减，压制效果更加明显(图 6)。

2　超深层高精度成像处理关键技术

2.1　基于广角反射信息保护的精细速度分析和动校切除技术

广角反射信息作为揭示深部结构和地质特征的关键数据，其保护与处理至关重要。通过采用精细的速度分析和切除等针对广角反射的特殊处理技术，减小拉伸畸变，充分利用广角反射信息，显著提高构造成像精度(图 7)。

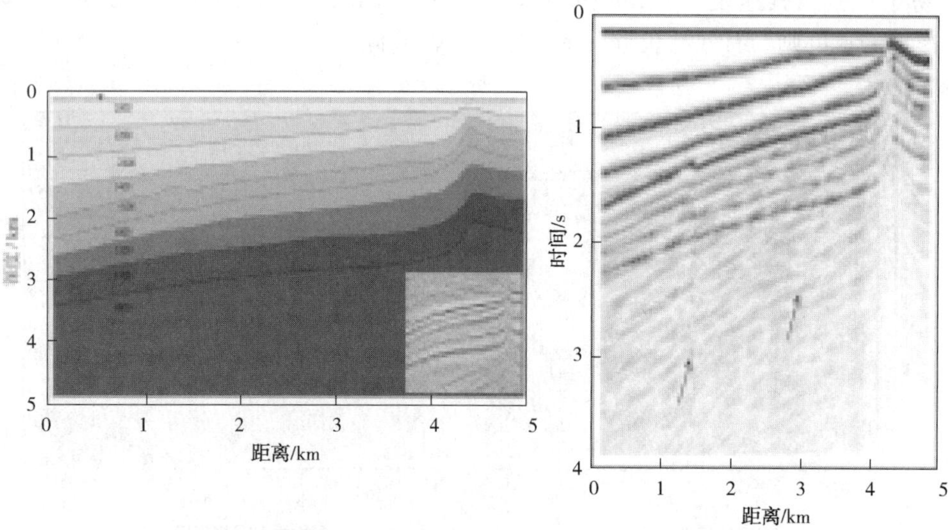

(a)地质模型　　(b)多次波正演记录

图 5　实际地质模型及多次波正演记录

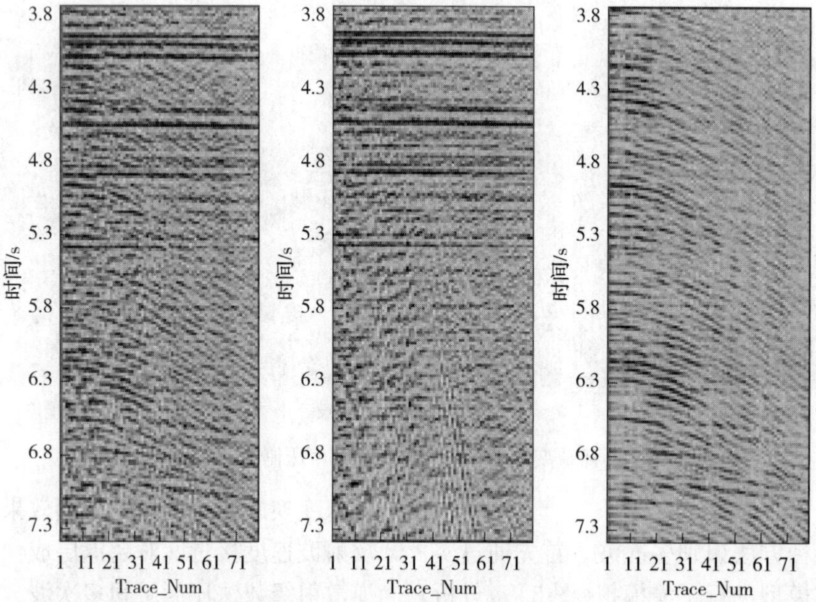

图 6　叠前时间偏移 CRP 道集多次波衰减

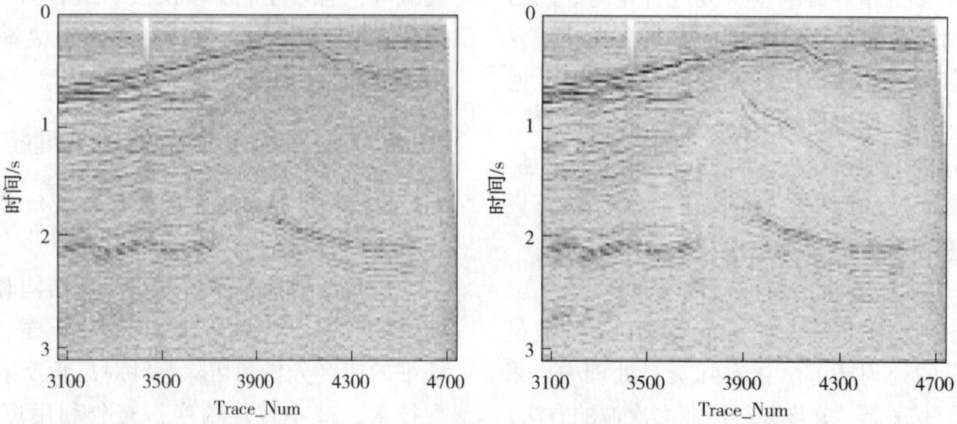

(a)保护前　　(b)保护后

图 7　广角反射信息保护前后剖面

2.2 高阶动校正及 AVO 角度分解扫描切除技术

常规动校正会在远道产生拉伸畸变，在叠加前通常会切除远道拉伸畸变，这不利于超深层成像。采用高阶(五阶)动校方法可以减少远偏移距拉伸畸变，尽可能保留远偏移距信息使之参与叠加和偏移成像。在高阶动校正基础上优化切除参数，通过 AVO 角度分解，分析信号有效角度范围，基本沿二叠系地层以上 45 度、寒武系地层最大偏移距处 55 度拾取切除线，尽量保留深层有效信号，改善深层成像效果，目的层成像能量更加聚焦(图 8)。

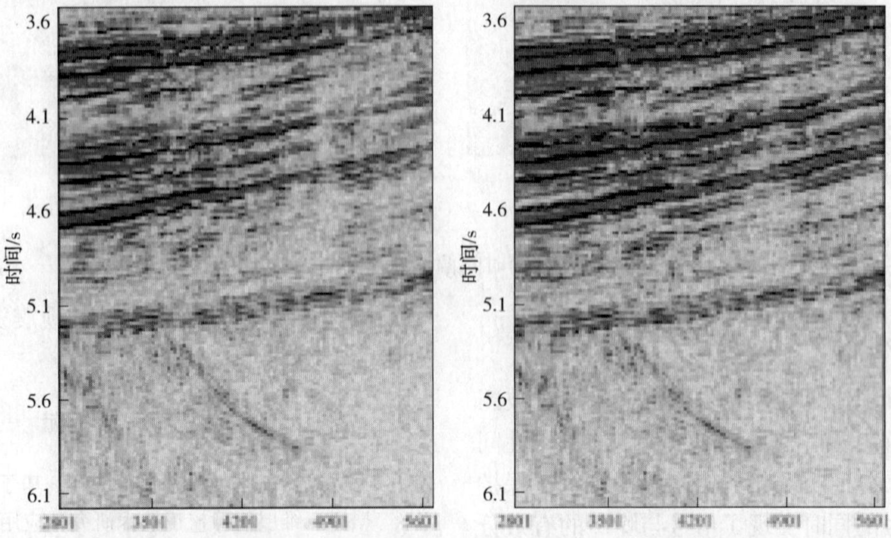

(a)常规二阶泰勒多项式动校正及拉伸畸变切除 (b)高阶动

图 8 动校及切除剖面对比

2.3 各向异性叠前时间偏移技术

各向异性介质偏移速度和各向异性参数的准确性直接影响地震资料处理的质量，如何拾取准确的速度和各向异性参数，减少迭代次数是各向异性叠前时间偏移处理的关键。利用近中炮检距地震资料进行各向同性速度分析，求取并建立初始的均方根速度场，再利用全炮检距地震资料和初始的均方根速度场进行各向异性速度分析，求得初始的介质各向异性参数 η 场。

图 9 为各向同性与各向异性高阶动校叠前时间偏移剖面对比结果，可以看出，通过高阶动校速度分析与各向异性高阶动校叠前时间偏移方法，改善远偏移距时差一致性问题，成像能量更加聚焦，信噪比更高，同时兼顾了深部目的层成像问题。

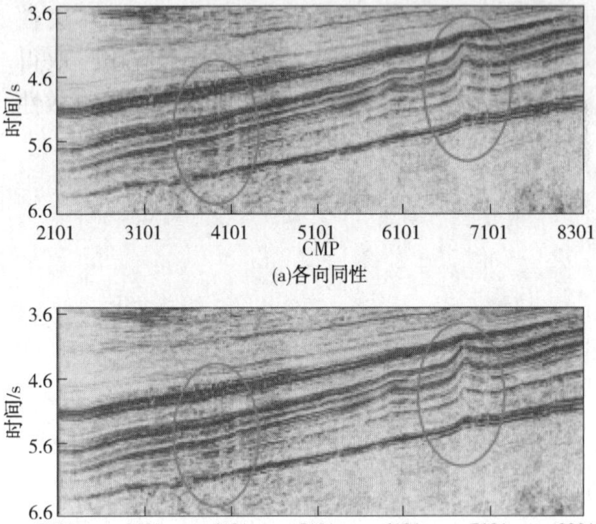

(a)各向同性

(b)各向异性

图 9 叠前时间偏移结果对比

2.4 应用效果

本文根据塔里木地区地震资料的特点，开展了地震资料一致性处理、信噪分离与低频弱信号保护、多次波识别与压制以及高精度成像处理等技术研究，形成了塔里木超深层裂陷结构二维地震资料的处理流程并在 TXN 地区实际资料处理中进行了应用，改善了该地区超深层地质目标的成像效果。图 10 展示了重新处理后的叠前时间偏移新剖面与老剖面(层拉平)的对比结果，可以看出，重处理剖面中，大套地层波组特征清楚、断面更加清晰，高陡构造成像清晰，前寒武地层的连续性改善、信噪比提高，超深层裂陷槽结构特征明显，为该区后期的油气勘探提供了合格的资料。

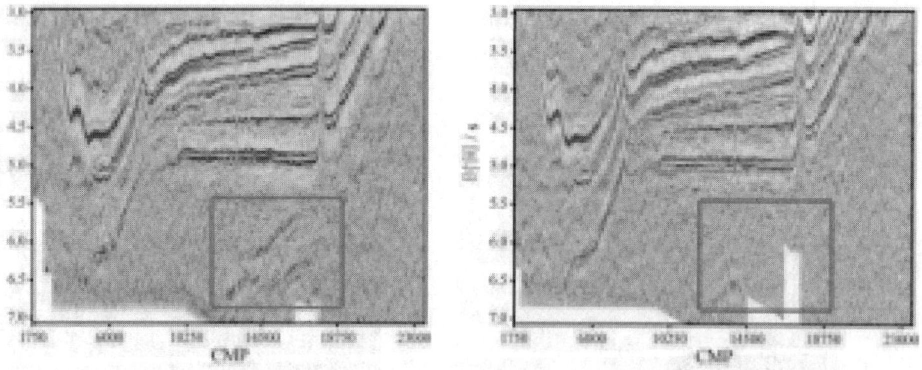

(a)新剖面　　(b)老剖面

图 10　新老叠前时间偏移处理剖面(层拉平)

3　结论与认识

采用二维拟三维处理技术及混源采集子波匹配处理技术解决了塔里木超深层资料的一致性问题；采用信噪分离与低频弱信号保护技术，保护了深层弱信号的同时实现了信号与噪声的有效分离；采用基于广角反射信息保护的精细速度分析和动校正切除技术、高阶动校正及 AVO 角度分解扫描切除技术及各向异性叠前时间偏移技术，提高了超深层资料成像精度；将上述方法在 TXN 超深层地震资料处理中进行了应用，取得了较好的成像效果，证明了该技术方法的有效性和适用性，对今后类似区域的地震资料处理工作具有借鉴和指导意义。

参　考　文　献

[1] 王豆豆，高厚强，刘燕峰，等. 基于沙漠区二维数据拟三维层析静校正技术研究及应用[J]. 物探化探计算技术，2024：1-11.

[2] 马昭军，沈杰，张剑飞. 超深层地震资料低频成像处理关键技术及其应用[J]. 大庆石油地质与开发，2021，40(4)：132-136.

[3] 刘沛然. 基于弱信号保护的超深层探测资料处理[J]. 石油物探，2023，62(S1)：75-80.

渤海海域太古界覆盖型变质岩潜山储层发育模式与主控因素

许　鹏　杨传超　刘庆顺　胡贺伟　郭景震

[中海石油(中国)有限公司天津分公司]

摘　要　渤海湾盆地，被中生界或古生界地层覆盖的太古界变质岩潜山被称为覆盖型潜山，储层发育条件是覆盖型潜山能否形成规模型潜山油气藏最为关键的因素。目前，对覆盖型潜山储层垂向结构单元的划分尚未形成一致的划分方案和地质、测井识别标准，对覆盖潜山储层垂向发育模式及其主控因素还缺乏深入的认识。该研究以渤海湾盆地西部海域渤中13-B构造区为典型研究区，充分利用岩心、壁心、铸体薄片、物性、常规测井和成像测井等资料，初步建立了太古界覆盖型变质岩潜山储层垂向结构单元划分方案，将太古界覆盖潜山垂向上分为上部风化带和潜山内幕两个一级储层结构单元，并进一步划分了风化黏土带、风化砂砾岩带、风化裂缝带、内幕裂缝带和致密带等5个二级结构单元，其中内幕裂缝带可细分为碎裂岩段、裂缝密集段和致密段。在此基础上，建立了覆盖型潜山储层结构单元的综合判别标准。提出上部风化带中风化裂缝带与断裂叠加部位；潜山内幕中单层厚度超过20m，且具有多个碎屑岩段的厚层内幕裂缝带是覆盖潜山中两个最有利的储层发育部位。最后，建立了：①中层风化壳+厚层高密度内幕裂缝带型；②薄层风化壳+中层中密度内幕裂缝带型；③薄层风化壳+薄层低密度内幕裂缝带型三种覆盖潜山储层垂向发育模式，指出位于早印支期大型逆冲推覆褶皱前缘带易于发育中等厚度风化壳和厚层高密度内幕裂缝带型储层，该模式对形成规模型变质岩潜山油气藏最为有利。该研究对进一步深入认识渤海海域广泛发育的覆盖型变质岩潜山储层的形成机制、发育规律和控制因素，提高勘探成功率，具有一定的指导意义。

关键词　渤海湾盆地；渤海海域；覆盖型潜山；裂缝；储层发育模式；测井识别

在渤海湾盆地，被中生界或古生界地层覆盖的太古界变质岩潜山被称为覆盖型潜山，其勘探潜力较大。但除个别在中生界火山岩储层段获得一定油气发现外，在太古界变质岩及下古生界碳酸盐岩尚未获得规模性油气发现。此外，在渤海湾盆地陆上油田覆盖型潜山勘探成功的实例也较少，除辽河坳陷兴隆台潜山获大型油气发现，只有冀中坳陷长3油田和济阳坳陷埕岛油田等少数覆盖型潜山获得一定发现。近两年，渤海海域对渤中凹陷潜山进行系统的构造演化及地层展布特征研究，在渤中19-A构造北侧成功发现了中生界覆盖下大型太古界变质岩潜山构造—渤中13-B构造，整体呈中生界-太古界二元结构潜山。通过重点攻关覆盖型太古界变质岩潜山成储、成藏的新认识，并指导勘探实践，成功发现了渤中13-B大型挥发性油田。

根据目前勘探成果，这种内幕型潜山已经成为渤海渤海重要的勘探层系，内幕型潜山是否发育优质储层是制约下一步勘探部署的关键因素，潜山内幕型储层存在顶部基本不发育风化壳型储层，内幕储层横向变化快，非均质性强以及储层发育模式不清，储层预测难度大等问题，制约了研究区内幕型潜山油气勘探进程。因此，通过渤中凹陷渤中13-B构造区内幕潜山成储机理进行研究，可以明确储层发育特征、垂向分布模式及优质储层的形成机理，进而指导内幕潜山勘探。

1　区域地质背景

渤中13-B构造位于渤海海域渤中凹陷西南部渤中13构造脊之上，西邻渤中西南次洼，南接渤中19-A气田，北部与沙垒田凸起相邻[图1(a)]。钻井揭示研究区自下而上发育太古界、中生界、古近系沙河街组和东营组、新近系馆陶组和明化镇组以及第四系平原组地层。围区渤中凹陷主洼和西南次洼发育东三段、沙一段和沙三段3套烃源岩，有机质类型Ⅰ-Ⅱ2型，为好-优质烃源岩；研究区夹持于渤中凹陷主洼和西南次洼之间，具有优越的油气汇聚背景。该区经历了印支、燕山、喜山等多期构造运动的改造，受北东向、南北向多期、多走向断层的控制，发育一系列断块型潜山圈闭，南部渤中 19-A 大凝析气田区为暴露型潜山，北部渤中 13-B 构造主体区为中生界覆盖型潜山[图 1(b)]。

渤中 13-B 构造早印支期可分为推覆体前缘和推覆体调整断层外缘两类应变区。相比于位于推覆体调整断层外缘，渤中 13-B 研究区中推覆体前缘位置构造应力较大，变形较为强烈。此次构造应力活动在研究区形成了近南北向的裂缝，并且在裂缝比例最高。晚印支期，构造应力场由南北向挤压转变为北东向挤压，在研究区形成了挤压褶皱核部、挤压褶皱翼部、断块斜坡三类应变区，褶皱核部在本次构造活动中受到应力最大，断裂较其他部位易于发育，为形成内幕裂缝的有利构造部位。类似这样的构造活动为裂缝的发育提供了非常有利的外部条件。这两期构造活动是本研究区内幕裂缝形成的关键，其构造应力方向及强度有效地促进了裂缝的产生，研究区绝大部分裂缝都产生于这两期构造活动。

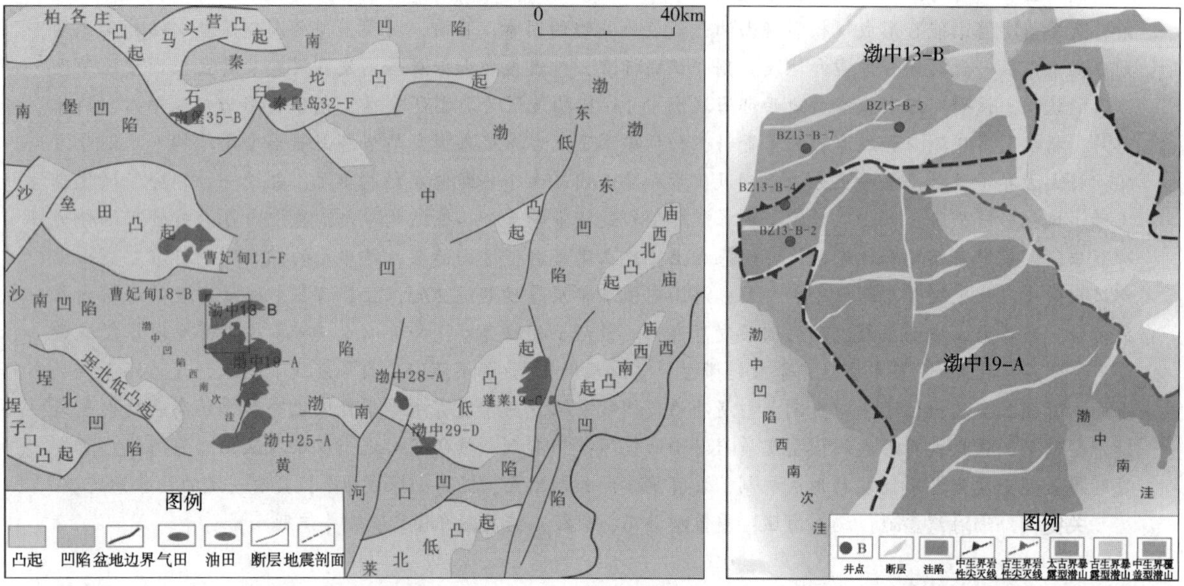

(a)研究区区域位置图　　(b)潜山平面分布图

图 1　研究区区域位置图(a)和潜山平面分布图(b)

2　潜山岩性及储层特征

2.1　岩石类型和发育特征

内幕潜山太古界岩性主要以变质岩为主，其次为火成岩。变质岩按照其成因主要分为区域变质岩、混合岩及动力变质岩。其中区域变质岩类主要发育黑云二长片麻岩、黑云钾长片麻岩和变粒岩；混合岩类，主要发育混合花岗岩；动力变质岩主要为脆性变形为主的动力变质岩(无定向或弱定向)，以碎裂岩为主。火成岩作为次要岩性按照其结构构造、岩石成分以及空间产出状态主要分为深成酸性岩和浅成中性岩。深成酸性岩发育花岗闪长岩，浅成中性岩发育闪长玢岩。

渤中 13-B 构造分布有大面积的黑云二长片麻岩和黑云钾长片麻岩，黑云二长片麻岩和黑云钾长片麻岩中裂缝和孔隙发育程度基本一致，仅岩石中长石种类和含量稍有不同，故将黑云二长片麻岩和黑云钾长片麻岩归为一类——花岗片麻岩。黑云二长片麻岩与黑云钾长片麻岩，结构以粒状变晶结构为主、片状粒状变晶结构，片麻状构造。矿物含量：长石>25%、石英+长石>70%(>60%)、云母等其他矿物<30%(或<40%)。原岩类型为中酸性侵入岩及火山岩类长石砂岩(长英质)。鉴别特征：以岩石中长石>25%、具有片麻状构造，石英+长石>70%(>60%)，云母等<30%，(角闪石、辉石<40%)为特征。二者区别在于黑云二长片麻岩中，斜长石含量与钾长石含量相当，而在黑云钾长石中钾长石含量与斜长石含量相比具有明显优势，由于长石含量的差异，二者在岩心壁心观察时颜色也有差异。黑云二长片麻岩中钾长石含量低于黑云钾长片麻岩，因此黑云钾长片麻岩的肉红色要比黑云二长片麻岩更加明显(图 2)。

(a)BZ13-B-2井-5063m 花岗片麻岩(+)　(b)BZ13-B-2井-5063m 花岗片麻岩(-)

图 2　研究区花岗片麻岩典型铸体薄片和普通薄片镜下照片

火成岩是由岩浆在地下或喷出地表后冷凝固结而成的岩石，又称岩浆岩，是组成地壳和上地幔的主要岩石类型。根据产出的地质环境，火成岩分为火山岩和侵入岩两大类。闪长玢岩为闪长岩类的浅成相岩石，多具有斑状结构，斑晶主要成分为斜长石(中长石为主)和角闪石，有时可见黑云母、辉石，基质成分与斑晶基本相同，岩石的基质具显微晶质结构、隐晶质结构。渤中13-2构造闪长玢岩(图3)分布范围较广，其主要鉴定特征为：斑状结构、基质为显微晶质结构，斑晶为斜长石、角闪石，基质成分与斑晶相同，少量暗色矿物，壁心观察以及显微镜下可以观察到明显的绿片岩化的特征。

(a)BZ13-B-2井-5117m 壁心　(b)BZ13-B-2井-5117m 闪长玢岩铸体镜下

图 3　研究区闪长玢岩典型岩心和镜下照片

花岗闪长岩主要矿物成分为石英、斜长石(更-中长石门碱性长石在 IUGS 分类的 QAP 图中位于4区，与英云闪长岩不同的是碱性长石含量增多，而斜长石含量有所减少，斜长石比率 P′=65~90。暗色矿物与英云闪长岩相近，其含量15%左右，主要为黑云母、角闪石，有时含少量辉石。副矿物为磷灰石、锆石、榍石、磁铁矿等。岩石具花岗结构，以中-粒为主，块状构造，有时见片麻状构造。本区分布花岗闪长岩范围较小，仅见于 BZ13-B-2 井和 BZ13-B-5 井中。其主要鉴定特征为：黑云母、斜长石、石英半自形粒状结构，整体为块状构造、弱片麻构造，暗色矿物含量在5%~15%之间，斜长石比率在65%~90%之间，半自形粒状结构，斜长石较为自形(图4)。

2.2　潜山储层风化壳测井识别特征

风化壳常规测井及成像测井响应特征：风化壳带为上覆沉积岩与下部变质岩的突变带，测井曲线具有明显的变化。风化界面下方电阻率显著增高，声波时差与中子孔隙度明显降低，密度明显增加，反映了基岩风化壳与上覆沉积岩的岩石物理性质差异；风化壳带内部自然伽马对风化壳结构体的响应不敏感，值得注意的是，电阻率、密度曲线均具有自上而下逐步增加至趋势线的特征，而声波时差以及中子孔隙度曲线则具有由上部高值逐步降低至趋势线的特征［图5(a)］。成像测井上，风化壳储层多为破碎角砾状特征，见少量裂缝，且裂缝的走向往往不定向以区别于构造裂缝［图5(b)］。

(a)BZ13-B-5井-4718.64m 花岗闪长岩铸体

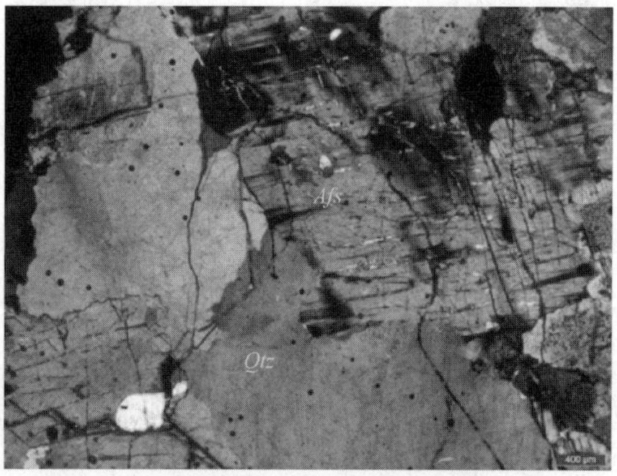

(b)BZ13-B-6井-5002m 花岗闪长岩铸体

(c)BZ13-B-5井-4716.80m 花岗闪长岩镜下(-)

(d)BZ13-B-5井-4716.80m 花岗闪长岩镜下(+)

图4　研究区花岗闪长岩典型铸体薄片和普通薄片镜下照片

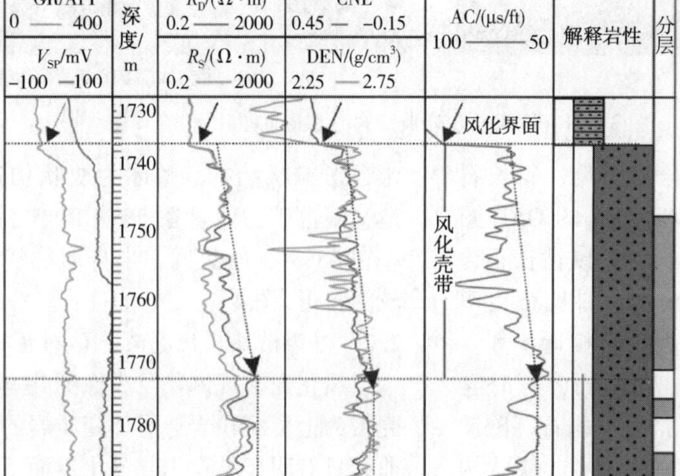

(a)

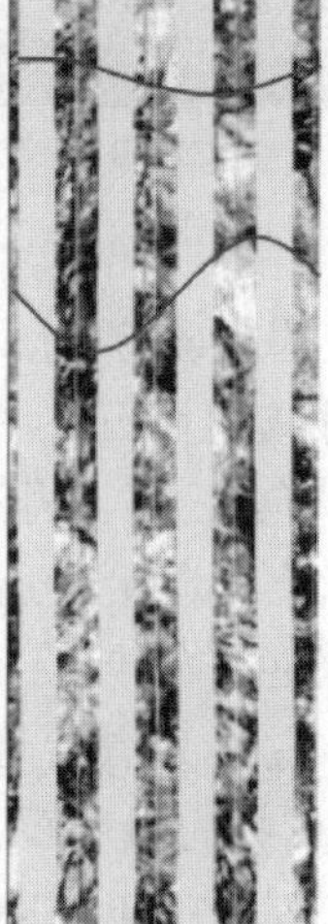

(b)

图5　风化壳顶部测井识别特征

2.3 潜山储层内幕裂缝带测井识别特征

内幕碎裂带型储层常规测井资料上最明显的标志为密度明显降低及声波时差明显增加，且两者的变化具有较强的相关性。异于风化壳型储层曲线自上向下曲线的规律性变化，内幕碎裂带型储层中曲线的变化往往表现为潜山内幕中密度与声波曲线相比于基线突然左偏，偏移程度受控于碎裂岩化的程度。成像测井上，该类储层亦为角砾状特征，但角砾化程度要远远高于风化壳带，且宏观裂缝较少，表明碎裂程度较强。内幕裂缝型储层中密度曲线具有在基线附近锯齿状变化的特征，但变化的幅度小于风化壳型以及内幕碎裂带型储层，声波时差值亦呈现锯齿状变化，深浅电阻率均降低。成像测井上，裂缝主要表现为多条暗色条纹的正弦曲线，构造裂缝中裂缝往往具有组次性，多具有相同或相似的走向，裂缝间为较为致密的基岩，呈亮色的高阻特征，表明裂缝间储层物性较差。

其中，碎裂带常规测井曲线特征表现为高自然伽马值，曲线形状呈指状；低电阻率值，曲线形态指状；高声波时差值，曲线形态指状；低密度值，曲线形态指状(图6)。而裂缝密集带常规测井曲线上表现为相对高的自然伽马值，曲线形态指状和锯齿状；相对低的电阻率值，曲线形态指状和锯齿状；相对高的声波时差值，曲线形态指状和锯齿状；相对低的密度值，曲线形态锯齿状(图7)。区域性裂缝带常规曲线上表现低自然伽马值，曲线形态指状和锯齿状；高电阻率值，曲线形态指状和锯齿状；低声波时差值，曲线锯齿状；高密度值，曲线锯齿状(图6)。

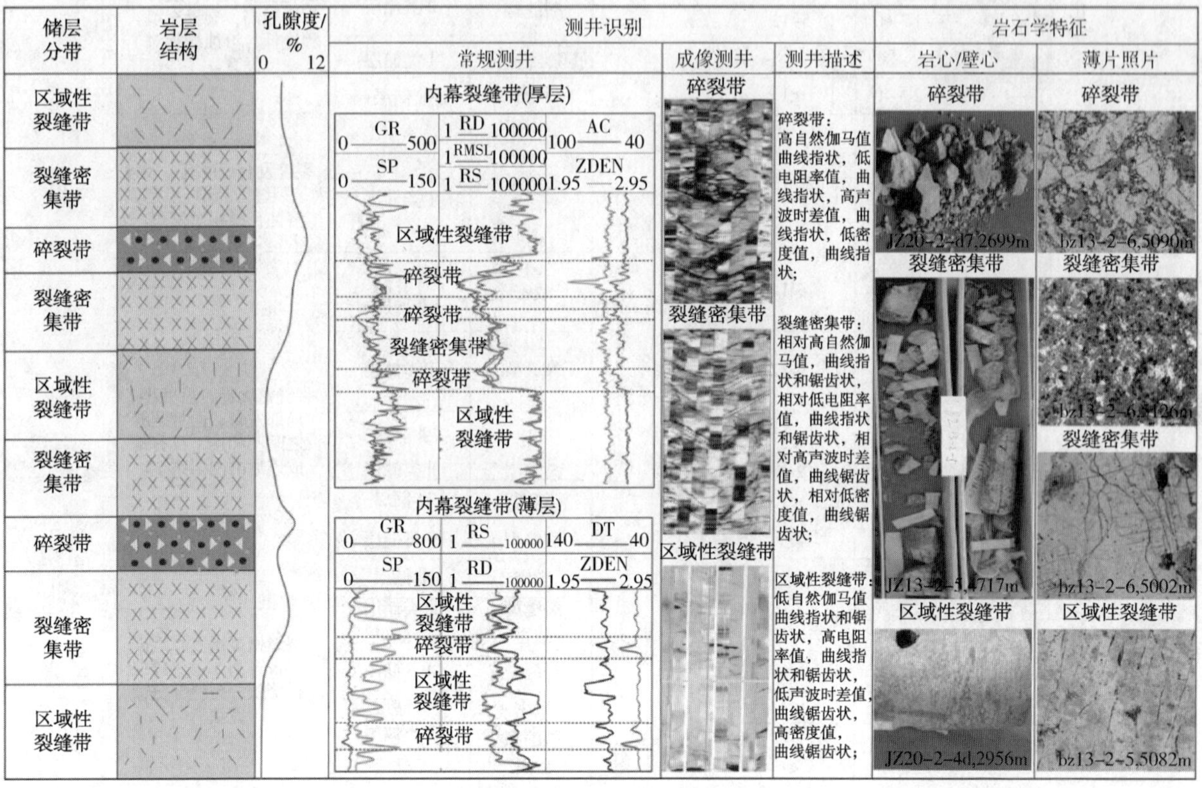

图6　内幕裂缝带垂向结构单元识别图版

3　潜山储层垂向结构单元划分方案及综合判别标准

根据钻井取心岩心扫描、岩心观察、薄片鉴定和测井响应综合分析，结合前人划分方案，本次将太古界内幕潜山储层分为风化壳和内幕裂缝带，其中风化壳段包括风化黏土带、风化砂砾岩带、风化裂缝带以及碎裂带；内幕裂缝带包括碎裂带、区域性裂缝带、裂缝密集带。

3.1 储层组合类型

渤中13-B构造区覆盖潜山主要有两种组合类型，“薄层风化壳(<50m)+稀疏内幕裂缝带(内幕裂缝带厚度占比<30%)”型，风化壳厚度薄，充填作用强烈，改造作用弱，为Ⅱ类储层。

内幕裂缝带内发育层数少，垂向间隔距离远，其中厚度大于 35m，内部发育多个碎裂带和辉绿岩侵入体的内幕裂缝带形成Ⅰ类储层；溶蚀不强的薄层内幕裂缝带为Ⅱ－Ⅲ类储层。以 BZ13－B－5 井为典型；“中层风化壳(50～150m)＋密集内幕裂缝带(内幕裂缝带厚度占比>30%)”型，风化壳中等厚度，上部充填作用强，为Ⅱ类储层，下部与碎裂带叠合部位溶蚀强烈，为Ⅰ类储层。内幕裂缝带内发育层数多，厚度大于 30m 的厚层内幕裂缝带的形成Ⅰ类储层，厚度薄的内幕裂缝带形成 Ⅱ 类储层。BZ13－B－2、BZ13－B－4、BZ13－B－5 井均属于这种组合类型；简单潜山主要为“厚层风化壳(>150m)＋密集内幕裂缝带(内幕裂缝带厚度占比>30%)”型，风化壳优质储层以风化裂缝带为主，厚度大，与多层碎裂带叠加，溶蚀作用强烈，主要发育Ⅰ类储层。内幕裂缝带内发育层数多，垂向间隔距离近，但以薄层为主，溶蚀作用强，形成Ⅰ－Ⅱ类储层。

3.2　储层垂向发育模式

根据单井分析及组合特征总结优质储层垂向发育模式。渤中 13-B 构造区以Ⅰ类和Ⅱ类储层为主，发育少量Ⅲ类储层(图 7)。

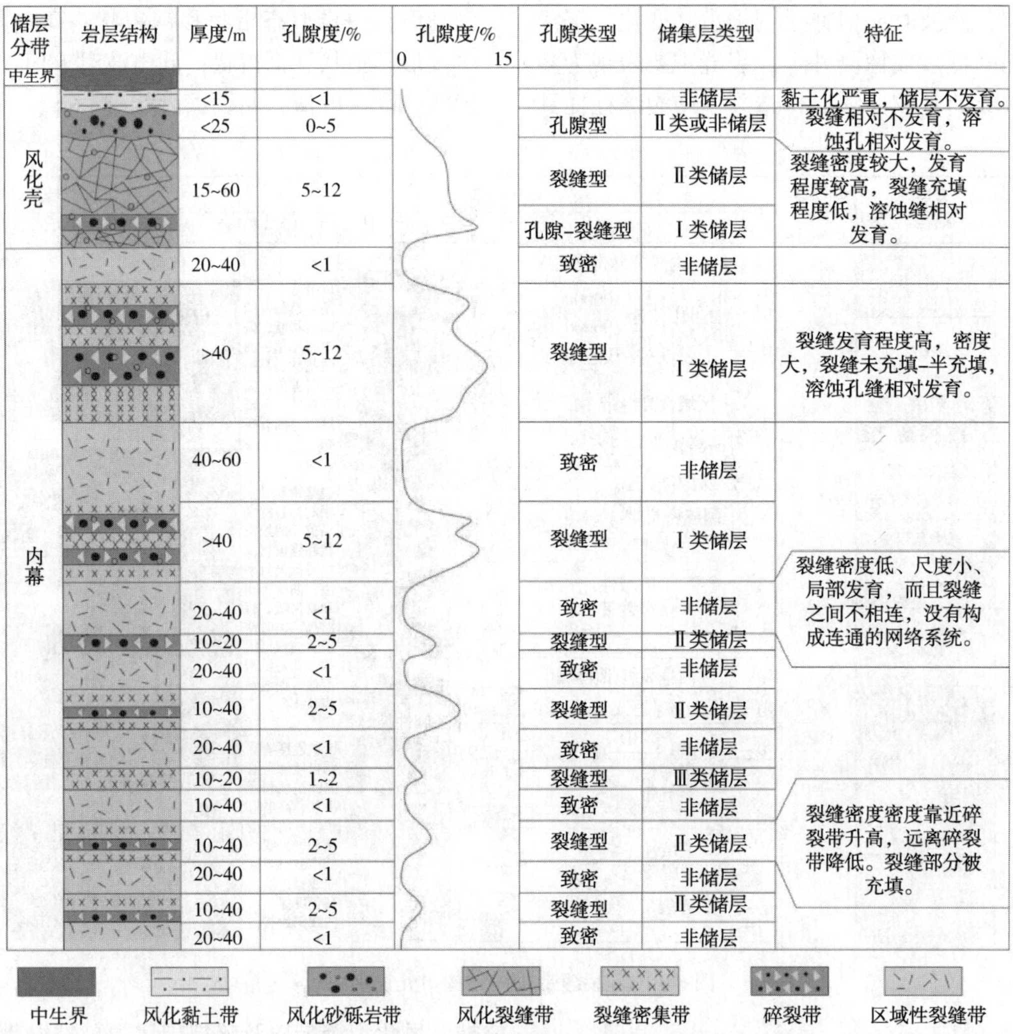

图 7　渤中 13-B 构造区覆盖潜山优质储层发育模式图

该构造区风化壳以厚度 50～150m 的中层风化壳为主，发育风化黏土带、风化砂砾岩带和风化裂缝带单元组合；风化壳充填作用较强，多形成Ⅱ类储层，碎裂带与风化裂缝带叠合部位形成Ⅰ类储层。内幕裂缝带较发育，占比一般大于 40%，由 1～2 个厚层(>40m)内幕裂缝带和多个薄层(<40m)内幕裂缝带构成；由多个碎裂带和裂缝密集带组成的厚层内幕裂缝带形成Ⅰ类储层；薄层内幕裂缝带一般形成Ⅱ类或Ⅲ类储层；潜山浅部内幕裂缝储层发育程度(厚度、数量和

物性)均好于深部。

3.3 储层发育模式

太古界覆盖潜山基底储层受独特的岩性，构造活动，改造作用，形成了“顶部风化壳储层，下部内幕裂缝型储层”双层模式(图8)。风化壳储层：风化壳储层发育在太古界潜山的顶部，尤其是以距离中生界剥蚀线约2.3km距离内厚度较大，多以以中层风化壳为主。如上所述，储集空间类型主要为溶蚀孔，溶蚀缝。主要是由印支期隆升作用叠加晚燕山期流体沿断裂的溶蚀作用形成；内幕裂缝型储层多发育在风化壳储层的下部，一般距离覆盖潜山顶面430m以内，是由多期构造叠加改造而成。印支、燕山等多期次运动，使得研究区受到多种应力作用，产生大规模的断裂，与此同时，大量的裂缝也随之伴生，形成裂缝。裂缝密集带多分布在大断裂附近，并且受到沿断层运移的流体的改造作用，例如溶蚀作用或充填作用。

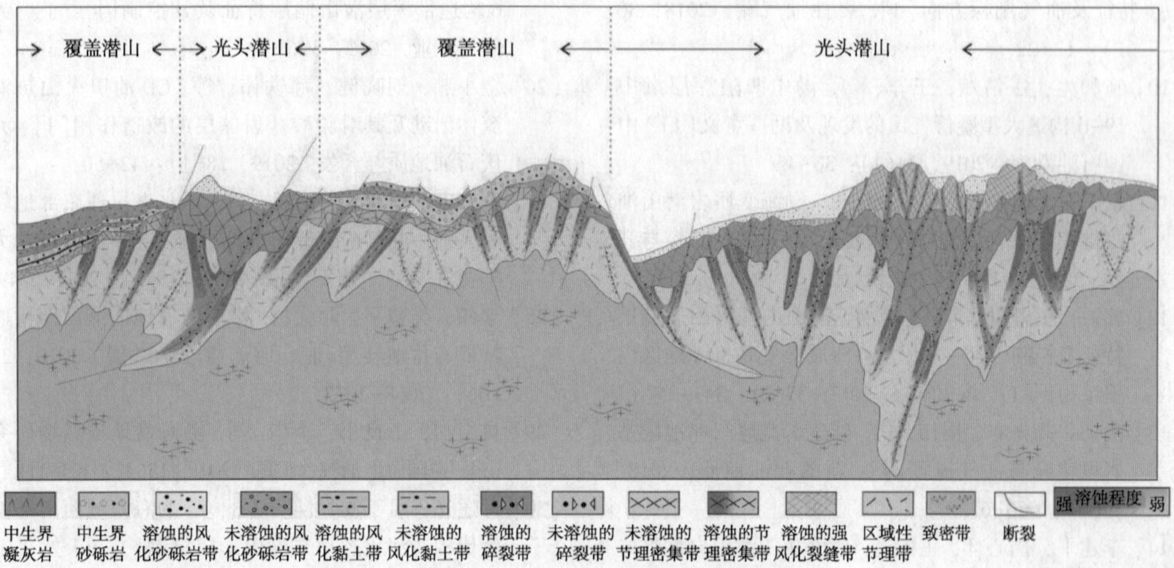

图8　渤中13-B构造储层发育模式

4 结论

(1) 通过充分利用岩心、壁心、铸体薄片、物性、常规测井和成像测井等资料，初步建立了太古界覆盖型变质岩潜山储层垂向结构单元划分方案，将太古界覆盖潜山垂向上分为上部风化带和潜山内幕两个一级储层结构单元，并进一步划分了风化黏土带、风化砂砾岩带、风化裂缝带、内幕裂缝带和致密带等5个二级结构单元，其中内幕裂缝带可细分为碎裂岩段、裂缝密集段和致密段。

(2) 规范了覆盖型潜山储层结构单元的综合判别标准。提出上部风化带中风化裂缝带与断裂叠加部位；潜山内幕中单层厚度超过20m，且具有多个碎屑岩段的厚层内幕裂缝带是覆盖潜山中两个最有利的储层发育部位。建立了：①中层风化壳+厚层高密度内幕裂缝带型；②薄层风化壳+中层中密度内幕裂缝带型；③薄层风化壳+薄层低密度内幕裂缝带型三种覆盖潜山储层垂向发育模式，提出位于早印支期大型逆冲推覆褶皱前缘带易于发育中等厚度风化壳和厚层高密度内幕裂缝带型储层，该模式对形成规模型变质岩潜山油气藏最为有利。

参考文献

[1] 李慧勇，徐云龙，王飞龙，等. 渤海海域深层潜山油气地球化学特征及油气来源[J]. 天然气工业，2019，39(1)：45-56.

[2] 慕德梁. 辽河坳陷兴隆台古潜山深部油藏地质特征及勘探意义[J]. 特种油气藏，2007，14(3)：16-19.

[3] 孟卫工，陈振岩，李湃，等. 潜山油气藏勘探理论与实践——以辽河坳陷为例[J]，石油勘探与开发，2009，36(2)：136-143.

[4] 孟卫工，李晓光，刘宝鸿. 辽河坳陷变质岩古潜山内幕油藏形成主控因素分析[J]. 石油与天然气地质，2007，28(5)：584-589.

[5] 薛永安. 渤海海域深层天然气勘探的突破与启示

[J]. 天然气工业. 2019, 39(01): 11-20.

[6] 薛永安, 李慧勇. 渤海海域深层太古界变质岩潜山大型凝析气田的发现及其地质意义[J]. 中国海上油气. 2018, 30(3): 1-9.

[7] 徐长贵, 于海波, 王军, 等. 渤海海域渤中19-6大型凝析气田形成条件与成藏特征[J]. 石油勘探与开发. 2019, 46(1): 25-38.

[8] 高瑞祺, 赵政璋, 2001. 中国油气新区勘探(第三卷), 渤海湾盆地隐蔽油气藏勘探[M]. 北京: 石油工业出版社.

[9] 毛治国, 崔景伟, 綦宗金, 等. 风化壳储层分类、特征及油气勘探方向[J]. 岩性油气藏, 2018, 30(2): 12-22.

[10] 施和生, 王清斌, 王军, 等. 渤中凹陷深层渤中19-6构造大型凝析气田的发现及勘探意义[J]. 中国石油勘探, 2019, 24(1): 36-45.

[11] 童凯军, 赵春明, 吕坐彬, 等. 渤海变质岩潜山油藏储集层综合评价与裂缝表征[J]. 石油勘探与开发. 2012, (1): 56-63.

[12] 郭颖, 王粤川, 韦阿娟, 等. 潜山内幕火山岩储层特征及控制因素——以渤海海域秦皇岛30A地区白垩系为例[J]. 沉积学报. 2017, 35(2): 343-357.

[13] 伍劲, 高先志, 周伟, 等. 柴达木盆地东坪地区基岩风化壳与油气成藏[J]. 新疆石油地质, 2018, 39(6): 666-672.

[14] 李建平, 周心怀, 王国芝. 蓬莱9-1潜山岩性组成及其对储层发育的控制[J]. 地球科学: 中国地质大学学报, 2014, 39(10): 1521-1530.

[15] 高世臣, 郑丽辉, 邢玉忠. 辽河盆地太古界变质岩油气储层特征[J]. 石油天然气学报, 2008, 30(2): 1-4.

[16] 王端平, 张敬轩. 胜利油区埕北30潜山油藏储层研究[J]. 石油实验地质, 2000, 22(4): 346-349.

[17] 付强, 游瑜春, 吴征. 曹台变质岩潜山裂缝系统形成的构造期次[J]. 石油勘探与开发, 2003, 30(5): 18-20.

[18] 周心怀, 项华, 于水, 等. 渤海锦州南变质岩潜山油藏储集层特征与发育控制因素[J]. 石油勘探与开发, 2005, 32(6): 17-20.

[19] 吴智平, 陈伟, 薛雁, 等. 断裂带的结构特征及其对油气的输导和封堵性[J]. 地质学报, 2010, 84(4): 570-578.

[20] 徐国盛, 陈飞, 周兴怀, 等, 2016. 蓬莱9-1构造花岗岩古潜山大型油气田的成藏过程. 成都理工大学学报(自然科学版), 43(2): 153-162.

[21] 胡志伟, 徐长贵, 杨波, 等, 2017. 渤海海域蓬莱9-1油田花岗岩潜山储层成因机制及石油地质意义. 石油学报, 38(3): 274-285.

[22] 马晓晨, 王家生, 陈粲, 等, 2018. 华北房山景儿峪组顶部古风化壳常量元素地球化学特征及其古气候意义. 地球科学, 43(11): 3853-3872.

[23] 郭慧丽, 徐佩芬, 张福勤. 华北克拉通及东邻西太平洋活动大陆边缘地区的P波速度结构: 对岩石圈减薄动力学过程的探讨[J]. 地球物理学报. 2014, (7): 2352-2361

[24] 侯可军, 李延河, 田有荣. 2009. LA-MC-ICP-MS锆石微区原位U-Pb定年技术. 矿床地质, 28(4): 481-492.

[25] 侯明才, 曹海洋, 李慧勇, 等. 渤海海域渤中19-6构造带深层潜山储层特征及其控制因素[J]. 天然气工业. 2019, 39(1): 33-44.

[26] 金小燕, 刘晓健, 郝铁伟, 等. CF油田火山热液流体活动及其对碳酸盐岩储层的改造作用[J]. 大庆石油地质与开发. 2019, 38(1): 42-50

[27] 李三忠, 刘鑫, 索艳慧, 等. 华北克拉通东部地块和大别—苏鲁造山带印支期褶皱-逆冲构造与动力学背景 * [J]. 岩石学报. 2009, 25(9): 2031-2049.

[28] 李伟, 吴智平, 赵文栋. 渤海湾盆地区燕山期构造特征与盆地转型[J]. 地球物理学进展, 2010, 25(06): 2068-2077.

[29] 肖卫勇, 王良书, 李华, 等. 渤海盆地地温场研究[J]. 中国海上油气(地质). 2001, 15(2): 105-111.

[30] 肖述光, 吕丁友, 侯明才, 等. 渤海海域西南部中生代构造演化过程与潜山形成机制[J]. 天然气工业. 2019, 39(5): 34-44

[31] 徐长贵, 侯明才, 王粤川, 等. 渤海海域前古近系深层潜山类型及其成因[J]. 天然气工业. 2019, 39(1): 21-32.

[32] Reeckman A and Friedman G. 1982. Exploration for carbonate petroleum reservoirs[J]. New York: Wiley, 15(2): 113-143.

[33] Rochl P and Choquette P. 1985. Carbonate petroleum reservoirs. New York: Springer-Verlag: 633-666.

[34] Haskell T. 1991. An integrated approach to carbonate reservoir prediction of the Murzuq Basin, SW Libya [J]. AAPG Bulletin, 75(8): 1350-1355.

[35] Ali B. 1993. An evaluation of an oil-bearing granite reservoir[J]. 13th Cwls formation evaluation SYMP Trans Pap No, 15(2): 13-31.

[36] DEARMAN W R, BAYNES F J, IRFAN T Y. Engineering gradingof weathered granite[J]. Engineering Geology, 1978, 12: 345-374.

[37] ANON. Rock and soil descriptions and classification for engineer-ing mapping[J]. Bulletin of the International Association of Engi-neering Geology, 1981, 24: 235-274.

[38] Resev E G, Dong T L, San N T, et al. Reservoirs in frac - tured basement on the continental shelf of southern Vietnam[J]. Journal of Petoleum Geology, 1992, 15(4): 451-464.
[39] Cuong T X, Warren J K. Bach ho field, a fractured granitic base-ment reservoir, cuu long basin, offshore se Vietnam: A"Buried-hill" Play[J]. Journal of Petroleum Geology, 2009, 32(2): 129-156.
[40] Lou J L, Morad S, Liang Z G, er al. Controls on the quality of ar-chean menamorphic and Jurassic volcanic reservoir rocks from the Xing Longtai buried hill, western depression of Liaohe Basin, China[J]. AAPG Bulletin, 2005, 89(10): 1319-1346.

渤海湾盆地下古生界碳酸盐岩潜山储层发育特征研究

赵汉卿　李　超　黄建廷　李　卓　孙广义

[中海石油(中国)有限公司天津分公司]

摘　要　渤海BZ油田位于渤海湾盆地渤南低凸起潜山带中部，古潜山储层为下古生界寒武系-奥陶系的碳酸盐岩沉积。综合利用岩心、镜下薄片、测井资料和地震资料，识别了BZ油田碳酸盐岩储层的岩石类型也可进一步划分为白云岩和石灰岩两大类。根据研究区沉积构造特征、垂向变化规律和横向展布特征，结合区域沉积格局进行分析，开阔台地相划分为颗粒滩和滩间海两个亚相，并进一划分为鲕粒滩、生屑滩和泥灰坪等三种微相类型，局限台地相仅发育潮坪亚相，进一步可划分为云坪、灰坪、泥坪、灰云坪和泥灰坪等五种微相类型。研究区沉积相带变化明显，受海平面完整升降旋回变化的影响，经历了由"局限台地-开阔台地"到"开阔台地-半深海"再到"局限台地-开阔台地"的储层发育模式。受古地貌、沉积相带的影响，优势储层主要位于潜山顶面的局限台地相的白云岩及灰质白云岩，潜山内幕发育局限。这为油田储层综合评价和油田调整提供了依据，也为同类油田的储层预测提供思路。

关键词　古潜山；碳酸盐岩；沉积相；发育模式；渤海湾盆地

碳酸盐岩在我国发育广泛，也是重要的油气勘探开发层位，碳酸盐岩储层的勘探、开发和预测一直是国际学者的研究热点。在碳酸盐岩储层发育区寻找优质储层是渤海BZ油田亟需解决的问题。近年来，渤海潜山油田取得了重大突破，然而多数集中于油气成藏模式，然而对于潜山储层的基础研究如储层岩石学特征和优势储层预测研究甚少，本文利用岩心、薄片、钻测井及三维地震资料，识别了BZ油田储层的岩石学类型，并分析了沉积发育特征，为渤海BZ油田的综合调整奠定基础，也为渤海类似潜山油田的储层基础研究提供借鉴意义。

1　区域地质概况

渤海BZ油田位于渤海湾盆地济阳坳陷渤南低凸起，油气发育层位为东西向展布的古生界潜山带，储层主要为寒武系-奥陶系碳酸盐岩沉积(图1)。BZ油田邻近黄河口凹陷和渤中凹陷两大生油凹陷，具有"双源供烃"的先天优势，古生界潜山直接与古近系优质烃源岩大面积接触，具有优越的油气充注聚集成藏条件。

渤海BZ油田古潜山的主力含油气层位主要发育在下古生界奥陶系(下马家沟组、亮甲山组、冶里组)和寒武系(凤山组、长山组、崮山组、张夏组、毛庄组、馒头组、府君山组)，油气藏埋深在超过3000m。

2　岩石学特征

通过对BZ-6D、BZ-7、BZ-8D三口井岩心、薄片观察描述及测井解释可知，研究区寒武系-奥陶系碳酸盐岩岩石类型可划分为石灰岩、白云岩及其过渡类型，石灰岩主要有泥晶灰岩、鲕粒灰岩及过渡类型砂屑灰岩，白云岩主要有角砾云岩、细晶云岩、粉晶云岩及泥晶云岩等。

2.1　石灰岩

2.1.1　砂屑灰岩

砂屑灰岩指内碎屑为主要成分且颗粒大小主要为砂粒级别的内碎屑石灰岩。根据粒间充填物的不同可分为亮晶、泥晶两种砂屑灰岩。亮晶砂屑灰岩粒间充填物以亮晶方解石为主，岩石颜色主要为浅灰~灰色，单层厚度大，发育于开阔台地浅滩相，是持续稳定的中~高能量水体反复作用的沉积产物[图2(a)]。泥晶砂屑灰岩粒间充填物以泥晶方解石为主，岩石颜色主要为灰~深灰色，单层厚度中等~大，主要见于开阔台地、台地边缘的中低能量的滩或斜坡中，是中弱水动力条件下的沉积产物[图2(b)]。

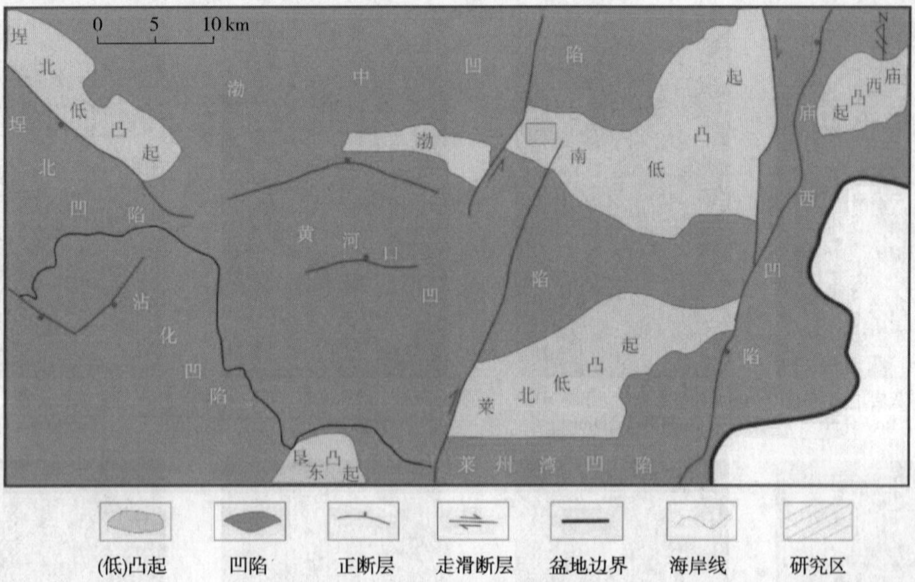

图 1　BZ 油田区域位置图

2.1.2　鲕粒灰岩

在研究区的岩心和薄片中未发现鲕粒灰岩，但在录井岩屑中可见，研究区的鲕粒灰岩以亮晶鲕粒灰岩为主，鲕粒含量约 82%，多为正常鲕，可见藻砂屑。颗粒分选较好，胶结物含量低于 20%，主要为亮晶方解石。鲕粒灰岩发育在开阔台地、台地边缘等水体相对较浅且水动力能量高的区域，研究区鲕粒灰岩主要发育于张夏组，单层厚度大且发育较好的溶蚀孔隙，是研究区内的优质储层。

2.1.3　泥晶灰岩

泥晶灰岩颜色主要为深灰色，可见少量的粉屑和生屑，泥质含量一般低于 13%[图 2(c)]。泥晶灰岩多形成于滩间海、潮坪等低能环境中，在研究区多口井的多个层系均有发育，常发育在砂屑灰岩上部，形成水体逐渐变浅的沉积旋回。

2.2　白云岩

可分为结晶白云岩和角砾云岩。结晶白云岩是本区主要的油气储集层，按照晶粒的大小，可分为细晶白云岩、粉晶白云岩和泥晶白云岩；受风化壳岩溶改造的影响，白云岩溶蚀垮塌形成的岩溶角砾岩在本区亦发育。

2.2.1　细晶白云岩

指晶体大小介于 0.1～0.25mm 之间、结晶程度较高的白云岩[图 2(d)]。晶体在显微镜下多呈半自形晶到它形晶，晶体间呈凹凸形接触，可见镶嵌接触。

2.2.2　粉晶白云岩

指晶体大小介于 0.01～0.1mm 之间的白云岩[图 1(e)]。晶体在显微镜下呈半自形晶到它形晶，多数晶体表面浑浊，明亮晶体少见，晶体部分呈镶嵌接触。粉晶白云岩是研究区白云岩的主要岩石类型之一。

2.2.3　泥晶白云岩

指晶体直径小于 0.01mm，一般为泥晶级至微晶级的白云岩[图 2(f)]。晶体在扫描电镜下呈半自形晶到它形晶，晶体相互镶嵌接触，晶间可含有少量黏土矿物，晶间微孔较发育。泥晶白云岩单层厚度大、横向分布较稳定，主要发育在潮坪环境。

2.2.4　角砾云岩

通过岩心观察，角砾云岩根据角砾成因不同可进一步分为断层角砾岩及岩溶角砾岩。

断层角砾岩中角砾成分为泥晶云岩，角砾分选性差，砾间充填物为亮晶方解石，多期构造缝彼此科交[图 2(g)]。

岩溶角砾岩中角砾成分为粉晶云岩，溶斑常见[图 2(h)]，发育在风化壳岩溶顶部，局部可见具正粒序的暗河陆源碎屑充填物。

2.3　测井相标志

测井沉积相是通过常规测井资料对岩石特征和沉积相进行详细研究的一种方法。

测井相分析主要是利用曲线的形态、光滑程度、包络线、顶底变化和形态组合方式等方面进行沉积相的标定，由此反映岩性、粒度及垂向上的演化序列。通过对 BZ 油田下古生界常规测井相曲线特征与岩石类型进行岩心标定，建立了常规测井相识别模板(图 3)，对未取芯井段岩性的识别和沉积相的划分具有一定的指导意义。

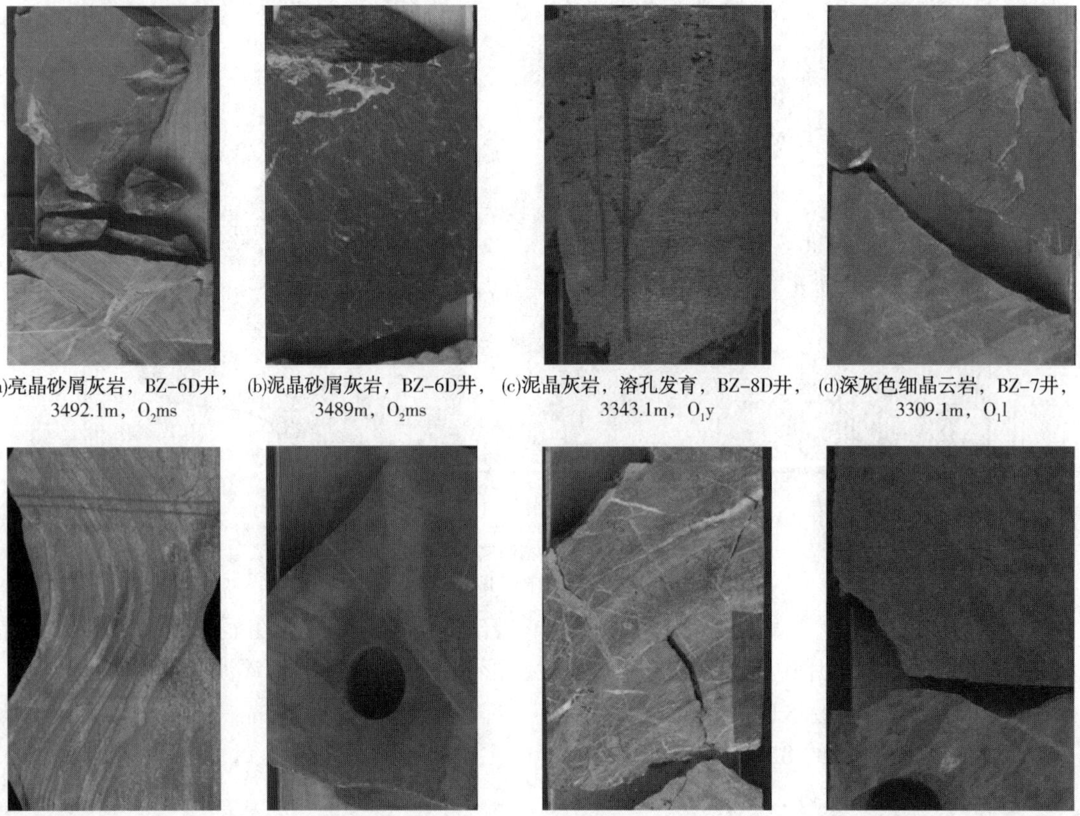

(a)亮晶砂屑灰岩，BZ-6D井，3492.1m，O_2ms　(b)泥晶砂屑灰岩，BZ-6D井，3489m，O_2ms　(c)泥晶灰岩，溶孔发育，BZ-8D井，3343.1m，O_1y　(d)深灰色细晶云岩，BZ-7井，3309.1m，O_1l

(e)灰色粉晶云岩，BZ-7井，3302.5m，O_1l　(f)深灰色泥晶云岩，BZ-7井，3319.8m，O_1l　(g)断层角砾岩，BZ-7井，3030.5m，O_2mx　(h)岩溶角砾，BZ-6D井，3488.2m，O_2ms

图 2　BZ 油田碳酸盐岩岩心特征

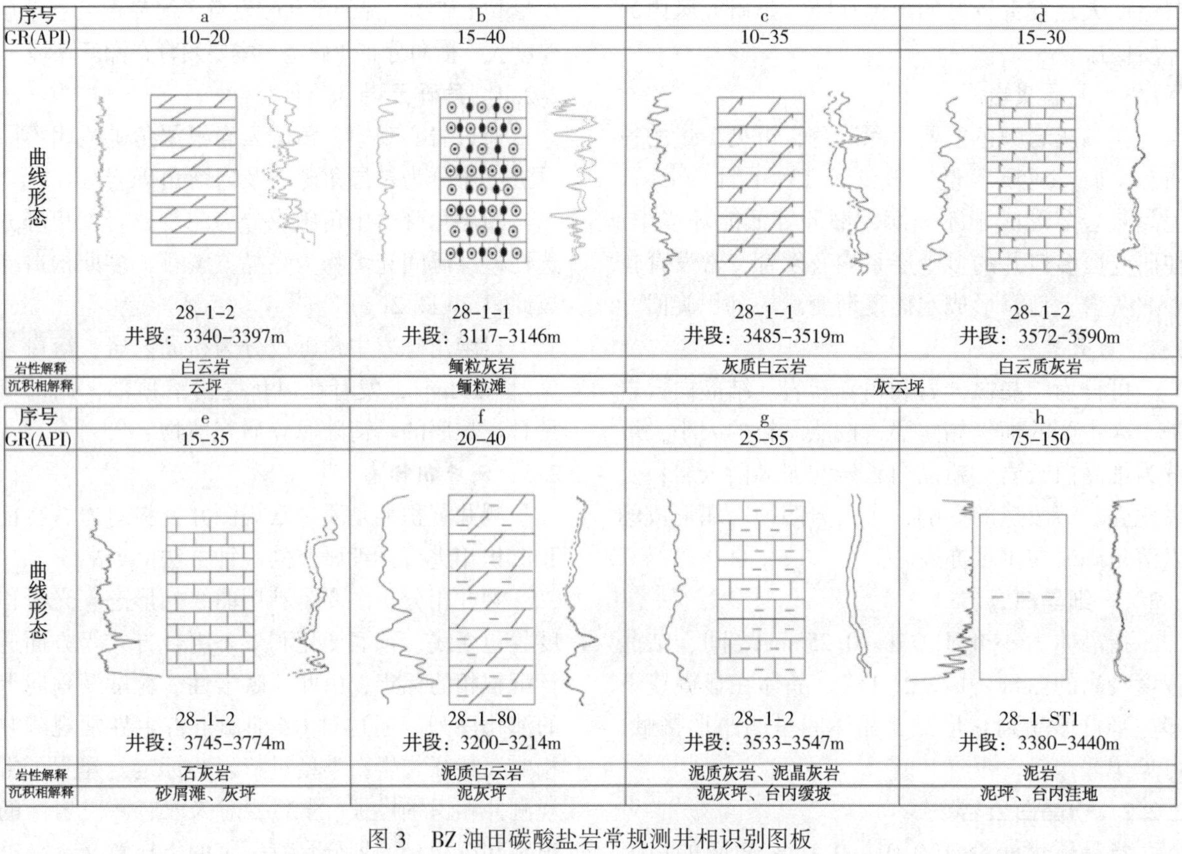

图 3　BZ 油田碳酸盐岩常规测井相识别图板

本文通过自然伽马曲线的形态及变化趋势进行人工识别，识别参数主要为包括幅值大小和曲线形态特征，自然伽马值可分为低幅(0~50API)、中幅(50~100API)、高幅(100~150API)三等。通过对研究区内11口井的自然伽马曲线进行综合分析，并用典型岩心进行标定，建立了8种典型测井相模板，确定了测井曲线与岩心、沉积相的对应关系。

3 沉积相特征

通过对岩心、薄片及综合录测井资料的分析整理，认为研究区碳酸盐岩形成的环境主要分为开阔台地和局限台地两个大相。根据研究区岩石学特征、沉积构造特征、垂向变化规律和横向展布特征，结合区域沉积格局进行分析，将开阔台地相划分为颗粒滩和滩间海两个亚相，并进一步划分出鲕粒滩、生屑滩和泥灰坪等三种微相类型；将局限台地相划分为潮坪亚相，并进一步划分出云坪、灰坪、灰云坪、泥坪和泥灰坪等五种微相类型(表1)。

表1 BZ油田下古生界沉积相类型划分表

沉积相	沉积亚相	沉积微相	岩性特征
开阔台地	颗粒滩	鲕粒滩	砂屑鲕粒灰岩
		生屑滩	生屑灰岩、生屑砂屑灰岩
	滩间海	泥灰坪	泥晶灰岩，含泥灰岩
局限台地	潮坪	云坪	灰-褐灰色白云岩
		灰坪	灰色石灰岩
		灰云坪	白云质灰岩、灰质白云岩等过渡岩性
		泥坪	褐-褐红色泥岩
		泥灰坪	含泥灰岩、含泥白云岩、泥质灰岩，夹薄层泥岩

3.1 开阔台地相

开阔台地处于局限台地与台地边缘之间，海域广阔无遮挡，水体循环良好，盐度正常水体较浅，深度几m~几十m之间。根据沉积物特征，可细分为颗粒滩和滩间海两个亚相。

3.1.1 颗粒滩亚相

颗粒滩位于开阔台地的高部位，沉积水体能量高~中等，主要受波浪影响，可进一步细分为砂屑滩和鲕粒滩微相。

砂屑滩微相岩性以亮晶砂屑灰岩为主，夹薄层生屑灰岩，为高能砂屑滩沉积；鲕粒滩微相岩性以鲕粒灰岩为主，夹薄层泥岩，为高能鲕粒滩沉积。

3.1.2 滩间海亚相

滩间海亚相水体能量低，岩性以泥晶灰岩为主，含泥岩层，主要发育泥灰坪，与颗粒滩形成向上变浅的沉积序列组合，该亚相在开阔台地中发育普遍。

3.2 局限台地相

局限台地相水体循环不畅，能量较低，仅发育潮坪亚相。

按照岩石类型可进一步划分为云坪、灰坪、泥坪及过渡类型等微相。

云坪微相岩性为厚层浅灰色细-粉晶白云岩；灰坪微相岩性为灰色泥晶灰岩，发育鸟眼孔构造，为灰坪沉积，下部发育灰云坪沉积，垂向上形成灰云坪~云坪的沉积序列；泥坪微相岩性为厚层灰色泥岩。

BZ油田灰云坪、泥灰坪两种过渡型沉积微相也广泛发育，灰云坪岩性主要为含灰细-粉晶白云岩，泥灰坪岩性主要为泥质灰岩、含云灰岩及泥岩，自下而上表现为灰云坪~泥灰坪的沉积序列。

3.3 沉积相纵向分布特征

3.3.1 寒武系

寒武系自下而上分为下寒武统、中寒武统和芙蓉统(图4)。

下寒武统以局限台地厚层云坪与薄层泥坪交互沉积为主。其下部府君山组、馒头组泥岩含量较少，上部的毛庄组泥坪含量逐渐增高。

中寒武统下部徐庄组发育泥晶灰岩与泥岩不等厚频繁互层沉积，为局限台地的泥灰坪沉积；上部张夏组在底部为开阔台地的滩间海沉积、之上为开阔台地的鲕粒滩沉积，主要发育厚层鲕粒灰岩夹泥岩沉积。

芙蓉统整体为局限台地潮坪沉积，崮山组~长山组下部为灰坪、泥灰坪，长山组上部~凤山组为云坪、泥云坪沉积。每个组沉积初期受陆源影响大、泥质含量较高，之后泥质含量逐渐降低。

3.3.2 奥陶系

BZ油田奥陶系分为下奥陶统和中奥陶统(图5)。

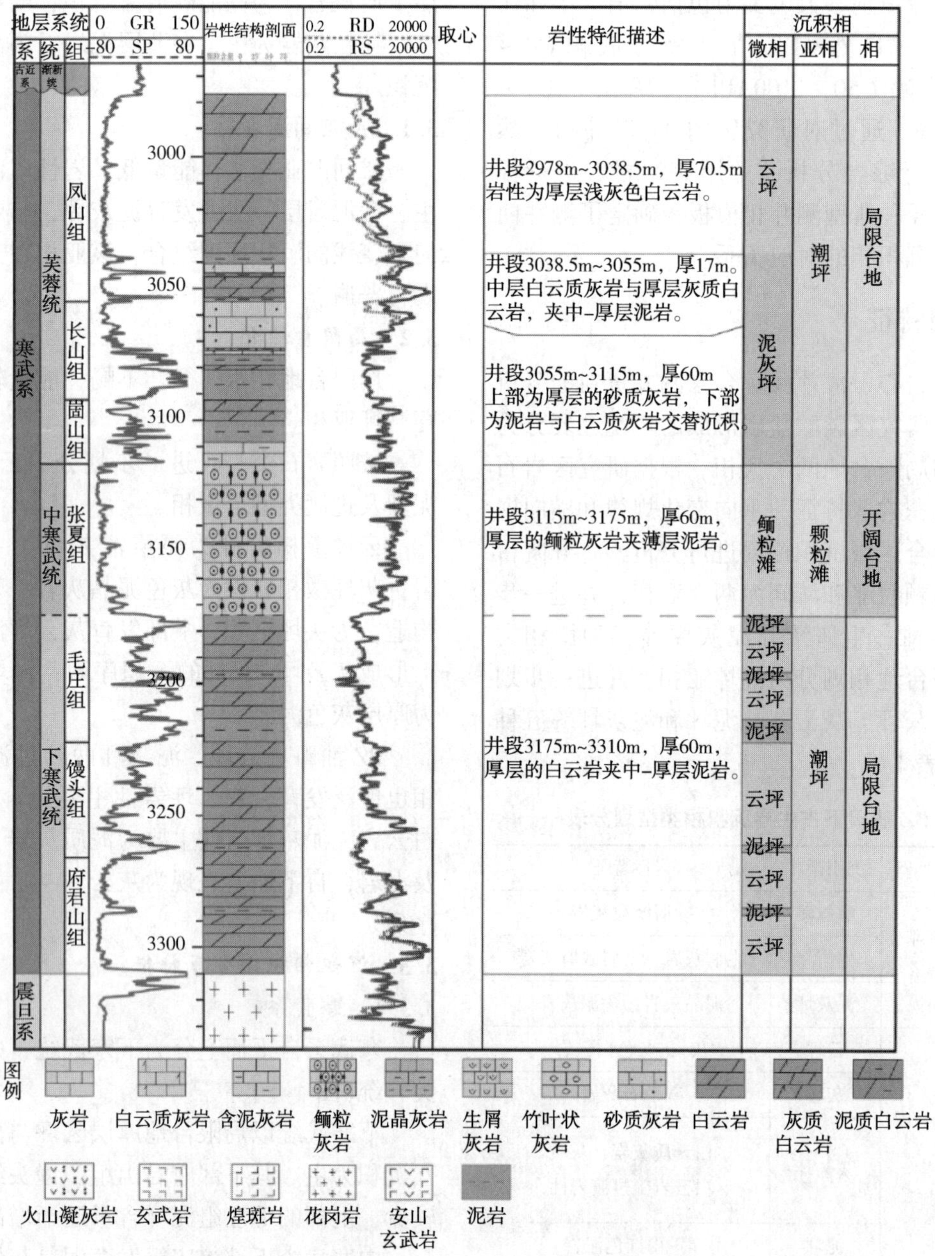

图4　BZ-1井下古生界综合柱状图

下奥陶统分为冶里组和亮甲山组，整体发育一套局限台地的云坪沉积，夹薄层泥坪沉积，其中冶里组云坪较纯，泥质含量低。中奥陶统以云坪为主，发育泥灰坪，中奥陶统油气成藏概率较低，不在本次研究范围内。

3.3.3　沉积相展布特征

建立油田南北向连井剖面，总体上不同层位井间相变明显，下寒武统以云坪沉积为主，夹泥坪和泥灰坪，由南向北相变明显，泥质含量逐渐增高，表明下寒武统陆源沉积物方向来自北方；中寒武统张夏组主要为开阔台地的鲕粒滩相沉积，下部的滩间海发育泥晶灰岩和泥质灰岩，连续性一般，陆源碎屑来源未发生变化；芙蓉统长山组、崮山组主要为灰坪和灰云坪夹薄层泥坪，凤山组主要为云坪、灰云坪沉积夹薄层泥坪，灰云坪在北侧较厚，向南逐渐减薄；下奥陶统为厚层云坪沉积(图6)。

东西向上，下寒武统自西向东厚度逐渐减薄，云坪厚度大，连续性好，夹透镜状泥坪沉积；中寒武统徐庄组泥灰坪为主，夹多期泥坪沉积，泥坪厚度向东变大；张夏组以大套厚层鲕粒滩为主，横向连续性好，自西向东先变薄再加厚，偶夹薄层滩间海的泥质灰岩或泥晶灰岩沉积；芙蓉统自下而上表现为灰云坪-泥灰坪的沉积序列，表明陆源供给有逐渐增多的趋势；下奥陶统为厚层云坪沉积。

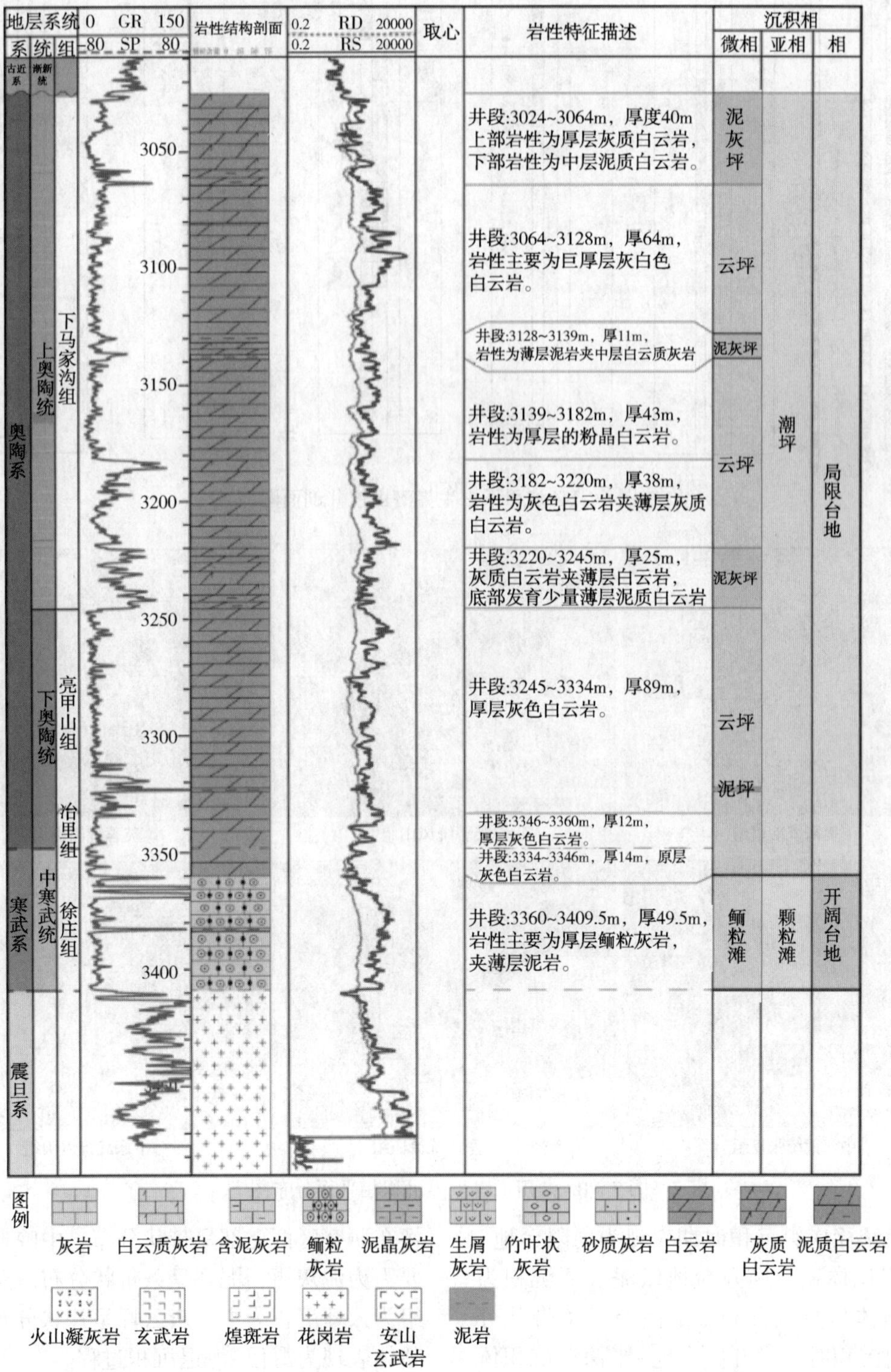

图5　BZ-7井下古生界综合柱状图

3.4　沉积相平面展布特征

下寒武统BZ油田为局限台地-开阔台地的沉积体系，局限台地中微相以云坪沉积为主，夹泥坪、灰云坪；不同时期沉积演化表现为由早期府君山组至晚期馒头组表现为海退-海侵的沉积过程。沉积相分布如图7所示。

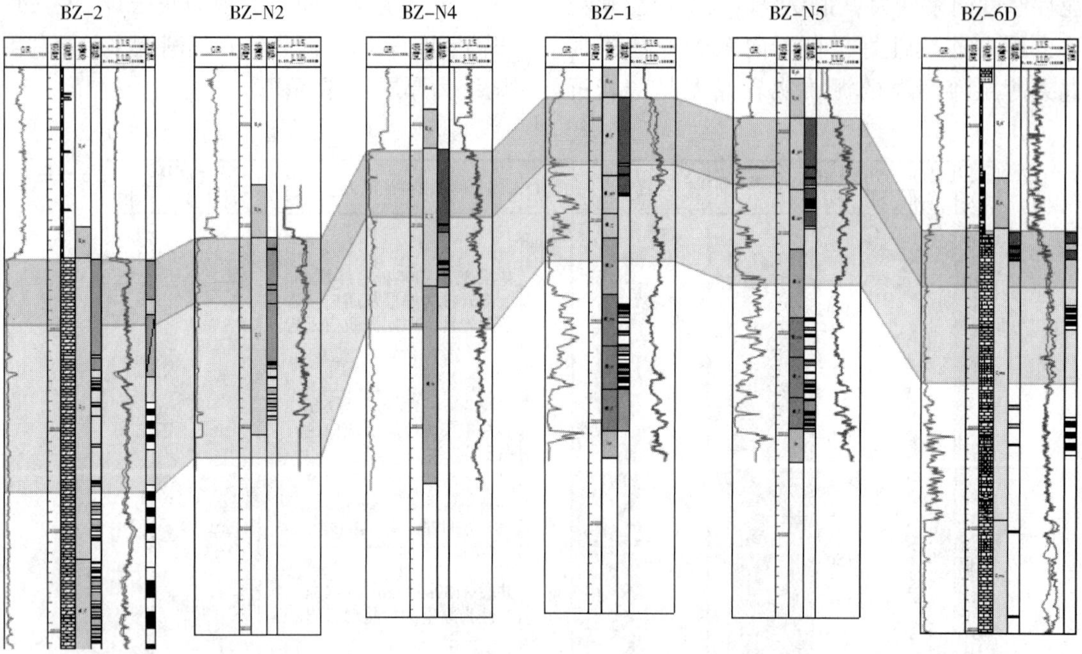

图 6　BZ 油田下古生界潜山连井剖面图

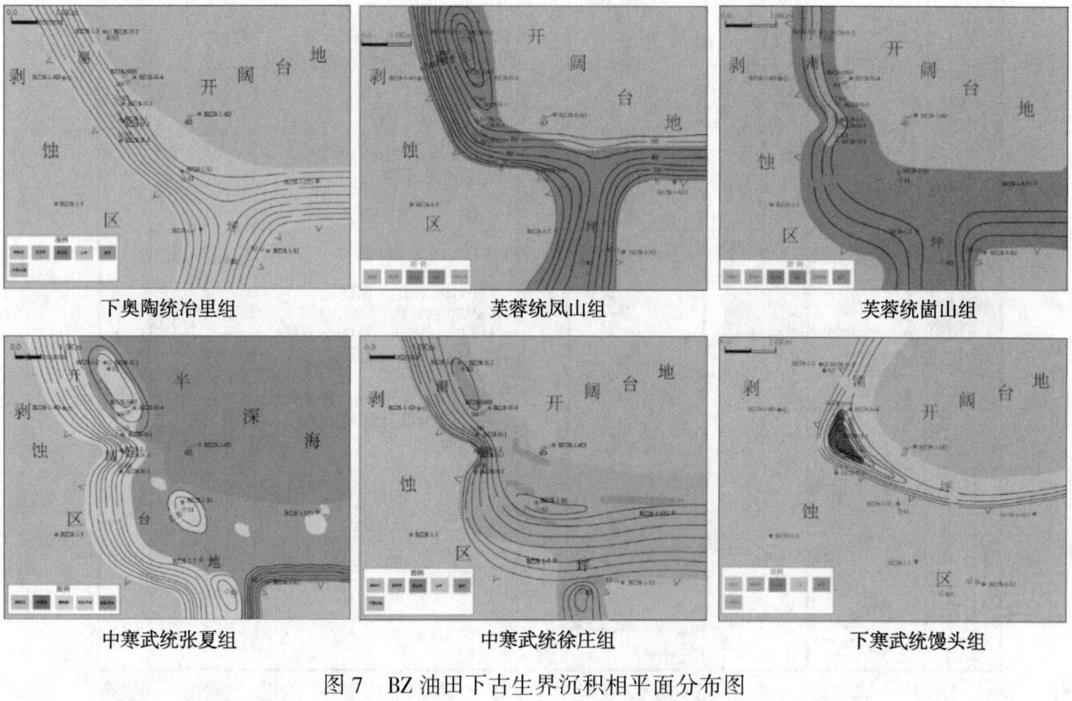

图 7　BZ 油田下古生界沉积相平面分布图

中寒武统徐庄组沉积时期表现为局限台地-开阔台地沉积体系，局限台地以泥灰坪沉积为主，泥坪整体呈点状分布，平面上呈条带状分布；张夏组沉积时期为开阔台地-半深海沉积体系，开阔台地以鲕粒滩沉积为主，规模大、平面分布稳定、连续性强，沿剥蚀线侧呈带状分布，其间分布低能点状滩间海呈片状分布陆。

芙蓉统为局限台地-开阔台地的沉积体系，局限台地早期崮山组以灰云坪和云坪为主，泥灰坪在研究区西北部呈带状分布；中晚期长山组主要为为泥灰坪，泥坪呈条带状分布。至晚期凤山组为云坪沉积为主，灰云坪呈片状分布。研究区整体表现为海侵-海退沉积过程。

下奥陶统沉积时期研究区为局限台地-开阔台地的沉积体系，冶里组为较纯的云坪沉积，早奥陶世表现为小规模海侵过程(图 7)。

3.5　沉积相发育模式

研究区受构造运动及海平面变化的影响，经

历了由局限台地-开阔台地、开阔台地-半深海、局限台地-开阔台地等多个沉积旋回。下寒武统以局限台地的云坪和泥坪沉积为主，由于海平面的上升，逐渐过渡为中寒武统的开阔台地鲕粒滩沉积，沉积范围增大；芙蓉统湖平面下降，沉积范围缩小，研究区演变为局限台地的云坪、泥云坪沉积；到下奥陶统依然是局限台地的云坪沉积，沉积范围再次缩小，形成了局限台地-开阔台地的沉积格局(图8)。

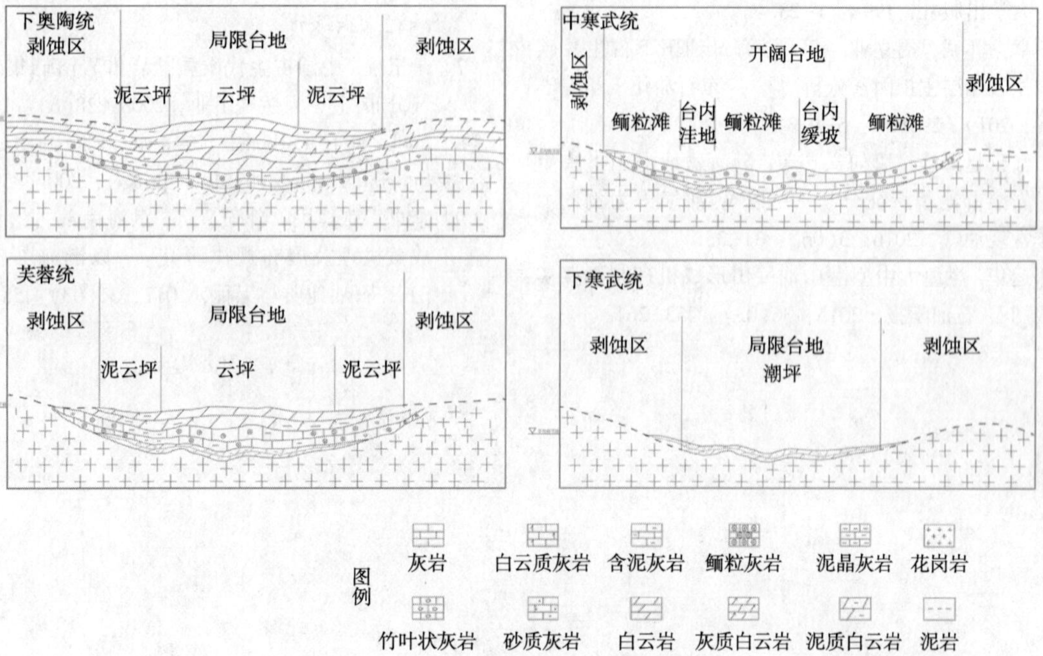

图8 BZ区块下古生界碳酸盐岩发育模式图

4 优质储层预测

优质储层预测在沉积相的基础上，采用岩溶古地貌单元和地震属性先结合的方法判断。综合应用印模法和残厚法，结合流体因子叠前反演的岩溶发育段，更精确的表征残余岩溶厚度。根据连井对比剖面上风化壳面的上下地层组合及相对的厚与薄的变化情况，结合区域地质背景，建立风化壳岩溶古地貌综合解释地质模型。以古地貌单元为基础，开展叠前反演和基于子波分解与重构处理的的叠后均方根属性，北上块南部台地和残丘为优势储层发育区(图9)。

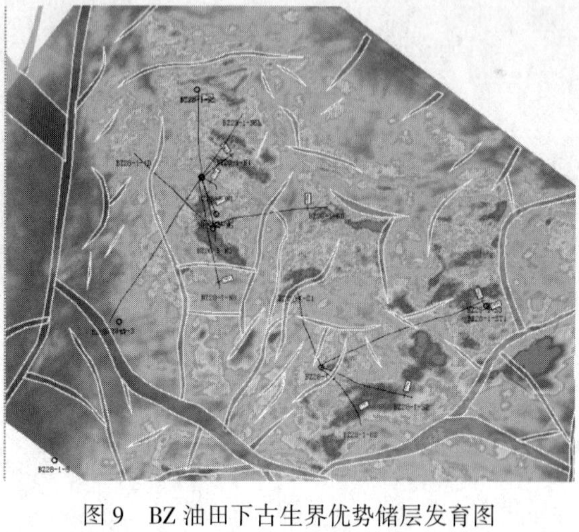
图9 BZ油田下古生界优势储层发育图

5 结论

(1) 渤海BZ油田下古生界古潜山储层为碳酸盐岩沉积，石灰岩主要岩石类型为砂屑灰岩、鲕粒灰岩及泥晶灰岩，白云岩主要岩石类型为细晶云岩、粉晶云岩、泥晶云岩及角砾云岩等；

(2) 渤海BZ油田下寒武统以局限台地的云坪和泥坪沉积为主，逐渐过渡为中寒武统的开阔台地鲕粒滩沉积，芙蓉统又演变为局限台地的云坪、灰云坪沉积，到下奥陶统依然是局限台地的云坪沉积，潜山顶面局限台地的白云岩是该区域的优质储层，储层全区稳定分布，但受沉积相带、溶蚀作用控制，储层厚度变化大，潜山内幕研究区发育局限；

(3) 渤海BZ油田上元古界经历了由局限台地-开阔台地、开阔台地-半深海、局限台地-开阔台地等3个沉积旋回，是海平面逐渐升高又降低的沉积响应；

(4) 结合岩溶古地貌和地震属性，BZ 油田北上块南部台地和残丘为优势储层发育区。

参 考 文 献

[1] 强子同. 碳酸盐岩储层地质学[M]. 东营：中国石油大学出版社，1998：1-23.

[2] 李卓，郭诚，周立业，等. 渤海 S 油田下古生界碳酸盐岩储层主控因素分析[J]. 广东石油化工学院学报，2019，29(03)：5-9.

[3] 韦红，赵海峰，唐何兵，等. 渤海盆地潜山下古生界岩溶古地貌特征分析——以 W 油气田为例[J]. 非常规油气，2016，3(06)：31-35.

[4] 邓运华. 渤海大中型潜山油气田形成机理与勘探实践[J]. 石油学报，2015，36(03)：253-261.

[5] 张宝民，刘静江. 中国岩溶储集层分类与特征及相关的理论问题[J]. 石油勘探与开发，2009，36(1)：12-28.

[6] Frederic Amour, Maria Mutti, Nicolas Christ, et al. Outcrop analog for an oolitic carbonate ramp reservoir: A scale-dependent geologic modeling approach based on stratigraphic hierarchy[J]. AAPG Bulletin, 2013, 97(5): 845-871.

[7] 康玉柱. 中国古生代碳酸盐岩古岩溶储集特征与油气分布[J]. 天然气工业，2008，28(6)：1-12.

[8] Lucia F J. Carbonate Reservoir Characterization: An Integrated Approach[M]. Springer, 2007, 59-65.

[9] 李卓，张建民，郭诚，等. 渤海南部古潜山油气田成藏机理及展布规律研究——以渤海 L 油田为例[J]. 石油地质与工程，2017，31(03)：58-61+65.

郯庐断裂中支渤中段发育演化及其对潜山控制作用

张同杰　李慧勇　王改卫　左中航　陈延芳

[(中海石油(中国)有限公司天津分公司)]

摘　要　郯庐断裂带作为中国东部重要的构造边界，其活动特征与演化过程对渤海湾盆地油气成藏具有关键控制作用。本文针对渤中凹陷中支断裂带研究薄弱的问题，综合高精度三维地震数据、构造物理模拟及人工智能断层识别技术(基于 Res-UNet 深度学习模型)，系统揭示了郯庐断裂中支渤中段的几何特征、多期活动机制及其对潜山构造的控藏效应。研究结果表明：渤中凹陷中部发育一条左阶排列、四段分布的近南北向走滑断裂带，其形成受控于印支期差异逆冲调节作用，喜山期表现为“隐而不弱”的多期走滑活动，新生代巨厚塑性地层(东营组)弱化了其地震响应。该断裂通过控制基底潜山构造格架、火山岩空间展布及热液活动通道，显著促进了潜山地层裂缝发育，其中走滑断裂叠覆区为裂缝型储层的有利发育区。本研究首次明确渤中段断裂的走滑属性与分层变形模式，指导了秦皇岛 35-6 构造构造-岩性复合圈闭群的识别。研究成果不仅为渤海湾深洼区潜山油气勘探提供了关键地质依据，也为类似走滑盆地的构造解析与潜山裂缝型储层预测提供了技术借鉴。

关键词　郯庐断裂；渤中凹陷；走滑断裂；潜山构造；裂缝型储层；人工智能断层识别

郯庐断裂带是中国东部规模最大的走滑断裂系统，其活动贯穿中生代至新生代，对华北克拉通破坏及渤海湾盆地演化具有决定性影响。近年来，渤海海域油气勘探表明，郯庐断裂西支与东支对油气藏的分布具有显著控制作用，但位于凹陷区的中支渤中段研究相对薄弱。已有资料显示，渤中凹陷 70%以上的储量发现受断裂控制，然而凹陷区断裂展布不清、成因机制不明等问题制约了勘探突破。此外，中生界火山岩及潜山构造的成藏规律与断裂活动的关系亟待厘清。

本文通过整合三维地震数据、构造物理模拟及人工智能断层识别技术，系统解析郯庐断裂中支渤中段的几何特征、多期演化过程及其对潜山构造的控制作用，旨在深化对渤海湾深洼区油气成藏规律的认识，为勘探部署提供理论支撑

1　区域地质背景

本文的研究区位于渤海海域中部渤中坳陷的环渤中凹陷地区，该区域是渤海湾盆地沉积沉降中心。环渤中凹陷包含渤中凹陷及将其围限的渤东低凸起、辽西凸起南部、石臼坨凸起、沙垒田凸起东部和渤南低凸起北部地区，总面积约 8700km^2。渤中凹陷是渤海油田最重要的富烃凹陷之一，围绕渤中凹陷，早期先后在凸起区发现了蓬莱 19-3、秦皇岛 32-6 等一系列亿吨级大油田，油气发现主要分布在新生界。近年来，随着勘探的不断深入，尤其是蓬莱 9-1、渤中 19-6 潜山油气藏的不断突破，促使渤海油田潜山油气勘探进入一个新的阶段。中生界火山岩作为盆地充填序列的重要组成部分，在渤海海域广泛分布，中生界火山岩勘探也越来越受到重视，在环渤中凹陷地区发现了渤中 8-3、秦皇岛 35-1、蓬莱 7-1 和旅大 25-1 等多个大型中生界圈闭，该区域也成为目前中生界火山岩油气勘探的主要构造单元(图 1)。

研究区潜山构造广泛发育，其形态受基底断裂切割与差异隆升共同控制。渤中凹陷中支断裂带对中生界火山岩储层及新生界热液改造型储层具有显著控制作用，但断裂精细结构、活动期次及其与潜山演化的动态关系仍待明确。

2　研究方法

2.1　地质-地球物理综合解剖

要刻画这样的一条大尺度断裂首先考虑从区域资料中寻找其存在的证据。走滑断裂带在深层往往表现为速度异常带，通过整个渤海海域的深部速度切片可以看到，在渤中凹陷中部确实存在一条南北向带状分布的速度突变带，北至姜各庄凸起(秦南凸起)，南至渤南低凸起，揭示了郯庐中支渤中段的存在。另外，通过对 2023 年新

图 1　渤海海域区域地质简图
（黑色方框为环渤中凹陷区域，红色虚线方框为郯庐断裂中支渤中段分布区域）

采集的横跨渤中凹陷的 14s（约 30km）深二维测线的解释，同样发现在渤中凹陷中部存在一条深切地幔的走滑断裂，而且其与郯庐断裂东支在深部一致表现为莫霍面（壳幔边界）低幅上隆以及断裂处反射特征变弱。以上证据都证明了郯庐断裂中支渤中段的存在。

落回到研究区内，断裂的构造响应也比较显著，由浅至深主要表现为古生界地层、中生界火山机构串珠状分布、古近系-馆陶组热液活动以及浅层雁列活动。都有力证明了渤中凹陷中部存在一条走滑断裂带。

2.2　人工智能断层解释技术

2.2.1　识别原理

Res-Unet 是一种在 UNet 中引入残差结构的网络，输入侧是编码器，通过卷积和池化操作逐渐减小特征图大小、增加通道数，学习不同层次特征；输出侧是解码器，通过卷积和反卷积操作逐步恢复特征图大小、减少通道数，最终生成与输入相似大小的输出。模型结构包含一系列 C-Residual Block 和 D-Residual Block，分别表示编码器和解码器部分，其中 C 和 D 分别代表卷积和反卷积操作。编码器和解码器的实际通道数可继续扩展，以学习不同的深层次特征。

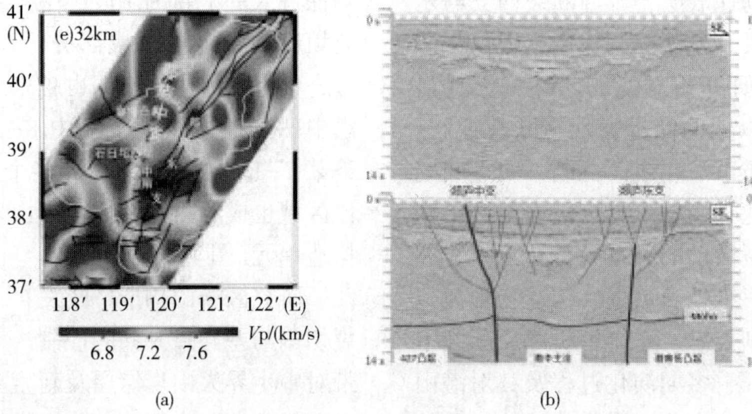

图 2　区域资料、深部剖面揭示渤中凹陷中部存在一条深大走滑

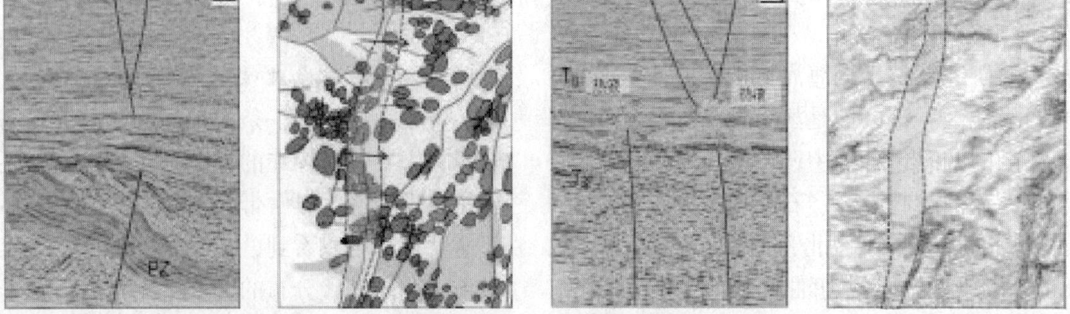

(a)古生界断层突变　(b)中生界串珠状火山机构　(c)古近系-馆陶组热液　(d)浅层系列

图 3　凹陷内沿断裂构造响应活跃证实断裂存在

Res-UNet 中结合了 U-Net 网络结构和残差连接，其中 U-Net 网络中的跳跃连接机制，通过将编码器的输出特征图与解码器对应层相互拼接，使网络有效地结合高级抽象特征和低级细节信息，有助于恢复在池化等下采样操作中损失的空间信息。而 ResNet 残差模块的引入，既有效解决了网络模型加深时的梯度问题，也有助于提高模型的准确率。

2.2.2　断裂识别技术流程

首先对叠后 3D 地震数据体采用深度学习方法去噪，在此基础上计算倾角导向相似体，并进行断裂期次和断裂机制解释；同时在去噪的 3D 数据体上利用 Res-UNet 网络计算断层概率体，其中训练样本和标签均采用 FaultSeg3D 合成地震数据集。然而对于复杂断裂，利用该数据集训练出的模型对真实地震数据计算出的断层概率体可能会漏掉某些断层，需要手工解释作为新的标签进行神经网络迁移学习，针对研究区的实际情况，针对郯庐中支渤中段建立了解释标签，重新计算断层概率体，如此反复，直至识别出的结果符合要求，获得最终优化后的断层概率体。最后结合断裂期次划分和机制解释结果进行断裂刻画，包括确定不同断裂性质及组合样式，根据构造理论预测裂缝发育带(图 4)。

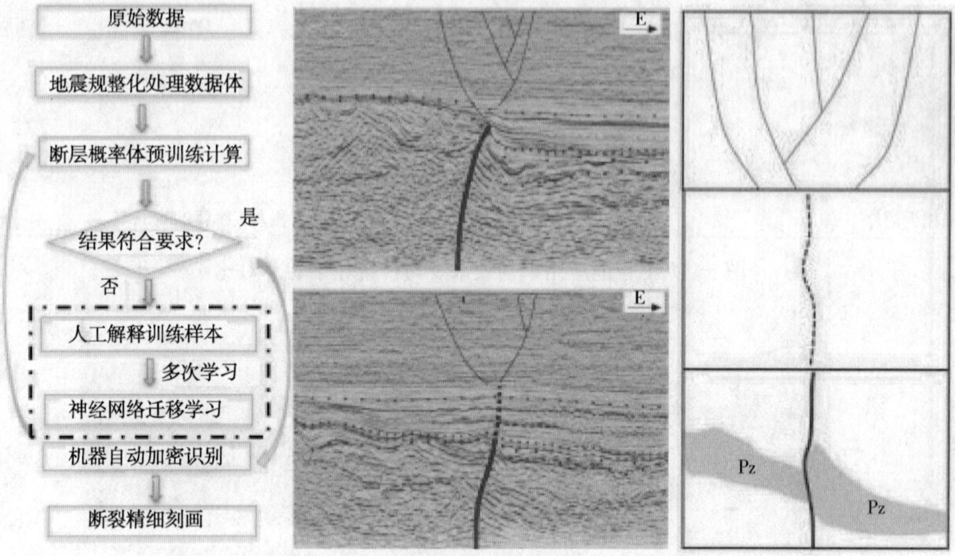

图 4　人工智能断裂识别技术流程及本研究训练标签(示例)

相比于传统方法，U-ResNet 深度学习模型采用了 U 形结构和残差连接，通过编码器—解码器架构实现多尺度化特征学习，有效捕获断裂的微小特征，同时通过跳跃连接保持和利用低层级的语义信息，因此在处理高陡断裂的细微差别时表现出色，并且在复杂背景下也能维持较好的抗噪性能。在模型训练过程中，使用验证集的损失函数值来监控训练过程，并采用早停法根据验证集性能来终止训练，以避免过拟合。模型的性能可通过准确率、召回率、精确度和 F1 分数等指标综合评价，这些指标分别衡量了模型在去噪和断裂刻画方面的预测准确性、识别所有断裂的能力、预测为断裂中实际为断裂的比例以及综合评估模型的准确性和完整性。

2.2.3　识别效果

相比传统的相干切片，新技术方法极大程度消除了地层干扰因素，洼陷区走滑断裂从无到有，断层清晰，平面延伸特点符合地质规律，与人工解释 Polygon 叠合好，能够有效指导凹陷区基底断裂解释(图 5)。

3　结果与讨论

3.1　郯庐中支渤中段的几何特征

通过系统的识别刻画，可以发现渤中凹陷中部发育一条左阶排列、四段分布的近南北向走滑断裂带(F1-F4)。各分段特征如下：

F1 段夹持于石臼坨凸起主体区与 428 凸起之间，平面上表现为平直的走滑断层。剖面上断层直立，丝带效应显著，凸起区深浅构造贯通，凹陷区发育“悬空花”构造(图 6)。

F2 段位于 427 凸起东侧，与近东西向断层共控中生界箕状断陷，断层陡倾，上覆古近系地层变形未错断(图7)。

F3段整体上左阶排列成带分布，几乎遍布整个渤中凹陷中南部，控制了沿线的中生界火山群的分布，基底断裂较为直立，往往作为火山喷发的通道，新生界热液活动同样活跃，热液顶往往发育花状构造，花状构造与基底断裂未搭接，呈现分层变形特征(图8)。

F4段左旋切错渤南低凸起，与郯庐东支共控其间的洼陷新生界早期地层沉积，浅层花状构造与深层的基底断裂同样呈现分隔发育的特点(图9)。

因此从整体来看，整个郯庐断裂中支渤中段整体表现为深切基底的深大走滑断裂，平面上多呈现左阶错列的特征，剖面上分层变形特征明显，浅层多发育“悬空花”构造，中间层位偶见热液活动，整体上新生界构造行迹不明显，这也导致其长期以来一直没有被完整揭示。

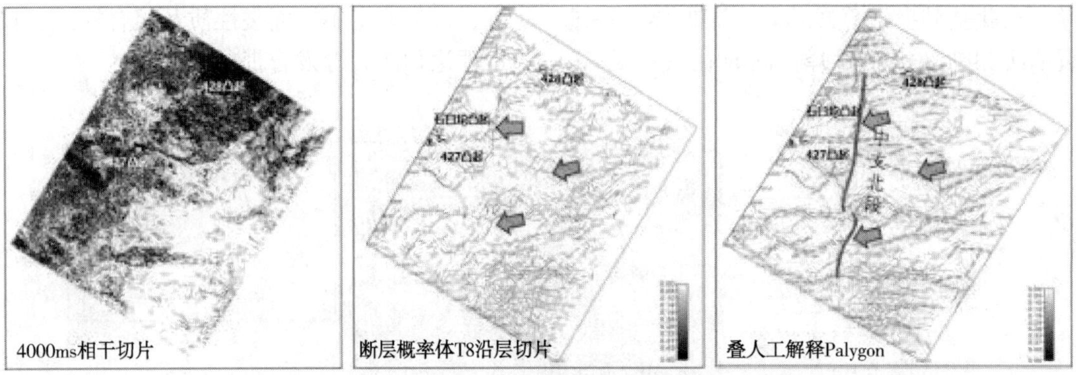

图5　人工智能应用识别效果及与传统相干切片对比

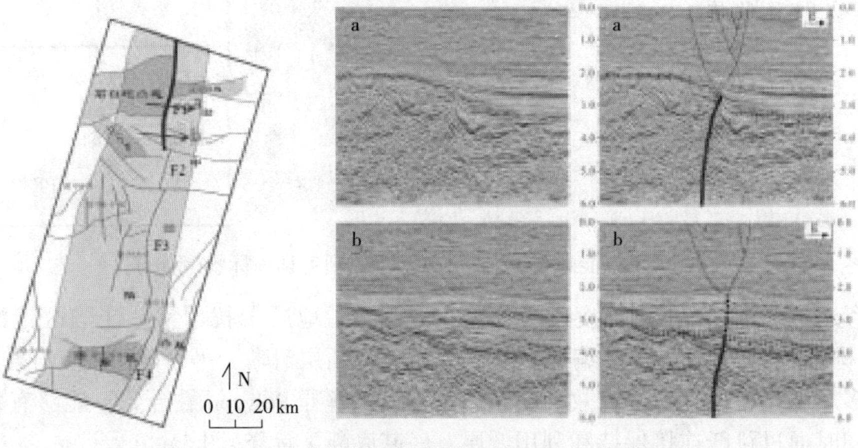

图6　F1段发育特征(平面图位置见图一红色虚线框)

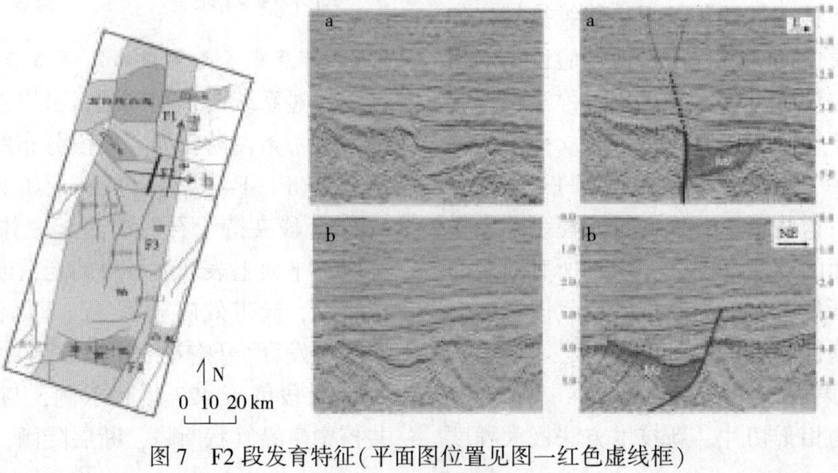

图7　F2段发育特征(平面图位置见图一红色虚线框)

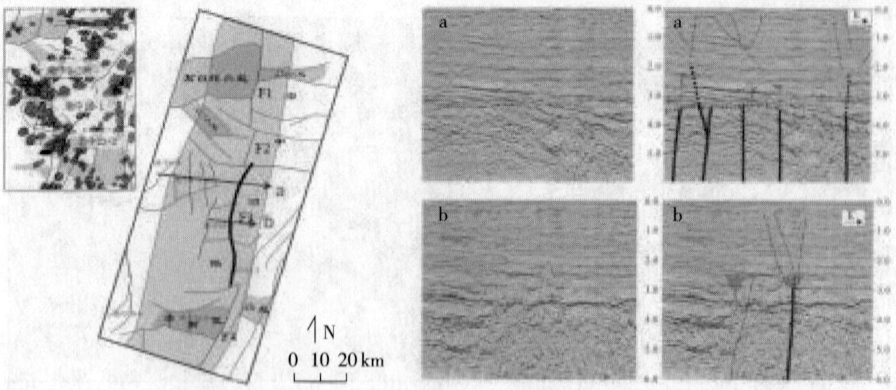

图 8　F3 段发育特征(平面图位置见图一红色虚线框)

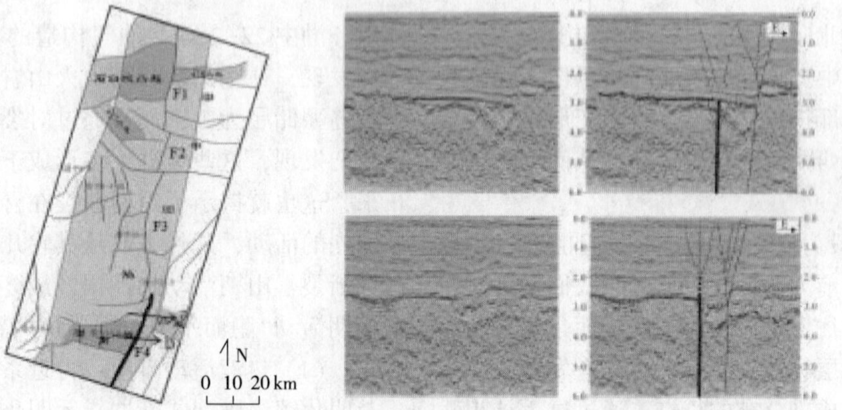

图 9　F4 段发育特征(平面图位置见图一红色虚线框)

3.2　成因机制与演化过程

3.2.1　印支期差异逆冲调节形成

古生界地层突变与物理模拟表明，中支断裂形成于印支期华北板块与扬子板块碰撞背景。西侧古生界遭受强烈剥蚀，东侧保存完整(图 10)，结合地质历史时期的区域构造背景可知，印支期的逆冲作用是导致古生界地层的强烈剥蚀，因此断层两侧的差异剥蚀也就揭示了断裂的形成于印支期逆冲调节作用。区域上来看，郯庐断裂组中支渤中段尤其是 F3 段一带断裂沿印支期逆冲带呈北西向展布[图 11(a)]，与龙门山断裂相伴生的横断层呈现相同的展布规律[图 11(b)]，印证了本文所提出的印支逆冲调节成因合理性。

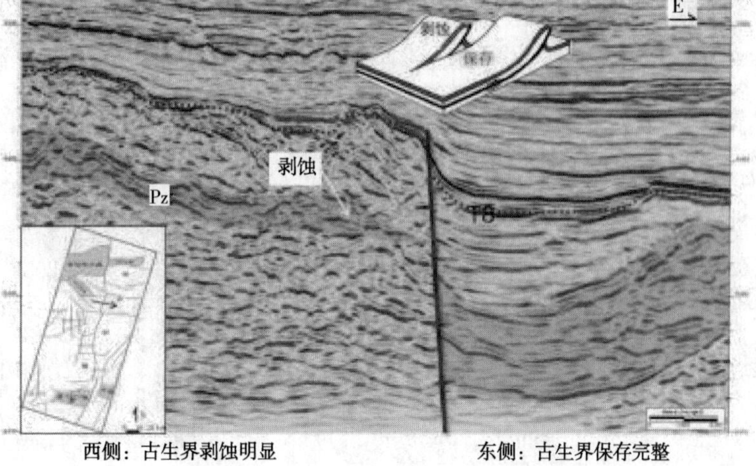

图 10　断裂两侧古生界地层存在明显差异剥蚀现象

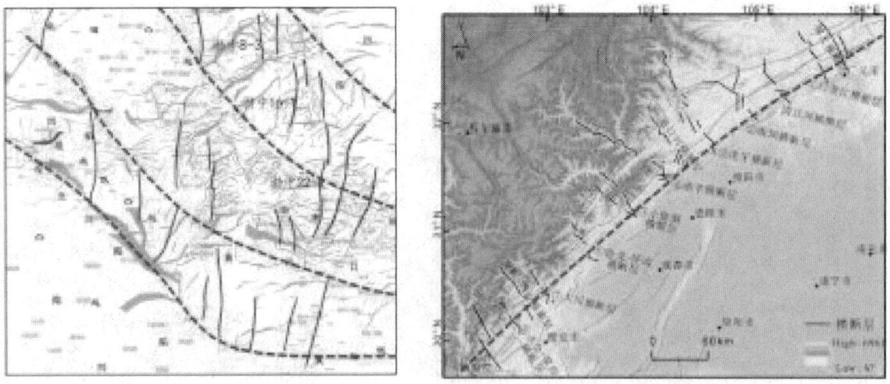

(a)研究区南北向断裂分布规律　　　　(b)四川龙门山地区横断裂分

图 11　研究区近南北向断裂与龙门山横断层展布规律一致

印支期南北向挤压应力强度横向上的差异导致了郯庐断裂中支的形成。西部挤压作用强，收缩变形大；东部挤压作用弱，收缩变形小。其结果是造成了东西两侧的相对运动，从而形成郯庐断裂中支。

关于 F3 段为何是成带分布我们也进行了探讨，通过调研前人的物理模拟实验我们发现，逆冲调节断裂往往不仅仅发育一条，而是会在断裂弯曲部位、地层物性突变等部位均有发育，整体上呈现成群、成带分布的特点。通过这一认识我们也可以得出，除 F3 外，同成因的 F1、F2、F4 段也应该是成群成带分布的，也为我们下步的解释刻画工作指明了方向。

3.2.2　喜山期多期走滑活动

前面通过静态特征解剖我们提到目标断裂新生界地层中变形迹象微弱，这是否表明其在喜山期不活动？但是通过目标断裂控制下的渤中 8-3 南、渤中 22-2 等含油气构造的井上资料分析我们发现，这些构造在潜山火山岩内幕储层主要以裂缝型储层为主，而且通过对裂缝的填充物定年我们发现，这些裂缝大多形成于沙一二沉积期以来，这也就揭示了目标断裂在喜山期发生了较为强烈的活动，此外我们从其它几个方面找到了目标断裂喜山期活动的证据，最终得出其在喜山期多期活动“隐而不弱”的运动学特征。

（1）热液活动响应：古近系馆陶组热液通道及明化镇组雁列式断层指示明化镇组沉积期以来的的走滑剪切活动(图 12)；

（2）构造变形特征：在目标断裂叠覆部位常常发育正向构造，加持于两条走滑断裂之间，属于增压叠覆构造。从上覆地层接触关系来看，沙河街组及以前地层呈现协调褶皱变形，东三段超覆于正向构造之上，反映了东三段沉积前目标断裂至少发生过一期较为强烈的走滑活动(图 13)。

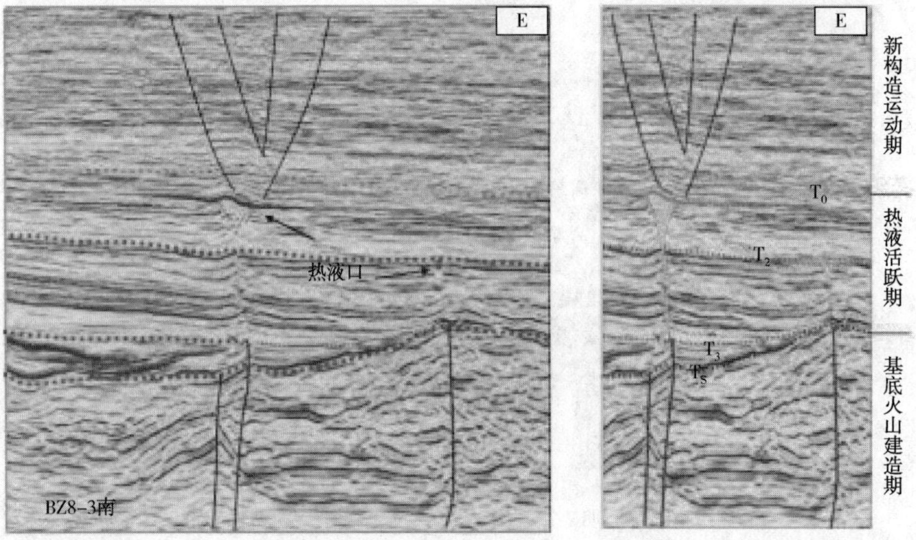

图 12　目标断裂浅部热液活动活跃

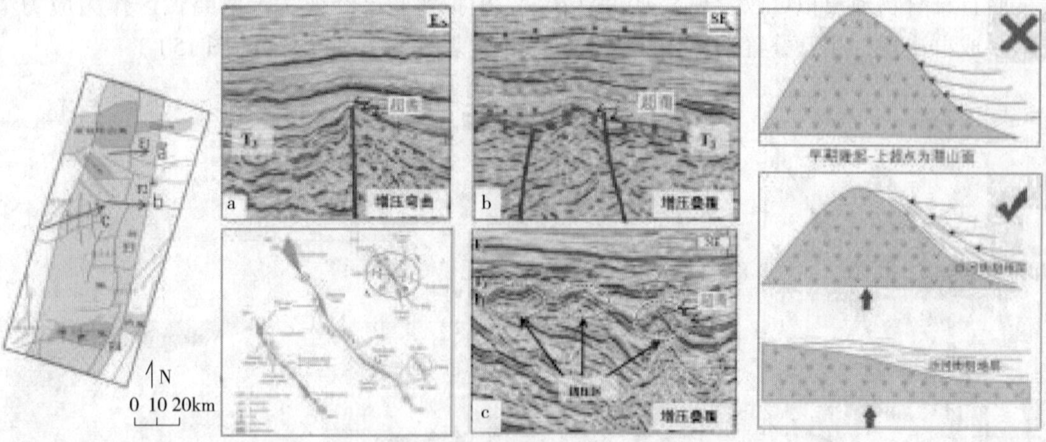

图13　目标断裂增压叠覆区发育正向挤压构造

综合以上我们得出其实目标断裂在喜山期至少经历了两期较为明显的走滑活动，但是新生界的构造行迹为何如此不明显，通过区域应力调研结合前人研究我们发现，这是在新生代近南北向为主的区域伸展背景下，近南北向的先存断裂复活产生垂向断距较小的走滑变形。

此外，渤中凹陷沉积了巨厚的以东营组为主的塑性地层，塑性地层对剪切位移的消减作用，进一步弱化了地震响应，当然这种被吸收的剪切位移也会进一步被塑性地层向上传导至上覆的脆性地层，从而产生目标断裂的“悬空花”构造样式，前人物理模拟实验证实了这一观点(图14)。

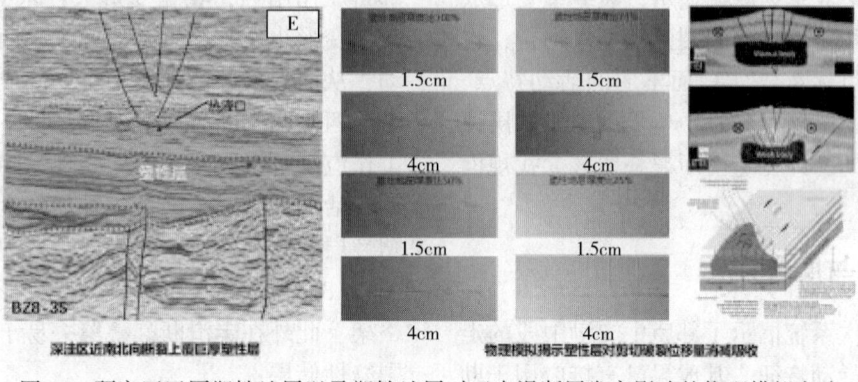

图14　研究区巨厚塑性地层以及塑性地层对于走滑断层发育影响的物理模拟实验

3.3　对潜山构造的控制作用

3.3.1　基底构造格架控制

沿郯庐断裂西支发育秦皇岛35-6、渤中8-3南、渤中16-1、渤中22-2等潜山构造带，其构造演化与内幕结构受到断裂活动的控制与叠加改造，以秦皇岛35-6潜山为例，其形成演化受郯庐断裂中支活动叠加改造作用，可划分为4个主要阶段：印支晚期成断阶段、燕山期早期挤压隆升阶段、燕山晚期反转成山、喜山期改造埋藏阶段。印支期，在南北向挤压作用下，研究区发生近东西向褶皱隆升，目标潜山处于连续褶皱的向斜部位，同时由于挤压褶皱强度的横向差异，导致郯庐断裂中支转换断裂的形成。燕山早期，太平洋板块低角度俯冲，郯庐断裂中支左旋错断潜山带；到燕山末期，区域应力场转变为强伸展，NWW向断裂负反转导致其间地层发生翘倾作用，秦皇岛35-6潜山反转至高部位，潜山成型，与此同时，由于地幔上涌导致地壳拆沉引发一系列火山活动，先存的郯庐断裂中支作为火山喷发的优势通道，为潜山内部发育大量火山岩提供了条件；喜山期，伸展作用持续进行，潜山进一步反转翘倾，郯庐中支断裂“隐”而不弱活动，派生次级断裂等对潜山进行改造。

3.3.2　控制潜山裂缝发育

根据前人研究，发现西部盆地顺北等地区发育的挤压应力背景下形成的共轭剪切断裂有利的裂缝储层往往仅仅沿着断裂发育，而这样的模式并不适用于本研究区逆冲调节作用下所形成的撕裂断层，而且结合物理模拟可以发现，逆冲调节断层往往多成群出现、相互叠置发育，前人大量模拟实验已经证实走滑叠覆区作为应力集中区，是裂缝的有利发育区(图 15)。

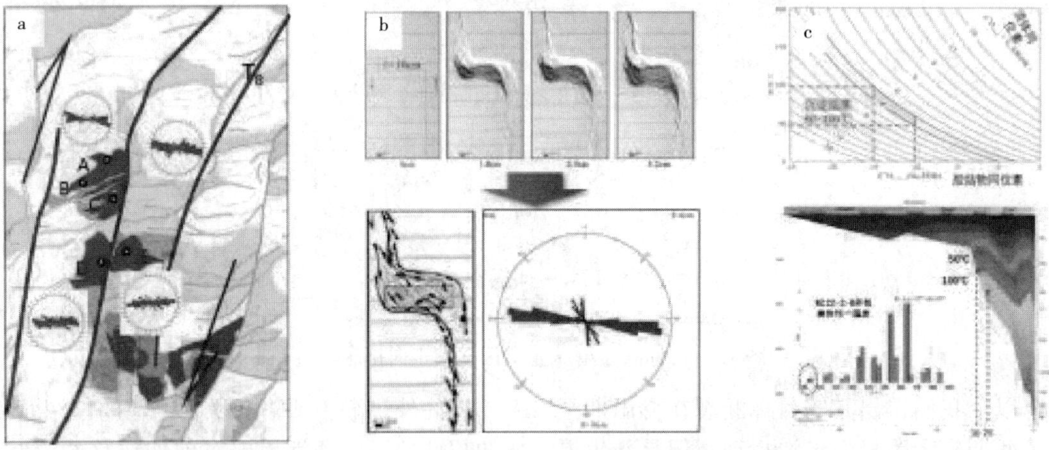

图 15　实钻裂缝统计揭示目标断裂喜山期活动控制储层裂缝发育

(a)渤中 22-2 构造断裂展布及实钻裂缝发育情况发育情况；(b)右旋右阶叠覆走滑条件下裂缝发育情况物理模拟；(c)钻井裂缝胶结物形成时期测定

实钻表明，喜山期走滑活动是潜山裂缝发育的主控因素。例如，渤中 22-2 构造位于右旋释压叠接带。热液胶结物测温显示，裂缝主要形成于沙河街组沉积末期，与断裂活动期次吻合，也从侧面印证了目标断裂“隐”而不弱的活动特点，这也为后续潜山勘探尤其是中生界火山岩储层评价提供了新方向，即在走滑断裂叠覆区寻找规模型有利储层。

4　勘探意义与展望

本研究首次系统揭示了郯庐中支渤中段的走滑属性与多期活动特征，其成果已直接应用于勘探实践。在落实目标断裂展布特征基础上结合渤海海域火山机构刻画在秦皇岛 35-6 构造识别出构造-岩性复合圈闭群，新增潜在资源量超 1 亿吨，此外，人工智能断层解释技术显著提升了深洼区断裂识别精度，可为类似盆地提供借鉴，最后，本文所提出的“隐”而不弱走滑断裂的“悬空花”构造与分层变形模式，丰富了走滑盆地构造解析理论。

5　结论

(1) 渤中凹陷中部发育一条左阶排列、四段分布的近南北向走滑断裂带，剖面上分层变形特征明显，浅层多发育“悬空花”构造，中间层位偶见热液活动，整体上新生界构造行迹不明显。

(2) 郯庐断裂中支渤中段为印支期差异逆冲调节形成的撕裂断层，印支期南北向挤压应力强度横向上的差异导致了郯庐断裂中支的形成。西部挤压作用强，收缩变形大；东部挤压作用弱，收缩变形小。其结果是造成了东西两侧的相对运动，从而形成郯庐断裂中支，同成因断裂应该是沿北西向印支断裂成群发育的，下一步断裂识别工作应统筹考虑。喜山期表现为隐伏多期走滑活动，活动性质以走滑为主叠加新生界晚期巨厚的塑性层导致其构造行迹难以被发现；

(3) 目标断裂带左阶分段特征控制基底构造格架，此外在走滑断裂叠覆去易于发育规模型的裂缝性储层；

(4) 人工智能断层解释技术有效解决了深洼区隐性断裂识别难题，为凹陷区油气勘探提供了关键技术支撑。

参 考 文 献

[1] 朱光，王薇，顾承串，等. 郯庐断裂带晚中生代演化历史及其对华北克拉通破坏过程的指示[J]. 岩石学报，2016，32(4)：935-949.

[2] 龚再升，蔡东升，张功成. 郯庐断裂对渤海海域东部油气成藏的控制作用[J]. 石油学报，2007，28(4)：1-10.

[3] 徐长贵. 渤海走滑转换带及其对大中型油气田形成的控制作用[J]. 地球科学，2016，41(9)：1548-1560.

[4] 胥颐，汪晟，孟晓春. 渤海海域郯庐断裂带的地震层析成像特征[J]. 科学通报，2016(8)：10.

[5] 王伟锋. 龙门山断裂带横断层成因类型及地质意义[J]. 地球科学：中国地质大学学报，2016(5)：13.
[6] 张岳桥，董树文. 郯庐断裂带中生代构造演化史：进展与新认识[J]. 地质通报，2008，27(9)：1371-1390.
[7] 邓尚，李慧莉，张仲培，等. 塔里木盆地顺北及邻区主干走滑断裂带差异活动特征及其与油气富集的关系[J]. 石油与天然气地质，2018，39(5)：11.
[8] 刘世瑞. 歧口凹陷断裂密集带形成演化，成因机制及控藏作用研究[D]. 大庆：东北石油大学，2020.
[9] Afonso Gomes. Strike - slip fault propagation across crustal(interbedded)low viscosity anomalies：new insight from analogue modelling results[C]. EGU. 2018.
[10] 曾联波，毛哲，刘国平，等. 走滑断层对裂缝分布的控制——来自离散元数值模拟的启示[J]. 中国科学：地球科学，2024，54(1)：152-171.

新疆深层页岩油压裂监测新技术及效果应用

封　猛[1]　毛新军[2]　宋志同[1]　万丙乾[2]　付连明[2]　王　波[3]　陈仙江[2]　俞天喜[2]　邓　瑞[4]

（1. 中国石油集团西部钻探工程有限公司；2. 中国石油新疆油田公司；
3. 中国石油吐哈油田公司；4. 长江大学）

摘　要　深层页岩储层非均质性强，压裂过程中簇间应力干扰等因素影响，段内各簇竞争性开启，压裂不均衡影响压裂效果及产能。本文建立了射孔孔眼外地层总剩余磁场强度，通过低频电流，降低套管干扰作用，模拟表明，孔径越大，磁异常幅度和幅宽越大；产生裂缝前、后磁异常明显，为通过监测弱磁场的异常变化评价压裂效果提供了基础。现场与井下成像、偶极声波探测及微地震对比验证效果好。在吉木萨尔 JHWX28 监测评价非均匀射孔分段多簇压裂试验，取得重要认识。

关键词　磁场；监测；分段分簇；非均匀射孔；压裂效果

大斜度井、水平井分段多簇射孔压裂已成为低渗、非常规油气效益开发的关键技术。合理的分段分簇优化设计、较高的簇开启率及储层动用率是确保压裂效果的前提，簇间距过小，会导致主裂缝之间的改造效果重合，降低压裂改造效率；簇间距过大，会导致改造不彻底，降低采收率。目前压裂施工参数优化主要以压裂改造体积最大化为目标，结合地质-工程甜点分类标准，利用非常规裂缝模型、扩展有限元法等压裂数值模拟软件，开展压裂规模、簇间距等施工参数优化，然后通过压裂监测技术进行验证。

目前常用的压裂监测技术有微地震监测、套管外光纤监测、偶极声波探测、井下电视及示踪剂等技术，由于监测原理不同，各项监测技术有各自的优劣势。如微地震及示踪剂监测方法由于监测尺度大，无法对簇开启率、暂堵效果及簇间是否压窜等方面进行评价；偶极声波探测对低角度裂缝识别难度大，水平井压裂监测受限；套管外光纤监测射孔时需要避射光纤，监测成本高；井下电视对井况清洁度要求高，对地层压力高、压后见油快的井适应性差。

随着油气勘探开发向深层进军，深层条件下压裂施工存在埋深增加，水平地应力差大，缝网形成难度大，改造体积有限，加砂难度大等困难，致使压裂关键参数（段簇、射孔参数、施工规模、加砂参数等）优化缺少理论依据，压裂监测及效果评价尤其重要，本文介绍一种高灵敏剩余磁压裂监测新技术，与连续油管钻磨压裂桥塞作业配合，实现对簇开启率、暂堵效果及簇间是否压窜等方面进行评价，并与井下电视、微地震及偶极声波远探测对比，验证效果较好。监测评价结果可为分段分簇设计、暂堵优化及二次压裂选段提供依据。

1　监测方法与模拟实验

1.1　基本原理

岩石磁化强度的大小主要取决于其内部矿物成分，岩石结构、矿物颗粒大小和产状等因素，并且会随着粒度、纯度及裂缝等因素的变化而变化。射孔-压裂施工会对固井水泥环及地层致裂，充填的支撑剂、压裂液及裂缝会改变原有磁场和电阻率。但要恢复原始状态，需要较长时间，所以通过监测弱磁场的异常变化，可以评价射孔簇是否被压开，簇与簇之间是否被压窜等压裂效果评价。

1.2　套外磁场模型建立

接收线圈接收到的电磁信号是套管、水泥环以及地层耦合后的总信号，套管对电磁波具有一定的屏蔽干扰作用，为了降低套管影响，提高灵敏度，采用了穿透力强低变频电流。根据已有模型，建立如图三层井下纵向切面的柱状监测模型（图 1）。模型中心设置由 1 个发射线圈和 3 个接收线圈组成的电磁阵列储层监测探头，其接收线圈匝数及间距设置相同，从内到外分别是：套管、水泥环及地层。

根据径向距离介质的矢量磁势分量关系，及贝塞尔函数的微分性质，可得套管外储层的磁场强度为：

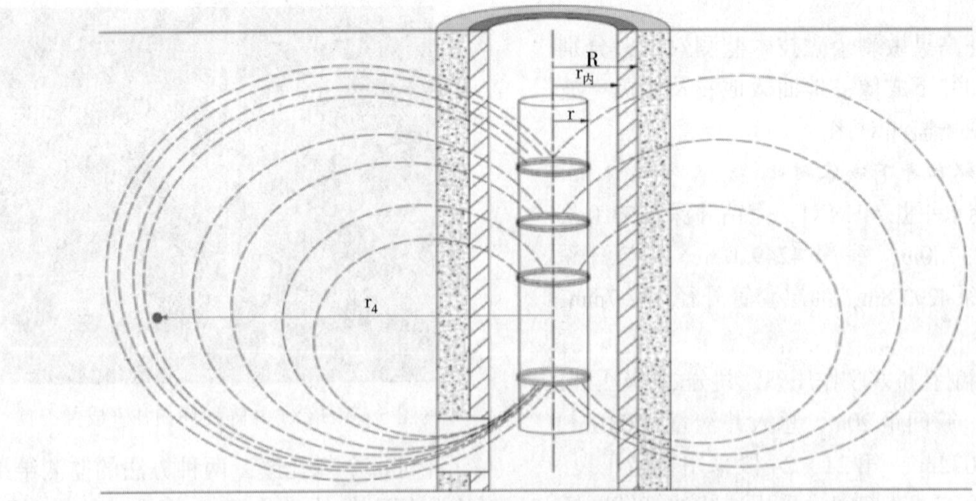

图 1　套后储层监测的径向分层模型

$$H_1 = \frac{N_T I_T r_4}{\pi}\int_0^{\infty} x_3 [C_3 I_0(x_3 r) - D_3 k_0(x_3 r)]\cos(\lambda\vartheta)\mathrm{d}\lambda$$

式中，N_T为接收线圈，I_T为激励电流，r_4到地层测点的半径，ϑ 为发射接收源距，r 为激励线圈半径，C_3为反射因子，D_3为传导因子，λ 为姆霍兹方程变量，$I_0(\cdot)$和$k_0(\cdot)$分别为第一类和第二类 1 阶修正贝塞尔函数。

同时，在射孔孔眼处，压裂砂冲蚀使孔眼扩大，电磁信号更容易穿透和接收，该点水平磁场切向强度为：

$$\Delta H = \nabla\phi\cos\varphi\left(1+\frac{1}{\rho^2}\frac{R^2(R^2-r_{内}^2 r^2)(\varepsilon^2-1)}{R^2(\varepsilon+1)^2-r^2(\varepsilon-1)^2}\right)$$

式中，$\nabla\phi$ 为标量磁场强度，φ 为周期性函数，ρ 代表自由电荷体密度，R 为套管外半径，$r_{内}^2$为套管内半径，ε 为套管磁导率。

在射孔簇外部地层总剩余磁场强度为：

$$H = H_1 + \Delta H$$

1.3　模拟测试

在地面模拟井下场景：选用外径 Φ139.7mm 钢套管，模拟井下压裂被冲蚀孔眼的形状，等间距变孔径钻孔；采用安山岩立方体岩块，在岩块中部钻取 Φ210mm 孔眼，将套管放置孔内，采用固井常用的 G 号水泥充填套管与岩块之间的间隙。监测“压裂”前磁异常(图 2)。

将岩块致裂，产生有高、低角度裂缝，模拟压裂后地层裂缝，然后监测“压裂”后磁异常(图 3)。

对比“压裂”前后监测曲线，孔径越大，磁异常幅度和幅宽越大；同一位置处，产生裂缝前、后磁异常明显(图 4)。

图 2　压前监测模拟试验

图 3　压后监测模拟试验

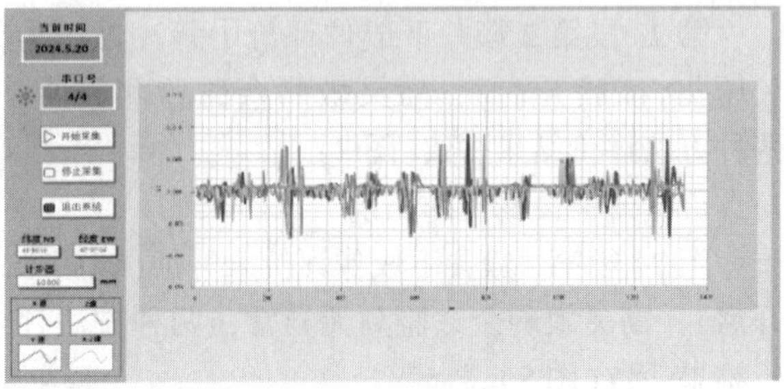

图 4　监测模拟结果对比

2　监测效果对比验证

为了验证高灵敏剩余磁技术监测效果，分别选用阵列环扫井下成像，地面微地震及偶极声波远探测进行现场监测对比。

2.1　与阵列环扫井下成像对比

新疆玛湖水平井 MHXX1，完钻井深 6233.0m，A 点斜深 4437.0m，垂深 4249.0m，B 点斜深 6233.0m，垂深 4292.8m，油层套管外径 139.7mm，固井质量合格。

该井采用射孔桥塞联作压裂，共分 24 级压裂，段内 3~4 簇，簇间距 20m，总入井液量 34081m^3，总加砂量：2072m^3，第 21、24 段采用暂堵压裂。

压裂后排液试产期间，采用连续油管钻磨桥塞并清洗干净，然后下入阵列环扫井下成像工具，对压裂后炮眼进行测量(图 5)。

提出井下成像工具后，连续油管连接存储式高灵敏剩余磁监测仪器入井，连续油管拖动测试，下放测试时测速 6m/min，上提测速 8m/min，后提出井口完成测试。

图 5　MHXX1 井阵列环扫井下成像工具

针对每个射孔簇，两种方法的监测结果进行对比分析，整体符合率 86.7%，其中对于冲蚀严重和未冲蚀的簇的识别，符合率达到 90%：

(1) 严重冲蚀的簇的识别

第 23 段第 3 簇井下成像评价严重冲蚀，为饱压孔(该簇开启)，高灵敏剩余磁监测异常，两种方法评价结果一致(图 6)。

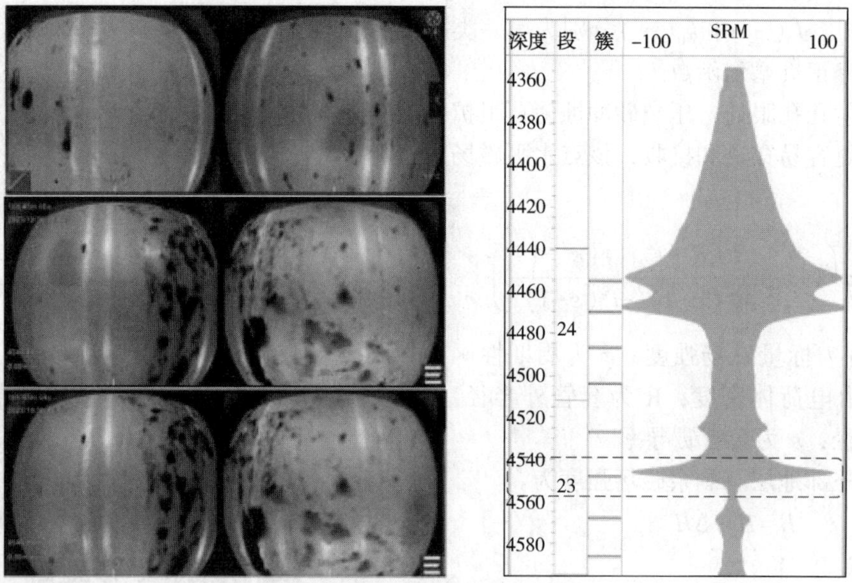

图 6　第 23 段第 3 簇两种方法监测结果对比

(2) 中等冲蚀的簇的识别

第 23 段第 2 簇井下成像评价中等冲蚀，为欠压孔(该簇开启)，高灵敏剩余磁监测异常，两种方法评价结果一致(图 7)。

(3) 未冲蚀的簇的识别

第 24 段第 2 簇井下成像评价未冲蚀(该簇未开启)，高灵敏剩余磁监测无异常，两种方法评价结果一致(图 8)。

2.2　与偶极声波远探测对比

新疆风城组深层页岩油一口直井 FC7，采用射孔桥塞联作分 8 段压裂，段内 2~3 簇。试产期间，采用连续油管钻磨桥塞并清洗干净，先进行高灵敏剩余磁监测，半月后进行压后偶极声波远探测，两者监测结果(图 9)对比如下：

(1) 第 1、2 段声波反映裂缝受控，未压窜，高灵敏剩余磁监测出现异常单峰，两者监测结果基本相符。

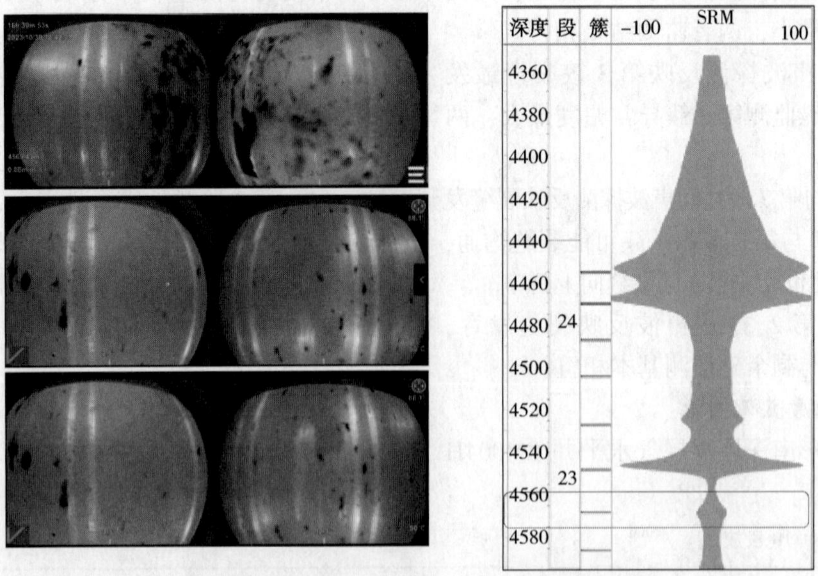

图 7　第 23 段第 2 簇两种方法监测结果对比

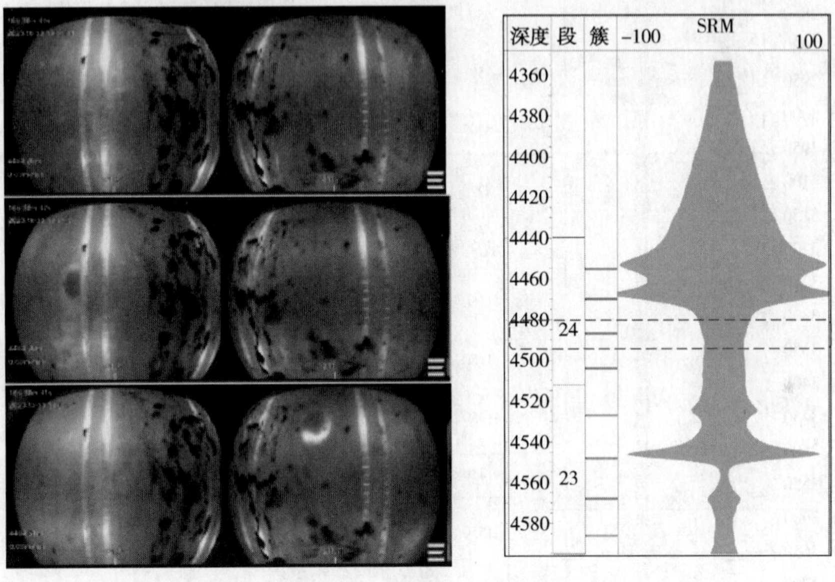

图 8　第 24 段第 2 簇两种方法监测结果对比

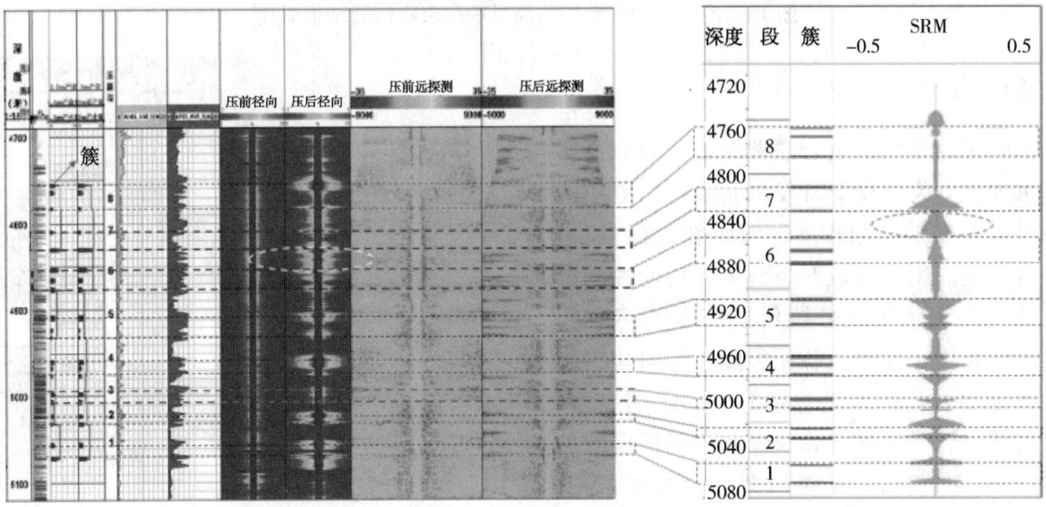

图 9　FC7 井偶极声波远探测与高灵敏剩余磁监测结果对比

(2) 第3段声波探测反映裂缝发育差，高灵敏剩余磁监测异常小，两者监测结果相符。

(3) 第5段声波探测反映第3簇裂缝最发育，高灵敏剩余磁监测第3簇异常幅度最大，两者监测结果相符。

(4) 第6段与第7段之间声波探测反映裂缝发育，第6段第3簇与第7段第1簇可能裂缝沟通，高灵敏剩余磁监测也反映第3簇裂缝向上延申。

(5) 第8段第2、3簇声波反映裂缝发育，第1簇欠发育，与剩余磁监测基本相符。

2.3　与地面微地震监测对比

准噶尔盆地彩南深层煤层气水平井 CM004H 井，采用射孔桥塞联作分 17 段压裂，段内 3~4 簇，压裂时采用地面微地震监测，压后排采期间采用连续油管钻取桥塞，井筒清洗干净后，连续油管连接存储式高灵敏剩余磁监测工具进行拖动测试，两者监测结果(图 10)对比如下：

(1) 第3段微地震事件点大，高灵敏剩余磁异常幅度相对也大，两者监测结果基本相符。

(2) 第13~17段，微地震事件点密集，高灵敏剩余磁异常幅度相对也大，两者监测结果基本相符。

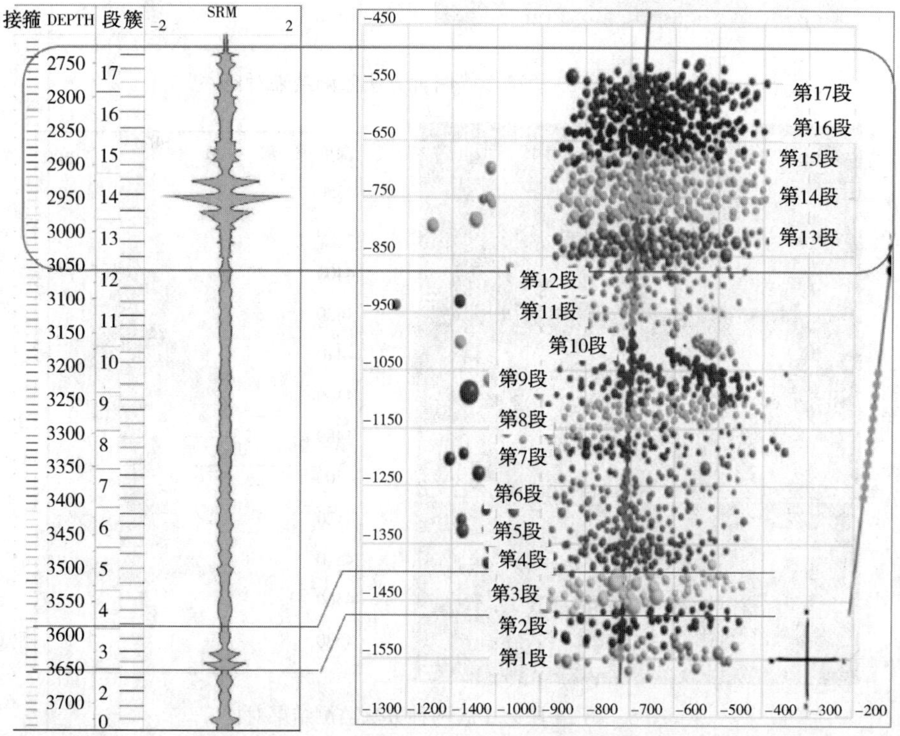

图 10　地面微地震监测与高灵敏剩余磁监测结果对比

3　现场应用

吉木萨尔芦草沟组页岩油埋深超 3500m，属于深层页岩油开发，现场开发试验反映出更小的簇间距可提高储层动用程度，但压裂过程中段、簇间干扰明显。射孔参数对裂缝扩展均衡性的影响是非常规油气水平井分段压裂技术的热点问题，通过压裂模拟表明，各压裂段中部射孔簇裂缝受跟端趾端射孔簇裂缝的应力干扰作用显著、扩展阻力较大，是导致多簇裂缝非均衡扩展的主要原因之一，分析认为纺锤形布孔较坡度布孔、均匀布孔更有利于裂缝均匀扩展(图 11)。

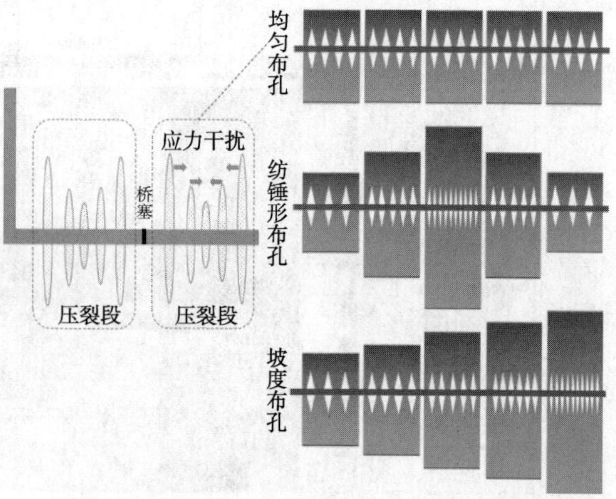

图 11　非均匀布孔对裂缝扩展的影响示意图

在吉木萨尔选择一口水平井 JHWX28 开展射孔参数对簇开启及裂缝扩展的影响试验，该井 A 点垂深 3968.7m，B 点垂深 3856.0m，水平段长 1835.0m。射孔参数设计有均匀布孔和纺锤形布孔(表 1)。

表 1　JHWX28 井各段射孔参数设计表

	第 17、18、24、25、27、29、30、31、32、33 段	第 19、20 段	第 26 段	第 28 段
第 6 簇	8 孔/m	10 孔/m	4 孔/m	/
第 5 簇	8 孔/m	10 孔/m	8 孔/m	16 孔/m
第 4 簇	8 孔/m	10 孔/m	16 孔/m	16 孔/m
第 3 簇	8 孔/m	10 孔/m	16 孔/m	16 孔/m
第 2 簇	8 孔/m	10 孔/m	8 孔/m	16 孔/m
第 1 簇	8 孔/m	10 孔/m	4 孔/m	16 孔/m

JHWX28 井各段压裂施工参数相当，压后排采期间采用连续油管钻取桥塞，井筒清洗干净后，连续油管连接存储式高灵敏剩余磁监测工具进行拖动测试，监测结果及认识如下：

(1) 射孔密度 8 孔/m 的簇，开启率最高(表 2)。该井整体表现出段内总孔数越多，簇开启率越低的趋势，在当前压裂施工条件下，均匀布孔方式，8 孔/m 最优。

表 2　不同射孔参数下簇开启率对比表

	第 17、18、24、25、27、29、30、31、32、33 段	第 19、20 段	第 26 段	第 28 段
射孔参数	8 孔/m	10 孔/m	4-8-16-16-8-4 孔/m	16 孔/m
段内总孔	40 孔	60 孔	56 孔	80 孔
簇开启率	86%	50%	67%	40%

(2) 第 26 段采用纺锤形布孔，监测结果反映趾端、跟端的第 1 和第 6 簇未开启，中间的第 3 和第 4 簇开启明显(图 12)，表现出同一压裂段内的各簇中，孔密度越大的簇，越容易开启。第 26 段中间两簇孔密度设计过度，致使靠近趾端和跟端的第 1 和第 6 簇未开启，下步持续优化纺锤形布孔方案中的孔密度。

(3) 分析未开启簇在段内的分布位置(图 13)，发现段内离趾端越近的簇，具有越难开启的特点。提高簇开启率及裂缝扩展均衡性，需增加趾端射孔簇的孔眼密度，宜采用坡度布孔方式，下步将结合高灵敏剩余磁监测技术，进一步开展坡度布孔试验，优选出最佳的射孔参数方案。

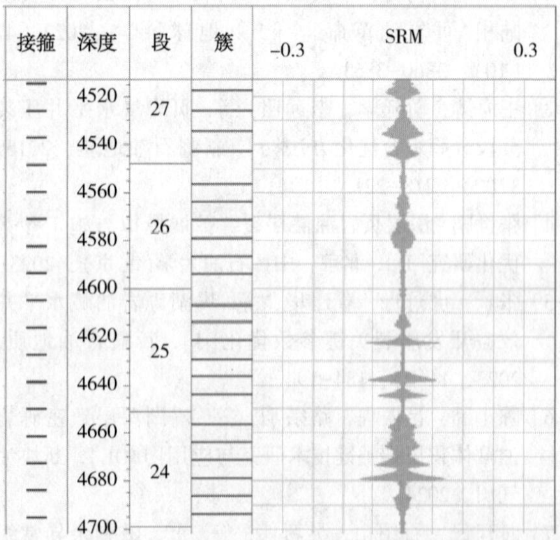

图 12　JHWX28 井第 26 段监测结果图

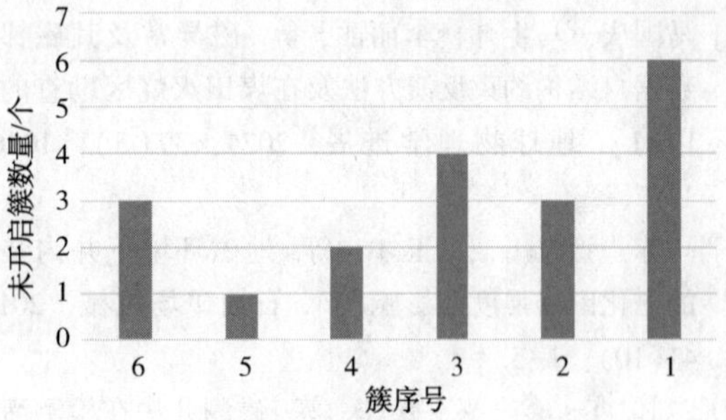

图 13　未开启簇分布图

4　结论与建议

(1) 通过对射孔簇外部地层总剩余磁场强度的计算及“压裂”前后模拟测试，产生裂缝前、后磁异常差异明显。

(2) 高灵敏剩余磁监测与井下成像、偶极声波远探测及微地震监测技术对比，验证了高灵敏剩余磁监测的准确性。

(3) 现场应用过程中，高灵敏剩余磁监测对簇开启率、簇间压窜及暂堵效果具有较好的评价效果，可以针对性优化簇位置选择，簇间距、射孔参数及压裂方案，为提高单井产能，降低开发成本提供支撑。

(4) 连续油管钻磨桥塞与高灵敏剩余磁监测协同作业，可以降低监测成本，具有较好的推广价值。

参考文献

[1] 贾承造. 中国石油工业上游前景与未来理论技术五大挑战[J]. 石油学报, 2024, 45(1): 1-14.

[2] 邹才能, 杨智, 李国欣, 等. 中国为什么可以实现陆相“页岩油革命”? [J]. 地球科学, 2022, 47(10): 3860-3863.

[3] 王海涛, 蒋廷学, 李远照, 等. 页岩气水平井压裂分段分簇综合优化方法[J]. 新疆石油地质, 2016, 37(2): 218-221.

[4] 张世鹏. 深层页岩油储层裂缝扩展模拟与施工参数优化研究[D]. 北京: 中国石油大学(北京), 2023.

[5] 张景, 虎丹丹, 覃建华, 等. 玛湖砾岩油藏水平井效益开发压裂关键参数优化[J]. 新疆石油地质, 2023, 44(2): 184-194.

[6] 陈小璐, 吕振虎, 路宗羽, 等. 玛湖深层致密砾岩油藏体积压裂关键技术研究与应用[J/OL]. 断块油气田, 2024.

[7] 时建民, 石绍山, 吴新伟, 等. 重、磁剩余异常组合的地质意义及其在野外路线地质调查中的应用[J]. 地质与资源, 2020, 29(1): 53-60.

[8] 马国庆, 马生玮, 李丽丽, 等. 磁异常及其磁梯度数据自结构约束反演方法及在煤田火烧区勘查的应用[J]. 地球物理学进展, 2024, 39(3): 1026-1037.

[9] 马苏, 管志川, 史玉才, 等. 地磁环境下井内装备的磁化磁场强度及影响[J]. 石油矿场机械, 2012, 41(10): 1-5.

[10] 刘俊江, 袁金兴, 张烨, 等. 磁测井法在检测灌注桩钢筋笼长度中的应用[J]. 土工基础, 2024, 38(5): 1-5.

[11] LI Y, SUN X, SU G, et al. Numerical simulation and analysis of multicomponent induction logging response in anisotropic formation[J]. IEEE Access, 2020, 8(1): 149345-149361.

[12] 解茜草, 仵杰, 高建申. 斜井中地质导向电磁波测量数值模拟分析[J]. 石油地球物理勘探, 2019, 54(3): 676-684.

[13] 潘琦, 刘得军, 程星, 等. 磁力梯度测量技术的新发展[J]. 地球物理学进展, 2018, 33(6): 2568-2574.

[14] SMITH D V, BRACKEN R E. Field experiments with the tensor magnetic gradiometer system for UXO surveys a case history[C]. SEG Int'l Exposition and 74th Annual Meeting, 2004, 23: 806.

[15] JEFFREY G T, WILLIAM E D. Initial design and testing of a full-tensor airborne SQUID magnetometer for detection of unexploded ordnance[C]. SEG Technical Program Expanded Abstracts, 2004, 23: 798-801.

[16] SCHMIDT P W, CLARK D A, LESLIE K E, et al. GETMAG-A SQUID magnetic tensor gradiometer for mineral and oil exploration[J]. Exploration Geophysics, 2004, 35(4): 297-305.

[17] STOLZ R, ZAKOSARENKO V, SCHULZ M, et al. Magnetic full tensor SQUID gradiometer system for geophysical applications[J]. Leading Edge, 2006, 25(2): 178-180.

[18] Marsala A F, Lyngra S, S afdar M, et al. Electromagnetic logging induction between two widely spaced horizontal wells: Coiled tubing conveyed data collection and 3D inversion from a carbonate reservoir in Saudi Arabia[C]. Seg Technical Program Expanded Abstracts. 2015.

[19] Zhou Qiang. Audio-frequency electromagnetic tomography for reservoir evaluation. Ph. D. thesis, University of California at Berkeley, 1989.

[20] Mallary C. R., Williamson H. S., Pitzer R. Collision avoidance using a single wire magnetic ranging technique at milne point, Alaska[C]. SPE39389, 1998.

[21] Kuckes A. F., Hay R. T., McMahon J., et al. New electromagnetic surveying/ranging method for drilling parallel horizontal twin wells[C]. SPE27466, 1996-01-16.

[22] Clark B., Phillips W. J., Poedjono B. Anti-collision method for drilling wells[P]. U. S. Patent: 8, 462, 012 B2, 2013-06-11.

[23] Veeningen D. M. System and method for steering relief well[P]. U. S. Patent: 20130118809, 2013-03-06.

[24] Varga E, Beyer A. Magnetic field of a uniformly magnetized hollow cylinder[J]. IEEE Transactions on Magnetics, 1998, 34(3): 613-618.

[25] Oskarsen R. T., Wright J. W., Winter D., et al. Rotating magnetic ranging service and single wire guidance tool facilitates in efficient downhole well connections[C]. SPE119420, 2009.

[26] 马剑飞, 丁凯, 颜冰, 等. 基于水下运动平台的磁性目标跟踪与特征反演[J]. 兵工学报, 2021, 42(9): 1951-1961.

[27] 张樱子, 邱隆清, 荣亮亮, 等. 超导磁梯度张量探测系统单点定位方法研究[J]. 低温与超导, 2023, 51(8): 12-16.

[28] 张樱子, 秦肖雅, 王晨, 等. 超导磁梯度张量探头结构优化方法研究[J]. 低温与超导, 2023, 51(10): 13-18.

[29] 李青竹, 李志宁, 张英堂, 等. 基于二阶磁张量欧拉反褶积的磁源单点定位方法[J]. 石油地球物理

勘探，2019. 54(4)：915-924.

[30] Darko Vasic，Vedran Bilas. Application of Stochastic Inversion to Casing Effect Correction in Through Casing Induction Logging. [J]. IEEE Trans. Instrumentation and Measurement，2012，61(5).

[31] Sheng Xiaofei，Shen Jianguo，Shen Yongjin，et al. Through-Casing Formation Conductivity Measurement Based on Transient Electromagnetic Logging Data[J]. Petrophysics，2019，60(05).

[32] Wang Bing，Li Wei，Lu Jing，et al. Study on acoustic logging response of fractured reservoirs using a novel equivalent medium model[J]. Acta Geophysica，2022，70(6).

[33] Wang Chunrui. Application of Acoustic Variable Density Logging Technology in Petroleum Energy Development[J]. IOP Conference Series：Earth and Environmental Science，2021，770(1).

[34] 王贺元，薛国强，郭华，等. 均匀半空间瞬变电磁场直接时域响应数值分析[J]. 地球物理学报，2018，61(2)：750-755.

[35] Eva Varga，Beyer A. Magnetic field of a uniformly magnetized hollow cylinder [J]. Magnetics，IEEE Transactions on，1998，34(3)：613-618.

[36] VANDAL B，GRILLS T，WILSON G. A comprehensive comparison between the magnetic guidance tool and the rotating magnet ranging service：Canadian International Petroleum Conference，Calgary，Alberta，June 8-10，2004[C].

[37] Zhang S，Diao B，Gao D. Analytical model and numerical simulation of relief well adjacent distance considering multi-layer media[J]. Geoenergy Science and Engineering，2023，231：212377.

[38] DUNCAN L. LWD ranging—a hit and a miss[J]. Oil Gas European Magazine，2013，39(1)：24-26.

[39] Xing X，Yi C. Application and prospect of gravity and geomagnetic measurements in reefs and their neighborhoods[J]. Acta Seismologica Sinica，2024，46(1)：1-24.

[40] Engbers Y A，Holme R，Biggin A J. Miocene time-averaged geomagnetic field model suggests long lived mantle control and recurring structure in the South Atlantic [J]. Earth and Planetary Science Letters，2024，626：118535.

[41] Shi Y，Jia D，Guan Z，et al. A Theoretical Model of Residual Magnetic Field around a Pre-Magnetized Casing String[J]. Energies，2020，13(16).

[42] 李嘉成，邹家伟，田刚，等. 基于地质工程一体化压裂模型的页岩油压裂方案优化-以吉木萨尔凹陷芦草沟组为例[J]. 断块油气田，2025，32(1)：35-46.

[43] 盛茂，邓超，李杰，等. 非均匀射孔控制多簇裂缝均衡扩展机制及参数优化[J]. 新疆石油天然气，2024，20(3)：54-63.

沧东断陷深层油气甜点段、甜点区数据群集成像

李宏伟

（中国石油勘探开发研究院）

摘　要　沧东断陷深层沙三下亚段埋深超过4100米，油气甜点分布难以预测。群集是发现油气甜点的关键技术手段。基于地震纯波数据与测井数据，运用数据群集成像技术，识别了沧东断陷油气甜点的分布。首先在层序地层格架内，提取了目的层段的测井数据与地震数据，然后依据数据变异度分析与群集成像，识别了离群点数据形成的异常及其分布，并对异常开展了成因分析。离群点数据成因分析表明，离群点是由地层的岩性、物性、含流体性发生改变而引起，据此对沧东断陷深层沙三下亚段的甜点段、甜点区开展了数据群集成像。研究结果表明，数据群集成像技术可以发现数据离群点的分布，进而识别油气甜点的分布。

关键词　深层；甜点段；甜点区；群集；成像

1　引言

随着油气勘探向着“两深(深层、深水)、一非(非常规)”领域进军的日益深入，油气勘探的深度、广度及难度与日俱增，在此背景下，油气甜点的识别与分布研究在“两深、一非”油气勘探开发中发挥着越来越重要的作用。当前，深层油气勘探面临着钻遇目的层的探井稀少、取芯资料匮乏、油气甜点分布难以预判等难点，急需探索一种高效、实用的油气甜点识别方法与成像技术。在“AI+油气”的数智化时代，如何利用数据技术，准确识别甜点段和甜点区的分布，成为当前深层油气勘探普遍关注的问题。

2　研究背景

沧东断陷位于黄骅坳陷沧东断裂下降盘，研究区三维地震满覆盖，油气勘探目的层下第三系沙河街组沙三下亚段埋深超过4100米，沙三下亚段岩性混杂，在厚达400米的大套泥质沉积地层中，夹杂着浊积砂岩、油页岩、玄武岩、碳酸盐岩等多种岩性，给甜点预测带来了较大困难。前人在此做了大量研究工作。李勇、颜照坤等人(2016)基于录井、三维地震、测井等资料的综合分析，对研究区的沉积特征、构造演化等方面做了深入探讨；在目的层段没有取芯的情况下，中国石油勘探开发研究院(2020)通过对井壁取心、泥岩岩屑的分析化验，得到了镜质体反射率(Ro)、总有机碳含量(TOC)等地球化学分析数据，证实沙三下亚段发育成熟的烃源岩，具备良好的油气勘探潜力，为甜点段的识别与研究提供了重要信息和依据；另外，地球物理人员在此开展过多轮次的测井解释、地震相分析以及地震泊松比反演等科技攻关工作；区内CZ1井、C9井等多口探井在目的层段钻遇油气显示，其中，CZ1井沙三下亚段气测异常活跃，若能准确刻画甜点段和甜点区的分布，有望取得油气勘探新突破(图1)。

3　研究方法

钻井揭示的一套沉积地层，在纵向上可看作是由若干个均质井段和非均质井段所组成。纵向上，均质井段在一定井段范围内岩性、物性或者含流体性变化不大而连续发育、稳定分布，如湖相泥岩；而非均质井段则因岩性、物性或者含流体性变化较大而连续性变差，纵向上仅在局部井段发育，属于异常井段，而发育异常井段的数据点，在邻近度、变异度等方面则表现为与上、下围岩(均质井段)的背景值存在差异的离群点。

以往异常井段的离群点分析主要依据箱线分析，箱线分析每次只能选择某一单一维度，若实现离群点的多维度批量、同步分析，则需要利用数据挖掘中的群集技术，通过数据点在多维度上的邻近度与变异度的批量同步计算，发现目的井段中的离群点分布。若异常井段中的离群点与高TOC、高GR高度相关，则异常井段的成因主要与岩性、物性或含流体性变化有关，甜点发育于

异常井段之中，通过对离群点原位成像即可发现甜点段的分布。

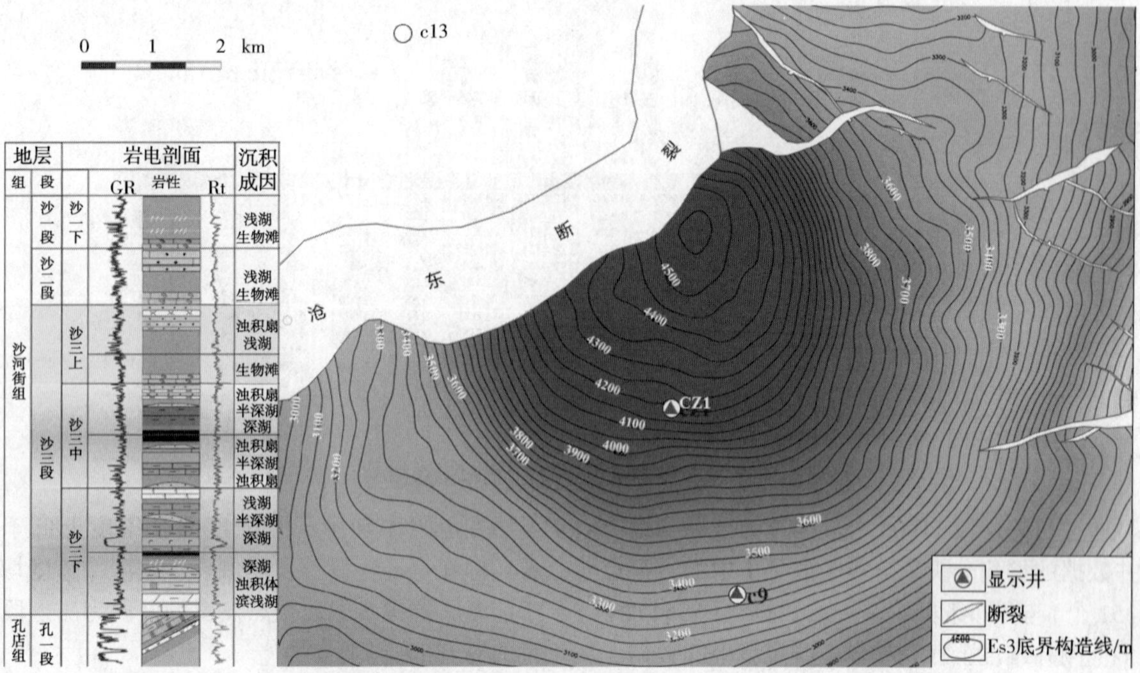

图 1　研究区井位分布与勘探概况

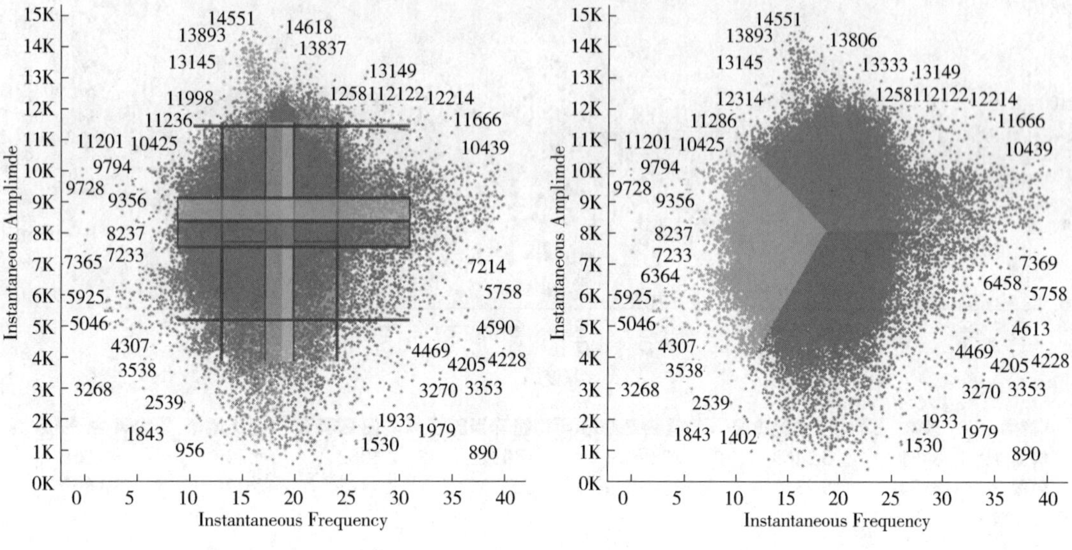

图 2　离群点分布的箱线分析(左)与离群点分布的群集分析(右)

4　研究过程

为了搞清甜点段的测井响应特征，利用 A1 井岩屑分析化验结果，以共深度点为联结字段，对 Ro、TOC 与 GR 等测井数据开展了关联分析，建立了沙三下段甜点段的测井响应关系，然后利用数据群集分析与成像技术，搞清了甜点段在钻井上的分布。

4.1　数据提取

利用大数据分析平台，提取了声波时差(AC)、中子孔隙度(CNL)、密度(DEN)、自然伽玛(GR)、电阻率(RT)等测井数据以及全烃含量(TG)、总有机碳含量(TOC)数据，因数量量庞大，此处仅显示部分数据截图(图 3)。

4.2　数据分析

A1 井目的层段的数据分析表明，埋深对全烃含量具有显著影响。生烃门限深度之下的全烃含量显著高于生烃门限之上的全烃含量，且随着埋深的增大，全烃含量明显增高；在生烃门限深度之下，岩屑实测的总有机碳含量越高，相应井段的自然伽玛、全烃含量也越高，A1 井甜点段主要发育于高成熟烃源岩、高有机碳含量、高自然伽玛、高全烃含量的异常井段。

AC	CNL	DEN	GR	RI	RT	CALI	DEVI	AZIM	ROP	WOB	N	T	MSE
60.64	21.6545	2.5543	59.9547	28.0546	32.1672	8.9322	72.4376	178.3949	1.23	32.76	51.45	5.69	196.1797
60.2749	21.6104	2.549	57.3177	28.0546	32.1672	8.9326	72.448	178.4102	1.23	21.44	51.41	5.11	196.1489
59.7837	21.2368	2.5404	59.1646	26.5435	30.4094	8.9331	72.4592	178.4237	1.23	27.11	51.46	6.04	196.2601
59.3539	19.8826	2.5326	59.9061	26.0751	29.8847	8.9335	72.4714	178.4357	1.23	38.48	51.5	6.86	196.6738
59.1831	19.4123	2.5276	59.6358	26.3207	30.127	8.9338	72.4845	178.4466	1.23	39	51.47	5.87	197.2476
59.1831	19.4123	2.5276	59.6358	26.2057	30.1168	8.9338	72.4845	178.4466	1.23	33.28	51.46	5.76	197.7214
59.3109	19.859	2.5242	59.7594	26.2057	30.1168	8.9342	72.4985	178.4568	3.51	26.78	51.56	6.55	197.6213
59.6809	20.8342	2.522	61.321	26.0563	29.9787	8.9345	72.5133	178.4663	3.51	37.62	51.45	6.1	197.6069
60.1468	21.7953	2.522	64.31	26.1552	29.951	8.9349	72.529	178.4753	3.51	28.59	51.43	5.44	197.512
60.5051	21.5389	2.524	63.1558	26.3926	30.1567	8.9353	72.5458	178.4839	3.51	32.57	51.5	5.82	197.4645
60.5051	21.5389	2.524	63.1558	26.9359	30.7382	8.9353	72.5458	178.4839	3.51	32.68	51.47	5.86	197.4168
60.786	21.4891	2.5267	62.4274	26.9359	30.7382	8.9358	72.5632	178.4921	3.51	32.6	51.47	5.54	197.3505
61.0454	21.971	2.5312	60.0161	28.1151	32.0852	8.9364	72.5813	178.5	3.51	32.11	51.44	5.25	197.2936
61.2983	22.5507	2.5363	57.7773	28.9217	32.9505	8.9372	72.5999	178.5074	3.51	35.38	51.47	5.6	197.3568
61.5296	22.6789	2.5395	58.6568	29.4841	33.538	8.9383	72.6189	178.5143	3.51	34.14	51.44	5.35	197.3972

图 3　目的层段测井数据提取示意图

通过目的层段 11905 个数据点的全烃含量与测井数据的群集分析，分布于群集 1 中的数据点(8351 个)与分布于群集 2 中的数据点(3554 个)在多个测井维度上存在差异。群集 2 中的数据点虽然在电阻率和中子孔隙度两个维度上低于前者，但在全烃含量、自然伽玛、密度、速度均高于前者，群集 2 中数据点发育的井段为甜点段发育的有利部位(图 4)。

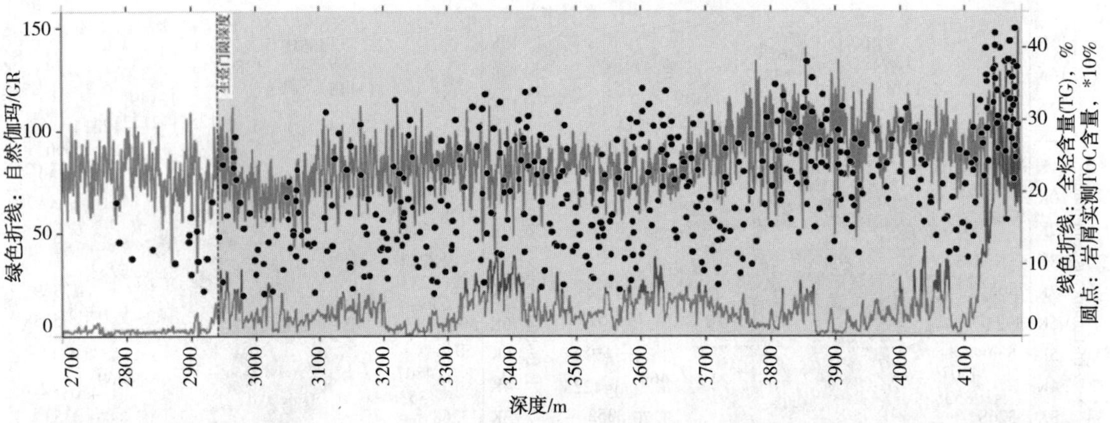

群集	项数	平均值 全烃含量	平均值 自然伽玛	平均值 声波时差	平均值 密度	平均值 电阻率	平均值 中子孔隙度
群集 1	8351	3.3463	79.981	303.9	2.3988	14.759	30.266
群集 2	3554	5.2312	94.445	255.85	2.4315	13.001	23.869
未建立群集	0						

图 4　CZ1 井沙三下亚段多维度测井数据分析

4.3　甜点段成像

首先将不同量纲、极差悬殊的测井数据通过 Z-Score 归一化处理转化为无量纲的标准分数，形成无量纲的数据集，对数据集中各个维度上的数据点开展邻近度、变异度计算，识别数据集中各个维度上的离群点，将无量纲的数据集中的离群点数据作为一类数据集，其它数据作为另一类背景数据集，对两类数据集分别用不同颜色加以区分，对不同深度的数据点开展原位成像，据此在纵向上可识别甜点段的发育部位。

研究区沙三下亚段进入生烃门限深度的泥岩最大厚度接近 300 米，在 300 米的井段范围内，虽然总有机碳含量和总烃含量均较高，但甜点段仅在局部井段发育。A1 井沙三下亚段主要发育 5 个甜点段，其中，最下部 4164 米～4188 米井段是最有利的甜点段，不论是有机质成熟度还是总有机碳含量以及全烃含量都是全井段中最高的部位，其次是 3748 米～3841 米井段、3846 米～3886 米井段、3894 米～3903 米井段、3952 米～3972 米井段(图 5)。

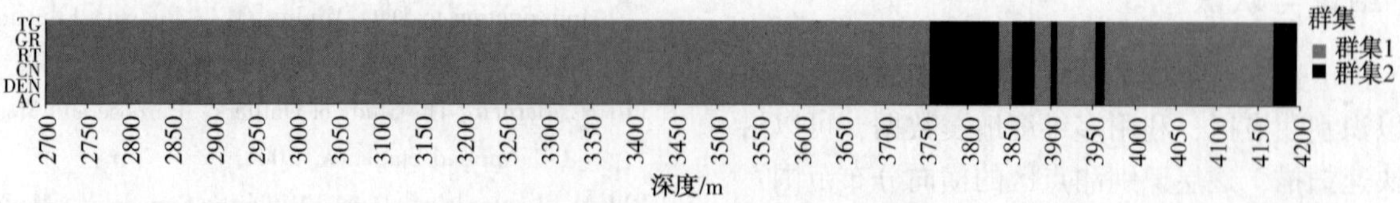

群集	项数	平均值 全烃含量	平均值 自然伽玛	平均值 声波时差	平均值 密度	平均值 电阻率	平均值 中子孔隙度
群集 1	8351	0.076499	0.44756	0.56958	0.3686	0.064869	0.46917
群集 2	3554	0.12069	0.58029	0.34133	0.3901	0.055651	0.3309
未建立群集	0						

图 5　CZ1 井沙三下亚段数据群集与甜点段(红色井段群集 2)成像

4.4　甜点区成像

EB 值是数据点变异度的定量指标，用于识别沉积环境的相变和地质异常体。EB 值越小，数据点的变异度越小，振幅的峰态越稳定，振幅值变化越小，同相轴的连续性越好，峰谷数越少，反映的是低能、稳定的沉积背景；反之，EB 值越大，数据点的变异度越大，振幅的峰态越不稳定，振幅值变化越剧烈，同相轴的连续性越差，峰谷数越多，是高能环境下岩性、物性、含油气性的综合响应。

基于纯波地震数据，利用数据群集技术，对研究区沙三下亚段的地震数据变异度 EB 开展了群集成像。成像结果表明，研究区沙三下亚段的地震数据变异度最小的区域则位于断陷湖盆的沉积中心一带(蓝色区域)，钻井揭示，该区为湖相泥岩夹油页岩发育的主要场所，而地震数据变异度最大的区域位于沧东断裂下降盘一侧的湖盆边缘(橙色区域)，该区是物源来自沧县隆起的浊积砂发育的主要场所，沧州 1 井沙三下亚段的甜点段恰位于沧东断裂下降盘一侧的橙色甜点区之内(图 6)。

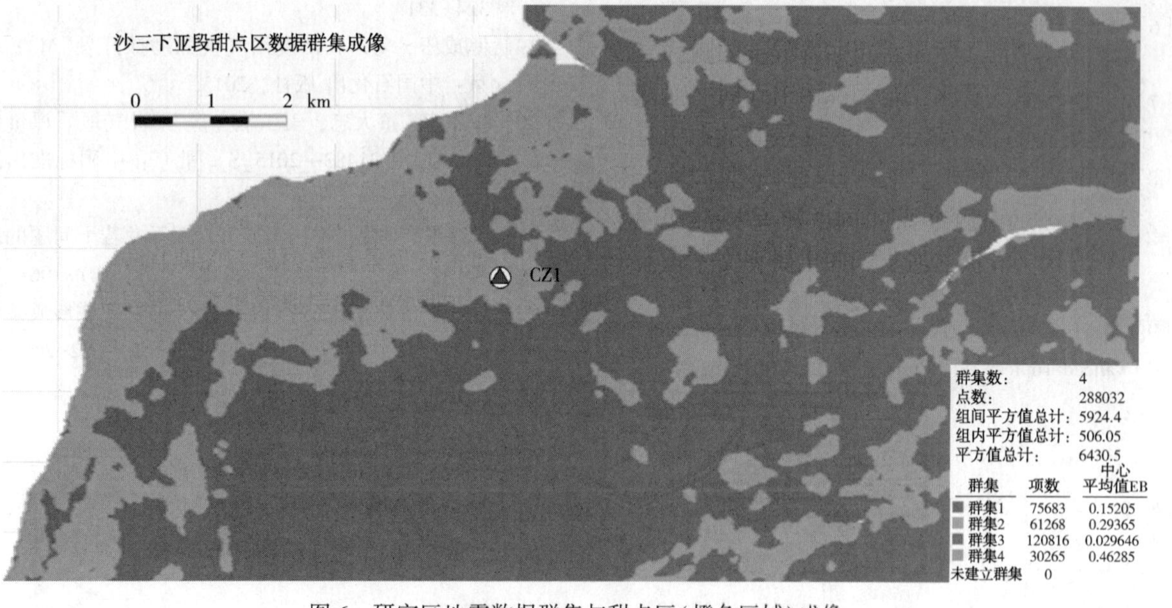

图 6　研究区地震数据群集与甜点区(橙色区域)成像

5　结果分析

借助测井数据群集成像技术识别的甜点段以及利用地震数据群集成像技术刻画的甜点区，得到了 CZ1 井试气结果的证实。CZ1 井虽处于甜点区的边缘附近，含气储层发育较薄，但该井沙三下亚段气测异常活跃，全烃含量较高，经测试获得天然气流，证实甜点段与甜点区是沙三下亚段油气富集的有利部位，下一步，对 CZ1 井区以西的几个甜点区以及 CZ1 井区以北的甜点区陆续开展滚动钻探工作，以期取得更多的油气发现。

6 结论与认识

（1）数据群集技术不仅可以识别甜点段，还可以识别甜点区，利用多维度地震数据，可以沿层快速扫描、逐层识别甜点区的横向分布范围；

（2）数据群集技术使用的是标准化后的数据，在多个维度上同步开展离群点分析与成像，极大地降低了甜点预测的多解性和不确定性；

（3）数据群集技术识别甜点既可应用于常规油气甜点的识别，也可用于其它非常规油气甜点的检测，由于降低了多解性，因而也就减小了勘探开发风险。

参 考 文 献

[1] 数据分析师所需的统计学：异常检测

[2] 异常检测算法之(KNN)-K Nearest

[3] Michael Steinbach，数据挖掘导论(完整版)[M]. 人民邮电出版社

[4] Nathan Yau，Data points，Visualization that means something[M]. 中国人民大学出版社，2013.

[5] L. Kaufman and P. J. Rousseauw，Finding Groups in Data：An Introduction to Cluster Analysis. Wiley Series in Probability and Statistics，Wiley，1990.

[6] M.S. Aldenderfer，R. K. Blashfiled. Cluster Analysis. Sage Publications，Los Angeles[J]. 1985：136-143.

[7] D. J. Hand，H. Mannila and P. Smyth. Principles of Data Mining[M]. MIT Press，2001.

[8] M. J. A. Berry and G. Linoff. Data Mining Techniques：For Marketing，Sales，and Customer Relationship Management [M]. Wiley Computer Publishing，2nd Edition，2004.

[9] M. H. Dunham. Data Mining：Introductory and Advanced Topics[M]. Prentice Hall，2002.

[10] Pang-Ning Tan，Michael Steinbach，Vipin Kumar. Introduction to Data Mining[M]. Pearson Education. 2006.

[11] V. Barnett. The Study of Outliers：Purpose and Model，[J]. Applied Statistics. 2001.

[12] M. Kantardzic. Data Mining：Concepts，Models，Methods and Algorithms[M]. Wiley-IEEE Press，2003.

[13] J.Hantigan，Clustering Algorithms. Wiley，1975uy6uA.

[14] 谌卓恒，黎茂稳，姜春庆，钱门辉. 页岩油的资源潜力及流动性评价方法——以西加拿大盆地上泥盆统 Duvernay 页岩为例[J]. 石油与天然气地质，2019，40(3)：459-468.

[15] 赵文光，夏明军，张雁辉，杨福忠，张兴阳. 加拿大页岩气勘探开发现状及进展[J]. 国际石油经济，2013，7：41-46.

[16] 王鹏威，谌卓恒，金之钧，郭迎春，陈筱，焦姣，郭颖. 页岩油气资源评价参数之“总有机碳含量”的优选：以西加盆地泥盆系 Duvernay 页岩为例[J]. 地球科学，2019，44(2)：504-511.

[17] 邹才能，等. 非常规油气地质[M]. 北京：地质出版社，2014

[18] 邹才能，陶士振，袁选俊，等. 连续型油气藏形成条件与分 布特征[J]. 石油学报，2009，30(3)：324-331.

[19] 傅成玉，等. 非常规油气资源勘探开发[M]. 北京：中国石化出 版社，2015.

[20] 邹才能，董大忠，王玉满，等 页岩气地质评价方法：GB/T 31483—2015[S]. 北京：中国标准出版社，2015.

[21] 潘继平. 对促进中国页岩气勘探开发若干问题的思考[J]. 国际石油经济，2012(1-2)：101-106

[22] 李登华，李建忠，王社教，等. 页岩气藏形成条件分析[J]. 天然气工业，2009，29(5)：22-26

超深油气井大尺寸超高吨位套管下入工艺技术研究与应用

王银东[1,2,3,4]　艾正青[1,2,3,4]　张　志[1,2,3,4]　朱秀星[5]　杨　恒[1,2,3,4]　杨吕超[1,2,3,4]

[1. 中国石油天然气集团有限公司超深层复杂油气藏勘探开发技术研发中心；
2. 新疆维吾尔自治区超深层复杂油气藏勘探开发工程研究中心；
3. 新疆超深油气重点实验室；4. 中国石油塔里木油田公司；5. 中国石油大学(华东)]

摘　要　超深井上部大尺寸套管下入时，井口坐挂吨位控制不当易导致套管或接箍塑性损坏。本文通过优化下套管技术措施，提高了超深井下套管作业的安全性。研究表明：套管浮重>500t 时，套管钢级应>P140；上吊卡配合下卡盘提高套管下入速度，钻井液润滑性(Kf≤0.1)，可有效降低套管粘卡风险；微扩眼三扶通井钻具组合可降低套管阻卡风险；300s 以上稠钻井液或纤维钻井液分段携砂，起钻前井底 150m 注 200s 以上高黏钻井液，可确保套管下入到位。

关键词　超深井；大尺寸套管；超高吨位套管；套管下入；优化措施

超深油气资源勘探是国内能源保供和增储上产的重要阵地，塔里木盆地作为国内深井超深井钻探的关键油气田，井深已破万米大关。深井、超深井配套井身结构均面临上部大尺寸套管吨位大的现状。例如，塔里木油田 365.12mm 套管空重已超 750t(浮重超过 620t)，273.05mm 套管空重超过 700t(浮重达到 590t)，创造了中国大尺寸套管下入最深、最重历史记录。康海涛等针对马深 1 井环空间隙小和螺旋屈服载荷低导致的下套管作业难度大的问题，通过优化井眼准备技术措施和模拟下套管作业技术分析，降低了卡套管风险。张晨等针对 GHW001 井套管下放吨位大和摩阻高的问题，通过对扩眼参数配合及通井钻具刚度进行设计，制定合理的下套管施工方案，减小了套管下放摩阻。李昱垚等针对川西超深水平井环空间隙极小，套管下入摩阻大的问题，通过分析井眼轨迹、井眼清洁控制和优选扶正器等技术措施，提出了超深水平井套管安全下入方法。安荣等针对恩平某油田超深大位移井套管下入摩阻大和居中度难以保证的问题，通过优选扶正器类型和安放方式，提高了套管居中度，保障了套管安全下入。杨卫星等基于套管下入极限井眼曲率模型，利用有限元法分析了超深水平井弯曲应力对套管通过能力的影响。目前关于超深井套管安全下入的研究主要集中在降低下套管摩阻和弯曲应力对套管通过能力的影响方面上，而对大尺寸超高吨位套管下入安全性分析和配套技术方案的研究存在不足。超深井井口大吨位套管坐挂过程易出现套管本体与工具失效导致套管下入不到位的风险，本文以塔里木油田某超深井二开固井套管与坐挂工具为例，分析了套管下入过程中存在的安全风险，并给出相应的预防措施与施工建议，降低了套管下入不到位的风险，为保障超深井下套管安全作业提供了有效的技术支撑。

1　卡盘下套管安全性分析

为保障大吨位套管安全下入，使用配套气动卡盘下套管为油田现场通用做法，但目前套管的控制吨位不明确。因此，为保证下入过程套管本体的安全性，需开展不同坐挂吨位下的套管 Mises 应力分析，通过第四强度准则判断套管失效与否(当套管 Mises 应力超过其屈服强度时，套管发生屈服失效，产生塑形应变)，来确定最大坐挂吨位及套管材质要求。

塔里木油田某超深井二开固井下套管时，卡盘牙板数量为 168，套管外径 365.12mm(壁厚 13.88mm)。采用有限元模拟分析下套管过程中，卡盘坐挂吨位对套管最大 Mises 应力的影响。坐挂吨位由 300t 逐步增加到 690t 过程中套管的最大 Mises 应力变化如图 1 所示。由图 1 可得，坐挂吨位为 550t 时，套管最大 Mises 应力为 772.6MPa 大于 P110 套管的屈服强度 758MPa，套管发生屈服失效；坐挂吨位为 690t 时，套管最大 Mises 应力为 968.7MPa 大于 P140 套管的屈服强度 965MPa，套管发生屈服失效。套管发生屈服失效会产生塑性应变，会进一步导致悬挂器与套管会出现相对滑动。由此可得，使用卡盘下套管时，吨位超过 500t 以后，套管钢级不应低于 P140，坐挂吨位极限不应超过 690t。

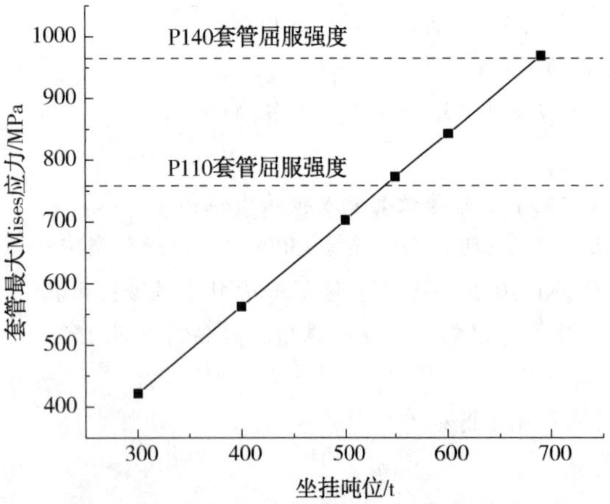

图 1 套管最大 Mises 应力随坐挂吨位变化

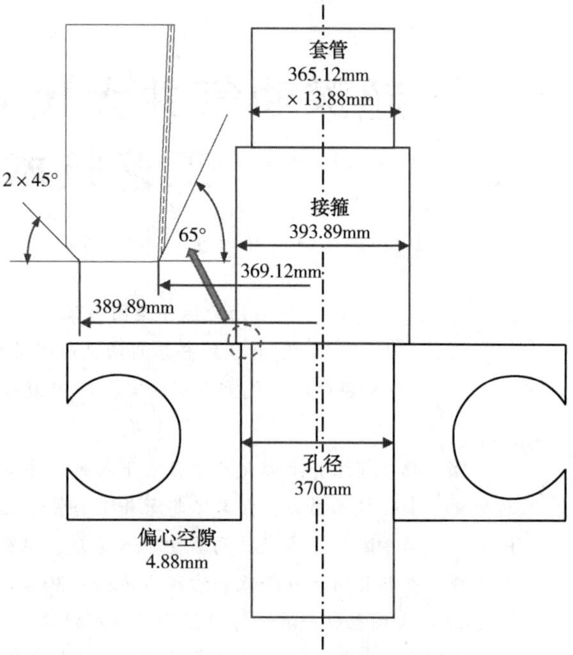

图 2 吊卡与套管接箍母端偏心接触示意图

受到吊卡与接箍偏心的影响，大吨位套管载荷作用下接箍发生偏心弯曲，可能造成螺纹椭圆变形或上卸扣螺纹脱粘。螺纹接头采用二维对称模型，忽略螺旋升角，接头设计参数采用名义尺寸，将吊卡按照解析刚体进行建模，并与接箍端面偏心接触，模型结构如图 3 所示。根据图 3 所示的 365.12mm 套管接箍齿咬合结构参数，采用有限元模拟分析下 P140 套管过程接箍的应力分布。套管接箍端面承载最大重量为 1225t 时，接箍的应力分布如图 4 所示。由图 4 可得，P140 套管接箍母端与吊卡接触端面位置达到屈服强度发生塑性变形(不考虑吊卡的承载能力以及最小材料屈服强度)，接箍公端的不完整螺纹尺侧部位应力最高，但还未达到屈服极限。

2 吊卡下套管安全性分析

为提高大吨位套管下入速度，配套吊卡下套管为有效措施，但受到吊卡与接箍偏心的影响，大吨位套管载荷易造成接箍弯曲变形，甚至屈服失效。采用数值模拟与室内全尺寸试验的方法，研究吊卡下套管安全性非常必要。

2.1 吊卡下套管有限元分析

使用吊卡下套管过程中，无法保证吊卡与套管同心接触，因此，应考虑吊卡端面对套管接箍母端本体产生最大压应力的完全偏心情况(见图 2)，建立吊卡与套管的力学模型。

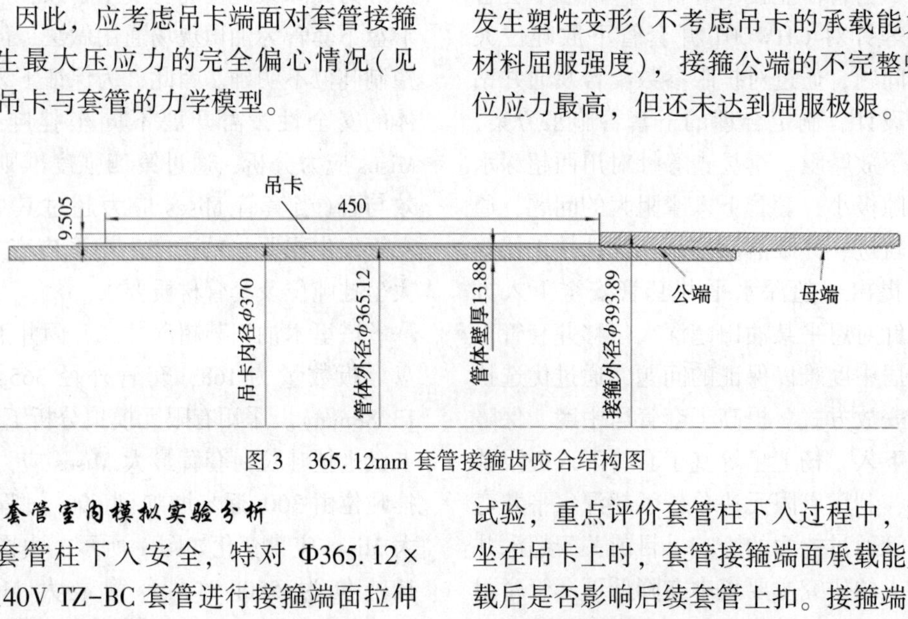

图 3 365.12mm 套管接箍齿咬合结构图

2.2 吊卡下套管室内模拟实验分析

为确保套管柱下入安全，特对 Φ365.12×13.88mmTP140V TZ-BC 套管进行接箍端面拉伸试验，重点评价套管柱下入过程中，在套管接箍坐在吊卡上时，套管接箍端面承载能力，以及承载后是否影响后续套管上扣。接箍端面承载拉伸载荷试验示意如图5所示，试验采用SW FSTF-1600复合加载试验系统(见图6)，并参照API RP 5C5-2017标准进行(见图7)，分别加载650t、700t、750t，每次加载期间保载20min，每次卸载后测量现场接箍外径和接箍现场端螺纹参数，最后一次卸载测试结束后再次上扣。

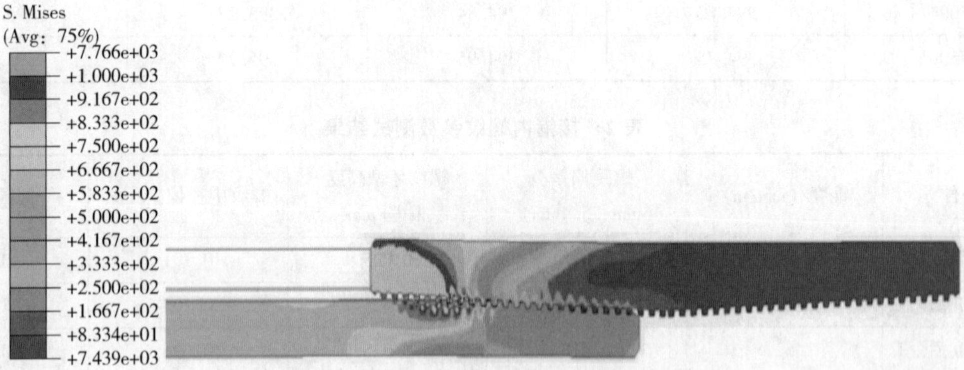

图4　极限载荷条件下的套管接箍处应力云图

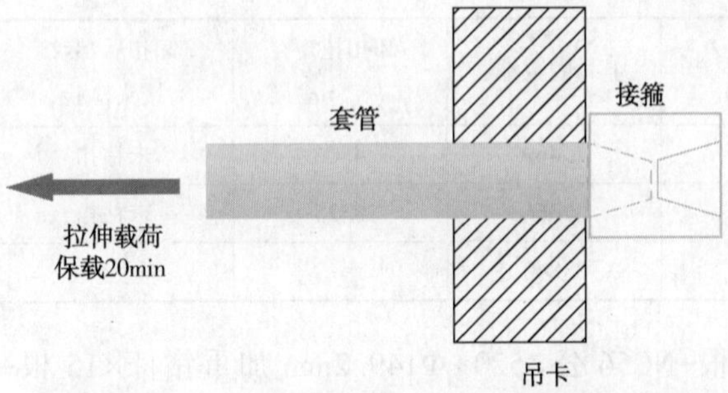

图5　套管接箍端面承载拉伸载荷试验示意图

图6　吊卡支撑接箍端面承载拉伸载荷试验设备

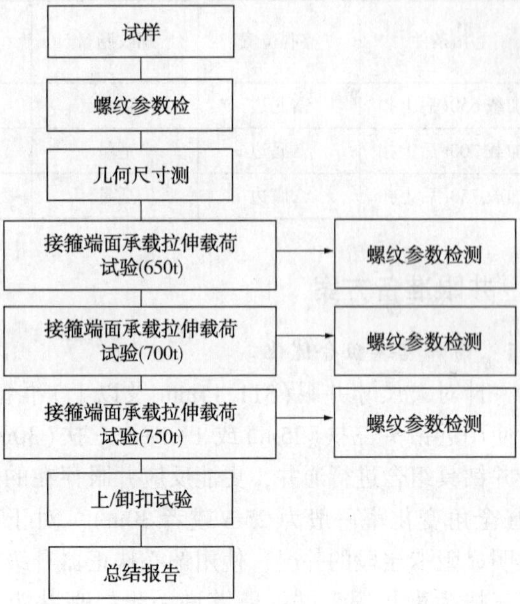

图7　套管接箍端面承载拉伸载荷试验流程图

临近吊卡接箍端面每隔10mm测量一个截面，共测量4个截面，接箍外径测量截面示意如图8所示，接箍外径变形结果见表1。接箍内螺纹变形结果见表2、上卸扣过程粘扣测试结果见表3。试验结果表明，吊卡支撑接箍端面分别承载650t、700t、750t拉伸载荷试验后，接箍外径和接箍现场端螺纹参数未发现明显的变化；且卸载后卸扣、上扣内、外螺纹均未发生粘扣现象。

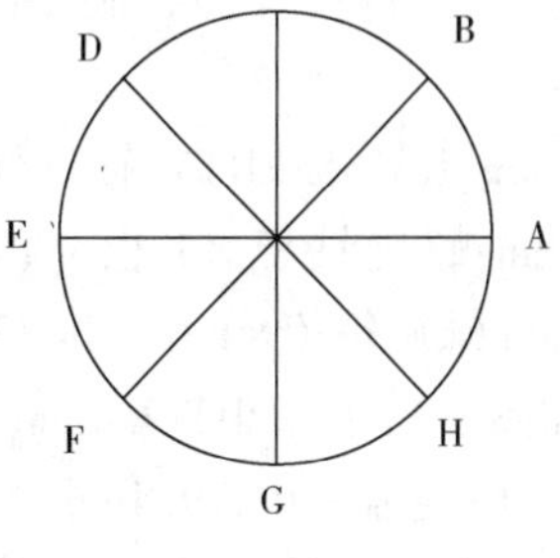

图8　接箍外径测量截面示意图

表 1　接箍外径测量结果

测试条件	A—E 截面外径/mm	B—F 截面外径/mm	C—G 截面外径/mm	D—H 截面外径/mm
加载前	394.99	395.04	395.05	395.12
加载 650t 后	394.98	395.01	395.15	395.12
加载 700t 后	394.82	394.84	395.27	395.02
加载 750t 后	394.75	394.95	395.22	395.13

表 2　接箍内螺纹参数测试结果

测试条件	锥度/(mm/m)	螺距偏差/(mm/25.4mm)	螺纹牙型高度偏差/mm	螺纹中径偏差/mm	椭圆度/mm
加载前	62	0.013	0.025	0.191	0.381
加载 650t 后	62	0.013	0.025	0.108	0.19
加载 700t 后	62	0.013	0.025	0.096	0.241
加载 750t 后	63	0.013	0.025	0.127	0.28

表 3　上、卸扣试验结果

上扣条件	控制位置	螺纹脂量	上扣扭矩/(N·m)	上扣圈数/圈	卸扣扭矩/(N·m)	卸扣后螺纹接头检验
加载 650t 后上扣	△底边	适量	4712	4.469	4306	未粘扣
加载 700t 后上扣	△底边	适量	6840	3.366	8325	未粘扣
加载 750t 后上扣	△底边	适量	4832	3.840	—	—

3　井眼准备方案

3.1　通井钻具组合优化

针对大尺寸井眼(311.15mm 及以上)准备，可使用近钻头三扶(25m)或 1+1+1 三扶(30m)通井钻具组合进行通井，更能反应井眼存在的问题(全角变化率一般为 25m 或者 30m)。对于存在明显阻卡层段的井况，使用偏心扶正器升级常规三扶为微扩眼三扶，能够进一步提高井眼质量，为套管顺利下入创造良好条件。塔里木油田某超深井井二开 4100~4400m 阻卡频繁，井径规则度差，存在较大的下套管阻卡风险，为保障套管顺利下至井底，特设计微扩眼 1+1+1 三扶通井钻具组合：

Φ431.8mm KS1652FRTY 钻头+730×NC77 母+Φ279.4mm 螺旋钻铤×1 根+Φ429mm 稳定器+Φ279.4mm 螺旋钻铤×1 根+Φ425~431mm 偏心稳定器(如图 9 所示)+Φ279.4mm 螺旋钻铤×1 根+Φ431mm 稳定器+Φ279.4mm 螺旋钻铤×1 根++NC77 公×NC61 母+Φ228mm 螺旋钻铤×5 根+NC61 公×NC56 母+Φ203mm 螺旋钻铤×12 根+Φ203mm 随钻震击器+Φ203mm 螺旋钻铤×3 根+NC56 公×520+Φ149.2mm 加重钻杆×15 根+Φ149.2mm 钻杆，通井钻具组合与 Φ365.12mm 套管刚度比 1.60。

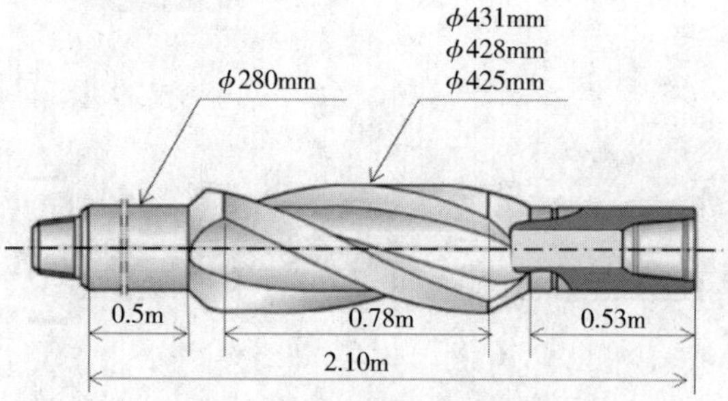

图 9　偏心稳定器结构示意图

3.2　泥浆性能优化

为降低下套管过程中粘卡风险，需提高钻井液润滑性能，降低切力，同时严格控制高温高压失水和泥饼厚度。塔里木油田某超深井井二开井眼为适应三叠系泥岩、二叠系火成岩、志留系泥岩等地层易垮塌、井壁易失稳的特点，要求 KCl-聚磺钻井液体系(密度 1.33g/cm^3)严格控制 HTHP 失水≤10ml，粘滞系数 Kf≤0.1，泥饼厚度≤2mm，下套管前钻井液漏斗黏度≤50s，屈服值≤6Pa，初切控制在 1~2Pa，终切控制在

5~10Pa之间，塑性黏度≤20mPa·s。下套管期间以加强钻井液性能维护为主，减少中途顶通循环时间，以提高套管下入速度。

3.3 井眼清洁方案优化

大尺寸井眼在通井期间可利用稠钻井液分段携砂措施提高井眼清洁效果；若沉砂较多，可配合使用纤维钻井液提高携砂能力，同时在起钻前井底泵入一段同密度高黏钻井液，防止下套管期间沉砂堆积井底，降低套管下不到位风险。

塔里木油田某超深井井原钻具通井至底有21m沉沙，通井钻具第一次探底有13m沉砂，使用20m³黏度310s的稠钻井液、40m³纤维钻井液(井浆+15%雷特纤维)充分循环携砂后干通到底无阻卡。该井原计划起钻前不注入封闭浆，但鉴于前期井底沉砂较多，所以起钻前在井底泵入密度1.33g/cm³黏度218s的垫底浆20m³(井浆+0.2%黄原胶)，封闭井段5720~5856m，确保了后期套管一次顺利到位未遇阻。

4 结论及建议

(1) 大吨位套管下入过程中，井口配套气动卡盘会对套管本体产生横向外挤力和纵向剪切力，当套管下入吨位超过500t以上，110钢级套管屈服强度已不满足下套管要求，需提高钢级至140；当套管下入吨位达到690吨以上时，140钢级套管屈服强度已不满足下套管要求，需进一步提高套管钢级或优化下套管技术装备。

(2) 采用上吊卡配合下卡盘可有效提高套管下入速度，同时下套管前以提高钻井液润滑性(Kf≤0.1)为主优化钻井液性能，防止下套管期间粘卡。

(3) 针对大尺寸井眼通井钻具组合，1+1+1常规三扶组合一般可以满足下套管需求，但如果井眼不规则程度高，使用微扩眼三扶组合更具有优势。

(4) 为提高大尺寸井眼清洁，使用300s以上稠钻井液、纤维钻井液(井浆+15%的10mm雷特纤维)分段循环携砂可有效提高裸眼清洁度；起钻前井底注高黏钻井液垫底浆可有效防止沉砂，降低套管下不到位风险。

参考文献

[1] 靳建洲，魏风奇，艾正青，等. 超深特深油气井固井关键技术进展[J]. 钻采工艺，2024，47(02)：104-112.

[2] 孙金声，刘伟，王庆，等. 万米超深层油气钻完井关键技术面临挑战与发展展望[J]. 钻采工艺，2024，47(02)：1-9.

[3] 康海涛，白俊成，蔡云平，等. 马深1井超深小钻孔井眼准备及套管下入技术[J]. 石油钻采工艺，2016，38(05)：583-587.

[4] 张晨，兰祖权，罗科海，等. 准噶尔盆地南缘GHW001井Φ473.1套管下入技术[J]. 新疆石油天然气，2020，16(04)：44-46.

[5] 李昱垚，王汉卿，睢圣. 川西超深长水平井套管安全下入技术应用[J]. 石油和化工设备，2023，26(08)：173-176.

[6] 安荣，熊青山，刘羽，等. 恩平某油田超深大位移井套管下入研究[J]. 中国科技论文，2024，19(06)：636-644.

[7] 杨卫星，赫英状，庹钰恒，等. 超深水平井套管通过能力分析及安全性评价[J]. 石油机械，2022，50(04)：139-145.

[8] 胡强，王维明，谢友鸽，等. 泥线悬挂器力学分析与试验研究[J]. 石油矿场机械，2019，48(01)：8-16.

[9] Yang H，Bu Y，Guo S，et al. Effects of in-situ stress and elastic parameters of cement sheath in salt rock formation of underground gas storage on seal integrity of cement sheath[J]. Engineering Failure Analysis，2021，123：105258.

[10] VELILLA J，FONTOURA S，INOUE N，et al. Numerical modelling of casing integrity in salt layers including the effects of dissolution and creep：49th US Rock Mechanics/Geomechanics Symposium[C]：American Rock Mechanics Association，2015.

[11] MELO D，FONTOURA S，INOUE N，et al. Finite Element Analysis of Casing-in-Casing Integrity due to Annulus Pressurization by means of Salt Creep：49th US Rock Mechanics/Geomechanics Symposium[C]：American Rock Mechanics Association，2015.

[12] 李思彬. 塔里木山前井Φ365.13mm大尺寸套管下入技术[J]. 石化技术，2018，25(08)：318.

[13] 叶雨晨，吴德胜，席传明，等. 吉木萨尔页岩油超长水平段水平井安全高效下套管技术[J]. 新疆石油天然气，2020，16(02)：48-52.

[14] 王健栋，吴文兵，刘颖，等. 大斜度水平井下套管方案优选与应用[J]. 石油工程建设，2021，47(S2)：77-83.

超深层碳酸盐岩完井方式优化研究及实施效果

任今明

（中国石油塔里木油田公司）

摘　要　目的层为碳酸盐岩的A油田开发中油井呈现出油压下降快、产量下降快特征，以B区块入手，通过对作业信息的综合研究发现泥砂埋/垮塌是油压下降快、产量下降快的重要原因，提出将裸眼完井优化为筛管完井方式的措施，在A油田全面实施，通过生产特征对比分析，筛管完井比裸眼完井停喷井比例减少23.6%，增产效果显著，最后提出了井眼轨迹设计等保障筛管顺利下入的保障措施及优化间隔套管长度等提高油井产能的措施建议。

关键词　超深井；碳酸盐岩；出泥砂；垮塌；采收率；完井

深井超深井乃至深地钻探的需求与日俱增，碳酸盐岩储层是超深油气藏主力储层，具有埋藏深、温度高、深井超深井钻完井面临高温、高压、窄密度窗口、降本增效的巨大压力等挑战，开展了钻井、钻头等钻完井技术的攻关，完井方式主要有裸眼完井、套管射孔完井、衬管完井，井眼或油层套管尺寸有的在101.6mm~114.3mm范围，有的是考虑减少完井作业费用和缩短钻完井周期采用试油完井一体化管柱，还有的非均质性及钻遇多个缝洞体，需要采用分段完井，一般是油管配裸眼封隔器，管柱下得比较深。以上完井方式或试油工艺等对发现储量、开发初期的高产提供了支撑，唐庚等利用模糊评价、产能和经济评价对固井射孔完井、裸眼完井、衬管完井等不同完井方式给出了评价结果，提出从支撑井壁和防止坍塌的能力等考虑提出推荐采用射孔完井，从完井打开储层的完善程度，充分发挥裂缝作用对水平井推荐采用裸眼完井。以上不同完井方式以及采用试油完井一体化管柱的井，未见后期生产情况的报道，有的文献提到了产量下降快的问题，但没有相关的深入研究，是出泥砂、垮塌还是地层压力下降的问题，文敏等研究了生产制度、增产措施对井壁稳定性的影响提出了将水平井裸眼完井方式优化为打孔管支撑井壁的完井方式，生产状况良好。董长银等研究了深层碳酸盐岩储层泥砂产出问题，任今明等从碳酸盐岩油气井作业发现出泥砂、垮塌情况，提出泥砂埋产生附加压降，导致油压下降快，本文A区块生产特征结合作业情况分析提出完井方式优化，对比裸眼完井和筛管完井生产特征对比分析，提出筛管完井更有利于油气井生产和提高采收率。

1　A油田地质特征

目的层一间房组顶面埋藏深度6500~8200m，目的层为碳酸盐岩，成像测井、取心及薄片资料揭示发育孔洞、裂缝，溶蚀孔洞主要为粒内溶孔、粒间溶孔、铸模孔等；裂缝主要为成像裂缝、岩心尺度裂缝及微裂缝、薄片尺度微裂隙。钻井揭示储层以洞穴型为主，共完钻169口井，放空55井，占比32.5%（0.05~19m），37口井放空长度超过1m，漏失104井，占比61.5%（1.6~3231m^3）。

2　完井方式优化研究

A油田暴露出的问题主要是油压下降快、产量下降快，以投入开发井数较多的B区块进行研究，研究的思路是一是研究所有井生产特征；从作业井入手，分析作业发现的问题。

2.1　B区块完井情况

投产54口井，裸眼完井43口，占79.6%，其中4口井井眼小于114.3mm；筛管完井11口，占20.4%，其中114.3mm以下的有5口，合计小井眼（114.3mm及以下）有9口井。

2.2　B区块冲捞砂井生产情况

作业探泥砂面井生产数据统计表见表1。

表 1　作业探泥砂面井生产数据统计表

井号	完井方式	自喷期/d	自喷期累计产油/10^4t	自喷期平均日产/(t/d)	投产初期生产情况		
					油嘴/mm	油压/MPa	日产油/(t/d)
B1	裸眼	242	0.5097	21.1	3	33.4	45.8
B2	裸眼	355	0.5516	15.5	3	32.1	55
B3	裸眼	328	1.4811	45.2	5	40.68	131
B4	裸眼	43	0.0923	21.5	5	13.3	38.7
B5	裸眼	140	0.5292	37.8	3	51	119
B6	裸眼	329	0.9146	27.8	4	38	120
B7	筛管	530	3.3498	63.2	4	25.8	141
B8	裸眼	393	1.0737	27.3	5	19.5	152
B9	裸眼	679	1.9724	29.0	4	29.1	77
B10	裸眼	458	1.4151	30.9	3	44	82
B11	裸眼	1246	5.4704	43.9	3	29.1	40
B12	裸眼	1242	2.2051	17.8	4	34	69
B13	裸眼	114	0.3401	29.8	3	37.4	47
平均		469.2	1.5312	31.6	4	32.9	86.0

2.2　B 区块作业泥砂埋情况

B 区块共完成 18 口井 24 井次作业，有探泥砂面工序的有 13 口井，泥砂埋产层占有探泥砂面工序的是 100%，最低泥砂面 4.95m，最高 220.5m，统计首次作业探泥砂面情况，平均泥砂埋 63.6m，目的层一间房埋超过 90% 的有 10 井次，占 66.7%，有 5 口井裸眼段全部被埋，泥砂面在套管里，作业时间最短的 29d，最长的 286d。

这 13 口井，筛管完井的有 1 口，其它全部为裸眼完井，自喷期平均 464d，自喷期产油 1.38×10^4t，初期油压最高 51MPa，最高产油量 152t/d，整体上呈现油压下降快、产量下降快、自喷期短、自喷期累计产油量不高的特征，其中筛管完井的 B7 井，初期油压 25.8MPa，但自喷期累计产油 3.35×10^4t，累计产量是比较高的。

表 2　作业探泥砂面井泥砂埋统计表

井号	一间房厚度/m	裸眼段长度/m	泥砂埋高度/m	一间房砂埋比例/%	裸眼段砂埋比例/%
B1	30	68.46	176.69	588.97	258.1
B2	8.5	43.86	8.45	99.41	19.3
B3	30.2	56.63	22.52	74.57	39.8
B4	92.33	116	84.05	91.03	72.5
B5	31	63.97	54.32	175.23	84.9
B6	3	50	17.76	592.00	35.5
B7	22	筛管	7.11	32.32	0.1
B8	67	96.49	26.08	38.93	27.0
B9	40	72.6	15.78	39.45	21.7
B10	28	83	88.18	314.93	106.2

续表

井号	一间房厚度/m	裸眼段长度/m	泥砂埋高度/m	一间房砂埋比例/%	裸眼段砂埋比例/%
B11	21	70	43.56	207.43	62.2
B12	73.5	97.5	220.5	300.00	226.2
B13	60	121.14	4.95	8.25	4.09
平均	40.4	78.30	63.57	210.85	79.79

2.3 作业发现的问题

作业目的主要是转机采或储层改造，在作业前或作业过程中部分井有以下特点：

（1）作业前放压时间长：B14 井作业井架准备好以后，放油压 9 天，最后一天，节流放压，Pt2.2↑3.5MPa↓1.1MPa↑2.6MPa，返出原油 105.4m^3，点火焰高 6-7m，累计返出 814.2m^3，放压期间最高日产油 123.1m^3/d，未作业。作业的井有 10 口在起管柱前放油套压，不同程度返出原油或油水混合物，最多的返出原油 465.84m^3，其中有 3 口井在放压之前有压井步骤。

（2）冲捞砂过程中起压、返油：在作业过程中，有 4 口井出现起压、返油现象，油压最高的升至 18MPa，返油最多的返出原油 180.86m^3，有 2 口井调整压井液密度，分别从 1.0g/cm^3 调整至 1.2g/cm^3、1.18g/cm^3；B15 井进行酸压作业，探泥砂面泥砂埋 78.2m，正循环冲砂，进尺 1.5m 后起压，节流控制放油压，Pt6.2↓1.1↑10.2↓5.5MPa，累计出压井液 90.4m^3，累计出油 29.9m^3，压井就漏、不压井就喷，工程上无法继续进行冲捞砂施工，最后改侧钻井效果不好，转水源井。

（3）完抽油泵完井管柱和抽油杆杆柱后关井油压上升快：B10 井转抽作业，探泥砂面 7190.82m，泥砂埋 88.18m，冲捞砂后下完完井管柱、杆柱，起压，节流放压 4 天，油压最高 18MPa，累计出油 500.51m^3。

（4）返出物主要为泥砂或岩块。有 7 口井返出泥砂或岩块，在 71L-453L 不等，B9 井返出物见图 1、图 2，泥砂主要为裂缝、孔洞内充填物，岩块主要为井壁失稳产物。

根据作业发现的问题分析，泥砂埋、垮塌是油压、产量下降快的重要原因，为延长泥砂埋的时间，同时避免井壁垮塌，从超深井作业钻杆配置，为降低作业的难度和风险，综合经济因素，提出将裸眼完井方式优化为 5″及以上筛管完井。

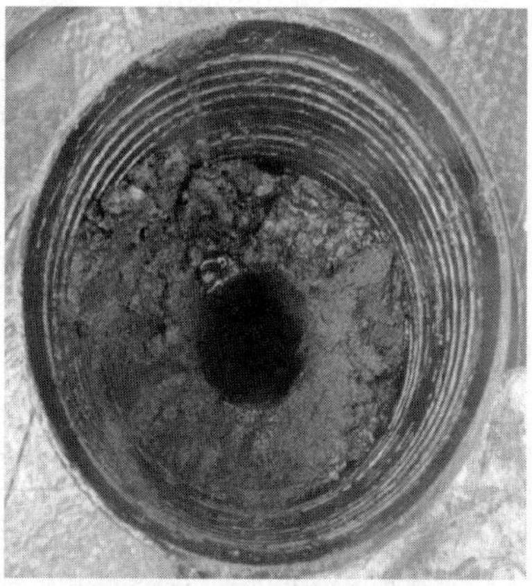

图 1　B9 井捞砂筒泥砂样

图 2　B9 井砂砾、岩块样

3　实施情况及效果

3.1 实施情况

统计实施筛管完井半年投产新井，共投产 36 口新井，采用 5″筛管完井 17 口，裸眼完井 17 口，另有 2 口筛管未下到位，筛管+加裸眼完井。为增加下入筛管的井控保障措施，一般采用筛管与套管间隔的组合方式，筛管采用无接箍套管加工。

裸眼完井有 4 口定向井，13 口水平井，生产层位是一间房的有 9 口，一间房、鹰山组合采的有 8 口，生产层位裸眼段最短 50m，最长 980.8m，平均 532m。

筛管完井定向井 1 口，水平井 16 口，生产层位是一间房的有 9 口，鹰山组的有 7 口，一间房、鹰山组合采的有 1 口，筛管累计长度最短 28.5m，最长 156.6m，平均 84.6m；有 3 口井在井底下入 1 段筛管，长度在 28.5～54.m，其它井筛管 2～9 段不等，筛管段长最长 54.3m，最低 14.7m，平均 27.2m，间隔套管最短 9.3m，最长 233.5，平均间隔套管长度 97.5m，筛管长度占第一根筛管顶部至井底的比例最低 7.6%，最高 99.5%，平均 28.1%，筛管长度占生产段长比例最低 5.7%，最高 29.2%，平均 14.5%。

筛管+裸眼完井的 2 口井，筛管长度分别是 74.9m、74.6m，裸眼段长度分别为 636m、299.4m，目的层位生产段长分别为 710.9m、374.0，生产层位均为一间房。

3.2 效果对比

为对比下入筛管和裸眼完井的差异，不考虑筛管未下到位的 2 口井，筛管完井的停喷井有 3 口，占 17.6%，裸眼完井的停喷井 7 口，占 41.2%，筛管完井的停喷井比裸眼完井减少 23.6%，停喷井数减少 4 口井，用筛管完井的仍在自喷的井 13 口井(扣除 1 口井注气，该井注气前自喷生产，油压 20.88MPa)平均累计产油 2.66×10^4t，平均累计产气 $857.69\times10^4\text{m}^3$，不到 2 年时间已经多产油 10.64×10^4t，多产气 $3430.76\times10^4\text{m}^3$，每天仍多产油 165.2t，多产气 $8.76\times10^4\text{m}^3$。

筛管完井停喷的 3 口井，生产段长度 28.54m、73.57m、104.94m 占目的层井段比例分别 28.2%、12.8%、9.6%，投产初期油压分别 20.7MPa、10.81MPa、25.89MPa，裸眼完井停喷的有 4 口井油压在 40.38～56.62MPa，裸眼段长度原大于筛管长度，说明筛管完井有利于延长自喷期。

表 3　A 油田不同完井方式停喷井生产情况统计表

完井方式	井号	自喷期/d	自喷期累计产油/t	累计产气/(10^4m^3)	投产初期生产情况				
					油嘴/mm	油压/MPa	日产油/(t/d)	含水率/%	日产气/(m^3/d)
裸眼	A1	217	14709	1350.84	5	37.89	93.46	0.57	60582
	A2	215	12698	427.24	3.5	41.3	100.24	0.75	33120
	A3	305	8041	530.42	4	40.38	94.91	1.14	48912
	A4	59	5940	284.10	4	44.79	79.3	0.88	38516
	A5	176	11171	1048.33	4	56.62	86.33	3	76082
	A6	96	23532	902.62	15.6	10.16	296.48	3.11	122350
	A7	347	10915	410.15	4	18.66	58.7	0.5	25541
筛管	A8	280	14962	569.17	4	20.7	75.84	0.21	16232
	A9	19	707	13.51	4	10.81	40.55	1.1	7775
	A10	65	2495	62.31	4	25.89	143.75	0.86	16800

有两口裸眼完井的井 A1、A5 停喷后进行井筒畅通作业，A1 井裸眼段长 473m，投产初期油压 37.89MPa，自喷 223 天后停喷，通过作业证实泥砂埋 790m，通过负压捞砂 672m(剩余 118m)，返出物有岩块、泥砂，下入 4½″筛管支撑，作业费用 1200 万元，作业后 4mm 油嘴生产，油压 51.59MPa，日产油 96.8t，含水 0.3%，日产气 $6.5\times10^4\text{m}^3$，生产稳定，A5 井裸眼段长 722m，投产初期油压 40.41MPa，自喷 176 天后停喷，通过作业证实泥砂埋 1390.96m，通过捞砂至井底，下入 4½″筛管支撑，作业后 4.5mm 油嘴生产，油压 48.96MPa，日产油 94.3t，含水 1.8%，日产气 $9.00\times10^4\text{m}^3$，生产稳定。

4　结论

(1) 超深碳酸盐岩裸眼完井存在泥砂埋产层和垮塌问题，是油压下降快、产量下降快的重要原因，作业难度大、风险大、费用高。

(2) 筛管支撑可以避免生产过程中井壁垮塌，有利于泥砂被流体带出，有利于延长自喷期和自喷期的产量，有利于后期作业和提高采收率，筛管尺寸的选择要根据不同的井深满足作业的最低要求确定。

（3）要在保证筛管顺利下入的前提下，进行井眼轨迹的设计，重点是全角变化率的控制和轨迹尽量平滑，下筛管的井控关键是控制好地层压力，采取筛管、套管间隔为应急处理创造了条件，间隔套管长度要进行优化设计，尽量增加筛管长度，达到提高供液能力、提高产能的目的。

（4）结合地质特征，在技术经济可行的条件下优选沉砂口袋长度。

参 考 文 献

[1] 苏义脑，路宝平，刘岩生，等. 中国陆上深井超深井钻完井技术现状及攻关建议[J]. 石油钻采工艺，2020，42(5)：527-542.

[2] 汪海阁，葛云华，石林. 深井超深井完井技术现状、挑战和“十三五”发展方向[J]. 天然气工业，2017，37(4)：1-7.

[3] 赵青. 塔河油田碳酸盐岩储层岩溶特征及完井方式研究[J]. 石油钻探技术，2003，31(3)52-53.

[4] 唐庚，陆林峰，王汉，等. 深层碳酸盐岩完井方式优化研究-以安岳气田灯影组X井为例[J]. 钻采工艺，2020，43(1)108-112.

[5] 朱和明，杨德锴，李渭亮，等. 完井-采油一体化工艺及关键技术分析[J]. 钻采工艺，2021，44(2)76-80.

[6] 孙海芳，刘飞，王志敏. 高温高压气井试油完井一体化工艺技术[J]. 钻采工艺，2017，10(4)36-39.

[7] 高娉，陈波，徐爱舫. 塔河油田超深井裸眼分段试油技术应用[J]. 油气井测试，2007，16(2)：36-38.

[8] 陶碧娥，王辉辉，龙武，等. 塔河油田奥陶系储层水平井分段技术探讨[J]. 油气井测试，2014，23(2)：53-55.

[9] 文敏，朱磊，王平双，等. 中东地区碳酸盐岩地层水平井完井方式[J]. 长江大学学报(资料版)，2015，12(11)：52-56.

[10] 董长银，甘凌云，赛福拉·地力木拉提，等. 深层碳酸盐储层泥砂产出与固体控制优化[J]. 中国石油大学学报(自然科学版)，2022，46(5)：90-97.

[11] 任今明，潘昭才，黄锟，等. 关于超深油气井完井工程与油气藏采收率的思考[J]. 西南石油大学学报(自然科学版)，2024，46(4)：169-177.

超深层油气开发封盐用直连型特殊扣套管设计

冯少波[1,2,3,4]　赵密锋[1,2,3,4]　闫　龙[5]　赵在鹏[1,2,3,4]　杨小龙[4]　陈永衡[4]　杨红艳[4]

(1. 中国石油天然气集团有限公司超深层复杂油气藏勘探开发技术研发中心；
2. 新疆维吾尔自治区超深层复杂油气藏勘探开发工程研究中心；
3. 新疆超深油气重点实验室；4. 中国石油塔里木油田公司；
5. 天津钢管制造有限公司)

摘　要　在超深井盐膏地层复杂的井下工况，传统直连型特殊扣套管无法满足需求。本文设计了一种超深层油气开发封盐用双密封结构的273.05mm×26.24mm TP140HC TP-FJ/Ⅱ直连型特殊扣套管，并采用数值模拟的技术手段，建立了有限元评价模型，开展了新型直连接头在复合载荷下的受力分析；其次，依据塔里木油田盐膏地层钻井过程中实际工况，设计并完成了3个试样的实物试验。研究结果表明，新型直连型接头具有良好的密封性能和结构完整性，可以满足超深井盐膏地层对套管的性能需求。

关键词　超深；盐膏地层；双密封结构；直连型特殊扣套管；有限元；实物试验

盐膏层是石油天然气钻井过程中经常遇到的地层，在该地层钻井过程中易发生蠕变，导致井眼缩径、卡钻和套管挤毁等。

塔里木油田盐膏层类型多，含有泻湖陆相沉积的第三系盐膏层，以及滨海相沉积的石灰系和寒武系盐膏层。另外，塔里木油田油气资源埋藏深，勘探开发难度极大，油气资源普遍分布在地下6000~9000m，井底温度可达150℃以上，地层压力最高达130MPa以上。

传统特殊扣套管已不能满足超深层油气开发过程中对盐膏层的封盐需求，因此，需要对传统套管用特殊螺纹接头进行相应优化。本文针对塔里木油田井身结构设计特点，结合传统封盐套管及其接头在使用中出现的问题，设计了封盐用双密封结构的273.05mm×26.24mm TP140HC TP-FJ/Ⅱ直连型特殊扣套管，可以满足超深层油气井的封盐需求。

1　传统特殊扣套管在盐膏层使用过程中存在的问题

封固盐膏层的套管需要具备较高的抗外挤能力。根据套管的设计准则，为满足盐膏层高抗挤毁的要求，封盐层套管需要提高套管壁厚。在使用大外径、大壁厚套管的情况下，要保证较好的固井质量，需要给套管串留有一定的环空间隙。大外径、大壁厚套管使用的接箍外径较大，会直接压缩套管的环空间隙，对固井质量产生一定影响。在各种因素的考虑下，带接箍套管无法满足盐膏层封盐的设计需求。

相较于带接箍套管，直连型套管与井眼间环空间隙相对较大。传统直连型特殊扣套管接头(TP-FJ)设计主要考虑地层压力挤毁，该类型接头采用锥对锥的密封形式，密封面设计在公端端部，母端端部与公端尾部对顶，如图1所示。

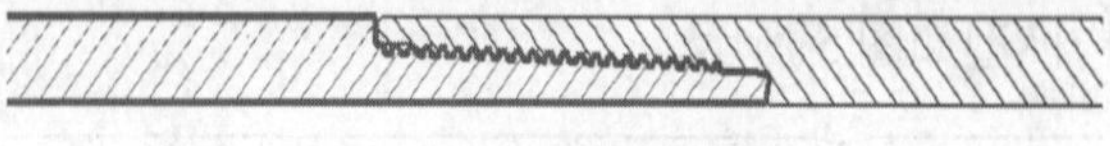

图1　TP-FJ接头示意图

经过多年的经验积累和验证，认识到传统直连型特殊扣接头的密封结构在以水为介质的外压作用下容易失效。图2为传统直连型套管做外压密封试验后的形貌，在实际外压还未达到100%情况下，套管便已发生挤毁。图3为传统直连型套管接头在最大外压载荷下的Mises(米塞斯)等效应力云图，与实物试验结果进行对比后发现，有限元分析结果与实物试验结果较为接近，具有较高的合理性。

图2　直连型套管(TP-FJ)外压密封试验后宏观形貌

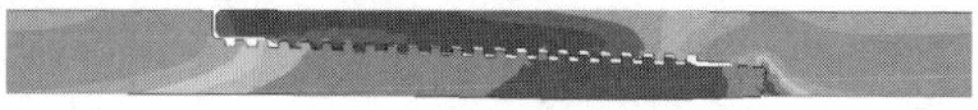

图 3　最大外压载荷下的 TP-FJ 接头等效应力云图

综合分析可知，传统直连型特殊扣接头的密封形式存在一定的问题，在套管公母端拧接对顶时，主要应力分布在公端端面处，母端端面与公端尾部接触应力较小，如图 4 所示。在做外压试验时，如果以水为压力介质，水便会进入到齿间间隙，高压环境下易发生泄露，导致套管挤毁。

图 4　TP-FJ 接头拧接后等效应力云图

面对目前超深且更加复杂的井下工况，以水为介质的外压试验必不可少，而传统直连型特殊扣套管已无法满足实际要求。因此，需要设计新型直连型接头。

2　新型直连型特殊扣接头的设计及有限元验证

根据塔里木油田盐膏层封盐需求，开发出 273.05mm×26.24mm TP140HC TP-FJ/Ⅱ直连型特殊扣套管。该新型接头创新设计在于公母端采用双密封结构，内外密封采用大角度，扭矩台阶设计为负角度，外台阶采用对顶的形式，接头结构模型如图 5 所示。

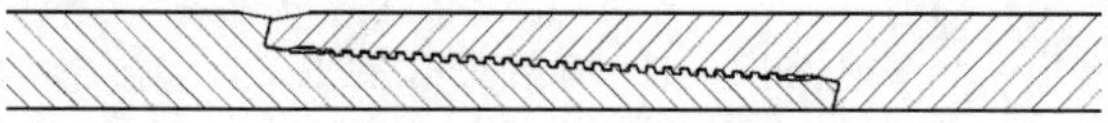

图 5　TP-FJ/II 接头示意图

2.1　结构模型

应用 Abaqus 软件开展特殊螺纹接头受力有限元模拟分析，采用二维轴对称弹塑性材料模型，模型总长度 1500mm，弹性模量为 215110MPa，泊松比为 0.3，屈服强度 Rp0.2 为 1108MPa，忽略螺旋升角。模型结构的有限元网格基本尺寸为 1mm，螺纹、密封面、扭矩台肩部位网格尺寸为 0.1mm，螺纹齿根和圆角部位网格尺寸为 0.05mm，如图 6 所示。

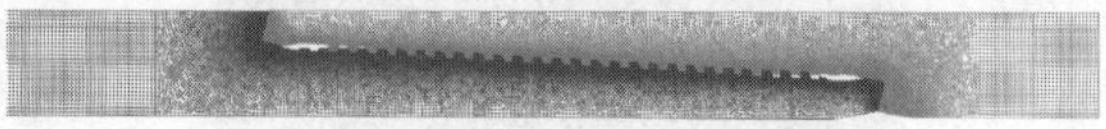

图 6　TP-FJ/Ⅱ接头有限元网格

2.2　载荷及边界条件及载荷包络线

在套管接头端施加轴向固定位移约束，只限制轴向的变形，在其它方向可自由变形。接头承受的载荷类型包含轴向拉伸、压缩、内压以及外压四种形式（如图 7 所示），其中拉伸和压缩载荷施加在公端套管端部；内压载荷施加在套管内表面、内台肩以及整个内密封面区域；外压载荷施加在套管外表面、外台肩以及整个外密封面区域。

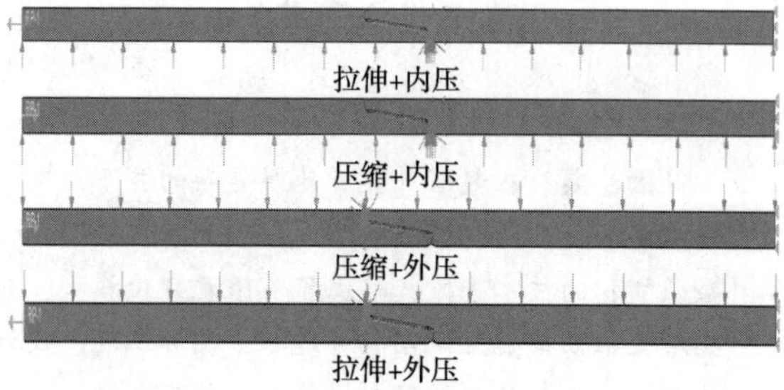

图 7　不同试验载荷施加方式

载荷路径参考 API RP 5C5 2017 版接头评价试验标准，忽略高温载荷点，共包含 B 系 95% CEE（接头评价包络线）第一、二象限载荷循环一次，A 系 95% CEE 四象限载荷循环一次，以及第一、三象限载荷循环 3 次。接头连接效率要求如表 1 所示，接头试验载荷包络线如图 8 所示。

表 1　接头性能要求表

类别	数值/%
接头拉伸连接效率	55.0
接头压缩连接效率	55.0
接头抗外挤连接效率	100.0
接头抗内压连接效率	80.1

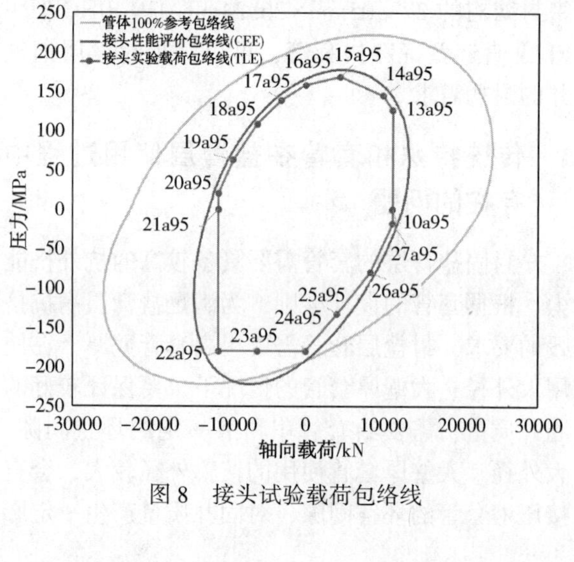

图 8　接头试验载荷包络线

2.3 分析结果及讨论

在复合载荷下，新型直连型特殊扣接头在整体上具有结构稳定性。在单轴拉伸和压缩条件下，均能够满足连接强度和抗压缩能力的要求，实际应力应变量满足设计要求。部分危险载荷点的 Mises 等效应力云图如图 9 所示。

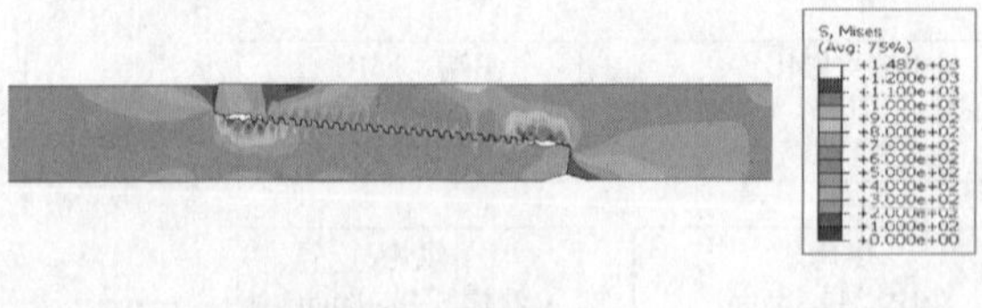

(a)10a95

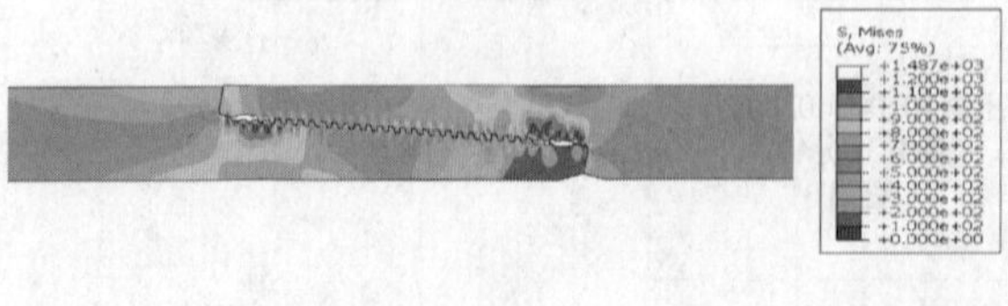

(b)13a95

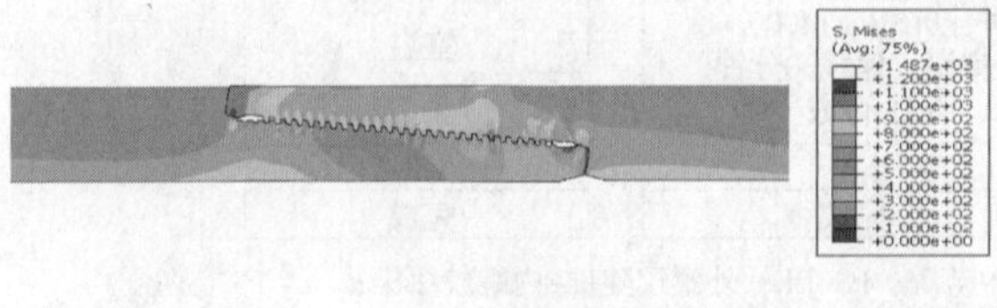

(c)15a95

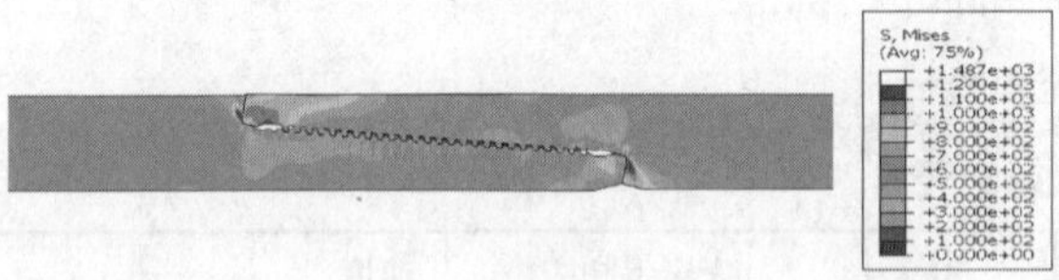

(d)20a95

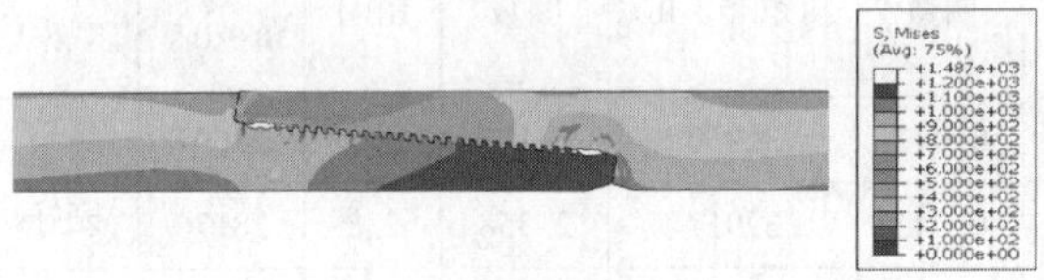

(e)24a95

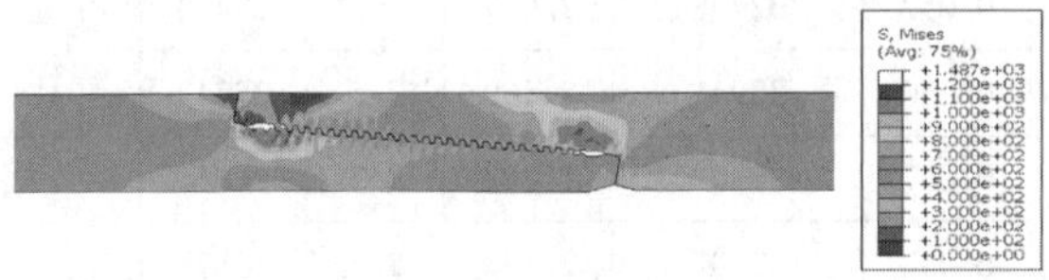

(f)27a95

图 9　不同外部载荷下，TP-FJ/II 接头等效应力云图

对于密封性能，通常采用密封指数进行评估。内密封面密封指数分析（如图 10 所示）表明，在 27a95 载荷点，拉伸+外压载荷下，接头内密封面的密封指数显著下降，此时密封指数仅为 0.68ksi · in，至 A 系循环结束，在 10a95 单轴拉伸状态下，密封指数降至最低，其值为 0.32ksi · in。通过查看外压下的应力云图（如图 9所示）发现，高外压载荷使得公端接头鼻端部位产生了较大范围的塑性变形，最终随着载荷的循环，塑性变形不断累积，造成内密封面的密封能力下降。

外密封面密封指数（如图 11 所示）分析表明，高拉伸载荷对于外密封的密封能力影响较大，至 A 系载荷循环结束，单轴拉伸载荷下，外密封面的密封指数为 0.3ksi · in。除高拉伸+外压载荷，载荷点 27a95 外，外密封整体密封指数较高，可以起到密封作用。

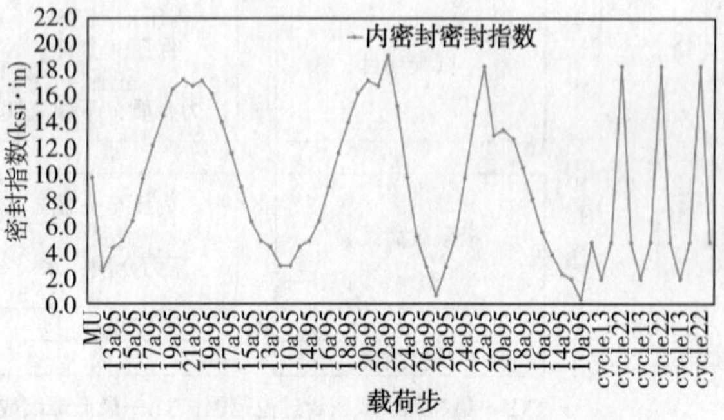

图 10　内密封面密封指数变化情况

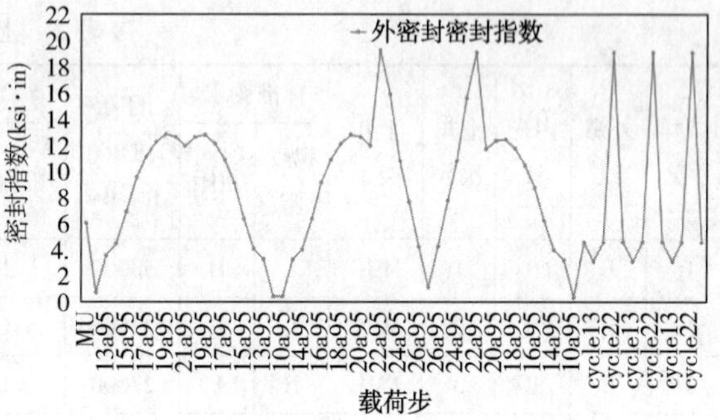

图 11　外密封面密封指数变化情况

3　实物试验

按照 API RP 5C5 2017 版标准要求完成 273.05mm×26.24mm TP140HC TP-FJ/Ⅱ直连型特殊扣套管试验试样加工，并进行上卸扣试验及载荷架试验。

3.1 试验流程

试验流程如图 12 所示。

3.2 上卸扣试验结果

经过 3 次上扣，2 次卸扣试验后，未出现粘扣现象，上卸扣试验结果如表 2 所示。

XH—最高螺纹或密封过盈范围；XL—最低螺纹或密封过盈范围；PS-BF—外螺纹陡锥-内螺纹缓锥；MBG—抗黏扣上卸扣试验；FMU—试样最终上扣；H/L—最大规定螺纹脂数量/最小规定扭矩值；H/H—最大规定螺纹脂数量/最大规定扭矩值；M—上扣；B—卸扣

图 12　试验流程图

表 2　上卸扣试验记录

试样号	外螺纹	内螺纹	上扣次数	上扣类型	标准要求		目标扭矩/ft・lbs	台肩		完全上扣		速度	卸扣扭矩/ft・lbs	修复和粘扣观察
					螺纹脂	扭矩		扭矩/ft・lbs	圈数	扭矩/ft・lbs	圈数	RPM		
1#	B	B	1	MBG	L	H	33000	16005	0.042	32960	3.123	2.8	22694	扣型完好
1#	B	B	2	MBG	L	H	33000	12225	0.042	32917	2.358	2.8	28176	
1#	B	B	3	FMU	H	L	27000	14464	0.034	27870	2.917	2.8	/	/
2#	B	B	1	MBG	L	H	33000	10739	0.057	32498	2.077	2.3	28420	扣型完好
2#	B	B	2	MBG	L	H	33000	11581	0.050	32941	2.199	2.6	28742	
2#	B	B	3	FMU	H	H	33000	11947	0.047	33300	1.887	2.7	/	/
3#	B	B	1	MBG	L	H	33000	9459	0.052	32407	2.134	2.7	23879	扣型完好
3#	B	B	2	MBG	L	H	33000	9052	0.050	33154	2.448	2.8	28420	
3#	B	B	3	FMU	H	H	33000	10679	0.057	33034	2.450	2.7	/	/

3.3 单轴试验和极限试验结果

1#试样烘烤完毕后先进行内压试验，在19406psi(133.8MPa)内压下保载30分钟，未见泄漏；之后进行内压至失效试验。当最高压力值达到21987psi(151.6MPa)时，终止试验，接头未失效，未见结构异常。试验压力为管体VME(冯・米塞斯等效应力)的1.13倍。1#试样内压极限试验曲线如图13所示。

4#-1样烘烤完毕后进行压缩试验，在10254kN(2305kips)压缩载荷下保载10分钟，接头未见结构异常；之后进行压缩+外压试验，压缩载荷10254kN(2305kips)，外压压力14000psi

(96.5MPa)，室温下保载30分钟，接头未泄漏，未见结构异常。4#-1试样压缩试验+外压试验(压缩条件下外压试验)曲线如图14所示。

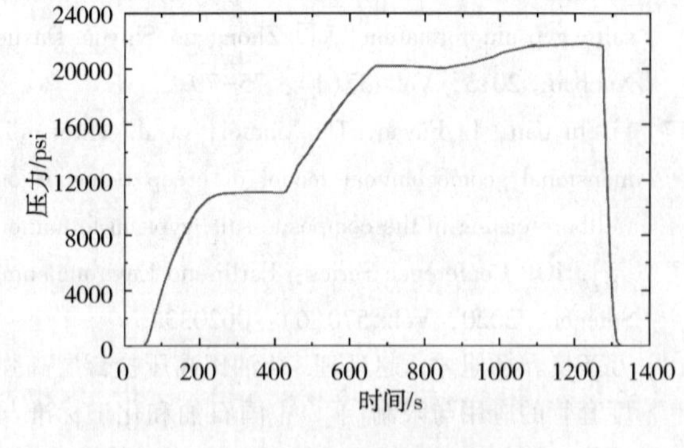

图13　1#试样内压极限试验曲线

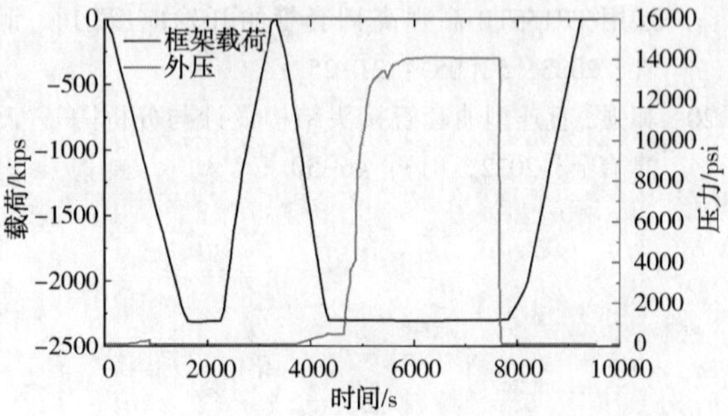

图14　4#-1试样压缩试验+外压试验曲线

4#-2试样烘烤完毕后进行外压失效试验，当最大外压压力值为29176psi(201.2MPa)，压力达到管体VME的1.12倍，终止加压，接头未失效，未见结构异常。4#-2试样极限试验(外压增加至失效试验)曲线如图15所示。

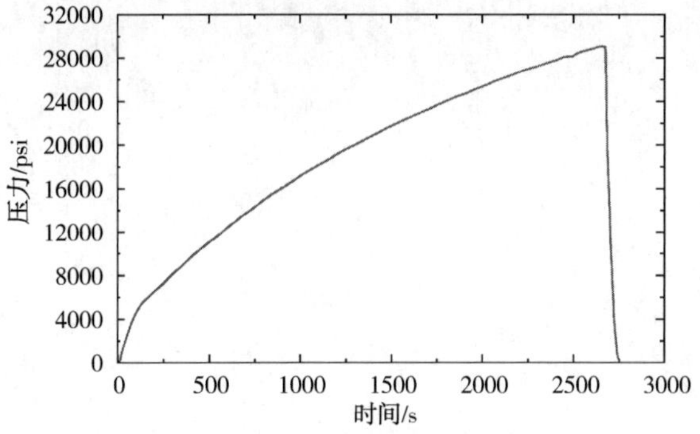

图15　4#-2试样外压极限试验曲线

3个试样试验后均未发生任何结构损伤以及密封失效现象，在单轴载荷情况下，接头可以保证密封能力。试验结果表明，设计的封盐用273.05mm×26.24mm TP140HC TP-FJ/Ⅱ直连型特殊扣套管接头综合性能可以满足设计要求。

4　结论

(1)针对传统直连型特殊接头的密封结构在以水为介质的作用下易失效问题，创新设计了一种超深层油气开发封盐用双密封结构的273.05mm×26.24mm TP140HC TP-FJ/Ⅱ直连型特殊扣套管。

(2)采用数值模拟的技术手段，建立了有限元评价模型，开展了复合载荷下新型直连接头的受力分析。结果表明，接头能够满足连接强度和抗压缩能力的要求。

(3)依据现场实际工况设计了3个试样的实物试验流程，3个试样试验后均未发生任何结构损伤以及密封失效现象，验证了新型直连型特殊扣套管的密封性和结构完整性，能够满足塔里木油田超深层油气井的封盐需求。

参考文献

[1] 孙一流，陈勉，金衍，等. 塔里木盆地玉科区块超深井膏盐层段套管损坏机理与防治措施[J]. 天然气工业，2016，36(12)：92-99.

[2] 贾海平. 钻井中盐膏层危害及其应对措施分析[J]. 中国石油和化工标准与质量，2023，43(03)：97-99.

[3] Zhao Chaojie，Li Jun，Liu Gonghui，et al. Analysis of wellbore diameter variation in salt-gypsum formation with the effect of drilling fluid(Article)[J]. Arabian Journal of Geosciences，2019，Vol. 12(20)：608.

[4] Shen Junjun，Chen Bo，Wang Chunlian，et al. Sedimentary characteristics and control factors of gypsum-salt rocks in the Paleogene Xingouzui Formation in Jiangling Depression，Jianghan Basin[J]. Journal of Palaeogeography，2015，Vol. 17(2)：265-274.

[5] 李爱超，黄津松，冯伟，等. 库车山前超深井盐膏层扩眼技术应用评价[J]. 石化技术，2023，30(09)：45-47.

[6] Luo Liang，Guo Jingxiang，Hu Chenlin，et al. Sedimentary Characteristics and Development Model of the Red Layer and Gypsum-Salt Layer in the Paleogene Kumugeliemu Formation，Kuqa Depression，Northwestern China[J]. SSRN，2023.

[7] 王春生，王哲，张权，等. 塔里木油田超深层钻井技术进展及难题探讨[J]. 钻采工艺，2024，47(02)：59-69.

[8] 宗世玉，邹林兵，史方，等. 塔里木盆地库车山前盐膏层钻井技术应用[J]. 石油工业技术监督，

2021，37(10)：14-16.

[9] 陈雪峰，李博，张晓兵，等. 塔里木山前构造盐膏层随钻扩眼钻井技术应用与认识[J]. 西部探矿工程，2022，34(09)：96-99.

[10] 胡文革，马龙杰，汪彦，等. 关于塔里木盆地深层油气藏高效开发的实践与思考[J]. 油气藏评价与开发，2024，14(04)：519-528.

[11] 曹立虎，江同文，潘昭才，等. 塔里木盆地库车山前超深气井砂垢堵塞成因及靶向解除技术[J]. 天然气工业，2024，44(08)：85-94.

[12] 魏军会，景宏涛，谢英，等. 可溶筛管在塔里木油田高温高压气井中的应用[J]. 西南石油大学学报(自然科学版)，2023，45(06)：125-134.

[13] 张晓兵，李长坤，衡宣亦，等. 塔里木山前构造盐膏层固井难点与技术对策[J]. 西部探矿工程，2021，33(12)：48-52.

[14] 郭佳豪. 库车山前盐膏层漏失机理及防漏堵漏对策研究[D]. 中国石油大学(北京)，2023.

[15] 杨恒林，陈勉，金衍，等. 蠕变地层套管等效破坏载荷分析[J]. 中国石油大学学报(自然科学版)，2006，(04)：94-97.

[16] Ge Weifeng, Chen Mian, Jin Yan, et al. Analysis of equivalent stress on casings after casing wear in deep salt-gypsum formation [J]. Zhongguo Shiyou Daxue Xuebao, 2013, Vol. 37(1): 75-79.

[17] Li Shiyuan, Li Fuyao, Du Xianfei, et al. Three-dimensional geomechanical model of creep behavior on wellbore casing in the composite salt-gypsum formation [J]. IOP Conference Series: Earth and Environmental Science, 2020, Vol. 570(6): 062033.

[18] 万圣良，杨旭才，赵延理. M 油田高压盐膏层高强度套管的应用与限制[J]. 中国石油和化工标准与质量，2024，44(02)：153-154.

[19] 董国艳，张旭，扈立，等. 封固超深巨厚高压膏盐层用 TP155TB 高强高韧套管的开发应用[J]. 钢管，2023，52(05)：21-25.

[20] 郭强. 直连型油套管接头结构设计与分析[J]. 天津冶金，2022，(1)：46-50.

海洋拖缆地震数据成像16公里超深层流体案例及其地质影响

潘遥岑　童利清　林　强

(中国石油集团东方地球物理勘探有限责任公司)

摘　要　全球范围内，在沉积盆地下方的超深度基底或者板块边缘，极少能观察到清晰的反射地震流体记录，例如活动俯冲带。更不清楚超层部的流体对盆地构造演化和地震成因的影响。在这里，重新处理的多道地震剖面展示了在加勒比海小安的列斯群岛，弧前盆地沉积层及其下覆结晶基底蕴含普遍的反射异常和极性反转，预示了丰富流体。被成像的流体地震信号深度达到16km。在结合天然地震数据，位于提布隆海山脊前方15~16km深度处成像的反极性反射层被解释为一个浅层滑脱层。它标志了富含流体的基底底部，由于受崎岖地形的影响而发生向上弯曲。其下方的物质主要由海洋沉积物组成，与巴巴多斯增生楔的沉积物及基底侵蚀碎片相同。弧前盆地在水力压裂作用下发生沉降。

关键词　反射地震；超深层流体信号；弧前盆地；基底；俯冲带

全球范围内，大量研究通过大尺度层析成像、接收函数等方法得到地下超深层流体信息(Audet et al.，2009)。极少有研究通过反射地震方法得到位于沉积盆地下方的超深度基底或者板块边缘清晰流体信号，例如活动俯冲带。这些流体包含碳氢化合物，他们会随着天然地震发生运移和释放(Fischer et al.，2013)，从而影响沉积盆地内部流体变化。关于深部流体反射地震成像，全球典型案例包括青藏高原(Brown et al.，1996)和安第斯俯冲带(Oncken et al.，1999)。通过成像地壳深部异常强反射信号，推测与流体运移和构造活动有关。

在北海库兰吉俯冲带，深部流体被发现在<10km深度处与海山和周围沉积物有关，被认为会导致发生浅层慢滑事件。大量研究还揭示，海山的压入可能导致上覆板块发生严重变形和破坏，导致弧前盆地和基底孔隙流体压力的强烈异质性以及板块界面处的构造侵蚀。由于缺乏直接观测，弧前沉积盆地、海山俯冲、弧前构造、板块间过程和流体循环之间的关系尚不清楚，尤其是在这些地形特征正在深处被俯冲到超深层接近地幔楔的情况下。

在这里，学者对位于多米尼克岛-马提尼克岛外海域的海洋多道地震反射图像、层析速度结构、水深和地震数据的综合解读，揭示了上覆板块和板块间断层在提布隆海山脊俯冲时的结构和水文过程的响应。在超深层基底内部提供了高分辨率地震反射成像结果。在地质演化上，文章揭示了提布隆海山脊的前缘斜坡处存在超深层异常的沉积物和脱水上升流体，这些流体导致了弧基底的水力裂解和幔楔角处的水合作用。小安的列斯群岛板块界面的新发现复杂特性可能在控制板块间耦合的空间变异性方面发挥了关键作用。

1　技术方法和结果

该研究使用了2007年在Sismantilles 2实验期间获取的深地震反射剖面，开源数据可在https：//campagnes. flotteoceanographique. fr 下载。实验使用R/V *L'Atalante* 调查船与其搭载的超大容量8865in^3 气枪震源。有关采集参数的详细信息，请参见(Laigle et al.，2013)。该剖面的处理是在Paradigm Geophysical的Echos和Geodepth软件包下进行的。处理流程从将原始震源收集数据的重采样开始，将采样时间从2ms调整到4ms，记录长度最长为25s。主频范围为8~25Hz。经过标准2维几何变换后，采用了带通滤波(3-6-32-35Hz)、带限浪涌噪声抑制(3~8Hz)。为了减轻转弯噪声，使用了LIFT方法(Choo et al.，2004)。然后，进行了预测反褶积和球面发散修正。为了去除多次波，结合使用了Radon多次波去除和2D与表面相关的多次波去除技术。在每160个共中心点(1km)进行速度分析，随后进行了动校正、叠加和 Kirchhoff 叠后时间偏移。为了更好显示结果，应用了时变带通滤波。相关的 OBS 广角地震数据是在 Sismantilles 实验期间收集的。使用了 OBS 层析反演得到的层速度模型，将时间偏移剖面转换为深度域。

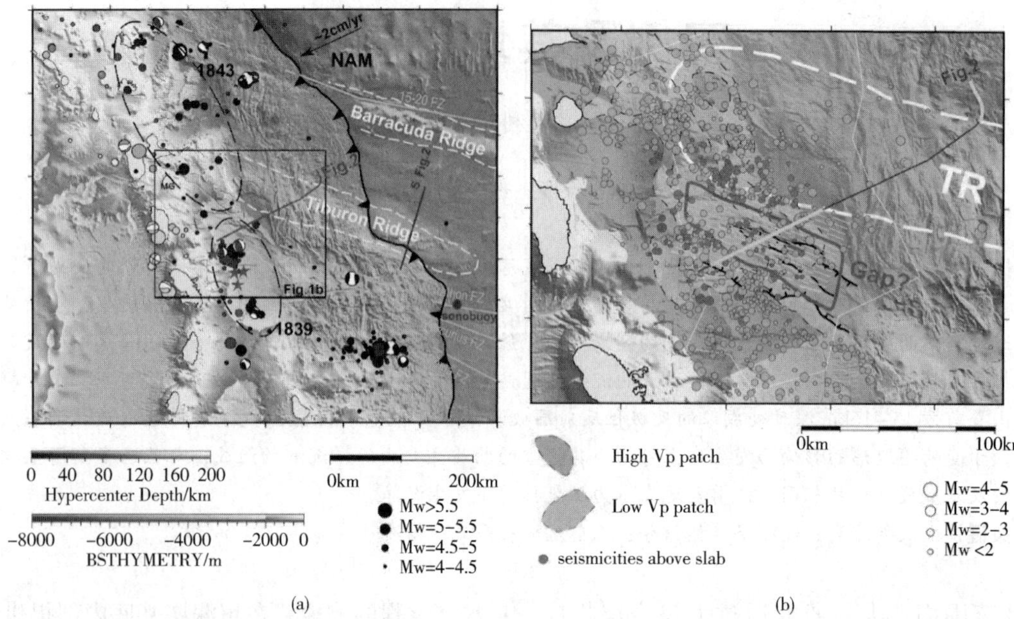

图 1　A. 水深图，研究区域的构造背景和反射地震调查剖面位置。提布隆海山脊(Tiburon)和 Barracuda 海山脊以倾斜方式俯冲至前弧，白色虚线表示其位置。红线表示多道地震反射剖面。所有显示的地震事件均为 2014 年至 2019 年间震级>4 的地震。红色星标为大规模地震事件，分别是 1839 年、1946 年和 1953 年。椭圆形区域为 1843 年和 1839 年大型历史性大板块俯冲事件的估计断裂带。B. 水深图叠加了板块速度结构，Vp>7. 5km/s 用红色表示，Vp<7. 5km/s 用绿色表示。来自 OBSAntilles 调查的重新定位震源位于紫点，红点表示上覆板块的地震事件，推测与超深层流体有关。反射地震剖面的黄色段表示本研究揭示的板块边界沉积物。黄色虚线区域表示本研究推测的提布隆海山脊前方的下推沉积物。(图片来自于潘遥岑，等 2025 communications earth&environment，accepted)

层析速度模型推导的 RMS 均方根速度模型得到了手动调整并平滑，并在每 80 个共中心点(0. 5km)更新了时间域的速度。使用这个新的 RMS 速度模型进行了 Kirchhoff 叠后时间偏移，用于多道地震剖面局部成像(图 3)。与使用 OBS 层析模型的叠后时间偏移剖面图像相比，基底的结构几何形态和倾斜特征得到了更好的解析。反射地震剖面的选定部分应用了 Kirchhoff 叠前深度偏移算法(Eikonal)，使用从 OBS 层析速度模型推导的间隔速度模型。数据的最终可视化以振幅比例显示，使用 HIS Kingdom 套件软件进行。

结果表明，上覆板块和板块界面上的局部强反射区代表富流体区域，这与前弧的低程度压实和板块界面上的高黏土含量相关。浅层高分辨率地震和脉冲雷达数据展示了大的声学空白区，这些空白区可能是马提尼克盆地和卡拉尼纳裂谷地区上层沉积单元中流体逸出的区域(图 4)。在内前弧地壳中，广泛的基底内部反射区是由于水相流体的存在，因为富集的流体的阻抗远低于上方的母岩，这会导致具有负极性的强反射。该解释与整体较高的 Vp/Vs>1. 8 相吻合(图 5)，这表明弧前盆地及基底含有大量流体。

沉积物的压实和自由孔隙流体从沉积物和板块地壳中的排出被认为发生在板块间断层的上 10km 深度内。因此，它无法解释内该区域中成像到的流体特征(图 2、图 3)。在寒冷的小安的列斯群岛俯冲带中，富含膨润土的俯冲沉积物的脱水作用，估计发生在约 150°C 时，应该发生在约 20km 深度的地幔楔内，位于解析到的基底流体信号之下(图 5)。因此，基底底部的沉积物可能作为板块界面上约 20km 深度范围内过压孔隙流体的重要来源。

结果表明，流体从富含泥页岩俯冲沉积物中脱水向上排放，导致基底下覆的地幔蛇绿岩化，基底的天然水力裂解和底部侵蚀。弱化的基底导致一个显著的无震带。而超深层沉积物通过脱水和流体释放得到硬化，从而在板块界面上充当了强的摩擦体导致在 30~65km 深度的高地震活动(图 1)。

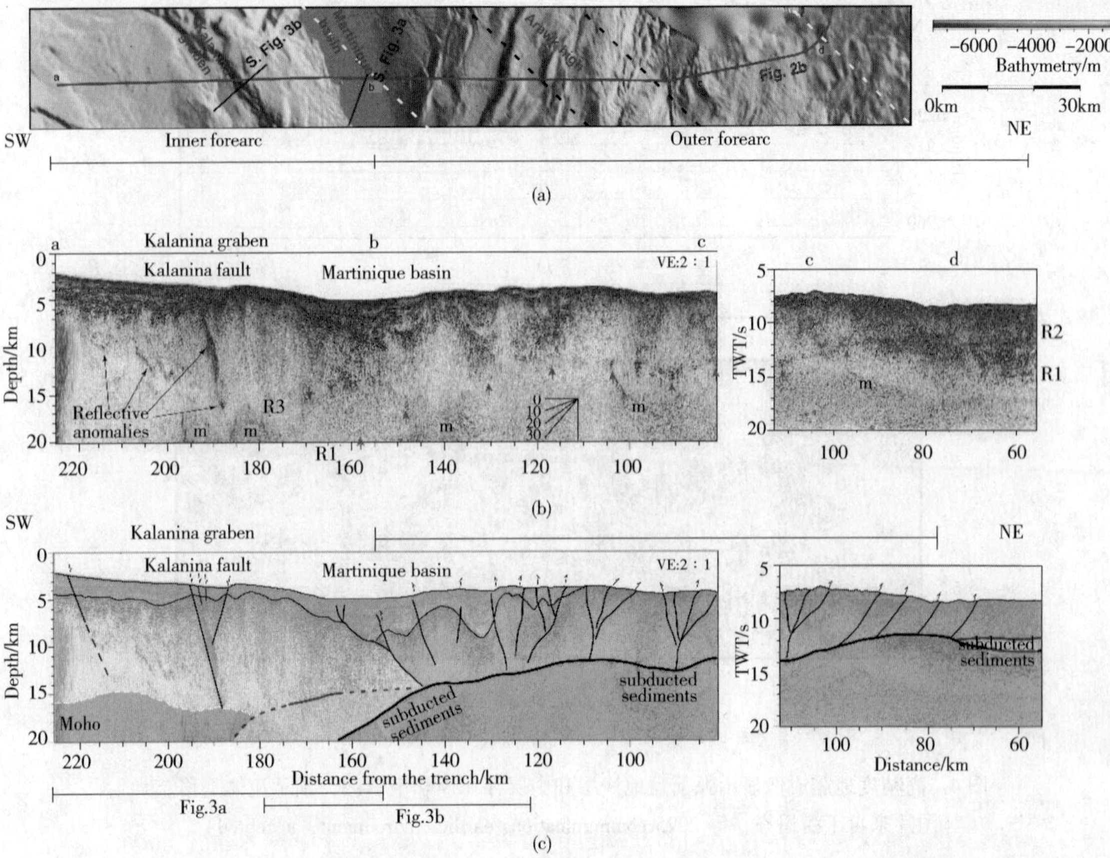

图2　(a)高精度多波束海底地形数据。(b)深反射地震剖面和解释(c)。R3标志超深层富流体滑脱层。(图片来自于潘遥岑，等2025 communications earth&environment，accepted)

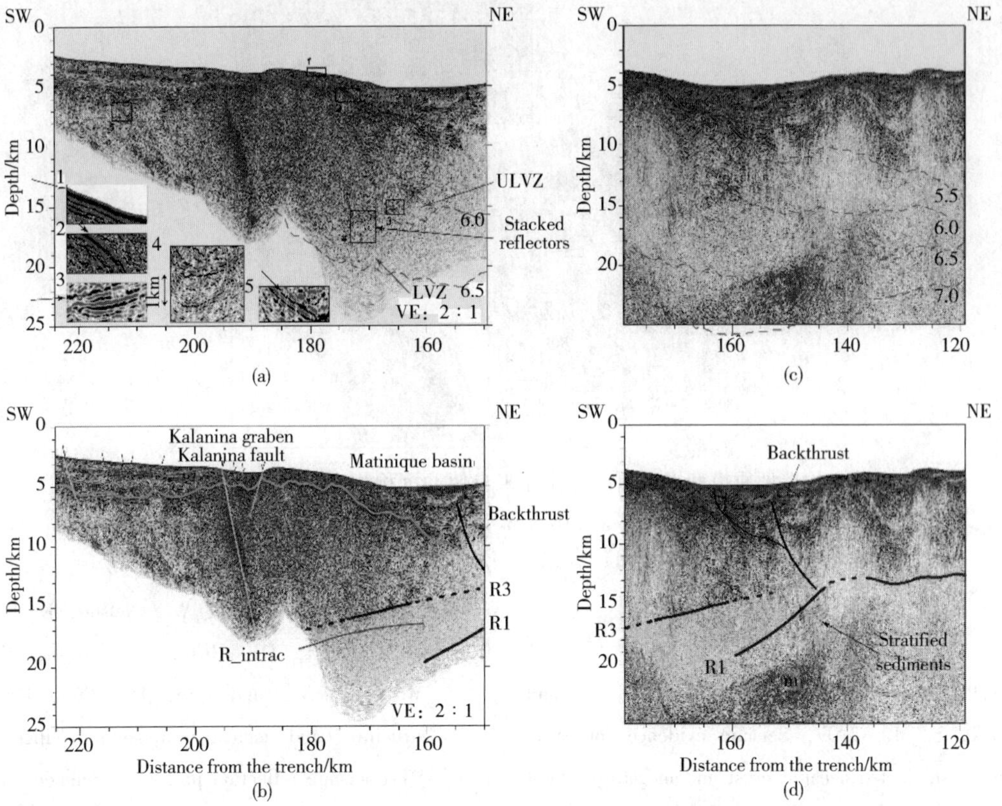

图3　弧前盆地基底高精度地震成像显示大量反射异常和极性反转。R3对应了反极性界面以及明显上下振幅差异。(图片来自于潘遥岑，等2025 communications earth&environment，accepted)

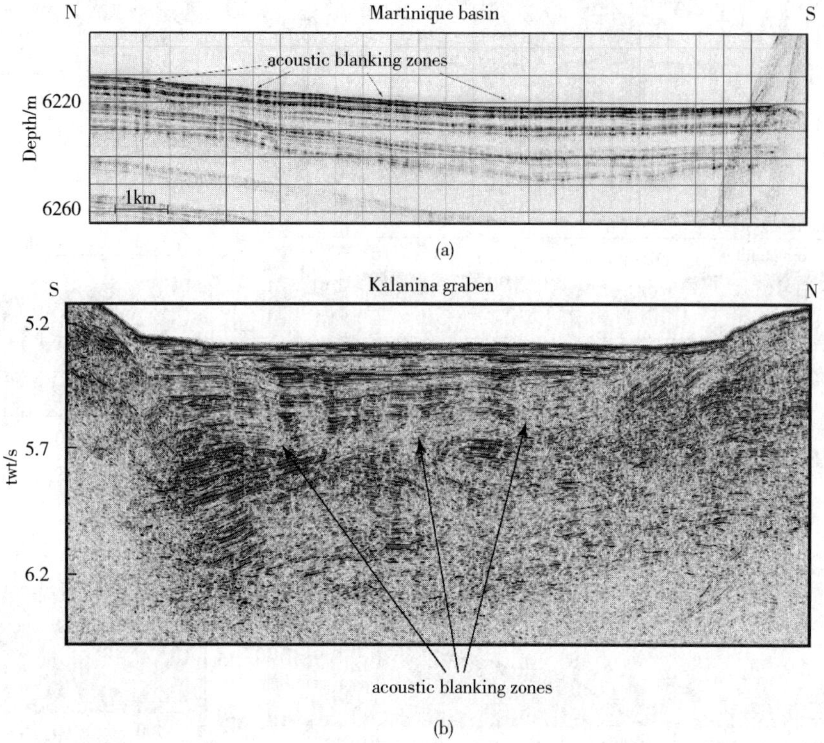

图 4　高精度地震成像显示弧前盆地浅层和中层存在声学空白区，预示流体上移。
（图片来自于潘遥岑，等 2025 communications earth&environment，accepted）

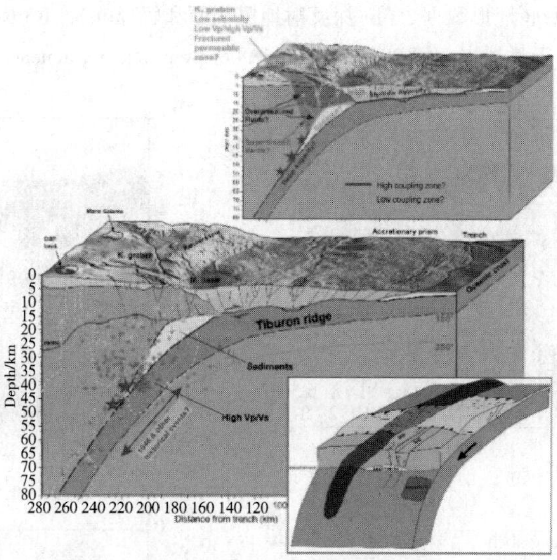

图 5　构造地质模型揭示超深部流体来自俯冲沉积物，并导致弧前基底和盆地的水力压裂以及无震带。（图片来自于潘遥岑，等 2025 communications earth&environment，accepted）

参 考 文 献

[1] Audet, P., Bostock, M. G., Christensen, N. I., and Peacock, S. M., 2009, Seismic evidence for over-pressured subducted oceanic crust and megathrust fault sealing: Nature, v. 457, p. 76-78, doi: 10. 1038/nature07650.

[2] Brown, L. D., Zhao, W., Nelson, K. D., Hauck, M., Alsdorf, D., Ross, A., Cogan, M., Clark, M., Liu, X., and Che, J., 1996, Bright spots, structure, and magmatism in southern Tibet from INDEPTH seismic reflection profiling: Science, v. 274, p. 1688 - 1690, doi: 10. 1126/science. 274. 5293. 1688.

[3] Choo, J., Downton, J., and Dewar, J., 2004, LIFT: A new and practical approach to noise and multiple attenuation: First Break, v. 22, p. 39-44, doi: 10.3997/1365-2397.2004009.

[4] Fischer, D., Mogollón, J. M., Strasser, M., Pape, T., Bohrmann, G., Fekete, N., Spiess, V., and Kasten, S., 2013, Subduction zone earthquake as potential trigger of submarine hydrocarbon seepage: Nature Geoscience, v. 6, p. 647-651, doi: 10.1038/ngeo1886.

[5] Laigle, M., Becel, A., de Voogd, B., Sachpazi, M., Bayrakci, G., Lebrun, J. F., and Evain, M., 2013, Along-arc segmentation and interaction of subducting ridges with the Lesser Antilles Subduction forearc crust revealed by MCS imaging: Tectonophysics, v. 603, p. 32-54, doi: 10.1016/j.tecto.2013.05.028.

[6] Oncken, O. et al., 1999, Seismic reflection image revealing offset of Andean subduction-zone earthquake: Nature, v. 397, p. 341-344, doi: 10.1038/16909.

第二篇　深层、超深层油气开发技术篇

当前，“两深”是我国油气开发最活跃的领域，近年来持续突破使其成为油气增储上产的新阵地，其规模化开发为国家能源自主供给、经济高质量发展提供了坚实支撑。经过近几十年的持续攻关，我国已在该领域地质工程一体化技术、资源潜力评价、油气藏工程和数值模拟、提高采收率技术、油气集输和流动保障、智能油气田等方面获取了一系列关键突破，构建了油气资源安全高效开发技术体系，形成了具有国际竞争力的特色技术。本篇汇集了众多在“两深”领域油气开发新技术、新方法、新装备等方面的优秀文章，诸如超深断控缝洞型油气藏孔隙度模型及应用、深层礁滩相高含硫边底水气藏安全高效稳产关键技术、超深裂缝型储层地质工程一体化研究与实践、深层煤层气勘探开发现状及开采关键技术、东海深层低渗气藏特殊渗流机理数值模拟研究等。这些论文紧扣油田生产实际需求，锚定“两深”油气开发痛点，体现核心技术装备突破，将为推动“两深”油气高效开发、锻造企业新质生产力、加速能源技术革命贡献智慧力量。

基于双层优化模型的油田配电网储能系统配置研究

张　凡[1]　顾沈卉[1]　周超红[1]　赵泽玺[1]　李志峰[2]　张　岩[2]

（1. 中国石油长庆油田公司；2. 西安交通大学电工材料电气绝缘全国重点实验室）

摘　要　高比例新能源渗透的油田配电网面临功率波动及消纳的双重挑战，储能系统作为调峰、调频的重要手段，其规划及运行成本直接影响电能利用率和电网的稳定性。本文针对油田电网“源-荷”时空分布不匹配、新能源消纳受限、网损及运行成本较高等核心问题，提出一种基于年综合成本最小化的储能系统双层优化配置方法。在建模方法上，创新性构建了规划-运行双层耦合优化框架。规划层以储能系统全寿命周期年综合成本最小为目标，综合考虑储能电池投资成本、运维成本及电能损耗成本等多维度经济性指标，建立包含储能容量、选址等参数的优化模型。运行层则以系统日运行成本最小化为核心目标，在约束条件中引入电压波动限制，采确保系统运行稳定。为解决规划层与运行层的强耦合问题，采用粒子群算法进行多目标协同寻优。基于实际油田配电网的仿真分析表明，所提方法通过储能系统的削峰填谷，有效缓解了源荷时空不匹配，显著提高了光伏消纳水平并降低网损与年综合成本，该区域配电网的总运行成本由13.64万元降低至13.44万元，下降比例1.46%，弃光成本下降61.54%，新能源消纳得到明显提升。研究结果显示，储能配置在降低购电成本和增强电网稳定性方面具有显著效益，为油田电网“源-网-荷-储”协同运行提供了一种兼具经济性与可靠性的解决方案。

关键词　油田配电网；储能优化配置；粒子群；双层模型

近年来，随着高比例分布式光伏大量无序接入油田电网，导致功率倒送、电压越限等问题频发，对配电网承载及新能源消纳构成严峻挑战。油田等高能耗领域在实现能源可持续利用与高效调度上面临双重挑战。配电网作为能源供应与调度的核心，在应对剧烈源、荷功率波动的复杂运行工况下，稳定性与经济性面临严峻考验。如何高效协同系统内的电源、负荷及储能等资源，成为提升油田电网运行水平的关键。储能系统作为调峰、调频的重要手段，在电力需求低的时候对电池充电，需求高的时候放电，消峰填谷平衡电网负荷。同时，还可优化电力潮流分布，减少网损，提高运行效率。因此构建储能与电网的协同优化运行策略，成为提升油田电网安全性、经济性和新能源利用效率的重要理论基础，其规划及运行成本直接影响电能利用率和电网的稳定性。

现有储能系统的规划运行主要聚焦于优化配置方法、模型构建、算法应用等方面。文献[1-7]采用如粒子群算法、遗传算法、灰狼算法、鲸鱼算法等不同方法求解储能模型，受问题规模、数据质量等因素的影响，部分算法在实际应用中仍面临收敛速度慢、易陷入局部最优等固有缺陷。文献[8-9]聚焦于解决电网脆弱性与可靠性，以提升配电网安全运行能力，但未考虑储能成本对电网经济性的影响。文献[10]综合考虑电网安全性、经济性，建立多目标储能模型，在优化时通过归一化及加权线性化，将多目标问题转化为单目标问题进行求解，其降阶求解的方式存在一定主观性，忽略不同目标之间的差异性。

针对上述储能系统配置方法的局限性，本文提出一种源-网-荷-储协同优化策略，以综合成本为目标构建规划-运行双层模型，通过粒子群算法迭代寻优实现储能配置与实时调度的结合。该策略以储能与油田电网协同为核心，兼顾经济性、可再生能源利用及电网可靠性。通过合理配置储能位置与容量，并调度其充放电行为，协调电源、负荷、储能与电网运行，提升可再生能源消纳，优化电网调度，降低网损，保障电网动态平衡，应对高比例新能源接入挑战，促进油田电网安全、稳定、经济发展。

1　储能双层优化配置模型

在源网荷储协同运行框架下，优化形成了油田电网储能规划-运行双层优化配置模型，将规划层和运行层进行上下互动，实现源网荷储协同运行并实现储能的最优配置方案。

从图 1 给出的双层模型的上下互动机制来看，规划层根据运行层反馈的系统运行成本，不断优化储能的初始部署方案。运行层基于规划层配置的储能位置与容量，实时调度储能的充放电行为，实现协同运行，并将反馈结果返回规划层，进行方案的迭代更新。通过上下层的循环互动，最终得到储能系统的最优配置与运行调度方案，实现系统经济性和新能源消纳能力的全面提升。

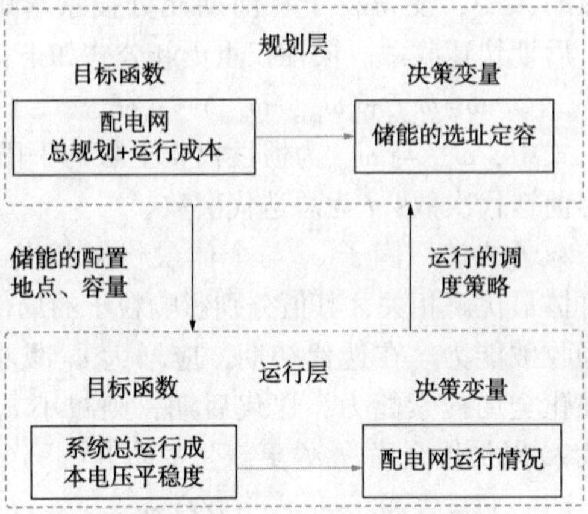

图 1　双层模型互动关系

1.1　规划层

规划层主要解决储能系统的配置问题，旨在通过合理的储能位置与容量规划，使油田电网综合成本最优，并为运行调度提供基础支撑。

1.1.1　目标函数

本文构建的规划层模型目标函数为油田电网年综合成本最小化，实现储能位置和容量综合规划。具体包括储能日等效成本与日运行成本，目标函数表示为：

$$\min C = C_{inv,d} + C_{op,d} \tag{1}$$

式中，$C_{inv,d}$为储能日等效成本；$C_{op,d}$为日运行成本，

1.1.2　储能的日等效成本

储能日等效成本主要考虑储能系统的投资成本分摊到日运行周期，公式如下：

$$C_{inv,\ d} = \frac{1}{365}\frac{r(1+r)^n}{(1+r)^n - 1}\left(\sum_{i=1}^{N_{\mathrm{ESS}}} c_{\mathrm{inv,\ ESS}} E_{i,\ \mathrm{ESS}}\right) \tag{2}$$

式中，r 为储能的贴现率；$c_{\mathrm{inv,ESS}}$ 为储能的单位容量投资成本；$E_{i,\mathrm{ESS}}$ 为储能的安装容量；n 为储能的使用年限。

1.1.3　与运行层的结合

储能的日运行成本8 1$C_{op,d}$3 6包括储能充放电过程中的运维成本、系统购电成本等内容，具体计算将在运行层模型中详细分析。规划层通过对储能配置的优化，确定储能系统的位置与容量，为运行层的储能调度提供参数支撑，形成上下层的协同互动。

1.2　运行层

运行层的目标是通过实时调度储能系统，协调电源、负荷、储能与电网的运行状态，达到油田电网运行状态最优的目的。具体以电网日运行成本最小化为目标，同时兼顾电网电压波动率，实现源-网-荷-储的高效协同运行。

1.2.1　目标函数

运行层目标函数包括系统购电成本、弃光惩罚、储能运维成本和网损成本四个部分，具体表达如下：

$$\min C_{op,d} = C_{buy} + C_{ab} + C_{main} + C_{loss} \tag{3}$$

式中，C_{buy} 为系统购电成本、C_{ab} 为系统弃光惩罚、C_{main} 为储能运维成本、C_{loss} 为网损成本。

1.2.2　成本细化计算

系统购电成本：

$$C_{buy} = \sum_{t=1}^{T} c_{t,\ buy} P_{t,\ buy} \tag{4}$$

式中，$c_{t,buy}$ 为分时电价；$P_{t,buy}$ 为 t 段配电网与上级电网的交互功率。

系统弃光惩罚：

$$C_{ab} = \sum_{t=1}^{T}\sum_{i\in Z_t^{\mathrm{PVG}}} c_{t,\ \mathrm{cur}}^{\mathrm{PVG}} \Delta P_{t,\ i}^{\mathrm{PVG}} \tag{5}$$

式中，$c_{t,\mathrm{cur}}^{\mathrm{PVG}}$ 为弃光惩罚价格；$\Delta P_{t,i}^{\mathrm{PVG}}$ 为弃光量；Z_t^{PVG} 为光伏节点集合，此成本旨在提高光伏消纳。

储能运维成本：

$$C_{main} = \sum_{t=1}^{T}\sum_{i\in Z_t^{ESS}} c^{ESS} \mid P_{t,\ ESS} \mid \tag{6}$$

式中，c^{Ess} 为储能单位功率运维成本；$P_{t,ESS}$ 为 t 时刻储能充放电功率。

网损成本：

$$C_{loss} = \sum_{t=1}^{T} c_{t,\ h}^{\mathrm{loss}} P_t^{\mathrm{loss}} \tag{7}$$

式中，$c_{t,h}^{\mathrm{loss}}$ 为网损；P_t^{loss} 为每时刻的网损功率。

1.2.3　约束条件

功率潮流约束：

$$\begin{cases} P_i = U_i \sum_{j\in i} U_j (G_{ij}\cos\theta_{ij} + B_{ij}\sin\theta_{ij}) \\ Q_i = U_i \sum_{j\in i} U_j (G_{ij}\sin\theta_{ij} - B_{ij}\cos\theta_{ij}) \end{cases} \tag{8}$$

式中，P_i、Q_i 分别为节点 i 的有功功率和无功功率；U_i 为节点 i 电压；G_{ij}、B_{ij} 分别为节点 i 和 j 之间的电导、电纳；θ_{ij} 为节点 i 和 j 之间的电压相角。

功率平衡约束：

$$\sum(P_{t,\ buy}+P_{t,\ PV}+P_{t,\ ESS})=\sum(P_t^{load}+P_t^{\text{loss}}) \tag{9}$$

节点电压约束：

$$U_{i,\ \cdot\ \min\ \cdot}\leqslant U_{n,t}\leqslant U_{i,\ \cdot\ \max} \tag{10}$$

式中，$U_{n,t}$ 为 t 刻节点 i 的电压值，$U_{i,\max}$、$U_{i,\min}$ 分别为节点 n 电压上、下限值。

上级电网交互功率约束：

$$P_{t,\text{buy}}\geqslant 0 \tag{11}$$

支路传输功率约束：

$$P_{Tran}(n)\leqslant P_{\text{n,max}} \tag{12}$$

式中，$P_{Tran}(\text{n})$ 为第 n 条支路传输功率；$P_{n,\max}$ 为该支路最大传输功率。

新能源出力约束：

$$P_{n,PV}\leqslant P_{\text{n,max}} \tag{13}$$

式中，P_{PV} 不能超过当日光伏可能最大出力。

2　基于粒子群算法的双层模型求解

2.1　粒子群算法

粒子群优化算法（Particle Swarm Optimization，PSO）是一种模仿鸟群或鱼群群体智能行为的优化方法，广泛应用于求解复杂的非线性和非凸优化问题。在 PSO 中，每个解由一个“粒子”表示，粒子通过其位置和速度在解空间中搜索最优解。算法初始时，粒子群体的位置和速度随机生成。每个粒子根据其个体最佳位置（pbest）和全局最佳位置（gbest）更新位置和速度。具体更新公式如下：

$$x_{id}^{k+1}=x_{id}^{k}+v_{id}^{k+1} \tag{14}$$

$$v_{id}^{k+1}=\omega v_{id}^{k}+c_1r_1(p_{id,pbest}^{k}-x_{id}^{k})+c_2r_2(p_{d,gbest}^{k}-x_{id}^{k}) \tag{15}$$

式中，v_{id}^k 是粒子 i 在时间 t 的速度；x_{id}^k 是粒子 i 在时间 t 的位置；ω 是惯性权重；c_1 和 c_2 分别是个体和全局学习因子；r_1 和 r_2 是在［0，1］区间内的随机数。

2.2　关键参数

粒子群算法中，惯性权重与学习因子对粒子群的搜索性能与收敛性有很大影响。搜索性能过高而收敛性不足使算法不收敛，收敛性过高而搜索性能不足则易使算法陷入局部收敛。迭代前期，算法应具有较强的搜索能力，以充分搜索求解空间，在迭代后期，粒子应具有较强的收敛性，保证收敛于最优解。

惯性权重控制了粒子移动对历史速度方向的权重，其值越大代表粒子搜索能力越强，收敛性能越弱；其值越小则表示粒子的搜索能力越弱，收敛性能越强。本文根据迭代次数线性更新惯性权重的大小，使得粒子在前期充分搜索求解空间，后期快速收敛。惯性权重更新公式如下：

$$\omega=\omega_{\max}-(\omega_{\max}-\omega_{\min})\cdot i^2/I^2 \tag{16}$$

式中，$\omega_{\max}$ 与 $\omega_{\min}$ 为惯性权重上限与下限；i 为当前迭代次数；I 为总迭代次数。

粒子的学习因子 c_1 与个体最优解相关，c_2 与群体最优解相关，其值分别影响粒子的局部与全局收敛能力。在迭代初期，应增大 c_1 减小 c_2 以强化全局搜索能力；迭代后期，则减小 c_1 并增大 c_2 以加快全局收敛。更新公式如下：

$$c_1=((c_{1\min}-c_{1\max})\cdot i/I)+c_{1\max} \tag{17}$$

$$c_2=((c_{2\max}-c_{2\min})\cdot i/I)+c_{2\min} \tag{18}$$

2.3　双层模型求解

2.3.1　双层模型与单层模型的对比分析

较于单层模型，本文所提的双层模型在储能系统规划与运行协同优化中展现显著优势。双层模型将复杂问题分解为规划层与运行层，契合实际多主体分阶段决策流程，避免变量耦合导致的次优解。在多时间尺度与非线性处理上，单层模型需要同时优化长期规划变量（如储能容量）和短期运行变量（如充放电功率），导致模型维度高、求解困难。双层模型通过分层迭代优化有效协调长期规划与短期运行的多时间尺度约束，将复杂的储能规划问题分解为两个相对简单的子问题进行处理。这种分解使得模型维度降低，缓解单层模型因非凸、非线性问题引发的求解困难。

上层以经济性为核心目标，下层集成弃光成本、电压稳定等约束，规避单层模型多目标权重分配的主观性，提升决策透明度与全局最优性。且双层模型允许在上下两个层次上分别进行优化和决策，这种灵活性使得模型能够更好地适应不同的储能场景和需求。通过合理的双层迭代过程和参数设置，双层模型可以在一定程度上改善算法的收敛性，提高求解效率和准确性。

综上，双层模型通过分层建模与协同优化，在建模清晰度、非线性问题处理、经济性权衡等方面更具优势，可以在保证储能系统性能的同时，尽可能地降低系统的建设和运行成本。为复杂储能系统规划提供了更贴近实际的解决方案。

2.3.2 求解流程

图2展示了储能规划-运行双层优化模型的求解流程，主要采用粒子群算法实现规划层与运行层的交互优化，具体步骤如下：

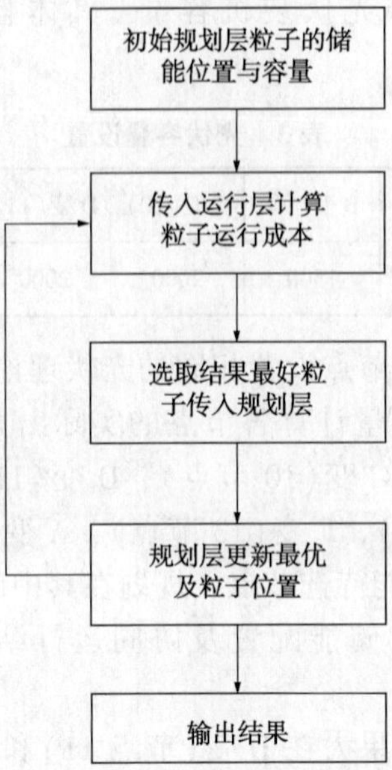

图2 双层模型求解流程

（1）初始化规划层粒子的位置与容量。首先粒子群算法初始化一组粒子（即候选解），每个粒子代表储能设备的配置方案，包括储能的位置和容量。这些初始粒子随机分布在搜索空间中，作为优化过程的起点。

（2）传入运行层计算粒子的运行成本。将规划层的储能配置方案（粒子位置与容量）传入运行层进行计算。运行层根据传入的配置方案，结合实际负荷数据、光伏出力数据及电网约束条件，通过下层的粒子群算法寻找粒子的最小日运行成本，包括购电成本、弃光惩罚、网损成本及储能运维成本等。该步骤用于寻找当前粒子的运行适应度值（目标函数值），即每个粒子储能方案的最小运行成本。

（3）选取结果最好的粒子传入规划层。比较当前粒子的适应度值，选出运行成本最小的粒子作为当前最优解。最优粒子的信息（位置与容量）被反馈到规划层，用于更新储能配置优化方向。

（4）规划层更新最优及粒子位置。规划层根据当前最优粒子结果，更新粒子的速度与位置。该步骤通过不断迭代更新粒子群，使粒子向最优解靠拢。

（5）输出结果。当达到预设的迭代次数或收敛条件时，算法停止，输出最终的优化结果。结果包括储能设备的最优位置、容量配置以及对应的日运行成本，作为储能规划与调度的决策依据。

粒子群算法在全局搜索的基础上，结合运行层反馈的实际成本，动态调整粒子群的搜索方向，确保结果的最优性。此流程通过粒子群算法的迭代优化，实现了规划层与运行层的有效互动，最终得到储能系统的最优配置方案，满足油田电网的运行需求。

3 算例分析

为验证源网荷储协同优化策略的实际效果，本文选取油田某110kV变电站A及其下游区域进行储能配置和协同运行分析，区域电网结构图如图3所示，表1给出了线路阻抗数据，具体场景设置见表2，其中节点1为该变电站A的110kV母线，节点2、19分别为该变电站的35kV母线与6kV母线，变电站A及其下游各变电站的6kV线路均接入不同规模的分布式光伏电站。

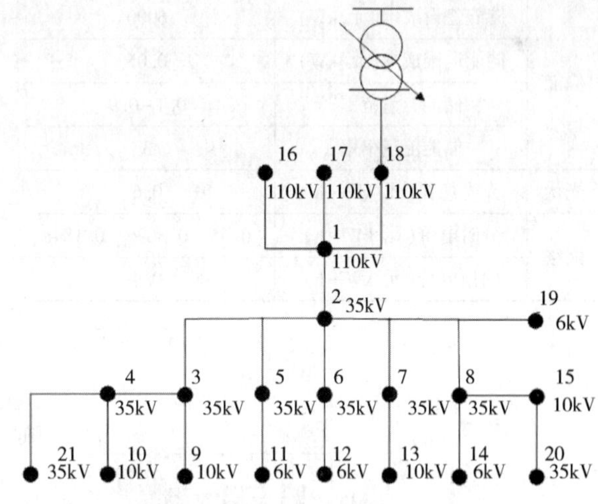

图3 110kV变电站A及其下游区域电网结构图

表1 网络参数表

首端节点	末端节点	线路电阻	线路电抗
1	2	0	0.4000
1	19	0	0.7000
1	16	0.0696	0.1326
1	17	0.0189	0.0360

续表

首端节点	末端节点	线路电阻	线路电抗
1	18	0.0698	0.2095
2	3	0.1457	0.2567
2	5	0.1701	0.2996
2	6	0.3365	0.3536
2	7	0.3646	0.6424
2	8	0.3340	0.3948
2	19	0	0.2870
3	4	0.6760	0.6465
3	9	0	1.4140
4	10	0	0.6312
5	6	0.1653	0.1469
5	11	0	1.4960
6	12	0	2.4840
7	13	0	0.9725
8	20	0.3928	0.4642
8	14	0	2.9600
20	15	0	2.3492
4	21	0.4530	0.4470

(1) 储能、光伏等模型参数设置

表 2　场景数据设置

类型	参　　数	数　　值
储能	储能建设成本(元/kW)	6000
	储能运维成本(元/kW)	0.05
	储能容量范围	0.1~0.9
	储能能量倍率	3
光伏	弃光惩罚(元/kW·h)	0.6
网络	分时电价(元/kW·h)	[0.55　0.3696　0.1848]
	网损电价(元/kW·h)	0.4

(2) 负荷数据选取

选取该区域电网的 2024 年 7 月 11 日净负荷数据进行计算(对分布式光伏出力消纳后的系统剩余负荷功率)，数据如图 4 所示。

(3) 光伏出力设置

根据实际运行情况，对 B 变(9 节点)、C 变(10 节点)、D 变(11 节点)、E 变(12 节点)人工设置部分光伏装机容量，具体容量配置见表 3。

表 3　光伏容量设置

光伏接入点	B 变(9)	C 变(10)	D 变(11)	E 变(12)
设置容量/kW	1500	2000	2000	1800

为以上节点设置相同的光伏理论出力曲线，结合装机容量计算各节点的实际出力。以 B 变(9 节点)、C 变(10 节点)、D 变(11 节点)、E 变(12 节点)，F 变(13 节点)，A 变 6kV(19 节点)作为储能待选节点，规划在其中的两个节点布置储能，储能配置及协同运行结果如图 5、图 6所示。

运行结果为在 D 变(节点 11)和 F 变(节点 13)分别需要加装储能容量为 200kW/600kWh 和 340kW/1020kWh。

除此之外，可以在图 3、图 4 看出协同运行结果，如每个节点的实际光伏出力，节点加装储能设备的每时每刻出力。可以看出，储能实现了在光伏高发时存储电量，在无光伏时放电，有效提高了光伏消纳。

进一步验证储能配置的效果，将加装储能后的运行结果与不加储能的运行结果进行对比，对比结果见表 4。

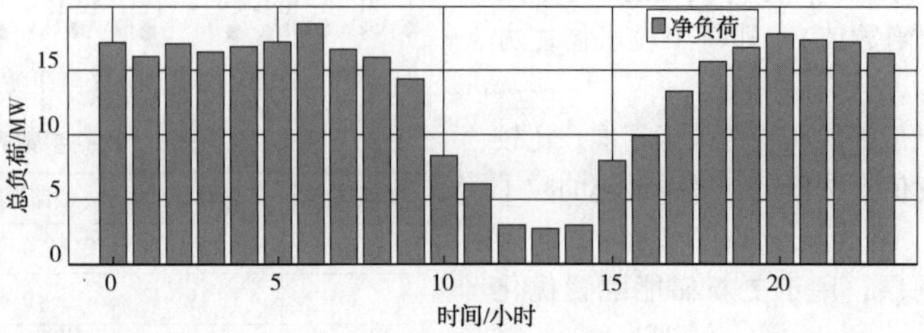

图 4　实际净负荷数据

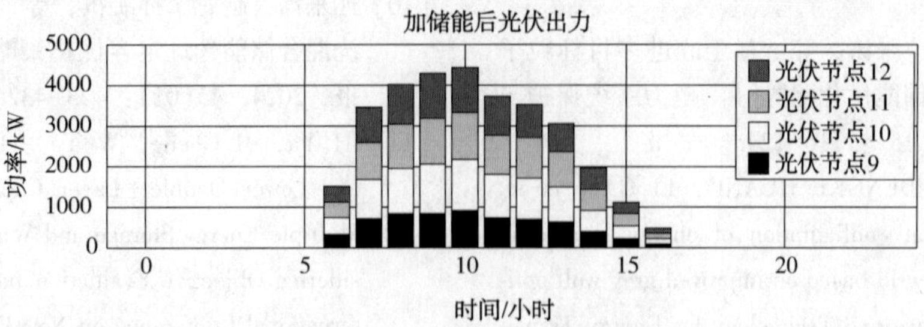

图5　增加储能后的光伏出力

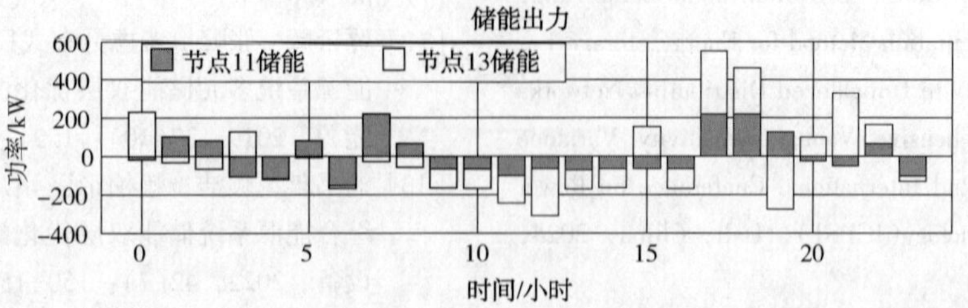

图6　各节点储能出力

表4　运行结果对比

经济指标	无储能/万元	建设储能/万元
购电量/万元	12.970	12.836
弃光成本	0.195	0.075
网损量	0.473	0.469
储能建设日成本	0	0.103
储能运维成本	0	0.027
总运行成本	13.64	13.44

从表4给出的运行结果来看，可从以下三个方面分析本文构建的双层优化模型的有效性：

（1）经济性提升。加装储能系统后，该配电网的总运行成本由13.64万元降低至13.44万元，下降比例1.46%。在考虑储能投资的情况下经济性仍有提升。通过储能系统的调节，系统购电成本降低了0.134万元，表明储能系统的建设在一定程度上减少了电网的购电量。

（2）弃光量显著减少。无储能情况下，弃光成本为0.195万元，而配置储能后，弃光成本降至0.075万元，弃光成本下降达61.54%，有效减少了光伏弃光量，提升了光伏消纳能力，这表明储能系统的配置有效缓解了光伏出力波动带来的弃光问题。

（3）网损改善。储能配置后，网损量由0.473万元降低至0.469万元，尽管幅度较小，但依然体现了储能系统对电网运行优化的积极作用。

4　结论

本文提出一种考虑年综合成本最小化的的油田配电网储能规划配置方法建立储能双层优化配置模型，并以对某区域电网为算例进行仿真分析。结果表明，源网荷储协同优化模型通过合理配置储能系统并实施协同调度，不仅最大化了光伏出力的利用率，减少弃光成本打61.54%，促进了可再生能源的高效消纳，还有效降低了电网的购电成本和总运行成本，同时减少了因网损造成的能量损耗，进一步提升了经济性，可为后期油田源网荷储协同优化运行提供借鉴。

参 考 文 献

［1］闫群民，董新洲，穆佳豪，等．基于改进多目标粒子群算法的有源配电网储能优化配置［J］．电力系统保护与控制，2022，50(10)：11-19.

［2］Zhou Lide，Liu Zheng，Pang Siyan，Wei Jinhyi. A multi-objective optimisation configuration method for photovoltaic access microgrid energy storage capacity based on improved genetic algorithm［J］. International Journal of Energy Technology and Policy，2025，20(1-2)：66-79.

［3］Aeggegn Dessalegn Bitew，Nyakoe George Nyauma，Wekesa Cyrus. Optimal sizing of grid connected multi-microgrid system using grey wolf optimization［J］. Results in Engineering，2024，23：　.

［4］温春雪，赵天赐，于赓，等．基于改进粒子群算法的储能优化配置［J］．电气技术，2022，23(10)：

1-9+58.

[5] 陆立民，褚国伟，张涛，等．基于改进多目标粒子群算法的微电网储能优化配置[J]. 电力系统保护与控制，2020，48(15)：116-124.

[6] QIAN HUANG, DENGKE HUANG, LI CAI, et al. Analysis of optimal configuration of energy storage in wind-solar micro-grid based on improved gray wolf optimization[J]. Science and Technology for Energy Transition, 2024, 79.

[7] Liu Zhijina, Hang Dong, Li Ruixin and Cheng Tang, An Optimal Configuration Method for Energy Storage Location and Capacity in Unbalanced Distribution Networks Based on Comprehensive Voltage Sensitivity Variance [J]. 2024 IEEE 2nd International Conference on Power Science and Technology(ICPST), Dali, China, 2024, pp. 1265-1271.

[8] 张晋铭，欧阳森，吴晗，等．计及配电网可靠性和运行经济性的电网侧储能优化配置[J]. 电力自动化设备，2024，44(7)：62-68，85.

[9] Chen L, Jiang Y, Zheng S, et al. A two-layer optimal configuration approach of energy storage systems for resilience enhancement of active distribution networks [J]. Applied Energy, 2023, 350.

[10] 孙东磊，赵龙，孙凯祺，等．新能源接入下配电系统混合储能选址定容优化策略研究[J]. 太阳能学报，2024，45(01)：423-432.

[11] H. Yu, M. Cheng, W. Yu, et al. Optimal of Upper and Lower Double-Layer Capacity Configuration for Multiple Energy Storage and Wind-Solar Systems Considering Objective Evaluation Indicators, 2023 3rd International Conference on New Energy and Power Engineering (ICNEPE), Huzhou, China, 2023, pp. 136-143.

[12] 贾云辉，张峰．考虑分布式风电接入下的区域综合能源系统多元储能双层优化配置研究[J]. 可再生能源，2019，37(10)：1524-1532.

[13] 刘书琪，顾洁，赖柏希，等．考虑负荷裕度的区域综合能源系统储能双层优化配置[J]. 电力自动化设备，2022，42(7)：150-158.

[14] 冯紫妍，许仪勋，汪凯琳，等．考虑寿命损耗的微网电池储能容量优化配置[J]. 电源学报. 2024，22(1)：101-109.

[15] 李涛，许苑，陈健，等．计及全寿命成本和收益的微电网储能优化配置[J]. 电力系统及其自动化学报，2020，32(03)：46-51+58.

底水油藏高黏原油驱替开采控制水锥技术研究

杨志成[1]　蒋维军[1]　王海波[2]　乐　平[2]　汪周华[2]　范庆振[2]

[1. 中海石油(中国)有限公司天津分公司；2. 西南石油大学油气藏地质与开发工程国家重点实验室]

摘　要　底水锥进是影响高黏度底水油藏开发效果的主要因素，底水锥进往往使生产井含水率升高，产油量迅速下降。本文通过建立油藏数值模拟机理模型，采用数值模拟方法，研究不同驱替开采方式和注采参数对抑制、延缓底水锥进的效果，发现氮气泡沫对于薄层、具有顶部微构造的储层控制底水锥进效果好；活性水对厚层、井间剩余油富集的储层效果较好，明确驱替开采最佳井距。此外，本文针对某海上油藏典型井组完成了驱替开采注采方案的优化设计，达到降低井组含水率，提高采出程度的目的。

关键词　高黏度；底水油藏；驱替；底水锥进

高黏度底水油藏的开发的最大难题就是底水锥进，原油黏度高、油水流度比差异大、底水能量充足，易在井底形成水锥导致油井产油量骤减。因此，高黏度底水油藏开发的核心问题是如何控制底水锥进，保持底水均匀驱替，降低油井含水率，提高水驱波及效率，尽量延长油井的无水采油期，预测底水突破时间，从而提高高黏度底水油藏采收率。现有抑制底水锥进的方法主要分为两大类：一是生产措施调控，包括关井压锥、控制合理的注采速度、井网和射孔位置优化；二是提高采收率技术应用，包括水平井技术、驱替开采(注气、气体泡沫、注水)、封堵剂等。前人从水脊的形成机理到矿场的实例应用均做了大量研究，但对应黏度较高的原油其不利的水油流度比会导致更严重的水脊水窜，本文结合研究区实际油藏和高黏流体原油实际情况，从均衡开采驱替补能控水锥的角度出发，探究黏度较高底水油藏稳油控水的提高采收率技术。

1　高黏度底水油藏水锥及控制水锥机理模拟

以某海上高黏度底水油藏为例，建立三维三相精细数值模拟机理模型。以油藏参数和生产参数设计机理模型的水平段和采液量，模拟开采过程中底水锥进的过程，并对驱替开采控制水锥进行模拟和研究。

1.1　高黏度底水油藏水锥形成

通过 Eclipse 数值模拟软件建立网格 500×2×50 的机理模型。模型采用相似原则，依据现场水平井尺寸以 1∶200 比例缩小水平段长度和油井产量。油藏平均井距 400m，水平井水平段 800m、单井平均液量 800m^3/d。机理模型中设置两口生产井 A-9H 和 A-1H，井距 400m，单井水平段 4m，定液 4m^3/d 生产。

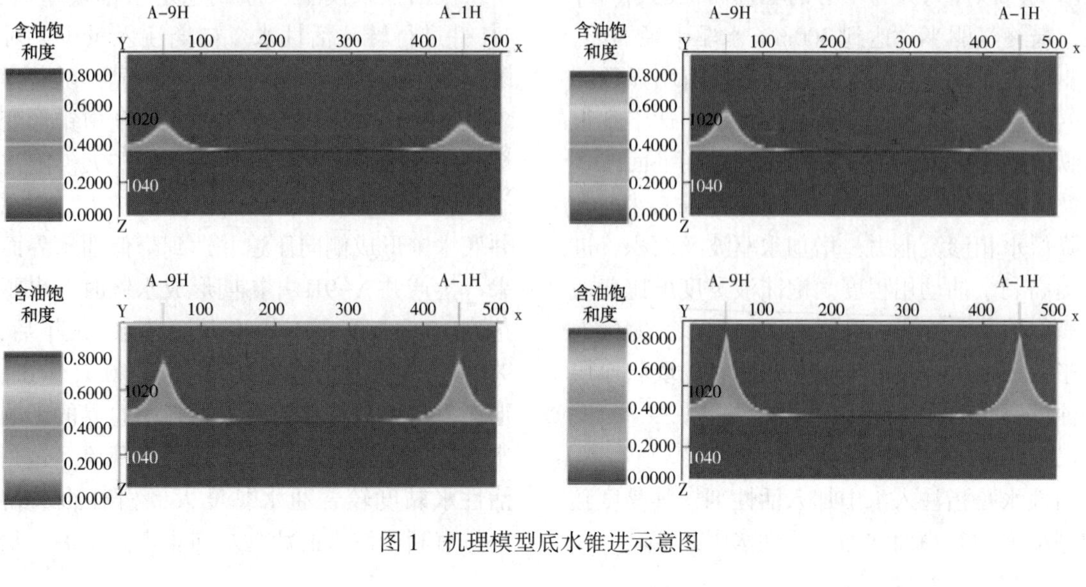

图 1　机理模型底水锥进示意图

开井初期，随累计产油量的增加，井筒周围形成局部压降，油水流度比差异巨大，导致底水向井筒流动速度快于原油，水锥高度逐渐上升。底水水锥形态稳定后水驱半径 100m，水驱波及效率约 25%，两口生产井间存在大量无法发动用剩余油。

1.2 驱替开采控制水锥研究

（1）氮气-泡沫

在生产井形成水锥后，将 A-1H 井进行转注，通过注入氮气-泡沫达到驱替井间剩余油，进而控制 A-9H 井底水锥大小和形态的目的。氮气-泡沫利用注入气体聚集在储层顶部的特性，着重驱替顶部剩余油；同时泡沫增加驱替液的黏度，减小水油流度比，增大横向波及范围，从而相比普通注水提高了波及系数。注入参数以储层注采平衡为基础，设计氮气-泡沫以（日注气量 $168m^3/d$ 和日注水量 $12m^3/d$）1∶1 段塞交替注入（本文中出现的体积均为地面体积）。

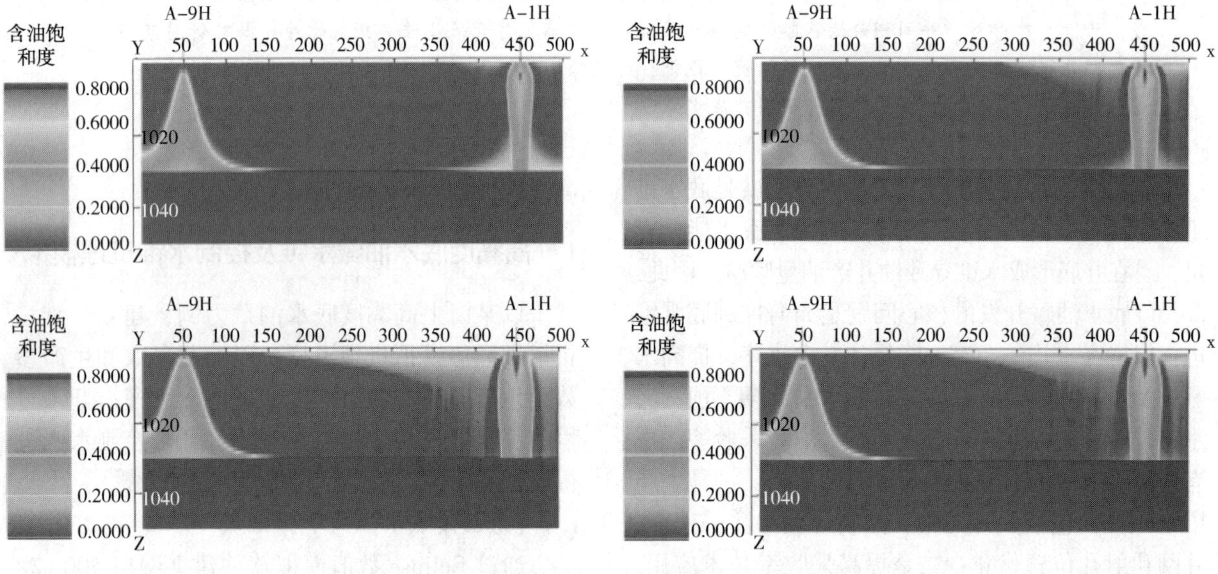

图 2　注入氮气-泡沫随时间变化

转注井（A-1H）注入氮气泡沫，开始在井筒附近形成局部高压，注入气体由于油气密度差异上浮至储层顶部，在顶部平面扩展和纵向聚集，最终形成向斜下方驱油；累计注入液量增加，液体沿井筒径向驱油，使转注井井筒附近水驱波及面积增大。以注入井为中心的驱替面积逐渐向外扩展，最终气驱半径达到 300m、水驱半径 30m。气体驱油主要集中在储层顶部，在没有明显顶部构造的储层，气体平面窜流速度过快，达不到很好的纵向驱油效果。泡沫作用机理是在平面或垂向驱替形成水相优势通道后，选择性进入然后起泡，降低水相渗流能力，增加水驱波及面积，进一步提高剩余油动用程度。泡沫液黏度虽比普通水高，但原油黏度大，井间剩余油较多，氮气泡沫对于机理模型中没有经过平面驱替的块状厚层剩余油的驱替效果不是很好。

（2）活性水

活性水是指注入水中加入活性剂，其黏度随活性剂浓度的升高而增加。活性水因黏度高，注入储层后驱油的波及面积也更大，有利于提高采出程度，适合海上油田的高环保要求。机理模型中转注井（A-1H）活性水浓度为 0.2%，日注入量 $15m^3/d$ 进行模拟。生产井以定液量 $4m^3/d$ 进行生产。

注活性水模型从形成稳定水锥模型后，A-1H 井进行转注活性水。初期注入量少，对井筒附近剩余油的平面驱替效果不明显；随着累积注入量增大，注活性水驱油面积逐渐由锥形变成扇形，注入水驱油的波及面积不断扩大。随注入时间推移，A-1H 井驱油面积逐渐扩大，对 A-9H 井底水锥形成侧向压迫并达到降低油水界面的效果。生产井 A-9H 井初期形成水锥时，水驱半径达到 100m，A-1H 井注入活性水 15 年后，A-9H 井右侧水驱控制半径缩减至 60m，同时水锥形态发生明显偏移，受模型封闭边界的影响出现水锥底部左边界高，右边界低的现象。这是因为活性水黏度较普通水黏度大，相对油水黏度比小，有利于注入的活性水向生产井驱油，从而达到侧向压迫水锥的效果。

1.3 不同井距下驱替开采压锥效果

（1）注活性水

井距的大小直接影响着注入井对生产井水锥的控制效果。油藏目前平均井距400m，机理模拟研究中氮气-泡沫和注活性水都不能很好的改变水锥的形态和大小。因此，通过改变两井之间井距（100m、200m、300m、400m），得到不同井距下注活性水驱油（15年）控制水锥效果。

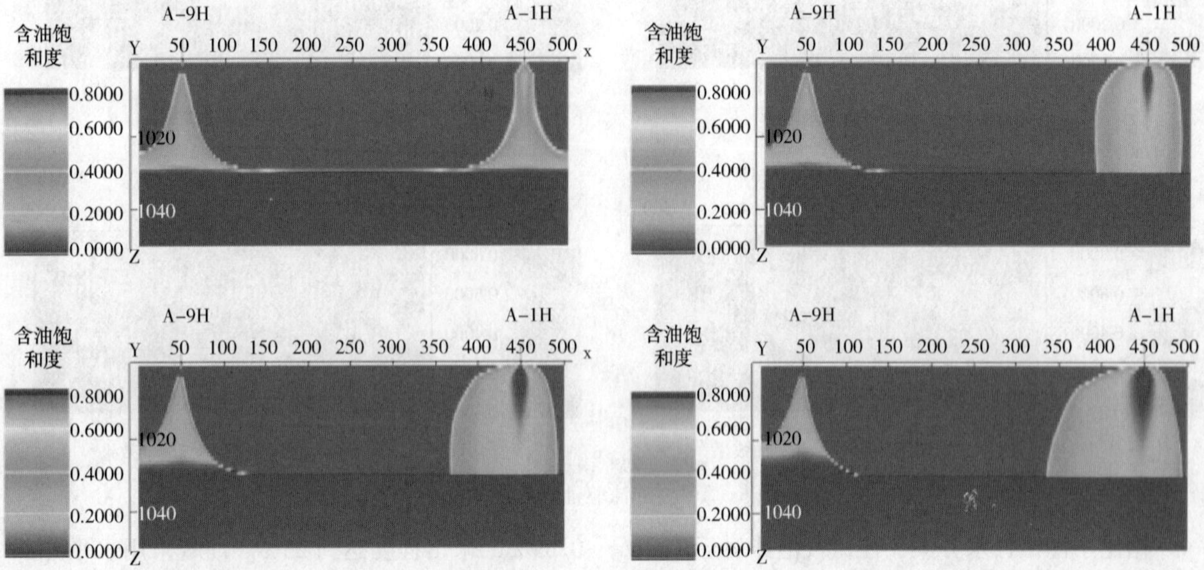

图3　注入活性水随时间变化

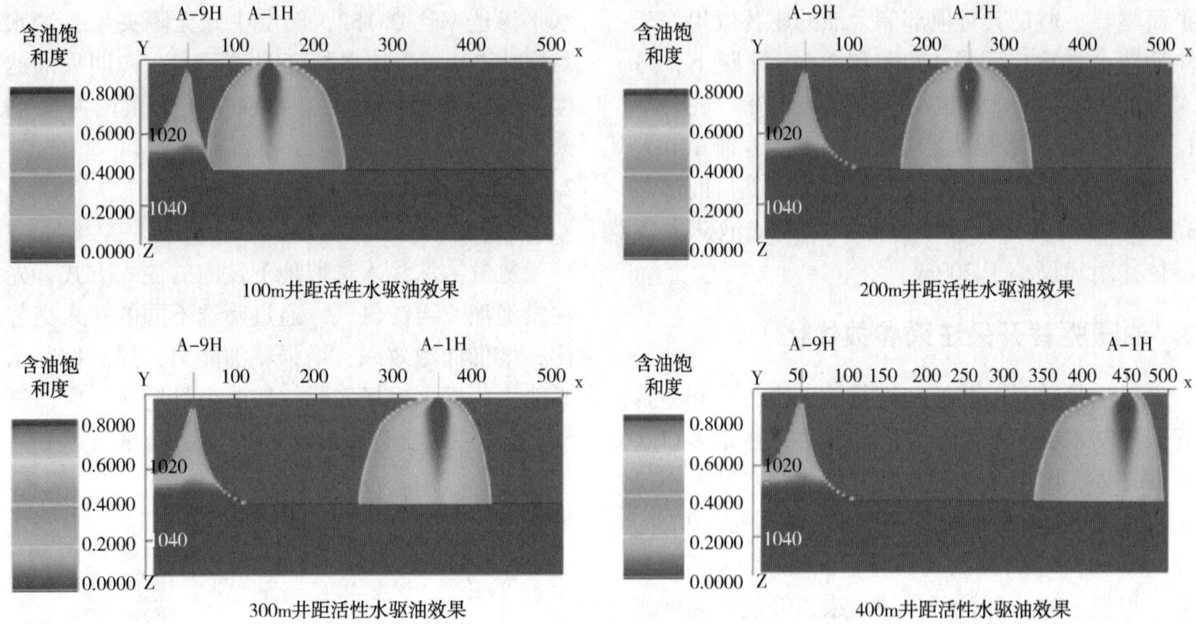

图4　活性水驱油随井距变化

模拟中最小井距为100m，虽然生产井井底水锥形态发生明显偏移，水锥右边界水驱半径缩小至30m，剩余油驱替效果好，但是井距小于现场经济极限井距，因此应用性不强。当井距分别为200m、300m、400m井距时，注活性水控制水锥效果逐渐变差，水锥右边界水驱半径缩至约50~60m。因此在目前驱替方案下，最佳井距保持在150~200m，对高黏度厚层油藏形成的水锥能达到比较好的控制效果。

（2）注氮气-泡沫

注入氮气-泡沫时，由于氮气在储层顶部聚集，且易平面扩展。因此需设计合理的井距与注入量相匹配，保证注入气既能充分驱油，又能尽量少的气窜。

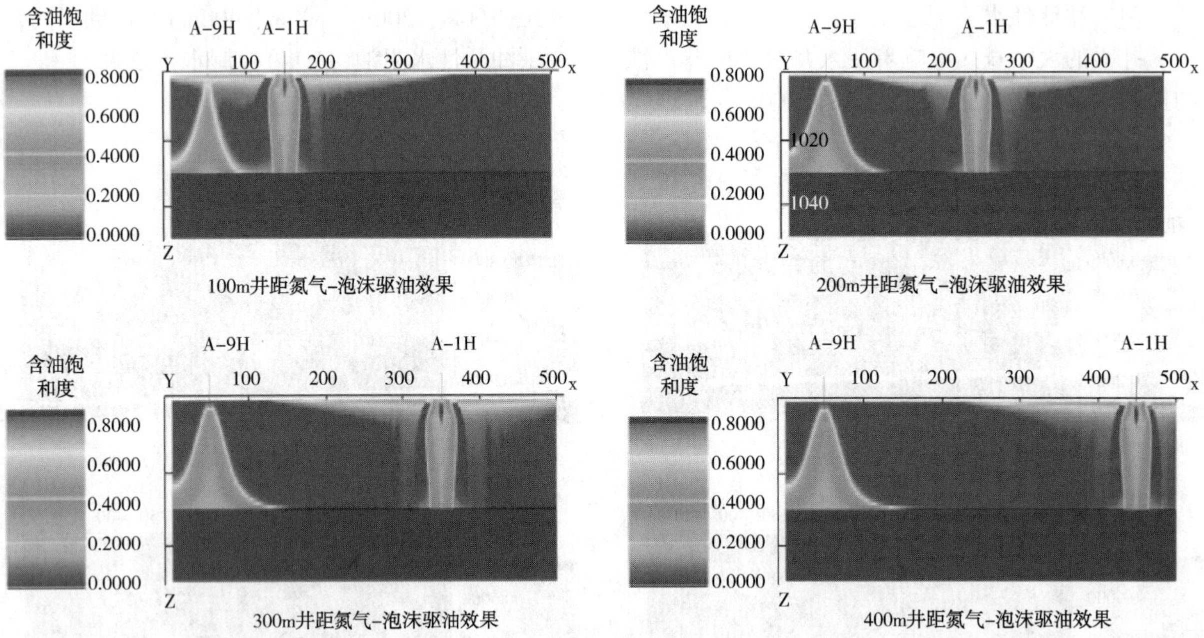

图 5　氮气-泡沫驱油随井距变化

相比于注活性水方案，注氮气泡沫对于顶部剩余油动用效果较好，但是氮气-泡沫驱油范围有限，不能对黏度较高的块状厚层进行远距离的平面驱替，但是其对顶部剩余油的驱替效果好于注活性水方案，明显 100m 和 200m 井距下，注入氮气-泡沫，对水锥大小的控制较好。气驱半径相比注活性水要大得多，一般能达到 150m，对顶部原油的驱替效果较好。因此，就目前油藏高(油水)流度比条件下，原油注氮气泡沫方案最佳井距建议小于 200m。

2　油藏驱替开采注采参数优化

以上是针对双井模型进行的水锥产生和驱替开采控制水锥的研究。实际油藏中往往是多口水平井开采，因此，采用驱替开采控制水锥，不仅是机理模型中的一维驱替，而以转注井为中心的径向驱替，达到控制周围生产井底水锥进的效果。根据上述机理模型模拟结果，开展高黏度底水油藏控制底水锥进和提高采收率参数优化研究。

该油藏为河流相沉积，属海上疏松砂岩高黏度油藏，埋深浅，油水界面深度为 1030m，油藏初始压力 9.4MPa，初始温度 65℃，原油黏度 140mPa·s，平均孔隙度 0.27，平均渗透率 2500mD，储层有效厚度 5.7m，目前采油速度 0.39%，采出程度达到 25%。油藏采用水平井部署开发，平均井距 400m，油藏平均单井产液 800m^3/d，测井数据显示储层呈复合韵律，垂向水平渗透率比 0.152，储层中间无隔夹层，油水黏度比 291.7。油水黏度差异巨大，初期采油速度快，极易形成水锥，导致存在大量的井间剩余油。

2.1　氮气泡沫

(1) 注入交替比优选

氮气泡沫注入选取地下发泡的注入方式，先注发泡液，再注氮气。通过筛选不同的注入交替比，增加起泡效果，增强驱油能力，提高控制水锥能力。根据现场实际一般 3 个月轮换一次，氮气-泡沫注入交替比设计为 3 : 3、6 : 3、3 : 6。

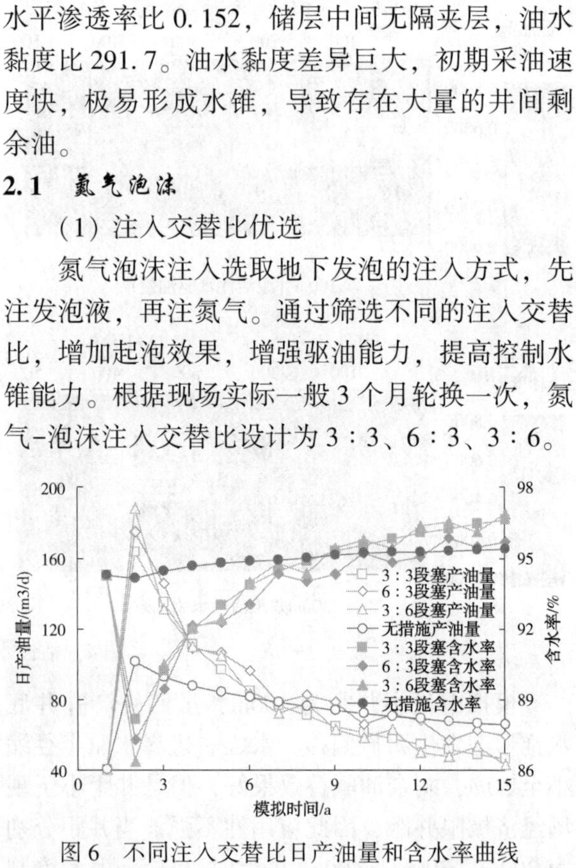

图 6　不同注入交替比日产油量和含水率曲线

氮气-泡沫注入交替比筛选中，3 : 3、3 :

6、6∶3三种注入方式累产油量依次增加，含水率则呈现出相反的趋势，交替比6∶3时，达到累产油量最高，且平均含水率最低。氮气泡沫方案日产油量出现明显单峰值，日产油量最高达到187m³/d，后期随氮气-泡沫交替注入，日产油量总体呈波动下降。注氮气泡沫含水率曲线在初期由于注气抑制油井产水，含水率降低7%，后续随氮气-泡沫的交替注入，呈现先下降后上升的趋势。对比氮气-泡沫和无措施方案，无措施方案初期产油量少，后期保持平稳的产量递减；含水率保持平稳上升，相比氮气-泡沫含水率下降7%控水效果，无措施方案增产和控制含水率效果较差。

（2）生产井提液倍数优选

针对驱替开采控制底水锥进和提高采收率技术，根据注采平衡原则往往要提高生产井的产液量，保持地层压力平稳，也可以增加累产油量。研究在现有氮气泡沫注入量下，将生产井的液量分别提高至1.0、1.1、1.2、1.3、1.4、1.5、1.6倍，并设置含水率98%关井，探究生产井产液量对水锥控制的影响。

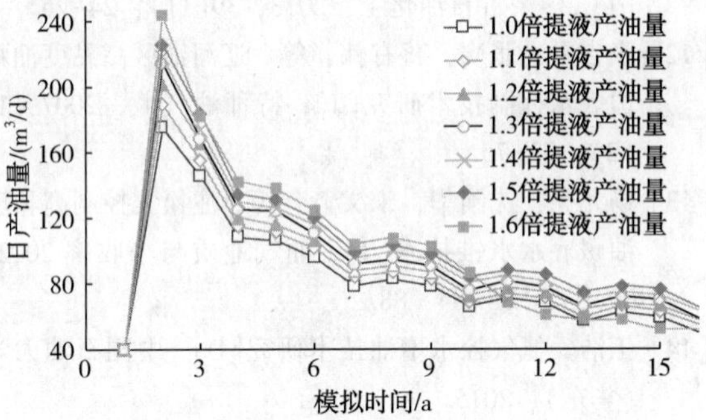

图7　日产油量随提液倍数变化曲线

研究表明生产井提液对采出程度的增加呈现出正相关趋势，但是提液至1.6倍时，底水锥进形成优势通道，导致单井含水率不断升高，后期日产油量快速下降。因此，提液并不是越高越好，针对特定的储层和注采平衡体系存在最佳提液量，所研究油藏最佳提液倍数为1.5倍。

2.2　活性水驱

活性水中活性剂浓度(0.2%、0.5%、0.7%、1.0%)不同，其黏度分别为地层水2.10~2.56倍。不同浓度的活性水注入储层后，因其黏度不同，波及效率也有所差别，最终反映在控制水锥的效果也不同。

不同浓度活性水的油水相渗曲线整体形态基本一致，但是各自端点和曲线上翘幅度不尽相同。活性水浓度从0.2%增加到1.0%，测试出其含水饱和度最小值随活性水浓度的升高而减小，具体从14.24%~13.12%变化。含水饱和度最大值是我们确定水驱油残余油饱和度关键参数，测试数据显示随活性水浓度从0.2%增加到1.0%，油水相对渗透率曲线的残余油饱和度从34.0%减小至27.7%，说明活性水浓度越高对原油的驱替能力越强，理论上驱油效果越好。这对加强平面驱替，压制底水锥进，提高油藏采收率效果显著。

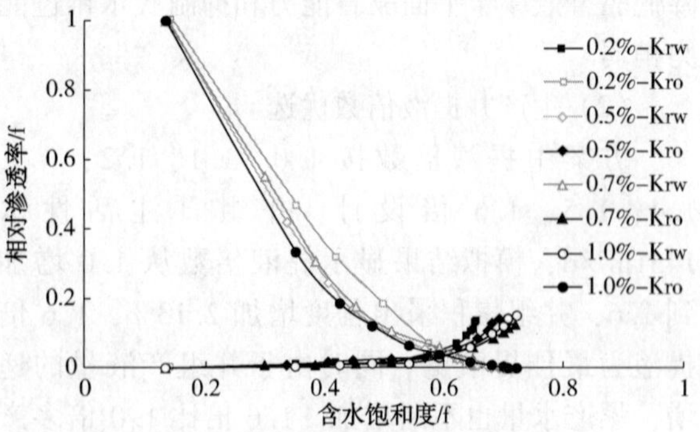

图8　不同浓度活性水油水相对渗透率曲线

（1）活性水浓度

设置活性水注入浓度分别为0.1%、0.2%、0.4%、0.6%，分级调用之前测试不同浓度活性水的油水相渗曲线，实现注入水的黏度随注入浓度的增加而增加的黏度时变模型。达到注入水黏度随距井筒半径的增加而减小，达到精确模拟注入不同浓度活性水驱油和控制水锥的效果。

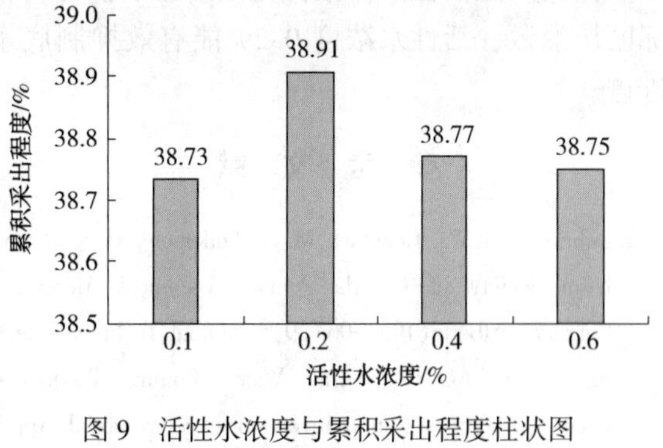

图9　活性水浓度与累积采出程度柱状图

活性水浓度分别为0.1%、0.2%、、0.4%、0.6%，从模拟结果来看并不是浓度越高，实际驱油效率越高，反而是中间值0.2%效果最好。其他0.4%和0.6%的驱替效果相比0.2%都有所减小，分析是浓度为0.2%的活性水在黏度和流动两者之间取得了平衡，黏度稍大，摩阻增加，降低驱替效率，平面驱替能力和抑制底水锥进能力稍弱。

（2）生产井提液倍数优选

方案中提液倍数按1.0、1.1、1.2、1.3、1.4、1.5、1.6倍设计。井组日注活性水1431m³/d，模拟结果显示提液倍数从1.0增加到1.6，井组累积采出程度增加2.13%，1.6倍提液为最佳提液量。同时由于井组产液量的递增，累产水量也不断增加。1.6倍比1.0倍多产水$7.95\times10^6m^3$。单井含水率显示，提液倍数越大含水率上升越快，且越靠近注入井的生产井含水率初期降低越明显。

3 结论

（1）驱替开采控制底水锥进，井网井距不宜太大。井间剩余油富集的区块活性水驱油效果更好。驱替开采控制水锥过程中井距的控制建议氮气-泡沫驱井距小于200m，活性水驱井距150~200m。

（2）油藏氮气-泡沫控制底水锥进模拟显示，邻井注氮气泡沫，加强了储层的平面驱油，可以延缓和抑制底水锥进，明显降低井组含水率。氮气-泡沫以段塞比6：3，生产井提液1.6倍为最佳注入参数。

（3）高黏度底水油藏注活性水驱替厚层剩余油的效果明显，活性水黏度比地层水黏度稍大，有利于平面驱替井间剩余油，侧向压迫生产井水锥，迫使水锥发生侧向偏移，抑制水锥面积的进一步扩大。注活性水参数优化结果显示：针对目标区块油藏，活性水浓度0.2%能有效抑制底水锥进。

参考文献

[1] Luhning, R.W, Chmilar, M.J, Anderson, B.S.[Petroleum Society of Canada Annual Technical Meeting - Calgary, Alberta(1990-06-09)] Annual Technical Meeting - The AOSTRA Anti Water Coning Technology (AWACT) Process-From Invention To Commercial Application[J].

[2] Tai W. Visualization Study on the Bottom-Water Coning in Large-Scale Cavity of Fracture-Cavernous Reservoirs [J]. 2012, 33(6): 989-992.

[3] Lai S Z, Wardlaw N C. Factors Affecting the Application of Anti-Water Coning Technology (AWACT) At the South Jenner Oil Field, Southeast Alberta [J]. Journal of Canadian Petroleum Technology, 1999, 38(03): 25-37.

[4] Ping Yue, Bingyi Jia, James Sheng, et al. A coupling model of water breakthrough time for a multilateral horizontal well in a bottom water-drive reservoir, Journal of Petroleum Science and Engineering, Volume 177, 2019, Pages 317-330.

[5] Bahadori A, Nouri A. Prediction of critical oil rate for bottom water coning in anisotropic and homogeneous formations [J]. Journal of Petroleum Science & Engineering, 2012, 82-83(none): 125-129.

[6] 李传亮，杨学锋．底水油藏的压锥效果分析[J]．大庆石油地质与开发，2006，25(05)：45-49.

[7] 谭捷．海上强底水油藏关井压锥效果及运用[J]．石油化工应用，2019，38(12)：11-14.

[8] 梁丹，曾祥林，房茂军．关井压锥控制底水锥进效果分析[J]．石油钻探技术，2012，40(06)：67-70.

[9] 张学磊，李传亮，樊茹，等．采油速度对油水界面上升和底水锥进的影响[J]．断块油气田，2010，17(5)：583-585.

[10] 聂彬，刘月田，杨海宁．欢17块底水油藏水锥起降规律影响因素研究[J]．特种油气藏，2012，19(04)：84-87.

[11] 张玉梅．巨厚状底水油藏压水锥试验可行性研究[J]．内蒙古石油化工，2013，39(11)：24-25.

[12] 张吉昌，张鹰，蒋有伟，等．辽河油区高黏度油藏边底水控制技术研究[J]．特种油气藏，2007，14(2)：73-75.

[13] 杨元亮，沈国华，宋文芳，等．注氮气控制高黏度油藏底水水锥技术[J]．油气地质与采收率2002，09(03)：83-84，88.

[14] 王浩．氮气控水增油技术研究[D]．中国石油大学(华东)，2015.

[15] 文凤余．边底水高黏度油藏氮气调剖技术研究[D]．中国石油大学，2007.

[16] 庞占喜，程林松，陈月飞，等．常规高黏度底水油藏氮气泡沫控制水锥技术研究[J]．石油学报，2007，28(05)：103-107.

[17] 王鹏，赵凤兰，侯吉瑞，等．氮气泡沫吞吐抑制潜山底水油藏水平井底水锥进实验研究[J]．油气地质与采收率，2018，25(05)：110-115.

[18] 殷方好，郑强，田浩然，等．高黏度油藏吞吐后转氮气泡沫驱[J]．大庆石油地质与开发，2013，32(02)：114-117.

[19] 王杰祥，王腾飞，任文龙，等，常规高黏度边水油藏氮气泡沫抑制水侵试验[J]．中国石油大学学报(自然科学版)，2013，37(02)：75-80.

[20] 刘永革，刘慧卿，庞占喜，等．底水高黏度油藏双水平井泡沫压脊技术及参数优化[J]．油气地质与

采收率，2012，19(04)：74-77.

[21] 孙琳，赵凡琪，张芸，等．高温高盐底水油藏氮气泡沫压锥实验研究[J]．油气地质与采收率，2017，24(06)：97-102.

[22] 王兵．高温高盐底水油藏氮气泡沫压锥实验研究[D]．西南石油大学，2015.

[23] 马跃，唐晓旭，刘晖，等．海上底水高黏度油藏氮气泡沫压锥技术研究与应用[J]．中国海上油气，2012，24(01)：49-54.

[24] 黄咏梅，王子胜．产液量变化对水锥的作用机制[J]．油气地质与采收率，2008，15(06)：83-85.

[25] 曹建坤，杨生柱，张宏强，等．底水油藏堵水技术研究[J]．石油勘探与开发，2002，29(05)：80-81.

[26] Yue Ping，Zhou Jiantang，Kang Li Xia，et al. Reservoir and Wellbore Flow Coupling Model for Fishbone Multilateral Wells in Bottom Water Drive Reservoirs [J]. JOURNAL OF ENERGY RESOURCES TECHNOLOGY-TRANSACTIONS OF THE ASME，2021 (12).

[27] 李丰辉，乐平，王聚锋，等．强底水油藏剩余油分布特征及驱替开采可行性研究——以CFD11-1油田NgⅢ砂体为例[J]．石油地质与工程，2020(06)：47-52.

[28] Yue Ping，Guo Chunqiu，Cheng Xiaofan，et al. A transient flow model for multilateral horizontal wells in bottom water drive reservoirs [J]. INTERNATIONAL JOURNAL OF OIL GAS AND COAL TECHNOLOGY，2020(1)：1-17.

[29] Yue，Ping，Yang Hongnan，He Chuanjian，et al. Theoretical Approach for the Calculation of the Pressure Drop in a Multibranch Horizontal Well with Variable Mass Transfer [J]. ACS OMEGA，2020 (45)：29209-29221.

[30] 冯鑫，杨宏楠，乐平，等．海上高含水稠油油藏治理对策研究[J]．非常规油气，2021(02)：62-70.

鄂尔多斯盆地东部深层煤岩气产水机理及开发对策研究

李旻杰　孟凤鸣　杜　静　王　乾　刘濮毓　郝博斐

(中国石油长庆油田公司)

摘　要　煤岩气是以中高阶煤岩自身生成或从其他气源运移而赋存于煤岩储层中，通过储层改造可快速产气并能规模开采的烃类气体，但由于生产阶段大量产水严重制约盆地东部深层煤岩气气藏的经济有效开发，因此准确认识深部原位条件下气、水微观赋存特征，是煤岩气资源高效开发的重要前提。本文利用深层煤岩气地质资料、试气资料、水化学实验和排采生产动态，分析煤岩气储层含水率、水型、矿化度等特征，明确水的产出机理及预测产水量，为气藏开发阶段有效防水治水提供依据。结果表明：盆地东部深层煤岩气产水阶段主要分为单相水阶段、气水两相阶段(不饱和两相渗流和两相渗流阶段)、单项气阶段四个阶段；对比氯离子浓度预测法与相渗曲线预测法，分析误差氯离子浓度预测法误差控制在8.7%，相渗曲线预测法误差控制在15%以内，最终确定利用氯离子浓度预测产水量；在实际开发过程中地层压力分布情况、应力敏感、泄流半径三者之间互相影响，本文统计了盆地东部目前12口煤岩气水平井的投产天数-返排率以及投产天数-累产气量的关系，运用迭代计算的方法，最终确定最佳日返排率为0.85%。明确煤岩气井产水机理，合理预测产水量，控制合理的日返排率是降低盆地东部深层煤岩气风险和延长气井稳产期的重要手段。

关键词　深层煤岩气；产水机理；产水量预测；返排率

鄂尔多斯盆地在晚古生代构造稳定的条件下，由陆表海向河流-湖泊相过渡，发育三角洲等含煤沉积体系，为后期煤层的形成奠定物质基础；中生代以来盆地经历三期构造演化过程，分别发生在印支晚期、燕山中期以及喜马拉雅晚期，为现今盆地的构造格局奠定基。研究区内主力含煤层系主要为二叠系山西组4+5#煤和石炭系的本溪组8+9#煤，由于本溪组沉积环境为陆表海发育主要阶段，因此，本溪组8#煤分布广泛且稳定，在盆地东部分布厚度比中西部大，为后期煤层气勘探的主要区域。

1　煤岩储层基本特征

鄂尔多斯盆地东部本溪组8#煤岩孔隙度0.5%~10.7%，平均4.8%；分煤岩类型来看，光亮煤、半亮煤孔隙度明显高于半暗煤。渗透率0.01~14.6mD，平均2.45mD，储集性能较好；分煤岩类型来看，光亮煤、半亮煤渗透率为0.49~16.54mD，平均值为7.36mD；半暗煤渗透率为0.17~25.07mD，平均值为3.65mD。光亮煤、半亮煤渗透率整体高于半暗煤，主要是由于光亮成分中裂隙更为发育。总体上，平面上，煤层厚度越大，物性相对越好。

2　储层产水机理

2.1　产水阶段划分

煤岩气储层产水的全生命生产周期一般包括单相水阶段、气水两相阶段(不饱和两相渗流和两相渗流阶段)、单项气阶段(图1)。

(1) 单相水流Ⅰ：该阶段主要发生在套管排液及油管排液阶段，主要排出裂缝、节理中的压裂液，生产特点是产水量大，该阶段气井不产水，气藏的地层压力减小；

(2) 不饱和两相渗流Ⅱ-1：该阶段游离气及压裂液共同参与渗流，在近井地带地层水饱和度减小幅度较大，气相开始参与渗流，在近井地带出现了气液两相渗流，但是在远离气井井筒的位置仍然为单相水流，气体不参与渗流；

(3) 两相渗流Ⅱ-2：该阶段仍然为两相渗流，解吸气、游离气及压裂液共同参与渗流。但不同的是在近井地带气液两相流气相的相对渗透率逐渐增大，远离井筒的位置出现非饱和气液两相流，更加远离井筒位置为单相水流，该阶段气井基本进入稳产状态，产水量持续减小，地层压力降低速率也基本保持稳定；

（4）单相气流Ⅲ：该阶段进入了单相气渗流的阶段，束缚水状态下只有煤岩气参与渗流，此时气井不在产水。

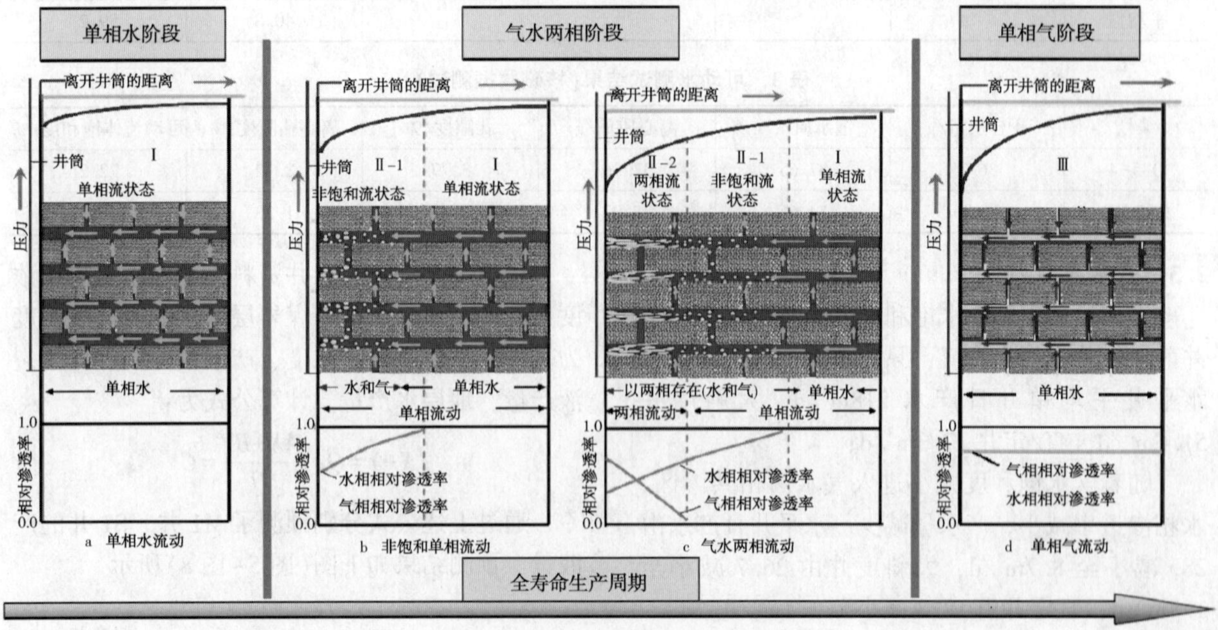

图1 煤岩气井全生命周期内的流态

2.2 相对渗透率实验

开展室内相对渗透率实验研究，选取7块岩石样本分析研究区气水微观渗流特征，从而为气水渗流规律和储层产水机理分析提供理论参考。实验步骤主要包括以下4步：

（1）煤岩样品烘干称重，测量岩心尺寸；抽真空饱和水，利用称重法测量煤岩储层的孔隙度；

（2）气(CH_4)驱水，最大气驱压力24MPa，驱替压差式中保持为3MPa，记录产水体积，直至连续30min不产水结束气驱；

（3）将束缚水状态下含气、水的岩心在70℃、24MPa温压条件下放置72h，令气水在煤岩中重新分布以及气体吸附，最大程度还原煤岩储层气水分布的真实情况；

（4）打开出口端模拟衰竭式开发，记录气水产量。

图2 Q1煤岩岩心

由实验可知，缚水饱和度28%，含水饱和度大于束缚水饱和度，核磁共振测试可动流体饱和度为46.3%～72.2%，判断煤岩基质内部分煤岩可产地层水(表1～表3)。

表1 Q1岩心基本参数

井号	层位	深度/m	孔隙度/%	渗透率/mD	束缚水饱和度/%	含气量/(m^3/t)
Q1	本溪8#煤	2633.3	4.60	2.8	28	20.1

表2 含水饱和度测试结果

序号	样品名称	岩性	顶深/m	底深/m	含水饱和度/%	含气饱和度/%
1	Q85-1-7	8#煤	2627.12	2627.31	42.15	57.85
2	Q85-2-11	8#煤	2631.02	2631.4	28.34	71.66
3	Q85-3-1	8#煤	2631.6	2631.69	44.73	55.27
4	Q85-3-6	8#煤	2632.72	2632.84	24.86	75.14

续表

序号	样品名称	岩性	顶深/m	底深/m	含水饱和度/%	含气饱和度/%
5	Q85-3-8	8#煤	2633.2	2633.32	54.1	45.9
平均值					40.8	59.2

表 3　可动水测试结果(核磁共振测试)

编号	干样质量/g	饱水质量/g	离心质量/g	孔隙度/%	离心孔隙度/%	可动流体饱和度/%
Q85-4	36.7	37.65	37.36	3.77	2.72	72.2
Q85-19	34.06	34.66	35.07	2.41	1.23	46.3

2.3　产水规律研究

水相渗透率随含水饱和度的减小而减小，开井前期气井为纯水渗流，只产水不产气，该阶段水平井平均单井日产水 $218m^3/d$，大斜度井 $51.6m^3/d$，直/定井 $37.3m^3/d$；

随着含水饱和度减小进入气水两相共渗区，水相渗透率减小，产水量减少。水平井日产水由 285 减小至 $8.7m^3/d$，大斜度井由 26.7 减小至 $1.8m^3/d$，直定井由 12.3 减小至 $1.1m^3/d$。

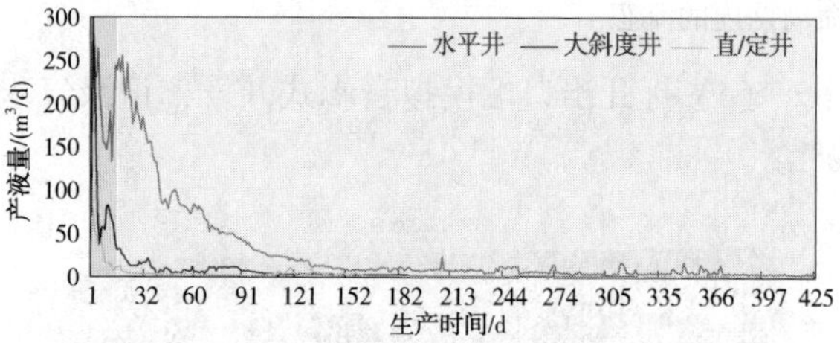

图 3　煤岩气井产水动态图

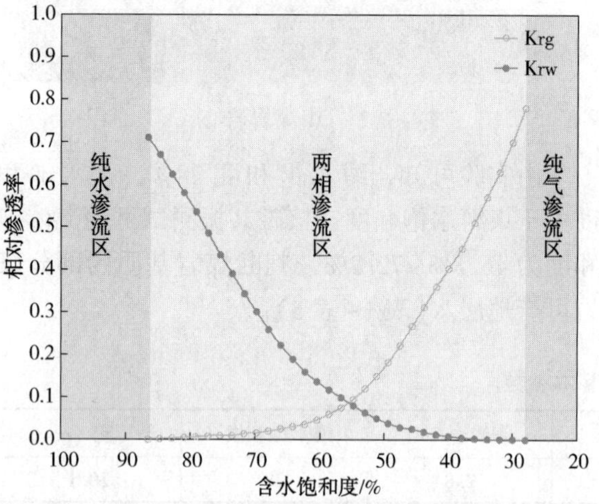

图 4　气水相渗曲线(Q1)

3　产水量预测

3.1　离子浓度预测产水量

根据产出水氯离子浓度区分了压裂液及地层水，并分别预测了产水量。

根据完井资料、录井资料、产出水氯离子浓度判断产出水来源。以煤岩层产水的氯离子浓度为基准，根据氯离子浓度、产水量分别计算压裂液产量、地层水产量。计算公式为：

$$X+Y=Q;\quad \frac{AX+BY}{Q}=C \tag{1}$$

通过上述公式分别预测了 M1 井、S1 井的产液量。预测结果如下图(图 5~图 8)所示。

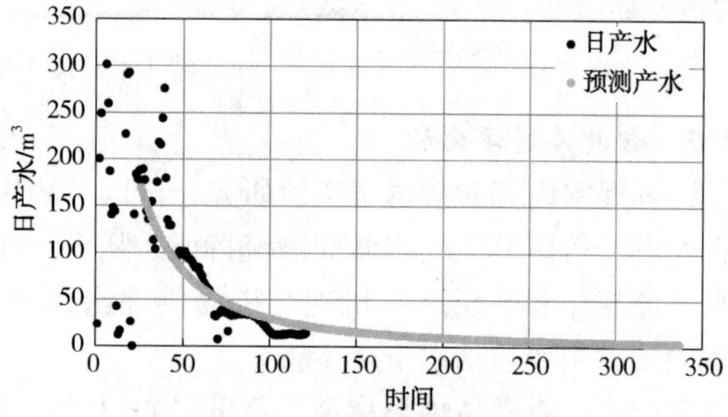

图 5　M1 压裂液产量预测

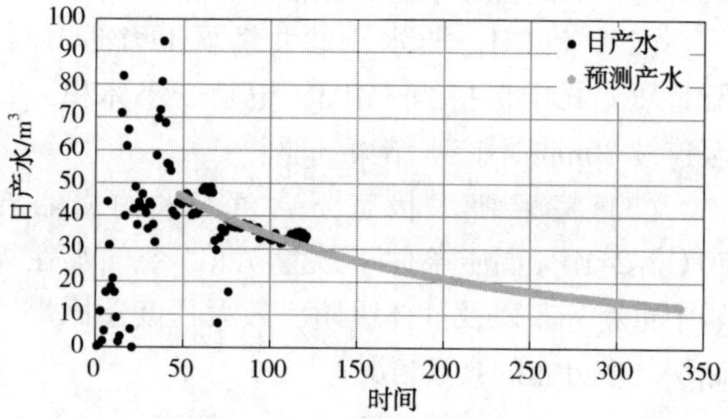

图 6　M1 地层水产量预测

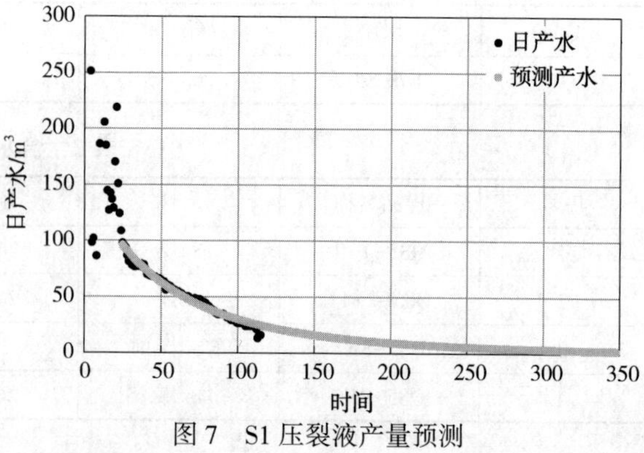

图 7　S1 压裂液产量预测

表 4　计算产水量所需参数

参数	压裂液		地层水		日产水量	氯离子浓度
	产量	氯离子浓度	产量	氯离子浓度		
单位	m^3/d	mg/L	m^3/d	mg/L	m^3/d	mg/L
符号	X	A	Y	B	Q	C
取值		3500		146000/128000		

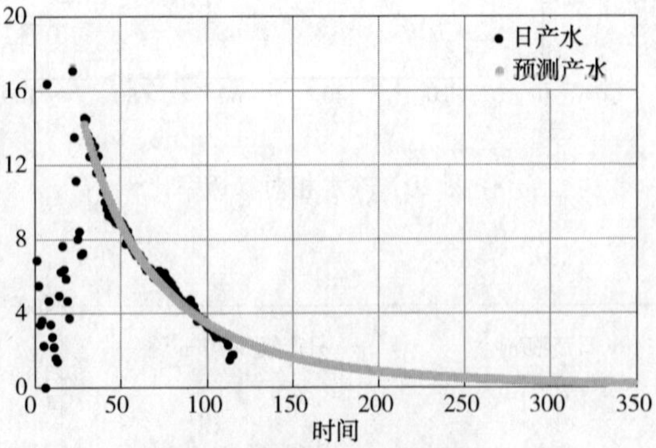

图 8　S1 地层水产量预测

M1 井开井初期压裂液返排率量较大，最大可达 $300m^3/d$，地层水产出较少，平均约为 $20m^3/d$。开发至 24d 后地层水产量逐渐增大至 $50m^3/d$，而压裂液返排量则减小至 $200m^3/d$。开发至 50d 后产水量逐渐减少，其中压裂液产量减小至 $100m^3/d$，地层水产量减小至 $42m^3/d$。

S1 井投产初期压裂液产量为 $247m^3/d$，随后逐渐递减，至投产 118d 的时候压裂液产量已经递减至 $21m^3/d$；地层水产量呈现出先增大后减小的趋势，在投产 35d 地层水产量由 $4.6m^3/d$ 增加值 $14.7m^3/d$，随后逐渐减小至 $2.0m^3/d$。

无论是地层水还是压裂液在返排的过程中均与致密气藏衰竭式开发较为相似，因此在分别明确压裂液、地层水的产水特征后，通过 Arps 递减法预测产水量。

结果如图 8 所示，分别预测了 M1 和 S1 井的产水量。

此外还按照气井分类结果，分别对Ⅰ类井、Ⅱ类井和Ⅲ类井产水量进行了预测。分析了 3 类水平井不同排液阶段，压裂液和地层水产量，具体结果见表 5。

表 5　水平井产水动态特征

气井分类	入地总液量/m^3	套管排液				油管排液				控压稳产				目前产液	
		压裂液产量/m^3	地层水产量/m^3	累产液/m^3	返排率/%	压裂液产量/m^3	地层水产量/m^3	累产液/m^3	返排率/%	压裂液产量/m^3	地层水产量/m^3	累产液/m^3	返排率/%	压裂液/m^3	地层水/m^3
Ⅰ类井	36795.2	233.2	10.9	3904.3	10.6	308	34.1	2682.5	7.3	38.6	8.7	7941.0	21.6	11.6	4.7
Ⅱ类井	25773.5	213.3	9.6	2897.8	11.2	180.2	23.2	1699.2	6.6	21.2	7.3	8015.6	31.1	5.9	3.3
Ⅲ类井	11201.1	118.9	8.7	1786.4	15.9	127.1	20.5	1476.4	13.2	22.6	4.2	3572.8	31.9	3.1	2.6

3.2　气水相渗曲线特征预测气井产水量

生产制度的变化、开关井会打破气水相渗的平衡及稳定；因此选井时应该选择生产制度较为稳定、没有频繁开关井的气井。选取 M1 井说明详细过程。

首先根据相渗曲线计算气水相对渗透率的比值。具体的计算方法及计算公式如下所示：

达西公式：

$$K=\frac{Q\mu L}{A\Delta P} \tag{2}$$

气相相对渗透率：

$$k_g=\frac{K_g}{K_{基准}} \tag{3}$$

水相相对渗透率：

$$k_w=\frac{K_w}{K_{基准}} \tag{4}$$

气水相对渗透率比：

$$A=\frac{k_g}{k_w}=\frac{Q_g\mu_g}{Q_w\mu_w} \tag{5}$$

步骤二：计算 M1 井生产全过程气水相对渗透率的比值。

大气压气体体积换算为地层体积：

$$PV=nZRT \tag{6}$$

计算气水相对渗透率比值：

$$A=\frac{k_g}{k_w}=\frac{Q_g\mu_g}{Q_w\mu_w} \tag{7}$$

地层条件下水的黏度取值 0.8，气体的黏度取值 0.016，不考虑水的体积压缩，计算结果如图所示：随着开发进行，气体的相对渗透率逐渐增大。

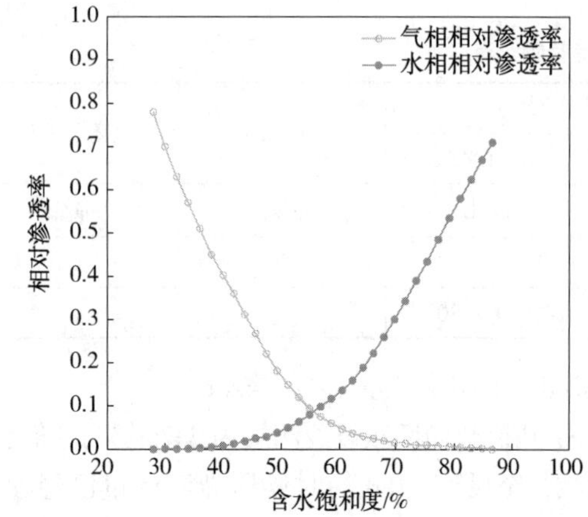

图 9　气水相渗曲线

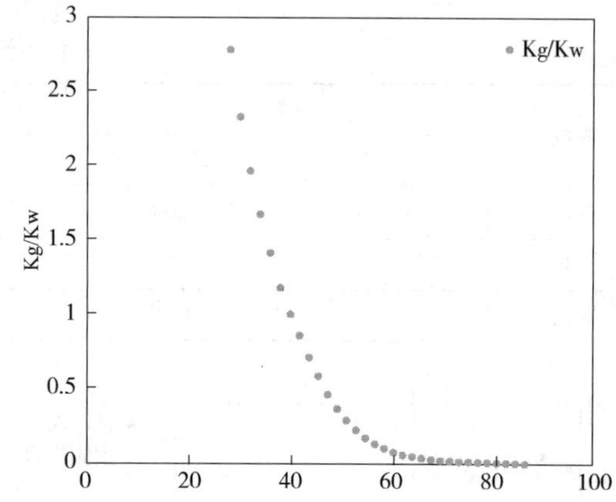

图 10　气水相对渗透率比

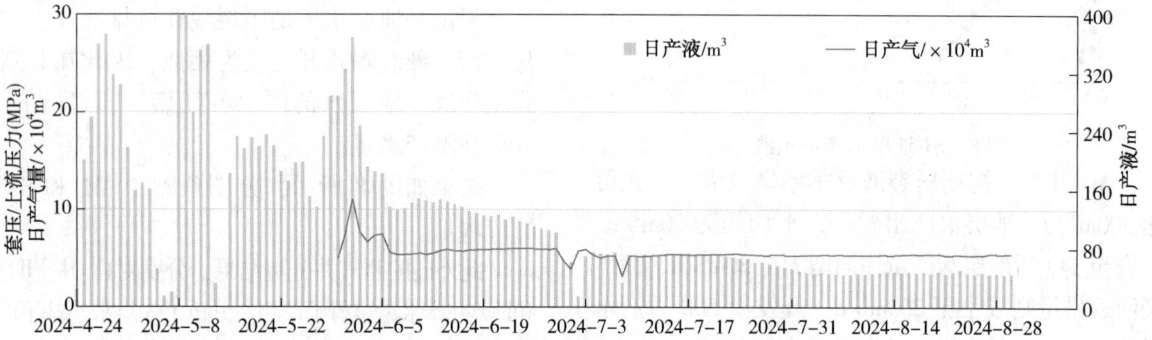

图 11　M1 生产动态

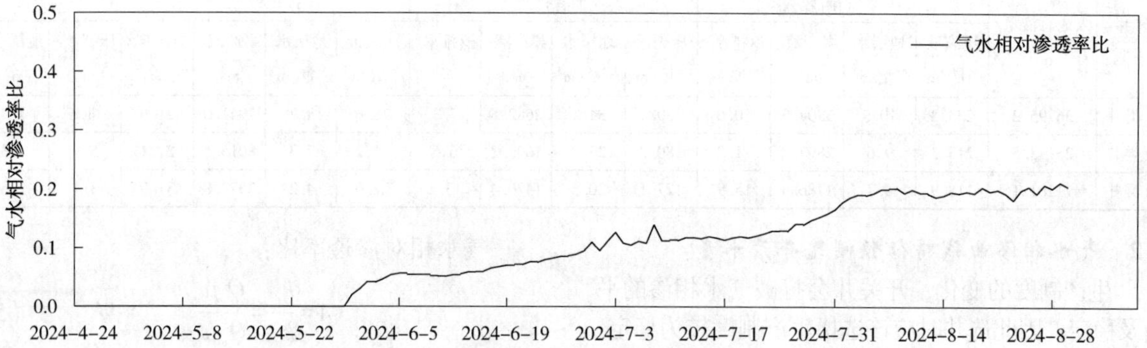

图 12　M1 气水相对渗透率比值变化特征

步骤三：将 M1 井计算的气水相对渗透率比值投影到气水相渗曲线得到的曲线上。同时根据 M1 井产水量与气水相对渗透率比值建立关系。结果如图所示，M1 含水饱和度与类产液的拟合关系近似于一条直线，通过直线拟合关系一直延伸至含水饱和度为 0 与 Y 轴的交点，代表了 M1 井动用的水体体积，结果为 $3.785\times10^4m^3$。但是相渗实验表明束缚水饱和度为 28%，最终计算在达到束缚水饱和度后累计可采出 $2.73\times10^4m^3$ 液。

步骤四：再根据分析思路，逆向反推预测 M1 井的日产水量，预测在 1600d 后将进入纯气渗流阶段，气井不再产水。

3.3　预测方法对比

根据目前研究煤岩气井前期产液量大，由于生产技术条件限制前期无法保障连续稳定生产，因此目前未达到稳定生产状态且进行连续氯离子浓度监测实验的井选取离子浓度法进行预测，对于处于拟稳定生产的采取相渗曲线法进行预测。

根据与实际生产累计产水量对比，离子浓度法平均误差 8.7%，相渗曲线法误差 14.5%。

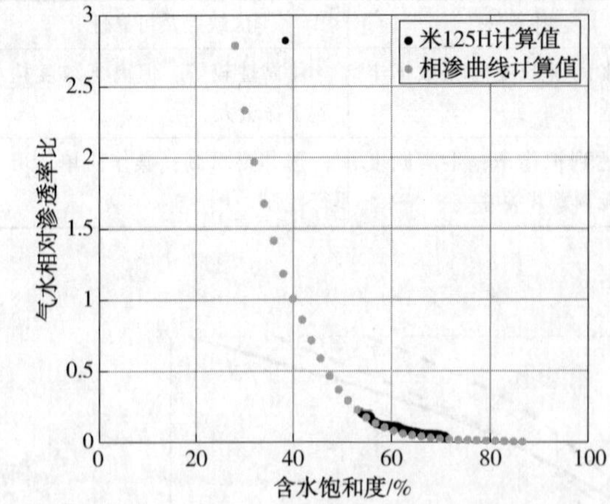

图 13 M1 气水相对渗透率比值投影

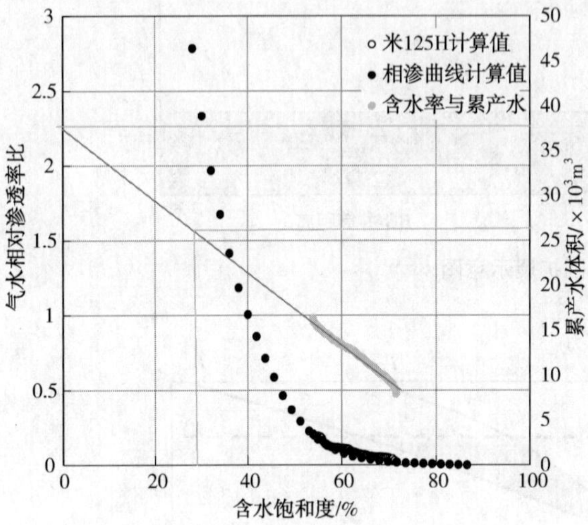

图 14 M1 水量预测(压裂液 27566 方)

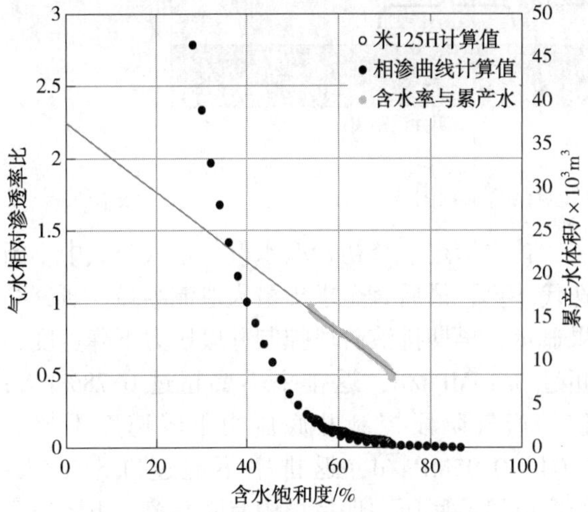

图 15 M1 气水相对渗透率比值投影

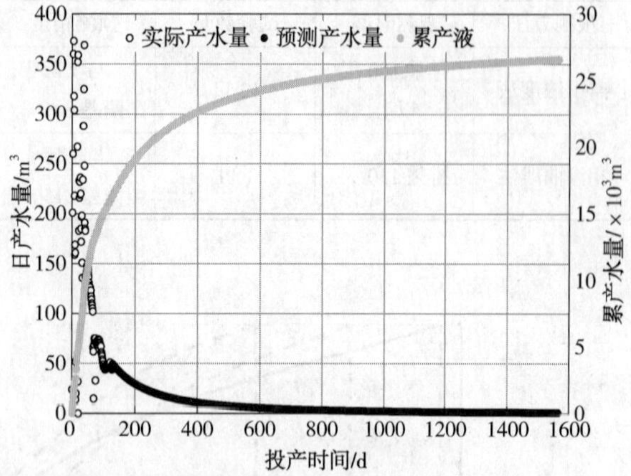

图 16 M1 产水量预测

4 对策方案

排液过程是地层压力传导的过程，在排液阶段地层压力降低、吸附气解吸。煤岩储层应力敏感性强，因此日产液量过大导致地层压力过快降低，会引起近井地带受应力敏感性影响较大，从而影响了地层压力的传导和吸附气的解吸。出现图 18 中 T1 曲线，井底流压降低幅度较大，但是地层能量传播距离较短，泄流半径较小。产液量过小会延长气井排液时间、抑制气井产能，降低经济效益。因此，综上所属，气井存在合理的产液量，既能保证压力传导的距离尽可能远，也能保证尽可能提高才气速度。最佳的压力分布曲线如图 18 中 T2 曲线。

在实际开发过程中地层压力分布情况、应力敏感、泄流半径三者之间互相影响，因此运用迭代计算的方法，最终确定最佳压降速率，扩大压力波传播范围(图 18~图 19)。

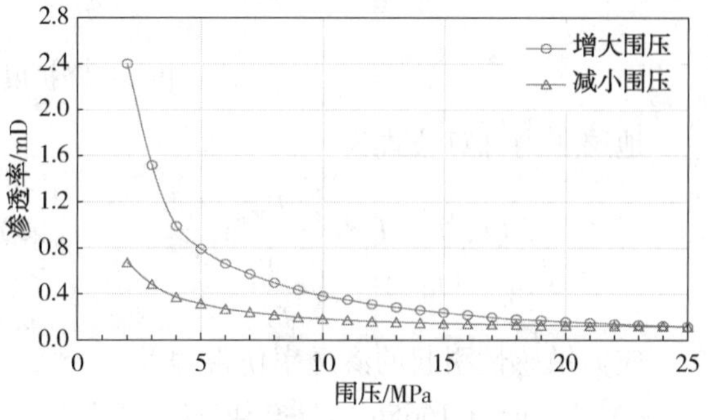

图 17 深层煤岩气储层应力敏感图

表 6　产水量预测方法适用条件

预测方法	观测时间	试验数量	预测精度	选井条件	优缺点及可靠性
离子浓度法	排采 100 天以上	12 口	与实际偏差 8.7%	产出水离子浓度监测数据丰富且连续	可靠性较好，但离子浓度检测工作量大
相渗曲线法	排采 130 天	1 口	与实际偏差<15%	气井达到拟稳态，生产制度稳定，无频繁开关井	选井要求高，操作简单，可行性强

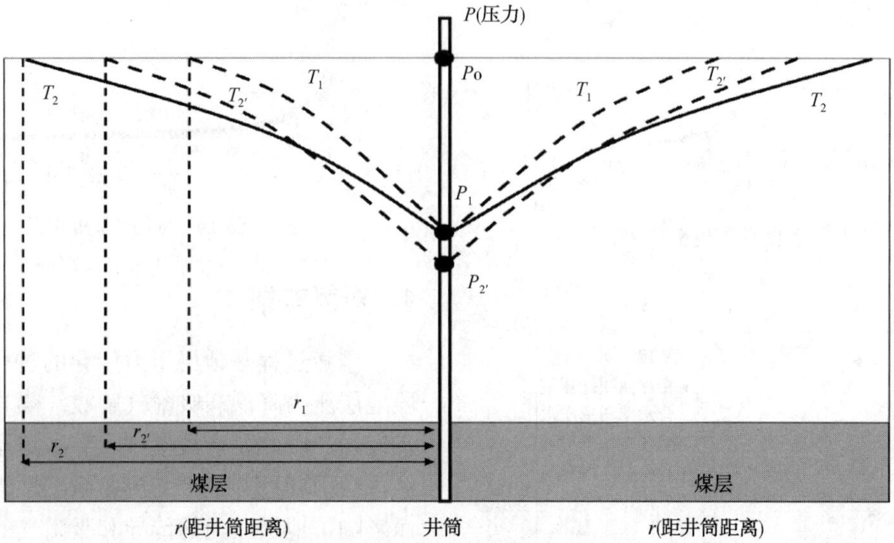

图 18　排采时压降范围扩展示意图

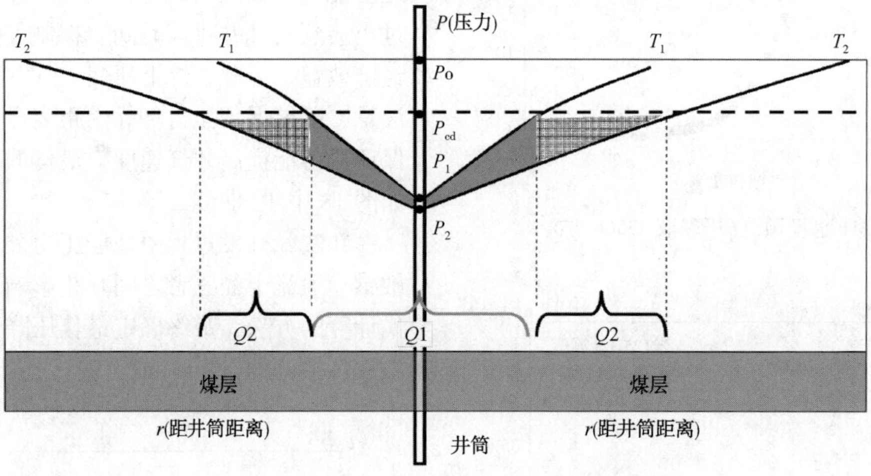

图 19　压降扩展过程中气源供给示意图

地层压力计算公式为：

$$P(r,\ t)=P_i-\frac{P_i-P_w}{\ln\dfrac{r_i}{r_w}}\ln\frac{r_i}{r} \tag{8}$$

应力敏感性引起的渗透率伤害程度：

$$y=0.1665\ln(x)+0.4652 \tag{9}$$

泄流半径计算公式为：

$$r_i=\sqrt{r_2^2+\frac{4kt}{\mu C^*}} \tag{10}$$

首先给定一个初始产水量，带入公式中不断迭代计算，最后直至求出最大泄流半径。研究结果显示，早期排液阶段控制井底压力下降速度不超过 0.15MPa/d，返排率不要超过 0.78%/天；初始产气阶段控制井底压力下降速度不超过 0.04～0.05MPa/d，返排率不超过 0.55%/天；稳产阶段井底压力保持稳中有降趋势，下降速度不超过 0.04MPa/d，保持气液相对稳定生产。

统计了盆地东部目前 12 口水平井的投产天数-返排率以及投产天数-累产气量的关系，结果如图 20~图 21 所示，图中斜率代表了返排速率和单井日产气量。经过对比发现最佳返排速率为 S1、S47-62YH4、M172H 井，这三口井返排速率差别不大，归一化处理为图中红色曲线，返排速率在该范围内气井日产量相对较大。平均/累产大的气井初期返排率在相近的范围内，归一化处理后确定初期日返排率为 0.85%最佳。

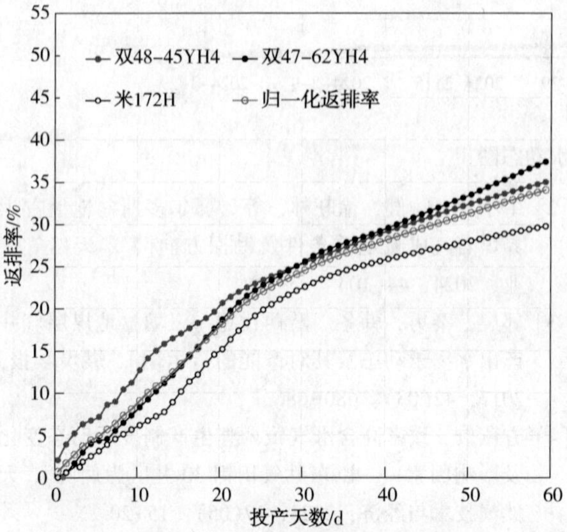

图 20　水平井单井累计返排率

开发过程中地层压力逐渐减小，同时应力敏感性也逐渐增大，因此开发的同时储层的渗透率也在实时变化。因此建立了考虑应力敏感性的排液阶段煤层产液量计算公式如下所示：

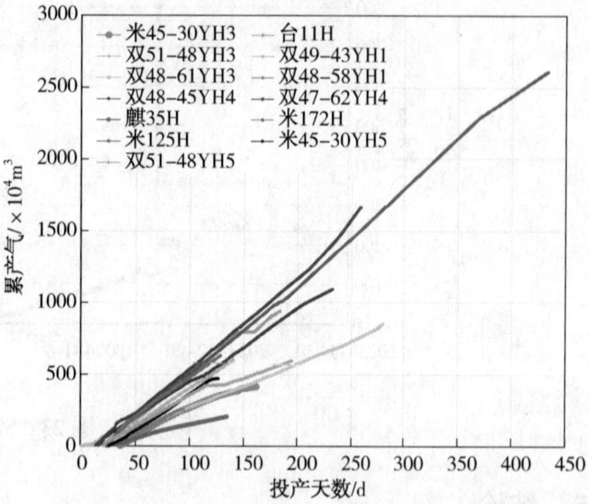

图 21　水平井单井累产气

$$q_w = 2\pi h k_0 \frac{e^{-\alpha(p_r - p_{wf})}(p_f - p_{wf})}{b_w \mu_w \left(\ln \frac{r_e}{r_w} - \frac{1}{2} + s\right)} \tag{11}$$

式中，h 为煤层厚度，m；K_0 为煤层渗透率，mD；P_r 为煤层压力，MPa；B_w 为液体体积系数；P_{wf} 为井底流压，MPa；r_w 为井筒半径，m；μ_w 为液体黏度，mPa · s；r_e 为泄流半径，m；α 为应力敏感系数；S 为表皮系数。以 S2 为例计算在不同应力敏感系数下气井合理的日产液量。气井计算所需的各类参数见表 7。

表 7　S2 计算参数及取值

参数	煤层厚度/m	煤层渗透率/mD	煤层压力/MPa	液体体积系数	井底流压/MPa
符号	h	K0	pr	Bw	Pwf
数据	6.5	0.78	25.1	1	
参数	井筒半径/m	液体黏度/mPa · s	泄流半径/m	应力敏感系数	表皮系数
符号	rw	μw	re	α	S
数据	0.06	1	240	0.1~0.2	-5

计算结果如下图所示，建立了 S2 在不同应力敏感性条件下的合理日产液量图版，在应力敏感系数为 0.1 时，最大日产液为 $345m^3$，随着应力敏感性系数的增大，单井合理日产液量均减小，避免地层压力压力过快降低引起应力敏感伤害增大。目前研究区煤岩储层的应力敏感系数介于 0.1~0.3 之间，因此判断 S2 井排液阶段日产液应介于 $181 \sim 355m^3$(图 22)。

结合 S2 日产水动态分析，该井在投产前 30d 部分日产液量过大，其中最大的日产液量为 $560m^3$，远远大于最大合理日产液的 $345m^3$，综合判断该井排液初期日产液过大，后期基本合理。

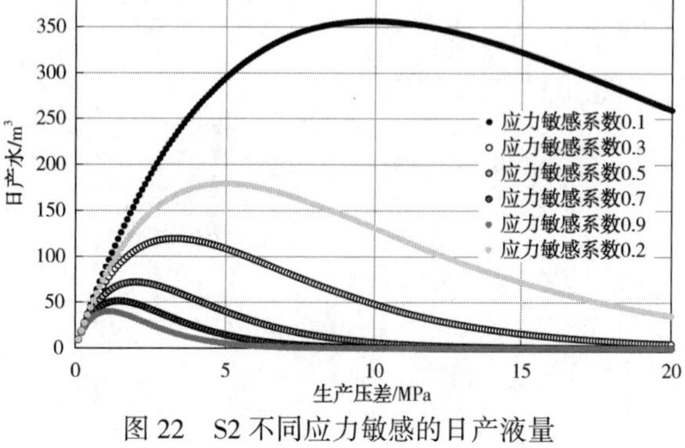

图 22　S2 不同应力敏感的日产液量

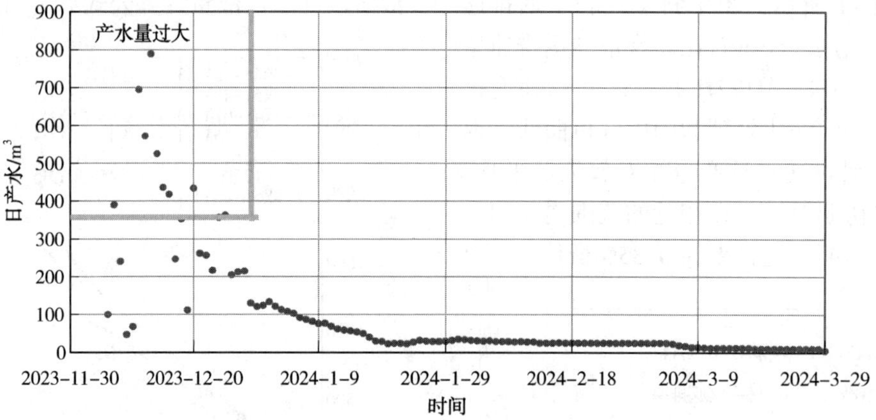

图 23　S2 日产水动态图

5　结论

（1）通过对盆地东部深层煤岩气气藏产地层水机理的研究，可划分为四个产水阶段单相水阶段、气水两相阶段（不饱和两相渗流和两相渗流阶段）、单项气阶段。

（2）根据两种方法预测产液量与实际累产液量进行对比，离子浓度法平均误差 8.7%，相渗曲线法误差 14.5%。目前生产阶段采用离子浓度法较为合理。

（3）首先给定一个初始产水量，带入公式中不断迭代计算，最后直至求出最大泄流半径。研究结果确定初期日返排率为 0.85%最佳。

参 考 文 献

[1] 郭艳琴，李文厚，郭彬程，等．鄂尔多斯盆地沉积体系与古地理演化[J]．古地理学报，2019，21(02)：293-320.

[2] 牛小兵，喻健，徐旺林，等．鄂尔多斯盆地上古生界煤岩气成藏地质条件及勘探方向[J]．天然气工业，2024，44(10)：33-50.

[3] 郭晨，秦勇，韩冬．黔西比德—三塘盆地煤层气井产出水离子动态及其对产能的指示[J]．煤炭学报，2017，42(03)：680-686.

[4] 方燕俊．致密高含水气藏调整生产制度后动态变化及影响因素——以东胜气田锦 30 井区为例[J]．天然气技术与经济，2023，17(05)：15-20.

[5] 冯汝勇，李娜，刘佳，等．煤岩应力敏感对煤层气井排采制度及产量的影响[C]//中国煤炭学会煤层气专业委员会，中国石油学会石油地质专业委员会，煤层气产业技术创新战略联盟．中国煤层气勘探开发技术与产业化发展战略——2019 年煤层气学术研讨会论文集．中海油研究总院有限责任公司，2019：6.

[6] 高建，吕静，王家禄．储层条件下低渗透岩石应力敏感评价[J]．岩石力学与工程学报，2009，28(S2)：3899-3902.

CT 钻磨桥塞在煤岩气套变水平井施工难点及对策探讨

王　庆

（中国石油长庆油田公司）

摘　要　鄂尔多斯盆地东缘煤岩气开发的主力储层为 8 号煤层，8#煤岩与上覆太原组地层形成煤泥、煤灰和煤砂三种储盖组合，其中煤灰、煤泥封隔性最好，具备大规模储层改造条件。随着煤岩气市场改造规模的不断提升，套管变形问题也随之出现。2023–2024 年煤岩气套变井占整个煤岩气井的 58%以上。在采用连续油管进行清理井筒作业时，经常发生遇阻，频繁憋泵、进尺缓慢，上提挂卡等现象，通过铅印分析该现象是由于套管变形所引起的，本文通过探讨连续油管控压钻磨桥塞技术在煤岩气套变水平井的应用，并总结其工艺优化后的效果。

关键词　煤岩气；连续油管；桥塞

1　煤岩气井套变原因

1.1　套变与储层性质的关系

8#煤层储盖组合中的煤砂和煤泥本身在钻井过程中容易受到钻头扰动，出现井壁稳定性下降或井眼轨迹不规则等问题。8#煤岩具有杨氏模量低，泊松比高，具有强塑性力学的特性，说明煤岩更容易受到压缩。煤层非均质性较强，破坏的主要形式为“剪切+滑移”。

1.2　套变与固井质量的关系

钻井中，由于煤体结构的影响和钻井液对储层的冲刷作用，导致煤层段坍塌造成井眼轨迹不规则，固井时水泥浆不能充分充满井眼轨迹异常井段，易造成套管与地层胶结效果差。套管与地层无法完全接触而造成受力不均，导致套管承受非均匀载荷从而引起形变。

1.3　套变与储层改造方式的关系

目前“螺旋射孔+高孔密”的射孔方式配合大体积压裂的改造模式，可能会引起炮眼直径增大或间距缩小，这使得气层套管局部抗挤强度的下降，导致在煤岩的挤压作用下导致发生形变的概率增大。

2　煤岩气套变井连油作业技术难点

与常规井以套管内径的 92%～95%选择磨鞋外径的方式不同，套变井根据套变程度选择磨鞋尺寸，经常选用仅为套管内径 75%～85%的磨鞋进行作业。这使得连续油管钻磨存在以下风险：磨鞋尺寸小，井筒空隙大，容易返出大块钻屑，易出现碎屑堆积遇卡或地面流程堵塞现象；套变处通径的变化会造成上返流速降低，砂砾及碎屑极易在该位置堆积，清理困难；套变井钻磨极易憋泵，通常会在同井段反复起下，连续油管单点寿命急剧下降，且马达反复制/启动，钻压控制不当等情况易造成马达转子与定子脱开，发生工具落井事故。

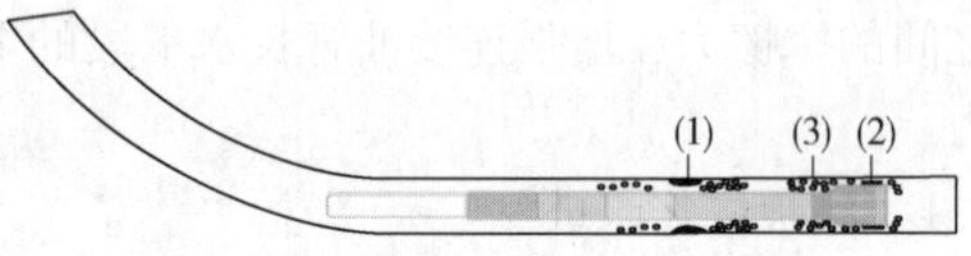

图 1　连续油管在煤岩套变井作业

3　煤岩气套变井钻磨桥塞对策方法

3.1　优化地面流程

采用“双流程”思路设置地面流程。首先从泵注设备开始，双泵注设备应接两条高/低压流程。一路设置高/低压过滤器，另一路设置直通，有效防止储液罐杂质堵塞上水或进入油管内部的情况发生确保持续供液。

在放喷流程的设置上，采用同样的思路，配置补屑器或应急管线等方式，降低油咀堵塞的概率并具备应急功能，从而防止过高的井口压力造成的停泵。

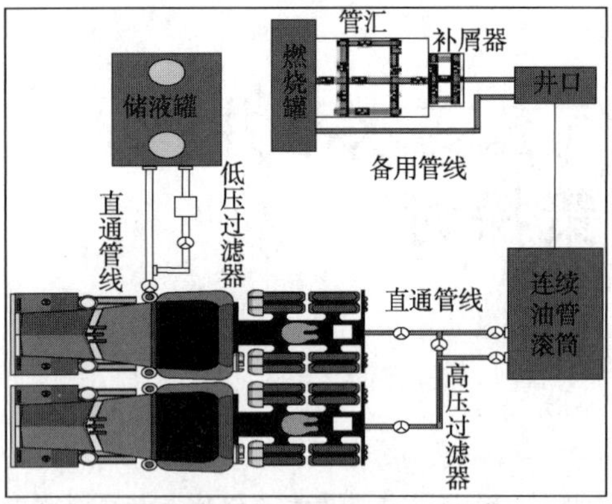

图 2　地面连接流程

3.2　钻磨液体体系要求

钻磨桥塞中液体的性能对钻磨效率及安全的影响很大，钻磨桥塞时用的液体应要求降租效果好，以克服连续油管自身泵注摩阻，确保钻磨时的泵注排量较大，利于钻屑的返出。良好的钻磨液应具备如下条件：固相含量小于 1%，$170s^{-1}$ 时表观黏度大于 4mPa · s，pH 值为 6~9，降阻率大于 60%，现场多采用清水(返排液)+1.5% CNI-B 的液体体系进行钻磨。特别在低压漏失井况下推荐使用氮气泡沫液体，降低砂砾沉降速度，提高钻屑携带性能及返出排量。

3.3　优化入井工具

在入井之前根据单井水平段长度来进行连续油管下深软件模拟，采用“金属降阻剂+水力振荡器”的模式，产生径向震动来减小工具串遇井壁之间的摩擦力，增强连续油管长水平段的下深能力。

3.3.1　磨鞋优化改进

通常套变井钻磨桥塞选择磨鞋应具备以下特性：(1)高强度高耐磨性；硬质合金密，研磨性能强；(2)磨鞋变径处也应布置合金齿，具有反向钻磨功能；(3)导流槽应选择螺旋结构，确保液体存在过流通道，且防止钻展卡入槽内。为增加“涡流效益”，降低钻屑卡入导流槽导致泵压上涨，流速降低的情况，设计一种 5 刀翼硬质合金磨鞋带有等距螺旋式导流槽，目前应用效果良好。

3.3.2　超短螺杆马达的使用

由于煤层气井套变具体位置不明，配合不规则的井斜轨迹，易出现常规钻磨工具无法通过的问题，产生了较大的卡钻风险。选择设计一种超短螺杆马达作为煤层气清理井筒专用工具，一定程度上能避免套变位置限制常规螺杆马达无法通过的情况。马达长度相当于常规螺杆钻具一半，其采用高性能硬橡胶结合优的多头线型，其扭矩和常规螺杆钻具相当，在保证扭矩的前提下，具有启动泵压低的优势，有利于高压、井内碎屑复杂和较高温度环境使用。

3.3.3　恒钻压稳定器

钻磨施工四种钻进状态：(1)理想状态：钻进平稳，进尺顺利；(2)黏连状态：在钻进过程中，钻头受反矩扭突然变大时，钻头转速会随之降低，甚至出现暂停，此时大量扭力积聚在钻柱上，动力钻具也会因此而制动；(3)滑脱状态：当钻头所受反扭矩变小时，积聚于钻柱上的扭力会突然释放，使得钻头突然加速旋转；(4)“黏滞状态”与“滑脱状态”反复循环的过程，即为“黏滑振动”这种现象会导致钻头发生崩齿、跳钻等现象从而减少钻头寿命，降低钻进效率，增加施工风险。在这种正反扭矩交替时，可能造成钻柱的某个连接螺纹被松动，甚至造成脱扣，造成落井事故。

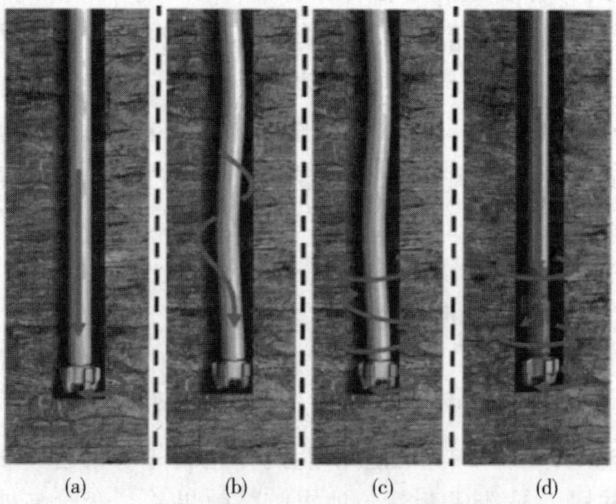

图 3　钻磨施工四种钻进状态

为控制合理钻压，设计加工一种恒定钻压稳定器工具(可理解为缓冲器)，具有稳定泵压，防止大钻压下导致螺杆产生泵压波动，导致马达失速的情况发生。通过稳定钻压及扭矩，可以有效保护钻头，延长使用时间，降低黏卡及频繁憋泵现象的出现动所带来的泵压波动。恒钻压稳定器会在大扭矩及差速作用下发生转动，通过内部储能机构产生压缩，此时下部钻具会被提升一定距离，释放部分反扭矩，该过程会在易失速井段的钻井作业中持续反复，从而自动调整施工扭矩波动，并加以补偿，从而减少定子转子负荷，保护马达磨鞋，起到工具本质安全的作用。

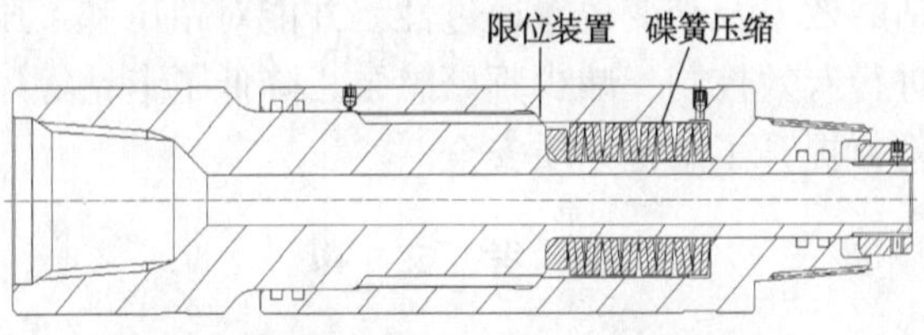

图 4　恒钻压稳定器受反扭矩时工作状态

3.3.4　施工参数优化

为降低煤岩气套变井连续油管钻塞作业风险，应有针对性的制定施工流程及要求。如保障更高的环空流速，选择专用的钻磨工具等，套变位置前定点大排量循环等。列举煤层气套变井清理井筒与常规清理井筒细节要求入下图所示。通过更加严苛控制措施确保煤层气井施工平稳受控。

4　工艺优化后现场应用情况

××-××井是鄂尔多斯盆地东缘一口深层煤岩气井，人工井底 4413.3m，水平段长 1569m，气层套管采用 φ139.7mm 钢级 BG125V（壁厚 10.54mm、LTC 扣型），全井段使用 20 只双向卡瓦可溶桥塞进行分段压裂的改造方式，采用 φ89mm“螺旋射孔+单孔限流”工艺，施工排量 $15m^3/min$，总砂量 $4081m^3$，入地总液量 $30044m^3$。要求压裂完成后采用连续油管进行钻磨桥塞任务，保障井筒畅通，满足后期试采要求。

表 1　煤岩气套变井与常规井井筒作业要求

参数	常规井	煤层气套变井
环空返速	大于 0.85m/s	大于 1m/s
施加钻压	小于 25kN	5~15kN
油嘴推荐(井口压力 5MPa 时)	17~18mm	13~15mm
单桥塞最长钻磨时间	1.5h	30min
单次钻磨桥塞个数	3~4	2
泵车超压保护	7MPa	5MPa
最大单次水平段进尺	300m	200m
螺杆马达长度	430mm	200mm
最大回拖速度	10m/min	8m/min

4.1　井筒遇阻情况

连油在 3329.48m 位置遇阻 5 次（带 Φ112mm 磨鞋，Φ108mm，Φ106mm 磨鞋均未通过，下 Φ106mm 铅印起出有明显遇阻）。

4.2　下铅印情况

起出观察分析，前期遇阻位置最小内径为 97.56mm，而套管内径为 118.62mm，套变程度高达 17.7%。属较严重变形，铅印侧面出现未溶解卡瓦碎片刮痕，表面遇阻点处存在钻屑堆积，卡钻风险高。

图 5　铅印图片

4.3　套变位置井眼轨迹分析

分析井斜数据可知，在井深 3200～3500m 处，井眼轨迹呈先下沉再上翘，套变位置位于 3329.4m，处于该段井斜位置最低点附近，前段高度差 2.4m，后端高度差 4.1m，形成了“深 V”轨迹，不仅容易造成碎屑床堆积，水泥不能充分充满不规则井眼。套管与地层不能完全接触从而造成受力不均，这使得该位置发生套变的概率增大。

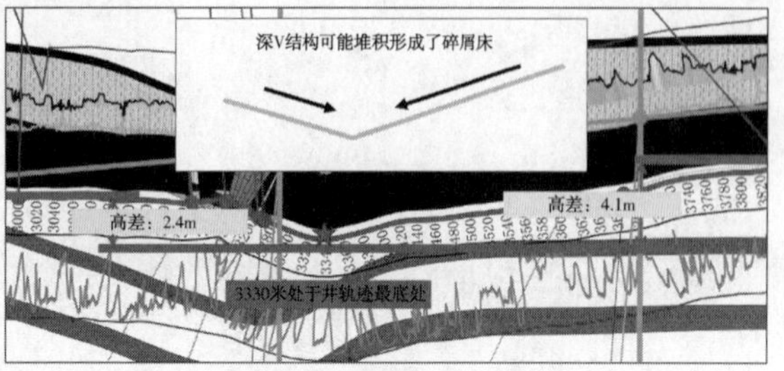

图 6　井眼轨迹分析图

4.4　更换煤岩气井专业钻磨工具

下入 ϕ60.3mm 连续油管+ϕ79mm 铆钉接头+ϕ79mm 双瓣式单流阀+ϕ79mm 抗扭液压丢手+ϕ89mm 超级短马达+ϕ89mm 恒钻压稳定器+93mm 磨鞋继续清理井筒。能顺利通过套变井段，作业过程中控制钻压在 20～30kN，较常规工具钻压提升 50%以上，，施工泵压控制超正常泵压 3MPa 以内，钻磨过程未发生憋泵现象，根据起钻后的磨鞋磨损度判断，磨鞋耐磨性更高，导流槽畅通，钻磨效率提高显著，平均 20min 钻磨完成一个桥塞（前期单个桥塞钻磨平均耗时 2.5 小时）。

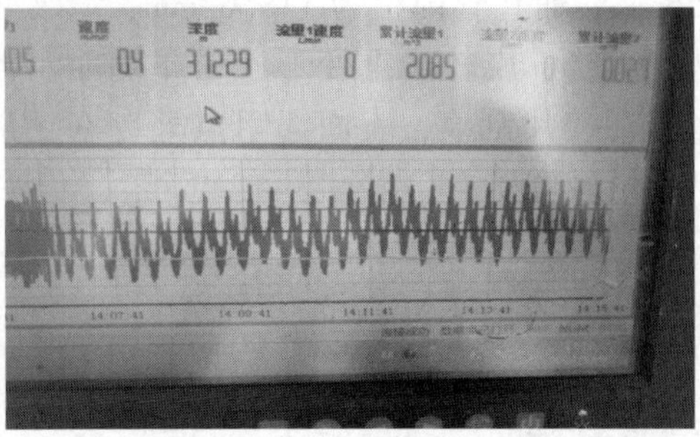

图 7　专用工具钻磨参数

5　总结与认识

通过对套管形变因素分析，确定套变形变主要与媒体结构、煤层底部岩性、固井质量、储层改造方式等有较大关系。

在原有钻磨桥塞规程的基础上进一步对流程连接、工具优化、施工参数分析优化，形成了一套针对于煤层气套变井作业模式，有助于提升工艺安全性及一次性施工成功率。

针对煤岩气套变井开发适应性工具超短螺杆马达、恒钻压稳定器、螺旋槽磨鞋可以有效提高钻磨效率及套变位置通过性，并能对钻压和泵压进行有效控制，减少频繁憋泵，降低了卡钻等风险，提升了工艺本质安全。

参考文献

[1] 李明瑞，史云鹤，范立勇，等．鄂尔多斯盆地上古生界本溪组 8#煤岩煤岩气与致密砂岩气主要气藏特征对比[J]．石油与天然气地质，2024，45(06)：1590-1604.

[2] 游利军，钱锐，康毅力，等．深层煤岩压裂液稠化剂吸附损害机理与控制对策[J]．石油勘探与开发，2025，52(01)：185-193.

[3] 史配铭，倪华峰，贺会锋，等．鄂尔多斯盆地深层煤岩气水平井水平段安全钻井关键技术[J/OL]．石油钻探技术，1-9[2025-02-19].

[4] 王清臣．长庆气田东缘深层煤岩气水平井钻井液技术[J]．石化技术，2024，31(10)：156-158.

[5] 李小刚，唐政，朱静怡，等．深层煤岩气压裂研究进展与展望[J]．天然气工业，2024，44(10)126-139.

气藏低压开采自生能返排技术研究与应用

张　颗　冯大强　廖　丽　姜　琪　马丹丹

（中国石油青海油田公司）

摘　要　涩北气田进入低压开采阶段，气井措施维护作业后返排困难，大量积液滞留会造成增大井筒回压，增加储层含水饱和度、增加两相渗流阻力，产生水敏、水锁等伤害，使储层黏土矿物膨胀运移，大幅度降低地层孔渗性，甚至封死气层，使气井生产能力降低。气井作业后需依靠氮气车气举、集中增压气举等措施，排出井筒的压井液或者措施顶替液，返排操作复杂，工作量大，对氮气的依赖性强、成本高昂，研发低成本。高效益的快速返排技术刻不容缓。针对低压气井自身排液效果不佳问题，研发“引发剂控时+助排剂提效”为核心的自生能量返排技术，该技术首创了疏松砂岩低压气井高效返排技术，药剂自生能量、发泡降阻、增大压差，返排率提升至90%，井均复产周期缩短3天，减少措施液在地层和井筒的停留时间，减少井筒腐蚀和地层伤害，实现快速返排、高效复产，大幅减少氮气车用量，减低了人工劳动强度，提高气井生产时率，降低储层污染。

关键词　涩北气田；低压；措施作业；返排困难；自生能量；快速返排

涩北气田属于第四系疏松砂岩边水气藏，是青海气区天然气开发的主战场，具有长井段、多层、极易出砂、边水气藏等特色的地质条件。涩北气田随开发进程，地层压力逐年降低，边水持续推进，出水加剧地层出砂，气田为主力层组压力系数范围介于0.47~0.70，均为异常低压压力系统，气井措施维护作业后返排困难，大量积液滞留会造成增大井筒回压，增加储层含水饱和度、增加两相渗流阻力，产生水敏、水锁等伤害，使储层黏土矿物膨胀运移，大幅度降低地层孔渗性，甚至封死气层，使气井生产能力降低。常规如泡排等方式依靠气井自生能量难以使气井返排复产，需依靠氮气车气举、集中增压气举等措施帮助返排、恢复生产，成本较高、操作复杂，需要研究低成本、高效益的快速返排技术，减少人工助排和氮气气举强度，缩短气井作业、返排周期。

1　自生能返排技术研究

目前国内外对于低压气藏，特别是针对含水低压气藏的高效开发关注度日益增长，目前应用较多的如柱塞气举，增压气举等，是依靠外界能量，需要大型车组设备，工艺要求较高；如泡沫排水、速度管柱、间歇关放等，是依靠气井自身能量，受气井储层等影响较大，目前国内外的一直在致力于提高气井的排水采气效果，建立气井排采模型，通过理论形成关键技术。最具代表性的为Turner等人建立的液滴模型，该模型说明了气井产水积液的原因、气井携液的几个关键点以及如何提高气井排水采气效果。

针对低压气井自身排液效果不佳问题，以Turner模型为基础，结合气井储层及气体运移特点，开展相关理论研究、室内实验和现场试验，研发“引发剂控时+助排剂提效”为核心的自生能量返排技术，药剂自生能量、发泡降阻、增大压差，提高气井作业后返排效率，缩短复产周期，实现快速返排、高效复产，大幅减少氮气车用量，减低了人工劳动强度，提高气井生产时率，降低储层污染。

1.1　自生能量机理研究

1.1.1　自生能量原理

自生能技术是将一定的化学组成配比的自生气、生热增能体系引入到措施液体系中，在一定的条件下，释放出CO_2、N_2、NH_3等气体以及大量的热量。其中产生的大量气体均匀分散在酸化液和顶替液中，施工后排液过程中，具有增加地层能量、降低液体密度、改变流体流动形态以及保护地层、降低污染、提高工艺效果的作用。而热效应可使得地层温度升高，在一定程度上改变了地层中气体和液体的物理性质，使之有利于施工后液体的快速返排。另外，在自生气热剂组成中的有机酸在完成反应后能够还原。因此，可自生气增能措施技术是利用化学剂在地层条件和催化剂的作用下通过氧化还原和分解反应产生大量的气体和热量，从而大幅度增加低压储层的返排能力和改善储层生产条件及提高工艺效果的措施。

目前自生气种类主要有 CO_2、O_2、NH_3、空气，考虑到空气、O_2 与天然气共存时易燃易爆，而 CO_2 与 NH_3 在水中溶解度大，排水效果不理想，最终确定 N_2 体系。产生 N_2 的化学反应基本原理为：

$$CQN+CQO \xrightarrow{\text{催化剂}} N_2\uparrow +G+Q$$

其中：CQN 为碳酸铵、碳酸氢铵、氯化铵等无机胺类；CQO 为硝酸钾、亚硝酸钠等含氮氧化剂。根据对自生能量返排药剂生成的气体成分进行检测，主要成分为氮气，未发现有毒气体，具体见表 1。

表 1　生成气体成分分析

烃类/%		非烃类/%	
甲烷	6.17	二氧化碳	0.00
乙烷	0.00	氧	0.00
丙烷	1.078	氮	92.752
异丁烷	0.00	硫化氢	—
正丁烷	0.00		
异戊烷	0.00		
正戊烷	0.00		
正己烷	0.00		
相对密度	0.9434	密度/(kg/m^3)	1.2267
临界温度/K	132.93	临界压力/MPa	3.452
高热值/(MJ/Nm^3)	3.527	低热值/(MJ/Nm^3)	3.192
执行标准：GB/T 13610—2003			

自生能量排液技术核心为自增能药剂，采用配套工艺，将药剂注入近井地带及井筒，两种药剂在混合后反应产生大量气体，且整个反应过程为放热，自生推动力，将井筒液体快速排出，从而增加措施后的返排能力，同时释放大量热量，可以有效解除近井地带有机堵塞，具有成本低、见效快、工艺简单且对地层无伤害等显著特点，可广泛应用地层能量下降较快的常规气井增能解堵复产，取得较好增产效果。

1.1.2　自生能量实验装置

将排水瓶装满水，打开水浴至反应条件温度，在中间容器中装入地层水（或模拟地层水），检查气密性，待烧瓶内空气排空后，加入反应药剂，再次检查气密性，记录反应现象。

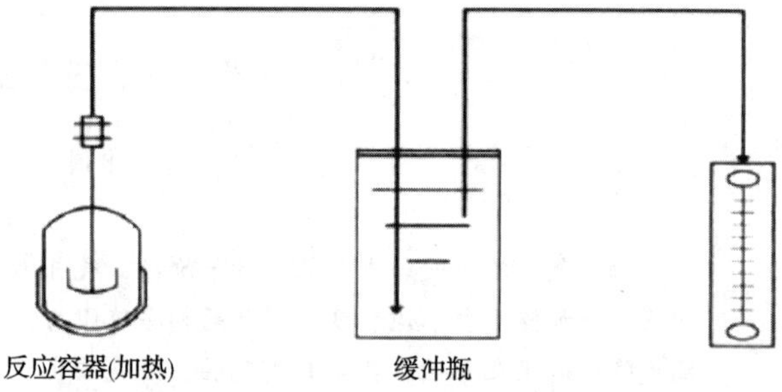

图 1　自生能量实验装置流程示意图

1.1.3　实验药品

实验药品有柠檬酸、草酸、CQN（碳酸铵、碳酸氢铵、氯化铵等无机胺类），CQO（硝酸钾、亚硝酸钠等含氮氧化剂）均为分析纯化学品，起泡剂 CAO、AOS、CHSB、APG0810，缓蚀剂（自制）。

1.2　起泡剂性能评价

参照 SY/T 6465—2000 泡沫排水采气用起泡剂评价方法，进行发泡剂性能评价。

1.2.1　浓度对起泡剂影响

室温条件下，应用数字式恒速搅拌器采用认值法分别测定了不同浓度 CAO、AOS、CHSB、APG0810 的起泡体积（图 2）和半衰期（图 3）。

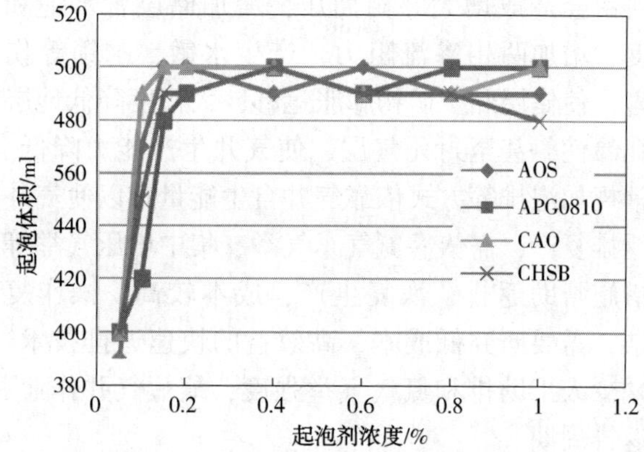

图 2　不同浓度和不同起泡剂的起泡体积

从曲线可以看出，起泡剂浓度为 0.15% 时，各起泡剂起泡体系的泡沫体积趋于稳定，半衰期变化幅度较小。四种起泡剂的起泡体积相差不大，都有比较好的起泡效果。

1.2.2　温度对起泡剂的影响

固定起泡剂浓度为 0.15%，测定温度对起泡剂起泡体积（图 4）和半衰期（图 5）的影响。

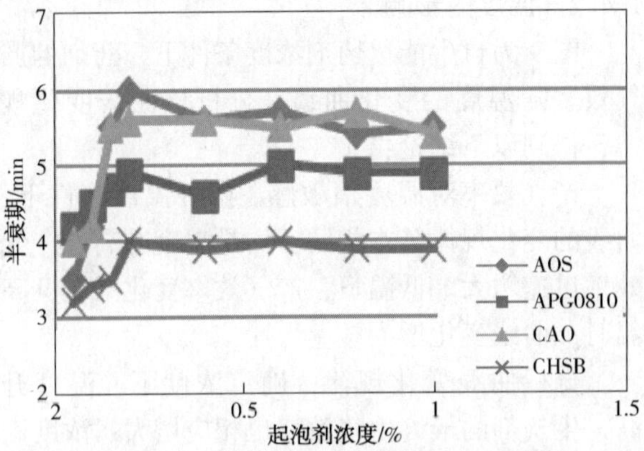

图 3　不同浓度和不同起泡剂的半衰期

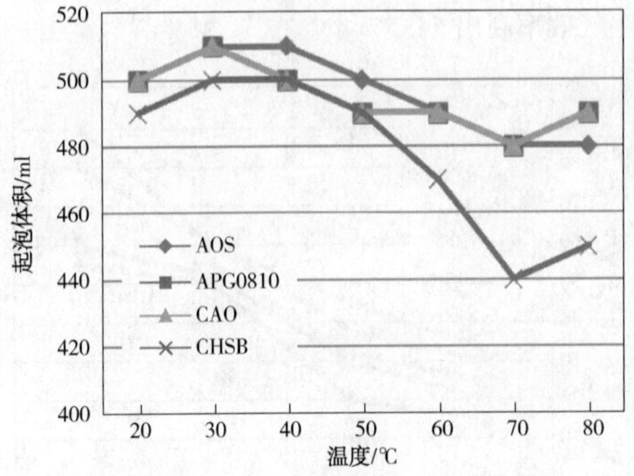

图 4　不同温度不同起泡剂的起泡体积

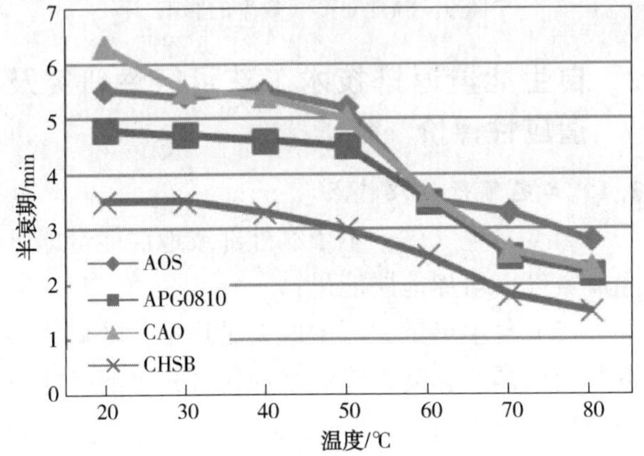

图 5　不同温度不同起泡剂的半衰期

从曲线变化可以看出，随温度的增加，四种起泡剂的起泡体积都具有先增加后减小的趋势。在温度达到 50℃前，各种起泡剂的起泡体积基本达到最大值。但当温度继续升高时，各种起泡剂的起泡体积均有所下降。分析可知，低温时，升温会导致起泡剂溶液中分子的运动加快，体积膨胀，分子间距也相应变大，吸附分子数目增加，表面张力降低，起泡剂起泡能力加强，即起泡体积增大。而在高温时，升温导致溶液黏度降低，液膜分子运动加剧，排液加快，液膜变薄而破裂同时，起泡剂分子的缔合能力减弱，水合能力下降，泡沫稳定能力下降，表现为起泡体积减小。

由半衰期的变化曲线可以看出，升高温度，起泡剂的半衰期不断变小。升温会导致起泡剂溶液的体相黏度降低，分子运动加剧，气体体积增加，加快液膜排液速率，泡沫稳定性降低，半衰期减小，四种起泡剂均有较好的抗温能力。

1.2.3　矿化度对起泡剂的影响

室温条件下，保证起泡剂浓度 0.15%，测定矿化度对起泡剂起泡体积（图 6）和半衰期（图 7）的影响。

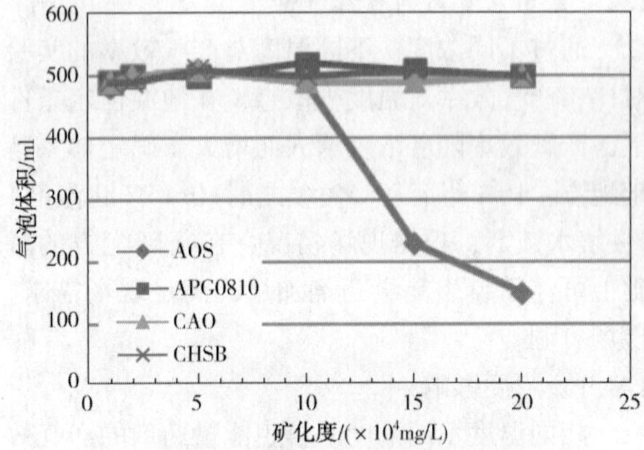

图 6　不同矿化度不同起泡剂的起泡体积

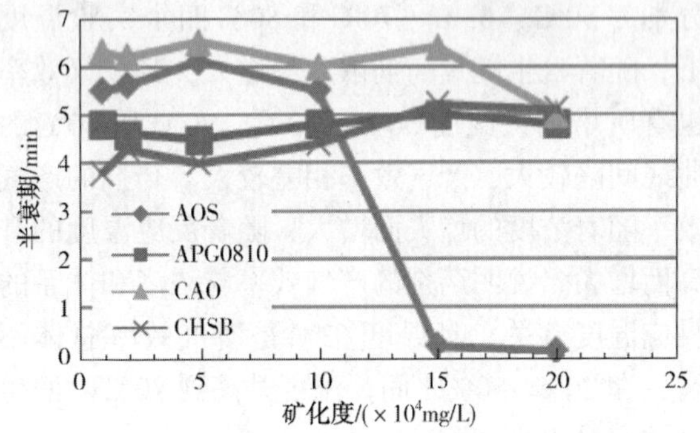

图 7　不同矿化度不同起泡剂的半衰期

从曲线变化可以看出，起泡剂的起泡体积和半衰期有随矿化度增加先增加后减小的趋势。矿化度大于 100000 后，泡沫性能下降。AOS 在矿化度 150000 时起泡体积和半衰期快速降低，而矿化度对其余三种的起泡体积影响较小，随矿化度的增加他们的半衰期先增加后减小。当矿化度 50000 时，AOS 的半衰期达到最大。CAO 的起泡体积和半衰期相比其他起泡剂更好。

考虑到涩北气田的矿化度、工区平均气温情况，采用 CAO 作为体系的起泡剂，浓度加量 0.15%。

1.3 缓蚀性能评价

采用自研的缓蚀剂，根据《SY/T 5405—2019 酸化用缓蚀剂性能试验方法及评价指标》进行评价。

表 2 缓蚀性能评价表

溶液	挂片温度/℃	缓蚀剂浓度/%	挂片时间/h	腐蚀速率/($g/m^2 \cdot h$)
自研缓蚀剂	60	0.25	4	2.05
自研缓蚀剂	660	0.5	4	0.85

考虑到涩北气田老井较多的情况，缓蚀剂浓度加量 0.5%。

1.4 自生能量药剂性能评价

通过不同浓度、不同温度对产气效率的实验对比，产气效率对温度很敏感，在地温恒定条件下，产气效率随着浓度增大而增大。确定体系基础配方：10%药剂+0.5%缓蚀剂+0.15%起泡剂+1%解水锁剂，根据现场情况，在基础配方的基础上可浮动自生能量药剂加量，满足现场需求。现场可调。

1.4.1 浓度影响

相同温度不同浓度下自生能量药剂的产气效率曲线如图 8 所示，从图 8 中可以看出，在温度分别为 50℃、63℃、70℃和 80℃四个实验温度下，随着自生能量药剂浓度的增大，其产气效率也有所增加，温度 50℃、63℃、70℃和 80℃的曲线间隔较大，产气效率相差较大。药剂的产气效率随着浓度的增大而增大，随着反应温度的升高而增大。说明药剂的产气效率与浓度和体系的反应温度有关，且温度 63℃是产气效率总体不高，在 20%~50%之间。温度升高到 80℃时的生气效率最大可达到 87.8%。

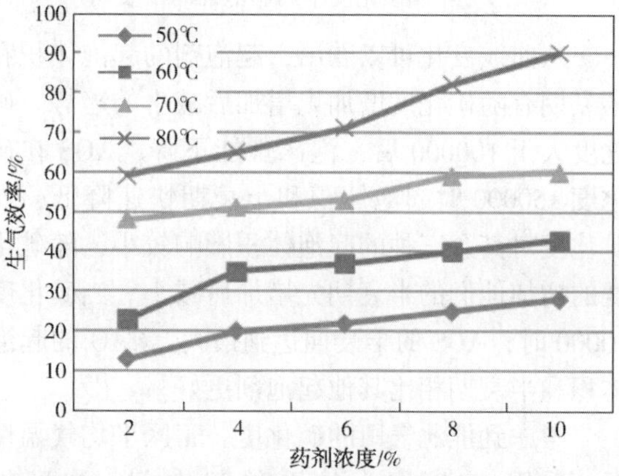

图 8 自生能量药剂浓度对产气效率的影响

1.4.2 温度的影响

图 9 为自生能量药剂浓度条件下，药剂的产气效率随温度的变化曲线。分析该曲线变化规律，得到以下结论：

产气效率对温度很敏感。四种温度条件下，曲线的变化规律基本相同，均是温度升高，产气效率迅速增大。低温下，产气效率变化平缓，高温时，曲线变化增大。

分析曲线变化规律，确定浓度下，温度升高，生气剂的最终生气效率也相应增大；浓度固定为时 2%时，80℃比 50℃下的生气效率高出 44%，固定浓度为时 10%时，80℃比 50℃下的生气效率高出 54.5%。

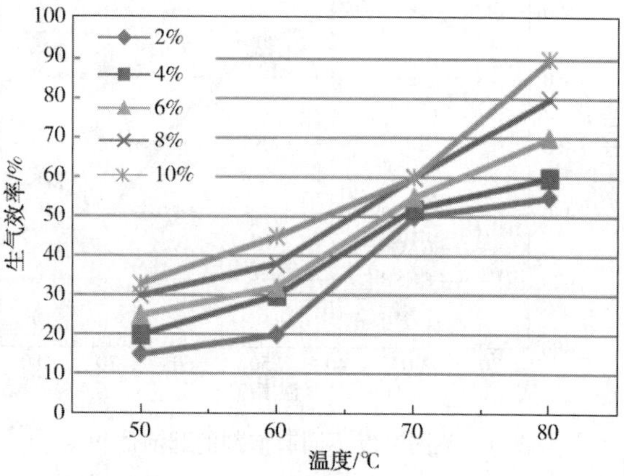

图 9 温度对产气效率的影响

2 自生能量返排技术工艺可行性研究及适应性评价

2.1 工艺可行性及特点

(1) 自生气体，不依靠外部或地层能量即可生成氮气，增加地层能量；

(2) 自生热量，可生成大量热量，降低储层近井地带稠油黏度，降低水锁伤害，可清除井筒中蜡质、沥青质等；

(3) 自增能药剂分为 A.B 两个部分，A，B 两种液体各 $3m^3$，在井下混合后，1h 内可产生约 6000MJ 热量和 $800m^3$ 气体(0.1MPa，25℃)；

(4) 药剂产生的气体主要为氮气，无有毒有害气体，腐蚀速率较低，按照 SY/T5405 标准，4h，90℃条件下，腐蚀速率 $1.69g/(m^2 \cdot h)$达到现场安全施工要求；

(5) 井下反应时间可控，主要用延迟手段，可以达到使药剂完全进入目标区域，根据工艺选择延迟时间，目前可控时间为 20min~1h；

(6) 配伍性好，可根据不同井下需求添加功能性组成，例如解堵功能、防解水锁功能等，实现多功能性复合效应流；

2.2 适应性评价

青海气区地层压力逐年降低，入井液漏失增多，残留的入井流体堵塞孔隙，增加水相饱和度，同时边水的不断侵入导致水延高渗带突进，低渗区因此水封。由于涩北气田岩性特征中黏土矿物成分以伊利石、伊蒙混层为主，平均为38.2%和43.8%。物性特征中涩北气田呈现岩石疏松，含泥质高，高孔中低渗的特点，这些性质导致涩北气田压力敏感强，非均质性强，极易出砂。出水出砂恶化，黏土运移、水锁伤害加剧，导致储层堵塞，造成产量降低，酸化已成为增产的主要措施之一。

自生能量返排技术在涩北气田可以解决：(1)新投气井的快速投产问题。(2)气井措施后的返排周期长的问题。该技术可以不依靠外界能量，使液体的密度、表面张力、毛细管力发生改变，气流携带液滴由单相变为气液混合的复合相，其密度与表面张力较单相都会有所降低，从而增加携液能力，降低气井启动压力，并形成压降漏斗，促进储层气体运移，同时，可以疏通近井地带，降低水敏、水锁伤害，实现快速返排、帮助气井复产。具有成本低、见效快、工艺简单且对地层无伤害等显著特点。

工艺特有特征分别为自生能量以及自生热量，可以在以下三种类型井中应用：

(1) 气井：可用于积液排采，降低液柱压力，气井诱喷。

(2) 措施井：可用于措施后排液，增加返排能力，提高返排率。

(3) 储层伤害井：可用于解除石蜡、胶质沥青质形成的有机伤害、钻井、固井、完井造成的无机伤害、井筒结蜡、储层水锁、固相颗粒伤害等。

3 现场试验及效果评价

3.1 试验情况

为了实现气田低压井措施后的快速返排与复产，通过前期调研，结合现场实际，研发自生能返排技术，经过室内研究和现场试验，在试验中不断优化改进。

根据工艺技术原理及适应性，在2023年根据药剂性能，按照新投后药剂自返排、酸化顶替返排的原则，进行选井试验，通过现场两批次14口井的试验，实现了快速返排复产的目标。第一批次6口井主要是探索工艺特性，以油管+地层方式进行布液，只复产了1口，主要原因为药剂没有作用于井筒整体，套管补液，形成回压，排液效果不佳，造成措施有效率偏低，但找到了药剂抗低温性、试验规模、外界干扰等问题，进行总结优化后，后期调整工艺开展第二批次8口井现场试验，以井筒+地层方式进行布液，有效7口(无效1口井为尝试新工艺，焖井时间过长导致)，有效率87.5%，有效率较好。从排液产出来看，返排效果显著，返排量大于注入量，说明可有效的连通地层，根据第二批次的效果统计，此项工艺整体有效率较好，8口有效井具体数据见表3。

表3　2023年8口试验成功井效果统计

序号	井号	注入量/方	返出量/方	返排率/%	压力系数	日产气/万方	日产水/方	日增气/万方	备注
1	R168-1	10	27	100	0.72	0.39	2	0.19	
2	1-100	14	35	270	1.06	1.3	0	1.30	立即复产
3	1-155	10	18	129	0.84	1.25	0.5	0.50	
4	R175-1	6	6	114	0.58	0	0	0.00	
5	1-98	14	18	140	0.92	0.51	1.5	0.31	
6	2-163	14	16	250	0.59	0.66	0	0.55	立即复产
7	R70-1	10	14	83	0.75	0.41	0.2	0.21	
8	R49-1	12	10	180	0.73	0.3	0	0.30	立即复产

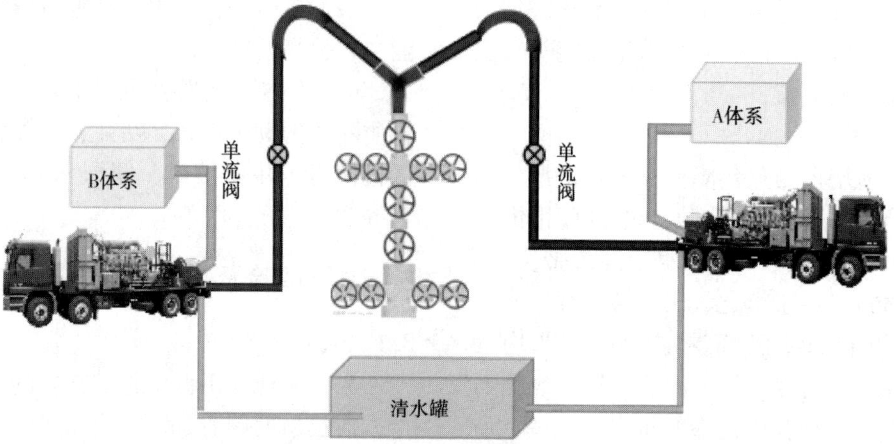

图 10　现场施工流程图

3.2　效果评价

（1）复产情况：该工艺可以实现气井措施后的返排与复产，共施工 14 口，3 口当日返排复产有效，6 口无效、5 口通过后期气举助排复产。其中第二批次 8 口井为井筒+地层方式进行布液，3 口实现立即复产，所以一次复产率为 37.5%。而涩北酸化后气举一次复产率为 20%，如在今后试验中达到第二批次 8 口井的效果，便具备较好的实验推广价值。

（2）气举返排情况：4 口井返排未出液，3 口井返排量小于注入量，7 口实现了全返排。14 口井均气举 6.6 小时，井均助排 2.3 次，复产周期 2.7 天，相比常规氮气车组返排和复产效果，单井平均返排周期缩短 4.6 天，气举时间减少 6.9 小时，人工助排减少 4.5 次。相比常规复产周期缩短 63%、气举时间减少 51%，人工助排次数减少 66%。

（3）试验中减去前两个阶段摸索的无效井，后期 8 口井均施工费用 5.9 万元，减去提前复产后产气量的收入，井均费用 2.25 万元。如果药剂成本控制在 0.11 万元/方以下，8 口井的施工成本井均为 2.65 万元（与常规持平），该工艺可以减少氮气车的使用，平均复产周期缩短，提前能够贡献单井产能，才有推广价值。

（4）费用情况：较常规返排费用的费用组成为气举+助排，自生能返排费用的费用组成为药剂+罐车+气举+助排−提前复产气。14 口井均施工总费用为 3.37 万元，减去提前复产后产气量的收入，井均费用为 1.37 万元，相比常规减少 1.03 万元。相比效果明显，投入产出比为 1∶1.6。

4　结论及建议

4.1　得到结论

（1）自生能量排液体系基础配方：10%自生能量药剂+0.5%缓蚀剂+0.15%起泡剂，根据现场情况，在基础配方的基础上可浮动自生能量药剂加量，满足现场需求。

（2）自生能量排液体系可以不依靠外界能量，使自生气流携液，密度与表面张力均有所降低，增加携液能力，降低气井启动压力，同时，可以疏通近井地带，降低水敏、水锁伤害，并形成压降漏斗，促进储层气体运移，实现快速返排。

（3）自生能量排液技术针对措施后的排液，效果较为显著，可有效缩短气井的复产周期，可对标替代气举工艺，达到气举功能，从而实现快速复产目的。

4.2　下步建议

（1）用量方面：药剂采取井筒+地层方式进行布液，从排液效果来看，效果较好，下一步建议优化药剂加注量，以最小量达到气井自主返排条件。

（2）工艺方面：地层有不同程度的漏失，存在药剂注入后进入地层，井筒返排能量不足的情况，下一步建议根据漏失程度的不同，精准调整药剂的爆发程度以及开井时间，减小能量损耗。

（3）选井方面：因工艺实施需要泵车及水罐车配合，从现场组织的因素出发，用于酸化井较为适宜，对于高漏失的酸化井，还需从漏失速度与药剂爆发速度开展相关研究。

（4）药剂方面：气井是一个复杂工程，涉及井筒结构、储层物性等等各项关键性指标，一项没有处理好就有可能造成气井产量下降，通过不同的使用工况，添加如防解水锁等功能，以基础功能为基底，实现功能附加。

（5）工艺拓展：扩大酸化处理范围。利用药剂的增能特性，在进行酸化等措施后，使用药剂进行顶替，利用自身产气，将酸化液等推到远端，可增大酸化液的处理范围，增加酸化解堵效果。探讨调研固体自生能排液工艺的可行性。

参 考 文 献

[1] 李川，等. 一种自生热自生气的支撑剂及其制备方法和应用方法. 中国专利：CN111004619B[P]. 2022-02-01.

[2] 方行，向丽，等. 新型延迟自生热增压泡沫措施液研究[J]. 特种油气藏，2011，05：108-110+141.

[3] 高占胜. 低渗透油藏就地自生气助排降黏技术适应性研究[D]. 西安石油大学，2011.

[4] 宋永芳. 自生热措施技术在中原油田胡庆区块的应用[J]. 内蒙古石油化工，2009，02，81-82.

[5] 吴安明，陈茂涛，顾树人，等. $NaNO_2$ 与 NH_4Cl 反应动力学及其在油田的应用研究[J]. 石油钻采工艺，1995(5)：60-64，107.

[6] 张颖，陈大钧，杨彦东，等. 自生气类泡沫措施液的研制与性能评价[J]. 精细石油化工进展，2012，10，13-15.

[7] 吕宝强，苏莹，赵文，等. 自生热措施技术研究与应用[J]. 广东化工，2011，11，174-175.

[8] 陈大钧，陈馥. 油气田应用化学[M]：北京石油工业出版社. 2006. 7.

[9] Fang Timing，Li Shjun，Zhang Yingnan，et al. How the oil recovery in deep oil reservoirs is affected by injected gas types：A molecular dynamics simulation study[J]. Chemical Engineering Science，2021，231(1).

[10] Hafez M，Ratanpara AP，et al. CO_2-monoeth-anolamine-induced oil swelling and viscosity reduction for enhanced oil recovery[J]. Journal of Petroleum Science and Engineering，2021，206(1)：1-7.

[11] Mogensen K，et al. Comparison of three miscible injectants for a high-temperature，volatile oil reservoir-With particular emphasis on nitrogen injection[J]. Journal of Petroleum Science and Engineering，2020，195.

[12] Shiau B J B Hsu T-P，Roberts B L，et al. Improved chemical，flood efficiency by in situ CO_2 generation[C]//SPE Improved Oil Recovery Symposium. Society of Petroleum Engineers，2010，195(1)：1-25.

[13] 刘航，柳建新，等. 自生气提高采收率技术研究进展[J]. 精细石油化工，2023，03，79-84.

[14] 王业飞，钱程，姬宗江，等. 亚硝酸钠与氯化铵体系的反应特征[J]. 石油学报，2020，41(2)：226-234.

[15] Zhou H，Qu C，Lu G，et al. Deliuification of low-roductivity natural gas wells with in situ generated foams and heat[J]. 2021，41(6)：9873-9882.

轻质高黏高含蜡原油高频脉冲脱水实验与评价

何鹏程　李春雨　李本全　李　程　张玉香

（中国石油青海油田公司）

摘　要　Z11 油田原油性质复杂，属轻质高黏高含蜡原油，同时采出水矿化度高，最高可达 14×10^4mg/L，给原油处理带来不小挑战。目前油田采用热化学破乳加重力沉降脱水工艺，存在破乳剂用量大、处理能耗高的问题。现场试验应用了高频脉冲脱水装置，结果表明在停加破乳剂条件下，处理后平均原油含水率 0.3%，平均污水含油量 8.68mg/L，平均吨液耗电量 0.164kW·h，达到了试验指标。原油吨液处理成本下降 88%，具有较好的经济效益。

关键词　高频脉冲；高含蜡原油；原油脱水；电脱水

在油田开发过程中，原油一般和水以混合物方式采出地面。在原油从地层至地面过程中伴随着脱气、压力和温度改变，同时在地面集输系统运送过程中也会产生紊流湍动。这一过程中，油和水被剧烈的搅动和破碎，在原油中胶质、采油药剂等具有表面活性物质的作用下形成稳定的乳状液。原油脱水即将原油乳状液进行破乳和分离，形成低含水合格的原油的过程。

重力、高温、电磁、震动、过滤和药剂等物理和化学方法都被用于原油脱水，其中应用较为广泛的包括重力沉降脱水、热化学脱水等工艺。电脱水技术早在上世纪初便被提出和应用，国内在 90 年代开始研究和应用电脱出工艺，取得了一定认识。受电子技术和对电脱水原理认识的限制，早期电脱水工艺存在水链和击穿导致漏电、垮电场等问题，使得电脱水工艺耗电量大、处理效果差。随着电脱水理论研究的深入和电子技术的发展，高压高频脉冲电脱水技术逐渐发展和出现。高频通断电在解决电击穿问题的同时，利用电磁场降黏、高频脉冲共振破乳和高压电场振荡聚结等效应实现原油高效低耗脱水。

Z11 油区是青海油田重要采油区块，采出原油具有高黏高含蜡特点，目前采用热化学破乳加重力沉降脱水工艺。受原油黏度高、蜡质含量高和成分复杂影响，破乳和三项分离后原油含水率仍达不到交油指标，还需后端大罐沉降除水。当前处理工艺存在加热温度高、破乳剂加量大的问题，原油处理能耗和费用居高不下。在油区现场试验高压高频脉冲脱水装置，并对其适应性进行了评价。

1　试验地点与油水性质

在 Z11 油田 2#集油撬试验高频脉冲脱水工艺。Z11 油田为注水开发油田，采用密闭集输工艺流程，其中 2 号集油撬日处理量约在 $150m^3/d$。单井产液在集油撬进行初步气液分离后，含水原油和伴生气分输进入联合站进行处理。

Z11 油田平均原油密度 $0.866t/m^3$，黏度 24.89MPa. s，含蜡 16.08%，汽油含量 11.75%，煤柴油含量 25.1%，凝固点 30℃，析蜡点 38℃，平均初馏点 119℃，属于轻质高黏高含蜡原油。油田平均地层水密度 $1.0768g/cm^3$，HCO^{3-} 含量 867mg/L，SO_4^{2-} 含量 2950mg/L，CL^- 含量 65594mg/L，Ca^{2+} 含量 1047mg/L，Mg^{2+} 含量 364mg/L，K^+ 和 Na^+ 含量 42874mg/L，矿化度 113229mg/L，pH 值 6.3，具体见表 1。

表 1　Z11 油田油藏地层水性质

层组	密度/(g/cm^3)	HCO^{3-}/(mg/L)	SO_4^{2-}/(mg/L)	CL^-/(mg/L)	Ca^{2+}/(mg/L)	Mg^{2+}/(mg/L)	K^+、Na^+/(mg/L)	总矿化度/(mg/L)	pH 值
Ⅳ	1.069	699	3146	56685	1146	459	37081	98509	6.2
Ⅷ	1.0926	1210	2555	83683	848	170	54637	143115	6.6
平均值	1.0768	867	2950	65594	1047	364	42874	113229	6.3

2　试验方法及参数

2.1　试验方法

Z11 油田 2#集油掺水撬，具有来液加热、气液分离、掺水循环、原油外输等功能。将撬装式高频脉冲原油脱水装置以三通形式接入原油外输管线，将含水原油引入高频脉冲原油脱水装置进行处理，如图 1 所示，实验装置如图 2 所示。每天定时对处理量、处理温度、处理前和处理后原油含水率、处理后污水含油量量进行分析和测量，装置安装有电量计量表，记录耗电量。试验完成后对试验数据进行综合分析，排除干扰项后分析装置效果和适用性。

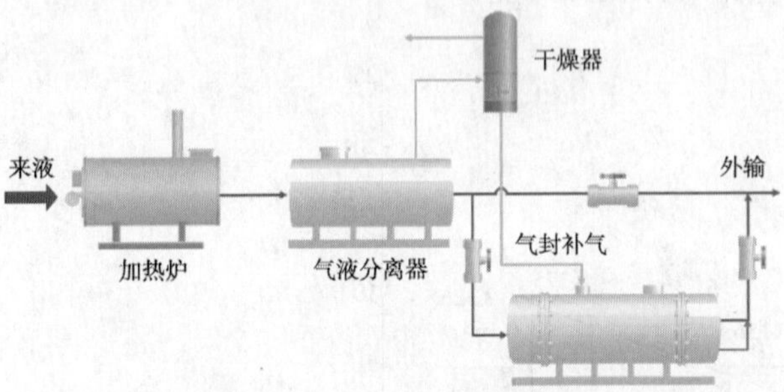

图 1　原油脱水试验工艺流程图

图 2　现场实验装置

2.2　试验参数

现场试验的高频脉冲原油脱水装置设计处理量 150m³/d，工作压力≤0.35MPa，设计压力 1.0Mpa，电源电压 380V±10%，50Hz，额定功率/运行功率 25KW/5kw，输出频率 12000 赫兹运行，最低进液温度：保持油品良好流动性。在后续集输、处理工艺运行条件下，调整装置处理液量、温度和电压，验证不同参数条件下运行情况。

为验证装置的稳定性，选取天气较为寒冷的 10 月[J] 12 月，进行了为期 62 天的现场试验，试验期间处理液量 110~197t/d，平均液量 149t/d；温度 46~62℃，平均 54℃；压力 0.14~0.24MPa，平均压力 0.21MPa；原油含水率 3%~99.00%，平均含水率 71.24%；运行电压分别设定为 1550V、1600 和 1650V。运行期间暂停加注破乳剂。

3　结果与讨论

3.1　总体结果

试验期间装置运行平稳，油出口含水率，水出口含油量等指标如图 3 所示，除调试阶段和降压运行阶段，其他运行时间原油含水率均在 0.5%以下，试验期间原油含水率均值为 0.3%。处理后污水含油量有一定波动，最高值在 50mg/L 左右，试验期间含油量平均值为 8.68mg/L。根据试验期间能耗统计，吨液处理耗电量平均值为 0.164kW · h。综合测算吨液处理成本下降 88%，具有较好的经济效益。

3.2　运行电压影响

运行电压的变化对装置处理效果和能耗具有显著影响，不同类型原油和处理条件下最佳运行电压不同。试验期间共有 3 个电压运行阶段，即运行初期的 1600V，降压运行阶段的 1550V 和其他时段的 1650V，主要运行指标变化情况如图 4 所示。随着运行电压升高，处理后原油含水率下降，吨液耗电量上升，污水含油量无明显规律，但未超过 50mg/L 试验目标。当运行电压为 1650V 时，处理后原油含水率、吨液耗电量和污水含油量均能满足试验目标要求。

3.3　入口原油含水率影响

选择 1650V 运行条件下试验数据进行分析，根据装置入口实测数据，试验期间采出液含水率在 3%至 99%之间，含水率大于 70%数据占比 61.9%，含水率在 40%至 70%之间的占比 16.7%，含水率小于 40%占比 21.4%。不同入口含水率条件下主要指标情况如图 5 所示，随着入口含水率上升，处理后原油含水率和污水含油量均有所上升，吨液耗电量变化不明显，但均能够达到试验目标，高频脉冲脱水装置对采出液含水率适应性较好。

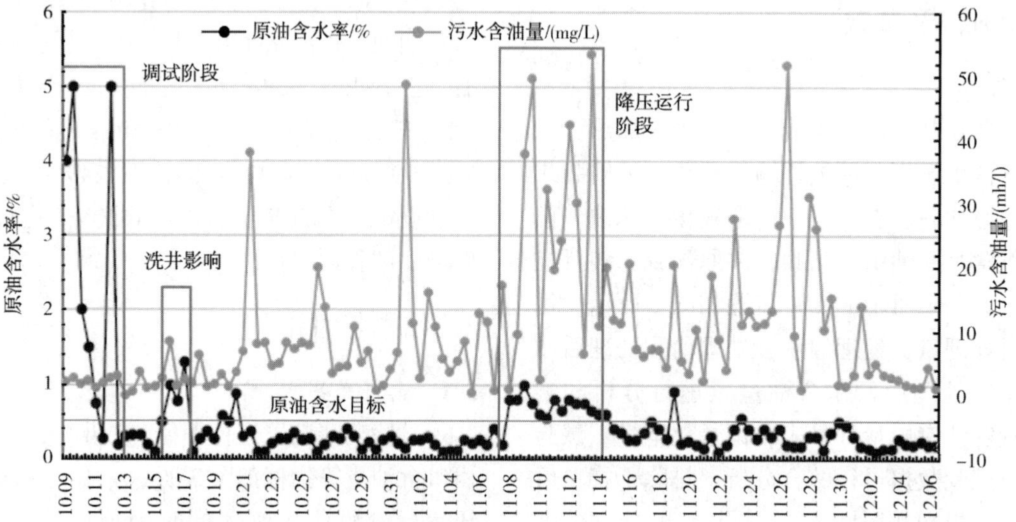

图 3　试验期间处理后原油含水率和污水含油量指标

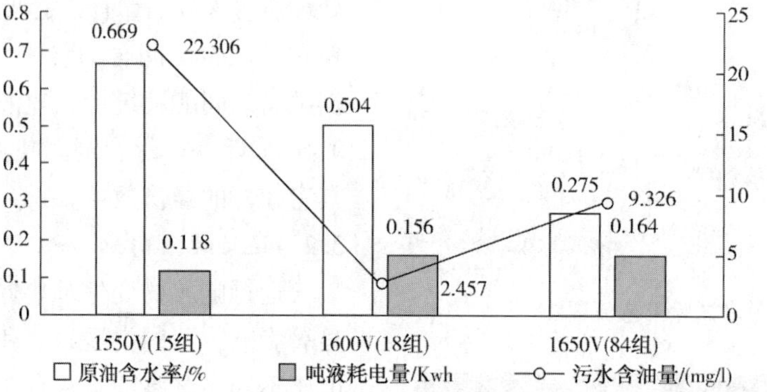

图 4　运行电压对原油处理主要指标影响

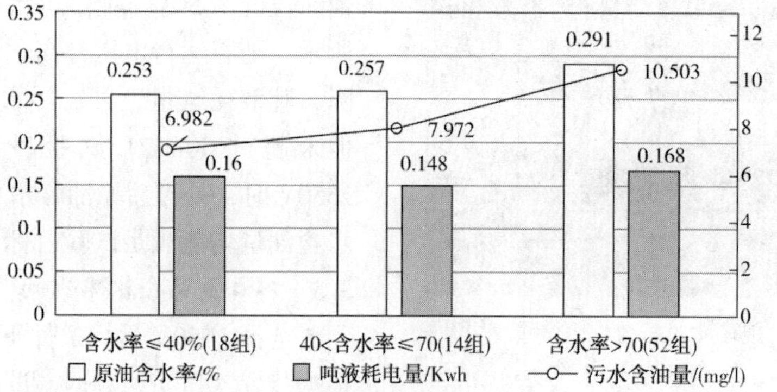

图 5　含水率对原油处理主要指标影响

3.4　处理温度影响

处理温度对处理效果具有显著响应，一般处理温度越高处理效果越好，但也带来加热耗能高的问题。受后续工艺流程限制，试验期间处理温度在 42℃至 61℃之间，均超过油区原油凝固点和析蜡点，入口原油流动性良好。选择 1650V 运行条件下试验数据进行分析，不同处理温度条件下主要指标情况如图 6 所示，在试验温度范围内，处理后原油含水率无明显规律，处理效果均较好。吨液耗电量和处理后污水含油量随温度上升呈现下降趋势。

3.5　处理量影响

试验期间装置处理量在 $120m^3/d$ 至 $196m^3/d$ 之间，其中 95% 测试点处理量在设计处理量±20%之间，4 组数据处理量超过设计处理量 20%，最高为超设计处理量 30.7%。不同处理量条件下主要指标情况如图7所示，在设计处理量±20%范围内，处理后原油含水率、污水含油量和耗电量均满足试验目标。实际处理量大于设计处理量20%和小于80%情况下数据较少，装置适用性还需进一步试验。

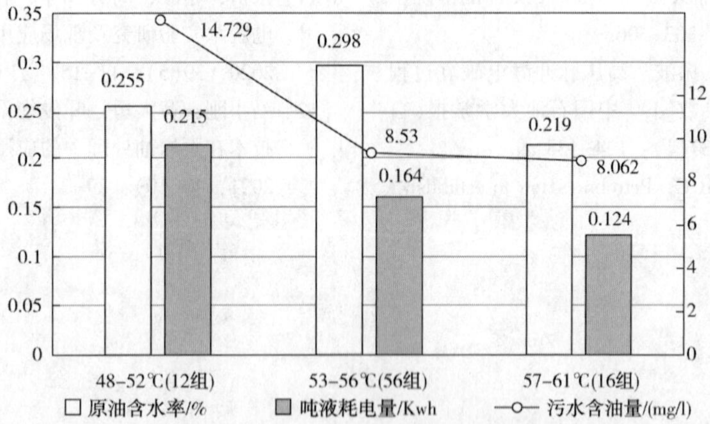

图6　温度对原油处理主要指标影响

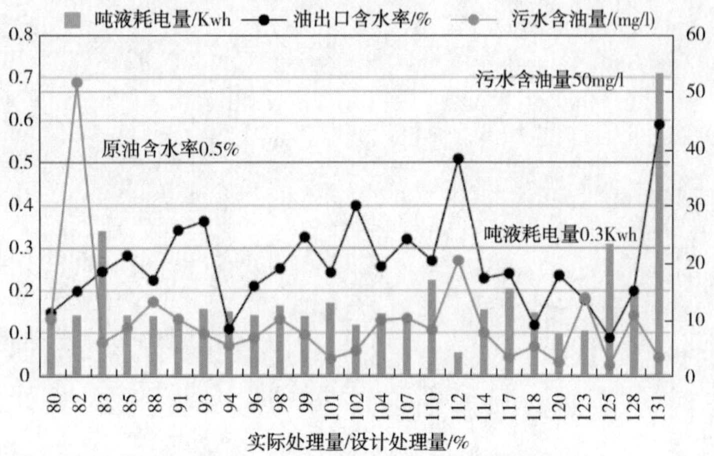

图7　处理量对原油处理主要指标影响

4　结论

（1）在不加破乳剂情况下，高频脉冲脱水装置能够满足Z11油区脱水需求，试验期间处理后原油含水率、污水含油量和能耗指标均满足试验指标；

（2）运行电压对高频脉冲脱水装置影响较大，当运行电压为1650V时，原油含水率能稳定在0.5%以下，同时能耗较低；

（3）处理前原油含水率上升时，处理效果呈变差趋势，吨液处理能耗变化不明显；处理温度越高能耗越低，处理后污水含油量下降；

（4）高频脉冲脱水装置处理量在设计处理量±20%范围内，处理后原油含水率、污水含油量和耗电量均满足试验目标；

（5）高频脉冲脱水工艺较传统的热化学脱水工艺有着运行成本低，处理效果稳定的优点。

参考文献

［1］丁德磐，孙在春，杨国华，等．原油乳状液的稳定与破乳［J］．油田化学，1998，15(1)：82-86.

［2］赵志明，赵宁．原油脱水工艺的进展研究［J］．当代化工，2021，50(3)：703-706.

［3］Bailes P J. An Electrical Model for Coalescers that Employ Pulsed DC fields［J］. Chemical Engineering Research and Design，1995，73(1)：559-563.

［4］阎军，毛宗强，何向明．静电场和离心力场联合分离水/油型乳状液［J］．化工学报，1998，49：17-26.

［5］Pearce C A R. The Mechanism of the Resolution of Water-in-Oil Emulsions by Electrical Treatment［J］. Br. J. Appl. Phys. 1954，5：136.

[6] 许传迅．组合电极变频脉冲脱水器在北二联合站原油处理中的应用[J]．石油石化节能，2022，12(7)：37-39.

[7] 樊春燕，梁志珊．W/O 型乳状液在脉冲电压作用下的破乳机理[J]．石油天然气学报(江汉石油学院学报)，2009，31(4)：303-306.

[8] 孙治谦，金友海，王振波．高压脉冲静电破乳过程水滴破碎临界电场参数[J]．中国石油大学学报(自然科学版)，2013，37(1)：134-138.

[9] Alves R P，Oliveira R C，Petrobras. How to establish a mathematical model for the electroststic desalting process based on pilot plant studies. SPE102790：1-5.

[10] 张旭，杨剑．稠油高压高频电脱水技术试验研究[J]．油气田地面工程，2021.40(9)：17-21.

[11] 张倩，赵毅，周勇，等．塔河油田酸化油高频脉冲电脱水实验研究及现场应用[J]．油气田地面工程，2020，39(5)：11-15.

[12] 冯小刚，黄大勇，叶俊华，等．高频脉冲原油脱水技术在页岩油处理中的应用[J]．油气田地面工程，2021，40(10)：29-34.

南海北部潮汕坳陷中生界油气运聚单元分析及有利勘探方向

冯常茂　孙　鸣　钟广见　赵忠泉　陈胜红　赵　静　尚春江　易　海

（自然资源部海底矿产资源重点实验室广州海洋地质调查局）

摘　要　潮汕坳陷是南海东北部中生代残留坳陷，具有较好的油气成藏条件。其主要烃源岩为上三叠统–下侏罗统及上侏罗统半封闭海湾型泥岩；主要储层为白垩系河流–湖泊相和海陆过渡相、滨海相砂岩以及中–上侏罗统内部的滨海相砂岩、海底扇砂岩以及灰岩；发育有侏罗系内部的生储盖组合以及侏罗系生烃–白垩系储集的下生上储型储盖组合。以分割槽为边界，潮汕坳陷可以划分为6个油气运聚单元，中部低凸起及西部凹陷东北部、东部凹陷西部地区成藏条件最好，是进一步油气勘探的最有利区域。

关键词　潮汕坳陷；南海东北部；成藏条件；中生界；油气运聚单元

潮汕坳陷位于南海东北部东沙海域，在该区域早期的研究中，许多学者认为华南大陆出露的晚三叠世–早侏罗世的海相沉积可以延伸入南海，因而推断南海东北部存在中生代晚三叠世–早侏罗世的海相地层（苏乃容等，1995；王平等，2000；夏勘原等，2000；钟建强等，1997；蔡乾忠等，2000；陈洁，2007；陈冰等，2005）。2003年9月，台南–潮汕石油作业有限公司钻探的LF35-1-1井证实了潮汕坳陷是一个中生代的海相残留坳陷，其中至少充填了中–晚侏罗世和白垩纪沉积物，揭示了中生界存在海相烃源岩以及有效的储盖组合（邵磊等，2007；郝沪军等，2009）。受此井失利的影响，潮汕坳陷中生界的油气勘探停滞不前，对油气成藏特征的认识一直模糊不清。2016年开始，中国地质调查局重新将潮汕坳陷中生界作为南海东北部的油气勘探新层系，希望将该区的油气勘探继续往前推动。本文以近年来新获得的地震资料为基础，参考该区化探分析成果，划分了潮汕坳陷中生界油气运聚单元，分析了各运聚单元的油气成藏特征，指出了下一步勘探方向，希望对该区下一步的油气勘探能有所参考。

1　地层发育特征及构造单元划分

1.1　地层反射界面特征

潮汕坳陷中生界可以识别出T_{j0}、T_{j1}、T_{j2}、T_{k1}、T_{k0}和T_g界面（图1）。

T_{j0}界面为中生界的底界，在过井剖面上表现为低频、变振幅、低连续反射同相轴，在潮汕坳陷边缘或斜坡可见上覆地层上超于该界面之上，下伏地层反射特征以杂乱为主。

T_{j1}、T_{j2}均为侏罗系内部的分界面，其起伏同T_{j0}基本保持一致，反射界面为低频、变振幅、低连续的同相轴，界面上下地层发育特征基本相似，呈整合或假整合接触。侏罗系多为中低频、中低振幅、中低连续反射，顶部具削截现象。

T_{k0}为侏罗系的顶界面。该界面为较连续、强振幅的单个同相轴，该界面下伏地层有明显削截现象（图1），下伏地层主要呈中低频、中振幅、中低连续反射特征，在高部位削截剥蚀严重；上覆地层连续性好，地层倾角大，变形明显。

T_{k1}为白垩系内部的分界面。本界面仅在潮汕坳陷中部有分布，地震剖面上表现为中高频、中强振幅、中高连续的单个同相轴。该界面上下地层多呈整合接触。

T_g为新生界的底界，反射特征清晰，为明显的区域角度不整合面。地震剖面表现为中–高频、中强振幅、不连续的地震反射界面或包络面。

1.2　地层沉积特征

综合LF35-1-1井的情况以及前人研究成果，结合地震剖面解释结果发现（图1），潮汕坳陷发育上三叠统–下侏罗统、中侏罗统、上侏罗统以及白垩系等中生代地层（孙鸣等，2018；强昆生等，2018；Guangjian Zhong et al，2020）。上三叠统–下侏罗统为一套浅海–半深海相沉积

(陈冰等，2005)，厚度一般大于500m，局部可达3000m。中侏罗统主要为一套浅海相沉积，厚度一般大于400m，局部可达1200m；上侏罗统主要为一套浅海-半深海相沉积(吴国瑄等2007；邵磊等，2007；郝沪军等，2009)，厚度一般200m以上，最大可达2500m。下白垩统为一套海陆过渡相沉积；上白垩统在潮汕坳陷北部发育河流-冲积平原相、湖泊相沉积，南部发育海陆过渡相沉积(邵磊等，2007；郝沪军等，2009)。

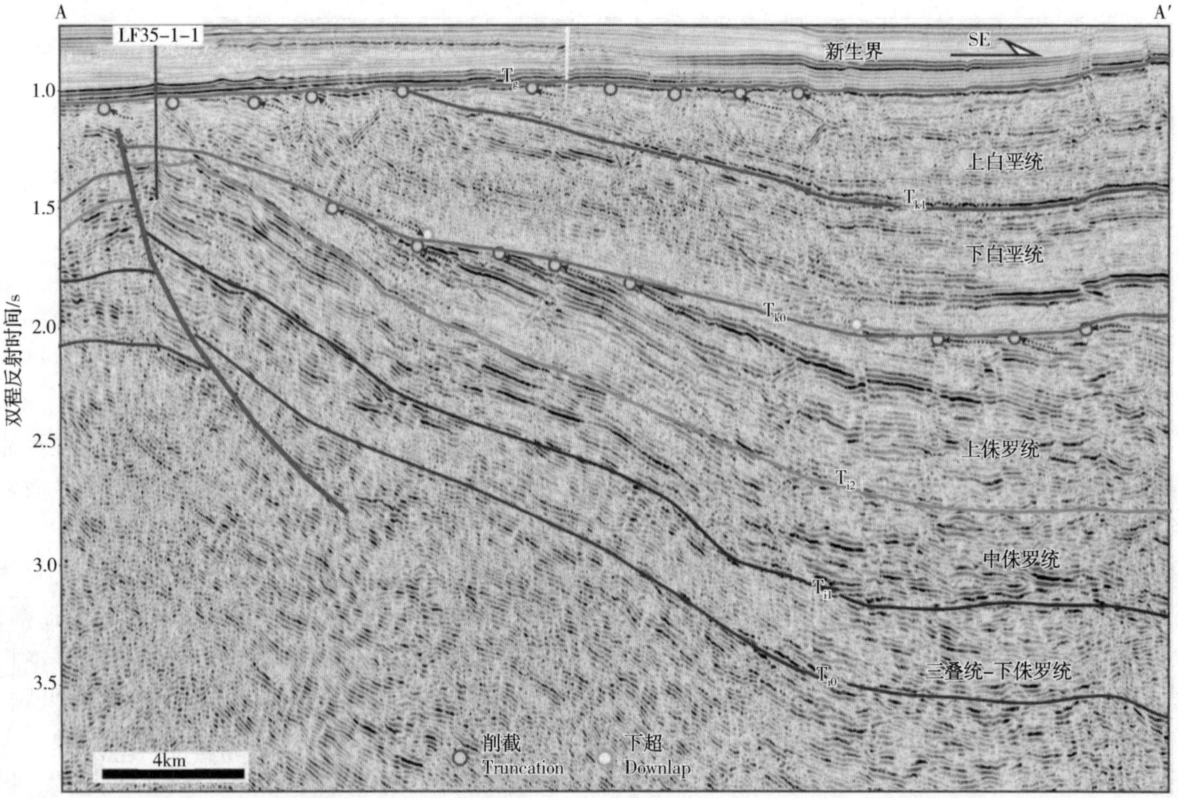

图1　潮汕坳陷中生代地层反射界面特征(测线位置见图2)(据孙鸣等，2018，修改)

1.3　潮汕坳陷构造单元划分

利用边界断层及中生界1000m等厚度线，将南海东北部中生界划分为潮汕坳陷、汕尾坳陷和高雄坳陷(图2)。汕尾坳陷和高雄坳陷位于陆架区，潮汕坳陷位于陆坡区。潮汕坳陷面积3.7万km^2(Guangjian Zhong et al，2020)，中生界最大残余厚度超过5000m，可进一步划分为东部凹陷、西部凹陷、中部低凸起、北部斜坡、中部斜坡和西部斜坡等6个次级构造单元。

2　油气地质条件

2.1　烃源岩

LF35-1-1井揭示，潮汕坳陷中上侏罗统上部为灰黑色纹层状泥岩及泥质粉砂岩夹硅质岩，含少量泥晶灰岩；下部为灰黑色纹层状泥岩及泥质粉砂岩夹砂岩、灰岩，泥岩中富含有机质碎屑。地化分析结果表明，上侏罗统共发育2套烃源岩，1800m~2000m井段的有机碳含量介于0.18%~1.15%之间，平均值为0.67%，为差烃源岩；2100m~2400m井段烃源岩累计厚度46.16m，有机碳含量介于1.00%~1.48%之间，平均值为1.32%，为中等烃源岩。这两套烃源岩有机质类型以Ⅲ型为主，含少量$Ⅱ_2$型，目前成熟度达到过成熟干气阶段(杨树春等，2008；郝沪军等，2009)。

由于LF35-1构造位于潮汕坳陷中部斜坡上，而过LF35-1构造及潮汕坳陷的地震剖面显示(图1)，从中部斜坡往西部凹陷方向，侏罗系、白垩系均出现一套厚度逐渐增大的平行、振幅稳定、连续-高连续的反射地层，说明潮汕坳陷中心烃源岩的数量会增加(姚永坚等，2009)。研究认为，潮汕坳陷中部中生界泥岩厚度>1600m，呈NE-SW走向，在西部凹陷最大可达2400m(Guangjian Zhong et al，2020)，另外，华南陆缘及南海周缘的台西南盆地、礼乐滩、巴拉望等地区均发育上三叠统-下侏罗统烃源岩，其有机质类型主要为Ⅲ型，局部Ⅱ型（王嘹亮等，2009；张莉等，2012；Guangjian Zhong et al，2020）。因此，推测潮汕坳陷主要发育上三叠统-下侏罗统和上侏罗统等2套半封闭海湾型烃源岩（Changmao Feng et al.，2022；Zhongquan Zhao et al.，2023）。

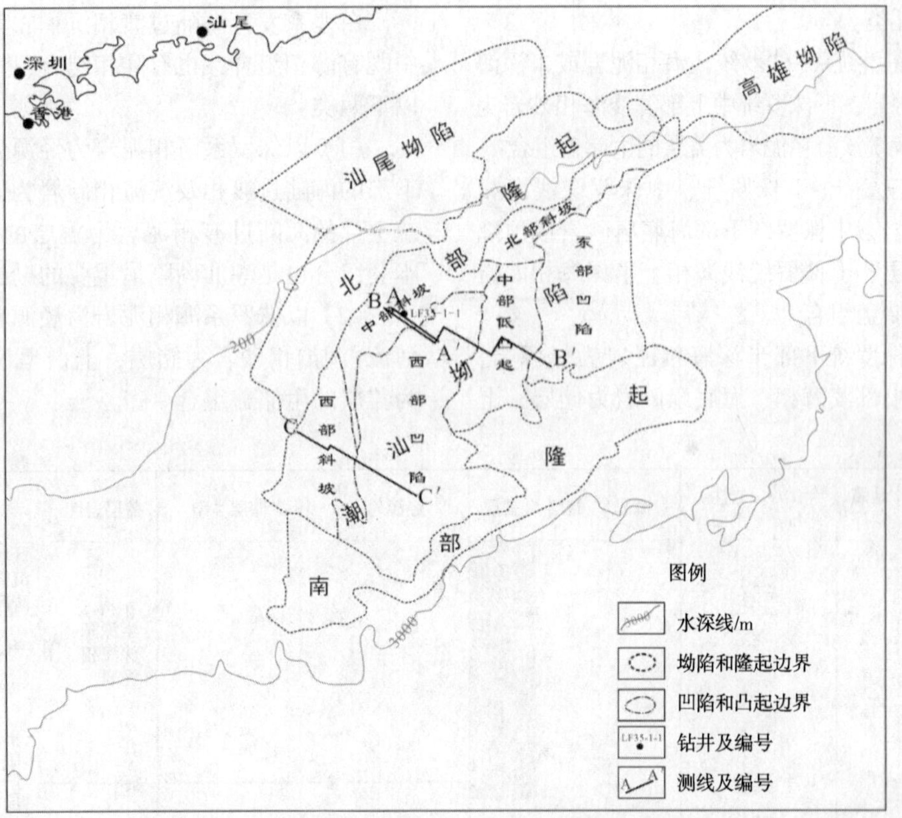

图2　南海东北部东沙海域中生代构造区划图

2.2　储层

据LF35-1-1井和地震资料分析，潮汕坳陷可能发育两套储层：白垩系内部河流-湖泊相砂岩和中-上侏罗统内部的滨海相砂岩、海底扇砂岩。LF35-1-1井揭示，白垩系砂岩、粉砂岩和泥质粉砂岩总厚度约100m，单层最大厚度为15m~17m，平均厚度约6m~8m，砂岩的孔隙度为中-差。中-上侏罗统砂岩总厚度达120m，单层最大厚度为40m，但砂岩的孔隙度较差。

区域上，潮汕坳陷经历了晚三叠世-早侏罗世浅海-半深海相、中侏罗世滨浅海相、晚侏罗世浅海-半深海相、白垩纪海陆过渡相-陆相沉积旋回（Guangjian Zhong et al，2020），受沉积环境的控制，潮汕坳陷可能发育有中-上侏罗统滨海相砂岩、海底扇砂岩以及灰岩储层，白垩系海陆过渡相砂岩、河流-湖泊相砂岩储层等多种类型的储集体。

2.3　区域盖层发育特征

潮汕坳陷砂、泥岩互层发育的特征明显，侏罗系浅海相、半深海相泥岩不仅是良好的烃源岩，也是良好的局部盖层；侏罗系沉积厚度最大区域位于西部凹陷，厚度多介于2000m~3000m，在坳陷中部，侏罗系厚度一般在1200m以上，地层保存相对完整；白垩系分布相对局限，仅在坳陷中部发育，其厚度一般在1000m以下。根据地层厚度判断，侏罗系储层之上发育的直接盖层保存完整，一直以来，对其下部的储层具有较好的封盖作用；白垩系由于地层厚度相对较薄，只有残余厚度较大的地区直接盖层的封盖能力才能较好。

晚渐新世、早中新世及其之后广布全区的滨浅海相以及半深海-深海相泥岩，厚度多介于500m~1000m，无论作为直接盖层还是区域盖层，均具有良好的品质，半深海相泥岩质地纯，具有良好的封盖能力，对于白垩系顶部的储层而言，新生界的厚度足以形成良好封盖。

2.4 生储盖组合特征

2.4.1 侏罗系生储盖组合特征

受沉积环境控制，侏罗系主要发育海相泥岩-海相砂岩、灰岩-海相泥岩的生储盖组合(图3)，共分为以下几类：

(1) 上三叠统-下侏罗统浅海相泥岩或半深海相泥岩为烃源岩，下侏罗统中上部滨浅海相砂岩为储层，中侏罗统浅海相泥岩为盖层的生储盖组合。

(2) 上三叠统-下侏罗统、中侏罗统浅海相泥岩为烃源岩，中侏罗统下部海底扇砂岩或顶部的灰岩为储层，上侏罗统浅海相、半深海相泥岩为盖层的生储盖组合。

(3) 上侏罗统下部半深海相泥岩为烃源岩，上侏罗统中上部滨海相、海底扇砂岩为储层，上侏罗统上部浅海相、半深海相泥岩为盖层的生储盖组合。本套组合是潮汕坳陷最重要的勘探目的层系。

2.4.2 白垩系生储盖组合特征

白垩系发育海陆过渡相沉积，其生储盖组合中既有海相组合，也有陆相组合(图3)，共分为以下两类：

(1) 以侏罗系海相泥岩为烃源岩，下白垩统下部的海陆过渡相及滨海相砂岩为储层，下白垩统上部的海陆过渡相泥岩为盖层的生储盖组合。本套组合也是潮汕坳陷最重要的勘探目的层系。

(2) 以侏罗系海相泥岩为烃源岩，上白垩统河流-湖泊相砂岩为储层，上白垩统湖泊相泥岩为盖层的生储盖组合。

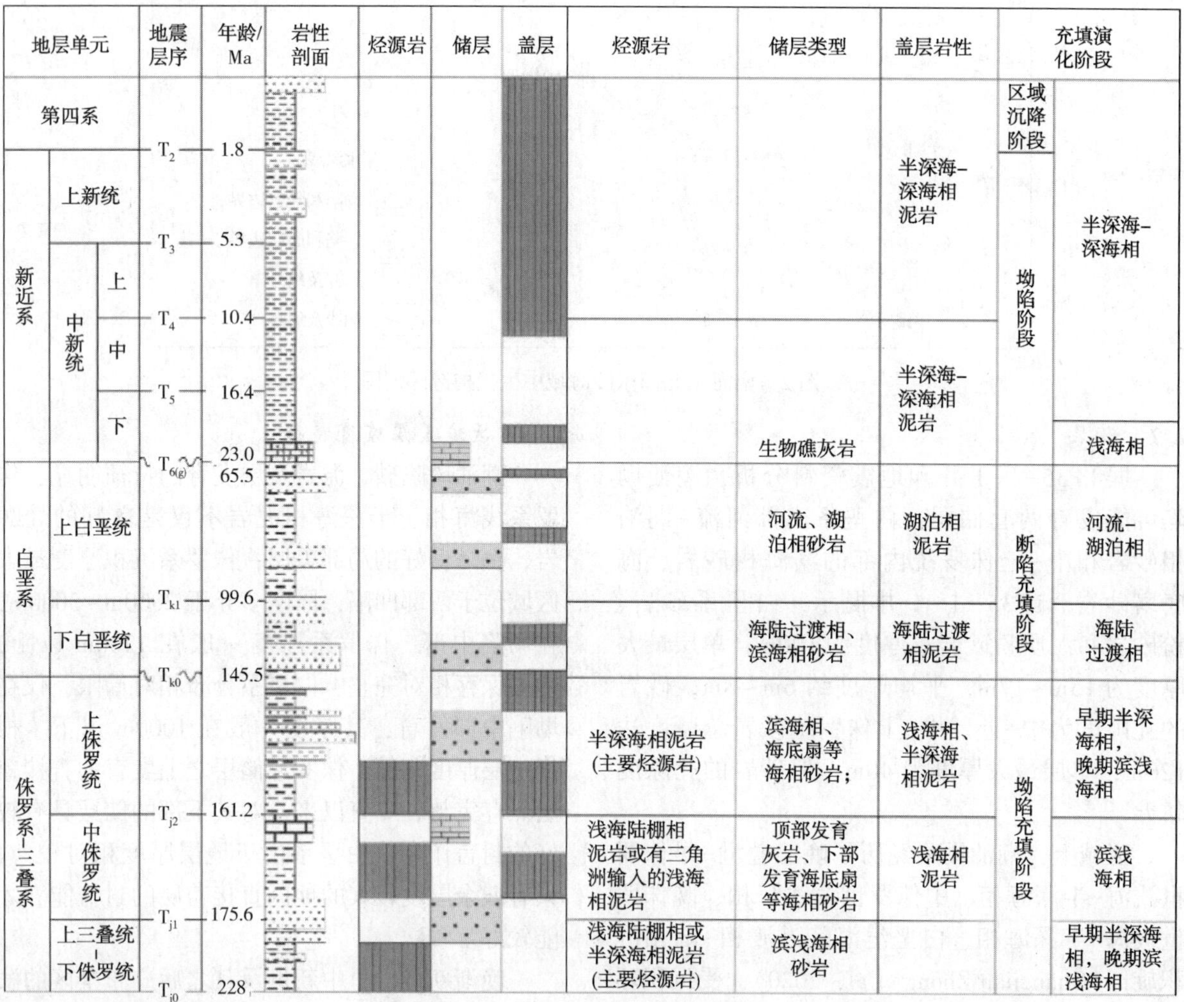

图3　潮汕坳陷主要生、储、盖组合分布图

2.4.3 新生界储盖组合特征

新生界的储、盖组合主要分布在中新统，其烃源岩主要是侏罗系海相泥岩，储层为下中新统的生物礁灰岩，盖层为中中新统及其上覆的半深海-深海相泥岩。

3　油气运聚单元划分及其成藏特征

化探综合异常研究结果表明，潮汕坳陷海底表层沉积物化探指标有异常显示（Guangjian Zhong et al，2020；赵忠泉等，2020），说明该区域存在较强烈的油气微渗漏活动，下部存在油气藏的可能性很大。也有研究表明，潮汕坳陷存在中生界含油气系统（纪中云等，2014）。因此，潮汕坳陷可能发育了中生界含油气系统（·），该油气系统中上三叠统-下侏罗统以及上侏罗统海相泥岩为主要烃源岩；中上侏罗统的滨海相砂岩、海底扇砂岩、白垩系海陆过渡相砂岩、河流-湖泊相砂岩为主要储层，新生界半深海-深海相泥岩为区域盖层。含油气系统中，实现远景圈闭预测和评价的最佳研究单元为油气运聚单元（张映红等，2001），因此，本文在这里也对潮汕坳陷中生界进行油气运聚单元划分，便于认识该区的油气分布状况。

3.1　油气运聚单元划分

油气运移分割槽指生排烃关键时刻，在输导层和烃源岩中由流体势极大值点连成的线状或带状区域，通常为负向构造单元的构造槽谷线（张映红等，2001），分割槽可以将生烃凹陷的油气分配到不同区域聚集，因此以分割槽为边界可以将一个生烃凹陷或坳陷划分为若干油气运聚单元。油气运聚单元明显地控制了油气运移和聚集。由于油气成藏地质条件的差异，不同的油气运聚单元具有不同的油气资源远景。

根据上述油气运聚单元划分依据，通过综合分析 T_{j0} 界面等深度图以及烃源岩分布特征，将潮汕坳陷中生界含油气系统划分为 6 个油气运聚单元（图 4）。

3.2　各运聚单元油气成藏特征

3.2.1　油气运聚单元①

本运聚单元包括中部低凸起、西部凹陷东北部、东部凹陷西部地区，呈 NE-SW 向展布。运聚单元内，东部及西部形成双源供烃，中生界内部断裂十分发育，其断裂一般可以沟通几套主力烃源岩，储层为中上侏罗统滨海相、海底扇相砂岩和灰岩以及白垩系河流-湖泊相、三角洲相和海陆过渡相砂岩，具备良好的孔隙度、渗透率。因此，该区域油气输导体系十分发育，主体生烃凹陷为西部凹陷和东部凹陷，中部低凸起南部也可形成供烃中心，油气由两侧的深部往中部的高

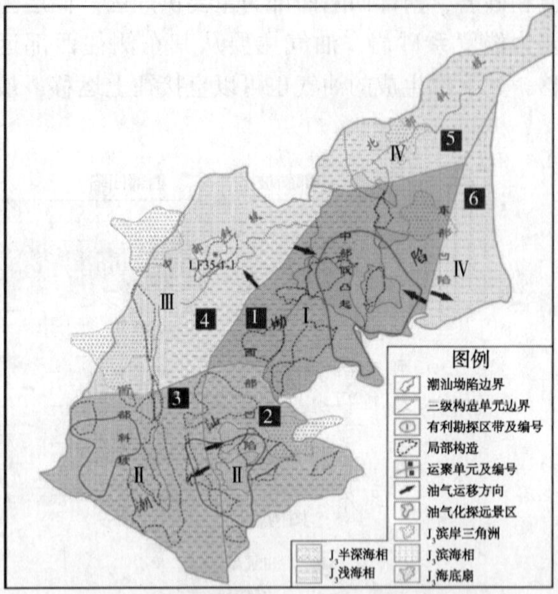

图 4　潮汕坳陷中生界油气运聚单元及有利勘探区域预测图

部位运移，可形成油气聚集，最有利的油气聚集区为中部低凸起。

中部低凸起西侧紧邻西部凹陷、东侧毗邻东部凹陷，属于典型的凹中隆构造，其成藏模式见图 5。由图 5 可知，西部凹陷及东部凹陷侏罗系生成的油气沿着东、西两侧的断层分别往上运移至中侏罗统上部灰岩、上侏罗统砂岩以及白垩系砂岩中，同时，中部低凸起下部与储层直接接触的侏罗系烃源岩也能供烃，最终在构造高点形成油气藏。

3.2.2　油气运聚单元②

本运聚单元主要位于西部凹陷东南部，呈近 SN 向展布。运聚单元内中生界内部断裂十分发育，断裂一般可以沟通几套主力烃源岩，储层为中上侏罗统浅海相、海底扇相和三角洲相砂岩以及白垩系河流相、海陆过渡相和滨海相砂岩，具备良好的孔隙度、渗透率，因此，该区域油气输导体系十分发育，主体生烃凹陷为西部凹陷。

本运聚单元内的储层主要为侏罗系砂岩，油气从西部往东部运移，侏罗系烃源岩生成的油气也可以直接往上部运移，最终可在构造高点形成聚集。

3.2.3　油气运聚单元③

本运聚单元位于西部凹陷西部及西部斜坡区，呈近 SN 向展布。运聚单元内断裂一般能沟通几套主力烃源岩，储层主要为中上侏罗统滨浅海相、三角洲相砂岩以及白垩系河流相、海陆过

渡相砂岩，西部凹陷西部为主要供烃区。储层主要为侏罗系砂岩，油气主要从其东侧往西部运移，其下部生成的油气也可以直接往上运移，最终在构造内形成聚集。

本运聚单元成藏的主要控制因素是烃源岩的供烃状况，其成藏模式如图 6 所示。

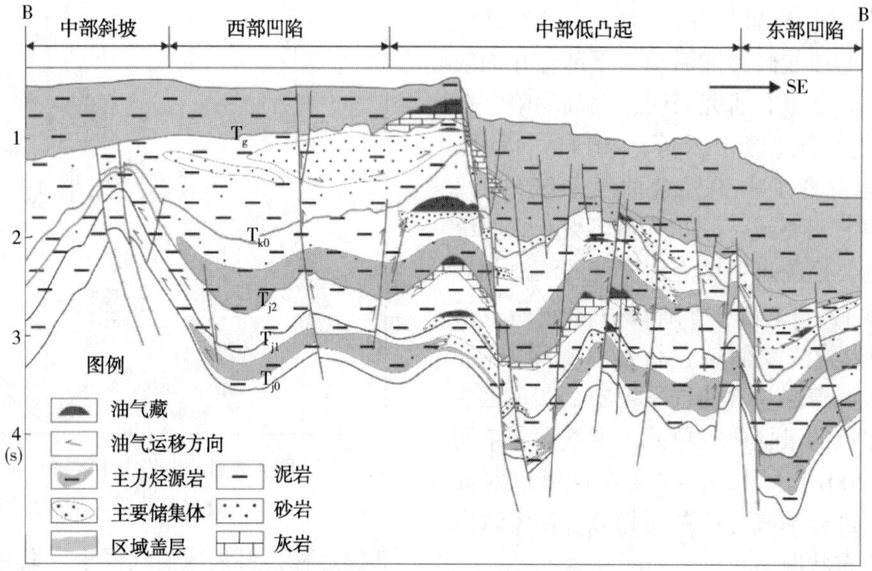

图 5　潮汕坳陷东部成藏模式预测图(位置见图 2)

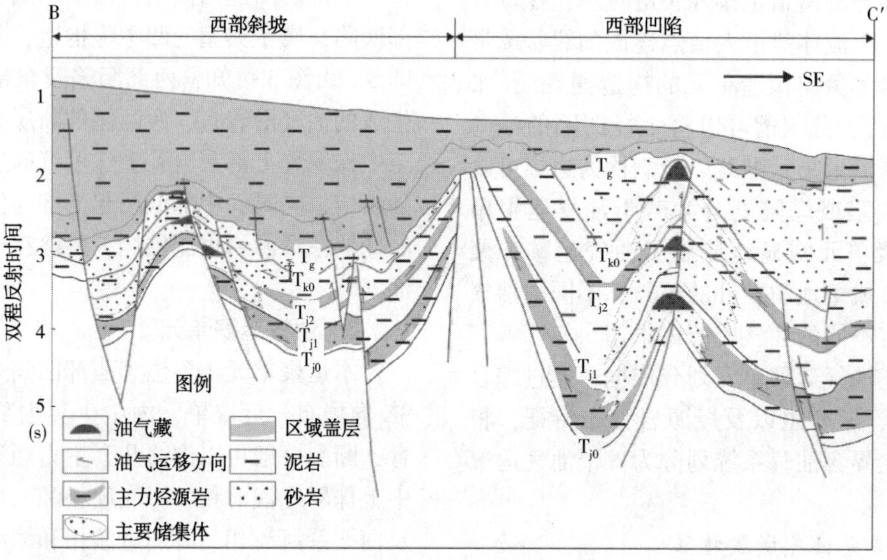

图 6　潮汕坳陷西部成藏模式预测图(位置见图 2)

3.2.4　油气运聚单元④

本运聚单元横跨西部凹陷西北部及中部斜坡，呈 NE 向展布，其东南部位于成熟生烃凹陷内。本运聚单元内油气自东向西运移，其储层主要为中上侏罗统滨浅海相、三角洲相、海底扇相砂岩以及白垩系海陆过渡相、河流-湖泊相、三角洲相砂岩。

3.2.5　油气运聚单元⑤

本运聚单元横跨东部凹陷北部及北部斜坡，呈 NE 向展布，其南部位于成熟生烃凹陷内。本运聚单元内油气自南向北运移，其储层主要为中上侏罗统滨海相、三角洲相砂岩以及白垩系河流-湖泊相砂岩。

3.2.6　油气运聚单元⑥

本运聚单元位于东部凹陷东部，呈近 SN 向展布，其西部位于成熟生烃凹陷内。本单元内油气自西向东运移，其储层主要为中上侏罗统滨浅海相、三角洲相砂岩以及白垩系海陆过渡相、三角洲相砂岩。

4 有利勘探区带预测

潮汕坳陷重点勘探层系为中生界，根据油气地质条件及圈闭发育特征，将勘探方向评价为四个层次：Ⅰ类最有利勘探区带、Ⅱ类有利勘探区带、Ⅲ类有利勘探区带和Ⅳ类潜在勘探区带。各勘探区带划分条件如下：

Ⅰ类最有利勘探区带：位于生烃凹陷内，已被成熟烃源岩覆盖；有多条油源断裂沟通生烃中心，通道条件优越；滨浅海相、海底扇等砂体(或灰岩等其他储层)分布广泛，储集条件好，储盖配置条件及后期保存条件优越；油气生排烃时间与断裂活动期相匹配，圈闭类型多。

Ⅱ类有利勘探区带：位于生烃凹陷附近但有一定距离，烃源条件好；有油源断裂沟通生烃中心，通道条件好；发育三角洲相砂岩、滨浅海相砂岩、海底扇砂岩等碎屑岩储层，储层分布面积较广泛，储盖配置条件及后期保存条件良好；油气生排烃时间与断裂活动期相匹配，圈闭发育。

Ⅲ类有利勘探区带：位于生烃凹陷附近；有油源断裂沟通生烃中心，通道条件一般；发育滨浅海相、三角洲相砂岩，存在砂体侧向输导，盖层和储盖配置条件较好；油气生排烃时间与断裂活动期基本匹配，圈闭发育。

Ⅳ类潜在勘探区带：远离生烃中心或毗邻生烃中心；有油源断裂沟通；发育一定规模的储集砂体，存在砂体侧向输导，盖层和储盖配置条件较好；圈闭不太发育；可形成一定规模的岩性油气藏。

潮汕坳陷中部低凸起及西部凹陷东北部、东部凹陷西部地区，上三叠统-下侏罗统、上侏罗统等主力烃源岩均处于成熟或过成熟阶段，东部凹陷及西部凹陷烃源岩可形成双源供烃，本带油气源十分充足，且自中侏罗世末开始，几套烃源岩逐步进入生烃门限，供烃持续时间跨度很长。该区内发育海底扇相、滨海相砂岩，局部发育灰岩储层，可形成多套储盖组合，发育断背斜、断块等多种构造-岩性圈闭，圈闭规模大，层位多，其雏形形成于早白垩世，定型于晚白垩世，与烃源岩供烃时间配置良好；有多条深大断裂沟通生烃中心，断裂和砂体可成为良好的油气运移通道；区域盖层连续且均匀分布。因此，该区域具有优越的油气成藏基础，具备良好的勘探前景，属于Ⅰ类最有利勘探区带(图4)。

5 结论

(1) 潮汕坳陷具有较好的油气成藏条件，烃源岩为上三叠统-下侏罗统和上侏罗统半封闭海湾型泥岩；中-上侏罗统滨海相砂岩、海底扇砂岩以及灰岩，白垩系海陆过渡相、滨海相砂岩、河流-湖泊相砂岩为主要储层。

(2) 潮汕坳陷可以划分为6个油气运聚单元，中部低凸起及西部凹陷东北部、东部凹陷西部地区成藏条件最好，是进一步油气勘探的首选区域。

参考文献

[1] Changmao Feng, Guangjian Zhong, Ming Sun, Zhenyu Lei, Hai Yi and Zhongquan Zhao. 2022. Analysis of the thermogenic gas source of natural gas hydrates over the Dongsha Waters in the NorthernSouth China Sea [J]. Frontiers in Earth Science, 10: 1-10.

[2] Guangjian Zhong, Pin Yan, Ming Sun, Jinhui Yu, Changmao Feng, Jing Zhao, Hai Yi, Zhongquan Zhao. 2020. Accumulation model of gas hydrate in the Chaoshan depression of South China Sea, China [C]. IOP Conference Series: Earth and Environment Science 569(2020)012070, 1-12.

[3] ZhongquanZhao, Guangjian Zhong, Ming Sun, Changmao Feng, Guanghong Tu and Hai Yi. 2023. Hydrocarbon accumulation analysis based on quasi-3D seismic data in the turbulent area of the Northern South China Sea [J]. 11, 338: 1-13.

[4] 蔡乾忠，刘守全，莫杰 . 2000. 寻找海相油气新领域：从南海北部"残留特提斯"谈起[J]. 中国海上油气(地质)，14(3)：157-162.

[5] 陈冰，王家林，钟慧智，等 . 2005. 南海潮汕坳陷前第三纪盆地结构地球物理研究[J]. 同济大学学报(自然科学版)，33(9)：1274-1280.

[6] 陈洁 . 2007. 潮汕坳陷地球物理特征及油气勘探潜力[J]. 地球物理学进展，22(1)：147-155.

[7] 段九春，米慧芬 . 2012. 潮汕坳陷中生界地震相与沉积相研究[J]. 资源与产业，14(1)：100-105.

[8] 郝沪军，林鹤鸣，杨梦雄，等 . 2001. 潮汕坳陷中生界——油气勘探的新领域[J]. 中国海上油气(地质)，15(3)：157-163.

[9] 郝沪军，施和生，张向涛，等 . 2009. 潮汕坳陷中生界及其石油地质条件——基于 LF35-1-1 探索井钻探结果的讨论[J]. 中国海上油气，21(3)：151-156.

[10] 纪中云，赵汗青，王海平，等 . 2014. 潮汕坳陷中

生界含油气系统[J]. 石油地质与工程，28(3)：9-11.

[11] 强昆生，张光学，张莉，等. 2018. 南海北部潮汕坳陷侏罗系沉积特征及对储层的控制作用研究[J]. 中国地质，45(1)：48-58.

[12] 邵磊，尤洪庆，郝沪军，等. 2007. 南海东北部中生界岩石学特征及沉积环境[J]. 地质论评，53(2)：164-169.

[13] 苏乃容，曾麟，李平鲁. 1995. 珠江口盆地东部中生代凹陷地质特征[J]. 中国海上油气(地质)，9(4)：228-236.

[14] 孙鸣，任金锋，钟广见，等. 2018. 南海北部东沙海域中生代地层的褶皱编写及其成因机制[J]. 地质论评，64(4)：828-842.

[15] 王嘹亮，程日辉，李飞，等. 2009. 南海北部陆缘中生代沉积层序、对比和油气地质意义[J]. 吉林大学学报(地球科学版)，39(2)：175-182.

[16] 王平，夏勘原，黄慈流. 2000. 南海东北部中生代海相地层的分布及其地质地球物理特征[J]. 热带海洋，19(4)：28-35.

[17] 吴国瑄，王汝建，郝沪军，等. 2007. 南海北部海相中生界发育的微体化石证据[J]. 海洋地质与第四纪地质，27(1)：79-85.

[18] 夏勘原，黄慈流. 2000. 南海中生代特提斯期沉积盆地的发现与寻找中生代含油气盆地的前景[J]. 地学前缘，7(3)：227-238.

[19] 杨少坤，林鹤鸣，郝沪军. 2002. 珠江口盆地东部中生界海相油气勘探前景[J]. 石油学报，23(5)：28-33.

[20] 杨树春，仝志刚，贺清，等. 2008. 潮汕坳陷中生界生烃历史及火成岩侵入影响分析——以 LF35-1-1 井为例[J]. 中国海上油气，20(3)：152-156.

[21] 姚永坚，高红芳，何家雄，等. 2009. 南海东北部潮汕坳陷及陆上邻区中生界烃源岩初步研究[J]. 天然气地球科学，20(6)：862-871.

[22] 张莉，耿安松，王嘹亮，等. 2012. 华南陆缘中生界烃源岩条件评价[J]. 海洋地质与第四纪地质，32(1)：99-108.

[23] 张映红，赵文智，李伟，等. 2001. 应用油气运聚单元改善圈闭预测及评价质量[J]. 石油学报，22(4)：18-23.

[24] 赵忠泉，孙鸣，万晓明，等. 2020. 微生物勘探技术在潮汕坳陷油气勘探中的应用初探[J]. 中国地质，47(3)：645-654.

表面活性剂解堵增效技术在青海尕斯油田的应用研究

毛小倩　朱秀雨　李柳逸　文　波　王晓桐　濮兰天

（中国石油青海油田公司）

摘　要　为提升青海尕斯油田的开采效果、增加原油产量，有效打通地层、解除堵塞，针对尕斯油藏存在的高采出、高含水、高矿化度等问题，通过室内实验研究分析、现场解堵试验开展了表面活性剂解堵增效技术研究。结果表明：自研的ZC系列表面活性剂界面张力可达到 $10^{-2} \sim 10^{-3}$ mN/m，表面张力可达到30mN/m以下，乳化稳定性优良，具有一定降黏、洗油及润湿反转效果，解堵表活剂在尕斯现场应用良好，平均日产液从1.78吨升至2.57吨，平均日产油0.78吨升至1.19吨。

关键词　表面活性剂；油井堵塞；解堵技术；提高采收率；现场应用

青海尕斯油田属双高（高采出、高含水）砂岩油藏，主要受构造控制，同时也受岩性影响，高部位含油，低部位含水，该油藏开发初期储层平均渗透率102mD，最小渗透率0.1mD，最大渗透率1230mD，层间非均质性强，累积注采比为0.6，油藏综合含水为80.5%，可采储量采出程度为68.1%。油藏平均温度68℃，油藏矿化度高（$15 \sim 18 \times 10^4$mg/L），地层压力系数为1.042~1.077，原油黏度中等，含硫少、凝固点高、含蜡含盐量高、密度低，此外，油藏具有中等偏强的水敏、中等偏强盐敏、弱碱敏的敏感性特征。在生产过程中，由于地质破坏、油田化学品的使用、原油组分的析出等因素，尕斯油田目前存在储层能量不足、油井堵塞等问题，成为制约油田高效生产的重要因素之一。

在油田开发过程中，应用表面活性剂解堵技术时，最关键的问题是解堵体系的选择，这会直接影响原油产量与采收率。因此，本文通过研制兼具高乳化性能与低界面张力的解堵体系，并在尕斯油田区块原油的适应性评价及现场应用，为表面活性剂体系在高盐油藏解堵的现场应用提供了理论依据。

1　表面活性剂解堵原理

油田油层堵塞的原因，通常分为固相颗粒堵塞、油井水泥及其他沉积物堵塞、原油蜡、沥青质沉积、地层中矿物质的水敏效应、压裂作业带来的伤害导致油层堵塞、射孔作业带来的伤害导致油层堵塞。针对低渗透油田的油层堵塞问题，现有的解堵技术主要包括化学解堵技术、物理解堵技术和复合解堵技术。其中化学解堵包括酸化解堵、溶剂解堵及表面活性剂解堵。

表面活性剂解堵技术是一种基于表面活性剂独特性质发展起来的提高原油采收率技术。通过向油层注入一定浓度的表面活性剂溶液，并利用表面活性剂的两亲性分子结构，改变油水界面性质，降低界面张力，实现洗脱、乳化、分散和流变性调整等功能，从而提高原油在地层中的流动性和可采性。与其他提高采收率技术相比，表面活性剂解堵技术可根据油藏特点选择合适的表面活性剂和注入参数，实现个性化调控，施工过程中，设备要求较低，操作简便，易于现场实施，且投资成本较低，经济效益显著。2016年，宋金忠等应用ASLD型表面活性剂解堵增注技术使残余油变为可流动油，溶解井底附近的石蜡、沥青、胶质等有机沉淀，疏通孔隙，减小渗流阻力的作用。2018年，郭子龙优选确定EDTA为络合剂、羧乙基半乳甘露聚糖为增溶剂、胰加漂T为渗透剂、丙烯酸-丙烯酸甲酯共聚物为分散剂，按照质量比为0.80：0.05：0.10：0.05配比获得中性解堵剂；中性解堵剂pH在6.5~7.0，对多种垢都有很强的溶解能力，具有广谱性，且腐蚀性小；中性解堵剂在靖安油田有很好的适应性，现场解堵效果和增产效果明显。2024

年，Kaekratoke 等借助亚氨基二乙酸螯合单元与游离钙离子之间强烈而特异的络合作用，以及聚合物在晶体表面的吸附作用，高效地抑制无机垢沉积，提高了管道输运能力。

ZC 系列表面活性剂是油气工艺研究院自研的一类复合表面活性剂体系，研发方向是借助钙离子增效机理，通过不同类型表活剂单剂复配后，达到提升表面活性剂耐高矿化度、高钙镁离子、与不同油藏注入水地层水配伍性强、对不同区块原油乳化分散性能好的研发目标。该体系最高耐盐 200000 万 mg/L，表面张力最低为 24.9mN/m，在高矿化度注入水条件下 0.3%～2%浓度下界面张力可降低至 10^{-2}～10^{-3}mN/m。ZC 系列表面活性剂解堵机理：

1.1 钙离子增效降低界面张力

当暴露于过量的二价阳离子（例如 Ca^{2+}、Mg^{2+}）时，现有主流阴离子石油硫酸盐或磺酸盐很容易因沉淀而从溶液中分离，降低注入的表面活性剂的有效性。此外，过高的矿化度水平也会引发不希望的相分离现象。一旦发生相分离，富含表面活性剂的相大多表现出高黏度并在油藏中传播缓慢，导致与油层的接触受到限制，并且会导致界面张力性能损失。表活剂解堵剂可以通过钙离子效应，使不动油聚集为可动油，界面张力的降低，促进微乳液的自发形成，达到对地层的解堵效果。

1.2 乳化调整作用

在部分浓度下，复合表面活性剂溶液与油样混合静置 24h 后仍保持稳定的水包油乳液和稳定的中相微乳液状态，大大提高流度比，从而降低注入压力，提高采收率。

1.3 溶解分散

宏观上在岩石束缚水饱和度增加，残余油饱和度降低，溶解分散重组分原油，使岩石润湿性反转，附着在岩石表面的解堵表活剂进一步扩散，从上游洗掉的油膜不再黏附于砂岩表面，转为可动油，随注入水在联通孔道内流向生产井。

2 实验部分

2.1 实验材料与仪器

2.1.1 实验材料

本研究中使用尕斯原油、尕斯注入水、尕斯油砂；表面活性剂为阴离子型、两性离子型及非离子型表面活性剂。

表 1 尕斯注入水离子组成

	二价离子含量/（mg/L）	总矿化度/（$\times10^4$mg/L）	水型
尕斯	7149	15.1	$CaCl_2$

2.1.2 实验仪器

TX500C 旋转界面张力仪；LSA100（表面分析仪）；流变仪；恒温干燥箱；电子天平；搅拌器。

2.2 实验方法

2.2.1 外观

取 50mL 复合表面活性剂放入玻璃量筒中，在室温下进行目视观察。

2.2.2 pH 值

取配制的复合表面活性剂溶液，用精密 pH 试纸进行测试并记录溶液的 pH。

2.2.3 界面张力测试

参照中国石油天然气行业标准 SY/T 5370—2018《表面及界面张力测定方法》，本实验使用 TX500C 型全自动旋转滴界面张力仪，按下式根据油滴形状的变化求界面张力，数据采用界面张力的稳态值。

2.2.4 表面张力

按照石油天然气行业标准 SY/T 5370—2018《表面和界面张力测定方法》规定，本实验使用表面分析仪，采用悬滴法。

2.2.5 乳化稳定性

采用分水法测定乳化性能。将表活剂溶液与原油（体积比 1∶1）混合后，倒入有刻度的具塞量筒中，经过摇晃形成均匀水包油乳化液。观察水包油乳化液的稳定性，并测定不同时间的析水率，计算乳液的稳定性。

2.2.6 降黏性

降黏性主要针对稠油或油包水型原油，表活剂可有效分散和增溶地层中长链石蜡烃蜡和沥青质，也可将“油包水”型原油破乳后形成“水+油”的模式，从而达到降黏解堵效果。使用哈克流变仪，设置剪切速率 $170S^{-1}$、20min 内将实验温度 60℃降至 10℃，通过观察空白原油样品和添加表活剂后原油样品黏温曲线的变化，评价表活剂的降黏效果。

2.2.7　静态洗油效率

将石英砂(200~260目)与原油以质量比7：1混合均匀，放在油藏温度的真空干燥箱中，老化饱和原油48h。施加一定压力，使油砂模拟渗透率储层。原油饱和后，吸出未饱和的原油并记录。老化冷却后，取油砂10g，装入100mL的具塞量筒中，加入不同浓度表面活性剂，至量筒100mL刻度线处，盖紧盖子密封，放入烘箱，在油藏温度下静置5h以上，观察静态洗油效率(洗油效率等于析出油的质量除以油砂含油质量)。

2.2.8　润湿性

参考标准《SY/T 5153—2007 油藏岩石润湿性测定方法》中的接触角法。

3　实验结果

3.1　外观

如图1，复合表面活性剂为棕色溶液。

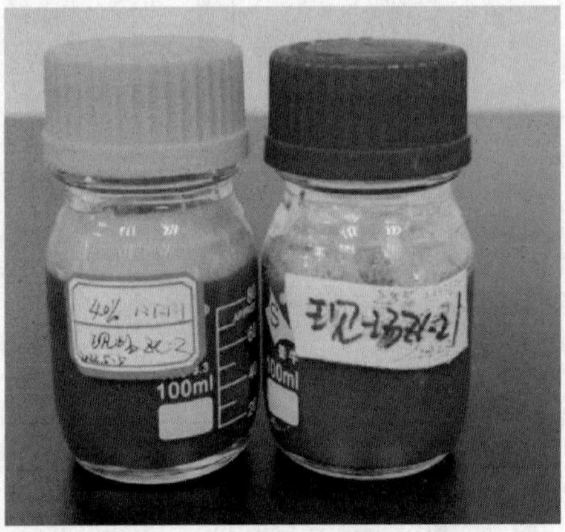

图1　复合表面活性剂外观

3.2　pH值

如图2，复合表面活性剂pH为7~9，中性偏碱性解堵剂，不但能高效化解油井结垢，还能满足环保标准，又能降低腐蚀率、延长井下设备使用时长。

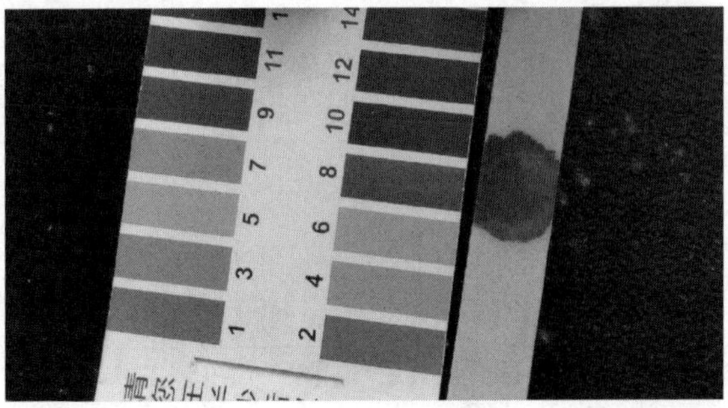

图2　复合表面活性剂pH

3.3　界面张力

对尕斯油田区块开展原油样品取样，进一步评价表面活性剂对洗井区块原油的适应性。结果见图3，ZC系列表面活性剂对尕斯原油界面张力评价性能稳定，可达到10^{-2}~10^{-3}mN/m。

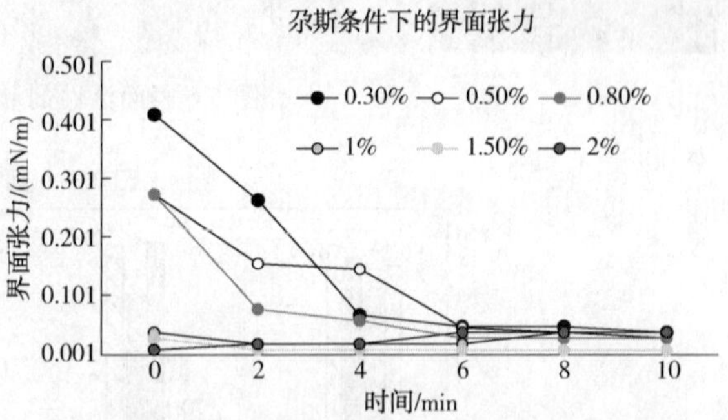

图3　ZC表面活性剂对尕斯原油界面张力测定实验

3.4　表面张力

采用ZC系列表面活性剂测试在尕斯油田的表面张力，结果见图4可以发现对于所选区块，复合表面活性剂具有较高的表面活性，ZC系列表面活性剂表面张力可达到30mN/m以下，明显低于不加表面活性剂的表面张力。

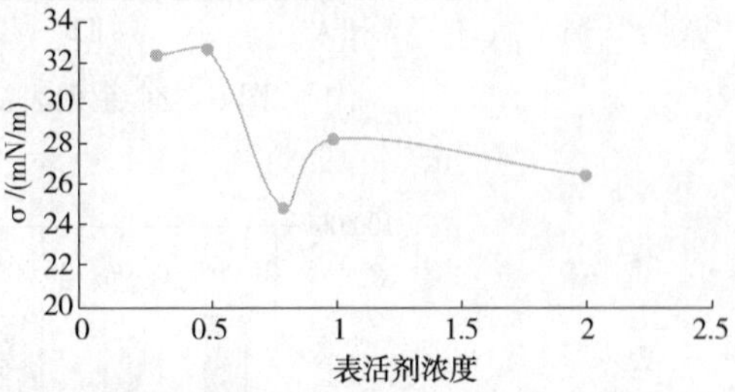

图4　ZC系列表活剂表面张力随浓度变化

3.5　乳化稳定性

采用复合表面活性剂测试不同井原油的乳化性。由于复合表面活性剂溶液与油样混合后，无法定量判断乳化性能，因此采用定性观察的方法来判断复合表面活性剂对于所选井原油的乳化性能。

不同浓度ZC系列表活剂在不同井乳化稳定性区别较大，由图5、图6可以看到在部分浓度下，复合表面活性剂溶液与油样混合静置24h后仍保持稳定的水包油乳液和稳定的中相微乳液状态。

3.6　降黏率

采用ZC复合表面活性剂测试不同井原油的降黏性能。如图7所示，原油黏度受温度影响很大，故采用相同温度条件下添加复合表面活性剂的原油样品与空白样品的黏度进行对比。

3.7　静态洗油率

采用复合表面活性剂测试不同井原油的洗油效率。从图8可以发现对于所选井，复合表面活性剂均具有一定的洗油效率。

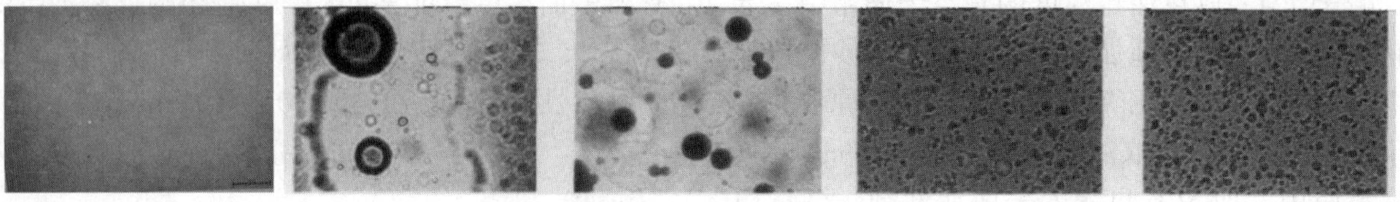

图5　表面活性剂形成水包油型乳液变化过程

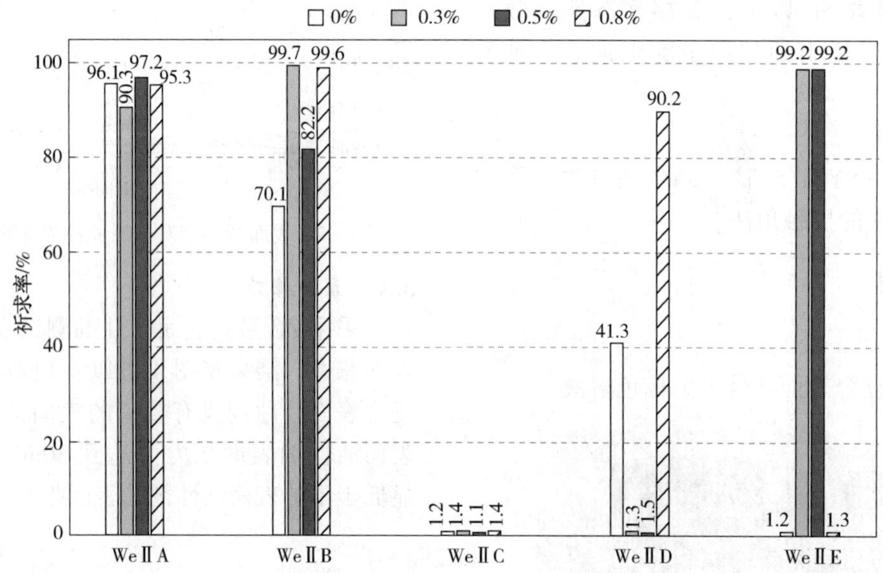

图6　ZC系列表活剂不同浓度不同井乳化稳定性

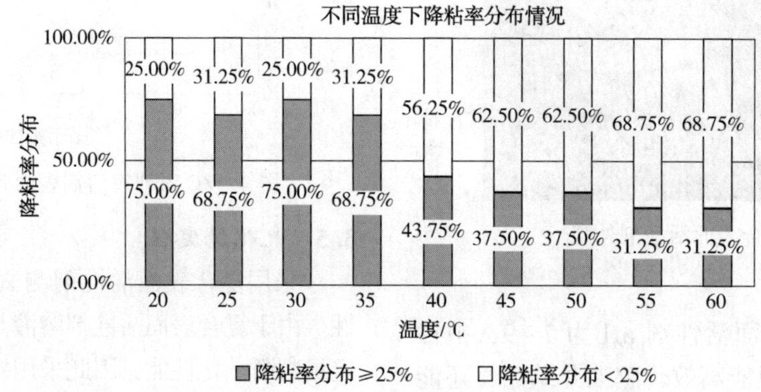

图7　不同温度下降黏率分布情况

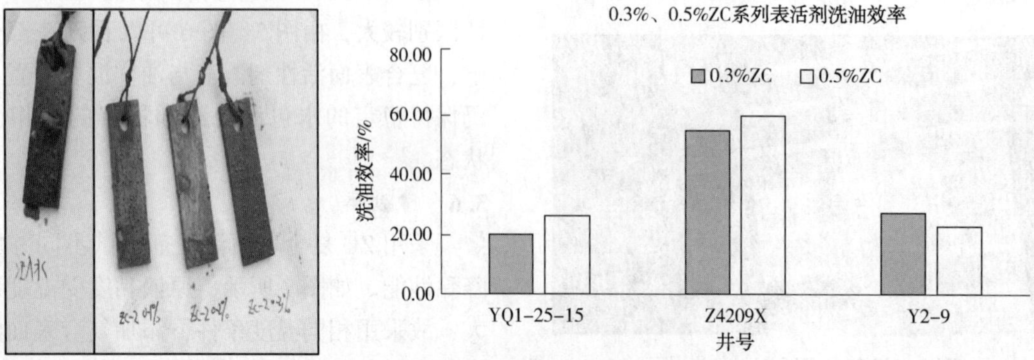

图8　ZC系列表活剂洗油效率结果

3.8 润湿性

见表2及图9，在尕斯油藏条件下，经过ZC系列表活剂处理后岩石亲油性转化为亲水性，亲水性岩石表面的亲水性变强几乎完全水湿。

表2　尕斯油藏条件下ZC解堵剂的接触角

配液	注入水/地层水配	
润湿角测试用水	蒸馏水测	尕斯注入水测
0.3%	74.1↓15.2	78.1↓29
0.5%	79.5↓14.5	78.3↓26
0.8%	78.8↓17.4	83.6↓37.7
1%	78.5↓21.7	85.1↓22
2%	81.2↓28	79.1↓10.3

4　表面活性剂解堵的现场应用案例

在尕斯油藏共实施27口井试验，ZC系列表活剂应用于青海尕斯油田解堵工艺液量近14100方，其中14口井有效生产时间超过180天，平均日产液从1.78吨升至2.57吨，平均日产油0.78吨升至1.19吨，累计增油2676.55吨。例举ZC系列表面活性剂解堵工艺效果统计见表3，图10、图11、图12。

5　结论

（1）通过结合青海尕斯油藏地质条件，室内自研ZC系列表面活性剂，研究结果显示，界面张力可达到$10^{-2} \sim 10^{-3}$mN/m，表面张力可达到30mN/m以下，乳化稳定性优良，具有一定降黏、洗油及润湿反转效果，对青海油田现场解堵技术油指导意义。

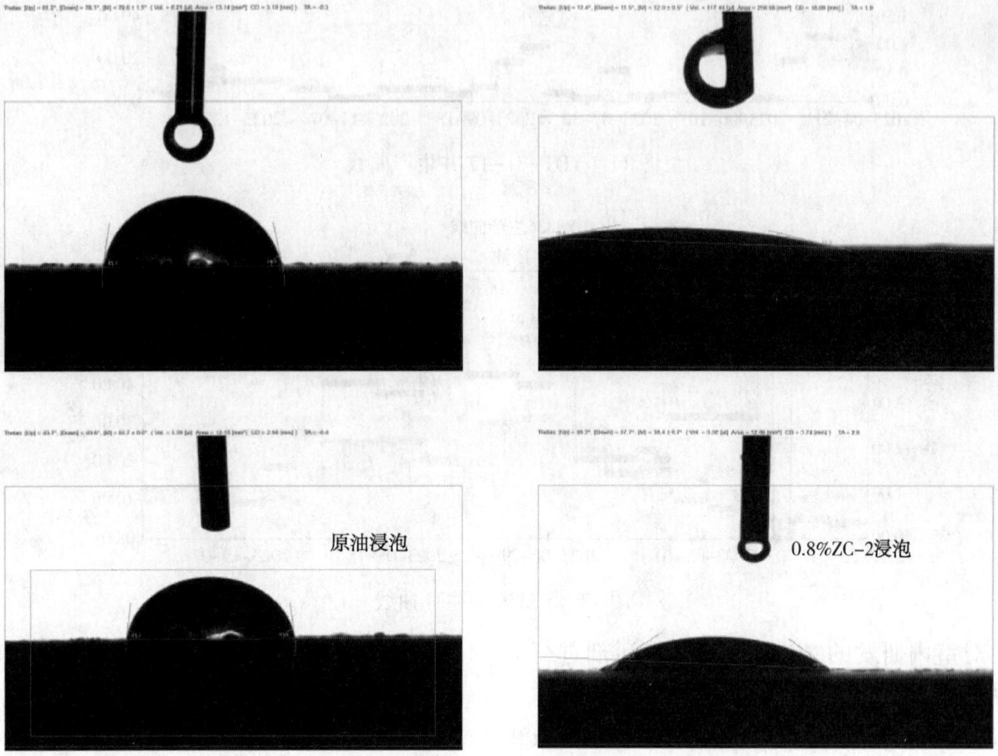

图9　尕斯油藏条件下接触角前后变化

表3　ZC系列表面活性剂解堵工艺效果统计

井号	解堵前			解堵措施				解堵后		
	液	油	含水	施工时间	关井时间	表活剂用量/kg	最高压力/MPa	液	油	含水
YQ1-35-7	1.98	1.73	12.97	2023.2.14	5	500	11	3.4	2.47	3.43
YQ1-71-17	1.82	1.41	34.28	2023.4.8	10	600	11	2.78	2.48	8.37
Y3336	0.96	0.39	59.12	2023.4.13	5	800	7	2.89	2.04	29.75

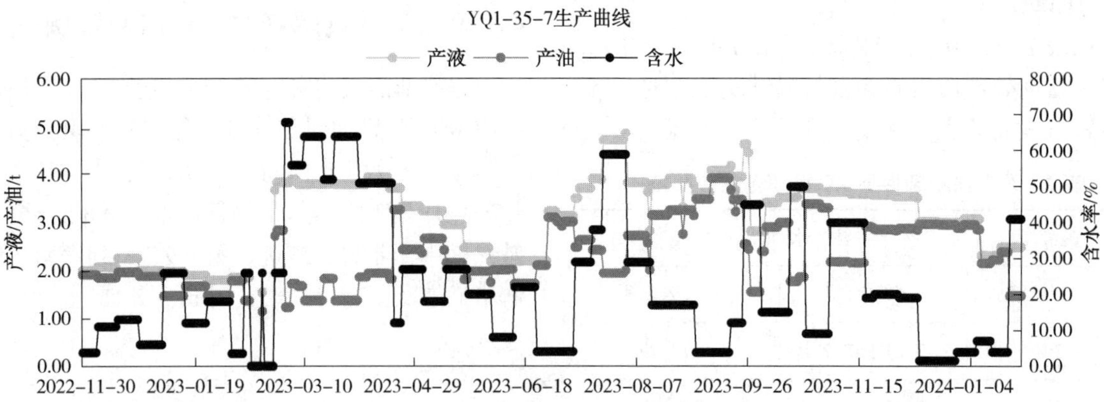

图 10　YQ1-35-7 井生产曲线

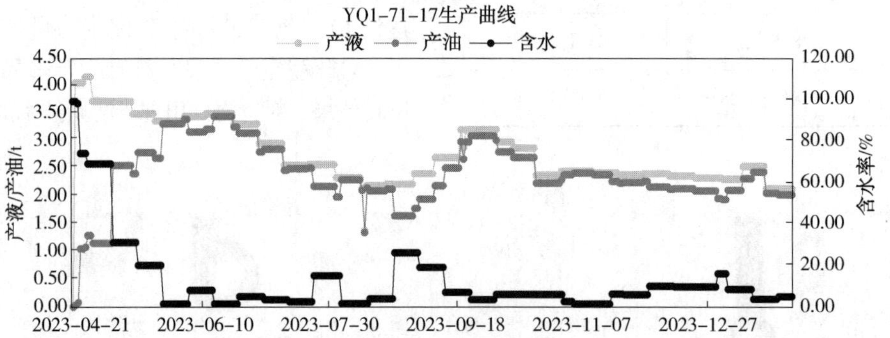

图 11　YQ1-71-17 井生产曲线

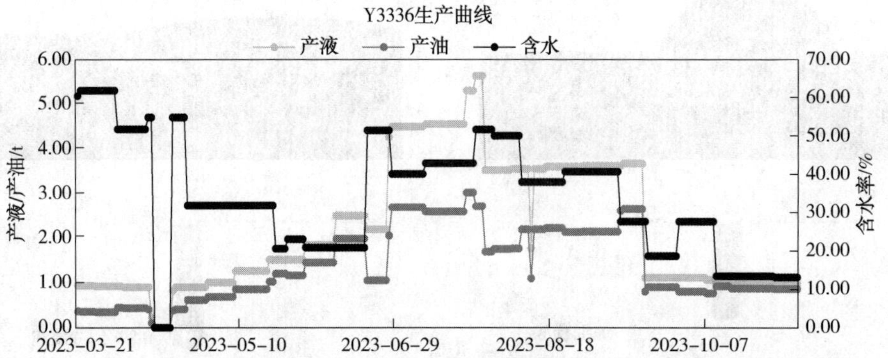

图 12　Y3336 井生产曲线

(2) 对室内研发的 ZC 系列解堵表活剂进行了现场初步试验，在尕斯现场应用良好，其中 14 口井有效生产时间超过 180 天，平均日产液从 1.78 吨升至 2.57 吨，平均日产油 0.78 吨升至 1.19 吨，累计增油 2676.55 吨。

参 考 文 献

[1] 王海河，薛小宁，贾志伟，等．尕斯 N_1-N_2~1 油藏高含水期深部堵调工艺及应用[J]．化学工程与装备，2020，(12)：61-62.

[2] 贾志伟，程长坤，朱秀雨，等．青海油田尕斯 N_1-N_2~1 超高盐油藏复合驱提高采收率技术[J]．石油钻探技术，2021，49(05)：81-87.

[3] 曾立祥，熊琨，何琴，等．尕斯 N_1-N_2~1 砂岩油藏窜流封堵及调驱技术研究[J]．化学工程与装备，2018，(11)：75-76.

[4] 孙泰滨，陈馥，罗米娜，等．尕斯油藏耐油耐盐洗井用固体起泡剂的室内研究[J]．石油与天然气化工，2022，51(03)：98-104.

[5] 刘音，刘晓嘉，严建波，等．油田解堵剂的研究进展及展望[J/OL]．湘潭大学学报(自然科学版)，1-13[2025-02-21].

[6] 李志坪，周长顺，刘怡君，等．低成本复合解堵技术研究与试验[J]．石油化工应用，2022，41(11)：66-69.

[7] 刘毅龙，齐宁，甘俊冲，等．聚驱油田复合高效解

堵体系研究[J]. 钻井液与完井液，2023，40(05)：685-692.

[8] 王鹏．活性复合解堵技术在低渗透油田中的应用[J]. 化学工程与装备，2022(10)：117-119.

[9] 王诗征．三元注入井高效解堵剂性能与应用[J]. 化学工程与装备，2022(08)：53-56.

[10] 李文涛，石先亚，李翔，等．降黏解堵型清洗体系在渤海油田的研究与应用[J]. 广州化工，2022，50(06)：153-156.

[11] 王晨，赵通，齐帅，等．低渗透油田油层解堵技术研究[J]. 石化技术，2025，32(01)：132-134.

[12] 宋金忠．注水井表面活性剂解堵增注技术应用效果分析[J]. 内蒙古石油化工，2016，42(03)：106-108.

[13] 郭子龙，郭向龙，乔玖春，等．中性解堵剂的研制及在靖安油田的应用[C]//宁夏回族自治区科学技术协会．第十四届宁夏青年科学家论坛石化专题论坛论文集．宁夏石油化工应用杂志社，2018：137-138+143.

[14] KAEKRATOKE N，FLOOD A，CRESPY D. HOMOPOLYMERS AND COPOLYMERS WITH IMINODIACETIC ACID CHELATING UNITS FOR SCALE INHIBITION [J]. DESALINATION，2024，583：117643.

[15] 张丽平，邹剑，张璐，等．一种乳液型油田解堵洗油剂的研制及其性能评价[J]. 油田化学，2019，36(04)：636-639+666.

[16] 马靖翔，杨松林，姬华勇，等．适用于稠油油藏的新型化学复合解堵技术[J]. 断块油气田，2019，26(06)：800-804.

[17] 秦晓蕾．油田注水井堵塞原因分析及解堵增注措施研究[J]. 当代化工，2021，50(01)：213-216.

[18] 王鸿运．点滴法表活剂解堵增注技术[J]. 油气田地面工程，2010，29(09)：54-55.

[19] 李栋．喇嘛甸油田三元复合驱表活剂解堵增注技术研究[J]. 科学技术与工程，2011，11(07)：1547-1549+1553.

[20] 徐丽丽．表面活性剂解堵增注技术应用效果分析[J]. 内蒙古石油化工，2013，39(03)：128-129.

琼东南盆地崖城 36-2 构造双深双高地层精细压力预测研究

周长铖[1]　欧阳敏[2]　任　婷[1]　李　虎[1]　黎孝璋[1]

[1. 中海石油(中国)有限公司海南分公司；2. 中国海洋石油有限公司]

摘　要　琼东南盆地深水区崖城 36-2 构造因深水深层(水深>500m，垂深>3500m)、高温高压(温度>150℃，压力系数>1.8)及复杂超压成因机制导致压力预测难度大。本文采用高精度速度反演技术并结合“沉积相控-压力分带”校正策略优化压力预测方法开展精细压力预测。研究表明，该精细压力预测方法预测误差带小于 3%，准确预测了窄安全密度窗口(<0.1g/cm^3)，表明该精细预测方法不仅具有较好的适用性和较高的预测精度，还为深水深层高温高压井降本增效提供关键技术支撑。

关键词　琼东南盆地；深水深层；高温高压地层；小网格层析反演；超压成因机制

南海琼东南盆地是新生代高温高压盆地，盆地内巨厚的沉积层蕴含了丰富的天然气资源，其深水区近年来成为油气勘探的战略接替领域。随着崖城 36-2 构造勘探目标向深水深层(水深>500m，埋深>3500m)、高温高压(地温梯度 3.8~4.2℃/100m，压力系数>1.8)进军，压力系统复杂多变导致钻井作业的安全风险加剧。针对高温高压地层压力预测，近年来，樊洪海、臧艳彬、张祯祥、何森、李中、路保平、宋先知等诸多学者在前人研究的预测方法基础上进行了改进，建立了适应目标区块的新方法。然而，崖城 36-2 构造等前沿目标因深层地震速度精度低、超压成因多解性、压力结构层状分异等地质难题，严重威胁深水深层高温高压井的钻井安全。

因此，本文开展对崖城 36-2 构造 YC36-2-1 井的精细压力预测分析，采用“小网格层析反演-成因机制协同约束”的思路，解决深层速度反演精度瓶颈。结合考虑不同成因机制的 Bowers 加卸载模型，构建“沉积相控-压力分带”校正策略。研究成果表明研究表明，该精细压力预测方法预测误差带小于 3%，准确预测了窄安全密度窗口(<0.1g/cm^3)，，为深水深层高温高压井安全钻井提供了理论支持。

1　崖城 36-2 地质概况及压力预测难点

崖城 36-2 构造位于南海北部琼东南盆地乐东凹陷，本井为了探索梅山组海底扇的新层系油气资源，是一口具有重要意义的深水高温高压探井。琼东南盆地深水区(以崖城 36-2 构造为代表)的异常高压体系受多期次构造演化与复杂沉积过程的耦合作用，其超压成因机制与压力结构呈现显著多解性深水区目标层长期以来难以开展钻探作业，主要受地震速度建模缺陷、传统预测方法适应性不足及邻井约束条件匮乏的制约。首先，地震速度建模精度不足，受深层地震反射信号衰减(目标层埋深>3500m)及中深层能量团发散影响，常规速度谱解释面临分辨率极限，无法准确刻画关键层位的速度变化。以邻井 YC35-1-2 井和 LS25-1S-1 为例(图 1)，关键超压界面下方会出现速度反转段，但大网格层析反演因忽略局部剩余时差中 A/C 道集拉平失效)导致速度更新停滞，实测层速度与预测值存在显著差异，严重制约超压顶界面和压力突变层段的空间刻画。其次，传统预测方法的地质适配性缺陷，等效深度法在非均质岩性组合中失效明显——厚层泥岩与胶结砂岩的差异压实过程破坏了正常压实趋势线的单一性。伊顿法则因高温下泥岩弹性参数非线性畸变(如声波时差-有效应力关系偏移)，其经验系数需频繁变化方能匹配实测压力梯度(据 LS25-1S-1 井 MDT 测试反演)。此外，邻井数据匮乏存在不确定性的风险，初探井区缺乏深层超压系统的压力测试数据，现有模型难以充分参考邻井资料，致使异常压力激增的评估存在盲区。

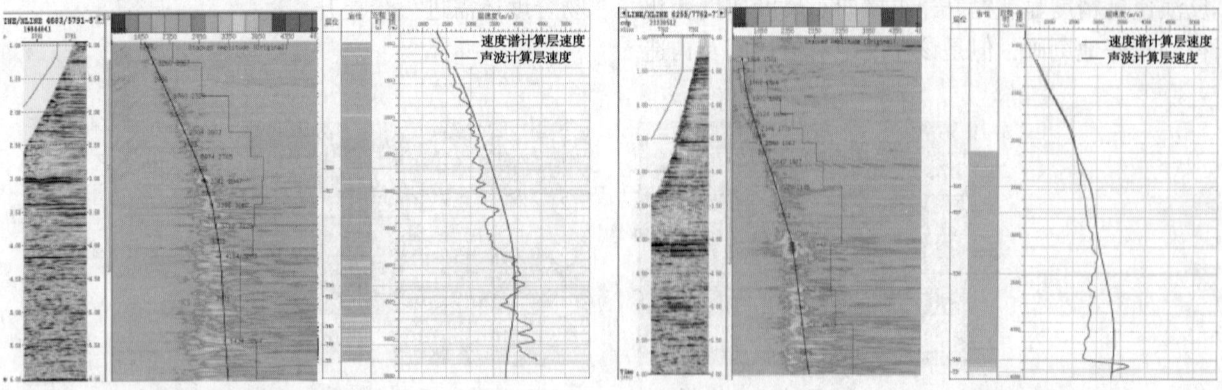

YC35-1-2井速度谱与层速度对比图　　LS25-1S-1井速度谱与层速度对比图

图1　邻井速度谱与层速度对比图

2　精细压力预测方法

在复杂地质环境下，精细压力预测是深水深层油气勘探中不可或缺的环节，它直接关系到油气藏开发的成功与否。传统的压力预测方法多依赖于浅层地震反演数据，但在深水深层环境中，因数据的局限性以及地质条件的复杂性，常常面临较大误差。

为了提高压力预测的精度，本文基于精细压力预测的思路，对崖城36-2构造进行了系统分析。首先，提出了一种结合小网格层析速度反演与二维全波形反演(FWI)技术的综合方法。该方法通过高分辨率的速度场计算精确的速度分布，进而有效克服了压力预测模型中存在的数据局限性。其次，本文充分分析了邻井资料，明确了不同层段异常压力的成因机制。基于此，优选了合适的压力预测模型，并采用"沉积相控-压力分带"校正策略对预测结果进行了分层校正。最后，开展实例计算和钻后评价分析，利用钻后测井响应参数交会图和实测压力数据，验证了钻前超压成因分析和压力预测结果的可靠性。通过分层解释多口井的有效应力-速度交会图，本文总结了崖城36-2构造的超压成因机制。

2.1　高精度速度反演

2.1.1　小网格层析反演技术

小网格层析反演技术的核心思想在于通过细化求解模型的网格、缩小地面道集间距，以及减少道集剩余时差拾取的时间间隔，从而提高地震速度的精度。本文提出了一种基于动态剩余速度更新的快速分块迭代反演求解技术，在深层精细压力预测中，小网格层析反演则能够更准确地描绘纵向和横向的局部速度变化，进而更真实地反映地层的实际情况。

层析速度反演通过对地下介质进行参数网格化，然后根据不同的炮点检波点路径建立慢度与走时的线性矩阵，由于单射线慢度与走时呈线性关系，那么慢度误差与走时误差也成线性关系，相关的矩阵可以写成一下矩阵表达式

$$\begin{cases}\boldsymbol{A}s=T\\ \boldsymbol{A}\Delta s=\Delta T\end{cases}\tag{1}$$

其中$\boldsymbol{A}$为射线路径矩阵；s为慢度向量；T为走时向量；Δ表示扰动量。当地下介质存在速度误差时，对应的走时也会存在误差，通过在偏移道集上拾取剩余时差，然后迭代求解(1)式，即可得到慢度或速度更新量。

图2为大网格及小网格层析反演网格划分示意图，其中右图小网格中标号代表分层段反演的顺序号，为了进一步提高反演速度精度，这种浅中深分段反演也可以引入层位进行控制。

假定从浅到深速度反演分为n个层段进行，那么第k次反演的矩阵表达式可以写成

$$\boldsymbol{A}_k\Delta s_k=\Delta T_k\tag{2}$$

其中$\boldsymbol{A}_k$表示第k次反演射线矩阵；Δs_{k}表示对应网格的慢度更新量；ΔT_{k}表示动态更新后的剩余时差，在上覆层段进行速度更新后，通过新速度依据射线路径求取待更新段的剩余时差量，其表达式可以写成如下形式

$$\Delta T_k=\Delta T_{pick}-\sum_{i=1}^{i=k-1}\boldsymbol{A}_i\Delta s_i\tag{3}$$

其中ΔT_{pick}表示偏移道集拾取的剩余时差；$\boldsymbol{A}_i$表示第i次更新射线矩阵；Δs_i表示慢度更新量。

图3为传统层析反演技术与小网格层析反演技术得到的速度对比，其中可以看出小网格层析

反演速度精度显著提升，纵横向小尺度速度变化得到较好地刻画，但是该速度绝对值精度及构造吻合度还需进一步提升。

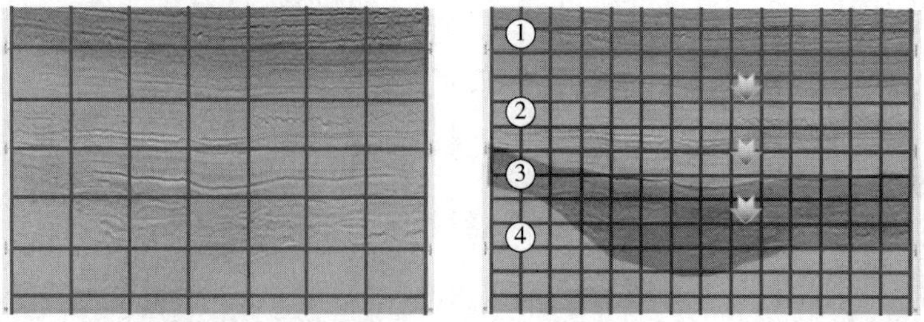

图 2　常规大网格层析(左)和小网格层析(右)示意图

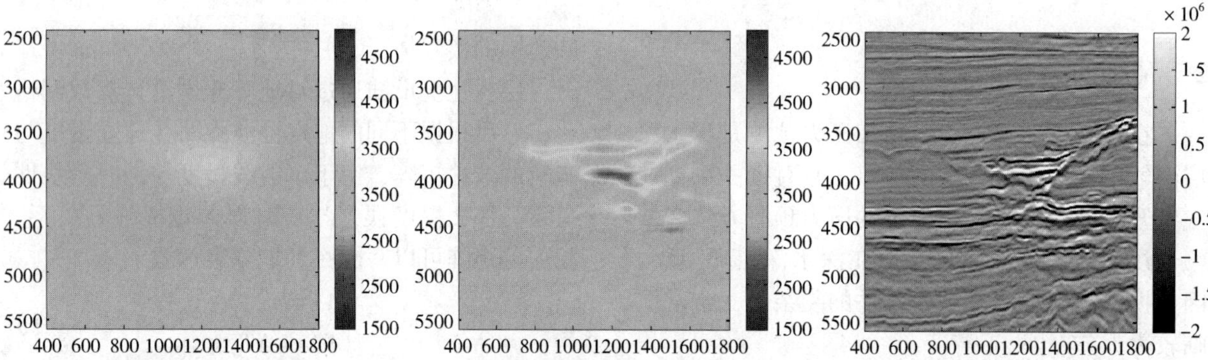

(a)传统层析反演速度　(b)小网格层析反演速度　(c)深度域地震剖面

图 3　传统层析反演与小网格层析反演速度对比

2.1.2　二维全波形反演技术

在做好浅层速度的基础上，本文针对深层高频速度反演方面，提出二维 FWI 技术，进一步提高了深层速度的精度。

利用声波方程作为全波形反演的正演求解方程

$$\left(\frac{1}{\nu(x)^2}\frac{\partial^2}{\partial t^2}-\nabla^2\right)u(x_s,\ x,\ t)=f(t) \tag{4}$$

其中 $f(t)$ 为震源子波；$u(x_s,\ x_r,\ t)$ 为当前模型的模拟数据；x_s，x_r 分别为炮点与检波点位置。实际三维地质情况下 $x=x(x_1,\ x_2,\ x_3)$，x_1，x_2，x_3 分别为三个维度的坐标。对于深层地质条件拖缆数据，方位角较窄，沿着采集方位采用二维波动方程进行正演近似实际三维情况。考虑到浅层速度可能存在一定误差，选取一个振幅较强的稳定区域层反射同相轴首先进行波形匹配，把该反射同相轴进行对齐，然后再进行常规的全波形反演。假定 $d(x_s,\ x_r,\ t)$ 为实际观测数据，常规全波形反演通过匹配模拟数据与实际数据，使二者之间的残差最小

$$J(m)=\frac{1}{2}\sum_{x_s,\ x_r}\|u(x_s,\ x_r,\ t)-d(x_s,\ x_r,\ t)\|^2 \tag{5}$$

以上目标函数可以通过伴随态方法求取梯度，然后对模型进行更新。

图 4 为小网格层析反演速度基础上进一步采用二维 FWI 反演得到的速度，可以看出通过二维 FWI 进一步进行速度更新后，速度细节刻画更加清楚，速度绝对值大小及构造吻合度得以提升，速度值相对大小与地震反射振幅强弱具有较好的对应关系。

通过对井点的反演速度成果分析(图 5)，YC35-1-2 及 LS25-1S-1 井小网格层析反演速度与测井速度基本吻合，这表明在琼东南盆地梅山组海底扇压力预测中小网格层析反演技术能够具有适用性和可靠性。YC36-2-1 设计井速度类似 LS25-1S-1，换算到泥面深度黄流组及以下地层速度基本保持不变，速度约 2900m/s，与陵水 25 区已钻遇梅山组的地层速度类似，因此，YC36-2-1 井 3000m 以上速度采用小网格层析反演速度，剔除 4000m 以下速度增大的砂岩段，3000m 以下速度最终采用泥岩背景速度。小网格层析反演在背景速度基础上，能够刻画纵横向局部高低速度变化，速度反映岩性变化。深度偏移速度(初始)只能反映速度随深度变化趋势，无

法反映局部高低速度变化。而小网格层析反演速度则可以在背景速度基础上，进一步凸显纵横向局部高低速度变化，速度和岩性变化更加清晰。利用各向异性校正后的小网格层析反演速度，更加准确地反映了地层的速度变化，进而为压力预测提供了更可靠的依据。

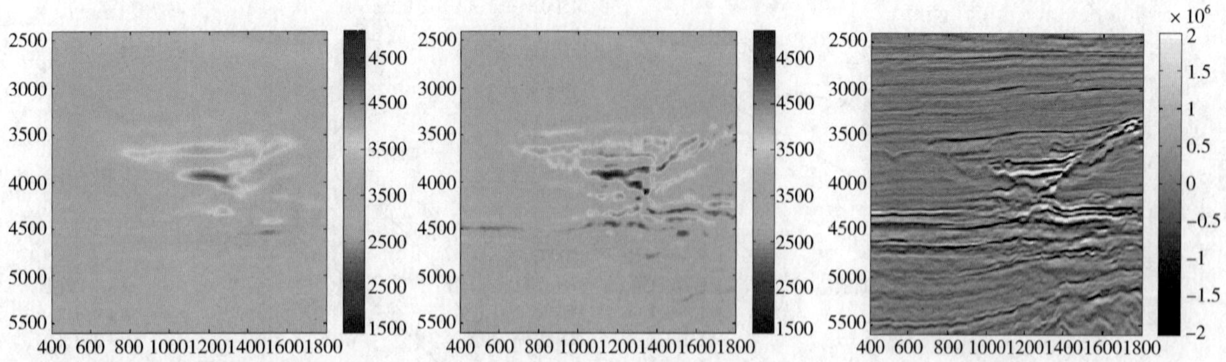

(a)小网格层析反演速度　(b)二维FWI反演速度　(c)深度域地震剖面

图 4　小网格层析与二维 FWI 反演速度对比

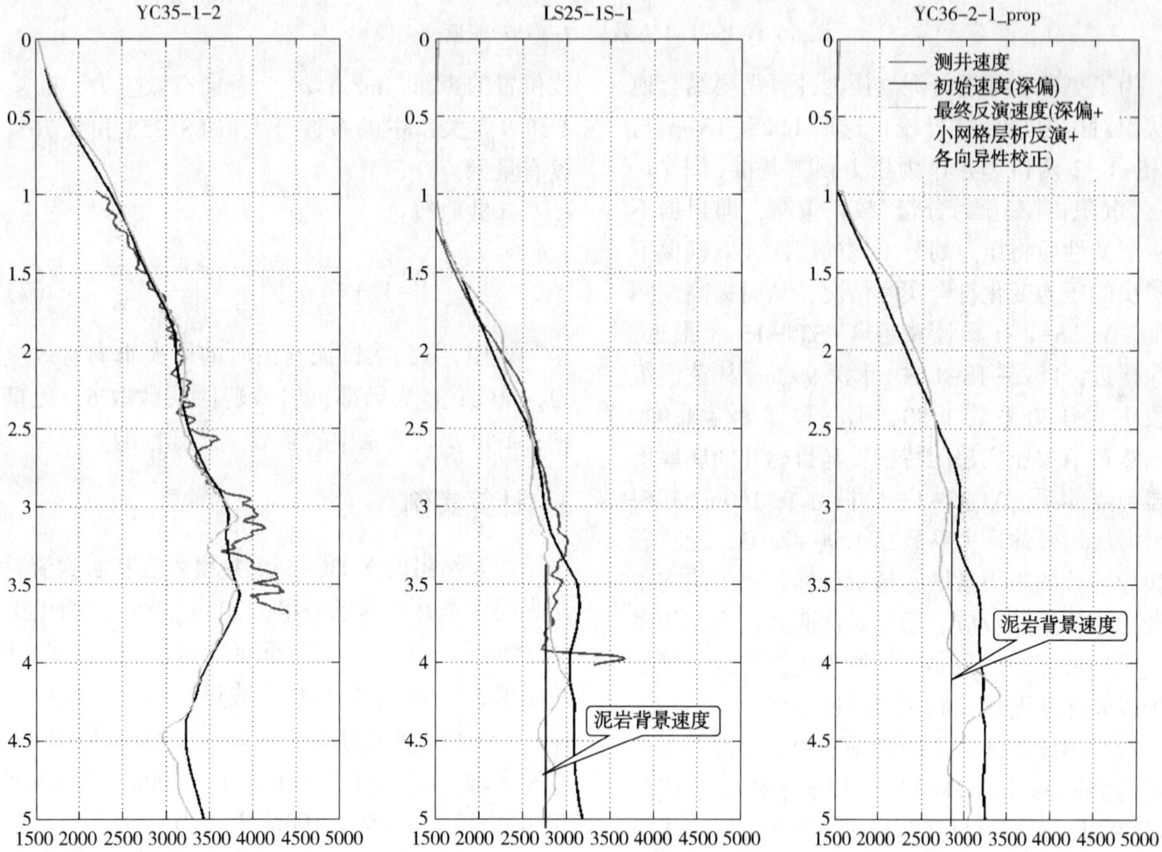

图 5　不同井反演速度模拟结果

2.2　超压成因分析与压力预测模型

超压成因机制的判识是开展压力预测的前提，基于加载-卸载作用的 Bowers 方法可通过岩石传导特性与体积属性的响应特征，通过构建的判识版图（如有效应力-速度交会图、有效应力-密度交会图）准确判别超压形成机制（如欠压实、流体膨胀或构造挤压），该方法目前被广泛应用。图 6 给出了邻井的 YC35-1-1 有效应力-声波/密度交会图，利用 1.0~2.0 段的常压数据绘制正常趋势线，对邻井 YC35-1-1 井分析表明，压力系数 1.2~1.4 段数据点沿加载趋势线分布（欠压实主导），1.4~1.6 段呈加载-卸载过渡特征(混合成因)，大于1.6段则集中于卸载趋势线(压力传递主导)。因此钻前分析认为，YC36-2-1井梅山组泥岩段会呈现"密度恒定-声波速度异常低"响应模式(卸载特征)，结合区域构造演化史，判定其超压源于深部流体沿断裂/砂体的垂向传递作用。

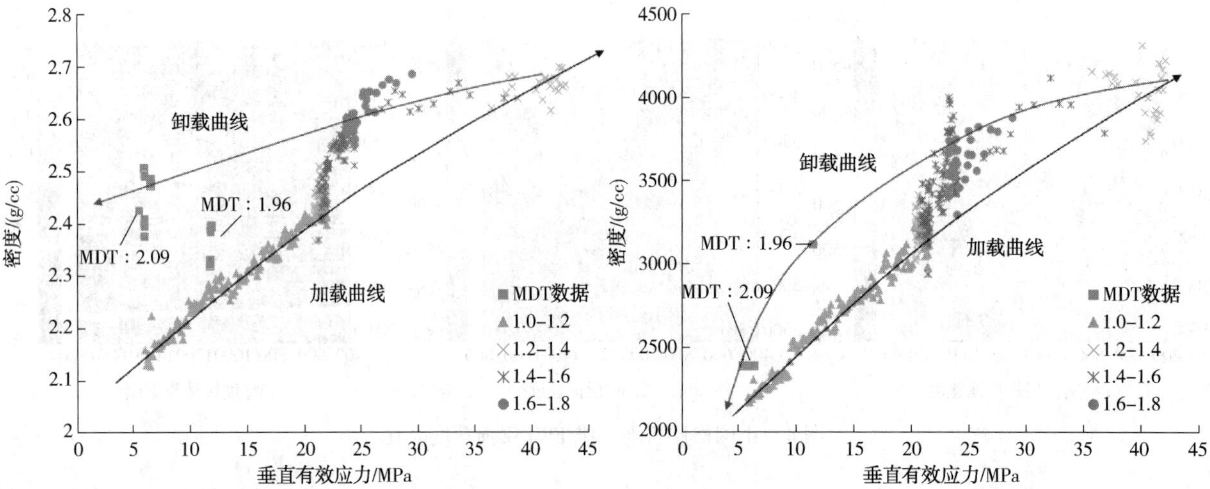

图6　YC35-1-1有效应力-声波/密度交会图

为了更准确地进行泥岩压力计算需要结合地质认识对压力结果进行校正选取LS25-1S-1与YC35-1-2两口邻井作为压力预测基准(图7)，建立"沉积相控-压力分带"校正策略，即根据不同岩层的性质将压力划分不同的层次，以确保不同层次的压力变化符合实际情况，从而提高预测精度。YC36-2-1设计井距离LS25-1S-1最近，水深接近，LS25-1S-1井(水深990m)其黄流组二段泥岩压力系数1.80，梅一段1.88~1.92，揭示莺黄组欠压实超压特征，与目标井同属厚层泥岩封隔体系。YC35-1-2井(水深160m)其梅山组海底扇砂体压力系数达1.90~2.03，反映砂体输导导致的压力激增，指示目标井梅山组需重点考虑流体运移效应。通过对比两井压力结构差异，明确黄流组以压实不均衡为主控机制，梅山组则以砂体连通性控制压力传递强度。

针对传统方法在卸载机制下的局限性，引入改进的Bowers双曲线模型，基于本研究采用的"成因约束-高精度反演"压力模型开展地层压力预测。Bowers法考虑到有效应力与上覆岩层压力关系和沉积地层的压实作用在加、卸载条件下流变学特征的差异，先利用地层的岩石力学性质估算出地层的有效应力，然后估算地层压力。分为加载和卸载曲线方程预测地层压力。

加载曲线：

$$V=V_0+A\sigma_{ev}^{B} \tag{6}$$

式中，V为泥岩声速，m/s；V_0为泥岩在泥线位置的声速，m/s；σ_{ev}为垂向有效应力，m/s；A和B是关系中的系数分别取88.253和0.763，没有量纲。

卸载曲线：

$$V=V_0+A\left[\sigma_{\max}\left(\frac{\sigma_{ev}}{\sigma_{\max}}\right)^{\frac{1}{U}}\right]^{B} \tag{7}$$

式中，σ_{max}为卸泥开始时的最大垂向有效应力，MPa；U为局部页岩弹塑性系数取6，无量纲；A和B是关系中的系数，没有量纲。

3　计算实例

图8给出的YC36-2-1井预测值和实测值对比表明，本井自莺歌海组(2300m)起压，梅山组(4300m以下)因砂体连通性增强呈现压力阶梯式激增，完钻实测压力系数最高达2.13(C砂体)。整体上梅山组卸载机制下非均质砂体压力传递呈现"上缓下陡"特征。在4600m下段速度有明显反转的趋势，100m内压力从1.9升高到2.1，压力窗口从0.3缩小到0.09，分析认为该井段梅山组窄压力窗口(<0.1g/cm^3)可能与砂体高渗性直接相关。

误差分析结果表明(表1)，采用精细压力预测的思路，该模型预测的最大误差为1.02%，深部超压地层预测误差带小于3%，平均误差小于1%。说明基于"成因约束-高精度反演"的精细压力预测方法在琼东南盆地崖城36-2构造具有较好的适用性和较高的预测精度，为超压地层的压力预测提供了一种新思路。同时窄安全密度窗口的准确识别极大节省套管层次与钻完井周期，为深水深层高温高压井降本增效提供关键技术支撑。

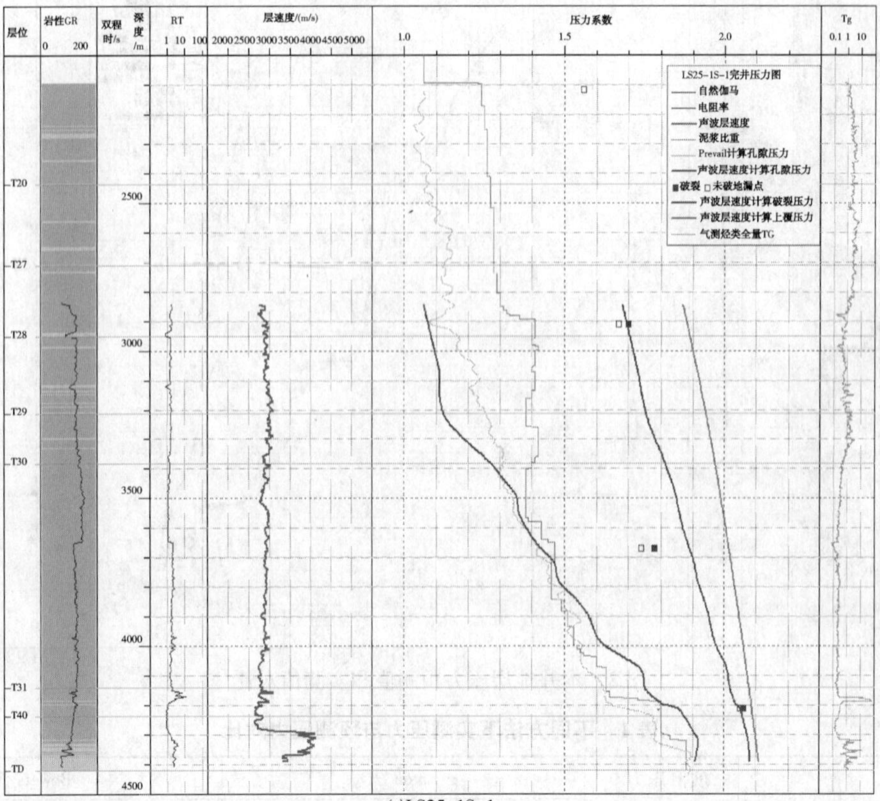

(a)LS25-1S-1

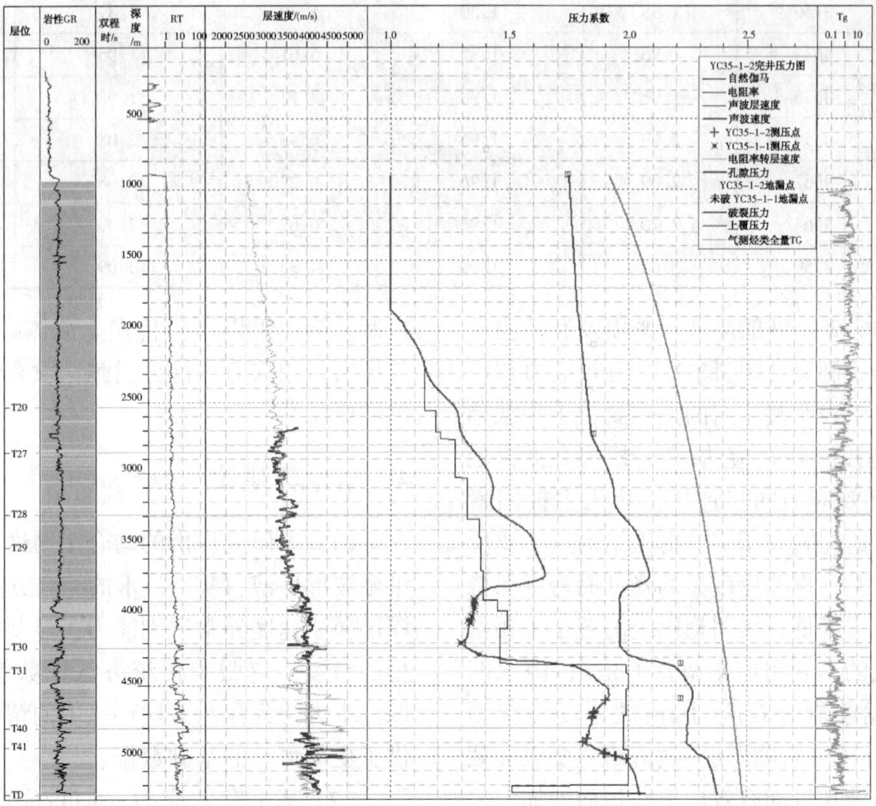

(b)YC35-1-2

图 7　不同邻井完井压力图

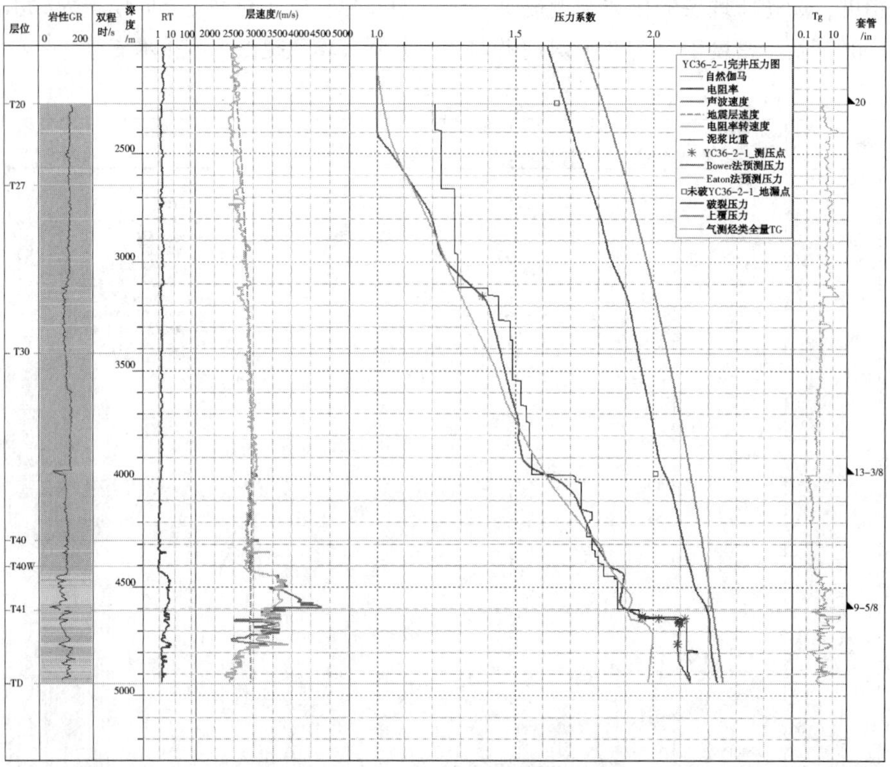

图 8　本井地层压力预测值和实测值对比

表 1　不同方法下实测压力与预测压力对比

井名	井深/m	实测压力/(g·cm^{-3})	Eaton 法		Bowers 法	
			预测压力/(g·cm^{-3})	误差/%	预测压力/(g·cm^{-3})	误差/%
YC36-2-1	3156	1.38	1.30	5.79	1.37	0.72
	4633	1.96	1.85	5.61	1.95	0.51
	4636	1.96	1.90	3.13	1.98	1.02
	4659	2.09	1.95	6.43	2.08	0.47
	4662	2.09	1.96	6.22	2.08	0.48
	4664	2.10	1.96	6.67	2.09	0.49
	4759	2.08	1.99	4.33	2.09	0.48

利用 YC36-2-1 井的声波、密度及有效应力的泥岩段数据绘制交会图(图 9)，有效应力和声波速度交会图中表明黄流组的点主要位于加载趋势线，声波速度-有效应力呈正相关(加载趋势)，密度-有效应力同步递增，超压主控因素为快速沉降下的泥岩欠压实。梅山组的点主要位于卸载趋势线上，声波速度显著降低而密度保持稳定，有效应力降低，表明梅山组的超压主要由压力传递造成的。利用琼东南盆地乐东-陵水凹陷 8 口井数据绘制有效应力-声波速度交会图(图 10)，总体上，莺歌海组-黄流组主要以加载机制为主，声波速度随有效应力增加而增加，表明主要为欠压实作用，局部存在压力传递等卸载机制。梅山组以压力传递、流体膨胀作用为主，欠压实作用仅有小部分贡献，没有构造挤压作用的响应特征。

4　结论与建议

(1) 本研究提出的结合小网格层析反演与二维全波形反演(FWI)技术的综合方法，有效提升深层薄层速度异常识别能力，显著提高了速度模型的精度，克服了传统方法中数据局限性的问题。本方法为深水深层环境中的精细压力预测提供了更加可靠的基础数据。

(2) 基于有效应力-速度/密度交会图对钻前邻井和钻后本井超压成因机制分析表明，崖城

36-1构造中黄流组超压主导因素为快速沉降下的泥岩欠压实(压力系数1.6~1.8)，梅山组超压则受压力传递作用主导，压力特征表现压力激增(压力系数最高达2.13)。

(3) 基于“小网格层析反演-成因机制协同约束”的思路，通过邻井分析的“沉积相控-压力分带”校正策略对预测结果提供指导，深部超压地层预测误差带小于3%，准确预测了窄安全密度窗口(<0.1g/cm³)，表明该精细预测方法不仅具有较好的适用性和较高的预测精度，还为深水深层高温高压井降本增效提供关键技术支撑。

(4) 在未来的研究中，继续优化速度反演技术，特别是对于深层薄层异常的识别，提升压力预测基础数据的可靠性。在深水深层勘探中加强地质、岩性分析、应力场研究等多学科的融合，压力分带的精细化预测程度仍然要提高，进而为深水深层油气勘探提供技术支持。

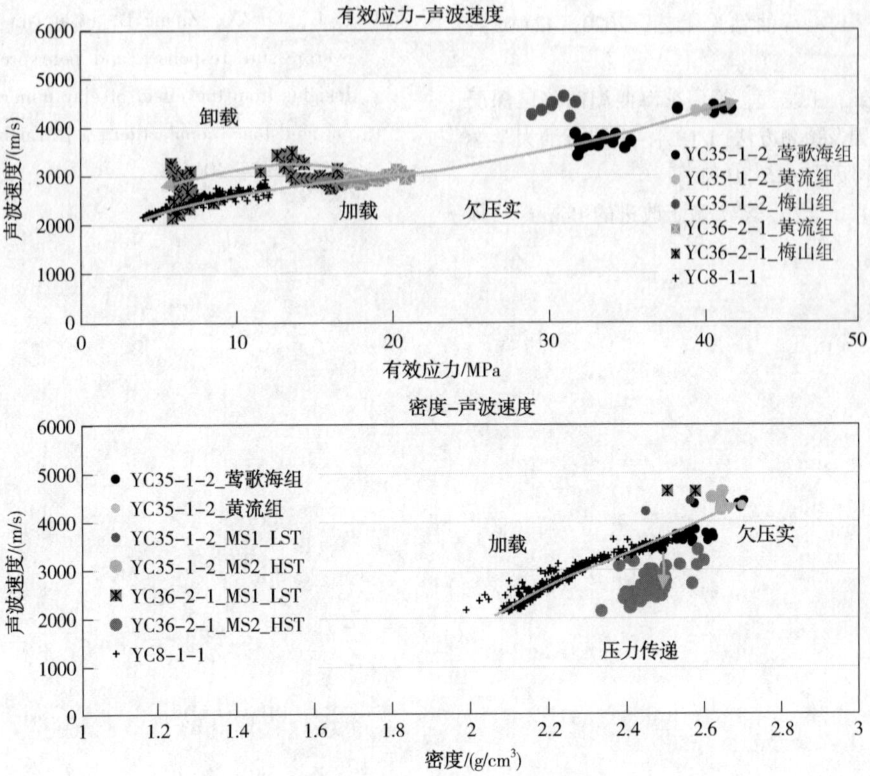

图9　YC36-2-1井有效应力-声波/密度交会图

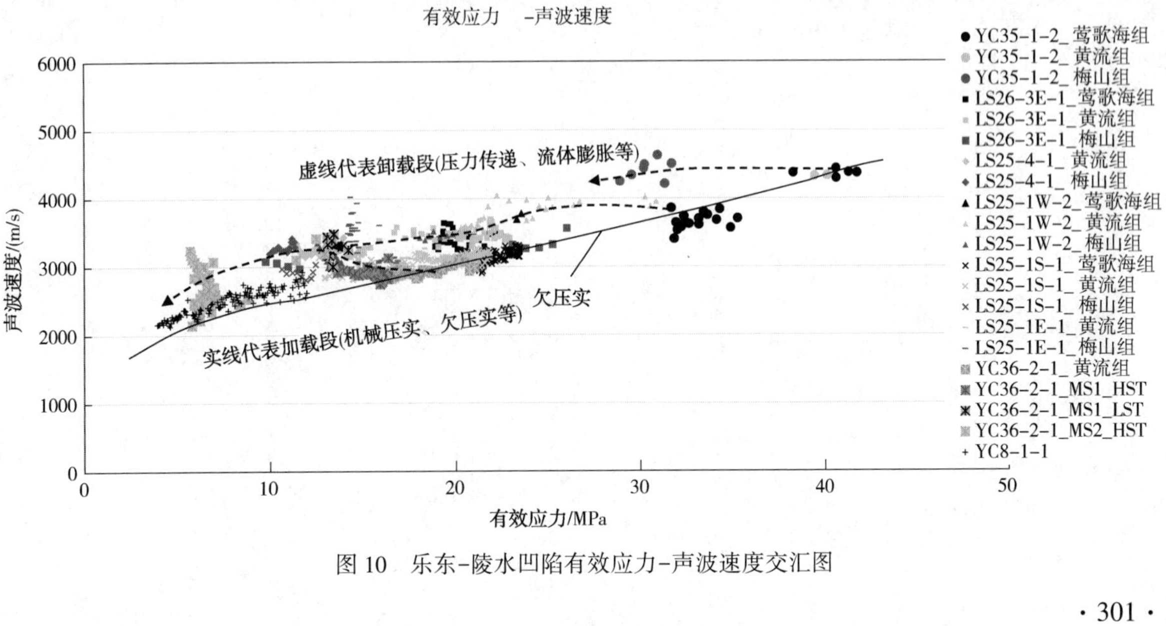

图10　乐东-陵水凹陷有效应力-声波速度交汇图

参 考 文 献

[1] 吴克强，裴健翔，胡林，等．莺歌海-琼东南盆地油气勘探新进展与思考[J]．中国海上油气，2024，36(05)：1-13.

[2] 樊洪海．适于检测砂泥岩地层孔隙压力的综合解释方法[J]．石油勘探与开发，2002，29(1)：90-92.

[3] 臧艳彬，王瑞和，王子振，等．利用 Eaton 法计算地层孔隙压力的不确定性分析[J]．西南石油大学学报(自然科学版)，2012，34(04)：55-61.

[4] 张祯祥，杨进，孙挺，等．卸载型异常高压地层压力预测方法[J]．石油钻采工艺，2020，42(05)：553-557.

[5] 何淼，周长铖，王志远，等．东海西湖凹陷区深层压力突变成因及预测方法[J/OL]．中国石油大学学报(自然科学版)[2025-03-22].

[6] 李中，刘和兴，李磊，等．基于改进的 Bowers 法预测南海陵水深水高温地层异常压力[J]．西安石油大学学报(自然科学版)，2019，34(6)：60-66，73.

[7] 路保平，王志战，张元春．碳酸盐岩孔隙压力预监测理论与方法进展[J]．石油学报，2022，43(4)：571-580.

[8] 宋先知，姚学喆，李根生，等．基于 LSTM-BP 神经网络的地层孔隙压力计算方法[J]．石油科学通报，2022，7(01)：12-23.

[9] 罗鸣，吴江，陈浩东，肖平．南海西部窄安全密度窗口超高温高压钻井技术[J]．石油钻探技术，2019，47(01)：8-12.

[10] Li C，Luo X，Zhang L，et al. New understanding of overpressure responses and pore pressure prediction：Insights from the effect of clay mineral transformations on mudstone compaction [J]. Engineering Geology，2022，297：106493.

宝岛 21-1 深水深层气田安全高效测试关键技术研究与应用

蒋东雷　刁　欢　王　恒　邹　鹏　刘云迪　刘嘉文

（中海石油（中国）有限公司海南分公司）

摘　要　宝岛 21-1 区域水深 1000～1500 米，属于低渗、高含 CO_2 深水深层大气田。深水深层气田测试面临着管柱优化设计困难、低渗储层储保难度大、流动保障困难等挑战。针对上述挑战，通过建立管柱轴向载荷计算模型及变形量计算力学模型，优选测试液和超深穿透射孔弹，研究采用无固相水合物全防体系，校核水合物生成风险分析，系统建立了深水深层气田安全高效测试关键技术，有效保障现场作业安全，支撑发现了我国首个深水深层大气田，实现宝岛凹陷勘探半个世纪以来首个重大突破。本文成果有望在后续深水深层复杂油气资源勘探开发实现规模化应用，具有良好的推广应用价值。

关键词　深水深层；气井测试；低渗；管柱优化；储层保护；流动保障

世界新增油气储量 60% 来自深部地层，而我国 83% 深地油气仍有待探明开发。中国南海油气资源丰富，油气资源量高达 350 亿吨，深水占比达 2/3 以上，是南海万亿大气区建设和油气资源保障中心的重点区域，为保障国家能源安全，开发南海深水深层油气资源势在必行。油气测试作为深水深层油气资源勘探开发的关键环节，我国南海宝岛 21-1 深水深层气田区域环境和地质条件复杂，面临水深最深处达 1500 米以上、储层埋藏深、低孔渗、高含 CO_2 等复杂工况，加之深水测试作业程序复杂，作业周期长、风险高，流动保障影响因素多，安全放喷风险高，控制难度大，深水深层油气测试存在巨大挑战。近年来，中国海油通过前期应用实践及技术攻关，攻克了深水深层油气测试关键技术，有力支撑了宝岛 21-1 深水深层气田安全测试，助力发现我国首个深水深层大气田。

1　宝岛 21-1 深水深层气田安全测试挑战

1.1　测试管柱力学强度校核困难

深水深层油气测试管柱服役环境恶劣，管柱面临高温高压、酸性气体腐蚀，温压耦合效应明显等诸多挑战，测试管柱内流体排量、流体性质及其他参数的变化会改变管柱内温压分布，进一步影响管柱受力，管柱轴向载荷值突破某临界值后，管柱将发生屈曲。测试工况的急剧变化极易造成测试管柱失效，区别于地面管汇，井下管柱数据不可实时观测，仅能通过井口温度、压力和流量等数据进行间接计算，一旦计算出现错误，极易导致管柱结构失效造成严重事故，影响深水深层油气资源的高效开发，所以深水油气测试管柱力学强度校核具有重要意义。

1.2　储层保护难度大

深水深层压实环境下，储层孔隙度降低，渗透性差，非均质性强，低渗储层易产生应力敏感。测试液与储层接触面积大，接触时间长，普通测试液固相颗粒较大，其中的固相颗粒、化学添加剂等材料容易对储层造成损害，导致油气渗透率降低，对产能释放造成阻碍，同时测试时还要兼顾水合物防治需求。综上，深水深层油气层测试过程中可能产生不同程度的储层损害，导致测试产量下降，测试过程中容易出现测试液漏失、井壁失稳、储层污染等问题，给深水深层油气测试带来严峻挑战，需要形成测试液多维度综合评价体系，在做好储层保护、抑制水合物生成的基础上，有效提高产能，为深水深层复杂油气资源开发提供技术保障。

1.3　深水深层流动保障挑战大

流动保障是海洋石油经济开发所面临的一个重要问题。深水深层气井测试过程中，水深增加致使海底温度进一步降低，低温高压的井筒环境极易产生水合物阻碍管柱内气体的流动，水合物生成与管壁沉积将缩小流体流动通道，增大井筒沿程压降，影响测试结果的准确性，若水合物生成时间较快，管柱内易憋压，从而诱发地层压漏或者管柱破裂，严重时将会造成测试时间延长甚至测试失败，造成人力和财力的巨大损失。特别在气井初期启井时油嘴下游易产生低温，流动保障影响因素多，安全放喷风险高，控制难度大。

2 海上油气安全测试技术国内外研究现状

针对海上油气测试过程中的各项挑战，国内学者开展一系列研究。深水流动保障方面，黄熠建立了测试管柱内的温度场压力场方程，并计算了测试管柱温度场及测试管柱压力场，研究了水合物生成机理并分析水合物生成相平衡条件。对不同初始温压、水深、天然气组分等参数下的管柱内水合物生成区域进行定量评价。刘书杰综合考虑开井过程、海洋与地层环境差异、井身结构、测试管柱尺寸、产量以及气体上升过程中的膨胀做功等因素，建立了深水气井测试初期管柱内温度和压力模型，总结出初开井产量对水合物生成区域影响较大，适当提高开井产量有助于降低水合物生成风险。蒋东雷通过研究指出深水油气田的高压、低温环境极易引发系统出现水合物，进而导致管道堵塞甚至停产大修，流动保障对于保证水下生产系统的安全运行至关重要。管柱优化方面，陈浩东通过井身结构优化，采用一层复合套管隔离海水、封固疏松易垮地层，从而有效地减少了井身结构层次。储层保护方面，孟文波通过室内对陵水 17-2 气田储层损害因素进行分析，优选适合陵水 17-2 气田储层的完井液体系，为类似砂岩气藏储层保护研究提供借鉴。张崇通过实验和理论模型分析，结合现场数据与模拟比较，提出深水测试复杂组分条件下井筒油气复杂多组分水合物生成区域预测方法，对气体组分、含水率、矿化度等因素进行敏感性分析。不同气体组分对水合物生成区域影响不同，碳数较大的烃含量越多，水合物生成区域大。深水测试作业模式及工艺方面，任冠龙在深水气井测试井筒温度场分布规律研究的基础上，结合深水测试工艺，对影响井筒温度场的测试管柱结构和环空测试液性能进行了模拟计算和敏感性分析，得出了影响井筒温度场的决定性因素。

国内学者针以往深水测试过程中主要针对管柱分析、储层保护、流动保障等难题进行了理论研究，但鲜有针对深水深层油气测试的研究及实际应用，本文依托理论研究、模拟试验、工程应用系统开展技术攻关研究，结合长期以来国内深水测试作业经验，从深水深层气田测试管柱优化、测试储层保护、复杂条件流动保障三方面进行研究，形成了一套深水深层安全高效测试关键技术。

3 宝岛 21-1 气田安全测试关键技术

宝岛 21-1 气田位于南海琼东南盆地，探明地质储量超过 500 亿立方米，但宝岛 21-1 区海洋地质条件极端复杂，中国海油针对深水深层构造复杂、储层埋藏深、低孔渗、高含 CO_2 等挑战，攻关形成了宝岛 21-1 深水深层气田安全高效测试关键技术，安全高效完成 2 口测试井的安全测试。

3.1 测试管柱优化设计关键技术

深水深层气田测试管柱工作载荷极大，工况极端严苛，工作条件复杂，受到多力耦合作用。深水深层测试开关井期间，测试管柱整体的状态会随着温度的变化而改变，如图 1 所示，复杂温压环境易导致测试管柱整体的密封性失效，测试过程中若发生管柱失封等问题，造成测试失败，所以对深水深层油气测试管柱进行优化与系统校核尤为重要。

管柱力学优化分析和系统校核属于多重因素影响的非线性力学问题。表 1 为不同放喷产量和射孔作业下轴力、屈曲、鼓胀和温度效应引起测试管的轴向变形量，从表中可以看出多因素影响下的管柱轴向变形量变化较大，所以在管柱设计时必须对其进行系统的、准确的力学分析。管柱力学优化设计需要在考虑测试要求、测试层流体性质及测试工艺选择等因素，系统性评估测试管柱材质、地层流体腐蚀、工作液对管柱的影响和材料的高低温性能、耐压等因素对管柱材质和钢级选择的影响，在保障安全的前提下，达到有效封隔地层、保障流体在井下处于可控状态的目的。

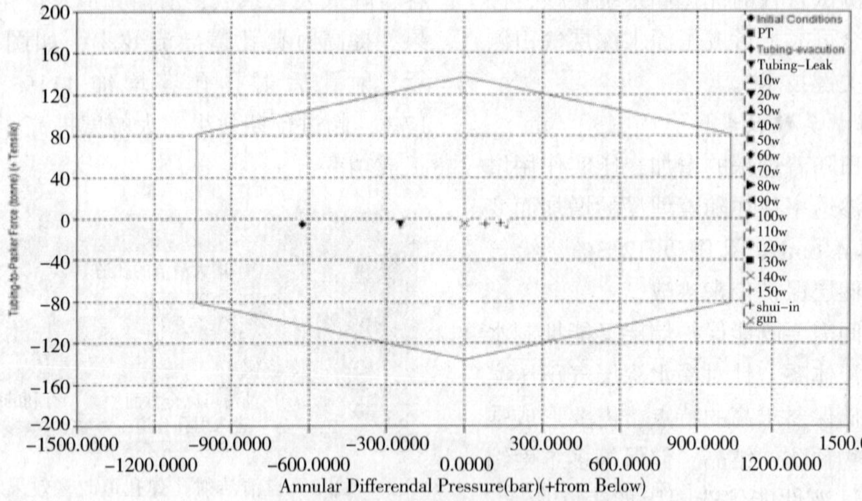

图 1　测试管柱轴向变形量与产量模拟图

表 1　不同工况下测试管柱轴向变形

工况	胡克变形/m	弯曲效应/m	膨胀效应/m	温度效应/m	共同作用/m
射孔 6000psi	-0.244	-0.159	-0.496	0	-0.899
20 万 m^3/天	0.126	0	-0.21	0.487	0.403
35 万 m^3 天	-0.025	0	0.146	0.987	1.108
50 万 m^3/天	-0.024	0	0.162	1.393	1.531
60 万 m^3/天	-0.026	0	0.177	1.623	1.774
70 万 m^3/天	-0.034	0	0.196	1.757	1.919
80 万 m^3/天	-0.047	0	0.221	1.84	2.015
100 万 m^3/天	-0.094	0	0.291	1.821	2.018

基于深水测试管柱特点，在考虑安全控制的前提下，从测试管柱材质、尺寸、测试工具及管柱强度校核等方面分析深水测试管柱，建立基于井身结构的测试管柱轴向载荷计算模型及变形量计算力学模型，对测试管柱进行了三轴应力强度系统校核，在满足测试目的和要求的前提下开展结构优化精简，降低管柱连接处发生故障可能性，缩短测试周期，减少测试成本。

深水深层气田泥面温度低、井底温度高，管柱载荷大。深水油气井大产量测试过程中，高压流体流速压力和射孔冲击载荷会给测试封隔器带来较大影响和冲击，以深水深层测试管柱动力学模型为基础，建立测试管柱工具参数、图形库，根据水深、油气藏物性参数、封隔器及测试管柱受力变形分析结果，不同地层压力及产量条件下的管柱流速模拟如图 2 所示，该图为准确掌握施工过程中深水管柱的受力和变化规律提供了可靠的理论依据。

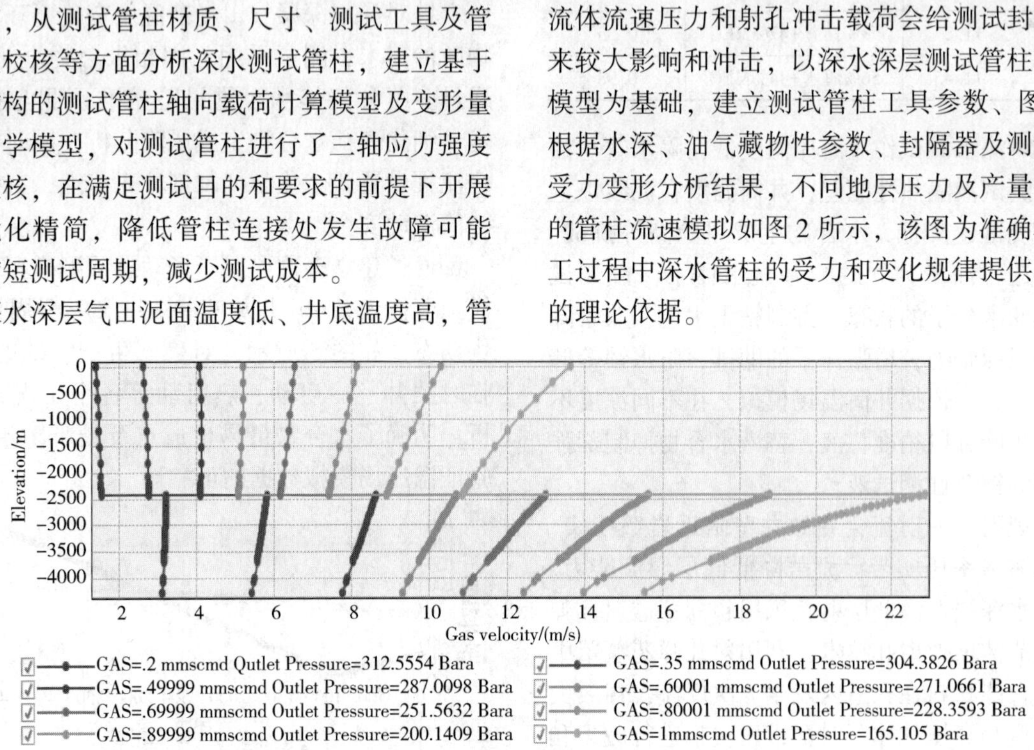

图 2　各地层压力/产量条件下的管柱流速模拟

通过以上对测试管柱的优化和系统校核，保障了测试管柱安全可靠，形成了深水深层气田测试管柱优化设计关键技术。

3.2　测试储层保护关键技术

深水深层气田随着埋深的增加，压实作用增强，其孔隙度和渗透率往往随着埋深的增加而变小，平均渗透率 4.6mD，孔隙度 12.3%，给气田测试过程中的储层保护带来挑战。

测试作业期间需要既能保护储层又能抑制水合物生成的测试液体系，针对深水深层气田压实条件下低渗储层储保要求高的特点，需要形成强度、压井、水合物预防、结晶、储保等多维度综合评价体系。测试液性能优选图版如表 2 所示，保证井控安全前提下，优选测试液比重，避免伤害储层，合理选择测试液可以使储层渗透率恢复值达到90%以上。

表 2　测试液性能优选图版

比重	压力/MPa	抑制剂组成	临界温度/℃
1.12	12.03	20%NACl+35%MEG	0.98
1.13	12.14	22%NACl+29%MEG	0.96
1.14	12.24	24%NACl+25%MEG	0.43
1.15	12.35	27%NACl+20%MEG	0.4
1.16	12.46	29%NACl+15%MEG	0.77
1.23	13.21	33%$CaCl_2$	0.98
1.05	11.27	53%钻井+47%MEG	0.55
1.07	11.45	56%海水+44%MEG	0.98

针对深水测试作业海床温度低，隔水管与油管间的测试液隔热性能差，井筒温度在泥线以上位置出现迅速降低，水合物生成风险高等挑战。测试优选含油量为 0 的醇基盐水体系保温测试液，改变水分子的状态，抑制粘土水化，兼具降低气液表面张力，增强体系的助排、防水锁等储层保护能力。依据井筒温场模拟，在不同深度不同温度实施分段精准替液，替入水合物抑制剂强度不同的针对性测试液。

常规射孔弹射流会导致井壁附近岩壁压实，形成低渗透率压实带，显著降低储层导流能力。针对深水深层低渗储层射孔采用超深穿透射孔弹配合自清洁增效射孔技术，利用射孔弹药型罩中添加的含能材料在孔道内发生二次反应，释放大量的热量和高压气体，对孔道压实带进行破裂和对孔道进行自动清洁，从而完成增大孔径、孔容，降低表皮系数，清洁孔道及产生微裂纹的效果，提高射孔孔道导流效率，如图 3 和图 4 所示，射孔后射孔孔容增加 111%、流量增加 17%，超过预期效果，大幅度提高了油气测试施工成功率。

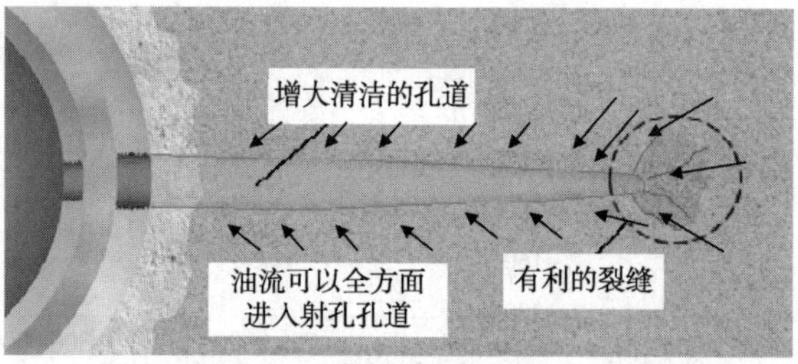

图 3　自清洁射孔弹孔道改善效果示意图

图 4　自清洁射孔弹实际射孔孔道

通过优选测试液和超深穿透射孔弹有效保护了低渗气田的储层状态，保持了渗透率的同时增加射孔孔道流量，有效释放低渗储层产能。

3.3　复杂条件流动保障与安全放喷关键技术

针对深水深层气田复杂温压变化下环境水合物防治需求，测试采用无固相水合物全防体系，通过多组分气体水合物风险精准预测与控制技术，细化表征水合物生成风险分析，同时在测试全流程设置四个化学抑制剂注入节点，有效保证井筒流动安全。

通过建立多边界温压场动态预测模型，全面模拟管柱入井-开井放喷-关井求压全周期温度场动态，如图 5 所示，对稳态生产、瞬态启动、临时关井、冷启动、热启动等各个工况进行分析，明确了水合物最易生成点及最难防治阶段，验证温压场模拟数据的可靠性。

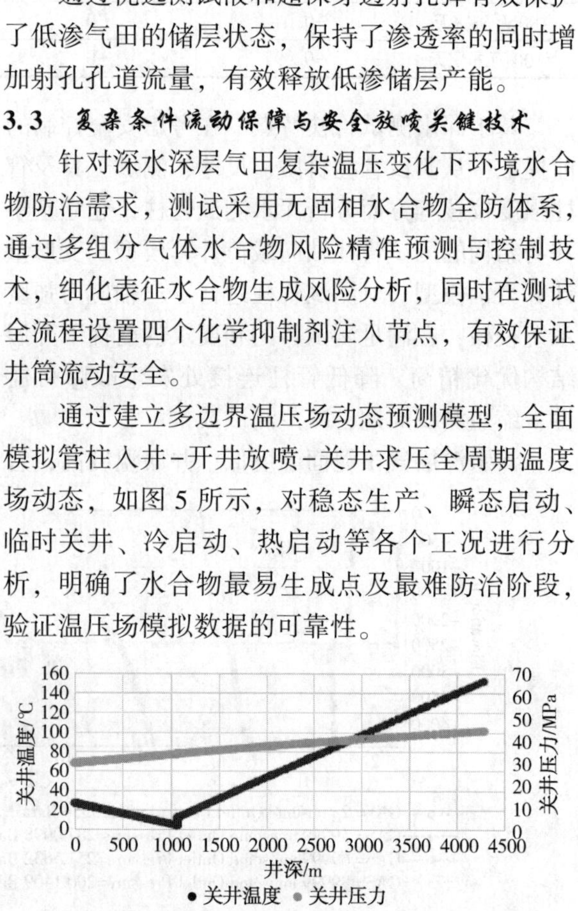

图 5　宝岛 21-1 区块某井关井井筒温压场

水合物相态图如图 6 所示，通过该图可有效指导井下化学药剂注入点的设置、井下安全阀下深、水下采气树材料要求及清井排液水合物防治等设计需求，创新应用了基于安全作业窗口的井下-水下测试树-防喷阀-地面放喷流程 4 节点水合物高效防治技术，优选水合物不同浓度抑制剂含量，测试全过程实现井筒零堵塞，水合物零生成，该技术在现场成功应用，为安全求产提供了强有力的保障。

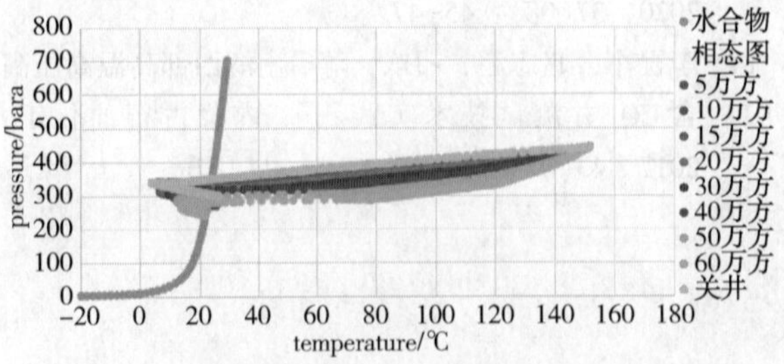

图 6　深水水合物相态图

深水深层高含 CO_2井测试面临以下挑战：高含 CO_2可能会导致封隔器及油嘴管汇等测试设备橡胶密封件鼓包老化，严重可造成管柱泄漏导致环空带压；压井过程中，CO_2易与压井泥浆反应，导致泥浆中沉淀至封隔器等位置，出现解封上提遇卡事故；深水深层测试时，温压较高，CO_2 分压更高，在气液共存清喷会伴随更严重冲刷-腐蚀耦合影响。

针对以上挑战，依据测试密封件 CO_2耐受性经验图版，提高测试液中抗 CO_2材料含量保证测试液性能稳定以及抗沉淀能力，优化高速流体地面多级分布式安全控制技术，建立井口多级节流与控制系统，应用高效新型等离子电点火头，提升高含 CO_2 气体燃烧安全冗余度。此外针对性优化了内外激光多气组分原位扫描系统，该系统界面如图 7 所示，实现了对高浓度 CO_2 气体及可燃气的实时精确识别和流动风险预警，可有效缩短应急处置时间，保障现场作业安全。

图 7　内外激光多气组分原位扫描系统

4　结束语

随着海洋油气开发不断向深远海迈进，经过多年技术攻关，中国海油深水井下测试技术不断迭代升级，有力支撑了“南海万亿大区”建成。本文技术成果大幅提升了深水测试作业安全性与可靠性，有力保障了现场测试作业时的管柱与放喷安全，成果成功应用于我国宝岛 21-1 气田 2 口井测试，作业安全质量和效率得到全面提升，为后续南海深水油气资源的安全高效测试作业提供了重要技术支撑，具有良好的推广应用价值，社会效益显著。

参　考　文　献

[1] 王宴滨，石小磊，高德利，等．深层高温高压气井完井测试管柱失效分析——以顺南地区某井为例[J]．石油钻采工艺，2022，44(03)：302-308.

[2] 孙金声，蒋官澄．钻井工程“血液”——钻完井液技术的发展现状与趋势[J]．前瞻科技，2023，2(02)：62-74.

[3] 刘文远，胡瑾秋，李相方，等．深水气井测试返排阶段水合物生成及防治研究[J]．中国海上油气，2019，31(02)：132-143.

[4] 黄熠，刘书杰，孟文波，等．超深水井测试期间储层固相产出对水合物生成影响研究[J]．中国海上油

气，2022，34(03)：112-120.

[5] 刘书杰，孟文波，黄熠，等．深水气井测试初开井温度和压力模型及其在水合物预测中的应用[J]．中国海上油气，2021，33(02)：136-141.

[6] 蒋东雷，马晓伟，曾春珉，等．水下化学药剂注入计量阀标定装置研制及性能测试[J]．海洋工程装备与技术，2024，11(04)：8-13.

[7] 陈浩东，黄熠，罗鸣，等．北部湾地区探井井身结构优化设计及应用[J]．中国海上油气，2015，27(04)：117-121.

[8] 孟文波，张崇，任冠龙，等．陵水 17-2 气田完井液与储层保护技术研究[J]．化学与生物工程，2020，37(08)：45-47.

[9] 张崇，孟文波，董钊，等．深水测试井筒水合物生成区域敏感性分析[J]．油气井测试，2019，28(04)：57-63.

[10] 任冠龙，孟文波，余意，等．深水气井测试井筒温度场调控技术[J]．化学工程与装备，2023(04)：111-113.

[11] 孙巧雷，李中，王尔钧，等．深水测试管柱与隔水管的横向承载特性[J]．天然气工业，2020，40(12)：106-115.

[12] 何玉发，周建良．深水测试管柱优化设计技术研究[J]．石油机械，2017，45(03)：52-57.

[13] 孟文波，张崇，任冠龙，等．陵水 17-2 气田完井液与储层保护技术研究[J]．化学与生物工程，2020，37(08)：45-47.

[14] 李祝军，赵志超，刁欢，等．南海西部高温高压高含 CO_2 井测试技术实践[J]．内蒙古石油化工，2017，43(07)：61-62.

激光起爆技术发展现状及在石油射孔中的应用前景

王　宇[1]　关　悦[1]　李奔驰[1]　赵　敏[1]　陆应辉[1]　吴焕龙[2]　陈嘉恒[1]

(1. 中国石油集团测井有限公司；2. 四川石油射孔器材有限责任公司)

摘　要　本文对激光起爆技术的研究发展现状进行了综述，同时针对石油射孔领域当前在安全、成本等方面的迫切需求，阐述了激光起爆技术的巨大应用前景。通过分别对激光起爆技术中的中药剂激光感度、药剂掺杂、光学窗口、光纤组件、激光器等关键部组件的介绍，引出了激光起爆技术在石油射孔领域的无雷管化起爆技术、多点起爆技术、光路健康在线检测技术三个重要的发展应用方向，为激光起爆技术的研究和相关产品的设计提供了参考。

关键词　激光起爆；石油射孔；无雷管化；多点起爆；光路健康在线检测

激光起爆技术是当前火工领域新一代的应用技术之一，它以安全性高、集成化程度高为主要技术优势，在军事、航空航天、民爆等领域具有极其广阔的应用前景。在安全性方面激光起爆技术可以采用激光照射钝感猛炸药作为激发源，使火工药剂与带电元件隔离，从而对杂散电流、静电具有较强的抗干扰能力。同时可以取消使用敏感药而仅仅使用钝感药，从根本上实现了钝感化。在集成化方面激光起爆技术可以通过光纤分束、耦合等手段轻松实现单点程序控制多点起爆的功能，使多点起爆、联合起爆的技术大幅度简化。当前激光起爆技术已经在导弹战斗部引信、战斗机弹射座椅、卫星释放装置等领域大量使用并取得良好效果。

射孔技术在油气开采中占据着举足轻重的地位，射孔的成败直接关系着油气采收巨大的利益得失，所以为射孔提供安全、可靠的技术保障是重中之重。因为射孔技术主要涉及火工爆破领域，所以其安全、可靠的核心要素更多集中在起爆环节。目前射孔领域仍然在大量使用传统的电雷管实施起爆，电雷管内装填敏感火工药剂危险性较高，且易受杂散电流、静电干扰造成误起爆，大大增加了射孔作业的危险性，不但易造成人员伤亡，而且易造成井下早炸致使射孔失败。随着国家对民爆雷管的安全管制力度逐渐加大，对雷管的贮存、领用、运输都有越来越严格的管理要求和繁琐的审批程序，造成射孔作业的生产配套效率降低，管理成本升高。所以，射孔领域迫切需要对传统电雷管予以革新，改变当前的被动局面。激光起爆技术以其高安全的优势具有替代传统电雷管的巨大潜力，可以大幅度缓解当前的火工安全压力。同时，激光起爆技术的高集成性，可以在分簇射孔中发挥重要作用。由此可见，激光起爆技术极其有望成为石油射孔行业关注的焦点，未来取代传统电雷管将成为必然趋势。

本文对激光起爆的关键技术发展现状进行了综述，同时阐述了激光起爆技术在石油射孔领域的几个重要的发展应用方向，可以为后续的激光起爆技术应用研究提供参考借鉴。

1　国内外发展历程

国外从1950年代开始研究利用光能来对火工药剂实施起爆的问题，60年代美国喷气推进实验室研制出了第一台红宝石激光器，Brish 和 Menichelliv 于 60 年代提出激光起爆机理模型。70年代诞生了钕玻璃脉冲激光器和 Q 开关钕玻璃激光器，使激光器的工作效率大幅度提高、制造工艺大大改善，极大推动了激光起爆技术的工程化应用进程。美国 80 年代研制了掺钕钇铝石榴石(Nd：YAG)激光器，90 年代体积更小、寿命更长、成本更低的半导体激光器进入了实用阶段。美国陆军最开始将激光起爆器用于 20mm 无壳弹药、先进加榴炮系统及先进坦克武器加农炮系统，随后开始在战术武器、战斗机逃生系统、宇航运载中大量应用，如空空导弹、防空反导导弹、飞机紧急出口、战斗机弹射座椅、卫星释放装置等。

我国在上世纪60年代由邓锡铭研制出国内第一台红宝石激光器，70年代开始激光起爆技术的研究，80年代北理工、南理工、中北等高校开展了大量的激光起爆机理研究。2000年兵器和航天都开展激光起爆技术的工程化应用研究，半导体激光器获得初步应用。2000年后国内在火工药剂的激光感度、光纤传输效率上获得突破，推动工程化应用的快速发展。2010年以后国内在光路健康在线诊断、激光安保、小型化等技术上获得突破，为激光起爆技术的应用打开了全新局面。

2 激光火工品

2.1 激光火工品的分类

按照光纤与药剂之间的耦合方式可分为三类，分别是插入式、接触式、光窗式。插入式、接触式光纤头部端面与火工药剂直接接触，激光直接照射药剂表面，光能利用率较高，但光路在线检测功能难以实现。光窗式透光材料实现结构密封，在光窗镀膜可实现在线检测功能，但光窗会导致激光反射、散射，降低光能利用效率。

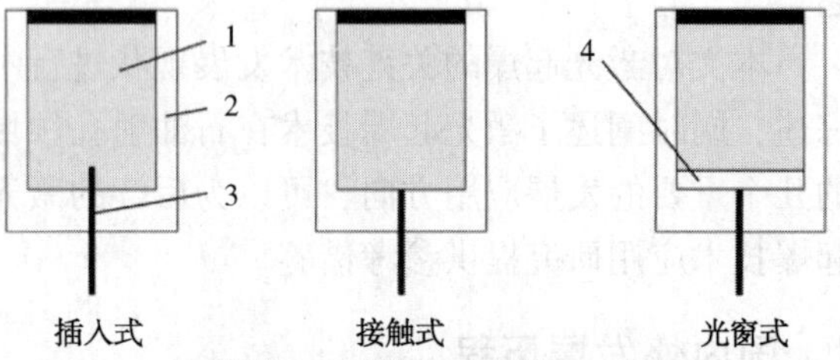

1—装药；2—壳体；3—光纤；4—光窗

图1　三种激光火工品

2.2 火工药剂的激光感度

激光起爆的核心问题是激光与火工药剂的相互作用特性，要求药剂本身安全性要好，但同时要尽可能对激光敏感，其主要性能指标有激光发火能量(或功率)和发火时间。蒋明研究了激光点燃BPN反应过程的二次起爆现象：激光点燃BPN的过程分为两次反应，第一次反应主要是在激光作用下KNO_3的热分解，分解辐射不明显，随着分解进行温度逐渐升高出现了硼的氧化物，开始第二次反应，硼开始大量燃烧消耗大量氧。孙同举得出BPN中硼含量30~40%，KNO_3粒度≤100μm，装填压力≤50MPa条件下药剂具有较好的激光起爆特性。加入酚醛树脂后起爆感度会有所提升，起爆延迟时间也会缩短。BPN的50%激光起爆感度为8.6mJ，加入酚醛树脂后为2.53mJ。严楠研究了$Zr/KClO_4$装药密度与压药压力的关系以及激光起爆延迟时间与装药密度的关系，得出激光起爆延迟时间随密度增加而呈负指数函数规律减小，在密度1.0~1.38g/cm^{3}范围对应的延迟时间为2.83~0.54ms，在密度≤1.25g/cm^{3}时延迟时间变化较快，密度≥1.30g/cm^{3}时延迟时间趋于稳定。

2.3 火工药剂的掺杂

在药剂中掺杂适当的碳黑、石墨等成分，提高药剂黑度来提升光吸收率可以有效提高激光感度，降低激光发火能量。对于$Zr/KClO_4$这一类浅色药剂无掺杂的情况下很难用激光点燃，必须掺杂碳黑或石墨。Ewick研究了纯HMX掺杂1~3%的碳黑或石墨后可在较低能量下起爆，掺杂碳黑比石墨更加敏感。Kunz、Skocypec、Jungst等在CP炸药中掺杂石墨、碳黑后使激光起爆能量降低45%~60%，且碳黑的效果比石墨明显。当碳黑占比增大到0.7%时药剂的起爆能量降至最小。付世斌对比了石墨粉、石墨烯和碳纳米管掺杂火工药剂后对激光感度的影响，证明石墨烯、石墨粉的掺杂均会使激光发火功率降低，碳纳米管起到的作用相反。朱升成研究石墨对$Ti/KClO_4$和$Zr/KClO_4$激光起爆性能的影响，发现掺杂石墨对$Zr/KClO_4$有效，而对$Ti/KClO_4$无效。石墨在$Zr/KClO_4$中质量占比为1%时激光起爆能量最小。

3 光学窗口

在光窗式激光起爆器中，目前可作为光学窗口的材料主要有云母片、蓝宝石、石英、K9玻璃和赛璐璐片。云母片脆性较大，赛璐璐片强度较低，不适宜作为承压功能的光学窗口。另外光学窗口的透光性能优劣还会对激光发火功率产生影响，所以目前针对光学窗口的研究主要集中在蓝宝石、石英、K9玻璃三种材料的结构强度和光学性能两个方面。付世斌对比研究了K9玻璃、石英玻璃、蓝宝石三种材料作为光学窗口的结构强度性能。蓝宝石力学强度远高于石英和K9玻璃，因此首选蓝宝石作为光学窗口材料，在40MPa压力条件下蓝宝石光窗1.5mm为最佳厚度。张志新对比研究了K9玻璃、石英玻璃、蓝宝石三种材料光窗的激光最小发火功率，得出 K9 玻璃为 5.06W、石英玻璃为 4.88W、蓝宝石为 12.69W，证明以蓝宝石透光效率最低，导致激光发火功率大大高出 K9 玻璃和石英。

4　光纤组件

光纤组件主要由光纤和连接器等部件组成，在激光起爆系统中负责连接激光器与火工品作为激光输送的通道。当前对光纤组件的研究主要集中在提高传输效率、减小光能的衰减上。激光起爆能量阈值与光纤的直径不成线性关系，而是波长、脉冲宽度、炸药特性、光纤直径等综合因素的函数。曾雅琴研究了 62.5μm 和 100μm 两种芯径下火工品的激光起爆功率，62.5μm 相对 100μm 芯径的光纤会使激光起爆功率有 30%的降低，证明减小光纤芯径可提高激光功率密度，减小起爆功率阈值。

光纤连接器是用于设备与光纤间、光纤与光纤间的非永久性固定连接，按适用光纤类型可分为单模和多模光纤连接器，按插针体端面形状可分为平面接触式和球面接触式，按结构不同可分为 FC、SC、ST、LC、SMA 型等(图 2)。

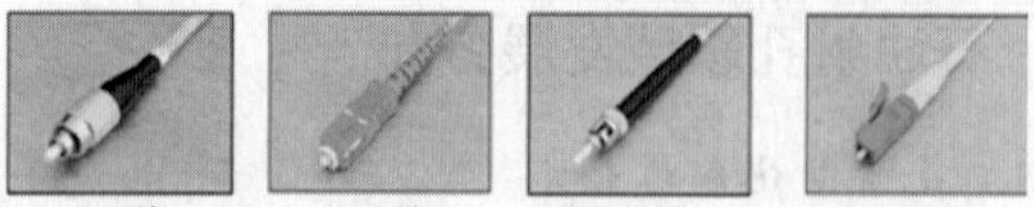

图 2　不同结构形式的光纤连接器

光纤之间的连接和耦合导致的损耗不容忽视，衡量活动连接器性能的主要指标是连接损耗，也称插入损耗，主要来自光纤的轴心错位，即耦合空间的偏移。光纤连接器的插入损耗目前一般能控制在 0.3dB 以内。蒋敏荣指出当光纤耦合要求 98%以上时两光纤中心偏差要求小于 6.4μm，光纤长度损耗与接头损耗相比是可以忽略不计的，不同型号光纤连接的不匹配是耦合损耗的重要因素，光纤对接尺寸失调有显著影响。

5　激光器

激光器主要分为固体激光器、气体激光器、染料激光器、光纤激光器、半导体激光器五大类。固体、气体、光纤激光器在准直、定位、动态全息、精密测量计量等方面获得了广泛的应用，染料激光器正在被钛宝石激光器(固体激光器类)所取代。当前在激光起爆技术领域，已经全面使用半导体激光器，其外观如图 3 中所示。

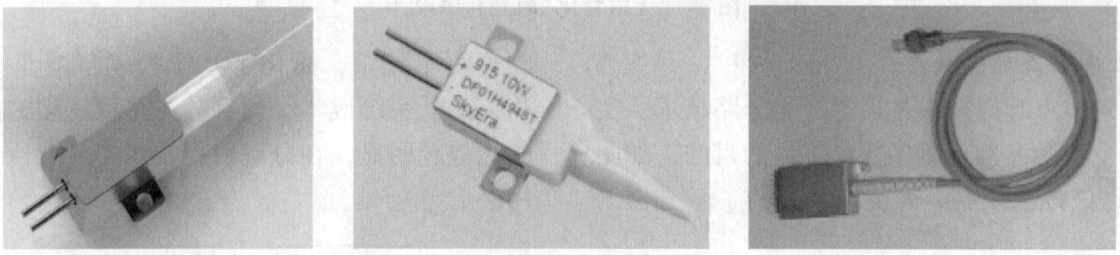

图 3　半导体激光器

半导体激光器以半导体材料为工质，利用半导体中的电子和空穴复合来产生受激辐射，其优点是体积小、寿命长、造价低，工作电压电流可与集成电路兼容，因而可与单片集成。激光器的选择根据起爆功率大小、输出电流、工作电压、工作温度范围以及光纤的芯径大小等决定，几款典型的半导体激光器型号及性能参数见表 1。

表 1　典型的半导体激光器型号及性能参数

序号	激光器型号	输出功率/W	中心波长/nm	工作电压/电流/(V/A)	光纤芯径/μm
1	AOEC-976-3-105 光纤耦合激光器	3	976	1.6V/3.5A	105/125
2	FL-FCSE08-3-976-105 高功率光纤耦合激光器	3	976	1.9/5	105/125
3	FCL-0976-0010C 特殊光纤耦合激光器	10	976	1.7/11.5	105/125
4	TY-940-10-10-25C-2PIN-105-0.22NA-HT 耐高温多模激光器	10	940	1.7/12	105/125
5	FCL-0976-0010-C 双波长单光纤激光器	5	980/1310	1.8~2/7~12	105/125

6 石油射孔领域发展方向

6.1 无雷管化起爆技术

当前石油射孔领域仍然广泛使用传统的雷管+机械式起爆技术，该项技术已经大幅度落后于时代，随着国家对民爆用雷管的管控愈加严格，传统雷管在安全贮存、运输、使用上的劣势愈加凸显，迫切需要取消雷管，向"无雷管化"发展。激光起爆技术可以实现无雷管化设计，令激光起爆器本身不装填火工药剂，不算作火工品，用激光直接照射导爆索或射孔弹实施起爆(图4a、b)，完全舍弃了雷管。进一步可以使用激光分路器，可以将导爆索也取消，整个系统中只剩下射孔弹一种火工品存在，使射孔系统的减少火工品的愿景再前进一步(图4c)。

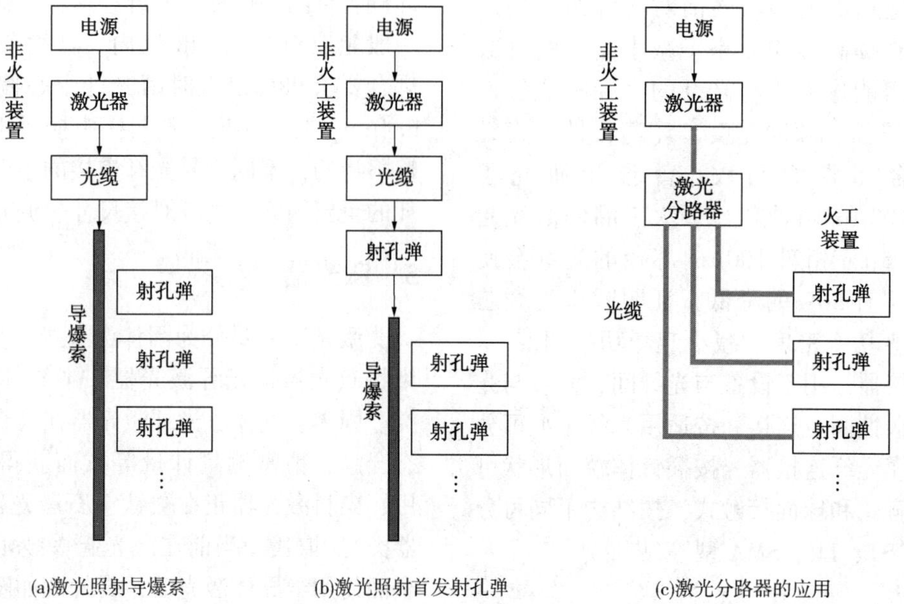

图4 "无雷管化"激光起爆设计

6.2 激光多点起爆技术

激光多点起爆技术是通过激光分路技术，实现采用少数激光器点燃多数火工品的目的，如图5所示。该技术优点极为突出，节约了激光器的配套使用数量，简化了系统控制，减小系统体积、降低系统成本，而且分光路数越多，降成本的优势越明显，在分簇射孔技术中具有巨大的应用潜力。

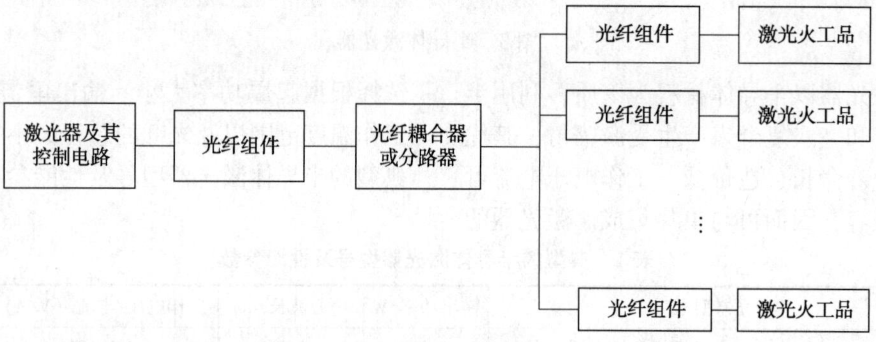

图5 多点起爆技术示意图

1994年，美国桑迪亚国家实验室Merson等人采用一个1W的半导体激光器输出的激光经光纤分路器分成三个100μm输出光纤，分别输出2mJ能量，使用0.4mm厚蓝宝石窗口，同时起爆三个雷管获得成功，作用时间0.9~1.8ms；用15W的半导体激光器通过400μm芯径光纤输出，经光纤分路器分成7个100μm输出光纤，每根光纤输出2.6~4mJ的能量，成功起爆7个雷管，作用时间1.7~3.0ms。王宇锐通过光开关将一路半导体激光器在不同时刻给不同的激光起爆器提供能量，实现半导体激光器多次使用。按照该方法设计，激光模块只需要采用8个半导体激光器就可以为 38 路激光火工品提供能量。此方案的优点是简化了射孔选发的控制指令，最大程度地简化了火工系统，系统集成度高，占用安装空间小，大大提高了资源的利用率。

6.3　光路健康在线检测技术

传统的电或非电火工系统通常只能实现装配前检测，一旦完成射孔枪总装后，则出于安全考虑，不再具备在线检测能力，此时对于火工系统的健康情况将没有技术手段获取。激光起爆系统则可通过光窗镀膜技术实现光路健康在线检测，即使完成整套射孔枪总装，依然可以随时检测，保障起爆回路下井过程中的完好情况可以随时掌控，及时发现并排除故障，这是激光起爆相对传统火工品的巨大优势。

光路健康在线检测技术的原理是在激光火工品的光学窗口上采用镀膜技术，当前应用较多的镀膜是对 980nm 波长的激光以透射为主，对 1310nm 波长的激光以反射为主，因此以大功率(瓦级)980nm 激光器作为发火光源，以小功率(毫瓦级)1310nm 激光器作为检测光源。在检测模式下，1310nm 激光器工作，激光在光窗大部分反射，小部分透射激光远远无法点燃药剂，可保证安全，对反射回来的激光进行分析检测，判断光路连接的完好性；在起爆模式下，980nm 激光器工作，激光在光窗大部分透射，激光进入火工品使药剂发火。光路健康在线检测技术大幅度提高了火工系统的可检可测性，对提高火工系统可靠性、安全性、维修保障性意义重大。

7　结束语

激光起爆技术在安全性、可检可测性、集成化、小型化、低成本等方面相对传统火工品将会体现出巨大的优势，在石油射孔领域具有广阔的应用前景，尤其在“无雷管化”火工系统、分簇射孔中具有巨大的应用价值。目前还需要进一步提升的是激光相关各器件的耐高温、抗冲击过载等环境适应能力，用以满足当前深井、超深井越来越苛刻的使用条件，为激光起爆技术在石油射孔领域的推广应用铺平道路。

参 考 文 献

[1] 蒋明，龙新平，严楠．二极管激光诱导 B/KNO3 起爆的发射光谱研究[J]．激光与红外，2005，35(9)：682-684.

[2] 孙同举．激光与火工药剂互作用特性及机理的实验研究[D]．南京：南京理工大学，1996.

[3] 严楠，曾雅琴，傅宏．Zr/KClO4 激光起爆延迟时间与装药密度的关系[J]．含能材料，2008，16(5)：487-489.

[4] Ewick D W，Beckman T M，Holy J A，et al. Ignition of HMX using low energy laser diodes[A]．14th E&P Seminar[C]．Franklin Research Center Philacelphia PA．1990.

[5] Kunz S C Salas F J. Diode laser ignition of high explosives and pyrotechnics[P]．DE 88008771/HDM，1988.

[6] Skocypec R D，Mahoney A R，Glass M W，et al. Modeling laser ignition of explosives and pyrotechnicsef-fects and characterization of transfer[A]．Proceedingsof the 15th International Pyrotechnic Seminar [C]，1990. 877-894.

[7] Jungst R G Salas F J，Watkins R D，et al. Development of diode laser-ignited pyrotechnic and explosive components[A]．Proceedings of the 15th International Pyrotechnic Seminar[C]．990. 549-568.

[8] 付世斌．激光起爆火工品系统的设计与研究[D]．太原：中北大学，2020.

[9] 朱升成，鲁建存，孙同举，等．含能材料对激光起爆感度的影响[J]．火工品 2000 4：19-22.

[10] 张志新，王端，王庆华等．不同光窗激光起爆器耐压性能模拟及发火试验研究[J]．兵器装备工程学报，2022，43(2)：124-129.

[11] 曾雅琴，严楠，魏继锋，等．激光二极管起爆系统研究进展[J]．光学技术，2008，34(12)：302-304.

[12] 蒋敏荣，严楠，华光，等．光纤和法兰耦合损耗对激光传输功率的影响[J]．应用激光，2002，22(6)：565-568.

[13] 王宇锐，范新中，王晓鹏，等．激光火工品系统在战术导弹领域的应用前景与展望[J]．导弹与航天运载技术，2021，6：15-20.

顺北三叠系–二叠系井筒强化钻井液技术

王险冰　黄华东

（中石化江汉石油工程有限公司）

摘　要　顺北区块三叠系和二叠系地层处于同一开次，三叠系砂泥岩发育，极易出现掉块、坍塌，平均井径扩大率为13.88%，二叠系火成岩裂缝孔隙发育，易发生井漏，漏速从微漏至失返，三叠系、二叠系塌漏同存，多口井出现又塌又漏，沉砂卡钻的问题，导致填井侧钻。通过分析三叠系地层井壁失稳机理和二叠系地层漏失原因，进行钻井液材料优选和性能优化，采取强抑制、强封堵、低滤失降低三叠系坍塌压力、同时提高二叠系漏失压力，拓宽安全压力窗口，首先考虑低密度防漏，防漏不成功，进行堵漏作业，形成防塌防漏堵漏一体化井筒强化技术。现场应用效果表明，三叠系井径扩大率降低41.93%，二叠系井漏发生率降低75.56%，无故障发生，有效解决三叠系地层井壁失稳与二叠系地层井漏同存的问题，为后续顺北区块类似井提供技术支撑。

关键词　顺北区块；塌漏同存；钻井液；防漏堵漏；井筒强化

顺北油田区域构造位于顺托果勒隆起构造带，面积19979km^2，地层层序齐全，自上而下分别为第四系、新近系、古近系、白垩系、侏罗系、三叠系、二叠系、石炭系、泥盆系、志留系和奥陶系，储层埋藏7500~8800m。开发井以两种四级井身结构为主，一种是地震预测不含侵入体，将二叠系与志留系分隔开的常规四级井身结构；另一种是侵入体覆盖区，二开技术套管深下，将侵入体与之上的地层分隔开的非标四级井身结构，这两种井身结构中，三叠系和二叠系地层处于同一开次，井眼尺寸分别为Φ311.2mm和Φ269.9mm。三叠系柯吐尔组泥岩发育，钻进时易吸水膨胀，导致井壁失稳，造成井壁垮塌，6口井由于三叠系井壁失稳造成卡钻故障，其中5口井的卡钻层位在二叠系，故障总时间1156.84h，平均口井故障时间192.81h；二叠系火成岩裂缝发育，非均质性强，对压力敏感，漏失几率高，漏速可从微漏至失返，统计了施工的11口井，二叠系钻进中发生漏失的井有10口，下套管施工中漏失井有8口，漏失率81.82%。

三叠系易塌、二叠系易漏，钻井过程中易出现因三叠系垮塌，井眼不规则，掉块及岩屑不能被及时带出，井筒岩屑浓度高，导致二叠系井漏，或因二叠系井漏，导致井内液柱压力下降或钻井液性能波动，造成三叠系坍塌的情况。已完成井中，因三叠系二叠系塌漏同存，多口井出现又塌又漏，导致沉砂卡钻的情况，施工完成的5口井由于二叠系井漏失返，造成沉砂卡钻，进行填井侧钻，故障总时间1014.56h，报废进尺超过5000m。三叠系和二叠系所在开次井段井塌、井漏问题严重，严重制约安全钻井，耽误钻井周期，须在塌漏同存的井段开展井筒强化钻井液技术研究，在分析三叠系地层井壁失稳机理和二叠系地层漏失原因的基础上，优选抑制剂、防塌剂、封堵剂等处理剂，构建防塌防漏一体化钻井液体系，配套完善技术工艺措施，指导现场安全施工，安全钻穿三叠系和二叠系塌漏同存井段。

1　井塌井漏原因分析

1.1　三叠系地层井壁失稳机理

顺北油田三叠系埋深3600~4400m，由北至南埋深逐步变浅，层厚500~750m，上部以灰色泥岩、粉砂质泥岩夹灰色粉砂岩为主；下部为灰色、深灰色泥岩、浅灰色细砂岩。采用X–射线衍射的方法，对顺北区块三叠系柯吐尔组地层的矿物组成进行了定量分析，结果见表1。

表1　三叠系柯吐尔组矿物组成分析

岩样	全岩定量分析/%						粘土矿物相对含量/%			
	粘土总量	石英	钾长石	斜长石	方解石	白云石	K	C	I	I/S
1	35	47	5	13	/	/	18	5	5	72
2	27	52	5	16	0	10	31	8	8	53
3	51	37	2	9	1	/	9	14	12	65
4	44	43	2	11	/	/	18	16	12	54
5	27	51	5	13	4	10	8	13	13	66
6	46	40	2	12	/	/	17	11	11	61

由表1可知，三叠系柯吐尔组地层以粘土矿物为主，含量达27%~51%，粘土矿物以伊蒙混层为主，高岭石次之，两者的占比分别为53%~72%和8%~31%。

三叠系泥岩水敏性强，极易水化分散；比亲水量较大，水化膜短程斥力将导致水化界面变形或破裂，改变页岩内部的应力状态；泥岩存在微孔微裂缝，钻井液滤液在压差、毛细管力和化学势差的作用下侵入泥岩孔缝使孔隙压力增大；是三叠系井壁坍塌的主要原因，完成井平均井径扩大率为13.88%，最大井径扩大率28.25%。

1.2　二叠系地层漏失原因

顺北油田二叠系层厚460~620m，上部为砂泥岩和凝灰岩，中部为玄武岩和英安岩，下部为凝灰岩和砂泥岩，其中玄武岩和英安岩厚度大于300m。以顺北3井成像测井解释为例，二叠系火成岩裂缝以细、微裂缝为主，非均质性强。

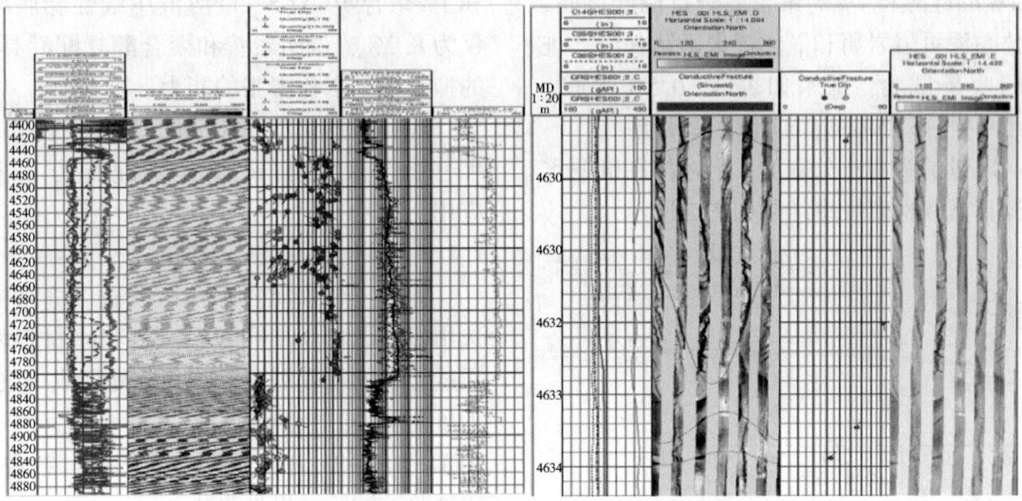

图1　顺北3井二叠系火成岩高导裂缝段特征

二叠系火成岩微观裂缝对井筒压力比较敏感，易形成诱导裂缝，火成岩纵向裂缝与溶洞发育、连通性好和压力敏感性是施工过程中发生漏失的主要原因，实钻表现为英安岩及其交界面漏失几率大，可钻性越好漏失风险越大。

2　井筒强化钻井液技术

2.1　三叠系井壁稳定技术

三叠系地层钻进过程中，钻井液的抑制防塌性能是关键，通过室内试验，优选出抑制防塌材料，在聚磺体系的基础上构建出具有更强抑制防塌能力的高性能聚磺防塌钻井液体系，通过抑制粘土表面水化，封堵泥岩微孔缝，控制更低的滤失量。

2.1.1　强化钻井液抑制性能

在对规模化应用的抑制剂进行初步筛选的基础上，通过滚动回收和线性膨胀试验，对硅醇、聚合醇、聚胺、自吸水等抑制剂进行了优选。

表 2　三叠系抑制材料优选试验

序号	氯化钾聚磺钻井液（加入 0.5%试剂）	初始重量/g	4h 热滚后重量/g	4h 回收率/%
1	硅醇	50	20.2	40
2	聚合醇	50	25.5	51
3	聚胺	50	35.55	71.1
4	自吸水抑制剂	50	37.32	74.6

将取自顺北区块三叠系地层的泥页岩岩屑分别加入氯化钾聚磺钻井液和质量分数为 0.5%的硅醇、聚合醇、聚胺、自吸水试剂，进行热滚回收率试验，结果如表 2，聚胺和自吸水抑制剂回收率分别为 71.1%和 74.6%，抑制效果优于其它抑制剂，优选这两种抑制剂。

表 3　三叠系抑制材料配比试验

序号	氯化钾聚磺钻井液	初始重量/g	4h 热滚后重量/g	4h 回收率/%
1	0.5%聚胺+1%硅醇	50	37.2	74.4
2	0.5%聚胺+1%聚合醇	50	45.5	91
3	0.5%自吸水抑制剂+1%硅醇	50	38.75	77.5
4	0.5%自吸水抑制剂+1%聚合醇	50	43.5	87

将优选出来的两种抑制剂按照 0.5%的比例分别与 1%的硅醇和 1%的聚合醇进行混配试验，加入三叠系泥页岩岩屑和氯化钾聚磺钻井液，进行热滚回收率试验，结果如表 3，0.5%聚胺+1%聚合醇回收率为 91%，抑制效果最佳。

将一定量的膨润土分别加入上述抑制剂的水溶液中计算其线性膨胀率结果如图 2 所示。

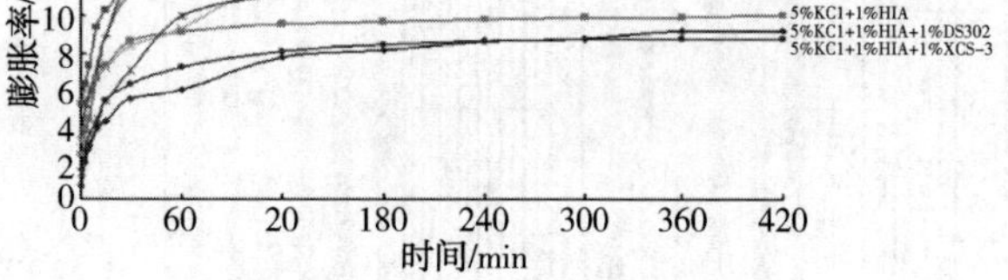

图 2　三叠系泥岩膨胀性试验

从图 2 可以看出，膨润土在 1%聚胺(HPA)和 1%聚合醇(XCS-3)溶液中线性膨胀率最小，仅为 8.2%，说明聚胺和聚合醇复配后具有较强的抑制粘土水化膨胀的能力。

综合考虑热滚回收率试验和线性膨胀率结果，优选聚胺加聚合醇复配配方进行现场应用。

2.1.2　强化钻井液封堵性能

针对三叠系泥岩存在微孔微裂缝结构特征，选用优质沥青与不同粒径刚性封堵材料相结合，通过合理的粒度级配，在井壁处形成一层致密的承压封堵层，阻止滤液进入地层。对 FT-3、HFT、RHJ-3、BF-1 等 4 种沥青材料进行了配比试验，试验结果见表 4。

表 4　三叠系沥青材料配比试验

序号	实验配方	实验条件	YP	Gel 10s	Gel 10min	API FL	Kf	泥饼描述
1	4%土浆+2%SMP-2+2%KFT-2 作基浆 A	常温搅拌均匀，110℃热滚 16h，冷却至 50℃	3	0.5	1	9.8	0.0699	坚韧
2	A+1%FT-3		4	1.5	2	7.8	0.0524	坚韧
3	A+1%HFT		3.5	0.75	1.5	8.2	0.0612	坚韧
4	A+1%RHJ-3		4	0.75	1.5	7.6	0.0524	坚韧
5	A+1%BF-1		4.5	0.5	1.5	8.6	0.0612	虚浮

从表4可以看出FT-3、HFT和RHJ-3这三种材料能明显改善泥饼质量，降低失水，API失水分别为7.8、8.2和7.6ml，泥饼坚韧，推荐使用，每种助剂最优加量为1%。

对不同粒径刚性封堵材料进行了优选，保证粒度级配由0.1微米分布到100微米，见图3。

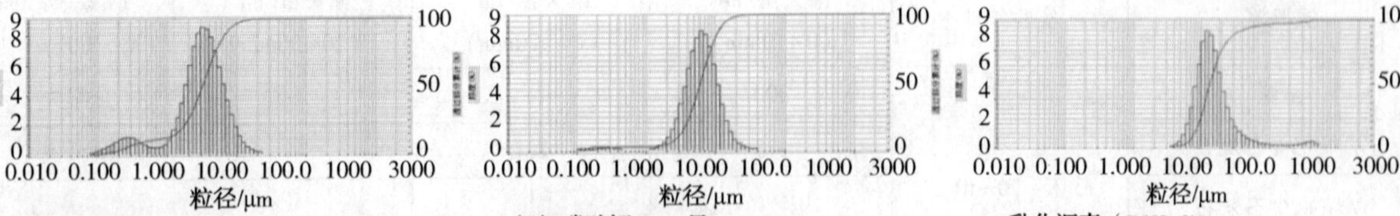

图3　封堵材料粒径分析

综合考虑沥青材料配比试验和刚性封堵材料粒度级配，优选“1% FT-3+1% HFT+1% RHJ-3”组合控制钻井液滤失量，实现低滤失，优选“1%NP-1+3%超细碳酸钙(800~2500目各1%)+1%RHJ-3”组合提升钻井液封堵性能，实现强封堵。

根据以上研究，按照“协同增效”的思路，室内对多种处理剂进行优选和复配，开展滚动回收率试验、膨胀性试验和封堵材料配比试验，在聚磺钻井液的基础上，形成了三叠系预防井壁失稳的高性能聚磺防塌钻井液体系，其配方为(记为配方1)：井浆+0.5%聚胺+1%聚合醇+1% FT-3+1%HFT+1%RHJ-3+1%NP-1+3%超细碳酸钙(800~2500目)。

表5　高性能聚磺防塌体系性能评价

体系	PV/(mPa·s)	YP/Pa	$Gel_{10''/10'}$/Pa	THTP FL/(mL/120℃)	滚动回收率/%	膨胀降低率/%
KCl-聚磺	25	8	2/5	11.6	70.4	71.3
高性能聚磺防塌	21	5	1/3	8.4	85.1	82.6

由表5可知，形成的高性能聚磺防塌钻井液体系，与KCl-聚磺体系相比，滤饼致密、滤失量低、流型好、滚动回收率和膨胀降低率更高。

2.2　二叠系防漏堵漏技术

二叠系钻进过程中应以“低密度防漏为主，随钻防漏堵漏为辅”的思路进行施工，顺北区块不同条带漏失压力有所不同，1号带、4号带、5号带南部二叠系漏失压力较低，最低漏失压力低于1.20g/cm³，2-11号带漏失压力普遍高于1.25g/cm³，针对易漏失井在强化钻井液防塌性能的同时，二叠系井段施工密度控制在1.20g/cm³。低密度防漏不成功，在钻井液中加入一定浓度的堵漏材料，在对裂缝微裂缝井段进行随钻封堵，阻止井筒压力向地层传递，防止裂缝开启和延伸。

2.2.1　随钻封堵材料优选

二叠系漏失多为细微裂缝在压力作用下张开、延伸所致，随钻封堵材料的选择应满足如下要求：(1)多种材料复合：单一的刚性材料在裂缝表面很难形成稳定的架桥，需要不同作用机理及不同粒径材料的组合级配。(2)可变形封堵：刚性材料组合粒径级配存在缺陷，不能很好的匹配地层孔隙裂缝的尺寸，具有可变形能力的材料对于密实封堵具有不可或缺的作用。(3)具有一定的粒度范围和粒径级配：如果所选材料仅对某一缝宽的裂缝有封堵能力，那么对于比这一缝宽更小的孔喉或是微裂缝，则封堵材料无法形成桥堵，滤液及微小固相颗粒将侵入裂缝深处；而对于较大的缝隙，封堵材料将会跟随钻井液侵入到裂缝深部，不利于封堵。所选的封堵材料要对储层裂缝具有一定的广泛适应性，即具有较宽的粒径范围和一定粒径级配，不同粒径的刚性颗粒和可变形颗粒进行快速有效的多级填充，在井壁上迅速形成薄而致密的泥饼，有效降低井筒与地层之间的液相传递和压力传递。

室内筛选了两种关键随封堵材料纤维堵漏剂(SZD)和具有膨胀性能的聚合物凝胶堵漏剂(PSD)，按照不同比例复配后进行封堵能力评价。

表6 SZD、PSD 封堵能力评价试验

实验浆	实验条件	漏失量/mL (0~10min)	漏失量/mL (10~20min)	漏失量/mL (20~30min)	总漏失量/mL
基浆	砂床：20-40 目 压差：3.5MPa 温度：110℃	300	-	-	全漏失
基浆+5%石灰石		173	127	-	全漏失
基浆+2%石灰石+1%SZD+1%PSD		94	21	0	115
基浆+2%石灰石+2%SZD+2%PSD		37	0	0	37

从表6可以看出，在高性能聚磺防塌钻井液中添加2%石灰石+2%SZD+2%PSD 封堵效果最佳，总漏失量最少。

同时通过添加不同粒径乳液微纳米材料，即乳液纳米封堵剂、改性石蜡、不同目数超细碳酸钙(800~1200 目)，拓宽随钻堵漏浆粒径范围。

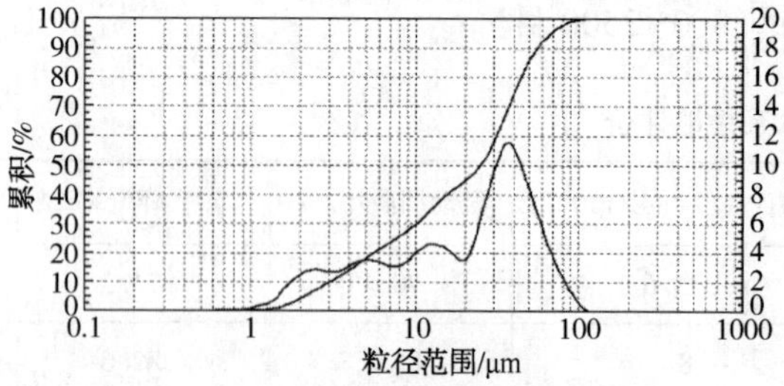

图4 二叠系随钻堵漏浆粒径分析

从图4可以看出，二叠系随钻堵漏浆粒度分布范围广，粒度 50~125μm 占比≥80%，粒度大于 125μm 占比≤5%，粒度小于 50μm 占比≤15%，粒径尺寸满足区域地层微裂缝封堵要求，能随钻封堵 1~100μm 的微裂缝。

优化后的二叠系随钻防漏体系配方为(记为配方2)：配方1+2%SZD+2%PSD+1%纳米封堵剂+1~2%改性石蜡+2%不同目数超细碳酸钙(800~1200 目)。

2.2.2 二叠系堵漏技术措施

将核桃壳、云母、碳酸钙、纤维堵漏剂、凝胶堵漏剂等作为二叠系地层堵漏材料，对颗粒材料进行合理粒径级配，二叠系发生漏失，应及时降低排量观察，根据漏速大小，确定纤维和片状材料的加量，形成适用于不同漏速的堵漏配方。

(1) 漏速不大于 $10m^3/h$，可增大随钻防漏配方浓度，调整堵漏材料颗粒级别，降低强钻过程中的漏失量，并适当降低排量，采用边补量边钻进的方法钻穿漏层，在泥饼形成初期，及时隔离封堵，有效提高地层承压能力，段塞随钻进行堵漏，在补充钻井液量时要加足各种处理剂，保持钻井液性能的稳定。堵漏配方：1~2%多级配随钻封堵剂+2~3%SQD-98(细)+2~3%QS-2(400-800 目)+2~3%PSD+2~3%竹纤维+1-2%CXD-2(细)，堵漏材料总浓度 10~15%。

(2) 漏速在 $10\sim20m^3/h$ 时，降低排量降低漏速同时采用堵漏浆段塞堵漏方式，根据漏失井段及漏失量配制堵漏稠浆 $30\sim40m^3$，堵漏浆中加入凝胶堵漏剂、竹纤维随钻堵漏剂、超细碳酸钙、复合随钻堵漏剂等。堵漏配方：2~3% PSD+2~3%竹纤维+1~3%QS-2(400-800 目)+2~3%CXD-2+2~3%单封+5%SQD-98(细)+3% CXD(细)，总浓度 13~20%，泵入堵漏浆后循环段塞强化井壁。

(3) 漏速大于 $20m^3/h$，降低排量降低漏速同时采用堵漏浆段塞堵漏方式，根据漏失井段及漏失量配制堵漏稠浆 $30\sim40m^3$，堵漏浆中加入凝胶堵漏剂、竹纤维随钻堵漏剂、超细碳酸钙、复合随钻堵漏剂等。堵漏配方：2~3%PSD+2~3%竹纤维+3-5%单封+2~3%QS-2(400-800 目)+5%CXD-2+5%SQD-98(细)，总浓度 20~25%，泵入堵漏浆后循环段塞强化井壁。

(4) 若发生失返性井漏，立即起钻至井壁稳定井段，一般在三叠系顶部，先静止候堵观察液面，能否建立循环，如果不能建立循环，直接起钻下入光钻杆进行堵漏。堵漏配方：6%SQD-98(中粗)+6%SQD-98(细)+3%竹纤维+3%单封+3%核桃壳(细)+3%乳化沥青+3%QS-2(400-

800目)+3%CXD-2(细)，总浓度30%。

3 现场应用

3.1 施工工艺措施

结合室内研究成果，对顺北工区施工的10口井，应用了三叠系、二叠系防塌防漏一体化井筒强化技术，在施工工程中采取了如下的工艺措施：

1）根据实钻井井漏发生时的钻井液性能、钻井参数和承压堵漏时的憋挤数据分析，部分二叠系薄弱层段的漏失压力系数为1.20左右，考虑客观存在的环空压耗和激动压力，以及稳定三叠系所需要的应力支撑，将钻井液最低密度控制在1.20g/cm³左右。

2）在进入三叠系砂岩段前，将钻井液体系转化为高性能聚磺防塌钻井液体系，严格按照配方1的加量进行维护，控制钻井液各项性能，三叠系以深地层粘度45~52s、塑性粘度18~22mPa·s、动切力4~6Pa、中压滤失量≤3mL、高温高压滤失量≤10mL、固相含量≤12%、钻井排量为环空返速达到0.6m/s以上。

3）在进入二叠系易漏井段前，将钻井液体系转化为二叠系随钻防漏体系，保持钻井液中膨润土含量在30~35g/L，控制好钻井液流型，粘度控制45~55s，动切力4~6Pa，静切力：1-2/2-4，降低循环压耗。

4）进入二叠系前及时短起，确保井眼顺畅；出现快钻时，控时钻进(控制钻时≥10min/m)，降低环空岩屑浓度；开泵顶水眼、中途循环等必须错开二叠系地层，长时间循环须上提钻具至二叠系上部，如必须在二叠系循环，采取降低排量同时勤活动钻具措施，严禁在二叠系定点循环；钻进期间开泵要平稳，避免开泵过猛压力激动造成井漏；在二叠系起下钻作业时，严格控制起下钻速度在0.2m/s以内，保证每柱钻具起下控制在1.5min左右，避免抽吸作用和激动压力造成井壁失稳或井漏，下钻可采取分段顶通循环，防止到底由于泥浆粘切过高开泵顶通时憋漏地层，起钻作业过程中严格按照规范灌浆，避免液柱压力降低，引起井壁失稳。

5）中完下套管施工作业前使用浓度10%堵漏浆封隔二叠系地层。

3.2 现场应用效果

在顺北工区10口井中应用了防塌防漏一体化井筒强化技术，应用效果见表7。

表7　井筒强化技术应用前后效果对比

类型	统计井数	三叠系平均井径扩大率/%	二叠系钻进漏失井数	下套管漏失井数	二开平均复杂时间/d
应用前	11	13.88	10	8	12.58
应用后	10	8.06	4	0	0.91

应用后的10口井三叠系平均井径扩大率为8.06%，较应用前11口井三叠系平均井径扩大率13.88%，降低了41.93%；二叠系钻进和下套管漏失井数由应用前的10井次和8井次，分别降低至4井次和0井次，漏失率由81.82%降低至20%，降低75.56%，堵漏复杂时间由平均的12.58d降低至0.91d，降低92.77%；应用井三叠系和二叠系钻进过程中钻井液性能稳定，钻进顺畅，测井和下套管均一次性顺利到底，未发生因钻井液问题引发的井下故障。

施工完成的一口四开制结构预探斜井，三叠系易垮和二叠系易漏地层处于长裸眼段同一开次，采取防塌防漏一体化井筒强化技术，保持三叠系井壁稳定，降低二叠系漏失发生率，有效解决了本井三叠系二叠系塌漏同存的难题，该井设计二开钻井周期50d，实际用时14.79d，节约35.21d，节约率70.42%，一趟钻完成二开全部进尺，钻进井段1503~4625m，进尺3122m，二开机械钻速16.65m/h，较设计机械钻速提高94.51%，创顺北工区二开单趟钻进尺最高、机械钻速最快、周期最短三项纪录。

4 结论

1）顺北工区三叠系泥岩水敏性强，泥岩存在微孔微裂缝，钻井液滤液侵入泥岩孔缝使孔隙压力增大，降低地层强度是引起井壁坍塌的主要原因。二叠系火成岩微观裂缝对井筒压力比较敏感，易形成诱导裂缝，火成岩纵向裂缝与溶洞发育、连通性好和压力敏感性是引起井漏的主要原因。

2）优选出的以聚胺和聚合醇为主要抑制剂的高性能聚磺防塌钻井液体系，能有效抑制泥页岩表面水化作用，维持三叠系井壁稳定；选用的纤维堵漏剂和聚合物凝胶堵漏剂，并搭配不同粒径乳液微纳米材料，形成的二叠系随钻防漏体系，能在井壁上迅速形成薄而致密的泥饼，降低井筒与地层之间的液相传递和压力传递，降低二叠系地层漏失率。

3）研究的防塌防漏一体化井筒强化技术，在10口井的现场应用中取得了良好的效果，有效解决三叠系地层井壁失稳与二叠系地层井漏同存的问题，其中一口井创造了工区内的三项施工新记录，为后续顺北区块类似井提供技术支撑。

参考文献

[1] 张翼，方俊伟，于培志，吕忠楷．塔里木盆地顺北一区柯吐尔组失稳特征及钻井液技术研究[J]．地质科技情报，2019，38(04)：281-286.

[2] 张尊．顺北区块三叠系柯吐尔组井壁稳定技术研究[D]．中国地质大学(北京)，2018.

[3] 贺春明．顺北工区长裸眼井壁稳定分析及对策[J]．化工管理，2019(06)：201-202.

[4] 陈修平，高雷雨，刘景涛，胡云磊，李家学，石祥超．顺北油气田却尔却克组井壁失稳机理及应对措施研究[J/OL]．钻井液与完井液：1-11[2021-01-06].

[5] 董小虎，李银婷．塔里木盆地顺北区块二叠系井漏复杂的分析及对策[J]．探矿工程(岩土钻掘工程)，2020，47(02)：59-62.

[6] 孙方龙．顺北3井二叠系井漏特点及技术对策[J]．石化技术，2018，25(01)：168.

[7] 李大奇，高伟，杜欢，王浩存．顺北1-2H井二开长裸眼井筒强化技术[J]．西部探矿工程，2017，29(05)：31-33.

[8] 潘军，李大奇．顺北油田二叠系火成岩防漏堵漏技术[J]．钻井液与完井液，2018，35(03)：42-47.

[9] 肖绪玉，史东军，李国楠，于培志．塔里木盆地顺北地区二叠系随钻堵漏技术[J]．探矿工程(岩土钻掘工程)，2017，44(10)：37-41.

[10] 林永学，王伟吉，金军斌．顺北油气田鹰1井超深井段钻井液关键技术[J]．石油钻探技术，2019，47(03)：113-120.

[11] 张平．顺北蓬1井Φ444.5mm长裸眼井筒强化钻井液技术[J]．石油钻探技术，2018，46(3)：27-33.

[12] 赵志国，白彬珍，何世明，刘彪．顺北油田超深井优快钻井技术[J]．石油钻探技术，2017，45(06)：8-13.

页岩油水平井分段监测工艺设计与研究

董一龙[1,2,3] 宋兴良[1,2,3] 朱振坤[1,2,3] 王 力[1,2,3] 王芝蕊[1,2,3]

(1. 大庆油田有限责任公司；2. 黑龙江省油气藏增产增注重点实验室；
3. 多资源协同陆相页岩油绿色开采全国重点实验室)

摘 要 页岩油水平井开发过程中，需要针对井下层段的生产参数进行监测。现有的水平井产液剖面技术无法满足页岩油的多层段的监测需求，且页岩油井含气量过高，大部分监测仪器无法测量高含气井况，对监测仪器的精度、耐温、承压指标提出更高要求。本文设计了拖动式分段监测工艺、连续油管在线式监测工艺，可以针对页岩油水平井进行多层段的产液剖面监测，可以获取流量、压力数据。针对配套工具进行原理和结构设计，设计了低坐封力 Y211、Y111 封隔器，优化了卡瓦强度，改进了胶筒的坐封力。研究设计了多参数监测装置，该装置可在井下工作 1~2 个月，可监测分段压力、分段流量数据，具有测量精度高，启动流量低的优点，可适用于高气液比井况的监测需求。该工艺为页岩油压裂后的生产效果提供了验证手段，为页岩油地层压力、层位含水分析提供了数据支撑，为页岩油开发策略调整提供重要依据。

关键词 页岩油；水平井；分段；监测工艺；连续油管；高气液比

在油田开发过程中，水平井见水后含水率迅速上升，产油量急剧下降，严重影响了水平井的开发效果。目前水平井中低产液量的井占绝大多数，常规含水和流量测试精度无法满足页岩油水平井的监测需求，同时现有的水平井监测技术由于工艺特点限制，导致卡管柱风险较高，使用仪器数量较多，一旦卡阻掉井损失巨大；多级缆控工具下井工序较复杂，故障风险点增加，存在一定的丢层风险。

另外，页岩油井在生产一段时间后，需要对其分段参数进行监测，包含每段或者每簇的压力、流量、含水率等参数，便于对压裂后效果进行验证。目前页岩油井日产气量较高，影响流量和含水率的测量精度，对监测仪器的技术水平提出了更高的要求。而动态分段监测资料是分析含水上升原因、指导分段控水增油措施、挖潜剩余油的重要依据，国内各油田需求均较迫切，因此有必要研究高精度、高安全性、低成本的可实现多层段测试的页岩油水平井分段监测工艺，获取准确的页岩油生产监测数据。

1 现有技术难点分析

国内已开展了多种水平井测井技术，在现场应用中都存在一些劣势或技术难点。一是爬行器输送测井仪器技术，该技术受井眼曲率半径、积沙等工况影响，受水平井井深限制，导致其爬行器效率低、工艺成功率偏低，容易遇阻或者无法通过造斜段；二是采用爬行器的方式仅能测试短时间内数据，不能实现生产状态长时间内的动态连续测量，其测量方式为短时间内单点测量，不能充分反应油层开发状态；三是油管输送存储式测井技术，该技术利用油管将存储式测井仪器下入水平井，解决了工艺管柱容易遇阻的问题，但是不能实现长期的、连续监测，其监测寿命受制于存储式仪器的供电时间，由于水平井出砂严重的影响，该技术目前可实现 6 个层段以内的测试，无法适应更多层段的监测需求；四是采用丢手管柱和泵抽举升方式实现短期动态监测，施工效率低，多次作业费用高。

目前页岩油生产井含气量过高，而现有监测仪器无法适应含气比例过高的井，存在监测数据丢失、测量误差大等问题，无法准确测量流量、含水率。同时页岩油井底压力偏大，对监测仪器的耐温、承压指标提出更高要求。

2 工艺设计

2.1 拖动式分段监测工艺

设计了适用于页岩油分段监测的工艺技术，解决了页岩油生产参数监测难度大的问题。由于页岩油井在施工时，需要在井口设置防喷管柱(长度小于 10m)，因此监测管柱长度应控制在 10m 之内，同时要求监测井下每段生产参数。为了精准评估页岩油压裂后效果，设计拖动式工艺管柱，使用连续油管连接工艺管柱，工艺管柱由Y111封隔器、存储式监测装置、Y211封隔器、定位器等组成，依次进行定卡距测量（2.5~6m），适应页岩油井的井况监测，可以获取流量、压力数据，如图1所示。监测仪器进液口连通环空，套管流体直接进入测试通道。

工艺特点如下，测试段数不受限制，成功率高、成本低；采用机械坐封、解封，施工效率高。拖动式分段监测工艺适用于自喷生产的页岩油井，不需要使用举升装置。

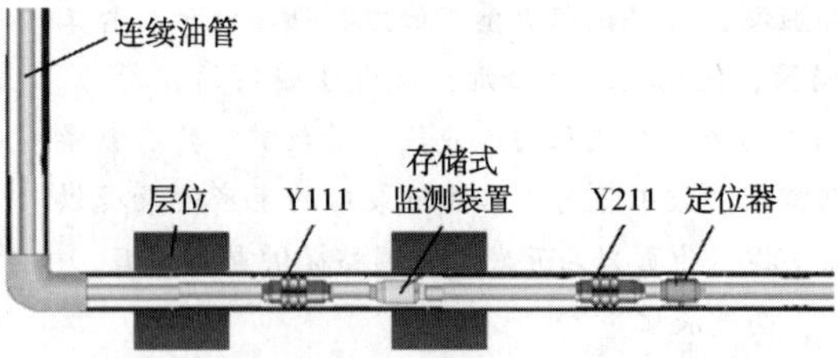

图1　拖动式分段监测工艺

2.2　连续油管在线监测工艺

该工艺管柱由连续油管、电缆、电动封隔器、在线式监测装置等组成。进行拖动式测量，由下至上每测完一段数据后，上提管柱测量下一段。可以依次获取各产液层的分段参数，如图2所示。

工艺特点：配套工具使用电控装置，可由地面控制系统进行直接控制；使用连续油管内穿电缆工艺，负责给电动封隔器和在线式监测装置供电，地面控制系统可以直接读取监测参数。使用电动封隔器的优点为，可按层位监测需求，下入目的层段后，可设置两级封隔器的状态达到不同的监测目的。仅设置第一级坐封，第二级解封，可用于监测当前位置的合层参数；设置两级同时坐封，可针对小层段测量分段参数。

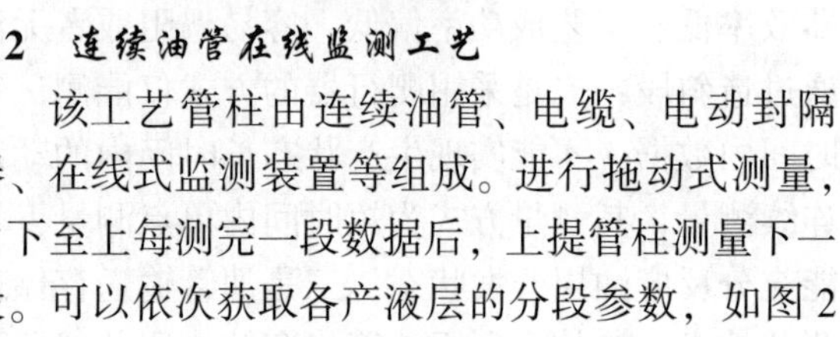

图2　连续油管在线监测工艺

3　配套工具设计

针对上述工艺中涉及的核心工具进行工具原理设计。主要包括低坐封力Y211封隔器、低坐封力Y111封隔器、套管接箍定位器。

低坐封力Y211封隔器，属于单向卡瓦支撑式封隔器，以卡瓦为支点；上提管柱一定高度，然后下放管柱，使卡瓦张开，压缩胶筒完成坐封，坐封力小于3t；上提管柱，卡瓦复位，实现解封；承压40MPa、耐温125℃。为解决页岩油长水平段的通过性难题，优化加工工艺以满足技术指标。卡瓦采用高强度合金钢，强化牙尖硬度，优化卡瓦锚定角度，在低坐封力情况下能提供稳定锚定力，适应页岩油套管。胶筒外径为108mm，采用一体式硫化工艺，坐封力小于2t即可完成坐封。

低坐封力Y111封隔器，属于无支撑压缩式封隔器，与Y211配合使用；下放管柱，压缩胶筒完成坐封，坐封力小于2t；上提管柱直接解封；承压40MPa，耐温125℃。

定位器，用于连续油管施工过程中的深度定位，如图3所示。页岩油每段间距很小，一般为5~30m之间，进行分段测量要求精准定位，为解决连续油管下井过程易伸缩、预弯曲而无法实现高精度定位的问题，设计了机械式套管接箍定位器。工作原理如下，施工时记录作业机大钩载荷的变化，找准管柱下放力的波动，实现精确定位。使用受力分析软件，模拟套管接箍定位器经过套管接箍时的受力情况，通过修改定位块的角度参数，最终优化定位块下井角度为65°，在该参数条件下受力载荷波动值明显，方便施工观察。

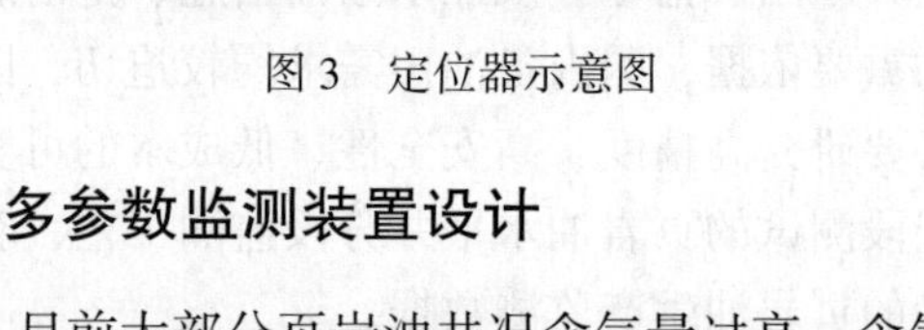

图3　定位器示意图

4　多参数监测装置设计

目前大部分页岩油井况含气量过高，含气量过高会影响传感器的识别精度，导致监测数据丢失，现如今测量高气液比的产液剖面仍为行业难题。为测量页岩油高气液比生产数据，设计了多参数监测装置，同时可以满足水驱、聚驱井的监测需求。

多参数监测装置主要包含钢体部分、阀门控

制、数据存储、电源供能、压力监测、流量监测等模块组成。可以依据使用需求，切换存储式和在线式两种功能。多参数监测装置技术参数如下，承压 60MPa，耐温 150℃；压力监测范围 0~60MPa，测量精度 0.5%；流量测量范围 1~200m^3/d，测量精度 5%。

多参数监测装置中设计了桥式通道，内流式电磁流量计与桥式短接连接，液体由桥式短接进液口进入，由内流式电磁流量计出液口流出，实现分段产液的数据监测。所有电路模块采用电池供电，下井后阀门控制模块可以实现测试通道的开/关，监测模块录取井下分段数据并存储，起出装置后在地面进行数据回放。现有技术的锂电池，相对容量低、损耗快，选用锂聚合物电池，容量是锂电池 4 倍，使用寿命更长。

压力监测部分使用存储式高精度压力计，可存储 6 万个数据点，工作时长达到 1~2 个月。其工作原理为：存储式压力计在下井前预先启动，随时记录压力数据，在封隔器坐封后，可监测分段压力。

流量监测模块采用内流式电磁流量计，其工作原理为：内流式电磁流量计设计为流道在仪器内部，并且在流道内布置有均匀磁场。当带电流体流经磁场，做切割磁感线运动时，将在垂直于磁感线及运动路径的方向产生感应电动势，该电动势被感应电极接收后，送至电路进行处理，最终得到与流量相关的数字信号。

内流式电磁流量计具有以下优点，内部结构无阻碍流动部件，无压力损失，直管段要求相对较低；测量精度高，启动流量低，稳定性强，抗振动干扰能力强；测量结果不受流体密度、粘度、温度、压力和电导率变化的影响，可适用于高气液比井况的监测需求。

5 结论

（1）设计了拖动式分段监测工艺，可以获取页岩油的分段流量、压力数据，且测试段数不受限制，采用机械坐封、解封，施工效率高、工艺成本低。设计了连续油管在线式监测工艺，使用连续油管内穿电缆工艺，负责给配套工具供电，由地面控制系统进行直接控制，实时读取监测数据。

（2）设计了 Y211、Y111 封隔器，强化了卡瓦的牙尖硬度，使其适用于页岩油套管；胶筒采用了整体式硫化工艺，满足低坐封力情况下的密封性能；设计了套管接箍定位器，优化了定位块的设计角度，解决了连续油管施工过程中的深度定位问题。

（3）设计了多参数监测装置，可用于高含气井况的生产数据监测。装置采用电池供电，下井后开始测量数据并存储。其使用存储式高精度压力计，可存储 6 万个数据点。采用内流式电磁流量计，内部结构无阻碍流动部件，无压力损失，可精准的测量低流量和高气液比井况。

参 考 文 献

[1] 曲海，李根生，刘营，等．拖动式水力喷射分段压裂工艺在筛管水平井完井中的应用[J]．石油钻探技术，2012，40(3)：83-86.

[2] 梁顺，彭茜，李旖旎，等．水平井分段压裂示踪剂监测技术应用研究[J]．能源化工，2017，38(4)：32-36.

[3] 牛彩云，朱洪征，王百，等．多段压裂水平井压力及压降监测分析[J]．钻采工艺，2015，(2)：51-53.

[4] 崔文昊，高榕，常莉静，等．井下存储式浮子流量计在水平井产液剖面测试中的应用[J]．测井技术，2017，41(4)：458-461.

[5] 朴玉琴．水平井产液剖面测井技术及应用[J]．大庆石油地质与开发，2011，30(4)：158-162.

[6] 龙武，李冬梅，刘青山，等．塔河油田水平井产液剖面测井技术与应用[C]．中国石化油气开采技术论坛论文集．2010：441-447.

[7] 覃得强，高永利，于元英，等．预置式井下牵引水平井产液剖面测试适应性评价[J]．石化技术，2016，23(11)：278.

[8] 龙华．水平井产液剖面测试技术研究与应用[J]．化工管理，2014，(30)：51-52.

[9] 程世伟．水平井产液剖面测试工艺管柱及应用[J]．石油知识，2019，(3)：46-47.

[10] 徐昊洋，王燕声，牛润海，等．水平井连续油管输送存储式产液剖面测试技术应用[J]．油气井测试，2014，(3)：46-48.

[11] 罗来军．水平井管柱输送电缆式产出剖面测井新工艺[J]．测井技术，2020，44(5)：501-503.

[12] 张晶宇，王卓，刘鹍鹏，等．多参数产出剖面在水平评价井中的应用[J]．中国石油和化工标准与质量，2021，41(19)：19-20.

[13] 崔小江，李海涛，李三喜，等．水平井找水-控水一体化智能完井技术及其应用[J]．中国海上油气，2021，33(5)：158-164.

[14] 马宝全，杨少春，傅永强，等．低渗透油藏水平井油气水三相流测试技术[J]．石油机械，2018，46(7)：56-61.

塔里木盆地玉东1超深超薄岩性凝析气藏高效开发技术研究与实践

徐程宇[1,2]　罗　辑[1,3]　高登宽[1,4]　刘　艳[1,2]　胥珍珍[1,3]　陈乃东[1,4]　乔　霞[1,2]　唐　涛[1,3]

(1. 中国石油塔里木油田公司；2. 中国石油天然气集团有限公司超深层复杂油气藏勘探开发技术研发中心；3 新疆维吾尔自治区超深层复杂油气藏勘探开发工程研究中心；4. 新疆超深油气重点实验室)

摘　要　针对埋深超过5000m、平均厚度小于3m的玉东1超深超薄岩性凝析气藏，探索形成适应该类型气藏地质条件的盐下超深超薄相控岩性气藏储层预测技术、水平井网优化设计技术及水平井工程地质一体化设计及随钻跟踪优化技术等3项集成技术，推动玉东1区块年产气$16\times10^8m^3$规模快速滚动增储建产，预计衰竭开发地质储量最终采收率可达80.53%，实现了玉东1超深超薄岩性凝析气藏的高效开发，也为类似气藏的滚动开发提供了技术参考。

关键词　塔里木盆地；超深超薄；凝析气藏；生物启发；水平井；边水

英买力气田玉东1区块构造位于塔里木盆地塔北隆起英买力低凸起西段，地理上位于新疆阿克苏地区温宿县境内，是一个上倾尖灭的常温常压边水层状中低含凝析油岩性凝析气藏。气藏目的层为古近系库姆格列木群EⅡ-1砂组，中深5100m，平均层厚1.8m，平面上具有由南向北逐渐减薄的特征，储量丰度低至$0.32\times10^8m^3/km^2$。储层物性以中低孔、中低渗为主，平均孔隙度13.45%，平均渗透率$54.42\times10^{-3}\mu m^2$。原始地层压力54.039MPa，目前气藏地层压力32.13MPa，地温梯度1.88℃/100m，中深地层温度106.85℃。

实现玉东1区块高效开发面临以下技术难题，一是气藏储层薄，地震资料分辨率低，砂层展布认识不清，砂层边界刻画困难；二是直井产能低，目的层薄且上覆地层为盐层，实现水平井安全提产难度大；三是气藏北部存在广域的薄层层状边水，防范水侵保障均衡开发难度大。通过调研发现，目前全球范围内超深超薄凝析气藏大约有70个，主要分布中亚、俄罗斯及北美，埋深多在1200~4000m，由于技术条件及复杂地质情况等原因，多数都没有得到有效开发。

1　高效开发主要特色技术

针对玉东1区块凝析气藏开发面临的难题，历时多年气藏、地质、地震及工程等多学科联合攻关，逐步形成了一系列适用于超深超薄凝析气藏的受构造岩性双重控制超深超薄储层预测与流体识别技术、水平井井网设计及跟踪优化技术、层状边水薄层岩性凝析气藏均衡开发技术等高效开发特色技术。

1.1　盐下超深超薄相控岩性气藏储层预测技术

1.1.1　谱分解高频增益信号重构拓频技术

针对玉东1区块储层薄且薄互层发育、气层主要发育在EⅡ-1砂组，对小层砂体展布情况进行预测并圈定气层范围。地震资料谱分解高频增益信号重构拓频技术是一项专有技术，针对高频信号衰减快而开发的提高地震分辨率技术，具体思路是首先对地震资料频谱进行分解，按照有效的算法对高频信号进行增益计算，提高高频部分能量，高低中频信号重构，从而提高地震资料主频和拓宽频带宽度，达到提高地震资料分辨率的目的(图1)。

从拓频处理后的地震剖面看，玉东1区块EⅡ-1砂组储层地震响应更清楚，南部尖灭点附近复合波基本分开，尖灭点位置较好确定。处理后频带宽度8~72Hz，频带宽度比原始地震资料没有太多增加，但40Hz~72Hz高频段能量得到进一步增强，相应地震主频得到提高，达到40Hz左右，从而提高了玉东1区块EⅡ-1砂组薄砂层分辨率(图2)。原始地震不能分辨EⅡ-1砂组薄层砂体，谱分解高频增益拓频处理能有效分辨EⅡ-1砂组薄层砂体。从玉东1区块原始及其拓频处理地震资料EⅡ-1砂组最大振幅图对比看，拓频处理后的EⅡ-1砂组储层最大振幅工区北部得到增强，主河道形态更清楚，物源从北部过来的特征更明显，符合地质认识和实钻井钻遇砂体特征。

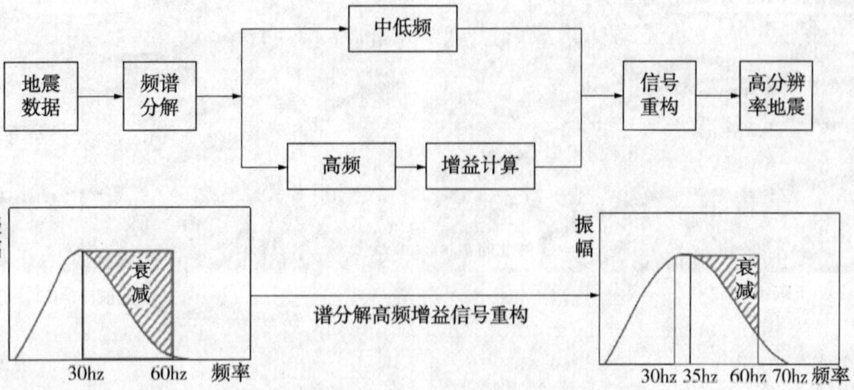

图1 谱分解高频增益信号重构拓频处理流程示意图

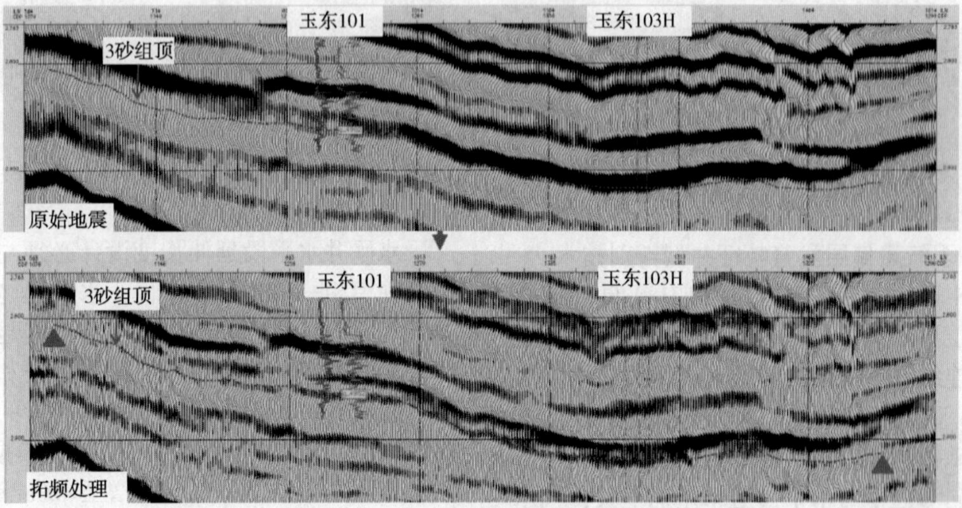

图2 谱分解高频增益信号重构拓频处理前后对比图

1.1.2 生物启发薄砂层边界识别技术

生物启发计算是与生物行为相关的，与传统最优化算法相对的仿生计算技术，它可以模拟自然界中生命与智能的生成与进化过程，具有自学习、自组织和自适应特征，能够为传统算法难以解决的各类复杂问题给出合理的解决方向，具有广泛的应用前景。应用在石油地球物理中的生物启发计算方法如遗传算法、蚁群算法、DNA算法、神经网络等，取得了较好的应用效果。典型的生物启发计算方法有：遗传算法(GA)，粒子群优化算法(PSO)，蚁群算法(ACO)，人工蜂群算法(ABC)，细菌觅食算法(BFO)，群搜索算法(GSO)，DNA计算、膜计算(MC)、自组织迁移算法(SOMA)等。

生物启发计算技术识别地层超剥线、储层边界、致密砂岩、火成岩及碳酸盐岩裂缝、溶蚀孔洞的思路是利用算法对地震资料的相似性、差异性响应敏感性强的特征，分析特殊目标的地震属性，判定特殊目标附近的地震属性的隶属关系，识别特殊目标及其边界。生物启发计算对地震资料同相轴的波形、连续性、振幅、相位、方差等属性特征具有较高的敏感性，能拾取到地震道与道之间的细微变化，从而识别地层超剥线、储层边界和致密砂岩、火成岩、碳酸盐岩的裂缝及溶蚀孔洞。同时生物启发计算实现多种算法的融合，为全局最优化算法，能有效避免计算结果陷入目标地层变化尖灭点局部解，快速获得真实最优解-特殊目标及其边界。正演模型和实际资料研究认为生物启发计算技术对识别低序级断层、地层超剥线、薄储层及其边界及裂缝孔洞有较好的效果。

从过玉东101-H2井南北、东西向连井地震剖面和生物启发计算结果对比看，玉东101-H2井南部3砂组储层尖灭点地震剖面有复波现象不清楚，而生物启发计算结果比较清楚，东西向对比剖面上西部高部位3砂组尖灭点附近地震振幅弱不清楚，生物启发计算结果3砂组尖灭点清楚(图3)。

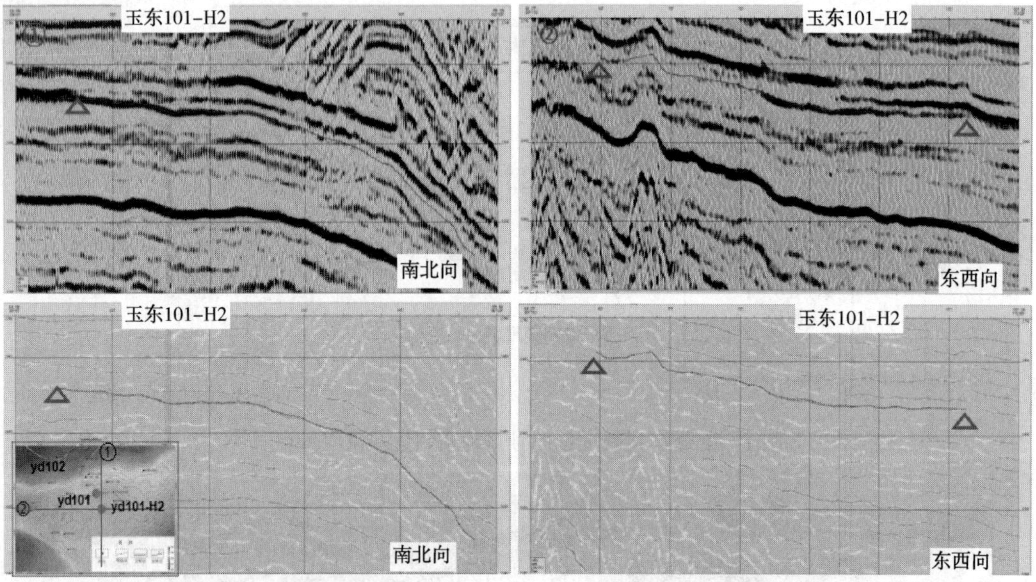

图3　过玉东101-H2井南北、东西向连井地震剖面和生物启发计算结果对比图

1.2　盐下超深超薄相控岩性气藏水平井网优化设计技术

1.2.1　基于气藏储层发育特征井型判别技术

玉东1区块古近系底砂岩段EII-1砂组储层厚度薄，层厚3~7m，平均有效厚度3.2m，顶底发育有连续分布的泥岩隔层，内部泥质隔夹层少。EII-1砂组砂体整体平面分布稳定，横向连续性好，砂体向东、南、西方向尖灭。纵向上层数少，纵向渗透率与水平渗透率差别不大，气水关系明确，有利于水平井增产。数值模拟机理研究结果表明气层有效储层厚度越小、产能增幅越大，水平井适用于厚度较小的气藏开发，储层有效厚度超过3.5m，水平井产量则增幅不大(图4)。水平井具有比直井更长的完井层段，能够产生较大的泄气面积，根据水平井渗流规律及Joshi水平井产能公式，在储层物性及厚度等相同条件情况下，水平井单井控制储量大，单井产量高，生产压差小，能够控制反凝析污染和抑制边水推进速度，同时可降低气井出砂风险，可大大延长气井稳产时间。综合分析认为玉东1区块储层发育特点适用于水平井开发。

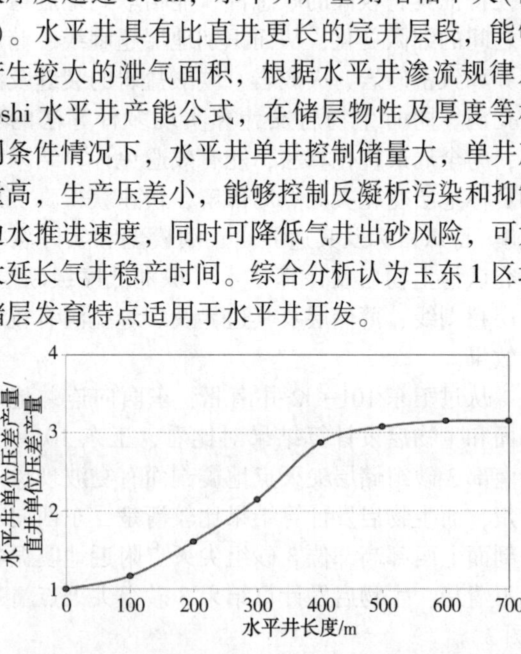

图4　Ⅰ类储层水平井长度与直井产能对比

1.2.2　超深超薄储层不同储层水平段长度优化设计技术

水平井水平段延伸长度设计必须与储层砂体发育规模相一致，一般来说，水平段越长，水平井与气藏的接触面积越大，气井产能越高，但由于井筒摩阻以及钻井过程中气层污染和水平井压裂、酸化等一系列原因，水平井产量的增加与水平段长度的延伸并非线性关系。数值模拟机理研究结果表明Ⅰ类储层水平段长度增至400m，产量增加幅度较低，单位压差产量为直井2.88倍，水平段长度以300~400m为佳；Ⅱ类储层长度水平段长度增至600m量增加幅度较低，单位压差产量为直井4倍，水平段长度以500~600m为佳(图5)。

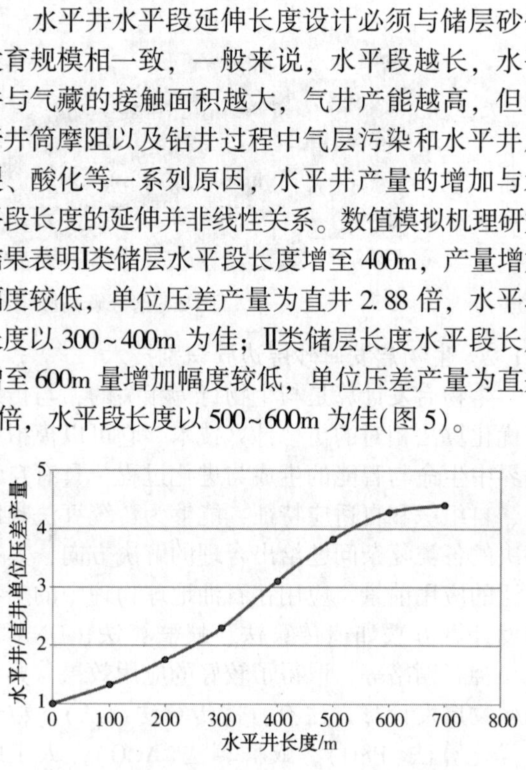

图5　Ⅱ类储层水平井长度与直井产能对比

1.2.3　超深超薄储层不同储层水平段位置优化设计技术

对于水平井，其生产层的位置也对水平井的产量有一定的影响，因此选取一个合理的生产层位对于水平井产能及相应的开发方式至关重要。采用数值据模拟方法选取水平段垂直构造线、斜交构造线、平行构造线(3套)方案(图6)，并选

取在气层顶部、中部、斜穿气层(3套)方案研究水平段不同纵横向位置对开发效果的影响(图7)。机理研究结果表明，水平井平行于构造线累产气更高，水平井斜穿油气层，更有利于提高天然气采出程度，生产效果更好。

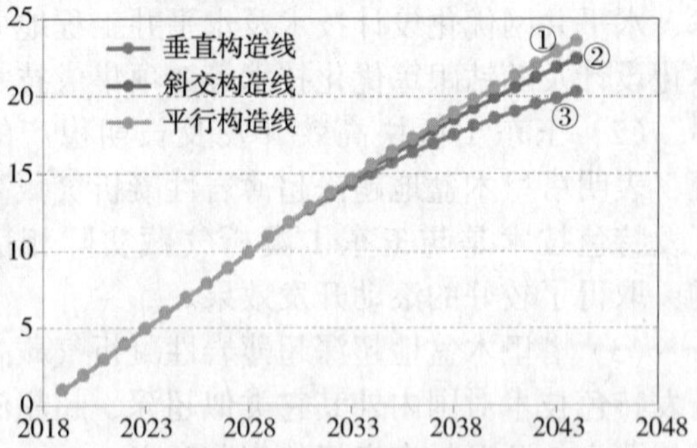

图6　水平井段不同横向位置效果对比

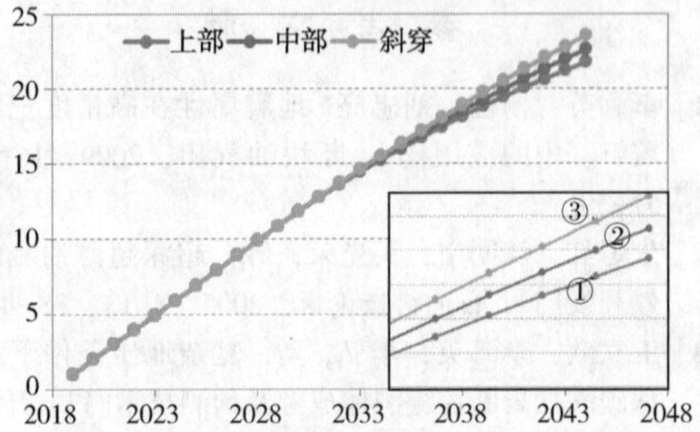

图7　水平井段不同纵向位置效果对比

在地质认识程度较高、储量、产量相对较为落实区域，2014~2023年基于不同储层类型优化部署14口水平井，均获高产，增产效果非常显著。在位于Ⅰ类储层区域，新钻水平井单井控制储量相对直井平均提高1.4倍，生产压差平均降低了2.5倍，减小了边水推进及气井出砂风险，单位压差产量提高了3.5倍。薄储层水平井优化技术创造了良好的经济效益，与全部采用直井开发对比，减少钻井数8口，节约钻井投资1.5亿元，实现了提质增效目标。通过开展薄储层水平井优化设计，实现了玉东1区块薄储层水平井降本增效高质量开发，从源头上实现了提质增效。

1.3　盐下超深超薄相控岩性气藏水平井工程地质一体化设计及随钻跟踪优化技术

玉东1区块水平井钻探过程中，采用前期薄层随钻跟踪技术具有一定的局限性，主要体现在以下几个方面。首先，前期薄层油藏储层上部盐层不发育，压力系数差异不大。其次，地质条件不一样，玉东1区块为陆相地层，非均质性强，基于海相均质地层的随钻跟踪技术不适应或者有局限性。再次，玉东1区块盐层与目的层之间的垂直深度小，无法满足水平井从造斜、稳斜、增斜完整过程实现水平段钻井的过程，需要特殊改进，才能满足盐层下目的层段水平段钻进。

创新并形成盐下薄储层岩性凝析气藏水平井钻探与随钻跟踪优化技术，为打成水平井提供技术支持。通过优化钻井工艺，增加了5个钻具，创新了盐上开窗造斜及盐层稳斜钻井工艺技术和盐下窄窗口增斜精准入靶2项钻井工艺技术(图8)，根据钻井工艺组合配套形成“一井一策”随钻跟踪流程，指导不打导眼水平井、直导眼水平井、斜导眼水平井等不同类型的水平井实施。

该技术指导完钻玉东1区块14口水平井成功实施并100%成功，产能到位率120%，其中5口带导眼水平井，9口为不带导眼水平井，节省钻井成本约4500万元。

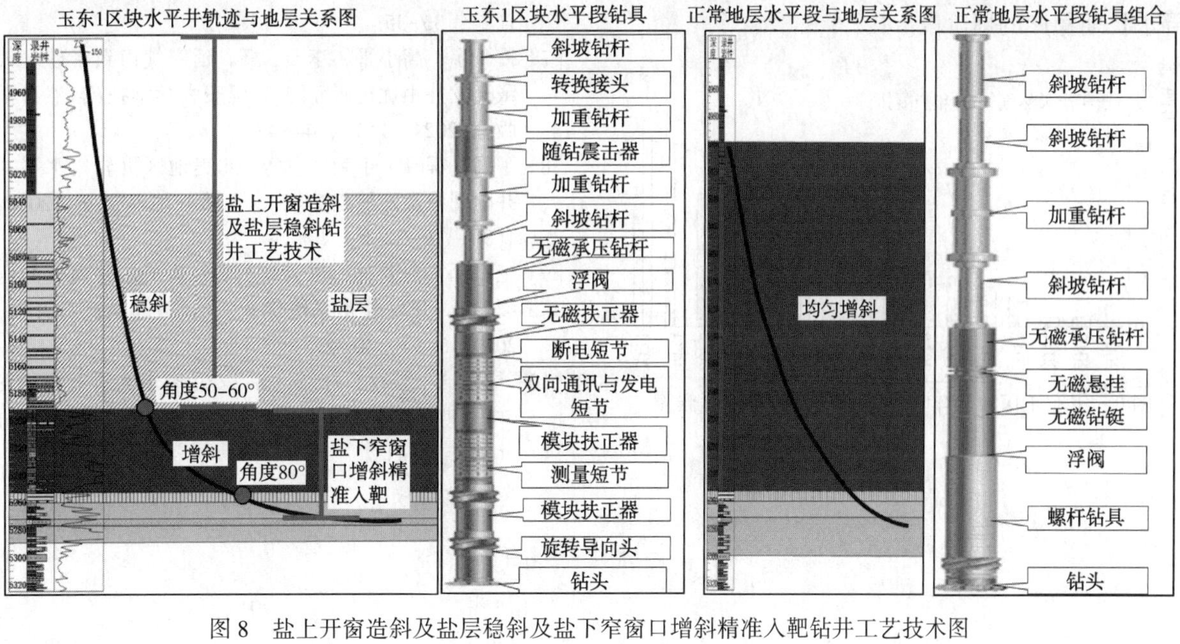

图8　盐上开窗造斜及盐层稳斜及盐下窄窗口增斜精准入靶钻井工艺技术图

2　实施效果评价

2.1　形成塔里木盆地超深超薄岩性凝析气藏高效开发特色技术

针对塔里木盆地英买力气田玉东1薄砂层岩性凝析气藏超深超薄砂体物探预测难、超深超薄气藏规模落实难、超深盐下超薄储层水平井钻探精准入靶难等技术难题，形成了盐下超深超薄相控岩性凝析气藏储层预测技术，奠定了玉东1凝析气藏规模增储的资源基础。形成了盐下超深超薄相控岩性凝析气藏水平井井网优化设计技术，夯实了玉东1薄砂层岩性凝析气藏高效建产的井网基础。形成了盐下超深超薄相控岩性凝析气藏水平井随钻跟踪优化技术，构建了确保了水平井打得准、打得成、打得好的工程基础。该特色技术有力推动了玉东1薄砂层岩性凝析气藏高效建产，并商业开发了塔北地区首个埋深大于5000m、年产油气当量超130万吨规模的盐下超深超薄相控岩性凝析气藏。

2.2　实现玉东1区块高效建产并长期稳产开发

自2012年到2024年，玉东1区块年产天然气量由2.12亿方增加到16.02亿方，年产凝析油量由2.53万吨增加到11.26万吨，实现年产油气当量140万吨气藏区块的高效建成。近3年累产天然气44.9亿方，累产凝析油32.06亿方，累产油气当量389.8万吨。玉东1区块自2020年起年产气规模14亿方以上已稳产4年，预计衰竭开发天然气最终采收率可达80.53%，标志着玉东1薄砂层岩性凝析气藏已进入高效建产并寻求长期稳产的新阶段。

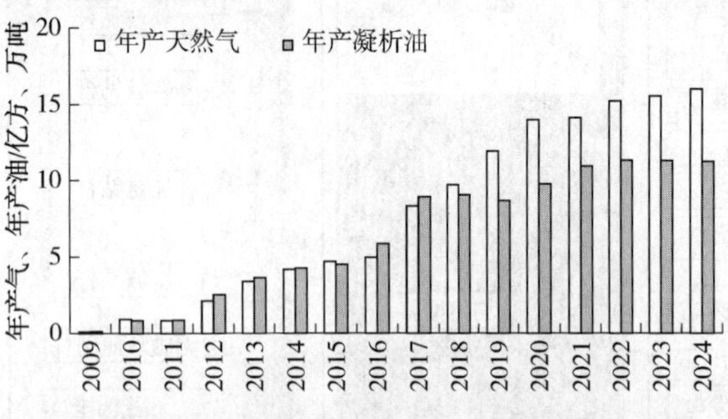

图9　玉东1区块历年年产天然气及凝析油柱状图

3　结论

（1）英买力气田玉东1区块因凝析气藏超深、超薄导致有效开发难度大，开发过程中逐步形成了盐下超深超薄相控岩性气藏储层预测技术、水平井网优化设计技术及水平井工程地质一体化设计及随钻跟踪优化技术等3项集成技术。

（2）玉东1区块高效开发及长期稳产的实现，表明塔里木盆地超深超薄岩性凝析气藏高效开发特色技术是与玉东1凝析气藏实际相适应的，取得了较好的滚动开发效果。

（3）塔里木盆地超深超薄岩性凝析气藏高效开发特色技术对国内外其它类似超深、超超深薄油气藏高效开发具有良好的借鉴意义。

参　考　文　献

[1] 李勤英，杨茜，刘忠亮. 地震属性在高精度三维地震解释中的应用[J]. 断块油气田，2009，16(4)，57-59.

[2] 朱卫红，江同文，买光荣，等. 超深超薄油藏的高效开发[J]. 石油科技论坛，2005，8(1)，38-40.

[3] 王立歆，李海英，李弘，等. 复杂地质条件下超超深碳酸盐岩断控缝洞体成像及预测技术[J]. 石油物探，2022，2(3)，41-44.

[4] 贾爱林，闫海军，唐海发，等. 中国超深、超超深气藏开发关键技术与对策建议[J]. 天然气工业，2024，7(1)，27-30.

[5] 孙金声，刘伟，王庆，等. 万米超超深油气钻完井关键技术面临挑战与发展展望[J]. 钻采工艺，2024，2(2)，17-20.

[6] 黄福喜，汪少勇，李明鹏，等. 中国石油超深、超超深油气勘探进展与启示[J]. 天然气工业，2024，1(2)，33-35.

[7] 雷开宇，高小平，李云，等. 延安气田致密砂岩气藏开发井距优化研究[J]. 延安大学学报(自然科学版)，2024，1(1)，44-47.

[8] 丁麟，程峰，于荣泽，等. 北美地区页岩气水平井井距现状及发展趋势[J]. 天然气地球科学，2020，4(3)，19-22.

[9] 王军磊，贾爱林，位云生，等. 基于多井模型的压裂参数-开发井距系统优化[J]. 石油勘探与开发，2019，5(1)，40-43.

[10] 徐颖洁，聂权，韩琦，等. 安岳有水凝析气藏开发中后期产能挖潜研究[J]. 钻采工艺，2023，1(3)，38-41.

超深高温高压气井快速修井工艺技术实践

孙　松　周建平　李　涵　齐　军　吴　广　范高杰

(中国石油塔里木油田公司)

摘　要　塔里木盆地克拉苏构造带库车山前气井普遍具有超深、高温、高压的特点，传统修井方法作业周期长、费用高、储层伤害风险大。本文总结了一种超深高温高压气井快速修井工艺技术，实践结果表明：该工艺能有效解决部分库车山前高压气井复杂大修周期冗长费用高昂的问题，保证了封隔器下部管柱完整性与上部管柱快速修复，同时全过程储层保护，保障修井作业后复产效果，实现了库车山前修井、完井、生产、措施作业的单井全生命周期可靠作业，为高压气井复杂修井提供了新的技术路径。

关键词　高压气井；高密度无固相修井液；储层保护；国产机械切割；快速完井

全球油气资源开发正加速向超深层、超高压领域推进。根据国际能源署(IEA)2023年报告，全球超过35%的新增天然气产能来自埋深超过4500m的储层。随着油气勘探向深层、超高压领域延伸，井筒完整性维护面临严峻挑战。统计显示，我国塔里木盆地、四川盆地等区域的超深气井占比已达58%。然而，随着井深增加和地层压力升高，井筒完整性维护面临严峻挑战，包括管柱失效频率激增、储层伤害不可逆等。我国深层气井因管柱失效导致的非计划修井占比达62%。而在修井过程中传统工艺存在三大核心缺陷：

(1) 全管柱起出模式低效：需处理封隔器及打捞下部完井管柱，导致作业周期冗长。

(2) 固相侵入损伤储层：常规油基压井液中固相颗粒易侵入储层堵塞微裂缝，引发储层二次损伤。

(3) 工序衔接不精密：修井期间多工序转换导致累计非生产时间占比超30%。

1　超深高温高压气井修井难点

塔里木油田库车山前高压气井具有地层压力超高(≥120MPa)、埋藏超深(≥6000m)、地层温度超高(大于等于165℃)的特点，井筒、地质条件复杂。井身结构多为塔标Ⅰ、塔标Ⅱ结构，尾管以5 1/2′、7′套管为主，完井油管大多采用4 1/2′+3 1/2′+2 7/8′复合油管组合，配套井下安全阀及液压式永久封隔器，完井油管最小内径为59mm。近年来，随着气田开发的不断深入，部分井出现管柱失效、井筒堵塞、井屏障失效等情况，制约了气田的高效开发，而大修作业是解决这类问题的最根本手段。目前油管腐蚀穿孔、油管断裂失效是导致山前高压气井油套连通的主要原因，该类井大修主要存在两方面技术难题：(1)挤压井过程中固相压井液侵入地层导致地层渗透率降低，储层物性变差；(2)管柱失效方式、失效位置各不相同，且封隔器不易取出，均给原井管柱处理带来了极高的难度。

2　快速修井工艺技术

本文通过配套高密度无固相修井液体系、国产MPC机械切割、定制工具连续油管打捞、不处理封隔器及下部管柱快速完井等相关工艺技术，提出了一种超深高温高压气井快速修井工艺技术，实现了“精准干预-局部修复-闭环保护”的协同优化，并成功于山前高压气井开展现场实践，有效解决了传统修井周期冗长费用高昂的问题。

2.1　修井液配套技术

库车山前超深高温高压气井修井一般采用油基泥浆作为修井液，但由于油基泥浆中固相颗粒侵入，对储层伤害极大，后期复产效果未知。针对以上情况，库车山前首次采用高密度无固相有机盐修井液体系进行压井。该修井液体系主要由清水+甲酸钾+增溶剂+PH值调节剂(碳酸钠)配制而成，具有清洁无固相、抗高温(150℃高温老化无结晶、无沉淀)、低活度等特性，对粘土有较强的抑制能力，与地层水、环空保护液、凝胶隔离液配伍性较好，能够最大限度保护储层不受污染。该体系具有配套的增粘剂，增粘的无固相有机盐修井液抗高温性能良好，在150℃高温老化后仍具有良好的悬浮和携带能力，能够满足大修施工各工序对修井液性能的要求。同时该体系具有较低的腐蚀率，能够很好地保护钻具和套管，大修结束后可以作为环空保护液使用。

2.2 国产MPC机械切割技术

库车山前大修作业频繁，通常对封隔器以上管柱进行切割建立压井通道，实现循环压井。自2022年塔里木油田B区块B-1X井采用进口MPC机械切割技术以来，由于国内切割需求原因，国外便不再向国内油田提供此项技术。库车山前因其高温高压的地层环境，对于切割技术需要极高的适应性，前期经过反复论证与室内评价，决定采用国产MPC机械切割技术代替进口技术。

国产MPC机械切割技术通过电缆输送、CCL及伽马校深，到达井下目标位置，精确定位，靠居中支撑后，通过刀片自传、环绕管道轴线公转、由内向外持续进给完成油管切割，可切割2-7/8″-7″油管且不受井内流体介质限制。切割工具耐温175℃，耐压达140MPa能完全满足库车山前高温高压气井切割需求。该技术采用纯电动作业，对油管材料适应性强，可快速高质量切割普通油管和高强度油管，且油管切割断口规则、无胀口、无变形，可减少后期处理修鱼周期，缩短大修作业周期，节约作业费用，避免井下复杂。

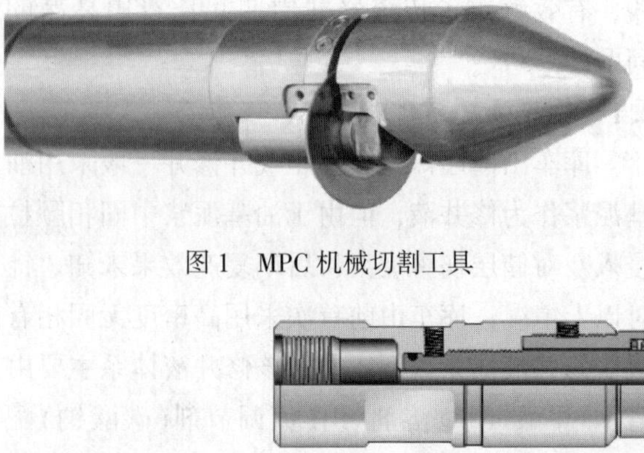

图1　MPC机械切割工具

图2　油管切割端面

2.3 连续油管打捞工艺技术

传统的打捞工艺采用电缆从油、气、水井中解卡或者回收落入井中的落鱼。电缆打捞是一种容易进行的最经济的井下打捞方法，目前，电缆打捞操作的许多工具和技术都已发展成熟。如果电缆打捞作业失败，就必须采用修井机或带压作业机进行打捞作业，捞出井中落鱼，这样会大大增加作业成本。但若是落鱼顶部存在砂埋等情况，打捞工具就无法到达位置并有效地抓住鱼头，最终导致打捞失败。与传统的电缆打捞相比，采用连续油管作业机进行打捞可以循环各种修井液体，例如清水、盐水和酸液等，这样就可以利用流体高压进行冲洗、射流或者溶解落鱼附件的岩屑、泥沙等，有利于更好地冲洗鱼顶捞获落鱼，从而缩短作业周期，降低修井成本。

连续油管作业机是移动式液压驱动的连续油管起下运输设备，其主要的功能是在连续油管作业过程中起下连续油管，使连续油管起出地面后直接缠绕在滚筒上，便于下次使用和运输。连续油管主要有7个部分组成：连续油管、防喷器组、注入头、滚筒、液压系统、供电系统和控制单元。如图3所示。

连续油管打捞作业主要用于打捞落在井下的断裂或分离的工具、断裂或分离的连续油管、断裂落井的电缆等。目前连续油管打捞作业并无成熟的配套打捞工具，大多数工具是根据井下落鱼情况专门定制的。定制工具具有较强的针对性，克服了以往的缺点并适用于连续油管打捞作业系统，连续油管打捞作业工具包括连接头、单流阀、打捞筒和打捞茅、液压断开接头、震击器、打捞马达、万向接头等。

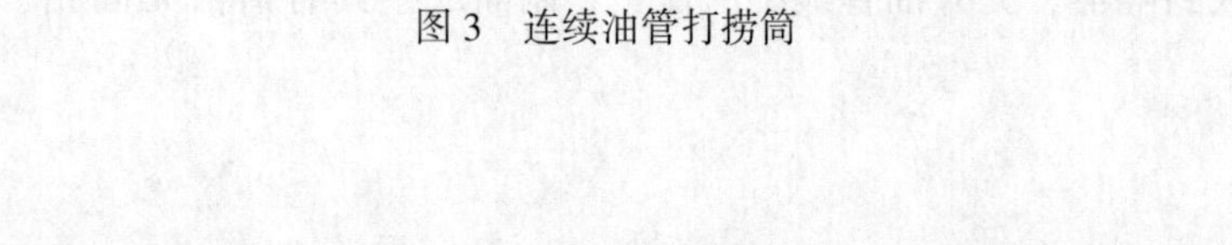

图3　连续油管打捞筒

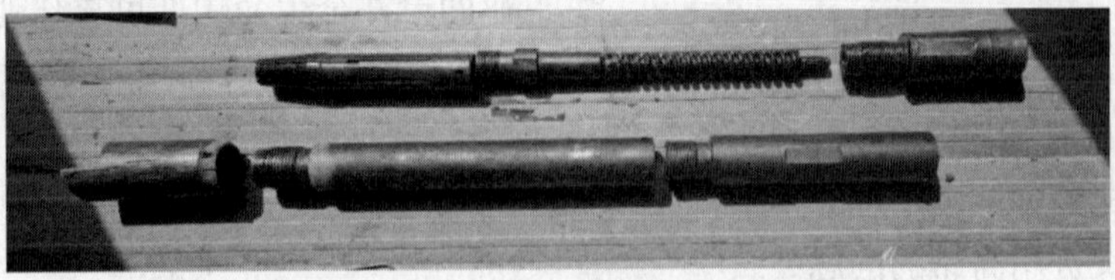

图4　连续油管打捞筒实物图

2.4　快速完井工艺技术

目前大修作业技术在处理完井管柱时通常需要打捞原井封隔器及下部管柱，而库车山前常用的封隔器为THT液压永久式封隔器，一经坐封，破坏掉上卡瓦以及胶筒是使封隔器失封的唯一手段。处理封隔器的首要目标就是先处理原井管柱至封隔器上接头，故前期管柱切割位置越接近封隔器上接头对处理封隔器越有利。早期处理THT封隔器的方法较多，如倒扣+打捞、钻磨+打捞等，实践表明这两种方式都容易将封隔器倒散或抽芯，从而导致更加复杂的打捞作业。为了避免封隔器抽芯、倒散导致更为复杂的情况，采取了快速完井工艺技术，即不处理封隔器及下部管柱，在起出封隔器上部全部切割油管后，通过精确计算完井管柱长度配置，下入"回插筒+7″THT封隔器"在原封隔器上部重新打压坐封，既满足二次完井要求，也满足后期下部管柱疏通、测井作业要求，大大降低了修井作业难度，大幅度缩短了修井作业时间与作业成本，实现了对生产管柱的快速修复工作。

3　现场应用实例

塔里木油田博孜区块BZ-××井，该井完钻井深7084.00m，原始地层压力126.27MPa，该井因井筒堵塞关井，井下情况复杂：(1)一级井屏障受损，油套连通，A环空放出可燃气体，A环空最大许可压力70.46MPa，目前压力70.8MPa，随时面临超压风险，连续油管下打铅印管柱至井深3343.6m遇阻，根据铅印痕迹判断，该处油管可能发生错断；(2)1500m电加热管缆落井，导致油压波动，且该井为裸眼完井，大压差生产情况下，地层可能出砂，井筒可能形成砂桥造成堵塞；(3)井筒上部存在蜡堵，中部存在垢堵；(4)井下安全阀失效，采气树为组合体，1#手动主阀前注脂单流阀压盖及A套左翼内侧阀手动阀阀杆盘根均发生过液体或气体外漏，井控风险极高。

针对以上问题，首先采用高密度无固相有机盐修井液配合连续油管疏通，疏通后利用电缆下入国产MPC机械切割工具对封隔器以上管柱进行切割，切割点避开油管节箍，切割井深6265m，切割后油套压力持续走平，管柱切割成功，起出切割工具后采用1.39g/cm^{3}修井液循环压井至压稳。该井下部管柱内存在1500m电加热管缆落鱼，根据落鱼情况定制卡瓦捞筒配合连续油管进行打捞，通过精细控制施工参数实现一次性打捞成功。落鱼打捞后不再对封隔器及下部管柱进行处理，于井深6275m下入易钻桥塞暂闭储层，确保完井期间井控安全。二次完井下入"回插筒+打孔筛管+投捞式堵塞器+7″THT封隔器"实现快速完井，利用电缆校深验证回插筒完全插入切割点下部油管，保证后期易钻桥塞钻塞及疏通作业要求，后期未采用储层改造获31万方/天高产。

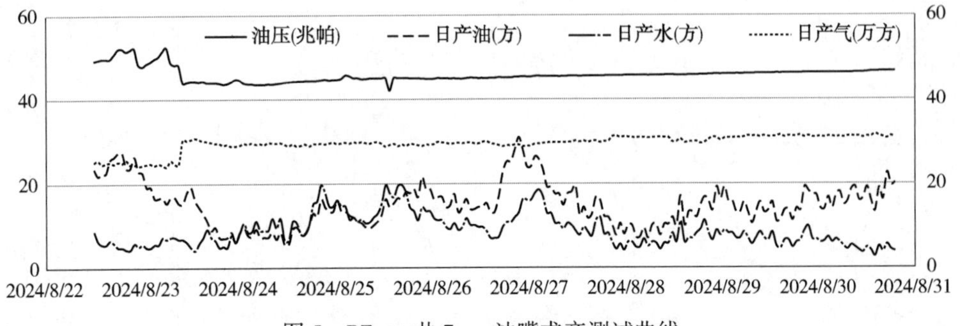

图5　BZ-××井7mm油嘴求产测试曲线

4 结论与认识

（1）攻关形成了库车山前超深高温高压气井快速修井工艺技术配套，解决了部分山前高压气井复杂大修周期冗长费用高昂的问题。

（2）高密度无固相有机盐修井液体系能有效满足压井及循环作业要求，实现修井作业中全过程储层保护，保障修井作业后复产效果，后期还可作为环空保护液节约作业成本。

（3）连续油管冲洗鱼头，定制打捞工具卡瓦捞筒配合连续油管进行打捞作业，精密控制打捞参数保障一次性打捞成功。

（4）下入“回插筒+打孔筛管+投捞式堵塞器+7″THT 封隔器”实现快速完井，既满足二次完井要求，也满足后期下部管柱疏通、测井作业要求，实现库车山前修井、完井、生产、措施作业的单井全生命周期可靠作业。

参 考 文 献

［1］刘锋．油田井下修井作业常见问题及解决策略探究［J］．中国石油和化工标准与质量，2021，41(12)：114-115.

［2］杨康，刘冬梅．塔河油田高压气井修井技术难点与对策［J］．中国西部科技，2014，13(12)：15-16+25.

［3］徐鹏海，马群，张莎，等．库车山前超深高温高压气井修井配套工艺技术［J］．天然气技术与经济，2023，17(02)：47-52+74.

［4］马圣凯．无固相压井液在深层气井修井中的应用［C］//《采油工程》第 3 卷第 4 册．大庆油田有限责任公司井下作业分公司，2013：12-14.

［5］王伟．连续油管技术在打捞解卡中的应用研究［D］．西安石油大学，2014.

精细控压排采技术在大牛地气田深部煤层气井中的应用

张兴权　赵海成　杨　丽

（中石化华北石油工程有限公司）

摘　要　大牛地气田深部煤层吸附饱和后，大量自由气游离于煤层孔隙中，大量游离气势必会改变煤层气的排采机理，使其较浅部煤层气更易于排采，大量实验证实大牛地气田深部太原组8#煤层中至今仍保存有34%的游离气含量，使得压后自喷成为一种常态。深层煤层气较致密砂岩应力敏感性可增加1.5倍以上，更需要控压生产，根据煤层气井气、水产量、压力等预测结果，依靠压裂返排软件，合理控制井口压力、保持井底回压稳定下降，是实现压后自喷且气产量稳定提升的技术方法。

关键词　大牛地气田；深部煤层气；太原组8#煤层；应力敏感性

深层煤层气精细控压排采工艺技术是针对深层煤层气开发的一种先进技术，旨在提高煤层气的采收率和开发效率，深层煤层气通常埋深较大，储层压力高，渗透率低，开发难度较大。传统的排采技术难以有效控制压力，导致采收率低。精细控压排采技术通过精确控制井底压力，优化排采过程，提高煤层气的解吸和流动效率，深层煤层气受沉积环境与储层特征差异的影响，煤层气的“吸附—解吸—扩散—渗流”过程更为复杂，无法简单套用浅部煤层气勘探开发的理论，深部煤层气含气饱和度高、富含游离气，一般在压后返排阶段即可产气，在此阶段应合理控制返排流速，以“不出砂、不出煤粉”为原则，快速返排并维持裂缝有效性；由于深部煤储层应力敏感性强，较小的应力变化都可能引起煤层渗透率变化，导致储层探测半径缩小，压降漏斗范围变小，甚至引起产层不出气，所以在排水降压提产过程中，针对不同阶段不同井型制定一井一策排采制度，整体以稳定缓慢降压为主，阶段稳产观察流压降幅，合理控制井口压力，气产量缓慢到达最大配产，该制度可以最大限度的降低排采过快导致储层的速敏效应，最大限度的扩大压降漏斗范围，为解吸气大量产出奠定基础。

1　深部煤层气储层地质特征

大牛地气田太原组8#煤埋深2416~2956m，厚度5~22m，层数1~2层，煤岩平均孔隙度4.68%，平均渗透率0.24mD，以中阶煤为主，Ro在1.2%~2.2%，平均1.6%，成煤环境复杂，导致煤岩类型多样，目前勘探开发层位为太原组太1段8号层，8号层是主力煤层，含气量16.5~26.01m³/t，游离气占比高达20%~25%。

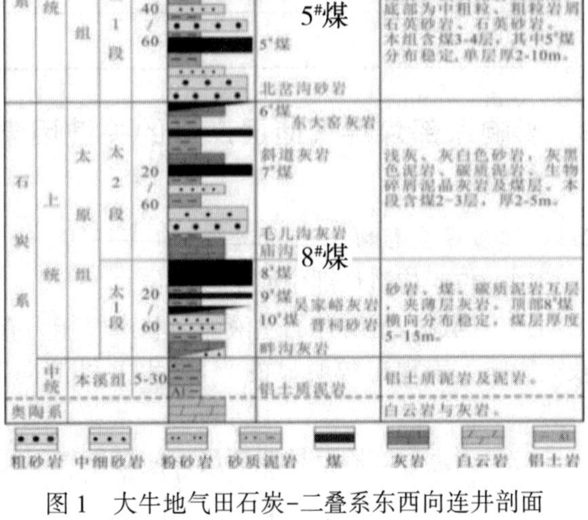

图1　大牛地气田石炭-二叠系东西向连井剖面

表 1　大牛地气田太原组 8 号层储层物性数据

太原组	8#煤
埋深/m	2416~2956
厚度/m	5~22m，平均 9.4m
层数	1-2
RO/%	1.20~2.2，平均 1.6%
孔隙度/%	0.97%~8.97%，平均 4.8%
渗透率/mD	平均 0.24mD
含气量/(m^3/t)	16.50~26.01，平均 20.74
资源量/亿方	3874.84

针对大牛地气田纵向多套煤层发育，主攻方向不明问题，聚焦 5#和 8#煤层的厚度、含气性、稳定性等基本成藏条件对比分析，优选太原组 8#煤层为勘探首攻层系，具体见表 2。

8#深层煤岩具有含气量高的特征，呈吸附和游离共聚成藏的状态，通过等温吸附、含水饱和度实验和石 1 井压后快速见气，均表明太原组 8#煤岩吸附气已饱和，富含游离气，游离气占比 25%。具体见表 3。

表 2　太原组 8#煤、山西组 5#煤地质条件对比表

	5#煤	8#煤
沉积环境	岸后泥炭沼泽微相	泻湖泥炭坪微相、潮坪泥炭坪微相
埋深/m	2400~2900	2450~2950
厚度/m	2~10m，平均 5.8m	5~22m，平均 9.4m
层数	3~5	1~2
煤体结构	以原生结构煤为主	
RO/%	1.10~1.68	1.20~2.19
孔隙度/%	0.58%~6.15%，平均 3.2%	0.97%~8.97%，平均 4.8%
含气量(m^3/t)	平均 7.81	16.50~26.01，平均 20.74
顶、底板	顶板泥岩为主，砂岩次之；底板泥岩为主	顶板以灰和泥岩为主，砂岩次之；底板泥岩
资源量(亿方)	813.22	3874.84
资源丰度(亿方/km^2)	0.41	1.93

表 3　大牛地气田煤岩含气量和等温吸附分析数据表

岩性	样品数/个	实测含气量/(m^3/t)	理论最大吸附量/(m^3/t)	吸附气饱和度/%	游离气含量/(m^3/t)	游离气占比/%
太原组煤	27	18.49	13.93	100	4.56	25
山西组煤	8	14.42	11.53	100	2.89	20
炭质泥岩	6	6.41	6.54	98		
暗色泥岩	5	1.54	1.62	95		

2　影响深部煤层气储层产量的关键因素分析

2.1　地质因素影响

(1) 位于构造低部位或下倾部位。

(2) 构造位置对井的供液能力和产气能力有较大影响，表现出较明显的“气、水差异流向”趋势。

(3) 附近存在陷落柱或断层，使煤层气不易储存。

(4) 陷落柱和断层等使煤层气不易储存。

(5) 由于陷落柱的原因，使得原本完整的地层发生遭到破坏与地下水层产生了连接。煤 层气的储集层、盖层遭到破坏，使煤层的孔隙度，渗透性发生变化，游离、吸附在煤层 中的煤层气发生解吸、扩散，使气量饱和度降低。

(6) 断层使煤层发生断裂，与别的地层相接，煤层气溢出，降低了含气饱和度，煤层气的

储集层、盖层的作用大大减小，而且断层的存在对煤层气的排采也存在一定的影响。

2.2　煤层渗透率特性的影响

渗透率大，压力就会向更深更远的地方传播，即有很大的压降漏斗，可以增大有效 渗流区的范围，而且渗流容易了，气体容易产出，产气量自然也就高了。渗透率低是我国煤层特征中较显著的。研究表明：我国煤层气产量较高的井的煤层渗透率范围为$(0.5\sim5.0)\times10^3\mu m^2$，大于或小于这个范围的，气产量不理想—偏低；煤层渗透率约在$1.0\times10^3\mu m^2$的井的产气量最高。这是由于煤层渗透率过低，不容易进行解吸渗流；而如果过高，产水量会明显的增加，不利于产气。总而言之，中国煤层大多数较致密，渗透率较低。

2.3　非连续性排采的影响

煤层气井的非连续性排采，会使液面波动，地层压力不能持续平稳的下降。非连续 性排采造成排采终止的因素有关井、卡泵、修井等，给排采效果带来很多不良影响，具 体方面如下：

(1) 地层压力变化，使被解吸出来还在煤层中的甲烷被重新吸附，容易产生气锁；压力的波动容易使裂缝闭合，影响渗透率，解吸更加困难。

(2) 压裂隙容易被水再次充填，产生水锁，阻碍气流。

(3) 因修井终止排采，敏感性储层容易受外来物质的影响，造成伤害，如果固相颗粒进入煤储层，微孔隙微裂缝受其影响，堵塞渗流通道，渗透率急剧下降，使井的产气能力大幅下降。

(4) 回压造成压力波及的范围变小，降压漏斗不能有效扩展，只有围绕在井筒附近小范围内的煤层实现了降压，少量煤层气被解吸出来；恢复排采后气产量变化不大，经过长时间排水，渐渐恢复到停排前的状态。

2.4　井底流压的影响

煤层气的产出机理决定了要使煤层气从地层中解吸出来，只有降低井底流压到解吸压力以下才行。较低的井底流压，有利于增加气的解吸速度和解吸气体量。

在解吸产气初期，井底流压下降快，但产气量增长缓慢，这是由于产气初期压力传 播较慢，压降漏斗范围较小，波及的煤层气解吸区域范围有限，影响了产气量。随着井 底流压的不断下降，压降漏斗的范围逐渐扩大，这时即使降低很小的井底流压都能大幅 度增加煤层气的产气量。

我国的煤储层压力系数一般较低，地解比也不高，为了获得更高的产气量，人们开始将排水设备的吸液口接近煤层来降低井底流压，更甚至于进行负压排采。但事实表明，某些煤层生产压差到达一定值后，再继续降低井底流压，产气量不但不增反而会急剧下。

但是深部煤储层地质特征有别于浅层煤层气，与浅部煤储层相比，深部煤储层具有较高的地应力、地层流体压力和地层温度。与常规游离天然气相比，深部煤层气一方面呈吸附态赋存且在开采时需要经历解吸过程，另一方面煤层气的吸附与解吸特性更为明显地受到地层压力与地层温度的控制。地应力状态随埋深而发生的转换及其与地层温度的耦合关系，决定了深部与浅部的煤储层工程力学性质有所不同，进而影响到深部煤储层的渗透性、改造方式与改造效果，生产过程中，随着水的不断排出，储层压力逐渐下降，渗透率也在不断的变化着，这是因为受到 Klingenberg 效应、基质收缩及有效应力的综合影响而引起的。研究表明，压力高的时候，渗透率的变化，是由有效应力引起的，当压力降低，渗透率也随之降低；当到达一定值时，每一个单位压力的下降，都会引起更多的煤层解吸气量的产生，加大基质收缩率，这个期间，主要是基质收缩的影响，渗透率增大；压力继续下降，这时主要受 Klingenberg 效应的影响，渗透率迅速增大。渗透率大，压力就会向更深更远的地方传播，即有很大的压降漏斗，可以增大有效渗流区的范围，而且渗流容易了，气体容易产出，产气量自然也就高了。煤储层深度与压力关系、渗透率与地应力关系如图 2、3 所示。

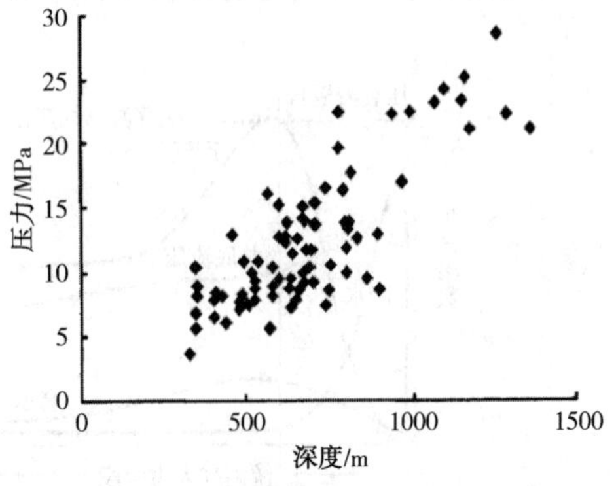

图 2　深部煤储层深度与地应力关系

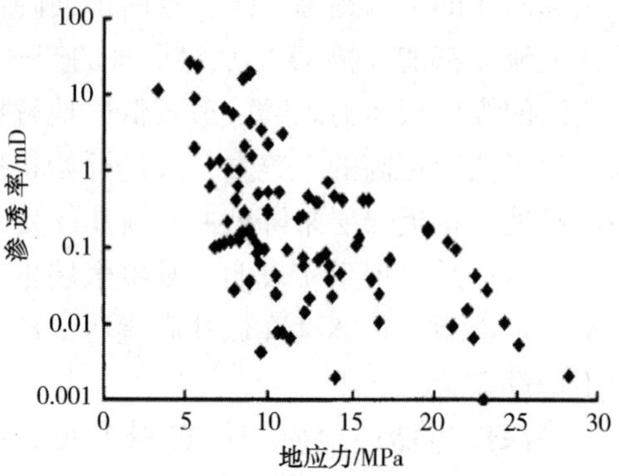

图 3　煤储层地应力与渗透率关系

深部煤层气"临界深度"是一种状态。这种状态可表征为地应力状态、地层温度状态及煤储层状态的函数，前两者是影响深部煤储层特性的外在地质因素，后者属于内在地质因素。这种函数关系，一是涉及到深部煤层含气量的高低，涵盖内在因素与煤层吸附性之间的成因联系；二是影响到煤储层渗流与可改造性特征，关联着外在因素与煤层气解吸—扩散—渗流—产出特点。这两个方面的耦合，决定了深部煤储层地质条件有别于浅部的特殊性。深部煤储层地质条件特殊性起源于两个根本因素：(1)较高的地应力；(2)较高的地层温度。前一因素使得深部煤储层具有更强的应力敏感性，造成深部煤储层孔渗性恶化；后一因素导致深部煤储层具有更强的温度敏感性，使得深部煤储层吸附性减弱。两个因素耦合作用的结果，造就了较高地层压力和温度条件下的煤岩力学性质和含气状态，进而控制了深部煤储层的地球物理探测响应、含气系统以及煤层气开采可行性。

3　深部煤层气井排水采气的原理

3.1　煤层气产出原理

煤层气井的生产就是通过排放煤岩储层中的地层水，使煤岩储层压力降低，使吸附在煤岩储层中煤层气解吸释放出来。煤层气的生产是通过对煤岩储层的排水降压实现的，也是目前人们可以采用的相对较经济实惠的方法。煤层气生产的关键是有效降低煤岩储层压力，顺利的解吸煤层气。

解吸后的煤层气在压力差作用下，通过煤层的孔隙和裂缝向井筒渗流。多级控压排采技术通过控制井底压力变化，调整煤层内的压力梯度，使煤层气渗流更顺畅。在不同排采阶段，合理控制压力梯度，避免压力变化过快导致煤层裂缝闭合或煤粉堵塞，维持良好的渗流通道，保证煤层气能高效流向井筒，生产井工作前，地层处于平衡状态，地层中的水是静止的，排采井筒中液柱的高度反应了地层的压力，这时没有压力差。生产井开始工作，向地表排水，井筒中的液面高度降低，使得生产井的井筒和地层之间产生了一个压差，压差的存在使本来静止的地下水流动起来，煤层远处高压区的地下水不断地涌入压力低的井筒内，水的流动不断向远处传播，使得地层压力下降的趋势也向外传递，逐渐形成了一个井筒为中心的压降漏斗，随着生产的持续，它在水平方向和垂直方向都得到了发展。当产出水量和地层的补给量相同时，压降漏斗趋于平衡，停止向外扩张，压力恢复平衡，地层又处于稳定状态，煤层气解吸停止。为保证煤层气连续解吸，必须保持井底压力低于煤层气解吸压力。

大牛地气田深部煤层气目前主要压裂层位太原组 8#煤层，压后首先压裂返排液返出，然后地层水伴随游离气产出，随着井底流压降低，达到临界解吸压力后吸附气开始解吸，解析出来煤层气慢慢聚集在一起形成气流，流到裂缝中，最后随着裂缝流向井筒，煤层气产出曲线如图 4 所示。

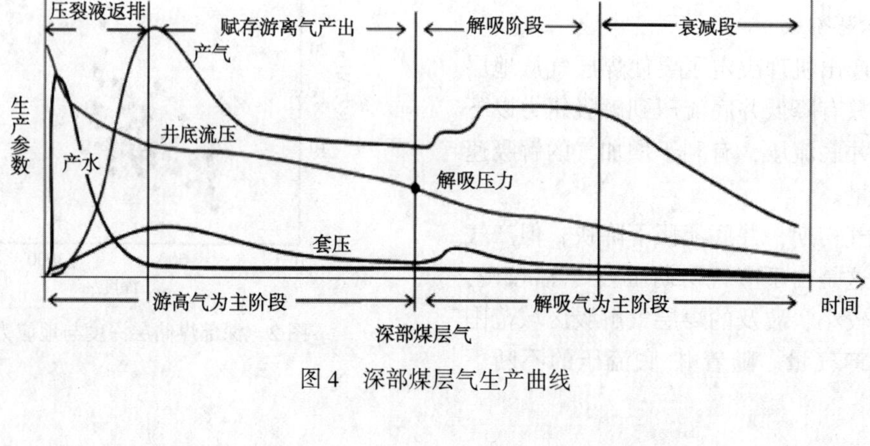

图 4　深部煤层气生产曲线

3.2 精细控压排采原理

控制井底压力变化，调整煤层内的压力梯度，使煤层气渗流更顺畅。在不同排采阶段，合理控制压力梯度，避免压力变化过快导致煤层裂缝闭合或煤粉堵塞，维持良好的渗流通道，保证煤层气能高效流向井筒。该技术主要是通过调节井口压力和排采速度，保持井底压力在最佳范围内，促进煤层气的解吸和流动。

同时根据煤层气储层的特点，将排采过程分为多个阶段，每个阶段采用不同的压力控制方法，逐步释放煤层气。

3.3 控砂不控粉排采技术

在排采过程中，通过合理控制排采参数和采用相应的工艺措施，允许煤粉随着流体排出井筒，而对支撑剂等砂粒进行有效控制，防止其堵塞井筒和渗流通道。在排液和快速上产阶段采用光套管生产，在自喷生产阶段下入生产管柱采用控压连续、稳定排采，以实现深层煤层气的高效、稳定产出。

应用井采用“控砂不控粉”排采理念，实现了单井最高日产气量超 $10.4\times10^4m^3$，稳产时间超 1 年，平均稳产气量 $6.3\times10^4m^3/d$。

3.4 井底流压的有效控制

深部煤层气的产出机理首先是煤层中的游离气和地层水产出，随着压力的降低吸附气开始解吸出来，为了保证煤层气井连续不断的产出，就必须使煤层中吸附气源源不断的从地层中解吸出来，也只有降低井底流压到解吸压力以下才行。较低的井底流压，有利于增加气的解吸速度和解吸气体量，在解吸产气初期，井底流压下降快，但产气量增长缓慢，这是由于产气初期压力传播较慢，压降漏斗范围较小，波及的煤层气解吸区域范围有限，影响了产气量。随着井底流压的不断下降，压降漏斗的范围逐渐扩大，这时即使降低很小的井底流压都能大幅度增加煤层气的产气量。

精细控压排采技术通过压力精准调控、分阶段管理及智能化装备，有效解决了深层煤层气开发中的低渗、高压、易出砂等难题，显著提升了单井产量和资源采收率。

大牛地气田煤储层压力系数较低，为了获得更高的产气量，初期误解井底流压降到解吸压力以下越多越好，更甚至于进行负压排采，结果由于煤储层具有压力敏感性和温度敏感性，造成煤储层产气锐减，甚至停产，通过生产事实表明，煤层井生产压差到达一定值后，再继续降低井底流压，产气量不但不增反而会急剧下降降。分析井底压力降到一定程度，由于煤层的渗透率低，无法将压力传递到更远煤层。而且井筒附近煤层压力过低，增加了有效应力，容易引起煤粉运移，堵塞空隙，局部煤层的渗透率会因此下降，影响产气量，产气高峰期缩短，气体的采收率受到影响。为了延长煤层的产气高峰，井底流压要平稳下降，维持一定的井底回压；为了保持产气流量的平稳，进行排采时一定要谨慎，井底流压降到临界解吸压力以下时，要随时留意液面变化，及时的调整排采速度，控制生产压差，延长产气高峰期。

4 典型实例应用(××井)

4.1 ××井基本情况

××井是部署在某盆地的一口深层煤层气风险水平探井，完钻井深 4090m，完钻层位太 1 段。实钻水平段总长度为 1030m，钻遇具有全烃显示的煤岩总长度为 854.0m，占水平段总长度的 82.91%。导眼段太 1 段主煤层深度为 2873.60~2883.50m，视厚度 9.9m。采用三级井深结构 51/2“套管固井完井。

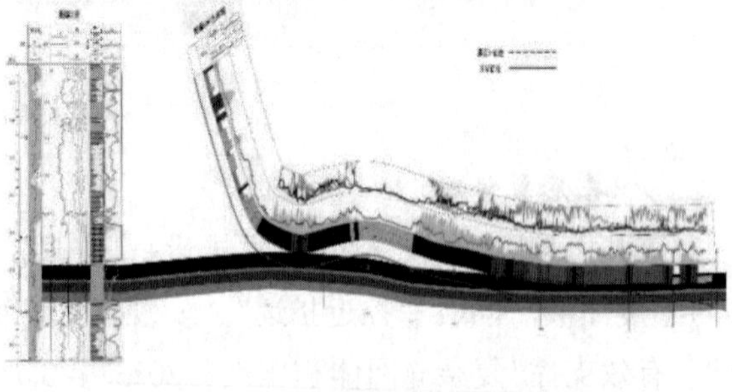

图 5　××井水平段实钻轨迹图

通过该导眼井系统的含气量测试与岩心描述分析工作，表明 8#煤岩顶部光亮煤含气性高、强度较大，利于水平段成井，优选距顶部 4.5m 的光亮煤为入靶点，靶窗 1m，如图 7、8 所示。

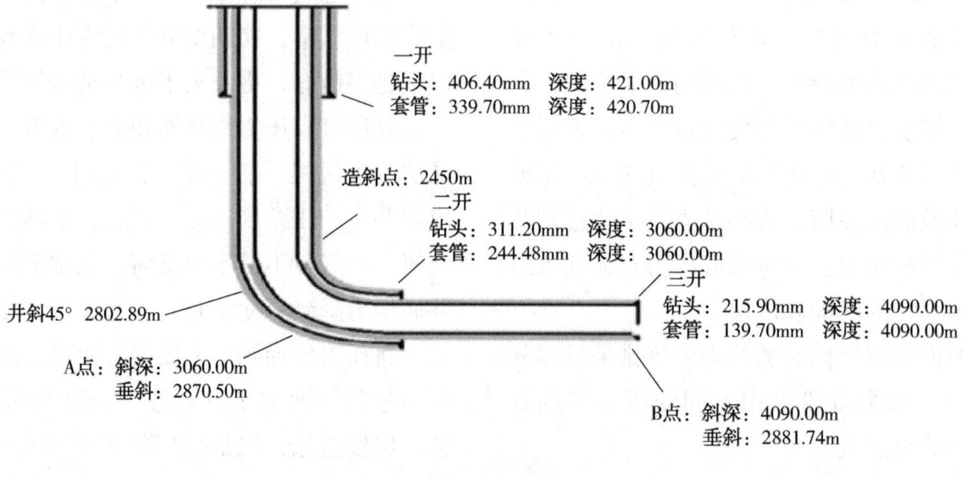

图 6　××井井身结构示意图

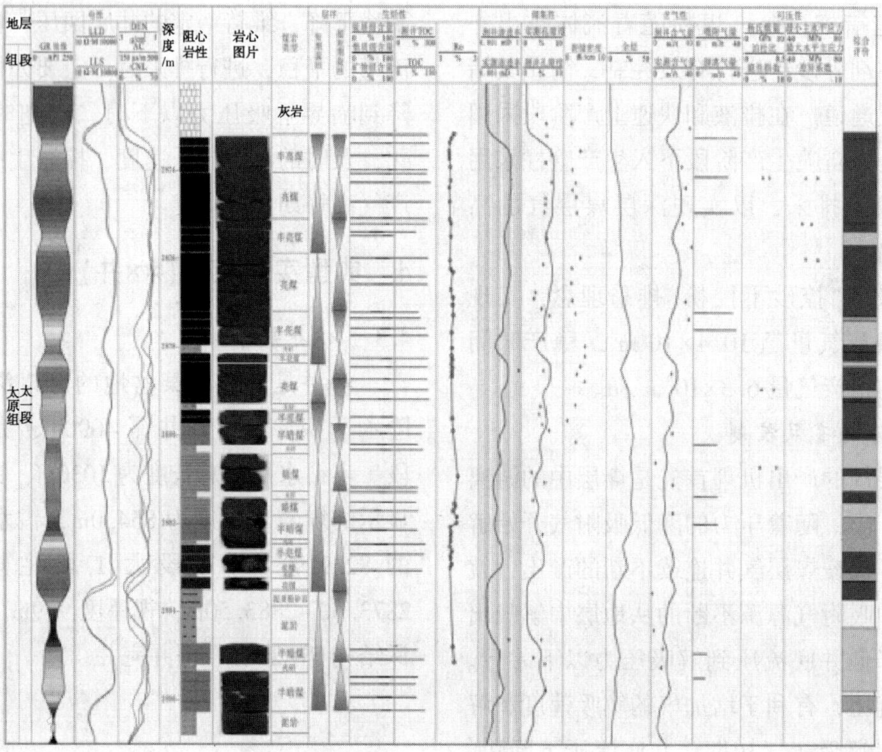

图 7　××井太原组 8#煤单井综合柱状图

4.2　××井压裂情况

该井压裂以“多簇密切割+大排量+高强度加砂+适度注液”模式，“控近扩远”，实现“饱和加砂、有效支撑”复杂缝网体积压裂，2023 年 3 月 14 日开始压裂至 3 月 24 日历经 10 天完成了 13 段 33 簇压裂施工，累计入地液量 55137m^3，用液强度 57.43m^3/m；加砂 6614m^3，平均单段砂量 508.8m^3，平均综合砂液比 12.1%，加砂强度 6.89m^3/m，施工压力 63～87MPa，停泵压力 35.6～65.2MPa，排量 14～22.5m^3/min。压裂施工曲线如图 9 所示。

4.3　××井压后精细控压排采情况

(1) 排采过程

2023 年 3 月 29 日 8：00～4 月 30 日××井出气后导入试气流程，点火可燃，放喷排液，分别采用 3、5、8、10、15mm 油嘴控制及敞放精细控压放喷排液，气产量 4276～104327m^3/d 之间波动，累计产气量 1727107m^3，累计排液量 12035.7m^3，返排率 22.79%。

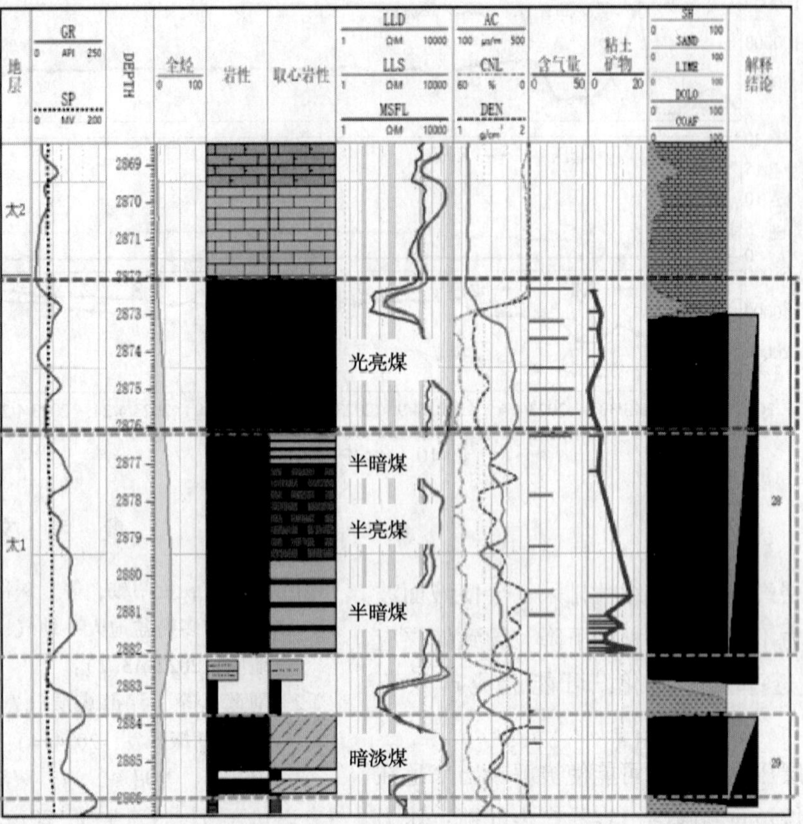

图 8　××井导眼段太原组 8#煤层综合柱状图

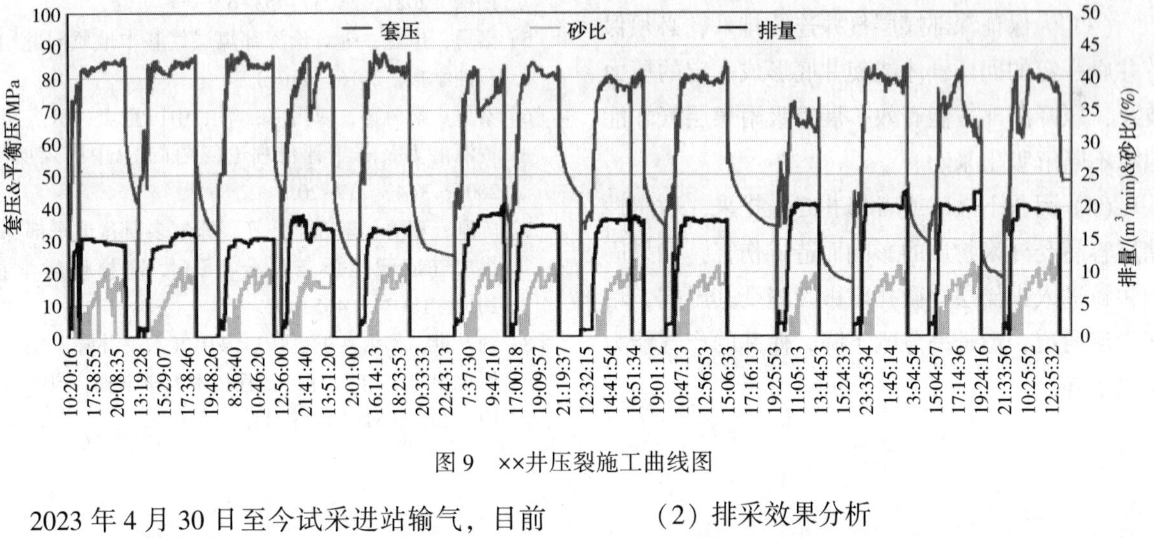

图 9　××井压裂施工曲线图

2023 年 4 月 30 日至今试采进站输气，目前采用 5mm 油嘴控制放喷排液，油压 6.48～6.61～6.38MPa，套压 8.72～8.73MPa，平均上流压力 0.37MPa，平均上流温度 18℃，折算日气产量 27141m^3/d，当天产气量 27141m^3，累计进站输气量 26301538m^3，累计总产气 30022382m^3，当天排液 4.3m^3，压后累计总排液 35339.6m^3，返排率 63.78%。排采曲线如图 10 所示。

（2）排采效果分析

由于煤储层的压力敏感性，××井压后为保证井底流压稳定变化，没有像致密砂岩一样在压后地层闭合后即采用放大油嘴快速排液的方法排液，而是采用 3-6-8-10-12-15mm 油嘴及敞放排液，从图 8 可以看出井底流压平稳下降，维持了一定的井底回压，避免了由于井底流压的突然变化导致储层应力敏感，影响气产量的情况发生。

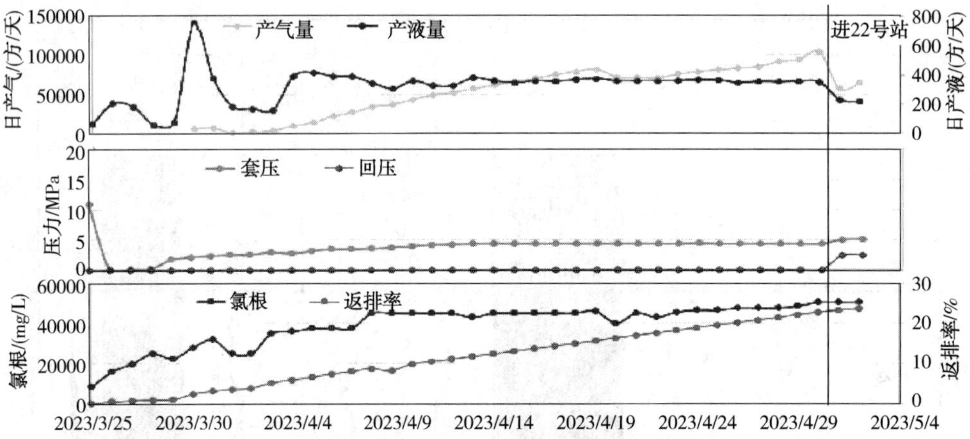

图 10 ××井排采曲线图

5 结论

(1) 煤层气井的非连续性排采，会使液面波动，地层压力不能持续平稳的下降，导致储层应力敏感，渗透率发生变化，可能造成产层不出气。

(2) 地层压力变化，可能使被解吸出来还在煤层中的甲烷被重新吸附，容易产生气锁；压力的波动容易使裂缝闭合，影响渗透率，解吸更加困难。

(3) 为保证深部煤层气井连续排采，必须保持井底一定的回压，才能使井底形成一定的压力波及，压降漏斗才能有效扩展，吸附煤层气才能源源不断解吸出来。

(4) 因井下故障或者修井终止排采，敏感性储层容易受外来物质的影响而造成伤害，如果固相颗粒进入煤储层，微孔隙微裂缝受其影响，堵塞渗流通道，渗透率急剧下降，使井的产气能力大幅下降。

参 考 文 献

[1] 何发岐，董昭雄，等. 深部煤层气资源开发潜力—以鄂尔多斯盆地大牛地气田为例[J]. 石油与天然气地质，2022. 43(2)：

[2] 刘蕊，等. 深部煤层气富集规律与开发对策研究[J]. 勘探开发，2024(4)：

[3] 李辛子，姜昭琛，等. 深部煤层气勘探开发进展与研究[J]. 煤炭学报，2016，41(1)：24. 3.

[4] 米立军，朱光辉，等. 鄂尔多斯盆地东北缘临兴一神府致密气田成藏质特征及勘探突破[J]. 中国石油勘探，2021，26(3)：53-67.

[5] 秦勇，申建，等. 论深部煤层气基本地质问题[J]. 石油学报，2016，36(1).

[6] 秦勇. 桑树勋，傅雪海，等. 中国重点矿区煤层气资源潜力及若干评价理论问题[J]. 中国煤层气，2006，3(4)：17-20.

[7] 陈刚，秦勇，李五忠，等. 鄂尔多斯盆地东部深层煤层气成藏地质条件分析[J]. 高校地质学报，2012，18(3)：465-473.

[8] 刘升贵，郝耐，王建强. 煤层气水平井降压漏斗扩展规律研究[J]. 辽宁工程技术大学学报：自然科学版，2012，31(1)：8-11.

非常规气举在超深裂缝孔洞型碳酸盐岩油藏提采中的研究与应用

王　冲[1,2,3]　刘加元[1,2,3]　陈　文[1,2,3]　李红波[1,2,3]　徐乐乐[1,2,3]
曹建洪[1,2,3]　陈　军[1,2,3]　缪津津[1,2,3]　贾欢欢[1,2,3]

（1. 中国石油塔里木油田公司；2. 中国石油天然气集团有限公司；
3. 新疆维吾尔自治区超深层复杂油气藏勘探开发工程研究中心）

摘　要　裂缝孔洞型碳酸盐岩油藏注水替油效果差，注水后油水置换慢甚至不置换，该类油藏自喷期结束后转机械采油生产效果较好，通过放大生产压差能够扩大参与供液的孔洞系统范围，延长低压稳产期。对于超深裂缝孔洞型碳酸盐岩油藏，气举采油具有较好的适应性。针对裂缝孔洞型碳酸盐岩油藏原有气举管柱气举阀下深无法满足进一步增加气举深度提高采收率的问题，提出在气举阀以下合理深度过油管穿孔的加深气举新方法，实现了不动管柱低成本提高采收率。

关键词　非常规气举；加深气举；超深层；裂缝孔洞型碳酸盐岩油藏；提高采收率

近年来，塔里木盆地深层-超深层碳酸盐岩领域不断获得重大油气勘探突破，目前已成为中国最大的超深层油气生产基地。塔里木盆地的碳酸盐岩油气藏具有地层古老、埋藏超深、储层非均质性强以及油气水关系复杂等特点，基质孔隙贡献小，次生溶蚀缝洞、洞穴是主要的储集空间，属于典型的缝洞型碳酸盐岩油气藏，储层类型主要为洞穴型和裂缝孔洞型。

目前，缝洞型碳酸盐岩油藏主要采取衰竭式开发，初期自喷采油，停喷后进行注水替油或转气举生产。洞穴型碳酸盐岩油藏通过注水替油可以提高采收率，而裂缝孔洞型碳酸盐岩油藏注水后油水重力分异困难，注水替油效果差，因此一般采取自喷结束后转气举采油的方式进行开发。裂缝孔洞型碳酸盐岩油藏转气举生产效果较好，但是气举生产后期会出现液面不足的问题，原有的气举管柱气举阀下深有限，无法进一步增加气举深度提高弹性采收率，通过注水替油恢复液面存在油水难置换的问题，通过更换气举管柱增加气举阀下深又存在作业成本高和压井液污染地层等问题。针对裂缝孔洞型碳酸盐岩油藏开发中存在的问题，提出在气举阀以下深度过油管穿孔增加气举深度的加深气举新方法，实现了不动管柱低成本提高采收率，现场应用增产效果显著，可为同类型碳酸盐岩油藏开发提供借鉴。

1　开发特征及存在问题

碳酸盐岩储层按照储集空间可分为基质孔隙、溶蚀孔洞、裂缝和洞穴四个大类，其中，洞穴是指洞径大于 20mm 的中洞、大洞和巨洞；溶蚀孔洞是指以洞径 2～20mm 的小洞和<0.01～2mm 的大孔、中孔、小孔组成；直径小于 0.01mm 的孔隙排驱压力高，为非储集层。塔里木盆地缝洞型碳酸盐岩储层基质孔隙贡献小，纯裂缝性储层较少，储层类型主要是裂缝孔洞型和洞穴型。裂缝孔洞型储层以溶蚀孔洞为主要的储集空间，裂缝是流体渗滤的主要通道，起到沟通孔洞的作用。

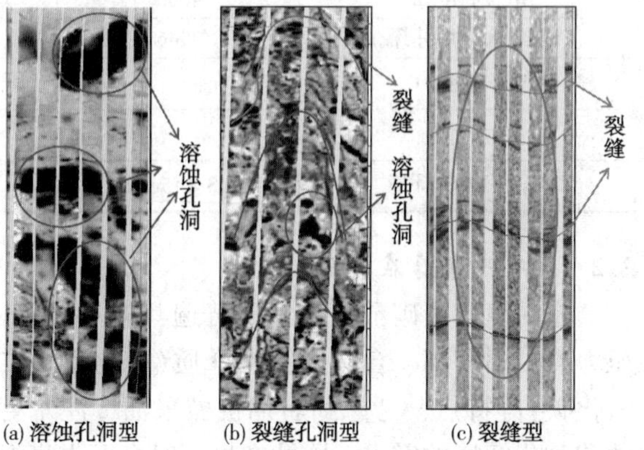

图 1　碳酸盐岩成像测井孔、缝定性识别图版

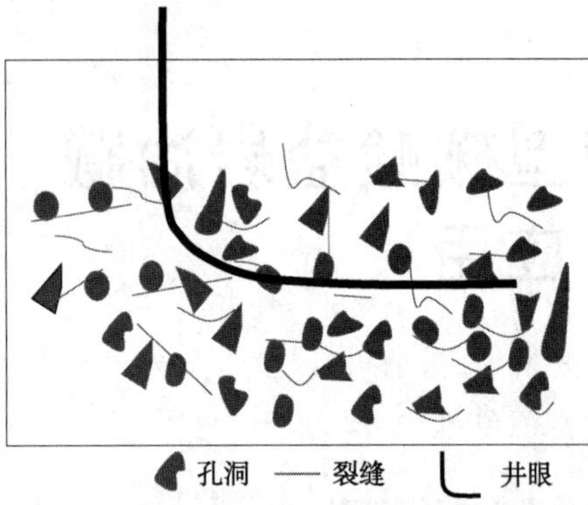

图 2　裂缝孔洞型油藏模式图

裂缝孔洞型碳酸盐岩油藏主要的开发特征有：(1)钻井时无放空，漏失量小(一般小于 $200m^3$)；(2)若进行酸压改造沟通储层，酸压曲线常表现为停泵压力较高，停泵压降曲线呈快速下降或缓慢下降型，残酸返排率较高，一般为 10%~50%；(3)试井解释地层系数较小(一般小于 2000mD. m)；(4)投产后油压下降快，产量递减快；(5)自喷采油期短；(6)停喷后转机械采油，机械采油期一般较长；(7)注水替油效果差，注水后油水置换慢甚至不置换。

裂缝孔洞型油藏孔洞是主要的储集空间，裂缝是主要的渗流通道，且起到沟通孔洞的作用。裂缝孔洞型储层类似于裂缝性砂岩油藏，储层具有连片发育特征，同时高渗透的裂缝也十分发育。裂缝渗透率是孔洞渗透率的几十到几百倍，导致注水替油或者注水驱油时注入水会沿裂缝水窜。裂缝系统主要依靠注水压力梯度驱油，而孔洞系统主要依靠毛管力作用使裂缝中的水进入孔洞系统渗吸排油，由此导致注水时注入水沿裂缝对井底附近的原油产生驱替作用，剩余油被推向边部或者被水相分割封存在孔洞内，油水置换慢。

因此，对于裂缝孔洞型碳酸盐岩油藏自喷期结束后，一般不会选择注水替油，而是转机械采油(转抽或转气举采油)，通过进一步降低地层压力，释放油藏弹性产能，提高一次采收率。

2　非常规气举提高采收率技术

2.1　气举提高采收率原理

在地层压力下降到泡点压力以前，为油藏的弹性驱动阶段，若要提高弹性驱动油藏的采出程度，最直接的办法就是降低地层压力。

$$R=\frac{B_{oi}c_{eff}}{B_o}(p_i-p)(p\geqslant p_b) \tag{1}$$

式中，R 为油藏采出程度，fraction；p_i 为原始地层压力，MPa；p 为目前地层压力，MPa；B_{oi} 为原始地层压力下的原油体积系数，dless；B_o 为目前地层压力下的原油体积系数，dless；c_{eff} 为油藏的有效压缩系数，MPa^{-1}；

式 1 表明，要提高裂缝孔洞型油藏的采收率，应尽可能的降低地层压力，可通过机械采油的方法降低地层压力提高采收率。

现阶段机械采油技术的主要指标见表 1，综合对比表明，气举采油适用于超深裂缝孔洞型油藏自喷后转机械采油，气举采油技术举升高度最大、应用井深最深，可最大限度降低地层压力，从而提高一次采收率。随着高充氮压力气举阀、高抗硫整体式气举工作筒的研发，气举技术的应用深度会继续提升，在超深油气藏的降压开发和排水采气过程中的应用前景广阔。

表 1　现阶段机械采油技术主要指标

工艺项目	柱塞举升	气举	机抽	电潜泵	射流泵
排液量/(m^3/d)	30	1000	100	1000	300
举升高度/m	4000	理论上无限制	2500	4000	3500
目前最大应用井深/m	4946	7100	2500	4050	3000
工作温度/℃	不受限				
斜井	适宜		受限		适宜
H_2S 和 CO_2 环境	$H_2S\leqslant 15g/m^3$	适宜	受限	较差	

2.2　现有气举存在问题

超深缝洞型碳酸盐岩油藏普遍具有埋藏深、压力高、温度高、含有腐蚀性介质(硫化氢、二氧化碳)等特点，考虑到后期机械采油、注水替油和酸化解堵的需求，因此在投产时会下入高温高压含硫井气举采油注水一体化管柱(图 3)，以满足后期生产的需求。

利用气举管柱进行气举采油时气体从油套环空注入，逐渐推动油套环空液面降至最后一级气举阀。套管内压力降低，存在套管被挤毁的风险，并且气举阀下深越大，套管掏空深度越大，套管越危险，因此会设定气举阀最大下深对套管强度进行校核。此外，考虑到投产初期地层压力较高，为保证井筒完整性，防止因气举阀失效导致油套连通，导致套管抗内压失效，因此投产时下入的气举管柱气举阀最大下深也受到限制，一般都小于4000m。

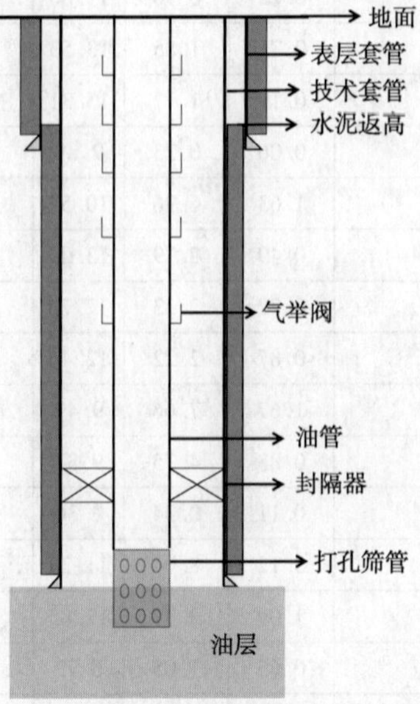

图3　气举阀管柱及井身结构示意图

裂缝孔洞型碳酸盐岩油藏具有油压下降快、转气举后能够低压稳产的特点，气举期生产天数是自喷期生产天数的4.8倍，气举期产油量是自喷期产油量的4.0倍，分析认为这是由于转气举生产放大了生产压差，扩大了参与供液的孔洞系统范围，表现为转气举生产后裂缝孔洞型碳酸盐岩油藏动态储量呈现增大的趋势，统计表明塔中Ⅰ号气田的裂缝孔洞型油藏单元转气举生产后平均动态储量增幅达18.59%(表2)。并且随着气举深度(气举阀最大下深)增加，地层压力降的越低，气举生产期越长，气举阶段累产越高，提高采收率幅度越大(图4~图7)。因此，气举阀下深越大，裂缝孔洞型碳酸盐岩油藏转气举生产效果越好。

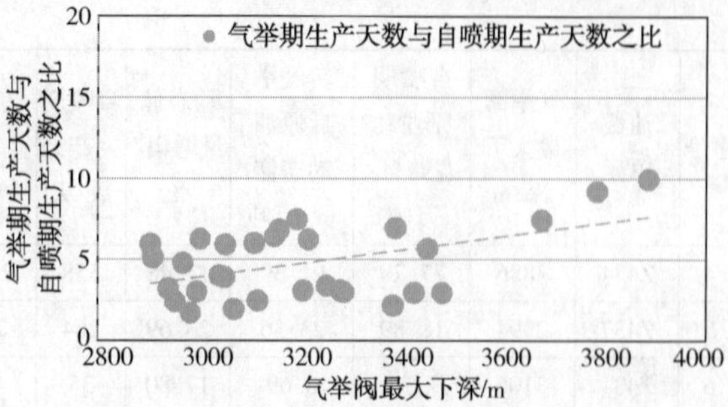

图4　气举阀最大下深与气举期生产天数自喷期生产天数之比关系散点图

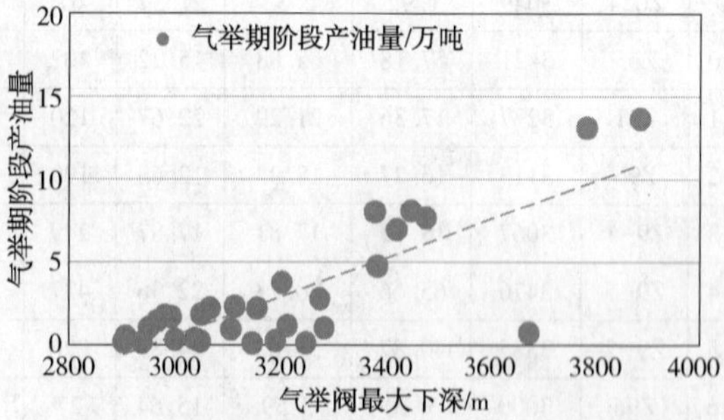

图5　气举阀最大下深与气举期阶段产油量关系散点图

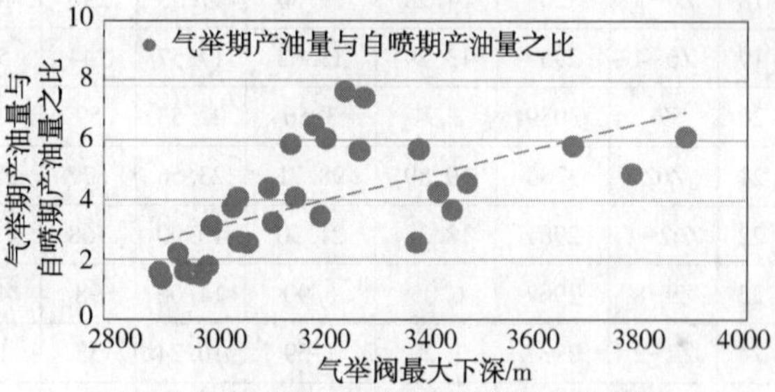

图6　气举阀最大下深与气举期产油量与自喷期产油量之比关系散点图

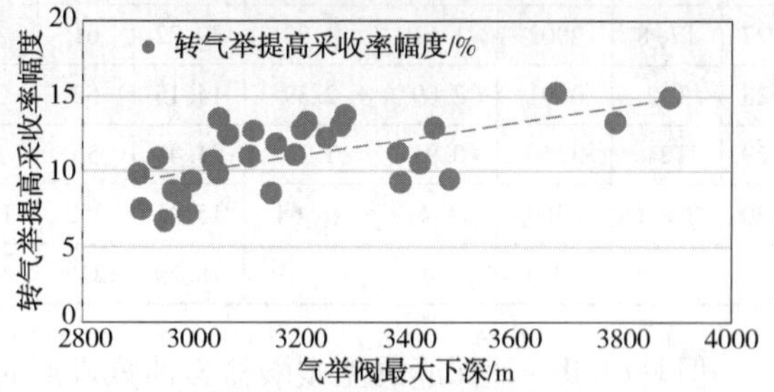

图7　气举阀最大下深与转气举提高采收率幅度关系散点图

表2　塔中Ⅰ号气田裂缝孔洞型油藏单元自喷期与气举期生产情况对比

序号	油藏单元	气举阀最大下深/m	自喷期原油动态储量/万吨	转气举后原油动态储量/万吨	动态储量增幅/%	自喷期生产天数/天	气举期生产天数/天	气举期生产天数与自喷期生产天数之比/无因次	自喷期阶段产油/万吨	气举期阶段产油/万吨	气举提高采收率/%	气举期产油量与自喷期产油量之比/无因次
1	Z621	3447	55.82	62.65	12.24	541	3061	5.7	2.21	8.10	12.93	3.7
2	Z222	3176	4.31	4.86	12.75	69	890	12.9	0.13	0.74	15.24	5.8
3	Z432	3156	15.11	18.66	23.48	149	1290	8.6	0.54	2.21	11.87	4.1

续表

序号	油藏单元	气举阀最大下深/m	自喷期原油动态储量/万吨	转气举后原油动态储量/万吨	动态储量增幅/%	自喷期生产天数/天	气举期生产天数/天	气举期生产天数与自喷期生产天数之比/无因次	自喷期阶段产油/万吨	气举期阶段产油/万吨	气举提高采收率/%	气举期产油量与自喷期产油量之比/无因次
4	Z434	3886	77.79	91.39	17.48	558	2569	4.6	2.23	13.65	14.94	6.1
5	Z437	2994	18.89	23.36	23.69	264	793	3.0	0.95	1.69	7.23	1.8
6	Z431	3106	7.38	8.69	17.80	35	450	12.9	0.22	0.96	11.00	4.4
7	Z452	3050	11.31	13.70	21.14	180	1063	5.9	0.71	1.85	13.53	2.6
8	Z60	3214	7.34	8.77	19.49	140	871	6.2	0.19	1.17	13.31	6.1
9	Z624	3049	1.92	2.33	21.57	67	261	3.9	0.06	0.23	9.89	4.1
10	Z65	3421	57.18	65.88	15.22	402	1187	3.0	1.63	6.96	10.57	4.3
11	Z21	3277	17.36	21.29	22.67	120	372	3.1	0.49	2.79	13.09	5.7
12	Z96	3113	16.27	18.33	12.63	199	489	2.5	0.72	2.33	12.70	3.3
13	Z9-1	3067	15.11	17.81	17.87	249	482	1.9	0.87	2.22	12.46	2.6
14	Z9-5	3476	65.66	80.73	22.96	427	1256	2.9	1.67	7.66	9.49	4.6
15	Z9-2	3385	40.87	51.03	24.87	226	1563	6.9	0.83	4.75	9.31	5.7
16	Z96	3000	3.10	3.59	15.64	27	172	6.3	0.11	0.34	9.36	3.1
17	Z6-2	3380	57.12	71.26	24.75	975	2105	2.2	3.12	8.04	11.28	2.6
18	Z6-3	3203	24.98	29.36	17.53	290	892	3.1	1.09	3.77	12.85	3.5
19	Z6-4	2950	13.29	15.62	17.57	244	588	2.4	0.65	1.05	6.72	1.6
20	Z6	3039	2.91	3.56	22.53	59	236	4.0	0.10	0.38	10.68	3.8
21	Z62	3785	79.89	98.71	23.56	677	2378	3.5	2.69	13.11	13.29	4.9
22	Z62-1	2981	18.38	21.30	15.90	768	1306	1.7	1.22	1.79	8.40	1.5
23	Z9-8	2907	6.05	6.90	14.06	98	499	5.1	0.38	0.52	7.52	1.4
24	Z2-2	2937	1.20	1.39	16.24	33	106	3.2	0.07	0.15	10.88	2.2
25	T63-1	3286	6.34	7.51	18.46	97	290	3.0	0.14	1.03	13.77	7.4
26	T7-3	3147	1.22	1.39	14.39	35	289	8.3	0.02	0.12	8.57	5.9
27	T7-8	2902	1.61	1.93	20.22	61	362	5.9	0.12	0.19	9.84	1.6
28	T22	3191	2.09	2.39	14.15	52	388	7.5	0.04	0.27	11.11	6.5
29	T24	3250	0.91	1.11	21.48	55	186	3.4	0.02	0.14	12.25	7.6
30	T2-1	2966	14.41	16.64	15.45	252	1201	4.8	0.95	1.45	8.71	1.5
平均					18.59	245	920	4.9	0.81	2.99	11.09	4.0

但是由于受超深缝洞型碳酸盐岩油藏投产时下入的气举管柱气举阀下深限制，气举生产后期面临液面不足后，无法通过进一步增加气举深度进一步提高采收率，而通过更换气举管柱增加气举阀下深又存在作业成本高和裂缝孔洞型储层易受压井液污染导致作业后无产能等问题。

2.3 非常规气举提高采收率原理

针对裂缝孔洞型碳酸盐岩油藏气举后期气举深度无法进一步增加的问题，提出了在原有气举管柱气举阀以下一定深度进行油管穿孔，进一步增加气举深度的加深气举提高采收率的新方法(图8)。

该方法的主要依据和原理如下：(1)裂缝孔洞型碳酸盐岩油藏注水替油效果差，若气举举空后直接进行注水替油存在油水置换难、液面恢复慢的问题，因此不推荐先注水；(2)气举阀以下过油管穿孔加深气举可以进一步降低地层压力，提高采收率，理论上穿孔深度越深，提高采收率的幅度越大；(3)气举阀以下过油管穿孔需考虑气举生产时气举气不能从原气举管柱最后一级气举阀处进入引起的注气“短路”问题，油管穿孔深度越大，井口套压将越高，最后一级气举阀提前打开的风险就越大，因此油管穿孔的深度存在上限；(4)需考虑加深气举后，掏空深度增加引起的套管被挤毁风险，过油管穿孔深度需通过管柱强度校核进行约束。

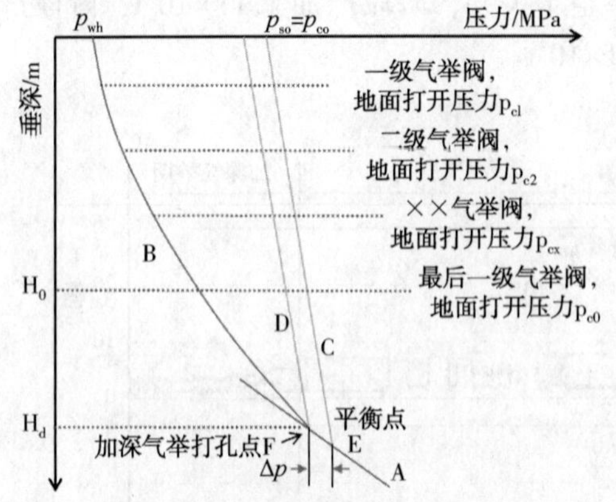

图 8　气举阀以下油管穿孔加深气举设计原理图

A—气举点以下油管内流压梯度线；B—气举点以上油管内流压梯度线；C—设定注气压力等于最后一级气举阀地面打开压力时对应环空流压梯度线；D—由平衡点沿注气点以下压力分布曲线上移 Δp 得到的；E—平衡点；F—A 和 D 两线交点，即加深气举打孔点，对应深度即为油管穿孔深度；Δp—注入气通过打孔点的阻力，一般取 0.5MPa。

气举阀以下油管穿孔加深气举合理深度计算过程如下：

$$H_{\text{deeper}}=\min\{H_t,\ H_d\} \tag{2}$$

式中，H_{deeper}为加深气举合理深度，m；H_t为考虑套管挤毁风险的最大掏空深度，m；H_d为利用定地面注气压力方法确定的打孔深度，MPa。

气举阀以下过油管穿孔加深气举能够提高的采收率计算过程如下：

$$R_{\text{deeper}}=\frac{B_{oi}c_{\text{eff}}}{B_{od}}\times(p_1-p_{\text{deeper}}) \tag{3}$$

式中，R_{deeper}为加深气举提高的采收率，fraction；B_{oi}为原始地层压力下的原油体积系数，dless；B_{od}为加深气举举空时对应地层压力下的原油体积系数，dless；c_{eff}为油藏的有效压缩系数，MPa^{-1}；p_1为最后一级气举阀举空时对应的地层压力，MPa；p_{deeper}为加深气举打孔点举空时对应的地层压力，MPa；

最后一级气举阀举空时对应的地层压力 p_1 与加深气举打孔点举空时对应的地层压力 p_{deeper} 之间存在以下关系：

$$p_1-p_{\text{deeper}}=0.001\rho_o g(H_{\text{deeper}}-H_0) \tag{4}$$

式中，ρ_o为气举点以下油管内油相密度，g/cm^3；g为重力加速度，m/s^2；H_{deeper}为加深气举合理深度，m；H_0为最后一级气举阀下深，m；

气举阀以下油管穿孔加深气举能够增加的产油量，等于油藏的弹性产率乘以加深气举能够进一步降低的地层压力值，计算过程如下：

$$N_{\text{pdeeper}}=E_{pi}\times(p_1-p_{\text{deeper}}) \tag{5}$$

$$E_{pi}=\frac{N_{p1}}{p_i-p_1} \tag{6}$$

式中，N_{pdeeper}为加深气举增加的产油量，m^3；E_{pi}为油藏的弹性产率，m^3/MPa；p_i为原始地层压力，MPa；p_1为最后一级气举阀举空时对应地层压力，MPa；p_{deeper}为加深气举打孔点举空时对应地层压力，MPa；N_{p1}为最后一级气举阀举空时对应的累产油量，m^3。

式(4)和式(5)表明，加深气举的深度越大，增油量越大；油藏的弹性产率越大，相同加深气举增加深度下，增油量越大。因此，应用加深气举这一非常规气举技术提高裂缝孔洞型碳酸盐岩油藏采收率时，应综合考虑加深气举合理深度和弹性产率，优先选择可加深深度大的和弹性产率大的单井，以保证加深气举实施后的增油量能够尽可能大，经济效益会更好。

3　现场应用

塔中Ⅰ号气田位于塔里木盆地塔中隆起北斜坡，是我国首个探明的亿吨级缝洞型碳酸盐岩油气藏，油气藏类型以凝析气藏为主，局部为挥发油藏；油气藏埋深 4250～7800m，属于深层、超深层缝洞型碳酸盐岩油气藏。其中，Z 区块是塔中Ⅰ号气田重要的产油区块，油藏埋深 6015～6550m，油藏温度 120～139℃，压力系数 1.10～1.14，流体类型为黑油-挥发油，气油比 40～452m^3/m^3，原油密度在 0.7931～0.8189g/cm^3，硫化氢含量 15～8722ppm，储层类型主要是裂缝孔洞型。

以 Z12 井为例，该井生产目的层为奥陶系良里塔格组，完钻井深 6209.0m(斜深)/6091.7m(垂深)，试油气油比 105m^3/m^3，原油密度 0.8050g/cm^3，钻井期间无放空、无漏失，未酸压，下气举管柱投产(最后一级气举阀下深 3904m，封隔器位置 5705m)，动态储量为 22.46×10^4t。

该井生产历程可分为自喷生产期、气举生产期和加深气举生产期 3 个阶段(图 9)，各阶段生产情况如下：

（1）自喷生产期：2019 年 11 月自喷投产，油压 26.5MPa，生产 186d 后油压停喷，阶段产油 1.20×10⁴t，阶段产水 0.01×10⁴t；

（2）气举生产期：2020 年 5 月转气举生产，生产 1217d 后无产能关井，阶段产油 4.24×10⁴t，阶段产水 0.12×10⁴t，提高采收率 18.9%。

（3）加深气举生产期：2023 年 12 月对该井实施加深气举（过油管穿孔位置 4651m，加深 747m），作业后投气举生产，环空注气压力从 7.3MPa 下降到 5.3MPa，说明从环空注入的气举气是从过油管穿孔点进入油管内，并未从最后一级气举阀处"短路"进入油管，验证了新技术的可行性。加深气举后本井恢复连续生产，初期日产油 71.4t，生产 225d 后再次出现液面不足、气举空举关井，阶段产油 1.11×10⁴t，阶段产水 0.01×10⁴t。

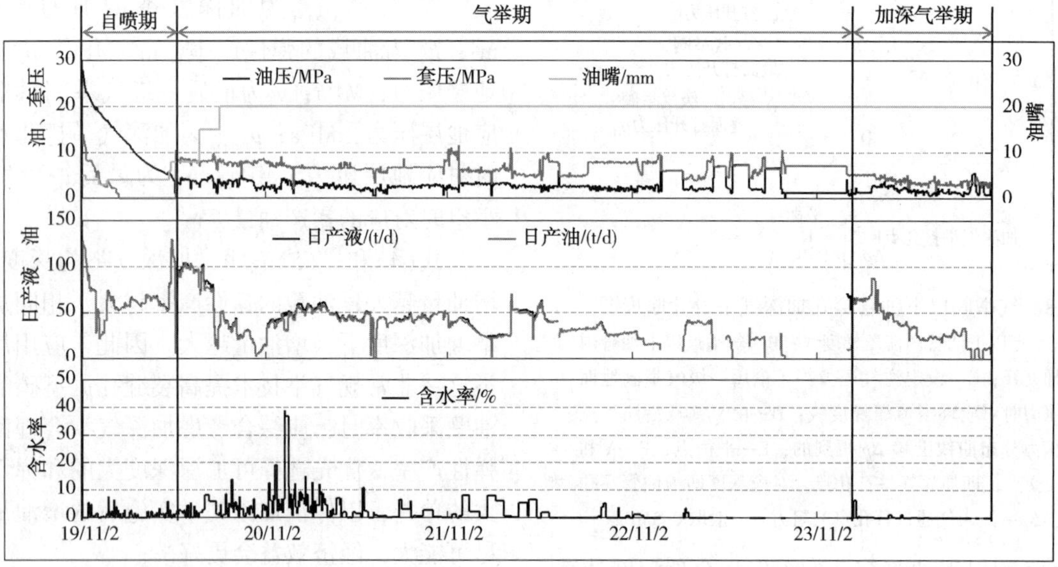

图 9　Z12 井生产曲线

该井加深气举措施作业费用仅 20.7 万元（过油管穿孔作业），增油量达到 1.11×10⁴t，提高采收率达 4.9%，考虑油气操作成本、措施成本和气举成本，投入产出比达 1：4.23，创造效益 3268 万元。从经济效益评价上看，加深气举提高采收率技术是一项技术上可行、投入成本低，而增产效果较好的提高裂缝孔洞型碳酸盐岩油藏采收率的技术手段。

4　结论

（1）裂缝孔洞型碳酸盐岩油藏注水效果差，注水后油水置换慢甚至不置换，自喷期结束后直接转机械采油生产效果较好，通过放大生产压差能够扩大参与供液的孔洞系统范围，延长低压稳产期。

（2）对于超深裂缝孔洞型碳酸盐岩油藏，气举采油具有较好的适应性，气举深度越大，地层压力降的越低，气举生产期越长，气举阶段累产越高，提高采收率幅度越大。

（3）对于裂缝孔洞型碳酸盐岩油藏，提出在原有气举管柱气举阀以下合理深度过油管穿孔增加气举深度的加深气举新技术，理论上可行。

（4）加深气举技术上可行，现场应用后能够显著增产，采收率明显提高，措施费用低，经济效益好，实现了低成本提高采收率。

参　考　文　献

[1] 张光亚，马锋，梁英波，等．全球深层油气勘探领域及理论技术进展［J］．石油学报，2015（9）：36（9）：1156-1166.

[2] 李剑，佘源琦，高阳，等．中国陆上深层—超深层天然气勘探领域及潜力［J］．中国石油勘探，2019，24（4）：403-417.

[3] 黄福喜，汪少勇，李明鹏，等．中国石油深层、超深层油气勘探进展与启示［J］．天然气工业，2024，44（01）：86-96.

[4] 王清华，杨海军，汪如军，等．塔里木盆地超深层走滑断裂断控大油气田的勘探发现与技术创新［J］．中国石油勘探，2021，26（04）：58-71.

[5] 黄亚浩，汪如军，文志刚，等．塔里木盆地富满油田深层—超深层油气成藏过程［J/OL］．石油学报，

1-16.

[6] 王招明，张丽娟，杨海军．超深缝洞型海相碳酸盐岩油气藏开发技术[M]．北京：石油工业出版社，2017：1-16.

[7] 陈利新，程汉列，杨文明，等．哈拉哈塘油田碳酸盐岩储层类型识别及应用[J]．油气井测试，2015（6）：21-24.

[8] 张滨鑫，张冠杰，刘敬寿，等．碳酸盐岩缝洞型储层识别与雕刻方法研究进展[J]．地球物理学进展，2024，39(02)：580-593.

[9] 黄涛．TL15 区碳酸盐岩缝洞型油藏注水开发技术政策研究[D]．青岛：中国石油大学(华东)，2014，19-20.

[10] 张希明．新疆塔河油田下奥陶统碳酸盐岩缝洞型油气藏特征[J]．石油勘探与开发，2001，28(5)：17-22.

[11] 宋传真，马翠玉．塔河油田奥陶系缝洞型油藏油水流动规律[J]．岩性油气藏，2022，34(4)：150-158.

[12] 薛江龙，刘应飞，朱文平，等．哈拉哈塘油田单井钻遇储集体类型及注水替油效果分析[J]．石油钻探技术，2016，44(1)：85-89.

[13] 黄代国．冀中碳酸盐岩油藏注水采油特性的实验研究[J]．石油学报，1983，(01)：55-64.

[14] 袁士义，冉启全，胡永乐，等．考虑裂缝变形的低渗透双重介质油藏数值模拟研究[J]．自然科学进展，2005(1)：79-85.

[15] 袁士义，宋新民，冉启全．裂缝性油藏开发技术[M]．北京：石油工业出版社，2004，12-18.

[16] 王铭显，赵伦，赵文琪．裂缝孔隙型碳酸盐岩油藏注水开发特征与技术政策[M]．中国石化出版社，2021.

[17] 李传亮．油藏工程原理[M]．北京：石油工业出版社，2017：150-156.

[18] 李冬梅，李会会，朱苏阳，等．断溶体油气藏流动物质平衡方法[J]．岩性油气藏，2022，34(1)：154-162.

[19] 杨美华，钟海全，李颖川．缝洞型碳酸盐岩油藏新型油藏生产指示曲线[J]．岩性油气藏，2021，33(2)：163-170.

[20] 唐寒冰，蔡道钢，王庆蓉．龙王庙组气藏排水采气技术探索[J]．钻采工艺，2022，45(4)：103-108.

[21] 张婷，孙风景，于洋，等．川西深层，超深层气井排水采气技术初探[J]．钻采工艺，2023，46(5)：68-73.

[22] 陈德飞，孟祥娟，白晓飞，等．高温高压含硫井气举采油注水一体化管柱研究[J]．石油机械，2017，45(11)：84-89.

[23] 王安，张凤喜，严曙梅．油管打孔-气举技术在平湖气田的应用[J]．海洋石油，2019，39(2)：53-56.

[24] 李颖川，钟海全．采油工程[M]．北京：石油工业出版社，2021：93-104.

[25] 易劲，顾友义，潘云兵，等．油管穿孔气举排水采气技术[J]．石油钻采工艺，2014，36(3)：103-105.

塔里木超深油气田单井计量输差影响因素分析

肖　克[123]　骆卫成[123]　唐　林[123]　杨莉婷[123]

（1. 中国石油塔里木油田公司；2. 新疆维吾尔自治区天然气开采
产业计量测试中心；3. 新疆超深油气重点实验室）

摘　要　油气田集输系统天然气输差问题直接影响企业的生产成本、经济效益乃至发展方向，若贸易交接计量存在较大误差还会引起贸易纠纷。在实际生产中，由于产生输差的原因非常复杂且多，往往导致计量交接不能满足精度要求。因此，找出影响计量输差的原因和提出改进措施有着重要意义。通过对塔里木超深油气田单井仪器仪表溯源率、单井产量数据、特殊井、工艺流程、人员能力五个方面的分析，提出了包括专项治理行动、健全计量管理体系、推进交接管理制度落实、加快计量数智化建设、提升计量人员能力五项整改措施及建议。有效的将天然气输差由5.80%下降至1.71%，取得了较好的效果。

关键词　超深油气田；单井；计量；输差

1　引言

油气井的计量是油田生产管理中的一项基础工作，准确、及时的计量油气井产量，对掌握油藏状况、提出治理对策、制定生产方案，实现稳产高产，提高油气藏最终采收率具有十分重要的意义。

塔里木油田是我国最大超深油气田，是西气东输主力气源地和南疆首要气源地。其油气生产系统采用四级计量：单井计量、过程计量、内部交接计量、贸易交接计量，在运行过程中存在油气生产计量系统输差数据“失真”的情况。油田组织专人针对影响输差的问题从油气计量仪器仪表、计量管理等方面进行分析，找出了导致油田单井计量输差异常的主要因素，提出了控制措施，提高了塔里木油田的计量管理水平。

2　单井计量输差异常原因分析

塔里木油田有单井1217口、站场30座、内外部交接点143处、流量计3351台，流量计选型通常为弯管流量计、孔板流量计、旋进漩涡流量计、槽道流量计、楔形流量计，参考了GB 50350—2005《油气集输设计规范》，单井最大允许误差±10%、内部交接±3%、贸易交接±(1-3)%。

塔里木油田的克拉2、英买力等气田气井单井产量高、距离远，通常在井口进行了三级节流降压，将压力从45MPa降为(13~14)MPa，就近在距井口不远的地方设置站场，进行单井的分离和计量。井间距较小的气井，也是在井口节流后，多口气井汇集到集气站进行分离后轮换计量。计量装置采用的是5719高级孔板阀，计量后输送到集气站进行脱硫、脱水及膨胀制冷、换热、吸附和精馏、外输计量等。由于计量压力较高，气体流速快，致使孔板易发生变形，且高级孔板阀在高压下内漏无法实现供气更换孔板，计量误差难以控制。计量输差产生的原因通常与仪器仪表、管道运行情况、气质条件以及温度、压力等多重因素有关。

2.1　仪器仪表溯源率

塔里木油田的流量计3351台，按用途单井计量1049台，过程计量1716台，内部交接计量189台，贸易交接计量397台。按类型超声流量计316台，孔板流量计171台，质量流量计482台，旋进旋涡流量计1107台，涡街流量计299台、电磁流量计585台，其它流量计391台。

分析检定情况：周期检定1675台、占比49.99%。单井计量检定率56.53%，未检定率43.47%；贸易交接397台，检定率100%。塔里木超深油气田单井流量计溯源占比低。

表 1　塔里木超深油气田单井流量计溯源率统计表

计量层级	配备数/台	检定数/台	检定率	未检定数	未鉴定率	占全部比
单井计量	1049	593	56.53%	456	43.47%	13.61%
过程计量	1716	999	58.22%	717	41.78%	21.40%
内部交接计量	189	183	96.83%	6	3.17%	0.18%
贸易交接计量	397	397	100.00%	0	0.00%	0.00%
合计	3351	2172	64.82%	1179	35.18%	35.18%

2.2　单井产量数据

生产单位往往采用交接数据进行倒推、劈分等方法核定单井产量，导致单井数据不准。例如：2024 年 5 月 1 日 DN2-18 井在计量值 29.4 万方/日，报表值 32.9 万方/日，加了 3.5 万方/日，差 11.88%。泽普和田河运维中心上报数据由当日外输量反推到各个单井，输差为零，把当日进站增加的 2 万方天然气劈分到当日计量 4 口井。

分析原因：按照公式偏差=(计量值-上报值)/计量值，取 2024 年 5 月 1 日单井日报值和计量值对比，核查 2628 口井单井计量数据采纳情况。开井数 917 口，油田平均未采纳计量值占 13.08%，去掉哈得全部采纳后，占比 18.6%，正偏差最大 95.1%，负偏差最大-581.9%。说明单井上报数据大幅偏离计量数据。

表 2　塔里木超深油气田单井计量数据正负偏差

单位	计量数据采纳/井数口	计量数据未采纳/井数口	未采纳占比	正偏差			负偏差		
				最大	最小	平均	最大	最小	平均
克拉	76	30	28.30%	93.86	0.11	26.4	-581.9	-0.53	-139.1
迪那	60	27	31.03%	94.88	0.16	35.4	-120.4	-0.1	-23.4
英买	109	5	4.39%	13.13	0	6.5	-16.62	-4.49	-9.78
塔中	64	21	24.71%	24.81	6.17	15	-449.46	-1.85	-151.8
哈得	313	0	0.00%	0	0	0	0	0	0
东河	58	16	21.62%	60.75	7.2	17.3	-283.3	-33.3	-153.8
轮南	128	6	4.48%	81.58	18.43	60.49	0	0	0
博大	69	28	28.87%	13.02	0.14	2.98	-9.78	-0.32	-2.83
泽普	40	5	11.11%	95.1	30.4	64.9	0	0	0
合计	917	138	13.08%						

2.3　特殊井

取 5 月 1 日油田生产数据，总井数 2628 口，有计量设施井 2609 口，无计量设施井 19 口，单井计量设施覆盖率 99.3%。(单井固定计量设施覆盖率 97.5%)

分析原因：(1)部分单井为临时流程，无计量设计。如：DB101、KeS503 等井。(2)计量设施晚到，未能与主体工程同步投产。如：KeS5-2、BZ1302 等 4 口井，102.5 万方/天，占管理区产量的 3.65%。说明现场存在未例入计量统计管理的单井。

2.4　工艺流程

因井出水、提产等原因，原有计量工艺和设备不适应生产变化，导致计量不准。分析原因：(1)克拉 2-5 井单井大幅提产，孔板未及时更换调整，导致差压过大，超过差压变送器的量程上限，单井计量结果误差增大。(2)库车山前的气井出水后，介质变化，而孔板流量计未重新组态、更新组分，导致计量不准。(目前见水井 165 口，日产气 950 万方，日产水 1.26 万吨)。(3)东河的稠油井出液不稳，易导致 GLCC/多管束计量装置堵塞、超压，计量不准。(东河稠油掺稀生产 20 口，日产油 300 吨)。(4)碳酸盐岩井间开生产，计量不能准确反映开井期间产量。(间开井269口，核产当日开井92口，日产油681吨)。

说明因为工艺流程的变化对单井计量数据影响大。

2.5 人员能力

DN2-16井产液密度243.47kg/m^3，远低于油密度，计量过程中出现液路串气，导致井口产液偏小，天然气产量偏小。分析原因：(1)操作人员没有能力发现异常情况。(2)专业人员不会更新流量计、流量积算仪介质组分、组态。(3)维护人员不会孔板流量计的清洗等维护保养。说明人员能力对计量数据由直接的影响。

3 整改措施及建议

3.1 专项治理行动

对标国内先进单位(长庆1%、西南0.3%)指标，针对性开展专项治理行动，单井计量输差有效控制在2%以内。

3.2 健全计量管理体系

完善计量制度、工作流程；修订计量工艺、设备、方案设计等相关技术标准规范；梳理各部门、各层级职责，健全管理体系。科学合理计算油气损耗、输差、商品率。

3.3 推进交接管理制度落实

在油田内部计量交接推行交接凭证，使“器具诚实使用、数据诚信披露”。规范生产日报表的填报和上报要求，确保各方数据统计原则、口径一致。

3.4 加快计量数智化建设

把计量数字化纳入油田整体数字化方案、配套建设，优先实现计量设备的数字化，自动采集数据。实现计量系统的全面感知，实时监控计量设备运行状态和输差，实时直观展示油田油气生产从井口、过程到交接计量数据和状况，实现在线产量核产。

3.5 提升计量人员能力

通过培训提升计量人员综合能力，确保工作人员能做好系统的保养、维护、和检查工作。加强对员工能力考核，推行国家认可的“注册计量师”制度，保证计量的准确性。

4 结果与结论

4.1 治理结果

2025年塔里木油田1至4月，天然气输差5.80%。通过分析单井计量输差，制定了相应的整改措施，2025年5月天然气输差降至1.71%，输差降低了4.09%。

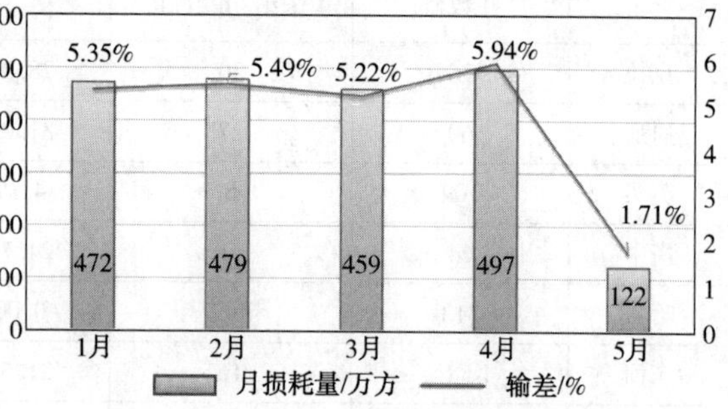

图1　2024年1至4月塔里木油田天然气输差对比情况

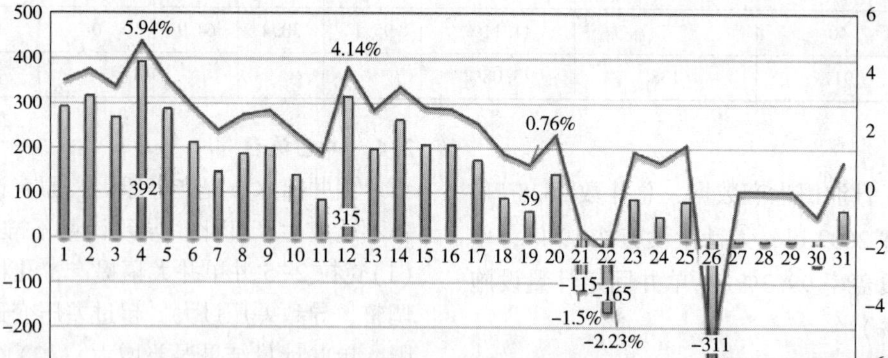

图2　2024年5月塔里木油田天然气日输差对比情况

4.2 结论

综上所述，可知单井计量输差已经成为油田经营发展的一个重要难题，它直接影响着企业的经济效益。因此，降低单井计量输差这一工作我们必须认真对待，从而争取破解和跨越它。在实际分析解决问题时，必须使用不同的手段，根据实际情况对症下药。与此同时，我们还应该学习借鉴好的经验和先进技术，从而不断的提高自身的计量水平，进一步的完善计量工作，有效的降低计量输差，做到“计量真数据、真正用数据、让数据说话、听数据指挥”，解决计量不准、管控不严的问题，保障油田高质量发展。

参 考 文 献

[1] 张书丽，尤永建. 天然气输差的产生原因及降低途径[J]. 天然气与石油，2005 (3)：20~22.
[2] 陈庭煌，杨晓宁，王玲，等. 天然气输差问题的分析[J]. 油气储运，2003(1)：39~4 2.
[3] 杨巍. 单井计量技术的现状及发展[J]. 油气田地面工程，2009，28(9)：49-50.
[4] 周少春. 低产井单井计量技术现状及对策[J]. 油气田地面工程，2008，27(8)：57-58.
[5] 何卓昆. 计量站自动化计量技术分析评价[J]. 石油石化节能，2016.
[6] 王在强等. 油井自动监测与计量技术在西峰油田的应用[J]. 断块油气田，2001，12(6)：
[7] 邓立三. 加强燃气计量输差管控提高企业效益[J]. 中国计量，2009(8)：29~30.
[8] 郭大鹏. 谈燃气输差的成因及其管理控制[J]. 城市燃气，2008(11)：30~33.
[9] 李秋莲. 稠油计量方式的选择与探讨[J]. 油气田地面工程，2009，28(9)：51-51.
[10] 潘兆柏，杨晓方. 油田矿场计量技术综述[J]. 石油工业技术监督，2001，17(6)：
[11] 邱正阳，梁平，徐春碧. 天然气输差问题及其解决方法[J]. 油气储运，2006(7)：60~62.

库车北部构造侏罗系致密性砂岩油气藏录井评价技术研究

郑鹏飞[1,2,3]　胡　伟[1,2]　买　振[1,2]　王　超[1]　陈　慧[1,2]　侯向辉[1,2]　王景辰[1]

(1. 中国石油塔里木油田公司；
2. 中国石油天然气集团有限公司超深层复杂油气藏勘探开发技术研发中心；
3. 新疆超深油气重点实验室)

摘　要　库车北部构造位于秋里塔格构造带东段，涵盖迪北、吐格尔明、阳霞和吐孜四个区块，主要勘探目标为侏罗系地层。该区域储层主要由致密砂岩构成，具有储层厚度大、非均质性强等特点，富含油气，气水关系复杂，录井解释难度较高。目前常规录井评价手段单一，导致解释符合率不高；已有数据没有开展建模，未能形成统一标准和图版。为了解决这些问题，本次研究旨在构建多参数综合录井评价方法，结合核磁共振录井技术和荧光分析技术，提高储层评价的准确性和可靠性。

关键词　录井；核磁共振；三维定量荧光；定量检测；流体识别；侏罗系

库车北部构造侏罗系储层天然气资源丰富，是塔里木油田深层勘探开发的新区新领域之一。录井技术作为油气发现的关键手段，在此过程中扮演着至关重要的角色。然而，塔里木油田与之配套的录井解释评价技术存在明显的不足，无法满足高效勘探的需求。主要表现在三个方面：(1)阿合组储层厚度大、致密、非均质性强，普遍含气，气水关系复杂，录井录井解释评价难度大；(2)录井资料采集、解释手段单一，解释符合率不高；(3)岩心核磁共振和三维定量荧光数据，未总结规律形成标准和图版，新技术应用较少。

为了解决上述问题，通过常规录井、三维定量荧光、核磁共振、显微荧光薄片等录井技术开展应用研究，建立一套适合库车北部侏罗系致密性砂岩油气藏的录井评价方法。

1　储层及天然气特征简析

地质综合研究成果及实钻资料表明，库车凹陷北部下侏罗统砂岩储层具有厚度大、横向分布稳定的特点，储层致密，总体属于特低孔、低渗~特低渗储层(图1)。与克深地区白垩系砂岩储层(图2)相比，本工区侏罗系储层物性有所改善，基值孔隙度和渗透率对储层性质起到了更为关键的作用。侏罗系天然气以湿气为主，较好的储层物性为凝析油气聚集提供了较为优越的条件。

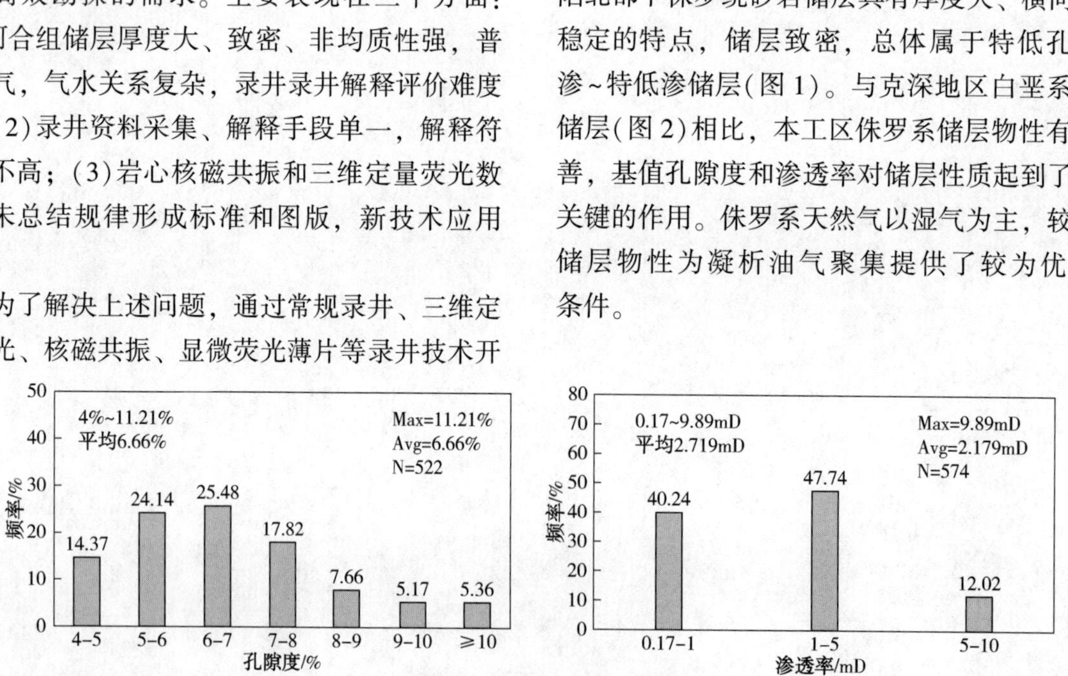

图1　迪北区块 J_1a 岩心孔隙度、渗透率直方图

该区储层主要由砂岩构成，相对较好的孔隙度条件以及富含凝析油的湿气特征，为开展气测组分关系和微观孔隙流体赋存状态研究提供了更加有利的研究基础。

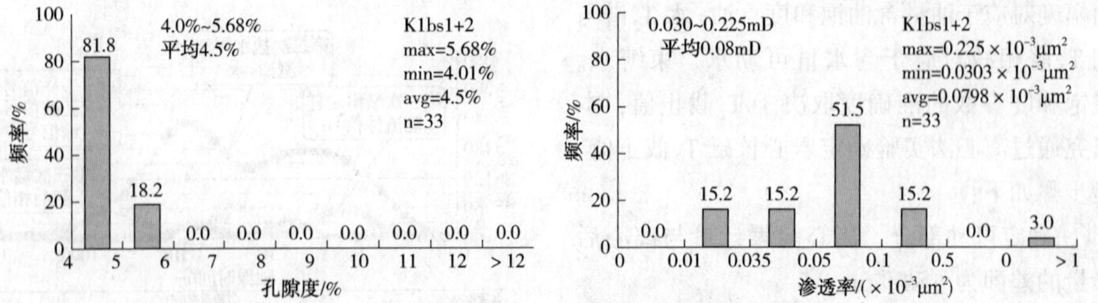

图 2　克深 X 区块 K_1bs 岩心孔隙度、渗透率直方图

2　气测录井解释评价技术

2.1　气、水层气测显示特征

库车北部侏罗系现场钻井过程中采用水基、油基钻井液体系及气体钻井工艺，不同条件下气层和水层的气测显示特征存在差异。气体钻井工艺能够充分释放地层能量，气测呈高值且不易下降，背景值高，气测组分关系能真实反映储层流体性质。水基钻井液未受添加剂影响时，气测组分与气体钻井条件相似(图 3)；但受添加剂污染时，重组分被严重影响，全烃值及组分不匹配，无法准确反映原本的气测特征，油气显示主要依据 C1 值的高低及幅度判断。油基钻井液条件下，重组分常受污染，导致全烃值及组分关系失真，同样需通过 C1 值的异常幅度来识别油气显示。在受污染的油基和水基钻井液条件下，含重组分的气测派生参数均受影响，难以进行准确的流体识别。

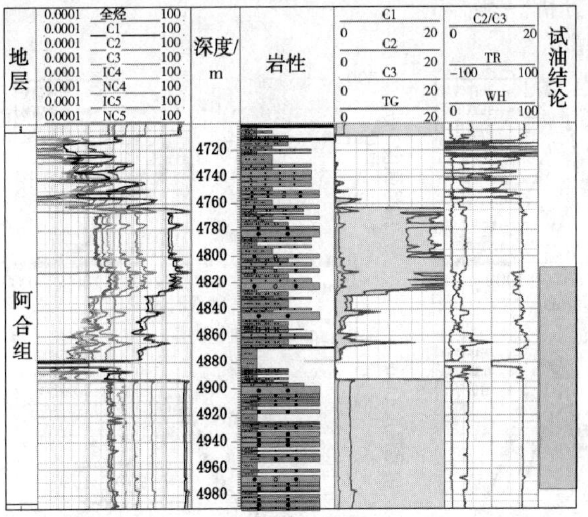

图 3　DX X 井气测组分关系录井图

2.2　气测解释方法

气测解释主要应用于未受影响的气测井段，在常规气测图版的基础上，应用数学地质的方法，对气测派生参数进行方差分析，分别筛选含油气性、含水性敏感参数，以 fisher 准则法构建含气指数、含水指数，交会建立二维图版。以库车北部迪北区块侏罗系阿合组为例，对试油层段的 13 项气测参数进行敏感参数筛选，优选 10 项参数以 fisher 准则法构建含气指数(HQf)，优选 8 项参数以 fisher 准则法构建含水指数(HSf)。将含气指数、含水指数交会建立气测多参数解释模型(图 4)，分区效果较好。

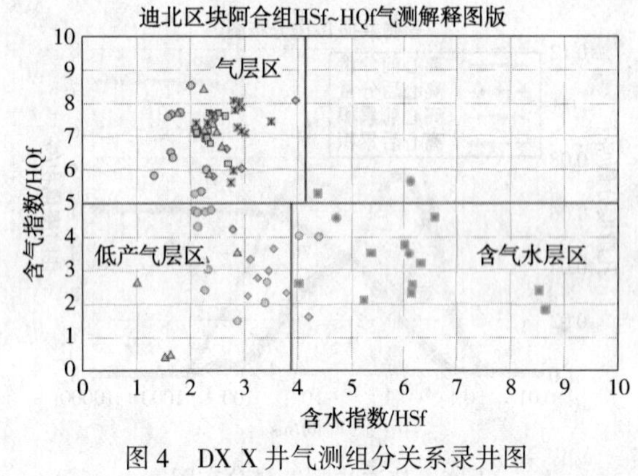

图 4　DX X 井气测组分关系录井图

3　建立核磁共振录井、荧光录井评价方法

过去的录井分析实验资料大多仅应用于本井的解释评价，未开展深入研究。为了更好地挖掘历史井的三维定量荧光、核磁共振资料的价值，服务于研究和生产，需要按照规范要求进行重新计算。

3.1　核磁共振解释图版及评价标准

3.1.1　核磁共振研究的实验基础

(1) 开展离心法实验确定岩心核磁 T_2 截止值。

在核磁共振录井中，确定 T_2 截止值至关重要。为了提高解释评价的精确度，本研究首先进行了针对 T_2 截止值取值的详细实验。

核磁共振 T_2 谱图中(图 5)，油、水 T_2 谱的总幅度对应于总液体量孔隙度，右峰幅度对应于可动流体，左峰幅度对应于束缚流体，油相 T_2

谱的幅度对应于油量含油饱和度，油+水 T_2 谱与油相 T_2 谱相减对应于含水量可动水、束缚水。核磁饱和度参数的准确度取决于 T_2 截止值，本次研究通过离心法实验确定岩心核磁 T_2 截止值，实验步骤如下：

① 确定可动部分，离心前累计量与离心后累计量的差即为可动部分。

② 计算可动流体饱和度，可动部分与离心前累计量的比值即可动流体饱和度。

③ 在离心前 T_2 谱上找一点，使该点右边的幅度和除以离心前整个 T_2 谱各点幅度和等于可动流体百分数，该点对应的 T_2 值即为 T_2 截止值(T_2*cutoff*)。

(2) 开展核磁共振三扫实验。第一次新鲜岩样测流体信号(图 6)，即干扫，第二次盐水浸泡测油+水的信号，第三次锰水浸泡测油相信号。核磁共振三扫可以最大程度减少外源水影响，提高判断流体性质的准确性。

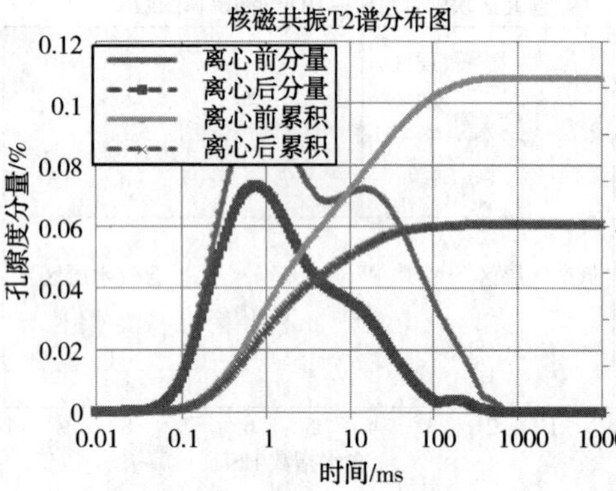

图 5　核磁共振 T_2 谱分布图

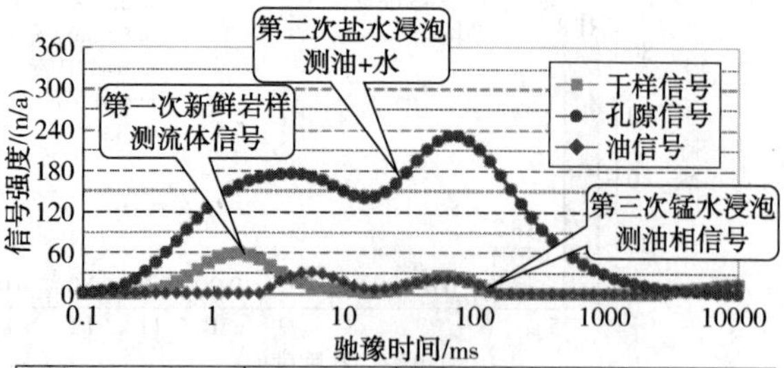

孔隙度/%	8.01	渗透率/mD	1.16
含油饱和度	6.92	含气饱和度/%	--
束缚水饱和度/%	37.38	可动水饱和度/%	55.71
含水饱和度/%	93.08	初始状态束缚水饱和度/%	6.1
初始状态可动水饱和度/%	0	初始状态含水饱和度/%	6.1
含油孔隙度/%	0.46	可动流体饱和度 /%	60.02

图 6　核磁共振三扫 T_2 谱图

(3) 开展不同油质核磁 T_2 谱形态实验。分别以原油密度为 0.79g/cm^3、0.85g/cm^3、0.89g/cm^3 三种原油注入标准岩心柱，含油饱和度为 50%时开展核磁三扫分析，分析结果见图 7、表 1，取得以下认识：

① 在 24h 内，干扫信号与油信号的吻合度较高，而与孔隙信号的差异较大，这表明差异部分为外源水，而非原生水。

② 不同油质的驰豫时间因油质的不同而有所差异。油质较轻者，其驰豫时间较长，主峰位置较为靠后；反之，油质较重者，其驰豫时间较短，主峰位置较为前移。主峰位置可作为间接衡量油质的参考依据。

③ 轻质油测量的相对偏差最低，研究工区为含凝析油的凝析气藏，有利于开展核磁三扫分析。

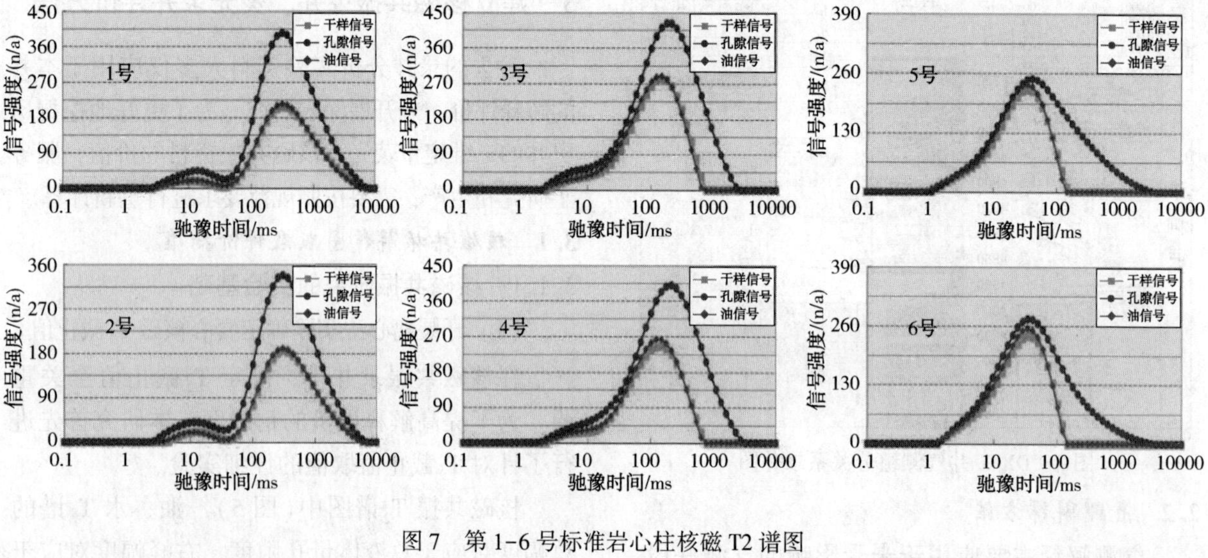

图 7　第 1-6 号标准岩心柱核磁 T2 谱图

表 1　第 1-6 号标准岩心柱核磁测量数据表

样品编号	注入原油饱和度	测量含油饱和度	相对偏差	T_2 谱峰值	原油密度
1	50%	51.64%	3.28%	310.5ms	0.79g/cm³
2	50%	52.57%	5.14%	310.5ms	0.79g/cm³
平均	50%	52.11%	4.21%	310.5ms	
3	50%	52.77%	5.54%	124.5ms	0.85g/cm³
4	50%	52.87%	5.74%	124.5ms	0.85g/cm³
平均	50%	52.11%	5.69%	124.5ms	
5	50%	55.40%	10.80%	34.65ms	0.89g/cm³
6	50%	56.11%	12.22%	34.65ms	0.89g/cm³
平均	50%	55.76%	11.51%	34.65ms	

3.1.2　建立核磁共振评价图版及评价标准

核磁共振谱图中(图 8)，干扫信号反映的是样品中的残余流体信号。通过核磁干扫测得的残余流体信号与浸泡锰水后测得的油相信号的关系判断储层含水性。判断含水性的方法为干扫信号与油信号吻合性好，岩样不含水；干扫信号与油信号差异大，岩样含水。依据核磁共振判断含水性的方法创建了可动油信号比和可动水信号比，分别用以评价含油性和含水性，公式如下：

$$可动油信号比=(S_{可动油}/S_{可动干扫})\times100\% \quad (1)$$

$$可动水信号比=[1-(S_{可动油}/S_{可动干扫})]\times100\% \quad (2)$$

式中，$S_{可动油}$ 为可动油信号面积，无量纲；$S_{可动干扫}$ 为可动干扫信号面积，无量纲。

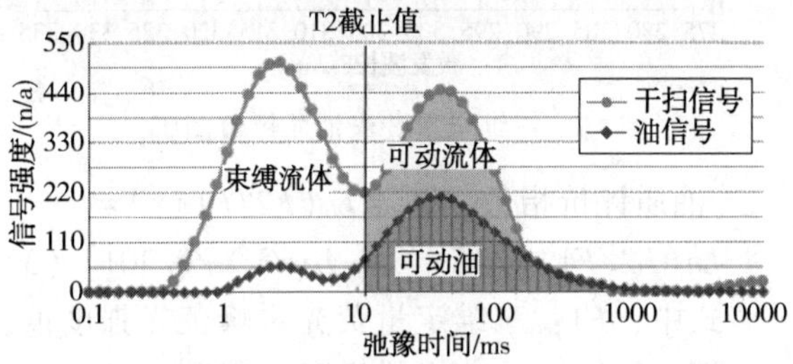

图 8　干扫信号与油相信号核磁 T_2 谱图

以研究工区内试油层段的岩心核磁共振参数为基础，应用含油性判别参数“可动油信号比”与“可动流体饱和度”交会建立二维评价图版，油气层分区较好(图 9)。应用含水性判别参数“可动水信号比”与孔隙度、可动流体饱和度、含油饱和度、可动水饱和度建立多因素评价图版识别流体性质(图 10)。

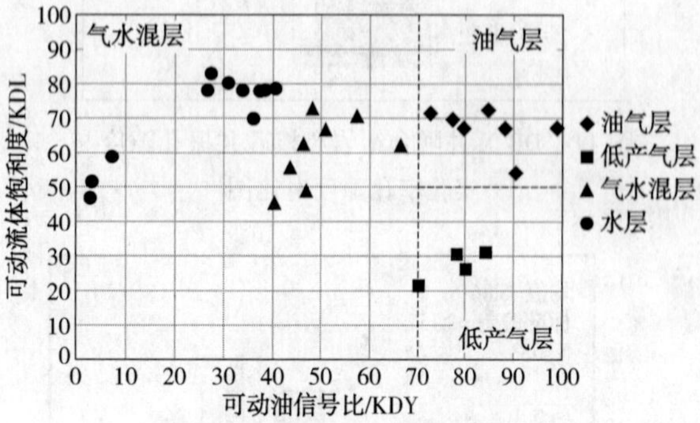

图 9　核磁共振含油性评价图版

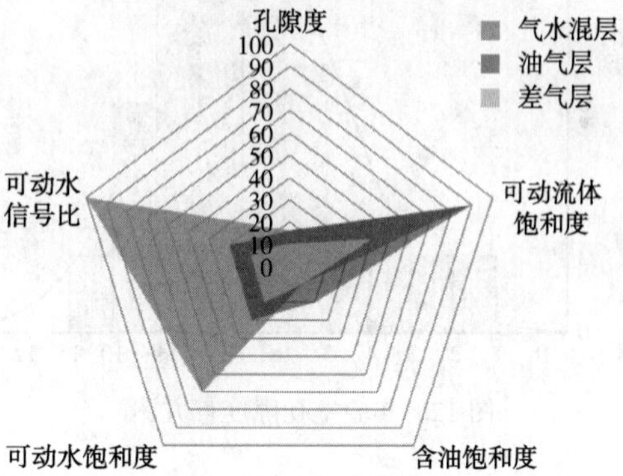

图 10　核磁共振多因素评价图版

3.1.3　核磁共振分析数据可靠性分析

应用 DB X 岩心核磁共振分析与实验室孔隙度数据开展核磁共振数据可靠性分析，绘制的曲线趋势基本一致(图 11)。

DB X 井阿合组岩心用核磁共振及实验室分析孔隙度数据绘制直方图，实验室孔隙度数据主要分布范围为 5%～10%、均值为 6.86%(图 12)，核磁共振孔隙度数据主要分布范围为 5%～9%、均值为 6.61(图 13)，主要分布范围相近，均值误差 3.6%，相关系数 0.866(图 14)，反映核磁共振分析的孔隙度数据可靠。

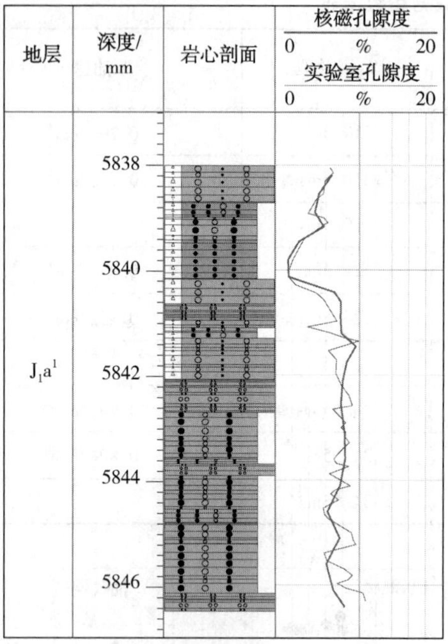

图 11　DB X 井阿合组岩心核磁共振孔隙度与实验室孔隙度对比图

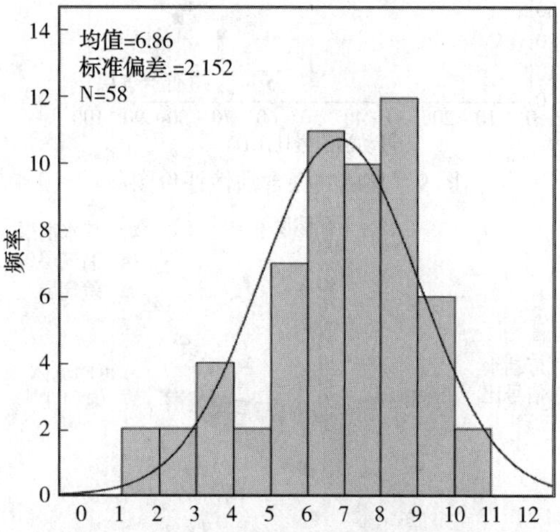

图 12　实验室孔隙度直方图

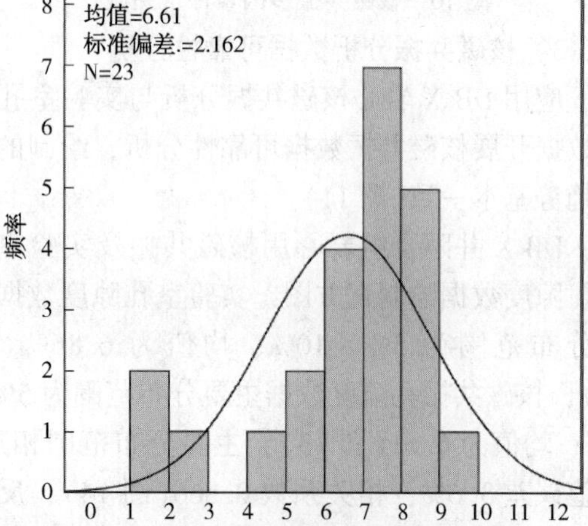

图 13　核磁共振孔隙度直方图

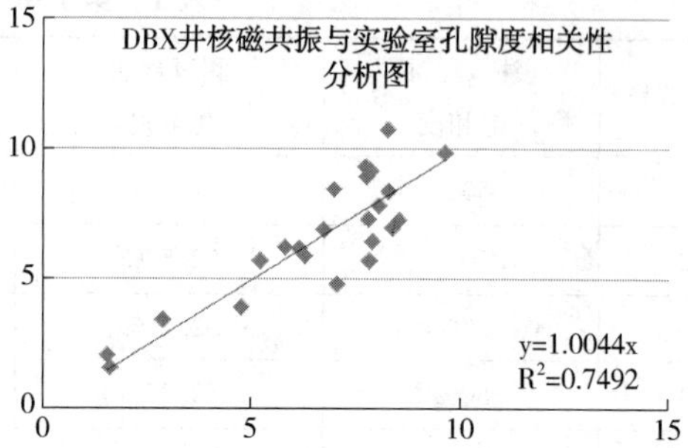

图 14　DB X 井阿合组岩心核磁共振孔隙度与实验室孔隙度相关性分析图

3.2　三维定量荧光解释图版及评价标准

三维定量荧光主要参数有荧光激发波长、发射波长、原油荧光强度(F)、含油浓度(C)、对比级(N)、油性指数(R)，其中荧光强度反映含油性，波长的变化反映油质轻重。本课题开发了创建了一种基于三维定量荧光判断原油密度的计算模型，包含两部分内容，一是建立模型所用的油质指数 YZ 计算公式，二是油质指数 YZ 与激发/发射波长交会的二维图版(图 15)，该模型能准确判断原油密度。油质指数 YZ 计算公式如下：

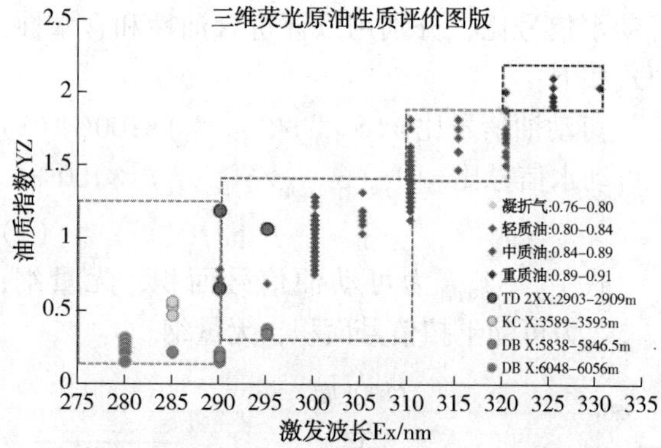

图 15　三维定量荧光油质评价图版

$$油质评价指数(YZ)=Ln(F2/F1)\times N=Ln(F2/F1)\times[15-(4-LogC)/0.301] \quad (3)$$

式中，$F1$：三维定量荧光主峰荧光强度值；无量纲；原油中的荧光物质所发射荧光的强弱，反映的是被测样品中荧光物质的多少。

$F2$：三维定量荧光次峰荧光强度值；无量纲；原油中的荧光物质所发射荧光的强弱，反映的是被测样品中荧光物质的多少。

C：样品测试的三维定量荧光含油浓度(C)，反映储层含油丰度，单位 mg/L。

$LogC$：是底数为(含油浓度 C+10)，对含油浓度 C 求取对数值。

N：根据三维浓度换算的系列对比级；无量纲；单位样品中荧光物质所对应的荧光系列对比级别。是一种反应岩石样品中含油量多少的传统的非法定计量单位，与含油浓度存在一定的数学关系。折算公式＝15-（4-$LogC$）/0.301。

应用库车北部侏罗系试油层岩心三维定量荧光激发波波长、含油浓度参数建立含油性评价图版，含油性评价效果较好(图16)。

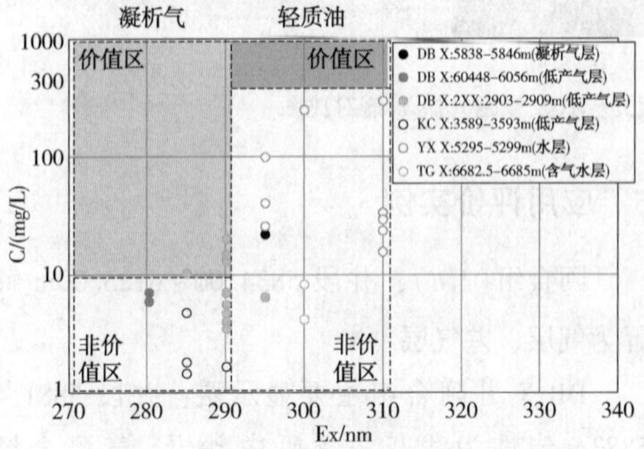

图16　三维定量荧光含油性评价图版

3.3　显微荧光录井技术的应用

显微荧光录井技术优势是借助荧光偏光显微镜观察烃类物质在储集岩石中的赋存状态，可直观反映油水在微观孔隙中的分布状况。主要通过荧光颜色、亮度进行量化表征储层含油特征(图17、图18)。

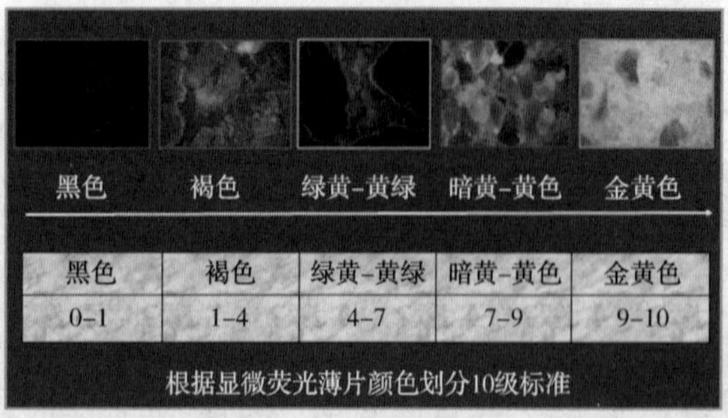

图17　显微荧光薄片颜色划分标准

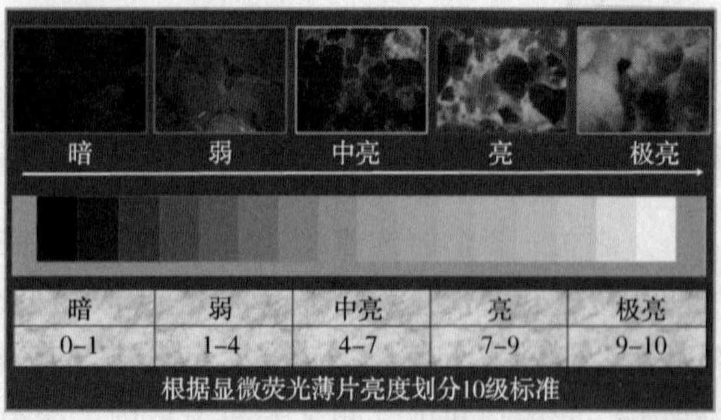

图18　显微荧光薄片颜色划分标准

开展离心实验，总结可动烃类荧光产状特征，识别可动流体。离心前后显微荧光薄片对比如下(图19)：

（1）离心前后颜色量化值、强度值、颜值、发光面积指标均明显下降。

（2）镜下荧光产状表现为簇状与角隅状，此类荧光是可动的烃类。

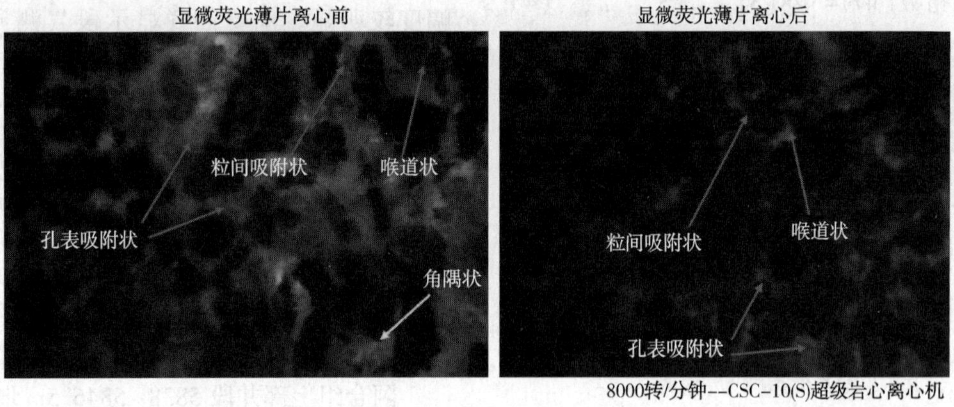

图19　离心前后显微荧光薄片对比图

（3）镜下荧光产状表现为孔表吸附状与粒间吸附状，此类荧光主要是不可动的烃类。

（4）镜下荧光产状表现为喉道处发光，此类荧光是否可动要结合其它资料判别；如果颜值很高，储层泥质含量低，一般是可动油，反之为不可动油。

开展蓝光与紫外对比实验，总结镜下荧光发光颜色与强度变化特征，识别可动流体性质。DB X井岩心紫光、蓝光显微荧光薄片颜色强度与强度特征相近，核磁共振 T_2 谱图干扫信号与油相信号重合度好，显微荧光薄片结合核磁共振判断岩心含油性较好、不含水(图20)。

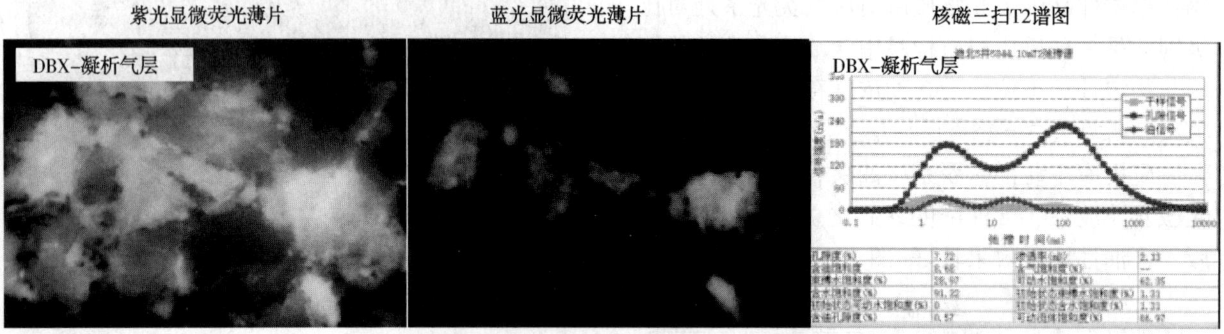

图 20　DB X 井显微荧光薄片紫光、蓝光模式及核磁共振 T_2 谱对比图

4　建立多因素评价模型

为建立一个全面的流体性质评价方法，在气测、核磁共振录井、三维定量荧光等单一解释方法的基础上，进一步开发了多因素录井评价模型。此模型利用气测多参数图板中的含气性评价指数(HQf)、核磁共振录井中的含水性评价指数(即可动水信号比)以及核磁共振的物性评价指数(Wf)进行综合分析。通过这些参数的交汇，我们构建了录井多因素解释二维、三维图板，其中三维图板不仅具有良好的分区效果，而且直观易懂(图 21)。物性指数的计算方法见公式(4)：

$$\text{物性指数}(Wf)=\Phi\times(S_{\text{可动流体}}/S_{\text{束缚流体}}) \quad (4)$$

式中，Φ 为孔隙度，%；$S_{\text{可动流体}}$ 为可动流体信号面积，无量纲；$S_{\text{可动干扫}}$ 为束缚流体信号面积，无量纲。

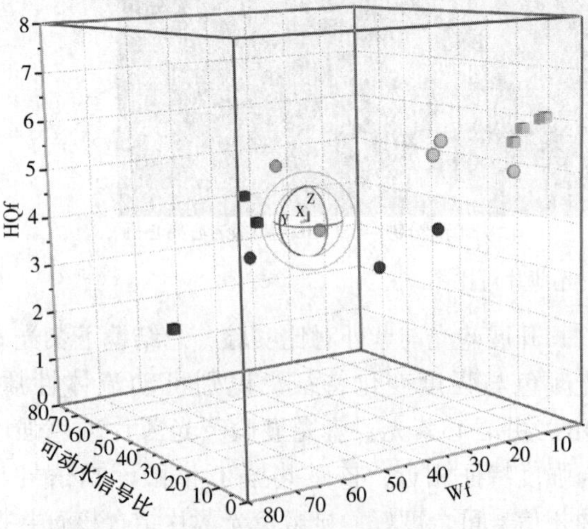

图 21　库车北部侏罗系多因素评价图版

5　应用评价实例

阿合组(J_1a)，井段 5834.00～6123.00m 解释为气层、差气层。

DB X 井阿合组主要显示层：井段 5881～5883m 岩性为浅灰色含砾中砂岩，气测全烃 2.10↗12.79%，C1：1.8528↗11.9602%，组分出全，气测异常幅度明显(图 22)；井段 5884～5888m 岩性为浅灰色含砾中砂岩，气测全烃 2.46↗16.22%，C1：2.1896↗14.4647%，组分出全，气测异常幅度明显；井段 5919～5921m 岩性为浅灰色砂砾岩，气测全烃 2.54↗4.22%，C1：2.3398↗3.9162%，组分出全，气测异常幅度较明显。主要油气显示段气测异常明显，显示厚度大，充注较饱满，顶部钻井液密度 1.90 时，液气分离器橘黄色火焰高 5～10m。主要油气显示段在气测多参数图版的落点位于气层区，其他层落点在低产气层区(图 23)。结合后效显示分析，主要油气显示段后效显示活跃，氯根无变化，黏度升高较明显，无含水特征(图 24)。

阿合组上部井段 5838～5846.5m 取获荧光岩心，地化分析具有明显含油性：三维定量荧光主峰波长 290/317 左右，反映为凝析油(图 25)；核磁共振孔隙度一般在 4.7%～9.6%之间，渗透率 0.04～5.87mD，反映物性相对较好，干扫残余流体信号与泡锰水含油信号主要在小、中孔隙，含油饱和度低，干扫信号与泡锰水信号重合度较好，反映不含可动水(图 26)；显微荧光薄片反映镜下荧光发光较强，色差不明显，明暗对比强，呈簇状、喉道状、角隅状，发光部位粒间空、微裂缝，连通性好(图 27)。岩心录井解释成果图如图 28 所示。

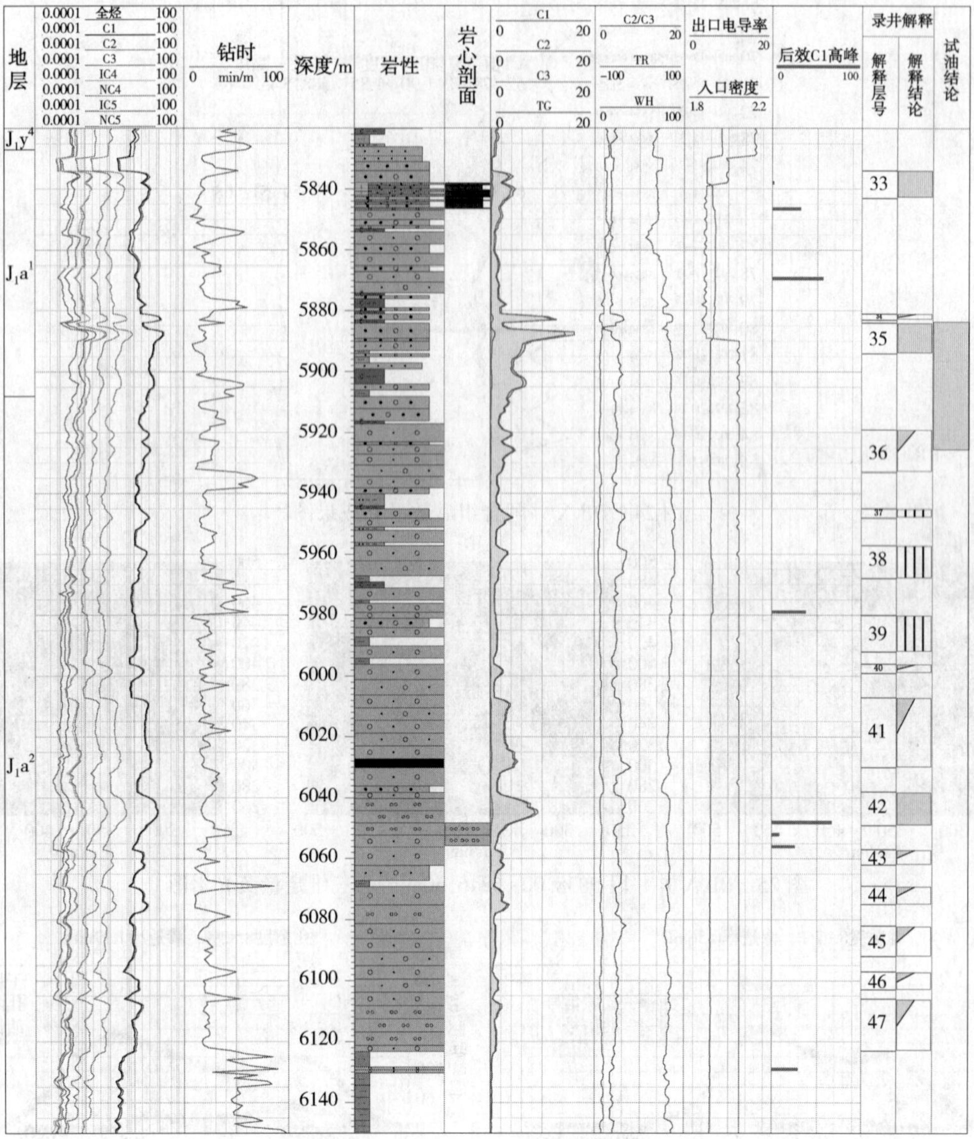

图 22　DB X 井阿合组录井解释成果图

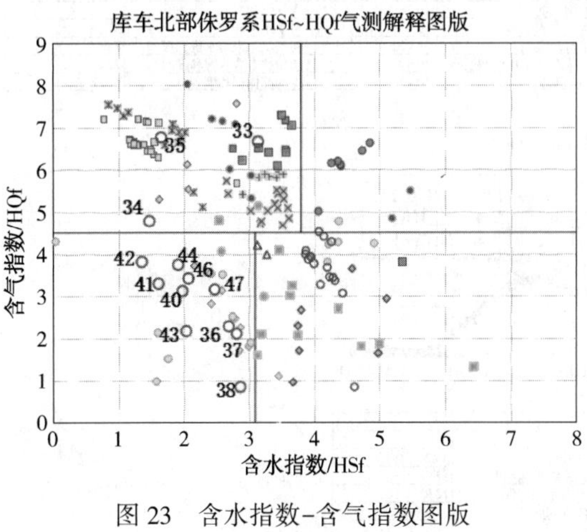

图 23　含水指数-含气指数图版

DB X 井阿合组在气测常规资料、分析化验资料等录井资料分析的基础上，综合应用以气测、三维定量荧光、核磁共振单项解释模型及多因素解释模型为核心的综合图流体性质评价方法精细解释，井段 5834～6123m 解释为气层、差气层。完井后对井段 5883.5～5925.5m 试油，结论为凝析气层。录井解释结论与试油结论一致。

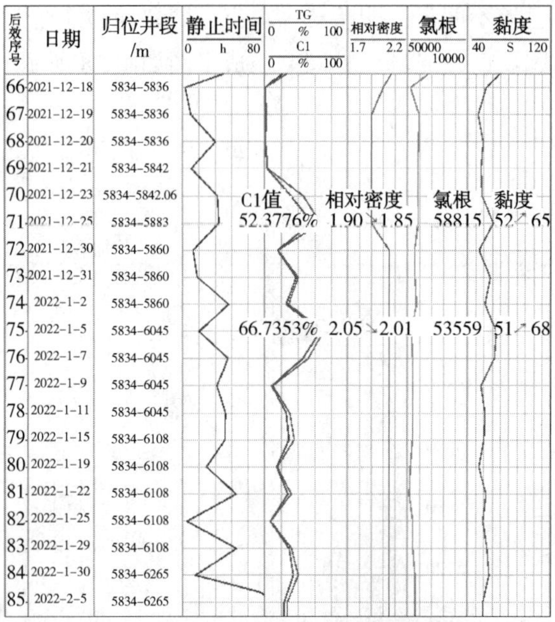

图 24　DB X 井阿合组后效录井成果图

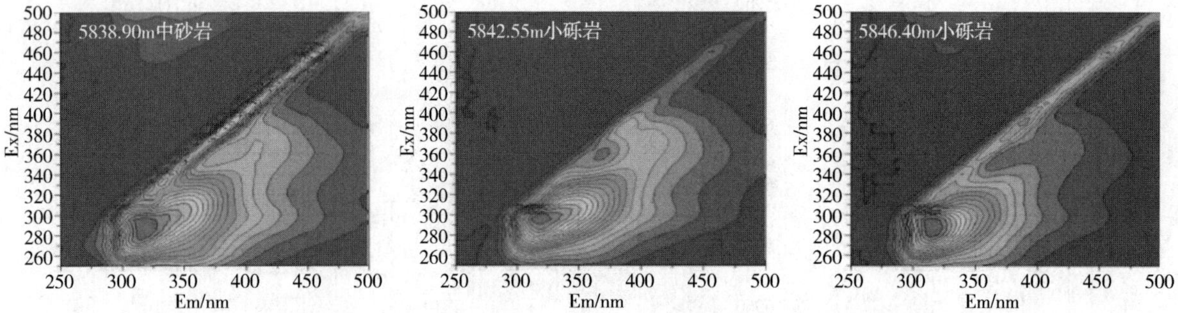

图 25　DB X 井井段 5838.00~5846.50m 岩心三维定量荧光谱图

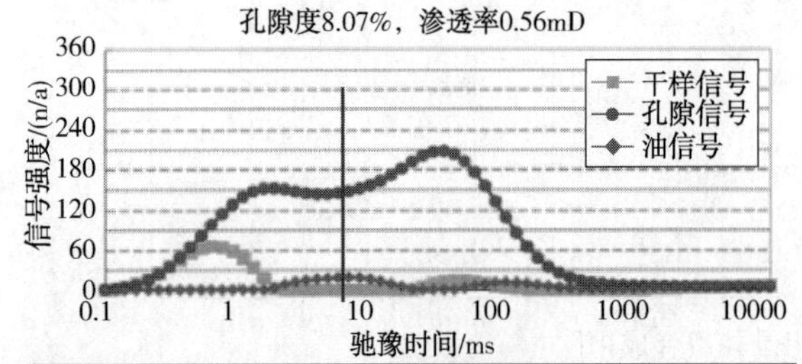

孔隙度/%	6.69	渗透率/mD	0.34
含油饱和度	5.72	含气饱和度/%	--
束缚水饱和度/%	43.36	可动水饱和度/%	50.92
含水饱和度/%	94.28	初始状态束缚水饱和度/%	8.24
初始状态可动水饱和度/%	0	初始状态含水饱和度/%	8.24
含油孔隙度/%	0.28	可动流体饱和度 /%	54.29

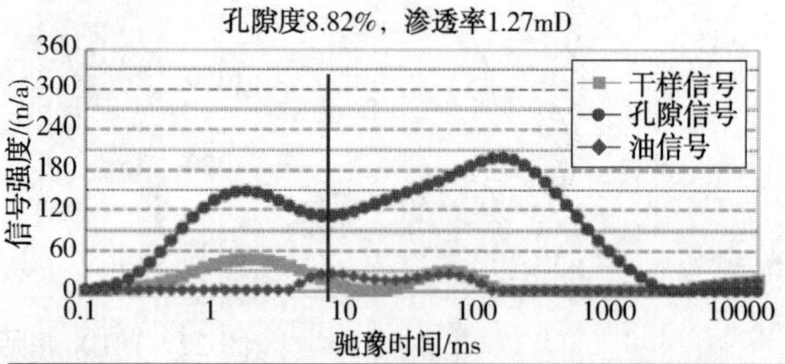

孔隙度/%	7.8	渗透率/mD	1.23
含油饱和度	6.78	含气饱和度/%	--
束缚水饱和度/%	35.37	可动水饱和度/%	57.86
含水饱和度/%	93.22	初始状态束缚水饱和度/%	7.68
初始状态可动水饱和度/%	0	初始状态含水饱和度/%	7.68
含油孔隙度/%	0.43	可动流体饱和度 /%	62.98

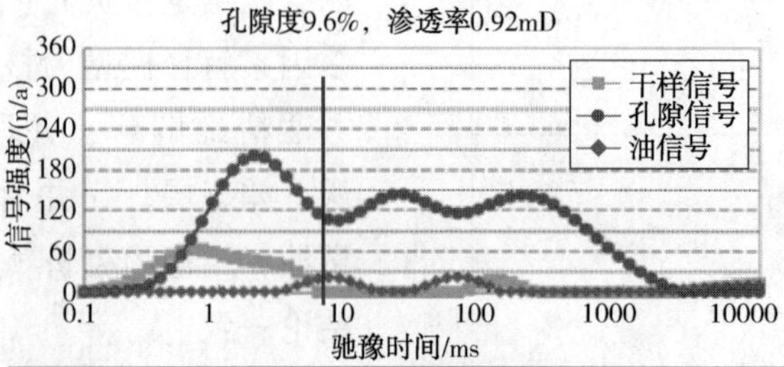

孔隙度/%	6.93	渗透率/mD	0.5
含油饱和度	5.27	含气饱和度/%	--
束缚水饱和度/%	40.5	可动水饱和度/%	54.23
含水饱和度/%	94.73	初始状态束缚水饱和度/%	12.98
初始状态可动水饱和度/%	0	初始状态含水饱和度/%	12.98
含油孔隙度/%	0.26	可动流体饱和度 /%	57.95

图 26　DB X 井井段 5838.00~5846.50m 岩心核磁共振 T_2 谱图

图 27　DB X 井井段 5838.00~5846.50m 岩心显微荧光薄片

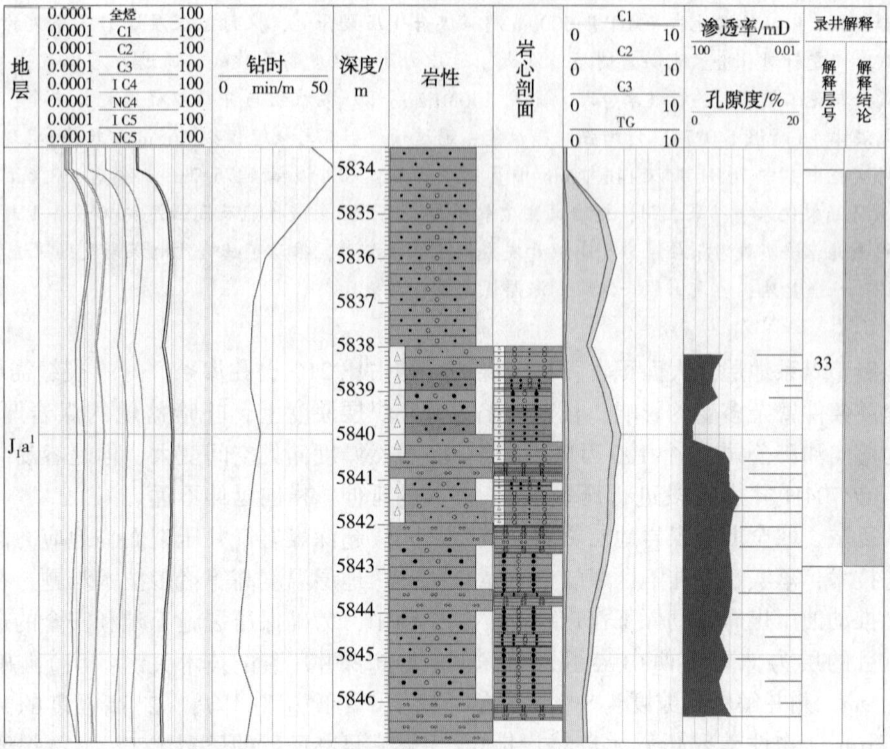

图 28　DB X 井井段 5838.00~5846.50m 岩心录井成果图

6　结论

（1）基于储层特征、油气水层显示特征以及钻井工艺影响因素的综合分析，新构建的气测多参数图版具有明确的分区能力。这种图版能有效地识别致密砂岩储层中的流体性质，从而提高了识别精度和效率。

（2）综合应用三维定量荧光、核磁共振、显微荧光薄片分析化验技术，对油气层的发现与评价起到了积极作用，进一步丰富和完善了录井解释的评价技术体系。

（3）通过常规录井、三维定量荧光、核磁共振、显微荧光薄片等录井技术应用研究，形成了一套适合库车北部侏罗系致密性砂岩油气藏的录井评价方法，录井解释符合率 84.6%。

参考文献

［1］华学理，解宏伟．塔里木盆地油气勘探中的录井技术难点与对策［J］．新疆石油地质，2002（04）：342-344.

［2］唐雁刚，杨宪彰，谢会文，等．塔里木盆地库车坳陷侏罗系阿合组致密气藏特征与勘探潜力［J］．中国石油勘探，2021，26（4）：12-23.

［3］刘堂宴，肖立志，傅容珊，等．核磁共振测井 T2 分布的约束反演方法［J］．地球物理学报，2017，60（8）：3321-3330.

［4］肖立志，谢然红．核磁共振录井技术原理与应用［M］．北京：石油工业出版社，2018.

［5］Q/SY 02765—2020，三维定量荧光录井技术规范［S］．北京：石油工业出版社，2020.

超深煤岩气压裂关键技术突破与实践
——以吐哈盆地吉 704H 井 5000 米压裂为例

冯雪钢　王　涛　何海波

（中国石油吐哈油田公司）

摘　要　本文以吐哈盆地吉 704H 井 5000m 超深煤岩气压裂为例，探讨了深层煤岩气压裂的关键技术突破与实践。研究针对吐哈盆地煤岩储层埋深大、地应力高、温度高等挑战，通过地质工程一体化方法，优化压裂设计与施工策略。关键技术包括：采用 140MPa 高压压裂机组与井口以确保施工安全；研发超高温瓜胶压裂液体系（耐温 140.7℃）以增强携砂性能；通过顶板射孔与裂缝模拟（FrSmart 软件）实现裂缝有效延展。现场实施中，吉 704H 井以 $14m^3/min$ 排量完成压裂，入井液量 $1475.7m^3$、砂量 $133.6m^3$，创国内 5000 米煤岩气压裂纪录。结果表明，精准预测破裂压力、优化压裂液性能及高强度施工设备是超深煤岩气压裂成功的关键。该实践为深层煤岩气高效开发提供了技术参考，推动了吐哈盆地煤岩气勘探进程。

关键词　吐哈盆地；地质工程一体化；深层煤岩气；压裂

吐哈盆地属于煤系地层，大面积发育稳定煤岩储层，受地质条件繁杂多变的影响，长期深陷勘探困局。为落实油田公司“5 个 100 万吨”战略目标，优选了吉 704H 井煤岩段进行压裂改造，通过煤层老井复试，取全取准煤岩地层资料，攻关煤岩气工艺技术，落实丘东洼陷区煤岩含气量及产气特征，推动油田煤岩气勘探工作进程。

吉 704H 目的层为侏罗系西山窑组，垂深 4973.4~5006.9m，测井解释孔隙度 4.8%，渗透率 $0.038\times10^{-3}\mu m^2$，物性差射孔后无自然产能，需要进行压裂改造求取地层液性。区块前期开展了柯新 1H 煤岩水平井压裂提产试验，垂深 3293.8m，水平段长 939m，按照“充分改造煤岩段，适度改造泥岩段，断层附近降低改造强度”的思路进行施工，入井液量 $31889.6m^3$，入井砂量 $3213.6m^3$，施工规模介于新疆油田彩探 1H 和东部油田之间。压裂施工过程中下桥塞遇阻 3 次，第 14 段丢段。放喷返排过程中，返出大量煤粉，经过多次冲钻无法实现井筒通畅，无法对煤层含气性进行评价。前期研究显示，吐哈盆地台北凹陷浅部以低煤阶为主，洼陷区发育中煤阶（吉 7 井实测 Ro 为 1.03%），地质上有以下难点：（1）山前带为碎裂煤和碎粒煤，脆软、裂缝向前延伸困难；（2）三叠-侏罗煤系年代新，热演化程度低，Ro 介于 0.7%~0.8%，有一定生气量；（3）低煤阶的微孔（<2nm）平均占比 15%，宏孔（>50nm）平均占比 63%，介孔（2~50nm）平均占比 21%，孔渗条件好，裂缝需要更长；（4）在煤层厚度上，吐哈盆地的煤岩厚度 10~30m，虽然厚度储集空间变大，但是容易导致裂缝纵向的延伸，横向延伸不远。

超深煤岩气井压裂面临地应力高、施工压力高、地层温度高等诸多技术难题，在压裂施工过程中，为确保压裂施工顺利安全的进行，要掌握好超深井压裂的技术关键：（1）准确预测破裂压力，降低施工风险；（2）高强度的井身结构，能够满足高压下的压裂施工；（3）需要压裂液具备较高的耐温抗剪切性能，及降摩阻性能，才能有效降低施工压力。

1　基本情况

吉 704H 井是部署在吐哈盆地台北凹陷丘东洼陷区丘砂 2 号岩性圈闭一口评价井。吉 7 块 J_2x 主煤层埋深大于 4500m，为台北凹陷主要聚煤区，煤层厚度大，分布连续稳定（图 1）。

煤岩吸附气特征可参考台北凹陷煤岩已试气井分析，产出流体以压裂液、地层水、天然气为主。其中核 4 井产气为湿气，组分齐全，CH_4 含量 82.47%~87.29%，C_2H_6 含量 3.69%~4.03%，水型 $NaHCO_3$，水矿化度 30137mg/L。参考芦草沟组温压曲线，属于正常温度、异常高压系统。预计该井试油段地层温度预计为 140.7℃，地层压力为 63.6MPa。

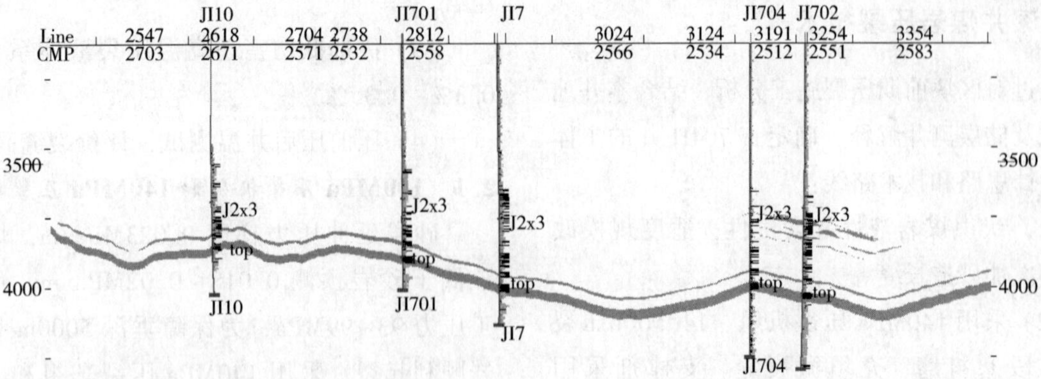

图 1　过丘东洼陷区吉 10–吉 701–吉 7–吉 704–吉 702 井连井波阻抗反演剖面

储层岩性主要为煤岩，根据吉 7 井煤岩实测孔隙度 8.9%~7.58%，渗透率 0.02~0.0076mD。本井 J_2X 组最小水平地应力 70MPa，最大水平地应力 75MPa，应力差 5MPa<10MPa，易形成复杂缝。

表 1　吉 7H 井煤岩地应力测试结果

	#1 样品 弹性模量/GPa	#2 样品 弹性模量/GPa
点位 1	5.94	7.92
点位 2	6.38	7.06
点位 3	6.73	7.11
点位 4	6.80	6.89
点位 5	6.31	6.80
平均值	6.43	7.15

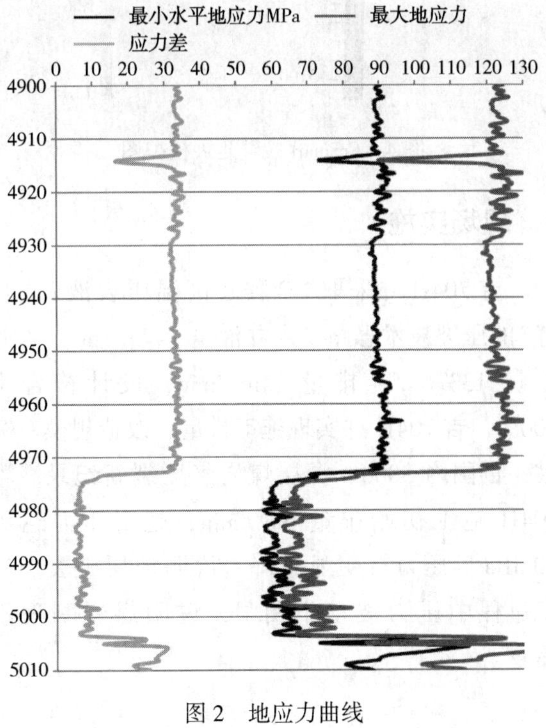

图 2　地应力曲线

本次试油目的层 J_2x 煤层在本区尚未有邻井试油。吐哈盆地前期针对煤层已完成试油 6 口，特征简介如下：

1000~2000m 测试 2 口（核 5、核 6），核 5 井西山窑组最高日产气 1050m^3/d；3000m 以深测试 4 口，柯 19 井西山窑组最高日产气 1944m^3/d，展示出良好勘探前景。核 5 井西山窑组 1812~1822m 煤岩段，压裂后即见气，最高 1050m^3/d，后采用“双控”排采制度，86 天后见气，日产气 400m^3/d 以上 471 天，累产气 31×104m^3，2020 年 7 月停产前日产气 322m^3/d。试采特征显示，游离气（常规气）与吸附气共存。柯 19 煤系地层煤层段常规试油日产气 270m^3/d，酸化后气量升高，最高日产 1944m^3/d，后期稳产 500~700m^3/d，从试油即见气的排采特征可判断为游离气，酸化后日产水 0.5~3.3m^3/d，水型为 $NaHCO_3$ 型，矿化度 31021mg/L，排采末期不出液，压力系数 1.077。2021 年从煤层气勘探向煤岩储层天然气勘探转变，柯新 1H 井取心分析含气量可达 20m^3/t，游离气与吸附气共存，游离气约 50%。与国内大吉、纳林、白家海等典型深层煤层气相比，含气量接近，但煤岩成熟度较低。柯新 1H 井试油所在的北部山前带构造作用强烈，中低阶煤岩原生结构遭破坏，断裂发育，煤系钻井过程中易塌易漏、岩心易碎，钻井周期长，复杂事故多，压裂复杂，压后吐煤粉造成管柱易卡，无法正常生产封井。该井压裂施工作业过程中需注意压裂施工参数和材料的优选，避免出现类似柯新 1H 井现象。

2　超深井煤岩压裂技术

通过对区块前期压裂施工分析，结合本井地质认识及储层测井解释，确定吉 704H 井的主体压裂设计思路和技术路线：

（1）认识煤岩液性和含气性，适度规模改造，一次加砂造长缝。

（2）采用 140MPa 压裂机组、140MPa 压裂井口，段塞打磨、充填微裂缝。支撑剂采用 70/140 石英砂+40/70 目石英砂+30/50 目陶粒组合。

（3）优选低伤害超高温压裂液体系，浓度 0.3%~0.35%。

（4）压前压后井温测试，评价裂缝高度。

2.1　140MPa 压裂机组和 140MPa 压裂井口

砂岩延伸压力梯度 0.023MPa/m，煤岩应该低于砂岩预测 0.018~0.02MPa/m，预测施工压力 93~99MPa，为保障垂深 5000m 处的煤岩顺利起裂，采用 140MPa 压裂车组和 140 压裂井口。

表 2　吉 704H 井不同排量施工压力预测

裂缝延伸压力梯度/(MPa/m)	井口压力(MPa)预测						
	$10m^3/min$	$11m^3/min$	$12m^3/min$	$13m^3/min$	$14m^3/min$	$15m^3/min$	$16m^3/min$
0.018	78.2	81.46	85.26	89.29	93.54	98.02	102.72
0.02	83.67	86.93	90.73	94.76	99.01	103.49	108.19

2.2　超高温压裂液体系

储层温度较高，达到了 140.7℃，采用了超高温瓜胶压裂提高液体造缝、携砂性能。基础配方：0.35%稠化剂+0.3%有机防膨剂+0.3%交联增强剂+0.3%交联剂+0.5%KCl；延迟交联时间：可调，减少管柱摩阻，降低施工压力；基液粘度保持在 45~50mPa·s 左右。

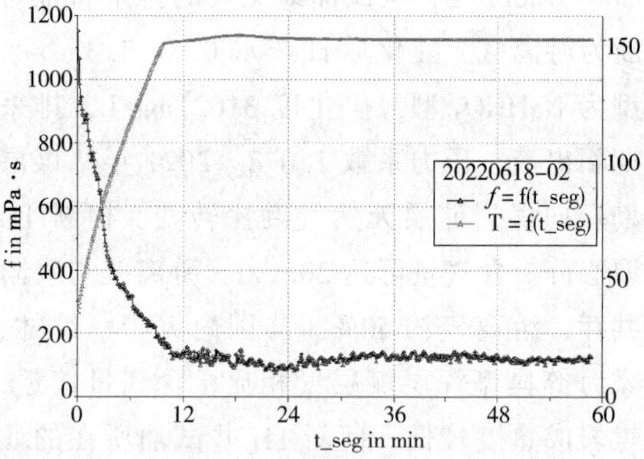

图 3　高温压裂液粘温曲线

2.3　顶板射孔

在为了让裂缝更好地延展，采取顶板射孔的方式。利用 FrSmart 软件模拟缝高为 34m，裂缝扩展范围为 4973~5007m，入口缝宽为 3.68mm，半缝长为 105m。

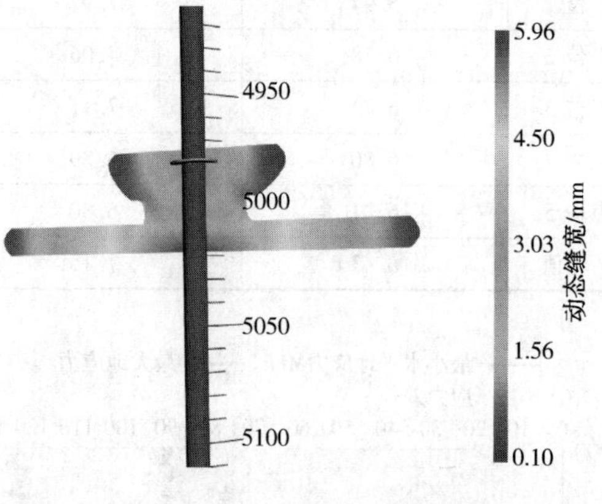

图 4　FrSmart 裂缝延展模拟图

3　现场实施

吉 704H 井采取“全程超高温压裂液+造长缝”的压裂技术思路，入井液量 $1475.7m^3$，入井砂量 $133.6m^3$，排量 $14m^3/min$，设计符合率 100%，吉 704H 井实现施工排量、改造规模双突破，创国内 5000m 深层煤岩气压裂新纪录。吉 704H 施工初始排量 $6m^3/min$，施工压力达到 80MPa 后压力有明显下降，说明地层破裂。施工过程中压力波动不明显，说明煤岩割理不发育。

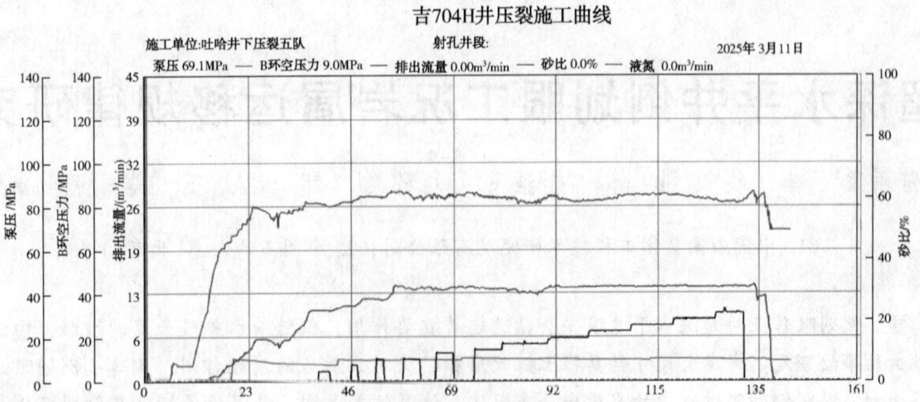

图 5　吉 704H 压裂施工曲线

4　结论与认识

煤岩超深井压裂改造对前期的地质资料进行了分析，开展岩石力学性质研究合理预测施工压力，提出压裂施工难点，降低施工压力、提高压裂液携砂能力是超深井煤岩气成功改造的关键。

参 考 文 献

[1] 张金川，李龙龙，唐玄．深层煤岩气成藏条件与开发关键技术研究进展[J]．石油勘探与开发，2023，50(2)：1-12.

[2] 王红岩，刘洪林，赵群．中国深层煤层气开发潜力与技术对策[J]．天然气工业，2022，42(5)：1-11.

[3] 秦勇，申建，沈玉林．深部煤层气成藏效应与开发地质问题[J]．煤炭学报，2021，46(3)：846-858.

[4] 康永尚，邓泽，刘洪林．深层煤层气开发工程技术现状与发展方向[J]．石油学报，2020，41(12)：1774-1787.

[5] 孟召平，田永东，李国富．沁水盆地深部煤层气储层特征及开发技术[J]．煤炭科学技术，2019，47(5)：1-7.

[6] Li，J.，Zhang，S.，Wang，Y. Fracture propagation and proppant transport in deep coal seams: Experimental and numerical study[J]. Journal of Petroleum Science and Engineering，2023，220：111205.

[7] Wang，C.，Liu，D.，Cai，Y. Deep coalbed methane enrichment mechanisms and exploration potential in China[J]. International Journal of Coal Geology，2022，259：104037.

超深水平井倒划眼工况岩屑运移规律研究

陈雨飞[1]　李　牧[1]　刘　伟[1]　李雅飞[1]　刘科柔[1]　邹　易[1]　王　昊[1]　张　辉[2]

(1. 中国石油集团工程技术研究院有限公司；2. 中国石油大学(北京))

摘　要　倒划眼作业对超深水平井眼安全钻进起着重要作用，但随着水平段长度的增加，由倒划眼引发的沉砂卡钻事故频发。考虑大尺寸钻具推土机效应和钻头对岩屑床的清理作用，构建了倒划眼工况瞬态岩屑运移模型，探究倒划眼过程中的岩屑床分布规律。计算结果表明，井眼清洁情况与倒划眼排量并非简单的正相关，具体情况需要分区讨论；倒划眼速度存在“危险速度”区间，为确保钻井安全应避开。本研究对倒划眼作业参数设置具有一定的指导意义。

关键词　超深水平井；推土机效应；井眼清洁；岩屑运移；沉砂卡钻

据自然资源部油气资源战略研究中心统计，自2018年起，中国原油对外依存度已经连续6年超过70%。随着我国油气勘探开发程度的不断加深，常规优质油气资源日益减少，低渗、致密、深层和深水等复杂地层的资源占比已达约80%。深部地层油气正逐步成为国内油气勘探开发的主战场。保障超深井水平井井眼清洁是钻井领域面临的关键问题之一，因此探明多种工况下的岩屑运移规律具有重要意义。

倒划眼工况指的是保持开泵循环和钻柱旋转，并与此同时起钻或上提钻柱，是钻井作业中最复杂的操作之一，如图1所示。自从顶驱钻井系统的广泛应用，倒划眼就此成为了钻井过程中至关重要的操作之一。倒划眼工况设计的最初的目的是在起钻过程中改善井眼不清洁的状况，并修整井壁，是兼顾钻井效率与降低卡钻风险的操作。随着水平段长度的增加，由倒划眼工况引发的卡钻事故频发，根据相关事故经验分析可以发现，在某些工况参数下，倒划眼不仅不能清洁井眼，反而造成了局部井段的岩屑集中堆积，最终导致沉砂卡钻事故发生。迄今为止，有关倒划眼作业井眼清洁风险的定量评估的研究相当少见，在前人的研究中，谭天一等提出了“推土机效应”这一概念，用于描述在水平井段中大尺寸钻具沿井眼轴线向前推移岩屑的现象。Zhu等研究得出起钻时岩屑易在稳定器附近堆积的结论，认为该现象成因是稳定器附近流速突变所致，但未考虑稳定器自身的“推土机效应”。需要强调的是，大尺寸钻具对岩屑的推挤作用是引发岩屑运移再分布的主要驱动力，在模拟倒划眼过程时必须考虑“推土机效应”的影响。针对井筒内岩屑运移规律的研究，学者们主要采用室内实验、数值模拟和一维岩屑运移模型三种方式，鉴于倒划眼作业模拟需考虑极长的井筒环空段，室内实验与CFD软件模拟均存在成本高昂的弊端，一维岩屑运移模型凭借计算速度快的优势，被广泛用于大井筒范围的岩屑运移过程模拟。这类模型又可以分为三类：均相流模型、分相流模型和漂移流模型。Martins和Santanaz在Doron所研究的管流基础上，提出了适用于井筒环空的两层岩屑运移稳态模型，模型的上部悬浮层中固相颗粒浓度可以通过求解扩散方程得到的浓度剖面而求得，但是没有区分悬浮层中的液相与固相，认为其是一种均相流动。Martins等在其之前研究的基础上，建立了瞬态两层模型，该模型假设悬浮层中的不存在固相颗粒，且未考虑两层之间的质量交换。汪志明和张政对Martins的模型进行了改进，建该模型考虑了悬浮层中岩屑颗粒的扩散，悬浮层中岩屑颗粒与钻井液呈均相流动，之间无相对运动。Naganawa等对前人的瞬态两层岩屑运移模型的中间参数计算进行了改进，将该瞬态模型应用于日本某大位移井的模拟计算，结果表明模型计算具有一定的合理性。孙晓峰等建立了基于漂移流模型的瞬态岩屑运移模型，模型中并未进行分层处理，而是将固液两相视为均相流动，以岩屑浓度代替分层模型中的岩屑浓度和岩屑床高度，并采用投影算法，提高计算效率。

本研究基于固液两相流动理论，建立了倒划眼工况瞬态岩屑运移模型，相较于传统模型，本模型采提出倒划眼边界条件以量化大尺寸钻具的

“推土机效应”和钻头对岩屑床的清理作用，通过对岩屑床分布的量化分析，揭示了沉砂卡钻机理，能够对现场倒划眼作业参数设置提供理论参考。

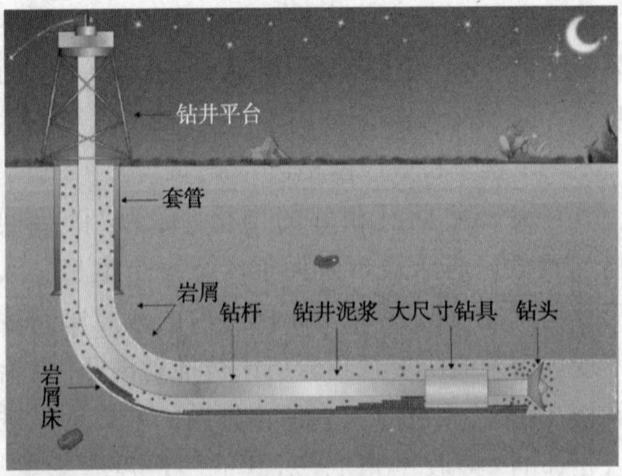

图1　超深水平井倒划眼工况

1　倒划眼瞬态岩屑运移模型

1.1　基本假设

倒划眼瞬态岩屑运移模型假设环空中存在岩屑悬浮层和岩屑床层，如图2所示。此外，由于岩屑颗粒和钻井液之间存在滑移，上部悬浮层中的固相和液相被分开考虑，这一假设与漂移流理论所描述的现象是一致的。

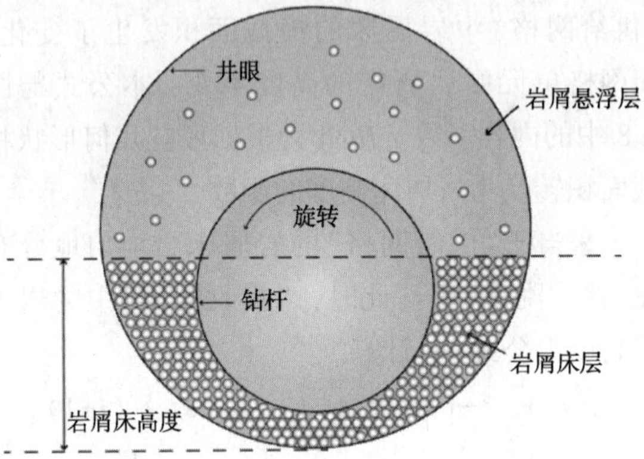

图2　环空固液两相流动简化流型

综上，倒划眼工况瞬态岩屑运移模型的基本假设如下：

（1）环空的上部为岩屑颗粒悬浮层，下部为岩屑床层；

（2）岩屑床层的固相含量是固定的，其体积分数为65%；

（3）岩屑悬浮层的中固相和液相存在滑移效应，而岩屑床层中的固相和液相不存在滑移效应，即两者运动速度相同；

（4）固相颗粒具有均等的直径；

（5）在倒划眼过程中，钻头所经过井段的岩屑床会被完全再悬浮。

1.2　基本方程

根据固液两相流动理论，为了更好地量化相间的相互作用，将悬浮层中的液相和固相分别考虑建立各自的方程。基于质量守恒定律，控制体内单位时间的质量变化量包括两部分：控制单元内流入和流出的质量之差；悬浮层与岩屑床层之间的质量交换。

悬浮层液相质量守恒方程：

$$\frac{\partial\ (\rho_f C_f A_{sd})}{\partial\ t}+\frac{\partial\ (\rho_f C_f A_{sd} v_f)}{\partial\ x}=\boldsymbol{\Phi}_{sdf} \tag{1}$$

悬浮层固相质量守恒方程：

$$\frac{\partial\ (\rho_c C_c A_{sd})}{\partial\ t}+\frac{\partial\ (\rho_c C_c A_{sd} v_c)}{\partial\ x}=\boldsymbol{\Phi}_{sdc} \tag{2}$$

岩屑床层质量守恒方程：

$$\frac{\partial\ (\rho_{sb} A_{sb})}{\partial\ t}+\frac{\partial\ (\rho_{sb} A_{sb} v_{sb})}{\partial\ x}=\boldsymbol{\Phi}_{sb} \tag{3}$$

基于动量守恒定律，控制体内的动量变化率等于其所受外力之和，可以得到控制体内各层各相的动量守恒方程（式4-6）。

悬浮层液相动量守恒方程：

$$\frac{\partial\ (\rho_f A_{sd} C_f v_f)}{\partial\ t}+\frac{\partial\ (\rho_f A_{sd} C_f v_f v_f)}{\partial\ x}= -A_{sd}C_f\left(\frac{\partial\ p}{\partial\ x}+\rho_f g\cos\theta\right) - C_f\tau_{fw}S_{sd} - C_f\tau_{sbsd}S_{sdsb} - F_{cf} - (v_f - v_{sb})\boldsymbol{\Phi}_{sdf} \tag{4}$$

悬浮层固相动量守恒方程：

$$\frac{\partial\ (\rho_c A_{sd} C_c v_c)}{\partial\ t}+\frac{\partial\ (\rho_c A_{sd} C_c v_c v_c)}{\partial\ x}= -A_{sd}C_c\left(\frac{\partial\ p}{\partial\ x}+\rho_c g\cos\theta\right) - C_c\tau_{cw}S_{sd} - C_c\tau_{sbsd}S_{sbsd} + F_{cf} - (v_c - v_{sb})\boldsymbol{\Phi}_{sdc} \tag{5}$$

岩屑床层动量守恒方程：

$$\frac{\partial\ (\rho_{sb} A_{sb} v_{sb})}{\partial\ t}+\frac{\partial\ (\rho_{sb} A_{sb} v_{sb} v_{sb})}{\partial\ x}= -A_{sb}\left(\frac{\partial\ p}{\partial\ x}+\rho_{sb} g\cos\theta\right)$$

$$-\tau_{sbw}S_{sb}+\tau_{sbsd}S_{sbsd}-F+v_{sb}\Phi_{sb} \quad (6)$$

式中，t 为时间，s；x 为井筒轴向位移，m；A_{sd}为悬浮层横截面积，m^2；A_{sb}为岩屑床层横截面积，m^2；v_f为悬浮层流体速度，m/s；v_c为悬浮层固体速度，m/s；v_{sb}为岩屑床层速度，m/s；p 为环空压力，Pa；C_c为悬浮层固体体积浓度，无因次；C_f为悬浮层流体体积浓度，无因次；S_{sd}为悬浮层湿周，m；S_{sb}为岩屑床层湿周，m；S_{sbsd}为悬浮层与岩屑床层之间的接触长度，m；F 为岩屑床干摩擦力，N/m；F_{cf}为多颗粒拖曳力，N/m；ρ_c 为固体密度，kg/m^3；ρ_f 为流体密度，kg/m^3；ρ_{sb}为岩屑床密度，kg/m^3；g 为重力加速度，m/s^2；τ_{sbsd}为岩屑床层与悬浮层之间的剪切应力，Pa；τ_{fw}为岩屑床层与悬浮层之间的剪切应力，Pa；τ_{cw}为岩屑床层与悬浮层之间的剪切应力，Pa；Φ_{sdc}、Φ_{sdf}和 Φ_{sb}分别为悬浮层固相、液相和岩屑床层的质量交换系数，kg/(s·m)。θ 为井斜角，度。

1.3 边界条件

（1）钻头边界条件

在倒划眼作业中，钻井液从钻头的水眼中喷射出来，井底没有岩屑产生。换句话说，倒划眼工况的边界条件与循环洗井工况的边界条件相同。详细的边界条件数学表达式见表1。

表1　井底边界条件

动量边界	质量边界
$v_f=\dfrac{4Q_f}{\pi(d_o{}^2-d_i{}^2)(1-C_c)}$	$C_c=0$
$v_c=0$	$A_{sb}=0$
$v_{sb}=0$	

（2）井底相邻网格边界条件

倒划眼作业的一个重要特点是用旋转的钻头喷射钻井液清洗井筒低边的岩屑床。在该模型中，选择靠近井底（钻头）的网格来模拟钻头对岩屑床的再悬浮作用。如果倒划眼距离在小于一个网格的长度，则网格中的岩屑床按照比例转化为岩屑颗粒重新悬浮，如公式（7）所示。根据 ΔV_c，可以很容易地计算得到新的悬浮岩屑体积浓度和岩屑床高度。当多个时间步倒划眼距离的总和达到一个网格的长度时，网格中的剩余岩屑床全部转化为悬浮岩屑，井底边界的位置也随之变化。

$$\Delta V_c=\frac{L_{br}}{\Delta x}A_{sb}\Delta xC_{sb} \quad (7)$$

式中，v_{br}表示倒划眼的速度，m/s；L_{br}为倒划眼距离，m；Δt 为时间步长，t；Δx 表示空间步长，m；C_{sb}为岩屑床中固相体积浓度。

（3）推土机效应网格边界条件

与大尺寸钻具相邻的网格（称为"供给网格"）内的岩屑床被台阶面推入下一个网格，大尺寸钻具通过时，"供给网格"内的岩屑床高度不变，台阶面所接触到岩屑床被推动离开"供给网格"。被大尺寸钻具台阶面推动的岩屑床只进入相邻的"接收网格"，对其他网格没有影响。这一原则将作为量化推土机效应的基本假设。对于"供给网格"，推土机效应引起的岩屑床迁移量可由公式（8）计算。

$$A_{sb}(i,\ t-1)=HtoA(d_o,\ d_i,\ e,\ h_c(i))$$
$$A_{sb}(i,\ t)=HtoA(d_o,\ d_{ldst},\ e,\ h_c(i))$$
$$V_{mb}=[A_{sb}(i,\ t-1)-A_{sb}(i,\ t)]L_{br} \quad (8)$$

式中，A_{sb}表示岩屑床的横截面积，m^2；t 表示某一时间步；i 表示"供给网格"的索引值。由于推土机效应，大尺寸钻具所通过的网格单元（供给网格）中岩屑床的横截面积发生了变化，而网格单元中岩屑床的高度不变，本公式与图4.8中的内容一致。$HtoA$ 为根据环空几何形状将截面积转换为岩屑床高度的函数

来自于"供给网格"的岩屑床会均匀地分布在"接收网格"中。此时，"接收网格"中的岩屑床高度由公式（9）计算。

$$A_{sb}(i+1,\ t-1)=HtoA(d_o,\ d_i,\ e,\ h_c(i+1))$$
$$A_{sb}(i+1,\ t)=A_{sb}(i+1,\ t-1)+\frac{V_{mb}}{\Delta x}$$
$$h_c(i+1)=AtoH(d_o,\ d_i,\ e,\ A_{sb}(i+1,\ t)) \quad (9)$$

式中，$i+1$ 表示"接收网格"的索引值。$AtoH$ 为是根据环空几何形状将岩屑床高度转换为截面积的函数。

2 倒划眼工况岩屑运移规律分析

由于倒划眼参数和大尺寸钻具对岩屑运移规律的影响复杂，不能通过简单的结果时变曲

线得出其相关的规律，所以将通过敏感性分析的方式对其影响进行量化分析，钻井液流量和倒划眼速度是倒划眼作业的核心参数，是本研究讨论的重点。模拟计算的基本输入参数见表2。

表2　计算参数

参数	值	单位
稠度系数	0.02	$Pa \cdot s^n$
流性指数	0.9	无因次
屈服强度	0.12	Pa
钻井液密度	1200	kg/m^3
岩屑密度	2630	kg/m^3
偏心度	0.4	无因次
颗粒直径	0.003	m
井斜角	90	°
大尺寸钻具与钻头之间距离	8	m
井眼直径	0.2159	m
钻杆直径	0.127	m
钻杆转速	30	r/min

（1）排量影响分析

从模拟结果中可以发现，在倒划眼作业中，流量与井眼清洁程度并不是简单的正相关或负相关。根据不同排量下井筒中岩屑床的分布特性，钻井液排量可分为三个区间，包括："危险排量"区间、"低排量"区间和"高排量"区间。具体分析如下：

当钻井液排量采用32L/s、32.5L/s和32.7L/s时，倒划眼过程中会出现大尺寸钻具附近井段的环空被岩屑床完全堵塞的情况，即：网格中没有流动的钻井液只有岩屑床，模型迭代计算停止，模型计算中发生这种情况，即认为发生了卡钻，因此排量低于33L/s被认为是"危险排量"区间。"低排量"区是指排量为33~35L/s的区间，如图3(a)和(b)所示，台阶面附近岩屑床显著堆积的区域在图中呈现深红色，排量33L/s所对应的岩屑床堆积区域明显窄于排量为35L/s所对应的岩屑床堆积区域，整体上看，排量为33L/s比排量为35L/s的井筒更加清洁，这与一般的感性认识是有出入的。随着排量的增加，岩屑运移的速度随之增加，大尺寸钻具的"清洗效应"得到了提高，上部输送过来的岩屑不至于完全堵塞环空；在"低排量"区间中，继续增加排量会使钻头的"堵塞效应"加剧，即：再悬浮岩屑更快输送到大尺寸钻具附近，由于排量不足，大尺寸钻具的"清洁效应"尽管有所增加还是无法处理全部岩屑，所以导致排量增加反而使大尺寸钻具附近的岩屑床堆积更加严重了。如图3(c)和(d)所示，随着排量增加到"高排量"区间(>35L/s)时，靠近台阶面的岩屑床显著堆积地井筒长度持续减小。如图3(e)和(f)所示，当排量为42.5L/s和45L/s时，岩屑床的分布与其他几种情况不同，岩屑床分布更加均匀，没有明显的岩屑床集中堆积。通过模型的进一步计算可知，如果流量继续增大，井筒会变得更加清洁。

（2）倒划眼速度影响分析

如图4(a)所示，当倒划眼速度为0.2m/s时，在大尺寸钻具台阶面附近没有显著的岩屑堆积。这是由于倒划眼速度较低，在大尺寸钻具到达之前，环空中大量岩屑床已经被携带并输送到上部井段。在这种情况下，大尺寸钻具的"堵塞效应"变得微乎其微，推土机效应几乎不存在，大尺寸钻具的"清洁效应"完全占据了主导，因此，井眼处于清洁状态。如图4(b)所示，当倒划眼速度为0.4m/s时，大尺寸钻具存在明显的推土机效应，台阶面附近有显著的岩屑床堆积，大尺寸钻具的"堵塞效应"强于"清洁效应"。如图4(c)所示，当倒划眼速度为0.5m/s时，台阶面附近的岩屑床的堆积变得更严重，大尺寸钻具的"堵塞效应"进一步加强。当倒划眼速度达到1.0m/s，如图4(d)所示，台阶面附近井段的岩屑床堆积程度显著降低了，此时大尺寸钻具"清洁效应"占据主导地位。在这种情况下，尽管岩屑床受到推土机效应的影响在台阶面前快速汇聚，但大尺寸钻具所产生的高流速钻井液，又迅速将过量岩屑床破坏并输送到上部井段了。因此，在高倒划眼速度下，岩屑床暂时的堆积反而提高了大尺寸钻具附近高流速钻井液对井眼的清洗效率，大尺寸钻具的“清洁效应”完全压过了“堵塞效应”，最终形成了台阶面附近只有少量岩屑堆积的情况。从一般的工程经验来看，如果在倒划眼过程中倒划眼速度越快，就会越容易造成环空被岩屑床堵塞，从而造成卡钻。然而，通过模拟计算结果可以发现，一般的工程经验只在一定的倒划眼速度区间内才起作用，超过这个区间，井筒中的岩屑运移规律又会发生变化，定义该速度区间“危险速度”区间，在该区间内，大尺寸钻具台阶面附近的岩屑床堆积明显多于其他情况。只要在倒划眼作业中，将倒划眼速度远离“危险速度”，就可以最大程度地避免倒划眼过程中的沉砂卡钻事故。

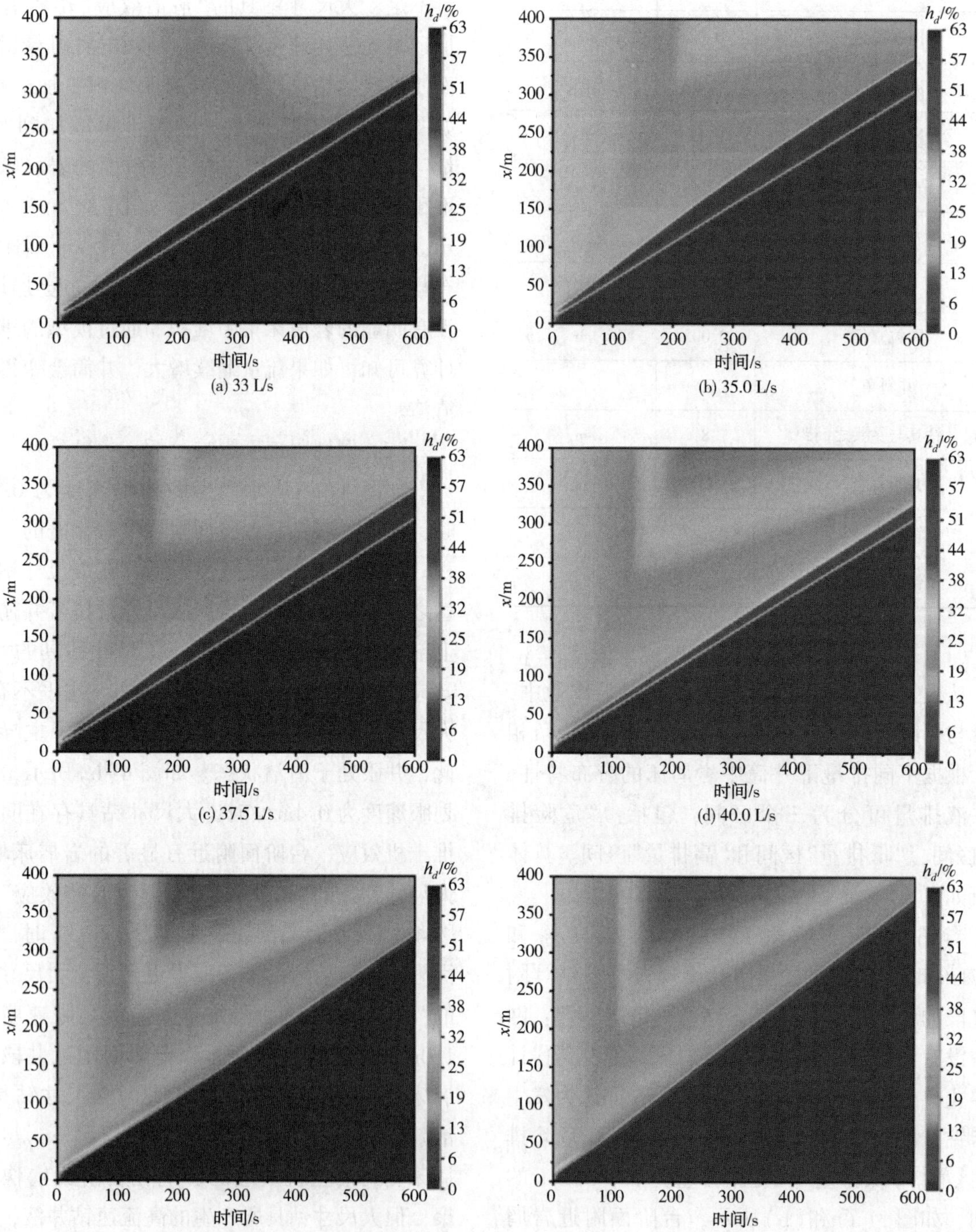

(a) 33 L/s　(b) 35.0 L/s　(c) 37.5 L/s　(d) 40.0 L/s　(e) 42.5 L/s　(f) 45 L/s

图3　不同排量的模拟结果

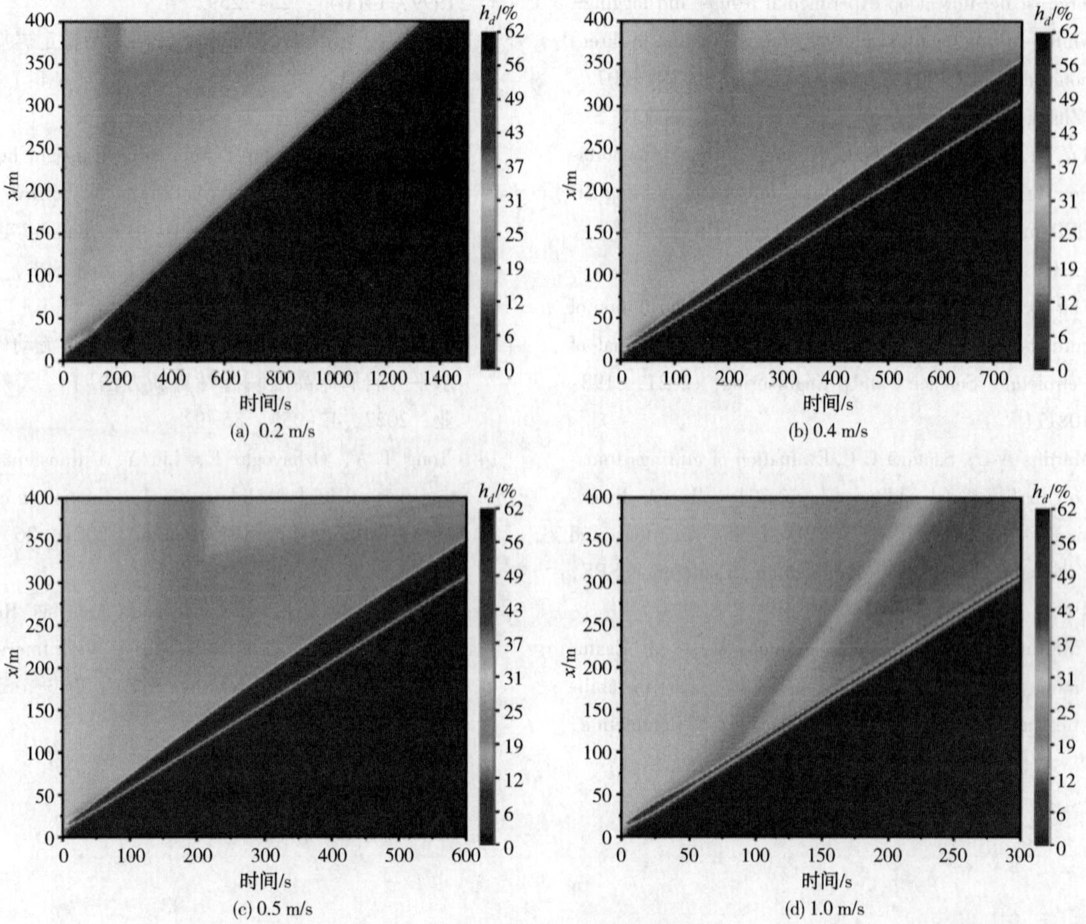

图4　不同倒划眼速度的模拟结果

3　结论

（1）在倒划眼作业中，并不是排量越高越有利于井眼清洁。根据岩屑运移规律的不同，倒划眼排量可以从低到高分为三个区间，包括："危险排量"、"低排量"和"高排量"。当采用"危险排量"(<33L/s)时，在倒划眼过程中，岩屑床完全堵塞了大尺寸台阶面附近的井筒环空，即：认为发生了卡钻；当排量处于"低排量"区间(33~35L/s)时；井眼清洁程度随排量的增大而减小。当排量增加到"高排量"区间(>35L/s)时，排量越大，井眼越清洁。

（2）倒划眼速度存在一个"危险速度"区间，在该区间内，在大尺寸钻具附近沉积的岩屑床的堆积程度明显严重于其他倒划眼速度的情况。理论上，只要采用的倒划眼速度不在"危险速度"区间内(0.4~0.5m/s)，岩屑床的堆积就能得到有效控制。

综上所述，倒划眼瞬态岩屑运移模型对倒划眼操作参数的设定和优化具有一定参考意义。

参　考　文　献

[1] 樊大磊，王宗礼，李剑，等.2023年国内外油气资源形势分析及展望[J]. 中国矿业，2024，33(01)：30-37.

[2] 贾承造. 含油气盆地深层—超深层油气勘探开发的科学技术问题[J]. 中国石油大学学报(自然科学版)，2023，47(05)：1-12.

[3] Yarim G，Ritchie G M M，May R B B. A guide to successful backreaming：real-time case histories[J]. SPE Drilling & Completion，2010，25(01)：27-38.

[4] Tan T，Zhang H. A risk prediction method of pipe sticking accidents due to wellbore uncleanness for long horizontal section wells[J]. Journal of Petroleum Science and Engineering，2022，210：110023.

[5] Zhu，N.，Ding，S. D.，Shi，X. L.，Huang，W. J.，& Gao，D. L.（2023）. Cuttings transport：Back reaming analysis based on a coupled layering-sliding mesh method via CFD. Petroleum Science.

[6] Naganawa，S.，Sato，R.，Ishikawa，M.，2017. Cuttings - transport simulation combined with

large-scale-flow-loop experimental results and logging-while-drilling data for hole-cleaning evaluation in directional drilling. SPE Drill. Complet. 32 (3), 194-207.

[7] Zhang, F., Wang, Y., Wang, Y., Miska, S., Yu, M., 2020. Modeling of dynamic cuttings transportation during drilling ofoil and gas wells by combining 2D CFD and 1D discretization approach. SPE J. 25 (3), 1220-1240. doi: 10.2118/199902-PA.

[8] Zhu N, Huang W, Gao D. Dynamic wavy distribution of cuttings bed in extended reach drilling[J]. Journal of Petroleum Science and Engineering, 2021, 198: 108171.

[9] Martins A L, Santana C C. Evaluation of cuttings transport in horizontal and near horizontal wells - A dimensionless approach [C]//SPE Latin America and Caribbean Petroleum Engineering Conference. SPE, 1992: SPE-23643-MS.

[10] Martins A L, Santana M L, Campos W, et al. Evaluating the transport of solids generated by shale instabilities in ERW drilling[J]. SPE Drilling & Completion, 1999, 14(04): 254-259.

[11] 汪志明，张政．大位移水平井两层不稳定岩屑传输模型研究[J]．水动力学研究与进展(A辑)，2004(05)：676-681.

[12] Naganawa S, Nomura T. Simulating transient behavior of cuttings transport over whole trajectory of extended-reach well [C]//IADC/SPE Asia Pacific Drilling Technology Conference and Exhibition. SPE, 2006: SPE-103923-MS.

[13] 孙晓峰，姚笛，孙士慧，等．基于漂移流动模型的水平井岩屑床高度瞬态计算新方法[J]．天然气工业，2022，42(05)：85-92.

[14] Tong T A, Ozbayoglu E, Liu Y. A transient solids transport model for solids removal evaluation in coiled-tubing drilling[J]. SPE Journal, 2021, 26(05): 2498-2515.

[15] Aitken B, Li J. Solids Cleanout Analysis Reduces Screen Out Risk[C]//SPE/ICoTA Well Intervention Conference and Exhibition. SPE, 2013: SPE-163895-MS.

电潜泵提液增产技术在哈拉哈塘油田中的应用
——以 R4-1 井为例

肖　云[1,2]　陈利新[1,2]　陈德飞[1,2]　佘治成[1,2]　王　霞[1,2]　林清金[1,2]

（1. 中国石油塔里木油田公司；2. 新疆超深油气重点实验室）

摘　要　哈拉哈塘奥陶系碳酸盐岩由于经历了复杂的、差异化的多期岩溶的叠加改造作用，油井开发动态也各不相同，如何针对区域复杂的储层类型选择合适的采油工艺技术对后期生产效果影响非常大。哈拉哈塘油田储层类型主要是洞穴型、裂缝孔洞型，储层非均质性严重，裂缝兼具渗滤性和储集性，主要起沟通孔洞的作用。油藏埋深 6500m 以深，区域多数油藏均有底水，油井的出水类型复杂多样，必须分类型评价油井的出水能力，才能对症下药，针对性的挖潜剩余油。通过研究发现，R4-1 井储层属裂缝孔洞型油藏，储层平面展布范围较大，油井的含水率呈现波动变化，反映多储集体特征，用油藏工程方法进一步评价油井日水侵量和产液能力，根据计算结果确定地质配液。该井转电潜泵提液后生产效果非常好。通过该井电泵提液生产效果评价研究，为哈拉哈拉油田其他油井提液潜力评价提供依据。

关键词　电潜泵；裂缝孔洞型；底水油藏；水体大小

哈拉哈塘油田是塔里木建成的第一个百万吨碳酸盐岩整装油田，目前年产量仍然占东河管理区产量的 77%，是管理区主要的稳产上产区。哈拉哈塘油田经历了复杂的、差异化的多期岩溶的叠加改造作用，油井开发动态也各不相同，区域上分潜山岩溶区、层间岩溶区、断控岩溶区，油藏埋深 6500m 以深。储层油气主要赋存在洞穴、孔洞和裂缝中，储层非均质性严重，裂缝兼具渗滤性和储集性，主要起沟通孔洞的作用。裂缝—孔洞型储层开采早期裂缝中的油气优先动用，较远端孔洞中的油气通过裂缝向井底流动，开发中后期，底水沿高角度裂缝迅速窜进，此时孔洞与裂缝也存在物质交换，井间形成一定范围的剩余油。通过 R4-1 井转电泵生产动态、储层类型的评价，优选出一套适合哈拉哈塘油田提液生产井的评价方法，为哈拉哈塘油田长期稳产提供技术支撑。

1　研究区域概况

哈拉哈塘油田位于塔里木盆地塔北隆起轮南低凸起西斜坡（图 1），总体上呈现向西倾的大型鼻状构造，与英买力油田，轮古油气田，塔河油田，富满油田毗邻，哈拉哈塘油田是区域奥陶系特大型碳酸盐岩缝洞型油藏的一部分。哈拉哈塘油田探明储量大，但储层埋藏深、储集体类型多样、非均质性强，油藏连续性差、内部构型复杂。哈拉哈塘油田由于受到近南北向挤压应力的作用，发育北东向和北西向两组大型共轭走滑断裂带，总体呈现“X”型特征，大型断裂带沿主断裂走向方向延伸。经过多期成藏与破坏调整，北东向断裂带分段油气富集。

图 1　研究区位置图

2　R4-1 井基本情况

2.1　钻井情况

R4-1 井位于哈拉哈塘油田层间岩溶区（图 2~3），在 FⅡ14 主干断裂上，距离 FⅠ9 断裂较近，该井于 2012 年 6 月 8 日完钻，完钻井深 6745m，完钻层位奥陶系一间房组。钻揭一间房组 14.2m，钻进至井深 6725.59m 发现井漏，钻进至井深 6745m，漏失相对密度 1.18 的钻井液 31.0m^3，奥陶系漏失相对密度 1.18 的钻井液 270.5m^3。

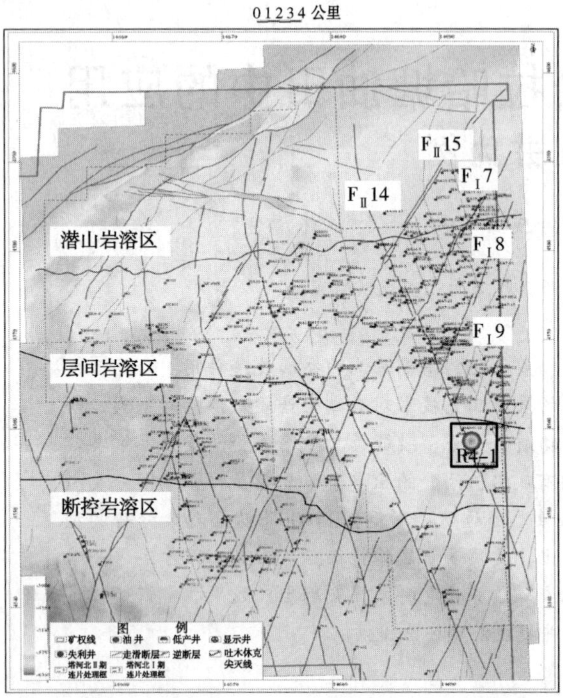

图 2　哈拉哈塘油田一间房组顶面构造图

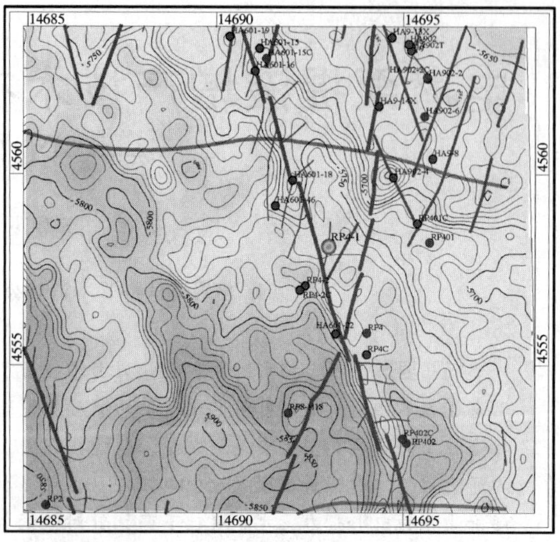

图 3　R4-1 井一间房组顶面构造图

2.2　储层特征

结合区域邻井的钻井情况、测井结果和试采特征综合分析 R4-1 井储层为裂缝孔洞型储层(表 1)。

表 1　R4-1 邻井生产层段储层特征统计表

序号	井号	放空/m	漏失/m^3	停泵压力/MPa	试采特征	测井	综合评价
1	RP4-1	/	270.5	/	投产油压 21.1MPa，见水后油压、产量开始下降	Ⅱ类储层 13.5m/3 层，Ⅲ类储层 50.0m/4 层	裂缝孔洞型
2	HA601-18	/	/	28.1↘27.6MPa	投产油压 3.86MPa，投产后快速停喷	Ⅱ类裂缝型储层 9.5m/1 层	裂缝孔洞型
3	HA601-46	/	2.5	9.3↘8.7MPa	投产油压 23.1MPa，带水生产时间长	未测井	洞穴型
4	RP4-2	/	/	30↘27.9MPa	投产油压 20MPa，递减快，累产低	Ⅱ类储层 11.5m/3 层，Ⅲ类储层 27.5m/5 层	裂缝孔洞型
5	RP4C	/	666.38	/	投产油压 30MPa，投产后快速水淹停喷	Ⅱ类储层 51.0m/5 层，Ⅲ类储层 60.5m/2 层	裂缝孔洞型
6	HA601-22	/	/	28.3↘27.3MPa	投产油压 12.6MPa，递减快，累产低	Ⅱ类储层 32m/2 层	裂缝孔洞型

该井在奥陶系测井解释Ⅱ类孔洞型储层 9.5m/2 层，孔隙度 3.1%～3.4%，裂缝 1 条；Ⅱ类裂缝孔洞型储层 4.0m/1 层，孔隙度 3.1%，裂缝 4 条；Ⅲ类储层 50.0m/4 层，孔隙度 1.2%。钻遇储层为良里塔格组良三段和一间房组，储层类型以裂缝-孔洞型为主(图 4)。

2.3　动态特征

本井完井后未进行酸化，采用直接放喷测试获得高产，2012 年 6 月 12 日 4mm 油嘴自喷投产，经历 74 天无水采油期，期间油压和产液量均有一定下降，之后进入低含水开发阶段，含水呈波动变化，期间累计产油 3.57 万吨。2015 年 10 月 15 日含水快速上升，产量快速递减，含水上升到 90% 以上后长期处于特高含水低效开发阶段。此阶段累产油 0.43 万吨，累产水 1.41 万吨。

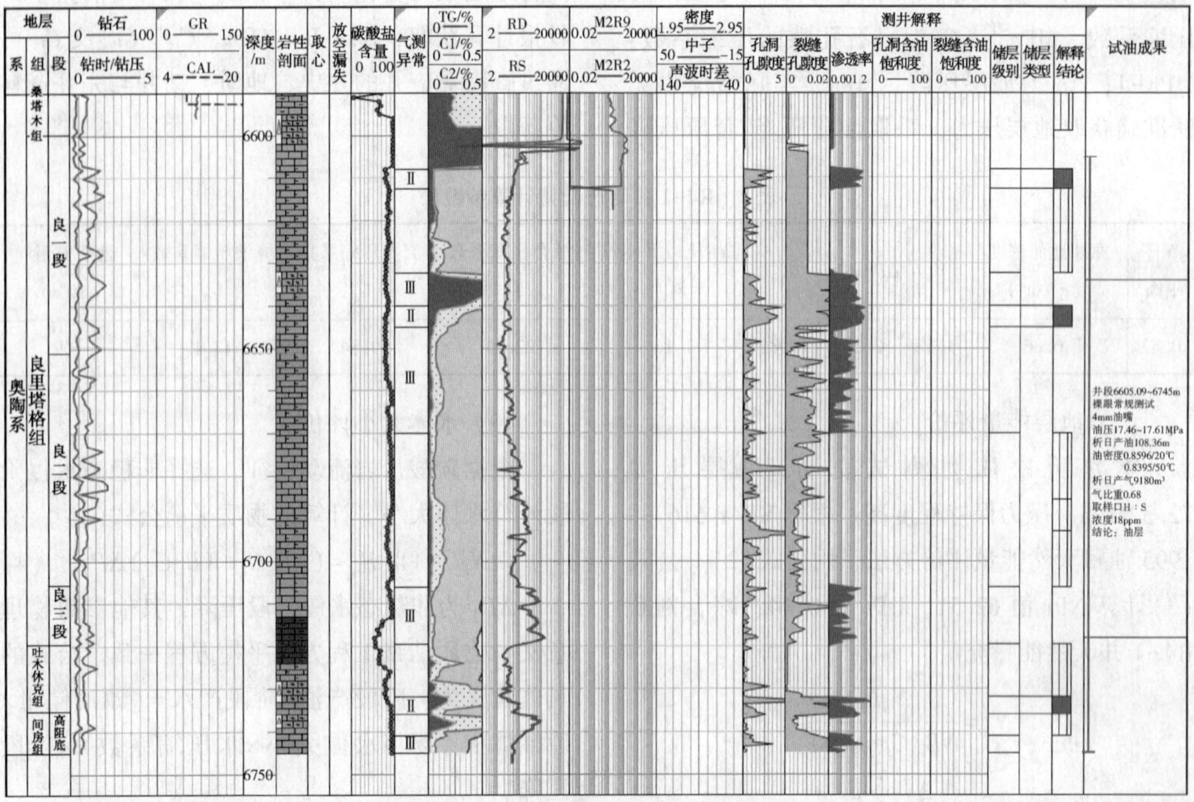

图4　R4-1井奥陶系综合柱状图

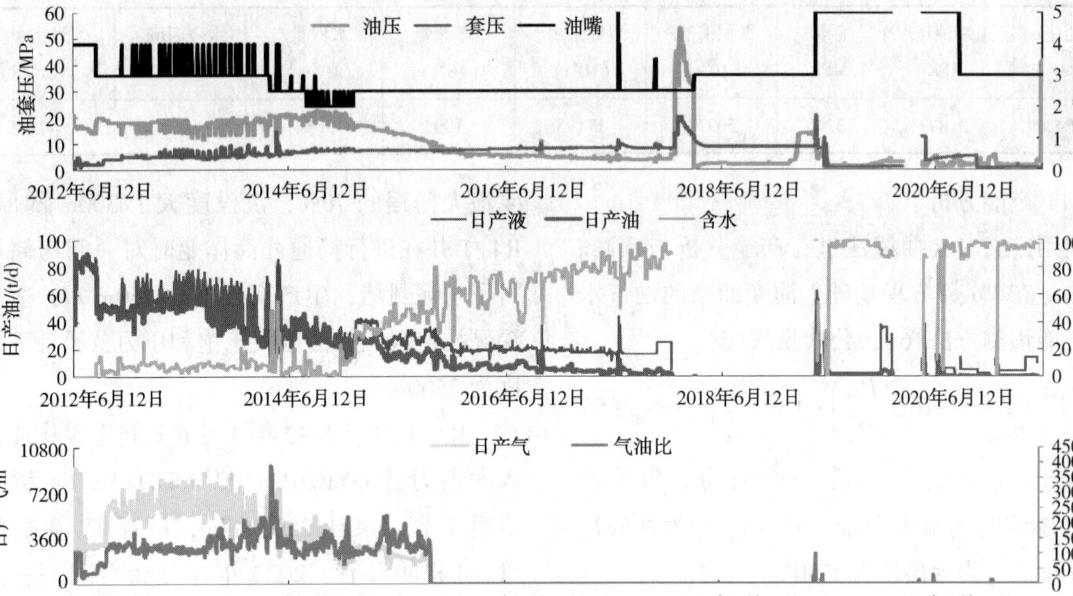

图5　R4-1井综合开采曲线

（1）动态储量计算

油井生产初期是充分利用弹性能量生产，底水基本没有流动，此阶段的生产数据利用公式(1)计算的该井的动态储量为109万吨。

$$N_p B_o = N B_{oi} C_{ot} \Delta P \tag{1}$$

N_p为油藏的累计产油量，m^3；B_o为目前地层压力下的原油体积系数；W_p为油藏的累计产水量，m^3；B_w为目前地层压力下的水体积系数；N为储集体控制的动态储量，m^3；B_{oi}为原始地层压力下的原油体积系数；C_o为原油两相压缩系数，MPa^{-1}；S_{wc}为束缚水饱和度；C_w为地层水的压缩系数，MPa^{-1}；C_p为岩石孔隙的压缩系数，MPa-1；Δp为地层压降，MPa，实际情况中无法准确获取地层压力，采取油压压降/套压压降代替地层压力变化。其中，N_p与W_p可根据生产日报计算获取；Bo、Bw、Boi、Co、Cw及Cp可通过查阅对应井的井史、地质、钻井与完井资料等获取。

表 2　R4-1 井动态储量计算参数表

N_p/(10^4t)	原油地面密度/(g/cm^3)	B_o	ΔP/MPa	B_w	原始压力下体积系数B_{oi}	综合压缩系数C_t	岩石压缩系数C_p	原油压缩系数C_o	地质储量/(10^4t)
0.57	0.86	1.18	2.24	1.08	1.16	22.94	9.84	13.1	109

（2）地层能量评价

本井历次压力测试表明，地层压力72.32MPa，压力保持程度高。根据ST/T 6167—1995油藏天然能量评价方法，用公式(2)、公式(3)计算NPr值62.51、DPr值0.14，综合判断R4-1井天然能量充足。

$$N_{pr}=\frac{N_pB_o}{NB_{oi}C_t(p_i-\bar{p})} \tag{2}$$

$$D_{pr}=\frac{N(p_i-\bar{p})}{100\times N_p} \tag{3}$$

（3）水体大小评价

根据碳酸盐岩流动特征，选择非稳态水侵阶段计算水体大小，计算的物质平衡公式(4)。

$$N_{p2}B_o+W_pB_w=(NB_oC_o+WB_wC_w)\Delta P_2 \tag{4}$$

ΔP_2为非稳态水侵阶段压降，其他参数物理意义与物质油藏工程方法平衡方程一致。公式的具体含义为：阶段产油+阶段产水=(原油储量×原油体积系数+水体大小×水压缩系数)×阶段压降。

表 3　R4-1 井水侵量计算参数表

初始油压/MPa	末端油压/MPa	压差/MPa	累积采油/(10^4t)	累计采水/(10^4t)	动态储量/(10^4t)	水侵量/(10^4m^3)	水侵时间/d	日侵量/(m^3/d)
17.34	3.89	13.45	50977	17195	109	9.54	1998	47.75

（4）产能分析

利用广义IPR曲线法进行产能分析与预测。该方法是在Vogel方程基础上演变而来的油气水三相产能预测方法[6]，公式见式(5)。

$$\frac{q}{q_{max}}=1-0.2\left(\frac{P_{wf}}{P_R}\right)-0.8\left(\frac{P_{wf}}{P_R}\right)^2 \tag{5}$$

式中，q为油井产量，m^3/d；q_{max}为纯液(油)相渗流时的最大产量，m^3/d；P_{wf}为井底流压，MPa；P_R为地层压力，MPa。

R4-1井发育两套储层，笼统开采。用无因次IPR曲线分析产能时，考虑日水侵量$47.75m^3/d$，参考塔河油田提液量为2~4倍的日水侵量时，增油效果好，据此R4-1井地质配液$100m^3/d$。

（5）电泵提液实践

电泵排量与扬程选择依据泵吸头总扬程小于泵最大扬程的70%，沉没度大于300m的原则。R4-1井在进行畅通井筒作业时对一间房储层进行了水泥封堵，生产高气油比$150m^3/t$，适当加深泵挂使吸入口流压大于饱和压力，设计下泵深度为2500m。

R4-1井于2022年3月6日转电泵作业，下入大港力神QYB101-100/3000T/FS/FF型电泵机组1套，泵挂2506.97m，底部带10根沉砂管，4根防砂管，2022年3月25日开井生产，运行574天，平均日产液94.37吨，日增液64.37吨，平均日产油17.64吨，日增油16吨，平均含水率由92.6%下降到81.2%，动液面675m(图6)。该井液面保持较高，说明该井通过油藏工程方法计算储层供液能力可靠，电泵生产时远端的储集体不断向井底供液，电泵提液后储层裂缝在生产压差提高后过流能力很好。

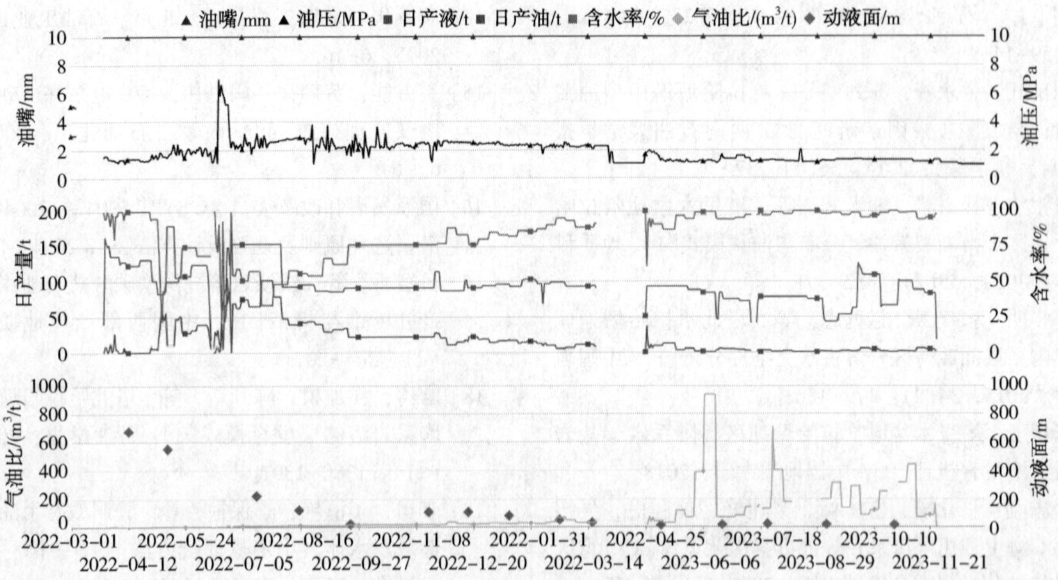

图 6　R4-1 井转电泵后综合开采曲线

3　电泵提液增产认识

油井钻遇多个储集体，储集体通过井眼轨迹或不同级别的裂缝连通，甚至于通过酸压沟通，形成多储集体供液模式油藏单元。动态特征表现出：①产量波动大，日产油量因含水上升快速延裂缝上升而大幅下降，但产液能力充足；②含水率呈现波动，有多套储集体特征；③油井有一定的累采油出量，说明储层规模较大，储层剩余油多。此类井有提液地质条件。

提液井应选择油藏规模适中，以裂缝孔洞储集体为主要供液段的中高含水井。提液井应至少满足以下条件之一：

（1）储层天然能量较充足，计算日水侵量不大于 $100m^3/d$。

（2）钻遇多个储集体，含水率波动有明显的多个储集体供液特征。

（3）原油粘度较小、油水流度比较小，含水率上升空间不大的中高含水井。

（4）封堵出水大洞、大缝储集体、挖潜相对低孔低渗储集体的堵水井。

4　结论

（1）哈拉哈塘油田近 15 年的生产实践表明，油井的开发动态有显著差异，含水率动态变化有普遍规律，也有特殊的，还有一些井需要进一步摸索变化规律与储层结构的关系。这种规律性不强充分说明了碳酸盐岩油藏的复杂性，也决定了措施挖潜有很大的不确定性。

（2）针对裂缝孔洞型储层油藏开展的提液措施是相对的、有条件的，既不是生产井都不能提液，也不是所有见水井都适合电泵提液。

（3）加强碳酸盐岩储层结构精细刻画研究，搞清楚不同裂缝尺度储层渗流通道的贡献率，更加有利于针对性设计电泵的提液。

（4）储集体的规模是液体效益的保障。R4-1 井提液后，在电泵运行周期内已经累计产油 10125 吨，按照塔里木油田措施井效益评价方法评价产出投入比 3.75，电潜泵提液的措施经济效益显著。

参　考　文　献

[1] 陈利新，姜振学，苏洲，等．哈拉哈塘地区北东向走滑断裂控储控藏规律研究[C]//2023 油气田勘探与开发国际会议论文集Ⅱ，2023：6.

[2] 淡永，梁彬，张庆玉，等．塔北哈拉哈塘地区奥陶系碳酸盐岩浅覆盖区岩溶储层特征与形成机理[J]．石油物探，2015，54(1)：90-98.

[3] 赵宽志，淡永，郑多明，等．塔北哈拉哈塘地区奥陶系潜山岩溶储层发育特征及控制因素[J]．中国岩溶，2015，34(2)：171-178.

[4] 计秉玉，郑松青，顾浩．缝洞型碳酸盐岩油藏开发

技术的认识与思考——以塔河油田和顺北油气田为例[J]. 石油与天然气地质，2022，43(6)：1459-1465.
[5] 刘星旺，朱永峰，苏劲，等. 哈拉哈塘潜山型油藏特征与成藏主控因素研究[J]. 西南石油大学学报(自然科学版)，2014，36(4)：37-46.
[6] 张银涛，邓兴梁，邬光辉，等. 塔里木盆地哈拉哈塘地区走滑断裂带油气分布与油藏模式[J]. 地质科学，2020，55(2)：382-391.
[7] 郑多明，张庆玉，赵宽志，等. 塔北哈拉哈塘地区奥陶系层间改造区岩溶古水文条件分析[J]. 中国岩溶，2015，34(2)：179-186.
[8] 张庆玉. 塔里木盆地哈拉哈塘地区奥陶系碳酸盐岩古岩溶发育机理[D]. 中国地质大学，2018.
[9] 于志刚，穆永威，曾玉斌，彭建峰，程利民，吴绍伟. 海上油田电潜泵井提液方案优化设计[J]. 重庆科技学院学报；自然科学版，2016(6)，94-96.
[10] 王杰祥，张红，樊泽霞. 电潜泵井井筒温度分布模型的建立及应用[J]. 石油大学学报；自然科学版，2003，27(5)，54-55.
[11] 孙玮宏，试论电潜泵采油工艺在油田新技术领域中的应用[J]. 中国石油和化工标准与质量，2016，(23)，123-124.
[12] 刘景忠. 电潜泵采油技术及其生产系统优化设计[J]. 中国高新技术企业，2014，(23)，11-12.
[13] 王峰. 电潜泵故障诊断技术研究现状及发展趋势[J]. 化工管理；2014(12)，130.
[14] 李颖川. 采油工程[M]. 北京：石油工业出版社，2005，6-16.
[15] 雷万能，黄瑞祥，闫世伟，等. 电泵井出砂结垢成因及处理措施[J]，内蒙古石油化工，2008(5)，62-64.
[16] 国家发展和改革委员会. SY/T 5904 — 2004 潜油电潜泵选井原则及选泵设计方法[S]. 2004：1-12.
[17] 吕媛娥，等. 浅谈岩溶缝洞型碳酸盐岩油藏见水生产井压锥与提液[J]，中国西部油气地质，2006(2)，204-207.
[18] 廖涛，侯加根，陈利新，等. 塔北哈拉哈塘油田奥陶系岩溶储层发育模式[J]. 石油学报，2015，36(11)：1380-1391.
[18] 李勇，于清艳，李保柱，等. 缝洞型有水油藏动态储量及水体大小定量评价方法[J]. 中国科学：技术科学，2017，47(07)：708-717.
[19] 乐平，杨荣玉，郭忠良，等. 一种改进的缝洞型油藏动态储量计算方法[C]//中国石油新疆油田分公司(新疆砾岩油藏实验室，西安石油大学，陕西省石油学会. 2022 油气田勘探与开发国际会议论文集Ⅴ. 西南石油大学油气藏地质及开发工程国家重点实验室；中石化西北油田分公司，2022：10.
[20] 李传亮. 油藏工程原理[M]. 石油工业出版社，2011.

页岩气全生命周期气举排水采气技术

方志刚　王振松　马　斌　王　伟　齐韦林　李南星

（中国石油吐哈油田公司）

摘　要　页岩气等非常规气藏是我国“十四五”天然气上产的重要领域，其主体开发工艺是“水平井+体积压裂”，在排采技术中，气举由于不受井斜、井深等限制，在水平井中应用优势突出。本文提出了贯穿整个排采期的全生命周期气举排水采气技术，该技术以多级气举阀技术为核心，通过设计方法和完井工具创新，实现气举与间歇气举、泡排、速度管柱、负压采气等技术的集成和配套，可利用一趟完井管柱将气井开采至废弃。该技术通过建立贯穿全生命周期技术策略，满足页岩气藏不同生产阶段排水采气技术需求，减少排采方式变更带来的修井作业，降低技术成本，减少储层污染，预计可提高可采储量采收率3%~6%，这对于提高我国排水采气技术水平，推动“十四五”页岩气等非常规气藏建产具有重要意义。

关键词　页岩气；全生命周期；气举排水采气；一趟完井管柱

2024年我国天然气产量达到2464亿方，“十四五”期间，天然气仍是我国能源结构调整的主要增长点和主力军，2025年天然气产量预计达到2600亿方以上，其中以页岩气、致密气资源为主的非常规资源的动用成为天然气上产的重要领域。页岩气井一般采用“水平井+体积压裂”的主体开发技术，其生产特征一般表现为早期递减快、低产期生产时间长且压裂液返排持续整个生产期的特点，因此，要求排水采气工艺介入时机较早并且贯穿整个气藏开采期。排水采气技术对于延缓、避免气井水淹，改善气藏生产状况，提高气藏开发效益与采收率有着举足轻重的作用。目前针对页岩气特点，初步形成以页岩气优选管柱、水平井柱塞工艺、平台井泡排工艺为主体的页岩气排采工艺体系，有力支撑了页岩气产能维护工作。然而，以上技术仍然是针对不同开发阶段进行的独立技术配套，尚未形成能够适应页岩气井生产前、中、后期的全生命周期排水采气技术，气井在生产周期内需要多次转换排水采气方式。因此，本文提出了页岩气全生命周期气举排水采气技术理念，形成了覆盖页岩气井全生命周期的气举排水采气配套技术，对于有效提高页岩气井开发效果和效益，进一步提升气举排水采气技术水平具有重要意义。

1　页岩气井全生命周期气举排水采气技术

1.1　技术优势

该技术根据页岩气井不同阶段的生产特征，在早期方案规划设计阶段，制订贯穿页岩气井全生命周期技术策略，减少不必要的排采方式变更，降低技术成本；在早期排采阶段，以多级气举阀气举技术为核心，采用一趟管柱完井技术，实现降低投资费用，减少储层污染的目的；在气井生产中后期，为提高气举排水采气效率，降低单位采气成本，根据气井产液量水平，选择柱塞气举、气举+泡排、气举+速度管柱、气举+喷射泵、负压气举等复合气举方式。

最终通过技术集成和配套，打造贯穿页岩气井整个排采期的全生命周期气举排水采气技术体系，满足页岩气井不同生产阶段排水采气技术需求。

1.2　关键技术

1.2.1　工艺管柱设计及关键工具研制

为了同时满足页岩气井全生命周期排采需求以及保护储层要求，设计带压作业一体化气举完井管柱，分为可投捞式带压作业管柱与固定式带压作业管柱两种。其中，可投捞式管柱配套可投捞式气举阀与工作筒，结合大斜度投捞工具，可以实现在大斜度井段的气举阀排液；固定式管柱配套固定式气举阀与全通径气举工作筒，可以一趟管柱实现连续气举与柱塞气举两种排采方式的转换。

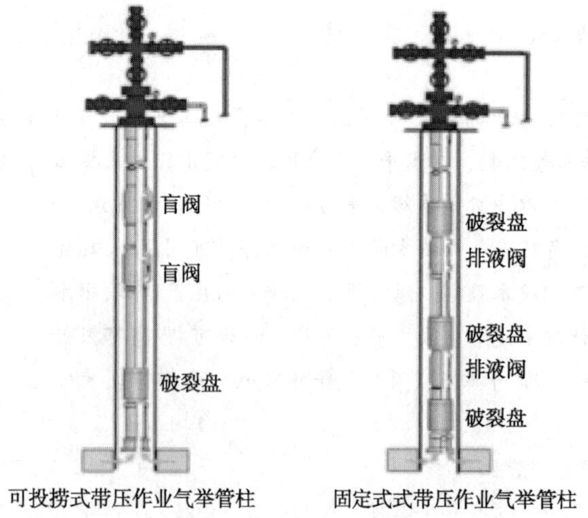

图 1　一体化气举完井管柱

（1）双偏心全通径气举工作筒

双偏心全通径气举工作筒最大承压 105MPa，整体采用双偏心设计，保证了油管与气举工作筒中心、通径一致，可不动管柱实现连续气举与柱塞气举的转换。

（2）可投捞式高压气举工作筒

为适应页岩气井的高压工作环境，优化了常规气举工作筒的材料与加工工艺，研制成功投捞式高压气举工作筒，最大承压能力达到 70MPa。

（3）高压气举阀

由于页岩气井生产初期排液量较大，造成气举阀充气压力较高，因此研制了高压气举阀，波纹管最高承压 35MPa，包括固定式与捞式两种规格，满足现场不同气举管柱的使用需求。

（4）大斜度井专用钢丝投捞工具串

水平井井由于井斜大，工具串下井困难，且在投捞过程中，震击力传递有限。通过研究开发了一套高冲力整装投捞工具串，在钢丝投捞工具串上安装多个滑轮扶正器，降低工具串与井壁摩阻，滑轮扶正，滚球灵活，摩擦力小，对油管无损伤；同时采用液压上震击器和管式震击器配合使用，加大震击力，降低工具串中途遇卡的风险；另外工具串整体长度缩短，保证顺利通过造斜段。

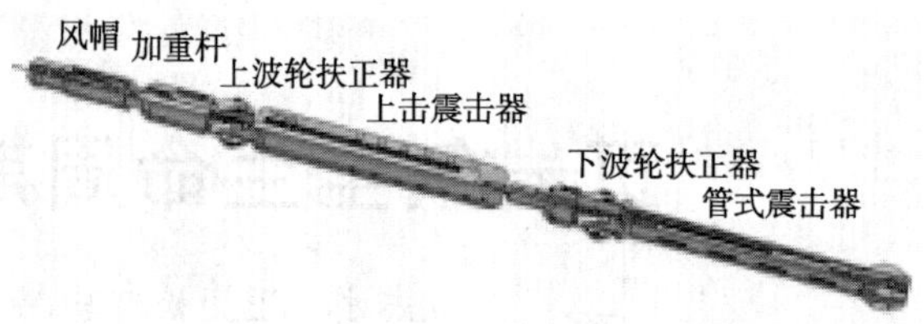

图 2　高冲力整装投捞工具串

1.2.2　宽液量气举排水采气设计方法

通常情况下，气举设计追求绝对的单点注气工况以及更深的排液深度，由于气井不同于油井的生产特征，尤其是页岩气井在各生产阶段及气举排液过程中产量、压力变化较大，因此常规的气举特性曲线布阀设计方法不适用。

因此，国内首创提出宽液量气举排水采气设计方法，满足页岩气井全生命周期气举排水采气技术需求及提高页岩气井气举排液成功率，主要创新点包括：

（1）引入最优梯度概念。气举设计目标由产量调整为井底流压，并建立了以混合流体密度、含气率、摩阻校正系数为基础的最优梯度计算方法，消减了产液量变化对气举布阀设计的影响，实现了宽液量安全布阀。

（2）建立气举阀压降设计新方法。引入间歇气举最小流梯概念，通过最小梯度计算气举阀阀间压降，结合最优设计梯度进行阀间距设计，实现了间歇气举、连续气举布阀设计方法的有效结合，实现了宽气液比条件的安全布阀，降低了阀间干扰，保障工况稳定。

（3）反向布阀设计思路。以最大注气深度为设计起点，以阀过气压差为约束条件，建立反向布阀设计思路，实现了气井排采深度最大，井口气举启动压力最优，实现了整体设计经济、有效。

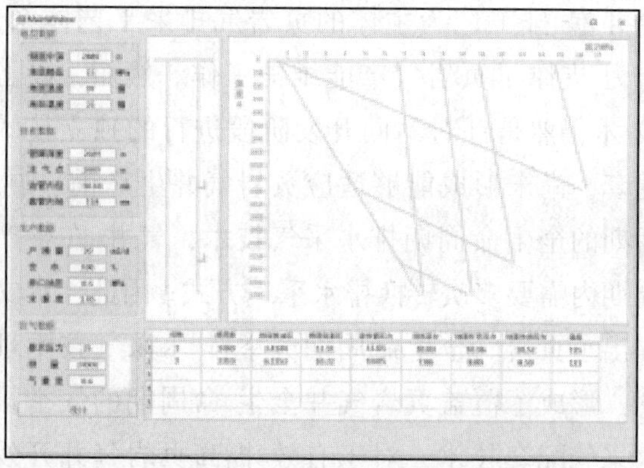

图 3　宽液量气举排水采气布阀设计方法

1.2.3　智能柱塞气举技术

在气井生产中期，液量下降导致连续气举举升效率降低，因此配套柱塞气举排水采气技术，柱塞气举排水采气技术主要由设计方法、智能装备、优化算法组成。其中，设计方法采用载荷系数设计方法，保证了柱塞气举可行性初始设计的可靠性；装备方面开发了智能双控制器，可实现本井气与外加气源两种柱塞气举方式，一体化远传装置、电动球阀、数字仪表实现了柱塞气举的远程监控与管理；柱塞气举制度优化坚持优化是设计的延续技术理念，选取载荷系数、液段速度作为控制参数，最小套压作为产能评价参数，液段到达率作为工况评价参数，建立优化算法，确保系统始终在最佳状态运行。

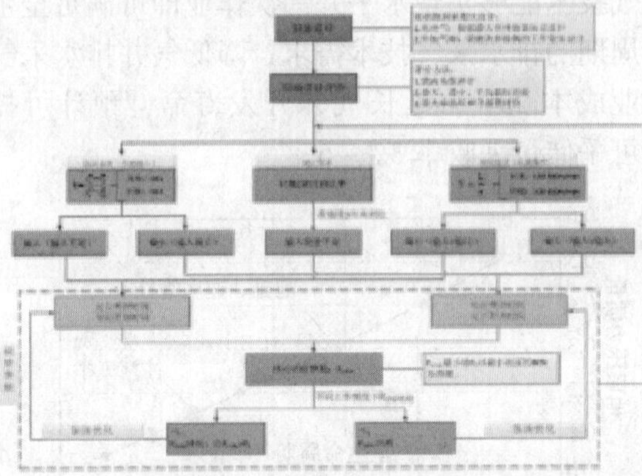

图4　柱塞气举优化算法

1.2.4　气举复合排水采气技术

气井生产后期，由于地层压力、产气产液量降低，连续气举排水采气技术适应性逐渐降低。为了进一步挖掘气井潜力，提高气井储量动用水平，提出气举复合排水采气技术。该技术依托于一体化气举完井管柱，一次下入完井管柱，通过井口改造、钢丝作业、地面设备配套，满足多种工艺的兼容和配合，实现不动管柱转换气举采气方式，开采气井直至废弃。

对于生产后期中低液量井，使用气举+泡排、气举+速度管柱复合举升技术，依靠泡沫或速度管柱来降低滑脱损失，能够有效解决这类井滑脱损失较大，连续气举效率降低的问题，提高连续气举举升效率，延长气井排水采气生产期。气举+泡排排水采气技术现场累计试验11井次，平均单井注气量由15000m³/d下降至7000m³/d以下，有效地提高了低产液量排水采气井的连续气举举升效率。

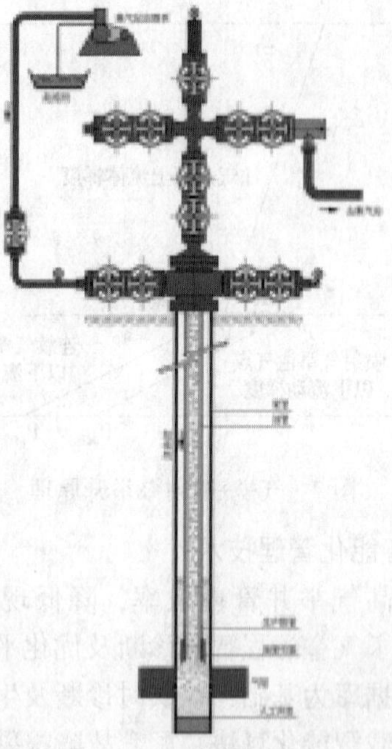

图5　气举+泡排复合举升技术

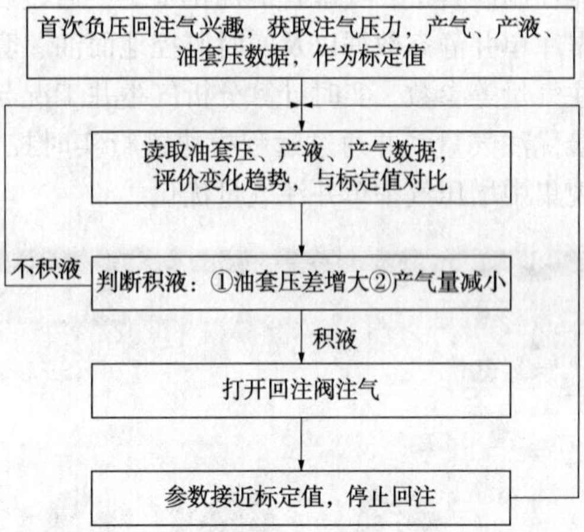

图6　负压回注排水采气技术控制逻辑

对于生产后期低产液低产气井，自身产气无法正常携液生产，因此采用负压回注技术，利用气体回注原理，增大井筒内气体流速，配合地面智能控制设备，实现低产低压气井连续携液生产。现场试验2口井，地层压力系数0.25，平均单井产气量2000m³/d，产水量2m³/d。

对于生产末期地层压力系数0.2～0.3的气井，一般排水采气技术无法达到足够的生产压差，导致气井不能生产。因此采用气举+喷射泵排水采气技术，利用喷射泵换能及喷嘴雾化原理，使气井即使在地层压力系数0.2时也能保证正常的携液生产，大大提高了气藏的最终采收率。

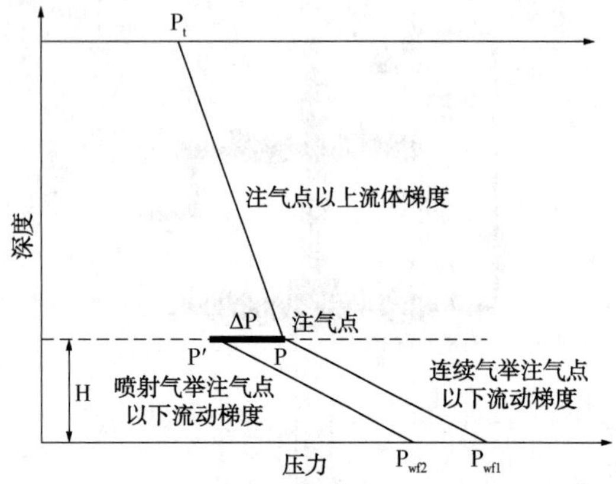

图 7　气举+喷射泵举升原理

1.2.5　智能化管理技术

为提高气举井管理效率，降低现场维护成本，开发了气举远程智能诊断及优化平台，平台以动态数据库为基础，以实时诊断及生产优化为核心，搭载智能化算法，配套故障报警、气举设计等功能，通过管理平台实现对整个气举系统的智能控制。其中，气举智能优化系统，通过读取数据库单井静态数据以及实时监控地面油、套压及注气量等参数，实时计算分析气举井工况与单井最优注气量，并通过远程模块进行实时控制，实现集中增压气举单井注气量优化。

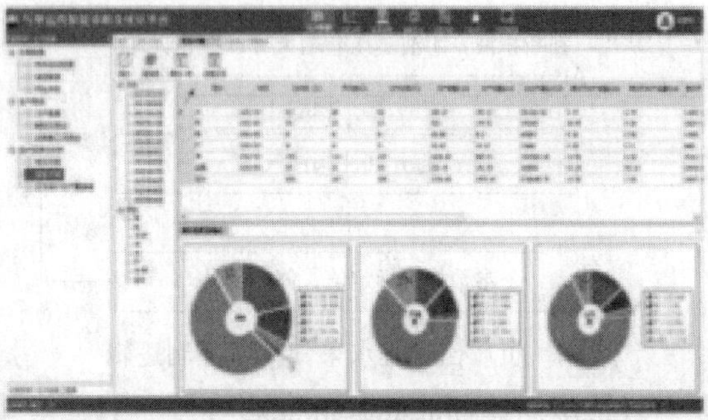

图 8　举远程智能诊断及优化平台界面

气举远程智能诊断及优化平台通过对生产数据的整合与应用，可以实现气举井的实时工况诊断预警、气举系统实时优化及气举井的远程控制，该系统预计可节约人力成本 50%以上，节约气量 10%以上。

2　应用效果及前景

2.1　现场应用效果

目前一体化气举完井管柱累计在 6 个油气田现场作业 104 井次，管柱实现最深排液深度 4750m，带压作业施工成功率达到 100%；投捞 31 井次，累计投捞气举阀 172 阀次，投捞最大井深 4115m、最大井斜 67°，一次投捞施工成功率 92%；完成气举排液 45 井次，排液过程中产水量 14~134m^3/d，产水量范围涵盖了页岩气井生产的各个阶段，排液后初期合计增产气量 150×10^4m^3/d，施工效果良好，实现了单井稳产增产的目的。

气举复合举升技术累计现场应用 15 井次，适应最低地层压力系数 0.22，最低产气量 1500m^3/d，平均单井增气达到 1000m^3/d 以上，实现了低产低压气井的连续生产，大大延长了气井排采生产期。

2.2　技术应用前景

2024 年中国页岩气产量达到 250 亿立方米以上，投产井数超 500 口。全生命周期气举排水采气技术能够实现水平井一次作业即可满足全生命周期的排水采气技术需求，降低气井排水采气作业成本 20%，延长气井开发寿命，预计可提高可采储量采收率 3%~6%。

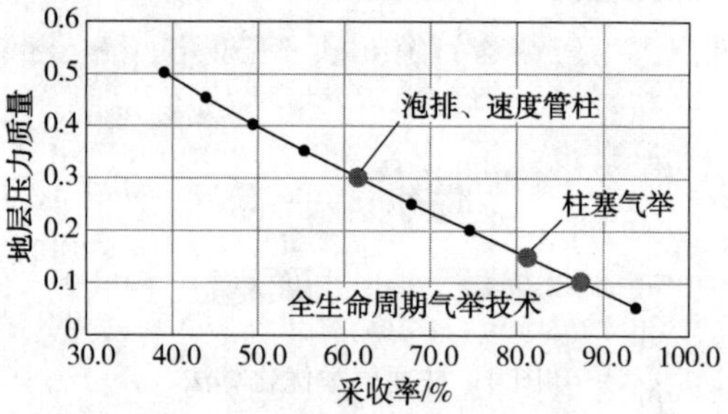

图 9　全生命周期气举技术最终采收率

3　结论

页岩气全生命周期气举排水采气技术从工艺方法、工具管柱两个方面的创新，建立了全生命周期气举采气技术图谱，保证了气举技术在页岩气井整个生产周期内的有效性，并实现了不动管柱转换排采方式，降低了页岩气井的开采成本，延长气井开发寿命，提高气藏开发效益。总的来说，该技术有以下特点：

（1）一体化气举完井管柱不动管柱实现了多种气举排水采气方式的转换，有效避免了动管柱带来的压井污染和气井施工存在的施工风险，施工成本低、安全性高。

（2）宽液量气举排液设计方法，适应液量范围大，对气井产状变化的适应性强，既满足了全生命周期气举排液的需求又保证了气举排液的成功率。

（3）气举复合排水采气技术针对低产、低压气井的生产特征，有效提高了气井生产后期连续气举排采效率并延长了气井的生产期，提高了页岩气藏整体储量动用率。

（4）气举智能管理技术能够实现气举井异常工况的及时预警与气举系统实时优化，极大提高了气举井管理水平。

（5）全生命周期气举采气技术的研究，进一步提升了气举工艺、产品研发技术水平，扩大了气举技术在排水采气领域的应用，为我国天然气的上产和增产提供坚实的技术保障奠定基础。

参考文献

[1]《中国天然气发展报告(2021)》，石油工业出版社，2012.8.

[2] 方建中．涪陵页岩气田排水采气工艺适应性分析[J]．江汉石油职工大学学报，2020，033(001)：16-18.

[3] 田相雷，蒋海岩，岳艳如，等．气举排水采气生产规律研究[J]．断块油气田，2012(06)：760-763.

[4] 冯朋鑫．苏里格气田排水采气工艺技术研究[D]．2010.

[5] 杨盛余．气举阀气举排液技术研究[J]．石油矿场机械，2011，40(007)：18-21.

[6] 杨有林，李修文，樊营，等．中原油田连续气举平衡设计方法[J]．江汉石油学院学报，2000，22(003)：72-73.

[7] 梅明华，田喜军，刘淑哲，等．积液气井排水采气工艺优化研究[J]．石油化工应用，2012，031(008)：97-99.

[8] 邵本东．天然气井排水采气工艺方法优选[J]．中国石油和化工标准与质量，2014，000(021)：65-65.

[9] 周子淳．大牛地气田积液气井及水淹气井排水采气技术[J]．中国石油和化工标准与质量，2013，000(001)：192-193.

[10] 苏月琦，汪海，汪召华，等．气举阀气举排液采气工艺参数设计与优选技术研究[J]．天然气工业，2006，026(003)：103-106.

[11] 汪海，鲍志强，栾艳春，等．气井气举阀气举排液采气工艺参数设计研究[J]．天然气勘探与开发，2005，28(002)：35-38.

[12] 廖锐全，刘捷．气举排液参数优化设计研究[C]//中国石油天然气集团工程公司，2011.

裂缝型致密砂岩组合改造工艺适应性评价研究与现场应用

彭　芬　张　浩　彭建新　任登峰　宋秋强

（中国石油塔里木油田公司）

摘　要　在裂缝性高含钙致密砂岩储层中，"酸压+加砂压裂"组合改造工艺能够有效增产。但该工艺的作用机理尚不明确，矿场应用效果差异较大。因此本文开展不同改造工艺下的裂缝导流能力测试实验，探究组合改造工艺对人工裂缝，天然裂缝以及储层裂缝系统导流能力的影响。结果表明：酸液溶蚀能够提高人工裂缝宽度，促使更高浓度支撑剂进入裂缝，从而提高人工主裂缝整体的导流能力。此外，酸液能够扩宽天然裂缝，促进支撑剂进入并支撑天然裂缝，提高缝网导流能力。因此在天然裂缝发育的储层中，酸压+填砂支撑组合改造工艺对储层裂缝导流能力的增强效果明显。现场应用 24 井次，生产实践证明组合改造工艺在裂缝性高含钙致密砂岩Ⅱ、Ⅲ类储层较强的增产能力。

关键词　裂缝性砂岩；裂缝网络；导流能力；组合改造

1　引言

BZ-DB 区块是塔里木油田致密砂岩气的主力产区，储层埋深 4500～8200m，温度 120～190℃，压力 100～140MPa；储层平均孔隙度 7.3%，平均渗透率 0.855mD，属于典型的高温裂缝性致密砂岩储层（J. Wang et al.，2023；Z. Wang et al.，2023）。该类储层前期采用加砂压裂进行增产（Liu et al.，2024；Wu et al.，2022），然而该工艺在该区块中的部分井的增产效果不明显。考虑到储层钙质含量较高（平均含量 6～10%），且钙质充填-半充填裂缝发育，因此该区块提出了酸压+填砂支撑的组合改造工艺以提高裂缝导流能力。但该工艺目前仍处于试验阶段，其增产机理和适用性尚不明确，因此导致该工艺在不同储层中的应用效果差异较大。

针对酸液在砂岩储层的应用，Zhao 等人通过大物模实验证明了致密砂岩储层压裂中酸液能够使得裂缝的形态更加复杂，同时酸液溶蚀水力裂缝面能够形成粗糙裂缝面，从而提高裂缝导流能力（Zhao et al.，2022）。Kishorekumar 等人在印度 Mandapeta 油田致密砂岩储层（孔隙度 8%～12%，渗透率 0.08～0.6mD）采用酸化增强了井筒与储层的连通性，促使支撑剂以更高浓度铺置在裂缝中，从而提高裂缝导流能力（Medavarapu et al.，2017）。Rafael 和 Dmitriy 等人针对裂缝性高渗砂岩储层（埋深 1800～2300m，渗透率 20～200mD）工作液大量滤失形成表皮的问题，采用前置酸液解除表皮；然后泵注支撑剂支撑裂缝，该工艺将单井产量提高了两倍（Rozo et al.，2007；Salazar et al.，2013）。A. Boucher 等人使用有机土酸进行增产改造，酸液在没有水侵入的区域形成了分支缝，促进了人工裂缝与储层的沟通；同时酸液溶蚀了岩石粉末、减少了粘土膨胀；单井产量提高了 1 倍（Boucher et al.，2011）。以上研究证明了酸液在致密砂岩储层增产方面的能够形成积极的影响，同时这些研究忽略了酸液和支撑剂共同作用下对天然裂缝的影响，而天然裂缝可以提供有效的空间和渗流通道，是致密砂岩储层开发的关键因素（Connolly and Cosgrove，1999；Zhu et al.，2015）。此外，Oya Karazincir 等人通过实验证明了酸液虽然能溶蚀矿物颗粒从而解除孔隙堵塞，但是酸化后的岩石在压力作用下，渗透率会更快下降；而且酸液会降低裂缝面的力学强度，导致支撑剂嵌入以及支撑裂缝导流能力下降（Karazincir et al.，2020）。这说明酸液在砂岩储层的应用并不全是积极影响。

因此本文针对 BZ-DB 区块裂缝性高含钙致密砂岩储层，开展了不同改造工艺下的人工主裂缝和天然裂缝导流能力测试实验，从裂缝导流能力方面厘清了组合改造的增产机理以及在不同类型储层中的应用效果差异，为 BZ-DB 区块组合改造工艺的进一步优化提供了方向。

2　实验设计

2.1　实验设备

实验采用 API 尺寸（178mm×38mm×50mm）岩板酸刻蚀实验装置（图 1a）模拟酸液对人工主裂缝的刻蚀过程并采用裂缝导流能力测试装置（图 1b）测试主裂缝导流能力，采用柱塞岩样（25.4mm×50mm）酸驱替装置（图 1c）模拟小尺度天然分支裂缝的酸刻蚀过程并测试天然裂缝的导流能力。3D 激光扫描装置（图 1d）被用于获取裂缝形貌。

(a) 岩板酸刻蚀实验装置　(b) 导流能力测试装置　(c) 柱塞岩样驱替装置　(d) 3D激光扫描装置

图 1　实验装置实物图（Gou et al.，2021）

2.2　实验材料

2.2.1　岩样

井下岩心分别被加工为长 140mm×38mm×50mm 的岩板（图 2a）以及 50mm×25mm 的柱塞岩柱（图 2b）。将两种规格的岩样分为两部分，并沿着剖面重叠在一起模拟裂缝。井下岩心内部裂缝发育，为防止岩板在劈裂过程导致岩板破碎，因此将岩板切割为两块光滑岩板。而小尺寸的柱塞岩心更容易保持完整，因此采用巴西劈裂法形成粗糙裂缝。井下岩心矿物组成见表 1。

(a) API岩板实物图　(b) 柱塞岩样实物图

图 2　岩样实物图

表 1　不同钙质含量的岩板矿物组成

样品编号	粘土总量/%	方沸石/%	石英/%	钾长石/%	斜长石/%	方解石/%
1	4.5	0.0	29.0	16.3	24.8	25.4
2	18.7	2.7	43.2	8.4	12.3	14.7
3	15.5	15.3	37.9	19.4	11.2	0.7

2.2.2　支撑剂

实验所用支撑剂为矿场常用的 40/70 目和 70/140 目陶粒支撑剂。

2.2.3　液体材料

实验采用现场使用的盐酸、土酸以及压裂液进行研究，液体配方见表 2。

表 2　酸液配方

工作液	酸液配方
盐酸	9%HCl+2%粘土稳定剂+3.6%缓蚀剂+0.5%助排剂+2%铁离子稳定剂+0.3%降阻剂
土酸	9%盐酸+2%氢氟酸+2%粘土稳定剂+3.6%缓蚀剂+0.5%助排剂+2%铁离子稳定剂+0.3%降阻剂
压裂液	0.45%超级胍胶+0.5%助排剂+0.8%温度稳定剂+0.4%交联调节剂+2%粘土稳定剂

2.3　实验方法与方案

2.3.1　实验方法

（1）人工主裂缝不同改造工艺

1）酸压工艺模拟

首先，记录岩板反应面被酸液溶蚀前的形貌。然后采用环氧树脂将岩板密封，并沿两个岩板的剖开面分离，保证酸液只与反应面接触。将两块岩板重叠密封在岩板酸刻蚀实验装置的夹持器中（图 1a），将夹持器温度提高至储层裂缝入口处的温度，从而模拟高温密封的储层环境下酸液与裂缝的真实反应情况。待反应面被酸刻蚀后，使用3D激光扫描装置(图1c)获取酸蚀裂缝形貌数据。最后，将刻蚀后的岩板密封在裂缝导流能力测试装置(图1d)中，通过液压机持续向裂缝面加载闭合应力至储层闭合应力，通过公式(1)计算不同闭合应力下的导流能力(Liang et al.，2020)。

$$K_f w=\frac{5.555\mu Q}{\Delta p} \quad (1)$$

式中，$K_f w$ 是裂缝导流能力，D·cm；μ 是流体粘度，mPa·s；Δp 是裂缝入口和出口的压差，atm。

2）组合改造工艺模拟

首先将支撑剂放置在压裂液中在实验温度下浸泡2h，模拟支撑剂被携砂液包裹的状态。分别开展酸压+填砂支撑以及加砂压裂+酸化的组合改造工艺模拟实验。组合改造工艺模拟实验方法如下：

a. 酸压+填砂支撑组合改造工艺

首先，利用岩板酸刻蚀实验装置(图1a)模拟酸液在裂缝中的流动与溶蚀过程。在导流能力测试阶段，将酸刻蚀后的岩板置于裂缝导流测试装置(图1d)的夹持器中，并在裂缝面上均匀铺设经过压裂液浸泡的支撑剂，以模拟支撑剂填充酸蚀裂缝的实际工况。随后，将另一块岩板覆盖于支撑剂层之上，封闭导流室，并进行裂缝导流能力测试。

b. 加砂压裂+酸化组合改造工艺

在酸刻蚀实验前，先将经压裂液浸泡的支撑剂均匀铺设于两块岩板之间，并采用环氧树脂对岩板周边进行密封。为防止支撑剂在酸蚀过程中被酸液冲出，在裂缝进出口端安装小孔眼筛网进行封堵。随后，将密封后的岩板置于夹持器中，并按照(1)小节相同的方法，使酸液在填砂裂缝中流动，实现模拟酸刻蚀过程。酸刻蚀实验完成后，将处理后的岩板转移至裂缝导流能力测试装置，并按照2)a小节中的方法，在酸蚀裂缝中铺设支撑剂，最终测试组合改造裂缝的导流能力。

(2) 天然裂缝酸刻蚀模拟实验

由于天然裂缝为粗糙裂缝，因此在酸驱替前使用3D激光扫描仪(图1c)获取酸溶蚀前的裂缝面高程数据，然后利用胶带将剖成两部分的柱塞岩心轴面密封，确保酸液只与剖面接触。然后将岩心放置在柱塞岩心酸驱替装置(图1b)的夹持器中开展酸刻蚀实验。将夹持器密封后向夹持器中的环套中注水使得环套与岩心轴面紧密贴合，防止酸液在岩心与夹持器之间的空隙中流动。酸驱替后，使用地层水冲洗裂缝以及管线中的酸液，并通过公式(2)测试酸蚀裂缝的导流能力(Shaibu et al.，2022)。天然裂缝的两种组合改造工艺模拟实验步骤与主裂缝方法相似。

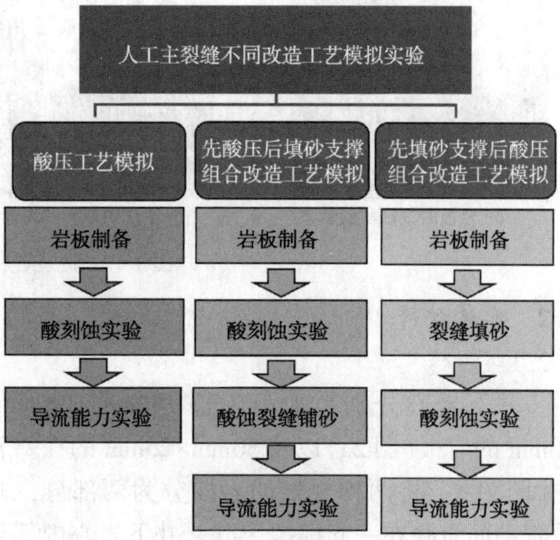

图3　人工主裂缝不同改造工艺试验流程

$$Kw_f=\frac{q\mu L}{D\Delta p} \quad (2)$$

式中，Kw_f是裂缝导流能力，D·cm；q 是测试流体排量，ml/s；μ 是流体粘度，mPa·s；l 是岩心长度，cm；D 是岩心直径，cm；Δp 是裂缝入口和出口的压差，atm。

2.3.2　实验方案

(1) 人工主裂缝

见表3，实验中人工裂缝的初始宽度被设置为2mm，由公式(3)计算实验尺度人工裂缝中酸液排量为132mL/min(Gou et al.，2021)。酸刻蚀温度取酸液达到裂缝入口时的温度，即90℃；酸液泵注时间被设置为30min。由于储层钙质含量较高，且以充填物的形态分布在储层中，因此实验采用岩板模拟了盐酸对不同钙质含量人工主裂缝的刻蚀过程(表4)，同时基于缝宽变化开展了不同铺砂浓度下主裂缝导流能力测试实验，以明确不同组合改造的适用储层，具体实验参数见表5。

$$q_1=\frac{q_f h_1}{2h_f}\left(\frac{w_f}{w_1}\right)\frac{2n-2}{2-n}\times 10^6 \quad (3)$$

式中，w_f是地层人工裂缝宽度，m；q_f是工程尺度注酸排量，m^3/min；h_f为人工裂缝高度，

m；w_1为实验尺度的人工裂缝宽度，m；q_1为实验室尺度注酸排量，mL/min；h_1为岩板宽度，m；n为流态指数，无量纲。

表3 实验尺度下不同裂缝中的酸液排量

矿场排量/(m^3/min)	人工缝宽/m	人工缝高/m	实验缝宽/m	实验缝高/m	流变系数	酸液排量/(mL/min)
4	0.02	82	0.002	0.036	0.3	132

表4 不同钙质含量砂岩储层的人工主裂缝酸刻蚀模拟实验方案

岩样钙质含量/%	酸液体系	实验温度/℃	流体泵注排量/(mL/min)	酸液泵注时间/min
25%	盐酸	90	132	30
15%	盐酸		132	30
1%	盐酸		132	30

表5 人工主裂缝不同改造工艺模拟实验

改造工艺	酸液	实验温度/℃	流体泵注排量/(mL/min)	酸液泵注时间/min
加砂压裂	/	/	/	/
酸压	盐酸	90	132	30
酸压+加砂支撑	盐酸		132	30
加砂压裂+酸化	盐酸		132	30

(2) 天然分支缝

假设加砂压裂无法激活钙质充填的天然裂缝，酸液溶蚀才能激活裂缝，因此首先通过溶蚀后的天然裂缝宽度增量优选酸液体系，然后开展了酸压和酸压+填砂支撑组合改造裂缝导流能力测试实验。见表6，通过公式(4)将储层平均天然裂缝宽度0.12mm转化为实验天然裂缝宽度0.2mm(Guo et al., 2020)。见表7，通过公式(5)计算实验尺度天然裂缝中酸液排量为48mL/min(Guo et al., 2020)。此外，实验温度同样设置为90℃；酸液泵注时间为30min。具体实验方案见表8。

$$w_{\ln}=w_0+\frac{\Delta p_n}{k_n} \tag{4}$$

式中，w_{ln}是实验中天然裂缝的宽度，mm；w_0是储层中天然裂缝宽度，mm；k_n是裂缝法向刚度，MPa/mm；ΔP_n是作用于裂缝表面的流体压差，MPa。

表6 实验天然裂缝开度

天然裂缝宽度/mm	裂缝面表面流体压差/MPa	裂缝法向刚度/(MPa/mm)	实验天然裂缝宽度/mm
0.12	3.43	40	0.2

$$\frac{q_f}{w_0L_0p_fH}\times10^6=\frac{q_{\ln}}{w_nD} \tag{5}$$

式中，H是储层厚度，m；q_f是矿场排量，m^3/min；w_0是天然裂缝宽度，m；L_0是裂缝长度，m；ρ_f是天然裂缝密度，m^{-1}；D是实验缝高，m；$w_{\ln}$是实验天然裂缝宽度，m；$q_{\ln}$是实验中天然裂缝的酸液排量，mL/min。

表7 实验尺度下不同裂缝中的酸液排量

L

矿场排量/(m^3/min)	天然裂缝宽度/m	天然裂缝长度/m	天然裂缝密度/m^{-1}	实验缝高/m	实验天然裂缝宽度/m	酸液排量/(mL/min)
4	0.00012	4	1.6	0.025	0.0002	48

表 8　人工主裂缝不同改造工艺模拟实验方案

改造工艺	酸液	实验温度/℃	流体泵注排量/(mL/min)	酸液泵注时间/min
酸压	盐酸	90	48	30
酸压	土酸	90	48	30
酸压+加砂支撑	土酸	90	48	30

3　实验结果分析

3.1　人工主裂缝

不同钙质含量的砂岩岩板在酸刻蚀后的形貌如图 5 所示。岩板#1(钙质含量 25.4%)在刻蚀后表现出较为均匀的溶蚀特征，形成了明显的刻蚀沟槽(图 5a，b，c)。相比之下，岩板#2(钙质含量 14.7%)的酸蚀形态以孔洞增多为主要特征(图 5d，e，f)。而岩板#3(钙质含量 0.7%)在酸液作用下几乎未发生明显变化(图 5g，h，i)。采用接触法(Gou et al.，2023)计算酸蚀后的裂缝宽度，结果表明裂缝宽度由大到小依次为：岩板#1 > 岩板#2 > 岩板#3，且裂缝宽度增量随钙质含量增加呈如图 5 和公式 6 所示的指数增长。当钙质含量达到 25.4%时，酸蚀裂缝的最大平均宽度可达 2.7mm，此条件下，40/70 陶粒支撑剂的最大铺砂浓度可达 5kg/m²。根据公式(6)推算，在储层钙质含量为 6%～8%时，40/70 陶粒支撑剂的平均铺砂浓度可达到 4kg/m²。

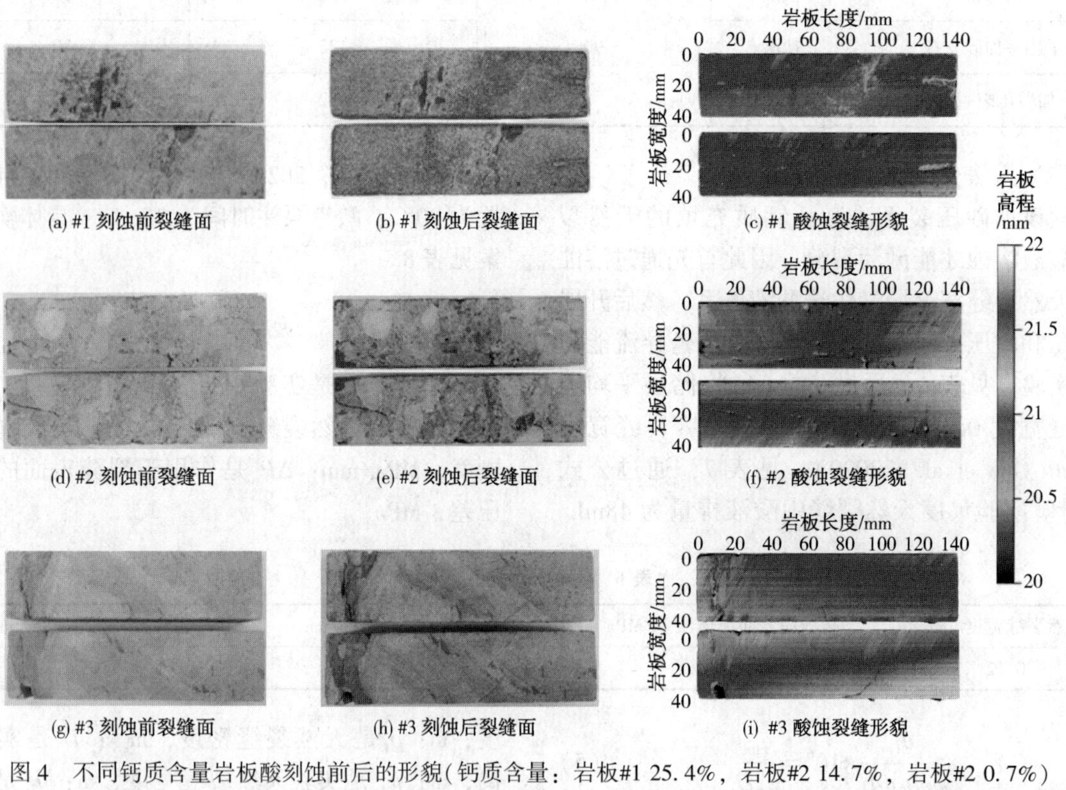

(a) #1 刻蚀前裂缝面　(b) #1 刻蚀后裂缝面　(c) #1 酸蚀裂缝形貌

(d) #2 刻蚀前裂缝面　(e) #2 刻蚀后裂缝面　(f) #2 酸蚀裂缝形貌

(g) #3 刻蚀前裂缝面　(h) #3 刻蚀后裂缝面　(i) #3 酸蚀裂缝形貌

图 4　不同钙质含量岩板酸刻蚀前后的形貌(钙质含量：岩板#1 25.4%，岩板#2 14.7%，岩板#2 0.7%)

$$y = 0.0175e^{14.583x} \qquad (6)$$

式中，y 为缝宽增量，mm；x 为岩石钙质含量，%。

图 6 展示了高钙质储层中不同改造工艺下裂缝的导流能力特征。实验采用矿场平均铺砂浓度 2kg/m²。结果表明，在闭合应力低于 40MPa 的条件下，酸压裂缝表现出较好的导流能力优势。然而，当闭合应力超过 40MPa 后，加砂压裂+酸化复合改造裂缝的导流能力最高，其值为酸压裂缝的 7.5 倍，为同等铺砂浓度支撑裂缝的 8 倍。此外，酸压+填砂支撑的组合改造裂缝导流能力相对较低，仅为加砂压裂+酸化复合改造裂缝的

0.3 倍。该结果表明，在高闭合应力条件下，加砂压裂与酸化相结合的改造工艺能够显著提升裂缝导流能力，优于单独的酸压或填砂支撑改造方式。

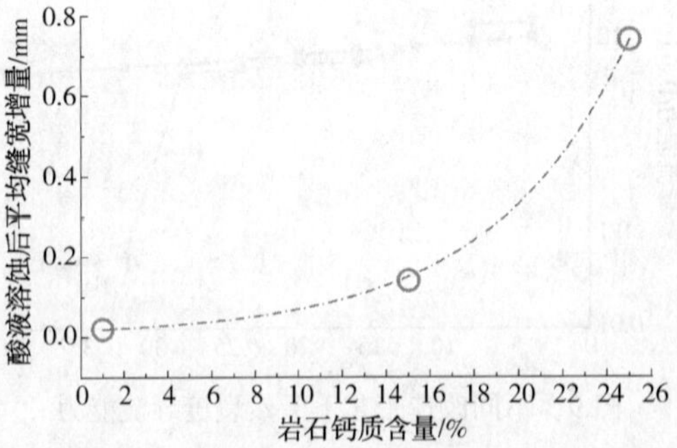

图 5　不同钙质含量的岩板被酸液溶蚀后的缝宽增量

由公式(5)可知，酸压改造后的人工裂缝能够实现较高的铺砂浓度，可达 $4kg/m^2$，而加砂压裂+酸化复合改造工艺由于无法在填砂前有效增大缝宽，因此铺砂浓度仍维持在 $2kg/m^2$。从图 7 可以看出，在 70MPa 闭合应力条件下，酸压+填砂支撑组合改造裂缝的导流能力随铺砂浓度的增加而提高。当铺砂浓度达到 $3kg/m^2$ 时，该改造方式的裂缝导流能力已超过加砂压裂+酸化组合改造裂缝的导流能力；当铺砂浓度进一步增加至 $4kg/m^2$ 时，其裂缝导流能力达到加砂压裂+酸化组合改造裂缝的 1.3 倍。这一结果表明，酸压+填砂支撑组合改造能够有效提升裂缝的导流能力，在较高闭合应力条件下表现出优越性。

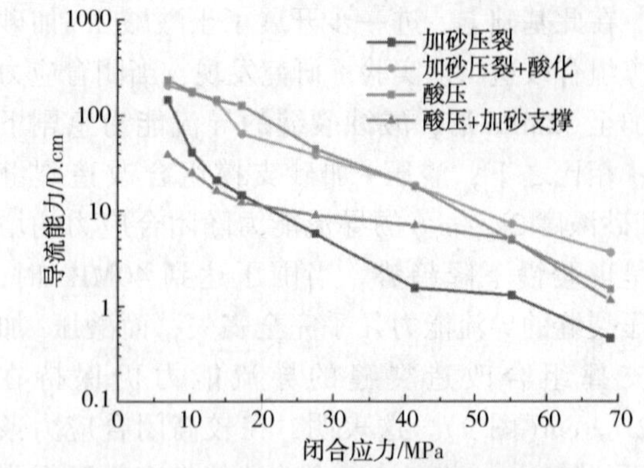

图 6　不同改造工艺酸蚀裂缝导流能力

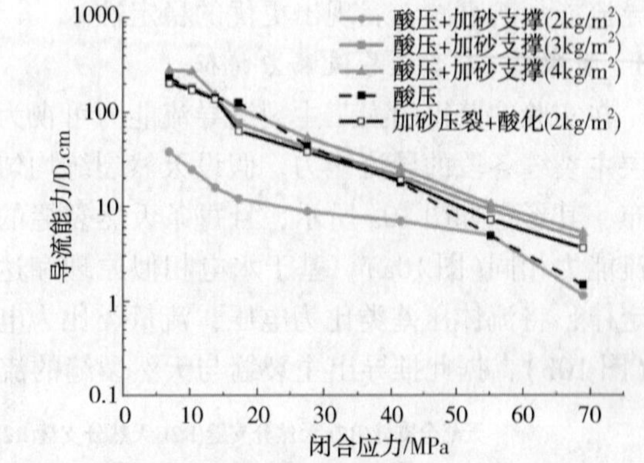

图 7　不同铺砂浓度下的酸压+加砂支撑组合改造裂缝导流能力

3.2　天然分支缝

实验结果表明，酸液对天然裂缝形貌的影响较为有限(图 8)，但相比盐酸，土酸的溶蚀作用更显著，使得形成的酸蚀裂缝宽度明显增加(图 8c，f)。这一现象表明，土酸在扩大天然裂缝宽度方面具有更明显的优势。实验测得，经过土酸溶蚀后，裂缝的平均宽度增加至 1.38mm。在此条件下，采用 70/140 目的陶粒支撑剂进行支撑，最高铺砂浓度可达 $2kg/m^2$。

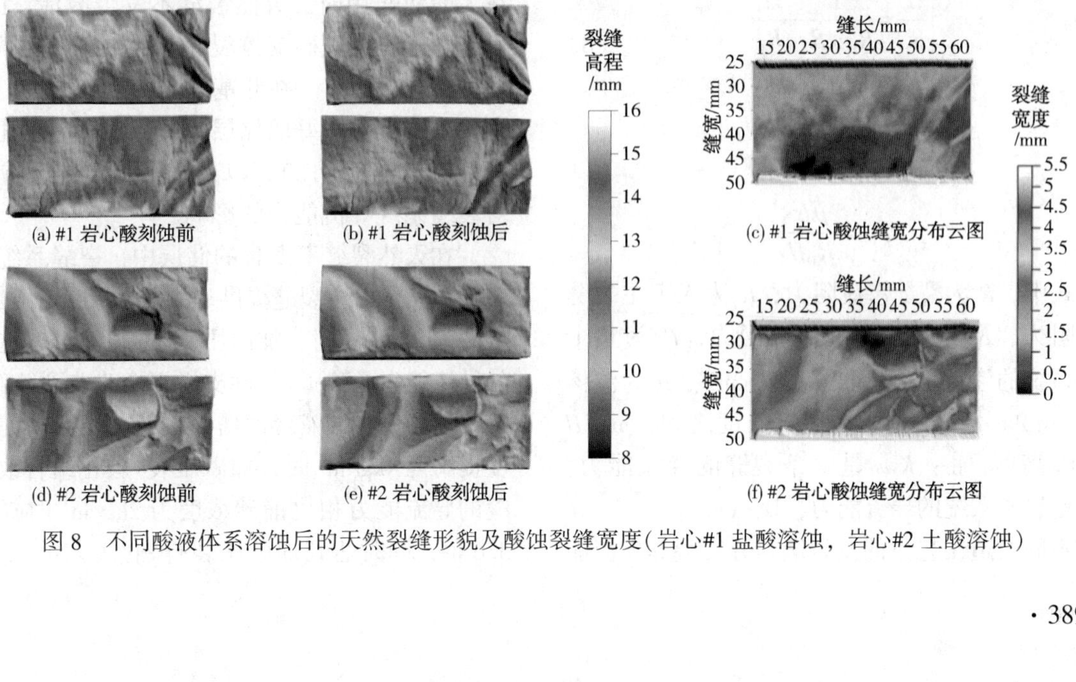

图 8　不同酸液体系溶蚀后的天然裂缝形貌及酸蚀裂缝宽度(岩心#1 盐酸溶蚀，岩心#2 土酸溶蚀)

在此基础上，进一步开展了土酸酸压+加砂支撑组合改造工艺实验。研究发现，当闭合应力增加至32MPa后，酸蚀裂缝的导流能力急剧下降；相比之下，酸压+加砂支撑组合改造裂缝（铺砂浓度2kg/m²）的导流能力随闭合应力的增加呈现缓慢下降趋势。当围压达到40MPa时，酸压裂缝的导流能力几乎完全丧失，而酸压+加砂支撑组合改造裂缝的导流能力仍保持在4.2D·cm（图9）。这表明，在较高闭合应力条件下，酸压+加砂支撑组合改造能够有效延缓裂缝导流能力的衰减，展现出更优的稳定性。

3.3 主裂缝-分支缝导流能力特征

在实验中获得的人工主裂缝导流能力可视为储层主裂缝各段的导流能力。假设天然裂缝均匀分布，其形态如图10a所示，且每条天然裂缝的导流能力相同（图10a）。基于水电相似原理和达西定律，将流体压差类比为电压，流量类比为电流（图10b），据此推导出主裂缝与天然裂缝的流体渗流阻力（Guo et al.，2019）（公式7-9），进而计算储层中主裂缝及其连接的天然裂缝的整体导流能力。

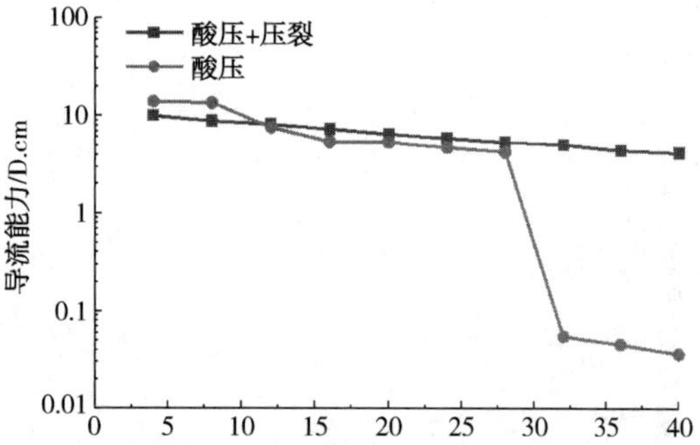

图9　不同改造工艺下天然裂缝导流能力

鉴于当闭合应力超过40MPa时，酸蚀分支裂缝的导流能力几乎完全丧失，因此本研究选取40MPa条件下的裂缝导流能力，计算不同改造工艺下裂缝系统的导流能力，以评估各方案在高闭合应力条件下的有效性。

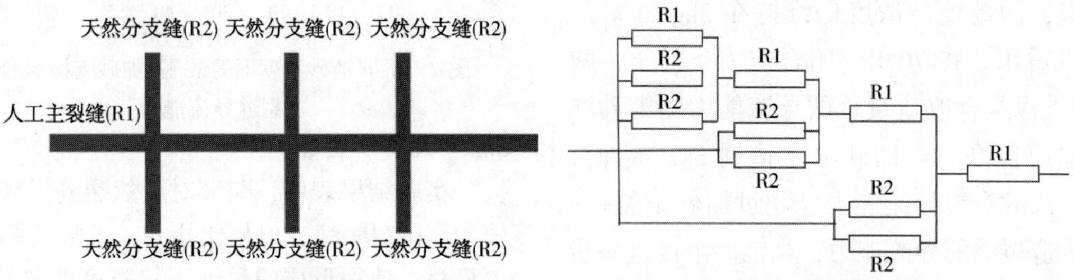

(a) 缝网示意图　　(b) 水电相似原理示意图

图10　储层裂缝分布示意图及裂缝导流能力计算方法示意图

$$R_i = \frac{\mu L}{K_f w H} \tag{7}$$

$$\begin{cases} \dfrac{1}{R_{t1}} = \dfrac{1}{R_1} + \dfrac{2}{R_2} \\ \dfrac{1}{R_{t2}} = \dfrac{1}{R_{t1}+R_1} + \dfrac{2}{R_2} \\ \dfrac{1}{R_{t3}} = \dfrac{1}{R_{t2}+R_1} + \dfrac{2}{R_2} \\ R_F = R_{t3} + R_1 \end{cases} \tag{8}$$

$$K_f w_F = \frac{\mu L}{R_F H} \tag{9}$$

式中，R_i为裂缝渗流阻力，R_1为人工主裂缝渗流阻力，R_2为天然裂缝渗流阻力，R_F为整个裂缝系统的渗流阻力；mPa·s·cm⁻³；μ为流体粘度，mPa·s；L是所有裂缝长度之和，m；H是裂缝高度，m；$K_f w$是一条裂缝的导流能力，$K_f w_F$是裂缝系统的导流能力，D·cm。

不同改造工艺下的主裂缝与分支裂缝导流能力及渗流阻力如图11所示。其中，主裂缝改造共考虑了四种工艺，而酸压+加砂支撑组合改造工艺进一步细分为两种不同的铺砂浓度方案。研究假设在酸液作用下，天然裂缝必然被激活，而在无酸液作用时，天然裂缝不发生激活。此外，还综合考虑了填砂支撑裂缝与激活但未支撑裂缝两种情况（表8）。在此基础上，针对天然裂缝发育较差和发育较好的储层条件，共设定了九种裂缝系统组合（图12），以系统评估不同改造工艺对裂缝系统导流能力的影响。

在天然裂缝不发育的储层中，裂缝系统的导流能力完全由主裂缝提供。如图11所示，当铺砂浓度为2kg/m²时，加砂压裂+酸化组合改造裂缝的导流能力是酸压+加砂支撑组合改造裂缝的2.7倍。然而，在酸液溶蚀增大裂缝宽度后，铺砂浓度提高至4kg/m²时，加砂压裂+酸化组合改造裂缝的导流能力相比铺砂浓度为2kg/m²时提升至3.6倍，同时达到加砂压裂+酸化工艺的1.3倍。

这一结果表明，先利用酸液溶蚀增大裂缝宽度，再提高铺砂浓度，是增强主裂缝导流能力最有效的策略，可显著提升裂缝系统的渗流能力。

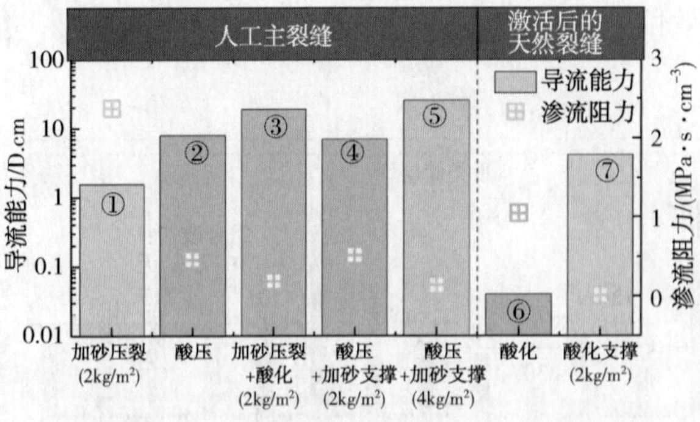

图 11　40MPa 下不同改造工艺下人工主裂缝及天然裂缝的导流能力和渗流阻力

在天然裂缝发育的储层中，酸液的作用能够激活天然裂缝，而后填砂支撑进一步提高裂缝稳定性，使得裂缝系统的整体导流能力显著高于天然裂缝不发育的储层。如图 12 所示，当铺砂浓度达到 $4kg/m^2$ 时，酸压+加砂支撑组合改造裂缝的导流能力是铺砂浓度为 $2kg/m^2$ 时的 3.5 倍，同时为加砂压裂+酸化改造裂缝的 2.8 倍。在此条件下，裂缝系统的导流能力达到最高水平。因此，从导流能力的角度来看，酸压+加砂支撑组合改造工艺在四种改造方式中最为有效，能够显著提升裂缝系统的渗流能力，特别适用于天然裂缝发育的储层，提高储层渗流能力及长期生产效果。

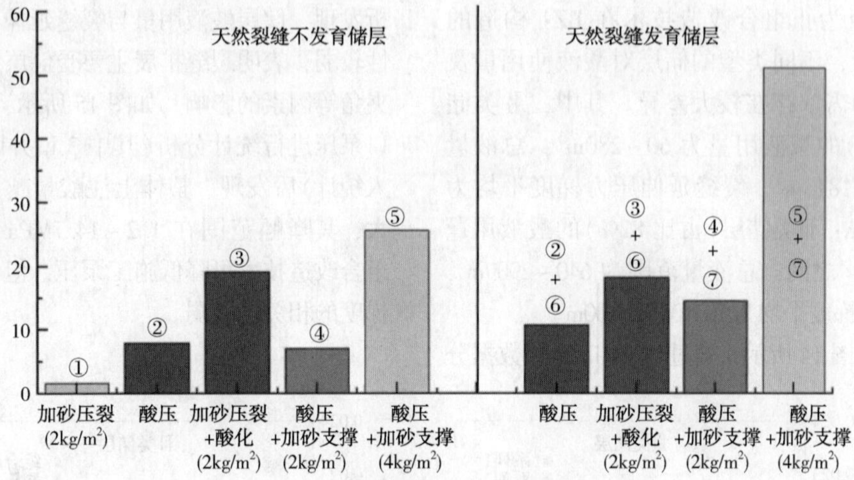

图 12　不同储层裂缝系统的导流能力

4　现场应用

以 B1 井和 B2 井(相距约 3 km)为例进行对比分析，两口井的参数见表 9。两口井的储层条件、裂缝延伸压力梯度及改造液量大致相同，但 B2 井采用组合改造工艺后，其注酸后的泵压下降幅度达到 5.4MPa，且改造后无阻流量是 B1 井(采用加砂压裂)的两倍以上。这一结果表明，在储层条件相似的情况下，组合改造技术具有较强的增产能力。

表 9　B1 井和 B2 的地质工程参数对比

井号	B1	B2
储层分类	Ⅲ类	Ⅲ类
裂缝密度	0.48 条/m	0.20 条/m
孔隙度	5.2%	4.1%

续表

井号	B1	B2
漏失量	0	0
泥浆比重	1.82	1.78
气测	TG 最高 17.3%	TG 最高 3.6%
改造工艺	加砂压裂	组合改造
单级改造规模	$882m^3$	$1412m^3$
用液强度	$22m^3/m$	$21m^3/m$
裂缝延伸压力梯度	0.0235MPa/m	0.0230MPa/m
改造后无阻流量	$45\times10^4m^3/d$	$103\times10^4m^3/d$

如图 13 所示，从不同储层类型的改造后整体的无阻流量分布来看，组合改造技术的提产效果尤为突出。在Ⅰ类储层的 3 口井中，2 口井采

用酸压，1 口井采用压裂，改造后的无阻流量平均为 $194\times10^4m^3/d$。Ⅱ、Ⅲ类储层 24 口井，累计 12 口采用组合改造工艺。数据显示，Ⅱ类储层中，组合改造（$147\times10^4m^3/d$）的提产效果与压裂（$157\times10^4m^3/d$）接近，但相较酸压更加明显（$51\times10^4m^3/d$）；与单一水力加砂压裂相比，组合改造在Ⅲ类储层中的提产效果也较明显，证明了组合改造在Ⅱ、Ⅲ类储层中应用的可行性与有效性。

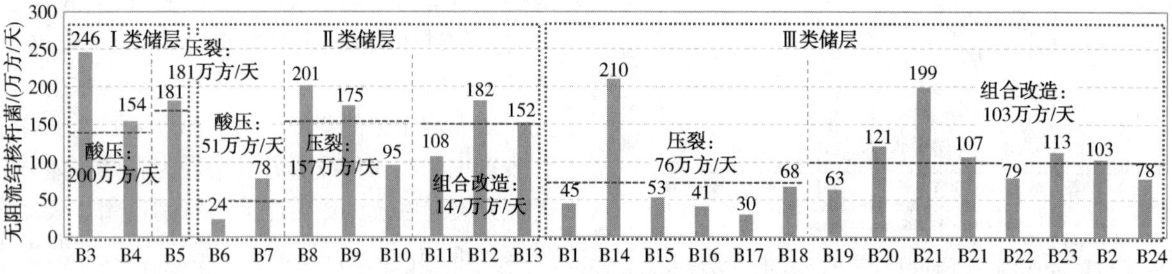

图 13　BZ1 构造改造后无阻流量对比

基于迄今为止组合改造技术在 BZ1 构造的实践情况可知，不同类型的储层对酸液使用量及总改造液量的需求存在较大差异。其中，Ⅱ类储层（占比 18%）的酸液用量为 $60\sim280m^3$，总液量范围为 $1338\sim1813m^3$，裂缝延伸压力梯度平均为 2.03MPa/100m；Ⅲ类储层（占比 82%）的酸液用量则在 $20\sim420m^3$ 之间，总液量范围为 $640\sim2909m^3$，裂缝延伸压力梯度平均为 2.16MPa/100m。

此外，如图 14 所示，通过对 24 口井的数据分析发现，储层酸液用量与裂缝延伸压力梯度的相关性较弱，表明裂缝扩展主要受储层应力大小及力缝夹角等因素的影响。如图 15 所示，对 10 口井的井口泵压进行统计分析（其中 3 口井因排量不稳未纳入统计）后发现，整体上注酸量越大，泵压降幅越大，其降幅范围在 1.2～14.7MPa 之间。这表明，组合改造技术可降低施工泵压，但与裂缝延伸压力梯度的相关性较弱。

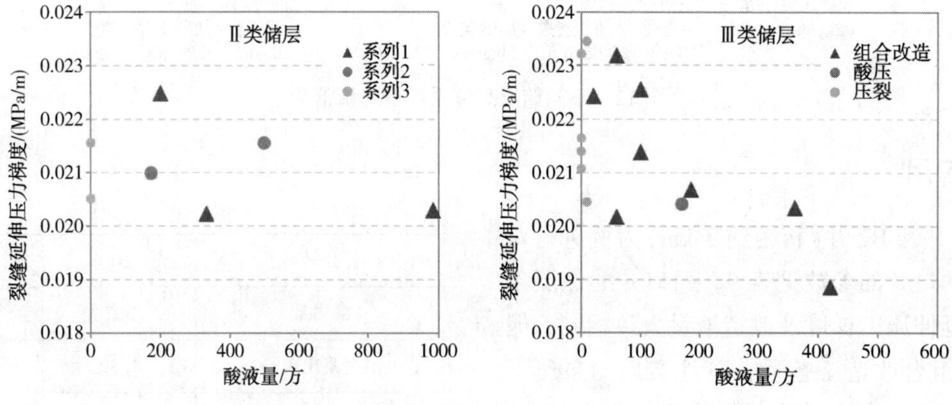

图 14　BZ1 构造Ⅱ类储层（左）和Ⅲ类储层（右）不同工艺、酸液量与延伸压力梯度

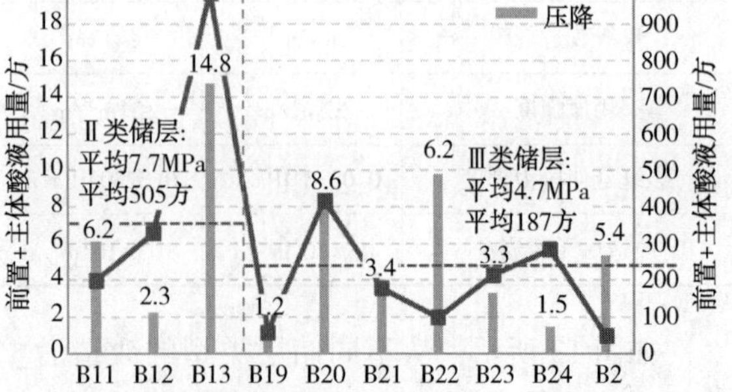

图 15　BZ1 构造注酸后泵压降幅统计

5　结论与认识

本研究针对裂缝性致密砂岩储层开展了组合改造工艺适应性的实验研究，同时开展外来流体对储层基质和天然裂缝影响的实验研究。主要研究结论如下：

（1）组合改造能够显著提高主裂缝导流能力，铺砂浓度为 $2kg/m^2$ 时，加砂压裂+酸化组合改造能够将裂缝导流能力提高至支撑裂缝的 8

倍；酸压+填砂支撑组合改造能够增大缝宽，从而提高铺砂浓度；当铺砂浓度达到 $3kg/m^2$ 时，裂缝导流能力是加砂压裂+酸化组合改造裂缝导流能力的 1.2 倍，当铺砂浓度达到 $4kg/m^2$ 时，裂缝导流能力是加砂压裂+酸化组合改造裂缝导流能力的 1.3 倍。

（2）酸压+填砂支撑组合改造是提高天然裂缝导流能力的有效手段，酸液溶蚀后，天然裂缝 70/140 目陶粒支撑剂铺砂浓度最大可以达到 $2kg/m^2$，40MPa 下裂缝导流能力依旧保持在 4.2D.cm，同等条件下，酸蚀裂缝导流能力几乎丧失。

（3）天然裂缝发育的储层中，酸压+加砂压裂组合改造工艺在裂缝导流能力提升方面有更好的效果。铺砂浓度为 $4kg/m^2$ 时，裂缝系统导流能力达到铺砂浓度 $2kg/m^2$ 时的 3.5 倍，是加砂压裂+酸压组合改造裂缝的 2.8 倍。

（4）组合改造的现场应用经验证明了其在Ⅱ、Ⅲ类储层较强的增产能力。此外，组合改造相较于水力加砂压裂可有效降低施工泵压，进一步证实了酸液类型在组合改造过程中的关键作用。

参考文献

[1] Boucher, A., Del Rio, C., Salazar, F., Milne, A., Robles, M., 2011. Increasing Oil Production without Increasing Water Cut in Wells in Ecuador. Presented at the SPE European Formation Damage Conference.

[2] Connolly, P., Cosgrove, J., 1999. Prediction of Fracture-Induced Permeability and Fluid Flow in the Crust Using Experimental Stress Data1. AAPG Bull. 83, 757-777.

[3] Gou, B., Guan, C., Li, X., Ren, J., Zeng, J., Wu, L., Guo, J., 2021. Acid-etching fracture morphology and conductivity for alternate stages of self-generating acid and gelled acid during acid-fracturing. J. Pet. Sci. Eng. 200, 108358.

[4] Gou, B., Li, X., Guo, J., Liu, W., Zeng, J., He, C., Hu, L., Ren, J., Dai, Q., 2023. Effect of Acid Type on Acid-Etched Fracture Surface Morphology and Conductivity along the Fracture. Energy Fuels 37, 3709-3722.

[5] Guo, J., Ren, J., Wang, S., Chen, C., Lai, J., Gou, B., 2019. ComprehensiveStudy of Fracture Flow Characteristic and Feasibility of Hybrid Volume Stimulation Technique in Tight Fractured Carbonate Gas Reservoir. J. Pet. Sci. Eng. 174, 362-373.

[6] Guo, J., Zhan, L., Gou, B., Zeng, J., Zhou, C., 2020. ExperimentalOptimization of Acid System for Acidizing in Mud - damaged Deep Fractured Carbonate Formation. J. Pet. Sci. Eng. 195, 107639.

[7] Karazincir, O., Li, Y., Williams, W., Zaki, K., Rijken, P., Rickards, A., 2020. Impact of Remedial Acid Practices on Proppant Embedment and Fracture Face Permeability. Presented at the SPE Annual Technical Conference and Exhibition.

[8] Liang, X., Zhou, F., Liang, T., Huang, Y., Wei, D., Ma, S., 2020. The effect ofCombined Proppants Upon the Fracture Conductivity in Tight Gas Reservoirs. Energy Rep. 6, 879-884.

[9] Liu, J., Lu, Y., Luo, Y., Yang, H., Lu, L., 2024. Method forPredicting the Injection Pressure for Horizontal Wells in Fractured Tight Sandstone Reservoirs. Geophysics.

[10] Medavarapu, K., Das, S., Ch, S., Nainwal, S. P., 2017. Optimization of Fracturing Technique for Successful Exploitation of Tight Gas Reservoirs of Mandapeta Field. Presented at the SPE Oil and Gas India Conference and Exhibition.

[11] Rozo, R., Paez, J., Mendoza, A., Milne, A., Soler, D., 2007. Combining Acid - and Hydraulic - Fracturing Technologies Is the Key to Successfully Stimulating the Orito Formation. Presented at the SPE Hydraulic Fracturing Technology Conference.

[12] Salazar, F., Rachid, R., Jimenez, J., Milne, A., Ali, S., 2013. Hydraulic Fracturing with Water-Based Fluids in Water-Sensitive Formations. Presented at the SPE European Formation Damage Conference & Exhibition.

[13] Shaibu, R., Guo, B., Wortman, P. B., Lee, J., 2022. Stress-sensitivity ofFracture Conductivity of Tuscaloosa Marine Shale cores. J. Pet. Sci. Eng. 210, 110042.

[14] Wang,J., Yang, X., Zhang, J., Wang, K., Zhang, R., Wang, Q., Ren, B., Ukar, E., 2023. Subsur-

faceFracture Characterization in a Folded Ultra - deep Tight-gas Sandstone Reservoir: A case study from the Keshen gas field, Tarim Basin, China. J. Struct. Geol. 172, 104867.

[15] Wang, Z., Wang, C., Xu, K., Zhang, H., Chen, N., Deng, H., Hu, X., Yang, Y., Feng, X., Du, Y., Lei, S., 2023. Characteristics andControl Factors of Tectonic Fractures of Ultra-deep Tight Sandstone: Case Study of the Lower Cretaceous reservoir in Bozi - Dabei area, Kuqa Depression, Tarim Basin, China. J. Nat. Gas Geosci. 8, 439-453.

[16] Wu, B., Xiao, F., Kong, M., Wang, B., Zhang, S., 2022. Research on Proppant Optimization and Field Test of Ultra-Deep Tight Conglomerate Sandstone Reservoir. Front. Energy Res. 10.

[17] Zhao, H., Xiong, Y., Zhen, H., Liu, C., Li, X., 2022. ExperimentalInvestigation on the Fracture Propagation of Three - stage Acid Fracturing of Tight Sandstone Gas Reservoir. J. Pet. Sci. Eng. 211, 110143.

[18] Zhu, P., Lin, C., Ren, H., Zhao, Z., Zhang, H., 2015. Micro - fracture Characteristics of Tight Sandstone Reservoirs and Its Evaluation by Capillary Pressure curves: A Case Study of Permian Sandstones in Ordos Basin, China. J. Nat. Gas Sci. Eng. 27, 90-97.

非接触式等离子体液电脉冲破岩特征及破岩规律研究

刘科柔[1]　李　牧[1]　赵　庆[1]　杨　懿[1]　陈雨飞[1]　邹　易[1]　王　昊[1]　张　辉[2]

[1. 中国石油集团工程技术研究院有限公司；2. 中国石油大学(北京)]

摘　要　非接触式等离子体液电脉冲破岩技术是一种新型的高效破岩技术，能够在岩石内部产生拉伸应力，有望颠覆传统破岩方式，提高深井超深井钻井速度。本研究详细分析了这项技术的破岩特征，并基于四种不同类型岩石开展破岩实验，结果表明岩石在巨大拉伸应力波作用下产生了多种类型拉伸裂缝，除此之外，岩样还出现了由压缩和剪切应力波造成的破碎坑和剪切裂缝，特别是对于传统破岩方法难以破碎的灰岩表现出极高的破碎效率。

关键词　液电效应；等离子体；拉伸应力；岩石破碎；破岩特征；室内实验

随着油气勘探开发程度的不断加深，我国常规优质油气资源明显减少，深井超深井已经并将继续成为世界石油和天然气资源的主要替代地区，对钻井技术的要求也越来越高。如何提高岩石的破碎效率、降低钻井周期是钻井领域面临的关键问题之一，因此对于高效破岩新方法的研究具有重要意义。为提高破碎岩石的效率，国内外提出了多种破岩新技术，包括激光破岩、等离子体破岩和粒子冲击破岩等。其中，等离子体破岩技术因其可控、高效、设备体积小、经济效益高而被广泛关注。根据破碎岩石原理的不同，等离子体技术在钻井领域的应用主要包括接触式的等离子体通道破岩和非接触式的等离子体液电脉冲破岩。

等离子体通道破岩技术最先在油气井高效破岩领域被提出和研究，其通过一对接触岩石的电极在岩石内部直接产生等离子体通道从而破碎岩石。Yudin 使用 Marx 发生器作为脉冲电源在预埋花岗岩上进行钻进实验，成功钻出深度 15m、直径 340mm 的井眼。Timoshkin 设计了等离子体通道破岩微型钻头，对砂岩样品进行了钻进实验，单次脉冲能量 163J，实现了 16cm/min 的钻进速度。Anders 制作了使用等离子体非旋转钻头的 EIT 钻井系统，实验中以 2m/h 的平均速度钻出了 12 1/4″井眼，单次脉冲电压和电能最高达到 600kV 和 5kJ，但是由于电压过高，实验中出现了严重的绝缘问题，多次出现绝缘破裂。

等离子体液电脉冲破岩技术在液体介质内发生电击穿，通过等离子体击穿通道膨胀时伴随的剧烈冲击波(液电效应)破碎岩石。相比于等离子体通道破岩技术，这项技术的工作电压更低，能够有效避免关键的绝缘问题，有望以与水射流喷嘴类似的形式安装在钻头上辅助破碎岩石。因此，这项技术近些年来也被广泛关注。刘宁研制了基于液电效应的水射流发生器，将等离子体脉冲电极放置在水射流发生器内部，通过冲击波间接产生液体射流对岩石进行冲击破碎。蔡志翔使用等离子体液电脉冲开展岩石破碎实验，结果表明岩样出现了大量裂缝及破碎坑，且岩石损伤随放电电压和冲击次数的增加而增加。熊亮雳使用水泥石岩样研究了等离子体液电脉冲下岩石的循环损伤特征，结果表明岩石损伤存在累积效应并且存在上限。

首先，本文结合前人建立的计算模型，详细分析了岩石内部应力波峰值的分布规律。然后，通过对花岗岩、砂岩、页岩和灰岩等 4 种不同类型岩石开展破岩实验，进一步分析等离子体液电脉冲破岩的破岩特征和破岩规律。这项研究能够帮助人们深入了解这项技术的破岩效果，对这项技术进一步研究和现场应用具有重要意义。

1 岩样及实验准备

1.1 岩样制备

使用的岩样主要有四种类型，包括花岗岩、砂岩、页岩和灰岩(图 1)，均是来自长庆油田区块露头岩石。在实验中，所有岩样均被加工为长宽高为 80mm×80mm×50mm 的长方体岩样，每种类型岩石使用 2 块岩样。分别使用 G、S、H 和 L 分别表示花岗岩、砂岩、页岩和灰岩，横杠后跟随的数字为岩样的编号。以 S2-1 为例，第一个数字“2”代表本研究所开展的实验在整体项目中的序号，对于本文为固定数字，第二个数字“1”代表编号为 1 的岩样。

(a) 花岗岩G2-1 (b) 砂岩S2-1
(c) 页岩H2-1 (d) 灰岩L2-1

图 1 用于轴压和围压环境下超声波参数测量的岩样(饱和水)

岩样在实验前都会经过自然饱和吸水方法(72 小时)处理，岩样的各项参数也都是在自然饱和吸水处理后测得，最终四种类型岩石的强度参数和测试方法如表 1 所示。

表 1 四种类型岩石(饱和水)的强度参数及测试方法

参数	花岗岩	砂岩	页岩	灰岩	测试方法
抗压强度	97.58MPa	13.07MPa	63.60MPa	76.51MPa	单轴抗压实验
抗拉强度	7.45MPa	1.48MPa	4.87MPa	8.85MPa	巴西劈裂实验
压入硬度	580.95MPa	205.36MPa	155.37MPa	675.53MPa	表面硬度测试(2.15mm 圆形压头)
可钻性(PDC)	8.6	2.1	6.9	8.9	可钻性测试(PDC)

1.2 等离子体液电脉冲破岩实验装置

等离子体液电脉冲破岩实验主要使用已有的实验装置开展，主要包含脉冲电源(图 2)和破岩反应器(图 3)。脉冲电源包含 5 个 0.4 μF 的放电电容，通过一套由步进电机控制的旋转三电极开关实现快速放电，电压最高可达 40kV，在本文中将使用三种电压(24kV、28kV 和 32kV)依次循环放电的方式对岩石进行破碎。破岩反应器主体由高纯度尼龙(聚酰胺)构成，通过电极基座安装同轴电极开展实验，同轴电极由耐高温烧蚀的铜钨合金制作而成，实验过程中岩样被岩样夹持器所固定，确保电极与岩样之间的相对位置不发生改变。实验过程中时刻观察岩样的损伤情况，当岩样出现明显的断裂时即停止实验。

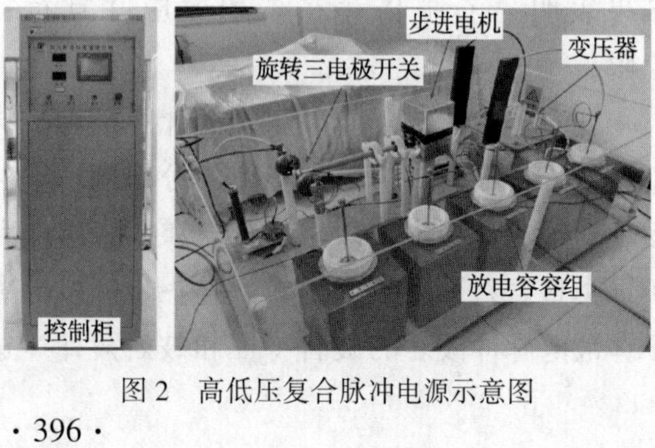

图 2 高低压复合脉冲电源示意图

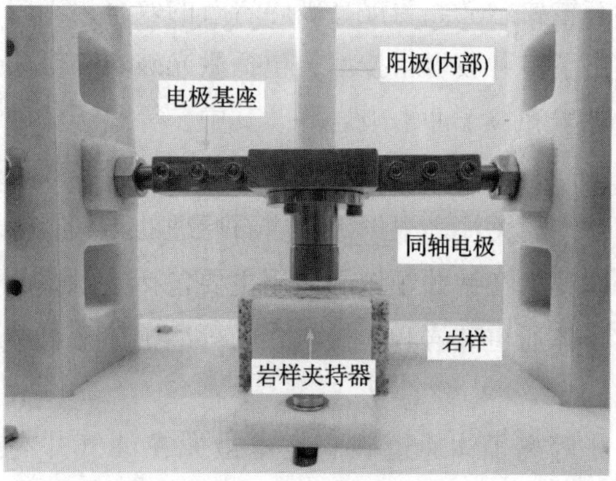

图 3 破岩反应器示意图

2 应力波峰值分布规律

应力波分为压缩波和剪切波，压缩波力的方向平行于波的传播方向，剪切波力的方向垂直于传播方向。液体介质只能传导压缩波，在经过不同声阻抗介质边界时，应力波的峰值大小、传播方向均会产生变化，与入射波的入射角度和两侧介质的声阻抗有关，同时也会衍生出更多数量的波；在液体或者岩石内部传播时，应力波的强度也会产生衰减。因此，基于应力波理论，张辉建立了岩石内应力波峰值分布计算模型，基本假设如下：(1)冲击波以球面波形式传播；(2)岩石均质、声阻抗均匀，且表面完全光滑；(3)岩石为线性弹性体。最终的计算模型表达式如下：

$$\begin{cases} P_t = \dfrac{900}{\gamma_t l_i}\tau_t e^{-\alpha_s d_t} E^{\alpha_w} \\ P_r = \dfrac{900}{\gamma_t \gamma_r l_i}\tau_t \tau_r e^{-\alpha_s (d_t + d_r)} E^{\alpha_w} \end{cases} \tag{1}$$

其中，P_t 代表从岩石顶面透射进入岩石内部的一次透射应力波的峰值大小，MPa；P_r 代表一次透射应力波在遇到岩石侧边界后反射出的二次反射应力波的峰值大小，MPa;，l_i 是冲击波在水中的传播距离，mm；d_t 和 d_r 是分别是一次透射应力波和二次反射应力波的传播距离，mm；E 是单次电脉冲的能量，kJ；α_s 是应力波在岩石内部的衰减系数，无量纲；α_w 是系数，0.35；γ_t 和 γ_r 分别是岩石顶面和侧面处的传播扩散系数，无量纲；τ_t 是岩石顶面处一次透射应力波与入射应力波峰值大小的比例系数，无量纲；τ_r 是岩石侧面处二次反射应力波与一次透射应力波峰值大小的比例系数，无量纲。

以花岗岩为例，其饱和水处理后的岩石密度为 2.60g/cm^3，纵波和横波速度分别为 5.68km/s 和 3.35km/s，其纵波和横波的衰减系数 α_s 分别为 0.0008592 和 0.0001889。基于上述模型计算可以获得岩石内部一次透射应力波和二次透射应力波的峰值分布。对于一次透射应力波，其中较为典型的横波(剪切波)峰值分布如图 4(a)所示，剪切应力波在顶面处的最大值为 349.54MPa，同时可以看出，剪切应力波的峰值出现了间断面，这是由于一次透射应力波中的纵波部分在此时方向刚好与顶面重合，因此造成剪切应力波的峰值大小出现突然变化。这种间断面最终会造成“喇叭口”形态的裂缝，如图 5(a)所示。对于二次透射应力波，其中较为典型的纵波(压缩波)峰值分布如图 4(b)所示，在一定区域内压缩波表现为拉伸应力,，拉伸应力的最大值为 13.57MPa，而由于岩样有四个侧面，因此四个侧面反射的拉伸应力波会在岩样中心交汇并产生正交裂缝，如图 5(b)所示。

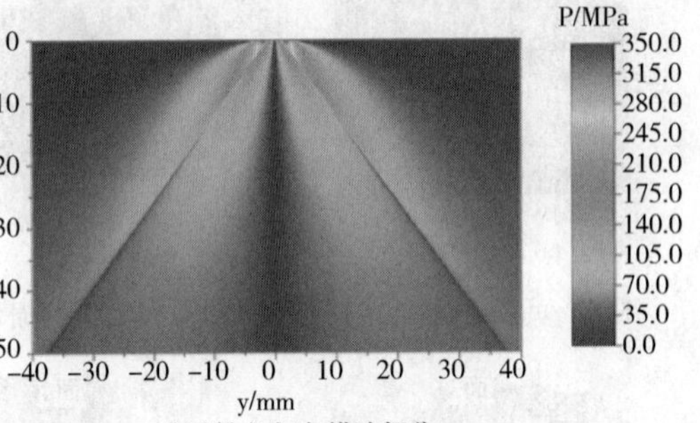

(a) 一次透射应力波(横波部分)

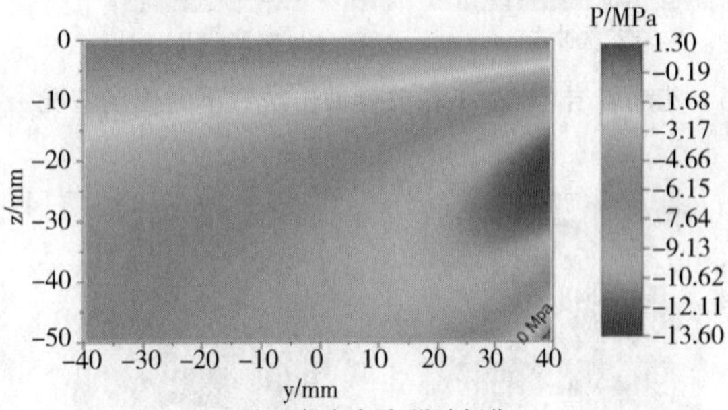

(b) 二次反射应力波(纵波部分)

图 4　花岗岩岩样内部典型应力波峰值分布

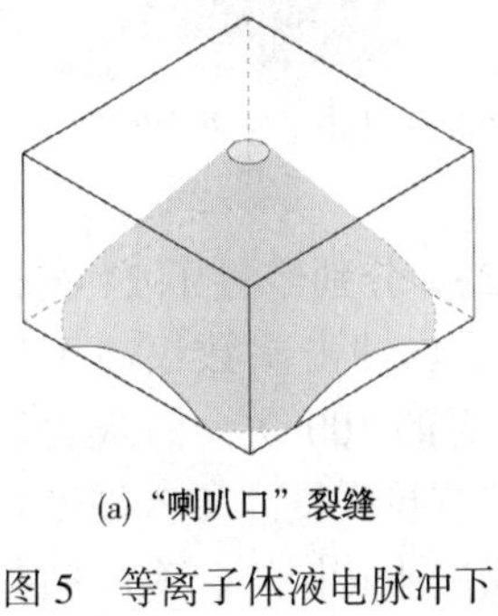
(a) “喇叭口” 裂缝

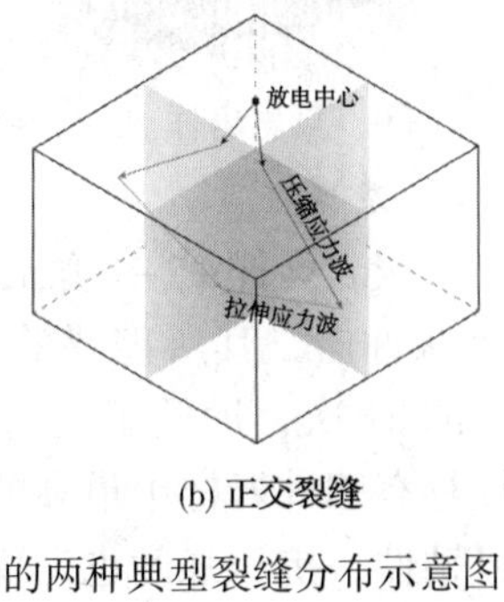

(b) 正交裂缝

图 5　等离子体液电脉冲下的两种典型裂缝分布示意图

3　结果及分析

3.1　花岗岩

花岗岩岩样 G2-1 和 G2-2 分别经过了 84 次和 116 次冲击，其所需要的平均冲击次数是四种岩样中最多的，可见砂岩的破碎效果最差。以 G2-1 为例(图 6)，其在 72 次冲击后，底面出现了正交裂纹，从面 1 上可以看出其已几乎完全贯穿岩样，在顶面中心处也可观察到较轻的颗粒剥落。84 次冲击后，正交裂纹已完全贯穿岩样，在顶面中心处可观察到明显的圆弧形裂纹，这是“喇叭口”裂缝在岩样顶面处的一种表现。总的来说，花岗岩岩样的主要表现为正交裂缝，并出现少量的“喇叭口”裂缝和表面颗粒剥落。

3.2　砂岩

砂岩岩样 S2-1 和 S2-2 分别经过了 23 次和 39 次冲击，其所需要的平均冲击次数最少，可见等离子体液电脉冲对砂岩的破碎效果最好。以S2-2为例(图7)，36次冲击时岩样就出现了非常明显的从底部向上发展的正交裂缝，39次冲击时正交裂缝彻底贯穿岩样。除此之外，岩样顶面也出现了大面积的颗粒剥落，这是由于砂岩的颗粒胶结强度较低，因此其表面的颗粒剥落程度比其他三种类型的岩石岩样都大。由于砂岩内部颗粒边界较多，减弱了剪切应力急剧变化的影响，因此砂岩岩样没有出现明显的剪切裂纹。总的来说，砂岩岩样主要表现为正交裂缝和表面颗粒剥落。

(a) 72次冲击　　(b) 84次冲击

图6　花岗岩岩样G2-1在关键冲击次数下的损伤情况

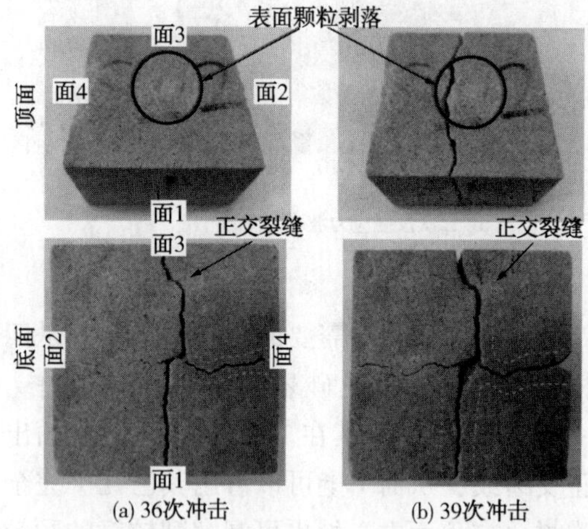

(a) 36次冲击　　(b) 39次冲击

图7　砂岩岩样S2-2在关键冲击次数下的损伤情况

3.3　页岩

与花岗岩和砂岩相比，页岩颗粒更小更均质，没有明显的颗粒胶结界面，应力波在页岩中的更接近于直线传播，形成的裂缝更能体现出应力波的特性。因此不同于花岗岩和砂岩，页岩岩样在正交裂缝贯穿岩石之前就产生了大量角裂和次生裂缝(图8)，这些裂缝都是在“喇叭口”裂缝的基础上反射、叠加而造成的。页岩岩样H2-1和H2-2分别在经过了36次和48次冲击后，露出了岩样内部“喇叭口”形态的断裂面(图9)。以H2-1为例(图8)，24次冲击后顶面尖角处出现了明显的角裂，36次冲击后完全断裂。在24次冲击后面2底部出现了明显的“喇叭口”裂缝特征，并在36次冲击后露出了“喇叭口”形态的断裂面，从面3可以看出正交裂缝和大量次生裂缝的存在，这些次生裂缝是应力波在“喇叭口”裂缝和岩样侧面处反射出的拉伸应力波造成的，这一结论也可由48次冲击后H2-2的损伤形态被佐证，H2-2在被充分的破碎后，“喇叭口”形态断裂面基本完全露出，而内部裂缝极少。总的来说，砂岩岩样主要表现为“喇叭口”裂缝和次生裂缝，以及少量正交裂缝。

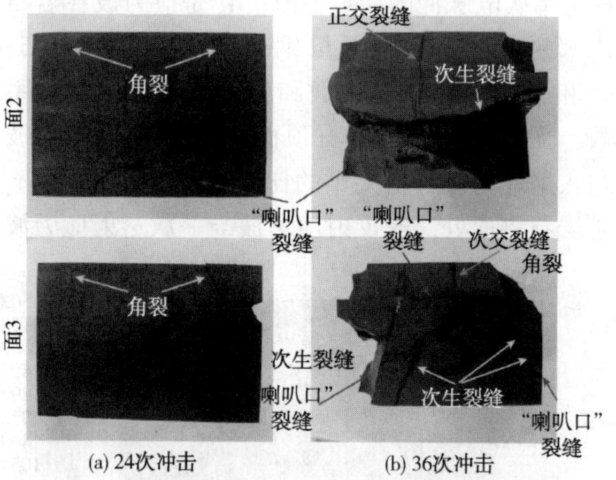

(a) 24次冲击　　(b) 36次冲击

图8　页岩岩样H2-1在关键冲击次数下的损伤情况

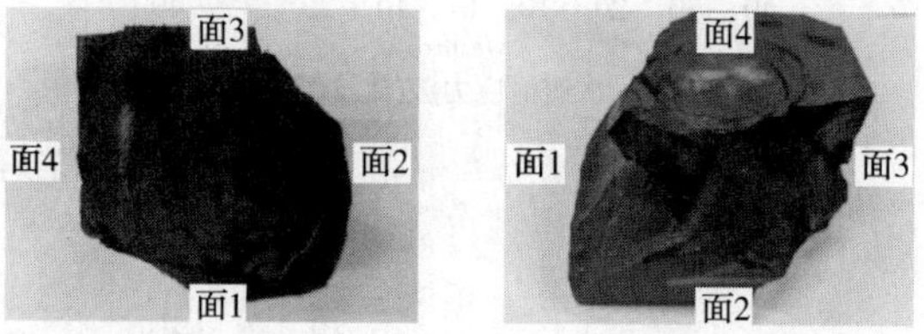

图9　页岩岩样H2-2在48次冲击后的损伤情况

3.4　灰岩

灰岩岩样L2-1和L2-2分别经过了24次和48次冲击，其所需要的平均冲击次数仅高于砂岩的31次，远低于花岗岩的100次，而灰岩岩样具有四种岩样中最高的抗拉强度、压入硬度和可钻性，抗压强度也是仅次于花岗岩，实际钻井中灰岩也是难钻地层常见岩石类型，可见等离子体液电脉冲能够突破常规机械钻井技术的局限，对灰岩产生有效的破碎。典型的是，岩样L2-1经过24次冲击后露出了内部“喇叭口”形态的断裂面并且正交裂缝同时贯穿了岩样(图10)。在

12次冲击后，靠近面3和面4的位置处出现了正交裂缝，而面2附近也出现了平行于面1的正交裂缝，一条同样是拉伸应力波叠加造成斜裂缝连接两部分正交裂缝。在24次冲击后，面1和面2间露出了特征明显的“喇叭口”裂缝。与页岩类似，灰岩岩样上的裂缝也具有很强的规律性，但是灰岩的各项强度均高于页岩，导致灰岩的裂缝复杂性和数量都低于页岩。总的来说，灰岩岩样主要表现为“喇叭口”裂缝和正交裂缝，以及少量次生裂缝。

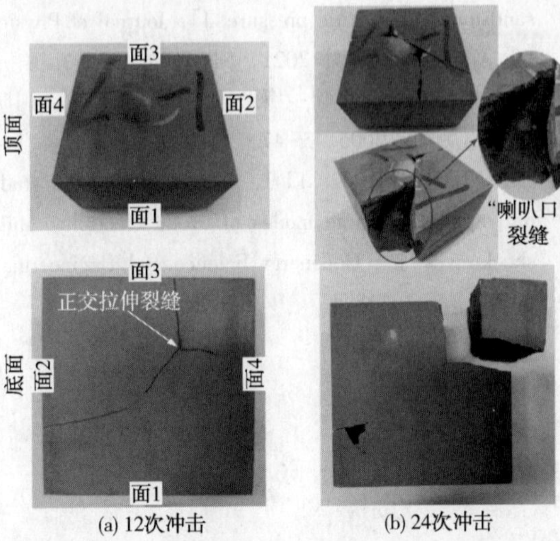

图10　灰岩岩样L2-1在关键冲击次数下的外部损伤

3.5　总结

根据外部损伤特征分析可以发现四种类型岩石岩样出现了多种裂缝形态，主要包括表面颗粒剥落、“喇叭口”裂缝、正交裂缝、角裂和次生裂缝，按照成因来划分：(1)表面颗粒剥落来自于冲击波产生瞬间液体的冲蚀；(2)“喇叭口”裂缝来自于一次透射应力波中的剪切波；(3)正交裂缝、角裂和次生裂缝都是二次反射波中的拉伸波造成的。因此，将岩样的损伤特征整合为颗粒剥落、“喇叭口”裂缝和拉伸裂缝三类，结合实验中四种类型岩样的损伤程度，汇总等离子体液电脉冲下四种岩样的主要损伤类型和损伤程度，见表2，表中使用圆圈数量表示损伤程度。

表2　花岗岩、砂岩、页岩和灰岩岩样损伤类型和损伤程度

岩样类型	颗粒剥落	“喇叭口”裂缝	拉伸裂缝
花岗岩	○	○	○○
砂岩	○○○		○○○
页岩		○○○	○○
灰岩		○○○	○○○

需要注意的是，在灰岩岩样抗拉强度、压入硬度和可钻性最高，且抗压强度仅次于花岗岩的情况下，其平均冲击次数远低于花岗岩，且仅高于砂岩，可见这项技术对灰岩的综合破碎效果是最理想的。总的来说，等离子体液电脉冲能够在岩石内部产生巨大的拉伸应力，从而高效破碎传统钻井技术难以破碎的岩石类型，特别是灰岩。前人的研究也表明，等离子体液电脉冲下岩样的力学强度也将会持续降低，因此等离子体液电脉冲非常适合作为一种辅助破岩能量提高钻井速度，具有着巨大的发展潜力。

4　结论

(1) 基于应力波峰值分布计算模型，对等离子体液电脉冲下岩石内部典型应力波峰值的分布规律进行了分析。结果表明岩石内部会出现巨大的拉伸应力波和剪切应力波，极易造成“喇叭口”裂缝和正交裂缝；

(2) 基于四种不同类型岩石开展破岩实验。结果表明岩样的损伤形式主要包括表面颗粒剥落、“喇叭口”裂缝、正交裂缝、角裂和次生裂缝，其中对于花岗岩的破碎效果最差、对砂岩最好，对于传统钻井技术难以破碎的灰岩效果突出；

(3) 等离子体液电脉冲下各类型岩样的损伤特征具有明显区别，按照成因将岩样的外部损伤划分为颗粒剥落、“喇叭口”裂缝和拉伸裂缝三类，并结合实验结果对这四类岩样的主要损伤类型和损伤程度进行了汇总；

(4) 通过理论模型和室内实验，本文深入探究了非接触式等离子体液电脉冲破岩特征及破岩规律，能够帮助人们深入了解这项技术的破岩效果和优势，对这项技术的进一步研究和现场应用具有重要意义。

参　考　文　献

[1] 贾承造. 含油气盆地深层—超深层油气勘探开发的科学技术问题[J]. 中国石油大学学报(自然科学版), 2023, 47(05): 1-12.

[2] 韩彬，李美艳，李璐，等. 激光辅助破岩可钻性评价[J]. 石油天然气学报, 2014, 36(09): 94-97+6.

[3] KOCIS I, KRISTOFIC T, GAJDOS M, et al. Utilization of electrical plasma for hard rock drilling and casing milling[R]. SPE 173016-MS, 2015.

[4] 伍开松，古剑飞，况雨春，等．粒子冲击钻井技术述评[J]．西南石油大学学报(自然科学版)，2008(02)：142-146+198-199.

[5] VOIGT M, ANDERS E, LEHMANN F. Electric Impulse Technology: Less Energy, Less Drilling Time, Less Round Trips[R]. SPE 182197-MS, 2016.

[6] YUDIN A S, ZHURKOV M Y, MARTEMYANOV S M, et al. Electrical discharge drilling of granite with positive and negative polarity of voltage pulses[J]. International Journal of Rock Mechanics and Mining Sciences, 2019, 123: 104058.

[7] TIMOSHKIN I V, MACKERSIE J W, MACGREGOR S J. Plasma Channel Miniature Hole Drilling Technology [J]. IEEE Transactions on Plasma Science, 2004, 32(5): 2055-2061.

[8] ANDERS E, VOIGT M, LEHMANN F, et al. Electric Impulse Drilling-The future of drilling technology begins now[R]. ASME, 2017, 57762: V008T11A024.

[9] Л·А·Ю·尤特金．液电效应[M]．北京：科学出版社，1962. 1-12.

[10] 张辉，蔡志翔，李军，等．液相放电等离子体冲击波 PDC 钻头：中国，CN109441360B[P]．2019-12-31.

[11] 刘宁．电液压脉冲水射流发生器及破岩研究[D]．重庆：重庆大学，2008.

[12] 张辉，蔡志翔，陈安明，等．液相放电等离子体破岩室内实验与破岩机理[J]．石油学报，2020，41(05)：615-628.

[13] XIONG L, LIU Y, YUAN W, et al. Study on fracturing behaviour of electrohydraulic shock wave to sandstone under static pressure[J]. Journal of Physics D: Applied Physics, 2021, 54(49): 495503.

[14] 王礼立．应力波基础-(第二版)[M]．北京：国防工业出版社，2005. 43-47.

[15] ZHANG H, LIU K, LI J, et al. Experimental study on stepped discharge modes of cyclic electrohydraulic shockwaves[J]. Geoenergy Science and Engineering, 2023, 227: 211871.

超高温高压试油测试装备新进展及发展方向

贺秋云　陈　曦　谢　奎

（中国石油集团川庆钻探工程有限公司）

摘　要　我国深层、超深层油气资源丰富，是重要战略接替领域。但井深、压力、温度等指标给完井试油工程带来巨大挑战，试油测试装备面临接近性能指标极限、井身结构复杂致工具配套不全、安全环保要求严苛等问题。通过技术攻关，研制出230℃/175Pa防硫试油测试成套装备，包括230℃/280MPa成套全通径压控式井下测试工具、175MPa数字化地面测试设备、230℃六合一多功能一趟钻井筒清洁系统、井筒排出液密闭式清洁化处理系统等，整体技术水平迈入国际先进行列，基本实现国产自主，为我国深层超深层油气资源的勘探开发提供了强有力技术支撑。当前国内试油测试装备，特别是井下工具的数字化和智能化水平还比较低，亟需推进智能试油井下工具研发，构建信息化、数字化井筒；持续升级超高压地面测试流程，实现无人干预智能化作业。

关键词　深层超深层油气；试油测试装备；高温高压；智能化；安全环保

我国深层、超深层油气资源蕴藏量极为丰富，是支撑我国油气产业的重大战略接替领域。2020年新一轮全国油气资源评价显示，四川、塔里木、准噶尔等五大盆地8000m以深总资源量为175.88亿吨当量。其中，塔里木盆地8000m以深油气地质资源总量92.8亿吨油当量，占比52.7%；四川盆地8000m以深油气地质资源总量52.6亿吨油当量，占比29.9%；准噶尔盆地8000m以深油气地质资源总量18.4亿吨油当量，占比10.5%。

2000年以来，我国油气资源勘探开发深度纪录不断刷新，8000m以上深井集中在塔里木和四川盆地，形成了PS 6井、LT 1井、TW 1井、SY 001-H6井、GL 3C井等一批标志性超深井，2022年SY 001-H6井井深首超9000m、完钻井深9010m、创当时国内陆上最深水平井纪录，2023年PS 6井完钻井深9026m、创国内最深直井纪录。与此同时，地层压力和温度指标也不断攀升(见图1)，新疆准噶尔南缘地区TW 1井地层压力高达172MPa，四川盆地LX 1井地层压力155MPa；青海油田JT 1井地层温度达到235℃，川南地区TT 1井地层温度215.6℃；2023年中石油集团在四川、塔里木地区部署的深地CK 1井和TK 1井，设计井深超万米，地层温度预计达到230℃，储层改造地层破裂压力预计超250MPa。上述井深、压力、温度等指标给完井试油工程作业带来巨大难度，对试油装测试备耐温、耐压、安全环保等方面提出了很大挑战。

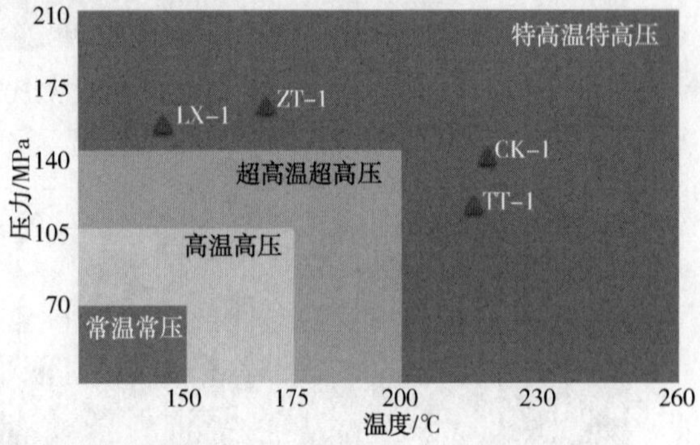

图1　国际高温高压井分类标准

1　面临的挑战

试油测试装备工作接近性能指标极限。一方面地层压力超过105MPa、地层温度200℃的井近年来不断涌现，TW 1井地层压力高达172MPa，LX 1井地层压力155MPa，TT 1井地层温度215.6℃。另一方面，由于储层越来越深，岩石越来越致密，岩石地应力不断攀升，储层改造作业时压开地层的压力随之增大，LX 1井改造时地层破裂压力达到226MPa，中石油集团部署的2口万米深井储层改造地层破裂压力预计超250MPa。试油装备耐压(压差和抗压强度)、耐温指标要高。在超高温高压条件下，还要面临H_2S、酸液等介质的腐蚀，对试油装备、工具、材料及工艺技术提出更高考验。

复杂井身结构带来井下工具规格配套不全。

深部复杂的地质条件带来复杂多压力系统，必封点多，需要使用更多层次的井身结构应对可能钻遇的复杂情况，传统的四开、五开井身结构已不能满足需求，越来越多出现六开、七开的井身结构，HX 1 井为国内首口完成的八开井身结构(图2、图3)，正钻的深地 CK 1 井首选六开井身结构，备用七开、八开结构。复杂非标井身结构，造成工具系列配套不足。适用于传统 9-5/8″、7″、5″套管的测试工具尺寸不能满足 7-5/8″、6-5/8″、8-1/8″非标套管作业需求，存在无工具可用的情况。同时，非标井身结构中小井眼越来越多，试油工具尺寸小、强度低、可靠性差。如 HX 1 井的 Φ114.3mm 套管内径仅 97.18mm，适用的测试工具外径为 80mm，最低抗拉强度只有 40T，是整个管柱的薄弱点，管柱断落等复杂风险增加。

图 2　230℃/280MPa 成套井下测试工具

图 3　175MPa 数字化地面测试流程

此外，国家安全环保、绿色低碳要求愈发严苛。高温高压含硫油气井作业存在安全环保风险，对环境和人员安全构成极大威胁，对井筒排出液处理标准大幅提高，要求试油测装备必须具备完善的废弃物无害化处理能力。

通过技术攻关和实践，攻克了多个技术卡点，研制了一批具有自主知识产权的成套超高温超高压试油测试装备，有力支撑了川渝气田、塔里木油气田等重点区块深井超深井油气资源的勘探开发。

2　试油测试装备新进展

2.1　研制了 230℃/280MPa 成套全通径压控式井下测试工具

超高温超高压井下测试工具是深层超深层油气勘探开发的核心装备，长期以来，部分从哈里伯顿等国外公司进口，部分行业缺乏。突破超高温下抗硫金属材料力学行为和转变机理、金属非金属复杂条件材料失效机理、密封机理、力学耦合机理，耐高温抗硫橡胶密封元件设计等关键技术，设计三段式差异化硬度封隔器胶筒组合结构，研制了230℃/280MPa抗硫成套井下测试工具(图4)，包括测试封隔器、安全循环阀、循环阀、震击器等，具备油套隔离、复杂处理、井下关断、循环压井等功能，最高耐温230℃、最高抗静压280MPa，耐压差105MPa，通过了API 19TT标准高温高压性能评价试验，耐压差、耐温指标与国际知名油服公司同类产品一致，耐静压和防硫指标高于国外同行(表1)。

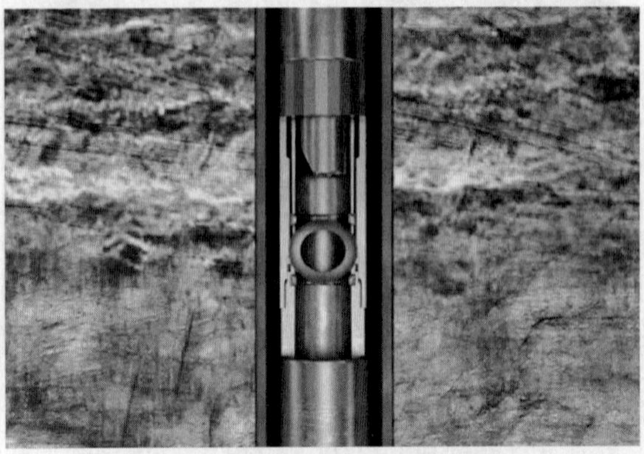

图4　压控式井下封堵系统

表1　井下测试工具技术指标国内外对比

技术参数	国内技术指标	国际技术指标
耐温	230℃	260℃(部分工具)
耐静压	280MPa	230MPa
耐压差	105MPa	105MPa
防硫	全防硫	175℉以上防硫

工具在塔里木、川渝地区完成DB 401井、KS 38井、ZT 1井等井现场试验，现场应用最大作业井深8301.98m，刷新国内测试工具下深最深记录，正积极准备投入万米科探井的试油作业。

2.2　研制了175MPa数字化地面测试设备

固相颗粒清除模块。基于多相流数值模拟分析了多因素条件下除砂效率，设计适用不同流速和分离粒度的旋流筒，解决了固相清除难题；运用超音速等离子陶瓷喷涂技术和硬质合金材料，采用特殊柱形+纵向对称结构，解决了高压大产量流体对设备冲蚀破坏问题。研制了175MPa捕屑器、旋流除砂器、高抗冲蚀节流阀等除砂抗砂设备，按照API 6A、NACE MR 01-75等标准通过设计确认，有效清除井筒流体中的岩屑、桥塞碎块、陶粒、地层砂等，大于0.1mm以上的固相清除率100%，设备耐冲蚀性能提高50%，数字化控制模块。开发了集成数据采集分析、设备精确控制、专家远程支持中心互动为一体的地面测试工程数字化平台，测试流程包含紧急关断、节流降压、分离计量、捕屑控砂等自控子模块，测试流程自动化控制100%全覆盖，控制精度1%，功能切换时间≤15s，实时根据压力、油气水产量等参数精确控制，测试现场与远程支持中心实现数据实时共享，专家远程指导和决策。安全监测预警模块。集成热成像、激光扫描、图像智能识别等技术，智能识别人员闯入、有毒有害可燃气体泄露、火焰异常熄灭等风险，实现了风险智能识别和能量源自动截断。作业现场人员识别率100%，泄漏识别准确率95%，火焰识别率100%，风险控制时间≤10s。

通过上述攻关，形成了175MPa数字化成套地面测试设备，防硫性能等符合NACE MR 01-75标准，天然气测试能力$300\times10^4m^3/d$，计算机一键操作，作业区域无人值守，工作压力、自动化水平指标高于国外同类产品(表2)。目前已在川渝、新疆等地区现场应用，性能指标满足万米深井级油气井试油测试作业需求。

表2　地面测试流程技术指标国内外对比

技术参数	国内技术指标	国际技术指标
控制水平	全测试流程自动控制	高压管汇自动控制
工作压力	175MPa	140MPa
工作温度	-29℃~180℃	
防硫性能	FF级	
天然气处理能力	$300\times10^4m^3/d$	

2.3　研制了230℃六合一多功能一趟钻井筒清洁系统(OTCS)

试油期间井筒清洁工序多，采用现有分体式通刮工具需要单独实施，起下钻趟数多，井筒清洁周期长。目前国际上的一趟钻井筒清洁系统(OTCS-One Trip Cleanup System)，贝克休斯实现7合1一体化作业，斯伦贝谢实现6合1，哈里伯顿实现5合1。通过采用6刀翼刮屑结构提高刮管效果，设计宽截面大倒角引流槽提升洗井流道面积，旋转离合机构提升管柱复杂处理能力，上下扶正设计保证在水平段的均匀刮屑，研制了高抗扭棘轮离合轴向-周向传载换向旋流清砂、矢量喷射自吸打捞等工具，形成了系列化的多功能一趟钻井筒清洁系统，一趟钻实现钻、磨、通、刮、洗、捞6合1作业，耐温230℃，适用于5″~ 9-5/8″套管，填补国内空白，性能与国际先进产品相当。

近三年累计应用超过400井次，最大作业井深8018m，最大作业井斜93.99°，井筒准备时间降低70%，满足钻井、试油、完井、修井期间井筒清洁作业需求，成为深井井筒清洁作业提速提效的重要技术利器。

2.4　国际首创了230℃压控式试油完井一体化工具

针对探井试油和完井投产是两道独立工序，周期长、易造成复杂、作业成本高的问题，设计球形金属密封装置，发明通过压力控制的井下开关封堵系统，研制了Ø99mm和Ø127mm压控式试油完井一体化工具(图5、图6)，耐温230℃、耐压差105MPa，适用于5”及以上套管，将勘探试油和完井投产进行一体化设计，试油测试结束后，将封隔器以上测试管串起出，封隔器及配套封堵工具留在井下实现对储层的永久封堵/暂堵。若需投产，再将完井投产管柱与封隔器对接，同时打开封堵工具，实现投产。

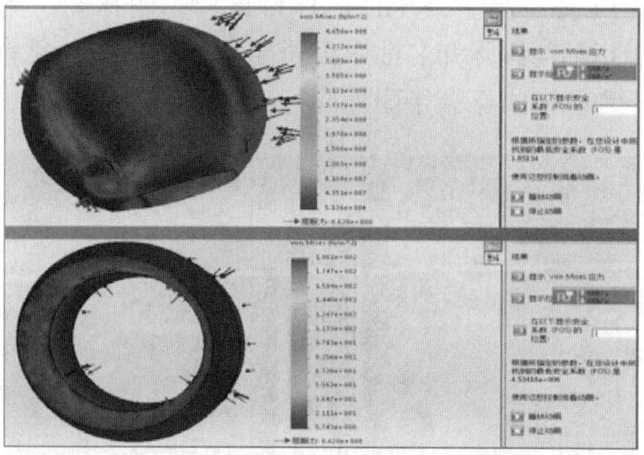

图5　球形金属密封机构应力分析

图6　撬装自动化除硫装置

累计应用50余井次，单层平均完井试油作业时间减少15天，单层平均减少泥浆漏失超200m³，节约作业成本上亿元。具有降低试油与完井投产周期，消减作业期间井控风险，保护油气储层等多个优点。

2.5　研制了井筒排出液密闭式清洁化处理系统

国内试油放喷测试作业周边普遍人居密度大，井筒排出液体(地层水、增产改造液)含H_2S、残酸等有毒有害物质，对周边植被、河流和人居威胁性极大，处置不当将导致重大安全事故。研制了井筒排出液除硫中和自动处理系统(图7、图8)。全面考量处理效率、与各类井筒排出液的配伍性等综合性能，确定了处理剂最优方案。在密闭空间内实时处理含硫地层水与残酸，经处理后液体pH值稳定处于6~8的区间，H_2S浓度降低至≤10ppm。

在“十四五”期间，密闭式清洁化处理系统成为川渝、新疆、青海等地区含硫井试油测试作业的核心装备，累计推广应用超150井次，切实解决了长期以来困扰行业的含硫排出液处理问题，显著提升了作业环保性与安全性。

2.6　研制了放空天然气环保密闭燃烧装置

目前国际上针对钻井、集输、炼化中的放空天然气燃烧处理问题，开发了数款密闭燃烧装置，仅适用于固定场站的短时间燃烧处理作业。测试、修井作业主要采用燃烧池或高空火炬，造成声、光、热污染。通过设计强吸预混燃烧嘴、空气冷膜+特殊材质纤维隔热，采用稳焰消音一体化设计，研制了试油修井天然气密闭燃烧装置，天然气稳定处理量$15\times10^4m^3/d$，实现无可见光“密闭”燃烧，距燃烧器20m环境温度升高≤7℃，距燃烧器30m噪音≤70db(图9)。

该装置目前已在现场应用，极大缓解天然气开放式燃烧带来的声、光、热、H_2S污染，对于探井试油和老井修井作业中废弃天然气的处理具有明显工程优势。

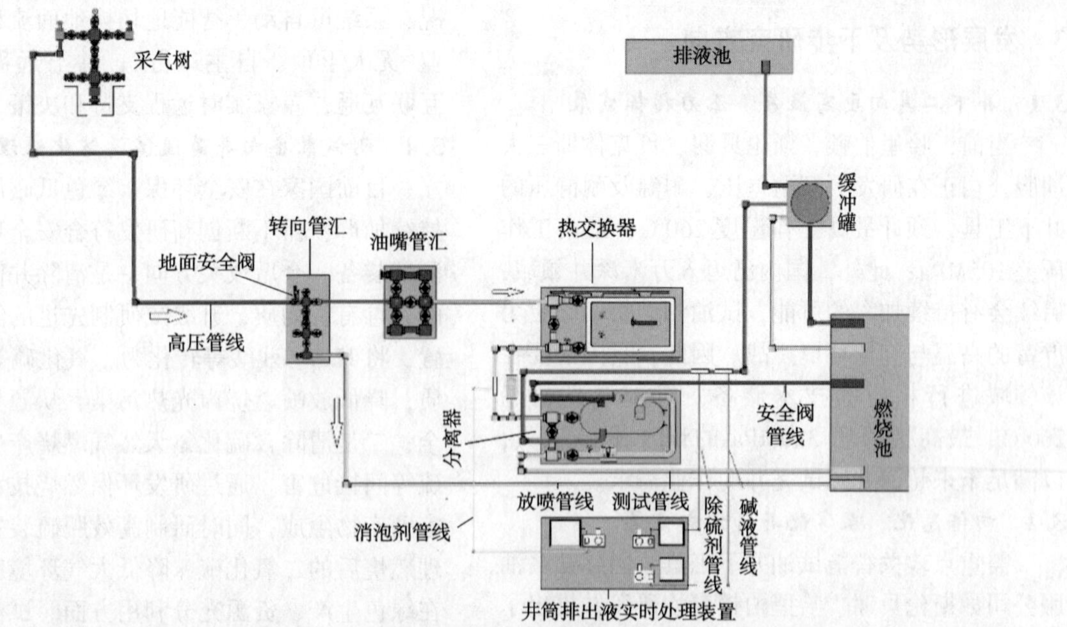

图 7　井筒排出液清洁化处理作业流程示意图

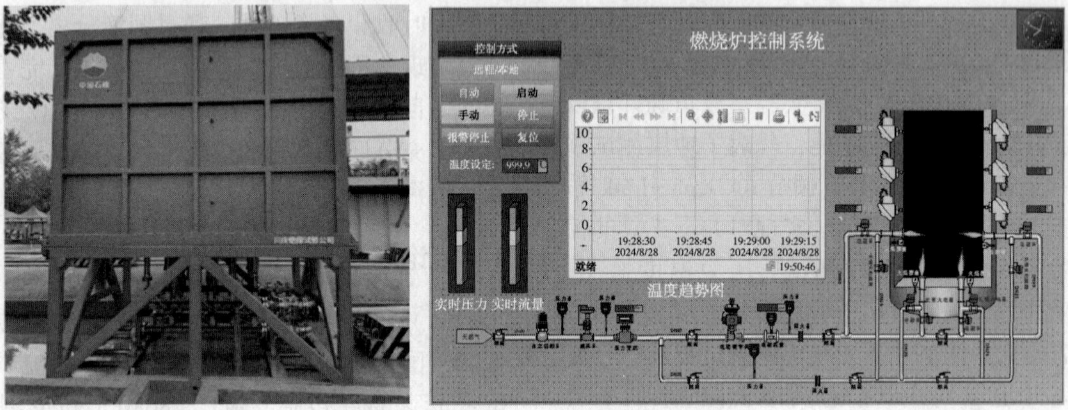

图 8　放空天然气环保密闭燃烧装置

2.7　建设了 320℃/300MPa 高温高压井下工具性能评价平台

高温高压井下工具试验平台对井下测试工具、完井工具等的研发和性能评价至关重要，国内现有平台综合参数落后于国外，主要表现在试验温度、检测功能有差距。通过开展高温高压釜体容器仿真力学分析，针对主体锻件材料进行热处理工艺研究以提升耐高温高压性能，开展多级密封结构研究解决高压环境下密封难题，建设了 320℃/300MPa 井下工具性能评价和试验平台。工作温度 320℃，工作压力 300MPa，加载力 400T，气密封检测满足 API 11D1 标准中 V0 等级。试验平台可按照 API11D1、API19TT、API14A 标准对测试工具、封隔器/桥塞、井下安全阀，以及其它钻完井相关井下工具进行常规功能、静压、压差、高温、载荷、温度循环、阀板漏失量、冲刷磨损评价等检测，有效评价验证试油测试、完井等井下工具的功能和稳定性，综合性能国际先进(表 3)。

表 3　井下测试工具试验平台技术指标国内外对比

参数/单位	中石油川庆	哈里伯顿、SWPI 等	中石化江汉	中海油完井中心
温度/℃	320	537	260	200
压力/MPa	300	210	200	210
API 11D1 检测等级	V0-H	V0-H	V0	/
API 19TT 检测等级	V1	V1	V1	/
API 14A 检测等级	V1-H	V1-H	无	V1

3 发展形势及下步研究方向

3.1 井下工具向更高温度、压力指标发展

当前，哈里伯顿、斯伦贝谢、贝克休斯三大油服公司正在研发更高耐差压、耐温及耐静压的井下工具，预计最高工作温度 260℃、最高工作压差 105MPa；此外，国内已迈入万米深井领域，后续会有持续加深的可能，试油测试将面临更为严苛的高温与高压环境挑战。因此，我国需要在该领域进行相应的技术储备，研制最高耐温 260℃、最高抗静压 320MPa 的试油测试工具，以满足未来超深井测试完井的作业需求。

3.2 向信息化、数字化井筒方向发展

需重点攻关智能试油井下工具。国际知名油服公司如斯伦贝谢、哈里伯顿等均研发并推出了智能控制阀、智能开关阀、智能开关滑套、智能完井工具等工具，实现自动化智能操控。如斯伦贝谢公司 Ora-DTT 测试平台性能卓越，耐温 200℃、耐压 240MPa，具备实验室级精确计量以及井下自动化智能操控功能，代表了地层测试领域的一个新基准；哈里伯顿公司 Dyna-Link 系统，能实时提供双向通信，实现对井下工具的控制和数据采集，在钻杆测试、压力温度监测、PVT 采样等方面具有广泛应用前景。

需要大力发展井下无线传输测试技术，打通试油完井地面到井下信息高速公路“最后一公里”，提升资料录取时效性，为大数据分析和智能决策奠定基础。井下无线传输测试技术较常规地层测试作业具有实时、准确、直观的特点，是国外油服公司重点发展的技术之一。将井底压力计数据传输至地面，实时监控测试状态，大大提高了测试成功率和资料合格率，节约时间。远程测试技术具有双向传输的特点，不仅能将井底压力数据实时传输至地面，也能将地面指令传达至工具，为确定下步措施和开发方案提供依据。

3.3 地面测试流程向智能化控制方向发展

目前国内已研制配套了 175MPa 地面测试装备，但智能化控制水平不高，对于采集到的数据，缺乏先进的智能数据分析算法和模型，不能为测试流程的控制和决策提供支持。随着行业发展，地面测试流程从远程自动控制向智能控制升级成为必然趋势。设备工作状态智能监控系统能够实时主动收集各类传感器数据，并运用先进算法智能分析，精准识别工况。依据不同作业工况，系统可自动、智能地切换地面流程，实现作业“无人干预、自主运行”，并与远程支持中心互联互通，专家实时远程支持和决策。

3.4 测试装备向井筒流体清洁化处理方向发展

目前国家在安全环保、绿色低碳层面的管控持续加严，需不断创新研发符合安全环保作业的测试装备。今后攻关方向一是清除井筒流体原生的有毒有害物质，升级或研制先进的气液处理装置，将 H_2S、残酸等转化为二氧化硫等低危害物质，降低放喷燃烧声光热污染，从源头上保障安全；二是清除含硫化氢天然气燃烧产生的二氧化硫等间接危害。通过研发环保燃烧技术，减少有害副产物生成，同时研制高效脱硫装置，捕集处理燃烧后的二氧化硫，降低大气环境影响；三是在绿色生产、资源充分利用方面。试油测试过程中的液体不落地是关键，研制完善的密闭收集系统，及时收集各类液体，通过固液分离、化学处理等实现达标排放或循环利用。另外，完善升级天然气回收技术，综合采用 CNG、LNG 或混合模式，充分回收利用放空天然气，减少资源浪费和环境污染。

4 结论和建议

（1）在高温高压含硫化氢油气井试油测装备领域，国内已形成了 230℃/175MPa 防硫试油测试成套装备，包括 230℃/280MPa 井下测试工具、175MPa 数字化地面测试流程、230℃ 六合一多功能一趟钻井筒清洁系统等，整体技术水平迈入国际先进行列，基本实现国产自主，为我国深层超深层油气资源的勘探开发提供了强有力技术支撑，保障了国家能源安全。

（2）国内试油测试装备，特别是井下工具的数字化和智能化水平还比较低，亟需推进智能试油井下工具研发，大力发展井下无线传输测试技术，构建信息化、数字化井筒；同时，持续升级超高压地面测试流程，实现无人干预的智能化作业。

参 考 文 献

[1] 孙虎，贺秋云，徐文，等．川渝地区深层超深层试油完井技术现状及展望[J]．钻采工艺，2024，47(02)：130-140.

[2] 汪海阁，黄洪春，毕文欣，等．深井超深井油气钻井技术进展与展望[J]．天然气工业，2021，41

(08)：163-177.
[3] 李阳，薛兆杰，程喆，等. 中国深层油气勘探开发进展与发展方向[J]. 中国石油勘探，2020，25(01)：45-57.
[4] 汪海阁，葛云华，石林. 深井超深井钻完井技术现状、挑战和"十三五"发展方向[J]. 天然气工业，2017，37(04)：1-8.
[5] 曾鸿. 四川盆地试油故障复杂分析及对策研究[J]. 石油工业技术监督，2024，40(10)：7-11.
[6] 龚浩，唐庚，张林，等. 川西地区超深高温高压气井完井试油技术研究与应用[J]. 钻采工艺，2020，43(S1)：61-63+4.
[7] 卢齐，林轶斌，杨光炼. LT1 井小井眼深井测试技术实践[J]. 钻采工艺，2020，43(06)：117-120.
[8] 贺秋云. 中石油高温高压试油测试装备研发现状[J]. 钻采工艺，2018，41(03)：9-11+5.
[9] 伍贤柱，万夫磊，陈作，等. 四川盆地深层碳酸盐岩钻完井技术实践与展望[J]. 天然气工业，2020，40(02)：97-105.
[10] 张明友，谢奎，廖刚. 高温高压井地面测试计量自动化智能控制技术[J]. 油气井测试，2023，32(03)：12-16.
[11] 赵益秋，王志敏，杨川琴. 地面测试高压远程控制技术及应用实践[J]. 钻采工艺，2019，42(01)：61-64+5.
[12] 黄船，曾小军，何锦华. 智能试油技术在川渝气田的探索与实践[J]. 钻采工艺，2020，43(04)：57-60+9.
[13] 庞东晓，贾海，韩雄. 基于环空压力操作的试油完井一体化工具研制及应用[J]. 钻采工艺，2019，42(04)：80-83+11.
[14] 赵益秋. 试油完井一体化技术在"三超"气井中的应用[J]. 钻采工艺，2017，40(03)：53-56+10.
[15] 赵益秋. 含硫井排出液自动实时除硫技术在高含硫高产气井中的应用[J]. 钻采工艺，2017，40(04)：56-58+4-5.
[16] 潘登. 含硫井排出液自动实时除硫技术[J]. 钻采工艺，2015，38(02)：98-100+11.
[17] 庞东晓，陆灯云，韩雄，等. 天然气密闭燃烧器的研制与应用[J]. 天然气工业，2019，39(10)：127-131.
[18] 黄船，黄靖富，曾小军，等. 基于 CQ-DT22 平台的完井封隔器检测评价方法研究[C]//中国石油学会天然气专业委员会. 第 33 届全国天然气学术年会(2023)论文集(04 钻采工程).

基于超大型物理模拟实验的砾岩油藏人工裂缝扩展规律研究

谢勃勃 李博文 滕金池 王明星 承 宁 孙浩然

（中国石油新疆油田公司）

摘 要 针对室内压裂模拟实验尺度小，裂缝扩展时间不足，实验结果缺乏裂缝动态扩展过程的描述等问题。搭建了一套超大尺寸真三轴水力压裂矿场实验平台，还原真实工况下砾岩油藏水力压裂。基于该平台分析水平应力差、压裂液黏度和单孔进液速率对裂缝动态扩展过程和裂缝宏观形态的影响规律。实验结果表明：(1)人工裂缝在井筒处趋于形成“纵向缝+横切缝”的复杂形态，在远井地带横切缝扩展优势明显，局部遇砾石形成分支缝；(2)在12MPa水平应力差下，近井区域形成多缝竞争扩展的复杂缝网，横切缝向远端延伸优势减弱；(3)压裂液黏度小于50mPa·s，横切缝扩展优势显著，压裂液黏度大于50mPa·s，近井区域形成多裂缝复杂形态；(4)单孔进液速率大于0.3m^3/min后，近井筒处易形成纵向缝，易出现段间压窜。该成果将有助于深化认识砾岩油藏人工裂缝真实形态，为砾岩油藏压裂设计及造缝机理的研究提供理论指导。

关键词 致密砾岩；玛湖凹陷；水力压裂；物理模拟实验；裂缝扩展

准噶尔盆地玛湖凹陷致密砾岩油藏具有储层埋深大、低孔低渗、非均质性强等特点，油藏动用难度极大。目前采用水平井+体积压裂技术开发，产量虽取得一定突破，但仍面临射孔簇起裂难、簇间均衡扩展有效性低、支撑剂运移距离短等问题，导致改造体积受限，产量递减快。因此，需进一步开展砾岩油藏人工裂缝扩展规律及压裂造缝机理研究。

真三轴水力压裂物理模拟是直观认识人工裂缝扩展形态的重要方法。利用岩样剖分、CT扫描重构技术和声发射监测定位等手段，能够可视化表征水力裂缝扩展形态。前人主要采用井下全直径岩芯、露头和人造岩样开展砾岩水力压裂物理模拟。郭先敏等针对胜利油田沙四段砂砾岩体，采用含砾砂岩和砾岩岩相的井下全直径岩芯，开展水力压裂物理模拟实验，发现不同岩相砂砾岩的裂缝扩展形态受砾石含量、砾石粒径和天然裂缝发育程度的影响。俞天喜等针对玛湖凹陷南斜坡砾岩储层，采用井下全直径颗粒支撑砾岩岩心开展实验，研究发现滑溜水和胍胶压裂液在水力裂缝扩展形态和压力曲线响应上存在较大差异。Ma等采用砾岩天然露头开展实验并观察局部裂缝形态，以砾石粒径、水平应力差、压裂液黏度和排量等为指标，研究其对裂缝扩展模式和缝宽分布的影响。在此基础上，Liu等结合CT扫描和声发射监测技术分析了砾岩水力压裂震源机制问题。Liu等制备混凝土砾岩岩样开展水力压裂物理模拟，并结合分形维数揭示了水平应力差对砾岩水力裂缝复杂程度的影响规律。进一步地，Nie等使用人造砾岩岩样，通过变排量研究了交变载荷对砾岩水力裂缝扩展路径的作用规律。上述研究表明，砾岩水力裂缝扩展形态除地应力、压裂液黏度和排量等因素影响，还与砾石性质有关，即砾石决定了砾岩的特征结构和非均质性。

前人研究均为小尺度模拟，室内实验所用试样尺寸普遍介于80~300mm，而真实砾石尺寸一般为10~30mm，存在岩样尺寸和实验条件受限等问题。同时，实验结果倾向于反映细观尺度下裂缝尖端与砾石的相互作用过程(如穿砾、绕砾、分支)，缺乏宏观尺度下多个局部遇砾扩展行为对应形成的裂缝形态的认识。此外，室内研究的裂缝延伸距离短，缺乏较长范围下裂缝动态扩展过程的描述，且实验参数与实际压裂参数存在较大差距，无法准确反映矿场真实情况。针对上述问题，本方法自主设计并搭建了一套超大尺寸真三轴水力压裂矿场实验平台。该平台能够在真实条件下开展压裂模拟，扩大了人工裂缝有效延伸距离并反映裂缝动态扩展过程。通过研究水平应力差、压裂液黏度和单孔进液速率对人工裂缝扩展规律的影响，以深化认识砾岩油藏水力裂缝扩展机理，为砾岩油藏压裂设计及造缝机理的研究提供理论指导。

1 实验方法及步骤

1.1 实验平台构建

如图1所示，超大尺寸真三轴水力压裂矿场实验平台由万吨级应力加载系统、配液系统和注液系统组成。将人造砾岩试样置于应力加载装置后，利用液压泵将应力传递至岩样表面，实现应力加载。本研究模拟水平井压裂，因此将井筒沿 x 轴方向放置，同时沿 y 轴和 z 轴施加最大水平主应力 σ_H 和垂向应力 σ_V。

注液系统由压裂管汇、压裂泵车和井筒套管组成。选用700型泵车将压裂液以单孔折算排量注入井筒；采用TP125V钢级套管作为实验井筒，以还原储层套管水泥胶结和受压变形情况。设定在单孔折算排量（$0.1\sim0.4m^3/min$）和井眼尺寸条件下开展水力压裂实验。

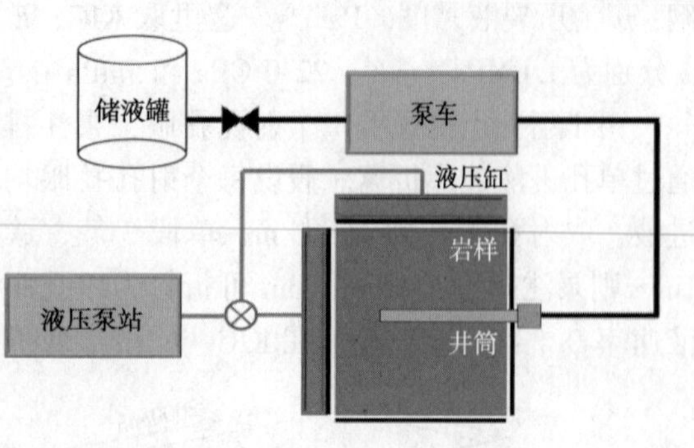

图1 超大尺寸真三轴水力压裂矿场实验平台

1.2 岩样制备

实验所用岩样为水泥、砂、水和砾石混合固结的人造试样。通过制备不同组分比例（按质量比计算）的人工砾岩并开展三轴应力测试和巴西劈裂实验，优选人工试样力学性质最接近真实砾岩所对应的组分配比。不同配比岩样力学性质见表1。结果表明，配比为2：3：1：8和2：5：1：8时，人工砾岩力学参数介于MH-1井区砾岩力学参数测定值范围内，而配比2：5：1：8人工岩样更符合真实砾岩力学参数均值。因此，优选配比为2：5：1：8。

表1 不同组分配比人工砾岩岩样力学参数测试结果

组分配比（水泥：砂：水：砾石）	杨氏模量/GPa	泊松比	抗拉强度/MPa
3：1：1：8	16.97	0.27	2.03
3：2：1：8	18.95	0.27	3.01
2：3：1：8	20.17	0.24	4.40
2：5：1：8	22.00	0.21	4.56
玛湖1井区井下砾岩岩芯	19.83~23.19	0.18~0.22	2.73~5.08

搭建 $2000\times2000\times1000mm^3$ 的人工砾岩浇筑模具，浇筑前将砾石和水泥砂浆充分搅拌，保证砾石在水泥砂浆中均匀混合，其中砾石粒径参考真实砾石特征，粒径范围10~30mm，呈不规则形状，在岩样中随机分布。浇筑过程充分振捣，保证混凝土固结充实。固结后脱模养护28天，达较高强度。

为模拟射孔完井，在套管中部（即长度500mm处）钻取直径为10mm的孔洞以模拟射孔孔眼，将直径10mm、长度150mm的石蜡柱垂直插入射孔孔眼，预置射孔通道。水泥浇筑过程中，将带有石蜡柱的套管井筒垂直于 $y-z$ 平面插入。利用水泥固结强化阶段释放的热量熔化石蜡柱，以形成射孔通道。套管井筒与人工砾岩试样的相对位置如图2所示。

1.3 注入参数设计

Detournay等将注入参数（如排量和压裂液黏度）与断裂韧性表示为特征时间 τ，以划分penny裂缝的黏度主导和韧性主导扩展阶段。当注入时间远小于 τ 时，水力裂缝处于黏度主导扩展阶段；当注入时间远大于 τ 时，水力裂缝处于韧性主导扩展阶段，两者间处于过渡阶段。特征时间 τ 由式（1）计算

$$\tau=\left(\frac{\mu'^5Q^3E'^{13}}{K'^{18}}\right)^{1/2} \tag{1}$$

式中，$K'=(32/\pi)1/2KIC$；$E'=E/(1-\nu^2)$；$\mu'=12\mu$；Q为排量，m^3/s；KIC为断裂韧性，$Pa\cdot m^{1/2}$；E 为杨氏模量，Pa；v 为泊松比，无量

纲；μ 为压裂液黏度，Pa·s。这里取 KIC、E 和 μ 分别为 1.0MPa·$m^{1/2}$、22.0 GPa 和 5mPa·s。

由于射孔点位预置 1 个射孔孔眼，泵注排量通过单孔进液速率折算。假设每个射孔孔眼均匀进液，取射孔参数为 16 孔/m、单段 3 簇、簇长 1m，则泵注排量 5~20m^3/min 可折算为单孔眼进液速率 0.1~0.4m^3/min。在 KIC、E 和 μ 取值不变的情况下，依据式(1)计算可得特征时间 τ 为 39.4 s。预实验认为，人工裂缝有效延伸时间为 60~100 s，则实验裂缝处于过渡阶段。因此，矿场压裂实验的裂缝扩展阶段由室内压裂实验的单一韧性主导阶段转变为岩石韧性和流体黏性综合作用的过渡阶段，且裂缝起裂后有效扩展时间延长，能够更准确地反映砾岩压裂裂缝扩展形态。

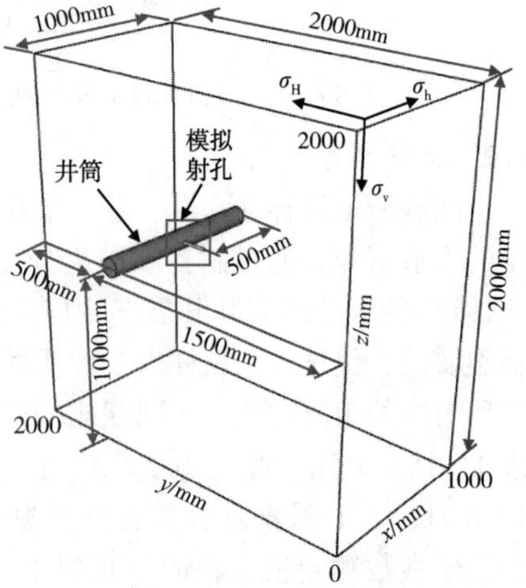

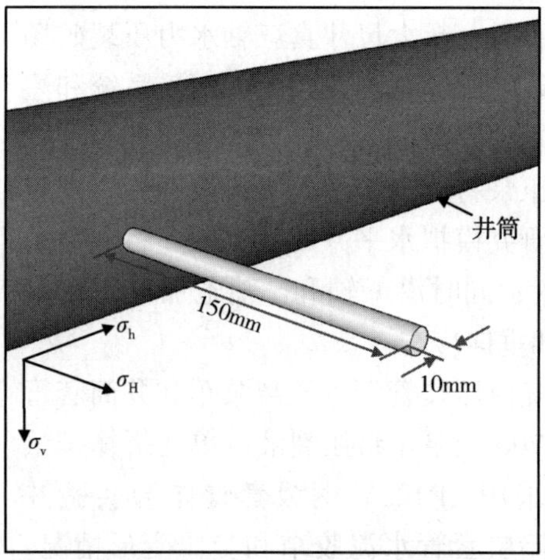

图 2　真三轴压裂实验射孔完井示意图(左为井筒预置位置，右为射孔通道)

1.4　实验步骤及方案

实验步骤如下：①将人工岩样置于超大尺寸真三轴应力加载装置；②根据实验需求，配制相应黏度的压裂液；③连接压裂管汇、泵车和井筒，采用较低泵注压力输送压裂液，以检查泵注管线各接口密封性；④布置声发射监测探针；⑤检查液压系统各阀门密封性；⑥启动压裂泵车进行实验；⑦采用声发射监测仪判断岩样内部裂缝分布特征，利用裂缝观测仪量化岩样表面裂缝宽度，实验结束后剖分岩样并染色标定，描述水力裂缝空间分布形态和缝面特征，综合监测数据进行三维建模。

基于以上实验步骤，设计正交实验研究不同水平应力差、压裂液黏度和单孔进液速率对裂缝扩展的影响。实验方案见表 2。

表 2　超大尺寸真三轴水力压裂矿场实验方案

研究变量	序号	σ_h/MPa	σ_H/MPa	σ_v/MPa	压裂液黏度/(mPa·s)	单孔进液速率/(m^3/min)
水平应力差/MPa	1	0	6	18	5	0.1
	2	0	8	18	5	0.1
	3	0	10	18	5	0.1
	4	0	12	18	5	0.1
压裂液黏度/(mPa·s)	5	0	8	18	5	0.1
	6	0	8	18	20	0.1
	7	0	8	18	50	0.1
	8	0	8	18	80	0.1
单孔进液速率/(m^3/min)	9	0	8	18	5	0.1
	10	0	8	18	5	0.2
	11	0	8	18	5	0.3
	12	0	8	18	5	0.4

2　实验结果与分析

2.1　水平应力差影响

$1^{\#}\sim4^{\#}$岩样采用5mPa·s滑溜水定排量($0.1m^3/min$)施工，探究水平应力差分别为6MPa、8MPa、10MPa和12MPa下的裂缝形态，实验结果如图3所示。

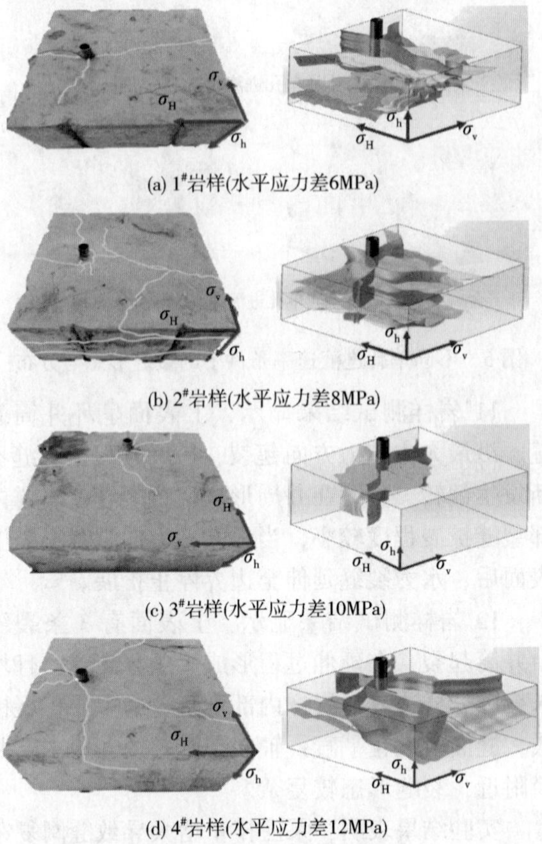

(a) $1^{\#}$岩样(水平应力差6MPa)

(b) $2^{\#}$岩样(水平应力差8MPa)

(c) $3^{\#}$岩样(水平应力差10MPa)

(d) $4^{\#}$岩样(水平应力差12MPa)

图3　不同应力差下的裂缝形态与分布

$1^{\#}$岩样测试结果显示，上表面3条裂缝在井筒附近起裂。其中，两条裂缝沿最大水平主应力方向延伸并扩展至边界，但在裂缝远端出现缝面扭曲，与最大水平主应力方向近似呈20°夹角；其余裂缝沿垂向应力方向扩展，未突破边界。岩样内部横切缝与纵向缝近似正交，缝面形态较平滑。

$2^{\#}$岩样测试结果显示，上表面4条纵向缝在井筒处起裂，于近井地带合并形成3条裂缝，构成复杂的环井筒裂缝带。其中，沿最大水平主应力方向扩展的裂缝在远端产生分支缝，并与横切缝相交。岩样侧面观察到2条横切缝，裂缝间距约30cm。岩样内部裂缝分布较复杂，近井纵向缝迂曲度较大。

$3^{\#}$岩样测试结果显示，上表面从裸眼段产生4条裂缝，其中3条突破岩样边界，其余裂缝于裸眼段起裂，在距井筒约10cm处带形成2条分支缝，夹角约120°，沿垂向应力方向扩展的裂缝突破边界。岩样内部轴向缝扩展过程出现迂曲转向，受砾石和应力影响，砾石表面出现应力集中现象，引发的应力干扰导致裂缝扩展发生偏转，缝面形态曲折复杂。

$4^{\#}$岩样测试结果显示，上表面有4条裂缝从裸眼段起裂，其中一条在距井筒约20cm处形成2条分支缝，夹角约80°，其中一条与侧向短垂直缝相连通。岩样内部轴向缝呈连续分布，垂直缝面面积较小，裂缝间连通性较差。

实验结果表明，水力裂缝扩展受地应力影响较大，随水平应力差的增大，裂缝扩展过程更易产生分支缝，裂缝形态更加曲折复杂。当水平应力差小于8MPa，裂缝倾向于沿最大主应力方向扩展。当水平应力差大于10MPa，分支缝数量增加，且沿垂向应力方向能较快突破岩样边界。为避免井筒附近裂缝分布过于复杂，促进裂缝向远端延伸，在致密砾岩储层开发过程中建议由低应力差区域向高水平应力差区域进行开发。

2.2　压裂液黏度影响

$5^{\#}\sim6^{\#}$岩样在同等应力条件下定排量($0.1m^3/min$)施工，探究压裂液黏度分别为5mPa·s、20mPa·s、50mPa·s、80mPa·s下的裂缝形态，实验结果见图4。

$5^{\#}$岩样测试结果显示，上表面由裸眼段产生5条裂缝，沿最大主应力方向和垂向应力方向扩展。在垂向上形成4条裂缝，在距离井筒约30cm处合并为1条主缝持续延伸至边界。最大主应力方向上的裂缝形态较平滑，在距离井筒约100cm处产生2条分支缝，夹角约70°，均扩展至边界，其余裂缝扩展至上表面。

$6^{\#}$岩样测试结果显示，上表面裸眼段周围未见明显裂缝，在距井筒约80cm处分布2条短缝，分别沿最大主应力和垂向应力方向扩展。岩样内部存在3条主裂缝，其中2条为垂直缝，1条为轴向缝，3条裂缝相互连通，缝网复杂程度逐渐降低。

$7^{\#}$岩样测试结果显示，上表面裸眼段周围未见明显裂缝，在距井筒约60cm处分布2条短缝。岩样内部以垂直缝为主，少部分轴向缝突破边界。

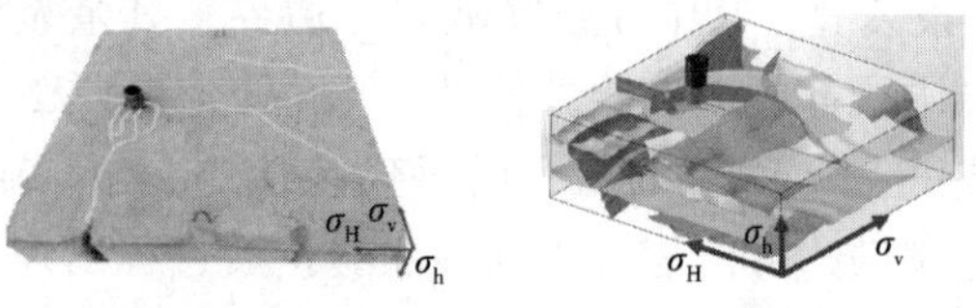

(a) 5#岩样(压裂液黏度5mPa·s)

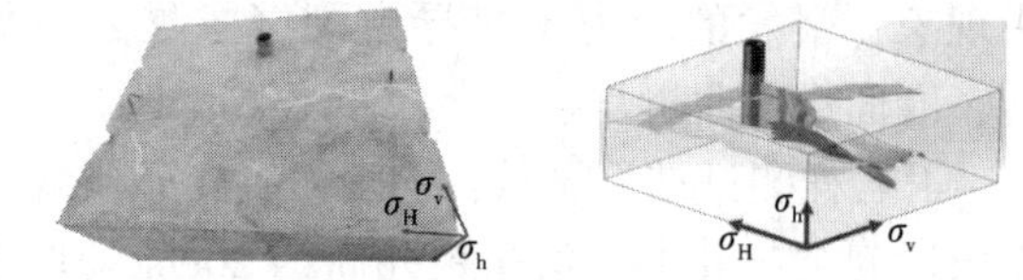

(b) 6#岩样(压裂液黏度20mPa·s)

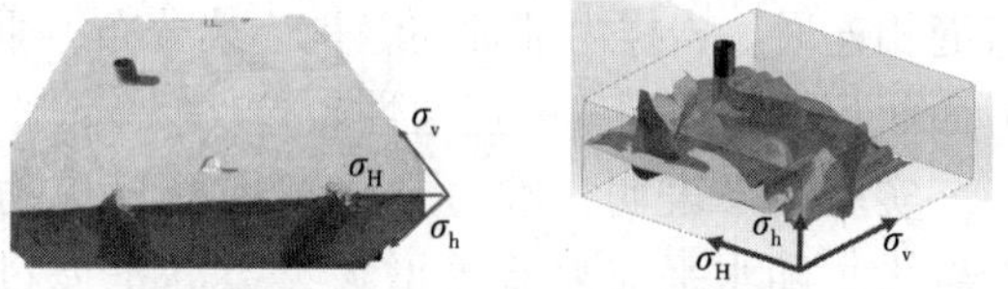

(c) 7#岩样(压裂液黏度50mPa·s)

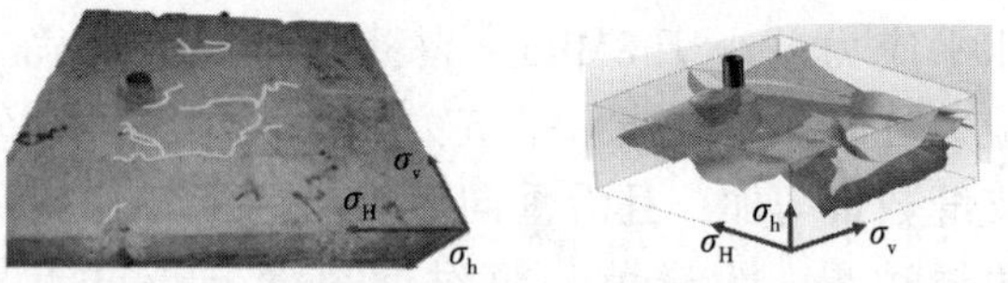

(d) 8#岩样(压裂液黏度80mPa·s)

图4　不同压裂液黏度下的裂缝形态与分布

8#岩样测试结果显示，上表面井筒周围分布复杂迂曲短缝，存在部分连通，裂缝形态极为复杂。在岩样内部，轴向缝占据主导地位，在高黏液体和砾石作用下，裂缝形态较复杂，内部形成多轴向分支缝、迂曲程度较高的复杂缝网。

实验结果表明，压裂液黏度对轴向裂缝扩展存在较大影响，压裂液黏度小于50mPa·s，适当增大压裂液黏度可抑制轴向缝扩展，有助于在储层内形成更多垂直缝，改善压裂效果。当压裂液黏度大于50mPa·s，轴向缝为主要扩展模式，并且由于砾石随机分布导致近井地带形成复杂缝网，抑制了水力裂缝向远端扩展，不利于提升改造体积。

2.3　单孔进液速率影响

9#～12#岩样在同等应力条件下采用5mPa·s滑溜水进行模拟实验，探究泵注排量分别为0.1m³/min(同5#岩样，不再赘述)、0.2m³/min、0.3m³/min、0.4m³/min下的裂缝形态，实验结果如图5所示。

10#岩样测试结果显示，上表面有4条裂缝在井筒附近起裂，在延伸至距井筒约20cm处发生合并，合并后的主裂缝与最大主应力方向夹角约30°，岩样内裂缝复杂程度逐渐降低。

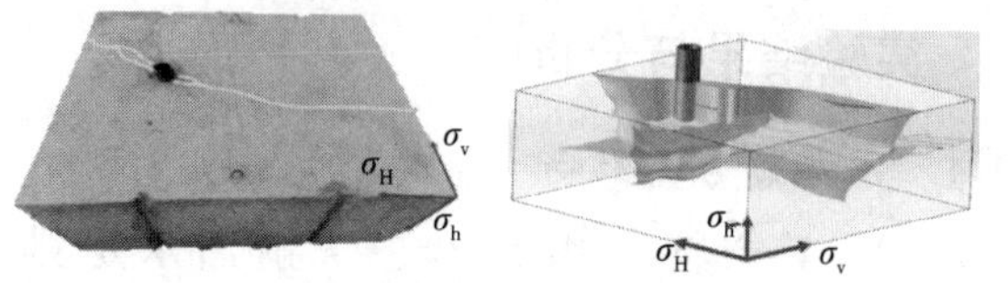

(a) 10#岩样(单孔进液速率0.2m³/min)

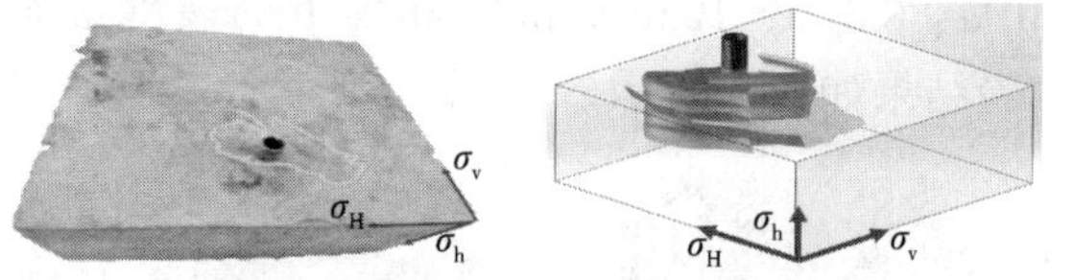

(b) 11#岩样(单孔进液速率0.3m³/min)

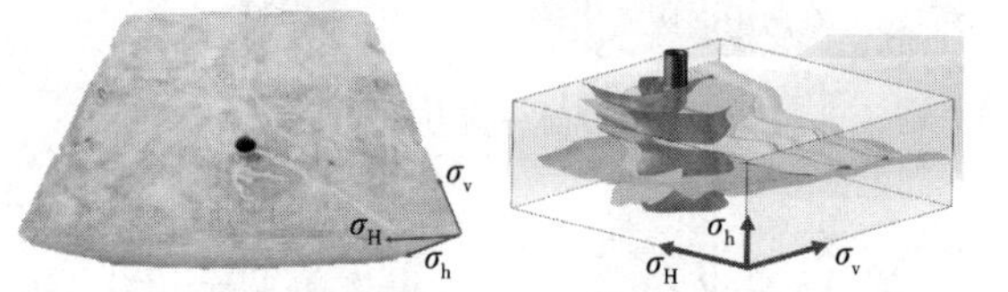

(c) 12#岩样(单孔进液速率0.4m³/min)

图5　不同单孔进液速率条件下的裂缝形态与分布

11#岩样测试结果显示，上表面呈环井筒裂缝，沿最大主应力方向起裂，扩展过程中裂缝不断发生偏转，最终在井周形成环绕裂缝。岩样内部裂缝扩展程度较小，当环井轴方向裂缝突破上表面后，水力裂缝延伸至边界停止扩展。

12#岩样测试结果显示，上表面有3条裂缝由井筒起裂，在延伸过程形成多条分支缝，且均未突破岩样边界。岩样内部垂直缝为主要扩展模式，缝面较大且平直；轴向裂缝较短，集中在井筒附近，裂缝形态较复杂。

实验结果表明，泵注排量增大导致缝网复杂程度降低，岩样内部裂缝数量减少，排量小于0.3m³/min时，随着排量增大，裂缝易沿轴向扩展，轴向缝突破边界后，剩余能量不足以支持垂直缝继续扩展，复杂裂缝带向井筒延伸。排量增至0.4m³/min时，垂直缝突破边界后持续延伸，在岩样内部形成复杂裂缝网络。

2.4　压力曲线分析

如图6所示，结合12组致密砾岩压裂模拟实验施工曲线，分析得出单峰值型、多峰值型、平台型和后期上升型4种类型。对于单峰值型压力曲线，施工压力在初期急剧上升，在达到峰值后迅速下降，存在明显的压力峰值。此类曲线说明裂缝起裂后快速延伸，在短时间内突破边界，扩展过程未遭遇明显砾石阻碍。

多峰值型压力曲线表明，施工压力呈“台阶式”上升，存在多个压力峰值，裂缝扩展遇阻时，压力快速升高，达到破裂压力后，压力下降并产生新缝，新缝可能沿原裂缝方向继续延伸，也可能出现“转向”。此类曲线说明致密砾岩储层水力裂缝扩展是一个多裂缝相互干扰、竞争突破的过程。

平台型压力曲线表明，压力出现第一个峰值后并未快速下降，在持续一段的稳定压力后出现第二个峰值。此类曲线说明裂缝在扩展过程遇阻时，裂缝尖端憋压后再次破裂产生新缝。

后期上升型压力曲线表明，曲线在出现首个压力峰值后，在压裂末期出现压力回升的情况。此类曲线说明裂缝向远端扩展遇阻，使缝内持续憋压达到破裂压力后，裂缝继续延伸。

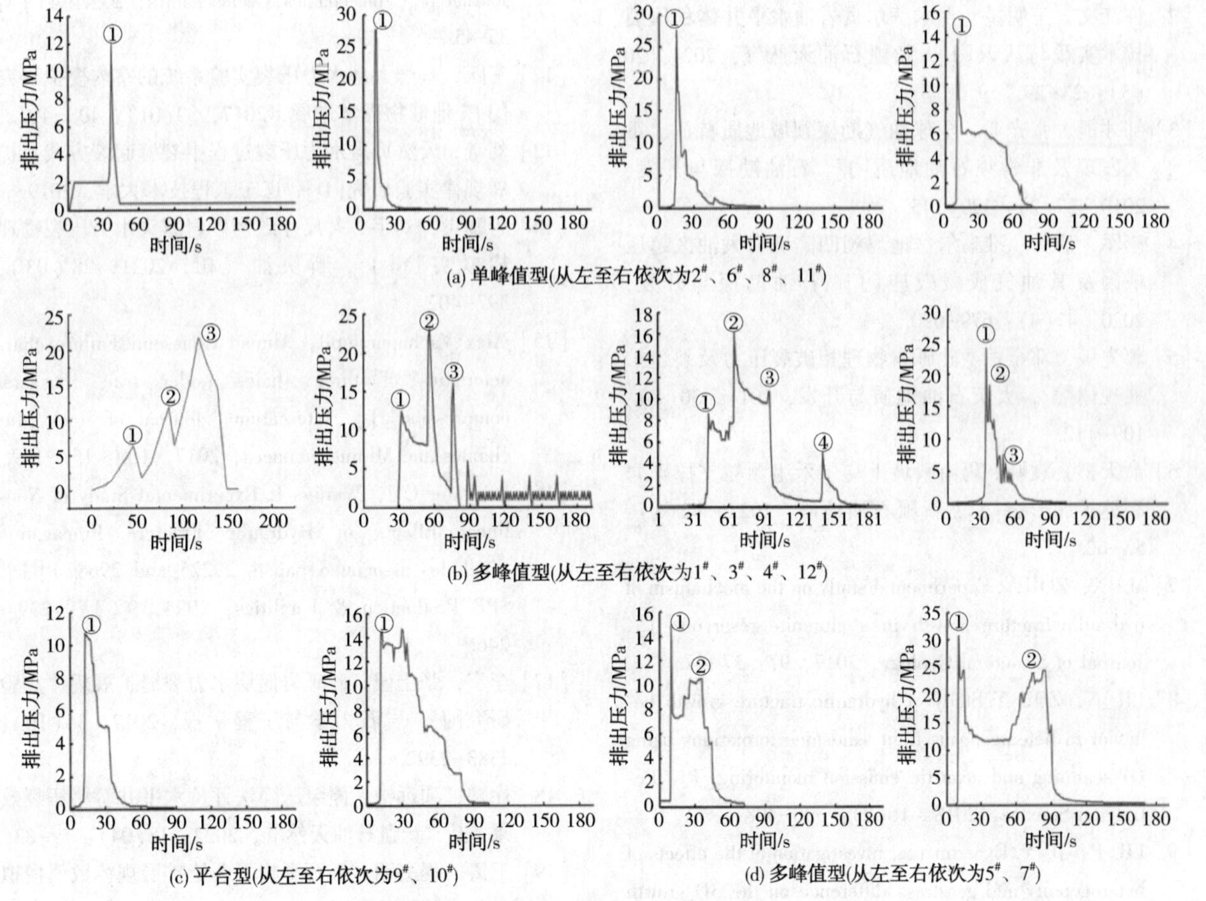

图6　水力压裂模拟实验压力曲线

3　结论与建议

本研究基于超大型水力压裂模拟实验装置，对玛湖致密砾岩油藏水力裂缝扩展规律开展实验研究，得到以下结论：

（1）随着水平应力差的增大，裂缝在扩展过程中更易产生分支缝，裂缝复杂程度更高，导致近井地带形成复杂缝网，不利于裂缝向远端扩展。因此，在致密砾岩油藏开发过程中，建议由低应力差区域向高应力差区域开发。此外，在压裂施工后期，可通过提高缝内静压力，诱导地层形成深穿透主缝，以扩大改造体积。

（2）压裂液黏度是轴向缝扩展的主控因素。压裂液黏度小于 50mPa·s，适当提升压裂液黏度有助于垂直缝扩展，改善压裂效果。压裂液黏度大于 50mPa·s，近井筒地带易形成复杂轴向裂缝带，从而抑制垂直缝向远端扩展，不利于构建裂缝网络。

（3）泵注排量增大可提高裂缝延伸速度，分支缝数量减少，主缝优势明显。当单孔排量大于 $0.3m^3/min$，易产生轴向缝，从而抑制垂直缝纵向延伸，诱导压窜现象发生。建议在施工后期增大排量构建主缝时，控制施工排量，避免轴向缝与其它裂缝沟通。

（4）施工压力曲线的多样性证明砾岩油藏水力裂缝扩展具有较强随机性，压力峰值特征表明水力裂缝扩展是多裂缝相互干扰、竞争扩展的过程，砾石的随机分布是影响裂缝扩展的重要因素。

参 考 文 献

[1] 贾承造，邹才能．陆相油气地质理论在中国中西部盆地的重大进展[J]．石油勘探与开发，2018，45(4)：546-560.

[2] 许江文，王明星．吉木萨尔页岩油水平井体积压裂技术实践与认识[J]．新疆石油天然气，2024，20(3)：23-29.

[3] 邹才能，张光亚．全球油气勘探领域地质特征、重大发现及非常规石油地质[J]．石油勘探与开发，2010，37(2)：129-145.

[4] 李军，唐勇．准噶尔盆地玛湖凹陷砾岩大油区超压成因及其油气成藏效应[J]．石油勘探与开发，2020，47(4)：679-690.

[5] 郭先敏，邓金根．砂砾岩物理相破裂压力及裂缝扩展规律[J]．大庆石油地质与开发，2011，30(5)：109-112.

[6] 俞天喜，袁峰．玛南斜坡上乌尔禾组颗粒支撑砾岩裂缝扩展形态[J]．新疆石油地质，2021，42(1)：53-62.

[7] MA X，ZOU Y. Experimental study on the mechanism of hydraulic fracture growth in a glutenite reservoir[J]. Journal of Structural Geology，2017，97：37-47.

[8] LIU N，ZOU Y. Study of hydraulic fracture growth behavior in heterogeneous tight sandstone formations using CT scanning and acoustic emission monitoring[J]. Petroleum Science，2018，16(2)：396-408.

[9] LIU P，JU Y. Experimental investigation of the effects of heterogeneity and geostress difference on the 3D growth and distribution of hydrofracturing cracks in unconventional reservoir rocks[J]. Journal of Natural Gas Science and Engineering，2016，35：541-554.

[10] NIEY，ZHANG G. Cyclic injection to reduce hydraulic fracture surface roughness in glutenite reservoirs[J]. International Journal of Rock Mechanics and Mining Sciences，2021，142.

[11] DETOURNAY E. Propagation regimes of fluid driven fractures in impermeable rocks rocks[J]. International Journal of Geomechanics Geomechanics，2004，4(1)：35-45.

[12] 王跃．基于大型水力压裂实验系统的室内模拟研究[J]．地球物理学进展，2017，32(01)：408-413.

[13] 刘奇．天然页岩水力压裂过程中裂缝起裂方式及扩展规律实验研究[D]．辽宁工程技术大学，2019.

[14] 唐鹏飞，刘宇．大尺寸致密砂岩露头水力压裂物理模拟实验[J]．断块油气田，2021，28(03)：397-402.

[15] Alex Vachaparampil，Ahmad Ghassemi. Failure characteristics of three shales under true - triaxial compression[J]. International Journal of Rock Mechanics and Mining Sciences，2017，100：151-159.

[16] De Pater C J，Weijers L. Experimental Study of Nonlinear Effects in Hydraulic Fracture Propagation (includes associated papers 29225 and 29687)[J]. SPE Production & Facilities，1994，9(4)：239-246.

[17] 李宁，张士诚．砂砾岩储层水力裂缝扩展规律实验研究[J]．岩石力学与工程学报，2017，36(10)：2383-2392.

[18] 徐鹏，项远铠．停泵压降法评价水平井暂堵压裂效果[J]．新疆石油天然气，2022，18(04)：79-83.

[19] 王涛，程垒明．砾石影响下裂缝扩展规律数值模拟[J]．新疆石油天然气，2023，19(01)：42-48.

超深特高压井完井投产技术实践

马都都　张一军　王飞文　何纳言　余　杰　舒明媚

（中国石油新疆油田公司）

摘　要　W1井地处准噶尔盆地南缘冲断带霍玛吐背斜带东湾背斜圈闭，是一口超深高温超高压、高产的风险探井。针对该井在完井投产过程中存在井控风险高、管柱受力复杂以及泥浆漏失等技术难题，开展了完井投产技术研究。通过管柱优化和工艺安全性评价，优选完井管柱结构以及两套175MPa超高压地面测试流程，保障了完井管柱及地面测试流程的施工安全。该井完井投产技术对超深高温、超高压、高产井的安全生产具有一定的指导意义。

关键词　W1井；高温高压；高产；完井投产管柱；地面测试流程

近年来，准噶尔盆地油气勘探向高温高压、超深储层不断扩展，盆地南缘W1井完钻井深8166m，试油层位白垩系清水河组，试油井段8066～8092m，试油前预测地层温度为170.13℃，原始地层压力为171.78MPa，同时结合试油及地质数据资料，属于超深高温超高压油气井。

盆地南缘W1井在前期完井投产过程中，主要存在以下难点：①根据射孔后关井测点(7876.26m)稳定压力169.388MPa，按井筒$1.20g/cm^3$盐水，折算气层中部8079.00m原始地层压力171.78MPa，地层压力系数2.167，预计井口最高关井压力为144.47MPa，属于超深高温超高压井，作业井口超压风险高。②高压流体沿悬挂器上窜，可能引起A环空带压。③本井地层压力高，温度高，裂缝发育，产量高(日产气$>30\times10^4m^3$)，CO_2含量0.1%～0.22%，生产期间易对井口与套管造成强烈腐蚀。④封隔器外径与套管间隙小，下入过程中激动压力大，易发生漏喷转换；封隔器外径100.58mm，与套管间隙单边间隙3.76mm，摩阻大，替液过程可能无法建立正常循环，井控风险高。⑤完井管柱在极端工况下受力复杂，有失效风险。

针对上述完井投产技术难点，W1井开展了封隔器及安全阀等工具的优选工作，优化了完井管柱结构、工作液性能和地面测试流程，并对完井投产管柱开展了安全校核。本文对W1井在完井投产过程中所遇到的技术难点进行详细分析，总结完井投产技术在该井的应用，为超深高温高压井的安全生产提供了技术借鉴。

1　完井投产工艺技术

W1井完井投产期间受井下温度及产量影响，井下安全阀控制压力及各层套管环空压力均会出现上涨现象，为保障顺利开井投产、正常稳定生产，制定合理的完井投产工艺十分必要。

1.1　管柱结构

优选ϕ114.3mm＋ϕ88.9mm＋ϕ73.02mm S13Cr-BGT3组合油管，采用25000psi井下安全阀(下深75.78m)＋15000psi的5″THT永久封隔器，建立两道独立井屏障，保障长期安全生产。管柱结构自上而下为：油管＋上提升短节＋上流动短节＋井下安全阀＋下流动短节＋下提升短节＋油管＋校深短节＋油管＋上提升短节＋THT封隔器＋下提升短节＋油管＋堵塞器工作筒＋POP球座。

针对W1井超深高温高压、高产特征，为保证完井管柱的安全工作，对管柱结构进行了以下优化：①基于前期钻磨作业情况，根据套管最大磨损深度所在位置以及固井质量，优选封隔器坐封位置在7760m左右。②根据该井的油层地层温度、地层压力以及CO_2井底分压，考虑本井为区域第一口超深高温超高压井，井下环境复杂，为保障本井长期安全生产，优选采用S13Cr材质油管，以保障完井管柱长期试产防腐蚀要求。③通过管柱安全校核，冲蚀、携液、配产协调分析，对完井管柱尺寸进行了优选，以满足管柱安全和配产要求。

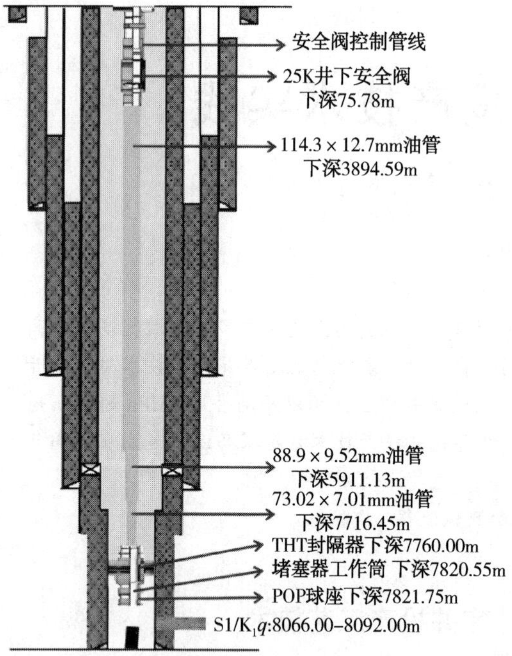

图1 “两阀一封”管柱结构示意图

1.2 井下工具优选

W1井是一口超深高温高压、高产井，同时伴随着冲蚀和腐蚀失效的风险，井下环境极其恶劣，对井下工具提出了更高的要求。井下工具的可靠性是保障该井长期安全稳产的关键，因此在完井投产前对井下工具进行了优选。

1.2.1 THT封隔器

THT封隔器是一种永久式完井封隔器，由上卡瓦、密封胶筒、下卡瓦、活塞、坐封销钉和芯轴等结构组成。其工作原理是当压力作用到活塞上时，坐封销钉剪断，活塞开始向上运动，压力增加，活塞推动下卡瓦和楔形块整体上移。当达到最小坐封压力时，上卡瓦锚定，胶筒充分膨胀，下卡瓦锁定位移。该封隔器是通过内部双向卡瓦锁定座封于油层套管上，在W1井完井设计中坐封位置在7760.00m左右，坐封后不能解封，密封性能好，锚定可靠。W1井封隔器参数见表1。

表1 W1井THT封隔器

名称	外径/mm	内径/mm	抗内压强度/MPa	抗外挤强度/MPa	最小坐封压力/MPa	最大坐封压力/MPa	耐温/℃
THT封隔器	100.58	48.51	86.18	81.56	26.20	59.29	204

1.2.2 井下安全阀

井下安全阀是一种连接于油管上指定位置的井下安全装置，由中心管、柱塞、压缩弹簧、扭簧和密封部件等多个零部件构成。其作用是在管线破裂、发生自然灾害以及井口装置失控等异常情况下自动关闭，防止井喷和污染环境，保证油气井生产安全。为适应W1井超高压、高产的需求，升级采用718镍基高温合金钢和压力等级25000psi的井下安全阀，在抗内压、抗外挤强度等方面均有所提升，其参数见表2。

表2 W1井井下安全阀

名称	外径/mm	内径/mm	抗内压强度/MPa	抗外挤强度/MPa	耐温/℃
井下安全阀	151.13	69.85	175	170	176.6

1.3 工作液设计

1.3.1 压井液设计

前期试油期间求得原始地层压力171.78MPa（中部深度8079.00m），地层压力系数2.167。设计采用2.19g/cm³的高密度油基泥浆作为压井液，经测试泥浆具有良好的抗高温沉降稳定性、流变稳定性，满足175℃温度条件下静置15天不出现加重材料硬性沉淀，具体性能见表3。

表3 2.19g/cm³油基泥浆性能表

常规性能			流变参数					油水比	破乳电压/V	碱度
密度/(g/cm³)	漏斗粘度/s	含砂量/%	HTHP滤失量/mL	静切力/Pa 初切	静切力/Pa 终切	塑性粘度/(mPa·s)	动切力/Pa			
2.19	70~90	≤0.5	≤2.0	1.5~5	3~6	≤70	5~8	90/10	>600	2~4

1.3.2 完井保护液

为满足 W1 井完井安全要求，降低 CO_2 腐蚀影响，保障完井管柱、井下工具及井口装置安全，设计采用密度 1.45g/cm³ 的甲酸钾有机盐溶液，性能及用量如表 4 所示，pH 值 10~12，对碳钢平均腐蚀速率≤0.05mm/a，对不锈钢/镍基合金点腐蚀速率≤0.05mm/a，加入 1.7%~3.4%的缓蚀剂，严格控制甲酸盐中 Cl<0.023%，P<0.0247%，S<0.046%，并在温度 180℃条件下性能稳定。

表 4 甲酸盐溶液与隔离液性能及用量表

工作液	名称	用量/m³	密度/(g/cm³)	漏斗粘度/s
完井液	甲酸盐	150	1.45	30
隔离液	甲酸盐+XC(生物聚合物)	10	1.45	70

备注：完井液、隔离液，可根据现场实际情况进行调整。

2 地层测试技术

W1 井气层中部 8079.00m 原始地层压力 171.78MPa，地层压力系数 2.167，预计井口最高关井压力为 144.47MPa，地面压力极高。同时在高温、超高压、高产的复杂工况下，地面管汇面临着冲蚀的风险，因此对地面测试流程的耐压以及耐冲蚀性能要求高。因此，针对 W1 井的现场工况，对下完井管柱、替液以及控压排液期间的地面测试流程进行了优化设计。

2.1 下完井管柱期间地面流程

下完井管柱期间，地面流程图如图 2 所示，要求所有设备设施可靠接地。

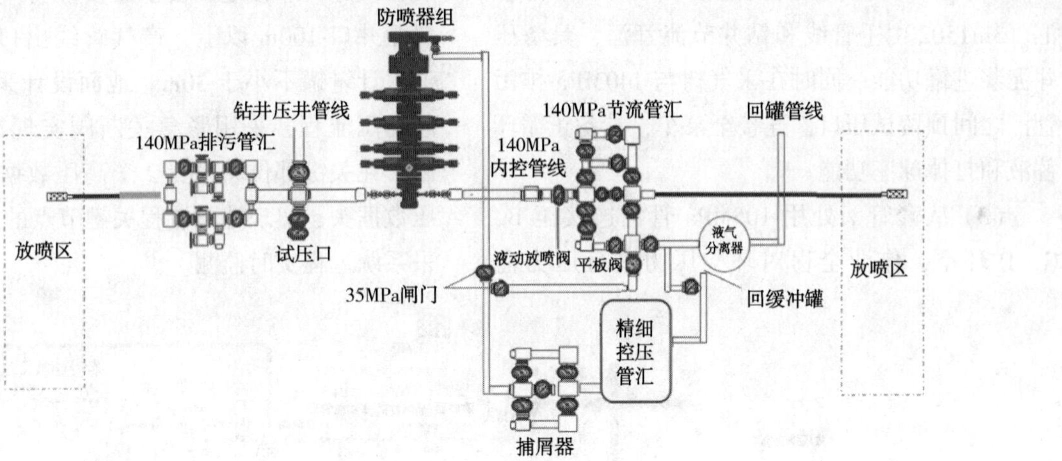

图 2 完井管柱下入期间地面测试流程

(1) 大四通左翼连接至钻井压井管汇及 140MPa 排污流程，钻井压井管汇连接 52MPa 泥浆泵，作为压井流程；预留试压口与压井泵车连接并试压合格，具备应急压井功能；140MPa 排污管线连接至左翼放喷区，作副放喷管线，管线接出井口 100m 以上。

(2) 大四通右翼通过 140MPa 内控管线连接至钻井 140MPa 节流管汇，节流管汇下游连接至右翼放喷区，作为主放喷管线，管线接出井口 100m 以上。配套安装液气分离器、排气管线通径不小于 140mm，接出 50m 以远。

(3) 安装精细控压系统，精细控压管汇上游安装捕屑器，整体具备节流循环、回压控制、碎屑回收等功能。

(4) 从套管头处用 105MPa 管汇连接至 B、C、D 环空，作业全程对环空压力进行压力监测、控制。

(5) 采用地面监测系统，利用高量程、高压气密封扣的压力传感器和高精度流体传感器等装置，对管汇上下游温度、压力、各环空压力等自动远程监测及报警。

2.2 替液期间地面测试流程

完井管柱下入后，安装 175MPa 采气树并连接替液地面流程，如图 3 所示，满足正循环和反循环替液要求，所有设备设施均要求可靠接地。

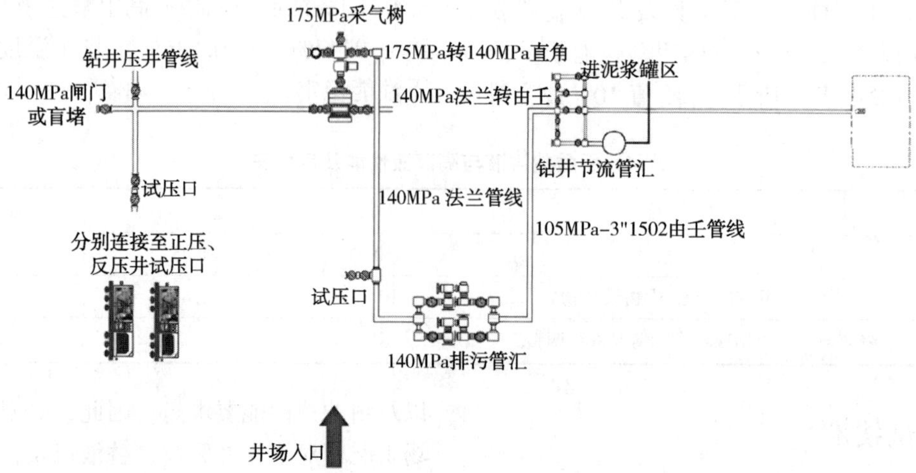

图 3　替液期间地面测试流程

（1）大四通左翼连接至钻井压井管汇，并预留反循环替液试压口，连接至泵车，具备反循环替液及封隔器验封功能。

（2）采气树右翼依次连接 140MPa 排污管汇、3in1502 由壬管线和钻井节流管汇，具备压井泥浆进罐功能。同时在采气树与 140MPa 排污管汇之间预留试压口，连接至泵车，具备正循环替液和打掉球座功能。

（3）从套管头处用 105MPa 管汇连接至 B、C、D 环空，作业全程对环空压力进行压力监测、控制。

2.3 控压排液期间地面测试流程

排液期间地面流程图如图 4 所示，要求所有设备设施可靠接地，要求放喷管线、试产管线出口距井口 100m 以上，产气管线出口距分离器、油水计量罐不小于 30m。地面设计采用 175MPa 超高压流程，采用紧急关断阀实现远程安全控制，在关键部位共设置 2 个高压数据头、2 个中压数据头，实现地面流程关键节点的压力通过数采系统远程实时监测。

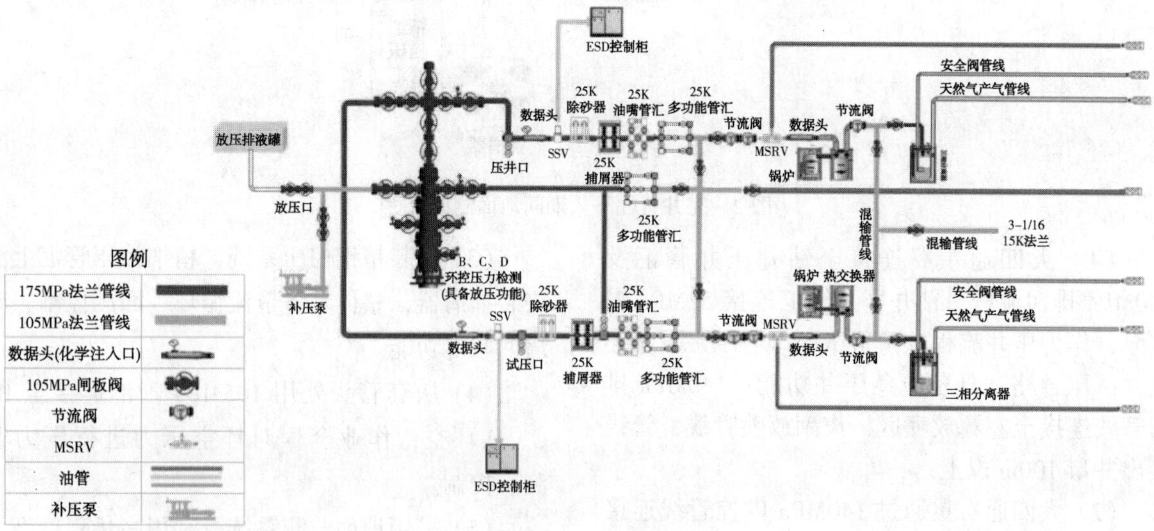

图 4　控压排液期间地面流程

（1）排液流程

① 采气树左翼、右翼各设计 1 条测试流程，连接高压数据头、地面安全阀、175MPa 除砂器、175MPa 补屑器、175MPa 油嘴管汇、175MPa 多

功能管汇、节流阀(2只)、中压数据头、热交换器、节流阀、高压分离器等，并分别在高压端预留试压口。

② 采气树左翼测试流程与套管右翼排污流程在高压端并联，采气树左、右翼流程与套管右翼排污流程在中压端并联，同时采气树左、右翼流程分别在低压端并联，并预留混输管线接口，试产初期进三相分离器试产，产量稳定后进混输管线，保证试产及长期试采安全。

(2) 套管流程

① 大四通右翼设计1条175MPa排污流程，采用175MPa法兰管线连接。

② 大四通左翼设计1套补压、放压管汇，满足试产期间A环空补压、放压要求。

(3) 控压排液初期，通过右翼175MPa排污管汇控压排液，降低排液流程刺漏风险，两套流程可实现快速切换，保障安全。

(4) 压井管线、防喷管线、放喷管线

① 采气树右翼出口通过175MPa法兰管线连接至试压口/压井入口，作为试产及长期试采期间的压井管线。

② 大四通右翼出口采用175MPa法兰管线连接至175MPa排污管汇，作为控压排液期间防喷管线，排污管汇下游连接至至放喷口作为试油放喷管线，放喷管线接出井口100m以上。

(5) 采用地面监测系统，利用高量程、高压气密封扣的压力传感器和高精度流体传感器等装置，通过地面监测系统完成对井口油套管、油嘴管汇上下游及三相分离器等关键部位的压力和温度自动监测及报警工作，同时可实现各环空压力远程监测、三相分离器流量计量远程监测。

(6) 采用出砂监测系统，进行出砂监测。

3　完井管柱强度校核

井下管柱受力变形受到温度效应、重力效应、活塞效应、鼓胀效应、摩擦效应以及屈曲效应的影响，这些效应相互作用，形成了复杂的力学环境。W1井是一口超深高温、超高压、高产的风险探井，完井管柱在极端工况下受力复杂，失效风险高。因此考虑W1井完井投产复杂工况，应用管柱力学分析软件对下入及生产工况下的完井管柱安全性进行评价。

3.1　管柱下入过程中的安全分析

根据优选后的管柱结构校核管柱安全系数，经计算管柱校核结果见表5。

表5　完井管柱重量及拉伸应力安全系数

油管外径/mm	线重/(kg/m)	段长/m	下深/m	重量/kN	总重/kN	抗拉强度/kN	空气中安全系数	$1.45g/cm^3$ 完井液中安全系数	$2.19g/cm^3$ 泥浆中安全系数
114.30	32.00	3990.59	3990.59	1276.99	1868.8	3074	1.66	2.03	2.28
88.90	18.90	2016.54	6007.13	381.13		1051	2.99	3.63	4.09
73.02	11.61	1814.62	7821.75	210.68		886.5	4.97	6.05	6.80

校核结果表明，全井管柱在空气中的拉伸应力安全系数1.66以上，在密度$2.19g/cm^3$的油基泥浆中的拉伸应力安全系数2.28以上，在$1.45g/cm^3$的完井液中拉伸应力安全系数2.01以上，完井管柱下入过程在强度满足要求，管柱组合合理。

3.2　完井管柱作业生产工况下的强度校核

依据试产数据预测不同的产气量下的油压及套管补压值，完井液设计采用$1.45g/cm^3$甲酸盐溶液，以此为依据，计算完井管柱强度，管柱校核结果如图5所示。

校核结果表明，W1井完井管柱的应力危险截面在井口、管柱变径处以及封隔器(上部)处，各工况条件下三轴安全系数最低点为1.502，全部落在1.5基准线以右(见图5)，完井管柱能够满足衰竭生产、纯气关井和生产要求。

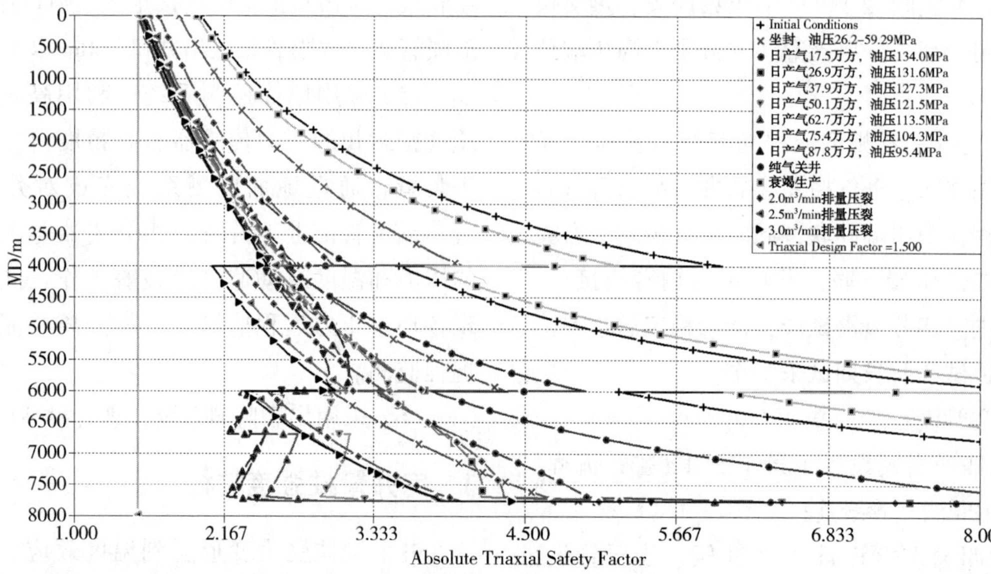

图 5　完井管柱结构柱三轴安全系数(>1.5)

4　应用效果

研究形成了准噶尔盆地超深高温、超高压、高产井完井投产技术在南缘 W1 井等超高压井的应用。

W1 井在密度 1.45g/cm^{3}的完井液中，按照 W1 井优选后的管柱结构，建立了两道独立井屏障，保障了油气井长期安全生产。全井完井管柱在空气中的拉伸应力安全系数在 1.66 以上，在 1.45g/cm^{3}的完井液中拉伸应力安全系数在 2.01 以上，完井管柱下入过程在强度满足要求，管柱组合合理。多个生产工况条件下完井管柱三轴安全系数最低点为 1.502，全部落在 1.5 基准线以右，完井管柱能够满足衰竭生产、纯气关井和生产要求。高压生产、纯气关井等工况下 THT 封隔器承受最大压缩力 175.32kN、生产期间承受压差-5.28~26.40MPa，封隔器受力在信封曲线内，满足安全要求。完井液密度 1.45g/cm^3，环空补压 10-58MPa，安全阀承受最大拉力 1507kN、最大压差 90MPa，在安全阀信封曲线范围内，满足安全要求。

采用 2 套 175MPa 超高压油套管双翼四通道流程，左右翼流程分别连接至钻井压井管汇、节流管汇，配套 175MPa 旋流除砂器、远程电动控制系统，已经具备了套管应急放喷泄压、正反压井、多通道快速切换等功能。

本井 8.1mm 试产获日产天然气 75.82×10^4 m^3，根据二项式产能方程，计算无阻流量为 239.4×10^4 m^3/d，按无阻流量的 1/4~1/5 配产，合理产能在(48~59)×10^4 m^3/d 之间，预计油嘴制度为 7.5mm，生产油压 118~120MPa。

5　结论与建议

(1) 优选 ϕ114.3mm+ϕ88.9mm+ϕ73.02mm S13Cr-BGT3 油管，采用 25000psi 井下安全阀+15000psi 的 5″THT 永久封隔器，建立两道独立井屏障，保障长期安全生产。

(2) 完井管柱在空气中、不同密度的工作液中的拉伸应力安全系数均达到标准，下入过程以及生产工况下的三轴安全系数也符合要求，能满足衰竭生产、纯气关井和生产等多种要求。

(3) 采用 2 套 175MPa 超高压油套管双翼四通道流程，具备套管应急放喷泄压、正反压井、多通道快速切换等功能，有效应对了地面管汇在高温、超高压、高产复杂工况下面临的冲蚀风险，满足了超高压井的地面测试需求。

(4) 尽管在 W1 井的实践中完井管柱满足了当前的生产需求，但随着油气开采的深入，井下工况可能更加复杂。建议在后续的研究中，进一步考虑管柱在长期高温高压环境下的材料性能退化、多相流腐蚀等因素，进一步优化管柱的材质、结构和尺寸，提高管柱的使用寿命和可靠性。

（5）W1 井的完井投产技术对超深高温高压、高产井的安全生产具有重要的指导意义。该技术的成功实践为类似地质条件和工程要求的油气井提供了一套可借鉴的完井投产技术方案，包括管柱设计、井下工具选择、工作液配方以及地面测试流程等方面的经验。

参 考 文 献

[1] 陈超峰，江武，米红学，等．高温高压深井测试技术在准噶尔盆地高探 1 井的应用[J]．钻采工艺，2020，43(2)：119-122.

[2] 江武，鲁斌昌，魏军，等．准噶尔盆地 LT1 超高压井试油测试技术实践[J]．钻采工艺，2022，45(5)：160-163.

[3] 杨博远，刘怀亮，张辉，等．高温高压多场耦合下封隔器载荷变化规律研究[J]．石油机械，2025，53(1)：80-88.

[4] 王一生，张明，程飞，等．海上高温高压气田完井投产关键技术[J]．化工管理，2022(6)：59-61.

[5] 余成秀，林铁军，聂家昌，等．酸性气井油管内壁水基缓蚀剂预膜仿真模拟[J]．新疆石油天然气，2023，19(3)：72-79.

[6] 宋学锋，李志彬，刘金铭，等．深层深井井筒完整性检测技术发展现状[J]．新疆石油天然气，2024，20(4)：8-18.

[7] 王兴．高温高压完井封隔器力学性能分析[D]．西安石油大学，2013.

[8] 王福祥．井下安全阀现场操作常见问题及解决办法[J]．油气井测试，2023，32(5)：19-23.

[9] 蒋贝贝，张国强，工栋，等．超深高压砂岩气藏临界出砂压差预测[J]．新疆石油天然气，2024，20(2)：11-20.

[10] 陈超峰，刘新宇，李雪彬，等．准噶尔盆地呼探 1 井高温高压超深井试油测试技术[J/OL]．石油钻采工艺，2023，45(4)：447-454.

[11] 高德利，黄文君．井下管柱力学与控制方法若干研究进展[J]．力学进展，2021，51(3)：620-647.

[12] 邓桥．射孔工况下井筒安全性分析[D]．中国石油大学(北京)，2020.

超深井下部小井眼钻柱动力学特性研究

徐新纽[1]　阮　彪[1]　黄　鸿[1]　曹光福[1]　黄　爽[1]　李　柯[2]

（1. 中国石油新疆油田公司；2. 西南石油大学）

摘　要　针对超深井末开次 Φ190mm 小井眼钻柱系统在复杂工况下易发屈曲失稳及振动的问题，本文基于全井钻柱动力学数值模型，结合工程实测数据，系统研究了钻压、井斜角及钻具组合对钻柱动力学行为的影响规律。研究结果表明：①钻头轴向振动与横向振动分别处于高强度与中等强度区间，振动能量沿钻柱向上传播时呈显著衰减特征，抑制钻头轴振是优化钻井效率的关键；②钻压阈值（≤8 吨）是维持井眼轨迹稳定性的临界条件，钻压超限将诱发近钻头钻铤屈曲失稳，形成新支点（钻压 16 吨时新增 4 个支点），显著增加井斜失控与工具磨损风险；③井斜角增大会缩短钻柱与井壁的初始接触距离，加剧井壁约束效应，而双扶正器钻具组合可通过分散接触载荷提升钻柱系统抗屈曲能力。本研究初步揭示了超深小井眼钻柱的动力学响应规律，提出了钻压控制与钻具组合优化的工程建议，为超深井安全高效钻进提供了理论支撑。

关键词　超深井；小井眼；钻柱屈曲；钻柱振动；钻井优化

地质勘探领域分析显示，我国现存油气资源主要赋存于深层及超深层岩层、低渗透性储层、海洋油气区及非常规构造等，其中深部油气已探明储量达 671 亿吨标准油当量，占全国油气资源总量的三分之一，开发潜力位居全球前列。近年来塔里木盆地、四川盆地、准噶尔盆地等地区超深油气藏的突破性发现，验证了深部地层开发对油气增产与战略储备提升的战略价值。但随钻探深度向地球深部延伸，工程面临多重技术壁垒：地层可钻性指数剧增、大段裸眼井筒失稳风险提高、地热梯度异常与极端地层压力耦合效应凸显，直接导致钻井周期延长、综合成本显著增加。尤为严峻的是，超深特复杂地层钻探涉及高温高压钻具系统、智能随钻测量、纳米级封堵材料等关键技术攻关，其技术复杂度较常规钻井明显提升，这不仅突显超深井钻探作为国家能源安全核心技术的战略地位，更对我国能源装备制造业形成全方位技术挑战。

针对超深特深井下部开次小井眼钻井过程中存在的技术难题，本研究揭示了小尺寸钻具在井下复杂工况下易发屈曲变形的关键机理。鉴于钻柱系统挠曲失稳会导致井斜控制效率降低、破岩能量传递损耗加剧以及井下工具异常磨损等系列工程问题，本研究以我国某 9000m 级超深井末开次 Φ190mm 小尺寸井段为工程背景，构建了全井钻柱系统动力学数值模型。系统探究了钻井参数、井眼轨迹及 BHA 组合配置等因素对钻柱屈曲行为的影响机制。研究结果为深部地层小井眼安全高效钻进提供了理论模型支撑与工程优化依据，对提升复杂工况下钻柱系统稳定性具有一定的工程应用价值。

1　全井动力学模型

1.1　钻柱系统动力学模型

针对不同钻井方案，基于钻柱系统动力学数值仿真与工程实证数据融合分析，能够实现钻前优化。本构模型采用能量变分原理进行动力学表征，具体通过 Hamilton 分析力学体系建立钻柱运动微分方程。在该理论框架下，系统总能量泛函需满足：

$$\delta\int_{t}(T-V)+\int_{t}\delta W=0 \tag{1}$$

其中，T 为钻柱系统总动能；V 为系统总势能；δ 为变分算子；W 为非势力做功。在一个连续的钻柱系统中，钻柱的运动位移 $u(z,\ x,\ y,\ t)$ 和转角变量 $\theta(z,\ x,\ y,\ t)$ 可以直接表示 T、V 和 W。在有限元方法中将钻柱几何模型看作一个集合体，其中包括各个钻柱单元，模型中连续变量由所有单个钻柱单元的节点变量（U_i）代替（以内插值替换）。将其代入式（1）并逐步展开得到：

$$\frac{\mathrm{d}}{\mathrm{d}t}\left[\frac{\partial T}{\partial \dot{U}_i}\right]-\frac{\mathrm{d}}{\mathrm{d}t}\left[\frac{\partial V}{\partial \dot{U}_i}\right]-\frac{\partial T}{\partial U_i}+\frac{\partial V}{\partial U_i}=F_i \tag{2}$$

其中，$\dot{U}_i$ 为钻柱系统广义速度；U_i 为钻柱系统广义位移；F_i 为钻柱系统广义非有势力。

分析计算时，采用弹簧-质量-阻尼(S-M-C)系统，基于非线性动力学基本原理，建立钻柱系统的动力学方程(式3)。在引入边界和载荷条件后，采用常见的二阶偏微分方程数值解法中的HHT-α 法求解(式3)，完成钻柱系统动力学分析。

$$M\ddot{U}+C\dot{U}+KU=F \tag{3}$$

其中，M、C、K 为钻柱系统的质量矩阵、阻尼矩阵、刚度矩阵；$\ddot{U}$、$\dot{U}$、U 和 F 为钻柱系统的加速度矩阵、速度矩阵、位移矩阵和载荷矩阵。

1.2 钻柱井壁接触模型

在油气钻井工程中，井筒内钻柱动力学行为可划分为两种典型工作模式：自主运动相和边界接触相。在无接触工况下，钻柱系统维持六自由度空间运动，此时其动力学特性仅受流体阻尼和重力作用影响，未产生周向约束反力；而当钻柱质心轨迹逼近井壁临界距离时，系统将进入非线性接触动力学阶段，此时管柱的径向位移受到几何约束，通过赫兹接触理论描述的碰撞作用产生法向接触力，并伴随库伦摩擦效应引发的切向耗散作用。当钻柱与井壁发生碰撞时，在接触位置会产生法向接触反力 f_n，以及在接触点处产生切向摩擦力 f_τ、轴向摩擦力 f 等。

为了判断是否发生碰撞以及计算碰撞后接触力的大小。在钻柱与井壁之间构建接触元，接触元的厚度为0.001m，则可以求得钻柱与井壁之间的互作用距离为：

$$r=\begin{cases} U & r_d-(R_w-0.001)<0 \\ r_d-(R_w-0.001) & r_d-(R_w-0.001)\geqslant 0 \end{cases} \tag{4}$$

通常采用赫兹接触理论来计算接触点处钻柱与井壁之间的接触力，设地层与钻柱的阻抗系数为 k，阻尼系数为 c，可求得钻柱与井壁之间的互作用力为：

$$F_n=kr+cv_r \tag{5}$$

其中，r 为钻柱与井壁之间的趋近距离；r_d 为钻柱单元节点的径向位移；R_w 为井壁外径；F_n 为接触力；v_r 为钻柱节点处的径向速度。由库伦摩擦定理，钻柱接触点处产生的摩擦力为：

$$f=-sign(v)uF_n \tag{6}$$

$$f_t=-sign(v_t)u_tF_n \tag{7}$$

其中，f 为轴向摩擦力；u 为轴向摩擦系数；v 为轴向速度；f_τ 为切向摩擦力；u_τ 为切向摩擦系数；v_τ 为切向速度。

1.3 岩石本构

采用Drucker-Prager强度准则，将偏应力视为岩石失效的原因，同时还能反应体积应力对材料强度的影响：

$$f=\alpha I_1-\sqrt{J_2}+k \tag{8}$$

其中

$$I_1=\sigma_1+\sigma_2+\sigma_3 \tag{9}$$

$$J_2=\frac{1}{6}[(\sigma_1-\sigma_2)^2+(\sigma_1-\sigma_3)^2+(\sigma_2-\sigma_3)^2] \tag{10}$$

$$\alpha=\frac{2\sin\varphi}{\sqrt{3}(3-\sin\varphi)} \tag{11}$$

$$k=\frac{6c\cos\varphi}{\sqrt{3}(3-\sin\varphi)} \tag{12}$$

式中，I_1 和 J_2 为应力第一不变量和应力偏量第二不变量；Φ 为内摩擦角；c 为内聚力；σ_1、σ_2 和 σ_3 为柱坐标系下的3个主应力。

2 φ190mm井眼模型参数

2.1 数值建模

井口边界采用与实钻工况一致的大钩悬挂钻柱系统，设定大钩承载值。在钻柱顶端施加角速度作为旋转边界条件，并基于三维动态PDC钻头破岩模型构建井底边界条件。结合套管规格参数、裸眼段实测井径数据及井眼空间轨迹信息，建立了全井筒三维数值仿真模型。采用空间双节点梁单元BEAM31、刚体壳单元R3D4、刚体壳单元R3D4、三维实体C3D8R分别对钻柱、井壁、钻头、岩石进行建模。

本研究设定如下基本假设：

(1) 钻柱系统空间位姿的初始状态与井筒轴线重合；

(2) 井口边界的大钩悬挂载荷及转速保持不变；

(3) 钻头-岩石相互作用中未考虑岩屑重复切削效应。

2.2 计算参数

井身结构如图1所示，钻压8T，转速75RPM，地层为头屯河组，井深9056m。钻具组合为：7-1/2″PDC+5-3/4″钻铤×2根+Φ188mm扶正器+5-3/4″钻铤×11根+6-1/2″随钻震击器+5-3/4″钻铤×2根+4-1/2″加重钻杆×11根+4-1/2″钻杆×468根+5-7/8″钻杆。

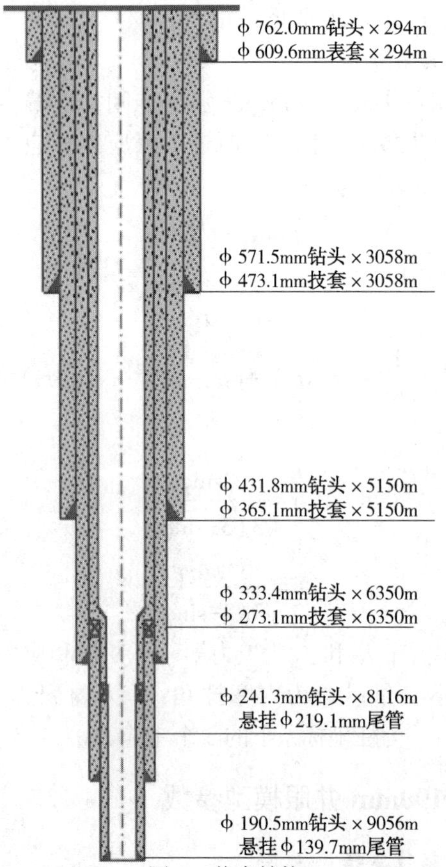

图 1　井身结构

3　计算结果与讨论

3.1　钻具振动分析

通过全井钻柱动力学模型计算得到 BHA 各位置的振动曲线(图 2)，从图中可以看到 PDC 钻头处的振动强度明显高于其余位置，横振和轴振均值分别为 2.93g 和 2.38g，峰值分别为 12.16g 和 2.38g。扶正器上的振动强度最小，横振和轴振均值分别仅为 0.60 和 0.51g。表 1 中汇总了 BHA 部分位置的振动均值和峰值，表中数据表明 BHA 振动沿钻头-钻柱向上传播并逐渐减弱，PDC 钻头、近钻头钻铤、扶正器和远钻头钻铤的横振均值分别为 2.93g、1.63g、0.6g 和 1.46g，轴振均值分别为 2.38g、1.58g、0.51g 和 1.36g。

基于国际油服公司制定的钻柱多维度振动评价指标体系(表 2)，通过定量数据分析可得：钻头轴向振动数值较高，被界定为高强度振动等级；其横向振动指标则处于中等强度振动范畴。在 BHA 振动响应方面，钻铤系统的纵向振动强度处于中等强度区间，而扶正器的振动级别则处于低强度振动区间。本研究数据揭示，抑制钻头轴向振动是钻井优化的重点。

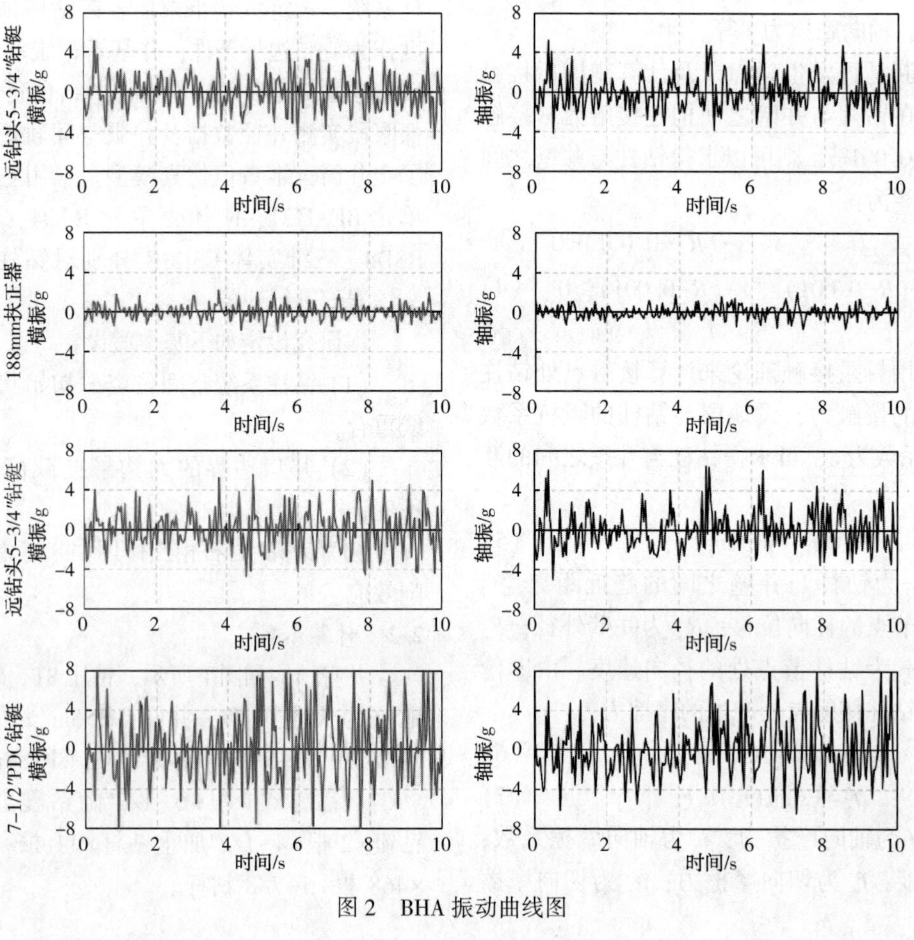

图 2　BHA 振动曲线图

表 1　BHA 振动均值和峰值汇总表

BHA	7-1/2″PDC	近钻头 5-3/4″钻铤	Φ188mm 扶正器	远钻头 5-3/4″钻铤
横振均值/g	2.93	1.63	0.60	1.46
横振峰值/g	12.16	5.53	2.20	5.13
轴振均值/g	2.38	1.58	0.51	1.36
轴振峰值/g	10.90	6.42	1.93	5.27

表 2　钻柱振动分级表

振动等级	加速度/g		指导建议
	轴向振动	横向振动	
低	<1	<1	无
中	1~2	1~3	持续 24h，建议减振
高	2~4	3~6	持续 12h，建议减振
严重	>4	>6	持续 30min，立即减振

3.2　钻柱变形分析

在深井钻探工程中，BHA 在轴向压缩载荷与井筒几何约束耦合作用下易发生屈曲失稳现象，进而导致井眼轨迹偏离设计方位。本研究针对 Φ190mm 小井眼超深井段（目标井深 9056m）的钻柱力学特性展开系统性研究，基于三维梁单元理论建立的钻柱力学模型，定量分析了钻井参数、井斜及钻具组合等关键因素对 BHA 屈曲变形的影响规律，为现场钻井方案优化和决策提供理论支撑。

图 3 给出了钻头及钻头以上 200m 长的 BHA 在不同钻压下的横向变形分布曲线，从曲线中可以看到，当钻压为 4 吨时，BHA 的最大横向变形为 14.3mm，位置在扶正器上方的 5-3/4″钻铤位置（距离钻头 40m），整个 BHA 除去扶正器和钻头的其余位置未与井壁形成新的支撑点；当钻压达到 8 吨时，扶正器与钻头间的 5-3/4″钻铤发生明显屈曲变形，在距钻头 4m 处形成了新的支点；当钻压为 12 吨时，支点转移至扶正器上方的钻铤处（距钻头 38m）；当钻压达到 16 吨时，近钻头 BHA 发生严重屈曲变形，在距离钻头 0~100m 的范围内出现 4 个新支点。

数据表明，该套钻具组合控制钻压在 8 吨以内可以避免新支点的形成，能够减少井斜偏离程度，同时也能避免下部钻具与井壁间产生磨损。

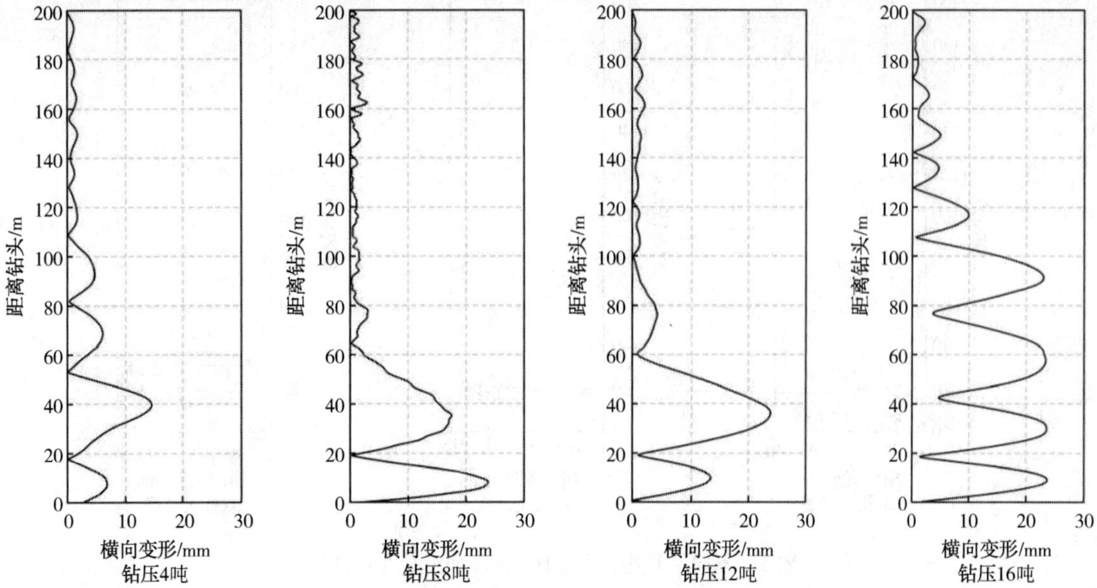

图 3　不同钻压下 BHA 横向变形分布曲线图

图 4 给出了钻头及钻头以上 200m 长的 BHA 在不同井斜下的横向变形分布曲线，数据表明在出现井斜以后扶正器上方钻具会逐渐紧贴井壁。当井斜为 5°时，BHA 在距钻头 31.4m 处开始与井壁接触。随着井斜的增加，该临界接触位置逐渐靠近扶正器，当井斜分别为 10°、20°和 30°时，该临界接触位置分别为距钻头 30.6m、29.2m 和 27.4m。由于计算过程中钻压控制在 8 吨左右，扶正器与钻头间的新支点位置(距钻头 4m 处的 5-3/4″钻铤)未发生变化。

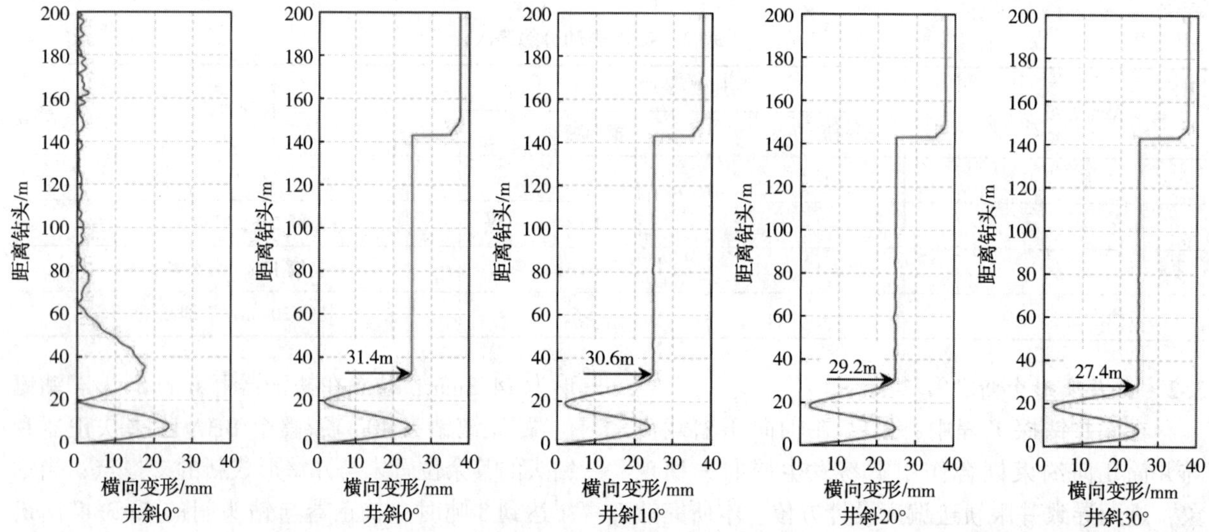

图 4　不同井斜下 BHA 横向变形分布曲线图

表 3 给出了 3 套不同钻具组合方案，组合 1~3 分别为单扶小钟摆组合、单扶大钟摆组合和双扶大钟摆组合。钻头及钻头以上 200m 长的 BHA 的横向变形分布曲线如图 5 所示，单扶大钟摆组合在钻头与扶正器间形成了新的支点，而单扶小钟摆组合在对应位置未形成支点，且整个 BHA 除去扶正器和钻头的其余位置未与井壁形成新的支撑点。相较于单扶大钟摆组合，双扶大钟摆组合未能改变钻头与下扶正器间钻铤的横向变形程度，但双扶大钟摆组合在扶正器上方的 BHA 变形程度显著降低。

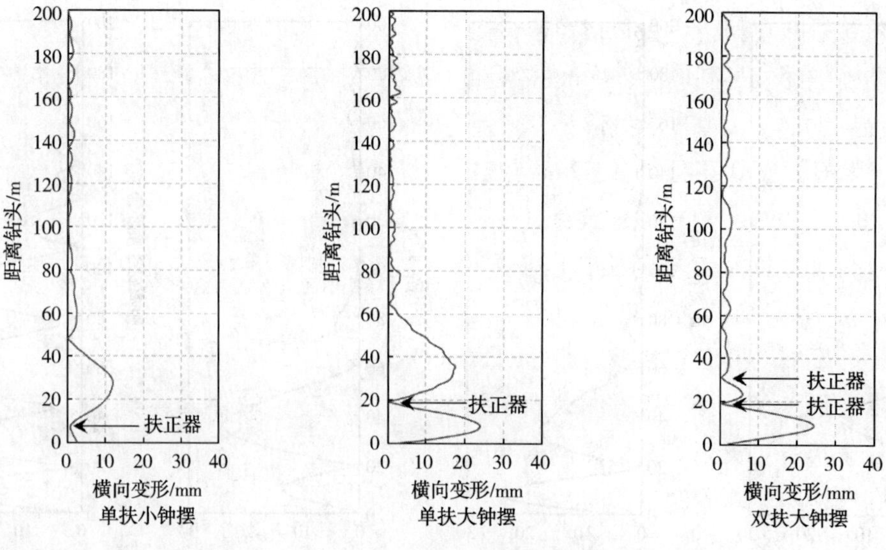

图 5　不同钻具组合下 BHA 横向变形分布曲线图

表 3　钻具组合方案

编号	钻具组合	钻压	转速
1	7-1/2″PDC+5-3/4″钻铤×1 根+Φ188mm 扶正器+5-3/4″钻铤×11 根+6-1/2″随钻震击器+5-3/4″钻铤×2 根+4-1/2″加重钻杆×11 根+4-1/2″钻杆×468 根+5-7/8″钻杆	8	75
2	7-1/2″PDC+5-3/4″钻铤×2 根+Φ188mm 扶正器+5-3/4″钻铤×11 根+6-1/2″随钻震击器+5-3/4″钻铤×2 根+4-1/2″加重钻杆×11 根+4-1/2″钻杆×468 根+5-7/8″钻杆		
3	7-1/2″PDC+5-3/4″钻铤×2 根+Φ188mm 扶正器+5-3/4″钻铤×1 根+Φ188 扶正器+5-3/4″钻铤×10 根+6-1/2″随钻震击器+5-3/4″钻铤×2 根+4-1/2″加重钻杆×11 根+4-1/2″钻杆×468 根+5-7/8″钻杆		

4　结论

本文基于全井钻柱系统动力学数值模型分析了 9000m 级超深井末开次 Φ190mm 小井眼钻柱的振动与屈曲变形特性，主要结论如下：

（1）钻头轴向振动强度(均值 2.38g，峰值 10.90g)和横向振动强度(均值 2.93g，峰值 12.16g)在多维度振动评价指标中分别处于高强度和中等强度区间，且振动能量沿钻头-钻柱向上传播时呈衰减趋势，该现象揭示了钻柱系统动态响应随井深分布的非均匀性，并表明抑制钻头轴振是钻井优化的重点；

（2）轴向载荷是诱发钻柱屈曲失稳的核心因素，研究量化了临界钻压阈值(≤8 吨)是维持井眼轨迹稳定性的关键。当钻压超过 8 吨时，近钻头钻铤(距钻头 4m 处)形成新支点；钻压增至 16 吨时，BHA 横向支点数量新增 4 个(距钻头 0~100m 范围内)，显著提高井斜失控与工具异常磨损风险。

（3）井斜角增大会缩短钻柱与井壁的临界接触距离(井斜 5°、30°时初始接触点分别距钻头 31.4m、27.4m)，并加剧井筒约束导致的钻具磨损问题。对比三组钻具组合发现，多扶正器配置可有效分散接触载荷，提升钻柱系统抗屈曲能力。

参　考　文　献

[1] 汪海阁，黄洪春，纪国栋，等．中国石油深井、超深井和水平井钻完井技术进展与挑战[J]．中国石油勘探，2023，28(03)：1-11.

[2] 李涛，苏强，杨哲，等．川西地区超深井钻井完井技术现状及攻关方向[J]．石油钻探技术，2023，51(02)：7-15.

[3] 王明华，贺立勤，卓云，等．川渝地区 9000m 级超深超高温超高压地层安全钻井技术实践与认识[J]．天然气勘探与开发，2023，46(02)：44-50.

[4] 余朝毅．四川盆地超深层钻完井技术进展及其对万米特深井的启示[J]．天然气工业，2024，44(01)：40-48.

[5] 黄福喜，汪少勇，李明鹏，等．中国石油深层、超深层油气勘探进展与启示[J]．天然气工业，2024，44(01)：86-96.

[6] 于永金，夏修建，王治国，等．深井、超深井固井关键技术进展及实践[J]．新疆石油天然气，2023，19(02)：24-33.

[7] 刘锋报，孙金声，王建华．国内外深井超深井钻井液技术现状及发展趋势[J]．新疆石油天然气，2023，19(02)：34-39.

[8] 王敬朋，李渊，葛晓波，等．准噶尔盆地南缘冲断带——呼探 1 井超深井钻井方案优化[J]．新疆石油天然气，2020，16(02)：19-23+1-2.

[9] 何立成，唐波．准噶尔盆地超深井钻井技术现状与发展建议[J]．石油钻探技术，2022，50(05)：1-8.

[10] 徐新纽，孙维国，阮彪，等．准噶尔盆地达巴松凸起超深井安全快速钻井技术[J]．钻采工艺，2019，42(06)：28-31+2.

[11] 杨沛，刘洪涛，李宁，等．塔里木油田超深井钻井设计及优化技术——以亚洲最深井轮探 1 井为例[J]．中国石油勘探，2021，26(03)：126-135.

[12] 殷召海，李国强，王海，等．克拉苏构造带博孜 1

区块复杂超深井钻井完井关键技术[J]. 石油钻探技术，2021，49(01)：16-21.

[13] 杨明清，杨一鹏，卞玮，等. 俄罗斯超深井钻井进展及技术进步[J]. 石油钻采工艺，2021，43(01)：15-20. DOI：10.13639/j.odpt.2021.01.003.

[14] 曾义金. 中国石化深层超深层油气井固井技术新进展与发展建议[J]. 石油钻探技术，2023，51(04)：66-73.

[15] 蔡振忠，徐珂，张辉，等. 基于地质工程一体化的超深井提速提产——以塔里木盆地库车坳陷为例[J]. 新疆石油地质，2022，43(02)：206-213.

[16] 祝效华，李柯，李文哲，等. 万米深井上部大尺寸井眼钻柱动力学特性研究[J]. 天然气工业，2024，44(01)：49-57.

[17] 祝效华，郭光亮. 动静载荷比对钻齿破岩效率的影响研究[J]. 振动与冲击，2019，38(01)：22-28.

[18] 王明杰. 超深井钻柱动力学特性分析及动态安全性评价[D]. 上海大学，2016.

准噶尔盆地南缘超深层双加重降压压裂技术

罗伟疆　陈蓓蓓　孔明炜　赵春艳　张雨菲

（中国石油新疆油田公司）

摘　要　H1-3 井是准噶尔盆地南缘超深井，目的储层具有天然裂缝不发育、闭合应力高的特征，面临安全窗口窄、压力超限风险高的问题。通过加重压裂液和油套环空液体密度、优化压裂液粘度、延长交联时间，拓宽了安全压力窗口，降低了压力超限风险；通过优化压裂规模，优化泵注参数，以小规模低砂比的策略降低了缝内净压力，实现对储层的高效改造，形成了双加重降压压裂技术体系。H1-3 井压裂顺利平稳完成，并获高产工业油气流。研究成果为超深高闭合应力储层的压裂提供参考依据。

关键词　超深层；高闭合应力；缝内净压力；摩阻；加重；降压

1　引言

准噶尔盆地南缘发育有四棵树凹陷、呼图壁背斜、东湾背斜、霍玛吐背斜等七个大型构造背斜。纵向上整体可分为三套成藏组合，上组合——新近系塔西河组，中组合——古近系安集海河组，下组合——吐谷鲁群。其中南缘下组合是重点勘探目的层，发育有白垩系清水河组储层厚度为 20～80m，侏罗系喀拉扎组、头屯河组、三工河组和八道湾组发育多套规模储层，厚度为 200～400m。

近年来在准噶尔盆地南缘下组合白垩系清水河组、侏罗系喀拉扎组油气勘探陆续获重大突破。随着油气勘探由深层不断向超深层（>6000m）扩展，储层往往具有物性差、裂缝不发育、破裂压力高、闭合压力高的特征，在压裂施工中容易存在沿程摩阻大，井口泵压高、安全压力窗口小、裂缝延伸困难、砂堵风险大等诸多挑战，对压裂工艺优化、压裂液性能提出了更高的要求。

H1-3 井是为探明升级霍玛吐背斜带呼西背斜气藏资源量而部署的一口评价井，完钻井深 7770m，压裂目的层深 7620～7628m，岩性为中-细砂岩，地层闭合压力 167MPa、地层温度 162℃，闭合压力、压裂深度为准噶尔盆地压裂最大。

针对 H1-3 井深度大，闭合应力高、裂缝不发育的难点，开展压裂方案的论证、压裂参数优化、压裂液性能提升，形成了窄安全压裂窗口下的双加重降压压裂技术。经 H1-3 井现场实践，安全高效完成了储层规模改造并试获高产工业气流。笔者总结 H1-3 井技术要点，以期为超深层高闭合压力储层窄安全压力窗口压裂改造以借鉴。

2　改造难点

2.1　复杂的地质条件

H1-3 井完钻井深 7770m，储层录测井解释均为气层，钻井液密度为 1.98g/cm^3，预测地层压力系数 1.863，预测地层压力 139.3MPa，地层温度 162℃，是典型的高温高压超深井。结合岩心样品和 FMI 成像测井显示交错层理发育，未见有裂缝。H1-3 井目的层段最小水平主应力为 160～165MPa，且层厚较小，在储层上下存在应力遮挡，纵向上缝高整体受控，闭合应力高达 167MPa，裂缝在平面的延伸难度较大，存在超压风险。

2.2　极端的工况条件

H1－3 井油层套管采用 Φ168.3mm + Φ139.7mm 尾管，Φ193.7mm 回接套管完井，全井薄弱点处于 Φ193.7mm 回接套管底部，回接套管钢级为 HS140V，抗内压 131.7MPa，安全系数取 1.25，套管外部密度当量取 1.05g/cm^3，环空充满 1.25g/cm^3 盐水后按式（1）算得套管限压最大 97MPa。综合井口及地面压裂管线，油管限压 130MPa。

结合同层位邻井前期压裂施工概况可得，闭合应力为 152～158MPa，油管压力 124～129MPa，套管压力 82～85MPa，闭合应力相对较高，油管压力接近限压；H1-3 井根据前期破堵施工，拟合闭合应力 167MPa，远高于邻井，预计实际施工过程裂缝延伸难度较大。取邻井 H1-2 缝内净压力 19.6MPa 作为 H1-3 预估缝内净压力，计算井底压力为 186.6MPa，以 2.5m^3/min 排量泵注胍胶压裂液为例，计算油管预估压力为 130MPa，以环空充满 1.25g/cm^{3}盐水计算套管压力为 93.3MPa，油管预估压力达到限压，套管安全压力窗口仅 3.7MPa，压力超限风险较大。

$$P_{tl}=P_R+\rho_1 gh-\rho_2 gh \tag{1}$$

其中，P_{tl} 为套管限压，MPa；P_R 为套管抗内挤强度，MPa；ρ_1 为套管外密度当量，g/cm^3；ρ_2 为套管内液柱密度，g/cm^3。

表 1　邻井压裂施工参数

井号	H1-1	H1-2	H6
目的层深度/m	7495~7530	7503~7540	7002~7017
油管压力/MPa	124	126	129
套管压力/MPa	82	83	85
砂比/%	12.3	10.83	11.4
缝内净压力/MPa	21.8	19.6	20.2
闭合压力/MPa	152	155	158

3　针对性技术对策

针对复杂的地质条件、极端的工况条件以及面临的安全施工窗口低，油套压超限风险高的问题，通过拓宽安全窗口、优化泵注参数，从而实现对 H1-3 井超深层的高效压裂。

3.1　拓宽安全窗口

3.1.1　加重油管、环空液柱密度

为确保裂缝能顺利扩展的基础上降低套管压力，考虑通过增大套管薄弱点以上环空液柱密度，降低套管薄弱点及以上压力，如图 2 所示，随环空液柱密度增大，井口限压和套压均减小。明显看出，套压下降幅度大于限压下降幅度，即在裂缝能够顺利扩展的基础上，随液体密度变大，安全窗口不断增大。当环空液体密度从 1.25g/cm^{3}增加到 1.5g/cm^{3}时，安全窗口压力从 4.5MPa 增加至 9.6MPa，有效降低了套压超限的风险。综合考虑安全窗口增幅和成本，选用 1.35g/cm^{3}加重液体拓宽压力窗口，拓宽后压力窗口为 6.5MPa。

针对油管超压，选用无机盐增大压裂液体系密度从而增大液柱压力，降低油管压力。从图 3 可以看出，随加重压裂液密度的增大降压幅度也逐渐增大，同时压裂液成本也迅速增加，当加重压裂液密度大于 1.2g/cm^{3}后，压裂液成本增大幅度迅速增加，综合考虑降压效果和加重压裂液成本，优选加重后密度为 1.2g/cm^{3}的加重压裂液体系，在井底压力为 186.6MPa，裂缝顺利延伸时，油管压力为 118.8MPa，压力窗口为

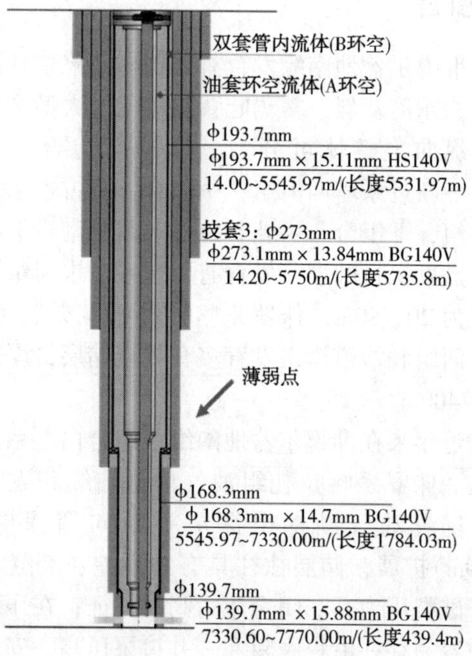

图 1　H1-3 井井身结构图

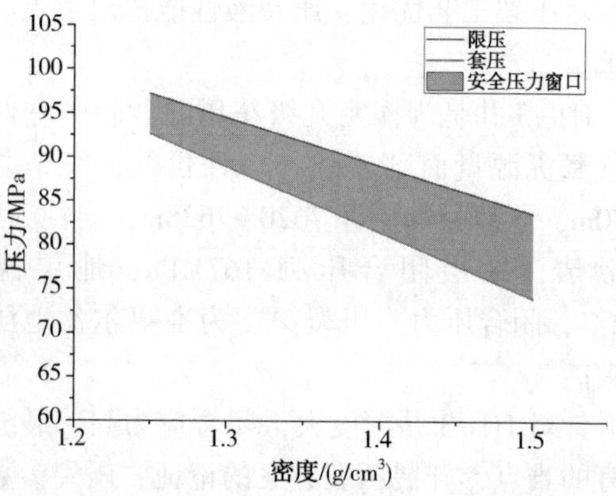

图 2　环空加重盐水密度与套压、限压关系曲线

11.2MPa，相比加重前 1.05g/cm³压裂液密度安全窗口拓宽 8.1MPa，能够有效降低油管压力超限风险。

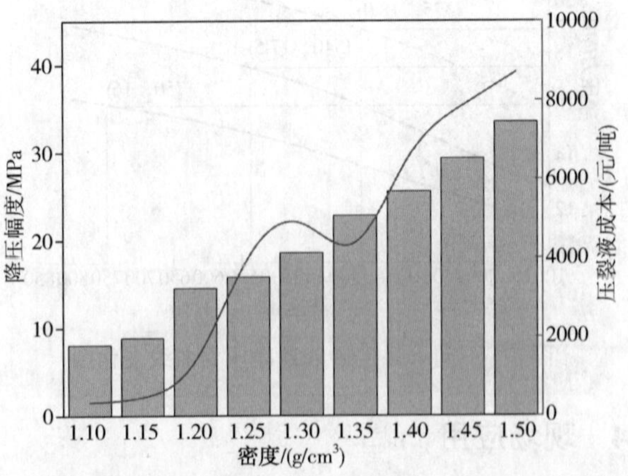

图3　油管加重压裂液密度与油管压力、限压关系曲线

3.1.2　降低缝内净压力

缝内净压力主要受压裂液粘度，储层滤失性，排量等影响，排量一定时，压裂液粘度越高，滤失性越差，缝内摩阻越大，缝内净压力越大。压裂过程中井底压力主要由缝内净压力和闭合应力组成，储层一定，缝内净压力越大，井底压力越大，从而增大压力超限风险。为此，开展压裂液粘度优化，通过降低交联比实现冻胶压裂液的弱交联，从而降低冻胶压裂液粘度。同时，压裂液粘度越低，压裂液携砂能力越弱，结合不同粘度悬砂实验表可以得出，在交联比为 100：1 时，压裂液粘度为 52.7mPa·s，粘度相对较小并能实现有效携砂，基于此优选交联比为 100：1，作为弱交联压裂液。

表2　不同交联比悬砂实验表

交联比	162℃，100s⁻¹ 剪切后粘度/（mPa·s）	悬砂时间/min
100：0.8	45.8	62
100：1	52.7	132
100：1.5	223.8	287
100：2	318.2	417
100：2.5	596.9	529

3.1.3　降低油管内液体摩阻

在增大环空和油管净液柱压力的同时，降低压裂液的沿程摩阻可以有效增大油管安全压力窗口。

摩阻主要与压裂液粘度有关，排量一定时，压裂液粘度越低，产生的摩阻越小。为降低管内摩阻，创新性采用缓交联技术，通过控制压裂液交联时间，实现压裂液在井筒内以低粘基液形式运移，进入裂缝前再形成高粘冻胶有效携砂进入储层，如图 4 所示，在多排量下加重压裂液基液整体降阻率明显高于加重压裂液冻胶，并且随着排量的增大，加重压裂液基液与加重压裂液冻胶降阻率差异逐渐变大。结合图 5 可知，缓交联加重压裂液体系在井筒内摩阻明显低于未缓交联压裂液，2.5m³/min 排量下，缓交联压裂液可有效降低摩阻 3.6MPa。

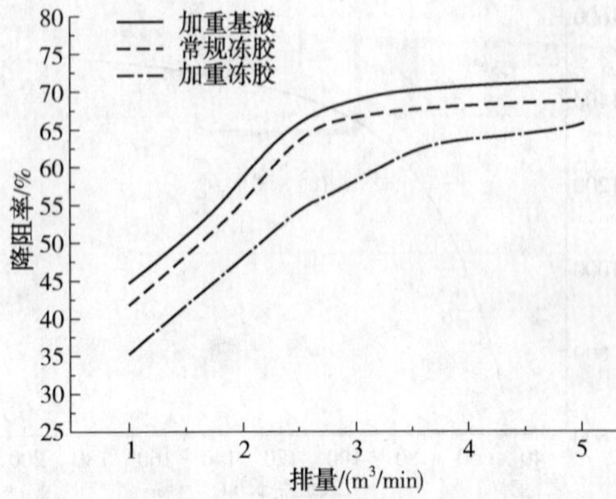

图4　常规冻胶压裂液/加重冻胶/加重基液降阻率对比图

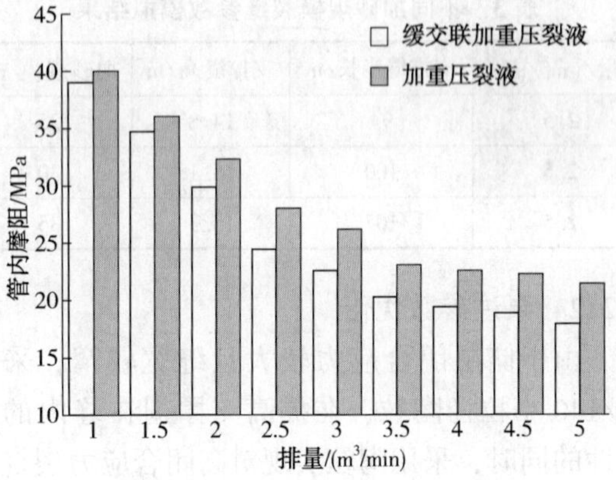

图5　加重缓交联/加重冻胶井筒内摩阻对比

结合缓交联和弱冻胶双重降压技术，密度为 1.2g/cm³的缓交联加重压裂液液柱净压力增大 11.2MPa，压裂液井筒摩阻降低 3.6MPa，拓宽井口压力窗口 14.8MPa，有效降低油管超压风险。

3.2　优化工艺参数

3.2.1　压裂规模优化

超深井储层裂缝在高闭合应力作用下，缝宽较窄，在支撑剂运移过程中支撑剂与裂缝壁面摩擦程度较大，缝内摩阻相对更高，容易引起缝内净压力升高，从而导致油管及环空压力增大。结合储层含气饱和度，开展储层改造规模优化，在能大幅提升产量的基础上，采用小规模加砂改造，从而降低储层砂堵，沉砂等风险。储层上下受应力遮挡程度较强，缝高难以延伸，采用软件模拟压裂缝长与压后产量关系，从图 6 可以得出，在半缝长为 80m 后，压后产气量增幅逐渐下降，即达到压后产气量增长拐点。结合表 3 可以得出，在 2.5m^3/min 排量下，加砂规模为 30m^3能够实现最优改造规模，裂缝半长为 100m，支撑缝高为 15.1m。

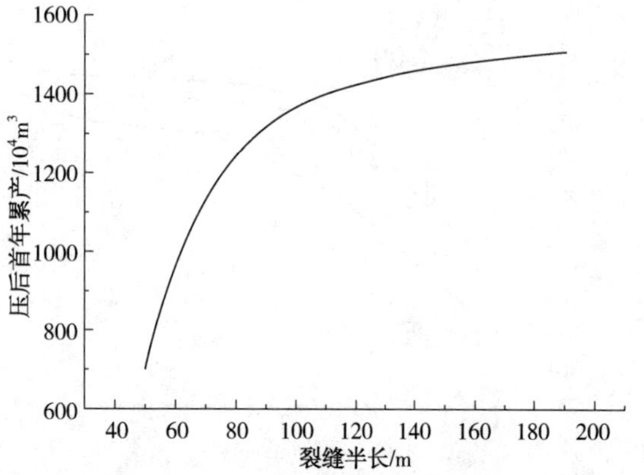

图 6　裂缝半长与压后一年累产关系曲线

表 3　不同加砂规模裂缝参数模拟结果

排量/(m^3/min)	支撑缝半长/m	支撑缝高/m	加砂规模/m^3
2.5	94	14.8	25
2.5	100	15.1	30
2.5	107	15.3	35

3.2.2　泵注参数优化

由于储层闭合应力较大且缝宽较窄，采用 70/140 小粒径陶粒，在提高支撑剂在缝内的通过性的同时，采用陶粒实现对高闭合应力裂缝的有效支撑。不同砂浓度携砂液进入裂缝后，缝内净压力均会有不同程度增大，采用 PT 软件模拟在达到改造半缝长为 100m 时，不同砂浓度下缝内净压力的变化情况，从图 7 不同砂比下缝内净压力与压裂液量变化曲线图可以看出，随入井液量的不断增多，缝内净压力呈现出不同程度的增大，其中砂比为 4%时，缝内净压力相对最小为 16MPa，但携砂所需液量为 750m^3，砂比为 6%时，缝内净压力略微增大，为 17.5MPa；砂比为 8%时缝内净压力相对最大，为 18.9MPa，施工风险明显增大；为降低井口压力并减小携砂液量的消耗，优选 6%砂比实现安全高效加砂。

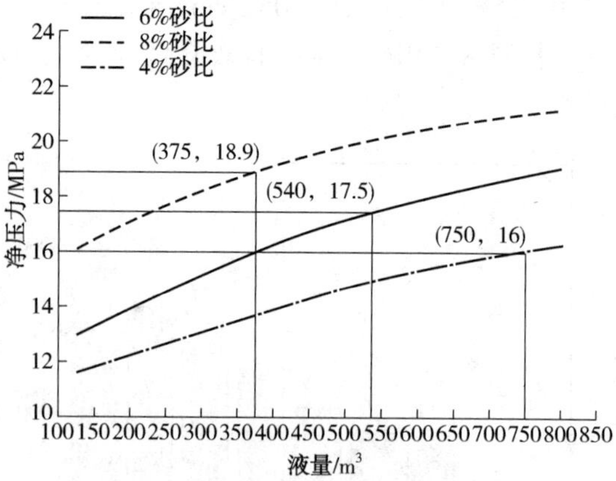

图 7　不同入井携砂液量净压力曲线变化图

4　现场应用

结合加重油管、环空液柱密度，优化压裂工艺参数，对 H1-3 井 7620~7628m 层段再次开展压裂改造，设计砂 70/140 砂量 30m^3，砂比 6%，设计裂缝半长 100m，环空采用密度为 1.35 复合加重盐水，压裂液体系采用缓交联弱冻胶压裂液，砂浓度最高 120kg/m^3，油管压力最高 122.8MPa，低于预估压力 7.2MPa，套管压力最高 88.3MPa，低于预估压力 5MPa。成功加砂 30m^3，压裂返排 10d 后，产气量达 9.6×10^4m^3/d，产油达 16.3m^3/d，实现了对超深层高闭合应力储层的有效改造。

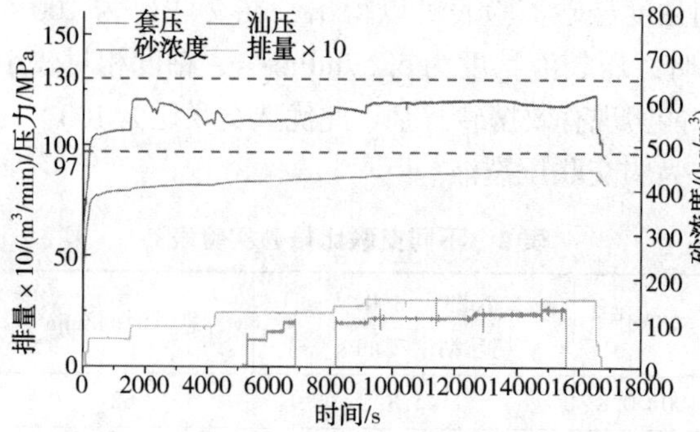

图 8　H1-3 压裂施工曲线

5　结论

（1）超深井高闭合应力储层压裂安全窗口窄，通过加重压裂液密度和油套环空液体密度，能够有效增大油管和套管液体静液柱压力，拓宽油管和环空安全窗口。

（2）针对超深井，加重压裂液降阻率较低，井筒沿程摩阻较高，延长压裂液在井筒内的交联时间，能够有效降低油管沿程摩阻，从而降低油管压力。

(3) 针对储层闭合应力高、裂缝不发育，在能有效携砂的基础上降低压裂液粘度，同时采取小规模低砂比携小粒径支撑剂的加砂策略能够有效降低缝内净压力，降低加砂风险。

参 考 文 献

[1] 王金铎，张关龙，庄新明，等．准噶尔盆地重点领域油气勘探研究进展及潜力方向[J]．油气地质与采收率，2024，31(04)：24-41.

[2] 庞志超，冀冬生，刘敏，等．准噶尔盆地南缘冲断带侏罗系—白垩系油气成藏条件及勘探潜力[J]．石油学报，2023，44(08)：1258-1273.

[3] 宋永，庞志超，李静，等．准噶尔盆地南缘中部超深层凝析油成因与油源[J/OL]．石油学报，1-24[2025-03-18]．http：//kns. cnki. net/kcms/detail/11. 2128. TE. 20241224. 0818. 002. html.

[4] 文贤利，孔明炜，罗垚，等．准噶尔盆地南缘高温高压高闭合应力致密储层改造技术研究及应用[J]．新疆石油天然气，2021，17(04)：15-20.

[5] 甘泉，张茂林，张晨，等．扩眼尺寸在不同工况下的影响分析——以准噶尔盆地南缘 H101 井为例[J]．新疆石油天然气，2023，19(03)：10-20.

[6] 蒋贝贝，张国强，王栋，等．超深高压砂岩气藏临界出砂压差预测[J]．新疆石油天然气，2024，20(02)：11-20.

[7] 李力，曾冀，陈伟华，等．水平井压裂裂缝扩展与加砂参数优化：以川西盆地致密气为例[C]//西安石油大学，陕西省石油学会．2024 油气田勘探与开发国际会议论文集Ⅰ．中国石油西南油气田公司工程技术研究院；中国石油大学(华东)石油工程学院；2024：1179 - 1191. DOI：10. 26914/c. cnkihy. 2024. 050926.

基于井下掉块的井壁失稳随钻智能识别方法

党文辉[1]　钟　震[1]　张　楠[1]　卢运虎[2]　樊永东[2]　姚旭洋[1]

（1. 中国石油新疆油田公司；2. 中国石油大学（北京））

摘　要　井壁失稳严重影响钻井效率与成本，依据掉块进行井壁失稳的随钻分析对施工作业至关重要。本研究构建基于空间注意力机制 ResNet50 的智能识别模型，通过 Canny 边缘检测提取掉块轮廓特征，强化模型对掉块边缘信息的捕捉能力，使测试集识别准确率从 81.8%提升至 86.7%。结合井壁失稳机理解析掉块成因，可动态优化钻井参数。现场应用表明，该方法能有效抑制井壁失稳，为复杂地层安全钻进提供技术支撑。

关键词　井壁稳定；注意力机制；卷积神经网络；图像识别；安全钻进

随着深地油气资源等复杂非常规油气资源的开采，井壁稳定已成为制约钻井成本与井建周期的重要因素。复杂井的井筒失稳风险往往高于直井，因此对井筒稳定性提出了更高的要求，井筒失稳最常见的形式为井壁岩石受到不平衡力的破坏发生垮塌，这种破坏通常会产生掉块。

井壁失稳机理研究是石油工程钻井安全领域的核心课题，其本质是井周岩石在应力扰动、化学作用及流体渗流等多场耦合下的力学响应失衡。传统理论基于线弹性力学模型，强调原地应力场、孔隙压力与岩石强度的动态平衡，认为井壁失稳主因是钻井液密度不合理导致井周有效应力超出岩石抗剪强度。近年来，研究逐步从单一力学分析转向多物理场耦合机制，包括热-流-固耦合效应、钻井液与页岩的水化作用及天然裂缝网络的各向异性破坏。数值模拟技术如有限元法、离散元法和机器学习方法被广泛用于预测失稳风险，其中基于大数据的地质力学模型修正显著提升了预测精度。实验研究方面，三轴应力-化学耦合试验揭示了泥岩水化膨胀应力与时间效应的非线性关系。当前挑战在于复杂地层（如深部高温高压、天然裂缝发育层）的多因素交互机制尚未完全明晰，且现有模型对钻井液动态侵入过程的表征仍存在局限性。

现阶段井壁失稳的研究方法主要包括理论分析、实验研究、数值模拟和现场监测与智能预测。基于岩石力学与多物理场耦合理论，建立井周应力分布的解析模型。经典力学模型（如 Mohr-Coulomb 准则）通过力学平衡分析失稳条件，而多场耦合理论（如 THMC 模型）综合考虑热、化学和渗流效应，揭示水化膨胀与应力重场分布的非线性关系。在理论分析的基础上通过三轴压缩试实验、水化膨胀试实验及化学-力学耦合实验，可以为理论模型提供关键参数。用有限元法（FEM）模拟连续介质的多场耦合过程，离散元法（DEM）分析裂缝岩体的非连续破坏机制，结合机器学习（如 LSTM）可以预测失稳风险。

现阶段的井壁失稳钻前预测模型受数据制约，预测精度较低，钻后分析模型随虽可以较准确分析井壁失稳，但无法进行失稳的调控。针对现阶段研究的不足，本研究提出以掉块图像为数据集通过改进的空间注意力卷积神经网络模型对井壁失稳模式进行随钻识别。该方法主要包括掉块类型的识别、井壁失稳模式的分析。

1　井壁失稳机理分类

1.1　井壁失稳模式与掉块的关系

掉块是井壁发生失稳后井壁围岩遭到破坏产生的大尺寸岩屑，因此掉块的综合特征一定程度上可以反映井壁发生失稳的机理。如裂缝性地层钻井液侵入导致失稳产生的裂缝，其表面相对光滑。根据与掉块的对应关系，Skea 等将井壁失稳类型分成了剪切破坏、拉伸破坏、弱面滑移、钻井液侵入裂缝性地层四类。

井下返回的掉块类型可以分为板状、块状、角状、裂片状四类。板状掉块通常出现在层理、弱面发育的地层，弱面间粘着性降低，从而在应力作用下弱面发生滑移引起井壁失稳，最终产生板状掉块。块状掉块通常出现在裂缝发育的地层，钻井液在压差作用下进入裂缝，对裂缝型岩石产生破坏，从而引起井壁失稳，最终形成块状掉块。角状掉块通常出现在高水平应力差、低岩石强度的地层，钻井液密度小于坍塌压力，在高应力差的作用下井壁围岩发生剪切破坏，引起井壁失稳并形成角状掉块。裂片状掉块通常出现在高压且岩石密度较高的地层，钻井液密度小于孔隙压力导致井壁围岩发生拉伸破坏，引起井壁失稳并形成裂片状掉块(表1)。

表1　掉块类型与井壁失稳机理关系

掉块类型	地层特征	失稳机理
板状	层理、弱面发育地层	弱面间粘着性降低，发生滑移失稳
块状	断层、裂缝发育地层	钻井液侵入天然裂缝引起井壁失稳
角状	高水平应力差地层、岩石强度较低	钻井液密度小于坍塌压力，围岩发生剪切破坏
裂片状	高压地层，岩石密度较高	钻井液密度小于孔隙压力，围岩发生拉伸破坏

1.2　数据采集与预处理

本次研究共采集了准噶尔南缘中组合地层(安集海河组、紫泥泉子组、东沟组)2063块掉块，其中板状、块状、角状、裂片状分别有639块、782块、395块、247块。在井下返回掉块后，首先对掉块进行清洗，并筛选出符合要求的掉块样品，通过手机拍照的方式完成掉块图像数据的采集。在拍照时需要有能衡量尺寸的物体作为参照物，便于分析掉块的尺寸大小(图1)。最终将采集到的所有掉块进行类型划分，并给每个掉块赋予相应的标签，标签类型便是板状、块状、角状、裂片状四种掉块类型。

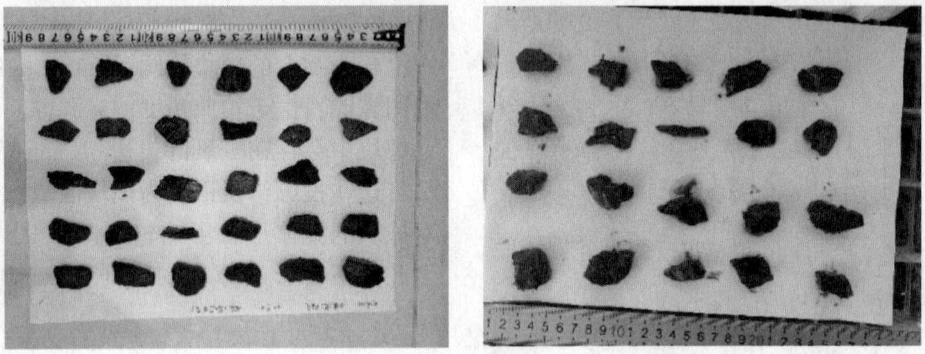

图1　掉块样本

2　空间注意力卷积神经网络掉块识别模型

2.1　ResNet50模型

本研究通过对比ResNet50、VGG16、MobileNet、EfficientNet几种图像识别模型，最终得出针对本研究掉块识别问题，ResNet50具有较高的识别准确度，因此最终选定ResNet50作为基础模型。ResNet50因其解决深度神经网络训练中梯度消失/爆炸问题的创新设计，成为图像识别领域的里程碑模型。传统深层网络在反向传播时易出现梯度退化，导致训练困难，而ResNet50通过引入残差学习机制，允许网络通过“跳跃连接”直接传递原始输入信息，有效缓解了深度增加带来的性能退化。

ResNet50先是对输入图像使用7×7的卷积核进行卷积运算，接着通过3×3的池化层进行池化运算。卷积池化运算得到的结果输入到残差模块，通过残差模块进行特征的进一步提取，最终基于输入到全连接层中的特征判断掉块图像的类别，完成掉块的有效识别(图2)。

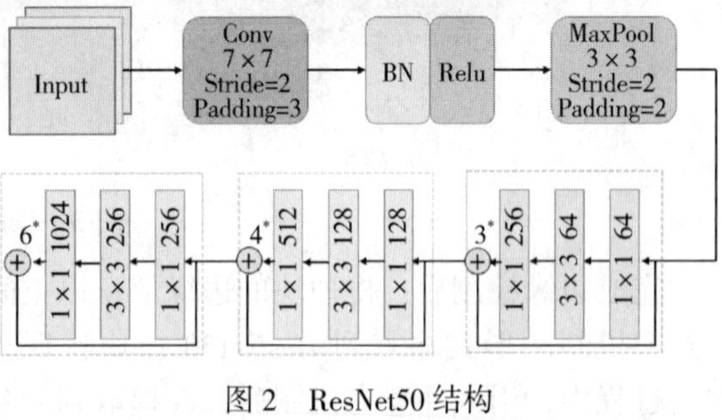

图2　ResNet50结构

2.2　空间注意力机制改进ResNet50模型

ResNet50是通过卷积运算和池化运算完成掉块图像特征的提取，基于图像特征识别掉块类型。在特征提取时，ResNet50对整张图像的特征进行提取，并没有考虑图像局部区域的重要性。对于掉块类型识别，掉块的轮廓特征尤为重要，因此本研究提出了空间注意力机制ResNet50模型，通过注意力机制让模型在特征提取时着重考虑掉块边缘的特征，从而提高模型识别的准确度。

掉块图像的边缘需要通过Canny边缘检测得到，其流程主要包括噪声抑制、梯度计算、非极大值抑制、双阈值检测和边缘连接五个步骤。噪声抑制通过高斯核函数对图像进行滤波去噪，减少噪声对结果的影响(式(1)—(2))。在完成去噪后，需要计算图像在x和y方向上的梯度，最终得到图像的梯度幅值和方向角(式(3)—(6))。非极大值抑制沿梯度方向对梯度幅值进行非极大值抑制，细化图像边缘。双阈值检测通过设置高阈值和低阈值对图像边缘像素进行筛选，得到图像的边缘像素点。边缘连接将弱边缘像素与强边缘像素相连得到图像的边缘轮廓。

$$G(x,\ y)=\frac{1}{2\pi\sigma^2}\exp\left(-\frac{x^2+y^2}{2\sigma^2}\right) \tag{1}$$

$$I_G(x,\ y)=G(x,\ y)*I(x,\ y) \tag{2}$$

$$G_x=\begin{bmatrix}-1 & 0 & 1\\ -2 & 0 & 2\\ -1 & 0 & 1\end{bmatrix}*I_G(x,\ y) \tag{3}$$

$$G_y=\begin{bmatrix}-1 & -2 & -1\\ 0 & 0 & 0\\ 1 & 2 & 1\end{bmatrix}*I_G(x,\ y) \tag{4}$$

$$G=\sqrt{G_x^2+G_y^2} \tag{5}$$

$$\theta=\arctan\left(\frac{G_x}{G_y}\right) \tag{6}$$

式中，$G(x,\ y)$为高斯核函数；σ为高斯核标准差，$I(x,\ y)$输入的图像；$I_G(x,\ y)$为滤波后的图像；G_x为图像在x方向上的梯度；G_Y为图像在y方向上的梯度；G为图像的梯度幅值；θ为图像的方向角。

Canny提取得到掉块的边缘后，在ResNet50特征提取时，将掉块的边缘像素输入到模型中，通过空间注意力机制使得模型能够着重考虑掉块的边缘特征。空间注意力机制的加入，使得特征提取过程有了一定方向性，因此可以提高所需特征得权重。

3　结果分析与现场应用

3.1　模型结果分析

在Canny边缘监测后，可以得到与真实掉块边缘较为吻合的掉块轮廓(图3)。在拍照采集掉块图像时，由于拍照角度、光源等问题，导致一些掉块中会存在少量的投影，Canny边缘检测容易将这些投影错误识别为掉块区域，但这些投影对掉块的整体形状影响较小，且投影面积较小，因此并不会影响掉块的特征提取与最终的识别结果。

(a) 样本一　　(b) 样本二　　(c) 样本三

图3　Canny边缘检测结果

完成边缘检测后，将掉块的边缘信息以空间注意力机制的形式输入到ResNet50掉块特征提取的过程中，引入注意力机制后，在提取到的卷积特征中掉块的轮廓特征较为明显，由此可见，上述方法在一定程度上可以更准确提取边缘特征。在采集到的2063个掉块中，训练集和测试集分别包含1651块、412块掉块样本。

在测试集上，引入注意力机制后模型的整体识别准确度由原来的81.8%提高至86.7%。引入注意力机制后，板状和块状掉块的识别准确度提升并不明显，但角状掉块的识别准确度由70.1%提升至81.0%，裂片状的识别准确度由71.4%提升至83.7%(图5)。在数据集中角状掉块与裂片状掉块较少，因此上述两种掉块识别相对困难，引入注意力机制增加了掉块的边缘特征权重，从而大幅提升了上述两种掉块的识别准确度。

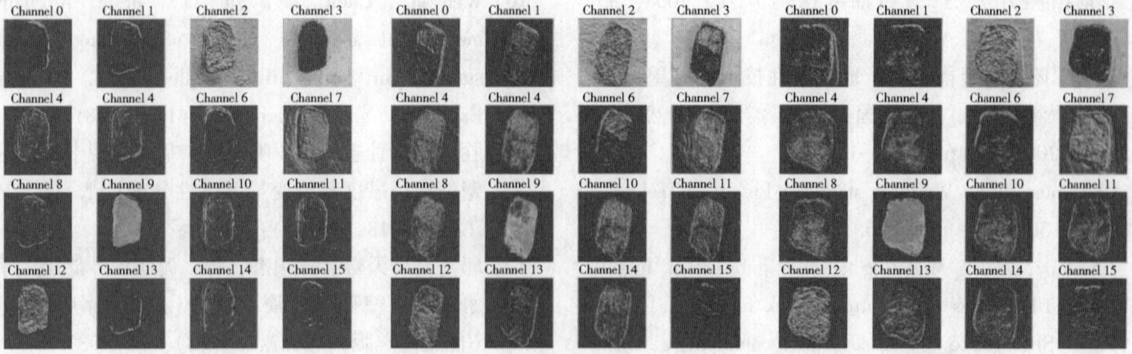

(a) 样本一　　(b) 样本二　　(c) 样本三

图 4　部分掉块样本卷积特征

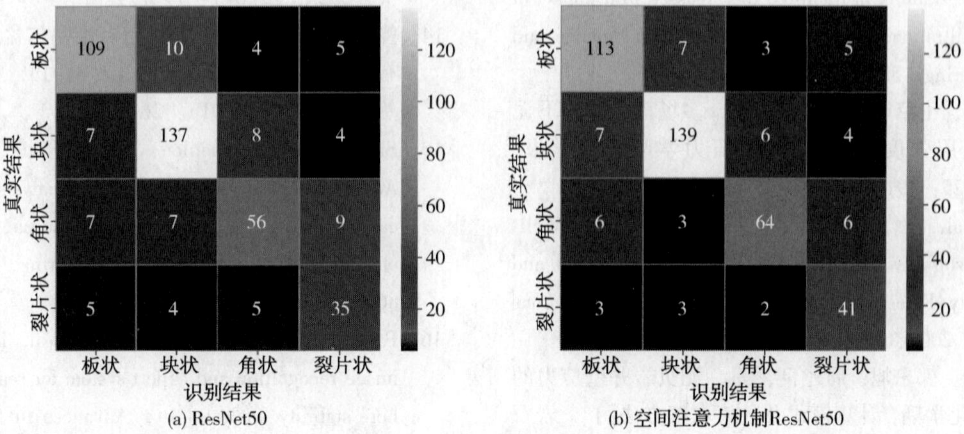

(a) ResNet50　　(b) 空间注意力机制ResNet50

图 5　掉块识别结果

3.2　现场应用

对正在钻的一口井，根据井下返回的掉块进行分析。对于垮塌井段识别出块状掉块 19 个、板状掉块 7 个、角状掉块 2 个、裂片状掉块 1 个。因此该处主要的掉块类型为块状掉块，同时伴有少量板状掉块。因此，此处主要是因为钻井液侵入天然裂缝引起的井壁失稳，同时也有少量的弱面发生滑移导致失稳。根据本研究分析结果，建议现场把封堵剂含量由 13%提高到 15%，增加凝胶微球等纳微米封堵剂提高钻井液封堵性，在安全密度窗口范围内，提高钻井液密度；另外把顶驱转速由 80rpm 降低至 40～50rpm，尽可能减少钻具对井壁扰动。从而降低井壁失稳程度。现场应用反馈，依据本方法进行调控后，垮塌井段相邻的下一井段井壁失稳程度明显降低。

表 2　掉块识别结果及井壁失稳机理

掉块类型	块状	板状	角状	裂片状
掉块数量	19	7	2	1
主要掉块类型	块状掉块和少量板状掉块			
失稳机理	钻井液侵入天然裂缝引起井壁失稳及一些弱面发生滑移失效			

4　结论

（1）Canny 可以有效检测掉块的边缘，尽管少量的图像投影会导致边缘检测的精度有所降低，但整体影响较小。

（2）将注意力机制引入到 ResNet50 中，可以增强模型对掉块边缘特征的提取，从而提高模型的整体识别准确度。

（3）改进后的模型对板状和块状识别结果的影响不大，但可以大幅提升角状和裂片状掉块的识别准确度。

参考文献

[1] 金衍，陈勉，吴超．探井二开以下地层井壁稳定性

钻前预测方法[J]. 石油勘探与开发，2008，35(06)：742-745.

[2] 吴超，陈勉，金衍. 基于地震属性技术的井壁稳定随钻预测新方法[J]. 中国石油大学学报（自然科学版），2007，31(6)：141-146.

[3] Cheatham，J. B. Wellbore stability[J]. J PetTechnol，1984，36 (06)：889-896.

[4] Aadnoy，B. S. Modeling of the stability of highly inclined boreholes in anisotropic rock formations[C]. Paper SPE 16526 presented AIME conference，Aberdeen，UK，Sep，1987.

[5] Chen，X.，Tan，C. P.，Detournay，C. A study on wellbore stability in fractured rock masses with impact of mud infiltration[J]. Journal of Petroleum Science and Engineering，38：145-154.

[6] 程远方，王京印，赵益忠，等. 多场耦合作用下泥页岩地层强度分析[J]. 岩石力学与工程学报，2006，25：1912-1912.

[7] AI-Bazali，T.，Zhang，J.，Wolfe，C.，et al. Wellbore Instability of Directional Wells in Laminated and Naturally Fractured Shales[J]. Journal of Porous Media，2009，12 (02)：119-130.

[8] 邓金根，郭东旭，周建良，等. 泥页岩井壁应力的力学-化学耦合计算模式及数值求解方法[J]. 岩石力学与工程学报，2003，22：2250-2253.

[9] 黄贤斌，张学皓，袁侦航，等. 复杂泥页岩地层井壁稳定钻井液材料研究现状[J]. 新疆石油天然气，2024，20(03)：46-53.

[10] Wen，H.，Chen，M.，Jin，Y.，et al. A chemo-mechanical coupling model of deviated borehole stability in hard brittle shale[J]. Petroleum Exploration and Development，41 (6)，817-823.

[11] 胜亚楠，管志川，罗鸣，等. 基于蒙特卡洛法的井壁稳定可靠度随机变量敏感性分析[J]. 石油钻采工艺，2018，40(01)：14-19.

[12] 邱艺，马天寿，陈颖杰，等. 泥质粉砂储层欠平衡水平井井壁稳定性演化规律[J]. 中南大学学报（自然科学版），2023，54(03)：967-983.

[13] 宋先知，郭勇，向冬梅，等. 呼图壁背斜水基钻井液井壁失稳机理多场耦合分析[J]. 新疆石油天然气，2023，19(04)：1-9.

[14] 鲁铁梅，叶成，鲁雪梅，等. 准噶尔盆地南缘高温有机质储层井壁失稳机理及对策[J]. 新疆石油天然气，2022，18(01)：26-31.

[15] Skea，C.，Rezagholilou，A.，Far，P. B.，et al. An approach for wellbore failure analysis using rock cavings and image processing[J]. Journal of Rock Mechanics and Geotechnical Engineering，2018，10：865-878.

[16] Fan，Y.，Pang，H.，Lu，Y.，et al. Integration of image recognition and expert system for real-time wellbore stability analysis[J]. Advances in Geo-Energy Research，2025，15(2)：158-171.

[17] 夏文鹤，唐印东，李皋，等. 基于岩屑录井图像的井壁稳定性智能预测方法[J]. 天然气工业，2023，43(12)：71-83.

深部裂缝性地层安全密度窗口计算方法研究

阮 彪[1] 徐新纽[1] 陈松平[1] 雷 声[1] 刘莪和[1] 丁 乙[2]

(1. 中国石油新疆油田公司；2. 西南石油大学)

摘 要 我深层钻井过程中，常钻遇裂缝性地层，一直以来是钻井高风险地层。由于裂缝面作为典型的弱结构面，钻井过程中易出现垮塌、漏失等井下复杂情况。因此，为了实现裂缝性地层高效钻井，必须建立考虑裂缝特征的安全密度窗口预测技术，从而选取合理钻井液密度。鉴于此，本文以新疆准噶尔盆地盆1井西凹陷石炭系裂缝性火成岩地层为研究对象，在厘清该地层天然裂缝发育特征的基础上，结合剪切滑移、张性起裂、裂缝扩展三类破坏形式，并考虑封堵效果的影响，建立了一种新的地层安全密度窗口预测方法，研究显示：随着裂缝面数量增大，地层的垮塌与漏失逐渐受控于裂缝特征。当钻井液封堵效果较差时，裂缝尖端应力集中效果越显著，越易诱发起裂，缩小安全密度窗口；在此基础上，开展了安全密度窗口的影响因素分析，确定了其主控影响因素：裂缝性质(数量、产状)与应力差是主导，封堵效果是关键、其次为岩石强度与应力大小。在此基础上，开展了目标地层安全钻井稳定性评估。研究成果有利于裂缝性地层钻井液密度选取，对深部裂缝性地层高效钻井提供了理论支撑。

关键词 裂缝性地层；火成岩；安全密度窗口；封堵效果；裂缝性质

井壁稳定是石油天然气勘探和开发中所面临的重要难题，可能导致巨大的经济损失和安全隐患。井壁稳定受多种因素的影响，包括岩性、地质力学特征、钻井液与地层的相互作用、地层结构面的发育以及钻井过程中的热效应和化学效应。其中，安全密度窗口的计算是控制井壁稳定的关键。只有明确了安全密度窗口分布范围，设定合理钻井液密度，从而保证井壁不垮塌、不漏失。然而，在裂缝性地层，由于裂缝属于典型弱结构面，造成地层非均质性显著，安全密度窗口确定困难。因此，一直以来，裂缝性地层都是井壁易失稳地层，存在垮塌、漏失等井下复杂频发的问题。鉴于此，重点学者开展了针对性的研究工作。

Buntoro 等人基于测井数据建立的安全泥浆密度窗口的预测方法，该方法认为裂缝梯度极限低于最小水平地应力，破裂压力梯度高于最大水平地应力；Chen 等人针对海上枯竭油藏的大位移钻井提出了安全密度窗口的计算方法，明确了压力衰减对安全密度窗口的影响规律。Eladj 使用三维地质力学模型确定裂缝地层的安全泥浆密度窗口，进而估算了工区井的最佳安全密度窗口，指导了井眼轨迹设计。Kai 等人建立了考虑储层衰竭对储层和盖层应力、强度的影响，并将这些因素纳入安全泥浆密度的预测中。此外，多位学者基于实验、工程资料构建了不同条件下的安全密度窗口计算模型，然而，现有模型均假设地层均质、各向同性，对裂缝性地层的安全密度窗口评价适用性较差。

鉴于此，本文聚集裂缝性地层井壁稳定性，综合剪切破坏、张性破裂、裂缝扩展以及裂缝内封堵层的影响，构建了一种新的裂缝性地层安全密度窗口预测方法。研究成果对裂缝性地层安全高效钻井具有重要意义。

1 目标地层地质特征

本文以新疆准噶尔盆地盆1井西凹陷石炭系裂缝性火成岩地层为研究对象，其裂缝特征如图1所示。该地层石炭系天然裂缝发育，开启缝、闭合缝均有发育。裂缝以中高角度为主。裂缝走向以近垂直最大主应力方向为主，走向约为230°。基于前期地质力学认识，该层段地层压力分布在 1.75~1.96g/cm^3，地应力以正断型为主，水平最小和最大地应力：2.10 ~ 2.15g/cm^3、2.25~2.39g/cm^3。

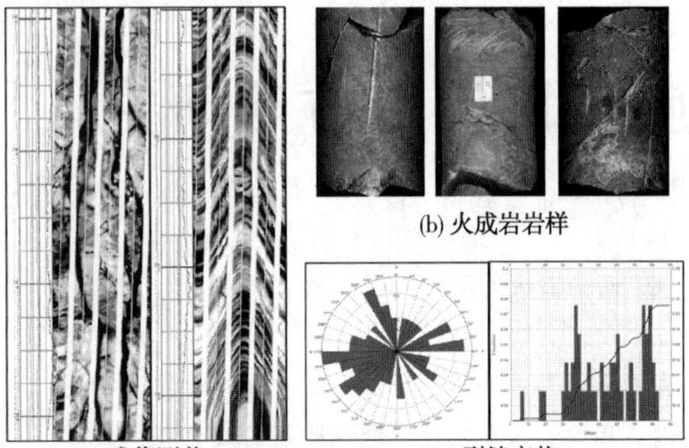
(a) 成像测井　(b) 火成岩岩样　(c) 裂缝产状

图 1　目标地层火成岩裂缝特征

2　安全密度窗口构建方法

2.1　井壁应力分布

井周应力状态是井壁稳定性力学分析的基础。基于三向地应力分布，假定地层为线弹性介质，通过井眼坐标转换，获取任意井眼轨迹下的井壁应力分布，如下所示：

$$\begin{cases}\sigma_{r}=p_{w}\\ \sigma_{\theta}=\sigma_{xx}+\sigma_{yy}-2(\sigma_{xx}-\sigma_{yy})\cos 2\psi-4\sigma_{xy}\sin 2\psi\\ \sigma_{z}=\sigma_{zz}-2v[(\sigma_{xx}-\sigma_{yy})\cos 2\psi+2\sigma_{xy}\sin 2\psi]\\ \sigma_{\theta z}=2(\sigma_{yz}\cos\psi-\sigma_{xz}\sin\psi)\\ \sigma_{r\theta}=\sigma_{rz}=0\end{cases}\tag{1}$$

式(1)中：σ_r、σ_θ、σ_z 分别为柱坐标系下径向、周向和轴向正应力，MPa；$\sigma_{\theta z}$、$\sigma_{r\theta}$、σ_{rz} 分布为柱坐标下 θ_z、$r\theta$、rz 平面切应力，MPa；σ_{xx}、σ_{yy}、σ_{zz} 分别为直角坐标下 X、Y、Z 轴方向上地应力分量，MPa；σ_{xy}、σ_{xz}、σ_{yz} 分别为直角坐标系下 XY、XZ、YZ 平面上地应力分量，MPa；ψ 为井周角，°；v 为泊松比；p_w 为液柱压力，MPa。

根据井周应力分布，可求得井壁主应力如下所示：

$$\begin{cases}\sigma_{i}=p_{w}\\ \sigma_{j}=\dfrac{\sigma_{z}-\sigma_{\theta}}{2}+\sqrt{\left(\dfrac{\sigma_{\theta}-\sigma_{z}}{2}\right)^{2}+\sigma_{\theta z}^{2}}\\ \sigma_{k}=\dfrac{\sigma_{z}-\sigma_{\theta}}{2}-\sqrt{\left(\dfrac{\sigma_{\theta}-\sigma_{z}}{2}\right)^{2}+\sigma_{\theta z}^{2}}\end{cases}\tag{2}$$

式(2)中：σ_i、σ_j、σ_k 井壁处三向主应力，MPa。通过对比三向主应力大小，进而确定井壁位置处最大、中间、最小主应力（σ_1、σ_2、σ_3）。

2.2　破坏模式

2.2.1　张性破裂

根据张性破坏理论，可能存在沿基体、沿天然裂缝面的张性破坏。根据前期试验测试结果，利用最大张应力准则，先得到沿基体的破坏判断：

$$\sigma_3-\delta p_p=S_{tm}\tag{3}$$

上式中，S_{tm} 为基体抗张强度，MPa；δ 为 biot 系数。

针对沿裂缝面张性破裂，需要明确裂缝面应力分布特征。基于裂缝面与井筒空间关系，裂缝面的法线的方向矢量为：

$$\begin{cases}n_1=a_1I+a_2J+a_3K\\ a_1=-\sin(Dp)\cos(Az)\\ a_2=\sin(Dp)\sin(Az)\\ a_3=\cos(Dp)\end{cases}\tag{4}$$

上式中：n_1 为结构面的法向矢量；Dp 是结构面的倾角，°；Az 是结构面的走向，°。

井壁位置最大主应力与垂向夹角为：

$$\gamma=\frac{1}{2}\arctan\left(\frac{2\sigma_{\theta z}}{\sigma_{\theta}-\sigma_{z}}\right)\tag{5}$$

针对井壁上任意点，最大主应力方向矢量 $n_2(\sigma_1)$ 在坐标系中可表示为：

$$\begin{cases}n_2(\sigma_1)=ib_1+jb_2+kb_3\\ b_1=\cos(\alpha)\cos(\beta)\sin(\theta)-\sin(\alpha)\cos(\theta)+\cos(\alpha)\sin(\beta)\cos(\gamma)\\ b_2=\sin(\alpha)\cos(\beta)\sin(\theta)+\cos(\alpha)\cos(\theta)+\sin(\alpha)\sin(\beta)\cos(\gamma)\\ b_3=-\sin(\beta)\sin(\theta)+\cos(\beta)\cos(\gamma)\end{cases}\tag{6}$$

式中：α，β 分别井斜角与方位角，°。θ 为井周角，°。

基于同样空间转换原理，可以得到中间主应力（σ_2）和最小主应力（σ_3）的方向矢量分布。在此基础上，天然裂缝的法向方向与三主应力夹角分别为：

$$\cos\beta_i=\frac{n_1\cdot n_2(\sigma_i)}{|n_1|\cdot|n_2(\sigma_i)|}\quad i=1,\ 2,\ 3 \tag{7}$$

式子中：β_i 为天然裂缝面的法向与 σ_1，σ_2，σ_3 夹角，°。

当裂缝内流体压力超过裂缝面正应力，裂缝面产生张性破裂。根据上述应力方向分布，可以计算得到正应力，进而获得沿裂缝面张性破坏的漏失压力：

$$\begin{cases}p_{\mathrm{lf}}=\sigma_{\mathrm{n}}-\delta p_{\mathrm{f}}\\ \sigma_{\mathrm{n}}=\sigma_1\cos^2\beta_1+\sigma_2\cos^2\beta_2+\sigma_3\cos^2\beta_3\end{cases} \tag{8}$$

上式中，σ_{n} 为裂缝面正应力，MPa；p_{lf} 为沿裂缝面张性破裂的漏失压力，MPa；p_{f} 为裂缝面内部流体压力，MPa。

2.2.2 裂缝扩展

随裂缝面内部流体压力增大，除了沿裂缝面的张性破坏，还存在沿裂缝面的扩展漏失。裂缝扩展特征与岩石断裂韧性密切相关。其中，裂缝面切向应力 τ_{a} 为：

$$\tau_{\mathrm{a}}=-\frac{\sigma_1-\sigma_3}{2}\sin2\theta_{\mathrm{k}} \tag{9}$$

在此基础上，基于近似断裂韧性准则，建立单裂缝的判断准则如下所示：

$$P_1=\frac{\sigma_1+\sigma_3}{2}-\frac{\sigma_1-\sigma_3}{2}\cos2\theta_{\mathrm{k}}+\left|\frac{\sigma_1-\sigma_3}{2}\sin2\theta_{\mathrm{k}}\right|+\frac{K_{\mathrm{IC}}(\theta_{\mathrm{b}})}{\sqrt{\pi l_{\mathrm{a}}}} \tag{10}$$

上式中，θ_{k} 为裂缝面与主应力夹角，°。θ_{b} 为裂缝面与主应力角度，°。l_{a} 为裂缝半长，m。$K_{\mathrm{IC}}(\theta_{\mathrm{b}})$ 为不同裂缝角度下的断裂韧性，MPa。其中，断裂韧性数值由前期试验获取。

2.2.3 剪切破坏

依据摩尔库伦准则，考虑裂缝性地层剪切滑移破坏存在两种：沿基体剪切破坏与沿裂缝面剪切破坏。当岩体发生基体破坏时，反映的是岩石本体强度，该强度为：

$$\sigma_1-\sigma_3=\frac{2(Co+\sigma_3\tan\varphi_0)}{(1-\tan\varphi_0\cot\zeta_0)\sin2\zeta_0} \tag{11}$$

其中 $\zeta_0=\frac{\pi}{4}+\frac{\varphi_0}{2}$，$\zeta_0$ 为破坏面与 σ_1 的夹角，C_{o}、φ_0 为基体内聚力和内摩擦角。

当岩体沿着裂缝面破坏时，体现的是岩石裂缝面的强度，该强度为：

$$\sigma_1-\sigma_3=\frac{2(Cw+\sigma_3\tan\varphi_{\mathrm{w}})}{(1-\tan\varphi_{\mathrm{w}}\cot\zeta)\sin2\zeta} \tag{12}$$

其中 ζ 为最大主应力 σ_1 与弱面法向的夹角，C_{w}、φ_{w} 为裂缝面内聚力和内摩擦角。

2.3 裂缝数量与封堵性能影响

针对裂缝性火成岩地层，可能多条裂缝与井筒相交，在此条件下，进行地层岩石破坏模式判断时，需要对不同裂缝(具有不同倾角、走向)的裂缝通过 2.2 中的判断方法，进行计算分析。此外，在钻遇裂缝性地层时，通常钻井液必然配备封堵材料，在裂缝内部形成封堵层，如图 2a 所示。在此基础上，通过有限元方法，确定了不同封堵效果对裂缝尖端应力的影响规律，如图 2b 所示。可以发现：封堵效果越差，裂缝尖端应力集中效果越显著，越易诱发扩展，进而导致井壁稳定性弱化。

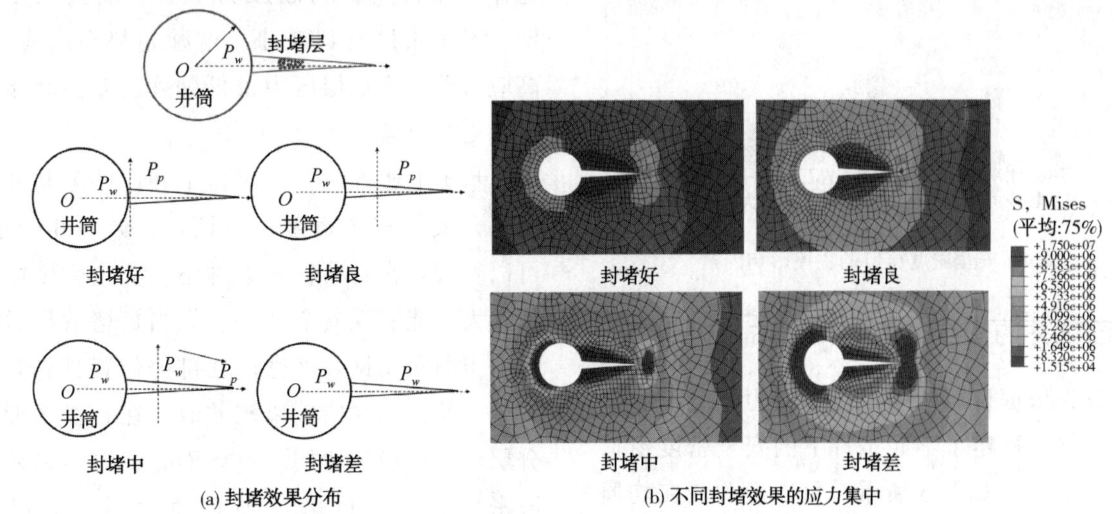

(a) 封堵效果分布 (b) 不同封堵效果的应力集中

图 2 不同封堵效果下的裂缝尖端应力

2.4　安全密度窗口确定

基于上述多类漏失形式，可以得到对应的临界失稳压力，包括：沿裂缝面剪切滑移的坍塌压力 P_{ws}、沿裂缝面张性起裂的漏失压力 P_{fs}、沿裂缝面扩展的漏失压力 P_{lf}、沿基体张性起裂的破裂压力 P_f、沿基体剪切滑移的坍塌压力 P_w，通过选取坍塌压力极大值与漏失、破裂压力的极小值，从而确定安全密度窗口：

$$\begin{cases} P_t = \min(P_{fs},\ P_{lf},\ P_f) \\ P_b = \max(P_{ws},\ P_w) \end{cases} \tag{13}$$

式中，P_t、P_b 分别为安全密度窗口的上限和下限，g/cm^3。

3　安全密度窗口的主控因素分析

基于上述安全密度窗口的计算方法，开展裂缝性火成岩地层安全密度窗口的影响因素分析，以安全密度窗口的变化幅度为对比量，如图 3 所示。可以发现：随裂缝数量、地层压力、水平应力差、水平应力的增大，安全密度窗口变窄；随水平应力差降低、岩石强度增大、封堵效果增强，安全密度窗口扩宽。在此基础上，基于不同影响因素对安全密度窗口的影响幅度，确定安全密度窗口的主控影响因素，如图 4 所示。可以发现：裂缝性质(数量、倾角)与应力差是主导，封堵效果是关键、其次为岩石强度与应力大小。

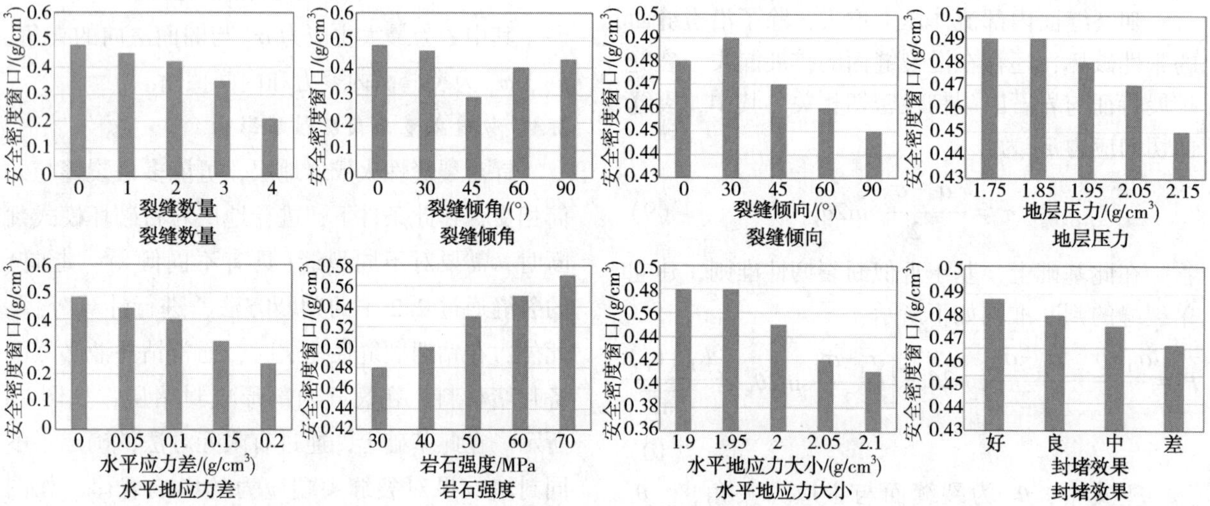

图 3　安全密度窗口的因素分析

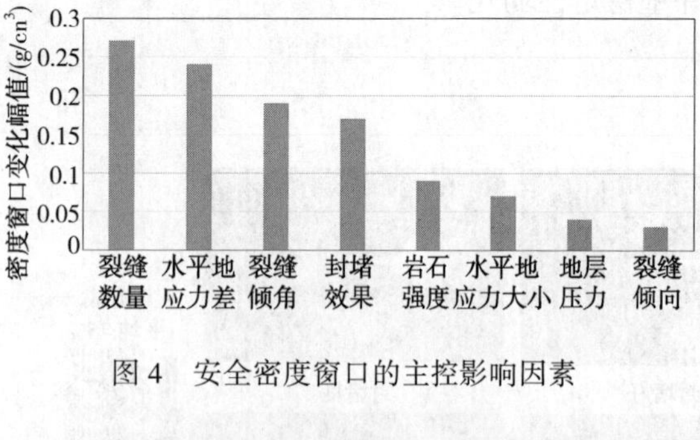

图 4　安全密度窗口的主控影响因素

4　已钻井的安全密度窗口评估

首先依据目标地层平均地质力学特征，以直井为例，确定了不同条件下的安全密度窗口上限与下限，如图 5 所示。可以发现：在均质条件下，地层坍塌压力较小、漏失压力较大，安全密度窗口最大，最有利于安全钻井。当裂缝存在条件下，坍塌压力上升、漏失压力降低，安全密度窗口减小。这种趋势在高应力、高应力差、高地层压力及低强度、差封堵条件下，更为显著。

基于上述方法，针对盆 1 井西凹陷某井石炭系开展了安全密度窗口评价，如图 6 所示。可以发现：在封堵较好条件下，安全密度窗口足够大，能实现安全钻井。但当封堵效果适中时，当前实用钻井液密度在部分位置具有井壁失稳风险；当封堵效果较差时，在石炭系大部分层段难以稳定地层。整体而言，以当前钻井液密度设计，封堵效果必须达到中等以上水平。

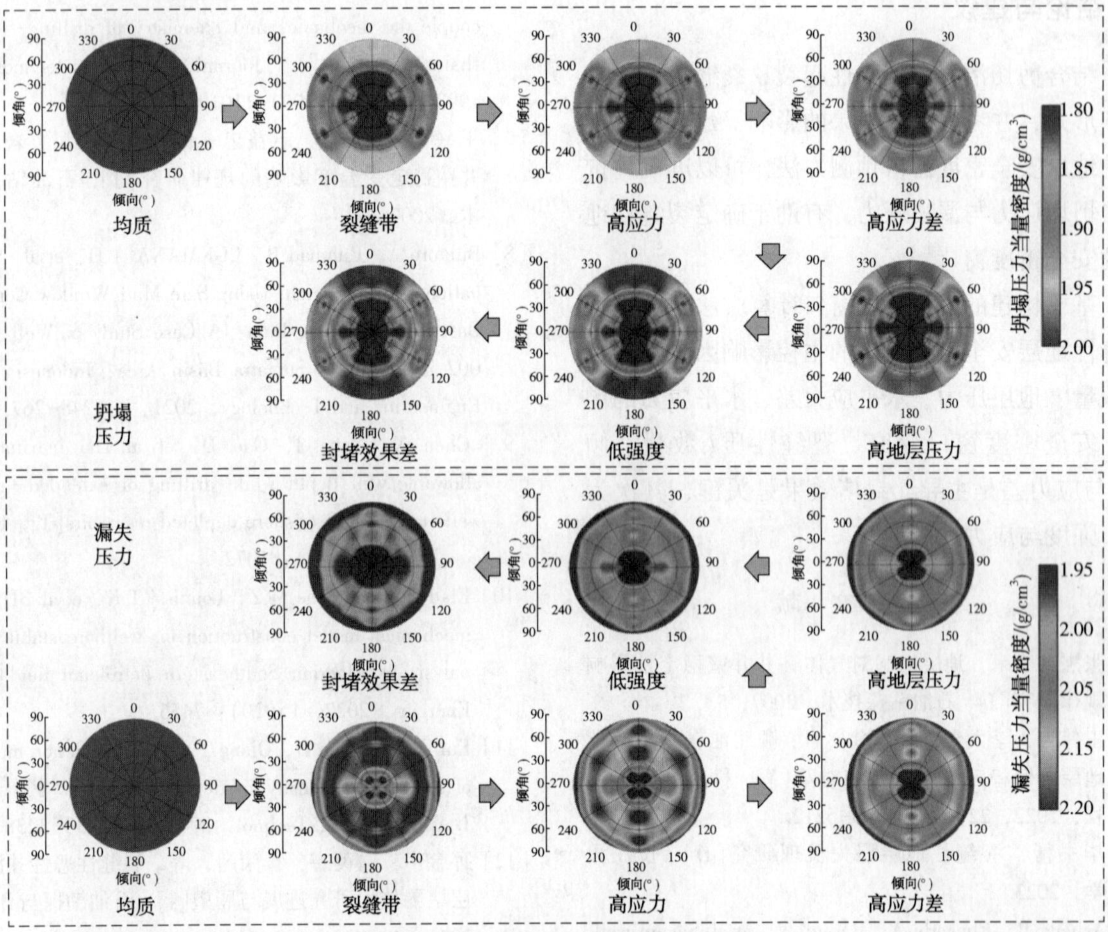

图 5　安全密度窗口的上下限分布

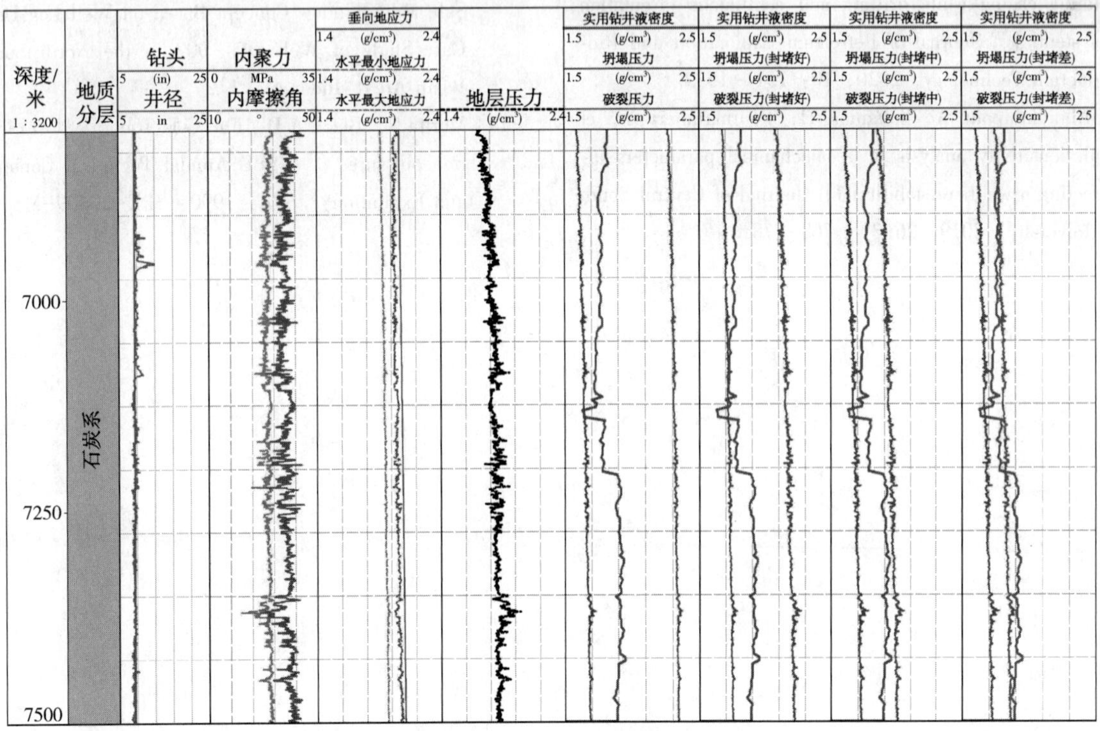

图 6　目标地层的安全密度窗口的分布

5　结论与建议

结合剪切滑移、裂张性起裂、裂缝扩展三类破坏形式，并考虑封堵效果的影响，建立了一种新的地层安全密度窗口预测方法，可以准确评价地层坍塌压力与漏失压力，有助于确定裂缝性地层的安全密度窗口。

基于构建的安全密度窗口计算方法，分析了裂缝性地层安全密度窗口的主控影响因素。随裂缝数量、地层压力、水平应力差、水平应力的增大，安全密度窗口变窄。裂缝性质(数量、倾角)与应力差是主导，封堵效果是关键、其次为岩石强度与应力大小。

参 考 文 献

[1] 张杰，李皋．地层出气对气体钻井井壁稳定性影响规律研究[J]. 石油钻探技术，2007，5.

[2] 王伟吉，李大奇，金军斌，等．顺北油气田破碎性地层井壁稳定技术难题与对策[J]. 科学技术与工程，2022，22(13)：5205-5212.

[3] 毕书博．裂缝性地层漏失机理研究[D]. 长江大学，2023.

[4] Ashena R，Elmgerbi A，Rasouli V，et al. Severe wellbore instability in a complex lithology formation necessitating casing while drilling and continuous circulation system[J]. Journal of Petroleum Exploration and Production Technology，2020，10：1511-1532.

[5] Abdollahipour A，Soltanian H，Pourmazaheri Y，et al. Sensitivity analysis of geomechanical parameters affecting a wellbore stability[J]. Journal of Central South University，2019，26(3)：768-778.

[6] Mody F K，Hale A H. Borehole－stability model to couple the mechanics and chemistry of drilling－fluid/shale interactions[J]. Journal of petroleum technology，1993，45(11)：1093-1101.

[7] 王兴隆，程远方，赵益忠．钻井作业中泥页岩地层井壁稳定受温度影响的规律研究[J]. 石油钻探技术，2007，2.

[8] Buntoro A，Rahmad B，LUKMANA A H，et al. Evaluation of Mud Weight Using Safe Mud Window Concept Based on Well Log Data：A Case Study of Well OP－002 in the North Sumatra Basin Area，Indonesia[J]. Engineering and Technology，2021，1：248-267.

[9] Chen X，Yang J，Gao D，et al. The maximum－allowable well depth while drilling of extended－reach wells targeting to offshore depleted reservoirs[J]. Energies，2018，11(5)：1072.

[10] Eladj S，Doghmane M Z，Lounissi T K，et al. 3D geomechanical model construction for wellbore stability analysis in Algerian Southeastern petroleum field[J]. Energies，2022，15(20)：7455.

[11] Kai Z，Jin-Gen D，Qiang T，et al. Prediction method of safety mud density in depleted oilfields[J]. Res. J. Appl. Sci. Eng. Technol，2013，5：3230-3238.

[12] 孙金声，白英睿，程荣超，等．裂缝性恶性井漏地层堵漏技术研究进展与展望[J]. 石油勘探与开发，2021，48(03)：630-638.

[13] Rahmad B. Similirity－Evaluation of Mud Weight Using Safe Mud Window Concept Based on Well Log Data A Case Study of Well OP－002 in the North Sumatra Basin Area，Indonesia[J].

[14] Morita N，Black A D，Fuh G F. Theory of lost circulation pressure[C]//SPE Annual Technical Conference and Exhibition?. SPE，1990：SPE-20409-MS.

一种中东碳酸盐岩储层物性下限确定新方法

顾保祥　刘育舍　王士新　刘毅龙

（中国海洋石油集团国际有限公司）

摘　要　针对碳酸盐岩储层强非均质性导致物性下限难以准确确定的难题，本文提出一种“电成像高分辨率表征-静态下限建模-动态产能验证”的多尺度孔隙度下限确定方法。通过 UHRI 电成像测井毫米级分辨率识别孔隙-裂缝-孔洞三维 空间分布，结合压汞毛管压力法、束缚水饱和度法及累积频率法建立静态下限，最终通过油藏动态生产数据验证下限值有效性。以中东 A 油田为例，确定 研究区孔隙型储层孔隙度下限值为 Φ≥7%。该方法为裂缝-孔隙型碳酸盐岩储 层的高效评价提供了新思路。

关键词　碳酸盐岩储层；UHRI；电成像；孔隙度下限；毛管压力法；裂缝-孔隙型储层

1　引言

1.1　研究背景

碳酸盐岩储层占全球油气储量的 50%以上，其孔隙结构以孔隙、裂缝、孔洞 共存为特征，强非均质性导致传统物性下限确定方法（如声波-密度交会法）误 差较大。UHRI 电成像测井凭借毫米级分辨率（0.2～0.5cm）、较高井眼覆盖及 高矿化度泥浆适应性等优势，对复杂环境有较好的适应性，例如支持在高矿化度泥浆中作业，具有井壁贴附技术，采用液压推靠+柔性翼板设计，成像测井质 量较好，为复杂储层精细表征提供了技术支撑。

研究工区高产段孔隙度的解释结果大部分达不到 9%的下限值；目前的孔隙度下限值与产能不匹配；例如研究工区的中东 A 油田有高产水平油井 14 口，产能和物性下限值不匹配，而且中东 A 油田已相继获得 7 口高产油井，平均初期产能超 3000 桶/天。

1.2　研究目标

通过高精度电成像 UHRI 建立电成像表征-下限确定-动态产能验证的全流程 方法，解决储层物性下限值与生产动态不匹配问题，提高解释精度。

（1）借助 UHRI 的数据采集、处理，采用多尺度孔隙度下限方法建立适用于研究工 区，储层物性下限。

（2）通过高分辨率成像定性识别与定量建模的结合，为类似储层评价提供了一套 适用于碳酸盐岩的基于 UHRI 的下限值确定新方法。

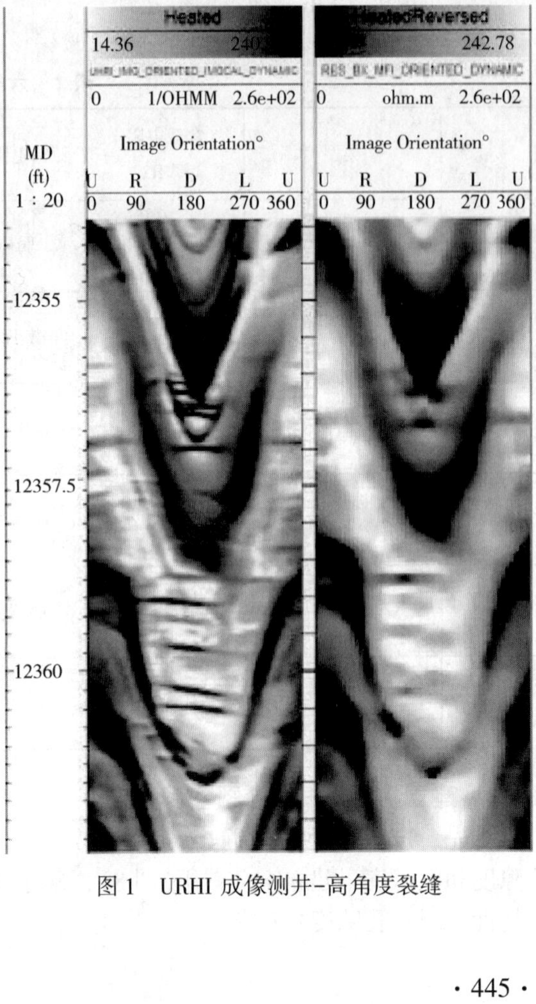

图 1　URHI 成像测井-高角度裂缝

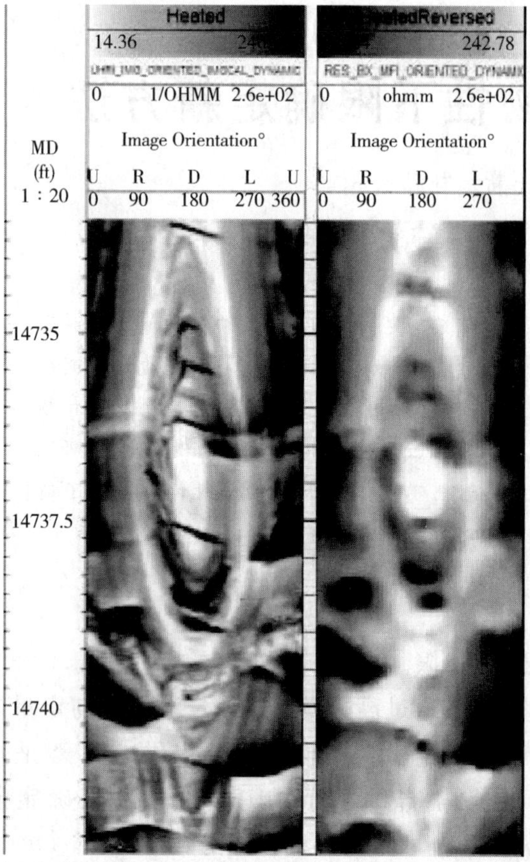

图 2　URHI 成像测井图-孔洞

2　研究方法

2.1　电成像与侵入电阻率结合

基于电阻率成像测井，结合钻杆传输电阻率曲线构建侵入电阻率测井，确定不同地质现象的典型测井响应特征。常规电阻率 R2，随钻电阻率 R1，通过时间推移测井(不同时间测井电阻率 R2 与 R1 运算叠加)，UHRI 成像特征，确定碳酸盐岩 6 类地质特征，以此为基础确定研究区块的储层物性下限。

2.1.1　数据预处理

(1) 环境校正：基于井径、泥浆电阻率数据，采用分段多项式拟合消除井眼扩径、泥浆侵入对电阻率的影响；

(2) 图像增强：针对 UHRI 仪器，引入 ESPCN (Enhanced Super-Resolution CNN) 卷积神经网络，原始 0.5cm 分辨率图像重建至 0.2cm，微裂缝识别精度提高 30%。

2.1.2　储集空间划分及特征

建立“常规电阻率-随钻电阻率-成像特征”三元分类标准(表 1)，实现孔隙、裂缝、致密层等的精准识别。

表 1　六类地质类型及特征

序号	类型	常规电阻率 R2	随钻电阻率 R1	泥浆漏失	侵入电阻率测井	成像特征
1	微-片裂缝(图 3)	\	弱齿化	泥浆漏失	\	部分线段状低阻缝
2	普通裂缝(图 4)	无/微小左凹	微小左凹	泥浆漏失	微弱高侵	
3	大裂缝(图 5)	刺刀状尖峰	刺刀状尖峰	泥浆漏失	高侵	正弦曲线状低阻缝
4	断裂带(图 5)	大幅左凹	大幅左凹	泥浆漏失	双左凹	混杂块状低阻缝
5	孔隙(图 6)	孔隙度偏大	曲线光滑	未漏失	低侵	斑点状低阻区
6	致密层(图 7)	电阻率高值		未漏失	假低侵	明亮背景

2.1.3　建立物性下限交会图

首先，选取典型大裂缝(有效储层)，提取孔隙度和电阻率，建立交会图版(图 8)，确定储层物性下限：孔隙度≥7%。

其次，排除掉裂缝段，对无裂缝发育的孔隙型储层电阻率有明显侵入的层段建立交会图版(图 9)，其孔隙度的下限值≥7%。

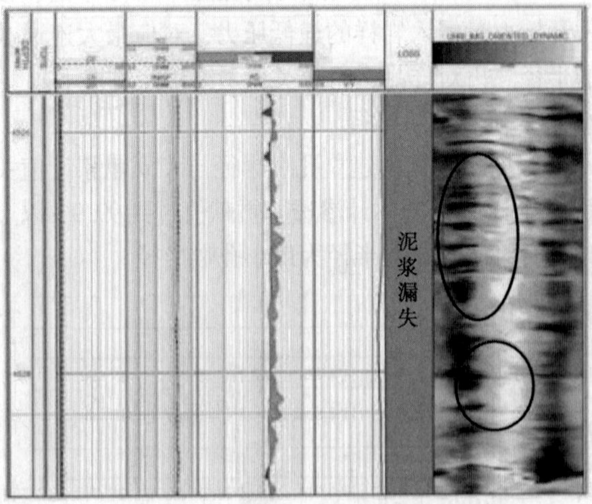

图 3　微-片裂缝储层

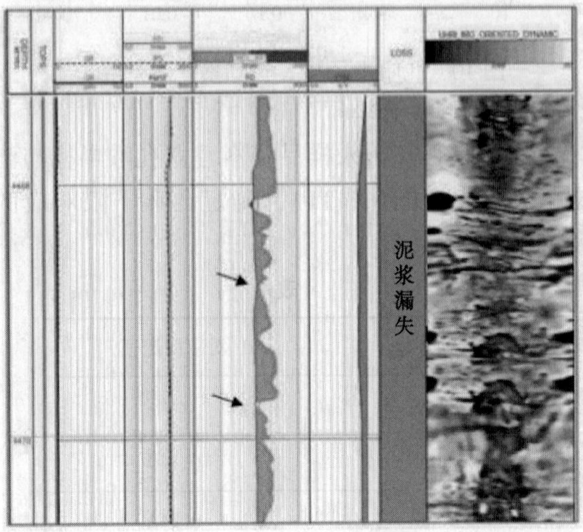

图 4　普通裂缝储层

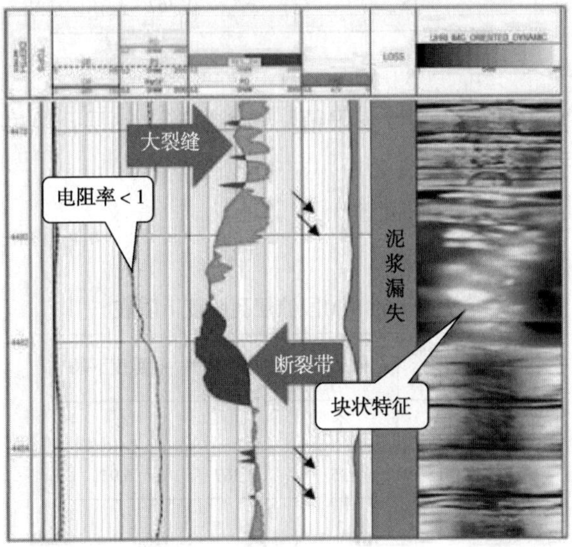

图 5　大裂缝储层与断裂带

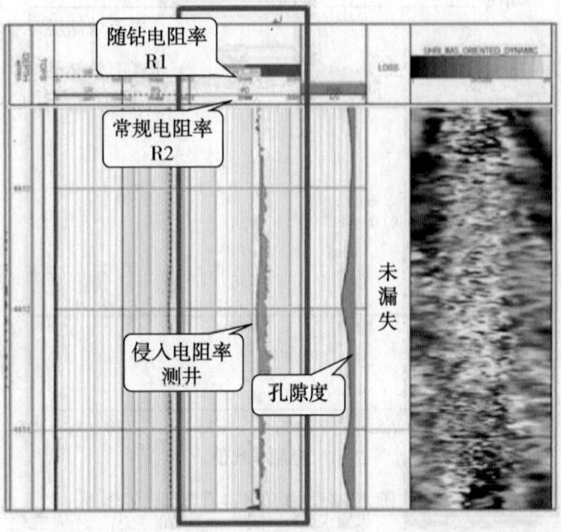

图 6　孔隙型储层

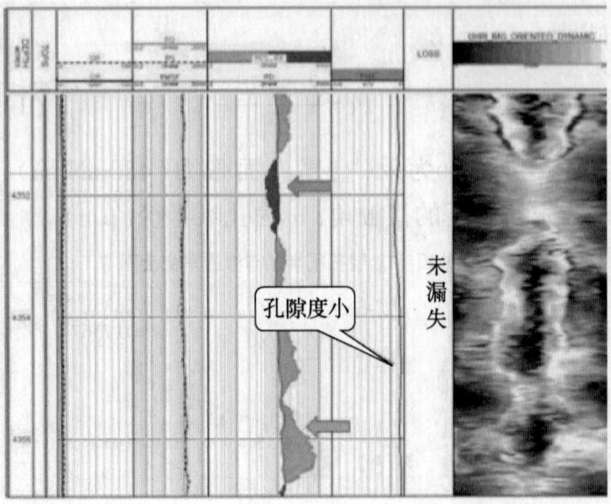

图 7　致密层

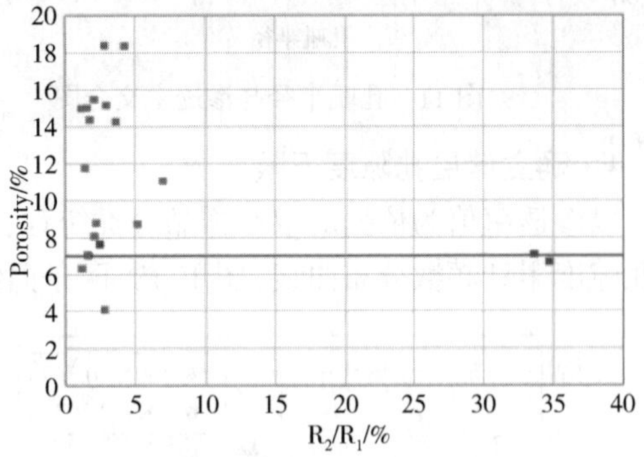

图 8　裂缝型储层下限值交会图

2.2　静态下限建模——吼道半径法

2.2.1　原理及方法

利用压汞资料求出储层中允许液体流动的最小孔喉半径，找到孔喉半径对应的渗透率值，对样品进行分类，最终确定物性下限。

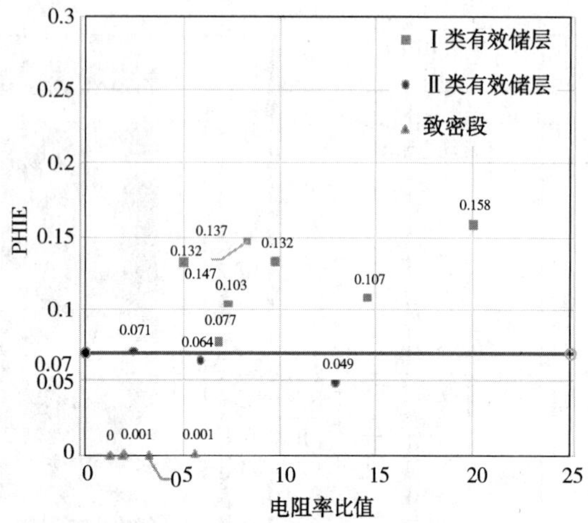

图 9　孔隙型储层电阻率-孔隙度交会图

基于压汞实验，建立毛管压力-汞饱和度（Pc-SHg）关系曲线，找到最小孔喉半径，公式为：

$$Pc=\frac{2\sigma\cos\theta}{r} \tag{1}$$

式中，σ 为汞-空气界面张力（480mN/m）；θ 为汞对岩石的接触角；r 为孔喉半径（μm）。

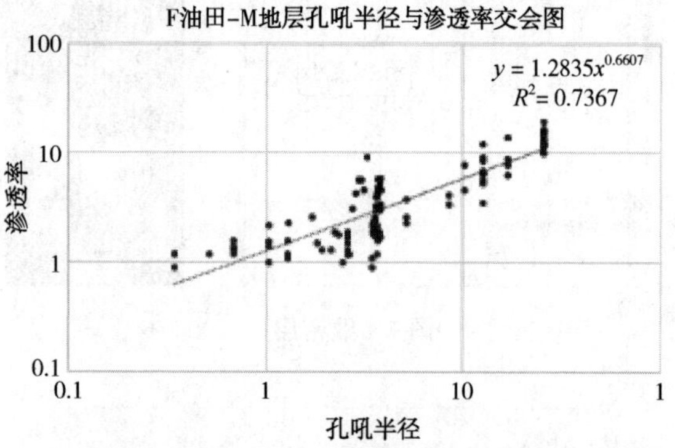

图 11　孔吼半径与渗透率交会图

2.2.4　确立储层孔隙度下限

以渗透率值为依据对取心样品分类统计，建立孔隙度累计频数分布曲线（图 12），两条曲线

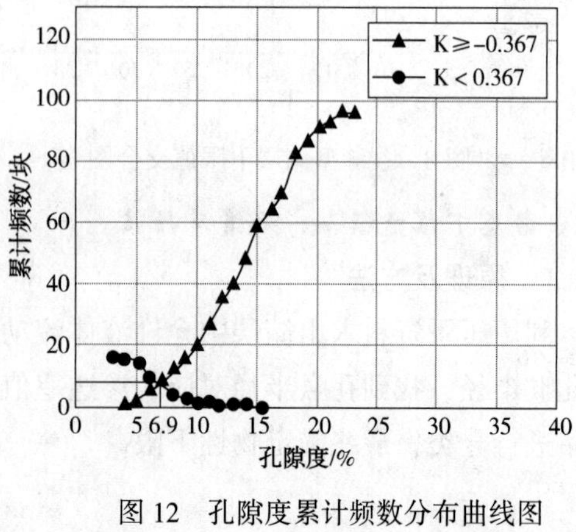

图 12　孔隙度累计频数分布曲线图

通过公式（1）可反演得到孔隙半径分布谱，当汞开始大量侵入岩样的最低压力，对应最大连通孔喉半径。再对样品进行分类，最终确定物性下限。

2.2.2　确立孔吼半径

根据压汞资料建立孔喉半径与 K 贡献累计值关系图（图 10），当累计渗透率贡献值过到 99.9%以上时，所对应的孔喉半径为最小孔喉半径。

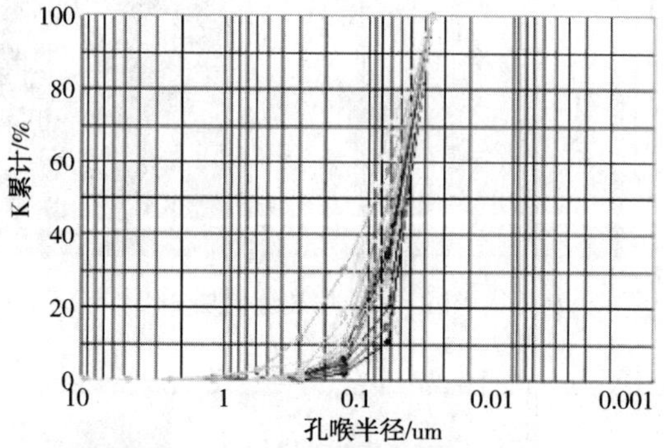

图 10　孔吼半径与 K 贡献累计值关系图

2.2.3　确定渗透率

利用取心井压汞样品资料建立孔喉半径与渗透率关系交会图（图 11），确定孔喉下限对应的渗透率值。

表 2

孔喉半径	对应渗透率
μm	md
0. 035	0. 140
0. 08	0. 242
0. 10	0. 280
0. 15	0. 367

交点即为孔隙度下限值。该方法确定油层孔隙度下限为 6. 9%。

表3　F油田M段储层孔隙度下限表

储层类型	孔喉半径下限	样品数	对应渗透率	孔隙度下限
	μm	个	md	%
产层	0.15	135	0.367	6.9

综上所述，电成像高分辨率表征与静态下限建模，确立研究工区孔隙度下限值为大于等于7%。

3　应用案例：中东F油田M段

3.1　工区概况

中东F油田M段主要为碳酸盐岩地层，地层斜深在4300米以上，岩石类型以生物礁灰岩，生屑颗粒灰岩为主，储集空间包括有原生孔隙、次生孔隙和特殊孔隙，储层发育具有“横向稳定、纵向非均质性强”的特征，是典型的孔隙型碳酸盐岩储层。

3.2　下限确定结果

（1）单井评价：A井M段为碳酸盐岩，以灰岩为主，埋深斜深4800米，UHRI成像显示，在孔隙型储层，Φ≥7%段对应有效储层段，生产日产油3000bbl；Φ<7%段为非储层段（图13）。

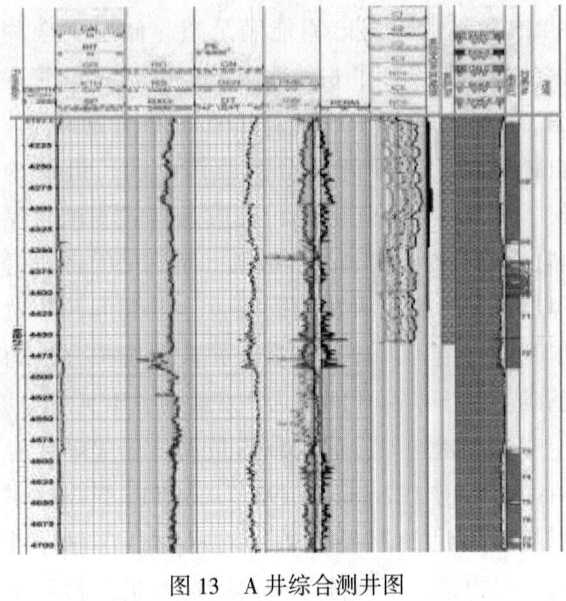

图13　A井综合测井图

（2）区域推广：67口井统计表明，新方法下限和产能吻合率较好，较传统方法（孔隙度-饱和度交会模型）储量误差降低。

4　结论

（1）建立的UHRI多尺度孔隙度下限方法适用于裂缝-孔隙型碳酸盐岩储层，在中东A油田M段确定下限为$\phi \geq 7\%$；

（2）本方法通过高分辨率成像定性识别与定量建模的结合，为中东类似储层评价提供了一套适用于碳酸盐岩的基于UHRI的下限值确定新方法；

（3）UHRI电成像测井在裂缝性碳酸盐岩储层中，可精确区分有效孔隙与无效孔隙，避免传统测井方法因分辨率不足导致的孔隙度高估或低估；UHRI电成像测井通过高分辨率成像、孔隙类型分离、非均质性适应及多参数融合，解决了传统方法在复杂储层中孔隙度下限值判识模糊的难题。

参考文献

[1] 刘东，等. DeepEIT：Deep Image Prior Enabled Electrical Impedance Tomography［J］. IEEE Transactions on Pattern Analysis and Machine Intelligence，2014，11(10)：91-94.

[2] 李瑞娟，等. 渤海Q29-2油田沙河街组有效性评价及物性下限值确定[J]. 中国海上油气，2016，28(6)：28-33.

[3] 李生，罗水亮，张连进，等. 2024，川中磨溪地区嘉二段碳酸盐岩储层物性下限值确定及控制因素分析[J]. 地球物理学进展，39(1)：0253-0265.

[4] 曹青，等. 鄂尔多斯盆地东部致密砂岩气成藏物性界限的确定. 0253-2697(2013)06-1040-09.

超特深海相储层测试技术研究与实践

杨晓莉[1]　代俊清[2]　颜晋川[1]　李明飞[3]

(1. 中国石油化工股份有限公司西南油气分公司；2. 中国石油化工股份有限公司勘探分公司；3. 西安石油大学)

摘　要　四川盆地灯影组埋藏深 8000m 以上，压力温度高、物性差、含 H_2S 和 CO_2 腐蚀介质，测试作业难度和风险极大。本文基于射孔冲击管柱安全分析方法，研究三联作安全边界，确定测试工艺选择问题；通过采用通井管柱预校深、不拆换井口射孔等措施，解决高温深井射孔难题；研选 200℃降破酸、180℃低腐蚀胶凝酸配方，模拟酸压井下温度场并优化工艺参数，对 200℃以上高温储层改造技术进行了探索；从封隔器密封结构、胶筒及卡瓦形式、启动座封方式等方面研选封隔器，满足了超高温、高泵压改造及测试需求；基于交变载荷及极限工况下管柱分析，形成"φ114.3mm+φ89mm+φ73mm"管柱组合，加入 6m 以上伸缩节改善管柱受力环境。管柱及配套工艺成功应用于 RT1、YS1 等井，YS-1 高压高挤作业时长 5.5h，注酸液 $350m^3$，最高排量 $2.7m^3/min$，施工压力 91~107MPa。

关键词　超特深；测试；酸压；射孔；封隔器；管柱

随着油气勘探开发向四川盆地特深层的持续深入，地质条件愈加复杂，储层平均埋深达 8000m 以上、部分储层埋深超过 9000m、温度 200℃以上、压力超过 150MPa，给勘探开发带来极大挑战。2016 年以来，MS-1、CS-1、CT-1 在深层灯影组第一次采用采用 APR 三联作，因提前射孔、封隔器失效等未能充分改造、评价储层。因此有必要聚焦超特深层完井测试技术难题，支撑超深层油气高效勘探及效益开发。孙德启等针对高压、高温、高钢级套管井的完井作业需求，研制了适合塔中塔中井况特点的 7″高温高压 HSII 可解封封隔器，耐压差 70MPa、耐温 180℃；高攀等针对塔里木油田高温高压复杂地层研发了双向卡瓦液压坐封可回收封隔器，耐压差 105MPa，耐温 204℃，尺寸为 7″；李林涛等针对塔中顺南区块高温、高压环境研发了具"爬坡"结构胶筒的双向卡瓦可回收封隔器，适用套管外径为 193.68mm；闫志远等针对封隔器胶筒存在耐温、耐压和循环测试可靠性不足的技术难题，通过开展三胶筒组合结构优化、胶筒材料优选、胶筒关键尺寸理论计算等工作，研制了符合 API 11D1 ~ V3 级别的耐温 170℃ 、耐压 41MPa 的组合式胶筒，并完成现场试验。庞振力等针对现有 139.7mm 套管使用的耐温 177℃ 、承压 70MPa RTTS 测试封隔器已不能满足超深储层安全测试的需要，设计了一种适用于 139.7mm 套管耐温 204℃、耐压 105MPa 自带同心旁通机构、自锁机构、三胶筒组合的胶筒结构、机械坐封、可双向封隔压力的可回收悬挂式测试封隔器，达到 API 11D1-V3 级别。王志坚等针对封隔器卡瓦承受巨大压力时易发生断裂问题，对卡瓦进行结构设计，在有限元数值模拟分析的基础上得出卡瓦牙间距为 30mm 时，卡瓦应力、应变分布越均匀，承受载荷最高。程莹等针对对库车山前 127mm 和 193.7mmRTTS 封隔器耐温耐压不足的问题，通过对封隔器芯轴、胶筒、水力锚、密封件等关键结构改进及材质优选升级，提升了封隔器耐温耐压、抗拉强度、防上窜等能力，工具整体性能达到 210℃/105MP，改进后的封隔器应用于博孜 2、克深 8~17 井等井。何世云等针对四川地区超深层海相气藏茅口组-灯影组存在的测试工具尺寸选择受限、高温下橡胶件失效、钻井液稳定性差及沉淀卡埋管柱等问题，通过优选耐高温橡胶密封件、提高结构强度等技术手段，形成了适用于超深层海相气藏探井的测试联作工艺，在 MS1 应用成功。

1　测试风险及难点

1.1　射孔器材及射孔联作失效风险高

(1) 超高温下射孔枪弹等器材失效风险高

YB-8 井射孔枪提出后呈麻花状；RT-1 井射孔段井深 8100～8200m，井温 180℃，采用 HNS 耐高温射孔弹及配套器材，未正常起爆，起出射孔管柱后检查发现延期起爆管输出异常，其输出猛炸药未形成稳定爆轰。

(2) 射孔爆轰压力难以准确计算，三联作测试管柱失效风险高

超特深环境下，井底静压高，射孔时产生上提、下拉力(可达到 120t 或以上)，易超出管柱及工具抗拉、抗压、耐压差界限，致使测试失败。YB-11、YB-204、柯深 1 等井均出现过射孔作业过程的封隔器芯轴断裂致井下复杂。

1.2　超深层储层埋藏超深、超高温、超高应力，充分改造难度大

温度越高酸岩反应速度越快，而目前常用的胶凝酸体系耐温≤200℃，针对 200℃以上的超深层，尚无成熟酸液体系；超深井储层致密，压开难度大，且施工沿程压耗大，摩阻增加较常规显著增加，影响排量，导致储层改造不充分。

1.3　管柱、工具受力复杂，易发生井下故障

超深深工况下，油管强度接近极限，拉力余量低，解封和处理复杂的能力减小。沿程温度变化大(20～221℃)，管串、工具伸缩位移大；储层致密，超高压条件下，井下工具承受的压差大、应力条件恶劣；酸液浸泡条件下，反复震荡，工具易失效。

2　射孔工艺及联作方式选择

2.1　射孔冲击管柱安全分析

射孔时炸药释放的能量转化为射孔射流的动能、射孔枪的弹塑性变形、以及爆轰气体的内能。当炸药引爆时，炮压在空间上是不均匀的，其大小远远大于井筒压力。当射孔射流刺穿孔眼，枪内的爆轰气体与井筒流体相互作用，当井筒压力瞬变开始时，井筒流体动力学效应开始。井筒流体动力学由三个主要压力源相互作用驱动：枪内爆轰气体压力、枪周围的井筒流体压力和地层孔隙压力。井筒流体中的压力波在以液体的速度在井筒上下传播，其本质上是一种水捶效应，压力波是超压波或高压波。这些压力波和相关流体运动会对射孔枪和工具产生很大的力，即冲击载荷。

以 RT1 为例，采用 89 射孔枪、HNS 射孔弹、射孔枪连接 89mm 油管(壁厚 6.45mm)，按照储层埋深 8800m，人工井底 40m、射孔液密度 1.3g/cm^3，“193.7mm8000m+139.7mm900m”井筒条件在冲击载荷下，计算不同峰值压力下连接的 73 油管抗压安全系数见表 1。

表 1　不同工况下峰值压力预测

工况	封隔器位置/m	射孔段长/m	峰值压力/MPa	管柱应力/MPa	安全系数
1	8000	60	217.9	374.3	2.0
2	8000	30+30	107.1	268.1	2.8
			128.3	293.9	2.6
3	8400	30+30	137.7	278.4	2.7
			174.7	322.9	2.3
4	8600	30+30	160.6	305.7	2.5
			213.2	369.0	2.1

当爆轰气体“气泡”压力略低于射孔液压力时，环空射孔液会迅速充填到射孔枪的空腔内，因液体不可压缩，且封隔器以下“口袋”容积有限，会使射孔枪外环空液体压力迅速下降。环空液体压力最低可以降低到 15MPa 左右。由于“滞后/响应”效应，此时射孔枪顶部压力基本保持射孔初始压力。此时，射孔段管柱受到向下的轴向拉力，使屈曲射孔段管柱被“拉直”。按峰值

压力 210MPa±，即工况 1 及工况 4，封隔器(外径 60mm、内径 48mm)中心管考虑动载及应力集中时安全系数小于 1.23(表 2)，低于《机械设计手册》给出的动载系数 1.5，中心管有断裂风险。

表 2　射孔液充填射孔枪时封隔器中心管拉伸强度分析

项目	环空液体压力/MPa				
	0	10	20	30	40
拉伸应力/MPa	486	445	411	363	322
安全系数(静载)	1.56	1.70	1.87	2.09	2.36
安全系数(考虑动载及应力集中)	1.03	1.12	1.23	1.37	1.55

因此，在该井况下 5″及 5½″封隔器不具备联作条件；单段射孔长度小于 30m、具备分段射孔条件可考虑三联作测试；单段射孔长度大于 30m，使用 7″或以上尺寸封隔器联作，封隔器中心管强度建议不低于 800kN。

2.2　射孔工艺

实测灯四段储层温度 180～210℃，对于 210℃储层，目前国际上能用作此温度下的超高温射孔弹炸药只有两种，为保证起爆可靠，优选斯伦贝谢公司、贝克休斯等公司射孔器材、炸药做耐高温射孔实验。实验结果显示：①230℃/48h 实验，射孔弹无法正常穿孔；②220℃/48h 实验，射孔弹可起爆穿孔。因此，必须控制射孔弹在井内停留时间，要求所有入井起爆器、传爆管、导爆索、射孔弹等爆破器材达到 230℃/48h 耐温要求。根据射孔器材试验情况，要求射孔器从入井 4000m 到起爆总时间不超过 24h。采用通井管柱校深、不换井口，带防喷器的方式进行打压起爆施工。高温长时间可能发生泥浆沉淀，堵塞压力起爆器传压通道，导致起爆失败。射孔前调整泥浆性能，确保传压可靠。考虑使用夹层枪，夹层导爆索存在断爆的风险，采用双起爆器方式。

表 3　210℃高温储层射孔作业风险及控制措施

风险	工艺技术措施
射孔枪变形	耐压 200MPa 以上材质作射孔枪枪身
射孔弹失效	开展 230℃/48h、220℃/48h 评价试验，利用通井管柱校深、不换井口关防喷器射孔等减少射孔器材停待时间，保证射孔器材有效
导爆索失效	要求 230℃/48h 试验合格
传爆管失效	要求 230℃/48h 试验合格
射孔器材密封失效	开展 220℃/30MPa/48h 等试验
夹层枪断爆	双起爆器方式
射孔液沉淀致起爆器传压通道堵塞	调整泥浆性能
射孔管柱断裂、落井	提高连接油管、起爆装置等强度

3　超高温酸压工艺

根据邻井施工排量，预测区域 8000m 深灯影组施工排量 1.0～3.5m³/min，交替注入难度大，其降温能力及交替注入粘性指进效果差，工艺上采用“降破酸+胶凝酸”酸化工艺。深层高温储层，主要有胶凝酸、交联酸、转向酸，耐温能力 150～160℃，储层温度 180℃ 以上酸液应用少。由于储层温度高，酸液在高温情况下对管柱的动态腐蚀较严重，为降低管柱腐蚀风险，预处理酸设计采用 200℃ 降破酸，主体酸优选 180℃ 胶凝酸酸液配方，满足缓蚀、缓速要求，确保安全施工基础上，保证酸化效果。

表4　200℃降破酸腐蚀性评价实验

检测项目	缓蚀剂	酸浓度/%	缓蚀剂浓度/%	实验结果/[g/(m²·h)]
腐蚀速率（200℃，16MPa，60r/min，4h，P110SS 钢片）	LN	15	6（缓蚀剂：增效剂=9：1）	8.59
	SPR		6.5（A 剂：B 剂=5.5：1）	15.92

降破酸试验温度为200℃，低于储层预测温度，采用前置降阻水降温，沟通微裂缝，结合不同排量下井底温度预测，优化前置降阻水使用量为60m³。后高挤降破酸降压，形成有效酸蚀裂缝，再注入胶凝酸增加酸蚀缝长及裂缝导流能力。酸化规模压裂缝长约60~70m 预计酸液用量为350m³。

4　管柱结构优化设计

4.1　测试封隔器优选

（1）完善井筒探井测试封隔器选择

5″或5½″尾管下，从压井等风险考虑，具备封隔器座封于上部大套管内测试条件，鉴于JMR、CHARMP 等机械封隔器在作业过程中发生失封可解封再次下入进行作业等优点，优先考虑采用耐高温高压机械式封隔器。目前，Y211抗硫机械式封隔器可达到耐温204℃、耐压差105MPa 要求。封隔器需座封于5″或5½″套管内测试，由于8000m 以深井所使用的5″或5½″套管内径较常规小，封隔器需订制，小尺寸耐温204℃、耐压差105MPa 机械封隔器不成熟应用案例，优选V0 级别、双向卡瓦，可取式锚定插管封隔器，可更换油管投产或倒出插管封隔器之上油管转层。

（2）不完善井筒探井测试封隔器选择

超特深井复杂地质情况下，因固井原因造成的井筒不完善时有发生，经过改造、求产等，井筒情况难以评估，若采用单封隔器，异常起压不能及时发现和处理，有必要采用双封或多封隔器保护漏点不承受额外压力。灯影组高泵压改造要求顶部封隔器采用V0 级、双向卡瓦、可回收液压封隔器，由于双封隔器间管柱变形大，底部封隔器不采用卡瓦锚定。为增强改造时管柱安全，底部封隔器采用水力锚锚定。根据信封曲线校核结果，必要时增加1支封隔器对顶封进行助封。

4.2　管柱组合设计

（1）管柱强度分析关键要素提取

《SY/T 6581 高压油气井测试工艺》标准给出的管柱强度分析关键要素为“抗拉>1.6，抗挤>1.4，三轴>1.5”，而从管柱失效案例分析来看，管柱失效原因还包括抗拉余量不足、抗内压值超限等，有必要对抗拉余量、抗内压强度进行设计分析。

表5　管柱失效井井况及原因分析

失效井况	原因分析
YB2 井打 RD 阀时脱扣	脱扣处承压97.4MPa 高于油管抗挤强度93.29MPa
CS1 井上提解封时管柱从井口断脱	井口油管抗拉余量720kN，而井眼轨迹复杂，摩阻及附加力高
YX1 等改造时封隔器中心管断裂	改造时，由APD(环空压力下降)产生双封或多封间出现抽真空现象，抗内压超限

（2）管柱安全强度系数设计准则

1）抗拉余量(8000m 以深井)

由于井眼复杂，按川西海相193.7mm+139.7mm 超深井井筒所反演摩阻系数0.2，计算8000m 井深上提摩阻40t±，轨迹影响产生的附加力15t±，考虑1.5倍以上安全系数，井口油管抗拉余量应大于80t。

2）抗内压强度安全系数

使用双封或多封隔器管柱改造时，酸液等注入导致油管和环空流体温度降低，双封及多封间油管收缩，环空流体收缩，环空部分位置产生抽真空现象；而改造时管柱膨胀效应，使双封及多封间环空体积和流体体积变小；当封隔器间已射孔时，地层压力的补给可缓解压力降低现象。反演多封隔器失效井在此工况下抗内压安全系数低于1.0，考虑考虑改造时环空流体收缩现象及安全余量，抗内压强度安全系数应不低于1.25。

因此，建立8000m以深管柱安全强度系数设计准则为：抗拉>1.6，抗挤>1.4，抗内压>1.25，三轴>1.5，抗拉余量>80t。

（3）管柱强度安全校核方法

根据改造泵压及排量，按照管柱力学设计准则要求，初步设定油管组合；确定伸缩节长度及位置；校核抗内压、抗外挤强度，初步确定环空压力控制值；校核三轴安全系数。

4.3 管柱结构设计

根据4.1、4.2，优化灯影组8000m深完善井筒三联作管柱结构为：“114.3mm油管(14.22mm)+88.9mm油管(9.52mm或6.45mm)+73mm油管(7.82mm)+RD阀+RDS阀+JMR或CHARMP封隔器+球座”；两联作改造管柱结构为：“114.3mm油管(14.22mm)+88.9mm油管(9.52mm或6.45mm)+73mm油管(7.82mm)+RD阀+RDS阀+可取式插管封隔器+球座”；不完善井筒改造管柱结构为：“114.3mm油管(14.22mm)+88.9mm油管(9.52mm或6.45mm)+73mm油管(7.82mm)+RD阀+RDS阀+可回收式液压封隔器+88.9mm或73mm油管+液压封隔器(带水力锚)+球座”。

5 现场应用

YS1完钻井深8800m以上，井筒6400m等位置存在漏点，采用Φ89mm盲孔射孔枪，耐压≥210MPa，89HNS射孔弹，通井管柱预校深成功实施射孔；射孔后，下入“114.3mm油管(14.22mm)+88.9mm油管(9.52mm或6.45mm)+73mm油管(7.82mm)+RD阀+RDS阀+可回收式液压封隔器+液压封隔器+88.9mm或73mm油管+液压封隔器(带水力锚)+球座”管柱实施改造及测试作业，采用前置降阻水+降破酸+胶凝酸酸化工艺，泵压91.85~107.3MPa，一般排量1.0~2.7m^3/min，注入液量450m^3，施工曲线拟合动态缝长72.6m，酸蚀缝长41.2m，平均缝宽0.44cm，平均裂缝导流能力11.26mD·m，建立一定范围内油气渗流通道，改造后达到评价储层目的。

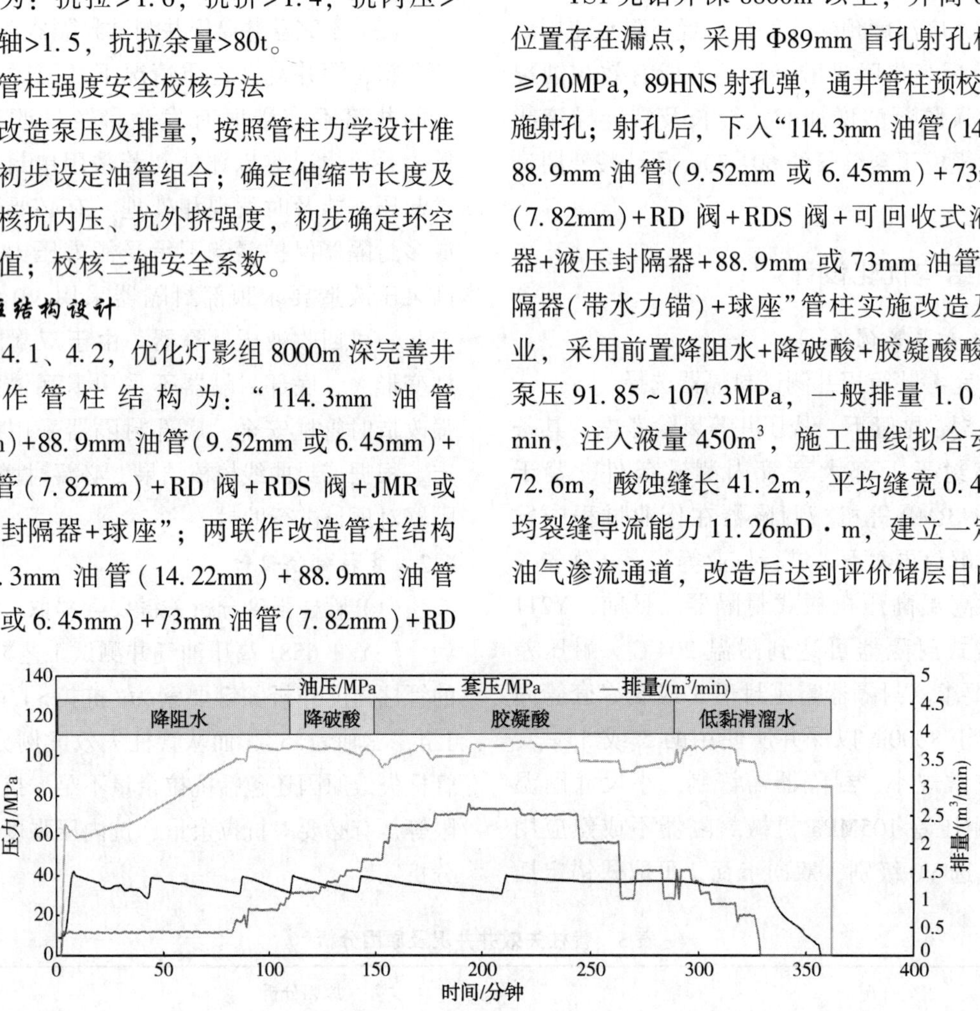

图1　YS1井酸压施工曲线图

6 结论及建议

（1）采用耐压差210MPa射孔枪、89HNS射孔弹，配套通井管柱预校深、不换井口射孔等工艺满足8000m以深210℃下射孔要求。

（2）形成的管柱分析准则、管柱结构、酸化工艺、压控方案满足工区8000~9000m超深井改造及安全测试要求。

（3）灯影组储层埋藏深，应力高、储层致密，需进一步优化酸液体系，井口及管柱配置，以提高酸化施工排量，增大酸液作用距离。

参考文献

[1] 孙德启．高温高压封隔器的研制及应用[J]．重型机械，2018，29(4)：41-45.

[2] 高攀．耐高温高压封隔器的研发[J]．江汉石油职工大学学报，2019，32(6)：54-57.

[3] 李林涛，万小勇，黄传艳，等．双向卡瓦可回收高温高压封隔器的研制与应用[J]．石油机械，2019，

47(3)：81-86.

[4] 王志坚，邓卫东，林忠超，等．水平井封隔器卡瓦的有限元分 析及结构改进[J]．石油钻采工艺，2013，35(4)：78-81.

[5] 庞振力，刘孝强，季鹏，等．139.7mm 套管高温高压测试封隔器研制[J]．油气井测试，2021，30(06)：22-27.

[6] 程莹，张伟，汪坤．高温高压测试封隔器的改进[J]．油气井测试，2022，31(6)：11-16.

[7] 苏镖，赵祚培．高温高压高含硫气井完井试气工艺技术 研究与应用[J]．天然气工业，2011，30(12)：53-56.

[8] 窦益华，徐海军，姜学海，等．射孔测试联作封隔器中心 管损坏原因分析[J]．石油机械，2007，35(9)：113-115.

[9] 苏镖．超深致密储层降破工艺研究及实践[C]//中国石油学会天然气专业委员会．第31届全国天然气学术年会(2019)论文集(04采气工程)．北京：中国石油学会天然气专业委员会，2019：6.

[10] GAO G H，MISKA S. Effects of friction on post buckling behavior and axial load transfer in a horizontal well [C]//Paper SPE - 120084 - MS presented at the SPE Production and Operations Symposium，Oklahoma City，Oklahoma，April 2009.

[11] 李明飞，徐绯，窦益华．射孔管柱振动参数实测及其 ALE 数值仿真分析[J]．应用力学学报，2019，36(2)：458-465.

[12] 于振东，李艳．试油测试射孔管柱的间隙元分析[J]．应用力学学报，2003，20(1)：73-77. YU Zhendong，LI Yan. Gap element analysis of perforated pipe column for oil test [J]. Chinese Journal of Applied Mechanics，2003，20(1)：73-77.

[13] 何颂根，龙永平，李永明，等．超深海相碳酸盐岩储层可压性主控因素[J]．断块油气田，2020，27(5)：573-578.

[14] 李荷婷，代俊清，李真祥．四川盆地及周缘超深井酸压改造的实践与认识[J]．石油钻探技术，2024，52(2)：202-210.

基于测试数据的压裂水平井储层参数评价与产能分析
——以 SX161 井为例

陈　锐　夏　赟　王　萌　朱　婉　王万彬　王宁博

（中国石油新疆油田公司）

摘　要　压后裂缝参数反演与动态产能预测作为试油效果评价及开发方案优化的核心环节，本文通过构建多维度技术实现了工程实践突破。本文以非均质裂缝表征与产能动态耦合为突破口，形成了一套压后裂缝评价到产能预测的技术流程。首先基于不稳定压力分析模型对比，采用了非均匀导流裂缝表征模型，有效解决了复杂裂缝参数反演难题；继而对比了二项式、指数式及拟压力无量纲产能方程，优选了产能预测模型；最终通过参数敏感性分析揭示产量与工程要素的动态响应规律。本文以 SX161 井为例，基于不稳定试井分析得到了该井的储层压力（68.21MPa）、渗透率（0.672mD）和表皮系数（0.75）等常规关键参数，并识别出高低导流裂缝交互发育特征（高导缝半长 16.8m/导流能力 156mD · m，低导缝半长 53.1m/导流能力 55mD · m），为同类致密气藏压裂参数设计优化提供了理论指导。产能动态模拟表明，产量与油嘴呈现分段特征，产量与水平段呈现先快后慢，逐步达到临界的特征（临界值 1000m），为该区及同类气藏开发方案参数优化提供了有力支撑。

关键词　压裂水平井；不稳定压力分析；非均匀导流裂缝；气井产能评估；敏感因素分析

在油藏评价中，产量和压力数据贯穿于生产动态分析全流程。储层参数依赖于大量基于油藏或井筒渗流特征的数学解析解，其中不稳定压力分析和产能试井是石油工程中两大常用方法。不稳定压力分析始于 20 世纪 50-60 年代，由 Matthews 和 Russell 提出。早期压力数据使用铅笔和坐标纸进行手动分析。70 年代，Bourdet 和 Gringarten 引入了图版分析，标志着手动分析的结束。随着数值方法的发展，考虑不同边界和储层类型的复杂模型开始出现，如 Stehfest 算法。Bourdet 等人提出压力导数曲线后，不稳定压力分析被广泛使用。

气井产能评价是气藏动态分析的关键。与常规微可压性的流体产能分析不同，气井产能分析往往要考虑非达西渗流与压力影响。二项式产能方程能够较好地描述气体流动中的湍流效应，求得气体的绝对无阻流量和流入动态关系曲线，一般包括压力法、压力平方法和拟压力法。汪洋等人考虑非达西效应提出了新二项式产能方程，发现非达西效应对高渗储层的影响高于低渗储层。

针对多级压裂水平井，融合裂缝非均匀导流能力模型和不稳定压力分析的评价方法使得解释出的地层和裂缝参数更为准确，且产能评价结果更符合实际。因此，本文以非均质裂缝表征与产能动态耦合为突破口，形成了一套压后裂缝评价到产能预测的技术流程，如图 1 所示。本文以新疆油田的一口多级压裂水平井为例，利用不稳定压力分析解释了地层和裂缝参数，结合多种产能计算方法进行气井产能评价，并分析了影响产能的关键因素，最后给出了不同生产制度下的产气量，为探井的生产动态分析与调整提供了参考。

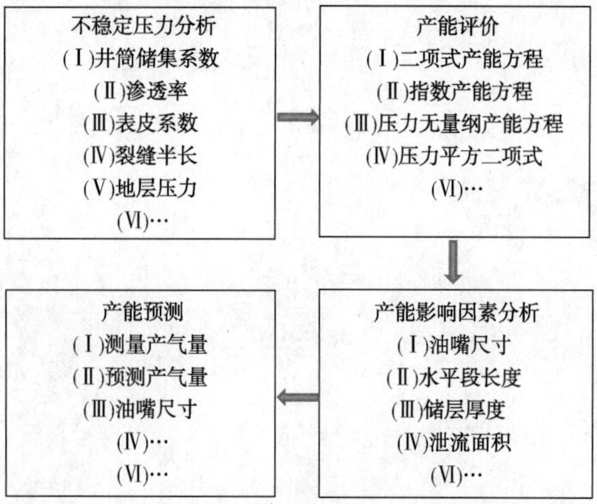

图 1　技术流程

1　不稳定压力分析

在实际的油田开发中，支撑剂的非均匀分布会导致沿裂缝的流量密度和裂缝导流能力不均，从而引起产能差异(见图2)。因此，秦佳正等人提出了一种研究水平井非均匀产油的方法。秦佳正等人认为多级压裂水平井的压降由水力压裂和水平井两部分组成。水平井引起的压降为n个水平段叠加的结果，而水力压裂引起的压降由连续垂直平面条带源的叠加形成。该方法能够识别水平段的高产位置和对应产量、近井区高导流裂缝半长和远井低导流裂缝半长。本文结合SX161井实测压力数据，通过对比常规试井模型与文献非均质裂缝模型的模拟结果，系统验证该方法的工程适用性。

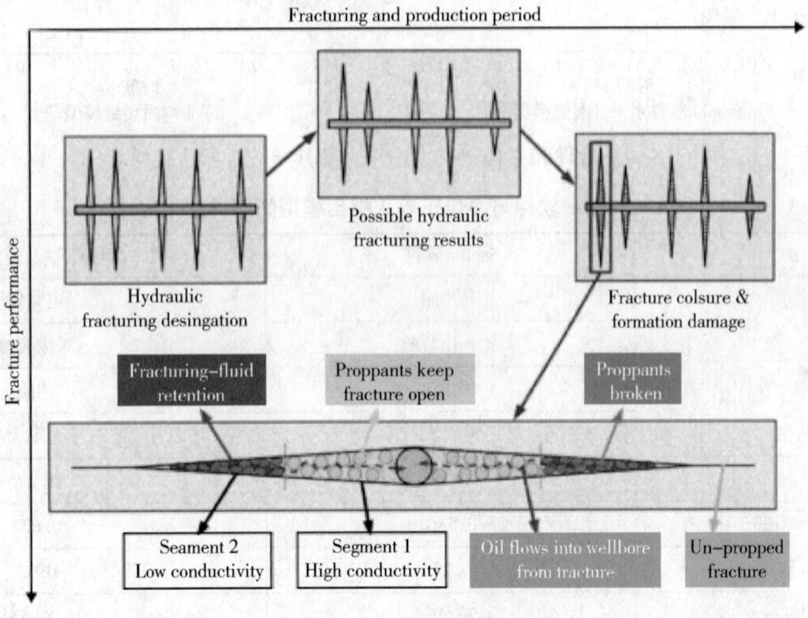

图2　不同阶段的裂缝性能

SX161井试油期间自喷试产5天后，分别采用5.0~6.0~7.0~8.0~9.2mm油嘴五个工作制度进行产能测试，后继续自喷试产，最终进行关井恢复压力测试，历时10天，测试期间，压力上升速度较快，关井215.43小时后，压力由62.2MPa升至66.61MPa。实测压力数据如图2所示。

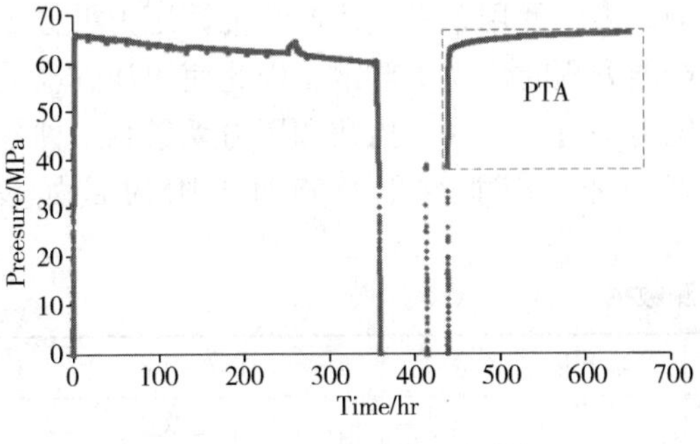

图2　SX161井压力历史数据

本井压力导数曲线特征表明：在井筒存储效应阶段(斜率=1)结束后，导数曲线呈现水平特征，对应垂直径向流动阶段；随后进入裂缝线性流阶段，导数曲线在双对数坐标下以1/2斜率的平行上升，测试末期导数曲线出现水平径向流动趋势。本文首先利用saphir软件基于“定井储+水平井裂缝+均质+无限大”模型解释，压力及其导数匹配曲线如图3(a)所示，解释结果如表1所示，其中井筒储集系数为1.95m^3/MPa。储层渗透率为0.586×10^{-3}μm^2，表皮系数为0.29，裂缝半长为20.56m，拟合原始油藏压力为68.91MPa。

利用秦佳正非均质裂缝模型进行不稳定压力分析，压力及其导数匹配曲线如图3(b)所示，解释结果如表1所示，其中，井筒储集系数为1.23m^3/MPa，储层渗透率为0.672×10^{-3}μm^2，表皮系数为0.75，原始储层压力为68.21MPa，高导流裂缝半长为16.8m，低导流裂缝半长为53.1m。

通过模型解释结果对比，采用非均质裂缝模型反演的压裂裂缝参数更加合理并且符合实际。

通过多模型解释结果的对比分析表明，相较于常规水平井压裂模型，非均质裂缝模型能够有效表征支撑剂非均匀运移特征，在近井高导流区与远井低导流区形成差异化参数匹配，从而更真实地反映压裂后裂缝系统的非对称渗流规律，反演获得的缝长、导流能力等关键参数预测结果更加具有合理性。

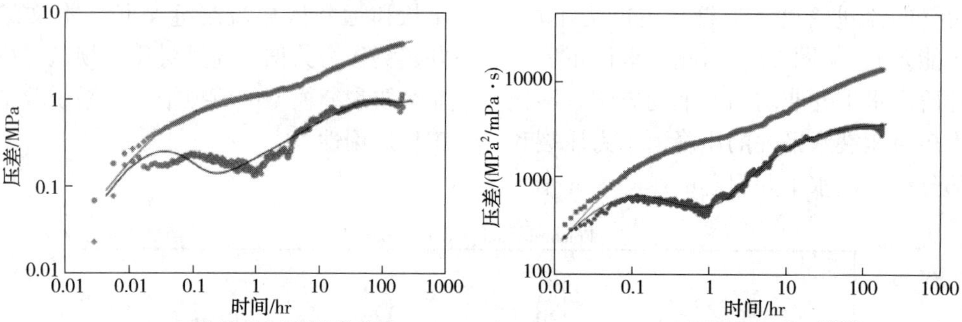

(a) saphir软件水平井裂缝模型　　(b) 非均质裂缝模型[21][22]

图 3　Saphir 软件和秦佳正模型中压力及其导数匹配曲线的对比

表 1　Saphir 软件与秦佳正等人提出模型的解释结果对比

	Saphir 软件	秦佳正等人提出模型
模型	定井储	定井储
	水平井裂缝	双段裂缝
	均质	均质
	无限大	无限大
井筒储集系数/(m^3/MPa)	1.95	1.27
储层渗透率/μm^2	0.586	0.672
表皮系数	0.29	0.75
裂缝半长/m	20.56	16.8+53.1
原始地层压力/MPa	68.91	68.21

2　产能分析

2.1　产能评价

气井的产能试井通常要在 4 种及以上的流速下测量一系列流量及对应的稳定井底流压数据进行。井口流量和井底流压应满足以下关系：

$$P_R^2-P_{wf}^2=aq+bq^2 \tag{1}$$

其中，P_R 为平均油藏压力，单位：MPa；P_{wf}为井底流压，单位：MPa；q 为气产量，单位：$10^4m^3/d$；a 为层流系数；b 为湍流系数。

由此推导出气井的绝对无阻流量：

$$q_{AOF}=\frac{-b+\sqrt{b^2+4qP_R}}{2a} \tag{2}$$

其中，q_{AOF}是绝对无阻流量，$10^4m^3/d$。

表 2 列出了 SX161 井的实测流压和产量。测试过程中地层压力和不同油嘴对应的井底流压均大于露点压力(57.12MPa)，说明流体为单相流动。由于使用单一气体产量推算压力平方二项式产能方程时出现负异常，因此使用油气当量利用压力平方二项式、指数和压力无量纲三种方法计算产能，产能方程及绝对无阻流量如表 3 所示。

表 2　产能试井实测数据

油嘴/mm	井底流压/MPa	气产量/(10^4m^3/d)	油产量/(m^3/d)	Qt/(10^4m^3/d)
5	67.217	2.535	26.05	2.829
6	66.45	3.758	37.38	4.179
7	65.265	6.2975	55.61	6.924
8	64.06	8.6358	79.02	9.526
9.2	62.87	13.44	122.16	14.817

表 3　不同方法的绝对无阻流量

计算方法	产能方程	绝对无阻流量/($10^4m^3/d$)
压力平方二项式	$P_R^2-P_{wf}^2=0.001*q+0.3878*q^2$	144.22
指数	$q=0.02*(P_R^2-P_{wf}^2)^{0.9834}$	111.35
压力无量纲	$\frac{q}{q_{max}}=1-0.202*\left(\frac{P_{wf}}{P_R}\right)-0.798*\left(\frac{P_{wf}}{P_R}\right)^2$	80.64

指数产能计算公式是一个半经验公式，在非均质储层中预测偏差较大，仅适用于产能预测的交叉验证，压力无量纲产能公式依赖于标准化产能曲线，本井裂缝–孔隙双重介质储层下可能产生适用性偏差，压力平方二项式产能预测精度相对较高，但该方法忽略储层厚度非均质性，对水平井三维渗流效应缺乏有效表征，导致水平段长度对产能的影响无法量化，因此引入 Joshi 水平井产能方程进行验证：

$$q_g=\frac{kh(\psi_i-\psi_{wf})}{1422[\ln(r_e h/r_w')-0.75+S]} \quad (3)$$

其中

$$r_{eh}=\sqrt{\frac{43560A}{\pi}} \quad (4)$$

$$A=\frac{L(2b)+\pi y^2}{43560} \quad (5)$$

$$r_w'=\frac{r_{eh}(L/2)}{x[1+\sqrt{1-(L/2x)^2}][L/(2r_w)^{(h/L)}]} \quad (6)$$

$$x=\left(\frac{L}{2}\right)[0.5+\sqrt{(0.25+(2r_e h/L)^4)}]^{0.5} \quad (7)$$

其中，q 为产气率，$10^3ft^3/d$；k 为渗透率，$10^{-3}\mu m^2$；h 为裂缝厚度，英尺；ψ_i 为初始拟压力，psi^2/cp；T 为储层温度，R；S 为表皮系数；r_{eh}为泄流半径，ft；A 为泄流面积，acre；L 为水平长度，ft；x 为泄流椭圆长半轴，ft；y 为泄流椭圆短半轴，ft；r_w为井筒半径，ft。

SX161 井的水平段长度为 500 米，泄流椭圆短半轴为 100m，井半径为 0.06m，地层厚度为 17.16m，油藏温度为 126.8℃，试井解释表皮系数为 0.75，油藏渗透率为 $0.672×10^{-3}\mu m^2$。应用式(3)–(7)，得到绝对不同无阻流量为 $138.5×10^4m^3/d$，与压力平方二项式法误差仅 4%，交叉验证表明 Joshi 与二项式方法在本井中适用性较好。

2.2　基于产能评价的水平段长优化

利用优选的 Joshi 方法计算不同井底流压下不同水平段长度的产能。

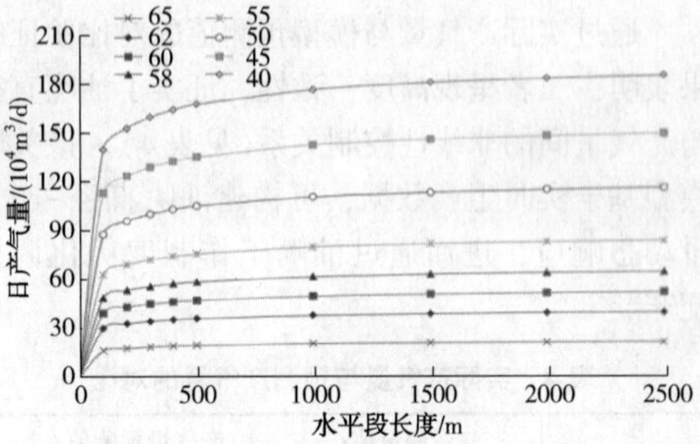

图 5　不同井底流压下产气量与水平段长度的关系

如图 5 所示，产气量先是随着水平长度的递增而急剧升高，随后转为缓升态势，说明产量增长率随着水平长度的增加而降低。长水平段不仅加大了水侵风险，还增加了钻井成本。因此，生产时需平衡产气量与水平段长度。另外，产气量会随着井底压力的降低而升高，代表产量增长率转折点的"拐点"也随着井底压力的降低而抬升。因此，在维持生产压差的条件下，增长水平段无法充分发挥提升产能的作用。SX161 井的水平段长度为 500 米，如果计划通过增加生产压差来提高产能，可适当增加水平段长度，最优值为 1000 米。

2.3　产能动态预测

当前预测产能动态预测的方法较多，包括产能方程、不稳定产量分析、经验公式、油嘴尺寸以及回归方法等。SX161 井进行了两次产能测试，随着油嘴尺寸的增加，产量大幅增长。因此，研究该井的生产变化规律和关键影响因素，对后续生产制度调整具有重要意义。通过分析产气量与油嘴之间的关系(图6)，能够得到分段拟合关系式，如公式(8)所示：

$$y=\begin{cases}14.074*\ln(x)-17.558 & r<7.8\text{mm}\\ 97.979*\ln(x)-194.26 & r\geq 7.8\text{mm}\end{cases} \tag{8}$$

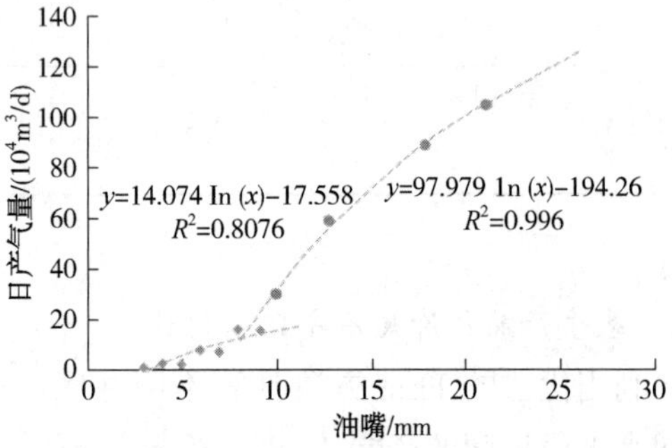

图6　产气量和油嘴的关系

通过实际产气量与模型预测值的对比验证结果表明，二者呈现高度一致性，证实了油嘴直径与产气量间的非线性控制关系(见表4)。该关联模型基于实时生产数据，可构建油嘴直径-产气量动态响应，进而通过油嘴工作制度优化调控配产。

表4　实际产气量与预测产气量的对比

油嘴/mm	产气量测量值/($10^4m^3/d$)	产气量预测值/($10^4m^3/d$)
4	2.46	1.95
5	2.42	5.09
6	8.08	7.65
7	7.01	9.83
8	15.82	11.71
9.2	15.30	13.68
10	28.90	31.34
12.8	58.67	55.53
18	88.60	88.94
21.2	104.66	104.97
25	/	121.12
30	/	138.99

3　结论

本文通过不稳定压力分析与产能评价方法研究，形成了一套压后裂缝评价到产能预测的技术流程，结合SX161井实测数据得出以下认识：

(1) 基于秦佳正非均匀导流裂缝模型的反演结果表明，近井区高导流裂缝半长达16.8m(导流能力156mD·m)，远井区低导流裂缝半长53.1m(55mD·m)，两者差异系数达3.16，揭示了支撑剂非均匀铺置形成的导流特征，为压裂工艺优化提供了量化依据。

(2) 基于Joshi水平井产能方程与二项式产能方程交叉验证，相比于指数式与压力无量纲式，二者在本井应用中表现出显著工程适用性。基于Joshi方法预测不同水平段长产能，水平段长最优值为1000m。

(3) 敏感性定量分析表明，本井油嘴直径与产气量呈非线性控制关系，产气量随油嘴直径的增大而增加，但增速逐渐减缓，通过该方法可建立动态调控。

相关名词

P_R：平均油藏压力，MPa

P_{wf}：井底压力，MPa

q：产气量，$10^4m^3/d$

a：气井的层流系数

b：气井的湍流系数

q_{AOF}：绝对无阻流量，$10^4m^3/d$

q_g：产气量，$10^4m^3/d$

k：储层渗透率，$10^{-3}\mu m^2$

h：裂缝厚度，m

ψ_i：初始拟压力，$MPa^2/mPa\cdot s$

ψ_{wf}：拟井底压力，$MPa^2/mPa\cdot s$

T：储层温度，R

S：表皮系数

r_{eh}：泄流半径，m

A：泄流面积，m^2

L：水平长度，m

x：泄流椭圆主轴的一半，m

y：泄流椭圆短轴的一半，m

r_w：井径，m

参考文献

[1] B. A. Mohammad, D. Morteza, and Z. Sohrab, "Semi-analytical solution for productivity evaluation of a multi-fractured horizontal well in a bounded dual-porosity reservoir," Journal of Hydrology, vol. 581, article 124288, 2020.

[2] Y. Wang and L. F. Ayala, "Explicit determination of reserves for variable-bottomhole-pressure conditions in gas rate transient analysis," SPE Journal, vol. 25, no. 1, pp. 369-390, 2020.

[3] Y. Wang, S. Cheng, K. Zhang et al., "A comprehensive

work flow to characterize waterflood-induced fractures by integrating real-time monitoring, formation test, and dynamic production analysis applied to Changqing oil field, China," SPE reservoir evaluation and engineering, vol. 22, no. 2, pp. 692-708, 2019.

[4] C. Wei, Y. Liu, Y. Deng, S. Cheng, and H. Hassanzadeh, "Temperature transient analysis of naturally fractured geothermal reservoirs," SPE Journal, vol. 27, no. 5, pp. 2723-2745, 2022.

[5] C. Wei, Y. Liu, Y. Deng, S. Cheng, and H. Hassanzadeh, "Analytical well-test model for hydraulicly fractured wells with multiwell interference in double porosity gas reservoirs," Journal of Natural Gas Science and Engineering, vol. 103, article 104624, 2022.

[6] P. Jia, M. Ma, C. Cao, L. Cheng, H. Yin, and Z. Li, "Capturing dynamic behavior of propped and unpropped fractures during flowback and early-time production of shale gas wells using a novel flow-geomechanics coupled model," Journal of Petroleum Science and Engineering, vol. 208, no. 2022, article 109412, 2022.

[7] 瞿朝朝，刘斌，张静，等. 基于多层三区复合试井的聚合物波及半径研究及矿场应用[J]. 新疆石油天然气，2020，16(04)：66-69+7-8.

[8] C. Wei, S. Cheng, K. Tu et al., "A hybrid analytic solution for a well with a finite-conductivity vertical fracture," Journal of Petroleum Science and Engineering, vol. 188, article 106900, 2020.

[9] J. Zeng, J. Liu, W. Li, Y. K. Leong, D. Elsworth, and J. Guo, "Shale gas reservoir modeling and production evaluation considering complex gas transport mechanisms and dispersed distribution of kerogen," Petroleum Science, vol. 18, no. 1, pp. 195-218, 2021.

[10] C. S. Matthews and D. G. Russell, Pressure Build-Up and Flow Tests in Wells, Monograph Series, SPE, Dallas, 1967.

[11] A. S. Odeh and L. G. Jones, "Pressure drawdown analysis, variable-rate case," JPT, vol. 17, no. 8, pp. 960-964, 1965.

[12] J. E. Warren and P. J. Root, "The behavior of naturally fractured reservoirs," Society of Petroleum Engineers Journal, vol. 3, no. 3, pp. 245-255, 1963.

[13] D. P. Bourdet and A. C. Gringarten, "Determination of fissure volume and block size in fractured reservoirs by type-curve analysis," in Paper presented at the SPE Annual Technical Conference and Exhibition, Dallas, 1980.

[14] H. Stehfest, "Algorithm 368: numerical inversion of Laplace transforms D5," Communications of the ACM, vol. 13, no. 1, pp. 47-49, 1970.

[15] D. P. Bourdet and J. A. Ayoub, "Interpreting data in fractured reservoirs," World Oil, vol. 197, no. 5, pp. 77-87, 1983.

[16] D. P. Bourdet, T. M. Whittle, and A. A. Douglas, "A new set of type curves simplifies well test analysis," World Oil, vol. 196, no. 6, pp. 95-106, 1983.

[17] J. Shi, J. Wu, Z. Sun, Z. H. Xiao, C. Liu, and K. Sepehrnoori, "Methods for simultaneously evaluating reserve and permeability of undersaturated coalbed methane reservoirs using production data during the dewatering stage," Petroleum Science, vol. 17, no. 4, pp. 1067-1086, 2020.

[18] C. Wang, Z. P. Li, and F. P. Lai, "A novel binomial deliverability equation for fractured gas well considering non-Darcy effects," Journal of Natural Gas Science and Engineering, vol. 20, pp. 27-37, 2014.

[19] 江铭，李志强，段贵府，等. 水力裂缝导流能力对深层页岩气产能的影响规律[J]. 新疆石油天然气，2023，19(1)：35-41.

[20] 王涛，程垒明，项远铠，等. 砾石影响下裂缝扩展规律数值模拟[J]. 新疆石油天然气，2023，19(1)：42-48.

[21] J. Qin, S. Cheng, Y. He et al., "An innovative model to evaluate fracture closure of multi-fractured horizontal well in tight gas reservoir based on bottom-hole pressure," Journal of Natural Gas Science and Engineering, vol. 57, pp. 295-304, 2018.

[22] J. Qin, S. Cheng, Y. He et al., "A novel well-testing model to analyze production distribution of multi-stage fractured horizontal well," Journal of Natural Gas Science and Engineering, vol. 59, pp. 237-249, 2018.

[23] 孙锡泽，俞天喜，艾尼瓦尔·沙依木，等. 低渗油藏径向多分支水平井产能影响因素分析[J]. 新疆石油天然气，2023，19(3)：49-56.

[24] L. G. Jones, E. M. Blount, and O. H. Glaze, "Use of short term multiple rate flow tests to predict performance of wells having turbulence," in Paper presented at the SPE annual fall technical conference and exhibition, New Orleans, Louisiana, 1976.

[25] S. D. Joshi, "Augmentation of well productivity using slant and horizontal wells," in Paper presented at the SPE annual technical conference and exhibition, New Orleans, Louisiana, 1986.

苏里格低品位致密储层开发厚度技术界限研究

田鸿照　赵国英　吴则鑫

（中国石油集团长城钻探工程有限公司）

摘　要　为了提高苏里格气田低品位致密储层的井位部署成功率、实现低品位资源的有效开发利用，以苏X区块为例，在总结分析区块各类储层的孔隙结构和气水渗流特征的基础上，建立直井多层合采压裂数值模拟模型，开展了各类储层组合配比下的开发厚度技术界限研究。研究结果表明：在当前经济条件下，①储层集中厚度开发技术界限为Ⅰ类储层6m，Ⅱ类储层10m，Ⅲ类储层24m；②储层分散厚度开发技术界限为Ⅰ+Ⅱ+Ⅲ类储层累计厚度9m以上，Ⅰ+Ⅱ类储层累计厚度8m以上，Ⅱ+Ⅲ类储层累计厚度14m以上；③采用直井多段压裂、多层合采的开发方式可有效增加单控储量，不断增加优质储层的占比，特别是Ⅰ类和Ⅱ类储层的占比，才能保证单井产能、实现效益开发。

关键词　低品位储层；致密气藏；多层合采；技术界限

1　引言

苏里格气田具有储层致密、非均质性强、低压、低产等特征，是目前我国发现并投入开发的储量和产能规模最大的天然气田，2022年苏里格气田天然气生产量突破300亿立方米，成为国内首个年产突破300亿立方米的整装大气田，占我国陆上致密气总产量约58%。经过20多年的开发，近年来面临着资源品质越来越差的客观现实，新投产气井初期产量逐年下降，低产低效、产水气井增多，井位部署风险越来越大。如何利用好、开发好低品位储量是实现产能接替、保持气田稳产的重要举措。以苏X区块为例，主要发育两套主力含气层系（石盒子组盒8下亚段和山西组1段），采用直井井型、600×600m菱形井网、多层合采、水力压裂方式开发，区块南北地质条件差异明显，中南部储层含气饱和度、物性明显偏低，气层厚度较薄，以Ⅱ+Ⅲ类储层为主，平均储量丰度为$1.2\times10^8m^3/km^2$，远低于北区的$1.8\times10^8m^3/km^2$，是典型的低品位储层。近年来，实施的一批气井投产效果不佳，主要原因是Ⅰ类储层占比太低、Ⅱ+Ⅲ储层虽有一定厚度，但含气饱和度较低、储层物性较差，导致气井积液、地层水锁现象较为严重、初期产能较低。针对该类气藏纵向非均质性强，多期叠置的特点，因此有必要从Ⅰ、Ⅱ、Ⅲ类储层的厚度组合配比出发开展低品位储层开发技术界限研究，这对提高单井产能和部署成功率具有重要指导作用。

2　储层特征分类评价

2.1　储层物性下限标准

根据苏X区块岩心压汞实验数据，得到地层压力下对应的最小孔喉半径约0.025μm，确定储层孔隙度、渗透率物性下限（图1、图2），将孔隙度小于5%，渗透率小于$0.1\times10^{-3}\mu m^2$的储层划分为Ⅳ类储层，即非储层。

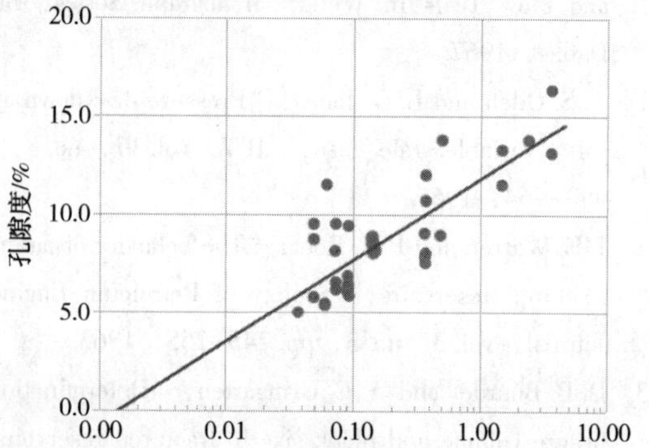

图1　孔喉半径与孔隙度交会图

依据储层孔渗关系图（图3），当孔隙度大于10%时，渗透率明显高于原趋势线，表明孔隙结构发生了变化，因此，将孔隙度大于

10%，渗透率大于 $1\times10^{-3}\mu m^2$ 的储层作为Ⅰ类储层下限。

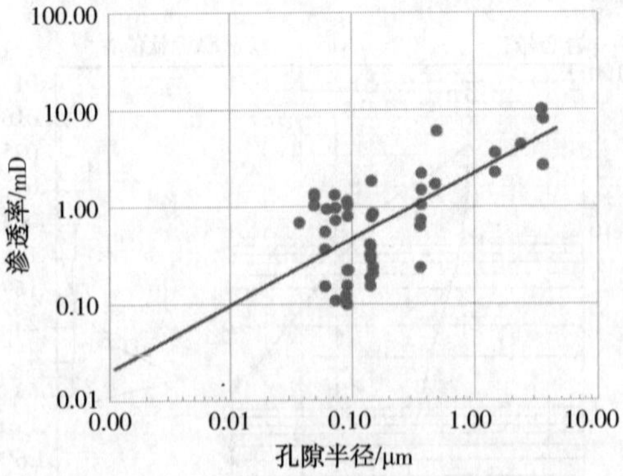

图2　孔喉半径与渗透率交会图

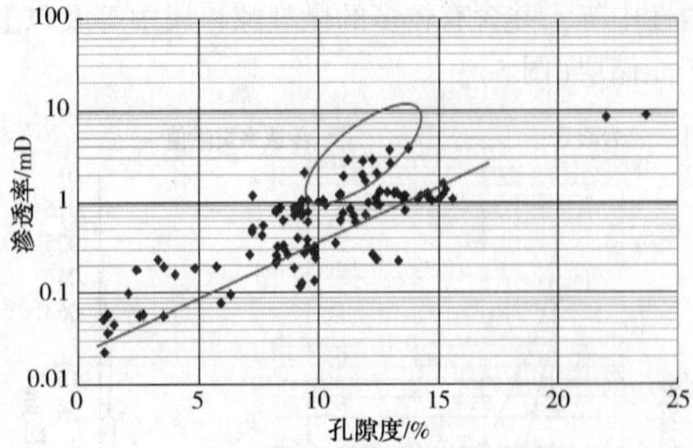

图3　储层孔隙度与渗透率交会图

2.2　分类储层孔喉特征

结合储层岩石学和图像分析资料将苏 X 区块储层分为四大类(表1，图4)。

表1　苏 X 区块储层孔隙结构评价标准

评价参数 \ 结构类别		Ⅰ	Ⅱ	Ⅲ	Ⅳ
物性特征	K($10^{-3}\mu m^2$)	≥1	0.5~1	0.1~0.5	<0.1
	Φ(%)	≥10	10~7.5	7.5~5	<5
岩石学特征	VQ(%)	≥65	65~60	60~50	<50
	VR(%)	≤10	10~15	15~30	>30
	岩性特征	中~粗粒石英砂岩，含砾凝灰质常见		中~粗粒岩屑砂岩杂基含量高	
压汞曲线特征	均值/μm	≥0.6	0.6~0.3	0.3~0.1	<0.1
	Pd/MPa	≤0.4	0.4~0.8	0.8~1.2	>1.2
	分选系数	≥0.8	0.8~0.4	0.4~0.1	<0.1
孔隙图像	平均孔隙半径/μm	≥300	300~200	200~100	<100
	面孔率	≥25	25~20	20~10	<10
	孔隙组合	溶孔~粒间孔 晶间孔~粒间孔 微裂隙~溶孔	晶间孔~溶孔 复合型 溶孔型	微孔~晶间孔 溶孔~晶间孔 晶间孔~微裂隙	微孔型 微孔~微裂隙型

(a) 粒间孔(Ⅰ类储层)　(b) 岩屑溶孔(Ⅱ类储层)　(c) 高岭石晶间孔(Ⅲ类储层)

图4　Ⅰ、Ⅱ、Ⅲ类储层孔隙结构特征(40 单偏光)

(1) Ⅰ类储层——好的储层

该类储层孔隙度大于 10%，渗透率大于 $1\times10^{-3}\mu m^2$，储集空间主要为溶孔、残余粒间孔和晶间孔，面孔率最大可达 25%以上，其孔喉连通性中等，并含有较多的微裂隙，属中等及以上产能储层(图5)。

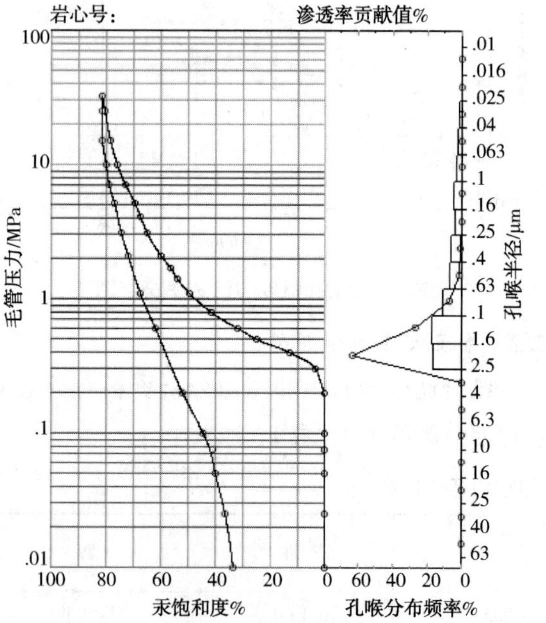

图5　Ⅰ类储层毛管曲线特征和喉道分布

(2) Ⅱ类储层——较好的储层

构成该类储层的孔隙度在7.5~10%之间，渗透率在$0.5\times10^{-3}\sim1\times10^{-3}\mu m^2$之间，储集空间为残余粒间孔、各类溶孔、晶间孔和微孔组成的复合型孔隙网络，面孔率在20~25%，孔喉连通性一般，属中-低产能储层(图6)。

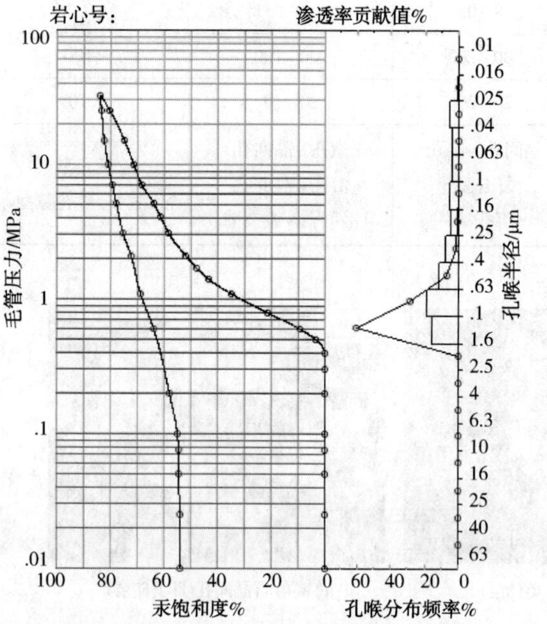

图6　Ⅱ类储层毛管曲线特征和喉道分布

(3) Ⅲ类储层——中~差的储层

该类储层孔隙度一般在5%~7.5%，其渗透率在$0.1\times10^{-3}\sim0.5\times10^{-3}\mu m^2$。储集空间主要为少量溶孔、晶间孔和杂基内微孔隙，为低产能储层(图7)。

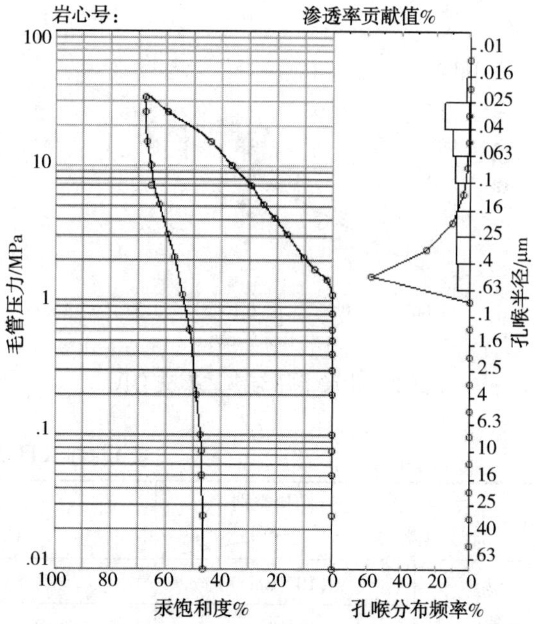

图7　Ⅲ类储层毛管曲线特征和喉道分布

(4) Ⅳ类——非储层

这类岩石基本上以小孔细喉为主，该类岩石的孔隙类型主要为微孔、晶间孔和孤立的杂基溶孔，孔喉连通性差。这类岩石一般很难成为储集岩，在气层中常以致密夹层出现(图8)。

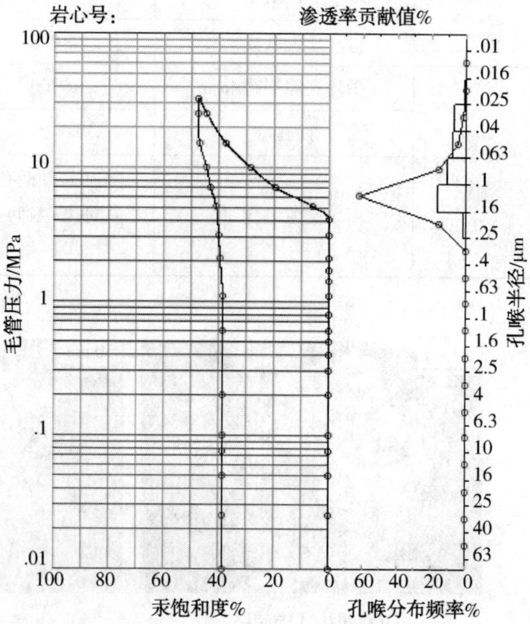

图8　Ⅳ类储层毛管曲线特征和喉道分布

2.3　分类储层渗流特征

相对渗透率曲线反映了气水两相渗流特征，基于三种类型储层的孔喉结构特征，选取代表三种孔隙类型的岩心开展相渗实验，统计分析得到三类储层所对应的三类相渗曲线。从表2、图9可以看出，由Ⅰ类至Ⅲ类，束缚水饱和度逐渐增加（43.5%～60.5%），两相共渗区变短（48.46%~29.46%），等渗点处相对渗透率也逐渐下降(0.12~0.05)。这是因为岩心物性变差使得储层储集天然气的能力变弱，此外由于渗流通道变窄，加剧了气水两相间的干扰，导致气体渗流能力减弱，不利于气体的产出。三类储层中，Ⅰ类岩心束缚水饱和度最低，两相共渗区范围最长，等渗点处相对渗透率最大，表明Ⅰ类岩心储集与渗流能力最强，其次为Ⅱ类和Ⅲ类储层。

表2　苏X区块不同储层类型相渗特征分析结果表

储层类型	气测渗透率/($\times10^{-3}\mu m^3$)	孔隙度/%	束缚水		等渗点		残余气	
			含水饱和度/%	气相相对渗透率	含水饱和度/%	相对渗透率	含水饱和度/%	水相相对渗透率
Ⅰ	1.02	10.56	43.5	71.27	76.83	11.65	91.96	42.47
Ⅱ	0.65	7.63	52.3	63.27	74.92	8.36	90.92	35.47
Ⅲ	0.24	4.89	60.5	47.16	72.86	4.56	89.96	25.48

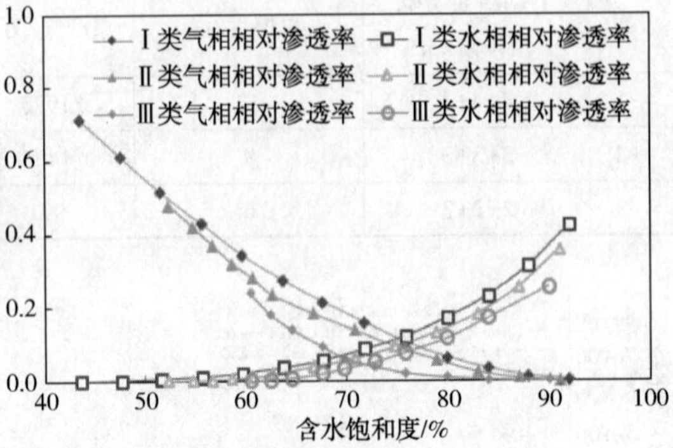

图9　三类储层气水相渗曲线

表3　机理模型储层及裂缝主要参数表

模型参数	Ⅰ类储层	Ⅱ类储层	Ⅲ类储层
含气饱和度/%	60	50	40
泥质含量/%	9	12	15
储层渗透率/mD	1.0	0.6	0.2
储层孔隙度/%	10	8	6
裂缝半长/m	160	170	180
裂缝缝宽/m	0.005	0.004	0.003
裂缝渗透率/mD	1000	10000	10000
裂缝导流能力/(mD·m)	50	40	30

3　机理模型的建立

3.1　模型建立

以苏X区块产能接替区的测井解释结果为基础、结合试采动态资料、流体高压物性分析、气藏工程和产能评价等成果，建立单井压裂数值模拟模型。基础模型顶面埋深3600m，原始地层压力29MPa，温度110℃，平面上网格划分为30×30，网格步长20m×20m，纵向上划分为30层，网格步长1m，目标井位于储层中部（图10）。Ⅰ、Ⅱ、Ⅲ类储层及裂缝主要参数如表3所示。

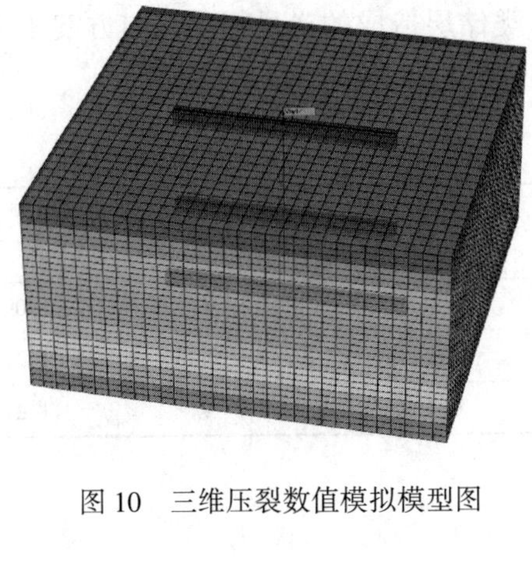

图10　三维压裂数值模拟模型图

3.2　方案设计

设计5套方案，模拟不同的开发技术界限，生产期为15年。方案1为改变Ⅰ类储层的厚度模拟开发技术界限，方案2为改变Ⅱ类储层的厚度模拟开发技术界限，方案3为改变Ⅲ类储层的厚度模拟开发技术界限，方案4为Ⅰ+Ⅱ+Ⅲ类储层组合、厚度各占比1/3、进而对储层厚度界限开展模拟，方案5为Ⅰ+Ⅱ类储层组合、通过改变储层厚度占比和厚度大小模拟开发技术界限，方案6为Ⅱ+Ⅲ类储层组合、通过改变储层厚度占比和厚度大小模拟开发技术界限。

4　开发技术界限研究

4.1　储层集中厚度开发技术界限

方案1，全部为Ⅰ类储层，设置储层集中厚度为4、5、6、8m，生产15年，累产气分别为1091万方、1365万方、1636万方、2185万方（图11），根据合同模式和内部收益率，苏X区块直井开发累产气经济极限为 1500 万方，通过对比可知，只有当储层集中厚度达到 6m 左右时，才有经济效益。

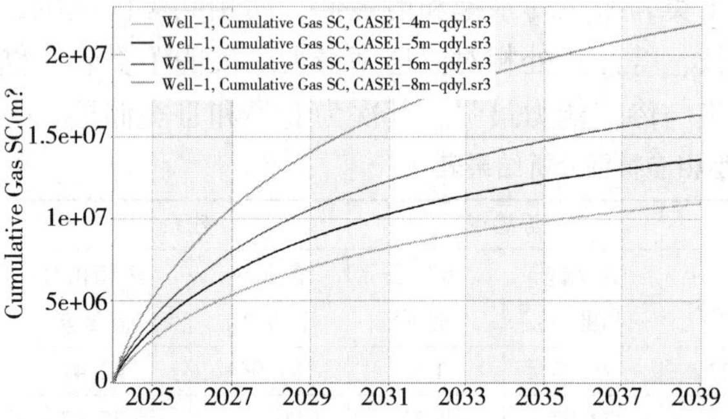

图 11　方案 1 中Ⅰ类储层不同厚度累产气曲线对比

方案 2，全部为Ⅱ类储层，设置储层集中厚度为 8、9、10、12m，生产 15 年，累产气分别为 1258 万方、1421 万方、1568 万方、1885 万方(图 12)，通过对比可知，只有当储层集中厚度达到 10m 左右时，才有经济效益。

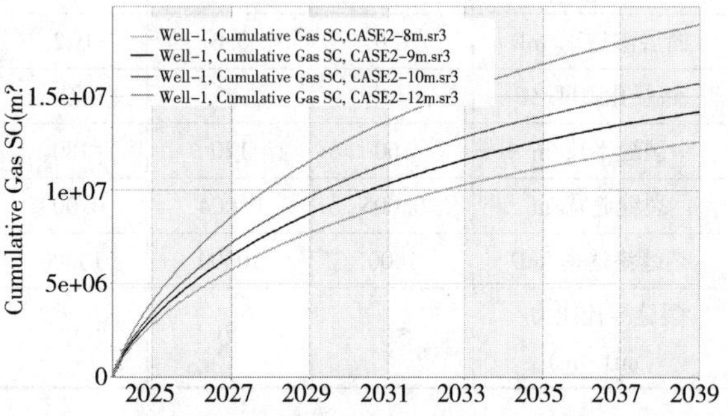

图 12　方案 2 中Ⅱ类储层不同厚度累产气曲线对比

方案 3，全部为Ⅲ类储层，设置储层集中厚度为 20、22、24、26m，生产 15 年，累产气分别为 1311 万方、1434 万方、1562 万方、1698 万方(图 13)，通过对比可知，只有当储层集中厚度达到 24m 左右时，才有经济效益，苏 X 区块小层单层厚度 10m 左右，纵向钻遇连续叠加厚度超过 20m 的有效储层较少，故而单采Ⅲ类储层很难取得经济效益。

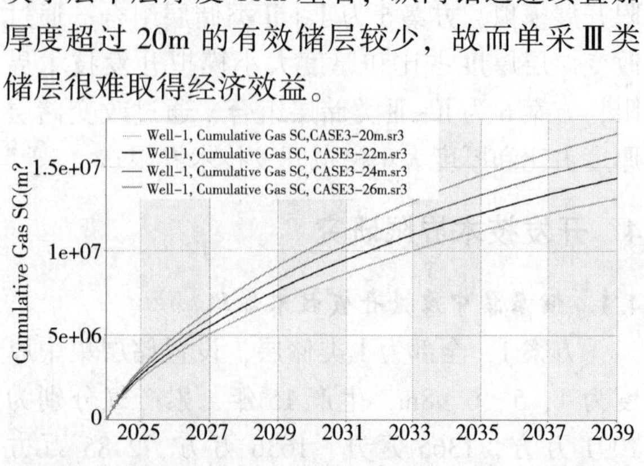

图 13　方案 3 中Ⅲ类储层不同厚度累产气曲线对比

4.2　储层分散厚度开发技术界限

方案 4 设置三个子方案，模型纵向设置包括Ⅰ+Ⅱ+Ⅲ三类储层，方案对应储层总厚度分别为 12、9、6m，其中各类储层厚度各占 1/3，层间间隔厚度 26m。表 4 中列出了模拟 15 年后方案 4 三个子方案的累产气分别为 991 万方、1484 万方，1975 万方，可知总厚度至少要达到 9m 以上才能有经济效益。此外，方案 4-2 中Ⅰ、Ⅱ、Ⅲ类储层的累产气分别为 810、476、198 万方(图 14)，占比分别为 54.58%、32.08%，13.34%，相同厚度下，Ⅰ类储层是产出的主力。

表 4　方案 4 模拟结果表

方案	Ⅰ+Ⅱ+Ⅲ类储层厚度/m	总厚度/m	累产气/万方
4-1	4+4+4	12	1975
4-2	3+3+3	9	1484
4-3	2+2+2	6	991

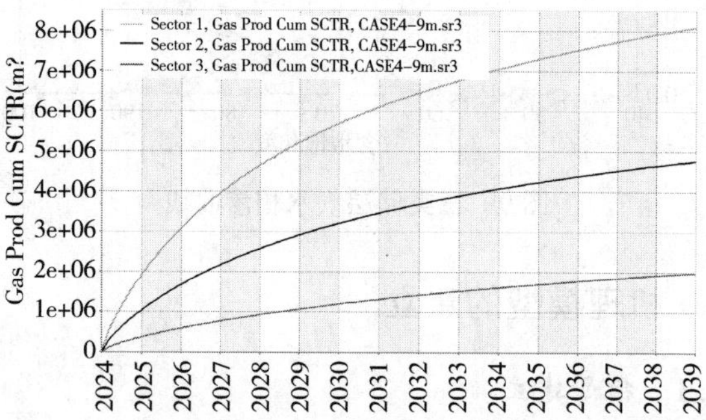

图 14　方案 4-2 中Ⅰ、Ⅱ、Ⅲ类储层累产气曲线对比

方案 5 为只钻遇Ⅰ+Ⅱ类储层的情况，结合方案 2-2 中Ⅱ类储层模拟结果对比可知(表 5)，总厚度不变时降低Ⅰ类储层占比、累产气量下降明显；方案 5-2 中，Ⅱ类储层厚度是Ⅰ类储层的 3 倍，累产气仅为Ⅰ类储层的 1.76 倍(图 15，Ⅰ类储层累产气 539 万方，Ⅱ类储层累产气 952 万方)，因此通过增加Ⅱ类储层厚度远不能弥补缺少Ⅰ类储层造成的产量损失，与方案 4 类似，应尽可能增加Ⅰ类储层的钻遇率。

表 5　方案 5、方案 2-2 模拟结果表

方案	Ⅰ+Ⅱ+Ⅲ类储层厚度/m	总厚度/m	累产气/万方
5-1	4+4+0	8	1709
5-2	2+6+0	8	1491
2-2	0+9+0	9	1421

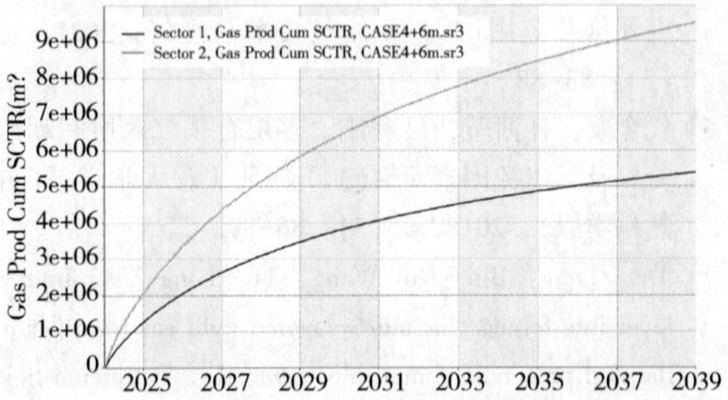

图 15　方案 5-2 中Ⅰ、Ⅱ类储层累产气曲线对比

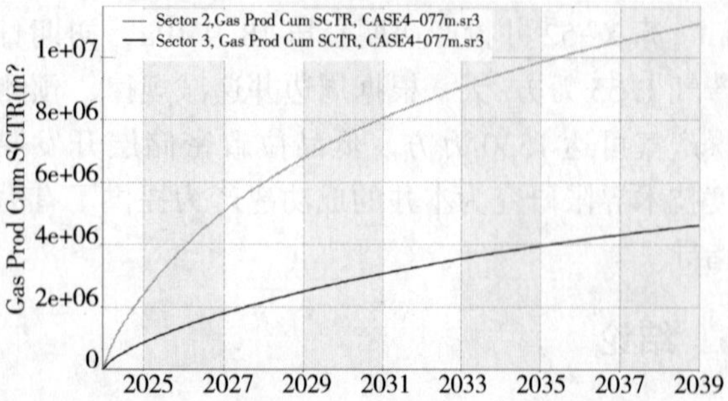

图 16　方案 6-2 中Ⅱ、Ⅲ类储层累产气曲线对比

方案 6 为只钻遇Ⅱ+Ⅲ类储层的情况，根据表 6 模拟结果，在Ⅱ、Ⅲ类储层各占比 1/2 的情况下，累计厚度需达到 14m 时才能取得经济效益(方案 6-2)，此外，Ⅱ类储层累产气 1108 万方，Ⅲ类储层累产气 463 万方，二者之比为 2.39，说明Ⅲ类储层对产出贡献非常小(图 16)，这也是为什么有些井厚度很大，也有一定的控制储量，但因为Ⅲ类储层占比高物性差、很难转换成为有效的产能；同时，根据方案 6-4~方案 6-6，只有不断增加优质储层的占比，才能保证单井产能、实现效益开发。

表 6　方案 6 模拟结果表

方案	Ⅰ+Ⅱ+Ⅲ类储层厚度/m	总厚度/m	累产气/万方
6-1	0+6+6	12	1349
6-2	0+7+7	14	1567
6-3	0+8+8	16	1792
6-4	0+8+6	14	1653
6-5	0+6+8	14	1480
6-6	0+4+10	14	1296

5　实例分析

苏 X-52 井位于区块南部接替区，井区以Ⅱ、Ⅲ类储层为主，且Ⅱ类储层略好于Ⅲ类储层，具有较大的部署潜力。本井钻遇的盒 8、山 1 和山 2 段均含有效储层，根据测井解释结果，储层纵向上多期叠置特征明显，其中Ⅱ类储层厚度 6.9m，Ⅲ类储层厚度 5.3m，Ⅳ类储层厚度 7.4m，分三段压裂，累计动用储层总厚度 19.6m/12 层(表 7)，虽然纵向上储层厚度大，但三套层系受多期叠置、泥岩夹层影响，有效厚度差异大，盒 8、山 1 段为主力含气层系。

本井采用三段压裂、多层合采方式开发，根据压裂段序从下到上加砂量分别为 20、47、50m^3，合计 117m^3，平均砂比 19.6%。压裂放喷效果较好，一次点火成功，初期油压 18.0MPa，敞放，火苗 4~6m；8mm 油嘴，火苗 8~10m，关井油压 20.5MPa，累计放喷时间 27 小时 10 分钟，累计点火时间 16 小时 20 分钟，最终返排率 33.33%。

表 7　苏 X-52 井储层测井解释数据表

层位	层号	井段/m	厚度/m	有效孔隙度/%	泥质含量/%	渗透率/mD	含气饱和度/%	储层分类
盒 8 段	18	3523.1-3525.6	2.5	7.96	3.88	0.297	49.02	Ⅱ
	19	3525.6-3527.2	1.6	6.64	8.08	0.165	31.25	Ⅲ
	21	3530.4-3533.2	2.8	4.01	7.88	0.046	0	Ⅳ
	22	3533.2-3534.8	1.6	7.24	9.47	0.230	34.08	Ⅲ
	23	3538.4-3540.4	2.0	8.08	4.32	0.319	54.15	Ⅱ
	24	3540.4-3541.7	1.3	6.61	6.14	0.166	35.21	Ⅲ
山 1 段	29	3564.8-3565.8	1.0	7.69	5.46	0.279	49.35	Ⅱ
	30	3565.8-3568.0	2.2	4.31	12.48	0.086	0	Ⅳ
	31	3568.0-3568.8	0.8	6.68	6.24	0.171	32.46	Ⅲ
	32	3568.8-3569.8	1.0	5.55	11.84	0.089	3.01	Ⅳ
山 2 段	37	3605.2-3606.6	1.4	7.20	4.92	0.319	50.1	Ⅱ
	38	3606.6-3608.0	1.4	5.13	9.71	0.103	0	Ⅳ

苏 X-52 井投产初期套压 18.9MPa，初期日产气 1.55 万方/天，根据周边井递减规律，预测累产气可达 1530 万方。低品位致密储层开发厚度技术界限研究为本井的成功建产为提供了有力指导。

6 结论

（1）根据岩心分析数据，确定储层物性下限标准，将有效储层划分为Ⅰ、Ⅱ、Ⅲ类储层，其中Ⅰ类储层孔隙度大于 10%、渗透率大于 1.0mD，Ⅱ类储层孔隙度在 7.5～10%之间、渗透率在 0.5×10^{-3}～1.0mD 之间，Ⅲ类储层孔隙度一般在 5.0%～7.5%，渗透率在 0.1～0.5mD 之间，结合气水相对渗透率曲线，由Ⅰ类至Ⅱ、Ⅲ类储层，束缚水饱和度逐渐增加，两相共渗区变短，等渗点处相对渗透率也逐渐下降，渗流能力逐渐变差。

（2）根据区块接替区实际的气藏地质参数建立了直井多层合采压裂数值模拟模型，共设计 6 个主方案、23 个子方案；在当前经济条件下，储层集中厚度开发技术界限为Ⅰ储层 6m，Ⅱ类储层 10m，Ⅲ类储层 24m；储层分散厚度开发技术界限为含Ⅰ+Ⅱ+Ⅲ三类储层时累计厚度需在 9m 以上，Ⅰ+Ⅱ类储层累计厚度需在 8m 以上，Ⅱ+Ⅲ类储层累计厚度需达到 14m 以上。

（3）采用直井多段压裂、多层合采的开发方式可有效增加单控储量，但动用厚度的增加并不意味着单井建产就一定能取得成功，不断增加优质储层的占比，特别是Ⅰ类和Ⅱ类储层的占比，才能保证单井产能、实现效益开发。

参 考 文 献

[1] 顾岱鸿，丁道权，刘军，门成全．层间非均质性致密气藏多层合采产量变化规律研究[J]．科学技术与工程，2015，15(8)：53-58.

[2] 王欣，张睿．应力敏感对致密气藏压裂水平井产量的影响[J]．科学技术与工程，2017，17(29)：69-73.

[3] 李春．川西难动用致密砂岩气藏储量可动用界限研究[J]．钻采工艺，2012，35(3)：52-59.

[4] 强小龙，杜支文，文开，王泓波．多层系致密气藏合采层位优选技术[J]．第二届中国天然气开发技术年会论文集，2023.

[5] 尹涛，陈新，罗歆尧．多层系气藏有效储层极限厚度评价及应用[J]．天然气技术与经济，2021，15(5)：83-88.

[6] 代金友，任茜莹，吕利刚．多层合采气藏层间动用差异及其主控因素研究[J]．河北工程大学学报(自然科学版)，2018，35(3)：86-89.

[7] Tao Zhang，Bin-Rui Wang，Yu-Long Zhao. Inter-layer interference for multi-layered tight gas reservoir in the and presence of movable water[R]．Petroleum Science 21(2024)：1751-1764.

[8] 熊钰，张烈辉，阳仿勇，鲁友常，胡述清．多层气藏一井多层开采技术界限研究[J]．天然气工业，2005，25(7)：81-83.

[9] 罗治形，蒋志斌，苏海斌，等．压汞方法在不同类型储层研究中的应用[J]．新疆石油天然气，2019，15(04)：33-36.

[10] 田清华，刘俊，张晨，等．苏里格气田下古生界储层特征及主控因素[J]．岩性油气藏，2020(2)：33-42.

[11] 胡勇．致密砂岩气藏储层渗流机理研究[D]．东北石油大学，2016.

[12] 吴育平，孙卫，杜堃，等．致密砂岩储层孔喉结构差异对可动流体赋存特征的影响—以苏里格气田东区和西区盒 8 储层为例[J]．地质与勘探，2019，55(01)：212-222.

[13] 刘登科，孙卫，任大忠，等．致密砂岩气藏孔喉结构与可动流体赋存规律——以鄂尔多斯盆地苏里格气田西区盒 8 段、山 1 段储层为例[J]．天然气地球科学，2016，27(12)：2136-2146.

[14] 董鑫旭，冯强汉，王冰，等．苏里格西部致密砂岩储层不同孔隙类型下的气水渗流规律[J]．油气地质与采收率，2019，26(6)：36-45.

[15] 李玉城．苏里格气田中北部致密储层孔隙尺度下气水渗流规律研究[J]．石油地质与工程，2022，9(05)：69-78.

[16] 彭越．窄河道致密砂岩气藏水平井生产规律及数值模拟研究[D]．中国地质大学(北京)，2020.

[17] 费肇磊．致密砂岩气藏增产措施技术界限及裂缝参数优化研究[D]．西南石油大学，2014.

[18] 周长静，郝瑞芬，肖元相．致密砂岩气藏多层压裂改造多层产能测试评价研究[J]．河油气井测试，2016，25(2)：1-5.

[19] 张凌筱，任广磊，孙华超，等．致密砂岩气藏数值模拟方法研究——以鄂尔多斯盆地大牛地气田太 2 段气藏为例[J]．天然气技术与经济，2023，17(5)：1-8.

[20] 姜超．大牛地气田太 2 段致密砂岩气藏提高采收率对策[J]．天然气技术与经济，2022，16(2)：10-14.

第三篇　深层、超深层油气工程技术篇

油气工程技术作为油气勘探开发的重要支撑，对推动行业发展和技术进步意义重大。随着全球油气勘探不断向深海、深层、低渗、非常规及老区纵深拓展，工程技术装备、工具、仪器和技术面临着极为迫切的升级需求。向深层超深层进军，意味着设备要能承受超高压和极端温度的考验；低渗油气藏开发则要求技术手段可实现对微小孔隙流的精准描述和调控；而老区挖潜，需应对多次开发后形成的复杂地质状况，科学调控剩余油流动；海洋深水油气勘探开发则对工程技术与装备提出了更高的要求，融入绿色环保和智能化的理念和技术是未来重要的发展趋势。本篇所录论文聚焦近年来为适应油气勘探开发形势的变化，在“两深”油气勘探工程技术领域所取得的新装备、工具、仪器和技术成果，主要包括油气钻完井新技术、井控安全技术、测井技术、酸压改造技术、测试技术、工程装备技术、压裂改造技术等，主题密切结合“两深”工程，内容前沿性强，期望为油气勘探开发行业高质量发展提供帮助，为我国能源供应的稳定与可持续做出积极贡献。

锂电池储能系统在某深水钻井平台的应用分析

郑　健　郭琳岩　刘　政　武勇成　任新温

（中国石油集团海洋工程有限公司）

摘　要　针对应用在某深水钻井平台上的锂电池储能系统，从系统架构、结构原理、功能特性等方面进行分析，验证了在削峰填谷、功率因数校正及备用运行中的协同作用。并对锂电池储能系统的不足之处提出改进建议和其它类型钻井平台(船)上进行应用推广的初步设想。

关键词　深水钻井平台；锂电池储能系统；削峰填谷；功率因数校正；备用运行

1　引言

随着海洋石油资源的不断开发和利用，深水钻井平台作为海上石油勘探和生产的关键设施，其电力系统的稳定性和效率显得尤为重要。深水钻井平台在运行过程中，面临着电力负荷波动大、电网稳定性要求高以及能源利用效率低等挑战。为了提高电力系统的稳定性和能源利用效率，锂电池储能系统逐渐被引入到深水钻井平台中。

锂电池储能系统凭借其高能量密度、长循环寿命和快速充放电能力，在削峰填谷、功率因数校正及备用运行等方面展现出显著优势。本文针对应用在某深水钻井平台上的锂电池储能系统，从系统架构、结构原理、功能特性等方面进行深入分析。旨在验证锂电池储能系统在深水钻井平台中的实际应用效果，评估其对电力系统稳定性和能源利用效率的提升作用。同时，本文还将对锂电池储能系统的不足之处提出改进建议，并探讨其在其他类型钻井平台(船)上的应用推广潜力，以期为海洋工程领域的能源管理和利用提供新的思路和方法。

2　系统结构

2.1　整体架构

该储能系统挂在康斯伯格公司的K-CHIEF700的自动化电力交流系统中(图1)，通过蓄能系统逆变器(CGC)和蓄能系统变压器与主配电板连接。其核心布局为多个电池舱通过公共直流母线相连，控制和连接柜作为信号枢纽，接收控制电压并协调电池组与外部的信号传输，这种架构确保了系统内电能的有效分配和集中管理。

2.2　电池芯(BC)

选用三元锂电池，标称容量达64.0AH，标称能量为235.5WH，标称电芯电压3.68V。其1h提供电力235.5W，电芯能量密度优势显著，在目前全固态电池未量产之前远超铅酸电池及部分磷酸铁锂电池，具备充电迅速、大功率放电性能优异等特性。

2.3　电池模块(BM)

如图2电池模块由28个电芯串联组成，标称容量64AH，能量6.6KWH，电压103V。模块集成了电压、温度监测，电池均衡和安全断开控制电路，以及便捷的插拔式电气和冷却连接。

2.4　电池组(BP)

包含9个串联电池模块BM、电池舱和隔离保护单元，标称容量64AH，能量59.4KWH，电压927V。具备独立的监测、控制、报警和安全功能，通过熔断器和电动负载断路器实现短路保护和安全断开，且模块间采用认证的工业无线通信，保证了电池组内信息传递的及时性和准确性，增强了系统的整体稳定性。

2.5　深水钻井平台的锂电池储能系统配置

锂电池储能系统包含1个1500KVA变压器、1个变频器和2套三元锂电池组(包含20组电池组BP)容量1188kW·h，电压范围：796~1060V，最大充放电速率5C(1C表示电池一小时完全放电时电流强度)，SOC(当前电量与总电量之间之比)范围在60%~90%适用于削峰，25%~90%适用于启停模式；西门子BLUE DRIVE变频器采用西门子采用外部水冷方式，额定电压AC690V、50HZ，额定功率4200kW，能量电流可以双向导通，交流侧采用 AFE，直流母排额定电压4000A，功率因素 0.85。西门子储能电池输出容量为 4000kW、5min，用于削峰填谷工况 1000kW、30s。

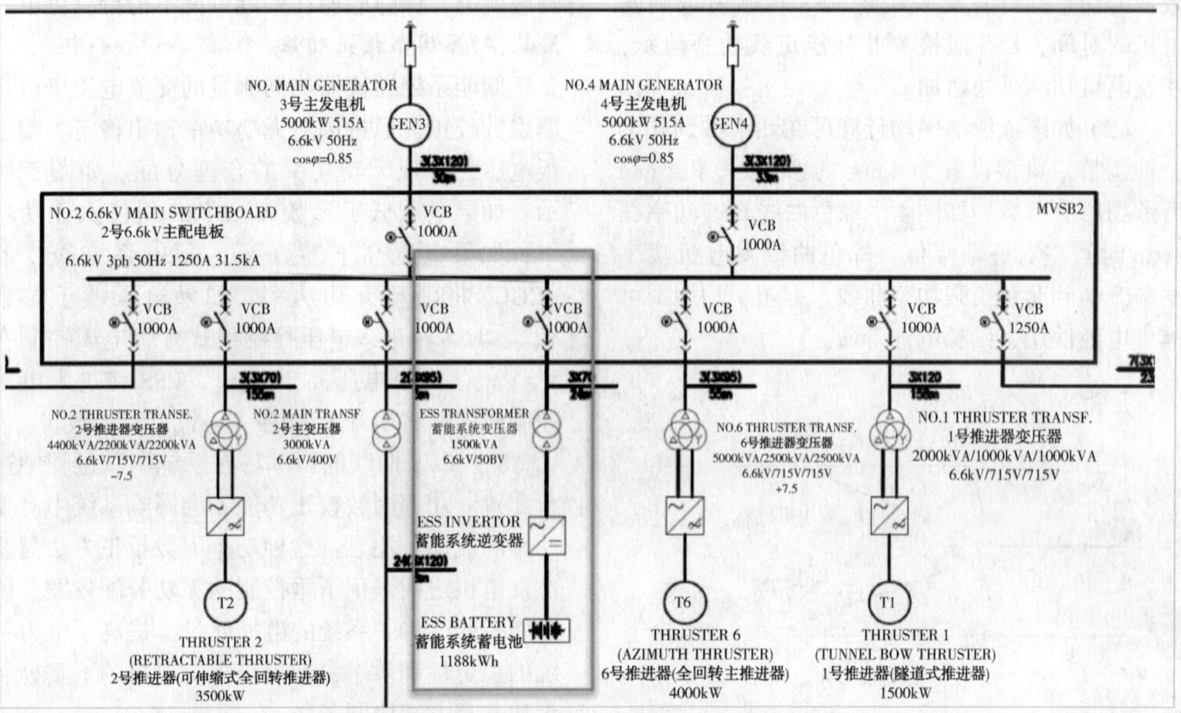

图 1　K-CHIEF700 的自动化电力交流系统局部一次图

图 2　电芯背面视图

3　ESS 储能系统功能

3.1　固定柴油发电机设定点功能

在本地或远程模式下，储能系统根据发电机负载设定点灵活调节功率流，以确保柴油发电机负载的稳定运行。通过(图 3)曲线分析，储能系统负载(蓝线)随系统负载(绿线)增加自动充放电：当系统负载低于发电机产能时充电，高于产能时放电，电池荷电状态在 60%~90%间动态调整，低于 60%时请求新发电机接入。该功能有效提高了柴油发电机的运行效率，减少能源浪费，增强了系统供电的稳定性和可靠性。

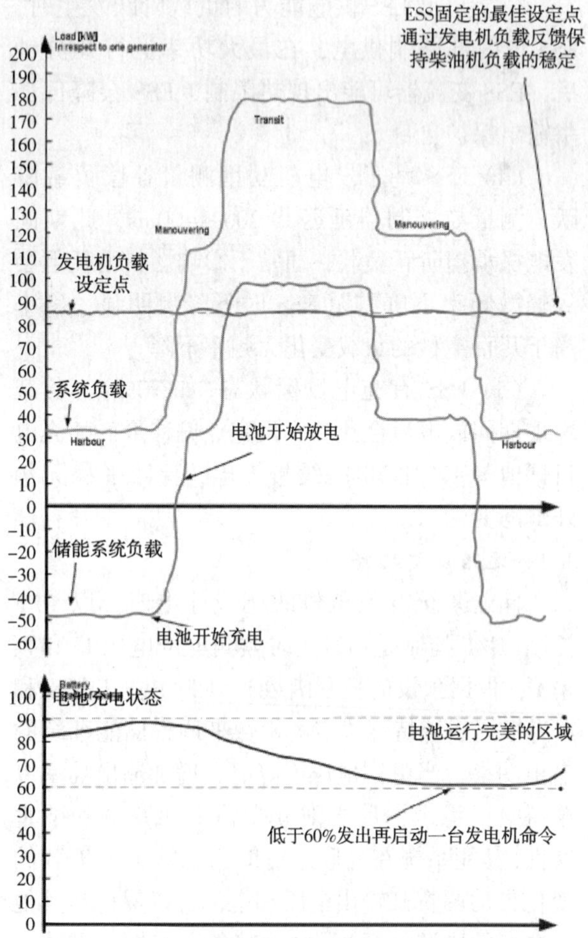

图 3　发电机负载与电池充放电曲线

3.2 削峰填谷功能

（1）通过基于滑动平均计算控制发电机负载，滑动平均计算配置决定 ESS 转移负载到发电机的时间，ESS 能检测并补偿负载功率阶跃，使发电机功率平稳增加。

（2）如图 4 滑动平均计算可在几十秒到几十分钟调整，典型设置为 5min，此时发电机 5min 后承担所有负载，如图 4 中绿色曲线 ESS 功率在 4min 时间左右逐渐降低，棕色曲线发电机功率逐渐升高到蓝色负载功率曲线。缩短平均周期可减少电池使用、延长电池寿命。

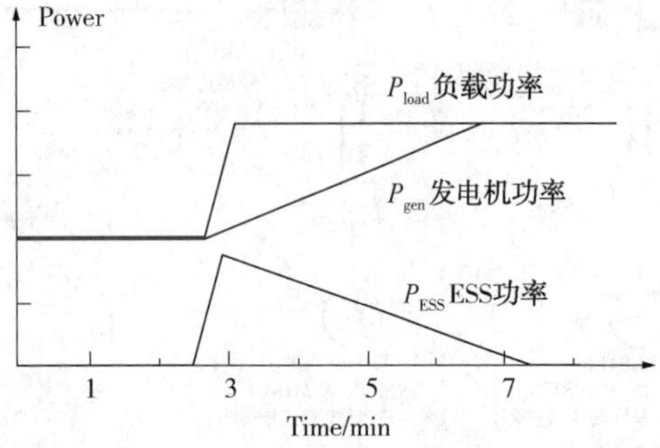

图 4　滑动平均曲线

（3）超出 ESS 供应能力的负载阶跃发生时，ESS 依内部限制供电，在最大功率运行几分钟后，ESS 变流器可能出现热限制，ESS 会降低功率输出保护自身。

（4）ESS 基于发电机功率测量补偿负载阶跃，测量与控制器延迟共 200～400ms，此期间发电机承担阶跃负载，通常不影响燃料消耗但会致轻微频率下降，无 ESS 时下降更明显，斜率高于几百毫秒的负载变化无频率下降。

（5）ESS 有充电目标状态（如 70%），负载增加期间放电后会获功率设定点偏移量，朝充电目标值 SOC（如 70%）缓慢充电，保障平稳无额外瞬态变化。

3.3 运转备用功能

储能系统在发电机跳闸或停电时，以 U/F 控制（U/F 控制是通过实时监测电网电压 U 和频率 F，根据预设的控制函数 U=KF+B，其中 K 和 B 为根据系统特性确定的常数来调整储能系统的输出功率，当电网电压下降时，增加输出功率以维持电压稳定，反之则减少输出功率。）和下垂特性（储能系统在并联运行时，能够根据负载的变化自动调整其输出电压和电流，以保持与其他发电机的协调运行）提供运转备用支持，可独立运行或与其他发电机并联运行，降低了发电机的运维成本，提高了船舶电力系统的可靠性和应急响应能力，保障船舶在关键工况下的持续供电。

3.4 功率因数校正功能

储能系统转换器依据测量的交流电压进行功率因数校正，通过调整无功功率输出稳定主配电板电压，实现无功功率的合理分配。如图 5 所示：如果电压低于参数 V_0，ESS 将注入无功功率；如果电压高于参数 V_0，蓄能系统逆变器（CGC）将消耗无功功率。如果电压低于参数 V_{MIN}，ESS 将进入电压控制模式并将电压控制在 $V=V_{MIN}$。如果电压高于 V_{MAX}，ESS 将进入电压控制模式并将电压控制在 $V=V_{MAX}$。参数 V_{MAX}、V_{MIN}、V_0 以及曲线的斜率将在系统调试过程中进行配置。功率因数校正功能不会影响系统中有功功率的流动。注意：这种功率因数校正方法需要主发电机之间采用下垂控制的无功分配方案。该功能有效改善了系统的电能质量，提高了电力系统的稳定性和效率，但需与主发电机的下垂控制无功共享方案协同工作。

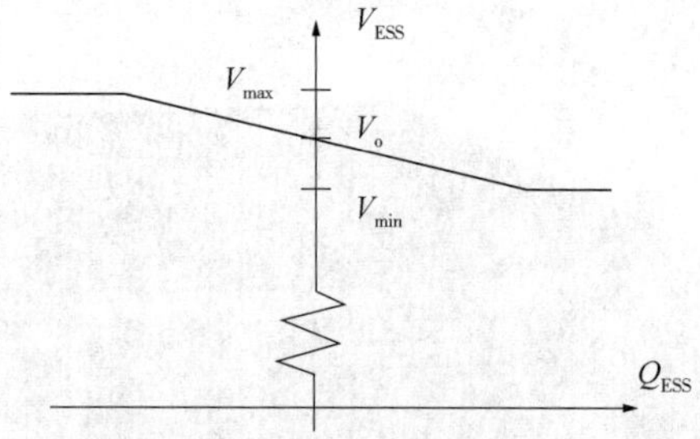

图 5　功率因数校正

注：V_{MAX} 为允许的最大电压值；V_{MIN} 为允许的最小电压值；V_0 为 0V 电压值

4 ESS 储能系统安全功能

4.1 电池高电流限制

由清洁电网变流器控制电池电流和方向，依据最大电压、电流、温度等参数调节，电池短时间内可达 5C（2C 充电电流）。电池管理系统每秒向 ESS 根据 CPU 传接下来 30 秒电池电流数据（基于电池温度）限制电流和功率输出。

4.2 电池能量水平限制与跳闸

电池能量因发电用电差异波动，功率管理系统选柴油发电机和电池组合降油耗，设最小能量水平防电池过度放电。60%～90% 为优选能量范围，25%～90% 为允许运行范围，ESS 确保电池不过充放至低 SOC。

4.3 基于电池管理系统反馈的限制与跳闸

电池管理系统发出警告信号时电流限为 0A（如电池过热），其故障反馈会使电池组控制器和 ESS 跳闸，涵盖通信故障。

4.4 过压/欠压跳闸

监测单个电芯电压，超 4.20V 或低于 3.45V 跳闸，通常由 SOC 反馈检测电压不平衡。

4.5 主推进功率限制

ESS 与主推进负载限制系统连接，过载发降低信号，连接其他发电机时转功率降推进力。

5 ECS 能源控制系统

该深水钻井平台配备了 6 台 5000kW 主发电机组，7 台电力推进器：3 * 4000kW、3 * 3500kW、1 * 1500kW 共 24000kW，在作业期间重型用电设备的负载直接影响电网的稳定，ECS 能源控制系统中通过动态负载预测（DLP）、动态混合控制（DHC）、动态惯性控制（DIC）实现了电网稳定运行。

5.1 DLP 动态负载预测系统：

DLP 系统的运行机制如下：它会采用前馈控制模式持续对重型用电设备的动态设定点以及实际负载进行精准测量。DLP 还会把负载或者设定点的变化信息实时传送给 KONGSBERG MARITIME（KM）增强补偿下垂负载共享系统。通过图 6 中电网负载运行频率趋势图中分析"紫色频率曲线"随负载频率的变化中在 DLP 模式下可以稳定运行。船舶电力管理系统（PMS）即便在较少发动机处于在线状态时，依然能够获取稳定的频率，保障船舶电力供应的可靠性与稳定性。

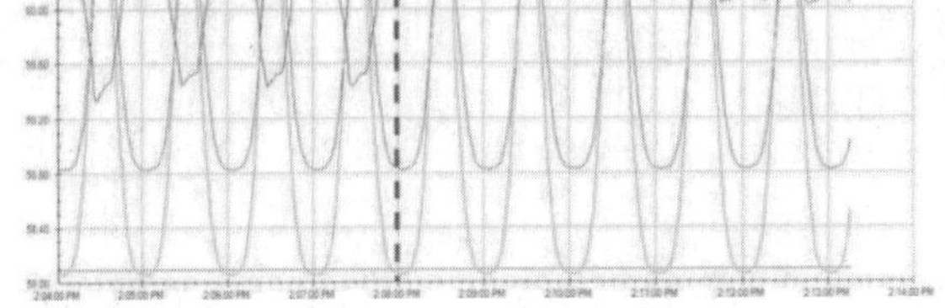

图 6　电网负载运行频率趋势图

5.2 动态混合控制（DHC）：

动态混合控制（DHC）是一种先进的综合性技术系统，旨在优化能源的利用和分配，其核心在于通过对不同前馈信号的精准处理和合理分配，以及将动态定位（DP）系统的结果和能力计算深度集成到能源控制系统中，实现系统整体性能的提升和能源效率的最大化。

5.3 动态惯性控制（DIC）：

惯性控制具备多项关键特性与功能。它能自动适配电站配置及主发电机组（如船用柴油机油）类型，算出当下可用惯性总量（KW/S），此数据传至 DP 控制系统，用于航向、定位控制计算与推力分配，还能设定用电设备获取功率优先级，维持惯性总量。可用动态随发电机、ESS 特性变，如此操作可让电站获稳定电压、频率。DIC 相较于传统的 DP 推进器控制（采用预设斜坡方式），它考量电站各模式可用惯性并与 DP 协调，合理分配至推进器，匹配负载与发动机性能，优化效率，减少功率需求与在线发动机数。ESS 放电功率限制作其可用 KW/S 但 DIC 不对 ESS 主动控制。

6 锂电池储能系统的不足和固态电池的技术突破

目前相关研究已经提出了包括飞轮储能和超级电容储能等多种再生能量储存技术来解决石油钻井中能量存储问题，比如：某油田已有超级电容储能系统投入应用的成功尝试，某深水钻井平台已有锂电池储能系统投入使用。锂电池储能系统也存在着一下不足：

6.1 安全性风险

热失控隐患：采用三元锂电池，液态电解质易燃，热分解温度仅 200-300℃，高温环境下存在热失控风险。

6.2 低温性能局限

低温衰减：虽在低温性能上优于部分液态电池，但极端低温下可能影响性能。

6.3 寿命衰减问题

循环次数有限：深水钻井平台的高频充放电可能加速衰减，缩短三元锂电池的更换周期。

6.4 横向对比劣势

与飞轮/超级电容相比：安全性风险、循环寿命（飞轮可达百万次）及低温性能可能不及其他储能技术。

6.5 固态电池的技术突破

近期，中国固态电池技术快速突破，国轩高科股份有限公司、宁德时代新能源科技股份有限公司、浙江吉利控股集团有限公司和宁波吉利汽车研究开发有限公司、比亚迪股份有限公司等公司陆续披露全固态电池技术进展和性能指标，全固态电池以其更高的安全性和能量密度、更宽的温度适应性和材料选择性而备受瞩目，相较于传统的锂离子电池具有更高的安全性和能量密度、更宽的温度适应性和材料选择性。全固态电池是全球公认的下一代电池，是最重要的革命性技术，预计2028—2030年全固态电池将实现产业化发展。

7 结论

7.1 该锂电池储能系统

凭借其精心设计的系统拓扑、全面的功能模块和完善的安全机制，在该深水钻井平台运行中展现出卓越的性能。

7.2 系统存在的不足与改进建议

针对锂电池系统存在的不足之处，待全固态电池量产之后可使用全固态电池将三元锂电池替换。

7.3 未来海洋工程应用的推广潜力

(1) 储能系统的高效控制策略和模块化设计为自升式钻井平台/船的电源管理(储能系统及电源可回收系统)提供了参考，尤其适用于需应对复杂电网波动的场景(比如钻井平台电动绞车快速上提下放时和平台升降时产生大量逆功率的情况下)。

(2) 通过锂电池储能系统整合钻井平台/船的蓄电池系统，可优化能源利用效率，减少对传统液体电池的依赖。

综上，锂电池储能系统凭借其技术成熟度和持续创新，在海洋工程中具备广泛应用前景，而材料与其他蓄电池系统的整合优化将为其规模化推广提供核心支撑。

参考文献

[1] 张长煦，等. 车用三元锂电池与磷酸铁锂电池对比分析[A]. 新能源汽车，2019，1671-7988(2019)23-28-03

[2] KONGSBERG. MARINE AUTOMATION SYSTEMS K-CHIEF 700EB/OL]. HTTP：//WWW. KM. KONGSBERG. COM/KS/WEB/NOKBG0240. NSF/ALWEB/B34BE0784AD54E48C12572660040AAFA? OPEN DOCUMENT.

[3] 张超平，戴兴建，苏安平，等. 石油钻机动力系统飞轮储能调峰试验研究[J]. 石油机械，2013，41(5)：3-6.

[4] 靳乐冰，姜新建，张超平，等. 基于飞轮储能石油钻机系统的研究[J]. 微电机，2012，45(11)：27-30，81.

[5] 王志国. 超级电容储能技术在网电修井机中的应用[J]. 石油机械，2015，43(5)：104-106.

[6] 吴皓文，王军，等. 储能技术发展现状及应用前景分析[A]. 电力学报，2021，1005-6548(2021)05-0434-10.

[7] 罗艳托，曲子洲，等. 全固态电池发展趋势及其对燃油车市场影响分析[J]. 国际石油经济，2025，33(01).

深层油气藏测井装备提高耐温极限技术研究进展

鄢长欣

（中国石油集团测井有限公司）

摘　要　随着浅层油气藏开发日渐枯竭，深地深海油气已成为重要的接替能源。深层油气井的高温井况要求测井仪器具有耐高温性能。针对上述问题，基于近年来深地深海测井装备的研究成果，从电子线路热管理方案开发、耐高温电子器件开发和封装、新型传感器和新材料新工艺应用、测井施工方案优化以及仪器技术鉴定5个方面对提高设备耐温性能的技术研究现状进行了分析，提出了应用建议，为深层油井测井装备研制中提高设备耐温极限提供参考。

关键词　深地；深海；热管理；测井；高温高压；耐温极限

1　引言

在世界范围内，对石油资源的要求越来越高，对深部储层的开采也越来越受到重视。深部石油天然气储层一般埋在地下几公里处，具有高温150~200℃乃至更高的极端环境。在如此高的温度条件下，如何提高测井设备的抗温度能力，已成为限制我国深部石油资源开采和开采的一个重要问题。在深部石油天然气储层中，抗高温能力是提升深部油气资源勘探的关键，也是保证作业人员安全和减少环境风险的关键。比如，根据世界能源机构(IEA)的研究，深海地区的天然气和天然气储量占据了世界上最大的一部分，如果能够得到高效的开采，将会对世界的能源供给带来深刻的影响。为此，开展深部石油天然气储层中的测井设备耐高温限制研究，既是重要的科学问题，又是关系到国家能源安全与可持续发展的重大课题。

随着石油天然气资源不断向深部开发，对测井仪器提出了更高的要求，以保证测试结果的精度和操作的安全。比如，在200℃以上的温度条件下，各种器件、器件、器件都需要长期工作，对器件的工作温度提出了很高的要求。据IEA报道，深部油藏的开采通常具有较高的风险和较高的费用，但也有较高的经济效益。研发适用于深部油气储层特点的测井仪器，对提升油气开采效率、降低生产成本有着重要的现实意义。提高测井资料的可靠性，对提高石油天然气勘探生产效率具有重要意义。

2　提高耐温极限的关键技术

2.1　材料科学在耐温极限提升中的应用

在深部石油天然气储层的测井设备中，材料的运用是提高其抗高温能力的重要手段。石油天然气开采向深部发展，其工作环境越来越苛刻，传统的测井资料已经不能适应深部复杂地质条件下的应用要求。比如，在200℃以上的温度条件下，常规的电子器件会出现热膨胀和热应力集中现象，从而引起器件故障。所以，研究和发展抗热性能优良的新材料已是大势所趋。

最近几年，在高温合金、陶瓷基复合材料和新型薄膜等材料研究上有了新的进展。比如，由于具有优良的抗热、抗腐蚀性等特点，在石油、天然气等深部地层中得到了越来越多的应用。另外，SiC、AlN等陶瓷具有较高的熔点和较好的耐热性能，是目前抗高温性能研究的重点。这种新型结构不但可以抵抗1200℃的高温，还可以在恶劣的条件下维持优异的力学和电气绝缘特性。

在工程实践中，人们通过建立跨尺度的计算模式来实现对其高温性能的预测与优化。比如，利用分子动力学方法，可以观测到物质在原子级上的稳定状态，从而对其进行设计与制备。同时，采用有限元法等仿真手段，准确地计算设备在真实工况下的温度场和温度场，为进一步提高设备的服役性能提供依据。

深部石油天然气储层温度限制研究中，材料学依据的是材料在不同温度条件下的基础特性，从而促进了其抗温性能的发展。在此基础上，通过对材料的深入研究，将会发现更多具有创新性的材料，从而为深部油气资源的有效开采奠定基础。

2.2 电子设备的耐高温设计原理

对深部石油天然气储层的测井仪器进行耐温限制研究时，其核心问题是电子器件的耐高温性能。石油天然气开采向纵深发展，钻井装备所处的工作温度越来越苛刻，传统电子器件在高温工况下容易出现性能退化、故障等问题。所以，对其进行抗高温设计理论的研究和实践具有十分重大的意义。比如，将普通的环氧树脂衬底改为陶瓷衬底，可以大大改善其耐高温特性。在1000℃以上的温度条件下，其具有优异的电气绝缘性能和力学性能，为深部石油天然气勘探设备的研制奠定了坚实的工作基础。

在抗高温的理论中，对其进行优化也是必不可少的。利用具有良好导热性能的导热材料及合适的热辐射结构，能够有效地降低器件的工作温度。比如，采用热管技术，可以快速地将电器所发出的热传递到装置的外侧，使装置内的温度处于一个相对较低的安全区间。在此基础上，开展数值仿真与试验研究，准确评价其散热性能，保证所提出的散热方案符合深部石油天然气储层的特定需求。

同时，提高测井设备的耐温性能，也是提高测井设备工作温度上限的重要手段。如何选用合适的密封材料以及如何合理地进行密封，将会对器件的工作性能及使用寿命产生重要的影响。比如，利用硅树脂包装，既可以提高器件的温度稳定度，又能保证器件的力学性能。在此基础上，利用有限元法等先进的封装建模方法，准确地模拟出器件的热应力及热胀特性，实现器件结构的合理设计，保证器件在恶劣环境下的可靠运行。

因此，对深部石油天然气储层中的测井仪器进行耐温限制研究，需要对其进行更深层次的研究与应用。本项目将从材料科学的发展、散热技术的改进和电子器件的集成等方面入手，实现对深部石油天然气储层的有效开采。

3 提高测井装备耐温极限的技术方案及进展

民用电器产品的工作环境是85℃到125℃，目前仅有几个能在150℃以上工作的电子器件。测井仪器中含有大量的元器件，很多陈旧的测井仪器已经不能满足井下的高温、压力要求。在高温条件下，测试结果表明，在高温条件下，测试精度降低，失效率增加。为此，业界将重点放在如下五个方面：(1)开发有效的地下电路散热系统；(2)研制抗高温的元件，改进元件的布线工艺和焊接工艺；(3)新传感器，新材料，新过程的应用；(4)改善测井操作规程，缩短仪器接触温度过高的条件；(5)对该仪表进行严密的技术评价。

3.1 井下仪器电子线路热管理方案

井下仪器电子线路工程设计中，通常采用的热管理方案分为被动和主动冷却技术。

3.1.1 被动冷却技术

无源制冷指的是在不依靠能量和电能的情况下进行制冷，比如目前在工业上使用的热水瓶技术。该方法采用真空电子管、高效隔热材料和相变材料等多种手段，一方面减小了井眼温度对设备的温度冲击，另一方面利用相变材料实现对设备各构件的散热。图1所示为常规热水瓶构造的示意图。

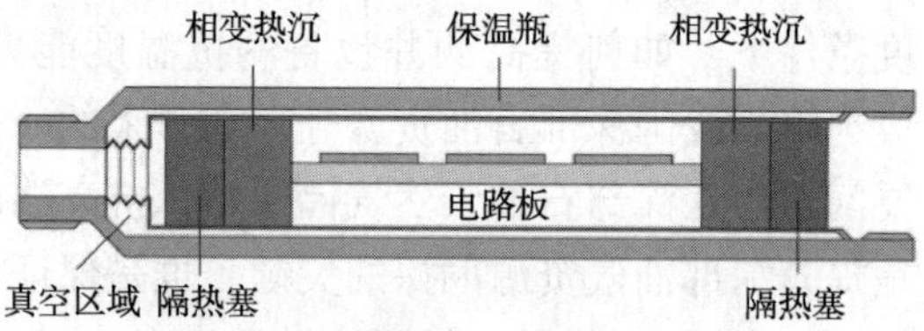

图1　传统的保温瓶总成示意图

在此基础上，本项目将为新型储能技术提供一种新型的储能方式，为其提供一种可持续、长时间存储的新思路。马一鸣用石蜡与伍德合金进行了相似试验，并进行了热吸收特性的比较。试验表明，以伍德合金为吸收热量的仪器，在200℃、6h工作时间后，其测试板的平均温升比常规的石蜡降低21.26℃。

针对目前常用的储热罐制冷方法，储液罐与线路间的阻隔性较大，影响了储液罐的散热效果。为了改善回路和相变物质间的热量传递，研究者们将热管技术应用于热水瓶中。热管是一种由封闭的管体、吸液芯及蒸气通路组成的高效率换热部件。所述吸液芯包绕于所述管内壁，所述吸液芯包覆于所述管内壁上，所述吸液芯包覆于所述管内壁；热管辐射器的汽化部分通过对热源热的吸附，使其内部的流体发生汽化，从而产生水蒸气。水蒸气将热能从汽化部分转移到冷却部分，在吸热过程中放出热能，冷凝为液态，再经毛细力回到汽化部分，从而实现了一种高效率的散热(图2)。

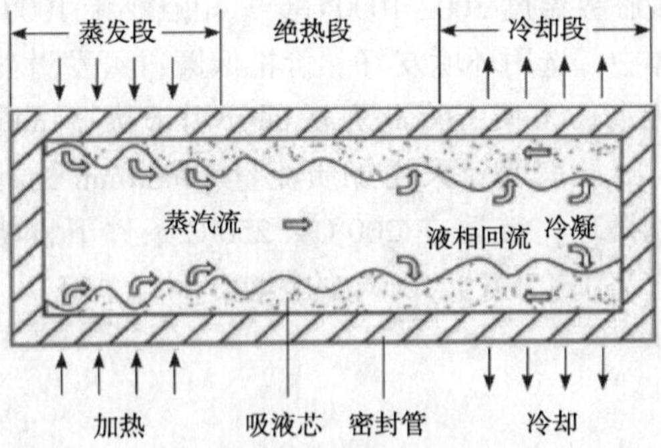

图2 热管结构及工作原理示意图

Shang 等人自主研发的无源散热系统(TMS)，由保温瓶、相变材料、热导管等材料构成。试验结果表明，本装置可使装置在 200℃低温环境中保持 125℃不超过 6h。

张宏亮等人对热管与毛细结构的选用进行了深入的研究，提出采用具有超强虹吸作用的新型 Ni 基多孔金属作为导热油的吸液芯。熊长武等人提出采用增材制造工艺构筑吸液式毛细水凝胶微结构，并研究其在均质板上的传热传质结构的设计思想和方法，并研究了其在多孔介质中的应用。在此基础上，研制出一种将高导热扩散板、热管和强化的相变热管组合在一起的相变热疏导设备。

彭等人采用一体化蓄热/散热一体化设计方案，实现了从最初的 165.8℃到 133.4℃，相变系数由 52.8%提高到 63.5%。通过在蓄热组件上加装一根热管来强化传热，使其最大温升可达 110.7℃，潜热利用效率可达 99.0%。蓝威公司针对这一难题，创新性地将“保温罐与纳米气凝胶绝热-分布式储能-传热通路增强传热”的思路，实现了在 205℃工作条件下，连续工作 9h 不超过 150℃的低温测试仪器。罗小兵等研制开发了内置套管式测井仪器的温控框架，框架结构包括开槽电路框架、高导热铜管以及蓄热组件，其中沟槽电路框架适用于测井仪器，框架内设置贯通式通道，储热组件设置在骨架末端，高导热铜管通过通道与储热组件连接，将所需热能传输到储热组件中，从而有效地解决目前测井仪器工作时的散热问题。这个框架结构显示如图 3 所示。

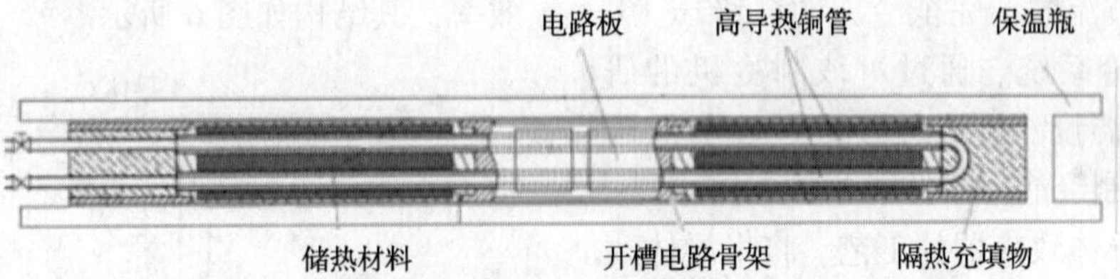

图3 内嵌管道的测井仪骨架结构图

被动式制冷能够从设备中吸取到的热能是非常有限的，其中的隔热层可以阻挡外界的热能流入到设备中，而由设备中的电子器件所散发出来的热能则会被储存在隔热层中。该方法适用于某些短期(不超过 10~20h)下入井的设备。但是，深海石油钻井过程中，需要长期工作在高温环境下，需要对其进行有效的冷却。

3.1.2 主动冷却技术

主动冷却是一种通过外部能量降低热源温度的方法，可以分为以下 2 种形式。

(1) 热泵式或热回收式。目前工业上普遍采用的是采用热泵式或热回收方式，将设备内的低温热能抽出来，排放至高温井眼内。为了达到最小功率消耗和最大效率，其核心在于确定最优的热动力循环及工质的选用。Verma 等人对不同类型的热力学系统进行了研究，发现蒸汽压缩式循环的致冷系数高达 1.862，是目前最为高效的低温流体动力系统。VCC 由在图 4(a)的 T-S 空间内用红色线条表示。图 4(b)是具有相应于 T-S 相图的一个周期的每个级号码的 VCC 的原理图。

从“饱和蒸气”级 1 开始，液体经合适的压缩机被压缩到“过热蒸气”级 2。这一处理包含有工作的投入，尽管在实践中，压缩可以分为多个步骤来实现，但是我们假定在一个步骤中进行，以便于解释。在第二步中，液体的温度高于周围的温度，所以液体的温度可以通过合适的换热器被冷却到周围的温度。选用液体时，必须保证它们能够以饱和蒸汽的形式出现。为了使液体在压强及温度 T(步骤 3 及步骤 4)下维持饱和蒸汽态(步骤 3 及步骤 4)。该液体持续地被冷却，直到到达第四级的“饱和液体”为止。在单相情况下，在恒温情况下，由饱和蒸汽向饱和液体的过渡是在图4(a)中，第三级与第四级之间是一条水平线。接着，液体经过该阀发生等焓性扩张，使其压力下降到等于P1的P5。为了便于在较高的气温下从井下仪器中吸取热能，使其达到了T5。在第五级中，该流体处于以液态为主的汽液混合物状态。当液体吸热时，蒸汽所占的份额也随之增大。从井下钻出的热被作为蒸发潜热吸收，所以在恒温条件下进行液体的吸热。在吸热过程的最后，在第一级的液体中没有任何液态。如此反复，不断地使地下的设备降温。经过大量试验，发现临界温度300~1000℃，三相点小于100℃的液体中，选用环境友好、价格低廉、蒸发潜热高的纯水作工质。将此方法部分用于构造试验装置，试验表明：采用工质流量10ml/min的蒸汽压缩循环，装置在200℃、250℃条件下，能去除骨骼中175W、100W的热能。

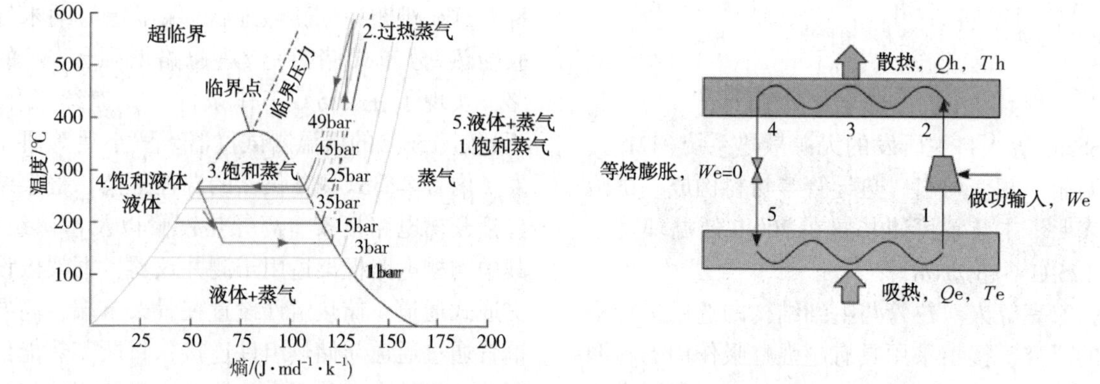

(a)VCC的T-S相图　　(b)VCC工作示意图

图4　蒸气压缩循环(VCC)的T-S相图及工作示意图

王绍斌等利用蒸汽压缩的方法，提出了一个二级压缩、一级节流的不完全冷冻的二级压力-1节的不完全制冷系统。通过对该制冷机的研究，发现其工作温度128℃时，制冷量不低于15W，140℃时，制冷能力不低于5W。

(2)一种半导体致冷器的工艺。将半导体致冷器用于矿井设备中，不需要冷却介质，仅通过供电就可以把仪表线路上的热传递给矿井下的高温环境。半导体致冷器的工作机理如图5所示，即在两根不同的导线X，Y构成的电路中，在不同的连接点A，B处，除发生不可逆的焦耳热之外，还存在着吸热与释热的两个环节，如果电流的流向发生变化，原有的吸收部分将释放热量，而原有的部分将吸收热量。该致冷器芯片采用PN型温差电介质(一般是串联线路)构成。当前应用最多的碲化铋(Te)基热电材料由于其较大的能级跃迁效应，有望大幅提升器件的性能。

胡永建等提出一种半导体制冷器，用以解决现有的油气井井下仪器存在的制冷成本高、制冷可靠性差的问题。刘珂等发明一种井下半导体制冷片降温装置，把井下电路部分安装在钻铤壁上，半导体制冷片置于相变材料容器的端面上，冷端连接相变材料，热端接触端部导热板，端部导热板与钻铤相连，提高了半导体制冷片的制冷效率，其结构如图6所示。

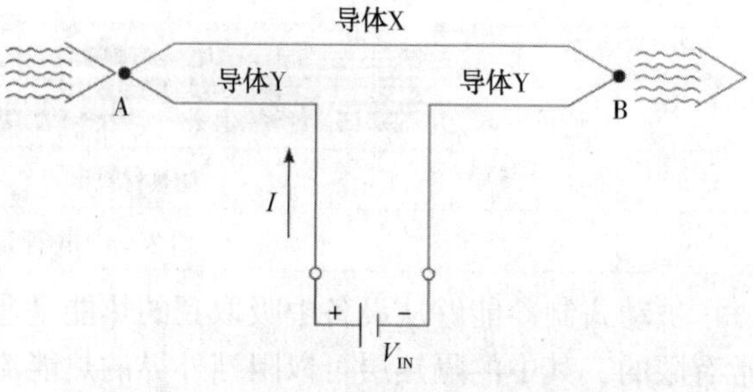

图5　半导体制冷片物理原理示意图

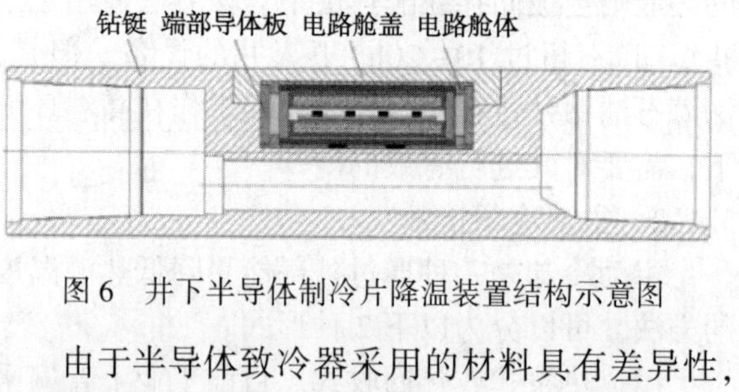

图6　井下半导体制冷片降温装置结构示意图

由于半导体致冷器采用的材料具有差异性，当其随温度改变而发生内应力时，对其要求较高，因此对其要求较高；半导体致冷器冷热端之间的间距较小，使散热端所散发出的热能极易回流至冷端处，进而降低了致冷效果。因此，冷热端的绝缘设计是该项工艺的核心。李飞等人开发了一种在井下回路的有源冷却系统和方法，该装置将井下回路布置在金属放热框架的下部上部，在该金属放热框架的下部用一种热传导材料将半导体致冷器的冷端与该金属放热板的端部相连，该装置的热端与钻铤内侧的靠近水眼里一侧的半导体致冷器的热端相连，从而改善了线路的结构强度与热辐射的效果。

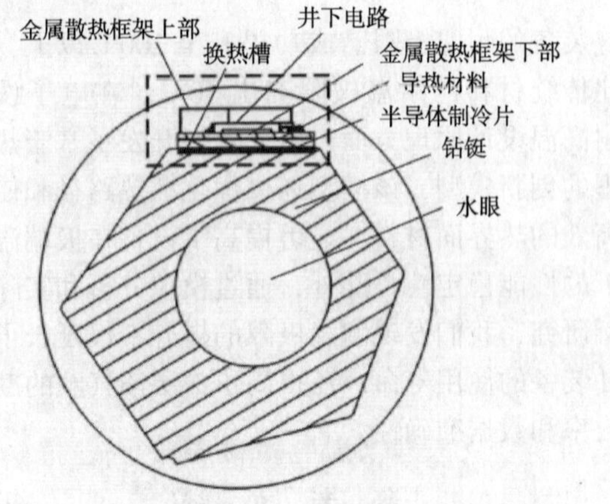

图 7　随钻井下电路主动降温系统结构示意图

3.2　开发耐高温电子器件和优化封装技术

斯伦贝谢公司一直致力于研制和研制耐高温矿井下电子设备。在 LWD 的 LWD 中，公司特别研发出一种能承受 35000h，200℃高温下的综合陶瓷电子产品及多个模块。这套设备和 PowerDriveICE 回转引导系统结合在一起，是行业中首个能承受 200℃以上温度的钻井设备。中海油开发的“ESCOOL 系统”是中国自行研制开发的具有世界先进技术水平的 235℃超高温全量程测井技术。

一般在电子行业中使用的元器件一般是由硅材料制成，外部密封塑料制成，在较高温度下，外部组件将会在内部失效。另外，在包装材料中加入阻燃剂，由于其在较高温度下会挥发，并且会与其他元件产生化学作用，从而降低其焊接性。该装置在 150℃下可达 1000h，175℃可降低至 100h。然而，与塑料封装组件相比，其结构尺寸较大，且对设备占用较大，因此二者结合是解决这一问题的有效途径。研究开发的重点是电子电路的强化、再设计的包装、消除电子元件和焊接引起的化学反应的良好材料等。设计师们已经学会了抛弃仅使用硅晶片的塑胶包装，如图 8 所示。将所述的硅晶片(在图 8 的黄金部位)与一种耐高温的多层基板(在图 8 的褐色部份)相连接。

图 8　数据传输图像

刘华珠带领的科研小组对陶瓷基印刷线路板的关键技术进行了系统的研究，涉及到了基板的制备，烧结，金属化，镀层等技术。倪蕴之等人研制出一种 FR4 高热导率印刷线路板，它包括一种采用 FR4(FR4)材料为基底的印刷线路板(PCB)绝缘层和位于绝缘层两个侧面上的导线铜(wire copper)。在除去被焊元件垫之外的其他部位后，利用打印工艺在该隔离层和该导线铜层上涂敷一层导热胶，从而大幅提高制品的热辐射性能。刘婷婷等人首次提出一种高温电子元件的激光选区熔融封装新工艺，其特点是封装尺寸小，无需高温长期处理，对组件组装精度要求较低，封装精度高，直接打印封装封装，结构精准多变，可进行个性化设计。

3.3　采用新型传感器、新材料和新工艺

随着传感科技的不断发展，出现了许多具有良好应用前景的耐温传感器。南京大学研制成功一种不需要制冷系统就能实现 340℃温度下工作的忆阻器件。哈里伯顿公司研制的热释电阵列式温度计，可在 232℃的温度范围内对高温液体进行检测。由于其具有良好的抗温度性能，与传统的电敏感元件相比，具有更高的可靠性。二氧化硅纤维的耐热性能一般是 260℃，而它的最大工作温度是 800℃。李加顺等人首次研制了一种新型的基于法布里-珀罗的高精度、高灵敏度、低功耗、低功耗等特点的新型结构，采用 MEMS 工艺及三片硅陶瓷复合结构，可在 800℃温度范围内稳定工作。此微型晶片以硅晶片为主体，可

耐温度 175℃。微流控芯片(Microfluidics)是一种集样品前处理、反应、分离和检测为一体的微纳尺度的微流控芯片(Microfluidics)。该芯片能够与压裂液、泥浆一起下到井下，当土壤中的磁场被激发后，芯片就会自动传输相关的信息，实现对井下温度的检测。

同时，新技术、新技术的使用，也大大提高了地下仪表的抗高温能力。LaBrs(Ce)闪烁器(LaBrs(Ce))因其高的发光效率(约 1.65 倍)，且在 200℃时只会降低光产额及分辨能力，从而大幅提高伽马能谱仪器的工作效率。Nikitina 等人利用微纳加工技术制备了具有抗高温能力的新型中子晶体-6(Li6)闪烁探测器。新型热障薄膜因其优异的导热性能和优异的抗高温性能而被广泛应用。薛召露等通过对 ZrO2、A2B2O、型烧绿石或萤石化合物以及钙钛矿结构化合物等进行了深入的研究，获得了一些具有优异性能的高温防护材料。齐虹等人采用二段排列、二段阳极化结合的方法，在圆片级 SOI 型高温气压传感器中，通过免引线的方式，完成了硅敏片的分层连接。在此基础上，结合新型石墨烯等新型结构，研制出综合抗高温性能高于 230℃的新型钻井设备。

3.4　优化测井施工方案

为了防止因温度过高而对仪表造成损伤，通过对施工方案的改进，改进取样技术，可以大大减少仪表在井下作业的周期。斯伦贝谢高压试验装置使用两套单独的隔热瓶子，分别对仪表进行防护，使其与井眼隔绝，并将其与外界的环境和电子器件隔绝，从而避免了外界环境中的温度以及内部电子器件发热对仪表造成的干扰。图 9 是不使用热水瓶和不使用热水瓶(图 9 中的蓝线)的感测器的测定的比较，在其稳定于输入压强(3391.99psi)之前，不带热水瓶(图 9 中的蓝线)的感测器的测定值；带热水瓶(图 9 中的红线)的传感器的输出信号在 50 秒后在输入压强(3390.03psi)上稳定下来，与此相反，该结构具有较高的取样效率和较高的测定数据的稳定性。

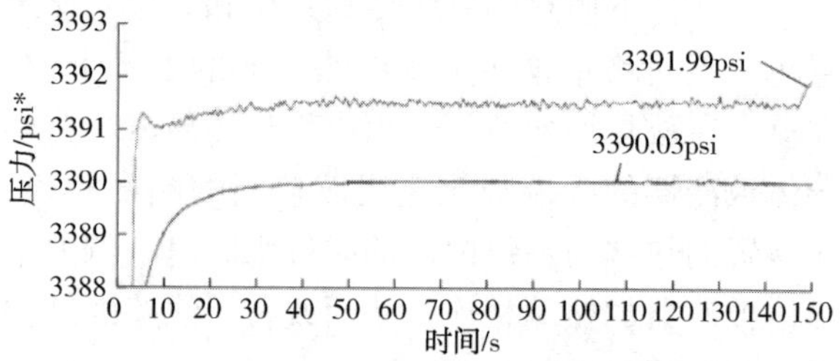

图 9　优化施工方案前后压力数据对比

4　结论

在深层油气藏测井装备耐温极限技术的最新研究进展中，我们见证了材料科学与电子设备耐高温设计原理的显著突破。例如，通过采用新型耐温材料，如碳化硅(SiC)和氮化镓(GaN)，测井装备的耐温极限已成功提升至 200℃以上，这比传统材料的耐温极限高出 50℃。在电子设备耐高温设计原理方面，研究者们开发了基于热管理的创新模型，该模型通过优化散热路径和使用高效的热界面材料，显著提高了设备在极端温度下的性能稳定性。此外，通过模拟分析和实际案例研究，我们发现耐温极限的提升不仅延长了测井装备的使用寿命，还提高了深层油气藏的勘探效率和数据准确性。

参 考 文 献

[1] 发展规划司. 国家重点专项规划之——“十三五”国家科技创新规划[EB/OL]. (2017-05-04)[2024-02-02]. https://www.ndrc.gov.cn/fggz/fzzlgh/gjzxgh/201705/t20170504_1196731.html.

[2] 冯华，金正波，常钦，等. 加快实施创新驱动发展战略[N]. 人民日报. 2022-10-22(001).

[3] 冉永平，丁怡婷. 顺北油气田再添超深“千吨井”[N]. 人民日报. 2022-08-11(001).

[4] 李牧，蒋宏伟，刘伟，等. 超深井为什么难打?[N]. 中国石油报. 2023-03-23.

[5] 李铁柱. 我国首次在四川盆地开钻万米深井[N]. 北京青年报. 2023-07-21(A06).

[6] 张伟，温晓. 全球钻探难度最大万米井四川开钻[EB/OL]. (2023-07-20)[2024-02-02]. https://m.gmw.cn/2023-07/20/content_1303447610.htm.

[7] AVANTC, DAUNGKAEWS, BEHERABK, etal. Testingthelimitsinextremewellconditions[J]. OilfieldReview, 2012, 24(3): 4-19.

[8] 包德洲. 影响高温高压测井仪开发的因素[EB/OL]. (2010-07-05)[2024-02-02]. https://wap.sciencenet.cn/blog-293094-303924.html.

[9] VERMAS, ELIASQ. Thermalmanagementofelectronicsusedindownholetools[C]//SPEAnnualTechnicalConferenceandExhibition, SanAntonio, Texas, USA: OnePetro, 2012: SPE-159737-MS.

[10] 商博锋. 相变材料导热强化及其在高温测井仪热管理中的应用研究[D]. 武汉：华中科技大学，2019.

超高温 220℃酸化缓蚀剂及酸液关键技术研究

刘云峰[1] 陈鹏飞[1] 马 勇[1] 李 伟[1] 阳 星[1] 张兴德[1] 张 鹏[2]

(1. 中国石油西南油气田公司；2. 重庆科技大学)

摘 要 深层-超深层碳酸盐岩油气资源已成为我国油气规模化增储上产的重要支撑，深井、超深井的应用越来越广泛。深井、超深井储层通常面临着超深、超高温、超高破裂压力苛刻地质条件，给试油改造液体提出了更高的技术要求，而超高温酸液关键技术是制约储层安全高效改造的重要因素。针对当前深井、超深井储层改造面临的“三超”难题，研究明确了超高温酸液“压得开、降摩阻、深穿透”技术研究思路，揭示了超高温下酸化缓蚀剂分子链断裂、键合能降低导致吸附膜减薄是造成高温失效的主要原因，创新研发了小分子喹啉-季铵盐主剂+多元增效剂协同的耐温 220℃缓蚀剂，并分别针对“压得开-加重酸、降摩阻-降阻酸、深穿透-缓速酸”技术路线，通过耐高温关键添加剂实验研究，研发出了耐温 220℃、酸浓度 15%~20%、腐蚀速率≤80g/(m²·h)的系列酸液技术。其中，超高温 220℃降阻酸成功支撑了前亚洲最深直井 PS6 井 DY 组酸化施工全面完成各项设计工程指标，取得了超深层碳酸盐岩酸化改造重大突破，为超深层储层改造积累了宝贵经验。

关键词 碳酸盐岩储层；超高温；储层改造；酸化缓蚀剂；腐蚀速率

随着全球油气勘探向深部领域战略延伸，超深层(埋深>4500m)资源已成为油气工业可持续发展的重要接替领域。国际勘探实践表明，全球约 40% 的油气储量赋存于深层—超深层地质单元，其中埋深突破 8000m 的超深渊油气藏累计探明量已达 52 个(截至 2023 年)。我国塔里木盆地通过超深层勘探理论技术创新，在 8000m 以深特超深井工程领域实现规模性突破-累计完钻特深井超百口，相继建成富满 10 亿吨级海相碳酸盐岩油区及克拉-克深、博孜-大北两大万亿立方米级碎屑岩大气区，标志着“地下珠峰”勘探技术体系进入工业化应用阶段。

依据《SY/T 6168—2021 油气储层分类》行业标准，我国将 4500~6000m 划定为深层储层，6000~9000m 为超深层，9000m 以上为特深层。该类储层具有典型低孔-低渗特征(孔隙度均值<5%，渗透率<0.1mD)，其复杂表征体现在：①多类型储集体叠合发育(岩溶孔洞型、裂缝-孔隙型等)；②强非均质性(渗透率变异系数>0.8)；③多相流体耦合运移(气/水过渡带占比>30%)；④复合压力系统(压力系数 0.7~2.2 交替出现)。针对上述挑战，酸压改造技术通过高浓度酸液的岩石溶蚀与裂缝扩展双重作用，已成为深部碳酸盐岩储层增产的核心手段。但随着储层埋深增加，超高温环境(>200℃)导致缓蚀剂分子热运动加剧，引发金属管柱表面保护膜脱附失效，同时酸液热裂解产物结焦，严重制约超深井安全作业窗口。尽管，近年来国内外技术人员关于酸化缓蚀剂的研究与开发做了大量的工作，但主要成果集中在中、低温酸化缓蚀剂的研究及应用方面，国外代表性油服公司的缓蚀剂目前主要适用酸浓度为 5%~28%，抗温能力不超过 200℃，而国内相关酸化缓蚀剂主要也是曼尼希碱类、咪唑啉类为主，适用与 15%~20%盐酸体系，抗温能力也不超过 200℃。LI 等通过曼尼希碱与锑盐复配的方法，研制出一种酸化缓蚀剂，能使 2205 双相不锈钢在 140℃混和酸液中的腐蚀速率降为 6.935g/(m²·h)；李俊莉等以肉桂醛、2-氨基吡啶和 2-溴乙基磺酸钠为原料合成了希夫碱基吡啶季铵盐，在 160℃下，其缓蚀效率可达 96.41%。柳杰等以 3-甲基喹啉、氯化苄为原料合成了一种喹啉季铵盐缓蚀剂，并将其作为主剂，复配增效剂、分散剂等，研制了耐高温(180℃)盐酸酸化缓蚀剂 GWS-G，180℃腐蚀 4h 后 N80 钢的腐蚀速率为 70.25g/(m²·h)，满足行业标准要求。然而，多数缓蚀剂在高温(200℃及以上)条件下对碳钢的缓蚀效果并不理想。目前，关于超高温酸化缓蚀剂的报道不多，且适用温度达到 200℃以上的更少。可见，随着更多深层、超深层井的完钻，万米深井改造储备关键酸液技术已迫在眉睫。因此，本文针对深层-超深层碳酸盐岩储层改造面临的超高温腐蚀安全风险控制问题，借助基于协同吸附和高沸点小分子作用原理，创新研发了一种具有三重防护作用的复合缓蚀剂主剂，并研选增效剂协同作用，形成了耐220℃缓蚀剂技术。在此基础上，针对不同储层改造需求分别形成了耐220℃加重酸技术、降阻酸技术以及缓速酸技术等三大超高温酸液技术，并最终实现了在亚洲最深直井PS6井的现场应用，为深层-超深层储层改造积累了宝贵经验。

1　超高温酸化缓蚀剂实验研究

1.1　研究思路

目前超高温酸化缓蚀剂实验研究的瓶颈难点在于：一方面，超高温、高酸浓度苛刻条件下，单一高温缓蚀剂组分难以达到理想的缓蚀效果，通常需要多种缓蚀主剂+助剂协同作用方能满足缓蚀性能需求，复杂工况及缓蚀剂配方增加了缓蚀剂微观作用机制研究难度；同时，由于超高温下酸化缓蚀剂失效机制及影响因素不确定，制约了超高温缓蚀剂针对性高效研发。因此，通过对现有高温酸化缓蚀剂分类及作用机制调研，考虑从分子层面直观的分析超高温作用下酸化缓蚀剂键合能的变化，定性揭示缓蚀剂高温失效机制及影响因素；在此基础上，结合天然气研究院自主研发的CT1-3系列缓蚀剂理论及研发情况，对性能较优酸化缓蚀剂主要组分进行分子结构优化设计，同时通过不同类型缓蚀增效剂配伍性实验研究，研发适用于15%～20%酸浓度、耐温220℃酸化缓蚀剂。

1.2　超高温酸化缓蚀剂失效机制实验探究

分别选取曼尼希碱类(自主研发A1和市售A2)、咪唑啉类B、喹啉季铵盐类C、吡啶-丙炔醇类D等目前应用效果较好的耐高温缓蚀剂样品，采用BIOVIA Materials Studio软件自带的Forcite模块，模拟15%HCl+5%有机酸中的1个缓蚀剂分子在Fe(110)晶面上被吸附的过程，通过对比高温作用前后的键合能和腐蚀状态，探究超高温下酸化缓蚀剂失效主控因素，为后续超高温酸化缓蚀剂针对性研发提供借鉴。模型尺寸设定为22.34Å×22.34Å×38.11Å(晶胞原子数≥1800)，满足三维周期性边界条件。模拟过程采用COMPASS III力场优化分子构型，通过宏观正则系综(NVT)在298K下进行1000ps分子动力学计算，Andersen恒温器控温(温度波动<2K)。金属基底原子位置固定以模拟刚性表面，缓蚀剂分子自由度全开放。吸附能($E_{adsorpotion}$)按式(1)计算：

$$E_{adsorpotion}=E_{total}-(E_{surface+solution}+E_{CI+solution})E_{solution} \tag{1}$$

式中，E_{total}为整个体系的总能量，$E_{surface+solution}$为金属基底和不包括缓蚀剂腐蚀介质分子的能量，E_{CI}为自由缓蚀剂分子的能量。

键合能($E_{binding}$)为吸附能的负值，如公式(2)所示：

$$E_{binding}=E_{adsorption} \tag{2}$$

分子动力学模拟结果表明(图1)，在常温(25℃)条件下，自主研发的曼尼希碱类缓蚀剂A1高温作用前后均展现出显著吸附优势：高温作用后，其与Fe(110)晶面的键合能(ΔE_{ads})较同类型A2提升103.2%(ΔE_{ads}=72.75kcal·mol^{-1})，且远高于其它几类缓蚀剂。根据Arrhenius吸附理论，高ΔE_{ads}表明A1分子与金属基底间存在强化学吸附作用，而经220℃/4h高温老化后，A1的ΔE_{ads}衰减至-90.96kcal·mol^{-1}(热脱附率51.0%)，但仍高于其他几类高温缓蚀剂，说明自主研发的曼尼希碱类酸化缓蚀剂具有相对良好的耐高温缓蚀效果。

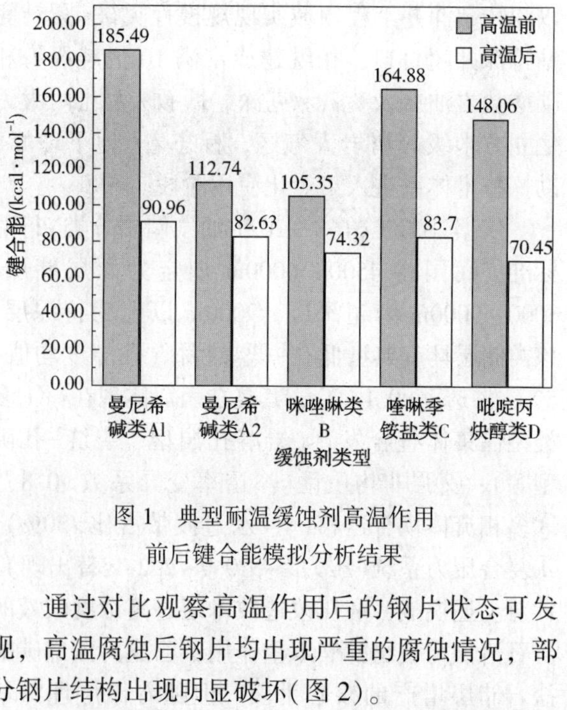

图1　典型耐温缓蚀剂高温作用前后键合能模拟分析结果

通过对比观察高温作用后的钢片状态可发现，高温腐蚀后钢片均出现严重的腐蚀情况，部分钢片结构出现明显破坏(图2)。

基于缓蚀剂分子热稳定性与界面吸附行为的

作用机制初步探究，现有耐高温缓蚀体系在酸性环境中的失效过程可归结为两个耦合作用阶段：(1)分子结构热裂解：当温度超过临界值时，缓蚀剂分子主链(如曼尼希碱的 C-N 键)发生断裂，导致溶解分散性下降，无法形成具有一定吸附强度和致密性的缓蚀吸附膜(一般接触角从105°锐减至42°)；(2)界面吸附动力学退化：高温(220℃)加剧分子热运动，引发吸附膜脱附速率倍增，同时键合能显著衰减，致使 H^+ 渗透通量增加，最终导致缓蚀效率急剧下降。

图 2 典型耐温缓蚀剂 220 ℃/4h 腐蚀后钢片状态

1.3 超高温酸化缓蚀剂实验制备

1.3.1 制备原理

基于上述超高温缓蚀剂失效机制探究结果，明确了超高温下酸化缓蚀剂分子链断裂、键合能降低导致吸附膜减薄是造成高温失效的主要原因。因此，结合室内大量探索性实验，研选沸点高的缓蚀剂主剂与高沸点小分子缓蚀剂复配形成缓蚀剂体系，减少(或弃用)结焦严重的曼尼希碱季铵盐、咪唑啉衍生物缓蚀剂组分，再辅以协同作用较好的缓蚀增效剂，最终研发出适用于15%~20%酸浓度、耐温 220℃的酸化缓蚀剂。新研发耐高温酸化缓蚀剂具有“三重防护”效果(图 3)：

(1) 第一重防护：利用分子极性基团、功能基团的物理、化学吸附，形成吸附较稳定的吸附膜，起到缓蚀的主体作用；

(2) 第二重防护：利用缓蚀剂主剂分子上小分子侧链、极性基团与金属之间的静电或分子间力作用进一步加强吸附的强度，增强吸附膜的稳定性；

(3) 第三重防护：通过优选复合缓蚀增效剂，与金属表面可发生络合或螯合反应，生产沉淀吸附在金属表面，进而使金属表面发生钝化作用，强化了缓蚀吸附膜的致密性和强度。

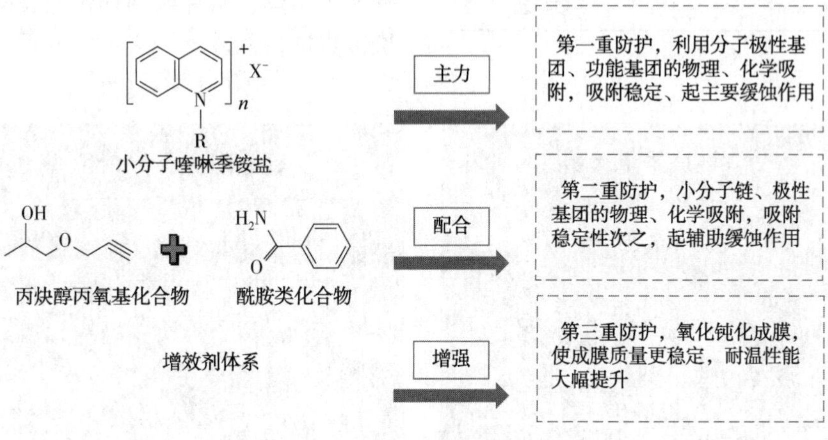

图 3 耐温 220℃酸化缓蚀剂实验研究思路

1.3.2　实验制备及性能评价

（1）缓蚀主剂实验制备。基于上述制备原理，实验研究确定了喹啉-季铵盐小分子酸化缓蚀主剂制备路线。实验研究过程中，采用等摩尔比的喹啉与相应的卤代物混合后在溶剂中加热搅拌，便可经季铵化反应得到喹啉季铵盐的粗产品，后经过若干次重结晶操作便可得到喹啉-季铵盐纯品CTBr；在此基础上，基于静态失重法（参照SY/T 5405—2019），采用自主研发的超高温酸液腐蚀速率实验评价装置，考察不同配比小分子喹啉-季铵盐与自主研发曼尼希碱类缓蚀剂有效组分CT在15%～20% HCl体系中（220℃/4h）对P110钢片的腐蚀速率，确定较优缓蚀剂主剂配方，实验结果见表1。结果表明，当配比为7：3（CTBr：CT）、总加量4.0wt%时，220℃/4h工况下腐蚀速率最低（102.72g/(m^2·h)），且小于120g/(m^2·h)的设计要求。同时，分析发现腐蚀速率随CTBr占比变化呈抛物线趋势，证明其缓蚀贡献率占主导。因此，优选该复配比例，得到超高温缓蚀剂主剂配方（简称CTU-1）。

表1　耐高温缓蚀剂主剂复配优选实验结果

序号	主剂配比/%		加量 wt/%	静态腐蚀速率/[g/(m^2·h)]
	CTBr	CT主剂		
1	80	20	4.0	118.45
2	70	30		102.72
3	60	40		115.33
4	50	50		122.64
5	40	60		120.56
6	30	70		132.83
7	20	80		154.28

（2）缓蚀助剂实验研选。以CTU-1为主剂（加量4.0wt%），通过单因素复配法筛选增效剂体系。在220℃/4h条件下，复配1.0%KI、0.5%～1.0%非离子表面活性剂、0.5%～1.0%丙炔醇衍生物及1.0%三价金属盐时，酸化缓蚀剂对P110钢片的腐蚀速率降至32.8～50.6g/(m^2·h)，满足SY/T 5405—2019标准要求（现有酸化缓蚀剂标准中，耐温能力最高为180℃，腐蚀速率≤80g/(m^2·h)）。

（3）耐温220℃酸化缓蚀剂性能优势。进一步通过大量重复实验及配方优化，得到了耐温220℃酸化缓蚀剂较优配方（命名CT1-3E）：4.0%CTU-1主剂+1.0%KI+0.5～1.0%非离子表面活性剂+0.5～1.0%炔醇类衍生物+1.0%三价金属盐。同时，采用SEM实验方法，考察了不同温度下CT1-3E缓蚀剂和现有性能较好缓蚀剂高温腐蚀后钢片微观形貌（图4），结果表明，当缓蚀剂加量为5%时，200℃/4h和220℃/4h腐蚀后的钢片较未加缓蚀剂的表面相对光滑，具有明显缓蚀吸附膜的特征。进一步说明，220℃/4h条件下抗高温缓蚀剂仍能有效保持膜的致密性和强度，起到高温缓蚀效果。

总体而言，耐温220℃酸化缓蚀剂性能优势主要体现在以下三个方面：

（1）适用于高酸浓度：220℃、15%盐酸+5%有机酸高酸浓度条件下，酸液腐蚀速率<20g/(m^2·h)；

（2）高缓蚀效率：缓蚀增效剂加量提升至3.0%时，220℃/4h条件下酸液腐蚀速率可降低至10g/(m^2·h)；

（3）不结焦、腐蚀均匀：220℃/4h反应后酸液不结焦，试片腐蚀均匀，表面钝化明显，无坑蚀点蚀（图5）。

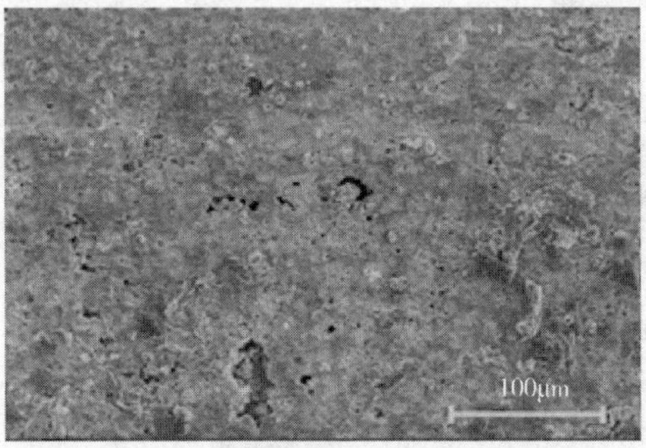

(a)+5%缓蚀剂，220℃/4h

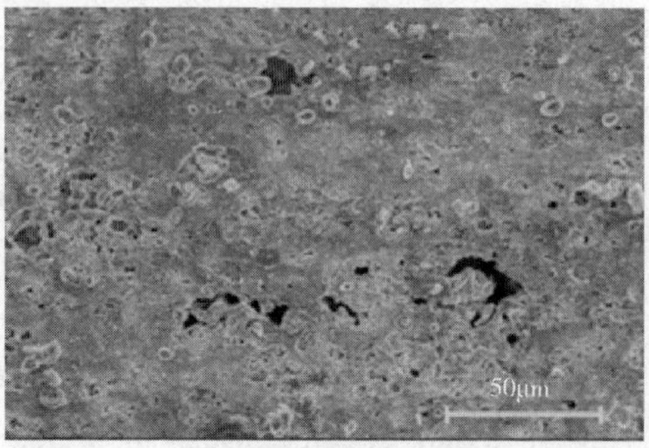

(b)+5%缓蚀剂，220℃/4h

图4　不同温度下15%HCl+5%有机酸4h腐蚀后钢片微观状态

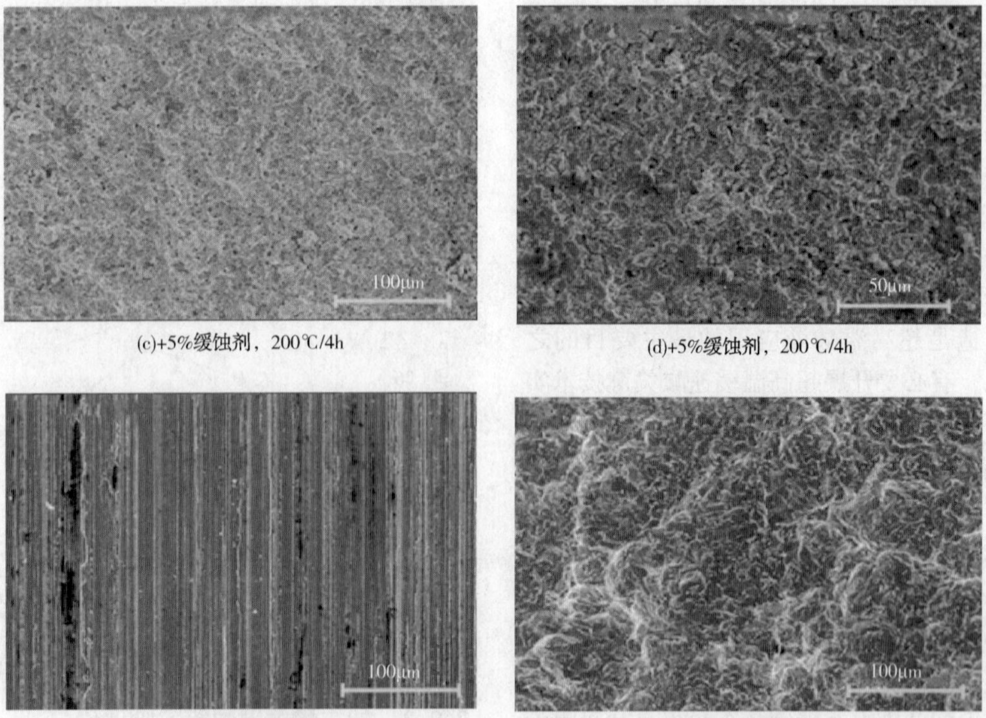

(c)+5%缓蚀剂，200℃/4h　　(d)+5%缓蚀剂，200℃/4h

(e)新钢片　　(f)无缓蚀剂，200℃/4h

图 4　不同温度下 15%HCl+5%有机酸 4h 腐蚀后钢片微观状态(续)

(a)酸液外观

(b)220℃/2h高温腐蚀后酸液状态

静态腐蚀　　动态腐蚀

(c)220℃/4h高温腐蚀状态

图 5　耐高温酸化缓蚀剂酸溶性及高温腐蚀钢片状态

2　超高温 220℃系列酸液体系实验研究

2.1　研究思路

目前，深层-超深层碳酸盐岩储层通常存在“超深、超高温、超高破裂压力”苛刻条件，储层改造过程中对液体性能提出了更高的技术要求。针对深层-超深层碳酸盐岩储层改造过程中“三超”工程难点，研究明确了耐高温系列酸液体系攻关目标：

（1）压得开：目前超深层储层酸化改造面临着超高破裂压力，现场改造过程中的首要是安全顺利压开储层，为后续主体酸液进入地层提供有利条件。基于上述需求，结合川渝地区碳酸盐岩油气藏勘探开发经验，需开展超高温加重酸关键技术攻关，形成耐温220℃加重酸技术；

（2）降摩阻：现场储层改造效果表明，地质条件一定情况下，有效提高泵注排量有助于更好的沟通储层流通通道，提升酸压改造效果。因此，有必要开展超高温降阻酸关键技术攻关，形成耐温220℃降阻酸技术；

（3）深穿透：碳酸盐岩储层改造目的是更好的沟通储层油气通道，有效提高储层产量，因而深穿透改造是超高温酸液应用的最主要目的之一。因此，有必要开展超高温缓速酸关键技术实验研究，形成耐温220℃缓速酸技术。

2.2 耐温220℃加重酸关键技术实验研究

超高温加重酸技术研究存在“如何有效改善超高温缓蚀剂与加重剂的配伍性，提高酸液密度，同时兼顾高酸浓度及超高温缓蚀性能”相互制约的瓶颈难题。因此，本研究首先实验分析了加重剂与缓蚀剂配伍性难的原因，针对性的提出高酸浓度下提高酸液密度的技术对策，并对耐高温缓蚀剂体系进行适应性优化，最终构建出耐温220℃、密度1.3g/cm^3、腐蚀速率≤80g/(m^2·h)的加重酸体系。

2.2.1 加重酸关键添加剂实验研究

目前加重酸常用加重剂主要包括无机盐和有机盐两大类，无机盐包括氯化钠、氯化钾、氯化钙、溴化钙等，有机盐主要包括甲酸钠、甲酸钾等。室内预探实验表明，混合溶液的pH值等因素对加重剂和缓蚀剂的溶解性影响较大，以氯化钙加重剂为例，随着酸液pH值的降低，其在酸液中的溶解度逐渐降低，导致超高温、超高酸浓度条件下，溶液中的钙离子和氯离子就极易析出氯化钙晶体，这也是造成超高温条件下酸液加重剂析出、无法实现加重的主要原因。因此，单一使用上述加重剂均无法同时满足高酸浓度、高密度、低腐蚀需求。

基于上述瓶颈难题，本研究创新引入了相似相溶原理，优选增溶剂大幅提升加重剂的溶解能力，有效提高酸液密度。以目前常用酸液加重剂CTH-1为主体，分别考察超高温220℃条件下多种类型增溶剂的增溶效果，实验结果见图6。从图6结果可看出，不同类型增溶剂在超高温条件下的加重效果差异较大，且均随着增溶剂加量增大呈先增加后缓慢降低的趋势；优选的有机表面活性剂增溶剂B加量达到1.6%时，酸液的密度可达到1.30g/cm^3，满足阶段目标要求。因此，在兼顾酸液腐蚀速率情况下，优选有机表面活性剂B作为酸液增溶剂，与超高温缓蚀剂CT1-3E复合增溶加重，实现耐温220℃、密度1.3g/cm^{3}的技术指标要求。

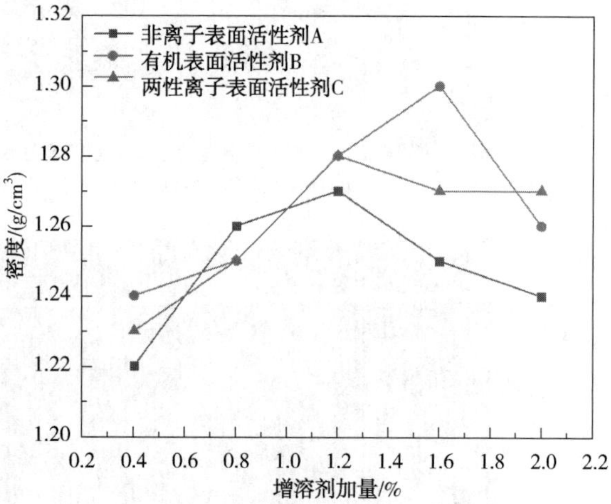

图6 不同类型增溶剂对加重酸的增溶效果

2.2.2 加重酸关键性能实验评价

在此基础上，结合天研院自主研发酸液系列关键添加剂，通过配方性能优化评价实验，确定了耐温220℃加重酸配方：15%~20%酸浓度+30~35%加重剂+4%缓蚀剂CT1-3E+1.6%增溶剂B+0.1%稠化剂。进一步对耐温220℃加重酸关键性能进行了实验评价，表现出以下性能优势：

（1）配伍性良好：加重酸密度可达1.3g/cm^3，酸液220℃/2h作用后，未出现明显分层、沉淀酸液缓蚀剂与加重剂配伍性良好（图7a）；

（2）高酸浓度：酸浓度15%~20%可调（市面上耐高温加重酸的酸浓度普遍<6%，且以弱酸为主），腐蚀速率3~38g/(m^2·h)可控（图7b）；

（3）腐蚀速率可控：高温腐蚀后，试片表面钝化，无点蚀坑蚀，均匀腐蚀。

2.3 耐温220℃降阻酸关键技术实验研究

酸液降阻剂是制约降阻酸耐温能力的关键添加剂，常用降阻剂主要为一些线性高分子聚合物，在高温下易发生断链降解失效，进而无法起到耐高温降摩阻作用。目前现场使用较多的酸液降阻剂主要为阳离子类聚合物，包括丙烯酰胺类、DMC聚合物等，总体抗温不超过180℃。研究表明，酸液降阻剂在高温下应具有良好的酸溶性和酸稳定性，同时可以起到良好的耐温耐剪切性能。因此，本研究通过分子构效关系研究及分子结构优化设计，研发新型耐温降阻剂，重点考察降阻酸的降阻率和腐蚀性能，最终构建出耐温

220℃、降阻率达65%~70%、腐蚀速率≤80g/(m²·h)的降阻酸体系。

2.3.1　降阻酸关键添加剂实验研究

室内通过对耐温单体、制备工艺等条件进行大量了探索实验，优化设计了多元协同降阻剂分子结构：以AM、AMPS、DMDAAC、NVP为单体，优选氧化剂和还原剂，通过聚合反应制备了耐高温聚合物降阻剂主剂，同时以环氧树脂为包覆材料，制备了具有靶向释放功能的微胶囊化聚合物降阻剂。该降阻剂粒径范围为2.85~6.86μm，具有良好的耐酸稳定性和酸溶性，同时具有刚性结构可提升酸液的耐温耐剪切性能。

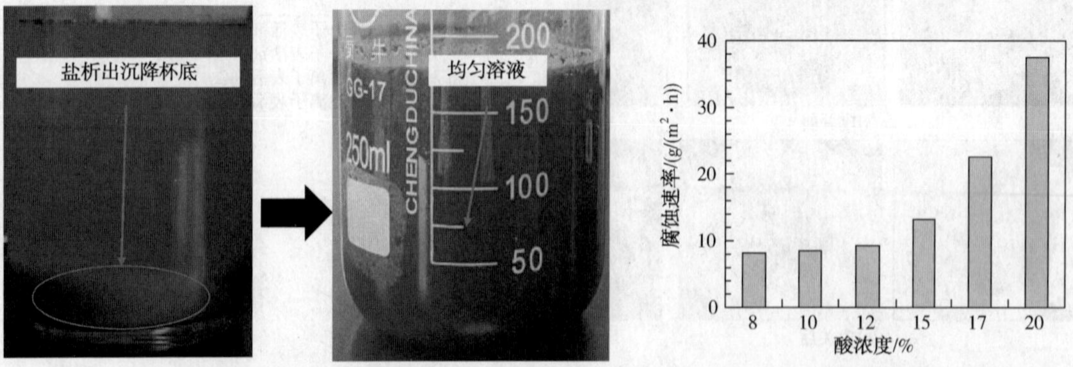

(a)加重酸220℃/2h高温前后状态　　(b)不同酸浓度加重酸腐蚀速率

图7　耐温加重酸高温稳定性及腐蚀速率测试结果

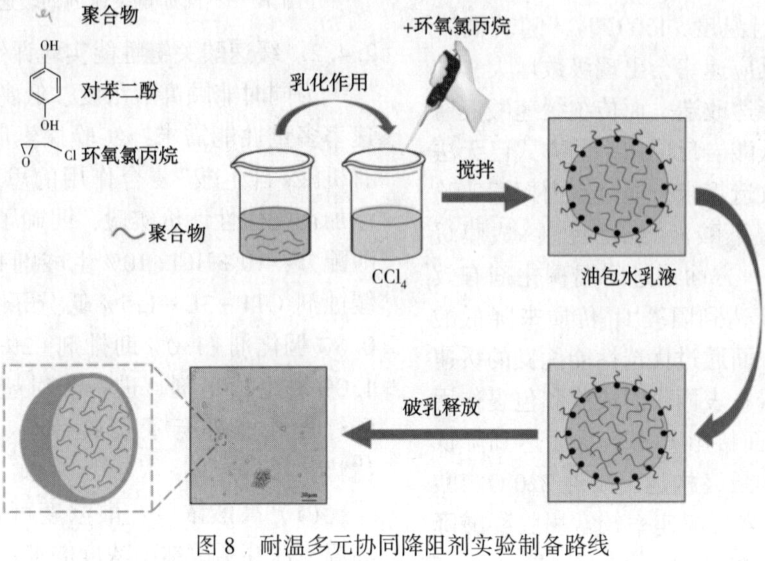

图8　耐温多元协同降阻剂实验制备路线

2.3.2　降阻酸关键性能实验评价

重点考察酸液高温腐蚀速率、配伍性及降阻率等性能，室内通过配方优化实验得到了较优降阻酸配方：15%~20%酸浓度+4%缓蚀剂CT1-3E+0.5%多元协同降阻剂+1.0%助排剂+2%铁离子稳定剂+1.0%黏土稳定剂。继续对耐温220℃降阻酸关键性能开展实验评价，结果见表2。从表2可看出，耐温降阻酸在220℃/4h腐蚀速率≤50g/(m²·h)，并且，缓蚀剂体系加量≤5%条件下，酸液220℃/12h(长时间)腐蚀速率仍≤80g/(m²·h)，说明降阻酸具有优良的长效缓蚀特点，适合用于超深井腐蚀安全控制；同时，降阻剂加量仅为0.5%条件下，酸液的降阻率>65%，满足设计指标要求。

表2　耐温降阻酸关键性能实验评价结果

项目	评价结果
220℃/4h静态腐蚀速率/[g/(m²·h)]	48.80
220℃/12h静态腐蚀速率/[g/(m²·h)]	76.55
残酸表面张力/(mN/m)	29.2
残酸腐蚀速率/[g/(m²·h)]	5.48
溶蚀能力/(g/100mL)	19.56
降阻率/%	65~70

同时，对比观察降阻酸高温作用后酸液及钢片腐蚀状态，可发现降阻酸 220℃/4h 作用后酸液表面仅出现极少量残渣，且钢片表面均匀腐蚀，相对攻关前降阻酸有了明显的改善(图 9)。

图 9　耐温降阻酸高温作用后酸液及钢片腐蚀状态

2.4　耐温 220℃缓速酸关键技术实验研究

随着储层温度的升高，酸岩反应速率呈快速增大的趋势，特别当温度>150℃时，随着温度的持续升高，酸岩反应速率会出现级数增大，导致难以实现储层深穿透改造。而传统缓速酸液通过单一黏度控制降低酸岩反应速率的方式已无法满足超高温深穿透改造需求。通过室内探索实验研究，明确了超高温下酸液“黏度控制+成膜缓速”协同缓速原理，一方面通过耐温稠化剂有效维护高温下酸液黏度达到阻缓 H^+ 传质来降低酸岩反应速率，另一方面通过优选性能优良的缓速剂，通过缓速剂在岩石表面吸附成膜和包裹作用来降低 H^+ 与岩石表面接触几率，从而达到降低酸岩反应速率目的。最终构建出耐温 220℃、酸浓度 15%~20%、酸岩反应速率较常用胶凝酸降低 30%以上的缓速酸体系。

2.4.1　缓速酸关键添加剂实验研究

超高温、高酸浓度苛刻条件，常见表面活性剂难以在岩石表面及时吸附成膜，且高温下吸附膜容易脱落减薄，无法取得理想的缓速效果。耐高温酸液缓速剂应具有极强的表面活性，吸附能力强，同时应能产生多点吸附作用，增加吸附膜的强度。基于“增粘抑制+成膜缓速”作用原理，室内开展了大量探索性实验，筛选出了低分子表面活性剂 A、低分子表面活性剂 B、两性离子表面活性剂 C 及两性离子表面活性剂 D 多种表面活性剂，并依据 SY/T 5886—2018 标准评价方法，分别考察了不同加量表活剂与现有性能较优稠化剂 CT1-9B 的协同缓速效果，实验结果见图 10。从结果可看出，随着表面活性剂加量的增大，不同缓蚀剂与稠化剂协同缓速率同步增大，且低分子表面活性剂 A 表现出相对更优的缓速效果。因此，优选低分子表面活性剂 A 与稠化剂 CT1-9B 协同使用，较优加量为 1.5%~2.0%。

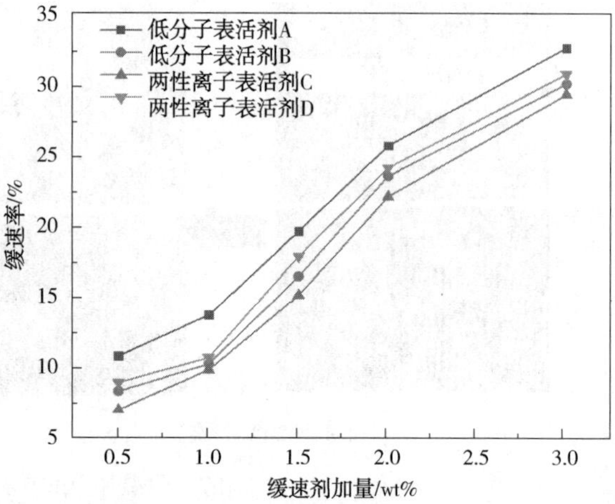

图 10　不同加量缓速剂的缓速率测试结果

2.4.2　缓速酸关键性能实验评价

为同时兼顾高酸浓度、低腐蚀、低酸岩反应速率多重性能需求，实验探索明确了“无机酸+有机酸+自生酸”复合作用的思路，并通过关键添加剂配伍性评价实验，明确了耐温 220℃缓速酸配方：10% HCl+10%生酸剂+5%有机酸+4%缓蚀剂 CT1-3E+1.5%低分子表面活性剂 A+0.6%稠化剂+1.0%助排剂+2%铁离子稳定剂+1.0%黏土稳定剂。进一步对超高温 220℃缓速酸综合性能进行了实验评价，具有以下性能优势：

(1) 高酸浓度：酸浓度可达 15%，满足超高温下深穿透改造酸浓度需求；

(2) 低腐蚀速率：酸液在 220℃/4h 条件下对 P110 钢片腐蚀速率仅为 10.24g/(m^2·h)，钢片腐蚀均匀；

(3) 低酸岩反应速率：220℃/2h 长时间反应后酸液的酸岩反应速率较胶凝酸降低 35.8%，缓速效果明显，满足设计指标要求。

3　现场试验

3.1　试验井基本情况

PS6 井位于四川盆地川中古隆起北斜坡，作为蓬莱气区灯影组 8000m 以深地层含油气性评价的关键预探井，于 2023 年 2 月 13 日完钻井深

9026m(垂深)，创当时亚洲陆上直井深度纪录。PS6 井 DY 组酸压施工面临“三超一高”挑战，即：超深：储层埋深>9000m；超高温：井底温度>200℃；超高压：压力>150MPa；高含硫流体：H_2S 含量>30g/m^3。根据储层改造目的不同，邻区蓬莱气区 DYZ 气藏前期试验了胶凝酸酸化、胶凝酸酸压+暂堵和前置液酸压、交替注入酸压工艺，取得了较好的勘探效果。根据 PS6 井工程-地质一体化综合评价，该井 DY 组试油段孔隙度、渗透率、测录井响应显示物性指标属于偏下水平，含水饱和度超高(100%)，整体物性较差。基于上述试油层特征，研究明确了本次酸化施工以解除近井污染、力争压开储层、落实流体性质为主要目的，为万米科探井深层试油酸压做技术储备。

3.2　酸液配方评价及优化

根据改造工艺设计方案要求，采用光油管酸化工艺，同时储层低孔、低渗，整体物性较差，地应力超高，地层吸酸较困难，且储层埋藏深度大，沿程摩阻高，优选耐高温降阻酸进行酸化施工。酸液配方适应性评价需要考虑酸液的有效酸浓度、耐高温腐蚀性能、降阻性能等；同时，为避免试油工作液和酸液接触失稳，需要考虑降阻酸与无固相压井液的配伍性。参照 SY/T 5886—2018 和 SY/T 5405—2019 等标准，分别开展了酸液高温下静态腐蚀速率、溶蚀能力、残酸表面张力等性能评价，优化完善了 PS6 井 DY 组试油降阻酸综合性能，实验结果见表 3。实验结果表明，降阻酸 220℃/4h 条件下有效生酸浓度达 15.24%，且 220℃/4h 条件下的腐蚀速率为 45.48g/(m^2·h)，220℃/12h 长时间作用后的腐蚀速率为 72.64g/(m^2·h)，均满足设计要求；同时，残酸腐蚀速率为 4.72g/(m^2·h)，与不同入井流体配伍性良好，满足施工要求。

表 3　耐温降阻酸配方优化及关键性能评价结果

酸液	项目	评价结果
12% HCl + 3% 有机酸 + 4%缓蚀剂 CT1-3E+0.6%多元协同降阻剂+1.0%助排剂+2%铁离子稳定剂+1.0%黏土稳定剂	220℃/4h 生酸浓度/%	15.24
	溶蚀能力/(g/100mL)	19.42
	220℃/4h 静态腐蚀速率/[g/(m^2·h)]	45.48
	220℃/12h 静态腐蚀速率/[g/(m^2·h)]	72.64
	残酸表面张力/(mN/m)	28.5
	残酸腐蚀速率/[g/(m^2·h)]	4.72
	配伍性	与不同比例无固相加重液、自生酸配伍性良好，无明显沉淀

3.3　现场施工及效果评估

2023 年 5 月，PS6 井 DY 组完成了现场酸化施工，对施工关键参数进行了分析：

(1) 降破预处理阶段：前期低替降阻酸至射孔段，使酸液挤入地层降低破裂压力；停泵泡酸 1h 后泄压试挤，泄套压使鲜酸接触储层持续降破，关闭地面闸门试挤，提升地层吸酸指数；

(2) 主体酸压阶段：提高排量 2.4~4.2m^3/min，实时监控井口压力，最高油压达 126.7MPa，最高套压 96MPa，压力波动率<5%，符合设计压力窗口；累计注酸量达 104m^3，圆满完成了超深井酸化作业。现场酸化施工曲线见图 11。

结合施工曲线及室内酸化改造缝长模拟分析，结果表明：

(1) 压后拟合酸蚀裂缝长度 41m，高度 47.7m，达到设计要求，实现储层的有效改造；

(2) 根据前期 PS6 摩阻现场试验数据，模拟计算 50%酸液降阻率条件下，施工摩阻数据计算摩阻较为吻合；70%降阻率条件下，与摩阻异常点之后数据较为吻合；

(3) 现场施工后，分别对不同时间获取的返排液离子含量进行了测试(图 12)，表明不同时间返排液中钙镁离子、氯离子含量变化规律均符合液体设计要求。

耐温 220℃降阻酸成功支撑了前亚洲最深直井 PS6 井酸化施工全面完成各项设计工程指标，取得了超深层碳酸盐岩酸化改造重大突破，为超深层储层改造积累了宝贵经验。

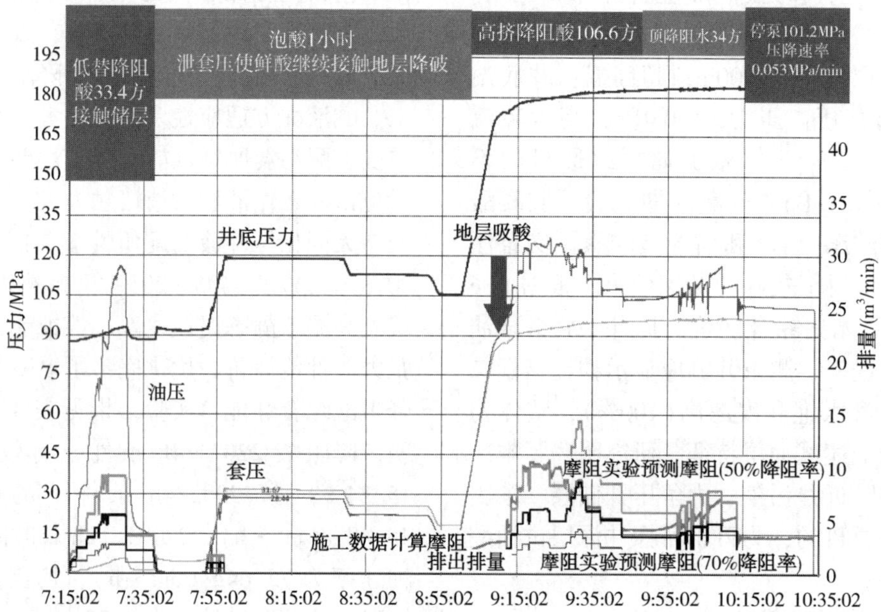

图 11　PS6 井 DYZ 酸化施工曲线

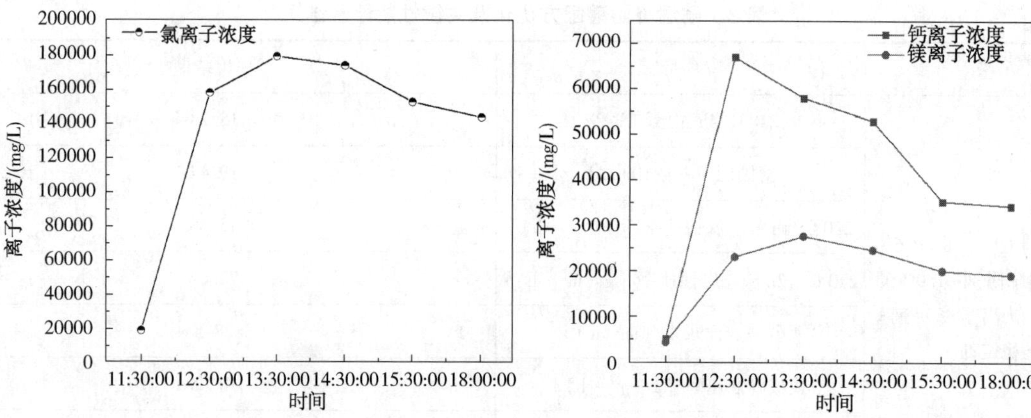

图 12　PS6 井 DYZ 返排液离子浓度测试结果

4　结论及展望

（1）研究揭示了超高温下酸化缓蚀剂分子链断裂、键合能降低导致吸附膜减薄是造成高温失效的主要原因，创新研发了小分子喹啉-季铵盐主剂+多元增效剂协同的耐温 220℃ 缓蚀剂，缓蚀剂具有适应高酸浓度、长效低腐蚀等性能优势。

（2）针对深井、超深井碳酸盐岩储层改造面临的“超深、超高温、超高破裂压力”苛刻条件，研究明确了超高温酸液“压得开-加重酸、降摩阻-降阻酸、深穿透-缓速酸”技术思路，并通过系列耐高温酸液关键添加剂实验研究，形成了耐温 220℃、酸浓度 15%～20%、腐蚀速率≤80g/(m^2·h)的系列酸液技术；

（3）耐温 220℃ 降阻酸技术成功支撑了前亚洲最深直井 PS6 井酸化施工全面完成各项设计工程指标，取得了超深层碳酸盐岩酸化改造重大突破，为超深层储层改造积累了宝贵经验。

参 考 文 献

[1] 郭旭升，胡宗全，李双建，等. 深层-超深层天然气勘探研究进展与展望[J]. 石油科学通报，2023，8(04)：461－474. DOI：10. 3969/j. issn. 2096－1693. 2023. 04. 035.

[2] 马永生，蔡勋育，李慧莉，等. 深层-超深层碳酸盐岩储层发育机理新认识与特深层油气勘探方向[J]. 地学前缘，2023，30(06)：1-13. DOI：10. 13745/j. esf. sf. 2023. 2. 35.

[3] 郭建春，管晨呈，李骁，等. 四川盆地深层含硫碳酸盐岩储层立体酸压核心理念与关键技术[J]. 天然气工业，2023，43(09)：14-24. DOI：10. 3787/j. issn. 1000-0976. 2023. 09. 002.

[4] 佘朝毅. 四川盆地超深层钻完井技术进展及其对万米特深井的启示[J]. 天然气工业，2024，44(01)：40-48. DOI：10. 3787/j. issn. 1000-0976. 2024. 01. 004.

[5] 郭建春，苟波，陆灯云，等. 深层碳酸盐岩储层酸压进展与展望[J]. 钻采工艺，2024，47(02)：121-129. DOI：10. 3969/J. ISSN. 1006-768X. 2024. 02. 14.

[6] Novikov VA, Martyushev DA, Li Y, et al. A new approach for the demonstration of acidizing parameters of carbonates：Experimental and field studies[J]. Journal of Petroleum Science and Engineering，2022，213：110363. DOI：10. 1016/j. petrol. 2022. 110363.

[7] 陈石，梁鑫鑫，张银涛，等. 塔里木盆地富满油田古生界走滑断裂发育特征及控圈模式[J]. 石油科学通报，2025，10(1)：1-15. DOI：10. 3969/j. issn. 2096-1693. 2025. 01. 001.

[8] 邹斌，梁伟，盖平原，等. 富含双键咪唑啉在饱和 CO_2 盐水中缓蚀行为研究[J]. 石油与天然气化工，2024，53(2)：78-86. DOI：10. 3969/j. issn. 1007-3426. 2024. 02. 012.

[9] Mohsen, F., Abbas, T., Stefan, L., et al. The influence of acidizing on propped fractures for productivity enhancement：Eagle Ford laboratory study[J]. Fuel，2022，125363. DOI：10. 1016/j. fuel. 2022. 125363.

[10] 王虎，肖博文，许家科，等. 喹啉季铵盐与金属阳离子作为盐酸酸化缓蚀剂的协同作用[J]. 石油化工腐蚀与防护，2020，37(01)：8-11. DOI：10. 3969/j. issn. 1007-015X. 2020. 01. 003.

[11] FARHADIAN, A., RAHIMI, A., SAFAEI, N., et al. A theoretical and experimental study of castor oil-based inhibitor for corrosion inhibition of mild steel in acidic medium at elevated temperatures[J]. Corrosion Science，2020，175：108871. DOI：10. 1016/j. corsci. 2020. 108871.

[12] 王紫旋，池伸，柳杰，等. 曼尼希碱缓蚀剂的合成及其缓蚀效果[J]. 腐蚀与防护，2023，44(06)：75-81. DOI：10. 11973/fsyfh-202306012.

[13] Li, D. P., Song, W. W., Zhang, J. P., et al. Corrosion inhibition mechanism of ultra-high-temperature acidizing corrosion inhibitor for 2205 duplex stainless steel[J]. Materials，2023，16(6)：2358. https：//doi. org/10. 3390/ma16062358.

[14] 张兴德，原励，王川，等. 一种耐 200℃高温缓蚀剂[J]. 钻井液与完井液，2020，37(5)：664-669. DOI：10. 3969/j. issn. 1001-5620. 2020. 05. 021.

[15] 李俊莉，沈燕宾，李霁阳，等. 抗高温高浓盐酸席夫碱基吡啶季铵盐缓蚀剂的研究[J]. 表面技术，2021，50(09)：303-310. DOI：10. 16490/j. cnki. issn. 1001-3660. 2021. 09. 032.

[16] 柳杰，高强，王紫旋，等. 耐高温盐酸酸化缓蚀剂的研制及其缓蚀行为[J]. 腐蚀与防护，2024，45(07)：29-35. DOI：10. 11973/fsyfh-202407005.

[17] Solomon, M. M., Uzoma, I. E., Olugbuyiro, J. A., et al. A censorious appraisal of the oil well acidizing corrosion inhibitors[J]. Journal of Petroleum Science and Engineering，2022，215：110711. DOI：10. 1016/j. petrol. 2022. 110711.

[18] 何世云. 抗 180℃高温低腐蚀酸液体系构建及应用[J]. 钻井液与完井液，2020，37(02)：244-249. DOI：10. 3969/j. issn. 1001-5620. 2020. 02. 020.

[19] Mohamed, H., Md Motiur, R., Mohammed Al, K., et al. Investigation of Hybrid Nanoparticle - Acid Fluids(HNAFs)：Influence of Wettability and Interfacial Tension Mechanisms in Harsh Carbonate Reservoirs for Improved Oil Recovery[J]. ACS Omega，2022，7(45)：40853-40859.

[20] 李国平，刘君林，张福林，等. 油气田酸化压裂环境下碳钢油套管材的腐蚀行为研究[J]. 材料保护，2024，57(8)：65-71，114. DOI：10. 16577/j. issn. 1001-1560. 2024. 0178.

[21] 张丰润泽，张艺夕，郑憬希，等. 油田酸化用高温(90~180℃)缓蚀体系的研究现状[J]. 油田化学，2023，40(01)：159-167. DOI：10. 19346/j. cnki. 1000-4092. 2023. 01. 025.

[22] 陈文，莫林，何益杉，等. 酸性气田缓蚀剂现场效果评价技术及应用[J]. 石油与天然气化工，2022，51(04)：84-88. DOI：10. 3969/j. issn. 1007-3426. 2022. 04. 015.

[23] 原青民. 近期压裂酸化添加剂研究情况简介[J]. 石油与天然气化工，1992，(1)：14-21.

[24] 杨震. 吲哚嗪衍生物的合成及其酸化缓蚀性能研究[D]. 青岛：中国石油大学(华东)，2022.

[25] Liu, Y. F., Chen, L. L., Tang, Y. F., et al. Synthesis and characterization of nano-SiO_2@octadecylbisimidazoline quaternary ammonium salt used as acidizing corrosion inhibitor[J]. Reviews on Advanced Materials Science，2022，61(1)，186-194. https：//doi. org/10. 1515/rams-2022-0006.

[26] 韩成，邱正松，黄凯文，等. 表面活性剂与加重材料相互作用对钻井液性能的影响[J]. 钻井液与完

井液，2014，31（6）：9－12. DOI：10. 3969/j. issn. 1001-5620. 2014. 06. 003.

[27] Kamal, E., Mohamed, B., Doha, B., et al. Development and characterization of alginate @ montmorillonite hybrid microcapsules for encapsulation and controlled release of quercetin: Effect of clay type [J]. Materials Today: Proceedings, 2023, 72(7): 3280-3286.

[28] Liu, Y. F., Zhou, L., Wan, X. C., et al. Synthesis and characterization of a temperature-sensitive microcapsule gelling agent for high-temperature acid release[J]. ACS Omega, 2024, 9, 20849-20858. https://doi.org/10.1021/acsomega.3c09586.

异形齿优选方法全尺寸实验验证及应用分析

李　成[1]　曹继飞[1,2]　袁晓琪[3]　吴仲华[1]　邹德永[2]　黄　哲[1]

[1. 中石化胜利石油工程有限公司；2. 中国石油大学(华东)；
3. 中石化经纬有限公司]

摘　要　异形齿技术能够有效解决深部坚硬地层提速技术难题，如何优选适用于目标工况和地层的异形齿是非常关键的问题。本文建立了一套异形齿优选方法，能够综合考虑异形齿的攻击能力和安全可靠性，并开展全尺寸台架实验及现场应用实验验证了方法的有效性。实验结果显示，优化后的PDC钻头在钻进火成岩时切削齿损伤风险大幅降低，斧形齿的攻击结构和分散结构的联合作用大幅降低钻头扭矩水平，机械钻速最高增幅达59%。现场应用表明，应用该方法优化后的钻头，较同层位其他趟钻的平均机械钻速和单趟进尺分别提高了81.3%和66.7%以上，印证了方法的准确性。该方法能够提高PDC钻头的安全性，并为深部坚硬地层破岩提速提供技术支撑。

关键词　可靠性；异形齿；钻井提速；优选方法；全尺寸实验

为进一步提高油气储量接替和产能阵地建设，国内油气勘探开发逐渐转向超深、特深层，钻井破岩提速是油气资源实现效益开发的关键，然而工具的安全和可靠性问题是影响钻井破岩提速的重点内容。深部坚硬地层存在抗压强度高、可钻性差、研磨性强等技术难题，导致钻进速度慢、作业成本高、复杂发频发。PDC钻头是目前应用最为广泛的钻井破岩工具，钻进深部坚硬地层时面临破岩效率低、使用寿命短等问题，切削齿极易出现磨损、崩齿等失效情况。对此，异形齿技术得到广泛应用，然而，如何优选适用于目标工况和地层特性的异形齿是非常关键的问题。目前国内外研究大多仅通过仿真模拟和实验分析的方法，以机械比功、机械钻速等参数作为评价指标进行单因素评价，将不同异形齿进行对比得出优选结果。现场钻头供应商和技术人员也会在基于对地层和工具了解的基础上，通过经验得出的优选结果。这些研究及成果方法无法形成对钻井现场有指导意义的、系统的齿形优选方案，缺乏一套通用的、简洁的、快速的异形齿优选方法。本研究将建立一套综合考虑异形齿攻击性和可靠性的齿形优选方法，通过全尺寸台架实验验证方法准确性，并开展现场应用，以期能够为深部坚硬地层钻井破岩提速提供技术支撑。

1　异形齿优选方法建立和分析

本文建立了一套基于攻击性和可靠性耦合因素评判的齿形优选方法，同时考虑异形齿的攻击能力和安全能力。该方法分两部分进行。

(1) 破岩优快评判。该部分主要瞄准异形齿对目标地层的攻击能力，并应用层次分析法得出评判结果。首先，建立破岩优快评判的决策模型树，如图1所示。

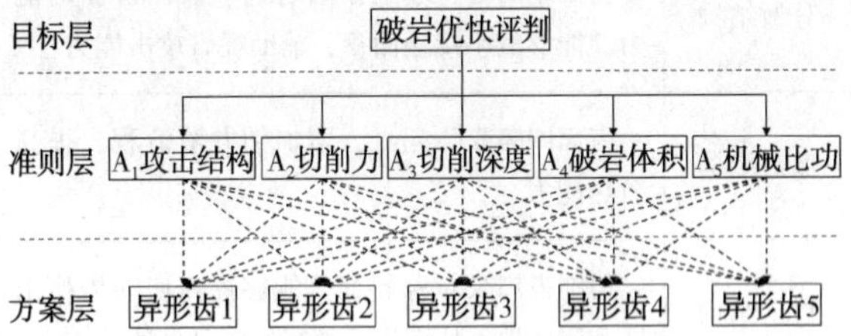

图1　破岩优快评判决策模型树

通过大量文献调研及现场数据统计，准则层选取攻击结构、切削力、切削深度、破岩体积、机械比功作为评价指标，这5个指标的联合应用可以较为全面的评判异形齿的破岩能力，见表1。

方案层设置5种备选方案异形齿，这5种异形齿在目标井同区块、同层位、相近井深内使用次数较多，且具备较好的机械钻速和单趟进尺表现。

表 1　评价指标功能

评价指标	功能
攻击性	切削齿齿面结构的攻击能力
切削力	切削齿与岩石间相互作用状况
切削深度	机械钻速的直观表征
破岩体积	切削齿横向力学影响范围
机械比功	破岩效率的集中体现

(2) 齿面结构评判。该部分主要瞄准异形齿在目标地层和工况条件下的安全性进行评判，并通过齿面受力计算和齿面结构功能定性分析相结合得出评判结果。

首先，进行单齿直线破岩仿真分析，计算目标工况和地层环境下齿面力学状态，对比分析 5 种备选异形齿齿面最大应力，该应力越低说明异形齿失效风险越低，并根据齿面力学状态对备选异形齿进行打分。

第二步，需要对异形齿齿面结构功能进行定性分析，识别具备不同几何特征的结构在破岩时的作用，并分析备选异形齿与目标地层和工况间的适配性，为各异形齿打分。在此，首次将齿面结构按功能划分为 4 种类型，见表 2。

表 2　齿面结构功能划分

齿面结构	功能
攻击结构	齿面尖锐处，是吃入岩石的直接结构，直观体现切削齿的攻击能力
分散结构	齿面扇面处，起到排除岩屑、清理齿面的能力，能够减小接触面积，辅助提高攻击能力
散热结构	齿面凹陷或凸起处，增加钻井液流程，提高散热能力
稳定结构	切削齿周缘对称斜面，能够提高切削齿稳定性和耐磨性，从而提高切削齿的可靠性

综合两方面的分析结果，在重点考虑异形齿可靠性的基础上对备选方案打分。

(3) 最终，综合分析当前工况及地层环境，对两方评判结果赋权重值，通过归一化运算得出最终的异形齿优选结果。

1.2　异形齿优选方法的实例分析

本文建立的异形齿优选方法是基于单齿仿真计算实现的，在第 3 节中将应用全尺寸台架实验对该方法和仿真模型的准确性进行验证。

1.2.1　仿真模型建立

建立仿真模型如图 2 所示，切削齿是以斧形齿为例，以火成岩为研究对象，岩样尺寸为 120×50×30mm，下表面及侧表面施加固定约束。切削齿为刚体，后倾角为 15°，施加 1kN 竖直向下的钻压，切削速度为 600mm/s。通过网格无关性检验确定岩样中心线附近为网格加密区域，尺寸为 0.5mm，外端网格尺寸为 2mm。网格数量为 28800，设置切削面与岩石为表面与节点接触，摩擦系数为 0.3，单元类型为 C3D8R 并开启减缩积分。

图 2　仿真模型及网格划分

通过三轴岩石力学实验测得火成岩岩石力学性质见表 3，切削齿力学性质见表 4。

表 3　目标火成岩力学特性

参数	值	参数	值
岩性	花岗岩	抗拉强度/MPa	7.13
可钻性级值	七级	弹性模量/GPa	58.71
抗压强度/MPa	202.44	泊松比	0.14

表 4　PDC 切削齿材料参数设置

参数	数值	参数	数值
材料类型	聚晶金刚石复合片	密度/(g/cm^3)	3.5
弹性模量/GPa	925	泊松比	0.086
直径/mm	16	厚度/mm	13

方案层选择斧形齿、三棱齿、A3 齿、长凿形齿、直角齿作为备选方案，如图 3 所示。

1.2.2　异形齿优选分析

(1) 破岩优快评判

① 准则层标度值矩阵

按照层次分析法，首先需要根据地质及工况特征建立准则层标度值矩阵。邀请 20 位具有丰富经验的钻井工程师进行评价，根据评价结果，准则层标度值矩阵如式(1)所示。

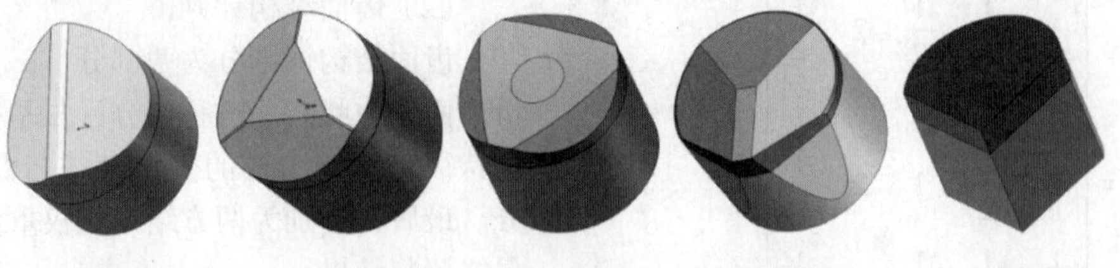

图 3　方案层备选异形齿

$$A=\begin{bmatrix}1 & \frac{1}{3} & \frac{1}{5} & \frac{1}{2} & \frac{1}{4}\\ 3 & 1 & \frac{1}{3} & 2 & \frac{1}{2}\\ 5 & 3 & 1 & 4 & 2\\ 2 & \frac{1}{2} & \frac{1}{4} & 1 & \frac{1}{3}\\ 4 & 2 & \frac{1}{2} & 3 & 1\end{bmatrix} \tag{1}$$

式(1)中矩阵满足一致性要求，特征值为 5.0681，归一化后特征向量为准则层对目标层的权重向量，如式(2)所示。

$$Q=[0.0618\quad 0.1600\quad 0.4185\quad 0.0973\quad 0.2625] \tag{2}$$

② 方案层标度值矩阵

本节需要求取准则层对方案层的标度值矩阵，即用各评价指标去评价方案层中的异形齿。评价指标 A_2-A_5对方案层的评价可以根据仿真计算的结果获得，而评价指标 A_1需要通过定性方法开展。

针对图 3 所示 5 种异形齿的攻击结构对目标岩石的攻击能力，邀请 20 位具有丰富经验的钻井工程师进行评价，结果显示，方案层 5 种异形齿按照攻击能力的优劣排序为：斧形齿>A3 齿>直角齿=三棱齿>凿形齿，标度值矩阵如式(3)所示。

$$A_1=\begin{bmatrix}1 & 3 & 2 & 4 & 3\\ \frac{1}{3} & 1 & \frac{1}{2} & 2 & 1\\ \frac{1}{2} & 2 & 1 & 3 & 2\\ \frac{1}{4} & \frac{1}{2} & \frac{1}{3} & 1 & \frac{1}{2}\\ \frac{1}{3} & 1 & \frac{1}{2} & 2 & 1\end{bmatrix} \tag{3}$$

经检验，该矩阵满足一致性要求，方案层对攻击结构的权重向量如式(4)所示。

$$Q_1=[0.4030\quad 0.1367\quad 0.2444\quad 0.0791\quad 0.1367] \tag{4}$$

仿真计算结果见表 5，A_2-A_5的标度值矩阵由计算结果得出。

然而，由于计算结果为具体数值，无法直接得出标度值结果。对此，本文提出了比增幅法，可将仿真计算结果转换为标度值，转换方式见表 6。举例来说，假设 x 比 y 高 23%，正向比较对应表 6 标度值即为 $a_{xy}=3$，反之，$a_{yx}=1/3$。

表 5　仿真计算结果

齿形	长凿形齿	A3 齿	斧形齿	尖圆齿	三棱齿
切向力/N	4367.56	3486.15	3957.49	4902.53	3312.34
平均切深/mm	0.58	0.28	0.29	0.23	0.26
破岩体积/mm^3	344	299	327	320	270
机械比功/MPa	1273.03	1167.79	1211.99	1533.51	1228.71

表 6　比增幅法描述的标度值转换方式

增幅/%	0~10	10~20	20~30	30~40	40~50	50~60	60~70	70~80
标度值	1	2	3	4	5	6	7	8

对照表 6，按照层次分析法步骤，对表 5 中的计算结果按评价指标进行对比评价，得出评价指标 A_2-A_5对方案层的标度值矩阵如式(5)~(8)所示。

$$A_2=\begin{bmatrix}1 & \frac{1}{3} & \frac{1}{2} & 2 & \frac{1}{4}\\ 3 & 1 & 2 & 3 & 1\\ 2 & \frac{1}{2} & 1 & 2 & \frac{1}{2}\\ \frac{1}{2} & \frac{1}{3} & \frac{1}{2} & 1 & \frac{1}{2}\\ 4 & 1 & 2 & 5 & 1\end{bmatrix} \quad (5)$$

$$A_3=\begin{bmatrix}1 & 9 & 9 & 9 & 9\\ \frac{1}{9} & 1 & 1 & 2 & 1\\ \frac{1}{9} & 1 & 1 & 3 & 2\\ \frac{1}{9} & \frac{1}{2} & \frac{1}{3} & 1 & 1\\ \frac{1}{9} & 1 & \frac{1}{2} & 1 & 1\end{bmatrix} \quad (6)$$

$$A_4=\begin{bmatrix}1 & 2 & 1 & 1 & 3\\ \frac{1}{2} & 1 & 1 & 1 & 2\\ 1 & 1 & 1 & 1 & 1\\ 1 & 1 & 1 & 1 & 2\\ \frac{1}{3} & \frac{1}{2} & \frac{1}{3} & \frac{1}{2} & 1\end{bmatrix} \quad (7)$$

$$A_5=\begin{bmatrix}1 & 1 & 1 & 2 & 1\\ 1 & 1 & 1 & 3 & 1\\ 1 & 1 & 1 & 1 & 3\\ \frac{1}{2} & \frac{1}{3} & \frac{1}{3} & 1 & \frac{1}{3}\\ 1 & 1 & 1 & 3 & 1\end{bmatrix} \quad (8)$$

经检验，均满足一致性要求，评价指标 A_2-A_5 对方案层的权重向量如式(9)~(12)所示。

$$Q_2=[0.1039 \quad 0.3011 \quad 0.1682 \quad 0.0754 \quad 0.3513] \quad (9)$$

$$Q_3=[0.6849 \quad 0.0865 \quad 0.1096 \quad 0.0535 \quad 0.0654] \quad (10)$$

$$Q_4=[0.2709 \quad 0.1888 \quad 0.2336 \quad 0.2156 \quad 0.0912] \quad (11)$$

$$Q_5=[0.2161 \quad 0.2330 \quad 0.2330 \quad 0.0848 \quad 0.2330] \quad (12)$$

最终，破岩优快评判结果如式(13)所示。

$$D=\text{归一化}\{Q^*[Q_i;\ Q_2;\ Q_2;\ Q_3;\ Q_i;\ Q_s]\}$$

$$D=[0.4113 \quad 0.1723 \quad 0.1718 \quad 0.0826 \quad 0.1621] \quad (13)$$

(2) 齿面结构评判

齿面结构评判分为两部分，一是通过仿真分析齿面应力状态并进行赋分，二是根据地质和工况特征对齿面结构的安全性进行定性分析并赋分。最后，分别为两方结果赋权重值，从而得出最终评判结果。

① 齿面结构安全性赋分

通过仿真分析得出5种异形齿破岩时齿面的最大应力值，分别为5403、3276、8708、17030、39600MPa。由于齿面应力越大，异形齿更容易损坏。因此，为最大应力值较低的异形齿赋较高的分数，5种异形齿的得分分别为0.4、0.5、0.3、0.2、0.1。

② 齿面结构适应性赋分

本研究目标火成岩的岩性为非均质花岗岩，破岩过程中会引起钻头强烈振动冲击，需要分析异形齿的齿面结构与岩性之间的适配性。

斧形齿和三棱齿由攻击和分散结构组成，前者为楔形，能够破坏岩石最弱的抗拉强度；后者在齿面分布较广，增强抗冲击性。三棱齿攻击结构前倾降低攻击性，但可靠性增强，更适应非均质花岗岩。

A3齿的齿面是由攻击、分散、散热结构组成，攻击结构的几何形状类似于鸭嘴的窄凿形，前端较薄，分散结构较小，不适合非均质花岗岩。

凿形齿由攻击和分散结构组成，前者为凸起的锥台，后者分布在前者前部、两侧、后部共5个面，使攻击结构更凸出。然而，这种几何形状降低该齿抗冲击性，钻进花岗岩时易损伤。

直角齿的齿面是由攻击和分散结构组成，虽然攻击结构非常尖锐，头部易损伤，但分散结构大，尖端点损伤后仍能正常使用。

基于以上分析，分别为五种异形齿赋分为0.4、0.5、0.1、0.2、0.3。

③ 评判结果

由于本节分析是作为示例开展，无现场背景支撑，因此假设齿面应力和结构对异形齿安全性同样重要，两方权重值均为0.5，归一化后的齿面结构评判适应性评判结果如式(14)所示。

$$S=[0.1333 \quad 0.1333 \quad 0.2667 \quad 0.1333 \quad 0.3333] \quad (14)$$

(3) 异形齿优选结果

本实例火成岩力学性质高、均质性差，严重威胁切削齿的安全性。以准噶尔盆地石炭系火成岩地层为例，埋深在 7000m 以深，因此切削齿的安全性更为重要，避免频繁起下钻更换钻头。

基于此，为破岩优快评判和齿面结构评判结果分别赋权重值 0.3 和 0.7，最终异形齿优选结果如图 4 所示。

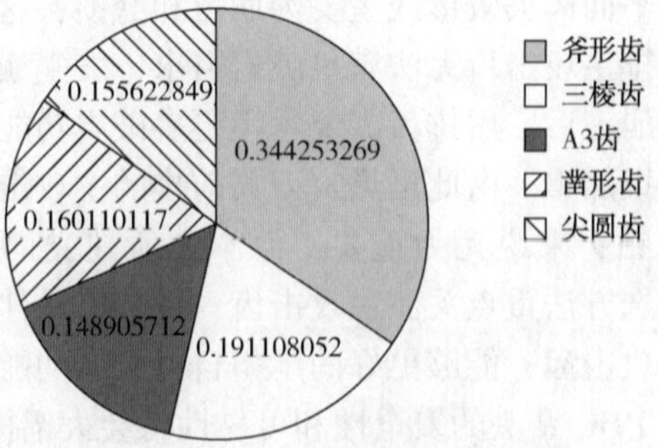

图 4　破碎火成岩异形齿优选结果

2　异形齿优选方法的全尺寸台架实验验证

2.1　实验准备及方案设计

以表 3 所示火成岩为目标岩样，应用全尺寸复合加载破岩钻井模拟试验装置开展实验，如图 5 所示。设备支持钻压 0~300kN、转速 0~200r/min、最大扭矩 10kN·m。实验将对比分析齿形优化后钻头破岩效果，及不同钻压、转速下的破岩特征。

应用工程参数测量短节测量钻压、扭矩、转速等，如图 6 所示。火成岩岩样尺寸为 50×50×50cm，如图 7 所示；根据前述齿形优化方案，加工斧形齿钻头和平面齿钻头进行对比实验，如图 8 所示。

(a)设备整体

(b)井口结构

(c)循环结构

(d)操作台面

图 5　实验设备结构

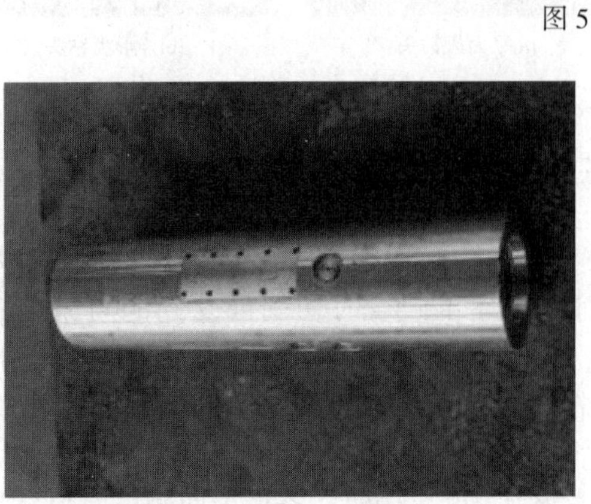

图 6　实验用工程参数测量短节

图 7　实验用岩样

(a)平面齿钻头　　(b)斧形齿钻头

图 8　实验用钻头

设计了 12 组次全尺寸台架验证与分析实验，分析钻压、转速、齿形的影响，验证异形齿优选方案的准确性，实验方案见表 7。

2.2　实验结果分析

2.2.1　异形齿优选方法验证

如图 9 和图 10 所示，异形齿钻头完好，平面齿钻头内锥到肩部切削齿破损严重。

平面齿失效形式主要为崩齿和磨损，这是因为前排主攻击齿无法满足破岩需求，发生崩齿现象；崩齿后，后排齿需要承担更多破岩功能，钻头磨损加重。由此可见，刀翼前排的主攻击齿对 PDC 钻头来说尤为重要，而本文所建立的异形齿优选方法重点关注主攻击齿，优选出最佳适应的主攻击齿，能够更好的承担自身破岩功能，则整个 PDC 钻头的安全性和可靠性将会大幅提升。

表 7　实验方案

序号	齿形	钻压/kN	转速/(r/min)	序号	齿形	钻压/kN	转速/(r/min)
1	平面齿	10	60	7	斧形齿	15	60
2	平面齿	15	60	8	斧形齿	20	60
3	平面齿	20	60	9	斧形齿	25	60
4	平面齿	25	60	10	斧形齿	30	60
5	平面齿	30	60	11	斧形齿	25	70
6	斧形齿	10	60	12	斧形齿	25	80

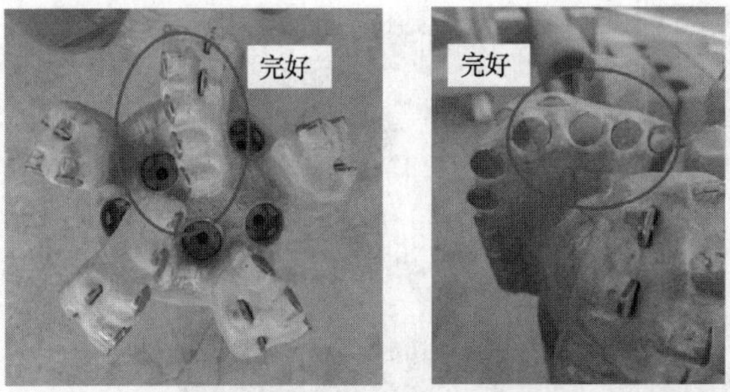

图 9　实验后异形齿钻头状态

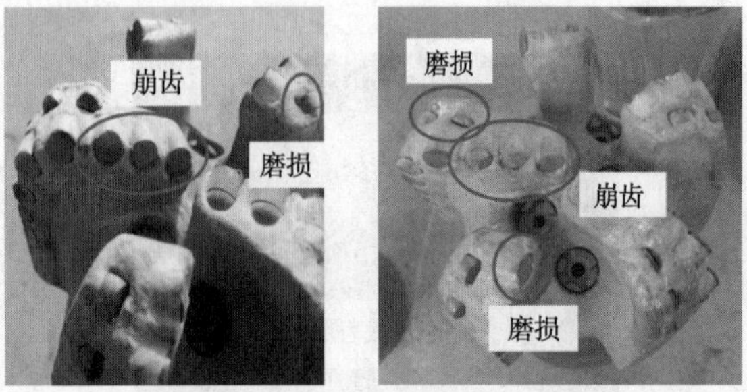

图 10　实验后平面齿钻头状态

观察两只钻头造成的破碎坑状况，如图 11 所示。岩石破碎坑壁面平整、光滑，未发现缩径现象，证明无粘滑、涡动等情况。观察坑底可以发现，火成岩中平面齿钻头在坑底出现凸起残留，这也符合平面齿钻头从内锥到肩部切削齿破损的状况。

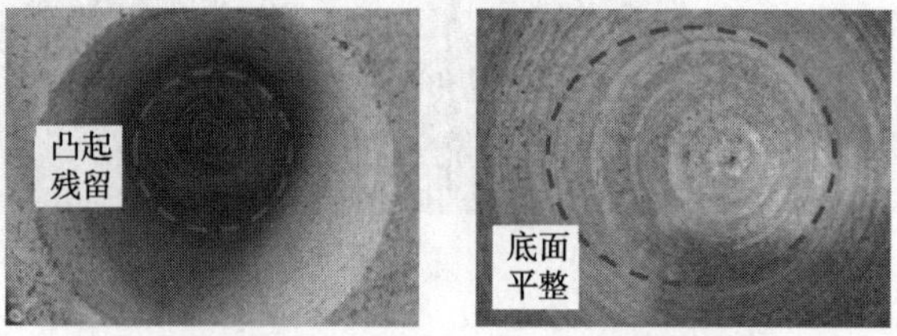

(a)平面齿钻头　　(b)斧形齿钻头

图 11　两种钻头造成的破碎坑形貌对比

2.2.2　异形齿钻头破岩对比分析

(1) 钻头扭矩对比分析

扭矩是力和力矩的乘积，即扭矩是切削力的表征，描述了破岩时切削齿受到的阻力。平面齿、斧形齿的齿面结构如图 12 所示，前者的攻击结构是齿面下部与岩石接触的平面，后者的攻击结构是中间的棱线以及两侧斜面形成的楔形，攻击能力更强。同时，斧形齿两侧扇面为分散结构，能够分散受力并辅助提高攻击能力，破岩时所遇到的阻力会显著低于平面齿，降低了切削齿的损坏风险。

图 12　齿面结构功能分析

基于切削齿的齿面结构特征分析，如图 13 所示，相同吃深下平面齿与岩石接触面积最大，因此其扭矩普遍大于异形齿钻头。

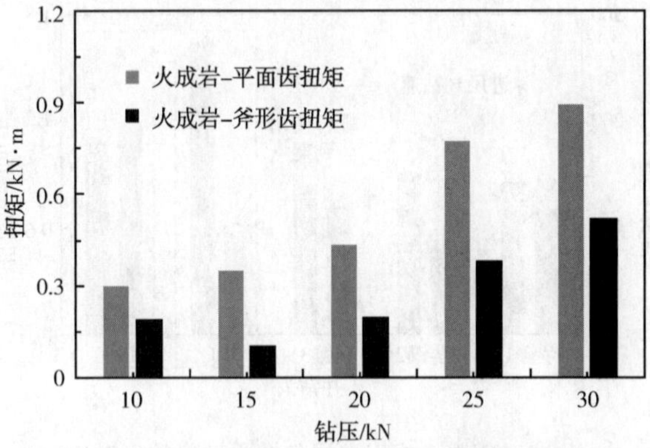

图 13　异形齿钻头和平面齿钻头破岩时扭矩受力对比分析

此外，随着钻压增大，扭矩逐渐升高，这是因为钻压增大导致切削齿切削深度增加，切削齿与岩石接触面积增大，扭矩随之升高。其中，每一种岩性和齿形，均存在最佳切削深度，当达到该深度时，破岩效果最佳，切削齿损伤风险最低；低于该深度，表明切削齿未能有效侵入，切削齿磨损加重；超出这一深度，切削齿过度侵入，过大的接触面积产生过高的接触应力，易导致切削齿出现崩齿现象。

（2）机械钻速对比分析

如图 14 所示，异形齿钻头较平面齿钻头破岩机械钻速显著提升，增幅最高达 59%。增大钻压能够有效提升机械钻速，然而，当钻压整体较低时提升效果不明显。当钻压低于 20kN 时，提升钻压导致的机械钻速增幅不足 5%，而超过 20kN 时，增幅在 36%以上，提升效果非常显著。

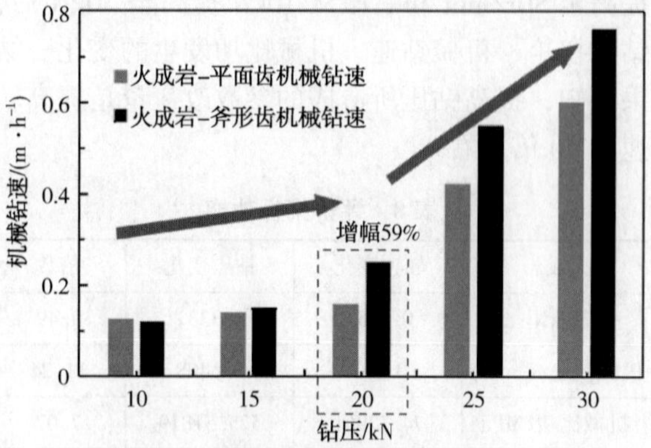

图 14　异形齿钻头和平面齿钻头破岩时扭矩受力对比分析

（3）钻头转速影响分析

机械比功计算如式(15)所示：

$$MSE=\frac{4F_a}{\pi d^2}+\frac{480N\cdot T}{d^2\cdot v} \tag{15}$$

式中，MSE 为机械比功，MPa；F_a 为轴向力，N；d 为钻头直径，mm；N 为钻头转速，r/min；T 为钻头扭矩，kN·m；v 为机械钻速，m/h。

式(15)右侧第二项为扭矩贡献的机械比功，假设钻头旋转一周的切削深度如式(16)所示。

$$x=\frac{v}{60N} \tag{16}$$

则扭矩贡献的机械比功 MSE_r 如式(17)所示。

$$MSE_r=\frac{8T}{d^2\cdot x} \tag{17}$$

由此可见，理论分析显示 MSE 不受转速影响，然而，改变转速实际上会联动影响机械钻速和扭矩，进而影响机械比功，如图 15 所示。

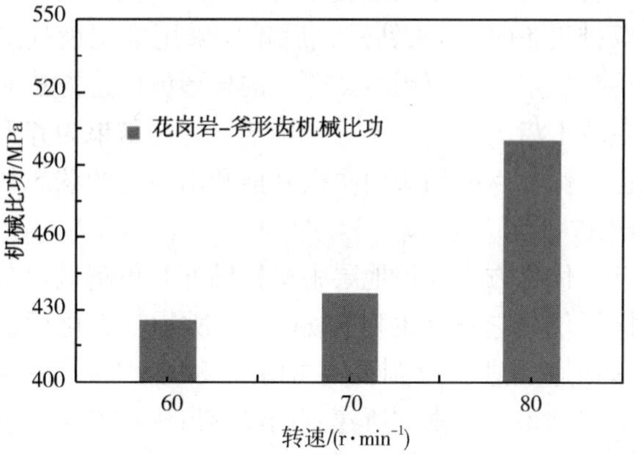

图 15　钻头转速对机械比功的影响

提高钻头转速所造成的参数变化程度远低于提高钻压等参数，表 8 分别展示了当转速从 60r/min 提高至 80r/min 和钻压从 10kN 提高至 30kN 后，钻头扭矩、机械钻速、机械比功发生的变化。结果可知，提高钻压所造成的参数改变量是提高转速的 10 倍左右。

表 8　评价指标功能

火成岩	转速变化	钻压变化	倍数
扭矩/kN·m	0.0351	0.3331	9.49
机械钻速/(m/h)	0.057	0.6408	11.24
机械比功/MPa	74.37961	525.51819	7.07

3　现场应用分析

H 井为准噶尔盆地西部深井，井型为直井，设计井深 5300m，实钻 5760m，主探佳木河组。三开钻遇石炭系火成岩地层，岩性主要为凝灰岩、安山岩、火山角砾岩。前期该层位主要应用孕镶钻头，出现机械钻速低、单趟进尺低、钻头磨损严重的现象，如图 16 所示。

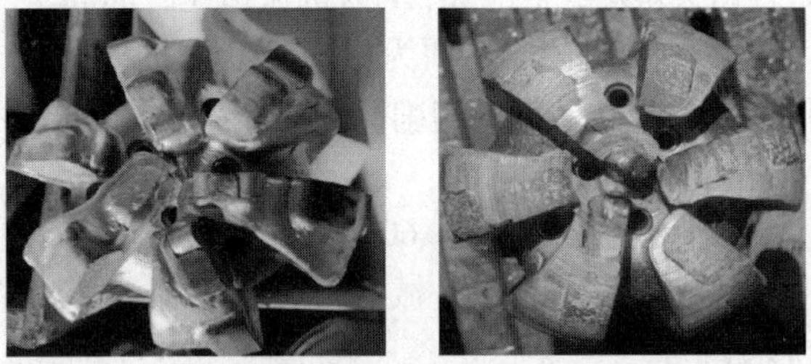

(a)入井前　(b)出井后

图 16　H 井火成岩段孕镶齿钻头入井前和出井后状态

针对这一现象，决定改为 PDC 钻头钻进，由于地层可钻性差、研磨性强，加之火山角砾岩等岩性的存在导致地层非均质性差，优选七刀翼双排齿 PDC 钻头钻进，后排齿采用锥型齿提高钻头稳定性。应用本文建立的异形齿优选方法对主攻击齿的适用齿形进行优选，优选结果为斧形齿。优化后的钻头两次入井前和出井后的状态如图 17 所示。

优化方案在该地层中机械钻速和单趟进尺与同层位其它钻头的对比如图 18 所示，优化后机械钻速和进尺分别提高 81.3% 和 66.7%。现场应用结果证明本文所建立的异形齿优选方法具有良好的现场应用效果，能够支撑深部坚硬难钻地层钻井提速需求。

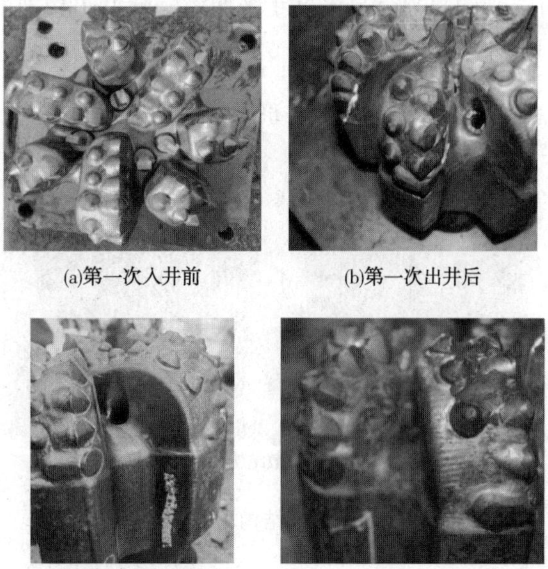

(a)第一次入井前　(b)第一次出井后

(c)第二次入井前　(d)第二次出井后

图 17　H 井优化后 PDC 钻头两次入井前和出井后状态

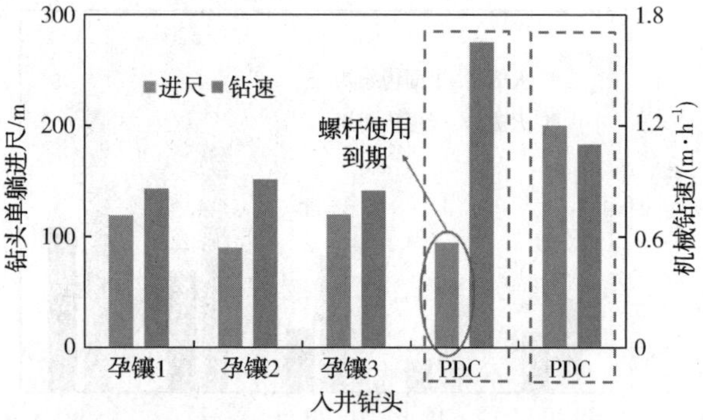

图 18　H 井火成岩地层各钻头破岩效果对比

4　结论

（1）本文建立了一套基于攻击性和可靠性耦合评判的异形齿优选方法，开展仿真分析优选适用于目标火成岩的异形齿，通过全尺寸台架实验验证方法和仿真模型的准确性，并开展现场应用。

（2）首次提出将齿面结构按功能划分为 4 种类型，并提出比增幅法对仿真结果进行转换，得出破岩优快评判结果；基于齿面结构的安全性和适应性分析，得出齿面结构评判结果。为两方结果赋权重，得出适用于目标火成岩的最佳齿形为斧形齿。

（3）开展了 12 组次全尺寸台架实验，结果显示，平面齿钻头无法满足破碎目标火成岩需求，内锥到肩部切削齿破损严重，而斧形齿钻头完好，验证了异形齿优选方法和仿真模型的可行性和准确性。

（4）平面齿攻击结构与岩石的接触面积较大，导致其失效风险高；提高钻压可显著提高机械钻速，增幅最高达 59%，但钻压较低时不明显；调节转速影响较小，是调节钻压产生影响的 10%左右。

（5）现场应用表明，应用该方法优化后的钻头，较同层位其他趟钻的平均机械钻速和单趟进尺分别提高 81.3%和 66.7%，该方法能够提高 PDC 钻头的安全性，为深部坚硬地层破岩提速提供技术支撑。

参考文献

[1] DAI X，HUANG Z，SHI H，et al. Experimental investigation on the PDC cutter penetration efficiency in high - temperature granite [J]. Geothermics，2022，98：102281.

[2] 李其州，张凯，周琴，等. 切削深度对 PDC 齿超高速破岩机理的影响分析[J]. 石油机械，2022，50（6）：1-8，15.

[3] 徐金凤. PDC 钻头 4D 切削齿技术新发展[J]. 石化技术，2019，26(10)：79-80.

[4] 许利辉，毕泗义. 国外 PDC 切削齿研究进展[J]. 石油机械，2017，45(2)：35-40.

[5] SHAO F，LIU W，GAO D，et al. Development and verification of triple-ridge-shaped cutter for PDC bits [J]. SPE Journal，2022，27(6)：3849-3863.

[6] ZHANG F，LU Y，XIE D，et al. Experimental study on the impact resistance of interface structure to PDC cutting tooth[J]. Engineering Failure Analysis，2022，140：106503.

[7] 玄令超，管志川，呼怀刚，等. 旋转冲击破岩实验装置的设计与应用[J]. 石油钻采工艺，2016，38（1）：48-52.

[8] ZHAN G，PATIN A，PILLAI R，et al. In - situ analysis of the microscopic thermal fracture behavior of PDC cutters using environmental scanning electron microscope[R]. SPE168004，2014.

[9] 刘伟吉，阳飞龙，董洪铎，等. 异形 PDC 齿混合切削破碎花岗岩特性研究[J]. 工程力学，2023，40（3）：245-256.

[10] 邹德永，任尊亮，陈雅辉，等. 硅质白云岩 PDC 钻头齿型优选实验研究[J]. 钻采工艺，2021，44（6）：19-24.

[11] 祝效华，李海. PDC 切削齿破岩效率数值模拟研究[J]. 应用基础与工程科学学报，2015，23(1)：182-191.

[12] 刘忠，胡伟，尹卓，等. PDC 钻头混合布齿参数对破岩的影响研究[J]. 石油机械，2020，48(3)：51-57.

[13] 邓嵘，丰波，敖建章，等. 牙轮钻头牙齿破岩效率的模糊综合评判方法[J]. 石油机械，2016，44（3）：6-11.

[14] YANG Y，ZHANG C，LIN M，et al. Research on rock-breaking mechanism of cross-cutting PDC bit [J]. Journal of Petroleum Science and Engineering，2018，161：657-666.

[15] ROSTAMSOWLAT I，EVANS B，KWON H J. A review of the frictional contact in rock cutting with a PDC bit[J]. Journal of Petroleum Science and Engineering，2022，208：109665.

[16] FU Z，TERGEIST M，KUECK A，et al. Investigation of the cutting force response to a PDC cutter in rock using the discrete element method[J]. Journal of Petroleum Science and Engineering，2022，213：110330.

[17] 罗鸣，朱海燕，刘清友，等. 一种适用于超高温超高压塑性泥岩的 V 形齿 PDC 钻头[J]. 天然气工业，2021，41(4)：97-106.

[18] JU P，TIAN D，WANG C，et al. Theoretical and simulation analysis on rock breaking mechanical properties of arc-shaped PDC bit[J]. Energy Reports，2021，7：6690-6699.

[19] TEALE R. The concept of specific energy in rock drilling[J]. International Journal of Rock Mechanics and Mining Sciences & Geomechanics Abstracts，1965，2（1）：57-73.

[20] 李田军，郭嘉，鄢泰宁. PDC 碎岩功耗的理论分析与计算[J]. 地质与勘探，2016，52(5)：937-941.

[21] 张佳伟，孟昭，纪国栋，等. PDC 钻头破岩效率及稳定性室内试验研究[J]. 石油机械，2020，48（12）：35-43，51.

超深井射孔瞬态爆轰压力下管柱动力学研究

丁亮亮[1,2]　廖　涛[1]　练章华[1]　刘军严[3,4,5,6]　黎丽丽[3,4,5,6]　雷七松[6]

（1. 西南石油大学"油气藏地质及开发工程"国家重点实验室；2. 西南石油大学；
3. 中国石油天然气集团有限公司超深层复杂油气藏勘探开发技术研发中心；
4. 新疆维吾尔自治区超深层复杂油气藏勘探开发工程研究中心；
5. 新疆超深油气重点实验室新；6. 中国石油塔里木油田公司）

摘　要　针对超深井射孔测试联作中管柱振动失效问题，通过建立射孔爆轰井筒压力瞬态演化与管柱动力学耦合模型，揭示了瞬态爆轰压力波的骤变特性及应力波传播规律。研究表明：射孔枪底部压力峰值达 182.81MPa，应力波以 5102m/s 的传播速度沿管柱传递，导致油管顶端等效应力接近材料屈服强度。工程实例验证显示，引入弹簧减震器可将 XX1 井油管顶端等效应力降低 70%左右。本研究可为超深井射孔管柱安全设计与联作工艺优化提供了理论支撑与工程指导。

关键词　超深井；射孔测试联作；流固耦合；爆轰压力；管柱动力学；减震器

结合国家"深地战略"重大需求，我国油气勘探开发正加速向深层-超深层领域转型，万米级超深井钻探技术已实现工业化应用。在这一背景下，射孔测试联作技术作为油气田试油完井中的关键技术，因其能够实现射孔与测试一体化作业，显著提高完井效率和射孔效能，在超深井开发中展现出独特优势。然而，随着井深的不断增加，超深、超高温和超高压等工况的逐步常态化，因射孔导致的压力波动和管柱振动引发的管柱断裂、变形、工具失效等事故频频发生(图 1)，造成严重的经济损失。因此，搞清射孔瞬态爆轰压力作用下的管柱动态响应规律，提出减小管柱振动的优化方案，已成为当前亟待解决的关键科学问题和技术难题。

目前已经有大量学者开展了射孔管柱动力学研究。尹洪东等人通过理论分析揭示了射孔爆轰超压对管柱动态响应的影响规律；Schatz 等人基于时间推进有限差分法建立了深水射孔动态压力预测模型；练章华等人采用有限元方法研究了水平井封隔器下油管振动特性，发现纵向冲击载荷是主要诱因。Craddock 等人基于射孔流体瞬变流理论，建立了快速爆炸、套管破碎和多维度射孔段管柱动态响应的数值模型。卢熹等建立了地面模拟试验测试系统，研究了爆炸冲击作用下射孔枪的动态响应。柳军等建立了封隔器下部射孔段管柱冲击振动理论预测模型，研究了管柱在爆轰冲击作用下的振动机理。杨文武等考虑管柱自重、射孔液、地层围压和冲击载荷的影响，建立了射孔冲击载荷下油管-射孔枪耦合动力学模型，开展了不同射孔弹装药量和管柱几何参数对管柱动态响应的影响分析。张平等考虑射孔爆轰冲击载荷，利用有限元方法建立了射孔管柱三维冲击动力学模型，以实测数据对模型精度进行了验证，并对射孔管柱安全性进行了评估。

综上所述，国内外学者针对射孔爆轰载荷作用下的管柱振动开展了大量研究，但现有研究大多采用假设值来表征爆轰载荷，且未充分考虑减震器实际结构对管柱力学的影响。因此，本文以射孔弹能量转化研究为基础，基于应力波传播与水下爆炸理论，建立射孔爆轰井筒压力瞬态演化模型，研究射孔段管柱在瞬态压力波动影响下的振动特性与应力分布，揭示管柱损伤失效的力学机理，最终可为现场提高管柱系统的安全性和优化超深井联作的设计方案提供指导。

1　射孔瞬态爆轰压力预测

1.1　模型建立

射孔过程中，射孔弹释放的能量仅部分用于形成有效孔眼通道，而大量剩余能量则以冲击波和流体压力的形式作用于井筒系统。这种能量分配不均会导致井筒内射孔液压力产生剧烈波动，进而对射孔管柱的结构完整性和作业安全构成严重威胁。

基于前期爆轰能量转化研究，本文基于流固

耦合的原理构建了射孔爆轰井筒压力瞬态演化数值模型，如图2所示。该模型由炸药、地层、套管、油管、射孔液、射孔枪和空气所构成。在模型中，油管顶端固定用于模拟封隔器的固定约束作用，地层四周施加围压模拟地层压力并约束套管，射孔液则被套管约束，射孔枪的内部填充球状炸药。忽略射孔孔眼的不规则形状，取为圆形，按射孔参数中的相位角和孔密在射孔枪壁上呈现螺旋分布。

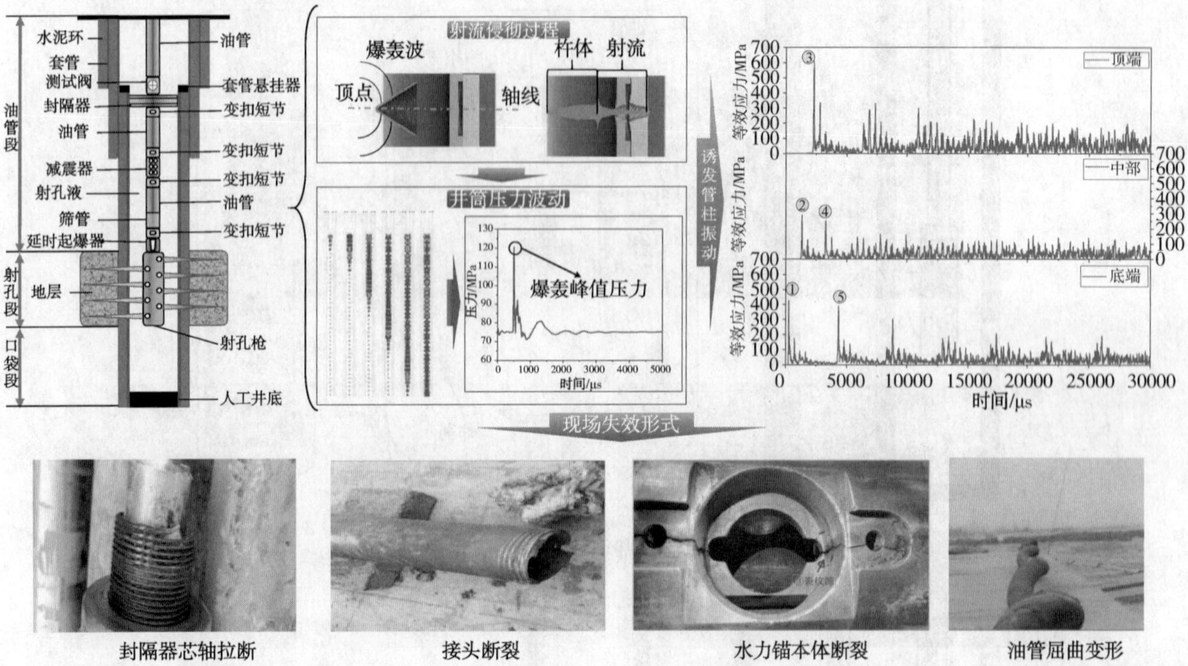

图1 管柱失效原因示意图

模型网格划分中，套管、地层和油管使用六面体网格。由于射孔枪的盲孔特征，射孔枪网格采用六面体网格和部分四面体网格。首先，利用关键词 * ALE_STRUCTURED_MESH 和 * ALE_STRUCTURED_MESH_CONTROL_POINTS 构建流体部分的 S-ALE 正交网格。然后使用填充相应的射孔流体、空气和爆炸性材料。如图2所示，S-ALE 网格填充材料后，在计算过程中自动重构材料界面，以保证填充材料的准确位置和体积。为找到合适的网格，开展了网格无关性分析。结果表明使用5mm网格时，计算效率与计算精度均能得到保证。本模型中，地层、套管、油管和射孔枪的网格采用实体网格，射孔液、空气和炸药采用 S-ALE 网格。因此，基于5mm基本网格尺寸大小，共划分实体网格186万个，S-ALE 网格1368万。

1.2 过程分析

如图3所示为爆轰过程压力变化云图，图中标尺单位为 10^5MPa。从图中可以看出，射孔弹炸药在引爆的瞬间压力极大，但是随着爆轰过程的进行，爆轰产物的体积迅速增大，压力随之迅速下降。这表明压力波具有骤变性，即在极短时间内会发生骤升骤降现象。同时，不同射孔弹炸药爆炸后的爆轰产物存在后续的叠加碰撞，这种相互作用导致了压力的二次升高或降低。

射孔枪内的炸药引爆后产生的爆轰气体迅速膨胀，过多的爆轰气体从孔眼处流进井筒内，与射孔液相互作用。并且不同炸药爆炸产生的爆轰波在井筒内叠加反射，两者共同造成了射孔段井筒内射孔液的压力波动。射孔段产生的压力波动为封隔器下部井筒内的瞬态压力提供了源泉，并以射孔段为中心，快速向油管段与口袋段传播。

图4是射孔枪顶部和底部的压力波动曲线。就射孔枪底部压力波动而言，在0~1000微秒之间时爆轰波还未到达射孔枪底部，压力波动较为平缓，基本保持在静水压力附近，在1000微秒左右爆轰波到达后，此处压力急剧增大并迅速到达峰值182.81MPa，随后由于爆轰产物的持续作用，导致压力波动在峰值过后出现了持续波动过

程，并且波动逐渐放缓，5000 微秒左右已基本保持在井筒初始压力附近。射孔枪底部压力波动表现出的骤变性与波动性符合炸药爆轰产物的脉动分析规律，说明该模型具有一定的科学性与适用性。

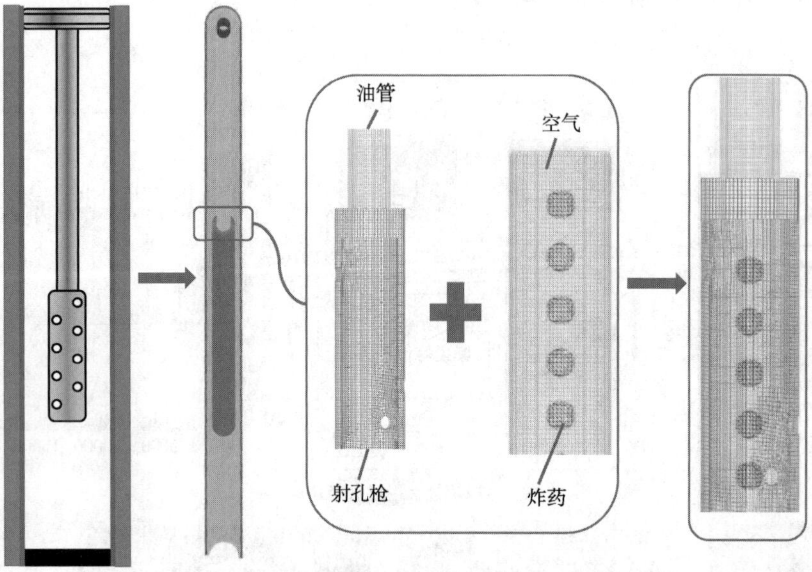

图 2　射孔爆轰井筒压力瞬态演化模型

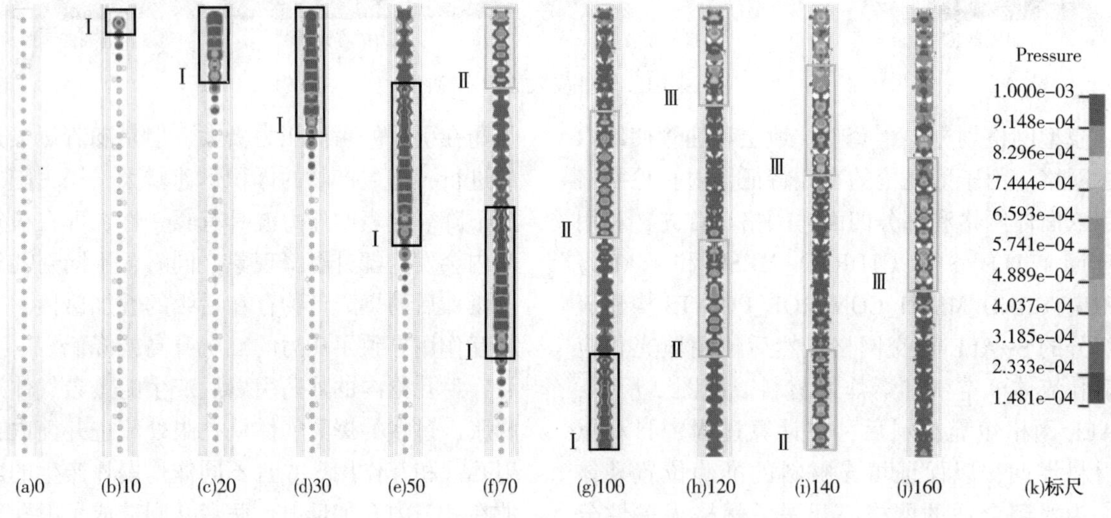

图 3　炸药爆炸压力变化云图

$$F = P_1 S_1 - P_2 S_2 \tag{1}$$

式中，P_1为射孔枪底部压力，MPa；S_1为射孔枪底部面积，mm^2；P_2为油管与射孔枪连接处压力，MPa；S_2为油管与射孔枪连接处变截面面积，mm^2。

由于射孔枪底部横截面积大，并且射孔枪底部的压力处于较高水平，因此射孔爆轰时该位置会产生较大的轴向力。仅有管柱自身的重力和油管与射孔枪连接处的反向作用力会抵消部分的轴向力，剩余轴向力会沿轴向传递至油管，引起油管的变形、屈曲、破坏。对于结构强度较弱的油管，特别是对含筛管段管柱影响显著。如式(1)所示，忽略重力作用的情况下，结合管柱结构与压力计算结果，通过静力学分析可得管柱所受轴向力为 1517.23kN。计算结果表明，管柱将受到超过油管抗拉极限的轴向力作用，极有可能导致管柱断裂出现。因此，本研究重点关注射孔枪底部的爆轰压力波动，并以此开展后续管柱动力学响应分析。

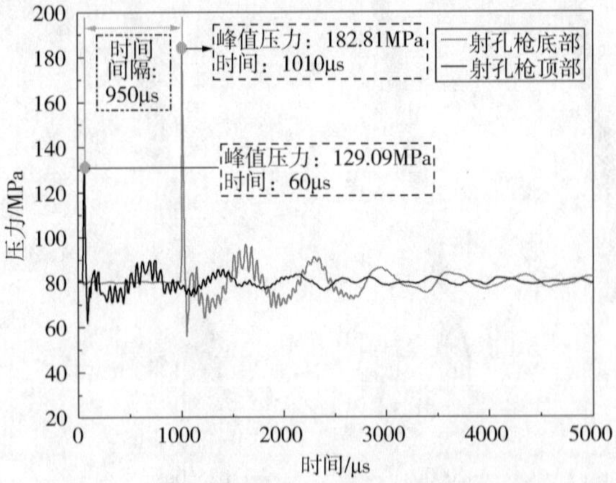

图 4　射孔枪底部与顶部压力波动对比

2　射孔管柱动力学响应分析

2.1　数值模型建立

实际封隔器下部管柱系统为一种油管-减震器-射孔枪体系。考虑到射孔作业过程减震器和油管的瞬态动力学行为需要精细描述，为了降低模型计算时间，提高计算精度，基于某款弹簧减震器实际结构简化，考虑封隔器-油管-减震器-油管-射孔枪的管柱串结构，建立射孔爆轰有减震器油管分析模型，如图 5 所示。简化后的模型主要结构为：封隔器、油管、减震器和射孔枪，简化后的弹簧减震器主要包括内管、外套筒和弹簧等组件。

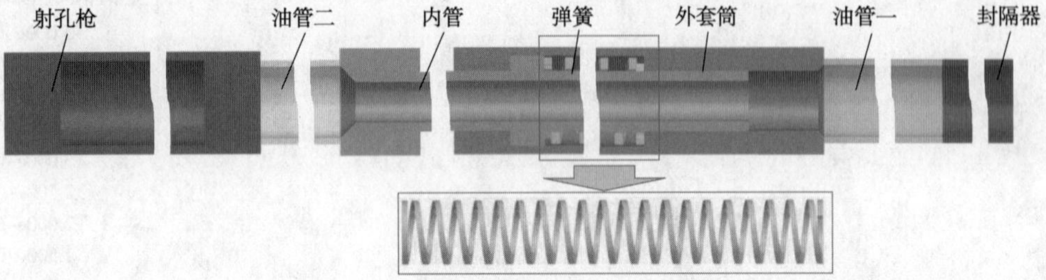

图 5　射孔管柱动力学演化数值模型

模型边界条件设置中，对封隔处施加固定约束用于模拟封隔器的固定油管作用。由射孔爆轰瞬态压力研究可知，射孔瞬间管柱会受到瞬态压力冲击。对于射孔管柱而言，射孔之前处于相对受力平衡的状态，射孔时受到的压力载荷会打破该状态。本研究针对射孔引起的压力载荷对管柱的动态响应开展分析，不考虑管柱内外压的影响，并将压力载荷简化为一个单脉冲载荷，在射孔枪底部施加。

2.2　过程分析

由于射孔枪与减震器均具有较高的屈服强度，在管柱结构中并不易失效，因此重点关注油管的失效。图 6 为油管在不同时刻的等效应力变化云图，单位为 105MPa。为完整反映单次应力波在油管的传递过程，图中标尺限制在 0 到 50MPa。由图可知，当 $t=660\mu s$ 时，应力波通过减震器传递到了油管底部；当 t 在 600 到 2560μs 之间时，最大的应力波逐渐向上传递到达了油管顶端；随后，当 t 在 2560 到 4520μs 之间时，应力波在油管顶端通过反射逐渐向下传递，回到了油管底端。针对油管整体的等效应力可以看出，不同时刻的等效应力变化在油管的分布区别较大，在整体上表现出一种应力波的波动性。应力波在同一截面的附近会形成环状结构，说明油管在同一截面上的等效应力在数值上基本一致。

如图 7 所示为油管不同位置轴向应力变化曲线，从波动的剧烈程度来看，油管顶端与底端明显大于油管中端。对于油管顶端与油管底端而言，油管顶端的轴向应力波动又大于油管底端。从油管轴向应力峰值的数值上看，油管顶端/中端/底端的轴向应力峰值分别为 188.24/68.99/158.62MPa，呈现中间小、两端大，油管顶端大于油管底部的特点。同时油管顶端/中端/底端轴向力峰值出现的时间分别是 2580/1640/4540μs，计算得到应力波在管柱中的传播速度为 5102m/s，符合应力波在金属管中的传播规律。油管顶端施加了 20cm 管柱长度的固定约束，因此当射孔爆轰压力载荷传递到油管顶端时，在油管顶端会出现应力波的反射叠加，导致油管顶端轴向应力最大。

3　实例井的分析与应用

射孔测试联作超深井 XX1 井的具体参数见表 1 和表 2。

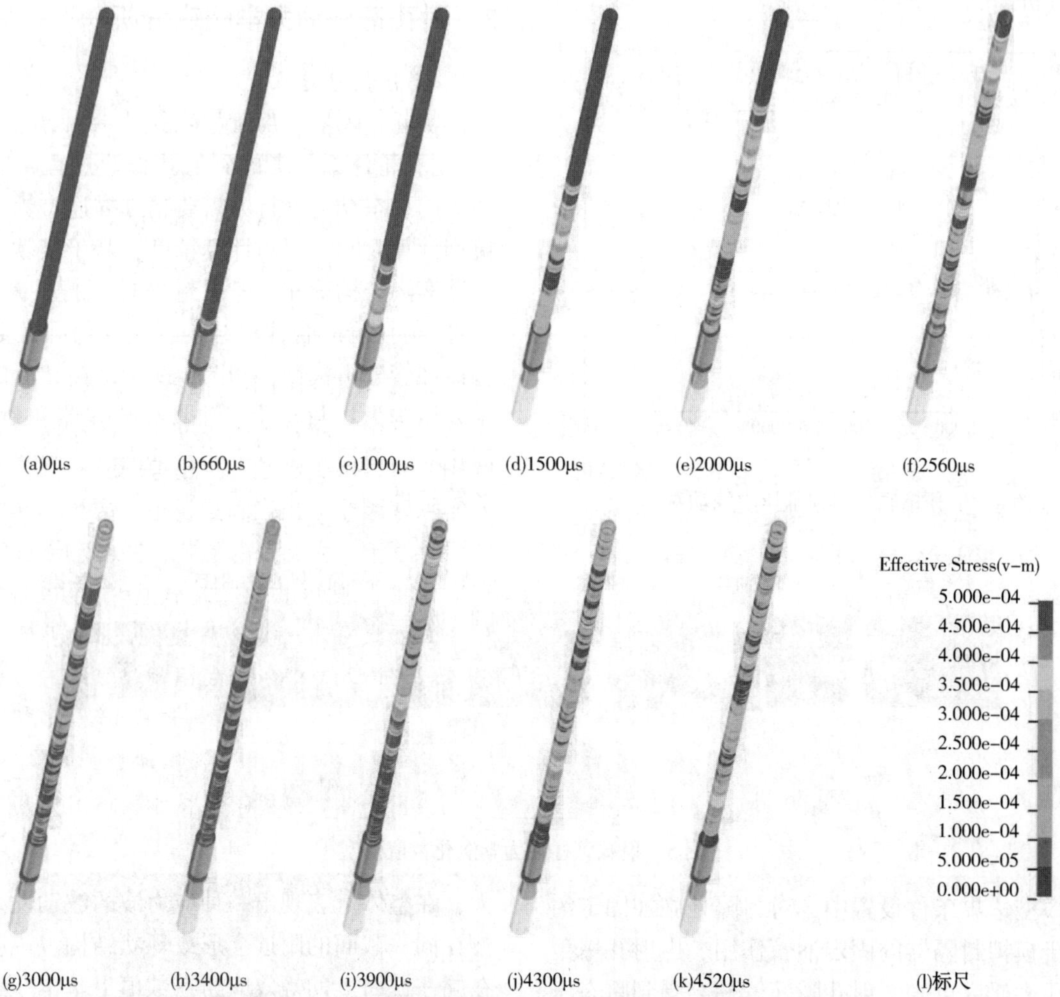

图 6　油管等效应力变化云图

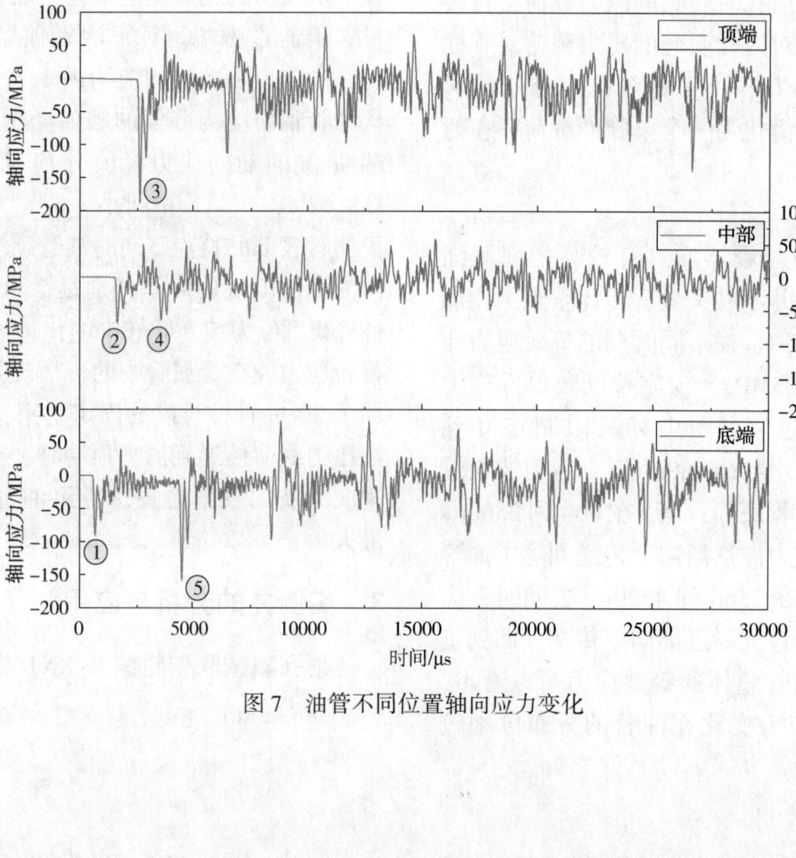

图 7　油管不同位置轴向应力变化

表 1　XX1 井管柱结构参数

参数	长度/m	外径/mm	壁厚/mm
套管	40	127	10.36
油管	20	73.02	5.51
射孔枪	5	89	8

表 2　XX 井射孔参数

参数	井筒初始压力/MPa	射孔液密度/(g/cm^3)	相位角/(°)	射孔弹的数量/枚	炸药类型	单个炸药质量/g	孔密/(孔/m)	地层压力/MPa
数值	100.24	1.4	60	80	HMX	45	16	150.69

结合射孔爆轰井筒压力瞬态演化模型计算分析得到 XX1 井射孔枪底部的压力波动曲线如图 8 所示，峰值压力为 199.64MPa。

以爆轰峰值压力作为射孔枪底部压力载荷，结合射孔管柱动力学演化数值模型计算分析得到油管顶端与底端的等效应力对比如图 9 所示，轴向应力对比如图 10 所示。结合表 3 和表 4 可知，无减震器油管顶端的等效应力峰值为 523.58MPa，已经接近屈服强度 552MPa；无减震器油管顶端的轴向应力为 614.67MPa，换算得到轴向力为 713.02kN，计算得到抗拉系数为 0.9，已经小于抗拉安全系数 1.5。说明油管顶端受载过大，易导致油管失效。

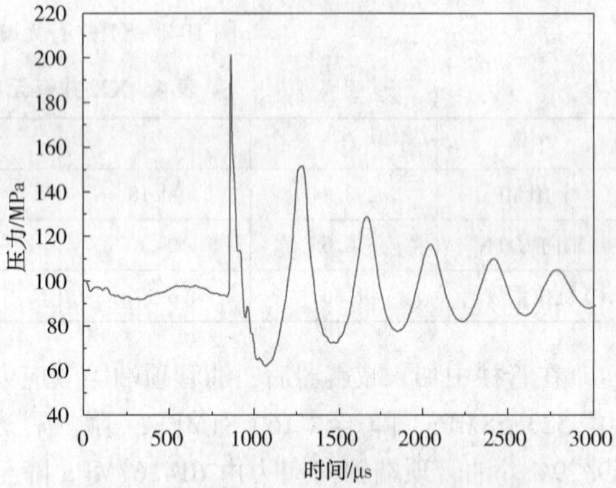

图 8　XX1 井射孔枪底部压力波动曲线

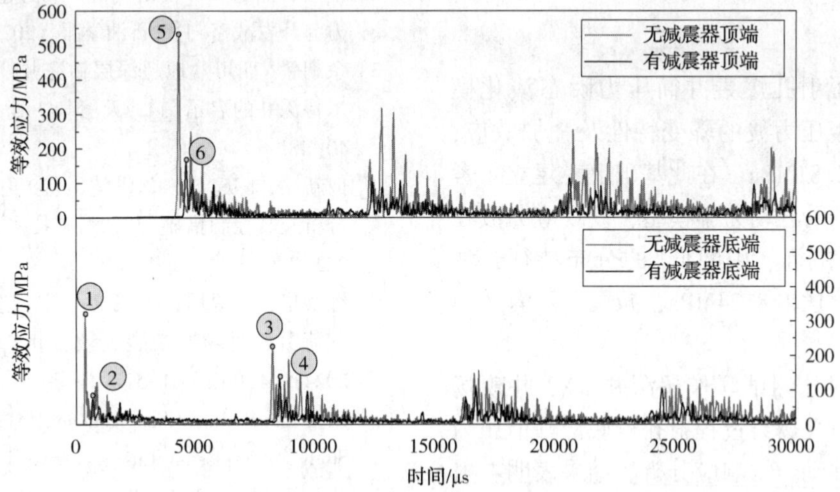

图 9　XX1 井有无减震器油管等效应力变化曲线

表 3　XX1 井等效应力峰值

序号	①	②	③	④	⑤	⑥
峰值/MPa	314.13	75.06	229.51	132.18	523.58	160.81

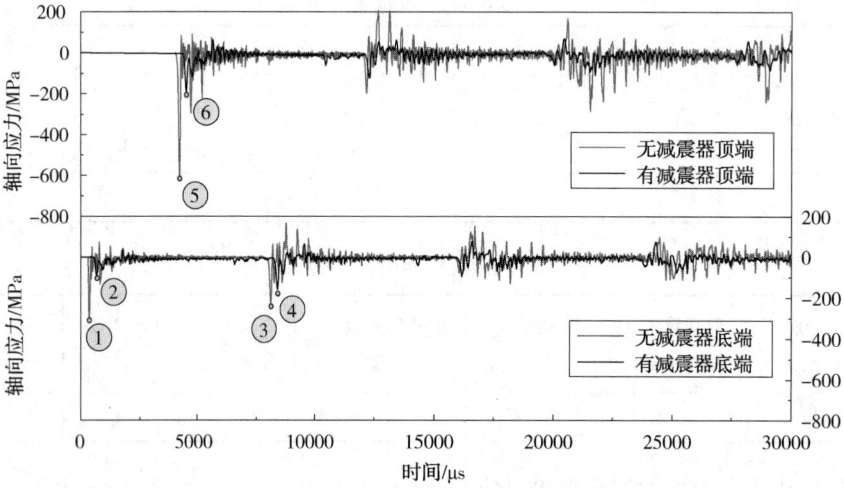

图 10　XX1 井有无减震器油管轴向应力变化曲线

表 4　XX 井有无减震器油管轴向应力峰值

序号	①	②	③	④	⑤	⑥
峰值/MPa	298. 84	90. 18	228. 24	159. 69	614. 67	190. 97
轴向力/kN	346. 65	104. 61	264. 76	185. 24	713. 02	221. 53
抗拉系数	1. 86	6. 17	2. 44	3. 48	0. 90	2. 91

在管柱中加入减震器后，油管顶端等效应力由 523. 58MPa 降至 160. 81MPa，降幅达 69. 29%。油管顶端轴向应力由 614. 67MPa 降至 190. 97MPa，降幅达 68. 93%。无论是等效应力还是轴向应力均减小了 70%左右，使得油管处于安全范围。

4　结论

（1）构建了射孔爆轰井筒压力瞬态演化模型，揭示了爆轰压力波的骤变特性及叠加效应，压力峰值达 182. 81MPa，在此基础上，建立了考虑减震器结构的管柱动力学模型，发现应力波在管柱中呈现“两端高、中间低”的分布特征，油管顶端应力峰值达 188. 24MPa，减震器可有效降低振动响应。

（2）结合射孔测试联作超深井 XX1 井现场数据，开展了射孔爆轰过程射孔枪底部峰值压力计算及射孔管柱动力学响应分析。结果表明：射孔枪底部峰值压力为 199. 64MPa，减震器可使 XX1 井油管顶端等效应力由 523. 58MPa 降至 160. 81MPa，显著改善管柱安全性。

（3）本研究提出的基于数值模拟技术的爆轰压力预测方法和管柱振动控制技术，构建了超深井射孔测试联作工程安全评价的完整技术体系，为超深井射孔测试联作工程提供了系统的安全评价手段，具有重要的工程应用价值。

参 考 文 献

[1] 朱彤，操秀英，梁乐. 塔里木油田深地塔科 1 井钻探深度破万米[N]. 科技日报，2024. 03. 05.

[2] 中国石油勘探开发研究院. 中国超深层油气资源潜力与开发战略[J]. 石油学报，2022，43(2)：1-15.

[3] 佘朝毅. 四川盆地超深层钻完井技术进展及其对万米特深井的启示[J]. 天然气工业，2024，44(01)：40-48.

[4] 何新兴，陈建波，刘洪涛，等. 射孔管柱断裂失效分析及其控制措施[J]. 测井技术，2021，45(02)：222-226.

[5] 练章华，万智勇，王飞文，等. 超深井射孔冲击动载荷引起封隔器断裂失效分析[J]. 天然气工业，2024，44(06)：44-51.

[6] Ding Liangliang，Chen Wenkang，Han Chuanjun，et al. Study on Explosion Energy Conversion of a Perforating Shaped Charge during Perforation Detonation. SPE Journal，2024，29(6)：2938-2952.

[7] 尹洪东，李世义，张建军. 射孔测试联作管柱受力分析及井下仪器保护技术[J]. 石油钻采工艺，2003，25(03)：61-63+85.

[8] Schatz J F，Kent C F，Michael F，et al. High-speed pressure and accelerometer measurements characterize

dynamic behavior during perforating events in deepwater gulf of mexico[C]. SPE Annual Technical Conference and Exhibition, 2004, SPE-90042-MS.
[9] 练章华，林铁军，刘健，等. 水平井油管柱射孔振动的有限元分析[J]. 石油钻采工艺，2006，28(01)：56-59+85.
[10] Craddock G G, Wei Z, Wight J, et al. Investigating the dynamic three-dimensional loading effects on perforating guns imposed by shaped charges[C]. International Petroleum Technology Conference, 2014, IPTC-17282-MS.
[11] 卢熹，王树山，马峰，等. 爆炸冲击作用下射孔段管柱动力学响应试验[J]. 科学技术与工程，2014，14(33)：53-56+92.
[12] Liu J, Guo X Q, Liu Z J, et al. Pressure field investigation into oil&gas wellbore during perforating shaped charge explosion[J]. Journal of Petroleum Science & Engineering, 2019, 172: 1235-1247.
[13] 杨文武，李浩，林勇，等. 多因素影响下射孔段管柱振动力学分析[J]. 振动与冲击，2024，43(10)：223-229.
[14] 张平，张明友，张文斌. 射孔管柱动力学特性研究[J]. 油气井测试，2024，33(02)：1-8.
[15] 丁亮亮，雷七松，陈文康，等. 射孔爆轰瞬态能量转化及影响因素研究[J]. 中国安全科学学报，2023，33(09)：76-85.
[16] 李明飞，徐绯，窦益华. 射孔管柱振动参数实测及其 ALE 数值仿真分析[J]. 应用力学学报，2019，36(02)：458-465+515.

超高温高压封隔器的研制与应用

王学正[1]　詹鸿运[1]　丁柯宇[1]　李松雷[1]　张　鹏[1]　王怀婧[1]　邱卫红[1]　陈子晗[2]

（1. 中国石油集团渤海钻探工程有限公司；2. 中国石油集团工程材料研究院有限公司）

摘　要　随着全球油气勘探开发逐渐从常规油气藏转向非常规油气藏，深井、超深井的高温高压作业需求日益增加。我国主要的高温高压作业区域分布在新疆的塔里木、准噶尔、吐哈盆地，青海的柴达木盆地以及四川盆地等地区。这些地区的储层构造应力复杂，自然产能较低，具有“三超”特征（超深、超高压、超高温）。目前市场上能够满足105MPa压力和204℃温度的封隔器主要由哈里伯顿和贝克休斯等公司提供。然而，针对232℃以上的高温环境，封隔器的密封性能仍需进一步提升。本文针对232℃/105MPa极端工况，提出一种基于氟橡胶（AFLAS）-双挡圈（钛合金）密封结构的高温高压封隔器设计方案。通过材料和结构优化，显著提升了封隔器的耐温耐压性能。经API 11D1 V3-R标准测试，在232℃/105MPa条件下稳压压降<1%，青海油田现场应用最高承压102.7MPa，验证了设计的工程适用性。本研究为深层非常规油气资源开发提供了关键装备支撑。

关键词　高温高压封隔器；小尺寸；可取；工作机理；性能表现

随着全球油气勘探开发对象从常规油气藏转向非常规油气藏，目的层由中浅层向深层和超深层快速延伸，深井、超深井高温高压条件下的大型压裂施工需求日益增加。我国主要的深井、超深井高温高压作业区域分布在新疆的塔里木、准噶尔、吐哈盆地和青海的柴达木盆地以及四川盆地等地区，储层构造应力复杂多变，自然产能普遍较低，具有“三超”油气资源特征，即超深、超高压、超高温井。目前市场上，能够满足压力105MPa和温度204℃要求的封隔器生产商主要集中于哈里伯顿和贝克休斯等公司（表1）。对于高温高压封隔器而言，液压式封隔器通常是永久或半永久性的，解封过程较为复杂。通过对封隔器核心部件如芯轴、胶筒、水力锚和密封件的结构改进和材质升级，封隔器的耐温性能已从177℃提高到204℃，耐压性能也从70MPa增加到105MPa。这些改进显著增强了封隔器的整体耐温和抗压能力。然而，针对更高温度（232℃）的挑战，仍然是业界需要解决的问题。

表1　国外厂家封隔器坐封/解封方式

厂家	封隔器名称	坐封方式	解封方式
哈里伯顿	CHAMP	机械	上提解封
	THT	液压	永久
	TNT	液压	永久
	HPH	液压	专用工具；化学切割
贝克休斯	FB-3	电缆	水久
	SAB-3	液压	永久
	HP/HT	液压	专用工具

1　高温高压封隔器结构设计

1.1　整体结构方案

本设计采用液压坐封-上提解封的可回收式结构（图1），主要组件包括：

密封系统：AFLAS® FFKM胶筒（耐温232℃）+钛合金TC4ELI双挡圈（屈服强度1081MPa，延伸率6.5%）；

锚定系统：双向卡瓦+锥体锁紧机构，抗滑移载荷提升至50kN/m；

液压驱动：双级活塞设计，坐封压力15T，适配5.5英寸套管（ID 121mm）。

1.2　工作原理

当高温高压封隔器到达井内预定坐封层位后，先进行循环洗井并投球至球座，随后加液压推动一二级活塞运动，升压至设定值后切断二级活塞启动销钉，推动锁环芯轴及上下锥体挤压卡瓦外张，卡瓦启动销钉切断后卡瓦坐挂于套管内壁。继续升压，活塞力作用于胶筒，挤压胶筒至启动销钉剪切，胶筒鼓胀紧贴套管完成坐封，锁环单向锁定胶筒压缩状态。解封时，上提封隔器拉断脱手销钉，胶筒回弹解封，中心管上移释放弹爪，锥体支撑力消失，卡瓦被弹簧弹回衬套，解除套管锚定，最终封隔器完全解封并可取出。

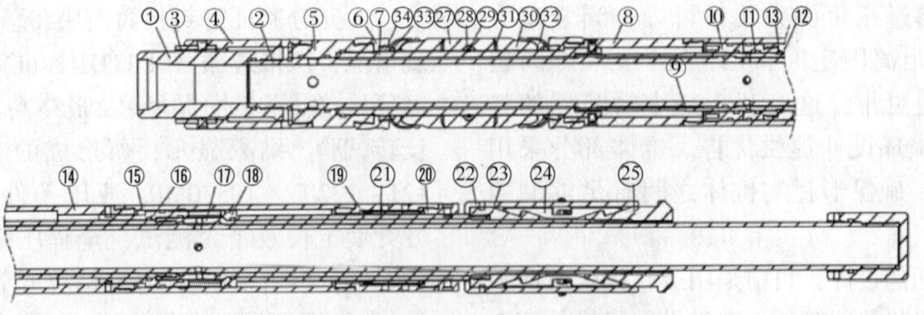

图1　小尺寸高温高压封隔器结构示意图

①—接箍；②—中心管；③—释放螺母；④—释放套罩；⑤—平衡接头；⑥—胶筒接箍；⑦—衬套；⑧—旁通套罩；⑨—导环；⑩—上部活塞；⑪—下活塞；⑫—下活塞帽；⑬—限位环；⑭—上缸筒；⑮—下缸筒；⑯—下部活塞；⑰—下衬套；⑱—释放弹爪；⑲—锁环背圈；⑳—锁环背圈帽；㉑—锁环；㉒—卡瓦套；㉓—上锥体；㉔—卡瓦；㉕—下锥体

1.3　胶筒材料优选

封隔器的密封核心部件是橡胶筒，其材料的密封性能决定封隔器能否在井下苛刻环境中长期使用。考虑封隔器的实际应用场景时，胶筒材料选用不合理，在高温条件下已发生老化。鉴于此，天然橡胶由于其耐油性较差，并不适合用于这种封隔器。同样，氯丁橡胶也因其耐油性能不足而不被考虑。对于封隔器的胶筒部分，需要通过外部挤压使其膨胀并与套管壁紧密贴合，这就要求胶筒必须具备高度的弹性。因此，硅橡胶也不是这款封隔器的理想选择。丁腈橡胶因其优异的耐油性和较高的耐磨性而受到重视，但它只能在120℃的空气中或150℃的油中长时间使用。尽管其衍生产品氢化丁腈橡胶在保持了良好的耐油性和耐磨性的同时，能够承受的温度范围提升到了150℃至170℃，但这仍然无法满足本款封隔器所要求的232℃的高温使用条件。AFLAS(氟橡胶)具有出色的耐热性，在200℃～250℃高温环境下能够保持良好的机械性能(表2)，配合合理的结构保护能够保证其在高温环境下保持良好的密封性能。

表2　AFLAS橡胶技术参数

试验项目	AFLAS80	AFLAS90
邵氏硬度/Shore A	80±3	90±3
拉伸强度/MPa	≥15	≥17
拉断伸长率/%	200±50	130±50
50%定伸应力/MPa	≥6	≥8
压缩永久变形/%	≤50	≤50

1.4　胶筒的结构设计

封隔器的胶筒结构设计采用三胶筒组合体系，包括中间胶筒和两个端胶筒(图2)。中间胶筒与端胶筒之间设有专门的胶筒隔环，而端胶筒外侧则安装有支撑环。支撑环的外侧配备金属背圈，并在支撑环与金属背圈之间安装硬质密封圈，以防止胶料在胶筒与芯轴之间溢出。该胶筒结构被应用于压缩式封隔器中，当封隔器下入指定的密封井段后，通过液压或机械方式对胶筒进行挤压，使其膨胀并紧贴套管内壁，进而实现环空的密封功能。中间胶筒的硬度较低，易于在挤压过程中膨胀，随后端胶筒也跟着膨胀，两侧的保护装置能够有效防止在承压时胶筒的溢出。封隔器胶筒的密封主要依赖于橡胶材料，但在承压过程中，胶筒会受到芯轴与套管间的活塞力作用，若该应力超过橡胶材料的抗剪切力，则可能导致胶筒撕裂。因此，该结构在设计时特别考虑了对胶筒内部和外部的保护措施。

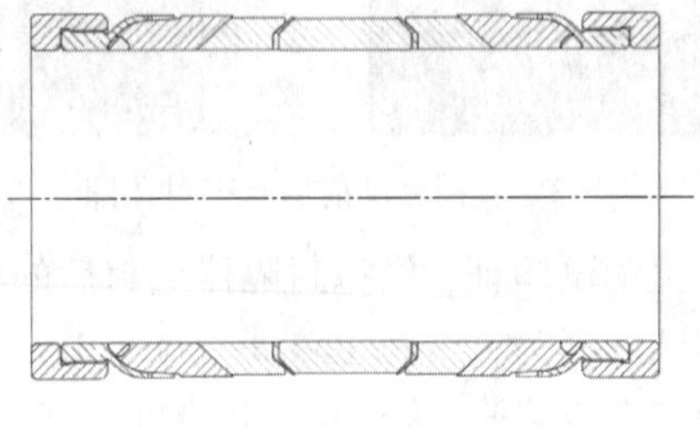

图2　胶筒结构示意图

1.5　锚定结构设计

在高压工作环境下，胶筒所承受的活塞力完全由卡瓦吸收，封隔器在井下的安全性主要依赖于卡瓦的作用。因此，卡瓦的设计与计算显得尤为关键。对于可取式封隔器，通常采用的锥体角度为12°，而目前选择将锥体角度调整为18°。通过三角函数关系可知，当竖直方向上的移动距离固定时，18°角的水平方向位移相对12°角更小，这有利于减小封隔器的整体长度并对锁环设计提供优势。锥体部分采用双斜面设计，确保卡瓦与锥体之间有足够的接触面积。

针对卡瓦的设计，目前采用了整体式双向卡瓦，以适应封隔器两侧的承载需求。通过计算卡瓦咬入套管的深度来确定剪切面积，根据公式计算能否承受整体活塞力值(106.73T)。

2 验证测试

2.1 模块化验证测试

为充分验证密封胶筒模块在恶略环境下的表现情况，严格遵循API 11D1标准完成高温(2次循环)、低温(1次循环)及最终高温(1次循环)反转试验。结果显示，所形成的5.5寸胶筒在121~232℃、105.0MPa液压条件下性能稳定，并开展了长效密封测试，全程压降≤1%/15min(表3)，拆解后背圈均匀贴合套管壁(PTFE无剪切)，中间胶筒膨胀适度且表面平滑(图3)，验证其符合API标准，可有效满足极端工况密封需求。

表3 胶筒压力温度循环测试结果表

承压方向	实验温度/℃	起始压力/MPa	保压时间/min	结束压力/MPa	压降/MPa	压降率%
胶筒顶部	232	106.6	15	105.8	0.8	0.8
胶筒底部	232	106.2	15	105.5	0.7	0.7
胶筒顶部	232	107	15	106.1	0.9	0.9
胶筒顶部	121	106.1	15	105.3	0.8	0.8
胶筒底部	121	106.5	15	105.8	0.7	0.7
胶筒底部	232	106	15	105.3	0.7	0.7
胶筒顶部	232	105.2	15	104.6	0.6	0.6
胶筒顶部	232	104.6	61	104.1	0.5	0.5

图3 胶筒测试前后状态对比图

卡瓦测试验证，模拟封隔器坐封后的极限状态，测试流程为：卡瓦上端承压105MPa的基础上再施加下压载荷20t；卡瓦下端承压105MPa的基础上再施加上拉载荷10t。测试结果：测试过程上下端温压效果良好，未见卡瓦移动现象，测试结束后观察卡瓦状态良好，套管内部双向卡瓦咬痕均匀(深度小于0.2mm)，无可见滑移(图4)。

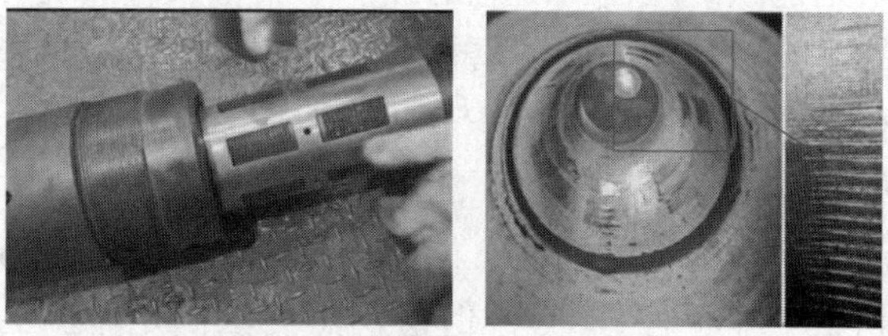

图4 卡瓦测试情况图

2.2 整机验证测试

为验证封隔器在极端工况下的整机可靠性，本研究基于API 11D1 V3-R标准，通过综合实验装置模拟实际井下条件(图5)，系统开展温度循环(232~121~232℃)、高压承压(105MPa)及复合载荷(±20T/10T)测试。测试中，封隔器在高温(232℃/24h)与低温(121℃)环境下完成上下环空稳压(压降<1%)、反转及信封曲线测试(图6)，并通过21T解封力(设计值20±2T)验证解封性能。结果显示：胶筒无损(图7)、卡瓦齿完好，整机在105MPa高压及121~232℃宽温域内性能稳定，完全满足V3-R标准要求，证实其

结构设计可有效应对高温高压复杂工况的工程需求。

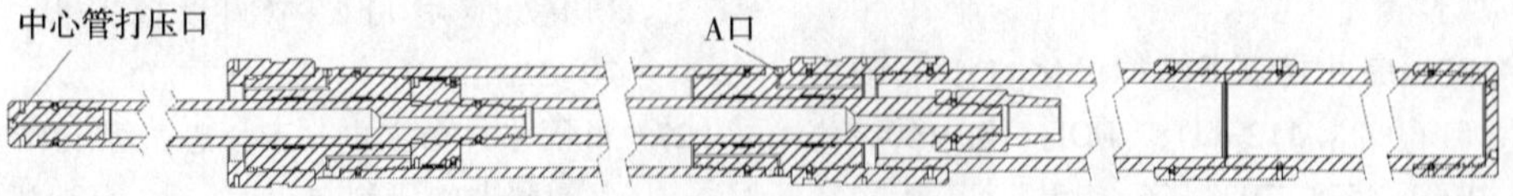

图5　总成测试装置总成图

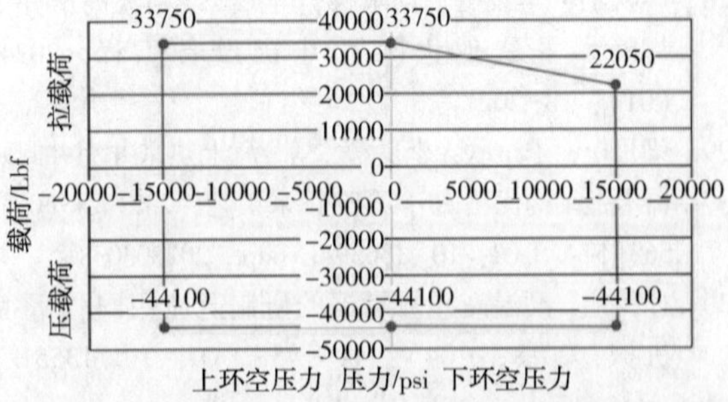

图6　高温高压封隔器性能信封曲线

图7　总成测试后胶筒拆出图

3　现场验证

超高温高压封隔器在青海油田深井探井压裂改造中成功应用取得良好的施工效果，其中某探2井为典型的高温高压井压裂改造案例，该井下温度171.96℃、预测地层破裂压力97.2MPa，采用所形成的超高温高压封隔器顺利完成了压裂施工，施工过程中密封效果良好，地面显示最高施工压力102.7MPa（图8），压后封隔器解封顺利。

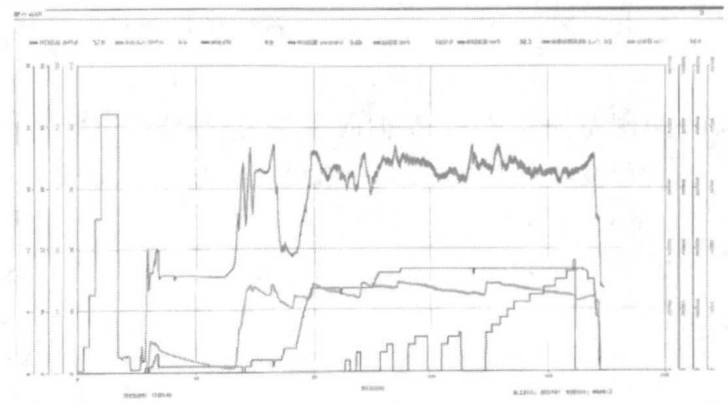

图8　某探2井压裂施工曲线

4　结论

本文章针对232℃/105MPa极端工况，提出一种基于氟橡胶（AFLAS）-双挡圈密封结构的高温高压封隔器设计方案。通过材料和结构优化，显著提升了封隔器的耐温耐压性能。具体创新点包括：采用AFLAS胶筒（耐温250℃），较传统丁腈橡胶（170℃）耐温提升47%；双斜面锥体（18°角）与整体式双向卡瓦设计，缩短封隔器整体长度，降低下入风险，双向卡瓦设计保证双向承压稳定性；在232℃，105MPa极端条件下，通过API 11D1 V3-R标准测试，保证极端环境下的稳定性。

参考文献

[1] 董杰，韩进，吴信荣，等. 耐高温高压封隔器胶筒的研制[J]. 特种橡胶制品，2018，39(02)：44-46. DOI：10. 16574/j. cnki. issn1005 - 4030. 2018. 02. 012.

[2] 毛军. 高温高压测试封隔器胶筒的研制[J]. 石油钻采工艺，2023，45(05)：638 - 643. DOI：10. 13639/j. odpt. 202202003.

[3] 万小勇，李林涛，黄传艳，等. 可取式液压封隔器耐高温胶筒优选与试验研究[J]. 石油机械，2018，46(12)：88 - 93. DOI：10. 16082/j. cnki. issn. 1001-4578. 2018. 12. 016.

[4] 闫志远，张斌，吴永朝，等. 新型高温高压封隔器组合式胶筒结构设计及试验[J]. 石油矿场机械，2021，50(01)：99-104.

[5] 王学正，冯强，秦诗涛，等. HPR高温高压压裂封隔器的研制与应用[J]. 油气井测试，2023，32(01)：45-51. DOI：10. 19680/j. cnki. 1004-4388. 2023. 01. 008.

[6] 李林涛，万小勇，黄传艳，等. 双向卡瓦可回收高温高压封隔器的研制与应用[J]. 石油机械，2019，47(03)：81 - 86. DOI：10. 16082/j. cnki. issn. 1001-4578. 2019. 03. 014.

[7] 孙德启. 高温高压封隔器的研制及应用[J]. 重型机械，2018，(04)：41-45. DOI：10. 13551/j. cnki. zxjxqk. 2018. 04. 008.

[8] 孙永涛，魏安超，陈宗琦，等. 高温高压封隔器胶筒密封结构设计[J]. 润滑与密封，2023，48(09)：140-145.

[9] 王龙. 高温高压完井封隔器结构优化[J]. 石油机械，2023，51(06)：112-118. DOI：10. 16082/j. cnki. issn. 1001-4578. 2023. 06. 015.

[10] 杨军. SHR-HP 高温高压液压封隔器的应用与推广[J]. 科学中国人，2015，(18)：62.

[11] 张宇航，徐小兵，杨亚. 浅析国内外封隔器的发展状况[J]. 机械工程师，2015，(01)：37-39.

[12] 李长江. 双向压缩封隔器设计与密封性能研究[D]. 青岛：中国石油大学(华东)，2016.

[13] 孙浩玉. 井下封隔器新技术发展分析与展望[J]. 石油和化工设备，2023，26(01)：30-33.

[14] 刘庆宇. 压缩式封隔器胶筒密封性能及结构优化研究[D]. 大庆：东北石油大学，2024.

[15] 刘晓峰. 一种封隔器胶筒设计及测试[J]. 中国石油和化工标准与质量，2021，41(11)：107+109.

[16] 郭飞，温天政，黄毅杰，等. 封隔器胶筒高温高压密封性能检测试验研究[J]. 润滑与密封，2020，45(07)：23-27.

[17] 梁文龙，薛占峰，马兰荣. 可解挂双向锚定悬挂封隔器关键技术[J]. 石油钻探技术，2019，47(04)：59-63.

[18] 封隔器胶皮密封元件工作的分析[J]. 石油钻采机械情报，1973，(03)：44-48.

[19] 于桂杰，李长江，赵超超. 双向压缩式新型封隔器密封性能研究[J]. 润滑与密封，2016，41(11)：89-93.

[20] 张康，张仕民，丁庆新. 管内封堵器胶筒硬度对其自密封特性影响研究[J]. 石油矿场机械，2018，47(02)：8-12.

[21] 马卫立. 井口套管悬挂密封装置的研制[J]. 矿业装备，2024，(S1)：133-134.

[22] 张福涛. 油田在用封隔器胶筒密封材料的老化行为[J]. 弹性体，2024，34(02)：77-82. DOI：10. 16665/j. cnki. issn1005-3174. 2024. 02. 008.

[23] 马美琴，陈岚，柯俊. 压缩式封隔器胶筒的研究进展[J]. 橡胶工业，2023，70(11)：917-921.

[24] 黄亮，郭知龙，王喜乐，等. 封隔器密封胶筒挤压失效分析与改进设计[J]. 液压与气动，2023，47(07)：177-182.

[25] 刘传刚，王世强，马认琦，等. 海上热采耐高温三胶筒结构封隔器设计及性能评价[J]. 钻采工艺，2022，45(06)：118-122.

[26] 李鸿婧. 分层注采用压缩式封隔器密封与锚定性能研究及应用[J]. 中国设备工程，2022，(14)：20-22.

[27] 肖国华，马宝忠，王金忠，等. JDY441 可取式卡瓦封隔器的研制与应用[J]. 石油机械，2013，41(12)：118-120.

[28] 卢秋羽，李俊亮，许永权，等. 浅谈高温高压井下封隔器发展现状[J]. 中国设备工程，2024，(01)：18-20.

[29] 梁月松，季正欣，李良庆，等. 海上热采井完井封隔器卡瓦结构优化[J]. 石油钻采工艺，2023，45(05)：568-574. DOI：10. 13639/j. odpt. 202303038.

[30] 孙德启. 高温高压封隔器的研制及应用[J]. 重型机械，2018，(04)：41-45. DOI：10. 13551/j. cnki. zxjxqk. 2018. 04. 008.

[31] 李正. 简析一种小直径封隔器的设计与应用[J]. 石化技术，2018，25(02)：151.

[32] 李英松，李克鹏，边杰，等. 分瓣式内卡瓦有限元分析及结构参数优化设计[J]. 石油矿场机械，2016，45(01)：41-45.

[33] 曹银萍，米红学，仝少凯，等. 试油封隔器卡瓦咬入套管深度分析[J]. 油气井测试，2014，23(04)：9-11+14+75.

[34] 李桐，马庆贤，崔奋. 封隔器卡瓦咬合过程受力模拟研究[J]. 石油矿场机械，2004，(S1)：11-13.

[35] 沈磊，辜志宏. 用于高温高压井的可取式封隔器设计问题[J]. 石油机械，2001，(07)：52-54.

[36] 黎文才，张胭脂，董建伟. ZYT441—114 桶式卡瓦封隔器的研制[J]. 石油机械，2001，(04)：36-37+1-0.

[37] 张福祥，罗贤武，任慧英. 机械式双向自锁封隔器在塔里木油田的应用[J]. 油气井测试，1998，(02)：26-28+76.

[38] 冷仁春，那录华，高朋林. 新型封隔器卡瓦[J]. 石油矿场机械，1994，(06)：22-24.

[39] 张道鹏，谢明. 封隔器硬件机构的结构设计与探讨[J]. 石化技术，2018，25(04)：326-327.

[40] 程文佳，郭志霞，张清龙，等. 超高温高压油气井完井封隔器研制与应用[J]. 石油矿场机械，2025，54(01)：53-61.

[41] 袁国海，房烨欣，杨向同，等. 封隔器胶筒失效及优化设计研究综述[J]. 机电工程技术，2024，53(06)：1-5.

高压封隔器卡瓦锚定性能分析及结构优化

詹鸿运　韩永亮　周后俊　任正军

（中国石油集团渤海钻探工程有限公司）

摘　要　随着油气资源的开采进入深层、超深层领域，高压油气井对封隔器性能需求日益提高，其中卡瓦的锚定能力直接决定了封隔器能否安全可靠的工作。本文以某已知型号的THT封隔器为研究对象，建立了封隔器锚定机构坐封过程的力学分析模型，得到卡瓦嵌入套管的深度及高工况下卡瓦所需提供的锚定载荷；利用有限元分析软件，探究整体式卡瓦裂解过程以及坐封时锚定机构的应力变化规律；基于统计学中正交试验设计、极差分析法等相关理论，对高压封隔器的卡瓦进行结构优化设计，依据卡瓦与套管相互作用时咬痕深度以及卡瓦所提供的锚定载荷评估来评价优化后卡瓦的锚定性能。研究结果表明：改进结构参数的卡瓦，在70MPa的高压工况下能够可靠锚定，且对套管内壁产生的损伤极小。研究结果可为锚定机构的设计与优化提供参考。

关键词　高压封隔器；卡瓦；锚定性能；结构优化

封隔器被广泛应用于地下资源的勘探、开采中，以实现井内不同层段之间的隔离，便于控制和管理不同地层之间的油气或地热流体。随着油气资源需求的增长，封隔器被广泛应用于几千米以下的地层，在封隔器工作过程中，不断承受着高温高压的影响，如果封隔器的卡瓦无法可靠锚定，极有可能在工作过程中上下窜动导致封隔器坐封失效，因此，计算卡瓦的锚定能力对于安全生产具有重要意义。

目前，很多学者对封隔器卡瓦的锚定性能进行了研究，徐建宁等人研究了不同齿形对卡瓦锚定效果的影响；韩传军、王方明等人研究了不同结构参数对卡瓦锚定能力的影响；刘克勇等人对封隔器坐封和解封要求进行了论述；李林涛等人通过实验方式对封隔器坐封性能进行了测试。

现有文献关于卡瓦牙在套管内壁形成咬痕深度的理论计算较少，对于卡瓦锚定性能的分析仅采用仿真软件分析卡瓦牙在套管内壁上形成的咬痕深度，用咬痕深度判断卡瓦锚定的可靠性，并未考虑咬痕深度对套管的损伤。本文详细分析卡瓦的锚定过程，给出卡瓦牙在套管内壁形成的咬痕深度的计算公式，并计算出了卡瓦所能提供的轴向锚定载荷，在满足套管损伤要求的前提下，提出适合高压工况下卡瓦的最优结构参数。研究结果可为锚定机构的设计与优化提供理论参考。

1　锚定机构力学分析模型

封隔器采用整体式卡瓦锚定，如图1所示，通过液压推动活塞，活塞推动锥体，锥体推动卡瓦径向膨胀，卡瓦膨胀裂解后实现锚定。

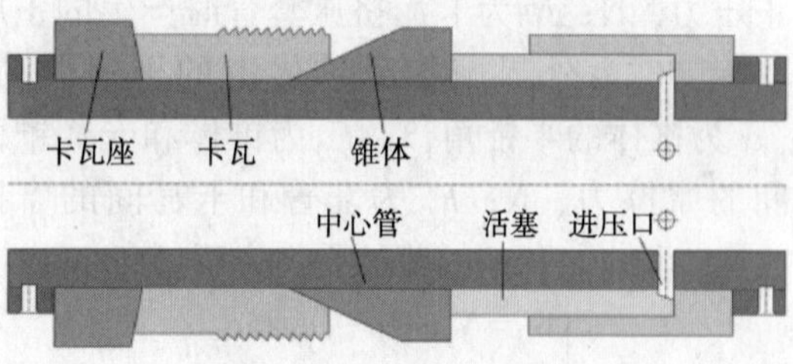

图1　锚定机构示意图

整体式卡瓦工作可分为三步。第一步，整体式卡瓦按照预设应力槽裂解为多片独立的卡瓦；第二步，裂解后的卡瓦与套管相互挤压，达到稳定的锚定状态；最后，锚定后的卡瓦协助封隔器抵抗工作压力。

图2为整体式卡瓦结构示意图，径向膨胀后的卡瓦会按应力槽裂解为6片卡瓦，随着坐封载荷的继续增加，卡瓦挤压套管实现锚定。

根据封隔器坐封过程，建立卡瓦锚定两个阶段的力学分析模型：第一阶段，整体式卡裂解为多片卡瓦；第二阶段，卡瓦咬合套管实现锚定。

1.1　整体式卡瓦裂解力学分析

整体式卡瓦在工作前是一个环形整体，随着坐封载荷的增加，整体式卡瓦在锥体的挤压下沿预设的应力槽裂解为多片卡瓦，坐封载荷继续增加，卡瓦将挤压套管实现锚定。如图 3 所示。

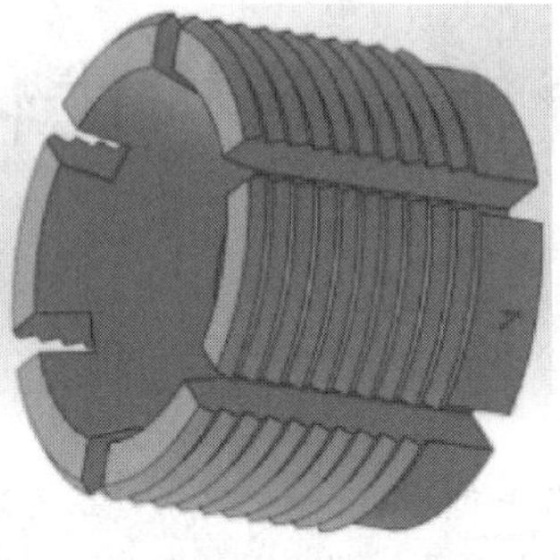

图 2　整体式卡瓦结构示意图

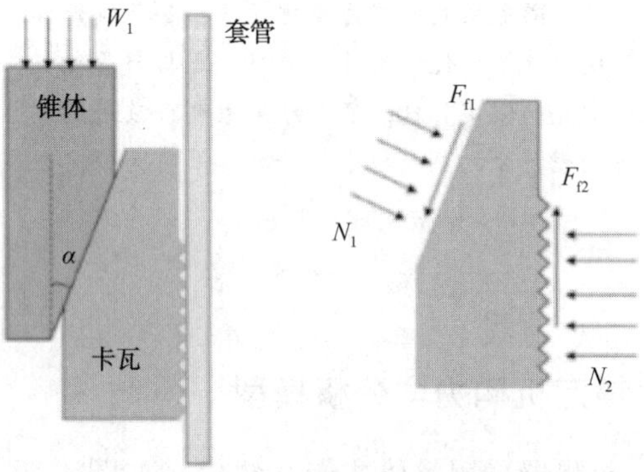

图 3　卡瓦-套管力学模型

图 3 中，N_1表示通过锥体施加到卡瓦锥面上的正压力，N；N_2为卡瓦挤压套管时产生的正压力，N；W_1为外界施加到锥体上的坐封载荷，N；α为锥体的半锥角，°；F_{f1}为锥体和卡瓦锥面之间的摩擦力，N；F_{f2}为套管和卡瓦间的摩擦力，N。可知卡瓦坐封前的受力方程：

$$\begin{cases} W_r=N_1\cos\alpha-F_{f1}\sin\alpha \\ W_z=N_1\sin\alpha+F_{f1}\cos\alpha \\ F_{f1}=f_1N_1 \\ f_1=\mathrm{tg}\varphi \end{cases} \tag{1}$$

式中，W_z为锥体施加到封隔器卡瓦锥面上作用力的轴向分力，N；W_r为锥体施加到封隔器卡瓦锥面上作用力的径向分力，N；f_1为卡瓦和锥体之间的摩擦系数；φ为摩擦角，°。

整理得：

$$W_r=\frac{W_z}{\mathrm{tg}(\varphi+\alpha)} \tag{2}$$

在锥体的作用下整体式卡瓦发生裂解的前提是卡瓦内部的环向应力超过了卡瓦能够承受的环向应力，根据卡瓦受力情况可以判断卡瓦锥面处首先发生破裂，随后裂痕逐渐延伸至整个应力槽。

假设锥体作用在整体式卡瓦上的径向载荷W_r是均匀分布的，则整体式卡瓦裂解前的受力情况如图 4 所示。

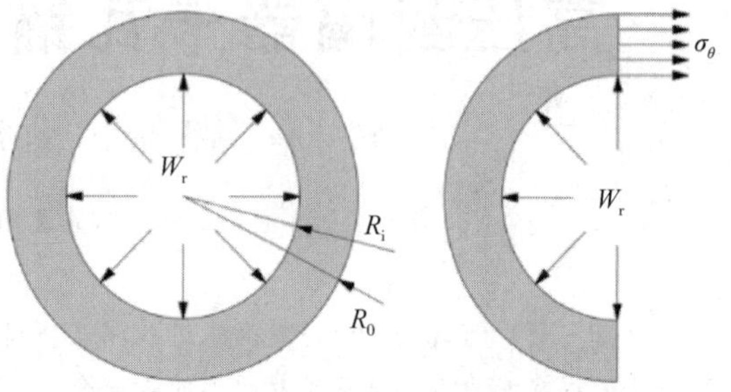

图 4　卡瓦裂解力学模型

根据厚壁圆筒理论可知，厚壁圆筒上任意一点的环向应力为：

$$\sigma_\theta=\frac{d^2p_i(x)}{D^2-d^2}\left(1+\frac{D^2}{r^2}\right)-\frac{D^2p_0}{D^2-d^2}\left(1+\frac{d^2}{r^2}\right) \tag{3}$$

式中，p_0，p_i分别为封隔器上端与下端压力，因为：$p_0=0$、$D=R_0$、$d=R_i$，设$K=\frac{R_0}{R_i}$，则整体式卡瓦内部的环向应力可以表示为：

$$\sigma_\theta=\frac{p_i}{K^2-1}\left(1+\frac{R_0{}^2}{r^2}\right) \tag{4}$$

在整体式卡瓦内壁($r=R_i$)处的环向应力为：

$$\sigma_\theta'=p_i\frac{K^2+1}{K^2-1} \tag{5}$$

在整体式卡瓦外壁($r=R_0$)处的环向应力为：

$$\sigma_\theta'=p_i\frac{K^2+1}{K^2-1} \tag{6}$$

可见在同一截面上，内壁处的环向应力大于外壁处的环向应力。若要使卡瓦能够按照应力槽裂解成多片卡瓦并顺利坐卡，卡瓦外壁处的环向应力必须大于卡瓦的屈服强度，即

$$\frac{\sigma_A}{n}=\frac{p_i}{n}\frac{2}{K^2-1}>[\sigma] \tag{7}$$

式中，n为卡瓦的安全系数。

1.2　卡瓦-套管咬合力学模型

卡瓦的裂解需要活塞推动，设封隔器的坐封压力为P_1，则活塞作用于锥体上的坐封力如式(8)。

$$P=\frac{\pi(D^2-\mathrm{d}^2)}{4}P_1 \tag{8}$$

式中，P_1为坐封压力，MPa；D为活塞外径，mm；d为活塞内径，mm；P为坐封力，N。

整体式卡瓦裂解后，卡瓦片数为n时，单片卡瓦受到的坐封力如式(9)。

$$R_k = \frac{P}{n} \tag{9}$$

式中，n 为卡瓦片数。

为便于对不同零部件之间的作用力进行区分，对各个零部件进行编号如图 5 所示，中心管、卡瓦座、卡瓦、锥体和套管依次为 1~5，如 F_{14} 表示中心管 1 对锥体 4 的正压力。

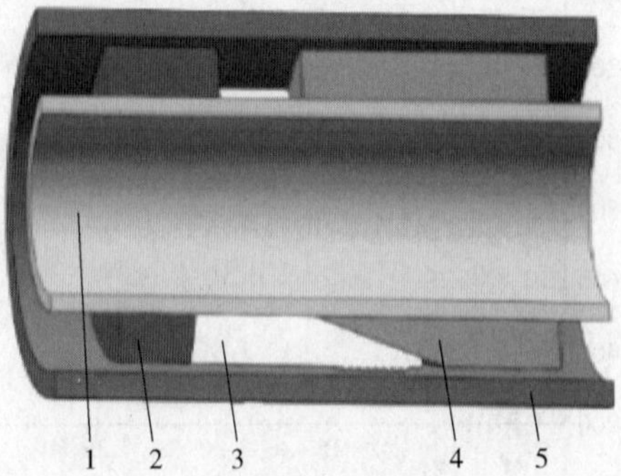

图 5　零部件编号示意图

1—中心管；2—卡瓦座；3—卡瓦；4—锥体；5—套管

对锥体进行受力分析如图 6 所示，锥体受到来自于活塞的坐封力 R_k、中心管对锥体的法向作用力和摩擦力 F_{14}、f_{14}、卡瓦对锥体的法向作用力和摩擦力 F_{34}、f_{34}。坐封状态下，锥体受力平衡如式(10)。

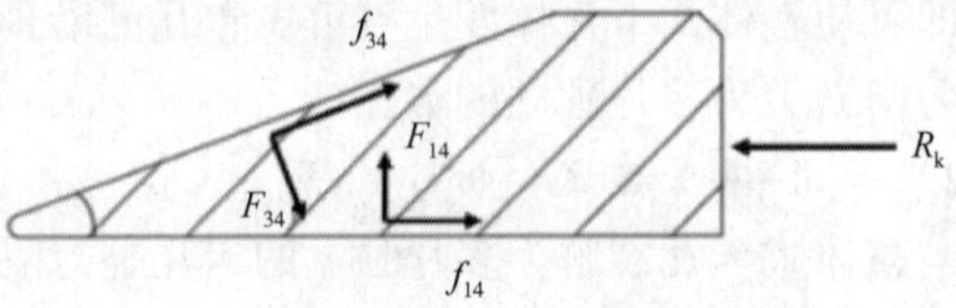

图 6　锥体受力分析图

$$\begin{cases} R_k = f_{14} + f_{34}\cos\alpha + F_{34}\sin\alpha \\ F_{34}\cos\alpha = F_{14} + f_{34}\sin\alpha \end{cases} \tag{10}$$

式中，α 为锥体的锥角，°；R、F、f 分别为坐封力、正压力和摩擦力，N。

对卡瓦进行受力分析如图 7，受到来自于锥体的法向作用力 F_{43} 和摩擦力 f_{43}；卡瓦座对卡瓦的法向作用力 F_{23} 和摩擦力 f_{23}；套管对卡瓦的法向作用力 F_{53} 和轴向作用力 F。其中，F 为套管对卡瓦的轴向作用力，等于套管对卡瓦牙的支持力和摩擦力的合力，在数值上等于卡瓦提供的锚定载荷。坐封状态下，卡瓦受力平衡如式(11)。

$$\begin{cases} f_{23}\cos\beta + F_{53} + f_{43}\sin\alpha = F_{43}\cos\alpha + F_{23}\sin\beta \\ f_{23}\sin\beta + F_{23}\cos\beta + f_{53} = f_{43}\cos\alpha + F_{43}\sin\alpha \end{cases} \tag{11}$$

式中，β 为卡瓦的内锥角，°。

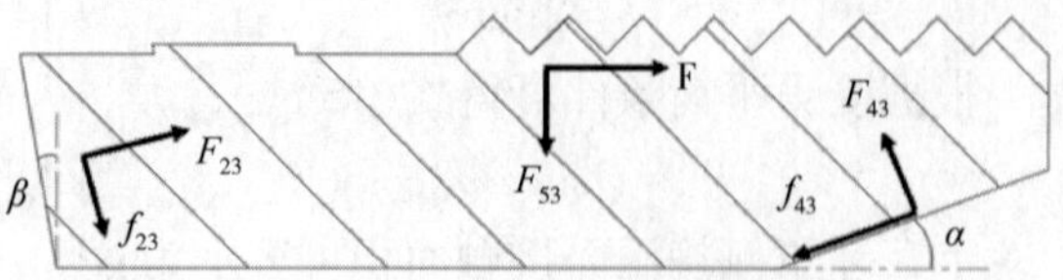

图 7　卡瓦受力分析图

封隔器工作过程中，主要依靠卡瓦牙使整个封隔器抱紧套管防止其轴向滑动，其局部放大示意图如图 8 所示。卡瓦与套管内壁之间的正压力 F_{35} 有两个作用：(1)使卡瓦压紧套管并产生摩擦力，其值为 μF_{35}；(2)使卡瓦牙在套管内壁形成咬痕，在咬痕所在的局部位置，套管对卡瓦牙产生支持力 Q。

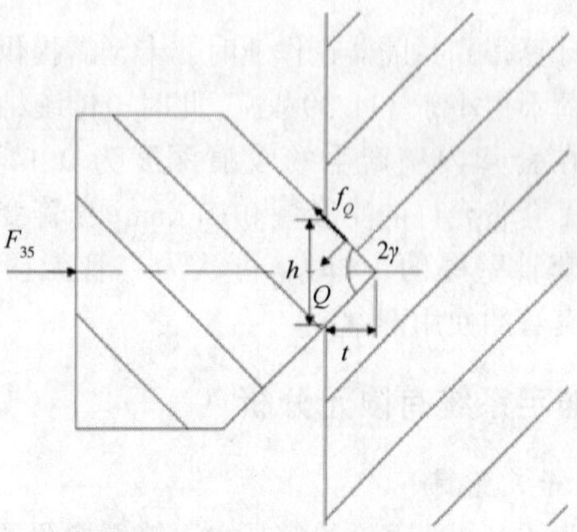

图 8　卡瓦牙咬紧套管示意图

在摩擦力和支持力的共同作用下，卡瓦牙抱紧套管，抵抗轴向工作载荷。可表示为式(12)。

$$f_{35} = \mu F_{35} + mQ\cos\gamma \tag{12}$$

式中，μ 为滑动摩擦系数；m 为每片卡瓦上的卡瓦牙个数；Q 为咬痕位置套管与卡瓦牙之间的法向作用力，N；2γ 为卡瓦牙型角，°；f_{35} 为卡瓦能够提供的锚定载荷，N。

在刚开始锚定时，卡瓦牙还未在套管内壁形成咬痕，卡瓦牙与套管内壁接触面积接近 0，卡瓦牙与套管壁间的压应力远远大于套管临界挤压强度，套管壁被局部压溃，卡瓦牙逐渐被压入套管壁形成微小咬痕。咬痕深度达最大值时，卡瓦牙对套管壁的压应力等于套管的临界挤压强度，可表示为式(13)。

$$\frac{Q}{S} = \sigma_p \tag{13}$$

式中，S 为卡瓦牙的受力面积，mm²；σ_p 为套管的许用挤压应力，MPa。

假设咬痕宽度为 h，咬痕深度为 t，咬合面上卡瓦牙对套管内壁的挤压力为 Q，则：

$$h=2t\tan\gamma \tag{14}$$

根据受力平衡条件可得式(15)。

$$F_{35}=Q\sin\gamma+f_Q\cos\gamma \tag{15}$$

卡瓦牙单侧挤压面接触面积可表示为：

$$S=\left(\frac{1}{2}\pi(d+2t)\frac{(d+2t)}{2\cos\gamma}-\frac{1}{2}\pi d\frac{d}{2\cos\gamma}\right)\times\frac{\omega}{360^\circ}=\frac{\pi td+\pi t^2}{360^\circ\cos\gamma}\omega \tag{16}$$

某高压井中，套管外径为 139.7mm，内径为 124.26mm，壁厚 7.72mm。套管材料为 P110 钢。在坐封压力为 25MPa，工作压力为 70MPa 工况下。

计算得到封隔器在作业时，卡瓦需提供的锚定载荷不得小于 134.396kN，此时，传统结构的卡瓦在套管内壁产生的咬痕深度为 0.144mm，超过了套管允许的变形量 0.077mm(套管变形量低于套管壁厚的 1%时，可认为套管无损伤)，影响套管的使用寿命。

2　锚定系统有限元分析

2.1　卡瓦裂解

为了分析卡瓦在给定压力下能否按照预设应力槽裂解成多片卡瓦，应用有限元分析软件，选取整体式卡瓦作为研究对象，设置卡瓦材料为 35CrMo 钢，建立卡瓦分析的有限元模型。

当作用于整体式卡瓦体锥面上的坐封载荷为 5MPa 时，整体式卡瓦体上最大 Mises 应力分布状态如图 9 所示。

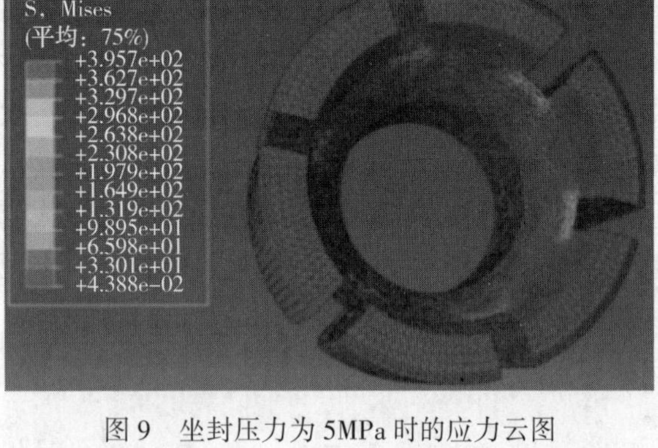

图 9　坐封压力为 5MPa 时的应力云图

由上图可以看出，当作用于锥面上的坐封压力为 5MPa 时，整体式卡瓦的应力槽处产生的最大 Mises 应力为 395.7MPa，最大 Mises 应力位于各片卡瓦与应力槽相接的位置，小于卡瓦的屈服强度 981MPa，因此，5MPa 的坐封压力仅能使整体式卡瓦产生微量的弹性变形，不足以使整体式卡瓦沿着预设的应力槽裂解为多片卡瓦。

为进一步研究整体式卡瓦裂解所需的坐封力，增加卡瓦锥面上的坐封压力进行仿真计算，其仿真结果如图 10 所示。

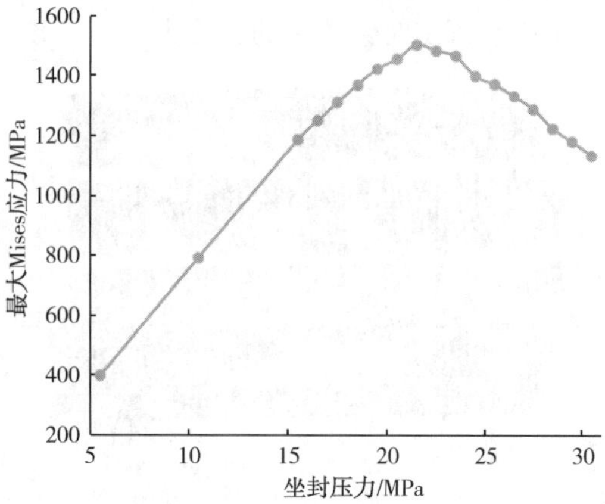

图 10　不同载荷下卡瓦的最大应力

当施加于卡瓦锥面上的坐封压力约为 21MPa 时，整体式卡瓦的应力槽处的等效 Mises 应力达到最大值，应力值达到材料的强度极限，同时当卡瓦体锥面上的坐封压力大于 21MPa 后，整体式卡瓦应力槽上的最大 Mises 应力不仅不再增加，反而呈现降低的趋势，可见 21MPa 的坐封力即可使整体式卡瓦体发生裂解，卡瓦已沿预设应力槽断裂为多片独立的卡瓦。

2.2　卡瓦-套管锚定分析

整体式卡瓦裂解为多片独立的卡瓦是封隔器锚定机构能够正常锚定的前提，对于裂解后的多片卡瓦能否协助封隔器完成锚定任务从而防止封隔器坐封失效还需进一步研究。

以单片卡瓦、套管为研究对象，建立有限元分析模型，参考石油钻井工程中不同部件的常用材料，设置卡瓦材料为 35CrMo 钢，套管材料为 P110 钢，卡瓦座材料为高强度合金钢。其材料参数见表 1。仿真模型划分网格后，设置各部件间的接触关系，并施加约束条件以及载荷，设置结果载荷如图 11 所示。

表 1　各个部件的材料参数

部件	密度/(kg·m^{-3})	弹性模量/MPa	屈服强度/MPa	泊松比
套管	7850	2.1×10^5	758	0.3
卡瓦	7850	2.3×10^5	981	0.26

结合上一节中得出的结论，将封隔器的坐封压力设置为25MPa，分析卡瓦-套管相互咬合的过程。卡瓦-套管的有限元分析结果中应力与应变云图如图12和图13所示，卡瓦牙咬合情况如图14所示。

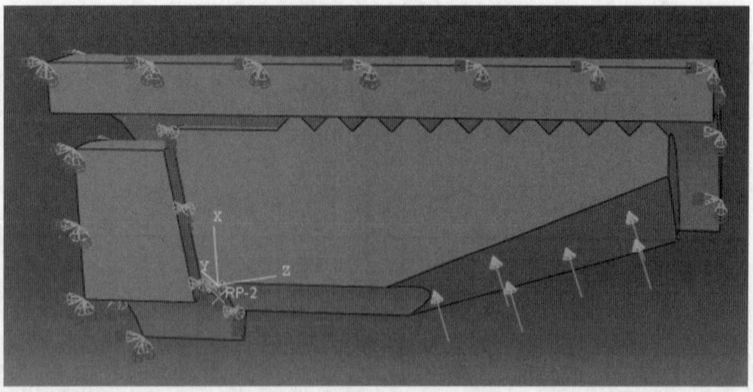

图 11

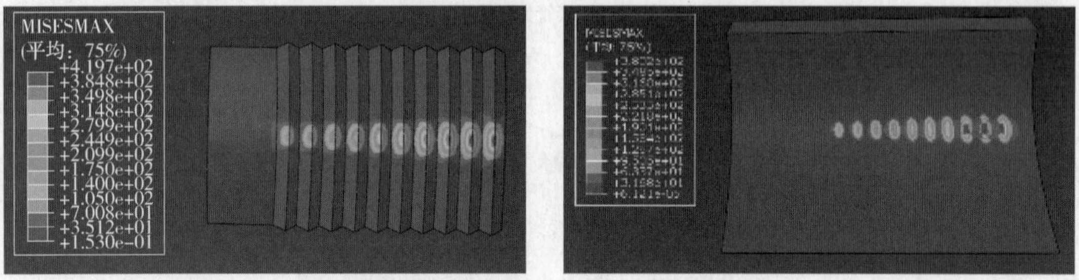

图 12　25MPa 坐封压力下卡瓦-套管应力云图

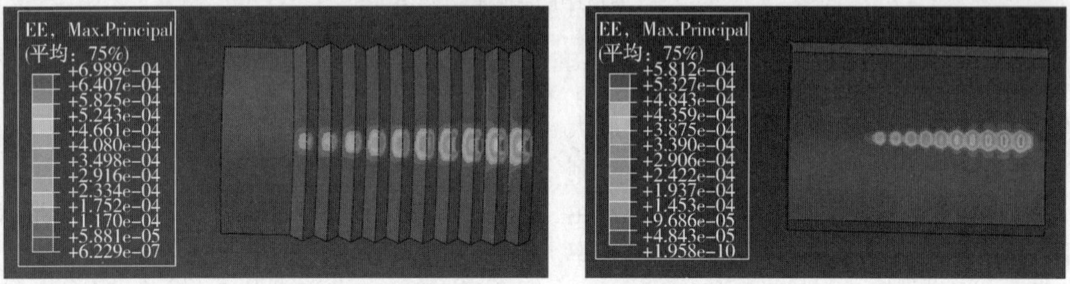

图 13　25MPa 坐封压力下卡瓦-套管应变云图

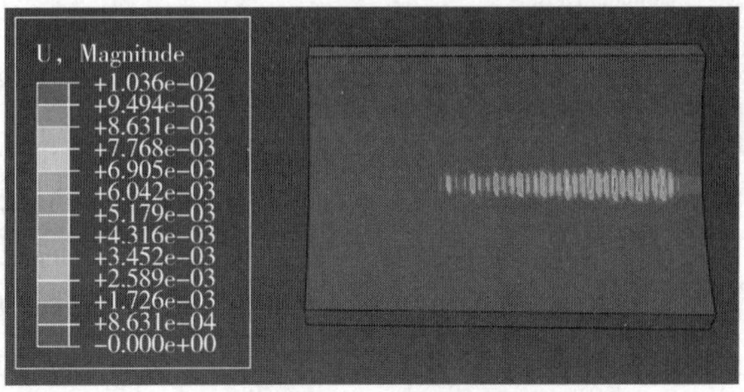

图 14　套管内壁咬痕深度

由图12和图13可以看出，坐封压力为25MPa时，卡瓦体上以及套管内壁上的最大Mise应力均小于各自材料的屈服强度，因此，卡瓦以及套管仅发生微量弹性变形，并未产生塑性变形，此时，套管和卡瓦上最大Mises应力及最大应变均出现在中面上，套管咬痕深度为0.01mm，符合套管损伤要求，但咬痕深度较浅，锚定性能较差。

在完井过程中对于坐封载荷的计算需要考虑载荷突变的情况，避免载荷过大导致封隔器卡瓦受损而失效。将坐封压力从25MPa增加到40MPa，仿真模拟结果绘制成相应的曲线图，如图15所示。

坐封压力由25MPa增加到40MPa的过程中，卡瓦上的最大Mises应力始终小于卡瓦的屈服极限，卡瓦表面仅产生少量的弹性变形，卡瓦未发生强度破坏；坐封压力小于 35MPa 时，套管内壁仅发生弹性变形，压力达到 35MPa 后，套管内的最大 Mises 应力达到材料的屈服极限，套管材料开始产生屈服现象，继续增加坐封压力，套管内壁开始产生塑性变形，套管接触部分发生损伤；

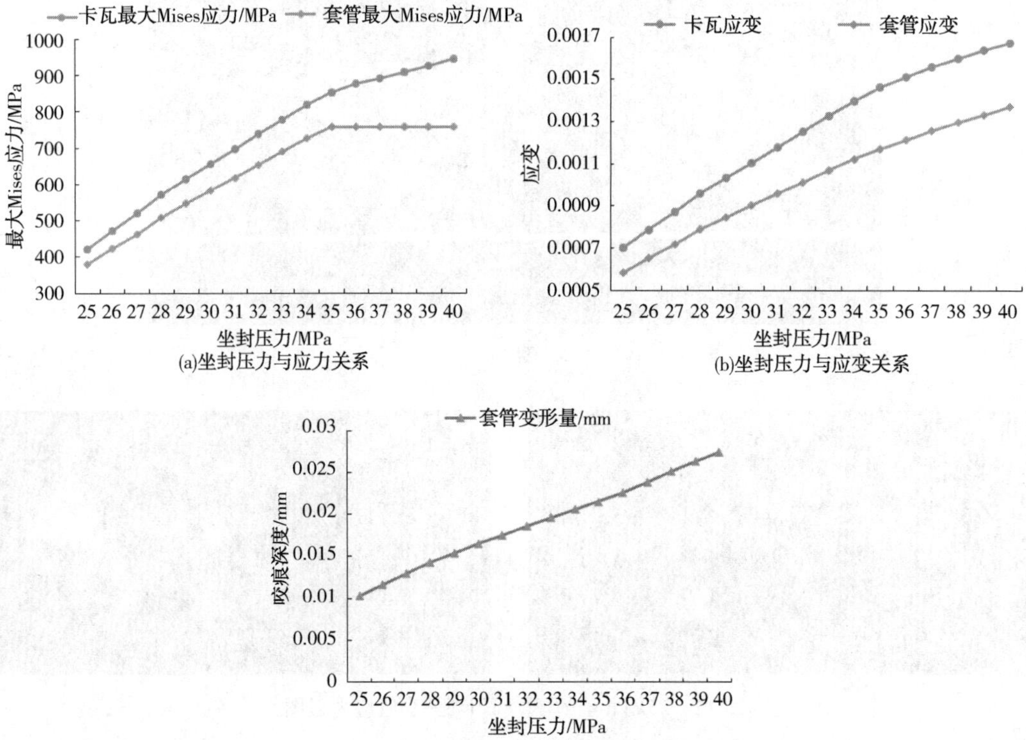

(a)坐封压力与应力关系　(b)坐封压力与应变关系

(c)坐封压力与咬痕深度关系

图 15　卡瓦-套管有限元仿真结果

随着坐封压力的增加，卡瓦表面的最大 Mises 应力近似于线性递增，在坐封压力达到 35MPa 后，由于与之发生相互作用的套管产生了屈服，卡瓦表面的最大 Mises 应力的增加速率发生变化，但依旧呈现线性增加的趋势。

由于整体式卡瓦牙外壁和套管内壁的曲率并不相同，在卡瓦刚接触套管内壁时，二者并非是线接触，而是点接触，在后续加压过程中，由于卡瓦-套管产生的局部弹性变形，卡瓦与套管之间的接触形式逐渐由点接触转变为面接触。此种接触方式实际能够起到锚定作用的仅仅为卡瓦中面附近的少量卡瓦牙，并不符合预期，为此，考虑修改卡瓦牙外表面的曲率，使之与套管内壁曲率相同，以便更好地进行锚定。

3　卡瓦优化试验

为增强卡瓦锚定性能，降低卡瓦对套管的损伤，对卡瓦结构参数进行优化，以期得到能在高压工况可靠锚定的卡瓦。

3.1　试验设计方案

本次优化设计试验因素为卡瓦牙的形状、卡瓦裂解后的片数、每片卡瓦上牙齿的圈数。对每个因素取三个水平，其中，卡瓦牙的形状分别为三角形牙、柱形牙以及仿生鳞片牙，牙形如图 16 所示；卡瓦裂解后的片数依次取 5 片、6 片和 7 片；单片卡瓦周向上的卡瓦牙圈数依次为 8 圈、9 圈和 10 圈。

卡瓦坐封时，套管内表面产生的径向变形小于套管壁厚的 1% 即可认为封隔器卡瓦坐封时对套管没有损伤或损伤较小，因此，本次数值模拟试验的试验指标为：套管变形量小于 0.07mm 的情况下，套管内壁产生的咬痕深度越大越好。

选取 $L_9(3^4)$ 正交表如表 2。每个试验因素取三个水平，共 9 组试验方案。在正交试验中，卡瓦牙型（三个水平分别为三角形牙、柱形牙以及仿生鳞片牙），整体式卡瓦裂解后形成的卡瓦片数(三个水平分别为5片、6片和7片)以及单片卡瓦上卡瓦牙圈数(三个水平分别为8圈、9圈和10圈)的三个水平因素分别依次序用1、2、3代表。

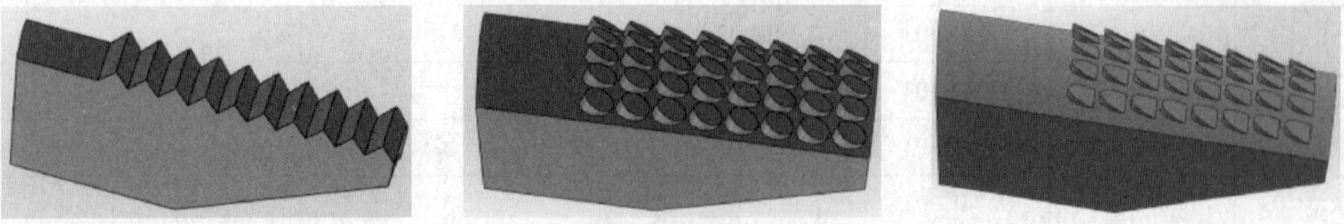

(a)三角形牙形的卡瓦　(b)柱形牙形的卡瓦　(c)仿生鳞片牙形的卡瓦

图16　卡瓦的三种牙形

表2　正交实验表

因素 方案	卡瓦牙形状	卡瓦片数	卡瓦牙圈数
1	1	1	1
2	1	2	2
3	1	3	3
4	2	2	3
5	2	3	1
6	2	1	2
7	3	3	2
8	3	1	3
9	3	2	1

对正交试验表的方案进行仿真计算，可以分析出卡瓦的各结构参数对锚定能力的影响，运用极差分析法对所得仿真数据进行统计分析，以期得到最优的卡瓦结构参数组合。

将正交表中的每一列数据按照取值的不同将9组数值模拟试验分别分成3组，用K_{lj}($l=1$，2，3；$j=1$，2，3，4)表示正交表中第j列的影响因素中取值为i的3组有限元数值模拟试验结果之和。如$K_{11}=y_1+y_2+y_3$；$K_{12}=y_1+y_4+y_7$；$K_{13}=y_1+y_6+y_8$，y_i表示第i组数值模拟试验的结果。

每个影响因素对数值模拟试验指标的影响程度可以通过因素水平变化而引起的极差来表征。单个因素的极差的计算表达式为：

$$\begin{cases} R_j = \max\overline{K}_{lj} - \min\overline{K}_{lj} \\ \overline{K}_{lj} = K_{lj}/m \end{cases} \tag{17}$$

式中，j为正交试验表的列号，本文中的取值范围为$j=1$，2，3，4；m为每个水平在正交试验表中出现的次数。

上述各个参数计算完成之后，将其填入数据分析计算表中，见表3。

表3　数据分析计算表

	卡瓦牙形状	卡瓦片数	卡瓦牙个数	最大 Mises 应力/MPa	套管弹性应变	套管塑性应变	套管总应变
1	1	1	1	142.6	2.79E-04	0.00E+00	2.79E-04
2	1	2	2	192.3	5.81E-04	0.00E+00	5.81E-04
3	1	3	3	221.2	6.76E-04	0.00E+00	6.76E-04
4	2	2	3	758	3.27E-03	8.99E-03	1.23E-02
5	2	3	1	758	1.77E-03	1.62E-03	3.40E-03
6	2	1	2	758	3.20E-03	7.87E-03	1.11E-02
7	3	3	2	758	1.58E-03	2.58E-03	4.16E-03
8	3	1	3	758	2.94E-03	7.14E-03	1.01E-02
9	3	2	1	758	1.59E-03	3.58E-03	5.18E-03
K_{1j}	1.54E-03	2.14E-02	8.85E-03				
K_{2j}	2.67E-02	1.80E-02	1.58E-02				

续表

	卡瓦牙形状	卡瓦片数	卡瓦牙个数	最大 Mises 应力/MPa	套管弹性应变	套管塑性应变	套管总应变
K_{3j}	1.94E-02	8.23E-03	2.30E-02				
$\overline{K}_{1j}$	5.12E-04	7.15E-03	2.95E-03				
$\overline{K}_{2j}$	8.91E-03	6.01E-03	5.27E-03				
$\overline{K}_{3j}$	6.47E-03	2.74E-03	7.67E-03				
R_j	8.40E-03	4.40E-03	4.72E-03				

从表 3 中可以看出，不同因素下的极差不同，计算的卡瓦牙形状、卡瓦片数、卡瓦牙圈数 3 个因素的极差分别为 0.0084、0.0044、0.0047，由极差大小可以确定出 3 个因素对卡瓦锚定能力影响的主次顺序，依次为：卡瓦牙形状>卡瓦牙个数>卡瓦片数。由此可见，在研究范围内，卡瓦参数的最优组合为：卡瓦牙形为柱形牙，整体式卡瓦裂解后为 5 片独立的卡瓦，单片卡瓦上共 10 圈卡瓦牙。

3.2　锚定机构性能测试

根据优化所得卡瓦结构参数，对其进行三维建模，并进行相关数值模拟计算，分析新结构的卡瓦与套管相互作用时的应力以及卡瓦在套管内壁形成的咬痕深度。

施加 25MPa 的坐封压力，未施加工作载荷时，套管内壁的 Mises 应力及应变如图 17 所示。

图 17 的应变图中可以看出套管内壁咬痕深度的变化趋势。在周向上，卡瓦左右两侧处的卡瓦牙在套管内壁产生的咬痕深度最大；轴向方向上，靠近锥面一侧的卡瓦牙在套管内壁产生的咬痕深度最大。在坐封状态下，卡瓦及套管内壁的位移量如图 18 所示。

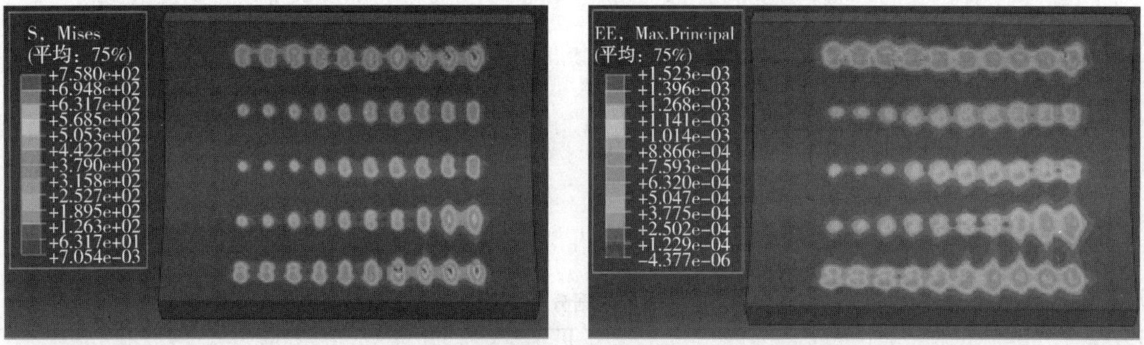

图 17　套管内壁的 Mises 应力及应变

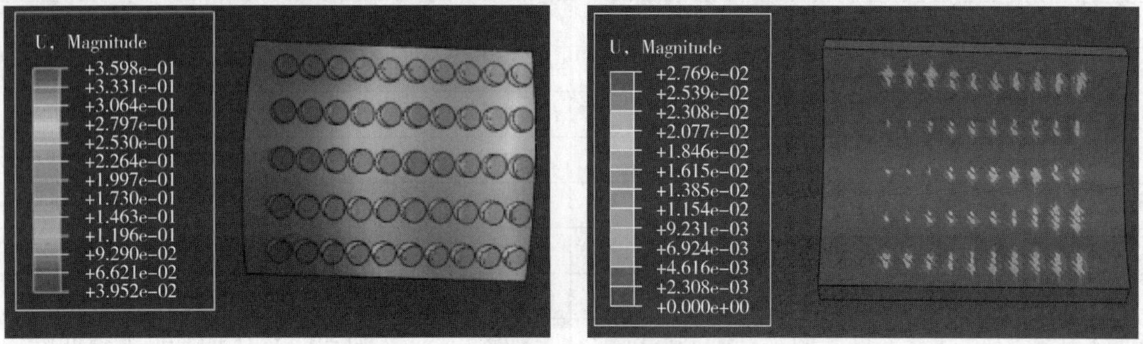

图 18　卡瓦位移及套管内壁咬痕深度

由图 17 和图 18 可以看出，在未施加工作载荷，仅施加 25MPa 的坐封压力的情况下，套管内壁的 Mises 应力已达到套管屈服强度极限 758MPa，即坐封完成后，卡瓦在套管内壁留下了咬痕，但咬痕深度为 0.028mm，小于套管允许的变形量 0.07mm，可认为坐封阶段套管内壁产生的咬痕不会影响套管使用寿命，同时，0.028mm 的咬痕深度优于优化前 0.01mm 的咬痕深度，因此可以认为，该结构的卡瓦能够完成坐封任务，至于坐封完成后能否抵抗工作压力，还需进一步验证。

根据要求，该封隔器完成坐封作业后还需抵抗 70MPa 的工作压力，为此，在有限元仿真中，对坐封完成后的卡瓦机构额外施加 70MPa 工作载荷后，进一步观察套管内壁的 Mises 应力、套管内壁变形量以及卡瓦的位移如图 19 和图 20 所示。

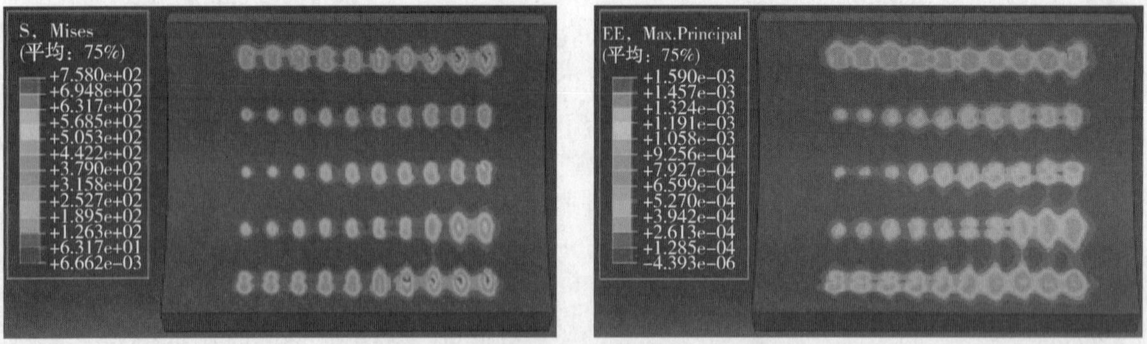

图 19　套管内壁的 Mises 应力及应变

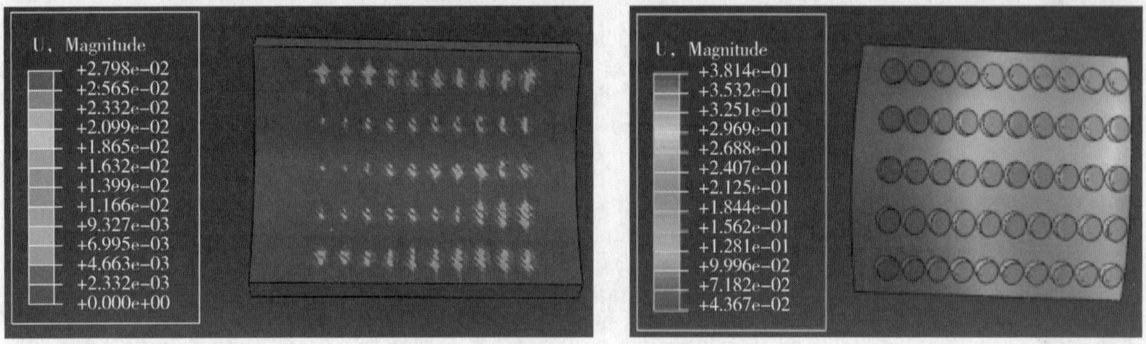

图 20　卡瓦位移及套管内壁咬痕深度

由图 19 和图 20 可以看出，在施加了 70MPa 的工作压力后，并未使得卡瓦的坐封失效，套管内壁的咬痕深度小幅度增加，由 0.0276mm 增加到了 0.0279mm，在套管内壁产生的变形量仍小于套管允许的变形量 0.07mm；卡瓦的位移既包含卡瓦产生的刚体位移，又包含卡瓦牙产生的变形，卡瓦的位移由 0.3598mm 增加到了 0.3814mm，并未滑离套管导致坐封失效。由 1.2 节可知，在 70MPa 的作业工况下，卡瓦提供的锚定力需大于 134.396kN，将此卡瓦的相关参数代入计算可得到，优化后的卡瓦可提供 151.53kN 的锚定力，因此可以认为，改进后的卡瓦能在 70MPa 的高压工况下可靠锚定，且不会影响套管的使用寿命。

4　结论

本文针对封隔器坐封问题，提出卡瓦牙在套管内壁形成咬痕的机理，经力学分析推导出咬痕深度和轴向锚定力的理论计算方法，并进行结构优化设计，得出如下结论：

（1）根据卡瓦牙压入套管内壁的过程，建立卡瓦与套管内壁相互作用的力学分析模型，推导出咬痕深度和所需锚定力的理论计算方法。

（2）利用有限元分析法分析了整体式卡瓦能够按照预设应力槽裂解为多片独立的卡瓦时的最小坐封压力，求出套管内壁产生的 Mises 应力以及套管内壁的咬痕深度，得出套管内壁产生的 Mises 应力随坐封压力的变化规律。

（3）运用正交试验法设计卡瓦优化方案，得到卡瓦最优的结构参数，并验证改进了结构参数的卡瓦在 70MPa 的高压工况下能够可靠锚定。

参考文献

[1] 冯定，施雷，夏成宇，等. 定向井的多层分注管柱

串通过性分析[J]. 西南石油大学学报(自然科学版), 2016, 38(03): 162-169.

[2] 唐海雄, 冯定, 张俊斌, 等. 封隔器工作性能室内试验研究[J]. 石油天然气学报, 2009, 31(03): 154-156+7.

[3] 张琳琳, 王鹏, 张红, 等. 双封隔器间环空压力计算模型研究[J]. 石油机械, 2021, 49(02): 104-109.

[4] 李万钟, 邓冲, 徐建宁. 封隔器仿生鳞片齿卡瓦微牙痕及稳定性研究[J]. 石油机械, 2022, 50(07): 98-106.

[5] 徐建宁, 邓冲, 李万钟. 封隔器仿生六棱柱齿状卡瓦微牙痕及稳定性[J]. 科学技术与工程, 2022, 22(15): 6075-6083.

[6] 韩传军, 彭雪峰, 李林涛. 封隔器卡瓦锚定力学行为与高温高压实验分析[J]. 天然气工业, 2020, 40(07): 76-82.

[7] 王方明, 张勇, 陈晓军, 等. 分瓣式卡瓦结构优化设计与试验分析[J]. 石油机械, 2021, 49(10): 71-77.

[8] 刘克勇, 蔡伟, 赵连城, 等. 金属封隔器原理性结构试验研究与分析[J]. 石油机械, 2008(10): 16-19+96-97.

[9] 李林涛, 万小勇, 黄传艳, 等. 双向卡瓦可回收高温高压封隔器的研制与应用[J]. 石油机械, 2019, 47(03): 81-86.

[10] 仝少凯, 崔会贺, 齐加德, 等. 水力锚锚爪结构对套管变形及挤压应力的影响[J]. 石油钻探技术, 2015, 43(06): 59-65.

[11] 张琳琳. 深水高温气井测试封隔器设计与研究[D]. 荆州: 长江大学, 2021.

[12] 华琴, 秦彦斌. 基于有限元分析的完井封隔器卡瓦力学探讨[J]. 机械研究与应用, 2018, 31(06): 86-88.

[13] 渠成堃, 李伟平, 张传庆, 等. 极差分析法在隧道支护优化设计中的应用[J]. 地下空间与工程学报, 2023, 19(05): 1593-1601.

[14] 曾伟, 董凯林, 顾金宝, 等. 正交试验极差分析法在湿喷砂硬质合金刀片中的应用[J]. 金属加工(冷加工), 2019, (05): 56-59.

[15] 郭少华, 李振中, 牛传星. 基于极差分析法的基坑参数优化研究[J]. 四川水泥, 2016, (06): 268.

基于数字岩心的孔隙分形维数跨维度转换研究

加　隆[1]　郭　肖[1]　王鹏鲲[2]

（1. 西南石油大学“油气藏地质及开发工程”国家重点实验室；2. 昆仑数智科技有限责任公司）

摘　要　采用分形维数进行孔隙结构评价时，会存在大量干扰参数严重影响分形维数与孔隙结构参数的拟合过程，因此研究分形理论描述岩心样本参数的前置条件具有重要的应用价值。基于分形插值及容量维数的计算思想改进模拟退火算法，依据十二组砂岩样品重建三维数字岩心。在孔隙网络模型的基础上，将不同维度的分形维数、孔隙结构特征参数、绝对渗透率进行关联性研究，并将孔隙结构的连续截断投影效应产生分形维数的关系定义为跨维度转换准则。研究发现，孔隙与喉道参数的分布模式可以直接控制分形维数的变化；三维有效孔隙分形维数与渗透率呈指数衰减关系，二维与一维分形维数对渗透率的影响可以用含有三维孔隙空间分形维数的渗透率关系式来进行映射。

关键词　数字岩心；模拟退火算法；分形理论；孔隙网络模型；渗流模拟

在油气田开发过程中，储层的宏观性质，如渗透率、毛细管压力、相对渗透率等，均取决于储层孔隙的微观结构及其孔隙空间中流体的物理性质。基于数字岩心可以对岩心微观结构进行定量表征以及开展微观渗流模拟。数字岩心的构建机理是基于扫描电镜、铸体薄片、X-CT 等实验手段获得的岩心二维或三维图像，运用计算机图像处理技术，再通过一系列数学算法构造出一种可以准确反映岩心孔隙空间的分布特征，同时又能构建流体在岩心中反映渗流特征的孔隙网络模型。孔隙网络模型不同于传统的数值模拟，将孔隙空间抽象为球体与圆柱体组成的拓扑网络，基于 Hagen-Poiseuille 方程计算渗透率，使其极大程度的提高了数模的计算速度。

由于模拟退火算法(SA)可以灵活组合使用不同的统计特征函数以便针对不同的岩心达到更高的重构精度，因此，模拟退火算法是笔者中所用到的基础重构方法。为了解决该方法构建孔隙结构连通性低的弊端并提高重构效率和准确性，一些研究人员将高阶统计特征函数加入到重构算法中，包括更多方向的两点概率函数与线性路径函数、孔径分布函数、分形系统相关函数，以及两点集群函数。随着描述复杂孔隙结构的统计特征函数的全面发展，重构结果精度也会进一步得到改善。

分形理论自 20 世纪 80 年代被引入孔隙结构研究以来，逐渐成为描述和分析各类岩心孔隙特征的有效方法，既拓展了孔隙结构的表征手段又丰富了微观研究的内容。各研究一般以多种实验与分形维数相结合的方式，对岩心进行多尺度分析，引入分形维数对孔隙结构进行定量表征。而利用数字岩心技术，结合分形理论也可以求取岩心中的分形特征参数。分形理论还被用于描述孔隙的连通性、非均质性及其分布的复杂程度。还有大量学者，采用分形分析方法对呈现单峰、双峰、多峰的典型孔隙结构进行表征。

由于模拟退火算法重建数字岩心时，初始模型是随机生成的且体素交换缺乏针对性，因此得到的结果准确性低，同时存在效率低下、连通性较差等问题。笔者将利用分形插值理论与容量维数计算思想对重建过程进行优化。并利用重建的砂岩数字岩心，采用均方根法、盒维数法及容量维数法来分别计算一维面孔率序列、二维岩心切片孔隙相、三维孔隙空间的分形维数，明确孔隙分形维数的连续截断投影效应，探究分形理论描述岩心样本孔隙参数的跨维度转换准则。并建立孔隙网络模型，研究孔隙结构特征参数对分形维数的影响。利用孔隙网络计算绝对渗透率，研究不同维度分形维数对渗透率的映射机制。

1　基于分形理论改进模拟退火算法并重构三维数字岩心

模拟退火算法构建数字岩心，实际上是通过统计特性函数分析(岩心切片面孔率计算、两点概率函数统计、线性路径函数评估)，构建与目标岩心孔隙特征相匹配的初始数字岩心模型，然后采用 SA 算法的概率跃迁机制，对初始模型进行全局寻优。在优化的过程中，随机选取若干孔隙体素点和基质体素点进行交换，同时计算此时系统的目标函数，如果目标函数值减小，则更新三维数字岩心，然后继续迭代直到目标函数的值不再减小为止，最终得到重构后的三维数字岩心。

1.1　初始系统优化

常规的初始系统各个方向上孔隙相和基质相随机杂乱分布，导致后期的体素干扰也具有相对随机性，致使数字岩心重建的效率低下。笔者利用分形插值序列对初始岩心某一方向的面孔率进行约束，与该方向垂直的岩心层面仍利用随机法生成。

如图 1 所示，该方法与原方法构建的初始系统进行对比，发现由于各个层位孔隙相与基质相的比率不同，与插值方向垂直的切片图像就会具有明显的层理特征，但总的孔隙度仍与参考系统保持一致。

而分形插值曲线的生成过程，只需要确定孔隙空间的分形维数以及极少量的插值点信息就可以构建出插值序列，以此作为约束条件来约束初始系统某方向的面孔率趋势。最终，不同的参数可以生成符合不同分形维数的数字岩心，或者相同分形维数可以生成复杂度相同但孔隙结构不同的数字岩心。

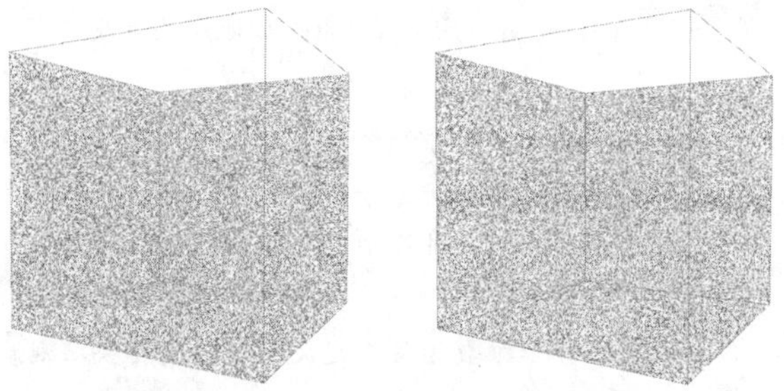

(a)改进前　　(b)改进后

图 1　改进前后初始系统对比图

1.2　分形控制函数

在岩心的孔隙结构特征统计中，引入容量维数的计算思想。具体来说，岩心系统的基质相或孔隙相被一定大小的体块填充，填充方式如图 2 所示。

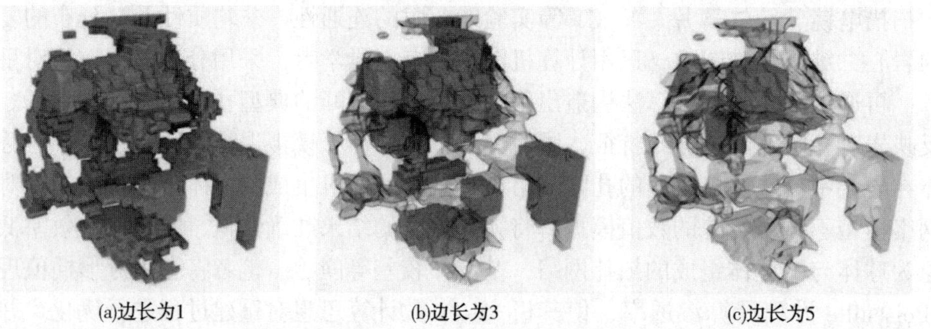

(a)边长为1　　(b)边长为3　　(c)边长为5

图 2　不同孔隙立方体填充孔隙空间示意图

由此得到启发，定义分形控制函数。其中分形控制函数值就是计算小块内体素均为某一相的概率。若以孔隙相为研究对象，分形控制函数反映了孔隙相分布的复杂程度。表达式为：

$$I^{j}(r_i)=\begin{cases}1, & \text{when } r_i \text{ isinphase } j\\ 0, & \text{others}\end{cases} \tag{1}$$

$$F^{j}(r)=\begin{bmatrix} I^{j}(x,\ y,\ z)I^{j}(x+1,\ y,\ z)\cdots I^{j}(x+r,\ y,\ z)\\ I^{j}(x,\ y+1,\ z)I^{j}(x+1,\ y+1,\ z)\cdots I^{j}(x+r,\ y+1,\ z)\\ \cdots\\ I^{j}(x,\ y+r,\ z)I^{j}(x+1,\ y+r,\ z)\cdots I^{j}(x+r,\ y+r,\ z)\\ \cdots\\ I^{j}(x,\ y+r,\ z)I^{j}(x+1,\ y+r,\ z+1)\cdots I^{j}(x+r,\ y+r,\ z+r) \end{bmatrix} \tag{2}$$

在图 2 中，整个孔隙空间可以被边长为 1 的立方体完全填充，那么立方体数量在整个岩心体素的占比就等于 $r=1$ 时的分形控制函数值，也等于岩心的孔隙度。分形控制函数值会随着填充立方体的边长增大而减小，最后趋于零。也就是说当较大的立方体填充孔隙空间时，就可以确定出岩心中主要的储油空间或渗流通道。而当立方体边长达到某一值时没有符合的孔隙空间可以被立方体填充，分形控制函数值此时就等于零。

1.3　体素交换优化

采用基于分形控制函数值的方式进行体素交换，交换的体素数据由分形插值序列和分形控制函数所提供。在该交换方式中提出两个新概念：层内交换与层间交换。

层内交换，指在选定层位内同时选定多组(一组)体素进行交换，其特征在于选定的体素是集中的还是分散的。集中体素选择方法，如图3所示，在选定层位内选取孔隙率较集中的某区域，将区域内的所有基质相体素与区域外随机选择的孔隙相体素进行交换，使得该区域均为孔隙结构。分散体素选择方法：在选定层位内随机选取若干对体素进行体素值翻转。层间交换是指沿某一轴向方向同时选定多个目标层位进行交换，其特征在于选定的层位是连续的还是分散的。连续层位选择方法：针对于参考系统在某一方向选取面孔率率较大的连续若干层位。分散层位选择方法：依据分形插值序列值确定被选择的概率，依据概率进行若干层位的选择。

采用多层多对的交换方式比传统的单层单对的交换方式交换的体素更多，也就意味着模拟过程中对能量函数的扰动更大，从而可以提高岩心的构建速率。在图4中，展示了层间交换与层内交换叠加后的优缺点。若刚开始采用连续层间+层内集中的方法确定出最大的孔隙空间，同时采用可重叠分散层间+层内集中的方法确定出较大的孔隙空间，再采用层间和层内均利用分散的方法对已经产生的系统进行优化，就可以保证重构岩心孔隙的连通性。

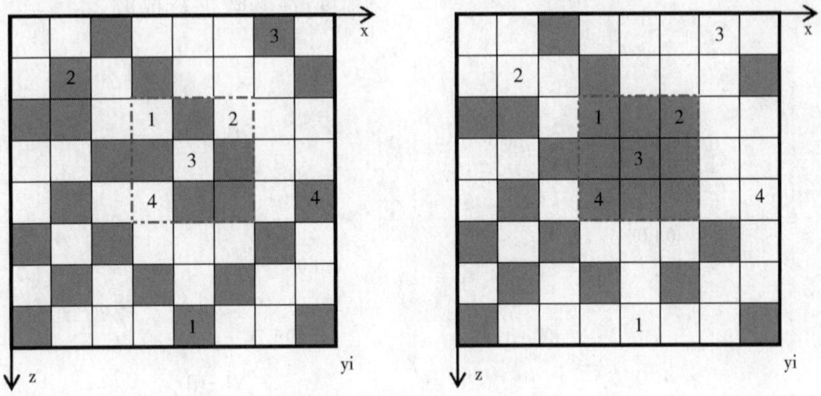

图3　层内集中交换示意图

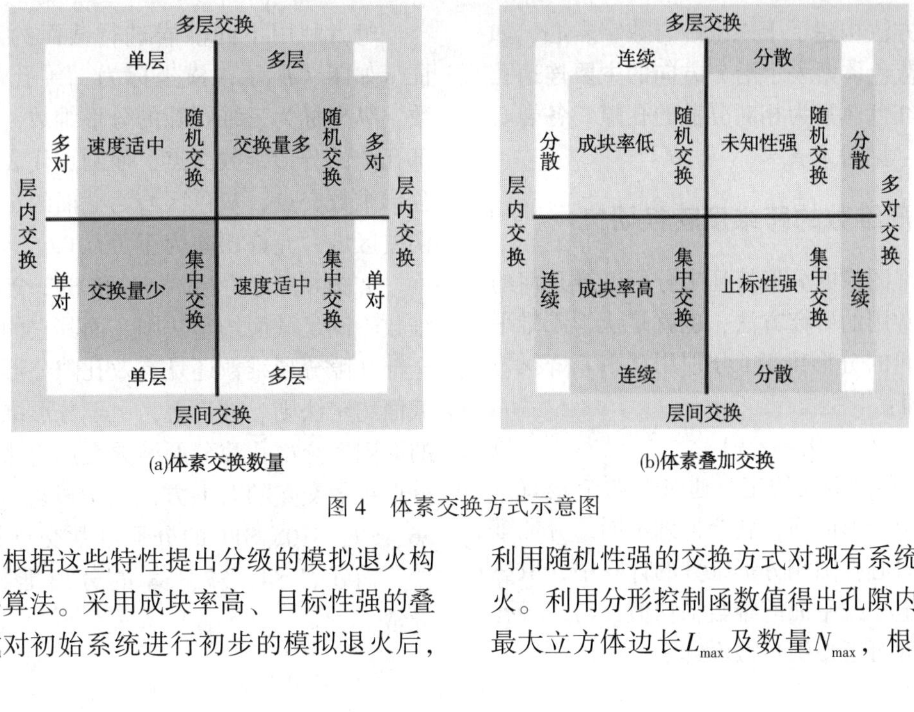

(a)体素交换数量　　(b)体素叠加交换

图4　体素交换方式示意图

最终，根据这些特性提出分级的模拟退火构建数字岩心算法。采用成块率高、目标性强的叠加交换方式对初始系统进行初步的模拟退火后，利用随机性强的交换方式对现有系统再次模拟退火。利用分形控制函数值得出孔隙内可能存在的最大立方体边长L_{max}及数量N_{max}，根据边长的大小选择连续层间的个数M_{con}，在该个数下选择分形插值序列内平均序列数最大的连续序列，作为交换的层位。然后得出可能存在的不可重叠的较大立方体的边长L及数量N，最终分散层间的选择数目$M_{dis}=LN-L_{max}N_{max}$，层内集中的区域大小等于立方体边长的平方。对于L的确定，若仅次于最大立方体的数量较多就取用该立方体边长，否则采用次一级立方体边长。

根据分形插值序列，自定义权重与序列值成正比的权重列表，再根据权重列表来分配层位被选中的概率。值得注意的是，如果层位的权重较大，那么被层内集中的区域可能也会越多，最终导致层内总集中区域大于该层位本身的孔隙体素数目。因此，增设同层位被选中的次数，并对层位次数进行检验。沿某方向第i层的面孔率和抽取次数分别记为ϕ_i、k_i，岩心切片面积为A，那么检验标准为：

$$\begin{cases} A\phi_{min}-k_iL^2>0 \\ A\phi_i-k_iL^2-L_{max}^2>0 \end{cases} \tag{3}$$

若检验成功就输出位置列表及抽取次数，否则重新进行层位抽取。该交换方式适当降低了体素交换的随机性，较传统交换方式的优点在于体素的成块率高、交换目标性强，同时也加快了初始系统的优化速率。但不论是哪种交换方式都应遵循新系统与参考系统的孔隙度始终保持一致的原则。

1.4 数字岩心重建

在体素交换后，为了着重突出方向及不同统计函数对能量函数的影响，笔者在扩大含分形插值方向的统计函数值的同时更改了各统计函数总的权系数。如图5所示，由于能量函数值的计算方向数量较多，为平衡计算速率，采用多线程技术、数据结构滚动、迭代卷积来对最大距离前的孔隙特征参数进行提取。

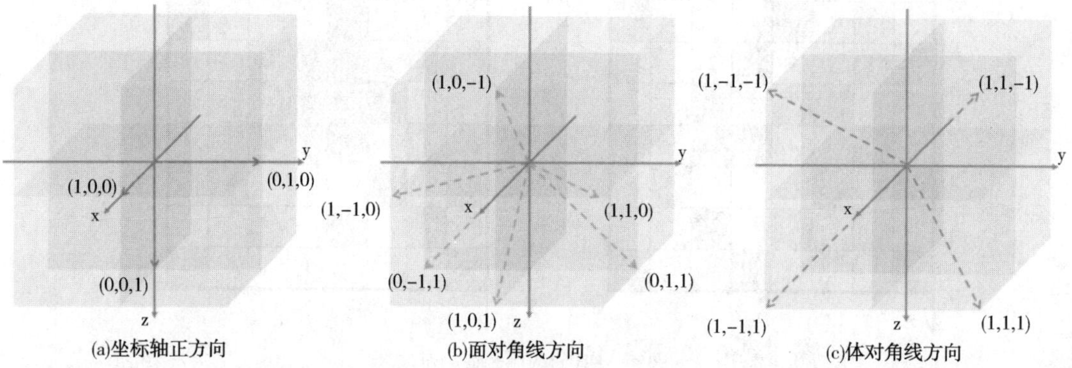

图5　能量函数值计算方向图

利用该方法构建了十二组砂岩数字岩心，如图6所示，蓝色体素表示沿Z方向的主要连通孔隙空间，而红色体素为相对分散的孔隙。各岩心的相关数据，见附录A。

2　孔隙分形维数的跨维度转换研究

通过二维图像的分形特征来分析三维几何的特征是目前常用的研究方法，也就是认为二维平面与三维空间的分形维数(分别用D_2和D_3表示)之差为1，即：

$$D_3=D_2+1 \tag{4}$$

公式(4)称为截面约定。通过在两个垂直方向上切割一个分形曲面，就会得到不同的分形维数。在实际岩心孔隙相分形维数的计算中，取三个不同方向上二维平面的维数平均值，与三维孔隙结构的维数可近似满足截面约定。

笔者利用不同砂岩进行截面约定准则的验证。如图7所示，横坐标为二维孔隙的分形维数，纵坐标为三维孔隙的分形维数，方点代表全部孔隙的分形维数交点，而圆点代表有效孔隙的分形维数交点，灰色区域为截面约定法则的允许误差区域，允许误差为正负0.02。

如图8所示，砂岩S1和S12全部孔隙分形维数不满足截面约定法则，而其它的砂岩不管是全部孔隙分形维数还是有效孔隙分形维数都满足截面约定法则。理论上，由于分形维数计算方法的原因，全部孔隙分形维数交点应该在有效孔隙分形维数交点的右上方，其中砂岩S2、S3、S5、S6、S9、S10、S11的分形维数交点符合理论位置，而砂岩S4、S7、S8的分形维数交点出现异常。

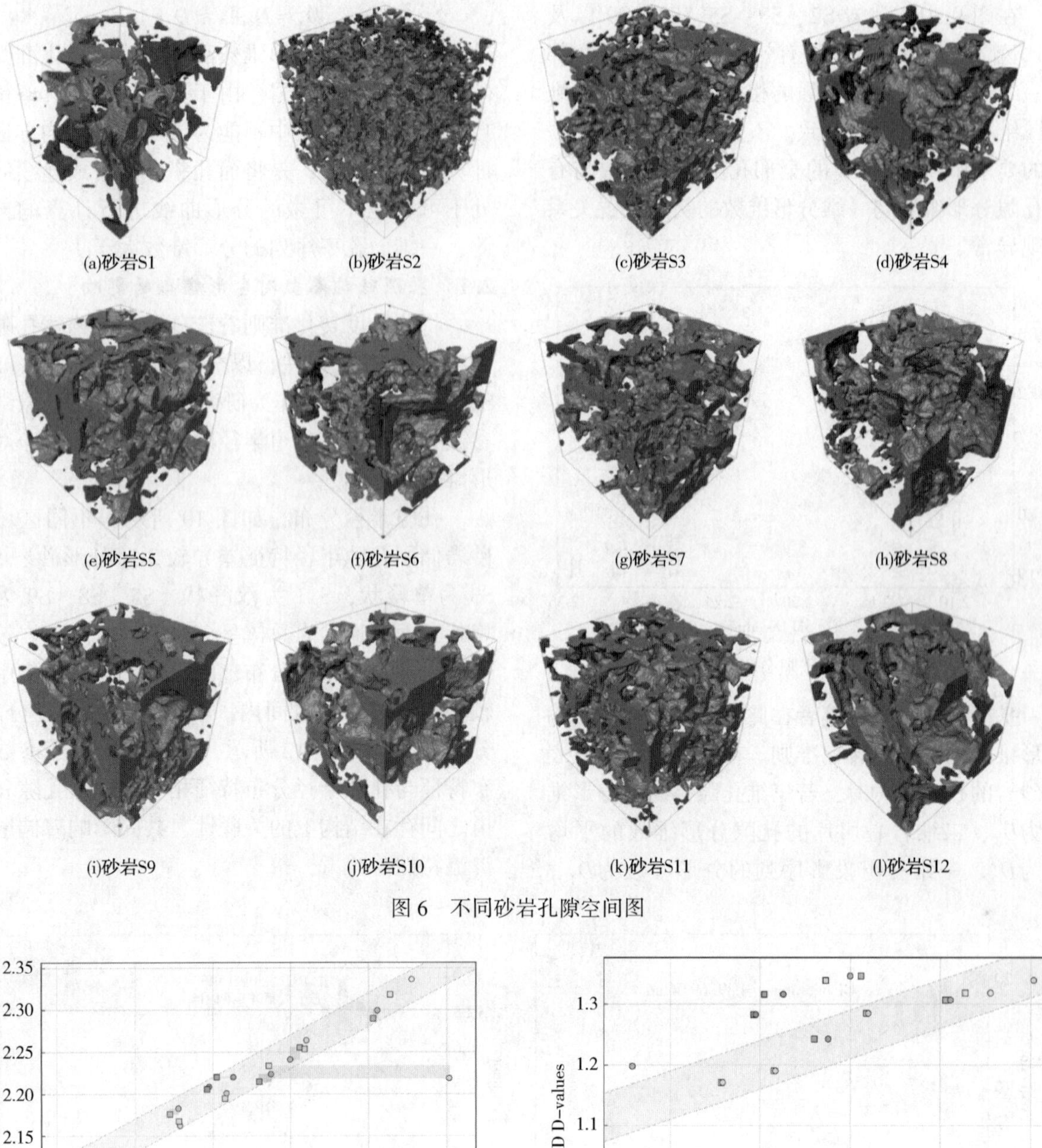

图 6　不同砂岩孔隙空间图

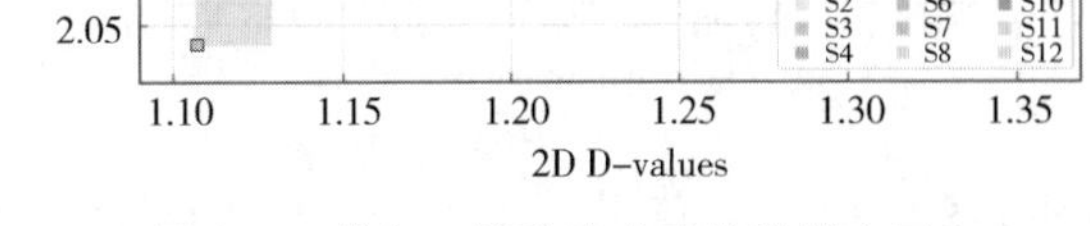

图 7　二维与三维孔隙分形维数拟合图

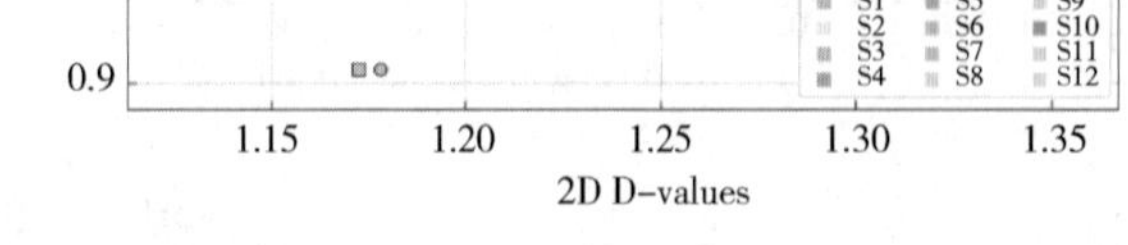

图 8　一维与二维孔隙分形维数拟合图

各切片孔隙相二维分形维数与一维投影序列分形维数的关系，如图 8 所示，横坐标为二维孔隙分形维数，纵坐标为一维孔隙分形维数，方点代表二维全部孔隙的分形维数与一维序列分形维数的交点，而圆点代表有效孔隙的分形维数与一维序列分形维数的交点，灰色区域为相关性判断的允许误差区域，允许误差为正负 0.04。如图 9 所示，将探讨一维与三维分形维数之间的关系，横坐标为三维孔隙空间的分形维数，其它要素与图 8 相同。

在图 8 中，砂岩 S1、S4、S6、S7、S10 以及 S12 的全部孔隙的分形维数与一维投影序列的分形维数相关性较差，其它砂岩 S2、S3、S5、S8、S9 以及 S11 不管是全部孔隙还是有效孔隙的分形维数都与一维投影序列具有较强的相关性，且在误差范围内的分形维数交点都符合理论位置。

在图 9 中，砂岩 S2、S3、S5、S8、S9 以及 S11 不管是全部孔隙还是有效孔隙的分形维数都与一维投影序列具有较强的相关性，与之前一维与二维相关性的结论一致。不同的是在满足相关性的要求中，砂岩 S8 的全部孔隙分形维数与有效孔隙分形维数与一维分形维数的交点位置关系出现异常。

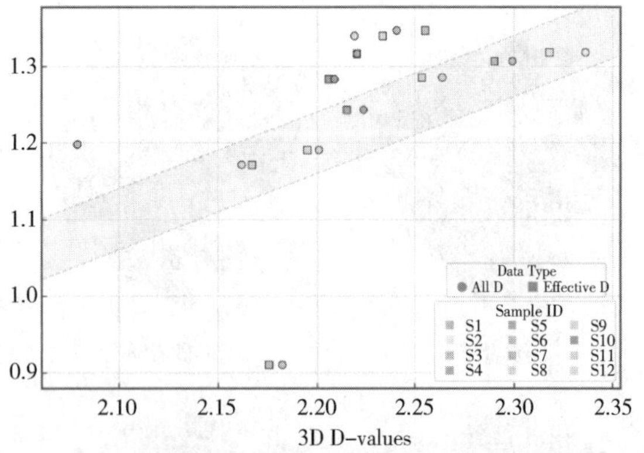

图 9　一维与三维孔隙分形维数拟合图

基于上述研究，笔者在此提出砂岩孔隙结构分形维数的跨纬度转化准则。在利用分形维数表征砂岩的孔隙结构时，若三维孔隙空间的分形维数为D_3、二维岩心切片的孔隙分形维数的平均值为D_2、一维孔隙投影序列的分形维数为D_1，那么D_1、D_2、D_3将满足以下关系式：

$$D_3 \approx D_2+1 \approx D_1+1 \tag{5}$$

将孔隙结构分形维数满足跨纬度转化准则的砂岩定义为分形砂岩。由于孔隙结构不具备精确自相似性，因此式中不能为等号。利用均方根法计算分形维数时，是将面孔率序列看成连续但处处不可导也不可微的分形曲线进行计算的，因此，一维面孔率序列的分形维数大于 1。

2.1　孔隙结构参数对分形维数的影响

将跨维度转化准则看作分形理论描述孔隙样本参数的前置条件，以分形砂岩样品 S2、S3、S5、S8、S9、S11 作为研究对象，研究孔隙结构参数孔隙半径、喉道半径以及喉道长度分布对分形维数的影响。

孔隙半径分布，如图 10 所示，不同区域的砂岩储层孔隙半径特征差异较大。分形砂岩 S2、S3 为单峰状，S11 为双峰状，S5、S8、S9 为多峰状，而普通砂岩总体呈多峰状。分形砂岩较普通砂岩的孔隙半径分布范围更广，且峰值集中在较小的孔隙半径区间内。喉道半径和长度分布，分别如图 11、图 12 所示，分形砂岩喉道参数分布特征与孔隙半径分布特征相同。说明孔隙和喉道之间存在结构上的关联性，共同影响着储层的渗流特性。

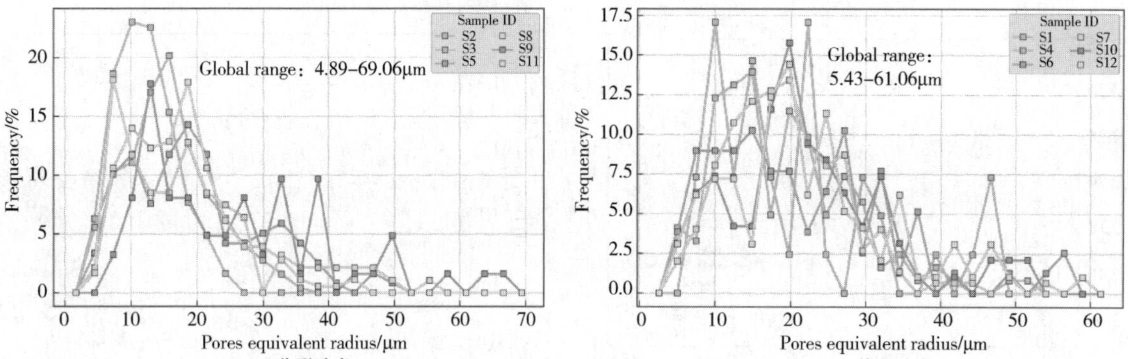

(a)分形砂岩　　(b)普通砂岩

图 10　孔隙半径分布图

砂岩 S5、S8、S9 的孔隙和喉道多峰分布，表明储层内部结构复杂，非均质性强，具有多尺度的孔隙系统，同时表明砂岩的渗流通道较为曲折，可能导致宏观渗透率的各向异性。砂岩 S2、S3 为单峰分布，S11 为双峰分布，意味着这些砂岩具有局部的均质化孔隙结构。而小孔隙和喉道居多可能导致渗透率较低，影响油气的采收率。分形砂岩的分布范围广，可能意味着砂岩孔隙结构具有近似自相似结构。而峰值集中于小孔隙半径区间说明微孔隙占比高，可能导致储层以吸附态油气为主，流体自由流动性受到限制。小喉道半径占比高，喉道长度离散性高，容易引发高毛细管阻力。

分别将上述孔隙结构参数的平均值、中值与三维有效孔隙空间分形维数、二维岩心切片孔隙分形维数、一维孔隙投影序列分形维数进行拟合。由于在图 2-3 中，砂岩 S8 的有效孔隙与全部孔隙的分形维数点出现异常，因此接下来只在砂岩 S2、S3、S5、S9、S11 内进行结构参数的拟合分析。如图 13、图 14、图 15 所示，孔隙结构参数与不同孔隙维度的分形维数有强烈的负相关性。

在图 13 中，孔隙半径参数越大，表征孔隙结构的分形维数就越小。当孔隙半径参数增大，孔隙体积集中于少数大孔，导致统计尺度上孔隙空间趋于均值，分形维数就偏低。而小孔隙占比高时，分形维数因渗流通道的曲折性增加而上升。

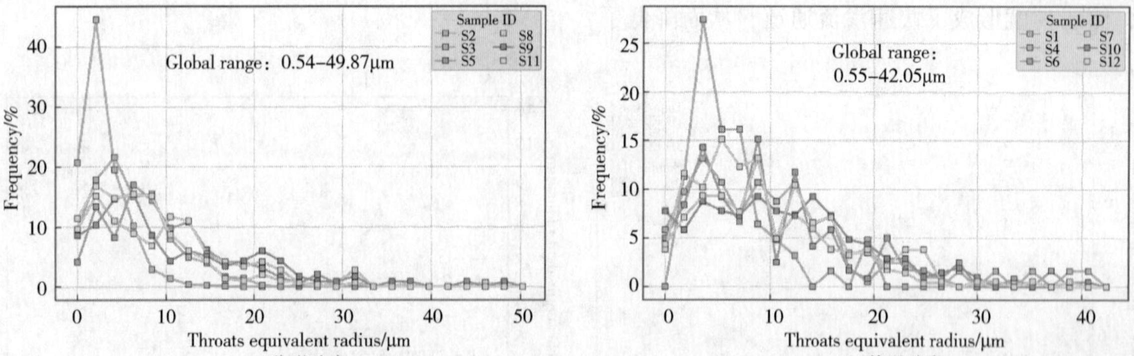

(a)分形砂岩　　(b)普通砂岩

图 11　喉道半径分布图

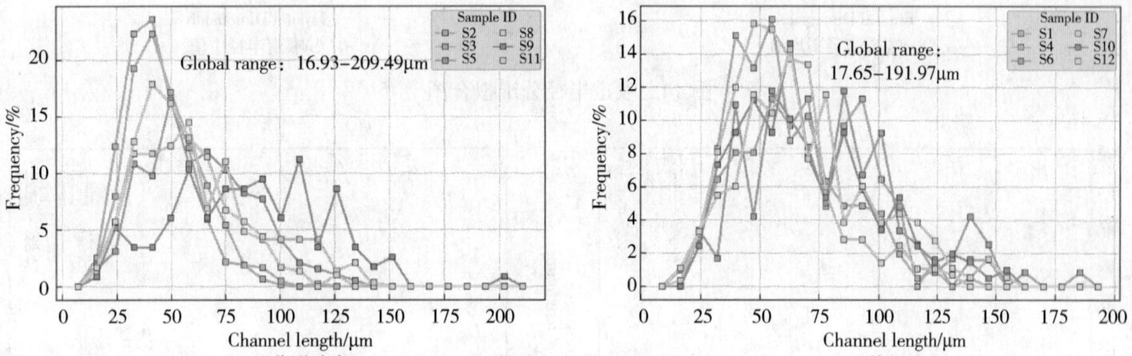

(a)分形砂岩　　(b)普通砂岩

图 12　喉道长度分布图

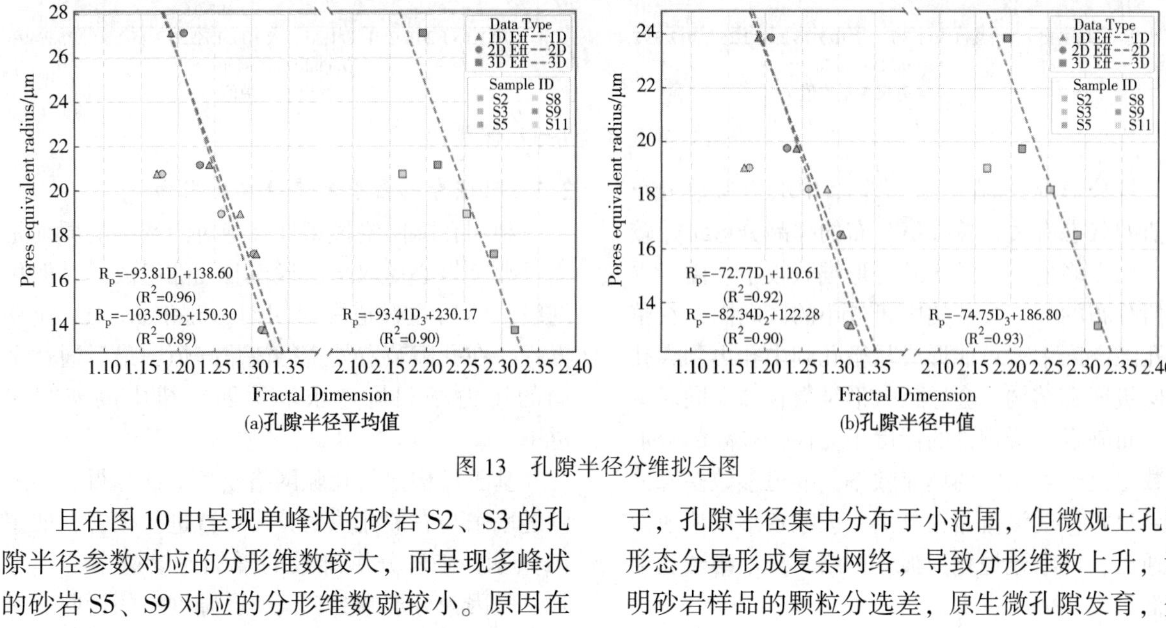

(a)孔隙半径平均值　　(b)孔隙半径中值

图 13　孔隙半径分维拟合图

且在图 10 中呈现单峰状的砂岩 S2、S3 的孔隙半径参数对应的分形维数较大，而呈现多峰状的砂岩 S5、S9 对应的分形维数就较小。原因在于，孔隙半径集中分布于小范围，但微观上孔隙形态分异形成复杂网络，导致分形维数上升，证明砂岩样品的颗粒分选差，原生微孔隙发育，分形维数较高。孔隙半径呈现双峰或多峰分布，意味着大孔隙优先发育抑制了小孔隙网络的复杂性，降低了微观结构的无序性，分形维数下降，证明砂岩分选性好，后期可能溶蚀形成了孤立大孔，分形维数就较低。

如图 14、图 15 所示，喉道参数越大，表征孔隙结构的分形维数就越小。由于喉道半径较大，储层中就形成了快速渗流通道，从而降低了孔隙空间的分形复杂性。小喉道网络增加了流体通过的迂曲路径，增强了孔隙表面的粗糙度和连通性，分形维数升高。对于喉道长度而言，长喉道会形成线性延伸通道，抑制空隙间的多向连接，分形维数就较低，而短喉道会促使孔隙形成密集网状连接，孔隙的空间复杂度增大，分形维数就较高。

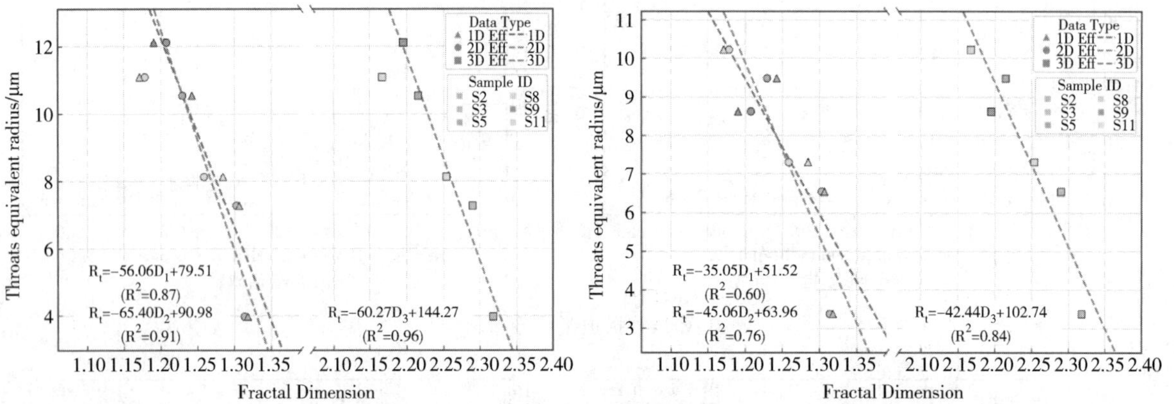

(a)喉道半径平均值　　(b)喉道半径中值

图 14　喉道半径分维拟合图

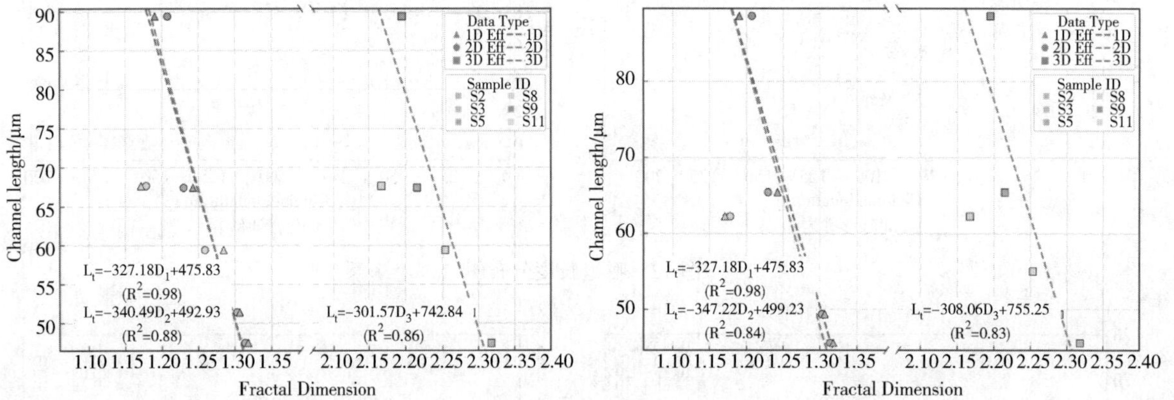

(a)喉道长度平均值　　(b)喉道长度中值

图 15　喉道长度分维拟合图

且分形维数与图 11、图 12 中喉道参数分布峰值的状态有关，单峰值分布的样品分形维数较大，而多峰值分布的样品分形维数较小。由于单峰值分布的喉道参数集中于较小的区间内，在整个孔隙空间中就可能形成从微孔到中孔再到大孔的层级嵌套结构，会导致分形维数较高。同时单峰分布满足分形理论的标度不变性，较高的分形维数也反映着空间的填充效率。喉道参数多峰分布导致跨尺度渗流路径分离，大喉道形成快速渗流通道，小喉道退化为孤立网络，分形维数就会降低。

2.2　孔隙分形维数对渗透率的影响

利用孔隙网络模型计算绝对渗透率的原理是通过数字岩心提取出由喉道和孔隙组成的骨架化网络，然后在喉道中应用 Hagen-Poiseuille 流动方程，在孔隙节点处遵循流量守恒，最后通过全局的压力场和流速求解达西定律中的宏观渗透率。

基于已构建的孔隙网络模型，计算得到砂岩渗透率来与有效孔隙的分形维数进行拟合。如图 16 所示，随着分形维数的增加，渗透率持续下降，是因为分形维数越高，孔隙网络的迂曲度呈指数上升，渗透率就会出现降低的现象。但不同分形维数区间内的渗透率的下降速率不同。原因在于，孔隙结构以少量大孔主导，分形维数增加主要源于微孔隙数量的增加，渗透率下降速率就会较缓。若微孔隙网络高度发育，迂曲度就会呈非线性上升，渗透率就会骤降。

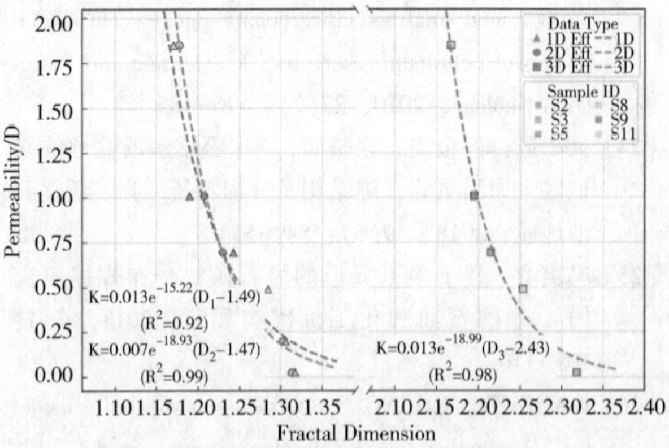

图 16　有效孔隙分形维数与渗透率示意图

根据散点的分布，笔者采用指数衰减模型来对渗透率及分形维数进行拟合。三维有效孔隙分形维数D_3与渗透率K的关系式为：

$$K=a \cdot e^{b(1+c-D_3)} \tag{6}$$

根据孔隙维数的跨纬度准换准则，二维岩心切片的孔隙分形维数的平均值D_2、一维孔隙投影序列的分形维数D_1与渗透率的关系为：

$$K \approx a \cdot e^{b(c-D_2)} \approx a \cdot e^{b(c-D_1)} \tag{7}$$

式(7)与图 16 中拟合公式在参数 a、b、c 上存在较小误差的原因，在于不同维度分形维数计算方法的影响。

3　结论

（1）利用分形维数和插值点进行分形插值曲线构造，以此作为约束条件来生成初始系统，初始系统由于各层位具有不同的孔隙度而体现出明显的层理结构。根据分形插值序列及分形控制函数提供的交换体素数据，重构出的数字岩心连通性更好。

（2）三维孔隙空间在某方向的截断为二维的岩心切片，而二维切片上孔隙在某方向的投影为一维的数字序列。通过实例验证，将这种连续截断投影效应产生分形维数的关系，定义为跨维度转换准则。该准则突破了传统单维度分形模型的局限，可作为利用分形维数研究孔隙结构与渗流特性的前置条件。

（3）砂岩渗透率对勘探开发至关重要，微观孔隙结构是影响砂岩渗透率的主要因素。利用孔隙网络模型，测定了砂岩的孔隙分布特征及渗透率，将不同维度的分形维数、孔隙结构特征参数、绝对渗透率进行关联性研究。研究发现，孔隙与喉道参数单峰分布时，喉道参数集中在较小的范围内，形成层级嵌套的微-中孔网络，分形维数较高，渗透率衰减速率较慢；而在多峰分布时，喉道主导跨尺度渗流路径分离，孔隙复杂度降低，渗透率会出现骤降的情况。此外，跨维度分析可以进一步验证，二维与一维分形维数对渗透率的影响可以用含有三维孔隙空间分形维数的渗透率关系式来进行映射。

该研究实现了从微观结构解析到宏观渗流预测的创新，为砂岩储层经济高效的开发提供重要参考意义。

符号注释

r—填充立方体的边长；

j—统计相位（在分形控制函数中选择孔隙相）；

<…>—分形控制函数在整个三维模型上的乘法结果的整体平均值。

角括号中所有的$I^j(r_i)$的乘法结果表示在一个边长为 r 的立方体当中，所有点都为孔隙相的概率。

参考文献

[1] 赵秀才，姚军. 数字岩心建模及其准确性评价［J］. 西安石油大学学报(自然科学版)，2007，第 22 卷(2)：16-20.

[2] Song S. B. An improved simulated annealing algorithm for reconstructing 3D large scale porous media［J］. Journal of Petroleum Science and Engineering，2019，182：106343.

[3] Yeong CLY，Torquato S. Reconstructing random media II. Three-dimensional media from two-dimensional cuts［J］. Physical Review E，1998，58(1)：224-233.

[4] N Eschricht，E Hoinkis，F Mädler，et al. Knowledge-based reconstruction of random porous media［J］. Journal of colloid and interface science，2005，291(1)：201-213.

[5] JU Y，ZHENG JT，Epstein M，et al. 3D numerical reconstruction of well-connected porous structure of rock using fractal algorithms［J］. Computer Methods in Applied

Mechanics and Engineering, 2014, 279: 212-226.

[6] Karsanina, Marina V, Gerke, et al. Universal spatial correlation functions for describing and reconstructing soil micro - structure [J]. PLoS One, 2015, 10 (5): e0126515.

[7] J. Katz. Thompson. Fractal Sandstone Pores: Implications for Conductivity and Pore Formation [J]. Physical Review Letters, 1985, 54(12): 1325.

[8] 刘乐乐，刘昌岭，孟庆国，等. 分形理论在天然气水合物研究领域的应用 [J]. 海洋地质前沿，2020，第36卷(9)：11-22.

[9] 刘东. 砂岩基于渗流作用下声发射的损伤分形特征研究 [J]. 工程勘察，2017，45，(4)：22-26.

[10] 付小凤. 渗流-应力耦合作用下砂岩声发射及分形损伤特征研究 [J]. 水文地质工程地质，2017，44 (6)：83-88.

[11] 张全培，吴文瑞，刘丽萍，等. 鄂尔多斯盆地镇北地区延长组超低渗透储层孔隙结构及其分形特征 [J]. 油气地质与采收率，2020，27(3)：20-31.

[12] 张全培，王海红，刘美荣，等. 超低渗透储层全孔径分布及其分形特征研究 [J]. 中国矿业大学学报，2020，49(6)：1137-1149.

[13] 吕天雪，张国一，易立新，等. 松辽盆地低渗透储层孔隙结构及分形特征 [J]. 特种油气藏，2022，29(1)：59-65.

[14] 黄开展，刘薇. 南川地区龙马溪组海相页岩孔隙特征精细描述及分形特征分析——以胜页1井为例 [J]. 中国海上油气，2022，34(5)：64-71.

[15] 杨坤，王付勇，曾繁超，等. 基于数字岩心分形特征的渗透率预测方法 [J]. 吉林大学学报(地球科学版)，2020，50(4)：1003-1011.

[16] XIA Y, CAI J. Fractal Dimension Lacunarity and Succolarity Analyses on CT Images of Reservoir Rocks for Permeability Prediction [J]. Journal of Hydrology, 2019, 579: 124198.

[17] 张天付，谢淑云，鲍征宇，等. 基于高分辨率CT的孔隙型白云岩储层孔隙系统分形与多重分形研究 [J]. 地质科技情报，2016，35(06)：55-62.

[18] LI X, LUO M, LIU J. Fractal characteristics based on different statistical objects of process-based digital rock models [J]. Journal of Petroleum Science and Engineering, 2019, 179: 19-30.

[19] 李菊花，郑斌. 微观孔隙分形表征新方法及其在页岩储层中的应用 [J]. 天然气工业，2015，(5)：52-59.

[20] LUO M, Glover PWJ, ZHAO P, et al. 3D digital rock modeling of the fractal properties of pore structures [J]. Marine and Petroleum Geology, 2020, 122: 104706.

[21] 施明恒，陈永平. 多孔介质传热传质分形理论初析 [J]. 南京师大学报，2001，(1)：6-12.

[22] 李云省，邓鸿斌，吕国祥. 储层微观非均质性的分形特征研究 [J]. 天然气工业，2002，22(1)：37-40.

[23] XIE SY, CHENG QM, LING QC, et al. Fractal and multi fractal analysis of carbonate pore-scale digital images of petroleum reservoirs [J]. Marine and Petroleum Geology, 2010, 27(2): 476-485.

[24] 吴泓辰，何金先，张晓丽，等. 鄂尔多斯盆地临兴地区太原组页岩孔隙结构及分形特征 [J]. 新疆石油地质，2018，39(5)：549-554.

[25] 冯笑含. 基于多重分形的岩石矿物分布规律研究 [J]. 中国石油和化工标准与质量，2018，(8)：109-110.

[26] WANG FY, CHENG H. A fractal permeability model for 2D complex tortuous fractured porous media [J]. Journal of Petroleum Science & Engineering, 2020, 188: 106938.

[27] ZHANG JJ, HU YB. Comparative Evaluation of Pore Structure Heterogeneity in Low - Permeability Tight Sandstones Using Different Fractal Models Based on NMR Technology: A Case Study of Benxi Formation in the Central Ordos Basin [J]. Energy & Fuels, 2020, 34(11): 13924-13942.

[28] WU YP, LIU CL, LUO B, et al. Investigation of pore-throat structure and fractal characteristics of tight sandstones using HPMI, CRMI, and NMR methods: A case study of the lower Shihezi Formation in the Sulige area, Ordos Basin [J]. Journal of Petroleum Science & Engineering, 2022, 210: 110053.

[29] YONG S, CHENG ZC, YANG Z, et al. Multifractal Analysis and Neural Network Prediction of Pore Structures in Coal Reservoirs Based on NMR T2 Spectra [J]. Energy & Fuels, 2021, 35(14): 11306-11318.

[30] 韩国庆. 基于方差分形维数的微地震智能识别与拾取方法研究 [D]. 长春：吉林大学，2022：25-27.

[31] 朱华，姬翠翠编著. 分形理论及其应用 [M]. 北京：科学出版社，2011：37-41.

[32] 郁伯铭. 多孔介质输运性质的分形分析研究进展 [J]. 力学进展，2003，33(3)：333-346.

[33] 赵秀才，姚军，陶军，等. 基于模拟退火算法的数字岩心建模方法 [J]. 高校应用数学学报(A)，2007，22(2)：127-133.

[34] 谢和平，薛秀谦. 分形应用中的数学基础与方法 [M]. 北京：科学出版社，1997：152-180.

附录 A　砂岩孔隙结构参数实测数据表

样品名称	孔隙度		渗透率/D		孔隙半径/μm		喉道半径/μm		喉道长度/μm		三维孔隙分维		二维孔隙分维		一维孔隙分维
	绝对	有效	强连通	弱连通	均值	中值	均值	中值	均值	中值	全部	有效	全部	有效	
S1	0. 12376	0. 09158	0. 02439	0. 93278	22. 01	18. 97	9. 63	6. 92	74. 77	72. 37	2. 0793	2. 0392	1. 1288	1. 1071	1. 1979
S2	0. 16857	0. 16025	0. 02369	0. 10130	13. 68	13. 15	3. 97	3. 37	47. 58	45. 58	2. 3362	0. 3181	1. 3278	1. 3138	1. 3181
S3	0. 21023	0. 20615	0. 19694	0. 21274	17. 13	16. 53	7. 27	6. 54	51. 39	49. 36	2. 2992	2. 2898	1. 3057	1. 3029	1. 3066
S4	0. 19649	0. 18961	1. 35638	0. 15034	20. 41	19. 5	9. 89	9. 28	63. 8	59. 79	2. 2200	2. 2200	1. 2131	1. 2024	1. 3162
S5	0. 21678	0. 21368	0. 69360	0. 70042	21. 16	19. 75	10. 54	9. 48	67. 41	65. 43	2. 2235	2. 2148	1. 2374	1. 2297	1. 2426
S6	0. 19791	0. 19518	0. 10855	0. 32083	22. 68	20. 04	11. 16	9. 68	82. 22	77. 58	2. 1824	2. 1756	1. 1779	1. 1722	0. 9101
S7	0. 21487	0. 21282	0. 45757	0. 58031	20. 61	19. 89	9. 57	8. 54	63. 14	60. 43	2. 2409	2. 2552	1. 2498	1. 2560	1. 3466
S8	0. 19505	0. 19316	1. 84806	1. 76860	20. 74	19. 02	11. 09	10. 22	67. 64	62. 22	2. 1619	2. 1672	1. 1789	1. 1782	1. 1712
S9	0. 26718	0. 26507	1. 00811	1. 48123	27. 12	23. 86	12. 12	8. 62	89. 4	88. 64	2. 2009	2. 1949	1. 2090	1. 2079	1. 1905
S10	0. 22707	0. 22556	2. 31145	2. 32458	23. 52	22. 13	12. 11	11. 57	73. 99	68. 16	2. 2086	2. 2057	1. 1976	1. 1963	1. 2827
S11	0. 21179	0. 20721	0. 48943	0. 40320	18. 94	18. 22	8. 13	7. 31	59. 37	55. 01	2. 2638	2. 2536	1. 2602	1. 2591	1. 2848
S12	0. 24668	0. 24422	3. 28918	4. 22743	23. 57	21. 8	11. 97	10. 3	74. 39	69. 12	2. 2188	2. 2335	1. 3517	1. 2360	1. 3394

巴彦油田中深层稠油试油技术

宫　航　梁　池　郑立军

(中国石油集团渤海钻探工程有限公司)

摘　要　针对巴彦油田中深层稠油原油黏度大，储层埋藏深，疏松砂砾岩储层泥质含量高，易出砂，易水敏等开发难点，通过复合使用螺杆泵+储层保护液，优化射流泵的加热性能及连续油管气举的生产参数控制，开展弱酸性表面活性剂的性能实验，压裂液体系配方的调配，注二氧化碳与降黏剂试验，矿场应用结果表明：针对易流入井筒的中深层稠油，采用井筒加热降黏技术，包括螺杆泵+储层保护液技术，高效加热射流泵排液技术，高效连续油管热氮气举技术；针对疏松砂砾岩，泥质含量高，有一定孔渗能力的中深层稠油，采用弱酸性表面活性剂降黏技术；针对需要改善孔渗能力，原油黏度相对较低的普通稠油储层，其中，地温高，泥质含量高，塑性地层的深层稠油，采用高温高黏压裂液体系，泥质含量高，脆性地层的中深层稠油，采用高砂比高防膨压裂液体系，可以实现巴彦油田中深层稠油的有效开发，为后续此类油层的开发提供技术支持。

关键词　中深层；稠油；降黏；防砂；防膨

巴彦油田历经40余年勘探，在2017年矿权流转给华北油田后取得了重大突破进展，建设成为内蒙古西部首个百万吨级油田，面积约40000km^2，可划分为“两隆三坳”5个一级构造单元。河套盆地西部的临河坳陷是最主要的沉积坳陷，具有典型陆相断陷湖盆的特征，多物源、短水系，湖盆震荡变化，砂、泥频繁间互，各个时期均有储集体发育，储层埋深变化大，5100m以浅储集层物性较好，主要发育固阳组和临河组碎屑岩储集层，基底变质岩风化裂缝储集层。目前，中深层稠油井主要集中在疏松砂砾岩储层，在吉兰泰，临河，纳林湖，盘道岭等次级构造带中广泛分布。依据中国石油天然气行业标准SY/T 6169—2021，综合实验条件，本文以原油黏度大于50mPa·s/50℃地面脱气原油，埋深大于1500m的井为中深层稠油井，埋深大于3000m的井为深层稠油井。

稠油流动性差是开采中的主要问题，目前在国内外，热采仍然是开发稠油油藏的主要方式，包括蒸汽吞吐、蒸汽驱和蒸汽辅助重力泄油SAGD，火烧油层等，由于热效率及碳排放量的限制，在浅层稠油(<1500m)开发应用比较成熟，在中深层稠油(>1500m)有其局限性。冷采方式包括常规降压开采、注水、注气、注化学剂等，渤海油田中深层稠油(油藏埋深1200~2500m，稠油黏度较低50~200mPa·s)的冷采产量占总产量的20%以上，有一定借鉴意义。塔河油田特超深层稠油(油藏埋深5000~7000m，地层温度120~160℃下原油黏度为200~400mPa·s)虽然应用注水/注气冷采实现工业化开发但预测总体最终采收率在20%以下，稠油上返到一定高度，在井筒内形成较长稠油柱塞，掺稀油的举升成本相对较高，采用大水眼的合金齿疏松不规则排布的磨鞋钻磨稠油，泥浆做循环液，取得一定效果。降黏剂中乳化剂降黏成本低，降黏效果好，工艺简单，见效快，但对不同稠油的通用性及其自身的耐温耐盐性还需进一步提升；油溶性降黏剂能耗低，可与稠油充分接触，但降黏效果有限且应用成本较高且降黏机理等方面还需进一步深入研究；水热催化裂解降黏技术大有可为，开发高效、低成本、高活性、高选择性、应用广泛的催化剂以适应不同稠油是应有之路，超分散纳米催化剂是未来研究重点。在新型中深层稠油技术中，纳米材料表面活性剂因其可以吸附沥青沉淀，催化沥青分解，抑制颗粒运移，展现了特有优势和巨大潜力；鲁克沁油田的泡沫驱技术应用十分广泛，降黏泡沫体系可以高效乳化降黏稠油，显著降低含水率，提高产油速度，与水驱相比提高采出程度17.4%，氮气泡沫驱可以形成泡沫油，改善原油的流动性，同时还有封堵作用，封堵高渗层和大孔道，调整油水剖面，减氧空气泡沫驱技术兼具空气驱和化学驱的优点，能够同时调整气水剖面和驱替原油，鲁克沁油田深层稠油的空气泡沫驱是国内目前应用效果最好的区域，平均单井初期日增油量 4.5t，综合含水率下降 42%；CO_2 由于高压抽提轻质组分，低压溶胀降黏的特性，在稠油降黏方面发展迅速，同时在“双碳”愿景下，CCUS 技术可以实现 CO_2 绿色资源化利用，与增溶降黏剂结合形成 CO_2 增溶降黏体系，使 CO_2 溶解度增大 7 倍，降黏率高达 99.2%，达到降低稠油黏度以及增强稠油流动性的目的，与压裂技术结合形成二氧化碳前置蓄能压裂技术，在准噶尔盆地中深层低渗稠油中应用良好，累计产油是常规压裂井 1.14 倍，预计采收率提高 3%；多元热复合驱技术(注蒸汽+化学剂+气体 CO_2/N_2)利用火箭发动机高压燃烧的原理，将高压空气和柴油注入发生器，通过燃烧将注入水汽化，燃烧产生高温高压 N_2，CO_2 和水蒸汽，混合成为多元热流体，利用蒸汽、化学剂、气体三者之间的协同作用，延长原油低黏状态时间，扩大可流动半径，可以实现增能助排，热量缓释，接替降黏，深部封存 CO_2 的开发效果，王庄油田中深层稠油(油藏埋深 1300~2000m，地面脱气原油黏度 $10\times10^4\sim50\times10^4$mPa·s)采用蒸汽+$CO_2$+降黏剂开发技术，单井周期产量由 127t 提高到 1812t，提高了 13.3 倍，周期油汽比达到 0.88t/t，有一定借鉴意义。水平井地质导向技术，水平井+蒸汽+CO_2 吞吐技术，水平井体积压裂技术等水平井技术对于油层厚度薄、隔夹层厚度小，边底水活跃的中深层稠油油藏较直井有较大优势。降黏引驱技术是通过注入井端和采油井端双向降黏，同时在开发不同时期改变注入方式和注入浓度，建立有效的注采驱替关系，实现了胜利油区王家岗油田深层低渗透敏感稠油油藏的有效动用。其他针对中深层的稠油开采方式如井下产生蒸汽、高压注气(空气或者氧气)，井下电/电磁波加热、原位改质、气化等技术仍处于实验研究或早期现场试验中，开采技术尚不成熟。

目前，巴彦油田的中深层稠油井面临的主要难点有：(1)稠油高黏度、高密度，流动性差；(2)储层埋藏深，对井下工具的下深提出了更高的要求；(3)储层主要集中在疏松砂砾岩，泥质含量高，易出砂，易水敏，部分存在低孔低渗现象，需要改善储层孔渗能力，为此，矿场不断摸索中深层稠油试油技术，为后续此类油层的开发提供技术支持。

1 方法和过程

针对巴彦油田中深层稠油井的开发难点，在稠油降黏，提升井下工具性能，稳定储层，防砂防水敏，改善孔渗能力等方面进行了探索，应用了井筒加热降黏技术，弱酸性表面活性剂降黏技术，注二氧化碳+降黏剂技术，压裂改造增产技术，多口中深层稠油井试油达到工业油流。

1.1 井筒加热降黏技术

井筒内加热降黏技术主要以螺杆泵、射流泵加热泵排，连续油管热氮气举为主，螺杆泵工作深度≤1800m，射流泵工作深度可到 3000~4000m，连续油管气举工作深度可到 4000~6000m，现将三种排液方式进行了工艺优化，提高了加热降黏效率，实现了稠油的有效开发。

1.1.1 螺杆泵+储层保护液技术

螺杆泵+储层保护液技术，适用于油层深度 1500~3000m 的中深层稠油井，螺杆泵下深≤1800m；针对储层易水敏的特点，泵排前循环储层保护液，配方为 6%KCL+2%JK00，伤害比率为 0.19，伤害比率越小，防膨效果越好，伤害比率小于 0.5 时岩样对液体不敏感，有效降低了水敏伤害。

1.1.2 高效加热射流泵排液技术

高效加热射流泵排液技术，采用正反排射流泵，泵排深度达 4000m，地面泵由常规电驱泵升级到大排量直驱增压泵，注入泵压由 25MPa 提升至 50MPa，排量由 300L/min 提升至 550L/min，可控压差范围为 5MPa 至 30MPa；升级配套真空加热炉，由传统热水加热转变为蒸汽加热，动力液加热效率提升了 30%，出口温度达 45℃以上，同时开发了泵排参数优化软件，依据单井工程参数及预测产能，优选喷嘴与喉管组合方式，得到不同注入泵压及排量，实现了生产压差精准可调(误差±2MPa)。

1.1.3 高效连续油管热氮气举技术

高效连续油管热氮气举技术，通过膜制氮气，连接热氮撬，高温膨胀降黏，井筒气举降低生产压差，采用数据采集系统和模拟分析软件，优化排液强度与深度，合理控制生产压差，单层平均排液周期缩短 2.7 天。

1.2 弱酸性表面活性剂降黏技术

1.2.1 原理

弱酸性表面活性剂，适合于疏松砂砾岩储层，①能够部分溶解黏土矿物，增加储层孔渗能力且不破坏岩石骨架；②可使分散的黏土再次稳定，具有稳定黏土的功能；③通过裂解作用，分散原油中蜡晶等高黏物质，降低原油黏度；④通过强乳化作用，快速将岩石表面原油分散剥离，形成水包油乳液，提高原油流动能力；⑤能够穿透油膜，与岩石接触，同时增加原油与岩石的润湿接触角，改变岩石的润湿性；⑥添加纳米颗粒，使其能作用于地层更深处，特别是对于低渗透储层发挥效果。

1.2.2 实验效果

将稠油油样 280g 在(50±1)℃的恒温水浴中恒温 1h，搅拌 2min 并测其(50±1)℃时的黏度，实验效果如图 1 所示。将稠油油样 280g 加入弱酸性表面活性剂溶液，相同实验条件下测其乳化液的黏度，降黏效果如图 2 所示。改变弱酸性表面活性剂的用量，0.05%用量乳化降黏率可以达到 50%以上，0.1%用量降黏率可以达到 90%以上。

将黏土颗粒与原油混合，加入弱酸性表面活性剂，混黏土原油乳化降黏效果如图 3 所示。综上，弱酸性表面活性剂性能优异。

图 1　降黏前实验效果

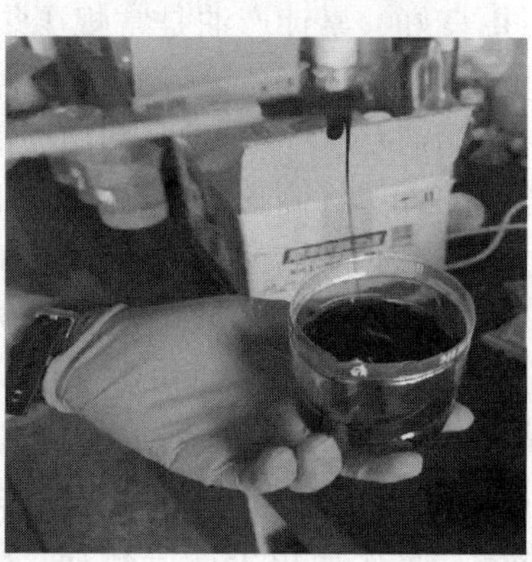

图 2　降黏后实验效果

①黏土颗粒　②油泥混合　③加入弱酸性表面活性剂，水　④搅拌混合反应　⑤油泥分离

图 3　混黏土原油乳化降黏实验

1.3 中深层稠油井压裂改造增产技术

本地区的中深层稠油井压裂改造存在一些普遍的难点：①疏松砂砾岩形不成规则裂缝，裂缝破碎，滤失量大，裂缝摩阻高，难以形成长裂缝；②原油性质差，黏度高，层间流动困难；③储层泥质含量高，渗透率低，黏土颗粒膨胀运移，压裂液残渣形成油泥饼会对储层造成严重伤害；⑤地层可能出砂严重；⑥储层敏感性强，易污染造成孔隙堵塞。根据各井不同的特点，对于压裂液体系分别作了一些优化。

1.3.1 高温高黏压裂液体系

高温高黏压裂液体系，在 130℃温度下剪切 2h，压裂液黏度依然能保持在 100mPa·s，适用于地温高，泥质含量高，塑性地层的深层稠油井，造长缝模式，满足造缝和携砂的要求，在储层温度条件下具有良好的破胶性能，能够降低对储层的伤害。

1.3.2 高砂比高防膨压裂液体系

高砂比高防膨压裂液体系，室内对膨润土防膨能力>95%，适用于泥质含量高，脆性地层的中深层稠油，造宽缝模式，可以有效防砂防膨，实现稠油有效开发。

1.4 注二氧化碳+降黏剂技术

二氧化碳降黏主要是通过①降低原油界面张力、密度和黏度，膨胀原油体积，改善原油的流动性；②易于达到超临界状态，二氧化碳在温度高于31℃和压力高于7.3MPa状态下，处于超临界状态时，其性质会发生变化，密度近于液体，黏度近于气体，扩散系数为液体的100倍，具有较强的溶解能力，与原油易于混相；③抽提原油轻烃组分，产生溶解气驱，随着压力的升高，可以明显观察到二氧化碳对原油溶解抽提作用增强，二氧化碳达到临界状态之后，如图4(b)、(c)、(d)所示，能够清晰地看到原油中的轻质组分被二氧化碳溶解抽提；④降低残余油饱和度，有效地改善井筒周围的地层渗透率；⑤降低流度比，提高驱油效率。

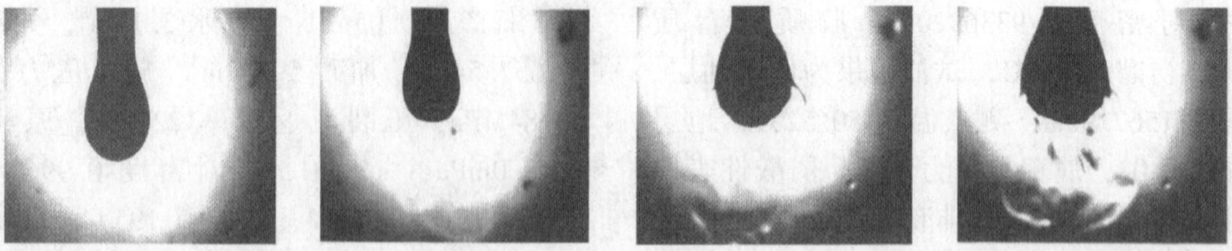

(a)4MPa (b)14MPa (c)24MPa (d)32MPa

图4 二氧化碳原油抽提作用

降黏剂可以分散原油中高黏物质，形成水包油乳液；同时改变岩石润湿性，起到提高采收率、增产原油的作用。采用注二氧化碳+降黏剂交替注入，能够在油藏条件下，起到发泡作用，利用泡沫的贾敏效应，对储层大孔道进行暂堵，扩大注气波及体积。同时二氧化碳进入地层后会有一部分溶解于水中，在返排阶段，随着压力下降，二氧化碳从水中溢出形成泡沫水流，由贾敏效应起到暂堵作用，实现控水作用。

综上，注二氧化碳+降黏剂技术可使原油能够乳化降黏，改变储层岩石润湿性，扩大二氧化碳的波及体积，调整吸入剖面，同时利用二氧化碳生泡及气体上倾运行特征，压制底水及暂堵高渗通道作用，实现注入二氧化碳能够充分与储层的原油接触，发挥膨胀降黏作用。

2 现象结果讨论

2.1 井筒加热降黏技术

2.1.1 螺杆泵+储层保护液技术

吉华2-5X井是内蒙古自治区阿拉善左旗敖伦布拉格镇，河套盆地临河坳陷吉华2X油藏上的一口评价井，试油层段2844.60～2860.60m，试油层位K_1g_2，电测解释：差油层，岩性：荧光砂砾岩，孔隙度9.5%～10.1%，渗透率(1.36～5.42)×$10^{-3}\mu m^2$，泥质含量9%～15.4%，采用螺杆泵+储层保护液(6%KCL+2%JK00)技术，日产油13.68m^3，原油黏度165.8mPa·s/50℃，相对密度0.9247/20℃，胶质沥青质36.9%，初馏点122℃，试油结果为工业油层。

2.1.2 高效加热射流泵排液技术

磴探3井是内蒙古自治区巴彦淖尔市磴口县沙林中心实验四厂，河套盆地临河坳陷巴彦淖尔凹陷纳林湖构造带磴探2X断鼻上的一口预探井，试油层段4056.80～4071.20m，试油层位N1，电测解释：油层，岩性：荧光粉砂岩，孔隙度14.8%～17.3%，渗透率(23～68.2)×10^{-3} μm^2，泥质含量8.5%～10.1%，采用STV测射联作+高效加热射流泵排液技术，测点深度3988.93m，测点温度116.13℃，地层压力系数1.03，属正常压力系统，日产油61.70m^3，原油黏度321.2mPa·s/50℃，相对密度0.8965/20℃，胶质沥青质47.3%，初馏点100℃，试油结果为工业油层。

2.1.3 高效连续油管热氮气举技术

兴华1-111X井是内蒙古自治区巴彦淖尔市临河区白脑包镇，河套盆地临河坳陷兴隆构造带兴华1区块上的一口开发井，试油层段5130.80～5135.60m，试油层位$E_3l\text{Ⅱ}_3$，电测解释：油层，岩性：荧光细砂岩，孔隙度15.3%，渗透率8.47×$10^{-3}\mu m^2$，泥质含量10.2%，采用高效连续油管热氮气举工艺，日产油13.44m^3，原油黏度101.3mPa·s/60℃，相对密度0.9029/20℃，胶质沥青质36.5%，初馏点229℃，试油结果为工业油层。

2.2 弱酸性表面活性剂降黏技术

吉华2-4X井是内蒙古自治区阿拉善左旗敖伦布拉格镇，河套盆地临河坳陷吉兰泰凹陷吉华2X油藏上的一口评价井，试油层段1636.00~1648.00m，试油层位E1l3，电测解释：油层，岩性：荧光、油浸砂砾岩、含砾不等粒砂岩，孔隙度17.3%，渗透率36.74×$10^{-3}\mu m^2$，泥质含量高11.4%~24.1%，采用MFE测射联作+二开抽汲排液工艺，日产油0.39m^3，原油黏度126.78mPa·s/50℃，相对密度0.9336/20℃，胶质沥青质31.95%，初馏点105℃，试油结果为低产油层。测点深度1567.96m，测点温度50.52℃，地层压力系数1.03，属正常压力系统。弱酸性表面活性剂+油单d62mm放喷排液工艺复试，日产油63.91m^3，日产水23.07m^3(解堵降黏液)，原油黏度降低为89.44mPa·s/50℃，相对密度0.9217/20℃，胶质沥青质34.95%，初馏点89℃，试油结果为工业油层，弱酸性表面活性剂降黏增产效果明显。

2.3 中深层稠油井压裂改造增产技术

2.3.1 高温高黏压裂液体系

兴华2井是兴隆构造带中带兴华1断鼻上的一口预探井，试油层段4404.40~4408.60m，试油层位E3l1，电测解释：差油层，干层，岩性：荧光细砂岩，孔隙度8.1%~12.2%，渗透率(0.11~3.11)×$10^{-3}\mu m^2$，泥质含量13.3%~35.4%，为低孔特低渗储层，采用射流泵热采工艺，日产油1.83m^3，试油结果为低产油层。测点深度4406.50m，测点温度123.48℃，地层压力系数1.10，属正常压力系统。利用本井的测井资料计算应力及力学参数表明：动态杨氏模量在25000~30000MPa之间，泊松比在0.35~0.4之间，计算脆性在10%~20%之间，为塑性储层。采用高温高黏压裂液体系压裂，深穿透造长缝的改造模式，连续油管氮气气举排液，日产油13.44m^3，原油黏度62.13mPa·s/60℃，相对密度0.8901/20℃，凝固点52℃，含蜡19.15%，胶质沥青质27.15%，初馏点175℃，高凝多胶沥稠油，试油结果为工业油层。

2.3.2 高砂比高防膨压裂液体系

吉华22X井是阿拉坦构造带吉华10南断鼻上的一口预探井，试油层段2620.40~2630.00m，试油层位K1g2，电测解释：油层，岩性：荧光含砾不等粒砂岩，孔隙度14.1%，渗透率10.56×$10^{-3}\mu m^2$，泥质含量14.1%，为低孔低渗储层，采用注(氮气+油溶性降黏剂+瓜胶溶液)+抽汲工艺，日产无液，试油结果为干层。地层能量未释放，地层物性差和油品性质差综合导致注入压力高，注气困难，增产意义不大。

由于储层杨氏模量高，脆性强，泊松比低，地层易破碎，采用下沉剂+裂缝控制剂造长缝+生物酶降黏液+低浓度高效交联胍胶压裂液+防膨剂小规模、小砂量、小排量压裂，射流泵热采，日产油0.05m^3，日产水3.11m^3，共计压裂液657.54m^3，加砂59.94m^3，施工压力31.7~40.84MPa，压裂液返排率22.2%，原油黏度2948.0mPa·s/50℃，相对密度0.9969/20℃，胶质沥青质49.65%，初馏点195℃，试油结果为含油水层。测点深度2585.23m，测点温度76.93℃。压裂施工破压明显，裂缝在延伸过程中波动说明裂缝存在裂缝延伸受阻后再次开裂的特征。微地震监测压裂两翼缝长分别为120m(东北向)和140m(西南向)，裂缝高度范围2614~2635m(20m)，缝网宽度范围100m，SRV体积37.9×10^4m^3。表明压裂过程中存在分支裂缝横向延伸的特征。

效果不达预期的原因分析：地层物性较差、原油黏度高，压裂液不易滤失扩散进入地层，低返排率可能与低砂比施工(最高砂比30%，平均砂比16%)，随返排过程中，裂缝逐步闭合，支撑剂嵌入引起裂缝导流能力下降有关。

吉华2-348X井借鉴了吉华22X的施工经验，采用防膨能力较强的胍胶压裂液体系，采用高砂比施工，形成较宽的裂缝，弥补后期支撑剂嵌入带来的导流能力损失。吉华2-348X井是吉兰泰油田吉华2X断块上的一口开发井，试油层段2715.40~2803.00m，试油层位K1g1，电测解释：差油层，干层，岩性：荧光砂砾岩，孔隙度6.0%~16.1%，渗透率(0.01~14.8)×$10^{-3}\mu m^2$，泥质含量11.3%~16.6%，为低孔低渗/超低渗储层，压裂后放喷，日产油19.21m^3，乳化水11.7m^3，原油黏度194.2mPa·s/50℃，相对密度0.9295/20℃，凝固点20℃，含蜡7.40%，胶质沥青质36.55%，初馏点135℃，试油结果为工业油层。

2.4 注二氧化碳+降黏剂技术

临华参1井是内蒙古自治区磴口县沙金套海

乡巴音宝力格嘎查，河套盆地临河坳陷磴口构造带临华参1断块上的一口参数井，临华参1断块圈闭位于临河坳陷磴口构造带，位于吉华2X逆牵引背斜和松5断垒之间，是由两条北东向断层与两条北北西向断层相交而形成的断块圈闭。从主线上看，两条北东向断层断穿基底、长期活动，这两条断层夹持而成的断垒清楚；从联络线上看，地层整体南抬北倾，控制圈闭的北北西向反向断层断点清晰，如图5所示。

图5 磴口构造带古近系底面构造图

试油层段3045.40～3047.80m，试油层位E_3l_2，电测解释：油层(含水)，岩性：油迹细砂岩，孔隙度18.6%，平均渗透率$406\times10^{-3}\mu m^2$，储层物性好，属于中孔中渗储层，采用STV测射联作+二开抽汲排液工艺，油花，日产水$9m^3$，试油结果为含油水层。测点深度2966.49m，测点温度88.98℃，地层压力系数1.03，属正常压力系统，表皮系数-0.77，近井筒地带无污染。STV测射联作+二开螺杆泵排液工艺复试，油花，日产水$10.05m^3$，试油结果为含油水层。注二氧化碳+降黏剂复试，螺杆泵排液，日产油$0.20m^3$，日产水$18.40m^3$，试油结果为含油水层，增油效果不明显。原油黏度3920mPa·s/80℃，相对密度0.9291/20℃，胶质沥青质28.25%，初馏点190℃，属于高黏高凝重质稠油，原油物性差。

影响CO_2驱油效果的参数包括地质参数和注采参数，地质参数中原油黏度越大，降黏效果越好，裂缝过多容易发生气窜；注采参数包括注入量、注入速度、焖井时间、注入压力等，其中注入量是影响降黏效果的重要参数，据矿场应用统计，注入量在120～150t，注入速度在4～10t/h，焖井时间在10～45天为最佳，且注入压力不超过地层破裂压力。

临华参1井环空注入液态二氧化碳$285m^3$，泵压25～35～29MPa，排量1.0～1.8～1.0m^3/min，焖井15天，环空注入降黏剂+缓蚀剂共$333.0m^3$，泵压26～27MPa，排量1.0～1.2～1.0m^3/min，期间循环冷泵消耗二氧化碳$38m^3$，增油效果不明显。分析认为：降黏剂增溶降黏效果不佳，二氧化碳与原油难以达到混相；储层较疏松，且周围断层发育，气窜的可能性大；注采参数需要优化。

2.5 整体应用效果

针对巴彦油田的中深层稠油井，从地层流入井筒相对容易时(原油黏度100～300mPa·s/50℃，泥质含量10%左右)，加热降黏仍然是解决稠油问题的最简便有效的方式，首先将现有的井筒加热设备进行了优化，对于1500～3000m的中深层稠油井，利用螺杆泵+储层保护液热采技术尚可实现开发效果，对于3000m以上的深层稠油井，可采用射流泵加热排液，连续油管热氮气举技术，有效避开了蒸汽吞吐，蒸汽驱等热采方式的热损失限制。

对于有一定孔渗能力但泥质含量(20%左右)较高的中深层稠油井，冷采方式的弱酸性表面活性剂技术，添加了纳米颗粒这种新型表面活性剂材料，不仅具有降黏剂的效果，还有稳定黏土的作用，有效解决了巴彦油田储层疏松砂砾岩，泥质含量高，易出砂水敏的问题。

低孔低渗储层稠油井，则需要压裂改造措施，应用井原油黏度(<200mPa·s)相对较低，高温高黏压裂液体系适用于塑性地层，3000m以上的深层稠油井，高砂比高防膨压裂液体系适用于脆性地层，1500～3000m的中深层稠油井。

注二氧化碳+降黏剂技术还未取得明显效果，还需借鉴其他经验，增溶降黏剂体系或多元热复合技术等，使二氧化碳与原油达到混相，不可缺少的还要做好储层封闭性论证。

3 结论建议

(1)针对易流入井筒的中深层稠油，采用井筒加热降黏技术，包括螺杆泵+储层保护液技术，高效加热射流泵排液技术，高效连续油管热氮气举技术，可以有效提高降黏效率，缩短排液周期，实现生产提速；

（2）针对疏松砂砾岩，泥质含量高，有一定孔渗能力的中深层稠油，采用弱酸性表面活性剂降黏技术可以稳定黏土，分散高黏物质，提高原油流动能力，实现有效降黏；

（3）针对需要改善孔渗能力，原油黏度相对较低的普通稠油储层，优化了压裂液体系，其中，对于地温高，泥质含量高，塑性地层的深层稠油，采用高温高黏压裂液体系，造长缝模式；对于泥质含量高，脆性地层的中深层稠油，采用高砂比高防膨压裂液体系，造宽缝模式，可以有效防砂防膨，实现稠油有效开发。

（4）注二氧化碳+降黏剂技术尚不成熟，还需继续开展其他试验。

参 考 文 献

[1] 张以明，张锐锋，王少春，等. 河套盆地临河坳陷油气勘探重要发现的实践与认识[J]. 中国石油勘探，2018，23(05)：1-11.

[2] 付锁堂，付金华，喻建，等. 河套盆地临河坳陷石油地质特征及勘探前景[J]. 石油勘探与开发，2018，45(05)：749-762.

[3] 蒋琪，游红娟，潘竟军，等. 稠油开采技术现状与发展方向初步探讨[J]. 特种油气藏，2020，27(06)：30-39.

[4] 邓春柏. 深层稠油井稠油上返处理工艺技术[J]. 江汉石油职工大学学报，2020，33(03)：56-58.

[5] 杜安琪，毛金成，王鼎立，等. 中深层稠油化学降黏技术研究进展[J]. 天然气工业，2022，42(02)：110-122.

[6] 李镇武，蒲迪，熊亚春，等. 驱油用纳米材料在提高采收率方面研究进展[J/OL]. 化工进展：1-20[2024-05-04].

[7] 鹿腾，李兆敏，顾子涵，等. 超深层稠油降黏泡沫体系微观作用机理及其矿场应用[J]. 石油学报，2023，44(08)：1344-1355.

[8] 刘强，党东琪，唐士珺. 鲁克沁深层稠油油层氮气吞吐提高采收率研究与应用[J]. 中国石油和化工标准与质量，2019，39(09)：123-124.

[9] 许星光，张鹏，张旭，等. 油气田开发用泡沫流体理论与技术新进展[J]. 油田化学，2023，40(03)：562-570.

[10] 高能，赵健，何嘉. 减氧空气吞吐技术在鲁克沁深层稠油油藏的应用[J]. 新疆石油地质，2020，41(06)：748-752.

[11] 胡书勇，郭学强，张佳轶，等. 双碳愿景下 CCUS 提高油气采收率技术[J]. 世界石油工业，2024，31(01)：81-91.

[12] 邓宏伟. 超深层低渗透稠油 CO_2 增溶降黏体系研发与应用[J]. 油气地质与采收率，2020，27(01)：81-88.

[13] 鲁斌昌，刘蕊，胡广文，等. 二氧化碳前置蓄能压裂在中深层低渗稠油中的应用[J]. 钻采工艺，2023，46(05)：178-182.

[14] 刘勇，王崇先，李晓辉，等. 深层超稠油多元热流体开采机理[J]. 断块油气田，2019，26(05)：638-643.

[15] 张莉，祝仰文，王友启. 稠油热采新技术研究现状及展望[J]. 钻采工艺，2023，46(04)：64-70.

[16] 任瑞川，唐万宇，贾欣磊，等. 水平井地质导向技术在港西底水稠油油藏中的推广应用[J]. 录井工程，2023，34(03)：113-118.

[17] 李长宏. 中深薄层难动用储量稠油油藏效益开发实践与认识——以春光油田春 17 块为例[J]. 西部探矿工程，2023，35(11)：85-88.

[18] 马迎菊，王泊，翟晓东. 中深层特超稠油水平井效益开发探索与实践[J]. 中国石油和化工标准与质量，2021，41(02)：52-54.

[19] 李枞. 中深层边底水稠油油藏热采开发模式研究[D]. 中国石油大学(北京)，2020.

[20] 秦军，王仕莉，李思远，等. A 井区梧桐沟组稠油油藏水平井体积压裂开发论证[J]. 科学技术与工程，2019，19(20)：174-179.

[21] 陈桂华，吴光焕，全宏，等. 深层低渗透敏感稠油油藏降黏引驱技术研究及应用——以胜利油区王家岗油田王 152 块为例[J]. 油气地质与采收率，2021，28(06)：114-121.

[22] 吴婷，刘志龙，于晓涛，等. 一种适用于海上油田的井下蒸汽发生器技术指标研究[J]. 山东石油化工学院学报，2023，37(03)：80-83.

[23] 肖界先，高德利，王正旭，等. 助剂辅助稠油射频加热模拟实验及影响因素[J/OL]. 大庆石油地质与开发：1-9[2024-05-04].

[24] 程仲富，任波，姜莹芳，等. 塔河油田超深井稠油地面热裂化降黏回掺可行性研究[J]. 油气藏评价与开发，2020，10(02)：90-93.

[25] 王鹏，王潇祎，范俊强，等. 巴彦油田试油测试关键技术[J]. 油气井测试，2023，32(03)：27-30.

[26] 张娜. 深层稠油油藏开发技术综述[J]. 石化技术，2019，26(04)：140+142.

东营凹陷南坡西段红层成岩相测井识别及地震预测

张天骄　曲志鹏　张伟忠

（中国石化胜利油田分公司）

摘　要　综合利用铸体薄片、扫描电镜、压汞实验、核磁测试等分析手段，对渤海湾盆地东营凹陷南坡西段红层储层成岩作用特征进行分析，识别出主要发育压实作用、溶蚀作用、胶结作用和交代作用四种成岩作用，成岩相以不稳定组分溶蚀相、压实-弱溶蚀相、碳酸盐胶结相和压实致密相四类为主。采用机器学习 Fisher 典型判别分析确定各成岩相组合类型的定量判别函数，建立成岩相预测模型。明确成岩相敏感弹性参数，开展成岩相的叠前地震反演，实现基于成岩相的有利储层预测。

关键词　东营凹陷；红层储层；成岩相；测井识别；地震预测

随着渤海湾盆地东营凹陷勘探程度的不断提高，古近系红层已经成为东营凹陷油气勘探增储上产的重要层系阵地。同时，红层具有储层埋藏深、成岩改造强烈，非均质性强的特点，导致勘探风险和难度一直居高不下，成为制约东营凹陷油气勘探的现实挑战。

成岩相为成岩环境的物质表现，强调的是现今的矿物成分和结构面貌，是包括岩石组分结构、胶结物、孔隙组合等在内的综合体现。测井曲线连续性好，并且具有不同岩石成分、孔隙结构和孔隙流体的储层测井响应特征不同。前人利用不同成岩相测井响应特征进行交会分析，从而进行成岩相类型划分和分布的研究，但是针对东营凹陷红层储层来说，其砂体同时受不同成岩作用所影响，导致测井响应特征发生重叠，简单的常规测井特征交会无法对成岩相类型进行有效划分，难以实现红层成岩相的连续性评价和有效预测。

1　区域概况

东营凹陷是在中、古生界基岩古地形背景上经构造运动发育起来的中、新生代断陷—坳陷湖盆（图 1）。东营凹陷南坡西段共经历孔店组-沙四段的初始断陷期、沙三段-沙二下亚段的断陷深陷期、沙二上亚段-东营组的断陷萎缩期三个断陷期，其中初始断陷期发育孔二段、孔一段、沙四下亚段、沙四上亚段。孔一段岩性为分支河流相棕红色砂岩与紫红色泥岩不等厚互层，沙四下亚段以分支河流相灰色、紫红色泥岩为主，夹砂岩、粉砂岩。

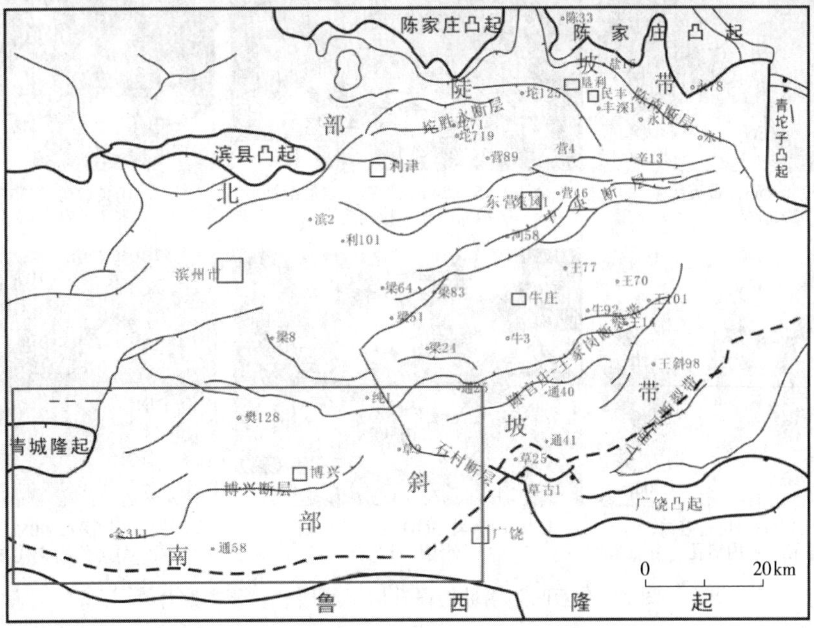

图 1　东营凹陷南坡西段区域构造图

2　成岩作用类型

2.1　压实作用

压实作用主要可以分为机械压实及化学压实，主要表现为碎屑颗粒之间普遍以“点-线”和“线-点”接触为主，颗粒多定向排列。石英、长石等刚性颗粒发生脆性破裂[图2(a)]；云母、黏土质碎屑等塑性颗粒的挤压变形[图2(b)]。

2.2　胶结作用

研究区经历了多期强度大、种类多的胶结作用，发育碳酸盐胶结、硅质胶结和泥质胶结，其中碳酸盐胶结作用占主要。碳酸盐胶结物类型主要为晚期铁方解石和早期方解石，充填粒间孔隙和长石溶蚀孔隙[图2(c)]，对储层物性起到破坏作用。硅质胶结主要表现为石英次生加大[图2(d)]，普遍已经达到Ⅱ级加大的程度，但是少量发育。

2.3　溶蚀作用

研究区砂岩中溶蚀作用现象强烈而且普遍，长石、岩屑等不稳定骨架颗粒的溶蚀最为常见。不稳定组分主要以解理缝或颗粒边缘溶蚀为主，形成蜂窝状或骨架状结构[图2e、f]。在某些颗粒的局部，溶蚀程度较重，导致铸模孔的形成[图2(g)]。这种溶蚀作用对储层的物性产生了显著的影响和改造。

2.4　交代作用

研究区砂岩中的交代作用也比较普遍，主要表现为方解石交代长石颗粒[图2(h)]和不同期次之间的碳酸盐胶结物交代，如晚期发育的铁方解石交代早期发育的方解石[图2(i)]。在镜下观察的过程中，往往能够发现碳酸盐胶结物充填粒间孔隙和次生溶蚀孔隙的胶结作用，以及碳酸盐交代作用同时存在，但是后者的发育程度要远远小于前者。

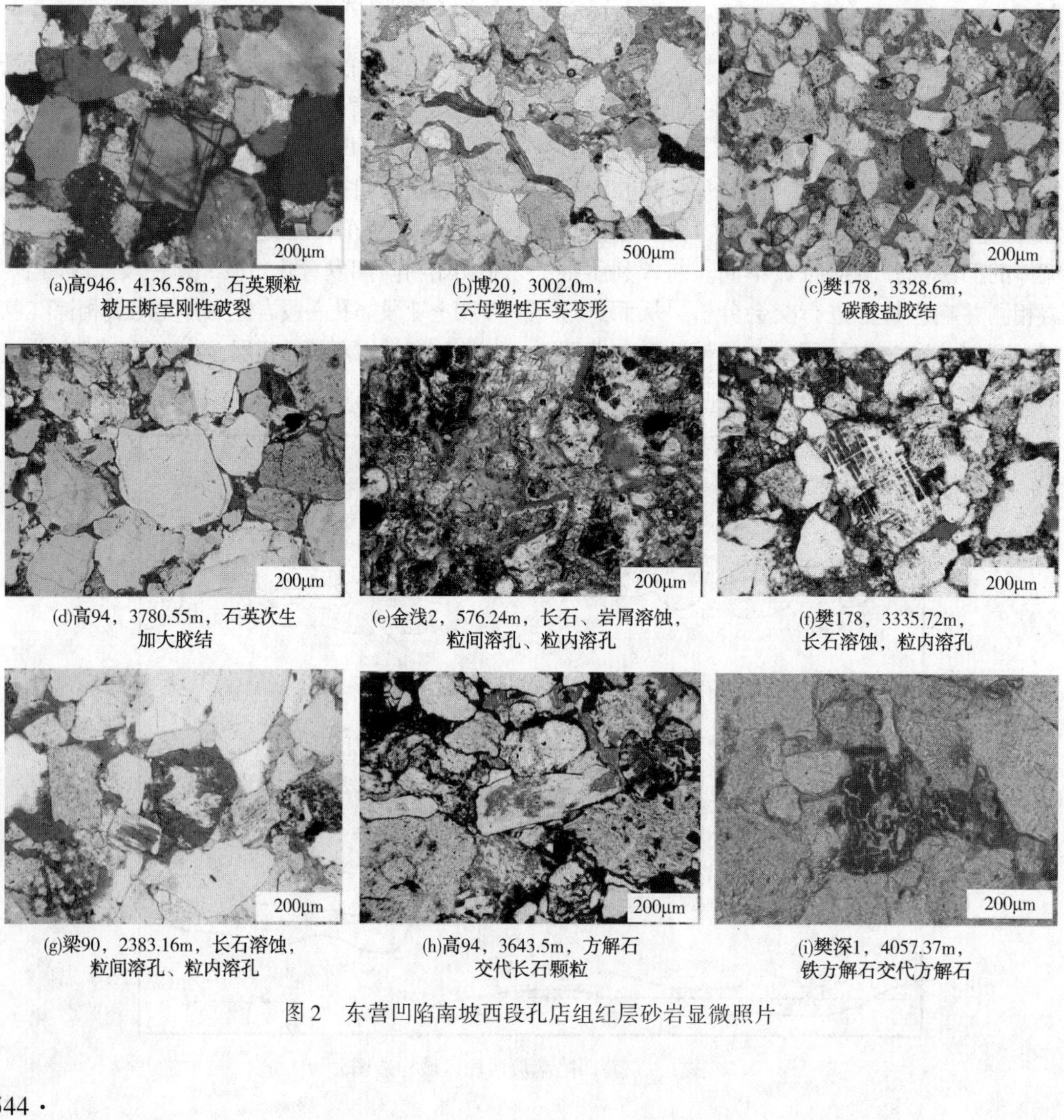

(a)高946，4136.58m，石英颗粒被压断呈刚性破裂　(b)博20，3002.0m，云母塑性压实变形　(c)樊178，3328.6m，碳酸盐胶结

(d)高94，3780.55m，石英次生加大胶结　(e)金浅2，576.24m，长石、岩屑溶蚀，粒间溶孔、粒内溶孔　(f)樊178，3335.72m，长石溶蚀，粒内溶孔

(g)梁90，2383.16m，长石溶蚀，粒间溶孔、粒内溶孔　(h)高94，3643.5m，方解石交代长石颗粒　(i)樊深1，4057.37m，铁方解石交代方解石

图2　东营凹陷南坡西段孔店组红层砂岩显微照片

3 成岩相类型划分

3.1 不稳定组分溶蚀相

不稳定组分溶蚀相在研究区的主要特征表现为长石、岩屑等不稳定骨架颗粒的边缘或内部遭到大量溶蚀，这进而增加了粒间和粒内孔隙的数量，增加了储层的储集物性，是对储层起到建设性作用的一类成岩相。岩心观察中粒度较粗，岩心表面可见明显的溶蚀孔发育，扫描电镜观察可见长石颗粒内部呈蜂窝状或骨架状溶蚀[图3(a)]。该类成岩相具有中SP、低GR、中－高AC、中CNL、低DEN和高RT的测井响应特征，可以归纳为"二低二中一中-高一高"[图3(a)、表1]。

表1　四类成岩相测井响应参数特征统计

成岩相类型	范围与均值	SP/mV	GR/API	AC/(μs·ft^{-1})	CNL/%	DEN/(g·cm^{-3})	Rt/(Ω·m)
不稳定组分溶蚀相	范围	36.23~83.42	47.49~70.89	63.07~95.39	4.36~19.72	2.17~2.45	15.37~38.51
	均值	55.61	55.23	81.11	13.54	2.38	28.88
压实-弱溶蚀相	范围	17.29~75.66	53.53~85.37	64.05~91.90	5.77~14.67	2.14~2.67	12.80~31.48
	均值	40.03	71.42	76.06	11.23	2.49	22.01
碳酸盐胶结相	范围	19.15~77.12	43.24~79.69	64.75~81.20	5.46~11.67	2.41~2.64	7.64~19.35
	均值	48.48	59.85	72.24	8.56	2.52	12.62
压实致密相	范围	36.89~93.78	66.16~123.73	62.20~86.29	7.27~32.18	2.45~2.69	1.18~9.79
	均值	65.43	97.76	70.09	17.39	2.54	4.94

3.2 压实-弱溶蚀相

该类成岩相同时受压实作用和溶蚀作用影响，受到的压实作用较强，但仍保留一定的粒间孔隙。虽然也发育溶蚀作用，但是溶蚀作用较弱，长石颗粒只是在边缘受到溶蚀，呈港湾状或锯齿状等。岩心观察粒度较粗，扫描电镜观察可见长石颗粒边缘发生少量溶蚀现象，颗粒内部较为完整[图3(b)]。该类成岩相具有低SP、中-高GR、中-高AC、中CNL、中DEN、中-高RT的测井响应特征，可以归纳为"一低二中三中-高"[图3(b)、表1]。

3.3 碳酸盐胶结相

碳酸盐胶结相的典型特征是镜下观察可见大量充填原生粒间孔隙和长石溶蚀次生孔隙的含铁方解石、方解石，也包括交代长石颗粒的碳酸盐胶结物。碳酸盐胶结物的存在堵塞了原生的粒间孔隙，占据部分孔隙空间，使得储层物性变差，对储层起到破坏作用。岩心粒度较粗，扫描电镜观察可见明显的方解石充填[图3(c)]。其具有低SP、低GR、中AC、低CNL、中－高DEN、中-高RT的测井响应特征，可以归纳为"三低一中二中-高"[图3(c)、表1]。

3.4 压实致密相

压实致密相相对于压实-弱溶蚀相，只受到较强的压实作用影响，溶蚀作用不发育，碎屑颗粒之间主要呈线接触或凹凸接触，镜下显微特征显示岩石颗粒间几乎没有孔隙，矿物颗粒紧密接触，孔隙空间极小。岩心粒度较为致密，伊利石、伊/蒙混层充填占据了大量的颗粒间孔隙[图3(d)]，这种矿物组合和结构特征使得岩心更加致密，进一步影响储层的物性。该类成岩相具有高SP、高GR、中－高AC、高CNL、高DEN、低RT的测井响应特征，可以归纳为"一低一中-高四高"[图3(d)、表1]。

4 成岩相测井识别

4.1 常规测井交会图特征

选取研究区100块岩心铸体薄片进行镜下观察，根据薄片对应深度的测井响应特征，为了更好地识别和区分成岩相，选取敏感的测井曲线参数，包括自然电位(SP)、自然伽马(GR)、声波时差(AC)、中子孔隙度(CNL)、密度(DEN)和电阻率(RT)。通过将这些参数进行两两交会分析，建立成岩相与常规测井响应的交会图版(图4)。从交会图版可以看出，常规测井交会方案虽然能够对不同成岩相起到一定的区分效果，但是并没有完全将成岩相精准的区分开，不同成岩相的测井信息仍然存在较大的重叠，这会导致在后期对成岩相的识别应用时存在较高的误判率。

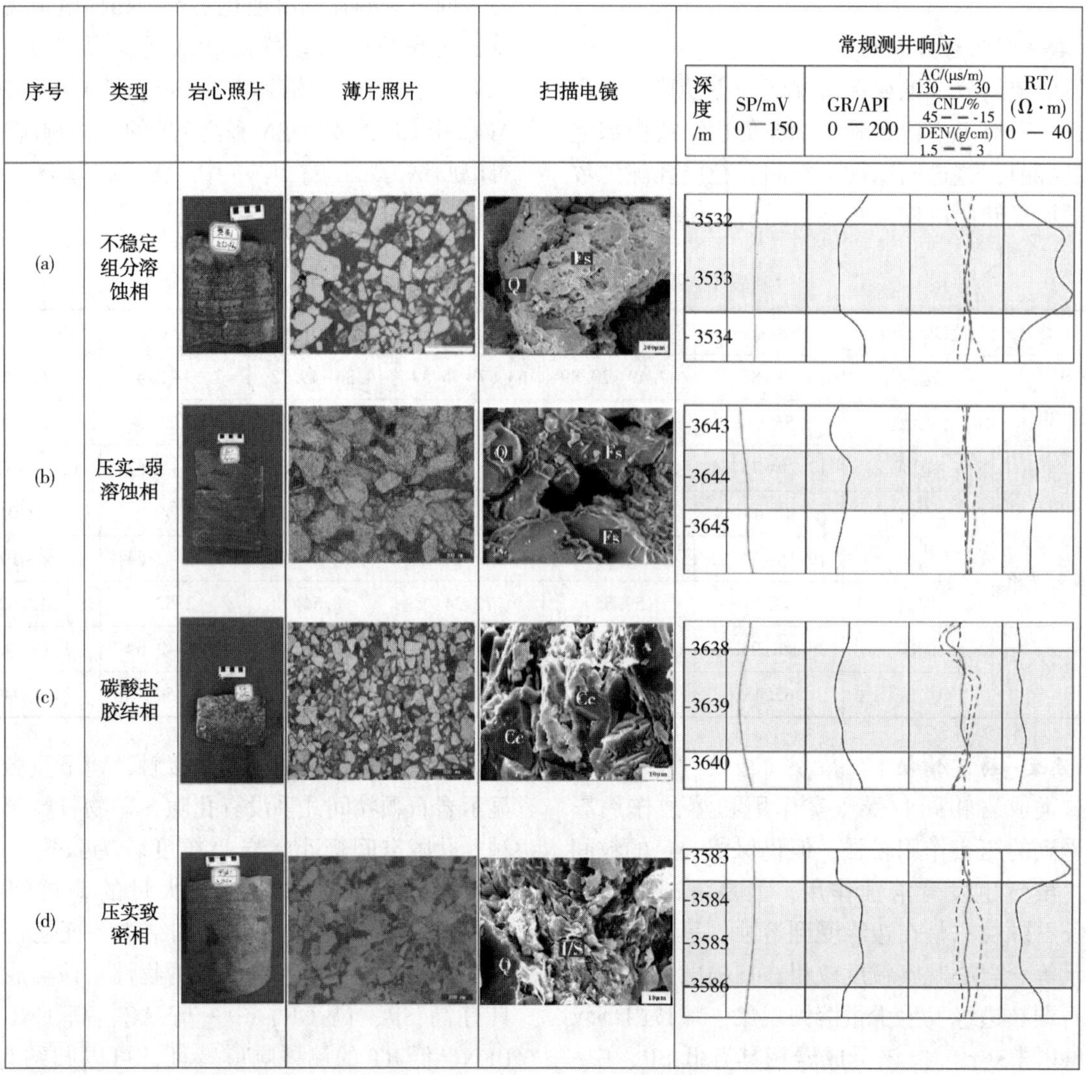

图 3　东营凹陷南坡西段孔店组红层岩心岩相、镜下显微特征和测井响应特征

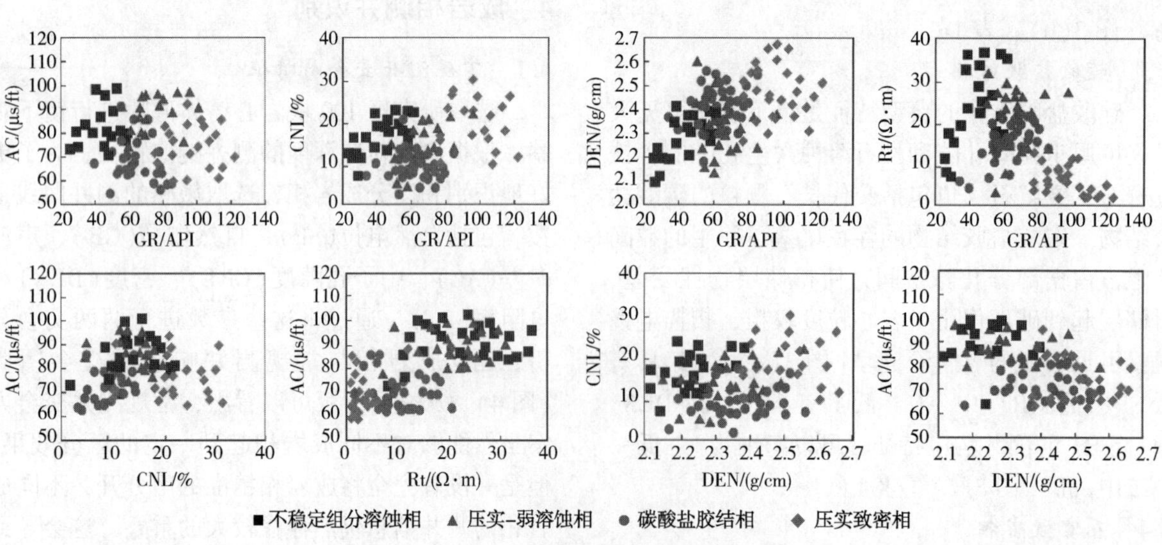

图 4　研究区成岩相常规测井交会图版

4.2 Fisher 判别法及预测程序

为了增强测井多参数综合应用在成岩相类型识别上的准确性，利用 Fisher 线性判别函数，对成岩相敏感参数进行了公式拟合。基于 SP、GR、AC、CNL、DEN 和 RT 六个测井变量，构建成岩相线性多元判别函数，见表 2。

表 2　成岩相 Fisher 典型线性判别函数

测井参数类型	不稳定组分溶蚀相	压实-弱溶蚀相	碳酸盐胶结相	压实致密相
VAR-SP	-1.035	-1.023	-0.921	-1.024
VAR-GR	-0.063	-0.124	-0.083	0.153
VAR-AC	9.386	8.9	8.819	8.892
VAR-CNL	-0.72	-0.758	-0.587	-0.382
VAR-DEN	646.785	646.735	645.013	653.768
VAR-RT	6.498	4.808	4.21	4.261
VAR-常量	-1184.02	-1115.758	-1110.12	-1154.787

根据软件计算可得，四类成岩相分别对应的 Fisher 线性判别函数。其中，不稳定组分溶蚀相 $= -1.035SP - 0.063GR + 9.386AC - 0.72CNL + 646.785DEN + 6.498RT - 1184.02$；压实-弱溶蚀相 $= -1.023SP - 0.124GR + 8.9AC - 0.758CNL + 646.735DEN + 4.808RT - 1115.758$；碳酸盐胶结相 $= -0.921SP - 0.083GR + 8.819AC - 0.587CNL + 645.013DEN + 4.21RT - 1110.12$；压实致密相 $= -1.024SP + 0.153GR + 8.892AC - 0.382CNL + 653.768DEN + 4.261RT - 1154.787$。通过 Fisher 典型判别分类结果可以看到，利用线性判别函数可以准确的将四类成岩相进行有效区分，成岩相信息仅存在极个别的叠置，准确度高(图 5)。

基于之前的研究成果，利用所建立的四个判别函数对已有的数据进行自检，具体结果见表 3。自检结果表明，不稳定组分溶蚀相、压实-弱溶蚀相、碳酸盐胶结相和压实致密相的自检正确率分别为 91.3%、87.5%、100%和 83.8%，总体自检正确率为 90.4%。这说明所建立的判别函数在识别成岩相类型方面具有较高的准确性(表 3)。

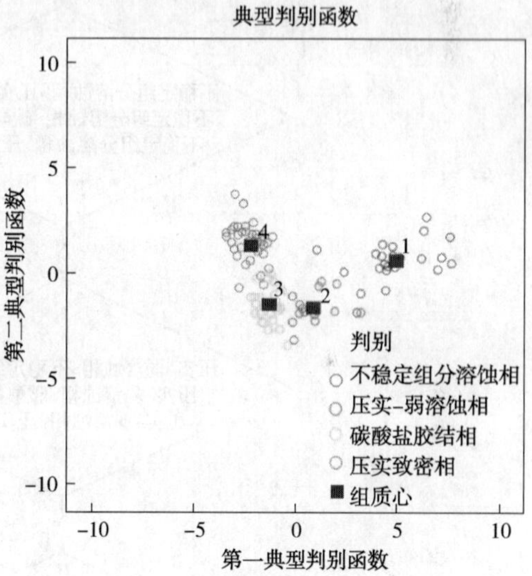

图 5　研究区成岩相 Fisher 典型判别分类结果

表 3　Fisher 线性判别函数自检效果

判别		预测组成员				合计
		不稳定组分溶蚀相	压实-弱溶蚀相	碳酸盐胶结相	压实致密相	
计数/个	不稳定组分溶蚀相	21	2	0	0	23
	压实-弱溶蚀相	0	14	2	0	16
	碳酸盐胶结相	0	0	28	0	28
	压实致密相	0	1	5	31	37
百分比/%	不稳定组分溶蚀相	91.3	8.7	0	0	100
	压实-弱溶蚀相	0	87.5	12.5	0	100
	碳酸盐胶结相	0	0	100	0	100
	压实致密相	0	2.7	13.5	83.8	100

a. 已对初始分组案例中的 90.4%个进行了正确分类。

根据上述识别分析，针对所建立的四个判别函数进行了编程设计，编写成岩相定量划分程序，形成了测井识别程序流程。该程序的设计思路如图 6 所示，其中涵盖了输入测井数据、对数据进行标准化处理、调用判别函数进行成岩相识别等步骤：

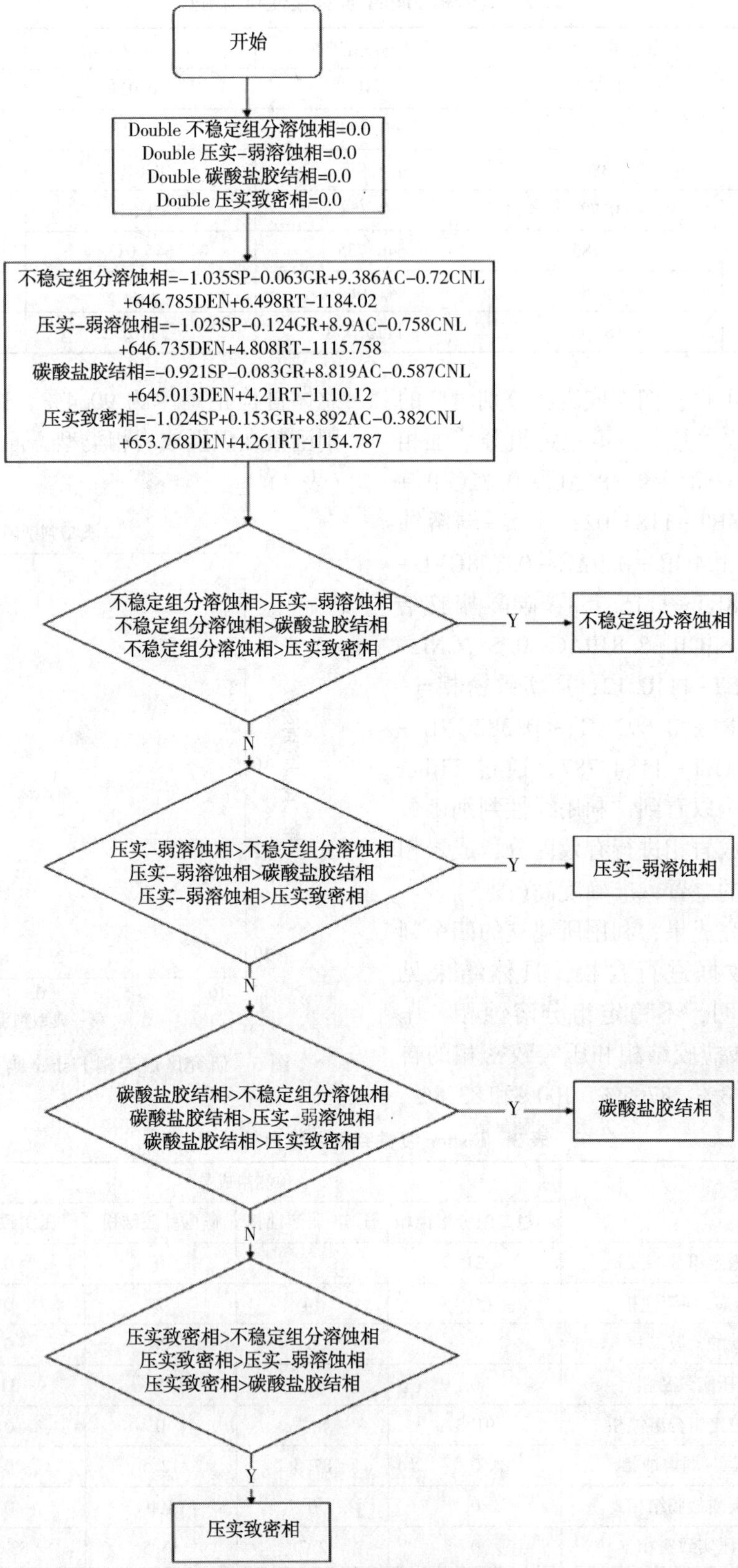

图 6　成岩相测井识别程序流程图

5　成岩相预测应用效果

为验证预测程序的准确性，选取研究区典型井进行单井成岩相预测识别验证(图7)。成岩相预测结果在几个方面均呈现良好的匹配性：(1)成岩相与储层物性具有明确的关系。不稳定组分溶蚀和压实-弱溶蚀相对应的孔隙度和渗透率相对较高，碳酸盐胶结相和压实致密相的孔渗值较低。(2)成岩相与岩性剖面之间存在良好的对应关系。不稳定组分溶蚀相和压实-弱溶蚀相主要发育于粉砂岩中。碳酸盐胶结相主要出现在砂泥岩接触的顶底界面或泥质粉砂岩段。压实致密相则主要发育于泥质粉砂岩、砂质泥岩段和泥岩段中。(3)成岩相与镜下薄片鉴定的结果具有良好的匹配性。从四个深度段岩心取样点的镜下薄片观察结果来看，不同薄片鉴定的成岩相类型与测井定量预测的成岩相类型一致。(4)成岩相与含油气性解释结论的匹配度良好。碳酸盐胶结相和压实致密相发育段储层由于物性差，一般岩心不发育油气显示，测井解释多为干层。而不稳定组分溶蚀相发育段储层岩心多发育油浸、油斑等含油级别较高的油气显示，压实-弱溶蚀相发育段储层岩心多发育油迹、荧光显示，同时这两类成岩相发育段测井解释多为油层和油水同层，试油结果也具有一致性，表明不稳定组分溶蚀相和压实-弱溶蚀相是博兴洼陷红层最好的两类储层。因此，将不稳定组分溶蚀相和压实-弱溶蚀相归纳为有利成岩相，碳酸盐胶结相和压实致密相归纳为次有利成岩相。

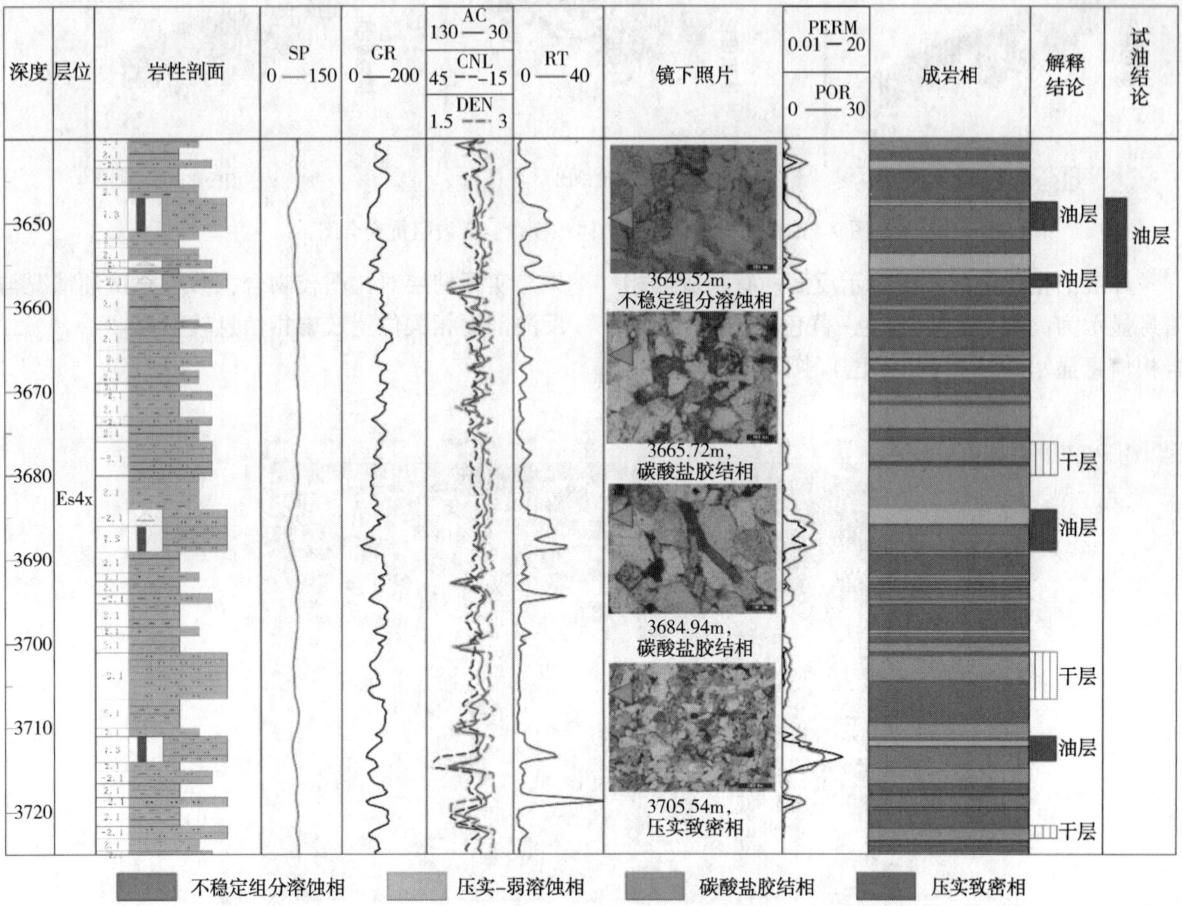

图7　典型井红层成岩相单井预测识别

6　基于成岩相的储层地震预测

选取60块样品开展岩石物理弹性参数测试分析，明确不同类型成岩相对应的弹性参数特征。泊松比可以对不稳定组分溶蚀相、压实-弱溶蚀相组成的有利成岩相与碳酸盐胶结相、压实致密相组成的次有利成岩相进行有效区分(图8)。同时利用纵波速度、估算横波速度以及密度曲线，计算得到研究区各井泊松比、纵横波速度比、横波阻抗等岩石物理弹性参数，通过对各参数与测井预测成岩相进行交会分析可知，泊松比可以较好的区分有利和次有利成岩相，与岩石物理测试实测结果一致，综合分析结果可选取泊松比作为叠前弹性反演目标参数(图 9)。

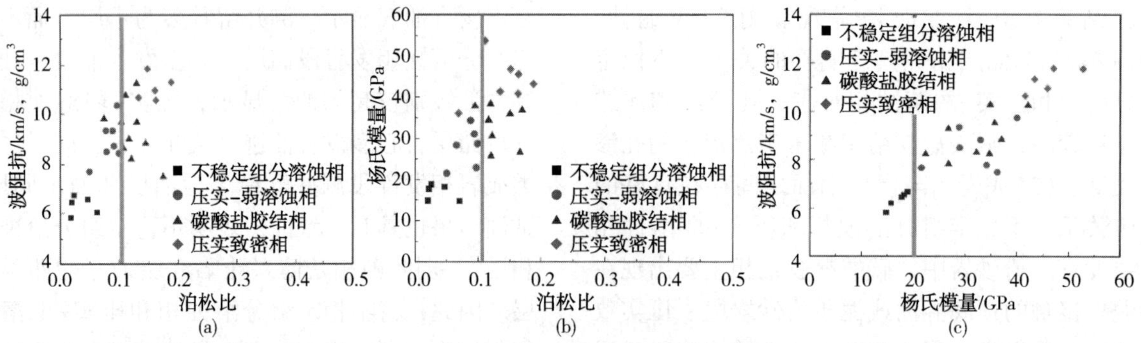

图 8　成岩相动态弹性参数交会分析图

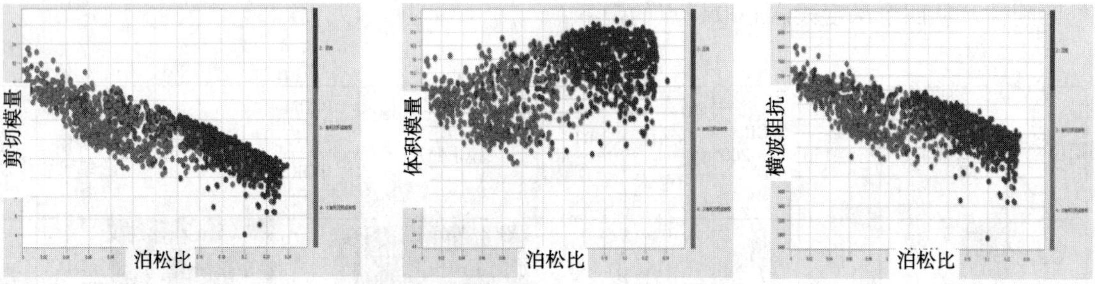

图 9　泊松比与剪切模量、体积模量、横波阻抗交会图

开展泊松比叠前波形指示反演。有利成岩相信息显示为高亮-亮色(红色-黄色)，次有利成岩相信息显示为较亮色(绿色)(图 10)。反演结果与实际储层对比图较吻合，参与井试油情况与反演剖面相关位置成岩相信息较吻合。

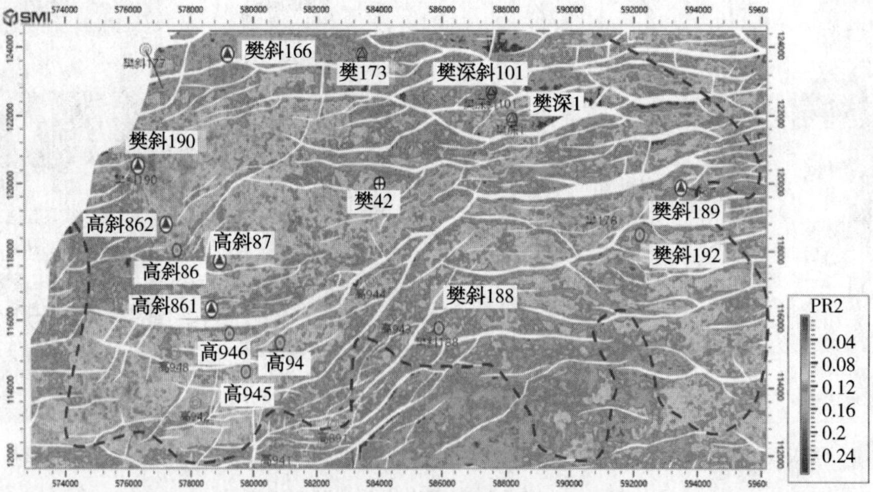

图 10　研究区红层泊松比反演属性图

7　结论

(1) 根据岩石薄片鉴定，将东营凹陷南坡西段红层储层的成岩相划分为以下四种类型：不稳定组分溶蚀相、压实-弱溶蚀相、碳酸盐胶结相和压实致密相。不同的成岩相具有特定的测井响应特征，其中不稳定组分溶蚀相为“二低二中一中-高一高”，压实-弱溶蚀相为“一低二中三中-

高”，碳酸盐胶结相为“三低一中二中-高”，压实致密相为“一低一中-高四高”。

（2）从常规测井曲线交会图可以看出，不同成岩相的测井信息仍然存在较大的重叠，会导致在后期对成岩相的识别应用时存在较高的误判率。利用 Fisher 线性判别函数，对成岩相敏感参数进行了公式拟合，构建了基于测井变量的成岩相线性多元判别函数，并通过编程设计形成了测井定量识别程序，实现多测井参数的综合应用，准确识别和区分不同的成岩相。

（3）利用建立的测井识别程序对工区典型井进行单井预测识别。预测结果发现不同成岩相在储层物性、岩性剖面、镜下薄片鉴定和含油气性解释等几个方面均具有良好的匹配性和一致性，预测结果与实际吻合度较高。

（4）依据成岩相的岩石物理特征分析，优选储层敏感弹性参数泊松比，采用叠前波形指示反演技术，实现基于叠前波形指示反演的成岩相地震预测。

参 考 文 献

[1] 年涛，杨金川，姜在兴，等. 渤海湾盆地东营凹陷始新统红层沉积再认识[J]. 沉积学报，2023，41(1)：150-169.

[2] 李继岩，宋国奇，王晓蕾，等. 不同沉积环境形成的储层成岩差异性研究——以东营凹陷王家岗地区红层与博兴洼陷灰层滩坝为例[J]. 天然气地球科学，2015，26(2)：269-276.

[3] 董大伟，李继岩，王晓蕾，等. 渤海湾盆地东营凹陷东部孔店组红层储层特征及控制因素[J]. 中国石油大学学报：自然科学版，2017，41(5)：20-29.

[4] 方维萱. 论沉积盆地内成岩相系划分及类型[J]. 地质通报，2020，39(11)：1692-1714.

[5] 赖锦，王贵文，王书南，等. 碎屑岩储层成岩相研究现状及进展[J]. 地球科学进展，2013，28(1)：39-50.

[6] 邹才能，陶士振，周慧，等. 成岩相的形成、分类与定量评价方法[J]. 石油勘探与开发，2008，35(5)：526-540.

[7] 何庆斌，张继红，李金凤. 松辽盆地大安油田葡萄花油层特低渗储层成岩相特征与孔隙演化[J]. 大庆石油地质与开发，2023，42(2)：1-12..

[8] 李嘉奇，鲜本忠，王剑，等. 四棵树凹陷清水河组测井成岩相识别与储层评价[J]. 东北石油大学学报，2022，46(1)：1-13.

[9] 刘龙龙，孙中强，张金亮，申雯龙，李德勇. 丽水凹陷古新统储层成岩相测井识别与预测[J]. 中国海上油气，2021，033(1)：64-75.

[10] 黄莉莎，闫建平，刘明洁，等. 深层致密砂岩气储层成岩相测井识别及应用——以川西坳陷大邑须家河组须三段为例[J]. 中国矿业大学学报，2022，51(1)：107-123.

[11] 刘宏坤，艾勇，王贵文，等. 深层、超深层致密砂岩储层成岩相测井定量评价：以库车坳陷博孜-大北地区为例[J]. 地质科技通报，2023，42(1)：299-310.

[12] 于景维，罗刚，李斌，等. 沙湾凹陷上乌尔禾组储层成岩作用及成岩相分析[J]. 现代地质，2022，36(4)：1095-1104.

[13] 操应长，葸克来，赵贤正，等. 廊固凹陷沙四上亚段储层成岩相及其测井识别[J]. 中南大学学报(自然科学版)，2015，046(11)：4183-4194.

[14] 李继岩. 渤海湾盆地东营凹陷东段红层储层成岩环境时空演化及成岩孔隙演化[J]. 石油与天然气地质，2017，038(1)：90-97.

[15] 王健，操应长，高永进，等. 东营凹陷古近系红层储层成岩作用及成岩相[J]. 中国石油大学学报(自然科学版)，2013，037(4)：23-29.

高压气井试油期间套管头 BT 密封试压与承压匹配性研究

李　帅[1]　丁亮亮[1,2]　练章华[1]　汪　坤[3,4,5,6]

（1. 西南石油大学“油气藏地质及开发工程”国家重点实验室；2. 西南石油大学；
3. 中国石油天然气集团有限公司超深层复杂油气藏勘探开发技术研发中心；
4. 新疆维吾尔自治区超深层复杂油气藏勘探开发工程研究中心；
5. 新疆超深油气重点实验室新；6. 中国石油塔里木油田公司）

摘　要　为明确高压气井试油期间套管头 BT 密封试压与承压的匹配性，搭建了 BT 密封性能评价试验装置。考虑 BT 密封安装-注塑-试压-泄压-承压过程建立了密封性能评价有限元模型，对 BT 密封试压与承压的关系开展了系统的分析。研究结果显示：试验及仿真分析均表明 BT 密封承压压力至少为试压压力的 1.46 倍；反复承压泄压后 BT 密封接触压力最大降低了 8.6%，建议尽量避免其承载的剧烈变化。研究成果为试油安全、高效的作业提供了强有力的技术支撑。

关键词　BT 密封；试压；承压；匹配性；性能评价

1　引言

随着天然气开采深度的不断增加，地层压力不断升高，导致试油期间改造平衡压、打阀压力等现场施工需更高的井口压力才能确保施工作业高效地、顺利地进行。然而，根据行业标准，试油期间套压(承压值)不允许超过套管头 BT 密封试压值(所接触套管抗外挤强度的 80%和套管头额定工作压力二者中的低值)，严重限制了试油作业的顺利开展。因此急需开展套管头 BT 密封在高承压环境下的密封状态研究，明确 BT 密封试压与承压匹配性关系。

关于套管头的相关问题，国内外学者开展了大量的研究。2011 年，陈若铭等人采用有限元模拟方法开展了套管头卡瓦力分析。2019 年，Cirimello 等人开展了套管头悬挂器失效原因分析。2020 年，Zhang 等人开展了流体腐蚀对套管头悬挂器的影响分析，结果表明泥浆的腐蚀是悬挂器产生裂纹的主要因素。2021 年，Tomescu 等人分析了套管头悬挂器卡瓦长度对其承载能力的影响，研究结果显示悬挂器卡瓦长度显著影响其性能。2021 年—2022 年，任冠龙、田懿、Wang 等人开展了不同结构的油管头悬挂器金属密封在其服役环境下的性能评价模拟。2022 年，刘洋等人对常规套管头密封结构的密封宽度和接触压力进行了评价，基于评价结果优化了密封件结构，提出了一种锥形多曲面椭圆型全金属密封结构。2023 年，张智等人开展了井口系统薄弱点分析，分析认为环空密封本体与套管挂等的接触部分为薄弱点。2019 年—2024 年，练章华等人对套管头金属密封设计与评价、卡瓦悬挂器对套管的影响及卡瓦的拉伸极限载荷理论计算开展了系统的研究。

综上可知，目前的研究主要集中于套管头悬挂器强度分析、密封件的密封性能评价与结构优化，缺乏试油期间套管头 BT 密封承压与试压匹配性研究。为此，本文采用试验与有限元数值模拟相结合的方法对 BT 密封承压能力进行了系统的分析。首先，搭建了 BT 密封评价试验装置，对其在试压及不同承压值下的密封状态进行了定性评价。其次，考虑 BT 密封安装-注塑-试压-泄压-承压全过程，建立了套管-套管头本体-BT 密封多体系密封性能评价有限元模型，开展了 BT 密封在试压与不同承压值下的应力及密封状态分析。为试油作业安全、高效地开展提供了强有力的技术支撑。

2　BT 密封试压与承压匹配性试验

2.1　*试验方法*

为使得试验环境与 BT 密封现场实际服役环

境一致，采用增压泵、套管头、法兰盲板、注塑枪等设备搭建了BT密封试压与承压匹配性试验装置，装置示意图如图1所示。试验采用两个额定压力为70MPa的套管头及Φ273.05mm套管(钢级为P140，抗内压为88.1MPa、抗外挤为60MPa)实现BT密封现场服役的模拟；使用注塑枪通过注塑孔完成BT密封件的注塑；通过增压泵实现BT密封的试压与承压模拟。压力测量系统采集BT密封试压与承压过程中压力数据的采集，从而判断BT密封的密封状态。

根据SY/T6789—2010《套管头使用规范》，BT密封注塑试压值为套管抗外挤强度的80%和套管头额定压力二者中的低值，因此注塑试压值取48MPa。承压压力参数见表1所示。

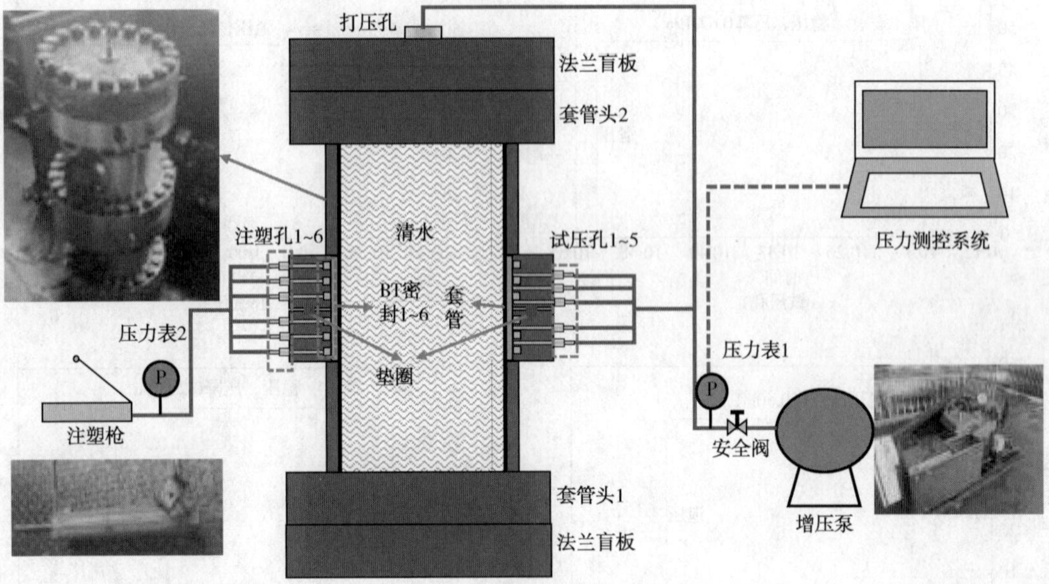

图1　试验装置原理图

表1　试验参数见表

序号	注塑试压值/MPa	实验承压值/MPa	压力值说明
1	48	48	套管内打压至注塑试压值
2		52.86	套管抗内压强度60%
3		57.26	套管抗内压强度65%
4		61.67	套管抗内压强度70%
5		66.08	套管抗内压强度75%
6		70	套管头额定压力

2.2　试验步骤

采取以下试验步骤完成模拟试验：

(1) 注塑：利用注塑枪通过注塑孔向BT密封注入密封脂，同时观察观察孔直至密封脂溢出，随后关闭观察孔继续注塑至试验注塑值；

(2) 试压：利用增压泵通过试压孔在两BT密封之间泵入试验试压压力，保压30min压降小于0.7MPa且无液体泄漏，则泄放压力完成BT密封的试压模拟；

(3) 承压：利用增压泵通过打压孔在套管头内泵入试验承压压力，保压30min压降小于0.7MPa且无液体泄漏，则泄放压力完成BT密封的承压模拟。

(4) 反复承压测试：重复步骤(3)三次，完成BT密封反复承压模拟。

2.3　试验结果

2.3.1　试压试验结果

试压48MPa、稳压30min下试压孔1~5压力变化见图2(a)~(e)所示。根据图2可知，稳压初始阶段压力略有下降，随后保持不变。这可能是因为试压压力达到48MPa后，由于增压泵停止注入液体而造成的压力微小波动。试压孔1~5稳压30min后，压力分别降低0.67MPa、0.68MPa、0.60MPa、0.25MPa及0.44MPa，压降均低于0.7MPa，且套管头外表面无液体泄漏，表明BT密封件起到良好密封效果。

2.3.2　承压试验结果分析

以注塑及试压压力48MPa为前提条件，开展了承压压力为48MPa~70MPa及反复承压泄压下 BT 密封状态模拟试验，结果见图 3(a)~(f) 所示。根据图 3 可知，当承压压力为 48MPa 时，反复承压泄压三次 BT 密封稳压 30min 期间，压降分别为 0.38MPa、0.13MPa 及 0.06MPa；当承压压力为 70MPa 时，压降分别为 0.64MPa、0.26MPa 及 0.31MPa；由此可得承压值增大至注塑试压值的 1.46 倍时对 BT 密封稳压期间压力的变化影响较小。承压 48MPa~70MPa 稳压压降均低于 0.7MPa，且套管头外表面无液体泄漏，满足现场要求。这说明 BT 密封至少可承受 1.46 倍的试压压力。

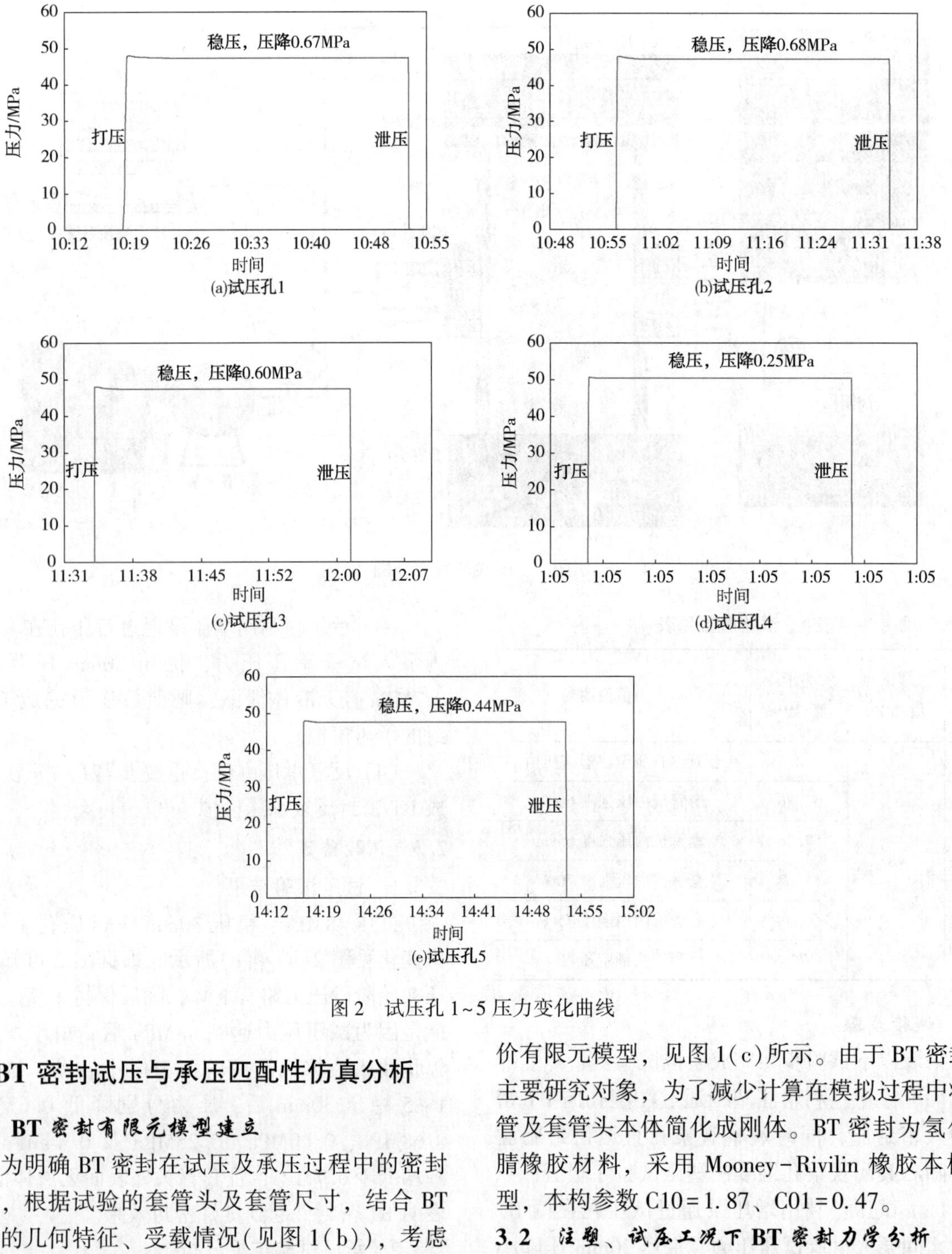

图 2　试压孔 1~5 压力变化曲线

3　BT 密封试压与承压匹配性仿真分析

3.1　BT 密封有限元模型建立

为明确 BT 密封在试压及承压过程中的密封状态，根据试验的套管头及套管尺寸，结合 BT 密封的几何特征、受载情况(见图 1(b))，考虑 BT 密封注塑-试压-泄压-承压全过程建立了套管-BT 密封-套管头本体多体系二维 BT 密封评价有限元模型，见图 1(c)所示。由于 BT 密封为主要研究对象，为了减少计算在模拟过程中将套管及套管头本体简化成刚体。BT 密封为氢化丁腈橡胶材料，采用 Mooney-Rivilin 橡胶本构模型，本构参数 C10=1.87、C01=0.47。

3.2　注塑、试压工况下 BT 密封力学分析

图 5 为 BT 密封注塑-试压-泄压过程中 Mises 应力分布云图。根据图 5 可知，BT 密封最

大应力在整个过程中呈先增大后减小的趋势。当注塑压力为48MPa时，BT密封最大Mises应力为34.83MPa；试压压力48MPa下，BT密封最大接触压力为39.3MPa，增加了12.8%。这是因为试压过程中流体压力从BT密封一侧挤压其变形，导致局部应力增大。当泄放试压压力后，BT密封应力降低为29.99MPa。相比注塑后的应力减少了4.48MPa。

注塑-试压-泄压过程接触压力变化如图6所示。根据图6可知，在整个过程中接触压力同样呈先增大后减小的趋势。当注塑压力为48MPa时，最大接触压力为178.56MPa；试压泄压后最大接触压力为152.25MPa，减少了26.31MPa。这可能是因为试压导致BT密封局部发生变形，泄压后并未恢复至注塑的状态从而导致接触压力的降低。此外，试压过程中压力未穿透BT密封，因此BT密封注塑完成后起到良好的密封作用。

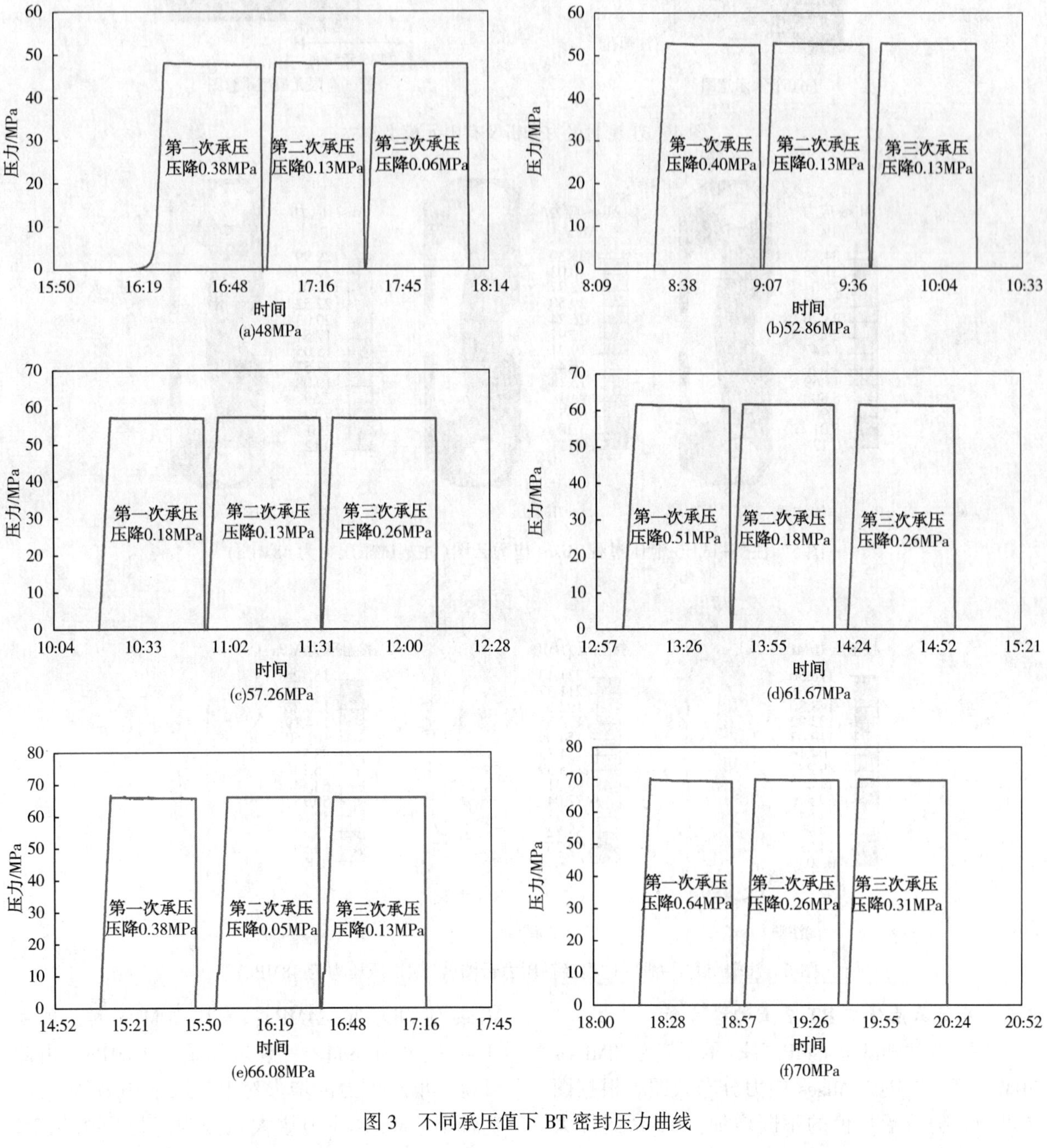

图3　不同承压值下BT密封压力曲线

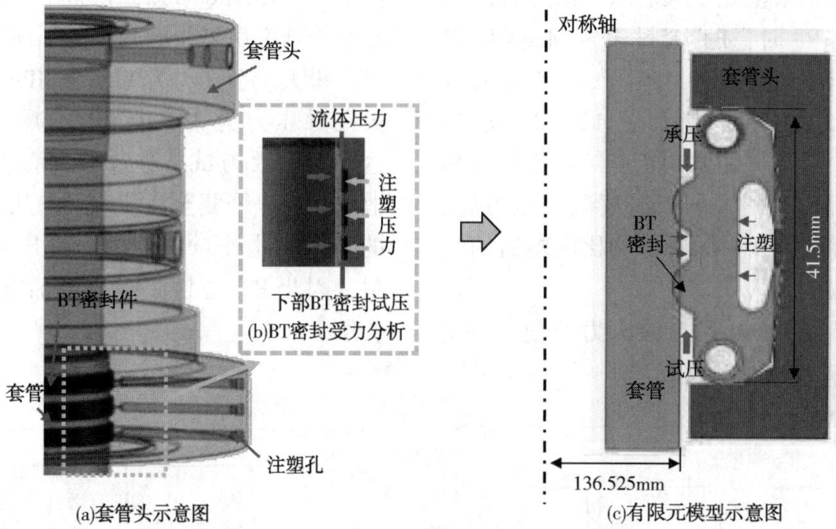

图 4　BT 密封受力分析及有限元模型建立

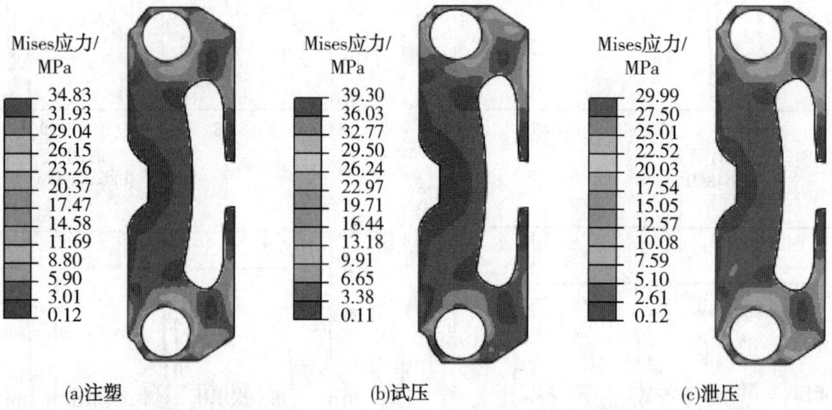

图 5　注塑-试压-泄压过程 Mises 应力云图(注塑试压压力为 48MPa)

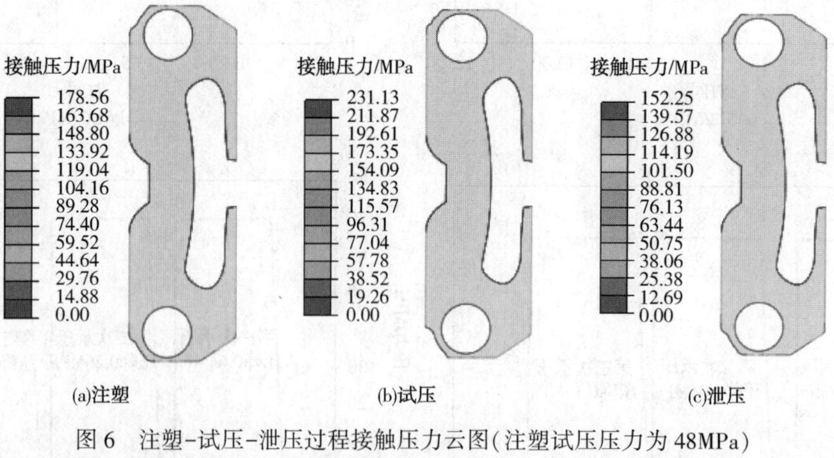

图 6　注塑-试压-泄压过程接触压力云图(注塑试压压力为 48MPa)

3.3　不同承压值下 BT 密封力学分析

图 7 为注塑试压 48MPa 下，承压值为 48MPa~70MPa 下 BT 密封 Mises 应力分布云图。根据图 7 可知，随着承压值的不断增加，BT 密封最大 Mises 应力不断增大。当承压为 48MPa 时，最大 Mises 应力为 36.84MPa；承压 70MPa 时，最大 Mises 应力为 39MPa，仅增加了 2.16MPa。由此可得，承压压力的增大对 BT 密封 Mises 应力影响较小。Mises 应力增大是因为流体压力从 BT 密封上侧渗透挤压 BT 密封变形导致局部应力

变大。

图 8 为不同承压值下 BT 密封基础压力分布云图。根据图 8 可知，不同承压值下接触压力由较小的变化，最大仅相差 9.81MPa，这说明流体压力渗透导致的 BT 密封变形较小。此外，承压压力 70MPa 下，BT 密封接触面扔具有较高的接触压力，流体压力未穿透接触面，BT 密封仍具有较好的密封能力。由此同样可得 BT 密封至少可承受 1.46 倍的试压压力。

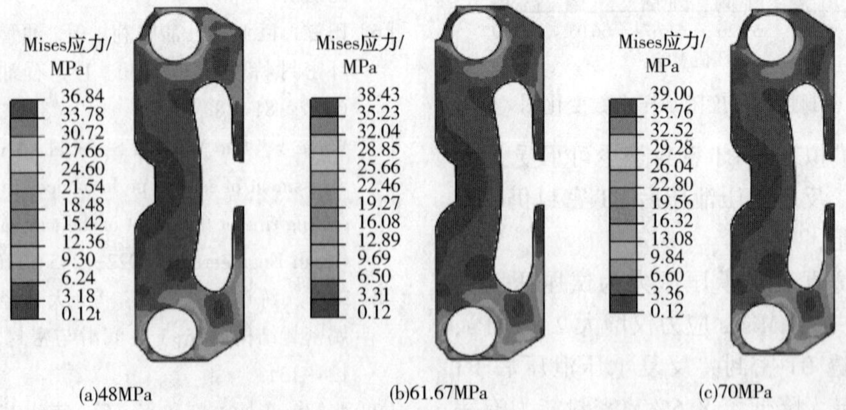

图 7　不同承压值下 BT 密封橡胶圈 Mises 应力云图

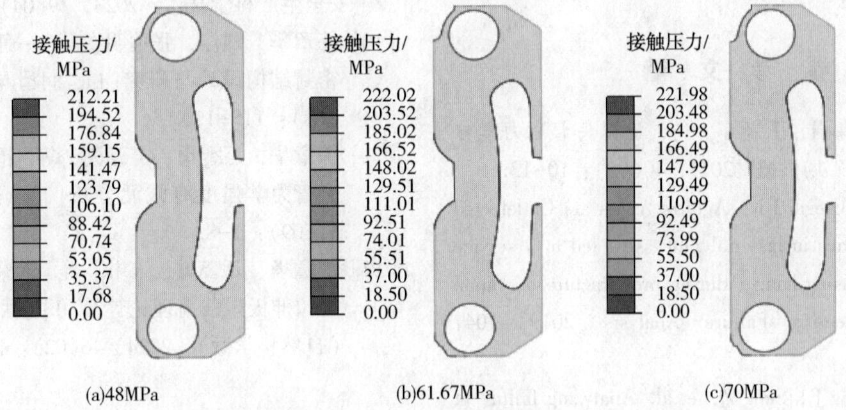

图 8　不同承压值下 BT 密封橡胶圈接触压力云图

3.4　反复承压泄压下 BT 密封力学性能分析

反复承压-泄压三次下 BT 密封最大 Mises 应力及接触压力变化见图 9 和图 10 所示。由图 9 可知，承压压力为 70MPa 时，反复承压-泄压对 BT 密封 Mises 应力影响最大，第一次承压时最大 Mises 应力为 39MPa，经过三次承压后 Mises 应力增加至 41.59MPa，增大了 2.59MPa。根据图 10 可知，经过三次的承压泄压，流体压力并未穿透 BT 密封，BT 密封仍具有良好的密封性能。但反复承压泄压后，最大接触压力均有所降低。当承压压力为 57.26MPa 时，接触压力减少量最大，由第一次承压时的 216.43MPa 降低值 197.73MPa，降低了 8.6%。因此，为保证 BT 密封的密封性能建议尽量避免 BT 密封承载环境的剧烈变化。

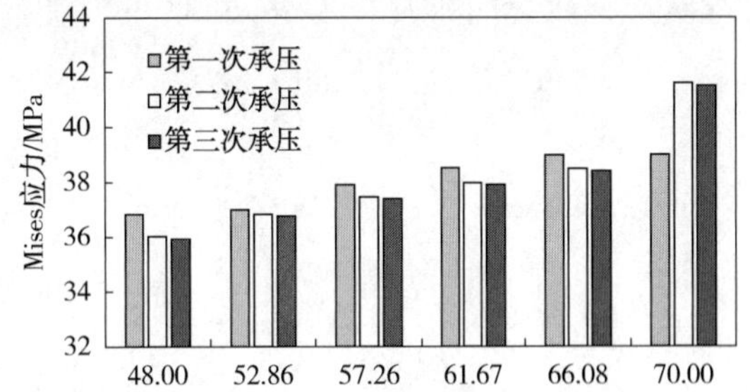

图 9　BT 密封最大 Mises 应力随承压次数变化图

4　结论

(1) 本文搭建了 BT 密封状态评价试验装置，考虑 BT 密封的注塑-试压-泄压-承压过程建立了多体系 BT 密封性能评价数值仿真模型，实现了 BT 密封状态定性与力学分析定量评价；

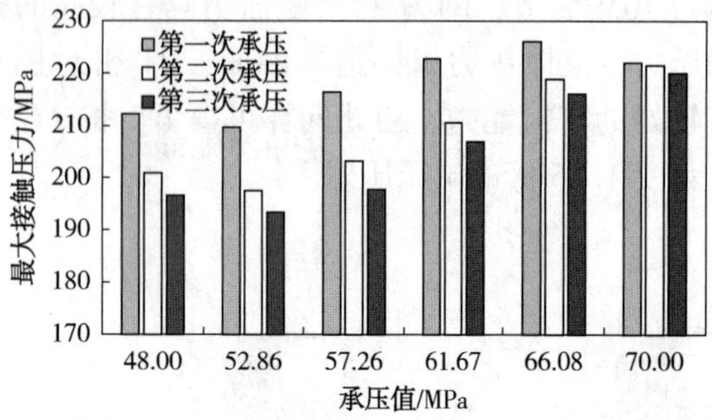

图 10　BT 密封接触长度随承压次数变化图

(2) 试验模拟表明 BT 密封至少可承受 1.46 倍的试压压力；反复承压泄压后 BT 密封仍具有良好的密封性能；

(3) 数值仿真表明承压压力为试压压力的 1.46 倍时，BT 密封 Mises 应力仅增大 2.16MPa，流体压力未穿透 BT 密封；反复承压泄压后 BT 密封接触压力最大降低了 8.6%，密封能力有一定下降，建议尽量避免 BT 密封承载环境的剧烈变化。

参 考 文 献

[1] 陈若铭，陈森强，王新东，等. 套管头卡瓦力学分析[J]. 石油矿场机械，2011，40(05)：10-13.

[2] Cirimello P，Otegui J L，Aguirre A，et al. Undetected non-conformities in material processing led to a service failure in a casing hanger during pre-fracture operation [J]. Engineering Failure Analysis，2019，104: 203-215.

[3] Zhang Z，Sang P，Sang Z，et al. Analyzing failure of casing head slip hanger[J]. Engineering Failure Analysis，2020，108：104301.

[4] Tomescu G，Florea A C. Application of Simulation Technology in Analysis of the Influence of the Casing Hanger Length on the Stress and Deformations of Suspended Casing[J]. Hidraulica，2019(3).

[5] 任冠龙，张崇，陈才，等. 油管悬挂器 U 形金属圈密封性能研究[J]. 石油矿场机械，2022，51(06)：18-25.

[6] 田懿，巨亚锋，蒲晓莉，等. 油管悬挂器 K 形金属环密封特性模拟分析[J]. 石油机械，2021，49(05)：81-88.

[7] Wang Y，Luo W，Liu S，et al. A model for reliability assessment of sealing performance of the C-shaped metal sealing ring at the outlet of the subsea tubing hanger[J]. Ocean Engineering，2022，243：110311.

[8] 刘洋，练章华，张杰，等. 大通径芯轴式悬挂器金属密封结构研究[J]. 润滑与密封，2022，47(04)：124-131.

[9] 张智，王博，刘和兴，等. 南海某深水高温高压气井 SS-15 型井口头系统薄弱点安全评价[J]. 中国安全生产科学技术，2023，19(04)：107-113.

[10] 练章华，刘洋，张耀明，等. 一种套管悬挂器金属密封结构设计与研究[J]. 润滑与密封，2019，44(08)：115-120.

[11] 练章华，万智勇，吴彦先，等. 超深井卡瓦悬挂器套管力学强度有限元分析[J]. 石油机械，2023，51(09)：1-8.

[12] 练章华，万智勇，宋琳，等. 超深井套管卡瓦效应的拉伸极限载荷理论计算[J]. 西南石油大学学报(自然科学版)，2024，46(02)：155-163.

杨税务潜山超高温非均质储层酸压改造技术研究

肖梦媚　刘国华　李　凝　龙长俊　孔维中　曲凤娇　王　鑫

（中国石油华北油田公司）

摘　要　杨税务潜山非均质碳酸盐岩储层具有埋藏深、温度高、应力高、储层厚、非均质性强、物性差等特点，针对储层特点，形成了"一减二提"（减小射孔井段、提高液体强度、提高支撑效率）的复合体积精准酸压技术。该技术在杨税务潜山5口井进行了现场实践，压后投产初期由前期施工井平均日产气 $5.6\times10^4m^3$ 上升到 $13.74\times10^4m^3$，累计增气5亿 $6362\times10^4m^3$，累计增油 12.5×10^4t，研究成果显著助力天然气增储上产，可为同类型高温深层碳酸盐岩储层改造提供技术借鉴。

关键词　杨税务潜山；碳酸盐岩储层；超高温酸压；精准酸压；加砂压裂

杨税务潜山位于廊固凹陷河西务潜山带杨税务潜山圈闭，是近年来华北油田潜山领域勘探的重点。杨税务潜山勘探经历40余年时间，先后探索采用了小规模加砂压裂、小规模酸压改造、大规模深度酸压、扩溶堵转一体化酸压等工艺。但由于储层地质条件复杂，酸液有效作用距离较小且酸蚀导流能力保持困难，单井酸压改造效果差别较大，不同类型储层酸压改造工艺匹配性较差。近年来随着国内外深层、超深层碳酸盐岩储层改造技术的发展与进步，通过参考借鉴致密油气储层体积改造模式，即通过以最大程度沟通裂缝系统、提高改造体积，实现"三维"立体改造为目标，采用大规模与大排量、压裂液与酸液相组合、纤维与颗粒暂堵转向等方式增大改造体积，实现体积酸压造复杂缝网，给杨税务潜山储层改造带来新的改造启示。然而与国内外碳酸盐岩潜山储层特征参数对比，杨税务潜山储层温度更高（170℃~230℃）、地应力梯度更高（0.023MPa/m）、杨氏模量更大（85GPa~91GPa），改造难度更大。不同于塔里木、四川盆地缝洞储层，杨税务潜山基质物性差，优质储集层以裂缝-孔隙型为主，裂缝是主要的储集空间和渗流通道，天然裂缝不同程度发育，但连通性较差，因此通过溶蚀沟通和激活天然裂缝系统，是提高改造效果、储量动用程度的关键。

本文针对杨税务潜山储层酸压改造"三大难点"，得到储层酸压改造"三个认识"，形成储层酸压改造思路"三大转变"，最终创新提炼出"一减二提"（减小射孔井段、提高液体强度、提高支撑效率）的复合体积精准酸压技术，可有效提高裂缝改造体积和导流能力。该创新技术经现场应用，压后投产初期由前期施工井平均日产气 $5.6\times10^4m^3$ 上升到 $13.74\times10^4m^3$，投产效果为前期2.5倍，截至目前累计增气5亿 $6362\times10^4m^3$，累计增油 12.5×10^4t，改造效果突出。研究成果显著助力天然气增储上产，可为同类型高温深层碳酸盐岩储层改造提供技术借鉴。

1　研究区概况

1.1　储层特征

杨税务潜山储层主要含气层位为奥陶系，主要集中发育于峰峰组-亮甲山组，奥陶系储层根据岩心物性分析，岩芯观察奥陶系储层的孔隙度为0.2%~7.2%，平均孔隙度为2.27%；渗透率在0.35~16mD区间，平均渗透率0.88mD，总体上属于特低孔特低渗储层。奥陶系碳酸盐岩储层埋藏较深，储层温度高且闭合压力较大，表现出高杨氏模量和高泊松比的特征，储层岩性主要为泥晶灰岩、泥粉晶云岩两大类，其中泥晶灰岩分布最广，所占比例较大，为67%，成分以方解石、白云石为主，石英次之；基质物性差，储集空间以晶间（溶）孔、构造溶蚀缝和构造缝为主，微裂缝是主要的储集空间和渗流通道，以大型酸压为主的储层改造手段是目前杨税务潜山碳酸盐岩主要增产技术。

1.2　开发历程

杨税务潜山储层改造经历了阶段试验-创新突破-发展完善的总体技术历程。1987—2001年为小规模加砂压裂、小规模酸压阶段，进行了WG1井、WG2井两口井试验改造，施工排量低

(0.8～6.0m^3/min)、液体改造强度低(10.2～18.8m^3/m)，改造后效果最好WG2井最高测试产量仅5.8×10^4m^3，改造效果差，未能实现勘探开发突破。伴随着国内酸压技术进步，2011年对WG4井小型酸压向大规模复合酸压工艺转变，受限于地质认识、设备、井筒等影响，改造效果仍不突出。2016年AT1X井喜获高产，但由于储层非均质性强，横向展布变化大，前期笼统改造面临动用程度差、套管变形、生产结蜡、举升困难，后期动用重复改造难的新难题，严重制约杨税务潜山的高质量开发。

2　杨税务潜山超高温非均质储层酸压工艺

2.1　酸压改造技术难点

杨税务潜山非均质碳酸盐岩储层改造面临诸多挑战，主要存在三大技术难点：

(1) 储层泊松比大、地应力高，破裂压力大，裂缝起裂困难，大排量施工难度大。AT1-6X井测井资料反演得改造段最小水平主应力92.99～97.39MPa，最小水平应力梯度0.0173～0.0181MPa/m(图1)，要满足大排量施工要求对管柱结构及液体性能要求更高。

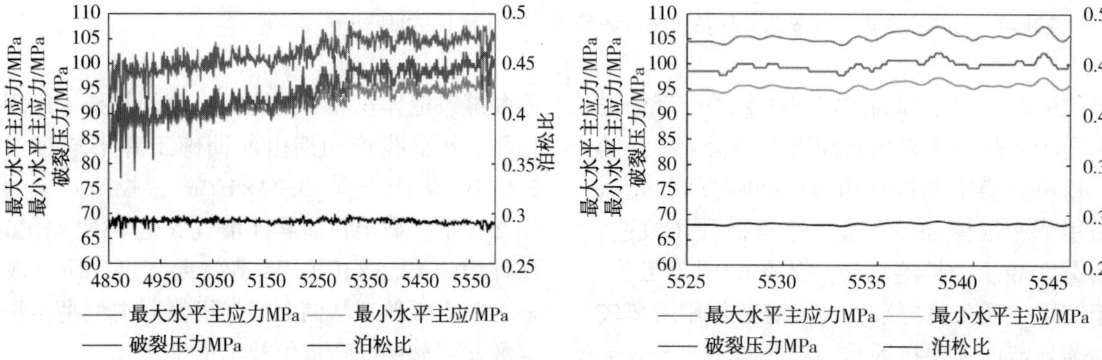

图1　AT1-6X井射孔段破裂压力反演

(2) 储层温度高、酸岩反应速度快，酸液有效作用距离短，酸蚀裂缝形态模拟显示，800m^3酸液有效作用距离仅约120m(图2)。且高温条件下，为保证井筒及管柱工具安全性，对酸液缓蚀剂提出了更高要求。

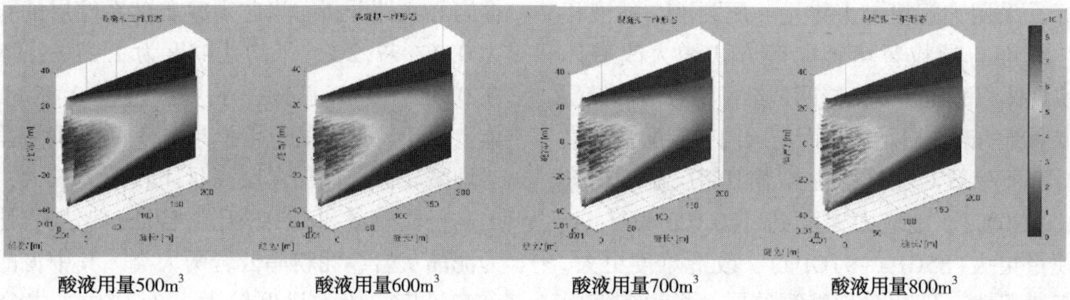

图2　不同酸量下酸蚀裂缝形态模拟图

(3) 储层埋藏深，闭合应力高，酸岩刻蚀支撑缝导流能力保持难度大。酸蚀裂缝初始导流能力较高，随着闭合压力的增大，自支撑裂缝导流能力快速下降(图3)。

2.2　前期酸压改造三大认识

系统分析杨税务潜山前期酸压施工井，得到三个储层认识：

(1) 基于录井显示和测井解释分析，杨税务潜山油气藏优质储集层储集类型以裂缝-孔隙型为主，构造缝、构造-溶蚀缝在云岩、灰岩段皆有发育，是沟通潜山内部储层的有效通道，微裂缝是主要的储集空间和渗流通道，储层裂缝发育程度是决定改造后产量的重要因素。通过分别模拟是否连通天然裂缝的生产情况，如图4所示，溶蚀沟通和激活天然裂缝系统，可显著提高改造效果。

(2) 最大程度沟通裂缝系统、“长缝+缝网”实现“三维”立体改造是杨税务潜山储层产量突

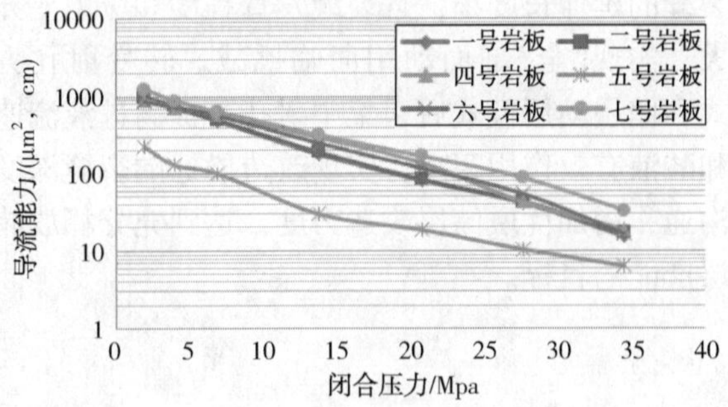

图3　裂缝导流能力与闭合压力的关系曲线

破的关键。AT1X井天然裂缝发育，采用"暂堵转向+大排量"体积酸压模式实现"纵横沟通、立体改造"效果，存在多次压降显示(图5)，多尺度裂缝系统沟通提高裂缝复杂程度同时，提高酸液有效作用距离，获得高产突破。WG2井虽然存在大量的微细裂缝，但从两次酸压施工曲线反应，地层非常致密，压裂过程中施工非常平稳，没有沟通迹象，压后的压降速率也很低；WG4井施工压力一直处于高位，施工过程无明显压降显示。压后的试采表明生产初期压力和产量就表现出快速递减的趋势。因此，能否实现对优势储集空间的沟通，能否实现多尺度裂缝(微细裂缝+井旁大尺度裂缝)系统的沟通是奥陶系碳酸盐岩储层能否获得突破的关键。

(3)大排量施工能显著提高改造体积。WG1井裸眼，排量最高只有3m^3/min，平均只有2m^3/min，同时规模小改造范围有限；WG2井套管射孔完井，改造层射孔厚度43.2m，跨度56m，施工排量最高6m^3/min；WG4井裸眼完井改造层段跨度285.4m，施工排量最高5.1m^3/min，然而AT1X井采用套管射孔完井，射孔厚度34.4m，通过管柱结构优化、压裂体系优化施工排量最高达到11m^3/min。储层改造段厚度大、温度高，对排量的需求高，通过提升排量提高缝内净压力，可进一步提高改造效果。

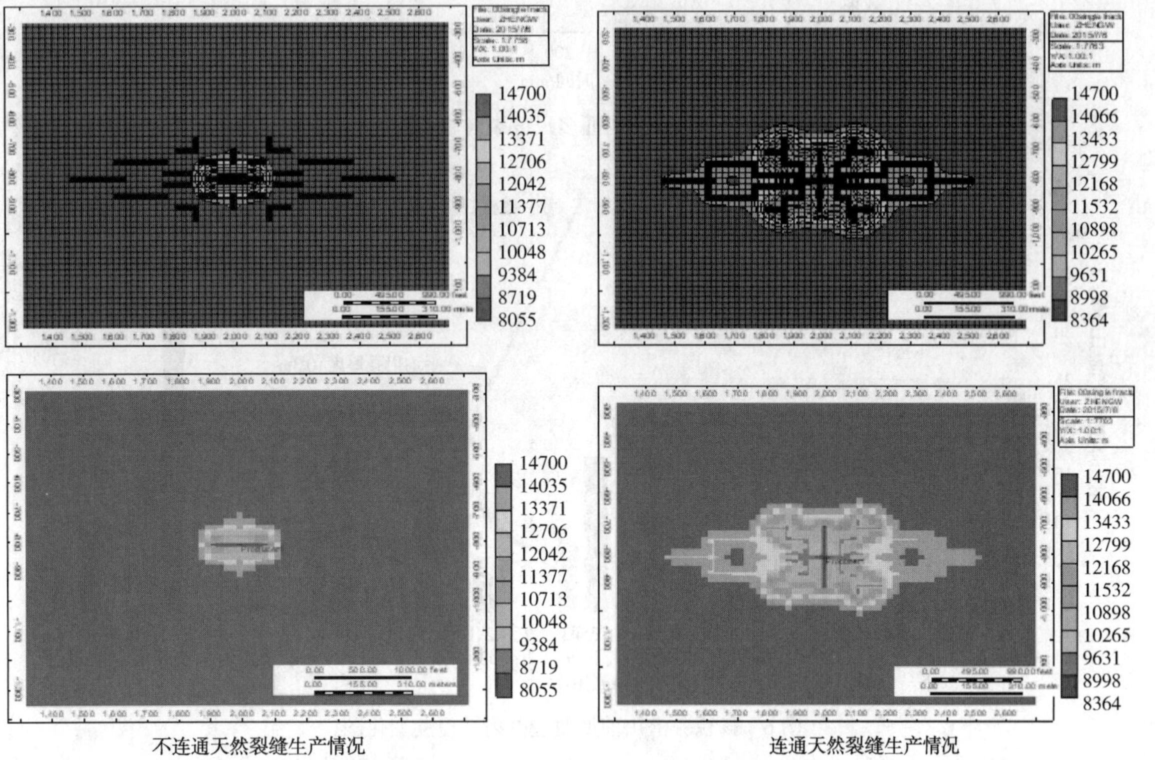

图4　沟通/不沟通天然裂缝情况下生产情况

2.3　"一减二提"复合体积精准酸压改造技术

基于前期酸压改造认识，通过转变改造理念、完善工艺设计、优化液体体系，完成杨税务潜山整体改造思路"三大转变"，创新形成"一减二提"(减小射孔井段、提高液体强度、提高支撑效率)复合体积精准靶向酸压技术，通过"水力扩缝+酸蚀溶缝+加砂填缝"复合改造技术，有效提高裂缝改造体积和导流能力。

(1)由多段连续射孔纵向多层动用转变为集中射孔对甜点深度改造。通过地质-工程一体化决策，采用大排量集中射孔，由前期多层段、大跨度(111~352m)笼统改造，转变为单层、小跨度(8~18m)复合体积精准酸压，如图 6 所示，从初期平均射孔厚度 37m 减少到后期平均射孔厚度 10.3m，日产气也从 $5.6\times10^4m^3$ 上升到了 $13.7\times10^4m^3$。这是因为在液体一定的情况下，射孔厚度大会降低每米进液指数，造成单层改造裂缝的延伸长度小，且裂缝发育程度和应力差异大，实现“全”剖面动用面临挑战。转变射孔方式和储层动用模式后，集中射孔可提高进液流速和酸液有效作用距离，实现改造段远端裂缝深度沟通，增加优质储层改造力度，达到充分释放储层产能的目标。

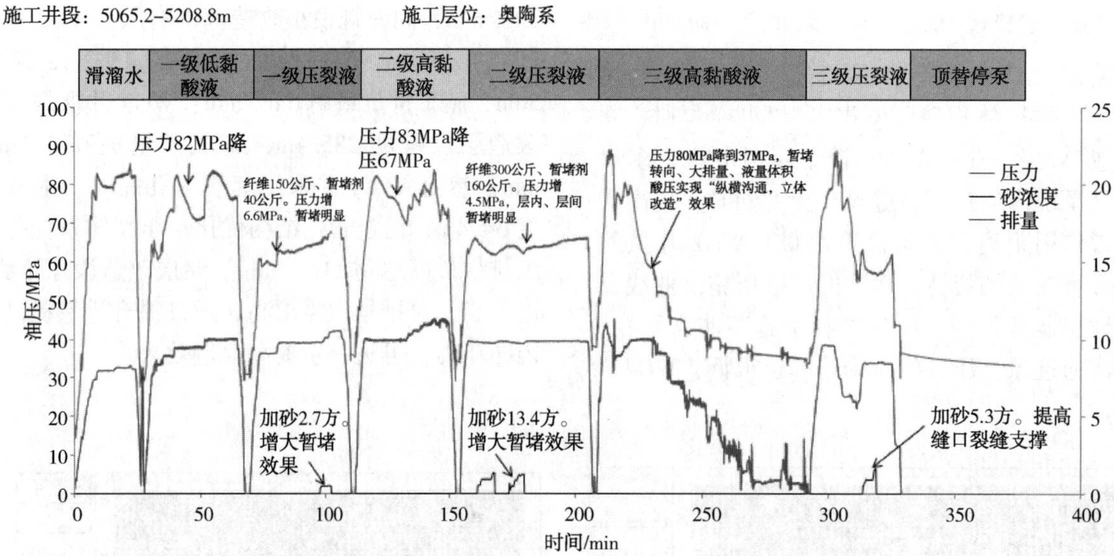

图 5　AT1X 井沟通多尺度裂缝施工曲线

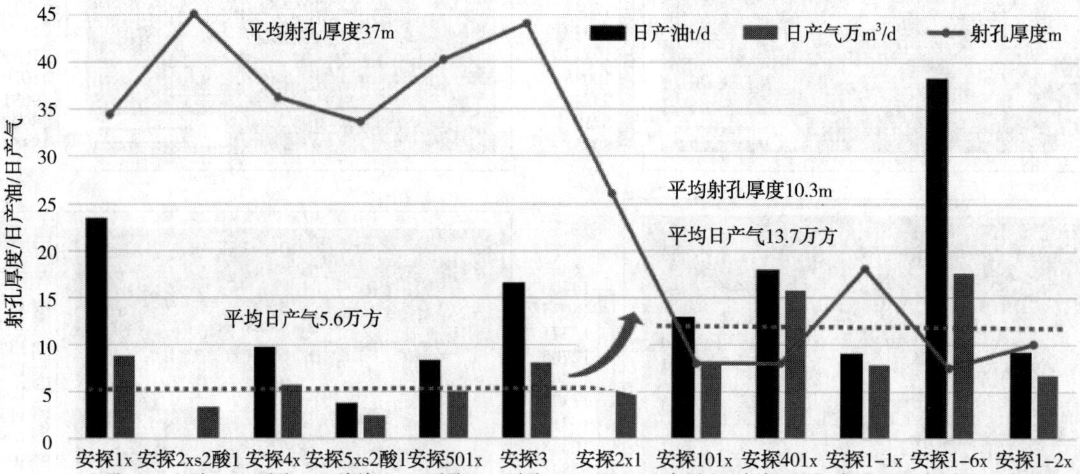

图 6　杨税务潜山前期改造井射孔厚度变化图

(2) 由笼统酸压转变为多级交替注入复合加砂酸压。杨税务潜山超高温非均质储层闭合应力高、酸蚀缝长短、导流能力保持差，如图 7 所示，看出前期加砂强度都比较低以酸化为主，后期提高了加砂强度以酸压为主。通过“加大压裂、弱化酸压”转变改造模式，将酸刻蚀裂缝和加砂压裂支撑裂缝有机结合，分层次构建人工裂缝网络，增加有效缝长和加砂裂缝导流能力。在工艺上先以变粘滑溜水规模注入，降低地层温度同时充分激活天然裂缝，多级交替注入酸液高效溶蚀形成酸蚀缝网，降低施工压力的同时，在裂缝壁面进行刻蚀并形成蚓孔，提高侧向沟通能力。段塞试探性加砂后，再以压裂液冻胶连续加砂全面支撑构建人工支撑缝网，提高裂缝改造体积。

(3) 由以酸液为主转变为滑溜水、酸液、冻胶复合使用。如图 8 所示，初期以酸液为主体，到后来加大了压裂液和滑溜水强度，通过减小用酸规模、增大滑溜水使用比例，降低施工成本。利用低黏滑溜水降阻降温，大排量泵注维持缝内净压力，激活天然裂缝，，提高裂缝复杂程度，同时携低砂比粉陶支撑天然裂缝；酸液实现近井高效刻蚀，随后 8%～10%酸液浓度自变黏，提升净压力，进一步激活刻蚀天然裂缝，提高侧向波及体积，形成酸蚀自支撑缝网；高黏冻胶造主缝，携高砂比大粒径陶粒支撑，维持高导流能力。

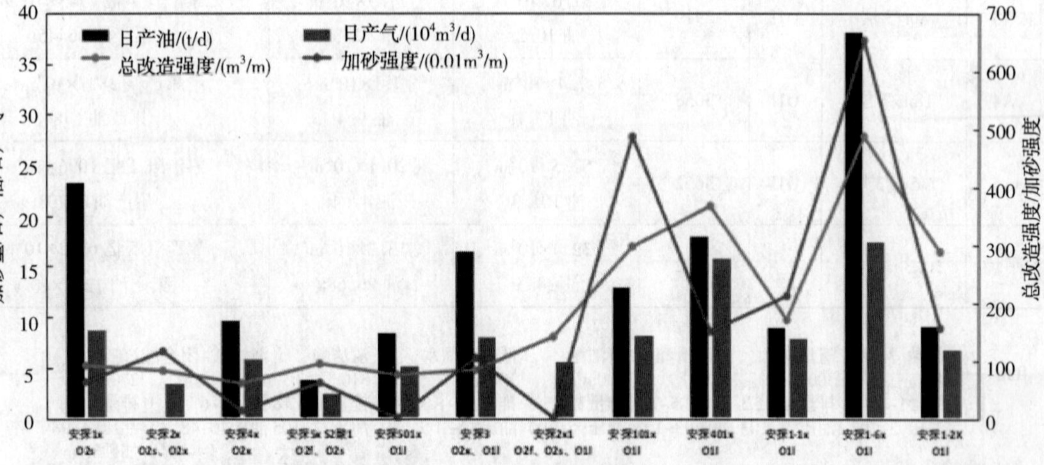

图 7　杨税务潜山前期改造井加砂强度变化图

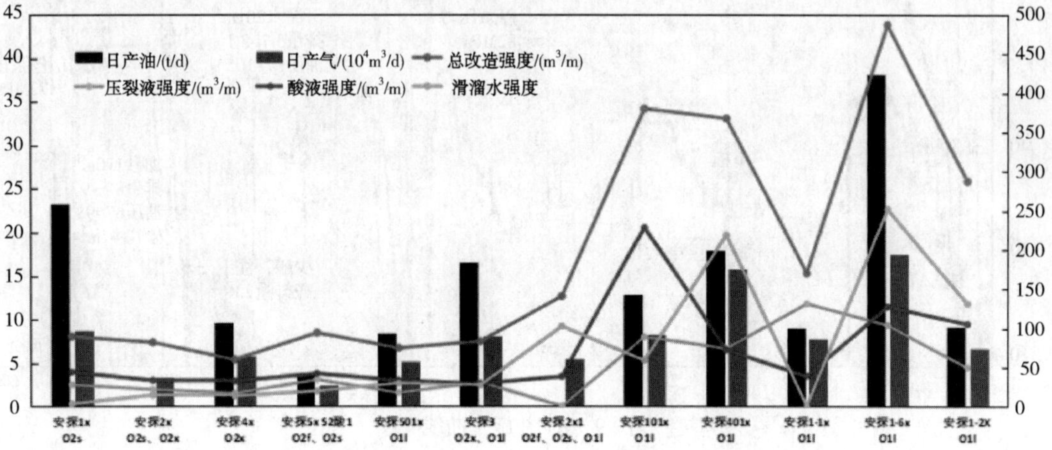

图 8　杨税务潜山前期改造井加液强度变化图

3　实例应用

利用创新形成的“一减二提”复合体积精准酸压技术，对杨税务潜山 5 口试气井进行试验改造，压后试气产见表 3，均获高产气流，压后试气日产量平均产气 $32.4\times10^4m^3$，平均产油 34.5t；压后投产日产量平均产气 $13.74\times10^4m^3$，平均产油 26.68t；截至目前累计增气 5 亿 $6362\times10^4m^3$，累计增油 12.5×10^4t。实现了冀中坳陷廊固凹陷奥陶系超高温非均质储层高产和稳产的目标。

以 A1 井为例，现场施工排量最高 $9.12m^3/min$，施工压力最高 105MPa，停泵压力 72.2MPa，入井总液量 $2875m^3$（酸液 $1055m^3$、压裂液 $1820m^3$），加砂量 $15.6m^3$，施工过程中有两处明显压降显示（图 9），表明沟通新的裂缝储集体。该井 2023 年 2 月 22 日～3 月 2 日采用油单 6～20mm 放喷排液，油压 41.25～0.58MPa，无油，游离水 $1873m^3$，最高折气量 $14.5\times10^4m^3/d$。2023 年 3 月 9 日投产，自喷生产，目前日产气 $4\times10^4m^3$，日产油 4.8t，累产气 $650\times10^4m^3$、累产油 1023t（图 10）。

表 3　复合体积精准酸压方式试气情况表

序号	井名	压裂段	试油层位	压裂规模/m³	产量情况		
					试气日产量	投产日产量	累计产气/累计产油
5	A1	10.0m/2 层	O1l	2875	气 $14.5×10^4m^3$，油 0.0t	气 $6.8×10^4m^3$，油 9.0t	累产气 $650×10^4m^3$，累产油 1023t
1	A2	8m/2 层	O1l	3010	气 $36×10^4m^3$，油 46.1t	气 $17.2×10^4m^3$，油 33.1t	累产气 2 亿 $3046×10^4m^3$，累产油 54935t
2	A3	8m/3 层	O1l	2919	气 $51.6×10^4m^3$，油 10.2t	气 $17.5×10^4m^3$，油 32.5t	累产气 1 亿 $7743×10^4m^3$，累产油 36445t
3	A4	18m/3 层	O1l	3058	气 $7.4×10^4m^3$，油 17.1t	气 $7.1×10^4m^3$，油 9.4t	累产气 $3827×10^4m^3$，累产油 6784t
4	A5	7.5m/3 层	O1l	3652	气 $52.5×10^4m^3$，油 101.3t	气 $20.1×10^4m^3$，油 49.4t	累产气 1 亿 $1096×10^4m^3$，累产油 26208t
	平均	10.3m/3 层		3102	气 $32.4×10^4m^3$，油 34.5t	气 $13.7×10^4m^3$，油 26.68t	累产气 5 亿 $6362×10^4m^3$，累产油 $12.5×10^4t$

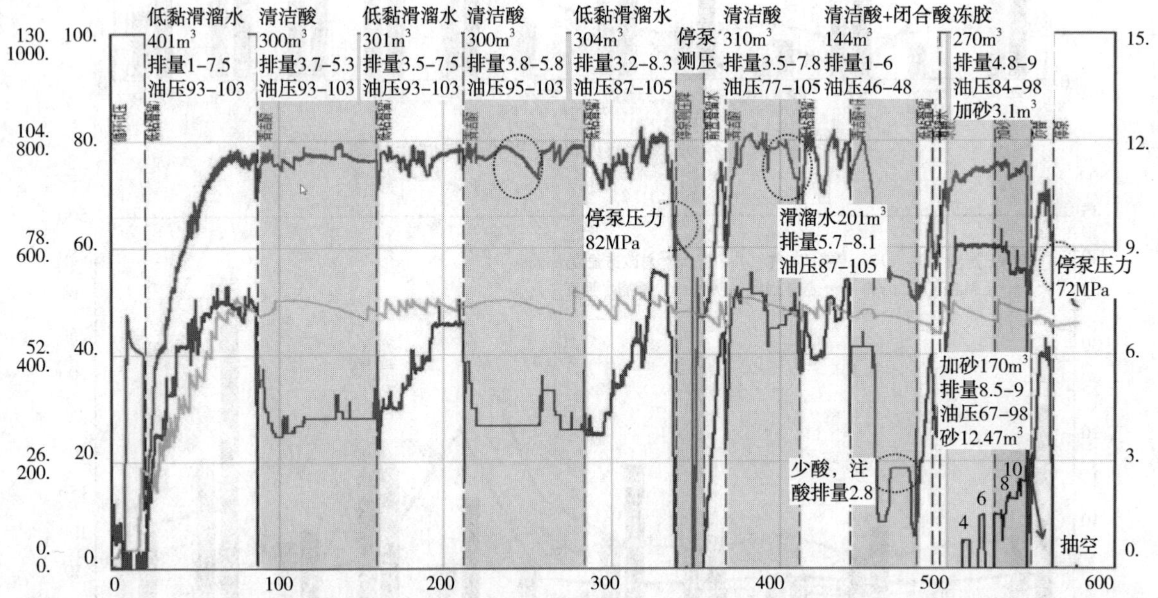

图 9　A1 井施工曲线

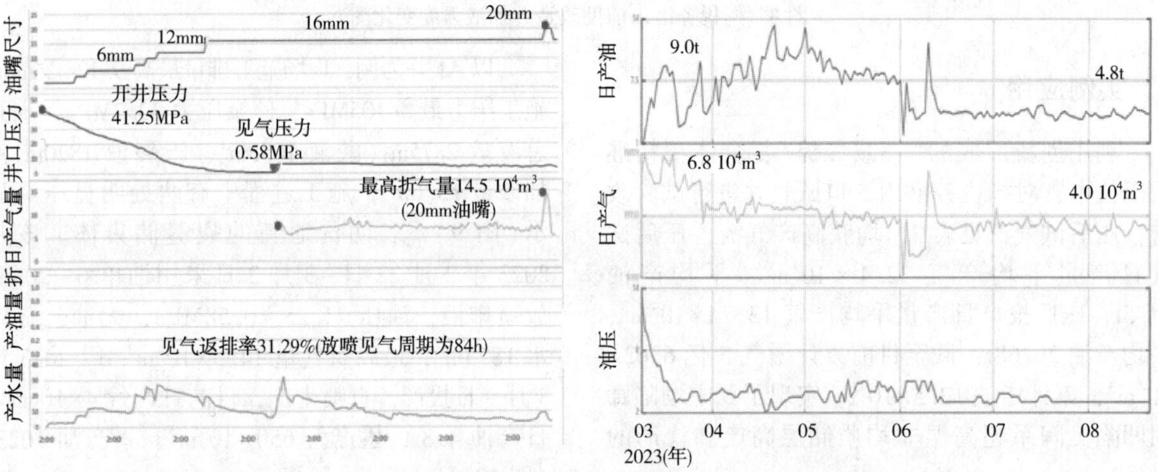

图 10　A1 井试气及投产曲线

5 结论与建议

(1) 杨税务潜山非均质碳酸盐岩储层具有埋藏深、温度高、应力高、储层厚、非均质性强、物性差等特点，因而其储层改造主要面临大排量施工难度大、酸液有效作用距离短、酸岩刻蚀支撑缝导流能力保持难度大三大技术难点。

(2) 系统分析杨税务潜山前期酸压施工井改造效果，得到三个储层认识，一是杨税务潜山油气藏优质储集层储集类型以裂缝-孔隙型为主，溶蚀沟通和激活天然裂缝系统，可显著提高改造效果；二是前期施工曲线也表明最大程度沟通裂缝系统、“长缝+缝网”实现“三维”立体改造是杨税务潜山储层产量突破的关键；三是大排量施工能显著提高改造体积。

(3) 基于储层认识形成杨税务潜山整体改造思路“三大转变”，即由多段连续射孔纵向多层动用转变为集中射孔对甜点深度改造，由笼统酸压转变为多级交替注入复合加砂酸压，由以酸液为主转变为滑溜水、酸液、冻胶复合使用，通过滑溜水扩大改造体积、主体酸深度沟通、冻胶加砂支撑，构建多尺度复杂裂缝。最终形成“一减二提”(减小射孔井段、提高液体强度、提高支撑效率)的复合体积精准酸压技术，有效提高裂缝改造体积和导流能力。

(4) 该技术在杨税务潜山进行了现场实践，5 口复合体积精准酸压试气井平均试气日产气 $32.4\times10^4m^3$，日产油 34.5t，实现了冀中坳陷廊固凹陷奥陶系超高温非均质储层高产和稳产的目标，可为高温深层碳酸盐岩储层改造提供技术借鉴。

(5) 需加强地质工程一体化研究，进一步明确天然裂缝发育区和储层改造甜点区，并持续研发耐高温缓速酸体系，优选缓速酸类型，提高高温深潜山储层改造效果。

参 考 文 献

[1] 李阳，康志江，薛兆杰，等. 中国碳酸盐岩油气藏开发理论与实践[J]. 石油勘探与开发，2018，45(4)：669-678.

[2] ALJAWAD M S，ALJULAIH H，MAHMOUD M，et al. Integration of field，laboratory，and modeling aspects of acid fracturing：A comprehensive review[J]. Journal of Petroleum Science and Engineering，2019，181：1-23.

[3] Bale A，Smith M B，Klein H H. Stimulation of carbonates combining acid fracturing with proppant(CAPF)：a revolutionary approach for enhancement of final fracture conductivity and effective fracture half-length[R]. SPE 134307，2010

[4] 马新华，杨雨，文龙，等. 四川盆地海相碳酸盐岩大中型气田分布规律及勘探方向[J]. 石油勘探与开发，2019，46(1)：1-13.

[5] 吴奇，胥云，等. 增产改造理念的重大变革——体积改造技术概论[J]. 天然气工业，2011，31(4)：7-12.

[6] 吴奇，胥云，王晓泉，等. 非常规油气藏体积改造技术——内涵、优化设计与实现[J]. 石油勘探与开发，2012，39(3)：352-358.

[7] 胥云，雷群，陈铭，等. 体积改造技术理论研究进展与发展方向[J]. 石油勘探与开发，2018，45(5)：874-887.

[8] 储铭. 致密碳酸盐岩储层复合缝网酸压技术研究及矿场实践——以大牛地气田下古生界马五 5 碳酸盐岩储层为例[J]. 石油钻采工艺，2017，39(2)：237-243.

[9] 何春明，才博，唐邦忠，等. 裂缝性碳酸盐岩储层体积酸压技术精细化研究[J]. 石油与天然气化工，2014，43(5)：534-538.

[10] 张以明，才博，何春明，等. 超高温超深非均质碳酸盐岩储层地质工程一体化体积改造技术[J]. 石油学报，2018，39(1)：92-100.

[11] 王永辉，卢拥军，李永平，等. 非常规储层压裂改造技术进展及应用[J]石油学报，2012，33(s1)：149-158.

[12] Ming，T. Design and application of expandable casing drilling technology of deepsidetrack horizontal well in Tahe Oilfield[R]. IPTC16760，2013.

[13] 张以明，李拥军，崔树清，等. 杨税务潜山高温油气藏勘探突破的关键井筒技术[J]. 石油钻采工艺，2018，40(1)：20-26.

[14] 刘述忍，程晓东，赵政嘉，等. 杨税务高温潜山气藏测试射孔联作技术优化[J]. 石油钻采工艺，2018，40(2)：185-189.

[15] 熊春明，石阳，周福建，等. 深层油气藏暂堵转向高效改造增产技术及应用[J]. 石油勘探与开发，2018，45(5)：888-893.

[16] 胡文革. 塔里木盆地顺北地区不同断裂带油气充注能力表征研究与实践[J]石油与天然气地质，2022，43(3)：528-541.

[17] 李阳. 塔河油田碳酸盐岩缝洞型油藏开发理论及方法[J]. 石油学报，2013，34(1)：115-121.

[18] 李阳，康志江，薛兆杰，等. 中国碳酸盐岩油气藏

开发理论与实践[J]. 石油勘探与开发，2018，45(4)：669-678.

[19] 胡文革. 塔里木盆地塔河油田潜山区古岩溶缝洞类型及其改造作用[J]. 石油与天然气地质，2022，43(1)：43-53.

[20] 胡文革. 塔河碳酸盐岩缝洞型油藏开发技术及攻关方向[J]. 油气藏评价与开发，2020，10(2)：1-10.

[21] 康志江，李阳，计秉玉，等. 碳酸盐岩缝洞型油藏提高采收率关键技术[J]. 石油与天然气地质，2020，41(2)：434-441.

[22] Ning Fei，Yun Jinbiao，Zhang Zhongpei，et al. Deformation patterns and hydrocarbon potential related to intracratonic strikeslip fault systems in the east of Central Uplift Belt in the Tarim Basin[J]. Energy Geoscience，2022，3(1)：63-72.

河套盆地深层水平井钻柱三维振动特征研究

李　鑫　王建宁　王秀影　张　波　代志文　王　臣　张晶晶

（中国石油华北油田公司）

摘　要　针对河套盆地深层水平井钻进过程中钻柱与井壁频繁发生动态接触，进而对井下钻具安全与钻井提速效率等方面造成影响的问题，基于接触点处钻柱运动与力学特征的耦合分析结果，构建了深层水平井钻柱三维振动定量表征模型，并通过物理实验对模型的仿真结果进行了验证。其次，基于 XH-1P6 井的实钻参数，利用所构建的模型依次对钻柱的三维振动位移、三维振动速度与三维振动载荷，以及转速对钻柱振动的影响进行了系统的仿真分析。

关键词　河套盆地；深层水平井；钻柱；动力学；振动；仿真

中国深层油气资源开发具有重大战略意义，一方面通过提升国家能源自给率降低了对外依存度，显著增强了能源安全保障能力；另一方面带动了工业技术体系革新与产业链现代化发展，形成了区域经济增长极。更具深层次价值的是，其开发进程助推国家能源结构向多元化、低碳化转型，同步提升了国际能源市场话语权，为实现“双碳”目标构筑了基础支撑。以河套盆地为代表的深层—超深层油气富集区已验证其开发潜力，该区域已构建超 1000.00km^2 有利含油气构造带，探明石油地质储量达 7000.00×10^{4}t，成为我国陆上能源接替的重要战略选区。为释放储层产能，当前开发方案大量采用水平井技术体系，其中水平段标准井径配置为 215.90mm，配合 172.00mm 等规螺杆钻具构成管柱系统。然而，受限于水平段“钻柱—井眼”环空间隙的几何约束(平均径向间隙仅 21.95mm)及复杂三维井眼轨迹特征，钻柱运动过程中产生高频次动态接触现象，导致钻具异常振动失效与机械钻速衰减问题凸显。因此，建立钻柱振动行为的定量表征模型，已成为破解河套盆地深层水平井钻井安全性与高效性协同优化难题的关键切入点。

钻柱动力学行为的量化表征机理始终是钻井工程领域的研究焦点，并已形成分层递进的理论体系。李子丰等率先突破传统仿真方法的局限，创新构建了基于钻头位移约束的轴向振动激励模型，验证了边界条件精准设定对振动响应预测的关键作用；基于此理论框架，罗敏等通过变钻压物理实验首次量化揭示了大钻压工况下扭转—轴向振动耦合弱化效应，确立了钻头位移振幅受限引起模态解耦的科学机理；付建红等则在无阻尼控制条件下完成钻柱横向振动基础频域测试，建立了首个实验级自由振动谱系图版。向多维耦合研究延伸中，张杰等通过钻铤集中质量建模率先解析了井下钻具涡动演化规律，Zhang 等则创建出空间曲梁单元有限元框架，首次实现 6000.00m 级全井钻柱动载的精准仿真评估。另一方面，张杰等发展的三维全井段动态模型结合逐步积分算法，成功突破了非线性钻柱运动方程组求解的技术瓶颈；而李鑫等更进一步构建了 PDC 钻头—井底相互作用耦合动力学模型，揭示了钻具三维振动波动的时变传播机制。

当前，钻柱动力学研究主要集中在常规井型下的钻柱振动特性分析，围绕轴向、扭转、横向单一或部分振动模式展开了系统化探索。然而，现有研究多局限于单一振动模式的独立分析，对深层水平井狭窄环空约束下钻柱与井壁动态接触引发的多向耦合振动缺乏系统性探索，且模型中常忽略实际接触碰撞的非线性时变特性，导致其预测能力在深层水平井小间隙—大曲率工况下显著受限，难以支撑振动抑制与安全控制的精细化决策需求。本研究在分析现有仿真模型的基础上，建立了深层水平井钻柱三维振动定量表征模型，整合了动态接触碰撞的非线性时变边界条件，突破了传统单一振动模式的简化分析框架，并通过物理实验对该模型仿真结果的可靠性进行了验证。其次，基于河套盆地 XH-1P6 井的实际钻井参数，利用该模型依次对深层水平井钻进过程中钻柱的三维振动位移、三维振动速度与三维振动载荷，以及转速对钻柱振动的影响进行了系统的仿真分析。本研究不仅揭示了钻柱在深层水平井中的动力学行为，而且为钻柱振动的有效抑制提供了新的思路。

1 数学模型

1.1 控制方程

在钻柱与井壁的接触点处，设定切向矢量为 T，法向矢量为 n，钻柱相对井壁的滑动速度为 v_j，切向速度为 v_t，法向速度为 v_n，旋转角速度为 ω，钻柱在接触点处的运动特征分析如图 1 所示。另一方面，在对长度为 Δl，质量为 Δm 的钻柱微元段进行受力分析时，设定由流体流动摩阻所引起的扭矩为 m_f，钻柱自身重量与其所受浮力之差为 q，井壁对钻柱所产生的反向摩擦力为 N，钻柱在各方向上所受的内应力分别为 Q_i(i=1，2，…，4)，N_i(i=1，2)，M_i(i=1，2…，6)，钻柱在接触点处的力学特征分析如图 2 所示。

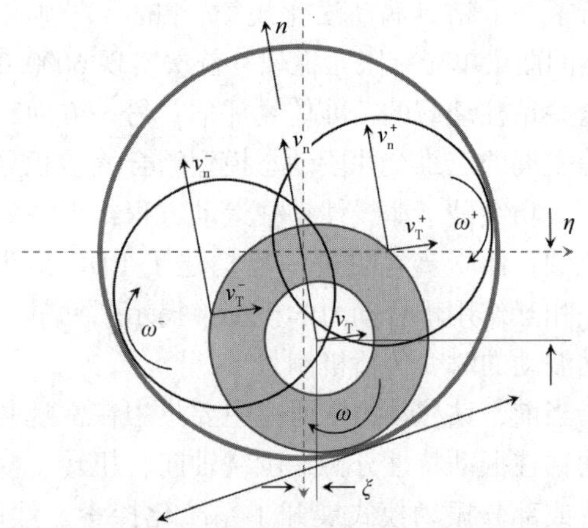

图 1　钻柱在接触点处的运动特征分析

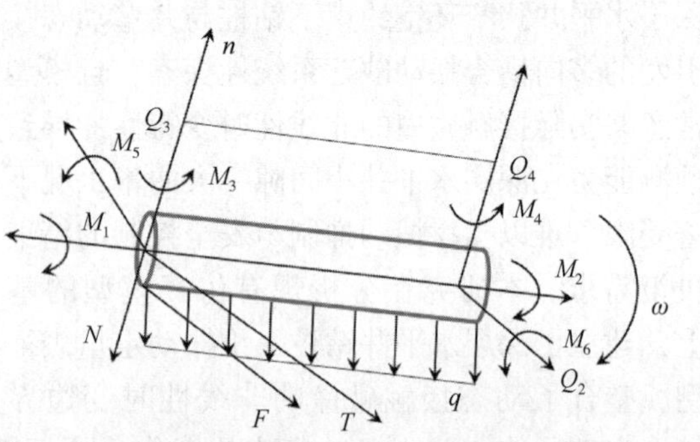

图 2　钻柱在接触点处的力学特征分析

基于图 1 与图 2 所示的钻柱在接触点处的运动与力学特征分析结果，以及动量守恒定律，在对各类力学参数的计算方程进行统一联立后，可得到钻柱在接触点处的运动控制方程组如式(1)所示。在式(1)中，若 $F_2 \geqslant F_1$，则钻柱主要以滚动的形式与井壁发生动态接触；若 $F_2 < F_1$，则钻柱主要以滑动的形式与井壁发生动态接触。其次，若仅满足 $F=F_1$ 的力学条件，则无法满足钻柱运动的动力学关系，需进一步迭代计算至 $F=F_1=F_2$。

$$\begin{cases} v_n^+ = -e_n v_n^-,\ v_t^+ = e_t v_t^- \\ N = \dfrac{2v_n^+ \Delta m}{\Delta t}(1-e_n)v_n^- - qk'\Delta l - Q_3 - Q_4 \\ F = \begin{cases} F_1 = fN \\ F_2 = \Delta m(\Delta t) - 1(e_T - 1)v_T^- - qk\Delta l - Q_1 - Q_2 \end{cases} \\ \omega^+ = \omega^- + (M_1 + M_2 - m_f\Delta l - F \cdot \dfrac{D_0}{2})\dfrac{8\Delta t}{(D_0^2 + D_i^2)\Delta m} \\ a_\eta = \dfrac{v_\eta^+ - v_\eta^-}{\Delta t},\ a_\zeta = \dfrac{v_\zeta^+ - v_\zeta^-}{\Delta t},\ \varepsilon = \dfrac{\omega^+ - \omega^-}{\Delta t} \end{cases} \tag{1}$$

式中，v_n 为钻柱在接触点处的法向速度，m/s；v_t 为钻柱在接触点处的切向速度，m/s；e 为钻柱中心的偏移量，无量纲；N 为钻柱与井壁接触时所产生的摩擦力，kN；Δm 为钻柱微元段的重量，kg；Δt 为钻柱与井壁的接触时间，s；Δl 为钻柱微元段的长度，m；q 为钻柱所受浮重，kg；k 为浮力系数，无量纲；F 为钻柱与井壁接触时所产生的切应力，kN；f 为摩阻系数，无量纲；Q 为钻柱的法向内应力，kN；M 为钻柱的径向内应力；ω 为钻柱的旋转角速度，rad/s；D_o 为钻柱的外径，m；D_i 为钻柱的内径，m；α 为井眼轴线在接触点处的切向矢量与垂直方向的夹角，°。

1.2 离散模式

为了对钻柱运动控制方程组进行求解，设定有效刚度矩阵为[K]，有效载荷矩阵为[P]，将式(1)转化为关于时间项的离散模式，如式(2)所示。

$$[K(U_{t+\theta\Delta t})]\{U_{t+\theta\Delta t}\} = [P_{t+\theta\Delta t}] \tag{2}$$

1.3 边界条件

当钻柱在接触点处的横向位移 h_i 超过了环空内半径 Δr_i 时，钻柱的运动会受到井壁的约束作用，此时所设定的边界条件如式(3)所示。

$$\begin{cases} N_i = -(F_{\zeta i}\cos\theta_i + F_{\eta i}\sin\theta_i) \\ F_i = F_{\eta i}\cos\theta_i - F_{\zeta i}\sin\theta_i \\ \theta_i = \mathrm{arctg}\dfrac{\psi_{i2}}{\psi_{i3}} \end{cases} \tag{3}$$

结合式(3)所示的边界条件，为了保障每次迭代与每瞬时的约束边界，首先应确保满足井壁边界条件 $h_i=\Delta r_i$，并保障所得的摩擦力 N_i 与此条件相反。其次，N_i 与 F_i 需满足接触状态，否则计算结果将呈现错误。然后，重新求解钻柱与井壁接触的运动方程组式(1)，并对边界条件进行处理。最后，重复上述过程，直至所有条件均得到满足。

1.4　结果验证

为了进一步对模型的仿真结果进行可靠性验证，使用钻柱动力学相似实验测试台架，分别对模拟钻柱的三维振动位移、三维振动速度与三维振动载荷的演化情况进行了实验测试，并将实验的测试结果与模型的仿真结果进行了横向对比。

在进行实验测试时，模拟钻压为 3.00kN，流体排量为 2.00L/s，转速为 60.00rpm，不同组的实验测试结果分别如图 3、图 4 与图 5 所示。实验结果表明，模拟钻柱三维振动位移、三维振动速度与三维振动载荷的模拟结果与测试结果的最大瞬时相对误差未超过 10.00%。因此，所构建的深层水平井三维振动定量表征模型能够较为真实地反演出钻柱在接触点处的动力学特征。

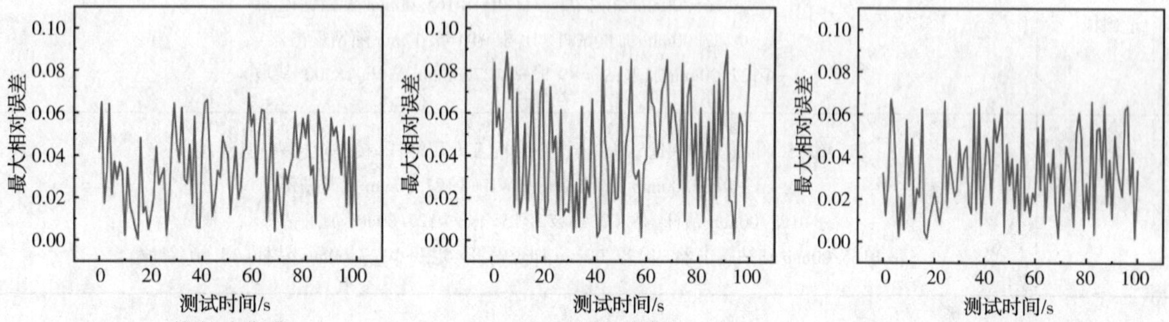

(a)钻柱X向位移　(b)钻柱y向位移　(c)钻柱z向位移

图 3　模拟钻柱三维振动位移实验验证结果

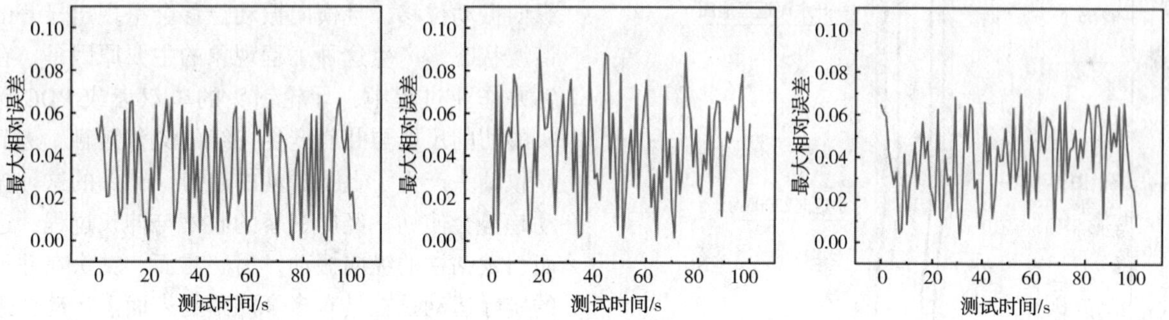

(a)钻柱X向速度　(b)钻柱y向速度　(c)钻柱z向速度

图 4　模拟钻柱三维振动速度实验验证结果

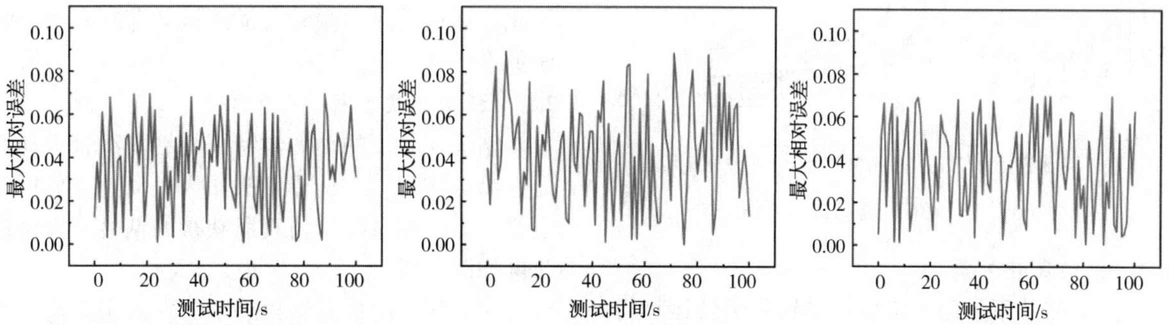

(a)钻柱X向动载荷　(b)钻柱y向动载荷　(c)钻柱z向动载荷

图 5　模拟钻柱三维动振动载荷实验验证结果

2　实例分析

2.1　仿真实例

选用 XH-1P6 井作为仿真实例，实际钻井参数见表 1，实际钻具组合见表 2，井身结构示意图如图 6 所示。在进行仿真时，设定仿真时间步长为 0.001s，仿真总步数为 10000.00，模拟钻柱单元长度为 10.00m。

表 1　XH-1P6 井实际钻井参数表

钻压/kN	井眼直径/mm	转速/(r/min)	钻头质量/kg	大钩刚度/(kN/m)	弹性模量/Pa	泊松比
200.00	215.90	80.00	40.00	700.00	22.60	0.35

表 2　XH-1P6 井实际钻具组合表

井段	钻具组合
造斜段	Φ215.90mm 钻头+Φ172.00mm×(1.25~1.50°)螺杆+钻具浮阀 +Φ165.00mm 无磁钻铤+MWD+Φ165.00mm 无磁钻铤 +Φ127.00mm 加重钻杆×18 根+Φ165.00mm 随钻震击器 +Φ127.00mm 加重钻杆×9 根+Φ127.00mm 钻杆(18.00°斜坡)
水平段	Φ215.90mm 钻头+近钻头地质导向+配套专用螺杆+接收短接+钻具浮阀 +Φ127.00mm 无磁钻铤+MWD+Φ127.00mm 无磁钻铤 +Φ127.00mm 钻杆(18.00°斜坡)×155 根+Φ127.00mm 加重钻杆×24 根 +Φ165.00mm 随钻震击器+Φ127.00mm 加重钻杆×6 根+Φ127.00mm 钻杆(18.00°斜坡)

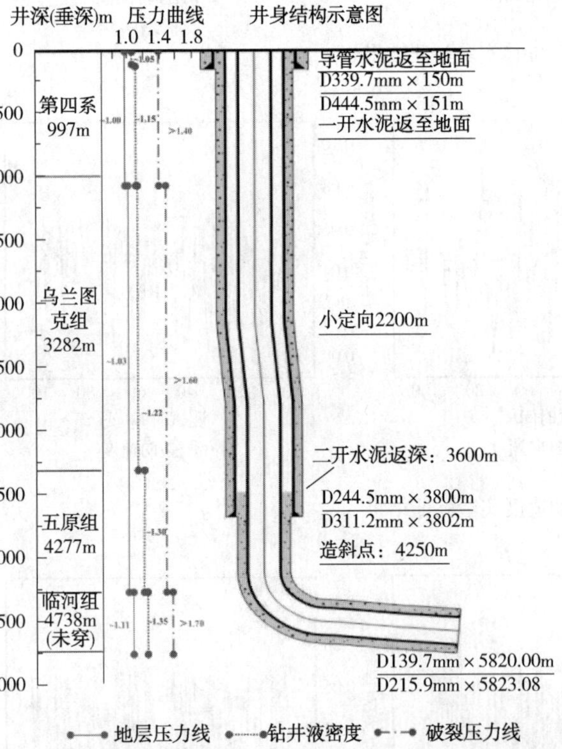

图 6　XH-1P6 井身结构示意图

2.2　振动位移分析

钻头在井下的动力学特征是钻具组合运动特征的综合表现，故选择钻头作为振动位移分析的主要节点。通过模拟仿真所获得的钻柱三维振动位移如图 7 所示。

图 7 所示仿真结果表明，在冲击载荷的持续作用下，钻头节点处会产生约 3.00~4.00mm 的纵向振动位移，且横向振动位移会呈现出显著的谐波状态。产生这种工程现象的主要原因是，在钻井作业过程中，牙轮钻头的单双齿或 PDC 钻头的切削尺会与井底产生持续的交替接触，进而导致钻头产生了上下振动的趋势。钻头的这种振动趋势会使钻柱经历交替的收缩与伸长过程，进而引发钻柱的纵向振动。另一方面，钻头在井下的实际运动是在具有多个凹陷的表面上运动，进而会产生周期性的纵向干扰应力。纵向干扰应力会随着钻柱的旋转导致钻柱在垂直方向上产生交替振动，并伴随着周期性变化的横向位移波动。因此，钻柱的纵向振动与横向振动存在着耦合响应关系。

2.3　振动速度分析

钻头在井下的动力学特征是钻具组合运动特征的综合体现，故选择钻头作为振动速度分析的主要节点。通过模拟仿真所获得的钻柱三维振动速度如图 8 所示。

图 8 所示的仿真结果表明，在冲击载荷的持续作用下，钻头节点处所产生的纵向振动速度约为 4.00m/s，且横向振动速度会呈现出一定的周

期性。产生这种工程现象的主要原因是，在具备纵向激励的条件下，如钻压波动，钻柱会经历动力失稳，进而引发横向振动。另一方面，由于井眼存在一定的井斜角，在重力和轴向力的协同影响下，钻柱会形成一定的曲率，即横向变形。对于小曲率变形，曲率越大，横向变形越显著，横向振动的振幅也相应增大。因此，钻柱三维振动速度的仿真结果进一步证实了钻柱的纵向振动与横向振动之间存在着耦合响应关系。这种耦合响应关系意味着纵向激励不仅影响纵向振动，还会通过增加曲率和横向变形，加剧横向振动。

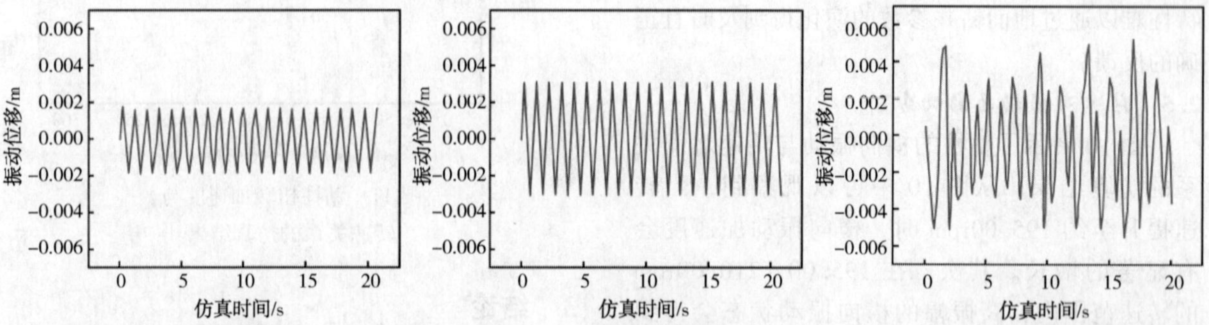

(a)X向振动位移　(b)Y向振动位移　(c)Z向振动位移

图 7　钻柱三维振动位移仿真结果

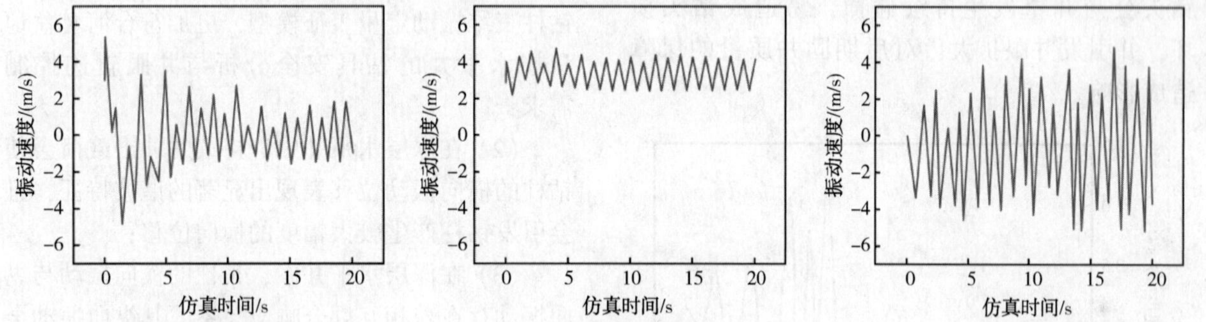

(a)X向振动速度　(b)Y向振动速度　(c)Z向振动速度

图 8　钻柱三维振动速度仿真结果

2.4　振动载荷分析

通过使用自主构建的定量表征模型所开展的仿真工作，可以在任一时刻观察任一节点处的钻柱振动载荷分布情况。以第 200.00 个仿真时刻为例，该时刻下的钻柱振动载荷分布情况如图 9 所示。

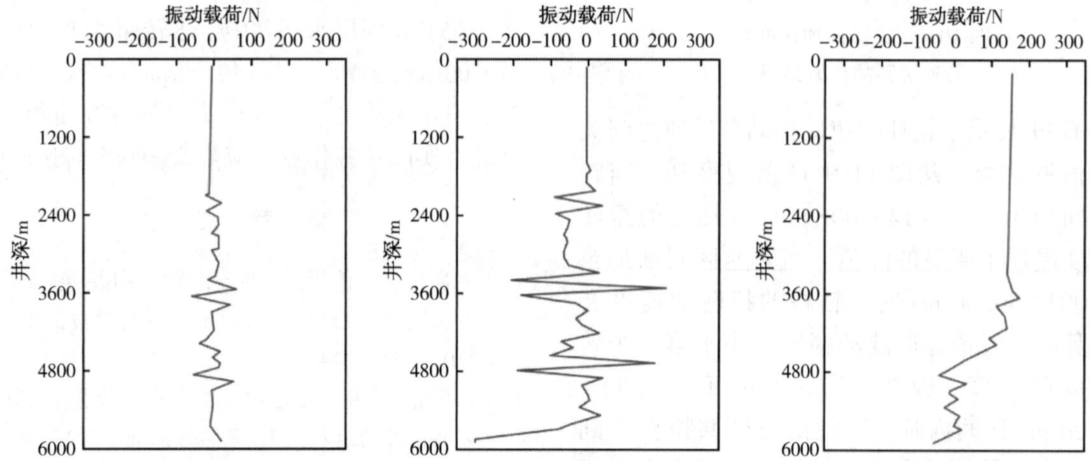

(a)X向振动载荷　(b)Y向振动载荷　(c)Z向振动载荷

图 9　钻柱三维振动载荷仿真结果

图 9 所示的仿真结果表明，在深层水平井中，钻柱所产生的振动载荷主要集中在下部结构，且向上部结构传播过程中的衰减速度较快。产生这种工程现象的主要原因是，深层水平井中的钻柱尺寸较小，刚度也相对较低，更易产生弯曲变形的情况，故在下部结构所产生的振动会被较快抑制。因此，深层水平井下部的钻柱动力学特性难以通过地面钻井参数的演化得到及时且正确的反馈。

2.5 转速对振动的影响分析

图 10 展示了钻柱的横向振动与转速之间关系的仿真结果。从图 10 中可以观察到，当转速提升至约 195.00rpm 时，横向振动加速度会有显著的增长。其次，在 195.00～210.00rpm 的转速范围内，高振幅的横向振动状态会得到持续。因此，当转速处于 195.00～210.00rpm 区间内时，钻柱的横向共振会达到最大幅度，钻头会与井壁发生持续碰撞，易造成钻头损坏，并引发井眼扩大，对后期固井质量的保障造成影响。

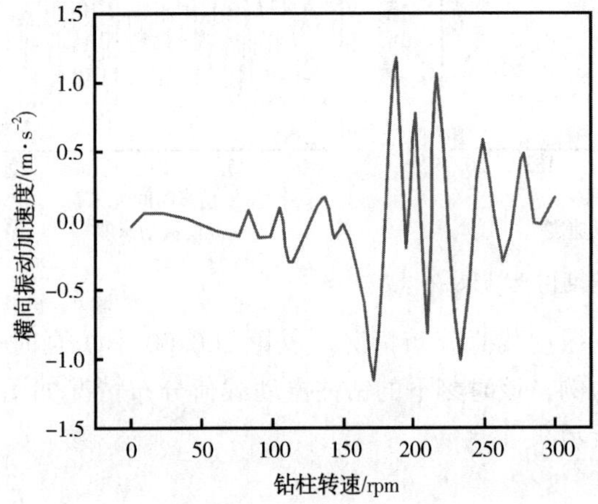

图 10　钻柱横向加速度与转速关系的仿真结果

图 11 展示了钻柱的扭转振动与转速之间关系的仿真结果。从图 11 中可以观察到，当转速区间为 100.00～140.00rpm 时，钻柱的扭转加速度出现了明显的峰值。当转速区间增加至 260.00～280.00rpm 时，钻柱的扭转加速度会出现另一个峰值，但波动幅度远小于第一个转速区间的幅度。因此，当转速处于 100.00～140.00rpm 区间内时，钻柱的扭转共振会达到最大幅度，易使钻柱在旋转钻进过程中发生断裂，对钻井的安全性与高效性造成显著影响。

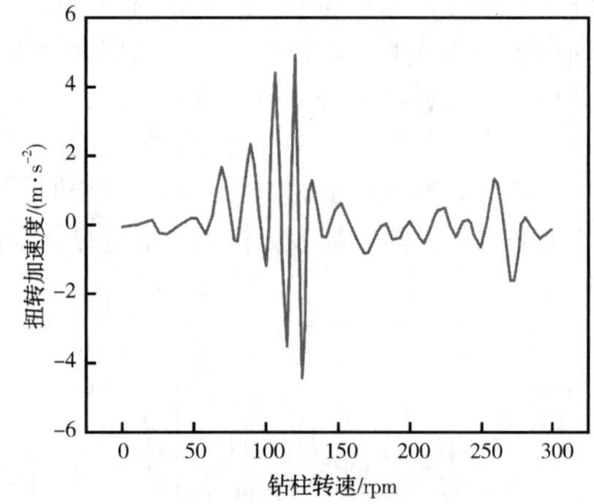

图 11　钻柱扭转加速度与转速关系的仿真结果

3 结论

（1）与传统的钻柱振动模型相比，在考虑了钻柱在接触点处的运动与力学特征之后所构建的钻柱三维振动定量表征模型，更加符合河套盆地深层水平井的钻具安全分析与井眼轨迹控制需求；

（2）在深层水平井中，持续的冲击载荷会使钻柱的横向振动位移表现出显著的谐波特征，且会引发钻柱产生较大幅度的横向位移；

（3）在深层水平井中，钻柱的横向振动与纵向振动存在着相互耦合响应关系，其纵向振动会通过增大自身曲率的方式进一步加剧横向振动的幅度；

（4）在深层水平井中，钻柱的振动载荷主要集中在下部结构，且在向上传播过程中的衰减速度较快，难以通过地面钻井参数的演化特征掌握井下钻柱的实际运动情况；

（5）在深层水平井中，当转速处于 195.00～210.00rpm 与 100.00～140.00rpm 两个区间内时，易引发钻头损坏、井眼扩大与钻柱断裂等问题，因此在实际钻井作业中应规避这两个转速区间。

参 考 文 献

[1] 刘岩生，张佳伟，黄洪春. 中国深层—超深层钻完井关键技术及发展方向[J]. 石油学报，2024，45(01)：312-324.

[2] 余朝毅. 四川盆地超深层钻完井技术进展及其对万米特深井的启示[J]. 天然气工业，2024，44(1)：40-48.

[3] 孙金声，杨景斌，白英睿，等. 深层超深层钻井液

技术研究进展与展望[J]. 石油勘探与开发，2024，51(04)：40-48.
[4] 孙金声，刘伟，王庆，等. 万米超深层油气钻完井关键技术面临挑战与发展展望[J]. 钻采工艺，2024，47(02)：1-9.
[5] 李中. 渤海深层探井钻井关键技术现状及展望[J]. 钻采工艺，2024，47(02)：35-41.
[6] 赵金海，张洪宁，王恒，等. 中国石化超深层钻完井关键技术挑战及展望[J]. 钻采工艺，2024，47(02)：28-34.
[7] 王春生，王哲，张权，等. 塔里木油田超深层钻井技术进展及难题探讨[J]. 钻采工艺，2024，47(02)：56-69.
[8] 孙宝江，王春生，辛桂振，等. 复杂压力体系地层钻探溢流压井技术研究[J]. 钻采工艺，2024，47(04)：42-50.
[9] 范翔宇，蒙承，张千贵，等. 超深地层井壁失稳理论与控制技术研究进展[J]. 天然气工业，2024，44(01)：159-176.
[10] 孙金声，王韧，龙一夫，等. 我国钻井液技术难题、新进展及发展建议[J]. 钻井液与完井液，2024，41(01)：1-30.
[11] 淡伟宁，陈树光，李志军，等. 河套盆地油气勘探新领域及有利方向[J]. 石油学报，2023，44(12)：2217-2230.
[12] 索孝东，王泽丹，石东阳，等. 临河坳陷高效油气勘探综合物探技术及应用[J]. 石油地球物理勘探，2024，59(03)：608-619.
[13] 武玺，史原鹏，陈树光，等. 河套盆地临河坳陷超深层碎屑岩油气勘探突破及富集高产因素[J]. 石油勘探与开发，2024，51(05)：962-971.
[14] 李子丰，张永贵，侯绪田，等. 钻柱纵向和扭转振动分析[J]. 工程力学，2004，21(06)：203-210.
[15] 罗敏，栾一秀，郭帅，等. 直井内旋转钻柱动力学有限元分析及实验研究[J]. 科学技术与工程，2010，10(02)：410-414.
[16] 付建红，向幸运，孙伟佳，等. 塔河油田同心随钻扩眼钻柱动力学研究[J]. 科学技术与工程，2015，15(31)：184-187.
[17] 张杰，杜肖潇，李鑫，等. 复合式置换法压井参数计算研究[J]. 科学技术与工程，2022，22(04)：1399-1407.
[18] Zhang He, Di Qifeng, Li Ning, et al. Measurement and simulation of nonlinear drillstring stick-slip and whirling vibrations[J]. International Journal of Non-Linear Mechanics, 2020, 125: 103528.
[19] 张杰，毛葛振，李鑫，等. 海底泵举升系统回流管道内钻井液举升效率[J]. 科学技术与工程，2020，20(08)：3024-3028.
[20] 李鑫，张杰，唐旭，等. 随钻压力波在用于早期气侵检测时的扰动传播特性研究[J]. 中国安全生产科学技术，2022，18(1)：54-62.

小草湖洼陷致密气水平井钻井技术研究与实践

赵前进　杨立军　郭杨栋　任　凯　安　晨

（中国石油吐哈油田公司）

摘　要　为实现吐哈盆地台北凹陷小草湖洼陷深层致密气的勘探突破，优化部署风险探井-跃探 1H 井。但区域地质条件复杂且储层埋深超过 5000 米，水平井钻探在该领域尚属空白。前期台北凹陷吉 7 块水平井钻井过程中“阻、卡、慢”矛盾突出，亟需开展深层致密气水平井钻完井技术研究。为此，开展了水平井井身结构与井眼轨道优化、坍塌压力与坍塌机理分析、钻井综合提速配套、抗高温复合盐钻井液体系等技术研究，通过跃探 1H 现场试验结果表明：①井深 5500 米直导眼钻井技术模板已成熟配套，建立了全井四趟钻钻井提速模板。②通过岩石理化性能分析，明确了毡子层井壁失稳机理，确定了造斜段坍塌压力系数，为钻井液配方优选与性能优化提供了依据。③水平段通过集成试验新型安全钻完井工具实现了千米长水平段高效延伸与套管安全下入。跃探 1H 井与前期实施的丘东洼陷吉 9H 水平井相比，钻井周期由 336.9 天缩短至 197.2 天，缩短幅度 41.5%，水平段长由 451.6 米延长至 1013 米，首次钻成了小草湖洼陷目的层为八道湾深层致密气水平井。

关键词　深层致密气；水平井；坍塌压力；坍塌机理；轨道优化；钻完井工具

“十三五”以来，吐哈油田缺乏优质天然气资源发现，天然气产量一路走低，为寻找天然气上产当量 100×10^4t 的资源基础，在台北凹陷部署风险探井跃探 1H。该井是以探索新类型、新洼陷、新层系为目标，寻找小草湖洼陷高效致密砂岩气藏的一口风险探井。本井自上而下钻遇的地层有：新近系上新统葡萄沟组(N_2p)、中新统桃树园组(N_1t)，古近系渐-古新统鄯善群(Esh)，白垩系(K)，侏罗系上统齐古组(J_3q)，侏罗系中统七克台组(J_2q)、三间房组(J_2s)、西山窑组(J_2x)、侏罗系下统三工河组(J_1s)、八道湾组(J_1b)。前期丘东洼陷吉 7 块深层致密气水平井钻井虽然取得一定进展，但深部造斜段与水平段钻井效率低的问题仍未解决，有必要开展相关钻井技术研究，为打成打好区域首口水平井提供技术支撑。

1　工程技术难点

（1）J_3q 组顶靠近滑脱断裂，Esh-J_2x 泥页岩易垮塌，砂砾岩/砂岩、煤夹层承压能力低，易发生井漏，复杂防控和处理难度大。结合地震剖面分析，预计 1180-1190m 靠近滑脱逆断层，滑脱面地层破碎，井壁稳定性差，断裂附近裂缝发育，易井漏。Esh-J_2q 泥岩水敏性强，易缩径、垮塌。J_2s-J_2x 泥页岩呈硬脆性，在强地应力作用下易垮塌；砂砾岩/砂岩、煤夹层承压能力低，易发生井漏。

（2）造斜段钻遇厚煤层和局部三工河组毡子层底部碳质泥岩垮塌，造斜段安全钻进施工难度大。西山窑组西一段发育厚煤层：4571～4588m(16m)和 4533～4543m(10m)，斜井段穿越时垮塌卡钻，三工河组顶部发育泥岩毡子层(4650～4705m)，丘东洼陷吉 7 块 3 口井发生恶性卡钻事故(卡钻 8 次/3 口)，累计损失 274d。

（3）三工河组裂缝发育，频繁发生井漏/气侵；主力储层砂砾发育，可钻性差，趟钻进尺少，机械钻速低，优快钻井矛盾突出。三工河组主力储层岩性为灰色细砂岩、含砾粗砂岩、砂砾岩，趟钻进尺少(136m)，机械钻速低(2.5m/h)。

2　钻井关键技术研究

2.1　井身结构优化

通过前期钻井资料分析、地质设计和 GMI 软件计算地层三压力可知，Q～K 正常地层压力系数 1.03～1.08，与试油实测结果一致。齐古组中部开始逐渐升高，预计最高地层压力系数 1.35(八道湾组)。坍塌压力自西山窑组接近地层孔隙压力系数最高 1.26，三工河组-八道湾组破裂压力系数 1.54～1.60。通过分析，跃探 1H

存在两个必封点。必封点一：Esh 组顶底约 900m。主要封隔上部砾石层及疏松地层。封隔本井 760~820m 可能钻遇 Esh 顶部砂岩浅层气。必封点二：西山窑组中部大约 4250m。封隔齐古组-西山窑组易坍塌井段。齐古组顶 1180~1190m 靠近高角度滑脱断层，断层带破碎，易坍塌。齐古组-三间房组砂泥岩互层，井壁稳定性差。西山窑组含煤夹层、炭质泥岩胶结性差，易坍塌、易井漏。封隔西山窑组中部以上承压能力低地层，为侧钻水平井安全施工创造条件。萨东 2 和疙 18 井三间房组底-西山窑组易漏地层漏失密度 1.2~1.33g/cm^3。综合考虑安全钻井和后期压裂改造需求，水平井设计大三开井身结构，即一开采用 444.5mm 钻头钻至 900m，二开采用Φ311.2mm 钻头钻至 4250m，三开采用Φ216mm 钻至井深 5200m 导眼完钻，根据水平井目标层位回填至造斜点采用Φ215.9mm 钻头侧钻水平井，下入Φ139.7mm 套管完井。

2.2 水平井井眼轨道优化

2.2.1 斜井段坍塌压力分析

根据直导眼钻井油气显示情况，综合优选目标储层，如实施 J_1s 侧钻水平井，造斜段沿设计方位预计坍塌压力系数 1.34~1.54，垂深 4779.29m、井斜角 82.81°时坍塌压力系数最高为 1.54；如实施 J_1b 侧钻水平井，造斜段沿设计方位预计坍塌压力系数 1.17~1.50，垂深 4975.56m、井斜角 59°左右时坍塌压力系数最高为 1.50(表 1、表 2)，故优化造斜段密度为 1.50~1.54g/cm^3。

表 1　J_1s 侧钻水平井不同井斜角处坍塌压力

垂深/m	井斜角/(°)	方位/(°)	坍塌压力系数
4450	0	32	1.34
4499.75	10	32	1.48
4543.33	16.91	32	1.47
4625.5	31.22	32	1.47
4650.29	37.22	32	1.53
4693.94	49.22	32	1.47
4725.1	60	32	1.44
4767.67	74.81	32	1.51
4779.29	82.81	32	1.54
4782.08	87	32	1.54

表 2　J_1b 侧钻水平井不同井斜角处坍塌压力

垂深/m	井斜角/(°)	方位/(°)	坍塌压力系数
4730	0	32	1.17
4784.66	11	32	1.28
4827.98	20	32	1.33
4868.89	29	32	1.37
4917.95	41	32	1.43
4949.46	50	32	1.48
4975.56	59	32	1.50
4999.2	70	32	1.43
5019.43	80.67	32	1.42
5024.6	87.2	32	1.38

2.2.2 水平井井眼轨道设计

(1) 轨道设计地质依据

邻井萨东 2、墩 2 井最大主应力方向 350~352°，跃探 1H 井水平井方位为北偏东 31.7°，与最大主应力夹角 40~42°，利于后期储层改造和形成人工裂缝；根据地震解释结果，北偏东 31.7°方向三工河组和八道湾组主力砂层地层倾角分别为 3°和 2.81°，有利于水平井施工。根据岩屑录井和测井资料，预计三工河组侧钻水平井造斜段钻遇 2 套西山窑厚煤层(4571~4588m，4533~4543m)。

(2) 八道湾组侧钻水平井轨道设计

侧钻点设计为 4730m，尽可能避免在三工河组毡子层(4670~4720m)造斜。剖面设计设计“直-增-增-稳”双增剖面。造斜段可钻性好，结合吉 7 区块施工经验，上部井段设计 6°/30m；着陆点附近无控制井，设计 4°/30m 入靶，给着陆入靶留有余地，应对地质上不确定性(表 3)。

2.3 钻井提速配套技术

2.3.1 不同岩性地层专打 PDC 钻头

通过对各种岩性可钻性与研磨性分析，设计研发并引进了多类型 PDC 钻头，形成了中浅层、深层非均质性、强冲击性与强研磨性等复杂岩性的地层的主体钻头型号，进一步实现四大岩性地层高效破岩(表 4)。根据跃探 1H 可钻性级值 3~6.7，研磨性级值 5~8 优选具体钻头型号。

表 3　J_1b 目的层侧钻水平井轨道设计

描述	测深/m	井斜/(deg)	网格方位/(deg)	垂深/m	北坐标/m	东坐标/m	视平移/m	狗腿度/(deg/30m)
侧钻点	4730	0	0	4730	0	0	0	0
造斜段 1	5080	70	31.7	4999.2	160.38	99.05	188.5	6
造斜段 2	5209	87.2	31.7	5024.6	267.56	165.25	314.48	4
水平段	6209	87.2	31.7	5073.45	1117.36	690.09	1313.28	0

表 4　不同岩性地层 PDC 钻头设计思路

地层类别	设计思路	主要功能
可钻性好地层	深宽排屑槽、冠部尖锐，中等密度布齿、大螺旋五刀翼、超深宽排屑槽、高抛物线头型设计。采用 19mm 4 刀翼设计。	攻击性强，可主动切削地层和防止泥包。
研磨性强地层	采用热稳定性强的深度滤钻复合片，多空间多角度较高密度布齿、低抛物线头型、短保径等设计。采用 16mm5 刀翼非平面齿设计。	冠部头型平缓　定向工具面稳定　抗冲击抗研磨性强
岩性多变地层	水力脉冲钻头与专用配套螺杆相结合，有机结合水力脉冲、瞬时负压、空化射流和高速剪切“四合一”高效破岩手段。	将水功率转化为交变钻压，改变井底岩石受力状态。
深部极硬地层	五/六刀翼，复合片设计为非平面齿，改变破岩方式，提高深部难钻地层的使用寿命与机械钻速。	复合片应力集中工具面易控制强抗冲击性

2.3.2　安全钻井工具系列

（1）可破碎井壁落物 PDC 钻头

设计思路为：一是刀翼根部独特的保径和锥形倒划眼齿设计，既能实现倒划眼功能，又能大幅提高了钻头处理井下掉块的能力。二是采用钢体式结构，深排屑槽，双对称刀翼设计，有效增强钻头冲击性，提高井底工作稳定性，拓宽岩屑运移空间。三是摒弃常规设计理念，特殊的大活水眼结构设计及喷射方位、角度的优化，有效提高岩屑运移效率，降低井壁冲蚀效应，实现以主动预防复杂事故为主，被动处理为辅的目的，设计形成了四刀翼、五刀翼、六刀翼的三种型号的可破碎井壁落物钢体 PDC 钻头，如图 1 所示。

图 1　安全钻井工具设计

（2）随钻井壁修复器

主要设计思路一是平直切削修复体本体顺时针方向，内嵌 8mm 至 19mm 金刚石复合片结构，有效实现了易坍塌缩径井段主动随钻修复井壁功能，使井眼更加规则光滑，保证了流道通畅及钻具上提长短拉作业顺畅无阻；二是上坡体、下坡体背部尖锥齿或尖圆齿设计，突出了冲击、挤压功能，当遇到井壁坍塌落物掉块时，可在随钻震击器的上下击力作用下，有效破碎较大块状落物，使之变小通过环空带出。三是设计外径为 Φ208mm～Φ373mm，翼体设计为四直翼与三螺旋式两种，充分满足不同尺寸井眼（Φ216～375mm）、不同井型（直井、大斜度井、水平井）、不同工况（复合钻进、定向钻进）安全快速钻进需求。

（3）双向通井工具

针对常规通井方法通井效率差、阻卡频发、易划出新井眼的问题，研发适合 311mm、

216mm 井眼的通井钻具组合，其核心工具是双向通井器，主要由领眼器、连接管、修复器、连接管四部分组成，具备正反向来回修整井眼、有效提升排量清洁井眼、可模拟下套管等功能，如图 2 所示。工作原理：双向井壁修复工具是一种裸眼管柱配套工具，连接于裸眼管柱末端，在裸眼管柱的带动下绕自身轴线转动，主要用来确定井壁复杂位置，修复井壁和疏通井筒，具体可解决钻井过程中井眼遇阻而导致的频繁划眼甚至钻出新井眼的处理作业。通过“抓、卷、甩”协同效应清除岩屑床，加装的井壁修复器可解决缩径井段遇阻，实现井壁修复切削作用。双向井壁修复工具连接至裸眼管柱末端，下钻至复杂井段，小排量划眼钻进，复杂井段划眼，直至畅通无阻。其工作过程是双向井壁修复工具在上部钻具带动下在井筒内部转动，其修复器外壁上的切削部在井筒内壁切削，起到修复变形井壁的作用，并且通过切削部倾斜面修复、扩大井筒缩径处的内壁，避免出现现有井筒内壁缩径问题，保证钻具顺畅进入该井筒中作业。合金齿击碎井筒内垮塌的落物，避免出现因井筒内壁垮塌造成钻具在井筒内作业遇阻或遇卡的问题。通井钻具组合为：φ212mm 双向通井工具+φ165mmDC×1 根+Φ212mm 井壁修复器+Φ168mm 单流阀+φ127mm HWDP×3 根+Φ127mmDP×138 根+Φ127mm HWDP×30 根+Φ127mmDP×45 根+Φ139.7mm DP，如图 3 所示。

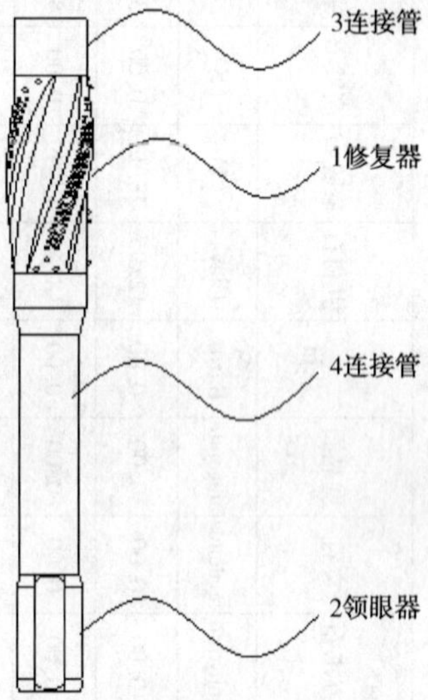

图 2　双向通井工具示意图

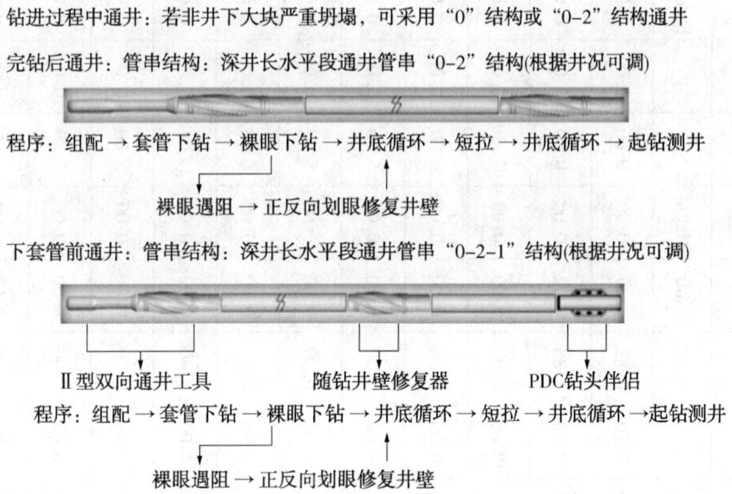

图 3　不同工况下通井钻具组合与流程

2.4　抗高温复合盐钻井液体系优化

2.4.1　地层坍塌机理分析

针对吉 10H 造斜段井壁失稳坍塌问题，采集了吉 10H 地层岩石样品，开展全岩及黏土矿物分析、薄片鉴定分析和电镜扫描。全岩矿物含量以石英和斜长石含量占优，同时具有一定量的黏土含量。石英、斜长石等均是脆性矿物，受载时易发生脆性破坏。黏土矿物含量以伊利石、高岭石为主，膨胀性和分散性较弱，极易在应力作用下出现剥落掉块等井壁失稳问题。在地应力或钻井液液柱压力作用下，易产生诱导裂缝，引起地层内部微裂缝的扩展导致对钻井液密度表现较为敏感。由 CT 扫描可以看出，毡子层从微观矿物组成到裂缝发育状况都显示出较为复杂的特性，获取了吉 10 三工河组“毡子层”岩石内部组构及裂缝分布状况，为进一步明晰“毡子层”地层组构特性，是导致钻井复杂程度高的根本原因。见表 5。

表5 吉10H全岩及黏土矿物分析

井号	深度	层位	全岩矿物含量/%																黏土矿物相对含量/%					
			石英	伊长石	斜长石	白云石	铁白云石	石盐	菱铁矿	黄铁矿	赤铁矿	锐钛矿	硬石膏	方沸石	文石	重晶石	黏土总量	伊利石	蒙脱石	高岭石	绿泥石	伊蒙间层		
			Q	Kfs	Ab	Cal	Dol	Ank	Halite	Sid	Py	hematite	anatase	anhydrite	analcime	aragonite	Barite	Clays	(I)	(S)	(K)	(C)	I/S	间层比
吉10	4680.00	J2x	31.76	24.54	28.55	0.00	0.82	1.37	0.00	0.00	0.00	0.00	0.00	0.00	0.00	0.00	0.00	12.95	28.11	0.00	35.82	16.75	19.32	15
	4684.00		42.58	7.14	26.76	2.48	1.88	0.72	0.00	0.00	0.00	0.00	0.00	0.00	0.00	0.00	0.00	18.45	17.59	0.00	50.43	14.99	16.99	15
	5364.3	J1s	34.30	0.00	5.50	0.00	0.00	0.00	0.00	17.30	0.00	0.00	0.60	0.00	0.00	0.00	0.00	42.30	30.00	0.00	12.00	4.00	54.00	10
	5364.4		31.40	0.00	3.10	0.00	0.00	0.00	0.00	29.70	0.00	0.00	0.00	0.00	0.00	0.00	0.00	35.80	41.00	0.00	11.00	4.00	44.00	10
	5364.58		44.00	0.00	9.50	0.00	2.30	0.00	0.00	5.50	0.00	0.00	0.50	0.00	0.00	0.00	0.00	38.20	40.00	0.00	17.00	9.00	34.00	10
	5364.9		44.60	0.00	8.20	0.00	0.00	0.00	0.00	5.60	0.00	0.00	0.60	0.00	0.00	0.00	0.00	41.00	41.00	0.00	16.00	8.00	35.00	10
	5365		41.90	0.00	8.70	0.00	0.00	0.00	0.00	6.90	0.00	0.00	0.60	0.00	0.00	0.00	0.00	41.90	38.00	0.00	18.00	7.00	37.00	10
	5366		40.10	0.00	28.30	0.00	3.40	0.00	0.00	11.90	0.00	0.00	0.00	0.00	0.00	0.00	0.00	16.30	311.00	0.00	33.00	6.00	3.00	10
	5367		41.50	0.00	10.80	0.00	0.00	0.00	0.00	5.00	0.00	0.00	0.70	0.00	0.00	0.00	0.00	42.00	34.00	0.00	20.00	10.00	36.00	10
	5367.3		41.80	0.00	5.30	0.00	0.00	0.00	0.00	2.80	0.00	0.00	0.70	0.00	0.00	0.00	0.00	49.40	47.00	0.00	7.00	7.00	39.00	10
	5380.00		54.78	10.50	21.98	0.00	1.54	0.00	0.00	1.03	0.00	0.00	0.00	0.00	0.00	0.00	0.00	10.16	53.44	0.00	4.72	23.62	18.22	15
	5388.00		47.51	23.37	19.79	1.28	0.54	0.00	0.00	1.20	0.00	0.00	0.00	0.00	0.00	0.00	0.00	6.31	53.81	0.00	3.97	19.85	22.37	20
	5556.00		48.01	0.00	26.36	0.00	1.13	0.00	0.00	0.00	0.00	0.00	0.00	0.00	0.00	0.00	0.00	14.50	55.56	0.00	12.64	17.37	14.43	15

分析表明，吉10井毡子层发生井壁失稳的机理在于：毡子层从微观矿物组成到裂缝发育状况都显示出较为复杂的特性，井筒流体在正压差的作用下，沿着裂隙/裂缝为液体侵入井壁，引起粒间微孔微隙扩大，同时黏土膨胀加剧了岩石组构上的裂散程度，导致井壁岩石水化分散和剥落坍塌。因此，需要加强复合盐钻井液封堵性和抑制性，进一步优化钻井液配方。

2.4.2 复合盐钻井液配方与性能优化

（1）封堵剂优选

通过封堵剂材料优化，以实现纳米-亚微米-微米级孔缝全尺寸封堵。使用各种粒度级别的封堵材料复配形成纳-微米封堵技术，有效封堵深灰色泥岩和煤层以及交界面从纳米-亚微米-微米级孔缝，提高膜效率，延缓压力传递，维持井壁稳定。吉10井抗高温复合盐钻井液封堵剂用量大，种类多，不能满足纳米-亚微米-微米全尺寸封堵要求。通过优选，采用以下三种材料实现全尺寸封堵。微米封堵剂(4.8~47.97μm)：沥青粉/沥青树脂/磺化沥青/成膜封堵剂/封堵防塌剂等选一种。亚微米封堵剂(0.82~3.97μm)：乳化沥青/白油沥青/阳离子沥青等选一种纳米封堵剂(0.13~0.2μm)：纳米封堵剂/纳米乳液等选一种。

（2）固壁剂优选

由砂床封堵实验可知，复合盐钻井液在加入常规封堵剂基础上，再加入5%固壁剂(HGW-1)，复合盐体系API砂床侵入深度下降84%，HTHP砂床滤失量降至0，且未加固壁剂的砂床基本不成形，而加有固壁剂的砂床完整成形。开展模拟煤层封堵实验结果表明：模拟煤层滤失速率下降45%，体系可以实现对泥岩、煤层等微孔缝地层的胶结封堵，有效抑制微裂缝的形成和开启，提高井壁稳定性。优选的固壁剂能在岩石表面吸附，并发生交联反应，提高地层岩石胶结强度。复合盐钻井液，加入5%固壁剂(HGW-1)，API砂床侵入深度下降84%，HTHP砂床滤失量降至0，且未加固壁剂的砂床基本不成形，而加有固壁剂的砂床完整成形。复合盐钻井液，模拟煤层滤失速率下降45%，体系可以实现对泥岩、煤层等微孔缝地层的胶结封堵，有效抑制微裂缝的形成和开启，提高井壁稳定性。

（3）钻井液活度控制

根据泥岩等温吸附平衡线和活度，泥岩活度0.756~0.887，煤层活度0.686。按活度平衡原理应将钻井液活度控制在0.70左右达到平衡。不同复合盐加量下钻井液活度见表6。

表6 不同复合盐加量下钻井液活度测定结果

NaCl/%	KCl/%	HCOONa/%	活度
10	5	/	0.87
15	5	/	0.83
15	5	10	0.78
20	5	15	0.74
15	5	25	0.68

（4）优化后抗高温复合盐钻井液配方

钻井液配方：2%土浆+0.3%~0.5%NaOH+0.2%KPAM+1.5%LV-PAC+5%微米封堵剂+3%亚微米封堵剂+3%纳米封堵剂+5%固壁剂+15%NaCl+5%KCl+25%甲酸钠+3%润滑剂WR-1重晶石加重到1.7sg。

其中：复合盐活度控制：15%NaCl+5%KCl+25%甲酸钠，微米级封堵剂：5%沥青粉/磺化沥青/成膜封堵剂，任选一种+3%碳酸钙亚微米-微米封堵剂：3%乳化沥青/白油沥青/阳离子沥青，任选一种纳米级封堵剂：3%纳米封堵剂/纳米乳液，任选一种胶结固壁封堵：5%固壁剂。

由表8可以看出，优化后的抗高温复合盐体系流变性优良，滤失量和活度低，润滑性好(表7)。采用压力传递实验评价钻井液的成膜封堵性能，实验结果表明：由于反向化学渗透压差作用，泥岩下游端压力呈下降趋势。说明优化后的复合盐体系能有效封堵泥岩微孔隙，并具有较高的膜效率，配合活度控制，形成反向渗透压差，可阻缓钻井液向地层的压力传递，有效增强了井壁稳定性。优化后水化分散性能有效抑制下部泥岩水化分散和水化膨胀，回收率95%以上，膨胀率<2%(表8、表9)。

表7 优化后抗高温复合盐钻井液基本性能

热滚条件	AV/mPa·s	PV/mPa·s	YP/Pa	Φ6/Φ3	FL_{API}/mL	FL_{HTHP}/mL	摩擦系数
滚前	63.5	53	10.5	5/4			
滚后	58.5	45	13.5	8/6	1.8	9.8	0.117

老化条件：16h×150℃

表 8　优化后抗高温复合盐钻井液回收率评价结果

钻屑井深/m	回收率/%	
	清水	复合盐体系
5410~5415	49.5	96.8
5460~5465	59.2	96.9

表 9　优化后抗高温复合盐钻井液膨胀率评价结果

钻屑井深/m	膨胀率/%	
	清水	复合盐体系
5308	6.8	0.92
5374	11.9	1.92
5420	12.4	1.89
5450	9.6	1.40
5475	8.8	1.50

3　实施效果

跃探 1H 造斜段先采用直螺杆+2.5°弯接头侧钻，造斜段采用 1.5°单弯螺杆，水平段采用“0-1”双扶 1.25°钻具稳斜导向钻进，配套使用抗高温 LWD+MWD 仪器。水平段 8 趟钻，施工周期 47d，平均日进尺 26.8m。总体井斜变化幅度大，主要原因是地质频繁轨迹调整与复合钻进自然增斜明显，地层造斜规律尚不清楚，需进一步优化钻具组合，如图 4 所示。

跃探 1H 完钻井深 6208m，钻井周期 197.2d，水平段长 1013m，平均机速 3.93m/h，复杂时效 1.88%。与丘东洼陷吉 7 块预探井吉 9H 相比，钻井周期由 336.9d 缩短至 197.2d，缩短幅度 41.5%，机械钻速由 3.17m/h 提高至 3.93m/h，提高幅度 23.9%，水平段长由 451.6m 延长至 1013m。如图 5 所示。

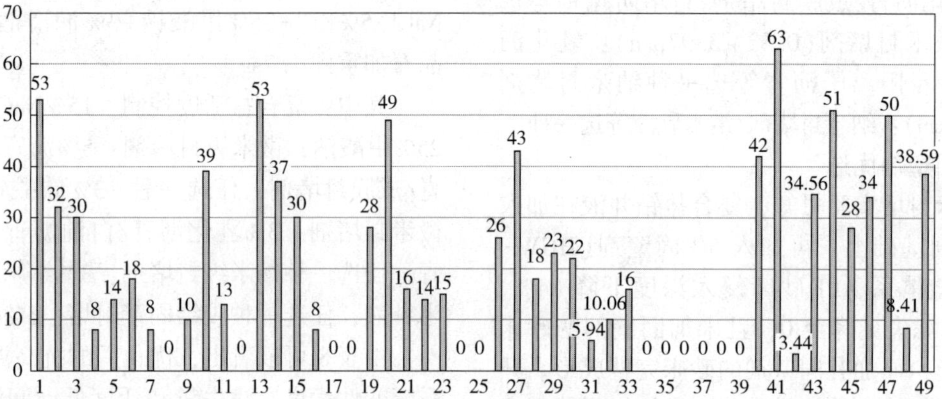

图 4　水平段日进尺情况

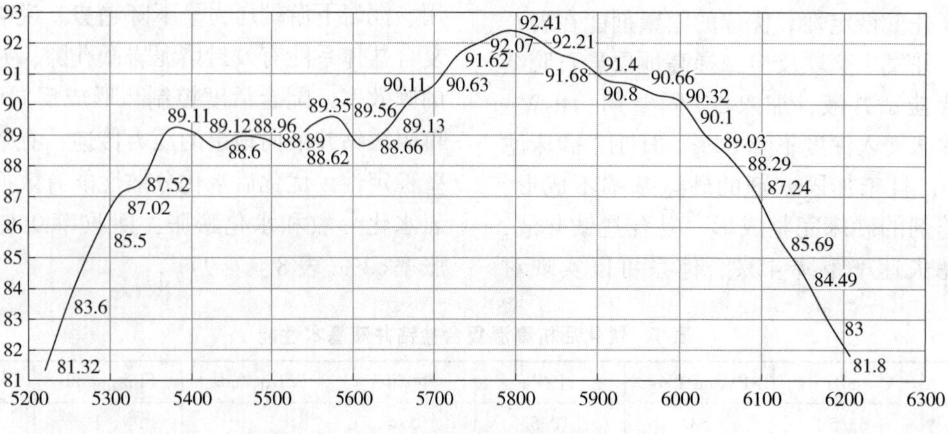

图 5　水平段井斜走势情况

4 结论与建议

(1) 跃探1H风险探井为小草湖洼陷首口长段水平井，成功实现1013m水平段安全钻进以及92%的储层钻遇率，为后期区域水平井钻井规模实施提供了技术借鉴。

(2) 井深5300m直导眼钻井技术模板已成熟配套，但深层水平井造斜段定向效率低，建议探索试验油基钻井液+多种高效减摩降阻工具，提高定向段的钻井速度。

(3) 水平段钻头适应性有待提高，特别是八道湾砾岩储层岩性变化大、研磨性强，钻头适应性差，存在钻头磨损严重、掏心的问题，建议开展钻头及井下钻具钻井动态监测系统试验，研判钻具屈曲、涡动、钝化等情况，进一步降低钻头的机械比能。

(4) 水平段轨迹地质频繁调整，同时地层造斜段规律认识不清，实钻中多次调整前后扶正器尺寸，井斜控制不明显，影响水平段钻井效率，建议应用抗高温近钻头地质导向，减少储层追踪而造成的无效进尺。

参考文献

[1] 杨雨，谢继容，赵路子，等. 四川盆地茅口组滩相孔隙型白云岩储层天然气勘探的突破及启示—以川中北部地区井天然气立体勘探为例[J]. 天然气工业，2021，41(2)：1-9.

[2] 杨健，倪元勇，王生维，等. 影响煤层气水平井井壁稳定性的地质因素分析[J]. 石油钻采工艺，2015，37(5)：5-9.

[3] 陈在君，刘顶运，李登前. 煤层垮塌机理分析及钻井液防塌探讨[J]. 钻井液与完井液，2007，24(4)：28-29，36.

[4] 朱庆忠，刘立军，陈必武，等. 高煤阶煤层气开发工程技术的不适应性及解决思路[J]. 石油钻采工艺，2017，39(1)：92-96.

[5] 陈敏，赵常青，林强，等. 川渝地区窄安全密度窗口天然气深井固井新技术[J]. 天然气勘探与开发，2021，44(3)：62-67.

[6] 邱春阳，张翔宇，赵红香，等. 顺北区块深层井壁稳定钻井液技术[J]. 天然气勘探与开发，2021，44(2)：81-86.

[7] 康健，郝围围，刘德智，等. 高陡含砾地层大扭矩螺杆+高效PDC钻头钻井提速分析[J]. 西部探矿工程，2021，33(5)：71-75.

[8] 张金成，张东清，张新军. 元坝地区超深井钻井提速难点与技术对策[J]. 石油钻探技术，2011，39(6)：6-10.

[9] 胡大梁，欧彪，张道平，等. 川深1超深井钻井优化设计[J]. 钻采工艺，2020，43(2)：34-37.

[10] 杨博仲，汪瑶，叶小科. 川西地区复杂超深井钻井技术[J]. 钻采工艺，2018，41(4)：27-30.

[11] 张春林，古光平，刘德平，等. 四川盆地震旦系灯二段水平井段优快钻井技术——以高石123井为例[J]. 天然气勘探与开发，2020，43(2)：53-58.

[12] 王军，范翔宇. 四川盆地九龙山地区超深井优快钻井配套技术[J]. 天然气勘探与开发，2020，43(1)：28-35.

准噶尔南缘超深井钻完井技术进展与下步建议

邹灵战[1]　徐新纽[2]　刘颖彪[2]　阮　彪[2]　黄　鸿[2]　席传明[2]　曹广福[2]　罗　飞[1]

(1. 中国石油集团工程技术研究院；2. 中国石油新疆油田公司)

摘　要　准噶尔盆地南缘油气资源丰富，但山前构造地质情况异常复杂，面临着高陡、巨厚强水敏泥岩、超深井带来的高温、高压、窄窗口等一系列工程技术难题。自2018年高探1井(5920m)取得重大发现以来，完善配套了安集海河组巨厚泥岩安全钻井、异常高压窄窗口精细控压、高陡构造防斜打快、高温高压气井固井等技术，支撑了呼探1(7601m)、天湾1井(8166m)等井获得重大勘探发现。随着南缘勘探指向了9000m更深层，以及呼图壁、东湾构造7500~9000m产层进入效益建产阶段，钻完井技术面临的新的挑战和要求，剖析并提出了下步钻完井技术迭代升级建议，对南缘钻完井技术发展具有借鉴意义。

关键词　准噶尔盆地南缘；超深井；天然气；山前高陡构造；钻完井

准噶尔盆地在我国天然气资源格局中占据重要地位，其天然气资源量达到$6.1\times10^8m^3$，在中国七大盆地里位居第5，丰富的资源储量，为我国能源战略提供了坚实的后备支撑。然而当前，准噶尔盆地天然气探明储量仅$0.19\times10^8m^3$，探明率仅3.2%，这一数据表明其勘探工作仍处于早期阶段，大量的天然气资源仍隐匿于地下深处，亟待勘探技术的进一步突破与勘探范围的拓展。从剩余资源角度分析，盆地剩余天然气资源量多达$5.5\times10^8m^3$，资源潜力巨大。但目前其产气量仅排第6，反映出当前勘探开发效率与资源量的不匹配。随着勘探技术持续创新，如高精度地震勘探技术和高效储层改造技术的应用，有望进一步挖掘准噶尔盆地的天然气资源潜力，提升产气量，满足不断增长的能源需求，推动我国能源结构优化和经济可持续发展。见表1。

表1　我国七大盆地天然气资源和探明率

排名	盆地	常规气/($\times10^8m^3$)	非常规气/($\times10^8m^3$)	合计-气/($\times10^8m^3$)	探明-气/($\times10^8m^3$)	探明率/%
1	四川	32.99	56.54	89.53	7.72	8.6
2	鄂尔多斯	6.03	36.45	42.48	6.86	16.1
3	塔里木	18.47	1.78	20.25	2.62	12.9
4	渤海湾	6.21	1.75	7.96	0.22	2.8
5	准噶尔	4.27	1.82	6.09	0.19	3.2
6	松辽	2.66	3.09	5.75	0.60	10.4
7	柴达木	2.71	0.00	2.71	0.44	16.2

南缘下组合为超深层大背斜构造，纵向上多层系滑脱，平面上发育5排构造带16个圈闭群，面积$8500km^2$，资源量$1.69\times10^8m^3$。目前呼图壁构造带、东湾构造带已获突破，初步落实2个千亿方气田，是增储上产重要领域，推广沿轴线、占高点、稀井高产开发模式，加快上产50亿方。如图1所示。

南缘与塔里木盆地库车凹陷隔天山相望，地质条件相似，是准噶尔盆地天然气最有利目标区。见表2。

南缘下组合K_1q、J_3k为辫状河三角洲沉积，砂体叠置发育。清水河组：底砂全区分布，厚15~48m，面积$8165km^2$。喀拉扎组：中段东部分布，厚150~480m，面积$5986km^2$。储集空间类型为孔缝双重介质，大量粒间孔+张开缝增强储渗条件。储层泥质含量低，压实成岩作用较弱，局部钙质胶结，7500m埋深粒间孔大量保存，孔隙度3%~10%。远探测-成像测井-岩心-薄片资料揭示多尺度裂缝发育，裂缝普遍半充填-未充填，显著增强储层渗流性能。为超深层异常高压气藏(埋深>7000m，地层压力>140MPa、压力系数>2.0)，呼图壁背斜3口井测试地层压力 146MPa，压力系数 2.02，露点压力 54MPa，地露压差 92MPa。东湾背斜天湾 1 井测试地层压力 171MPa，压力系数 2.17，露点压力 84MPa，地露压差 87MPa。

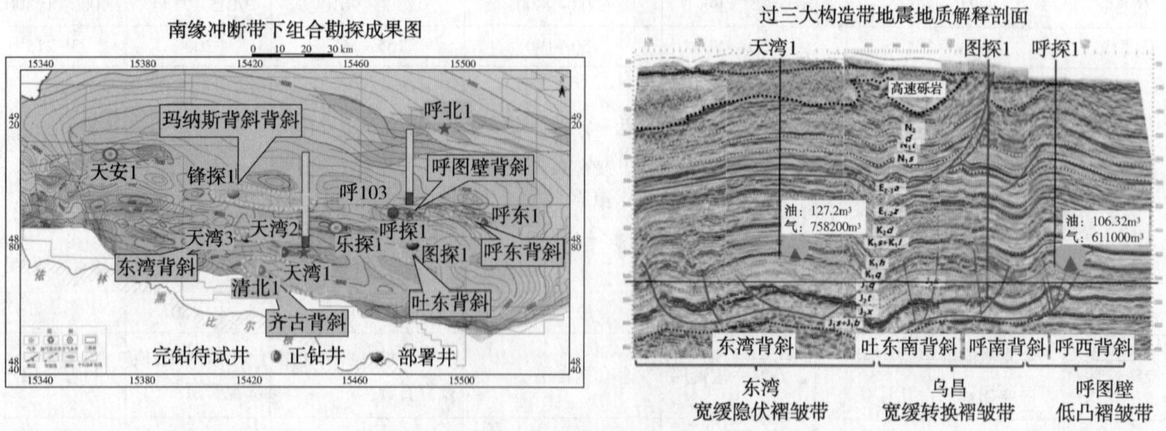

图1　南缘勘探成果图

表 2　南缘下组合与库车地质特征对比表

项目	塔里木盆地库车山前构造	准噶尔南缘山前构造
构造	逆冲推覆"叠瓦式"构造，为高陡的断背斜或断鼻为主	多层系滑脱叠置的背斜构造，为断裂分割的宽缓的背斜-断背斜
烃源岩	侏罗系 TOC 1.95%~3.49%，克深 Ro>3.0%，天然气资源量 8.91 万亿方	侏罗系 TOC 1.21%~1.97%，主体 Ro>2.0%，天然气资源量 2.11 万亿方
沉积	辫状河三角洲，K_1bs 储层 170m~400m	辫状河三角洲、扇三角洲，K_1q 储层 10~50m、J_3k 储层 180~260m
储层	岩屑长石砂岩、裂缝发育，孔隙度 4%~8%，渗透率 0.035~0.1mD	岩屑砂岩为主、裂缝发育，孔隙度 6%~10%，渗透率 0.226mD
流体	甲烷含量高，地露压差大，反凝析液量低；凝析油重质组分含量高、含蜡量高(8%~18%)	甲烷含量高，地露压差大，反凝析液量低，凝析油重质组分含量高、含蜡量低(2%)
温压	温度 120℃~184℃、压力 89~144MPa、压力系数 1.65~1.83	温度 158℃~183.45℃、压力 141.73~175MPa、压力系数 1.98~2.3
类型	受构造控制带边底水的干气-凝析气藏	受构造控制的凝析气藏

准噶尔盆地南缘油气资源丰富，但山前构造地质情况异常复杂，面临着高陡、巨厚强水敏泥岩、超深井带来的高温、高压、窄窗口等一系列工程技术难题。

1　钻完井技术面临的挑战

南缘钻井工程地质特征，下组合钻探面临"一深、一陡、一窄、两厚、三高、多复杂"的世界级难题。①构造：三套泥岩滑脱层，后翼冲断、前翼滑脱三期叠置，构造应力强、裂缝发育。压力：安集海组、白垩系两套高压层，天湾 1 最高 172MPa，呈现"两高三低"，窄压力窗口常态化。温度：8000m 以深储层温度达到 175℃，井口温度大于 110℃，高温高压对井下工器具要求高。流体：纵向发育多套油气水层，超深层储层评价和流体识别难度大，对井身结构、安全钻井挑战大。岩性：上组合砾石层、膏质砂层；中组合强水敏泥岩、高渗砂岩；下组合含砾致密砂岩。

1.1　钻完井地质工程难度对标

钻完井工程地质特征对标见表 3。

1.2　钻完井技术指标

南缘下组合 7000m 以深超深井钻井指标持续进步，完钻井深突破 9000m(清北 1 井 9056m)，钻井周期最快的跨入 200d(呼 6、呼北 1)，机械钻速从 1.5m/h 提升到 3.66m/h。如图 2 所示。

表3　钻完井工程地质特征对标

对比项	南缘	顺北	库车山前	川西北双鱼石	青海昆特依	墨西哥湾
井深/m	7730~8350	平均8298	6000~9000	7300~9010	7015~7344	9000~10800
温度/℃	130~174	160~180	150~190	155~165	200	93~215
压力系统	三低两高：安集海河组、清水河组高压，储层压力相对回落2.15g/cm³，172MPa（天湾1） 最高压力系数2.6g/cm³（乐探1）	正常压力系统，1.15g/cm³，103MPa	低-高-低，储层压力1.8g/cm³，143MPa 发育高压盐水层（2.4~2.6g/cm³）	栖霞组以上发育高压，栖霞组压力较低，1.32g/cm³，茅口组最高1.82g/cm³	上低下高，发育高压水层，1.6~1.8g/cm³	盐下异常高压，1.76g/cm³，172.5MPa
地层倾角/(°)	最大78	15~20	最大87	25~45	10~20	—
特殊岩性	安集海河组 巨厚泥岩	石炭系盐膏层	多套盐膏层	雷口坡~嘉陵江组发育石膏	七个泉组顶部泥膏层	巨厚盐层
难钻地层	上部巨厚砾石层，下走地层致密含砾，喀拉扎组不足1m/h	二叠系火成岩	上部巨厚砾石层：厚度4122~5833m（博孜1井区），储层致密砂泥岩	须一段不足1m/h，吴家坪1m/h	基岩	盐下破碎岩层

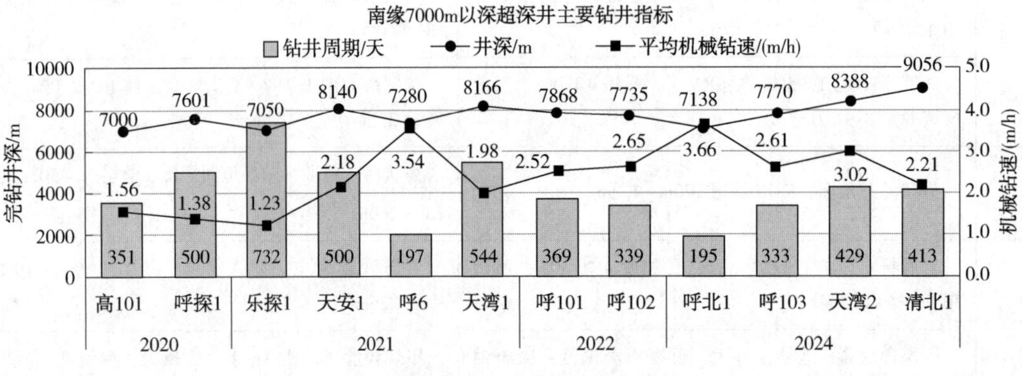

图2　南缘7000m以深井钻井技术指标

2　钻完井技术研究和进展

"十三五"以来，南缘逐步攻关完善地质力学建模、大五开/六开井身结构、垂钻+大扭矩螺杆+减震器+强化钻井参数、精细控压钻完井、油基钻井液及高效堵漏、抗高温/大温差高密度水泥浆和固井等特色钻完试配套技术体系，南缘下组合超深井完井17口，实现了7000m井打快（高泉6、呼6井）、8000m井打成（天湾1、天安1井），并迈上9000m台阶（清北1井）。

2.1　*地质力学建模研究和钻井风险预警技术*

（1）开展井震结合地质力学建模研究，强化钻前复杂风险预警，避免遭遇战。

以一维地质力学模型为约束，采用"地震波形相控"的指示模拟算法构建三维地质力学模型，揭示地层压力系统特征。受欠压实、流体膨胀及构造挤压三重叠加影响，横向不同背斜、不同井之间压力系统均存在差异，纵向整体呈现"两高三低"特征。如图3所示。

（2）钻井过程中压力监测，钻井过程中利用钻录测数据建模跟踪监测，及时发现地层孔隙压力、坍塌压力、漏失压力变化，解决横向不同背斜、不同井之间压力系统的差异特点，钻井过程中适时调整、动态优化。如图4所示。

（3）高压水层预警技术：针对胜金口组存在高压水层，开展井震结合的水层预测建模研究，精细刻画高压水层展布，实现钻前风险预警。如图5、图6所示。

（4）裂缝建模刻画与井漏复杂预警技术

提取叠后地震似然体属性进行多尺度裂缝预测，根据属性强弱将裂缝依次划分为大尺度、中尺度、小尺度。基于似然体属性，采用球形函数加权预测裂缝相对密度。综合裂缝尺度、裂缝密度、井漏复杂事件，钻前预测漏失风险。呼103井钻后漏失分析：全井段裂缝发育，以中、小尺度裂缝为主，钻至4269m发生井漏，经分析为压差性小裂缝漏失。如图7所示。

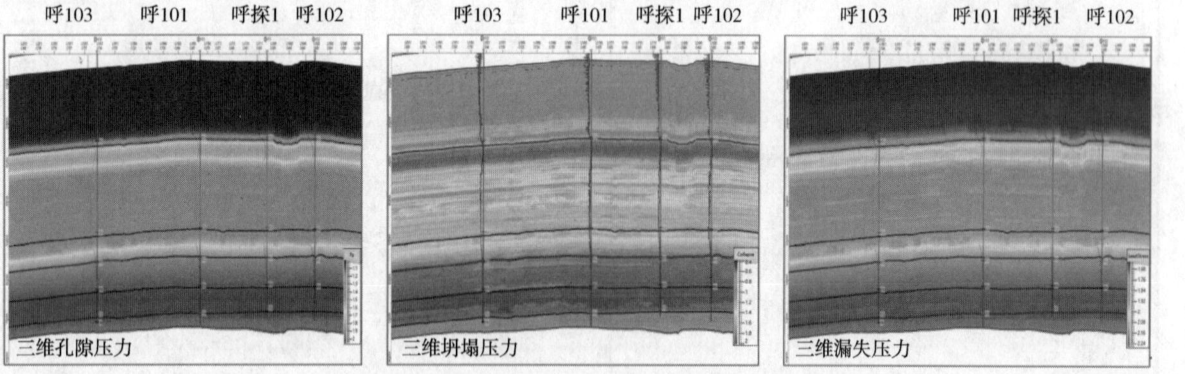

图3　南缘呼图壁构造三维地层压力特征

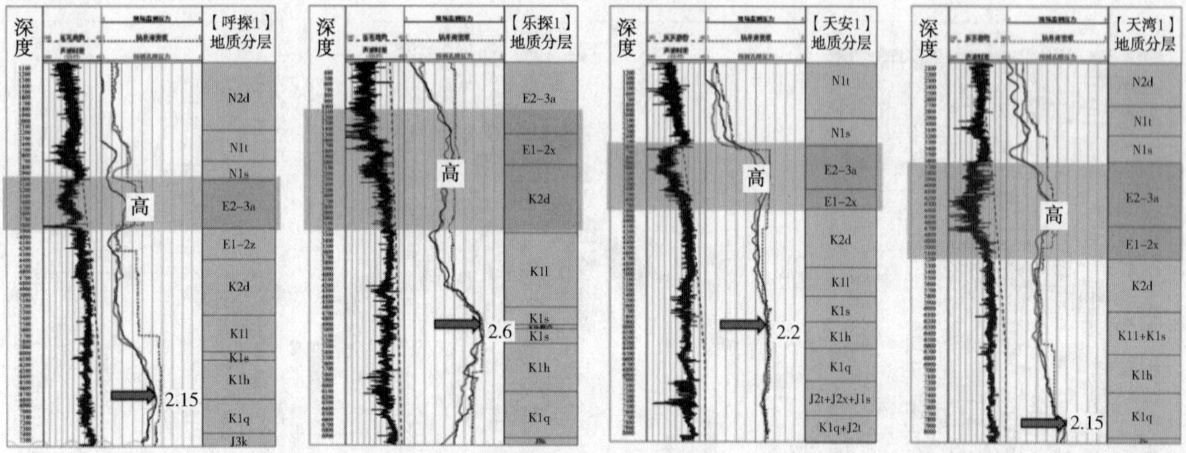

图4　南缘呼图壁构造二维地层压力特征

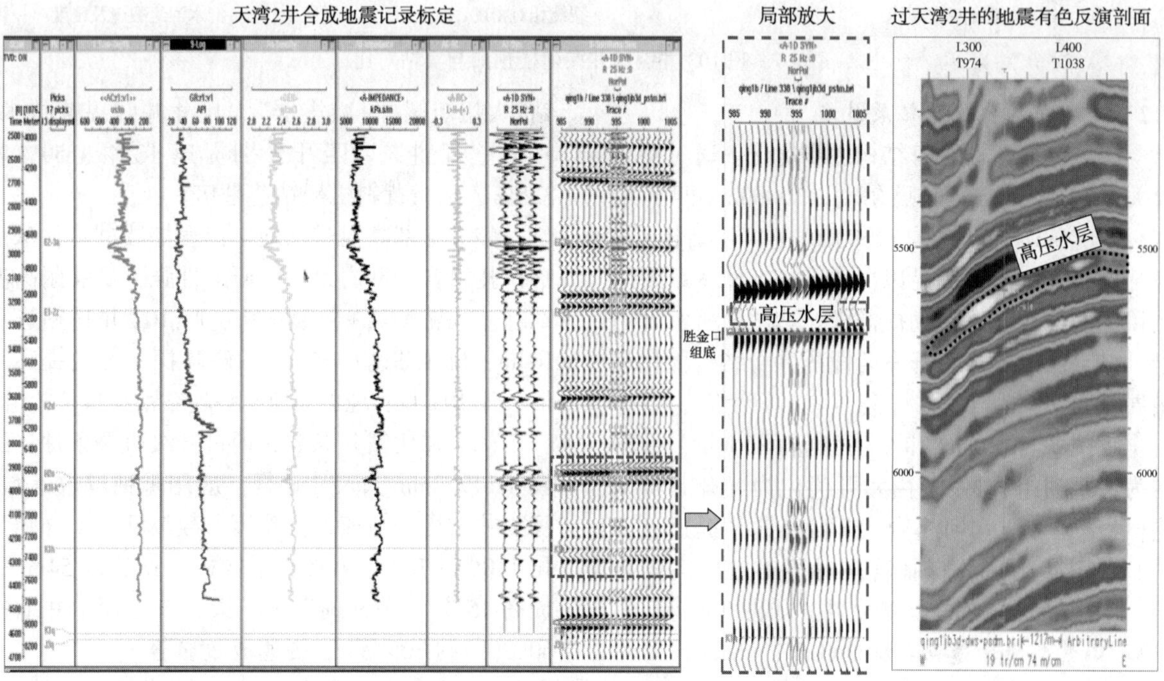

图5　井震结合的高压水层预测

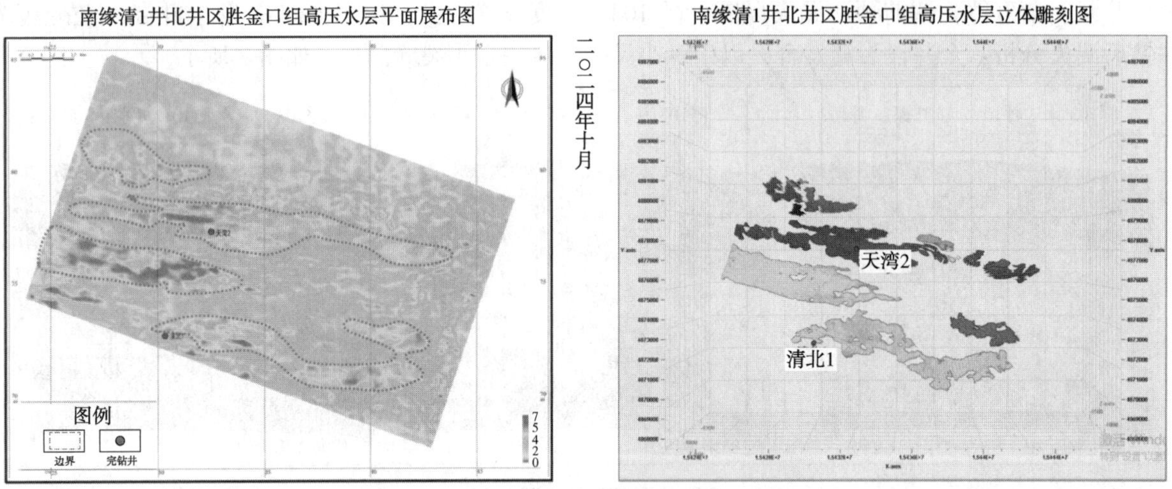

图6　天湾2-清北1在胜金口组高压水层刻画

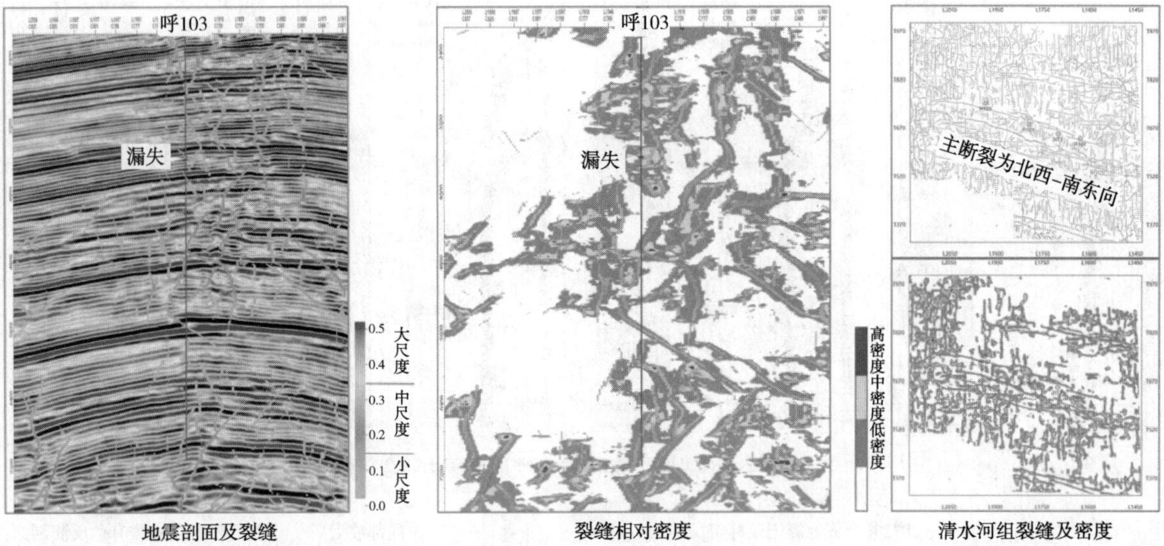

图7　呼103井裂缝井漏建模预测与实钻对比

2.2　井身结构优化与拓展技术

（1）勘探阶段井身结构逐步优化：通过持续攻关，完善形成了准噶尔南缘6000m（四开结构）、7000m（五开结构）、8000m（六开结构）井身结构系列，基本满足以白垩系、上侏罗系为地质目标的深层超深层勘探需求。如图8所示。

（2）从勘探进入开发阶段的井身结构优化和拓展方案

呼图壁（7500m）和东湾背斜（8000m、目的层为清水河组）开发井由六开优化为五开井身结构（胜金口～清水河组合打）实现钻井提速、降本，备用Φ168mm膨胀管应对不确定性高压水层，采用Φ139.7mm尾管完井。如图9所示。

2.3　山前高陡构造钻井提速技术

（1）针对上部巨厚砾石层、高陡构造，定型中上部大尺寸井眼提速技术定型“PDC钻头+垂钻+大扭矩螺杆+减震器”大尺寸井眼提速技术，呼图壁背斜二～四开分别提速132%、59%和325%，东湾背斜机械钻速翻倍。

（2）深部高温难钻地层提速持续进步，深部喀拉扎组含砾砂岩致密、研磨性强，试验耐高温螺杆、涡轮钻具+孕镶钻头，呼102井趟钻进尺104m、机械钻速0.85m/h，较呼探1井均提高一倍；呼103井实现再提速，一趟钻钻穿喀拉扎组。

（3）强化钻井参数，通过升级机泵条件、配套Φ149.2mm大尺寸钻杆、应用垂钻解放参数，呼6井钻压、转速、排量等参数较呼探1分别强化110%、70%、70%，平均机械钻速3.54m/h，提高158%，钻井周期197天，较呼探1井缩短60%（节约305天），提速成效显著。

2.4　异常高压、窄窗口安全钻井技术

针对目的层异常高压（2.47g/cm^3）、窄窗口(0.03g/cm³)，完善定型钻完井全过程控压钻井技术，保障了目的层安全钻井，有力支撑了油气勘探重大发现。钻井技术应用情况见表4。

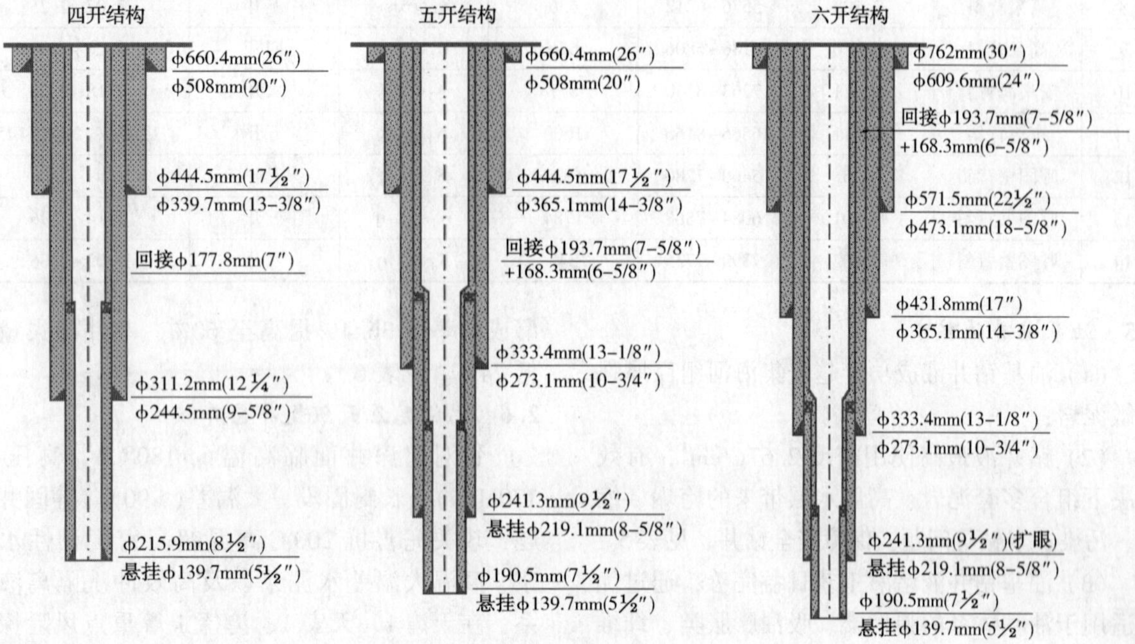

图8　南缘井身结构优化设计系列

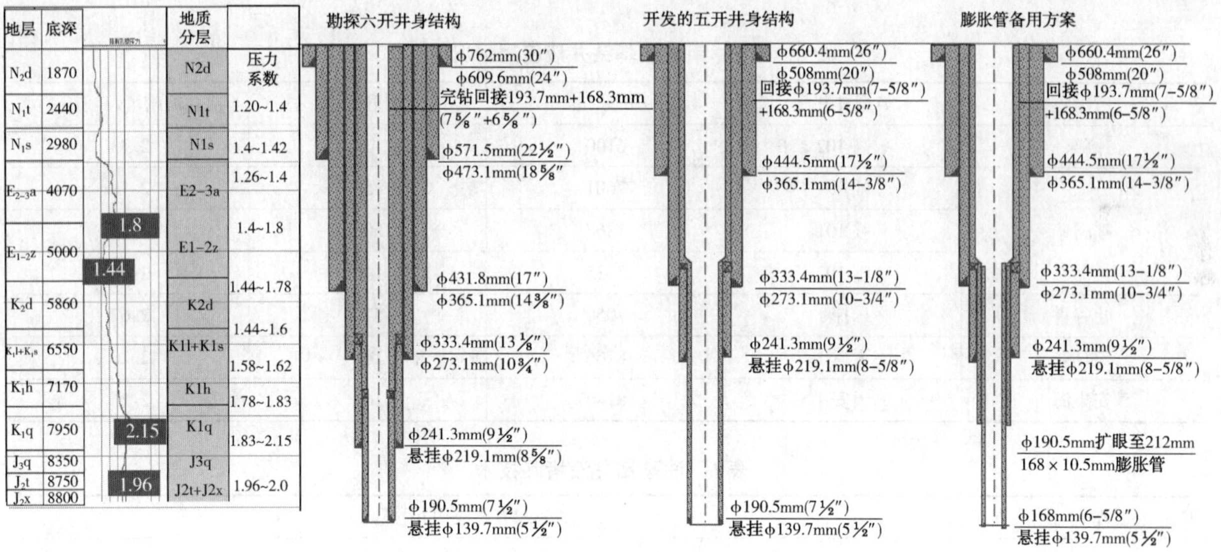

图9　进入开发阶段的井身结构优化与风险储备

表4　南缘控压钻井技术应用情况

序号	构造位置	井号	控压井段/m	控压进尺/m	地层	开次	钻井液密度/(g/cm³)
1	高泉背斜	高探1	5769~5920	151	K_1q-J_2x	五开	2.32~2.34
2	高泉背斜	高101	5910~7000	1090	K_1tg-C	四开	2.26~2.36
3	高泉背斜	高102	5616~6100	484	K_1h-J_1s	四开	2.33~2.34
4	高泉背斜	高泉5	5950~6346	396	K_1h-J_2x	四开	2.18~2.25~2.15
5	呼图壁背斜	呼探1	5700~7601	1901	K_1l-J_3q	五开	2.15~2.18~2.10
6	吐谷鲁背斜	乐探1	4309~7050	2741	K_1l-J_3q	四开-五开	2.1~2.67~2.35
7	高泉背斜	GHW001	5506~6166	660	K_1q-J_1s	四开	2.30~2.26

续表

序号	构造位置	井号	控压井段/m	控压进尺/m	地层	开次	钻井液密度/(g/cm^3)
8	高泉背斜	高 103	5576~6212	636	K_1tg-J_1s	五开	2.07~2.25
9	高泉背斜	高泉 6	6180~6806	626	K_1h-J_2x	四开	2.26~2.33
10	安集海背斜	天安 1	7263~8140	877	K_1q-J_2t	六开	2.18~2.26
11	东湾背斜	天湾 1	6566~8166	1600	K_1l-J_3k	五开	1.90~2.23~2.145
12	呼图壁背斜	呼 6	5460~7280	1820	K_1l-J_3q	五开	1.99~2.08
13	呼图壁背斜	呼 101	6084~7868	1784	K_1s-K_1q	五开	2.14~1.96
14	呼图壁背斜	呼 102	7390~7735	345	K_1q-J_3q	六开	2.02~2.06

2.5 油基钻井液技术

（1）油基钻井液成功穿越安集海河组巨厚强水敏泥岩；

（2）钻井液最高使用密度 2.67g/cm^3，有效解决下组合多套泥岩、高压水层带来的垮塌、缩径、污染、卡钻等问题，保障安全钻井。见表5。

（3）油基钻井液堵漏工艺日益完善，通过优选适用于油基体系的弹性类、吸油膨胀类、纤维类、刚性类防漏堵漏材料，形成了基于超深井裂缝漏失特征的随钻防漏、高效堵漏技术，一次堵漏成功率由 36.4% 提高至 60%、单井漏失量降低 74%。见表6。

2.6 高温高压天然气井固井技术

针对超深井面临高温（>180℃）、高压（>170MPa）、长封固段、大温差（>90℃）等固井难题，攻关完善抗 200℃ 高温超高密度韧性水泥浆、高温大温差水泥浆以及高效冲洗隔离液体系，在天湾 1、天安 1、湾探 1 等重点风险探井现场应用，保障了高温高压气井井筒完整性。固井技术应用情况见表7。

表5　南缘油基钻井液使用情况

背斜	典型井井号	井深/m	电测静温/℃	钻井液密度/(g/cm^3)
高泉	高 102	6100	131	2.33
呼图壁	呼探 1	7601	159	2.18
	呼 101	7868	150.3	2.07
	呼 102	7735	149	2.06
吐谷鲁	乐探 1	7050	157.4	2.67
东湾	天湾 1	8166	161	2.20
安集海	天安 1	8140	161	2.26

表6　油基钻井液堵漏技术

漏速/(m^3/h)	堵漏方式	堵漏配方及应用井号
—	随钻防漏	① 6%~7%TP-2+3%~4%LCM-1(乐探 1) ② 1%BZ-OFL+0.5%弹性石墨(细)+1%BZ-CDL(中)(天安 1、天湾 1)
<5	随钻堵漏	① 2%LCM-1+1%LCM-2+1%WNDK-3(乐探 1) ② 0.5%BZ-OFL+2%弹性石墨(细)+5%BZ-CDL(细)+4%BZ-SDL+ ③ 6%BZ-CDL(中)+0.5%弹性石墨(粗)
5~10	随钻堵漏	① 3%LCM-1+3%LCM-2+2%WNDK-3+2%DHF-1(乐探 1) ② 2%弹性石墨(细)+5%BZ-CDL(细)+6%BZ-CDL(中)+(天湾 1)
10~20	专项堵漏	① 5%LCM-1+3%LCM-2+3%DHF-1+3%DHF-2+3% DHF-3(乐探 1) ② 0.5%BZ-OFL+2%弹性石墨(细)+5%BZ-CDL(细)+4%BZ-SDL+6% BZ-CDL(中)+0.5%弹性石墨(粗)
>20	专项堵漏	① 3%LCM-1+5%LCM-2+5%LCM-3+5%WNDK-3+5%DHF-1+5%DHF-2+6%DHF-3(乐探 1) ② 0.5%BZ-OFL+2%弹性石墨(细)+5%BZ-CDL(细)+4%BZ-SDL+6%BZ-CDL(中)+0.5%弹性石墨(粗)

表7 南缘固井技术应用情况

井号	完钻井深/m	套管尺寸/mm	固井方式	水泥浆密度/(g/cm³)	温度/℃	固井质量
天安1井	5650	273.05	套管固井	2.30/2.30/2.30	116	合格
	7263	219.1	尾管固井	2.30/2.30	146	合格
	8140	139.7	尾管固井	2.26/2.26	161	合格
	16794.6	168.3+193.7	尾管回接	1.90/1.90	138	合格
天湾1井	2800	473.1	套管固井	1.50/1.88	65	合格
	5000	365.13	套管固井	2.0/2.0	100	合格
	8166	139.7+168.3	尾管固井	2.25/1.90	161	—
湾探1井	4276	339.7	套管固井	1.50/1.90	93	合格
	6350	244.5	尾管固井	2.07/2.07	127	合格
	7858	139.7	尾管固井	1.95/1.90	162	—
天湾2井	2800	473.08	套管固井	1.55/1.90	60	—
清北1井	3058	473.08	套管固井	1.70	72	—

3 南缘勘探钻完井技术集成应用效果

"十三五"以来，南缘逐步攻关完善大五开/六开井身结构、垂钻+大扭矩螺杆+减震器+强化钻井参数、精细控压钻完井、油基钻井液及高效堵漏、抗高温/大温差高密度水泥浆、"两阀一封"(双RD阀)射孔测试联作等特色钻完试配套技术体系，南缘下组合超深井完井14口，实现了7000米井打快(高泉6、呼6井)、8000米井打成(天湾1、天安1井)。

钻完井技术集成应用助力勘探发现：

(1) 高探1井：清水河组试获日产油1213m³、日产气32.17×10⁴m³，实现了南缘下组合油气勘探首次突破。

(2) 呼探1井：清水河组试获日产气61.9×10⁴m³、日产油106.3m³高产工业油气流，实现南缘中段天然气勘探突破。

(3) 天湾1井：清水河组8066m~8092m井段试获日产天然气75.82×10⁴m³、日产油127.2m³，地层压力171.8MPa，不断刷新南缘中段产量、压力纪录，进一步坚定了南缘寻找大型天然气藏的信心。

(4) 呼101、102井：呼102井侏罗系喀拉扎组、清水河组获高产油气流，进一步证实南缘中段下组合侏罗系勘探潜力。

4 南缘钻完井技术下步迭代升级建议

随着勘探指向9000m更深的侏罗系目标，井底温度和压力双上200℃/MPa，给井身结构、钻头和工器具、井筒工作液等带来新的要求。另一方面，为保障呼图壁构造和东湾背斜效益建产，要求井身结构缩减半级，降低开发成本。这些都给钻完井技术提出了新的挑战，需要持续攻关研究、迭代升级，表8列举了关键技术下步攻关方向。

表8 南缘钻完井技术下步迭代升级研究方向

关键技术	目前指标	技术迭代升级方向	目标
地质力学建模	能够满足一维地质力学建模	① 强烈推覆、叠瓦状构造地质力学建模 ② 高压水层展布规律预警	更精细的压力预测和风险预警
井身结构设计	① 呼图壁：非常规五开、大五开/六开 ② 东湾、清北：大五开/六开	① 呼图壁、东湾：开发定型五开，风险应对 ② 呼图壁、东湾、乌昌转换带甩开勘探，储备七开	实现8000m打快，满足9000m打成
钻头和工器具	① 巨厚砾石层减震提速技术 ② 大井眼个性化PDC+垂钻+螺杆 ③ 深部探索涡轮+孕镶钻头 ④ 175℃测斜MWD仪器 ⑤ 241.3mm井眼随钻扩眼工具	① 7000m以深、190.5mm小井眼、200℃、200MPa高温高压提速技术 ② 配套完善涡轮动力钻具和孕镶钻头，测斜工具 ③ 200℃测斜仪器 ④ 190mm井眼随钻扩眼工具	配套完善9000m工器具

续表

关键技术	目前指标	技术迭代升级方向	目标
抗高温高密度钻井液	① 室内实验抗温 200℃、井下应用最高 172℃ ② 油基钻井液承压堵漏工艺，应用 45 井次，一次堵漏成功率 65%	① 开展抗温 200℃水基/油基钻井液现场试验 ② 持续攻关油基钻井液堵漏承压能力(0.02↑0.05)	复杂时率≤3%
高温高压固井	密度 2.30~2.55g/cm^{3}抗 180℃高温、70℃大温差国产水泥浆体系	① 攻关耐温 200℃、100℃大温差高强度水泥浆体系 ② 精细控压固井工艺	固井质量合格≥95%
高温高压试油	① 两阀一封工艺 ② 试油压力和温度 172MPa、170℃，光钻杆试油	① 耐温 200℃高温酸液 ② 耐温 200℃、压力 200MPa 的压力计、减震器、封隔器等	9000m 井试油成功

5　认识与结论

(1) 认识：准噶尔盆地南缘油气资源丰富，但山前构造地质情况异常复杂，面临着高陡、巨厚强水敏泥岩、超深井带来的高温、高压、窄窗口等一系列工程技术难题。自 2018 年高探 1 井(5920m)取得重大发现以来，新疆油田、钻探企业、工程院合力攻关，完善配套了安集海河组巨厚泥岩安全钻井、异常高压窄窗口精细控压、高陡构造防斜打快、高温高压气井固井和完井试油等技术，支撑了呼探 1(7601m)、天湾 1 井(8166m)等井获得重大勘探发现。

(2) 结论：南缘勘探指向了 9000m 更深层，呼图壁、东湾构造 7500~9000m 产层进入效益建产阶段，对工程技术提出了新的要求。本报告梳理了钻完井技术进展、面临的挑战，提出了技术迭代升级建议，对南缘钻完井技术发展具有借鉴意义。

参　考　文　献

[1] 邹灵战，葛云华，张军，等. 龙岗地区复杂压力层系下非常规井身结构设计与应用[J]. 石油学报，2012，33(增刊2)：189-195.

[2] 管志川，柯珂，路保平. 压力不确定条件下套管层次及下深确定方法[J]. 中国石油大学学报：自然科学版，2009，33(4)：71-75.

[3] 郑有成，钱浩东，常洪渠. 关于采用非常规套管程序改进四川深井井身结构设计的探讨[J]. 钻采工艺，2008，31(1)：7-11.

[4] 郑有成，刘素君，常洪渠. 再论采用非常规套管程序改进深井超深井井身结构设计[J]. 钻采工艺，2010，33(3)：1-3.

[5] 刘伟，周英操，段永贤，等. 国产精细控压钻井技术与装备的研发及应用效果评价[J]. 石油钻采工艺，2014，36(4)：34-37.

[6] 李枝林，薛秋来，唐国军，等. 精细控压钻井系统控制策略设计及实践[J]. 钻采工艺，2014，37(1)：14-17.

[7] 康海涛，白俊成，蔡云平，等. 马深 1 井超深小钻孔井眼准备及套管下入技术[J]. 石油钻采工艺，2016，38(5)：583-584.

[8] 樊相生，马洪会，冉兴秀. 马深 1 超深井四开钻井液技术[J]. 钻井液与完井液，2017，34(2)：57-63.

[10] Shaughnessy JM, Daugherty W & Graff RL. More ultra-deepwater drilling problems[C]//SPE/IADC Drilling Conference, 20-22 February 2007, Amsterdam, The Netherlands. DOI:https://doi.org/10.2118/105792-MS.

[11] Jellison MJ, R. Chandler RB, Langdon SP & Connor JK. Deepwater and critical drilling with new conncetion technology—case histories and lessons learned[C]//SPE Asia Pacific Oil and Gas Conference and Exhibition, 18-20 October 2010, Brisbane, Queensland, Australia. DOI:https://doi.org/10.2118/133857-MS.

[12] Ho T, Alferez C, Cortez M, Nott I & McNary X. Optimal bit, reamer selection and operating procedures improve hole enlargement performance in deepwater gulf of Mexico[C]// SPE/IADC Drilling Conference, 5-7 March 2013, Amsterdam, The Netherlands. DOI: https://doi.org/10.2118/163425-MS.

[13] 汪新，王招明，谢会文，等. 塔里木库车坳陷新生代盐构造解析及其变形模拟[J]. 中国科学(地球科学)，2010，40(12)：1655-1667.

[14] 滕学清，陈勉，杨沛，等. 库车前陆盆地超深井全井筒提速技术[J]. 中国石油勘探，2016，21(1)：76-88.

[15] 周健，贾红军，刘永旺，等. 库车山前超深超高压盐水层安全钻井技术探索[J]. 钻井液与完井液，2017，34(1)：54-58.

[16] 周健，刘永旺，贾红军，等. 库车山前巨厚盐膏层提速技术探索与应用[J]. 钻采工艺，2017，40(1)：21-24.

渝西区块深层页岩气产层固井技术研究与应用

贾永江　杨　强　孙永刚　周　东

（中石化华北石油工程有限公司）

摘　要　渝西区块位于川东挤压滑脱带，2018年之后开始商业开发。区块储集层位上奥陶统五峰组-下志留统龙马溪组，井深6300~7200m，储层深度在4000m以上，水平段长1600~2300m。因处于开发初期，地质条件不明朗，钻遇高温、高压、漏失地层的概率显著增大。通过资料收集与分析，梳理出渝西深层页岩气地质特点和固井难点，在此基础上进行压稳防窜技术研究，对水泥浆及驱油隔离液体系进行优化，并通过现场应用论证，形成一套适合于渝西深层页岩气产层固井的工艺技术。

关键词　渝西区块；深层页岩气；产层固井；长水平段；驱油

随着石油天然气勘探开发技术进步，页岩气开发开始逐步向深层、超深层迈进。渝西区块是重庆页岩气公司的重点勘探开发区块，区块储集层位上奥陶统五峰组-下志留统龙马溪组，井深6300~7200m，储层深度在4000m以上，水平段长1600~2300m。产层固井存在温度高、水平段长、油基泥浆难清洗、水泥浆及前置液体系难适应、顶替效率低、注替浆压力高等问题，原有的其他区块页岩气固井工艺和水泥浆体系在渝西区块适应性不足，亟需进行调整优化。

1　渝西区块地质特点与固井难点

1.1　地质特点

渝西区块主体井区位于蒲吕场向斜，西为西山构造，东为西温泉、沥鼻峡构造，南接东山构造。西山构造相对较陡，沥鼻峡、西温泉构造狭窄，蒲吕场向斜地层平缓，呈不规则的双椭圆形，东北部和西南部窄，中部较宽缓。向斜内无区域大断层发育，仅发育少量北东向为主的小断层。如图1所示。

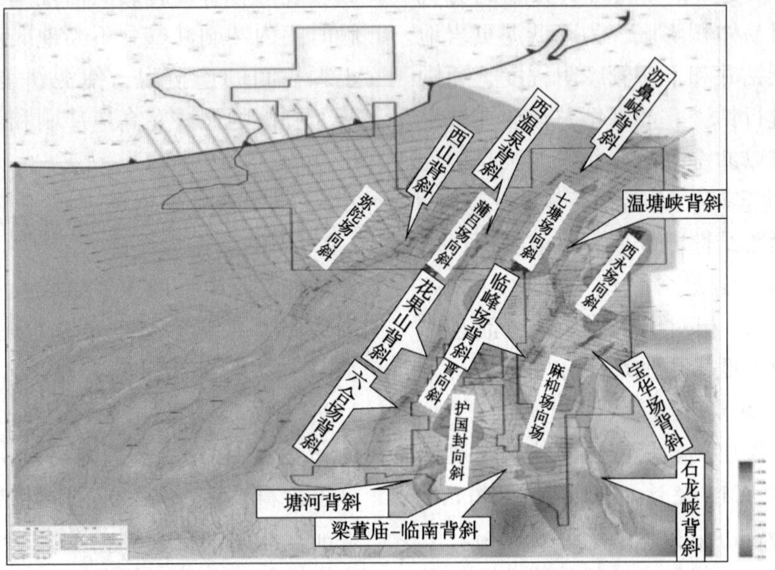

图1　渝西区块地质结构

志留系石牛栏组、龙马溪组为四开地层，石牛栏组岩性为灰绿色泥岩夹薄层灰色、褐灰色灰岩。龙马溪组沉积物多由黑、灰黑色页岩组成，向上逐渐过渡为灰色钙质泥岩和薄层状灰岩互层直至灰岩夹钙质泥岩。龙马溪组为页岩气主力开发地层。本区龙马溪组遭受部分剥蚀，靶区命中难度大，四开钻井过程中频繁调整轨迹追层，造成井眼轨迹差，影响套管居中度。地层温度梯度高，完钻井深位置静止温度可超过140℃。

1.2 固井难点

渝西区块井身结构一般为四开制，其中三开钻头尺寸311.2mm，一般设计钻至龙马溪顶完钻，但因龙马溪组压力系数较高，钻开龙马溪组需将钻井液密度提高至1.83g/cm^{3}以上，为降低上部地层漏失风险，也常根据井况提前完钻，钻至栖霞组或梁山组完钻，区块内钻深3200～4000m不等。四开采用水平井结构，钻头尺寸215.9mm，下入139.7mm气密扣完井套管，水平段长常超过2000m。

1.2.1 套管居中度难保证

渝西区块页岩气井斜井段+水平段长度超过3000m，在斜井段和水平井段套管受重力、浮力和摩擦阻力的共同作用，套管与井壁发生长段面积的接触，导致套管偏心，甚至贴边，造成水泥环不均匀、顶替效率低，严重影响固井质量。

1.2.2 气层活跃，易发生气窜

渝西区块页岩气四开裸眼段较长，钻遇气层多，其中龙马溪组几乎全井段均为气层，石牛栏组和五峰组也均有气测异常地层，在固井候凝过程中易发生气窜，影响固井质量。

1.2.3 油基钻井液清洗困难

渝西区块页岩气井目的储层垂直深度超过4000m，页岩埋藏深度深，泥页含有大量的有机泥质物质，遇水时易体积膨胀，为降低泥页岩地层坍塌风险，降低钻井和下套管摩阻程度，通常采用油基钻井液进行钻进。油基钻井液会在井壁形成一层油膜，难以冲洗干净，而水泥浆是极性溶液，油是非极性溶液，不能很好的胶结在一起，使水泥环界面胶结性能变差。目前渝西区块普遍使用轻质白油，芳烃含量仅为0.5%～5%，运动黏度2～5mm^2/s，相对于柴油更低，而且比柴油挥发性低、燃点低，更加环保和安全。

1.2.4 产层固井对水泥浆性能要求高

目前渝西区块深层页岩气产层固井采用双凝水泥浆体系，领浆密度设计1.95～2.30g/cm^3，尾浆密度在1.90g/cm^{3}左右。由于封固段长，上下温差大，因此要求领浆具有较好的流动性及温度适应性，水泥浆性能对密度变化不敏感。由于井底温度高、压力高且水平段长，在固井过程中，尾浆析出的自由水易在水平段高边积聚形成通道，造成窜槽，在候凝过程中由于重力作用，水泥浆易沉降，造成上侧的水泥石强度低，渗透率高，易发生气窜。由于页岩气后期会进行大型压裂施工，因此要求尾浆具有较高的弹韧性及耐久性，以降低射孔、压裂等工艺对水泥环造成的不可恢复的冲击破碎作用。

2 驱油隔离液体系研发

2.1 驱油隔离液的作用机理

（1）破乳作用。复合表面活性剂能改变油基钻井液中乳化剂的极性，产生破乳作用，使井壁和套管壁由油润湿变为水润湿，同时它还具有较高的活性，能渗入油/水界面的天然乳化剂保护膜中，顶替出原界面膜中的天然乳化剂分子，构成新的易破裂的界面膜，在反相过程中乳化膜破裂，使w/o反相成o/w型。

（2）增溶作用。复合表面活性剂是由多种具有两亲性的非离子型表面活性剂复配而成，亲油基易定向吸附并排列于油包水钻井液的油相上，而亲水基伸向水相，使两个界面充分润湿，降低了界面张力，加上分散、乳化增溶等一系列物理、化学的效应，能清除套管壁和井壁上的油污，改善界面胶结。

（3）渗透作用。复合表面活性剂有较强的表面活性，易于分散在整个油相中，并能渗入到乳化剂的保护膜中，使保护膜脆弱变皱，从而导致其破裂。含有复合表面活性剂的前置液在紊流接触时间内冲刷井壁并不断地向泥饼渗透，降低粘土颗粒间的连接力，使泥饼变得疏松和易于剥落，剥落的泥饼在高速冲刷和悬浮作用下被携带出井筒。

2.2 隔离液性能测试

2.2.1 紊流排量设计

油基隔离液的主要组成为水、隔离剂、冲洗剂、加重剂、缓凝剂、消泡剂，基础配方为：淡水100%+隔离剂3%+冲洗剂15%+加重剂200～250%+缓凝剂4～7%+消泡剂0.5%，密度在1.85～2.05g/cm^{3}范围内可调。隔离剂是一种高分子材料，它具备一定的固相悬浮能力，能够保证前置液中加重材料的均匀分散，不发生沉降，防止钻井液中的固相颗粒及冲刷下来的泥饼沉降和堆积。冲洗剂中含复合表面活性剂和调节剂，复合表面活性剂能够将亲油性变为亲水性，保证胶结面固井质量，调节剂为一种惰性固体粒子，能增强冲刷效果，并对井壁和套管壁有辅助除油效果。

隔离液性能测试和紊流排量计算见表1、表2。

表1　油基加重隔离液性能表

隔离液	Φ600	Φ300	Φ200	Φ100	Φ6	Φ3	流性指数 n	稠度系数 K
常温	173	100	71	44	11	9	0.79	0.37
93℃	99	56	40	28	7	4	0.82	0.17

表2　隔离液紊流临界参数计算

类别	参数
临界雷诺数 N_{Rec}	2343.8
环空紊流临界流速 V_c/(m/s)	1.09
环空紊流临界排量 Q_c/(L/s)	25.5

四开固井替浆排量一般达1.6m^3/min(26.7L/s)以上，隔离液可以达到紊流，有利于提高顶替效率。

2.2.2　冲洗效率测试

冲洗效率是评价隔离液性能的关键指标，是隔离液评价优选、用量和排量设计的重要依据，对固井界面胶结质量和层间有效封隔有着重要的影响。用六速旋转黏度计的转筒模拟套管，使其表面吸附一层钻井液后，再放入前置液中并在模拟一定转速下冲洗一定时间，模拟前置液在环空流动冲洗状态，最后通过冲洗前后吸附钻井液的质量变化来评价前置液冲洗效率。根据室内实验和现场经验，油基泥浆冲洗率到90%以上一般即可保证固井质量。具体见表3、图2。

表3　模拟状态下的冲洗效率

钻井液类型	W_1/g	W_2/g	W_3/g	冲洗效率/%
白油基钻井液1#	153.35	157.48	153.63	93.22
白油基钻井液2#	153.42	157.53	153.55	96.84

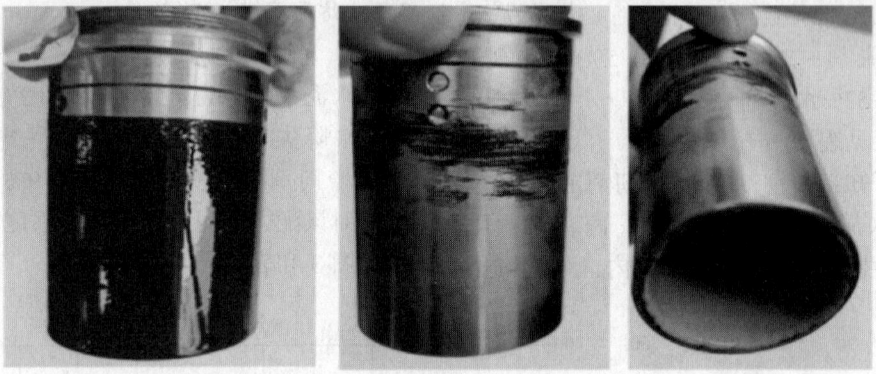

图2　吸附钻井液后的转筒以及隔离液冲洗后的外壁和内壁

3　产层水泥浆体系研发

页岩气水平井需大规模压裂作业，压裂压力一般为90~110MPa，压裂施工中排量大、规模大，同时在水泥石中产生交变载荷。常规水泥石脆性高、耐冲击能力差，在压裂中会产生裂缝、破碎等问题，从而破坏整个井筒的完整性。因此，要求固井水泥具有一定的弹韧性，用以防止和降低环空带压率，并能有效降低大规模压裂对水泥石的破坏。

3.1　弹塑增韧剂加量研究

目前，满足页岩气水平井固井的弹性材料主要有乳胶、弹性颗粒两类，水泥水化反应后，较小的弹性颗粒分散到水泥中，起到骨架作用，施加外力时，弹性材料收缩实现缓冲，可有效降低脆性破坏的概率。胶乳为乳化聚合物，主要性状为细球状微粒的悬浮乳状液，防窜、弹性性能优良，一定程度上可以改善页岩气水平井水泥石完整性。但胶乳聚合物类弹性剂胶乳加量一般应在15%以上才能真正对改善水泥石力学性能起到作用，且价格较为昂贵，存在易破乳、性能不稳定的特点，受温度等外界环境影响大，故常见弹韧剂中较少使用。较为普遍的弹性材料是橡胶制品，它是一种由橡胶、炭黑、外加剂等组成的交联结构材料，废旧橡胶经过加工粉碎后得到的橡胶粉，分子呈三维空间网络结构，具有类似天然橡胶的弹性并且不具有粘性和可塑性，填充在水泥石结构中可有效提高韧性。

市场常用的弹韧剂中加入的橡胶粉粒径范围一般在0.15~0.25mm，不同粒径弹性粒子对水泥石性能的影响见表4。

随着弹性粒子加量增大，水泥石弹性模量呈下降趋势，粒径小的弹性粒子较粒径大的弹性粒子弹性模量更小。为达到更好的力学性能，优选弹韧剂中弹性粒子粒径为0.15~0.20mm。

表4　不同粒径不同加量弹性粒子水泥石性能

弹性粒子粒径/mm	加量/%	水泥石抗压强度/MPa	水泥石弹性模量/GPa
	0	28.98	11.67
0.15~0.20	1	26.95	7.48
	2	25.32	6.35
	3	20.17	5.98
0.20~0.25	1	26.31	9.37
	2	25.67	7.35
	3	24.83	6.86

选取弹韧剂A和弹韧剂B两种常用弹韧剂，其橡胶粉粒径范围均为0.15~0.20mm，分别在水泥浆中加入不同比例弹韧剂A和弹韧剂B，分析高温高压养护后水泥石力学性能。水泥浆基础配方：100%JHG+2%微硅+35%硅粉+3%降失水剂+1.5%膨胀剂+2%防窜剂+0.5%分散剂+0.9%缓凝剂+57%水。

实验结果见表5。

由表5可知，弹韧剂A及弹韧剂B均有较明显的提高水泥石弹韧性的效果。两者对比可知，要将弹性模量降低至7GPa以内，弹韧剂A加量较弹韧剂B小。在降低水泥石弹性模量的同时，抗压强度也有一定下降，但均大于20MPa，水泥石强度均能满足现场要求。综合考虑技术参数及经济性，优选弹韧剂A，尾浆中加量为2%。

表5　不同弹塑增韧剂及加量对水泥石力学性能的影响

弹塑增韧剂类别	加量/%	抗压强度/MPa	弹性模量/GPa
	0	29.3	15.70
A	1	25.2	10.64
	2	24.9	6.77
	3	21.2	5.64
B	1	27.7	12.23
	2	26.2	8.97
	3	23.9	6.66

3.2　防气窜能力研究

3.2.1　静胶凝强度测试

水泥浆配方为：100%JHG+2%微硅+35%硅粉+3%降失水剂+1.5%膨胀剂+2%防窜剂+2%弹塑增韧剂+0.5%分散剂+0.9%缓凝剂+57%水。对该配方水泥进行静胶凝强度测试，实验结果见图3和表6。

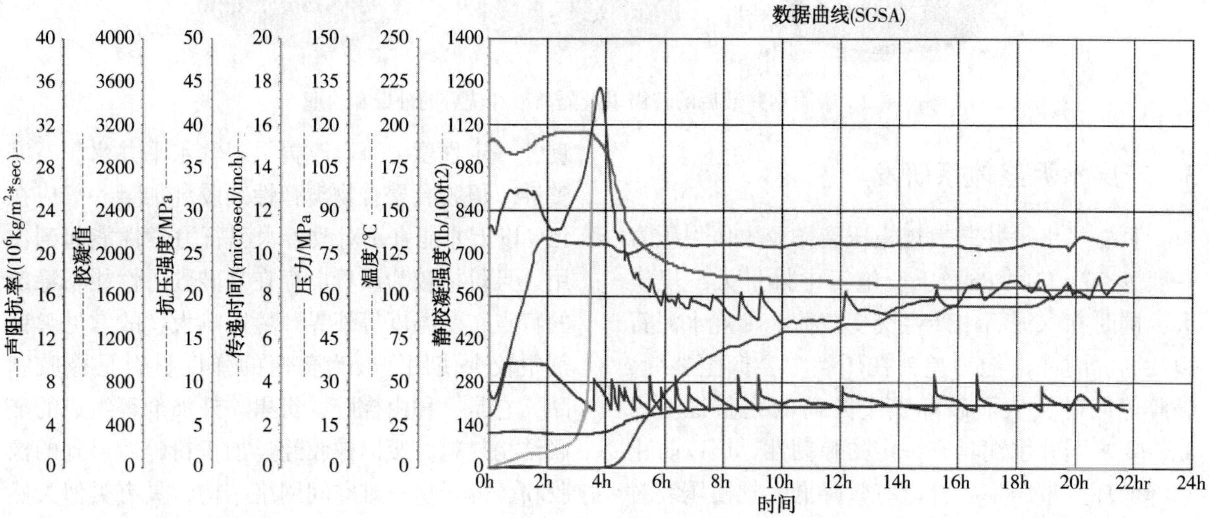

图3　静胶凝强度实验曲线

表6　静胶凝强度实验结果

	参数	时间	48~240Pa时间差/min
实验条件	终止温度130℃		
胶凝点1	100lb/100ft²(48Pa)	3h27m	10
胶凝点2	500lb/100ft²(240Pa)	3h37m	

静胶凝强度过渡时间内发生气窜可能性较大，按井内页岩气上窜速度小于20m/h计算，30min内气体上窜高度小于10m，因而可以认为过渡时间短于30min为防窜性能良好。由表6可知，水泥浆在130℃条件下，静胶凝过渡时间仅为10min，具有较为优越的防窜性能。

3.2.2　水泥石渗透率测定

通过室内实验，评价甲烷气体模拟动态流动条件下，防气窜水泥石的渗透率变化，从而测试水泥浆在凝固后的防气窜能力。测得结果如图4所示。

由图4可知，水泥石渗透率小于6×10^{-4}mD，且在7天以内无明显变化，其渗透率已远小于泥页岩的渗透率，气体发生气窜可能性很低，水泥石具有良好的防气窜性。

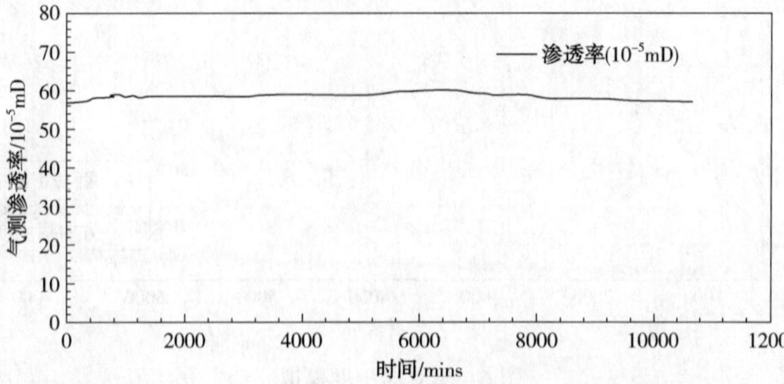

图4　7天渗透率变化图

4　施工配套工艺

4.1　扶正器类型优选

页岩气井水平井段以使用滚珠式刚性扶正器为主，六棱，每条棱上有4~6颗不锈钢滚珠，当套管进入斜井段时，一方面使大段套管本体不紧贴井眼低边，摩擦面积大大减少；另一方面，由于滚珠的滚动，使得常规下套管时的滑动摩擦转变为滚动摩擦，从而大大减少套管与井壁之间的摩擦阻力，便于套管顺利下入。

刚性扶正器的扶正条与轴线有一定的夹角，一般为23~35°。其作用在于当流体穿过扶正器的螺旋条时产生旋流，从而提高顶替效率。根据刚性扶正器扶正条与轴线夹角螺旋方向的不同，可分为左旋与右旋两种螺旋向，扶正条由左下至右上为右旋，右下至左上为左旋。对两种不同旋向扶正器进行受力分析(图5)，旋转下套管时套管旋向为顺时针，套管旋转对扶正器施加作用力F_1，套管下行对扶正器施加作用力F_2，两力合力F方向为右上至左下，与右旋刚性扶正器扶正条行进方向一致，与左旋刚性扶正器扶正条行进方向相反。在通过遇阻段时，右旋刚性扶正器在套管施加作用力下与井壁作用方式为切削，左旋刚性扶正器与井壁作用方式为刮削，右旋型摩阻小于左旋型，通过性高于左旋刚性扶正器，发生卡套管风险较低，其原理类似于自攻螺丝，优选采用右旋刚性扶正器。

4.2　扶正器安放位置设计

通过Cementing System软件，按水平段1根套管加1各滚珠扶正器方案进行套管居中度模拟，模拟曲线如图6所示。

由模拟结果可知，当水平段滚珠扶正器为1根1加时，水平段套管居中度在72.1%，满足居中度>67%要求。

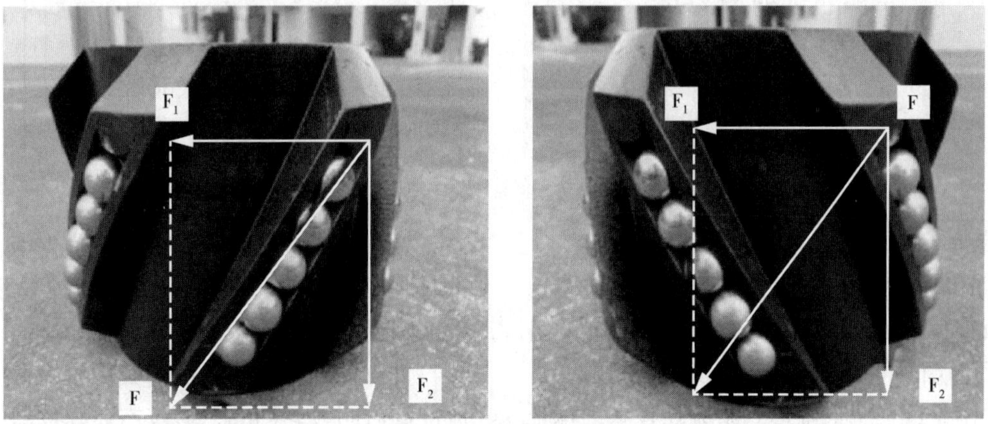

图5　扶正器受力分析

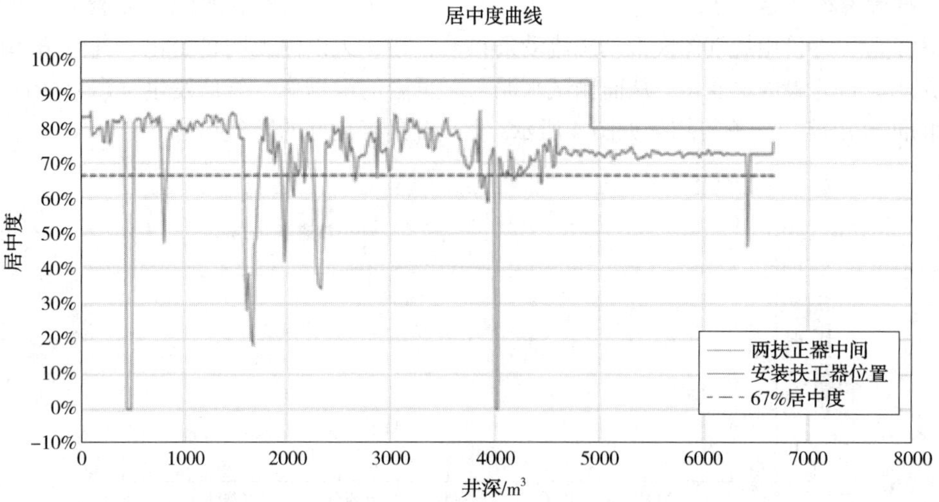

图 6　套管居中度模拟

BG140V 套管允许通过的最大弯曲率计算：

$$C_m = \frac{10\sigma_s}{59.9D_oK_1K_2} \tag{1}$$

式中：C_m为套管允许通过的最大井眼曲率，(°)/30m；σ_s为套管管体的屈服强度，MPa；D_o为套管外径，m；K_1为安全系数，API 推荐 1.8；K_2为螺纹应力集中系数，API 推荐 3.0。

Φ139.7mm×BG140V 套管 σ_s = 86.2MPa，计算得 C_m = 19.08°/30m，以某井为例，井深 6301.79m 处有井眼最大曲率 C_m = 2.95°/30m，C_w<C_m，套管能够下入井内。

套管柱受力分布与强度曲线如图 7 所示。

通过模拟，在此扶正器加放方案下，套管拉伸载荷、外挤载荷、内压载荷都在套管最大承受范围内，最终判断在此扶正器加放原则下套管能顺利下入。

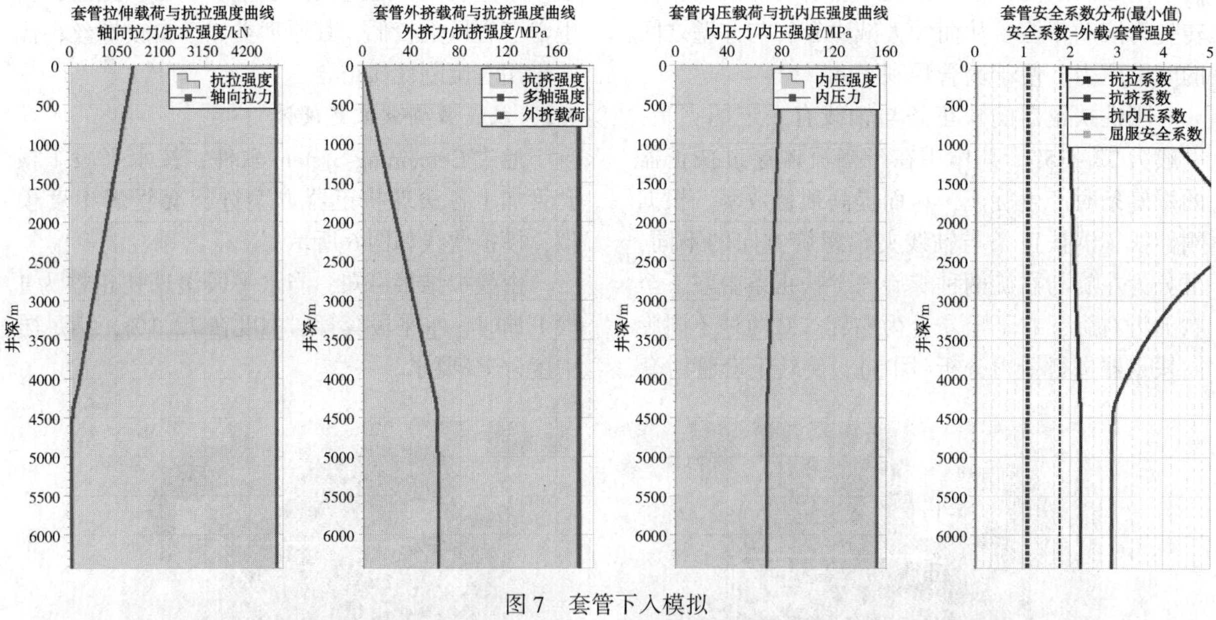

图 7　套管下入模拟

4.3　提高顶替效率技术研究

固井时最理想的状态是前置液和水泥浆均达到紊流顶替，然而出于压稳气层和防气窜的目的，四开产层固井水泥浆普遍密度较高、触变性强，实际作业过程中很难达到紊流顶替。为保证固井质量，可以通过隔离液达到紊流顶替的方法来有效提高顶替效率。实际顶替过程中，一般要求替浆环空返速大于 1.1m/s，这就要求隔离液紊流临界返速低于该阈值。

行业标准规定前置液出套管后对目的层的紊流冲刷时间应≥7min，通过六速旋转黏度仪对前置液冲洗效率模拟，在转速 300r/min 的转速下冲洗 10min，再用清水冲洗 30S，冲洗效率达到 90%以上。以此为依据，进行前置液用量设计，前置液用量 $20m^3$。另外，为了进一步冲洗附着在套管壁和井壁上的油基泥浆及加重隔离液，在加重隔离后设计密度为 $1.03g/cm^3$ 冲洗液 $4\sim6m^3$。

5　现场应用实例

足 A 井是重庆页岩气勘探开发有限责任公司在四川盆地渝西区块西山构造蒲吕场向斜布置的一口开发井，该井四开采用 Φ215.9mm 钻头钻至 6600m 完钻，水平段长 1900m，钻井过程中无复杂情况，完钻钻井液密度为 $1.85g/cm^3$，采用 Φ139.7mm 套管下入深度 6596.08m，30°井斜以下套管一根一加滚珠刚性扶正器。固井采用驱油加重隔离液 $20m^3$、冲洗液 $4m^3$，一次性正注常规水泥浆，两凝水泥浆体系，两凝界面 4300m，其中密度为 $1.95g/cm^3$ 的缓凝水泥浆封固 0~4300m 井段，密度为 $1.90g/cm^3$ 的快干水泥浆封固 4300~6600m 井段，注替浆排量 $1.6\sim1.8m^3/min$，水泥浆返至地面 $10m^3$，采取阶梯式加压的方式环空加回压 5~10MPa 候凝。该井产层固井优良率为 88.4%，固井综合质量评定为优质。质量曲线如图 8、图 9 所示。

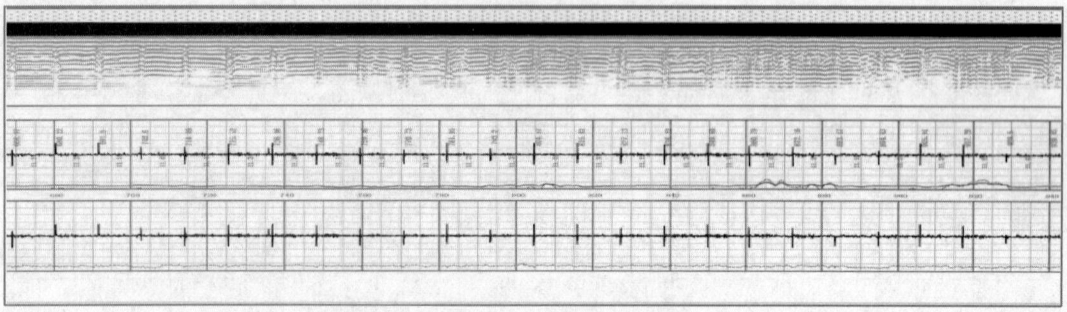

图 8　足 A 井产层领浆段固井质量曲线

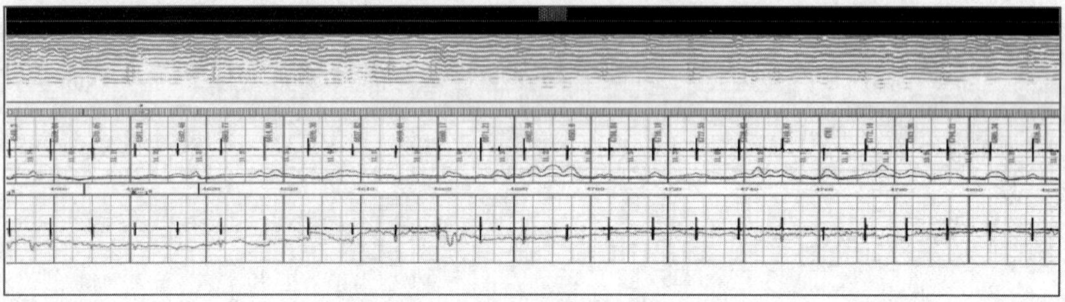

图 9　足 A 井产层尾浆段固井质量曲线

6　结论与认识

（1）针对渝西区块白油基钻井液研发了一套加重驱油型前置液体系，润湿反转效果明显，冲洗效率达到 90%以上，可以高效冲洗管壁油膜，提高界面胶结质量。

（2）通过对添加剂种类的优选及加量的研究，研发出了一套适合渝西区块页岩气产层固井的弹韧性防气窜水泥浆体系，具有良好的防气窜性能，水泥石抗压强度高，弹性模量低，可满足页岩气储层的固井和后续大规模压裂要求。

（3）通过优选扶正器类型、研究加放原则、确定隔离液排量与数量等技术措施，确保了套管顺利下入，提高了顶替效率。

参　考　文　献

[1] 刘洋. 水泥浆防气窜关键性能及防气窜能力评价方法研究[D]. 成都：西南石油大学，2012. 2.
[2] 黄冬. 四川盆地南部龙马溪组富有机质页岩储层特征研究[D]. 成都：西南石油大学，2018. 3.
[3] 巢贵业，陈宇. 固井环空气窜机理和防窜水泥浆体系及其措施[J]. 工程建设. 2006.
[4] 张成林. 渝西大足区块五峰组-龙马溪组深层页岩储层特征与勘探前景[J]. 天然气地球科学，2019. 12.
[5] 张瑜. 渝中-渝西地区侏罗系、二叠系页岩气潜力地质评价[D]. 中国石油大学，2016. 5.
[6] 程雁，等. DWA-I 防窜水泥浆的研究和应用[J]. 钻井液与完井液，2005，22(4)
[7] 雷鹏飞. 页岩气水平井固井技术研究[D]. 西安：西

安石油大学，2014. 6.

[8] 曹成章. 水泥浆胶凝强度模型的建立及防气窜评价研究[D]. 中国石油大学，2010. 4.

[9] 雷杨. 基于颗粒级配的深层页岩气高强弹韧性水泥浆体系研究[D]. 中国石油大学，2017. 4.

[10] 孙焕泉，等. 中国石化页岩气发展现状与趋势[J]. 中国石油勘探，2020，25(2)：14-26.

[11] 魏源，等. 渝西地区五峰组-龙马溪组深层页岩储层力学脆性的非均质性特征——以 Z-3 井为例[J]. 非常规油气，2021，8(1)：67-76.

[12] 尹兴平，等. 渝西地区五峰组-龙马溪组龙一$_1$亚段页岩岩相及储层特征[J]. 岩性油气藏，2021. 33(4)：1-11.

[13] 赵长青，等. 长宁-威远页岩气示范区水平井固井技术[J]. 断块油气田，2014，21(2)：256-258.

[14] 冯动军，等. 川东南地区五峰组-龙马溪组页岩气成藏条件分析[J]. 地质论评，2016，62(6)：1521-1532.

川庆钻井数字化现场建设的研究与应用实践

钱浩东　金　亮　谢寅溥

（中国石油集团川庆钻探工程有限公司）

摘　要　本研究通过分析智能钻完井技术及装备的现状，指出了当前技术的发展现状与发展瓶颈。针对发展瓶颈，本研究构建了本研究构建了“云-边-端”协同的数字化架构体系，提出了“1+3+N”的数字化现场建设模式。研究展示了数字化建设在井场业务决策管理、生产运行、工程技术、风险管控、装备预测、安全管理及生产组织变革等方面的成果。最后，展望了未来钻井工程数字化、智能化转型的发展趋势，旨在推动油气行业数字化转型，提升复杂工况处置效率，降低单井综合成本。

关键词　数字化转型；钻井工程；数据驱动；物联网

1　引言

随着油气勘探开发向深层、超深层领域拓展，钻井作业面临高温高压、复杂地层等严峻挑战。当前井场设备呈现“七国八制”的异构特征，数据采集存在30%以上的碎片化缺口，传统人工巡检模式导致溢漏事件平均响应时间超过15min。基于此，本研究构建了“云-边-端”协同的数字化架构体系，通过研发两大类十余项核心技术产品，实现作业信息自动采集率提升至80%，复杂工况预警响应时间大幅缩短，为行业智能化转型提供了可复制的解决方案。

2　钻完井技术发展现状与数字化转型基础

当前钻井工程技术体系正经历“自动化-数字化-智能化”的演进过程，其发展水平直接影响油气勘探开发效能。本研究聚焦钻探作业场景，从装备智能化、数据治理、协同决策三个维度剖析技术现状，为数字化现场建设提供技术基准与突破方向。

2.1　智能化装备的数据感知困境

现有智能钻具已实现多种井下参数的采集能力，主流厂商的智能钻头和旋转导向工具在采样频率和定位精度方面均有显著提升。然而，在实际作业中，井下工具与地面系统之间仍存在明显的数据传输障碍，特别是在超深井作业环境下，数据传输的稳定性和完整性面临挑战。不同厂商设备的异构性导致井场需要配置多种协议转换模块，增加了数据采集的复杂性和成本。

2.2　数据治理的结构性矛盾

国际油服公司已建立较为完善的数据湖架构，具备大规模钻井数据处理能力。但国内作业现场仍面临多重数据壁垒：设备数据标准不统一，不同型号录井仪的数据格式存在差异；业务系统之间数据共享程度有限；人工录入数据仍占相当比例，影响决策系统的实时响应能力。这种碎片化的数据生态严重制约了数据价值的有效转化。

2.3　协同决策的技术断层

尽管数字孪生技术已应用于虚拟钻井，但在实际作业中仍存在智能系统与现场经验的协同障碍。智能算法与工程实践的适配性有待提高，跨专业协同机制尚不完善，预警信息转化为有效处置指令的比例仍有提升空间。这种决策链路的断裂影响了深层钻井复杂工况的处置效率。

技术现状分析表明，装备数据感知能力不足、数据治理体系碎片化、智能决策闭环缺失等痛点，正是制约深层钻井数字化转型的关键瓶颈。这为“云-边-端”协同架构的提出提供了明确的技术攻关方向，即通过构建标准化数据底盘、强化边缘智能、建立决策反馈机制，实现钻井作业从离散自动化向体系智能化的跨越。

3　数字化现场建设体系架构

3.1　架构概述

本研究提出的数字化现场建设体系采用“1+3+N”架构，即1个数字化现场，3大数字化工作中心（井场指挥、生产运行、钻机操作），以及N个管理模块。该架构旨在实现数据采集、传输、分析、决策的闭环管理，全面提升钻完井作业的智能化水平。

3.2 数字化现场

数字化现场(图1)作为整个架构的基础，涵盖了钻井、固井、录井及钻井液专业等钻完井业务的全流程。依据区块特色、地质特性等因素，形成了以钻井专业为核心的数字化钻完井转型模板。针对不同钻机机型、设备数字化程度、作业井施工周期及钻井难度等差异，构建了轻量版、增强版、全量版三种标准数字化钻井作业现场，并已建成141支数字化钻井队。

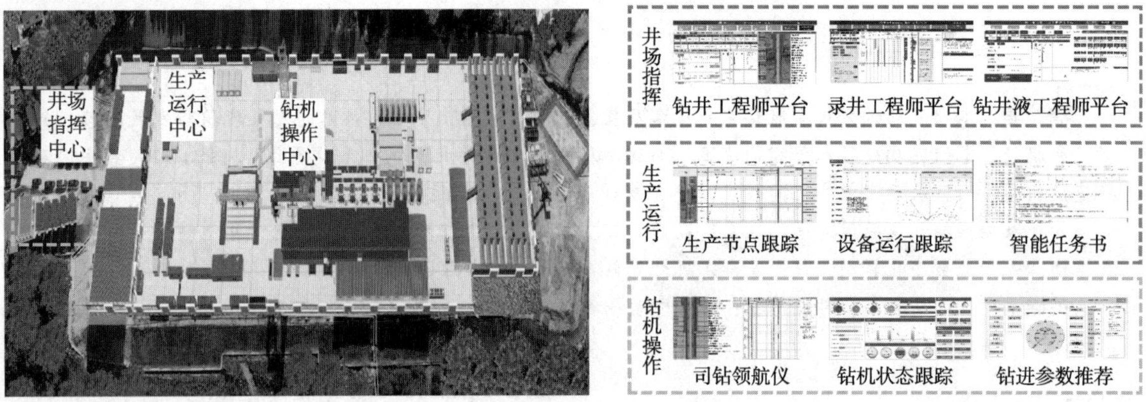

图1　钻完井数字化现场示意图

3.3 三大数字化工作中心

3.3.1　井场指挥中心

井场指挥中心担任数字化现场的中枢角色，负责整体协调与指挥。中心内部署了钻井工程师平台、录井工程师平台和钻井液工程师平台，通过实时数据监控、分析及共享，实现工程师团队的高效协作与快速决策，为现场作业提供精准指导。

3.3.2　生产运行中心

生产运行中心负责钻完井作业的日常运行管理，能够监控整个数字化作业现场的工作情况。中心引入了生产节点跟踪、设备运行跟踪和智能任务书等数字化工具，实现生产计划的实时优化、设备状态的高效监控及任务执行的智能化管理，并且能够借助对违章操作进行自动识别及上报。与井场指挥中心、钻机操作中心实现信息无缝对接，显著提升整体作业效率。

3.3.3　钻机操作中心

钻机操作中心作为数字化现场的核心执行单元，负责钻机设备的精准操作与控制。中心配备了司钻领航仪和钻机状态跟踪系统，实现钻进参数的自动调整、设备状态的实时监控及故障的预警诊断，并且能够对卡钻风险进行自动预警。与井场指挥中心、生产运行中心保持实时数据交换，确保作业的精准执行与高效安全。

3.4 数智生态

形成了以"数智化现场+智能支持系统+远程智能支持中心"为核心的公司数字化生态体系，建成生产、工程、装备、安全四大数字化业务体系，采用"云-边-端"协同的云原生架构技术，构建了涵盖数据采集、存储、处理到应用的全栈式技术体系(图2)。软件架构分为四层：前端采集层、数据湖层、技术支撑层和应用层，依托云原生技术实现各层级的高效协同与弹性扩展。

在采集层，通过自主研发的井筒作业数据采集器构建分布式边缘节点，采用工业物联网协议实现钻机、录井仪等设备的标准化接入，目前已完成80%作业数据的自动采集，形成工程技术领域最大的实时数据湖，累计存储井筒数据6.1TB(23亿行)、装备数据3.2TB(14亿行)。数据湖层采用分层存储架构，通过时序数据库实现实时数据秒级入库，结合数据治理平台完成55842口井数据的标准化清洗与资产化管理。

技术支撑层基于微服务架构构建，将23个大数据智能分析模块和43个工程计算模块封装为独立服务，通过服务网格实现模块间的智能编排。应用层通过API网关对外提供标准化服务接口，支撑EISC平台的核心业务体系。

云原生技术架构(图3)作为系统核心支撑，通过三大关键技术实现工程应用的敏捷迭代：(1)容器化部署与微服务架构，将数据采集、智能分析等组件封装为轻量化容器，支持在资源受限的钻机端实现服务动态部署；(2)基于Kubernetes的自动化运维体系，构建故障自愈机制，确保在复杂作业环境下软件的持续稳定运行。(3)边缘计算框架实现云边协同，通过智能任务调度算法将计算负载在云端和140个数字化钻井队间动态分配，降低网络传输延迟40%以上。

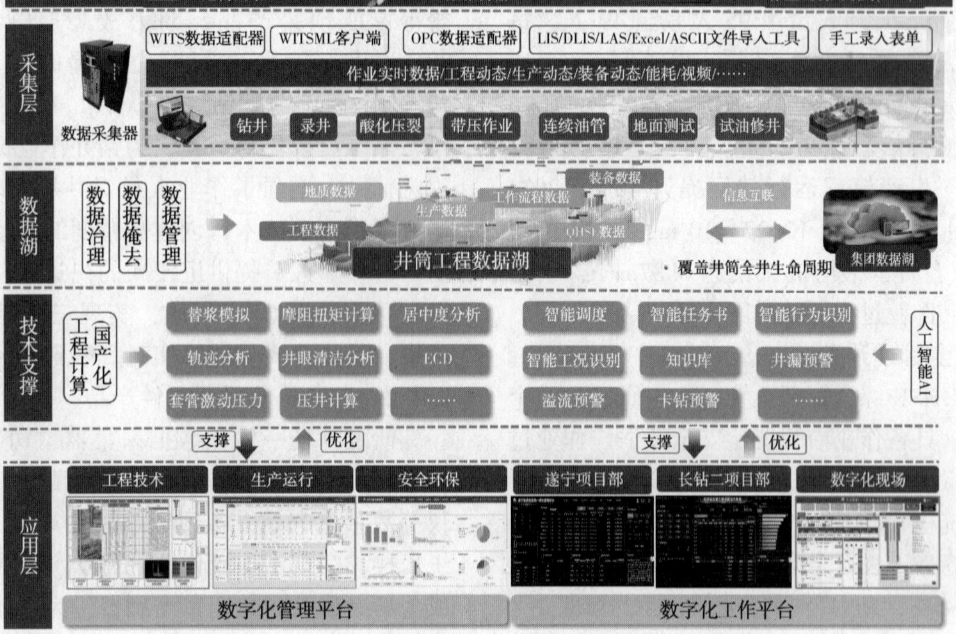

图2　数智化生态体系示意图

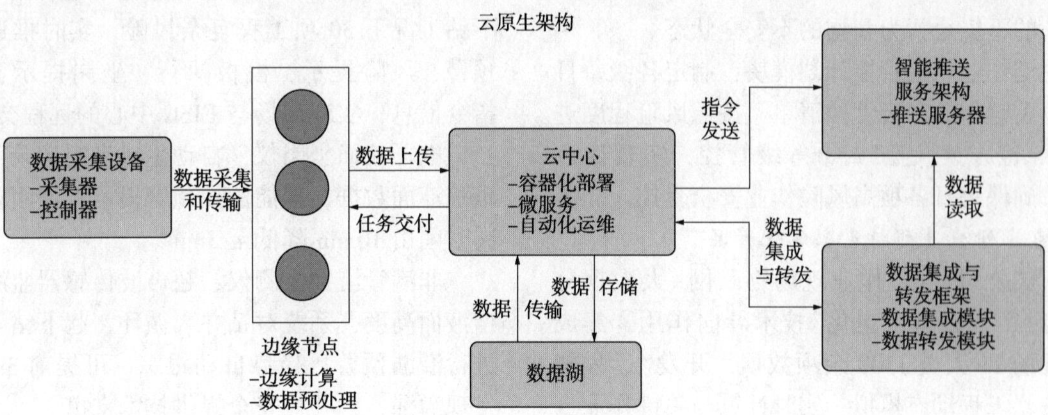

图3　云原生架构模型

4　数字化建设成果体系

4.1　数据驱动井场业务数字化决策管理

4.1.1　生产管理数字化

针对“川渝地区三高”和“长庆地区三低”作业特点，开发了数字化生产管理模块，实现生产组织与业务的高效协同。智能任务书30秒自动生成，大数据驱动内容科学全面；手持机智能巡检确保“三位一体”无漏项；数字化班前班后会录音记录，真实可追溯；报表自动提取，减少手工填报189项，资料收集工作量降低50%。创新资源调度“订单式”管理，进度可视化，责任可追溯，生产流程运行效率提升40%。钻机井位智能匹配、生产运行智能优化等功能，使组停时效降低36%，平均有效井间周期缩短11%，钻机利用率提升3%。

4.1.2　工程技术决策分析

建成工程技术智能决策分析平台，涵盖43个国产替代模块，实现钻井生产动态分析与工程参数实时调整。工程地质智能分析决策助力钻完井周期缩短7.6%；自主研发14余项核心软件，具备“边钻边算”能力，现场提速显著。故障复杂预警系统实现全流程管理，故障损失时效同比下降29%。井控智能管理系统实现全生命周期管理与全过程智能管控，溢流时率降低10.3%，溢流处置正确率100%。

4.1.3　现场减负提效

遂宁联合项目部作为区域级数智项目部，实现全过程数智化管控。通过“信息化减人、智能化少人”策略，管理人员由95人减至49人，每组平均7人管理15~20口井。累计服务62口井，数据质量审查4929条，推送工程指令1676条，处理预警信息25797条，确认起钻防卡分析281条。生产流程运行效率提升40%，2024年1~4月完成进尺12.27×10^4m，平均月速1296.15m/台月，平均机械钻速6.87m/h，刷新区域指标，作业过程低效时间降低29.1%。

4.1.4　安全管理升级

建成QHSE综合管理系统，自主研发150个识别模型，具备作业前智能化安全评估、作业过程中安全行为规范管理、作业后安全大数据分析功能，系统应用以来，管控关键作业2.2万余个，排查隐患1.3万余个，智能违章隐患辨识准确率超过85%，助力公司实现安全自主管理。

井筒作业智能辨识及预警模块，实现作业现场违章隐患的智能识别及全天候预警管控，有效减少人的不安全行为和物的不安全状态。

关键作业风险管控计划模块，制定各级每日各专业关键作业分级管控清单，按照风险程度进行“红、橙、黄、蓝”四个等级管控，实现四色管理，确保每日各项高风险作业安全受控。

4.2　自主研发系列特色数字化产品

川庆公司发挥“作业现场物联网+大数据分析决策+工程设备自主化”技术导向作用，集成作业现场21大类1300余项数据，开发“远程辅助决策、工程动态模拟、实时计算与关键作业自动跟踪评价”等40余个工程计算模块，创新研发司钻领航仪、电子液面坐岗仪等10项数字化产品，支撑三级工程作业智能支持中心运行。

4.2.1　自主研发系列软件产品

围绕钻井、压裂、固井等作业场景，融合工程技术与大数据分析技术，进行数字化产品自主攻关研究，形成了井筒工程信息管理、工程计算分析、工程智能预警三大体系数字化产品。

井筒工程信息管理，研发生产、工程、装备、安全等业务信息管理系统，实现作业现场80%作业信息自动采集，资料收集工作量减少50%。

工程计算分析，研发起下钻井控安全评价、钻井工程参数实时计算分析、Cemaster固井工程设计等工程计算模块，成为工程作业提速利器。

工程智能预警，研发钻井工程复杂预警、连续油管信息实时远程预警决策、录井智能实时报警等智能预警产品，助力故障时效同比下降29%，智能辅助决策助力溢漏时率同比降低10.3%，杜绝起下钻溢流事件。

三维可视化与交互，为钻井作业提供直观的视觉辅助，增强了作业人员对井场环境的理解。通过三维建模技术，创建高精度的井场和设备模型，为作业人员提供沉浸式的视觉体验。实时渲染利用云原生GPU资源，实现三维模型的实时渲染，使作业人员能够实时观察到井场动态。

4.2.2　自主研发系列硬件产品

研发井场一体化数据采集器、司钻领航仪、电子液面坐岗仪、非满管流量监测仪、井下多参仪等数字化产品，各项数字硬件产品与EISC系统衔接，实现了工程作业的科学、智能开展，已成为新一代公司数智转型利器，为智能化钻井发展提供基础的自动化支撑。

司钻领航仪，实时语音预警钻进、循环、起下钻工况下30项工程复杂风险，实时推送工程预警、风险提示、模板执行、坐岗提示、EISC指令信息，实现现场与EISC中心的远程交互。

电子液面坐岗仪，自动生成坐岗记录，实时跟踪液面数据，智能监控预警提示，液面单次巡岗时间由10min降低至3min。

非满管流量监测仪，超声波传感器监测导流槽液面高度，系统对钻井、循环、起下钻等工况进行溢漏预警、趋势自动跟踪，可提前3~5min发现溢漏，为井控安全提供技术支撑。

5　发展趋势展望

5.1　人工智能技术深化：构建智能钻井神经中枢

开发基于深度强化学习的钻井参数优化系统，构建涵盖地层可钻性、钻具组合、水力参数的多目标优化模型，实现钻压、转速等12类工程参数的实时动态调参。建立非结构化数据挖掘引擎，运用自然语言处理技术解析历史工程报告、事故案例，构建钻井知识图谱。研发井下工况识别AI模型，集成振动频谱分析与钻柱动力学仿真，实现卡钻、憋泵等12类井下复杂工况的智能诊断。

通过以上发展路径的实施，川庆公司数字化

现场建设将从当前的信息化集成阶段迈向真正的智能化阶段，形成可复制推广的智能钻完井解决方案，为油气行业数字化转型提供示范样本。预计到 2027 年，将实现复杂工况处置效率提升 60%，单井综合成本降低 15%，推动我国深层油气资源开发进入智慧勘探新时代。

5.2 技术架构升级：构建虚实融合的智能底座

钻井元宇宙构建：依托数字孪生技术打造 1：1 虚拟钻井现场，实现物理实体与数字模型的双向实时交互。通过三维可视化引擎与实时数据映射，构建涵盖地质构造、设备状态、工艺参数的动态数字镜像，为远程协同作业提供沉浸式操作环境。

边缘智能设备研发：研制适用于深井、超深井的井下多参数监测装置，实现井下温度、压力、振动等关键参数的实时采集与传输。开发基于微机电系统（MEMS）的智能钻杆，构建井下高速通信网络。

云边端协同优化：完善"云-边-端"架构的数据处理能力，在边缘侧部署轻量化 AI 模型，实现井场数据实时清洗与特征提取；云端建立钻井知识图谱与工艺参数优化模型，形成"前端感知-边缘计算-云端决策"的闭环控制体系。

5.3 智能决策体系深化：打造自主化决策中枢

专家系统迭代升级：构建涵盖钻井、固井、压裂等专业的专家知识库，整合川庆历年作业数据与专家经验，开发基于强化学习的决策算法。通过非结构化数据挖掘技术，实现技术文档、事故案例等文本信息的智能解析与知识抽取。

工程大脑开发：研制具备自主决策能力的钻井"自动驾驶"系统，集成参数优化、风险预警、应急处置等核心功能模块。目标实现 70% 常规工况自主决策与 80% 复杂工况辅助决策能力，将 EISC 远程指令响应时间缩短至秒级。

多模态交互优化：融合 AR/VR 技术构建三维作业空间，开发语音指令、手势控制等多通道人机交互界面。通过数字线程技术实现设计、施工、运维数据的全生命周期贯通。

5.4 作业模式创新：推动无人化作业转型

远程操控体系构建：基于司钻领航仪与自动化钻机，研发"一线无人值守+远端智能操控"作业系统。通过 5G 专网实现钻机状态远程监控与关键设备精准操控，在保障安全前提下将井场作业人员减少 40%。

应急响应机制革新：构建基于数字孪生的智能应急演练系统，开发溢流、井喷等典型工况的虚拟仿真训练模块。通过历史事故数据训练 AI 模型，形成"风险预警-方案生成-资源调度"的智能应急响应链条。

5.5 管理范式变革：重塑数智化组织形态

生产组织重构：推广遂宁联合项目部模式，建立"平台+项目"的敏捷型组织架构。通过 EISC 系统实现跨单位、跨专业的资源动态调配，管理人员效能提升 50%，单组管控井数扩展至 30 口。

安全管控升级：研发基于计算机视觉的主动安全系统，通过智能头盔、可穿戴设备实时监测人员状态。构建"风险识别-行为干预-能力评估"的闭环安全管理体系，实现违章行为智能识别准确率突破 90%。

参考文献

[1] 李涛. 智能钻完井技术研究现状及发展趋势[J]. 现代工业经济和信息化，2023，13(07)：291-292+295. DOI:10.16525/j.cnki.14-1362/n.2023.07.099.

[2] 王璐，漆志刚，戴倚霞，等. 国家高端智库数据体系建设与应用——中国石油集团经济技术研究院智能化发展探索实践[J]. 国际石油经济，2024，32(S1)：16-21.

[3] 雷智博，唐梦，宋泽文. 工程作业智能支持中心(EISC)建设与应用[J]. 信息系统工程，2022，(07)：121-124.

[4] 钱浩东，温馨，甘红梅，等. 井筒工程"大数据"的建立与应用实践[J]. 钻采工艺，2019，42(02)：38-41+3.

超深超高压井磨铣打捞固-液两相水击效应控制实践

相志鹏　李佳琦　田志华　刘宇昕　李　文　赵云峰

（中国石油新疆油田公司）

摘　要　准噶尔盆地南缘高温高压超深井T1井试油后封隔器断脱，由于井筒容积大，以磨铣、打捞为主的修井作业面临井筒水击效应对井筒套管冲击强度大的工程难点。针对磨铣与打捞过程中多尺寸铁屑分布状态复杂等问题，构建了考虑钻杆-流体动态相互作用及铁屑-泥浆两相流动的流-固耦合特征线模型。模拟结果表明，钻磨开泵工况水击压力波峰数值最高可达228.1MPa、波幅最大可达68.1MPa、波动周期19.5~20.3s，打捞管柱上提工况水击压力波谷数值最底可达75.2MPa、波幅最大可达85.8MPa、波动周期17.6~19.7s，水击压力波幅与钻磨泥浆泵开泵时间、打捞管柱上提速度呈线性负相关。通过建立基于泥浆泵开泵时间控制、打捞管柱上提速度控制的修井工艺参数控制方法，进行了水击效应控制的现场应用实践。应用结果表明，本文建立的模型预测误差<8%，作业压力波动系数从1.43优化至0.91，修井水击效应带来的损害得到了较大程度控制。该成果的成功应用为南缘超深层气井的安全高效修井工程以及井筒完整性控制提供了重要技术支撑。

关键词　高温高压；超深井；气井；修井；水击效应

1　前言

T1井位于准噶尔盆地南缘冲断带，试油层位白垩系清水河组（K_1q），试油段中部垂深超8000m，属于高温超高压井。该井在试油结束后，上提测试管柱发现RTTS封隔器芯轴上接头公扣断脱，落鱼为封隔器芯轴、2⅞″油管19根、减震器2只及射孔器材等，落鱼长度214.88m。

采用精细控压套铣/钻磨、公锥/母锥造扣打捞、强磁打捞等方式，对T1井开展修井作业，考虑全程控压提下钻旋转头胶芯磨损井控风险高，按控压钻井规程，设计控压+中途顶部加重提下钻，降低井控风险并减少泥浆漏失。落鱼状态及现场采用的修井工具出井状态如图1所示。由于该井为高压高产超深气井，修井作业直接在套管内进行，井筒容积大，初始压力高，水击效应对套管屏障的冲击作用显著，导致修井各作业环节中，井筒完整性失效风险极高，面临窄压力窗口失返、钢球硬卡、泥浆沉淀、井筒完整性失效或修井工具受损等难题。

图1　T1井落鱼状态及修井工具出井照片

本文针对磨铣、打捞工况中可能存在的套管内腔流体压力突变及压力波动问题，从井筒流体动力学及流-固耦合机理角度出发，考虑井筒中存在的钻杆与井筒液体的相互作用、以及铁屑-泥浆固-液两相流动机理，基于特征线方法，对两种工况中的水击效应开展了数值计算，揭示了修井过程水击压力波动的波峰、波幅、波动频率特征规律，最终通过现场验证，实现了磨铣、打捞作业的泥浆密度的精细设计与施工参数的动态优化。

2 模型建立

2.1 控制方程

针对井筒内钻杆-环空流道中的瞬态流动特性，采用一维非定常流体动力学理论，结合流-固耦合效应及固-液两相流动机理，建立井筒一维欧拉场下的连续性方程与动量方程，分别如式(1)和式(2)所示：

$$\frac{\partial p}{\partial t}+\rho_m c_m{}^2\frac{\partial u_m}{\partial x}+u_m\frac{\partial p}{\partial x}=0 \tag{1}$$

$$\frac{\partial u_m}{\partial t}+u_m\frac{\partial u_m}{\partial x}+\frac{1}{\rho_m}\frac{\partial p}{\partial x}+\frac{\lambda u_m|u_m|}{2D}-g=0 \tag{2}$$

式中，p 为液相及固相共用的欧拉场压力，MPa；u_m 为混相流速，m/s，由泥浆泵排量和固相体积分数共同决定；$c_m=\sqrt{K_{eff}/\rho_m}$ 为混相压力波速，m/s；$K_{eff}=\left(\frac{1}{K_l}+\frac{D}{eE}\right)^{-1}$ 为有效体积模量；λ 为摩擦因子；D 为钻杆内径或环空等效直径，m；g 为重力加速度，本文取 $9.81m/s^2$；x 为空间坐标，t 为时间坐标；$\rho_m=\phi_{total}\rho_s+(1-\phi_{total})\rho_l$ 为液-固混合密度，kg/m^3；ϕ_{total} 为整个井筒中的铁屑总体积分数，通过落鱼的估算体积 V_{fish} 与已打捞部分体积 V_{out} 之差与井筒容积 V_{hole} 之比计算得到：

$$\phi_{total}=\frac{V_{fish}-V_{out}}{V_{hole}} \tag{3}$$

2.2 特征线方程

为求解上述非线性偏微分方程组，引入特征线方法，将偏微分方程转换为沿特征方向的相容方程。通过黎曼变量变换，获得正、负两组特征线及其沿线的守恒关系。其中，正特征线的几何属性及其具有的物理性质遵循以下守恒关系：

$$\begin{cases}\dfrac{dx}{dt}=u_m+c_m\\ dp+\rho_m c_m=0,\ du_m+\rho_m c_m\left(\dfrac{fu_m|u_m|}{2D}-g\right)dt=0\end{cases} \tag{4}$$

相似地，负特征线的几何属性及其具有的物理性质遵循以下守恒关系：

$$\begin{cases}\dfrac{dx}{dt}=u_m-c_m\\ dp-\rho_m c_m=0,\ du_m+\rho_m c_m\left(\dfrac{fu_m|u_m|}{2D}-g\right)dt=0\end{cases} \tag{5}$$

铁屑颗粒与泥浆的相互作用通过对混合密度 ρ_m 与混相压力波速 c_m 进行修正的方法引入本文模型。其中，混相压力波速 c_m 的计算方法通过下式给出：

$$c_m=\sqrt{\frac{K_{eff}}{\rho_m\left(1-\phi_{total}+\dfrac{K_l}{K_s}\phi_{total}\right)}} \tag{6}$$

3 模型求解及验证

为了轻量化计算过程，模型的求解过程采取如下假设：(1)考虑 T1 井为直井，视井筒流体的流动为一维垂直流动；(2)固相铁屑颗粒为离散粒径分布的多组分体系；(3)考虑泥浆的流变性，视泥浆为非牛顿流体；(4)忽略固相铁屑颗粒在井筒径向方向上的浓度梯度。

3.1 动态固相体积分数求取

对 T1 井钻磨作业中强磁打捞、泥浆携带等方式实际返出的井筒金属落鱼残片、碎屑实物进行了粒径测量与统计。金属残片、碎屑的实物照片如图 2 所示。

通过地面振动筛，监测得到井口返出铁屑的粒径数据后，将固相群体粒径区间离散化为 10 个子区间，统计各区间的体积占比根据当前的泥浆密度、黏度、泵排量及井筒温度-压力剖面，进而进行固相速度、固相体积分数的计算。

粒径离散后的子区间中，对于第 k 种粒径的颗粒，有：

$$\frac{\partial(\phi_k\rho_s)}{\partial t}+\frac{\partial(\phi_k\rho_s u_{s,k})}{\partial x}=S_{gen,k}-S_{sett,k} \tag{7}$$

其中，ϕ_k 为无因次的第 k 种粒径铁屑的体积分数；ρ_s 为铁屑密度；$u_{s,k}$ 为第 k 种粒径铁屑群体的相速度；$S_{gen,k}$ 为由磨铣产生的颗粒源项，

图2　T1 井打捞出井金属残片、碎屑实物图

由钻压和机械钻速决定，kg/(m^3·s)；$S_{\text{sett},k}$ 为固相沉降损失源项，kg/(m^3·s)。

铁屑颗粒 $u_{s,k}$ 相速度由下式进行计算：

$$u_{s,k}=u_m-v_{s,k}(\phi_{\text{total}}) \tag{8}$$

其中，$v_{s,k}(\phi_{\text{total}})$ 为井筒固相沉降总速度，m/s，其计算方法为：

$$v_{s,k}(\phi_{\text{total}})=v_{s0,k}\cdot(1-\phi_{\text{total}})^{4.65} \tag{9}$$

其中，$v_{s0,k}$ 是单粒径铁屑自由沉降速度，m/s，由 Stokes 定律计算得到：

$$v_{s0,k}=\frac{(\rho_s-\rho_f)gd_k^2}{18\mu_{\text{eff}}} \tag{10}$$

其中，d_k 为铁屑子区间直径，m；μ_{eff} 是固相颗粒的有效黏度，Pa·s，考虑固相浓度的影响，其计算方法为：

$$\mu_{\text{eff}}=\mu_0(1+2.5\phi_{\text{total}}) \tag{11}$$

3.2　特征线方程离散与数值求解

基于上述固相体积分数计算方法，对本文模型进行求解。采用有限差分法对特征线方程进行离散化，通过将井深坐标 x 划分为 N 个步长为 Δx 的网格、将总模拟时间划分为 M 个步长为 Δt 的时间步，建立如图 3 所示的时空交错网格。其中，Δx 与 Δt 两者的取值需要满足 CFL 条件。通过插值法获取 x^{n+1} 处的 ϕ_k 值，进而更新当前时刻的值：

$$\phi_{j+1,i}^{i+1}=\phi_{j,k}^{i}+\left[\frac{S_{\text{gen},k}-S_{\text{sett},k}}{\rho_s}-\phi_{j,k}^{i}\frac{\partial s_{j,k}^{i}}{\partial x}\right]\Delta t \tag{12}$$

上式中，生成源项 $S_{\text{gen},i}$ 表征固相质量的增加量，计算方法为：

$$S_{\text{gen},k}=\frac{Q_{\text{cutting}}\cdot f_k}{A\cdot H_{\text{milling}}} \tag{13}$$

其中，Q_{cutting} 为磨铣速率，m/s；f_k 为实时粒径分布占比；A 为井筒横截面积，m^2；H_{milling} 为磨铣段高度，通过设计磨铣速率实时计算更新得到，m。

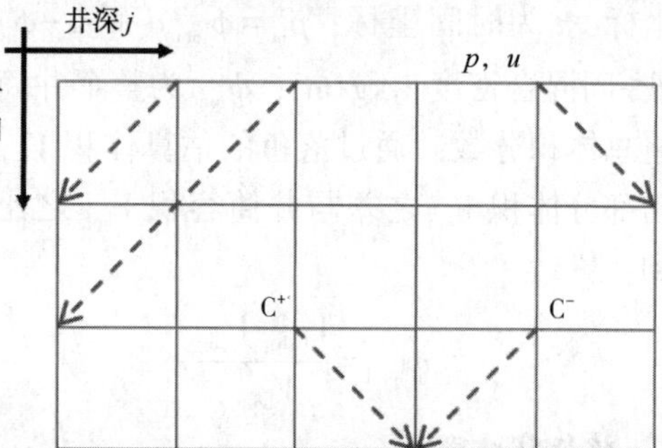

图3　特征线模型求解示意图

沉降源项 $S_{\mathrm{sett},i}$ 表征固相质量的损失量，与当前井筒固相体积分数、鱼顶高度有关。

3.3 模型初边值确定方法

初始条件方面，首个时间步对应泥浆泵由关闭至打开的初始时刻，根据泥浆泵关闭时井口立压与套压的初始测量结果，依据泥浆密度以及流体静力学理论中的压力梯度各组成部分，反推整个井筒的初始压力分布，并同时预设沿井筒均匀分布的流速、流体密度、相体积分数。

边界条件方面，为井口钻柱内腔入口边界($x=0$)、井口钻柱-套管环空出口边界($x=2L$)的流速按照瞬时的泥浆泵注流量 Q_t 设置，L 为总井深；具体地，根据弹性流体水击效应基本原理，按照水击压力波沿井筒往返一次的时间为一个传播周期，根据水击压力增量理论值，为井筒出口、入口施加压力、流速边界，具体见表1。

表1　开泵后各阶段的压力流速边界

阶段编号	1	2
时间	$0\sim L/c_m$	$L/c_m\sim 2L/c_m$
压力波传播方向	向上	向下
压力波经过位置	压力上升	压力下降
井口流速	$u_l\mid_{x=0}=\pm L_P\omega_P\left(\sin\frac{\pi c_m t}{D}+\frac{\alpha}{2}\sin\frac{2\pi c_m t}{D}\right)$	

其中采用文献中给出的计算方法，求解压力波面处的压力增量 Δp：

$$\Delta p=\frac{c_m}{A}\Delta(\rho_m A u_m)-\frac{\rho_m\lambda u_m|u_m|}{2D}\Delta x \qquad (14)$$

摩阻系数 λ 表征了混合铁屑颗粒后的泥浆与压裂管柱内壁的摩擦对固-液两相流动带来的影响，计算方法为：

$$\lambda=\frac{8\tau}{\rho_m u_m|u_m|} \qquad (15)$$

其中，τ 为壁面剪切应力，MPa。根据压力波速，计算压力波面到达井口或井底的时间节点，在相应时间步内，根据压力波面的类型及计算得到的压力增量 Δp，为井口或井底添加压力边界，给出流速边界条件的数值。

3.4 模型参数选择与设置

合理精细控压是防止钻磨、磨铣失返卡钻，保障井控安全的关键。按照钻井井控实施细则精细控压井口回压值≤7.0MPa 要求，循环工况中实际使用 0~0.5MPa 的井口回压，停泵工况中具体使用 6.0~7.0MPa 的井口回压。井底 ECD 窗口为 2.17~2.18g/cm³，设计精细控压泥浆密度为 2.09g/cm³，施工排量及控压值根据钻磨灰塞、打捞磨铣等工况选择，具体取值范围为 140~180L/min，换算为流速则为 0.5~0.6m/s。

根据以上信息，流场基本结构参数、材料属性参数以及模型求解所需的参数按照表2中给出的数据进行设置。

表2　模型参数设置

参数名称	数值	单位
井深	8112	m
落鱼深度	7897~8112	m
套管内径	0.108	m
钻杆外径	0.089	m
钻杆内径	0.070	m
泥浆弹性模量	2150	MPa
泥浆压缩系数	4.4E-07	Pa^{-1}
泥浆密度	2090	kg/m^3
铁屑平均弹性模量	3E05	MPa
铁屑平均压缩系数	1E-13	Pa^{-1}
铁屑平均密度	6230	kg/m^3
开泵井口套压	0~0.5	MPa
停泵井口套压	6.0~7.0	MPa
钻杆井口入口流速	0.5~0.6	m/s
壁面剪切应力	5E-04	MPa
泥浆与铁屑摩擦系数	2.9E-03	—
泥浆与管壁摩擦系数	2.3E-03	—
重力加速度	9.81	m/s^2

4 现场应用

4.1 磨铣压力波形模拟与特征分析

钻磨时泥浆泵开停泵工况，打捞时上提、下放管柱等井筒复杂工况中流动参数的急剧改变是井筒水击效应普遍产生的主要背景。本文选取钻磨时泥浆泵开泵、打捞时上提管柱两个重点工况进行重点分析与讨论。针对钻磨时泥浆泵开泵用时(停泵状态至完全开泵的耗时)分别为 50s，60s，70s，80s，90s 下的鱼顶井深位置处的井筒压力在 200s 内的波动状态进行了模拟与绘制，结果如图4所示。模拟结果表明，钻磨开泵工况水击压力波峰数值最高可达 228.1MPa、波幅最大可达 68.1MPa、波动周期 19.5~20.3s。

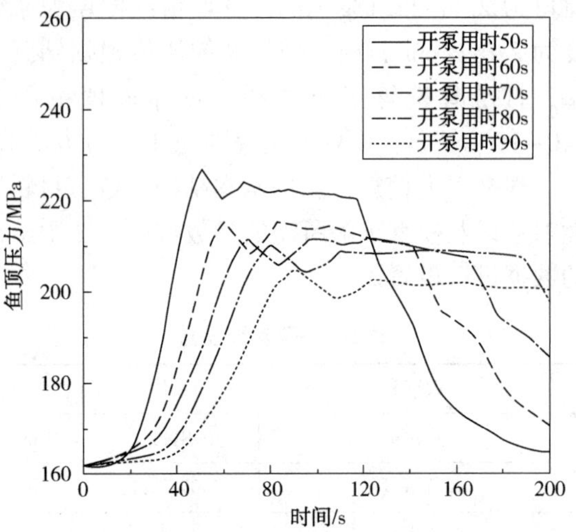

图 4　不同泥浆泵开泵用时下鱼顶压力波动模拟结果

对不同钻磨泥浆泵开泵用时下的水击压力波幅进行了线性拟合，拟合结果如图 5 所示。经拟合，泥浆泵开泵用时-水击压力波幅之间符合 $y=-0.137x+74.784$ 的关系式。

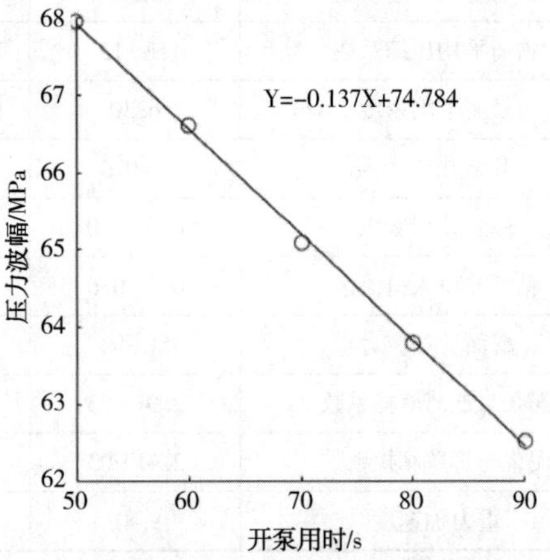

图 5　泥浆泵开泵用时-水击压力波幅线性拟合结果图

4.2　打捞压力波形模拟与特征分析

针对打捞时打捞管柱上提速度分别为 1.0m/s、0.9m/s、0.8m/s、0.7m/s、0.6m/s 下的鱼顶井深位置处的井筒压力在 200s 内的波动状态进行了模拟与绘制，结果如图 6 所示。模拟结果表明，打捞管柱上提工况水击压力波谷数值最底可达 75.2MPa、波幅最大可达 85.8MPa、波动周期 17.6~19.7s。

对不同打捞管柱上提速度下的水击压力波幅进行了线性拟合，拟合结果如图 7 所示。经拟合，上提速度-水击压力波幅之间符合 $y=44.371x+16.414$ 的关系式。

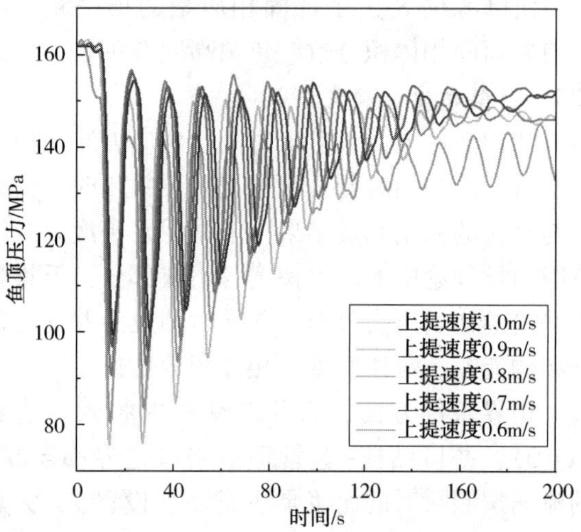

图 6　不同打捞管柱上提速度下鱼顶压力波动模拟结果

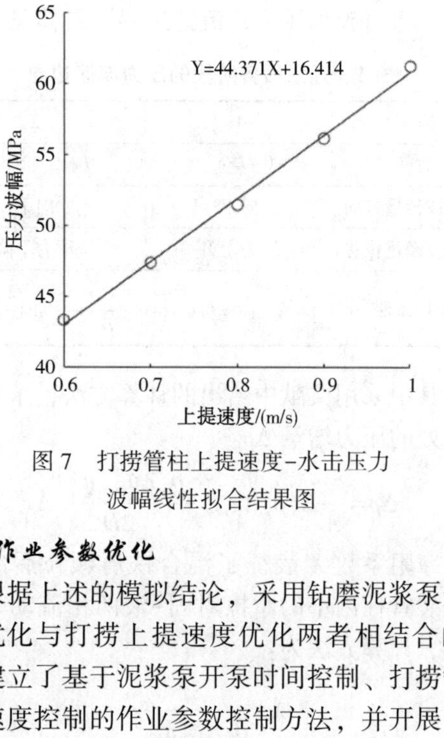

图 7　打捞管柱上提速度-水击压力波幅线性拟合结果图

4.3　作业参数优化

根据上述的模拟结论，采用钻磨泥浆泵开泵用时优化与打捞上提速度优化两者相结合的方式，建立了基于泥浆泵开泵时间控制、打捞管柱上提速度控制的作业参数控制方法，并开展了现场应用。其中，具体控制指标见表 3。

表 3　修井参数控制指标

作业阶段	控制参数	优化范围	允许偏差
钻磨	开泵时间	75~80s	±3s
打捞	上提速度	0.8~0.9m/s	±0.05m/s
通用	泥浆密度	2.06~2.10g/cm^3	±0.02g/cm^3

应用优化参数后，T1 井修井作业数据显示，水击波幅降幅：钻磨工况从 68.1MPa 降低至 53.2MPa，降幅 22.1%，打捞工况从 85.8MPa 降低至 65.7MPa，降幅 23.4%；压力波动系数：

从 1.43 降至 0.89，优于设计目标；井控风险等级由“高风险”降至“可控”，未发生泥浆漏失与管柱卡埋事故。

该方法通过理论建模与现场数据的深度融合，实现了高压超深气井修井作业的精细化控压，为类似工况提供了可复用的技术范式。

5 结论

（1）以准噶尔盆地南缘 T1 井超深井修井作业为研究对象，针对磨铣与打捞过程中井筒压力突变、水击效应显著及固-液耦合等问题，构建了考虑钻杆-流体动态相互作用及铁屑-泥浆两相流动的流-固耦合数学模型；

（2）基于特征线法开展数值模拟，揭示了钻磨开泵工况水击压力波峰数值最高可达 228.1MPa、波幅最大可达 68.1MPa、波动周期 19.5~20.3s，打捞管柱上提工况水击压力波谷数值最底可达 75.2MPa、波幅最大可达 85.8MPa、波动周期 17.6~19.7s 的特征规律；

（3）根据水击压力波幅与钻磨泥浆泵开泵时间、打捞管柱上提速度呈线性负相关的拟合结论，建立了基于泥浆泵开泵时间控制、打捞管柱上提速度控制的修井工艺参数控制方法。现场应用表明，所建模型预测误差<8%，作业压力波动系数从 1.43 优化至 0.91，修井水击效应带来的损害得到了较大程度控制。

参考文献

[1] 徐鹏海，马群，张莎，等. 库车山前超深高温高压气井修井配套工艺技术[J]. 天然气技术与经济，2023，17(02)：47-52+74.

[2] 宋学锋，李志彬，刘金铭，等. 深层深井井筒完整性检测技术发展现状[J]. 新疆石油天然气，2024，20(4)：8-18.

[3] 方庆峰. 石油钻修井作业打捞技术的应用探究[J]. 石化技术，2024，31(05)：132-134.

[4] 刘世岩，张中兴，丁继文，等. 水平井、深井打捞作业难点及技术发展方向研究[J]. 石化技术，2023，30(07)：43-45.

[5] 于永金，夏修建，王治国，等. 深井、超深井固井关键技术进展及实践[J]. 新疆石油天然气，2023，19(2)：24-33.

[6] 彭先波，马都都，王飞文，等. V150 高强度钻杆在超深井修井作业中的适用性[J]. 新疆石油天然气，2022，18(3)：25-30.

[7] 杨宏伟，李军，张辉，等. 考虑相间传质的全瞬态井筒气液两相流模型[J]. 石油学报，2024，45(11)：1680-1689.

[8] 余庆，张辉，蔡志翔. 水下爆炸荷载下围压对岩石裂纹扩展影响的数值模拟[J]. 中国石油大学学报(自然科学版)，2022，46(03)：96-104.

[9] 陈雨飞，安锦涛，张辉，等. 考虑钻杆接头的小井眼环空压耗计算模型[J]. 钻井液与完井液，2024，41(03)：296-304.

[10] 申浩. 基于节流调节的井筒压力预测与调控策略研究[D]. 中国石油大学(华东)，2022.

[11] 刘凤和，程长坤，谯世均，等. 气侵初期环空压力瞬态变化规律研究[J]. 钻采工艺，2022，45(02)：1-7.

[12] 谭天一，张辉. 基于赫巴模式的页岩气水平井岩屑床清除工具安放间距[J]. 科学技术与工程，2021，21(33)：14120-14126.

[13] 杨博远，刘怀亮，张辉，等. 高温高压多场耦合下封隔器载荷变化规律研究[J]. 石油机械，2025，53(01)：80-88.

[14] 吕坤鸿，张辉，田得粮，等. 鄂尔多斯盆地深部煤层井壁失稳机理及钻井液对策[J]. 钻井液与完井液，2024，41(05)：564-573.

[15] 王新锐，张辉，张矿生，等. 多脊 PDC 切削齿破岩有限元仿真及其几何结构影响[J]. 中国石油大学学报(自然科学版)，2022，46(04)：63-71.

超深井大尺寸井眼钻柱力学分析与钻井参数优化

范生林　田　衡　付华才　陈　宽　王培钢　陈昱湘

（中国石油集团川庆钻探工程有限公司）

摘　要　深井超深井上部大尺寸井眼破岩体积大，钻具环空间隙大，钻具剧烈振动与交变应力作用导致钻具易疲劳损坏，钻具选型和使用面临巨大挑战，文章建立了多参数地层岩石模型、PDC 钻头模型，形成了 PDC 钻头数字化破岩模型，以该模型求解结果作为钻柱动力学模型的边界条件，采用梁单元法建立了超大尺寸井眼钻柱动力学模型，提出了基于求解的钻柱动力学特性建立了井斜控制模型，形成了超大尺寸井眼钻柱力学分析与优化技术，利用 SDCK1 实测数据验证，该模型计算结果符合率达 85%，推荐了 SDCK1 二开钻具组合，该模型有效解决了超深层、特深层上部井眼尺寸更大，钻井效率低、钻具使用寿命段的难题，为国内深井超深井上部井段钻井参数优选提供理论支撑。

关键词　超深井；大尺寸井眼；钻柱力学模型；钻柱安全；游梁单元

近年来，随着我国经济的飞速发展以及人们物质生活水平的不断提高，国内油气需求量逐年上涨。然而，我国国内石油天然气自给能力不强，国内油气资源产量远远跟不上经济快速发展步伐。据统计，2022 年我国油气对外依存度分别为 71.2% 和 40.2%，是世界上油气进口第一大国。国内日益增长的油气资源需求以及日益上涨的国际油气价格给国内油气勘探开发提出了更高、更紧迫的要求。随着钻井新技术的不断发展，油气勘探不断深入，常规油气田开采逐渐进入后期，未来油气资源开发向深层、超深层油气藏以及非常规油气资源发展已经成为一种必然的趋势。因此，油气钻井也将逐渐面临深井、超深井、大位移水平井等复杂钻井工况环境。“十三五”期间，通过钻井技术持续攻关突破，我国深井超深井钻井数量快速增长，深井由“十三五”初期的 322 口增加到 2020 年的 1038 口，超深井从 95 口增加到 2020 年的 204 口。2017 年之后我国超深井钻井数量超过美国，年钻超深井数量超过 200 口。随着塔里木盆地克深、大北、博孜、顺北等区块，四川盆地川西北、川中古隆起北斜坡、川东等区域，准噶尔盆地南缘等一批深层超深层油气田的发现，深井超深井依然是“十四五”及今后若干年钻井工程的重点。

油气井钻井成本在能源勘探开发成本中占有很高的比重（50%~80%），降低钻井成本、提高机械钻速（ROP）是当代钻井工程的主题。然而，复杂的井下事故严重降低了钻井工程的整体效益，井下钻柱和钻井工具的失效是比较常见的井下复杂事故之一。在超深井大尺寸井眼钻井过程中，井下钻柱将承受高强度的拉伸、压缩、扭转、弯曲、碰撞、静液压力等复杂载荷作用，这些载荷的数量、位置和诱导时间不断变化。此外，复杂结构井的载荷和应力变化更大、更复杂，疲劳强度降低，失效破坏概率大大增加。钻柱磨损、断裂、刺漏、变形等失效事故，不仅大大增加了钻井成本，还增加起下钻时间，极大地阻碍了正常钻井作业，降低机械钻速。例如，当井下钻柱发生断裂事故会中断整个作业，回收残留的井下部件（称为“落鱼”）需要进行打捞作业；在某些情况下钻井人员无法进行打捞作业，不得不进行侧钻作业。这些操作有时会持续几个月，由于时间的浪费，将给整个钻井作业带来大量的经济损失。统计表明，在所有引起钻柱失效的原因中，疲劳引发的失效占比为 68%，钻柱过载引发的失效占比为 17%，钻柱腐蚀引发的失效占比为 4%，其余原因引发的失效占比仅为 1%。因此，钻柱疲劳和过载是引发其失效破坏的主要原因，而钻柱振动是造成钻柱疲劳和过载的最重要因素。

近年来，油气勘探领域全面向深部地层迈进，井深 8000m 的风险探井数量大幅增加，

2022 年 PS6 井顺利钻至 9026m 创亚洲最深直井纪录。2023 年中国石油在四川盆地部署万米特深井–深地川科 1 井，采用六开六完井身结构同时备用两开应对复杂等不确定因素，由于大尺寸井眼破岩体积增加，钻柱振动强烈，钻具环空间隙大，钻具横向变形更大，剧烈振动与交变应力同时作用钻具更易疲劳损坏，钻工具选型和使用存在巨大挑战。2023 年上半年，川渝地区 Φ444.5mm 及以上井眼钻工具故障 7 次、累计损失时间 24.28d，其中 TT1 井先后出现大尺寸井眼加重钻杆母扣断裂、空气锤公扣断裂、重型减震器母扣断裂，HT1 井出现随钻震击器心轴断裂，DT1 井出现测斜接头及螺杆母扣断裂，故障处理时间长、难度大，严重影响勘探开发进度，中国学者在钻柱动力学方面开展了大量研究取得了丰硕成果。

2014 年，田家林等为解决钻柱失效问题，建立了钻柱失效的新理论模型，利用振动知识研究钻柱失效问题，利用冲蚀理论对钻柱失效进行研究，分析了钻井液对钻柱冲蚀磨损量和最大冲蚀角。2016 年，李子丰系统阐述了油气井杆管柱力学研究进展，梳理了近年来专著、研究学者取得的成果，指出了未来油气管柱力学的重点研究方法。2017 年，李子丰等提出了钻柱力学三原理及定性模拟实验方法，实验表明：钻柱钻速越高其挠度越小，越靠井筒中心；流体黏度越大涡动状态转化临界转速越小，提出的三原理为复杂的钻柱动力学问题的多解性判断提供了理论依据。

2018 年，杨向同等采用有限单元法进行深井完井管柱三维力学数值分析，建立了三维有限元管柱的力学模型，通过模拟完井作业封隔器坐封、压裂、测试 3 个工况下的管柱结构变化规律，得出了疲劳安全系数的计算公式，为超深井的管柱力学设计提供有效的分析手段。2019 年，吴泽兵为解决目前钻柱摩阻扭矩理论模型假设较多，导致计算值与真实值差距较大，制约了钻柱力学研究，为此设计了模拟不同井身结构的钻柱摩阻扭矩测试试验装置。

2020 年，李子丰等为解决目前针对水平段径向振动对旋转钻柱摩阻扭矩影响的研究较少的问题，设计了不同型号截面外形的钻杆减磨接头模型，研制了减磨降扭试验装置，应用该试验装置探究了径向振动对钻柱摩阻扭矩的影响规律。2021 年，李少安等为解决顺北地区超深井大尺寸井眼提速及井斜控制难的技术难题，基于钻柱动力学有限元方程研究了大尺寸井眼稳定器处的动力学特征，建立了稳定器母扣端螺纹接头三维有限元模型，分析了复杂载荷作用下稳定器母扣断面截面位置处的动态应力，为大尺寸井眼稳定器接头母扣失效评价提供了理论方法。同年，朱硕等为解决目前钻井过程中摩阻扭矩实时分析技术不成熟的问题，利用神经网络模型实时计算井底钻压扭矩，采用二分法实时反演摩阻系数，形成了钻柱摩阻扭矩智能实时分析方法，实现了对卡钻趋势的准确预测。

2023 年，丁恒等基于滑动钻井技术分区域构建了钻柱扭摆运动控制方程，利用钻柱扭摆试验装置进行了验证，研究结果为钻柱扭摆导向钻井技术提供技术参考。同年，刘伟吉等针对深层页岩气水平井摩阻扭矩大的问题，开展了钻井过程钻柱系统摩阻扭矩、应力分布及振动情况分析，为深层页岩气水平井钻井参数优选及提速方法制定提供了理论依据。2024 年，狄勤丰等为解决深井钻柱失效问题，将钻柱运动控制方程采用 Newmark 法离散，运用 SOR 节点迭代法求解，实现了 9000m 钻柱动力学模拟，为特深井安全钻井提供理论支撑。同年，王文昌等为保障超深井钻柱安全性，开展了受空间挠曲井筒约束钻柱的动态疲劳失效特征研究，进行了钻柱结构及工作参数优选，为超深井钻柱结构参数和钻井参数优选提供理论依据。同年，魏强等为解决目前缺乏油气井内解卡过程中的钻柱振动情况及动态解卡力的问题，分析了动态解卡力的主要因素，建立了钻柱–钻柱轴向装机数学模型，通过紧差分方法对撞击阶段的模型求解，为震击解卡作业提供理论指导。

2024 年，狄勤丰等针对目前钻柱动力学模拟的阻尼模型中阻尼系数依靠经验确定的问题，建立了钻柱动力学的有限元模型，实现了钻柱动力学特性的模拟。同年，狄勤丰等针对万米深井中钻柱完全面临的技术难题，总结了 3 种基本振动的耦合振动的研究进展，讨论了粘滑和涡动的危害及形成机制，归纳了高频扭转振动的研究进展，指出了钻柱动力学发展趋势。

据统计，钻柱失效事故中钻柱振动事故占比达到 80%，大尺寸井眼钻具断裂失效占钻井事故的 45%，大尺寸井眼钻具冲蚀占钻井事故达

29%。以四川地区储层为例，地层上部构造复杂、可钻性较差，沉积物严重致密化，地下断裂发育且不均，导致大尺寸井眼钻具振动极其剧烈，井斜控制难度大，事故频繁出现。钻头作为破岩激发源头，是影响钻柱稳定性的重要因素，其工作状态直接关系到整个钻柱-钻头-井壁系统的与工作效率，亟待针对深井大尺寸井眼开展钻柱动力学研究，分析钻井动态安全、井斜控制方法与钻柱承受的拉压、弯扭等复杂载荷。此通过设计不同的钻头边界条件，以更真实地模拟钻柱行为动态，表1列出了目前钻柱动态模型研究中主要使用的钻头边界，钻头-岩石相互作用模型通常使用特定的钻压和扭矩方程，或刮刀钻头模型。

表1　钻柱动力学模型中的主要边界设计

时间	作者	钻头-岩石互作用模型	研究对象
2016	Gupta et al.	刮刀钻头模型	轴向和扭转振动
2017	Monteiro et al.	非规则干摩擦模型	扭转振动
2019	Chen et al.	钻头激励模型	横向振动
2019	Aarsnes et al.	刮刀钻头模型	轴向和扭转振动
2019	Yan et al.	刮刀钻头模型	轴向和扭转振动
2020	Xie et al.	刮刀钻头模型	横向和扭转振动
2020	Zhang et al.	非规则干摩擦模型	扭转振动
2022	Cai et al.	钻头激励模型	横向振动

在超深井钻井过程中，钻柱失效问题尤为严重，极大的阻碍了正常钻进，大大增加了钻井成本，钻柱失效形式包括冲蚀、扭断、刺漏等，造成这类情况的原因包括复杂载荷作用、钻柱振动，钻井液腐蚀、钻柱质量等。目前，大多数研究人员采用金相显微镜和扫描电镜对失效钻柱进行金相检验和断口形貌分析，以此来判断失效类型和失效原因，研究发现，钻柱振动是造成钻柱失效的主要原因。国内众多学者也针对钻柱振动和钻柱安全分析做了大量研究。国内以苏义脑、高德利、刘清友、李子丰、管志川等为代表的大批学者基于欧拉梁单元法、哈密顿原理、弹性杆理论、混沌理论等开展了大量钻柱动力学特性和钻柱安全研究。大量研究发现钻柱过渡区长度和过渡区倒角半径对应力集中有显著影响，应力集中会导致该位置等效应力增大，钻柱安全余量减小；最大应力集中发生在钻杆销钉钻具接头肩的第一齿根部，通过断口形貌观察表明，钻杆接头失效是由于疲劳裂纹在齿根处成核并在钻杆接头壁上扩展造成的，钻杆局部偏离垂直线，在狗腿区存在严重的循环弯曲载荷，从而工具接头抗疲劳性能下降。部分研究通过对钻柱材料和断裂位置进行了测试和分析，发现冲蚀失效原因是钻柱热处理不当产生了机械损伤。另外，部分研究人员采用金相显微镜和扫描电镜对失效钻柱进行金相检验和断口形貌分析，以此来判断失效类型和失效原因。而BHA的失效除却钻柱本身的质量因素外，更多是由于钻柱剧烈振动引起的钻柱安全性能下降。已有研究指出，钻柱振动是钻柱失效的主要原因。但目前针对钻柱安全性能的评价主要局限于静力学范畴和实验分析，忽略了钻柱在井眼内旋转时产生的动态应力对钻柱安全性能的影响。在钻井过程中，钻柱在井眼内会受到轴向力、接触力、摩擦力等复杂载荷的共同作用，因此考虑钻柱的动力学行为可以更好的实现对BHA安全性能的预测。

通过调研发现，中国学者在钻柱动力学方面的研究成果丰硕，但是目前建立的钻柱动力学模型不能完全反映PDC钻头对钻柱的影响，导致钻柱动力学预测不准确。文章在探讨数字化破岩情况下模拟真实地层物性，建立PDC钻头与岩石的非线性相互作用模型，真正还原PDC钻头的动态特性，更加准确有效地预测钻柱的动态行为。PDC钻头与岩石的非线性相互作用模型，考虑了岩石硬度、研磨性、岩石内聚力(C)、岩石的内摩擦角(ϕ)、摩擦系数(μ)、弹性模量(E)、泊松比(υ)等参数，求解出的钻头动力学数据将作为钻柱动力学系统的底部边界输入。随后，对钻柱动态特性进行了分析，讨论了钻压、转速和岩石可钻性对钻柱动态特性的影响，本研究为保障钻柱安全、降低钻井成本提供理论指导。

1　钻头数字化破岩模型与大尺寸井眼动力学模型

1.1　大尺寸井眼钻柱动力学模型

针对超大尺寸井眼钻柱，结合大尺寸井眼钻柱环空间隙大、钻具横向变形大、钻柱三维振动强的特点，考虑实钻参数、钻具组合、钻井液性能、钻柱与井壁接触、钻头岩石互作用等复杂因素，运用大尺寸钻柱弹性模量、泊松比、内外径等关键参数，建立大尺寸井眼钻柱动力学模型。

基于哈密顿原理建立钻柱动力学模型，采用有限单元法，可以将钻柱系统离散为多个连续的含有两个节点的欧拉—伯努利梁单元，将推导欧拉—伯努利梁单元的动能、势能以及外力项的表达式，并通过假设形函数对欧拉—伯努利梁的连续位移进行插值处理，进而得到钻柱动力学有限元方程。

梁单元的总动能为：

$$T=\frac{1}{2}\int_0^{l_e}\rho A[(\dot{u}_x)^2+(\dot{u}_y)^2+(\dot{u}_z)^2]\mathrm{d}x+\int_0^{l_e}\rho Ae\Omega(\dot{u}_z\cos\Omega t-\dot{u}_y\sin\Omega t)\mathrm{d}x+\frac{1}{2}\rho A\,l_e e^2\Omega^2 +\frac{1}{2}\int_0^{l_e}\rho I_x(\dot{\theta}_x^2+2\Omega\dot{\theta}_y\theta_z)\mathrm{d}x+\frac{1}{2}\int_0^{l_e}\rho I_{yz}(\dot{\theta}_y^2+\dot{\theta}_z^2)\mathrm{d}x \tag{1}$$

式中，$\dot{u}_x$、$\dot{u}_y$、$\dot{u}_z$ 分别为 X、Y、Z 轴上的平移速度，m/s；ρ 是钻柱的密度，kg/m^3；A 是梁单元的横截面积，m^2；e 表示截面偏心距，m；Ω 是指井下钻柱的实际转速，rad/s；l_e 是梁单元的长度，m；I_x 是梁单元截面的极惯性矩，m^4；I_{yz} 是梁单元横截面的惯性矩，m^4。

势能：

$$V=\frac{EA}{2}\int_0^{l_e}\left(\frac{\partial u_x}{\partial x}\right)^2\mathrm{d}x+\frac{GI_x}{2}\int_0^{l_e}\left(\frac{\partial\theta_x}{\partial x}\right)^2\mathrm{d}x+\frac{EI_{yz}}{2}\int_0^{l_e}\left(\frac{\partial\theta_z}{\partial x}\right)^2\mathrm{d}x+\frac{EI_{yz}}{2}\int_0^{l_e}\left(\frac{\partial\theta_y}{\partial x}\right)^2\mathrm{d}x+\frac{EA}{2}\int_0^{l_e}\left(\frac{\partial u_x}{\partial x}\right)^3\mathrm{d}x +\frac{EA}{2}\int_0^{l}\frac{\partial u_x}{\partial x}[(\theta_y)^2+(\theta_z)^2]\mathrm{d}x+\frac{3EI_{yz}}{2}\int_0^{l}\frac{\partial u_x}{\partial x}\left[\left(\frac{\partial\theta_y}{\partial x}\right)^2+\left(\frac{\partial\theta_z}{\partial x}\right)^2\right]\mathrm{d}x+\frac{EI_x}{2}\int_0^{l}\frac{\partial u_x}{\partial x}\left(\frac{\partial\theta_x}{\partial x}\right)^2\mathrm{d}x +\frac{(E-G)I_x}{2}\int_0^{l_e}\frac{\partial\theta_x}{\partial x}\left(\theta_y\frac{\partial\theta_z}{\partial x}-\theta_z\frac{\partial\theta_y}{\partial x}\right)\mathrm{d}x \tag{2}$$

式中，u_x 是 x 轴方向位移；θ_x 表示绕 x 轴的扭转角；θ_y、θ_z 表示绕 y 轴和 z 轴的旋转角；E 是钻柱的弹性模量，Pa；G 是钻柱的剪切模量，Pa。

重力的单元等效节点力为：

$$F_{grav}=\left[\frac{-q_2L}{2}\ \frac{-q_1L}{2}\ \ 0\ \ 0\ \ 0\ \ \frac{-q_1L^2}{12}\ \frac{-q_2L}{2}\ \frac{-q_1L}{2}\ \ 0\ \ 0\ \ 0\ \ \frac{q_1L^2}{12}\right] \tag{3}$$

其中，q_1、q_2 分别是梁单元在 x、y 上的重力分量，N/m；L 表示钻柱单元长度，m；

因此，不平衡离心力矢量的单元等效节点力为：

$$F_{imb}=\left[0\ \ \frac{f_yL}{2}\ \ \frac{f_zL}{2}\ \ 0\ \ \frac{-f_zL^2}{12}\ \ \frac{f_yL^2}{12}\ \ 0\ \ \frac{f_yL}{2}\ \ \frac{f_zL}{2}\ \ 0\ \ \frac{f_zL^2}{12}\ \ \frac{-f_yL^2}{12}\right] \tag{4}$$

式中，f_y、f_z 是在 y、z 方向上的离心力，N。

因此，钻柱系统动力学方程可表示为：

$$[M]\{U_1\}+[C]\{U_2\}+[K]\{U_3\}=\{F\} \tag{5}$$

式和 $\{U_1\}$、$\{U_2\}$、$\{U_3\}$ 表示广义加速度、速度、位移和外力矢量；$[M]$、$[C]$、$[K]$ 分别表示质量矩阵、阻尼矩阵和刚度矩阵。

1.2 钻柱与井壁接触碰撞模型

当钻柱径向位移大于钻柱与井筒之间的间隙时，钻柱会受到井筒的约束，如图 1 所示。需要说明的是，由于钻柱被划分为多个连续的单元，每个单元含有两个节点。因此，只有钻柱单元的节点与井壁的接触碰撞能够被考虑。当钻柱节点与井壁接触时，钻柱与井壁之间的作用力包括径向接触力、切向摩擦力以及摩擦力矩。当钻柱弹离井壁接触时，钻柱不受井壁作用力，变回自由状态。钻柱与井壁之间的径向接触力可以表示为：

$$F_N=\begin{cases}-[u_r-(d_o-d_i)/2]k_h-v_r\left(\dfrac{-\ln(-v_2/v_1)}{\pi}\right) & u_r>(d_o-d_i)/2\\ 0 & 0\leqslant u_r\leqslant(d_o-d_i)/2\end{cases} \tag{6}$$

其中，d_o 为井眼尺寸，m；d_i 为钻柱尺寸，m；v_r 为钻柱径向速度，m/s；u_r 为钻柱径向位移，m；k_h 为井壁刚度，N/m；v_1 和 v_2 为钻柱单元节点接触井壁前后的速度，m/s；钻柱节点与井壁之间的切向摩擦力 F_f 和摩擦扭矩 F_{torq} 可以表示为：

$$F_f=\mu(v_s)F_N,\quad F_{\mathrm{torq}}=\frac{d_o}{2}\mu(v_s)F_N \tag{7}$$

其中，$\mu(v_s)$ 为钻柱与井壁之间的摩擦系数。

从图 1 中可以看出，在钻井过程中由于井眼轨迹不规则、钻柱刚性不足、钻井参数不当及井眼清洁等问题，导致钻柱与井壁发生碰撞，碰撞次数过多可能导致钻柱磨损缩短钻柱使用寿命、井壁损坏影响后期施工、严重的碰撞可能导致钻柱卡在井内发生卡钻事故、碰撞消耗能量导致钻头破岩效率影响钻井速度等，因此，通过建立钻柱动力学分析模型指导钻具组合搭配和钻参优化至关重要。

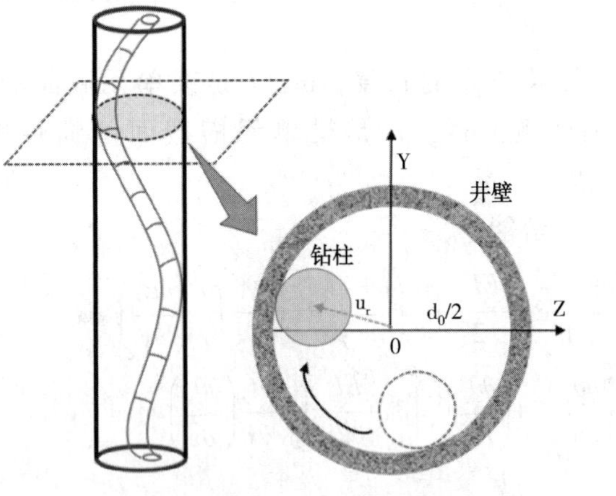

图1　钻柱与井壁接触碰撞图

1.3　钻头与地层互作用模型

PDC钻头通过具有一定布齿排列的切削齿剪切破碎岩石，因此，PDC钻头的性能会受到切削齿结构以及位置参数的影响。建立PDC钻头坐标系统，对PDC钻头切削齿进行坐标转换。建立井底钻头坐标系（$OXYZ$）、定位点坐标系（$O_1X_1Y_1Z_1$）、装配坐标系（$O_1X_2Y_2Z_2$）、侧转坐标系（$O_1X_3Y_3Z_3$）及工作面坐标系（$O_1X_4Y_4Z_4$）。定义径向半径R_c、轴向高度H_c、周向位置角θ_c、后倾角α、侧转角β、法向角γ等6个定位参数，实现切削点上任意一点在任一坐标系上的相互转换，如图2所示。

从图2可以看出，钻头切削齿除了受到钻压F_s(WOB)和水平切向力F_c作用外，还受到岩石施加的反作用力P_1，这一反作用力与岩石剪切体所受的切削齿对岩石的作用力相对应，在PDC切削齿磨损面上也分布着接触正压力P_3和摩擦力F_3。

磨损面与岩石之间的摩擦系数为μ_3，则$F_3=\mu_3\cdot P_3$，根据作用力平衡条件有：

$$\left.\begin{aligned}F_s&=P_1\sin(\gamma+\varphi)+P_3\\F_c&=P_1\cos(\gamma+\varphi)+\mu_3P_3\end{aligned}\right\}\tag{8}$$

式中P_3的确定与磨损面上的应力分布状态有关，

$$P_3=B\cdot P_m\cdot\left[\frac{0.6}{\cos\gamma}+\frac{1}{3}\left(\Delta L_f-\frac{0.6}{\cos\gamma}\right)\right]\tag{9}$$

式中，B为切削齿宽度；应力最大值$P_m=k\sigma_s$；k取决于切削齿的几何形状和接触面的摩擦力；σ_s为岩石单轴抗压强度；C为岩石内聚力；ϕ为岩石的内摩擦角；μ为摩擦系数；ΔL_f为切削齿磨损长度。将相关式子代入式组(8)得到PDC切削齿所受作用力F_s、F_c：

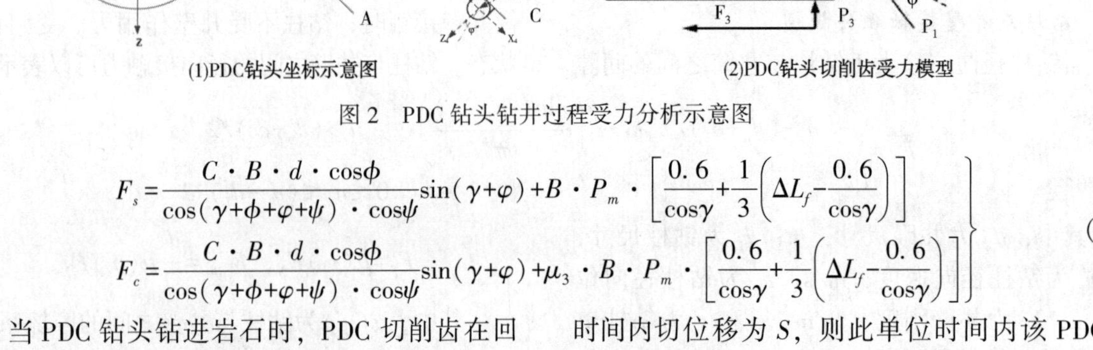

(1)PDC钻头坐标示意图　　(2)PDC钻头切削齿受力模型

图2　PDC钻头钻井过程受力分析示意图

$$\left.\begin{aligned}F_s&=\frac{C\cdot B\cdot d\cdot\cos\phi}{\cos(\gamma+\phi+\varphi+\psi)\cdot\cos\psi}\sin(\gamma+\varphi)+B\cdot P_m\cdot\left[\frac{0.6}{\cos\gamma}+\frac{1}{3}\left(\Delta L_f-\frac{0.6}{\cos\gamma}\right)\right]\\F_c&=\frac{C\cdot B\cdot d\cdot\cos\phi}{\cos(\gamma+\phi+\varphi+\psi)\cdot\cos\psi}\sin(\gamma+\varphi)+\mu_3\cdot B\cdot P_m\cdot\left[\frac{0.6}{\cos\gamma}+\frac{1}{3}\left(\Delta L_f-\frac{0.6}{\cos\gamma}\right)\right]\end{aligned}\right\}\tag{10}$$

当PDC钻头钻进岩石时，PDC切削齿在回转切向力E作用下向前移动并破碎岩石，设PDC钻头上某一切削齿在轴向力F作用下，压入岩石深度为d，在转切向力F_a作用下，单位时间内切位移为S，则此单位时间内该PDC切破碎岩石体积为：

$$V_i=S_iA_i\cos\gamma=\frac{n\pi r_i}{30}A_i\cos\gamma\tag{11}$$

$$A_i = \left\{ r^2 \cos^{-1}\left(\frac{r-d/\cos\gamma}{r}\right) - r\left(r - \frac{d}{\cos\gamma}\right) \sin\left[\cos^{-1}\left(\frac{r-d/\cos\gamma}{r}\right)\right] \right\} \cos\beta' \quad (12)$$

式中，A_i为 PDC 切削齿前端接触面面积；r 为切削齿半径；d 为切削深度；γ 为切削齿后倾角；β'为切削齿侧倾角；n 为 PDC 钻头的钻速；r_i为 PDC 切削齿到钻头中心的距离。

另外，由动力学理论可知，驱动该 PDC 切削齿回转运动的扭矩 M_i 可用下式表示：

$$M_i = F_{ci} r_i \quad (13)$$

根据纵横弯曲连续梁法，钻头侧向力可以用下式计算：

$$P_a = \frac{P_B e_1 - M_1}{L_1} - \frac{q_1 L_1}{2} \quad (14)$$

其中，$q_1 = \omega_1 \sin\alpha$

式中，P_a 为钻头侧向力；P_B为钻压；L_1为钻头至稳定器钻柱长度；e_1为第一稳定器与井眼的径向间隙；M_1为第一稳定器或者近钻头与井壁接触处钻柱的内弯矩；q 为钻柱的横向均布载荷；α 井斜角；W 为第一跨钻柱在钻井液中的重量。

钻头侧向力 P_a 的性质与符号的关系是：若 $P_a>0$，则为造斜力；若 $P_a<0$，则为降斜力。

在得到钻柱动力学特性以后，就可以根据第一稳定器或者近钻头与井壁接触处钻柱的变形特征计算其动态弯矩：

$$M_1 = \frac{EI_z}{\rho} \quad (15)$$

上式中，M 表示工具的弯矩，N · m；E 表示工具的弹性模量，Pa；I_z 表示工具的惯性矩，m^3；p 表示工具变形的曲率半径，m。

1.4 模型求解

在整个钻井系统中，钻柱依靠自身重力和钻头施加的钩载，钻头与底层岩石直接接触，在钻杆扭拧的作用下完成破岩。在此过程中，钻头自身也受到岩石对钻头施加的摩擦力、扭矩及轴向载荷的作用，产生径向、横向、扭转三向耦合振动。由于钻头与钻柱直接相连，钻头的运动及振动也会对钻柱，尤其是近钻头钻柱(底部结构组)产生直接的影响。同样，钻柱的纵向振动会影响钻头扭矩，钻头的扭转振动会影响钻头扭矩的传递。因此，钻柱与钻头是相互影响的，它们的耦合动学行为会对钻井效率、钻具失效、井轨迹等工程核心问题产生直接的影响。由于钻头位于钻柱底端，因此，应将钻头考虑为钻柱的底部边界，将钻头动力学响应作为钻柱底部节点的输入。具体耦合思路为：计算切削阶段切削参数，包括切削体积、切削幅长、切削面积；根据切削参数计算切削载荷，包括钻头正压力、扭矩、侧向力；将钻头切削载荷作为底部边界组装到大尺寸井眼钻柱动力学模型的外力矩阵并求解，获取获得整体动态力学行为。

本文通过 Newmark-β 法，求解上部大尺寸井眼钻柱动力学特性(图 3)，并进一步分析钻柱安全和井斜控制能力，优化钻具组合和钻井参数。

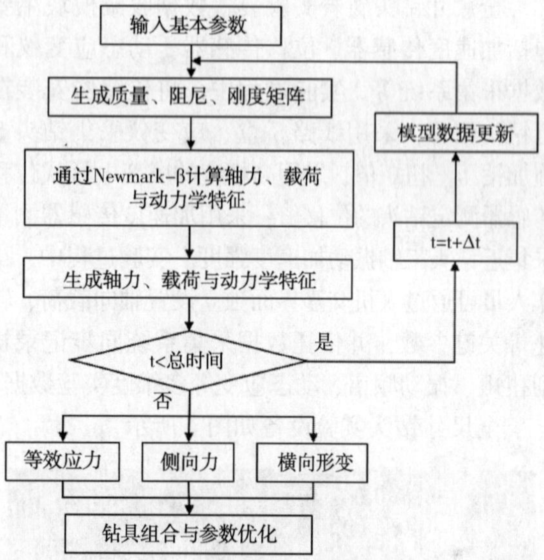

图 3　模型求解技术路线

2　理论模型验证

2.1　实验室验证

大尺寸井眼钻柱动力学模型中，钻头作为钻柱的终端边界，其非线性振动特征(包括轴向冲击和扭转振荡的多自由度动态响应)对钻柱系统的动态力学特征具有决定性影响。为精确表征这种边界动态特性，需采用全尺寸钻头破岩实验台架(配备多轴动态加载系统与岩石各向异性模拟装置)，实时获取切削齿冲击过程中的力传感器数据、高频加速度响应谱。特别是通过测量 PDC 切削齿在非均质层理岩体中的瞬时侵彻度与扭矩波动相位差，可修正钻头动力学本构方程中的岩石破碎功指数和界面摩擦耗散系数，从而实现非均质地层钻进模拟。

全尺寸钻头破岩实验装置驱动部分采用模块化结构设计，主要由三大部分构成。上部固定模块：集成高刚度夹持机构用于固定钻柱和钻头，钻头通过法兰盘实现与模拟钻柱的刚性连接。该模块配备六自由度位移约束装置，在实验过程中保持钻头-钻柱系统处于静态工作状态；下部旋转模块：主要由旋转驱动单元及岩样固定平台构成，旋转驱动单元采用伺服电机配合谐波减速器实现0~50r/min无级调速，驱动单元装有标准岩心的固定平台，岩样固定在平台后随旋转驱动单元一起旋转运动；液压加载系统：基于多通道伺服液压闭环控制技术，通过比例溢流阀与位移传感器协同工作，实现0~50kN轴向载荷的精确加载，并配备过载保护机制，可模拟井下钻压动态变化过程。

全尺寸钻头破岩实验装置数据收集模块主要包括加速度传感器、位移传感器、动态应变仪和数据采集系统等。实验过程中，将传感器安装在近钻头位置，采用线路桥盒、应变仪采集钻头上施加钻压、扭矩值，采用高精度的应变电桥式位移传感器测定钻头的位移值，采用加速度传感器测量采集近钻头三轴振动加速度强度。实验过程中，操作人员可通过人机交互界面独立设置轴向载荷、转速等关键参数，并依托数据采集系统同步记录切削扭矩、振动频谱、动态应变等多维度实验数据。

全尺寸钻头实验设备如图4所示。

图4　全尺寸钻头实验设备

为探究不同地层岩性对钻头动态特性的影响，分别制备了均质岩心和非均质岩心。均质岩心的抗压强度为40MPa，非均质岩心的抗压强度由低到高分别为30MPa，55MPa和75MPa，深部地层可钻性级值与岩石抗压强度关系式可以得到均质岩心的可钻性极值为5.7，非均质岩心的可钻性极值由低到高分别为5.4、6.14、6.73，用于研究PDC钻头在均质地层和非均质地层条件下的动力学响应。

采集制备了三种岩心，来模拟软、中、硬三种岩石。其中，人造岩抗压强度20MPa，砂岩抗压强度40MPa，灰岩抗压强度70MPa。结合实验得到的深部地层可钻性级值与岩石抗压强度关系，人造岩、砂岩、灰岩可钻性级值分别为5.1、5.7、6.6。此外，考虑到实际钻井过程中的地层多为非均质地层，因此，将灰岩、人造岩岩心切块并组合成灰岩—人造岩—灰岩非均质复合岩心，用于研究PDC钻头在非均质地层条件下的动力学响应。

在全尺寸钻头实验中，不同岩性对PDC钻头的钻进效率产生了显著影响。实验结果表明，钻头在人造岩中的钻进速度最快，其次是砂岩，而在灰岩中的钻进速度最慢。具体而言，在20s的实验时间内，PDC钻头在人造岩中的进尺超过25mm，在砂岩中的进尺达到17.3mm，而在灰岩中的进尺仅为3.1mm。这表明，随着岩石抗压强度的增加，钻头单位时间内的进尺呈现递减趋势，这一现象与现场实际工况保持一致。岩石的抗压强度越高，钻头破碎岩石所需的力越大，相应地，钻进速率也会降低。因此，在实际钻井工程中，应根据不同地层的岩性特点，合理调整钻压、转速等钻进参数，以优化钻进效率。与此同时，动力学模型仿真结果也进一步验证了实验结论。在5s的模拟时间内，PDC钻头在人造岩中的进尺约为4mm，在砂岩中的进尺约为2.1mm，而在灰岩中的进尺约为1.5mm（图5）。无论是进尺趋势还是进尺量级，仿真结果均与实验数据高度一致，表明所建立的动力学模型具有较好的准确性和可靠性。该仿真模型能够较为真实地再现PDC钻头在不同岩石中的破岩过程，为钻井参数优化和钻头结构改进提供了重要的理论依据。从进尺曲线的变化趋势来看，在人造岩中的进尺曲线最陡峭，表明钻头破岩速率较快，且进尺较为均匀，说明人造岩相对较软，破碎难度较低。而在砂岩和灰岩中，进尺曲线逐渐变得平缓，特别是在灰岩中，进尺曲线的斜率最小，表明钻头的钻进速率最慢。这可能与灰岩的致密程度、抗压强度及其内部结构特性有关，导致钻头在钻进过程中承受更大的阻力。此外，从仿真结果可以看出，在不同岩性条件下，进尺曲线均表现出一定程度的波动，这可能与钻头在破岩过程中的动态载荷变化有关，反映出钻头与岩石相互作用的复杂性。综合来看，本研究通过实验测试与数值仿真相结合的方法，系统分析了不同岩性对 PDC 钻头钻进性能的影响。实验结果表明，岩石的抗压强度对钻头进尺有重要影响，抗压强度越高，钻进速率越低。动力学模型的仿真结果与实验数据高度吻合。

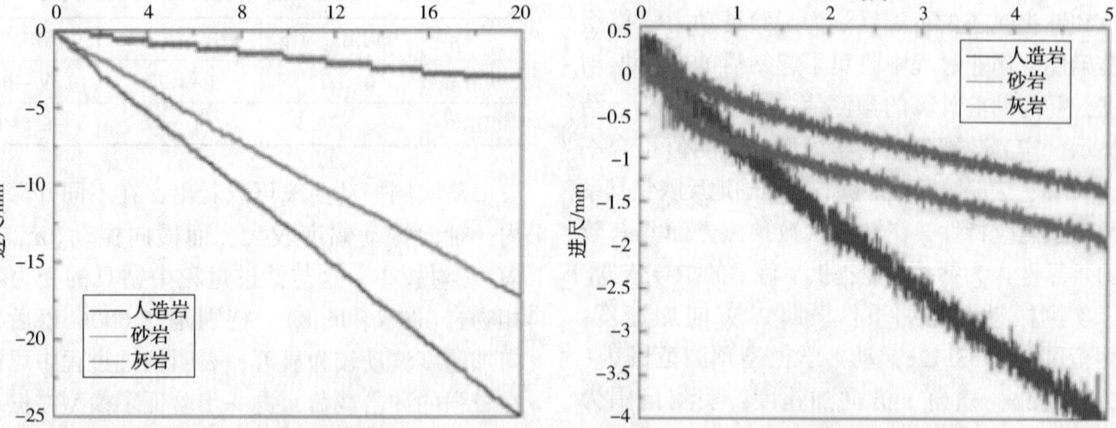

(a)全尺寸钻头实验结果　　(b)动力学仿真实验结果

图 5　不同钻压下全尺寸钻头破岩的实验与模拟进尺

同时研究了钻压对 PDC 钻头工作特性的影响，实验采用灰岩作为岩心，并将钻头转速固定为 30r/min，以确保测试条件的稳定性和可比性。通过对比不同钻压条件下，全尺寸 PDC 钻头破岩的实验进尺与动力学模型仿真进尺，随着钻压的增大，PDC 钻头的钻进速度逐渐提高，表现出更快的破岩能力(图 6)。这一趋势与现场实测工况保持一致，进一步验证了钻压在钻进过程中对破岩效率的显著影响。较高的钻压使得 PDC 刀片更深入地切削岩石，从而提高了破岩速率。然而，过大的钻压可能导致钻头的异常磨损，甚至影响钻井稳定性，因此在实际应用中需要结合现场工况合理选择钻压。此外，在动力学模型仿真中，不同钻压条件下的钻进速度变化趋势与实验结果高度一致，表明所建立的仿真模型能够较为准确地模拟 PDC 钻头的破岩行为，从而为优化钻头结构与钻进参数提供理论依据。具体而言，在 5s 的模拟时间内，当施加的钻压分别为 5kN、10kN 和 20kN 时，PDC 钻头的模拟进尺分别达到 0.6mm、1.5mm 和 2.3mm，这与实验测得的破岩进尺量级大致相符，进一步验证了模型的可靠性。从进尺曲线的趋势来看，较低钻压(5kN)时，钻头进尺较小，破岩速率较低，表现出阶梯状的进尺变化模式，说明破岩过程较为缓慢且稳定。而在较高钻压(20kN)条件下，进尺曲线陡峭，钻头破岩速率显著提高，同时曲线的波动幅度增大，表明破岩过程中的动态响应更加剧烈。综合来看，通过实验与仿真相结合的方法，系统分析了钻压对 PDC 钻头破岩效率的影响，证实了钻压与钻进速度之间的正相关关系。所建立的动力学模型能够准确反映 PDC 钻头的钻进行为。

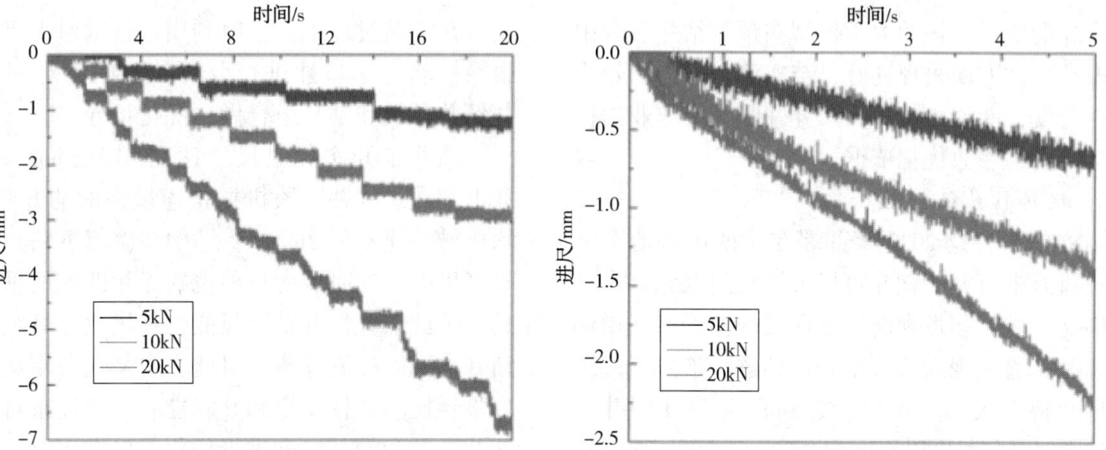

(a)全尺寸钻头实验结果　　(b)动力学仿真实验结果

图 6　不同钻压下全尺寸钻头破岩的实验与模拟进尺

2.2 现场数据验证

在四川某超深大尺寸井眼的三开钻井作业中，采用了垂钻工具进行钻进，以确保钻井过程的稳定性和钻头轨迹的可控性。为了验证动力学模型的准确性，作业过程中收集了起钻后的实测振动数据，并与钻前计算的预测值进行对比分析。结果显示，实测数据与动力学模型的预测值符合率高达85%，表明该模型能够较为准确地反映钻具系统的动态响应特性，在钻进参数预测方面具有较高的可靠性，为钻井作业提供了科学的指导依据。

实测振动数据如下：横向 X 方向加速度：实测范围为0~3.12g，动力学模型预测范围为-2.5至2.5g；横向 Y 方向加速度：实测范围为0~1.78g，动力学模型预测范围为-1.5至2g；轴向加速度：实测范围为0.79~10.19g，动力学模型预测范围为-8.5至10g(表2)。

表2　SDCK1井加速度实测与模拟对比

项目	横向 x 方向/g	横向 y 方向/g	轴向/g
实测值	0~3.12	0~1.78	0.79~10.19
模拟值	-2.5~2.5	-1.5~2	-8.5~10

从实测振动曲线可以看出，在不同井深范围内，轴向振动幅度较大，而横向振动(X、Y 方向)相对较小，这与钻进过程中钻具的受力特点相吻合(图7、图8)。特别是在600m以后，轴向加速度波动较为显著，表明钻进过程中可能存在较强的冲击载荷，进一步验证了模型在振动预测方面的合理性。

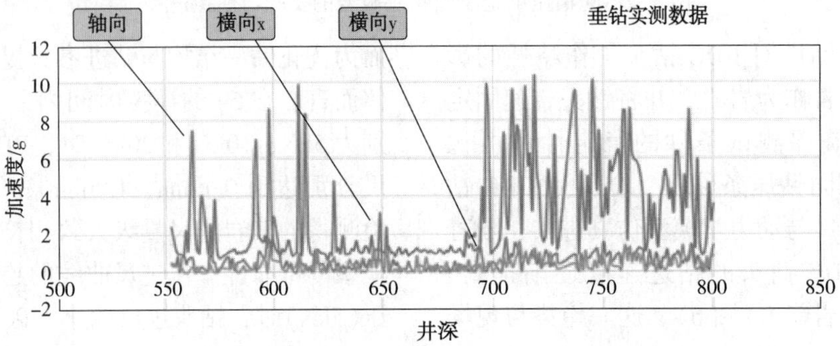

图7　四川某超深大尺寸井垂钻实测数据

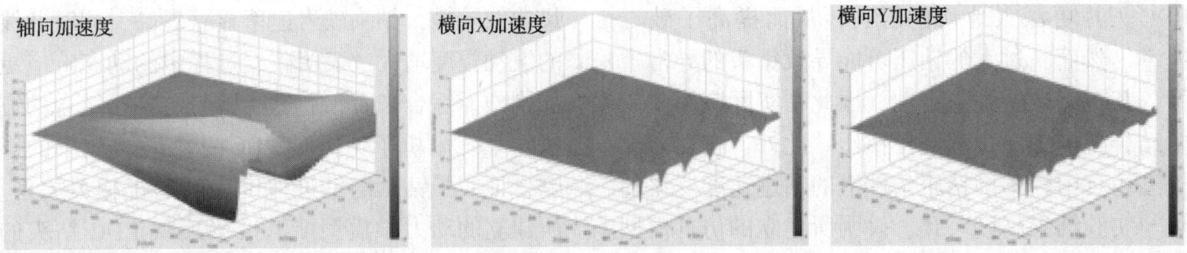

图8　模型计算结果

综上所述，该动力学模型在预测钻井过程中的振动特性方面表现良好，与实测数据具有较高的匹配度，能够为超深大尺寸井眼钻井作业提供科学合理的参数优化依据。

2.3 现场钻具组合优化

SDCK1井是2023年部署在于四川盆地东北的一口万米直井，该井将极大推动川东北万米地层勘探，并有望发现新的超深层规模天然气增储目标区。为实现后续万米井深钻进，该井上部井眼尺寸特别大，二开次812.8mm井眼计划井深500m，大尺寸井眼(≥444.5mm)总井深超过7000m，因此钻柱安全控制和防斜打直难度极大。在实钻过程中，实时利用该技术对大尺寸井眼钻柱动力学特性进行分析，以期于对SDCK1井钻井参数和钻具组合做出优化指导。

该井二开次井眼尺寸达到812.8mm，是该井上部大尺寸井眼段机械钻速最慢的的井眼(平均机械钻速不到2m/s)，钻中多次起下钻，钻进难度极大。同时国内目前也缺乏相匹配的垂钻工具，因此该井二开钻进只能依靠优化钻具组合和钻井参数来控制井斜。对此，本文也分别从钻柱力学特性、钻柱安全和井斜控制的角度来对二开钻井参数和钻具组合进行优化，以期于对后续大尺寸井眼钻井优化提供一定指导。二开钻具组合为：Φ812.80mm 牙轮钻头×0.96m+830×830 双母×0.92m+13″钻铤×9.01m+12″减震器×4.36m+11″钻铤×9.41m+Φ800mm 扶正器×2.67m+11″钻铤×18.81m+Φ792mm 扶正器″2.67m+11″钻铤×18.81m+10″钻铤×28.24m+转换接头×0.79m+9″钻铤×9.4m+6⅝″钻杆。

该井二开次全采用简易组合(即底部钻具组合只有钻铤+扶正器)完钻，在本开次中，共采用了三种扶正器组合，分别是单扶(钻头+两根钻铤+扶正器)组合、双扶组合(钻头+两根钻铤+扶正器+两根钻铤+扶正器)和三扶组合(钻头+两根钻铤+扶正器+两根钻铤+扶正器+四根钻铤+扶正器)。由于该开次整体井斜控制情况都较好，均满足井斜控制要求(低于 1°)，而钻铤螺纹又出现了不同程度的细微裂纹(钻铤存在重复使用)，导致现场对这三种钻具组合的理论井斜控制能力和安全性能不明确，难以指导后续类似井的钻井设计。对此，对比分析了三种钻具组合的变形情况和最大弯矩，以此来评价其井斜控制能力和安全性。

图 9 展示近钻头钻柱(100m)的钻柱横向变形和弯矩。扶正器位置会显著影响近钻头钻柱横向变形，同时由于扶正器用于限制钻柱的横向位移，将钻柱约束在井眼中心，导致扶正器下方钻柱弯矩剧增，反复的弯扭将加快该位置钻柱疲劳(尤其是下部钻铤母扣位置)。其中，双扶钻具组合在第一个扶正器位置的横向变形小于单扶组合和三扶组合(尤其是单扶组合，位移量只有其二分之一左右)，说明该钻具组合可以更好控制井眼轨迹并减小涡动，同时该位置的弯矩也更小，可以更好的减小钻柱损伤来提高钻柱使用寿命。虽然三扶组合底部钻铤的变形相较于双扶组合增幅不大，但是其弯矩显著增加，尤其是第二个扶正器位置，从变形图也可以看出该组合下该位置钻铤的横向位移变化量更大，导致第二个扶正器的最大弯矩超过了 100kN·m，对钻柱的疲劳损害更加严重。综上所述，上部大尺寸井眼推荐采用双扶钻具组合，在控制井斜的同时也可以更好提高钻柱安全性。

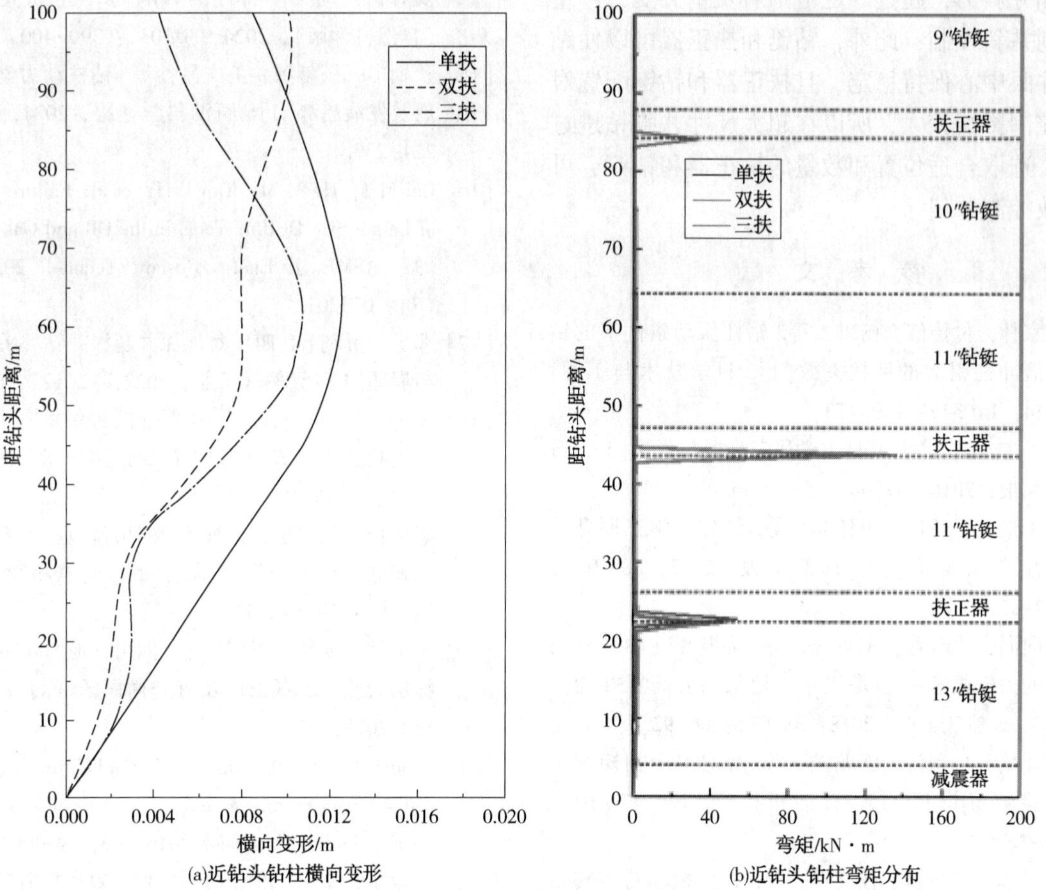

图 9　基于钻柱动力学的钻具组合优化

3 结论

（1）目前国内外超大尺寸井眼钻柱动力学与安全评价方法以钻后总结分析为主，缺少相关理论指导，本文建立了钻头数字化破岩模型，考虑不同岩性与钻头结构特点，将钻头数字化破岩模型作为钻柱底部边界条件，建立了超大尺寸井眼钻柱-钻头-底层系统耦合动力学模型。在A1井三开钻进中，对钻柱动力学特性进行了分析，钻中采用的垂钻工具对底部钻柱振动进行了测量，将实测数据与钻前分析数据对比，符合率达85%以上。

（2）文章基于求解的钻柱动力学特性建立了钻柱动态安全分析模型和井斜控制模型，在此基础上形成了超大尺寸井眼钻柱力学分析与优化技术；下步将继续跟踪A1井，收集A1井实钻情况，修正模型系数，持续提高模型精度；

（3）通过本文建立的模型，理论分析后发现：增大钻压与转速会使得钻头破岩效果更加明显，但同时也会增大钻柱的三向振动加速度、接触力和井斜力，超过一定范围后发生突变，严重威胁到井斜控制；此外，钻铤和扶正器可以使钻柱在井眼中心保持稳定，且扶正器和钻铤配置对井斜控制影响较大，所以在超大尺寸井眼钻进过程中，选取合适位置和数量的扶正器和钻铤，可以有效控制井斜。

参 考 文 献

[1] 田家林，付传红，杨琳，等. 钻柱振动条件下的钻井液冲蚀引起的钻柱失效[J]. 科学技术与工程，2014，14(34)：169-173.

[2] 李子丰. 油气井杆管柱力学研究进展与争论[J]. 石油学报，2016，37(04)：531-556.

[3] 李子丰，王长进，田伟超，等. 钻柱力学三原理及定性模拟实验[J]. 石油学报，2017，38(02)：227-233.

[4] 杨向同，沈新普，王克林，等. 完井作业油管柱失效的力学机理--以塔里木盆地某高温高压井为例[J]. 天然气工业，2018，38(07)：86-92.

[5] 吴泽兵，吕澜涛，郭龙龙，等. 钻柱摩阻扭矩测试试验装置设计[J]. 石油机械，2019，47(10)：20-26.

[6] 李子丰，张超越，任文明，等. 径向振动对旋转钻柱摩阻扭矩的影响[J]. 天然气工业，2020，40(09)：80-86.

[7] 李少安，王居贺，秦垦，等. 超深井上部大尺寸井眼稳定器接头母扣失效机制[J]. 石油钻采工艺，2021，43(03)：302-308.

[8] 朱硕，宋先知，李根生，等. 钻柱摩阻扭矩智能实时分析与卡钻趋势预测[J]. 石油钻采工艺，2021，43(04)：428-435.

[9] 丁恒，易先中，周元华，等. 地面钻柱扭摆导向钻井的理论建模及应用研究[J]. 石油机械，2024，52(10)：37-46.

[10] 刘伟吉，冯嘉豪，汪洋，等. 深层页岩气水平井钻柱动态摩阻扭矩分析[J]. 石油机械，2023，51(08)：18-25.

[11] 狄勤丰，尤明铭，李田心，等. 特深井钻柱动力学特性模拟与分析[J]. 石油钻探技术，2024，52(02)：108-117.

[12] 王文昌，徐祖凯，周星，等. 超深井钻柱动态疲劳失效特征及参数优选[J]. 石油钻探技术，2024，52(02)：118-125.

[13] 魏强，李子丰，张杰. 垂直井内上击器解卡过程中钻柱振动数学模型的建立与求解及动态解卡力分析[J]. 振动与冲击，2024，43(20)：62-74.

[14] 狄勤丰，陈功，胡菲菲，等. 阻尼模型的力学机制及对钻柱动力学特性的影响[J]. 上海大学学报（自然科学版），2024，30(03)：390-400.

[15] 狄勤丰，杨赫源，王文昌，等. 钻柱动力学研究进展及发展趋势[J]. 石油科学通报，2024，9(02)：224-239.

[16] Cai M J, He M M, Tan L H, et al. Failure Analysis of Large-Size Drilling Tools in the Oil and Gas Industry [J]. ASME. J. Energy Resour. Technol. 2024, 146(7): 073201.

[17] 邓虎，贾利春. 四川盆地深井超深井钻井关键技术与展望[J]. 天然气工业，2022，42(12)：82-94.

[18] 李涛，苏强，杨哲等. 川西地区超深井钻井完井技术现状及攻关方向[J]. 石油钻探技术，2023，51(02)：7-15.

[19] 李毕松，代林呈，朱祥等. 四川盆地震旦系灯影组沉积储层特征与勘探前景[J]. 地球科学，2023，48(08)：2915-2932.

[20] 黄士鹏，姜华，王铜山等. 四川盆地8000m海相超深层天然气成藏条件及有利勘探区带[J]. 地质学报，2023，97(05).

[21] Albdiry M T, Almensory M F. Failure analysis of drillstring in petroleum industry: A review[J]. Engineering Failure Analysis. 2016, 65, 74-85.

[22] 祝效华，李海. PDC切削齿破岩效率数值模拟研究[J]. 应用基础与工程科学学报，2015，23(01)：182-191.

[23] Gupta, S. K., Wahi, P. Global axial - torsional dynamics during rotary drilling. Journal of Sound and Vibration, 2016, 332-352.

[24] Monteiro, L. S., Hugo, Trindade, Marcelo, A. Performance analysis of proportional-integral feedback control for the reduction of stick-slip-induced torsional vibrations in oil well drillstrings. Journal of Sound and Vibration, 2017, 398: 28-38.

[25] Aarsnes, U. J. F., Wouw, N. V. D. Axial and torsional self - excited vibrations of a distributed drill-string. Journal of Sound and Vibration, 2019, 444: 127-151.

[26] Zhang, H., Di, Q., Li, N., et al. Measurement and simulation of nonlinear drillstring stick - slip and whirling vibrations. International Journal of Non-Linear Mechanics, 2020, 125.

[27] Chen, L. Y., Di, Q. F., Lou E. B., et al. The visualization of rub-impact characteristics of drill string on casing. Journal of Petroleum Science and Engineering, 2019, 174: 1321-1331.

[28] Yan, Y., Wiecigroch, M. Dynamics of rotary drilling with non - uniformly distributed blades. International Journal of Mechanical Sciences, 2019, 160: 270-281.

[29] Xie, D., Huang, Z. Q., Ma, Y. C., et al. Nonlinear dynamics of lump mass model of drill-string in horizontal well. International Journal of Mechanical Sciences, 2020, 174.

[30] Cai, M. J., Mao, L. J., Xing, X. S., Zhang, H. Z., Li, J. Analysis on the nonlinear lateral vibration of drillstring in curved wells with beam finite element. Communications in Nonlinear Science and Numerical Simulation, 2022, 104.

“川式”超深井高强度常规取心工具研制与应用

刘　彬　姚坤鹏　姚建林

（中国石油集团川庆钻探工程有限公司）

摘　要　向深地进军是我国未来油气行业发展的必由之路。钻井取心作为获取地层岩心标本的最直接手段，具有极为重要的地位，它不仅能为地质研究提供基础资料、助力油藏评价与开采方案的制定，还能保障钻井工程的安全，尤其对深部未知地层的油气资源勘探与开发，有着不可或缺的支撑作用。文章针对超深井取心面临的高温、高冲蚀以及易堵心等技术难点，从取心工具关键零部件的设计优化介绍了“川式”超深井取心工具结构特点，并结合深地塔科1井万米超深层取心和前期超深井取心应用效果，分析目前超深井取心存在的问题，为后期超深井取心关键技术攻关提供借鉴。

关键词　深地；川式；超深井；取心；深地塔科1井

据统计，世界新增油气储量的60%来自深部地层，我国深层、超深层油气资源约占全国总量的34%，已成为未来油气增储上产的主战场，探明并开发深层油气资源，已成为保障国家能源安全、支撑石油工业发展的关键。钻井取心是了解地层构造、探明油气储量的最直接方法，能为未知深部地层油气资源勘探与开发提供坚实的支撑。但是，由于超深层取心施工工艺的复杂性、现役取心工具性能的局限性，以及地层岩石特性的多样性等多种因素影响，现役取心技术在超深井应用中岩心收获率和单筒进尺较浅井取心差距大、取心效率更低。20世纪70年代，我国第一口井深超7000m井完钻，从7000m到突破8000m历经29年，从8000m到迈入9000m用时15年，从9000m到冲破10000m大关仅用3年，亟需开展适用于超深井的成套高性能取心工具、取心钻头以及现场取心工艺研究，“取成、取好、取准”深部地层资料，以契合迅猛发展的超深井钻井技术，加快我国深地油气资源勘探开发进程。为此，系统梳理了超深井取心技术难点，从取心工具抗温、抗冲蚀、强度提升以及岩心顺利进入内筒等方面开展“川式”超深层取心工具研制，提高超深层取心质量，丰富深部地层岩心资料库。

1　超深井取心工具存在的问题

超深井取心面临着井深、温度压力高和地层破碎等极端苛刻条件，特别对于10000米以深特深井，温度将超过220℃、压力超过140MPa，同时，井下钻具动力学复杂，现役取心工具性能已不能适应超深井取心现场应用条件，取心工具冲蚀刺漏、螺纹涨扣裂纹、取心收获率低等问题频发，如图1～图4、表1所示，在此背景下，“取成、取好、取准”超深层地质资料面临着极大的挑战，主要体现在以下几个方面：

- 井底超高温环境下取心工具的有效密封问题；
- 大排量循环工况下取心工具的抗冲蚀问题；
- 超深井复杂应力作用下取心工具井下作业安全问题；
- 复杂超深地层环境下岩心的有效抓取问题；
- 破碎地层条件下岩心进入内筒的顺畅性问题。

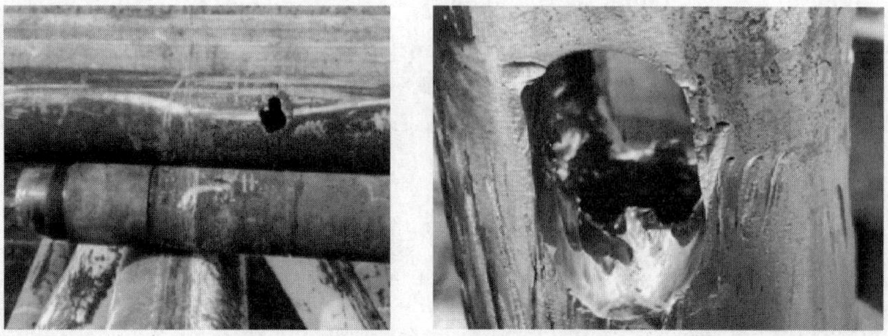

图1　取心工具冲蚀、刺漏

图2　取心工具螺纹涨扣

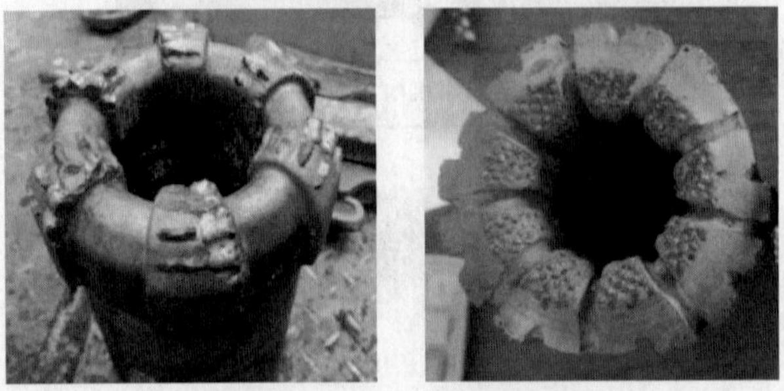

图3　不同类型取心钻头磨损

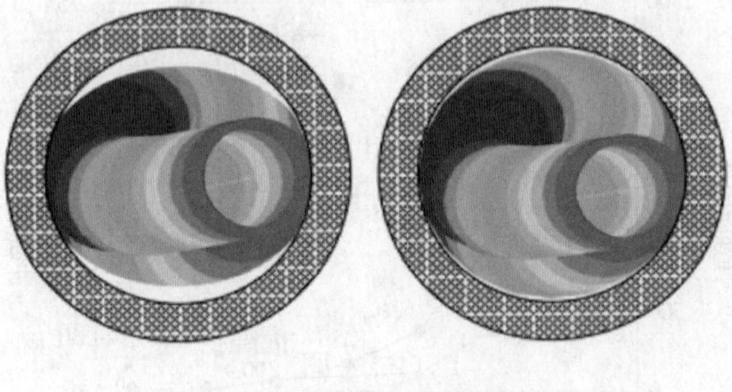

图4　取心工具运动轨迹复杂

表1　川庆钻探公司8000m以深部分取心统计表

井号	井段/m	进尺/m	筒次	心长/m	收获率/%
LT-XX	8641.00~8649.50	8.50	1	8.48	99.80
SB-X1	8260.00~8498.50	6.00	2	5.38	89.67
SB-X2	8412.00~8416.00	4.00	1	4.00	100.00
PS-XX	8366.90~8529.00	17.50	2	17.50	100.00
FY-XX	8335.30~8340.50	3.40	2	3.40	65.38
SB-X3	9050.66~9095.86	13.26	2	11.64	87.78

2　"川式"超深层取心工具结构及关键参数

"川式"超深层取心工具结构如图5所示，适用于4⅛″及以上井眼各类软、硬地层取心需求，岩心直径φ45~φ133mm。主要由悬挂接头、内筒、外筒、旋转总成、岩心爪组合件和取心钻头组成。取心工具参数见表2。

悬挂接头采用全金属结构，使取心工具整体抗温能力达到240℃以上，是连接上部钻具与取心外筒的桥梁，可以将钻压、扭矩通过外筒传递到钻头，实现破岩钻进，同时也作为悬挂内筒的部件，配和下端的旋转总成可实现内筒、外筒得"双筒单动"功能，防止钻进过程中内筒旋转对岩心造成二次破坏，影响进心；内筒主要用于储存和防止钻井液冲刷岩心；岩心爪组合件用于钻进完成时割断并抓紧岩心，防止岩心掉落井底，根据不同地层岩性特征，可提供自锁式、加压式等多种结构选择；取心钻头用于破岩并将井底岩石塑造成圆柱形的规则形状，便于内筒储存。

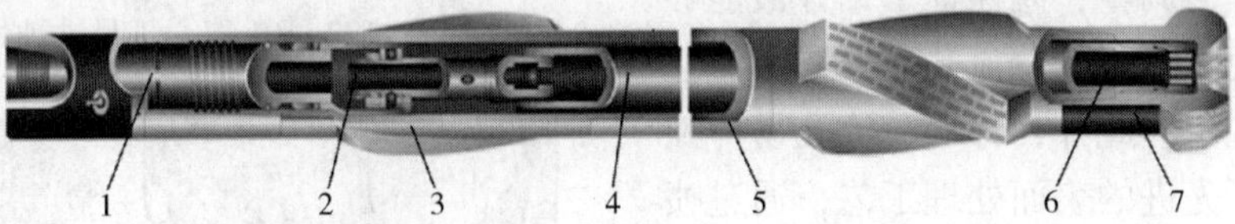

图5　"川式"超深井常规取心工具结构示意图

1—悬挂接头；2—旋转总成；3—扶正器；4—内筒；5—外筒；6—岩心爪组合件；7—取心钻头

表2　"川式"超深井常规取心工具参数表

序号	工具型号	工具外径/mm	岩心直径/mm	单筒岩心长度/mm	适用井眼/″
1	QC/ZS 89-45	89	45	9200	4¾
2	QC/ZS 121-66	121	66	9200	5½
3	QC/ZS 133-70	133	70	9200	5⅞
4	QC/ZS 140-80	140	80	9200	6½
5	QC/ZS 159-89	159	89	9200	7½
6	QC/ZS 172-101	172	101	9200	8½
7	QC/ZS 180-105	180	105	9200	8½
8	QC/ZS 194-120	194	120	9200	8½
9	QC/ZS 203-133	203	133	9200	9½

3　"川式"超深层取心工具设计

3.1　抗冲蚀旋转总成

在整个取心工具里，旋转总成不仅承担着确保内、外筒能够独立运动的关键职责，还扮演着钻井液分流的重要角色，是钻井液从中心主流道向内、外筒环空流道进行分流的关键枢纽。在实际作业时，高速流动的钻井液会通过旋转总成上的分流快速流出，而这些分流孔的位置设计使得钻井液在流出后会直接冲刷外筒以及下部与之相连的间隙调节机构。尤其是在超深井的复杂工况下，钻井液排量大、密度高，这种高强度的冲刷作用日积月累，极易引发严重的冲蚀问题，长此以往，外筒和间隙调节机构的表面会逐渐被冲蚀，不仅会影响取心工具的正常使用寿命，还可能致使工具性能下降，进而对取心作业的顺利进行产生不利影响。

为解决超深井大排量、高密度钻井液循环工况下取心工具所面临的冲蚀难题，设计了上调式的间隙调节机构。原结构中，间隙调节机构与旋转总成组装时会不可避免地存留一些钻井液压力通道，为钻井液提供了直接冲击间隙调节机构的路径，通过巧妙的结构布局和精密的尺寸计算，消除了这些潜在的钻井液压力通道，从源头上有效改善了其受冲蚀的状况。如图6所示。

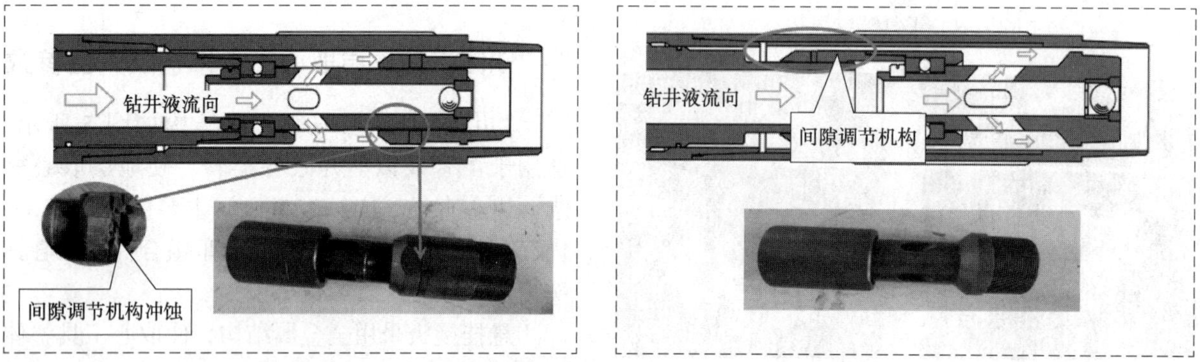

图6　间隙调节机构优化

同时，针对分流孔的冲蚀问题，从分流孔形状、数量、设置位置以及其易冲蚀位置的表面处理工艺等方面，对旋转总成进行优化改进。在分流孔形状方面，摒弃了传统的简单圆形设计，转而采用更为科学合理的椭圆形，极大程度地引导钻井液在流出分流孔时更加均匀地扩散，减少对特定区域的集中冲刷，从而降低冲蚀风险；对于分流孔数量，综合考虑钻井液排量、流速以及取心工具内部流道的承载能力等因素，对分流孔数量进行了精准计算与调整，既保证了钻井液能够顺利分流，又避免因过多的分流孔导致局部流速过高，加剧冲蚀现象；此外，针对分流孔易冲蚀位置，特别采用了先进的表面处理工艺，通过喷涂技术，在分流孔内壁均匀地覆盖一层具有高硬度、高耐磨性的合金涂层，显著提高分流孔表面的抗磨损能力，抵御钻井液中各种颗粒的冲刷侵蚀。通过数据仿真和实钻试验，改进后的旋转总成和外筒的冲蚀速情况得到有效改善，整体抗冲蚀能力较改进前提高20%以上。如图7、图8所示。

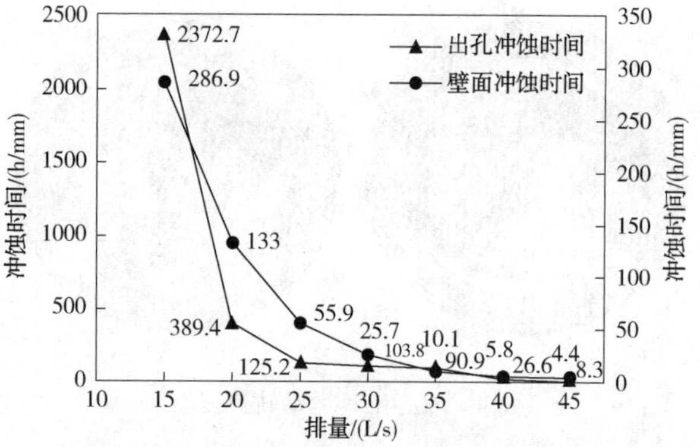

图7　172-101取心工具冲蚀性能模拟分析图

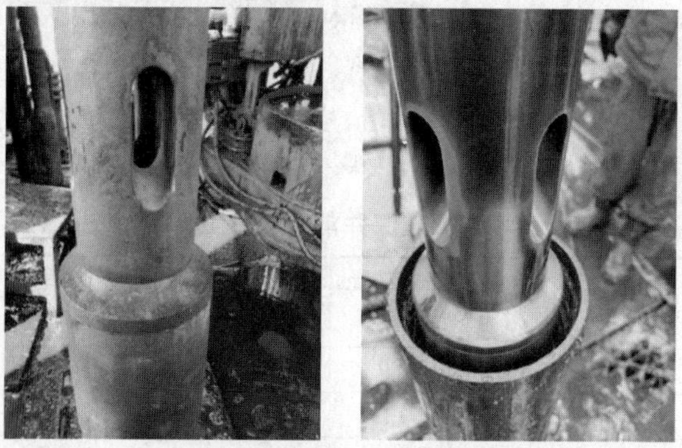

图8　现场大排量冲蚀试验

3.2　低内阻内筒

取心钻进过程中岩心必须由内筒下端逐步滑移至顶端，实现岩心的存储。在超深井取心过程中，钻具长、柔性大，钻具井下运动复杂，加上部分地层岩性破碎、成柱性差，极易发生堵心、磨心，影响取心进尺和收获率。

通过优选高强度合金钢材料，采用整体热处理工艺，提高内筒耐磨性，降低取心过程中内筒因钻井液冲蚀和岩心磨损等原因造成的内壁不光滑问题，降低进心阻力。同时，采用整体锻材深孔镗和热磷化等工艺，保障内筒整体同轴度、直线度和光洁度，进一步降低岩心进心阻力，确保岩心顺利进入内筒。常规内筒与低内阻内筒性能对比见表 3。

表 3　常规内筒与低内阻内筒性能对比表

序号	对比项目	改进前	改进后
1	光洁度	√	3.2
2	摩擦系数	0.428	0.286
3	直线度	1.33	0.45
4	同轴度	1.69	0.37
5	防锈处理	内表面无处理	整体热磷化

同时，为解决取心钻进过程中钻具摆动造成的内、外筒偏心，导致岩心进入困难的问题，研究了保持内、外筒同轴的内筒扶正机构。采用滚柱扶正结构替代钻具上常用的扶正筋条结构，将滑动摩擦转变为摩擦力更小的滚动摩擦，在扶正内筒的同时最大限度的降低外筒旋转对内筒的影响，避免内筒旋转对岩心造成二次破坏，减小堵心风险。如图 9 所示。

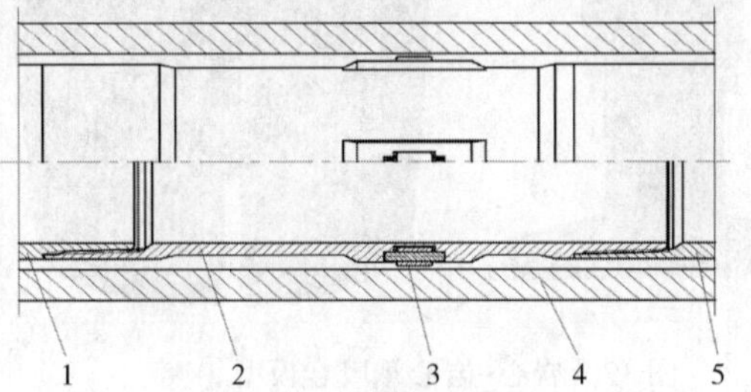

图 9　内筒扶正机构示意图
1—内筒；2—内筒扶正机构；
3—滚柱；4—外筒；5—连接套

3.3　高强度外筒

取心工具筒长壁薄，相较于同尺寸的钻杆，其强度和刚性存在较大差距。在超深层的恶劣环境下，井下温度常常超过 200℃，压力高达 140MPa 甚至更高，同时钻柱受到复杂的拉、压、扭应力综合作用。在如此极端的条件下，钻柱呈现出超柔强非线性特征，这使得取心工具的工作状态变得极为复杂且不稳定。而螺纹作为取心工具外筒的关键连接部位，恰恰是整个外筒结构中最为薄弱的位置，当取心工具在井下承受复杂应力时，螺纹部位首当其冲，极易出现断裂、胀扣等失效情况，不仅会导致取心工具外筒的连接稳定性被破坏，还可能引发取心作业中断，甚至造成井下事故，严重影响超深层地质资料的获取。

为了有效保障取心工具在井下作业的安全性，设计了适用于取心工具薄壁外筒专用的高强度螺纹。通过计算和模拟分析，对螺纹牙型的轮廓、角度等参数进行了优化调整，在承受拉力时，能够更加均匀地分散应力，有效避免应力集中现象，从而大幅提高了螺纹的抗拉性能。同时，采用两端 18°双锥面密封和小锥度螺纹配合的独特结构，螺纹连接时，双锥面能够紧密贴合，配合小锥度结构，能够在承受扭矩时，提供更强的抗扭性能。

通过有限元分析和室内检测，配备高强度螺纹的取心工具外筒抗拉、抗扭强度同比提高 1.5 倍以上，有效保障取心工具井下作业安全性(图 10、表 4)。

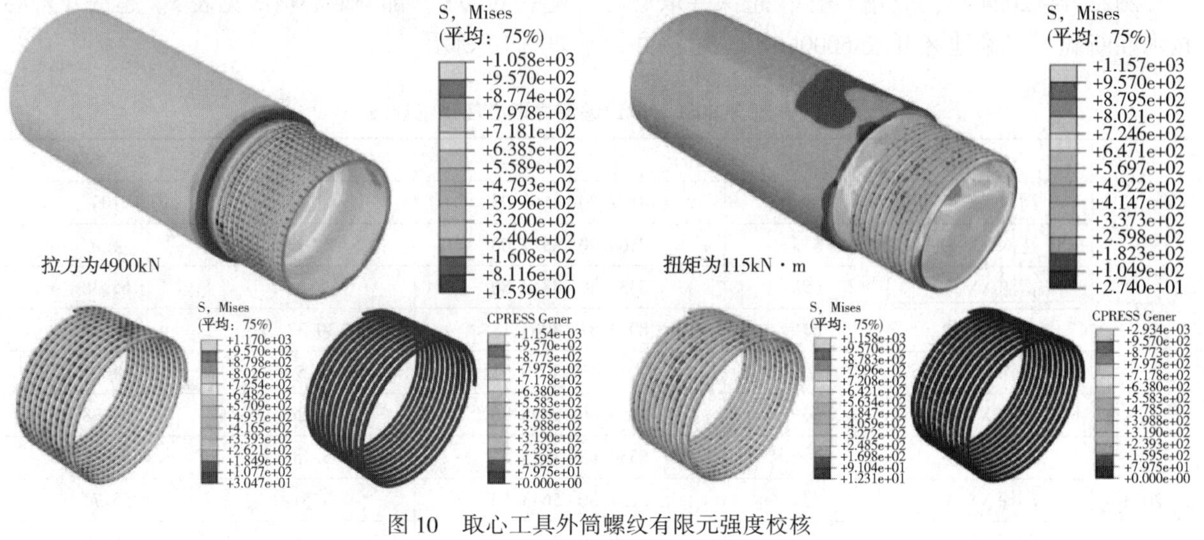

图 10　取心工具外筒螺纹有限元强度校核

表4　部分取心工具型号机械强度统计表

工具类型		工具规格			
		QC/ZS121-66	QC/ZS140-80	QC/ZS172-101	QC/ZS203-133
常规工具	抗拉/kN	960	1230	1800	2400
	抗扭/(kN·m)	16	20	37	70
超深井工具	抗拉/kN	2200	3100	3900	4900
	抗扭/(kN·m)	40	60	80	115

3.4　高耐磨岩心爪

岩心爪是抓取岩心、保障取心收获率的关键。常规取心一般采用自锁式岩心爪，如图11所示，取心钻进完成后，上提钻具，利用岩心与岩心爪的摩擦力带动岩心爪下滑并收缩拉断岩心，但是，在取心钻进过程中，岩心爪夹持面与岩心长时间接触、摩擦，特别是在超深层强压实地层，岩心研磨性强，岩心爪磨损的风险大，由此造成的割心时无法提供足够的摩擦力，致使岩心抓取不牢发生掉心问题对取心收获率造成极大影响。

为此，通过建立割心时岩心爪与岩心钢-岩的弹-塑-脆性咬合模型，综合考虑地质条件、岩性变化、钻井参数等因素，分析岩心抓取力学特性，在保证整体强度与稳定性前提下，从岩心爪形状、尺寸及材料等方面对岩心爪进行结构优化。利用有限元分析软件仿真分析，识别薄弱环节并多轮优化，设计了高抗磨的岩心爪，确保岩心抓取成功，提高取心收获率。如图12所示。

图11　自锁式岩心爪

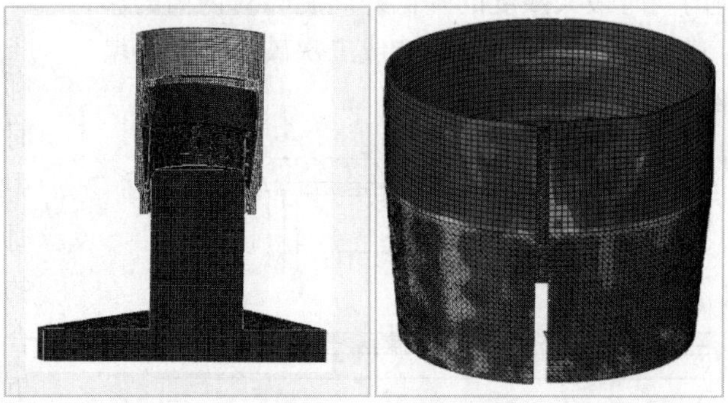

图12　岩心-岩心爪咬合模型

4　现场应用

(1) 超深井取心应用概况

2022年~2024年，应用"川式"超深井取心技术在新疆、川渝地区开展6000m以深超深井取心作业121井次，累积取心进尺1860m，其中超8000m超深井33井次，最大作业井深10786.66m，累积取心进尺275m，平均岩心收获率89.9%。部分取心情况见表5。超深井岩心如图13所示。

表5　部分8000m以深超深井取心应用统计表

年份	井号	井眼/″	井段/m	进尺/m	收获率/%
2022	满深XX井	6⅝	8157.70~8166.00	8.3	100
	蓬深XX井	5⅞	8366.90~8529.00	17.5	100
	富源XX井	6⅝	8335.30~8340.50	5.2	65.38
	顺北XX井	6½	8034.81~8065.18	30.37	94.34
	满深XX井	6⅝	8046.15~8050.65	4.5	100
	顺北XX井	6½	9050.66~9095.86	13.26	87.78
2023	顺北XX井	5⅞	8550.43~8555.58	5.15	86.41
	群探XX井	5⅞	5227.00~5643.50	9.51	55.73
	满探XX井	6⅝	8600.00~8678.50	16.5	96.3

续表

年份	井号	井眼/″	井段/m	进尺/m	收获率/%
2023	富东 XX 井	$6\frac{5}{8}$	8296.00~8672.21	8.7	85.06
	顺中 XX 井	$6\frac{1}{2}$	9050.20~9054.50	4.3	100
2024	顺北 XX 井	$6\frac{1}{2}$	7967.61~8533.45	5.92	93.58
	信源 XX 井	6	8838.00~8842.23	4.23	100.00
	信源 XX 井	6	8248.00~8256.00	8.00	99.13
	信源 XX 井	6	8468.00~8471.27	3.27	72.17
	克深 XX 井	$6\frac{5}{8}$	8110.00~8126.00	16.00	98.88
	英西 XX 井	$5\frac{7}{8}$	8047.00~8048.35	1.35	100.00

图 13　超深井岩心

（2）深地塔科 1 井典型超深井取心应用案例

深地塔科 1 井是国内首口万米超深井取心井，设计取心井深 10000~11100m，预计井底最高温度 212℃、最高压力 133MPa。取心面临井特深、温度极端超高、压力极端超高、地层研磨性强和地层破碎等苛刻条件，“取成、取好、取准”地层资料具有极大的挑战性。

2024 年，应用“川式”超深井取心工具在深地塔科 1 井 10045.1~10786.66m 井段开展了万米超深层取心 3 筒次，成功获得了国内首次万米超深层岩心标本 12.64m，平均收获率 94.6%，创造亚洲最深取心井深纪录。取心工具出井检测完好，进一步验证了“川式”超深井取心技术对超深井恶劣环境的良好适应性。如图 14、图 15 所示。

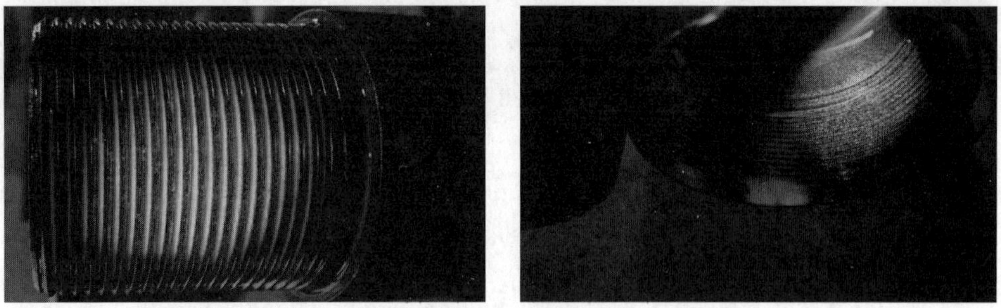

图 14　取心工具出井后螺纹磁粉探伤(无缺陷)

图 15　深地塔科 1 井万米岩心

5 结论

（1）通过抗高温、抗冲蚀、外筒强度强化以及内筒降阻等技术优化，研发形成的“川式”超深井取心技术，可以有效解决超深层取心存在的冲蚀、断裂和堵心等问题，具备超深井取心应用条件。

（2）“川式”超深井取心技术在超深井领域广泛应用，获取了大量的深部地层岩心标本，丰富了超深层油气地质资料，特别是成功实施了深地塔科1井万米超深层取心，获取了国内首个万米深部地层岩心标本，对推动我国深地油气资源勘探开发进程起到关键性作用。

（3）超深层取心工程面临地应力复杂、高温高压、岩石可钻性差等多重挑战，其成功实施不仅依赖于高性能取心工具的研发突破，还需要取心工艺协同优化。

参考文献

[1] 丁怡婷. 挺进地下万米，与五亿多年前的岩石相遇[N]. 人民日报，2025-02-21，(2).
[2] 杨柳青，陈文才，曾欣. 深层超深层取心技术进展与未来解决方案[J]. 钻采工艺，2024，47(2)：113-120.
[3] 臧一凡. 亚洲第一“中国深度”重绘世界“三深三维”图. 金山网. 2025-02-22.
[4] 崔立勇. 中国首口超万米深井：在沙漠腹地打出“中国深度”[N]. 中国改革报，2025-2-28，(4).
[5] 张伟. “川式”取心 9055. 66m 创国内取心深度的新纪录[J]. 钻采工艺，2022，45(06)：128.
[6] 刘彬，付晓平. “川式”密闭取心技术的发展及应用[J]. 钻采工艺，2021，41(17)：157-158.
[7] 李兵，蔡章伟. 川式深井小井眼钻井取心工具技术特点与应用[J]. 钻采工艺，2007，30(01)：14-16.
[8] 杨群鑫. 川式常规取心工具特点及其使用[J]. 石油钻采工艺，1986，(01)：33-38.
[9] 陈立，冯明，张金海，等. 超深井取心技术在塔深1井的应用[J]. 钻采工艺，2007，30(1)：1-3.

基于多源数据融合的井控大模型预训练集构建方法与实务探究

苏兴华　苏国栋　刘月月　李录科　李润苗　常　军

（中国石油集团川庆钻探工程有限公司）

摘　要　石油行业井控安全管理中，数据分散、质量不高及应对复杂井况能力欠缺等问题严重制约管理效率和安全水平提升。为此，本研究构建了适配井控安全管理场景的大模型预训练数据集，旨在提升数据管理水平和风险预警准确性，强化企业核心竞争力。

从方法论和技术层面创新。架构“四位一体”数据采集网络，涵盖实时监测、地质工程、历史事故及视频监控数据；引入显式和隐式对齐技术提升数据可用性；采用语义增强方法抽取关键实体信息；构建“四阶清洗”技术提升数据质量；运用自适应分层抽样和动态脱敏技术保障数据安全；针对高噪声数据采用适配算法，引入联邦学习与区块链技术解决跨域数据合规问题。

实践落地中，设计了三级分层存储架构：原始层存储原始数据，中间层进行格式标准化和清洗，应用层负责标注、分级管理与价值实现。联邦学习和区块链技术保障数据共享的隐私合规，为智能化发展提供支撑。

研究成效显著，成功构建多源数据的井控大模型预训练数据集，提升数据质量，简化处理流程，增强风险预警准确性，优化应急处置方案。该方法具备普适性，实践具有可推广性，为大模型训练提供支撑，推动井控安全管理水平提升。未来，井控安全管理有望借助新技术实现突破，尽管面临诸多挑战，但依托前沿技术与企业合作，智能化与高效化仍然可期，助力企业在能源竞争中抢占优势。

关键词　井控安全；大模型；预训练数据集；多源数据；数据质量

1　引言

在全球能源体系中，石油作为基础性关键能源，随着能源需求的持续增长，其勘探开发活动愈发频繁。然而，井控安全事故对人员生命、财产安全以及生态环境构成严重威胁。在传统井控数据管理模式下，数据分散于各类设备与系统，格式繁杂且质量欠佳，难以适应复杂多变的井控安全管理需求，尤其是在面对复杂井况时，无法及时、精准地为决策提供有力支持。人工智能技术的兴起为井控安全管理带来变革契机，将其融入该领域成为突破管理瓶颈、提升管理水平的关键。在此背景下，开展井控安全管理研究对保障石油行业安全生产、降低事故损失以及推动行业可持续发展具有重要意义。

本文旨在探索井控安全管理预训练数据集的构建方法，以支持大模型的落地应用。通过整合实时监测、地质工程、历史事故及视频监控等多源数据，打破数据孤岛，实现数据深度融合。借助机器学习、深度学习等技术，开发先进模型对井控数据进行深度挖掘与分析，从而精准预测井控风险，提前察觉潜在风险，争取防控时间；高效应对井控事故，优化应急处置流程，降低事故损失。具体目标包括：提升井控数据质量，去除噪声与异常值，确保数据的准确性和完整性；提高管理效率，简化数据处理流程，实现数据的快速分析与应用；增强井控风险预警的准确性，降低误报率，及时捕捉风险信号；提升预警的及时性，缩短预警时间，为应急响应争取先机；基于精准模拟与科学分析，优化井控应急处置方案，制定更具针对性与有效性的应对策略，大幅降低井控事故的发生概率与损失程度。

为实现上述目标，本文将探索井控安全管理场景大模型预训练数据集的构建方法，以便为井控大模型提供高质量语料支撑。通过深入分析国内外井控安全管理现状，广泛收集不同地区、井型及作业环境下的井控数据与事故案例，搭建多源数据融合平台，创建多维度数据质量评估模型，攻克数据质量难题。构建四阶清洗、可信标注和 AI 标注等数据标注和质量保障方法体系，以及探索数据集构建路径，为综合运用数据挖掘、机器学习、深度学习等技术手段，对井控数据进行深度分析与建模提供坚实的数据基础。

2　研究现状与挑战

2.1　研究现状

近年来，井控数据管理领域取得显著进展。在数据采集方面，新型传感技术不断涌现。例如，微机电系统(MEMS)传感器因其微型化、高集成度和低功耗特性，被广泛应用于井控参数监测。在页岩气井开采中，MEMS压力传感器的分辨率达到0.01MPa，能够精确捕捉井下压力的微小波动，为早期井涌监测提供高精度数据。同时，无线传感器网络技术实现了数据的实时、远距离传输，解决了传统有线传输在复杂井场布线困难及信号易受干扰的问题。

在数据处理与分析模型方面，机器学习和深度学习算法展现出强大能力。基于长短期记忆网络(LSTM)的时间序列预测模型在井控风险预测中表现出色，能够有效学习井控数据的长期和短期依赖关系，相较于传统统计模型，对井喷风险的预测准确率大幅提升。此外，卷积神经网络(CNN)在井控图像数据处理中发挥了重要作用，通过对井场摄像头采集的图像进行分析，能够准确识别钻井液流量的变化，以便及时识别风险。

多模态数据融合技术也得到广泛研究与应用。融合地质、工程及监测等多种类型数据，能够更全面地评估井控安全状况。例如，在复杂地质区域的井控管理中，将地质构造、钻井参数及泥浆性能数据进行融合分析，借助联合贝叶斯网络模型，成功识别因地层异常压力导致的井漏风险，有效避免了井漏事故的发生。

2.2　面临的挑战

尽管如此，井控安全管理仍面临诸多挑战。从数据层面来看，数据复杂性高且质量低。井控数据来源广泛，涵盖地质勘探、钻井工程、设备监测等领域，数据格式多样，包括结构化表格数据、半结构化文本数据及非结构化图像和视频数据，导致数据异构性高，不同数据源的整合难度大。此外，由于井场环境恶劣，设备故障、电磁干扰等因素使数据噪声率普遍较高，严重影响数据的可用性与模型训练的准确性。例如，在高温高压井的监测数据中，传感器受高温影响，数据出现大量异常波动，导致基于这些数据训练的井控风险预测模型误差大幅增加。

在数据治理方面，随着全球石油行业的国际化发展，跨域石油项目增多，数据跨境传输与共享面临严格的法规限制。欧盟《通用数据保护条例》(GDPR)及中国《数据安全法》等法规对数据隐私保护、安全传输及数据主体权益提出了严格要求，使跨域井控数据流通困难。此外，不同企业、地区数据治理标准存在差异，缺乏统一的数据管理规范，导致数据交互与协同应用问题频发。在国际合作石油项目中，由于各国对数据存储格式、数据加密方式等要求不同，数据共享与整合工作进展缓慢，严重影响项目推进效率。

从技术层面分析，现有模型在复杂井况下的泛化能力不足。面对高温高压、深层页岩气、煤层气等特殊井型，井控数据具有独特的特征与规律，当前模型难以有效适应。例如，在煤层气井中，地层岩石力学性质复杂，传统井壁稳定性预测模型误差率高，无法满足实际生产中精准决策的需求。随着井控数据量的增大，数据处理计算复杂度呈指数级增长，现有计算设备与算法难以在短时间内完成海量数据的分析与处理，导致无法及时对井控风险进行预警与响应。在实时监测大量井控参数数据时，由于计算速度跟不上数据采集速度，风险预警出现延迟，错过最佳应急处置时机。此外，在视频分析技术中，夜间低光照导致行为识别准确率下降，需要引入自适应光照补偿算法。

2.3　应对策略

2.3.1　数据质量提升策略

为解决数据高复杂性与低质量问题，从以下几方面全面提升数据质量。首先，引入多源数据融合平台，采用标准化数据接口，兼容各类井控数据格式，实现不同数据源的快速接入与整合。在数据接入时，利用数据清洗算法对原始数据进行初步处理，去除明显噪声与异常值。例如，通过基于密度的空间聚类算法识别并剔除监测数据中的离群点，有效降低数据噪声率。

其次，建立数据质量评估模型，从数据准确性、完整性、一致性及时效性等多维度量化评估数据质量。通过实时监测数据质量指标，及时发现数据质量问题并采取修复措施。当发现某类数据的完整性指标低于设定阈值时，系统自动启动数据补充流程，通过数据插值、历史数据匹配等方法填补缺失数据。

最后，引入区块链技术对重要井控数据进行存储与管理。区块链的分布式账本特性保证了数据的不可篡改与可追溯性，有效提高了数据的可信度。在存储井控事故报告数据时，利用区块链技术记录数据的创建、修改及访问历史，确保数据的真实性与完整性，为后续事故分析与责任追溯提供可靠依据。

2.3.2 数据治理优化策略

针对数据治理挑战，采取一系列优化策略。一方面，制定统一的数据治理标准与规范，涵盖数据采集、存储、传输、使用及销毁的全生命周期。在数据采集阶段，明确各类井控数据的采集频率、精度及格式要求；在数据存储方面，采用统一的数据存储架构与格式，便于数据管理与查询；在数据传输过程中，制定严格的数据加密与安全传输协议，确保数据安全。规定所有井控数据在传输过程中必须采用 SSL/TLS 加密协议，防止数据泄露。

另一方面，构建跨域数据共享平台，该平台基于联邦学习技术，在不传输原始数据的前提下，实现不同地域数据的协同分析与模型训练。联邦学习通过在本地节点训练模型，仅传输模型参数而非原始数据，有效保护数据隐私。例如，在一个涉及多个地域的石油企业合作项目中，各企业将各自的井控数据在本地进行预处理与模型训练，然后将模型参数上传至联邦学习平台进行聚合，最终得到融合各方数据特征的全局模型。这种方式既实现了数据共享利用，又满足了法规对数据隐私保护的要求。

3 多源井控数据融合治理方法创新

3.1 “四位一体”数据架构

为构建全面、精准的井控数据集，架构“四位一体”数据采集网络，涵盖实时监测、地质工程、历史事故及井场视频监控四个维度，系统性地收集与井控安全相关的多源数据，为后续分析提供坚实基础。

3.1.1 实时监测数据

实时监测数据是井控安全管理的核心，主要通过井口压力传感器和泥浆返速仪等设备获取。井口压力传感器以高频采集频率（如每秒 10 次）实时捕捉井口压力的细微变化。例如，在钻井作业中，井口压力传感器能够敏锐地察觉压力值短时间内异常上升 0.5MPa，并迅速将这一关键信息反馈至井控监测系统，使工作人员能够及时采取措施，成功避免可能因压力异常引发的井控事故。

3.1.2 地质工程数据

地质工程数据在钻井过程中具有决定性作用，不同井段的地质条件差异显著。地层压力预测模型基于前期地质勘探数据、岩石力学特性及实时钻井参数等信息，对每个井段的地层压力进行精准预测。例如，在某页岩气水平井中，钻进至特定井段时，地层压力预测模型的输出压力值与实际测量值误差控制在±0.1MPa 以内。这一准确的预测数据为井控作业中钻井液密度的调整提供了科学依据，确保钻井液密度能够有效平衡地层压力，防止井喷或井漏等事故的发生。

3.1.3 历史事故数据

历史事故数据是井控安全管理的重要参考，主要来源于井喷案例库。新的井喷事故发生后，专业团队迅速展开详细调查，收集事故发生的时间、地点、经过、处理措施及造成的损失等信息，并及时录入案例库。这些历史事故数据蕴含着丰富的经验教训，通过对相似案例的分析，能够为当前井控作业提供宝贵的参考，帮助工作人员提前制定应对策略，预防类似事故再次发生。

3.1.4 视频监控数据

视频监控数据通过分布式部署的智能摄像头及红外热成像模块，构建覆盖井口、钻台、泥浆循环系统、司控房、二层台等关键区域的三维立体监控网络，实现全彩影像的同步连续采集，并采用突发运动检测与异常温度阈值触发存储机制。系统通过边缘计算单元实时叠加压力传感器数据，实现多源数据融合分析，提前预警井漏溢流风险，并通过调整钻井液参数避免潜在井控事故，减少经济损失，实现优快安全钻井。

3.2 多模态数据对齐技术

多模态数据对齐技术可分为显式对齐和隐式对齐两类。显式对齐通常涉及使用相似性矩阵直接测量相似性，而隐式对齐通常是翻译或预测等任务的中间步骤。

3.2.1 显式对齐

显式对齐方法通过直接测量不同模态之间的相似性来实现对齐。以下是两种常见的显式对齐方法：

动态时间规整（DTW）：DTW 通过时间规整找到最佳匹配来测量两个序列之间的相似性。例如，在钻井参数序列匹配中，DTW能够有效解决不同钻井参数在时间轴上的偏移问题，使匹配误差率控制在合理范围内。

典型相关分析(CCA)：CCA通过优化投影来最大化两个空间之间的相关性。例如，在视频文本和视频音频对齐等多模态应用中，CCA以无监督的方式促进了对齐和模态之间映射的联合学习。

3.2.2　隐式对齐

隐式对齐方法通常作为翻译或预测任务的中间步骤，通过神经网络模型实现对齐。以下是几种常见的隐式对齐方法：

基于图模型的对齐：通过对齐对象的图表示来实现少样本上下文模仿学习。例如，某些模型通过对齐图像与文本或图像与信号的图表示，允许机器人无需事先训练即可执行新对象上的任务。

神经网络方法对齐：在翻译等任务中，将对齐作为潜在的中间步骤通常会产生更好的结果。常用的神经网络方法包括编码器-解码器模型和跨模态检索。例如，注意力机制允许解码器在生成每个单词时关注图像的特定部分，而不是一次性编码整个图像。

生成对抗网络(GAN)：GAN具备学习高维数据空间间复杂映射的能力，可用于生成不同类型图像的具体方法或序列。在统一框架下，单个生成器通过学习跨模态映射，能够提升多种数据类型的对齐精度。

3.3　语义增强方法

语义增强方法旨在从非结构化文本中精准抽取关键实体信息，为井控知识图谱构建提供支持。以下是两种常见的语义增强方法：

BERT-BiLSTM模型：BERT模型，即双向Transformer的编码器表征，是一种预训练语言模型，具有强大的语言理解能力，能够对事故报告文本进行深度语义分析，捕捉文本的语义特征和上下文关系；BiLSTM模型，即双向长短期记忆网络，是一种应用广泛的循环神经网络(RNN)变体，擅长处理序列数据，能够有效捕捉文本序列信息。两者结合，可以从事故报告中精准抽取如“溢流量”“关井程序”“压井液密度”等关键实体。

知识图谱增强：利用知识图谱中的实体关系生成新的文本样本，能够生成语义丰富且符合常识的文本。例如，在井控事故分析中，知识图谱可以帮助识别事故原因和处理措施之间的关联。

3.4　数据质量提升技术

为确保井控数据的高质量，构建了包括异常值剔除、缺失值填充、单位标准化和一致性校验在内的四阶清洗技术。

异常值剔除：采用基于孤立森林算法的异常检测方法，精准识别并剔除数据中的异常值。在石油开采中，由于设备故障、环境干扰等因素，采集的数据常出现异常值。例如在某井场泥浆泵压力数据采集时，传感器瞬间故障导致某一时刻压力值异常升高，远超出正常工作压力范围。孤立森林算法通过构建随机森林，将每个数据点在森林中的路径长度与正常数据点路径长度对比，准确判断该数据点是否为异常值。经该算法处理，成功识别并剔除异常值，保证数据的真实性和可靠性。

缺失值填充：对于因异常值剔除或其他原因导致的数据缺失值，采用K近邻插补算法进行填补。例如在某井钻井液密度数据中，一段时间内因数据传输故障，部分密度数据缺失。K近邻插补算法通过寻找与缺失值点最近的K个邻居点，根据这些邻居点的值估算缺失值。通过此方法，能在一定程度上保持数据的连续性和完整性，为后续数据分析和模型训练提供完整的数据样本。

单位标准化：对不同来源的数据进行单位标准化处理，确保所有数据在同一单位体系下进行分析。石油行业数据来源广泛，不同设备或系统采集的数据单位可能不同。例如，压力数据可能以MPa或psi为单位，流量数据可能以L/min或m^3/h为单位。为避免因单位不一致导致计算错误和分析偏差，确保数据在综合分析时能够基于同一标准运算，从而提高数据分析的准确性。

一致性校验：运用规则引擎对数据进行校验，确保其符合预先设定的规则与逻辑。针对钻井液密度数据，依据不同地层条件和钻井工艺要求，设定合理的取值范围。若数据超出该范围，则判定为异常数据。同时，对数据变化趋势进行校验，例如在钻井过程中，压力应随井深增加而逐渐上升，若出现压力突然降低或变化趋势不符合常规的情况，则需进一步排查。通过一致性校验，可进一步提升数据质量与可靠性，保障数据真实反映作业实际状况。

3.5 数据标注技术

数据标注是井控大模型训练数据集构建的关键环节，其质量直接影响模型的性能。

3.5.1 可信标注

可信标注机制通过专家交叉验证确保标注的一致性和准确性。具体步骤如下：

专家标注：邀请多位井控领域专家对数据进行独立标注，例如对井控事故报告中的关键实体(如“溢流量”“关井程序”“压井液密度”)进行标注。

交叉验证：将专家标注结果进行对比，针对存在分歧的标注内容，通过深入讨论达成一致意见。

质量提升：经过多轮交叉验证，标注一致率显著提升，为模型训练提供高质量样本。

3.5.2 AI自动标注

AI自动标注技术借助机器学习算法和深度学习模型，大幅提高标注效率。具体实现方法如下：

模型训练：利用少量经过专家标注的高质量数据训练AI模型，使其学习数据特征和标注规则。例如，在井控设备运行状态数据标注中，模型能够精准识别设备正常运行、异常预警及故障状态等特征。

自动标注：训练完成后，模型可自动对新采集的大量数据进行标注。

质量保障：结合专家交叉验证机制，对AI自动标注结果进行定期抽查与修正，以确保标注质量。

3.5.3 标注工具化

为提高标注效率，可利用支持多种标注任务的工具与平台，包括：

文本标注工具：支持实体识别、关系抽取等任务，例如在井控事故报告中标注关键实体和事件关系。通过该工具，标注人员能够快速准确地识别并标注出文本中的各类井控相关实体，如事故发生的时间、地点、涉及的设备、采取的措施等，以及这些实体之间的相互关系，为后续的数据分析和模型训练提供丰富的语义信息。

视频标注工具：支持关键帧打点、行为轨迹绘制及设备部件自动分割等功能，例如在井场视频中标注设备运行状态和人员行为。该工具可以对井场视频中的关键帧进行精确标记，记录设备的启动、停止、异常振动等状态变化，以及人员的操作行为、行走轨迹等信息。同时，利用先进的图像识别技术，能够自动分割设备部件，便于对设备的各个部分进行单独分析和监测。

多模态标注平台：集成文本、图像、视频等多种模态的标注功能，支持跨模态数据对齐与融合。在这个平台上，标注人员可以同时对不同模态的数据进行标注，并通过特定的算法和工具实现多模态数据之间的对齐和融合。例如，将井控事故报告中的文本信息与对应的井场视频画面进行关联标注，使得不同类型的数据能够相互补充、相互印证，为构建全面、准确的井控数据集提供有力支持。

4 井控大模型训练数据集构建实践

4.1 数据集分层架构设计

井控大模型训练数据集采用三级分层存储架构，以实现高效的数据存储和管理。

原始层：完整保留WITSML标准数据与H.265视频原始流。WITSML标准数据在石油行业应用广泛，保留原始数据可确保数据的完整性与通用性，便于与其他系统进行数据交互。视频流采用H.265编码存储，该编码方式压缩比高，在保证视频质量的同时，有效减少存储空间占用，便于对井口温度等关键信息进行实时监控和后续分析。

中间层：提取“人员移动轨迹”“设备振动幅值”等视频特征，构建包含井筒压力波动指数、地层破裂压力梯度等衍生特征，并与压力、流量数据融合生成多模态特征向量。这些衍生特征通过对原始数据的深入分析和计算得出，能够更精准地反映井控过程中的关键信息和潜在风险。例如，井筒压力波动指数可直观展现井筒压力随时间的变化情况，若波动指数超出正常范围，可能暗示井下出现地层流体侵入等异常状况；地层破裂压力梯度则为评估地层稳定性提供关键依据，有助于在钻井作业时合理调整钻井参数，避免因压力控制不当引发地层破裂等严重事故。

应用层：依据井控业务的实际需求和应用场景，构建“视频参数处置”关联子集，将数据划分为不同主题域。以压井方案生成子集为例，其中包含成千上万组“视频溢流量-压井参数”配对数据。这些数据基于大量历史压井案例的深入分析和总结得到，能够为实际压井作业中压井方案的制定提供直接、精准的参考。当面临实际井控事故需制定压井方案时，可通过查询该子集，快速获取与当前溢流量对应的最优压井参数组合，大幅提高压井方案制定的效率和准确性，为有效控制井喷事故提供有力支持。

4.2　井控预训练数据集的构建

井控预训练数据集的构建包括数据收集、标准化、清洗、标注、抽检、训练及分级管理等环节，旨在为井控安全管理大模型提供高质量、多维度、场景化的训练数据。

4.2.1　数据收集

数据收集是数据集构建的基础。通过"四位一体"数据采集网络，从实时监测、地质工程、历史事故及视频监控四个维度全面采集数据。石油行业数据源复杂，涵盖 Modbus、Profibus、WITSML 等多种通信协议。借助多协议适配器，可无缝兼容并处理这些协议，实现对实时监测设备、地质勘探数据库及历史案例等各类数据源的全方位采集。例如，老旧井场设备采用 RS232 等老旧协议，多协议适配器可将其数据顺利接入，丰富数据集，为模型训练提供多元信息。

4.2.2　数据标准化

数据标准化是实现数据高效整合与深入分析的核心步骤。井控数据存在命名规则各异、时间格式不同、单位制多样及编码标准不一致等问题，严重制约数据整合。WITSML 标准在石油行业广泛应用，但数据处理效率较低。通过 WITSML-Parquet 转换器，可快速将 WITSML 数据转换为 Parquet 格式，显著提升数据处理速度，优化存储与传输性能，为后续清洗、标注等工作节省时间。

4.2.3　数据清洗

数据清洗是提升数据质量的关键环节。井控原始数据通常包含噪声、重复记录及缺失值。基于孤立森林算法的异常检测技术可精准识别并剔除异常值，有效降低噪声率。例如，某井场泥浆密度数据因传感器故障出现异常值，孤立森林算法可精准识别并剔除，提升后续模型训练准确率。对于缺失值，采用 K 近邻插补算法进行填补，保持数据连续性。此外，运用规则引擎对数据进行一致性校验，确保其符合预设规则与逻辑，如钻井液密度数据应在合理范围内。

4.2.4　数据标注

数据标注是井控大模型训练的关键步骤。石油领域专用词表为精准标注奠定基础。例如，在标注井喷事故报告时，可快速识别"井涌量""压井液类型""关井时间"等关键实体，确保标注结果准确一致。可信标注机制通过专家交叉验证确保标注一致性，邀请多位专家独立标注并对比结果，提升标注一致率。AI 自动标注技术结合机器学习算法，利用少量专家标注数据训练模型，自动对新数据进行标注，并结合专家校验定期修正，确保标注质量。

4.2.5　数据抽检

数据抽检是验证数据集质量与完整性的重要手段。自适应分层抽样算法依据井型(直井/定向井)、井别(探井/开发井)、地层岩性(砂岩/页岩)等特征将数据分层，在各层中自适应抽样，确保样本全面覆盖数据集关键特征。例如，对包含多种井型、不同地质条件的井控数据集进行抽检时，该算法可获得更具代表性的样本，为数据质量评估和模型训练效果验证提供支撑。

4.2.6　高效训练

高效训练是提升模型性能与训练效率的关键。采用分布式训练框架，将大规模数据集分割至多个计算节点并行处理，显著提升训练速度。增量加载技术避免一次性加载全部数据导致的内存压力，在新数据产生时及时纳入训练，使模型不断更新知识。例如，在处理海量实时监测数据与历史事故数据时，分布式训练框架可将不同时段、不同来源的数据分片到各节点，快速完成训练任务，缩短训练时间。

4.2.7　分级管理

数据分级管理依据数据重要程度、敏感级别及使用需求，将数据划分为不同等级，实施针对性管理与保护。制定科学分级标准，对数据集进行分类，并设定严格的访问权限控制措施。对敏感数据采用加密存储、访问审计等技术手段，确保数据安全。动态脱敏引擎可根据数据敏感度与使用场景实时脱敏，在跨区域合作项目中，依据不同国家和地区的隐私要求个性化处理，有效保障数据安全。区块链技术的引入保证数据不可篡改与可追溯性，提高数据可信度。

4.2.8　价值实现

数据的价值实现依赖于系统化管理与智能化应用的协同。通过严格的数据收集、标准化、清洗、标注、抽检、训练及分级管理流程，为数据价值挖掘奠定基础。基于高质量预训练数据构建的井控大模型，可精准挖掘数据价值，支持钻井参数优化、井控风险预测等场景。例如，在钻井过程中，模型可根据实时数据动态优化钻井参数，提高钻井效率，降低成本，同时预测不同参数组合下的井控风险概率，帮助工程师提前调整参数，预防井控事故的发生。

5 结束语

本研究围绕石油行业井控安全管理，构建具有普适性的井控数据集，为大模型训练提供了关键数据支撑。通过深入探索多源数据融合理论与方法，打造涵盖数据采集、清洗、标注、治理及应用的全链路井控数据集体系。在井控管理核心应用场景中，提升井控风险预警的准确性、应急处置的高效性以及数据管理的规范性，切实推动井控安全管理水平的提升。

展望未来，石油行业井控安全管理将在技术层面迎来新的突破。一方面，井下机器人视频实时分析系统的应用，集成高清视频与激光扫描，实现"井筒可视化+参数同步分析"。这将使工作人员能够更加直观地了解井下情况，及时发现潜在的井控风险，并做出更准确的决策。另一方面，轻量化 EdgeLLM 模型的发展，将提升边缘设备的数据处理效率，满足复杂井场环境下对快速决策的需求。在复杂井场中，数据传输可能存在延迟或不稳定的情况，而轻量化 EdgeLLM 模型可以在本地设备上快速处理数据，为现场操作人员提供及时的风险预警和决策建议。此外，基于新型标准的数据 NFT 交易模式的进一步发展，将实现跨企业共享，挖掘数据资产潜力，释放数据要素价值，推动行业数据资源的合理配置与高效利用。企业可以通过数据 NFT 交易，将自身的优质数据进行交易，获取经济收益，同时也可以购买其他企业的相关数据，丰富自身数据集，提升井控安全管理水平。

本文旨在通过构建高效的数据架构，助推井控安全管理向智能化、高效化迈进。尽管石油企业面临技术迭代、数据安全保障以及行业标准统一等诸多挑战，但凭借大数据、人工智能等前沿技术，加强企业间的交流合作，有望携手突破困境。通过构建高质量的数据集，企业能够利用大模型进行深度分析，优化钻井流程，精准预判并有效防范井控风险。这不仅能够变革传统的管理模式，提升运营效率，还能实现降本增效，保障生产安全。在全球能源竞争日益激烈的背景下，石油企业通过数字化转型，可以在市场竞争中抢占先机，为全球能源的安全稳定供应提供坚实保障。

参考文献

[1] 张永军，李彦胜，党博，等. 多模态遥感基础大模型：研究现状与未来展望[J]. 测绘学报，2024，53(10)：1942-1954.

[2] 张君伟. 油气田井下作业井控安全因素及策略研究[J]. 中国石油和化工标准与质量，2023，43(20)：26-28.

[3] 李莎怡. 面向多源数据融合的农产品文本信息抽取研究[D]. 杭州：浙江农林大学，2023.

[4] 支振锋. 生成式人工智能大模型的信息内容治理[J]. 政法论坛，2023，41(04)：34-48.

[5] 车万翔，窦志成，冯岩松，等. 大模型时代的自然语言处理：挑战、机遇与发展[J]. 中国科学：信息科学，2023，53(09)：1645-1687.

[6] 张鹤译，王鑫，韩立帆，等. 大语言模型融合知识图谱的问答系统研究[J]. 计算机科学与探索，2023，17(10)：2377-2388.

[7] 蔡津津. AIGC时代新闻舆论工作新阵地——面向大模型的可信训练数据集与服务能力建设[J]. 中国传媒科技，2023，(10)：79-83.

[8] 吕轩轩. 基于监控视频的训练数据集标注方法研究[D]. 青岛：中国石油大学(华东)，2019.

[9] 张宁，袁勤俭. 数据治理研究述评[J]. 情报杂志，2017，36(05)：129-134+163.

[10] 杨琳，高洪美，宋俊典，等. 大数据环境下的数据治理框架研究及应用[J]. 计算机应用与软件，2017，34(04)：65-69.

[11] 徐俊刚，裴莹. 数据 ETL 研究综述[J]. 计算机科学，2011，38(04)：15-20.

大排量高精度电驱压裂混砂装置的研制

柴　龙　白明伟　廖　明　钟新荣　李泽锋

（中国石油集团川庆钻探工程有限公司）

摘　要　本文介绍了一种大排量高精度电驱压裂混砂装置，旨在解决传统混砂装置排量不足、控制精度低、能耗高等问题。该装置采用电驱动方式，模块化结构设计，配备多个变频电机实现压裂液的高质量混配及供液，提升作业效率与质量，降低排放和噪声。装置由混砂主撬、液添撬、输砂绞龙撬及供电系统组成，采用左吸右排设计，管汇系统互为备份，确保作业连续性。混砂主撬采用立式混合罐和复合搅拌系统，确保混合液均匀。液添系统采用高精度流量计并设计自校准功能，实现液添添加剂的高精度加入。干粉添加剂系统采用旋转供料器，实现物料连续均匀输送。控制系统实现各功能模块的联动式集中控制。该装置适用于煤岩气大规模体积压裂现场作业，满足高效、环保、智能化需求。

关键词　电驱混砂装置；大排量混砂；高精度混配；无人智控系统

1　前言

压裂作业是油田增产的最有效措施之一，通过全套的压裂装置来实现，其装置主要包括压裂装置、混砂装置、仪表装置、管汇装置及施工作业配套添加剂罐装置、运砂装置等，其中混砂装置是压裂混砂施工中的关键设备，其性能好坏决定压裂作业成败的关键因素。混砂装置广泛应用于石油、页岩气和煤层气等行业，是压裂施工的核心设备，其功能是按照压裂工艺的要求，将吸入的压裂基液、各辅助剂及压裂砂进行等比例混合，供给于后续的压裂设备，其与供液车、压裂车、管汇车等石油特种车协同作用形成压裂车组，用于向井内注入高压、大排量的压裂混合液，将地层压开，把支撑剂挤入裂缝，使油气从裂缝处流出，从而有效提高油气井采收率

在压裂设备向大型化、集成化、数智化的工厂作业发展趋势下，压裂施工过程中所需的液量和砂量不断提升，导致常规的混砂设备不能满足现场使用需求，亟需进行性能升级改造，这成为了设备向大排量发展的直接推动力。国内技术成熟的常规混砂车最大排量只有 130 桶，一方面，由于整车参数受国家车辆标准限制，改造升级难度大，经济成本高；另一方面，国内井场作业面积小，压裂施工的布置空间受限，为满足施工需求，多套混砂装置叠加满足大排量共计的方式，在管线布局方面错综复杂、相互干涉多，施工质量难以得到有效保障。此外，传统混砂装置由柴油发动机作为动力源，驱动液压系统完成压裂作业混砂、供液，该技术方案不仅噪音大、排放高、能耗高、传动效率低、添加剂输送比例等作业参数的控制精度较低，直接影响压裂施工质量。电驱动混砂装置与传统混砂装置相比，传动结构简单紧凑，各系统控制点少，控制精度高，维护成本低，砂液配比精度高，在油田环保绿色生产体系下，电驱混砂装置将是压裂混砂装备新的发展方向，未来在油气田得到大力推广应用。

同时，常规混砂装置受道路运输条件限制，多数最大作业能力仅能达到 16m^3/min 作业能力，部分撬装设备可达到 20m^3/min。本方案通过混砂装置的功能优化，采用模块化结构设计由混砂主撬、输砂撬、液添撬等部分共同完成混砂功能，设计基于 MODBUS TCP 的环网通信结构，实现各组件的联动控制，提高作业效率与质量，降低设备施工排放和噪声。

2　混砂装置总体结构设计

大排量电驱混砂装置按照压裂工艺的要求，将吸入的压裂基液与各添加剂系统吸入的压裂辅助剂及支撑剂进行等比例的混合，并有效的供给流程下游的压裂设备。依据混砂装备的基本功能，整套装置为满足 40m^3/min 排量作业的需求，将整套装置按功能分为了混砂主撬、液添撬和输砂绞轮撬，各个模块分别完成液体吸入排出、液体搅拌混合、支撑剂定量加入、添加剂按比例加入等工作。整套装置结构如图 1 所示。

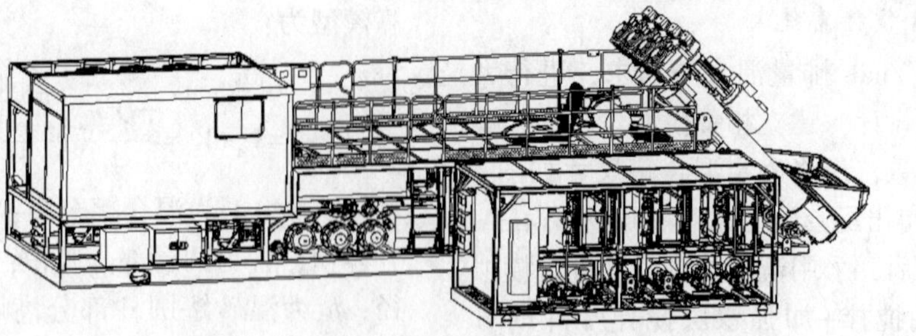

图 1 大排量电驱混砂装置总体结构图

装置作业能力：

额定流量：40m³/min(介质为清水)

携砂液排量：30m³/min(最大砂比 30%)

额定排出压力：0.7MPa

干添 2 套：1.9～11.2L/min；3～30L/min；精度 1%

液添 6 套：5.5～60L/min；29～300L/min；48～500L/min；精度 0.15%

最大输砂能力：20000kg/min

混砂主撬由混合系统、吸入管汇及排出管汇系统、干粉添加剂系统、仪表控制系统、变频舱、控制室等组成，采用多个变频电机驱动整橇部件，完成排出离心泵驱动，吸入离心泵驱动，混砂罐混合搅拌及 2 套干粉添加系统驱动，完成施工过程中压裂液的吸入、排出、混合，以及支撑剂、干粉添加加入等工作。

由 6 套相互独立的液添系统组成的液添撬，配套有高精度质量流量计，可实现 0.5%以内精度的液体添加剂精确加入，同时设计自校准管路流程，保障液体添加剂的高精度加入。输砂绞轮撬由 4 套螺旋输送器独立成橇，输送器由变频电机独立驱动，可满足 20～200 目支撑剂最大 20000kg/min 的支撑剂输送能力。液添撬、输砂绞轮撬配套有独立的控制系统，可单独完成液添加入、输砂作业，也可与混砂主撬形成控制网络，在混砂主撬上完成混砂作业的统一控制与数据采集。如图 2 所示。

3 混砂装置特色化设计

3.1 互为备份的吸入排出管汇

混砂装置的吸入、排出系统采用双组吸入、排出管汇结构，两组管汇相互独立互为备份，在 20m³/min 以上供液时，两组管汇共同作用，保障大排量作业的稳定排出，在小排量作业时，两组管汇可单独完成吸入排出作业，保障作业连续性的同时，大幅减少 NPT(非计划停机时间)，避免因设备故障出现了施工事故。同时，各功能管汇采用电动控制阀门进行管路倒换，管路整体倒换时间≤4s。低压管汇系统如图 3 所示。

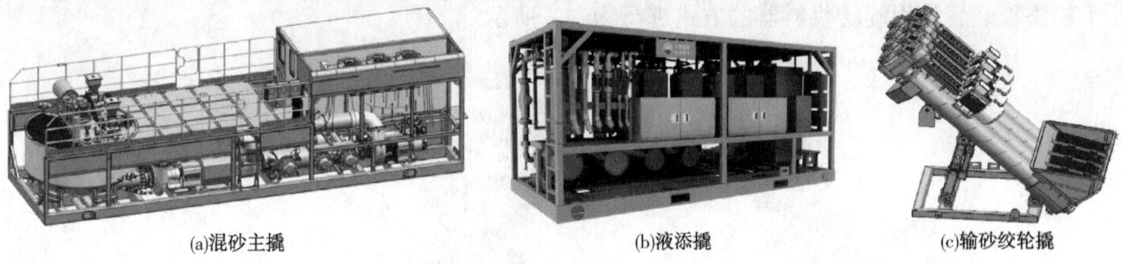

(a)混砂主撬 (b)液添撬 (c)输砂绞轮撬

图 2 混砂装置各功能模块结构图

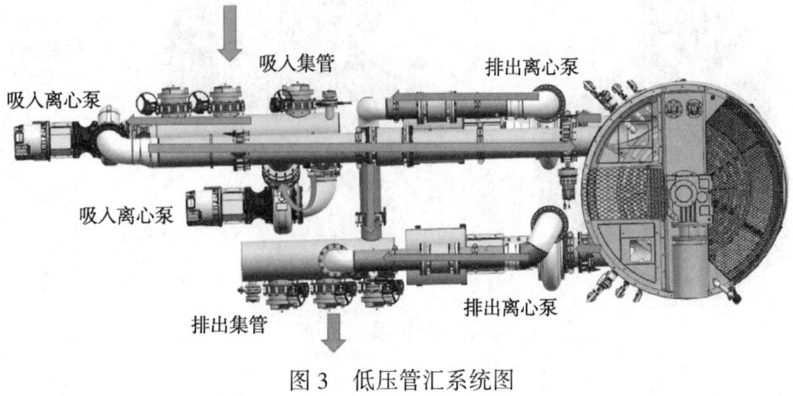

图 3 低压管汇系统图

3.2 特色化混合搅拌系统

为满足 $40m^3/min$ 排量混合的需求，进行大容积立式混合罐设计，建立相关模型，对混合罐进行模型优化参数，最终确定混合罐尺寸如图4(a)所示，计算得出配套混合罐容积可达 $5.4m^3$。确定混合罐模型后，采用流场仿真软件进行模拟分析，采用单轴搅拌+加强双层搅拌叶片的方式，保障混合罐内液体混合均匀。混合罐容积计算模型为：

$$V=V_a+V_b=\frac{\pi D^2h_a}{4}+\frac{\pi h_b\left(\frac{D^2}{4}+\frac{d^2}{4}+\frac{Dd}{4}\right)}{3}$$

式中，V 为混合罐容积；V_a 为混合罐圆柱部分容积；V_b 为圆台部分容积；D 为混合罐顶部直径；h_a 为混砂罐圆柱部分高度；d 为底部直径；h_b 为圆台部分高度。

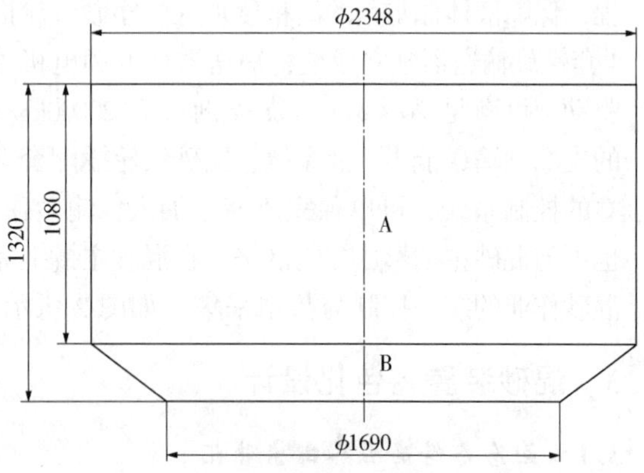

(a)混合罐容积计算模型

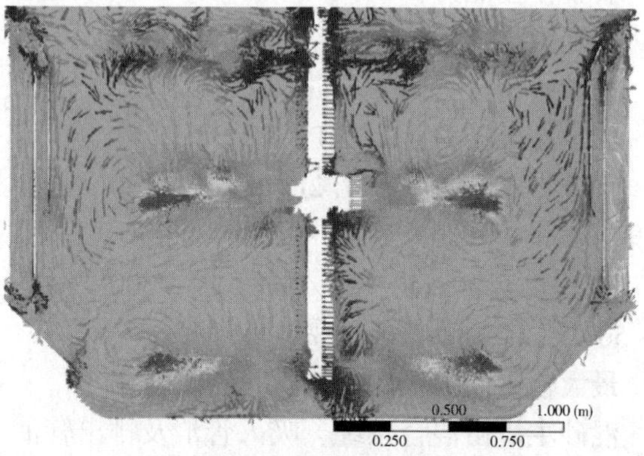

(b)混合搅拌模拟仿真结果

图4　混合罐设计图

在混合罐对角位置安装精度为0.03%的两个导波雷达液位计实时监测液位，实现吸入、排出系统依据混合罐液位的实时控制。在混合罐本体设计液添快接口，实现液添撬与混砂撬的快速连接。混合罐采用304不锈钢钢板制作，罐最低点设置排污口，方便残液排放。

3.3 高精度计量系统设计

干粉添加装置使用旋转供料器的方式进行物料的输送，旋转供料器输送时由转子在圆筒型的机壳内旋转，从上部料斗靠自重落入的物料，充塞在叶片间的空格内，随转子的旋转而卸出，完成均匀而连续的输送物料，旋转供料器的转子和内表面采用抛光的方式，减少添加剂的附着。干粉添加剂装置输送量1.9L/min~30L/min；配备称重传感器，干粉添加计量精度1%。如图5所示。

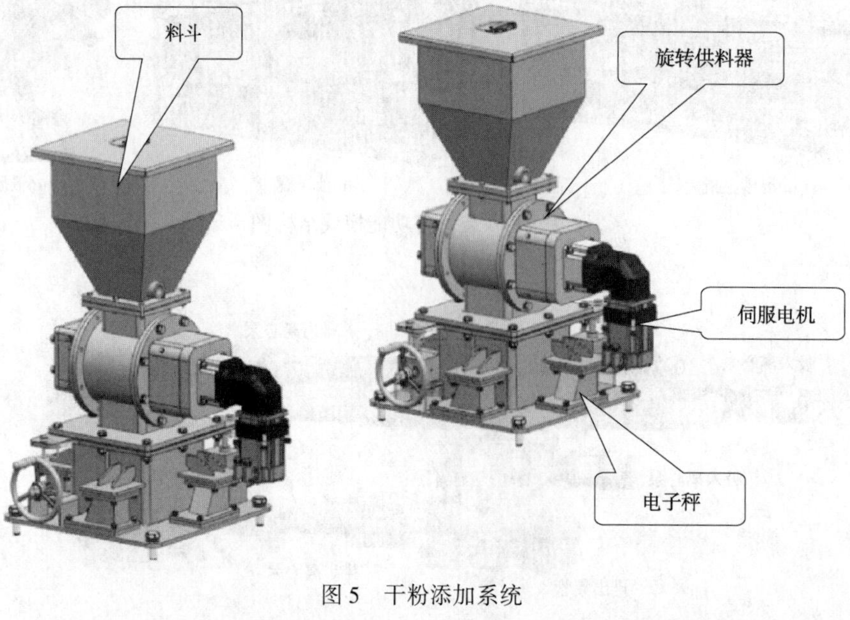

图5　干粉添加系统

优选高精度14″电磁流量计对吸入、排出排出流量进行计量，流量及与管汇采用相同通径沟槽式卡箍连接，流量计量程为 1.57～62.8m^3/min。计量精度为 0.25%。液添流量全部采用高准质量流量计，设置有容积 100L 的计量标定罐，配套电子液位和刻度尺，液添泵均具备从外部吸入液体泵到计量罐中，根据流量计的累积流量与计量罐进行标定校准排量。携砂液密度计量上，在排出管路配备取样管线，引出到混合罐中，取样管线上配备艾默生品牌震动管质量密度计，用于测量携砂液密度，密度计通径 1.5″，计量精度≤0.2%，同步配套 304 材质球阀进行取样管线阀门控制。液添撬校准功能如图 6 所示。

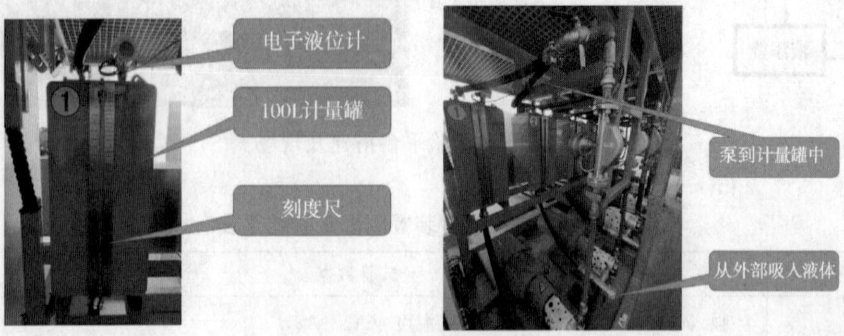

图 6　液添撬校准功能

3.4　自适应高响应控制系统

混砂装置通过操作控制台上的手动控制装置完成对混砂各系统的手动控制；通过控制台，可以实现对混砂进行自动控制，手动/自动控制功能可以根据工况的需要随意转换；通过电缆连接到仪表橇内的自动控制模块可以监视混砂橇全部的运行参数，也可以实现对混砂橇进行自动控制，配备远程传输接口，通过仪表设备与天鹰盒子可进行通信。混砂、液添、输砂绞龙、储砂橇的 380VAC 供电都由供电橇提供，从供电橇连接到各个橇块。液添、输砂绞龙、储砂橇都经过以太网通讯连接到混砂橇上，由混砂橇统一控制。

系统各功能模块采用 MODBUS TCP 构建统一控制网络，采用有线/无线网络系统自主识别、多级同步控制技术的智能控制方式，实现设备精准远程控制。采用矢量控制技术，设备运转控制精确到秒，并进行低转速、大调速区间设计，保障控制精度，为无人化作业提供基础。设计特色化在线智能诊断，全面掌握设备状态。智能算法，驱动端故障预防性维护；核心部件离心泵、绞龙等全生命周期管理、寿命预判，设备使用更省心。自动控制及数据采集作业界面如图 7 所示。

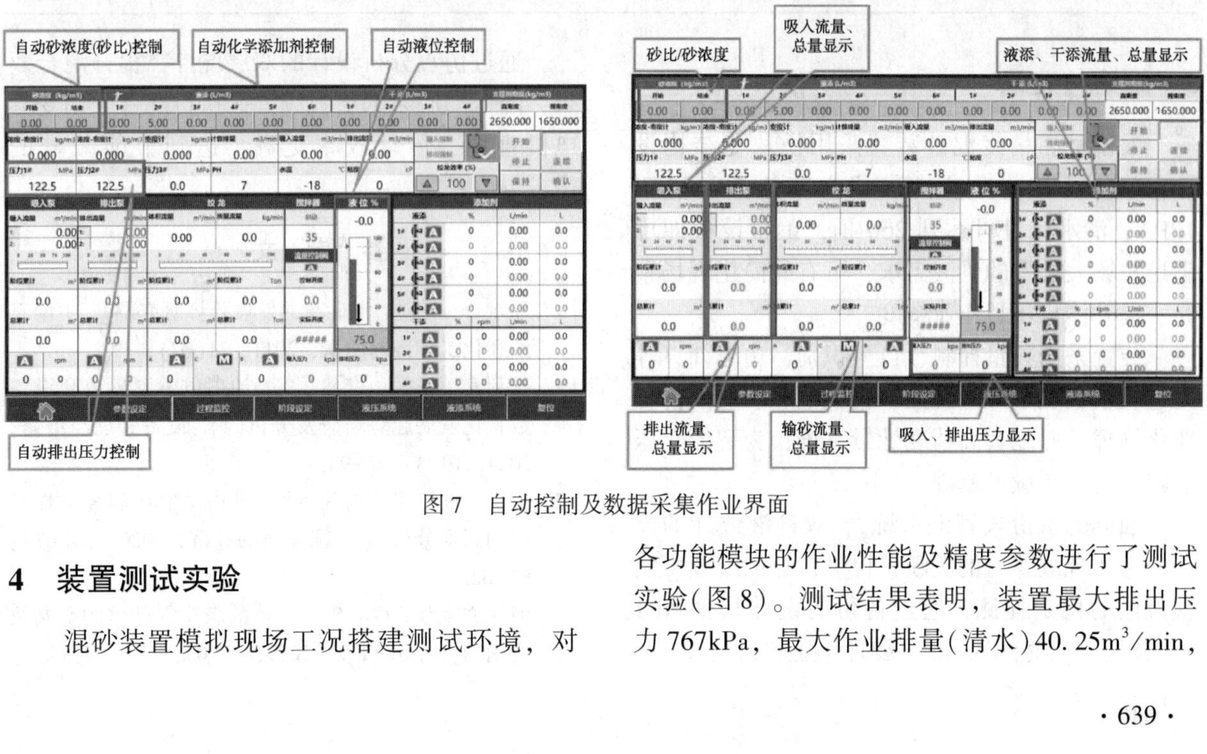

图 7　自动控制及数据采集作业界面

4　装置测试实验

混砂装置模拟现场工况搭建测试环境，对各功能模块的作业性能及精度参数进行了测试实验(图 8)。测试结果表明，装置最大排出压力 767kPa，最大作业排量(清水)40.25m^3/min，液添泵作业排量范围均满足设计要求，清水测试计量误差<1.0%，输砂绞轮输送精度达到2%以内，各项作业参数均达到设计要求(表1)。

图8　测试实验平台搭建及现场

表1　大排量混砂装置测试实验结果表

序号	试验项目	试验数据	试验结论
1	电机	吸入电机：转速1350rpm，最高温度46℃ 排出电机：转速1400rpm，最高温度46℃	合格
2	管汇系统	试验压力：1MPa，稳压：5min，无渗漏、裂纹等现象	合格
3	干添系统	干添1：最大排量12.08L/min，精度：0.92% 干添2：最大排量31.48L/min，精度：1.00%	合格
4	输砂系统	单个最高转速315rpm，反转47rpm，最大砂量5101.5Kg/min；输砂精度1.89%，四套绞轮总输砂量最大20406Kg/min	合格
5	搅拌器	最高转速120rpm，旋向顺时针	合格
6	液添系统	液添1：最大排量64.15L/min，精度0.31% 液添2：最大排量65.34L/min，精度0.48% 液添3：最大排量311.36L/min，精度0.42% 液添4：最大排量312.83L/min，精度0.27% 液添5：最大排量532.36L/min，精度0.52% 液添6：最大排量534.85L/min，精度0.49%	合格

5　结论与建议

大排量高精度混砂装置采用模块化结构设计，单台设备携砂液排出能力高达200桶@4PPA，清水排量可达到260桶，单台设备即可满足井场大排量的供液需求，可有效简化现场布局、提升体积压裂作业精度。

装置采用矢量控制、自主识别、边缘计算等先进技术实现了无人智控、精准电驱、易损件智能化管理，并配套高精度计量系统，为智能化压裂施工奠定了设备基础。

独创的备份式管汇系统，，双种液位计的设计，可实现故障后的关断，保障作业的继续可实现液位的稳定检测，通过备份的设计减少NPT(非计划停机时间)，增强装置作业的稳定性。

通过仿真分析设计的双层搅拌，提升混合效果，降低离心泵的更换频率。执行部件采用变频电机直驱，传动效率更高，达到节能减排的需求。

参　考　文　献

[1] 邓斌奇，陈浩．混砂车的发展趋势研究[J]．中国石油和化工标准与质量，2011，31(07)：193.

[2] 张利宾，王震，李然，等．油田电驱混砂成套设备数智化发展趋势与研发分析[J]．设备管理与维修，2024，(12)：96-98.

[3] 童征，展恩强，刘颖，等．国内电驱压裂经济性和制约因素分析[J]．国际石油经济，2020，28(07)：53-62.

[4] 何义文．用于石油矿场作业的新型混砂车的研制及应用[J]．甘肃科技，2019，35(05)：15-16+57.

[5] 张利宾，李祥珍，胡海波，等. 一种模块化物联电驱混砂橇的设计与研究[J]. 设备管理与维修，2022，(21)：24-26.

[6] 刘文宝，姚孔，王元忠. 电驱混砂装置技术方案设计分析[J]. 机械研究与应用，2020，33(02)：82-84.

[7] 李磊. 电驱压裂液混配装置自动控制系统[J]. 仪器仪表与分析监测，2016，(02)：10-12.

[8] 陈跃. 20方/分电驱压裂液自动混配橇的设计与研究[J]. 辽宁化工，2019，48(12)：1217-1219+1259.

特深井超大尺寸超重载尾管悬挂器研制与应用

邹祥富　郑　旭　田　衡　石　庆　余才焌　刘运楼　林　强

（中国石油集团川庆钻探工程有限公司）

摘　要　向地球深部进军是践行保障国家能源安全的使命担当，深井超深井的持续深入勘探开发必然是今后的发展趋势。然而，深地井身结构及深部地层变化给钻井工程所需固井工具也必然带来超大尺寸、超井深和超重载等新特、难点的挑战。本文根据万米深井—深地川科1井四开尾管固井需求，以两级主体多级承载的新型尾管悬挂器结构为主要技术思路，创新性设计独立且间开式布局的分级坐挂及分载悬挂机构。通过理论分析、数值模拟及试验手段，优化悬挂结构主体参数。最终，本文研制的超大尺寸超重载尾管悬挂器成功运用在深地川科1井现场并创现场应用陆地尾管规格尺寸最大(485.78mm挂361.95mm+368.3mm)、尾管负荷最重(502t)、管柱下入浮重最高(705t)、井筒注替量最大($825m^3$)等多项全球记录，为“万米深地科探工程”的超大尺寸、超重载荷、超高压力、超高井温”钻井工程作业奠定了攻坚“利器”并积累了宝贵的现场先导性应用技术依据和经验。

关键词　深地川科1井；尾管悬挂器；超大尺寸；超重载；特深井

1　引言

“能源的饭碗必须端在自己手里”、“向地球深部进军”，是保证新时代国家能源安全和经济高质量发展的重要决策与关键支撑。我国深层、超深层油气资源达671亿吨油当量，占全国油气资源总量的34%，主要集中在塔里木盆地、四川盆地、准格尔盆地南缘和青海柴达木盆地等区域，其中超过80%的深地油气资源亟待开发。十三五以来，深井、超深井钻探技术不断完善与成熟，9000m级钻完井技术取得突破进展并逐步常态化。2025年，深地塔科1井的10910m胜利完钻，宣告我国钻探技术完成里程碑式跨越，也是我国能源行业带头深入贯彻和落实国家能源安全重大决策的强力支撑。

然而，随着超深井、特深井的不断增加，井身结构复杂，尾管固井工具性能面临超深(10000m以深)、超高温(260℃)、超高压(120MPa)和超重载(500t悬挂以上)的万米级新考验。中石油集团公司积极响应国家号召，于四川盆地部署另一口万米级科探井—深地川科1井，其四开固井作业采用尾管悬挂技术，尾管悬挂器面临当前陆地悬挂器尺寸最大，悬重最大的双重极限挑战，井身结构如图1中所示。中石油川庆钻探井下作业公司工具板块借鉴国内外研究人员研究硕果，结合丰富的现场服务经验，自主攻关首创独立间开式布局的分级坐挂分载悬挂结构，采用解析法分析悬挂结构关键动作，建立数值分析模型，通过分析结果与试验结果相互印证，并成功运用在深地川科1井现场，实现了川庆高标准尾管悬挂器研制技术在深井、超深井领域的主导地位。

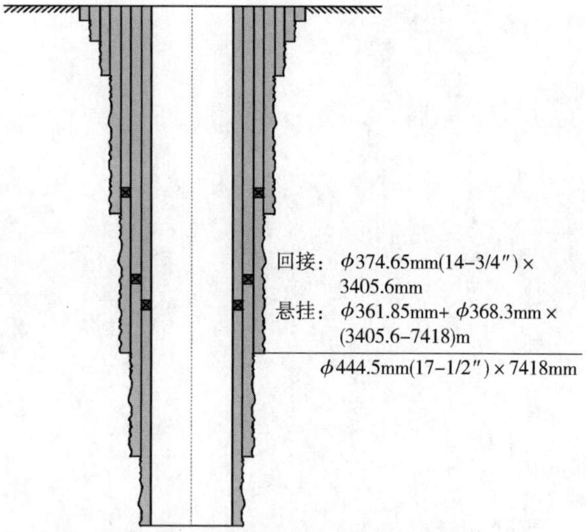

图1　深地川科1井井身结构

2　超大尺寸超重载尾管悬挂器结构设计

2.1　结构设计

由图1中深地川科1井井身结构可知，四开尾管悬挂器悬挂位置在3406m，上层套管为19⅝″，下层尾管为14¼″，尾管长度超过4000m，悬挂载荷面临超过500t，拉力载荷超过650t的极限重载。常规结构和材料难以在超大悬挂尺寸下满足上述极限重载，本文创新性将尾管悬挂器设计为主尾管悬挂器与分载尾管悬挂器，并采用独立且间开式布局的分级坐挂及分载悬挂机构。独立的多组分级坐挂机构对每组坐挂机构的启动进行调控互补以避免各组坐挂相互影响，多组分载悬挂机构对超重载尾管悬重进行分载，悬挂点可分布于不同一根上层套管内壁，既能呈倍数级增加坐挂成功率及悬挂超重尾管载荷，又能对上层套管形成有效保护。而悬挂机构轴向、周向限位而径向不限位，一方面使悬挂卡瓦始终保持在悬挂锥体的锥面上，另一方面可符合上层套管内壁实况使卡瓦牙无限充分与其啮合以增大接触面积形成更大的摩擦载荷+啮齿载荷，从而悬挂超重载尾管载荷。

主尾管悬挂器[图2(a)]主要包括送入机构、丢手机构、回接机构、悬挂机构和坐挂机构等，分载尾管悬挂器[图2(b)]主要包括悬挂机构和坐挂机构，如图2中所示。

2.2 坐挂原理

悬挂机构是尾管悬挂器中最重要的机构之一，也是悬挂器的主要承载机构。送入钻柱将工具管柱下送到设计位置并循环正常后，从井口投憋压球入钻柱内，待球到达球座后，憋压推动座挂缸套剪断座挂剪钉，带动卡瓦沿锥体上行楔入锥体与上层套管间隙使卡瓦与上层套管内壁啮合形成挂点摩擦载荷，下放钻柱使锥体下移胀扩卡瓦进一步啮合上层套管形成更大摩擦载荷及啮齿载荷，从而实现尾管悬挂在上层套管内壁上，如图3所示。

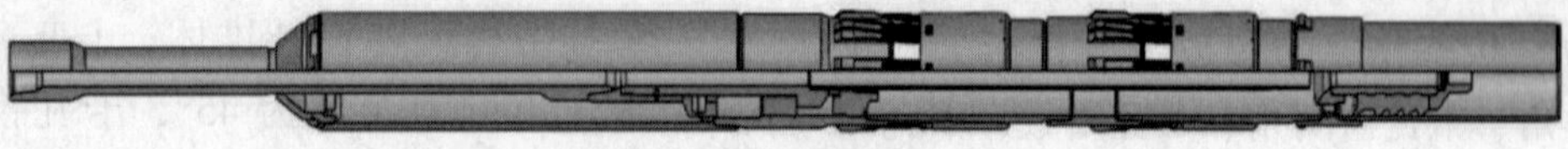

(a)主尾管悬挂器

(b)分载尾管悬挂器

图2　超大尺寸超重载尾管悬挂器结构示意图

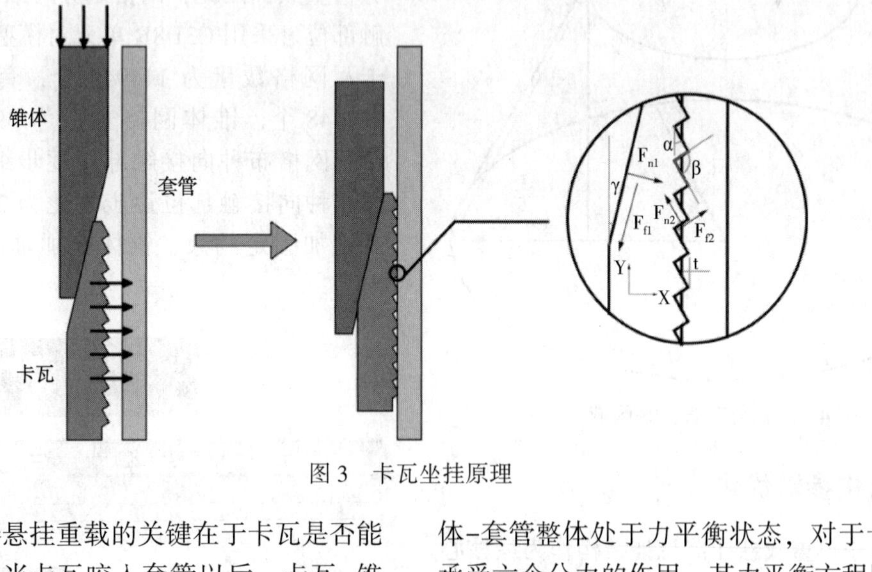

图3　卡瓦坐挂原理

尾管悬挂器悬挂重载的关键在于卡瓦是否能顺利咬入套管，当卡瓦咬入套管以后，卡瓦-锥体-套管整体处于力平衡状态，对于卡瓦，主要承受六个分力的作用，其力平衡方程则有

$$\begin{cases} F_x=F_{n1}\cos\gamma-F_{f1}\sin\gamma-F_{n2}\sin(\alpha+\beta-\pi/2)+F_{f2}\cos(\alpha+\beta-\pi/2)=0 \\ F_y=F_{n1}\sin\gamma+F_{f1}\cos\gamma-F_{n2}\cos(\alpha+\beta-\pi/2)-F_{f2}\sin(\alpha+\beta-\pi/2)=0 \end{cases} \quad (1)$$

式中，F_{n1}为卡瓦锥体接触面上卡瓦受到的正压力；F_{f1}为卡瓦锥体接触面上卡瓦受到的摩擦力；F_{n2}为卡瓦齿与套管接触面上卡瓦受到的正压力；F_{n2}为卡瓦齿与套管接触面上卡瓦受到的摩擦力；γ为卡瓦锥度；α为卡瓦倾角；β为卡瓦齿间角。

由于卡瓦齿尖平面远小于卡瓦齿宽，可以将卡瓦齿尖咬入套管部分截面可以看作是一个三角形，在悬重作用下，卡瓦齿上表面不受力，下表面受力，则卡瓦与套管接触且受力部位可以看作是不完整的圆台，如图4所示，接触面积则有

$$S=\frac{1}{2}w\cdot t\cdot(2r+t)\cdot\tan\left(\alpha+\beta-\frac{\pi}{2}\right) \quad (2)$$

式中，S 为卡瓦齿与套管接触面积；w 为卡瓦牙弧度；r 为套管内半径；t 为卡瓦耻辱深度。

而卡瓦齿与套管之间的接触应力则可以由下式获得

$$\sigma=\frac{F_{QS}}{S} \quad (3)$$

式中，F_{QS} 为卡瓦齿与套管接触区域作用力。

由上式(1)~(3)可知，与卡瓦悬挂能力及卡瓦套管力学状态相关的参数主要包括卡瓦锥体、卡瓦倾角、卡瓦齿间角、卡瓦瓣数、卡瓦级数和卡瓦摩擦系数等。但由于卡瓦咬入套管的行为属于非线性弹塑性接触问题，卡瓦齿与套管受力更为复杂，因此采用数值仿真方法对卡瓦结构参数进行优化。

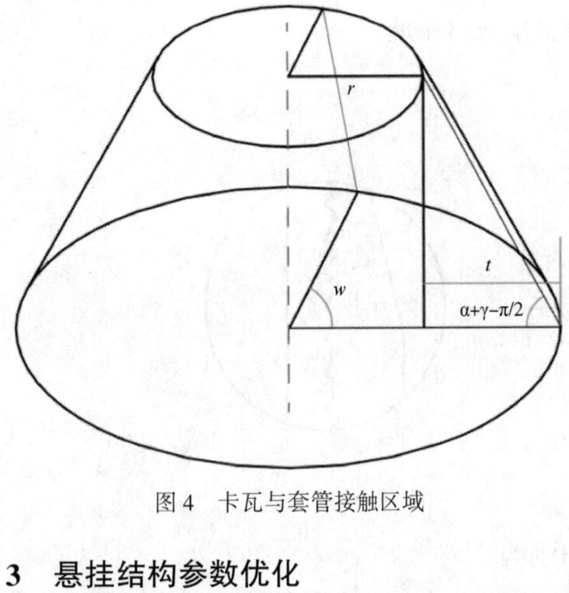

图4　卡瓦与套管接触区域

3　悬挂结构参数优化

超大尺寸超重载悬挂器悬挂结构作为最核心组成部分，不仅要满足超大尺寸下超重载悬挂需求，还需要满足卡瓦齿可靠稳定咬入套管内壁，却不损伤套管内壁的要求(卡瓦齿咬入深度低于1mm，小于套管壁厚的12.5%)。根据上述解析公式的推导结果，可以初步确定悬挂结构中主要零部件的参数优化类型和数值，见表1。

表1　影响悬挂器承载及套管损伤影响因素分析类型和参数

序号	类型	参数
1	锥体、卡瓦不同配合锥度/(°)	3°、4°、5°、6°、7°、8°、9°、10°、11°
2	卡瓦齿倾斜角度/(°)	15°、20°、25°、30°、35°、40°、45°、50°、55°、60°
3	卡瓦齿牙顶角/(°)	75°、80°、85°、90°、95°、100°、105°
4	卡瓦牙齿高/mm	1.0、1.5、2.0、2.5、3.0、3.5、4.0
5	单卡瓦片弧度不变是卡瓦片个数	6、7、8、9、10
6	总卡瓦总弧度不变时卡瓦片个数	6、7、8、9、10

3.1　悬挂机构数值模型建立

悬挂结构最初设计锥体、卡瓦配合锥体为8°，卡瓦齿倾斜角度为45°，卡瓦齿牙顶角为90°，卡瓦牙齿高为2mm，单卡瓦片弧度不变时，卡瓦个数为8个，悬挂器级数为4级。悬挂结构整体关于中心轴呈1/8对称，为提高模型计算精度，降低模型整体尺寸，取悬挂结构关键零部件，即锥体、卡瓦和套管进行建模。由于卡瓦牙结构尺寸小，且卡瓦牙与套管间的互作用力是分析重点，因此，网格划分时细化套管与卡瓦接触部位。采用C3D8R单元对模型进行网格划分，卡瓦网格数量为114948个，套管网格数量为192448个，锥体网格数量为39776个，卡瓦、套管网格布种向接触部位逐步细化为1mm，锥体布种向接触部位逐步细化为2mm。套管和卡瓦施加固定约束，锥体施加轴向载荷。如图5所示。

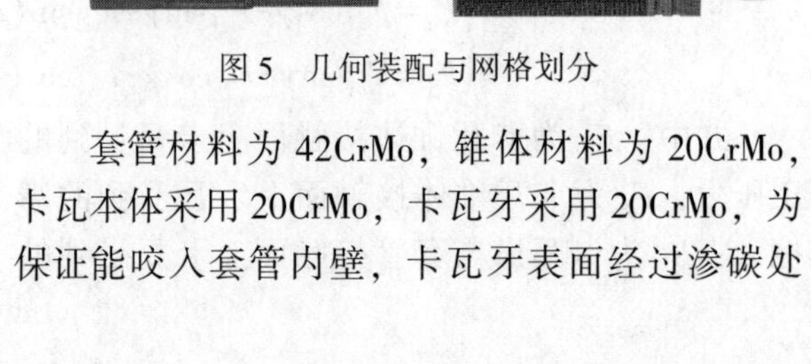

图5　几何装配与网格划分

套管材料为42CrMo，锥体材料为20CrMo，卡瓦本体采用20CrMo，卡瓦牙采用20CrMo，为保证能咬入套管内壁，卡瓦牙表面经过渗碳处

理，硬度为 HRC50～60，其具体参数见表 2。

表 2　套管-卡瓦啮合仿真模型参数统计表

部件	材质	弹性模量/GPa	泊松比	屈服强度/MPa
套管	42CrMo	210	0.3	875
卡瓦	20CrMo	210	0.3	758
卡瓦齿(渗碳)	20CrMo	210	0.3	1685
锥体	20CrMo	210	0.3	758

此外，对数值模型及材料做出以下合理假设：

(1) 假设数值模型所有零部件材质均匀，各向同性；

(2) 假设零部件之间法向接触为硬接触，切向接触遵循罚函数原理，切向接触摩擦系数为 0.1；

(3) 假设卡瓦咬入套管产生的接触行为属于弹塑性接触范畴。

3.2　数值仿真分析

(1) 坐挂模拟分析

对悬挂结构坐挂行为进行模拟，如图 6 所示为悬挂载荷与轴向相对位移之间的关系曲线。从曲线中可知，悬挂器受载初始阶段，锥体下滑导致卡瓦下滑，并在卡瓦下滑位移量为 2mm 时，卡瓦开始咬入套管内壁，悬挂结构承载增加后，悬挂载荷与位移为近似线性关系，说明卡瓦始终咬入套管，未发生滑脱，在 650t 悬挂载荷下，卡瓦下滑位移量为 11.7mm。而实验前卡瓦原始位置为 40cm 处，试验后卡瓦位置来到 39cm，相对位移约 1cm，试验与仿真计算结果近乎一致，如图 7 所示为坐挂结构轴向相对位移云图。

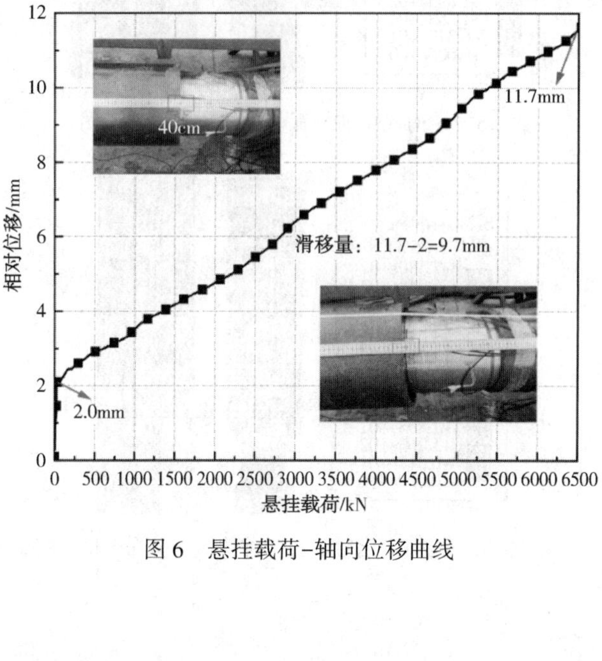

图 6　悬挂载荷-轴向位移曲线

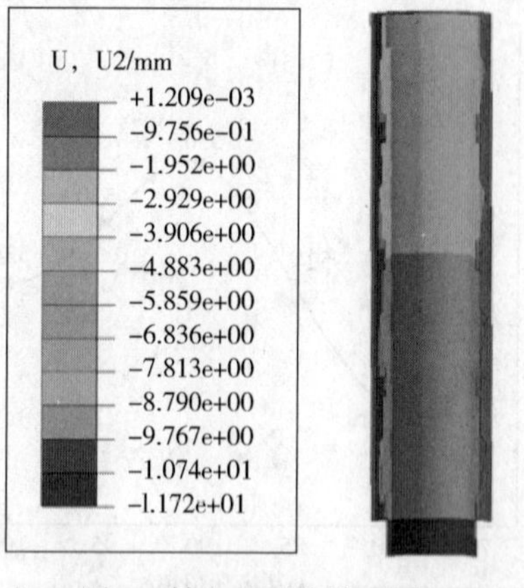

图 7　轴向相对位移云图

(2) 结构优化前后悬挂能力对比

对悬挂结构相关参数分别进行优化，其优化参数与承载能力之间的关系曲线如图 8～图 13 所示，根据关系曲线优选悬挂结构相关参数，锥体-卡瓦配合锥度选用 9°，卡瓦齿倾角选用 55°，卡瓦齿牙顶角选用 90°，卡瓦齿高选用 1.5mm，单卡瓦弧度不变(弧度恒定 16°)，卡瓦个数为 10 个。

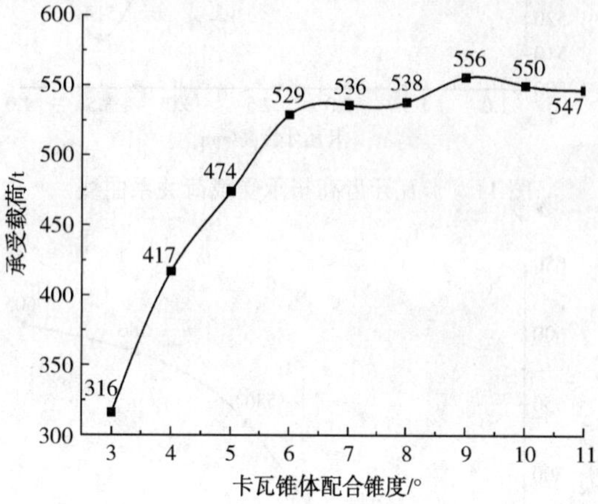

图 8　卡瓦锥体配合锥度与承受载荷关系曲线

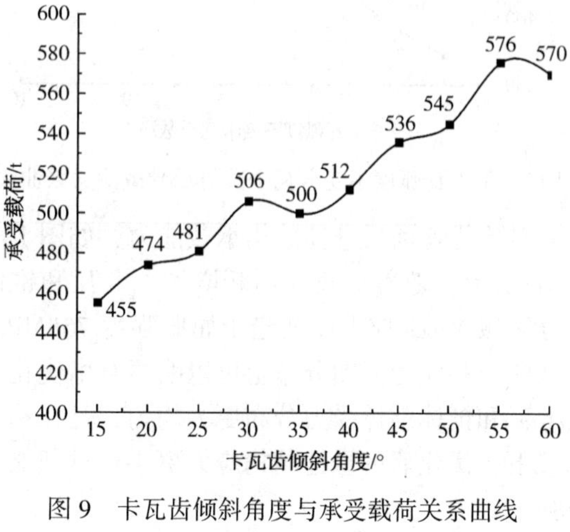

图 9　卡瓦齿倾斜角度与承受载荷关系曲线

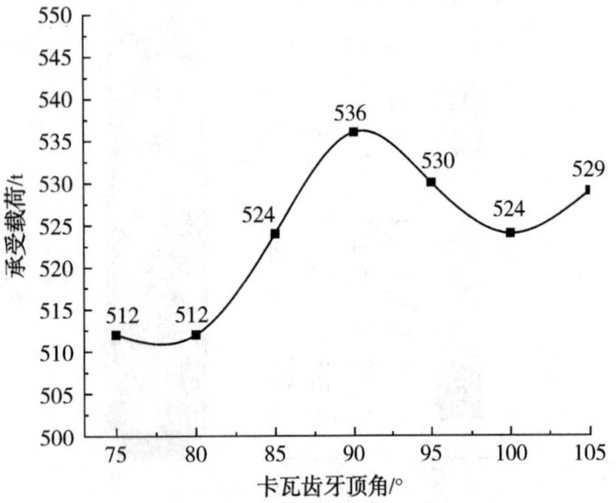

图 10　卡瓦齿牙顶角与承受载荷关系曲线

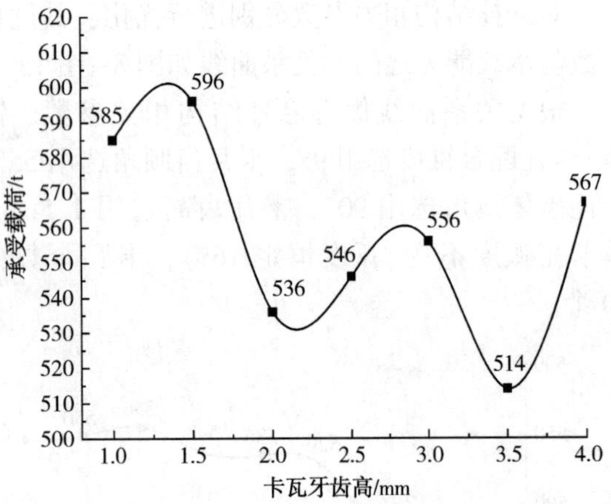

图 11　卡瓦牙齿高与承受载荷关系曲线

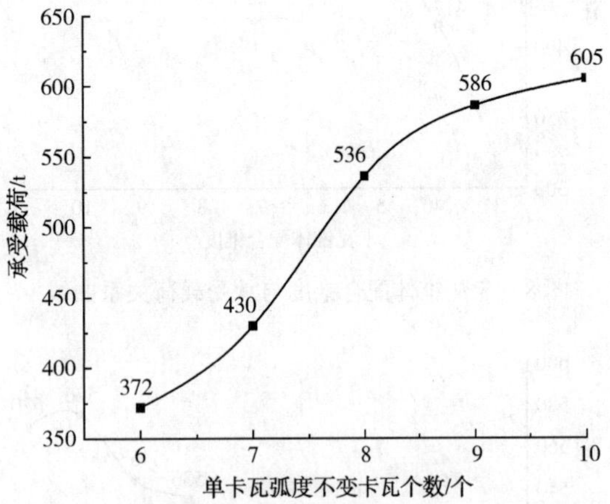

图 12　单卡瓦弧度不变卡瓦个数与承受载荷关系曲线

对比优化前后悬挂结构承载能力，如图 14~图 16 所示，随着承载的不断增加，卡瓦和锥体部分区域 Mises 应力逐渐趋于屈服强度 758MPa，但从曲线和应力云图分布上可以明显看出优化后的卡瓦和锥体整体受力分布更为均匀，且在相同承载下，优化后的悬挂结构应力更小，承载能力更强。

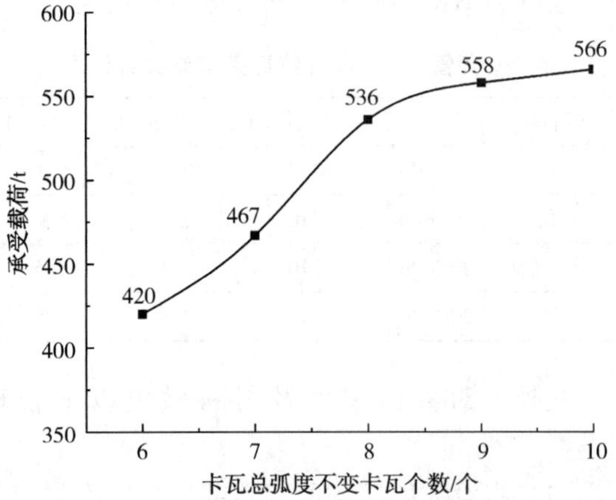

图 13　卡瓦总弧度不变卡瓦个数与承受载荷关系曲线

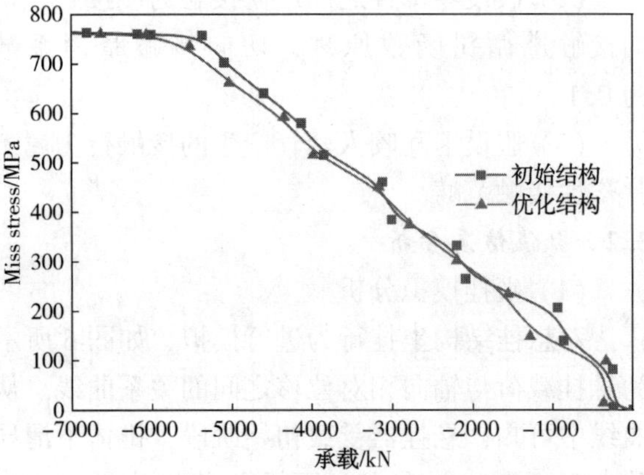

图 14　优化前后悬挂结构最大 Mises 应力与承载关系曲线

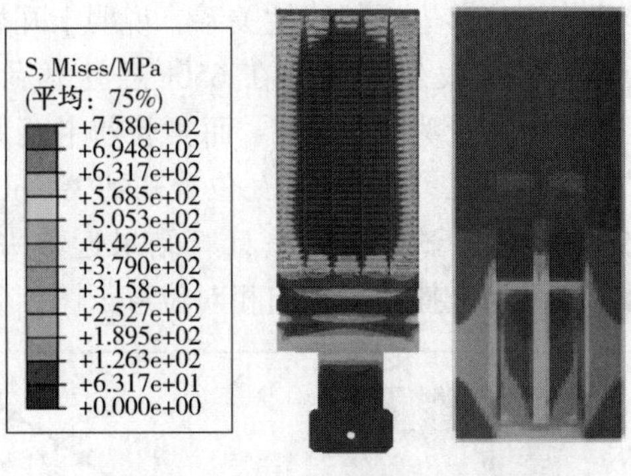

图 15　结构优化前卡瓦与锥体应力分布云图

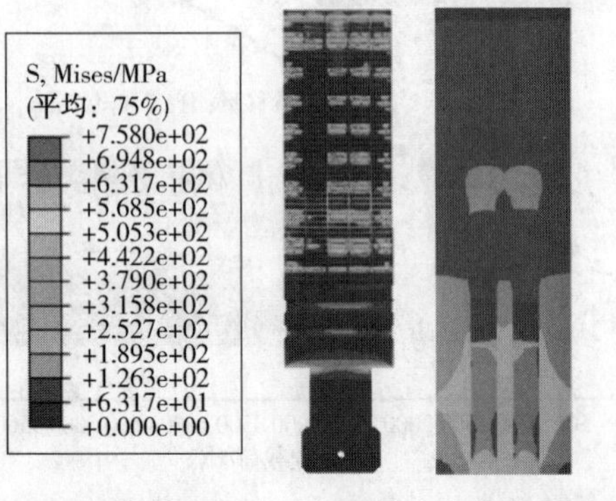

图 16　结构优化后卡瓦与锥体应力分布云图

4　室内试验验证与现场应用

4.1　室内试验验证

采用1000t拉力试验机进行悬挂机构悬挂能力测试，如图17所示，悬挂器和上层套管的悬挂点处分别贴有应力应变片，逐级加载至650t并稳载10min，观测尾管悬挂器悬挂稳定，没有发生滑移及套管损坏。剖开套管观察套管内壁各悬挂点呈均衡微牙痕分布，无齿滑移痕迹，卡瓦牙也无压损痕迹或蹦齿现象。采用胶泥提取套管内壁牙痕并进行切片光影检测，如图18所示，光影测量最大牙痕为0.61mm，均远小于悬挂点套管壁厚(17.2mm)的12.5%(即2.15mm)。因此，试验结果表明尾管悬挂器可悬挂650t的尾管载荷。

(a)测试中　　(b)测试后

图17　尾管悬挂器的悬挂能力测试试验

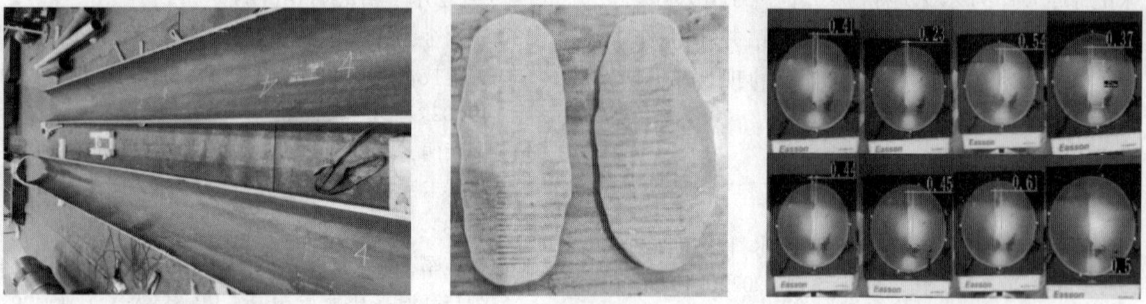

(a)剖开的上层套管　　(b)胶泥取痕　　(c)切片光影检测

图18　牙痕胶泥切片光影检测

4.2　现场应用

超大尺寸超重载尾管悬挂器研制完成并形成产品后，于2024年7月在深地川科1井四开固井进行使用，尾管悬挂固井管串组合为：浮鞋+套管+浮箍+套管+浮箍+套管+碰压器+套管串+分载尾管悬挂器+套管+主尾管悬挂器+送入钻柱，悬挂器坐挂压力16MPa，憋通压力21MPa，创现场应用陆地尾管规格尺寸最大(485.78mm挂361.95mm+368.3mm)、尾管负荷最重(502t)、管柱下入浮重最高(705t)、井筒注替量最大(825m^3)等多项全球记录。工具现场作业成功率100%，填补了国际技术空白，为“万米深地科探工程”的“四超：超大尺寸、超重载荷、超高压力、超高井温”钻井工程作业奠定了攻坚“利器”并积累了宝贵的现场先导性应用技术依据和经验。固井现场如图19所示。

图19　深地川科1井四开尾管悬挂固井现场照片

5　结论

(1)本文以两级主体多级承载结构为主要技

术思路，创新性设计独立且间开式布局的分级坐挂及分载悬挂结构，实现轴向、周向限位而径向不限位功能，使得卡瓦牙无限充分与套管啮合以增大接触面积形成更大的摩擦载荷+啮齿载荷，从而悬挂超重载尾管载荷；

（2）通过仿真手段，对悬挂器核心结构悬挂机构进行悬挂能力分析与机构优化，锥体-卡瓦配合锥度选用 9°，卡瓦齿倾角选用 55°，卡瓦齿牙顶角选用 90°，卡瓦齿高选用 1.5mm，单卡瓦弧度不变(弧度恒定 16°)，卡瓦个数为 10 个。

（3）根据深地川科 1 井四开尾管固井需求，本文创新性的研制了 1 套高标准的超大尺寸超重载尾管悬挂器，满足超大尺寸悬挂(19⅛″×14½″)和超重载荷(悬挂载荷 650T，拉力载荷 850T)悬挂现场应用需求，创现场应用陆地尾管规格尺寸最大(485.78mm 挂 361.95mm+368.3mm)、尾管负荷最重(502t)、管柱下入浮重最高(705t)、井筒注替量最大(825m^3)等多项全球记录，为“万米深地科探工程”的超大尺寸、超重载荷、超高压力、超高井温”钻井工程作业奠定了攻坚“利器”并积累了宝贵的现场先导性应用技术依据和经验。

参考文献

[1] 王志刚，王稳石，张立烨，等. 万米科学超深井钻完井现状与展望[J]. 科技导报. 2022，40(13)：27-35.

[2] 齐慧. 万米深井完钻刷新“中国深度”[N]. 经济日报，2025-6.

[3] 周晨. 为深地工程助力[J]. 中国石油石化. 2024(23)：8.

[4] 朱慧，张阔. 习近平关于国家能源安全重要论述的“六个必须坚持”意蕴探析[J]. 西南石油大学学报(社会科学版). 2025，27(01)：1-9.

[5] 赵文智，窦立荣. 中国陆上剩余油气资源潜力及其分布和勘探对策[J]. 石油勘探与开发. 2001，28(1)：1-5.

[6] 苏义脑，路保平，刘岩生，等. 中国陆上深井超深井钻完井技术现状及攻关建议[J]. 石油钻采工艺. 2020，42(5)：527-542.

[7] 李剑，佘源琦，高阳，等. 中国陆上深层—超深层天然气勘探领域及潜力[J]. 中国石油勘探. 2019，24(04)：403-417.

[8] 汪海阁，黄洪春，纪国栋，等. 中国石油深井、超深井和水平井钻完井技术进展与挑战[J]. 中国石油勘探. 2023，28(03)：1-11.

[9] 孙金声，刘伟，王庆，等. 万米超深层油气钻完井关键技术面临挑战与发展展望[J]. 钻采工艺. 2024，47(2)：1-9.

[10] 靳建洲，魏风奇，艾正青，等. 超深特深油气井固井关键技术进展[J]. 钻采工艺. 2024，47(2)：104-112.

[11] 齐奉忠，刘硕琼，沈吉云，等. 中国石油固井技术进展及面临的问题[J]. 石油科技论坛. 2013，32(4)：5-8.

[12] 胡旭光，彭晓刚，段玲，等. 塔里木油田塔北地区深井超深井固井难点及对策[J]. 天然气勘探与开发. 2014，37(2)：61-63.

[13] 于永金，夏修建，王治国，等. 深井、超深井固井关键技术进展及实践[J]. 新疆石油天然气. 2023，19(02)：24-33.

[14] 南荣丽，窦益华，杨新克，等. 高温高压井完井封隔器卡瓦抗剪切强度分析[J]. 油气井测试. 2016，25(3)：1-3.

[15] 韩传军，彭雪峰，李林涛. 封隔器卡瓦锚定力学行为与高温高压实验分析[J]. 天然气工业. 2020，40(7)：76-82.

[16] 李万钟，邓冲，徐建宁. 封隔器仿生鳞片齿卡瓦微牙痕及稳定性研究[J]. 石油机械. 2022，50(7)：98-106.

[17] 徐建宁，邓冲，李万钟. 封隔器仿生六棱柱齿状卡瓦微牙痕及稳定性[J]. 科学技术与工程. 2022，22(15)：6075-6083.

[18] 李良庆，巨雄，梁月松，等. 高温高压高产气体封隔器卡瓦力学行为的分析与实验[J]. 机床与液压. 2024，52(18)：68-75.

四川致密气水基钻井液技术研究

许夏斌[1,2]　景岷嘉[1,2]　李　巍[1,2]　贺　海[1,2]

(1. 中国石油集团川庆钻探工程有限公司；2. 油气田应用化学四川省重点实验室)

摘　要　四川致密气资源丰富，采用油基钻井液钻井已取得较大开发成果，但配制成本高，环保压力大。为缓解油基钻井液带来的环保与钻井成本问题，研发致密气水基钻井液关键处理剂及技术对致密气区块实现高效开发具有重要意义。本文通过分析四川致密气区块储层地质特征，得出地层岩性具有易水化膨胀，同时存在微裂缝等特性。通过引入胺类衍生物的支链，合成了具有多元胺基的泥岩抑制剂，并形成了四川致密气区块水基钻井液配方及技术，岩屑回收率大于95%。现场试验表明，该钻井液表现出优良的抑制性能，施工过程中，起下钻顺利、无阻卡，钻进过程中未出现因钻井液性能差引起的井壁失稳、垮塌、卡钻等问题，平均井眼扩大率14.51%，低于指标18%，配制成本较油基钻井液成本节约18.3%，减少了环保压力。

关键词　水基钻井液；钻井工程；致密气；性能评价

致密油气是一种重要的非常规资源类型，相当于传统低渗透油气中的特低和超低渗透油气。目前致密气已成为中国产量最高的天然气类型，2023年产气量达$600\times10^8m^3$以上，我国长庆、西南等油气田区域致密气资源丰富，并已取得较大开发成果。四川致密气在开发过程中，溪庙组存在井壁失稳、井眼清洁难、起下钻阻卡严重，甚至卡钻，遂宁组~沙溪庙组上部长段泥岩段易水化造浆，直井段和大斜度段存在不同程度的井壁垮塌等问题。采用油基钻井液基本可以解决以上问题，但是随着国家对环保方面的重视，油基钻井液因其环保差及成本高的劣势已成为现阶段全面、经济开发页岩气地区的严重阻碍，因此有必要针对四川致密气遂宁组-沙溪庙组井段垮塌、水平井段摩阻大、流变性控制难等问题进行原因分析，制定致密气井水基钻井液技术对策，研发关键抑制剂和配方，为致密气区块实现低成本高效开发提供技术支持。

1　致密气区块岩性研究

1.1　全岩分析实验

依据SY/T 5163—2010《沉积物中黏土矿物和常见非黏土矿物X射线衍射分析方法》，对秋林XX井沙二段岩心、岩屑进行全岩矿物分析与黏土矿物分析。

如图1所示，沙溪庙组岩性为紫红色泥岩、泥质粉砂岩及灰绿色砂岩，据岩屑、岩心分析及薄片鉴定结果表明，沙二段储集岩以长石砂岩、岩屑长石砂岩为主。粒度以中粒为主，分选中-好，磨圆度为次棱状，颗粒以点-线接触为主，中强度压实(颗粒凹凸-线状接触)。

1.2　致密气地区地层岩石渗透率及孔隙特征

对致密气区块沙二段岩心进行渗透率及孔隙度统计分析，结果如图2所示。

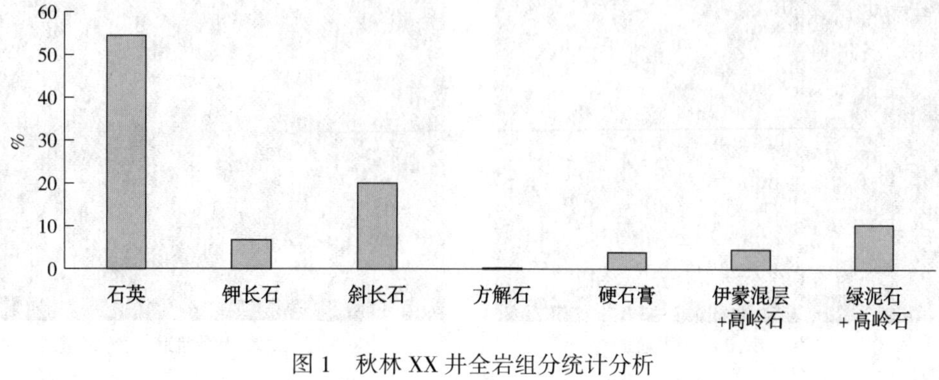

图1　秋林XX井全岩组分统计分析

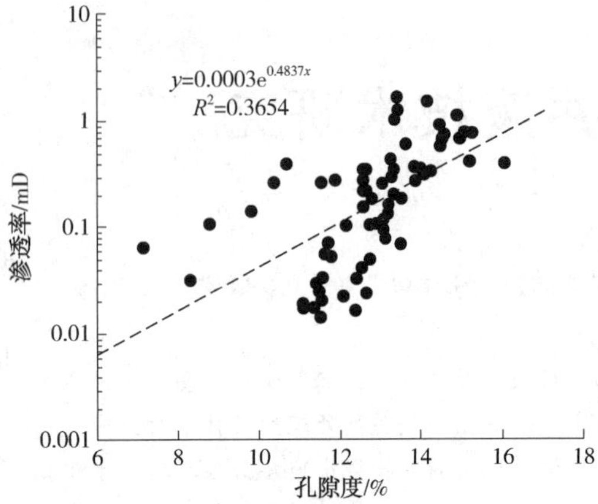

图 2　XX 井沙二段岩心孔隙度分布

由图 2 可得，致密气沙二段岩心分析，渗透率在 0.0139mD～1.7mD 之间，平均渗透率值为 0.313mD，渗透率中值为 0.206mD，说明储层渗透率极低。如图 3 所示，砂岩渗透率主要集中分布在 0.01mD～1.0mD 之间，占 93%。而储层(ϕ>8.5%)的样品渗透率主要集中在 0.01mD～1mD 之间，占 93%，储层渗透率平均为 0.323mD，渗透率中值为 0.216mD。沙二段储层表现为低孔特低渗特征，总体上孔隙度与渗透率具正相关关系。

1.3　致密气地区储层孔隙结构

取邻区气田沙溪庙组取心井的岩心观察、铸体薄片鉴定及扫描电镜等分析，结果如图 4 所示。

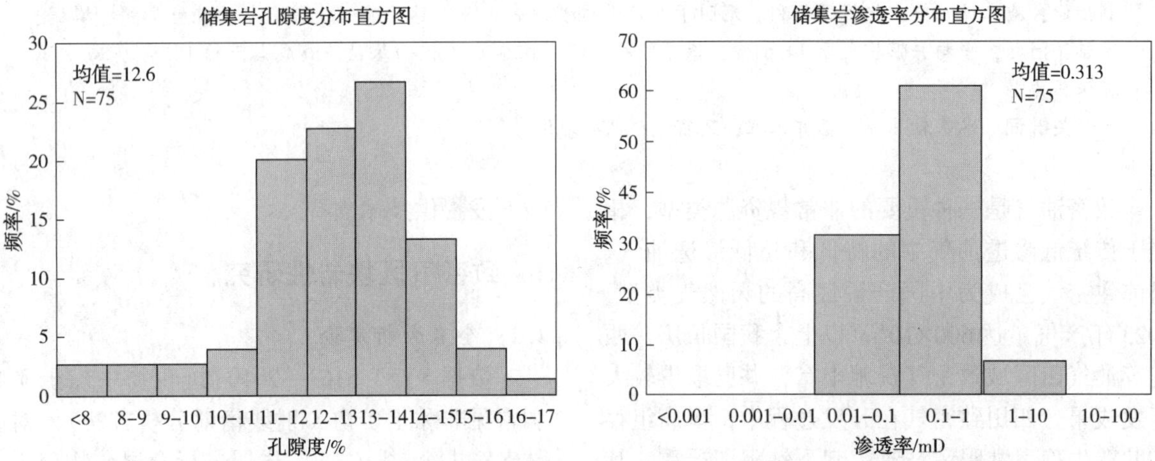

图 3　沙二段储层岩心孔隙度、渗透率直方图

XX井，沙二段，片状吼道

XX井，沙二段，片状吼道，缩颈吼道

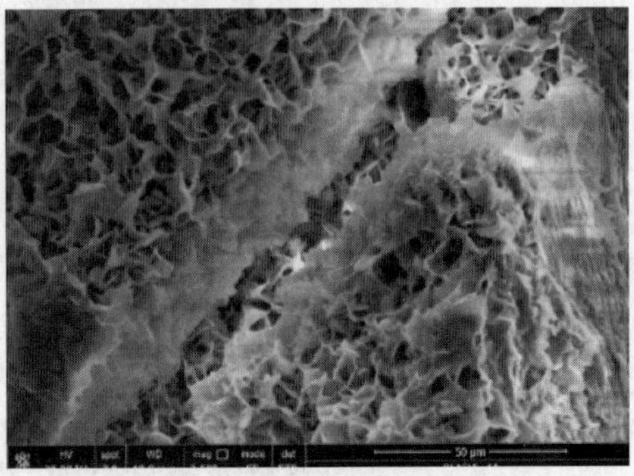

XX井，沙二段，片状吼道

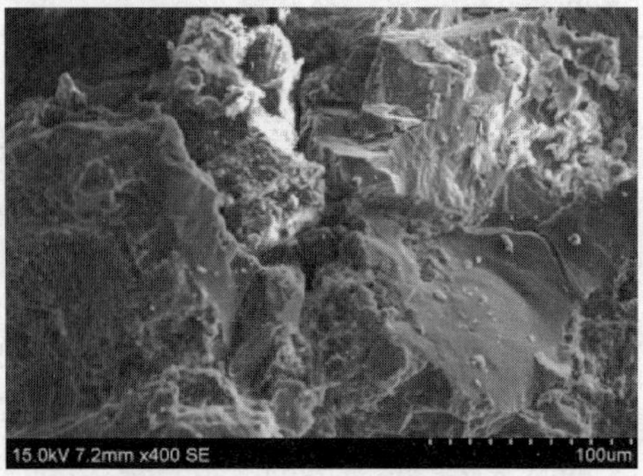

XX井，沙二段，片状吼道，缩颈吼道

图 4　沙二段储层主要吼道类型

由图 4 可得，沙溪庙组砂体储层喉道类型多为细-中喉道，扫描电镜分析显示，主要见片状喉道及缩颈型喉道，少见管束状喉道。储层在残余粒间孔隙中，多见绿泥石环边胶结，喉道被黏土矿物占据，喉道中值半径 Rc50 主要分布在 0.028μm～0.427μm 之间，导致储层渗透率较低。

实验结果表明，沙溪庙组岩性为紫红色泥岩、泥质粉砂岩及灰绿色砂岩，粒度以中-细粒为主，储集空间主要为粒间孔，次为粒内溶孔。颗粒之间主要点接触为主，表明压实作用相对较弱，见少量钙质胶结，胶结性差。孔隙度分布在 8～16%，平均 12.8%，渗透率分布在 0.01～1mD，平均 0.323mD，泥岩易水化膨胀且地层裂隙发育，在钻井压差、毛细管力以及化学势的作用下，导致地层破碎、诱发井壁失稳。

2　泥岩抑制剂分子结构设计及配方研究

2.1　泥岩抑制剂分子结构设计

针对致密气地层强水敏特性，引入具有多元胺基的多乙烯多胺材料，以增加吸附基团的偶极矩，提升综合吸附性能，强化对黏土矿物的抑制性。本实验设计的抑制剂主要采用胺类衍生物作为极性基团的原料，以增强对泥岩抑制性且在水基钻井液中具有良好的分散性。

泥岩抑制剂分子结构如图 5 所示。

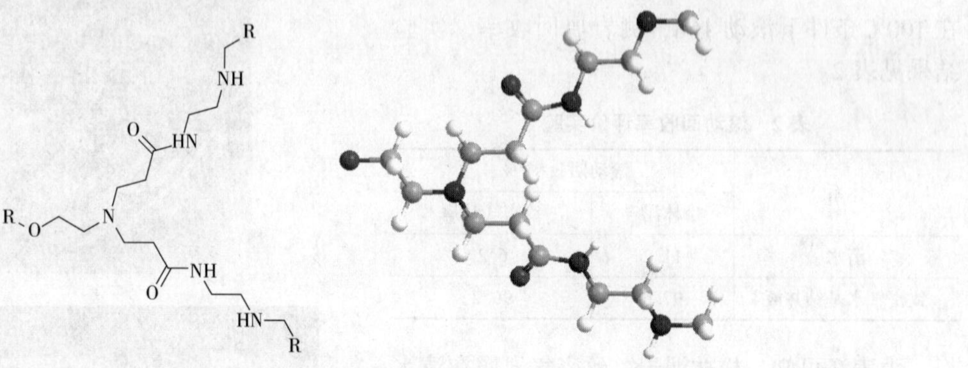

图 5　泥岩抑制剂分子结构

2.2　泥岩抑制剂合成

2.2.1　实验药品

物质 A 为脂肪酸类己二酸；物质 B 为多胺类的二乙烯三胺；催化剂 C 为浓硫酸、氯磺酸中一种或两种；物质 D 为乙酸乙酯、乙二醇单丁醚、乙二醇丁醚中的一种或两种。

2.2.2　实验仪器

油浴锅，三口烧瓶，冷凝管，分流器，温度计，分析天平，真空泵，INVENIO R 傅里叶红外光谱仪。

2.2.3　实验方法

将物质 A 和物质 B 摩尔比按 2∶1～2∶2 加入反应釜中，不断搅拌充分混合，加入物质 C 将温度提高至 180～240℃，将反应水通过真空抽出冷凝或通过冷凝管、分流器分出，保持温度，反应 2″8h 停止加热，自然冷却形成棕黄色物质，将形成的棕黄色物质与物质 D 质量比为 1∶1 混合，搅拌 0.5～2h，得到棕黄色液体，即为产物。采用溶液法对产物进行红外分析，结果如图 6 所示。

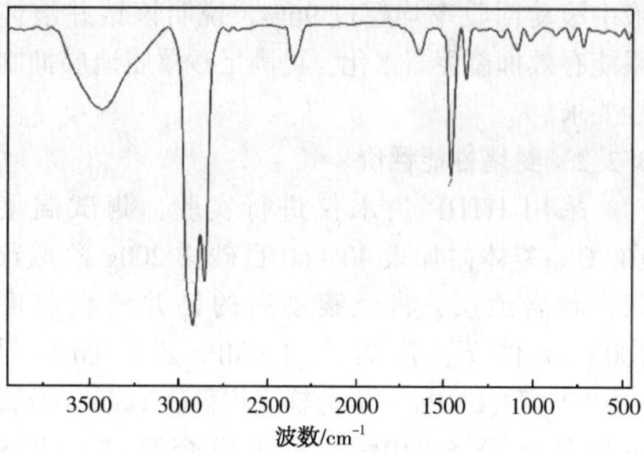

图 6　泥岩抑制剂红外光谱

实验结果表明，3435cm^{-1} 为 N-H 伸缩振动吸收峰；2800～2900cm^{-1} 为甲基和亚甲基的伸缩振动吸收峰；1664cm^{-1} 为羰基 C═O 的伸缩振动吸收峰；1544cm^{-1} 为仲酰胺 -CONH^{-} 基团中的 N-H 键弯曲振动和 C-N 键的伸缩振动吸收峰；1453cm^{-1} 为碳链振动的吸收峰；1295cm^{-1} 为胺基 C-N 键振动吸收峰；750～600cm^{-1} 为 -NH_2 的面外摇摆振动吸收谱带。由红外谱图可知，目标产物结构与设计相符。

3 致密气水基钻井液配方研究及性能评价

3.1 基础配方研究

通过封堵剂、润滑剂等材料与本文合成的泥岩抑制剂进行材料优选与配伍研究，优化形成致密气水基钻井液室内配方，具体配方如下：

3%膨润土浆+0.3% NaOH+3%~5%复合降滤失剂+1%~2%泥岩抑制剂+3%乳化沥青+2%成膜剂+1%固壁剂+0.5% CaO+8%氯化钾+2%润滑剂+重晶石，基本性能见表1。

表1 致密气水基钻井液室内配方性能

实验条件	密度/(g/cm^3)	AV/(mPa·s)	PV/(mPa·s)	YP/Pa	GEL/(Pa/Pa)	API 失水/mL	HTHP(100℃)/mL
100℃×16h 滚后	1.60	38	31	7	2/5.5	2.2	7.0

3.2 性能评价

3.2.1 滚动回收率

选用松林露头泥岩、致密气井沙溪庙组泥岩岩屑作为测试滚动回收率的岩屑，取样50.0g，在100℃条件下滚动16h，测岩屑回收率，实验结果见表2。

表2 滚动回收率评价实验

体系	滚动回收率/%	
	松林泥岩	致密气钻屑
清水	11.2	6.2
致密气水基钻井液	97.6	96.2

由表2可知，松林泥岩、致密气岩屑在清水中滚动回收率均低于12%，在致密气水基钻井液中滚动回收率均超过96%，说明该钻井液体系能有效抑制泥岩水化，可满足沙溪庙地层抑制性要求。

3.2.2 封堵性能评价

采用HTHP失水仪进行实验，测试温度100℃。釜体内加入40~60目砂样200g模拟致密气砂岩地层，将经滚动后的钻井液在温度100℃条件下，压力由1.0MPa↗2.0MPa↗3.0MPa↗4.0MPa每压力梯度均稳压1min，最后继续加压至5.0MPa后完成整个测试，测试100℃条件下5min和30min的透失水量。结果见表3。

表3 透失水评价实验结果

体系	5min/mL	30min/mL	备注
致密气水基钻井液	0	0	透失水未穿

由表3、图7可得，该钻井液体系具有良好的封堵性能，砂床滤饼表现出良好的韧性与致密性，与致密气油基钻井液封堵性能相当，可满足沙溪庙地层的封堵性要求。

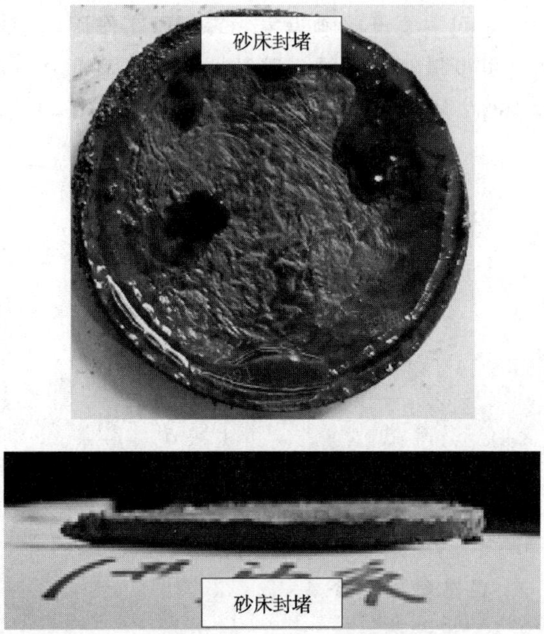

图7 封堵效果图

3.2.3 润滑性能评价

分别采用极压润滑仪、泥饼粘附系数测定仪对钻井液进行润滑性测试，结果见表4。

表4 润滑性评价实验结果

ρ/(g/cm^3)	钻井液	极压润滑系数	泥饼粘附系数
1.60	致密气水基钻井液	0.066	粘附不上

由表4所示，致密气水基钻井液在密度1.60g/cm^3时，极压润滑系数为0.066，满足致密气水平井钻井需求。

3.3 与致密气油基钻井液对比

将致密气水基钻井液与常规钾聚磺水基钻井液、油基钻井液性能进行对比评价结果见表5。

由表5可得，致密气水基钻井液与常规钾聚磺水基钻井液相比，在高温流变性、封堵性、润滑性、岩石抗压强度上均有较大幅度提升，与油基钻井液流变性和抑制性相差不大。

表 5　常规钾聚磺钻井液、油基钻井液和致密气水基钻井液性能对比评价

配方	密度/（g/cm³）	API/mL	AV/（mPa·s）	PV/（mPa·s）	YP/Pa	Gel/（Pa/Pa）	HTHP/mm/（mL/mm）120℃	极压润滑系数	泥饼粘附系数	pH	滚动回收率/%
常规钾聚磺钻井液	1.58	2.0	52	44	8	3.5/8	11.8/2.0	0.113	0.1336	9	85.21
油基钻井液	1.58	/	42	36	6	2.5/5	1.2/1.0	/	粘附不上		98.85
致密气水基钻井液	1.58	1.2	41	34	7	3.5/6.5	7.6/2.0	0.066	粘附不上	9	96.33
常规钾聚磺钻井液	2.03	1.8	103	82	21	5.5/10	11.4/2.0	/	0.1548	9	86.37
油基钻井液	2.03	/	69.5	62	7.5	4.5/9	1.2/1.0	/	粘附不上		98.28
致密气水基钻井液	2.03	1.0	58.5	52	6.5	5/10	7.0/2.0	/	0.1026	9	94.92

4　致密气水基钻井液现场试验

秋林 xx 井地理位置位于四川省三台县灵兴镇花庙村，构造位置处于四川盆地川中低缓构造带。三台县，隶属四川省绵阳市，位于四川盆地中部偏北，绵阳市东南部。本文研制的致密气水基钻井液技术在秋林 XX 井二开（井段：400～4003m）进行了现场应用。

秋林 XX 井井身结构设计见表 6、图 8。

应用效果如下：

（1）秋林 XX 井二开于 2024 年 05 月 26 日 14：00 开钻，2024 年 8 月 13 日 07：00 钻至井深 4003m 完钻（层位：沙二段），后顺利通井、电测，顺利下套管固井。本文研制的水基钻井液体系在施工过程中，起下钻顺利、无阻卡，钻进过程中未出现因钻井液性能差引起的井壁失稳、垮塌、卡钻等问题。

（2）该井于二开开始使用本文研制的致密气水基钻井液体系，使用井段 400～4003m，平均井眼扩大率 14.51%，低于指标 18%。

（3）致密气水基钻井液应用成本与油基钻井液对比：配制成本较油基钻井液成本节约 18.3%，但结合钻井周期成本相差不大，还具有一定的提升空间。

秋林 xx 井试验井段井径如图 9 所示。

表 6　秋林 XX 井井身结构设计

开钻次序	井段/m	钻头尺寸/mm	套管尺寸/mm	套管下入地层层位	套管下入井段/m	水泥返深/m
一开	0～400	311.2	244.5	蓬莱镇组	0～398	地面
二开	400～4003	215.9	139.7	沙溪庙组	0～4001	地面

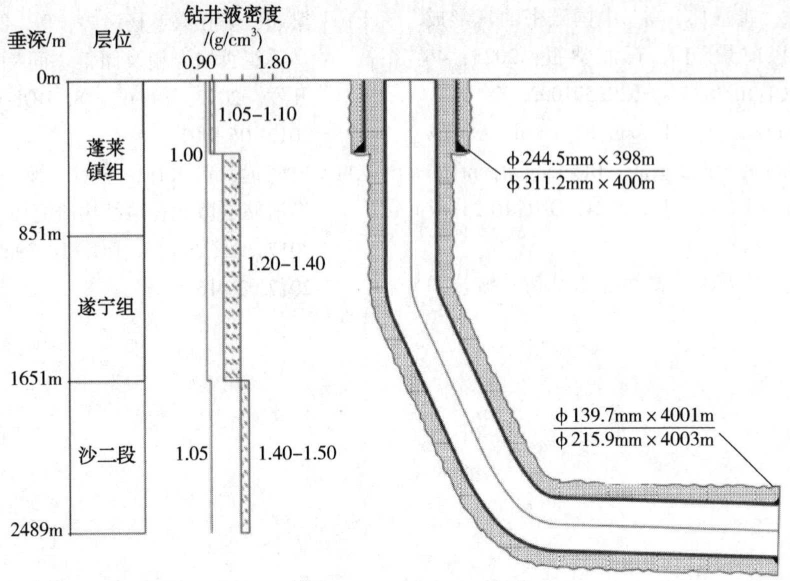

图 8　秋林 XX 井井身结构设计

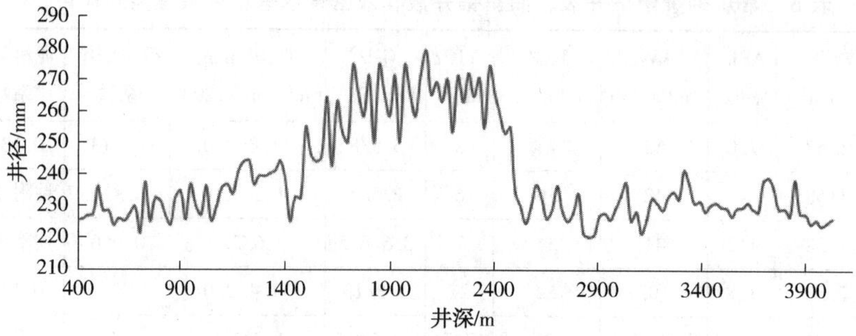

图 9　秋林 xx 井试验井段井径

5　结论

（1）通过 XRD 和扫描电镜等实验方法分析致密气区块储层地质特征，分析出目标区块岩性为紫红色泥岩、泥质粉砂岩及灰绿色砂岩，粒度以中-细粒为主，见少量钙质胶结，胶结性差，泥岩易水化膨胀，诱发井壁失稳。

（2）研制致密气水基钻井液用泥岩抑制剂，强化对黏土矿物的抑制性，形成致密气水基钻井液配方，岩屑回收率达 95%，极压润滑系数 0.066，可满足致密气水平井水基钻井液性能要求。

（3）形成的致密气水平井水基钻井液技术在秋林 xx 井进行现场试验，起下钻顺利、无阻卡，未出现因钻井液性能差引起的井壁失稳、卡钻等复杂，平均井眼扩大率 14.51%，配制成本相比油基钻井液降低约 18.3%，减少了环保压力。

参　考　文　献

[1] 朱如凯，李国欣，崔景伟，等. 中国致密油气形成地质条件与勘探前景[J]. 石油学报，2025，46(1)：17-32. DOI:10.7623/syxb202501002.

[2] Al-Heed M, Murtaza M, Hussain S, et al. A New Cationic Shale Inhibitor and Water Blocking Agent for Water-Based Drilling Fluid[J]. 2021. DOI:10.2118/201055-MS.

[3] 刘艳双，赵贵宝，鲁泽勇. 高性能水基钻井液技术进展研究[J]. 石油石化物资采购，2020(31)：56-56.

[4] 邹大鹏，盖大众. 大庆油田深层致密气抗高温防塌水平井水基钻井液技术[J]. 西部探矿工程，2018，30(5)：4. DOI:CNKI:SUN:XBTK.0.2018-05-020.

[5] Hadinata D, Mansur D, Rahmadona D. Application of High Performance Water Base Mud in Kintom Formation at North Senoro Drilling Gas Development Project[C]// SPE/IATMI Asia Pacific Oil & Gas Conference and Exhibition. 2015. DOI:10.2118/176197-MS.

[6] 王荐，谭枭麒，张鹏，等. 水平井类油基高性能水基钻井液性能评价[J]. 山东化工，2024(11).

[7] 牛似成，王锦昌，袁立鹤. 定北区块抗高温钻井液体系优化[J]. 探矿工程：岩土钻掘工程，2016，43(12)：5. DOI：10.3969/j.issn.1672-7428.2016.12.005.

[8] 钟汉毅，邱正松，黄维安，等. 聚胺水基钻井液特性实验评价[J]. 油田化学，2010(2)：5. DOI:CNKI:SUN:YJHX.0.2010-02-001.

[9] SY/T 5163—2010，沉积岩中黏土矿物和常见非黏土矿物 X 衍射分析方法[S].

[10] 梁超，姜在兴，杨镱婷，等. 四川盆地五峰组—龙马溪组页岩岩相及储集空间特征[J]. 石油勘探与开发，2012，39(6)：8. DOI:CNKI:SUN:SKYK.0.2012-06-007.

[11] 唐明远，贾永禄，李阳，等. 张韩地区长 82 特低渗透储层微观孔隙结构研究[J]. 石油地质与工程，2017，31(2)：5. DOI：10.3969/j.issn.1673-8217.2017.02.016.

四川盆地油基钻井液条件下的随钻气水识别技术研究

杨　琳[1,3]　王泽宇[1]　杜　垚[2]　付　宇[1]　李洪玺[1]
李　立[1]　罗谋兵[1]　唐　谢[1]　赵　磊[1,3]　何　硕[1]

（1. 中国石油集团川庆钻探工程有限公司；2. 中国石油西南油气田公司；
3. 成都理工大学油气藏地质及开发工程全国重点实验室）

摘　要　随钻气水识别技术是实现钻井风险动态预警与油气藏高效勘探开发的核心手段，但油基钻井液的高绝缘特性显著削弱了现有方法使用效果。为解决油基钻井液条件下的随钻气水识别难题，系统梳理了现有随钻气水识别技术，并引入新装置开展探索性研究。研究结果表明：根据采集方式差异可将现有随钻气水识别技术分为连续在线检测和取样离线检测两类，前者优势在数据实时性与连续性强，后者优势在数据精准度高，但两者对于油基钻井液条件下的地层流体判别均有局限性。针对上述难题，基于介电常数差异研发了油基钻井液水分在线检测装置，对于储层含水识别具有很好的指示作用。该装置为油基钻井液条件下的随钻气水识别提供了新依据。

关键词　随钻；气水识别；油基钻井液；水分在线检测设备

“十四五”期间，我国油气勘探开发全面贯彻“增储上产”战略，勘探开发领域由浅层向深层-超深层迈进、常规向非常规迈进。四川盆地天然气资源丰富，近年来在深层-超深层常规气、川南页岩气、浅层致密气等领域不断取得突破。随着勘探力度加大，新探区流体复杂性日益凸显，室内分析化验和测井解释因时效滞后，制约了随钻储层流体解释效果。在此背景下，亟需开展随钻气水识别工作，支撑钻井风险动态预警与油气藏高效勘探开发。

随钻气水识别技术根据数据采集方式可分为连续在线检测和取样离线检测两类，前者通过传感器获取流体物理化学特性参数，后者通过间断取样开展实验分析。现有随钻气水识别技术可以指导动态优化钻井液性能，规避井涌、井漏等地质风险；结合钻井油气显示可精准定位优质储层发育位置，指导井眼轨迹实时调整，缩短钻井周期、提高优质储层钻遇率，在油气勘探过程中发挥了重要作用。

随着油气勘探领域不断向深部复杂地层与非常规储层推进，油基钻井液因抑制性强、抗温抗压能力高、润滑性好等优点被广泛引入，油基钻井液是以油为连续相的钻井液，其高绝缘的物理特性大幅降低了电导率传感器精准度，掩盖了地层流体真实响应特征，为随钻气水识别带来严峻挑战。

为解决上述难题，笔者在前人研究基础上系统梳理了随钻气水识别技术，探索了油基钻井液条件下不同技术的适用性，并引入油基钻井液水分在线检测装置，以期为随钻气水识别技术研究提供参考和依据。

1　连续在线检测技术

连续在线检测技术依托不同原理的传感器实现了对钻井液性能参数和气测参数实时、连续检测，具备秒级数据采集频率的高时效性。当钻井液性能发生动态变化时，现场施工人员可通过实时数据监测与反馈机制，快速识别潜在风险并预警，提升钻井作业的安全性与连续性。此外，该技术能提供厘米级高分辨率钻井液性能数据，尤其在油气显示富集带及构造复杂带等关键地质区域，其连续数据采集功能为地质人员精确判定储层气水界面提供了重要支持，进而为储层精细评价与地质导向决策提供重要依据。目前，该技术主要分析参数包括温度、电导率及烃类组分等关键指标。

1.1　*温度*

钻进时钻井液与地层之间不断进行的热交换

导致钻井液出口温度并非恒定。四川盆地地温梯度约 17.7~33.4℃/km，深层、超深层地层水温度多超 100℃，当高温地层水侵入井筒后与钻井液混合，会引起出口钻井液温度升高，温度变化特征可间接反映地层流体性质。有学者通过钻井液温度时间域数据变化情况开展气水识别工作，在四川盆地蓬莱气田取得了较好的应用效果(图 1)。

利用温度变化判断流体性质不受钻井液体系影响，但实际应用时受钻井液性能调整、起下钻等工况影响，温度基值并不稳定。以四川盆地 P6 井为例，该井在目的层灯影组钻进过程中，钻井现场进行了 17 次起下钻作业，钻井液温度受此影响，检测值反复上涨又降为基值，影响流体识别(图 2)。

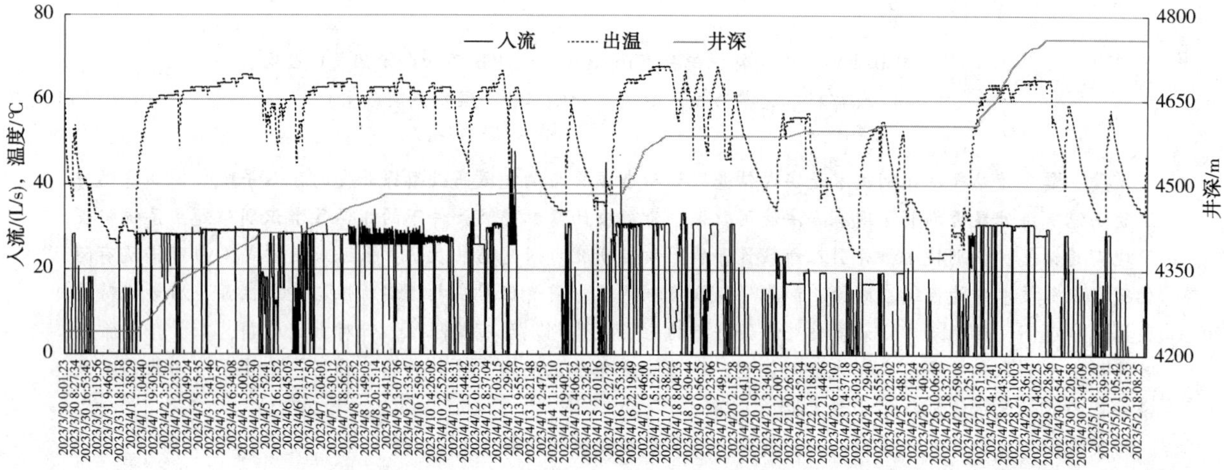

图 1　时间域流体分析图版

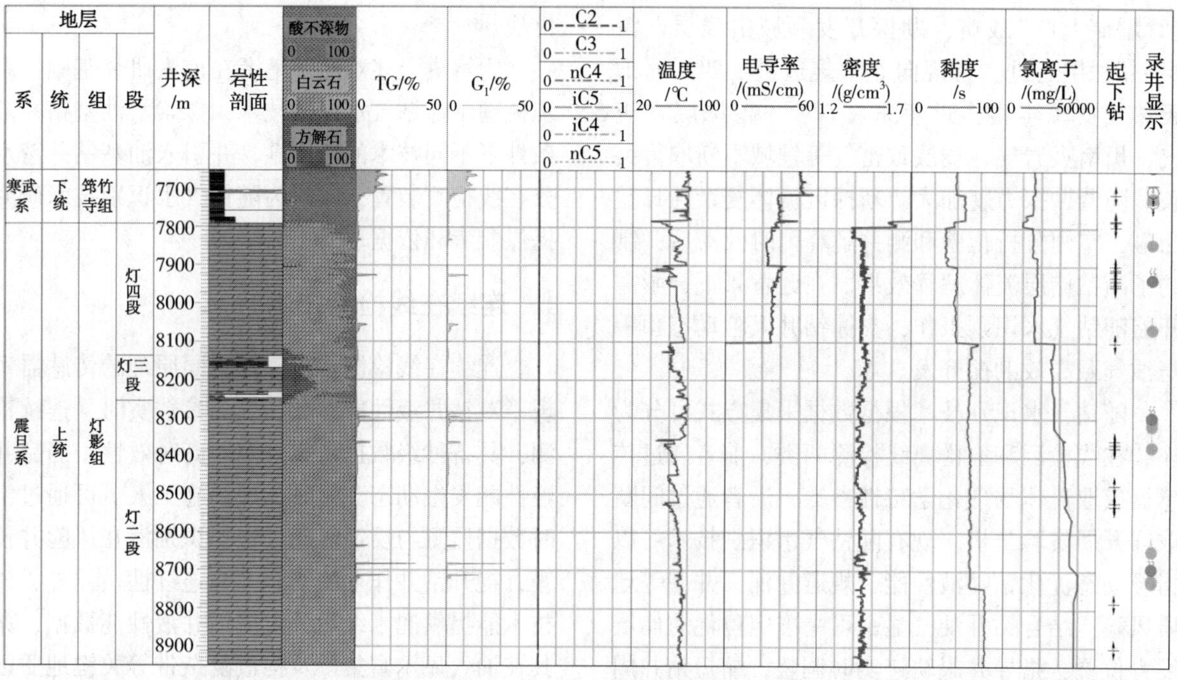

图 2　四川盆地 P6 井钻井液参数综合柱状图

1.2　电导率

钻井液或地层水的电导率反映了溶液中所有溶解离子的总体导电能力，其数值与溶液中离子浓度及种类有关。地层水富含 Na^+、Ca^{2+}、Mg^{2+}、Cl^-、SO_4^{2-}、HCO^{3-}等离子，与钻井液矿化度存在差异。当钻遇水层时，地层水侵入井筒，钻井液矿化度发生变化，引起出口电导率检测值变化。

有学者基于电导率对水层的敏感性结合温度引入温度变量与电导率变量建立交会图版，当两者无交会指示气层，稳定连续交会指示水层，该方法在四川盆地震旦系灯影组、寒武系龙王庙组等层系的气水层识别中取得了较好的应用效果

(图3)。

然而，油基钻井液导致基于电导率的气水识别方法近乎失效。油基钻井液的油水比一般在80∶20以上，油水状态以油包水为主，油本身不导电，电导率参数几乎为基值。以四川盆地P6井为例，本井在8100m由水基钻井液转入油基钻井液，电导率由30mS/cm降为0mS/cm，无法识别储层的流体性质(图2)。

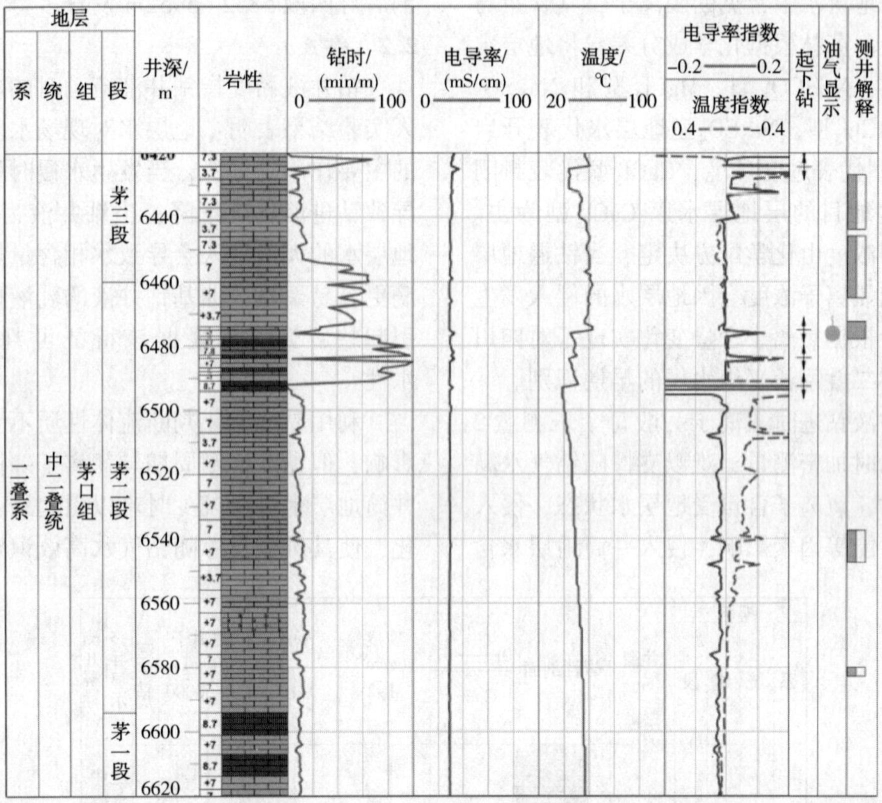

图3　四川盆地某探井电导率指数-温度指数气水识别图版

1.3　烃类组分

天然气组分包含多种烃类和非烃类组分。根据天然气的烃类组分差异和试油成果可建立气测图版判断流体性质。如在四川盆地安岳气田利用轻重烃比值图版、全烃-组分比值图版、相对比值图版等实现了对须家河组须二段流体性质的判别。也有学者基于数学方法，将试油成果与烃类组分匹配分析，强化不同烃类组分的有效信息并赋予较高权重系数，突显不同流体的参数差异性，建立流体判别函数及图版，如利用判别分析函数建立了渤中凹陷流体解释模型，实现了流体性质快速判别(图4)。

四川盆地现用油基钻井液多以白油为基油，成分主要是$C_{16}\sim C_{31}$的正、异构烷烃混合物。录井现场气测色谱仪主要检测$C_1\sim nC_5$等低组分烃类气体，检测值受油基钻井液影响较小，但四川盆地深层-超深层气藏演化程度通常较高，C_3及以上烃组分含量较低。以P6井为例(图2)，该井在灯影组钻进过程中，现场色谱仪不能检测到$C_2\sim nC_5$含量，难以利用烃类组分开展随钻气水识别工作。

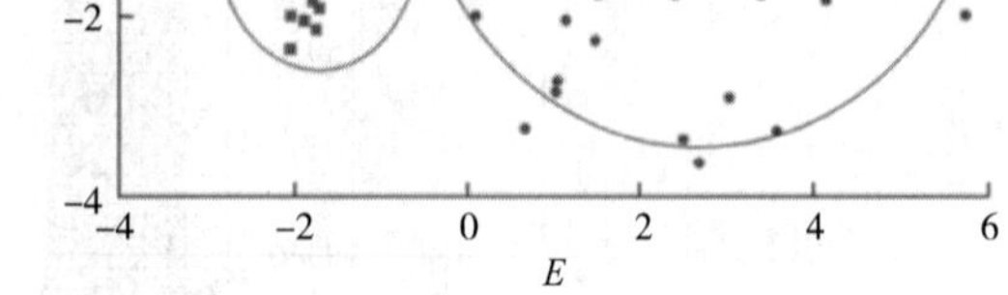

图4　渤中凹陷Fisher判别分析应用效果图

2　取样离线检测技术

取样离线检测技术针对钻井液或岩屑单点取样，通过室内分析获取表征流体的参数，其核心优势在于数据精度和准度较高，室内实验极大程度减少了钻井工况对数据的影响，保障了数据可靠性。目前常用分析参数包括氯离子、黏度、核磁共振录井数据、破乳电压与油水比等。

2.1 氯离子

氯离子是地层水中常见的阴离子，其含量与沉积环境有关。苏林根据化学成分差异将地层水分为 $CaCl_2$ 型、$NaHCO_3$ 型、$MgCl_2$ 型和 Na_2SO_4 型，其中 $NaHCO_3$ 型、Na_2SO_4 型地层水代表开启环境，$MgCl_2$ 型代表过度环境，$CaCl_2$ 型代表封闭环境。四川盆地目的层地层水以 $CaCl_2$ 型为主。钻井液氯离子浓度由化学配方决定，当钻遇地层水后，钻井液氯离子浓度会因地层水的侵入发生变化。有学者根据氯离子含量变化实现了对四川盆地元坝气田二叠系长兴组水侵的早期识别。

油基钻井液钻进时氯离子一般每个班测量 2 次，钻遇显示时加密测量，难以支撑随钻气水高效识别。同时，氯离子含量受地层水状态、侵入量、钻井液性能等因素影响，侵入井筒地层水含量较少时难以引起氯离子含量明显变化。如四川盆地某探井在灯影组灯四段钻进过程中，5849m～5902m 发现多次气测异常，氯离子含量稳定在 23000mg/L，指示储层无产水迹象，但电测后灯四段 5852～5952m 发育多套水层(图 5)。

2.2 黏度

钻井液黏度指钻井液流动时的黏滞程度。前人实验结果表明：地层水对现场水基钻井液体系的主要作用是稀释，当发生水侵时稀释作用通常导致钻进液黏度下降；当钻井液为油基体系时，地层水的大量侵入会导致水相含量提升，分散液滴更容易聚集，油基钻井液的乳液稳定性被破坏引起黏度升高，根据该特征可判断储层的含水性。

利用黏度变化判断流体性质不受钻井液体系影响，但黏度检测周期与氯离子一样，且在侵入井筒地层水含量较少时难以引起黏度发生明显变化，使其难以支撑随钻气水高效识别(图 5)。

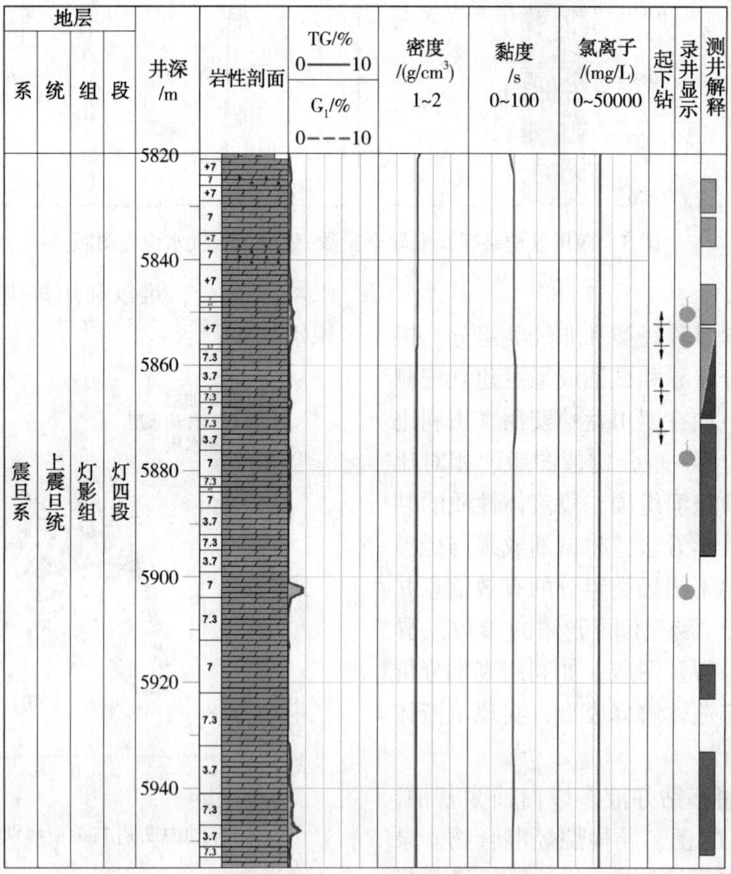

图 5　四川盆地某井钻井液参数图

2.3 核磁共振录井

核磁共振技术通过对岩样的测量获取储层物性及流体参数，近年逐渐由室内实验室引至钻井现场，通过建立谱图或图版法实现随钻储层流体判别。如前人通过核磁含油饱和度与核磁孔隙度建立流体解释图版(图 6)，有效区分了流体性质。

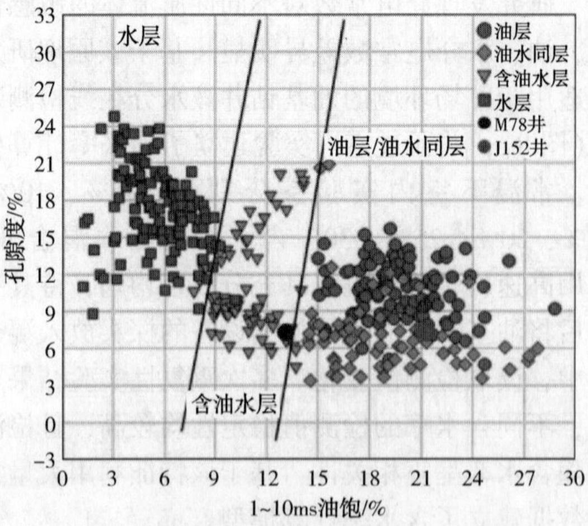

图6　核磁共振录井二维解释评价图板

核磁共振录井多源于岩心样品，现场取心作业因时效性滞后，难以实现随钻气水性质快速判别。虽然岩屑样品也可用于核磁共振实验分析，但对其粒径有着特定的要求。前人已通过实验分析发现，当岩屑样品的粒径小于3mm时，核磁共振录井的检测质量将大幅下降。目前超深层PDC钻头工艺下的岩屑以粉末状为主，岩屑粒径多低于3mm，油基钻井液条件下核磁共振录井效果有待深入研究。

2.4　破乳电压与油水比

破乳电压指油基钻井液中乳化液被击穿时的电压值，常用来判断乳状液稳定性，破乳电压越高表明乳状液越稳定。在发生盐水侵初期，破乳电压前期可能有所增加，但随着盐水的持续侵入，水相持续增加，钻井液的乳化能力降低，最终导致油基钻井液破乳电压降低。

以四川盆地Z2井为例，本井在灯影组钻进过程中分别对6823m、6836.6m钻井液取样测量，发现油水比由80：20↓78：22，破乳电压由460V↑485V，随后油水比与破乳电压持续下降，测井后证实该位置的储层流体性质为水层（图7、表1）。但破乳电压与油水比也存在数据覆盖性不足的问题，钻井现场通常每日测量2~3次破乳电压与油水比，当储层产水时，由于数据连续性不足，难以精准定位储层的气水界面。

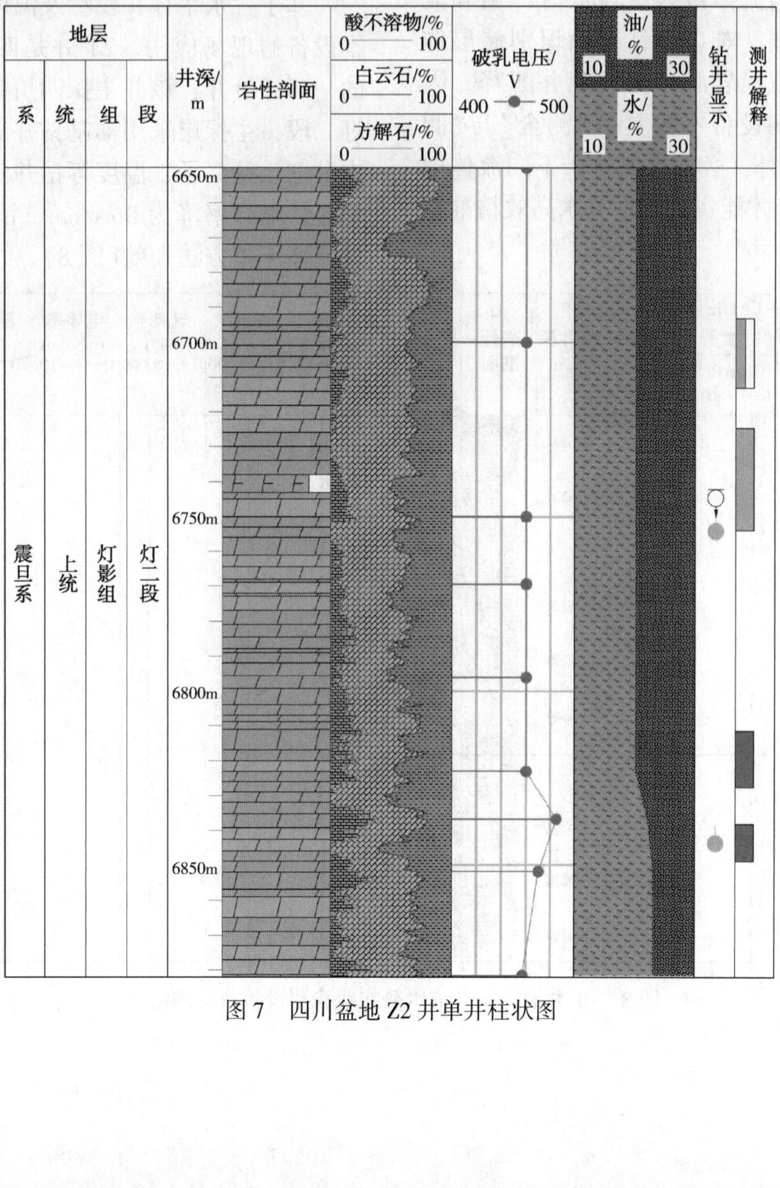

图7　四川盆地Z2井单井柱状图

表 1　四川盆地 Z2 井油水比与破乳电压统计表

深度/m	油水比/%	破乳电压/V
6769.4	80：20	460
6796	80：20	460
6823	80：20	460
6836.6	78：22	485
6851.8	77：23	470
6881.5	77：23	457

3　油基钻井液水分在线检测设备的引入

研究表明油基钻井液条件下在线与取样离线检测技术均有各自优势与局限性。连续在线检测技术优势在于数据实时性与连续性强，取样离线检测技术优势在于数据精准度高。尽管已有学者结合两类技术优势研发了钻井液性能在线检测装置，实现了钻井液流变性和离子含量等多参数实时测量，兼顾了数据“全”与“准”。但在应用过程中，相关参数变化幅度仍受储层流体的侵入量影响。当流体侵入量较低时，钻井液参数变化幅度偏弱，难以随钻准确识别储层的流体性质，仍需依赖岩心分析或测井解释。因此，除了保障检测设备本身具备“测全”与“测准”两大核心功能外，必须选取对于不同流体敏感性较高的参数，才能实现随钻气水高效精准地判别。

研究发现介电常数对不同性质流体的敏感性高，油、水介电常数差异明显。基于该原理研发了适用于井场环境的油基钻井液水分在线检测装置(图 8)，并通过室内实验建立了含水率计算模型。常温下室内实验室分别配置 5%、10%、15%、20%、25%、30% 含水率的油水混合液，利用高速旋转剪切机将其充分混合均匀，待其平稳后将油基钻井液水分检测设备的探头放入混合液中，读取检测值变化。多次重复性实验结果表明，不同含水率的检测值稳定性均较高，且检测值随含水率呈正相关性，基于该特征利用大量实验数据建立了含水率计算模型。

其次，为确定温度对本设备的影响，笔者开展了不同温度下的实验验证。将含水率为 5%～20%的油水混合液依次从 20℃加热到 120℃，测量每种油水混合液在不同温度下的检测值。实验结果表明：不同含水率条件下，温度升高仅会使检测值略微降低，温度的变化对电容探头测量值影响较小。

基于含水率计算模型及温度影响分析，开展本设备的现场应用。Z1 井是四川盆地川中地区的一口评价井，该井主探四川盆地震旦系灯影组灯二段，主探层采用油基钻井液体系，随钻过程中黏度、氯离子、温度等钻井液参数变化特征不明显，电导率降为 0ms/cm，钻遇油气显示后常规流体流体方法失效(图 8)。

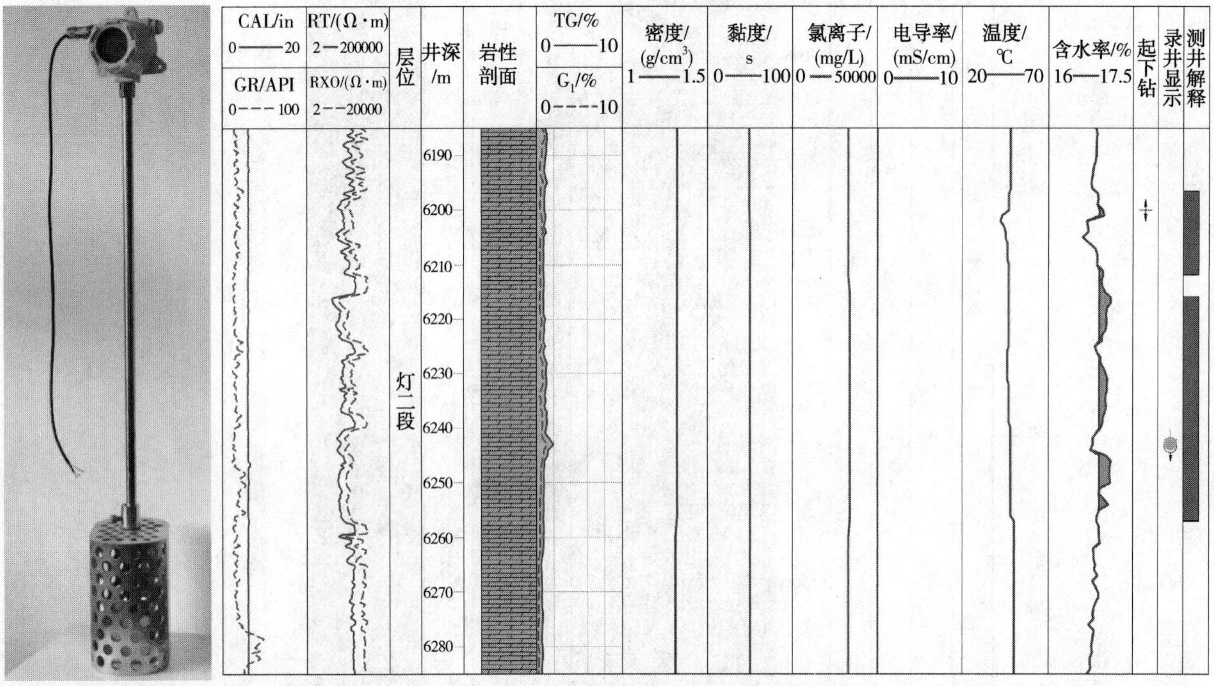

图 8　Z1 井油基钻井液水分在线检测设备及检测结果

为解决上述难题，在Z1井应用油基钻井液水分在线检测装置。通过实时连续测量，含水率在6196m~6255m由16.6%提升到17.1%(图8)，指示储层产水，与测井解释的水层位置相符，流体性质判别明确，为储层流体类型准确判别、钻井液性能实时优化提供了可靠手段，丰富了油基钻井液条件下的地层流体随钻评价方法。

4 结论与建议

（1）随钻气水识别技术根据数据采集模式可分为连续在线检测技术与取样离线检测技术，前者主要通过传感器实时获取能够反映地下流体性质的参数，后者通过单点取样与室内分析获取表征流体的参数。

（2）连续在线检测技术的优势在于数据的实时性与连续性较好，取样离线检测技术的优势在于数据的精度与准度较高，两者对于油基钻井液条件下的随钻气水识别均存在一定的局限性。

（3）基于介电常数差异研发了油基钻井液水分在线检测装置，通过传感器实时检测油基钻井液含水率，对于随钻气水识别具有很好的指示作用。

参 考 文 献

[1] 唐玮，张国生，徐鹏．“十四五”油气勘探开发科技创新重点领域与方向[J]．石油科技论坛，2022，41(05)：7-15.

[2] 李剑，佘源琦，高阳，等．中国陆上深层—超深层天然气勘探领域及潜力[J]．中国石油勘探，2019，24(04)：403-417.

[3] 黄福喜，汪少勇，李明鹏，等．中国石油深层、超深层油气勘探进展与启示[J]．天然气工业，2024，44(01)：86-96.

[4] 张道伟．四川盆地未来十年天然气工业发展展望[J]．天然气工业，2021，41(08)：34-45.

[5] 王中华．国内外油基钻井液研究与应用进展[J]．断块油气田，2011，18(04)：533-537.

[6] 王显光，李雄，林永学．页岩水平井用高性能油基钻井液研究与应用[J]．石油钻探技术，2013，41(02)：17-22.

[7] 潘谊党，于培志．密度对油基钻井液性能的影响[J]．钻井液与完井液，2019，36(03)：273-279.

[8] 张浩，倪利平，罗刚，等．油基钻井液侵入对核磁共振测井响应影响的实验研究[J]．科学技术与工程，2023，23(12)：5013-5021.

[9] 谭宾，张斌，陶怀志．深地勘探钻井技术现状及发展思考[J]．钻采工艺，2024，47(02)：70-82.

[10] 文乾彬，梁大川，谢礼科，等．钻井过程中井内温度分布模型概述[J]．西部探矿工程，2007，(11)：60-63.

[11] 徐明，朱传庆，田云涛，等．四川盆地钻孔温度测量及现今地热特征[J]．地球物理学报，2011，54(04)：1052-1060.

[12] 曹雯，唐谢，刘达贵，等．时间数据在录井流体解释技术中的应用探讨[C]．石油科技论坛，2023：6.

[13] 赵磊．利用随钻钻井液录井资料进行储层流体类型的判别方法．四川省：CN201410082190.6[P]．2017-03-01.

[14] 胡延忠，吴文明，孟建华．气测录井烃类比值和烃气指数图板的建立与应用[J]．录井工程，2009，20(02)：11-13，47.

[15] 韩贵生，唐家琼，唐谢，等．安岳地区须二段水平井段随钻录井储层及流体判别方法[J]．天然气勘探与开发，2015，38(03)：22-26+7-8.

[16] 马金鑫，牛成民，姬建飞，等．Fisher判别分析法在渤中凹陷储层流体解释评价中的应用[J]．石油钻采工艺，2018，40(S1)：32-35.

[17] 姬建飞，袁胜斌，倪朋勃，等．核Fisher判别分析方法在黄河口凹陷储集层流体解释评价中的应用[J]．录井工程，2019，30(01)：65-68+139.

[18] 李鸿儒，谭忠健，符强，等．基于轻烃分析的复杂储层流体随钻评价新技术[J]．特种油气藏，2023，30(03)：56-62.

[19] 杨琳，刘达贵，尹平，等．白油基钻井液对气测录井数据的影响及认识[J]．录井工程，2020，31(04)：10-15.

[20] 黄士鹏，姜华，王铜山，等．四川盆地8000m海相超深层天然气成藏条件及有利勘探区带[J]．地质学报，2023，97(05)：1544-1560.

[21] 苏林．天然水系中的油田水[M]．北京：石油工业出版社，1956.

[22] 吴娟，刘树根，赵异华，等．四川盆地高石梯-磨溪构造震旦系-寒武系含气层系流体特征[J]．成都理工大学学报(自然科学版)，2014，41(06)：713-722.

[23] 邓大平．四川盆地西部三叠系—侏罗系地层水化学特征与油气保存关系[J]．海相油气地质，2015，20(01)：62-70.

[24] 李伟，谢武仁，武赛军，等．油气田地层水分析数据的可信度评价方法与影响因素分析[J]．石油勘探与开发，2025，52(02).

[25] 叶素娟，朱宏权，李嵘，等．天然气运移有机-无机地球化学示踪指标——以四川盆地川西坳陷侏罗系气藏为例[J]．石油勘探与开发，2017，44

(04)：549-560.
[26] 吴亚军，刘莉萍，代平，等. 四川盆地元坝二叠系长兴组气藏气水分布特征及水侵早期识别[J]. 海相油气地质，2021，26(03)：245-252.
[27] 王志龙，尹达，申文琦，等. 盐水侵污对有机盐钻井液性能的影响[J]. 油田化学，2016，33(04)：571-574+580.
[28] 吴涛，王志龙，杨龙龙，等. 盐水侵污对油基钻井液性能的影响及机理[J]. 油田化学，2019，36(04)：571-576+581.
[29] 王志战，周立发，王守军，等. 核磁共振录井技术快速测定岩样物性的方法[J]. 录井工程，2005，(02)：35-37+81.
[30] 谢文敏，马自安，张君，等. 基于核磁共振谱图分段技术的流体性质识别方法研究[J]. 录井工程，2024，35(02)：110-114.
[31] 刘达贵，冯雪，童川，等. 岩屑核磁共振录井的适用性探讨[J]. 录井工程，2024，35(02)：22-27.
[32] 张志财，刘保双，王忠杰，等. 钻井液性能在线监测系统的研制与现场应用[J]. 钻井液与完井液，2020，37(05)：597-601+607.
[33] 王鹏，刘伟，张果. 钻井液性能自动监测装置的现状及改进建议[J]. 钻采工艺，2022，45(03)：42-47.

集成式电磁式环空液面连续监测装置研制及应用

魏　强　冯胤翔　薛秋来

（中国石油集团川庆钻探工程有限公司）

摘　要　井漏失返后需及时掌握液面位置，以便及时有效的采取应对措施，环空液面监测技术能迅速、准确地确定液面的变化趋势，反应泥浆漏失或油气上升运移的情况。目前现场主要采用回声式测距仪，使用高压气枪产生探测声波，高压气体依靠氮气瓶存储，用完需要及时进行补充，无法实现连续监测。本文从环空声波传播特性研究入手，研发了一套基于电磁式声波发射器的集成式环空液面连续监测系统，现场试验表明该系统具有自动连续监测、测量误差小的优点，便于现场作业人员及时掌握环空液面高度，分析漏层的漏失情况，预判是否存在漏转溢的井控风险，为后续的处理措施提供技术支撑。

关键词　环空声学；环空液面；连续监测；电磁式；声波发射器

随着勘探开发走向超深层，工程作业面临的井控风险日益突出，钻井过程中溢漏风险增大，以四川盆地为例，飞仙关、长兴组漏失压力低，井漏风险高，超深大尺寸井眼堵漏难度大，易出现恶性井漏，当液面不在井口时，现有监测手段难以实时获取液面变化趋势，如果此时，井内漏转溢，则会发生比较严重的井控事件。

井漏失返后，井队和专家需要迅速、准确地确定液面的变化趋势和泥浆漏失或油气上升运移的情况，以便及时有效的采取对应措施，保护人员、资产的安全。此前采用的浮筒法具有测量准确成本低廉的优点，但是该方法操作复杂，连续性差，且水位传感器容易在环空受阻造成上提下放困难，同时由于电缆长度有限，不适用液面较深的情况。目前，钻井现场主要采用回声式测距仪进行环空液面测距，但由于是使用高压气枪作为声源，氮气瓶只能存储少量的气体，用完后必须进行补充，无法做到钻井工程中的连续测量，容易造成在发生井控问题时，没有具体的环空液面数据，导致钻井风险预警效果不佳。

针对上述不足，本文研制了一种基于电磁式声波发射器的集成式环空液面连续监测仪，能够实时掌握环空液面变化趋势，确保发生恶性井漏工况下的停泵、起下钻、堵漏等各种作业期间井控安全。

1　环空液面测量原理及系统构成

1.1　环空液面测量原理

环空液面连续监测系统通过电磁式声波发射器向井口环空持续发射低频脉冲声波信号，声波沿环空向下传播时，遇到钻杆接箍或液气界面等物理边界会产生反射回波，井口的高灵敏度接收装置实时捕获反射信号后，结合声波在介质中的传播速度与发射、接收的时间差，实时计算并输出环空液面深度数据，实现井漏失返后的液面连续监测与预警。环空液面连续监测原理图如图 1 所示。

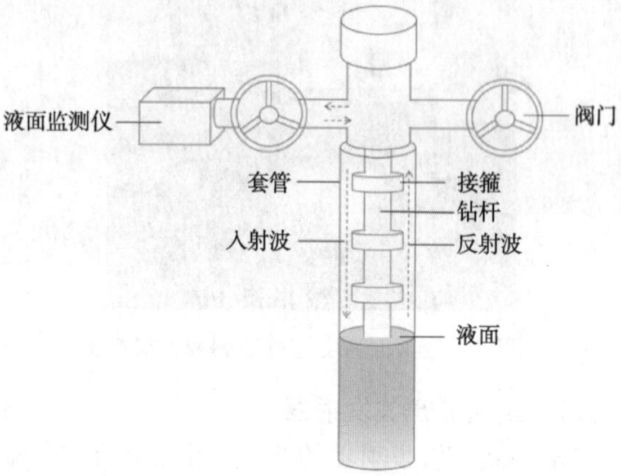

图 1　环空液面监测原理图

环空液面高度可由式(1)计算获得：

$$D_e = L \cdot L_e / L_0 \qquad (1)$$

式中，D_e 为环空液面深度，m；L 为环空液面回波与井口波的距离，m；L_e 为某一钻杆接箍波与井口波的距离，m；L_0 为产生回波的接箍到井口的距离，m。

1.2　环空液面连续监测系统构成

环空液面连续监测系统由电磁式声波发射器、前级功放、后级功放、声波传感器、计算机组成。图 2 为环空液面连续监测系统结构示意图，图 3 为环空液面高度连续监测装置实物图，环空液面连续监测装置由电磁式声波发射器、声波传感器、前级功放、后级功放、数据处理器、无线收发装置和计算机组成，装置可通过软管连接在压井管汇、节流管汇或精细控压灌浆闸门后端，用于测量环空液面，同时也可以通过转换接头直接安装在钻杆内，测量水眼内的液位。

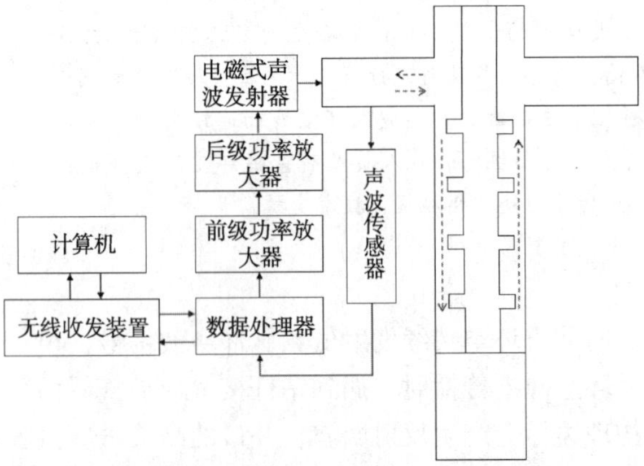

图 2　环空液面连续监测系统示意图

图 3　环空液面高度连续监测装置实物图

1.2.1　电磁式声波发射器

电磁式声波发射器的组成是由支撑系统、磁路系统、振动系统三个部分组成。声波发射器的下部是由永磁体构成，当电流通过音圈时，音圈中的软铁材料会因电磁感应原理被电流舌簧磁化，因电流的变化而达到与下方的永磁体相互吸引或排斥，从而迫使振膜发生振动产生声波。电磁式声波发射器的结构如图 4 所示。

1.2.2　声波传感器

本文采用电容式声波传感器用于实时捕获发射声波及其回波信号。该设备基于电容变化原理，当声波振动导致内部电容值变化时完成信号

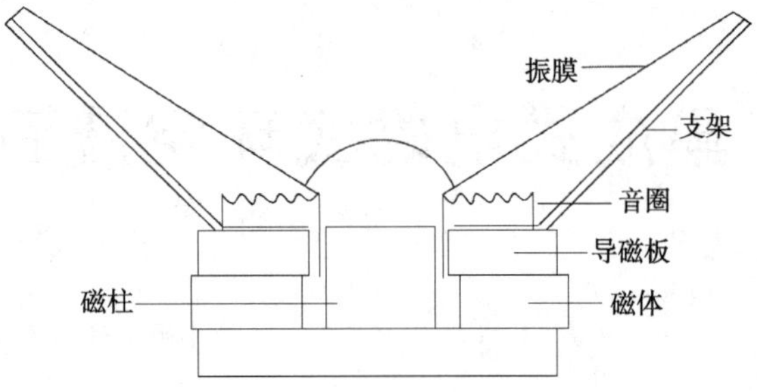

图 4　电磁式声波发射器

转换，其显著优势在于对低频信号具有较高的灵敏度。8 1 3 6 A 4 3 8

1.2.3　前级功率放大器

前置功率放大器具有高输入阻抗和低输出阻抗的特性，能够将计算机微弱的输入电压信号有效转换为较强的电流信号，并传输至后级功放，起到良好的信号匹配作用。

1.2.4　后级驱动放大器

后级驱动放大器可对前级功率放大器输入的信号进行功率放大，将其转换为高功率输出信号，从而适配发声器的驱动电压需求，驱动发声器正常工作并发声。

1.2.5　数据处理器

数据处理器是系统的核心控制单元，负责实时接收控制信号，发出探测电信号，采集回波信号，并将采集到的信号传输至无线收发装置。

2　环空液面连续监测系统关键参数分析

声波是一种机械波，其传播离不开介质的支持，在介质中以振动形式传递能量，在理想状态下这种能量是守恒的。在空气中沿着波的传播方向以纵波的形式来回做振动，受阻碍物的影响，声波在传播过程中会发生反射、衰减等现象。本文为确保经过环空液面后反射的探测声波在衰减后仍能在井口被环空液面连续监测系统采集到，就需要研究环空声波的衰减特性，分析声波在井筒传播过程中衰减情况，为环空液面监测系统的相关性能指标设定提供科学依据。

2.1　*声波在环空的衰减特性*

声场中任意点介质的位移 ξ 可通过求解一维黏性波动方程来获得，如式 2 所示：

$$\xi = Ae^{-\alpha_\eta x}\sin\left(\omega t-\frac{x}{c}\right)+Be^{-\alpha_\eta x}\sin\left(\omega t+\frac{x}{c}\right) \quad (2)$$

式中，c 为声传播速度，m/s；ω 为角频率，rad/s；$Ae^{-\alpha_\eta x}$ 为声波的振幅，dB；$e^{-\alpha_\eta x}$ 为声波的

衰减系数，$e^{-\alpha_\eta x}\sin\left(\omega t+\frac{x}{c}\right)$表示声波沿负方向传播。$\alpha_\eta$ 为声波黏滞衰减物理量，其表达式为：

$$\alpha_\eta=\frac{\omega^2\eta}{2\rho_0c^3}=\frac{2\omega^2}{3\rho_0c^3}\eta' \tag{3}$$

式中，η 为黏度，Pa·s。

第二种为热传递衰减。热传递的衰减系数为：

$$\alpha_\chi=\frac{\chi\omega^2(\gamma-1)}{2\rho_0c_0^3C_0}=\frac{\chi\omega^2\eta}{2\rho_0c_0^3}\left(\frac{1}{C_v}-\frac{1}{C_p}\right) \tag{4}$$

式中，χ 为热传导系数，W/(m·K)；C_v 为定容比热容，J/(kg·K)；C_p 为定压比热容，J/(kg·K)。

环空声衰减是黏滞衰减和热传导衰减之和：

$$\alpha=\frac{\omega^2}{2\rho_0c_0^3}\left[\eta+\chi\left(\frac{1}{C_v}-\frac{1}{C_p}\right)\right] \tag{5}$$

由(5)可得，声波总的衰减系数与声波频率的平方成正比。因此，在固定介质中，低频声波随距离的增加衰减更慢，高频声波衰减更快。

2.2 环空声学有限元仿真

COMSOL 有限元分析软件有良好多物理场耦合计算能力，为了分析环空声波的传播特性，选取 COMSOL 多物理场有限元软件中的压力声学模块，构建环空几何模型，分析不同频率的入射声波衰减情况，压力声学控制方程：

$$\frac{1}{\rho c^2}\frac{\partial^2 p_t}{\partial t^2}+\nabla\cdot\left[-\frac{1}{\rho}(\nabla p_t-q_d)+\frac{\delta}{pc^2}\frac{\partial\,\nabla p_t}{\partial t}\right]=Q_m$$

$$\delta=\frac{1}{\rho}\left[\frac{4\mu}{3}+\mu_B+\frac{(\gamma-1)k}{C_p}\right] \tag{6}$$

$$p_t=p+p_b$$

边界条件：

$$-n\cdot\left[-\frac{1}{\rho}(\nabla p_t-q_d)\right]=0 \tag{7}$$

式中，c 为声速，m/s；ρ 为密度，kg/m³；C_p为恒压热容，J/(kg·K)；γ 为比热率；K 为导热系数，W/(m·K)；μ 为动力黏度，Pa·s；μ_B为本体黏度，Pa·s；P_t为源节点声压；采用自定义平面波辐射声源。

将管道顶端设置为声压源，入射声强 110dB，管道底部设置为阻抗为 1.5×10^6Pa·s/m 的水，其余环形空间设置为空气，空气与套管、钻杆接触部分设置为硬边界条件：

$$\left[-\frac{1}{\rho}(\nabla p_t-q_d)\right]=0 \tag{8}$$

式中，ρ 为媒质的密度；q_d 为环隙里的背景声压；p_t 为总声压场，套管环形空间的声压场 $p(X,\ t)$ 通过标量波方程求解 p_t 来确定。

由于模型太长，此处截取接箍部分作为展示，如图 5 所示。

仿真结果如图 6 所示，可以看出声损耗随声波频率增加而增加，钻杆会增大声损耗，在 80~300Hz 段声衰减增大的原因是由于钻杆接箍的存在，使声波反射，在纵向上产生了驻波。以环空液面深度 500m 为例，当声波频率为 20Hz 时，声波大致衰减 40dB，当声波频率为 300Hz 时，声波衰减 50dB。因此在设计声波发射器时，要尽可能提高其低频性能。

电磁式声波发射器的频响特性是指：当输入恒定电压信号、不同频率的声波信号时，其产生的声压会随输入的频率变化而变化。为增强电磁式声波发射器的低频响应，本文采取优化振膜材料，适当增大振膜面积、提高音圈匝数，增强磁通密度的方式定制了一个电磁式声波发生器，为验证其低频性能，采用 COMSOL 对其进行分析计算。模型参数设置见表 1。

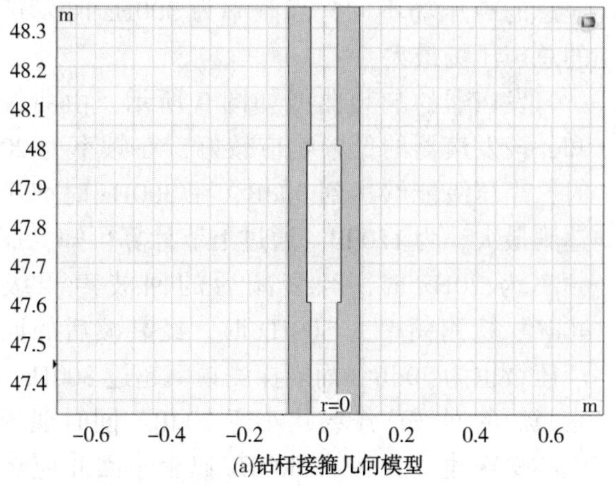

(a)钻杆接箍几何模型

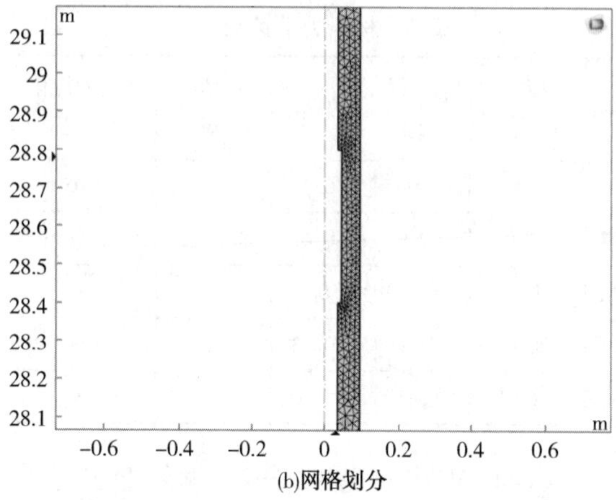

(b)网格划分

图 5　环空几何部分模型设置

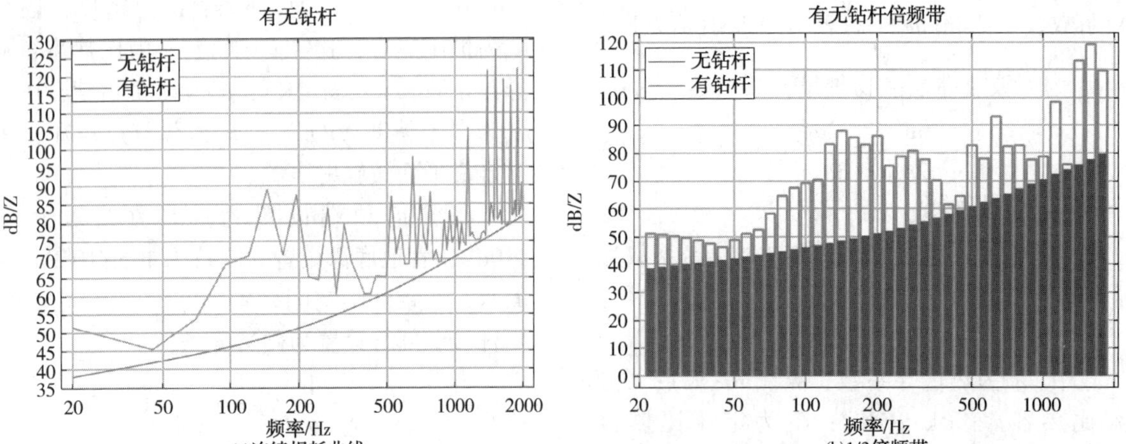

(a)连续损耗曲线　　(b)1/3倍频带

图6　声波衰减曲线

表1　模型参数设置

名称	值
音圈匝数	150 匝
音圈导线截面积	2.4e-8[m^2]
音圈电阻值	8Ω
永磁体剩余磁通密度	0.6T

材料电磁参数见表2。

表2　材料电磁参数

材料	电导率/[$S\cdot m^{-1}$]	相对磁导率	相对介电常数
空气	1	1	1
音圈	4.6e7	1	1
导磁材料	1.2e7	500	1
振膜	1	1	1
支架	0	1	1
玻纤	0	1	1

力学参数设置见表3。

表3　材料力学参数

材料	密度/(kg/m^3)	杨氏模量/Pa	泊松比	瑞丽阻尼参数	各向同性化损耗因子
音圈	4500	110e9	0.35	—	0.05
振膜	1200	2e9	0.42	3.7e-5	0.04
支架	650	0.58e9	0.3	—	—
玻纤	2000	70e9	0.33	—	0.04
挂耳	67	5e6	0.4	—	—

在 COMSOL 中对电磁式声波发射器进行二维建模，模型最外面一层为完美匹配层，它能够吸收入射波不形成反射，从而不影响空气域内的声波。二维模型及网格划分如图7所示。

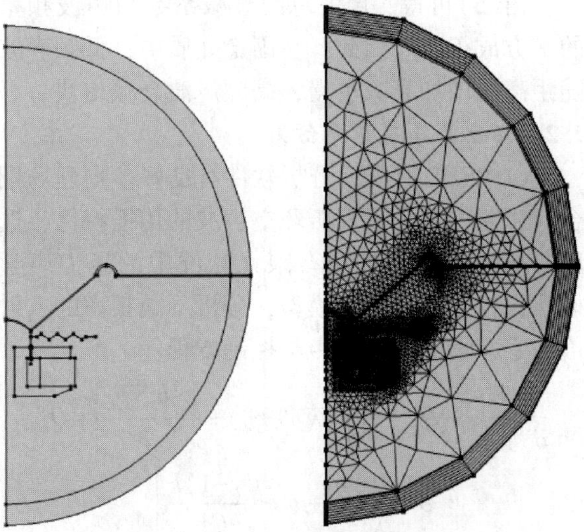

图7　发声器二维模型及网格划分

发声器不同频率下的总声压场云图如图8所示，发声器的总声压场主要集中在振膜附近，随着距离的增加，声压场衰减迅速。不同频率下对应总的声压场不同，当频率为300Hz时发声器的总声压场最大。

发声器的响频曲线如图9所示，由曲线可知，该发声器的低频响应较好，在频率为20Hz时，声压级能够达到90dB，在300Hz时声压级达到最大，为120dB。通过上节计算可知，探测频率为20Hz时，经衰减后的回波声压级为40dB，探测频率为300Hz时，经衰减后的回波声压级也为70dB，而当探测频率超过300Hz后，衰减后的回波声压级均小于70dB，同时现场产生的噪声也多集中在300Hz以上，因此应选择低于300Hz的声波作为探测声波。

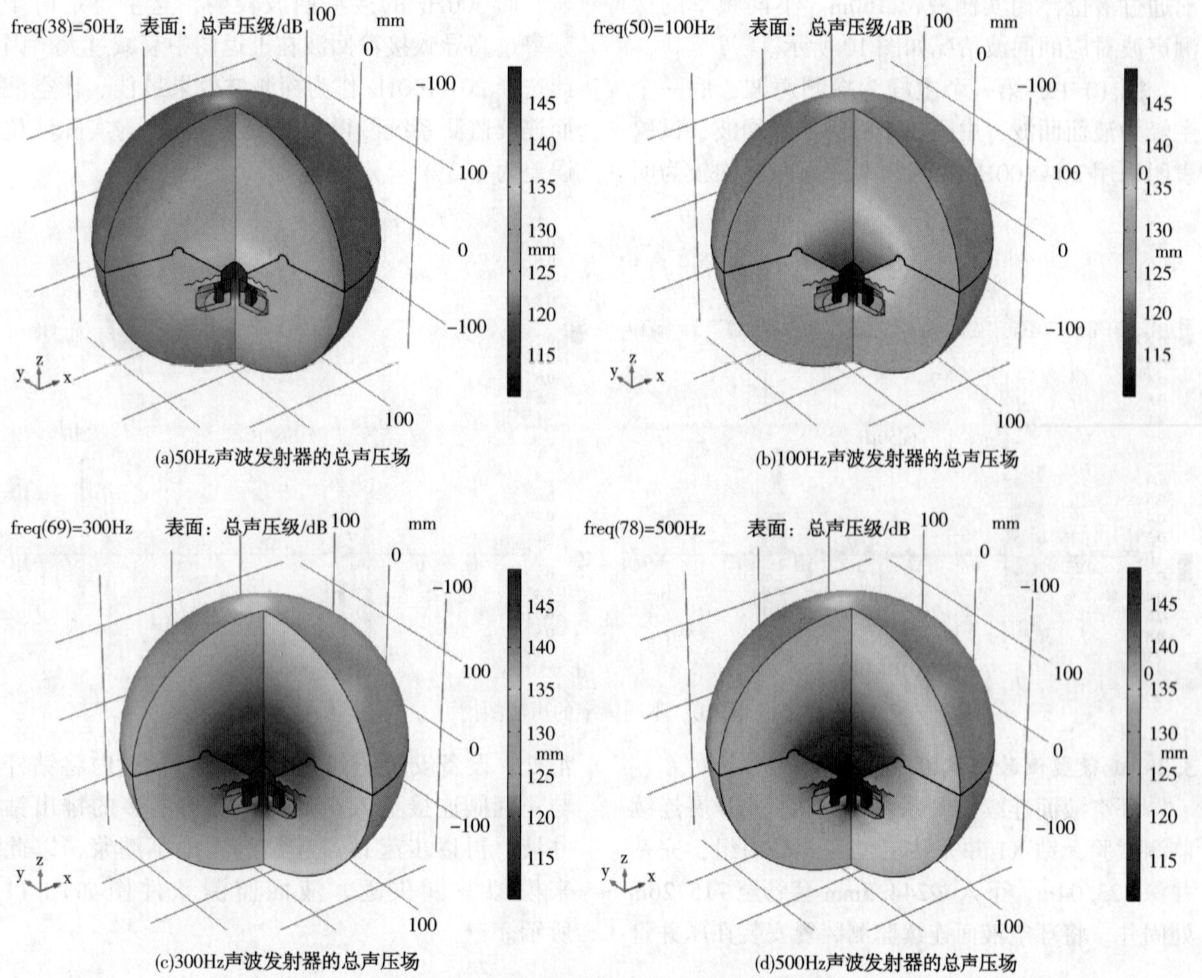

(a)50Hz声波发射器的总声压场　(b)100Hz声波发射器的总声压场

(c)300Hz声波发射器的总声压场　(d)500Hz声波发射器的总声压场

图 8　不同频率下声波发射器的总声压场

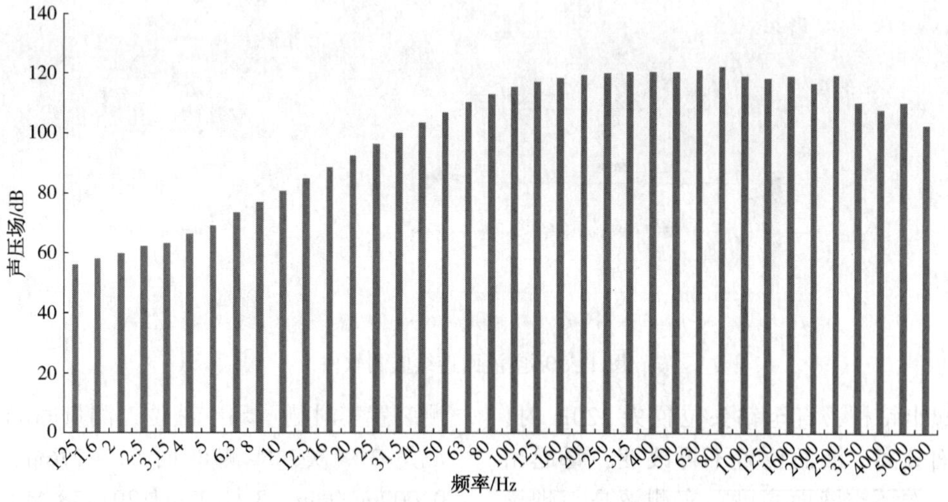

图 9　电磁式声波发射器的响频特性

3　环空液面连续监测试验

本文所研制的环空液面连续监测系统目前已在磨溪 019-X、高石 001-X 等井开展现场试验 13 井次，系统能实时、连续、准确、稳定地监测环空液面位置，实测液位 20~477m，最小测量间隔 5s，测量误差均小于 1%F. S. 。

3.1　静液面频率误差验证试验

环空液面连续监测系统在储气 X 井开展频率误差试验，储气 X 井井深 922. 78m，试验开始前通过液位浮筒实测液位 160m。不同频率的探测声波对应的回波情况如图 10 所示。

图 10 中，第一个主峰为探测声波，后一个主峰为液面回波，中间较小峰为接箍回波，试验表明采用 20~100Hz 探测频率液面回波均较为明显，而 300Hz 的接箍回波较弱，这主要是由于频率过高导致接箍回波在上返图中衰减过大。因此选择 20~100Hz 作为探测波效果最佳。环空液面连续监测系统测得液位 157.31m，与实际液位误差为 1.3%。

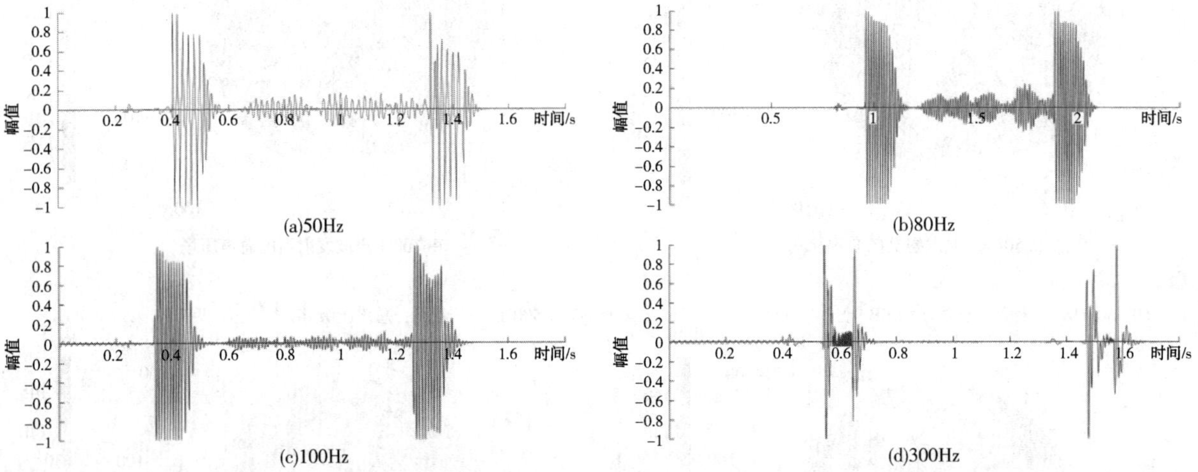

图 10　不同频率的声波图谱

3.2　连续监测验证试验

环空液面连续监测系统在钻 X1 井开展连续监测试验，钻 X1 井完钻层位为天马山组，完钻井深 723.04m，下入 Φ244.5mm 套管至 715.26m 处固井。将环空液面连续监测装置安装在压井管汇处，设备安装图如图 11 所示，试验时将钻杆与止回阀连接下入至井底，尽可能多的排出钻井液，再逐步起钻，起钻过程中不灌浆，以此来模拟井漏失返。液面监测软件图如图 11 所示。

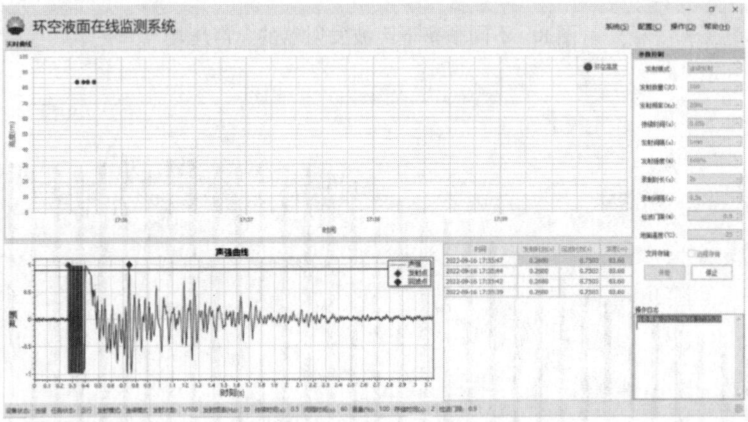

图 11　环空液面连续监测软件

连续起出钻柱，直至钻头位置为 220m 时，钻头与液面分离，液面位置不再改变，每起出一柱测量一次环空液面高度，实测液高与理论液高对比分析图如图 12 所示，误差均小于 1% F. S. 。

3.3　现场试验

2024 年 3 月 26 日，高石 019－X 井钻至 4708.60m 时，出口流量由 12.5L/s 下降至 0L/s，井漏失返。3 月 27 日现场采用环空液面连续监测装置实时测量环空液位，测量间隔 10s，累计测量 219 次，实测液面 51~276m，实测漏速 0.009m^3/min，3 月 27 日 20：58 泵入堵漏浆后观察候堵，环空吊灌 0.2m^3，出口见返，吊灌三次，累计 0.6m^3均见返，堵漏成功。环空液面连续监测系统准确掌握了液位变化及钻井液漏失情况，为现场堵漏施工作业提供准确液面信息，有效保障现场安全作业。设备现场安装与软件监测界面如图 13 所示。

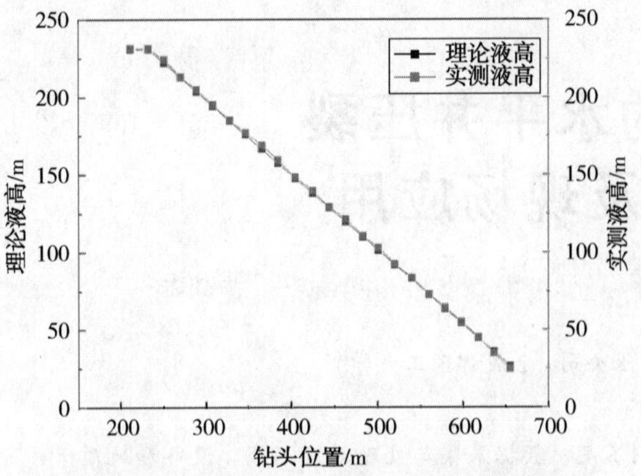

图 12　不同环空液面高度实测对比

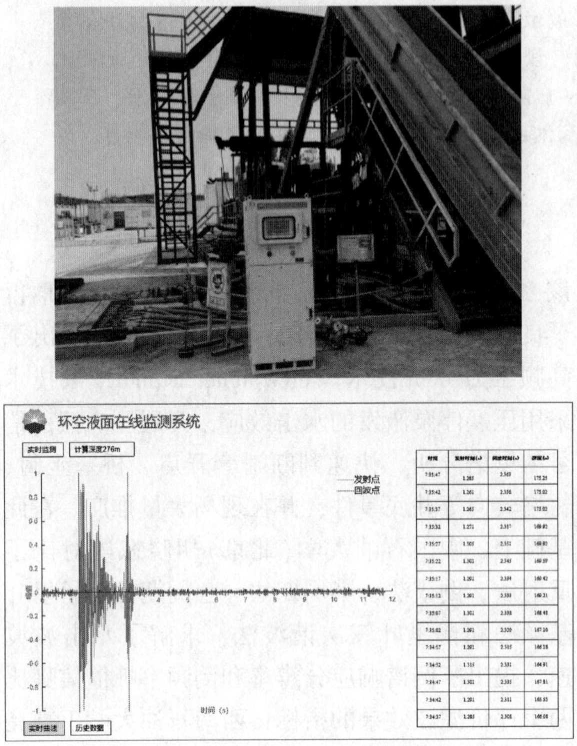

图 13　设备现场安装图与软件监测界面

4　结论与认识

（1）在环空液面监测过程中，频率是影响声波衰减的主要因素，频率越低衰减越小，液面回波越明显，在研制发射器时应尽可能的提高其低频响应特性。

（2）通过计算声波在井筒内的衰减情况，结合电磁式声波发射器的响频特性，采用增大音圈匝数、使用强磁的永磁体以及适当扩大振膜面积的方法，研制了一套集成式电磁式环空液面连续监测装置，经现场试验，采用 20~100Hz 作为探测波效果最佳。

（3）现场试验结果表明，研制的集成式环空液面连续监测装置能够连续实时监测环空动液面变化，测量误差小于 1%F.S.，为现场堵漏施工作业提供准确数据，保障现场作业安全。

参 考 文 献

[1] 晏凌，吴会胜，晏琰. 精细控压钻井技术在喷漏同存复杂井中的应用[J]. 天然气工业，2015，(2)：59-63.

[2] 万昕，左星，王佩珊，等. 浅谈漏喷同存复杂地层的技术对策[J]. 钻采工艺，2018，第 41 卷(4)：34-36，47，7.

[3] 胡畔，肖河川，李伟成. 基于环空液面监测系统的自动在线监测研究[J]. 钻采工艺，2016，39(06)：66-68+5.

[4] 冉超. 复杂管柱声场下的油井动液面深度测量方法研究[D]. 重庆邮电大学，2021.

[5] 周昕. 抽油井动液面在线测试技术的应用[D]. 西安石油大学，2015.

[6] 冯涛. 基于油套环空声学特性的油井动液面监测技术研究[D]. 山东：山东科技大学，2015.

[7] 林惟锓，黄亮，蔡茂林. 气动管道中压力波的传播特性分析[J]. 北京航空航天大学学报，2011，37(5)：600-604.

[8] 王轲，刘彦萍，田豆，等. COMSOL 在动液面声波反射特性研究中的应用[J]. 计算机时代，2019(10)：57-60.

[9] 张平柯. 扬声器的位移共振与速度共振[J]. 中南大学学报(自然科学版)，2013，第 44 卷(12)：4930-4935.

[10] 陈睿，沈勇，冯雪磊. 直接辐射式扬声器系统的低频效率计算公式[J]. 应用声学，2022，第 41 卷(6)：860-866.

[11] 殷昊，刘伟，冯秀娟，等. 扬声器激励次声频校正器的设计和性能分析[J]. 应用声学，2023，第 42 卷(2)：304-311.

[12] 郭庆，张文斌，景亚鹏，等. 电动扬声器智能检测与自动分类系统的设计[J]. 仪表技术与传感器，2021(01)：48-52.

基于高频管波的水平井压裂无线诊断技术及现场应用

何　乐[1]　管　彬[1]　王素兵[1]　龚　蔚[1]　詹　立[1]　彭粲粲[1]　汪兴明[2]　董学莲[2]

（1 中国石油集团川庆钻探工程有限公司；2 成都理工大学）

摘　要　目前，压裂裂缝诊断技术存在复杂缝网监测不足、数据采集与处理精度不高、设备和地质干扰以及数据反演算法对裂缝闭合动态解析能力有限，导致裂缝导流能力评估能力偏差。为了优化这些问题，本文基于高频管波的油气井压裂多缝无线诊断技术原理，提出了井筒–裂缝耦合模型和 RCI 模型，研发了高频井口信号采集设备，研制了正压与负压高频管波激发装置，建立了频率差与二位倒谱相结合算法，并在苏里格与威远地区开展了现场实验。结果表明，该技术成功识别了成功识别多簇裂缝进液点井深，定性评价相对进液强度，并实现桥塞滑移实时诊断8 1 6 A 4 3 8同时也准确采集了准确投球前、球入座、压裂后的采集数据施工高频压力与管波信号。本文提出的技术体系融合非侵入式架构与实时数据处理能力，为压裂参数优化提供了高精度数据支撑8 1 3 6 A 4 3 8

关键词　水力压裂；裂缝诊断；水击；管波；现场实验

水平井分段压裂是目前非常规油气储层改造的主体技术，随着储层埋深增加，储层塑性增强，地应力及其差异增大，为了充分改造储层，需要评价压裂裂缝的改造效果，进一步改进压裂设计方案与施工工。然而，随着更多的复杂岩性储层或特殊类储层的勘探与开发，诊断裂缝形态的经典的压裂压力分析技术经发展和应用至今，已经不能完全适应所有的情况，因此，函需提出一种新技术，针对不同地层地质情况准确诊断地下压裂裂缝。

目前，裂缝诊断方法主要包括：微地震技术、广域电磁法技术、放射性示踪剂技术、分布式光纤技术等。上述压裂裂缝检测方法在现场应用中都存在成本、时效、环保等方面的不足，现场亟待研发一种适用于低成本、非侵入、高效环保的近井多裂缝检测技术。

基于井筒压力/压力波信号的裂缝诊断技术具有成本低、不影响现场工艺、效率高的优点。最早出现的是压裂施工压力曲线诊断技术，该技术基于压裂施工曲线，分析排量和砂比变化导致施工压力改变规律，厘清了不同储层条件下裂缝延伸、缝网复杂程度等特征，开展裂缝特征定性识别和裂缝参数定量表征。但该方法在评价裂缝参数过程中，受人工主观经验影响，裂缝形态难以准确判断。随着人工智能技术的发展，赋予了该方法新的活力，在压裂暂堵有效性评价中取得了良好的应用。2018 年，斯伦贝谢公司推出了高频压力分析技术 WellWatcher Stim®，该技术采用压裂停泵激发的水击效应，开展压力振荡信号的倒谱分析，快速判断滑套开启、桥塞坐封、暂堵转向等井底事件，并在现场大量推广。在此基础上，中国石油大学（北京）胡晓东等对比了反射法、倒谱法、半周期法、全周期法、傅里叶基频法和傅里叶三次谐波法，求解了水击波波速，提出了倒谱响应分辨率和倒频率峰值信噪比两个评价滤波效果的指标；西南石油大学丁亮亮等建立压裂砂堵井筒水击模型，形成了基于压裂施工曲线的压裂砂堵预测方法；中国科学技术大学郝有志等基于套变井筒水击模型，厘清了水击时域波形特征与套变严重程度的相关规律；Carey、成都理工大学刘伟和刘礼军等采用电学等效模型表征了压裂裂缝的流量或者压力的变化，耦合了井筒水击模型，开展了裂缝几何形态的反演研究。

除了采用压裂泵停泵水击效应探测裂缝形态，北美还出现了一种井口主动发射管波的压裂裂缝形态检测技术。该技术在被停泵作业后，在井口主动震源激发管波，管波沿充液井筒向下传播，在水力压裂裂缝与井筒的交界处由于阻抗差异发生反射，管波发射信号的井口到时与波形包含裂缝的位置与近井特征，如长度与渗透率等。当裂缝完全被流体填充时，可形成沿着裂缝传播的 Krauklis 波(又称为裂缝波)，对裂缝的几何尺寸尤为敏感。在现实中作业中，人造裂缝往往在压裂之后迅速被支撑剂填充，故 Dunham 等将裂缝中流体运动近似为多孔介质中达西渗流模型，并运用于裂缝通导性的评价，此模型也被美国 Seismos©公司采用。Seismos 公司公开了基于物质平衡法和停泵压降曲线，反演压裂裂缝的远近特征，但该公司的裂缝近井特征的反演方法与流程尚无公开文献报道。

本文基于高频管波的油气井压裂多缝无线诊断技术原理，提出了井筒-裂缝耦合模型和 RCI 模型，研发了高频井口信号采集设备及高频压力-管波信号采集装置，突破了传统井下工具的空间限制；研制了正压与负压高频管波激发装置，建立了频率差与二维倒谱相结合算法，监测不同簇之间存在的差异，保障了基于井口高频管波检测近井裂缝特征的精度，将进液点检测误差控制在 10m 以内，显著提升了多簇裂缝进液强度的定性判别精度。在苏里格、威远等典型致密气区块的规模化应用中，该技术准确采集了投球前、球入座、压裂后的采集数据施工高频压力与管波信号，实现了桥塞滑移实时诊断，并通过 FCI(Fracture Complexity Index，裂缝复杂指数)定量表征裂缝闭合程度，为压裂参数优化提供了高精度数据支撑。

1　基础模型

1.1　高频管波井筒-裂缝耦合模型

为了掌握管波在井筒及压裂裂缝处中的传播规律，本文建立了井筒-裂缝耦合模型，描述管波在井筒中衰减以及桥塞和裂缝处的反射特性。如图 1 所示。

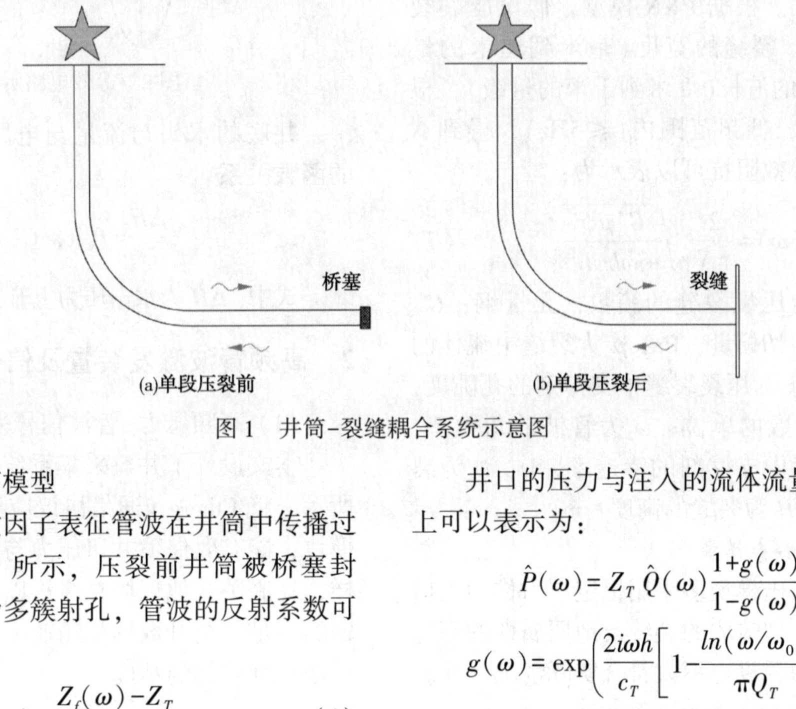

图 1　井筒-裂缝耦合系统示意图

(1) 管波井筒模型

本文采用品质因子表征管波在井筒中传播过程的衰减，如图 1 所示，压裂前井筒被桥塞封隔，压裂后裂缝为多簇射孔，管波的反射系数可以表示为：

$$R(\omega)=\frac{Z_f(\omega)-Z_T}{Z_f(\omega)+Z_T} \tag{1}$$

$$Z_T=\rho_T c_T/A_T \tag{2}$$

其中：$R(\omega)$为随频率变化的反射系数，该系数是管波频率的函数，无量纲；$Z_f(\omega)$为随频率变化的裂缝阻抗，该系数是管波频率的函数，后文式(7)会详细描述裂缝阻抗的物理意义；Z_T为井筒管波阻抗，kg/(m^4·s)；ρ_T为井筒液体密度，kg/m^3；c_T为井筒管波波速，m/s；A_T为井筒内部的截面积，m^2。

井口的压力与注入的流体流量有关，在频域上可以表示为：

$$\hat{P}(\omega)=Z_T\hat{Q}(\omega)\frac{1+g(\omega)R(\omega)}{1-g(\omega)R(\omega)} \tag{3}$$

$$g(\omega)=\exp\left(\frac{2i\omega h}{c_T}\left[1-\frac{ln(\omega/\omega_0)}{\pi Q_T}\right]-\frac{|\omega|h}{c_T Q_T}\right) \tag{4}$$

其中：h为管波在井筒中传播的长度，即井口到裂缝或者桥塞的井深，m；ω_0为参考角频率，rad/s，本文取 10rad/s；Q_T为井口注入的流量，m^3/s。

(2) 管波裂缝模型

假设液体在含支撑剂裂缝中的运动为一维达西渗流，压裂裂缝几何形状满足 PKN 模型。在低频范围内(≤5Hz)，管波波长足够长(假设波速度 1500m/s，频率为 5Hz 的管波波长为 300m)，单段射孔长度不到 100m，不同射孔簇感受到相同的压力波由于多簇裂缝感受的压力波相同，因此可以将多簇裂缝等效为一条单裂缝。针对单裂缝，裂缝中流体质量守恒方程可以表示为：

$$\frac{\partial(\rho_T\phi A_f)}{\partial t}+\frac{\partial(\rho_T q)}{\partial x}=0 \tag{5}$$

式中，ρ_T 为裂缝中液体密度，kg/m^3；q 为裂缝中的流体流量，m^3/s；ϕ 为压裂裂缝中支撑剂的孔隙度，无量纲；A_f 为流体在裂缝的过流面积，m^2；t 为时间，s；x 为流体过流面积距离井筒的长度，m。管波在裂缝支撑剂铺置层中的传播规律满足达西公式：

$$q=-\frac{kA_f}{\mu}\frac{\partial p}{\partial x} \tag{6}$$

式中，k 为裂缝中支撑剂的渗透率，D；μ 为裂缝中流体的黏度，Pa·s；p 裂缝中流体的压强，Pa；q 裂缝中的流体流量，m^3/s；A_f 流体在裂缝的过流面积，m^2；x 为流体过流面积距离井筒的长度，m。根据 PKN 模型，假设压裂裂缝截面为椭圆，裂缝的宽度(毫米到厘米的量级)远小于管波的波长(百米到千米的量级)，根据式(5)～(6)，低频范围内(≤5Hz)，得到 N 条椭圆裂缝的等效阻抗可以表示为：

$$Z_f(\omega)=\frac{2}{\pi N}\sqrt{\frac{G^*\mu\phi}{-i\omega kwH^3}} \tag{7}$$

式中，N 为压裂裂缝的簇数，无量纲；G^* 为地层岩石的剪切模量，Pa；μ 为裂缝中流体的黏度，Pa·s；ϕ 为压裂裂缝中支撑剂的孔隙度，无量纲；i 为虚数的单位；ω 为管波的角频率，rad/s；k 为裂缝中支撑剂的渗透率，D；w 为裂缝的宽度，m；H 为裂缝的高度，m。

1.2 高频管波水击模型

虽然传统水击模型多采用恒定压力作为出口边界，但水力压裂造成的裂缝及地层属性的不均一性使得此类边界设定不太符合实际情况。井底边界通常可用一维径向流动的扩散系数方程来描述，但前提是假设井中流动为径向且无裂缝存在，并需设定相应的储层属性与井底压力分布。存在裂缝的井底边界描述则更为复杂，不便于编程实现。经过文献综述，发现多数研究者在构建水平井模型时对井底裂缝边界做了简化，本文借鉴 Mondal 的方法，视裂缝为由电阻 R、电容 C 和电感 I 串联构成的等效电路模型，如图 2 所示。

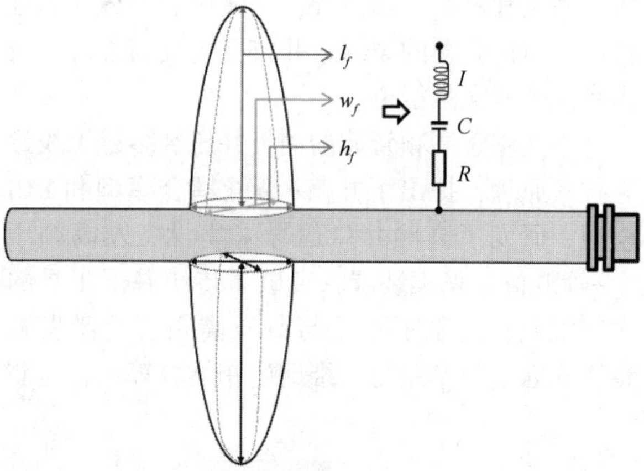

图 2　等效电路示意图

井底的水头与流量与电路参数 RCI 有直接的函数关系

$$\frac{\Delta H}{Q}=f(R,\ C,\ I) \tag{8}$$

式中，ΔH 为水击压力上升，m；Q 为流量，Pa。

2　高频管波激发装置及信号采集装置研制

(1) 高频压力-管波信号采集方案

本文设计了井口采集系统整体方案，如图 3 所示，将 Ethercat 通信协议应用在控制器与采集模块，能有效保障井口压力与声波信号等间距采样，克服了其他现场总线难以等时间间隔采样传输的不足，提升数据传输速率及可靠性，保障了后期裂缝解释的精度。

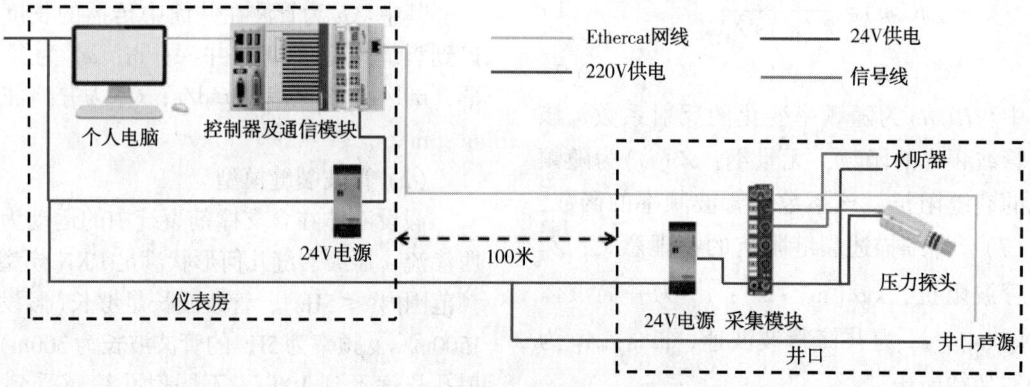

图 3　井口采集系统整体方案及接线图

（2）高频管波激发装置研制

装置的主要功能是利用液压对柱塞产生一个冲击作用，进一步使柱塞在管道里面产生一个激励信号。由于对柱塞瞬间产生一个大的冲击作用，需要较大的能量，但一般的液压站难以做到在一个较短的时间内(0.2s)施加一个较大的力(可能高达数吨)。本文完成了井口声源液压系统工作原理的设计工作，包括：声源工作流程设计、液压器件选型、液压原理图等。如图4、图5所示。

（3）高频压力-管波信号采集装置研制

对地面压力施工现场存在诸多干扰(噪声、粉尘等)，考虑井口采集设备尺寸要求不高，本文优选现有稳定可靠的工业级采集设备，采用了工业级防护的隔爆箱设计，研制了井口压力与声波信号采集系统。目前采集设备每1ms(1000Hz)采集一次井口压力与声学信号，上位机与采集设备之间采用了以太网通信，通讯时间在15～200ms之间不等，难以做到等间隔数据传输。本文采用下位机两个数组交替存储、上位机不定时读取方法，克服以太网非等间距传输的难题。如图6所示。

图4　负压激发装置

图5　正压激发装置

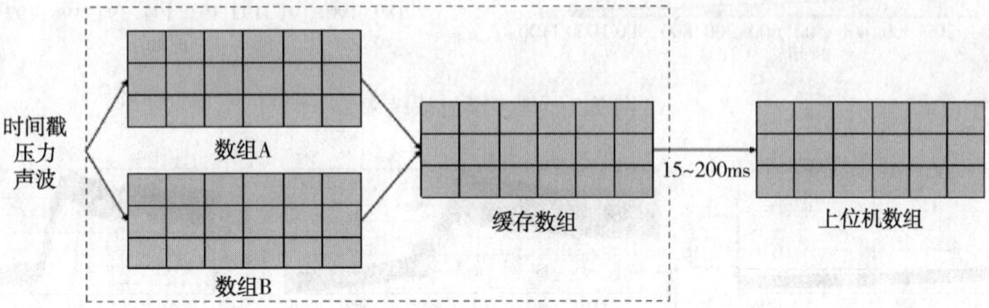

图6　信号传输

3　现场实验

本文研发的基于高频管波的油气井压裂多缝无线诊断技术、高频压力地面采集装置、高频声波激发装置、高频声波检测装置和油气井压裂多缝检测解释模块及成果可视化软件，已在四川和苏里格区块完成现场试验。

桃7-17-21H井位于内蒙古自治区乌审旗苏力德苏木沙尔利格嘎查小队，构造位置处于鄂尔多斯盆地伊陕斜坡，完井方法是套管固井完井，人工井底大约4160.09m。

威204H49-7井位于内江市资中县双河镇天宫堂村11社，构造位置处于威远中奥顶构造南翼，钻井的目的是威远地区威204井区龙马溪组页岩气藏产能建设，完井方法是套管完井，人工井底大约5686.56m。

3.1　高频水击现场应用

（1）水击桥塞定位

在苏里格桃7-17-21H井中，通过实施井口高频压力无线诊断技术，成功完成5段压裂监测作业，精准识别出多簇裂缝进液点位置(深蓝色标记)及桥塞反射信号(黄色标记)。针对井下桥塞移位等复杂工况，创新采用小排量试挤测试与泵注模拟射孔枪工艺，验证了水击效应在桥塞定位中精度控制，为复杂井况下压裂参数优化提供了可靠技术支撑。如图7、8所示。

根据提出的多簇裂缝定位方法，得到实验井多簇裂缝进液情况，根据二维倒谱的分析结果，将多簇裂缝的进液强度定性分为：强、较强、中、较弱和弱五个等级；根据多簇裂缝进液强度，将多簇裂缝进液均衡情况定性分为：均衡、较均衡和不均衡三个等级(表1)。

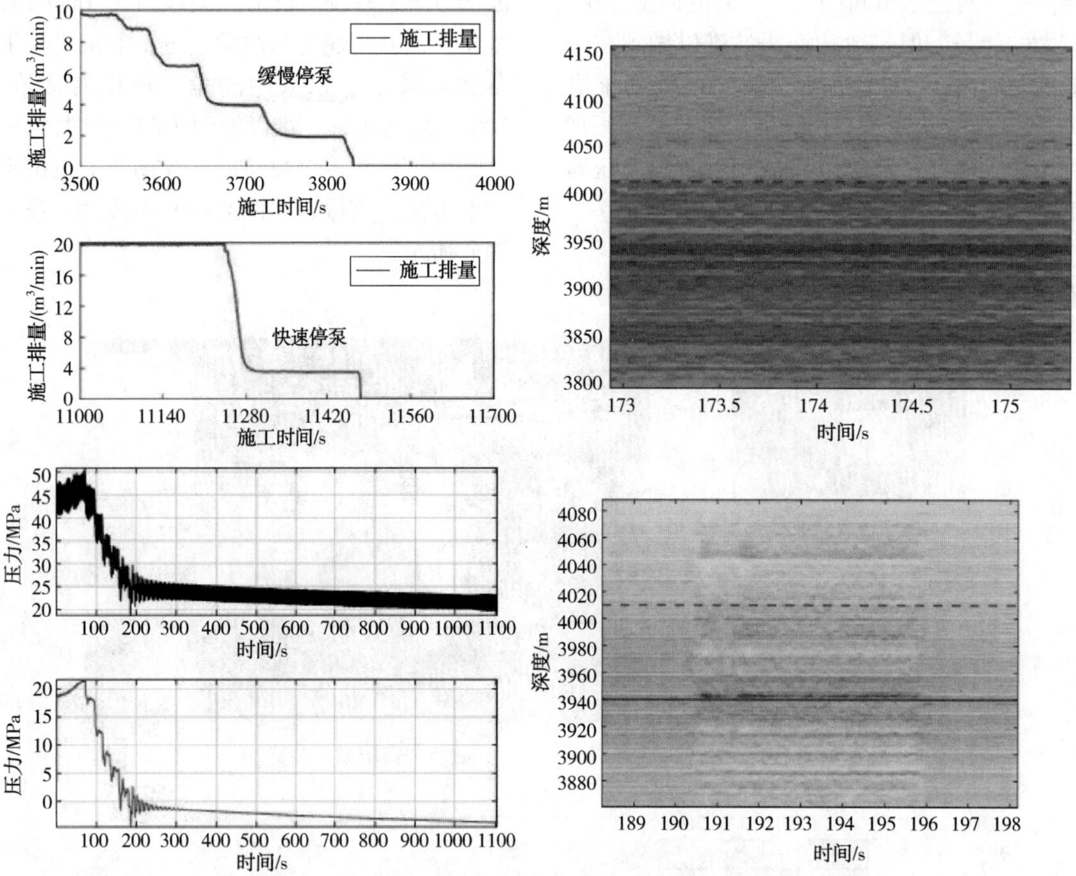

图7　压裂多簇进液结果

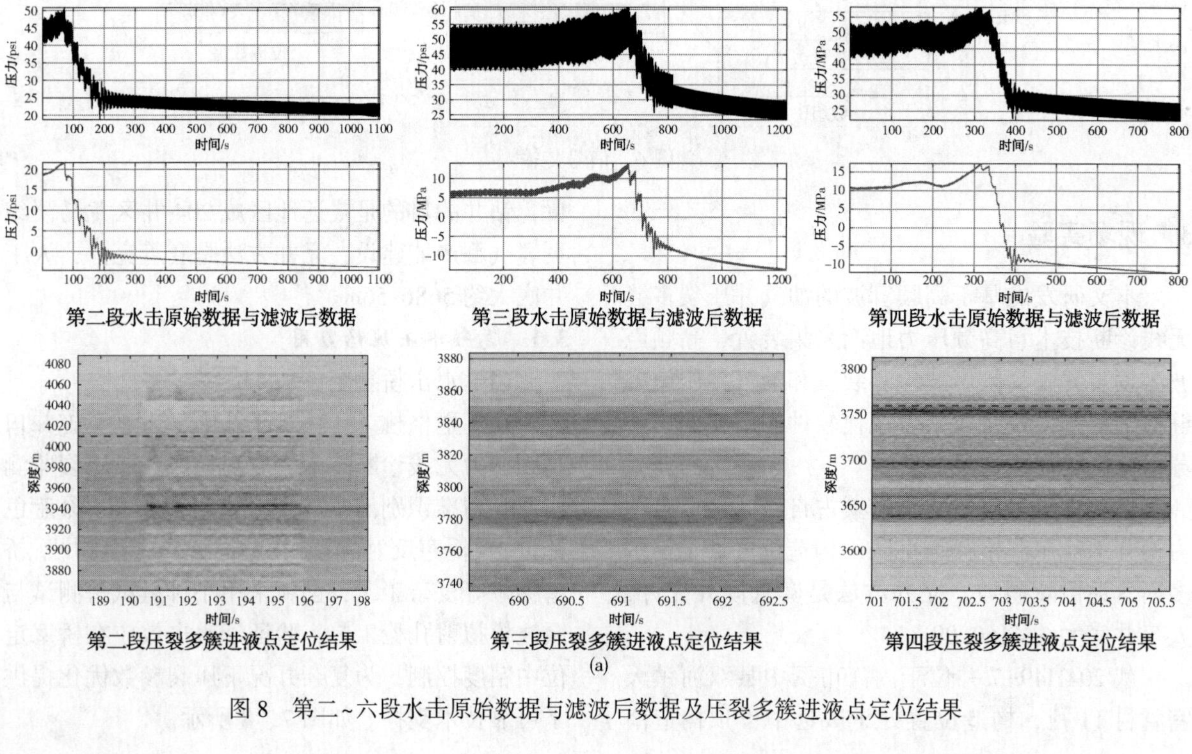

图8　第二~六段水击原始数据与滤波后数据及压裂多簇进液点定位结果

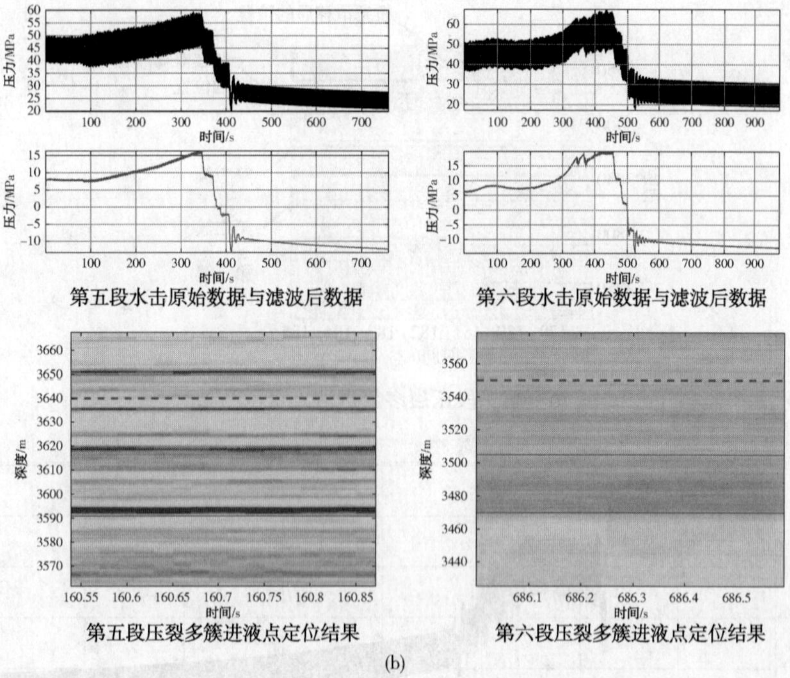

图 8 第二~六段水击原始数据与滤波后数据及压裂多簇进液点定位结果(续)

表 1 桃 7-12-21 井各簇进液均衡情况

井号	段号	桥塞深度	第一簇射孔深度	第二簇射孔深度	第二簇射孔深度	第一簇	第二簇	第三簇	进液均衡情况
桃 7-17-21H 井	2	4010m	3940~3942m	—	—	强	—	—	均衡
	3	3910m	3880~3880.5m	3830~3830.5m	3790~3790.5m	弱	较强	较强	不均衡
	4	3770m	3750~3750.5m	3710~3710.5m	3660~3660.5m	强	较强	中	较均衡
	5	3640m	3591~3592m	—	—	强	—	—	均衡
	6	3550m	3505~3505.5m	3470~3470.5m	—	弱	较强	—	均衡

基于弱停泵水击信号，采用二维倒谱定位方法，诊断桥塞移位至上一段的第一簇位置。如图 9、10 所示。

苏里格桃 7-17-21H 井第四段在打前置液阶段，疑似滑塞，压力在 1 秒内下降了 20 多兆帕，小排量停泵阶段；基于井口微弱的水击振荡信号，开展桥塞位置定位，桥塞深度在 3800m 左右(图中黄色曲线)，桥塞移位 15m 左右。如图 11、12 所示。

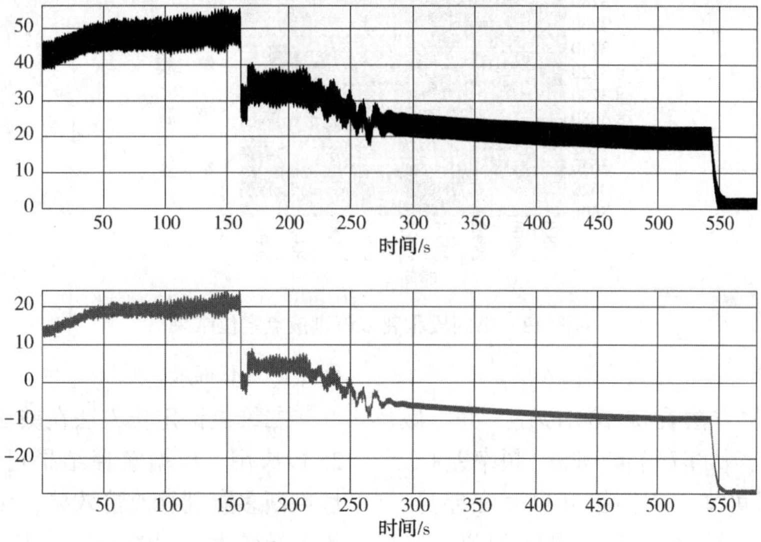

图 9 第三段水击原始数据与滤波后数据

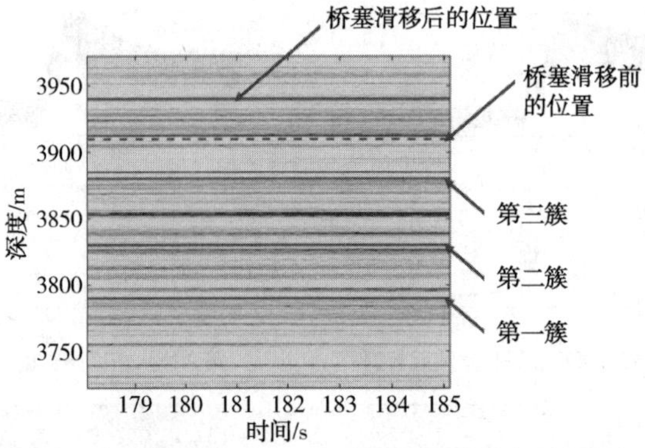

图 10　第三段压裂多簇进液点定位结果

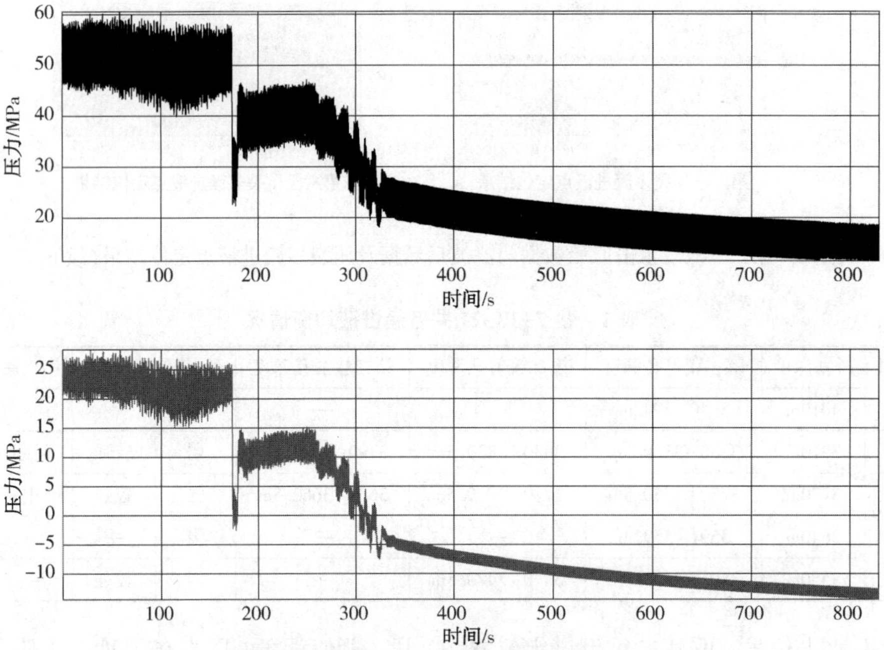

图 11　第四段水击原始数据与滤波后数据

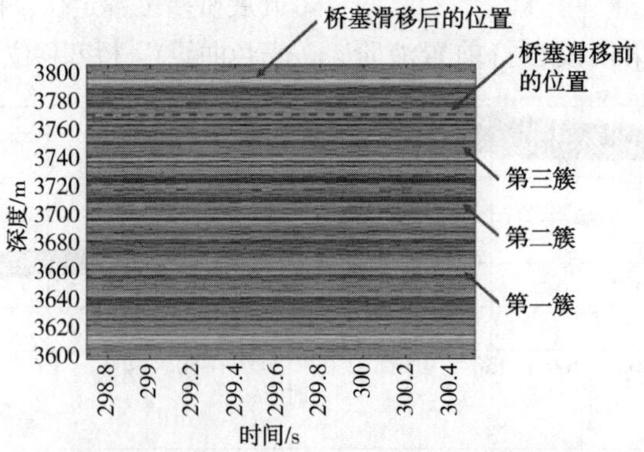

图 12　第四段压裂多簇进液点定位结果

（2）簇开启率

二维倒谱定位方法在威 204H96-5 井、威 204H49-1 井应用，从多簇裂缝进液“频率差+二维倒谱”分析结果可知，不同簇开启存在差异，该差异可以通过二维倒谱进液强度识别。如图 13、14 所示。

二维倒谱定位方法在威 204H49-7 井 24 段、25 段应用，根据解释结果可知，该方法可以定性判断多簇裂缝改造效果，该井各簇之间改造效果差异较大。如图 15、16 所示。

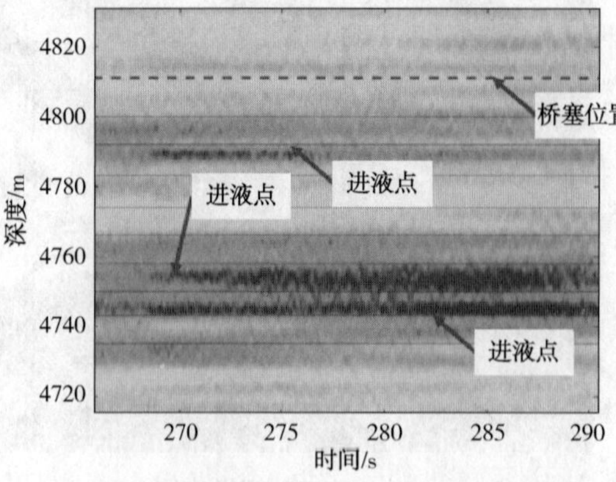

图 13　威 204H96-5 井二维倒谱分析结果

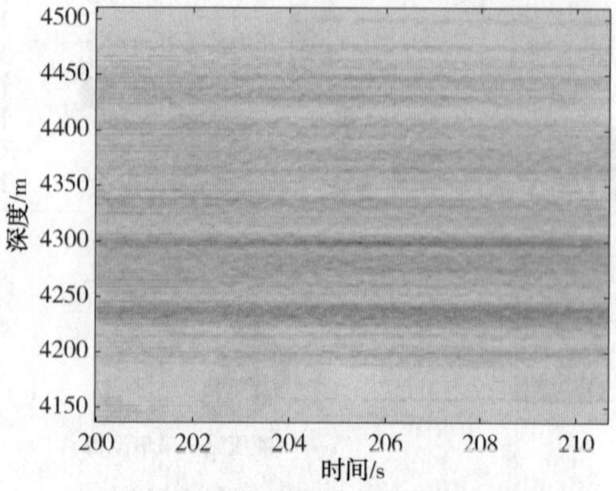

图 14　威 204H49-1 井二维倒谱分析结果

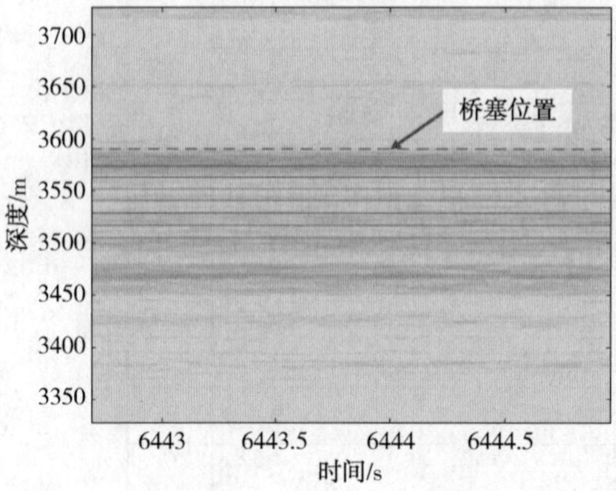

图 15　威 204H49-7 井 24 段二维倒谱分析结果

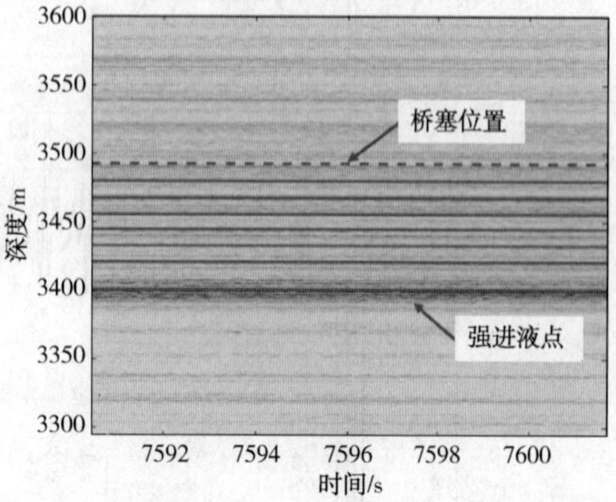

图 16　威 204H49-7 井 25 段二维倒谱分析结果

基于威 204H63-10 井第 15 段 1kHz 井口高频压力数据，开展多簇裂缝进液“频率差+二维倒谱”分析，进行多簇进液点深度与强度；通过读取坐标轴与深蓝色带像素位置，得到进液深度分别为 4580m，4563m，4535m，4520m，二维倒谱反演多裂缝深度与实际射孔簇距离高度一致，定性判断第三簇进液较弱。如图 17 所示。

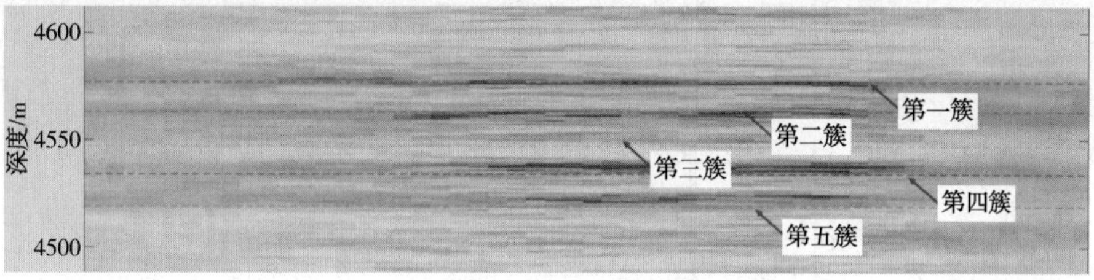

图 17　威 204H63-10 井二维倒谱分析结果

3.2　高频管波现场应用

研究成员到威 204H49-7 井、8 井，与压裂施工单位交流高频管波现场应用方案，并在威 204H49-7 井开展了井口高频管波无线诊断技术的现场应用研究。如图 18、19 所示。

高频管波压裂前激发条件：电缆坐封桥塞并射孔，电缆从井中上提过程中(或完全出井)，具备进行发射脉冲管波条件；

高频管波压裂后激发条件：完成一段的压裂停泵后，确保隔离阀和发射源间持有 35~40MPa 的背压，打开发射源前段的隔离阀，激发多次正压和负压管波并实时采集数据。

本文研制的高频压力地面采集装置、高频管波激发装置与高频管波检测装置，准确采集了威 204H49-7 井 24 段投球前、球入座、压裂后的采集数据施工高频压力与管波信号；采用网格搜索法，24 段压前反演结果：管波波速 1066.7m/s，品质因子 23。如图 20、21 所示。

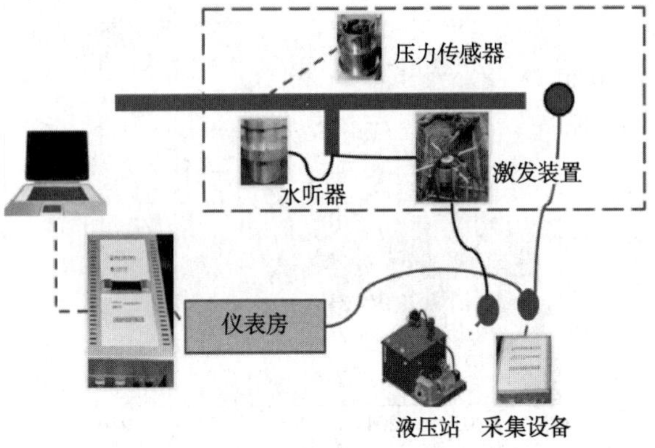

图 18　高频压力与管波现场布局

图 19　现场连接

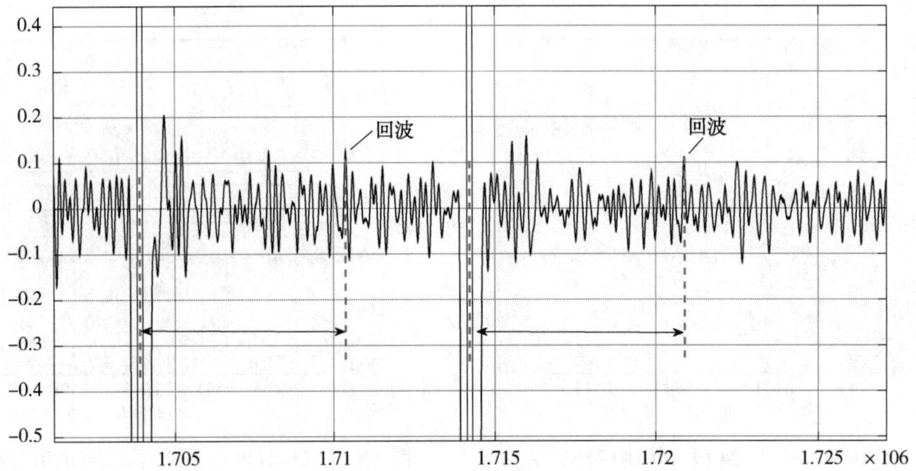

图 20　24 段投球后连续两次激发管波及回波信号

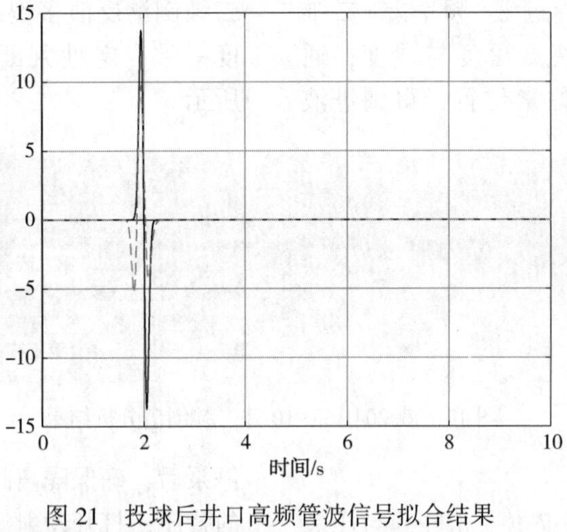

图 21　投球后井口高频管波信号拟合结果

威 204H49-7 井 24 段压裂后，在压裂停泵期间激发高频管波，滤波后可以清晰的识别井下的回波信号；基于压前反演结果，压后反演的品质因子 0.991，FCI 指数为 0.3310。如图 22、23 所示。

4　总结与认识

（1）针对目前水力压裂中现场缺乏一种高效非侵入式裂缝评价技术，本文调研北美逐渐兴起的井口管波压裂裂缝检测方法，提出了井筒-裂缝耦合模型和 RCI 模型及高频压力-管波信号采集方案，研制了耐高压井口信号采集设备，完成了采集设备的地面耐压与采集测试；研制两套高频管波激发装置，完成了室内性能测试，制定了仪器现场部署方案，编制了现场操作流程规范。

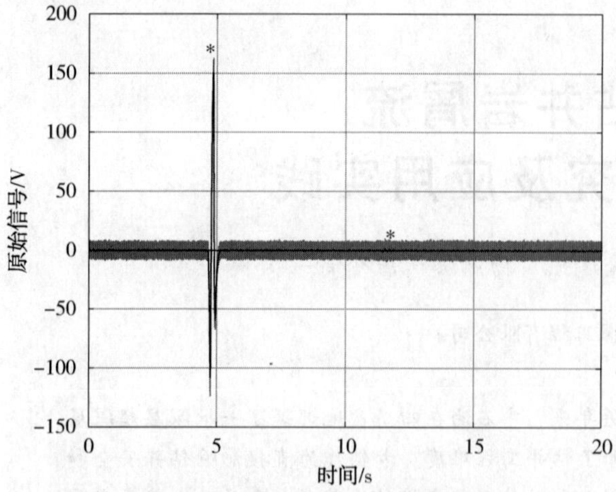

图 22　实测管波数据激发波与回波检测结果

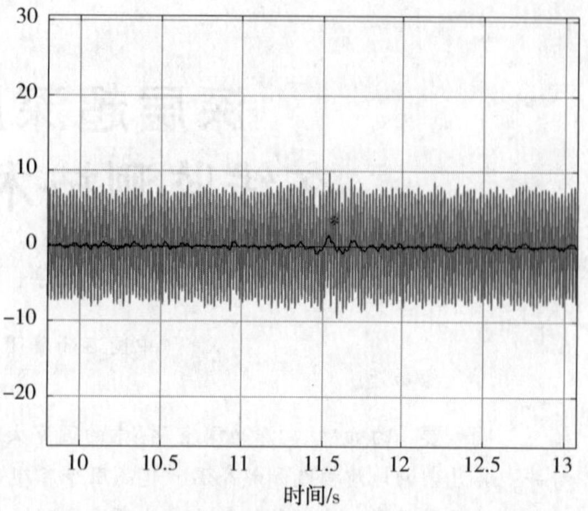

图 23　实测管波数据激发波与回波检测结果(放大)

(2) 根据井口回波与主裂缝深度与裂缝导流能力的关系，提出了频率差与二维倒谱的进液点位置检测方法，优选了波速标定方法，验证了进液点位置检测精度，开发现场高频压力采集系统与进液点反演解释模块；

(3) 在苏里格、威远区块，开展了高频压力诊断技术的现场应用，准确识别出多簇裂缝进液点井深，定性评价了相对进液强度，实现了桥塞滑移的快速诊断；

(4) 在威远开展了高频管波诊断技术的现场应用，准确采集了投球前、球入座、压裂后的高频压力与管波信号，反演了压前管波波速与品质因子和压后 FCI 指数。

参考文献

[1] 刘子雄，张静，周子惠，等. 基于致密砂岩气储层施工曲线图的压裂效果评价方法研究[J]. 中国石油勘探，2024，29(1)：177-182.

[2] 闫建平，来思俣，郭伟，等. 压裂施工曲线应用于深层页岩气水平井裂缝评价[J]. 西南石油大学学报(自然科学版)，2024：1-18.

[3] 盛茂，张家麟，张彦军，等. 基于数据驱动的水平井暂堵压裂有效性评价新模型[J]. 天然气工业，2023，43(9)：132-140.

[4] Parkhonyuk S, Fedorov A, Kabannik A, et al. Measurements While Fracturing: Nonintrusive Method of Hydraulic Fracturing Monitoring: SPE Hydraulic Fracturing Technology Conference and Exhibition[C], 2018.

[5] Panjaitan M L, Moriyama A, McMillan D, et al. Qualifying Diversion in Multi Clusters Horizontal Well Hydraulic Fracturing in Haynesville Shale Using Water Hammer Analysis, Step-Down Test and Microseismic Data: SPE Hydraulic Fracturing Technology Conference and Exhibition[C], 2018.

[6] 胡晓东，易普康，丘阳，等. 基于井场实测数据水击压力波波速特征分析[J]. 水利水电技术(中英文)，2023，54(5)：95-104.

[7] 胡晓东，王雅晶，丘阳，等. 矿场压裂停泵水击信号滤波效果评价指标研究[J]. 石油钻探技术，2024：1-13.

[8] 丁亮亮，王凯，陈力力，等. 基于压裂砂堵的水击特性研究及预测应用[J]. 振动与冲击，2023，42(7)：254-261，300.

[9] Carey M A, Mondal S, Sharma M M. Analysis of Water Hammer Signatures for Fracture Diagnostics: SPE Annual Technical Conference and Exhibition[C], 2015.

[10] 朱昭颖，戴邓仪，鲁伍支，等. 基于水击效应的水平井压裂裂缝数值诊断[J]. 计算物理，2023，40(6)：735-741.

[11] Dunham E M, Harris J M, Zhang J, et al. Hydraulic fracture conductivity inferred from tube wave reflections: 2017 SEG International Exposition and Annual Meeting[C], 2017.

[12] Chao L, Eric O R, M., et al. Hydraulic fracture diagnostics from Krauklis-wave resonance and tube-wave reflections[J]. Geophysics, 2017.

[13] Lipovsky B P, Dunham E M. Vibrational modes of hydraulic fractures: inference of fracture geometry from resonant frequencies and attenuation[J]. Journal of geophysical research. Solid earth, 2015, 120(2): 1080-1107.

[14] Biot M A. Propagation of Elastic Waves in a Cylindrical Bore Containing a Fluid[J]. Journal of applied physics, 1952, 23(9): 997-1005.

深层超深层钻井岩屑流在线监测技术研究及应用实践

杨廷红 田 衡 罗谋兵 李 立 魏建强 杨照娜 曾令奇 文健安

（中国石油集团川庆钻探工程有限公司）

摘 要 为响应"向深地深空"探索的国家大战略，近年来，中石油在四川盆地部署了一批深层超深层井，其复杂的地质构造和超高温、超高压等客观条件增加了钻井工程难度。卡钻作为直接影响钻井安全和效益的关键因素，其预防依赖于对井眼清洁程度的实时判断和对井壁稳定性的准确分析。为此，基于水平井岩屑流在线监测技术的成功应用，通过算法模型优化和数据滤波处理，克服了直井模式下岩性、钻井液体系等诸多因素影响，形成了适用于直井岩屑流检测技术要求的岩屑流在线监测技术，为深层超深层钻井井眼清洁度判断和井壁稳定性分析提供了可靠依据，保障了复杂构造带深层超深层大尺寸井眼的钻井安全。

关键词 深层超深层直井；岩屑流在线监测；井眼清洁度；井壁稳定性；钻井安全

在油气钻井中一方面因钻具的旋转、震动、偏心等导致地层岩石剥落和井壁失稳，另一方面随着机械钻速加快，因钻井液携岩效率减小、钻井排量受限等导致岩屑返出量不足。这种由于地层应力释放、地层破碎和岩屑运移失常而导致的井壁垮塌和井底岩屑堆积，可能导致钻进时钻柱扭矩增大、起下钻遇阻卡，严重时可能造成卡钻、断钻具等井下安全事故，从而影响建井周期，增加钻井成本，甚至可能导致钻井失败，既制约油气田勘探开发进程，又影响油气井工程效益。

岩屑流在线监测技术以前多用于页岩气井水平段的井眼清洁度分析，尚未在直井钻进中应用，但随着油气勘探开发的深入和钻井工程大量需求，该项技术的应用正在逐步向直井中拓展。相较于水平井而言，直井显著的不同是岩性组合的复杂性和钻井液体系的差异性，原应用于页岩气水平井岩屑流监测计算模型不太适合直井监测的技术要求。本文在水平井岩屑流在线监测技术基础上，通过岩性模拟、密度校正、钻井液吸附校验、岩屑质量干湿校正等优化，完成了岩屑流计算模型升级，形成了一套适用于深层-超深层直井的岩屑流在线监测技术。

1 技术原理

岩屑流在线检测技术是通过专用的称重装置及配套的采集处理软件，在一定时间内收集、测量井筒返出岩屑重量，经过干湿校正后计算对应时间内相应井段干岩屑重量，通过由测井或实物测量获得的岩石密度，计算出该时间段岩屑返出的体积，进而求出该时间段的实际岩屑返出流量，将该流量与相同条件下理论岩屑返出流量相比，得到岩屑返出率参数，根据实际返出体积与理论返出体积差异大小和返出率变化趋势，定量评价井眼清洁程度，判断井壁稳定情况，结合井深、钻时、悬重、转速、扭矩、立压等综合录井资料，运用实时预警和异常报告的方式，提醒钻井施工人员及时采取措施，为避免钻井事故提供技术支撑，以实现安全高效实施钻井作业(图1)。

近年来，岩屑流在线监测技术在四川盆地页岩气井水平段多有应用，对分析页岩气井水平段井眼清洁程度，避免卡钻等工程风险提供了成功的技术支持。但直井相对于水平井而言，在岩性组合、钻井液体系等方面有很大不同，主要表现为水平井岩性单一，直井岩性组合复杂且岩性变化频繁，同时水平井多采用油基钻井液，直井多为水基钻井液，这种不同体系的钻井液对岩屑吸附作用不同直接影响岩屑的重量采集，而岩石类型的频繁变化直接影响岩屑返出体积的计算，在钻井液体系和岩性组合这两大主控因素影响下，为适应直井监测的技术要求，开展了监测数据计算模型的优化。

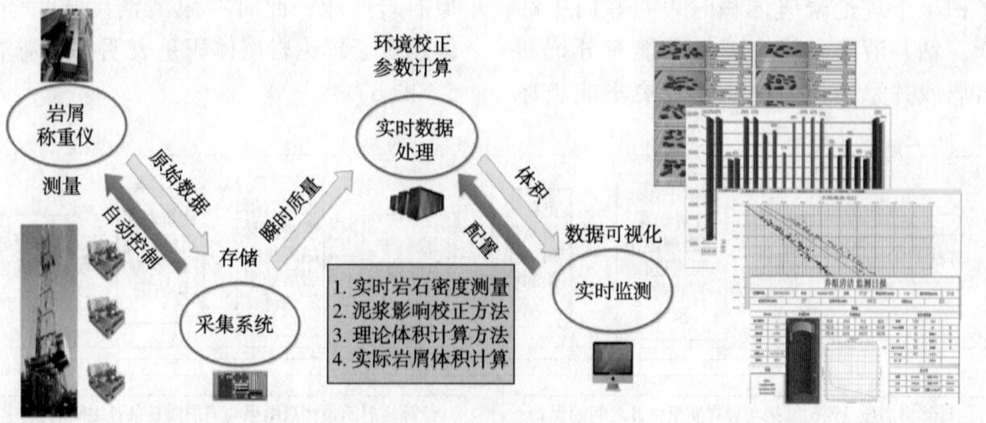

图 1 系统原理框图

1.1 岩屑流参数模型建立

利用邻井岩性组合特征进行分析对比，模拟本井地层剖面，再根据不同岩性密度，建立了岩屑流量参数计算模型，实现了理论累计返出岩屑体积、实际累计返出岩屑体积及岩屑返出率等参数计算。

（1）细碎岩屑校验模型

利用亚甲蓝试验测量钻井液中含有的黏土矿物含量，利用整米钻时、钻井液排量等录井参数进行校验，计算没有被振动筛分离的每米细碎岩屑重量，如公式所示：

$$M_s = LGS \times Q \times t \times \rho_m - Q \times t \times MBT$$

式中，M 为每米未被分离的细碎岩屑质量，kg；LGS 为低固相含量，%；Q 为钻井液排量，m^3/min；ρ_m 为钻井液密度，kg/m^3；t 为钻时，min；MBT 为钻井液膨润土含量，kg/m^3。

（2）理论累计返出岩屑体积模型

$$V_{theory} = \frac{\pi d^2 (1+\theta)}{4} \times (h - h_0)$$

式中，V_{theory} 为理论累计返出岩屑体积，m^3；d 为钻头直径，m；θ 为井眼扩大率，%；h_0 为初始井深，m；h 为结束井深，m。

（3）实际累计返出岩屑体积模型

$$V_{actual} = \sum_{i=h_0}^{h} \left(\frac{\eta_i \times \mu_i}{\rho_{ci}} + LGS_i \times Q_i \times t_i - \frac{Q_i \times t_i \times MBT_i}{\rho_{bi}} \right)$$

式中，V_{actual} 为实际累计返出岩屑体积，m^3；h_0 为初始井深，m；h 为结束井深，m；η_i 为测量井段岩屑重量（每米采样），kg；μ_i 为对应井段泥浆的吸附系数，L/kg；ρ_{bi} 为膨润土密度，kg/m^3；ρ_{ci} 为对应井段岩屑体积密度，kg/m^3。

（4）岩屑返出率模型

$$R_{rate} = \frac{V_{actual}}{V_{theory}} \cdot 100\%$$

式中，R_{rate} 为岩屑返出率，%；V_{actual} 为实际累计返出岩屑体积，m^3；V_{theory} 为理论累计返出岩屑体积，m^3。

1.2 实时数据滤波模型建立

针对岩屑测量过程中的噪声特点，在大量数据仿真分析的基础上建立了模糊自适应卡尔曼实时数据滤波模型（图 2），该模型可有效消除振动造成的测量误差，减小测量数据波动。

1.3 卡钻事故评价模型建立

通过对录井工程参数采集，结合岩屑流监测数据，在岩屑流卡钻风险评价方法基础上（图 3），利用模糊逻辑推理方法，建立了基于 F-FCM 多元数据融合的卡钻事故评价模型（图 4）。通过将工程综合录井与与岩屑流多元数据融合，实现不同等级的井下风险预测，进而强化卡钻风险评价。

2 井眼清洁度和井壁稳定性分析

2.1 井眼清洁度分析方法

井下岩屑堆积可能导致卡钻、高摩阻或井控风险，因此井眼清洁度直接影响钻井效率和作业安全。在钻井中通过分析出口返出岩屑的体积变化情况，对综合分析判断井眼清洁程度尤为重要。

将综合录井数据接入岩屑流在线监测系统，通过岩屑流在线监测系统实时连续计算岩屑实际返出体积和理论岩屑体积；当实际岩屑体积大于理论岩屑体积时，表明当前钻井参数能够破除井筒中原有的岩屑床或井壁存在掉块，当实际岩屑体积小于理论岩屑体积时表明井筒中存在岩屑床，钻井液携岩能力差，不能充分把新破碎的岩屑或井壁掉块及时返出，更不能破坏原有岩屑床，此时井眼清洁度差；当实际岩屑体积等于理论岩屑体积是表明井眼清洁良好(图5、图6)。

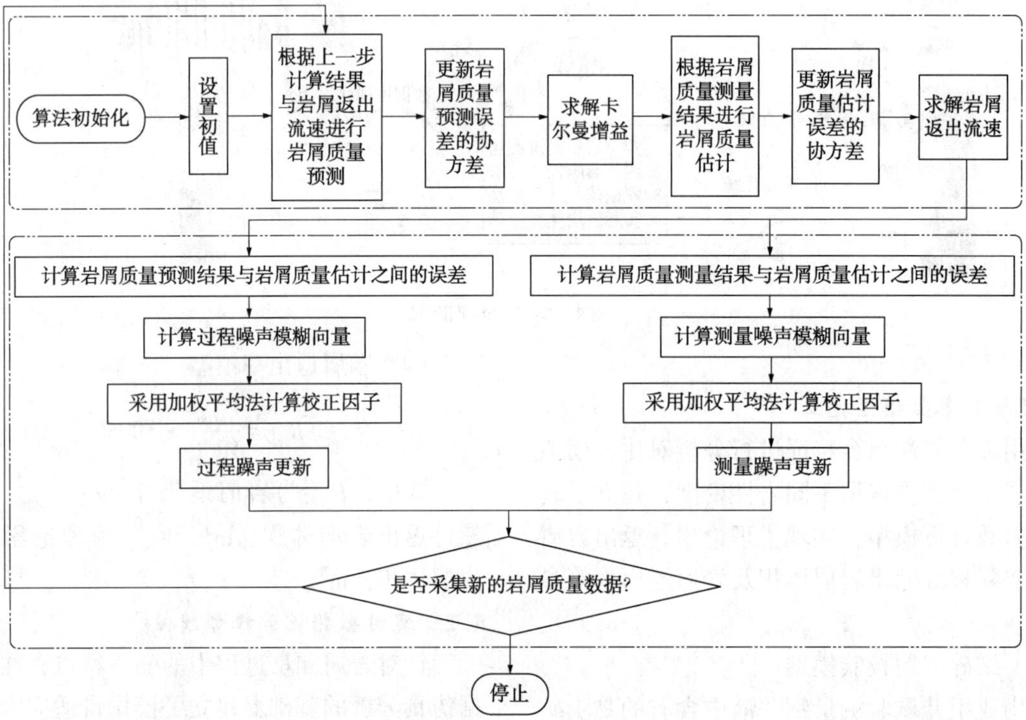

图2　模糊自适应卡尔曼滤波方法计算流程

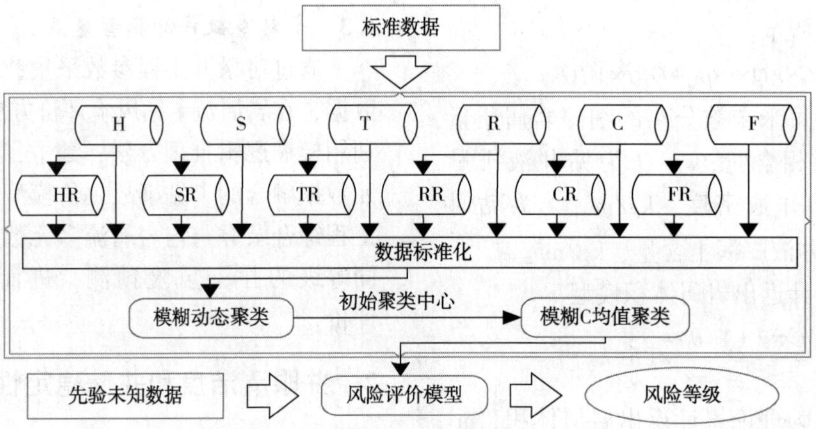

图3　基于岩屑流的卡钻风险评价方法

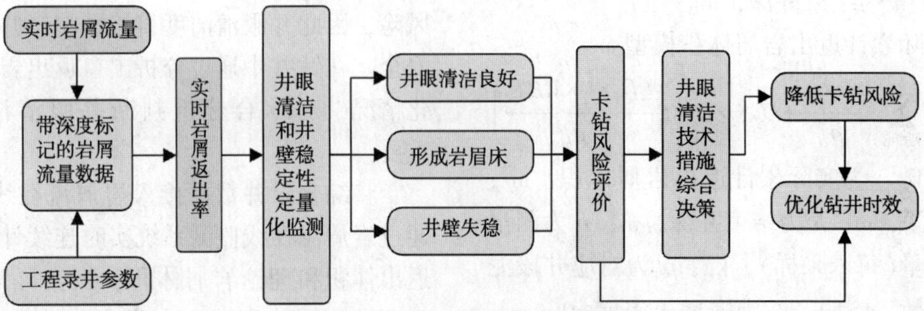

图4　卡钻事故评价模型示意图

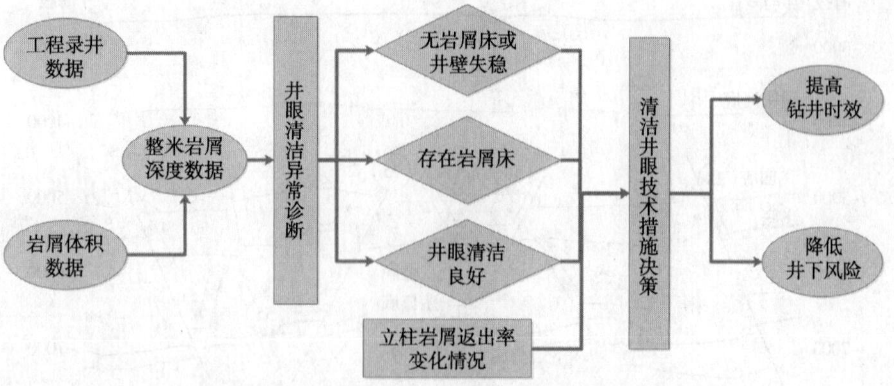

图 5　定量化井眼清洁评价流程图

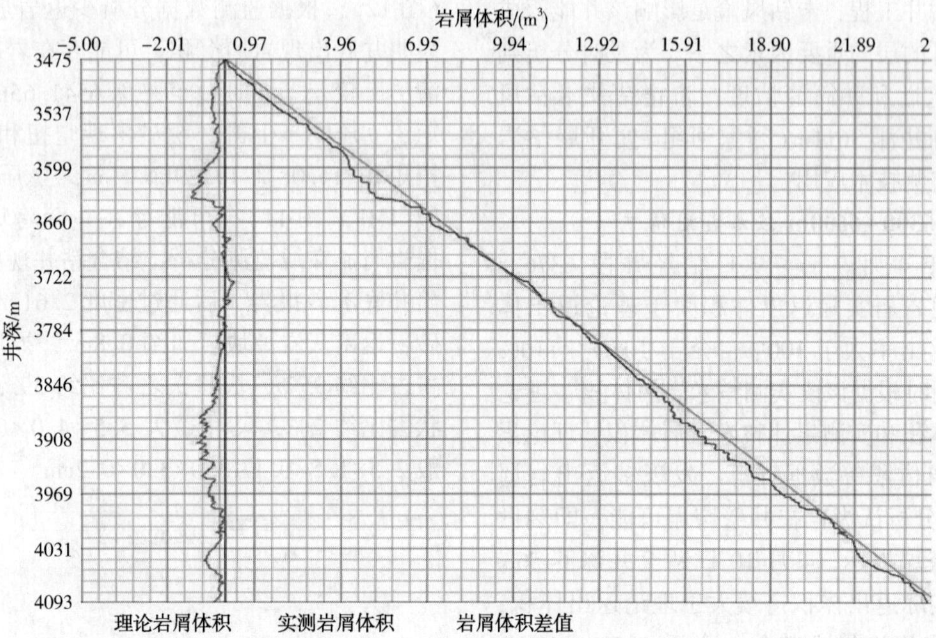

图 6　随钻岩屑体积跟踪图

2.2　井壁稳定性分析方法

井壁失稳是影响井眼清洁度主要因素之一，是指因地层应力释放、裂缝发育或钻井液性能变化导致的地层剥落、坍塌现象。通过岩屑流在线监测系统得到的随钻返出岩屑理论体积和实际体积关系，根据返出岩屑岩性、形状、粒径，结合井眼周边地质构造特征，综合分析判断井壁稳定情况。当实际岩屑体积大于理论岩屑体积，返出岩屑岩性混杂甚至有上部地层岩性，大小不均且具棱角(图 7)，同时井眼周边恰好可能存在断层等复杂地质体时(图 8)，表明井壁失稳但井眼清洁度较好；当实际岩屑体积小于理论岩屑体积，返出岩屑仍具上述特征，表明井壁失稳且井眼清洁度较差。

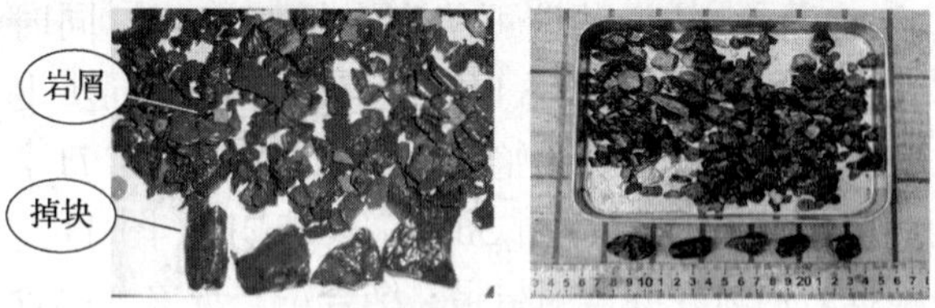

图 7　真岩屑和掉块示意图

3　技术应用及效果

CK1 井是位于川北地区旨在探索超深层油气资源，验证工程技术装备和钻井工艺技术适应性的一口超深层科学探索井，岩性包括砂岩、泥页岩、灰岩、云岩、膏盐岩及其过渡性岩类的陆相和海相地层，三叠系～二叠系中深层还发育断裂复杂构造带。针对这种超深层、大井径、超复

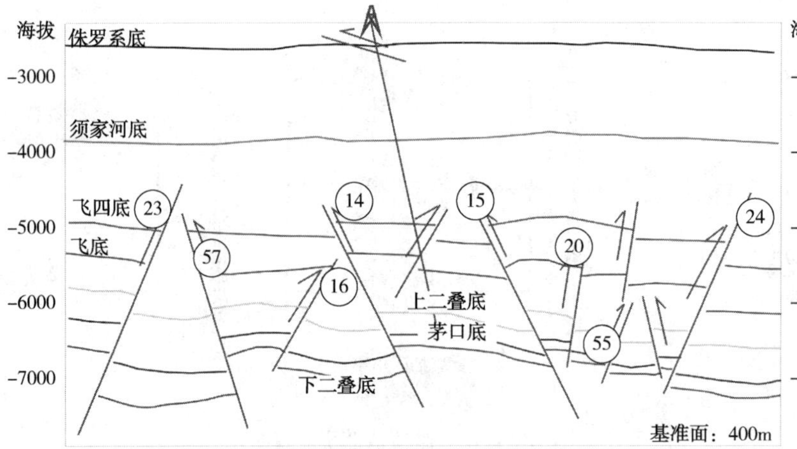

图 8　地震地质综合解释剖面图

杂构造的钻井工程，卡钻风险是影响该井能否成功钻探至目的层的重要因素之一。为及时分析判断井壁稳定性和井筒清洁度，防止钻井卡钻风险，该井自井深 3611m（须家河组）便开展了岩屑流在线监测技术应用。

3.1　井段 6300~6600m 技术应用情况

2024 年 4 月 7 日 ~ 9 日钻经井段 6376 ~ 6424m 发现岩屑实际返出体积大于理论返出体积，岩屑返出率大于 100%，介于 105% ~ 110%（图 9），同时根据该段实测整米岩屑体积、理论整米岩屑体积和实测累计整米岩屑体积、理论累计整米岩屑体积等数据计算，发现多返出岩屑 0.165m^3，分析认为存在井壁垮塌可能，即刻做出了井壁垮塌提示，4 月 10 日钻至井深 6456m 发现岩屑实际返出体积持续大于理论返出体积，且岩屑返出率有增大趋势，介于 105% ~ 130%（图 10），通过监测数据分析该段多返出岩屑 0.2139m^3，认为井壁可能存在持续垮塌。同时钻进至井深 6401.23m 时发现扭矩、立压同步上升，明显出现蹩扭和蹩泵现象，扭矩由 13.71↑16.44kN · m，立压由 36.3↑38.5MPa（图 11）。根据岩屑流在线监测结果，结合钻井现象，综合分析认为该段井壁失稳且出现了岩屑床，后控时钻进并通过密度 2.61g/cm^3 重浆举砂，返出灰岩、灰质泥岩掉块岩屑约 0.3m^3，掉块以块状为主占比约 65%，片状次之占比约 35%，尺寸最大 4.0×3.0×1.2cm^3，一般 3.0×2.0×0.2 ~ 2.0×2.0×0.1cm^3。

2024 年 4 月 18 日 ~ 19 日钻经井段 6540 ~ 6565m 发现岩屑实际返出体积明显小于理论返出体积，岩屑返出率小于 100%，介于 80% ~ 90%（图 12），根据监测数据分析少返岩屑 0.127m^3，表明井底出现岩屑沉积，可能存在岩屑床，井眼清洁度较差。同时钻至井深 6541.65m 时发现扭矩、立压同步上升，明显出现蹩扭和蹩泵现象，扭矩由 14.08↑19.29kN · m，立压由 34.8↑37.4MPa（图 11），可能存在井壁垮塌现象。根据岩屑流在线监测分析，结合钻井现象，即刻作出井底沉砂报告，后通过密度 2.61g/cm^3 重浆举砂，返出灰岩掉块岩屑约 0.8m^3，掉块以片状为主占比约 95%，块状次之占比约 3%，岩屑磨圆状占比约 2%，尺寸最大 5.5×4.0×0.1cm^3，一般 2.5×1.5×0.1 ~ 3.0×3.0×0.2cm^3。

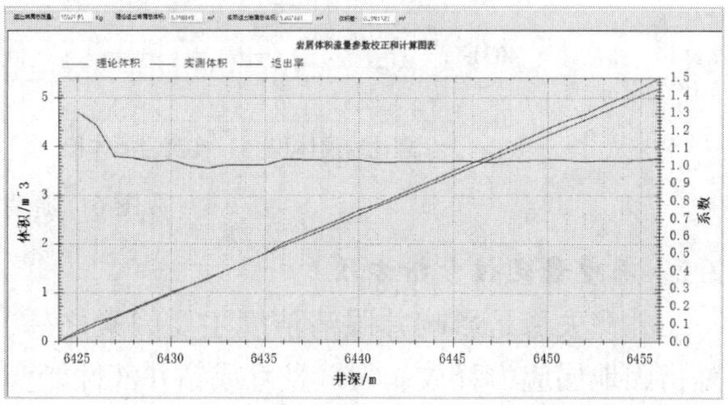

图 9　6376~6424m 井段岩屑返出率曲线图

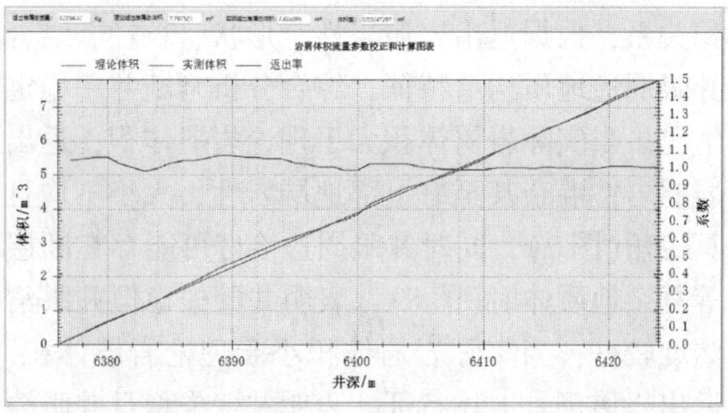

图 10　6424~6456m 井段岩屑返出率曲线图

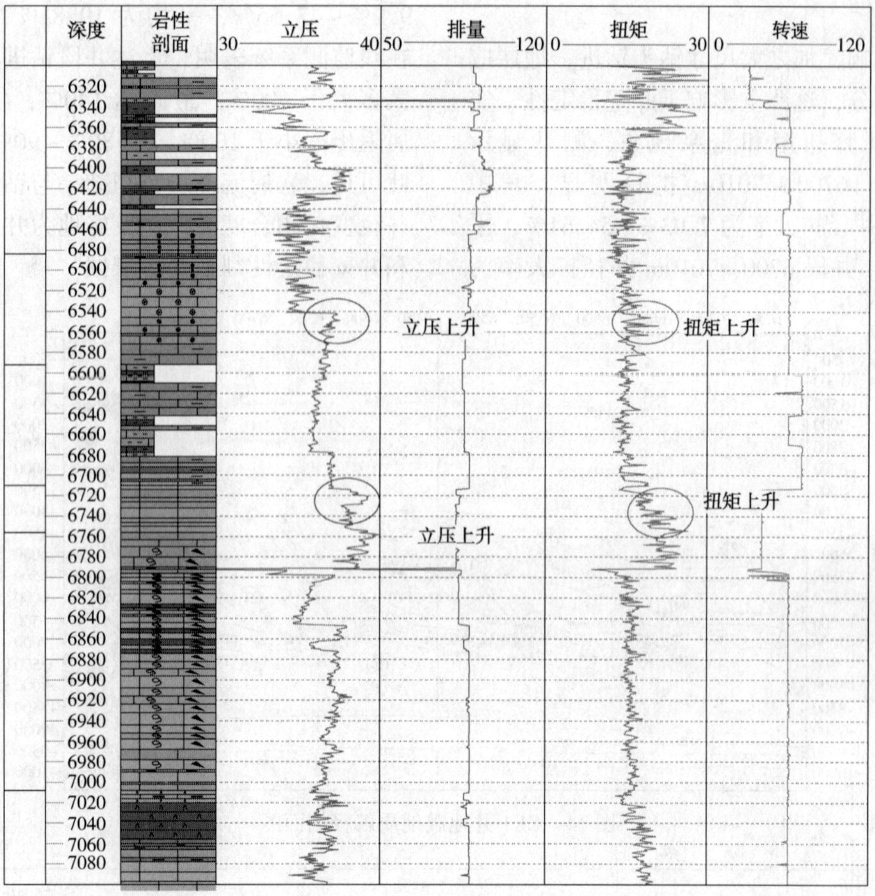

图 11　CK1 井工程录井图

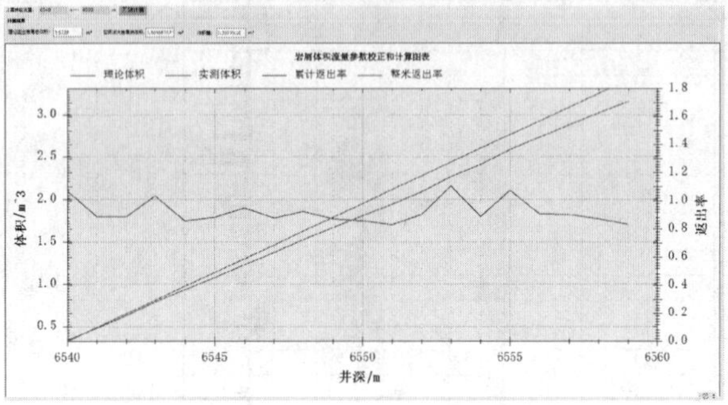

图 12　6540~6565m 井段岩屑返出率曲线图

3.2　井段 6570~7390m 技术应用情况

2024 年 4 月 20 日 ~6 月 25 日钻经井段 6580~7390m 发现岩屑实际返出体积大于理论返出体积，岩屑返出率整体偏大，介于 80%~120%，最高达 140%，局部井段岩屑返出率小 100%，尤其是井段 6868~6885m 岩屑返出率低至 80%~90%（图 13），根据监测数据分析多返岩屑 0.862m^3，表明该井段井壁持续垮塌，且间断存在井底沉砂现象。当至井深 6715.24m 时，发现扭矩、立压同步上升，明显出现蹩扭和蹩泵现象，扭矩由 13.61↑19.89kN·m，立压由 36.7↑39.3MPa（图 11），可能存在井壁垮塌现象。根据岩屑流在线监测分析，结合钻井现象，决定拉划井壁再重浆举砂，期间用密度 2.61g/cm^3 重浆举砂 3 次，共返出灰岩、泥质灰岩掉块岩屑约 1m^3，掉块以片状为主占比约 95%，块状次之占比约 4%，大小不等，尺寸最大 4.5×3.0×0.3cm^3，一般 2.0×1.0×0.1~3.0×2.0×0.2cm^3。

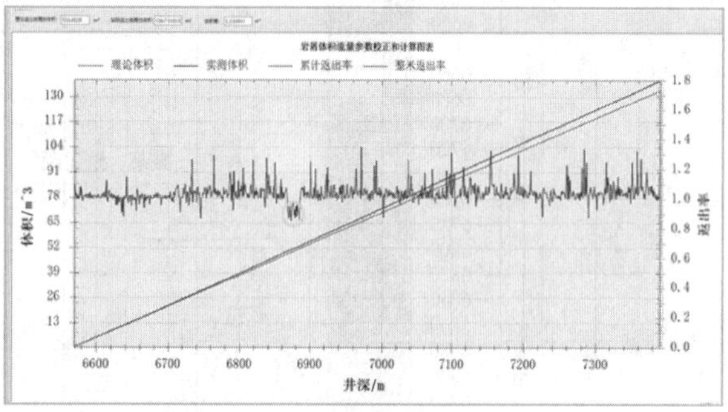

图 13　6570~7390m 井段岩屑返出率曲线图

3.3　对比分析

CK1 井地震解释嘉陵江组底至长兴组地层发育有⑩号大断层及其半生的嘉①号小断层（图 14），通过地层剖面可知井深 6484m（飞三段）钻遇了断层。

受断裂影响，加之大尺寸钻头钻进，地层应力释放更加充分，这严重影响了井壁稳定性，实钻中多次出现蹩扭矩和蹩泵现象，测井显示6380～6560m、6700～7010m扩径明显，其中6380～6560m井径扩大率为7.03%～54.61%，平均为24.97%，井段6700～7010m井径扩大率为9.2%～43.55%，平均为19.81%，根据岩屑流在线监测系统表明，上述井段钻进时岩屑返出率大多大于100%，最高达140%，仅局部井段岩屑返出率小于100%，为80%～90%(图15)。由此可见，岩屑流在线监测结果与钻井现象和测井井径变化吻合度高，能较好地为井眼清洁度分析和井壁稳定性判断提供依据。

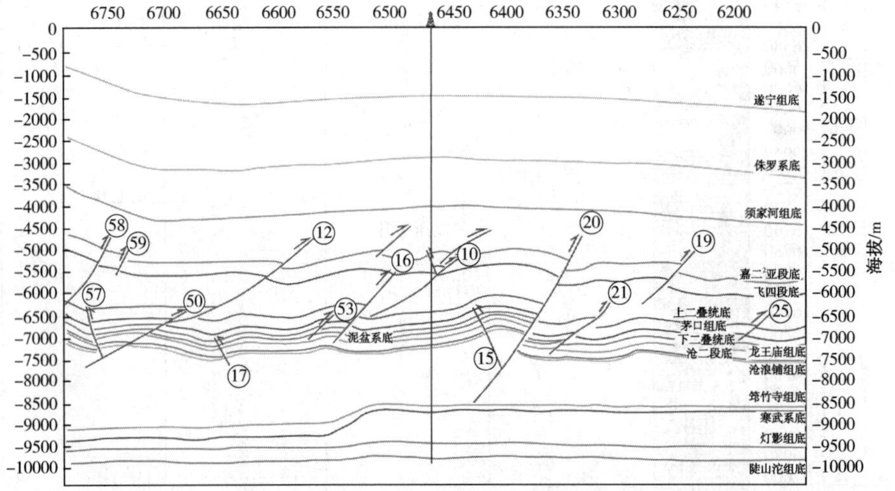

图14　CK1井地震地质解释剖面图

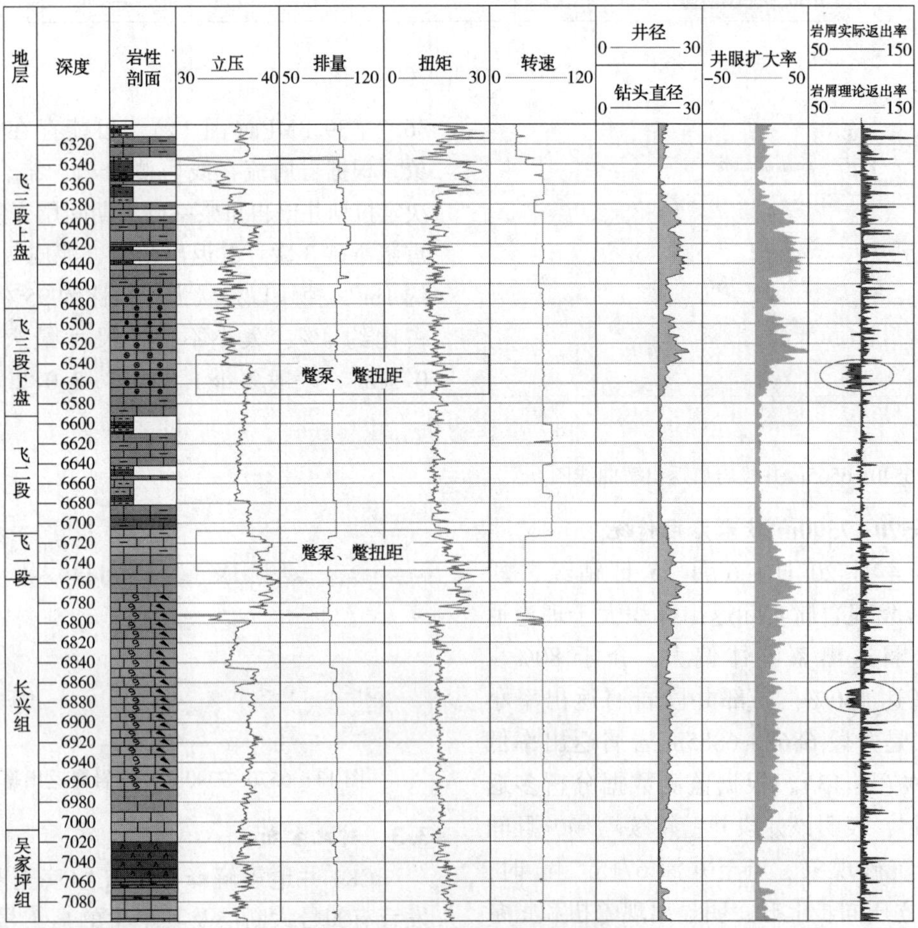

图15　CK1井岩屑流录井对比图

4 认识与结论

基于岩屑流在线监测技术在水平井的成功应用经验，通过计算模型优化与适应性改进，形成了适用于深层超深层直井的岩屑流在线监测技术。该技术在 CK1 井大尺寸超深层直井中的实际应用表明：

(1) 岩屑流录井监测结果与钻井现象(蹩扭矩、蹩泵)及测井数据(井径扩大率)高度吻合，证实了技术模型的准确性和可靠性。

(2) 岩屑流录井技术实现了井眼清洁度实时定量评价，为优化钻井参数(如排量、转速)提供了数据支撑，通过岩屑返出率异常预警，显著降低了卡钻风险，表明该技术具有一定的工程价值。

(3) 相较于传统的经验判断，岩屑流录井技术结合录井参数、岩屑特征、地质构造等多元数据分析，提升了井壁稳定性分析的客观性和时效性，体现了技术融合优势。

(4) 为适应数字化钻井需求，未来可探索人工智能算法以优化滤波模型和事故预测精度，实现与综合录井系统的双向互联，以支持智能化钻井决策。

随着深层油气勘探的持续推进，岩屑流在线监测技术有望成为保障安全高效钻井的核心手段之一，其持续创新将为“深地工程”超深井钻探提供更坚实的技术保障。

参 考 文 献

[1] 肖敬涛，任忠宏，王强，等. 无线岩屑流量测量装置研制与现场应用[J]. 录井工程，2018，29(4)：66-69.

[2] 雷银，陈轶林，张吉，等. 页岩油气水平井岩屑流监测技术与应用[J]. 石油工业技术监督，2021，37(11)：38-41.

[3] 王学强，王翔，雷银，等. 水平井岩屑流量预测模型研究及应用[J]. 石油工业技术监督，2022，38(10)：15-19.

国内外气井带压作业技术现状与展望

胡旭光　刘贵义　李红兵　刘　伟　曾国玺　谭　伟　钱卫斌

（中国石油集团川庆钻探工程有限公司）

摘　要　气井带压作业技术是指在井口带压情况下依靠带压作业设备进行的修、完井作业，由于不需压井，在储层保护、增产稳产、节能减排等方面拥有突出的技术优势，是目前国际气田开发工程技术服务领域一项重要的井下作业技术。国外气井带压作业技术与装备起步较早，形成了较为完善的技术与装备系列，国内气井带压作业技术起步相对较晚，通过持续科技攻关，形成了高压气井带压作业技术与装备，实现了气井带压作业高端装备由国产取代进口的重大突破，核心能力由21/35MPa提升至70/105MPa，井下工具承压及功能全面升级，工艺技术由带压起下简单管柱向高压复杂修完井升级，促进了国内气井带压作业技术与装备的跨越式发展。

关键词　气井带压作业；高端装备；简单管柱；高压复杂修完井；跨越式发展

1　技术简介

气井带压作业技术是指气井井口有压力条件下依靠带压作业设备进行作业的修完井技术，通过带压作业装置的环形防喷器、工作防喷器、卡瓦、安全防喷器组等进行带压起下管柱作业，作业过程不压井、不放喷、不泄压，可避免常规压井作业造成的储层伤害，具有保护油气层、提速提效、降低作业成本等突出优势，其作业装置如图1所示。环空动密封压力控制技术与管柱内密封压力控制是气井带压作业技术两大关键工艺技术，通过下入压力等级、密封性能合适的堵塞器或桥塞实现管柱内封堵，通过环空动密封装置实现管柱起下过程中环空压力的控制，实现带压起下管柱作业。由于其不压井的突出优势，为非常规油气资源安全、清洁、高效开发提供了强力技术支撑。

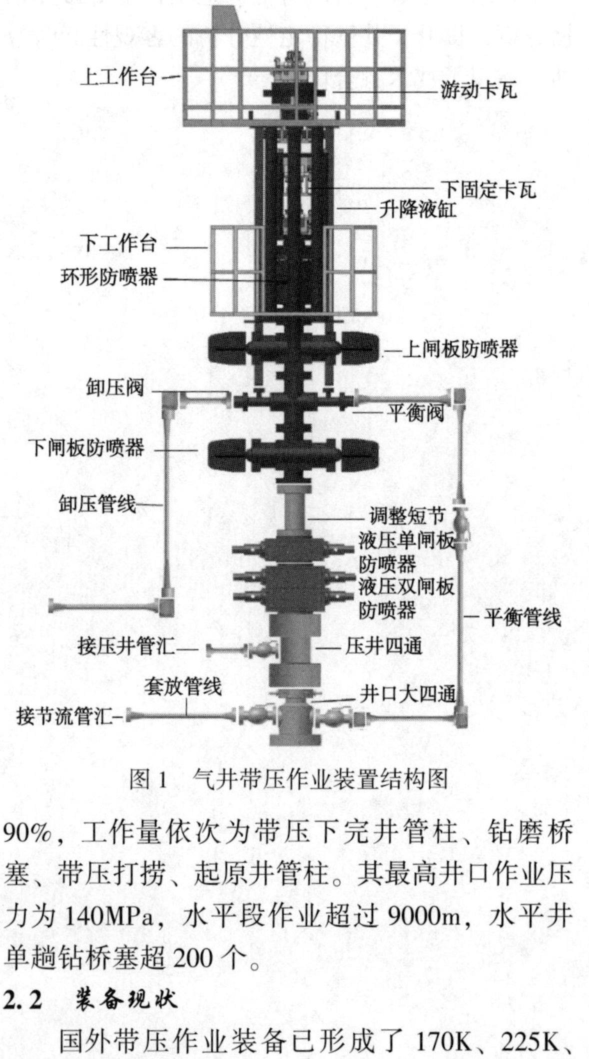

图1　气井带压作业装置结构图

2　国外气井带压作业现状

2.1　技术现状

以北美为例，国外气井带压作业技术已实现了带压完井、带压修井、带压钻井全覆盖，应用范围包括：带压下套管、尾管、单油管或双油管等完作业，带压辅助分层压裂、酸化连续施工作业，带压下入、回收封隔器、桥塞及其他工具，带压冲砂、打捞、磨铣、清蜡等修井作业，带压欠平衡钻井、侧钻、射孔以及应急抢险等。年作业超10000井次，气井带压作业工作量超过90%，工作量依次为带压下完井管柱、钻磨桥塞、带压打捞、起原井管柱。其最高井口作业压力为140MPa，水平段作业超过9000m，水平井单趟钻桥塞超200个。

2.2　装备现状

国外带压作业装备已形成了170K、225K、285K、340K、460K、600K等多个系列带压作业机，带压作业机类型丰富，包括迷你型、独立式、辅助式、长冲程、电动带压作业机等多个类型，可针对性的选用对应设备开展带压作业施工，如图2所示。以北美为例，约有400套左右的在役带压作业设备，其中美国325套左右，加拿大75套左右。在配套设备方面，已配套了转盘、旋转卡盘、自动钻磨系统、封闭转盘、全行程扶正装置、自密封装置等先进设备，极大提升了设备钻磨能力及高压下管柱安全系数。在配套工具方面，套管切割工具、堵塞器系列、膨胀式桥塞，可回收桥塞、测漏工具、测卡点装置、恒压管汇等，带压修井能力较为完善。

图2　国外带压作业机

2.3　软件现状

国外已研发了带压作业数据分析系统、Snubwell、AAR(after action review)等软件，为带压作业提供全过程技术支撑。其中，数据分析系统可以帮助操作手分析例如钻磨进尺，循环效果，风载大小等，收集数据形成图表加以存储；Snubwell可以上传大量基础数据和作业资料，通过大数据分析设备和作业状态，监控作业的安全性和施工效率；AAR(after action review)可以开展作业后分析，分析作业参数，作业时效，分析设备运行情况，监控设备的KPI等；T&D Modeling管柱状态分析软件可帮助操作手评估管柱选择，钻磨参数、循环参数设置以提高井下作业效率和安全性，可以通过3D和2D的图表和模拟井下情况。

2.4　自动化操控

国外已实现带压作业机远程操控。远程操控的带压作业设备为液压控制，油管或钻具由机器手臂协助完成，上卸扣由卡瓦和旋转机构完成。整个系统通过收集各类数据后集中反馈，由计算机按照程序进行分析，在控制室中仅需一个操作手即可完成作业。

3　国内气井带压作业现状

3.1　技术现状

国内中石油在气井带压作业技术方面的研究起步较早。应用涵盖低、中、高压完井，拓展带压下光油管、封隔器、柱塞、射流泵等多种完井工艺，实现了带压钻磨、带压段铣、带压修套、带压更换腐蚀穿孔管柱等多项技术，带压修井实现了从简单修井到复杂处理的全覆盖。通过对工艺的不断优化，已具备了井口压力50MPa、管柱下深5000m的作业能力，下油管完井、下多封隔器压裂管柱、柱塞管柱三种工艺应用较为普遍，年作业量已超1500井次。通过带压作业技术，单井产量提高逾2万方/天，EUR增幅10%~58%，助推了非常规气高效开发，相比于常规修井基建、压井液、废水处理等费用降低50%以上，实现了安全清洁低碳生产。

3.2　装备现状

国内如宝石机械、铁虎等公司自主研制了DYJ75/70DD、DYJ110/70DD、DYJ110/105DD型气井带压作业主机及70MPa高压气井带压作业环空动密封系统。主机最大举升力1100kN，最大下压力757kN，通径180mm，最大旋转扭矩30000N·m，具备了70MPa带压完井、35MPa带压打捞、钻磨铣及冲砂等复杂工况作业能力。在配套工具方面，研制了2⅜″、3½″、70MPa和105MPa等不同规格的内封堵工具及带压作业密闭倒扣装置及带压扶正系统，打破对进口内堵塞工具的依赖，形成多种规格带压切割装置，降低了转盘倒扣的安全风险，丰富了复杂管柱带压处理手段。

3.3　软件现状

开发了气井带压作业设计软件，具备基础数

据直接导出、作业参数自动计算、管柱强度及无支撑长度自动校核等功能，配置齐全带压作业设计、力学分析、工程模拟、操作模拟软件，实现设计精准指导，如图 3 所示。带压作业数字化建设稳步推进，实现了带压现场的数据、视频数字化采集，在工程作业智能支持系统可实时监控现场情况，进行专家远程指导，从开工-完工实现全过程、全方位数字化管理。

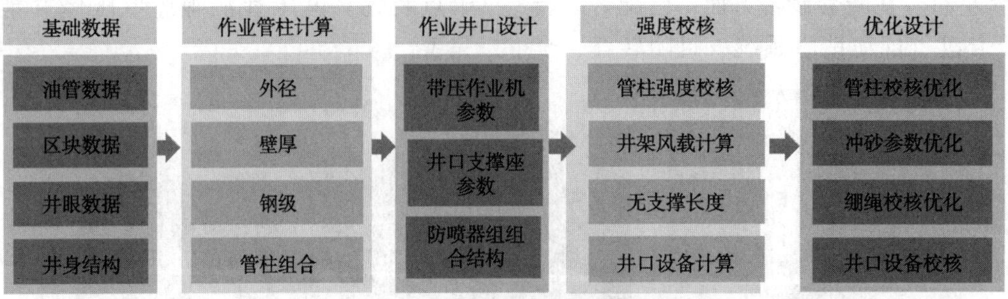

图 3　带压作业设计软件功能模块

3.4　管理现状

建立了完善的标准、管理体系，制修订国内气井带压作业机配套规范、带压作业队伍资质审核标准、油气水井带压作业技术规范、气井带压作业现场管理办法等多项带压作业标准及管理办法，规范了主机、安全设施、辅助设备配套标准，明确油水井和气井队伍资质申请要求，规范带压队伍人员、设备配置和作业范围，制定了带压作业现场井控管理和施工关键环节要求。

4　发展建议与展望

北美部分气井在钻完桥塞后立即带压作业完井，井口压力通常在 5000psi 到 10000psi 之间，在排液初期下入完井管柱，极大提高气井排液、排砂能力，EUR 最大能提高 50%以上，助力非常规气井高效开发。国内目前普遍控制在 30MPa 以内开展带压完井作业。北美带压修井目前主要以钻磨、打捞、起原井管柱为主，年作业工作量接近 6500 井次，国内水平井带压钻磨桥塞技术应用较少，水平段最长 4000m，带压打捞作业多为液压修井，年作业量在 10 井次以内，带压更换原井管柱年作业 50 井次左右，80%采用液压修井，带压更换原井管柱也主要集中在 10MPa 以内。

建议在以下方面开展攻关：(1)工艺方面加快适用于国内水平井钻磨技术的研究，进一步配套优化工具串组合，特殊设计多种管柱、工具串组合形式；(2)设备方面升级卡瓦、转盘、抗扭、循环系统等，研制满足带压钻磨、打捞、起原井管柱等多种工艺的井下工具；(3)打造带压作业现场数字化综合信息平台，实现工程信息实时交互、生产资源精准配置、跨专业成果高效共享、远程决策广泛应用，保障带压作业施工安全。

参　考　文　献

[1] 杨红斌，徐迎新，柳志勇，等. 气井带压作业技术研究与应用[J]. 油气井测试，2013，22(3)：55-57.

[2] 孙虎，徐迎新，张冕，等. 苏里格苏 48-17 某井带压作业工艺设计与现场施工[J]. 钻采工艺，2013，(2)：131-132.

[3] 黄杰，徐小建，郭瑞华，等. 气井带压作业技术在苏里格气田的应用与进展[J]. 石油机械，2014，42(9)：105-108.

[4] 杨令瑞，谢正凯，韩烈祥，等. 气井带压作业技术装备升级换代之路[J]. 石油科技论坛，2015，1(4)：18-21.

[5] 张平. 页岩气水平井带压打捞作业设计与实践[J]. 钻采工艺，2020，43(02)：30-33.

[6] 张明友，袁健，谢奎，等. 暂闭井带压作业机控压钻磨水泥塞技术及应用[J]. 钻采工艺，2023，46(1)：85-90.

[7] 胡旭光. 气井带压起复杂管柱施工难点及对策[J]. 钻采工艺，2020，43(4)：115-117.

[8] 张平. 气井不压井作业主要工程风险分析与对策研究[J]. 钻采工艺，2018，41(4)：31-33.

大尺寸井眼强制反循环钻井试验研究

杨 超 蒋 杰 文健安

（中国石油集团川庆钻探工程有限公司）

摘 要 目前全球对油气资源的需求越来越大我国油气资源开采正向深层超深层迈进。但深层超深层勘探的钻井周期长、钻井的速度慢、钻井的成本高的问题突出。反循环气体钻井技术通过双壁钻杆内管返砂来建立循环，所需气量少、设备少，对井壁的干扰小可有效降低钻井成本和扩展气体钻井应用领域，为深井超深井的表层大尺寸井眼气体钻井降本增效、节能环保提供一种新的手段。本文主要介绍了基于环空封隔器的强制反循环钻井技术，通过环空封隔器，可按需扩张、收缩，强制促成循环，同时避免发生卡钻事故。通过试验表明，采用了环空封隔器能够提升反循环的循环效果，大大减少了气体设备的使用量，节约了钻井成本。

关键词 反循环；气体钻井；环空封隔器、反循环空气锤

目前全球对油气资源的需求越来越大，随着油气资源的勘探开发，浅层油气资源基本开采殆尽，我国油气资源开采正向深层超深层迈进。但钻井周期长、钻井的速度慢、钻井的成本高等问题是阻挡我们深层超深层油气开发的主要难题，为此需要针对目前深井超深井钻进的难点进行技术突破与装备研发。面临这些困难，我们不得不对深层资源的开采采取新的方法和思路，而气体钻井技术就是其中新思路之一。

对于气体钻井，是指利用空气、氮气等非凝析气体作为钻井循环介质进行的钻井。在目前，气体钻井具备较大幅度的提高机械钻速、节省钻井成本、能够有效防止井下复杂、能有效降低油气层的损害从而达到提高采收率的效果。与常规的泥浆钻井在钻深井、超深井相比机械钻速得到了大大的提高，缩短了钻井周期，从而节约了成本，同时采用气体作为介质进行循环，节约了生产用水，也保护了环境。因此，把气体钻井应用到复杂深层油气的开发中来能够有效的解决我们目前遇到的诸多困难。

发展至今，国内气体钻井技术已经形成了较为成熟的基础理论和工艺技术，但其本身技术存在一定的局限性。例如地层出水后的井壁失稳问题、恶性漏失带来的环保问题、提速空间压缩后的高成本问题，这些都制约着气体钻井发展。

反循环气体钻井通过双壁钻杆内管返砂来建立循环，所需气量少、设备少，对井壁的干扰小，可有效降低钻井成本和扩展气体钻井应用领域，为深井超深井的表层大尺寸井眼气体钻井降本增效、节能环保提供一种新的手段。

1 研究现状

1.1 国内外研究现状

1.1.1 国外研究现状

国外反循环钻井技术始于20世纪40年代，80年代气体反循环技术取得突破。加拿大、挪威等国的技术革新尤为显著：2003年PressSol公司研发反循环中间返出技术，K2能源公司成功实施16口反循环气井；2007年Nabors公司成功在页岩气藏中应用。2009年RDM技术完成陆海试验，2014年BG巴西公司实现2300m深水作业，2016年通过水平井试验验证精确控压与高效携岩能力。

1.1.2 国内研究现状

国内研究始于60年代，1979年地矿部率先开发双壁钻具气举反循环工艺。2003年气体反循环技术在全国推广。2004年华北石油管理局研发双壁钻具组合及防喷工具；2014年中国石油大学研制了泵压反循环钻井装置；川东钻探完成气举反循环钻井顺利完钻；2015年吉林大学研制大直径引射器钻头，解决硬岩地层效率问题。

1.2 气体反循环钻井技术

反循环钻井技术主要包括泵吸反循环、气举反循环、全井反循环。

泵吸反循环钻井是利用离心泵的抽吸力量，

使钻杆内流体上升的水力反循环钻井方法。钻井过程中，泵入口处形成负压，井口的液体在大气压的作用下，经钻头携带岩屑经钻杆中心通道上升，通过水龙头、水龙带从泵中排出；沉淀后的流体以自流的方式从井口流到井底，构成循环。国内的泵吸反循环钻进施工灌注桩的井眼直径通常为0.6~2.5m，最大直径可达6m。目前泵吸式反循环主要用于建筑、桥梁等行业地基打桩使用，油气井的钻探开发不适用于该项技术。

气举反循环钻井是上部采用双壁钻杆，下部采用常规钻具，二者通过气水混合器(混气短节)连接。压缩空气从双壁钻杆环空注入，通过混气短节与钻杆水眼中的流体混合，形成气液混合的低密度钻井液，在井眼环空和钻杆水眼的内外密度差的作用下，井眼环空流体携带井底岩屑通过钻头(须定制专用反循环钻头)排砂口进入钻杆水眼并上返至地表。该工艺的对井筒内的液柱要求较高，同时在泥页岩层位有钻头泥包风险，故在石油钻井行业中的适应性不高。

全井反循环钻井工艺通过密封井眼环空(或对井眼环空施加一定背压)，强制钻井流体与岩屑在双壁钻具内循环的一种方式。密封方式有多种，一种是采用关闭井口方式密封环空，一种是采用环空注液的方式密封环空，还可以采用“外平”钻具密封环空，但每种封隔方式均存在不同的局限性，其中关闭井口方式和液柱密封方式恶性漏失的情况下不能建立循环，“外平”钻具密封环空方式容易造成井下卡钻事故。本文的试验研究主要是指采用井下强制封隔器进行环空密封的全井反循环钻井工艺。

2 强制反循环工艺的关键工具

气体反循环钻井过程中，由于气体携带岩屑在钻具内部循环，因此相比常规钻井方式，设备有其特殊性。气体反循环钻井过程中，除了配备常规气体钻井工具和设备外，需要反循环潜孔锤、双壁六方钻杆、双壁钻具、双壁气水盒子龙头、环空封隔器等一些特殊关键工具及设备。

2.1 双壁钻具

2.1.1 双壁方钻杆

双壁六方钻杆是通过钻机转盘为井下钻具提供扭矩的关键井口钻具，承受扭矩高。为保证机械强度，在中心管内径和方钻杆本体外径已定的条件下，在结构设计上采用六方截面设计，安全性更好。

2.1.2 双壁钻具

双壁钻具作为高压气体、岩屑和井筒液体混合流动的通道，对强度和刚度要求较高。内管和内外管环空双通道密封性要好，双壁钻具外管靠端面密封，内管采用插入式连接和O形圈密封，能有效隔离两通道以及外管空间，防止气流循环短路。中心管内壁要平滑耐磨，以减少压缩气体携带高速岩屑造成钻杆冲蚀损毁。如图1所示。

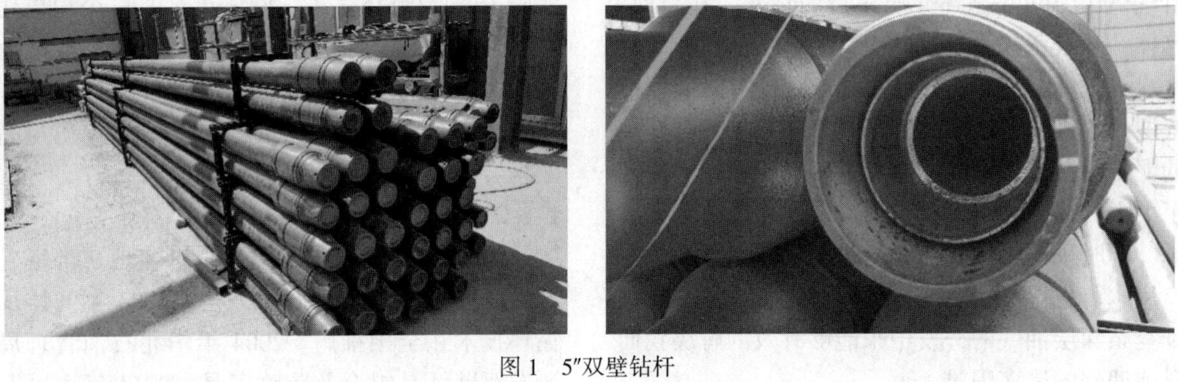

图1 5″双壁钻杆

2.2 环空封隔器

环空封隔器是一种可按需扩张、收缩的随钻封隔工具，可以封闭钻具和裸眼环空以强制促成循环，同时避免发生卡钻事故。

石油钻井下井眼井壁并不规则，钻进时封隔器会随着井深加深持续向下移动，为了防止频繁起下钻导致钻井时效过低，必须确保封隔器的使用寿命。故设计封隔器的橡胶封隔装置须相对于井壁静止。同时，封隔装置在井底附近，封隔器工作时直径和井眼尺寸一致，井下卡钻的风险极大，则需要设计结构为按需可膨胀、收缩结构：轴向施加钻压时橡胶膨胀，上提钻具时橡胶收缩为钻具本体直径。若封隔器胶筒磨损后失效，须设计为可现场更换方便的结构。

2.2.1 胶筒研制

胶筒设计如下结构(图2)。

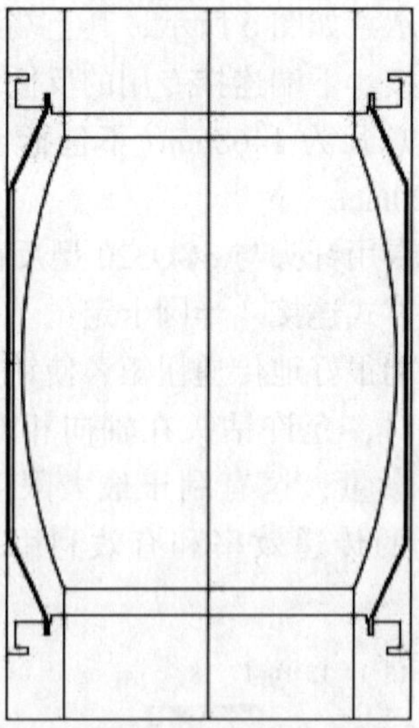

图 2　封隔器方案结构图

（1）橡胶结构是采用均匀分布的多根预制圆弧形状的弹性金属与橡胶粘接为一体，利于整体向外鼓胀变形、密封、耐磨。

（2）封隔器胶筒两端采用螺纹与偶件连接，利于上提带出。

通过对该结构进行有限元仿真，对该结构上端施加 10kN 的力，仿真出封隔器橡胶动作并不能完全按照外突膨胀式进行工作，也会有内凹的情况发生（图 3）。

针对仿真出现的问题，重新设计封隔器结构进行优化，创新性的设计了“内部骨架式”封隔器（图 4），设计下压力 15kN 时，封隔器的胶筒从 320mm 扩张至 480mm，从而密封环空。

2.2.2　封隔器研制

封隔器主要作用是承接上部钻具的扭矩和压力，并通过双母接头传递给花键套。而提钻时，花键轴及其下部工具的重量通过卡环悬挂在花键套上。由于封隔器安装在近钻头处，因此花键轴下部工具重量很轻，卡环完全可以承受这些重量。封隔器胶筒组件则是插接轴承套上，并用胶筒定位销在上下两端固定。其结构图如图 5 所示。

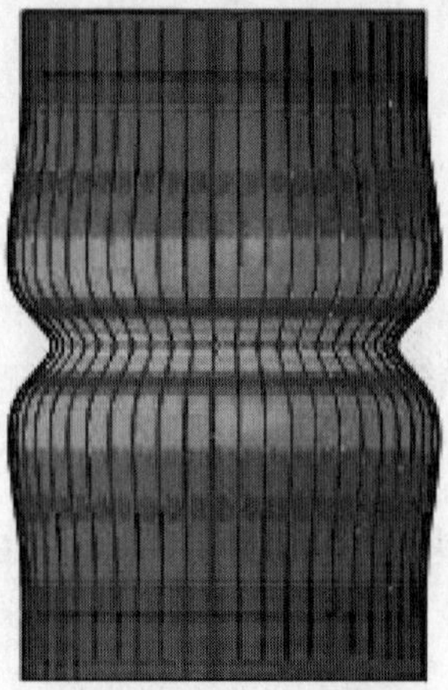

图 3　有限元仿真图

图 4　骨架式封隔器胶筒

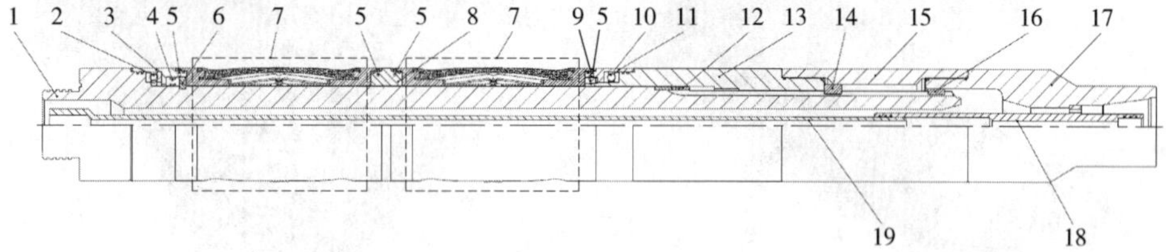

图 5　伸缩式随钻动态封隔器结构示意图

1—花键轴；2—轴承 a；3—下轴承套；4—轴承 b；5—胶筒定位销；6—下轴承套卡环；7—胶筒组件；8—连接套；9—上轴承套锁紧环；10—轴承 c；11—上轴承套；12—调整垫环；13—花键套；14—卡环；15—双母接头；16—防掉卡环；17—上接头；18—上芯管；19—下芯管

伸缩式动态随钻环空封隔装置具有以下优点：

（1）采用加压扩张，提钻收缩的方式，可实现井眼环空的按需动态封隔。即使遇到井壁失稳掉块，也不用担心此处会发生卡钻事故；

（2）胶筒扩张后，压在井壁上，在内部轴承的作用下不会与钻柱一起旋转，而是与井壁保持相对静止。避免胶筒因高速旋转而与井壁发生剧烈摩擦，导致胶筒磨损；

（3）胶筒的扩张外径可以精确控制，即胶筒收到井壁限制后的压缩量可以控制。胶筒在钻压下向下移动，轴向移动速度很慢，且不随钻柱旋转，完全可以做到随钻封隔；

（4）采用花键传扭和卡环提升的方式，结构简单可靠；

（5）可以采用多种骨架式胶筒实现膨胀，也可以安装单胶筒、双胶筒甚至多胶筒，还可以分段安装多个本项目所述的伸缩式随钻动态封隔装置以满足不同的工况需求。

2.3　反循环空气锤及专用钎头

本次试验主要是使用SGQ320型反循环空气锤，其装配示意如图6所示，其上端通过螺纹与双壁钻具连接，下端连接专用的反循环钻头。反循环空气锤总长为1468mm（不包括钻头部分），主体外径320mm。

反循环专用钎头与SGQ320型反循环空气锤本体以花键方式连接、半圆卡定位。一方面，这种连接方式能很好地传递扭矩，使钻头随钻具一起回转。同时，允许钻头在轴向相对空气锤本体有一定移动量，这有利于最大限度地提高活塞冲击能量的传递效率和有效利用率。如图7所示。

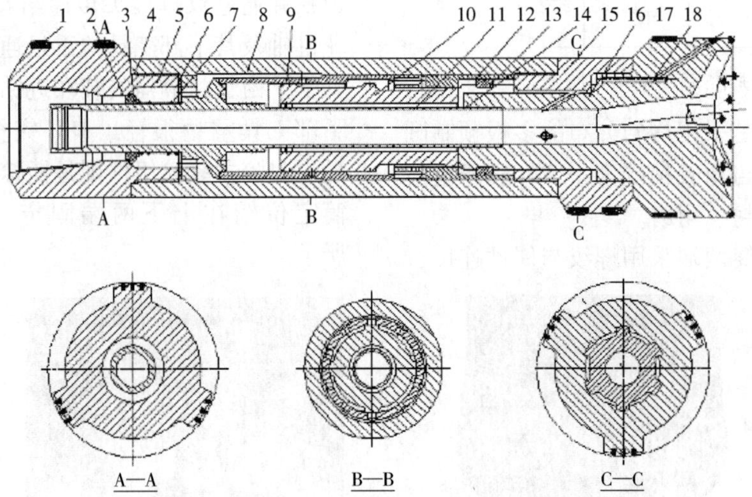

图6　SGQ320反循环空气锤结构示意图

1—保径合金；2—密封圈；3—逆止阀；4—密封圈；5—上接头；6—调整垫片；7—弹簧；8—外缸；9—内缸；10—活塞；11—心管；12—衬套；13—半圆卡；14—密封圈；15—花键套；16—钻头；17—保径合金

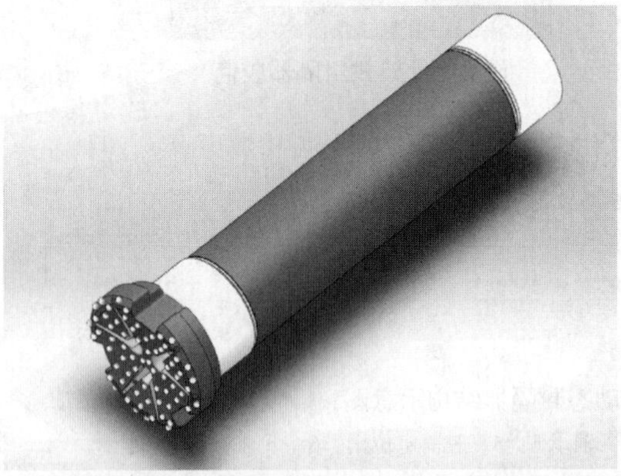

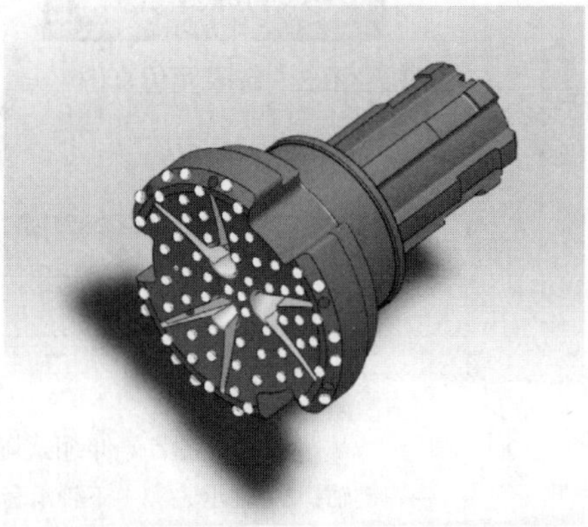

图7　SGQ320反循环空气锤及钎头方案

钎头的轴向移动由半圆卡实现限位，其连接强度大，可靠性强，适用于深井钻进。另一方面，这种花键连接，半圆卡限位的方式能够实现“防空打”功能，即当钎头在自重作用下脱离空气锤本体一定距离后，空气锤活塞立即停止往复冲击运动。“防空打”的作用有两个：一是能够保护钻具和空气锤的螺纹，避免在钻头脱离孔底时因活塞巨大冲击作用而损坏；二是“防空打”结构同时能够实现“强吹孔”钻进工艺，即瞬间有大量高能气体喷射到井底，利于彻底清洗井底岩屑和解除卡堵。

3　现场试验研究

3.1　试验井基本情况

内试X井位于内江市市中区城西工业园。试验钻机为ZJ20型。主要参考井为自流井构造W205井(9.98km)、W203井(13.9km)、ZS1井(30km)、Z29井(30km)。邻井W203、W205在沙溪庙钻遇地层出水，出水量3~3.5m³/h，出水层段133~272m，在凉高山-自流井组380~780m井段地层出现明显垮塌。

3.2　试验工艺流程

本次试验的工艺流程为：空气→空压机和增压机压缩→高压注气软管(井架)→注气盒→双壁钻具内外管环隙达到井底→携带岩屑经双壁钻具内管→鹅颈管→排砂软管→沉砂池/方井/岩屑罐。如图8所示。

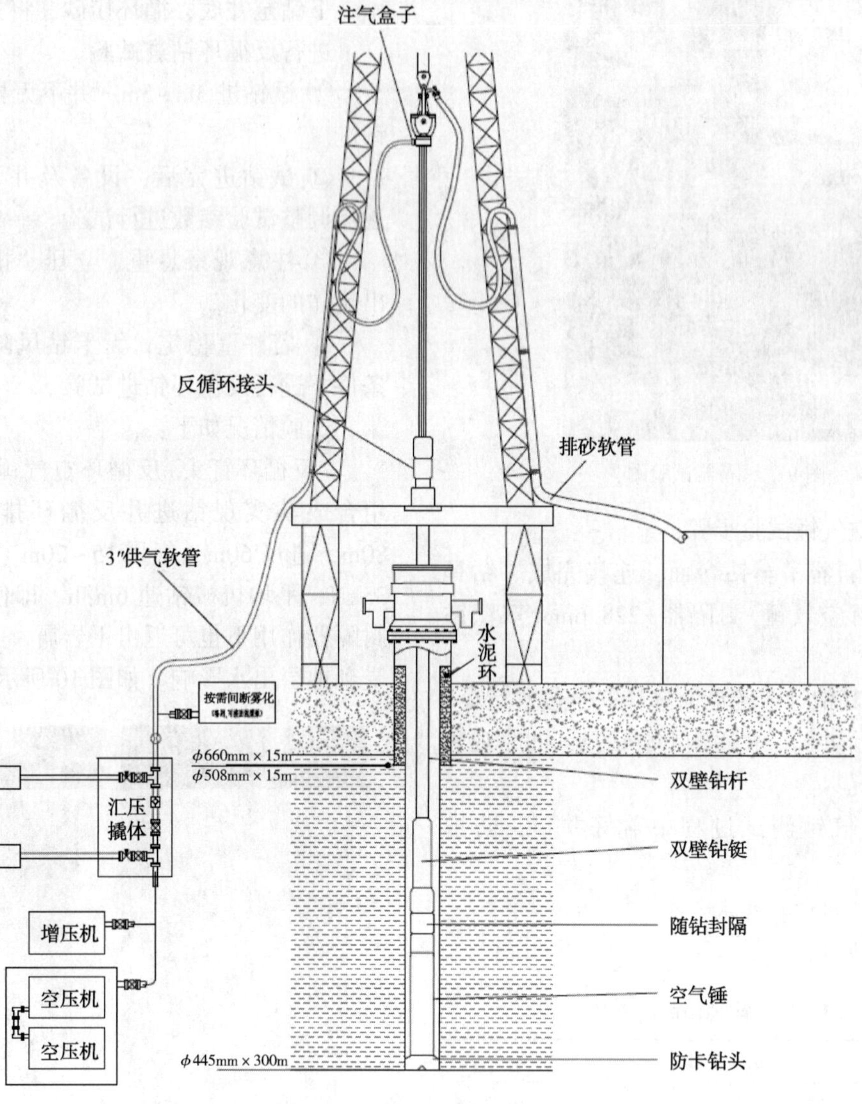

图8　试验工艺流程图

3.3　现场试验

3.3.1　地面测试地面测试封隔器工作及其空气锤工作情况

地面测试封隔器及空气锤情况主要有两个目的：(1)为了确保空气锤的工作正常，防止起下钻影响试验进度；(2)确定封隔器的启动钻压，以判断井下情况。

封隔器试验步骤：

① 将封隔器吊至钻台面，连接完成。钻具组合：反循环空气锤+封隔器+228.6mm双壁钻铤2根。

② 逐渐下放钻具，观察封隔器工作情况。

③ 井口遮盖好，防止落物入井。

试验参数：钻压0.5~5t(圆木墩)。

试验情况如下：

下压钻具至2.5t后，双封隔器中的下封隔器完全张开达到最大扩展状态，但是上封隔器未完全张开，继续增加钻压至5t，上下封隔器完全张开。反复几次后，下放钻具至钻压3t，双封隔器均可完全打开。如图9所示。

图9　封隔器试验图

反循环空气锤试验步骤：

① 将封隔器吊至钻台面，连接完成。钻具组合：反循环空气锤+封隔器+228.6mm双壁钻铤2根。

② 同时其他远离转盘面选择安全位置待令，操作人员开始供气，并逐步下放钻具，同时观察好空气锤情况。

③ 在空气锤测试过程中盖好井口，防掉落物。

试验破碎对象：枕木；

试验参数见表1。

表1　空气锤地面测试参数

试验参数			
钻压/kN	气压/MPa	注气量/(m^3/min)	润滑方式
5~25	0.7	15~25	试验前向空气锤内部倒大约2升油

试验情况如下：

反循环空气锤正常工作，未发生“空打”现象。

3.3.2　反循环钻进试验

钻具组合设计：

反循环空气锤+封隔器+9"钻铤+钻铤转换短接+方保+双壁方钻杆

试验参数见表2。

表2　反循环钻井参数

钻头尺寸/mm	介质	钻头类型	井段/m	钻井参数			
				钻压/kN	转速/rpm	注气量/(m^3/min)	注液量/(L/s)
444.5	空气	PDC	25~32	30~35	20~40	22~26	0~2.5

试验步骤：

下钻至井底，循环捞砂，将井底循环干净。

进行反循环钻进试验。

① 试钻进3m~5m，井下无异常后方可正常钻进。

② 试钻进完后，设备及井下工具正常后，逐步调整试验参数进行试验。

③ 注意观察悬重、立压、扭矩、岩屑及返出流体的变化。

④ 若井壁稳定，无卡钻风险，可在纯空气条件下进行反循环钻进试验。

试验情况如下：

“反循环钎头+反循环空气锤+封隔器”钻具组合成功实现钻进并反循环排砂。井段20~80m，进尺60m，气量15~20m^3/min，钻压30~35kN，平均机械钻速6m/h。即使地层出水，在封隔器作用下也可返出干岩屑，空气锤性能并未受到地层出水影响。如图10所示。

图10　钻进和上提钻具出口返出情况

3.3.3　反循环试验出现问题

(1) 封隔器启动压力高

设计封隔器仅需要2.5t均可达到最大扩展状态，但是由于生产过程中的个体差异造成了上部封隔器未能完全打开，经过5t钻压反复让其活动后，封隔器启动钻压下降至3t，基本满足现场需要。

（2）反循环钎头的流道设计不合理，对泥岩地层不适用

常规反循环钎头钻进至20～25m井段过程中，由于反循环钎头流道和参数设置不合理，出现流道泥包、堵塞的情况，据此制定了针对性的改进措施：①优化改进钻头底部流道布局，封堵空气锤底部星型气槽流道，防止气体向环空通道散逸；②内管入口处焊接阻隔条，防止大颗粒岩屑进入内管通道；③调整注气排量，将注气量从$6\sim15m^3/min\uparrow20\sim25m^3/min$，提高流体在反循环内管的上返速度。改造前后及应用效果对比如图11所示。

图11 常规反循环钎头改造前后及应用效果对比图

3.4 试验效果分析

3.4.1 环空封隔器使用效果分析

采用了近钻头环空封隔器的强制反循环钻井工艺，可以很大程度上提高反循环排砂效果，也能有效避免卡钻复杂。开始反循环试验时，反循环空气锤未接触井底，同时开始供气，环空返出气液混合流体，逐步下放钻具至封隔器工作的时，环空返出慢慢减少，立压由0.5MPa↑1.1MPa，排砂出口也逐渐返出汽液混合流体，反循环成功建立。在井段26.1～31.2m钻进期间，出口返出干灰，单根钻进完后上提钻具瞬间（此时环空存在部），排砂出口返出部分泥水混合物，随即井眼环空又返出气液混合物。两种试验现象均表明，封隔器在井下作业效果好，能够提高反循环排砂效果。虽然起钻后封隔器未损坏，但此次试验只试验了60m，未能准确测试出其使用寿命。

3.4.2 气量和设备分析

本次试验在气量$20m^3/min$时返出能够满足444.5mm井眼20～80m的钻进作业任务。相较于常规气体钻井（作业气量$90m^3/min$），气量减少了75%以上。大大减少了设备使用量，节约了钻井成本。

4 结论和建议

4.1 结论

（1）环空封隔器+反循环空气锤在沙溪庙地层钻进60m，使用效果非常好，并在井筒出水条件下实现空气锤无水钻进并返出干岩屑。

（2）气体反循环钻井工艺能够大大减少了设备使用量，节约了钻井成本。

（3）强制反循环钻井可一定程度上治理井漏复杂，节省因井漏导致的泥浆损耗和处理井漏复杂所发生的综合成本，避免泥浆漏失带来的环保风险。同时，若地层出水被循环出地面，可根据需要重新吊灌回井筒内，地层水闭环使用，达到节水、减排的目的，具备降低井漏风险和实现“减水、无水”钻井的能力。

（4）存在问题：①反循环空气锤（Φ444.5mm）和5″（内通径Φ64mm）双壁钻具并不匹配。反循环空气锤内通径比5″（内通径Φ64mm）双壁钻具内通径大，存在明显的缩径，该处的节流作用会大大增加反循环排砂阻力，也很容易被较大的岩块堵塞。②水龙头鹅颈管是最容易冲蚀的地方，此外还有排砂软管（弯曲处）容易刺漏。应当考虑一系列的耐冲蚀措施以提高管线使用寿命。③当前反循环钎头容易泥包堵塞，需要重新设计反循环钎头流道及排砂通道。

4.2 建议

（1）建议扩大排砂通径，配备大通道双壁钻具，满足大尺寸井眼的快速钻进的携砂要求。

（2）建议研究配套旋转注排装置，不从鹅颈管排砂，提高反循环工艺的通用性。

（3）重新设计反循环钎头，建议做好钎头流道设计和防堵塞设计。

（4）本次试验的成功，表明反循环钻井技术取得了显著的进展。建议下部逐步配套反循环钻井技术的设备设施，开展一系列的反循环钻井试

验，发现反循环钻井技术的设备和工艺的问题并不断优化完善，最终实现反循环钻井技术工业化应用。

参 考 文 献

[1] 朱江，王萍，蔡利山，等. 空气钻井技术及其应用[J]. 钻采工艺，2007，30(2)：145-148.

[2] 邓虎，范黎明，许期聪. 多工艺反循环钻井技术发展现状与展望[J]. 钻采工艺，20247，47(1)：60-72.

[3] 崔淼. 涪陵岩溶地层气体反循环钻井技术适应性分析[J]. 江汉石油职工大学学报，2020，33(3)；27-29.

龙门山推覆体钻井技术与实践

贺明敏　肖劲超　王世佳

（中国石油集团川庆钻探工程有限公司）

摘　要　四川盆地油气资源丰富，天然气产量约占全国产量的1/4，未来产量占比将持续提高，在我国能源保障中具有重要地位。盆地中龙门山山前带存在大型逆冲推覆构造带及红星、天井多个潜伏构造，区域上具有二叠系及下志留统、下寒武统三套烃源岩系，纵向发育多套碳酸盐岩储渗体，有巨大的勘探潜力。但是由于地理位置处于盆地边缘，受龙门山推覆和挤压的影响，区域上部叠瓦构造断层和褶皱非常发育，构造变形剧烈，面临压力系统预测精度有限、地质条件复杂、地层可钻性差、高陡构造防斜打直困难突出等严峻考验，给勘探带来了前所未有的挑战，以往受限于超深复杂井的钻井技术制约，未在推覆体勘探上有所突破。为加快四川盆地复杂深层油气的开发，在龙门山山前潜伏构造带布置风险探井HX1井，面对推覆体的复杂地质条件和严苛工程难题，坚持目标导向、问题导向，攻关形成四大类钻井技术，包括井身结构设计与优化、钻井提速、钻井复杂预防与处理和井工程质量控制等配套技术。尤为关键的是充分结合断层裂缝识别、地应力分布、三压力剖面、岩石可钻性等地质分析成果，设计出中国陆上第一个八开八完井身结构及钻井方案，顺利实现该井地质目标，也为之后推覆体钻井提出下步攻关方向。

关键词　四川盆地；龙门山构造；井身结构设计；钻井提速；复杂超深井

1　前言

四川盆地历经70余年的开发历史，近年来为落实建设气大庆的要求，加大了盆地的油气勘探开发力度，形成川中深层常规气、川南页岩气、川东高含硫气藏和川西超深常规气四大气区。川西北部由龙门山推覆构造带和川西前陆盆地构成，其中川西前陆盆地龙门山山前断褶构造带双鱼石构造已钻获数口百万高产井，展现出良好的开发前景。为进一步探索龙门山推覆构造带栖霞组储层发育情况及含油气性，部署了风险探井HX1井，以期取得新发现。

2　地质概况

HX1井位于四川省江油市境内的红星潜伏构造，设计地面出露侏罗系下统千佛崖组，完钻层位金宝石组，设计井深8031m。在①号断层上盘钻遇3套复杂叠瓦状推覆体，主要为中—古生界地层卷入推覆体，纵向上依次为表层侏罗系、中部飞仙关组~泥盆系、吴家坪组~寒武系、飞仙关组~寒武系三套逆断层推覆体地层，下部三叠系下统飞仙关组至二叠系栖霞组原生地层(表1)。虽然川西北部地区经过多轮地震勘查，但由于该井构造条件极其复杂，实际情况经钻探进一步落实后和设计有较大偏差。

该井系首次在龙门山推覆体构造栖霞组进行勘探，仅TJ1井(井深4600m，目的层长兴组)和ST9井(井深7855m，目的层金宝石组)距离较近可做一定参考。TJ1井位于冲断倒转背斜构造，全井所钻地层均处于推覆体构造之中，井漏、阻卡等故障复杂时效高达30.2%。ST9井因嘉陵江组内部钻遇香水断裂和①号断裂，该段累计长达4252m，同时下部地层倾角达87.9°，最高摩阻达120吨，多次发生阻卡等复杂，两口井完钻周期均长达400天以上。

3　钻井工程面临的挑战

3.1　三压力系统复杂

HX1井由于构造的特殊性，特别是①号断层上盘浅层侏罗系-三叠系受到龙门山强烈推覆作用，地层变形并发生倒转，推覆体和断层等预测精度受限，加之邻井参考资料缺乏等原因，导致地质构造模式的建立具有多解性，实际钻遇1套浅层侏罗系、3套推覆体和1套原生地层，与设计存在较大差异，而在①号断层下盘飞仙关至金宝石组同样面临高低压互存和密度窗口窄的难题，井身结构的设计需打破常规、拓展思路才可能实现地质目标。

表 1　HX1 井设计地质分层

推覆体	系	统	组	段	岩性简述	底深/m	厚度/m
	侏罗系	下统	千佛崖组		页岩、砂岩、含砾砂岩	300	300
			白田坝组		页岩、砂岩、含砾砂岩	690	390
推覆体 1	三叠系	下统	飞仙关组		页岩、粉砂岩、灰岩	1375	685
	二叠系	上统	长兴组		灰岩	1675	300
			吴家坪组		灰岩、页岩	1935	260
		下统	茅口组		云质灰岩、灰岩	2325	390
			栖霞组		云岩、灰岩	2475	150
			梁山组		铝土质页岩、页岩	2485	40
	石炭系				灰岩、云岩	2525	40
	泥盆系				云岩、石英砂岩、粉砂岩	2635	110
推覆体 2	二叠系	上统	吴家坪组		灰岩、页岩	2785	150
		下统	茅口组		云质灰岩、灰岩	3070	285
			栖霞组		云岩、灰岩	3180	110
			梁山组		铝土质页岩、页岩	3185	5
	石炭系				灰岩、云岩	3245	60
	泥盆系				云岩、石英砂岩、粉砂岩	3415	170
	寒武系				泥岩、粉砂岩	3935	520
推覆体 3	三叠系	下统	飞仙关组		页岩、粉砂岩、灰岩	4275	340
	二叠系	上统	长兴组		灰岩	4525	250
			吴家坪组		灰岩、页岩	4735	210
		下统	茅口组		云质灰岩、灰岩	5020	285
			栖霞组		云岩、灰岩	5130	110
			梁山组		铝土质页岩、页岩	5135	5
	石炭系				灰岩、云岩	5195	60
	泥盆系				云岩、石英砂岩、粉砂岩	5370	175
	寒武系				泥岩、粉砂岩	5835	465
推覆体 4	三叠系	下统	飞仙关组	飞四段	泥灰岩、页岩互层	6015	180
				飞三段	大套石灰岩	6415	400
				飞二段	灰岩夹页岩	6535	120
				飞一段	灰岩夹灰质页岩、云岩	6645	110
	二叠系	上统	长兴组		生屑灰岩	6955	310
			吴家坪组		生屑灰岩，底为泥页岩	7135	180
		下统	茅口组		生屑灰岩夹泥灰岩	7435	300
			栖霞组		云岩、灰岩	7545	110
			梁山组		铝土质页岩、页岩	7550	5
	石炭系	下统	总长沟组		生屑灰岩、白云岩	7610	60
	泥盆系	中统	观雾山组		灰白云岩	7720	110
			金宝石组		石英砂岩、粉砂岩	7740	20

3.2　井漏和垮塌风险高

HX1 井所处红星潜伏构造由于地质运动活跃造成断层多、地层破碎、稳定性差等问题，易发生垮塌等井下事故。实钻中六开钻遇第五套吴家坪倒转地层碳质页岩时，发生 3 次卡钻后侧钻，历时 312.79 天。该井卡钻预防和处理的难度极大，突然出现扭矩波动、泵压上涨等现象后迅速垮塌卡死，且碳质页岩采用泡酸解卡效果甚微，之后虽然通过提高钻井液的密度和封堵性，并采用简化钻具组合仍无法避免卡钻，成为该井钻井施工中的“拦路虎”。

通过浅层 2000m 范围内高精度岩溶调查，该井侏罗系底与飞仙关组顶不整合界面岩溶孔洞较发育，飞仙关组内部、长兴组顶、下二叠统内部发育不同规模度的岩溶裂隙带或溶蚀带(图 1)，发生恶性井漏概率也较大。

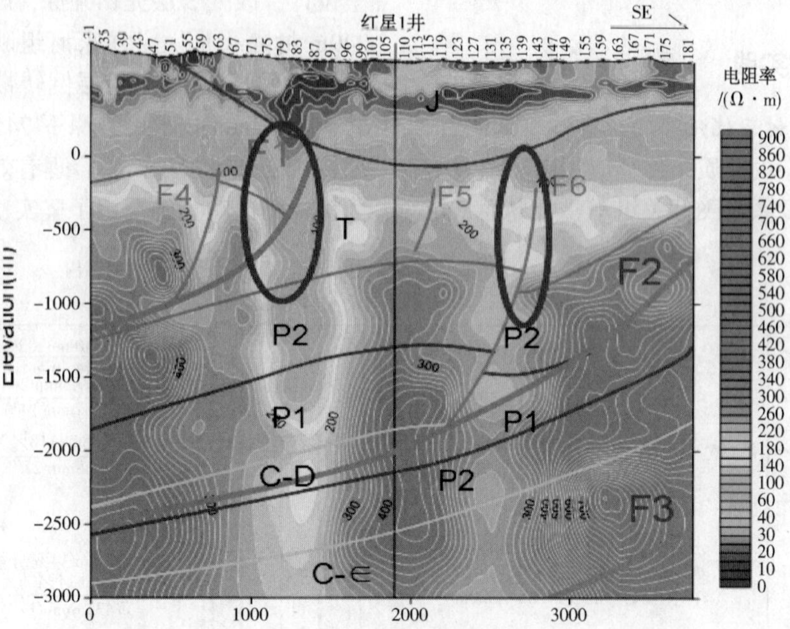

图 1　HX1 井岩溶预测

3.3　大尺寸井段长、多层系可钻性差

由于必封点多，上部大尺寸井段相对较长，破岩量和所需机械比能大幅上升，然而钻头的使用寿命和钻井参数受设备、工具和材料等多方面限制，不能达到理想数值，致使大尺寸井段钻井速度普遍较慢。HX1 井 Φ333.4mm 以上大尺寸非标井段长达 3200m，大尺寸井段的提速和钻头配套保障是亟待解决的问题。

区域上长兴、吴家坪、茅口等可钻性差，特别是吴家坪组燧石条带和团块发育，硅质含量高，预计可钻性级值 7~8 级以上，邻井双探 9 井单只钻头平均进尺为 25m，平均机械钻速仅为 0.78m/h。HX1 经受推覆体影响将钻遇多套吴家坪组，因此这一井段将成为 HX1 井钻井的提速瓶颈。

3.4　高陡构造井身质量控制难

HX1 井位于前山带，推覆体及倒转带地层倾角在 51~81°之间(图 2)，地层自然造斜能力强，邻井天井 1 井和双探 9 井最大井斜分别达到 20.3°和 26.25°。加之该井上部推覆体地层易垮易漏，垂直钻井工具和定向仪器等使用受限，保障良好的井眼轨迹是该井又一大难点。

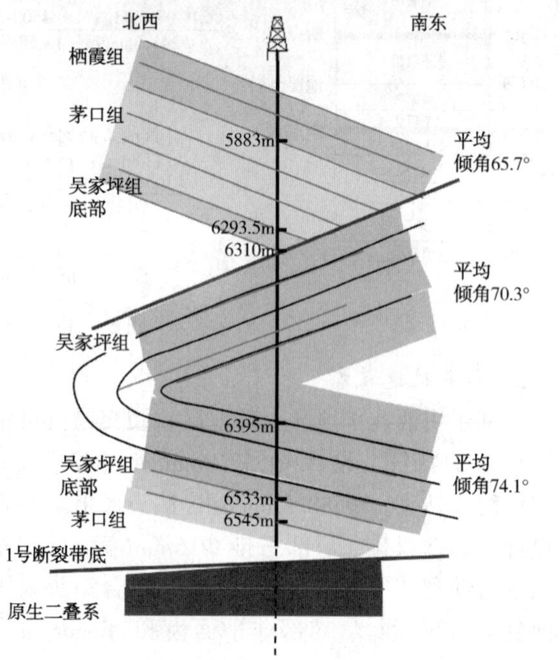

图 2　HX1 井地层倾角示意图

3.5 固井施工和质量难度大

HX1井浅层压力系数低且岩溶发育，固井时易发生漏失和气窜。飞仙关~茅口组安全密度窗口窄，固井压稳防漏难度大，固井时洗油效率低，严重影响顶替效果。根据邻井实测地层温度情况，线性拟合推算HX1井井底温度为174℃，面对长裸眼段、温度高、温差大等一系列情况，如何保障固井质量成为该井成功实施的关键点。

4 技术创新与实践

4.1 井身结构设计与优化

面对如此复杂的地质条件，应用电磁法岩溶勘察技术识别侏罗系与飞仙关组不整合界面，结合三压力剖面，识别出6个必封点。通过优化环空间隙分配，拓展井身结构配合模型，在川渝地区首次应用 Φ609.9mm、Φ473.08mm 非标大尺寸套管，创新设计了中国陆上首个八开八完井身结构。又基于套管层序，首次研发生产 TF24″×18⅝″×14⅜″×10¾″×7⅝″-140 四级套管头，在川渝地区首次配套 68-14 井口装置等先进装备。

在实钻中经过地质分析和预判，及时优化调整设计，改变3层完钻井深，Φ473mm 套管深下349m 封隔飞仙关~须家河组断层，Φ273mm 技术套管深下 990m 为地层倒转带预留一层技术尾管，Φ219mm 技术尾管深下 745m 封隔吴家坪地层倒转复杂带(图3)，合理有效的井身结构设计为该井的成功实施奠定了坚实基础。

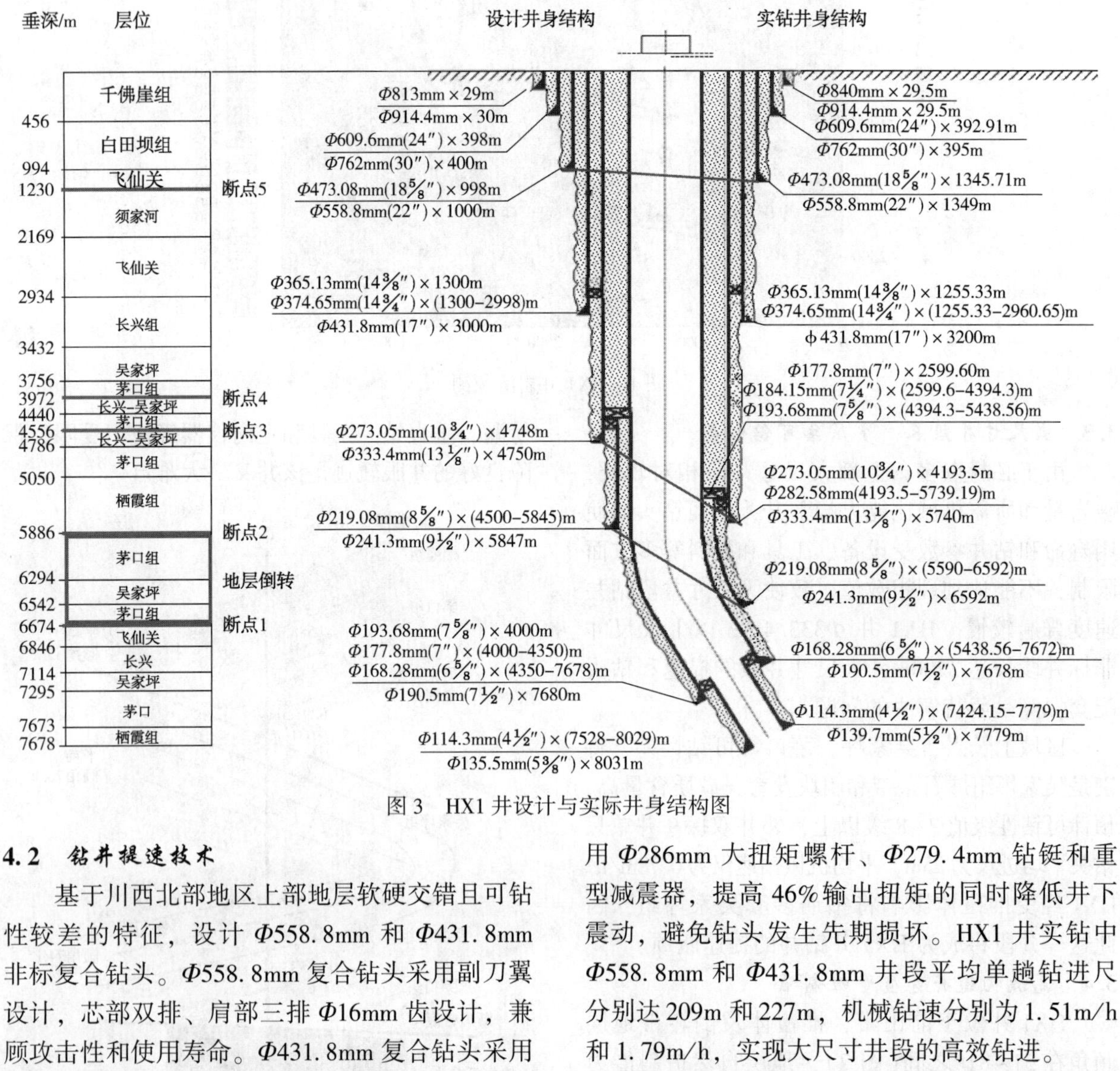

图3 HX1井设计与实际井身结构图

4.2 钻井提速技术

基于川西北部地区上部地层软硬交错且可钻性较差的特征，设计 Φ558.8mm 和 Φ431.8mm 非标复合钻头。Φ558.8mm 复合钻头采用副刀翼设计，芯部双排、肩部三排 Φ16mm 齿设计，兼顾攻击性和使用寿命。Φ431.8mm 复合钻头采用前旋宽刀翼设计，芯部非平面齿和 stinger 齿全覆盖，提高钻头的稳定性和耐磨性。同时配套使用 Φ286mm 大扭矩螺杆、Φ279.4mm 钻铤和重型减震器，提高46%输出扭矩的同时降低井下震动，避免钻头发生先期损坏。HX1井实钻中 Φ558.8mm 和 Φ431.8mm 井段平均单趟钻进尺分别达209m和227m，机械钻速分别为1.51m/h 和1.79m/h，实现大尺寸井段的高效钻进。

HX1井实钻中钻遇5套吴家坪组(925m)，可钻性级值9级以上，最高硅质含量15%。针对此岩性优化设计三牙轮三刀翼复合钻头，PDC部分采用前旋式刀翼和Φ16mm复合片3排齿设计，减少震动并提高切削效率，牙轮部分采用尖齿加强硅质预破碎，增加布齿密度提高钻头抗研磨性。该井在吴家坪中单只钻头进尺由21.58m大幅提升至110m，机械钻速由0.98m/h提升至1.45m/h，提速效果显著。

4.3 故障复杂防治技术

通过3次卡钻的综合分析，铝土质泥岩吸水膨胀后强度降低，钻遇碳质页岩井壁垮塌后诱发上部铝土质泥岩坍塌是卡钻的主要原因，基于此认识提出力学+化学+工艺防塌方案。首先更换复合防塌油基钻井液，研发“梳型”分子结构主乳化剂和亲油微纳米封堵剂，破乳电压从600V提高至1248V，抗温能力达到210℃以上，高温滤失量控制在5mL以内；之后运用“桥浆打基础、高失水建屏障、特种纤维水泥筑隔墙”的思路，研发交联固化堵漏剂、温控固化堵漏剂、立体纤维多维粒子堵漏剂、特种纤维水泥浆等新材料，配合多功能堵漏浆组合和多段式连续泵注工艺，将地层承压能力分3阶段由1.65g/cm^{3}提高至2.30g/cm^3；做好井壁稳定工作后，采用自研四刀翼偏心PDC钻头钻领眼后再使用大尺寸钻头扩眼，该钻头采用偏心设计，增大钻头与井筒的间隙，在刀翼上开槽形成副刀翼，并将刀翼顶部直端面改为60°斜坡面，防止掉块憋卡。通过以上油基钻井液、分段承压和偏心钻头系统井眼稳定技术，有效降低垮塌卡钻风险，顺利钻穿复杂带。

面对飞仙关~栖霞组安全密度窗口窄的难点时，采用精细控压钻井技术，升级配套及时自动回压补偿系统，将回压补偿系统上限由10MPa提高至35MPa，压力控制精度由±0.6MPa降低至±0.1MPa，实现全过程压力精准控制。起下钻时制定多套控压方案，钻进过程中进行井底ECD实时管控，该段漏失量仅144m^3，较邻井减少40%以上。

4.4 井身质量控制技术

由于垂直钻井工具等防斜手段使用受限，因此开展钻具防斜特性研究，在Φ558.8mm井段采用Φ286mm螺杆+Φ279.4mm钻铤+Φ550mm扶正器钟摆防斜组合，在Φ431.8mm井段采用双扶正器刚性钟摆组合。再根据钻具组合力学模型，计算钻压、地层倾角、地层各项性指数对井斜角趋势的影响，Φ431.8mm井段将钻压15~20t优化为10~14t。该井实钻6500m以上井段平均井斜仅为1.9°，解决了推覆体构造防斜打直的难题。

4.5 固井质量保障及配套技术

面对大尺寸井段套管刚性强、重量大、通过性差的难题，研制750t卡盘配套非标卡瓦，开展通井钻具组合刚度模拟分析，优化通井组合为Φ279.4mm钻铤 * 3+Φ550~554mm扶正器 * 4，实现Φ558mm井眼一次性安全下入Φ473.08mm套管。

针对各层固井的不同难点，研发3套特色水泥浆体系和驱油型高效抗污染冲洗隔离液体系，保障固井施工安全和质量。开发“高温缓凝、低温早强”大温差早强剂，该水泥24h强度大于10MPa，提升大温差水泥低温强度；应用增韧阻裂原理开发系列增韧材料，改善水泥石韧性，该水泥强度大于30MPa，弹性模量4~8GPa；构建高强度低密度水泥浆体系，采用低固液比和空心玻璃微珠，优化水化硅酸钙凝胶相、水泥石孔结构和水泥石微结构，以此提升低密度水泥石强度，该水泥24h强度达到17.4MPa，48h强度达到32.6MPa；同时开发高温悬浮剂、抗污染剂、驱油冲洗剂等关键材料，确保隔离液的高温悬浮稳定性和抗污染性，该隔离液可抗温240℃，稳定性小于0.1g/cm^3，冲洗效果较普通体系提高1倍以上。

为了保障该井小间隙、长裸眼、安全密度窗口窄和高温高压多因素同存情况下的固井质量，以实时监测和计算参数、全自动压力控制、可视化注替施工为技术核心，形成全自动精细控压固井技术。施工中进行全参数实时监测和全井筒当量密度实时计算，建立顶替模型完成精细控压固井浆体运移可视化，再通过远控回压补偿系统精准补压，实现井口压力全自动控制，瞬态目标控压值调整时间小于10s，该井尾管固井质量合格率高达99.1%，优质率45.8%。

5 结论与建议

（1）经过技术攻关和创新，形成一系列推覆体钻井配套技术，保障HX1井顺利钻至栖霞组完钻并获高产工业气流，创造中国陆上首口八开井等十余项纪录，证明龙门山推覆构造带具有良好的勘探前景。

（2）推覆体钻井面临的最大挑战是精准地质刻画，体现在三压力剖面、断层、裂缝和倒转带等预测精度差。建议下步一是建立模型、数据驱动融合的高精度三压力预测方法，二是开展区域适应性模型和岩性适应性模型研究，借助测井技术精准断层、裂缝刻画，三是进行地层分层、埋深、压力、稳定性识别攻关，强化倒转带识别。

（3）推覆体超深井钻井具有长裸眼段高低压同存和垮塌机理不明确等特点，防卡治漏技术需进一步研究，重点在承压堵漏配方和工艺的研究、高强度膨胀管和配套扩眼工具的研制以及井壁稳定技术的研究。

（4）川渝地区难钻地层和大尺寸井眼的钻井速度虽然较之前有一定的提升，但平均机械钻速仍不足2m/h，需继续开展岩石可钻性评价来指导高性能钻头的研发，攻关大扭矩螺杆、全金属螺杆和抗高温垂直钻井工具等提速工具，提高破岩效率和使用寿命。

参 考 文 献

[1] 张道伟. 四川盆地未来十年天然气工业发展展望[J]. 天然气工业，2021，41(08)：34-45.

[2] 谢格云，胡欣，王旭丽，等. 龙门山北段推覆构造带-山前带构造解析及油气勘探前景[J]. 天然气勘探与开发，2023，46(01)：11-18.

[3] 杨跃明，白晓亮，易海永，等. 龙门山复杂构造带HX1井天然气勘探突破及其油气地质意义[J]. 天然气工业，2023，43(02)：1-14.

[4] 于永金，夏修建，王治国，等. 深井、超深井固井关键技术进展及实践[J]. 新疆石油天然气，2023，19(02)：24-33.

[5] 李涛，苏强，杨哲，等. 川西地区超深井钻井完井技术现状及攻关方向[J]. 石油钻探技术，2023，51(02)：7-15.

[6] 邓虎，贾利春. 四川盆地深井超深井钻井关键技术与展望[J]. 天然气工业，2022，42(12)：82-94.

三维地质力学建模在深层致密气开发中的应用

姜洪福　张丽艳　肖国林　徐　江　薛云飞　董黛莉　罗光东　陈晓晓

（大庆钻探工程有限公司）

摘　要　大庆油田SS9H区块沙河子组致密砂砾岩气藏地层岩性多样，构造应力场复杂，断层和天然裂缝发育，储层高压、非均质性强，钻井复杂工况多发，开展三维地质力学建模研究，形成钻井工程复杂预防技术，保障安全快速钻井，优化压裂参数，实现沙河子致密气藏效益开发。

关键词　地质力学；致密气藏；安全快速钻井；压裂优化；力学建模

SS9H区块沙河子组致密砂砾岩气藏岩性复杂，深层火山岩和砂砾岩交互沉积，构造应力场复杂，断层和天然裂缝发育，储层高压、非均质性强，导致泥浆漏失、井壁失稳、遇阻等复杂工况多发；另外该区块岩石机械力学属性差别大，压裂方案优化存在一定难度。为此，基于地质-钻井-压裂等多元信息融合协同思想，开展地质、工程力学属性三维建模，实现沙河子组致密气储层有利区优选，预防钻井工程复杂，优化压裂方案。

1　四压力预测在钻井中的应用

地层孔隙压力的预测在钻进过程中一直是倍受关心的问题。三维地质力学建模的最终目的是反映目标层地层压力系统的空间分布。地层压力的准确预测，对合理选择钻井液密度，防止井喷、井漏等钻井复杂情况的发生具有重要意义。以实钻井为约束模型，绘制了泉头组、登娄库组、营城组和沙河子组的孔隙压力平面图（图1、图2）。从4张平面图来看，沙河子组存在局部超压，平均孔隙压力当量密度范围为0.93~1.33。营城组平均孔隙压力当量密度范围为0.47~1.19，登娄库组平均孔隙压力当量密度范围为0.63~1.04，泉头组平均孔隙压力当量密度范围为0.64~1.03。营城组、登娄库组和泉头组出现异常高压的可能性较小。

采用漏失压力与孔隙压力的差值来反映泥浆窗口的宽度。

SS18井出现多次井漏，综合分析认为在沙四段钻遇2条断层且距断层很近，漏失压力与孔隙压力相差21.9MPa。SS9-平7井末端P7E点处出现漏失亦距断层较近，且泥浆安全窗口较小。

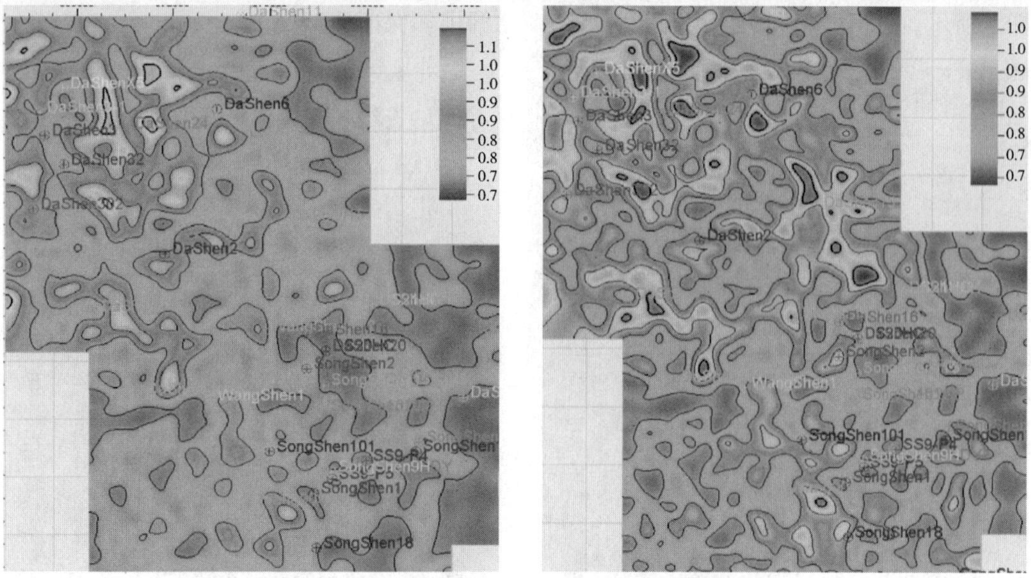

图1　泉头组、登娄库组孔隙压力当量密度平面图

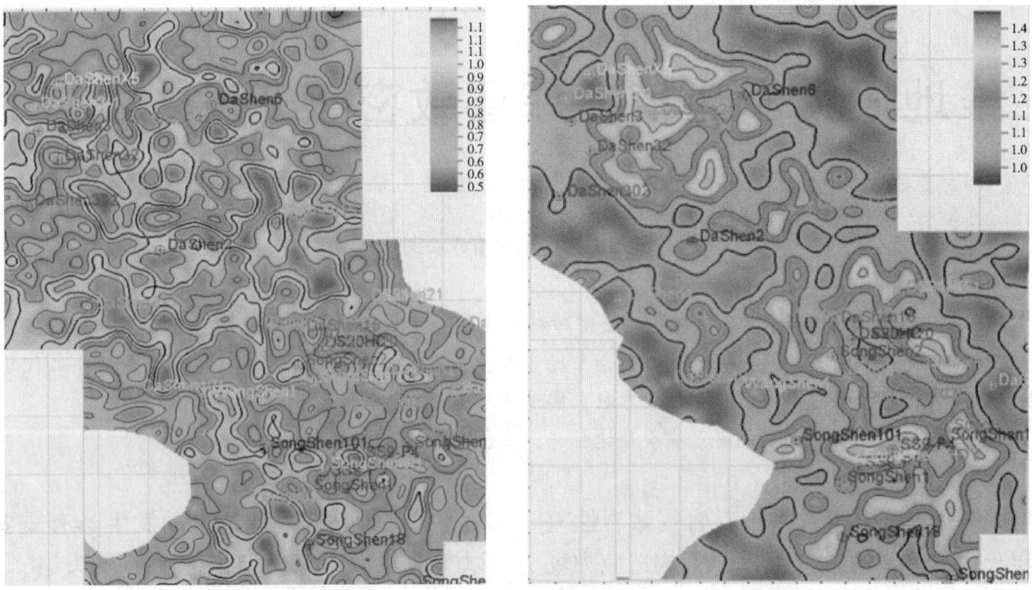

图2　营城组(左)、沙河子组(右)孔隙压力当量密度平面图

DS21HC 和 DS20HC、SS102 井均在沙河子组水平段出现气侵，在沙河子组泥浆窗口平面图上，此三口井均处于泥浆窗口低值区，漏失压力与孔隙压力差值在 20.5~22MPa 之间。

DS3 在沙河子组出现 4 次卡钻蹩钻，该井在沙河子组坍塌压力平面图上位于坍塌压力较高区；在沙河子组泥浆窗口平面图上，该井泥浆窗口明显变小(漏失压力与孔隙压力的差值为 20.2MPa)。DS22H 在沙河子组水平段出现井漏，井漏位置漏失压力与孔隙压力的差值为 22.1MPa。

从以上分析可知，当沙河子组漏失压力与孔隙压力之差小于 22.1MPa 时，泥浆安全窗口偏小，易于发生气侵、井漏等复杂工况。

如图 3 所示，沙河子组漏失压力与孔隙压力的平均差值在 19.3~25.7MPa 之间，工区东北部、西南部、西北部偏高，工区中部多小于 22.1MPa，泥浆安全窗口偏小，沙河子组主要防漏防侵，其次防塌。

如图 4 所示，沙河子组工区中部沿北西-南东方向孔隙压力较大，但泥浆安全窗口较小，整体趋势表现为：孔隙压力越大，泥浆安全窗口越小。

四压力预测模型可应用于钻井优化，保障安全快速钻井。

(1) 井眼轨道优化

深层水平井钻遇破碎地层易井漏、井塌，四压力及裂缝/破碎带预测结果相结合可进行井眼轨迹优化，在靶窗允许的范围内尽量避开易塌易漏层，保证施工安全。

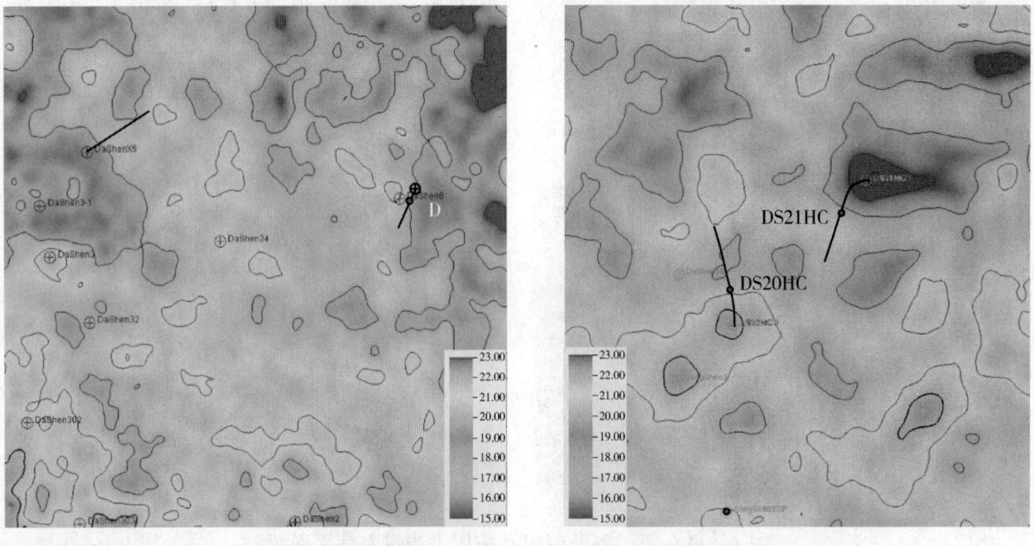

图3　研究区沙河子组漏失压力与孔隙压力差值平面图(局部放大)

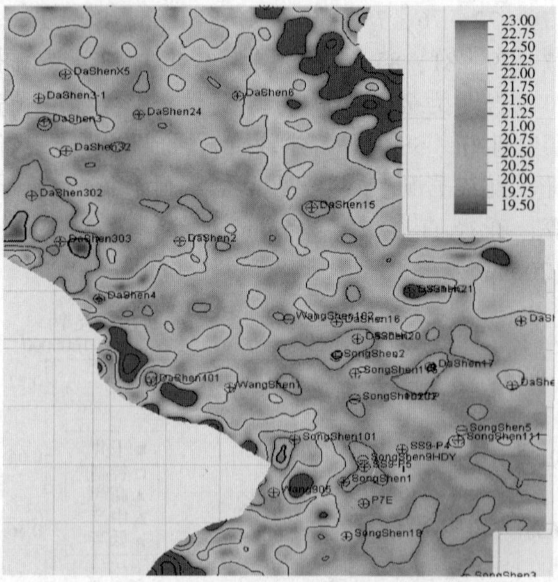

图 4　研究区沙河子组漏失压力与孔隙压力差值平面图

以 SS9-平 8 井为例，根据裂缝/破碎带预测结果优化井眼轨迹：将造斜点上移 50m，采用 5°/30m 造斜率使轨迹上偏，以此避开入靶点附近裂缝；同时入靶时走靶窗上限，避开水平段下方裂缝。如图 5 所示。

（2）钻井液性能优化

应用理论力学模型建立坍塌压力剖面，生产中参照实际的工程状况对坍塌压力进行检验，推算坍塌压力，评价井眼稳定性。结合四压力模型曲线，确定泥浆安全窗口，防漏防塌防侵。

井壁坍塌发生事故(或井下复杂情况)特征：井径扩径较为严重；扩径地层厚度较大；坍塌压力数据接近或超出孔隙压力值；坍塌压力和孔隙压力虽有差异但两者明显增大，此时需同时防塌防侵。

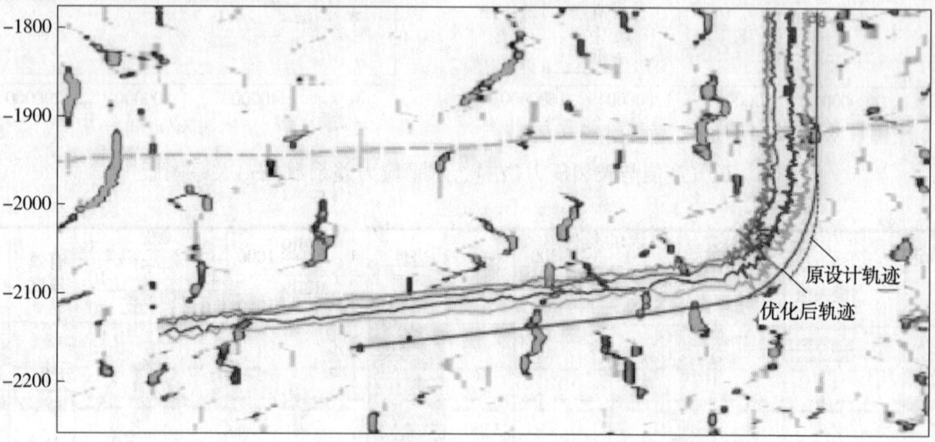

图 5　SS9-平 8 井优化后轨道垂直剖面示意图

针对孔隙压力和坍塌压力比较接近或孔隙压力与坍塌压力增大的不稳定地层，适当增大钻井液密度稳定井壁，保障井眼光滑，为后期测井、下套管创造有利条件，提高施工效率。

SS9-平 4 井位于 SS9H 井区范围内，通过四压力预测模型可知 SS9-平 4 井水平段 B～C 点间、尾端存在局部高孔隙压力，需优选适合的泥浆密度来防止气侵。水平段 3367～5232m 泥浆安全窗口较大，其中 3367～4662m 孔隙压力多小于 1.36，建议泥浆密度 1.36g/cm^3；4662～5232m 孔隙压力在 1.32～1.54 之间，由于是致密砂砾岩，可考虑欠平衡钻井，建议泥浆密度 1.40g/cm^3。该井钻完井周期 99 天，无任何工程异常事故发生，创出沙河子致密气最长水平段 1948m 新纪录。

2　工程力学建模在压裂优化中的应用

工程力学参数是反映岩石力学性质的重要参数，地应力及岩石力学性质在油田勘探开发中有特别重要的指导作用。地应力和岩石力学性质是压裂工程中的重要参数，工程力学参数能够表征岩石在外力作用下抗拉涨、抗剪切、抗破坏的能力，包括剪切模量、体积模量、抗压强度、可钻性、可压性、杨氏模量、泊松比等。压裂缝高的发展与压裂施工参数、分层地应力、岩石力学性质等密切相关。纵向连续地应力分布对井中储层的压裂施工设计具有重要的指导意义。破裂压力和水平应力差影响试气产能，用最小主应力方向确定水力裂缝的延伸方向。通过实钻井分析看，试气产能与破裂压力具一定相关性，当破裂压力<84MPa 时，破裂压力与试气产能总体正相关；当破裂压力>84MPa 时，试气产能开始降低。从试气产能与脆性关系来看，当脆性>0.48 时，脆性与试气产能总体负相关；当脆性<0.48 时，试气产能开始降低(图 6)。

本文主要以 SS 9-平 4 井为例，阐述三维力学建模技术在压裂优化中的应用。

SS9-平 4 井水平段长 1948.00m，其中钻遇砂质砾岩 1929.00m，泥岩 11.00m，煤层 8.00m，砂质砾岩钻遇率 99.02%。沙河子组综合解释致密气Ⅰ类层 1736.2m/6 层（77、79、81、83、85、87），致密气Ⅱ类层 194.8m/8 层（70～72、76、78、80、82、84、86、88～90）。77、79、81、83、85 号层为本井主力产层（图 7），岩性为砂质砾岩，含气性整体较好、储层物性好。SS9-平 4 井砂质砾岩成份以硅质岩砾、凝灰岩砾为主，见少量泥砾、玄武岩砾等，砾径直径 10～45mm 不等，最大 190×120mm。

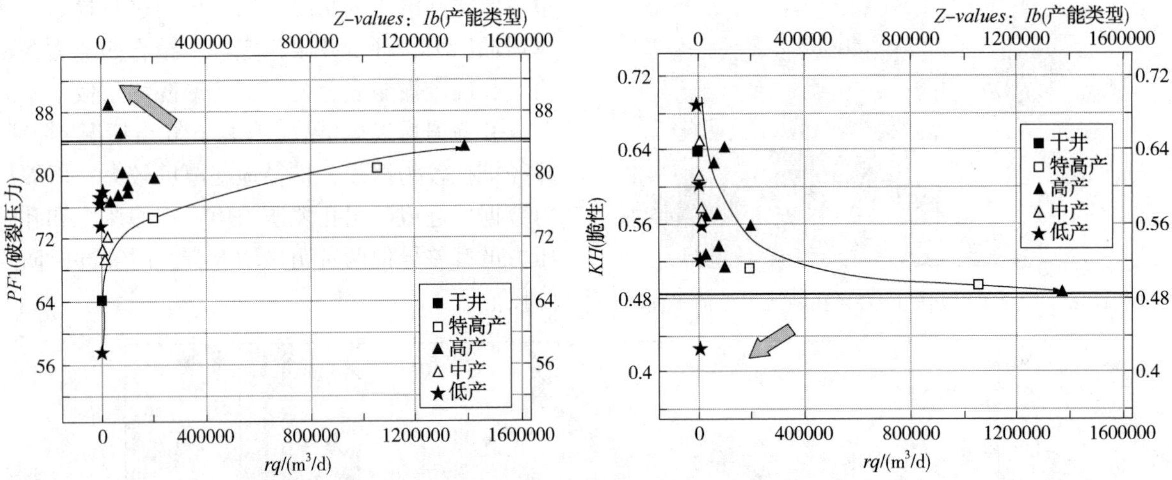

图 6　试气产能与破裂压力(左)、水平应力差系数(右)关系图版

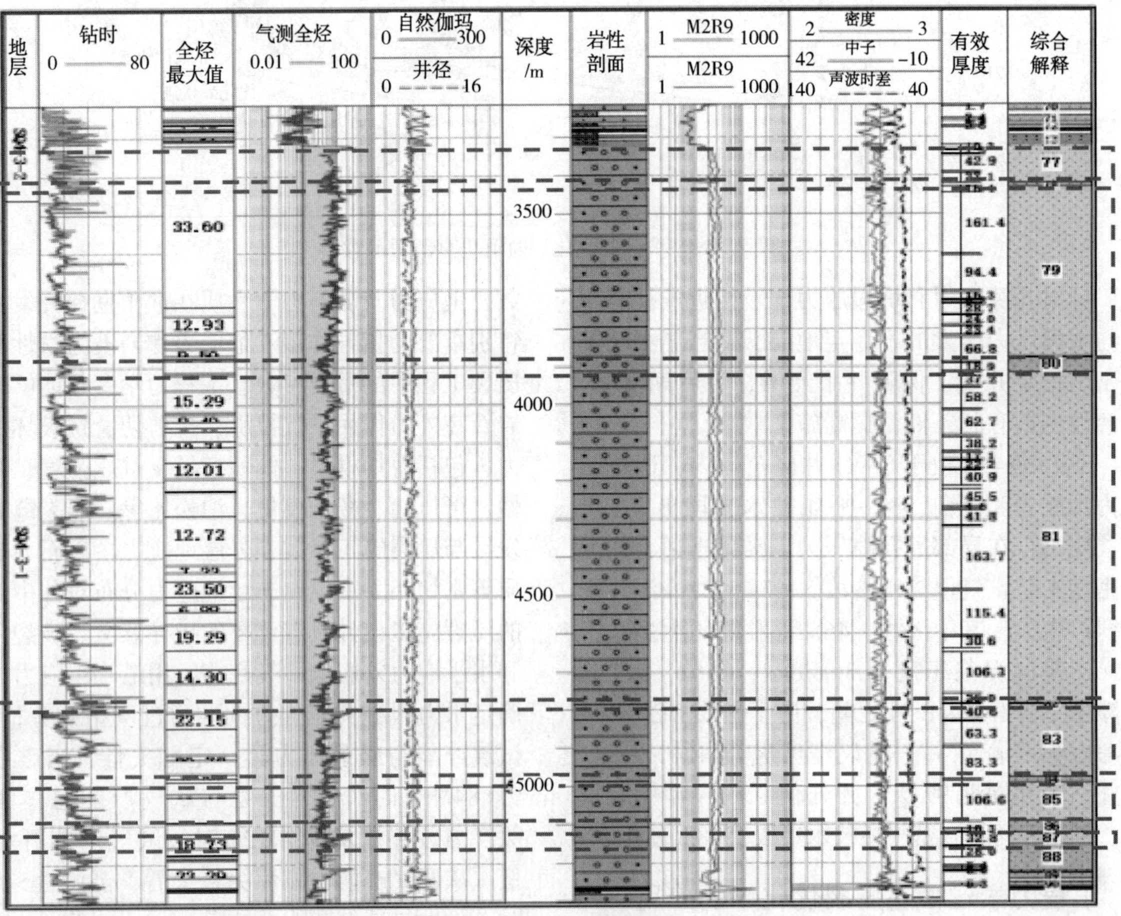

图 7　SS9-平 4 井沙河子组气层综合柱状图

主力层77、79、81~85、87号层水平应力差系数分为0.44~0.58，偏大，杨氏模量44.6~55.8GPa，泊松比0.21~0.24，破裂压力57.7~58.5MPa，脆性指数57.4~64.0。分析主力层力学参数可知，储层水平应力差异系数偏大，储层弹性模量大、杨氏模量高、人工裂缝宽度受限，砾石颗粒直径较大，分选差，加砂难度大，储层可压性评价指数为0.38~0.51，可压性中等偏低，形成缝网难度较大。

在20MPa围压的环境下进行岩石力学测试，三轴抗压强度平均值为160.0MPa，杨氏模量平均值52.4GPa，剪切模量平均值15.85GPa，弹性模量平均值32.8GPa，泊松比平均值0.16，水平段平均脆性指数61.6%，主力层平均脆性指数62.8%，储层可压性评价指数为0.38~0.51，可压性中等偏低。最大水平主应力为北东东-南西西向(图8)。

（1）分段及裂缝参数设计

射孔方案的制定，应根据地应力剖面，结合储层的岩性特征和油气显示确定射孔井段和相应的施工工艺。射孔簇主要选取在脆性指数高、气测全烃大、应力差小、固井质量好的位置，并避开接箍位置。不同品质储层优化的簇间距不同，同时簇间距兼顾改造体积与应力干扰(图9)。

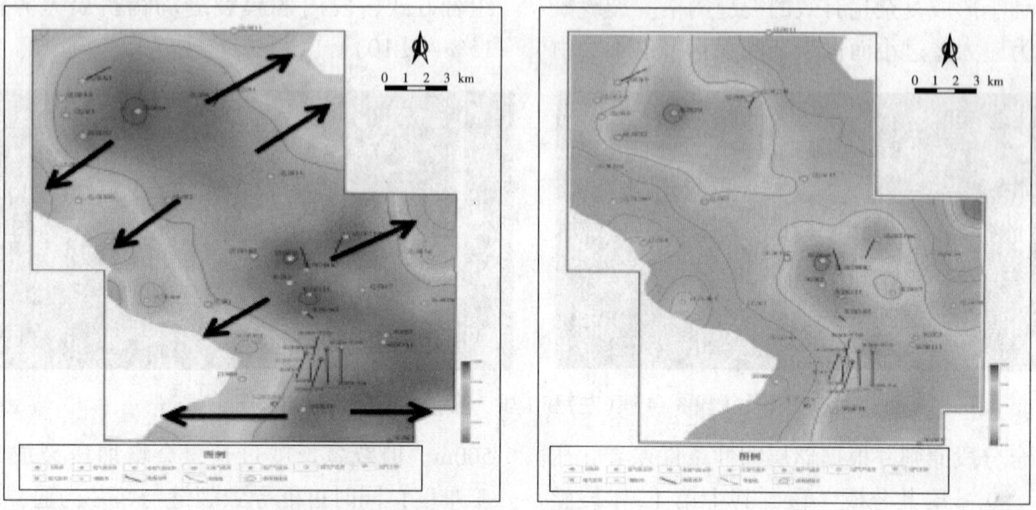

图8　沙河子组最小主应力和最大主应力平面图

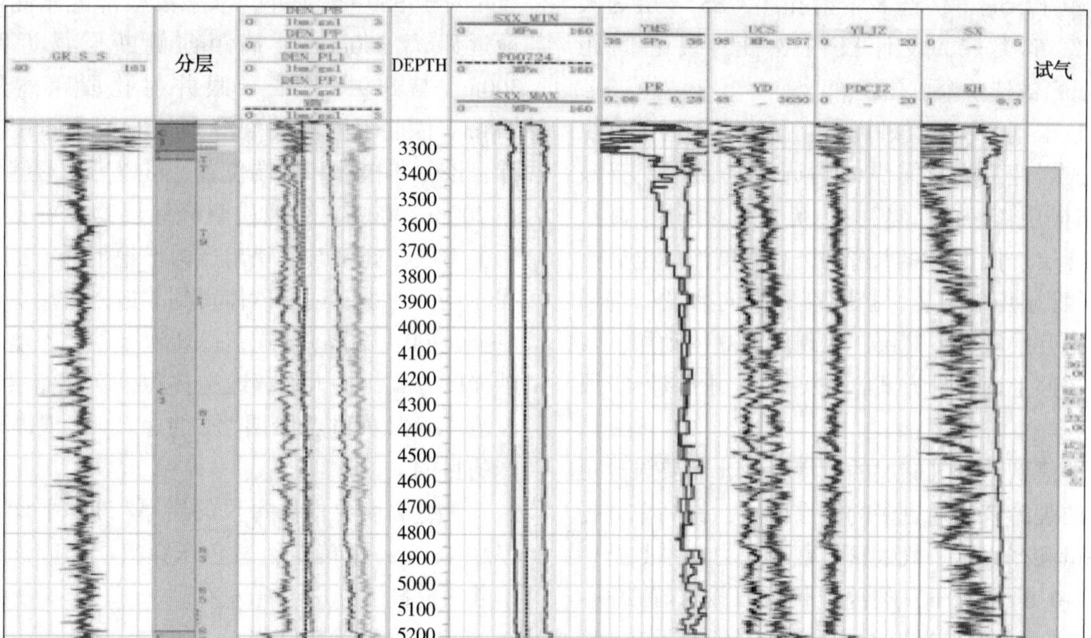

图9　SS9-平4井水平段力学参数柱状图

水平井分段按照岩性、水平应力差异系数、脆性、破裂压力、物性、电性、含气性尽量相似为原则进行分段。

SS9-平1导眼井岩石力学测试显示砂砾岩以绕砾石破坏为主，砂岩以剪切破坏为主，三轴抗压强度平均值为216.6MPa，杨氏模量平均值36.6MPa，泊松比平均值0.22，储层应力差值7.0MPa左右，储层可压性评价指数为0.45~0.52，可压性中等，形成缝网难度较大。

SS9-平4井各储层水平应力差系数为0.44~0.58，当应力差系数处于这个范围时，应力分布既不是过于均匀也不是极度不均匀。这种情况下通常有利于形成复杂且有效的裂缝网络。裂缝既不会因为应力差过小而过于杂乱无章，也不会由于应力差过大而只形成单一的主裂缝。中部主力层需要"密集布缝+暂堵转向"促进形成复杂裂缝系统，上下部互层可压性指数低，只有暂堵才有可能形成复杂裂缝，但受互层影响，工艺还需实现穿层压裂。

致密气Ⅰ类主力段，采用密集布缝增大缝间干扰，促进裂缝系统整体复杂，但多簇同时起裂时，应力干扰强度和范围变大，导致部分裂缝扩展不均，辅助层间暂堵工艺，结合不同位置的气测全烃值，脆性指数，应力差异系数等情况，优化确定了“段内2~5簇，簇间距为12~20m，层间暂堵8次，控孔数32~44孔”的组合方式，段内各簇裂缝均衡扩展差异性小于15%(图10)。

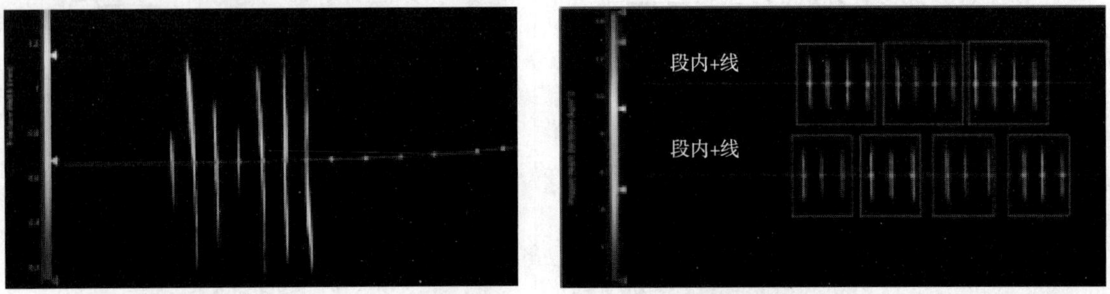

图10　1段3~4簇(左)和1段7簇(右)裂缝模拟结果图

结合分段原则并根据储层物性条件差异化压裂，85~89号层共分成7段，其中第1~4段整体以Ⅱ层为主，且位于趾端，设计段内2簇，裂缝间距17.5m，优选8个射孔簇，85号层为大段连续Ⅰ类层，设计段内3簇，裂缝间距11.1m，优选9个射孔簇。

致密气Ⅱ、Ⅲ类砂泥岩互层为主，局部夹煤线层，岩性复杂，需纵向沟通上下储层，突破“泥岩隔层作为遮挡层”的传统思维，采用“高粘冻胶穿层、低黏滑溜水造网，高黏度液体携砂支撑”的穿层压裂工艺，扩大裂缝纵向启裂，沟通砂泥岩互层段上下储层，实现储层立体动用。

按照上面这种方式，SS9-平4井设计41段128簇。

考虑到致密气储层的低渗特性，需要设计足够长的裂缝来沟通更多的储层区域，提高单井控制储量和产量。一般致密气藏在应力差系数适中(0.3~0.6)情况下，裂缝半长可以设计在200~300m之间。但如果应力差系数较大(大于0.6)，裂缝容易形成较为单一的主裂缝，此时需要较长的裂缝半长来提高泄气面积，可能要达到400~500m。但裂缝长度过长，会增加压裂成本和施工难度，同时可能导致裂缝与邻井沟通，影响气藏整体开发效果。

对于SS9-平4井，水平段根部距东侧断层最近距离300m，趾端距西侧断层最近距离300m。与SS9-平1导眼井射孔段距离最近248m，因此不同段的裂缝半长应按实际情况设计，该井非根部和趾端位置，可以考虑裂缝半长在200m~300m。对地质解释储层物性好Ⅰ类优质主力层，施工时反映出压力平稳下降，也是工程甜点，为了使远端砂体得到改造，采用造长缝(缝长300~320m)方式，提高施工砂比，增大加砂强度方式，扩大裂缝改造体积，实现储层充分改造，确保双甜点储层“压的好”，实现高产稳产的目的。

裂缝高度要根据每段的层厚(该井平均视垂厚度45.8m)来确定，避免压穿盖层。应该设计本井裂缝高度40~45m左右。

(2) 施工参数优化

致密砂砾岩储层破裂压力高(>80MPa)，SS9-平4井储层压裂段破裂压力范围78.3~

85.8MPa，高排量提高缝内净压力，提高复杂裂缝扩展体积，由于储层应力差异系数值大，需要更高排量提升裂缝净压力，促进天然裂缝开启与人工裂缝形成复杂裂缝，结合以往井施工情况，按照限压力(85MPa)，不限排量的方式施工，推荐本井施工排量 $12\sim20m^3/min$。

(3) 产量预测

SS9-平 4 井设计压裂 41 段，在压裂模拟软件中进行产量预测，预测压后产量 $33.8\times10^4m^3/d$。SS9-平 4 井 41 段 120 簇大规模体积压裂，12mm 油嘴试气，井口压力 36MPa，日产气 40.9 万方，无阻流量 138.9 万方。

3　结论

应用地质力学、工程力学建模优化钻井、压裂方案，获得百万方无阻流量工业气流，应用效果较好。充分发挥地质工程一体化优势，以地质模型为基础，优化钻井轨迹，施工中对工程复杂风险井段及时预警，采取相应措施确保优快钻井，实现储层高钻遇率，创造了徐家围子断陷沙河子组水平井 1948m 最长水平段安全施工纪录。SS9-平 4 井采用密集切割大规模体积压裂工艺，创造了沙河子组致密气藏水平井压裂段数、施工排量、用液强度、加砂强度等新纪录。

形成了基于复杂地质力学地质工程一体化技术体系，支撑沙河子致密气的高效开发，满足 SS9H 区块地质工程一体化效益开发的生产急需，同时提高了地质力学、工程力学预测技术水平及同行业竞争力。

参 考 文 献

[1] 李广福. 压力预测在钻井当中的应用[J]. 西部探矿工程，2021，(7)：44-49.

[2] 李红，于忠涛，袁洪水，等. 地层压力预测技术在渤中 A 区块钻井中的应用[J]. 石油化工应用，2018，37(11)：33-36.

[3] 吕俊丰，刘鹏，林庆祥，等. 地应力分析解释技术在压裂中的应用[J]. 大庆石油地质与开发，2005，24(02)：64-66.

[4] 徐向荣，马利成，唐汝众. 地应力及其在致密砂岩气藏压裂开发中的应用[J]. 钻采工艺，2000，23(06)：17-21.

[5] 张美玲，董传雷，蔺建华. 地应力分层技术在压裂设计优化中的应用[J]. 地质力学学报，2017，23(03)：467-474.

[6] 董建华，刘鹏，王薇. 地应力剖面在水力压裂施工中的应用[J]. 大庆石油学院学报，2005，29(02)：40-42.

井下节流设备优化在致密气藏开发中的有效应用

陈俊华　李召兵　吕鹏福　宿大海　李　盈

（大庆钻探工程有限公司）

摘　要　针对松辽盆地 S9H 区块沙河子组致密气藏高压、低渗透、非均质性强等特点，生产过程中常面临井筒积液、水合物冻堵及产量快速递减等开发难题，本文以大庆油田 S9H 区块为例，聚焦井下节流设备的结构创新与性能优化，提出系统性解决方案：通过核心组件升级，设计雾化-旋流组合气嘴，实现液相破碎雾化与气液螺旋升举协同作用；采用中心管壁厚倍增（1.5→3.0mm）与 42CrMo 合金钢，耐冲蚀寿命延长至 2 年以上；双密封筒结构使密封失效概率降低；一体式打捞颈设计提升打捞成功率。现场应用表明，优化设备实现了携液效率提升 8.1 倍，井口压力由 20.64MPa 降至 6.75MPa，水合物冻堵风险显著降低，为同类型致密气藏高效开发提供了关键技术支持。

关键词　井下节流设备优化；组合气嘴设计；致密气藏；水合物抑制；压力调控

1　引言

致密气藏作为非常规天然气资源的重要组成部分，具有储层渗透率低（通常<0.1mD）、孔隙度小（<10%）、天然裂缝发育差等特点。以松辽盆地 S9H 区块沙河子组为例，其埋藏深度超过 3000m，原始地层压力高达 45MPa 左右，压裂后返排液滞留现象严重，导致井筒内液柱高度持续增加，进一步加剧井底积液。此外，高压环境下甲烷水合物极易在井筒或地面管线中形成冻堵，造成生产中断甚至设备损坏。传统井下节流设备由于结构单一、耐冲蚀性差、密封可靠性不足，难以适应深层高压致密气藏的复杂工况。

本研究针对沙河子组气藏特性，聚焦井下节流设备的结构优化与材料升级，旨在实现以下目标：①通过流态重构提高气液携液效率，降低井筒积液风险；②增强设备耐冲蚀性能，延长使用寿命至 2 年以上；③提升密封可靠性，减少因泄漏导致的产量损失；④优化打捞结构，确保工具失效后高效回收。通过上述改进，形成“井下精细节流-井筒高效排液-地面安全集输”的全流程控制模式，为致密气藏经济开发提供新思路。

2　关键工艺创新

2.1　雾化-旋流组合气嘴设计

2.1.1　常规气嘴的局限性

传统气嘴（图 1）主要通过节流降压控制地面压力，但在沙河子组等高产液气藏中，直线柱状流态易导致液体回落，形成节流器上方积液，进而抑制气体流动。

2.1.2　雾化-旋流协同作用机制

新型旋流音速雾化节流器气嘴为旋流+雾化气嘴组合（图 2、图 3）、旋流气嘴和雾化气嘴分别安装于节流器中心管顶部和下部。将旋流音速雾化节流器装置下至合适位置，开井后利用节流器上下压差，使液滴进入雾化气嘴前瞬间压缩然后以音速雾化状态瞬间释放，将液滴打碎成微细雾滴，形成雾状气流；再通过旋流气嘴，使气体、液体同向旋转增加提升力，从而在井筒内形成雾状旋流，减少滑脱损失，提高自身携液能力，提高排液效率，达到常规节流器无法排液的效果，延长气井稳产期的目的。

图 1　常规气嘴

图 2　雾化气嘴

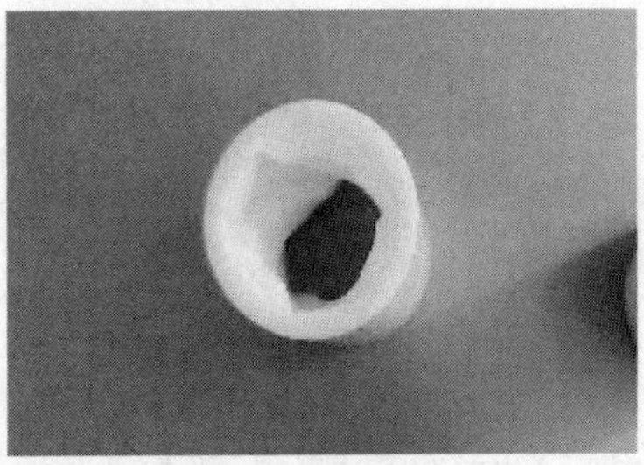

图 3　旋流气嘴

2.2 中心管壁厚倍增与材料升级

2.2.1 高压冲蚀机理分析

沙河子组气藏地层压力高(>40MPa)，含砂流体对中心管的冲蚀速率快，导致常规中心管(壁厚1.5mm)寿命不足1年。

2.2.2 结构优化与材料选择

将制造工艺涉及中心杆的部分，升级为42CrMo合金钢，热处理工艺850℃油淬，560℃回火处理，整体硬度由洛氏硬度HRC5-10提升至HRC22-28。将中心管壁厚增至3.0mm，强度进一步提高。经内部压力场、介质密度、温度场和速度场测试实验表明，中心管加厚对配产影响较小。

2.3 双密封筒密封工艺设计

2.3.1 单密封胶筒的失效模式

传统单密封胶筒在座封时若恰好位于油管接缝处，因接缝处存在微米级间隙，易导致密封失效，漏失率高达5%~8%。

2.3.2 双胶筒密封方案

改进后双密封胶筒，纵使有一胶筒座封到油管连接处密封不严，但还有另一胶筒密封严实，降低漏失率，保障密封效果。

2.4 一体式打捞颈优化

内抓式打捞颈因丝扣连接处易腐蚀断裂，优化后的内外抓一体式打捞颈采用整体锻造工艺，避免应力集中，整体设计如图4所示。

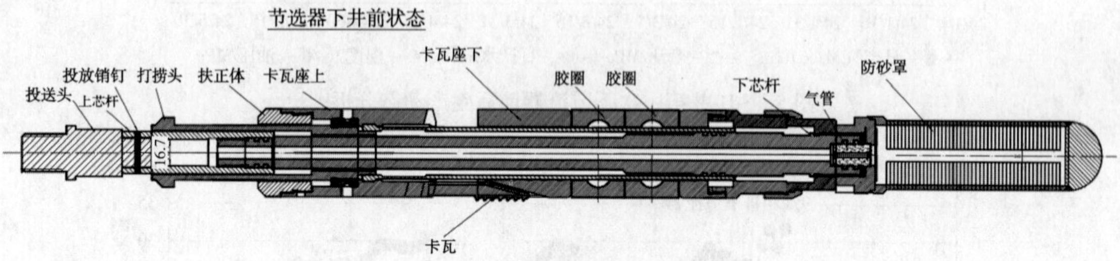

图4 旋流音速雾化节流器结构示意图

3 现场应用与效果分析

3.1 试验井概况

选取Sd1井与Sp5井进行试验，基础参数见表1。

3.2 应用效果及分析

3.2.1 Sd1井首次试验

井下节流器现场实施2口井5井次，其中两次投放和打捞实验，投放一次成功率达到100%，打捞成功率100%，两口井目前采用节流器生产，排液稳定。

Sd1井2024年3月16日下入5mm气嘴节流器(第一次)，下深1937m，实验表明，油压从14.07MPa↓5.89MPa，油压明显下降，但后期产气量和产液量都明显减小(图5)，分析原因为节流器下深过深后上方积液过快，把节流器压死，导致产气量和产液量明显下降，随即起出节流器。

3.2.2 Sd1井二次优化

Sd1井9月28日再次下入8mm气嘴节流器，下深1498m，油压从20.64MPa↓6.75MPa，降低井口及地面管线运行压力明显；同时日产水量从平时日均8.31m^3/d上升到日均13.06m^3/d，最高25.9m^3/d，排液效果明显；平均日产气量5.18×10^4m^3/d，产能稳定，符合配产要求，说明该工艺适合宋深9-平1导眼井排采需求，节流器下深适合，能够稳定产量，提高排液效率(图6)。

3.2.3 Sp5井应用效果

Sp5井2024年9月27日下入8mm气嘴节流器，下深1501m，措施前油压20.2MPa，日产水7.16m^3/d，日均产气量9.65×10^4m^3/d；措施后油压11.9MPa，日产水最高58.2m^3/d(平均日产水45.56m^3/d)，日均产气量9.07×10^4m^3/d(如图7)。

对比措施前后：①油套压同步下降后，油压下降值低于套压，短期内套压降低，说明井筒液体排出，同时油压降低幅度低于套压说明节流器工艺有效；②措施后日产水最高58.2m^3/d，较措施前增加8.1倍，截至12月13日累计排液3341.2m^3，证实雾化排液起到非常好的效果；③日产气量9×10^4m^3/d左右，产量平稳，符合配产要求，该井现有的生产状况证实节流雾化排液工艺效果显著。

表 1　试验井基础参数

井号	气层中部深度/m	套压/MPa	油压/MPa	日产气量/×10^4m^3	日产水/m^3	井口温度/℃
Sd1(直井)	3174.0	18.9	18.9	4.01	8.3	23.0
Sp5(水平井)	3832.3	24.0	24.0	9.10	7.8	55.0

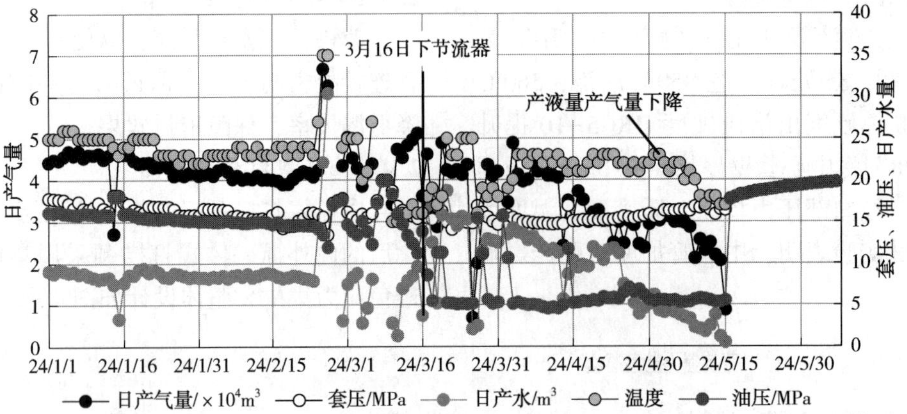

图 5　Sd1 井第一次下节流器前后生产动态分析图

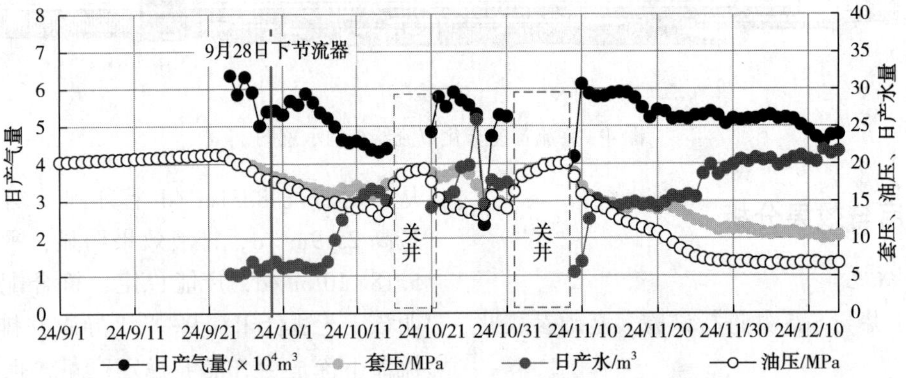

图 6　Sd1 井第二次下节流器前后生产动态分析图

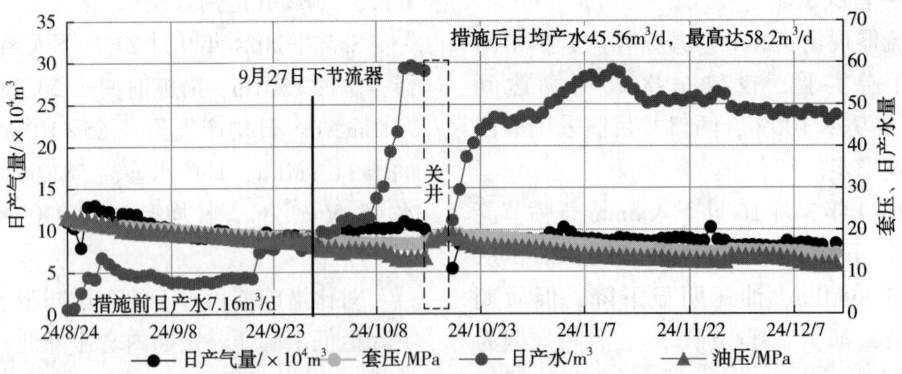

图 7　Sp5 井下节流器前后生产动态分析图

4　结论与建议

4.1　结论

新型旋流音速雾化节流器通过流态重构显著提升携液效率，有利气井出柱速度的均匀性，减少井筒浊度过高、井底砂化等井筒破坏因素的影响显著改善了沙河子组致密气井的生产稳定性，降低水合物冻堵风险。对该区块不同类型气井排采要求具很强适配性，建议在 9H 区块其他井区继续推广应用。

4.2　建议

(1)在 S9H 区块推广优化后的节流设备，并逐步扩展至松辽盆地其他致密气藏；(2)研发气嘴动态调节技术，实现不同生产阶段的压力自适应控制；(3)引入物联网监测系统，实时追踪井下设备状态，预警潜在故障。

参考文献

[1] 康毅力，罗平亚. 中国致密砂岩气藏勘探开发关键工程技术现状与展望[J]. 石油勘探与开发，2007，34(2)：239-245.
[2] 姜洪福，艾鑫，等. 松辽盆地徐家围子断陷白垩系沙河子组深层致密气成藏机理及勘探突破[J]. 中国石油勘探，2024，29(1)：130-141.
[3] 田巍，杜利，王明，等. 井筒积液对储层伤害及产能的影响[J]. 特种油气藏，2016，23(2)：124-127.
[4] 郭望. 天然气水合物冻堵分解技术探究[J]. 技术研究，2018，4，37.
[5] 张大椿，刘晓，李远亮. 凝析气藏井筒积液的诊断及排除方法综述[J]. 特种油气藏，2009，16(3)：10-14.

松辽盆地沙河子组致密气储层地质工程双甜点优选方法研究

刘文伟　陈晓晓　陈柏山　张　迪　罗光东　张丽艳　郭　晶　冯　佳

（大庆钻探工程有限公司）

摘　要　松辽盆地沙河子组致密气储层普遍具有低孔、低渗、强非均质性特点，通过优选地质、工程甜点主控因素发现：地质甜点主控因素为砂层厚度、孔隙度、渗透率；工程甜点主控因素为抗压强度、脆性，其次为破裂压力、坍塌压力、泊松比。基于地质-钻井-压裂等多元信息融合协同思想，结合测井、录井、地震、钻井等资料，建立地质甜点工程甜点综合优选方法及标准，通过对钻井工程参数和压裂工程参数的优选，实现地质、工程力学属性建模，为沙河子致密储层综合甜点区优选，钻井工程复杂预防，钻井、压裂方案优化提供支持。

关键词　致密砂砾岩气藏；地质甜点；工程甜点；测井曲线质控；力学参数

本文研究区范围共 401.74km^2，目的层为沙河子组，共收集 40 口井资料，应用测井曲线数据、钻完井相关钻录井曲线参数及力学相关试验数据，对完井资料进行质量评价和校正处理，以提高具有多井一致性、曲线测量相对完整的测井数据集。在此基础上，充分考虑到各种曲线的误差特征，通过最优化求解方法建立合理的地层体积模型，并利用岩心分析资料进行标定，使多井测井处理成果能客观反映地下储层变化与弹性参数的关系，从而实现测井标定地震的目的，更好的反映地下油藏特征。对通过测井曲线计算得到的力学参数进行约束建模，进而优选参数进行致密气储层地质工程双甜点优选。

1　测井曲线质控

1.1　单井测井曲线质量评价与校正处理

SS9H 区块具有低孔特低渗的致密储层，泥质隔夹层发育等特点，所以测井过程容易受到井壁垮塌的影响，多口井都受到井眼条件不好的影响，造成密度、声波测井也受到了不同程度的影响，在这种情况在粘土含量等参数计算过程中，应用经过了质量检查、校正和标准化处理后的自然伽马曲线，质量控制的主要目的是识别出测井和钻井环境引起的测井曲线测量偏差，以及校正多井之间由于不同仪器、不同测量环境和井眼条件引起的测量结果系统差异。由于在测井资料采集过程中密度和声波时差曲线处于井径变化造成局部声波异常，经过多选曲线回归后，得到了地层真实的测井响应，曲线特征峰值间的对应性较好，满足了后续计算井点弹性特征与岩性对应关系研究的需要。

校正方法是采用多元线性回归模型，选取样本段对异常段进行回归校正。以密度曲线校正为例。

密度曲线校正后结果的公式

$$DENed = A + B * DT + C * Log10(RD) + D * GR$$

其中，DT 为声波时差曲线，RD 为深感应电阻率曲线，GR 为伽马曲线。

样本段选取原则：

（1）井眼条件良好；

（2）与待校正层段临近（以免引入声波和密度曲线的压实趋势）；

（3）与待校正层段处于同一地质层段范围内（确保沉积环境没有突变）；

（4）与待校正层段的岩性相同或相似；

（5）与待校正层段具有相同或相似的流体类型。

图 1 为 SS3 井声波时差、密度曲线校正前后对比情况，井眼垮塌段密度曲线得到有效的校正：

为了检查标准化处理效果，需要在多曲线交会尺度上对校正结果进行再次检查。如图 2 为 SS3 井密度校正前后声波-密度交汇图，校正后的测井曲线数值范围合理、声波-密度交会图中数据分布特征合理，满足地震和地质建模研究对曲线质量的要求。

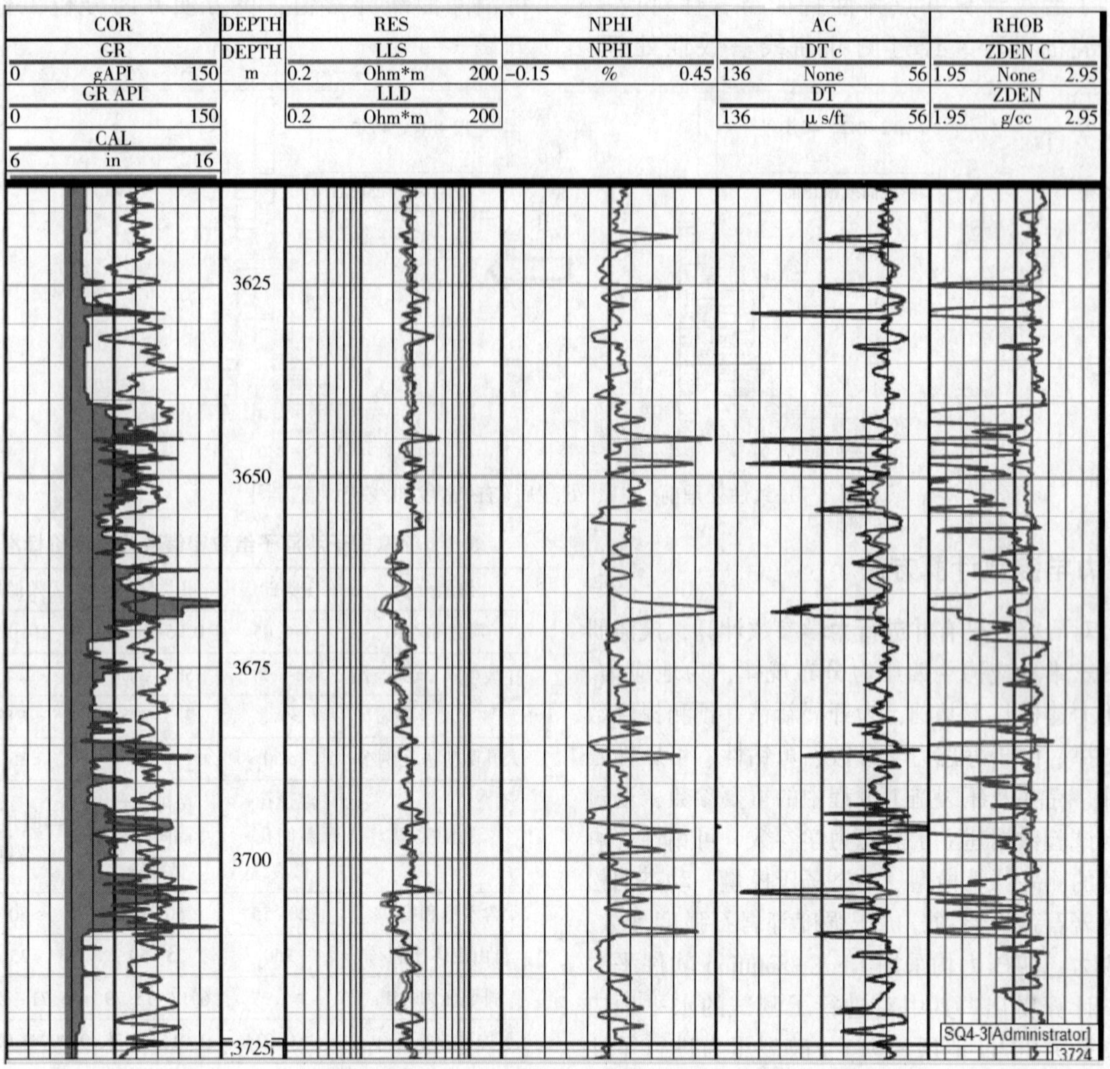

图 1　SS3 井目的层声波时差、密度单井校正(蓝色校正前，红色校正后)

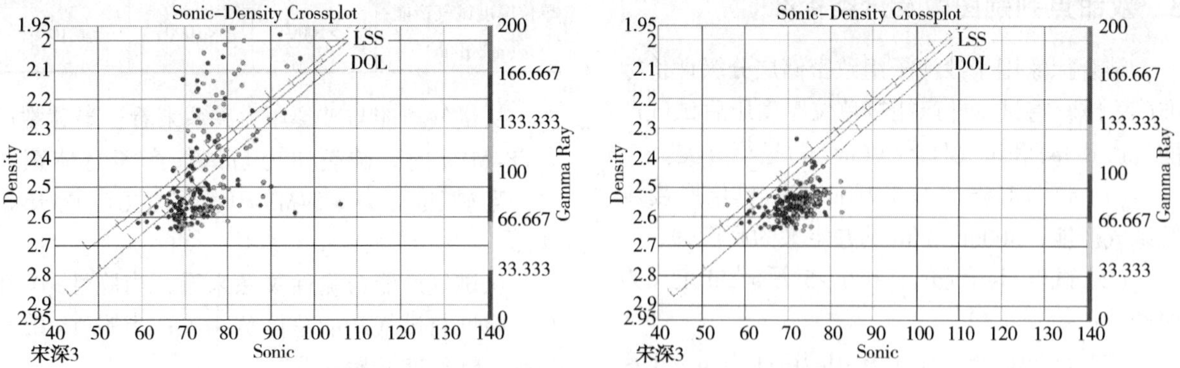

图 2　SS3 井密度校正前(左上)和校正后(右上)声波-密度交会图

1.2　多井一致性处理

基于 SS9H 区块的沉积地质环境和单井钻遇岩性特征，研究过程中采用模式匹配方法，基于多井不同测井曲线在同一套地层的峰值特征和分布特征，对多井一致性进行检查，并开展一致性校正处理。在多井一致性处理过程中，主要应用直方图和交会图技术基于相同地质层位，对目标井进行标准化处理。

经过标准化处理后，没有改变曲线的统计峰态，而且两条曲线间的数值特征分布保持一致，从而实现了标准化处理的技术目标。一致性处理后，曲线的对应性非常好(图 3)，满足了后续计算井点弹性特征与岩性对应关系研究的需要。经过测井曲线一致性处理，可消除曲线异常值，更方便井间分析工作的开展。

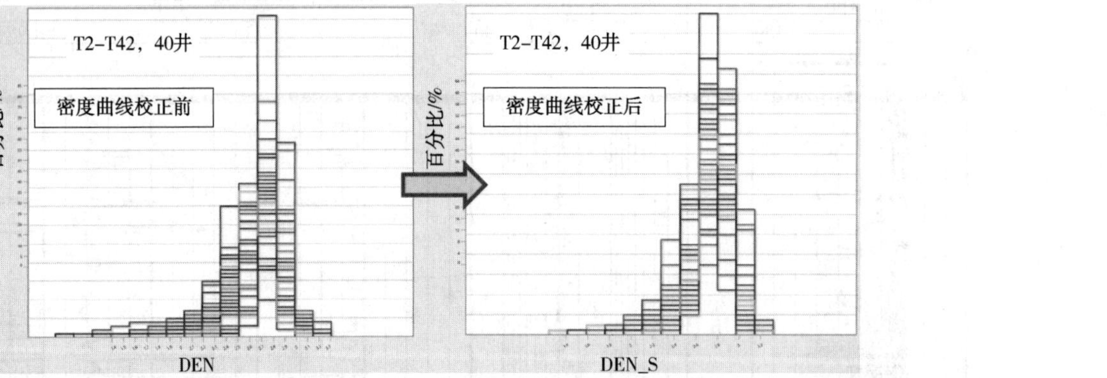

图3　一致性处理前(左)、处理后(右)密度曲线统计直方图

2　力学参数计算方法

对研究区已有井进行力学参数计算，摸清研究区三维地应力、四压力分布规律，为地应力、四压力建模打下基础，为开展新钻井预测提供数据支撑。由于静态力学参数、可钻性、可压性是钻井、完井及压裂施工过程中的重要参数，通过工区试验数据建立了静态力学参数、可钻性、可压性的测井计算模型。动态杨氏模量、动态泊松比等岩石弹性参数，抗压强度等岩石强度参数、三应力、四压力均采用 GeoE-Solution 软件平台统一计算得出。其中对进行了测试的水平地应力、孔隙压力(地层压力)、破裂压力进行了比对，平均符合率均在85%以上。

3　双甜点判别图版及分类标准

结合徐家围子沙河子组致密储层分级评价标准(表1)，将试气井产能按单位厚度压后试气产能(m^3/d/m)和试气日产气(m^3/d)进行分类：

(1) 试气日产气≥5 万 m^3/d，单位厚度压后试气产能≥300m^3/d/m 的井定义为高产井；

(2) 试气日产气介于1万~5万 m^3/d 定义为中产井；

(3) 试气日产气介于0.01万~1万 m^3/d 定义为低产井；

(4) 试气日产气<0.01万 m^3/d 的为干层。

通过统计研究区沙河子组22口试气井试气段245个小层储层参数、力学参数等数据，分析储层孔隙度、储层平均厚度、储层总厚度、单储层产能系数、四压力、三应力、泊松比、脆性、可钻性级值等与产能的关系，建立双甜点识别图版。

表1　徐家围子沙河子组致密储层分级评价标准

储层分级		Ⅰ类储层	Ⅱ类储层	无效储层
渗透率/mD		>0.05	0.05~0.02	<0.02
孔隙度/%	砂砾岩	>5.2	5.2~2.7	<2.7
	砂岩	>7.3	7.3~4.8	<4.8
大孔隙所占比例/%		>50	>35	<35
孔隙类型		溶蚀孔+粒间孔+微裂缝	溶蚀孔+晶间孔+微裂缝	晶间孔+微裂缝
含水饱和度/%		20~55	50~80	>80
自由流体比例/%		>50	35~50	<35
排驱压力/MPa		≥1.37	6.17~18.79	15.71~32.5
平均孔隙半径/μm		≥0.024	0.015~0038	0.0094~0.021
最大连通喉道半径/μm		>0.3	0.04~0.3	<0.04
单位厚度试气产能/(m^3/d/m)		>1000	<1000	0

从试气产能与破裂压力关系来看，当破裂压力<84MPa 时，破裂压力与试气产能总体正相关；当破裂压力>84MPa 时，试气产能开始降低；

从试气产能与脆性关系来看，当脆性>0.48时，脆性与试气产能总体负相关；当脆性<0.48时，试气产能开始降低。

从上覆应力 P_o 与单储层储能系数(孔隙度*储层平均厚度)关系来看，当单储层储能系数大于100时，为高产井；单储层储能系数介于20~100但垂向应力高于90MPa 时，为高产井，垂向应力低于90MPa 时，为中低产井；干层的单储层储能系数低于20；

从泊松比与单储层储能系数关系看，中产井

的泊松比介于0.23~0.25。

干层的单储层储能系数低于20，坍塌压力<15MPa，孔隙压力<25MPa，可钻性级值<6。

根据图版4，制定双甜点标准见表2。

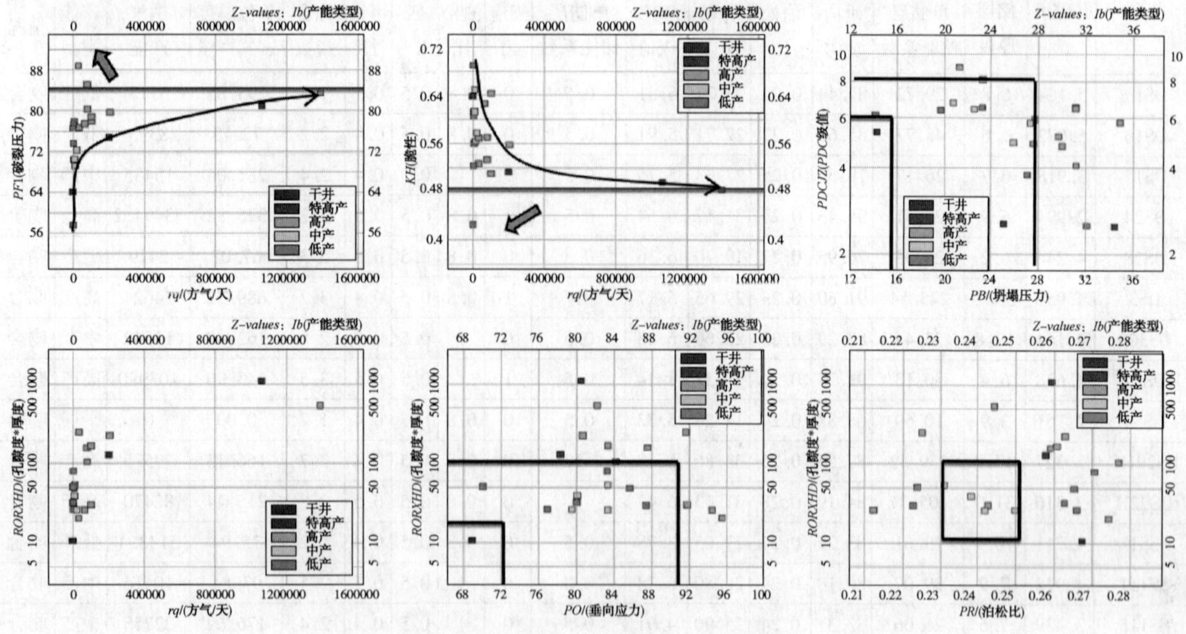

图4　研究区沙河子组双甜点判别图版

表2　研究区沙河子组双甜点评价标准

甜点分类	产能类型	划分标准	单储层储能系数	力学特征
Ⅰ类	高产井	试气产能>5万m^3/d或单位厚度试气产能>300m^3/d/m	>100	垂向应力>90MPa，最小水平主应力>73MPa，最大水平主应力>115MPa
			20~100	
Ⅱ类	中产井	试气产能介于1万~5万m^3/d	20~100	垂向应力介于78~84MPa，最小水平主应力介于64.5~69MPa，最大水平主应力介于103~109MPa；泊松比0.23~0.25
Ⅲ类	低产井	试气产能介于0.01万~1万m^3/d	20~100	垂向应力介于70~88MPa，最小水平主应力介于54~73MPa，最大水平主应力介于91~113MPa
Ⅳ类	干层	试气产能<0.01万m^3/d	<20	坍塌压力<15MPa，孔隙压力<25MPa，可钻性级值<6

根据前述产能敏感参数分析结果，分不同情况给产能敏感参数赋值，最终相加得到综合指数，赋值标准参见表3。

根据这一赋值标准，计算得到沙河子组试气层段综合指数(表4)，当综合指数<2时，为干层；综合指数介于2~2.3时，为低产；综合指数介于2.4~2.5时，为中产；综合指数>2.6时，为高产，与试气结果完全一致。

4　甜点模型建立及目标区优选

4.1　气层模型建立

根据前述分析可知，储层孔隙度、储层厚度、储层储能系数、力学参数等，对产能较为敏感。如图5所示，储能系数与试气产能相关性达到0.967，储层总厚度与试气产能相关性达到0.892，均呈线性正相关。

表3　研究区沙河子组产能敏感参数赋值标准表

单储层储能系数	赋值	垂向应力	赋值	泊松比	赋值	坍塌压力	赋值	可钻性	赋值
>100	1	>90MPa	1	0.23~0.25	1	<15MPa	0	可钻性级值<6	0.4
20~100	0.5	<90MPa	0	其他	0.8	>15MPa	0.5	可钻性级值>6	0.5
<20	0								

表4　甜点综合指数判断甜点类型吻合情况表

井名	孔隙度	平均储层厚度	主要参数					赋值						产能结果			综合情况
			单储层储能系数	垂向应力	泊松比	坍塌应力	PDC级值	单储层储能系数	三应力	泊松比	四压力	可钻性	综合指数	单位厚度试气产量	试气产能	产能类型	
DS15	5.124	5.8	29.72	87.44	0.22	23.27	6.51	0.5	0	0.8	0.5	0.5	2.3	293.85	5113	低产	吻合
DS16	5.072	9.6	48.77	85.66	0.27	27.71	5.91	0.5	0	0.8	0.5	0.4	2.2	72.73	8393	低产	吻合
DS17	3.918	6.7	26.17	79.54	0.25	27.33	5.75	0.5	0	1	0.5	0.4	2.4	231.06	15435	中产	吻合
DS24	2.994	6.9	20.51	95.43	0.27	31.12	6.54	0.5	1	0.8	0.5	0.5	3.3	325.82	33494.2	高产	吻合
DS28	4.244	6.2	26.38	76.95	0.27	19.70	6.36	0.5	0	0.8	0.5	0.5	2.3	67.07	5419	低产	吻合
DS3	4.951	50.2	248.54	91.60	0.23	29.65	5.17	1	1	0.8	0.5	0.4	3.7	689.72	34624	高产	吻合
DS303	4.164	12.8	53.44	83.29	0.23	22.60	6.43	0.5	0	1	0.5	0.5	2.5	162.88	12542	中产	吻合
DS32	4.678	6.4	30.13	91.77	0.24	23.31	8.14	0.5	1	1	0.5	0.5	3.5	645.90	103990	高产	吻合
DS34	2.761	3.9	10.69	68.88	0.27	14.28	5.33	0.5	0	0.8	0	0.4	1.7	0.00	0	干层	吻合
DS20HC	3.327	47.9	159.32	87.54	0.26	34.86	5.78	1	0	0.8	0.5	0.4	2.7	166.13	79575	高产	吻合
DS22H	3.316	31.9	105.77	84.19	0.28	31.13	6.47	1	0	0.8	0.5	0.5	2.8	215.44	82470	高产	吻合
SS1	4.711	16.9	79.61	83.25	0.27	27.05	3.78	0.5	0	0.8	0.5	0.4	2.2	75.94	5133.4	低产	吻合
SS111	4.928	7.9	39.07	80.10	0.24	20.80	6.74	0.5	0	1	0.5	0.5	2.5	93.84	10416	中产	吻合
SS115	3.439	7.6	26.06	83.31	0.24	25.90	4.91	0.5	0	1	0.5	0.4	2.4	176.69	22758	中产	吻合
SS18	4.696	5.5	25.98	94.40	0.21	21.33	8.98	0.5	1	1	0.5	0.5	3.5	392.68	67344.7	高产	吻合
SS2	2.219	14.7	32.54	80.01	0.26	32.04	2.51	0.5	0	0.8	0.5	0.4	2.2	55.14	2426	低产	吻合
SS5	5.634	9.0	50.93	70.07	0.22	14.15	6.12	0.5	0	1	0	0.5	2	79.20	3580	低产	吻合
SS9H	4.112	55.0	226.00	80.63	0.26	29.96	4.78	1	0	0.8	0.5	0.4	2.7	344.03	208000	高产	吻合
SS9HDY	3.577	46.9	167.88	83.32	0.26	27.58	4.87	1	0	0.8	0.5	0.4	2.7	738.57	103990	高产	吻合
SS9-P1DY	6.274	20.7	129.99	78.29	0.26	25.10	2.55	1	0	0.8	0.5	0.4	2.7	1959.46	203000	高产	吻合
SS9-P4	3.759	143.3	538.80	82.14	0.24	31.16	4.08	1	0	1	0.5	0.4	2.9	745.45	1388930	高产	吻合
SS9-P5	7.1235	154.6	1100.94	80.45	0.26	34.39	2.49	1	0	0.8	0.5	0.4	2.7	1635.30	1060000	高产	吻合

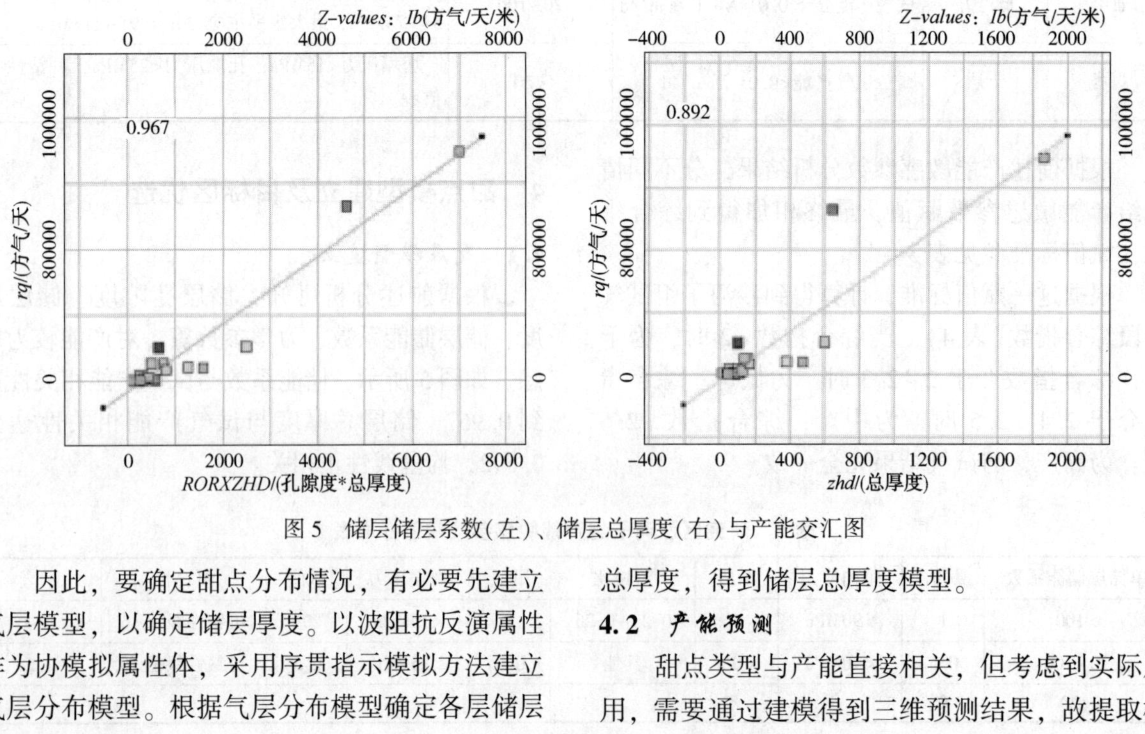

图5　储层储层系数(左)、储层总厚度(右)与产能交汇图

因此，要确定甜点分布情况，有必要先建立气层模型，以确定储层厚度。以波阻抗反演属性作为协模拟属性体，采用序贯指示模拟方法建立气层分布模型。根据气层分布模型确定各层储层总厚度，得到储层总厚度模型。

4.2　产能预测

甜点类型与产能直接相关，但考虑到实际应用，需要通过建模得到三维预测结果，故提取模型曲线，计算得到各试油段的储层、力学参数数据，以模型数据为依据，采用 SPSS 软件对产能进行预测。SPSS 优选出 20 个参数，产能预测计算结果与实际结果相关性接近 1。

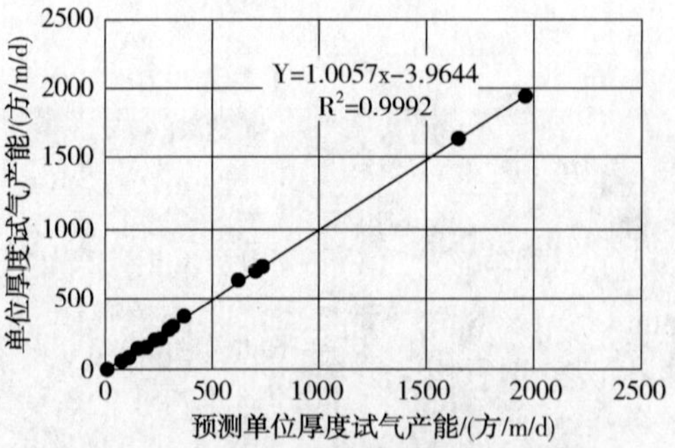

图 6　产能预测结果与实际试气产能交汇图

4.3　甜点模型建立及双甜点目标区优选

根据前述甜点分类，进行多属性相关性分析，发现双甜点用储层总厚度、孔隙度、储能系数、抗压强度/脆性、单位厚度试气产能、试气产能等参数可进行有效识别，不同类型双甜点与多属性间相关系数均在 0.8 以上。

表 5　双甜点与多属性间相关系数表

	高产（Ⅰ类）	中产（Ⅱ类）	低产（Ⅲ类）	干层（Ⅳ类）
储层总厚度	0.7197	0.5039	0.0351	0.4767
孔隙度	0.6903	0.5019	0.3347	0.6878
储能系数	0.6929	0.4847	0.0338	0.4618
抗压强度/脆性	0.3256	0.2461	0.2165	0.1182
单位厚度试气产能	0.5833	0.412	0.0274	0.3945
试气产能	0.6131	0.4294	0.3958	0.3835
合计	0.8566	0.8131	0.8045	0.8001

采用序贯指示模拟方法，以多属性体为约束，分层分相带完成双甜点模型的建立。经统计，平面图与实钻吻合率 100%。

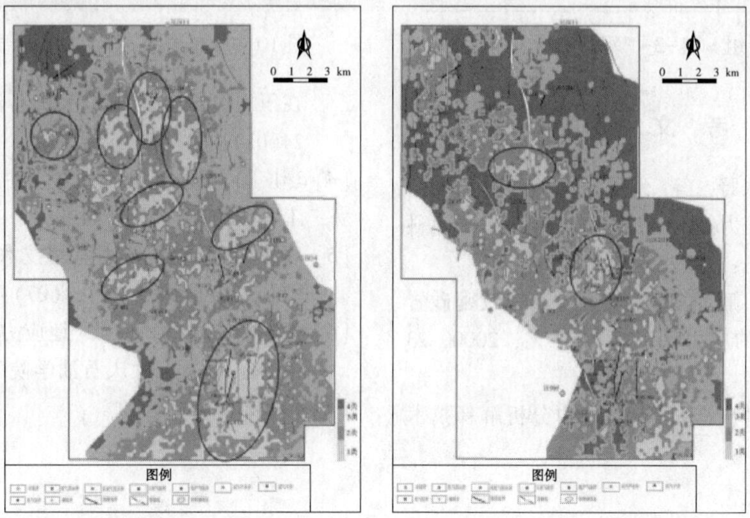

图 7　研究区沙河子组 SQ431 层(左)、SQ421 层(右)双甜点类型平面厚度图

图 8　研究区沙河子组 SQ412 层(左)、SQ322 层(右)双甜点类型平面厚度图

5　应用效果

依据双甜点地质工程综合参数模型，优选双甜点有利区。依据应力方向井位为南北向，四压力预测、气层厚度、地质工程双甜点等因素，优选井位，同时，考虑坍塌压力低、孔隙压力平稳段进行轨迹优化。利用地质工程双甜点有利区部署井 2 口，均获得百万方无阻流量工业气流。

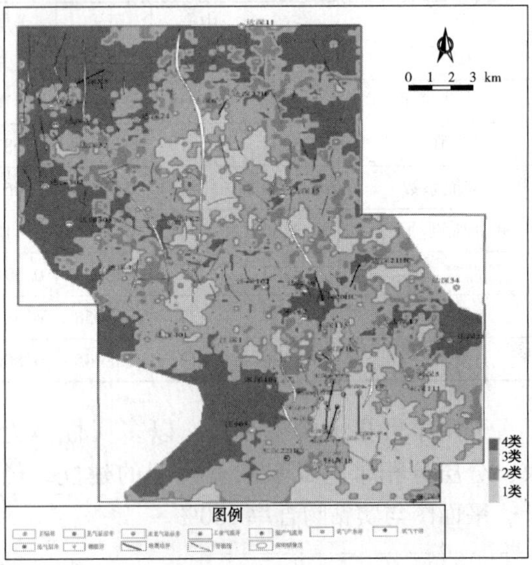

图 9　沙河子组 SQ4-3-1 双甜点分布图

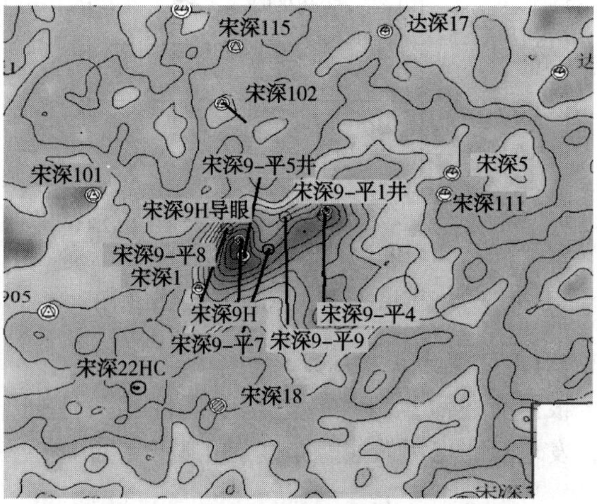

图 10　沙河子组 SQ4-3-1 地质甜点分布图

参 考 文 献

[1] 李红，于忠涛，张野，等. 地层压力监测过程中向下预测实时地层压力技术的开发与应用[J]. 天津科技，2024，51(08)：75-78.

[2] 徐向荣，马利成，唐汝众. 地应力及其在致密砂岩气藏压裂开发中的应用[J]. 钻采工艺，2000，23(06)：17-21.

[3] 吕俊丰，刘鹏，林庆祥，等. 地应力分析解释技术在压裂中的应用[J]. 大庆石油地质与开发，2005，24(02)：64-66.

[4] 李广福. 压力预测在钻井当中的应用[J]. 西部探矿工程，2021，(7)：44-49.

[5] 唐凯. 随钻地层压力监测技术在钻井工程上的应用[J]. 化工管理，2021，(07)：176-177.

[6] 董建华，刘鹏，王薇. 地应力剖面在水力压裂施工中的应用[J]. 大庆石油学院学报，2005，29(02)：40-42.

古龙页岩油二开井防漏工艺技术应用

孙　宇　邹大鹏　侯砚琢　朱晓峰　张欣涛　于　坤　赵凌云　张伟然

(大庆钻探工程有限公司)

摘　要　为推动古龙页岩油油效益开发，控制钻井成本，部分施工井由三开井身结构简化为二开井身结构，节省钻井周期、套管等费用，钻井综合成本显著下降。但由于井深结构的改变，二开次井施工裸眼井段长、密度区间跨度大、窗口小，在长裸眼多压力系统复杂地层中防漏堵漏难度很大。实钻过程中二开次井漏失比例高，漏失量大，造成了巨大的经济损失。从2023年开始，古龙页岩油部分三井井优化为二开井身结构。近年二开施工井占比51.49%，井漏发生16口，漏失井比例30.77%，漏失量3720.99m^3，同期三开井漏失比率10.2%，漏失量311.78m^3。二开井单井成本，相较三开在钻井周期、节省套管方面有成本优势，但二开井的井漏风险明显高于三开井。页岩油二开井由于其井深结构的特点，防漏工作面临巨大挑战。针对上述问题和难点，通过研究页岩油漏失井数据，分析页岩油二开井特点，总结复杂经验，刨析漏失原因。找出页岩油二开井漏失的病灶，进而有针对性的采取油基钻井液封堵剂优选、精细化加重、井筒清洁参数优化、实时ECD监控优化等技术攻关，摸索出了一套防漏封堵的技术措施，并在实钻二开井施工中取得了良好的封堵防漏效果。形成页岩油二开井封堵防漏关键技术。为页岩油提速降本提供了技术支撑，为效益化开发提供了保障。

关键词　页岩油；钻井防漏；优化井深结构；封堵防漏

1　页岩油井漏失数据分析

页岩油漏失情况统计见表1、图1。

通过对井漏数据的统计和对比，二开井的漏失量为3720.99m^3，平均漏失265.79m^3，远高于三开井的漏失量。可以得出结论，二开井的封堵防漏问题更加严峻。二开井单井成本，相较三开井在钻井周期、节省套管方面有成本优势，但二开井的井漏风险明显高于三开井。要想解决页岩油二开井漏失风险大的问题首先要分析二开页岩油井的漏失特点和原因，找到病灶才能对症下药。

表1　页岩油漏失复杂统计数据表

井号	类型	层位	密度/(g/cm^3)	工况	漏失类型	漏失量/m^3	井深结构	钻井液体系
GY2942	页岩油	青二三段	1.6	通井下钻	憋漏	34.52	三开	油包水
GY299	页岩油	姚一段	1.63	通井下钻	憋漏	42.64	二开	油包水
GY997	页岩油	青二三段	1.46	定向段钻进	渗漏	60.76	三开	油包水
GY998	页岩油	青二三段	1.53	定向段钻进	憋漏	105.1	二开	油包水
GY9952	页岩油	青二三段	1.52	水平段钻进	渗漏	149.89	二开	油包水
GY9951	页岩油	青二三段	1.52	水平段钻进	憋漏	23.03	二开	油包水
GY9949	页岩油	姚一段	1.44	定向段钻进	憋漏	650.3	二开	油包水
GY1633	页岩油	青二三段	1.56	水平段钻进	憋漏	47	三开	油包水
GY1697	页岩油	青二三段	1.61	水平段钻进	渗漏	47	三开	油包水
GY2003	页岩油	姚二三段	1.57	定向段钻进	渗漏	52	二开	油包水
GY2701	页岩油	青二三段	1.65	水平段钻进	渗漏	188.72	二开	油包水
GY2512	页岩油	姚一段	1.63	定向段钻进	渗漏	664.3	二开	油包水
GY2510	页岩油	姚一段	1.6	定向段钻进	漏速	267	二开	油包水
GY2598	页岩油	姚一段	1.49	定向段钻进	漏速	737.91	二开	油包水

续表

井号	类型	层位	密度/(g/cm³)	工况	漏失类型	漏失量/m³	井深结构	钻井液体系
GY3817	页岩油	青二三段	1.63	定向段钻进	渗漏	206	二开	油包水
YY11	页岩油	青二三段	1.65	水平段钻进	憋漏	188	二开	油包水
YY18	页岩油	姚一段	1.55	定向段钻进	憋漏	329	二开	油包水
Y110	页岩油	青一段	1.66	水平段钻进	渗漏	101	三开	油包水
GY9947	页岩油	青二三段	1.51	水平段钻进	憋漏	117.1	二开	油包水
GY1901	页岩油	青二三段	1.69	水平段钻进	憋漏	21.5	三开	油包水

备注：经过近2年施工井统计：二开井漏失比率30.77%，三开井漏失比率10.2%。二开漏失井平均漏失265.79m³，三开漏失井平均漏失51.96m³。

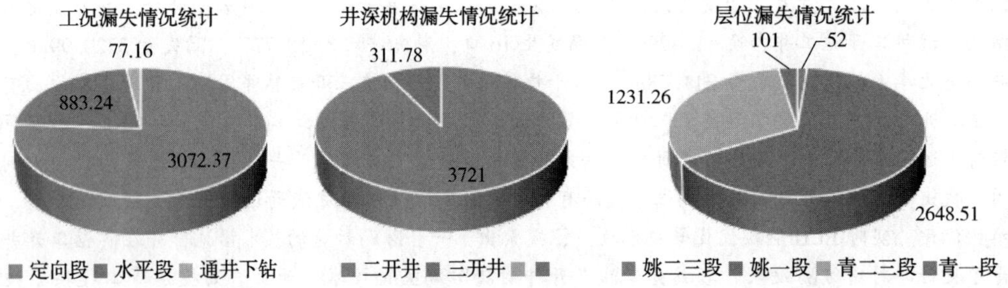

图1 页岩油漏失情况统计

2 页岩油二开井特点

相对于页岩油三开井，二开次井施工主要包括以下4个特点：(1)裸眼段长，三开井型裸眼段大至在3000米左右，二开井型的裸眼段在4000米左右，相对于三开井型增加了1000米的裸眼段。(2)密度跨度大，三开井型只钻遇青山口组一个地层，密度跨度小。二开井型要钻遇三个层组、五个油层，密度跨度大。(3)井筒清洁难度大，二开井型的井斜和方位调整较多相对于三开井容易出现返砂不畅，产生岩屑床。(4)机械钻速快，相对于三开井型平均机械钻速20.77m/h，二开井型平均机械钻速为26.22m/h。尤其是上部地层可钻性好，直井段和稳斜段的平均机械钻速为51.25m/h。

3 二开页岩油井漏失原因分析

3.1 井身结构优化导致密度窗口变窄

二开井身结构，钻进过程中嫩江组、姚家组、青山口组在同一裸眼井段，在三压力预测曲线，同时为保障青山口组地层坍塌压力高，在黑帝庙、萨尔图、葡萄花油层钻井液密度出口窄，地层破裂压力低，漏失概率高。

从力学角度分析，地层破裂是由于井内钻井液密度过大使井壁岩石所受的周向应力超过岩石的拉伸强度尔造成的，既岩石所受周向应力由压缩变成拉伸，当这种拉伸力大到足以克服岩石的抗拉强度时，地层既产生破裂造成井漏。如图2所示，古龙页岩油井的密度安全窗口相对较小的井段是在垂深1650~1800m之间。嫩一段与姚家组地层承压能力弱，最低破裂压力当量钻井液密度1.38g/cm³。同时该井段也是定向段，相对应的会有井斜和狗腿的变化，不利于返砂。一方面密度窗口小，一方面井眼净化能力相应下降，如果返砂不畅，就会使环空岩屑浓度升高，ECD上涨，极易导致地层破裂造成井漏。

3.2 油基钻井液封堵难度大

油基钻井液封堵难度大，原因在于无法解决封漏材料在油相中的分散性与在易漏地层驻留能力之间的矛盾：一方面，封漏材料应在油基钻井液中具有良好分散性，因此一般含有大量亲油基团；另一方面，油基钻井液进入易漏层后会将岩石表面转变为油湿性，从而造成封漏材料与油湿性的易漏失壁面间结合力很弱，主要原因在于亲油性的非极性环境中堵漏材料与易漏失壁面间难以形成氢键、离子键等强非共价键或与共价键，所以无法在易漏层中“停得住”。

3.3 机速高ECD控制困难

通过对多口二开井漏失过程进行分析，在漏

失发生前地层均有呼吸吞吐现象，漏失发生后停泵都有明显的返吐现象，可以确定是憋漏地层导致的漏失。比较典型的是 GY90 平台，根据该平台井数据说明，机械钻速过快，循环划眼时间少会导致岩屑浓度高，容易堆积岩屑床，造成 ECD 上涨憋漏地层。见表 2。

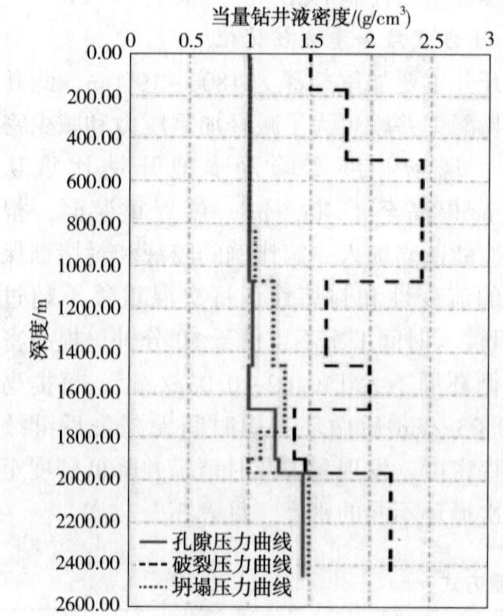

地层					地层代号	油层	设计分层		地层倾角/°	故障提示
界	系	统	组	段			底界垂深/m	垂直厚度/m		
新生界	第四系				Q		60	51		防塌防漏
	第三系		泰康组		N_2t		170	110		
			大安组		N_1d		/	缺失		
			依安组		$E_{2+3}y$		/	缺失		
中生界	白垩系	上白垩统	明水组	二段	K_2m_2		328	158		
				一段	K_2m_1		458	130		
			四方台组		K_2s		698	240		
		下白垩统	嫩江组	五段	K_1n_5		914	216		防油水侵
				四段	K_1n_4	黑帝庙	1241	327		
				三段	K_1n_3		1328	87		
				二段	K_1n_2		1529	201		防塌、防油气侵
				一段	K_1n_1	萨尔图	1637	108		防油气水侵防喷
			姚家组	二、三段	K_1y_{2+3}		1765	128		
				一段	K_1y_1		1775	10		
						葡萄花	1835	60		
			青山口组	二、三段	K_1qn_{2+3}		2277	442	2.02	防塌防油气侵
						Q_9~Q_7	2342	65		

注：造斜点及以上地层为井口处剖面，造斜点以下地层为入靶点处剖面。

图 2　页岩油井地层压力和地质层位

表 2　GY90 平台泥浆工程参数统计表

开次/井段/m	钻进参数	机械钻速/(m/h)	循环划眼时间/(min/m)	泥浆典型性能	复杂情况	1885m 处 ECD/(g/cm³)
GY901(860~1890)	排量 36L/s，泵压：18MPa，转速 70rpm	58.91	0.92	密度 1.48g/cm³，黏度 63s，表观黏度：52mPa·s，塑黏：42mPa·s，动切力 10Pa·s，	钻进至 2582m，发生漏失，累计漏失量 117.1m³	1.67
GY902(860~1890)	排量 35L/s，泵压：17MPa，转速 80rpm	57.6	1.12	密度 1.47g/cm³，黏度 63s，表观黏度：51mPa·s，塑黏：42mPa·s，动切力：9Pa·s，	无复杂	1.62
GY903(860~1890)	排量 35L/s，泵压：17MPa，转速 70rpm	60.71	0.51	密度 1.51g/cm³，黏度 65s，表观黏度：48mPa·s，塑黏：39mPa·s，动切力：9Pa·s，	钻进至 1885m 发生漏失，累计漏失 649.07m³	1.72
GY903 1138~1890	排量 33L/s，泵压：16MPa，转速 80rpm	45.43	1.22	密度 1.50g/cm³，黏度 64s，表观黏度：47.5mPa·s，塑黏：39mPa·s，动切力：8.5Pa·s	无复杂	1.65

3.4　偏移距对井壁稳定的影响

在钻井工程中，偏移距是指井眼轨迹偏离设计垂直线的距离，它对井壁稳定有着复杂且关键的影响。力学角度分析随着偏移距的增大，井眼周围的地应力状态发生显著变化。在水平方向上，原本相对均匀的地应力因井眼倾斜出现应力集中现象。这种应力分布的不均匀性极易引发井壁岩石的剪切破坏或拉伸破裂。在二开井中，偏移距较大的井段在 1700m~1900m 之间，岩石在拉应力作用下可能产生裂缝，钻井液一旦进入这些裂缝，就会顺着裂缝向地层深处渗透，造成漏失。该井段密度安全窗口又相对较小，偏移距较大的二开井在这个井段发生漏失的比例高达 80.96%，井漏风险高。

4　技术对策

通过对二开页岩油井的特点和漏失原因进行分析，明确了容易造成漏失的病灶。这个病灶主要集中在嫩一段和姚家组地层，重点就是要在这个井段做好防漏封堵工作。

4.1 ECD精细控制

二开井上部直井段、造斜段钻进期间通过控制适当的钻进速度，结合充分的冲划眼措施，降低环空岩屑浓度，避免因井内岩屑浓度高造成ECD过高，从而引起上部弱地层发生井漏及憋卡等复杂情况。从大数据分析，上部井段机械钻速超过50m/h时ECD附加值高，漏失风险大。"十次事故九次快"如果一味追求钻速，伴随吞吐现象施工，在钻井液水力作用下裂缝将不断延展扩大，吞吐量也将逐渐增大，最终导致漏失复杂。为了避免因为上部井段(1500m~1900m)机械钻速过快，导致岩屑浓度高、返砂不畅，诱导裂缝的产生，出现吞吐现象。在上部井段施工中尽量控制机械钻速不超过50m/h，每钻进30m充分循环15~30min，转速≥80rpm。实钻应用LANDMARK和HYDPRO软件模拟研究排量、钻速、转速、起下钻速度与ECD的关系，反推优化工程参数精细控制ECD。

4.2 加重方式及加重方法优化

二开井主要加重井深为1800~1900m，此井段正是易漏失井段。为了减轻加重压力和减少密度跨度，现场开展实验逐步把开钻比重从1.10g/cm^{3}提高至1.40g/cm^3。配置重浆时，根据基浆性能适当加入一定比例的胶液和封堵剂保证重浆的流变性和封堵性，每次混重浆不超过5m^3，且混入时间1次不得低于10分钟，提高密度时每循环周不大于0.02~0.03g/cm^3，每提高0.02~0.03g/cm^{3}后循环1周时间无漏失后继续按要求提密度，发现漏失及时请示并降低密度至最近一次循环不漏的密度。见表3。

表3　二开井密度范围和加重方式

层位	密度范围	提密度方式
嫩五段-嫩二段	1.40g/cm^3~1.45g/cm^3	开钻新浆老浆混配调整密度
嫩一段-姚一段	1.45g/cm^3	用1.70g/cm^{3}的重浆4个循环周加重至1.45g/cm^3
青山口造斜段前100m	1.45g/cm^3~1.55g/cm^3	用1.80g/cm^{3}的重浆，按循环周加重
青山口造斜段	1.50g/cm^3~1.55g/cm^3	用1.80g/cm^{3}的重浆，按循环周加重
青山口水平段	1.55g/cm^3~1.62g/cm^3	用1.80g/cm^{3}的重浆，按循环周加重

4.3 钻井液封堵防漏措施

针对二开井特点，钻进过程中及时补充钻井液封堵防漏材料，非易漏区2%超细碳酸钙(800目和1250目按照1：1.5复配)，1.2%成膜封堵剂，0.8%纳米封堵剂；1500~1900m易漏井段，提前100m在循环浆中加入3%超细碳酸钙(800目和1250目按照1：2复配)、2.5%成膜封堵剂、1.5%纳米封堵剂。除了常规封堵剂外，优选DL8刚性堵漏剂。该型堵漏剂为高韧性树脂复合材料，中值粒径在456~528nm，平均分布在0.15~75μm，具有可酸溶、强度大等优点。纳米级高强度刚性颗粒随钻头破岩时可迅速嵌入到井周孔隙和微裂缝中，产生沿井眼切线方向的挤压，无数已填充微裂缝沿切线方向的同时挤压，形成应力环从而起到提高地层承压能力和提高坍塌应力的作用，即在井壁形成笼箍效应，稳定井壁、提高安全密度窗口。

在现场钻井液基础上加入能够提高承压能力的刚性封堵剂，形成强封堵油基钻井液体系配方：柴油+3%主乳化剂+1%辅乳化剂+3%有机土+3%氧化沥青+3%氧化钙+$CaCl_2$水溶液(20%)+2%成膜封堵剂+1.5%封堵剂Ⅰ型+1%~2%封堵剂Ⅱ型+0.8%~2.5%封堵剂DL8。见表4。

表4　页岩油二开井封堵剂种类及加量

序号	封堵剂类型	非易漏区	易漏区加量	粒径	作用
1	氧化沥青	3%	3%	2~40μm	软化
2	成膜封堵剂	1.2%	2.5%	10~100μm	
3	纳米封堵剂	0.8%	1.5%	5~500nm	刚性
4	超细碳酸钙	2%	3%	10~30μm	
5	DL-8刚性树脂	0.8%	1.8%	150nm~75μm	
合计	封堵剂总浓度	7.8%	11.8%	0.005~100μm	软化/刚性

5 应用效果

通过总结归纳已发生复杂事故井的数据和经验，摸索出了一套二开井施工防漏封堵的技术措施，应用在了GY99平台取得良好的封堵防漏效果。该平台在钻进过程中尽可能采用了大排量(35~39L/S)高转数(80~90)钻进，机械钻速控制在50m/h以内，重点防漏井漏井段(1500~1900m)每钻进30m，充分循环10~30min(根据实际井深计算，岩屑至少上返至直井段)，保证较低的环空岩屑浓度，降低岩屑床形成的速度和厚度。在确定具体的工程参数时，都预先测算ECD，确保ECD一直在合理的范围内。此外在钻井液体系中加入了刚性树脂DL8，通过各项数据分析，在钻井液中加入DL 8封堵剂后，原本易出现漏失的薄弱地层在其作用下，承压能力大幅提高，有效防止了钻井液的漏失，确保了钻进作业的平稳推进。

在施工过程中采用细水长流的方式维护补充并及时调整钻井液流变性，塑性黏度控制在45mPa·s以内，动切力控制在8~15Pa之间。需要加重时，采用了湿法梯次缓慢加重，避免出现大幅波动诱发井漏。钻具静止超过10min以上采用"先转动后开泵"的操作程序。下钻控制速度，每下一柱不能少于2min，防止下钻速度过快产生激动压力压漏地层。下钻过程分段循环钻井液，套管鞋以下每1000m左右开泵循环钻井液10~15min，开泵严格执行梯次开泵操作程序。控制下套管速度，每根下放不少于2min，防止激动压力过大压漏地层或扶正器刮下井壁泥饼，产生堆积造成环空不畅，憋压。该平台井通过执行以上技术措施未出现井下复杂情况，不仅提高了钻井效率，还降低了因漏失可能引发的安全风险与经济损失。该技术措施发挥了关键作用，能够起到极为良好的封堵防漏效果，为页岩油二开井的顺利施工提供了坚实保障，具有极高的推广应用价值。见表5。

表5 GY99平台工程参数及DL8加量

序号	井号	井型	偏移距/m	DL8加入比例/%	上部地层机械钻速/(m/h)	ECD/(g/cm³)	循环划眼时间/(min/m)	是否漏失
1	GY992	二开	481.9	1.6%	47.9	1.5~1.66	1.2	否
2	GY991	二开	10.2	1.5%	49.2	1.48~1.68	1.1	否
3	GY990	二开	502	1.8%	46.6	1.5~1.69	1.3	否

6 结论认识

(1)页岩油二开水平井相对于三开水平井漏失风险更大，漏失量更多，要更加注意二开井的防漏工作。

(2)二开井深结构重点防漏井段是，嫩一段和姚家组，发生漏失后漏失量也较大。

(3)单一的通过加强钻井液的封堵能力很难起到良好的封堵效果，必须要把泥浆参数和工程参数相结合。排量、钻速、偏移距、钻具转速、起下钻都会对ECD产生影响。

(4)现场应用结果说明，通过加入DL8等封堵剂药品可以增强钻井液的封堵效果提高地层的承压能力。结合专业软件测算钻进过程中ECD的变化，及时调整各项工程参数和循环划眼时间，可以对页岩油二开井起到良好的封堵防漏效果。

参 考 文 献

[1] 张冕，陶长州，左挺. 页岩油华H100平台储层改造关键技术及实践[J]. 钻采工艺，2023，46(6)：53-58.

[2] 廖华林，丁岗. 大位移井套管柱摩阻模型的建立及其应用[J]. 石油大学学报(自然科学版)，2002，26(1)：29-31.

[3] 何振奎，刘霞，韩志红，等. 油基钻井液封堵技术在页岩水平井中的应用[J]. 钻采工艺，2013，36(2)：101-104.

[4] 王敏生，光新军，耿黎东. 页岩油高效开发钻井完井关键技术及发展方向[J]. 石油钻探技术，2019，47(5)：1-10.

[5] 杨灿，董超，饶开波，等. 官东1701H页岩油长水平井激进式水力参数设计[J]. 西部探矿工程，2019，31(3)：24-26.

[6] 杨灿，王鹏，饶开波，等. 大港油田页岩油水平井钻井关键技术[J]. 石油钻探技术，2020，48(2)：34-41.

新疆塔东超深井抗高温高密度复合盐钻井液体系研究

张玉文　张冬明　陈佳琦　贾欣鹏　栾广涵

（大庆钻探工程有限公司）

摘　要　针对水基钻井液核心组分，通过高温高压流变性测试获得了膨润土胶体剪切应力-温度曲线，并测试了不同温度作用后胶体颗粒粒度分布，分析了粘土矿物胶体粒子在室温～220℃温度范围内的分散、絮凝与聚结状态与形成机制，并基于高密度水基钻井液沉降因子测试、粒径分布等分析，明确了高温下高密度水基钻井液的沉降机理，同时，通过开展聚合物降滤失剂、分散剂等核心处理剂加量优化，优选高密度重晶石粉与有机盐共同加重至 2.0g/cm^3，经 220℃ 多次高温热滚后流变性较为稳定，上下密度差最低 0.08g/cm^3（沉降因子 SF<0.52），实现了高密度条件下流变稳定性与高温条件下动态沉降稳定性有效控制，保障新疆塔东超深井 AT-1 井安全顺利完钻。

关键词　高温；水基钻井液；微观分析；粘土胶体；分散状态

深井/超深井钻井是实现深部油气资源高效勘探与效益开发的关键工程，钻井液体系的抗高温能力是保障深层钻井顺利施工的核心因素。水基钻井液成分复杂，黏土矿物、聚合物等核心处理剂单一组分与多组分间受高温作用性能变化规律尚未系统研究，核心胶体粒子高温分散状态缺乏微观分析，高温流变性、滤失性优化缺乏理论依据。同时，高密度条件下钻井液流变性影响因素复杂，不同密度范围沉降特征不明确，受处理剂作用影响，高温增稠、聚结沉降等问题突出，深井、超深井钻井风险较高。本文依据水基钻井液高温高压流变性测试、电子扫描分析、高温热滚前后的性能测试等结果，重点探讨了高温条件下水基钻井液核心组分造浆土和聚合物处理剂的微观状态，为揭示水基钻井液抗高温机理，构建超高温水基钻井液体系提供思路。

1　高温下造浆土胶体颗粒分散状态分析

1.1　造浆土胶体高温剪切应力测试

土浆配方：清水+4%造浆土（膨润土、海泡石、凹凸棒土）+0.15% Na_2CO_3，室温养护 24h。利用 Fann IX77 高温高压流变仪对配制好的不同造浆土胶体，测试室温～220℃条件下不同剪切速率时的剪切应力。测试结果如图 1 和图 2 所示。

图 1 为试验用配浆膨润土配制土浆，可以看出，随着温度升高，该土浆在不同剪切速率下的剪切应力变化趋势不同，其中 90～160℃ 和 160℃以上两个范围对膨润土浆的流变性能影响最大。凹凸棒土和海泡石配制土浆高温高压流变性测试结果如图 2 所示。两种土浆流变性随温度变化与膨润土浆具有明显区别，基本随温度升

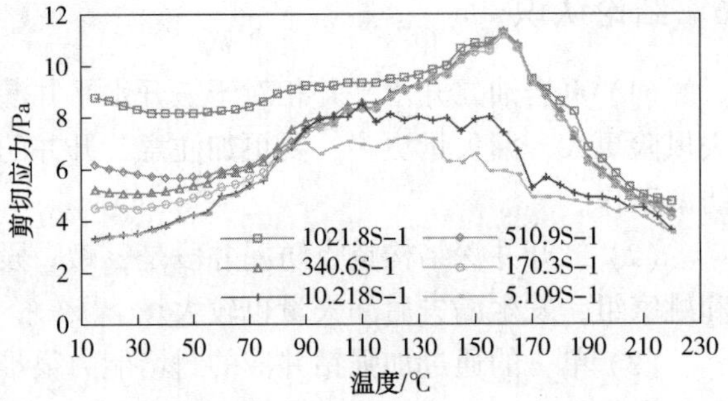

图 1　4%膨润土浆不同剪切速率下的剪切应力-温度曲线

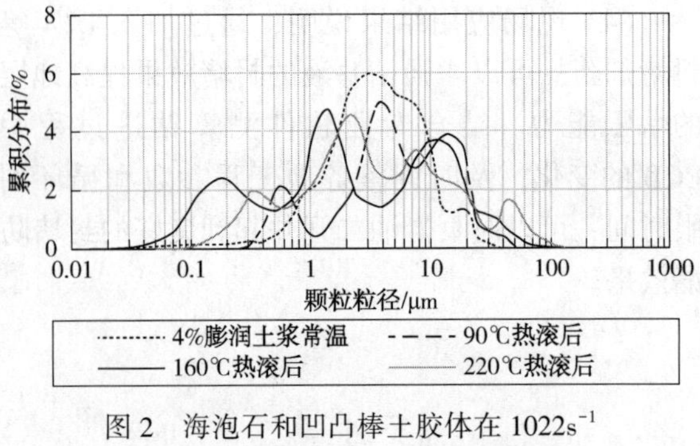

图 2　海泡石和凹凸棒土胶体在 1022s^{-1} 剪切速率下的剪切应力-温度曲线

高，黏度缓慢降低，在160℃以后逐渐平稳，表明具有较弱的温度敏感性，但整体黏度较低，造浆效果较弱。

1.2　高温作用后膨润土浆粒径分布测试

针对膨润土浆，利用马尔文3000激光粒度仪对4%膨润土浆经以上不同温度热滚16h作用后的粒径分布进行测试，测试结果如图3、图4所示。图3中可以看出，经过高温热滚作用后，膨润土浆粒径分布范围更广，且出现多个峰值，表明胶体颗粒粒径均质性变差，颗粒自身尺寸与颗粒间连接状态发生明显变化，从图4中分析，膨润土浆中胶体颗粒d(50)和d(90)粒径随热滚温度升高整体呈先增大后降低再增大的多段变化趋势，其中d(50)在90℃和160℃分别达到最高和最低值，分别为8.710μm和2.411μm，而d(90)在90℃和160℃分别为19.814μm和18.308μm，差距较小，在220℃时d(90)增长至33.709μm，表明在室温-90℃，膨润土颗粒粒径增大，在90~160℃范围内，小颗粒数量增多，160~220℃，大颗粒增多，表明在高温下胶体内部结构强度、数量呈线性降低，分析为随着温度继续升高，膨润土颗粒表面能降低而互相靠近，且颗粒在布朗运动中相互碰撞时，粒子动能超过斥能峰(势垒)转以引力为主，导致胶粒发生不可逆的面-面聚结，引起膨润土颗粒粒径增大，尤其大颗粒数量明显增多，胶体作用减弱，导致黏度显著降低。

1.3　形貌结构分析

海泡石和凹凸棒土的晶体结构中存在沸石特征，具有沸石孔道，可容纳沸石水，沸石水能够与孔道边缘的镁形成键，稳定存在于矿物结构内部，有研究通过热重分析表明，在100~200℃，凹凸棒土会失去吸附水和部分沸石水，在200~300℃时会失去沸石水和配位水，因此，海泡石和凹凸棒土在高温下会产生散热效应，保持其微观晶体结构稳定。利用VEGA扫描电镜对配浆用膨润土、海泡石和凹凸棒土进行微观形貌观察，SEM图像如图5所示(a、b和c)，可以看出，不同配浆粘土的微观形貌特征迥异，膨润土由不规则片层状颗粒组成，片层连接紧密，呈压实状；海泡石微观呈纤维状颗粒，由疏松的纤维状颗粒形成片层；凹凸棒土由书页状颗粒组成，层间具有明显间隙，小颗粒较多，说明具有较强剥落性。对膨润土配制土浆而言，随着温度持续升高，最终受到水化膜定向趋势减弱、膨润土颗粒表面能降低、布朗运动强烈等因素，膨润土颗粒极易形成聚集体，引起流变性能变化，而海泡石和凹凸棒土因其疏松易剥落的纤维状和书页状结构，在水中易分散成更小颗粒，在高温状态下，难以形成如膨润土颗粒"端-端"与"端-面"连接的絮凝结构，或形成"面-面"吸引的聚结状态，从而保持黏度稳定。

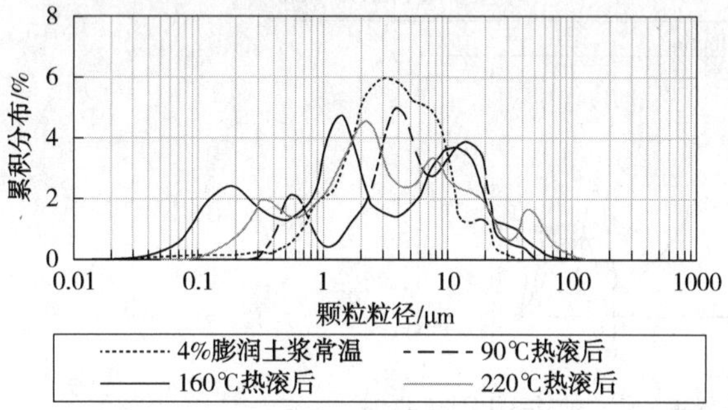

图3　4%膨润土浆热滚后粒度分布曲线

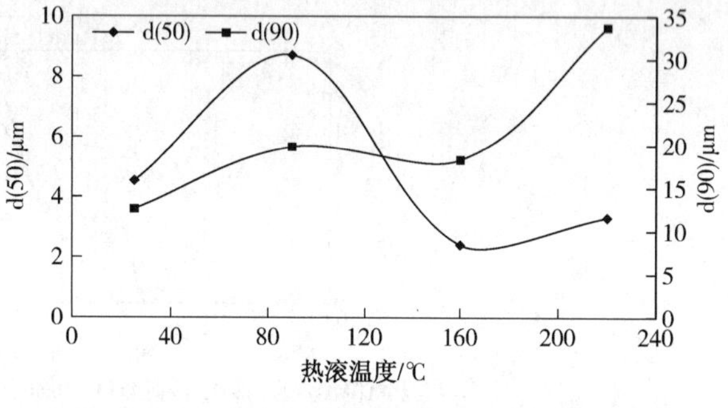

图4　4%膨润土浆热滚后d(50)和d(90)

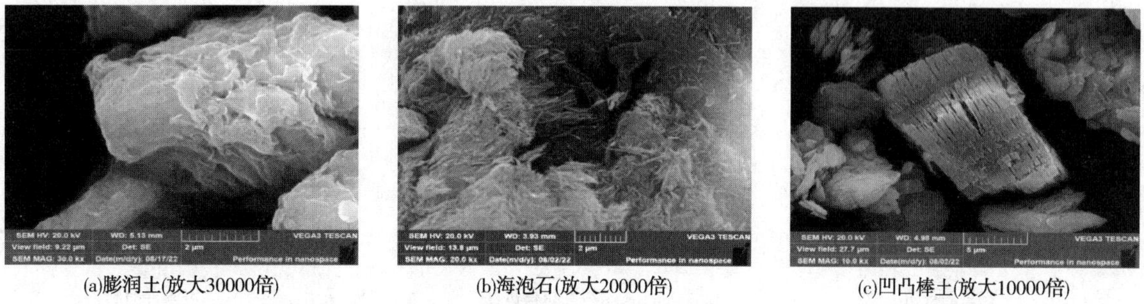

(a)膨润土(放大30000倍)　(b)海泡石(放大20000倍)　(c)凹凸棒土(放大10000倍)

图5　造浆土SEM显微图像

2　高温条件下高密度水基钻井液沉降稳定机理

采用三种4.30g/cm³的重晶石粉对抗高温水基钻井液基础体系加重至2.0g/cm³，220℃高温热滚16h后，三个样品均发生不同程度沉淀(见表1)，其中1#重晶石粉沉淀较少，沉降因子为0.528，2#和3#重晶石粉呈硬沉淀，SF>0.56，沉降稳定性差。

表1　不同重晶石粉加重后的沉降因子和沉降特征

样品编号	密度及特征	沉降因子SF及沉淀特征
1#	4.30g/cm³，砖红色，D90=51.3μm	0.528，较软沉淀
2#	4.30g/cm³，淡红色，D90=56.8μm	0.562，硬沉淀
3#	4.30g/cm³，灰色，D90=49.2μm	0.577，硬沉淀

将2.0g/cm³高密度抗高温水基钻井液基础体系进行常温和180℃高温静置16h，取底部钻井液进行粒度测试，实验结果如图6~图7所示，常温静置样品D90粒度为49.563μm，热沉降后D90粒度升高至142.499μm，表明高温作用后重晶石粉等固相颗粒发生聚结。

对三种4.30g/cm³重晶石粉进行微观观察和元素能谱分析，测试结果如图8所示。1#成分较为单一，主要含Ba、S和O元素，2#含有较少的Fe、Si、Mg、Ca元素，3#含较多Fe元素和较少Si、Al、Ca元素。金属阳离子增多，会对含-OH、-COOH等电子基团的处理剂产生络合吸附，形成黏性颗粒，容易引起重晶石聚沉，聚合物经高温解吸附和分子链断裂后转移吸附在重晶石表面的概率增加，聚沉现象更严重。

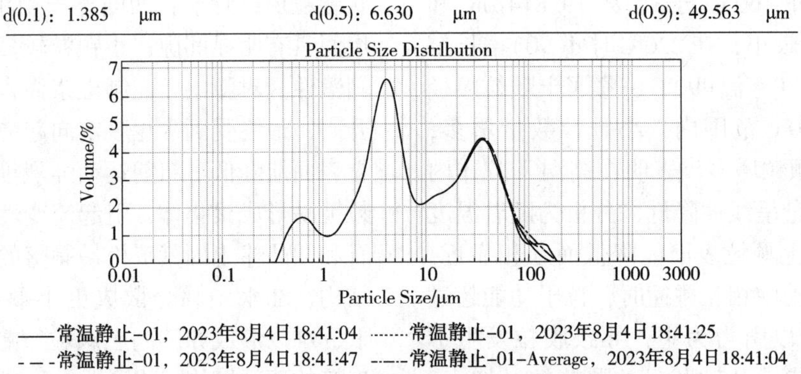

图6　高密度钻井液体系常温静置16h

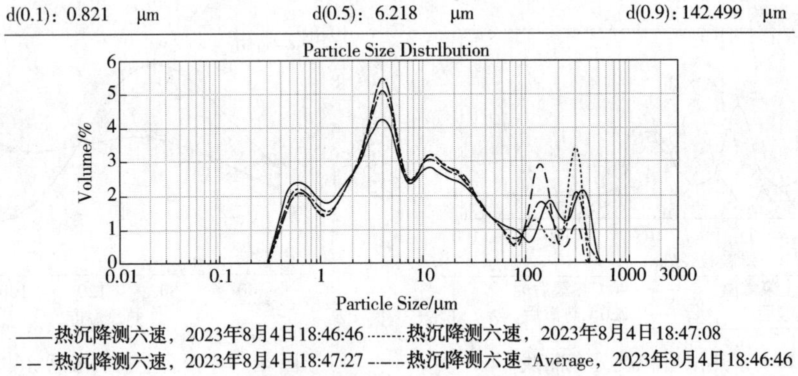

图7　高密度钻井液体系180℃高温静置16h

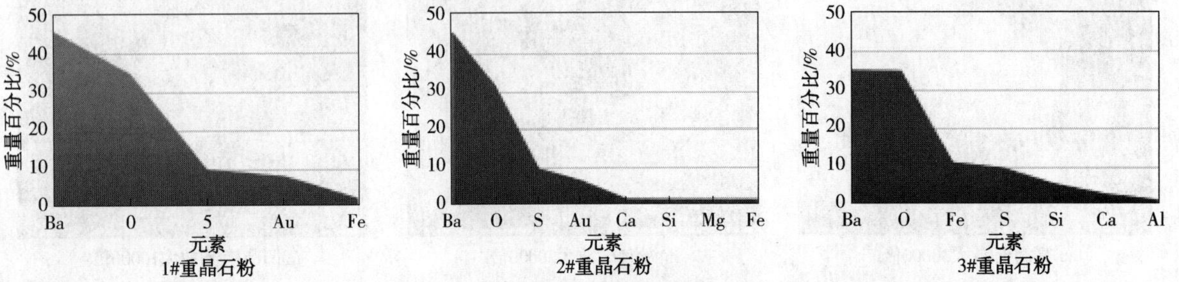

图8　不同重晶石粉微观形貌及元素分布

3　超高温高密度水基钻井液体系构建

3.1　配方构建思路

（1）降低粘土胶体温度敏感性。引入富含镁多孔纤维状硅酸盐粘土矿物，与低浓度膨润土联合造浆，实现基础胶体高温稳定。

（2）延缓护胶剂高温降解失效。利用含磺酸基、乙烯基等抗高温基团的中低分子量聚合物形成稳定空间网状结构，降低因分子链断裂导致处理剂降解程度，实现对粘土胶体粒子的高温牢固吸附和保护。

（3）提升聚合物高温稳定性。基于有机盐的还原性有机酸根除氧机理，防止聚合物在高温条件下氧化失效。

（4）优化加重材料配比。使用大、中、小多级粒径加重材料提升固相颗粒容量限，配合提切剂优化钻井液流变性，增强加重材料在水基钻井液中的悬浮能力。

（5）改善加重材料在钻井液中的分散状态。使用抗高温分散剂和抗高温液体润滑剂对加重材料表面进行改性，防止加重材料聚结沉降。

3.2　聚合物降滤失剂优选

在4%膨润土浆中对7种抗高温聚合物类降滤失剂（加量为1%）进行评价，测试220℃×16h高温热滚前后的钻井液体系流变性、FL_{API}和FL_{HTHP}。测试结果如图9～图10所示，可以看出，4#和5#聚合物降滤失剂加入基浆后中加入聚合物类处理剂后流变性较为稳定，塑性黏度变化率分别为41%和46%，FL_{API}热滚前后较其他处理剂变化幅度较小，可优选作为护胶剂。

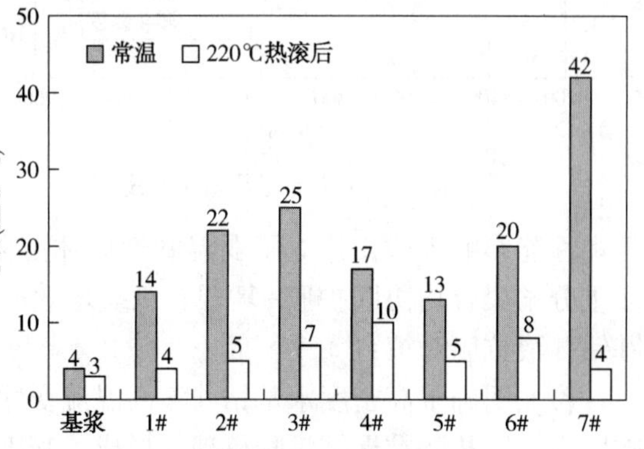

图9　热滚前后PV对比

注：热滚条件为220℃×16h。

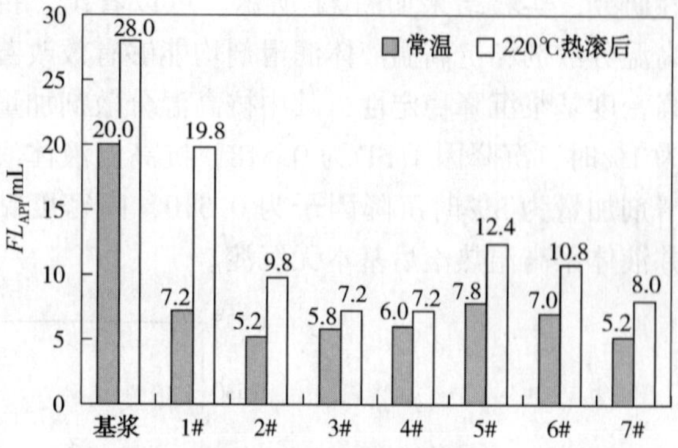

图10　不同聚合物体系热滚前后FL_{API}柱状图

3.3　复合有机盐优选

钻井液处理剂在高温下失效的主要原因是处理剂分子链在高温下氧化断裂产生了降解反应，相关研究表明，有机盐能够降低高温氧化作用，有效提升水基钻井液体系的抗高温能力。针对市场常用的五种有机盐，分别测试加入钻井液基浆后经过220℃高温热滚后的性能变化，测试结果见表2。从表2可以看出，有机盐普遍能够提升基浆热滚后的表观黏度保留率，其中加入复合盐-2后表观黏度保留率达到了76%，较基浆提升了37%，同时基浆中加入有机盐对改善基浆滤失性具有积极作用，说明有机盐能够有效延缓聚合物降滤失剂在高温下的分子链断裂和降解。

表2　基浆中加入不同有机盐后性能测试结果

序号	体系	表观黏度/mPa·s		API滤失量/mL	
		热滚前	热滚后	热滚前	热滚后
1	基浆	31	39	10.2	7.4
2	20%甲酸钠	25	15	7.4	8.0
3	20%复合盐-1	23	16	8.6	6.4
4	20%复合盐-2	25	18	8.2	6.6
5	20%YJZ-I	24	17	9.4	7.4
6	20%HD-160	27	10	10.6	11.2

3.4　固相颗粒表面改性剂优选

一般加重材料在钻井液体系中受阻滞力和沉降力共同作用，当加重材料密度升高时，沉降力升高导致沉降加剧，但当钻井液密度>1.70g/cm^{3}时，钻井液处于压缩沉降阶段，颗粒互相接触和搭建可以将重力传导的力链网络，支撑加重材料减缓沉降速度，此时加重材料密度提升、固相颗粒含量降低和粒径减小均可提升高密度钻井液的沉降稳定性，其中粒径是关键因素之一，因此需要增强颗粒间的排斥作用能，改善加重材料颗粒的分散状态。利用抗高温分散剂和抗高温液体润滑剂，开展了高密度水基钻井液的沉降稳定性提升可行性研究，实验结果如图 11 所示。可以看出，抗高温分散剂和抗高温液体润滑剂均能够有效改善高密度基浆沉降稳定性，其中抗高温分散剂加量为 1%时，沉降因子 SF 为 0.518，抗高温液体润滑剂加量为 3%时沉降因子为 0.510，高密度钻井液体系高温热滚后基本无沉淀。

3.5 钻井液体系性能评价

通过以上优选处理剂加量优化，形成了密度为 2.0g/cm³ 的超高温高密度水基钻井液体系，可抗 220℃高温，72h 长时间高温热滚后表观黏度保留率>70%，沉降因子<0.52。综合性能测试结果见表 3。

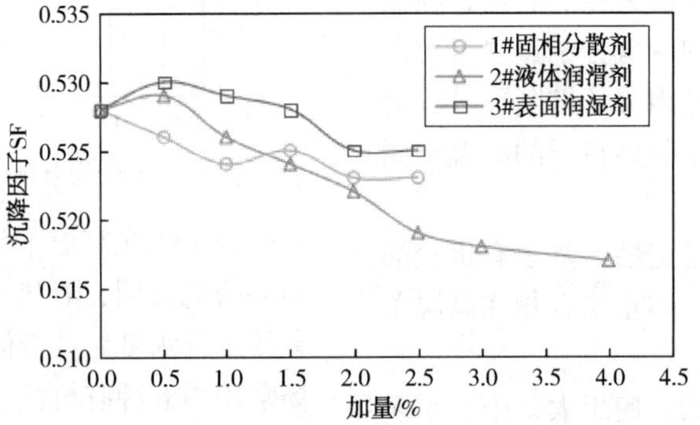

图 11　不同表面改性材料在高密度体系中沉降因子随加量变化曲线

表 3　超高温高密度（2.0g/cm³）水基钻井液体系性能测试结果

实验条件	六速读数			静切力	FL_{API}/mL	FL_{HTHP}/mL	极压润滑系数	沉降因子 SF
	600/300	200/100	6/3	10s/10min				
常温	165/111	88/59	14/11	4.0/13.0	0.0	/	0.0875	/
220℃/16h	161/99	76/49	14/13	3.5/9.0	0	11.8	0.0811	0.507
220℃/48h	121/74	56/37	14/12	4.0/10.0	0.8	12	0.0894	0.511
220℃/72h	123/77	60/41	17/15	6.0/11.5	0.8	12.4	0.0902	0.509

注：高温高压滤失量测试条件为 200℃，3.5MPa。

4　现场应用

AT-1 井是塔里木盆地满西坡折带的一口超深井，完钻层位为奥陶系鹰山组鹰下段，井底温度 199℃，通过应用抗高温高密度水基钻井液体系实现了该井安全顺利完钻，完钻井深 9416.6m。现场施工过程中选用中低分子量的聚合物降滤失剂，提升高温吸附和护胶能力，全程流型稳定；同时，优选高密度重晶石粉，优化膨润土加量，降低固相含量，加大分散剂加量，未发生沉降；此外，通过调节无机盐及抑制剂加量，提高抑制能力，解决高密度体系抗固相污染能力差的问题。尤其在高温层维护方面，四开以 1.80g/cm³ 开钻，加入 0.5%除硫剂，通过聚合物胶液维持流变性，研选润滑剂防止定向托压。

图 12　钻井液密度及漏斗黏度

5　结论及建议

（1）联合宏观现象分析和微观实验表征研究方法，明确了高温下水基钻井液核心组分变化特征和性能影响规律，建立了弱温敏性胶体配浆+多重分子聚合物协同护胶+复合有机盐增效的水基钻井液抗温对策；

（2）明确了高密度水基钻井液高温流变性影响因素和固相颗粒聚结沉降机理，形成了基于低粘土+中低分子聚合物构建网状结构、释放自由水的流变性调控方法，以及优选固相表面改性剂增强高密度体系分散性的沉降稳定性控制方法；

（3）基于机理研究和核心处理剂优选，构建

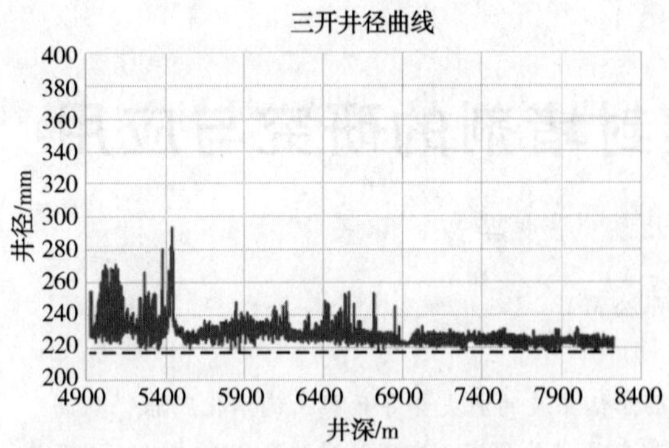

图 13　三开井径曲线(平均井径扩大率 5.43%)

了一套超深井抗高温复合盐钻井液体系，抗温 220℃、密度 2.0g/cm^3，助力新疆塔东区块 AT-1 井顺利完钻。

参　考　文　献

[1] 苏义脑，路保平，刘岩生，等. 中国陆上深井超深井钻完井技术现状及攻关建议[J]. 石油钻采工艺，2020，42(5)：527-542.

[2] 汪海阁，葛云华，石林. 深井超深井钻完井技术现状，挑战和"十三五"发展方向[J]. 天然气工业，2017，37(4)：8.

[3] 张高波，李培海，乔汉，等. 控制水基钻井液高温高压滤失量的方法及途径[J]. 钻井液与完井液，2022，39(4)：406-414. doi：10.12358/j.issn.1001-5620.2022.04.002.

[4] 许洁，乌效鸣，王稳石，等. 松科 2 井抗超高温钻井液技术[J]. 钻井液与完井液，2018，35(2)：29-34.

[5] 李科，赵怀珍，李秀灵，等. 抗高温高性能水基钻井液及其在顺北 801X 井的应用[J]. 钻井液与完井液，2022，39(3)：279-284. doi：10.12358/j.issn.1001-5620.2022.03.003.

[6] 鄢捷年. 钻井液工艺学[M]. 石油大学出版社，2001：49-55.

[7] 孟雪芬，冯辉霞，张斌，等. 海泡石的改性方法及其应用研究进展[J]. 应用化工，2020，49(9)：2319-2323.

[8] 张俊，王冰莹，曹建新. 改性凹凸棒土处理垃圾渗滤液中氨氮的实验研究[J]. 硅酸盐通报，2012，31(4)：862-875.

[9] AL-MALKI，Needaa，POURAFSHARY，等. 采用海泡石纳米颗粒控制膨润土基钻井液性能[J]. 石油勘探与开发，2016，43(4)：656-661.

水基钻井液用复合微球类封堵剂的研究与应用

陈　昱　杨秀天　许云龙　张振华

(大庆钻探工程有限公司)

摘　要　在油气钻探过程中，对于一些裂缝发育的地层，钻井液的滤失会导致黏土的水化膨胀，从而对井壁稳定造成威胁。为了进一步了解纳米 SiO_2 钻井液封堵剂的性能研究，本实验对纳米 SiO_2 与 AM 以及 AMPS 进行了研究。使用乙烯基三甲氧基硅烷(VTMS)对纳米 SiO_2 进行表面改性。以纳米 SiO_2、AM、AMPS 为原料，采用反相乳液聚合形成复合微球，并通过正交试验方案优化合成条件。研究结果表明：纳米 SiO_2 复合微球的最佳合成条件为改性 SiO_2 浓度 4%，引发剂浓度 0.6%，交联剂浓度 0.4%，反应温度 35℃。红外光谱表征表明，纳米 SiO_2 与 AM 以及 AMPS 成功复合；热重分析测试表明，所得复合微球具有较好的耐温性能；通过扫描电镜以及粒径分析表明，该复合微球为表面较为光滑的球形颗粒，部分颗粒因表面吸附水粘附在一起，其粒度 d_{50} 为 15.973μm，在去离子水中分散 24h 后粒度 d_{50} 为 106.775μm，具有一定的吸水膨胀性能。通过流变性能、滤失量测试、高温老化试验，对复合微球的泥饼封堵性能进行了评价。结果表明，当复合微球质量分数为 1% 时，钻井液黏度增加，滤失量有一定程度的降低。经过高温老化后，流变系数增加，滤失量普遍下降，证明其有优秀的耐高温滤失性能。体系优化后老化前滤失量为 20mL，老化后为 10mL。因此，纳米 SiO_2 用于钻井液封堵剂具有较好的应用前景。

关键词　复合微球；封堵剂；可膨胀；抗高温性能

近年来，石油勘探中遇到的复杂地层越来越多，大位移井、高压井、深井、超深井开发难度大，特别容易出现井漏的问题，于是需要更好性能的钻井液封堵剂。但目前常用的聚合物类钻井液封堵剂耐温性能较差，极有可能增加钻井成本和钻井时间的井壁不稳定。如果钻井液入侵，则会造成相关数据不准确，甚至井壁失稳。为解决此问题，科学家们进行了不断的尝试，目前较好的方法是将纳米 SiO_2 引入钻井液。纳米 SiO_2 表面存在多种不同形态的活性羟基，极性大，有较强的吸水性，易与官能团反应从而完成改性，具有目标性能。此外，纳米 SiO_2 价格低廉，与油层环境适配性好，可被广泛应用于石油行业。纳米 SiO_2 加入钻井液后，可堵塞纳米级孔隙，泥饼致密度更高，同时还能提高钻井液流变性和润滑能力，减缓压力传播，降低页岩渗透率等。

纳米 SiO_2 在钻井液中，能够通过物理封堵效应提高页岩地层的井壁稳定性，降低页岩的杨氏模量、吸湿量和溶胀速率。纳米 SiO_2 粒子具有小粒径、高浓度的特性使其展现出优秀的封堵效果。表面存在羟基-OH 的纳米 SiO_2 粒子，容易聚集，在有机介质中分散性差，因此，需对其进行改性。目前热处理改性，硅烷偶联剂改性和接枝改性是纳米 SiO_2 的三种主要改性方式。改性后的纳米 SiO_2 已经有较好的封堵性能，但其没有变形能力应用范围较小，所以继续引入有机单体。

本文利用改性 SiO_2、丙烯酰胺、2-丙烯酰胺-2 甲基丙磺酸共聚制备一种复合微球封堵剂，既保留了无机粒子的刚性，又有有机聚合物的可膨胀性，微球膨胀后会形成更致密的网络结构，增加流体通过的阻力，结合起来能对裂缝实现更好的封堵。

1　实验部分

1.1　实验原料

纳米 SiO_2 购自潍坊三佳化工有限公司，乙烯基三甲氧基硅烷(VTMS)购自南京优普化工有限公司，膨润土购自山东潍坊膨润土有限公司，2-丙烯酰胺-2-甲基丙磺酸(AMPS)、无水乙醇、丙烯酰胺(AM)、过硫酸钾(KPS)、亚硫酸氢钠、氢氧化钠、液体石蜡、无水碳酸钠购自成都科隆化学品有限公司。

1.2　纳米 SiO_2 复合微球的制备

将无水乙醇：水=3：1(体积比)配置溶液置于烧杯中，称取一定量的 SiO_2 加入该溶液中，并加入单体质量20%的VTMS，超声分散1h。分散均匀后倒入三口烧瓶中置于恒温水浴锅中，并装好冷凝管，通入氮气，在50℃下反应6h后取出，在实验过程中随时注意氮气的持续通入。最后经无水乙醇洗涤3~4次，离心分离后放入烘箱中干燥24h，即可得到白色粉末。

将一定量的上述的改性SiO_2加入到三口烧瓶中，加入一定量的司班80，液体石蜡和吐温60，在40℃的水浴锅中搅拌1h，得到油相溶液。将一定量的AMPS用40%NaOH溶液中和至中性并加入AM，称取一定量的N，N-亚甲基双丙烯酰胺(MBA)与配置成中性的溶液溶解在一起，得到水相。然后将水相油相混合，并改变为指定温度，持续搅拌。逐滴滴加KPS-$NaHSO_3$的引发剂溶液，控制引发剂滴加30分钟左右，控制溶液温度，并通入N_2。反应结束后，加入乙醇重复洗涤2~3次，经过抽滤即可得到白色产物，干燥箱中干燥24h即可获得颗粒状产物。

在聚合物的合成过程中，不同的实验条件对聚合物的性能具有不同的影响。采用四因素三水平进行正交表实验设计，考虑到改性SiO_2浓度(A)，引发剂浓度(B)，交联剂浓度(C)，聚合温度(D)四个因素对聚合物性能的影响，以及对钻井液封堵性能的影响，设计了四因素三水平$L_9(3^4)$正交试验，正交实验见表1。

表1 共聚反应条件选择

水平	因素			
	A/wt%	B/wt%	C/wt%	D/℃
1	4	0.4	0.4	35
2	5	0.6	0.6	40
3	6	0.8	0.8	45

1.3 红外分析

在实验之前，对制得的纳米SiO_2复合微球干燥并研磨成粉状。首先纳米SiO_2复合微球和溴化钾在研钵中用力研磨。随后将研磨好的粉末放入模具中，用制样器用力压紧后得到一个小的薄的圆形样片。取出样片用Nicolet 6700型红外光谱仪进行测试。测试完成后，进行图谱分析。

1.4 热重分析

准确称取5~10mg事先研磨好的纳米SiO_2复合微球放入坩埚中，随后将坩埚放入DSC823TGA/SDT85/e型热重分析仪中进行测定。最后对得到的纳米SiO_2复合微球的热重曲线进行分析，总结出随温度升高，其质量的变化情况。温度范围是40~500℃，升温速率10℃/min。

1.5 扫描电镜分析

将干燥的改性纳米SiO_2复合微球用导电胶布贴在样品支座上，真空喷金处理后，采用ZEISS EV0 MA15型电子扫描显微镜(SEM)，在电压为20kV下进行微观形貌分析。

1.6 激光粒度分析

将配置一定质量分数的聚合物溶液加入搅拌中的样品槽内，选择Master sizer 2000设定转速为2500r/min，测定产物粒径分布。

1.7 处理泥浆性能评价

量取定量蒸馏水加入烧杯，高速搅拌下分别缓慢加入4%膨润土和0.2%无水碳酸钠，持续搅拌2h，室温下密封静置24h，水化后备用。

在膨润土基浆中加入1%纳米SiO_2复合微球颗粒，继续搅拌30min，根据American Petroleum Institute(API)的测试方案对钻井液进行相关评价。通过中压滤失仪对基浆的常温滤失量进行了评价。滤失量越小，复合微球对页岩微小空隙的封堵性能越好。用六速旋转黏度计测定了室温下以及高温老化后钻井液的流变参数，分别在300rpm和600rpm下测量表观黏度(AV)、塑性黏度(PV)和动切力(YP)。所用相关公式(1)(2)(3)如下：

$$AV=\frac{1}{2}\times \Phi 600(\mathrm{mPa\cdot s}) \quad (1)$$

$$PV=\Phi 600-\Phi 300(\mathrm{mPa\cdot s}) \quad (2)$$

$$YP=\frac{1}{2}(\Phi 300-PV)(\mathrm{Pa}) \quad (3)$$

其中$\Phi 600$和$\Phi 300$为使用六速旋转黏度计测定钻井液在600r/min和300r/min的读数。

2 结果与讨论

2.1 复合微球的合成条件优化与分析

在共聚物合成过程中，考虑到SiO_2浓度(A)、引发剂浓度(B)、交联剂浓度(C)、反应温度(D)对聚合物性能的影响，设计了$L_9(3^4)$正交试验。在本次实验中，以4%膨润土和0.2%纯碱的钻井液为基浆，加入1wt.%的复合微球颗粒，以常温下的API失水实验为指标进行测试，得到的结果见表2。

从表中可以看出四个因素对聚合物钻井液降

滤失性能的影响顺序为 A>B>D>C，即 SiO_2浓度的影响最大。根据正交表可以总结出，最佳工艺参数为 A1B2C1D1，即单体浓度 4%，引发剂浓度 0.6%，交联剂浓度 0.4%，反应温度 35℃。将在最优合成条件下得到的复合微球产品作为标准样品进行后续相关表征与分析。

表 2　正交实验结果数据

因素	A	B	C	D	API 失水/mL
实验 1	1	1	1	1	17
实验 2	1	2	2	2	15.2
实验 3	1	3	3	3	15.8
实验 4	2	1	2	3	22
实验 5	2	2	3	1	18.5
实验 6	2	3	1	2	19.8
实验 7	3	1	3	2	23
实验 8	3	2	1	3	18.2
实验 9	3	3	2	1	19.1
均值 1	16.000	20.666	18.333	18.200	
均值 2	20.100	17.300	18.766	19.333	
均值 3	20.100	18.233	19.100	18.666	
极差	4.100	3.366	0.767	1.133	

2.2　复合微球的红外分析

复合微球通过红外光谱仪进行测试后得到的红外光谱如图 1 所示。

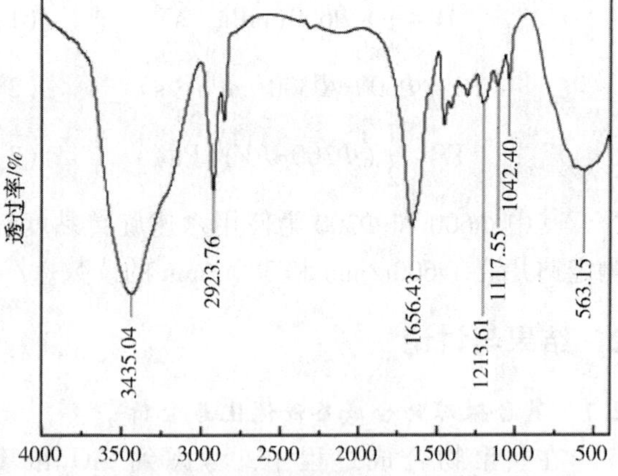

图 1　纳米 SiO_2复合微球的红外光谱

由图 1 可知，3435cm^{-1}为 AM 伯酰胺的中$-NH_2$的对称伸缩振动吸收峰，2923cm^{-1}为-CH 的伸缩振动峰，在 1656cm^{-1}处出现了酰胺基不对称伸缩振动特征吸收峰；1213cm^{-1}、1042cm^{-1}分别为 AMPS 中$-SO_3^-$不对称和对称伸缩振动吸收峰；563cm^{-1}为 AMPS 中 C-S 的吸收峰，1117cm^{-1}为 Si-O-Si 反对称伸缩振动。没有发现碳碳双键的特征吸收峰，且同时存在 3 种单体改性 SiO_2、AMPS 和 AM 链中的特征吸收峰，说明合成成功。

2.3　复合微球的热重分析

将复合微球处理好后，用热重分析仪进行测试。通过测试分析后得到样品的 TG 曲线如图 2 所示。

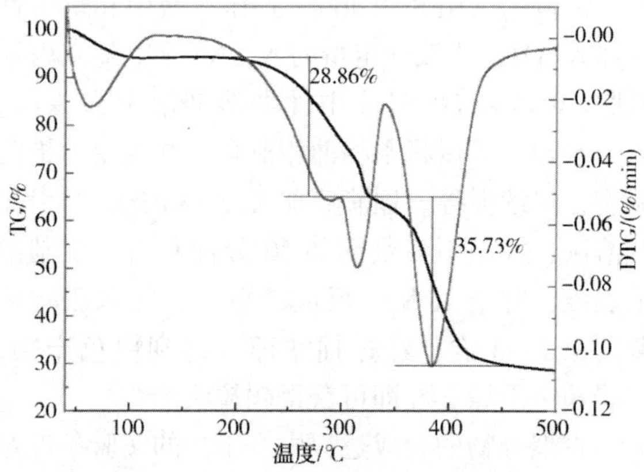

图 2　纳米 SiO_2复合微球的热重曲线

由图 2 可知，聚合物的失重过程可分为 5 个阶段。由 DTG 曲线可以看出，第一第二阶段较为平稳。根据产物性质推断，40~100℃和 100~200℃的失重主要是由聚合物中吸附的自由水和结合水蒸发引起的，其约占聚合物总质量的 6%；接下来到了 DTG 曲线波动很大的第三和第四阶段，200~325℃主要是由$-CONH_2$受热分解所致，这一阶段的质量损失约为 28.86%。最后 325~450℃以及 450~500℃主要是由于$-S\ O_3^-$的热解及分子链的断裂造成的，325~450℃阶段损失质量约为 35.73%。在整个升温过程中，Tg 曲线不断锐减，至 450℃趋于平缓，至 500℃时，聚合物的残余量为 28.61%。总的来说，所得产物直到 200℃左右质量较为稳定，耐高温性优良。

2.4　复合微球的粒径分析与测试

由图 3a 可知，复合微球的粒度范围为 2.0μm 到 251.785μm。通过计算得出该聚合物的平均粒径($d_{0.5}$)为 15.973μm。

由图 3b 可知，复合微球吸水 24h 后粒度范围为 11.247μm 到 1124.683μm。通过计算得出该聚合物的平均粒径($d_{0.5}$)为 106.165μm。两组数据相比较看出复合颗粒吸水性较强，且粒径分布更为狭窄，能更好地封堵相应大小的页岩孔隙。

2.5 复合微球的微观形貌

图4为纳米 SiO_2 复合微球的扫描电镜图。从第一张图可以看出，表面粗糙的复合微球粒子直径大约20μm。结合两张图来看，既有单独存在的粒子，也有许多粒子粘接在一起的情况，交联发生在粒子表面以及粒子之间，也有可能是物理粘附。可以看出，产物粒子之间吸附作用力较大，极易相互交联成为较大基团。不过仍然能保持准球形，物理性质较为稳定。

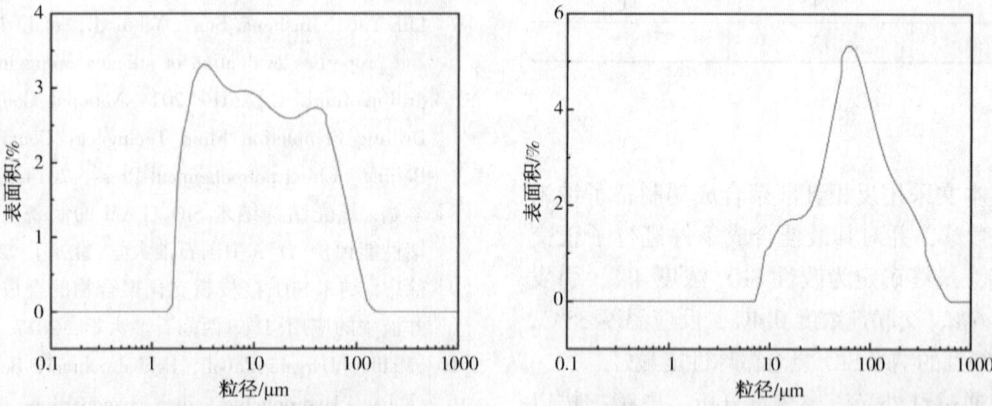

(a)纳米 SiO_2 复合微球粒度分布图 (b)纳米 SiO_2 复合微球吸水24h后粒度分布图

图3 (a)纳米 SiO_2 复合微球粒度分布图；(b)纳米 SiO_2 复合微球吸水24h后粒度分布图

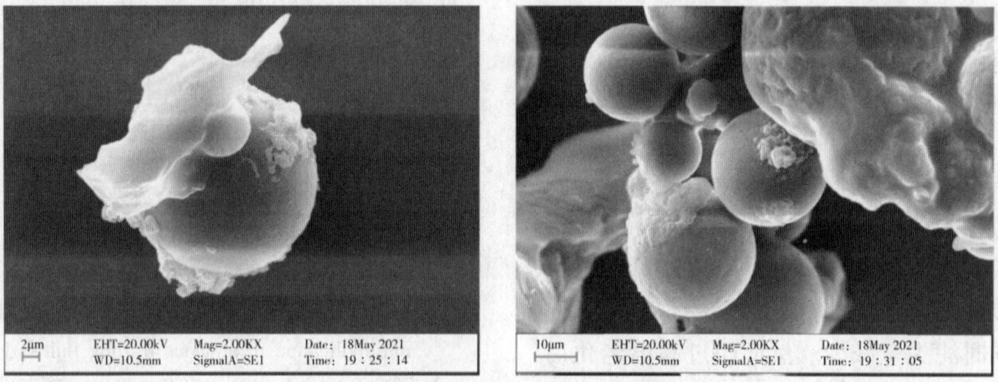

图4 纳米 SiO_2 复合微球电镜扫描图像

2.6 复合微球处理基浆流变性能分析

从表3可以看出，加入复合微球会使钻井液黏度增加，当加量达到1.2%时，钻井液的AV值达到了23，黏度偏高不适于应用，后续配置钻井液体系需选择降低黏度的助剂。经过160℃条件下老化16h之后，钻井液黏度大幅度增加，主要原因是高温下水中的粘土颗粒会相互吸引，同时复合微球中的酰胺基和磺酸基与氢键或膨润土之间形成网络结构，且聚合物中的 $Si-OCH_3$ 基团发生分子间缩聚反应，从而使得钻井液的黏度迅速增加。

2.7 高温对钻井液滤失性能的影响

由表4可知，加入纳米 SiO_2 复合微球的钻井液经高温老化后的滤失量比未加纳米 SiO_2 复合微球的钻井液滤失量小，这表明纳米 SiO_2 复合微球具有较好的滤失性能。其原因在于纳米 SiO_2 复合微球将 SiO_2 的刚性和热稳定性与聚合物相结合，且聚合物与膨润土之间具有一定的交联作用，使得钻井液黏度增大，由静滤失方程可知，钻井液黏度增加，滤失量降低，从而达到封堵的目的。经过16h160℃老化后，钻井液黏度上升，形成更加致密的泥饼，从而使滤失量下降。

表3 添加复合微球的基浆老化前后的流变性能

复合微球加量/(wt%)	老化前			老化后		
	AV/mPa·s	PV/mPa·s	YP/Pa	AV/mPa·s	PV/mPa·s	YP/Pa
0	4	3.5	0.5	3	3	0
0.3	6	4.5	1.5	44	20	24
0.6	10	8	2	51	24	27
0.9	15.5	12	3.5	62	30	32
1.2	23	18	5	71	38	33

表 4　纳米 SiO_2复合微球处理基浆滤失量

复合微球加量/wt%	老化前滤失量/mL	老化后滤失量/mL
0	31	45
0.3	20	17
0.6	17	15
0.9	14	11
1.2	12	9

3　结论

（1）本文采用反相乳液聚合成功制备了纳米 SiO_2复合微球，并对其最佳合成条件进行了正交实验研究，最终确定为改性 SiO_2 浓度 4%，引发剂浓度 0.6%，交联剂浓度 0.4%，反应温度 35℃，此条件下得到的纳米 SiO_2复合微球性能最好。

（2）通过红外光谱、热重分析、电镜扫描以及粒径分析对复合微球进行了表征。从复合微球的红外光谱图上可以看出成功制得了改性 SiO_2 与 AM 以及 AMPS 的复合微球。从热重分析来看，所得到的复合微球能够耐受 200℃ 的高温。从扫描电镜图中看出，复合微球圆球度较好，表面光滑，有部分粘结。根据粒径分析得出的数据，该聚合物平均粒径为 15.973μm，吸水 24h 后平均粒径为 106.165μm。

（3）通过测试复合微球的流变性和降滤失性，可以看出在基浆中加入复合微球后其黏度会提高，同时滤失量减少。然而经过高温老化后，钻井液的滤失量较老化前出现下降的情况。说明其可能在高温地层中能实现更好的封堵性能。

参考文献

[1] Guizhong Chen and Russell T. Ewy and Mengjiao Yu. Analytic solutions with ionic flow for a pressure transmission test on shale[J]. Journal of Petroleum Science and Engineering, 2010, 72(1-2): 158-165.

[2] Jiaxin Sun et al. The effect of drilling mud properties on shallow lateral resistivity logging of gas hydrate bearing sediments[J]. Journal of Petroleum Science and Engineering, 2015, 127: 259-269.

[3] Coussot P, Bertrand F, Herzhaft B. Rheological Behavior of Drilling Muds, Characterization Using Mri Visualization [J]. Oil & Gas Science & Technology, 2004, 59(1): 23-29.

[4] 褚奇，杨枝. 硅烷偶联剂改性纳米 SiO_2封堵剂的制备与作用机理[J]. 钻井液与完井液，2016，33(4)：47-50.

[5] 褚奇，孔勇，杨帆，等. 多苯基芳基硅烷偶联剂改性纳米 SiO_2封堵剂[J]. 断块油气田 2017，24(2)：281-284.

[6] 姚如钢，蒋官澄，李威，等. 新型抗高温高密度纳米基钻井液研究与评价[J]. 钻井液与完井液，2013，30(2)：25-28.

[7] Lili Yan, Jinsheng Sun, Yihui Ji, etal. Preparation and properties evaluation of silicananoplugging agent in drilling fluid[C]//The 2014 National Conference on Drilling Completion Fluid Technology Communication, Beijing: China petrochemical Press, 2014.

[8] 李娟. 核壳结构纳米 SiO_2/PAM 的制备、表征与封堵性能评价[D]. 中国石油大学(北京)，2017.

[9] 徐琳. 纳米 SiO_2接枝超支化聚合物的合成及其在钻井液中的应用[D]. 西南石油大学，2017.

[10] Maliheh Dargahi-Zaboli, Eghbal Sahraei, Behzad Pourabbas. Hydrophobic silica nanoparticle - stabilized invert emulsion as drilling fluid for deep drilling[J]. Petroleum Science 2016 14(1): 105115.

[11] Zhengsong Qiu, Jiangen Xu, Peng Yang, et al. Effect of Amphiphilic Polymer/Nano - Silica Composite on Shale Stability for Water - Based Muds [J]. MDPI, 2018, 8, 1839

[12] 张健，彭志刚，邹长军，等. 聚合物基纳米 SiO_2复合微球固井降失水剂的合成及表征[J]. 硅酸盐学报，2017，45(11)：1649-1657.

[13] Luz R, MVGPaixão, Rosangela D . Nanosilica-chitosan hybrid materials: Preparation, characterization and application in aqueous drilling fluids[J]. Journal of Molecular Liquids, 2019, 279: 279-288.

[14] 艾加伟，庞敏，陈馥，等. DSW-S 纳米颗粒对油基钻井液的稳定作用[J]. 油田化学，2016，33(1)：58.

[15] Wang R, Liu T, Ning F, et al. Effect of hydrophilic silica nanoparticles on hydrate formation Insight from the experimental study[J]. Journal of Energy Chemistry, 2019, 30: 90100.

[16] Aramendiz J, Imqam A. Water-based drilling fluid formulation using silica and graphene nanoparticles for unconventional shale applications[J]. Journal of Petroleum Science and Engineering, 2019, 179: 742749.

[17] 郭淼，杨广彬，张玉娟，等. 纳米 SiO_2在钻井液中的应用研究进展[J]. 化学研究，2020，31(04)：283-289+377.

[18] Xiaodong Bai, Yuqian Xu, Xuepeng Zhang, Xuemei Yong, Zhenyu Li. Comparison on the Inhibitive Properties of Different Inhibitorin Water - Based Drilling Fluid[J]. Petroleum Chemistry, 2021, 61: 239-249.

SP20 井钻井实践与认识

霍　权　朱　磊　陈　飞　王增坤

（大庆钻探工程有限公司）

摘　要　SP20 井是位于松辽盆地徐家围子断陷北部升平–兴城构造带的一口四开次水平井，施工中面临 444.5mm 井眼清洁困难、营城组火山岩致密可钻性低、储层非均质性严重裂缝发育易井漏等问题，针对工程和地质难点，通过区块地质岩性调研、优选高效 PDC 钻头和提速工具、优化钻具组合、强化施工参数、优化钻井液配方、防漏堵漏技术研究等技术措施和科技攻关，创出区块高指标，为后续井施工提供有力技术支撑。

关键词　钻井工艺；高效 PDC 钻头优选；钻具组合优化；火山岩裂缝地层；防漏堵漏技术

SP20 井设计井深 3870m，完钻井深 3950m，完钻层位营城组。二开 Φ444.5mm 井眼，优选强攻击性和排屑能力强的深宽流道 PDC 钻头，解决了井眼清洁困难、环空返速低等难题；三开 Φ311.2mm 井眼造斜段，通过优选三长三短一体式超短钻头、优化钻具组合、使用大扭矩螺杆、水力振荡器提速工具的措施，提高了定向时钻头的稳定性，实现了高造斜率；四开 Φ215.9mm 井眼水平段，优选抗研磨性和抗冲击性钻头，并针对火山岩裂缝性地层，进行防漏堵漏技术研究，提升体系封堵性和稳定性，高效处理井漏等复杂，提高了施工效率，该井仅 82.12 天顺利完钻，全井平均机械钻速 6.48m/h，实现提速提质提效目的。

1　施工难点分析

1.1　Φ444.5mm 井眼长井段施工，井眼清洁困难

Φ444.5mm 井眼施工，主要钻遇嫩江组、姚家组、青山口组、泉头组等，以大段泥岩为主，容易吸水膨胀，导致井壁失稳，且因设备、仪器等原因排量受限，环空返速低，井眼清洁困难，导致 444.5mm 井眼施工效率低。

1.2　Φ311.2mm 井眼定向施工，难以满足高造斜率要求

Φ311.2mm 井眼尺寸较大，定向施工过程中，钻具与井壁的接触面积增加，导致摩阻和扭矩增大，影响工具面的控制和定向钻进的精度。

1.3　营城组火山岩致密可钻性低，机械钻速低，制约钻井提速

目的层营城组凝灰岩、流纹岩等火山岩致密，可钻性差，机械钻速低，PDC 钻头使用受限。

1.4　储层非均质性严重裂缝发育，井漏等复杂频发，影响钻井效率

储层非均质性严重，天然裂缝发育，脆性火山岩破碎后易落碎块，凝灰质岩疏松，遇水易膨胀，易发生井漏等复杂。

2　技术对策及现场施工

2.1　区块地质岩性调研

该区块嫩江组一段和二段、青山口组泥页岩水化膨胀易垮塌，泉二段、登楼库组泥岩普遍易坍塌。营城组脆性火山岩破碎后易落碎块，凝灰质岩疏松，遇水易膨胀，易漏失。

调研地质情况，泉二、泉一段以绿灰、暗紫色泥岩夹粉砂岩，可钻性级值集中在 3~5 之间；登娄库组紫红色泥岩为主，塑性强，可钻性级值集中在 9~10 之间，可钻性较差，钻头磨损程度显著增加；营城组凝灰岩、流纹岩等火山岩致密，可钻性差，钻头磨损程度严重。

营城组流纹岩由高硬度灰色流纹岩及凝灰岩构成，粒度一般 0.5mm，石英他形粒状，粒度 1~2mm，基质为隐晶质，其中灰色流纹岩占比 83.74%；砂质砾岩以石英砾为主，少量绿灰色凝灰岩砾及灰色流纹岩砾，砂质胶结，较致密，砾径最大 3mm，一般 1mm；火山角砾岩性硬，块状，基质为熔岩，角砾成份主要为火山碎屑，砾径 2~3mm。

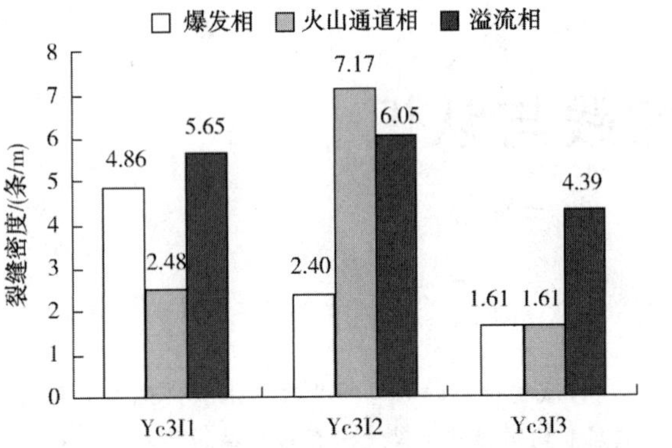

图 1　营城组裂缝密度

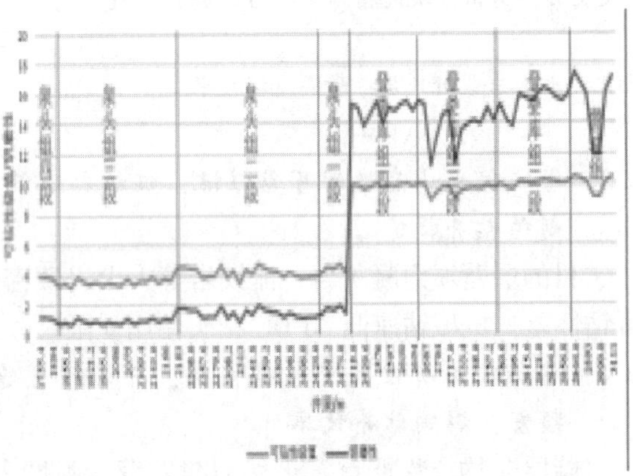

图 2　岩石可钻性剖面

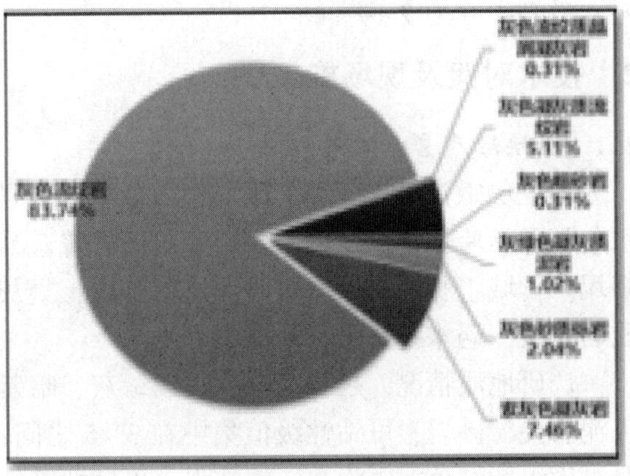

图 3　营城组岩性占比

2.2　优选高效 PDC 钻头和提速工具

（1）Φ444.5mmPDC 钻头优选：泉头组以上地层以泥岩为主，可钻性较好，机械钻速高，钻头尺寸大，切削齿线速度、切削量大，对排屑要求极高，选用 19mm 平面齿、五刀翼、双排齿 PDC 钻头，兼顾钻头攻击性与排屑能力。

五刀翼设计、用 19mm 复合片、低密度布齿、中小后倾角设计，提高吃入深度和钻头攻击性；深宽流道设计，井底水力模拟调整水力设计，提高排屑能力，防止二次切削；优化切削齿空间角度设计，钻头线速度最快的保径部位采用异型齿，后排采用平面齿，限制前排齿吃入地层深度，防止出现憋跳，造成钻头受损，提高抗冲击性。

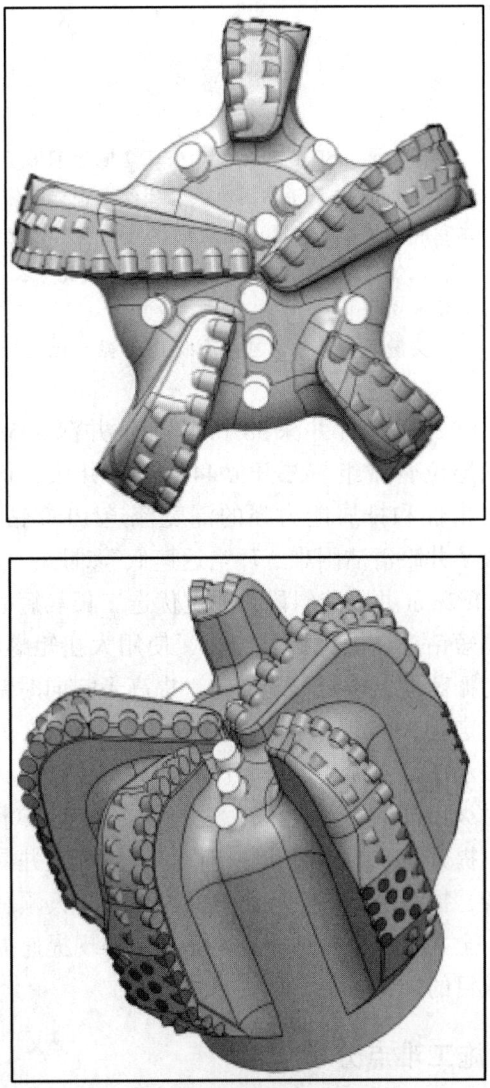

图 4　钻头模型

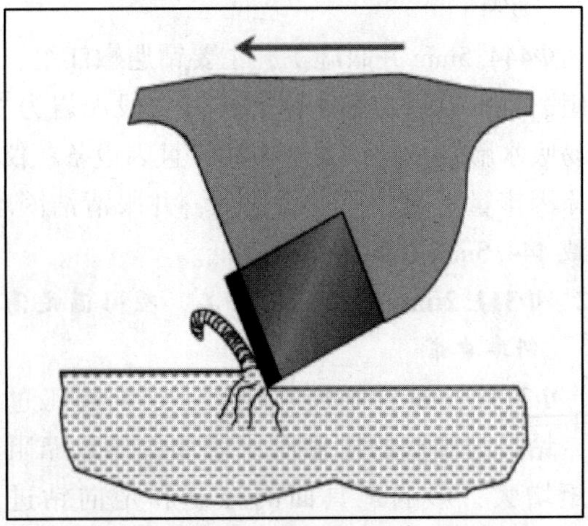

图 5　钻头切削

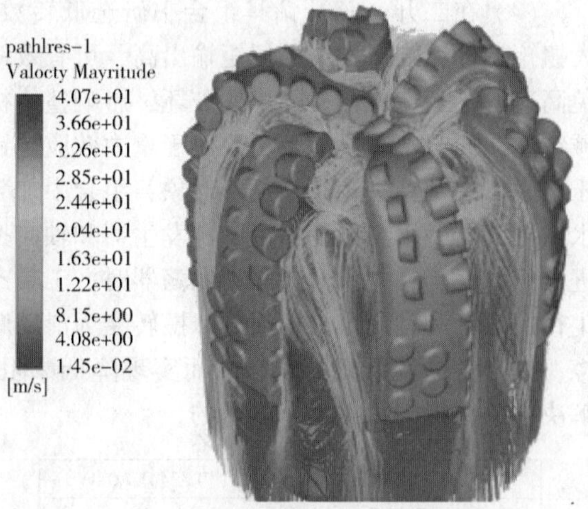

图 6　深宽流道设计

钻头使用效果：施工层位泉三段以上地层，岩性以泥岩为主，可钻性较好，钻头磨损程度小，无泥包，克服了井眼清洁困难导致的施工效率低问题，施工进尺 1880m，机械钻速 9.59m/h。

（2）Φ311.2mmPDC 钻头优选：登娄库组地层塑性强，大井眼造斜，提高造斜能力，钻头线速度大，防止因造斜时因受力不均，切削齿冲击受损，选用 16mm 非平面齿、六刀翼、双排齿 PDC 钻头，兼顾钻头造斜性和稳定性。

采用一体式超短钻头设计，阶梯保径结构，提高钻头造斜能力；三长三短稳定性结构设计，软件计算对切削齿进行受力分析，调整刀翼和切削齿角度，提高钻头稳定性。

钻头使用效果：施工层位泉三段-登娄库组地层，造斜施工，选用一体式超短六刀翼钻头，提高造斜率，提升复合占比为 75.13%，两趟钻完成 311.2mm 井眼施工，进尺 843m，平均机械钻速 5.58m/h，第一只钻头完成直井段和部分造斜段，进尺 545m，机械钻速 6.41m/h，第二只钻头完成造斜段，进尺 298m，机械钻速 4.09m/h。

（3）Φ215.9mmPDC 钻头优选：营城组含凝灰岩、流纹岩等火山岩致密，可钻性差，冲击性极强，13mm 芯部齿、六刀翼、双排齿 PDC 钻头，兼顾抗冲击性和抗研磨性。

深内锥，异型切削齿设计，调整切削齿的空间角度，提高钻头抗冲击性；提高芯部布齿密度，加强布齿密度，防止掏芯，提高钻头抗研磨性；保径齿后增加限位齿，加密规径布齿，加强保径防止缩径。

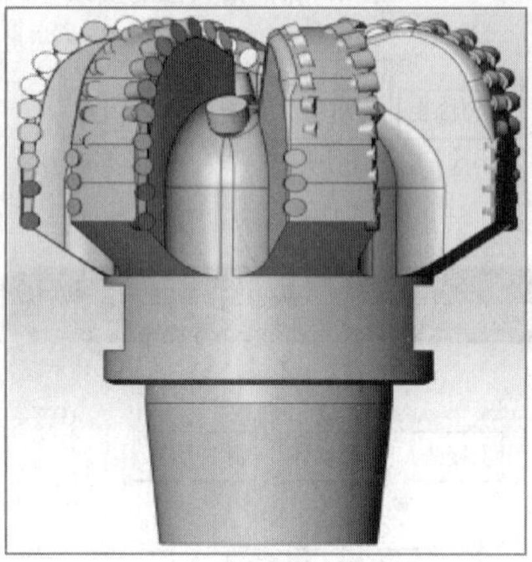

图 7　一体式超短钻头模型

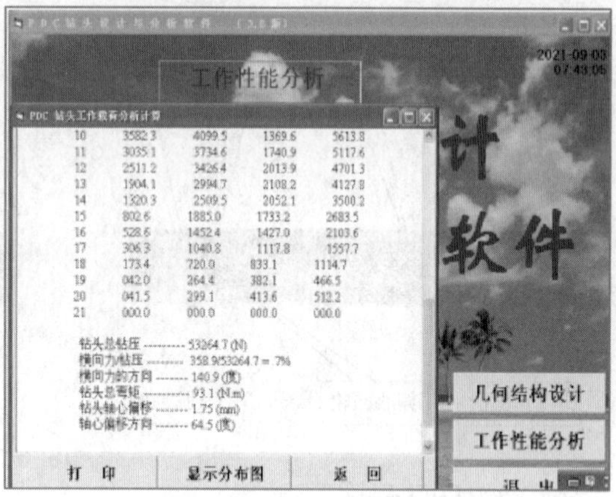

图 8　软件模拟钻头受力

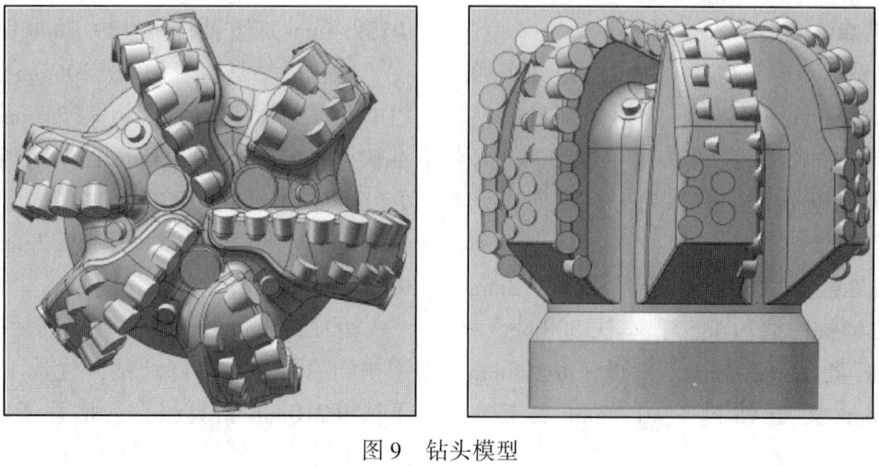

图 9　钻头模型

图 10　异性齿

钻头使用效果：施工层位营城组地层火山岩致密，水平段施工，选用深内锥、芯部高密度布齿钻头，提高钻头抗冲击性和抗研磨性，五趟钻完成 Φ215.9mm 井眼施工，进尺 978m，平均机械钻速 3.79m/h，其中趟钻进尺最高 372m，机速最高 5.42m/h，提速效果显著。

（4）在二开、三开钻具组合中研选低转数、大扭矩螺杆，转速损失小扭矩输出高，可有效避免高速冲击，造成钻头的早期破坏，影响整体机械钻速；四开水平段施工中，由于重力效应，钻压难以传递到钻头，产生托压现象，组合中加装水力振荡器，水力振荡器由脉冲发生器和轴向推进器组成，当钻井液通过水力振荡器时，工具产生径向振动和轴向推力，使静摩擦转变为滑动摩擦，并产生高频低幅振动，从而实现降低摩阻，解决托压和提高机械钻速的目的。

规格型号	7LZ244X7.0-IV
头数级数	7:8-4.1
排量L/s	44-57-76
输出转速 RPM	70-100-133
输出扭矩N.m	27000
工作压降MPa	4.4
最大扭矩N.m	43200
输出功率kW	210

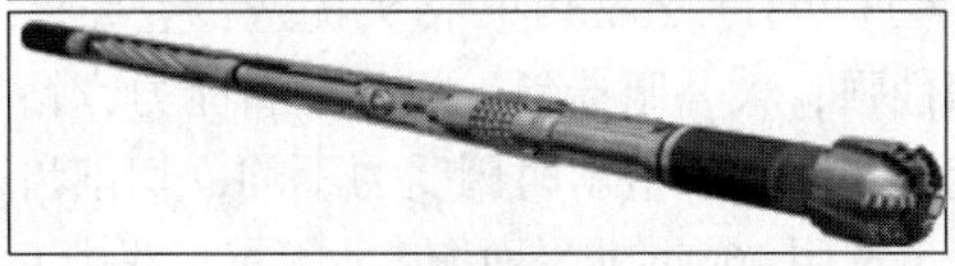

图 11　螺杆钻具性能参数

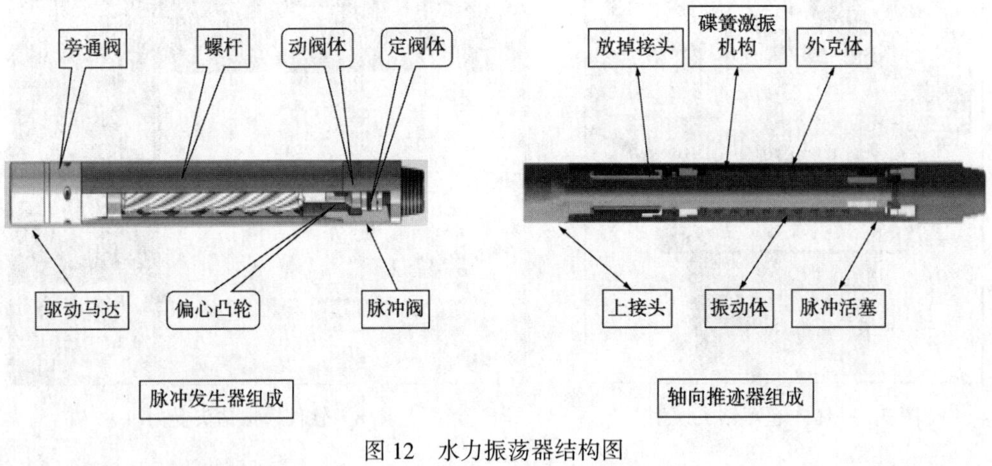

图 12　水力振荡器结构图

2.3　优化钻具组合和强化施工参数

（1）优化钻具组合。Φ311.2mm 井眼施工通过优选使用 Φ244mm 低转速、大扭矩螺杆、钻具组合进行优化，第二趟钻采用单扶 306mm，对比 308mm 双扶组合定向效果更好，定向占比仅 24.87%。

优化前钻具组合（双扶 308mm）：Φ311.2mm PDC 钻头+Φ244mm 螺杆（1.5°，本扶 308mm）+Φ308mm 扶正器+Φ203mm 浮阀+Φ203mm MWD+Φ203mm 无磁钻铤+Φ178mm 钻铤+Φ139.7mm 加重钻杆+Φ139.7mm 钻杆

优化后钻具组合（单扶 306mm）：Φ311.2mm PDC 钻头（六刀翼高造斜）+Φ216mm 螺杆（1.5°，本扶 Φ306mm）+Φ203mm 浮阀+Φ203mm LWD+Φ203mm 无磁钻铤+Φ139.7mm 加重钻杆+Φ203mm 水力振荡器+Φ139.7mm 加重钻杆+Φ139.7mm 钻杆。

Φ215.9mm 井眼施工，着陆后，对水平段双螺扶的稳斜效果进行评估，优选上扶 Φ212mm+下扶 Φ210mm 钻具组合，增强了稳斜效果，提

高了钻进复合比。

(2) 强化施工参数。应用钻井软件模拟 Φ444.5mm 井眼、Φ311.2mm 井眼、Φ215.9mm 井眼，进行钻具屈曲分析、井眼清洁排量计算等，强化钻压、转数、排量等施工参数，提高钻头、螺杆和水力振荡器使用寿命，保持工具面稳定，避免粘滑和涡动，实现高效钻进。

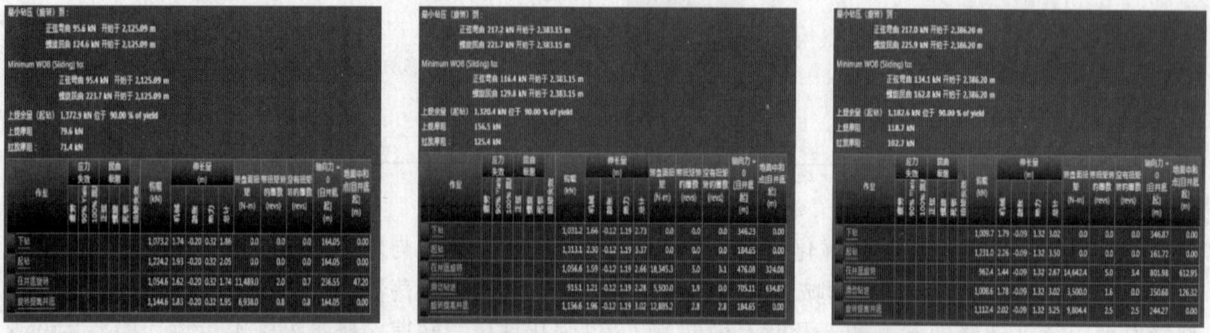

图 13　钻具屈曲分析(Φ444.5mm 井眼、Φ311.2mm 井眼、Φ215.9mm 井眼)

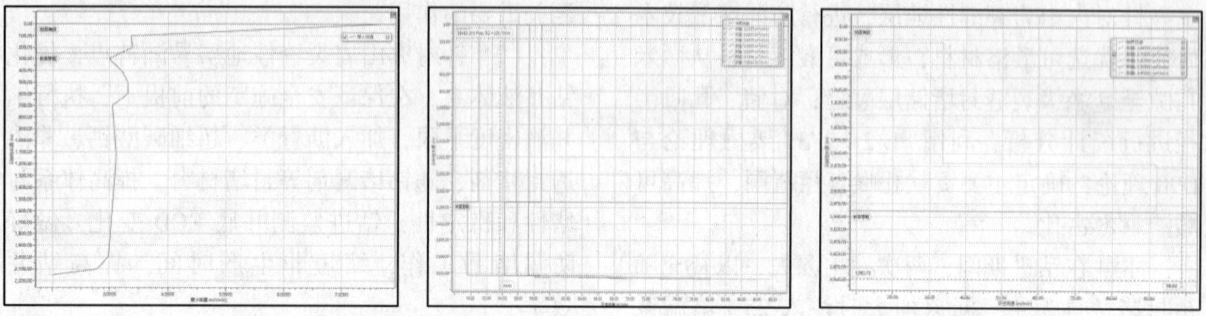

图 14　井眼清洁排量(Φ444.5mm 井眼、Φ311.2mm 井眼、Φ215.9mm 井眼)

2.4　Φ444.5mm 井眼钻井液体系优化与目的层防漏堵漏技术优化

(1) Φ444.5mm 井眼钻井液体系优化。针对 Φ444.5mm 井眼施工过程中，环空返速低，井眼清洁困难，对钻井液配方进行了优化，提高体系的抑制性和携岩能力。

本井 Φ444.5mm 井眼完钻垂深 2160m，施工过程中，环空返速低，岩屑携带效率低，井眼清洁受影响，利用 Landmark 钻井一体化软件，模拟分析井筒环空岩屑分布情况，通过优化钻井液流变性与提高动塑比，提高岩屑传输比 Rt，降低岩屑床厚度与井筒内岩屑浓度，达到清洁井筒目的。以软件模拟钻井液流变性参数对井筒内岩屑床厚度与浓度影响结果为依据，优化钻井液体系。

通过优选钻井液处理剂优化钻井液体系：优选阳离子聚合物，提高包被抑制能力，包裹岩屑颗粒，抑制水化分散，保持良好成型度，减少岩屑进一步崩坏变小细分散；优选纤维素类聚合物降滤失剂，提高护胶能力，降低滤失量，提升体系抗土侵污染能力，确保体系稳定性；优化无机盐加量，对嫩江组、姚家组等 Φ444.5mm 井眼地层岩性进行无机盐加量对应调整，以降低钻井液液相活度，提高泥岩抑制效果。表 1 与 2 为钻井液老化前后性能与滚动回收率数据。采用优化后钻井液体系，施工过程顺利，套管顺畅下至中完井深并完成固井作业。

表 1　常温与热滚后性能

体系	AV/MPa·s	PV/MPa·s	YP/Pa	Gel/(Pa/Pa)	API/mL	HTHP/mL	pH	备注
DQ-YS 体系	40	27	13	4/6	2.0	12.4	9.5	常温
	36	25	12	3/5	1.4	9.0	9.0	120℃×16h

表 2　120℃滚动回收率评价

体系	岩屑滚动回收率
清水	32.5%
DQ-YS 体系	86.7%

模拟分析井筒环空岩屑分布情况，通过优化钻井液流变性，提高岩屑传输比，降低岩屑床厚度与井筒内岩屑浓度，达到清洁井筒目的。

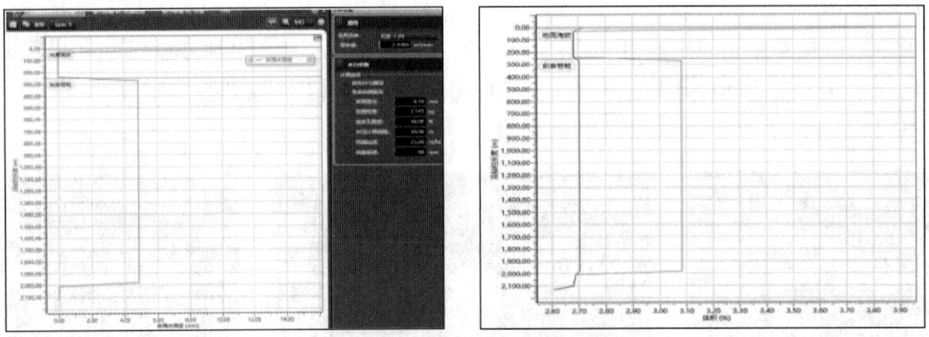

图 15　软件模拟岩屑床厚度和浓度

(2) 目的层防漏堵漏技术优化。Φ215.9mm 井眼施工前，通过前期调研，营城组火山岩地层裂缝发育，特征遇缝即漏，若不及时有效封堵，漏失会不断增大，且已钻井发生过井漏。

针对火山岩裂缝性地层，进行防漏堵漏技术研究。优选可酸溶材料，形成可酸溶材料从微米孔隙至毫米级裂缝封堵储层裂缝；对储层孔吼半径进行统计分析，利用“1/2～2/3”架桥理论与 D90 理论，确定主要贡献孔喉直径范围，提高可酸溶材料占比。

本井在钻进期间，两次发生漏失，以补充随钻封堵材料为主，漏速加大时注入 25%堵漏浆 5m^3 进行堵漏，同时在保证施工安全下，逐步降低钻井液密度至设计密度下限。完钻短起下钻到底后以排量 29L/s 循环，有轻微漏失，根据井临界 ECD1.29 制定了详细的施工方案和井漏应急预案，3266m 采用桥接堵漏浆堵漏作业，粒径级配能够满足对井下裂缝的有效封堵。3438m 采用的循环堵漏的方式有效的提高地层承压能力的施工过程，该方式能够有效提高地层承压能力，避免采用承压的方式导致高浓度、高强度的堵漏剂进入裂缝。发生漏失后，在安全钻井的前提下，主动降排量，采用 27L/S 排量钻进，并调整泥浆密度，优化钻井液体系，通井过程中再提升循环排量，清除井筒因降排量钻进可能存在一定的岩屑床，保障了井筒净化，确保了筛管的顺利下入。

3　认识与建议

(1) 前期对地层岩性、岩石可钻性等地质调研分析、优选与之相匹配的钻头、低转数大扭矩螺杆和水力振荡器等提速工具、优化钻具组合和强化钻压、转速、排量等施工参数，提高井筒清洁能力、机械钻速和趟钻进尺，对钻井提速起到至关重要的作用。

(2) 针对火山岩裂缝性地层易漏特点，优化钻井液体系，在保证安全施工的前提下，执行钻井液密度下限，加入沥青类、超细碳酸钙、非渗透封堵剂、随钻堵漏剂等封堵材料，提高体系封堵性和稳定性，钻进监测井底 ECD 变化，做好防漏堵漏工作，缩短非生产时间，提高钻井效率。

(3) 建议二开、三开井段注重提升趟钻进尺和机械钻速，四开井段重点做好地层认识及防漏堵漏工作，针对砾岩发育井段加强高效钻头优选工作。

参考文献

[1] 霍权. 徐深 3-平 3 井技套施工技术[J]. 石油和化工设备，2020. 4：85.

[2] 周则. 大庆徐深气田防漏堵漏技术应用现状[J]. 西部矿探工程，2020，32(3)：104.

[3] 沈宝明，常雷，杨丽晶，等. ZS 区块提速提效钻完井技术优化与实践[C]. 大庆油田“十三五”钻录井技术优秀论文集，2024. 5：153.

[4] 王明波，郭亚亮，方明君，等. 裂缝性地层钻井液漏失动力学模拟机规律[J]. 石油学报，2017. 38(5)：597-606.

地质工程一体化在沙河子组致密气开发中的实践

朱瑞彬　罗光东　薛云飞　张丽艳　陈晓晓　张树森　杨世亮

（大庆钻探工程有限公司）

摘　要　松辽盆地徐家围子断陷沙河子组作为大庆油田深层勘探的重点层系，一直以来，其复杂的储层低渗特征与成藏机制严重制约了储量的有效动用。本文通过对沙河子组沉积体系特征、储层特征及成藏主控因素开展研究，构建了地质工程双甜点综合评价体系，成功部署实施 SS9-平 5、平 4、平 7 井，测试单井日产气量分别达到 $106.0\times10^4m^3$、$138.9\times10^4m^3$ 和 $186.0\times10^4m^3$，创造了徐深气田致密气测试产量历史新高，为松辽盆地深层致密气藏勘探开发提供了理论依据与技术支撑。

关键词　松辽盆地；沙河子组；致密气藏；地质工程一体化；体积压裂

勘探实践证明，我国东部深层致密气藏地质构造特征复杂，一直以来未能实现致密气效益开发。松辽盆地作为我国重要的陆相含油气盆地，自 2002 年实现火山岩储层勘探突破后，其下伏沙河子组虽发育优质烃源岩且具备致密气成藏条件，但长期未取得实质性突破。最新勘探成果表明该层系具有重大开发价值，盆地内沙河子组致密气资源量达 $4224.10\times10^8m^3$，但截至当前仅在徐家围子断陷实现探明储量 $189\times10^8m^3$。受限于成藏机理认识不足、技术瓶颈及成本约束，储量增长与产能突破长期受限。

传统研究多聚焦于单一成藏要素分析，缺乏对沉积体系、储层特征及成藏动力机制的系统性认识。随着非常规储层改造技术的革新突破，特别是地质工程一体化开发模式的深化应用，有效指导了勘探部署的优化调整。工程实践证实，在宋站低凸起部署实施的 SS9-平 5、平 4、平 7 井，测试单井日产气量分别达到 $106.0\times10^4m^3$、$138.9\times10^4m^3$ 和 $186.0\times10^4m^3$，刷新了松辽盆地深层致密气产能历史记录，证实了技术创新的实效性。

三口水平井产能突破标志着沙河子组开发实现了从理论探索向效益开发的战略转型，构建的地质工程一体化开发技术体系，不仅为当前盆地深层待探明资源的效益开发提供了技术保障，更为同类复杂致密气藏的高效开发提供了有效途径。

1　地质背景与构造特征

徐家围子断陷为典型的箕状断陷结构，其形成受控于徐西与徐中两条主干断裂系统。该断陷西接古中央隆起带构造单元，东邻朝 59-万隆复合古隆起体系，总覆盖面积逾 $5300km^2$。根据构造形态与沉积特征差异，可系统划分为六个次级构造单元：安达-升平凸起、安达凹陷、徐西凹陷、徐东凹陷、徐东斜坡带、三站凹陷。

徐家围子断陷深层自下而上由火石岭组火山岩系、沙河子组碎屑岩建造及营城组沉积层序构成。沙河子组作为断陷活动鼎盛期的产物，表现为多旋回沉积特征，岩性组合以低渗砂砾岩为主体，间夹多层暗色富有机质泥岩及煤层。通过对沉积旋回界面、测井相序响应及地震反射终止模式的综合研究，目前已建立四级层序地层划分方案（SQ1、SQ2、SQ3、SQ4），揭示出沉积环境随构造运动的动态演化过程。地层整体呈东翼抬升、西翼沉降的构造格局，主要发育近 SN 向及 NW 向两组断裂，断裂体系对沉积相带展布及油气运聚过程具有重要控制作用。

2　沙河子组沉积体系特征与演化

沙河子组地层厚度呈现显著的空间分异规律，整体表现为西厚东薄、断层下盘厚于上盘的沉积充填特征。徐西断裂带作为主要控沉积边界，沉积物粒度呈现断裂带周缘粗粒扇体向盆地内部细粒过渡的规律性变化，单砂体最大粒径由近断层的 120mm 递减至凹陷中心的 2mm 以下。

受断陷盆地构造格局控制，陡坡带与缓坡带沉积体系呈现显著差异：西侧陡坡带发育扇三角洲沉积体系，东侧缓坡带以辫状河三角洲沉积为主，断陷中心半深湖—深湖相区发育湖底扇沉积体系（图 3）。

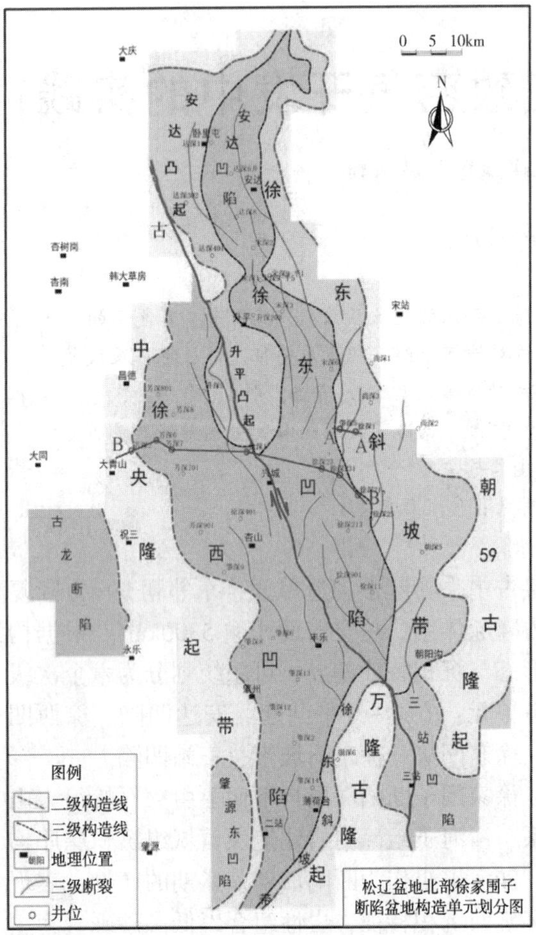

图 1　徐家围子断陷构造单元划分图

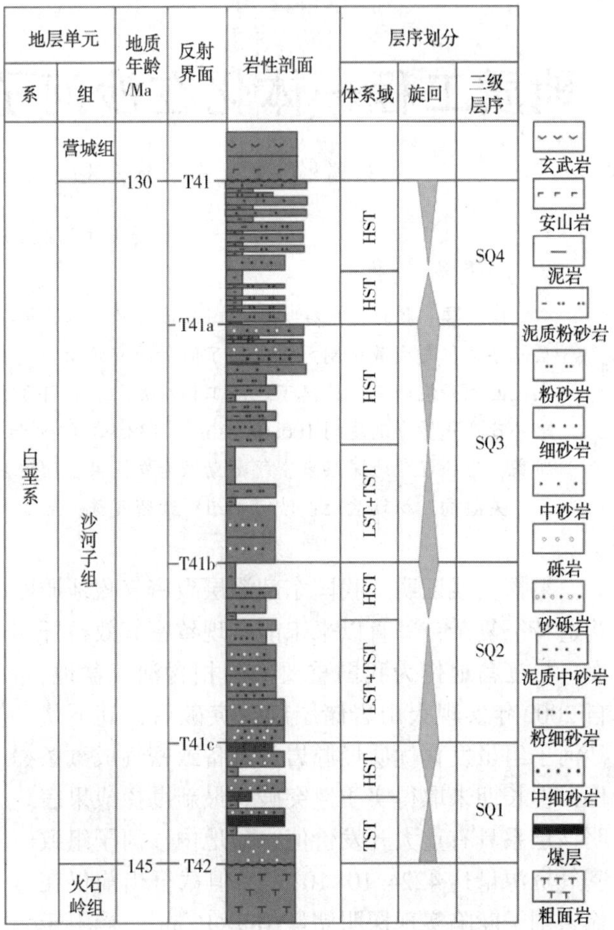

图 2　松辽盆地深层综合柱状图

以 25 口探井的测井相分析为基础，结合 400km² 三维地震属性体分析，结果表明，沙河子组 SQ4-3-1 层序为优势储集单元，其沉积体系受双物源控制：西侧物源体系形成扇三角洲复合体，东侧物源形成辫状河三角洲沉积，凹陷中心发育滨浅湖泥质沉积。

3　致密气成藏控制要素与富集规律

3.1　煤系烃源岩保障充足气源

沙河子组气藏的气源供给能力源于煤系烃源岩的规模性发育与持续生烃动态。暗色泥岩与煤层呈广覆式分布（图 4），累计厚度达 100～900m，其中安达凹陷烃源岩厚度最为显著（SS3 井泥岩厚度 386.62m，煤层 105.3m）。烃源岩有机质丰度呈现“泥岩中等-好、煤层极好”的特征：泥岩 TOC 均值 2.61%，煤层 TOC 均值 63.88%，有机质类型以 $Ⅱ_2$-Ⅲ型干酪根为主，具备强生气潜力。热演化分析表明，烃源岩成熟度（Ro = 1.3%～2.0%）已达高成熟-过成熟阶段，生烃强度超过 $100\times10^8 m^3/km^2$，累计生气量达 $8.4\times10^{12} m^3$。这种“厚层烃源、高丰度有机质、晚期持续生烃”的三元耦合机制，为气藏提供了稳定且充足的气源保障，使得钻遇井气测全烃值普遍达 10%－50%，试气日产气量突破 $30\times10^4 m^3$。

3.2　高压驱动满盆含气格局

沙河子组气藏的分布特征受控于超压系统与断裂活动的协同作用。实测数据显示，储层压力系数普遍介于 1.25～1.53，凹陷中心区域超压特征尤为显著（>1.6）（图 5）。在超压驱动下，天然气通过断裂-砂体复合输导网络短距离运移，优先富集于邻近烃源岩的扇三角洲前缘砂体及微裂缝发育带。实钻结果显示，源内含气性显著优于源外，气测全烃值在源内区达 3～10%，试气日产气量稳定在 $5.5\sim20\times10^4 m^3$，而源外区气测值普遍低于 0.5%，试气产量不足 4000m³。沙河子组煤气烃源岩持续大量生气，最终形成“近源富集、平面连片”的满盆含气格局。

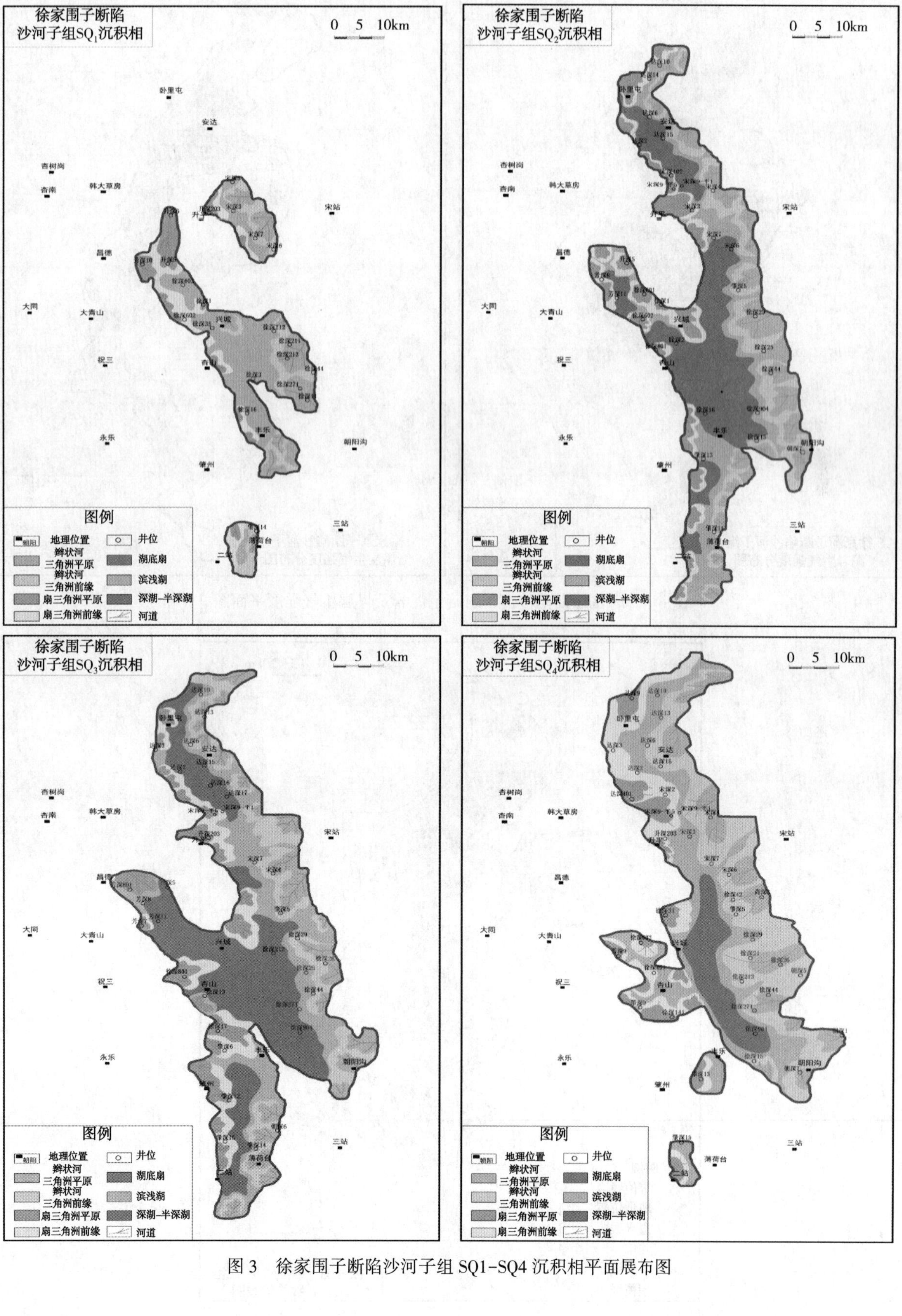

图3　徐家围子断陷沙河子组 SQ1-SQ4 沉积相平面展布图

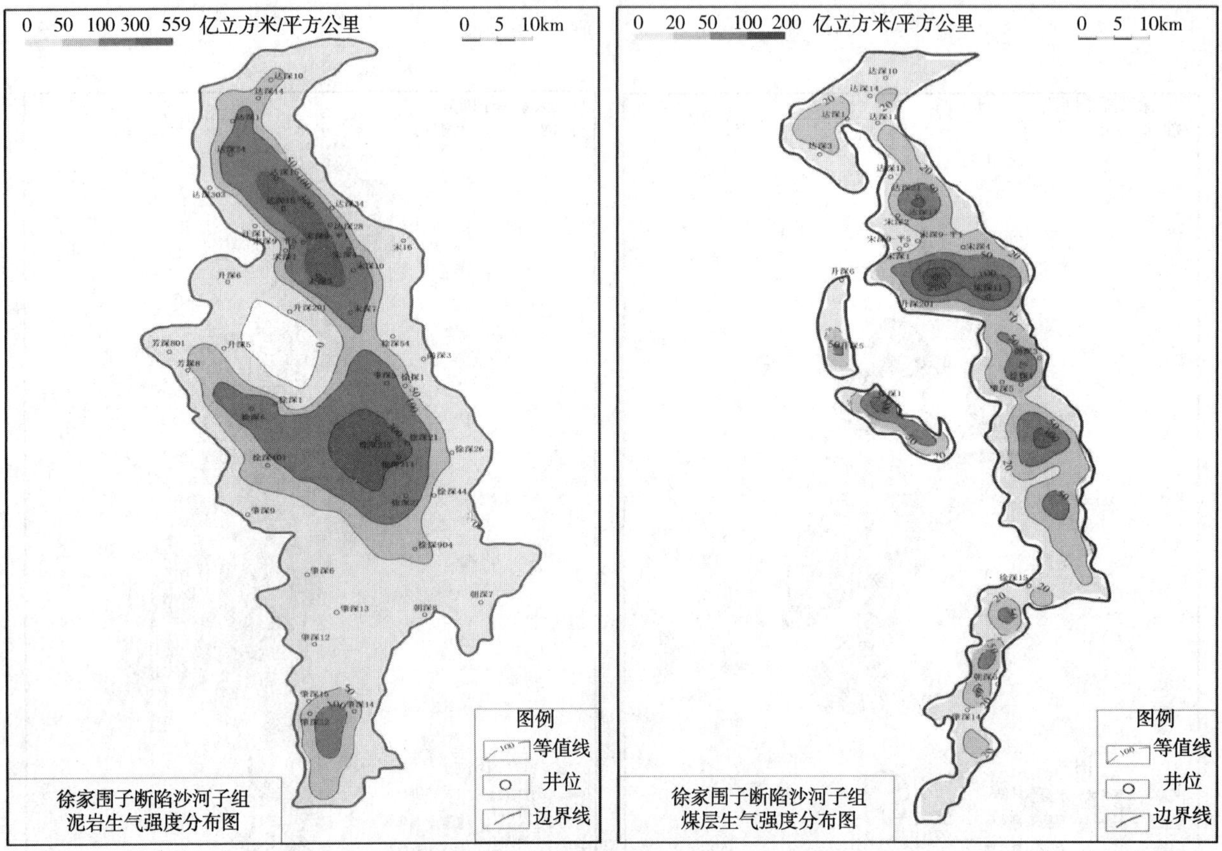

图 4　徐家围子断陷沙河子组暗色泥岩及煤层生气强度平面图

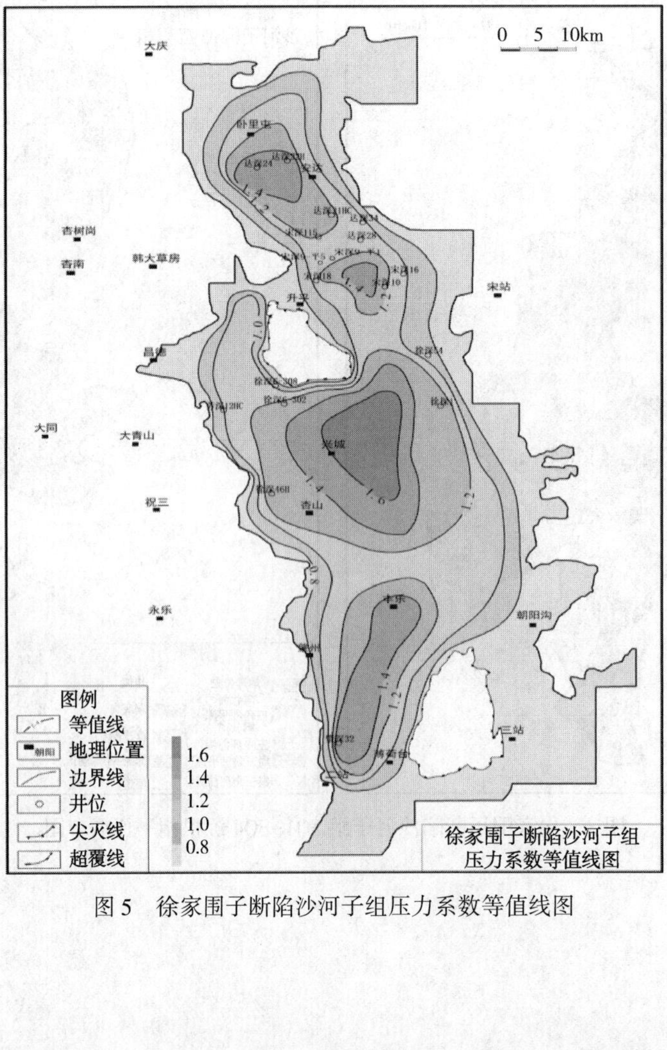

图 5　徐家围子断陷沙河子组压力系数等值线图

5　地质工程一体化体系建立

沙河子组致密砂砾岩气藏岩性复杂，深层火山岩和砂砾岩交互沉积，构造应力场复杂，储层高压、非均质性强，导致泥浆漏失、井壁失稳、遇阻等复杂工况多发；岩石机械力学属性差别大，压裂方案优化存在一定难度。为此，基于地质-钻井-压裂等多元信息融合协同思想，开展地质、工程力学属性三维建模，为沙河子致密储层综合甜点区优选，钻井工程复杂预防，钻井、压裂方案优化提供技术支持。

（1）通过建立四压力预测模型，形成钻井工程复杂预防技术，保障安全快速钻井

在完成压力建模后，提取待钻井压力曲线数据，作出钻前风险预警，对可能出现复杂工况的井段进行标注，保障安全快速钻井。以 SS9-平 4 井为例，通过四压力模型可知 SS9-平 4 井水平段 B～C 点间、尾端孔隙压力局部存在高值，控制好合适的泥浆密度可防止气侵发生。水平段 3367～5232m，泥浆安全窗口较大，其中 3367～4662m 孔隙压力多在 1.36 以下（图 6），建议泥浆密度 1.36g/cm^3；4662～5232m 孔隙压力在 1.32～1.54 之间，由于是致密砂砾岩，可考虑欠平衡钻井，建议泥浆密度 1.4g/cm^3。

SS9-平 4 井水平段 B～C 控制点及尾端存在漏失压力局部较低（图 7），含气性较好，防气侵、井涌井漏等复杂工况。水平段存在 6 处坍塌压力或孔隙压力增大的情况，需防侵防塌；水平段存在 5 处漏失压力和破裂压力均减小，需防井漏。

（2）综合应用岩石力学模型，建立致密气储层压裂优化方法，为提产增效提供地质支撑

压裂优化过程中，在明确储层的岩性、物性、流体性质等地质要素的前提下，结合地应力等力学参数开展压裂方案优化。

一般情况下，水力裂缝会垂直于最小主应力方向扩展。地应力大小影响裂缝的起裂压力和扩展压力，如果地应力过大，可能需要更高的注入压力才能使裂缝起裂和扩展，因此需要在设备选择和施工参数设计上进行相应调整。研究表明，SS9H 井区最大主应力为近东西向，水平段延伸方向应接近垂直于最大水平主应力方向，即为近南北向展布，更有利于压裂造缝，提高产能。

从试气产能与厚度与孔隙度（图 8）、破裂压力关系来看（图 9），孔隙度与厚度的乘积和产能呈正比；当破裂压力<84MPa 时，破裂压力与试气产能总体正相关；当破裂压力>84MPa 时，试气产能开始降低。

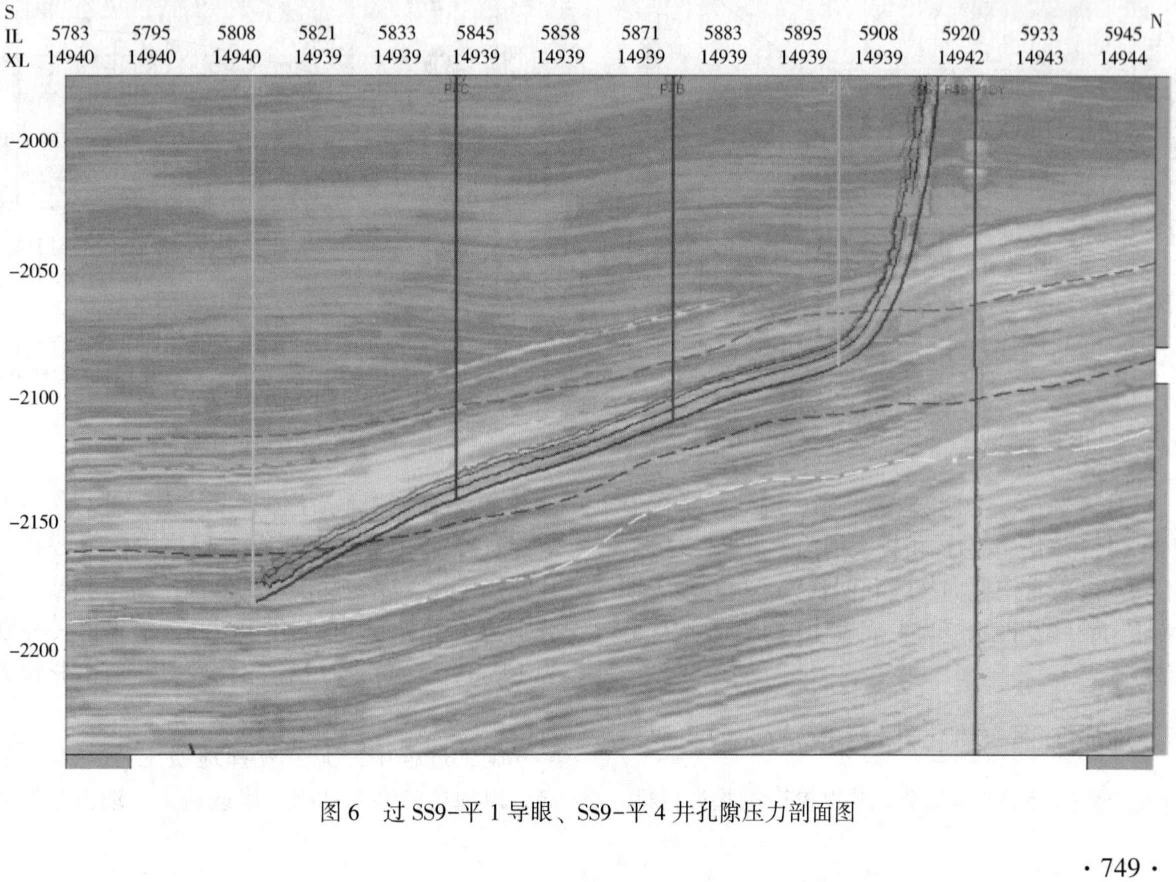

图 6　过 SS9-平 1 导眼、SS9-平 4 井孔隙压力剖面图

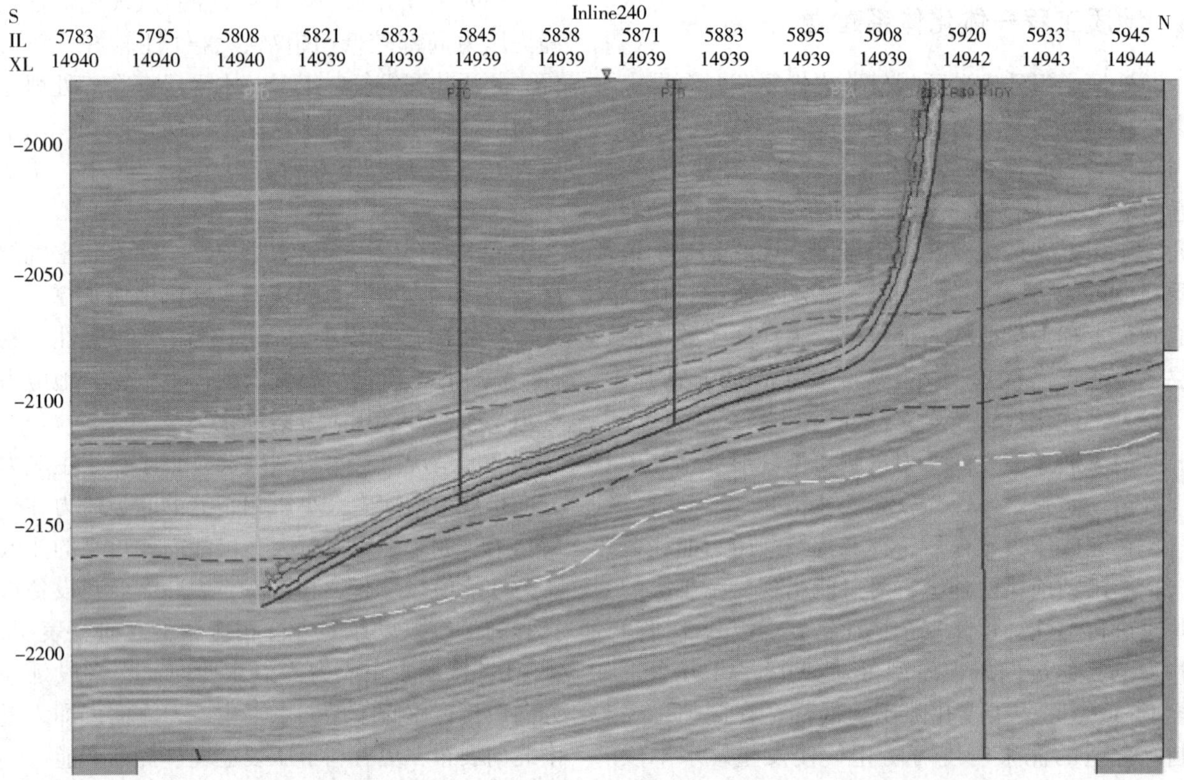

图 7　过 SS9-平 1 导眼、SS9-平 4 井漏失压力剖面图

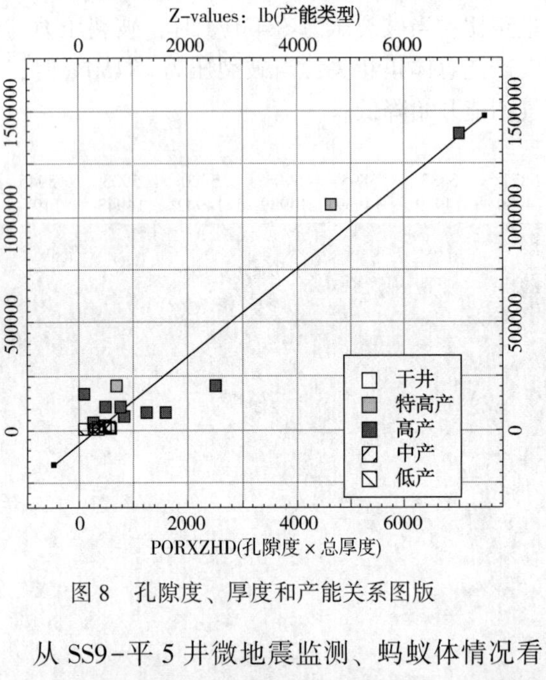

图 8　孔隙度、厚度和产能关系图版

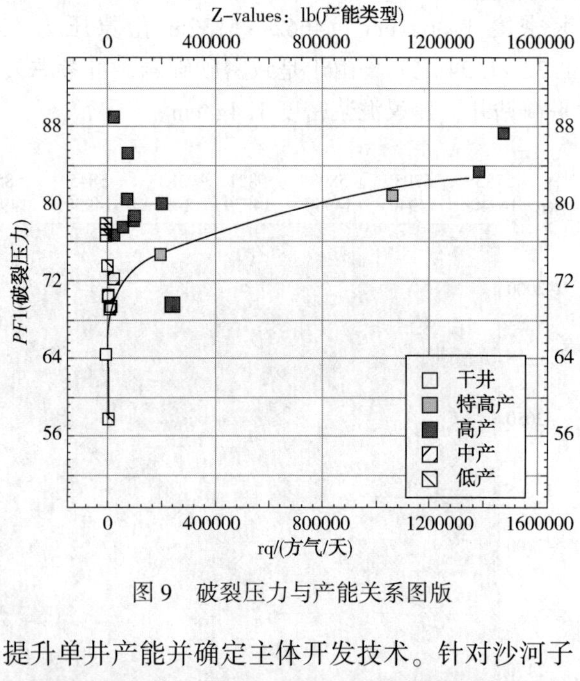

图 9　破裂压力与产能关系图版

从 SS9-平 5 井微地震监测、蚂蚁体情况看（图 10）：储层改造体积较大的第 6、17、22 段，不同程度发育南北向裂缝和网状缝，进一步说明南北向裂缝及网状缝为大规模体积压裂改造优势部位。

6　地质工程一体化开发实践与成效

SS9-平 5、平 4、平 7 井以提产试验为目标，提升单井产能并确定主体开发技术。针对沙河子组 SQ4-3 砂体，采用地质工程一体化进行井位和轨迹优化，完钻层位均为沙河子组，完钻井深分别为 4839m、5308m 和 4870m，水平段长分别为 1254m、1948m 和 1390m，砂岩钻遇率分别为 80.2%、99.0%和 98.3%。

施工过程中，充分发挥地质工程一体化优势，以地质模型为基础，优选钻头、动力钻具及

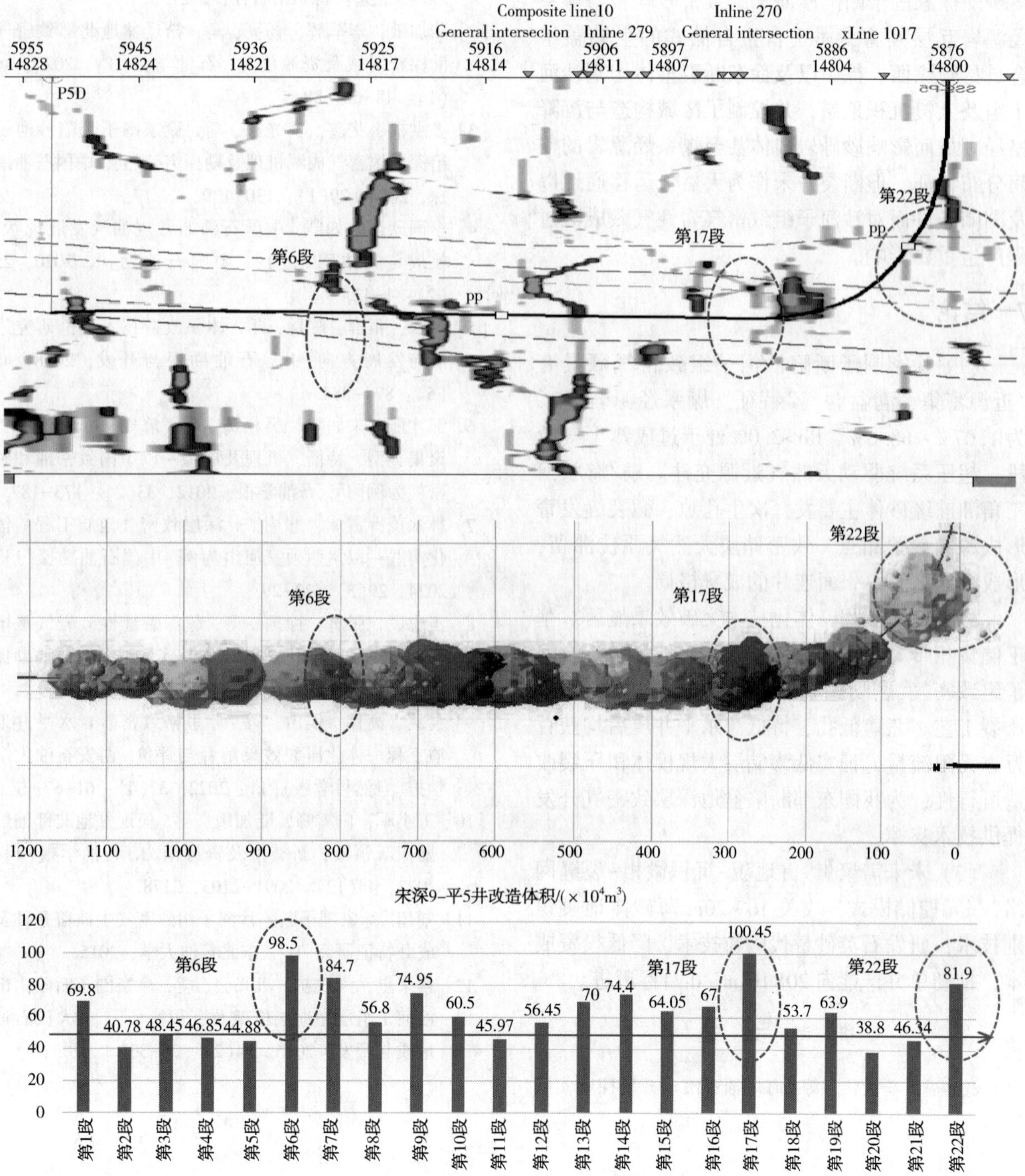

图 10　SS9-平 5 井裂缝与改造体积关系图

提速工具，施工中采用优快钻井系统，优化“三大两高”激进式钻井参数，创造了徐家围子断陷沙河子组水平井钻完井周期 86.25d 和 1948m 最长水平段安全施工记录。

SS9-平 5、平 4、平 7 井采用密集切割大规模体积压裂工艺，段长 31～45m，簇间距 15m，施工排量 16～20m^3/min，用液强度 27m^3/m、加砂强度 2.0m^3/m，创造了沙河子组致密气藏水平井压裂段数、施工排量、用液强度、加砂强度等新纪录。

截至 2025 年 2 月 28 日，SS9-平 5、平 4、平 7 井累计开井 423 天、246 天和 216 天，生产天然气 4342 万方、3885 万方和 2207 万方，平均日产天然气 10.3 万方、15.8 万方和 10.2 万方，创造了徐家围子断陷沙河子组致密气井生产历史记录。

SS9-平 5、平 4、平 7 井提产试验的成功，不仅验证了徐家围子断陷沙河子组致密砂砾岩非浮力成藏理论的准确性，同时也为总结修正致密气成藏主控要素和“甜点”富集规律提供了关键案例。徐家围子断陷沙河子组致密砂砾岩与煤系烃源岩互层发育，属于自生自储式的生储盖组合。尽管徐西、徐中以及徐东断裂整体切割沙河子组及上覆沉积地层，并控制了区域构造与沉降格局，从而影响砂砾岩扇体甚至煤系烃源岩的空间分布特征，但断裂并未作为天然气运移通道以及圈闭条件而对沙河子组致密气岩性气藏成藏过程产生重要影响。

7　结论

(1) 徐家围子断陷沙河子组致密气藏具有“近源富集、满盆含气”特征。煤系烃源岩 TOC 为 1.07%~68.6%，Ro>2.0%处于过成熟干气阶段，超压系统驱动天然气近源充注。扇/辫状河三角洲前缘砂体主要发育次生孔隙，微裂缝发育形成源储叠置甜点。致密储层天然气原位滞留，形成纵向多套、平面连片的成藏格局。

(2) 地质工程一体化技术突破效果显著。基于储集相带-裂缝-地应力三元模型，创新沙河子组致密气“密切割+暂堵转向+极限加砂”体积压裂工艺。三口低孔、特低渗水平井压后均获百万方无阻流量，证实低渗储层大规模体积压裂改造可行性，为我国东部断陷盆地深层致密气开发提供技术支撑。

(3) 未来需聚焦“古地貌-沉积微相-裂缝网络”三元控储模式，攻关 10~20m 薄砂体地震识别技术；研发石英砂替代陶粒技术，降低投资成本，推动单井产能向 $20\times10^4 m^3/d$ 目标迈进。

参 考 文 献

[1] 姜洪福，辛世伟，等. 海塔油田滚动开发探索实践[M]. 北京：科学出版社，2021.

[2] 陆加敏，李军辉，杨亮，等. 松辽盆地北部致密气勘探新领域及资源潜力. 石油学报[J]，2023，46(1)：48-60，88.

[3] 姜洪福，艾鑫，罗光东，等. 徐家围子断陷沙河子组深层致密气成藏机理及勘探突破[J]. 中国石油勘探，2024，29(1)：130-139.

[4] 李国欣，朱如凯. 中国石油非常规油气发展现状、挑战与关注问题[J]. 中国石油勘探，2020，25(2)：1-12.

[5] 胥云，雷群，陈铭，等. 体积改造技术理论研究进展与发展方向[J]. 石油勘探与开发，2018，45(5)：874-884.

[6] 邹才能，朱如凯，吴松涛，等. 常规与非常规油气聚集类型、特征、机理及展望—以中国致密油和致密气为例[J]. 石油学报，2012，33(2)：173-187.

[7] 林永茂，雷炜，缪尉杰. 深层致密气地质工程一体化实践—以川西须家河组为例. 中国石油勘探[J]，2024，29(3)：22-29.

[8] 王志民，张辉，徐珂，等. 超深裂缝性砂岩气藏增产地质工程一体化关键技术与实践. 中国石油勘探[J]，2022，27(1)：164-171.

[9] 吴兵，高伟，侯山，等. 苏里格致密砂岩水平井地质工程一体化压裂效果解释与评价. 西安石油大学学报(自然科学版)[J]，2022，37(4)：61-67.

[10] 王小军，白雪峰，陆加敏，等. 松辽盆地北部油气勘探新领域、新类型及资源潜力. 石油学报[J]，2023，44(12)：2091-2103，2178.

[11] 刘超. 徐家围子断陷沙河子组致密气生储盖条件及成藏特征研究[D]. 东北石油大学，2015.

[12] 蔡来星，卢双舫，巩兴会，等. 徐家围子断陷南部沙河子组层序地层格架及沉积特征[J]. 大庆石油地质与开发，2015，34(2)：26-33.

松辽深层气 XS6 区块 Φ215.9 井眼钻井液技术

魏红旭　马健平　朱晓峰　李承林　王昊瀛

（大庆钻探工程有限公司）

摘　要　徐家围子断陷为松辽盆地北部深层规模较大的断陷，营城组裂隙发育、孔隙度高，在钻井过程中普遍存在漏失现象。营四段、沙河子组井底温度实测 142.4~154.8℃，高温会导致钻井液中的化学添加剂失效，影响钻井液的流变性和悬浮能力，也会增大滤失量，增加施工风险。营城组、沙河子组的火山岩、砾岩研磨性强，细小岩屑易侵入钻井液中，造成性能变差。通过优化改进配方，形成适合此区块的钻井技术，能有效稳定井壁和预防井下复杂。

关键词　裂隙发育；抗污染；井壁稳定；防漏；抗高温

1　地质概况

徐家围子断陷为松辽盆地北部深层规模较大的断陷，南北向长 95km，东西向中部最宽处有 60km，面积 5350km^2。徐中断裂是徐家围子断陷东西分带的主控断层，该断裂大规模活动迹象始于沙河子组沉积开始，强烈的伸展作用导致沙河子组超覆于火石岭组顶面之上，且向断层根部楔状加厚。营城组局部构造圈闭类型较多，其中以断背斜圈闭为主，局部构造多分布在徐西断裂上升盘及下降盘周围，断层走向控制局部构造走向。总体上，营城组局部构造具有火山活动与构造运动双重成因机制，断裂及火山活动共同控制了本区的构造格局及地层发育。

2　技术难点

（1）营城组裂隙发育，钻井液易侵入裂隙，发生井漏。

（2）井底温度处于 142.4~154.8℃，常规钻井液在如此高温下，其性能易发生劣化，如降滤失剂失效，导致钻井液滤失量增大，可能引发井壁失稳问题，同时钻井液的流变性能也难以维持稳定，影响携岩效果，增加卡钻风险。

（3）在井底高温条件下，钻具与井壁间的摩擦系数增大，钻井液需具备更强的润滑性能，否则易造成卡钻、磨损钻具；同时，大量的摩擦热以及地层传来的热量，需要钻井液高效散热，钻井液容易因过热而失效。

3　解决思路

（1）加强钻井液中封堵材料的含量，利用实验确定适应 XS6 区块的封堵配方，充分填充裂隙。并优选乳化沥青，提高营城组的地层承压能力。

（2）优选 JLS-200 聚合物降滤失剂，可以有效控制因井底高温引起的钻井液滤失加剧问题。

（3）优选 RH-150 润滑剂，该润滑剂引入具有抗氧化、乳化助溶的极压抗磨剂，进一步提高了润滑效果。对钻井液黏切影响小、配伍性好、作用时效长。

4　钻井液体系选择

XS6 区块三开 Φ215.9 井眼施工优选聚合物体系 DQZT-DSⅢ型钻井液体系。

（1）在三开 Φ215.9 井眼的施工中，泉头组、登娄库组大量暗紫色泥岩与灰色粉砂岩，钻进中极易发生水化膨胀，胺基聚合物钻井液体系中的胺基能与黏土表面的活性位点发生作用，通过离子交换和氢键等形式牢固吸附在黏土颗粒表面，有效阻止黏土颗粒的水化分散和页岩的膨胀，维持井壁的稳定性，减少因井壁坍塌导致的复杂情况。

（2）胺基聚合物钻井液体系可以通过调整聚合物的分子结构和浓度，形成合适的滤饼，降低钻井液的滤失量，减少对营城组、沙河子组油气储层的伤害，有利于后续的油气开采，能够更好地保护储层的原始物性和渗流能力。

(3) 该钻井液体系中的聚合物分子链可以在钻具和井壁表面形成一层润滑膜，降低钻具与井壁之间的摩擦系数，减少钻具的磨损和扭矩，在营城组、沙河子组这种可能存在复杂构造和坚硬地层的钻井施工中，能有效防止卡钻等事故的发生，提高钻井效率。

(4) 在三开的钻进过程中可能遇到的岩屑污染、地层水侵入等情况，胺基聚合物钻井液体系具有较好的抗污染能力，其聚合物分子结构稳定，能在一定程度上抵抗外来离子和杂质的影响，保持钻井液的性能稳定。

5　封堵剂评价优选

依据 DQZT-DSⅢ型现场使用随钻防漏堵漏材料配比，室内评价实验封堵剂类型及配比见表 1。

表 1　封堵评价实验方案

<table>
<tr><th>序号</th><th>配　方</th><th>测试条件</th><th>性能测试项目</th><th>备　注</th></tr>
<tr><td>1</td><td>1#堵漏浆
4%基浆+1% $CaCO_3$(800 目)+2% $CaCO_3$(1250 目)+3%多功能封堵剂</td><td rowspan="4">100℃
缝宽 0.02mm</td><td>流变性(老化前后)API 失水(老化前后)
HTHP 失水(老化后)
封堵实验(老化后)</td><td rowspan="4">封堵实验后，劈开封堵盘，观察封堵情况</td></tr>
<tr><td>2</td><td>2#堵漏浆
4%基浆+1% $CaCO_3$(800 目)+2% $CaCO_3$(1250 目)+3%白沥青</td><td>流变性(老化前后)API 失水(老化前后)
HTHP 失水(老化后)
封堵实验(老化后)</td></tr>
<tr><td>3</td><td>3#堵漏浆
4%基浆+1% $CaCO_3$(800 目)+2% $CaCO_3$(1250 目)+1%多功能封堵剂+2%白沥青</td><td>流变性(老化前后)API 失水(老化前后)
HTHP 失水(老化后)
封堵实验(老化后)</td></tr>
<tr><td>4</td><td>4#堵漏浆
4%基浆+1% $CaCO_3$(800 目)+2% $CaCO_3$(1250 目)+2%多功能封堵剂+1%乳化沥青</td><td>流变性(老化前后)API 失水(老化前后)
HTHP 失水(老化后)
封堵实验(老化后)</td></tr>
</table>

表 2　20μm 缝宽堵漏实验数据

序号	0.5MPa	1.0MPa	1.5MPa	2.0MPa	2.5MPa	3.0MPa	3.5MPa	总漏失量/mL
1	稳压 无漏失	稳压 无漏失	稳压 无漏失	稳压 无漏失	稳压 无漏失	稳压 无漏失	稳压 无漏失	0
2	稳压 无漏失	瞬时漏失 20mL 后续稳压无漏失	稳压 无漏失	瞬时漏失 280mL 后续稳压无漏失	瞬时漏失 10mL 后续稳压无漏失	瞬时漏失 10mL 后续稳压无漏失	稳压 无漏失	320
3	稳压 无漏失	瞬时漏失 5mL 后续稳压无漏失	稳压 无漏失	瞬时漏失 5mL 后续稳压无漏失	稳压 无漏失	稳压 无漏失	稳压 无漏失	10
4	稳压 无漏失	稳压 无漏失	稳压 无漏失	稳压 无漏失	稳压 无漏失	稳压 无漏失	稳压 无漏失	0

备注：封堵承压阶梯等级为 0.5MPa
每次压力测试时间长度为 5min
注入缝宽封堵实验钻井液量 350mL

依据上述实验 4%基浆+1% $CaCO_3$(800 目)+2% $CaCO_3$(1250 目)+2%多功能封堵剂+1%乳化沥青即 4#堵漏浆在 20μm 缝宽堵漏实验数据中均稳压无漏失，说明该配方防漏堵漏效果最佳，其高温高压失水 16.4mL，中压失水为 5.6mL，也达到了较低水平，同时对流变性也没有较大影响，因此判断封堵剂采用 1% $CaCO_3$(800 目)+2% $CaCO_3$(1250 目)+2%多功能封堵剂+1%乳化沥青效果最佳。

6　JLS-200 聚合物降滤失剂室内评测

在 XS6 区块三开施工中，井底营城组、沙河子组的温度达到 142.4~154.8℃，对于钻井液的滤失控制是一个巨大的考验，过高的滤失量可能导致井壁失稳、地层损害等诸多问题。抗高温聚合物降滤失剂 JSL-200 作为一种新型处理剂，旨在应对高温环境下钻井液滤失难题，本次室内评价旨在全面探究其性能表现。

在常温常压下，添加 JSL-200 后，钻井液的 API 滤失量显著降低。加量为 1.0%时，滤失量从基础钻井液的 4.5mL 降至 1.8mL，降幅达到 60%。在高温高压条件下，其优势更为突出。当温度升高到 180℃，压力 3.5MPa 时，未加降滤失剂的基础钻井液滤失量急剧增大至 5.0mL，而加入 2.0% JSL-200 的钻井液滤失量仍能控制在 2.0mL，有效抑制了高温下钻井液的滤失，这得益于降滤失剂分子在高温下能够形成致密的吸附膜，封堵泥饼孔隙，降低滤失通道渗透率。为模拟井下长时间作业情况，将加有降滤失剂的钻井液样品置于滚子加热炉中，在目标高温 180℃下老化 72 小时，老化后再次测定其流变与滤失性能，与老化前对比分析其稳定性。

经过 180℃、72 小时老化后，钻井液含 JSL-200 样品的流变与滤失性能虽有一定波动，但整体仍维持在可接受范围。与老化前相比，表观黏度变化率在 10%以内，静切力保留率达到 70%，高温高压滤失量增加幅度不超过 5%，说明该降滤失剂具有良好的抗高温老化能力，在长时间高温作业环境下能持续发挥降滤失功效，可以保障钻井液性能稳定。

表 3

老化时间/h	AV/mPa · s	Gel/Pa	API/mL	HTHP/mL
0	30	3.5/8	1.8	
16	30.5	3/7.5	2.2	11.4
48	29	3/6	2.0	11.8
72	27	3/5.5	2.2	12.0

7 RH-150 润滑剂室内评测

RH-150 润滑剂在原有配方基础上引入具有抗氧化、乳化助溶的极压抗磨剂，进一步提高了润滑效果。新配方对钻井液黏切影响小、配伍性好、作用时效长，性能与国内外同类产品相近。

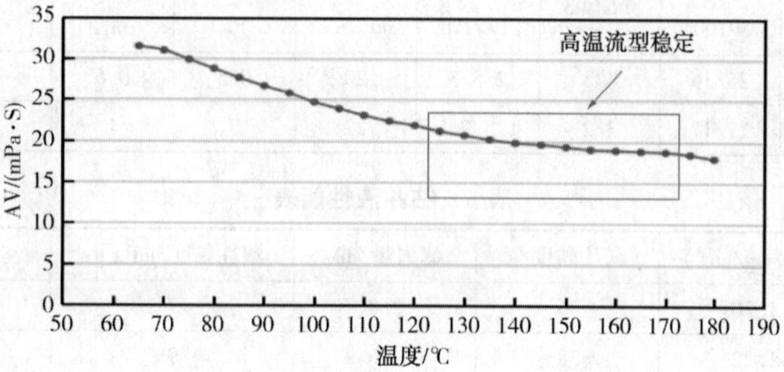

图 1

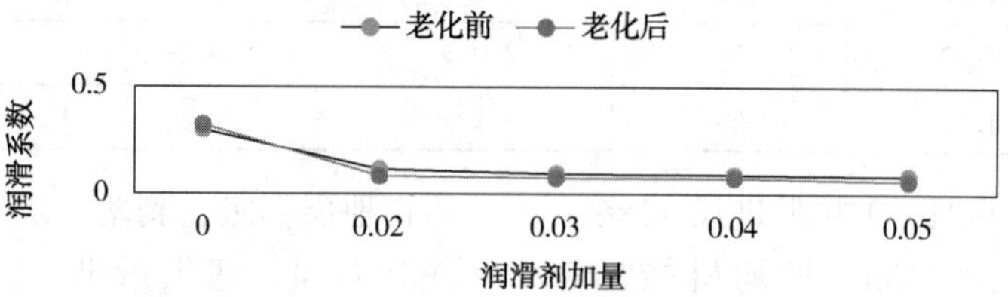

图 2

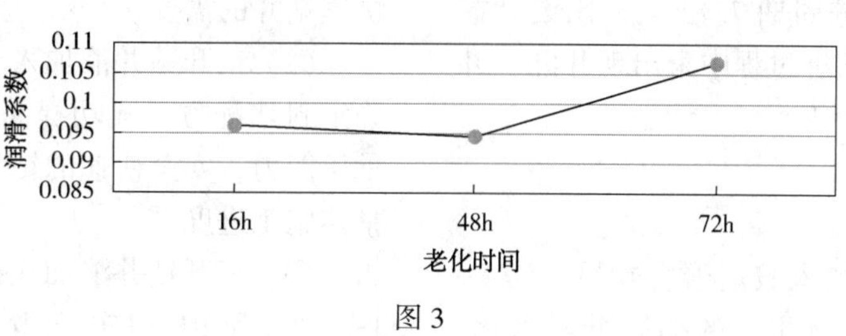

图 3

表 4

厂家	名称	AV 变化/mPa·s	150℃老化前后润滑系数
国外 A	TorqueFree	1	0.129/0.094
国外 B	LUBEF	1	0.115/0.098
国内 A	LUBE-H	2	0.125/0.097
国内 B	RH-220	2	0.135/0.112
润滑剂	RH150	1	0.124/0.096

随着 RH-150 润滑剂加量从 0 逐渐增加到 2%，老化前和老化后的润滑系数提升速度较快。当加量为 5%时，润滑系数提升相对缓慢，润滑系数变化较小并趋于稳定。这表明适量增加 RH-150 润滑剂即可有效改善润滑性能。将加有 RH-150 润滑剂的钻井液样品置于滚子加热炉中，在目标高温 150℃下老化 72 小时，随着老化时间从 16h 延长到 48h，润滑系数呈上升趋势。老化 72h 时，润滑系数开始下降；说明 RH-150 润滑剂在 150℃高温下可以长时间满足钻井液润滑效果。

8 DQZT-DSⅢ型钻井液配方及现场应用效果

8.1 三开 Φ215.9 井眼钻井液配方

根据室内实验确定三开井段钻井液配方：

4%膨润土+5%纯碱+3%稳定剂+3% JLS-200+1%胺基抑制剂+1% $CaCO_3$(800 目)+2% $CaCO_3$(1250 目)+2%多功能封堵剂+1%乳化沥青+2%润滑剂 RH-150

8.2 现场应用效果

DQZT-DSⅢ型钻井液配方在 XS6-X402 井三开 Φ215.9 井眼进行试验，钻井液配制时按上限加足抑制剂和润滑剂 RH-150，提高钻井液的包被抑制性和润滑性，施工中不断补充封堵材料，保证进入营城组裂隙前降滤失、封堵材料含量不低于 10%，最大程度的提高体系封堵能力，防止井壁失稳、防止井漏。钻井液实测性能铜见表 6：

表 5　三开室内钻井液体系配方性能

	Φ600/Φ300	Φ200/Φ100	Φ6/Φ3	Gel/(Pa/Pa)	PV/mPa·s	Yp/Pa	FL_{API}/mL	HTHP 失水/mL	密度/(g/cm^3)	pH 值
老化前	53/33	25/16	4/3	2.5/3	20	6.5	0.6	16	1.22	9.5
150℃16h	58/36	27/17	3/2	1.5/2.5	22	7	1	10.8	1.22	9

表 6　钻井液性能表

井深/m	密度/(g/cm^3)	漏斗黏度/s	滤失量/mL	塑性黏度/mPa·s	动切力/Pa	初切/终切/Pa
2437(三开钻塞)	1.20	36	2.8	7	4.5	1/1.5
2700	1.22	38	2.6	9	6	1.5/2
3000	1.23	43	1.6	11	7.0	2/3
3300	1.22	46	1.6	16	8.0	3/4.5
3600	1.22	50	2.0	20	15.5	6/10
3723(完钻)	1.22	50	2.2	18	15.5	5/9

XS6-X402 井三开 Φ215.9 井眼进尺 1286m，一趟钻完成，纯钻时间 140h，平均机械钻速 9.19m/h，设计平均机械钻速 3.3m/h，三开提速 178.48%；三开钻进周期 7.13 天，比设计提前了 16.87 天；三开钻进过程中未出现井漏、井塌等复杂，事故复杂为零。

9 结论与建议

(1) 三开钻井液加入胺基聚合物后 DQZT-DSⅢ型钻井液体系具有很好的抑制页岩水化，防止地层膨胀、剥落、坍塌的能力，同时悬浮洗井能力强，滤失量低，能够满足 xs 区块三开 Φ215.9 井眼上部地层泉头组、登娄库组的安全快速钻井的需要。

(2) 三开钻井液加入乳化沥青，并通过试验确定封堵配方，成功提高了 xs 区块下部地层的承压能力，安全快速的钻过营城组裂隙，保障了整体施工进度。

(3) 三开钻井液加入抗高温聚合物降滤失剂 JSL-200 和 RH-150 润滑剂，在井底 154.8℃的环境下有效的控制了钻井液的滤失量和润滑性，维持了井壁的稳定性，减小了扭矩对钻速的影响。

参考文献

[1] 鄢捷年．钻井液工艺原理[M]．中国石油大学出版社，2014.3.
[2] 东北石油大学硕士论文《大杨树盆地南部坳陷油气成藏条件研究》.
[3] 王中华．钻井液处理剂实用手册[M]．中国石化出版社，2016.12.

升深 2 区块 Φ444.5mm 井眼钻井液技术

陈 飞　霍 权　朱 磊　王增坤

（大庆钻探工程有限公司）

摘　要　松辽盆地升深 2 区块大段泥岩发育，水敏性含量高达 90%以上，该区块在钻井过程中普遍存在嫩三段以上易泥包，出泥环，下部青山口组井壁失稳等问题，通过对现有钻井液配方及工程措施进行优化和改进，通过 3 口井现场应用表明形成适合松辽盆地升深 2 区块大井眼施工的钻井技术，能有效稳定井壁和预防井下复杂。

关键词　抑制性；防泥包；井眼净化；井壁稳定

1　区块地质工程概况

升深 2 区块上部主要钻遇明水组、四方台组、嫩江组、姚家组、青山口组、泉头组等，上部地层主要以大段泥岩为主，而且明水组、四方台组、嫩五至嫩三段发育大段软泥岩，底界一般在井深 1000 米左右，嫩二段，青山口组硬脆泥岩发育，易失稳掉块。

2　施工难点及解决思路

2.1　技术难点

（1）上部明水组、四方台组、嫩江组上部发育大段软泥岩，厚度约 900 米左右，该泥岩段极易发生塑性变形，引起井眼缩径，造成井眼环空不畅通，导致返砂不好、起下钻阻卡等问题。

（2）嫩江组一段、二段及青山口组发育大段硬脆性泥岩和页岩，水敏性强，井壁极易吸水膨胀发生掉块、剥落甚至坍塌，对井壁稳定十分不利。

（3）施工井眼大，循环排量有限，环空返速不够，井眼净化效果不好。

（4）该区块二开均为定向井，造斜过程中，要保证钻井液具有良好的携岩洗井性能，防止形成岩屑床；而且二开稳斜段较长，井眼清洁难度大，岩屑上返更加困难。

2.2　解决思路

（1）针对上部软泥岩段较长，钻井液中保证大分子聚合物的有效含量不低于 0.8%，有效抑制泥页岩的水化膨胀，防止缩径，流变参数采用低黏低切。钻进参数进一步优化，保证循环时间，充分洗井返砂，同时每钻进 300～500 米搞一次短起下，及时修整井壁，畅通井眼。

（2）通过提高钻井液密度，力求井壁力学稳定，同时针对嫩二、一段及青山口组水敏性泥岩易水化膨胀、剥落掉块，优选钻井液降滤失材料，优化钻井液封堵剂的加量，强化钻井液的封堵能力，保持井壁稳定。

（3）施工时保证循环划眼时间，充分返砂，最大限度洗井，畅通井眼。

（4）青山口组采用钻井液采用低黏高切，提升体系的携岩和悬浮能力，净化井眼，优选润滑剂，降低扭矩摩阻，防止钻进托压和卡钻。

3　现场应用

3.1　工程技术措施

（1）钻上部软泥岩地层时，钻进排量不低于 75l/s，顶驱转数控制在 50rpm 以上，每钻进一柱划眼一遍、停顶驱上下活动钻具两遍。

（2）每钻进 500～600 米搞一次短起下钻，及时修整井壁，畅通井眼。

（3）精细操作，送钻均匀，起下钻时杜绝猛提猛放，避免压力激动对井壁稳定造成影响。

3.2　钻井液

3.2.1　DQZT-DS（Ⅱ型）钻井液的配制

（1）现场钻井液体系性能评价实验

室内按钻井液体系开展常规性能评价，配方如下：5%土浆+1.0%SPNH+1.2%JS-1+1.2%NPAN+1.0%HX-A+0.5%HX-D+0.3%WDYZ-1+0.2%HR-1

室内实验结果表明，钻井液体系常温下黏度、切力偏高、API 失水偏大，120℃老化后降黏较为明显。

表1　钻井液室内性能评价

实验条件	密度/(g/cm^3)	pH	Φ600/Φ300	Φ200/Φ100	Φ6/Φ3	Gel Pa/Pa	PV/mPa·s	YP Pa	FL_{API}/mL
老化前	1.03	9	80/51	40/27	14/11	6/15	29	11	4.4
老化后			47/29	21/12	4/3	1.5/7.5	18	5.5	4.4

注：120℃老化16h

(2) 降滤失剂单剂评价

通过开展降滤失剂单剂评价，分析不同降滤失剂老化前后对钻井液黏度、切力及API失水量影响。实验结果表明，降滤失效果依次为NPAN>JS-1>HX-A>SPNH，增黏效果依次为NPAN>HX-A>JS-1>SPNH。

表2　降滤失剂单剂性能评价

钻井液配方	实验条件	pH	Φ600/Φ300	Φ200/Φ100	Φ6/Φ3	Gel Pa/Pa	PV/mPa·s	YP Pa	FL_{API}/mL
5%土浆+2%JS-1	老化前	8	18/10	8/5	0/0	0/7.5	8	1	7.6
	老化后	9	10/5	4/2	0/0	0/0.5	5	0	8.4
5%土浆+2%HX-A	老化前	9	15/9	7/4	1/0	0.5/2.5	6	1.5	8.2
	老化后	9	12/7	5/3	1/0	0/1	5	1	12.2
5%土浆+2%SPNH	老化前	8	20/12	9/5	1/1	0.5/6	8	2	8.8
	老化后	9	15/8	6/3	1/0	0/0.5	7	0.5	9.6
5%土浆+2%NPAN	老化前	9	40/25	19/12	4/2	1.5/7	15	5	3.0
	老化后	8	21/11	8/5	1/0	0.5/0.5	10	0.5	4.6

注：120℃老化16h

(3) 配方正交实验

根据上述实验分析可知，现场钻井液配方优化有两个方向：一是降低膨润土含量；二是优化降滤失剂加量。因此，着重进行降滤失剂的正交试验，分析每一种降滤失剂的作用效果。利用四因素三水平正交实验，开展配方优化，形成9组配方如下：

1#：4%土浆+0.1%KOH+1%JS-1+1%SPNH+1%HX-A+1%NPAN+1.5%多功能封堵剂+0.3%WDYZ-1+0.2%HR-1+0.5%HX-D+1.5%润滑剂

2#：4%土浆+0.1%KOH+1%JS-1+2%SPNH+2%HX-A+2%NPAN+1.5%多功能封堵剂+0.3%WDYZ-1+0.2%HR-1+0.5%HX-D+1.5%润滑剂

3#：4%土浆+0.1%KOH+1%JS-1+3%SPNH+3%HX-A+3%NPAN+1.5%多功能封堵剂+0.3%WDYZ-1+0.2%HR-1+0.5%HX-D+1.5%润滑剂

4#：4%土浆+0.1%KOH+1%JS-1+1%SPNH+2%HX-A+3%NPAN+1.5%多功能封堵剂+0.3%WDYZ-1+0.2%HR-1+0.5%HX-D+1.5%润滑剂

5#：4%土浆+0.1%KOH+1%JS-1+2%SPNH+3%HX-A+1%NPAN+1.5%多功能封堵剂+0.3%WDYZ-1+0.2%HR-1+0.5%HX-D+1.5%润滑剂

6#：4%土浆+0.1%KOH+1%JS-1+3%SPNH+1%HX-A+2%NPAN+1.5%多功能封堵剂+0.3%WDYZ-1+0.2%HR-1+0.5%HX-D+1.5%润滑剂

7#：4%土浆+0.1%KOH+1%JS-1+1%SPNH+3%HX-A+2%NPAN+1.5%多功能封堵剂+0.3%WDYZ-1+0.2%HR-1+0.5%HX-D+1.5%润滑剂

8#：4%土浆+0.1%KOH+1%JS-1+2%SPNH+1%HX-A+3%NPAN+1.5%多功能封堵剂+0.3%WDYZ-1+0.2%HR-1+0.5%HX-D+

1.5%润滑剂

9#：4%土浆+0.1% KOH+1% JS-1+3% SPNH+2% HX-A+1% NPAN+1.5%多功能封堵剂+0.3% WDYZ-1+0.2% HR-1+0.5% HX-D+1.5%润滑剂

实验计划表 | 直观分析表 | 效应曲线图

所在列	1	2	3	4	
因素	JS-1	SPNH	HX-A	NPAN	实验结果
实验1	1	1	1	1	34
实验2	1	2	2	2	33.5
实验3	1	3	3	3	42.5
实验4	2	1	2	3	48.5
实验5	2	2	3	1	28
实验6	2	3	1	2	28.5
实验7	3	1	3	2	37.5
实验8	3	2	1	3	41
实验9	3	3	2	1	24.5
均值1	36.667	40.000	34.500	28.833	
均值2	35.000	34.167	35.500	33.167	
均值3	34.333	31.833	36.000	44.000	
极差	2.334	8.167	1.500	15.167	

图1　表观黏度极差分析图

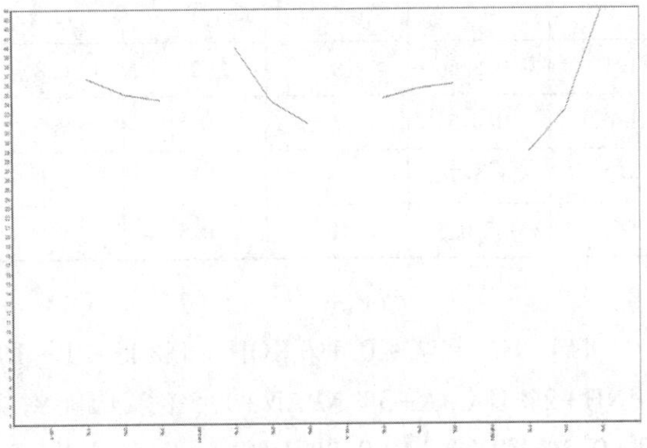

图2　表观黏度效应曲线图

实验计划表 | 直观分析表 | 效应曲线图

所在列	1	2	3	4	
因素	JS-1	SPNH	HX-A	NPAN	实验结果
实验1	1	1	1	1	8
实验2	1	2	2	2	12.5
实验3	1	3	3	3	19
实验4	2	1	2	3	21
实验5	2	2	3	1	10
实验6	2	3	1	2	13
实验7	3	1	3	2	15
实验8	3	2	1	3	20
实验9	3	3	2	1	6
均值1	13.167	14.667	13.667	8.000	
均值2	14.667	14.167	13.167	13.500	
均值3	13.667	12.667	14.667	20.000	
极差	1.500	2.000	1.500	12.000	

图3　终切极差分析图

由图1~图6可知，在表观黏度方面，NPAN影响程度较大，SPNH影响次之，JS-Ⅰ和HX-A影响较小；从整体趋势上看，NPAN增幅最明显，JS-1和HX-A影响较平稳，SPNH甚至有降黏作用。在终切方面，NPAN影响程度较大，其他三种降滤失剂影响相当。在API失水方面，四种降滤失剂影响程度相当，呈现随着降滤失剂加量增多，失水下降趋势。

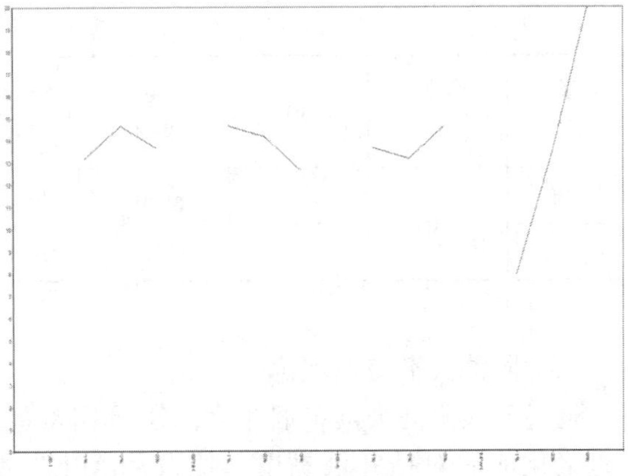

图4　终切效应曲线图

实验计划表 | 直观分析表 | 效应曲线图

所在列	1	2	3	4	
因素	JS-1	SPNH	HX-A	NPAN	实验结果
实验1	1	1	1	1	4
实验2	1	2	2	2	30
实验3	1	3	3	3	2
实验4	2	1	2	3	1.6
实验5	2	2	3	1	3.2
实验6	2	3	1	2	2
实验7	3	1	3	2	2
实验8	3	2	1	3	2.2
实验9	3	3	2	1	2.6
均值1	12.000	2.533	2.733	3.267	
均值2	2.267	11.800	11.400	11.333	
均值3	2.267	2.200	2.400	1.933	
极差	9.733	9.600	9.000	9.400	

图5　API失水极差分析图

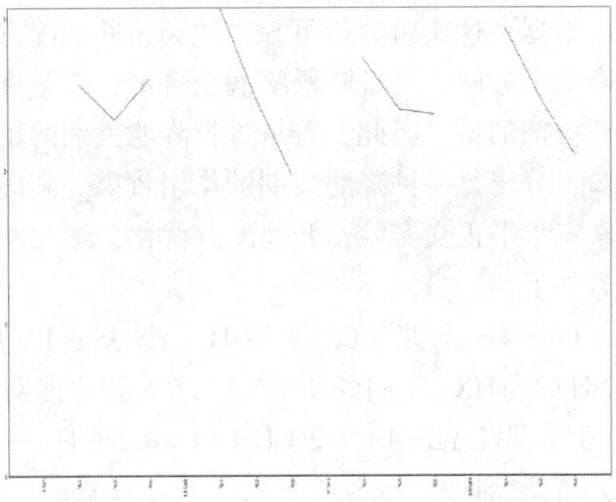

图6　API失水效应曲线图

表 3　配方正交实验结果

钻井液配方	实验条件	密度/(g/cm^3)	Φ600/Φ300	Φ200/Φ100	Φ6/Φ3	Gel Pa/Pa	PV/mPa·s	YP Pa	FL_{API}/mL
1#	老化前	1.03	68/43	33/22	10/8	3.5/8	25	9	4.0
	老化后		46/25	18/10	2/1	1/5	21	2	3.8
2#	老化前	1.03	67/45	34/22	9/5	3.5/12.5	22	11.5	3.0
	老化后		53/30	21/13	4/3	1.5/5	23	3.5	2.4
3#	老化前	1.03	85/22	39/24	8/6	3/19	33	9.5	2.0
	老化后		96/56	21/13	4/3	3.5/13	40	8	1.5
4#	老化前	1.03	97/61	46/29	13/9	6/21	36	12.5	1.6
	老化后		91/54	40/27	7/5	3.5/12	37	8.5	2.4
5#	老化前	1.03	56/33	24/15	3/2	1.5/10	23	5	3.2
	老化后		52/30	22/13	2/1	1.5/10.5	22	4	2.6
6#	老化前	1.03	57/34	25/16	5/3	2/13	23	5.5	2.0
	老化后		53/30	23/16	5/3	2/8	23	3.5	2.0
7#	老化前	1.03	75/46	35/22	7/4	3.5/15	29	8.8	2.0
	老化后		77/44	36/22	8/5	3.5/13	33	5.5	3.0
8#	老化前	1.03	82/51	37/24	7/3	3.5/20	31	10	2.2
	老化后		77/46	33/22	7/5	3/9	31	7.5	2.4
9#	老化前	1.03	49/30	22/14	4/2	1.5/6	19	5.5	2.6
	老化后		75/45	34/21	6/3	2/9.5	30	7.5	2.4

注：120℃老化 16h

由正交实验 9 组配方综合性能评价可知，降滤失剂在不同配比下，对流变性及失水量影响较大。其中，5#配方老化前后流变性较为合理，失水量较低，但动切力偏低。建议继续减少降滤失剂种类，以降滤失效果好且对流变性影响小的处理剂为主剂。

（4）现场配方确定

通过上述实验确定现场配方为：4%土浆+0.1%KOH+1%JS-1+2%SPNH+3%HX-A+1.0%NPAN+1.5%多功能封堵剂+0.3%WDYZ-1+0.5%HX-D+0.2%HR-1+1.5%润滑剂+重晶石粉。

3.2.2　DQZT-DS(Ⅱ型)钻井液的现场应用

（1）优选强抑制剂包被絮凝剂 WDYZ-1、HX-D 和 HR-1 复配加入钻井液中，加量 1%，有效抑制黏土矿物水化膨胀，钻进是主要以 1.25%的 WDYZ-1、2%的复合铵盐胶液细水长流维护钻井液来控制上部地层造浆。

（2）改善钻井液的流变性，满足携岩和悬浮要求，尤其造斜以后井眼净化难度增大的井段，优选出聚硅氟降黏剂 SF-260，加量 0.5%，有效拆除黏土网架结构，保证合理的流变性。

（3）复配使用磺化褐煤树脂 SPNH 和降滤失剂 JS-1，加量均为 1%~2%，降低自由水活度，增强降滤失效果。

（4）进入嫩江组之前加入 2%的多功能封堵剂增强钻井液的封堵性，在葡萄花油层前 50m，补加 2%超细碳酸钙，进一步增强钻井液的封堵能力。

（5）在进入造斜段前，一次性补入聚合醇润滑剂和环保油各 1%，并在后续施工中陆续加入润滑材料，保证润滑材料总量达到 3%。

（6）完井下套管前，在原浆中加入固体石墨和润滑剂配制 160m^3 封闭浆，封闭定向井段，确保套管下入顺利。

（7）加强固控设备使用，振动筛筛布 100 目以上，除砂器使用率 100%。离心机使用率 60%以上，起下钻时及时排放锥形罐，最大限度的清除有害固相。

表 4　a 井钻井液常规性能

井深/m	层位	密度/(g/cm^3)	黏度/s	Φ600/Φ300	塑性黏度/mPa·s	动切力 Pa	初/终切 Pa	API/mL	pH 值	含砂量/%	固含/%
374	明水组	1.2	47	54/36	18	9.0	1/5	4.0	10	0.7	8
616	嫩五段	1.21	51	56/38	18	10.0	1.5/5.5	4.0	10	0.7	8
983	嫩四段	1.24	55	84/54	30	12.0	2/9	3.8	10	0.5	8
1214	嫩二段	1.29	56	98/64	34	15.0	2/9	3.6	10	0.4	10
1370	姚二三段	1.37	58	96/62	34	14.0	2.5/9	3.6	10	0.5	12
1566	青二三段	1.40	56	99/64	35	14.5	2/7	3.6	10	0.4	12
1696	青一段	1.42	59	103/65	38	13.5	3/9	3.4	8.5	0.4	14
1852	泉三段	1.47	59	102/66	36	15.0	2/9	3.4	9	0.5	18
2065	泉三段	1.48	66	98/63	35	14.0	3/9.5	3.4	8	0.4	18
2178	泉三段	1.50	68	105/67	37	15.0	3/10	3.4	8	0.5	20

4　现场使用效果

4.1　指标情况

通过该钻井液技术的应用，3 口井二开全井平均机械钻速 11.67m/h，钻进周期 14.27d，照设计均提前完成二开施工，全井起下钻顺利，井下零事故，实现了安全快速钻井。

4.2　钻井液抑制效果

上部大段泥岩地层极易分散，造浆严重，施工井第一趟钻发生过井眼缩径、钻头泥包等现象，后通过钻井液及配套钻井技术改进，返出岩屑成型，胶结好，无泥包钻头情况。

4.3　井壁稳定效果

钻进施工时井壁稳定，完井通井时出现少许井壁剥落现象，电测一次成功，后续下套管顺利。a 井完井电测二开最大井径 562.96mm，最小井径 390.44mm，平均井径 457.76mm，平均井径扩大率 2.98%。

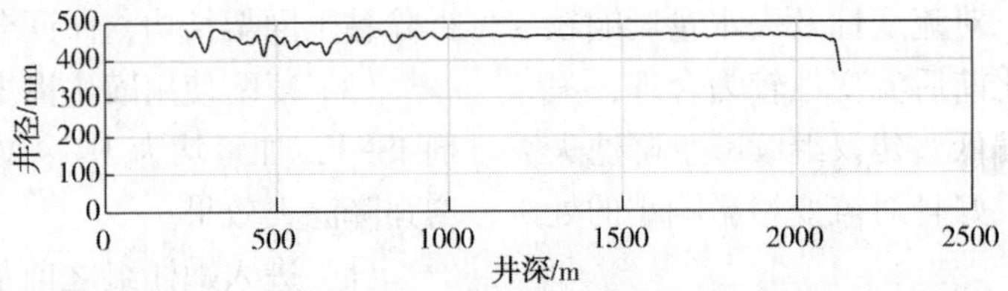

图 7　a 井 444.5mm 井眼井径图

5　结论与建议

(1) 通过 3 口井施工，清楚的认识了升深 2 区块上部地层特性，形成一套 Φ444.5mm 井眼钻井液技术以及配套钻井技术，可以满足安全快速钻井需求。

(2) DQZT-DS(Ⅱ型)钻井液体系具有很好的抑制页岩水化，防止地层膨胀、剥落、坍塌的能力，同时悬浮洗井能力强，摩阻低，能够满足升深 2 区块 Φ444.5mm 井眼钻井的施工需要。

参　考　文　献

[1] 鄢捷年. 钻井液工艺原理[M]. 中国石油大学出版社，2014.3.

[2] 孙明光，等. 钻井完井基础知识手册[M]. 石油工业出版社，2002.12.

[3] 王中华. 钻井液处理剂实用手册[M]. 中国石化出版社，2016.12.

超高温随钻仪器井下电路 PCBA 设计

王海波　张振华　裴　斐　于小波

（大庆钻探工程有限公司）

摘　要　深层超深层钻探中，井下超高温(200℃)环境对随钻测量仪器提出了严苛的要求。针对井下电路系统耐高温的问题，设计了井下高温数据采集与控制电路。在 PCB 设计中，考虑了尺寸、布局、布线及元器件封装等因素，以提高电路系统的抗高温能力和可靠性。通过验证，该电路系统在 200℃ 环境中连续运行 200 小时，整体功耗维持在 180mW 左右，输出数据准确可靠，满足深层超深层作业需求，为国产超高温随钻测量仪器的可靠性提升提供了技术支撑。

关键词　随钻测量；超高温；PCBA 设计；高温元器件；电路系统

随着油气资源勘探开发的持续深入，超深层油气藏已成为我国能源接替战略的重要领域。在深层超深层油气勘探工程中，超高温随钻测量仪器作为核心技术装备，已成为国外各大油服企业技术竞争的前沿阵地。目前，斯伦贝谢 TeleScope ICE 高速传输 MWD 系统通过集成陶瓷电路技术和多芯片组件技术，在 200℃ 的环境中经历了 3.5 万小时、200 万次振动冲击测试，显示了良好的性能；哈里伯顿 Quasar Pulse® 超高温系统实现了多工程参数和自然伽马测量。相比之下，国内大部分随钻测量仪器抗温指标达到 150℃，部分提升至 175℃，极少数突破 200℃。根据自主研发随钻仪器的现场数据分析表明，印制电路板组件(PCBA)故障占比超过 70%，可见 PCBA 作为超高温随钻测量仪器的核心组件，其设计质量直接影响仪器的整体性能。

深层超深层钻探面临着井下接近 200℃ 超高温和 140MPa 以上超高压的环境挑战，由于随钻仪器需长时间工作在井下上百小时，使主动降温技术和被动降温技术应用受限，因此，本文针对超高温随钻测量仪器电路系统耐高温的问题，通过选取高温元器件及搭建控制和采集电路，设计了适用于井下高温环境的电路系统，为深层超深层油气资源勘探提供可靠的技术装备支撑。

1　高温元器件

1.1　电子元器件失效机理分析

一般而言，元器件的工作温度越高，则工作寿命越短。井下仪器长时间运行在高温环境中(要求平均故障间隔时间 MTBF 不少于 200h)，高温会加速电子元件的内部化学反映，促进元器件失效，因此，提高井下仪器可靠性的关键是提高电子元器件在高温下的使用寿命。阿伦纽斯模型(Arrhenius Model)是表明温度和寿命之间关系的最典型和最常用的加速度模型，方程式为：

$$L=Ae^{\frac{E}{KT}}$$

式中，L 为元器件的寿命特征；A 为常数；E 表示激活能，与材料有关；K 为玻尔兹曼常数；T 为绝对温度，单位 K。E/K 又称为激活温度，单位为 K。阿伦纽斯模型表明，在温度增加 10℃ 时，很多化学反应速率会翻倍，指出了井下仪器为代表的电子元器件失效机理。

1.2　高温元器件的选择

分析元器件在高温环境下的性能特征及失效模式，确认元器件在高温环境下可正常运行的温度极限，为电路系统设计及使用提供参考。目前用于高温电子的半导体技术有体硅、绝缘体上硅(SOI)、宽禁带半导体(SiC)等。传统体硅集成电路在高温下泄漏电流急剧增大，且存在器件阈值电压不稳定、迁移率下降等问题，超过 175℃ 时无法工作。与体硅技术相比，SOI 器件在高温下具有更低的高温泄漏电流、更稳定的阈值电压，SOI 结构则完全消除了热激发闩锁效应，从而避免了热激发闩锁效应导致的芯片毁坏。说明元器件温度-寿命关系的示意曲线如图 1 所示。

使用传统体硅技术的元器件为下方示意曲线，当温度超过 100℃ 后，元器件工作寿命明显缩短，当温度达到 175℃ 时，元器件几乎失效；使用绝缘体上硅技术的元器件为上方示意曲线，

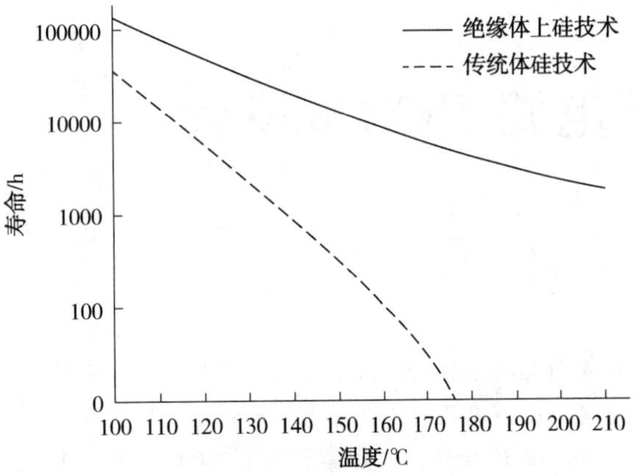

图 1　元器件温度-寿命关系曲线

当温度超过 200℃时，仍能保证数千小时的工作寿命。目前 TI 公司、ADI 公司、Honeywell 公司和 CISSOID 公司针对恶劣环境中的传感器信号调理、数据采集及控制应用提供了一系列产品，通过使用基于绝缘体上硅 CMOS 技术，使芯片的可靠性得到了显著的提升。

2　测量电路设计

目前国内耐温 175℃及国外耐温 200℃随钻仪器供电仍以高温锂电池组为主，需要一个低功耗数据采集系统。典型的数据采集系统包含多个放大器，采集来自传感器的数据，并将数据传输到模数转换器(ADC)，之后对数字信号进行处理，并将数据传输到地面。典型的高温数据采集系统结构如图 2 所示。

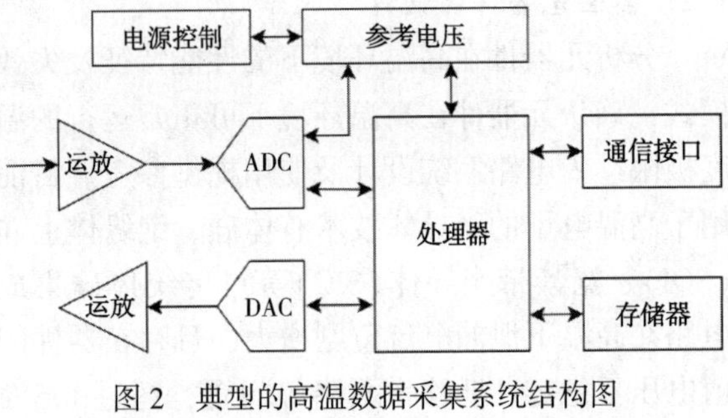

图 2　典型的高温数据采集系统结构图

2.1　模数转换电路

本电路核心是 TI 公司的 24bit、最高耐温 210℃的 ADS1278-HT 模数转换器。该芯片采用 Δ-Σ 调制技术，高达 128Ksps 的数据传输速率，SPI 或帧同步串行接口，62KHz 带宽，111Db 信噪比(高分辨率模式)以及高达 108Db 的总谐波失真(THD)等性能特点，并结合了高精度的模数转换能力与极低的噪声水平，能够有效提高数据采集系统的整体性能，适用于高温及测量精度要求极高的场景。

ADS1278-HT 需要 3 个电源供电：DVDD、IOVDD 和 AVDD，如图 3 所示。DVDD 为数字内核电源，范围从 1.65V 至 1.95V；IOVDD 为 I/O 电源，范围从 1.65V 至 3.6V；AVDD 为模拟电源输入，范围从 4.75V 至 5.25V。IN1(+)和 IN1(-)为双端模拟输入。

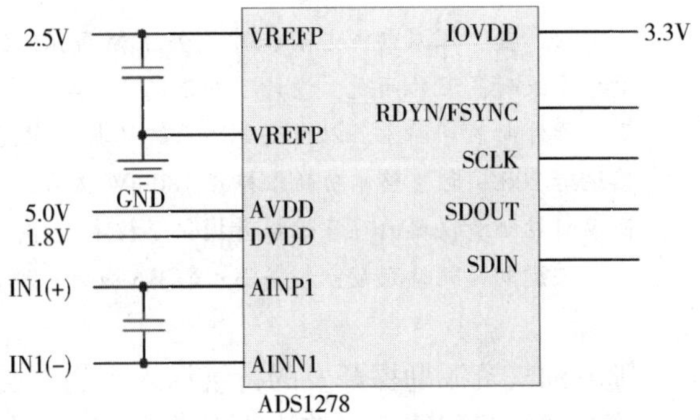

图 3　模数转换电路设计

ADSD1278-HT 由 8 个独立的转换器组成，每个转换器由六阶(Δ-Σ)调制器和低纹波线性相位 FIR 滤波器组成，这些转换器并行采集输入信号。调制器对输入信号进行采样，同时对参考电压进行采样，以产生数字信号输出。数字码翻转的密度与相对于参考电压的模拟输入电平成比例。脉冲流由内部数字滤波器进行滤波，产生输出转换结果。

2.2　ADC 驱动电路

为了获取最佳性能，ADS1278-HT 前端采用差分输入结构，允许直接连接到传感器，减少信号路径中的噪声和失真。TI 公司的 THS4521-HT (最高耐温 210℃)全差分放大器能够与 Δ-Σ 模数转换器(ADC)实现高精度的数据转换，适用于需要高分辨率、高精度以及动态范围的应用，还可满足对功耗要求严格、需要电池供电的井下仪器的使用需求。该芯片可采用+3V～+5V 单电源供电或±1.5V～±2.5V 双电源供电，针对 ADS1278-HT 提供高性能缓冲，当输入频率为 10KHz 时，信噪比(SNR)为 102dB，具有低静态电流，从而降低系统功耗。驱动电路设计如图 4 所示。

ADS1278-HT 的差分通道接收 THS4521-HT 的输出信号：AINP1、AINN1。放大器的固定增益为 1，通过 R47/R48 和 R51/R52 进行设置。该放大器由 3.3V 电源供电。

2.3 基准电压源

REF5025-HT 基准电压源在 210℃时消耗 1.5mA 的静态电流，并具有典型值 8ppm/℃的超低漂移特性，适合低功耗、高精度数据采集电路设计。由于 ADS1278-HT 的基准电压输入具有动态输入阻抗，因此必须利用低阻抗源驱动。如图 5 所示。

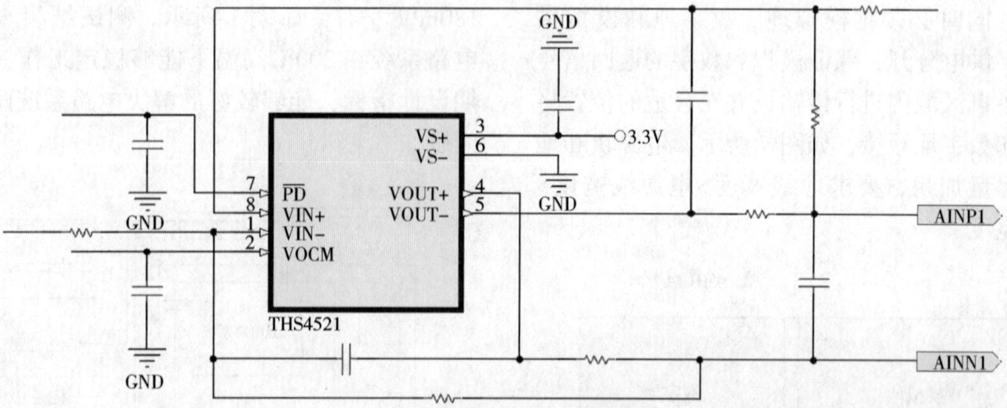

图 4　ADC 驱动电路设计

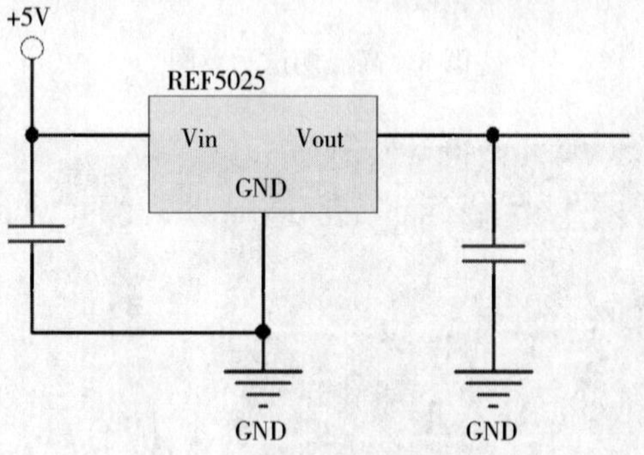

图 5　基准电压源设计

当 V_{in} 引脚上的电压大于 3.25V 时，REF5025-HT 接通电源。输入端添加 1μF 的旁路电容器，以补偿布局和电源阻抗。从 V_{out} 到 GND 必须连接一个 1μF 输出电容器（CL）。CL 的 ESR 值需小于或等于 1.5Ω，以确保输出稳定性。

2.4 接口电路

ADS1278-HT 转换后的数据采用串行接口输出，与处理器之间通讯采用 SPI 协议。该芯片的 SPI 串行接口有 SCLK、DRDY/FSYNC、DOUT、DIN 四个引脚。ADS1278-HT 接口协议和数据输出格式的选择由 FORMAT[2：0]引脚的输入状态确定，将该引脚设置为 001，即选用 SPI 接口协议，DOUT 引脚为 TDM 模式。

SM320F2812-HT 芯片是 TI 公司推出的基于 C28x 内核的 32 位高性能定点数字信号处理器，最高耐温 220℃，适合恶劣井下环境的控制应用。该芯片的 SPI 模块有 4 个外部引脚，分别是 SPISOMI（SPI 从输出/主输入引脚）、SPISIMO（SPI 从输入/主输出引脚）、SPISTE（SPI 从发送使能引脚）、SPICLK（SPI 串行时钟引脚）。在 F2812 上，该端口支持 16 级接收和发送 FIFO，以减少服务开销。接口电路如图 6 所示。

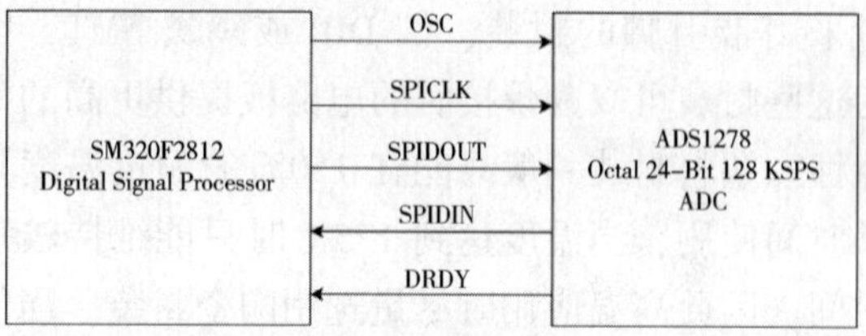

图 6　接口电路设计

该芯片的 SPI 接口是一个高速同步的串行输入/输出接口，传输速率和数据长度均可编译，用于 DSP 处理器与外设或其他处理器之间进行通信。

3　布局设计及封装

在超高温电路系统设计中，PCB 板的设计对整个井下系统的性能起着决定性作用，结合电路系统具体应用环境，在 PCB 设计时应着重考虑以下几个方面：

（1）PCB 尺寸：由于井下仪器在机械设计上有着严格的尺寸限制，因此，PCB 应设计成狭长形状，可放入井下管状耐压容器中。PCB 选用高温无卤聚酰亚胺材质，其介电常数在 3.74～3.95 之间，典型玻璃转化温度为 250℃，采用 8 层板设计，在每个信号层设置一个接地层，以改善噪声性能，厚度为 0.093 英寸，可保持合理的 PCB 刚性和平坦性。

（2）PCB 布局和布线：电路系统中存在模拟信号和数字信号，为防止两种信号互相干扰，在元器件布局时需将两种信号分布在 ADC 芯片的两侧，同时必须把模拟地、数字地和模拟供电、数字供电分开，保证模拟和数字的返回信号分别在各自区域内进行传输，并在合适的位置将模拟地和数字地短接，如图 7 所示。电源轨和地线轨应尽量加粗，要求地线宽度>电源线宽度>信号线宽度。

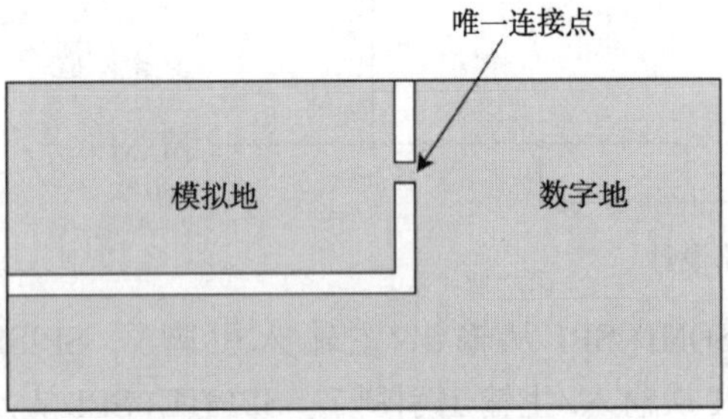

图 7　模拟地与数字地布局示意图

（3）元器件封装：恶劣环境下使用的元器件不仅要承受高温，还要承受冲击和振动，因此尽量采用带引脚的封装，如 DIP 或鸥翼 SMT，因为这些封装可以为焊接后的电路板提供更高的鲁棒性。塑料封装一般只能在 150℃的额定温度下长时间使用，当温度达到 175℃时只能维持较短时间，因此高温应用时尽量选用陶瓷封装。当使用 MCM 和混合封装时，良品裸晶粒（KGD）可以节省空间，从而提高集成度，以实现更小体积的 PCB 设计。

4　测试与验证

为验证电路系统在高温环境下的稳定性，搭建了高温测试平台，如图 8 所示。电路系统置于高温测试箱内部，测试箱温度设置为 200℃；通过测试主机及软件观察电路系统输出数据，示波器观察电路系统输出波形；稳压电源为电路系统提供+5V 电压，在电路系统内部转换成芯片所需要的 1.8V、+2.5V、+3.3V 电压；另一台稳压电源提供±12V 电源，为测试箱外部传感器供电。井下高温环境中要求电路系统具有极高的可靠性，因此在 200℃高温下对电路系统进行 200h 长时间测试，得到表 1 功耗输出数据。示波器观测波形如图 9 所示，上方为脉冲信号，下方为驱动信号。在整个测试过程中，示波器显示波形稳定，测试软件显示井斜、方位、重力和、磁力和、工具面数据输出稳定（由于为静态测试，且受测试环境影响，数据输出稳定即视为合格）、温度数据显示准确，电路系统整体功耗维持在 180mW 左右，如表 1 所示。测试结果表明，该电路系统在 200℃高温下能够稳定工作，达到预期设计指标，能够较好的解决电路系统耐高温的问题。

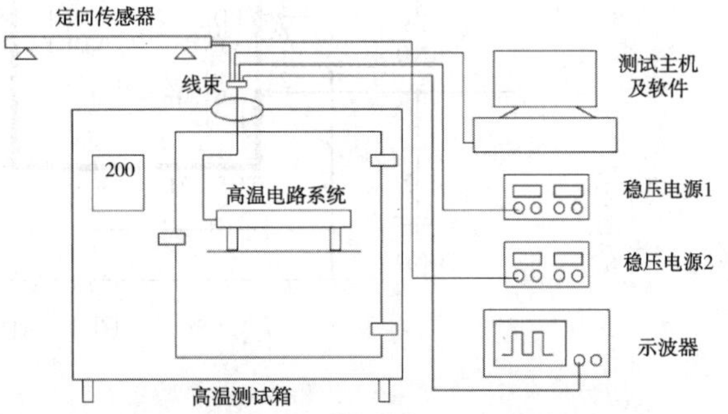

图 8　高温测试示意图

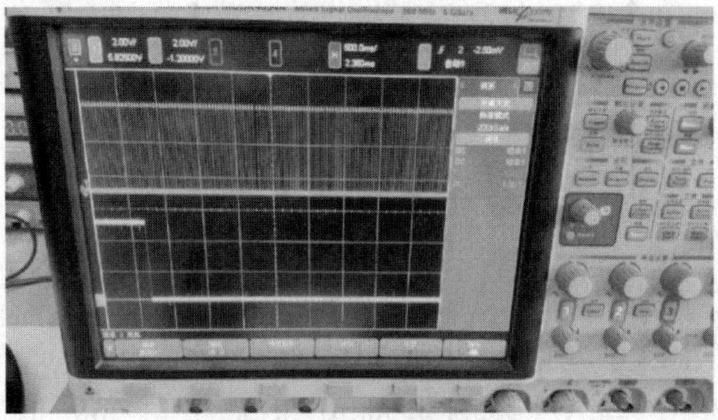

图 9　脉冲及驱动波形

表 1　200℃下功耗输出

温度/℃	输入电压/V	输出电流/mA	输出功耗/mW
200	4.97	36.18	179.81
	4.99	36.33	181.29
	4.96	36.27	179.90
	5.01	36.46	182.67
	5.03	36.38	183.00
	4.98	36.24	180.48
	5.05	36.22	182.91
	5.02	36.32	182.32
	4.95	36.20	179.19
	4.93	36.43	179.60

5　结论

本文针对深层超深层钻探中超高温（200℃）

环境的严苛要求，系统研究了超高温随钻测量仪器 PCBA 的设计方法与关键技术，通过理论分析、器件选型、电路设计及实验验证，实现了高性能、高可靠性的电路系统。测试结果表明，电路系统在 200℃ 环境中连续运行 200 小时，整体功耗稳定在 180mW 左右，输出数据准确可靠，波形稳定，能够有效应对井下超高温环境，满足深层超深层作业需求，为国产超高温随钻测量仪器可靠性提升提供了关键技术支撑。

参 考 文 献

[1] 关晓东，郭磊．深层—超深层油气成藏研究新进展及展望[J]．石油实验地质，2023，45(2)，203-209.

[2] 苏义脑，窦修荣，高文凯，等．油气井随钻测量技术发展思考与展望[J]．石油科学通报，2023，8(5)：535-554.

[3] 罗鸣，冯永存，桂云，等．高温高压钻井关键技术发展现状及展望[J]．石油科学通报，2021，6(2)：228-244.

[4] 汪海阁，葛云华，石林．深井超深井钻完井技术现状、挑战和“十三五”发展方向[J]．天然气工业，2017，37(4)：1-8.

[5] 刘思云．基于 LabVIEW 的电路高温性能测试系统设计[D]．西安石油大学，2022.

[6] 曹永志，李志强，张建松，等．高温环境对电子产品的影响分析及热设计研究[J]．环境技术，2024，8：6-10，41.

[7] 顾祥，张庆东，纪旭明，等．基于 0.15μm SOI 工艺的耐高温短沟器件设计与实现[J]．固体电子学研究与进展，2024，44(3)：258-263.

[8] 樊懿锋，毛为民，艾维平，等．超高温随钻测量系统中的电源技术[J]．测井技术，2024，48(2)：198-203.

[9] Texas Instruments Incorporated. ADS1278-HT data sheet [DB/OL].(2013-04)[2025-2-12]. http://www.ti.com.cn/product/cn/ADS1278-HT.

[10] 莫培旺，王力虎，刘明建，等．基于 ADS1278 的高精度微应变信号采集系统[J]．电子设计工程，2013，21(23)：80-82.

[11] Texas Instruments Incorporated. THS4521-HT data sheet [DB/OL].(2012-05)[2025-2-12]. https://www.ti.com.cn/product/cn/THS4521-HT.

[12] Texas Instruments Incorporated. REF5025-HT data sheet[DB/OL].(2016-10)[2025-2-12]. https://www.ti.com.cn/product/cn/REF5025-HT.

[13] 李鹏飞．基于 SM320F2812 SPI 总线的扩展 EEPROM 设计[J]．电子世界，2013，139.

[14] Texas Instruments Incorporated. SM320F2812-HT data sheet[DB/OL].(2011-06)[2025-2-12]. https://www.ti.com.cn/product/cn/SM320F2812-HT.

[15] 李海．高可靠及军用 PCB 的选材与加工—聚酰亚胺[J]．印制电路信息，2008，1：36-38.

[16] 陈正浩．高可靠性电子装备 PCBA 设计缺陷案例分析及可制造性设计[M]．北京：电子工业出版社，2019.

深井超深井钻柱疲劳失效风险监测技术研究

杨志国[1]　丁建新[1]　管　震[1]　苏堪华[2]　廖原凯[2]　王海涛[1]　王建华[1]　褚安彪[1]

（1. 昆仑数智科技有限责任公司；2. 重庆科技大学）

摘　要　深井超深井钻进过程中，钻柱受力复杂，容易发生断裂情况。基于钻柱力学分析，考虑了井眼轨迹、钻柱接头、钻柱涡动等影响，建立了钻柱循环应力和疲劳累积损伤模型，并形成了钻柱疲劳失效风险监测软件。分析结果表明，钻柱疲劳与钻柱承载的循环交变应力有关，钻柱在旋转作业时更易发生疲劳损伤。即使钻柱承受的拉载、扭载和综合应力并未超过其各自极限值，也可以发生低应力下的疲劳破坏。钻压对钻柱疲劳影响较小，上部拉伸段低钻压产生较大疲劳，下部压缩段的疲劳损伤在无屈曲时影响较小，有屈曲时影响较大。转速对钻柱疲劳影响很大，高转速情况下钻柱受到频率更快的交变载荷，加速了其疲劳损伤。钻柱疲劳失效风险监测软件可以实时监测钻柱动态失效情况，为钻柱安全作业提供保障。

关键词　钻柱；疲劳；损伤；失效；风险监测

随着超深井、超长水平井钻井数量的增加，井身结构设计层次更多，钻具组合更加复杂，且受到钻头振动、轨迹不平滑、井筒接触、钻井液腐蚀等耦合影响，钻柱承受复杂的环境和作业载荷，极易发生动态失效，造成断钻具事故，影响了深井作业的效率和安全。钻柱失效机理复杂，钻具本体及构件易受到冲蚀、疲劳、磨损和过载等多种破坏。其中，疲劳是钻具失效的主要原因之一，数据显示，疲劳相关事故占钻具失效的80%以上。

由于钻柱失效机理的复杂性，目前超深井钻柱疲劳失效预测仍存在一定问题。虽然现有疲劳预测模型已取得一定进展，但不同模型在考虑参数选择、工况变化和加载模式等方面存在差异，导致模型的适用性和可靠性难以统一，进一步增加了疲劳寿命预测的复杂性。在敏感性分析方面，超深井钻柱疲劳受多种因素的交互作用影响，限制了疲劳预测结果的精度。在软件实现方面，目前国外部分商业软件实现了部分功能，如哈里伯顿公司 Landmark 软件钻柱力学分析功能，可以进行钻柱疲劳系数分布计算，但不能实时监测疲劳损伤和疲劳寿命；斯伦贝谢公司 DrillOps 软件钻柱完整性分析，可以监测井下冲击和振动，检测钻柱异常，但没有突出疲劳失效的特性。国内商业软件中，对于钻柱疲劳失效分析和监测相对缺乏。

因此，有必要对钻柱钻柱疲劳失效机理进行研究，修正适合超深井工况的模型，以有效预测钻柱的疲劳损伤。同时，基于关键参数的敏感性分析，提出降低钻柱疲劳损伤的工程措施，开发钻柱疲劳失效监测软件，可以实现钻柱在作业过程中的失效风险实时预警，保障钻井作业安全。

1　钻柱复杂断裂失效机理

钻柱断裂类型大致划分为以下三种，即拉扭过载断裂、疲劳断裂、氢脆断裂。

1.1　钻柱过载断裂

在钻井过程中，钻柱可能承受超过设计允许极限的载荷，如拉力、压力、扭矩等。在过载条件下，钻柱局部区域所承受的应力可能超过材料的屈服强度，从而导致塑性变形及微观裂纹萌生。在实际工况中，当钻柱局部区域受到拉伸、扭矩过载条件作用时，局部应力可能超过屈服强度，最终可能引起钻柱失效。同时钻柱在井下作业中承受扭矩、轴向拉压、弯曲和振动等多种复杂载荷，在钻柱接头等复杂几何形状或存在缺口、凹槽部位容易引起应力分布的不均，局部应力往往远高于整体平均水平，当局部应力达到或超过材料的极限强度时，就可能发生局部塑性变形或直接引起过载断裂。

1.2　钻柱疲劳断裂

金属材料在长期受到交变或周期性载荷作用下，尽管单次载荷可能远低于材料强度，但随着作用时间的增加，材料内部逐渐产生微小裂纹并不断扩展，最终导致材料发生断裂。在钻进作业中，旋转钻柱不仅受到由于井眼轨迹曲率变化带来的交变应力的影响，而且受到轴向交替拉压载荷作用和振动作用，这些复杂的交变应力，虽然没有超过钻柱的应力极限，但是由于循环交变加载，使得钻柱局部不断产生损伤累积，微裂纹逐步萌生并在各个缺陷处扩展，最终当裂纹达到一定临界尺寸时，发生钻柱疲劳断裂。

1.3 钻柱氢脆断裂

在钻井作业中，钻柱常常处于高应力、高酸性腐蚀工况下。在酸性(H_2S、CO_2 等)环境中，如氢原子通过腐蚀或高温裂解进入材料内部，将引起氢脆效应，发生断裂。具体表现为在较低应力水平下，钻柱突然出现脆性断裂。氢脆的作用机制主要涉及两种模型，第一种模型为氢增强局部塑性。另一种模型为氢脆性断裂。在实际工程中，两种机制可能同时存在并相互影响，导致低应力条件下材料突然脆断。该部分内容超出了本文的范围，不展开讨论。

由于钻柱疲劳损伤的复杂性，国内外大量模型集中在理论研究方面，不能满足对现场钻具使用寿命进行实时监测分析和识别的需要。本文结合钻柱疲劳分析方法，对深井超深井钻柱疲劳损伤和主要影响因素进行评价分析，并结合现场实例进行验证。

2 井筒内钻柱应力分析

2.1 钻柱轴向力计算

假设钻柱微元段与井眼全段接触，考虑钻柱和井壁之间的摩阻阻力，根据 Johancsik 模型的接触力，可以得到钻柱轴向力计算公式，如公式 1 所示。

$$T_1 = T_2 + W\cos\bar{\alpha} \pm \mu\sqrt{(T_2\times(\phi_2-\phi_1)\times\sin\bar{\alpha})^2+(W\times\sin\bar{\alpha}+T_2\times(\alpha_2-\alpha_1))^2} \tag{1}$$

式中，T_1，T_2 为单位长度钻柱上端和下端所受轴向力，N；W 为单位长度钻柱浮重，N/m；$\bar{\alpha}$ 为平均井斜角，$\bar{\alpha}=(\alpha_1+\alpha_2)/2$，rad；$\mu$ 为摩擦系数，无量纲；α_1，α_2 为计算井段的上、下井斜角，rad；ϕ_1，ϕ_2 为计算井段的上、下方位角，rad。

2.2 钻柱弯曲应力

钻柱每次旋转经过弯曲井段时，钻柱一侧受拉，另一侧受压，在管体外侧应力达到最大值，并在钻柱旋转时发生变化。在一定的计算井段内，由于曲率 k 的变化，引起的钻柱弯曲应力计算如公式 2 所示。

$$\sigma_{bend} = r_o E k = r_o E(\arccos(\sin\alpha_2\sin\alpha_1\cos(\phi_2-\phi_1)+\cos\alpha_2\cos\alpha_1)/\Delta l) \tag{2}$$

式中，σ_{bend} 为钻柱弯曲应力，Pa；r_o 为钻柱接头半径，m；k 为井眼曲率，rad/m；E 为钻柱弹性模量，Pa；Δl 为计算井段长度，m。

考虑钻柱进动对弯曲应力的影响附加，附加弯曲应力由钻柱偏心反转产生的应力和钻柱在自激横振下产生受迫振动而引起的弯曲应力组成如公式 3 所示。

$$\sigma_{br} = \frac{qR_r\omega_p^2 l_1}{8g(I/c)}\left\{1+1.032\frac{(\omega_p+\omega_r)^2/\omega_{ll}^2}{|1-[(\omega_p+\omega_r)^2/\omega_{ll}^2]\pm(Pl_1/(\pi^2EI))|}\right\} \tag{3}$$

式中，D_w 为井眼直径，m；R 为钻柱贴井壁反转时的回转半径，m；w_p 为钻柱的反转角速度，rad；w_r 为钻柱的自转角速度，rad；β 为钻柱的直径与双面环隙的比值；q 为钻柱单位体积的重度，N/m^3；A 为钻柱的横截面积，m^2；l_1 为单根钻柱长度，m；g 为重力加速度，m/s^2；I 为钻柱截面惯性矩，m^4；p 为钻压，N；I/c 为钻柱的断面模数。

钻头振动引起钻压发生变化，影响可表示为：

$$F_b = F_s + F_d = F_s - A_p\sin\omega t \tag{4}$$

式中，F_d 为钻头动载钻压，N；F_s 为静载钻压，N；A_p 为钻头因波状井底引起的动载钻压振幅值，N；w 为钻柱振动角频率，rad/s；t 为时间，s。

修正的轴向应力计算应考虑钻压实时发生变化。可以根据实测加速度值进行反算或根据钻柱动力学模型进行计算。

2.3 钻柱屈曲应力

当钻柱发生屈曲时将引起钻柱应力变化，屈曲应力计算如公式 5 所示。

$$\sigma_{buck} = \frac{r_o r' T_a}{2I} = \frac{r_o r' T_a}{2\pi/64\times(D_o^4-D_i^4)} = \frac{r_o r'(T_1-P_oA)}{2\pi/64\times(D_o^4-D_i^4)} \tag{5}$$

式中，σ_{buck} 为钻柱屈曲应力，Pa；T_a 为钻柱真实轴力，N；P_o 为管外液柱压力，Pa；A 为钻柱的横截面积，m^2；r'为视半径，井眼内壁到钻柱外壁距离的一半，m；I 为钻柱惯性矩，m^4；D_o 为钻柱外径，m；D_i 为钻柱内径，m。

2.4　钻柱剪切应力

钻柱带动钻头旋转，克服钻柱与井壁和井液的摩擦力矩，使钻柱承受扭转力矩。钻柱的危险面剪应力的计算公式为：

$$\sigma_{ts}=\frac{T}{\dfrac{\pi D^3}{16}\left[1-\left(\dfrac{d}{D}\right)^4\right]}\times10^{-6} \tag{6}$$

式中，σ_{ts} 为最大扭转剪应力，MPa；T 为扭矩，$N\cdot m$。

钻柱横截面上的剪切应力为：

$$\sigma_s=\frac{2N}{A}=\frac{2N}{\pi/4\times(D_o^2-D_i^2)} \tag{7}$$

钻柱发生横向振动，引起钻柱横向剪切应力的变化，动态的横向剪切应力可以根据实测加速度值进行反算或根据钻柱动力学模型进行计算。

2.5　钻柱综合等效应力

在实际工况中，钻柱往往同时承受轴向、横向和扭转载荷，为此需要考虑载荷组合效应。考虑三轴应力下的钻柱受力满足第四强度理论，令：

$\sigma_{1_{\max}}=\sigma_z+\sigma_{b\max}$，$\sigma_{1_{\min}}=\sigma_z-\sigma_{b\max}$，$\sigma_2=\sigma_r$，$\sigma_3=\sigma_t$

则 Von Mises 等效应力为：

$$\sigma'_{eq\max}=\sqrt{\frac{1}{2}[(\sigma_z+\sigma_{b\max}-\sigma_r)^2+(\sigma_r-\sigma_t)^2+(\sigma_t-\sigma_z-\sigma_{b\max})^2]}$$

$$\sigma'_{eq\min}=\sqrt{\frac{1}{2}[(\sigma_z+\sigma_{b\max}-\sigma_r)^2+(\sigma_r-\sigma_t)^2+(\sigma_t-\sigma_z+\sigma_{b\max})^2]} \tag{8}$$

Tresca 等效应力为：

$$\sigma_{eq\max}=\sqrt{\sigma'^{\,2}_{eqmax}+3\tau^2_{\max}}$$

$$\sigma_{eq\min}=\sqrt{\sigma^2_{eq\min}+3\tau^2_{\max}} \tag{9}$$

3　钻柱疲劳失效风险识别方法

3.1　基于疲劳系数的计算方法

该方法定义疲劳系数为钻柱弯曲和屈曲应力的组合与疲劳极限的比值，当其值小于 1 时表示钻柱未发生疲劳破坏，疲劳系数 R_f 计算公式如 10 所示：

$$R_{\mathrm{f}}=(|\sigma_{\mathrm{bend}}|+|\sigma_{\mathrm{buck}}|)/\sigma'_{\mathrm{limit}} \tag{10}$$

$R_f>1$ 表示钻柱发生疲劳破坏。

由于轴向力影响钻柱疲劳，轴向力导致疲劳极限降低的程度使用古德曼关系表示，具体如公式 11-12 所示。

$$\sigma'_{limit}=\sigma_{limit?}(1-T_1/T_y),\ T_1>0 \tag{11}$$

$$\sigma'_{limit}=\sigma_{limit},\ T_1<0 \tag{12}$$

式中，σ'_{limit} 为轴向力影响下的钻柱疲劳极限，Pa；σ_{limit} 为钻柱初始疲劳极限，Pa；T_{y} 为钻柱轴向屈服应力，Pa。

3.2　基于图版和井眼公式的计算方法

《钻杆设计和操作极限的推荐规程》(API RP 7G)和《石油天然气工业　钻柱设计和操作限度的推荐作法》(GB/T 24956)采用计算旋转通过严重狗腿度的钻杆累积疲劳破坏，结合图版和修正公式，识别钻柱疲劳，其中的修正公式如 13 所示：

$$Life_f=Life_c\times\frac{RPM}{100}\times\frac{10}{ROP} \tag{13}$$

式中，$Life_f$ 为钻柱已使用寿命百分数,%；$Life_c$ 为标准图版对应的已耗寿命百分数,%；RPM 为实际钻柱转速，r/min；ROP 为实际机械钻速，m/h。

该计算方法考虑了狗腿度、轴向力、钻速、转速等影响，可用于计算钻柱使用寿命。但由于需要查找图表，使用不便，且不利于实时监测使用。

3.3　基于钻柱累积疲劳损伤的计算模型

(1) S-N 曲线

S-N 曲线(应力-寿命曲线)是表示材料在循环载荷下疲劳特性的曲线，应力幅越高，材料能够承受的循环次数越少；应力幅越低，材料能承受的循环次数越多，如图 1 所示。

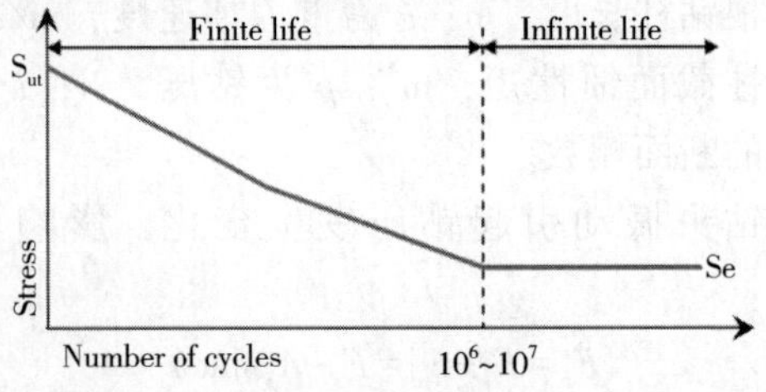

图 1　S-N 曲线

S-N 曲线数学表达式可写成：

$$S^m N = C \tag{14}$$

式中，S 为应力幅值；N 为材料的寿命；m 和 C 为材料参数。

当循环载荷对钻柱材料作用一段时间后，钻柱内部产生一定的损伤，当这个受损的钻柱再次入井时，在 m 值不变的情况下，由于 C 值的减小，将产生受损材料的 $S-N$ 曲线，这条曲线在初始曲线的下方，如图 2 所示。

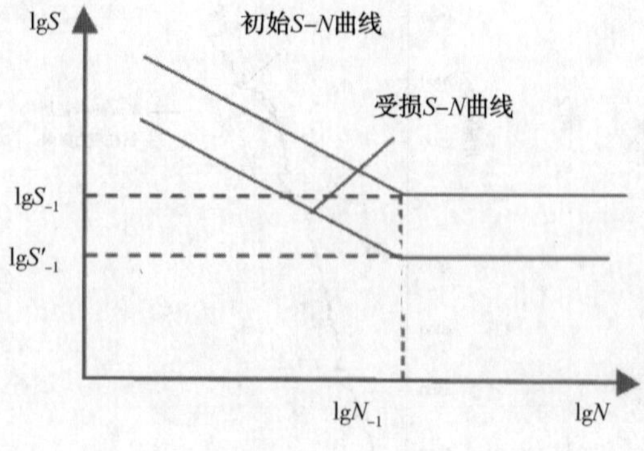

图 2　初始和受损试件 S-N 曲线对比

根据分析，可得各级载荷作用下材料的疲劳极限与初始疲劳极限之间的关系，如公式 15 所示：

$$S_{-1}^{i} = S_{-1}^{0}\left[\prod_{j=1}^{i}(1-D_j)\right]^{\frac{1}{m}} \tag{15}$$

式中，S_{-1}^0 为初始试件的疲劳极限；S'_{-1} 为受损试件的疲劳极限。

（2）修正的累积损伤准则

Miner 模型假设材料在多级应力循环下的损伤可以简单地进行线性叠加。当材料先后经历多个不同应力水平时，该模型得到总损伤 D：

$$D = \sum_i \frac{n_i}{N_i} \tag{16}$$

当 D 大于 1.0 时，材料发生疲劳失效。

Miner 准则认为前一级循环载荷损伤对后一级循环损伤没有影响，但实际上 $S-N$ 曲线中的 C 值是随着损伤的出现和累积而逐渐减小的，基于此对 Miner 准则进行修正。

在钻井过程中钻柱受到拉伸、弯曲及扭转等载荷作用而发生的疲劳损伤，可以应用该累计疲劳损伤模型计算。在一定应力水平下钻柱寿命不断降低，当疲劳损伤达到一定值时发生疲劳破坏。

4　钻柱疲劳失效风险监测分析

4.1　案例井基础数据

BCD-3X 井设计井深 6501m，井身结构为 Φ444.5mm 井眼×1001m/Φ339.7mm 套管×1000m（一开）；Φ311.2mm 井眼×4380m/Φ244.5mm 套管×4378m（二开）；Φ215.9mm 井眼×6181m/Φ177.8mm 套管×6180m（三开）；Φ152.4mm 井眼×6501m/Φ127mm 套管×6499m（四开）。

该井为三维定向井，井眼轨迹如图 3 所示。

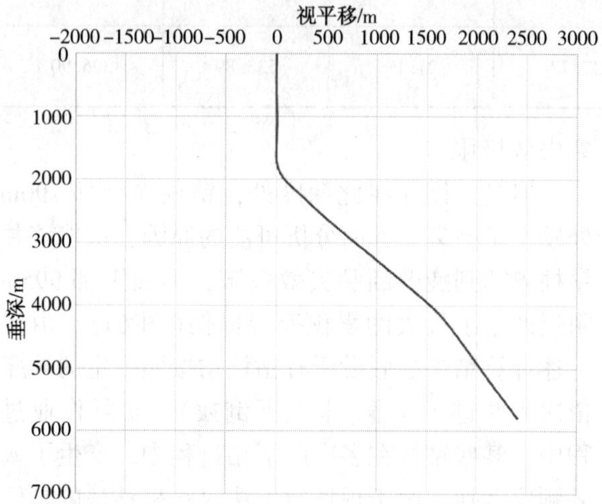

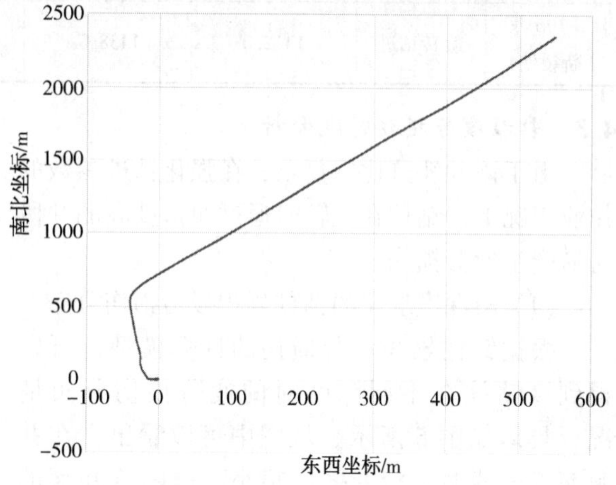

图 3　BCD-3X 井垂直和水平投影图

三开发生断钻具情况，钻井液性能：密度 1.57g/cm^3、塑性黏度 48mPa·s、动切力 12Pa、初/终切 2/5Pa。钻具组合：Φ215.9mmPDC 钻头+Φ172mm 螺杆+Φ178mm 浮阀+Φ165mm 无磁钻铤+Φ165mm 定向短节+接头+Φ165mm 无磁钻铤+接头+Φ127mm 加重钻杆+Φ165mm 随钻震击器+Φ127mm 加重钻杆+接头+Φ127mmS135 钻杆。

4.2 钻柱拉载、扭载、应力极限分析

断钻具发生时正在进行钻进工况（钻深5839m），首先分析该钻柱在当前工况是否发生超过拉载极限、扭矩极限和应力极限，分析结果见图4和表1。可以看出，钻柱承受的拉载、扭载和综合应力并未超过其各自极限值，可以判断非过量载荷导致的钻柱断裂。

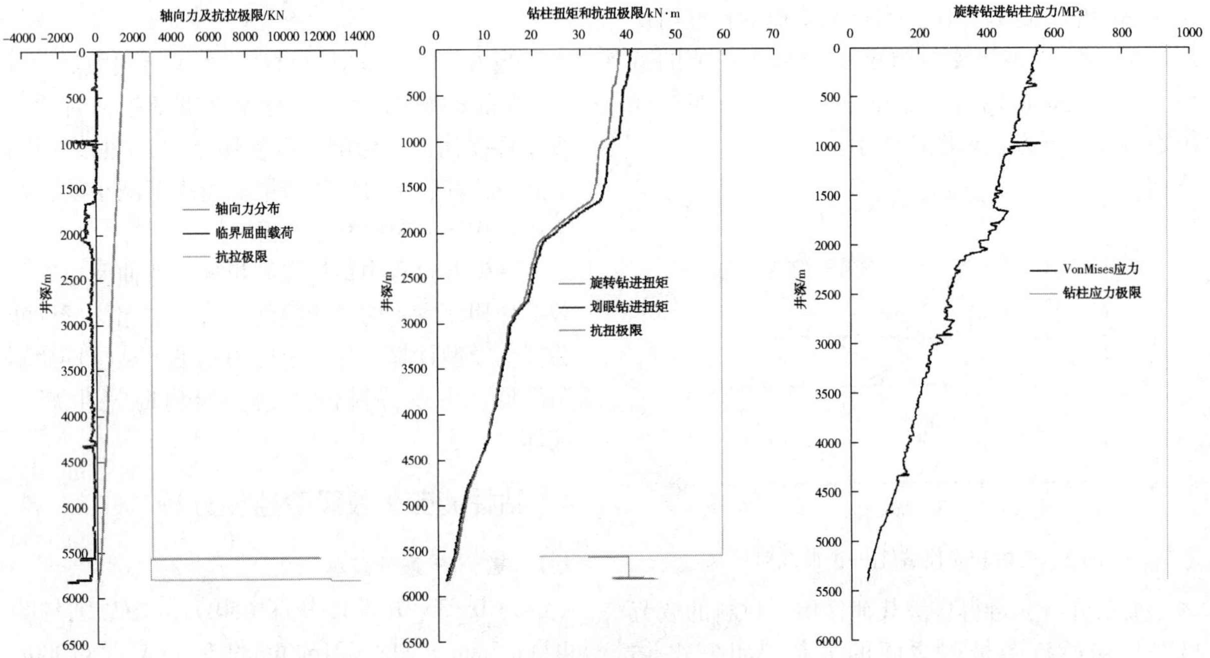

(a)拉载极限校核　(b)扭载极限校核　(c)应力极限校核

图4　钻柱拉扭载荷和应力极限图

表1　钻柱上部拉扭和应力极限表

深度/m	工况	钻柱拉力/kN	拉力余量/kN	钻柱扭矩/kN·m	扭矩余量/kN·m	VM应力/MPa	应力余量/MPa
0（转盘面）	旋转钻进	1467.6	1383.1	38.26	20.70	558.18	372.61
196（断裂处）	旋转钻进	1412.0	1438.7	37.77	21.19	533.89	396.90

4.3 钻柱疲劳损伤情况分析

由于该井轨迹比较复杂，在强化钻进参数的作业工况下，钻柱在旋转时通过曲折度高的井段时易产生疲劳损伤。

（1）沿深度变化的钻柱累积疲劳损伤分布

根据钻柱累积疲劳损伤的计算模型，可以得到该钻柱在不同深度时的疲劳损伤分布情况，具体如图5所示。从图中可以看出，在井眼深度较浅时，疲劳损伤很小，但随着井深的增加，钻柱产生的疲劳损伤值累积迅速，钻达5839m深度处，钻柱上部最大累积损伤为0.879。从图5看，该井钻柱的最大疲劳损伤达到高失效风险，但仍小于1，未达到疲劳断裂失效极限。

但是，该井在此深度处，钻柱在顶部196m处发生了断裂。下面分析可能的原因，虽然该井钻柱未达到疲劳断裂失效极限，但在上部995m附近产生了最大的累积疲劳损伤（图6a）。由于上述计算结果是假设所有钻柱均按照一定的顺序依次入井进行作业（未上下倒换），实际作业过程中，某些钻柱在多次起下钻过程中，产生了入井顺序倒换。由于现场暂无法对每根钻柱的具体使用情况进行详细记录，若发生断裂处（196m）那根钻杆X曾在995m左右的位置K进行了多次作业，该钻杆累积损伤将达到极限，在上部作业时将产生突然断裂失效（图6b）。

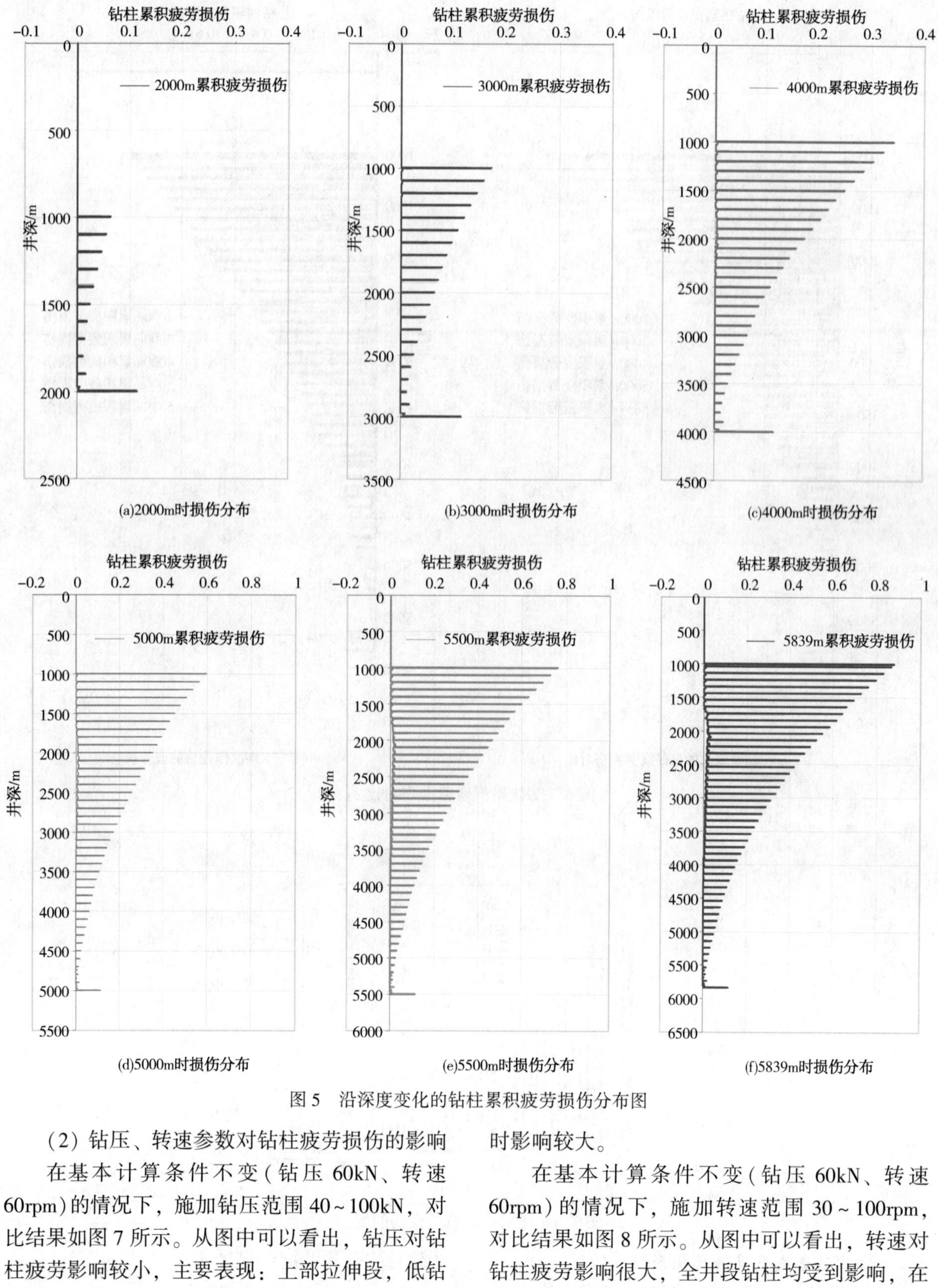

图 5　沿深度变化的钻柱累积疲劳损伤分布图

（2）钻压、转速参数对钻柱疲劳损伤的影响

在基本计算条件不变（钻压 60kN、转速 60rpm）的情况下，施加钻压范围 40~100kN，对比结果如图 7 所示。从图中可以看出，钻压对钻柱疲劳影响较小，主要表现：上部拉伸段，低钻压产生较大疲劳，主要是由于该段钻柱所受拉力在低钻压时较大；下部压缩段，高钻压对钻柱疲劳产生一定影响，在无屈曲时影响较小，有屈曲时影响较大。

在基本计算条件不变（钻压 60kN、转速 60rpm）的情况下，施加转速范围 30~100rpm，对比结果如图 8 所示。从图中可以看出，转速对钻柱疲劳影响很大，全井段钻柱均受到影响，在低转速时的疲劳均明显低于高转速情况下的疲劳，主要是钻柱的快速旋转使之产生了频率更快的交变载荷，加速疲劳损伤。

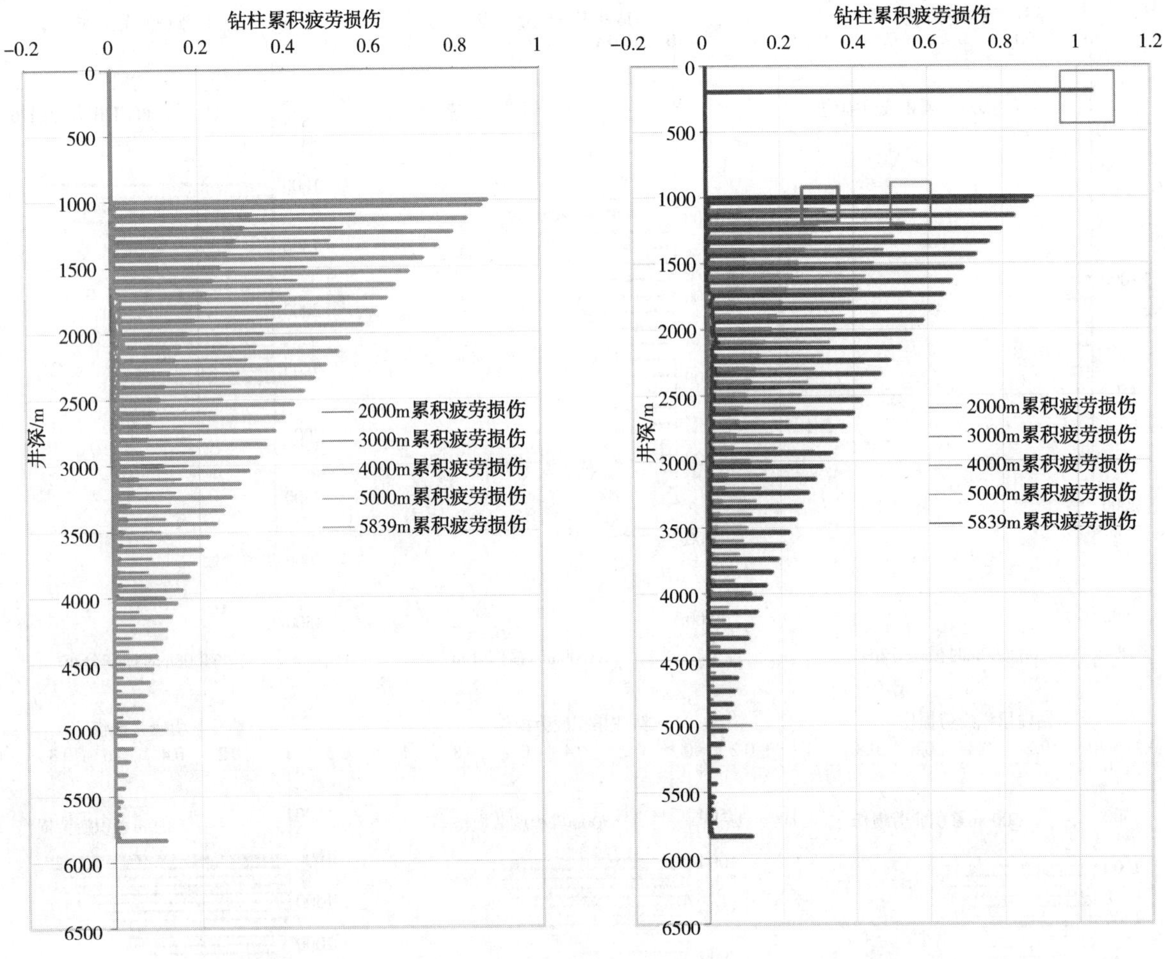

(a)沿深度变化的钻柱疲劳损伤对比　　(b)钻杆X多次作业后的疲劳损伤

图 6　钻柱累积疲劳损伤对比图

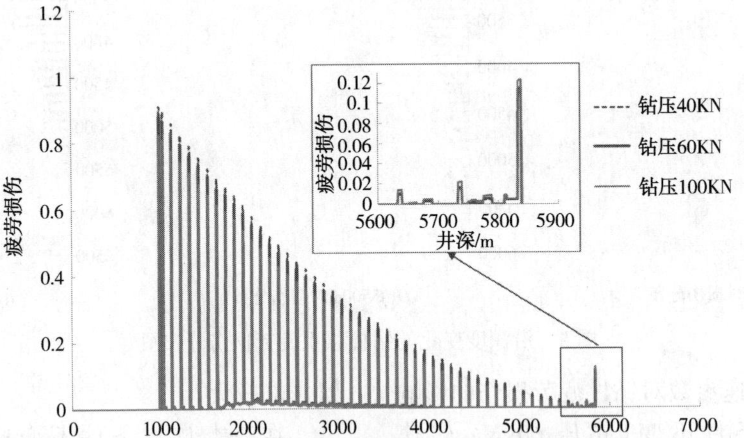

图 7　钻压对钻柱疲劳损伤的影响

4.4　钻柱疲劳失效风险监测软件

基于钻柱拉伸、扭矩、过量、屈曲、屈服和疲劳理论模型，结合现场实时数据分析结果，形成了钻柱失效实时风险监测软件，实现复杂工况下的钻柱动态失效实时监测和预警功能(图 9)，为钻柱安全作业提供保障。

5　结论

(1) 钻柱疲劳是动态失效的主要形式之一，主要与钻柱承载的循环交变应力有关，钻柱在旋转作业时更易发生疲劳损伤。

（2）在钻井过程中钻柱受到拉伸、弯曲及扭转等载荷作用而发生的疲劳损伤，可以应用累计疲劳损伤模型计算并实时监测。

（3）在轨迹狗腿度变化大的井段使用过的钻柱应定期倒换，以便提高钻柱使用寿命。通过严重狗腿度段时，在协调钻速的基础上，尽量降低旋转钻进的转速。

（4）需要建立详细的钻具使用情况数据库，对已使用过的钻具及时探伤并具体管理使用，避免发生钻具失效。

（5）钻柱疲劳失效风险监测软件可以实时监测钻柱动态失效情况，为钻柱安全作业提供保障。

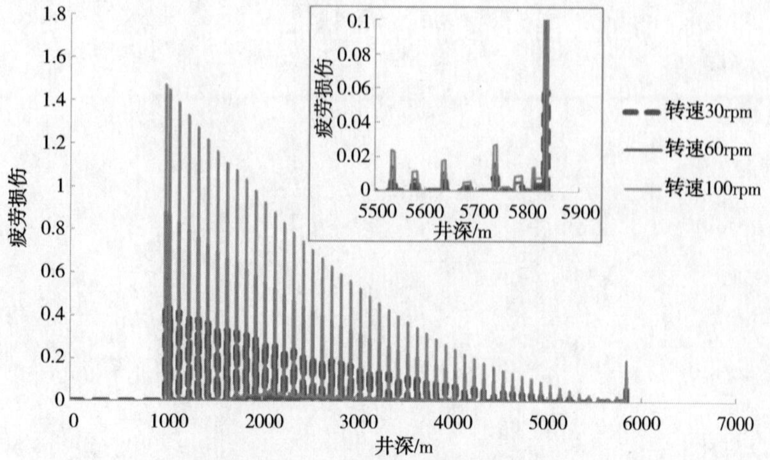

图 8　转速对钻柱疲劳损伤的影响

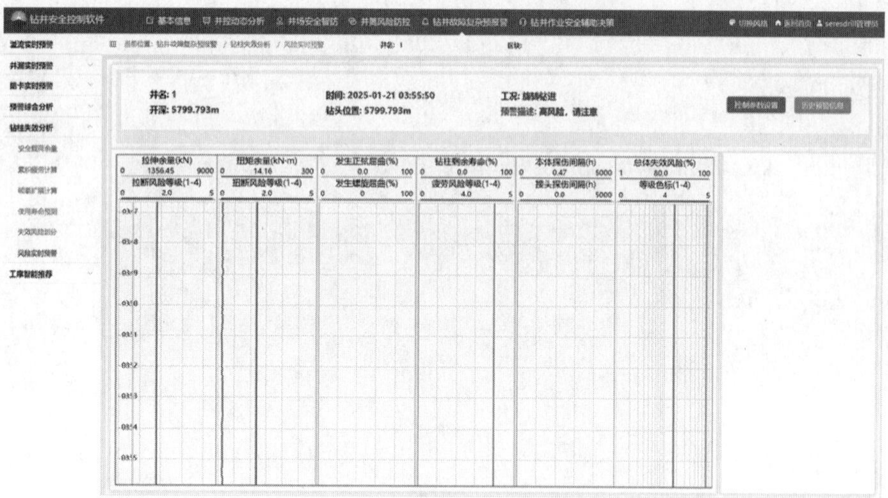

图 9　钻柱疲劳失效监测软件

参 考 文 献

[1] 苏义脑，路保平，刘岩生，等．中国陆上深井超深井钻完井技术现状及攻关建议[J]．石油钻采工艺，2020，42(05)：527-542.

[2] 刘岩生，张佳伟，黄洪春．中国深层—超深层钻完井关键技术及发展方向[J]．石油学报，2024，45(01)：312-324.

[3] SURYADI H. A new fatigue management workflow for BHA integrity risk reduction[C]//IADC/SPE Asia Pacific Drilling Technology Conference and Exhibition. Bangkok：SPE，2018：SPE-190996-MS.

[4] Baryshnikov A.，Calderoni A.，Ligrone A.，et al. A new approach to the analysis of drillstring fatigue behavior. SPE 30524. 1997.

[5] Hansford J E，Lubinski A. Cumulative Fatigue Damage of Drill Pipe in Dog-Legs[J]. Journal of Petroleum Technology，1966，18(03)：359-363.

[6] 高德利．钻柱使用寿命的分析[J]．石油钻探技术，2003，31(5)：63-65.

[7] 张德平，骆发前，林元华，等．钻柱疲劳寿命预测

研究[J]. 断块油气田，2006，13(3)：57-60.
[8] 韩志勇. 定向钻井设计与计算[M]. 山东：中国石油大学出版社，2011.
[9] Halliburton. Landmark WellPlan Software manual. 2015.
[10] GB/T 24956—2010，石油天然气工业钻柱设计和操作限度的推荐作法[S]. 北京：中国标准出版社，2010.
[11] API RP 7G. Recommended Practice for Drill stem Design and Operating Limits. 1998.
[12] 陈景杰，黄一，李玉刚. 考虑疲劳载荷相互影响的修正的 Miner 准则研究[J]. 中国造船，2014，55(3)：36-42.

环空多级压裂的 Y211 封隔器受力分析及坐封性能评价

刘巨保　刘　欢　杨　明

（东北石油大学）

摘　要　在连续油管环空多级压裂技术中，由于 Y211 封隔器实施多次坐封作业，封隔器坐封失效时有发生。本文根据 Y211 封隔器结构及工艺参数，推导了胶筒轴向力和接触力计算式，建立了胶筒发生上端面压缩或回弹、下端面压缩变形的轴向力传递计算流程，提出了胶筒密封系数和窜动系数来评价坐封性能。经现场工况计算表明：封隔器坐封失效主要为密封失效、密封加窜动失效两种形式；随着下压力增加，胶筒密封性能提升、窜动性能变化不大，当下压力达 30kN 以上，胶筒均不发生窜动失效；随着环空压力增加，胶筒密封性能下降、窜动性能提升；随着地层回压增加，胶筒密封和窜动性能均下降，地层回压是胶筒发生窜动失效的主要因素，为封隔器坐封失效分析和控制提供了计算方法和理论依据。

关键词　多级压裂；Y211 封隔器；胶筒；密封；窜动

随着全球经济对油气资源的大规模需求，国内外油气田勘探开发已经转向致密油、页岩油储层等非常规油气田，采用的开采技术主要有水平井加水力压裂技术，特别是水平井连续油管水力喷射和环空加砂压裂一体化技术，因其多级压裂作业效率高，可实现高砂比、大排量，已在非常规油气田开采中得到广泛应用。在该技术应用中，为了缩短井下工具串长度、提高工具操作性能，常常采用 Y211 封隔器实施分级压裂时的井筒压力封隔和工具串锚定，随着压裂级数、施工排量、回压等技术指标的不断提高，常常会导致施工过程中封隔器坐封失效、工具串窜动、喷枪及上部工具刺漏等事故，严重影响到连续油管和环空多级压裂作业的安全。

为此，国内外学者对此类问题开展了大量研究，主要有赵远纲利用材料力学对卡瓦式封隔器进行受力分析；张宏伟等人对套管极限坐封力随封隔器长度和滑齿面角进行了讨论分析；仝少凯计算了胶筒的接触应力和极限密封压力并分析了胶筒的强度；李治森建立大变形胶筒与套管弹性接触的三重非线性力学分析模型；孙金绢等人建立 Y211 封隔器胶筒和卡瓦的有限元模型，研究不同因素对于胶筒和卡瓦的变形位移和受力情况的影响。

由此可见，针对封隔器结构、胶筒和卡瓦其受力状态开展了较为系统和深入的研究，也取得了大量研究成果；但对井下坐封、射孔、压裂作业时，考虑井筒压力和连续油管轴向压力变化，针对 Y211 封隔器的受力状态分析和坐封性能评价还鲜有报道。为此，本文将根据连续油管射孔和压裂一体化作业的工具串结构及工艺参数，分析其坐封、射孔和压裂工况下的受力状态，建立 Y211 封隔器承受各种流体压力和管柱下压力时的胶筒轴向力和接触力计算公式，通过不同参数工况下的胶筒受力与变形计算和分析，探究胶筒坐封失效的主要影响因素，为现场控制工具窜动，避免坐封失效提供理论依据和计算方法。

1　连续油管环空多级压裂技术及 Y211 封隔器工作原理

1.1　连续油管环空多级压裂技术

连续油管水力喷射和环空加砂多级压裂技术是采用一趟下井管柱，实施多级压裂作业，其管柱结构如图 1 所示。当连续油管下入指定井深时，进行定位校深，通过反复上提、下放操作，并由注入头施加下压载荷确保底部封隔器坐封，然后连续油管泵入射孔液实施水力喷砂射孔，射孔结束后，再通过环空加砂实施压裂作业，压裂作业完成后，上提连续油管解封，结束本级作业。通过连续油管上提到下一级井深处，逐步完成坐封、射孔、压裂、解封工序，依次作业可完成水平井多级压裂施工。

1.2　Y211 封隔器结构及工作原理

Y211 封隔器的结构如图 2 所示。在工作过程中，通过上提和下放管柱将滑环销钉由短滑道变换到长滑道内，中心管带动胶筒和锥体下行，卡瓦在锥体作用下，由收拢状态转变为撑开状态，卡瓦齿卡住套管壁，中心管继续下行，压缩胶筒，使胶筒产生变形并与套管接触，从而实现密封。

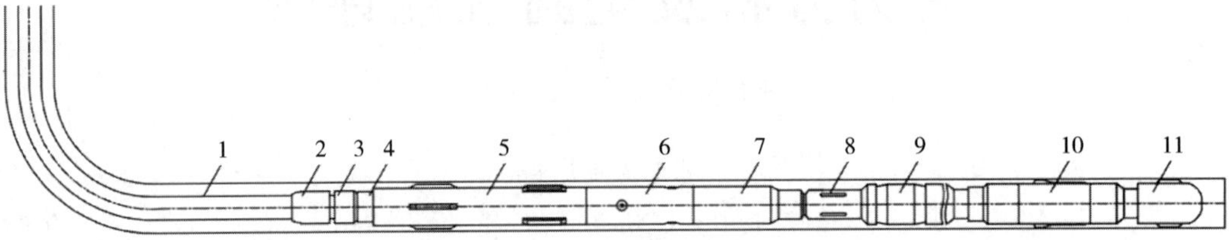

1—连续油管；2—外卡瓦连接器；3—安全接头；4—变扣；5—扶正器；6—整体式喷枪；7—单流阀；8—平衡阀；9—Y211封隔器；10—接箍定位器；11—扶正导向头

图 1　压裂施工管柱结构示意图

1—连续油管；2—外卡瓦连接器；3—安全接头；4—变扣；5—扶正器；6—整体式喷枪；7—单流阀；8—平衡阀；9—Y211 封隔器；10—接箍定位器；11—扶正导向头

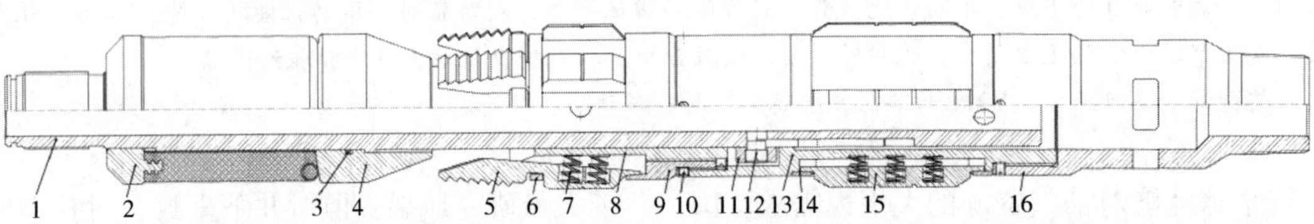

1—中心管；2—胶筒总成；3—密封圈；4—锥体；5—卡瓦；6—箍环1；7—弹簧；8—卡瓦挂；9—限位圈；10—固定销钉；11—轨道环；12—轨道销钉；13—扶正体；14—箍环2；15—摩擦片；16—下接头；

图 2　Y211 封隔器结构示意图

1—中心管；2—胶筒总成；3—密封圈；4—锥体；5—卡瓦；6—箍环 1；7—弹簧；8—卡瓦挂；9—限位圈；10—固定销钉；11—轨道环；12—轨道销钉；13—扶正体；14—箍环 2；15—摩擦片；16—下接头

2　Y211 封隔器受力状态分析与外载荷计算

2.1　Y211 封隔器受力状态分析

根据工具串的结构和特点，对结构进行简化，简化后平衡阀和封隔器受力如图 3 所示。在坐封工况中，通过油管和上部工具串的轴向力传递，将下压力 F_u 作用到平衡阀上接头端面，并使上接头下端密封头插入中心管，实现连续油管和工具串的内流道封堵，上接头下行一段距离与外套接触，中心管带动封隔器胶筒和锥体下行，迫使卡瓦张开卡住套管壁，对锥体和胶筒起支撑作用。随着工具串继续下行，下压力通过压帽接触面传递到胶筒上端面，导致胶筒产生压缩变形，并与套管产生封堵接触压力 N_m 和摩擦力 F_m。

射孔压裂作业过程中，封隔器处于坐封状态，由于连续油管和环空内泵入含砂流体，此时管内压力记为 P_1，对上接头产生向下活塞力；环空压力记为 P_2，对上接头、压帽和胶筒均会产生向下活塞力。由于井底存在地层回压记为 P_3，流体不仅通过中心管内部流道对密封头产生向上活塞力，还会对中心管截面和环空内工具产生向上活塞力。

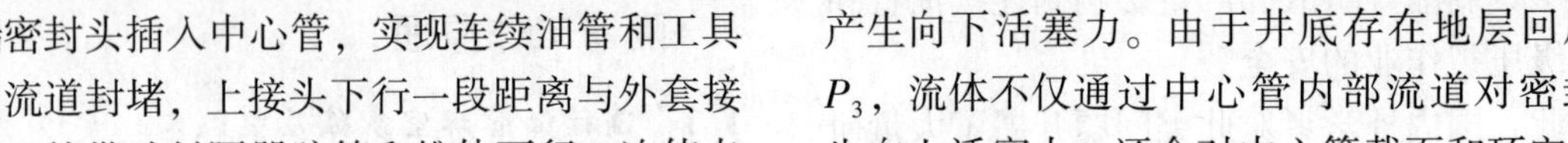

1—上接头；2—外套；3—内套；4—密封头；5—中心管；6—压帽；7—胶筒；8—锥体；9—卡瓦；10—卡瓦挂

图 3　平衡阀与封隔器受力简图

1—上接头；2—外套；3—内套；4—密封头；5—中心管；6—压帽；7—胶筒；8—锥体；9—卡瓦；10—卡瓦挂

2.2 Y211 封隔器外载荷计算

在射孔和压裂过程中，胶筒受力如图 4 所示。封隔器坐封后，胶筒上端面作用力一部分由环空流体压力产生的活塞力直接作用，另一部分由各种压力产生的活塞力经压帽与胶筒接触面进行轴向作用。经受力传递分析，可得胶筒上端面流体作用的活塞力计算式为：

$$F_p^U = P_2(A_T - A_y) \tag{1}$$

胶筒上端面压帽传递的轴向力计算式为：

$$F_t^U = F_u + (P_1 - P_3)A_i + P_2(A_y - A_0) - P_3(A_z - A_i) \tag{2}$$

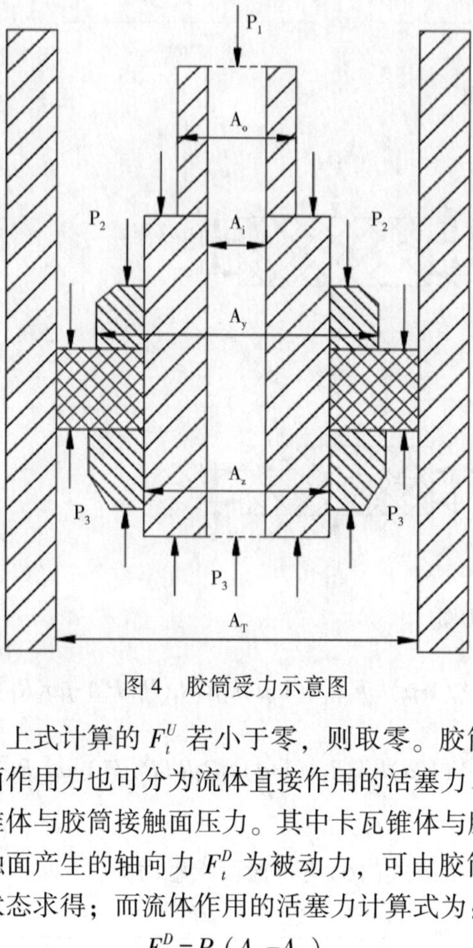

图 4　胶筒受力示意图

上式计算的 F_t^U 若小于零，则取零。胶筒下端面作用力也可分为流体直接作用的活塞力、卡瓦锥体与胶筒接触面压力。其中卡瓦锥体与胶筒接触面产生的轴向力 F_t^D 为被动力，可由胶筒压缩状态求得；而流体作用的活塞力计算式为：

$$F_p^D = P_3(A_T - A_Z) \tag{3}$$

式中，F_u 为管柱下压力，N；P_1 和 P_2 分别为封隔器上端管内和环空流体压力，MPa；P_3 为封隔器下端井筒流体压力，MPa；A_y 为压帽等效外截面面积，mm^2；A_i 为连续油管等效内截面面积，mm^2；A_o 为连续油管等效外截面面积，mm^2；A_z 为中心管等效外截面面积，mm^2；A_T 为套管内截面面积，mm^2。

由此可见，胶筒上、下端面受力可表示为：

$$F^U = F_t^U + F_p^U,\quad F^D = F_t^D + F_p^D \tag{4}$$

3　Y211 封隔器胶筒的受力变形计算方法

3.1　套管内受压胶筒的轴向力和接触力计算公式

根据套管对封隔器胶筒变形的约束状态，将其分为自由变形和约束变形两个阶段，并作如下假设：胶筒体积在自由变形阶段不变，约束变形阶段可以变化；胶筒材料均匀且满足各向同性；忽略静压影响，只考虑流体动压；不考虑温度对胶筒变形的影响。

(1) 胶筒自由变形。当轴向载荷 F_z 小于最小压缩力 F_ε 时，胶筒处于自由变形阶段。井筒由图 5(a)的初始形状，变形到图 5(b)的胶筒与套管刚接触状态，其接触应力为零。

根据弹性力学理论，可求得胶筒自由变形的压缩力 F_ε 为：

$$F_\varepsilon = \frac{2\pi E R_3}{1+\mu}(R_3 - R_2)\left(\frac{R_3^2 - R_2^2}{R_3^2 - R_1^2}\right) \tag{5}$$

式中，E 为胶筒弹性模量，MPa；μ 为胶筒泊松比；R_3 为套管内半径；R_2 和 R_1 分别为胶筒外半径和内半径。自由变形后的胶筒高度 H_0 为：

$$H_0 = \left(1 - \frac{2(R_3 - R_2)R_3}{{R_3}^2 - {R_1}^2}\right)H \tag{6}$$

(2) 胶筒约束变形。当上端面轴向载荷载荷 F_z 大于压缩力 F_ε 时，此时胶筒进入约束变形阶段，如图 5(c)。本文采用微元法，将胶筒沿轴向划分为 n 个微段，取任一微段 j，上表面为 $j-1$，下表面为 j，其受力如图 6 所示。不妨取胶筒上端面发生压缩或回弹变形工况，即胶筒上端面作用力为已知，来推导胶筒任一位置轴向力和接触力计算公式。

微段胶筒的轴向长度为：

$$\Delta h = \frac{H_0}{n} \tag{7}$$

根据厚壁圆筒理论及拉梅公式，可以得到径向、周向、轴向应力分别为：

$$\sigma_r = \frac{R_1^2 P_i^j - R_3^2 P_o^j}{R_3^2 - R_1^2} - \frac{(P_i^j - P_o^j)R_1^2 R_3^2}{(R_3^2 - R_1^2)r^2} \tag{8}$$

$$\sigma_\theta = \frac{R_1^2 P_i^j - R_3^2 P_o^j}{R_3^2 - R_1^2} + \frac{(P_i^j - P_o^j)R_1^2 R_3^2}{(R_3^2 - R_1^2)r^2} \tag{9}$$

$$\sigma_z = -\frac{F_z^{j-1} + F_z^j}{2\pi(R_3^2 - R_1^2)} \tag{10}$$

$$F_z^j = F_z^{j-1} + \lambda(F_m^j + F_i^j) \tag{11}$$

式中，P_o^j 和 P_i^j 分别为第 j 个微段胶筒与套管和中心管的接触力，MPa；λ 为系数，胶筒上端面发生压缩变形时取-1、回弹变形时取1。

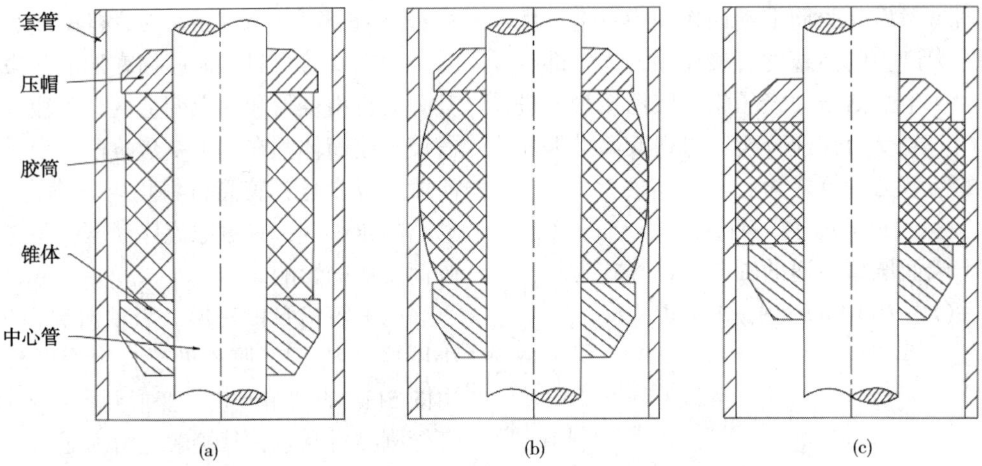

图5　胶筒变形图

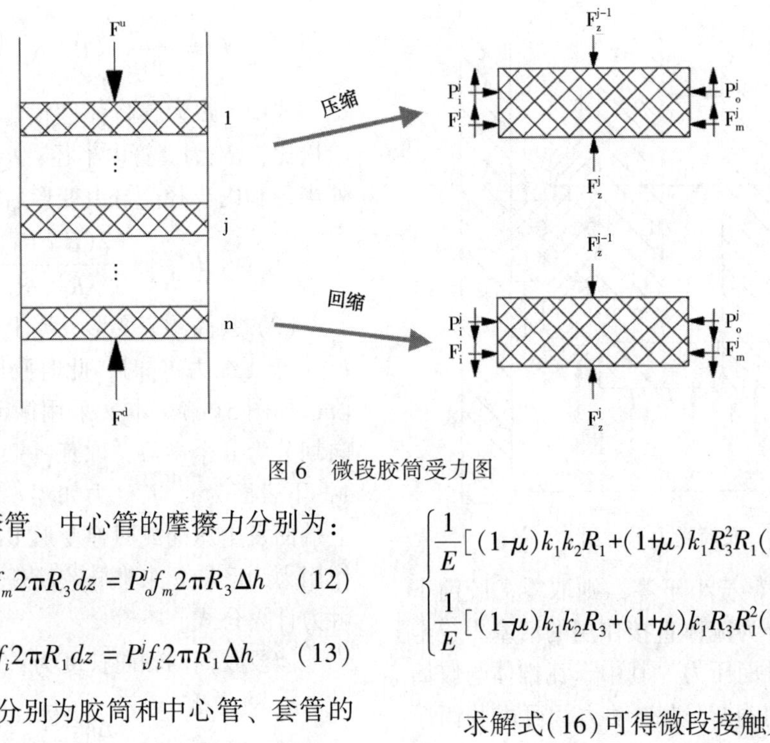

图6　微段胶筒受力图

微段胶筒和套管、中心管的摩擦力分别为：

$$F_m^j = \int_0^{\Delta h} P_o^j f_m 2\pi R_3 dz = P_o^j f_m 2\pi R_3 \Delta h \quad (12)$$

$$F_i^j = \int_0^{\Delta h} P_i^j f_i 2\pi R_1 dz = P_i^j f_i 2\pi R_1 \Delta h \quad (13)$$

式中，f_i、f_m 分别为胶筒和中心管、套管的摩擦系数；

令 $k_1 = \frac{1}{R_3^2 - R_1^2}$，$k_2 = R_1^2 P_i^j - R_3^2 P_o^j$，将式(8)-式(10)代入广义胡克定律，经推导可得径向位移：

$$u_r = \frac{1}{E}\left[(1-\mu)k_1 k_2 r + (1+\mu)k_1 R_3^2 R_1^2 \frac{(P_i^j - P_o^j)}{r} - \mu\sigma_z r\right] \quad (14)$$

代入边界条件：

$$\begin{cases} u_r|_{r=R_1} = 0 \\ u_r|_{r=R_3} = 0 \end{cases} \quad (15)$$

可以得到：

$$\begin{cases} \frac{1}{E}\left[(1-\mu)k_1 k_2 R_1 + (1+\mu)k_1 R_3^2 R_1 (P_i^j - P_o^j) - \mu\sigma_z R_1\right] = 0 \\ \frac{1}{E}\left[(1-\mu)k_1 k_2 R_3 + (1+\mu)k_1 R_3 R_1^2 (P_i^j - P_o^j) - \mu\sigma_z R_3\right] = 0 \end{cases} \quad (16)$$

求解式(16)可得微段接触力为：

$$P_i^j = P_o^j = \frac{\mu F_z^{j-1}}{\pi(1-\mu)(R_3^2 - R_1^2) - \pi\lambda\mu\Delta h(f_m R_3 + f_i R_1)} \quad (17)$$

令 $k_3 = f_m R_3 + f_i R_1$，得到微元段胶筒下面的轴向力为：

$$F_z^j = \left(1 + \frac{2\lambda\mu\Delta h k_3}{(1-\mu)(R_3^2 - R_1^2) - \lambda\mu\Delta h k_3}\right) F_z^{j-1} \quad (j=1,\ 2\cdots n) \quad (18)$$

由式(18)可知，在胶筒相关参数已知的情况下，微元段上下端面所受的轴向载荷呈线性变化，且仅受到 λ 影响。不妨令

$$K=\frac{2\lambda\mu\Delta hk_3}{(1-\mu)(R_3^2-R_1^2)-\lambda\mu\Delta hk_3} \tag{19}$$

对于胶筒上端面发生压缩或回弹变形时，可得胶筒任一位置处轴向力的计算式为：

$$F_z^j=(1+K)F_z^{j-1}=(1+K)^jF_z^0 \quad (j=1,\ 2\cdots n) \tag{20}$$

胶筒的上下端面受力关系可表示为：

$$F_z^n=(1+K)^nF_z^0;\quad F_z^0=F^U-F_\varepsilon \tag{21}$$

当胶筒下部地层回压较大时，胶筒下端可能发生压缩变形，即胶筒下端面作用力为已知，可参照胶筒上述公式推导方法，经推导和整理，可得胶筒下端发生压缩变形时的胶筒任一位置接触力计算公式仍为式(17)，但轴向力的递推计算式为：

$$F_z^{j-1}=(1+K)F_z^j=(1+K)^{n-j+1}F_z^n \quad (j=1,\ 2\cdots n) \tag{22}$$

此时 λ 取-1。胶筒的上下端面受力关系可表示为：

$$F_z^0=(1+K)^nF_z^n,\quad F_z^n=F^D-F_\varepsilon \tag{23}$$

3.2 套管内受压胶筒的轴向力计算流程

3.2.1 胶筒坐封时的轴向力计算

在下压坐封过程中，不考虑静压液柱的影响，此时管内压力和环空压力均为 0，胶筒上端只有管柱下压力 F_u 作用，并根据(5)式求得胶筒发生约束变形的临界载荷 F_ε。

当 $F_u\leqslant F_\varepsilon$ 时，胶筒处于自由变形阶段，胶筒任一位置处的轴向力均为 F_ε，如图 7 中的 0-0 线。当 $F_u>F_\varepsilon$ 时，胶筒处于约束变形阶段，如图 7 中的 1-1 线，此时胶筒上端受力为 $F_1^U=F_u$；取 $\lambda=-1$、$F_z^0=F_u-F_\varepsilon$，可由(20)和(21)式求得约束变形胶筒任一位置处的轴向力和下端受力 F_z^n，进一步可得坐封后胶筒下端的作用力为：

$$F_1^D=\overline{F_z^n}=F_z^n+F_\varepsilon \tag{24}$$

3.2.2 胶筒射孔和压裂时的轴向力计算

在射孔或压裂作业时，随着管柱下压力、管内和环空流体压力、地层回压的变化，胶筒上下端面作用力也将改变，导致封隔器胶筒上端面进一步发生压缩或回弹变形、下端面产生压缩变形，使胶筒轴向力和接触力发生变化，从而影响胶筒的坐封性能。根据射孔和压裂作业的工艺参数，由式(1)～(4)求得胶筒上下端面作用力 F^U 和 F^D，并与胶筒坐封后的上下端面作用力 F_1^U 和 F_1^D 进行对比，判断胶筒的变形状态，从而完成轴向力和接触力计算。

(1) 当 $F^U\geqslant F_1^U$ 时，胶筒上端面发生压缩变形。

取 $\lambda=-1$、$F_z^0=F^U-F_\varepsilon$，代入(21)式求得胶筒约束变形的下端力 F_z^n，代入(24)式求得胶筒下端可作用力 $\overline{F_z^n}$，并与 F^D 进行对比。

1) 当 $\overline{F_z^n}\geqslant F^D$，胶筒处于进一步压缩状态。如图 7 中的 2-2 线，此时胶筒与套管的接触区域变化不大，接触力呈增大趋势，坐封性能良好。胶筒任一位置的轴向力为：

$$\overline{F_z^j}=(1+K)^jF_z^0+F_\varepsilon \quad (j=1,\ 2\cdots n) \tag{25}$$

胶筒上下端受力分别为：

$$F_2^U=F^U,\quad F_2^D=\overline{F_z^n} \tag{26}$$

2) 当 $\overline{F_z^n}<F^D$，胶筒下端面处于主动压缩状态。此时胶筒下端面作用力较大，沿胶筒向上端面传递，取 $\lambda=-1$、$F_z^n=F^D-F_\varepsilon$，代入(23)式求得胶筒上端面传递力

$$\overline{F_z^0}=(1+K)^nF_z^n+F_\varepsilon \tag{27}$$

① 当 $\overline{F_z^0}\geqslant F^U$ 时，胶筒发生上窜动，封隔器坐封失效，如图 7 中的 2-2′、3-3 线，其中 2-2′线为胶筒上窜的临界状态。

胶筒任一位置的轴向力为

$$\overline{F_z^{j-1}}=(1+K)^{n-j+1}F_z^n+F_\varepsilon \quad (j=1,\ 2\cdots n) \tag{28}$$

胶筒上下端受力分别为

$$F_3^U=\overline{F_z^0},\quad F_3^D=F^D \tag{29}$$

② 当 $\overline{F_z^0}<F^U$ 时，胶筒上下端面均发生压缩变形，胶筒在某一段处于原坐封状态，不会发生轴向窜动，如图 7 中的 2-4-4 线。此时取 $\lambda=-1$、$F_z^0=F^U-F_\varepsilon$、$F_z^n=F^D-F_\varepsilon$，分别代入(20)和(22)式，根据胶筒同一位置轴向力相等可得如下方程

$$(1+K)^jF_z^0=(1+K)^{n-j}F_z^n \tag{30}$$

求解上式可得 $\bar{j}$，即第 $\bar{j}$ 段胶筒处于上下端面压缩变形的交界处，保持原坐封状态。此时胶筒上段($j=1,\ 2\cdots\bar{j}$)可代入(25)式、下段($j=\bar{j}+1,\ \cdots n$)可代入(28)求得任一位置的轴向力，胶筒上下端受力分别为

$$F_2^U=F^U,\quad F_4^D=F^D \tag{31}$$

(2) 当 $F_\varepsilon<F^U<F_1^U$ 时，胶筒上端面发生回弹变形。

取 $\lambda=1$、$F_z^0=F^U-F_\varepsilon$，代入(21)式求得胶筒

约束变形的下端力 F_z^n，代入(24)式求得胶筒下端可作用力$\overline{F_z^n}$，并与 F^D 进行对比。

1）当$\overline{F_z^n} \geqslant F^D$，胶筒上端处于回弹状态，下端仍处于压缩状态。如图 7 中的 6-6 线与 5-5 线，此时胶筒仍与套管接触。胶筒上端面回弹变形时，轴向力由上向下不断增加；胶筒下端面压缩变形时，轴向力由下向上不断减少，当与胶筒坐封时的轴向力相等时不在传递，此时可根据(20)和(22)式得如下方程

$$(1+K_{(\lambda=1)})^{ju}(F^U-F_\varepsilon)=(1+K_{(\lambda=-1)})^{ju}(F_u-F_\varepsilon) \quad (32)$$

$$(1+K_{(\lambda=-1)})^{n-jd}(F^D-F_\varepsilon)=(1+K_{(\lambda=-1)})^{jd}(F_u-F_\varepsilon) \quad (33)$$

求解上式，可得胶筒在(ju, $\cdots jd$)段仍处于原坐封状态，如图 7 中的 5-5-6-6 段。此时胶筒上部回弹段(1, $\cdots ju-1$)的任一位置轴向力由(21)式求得，中段保持坐封时的轴向力，下部压缩段($jd+1$, $\cdots n$)任一位置轴向力由(28)式求得。胶筒上下端面受力分别为

$$F_6^U=F^U, \quad F_5^D=F^D \quad (34)$$

2）当$\overline{F_z^n}<F^D$，胶筒下端面处于主动压缩状态。如图 7 中的 7-7 线，此时胶筒下端面作用力较大，沿胶筒向上端面传递，使胶筒发生窜动。取 $\lambda=-1$、$F_z^n=F^D-F_\varepsilon$，代入(27)式求得胶筒上端传递力$\overline{F_z^0}$，代入(28)式求得胶筒任一位置轴向力

胶筒上下端受力分别为

$$F_7^U=\overline{F_z^0}, \quad F_7^D=F^D \quad (35)$$

3）当$\overline{F_z^n}<F_1^D$，胶筒完全处于回弹状态。如图 7 中的 8-8 线，此时胶筒下端力完全小于坐封时的作用力，胶筒发生回弹窜动，坐封失效。

胶筒上下端受力分别为

$$F_8^U=F^U, \quad F_8^D=\overline{F_z^n} \quad (36)$$

(3) 当 $F^U \leqslant F_\varepsilon$ 时，胶筒上端面压缩力过低，胶筒与套管难于形成密封面，坐封失效。

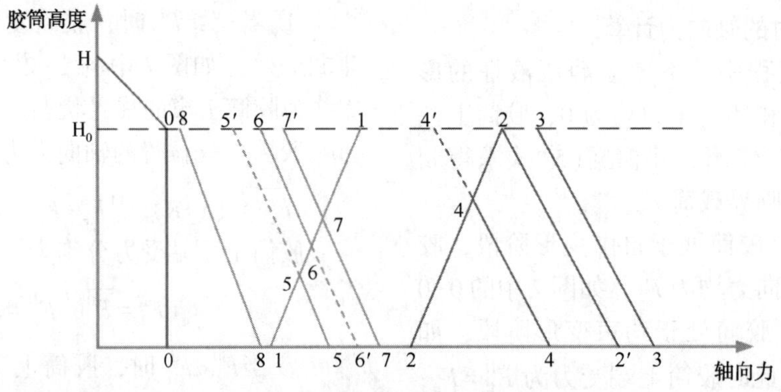

图 7　胶筒工作状态与轴向力变化示图

3.3　封隔器密封性能评价

根据 Y211 封隔器的结构和工作原理，在卡瓦锚定套管不失效的情况下，胶筒坐封性能评价主要取决于胶筒封堵井筒环空压力和地层回压能力，以及胶筒是否存在上窜现象。若胶筒与套管、中心管间的接触力低于井筒压力，可能出现封堵失效；若胶筒存在上窜现象，将引起卡瓦下压力减小，出现瞬间卡瓦解封，从而导致封隔器坐封失效。为此，本文根据胶筒射孔和压力时的轴向力及接触力计算结果，引入密封系数和窜动系数来进行评价。

封隔器胶筒封堵的密封系数为：

$$n_a=\frac{\max(P_o^j, \ P_i^j)}{\max(P_2, \ P_3)} \quad (j=1, \ 2\cdots n) \quad (37)$$

式中，P_2 为封隔器环空压力，MPa；P_3 为地层回压，MPa；当密封系数 $n_a \geqslant 1.0$ 时，封隔器胶筒就能够对环空压力、地层回压实施封堵；反之，封隔器胶筒密封失效。密封系数越大，封隔器胶筒的密封性能越强。

封隔器胶筒封堵的窜动系数为：

$$n_b=\frac{m+k}{n} \quad (38)$$

式中，n 为胶筒沿高度划分的微段数量；m 和 k 分别为胶筒沿上端回弹和下端压缩变形时，轴向载荷可传递的胶筒微段数量。窜动系数值为 0~1.0，当窜动系数 $n_b \geqslant 0.67$(即 67%的胶筒发生窜动)时，封隔胶筒存在窜动趋势，易引起卡瓦解封；窜动系数越大，导致封隔器坐封失效的

几率越大。

4　Y211 封隔器现场工况计算与分析

根据 D 油田水平井连续油管多级压裂技术的现场应用数据，作业的水平井一般为 5½″套管，通径取 121.0mm；Y211 封隔器胶筒外径为 113mm、内径为 66mm、初始长度为 140mm；中心管外径 66mm，内径 40mm。在封隔器坐封时，管柱下压力一般取 20～40kN。在射孔和环空压裂时，工具处的管内压力和环空压力随油层特性发生改变，考虑到射孔切换到压裂时的停泵工况，一般取 0～60MPa，而且管内压力始终大于或等于环空压力。地层回压与封隔器下部井筒已完成压裂段的地层特性有关，一般取 5～25MPa。

为了分析下压力、管内和环空压力、地层回压这 4 个工艺参数对封隔器坐封性能的影响，对每个工艺参数均取不同的数值，设计了 625 种计算工况，并采用本文方法进行了计算。图 8 给出了部分工况下胶筒轴向力与胶筒高度的关系曲线；图 9 给出了胶筒密封系数与窜动系数散点图。

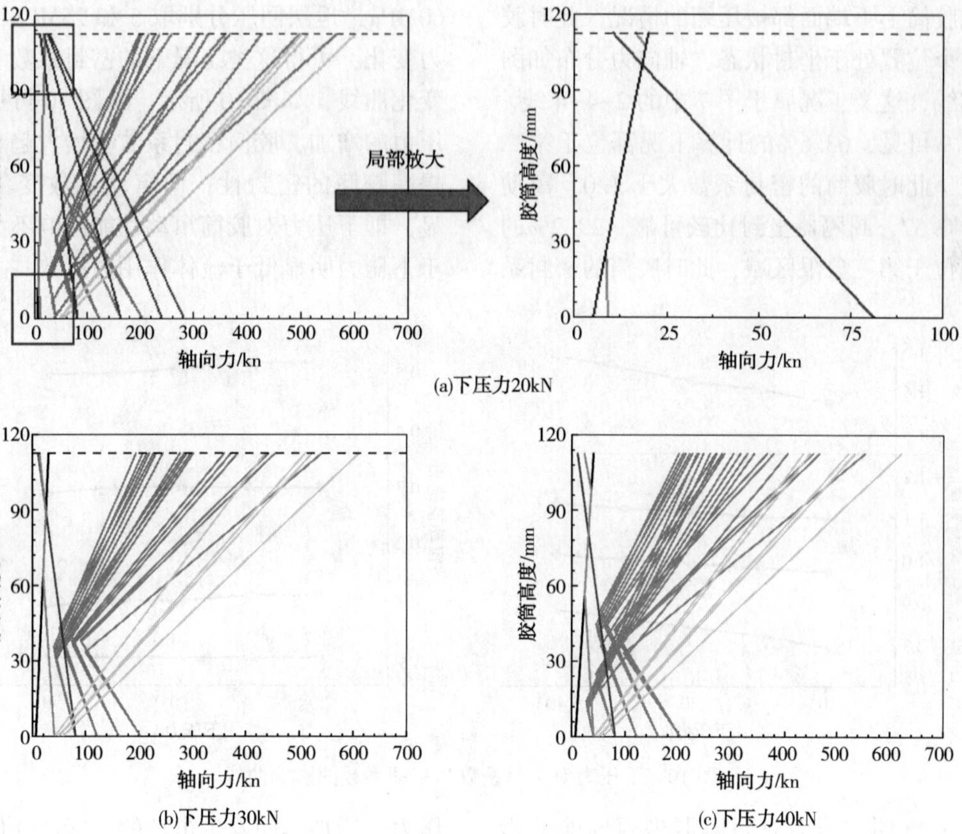

图 8　不同下压力的胶筒轴向力与胶筒高度关系曲线

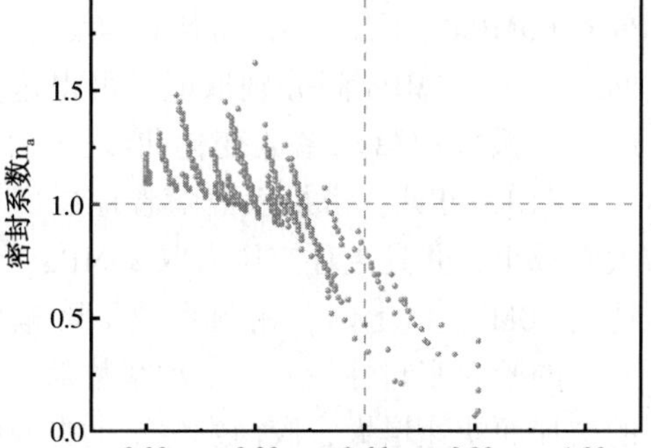

图 9　胶筒密封系数与窜动系数散点图

从图 8 可见，下压工况时胶筒坐封轴向力分布如图中黑色线，上端面最大、下端面最小，这类工况属于图 7 中的 1-1 线。当管内和环空压力为 0MPa、地层回压为 4MPa 时，胶筒轴向力分布如图中橙色线，胶筒上端面回弹变形只有一段，下端面压缩变形也只有一段，胶筒中间段仍处于坐封时的轴向力，此工况属于图 7 中的 5-5-6-6 线线。当管内压力和环空压力为 0MPa、地层回压为 10MPa、下压力为 40kN 等工况时，胶筒处于上窜状态，轴向力分布如图中红色实线，这类工况属于图 7 中的 7-7 线。当管内压力为 15MPa、环空压力为 10MPa、地层回压为 30MPa、下压力为 20kN 等工况时，胶筒下端面发生压缩变形，轴向力分布如图中红色实线，这类工况属于图 7 中的 3-3 线；通过不同下压力工况对比，当下压力达到 30kN 以上，管内和环空压力、地层回压在变化范围内，胶筒均不会发生下端面压缩变形而导致的胶筒窜动失效。当管内压力和环空压力为 50 或 60MPa、地层回压为 5MPa，下压力取 20～40kN，胶筒上端面都会发生压缩变形，轴向力分布如图中黄色实线，这类工况属于图 7 中的 2-2 线。在其他计算工况中，还会出现胶筒上下端面都被压缩的情况，此时胶筒在某一个位置处于坐封状态，轴向力分布如图中绿色实线，这类工况属于图 7 中的 2-4-4 线。

从图 9 可见，63.6%的计算工况都位于第二象限区域，此时胶筒的密封系数大于 1.0、窜动系数小于 0.67，封隔器坐封比较可靠。29.2%的计算工况位于第三象限区域，此时胶筒的密封系数小于 1.0、窜动系数小于 0.67，胶筒不易不发生窜动，但不存在密封失效；7.2%的计算工况位于第四象限时，此时胶筒的密封系数小于 1.0、窜动系数大于 0.67，胶筒易发生窜动和密封失效，封隔器坐封可靠性极差。在所有的计算工况中，都没有位于第一象限的工况，这说明封隔器不存在密封良好、易产生窜动的失效方式。由此可见，封隔器坐封失效主要表现为密封失效、密封加窜动失效两种形式。

为了分析下压力对封隔器坐封性能的影响，不妨取管内压力 60MPa，环空压力分别取 20 和 60MPa，地层回压分别取 5 和 25MPa，通过下压力变化，可得这类工况下的密封系数和窜动系数变化曲线，如图 10 所示。从图 10 可见，随着下压力的增加，胶筒密封系数呈增大趋势，有利于提高胶筒的密封性；但窜动系数变化幅度不明显，即下压力对胶筒窜动性能影响不大，这是由于下压力明显低于流体作用力所致。

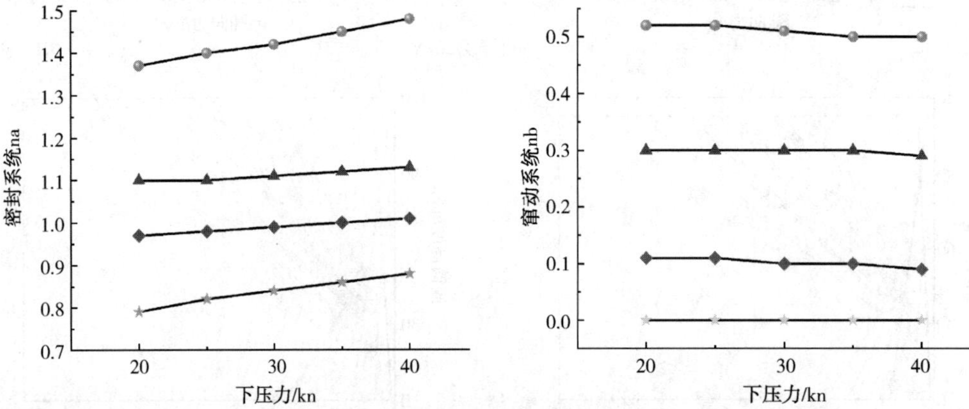

图 10　下压力对密封系数和窜动系数的影响曲线

为了分析环空压力对封隔器坐封性能的影响，不妨取管内压力为 60MPa，地层回压为 5MPa 和 25MPa，下压力为 20kN 和 40kN，通过环空压力在 20～60MPa 间分别取值，可得此类工况下的密封系数和窜动系数变化曲线，如图 11 所示。从图 11 可见，当地层回压较小、且低于环空压力时，密封系数随着环空压力的增加而快速减小，胶筒密封性能下降；当地层回压较大、且低于环空压力时，密封系数随着环空压力的增加趋于稳定，胶筒密封性变化不大；当地层回压较大、且大于环空压力时，密封系数随着环空压力的增加而增大，胶筒密封性提高。窜动系数随着环空压力的增大而减小，即胶筒随着环空压力的增加，而发生窜动的可能性降低。

为了分析地层回压对封隔器坐封性能的影响，不妨取管内压力为 60MPa，环空压力为 20MPa 和 60MPa，下压力为 20kN 和 40kN，通过地层回压在 5～25MPa 间分别取值，可得这类工况下的密封系数和窜动系数变化曲线，如图 12 所示。从图 12 可见，密封系数随着地层回压的的增大而减小，并且当环空压力取 20MPa、地层回压达到 20MPa 以上时，密封系数下降幅度最大，此时的胶筒密封性最差。窜动系数随着地层回压的增加而快速增大，胶筒发生窜动失效的可能性增加，地层回压是胶筒发生窜动失效的主要因素。

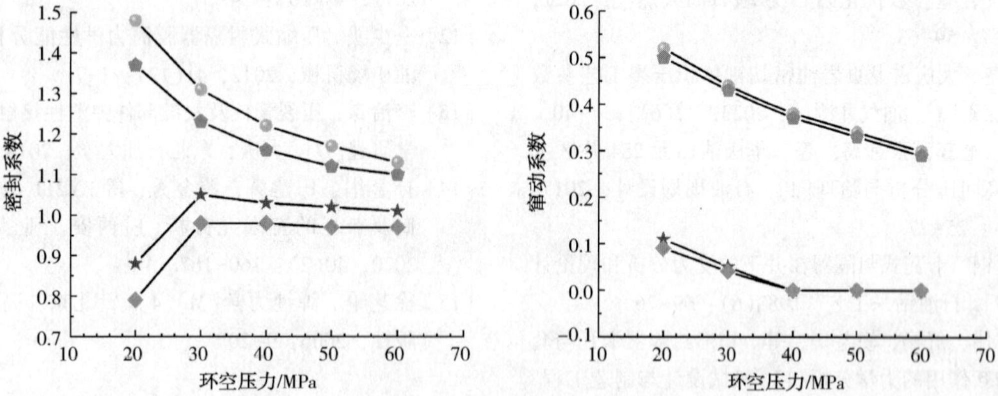

图 11　环空压力对密封系数和窜动系数的影响曲线

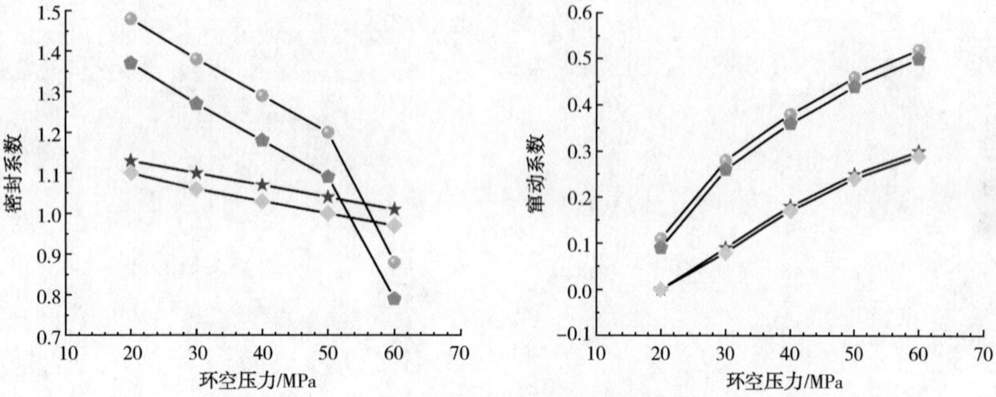

图 12　地层回压对密封系数和窜动系数的影响曲线

5　结论与认识

（1）针对 Y211 封隔器结构和工作原理，给出了封隔器坐封、射孔和压裂时的胶筒外载荷计算公式，推导了胶筒沿高度的轴向力以及与套管和中心管的接触力计算公式。

（2）根据胶筒上下端面受力和轴向力传递状态，建立了胶筒发生上端面压缩或回弹、下端面压缩变形时的轴向力传递计算流程，提出了胶筒密封系数和传动系数来评价封隔器坐封性能，并给出了计算公式。

（3）随着下压力的增加，胶筒密封系数呈增大趋势，窜动系数变化不明显，胶筒密封性能提升，窜动性能变化不大；当下压力达 30kN 以上，胶筒均不会发生胶筒窜动失效。随着环空压力增加，特别是环空压力大于地层回压时，密封系数和窜动系数呈减小趋势，胶筒密封性能下降，窜动性能提升。随着地层回压增加，密封系数呈减小、窜动系数呈增大趋势，胶筒密封和窜动性能均下降。

（4）封隔器坐封失效主要表现为密封失效、密封加窜动失效两种形式，地层回压、环空压力是胶筒发生窜动失效的主要因素，压裂施工时应关注地层回压、环空和管内零压状态。

参 考 文 献

[1] 王浩栋，展转盈，安泽鹏，低渗致密油藏开发技术的研究进展[J]．当代化工研究，2023(20)：29-31.

[2] 穆海林，刘兴浩，刘江浩，等．非常规储层体积压裂技术在致密砂岩储层改造中的应用[J]．天然气勘探与开发，2014，37(2)：56-60，63.

[3] 袁士义，雷征东，李军诗，等．陆相页岩油开发技术进展及规模效益开发对策思考[J]．中国石油大学学报(自然科学版)，2023，47(5)：13-24.

[4] 安琦，马伟云．连续油管喷砂射孔环空压裂工艺技术在临兴致密气区块的应用[J]．江汉大学学报(自然科学版)，2021，49(05)：73-78.

[5] 许伟．连续油管喷砂射孔底封环空压裂技术的应用[J]．化学工程与装备，2022(11)：141-142.

[6] 李国庆，向兰英．连续油管喷砂射孔套管分段压裂新技术的现场应用[J]．天然气工业，2011，16(05)：67-69.

[7] 王大为，吴婷婷，高振南，等．压裂水平井水平段

长度及裂缝参数优化[J]. 新疆石油天然气，2021，17(02)：59-63.

[8] 吴兆亮．大庆古龙页岩油密切割体积压裂工艺参数优化探索[J]. 油气井测试，2023，32(6)：34-40.

[9] 冯宇，姬蕊，张远高，等．华庆油田元 284 井区水平井高回压分析与治理[J]. 石油规划设计，2017，28(5)：25-27.

[10] 赵远钢．卡瓦式封隔器在井下的受力分析和理论计算[J]. 石油钻采工艺，1983(6)：69-76.

[11] 张宏伟，舒畅，窦益华，等．楔形封隔器卡瓦与套管相互作用的力学分析[J]. 机械设计与制造工程，2017，46(10)：34-37.

[12] 仝少凯．压缩式封隔器胶筒力学性能分析[J]. 石油矿场机械，2012，41(12)：1-7.

[13] 李治淼．压裂管柱及关键部件弹塑性接触非线性力学研究[D]. 大庆，东北石油大学，2014.

[14] 孙金绢，田建辉，瞿金秀，等．Y211 型封隔器胶筒及卡瓦的有限元分析[J]西安工业大学学报，2020，40(2)：160-167.

[15] 徐芝纶．弹性力学[M]. 4 版．北京：高等教育出版社，2006：9-20.

基于非厄米拓扑理论的管道声场调控与鲁棒性分析

郭　通[1]　曹礼云[2]

（1. 西安石油大学；2. 天津大学）

摘　要　近年来，非厄米物理因其独特的能谱结构和异常边缘态而受到广泛关注。非厄米效应不仅可以单独引发拓扑相变，而且能够调控系统的波场分布，为新型器件设计提供了新思路。本文基于声学管道平台构造了一种复合管道链模型，是一种在各声学腔体中引入不同水平的原位损耗构造非厄米单元结构的一维管道系统。利用紧束缚理论、双正交 Berry 极化方法以及有限元数值仿真，本文系统研究了有限链中不同域壁界面处拓扑边缘态、局部腔模及时空对称域壁态的形成机理，同时对各类模式在耦合扰动下的鲁棒性进行了深入探讨。研究结果表明：当系统由拓扑非平庸单元与平庸单元构成时，在交界处可激发出由整体拓扑性质决定的保护性边缘态，该模式具有稳定的频谱和高度局域的场分布；而在局部满足空间对称条件的界面处，则容易激发局部腔模，其抗扰性能较弱；此外，在整体满足时空对称性时，可在时空对称界面处形成具有特殊谱分叉行为的时空对称域壁态。本文的研究成果不仅丰富了非厄米拓扑物态的理论内涵，也为管道声学器件中实现高鲁棒性波场传输提供了有力理论依据和实验指导。

关键词　非厄米；紧束缚；拓扑边缘态；局部腔模；时空对称域壁态

1　前言

拓扑相变作为物理学近年来的重要研究领域，因其独特的体—边对应关系和鲁棒边缘态效应，在凝聚态物理、光子学、力学以及声学等诸多学科中展现出巨大的应用潜力。在这一领域中，Su-Schrieffer-Heeger(SSH)模型作为一维拓扑体系的经典范例，最早由 Su 等人提出，用于描述聚乙烯中的电荷激发与孤子传输问题。传统 SSH 模型主要依靠相邻链路耦合强度的二聚化来实现拓扑相变，并在有限链系统中产生处于带隙内的边缘态。近年来，随着非厄米物理的兴起，人们发现即便仅由系统内增益或损耗引入的非厄米项，也能单独触发拓扑相变，从而使传统的体—边对应关系失效或发生新型改变。例如，汪忠和董建文提出了非厄米系统中的谱拓扑理论，指出非厄米系统中的边缘态与常规厄米体系存在显著不同，其描述需要借助非 Bloch 理论或双正交态方法。

声学管道系统作为一种宏观物理平台，由于其易于实验构造、参数调控灵活等优点，近年来已被广泛应用于拓扑物态的研究。声学管道可以通过设计特定几何结构和材料参数，实现类似于电子系统中的拓扑带隙和边缘态现象。例如，在声学一维模型中，通过控制各声学腔体之间的耦合以及各腔体内部的共振条件，可以实现带隙的打开与边缘态的形成。更为重要的是，利用吸声材料调控各腔体内部的损耗，可以引入非厄米参数，从而在不改变传统耦合结构的前提下，单独利用损耗来诱发拓扑相变。这一方法不仅使得系统的能谱和本征态出现非厄米修正，还可能引发新型的边缘态形式。

然而，目前关于如何在单一系统中利用原位损耗实现多种非厄米边缘态的形成，以及各类边缘态在外部扰动下的抗扰性问题，仍存在许多未解之谜。基于此，本文以声学系统为实验平台，构造了一种复合管道模型，是一种在各声学腔体中引入不同水平的原位损耗构造非厄米单元结构的管道系统。通过在各声学腔体内不同水平的附加损耗，设计了多种非厄米单元结构；随后将不同单元按照特定顺序拼接成有限管道链，并在域壁处形成多种边缘态。本文不仅利用紧束缚理论构建了描述模型的哈密顿，还采用双正交 Berry 极化方法分析了非厄米系统中的拓扑特征，并结合有限元仿真验证了理论结果。本文的研究对理解非厄米拓扑物态、拓扑边缘态的形成机理以及实现高鲁棒性声学传输具有重要意义，同时也为未来在二维或三维声学系统中实现更复杂的非厄米拓扑现象提供了理论指导。

2　理论模型与单元结构

在本研究中，我们构造的系统基于声学腔体耦合构成的复合一维管道。每个周期性单元由四个圆柱形腔体组成，各腔体在几何尺寸上均采用相同标准如图 1 所示：腔体长度定为 $L=40\text{mm}$，直径 $D=32.8\text{mm}$。这些腔体在固有频率 f_0 附近(约 4325Hz)呈现明显的偶极共振现象。各腔体之间通过波导实现耦合，波导的横截面尺寸为边长 $l=4\text{mm}$ 且长度为 $h=5\text{mm}$，从而确定了耦合常数 $k_0\approx30\text{Hz}$。整个单元的周期长度约为 $a=0.2\text{m}$，保证了周期性边界条件下的 Bloch 波函数成立。

(a)管道中单个腔体尺寸及模态　(b)一个完整单元有四个共振腔体和连接管组成　(c)不同非厄米参数布局的单元，橙色为引入损耗，灰色为无损腔

图 1

在厄米系统中，各腔体的共振和耦合过程可用紧束缚理论描述，其 Bloch Hamiltonian 写为

$$H_0(q)=\begin{pmatrix} f_0 & k_0 & 0 & k_0e^{-iqa} \\ k_0 & f_0 & k_0 & 0 \\ 0 & k_0 & f_0 & k_0 \\ k_0e^{iqa} & 0 & k_0 & f_0 \end{pmatrix} \tag{1}$$

其中 q 为 Bloch 波数。为了引入非厄米效应，我们在每个腔体内加入吸声材料，从而实现对腔体内部损耗的精细调控。令四个腔体的非厄米参数分别为 n_A，n_B，n_C 和 n_D(其中取值均为负数表示损耗)，则非厄米修正哈密顿为

$$H_1(q)=i\text{diag}(n_Af_0,\ n_Bf_0,\ n_Cf_0,\ n_Df_0) \tag{2}$$

因此，整个单元的哈密顿可以写为

$$H(q)=H_0(q)+H_1(q) \tag{3}$$

通过选择不同的 n_j 取值，可以构造出多种单元结构。比如，若令 $n_A=n_B=0$，$n_C=n_D=-0.02$，则得到一种局部满足空间对称性的单元；若令 $n_A=n_B=-0.02$，$n_C=n_D=0$，则形成另一种时空对称结构；而通过交替设置损耗，则可使单元呈现局部奇偶对称性。这些不同单元内部非厄米参数的差异，直接导致单元内耦合强度的变化和腔体共振频率的微调，从而在能带结构上引入非厄米修正和二聚化效应，打开拓扑带隙。

由于非厄米系统中本征态通常不满足正交性，传统的 Berry 曲率和拓扑不变量定义失效。因此，必须引入左、本征态和右、本征态构成的双正交体系。具体来说，设 $|f_a^R(q)\rangle$ 和 $\langle f_b^L(q)|$ 分别为系统 Hamiltonian 的右和左本征态，则满足双正交归一化条件

$$\langle f_a^L(q)|f_b^R(q)\rangle=\delta_{ab} \tag{4}$$

在此基础上，双正交 Berry 连接定义为

$$A_{LR}(q)_{ab}=\langle f_a^L(q)|\partial_q|f_b^R(q)\rangle \tag{5}$$

而双正交极化量则为

$$P_{LR}=\frac{i}{2\pi}\int_{-\pi}^{\pi}Tr[A_{LR}(q)]dq \tag{6}$$

数值计算表明，当 P_{LR} 达到 1/2 时，表明该单元处于非平庸拓扑相(Non Trivial)；而 $P_{LR}=0$ 则说明单元处于平庸相(Trivial)，如图 1(c)。在本研究中，通过设定 $n_j=-0.02$ 可使单元内因非厄米效应引起的二聚化足以打开能带带隙，同时使部分单元实现从平庸相到非平庸相的拓扑转变。

为进一步验证理论模型，本文利用有限元软件对实际声学结构进行仿真。通过构造与紧束缚模型参数相匹配的几何结构和材料属性，仿真结果与理论计算结果基本吻合，证明了采用吸声材料调控腔体损耗以实现非厄米拓扑相变的方案是可行的。这种声学平台为后续在有限管道链中探讨边缘态形成机理和鲁棒性提供了坚实基础。

3　奇异边界态与鲁棒性分析

在构造了具有不同非厄米单元结构的基础上，本文进一步将这些单元按特定序列拼接成有限复合管道，以探讨不同域壁界面处边缘态的形

成及其鲁棒性。有限管道由若干周期单元构成，为了研究界面效应，通常在管道中引入域壁，即将一部分单元设计为拓扑非平庸单元，而另一部分单元为平庸单元，如图 2(a)。除此之外，还可以通过设计局部满足奇偶对称或整体满足时空对称的单元组合，形成具有局部对称性或全局对称性的特殊界面。如图 2(b)~(d)，在第一类情形中，有限管道链的一侧由处于非平庸拓扑相的单元构成，而另一侧则由平庸单元构成。根据体—边对应原理，在两者交界处必然出现拓扑保护边缘态。利用紧束缚模型和 Bloch 理论，可以求解出有限管道链的本征谱，结果显示，在带隙内存在一个或多个稳定的边缘态，其本征频率基本固定，且对应的波函数主要局限在界面附近。数值仿真进一步表明，这些拓扑边缘态在引入一定耦合扰动(例如 0%至 5%范围内的随机扰动)后，频谱基本保持不变，场分布依然局域，显示出极高的鲁棒性。

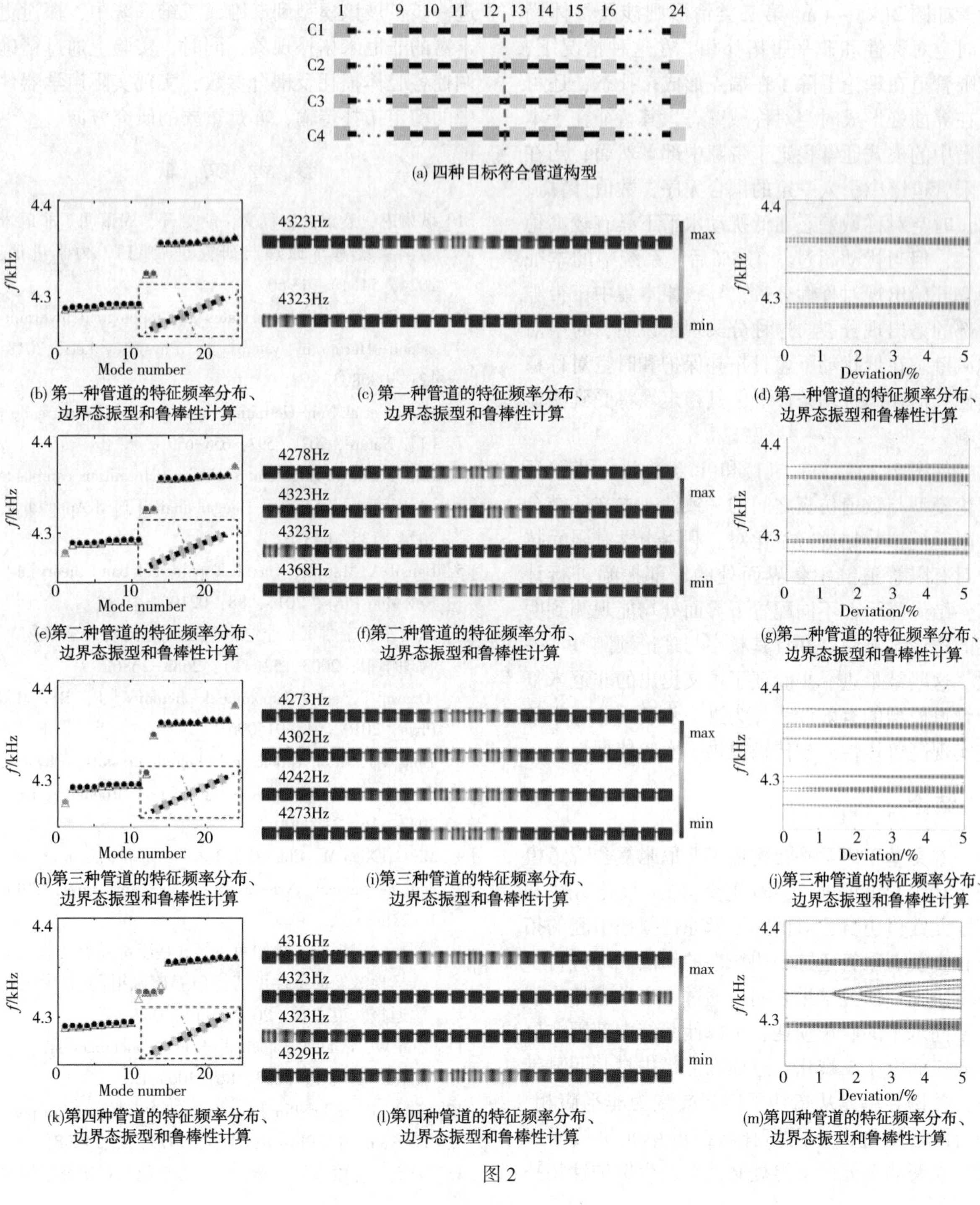

(a) 四种目标符合管道构型

(b) 第一种管道的特征频率分布、边界态振型和鲁棒性计算

(c) 第一种管道的特征频率分布、边界态振型和鲁棒性计算

(d) 第一种管道的特征频率分布、边界态振型和鲁棒性计算

(e)第二种管道的特征频率分布、边界态振型和鲁棒性计算

(f)第二种管道的特征频率分布、边界态振型和鲁棒性计算

(g)第二种管道的特征频率分布、边界态振型和鲁棒性计算

(h)第三种管道的特征频率分布、边界态振型和鲁棒性计算

(i)第三种管道的特征频率分布、边界态振型和鲁棒性计算

(j)第三种管道的特征频率分布、边界态振型和鲁棒性计算

(k)第四种管道的特征频率分布、边界态振型和鲁棒性计算

(l)第四种管道的特征频率分布、边界态振型和鲁棒性计算

(m)第四种管道的特征频率分布、边界态振型和鲁棒性计算

图 2

如图 2(e)~(j)在第二类情形中，有限管道链界面处局部满足空间对称性，这种结构通常不是由整体拓扑性质决定，而是由局部共振条件引起的腔模。局部腔模的共振频率受相邻腔体耦合强度影响，其场分布主要集中在界面处的少数腔体内。数值模拟结果显示，局部腔模对耦合扰动较为敏感，其频谱会随着扰动幅度增大而发生明显展宽，局域性逐步减弱。这表明，局部腔模虽然可以在有限管道链中出现，但其鲁棒性远不及由整体拓扑保护的边缘态。

如图 2(k)~(m)第三类情形则涉及整体满足时空对称性和非平庸拓扑相。在这种情况下，有限管道在理论上除了在端点形成拓扑态，还可以在界面处形成时空对称域壁态，其特征在于本征谱中的模式通常稳定于带隙中部。然而，当在有限管道链中引入一定的耦合无序，数值计算显示，时空对称域壁态在低扰动水平下具有较高稳定性，但当扰动超过约 1.5%后，系统中的本征频率开始出现对称性分叉，导致原本集中于带隙中部的谱出现分裂。这种分叉现象说明，时空对称域壁态在低扰动下兼具拓扑保护和时空对称稳定性，但在高扰动条件下，其稳定性将受到明显影响。

如图 2(c)、(f)、(i)和(l)，为进一步验证理论模型与数值仿真之间的一致性，本文还结合有限元模拟数据进行了比对。利用声学有限元技术对有限管道链中各界面处的局部振幅进行计算，结果显示在不同配置下界面处均能观测到明显的边缘态响应，并且其频率与理论预测基本一致。这些结果进一步验证了本文提出的非厄米复合管道模型的有效性，并为进一步利用非厄米效应实现高鲁棒性声学传输提供了实验依据。

4 结论

本文基于声学平台构造了非厄米复合管道模型，利用紧束缚理论、双正交 Berry 极化方法和有限元数值仿真，对由非厄米原位损耗引起的拓扑相变及有限管道链中边缘态的形成机理进行了系统研究。研究结果表明，通过在声学腔体内引入不同水平的吸声损耗，可以使系统内部因非厄米效应而发生二聚化，进而在能带中打开明显带隙，并诱导单元从拓扑平庸相转变为非平庸相。当有限管道链由不同拓扑状态的单元拼接而成时，在两侧单元的交界处必然会产生保护性拓扑边缘态，其频谱稳定且局域性强，对耦合无序扰动具有极高的鲁棒性。与此同时，通过局部设计满足奇偶对称的界面，可诱发局部腔模，其本征频率和场分布较易受到扰动影响；而在整体满足时空对称但局部对称性破缺的条件下，系统会形成时空对称域壁态，其表现出低扰动下的稳定性和高扰动下的谱分叉现象。本文的研究为基于非厄米效应调控声学波场及实现高鲁棒性传输提供了理论指导，同时也为非厄米拓扑物态在其他物理体系中的应用拓展了新思路。未来工作中，可进一步扩展该模型到二维或三维系统中，探讨更丰富的非厄米拓扑现象；同时，实验上通过精确调控各腔体损耗及耦合参数，实现实际声学器件中的稳定拓扑传输，亦是重要的研究方向。

参 考 文 献

[1] 耿琳琳，袁锦波，程文，胡更开，周萧明. 非厄米力学系统基本原理与研究进展[J]. 力学进展，2024，54(1)：1-60.

[2] Yao S，Wang Z. Edge states and topological invariants of non-Hermitian systems[J]. Phys Rev Lett，2018，121：086803.

[3] Hu B，et al. Non-Hermitian topological whispering gallery[J]. Nature，2021，597：655-659.

[4] Guo T，et al. Edge states in non-Hermitian composite acoustic Su-Schrieffer-Heeger chains[J]. J Appl Phys，2024，135：043102.

[5] Bansil A，Lin H，Das T. Topological band theory[J]. Rev Mod Phys，2016，88：021004.

[6] 陈增军，宁西京. 非厄米哈密顿量的物理意义[J]. 物理学报，2003，52(11)：2683-2686.

[7] Ozawa T，et al. Topological photonics[J]. Rev Mod Phys，2019，91：015006.

[8] Tang G J，et al. Topological photonic crystals：Physics，designs，and applications[J]. Laser Photonics Rev，2022，16：2100300.

[9] Ma G，Xiao M，Chan C T. Topological phases in acoustic and mechanical systems[J]. Nat Rev Phys，2019，1：281.

[10] 刘拓，安烁威，顾仲明，等. 基于奇异点处非厄米选择性激发的手性可切换声涡旋辐射[J]. 中国科学通报：英文版，2022(011)：067.

[11] Zhu W，et al. Topological phononic metamaterials[J]. Rep Prog Phys，2023，86：106501.

[12] Su W P，Schrieffer J R，Heeger A J. Solitons in polyacetylene[J]. Phys Rev Lett，1979，42：1698.

[13] 尹剑飞，蔡力，方鑫，等. 力学超材料研究进展与

减振降噪应用[J]. 力学进展，2022，52(03)：508-586.
[14] Xiao M，et al. Geometric phases and band inversion in periodic acoustic systems [J]. Nat Phys，2015，11：240.
[15] Yang Z，Zhang B. Acoustic type-Ⅱ Weyl nodes from stacking dimerized chains[J]. Phys Rev Lett，2016，117：224301.
[16] 严雨婷，杨京，梁彬，程建春. 基于非厄米声学超材料的宽带相干完美吸收[J]. 仪器仪表学报，2024，45(06)：54-62.
[17] Coutant A，et al. Acoustic Su-Schrieffer-Heeger lattice：Direct mapping of acoustic waveguides to the Su-Schrieffer-Heeger model[J]. Phys Rev B，2021，103：224309.
[18] Liao D，et al. Observations of Tamm modes in acoustic topological insulators [J]. Appl Phys Lett，2022，120：211701.
[19] Li Q，et al. Topological ventilated sound switch from acoustic Su-Schrieffer-Heeger model [J]. Appl Phys Lett，2023，122：191704.
[20] Torres L E F F. Perspective on topological states of non-Hermitian lattices [J]. J Phys Mater，2020，3：014002.
[21] Bergholtz E J，Budich J C，Kunst F K. Exceptional topology of non-Hermitian systems[J]. Rev Mod Phys，2021，93：015005.
[22] Ding K，Fang C，Ma G. Non-Hermitian topology and exceptional-point geometries [J]. Nat Rev Phys，2022，4：745.
[23] Schomerus H. Topologically protected midgap states in complex photonic lattices [J]. Opt Lett，2013，38：1912.
[24] Poli C，et al. Selective enhancement of topologically induced interface states in a dielectric resonator chain [J]. Nat Commun，2015，6：6710.
[25] Zeuner J M，et al. Observation of a topological transition in the bulk of a non-Hermitian system [J]. Phys Rev Lett，2015，115：040402.
[26] 顾仲明，郭佳敏，祝捷. 非厄米拓扑声学中新奇物态的研究进展[J]. 科学通报，2023，68(26)：3428-3436.
[27] Weimann S，et al. Topologically protected bound states in photonic parity-time-symmetric crystals[J]. Nat Mater，2017，16：433.
[28] Merkel A，et al. Unidirectional zero sonic reflection in passive PT-symmetric Willis media[J]. Phys Rev B，2018，98：201102(R).
[29] Zhang Z，et al. Non-Hermitian sonic second order topological insulator [J]. Phys Rev Lett，2019，122：195501.
[30] Gao H，et al. Observation of topological edge states induced solely by non-hermiticity in an acoustic crystal [J]. Phys Rev B，2020，101：180303.

超深井超高温加重压裂液体系研究

任　强[1,2]　李帅帅[1,2]　白叶雷[1,2]　杨育恒[1,2]　罗　磊[1,2]　马　越[1,2]

(1. 中国石油集团西部钻探工程有限公司；2. 中国石油油气藏改造重点实验室页岩油储层改造分研究室)

摘　要　超深层油气资源高效勘探开发是实现国家能源接替战略重大需求，针对万米超深井超高温、超高压储层改造无高效工作液可用的技术瓶颈，本文开展超高温加重压裂液体系研究，研发了超高温聚合物稠化剂 XZ-UTT、复合交联 XZ-TYJ 和复合加重剂 XZ-JZ01，形成一套密度超过 1.50g/cm^3、耐温能力达 260℃的超高温加重压裂液体系。室内实验结果表明：在 220~260℃、100s^{-1}条件下剪切 120min，超高温加重压裂液黏度始终保持在 100mPa·s 以上，各项性能指标优异，能够满足万米超深井储层压裂改造需求。

关键词　万米超深井；超高温；超高压；加重压裂液

随着油气资源需求的日益增长和勘探开发技术的不断进步，超深层油气资源为勘探开发的重点方向。我国超深层油气资源潜力巨大(671 亿吨油当量)，其中塔里木盆地和四川盆地超深层油气资源丰度高、规模大、整体储量大，是万米级深层油气资源探索的主战场。2023 年 5 月 30 日，我国首口科学探索井——深地塔科 1 井在新疆塔里木油田开钻，超深 11100m、井底温度 212.8℃，地层压力 136MPa；7 月 20 日，深地川科 1 井在西南油气田开钻，埋深 10520 米，井底温度 224℃，地层压力 138MPa。两口科探井均属于“三超”气井，对压裂装备及压裂液性能提出了更为严苛的要求，强行压裂不仅影响施工安全性，还会降低施工成功率。通过加重压裂液技术使静液柱压力增加，能够降低井口施工压力，从而降低对压裂设备的要求、提高压裂施工成功率。常规压裂液的密度较低，一般为(1.00~1.04)g/cm^3。压裂液密度每提高 0.1g/cm^3，井筒中压裂液的静液柱压力每 1000m 即可提高近 1MPa。因此增加压裂液密度越高，相同井深下井筒中静液柱压力就越高，在一定程度上可实现地面安全施工。

目前，以氯化钠、氯化钾加重压裂液技术较为成熟，但二者加重效率低。用溴化钠盐水配制加重压裂液，加重效率高，密度最高为 1.69g/cm^3，但价格昂贵，高温生酸不仅会造成腐蚀还会影响压裂液性能。以硝酸钠为加重剂，加重效率和使用成本适中，密度可达 1.52g/cm^3，但硝酸盐腐蚀性强，存在安全环保问题，已经禁止使用。因此，针对超深、超高温、超高压储层的生产需求及技术挑战，首先优选出加重密度达到 1.50g/cm^3 以上、对压裂液性能影响较小的加重剂，同时优化稠化剂分子结构、交联剂制备方法和超高温加重压裂液体系配方，初步形成密度超过 1.50g/cm^3、耐温能力达 260℃的超高温加重压裂液体系。

1　实验部分

1.1　试剂与仪器

溴化钠、氯化钾、溴化钙、甲酸钾、氯化钾、丙烯酸、丙烯酰胺，过硫酸铵，白油，非离子表面活性剂，工业级，四川科龙试剂厂；双尾羧酸甜菜碱型功能单体 DTCB-16、稠化剂 XZ-UTT、复合交联剂 XZ-TYJ、复合加重剂 XZ-JZ01，实验室自制。

电子天平，瑞士梅特勒-托利多(上海)有限公司；吴茵混调器，北京探矿工程研究所；RS6000 型流变仪，美国 Thermo Fisher 公司；K100 型表/界面张力仪，德国克吕氏公司；HTD13285-12 旋转黏度计，青岛海通达公司；烘箱，德国 BINDER 公司。

1.2　实验方法

1.2.1　耐温抗盐稠化剂的研制

将 DTCB-16 与丙烯酰胺、丙烯酸进行自由基水溶液聚合，经提纯、干燥初步形成稠化剂粉剂。由于疏水缔合聚合物粉剂在高密度盐水中溶胀慢，为满足现场连续施工需求，以白油、非离子表面活性剂、膨润土、稠化剂粉剂等为原料制备稠化剂悬浮液 XZ-UTT。

1.2.2　复合交联 XZ-TYJ 研制

通过阴离子表面活性剂 AEC-3Na、阳离子表面活性剂 HDAB-14 与磺酸甜菜碱型黏弹性表面活性剂 EAMPSB 等复配，制得复合交联剂 XZ-TYJ，不仅能与稠化剂 XZ-UTT 形成可逆物理交联，体系耐温性能及助排效果也显著提高。

1.2.3 稠化剂溶胀性能测试

在室温下将 6 种加重剂 NaCl、KCl、NaBr、HCOOK、$CaBr_2$、XZ-JZ01 配制成饱和盐水，测量其最大加重密度，在将 1.0%的耐温抗盐稠化剂 XZ-UTT 溶解到盐水中，以 1000r/min 的搅拌速率搅拌，溶解完全后利用六速旋转黏度计测盐水基液表观黏度，每半分钟记录一次数据。从稠化剂完全加入盐水中起计时，至盐水基液表观黏度不再变化，记该段时间为稠化剂的溶胀时间。

1.2.4 超高温加重压裂液携砂性能测试

采用 30~50 目的陶粒作为支撑剂，将单颗支撑剂放入装有 100mL 的具塞量筒中压裂液体系中，使用恒温油浴锅将压裂液加温至预设温度，并保证油浴锅液面应高于量筒中压裂液体系的液面；观察记录支撑剂沉降到底部所需要的时间，并计算出沉降速度。

1.2.5 超高温加重压裂液剪切恢复性能测试

使用加重剂 XZ-JZ01 配制 1.518g/cm^3 密度的盐水溶液，加入质量分数为 2%的稠化剂 XZ-UTT 配合一定比例的交联剂配制成交联冻胶，在吴茵混调器搅拌杯中容器加入 100mL 的样品，搅拌速度从 1000r/min 每隔 3min 中内快速升至 5000r/min，静置 3min 后，每隔 1min 使用六速旋转黏度计测量黏度。

1.2.6 超高温加重压裂液耐温耐剪切能力测试

使用加重剂 XZ-JZ01 配制 1.518g/cm^3 密度的盐水溶液，加入质量分数为 2%的稠化剂 XZ-UTT，加入一定比例的交联剂 XZ-TYJ 配制成交联冻胶，在 RS6000 高温高压密闭容器加入 50mL 的样品，实验室温度为 220℃、240℃、260℃，设置升温速度为 6℃/min，以 100s^{-1}的剪切速率恒温剪切 120min，记录黏度随剪切时间的变化，用最终黏度表征压裂液的耐温耐剪切性能。

1.2.7 超高温加重压裂液破胶性能测试

将配制好的加重压裂液与相同浓度破胶剂混合均匀，分装入 6 个密闭不锈钢容器，放入 240℃的恒温烘箱中破胶，每隔 1h 取出一个容器，冷却后测定体系黏度，当黏度低于 10mPa·s 视为彻底破胶，并测试破胶液的表面张力、破胶液与煤油的界面张力。

1.2.8 超高温加重压裂液腐蚀速率测试

将实验用钢片清洗干净并干燥，测量并记录的钢片的质量和表面积，放入密闭的不锈钢容器中，加入压裂液没过钢片，放入烘箱中，在 240℃下放置 4h，待温度冷却至 80℃，取出钢片洗净干燥并称量，用钢片减少的质量评价超高温加重压裂液的腐蚀速率。

2 结果与讨论

2.1 加重剂种类优选

加重剂的选择应当满足以下要求：(1)可溶性盐以避免对地层造成固相颗粒堵塞伤害；(2)具有较大的溶解度，在现场易于溶解，且配置简单；(3)具有较好的化学稳定性，与压裂液体系配伍性良好，与地层流体配伍性良好，避免二价阳离子沉淀。优选满足以上要求的常用无机盐 NaCl、KCl、NaBr、HCOOK、$CaBr_2$ 和有机加重剂 XZ-JZ01 作为加重剂。

根据表 1 各种加重盐类密度与溶解度情况来看，使用 NaBr、HCOOK、$CaBr_2$ 和 XZ-JZ01 有机复合加重剂配制的饱和盐水的加重密度大于 1.50g/cm^3，可以满足万米超深井增加压裂液静液柱压力的需求。考虑到万米超深井压裂施工中为降低施工摩阻并保障供液，基液黏度应控制在 90mPa·s 以内。基液黏度高，交联后形成的冻胶耐温性能好，但会造成压裂液供液困难，施工过程中排量受到限制；基液黏度低，可能会造成压裂液耐温性能差，施工过程中滤失大，难以达到储层的有效改造。使用 XZ-JZ01 有机复合加重剂配制聚合物原液黏度达到稳定时的溶解时间最小，低于 10min，且黏度能够小于 90mPa·s；因此优选出 XZ-JZ01，并确定其添加量，取 1L 清水，加入 2.2~2.6kg 的 XZ-JZ01，搅拌溶解至形成均一液体，测试盐水密度为 1.50~1.52g/cm^3。后续超高温加重压裂液均采用密度为 1.518g/cm^3 的加重液作为溶剂。

表 1　加重剂的性能参数

项　目	NaCl	KCl	NaBr	HCOOK	$CaBr_2$	XZ-JZ01
密度/(g/cm^3)	2.16	1.99	3.21	1.91	3.353	1.95
溶解度(20℃)/g	35.9	34.2	90.8	310	142	633
最大加重密度/(g/cm^3)	1.23	1.19	1.51	1.57	1.70	1.52
溶解时间/min	5	10	13	10	不溶解	8
黏度/mPa·s	75	60	102	98	—	88

2.2　超高温加重压裂液剪切恢复性

通过调节吴茵混调器转速在短时间内急剧变化来模拟万米超深井储层对压裂液体系的剪切破坏能力，从而观察加重压裂液体系本身所具有的剪切适应性。从图 1 可以看出，使用 2%的稠化剂 XZ-UTT 配置的交联冻胶具有触变性，高速剪切黏度低，停止剪切物理交联逐渐恢复，黏度回升。

从图 2 可知，1000s^{-1}高速剪切作用下，加重聚合物溶液黏度大幅度下降，当剪切速率恢复至 100s^{-1}，溶液黏度迅速恢复，并再度保持稳定，说明稠化剂 XZ-UTT 剪切恢复性好，可以避免因溶解、搅拌、泵注以及在地层内运移过程中发生剪切降解，可以有效降低聚合物在泵注过程中的摩阻，并且在进入地层后黏度迅速恢复，具有良好的动态携砂能力。

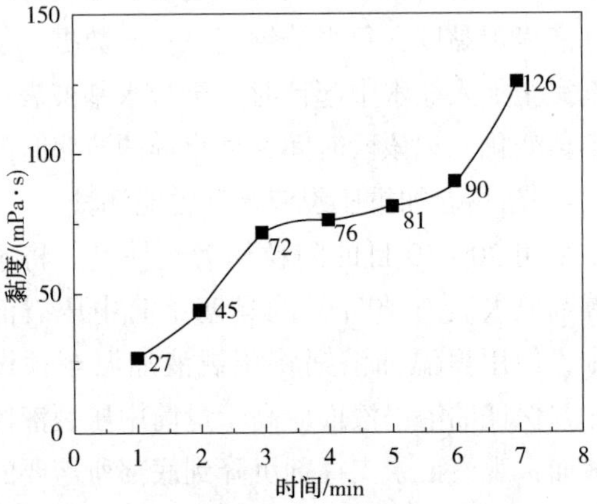

图 1　高速剪切后静置黏度恢复

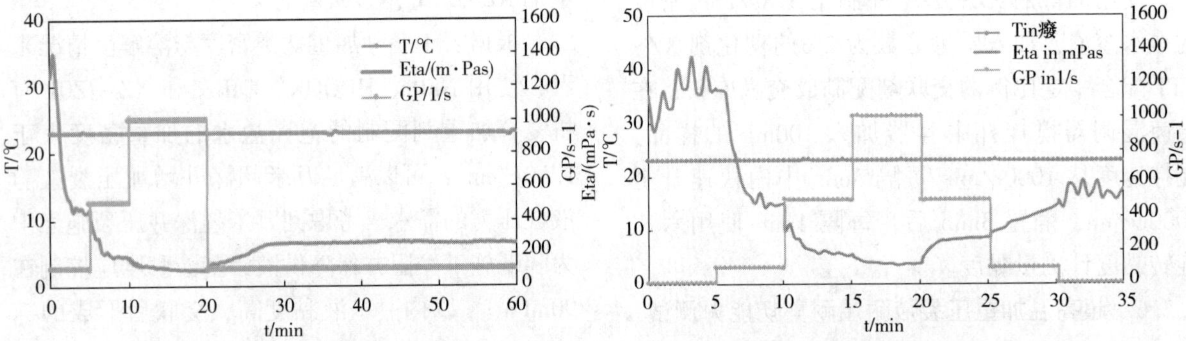

(a)高速剪切后低速剪切黏度恢复　　(b)变剪切黏度恢复性能

图 2　变剪切条件下的剪切恢复性

2.3　超高温加重压裂液交联及悬砂性能测试

一般认为，压裂改造施工允许的支撑剂沉降速率范围为 0.048～0.48cm/min。压裂施工中，压裂液在井筒和裂缝的流动过程中存在剪切扰动作用，支撑剂的沉降速率低于静态法测得的沉降速率。

表 2　支撑剂沉降速度

温度/℃	沉降速度/(cm/min)
100	0.24
240	0.44

由表 2 及图 3 可知，超高温加重压裂液体系常温下携砂性能优异；在 100℃条件下，支撑剂沉降速度为 0.24cm/min；在 240℃条件下，支撑剂沉降速度为 0.44cm/min。温度越高，支撑剂的沉降速度越大，这是因为温度的升高导致压裂液的黏度降低，沉降速度变大。实验测得的沉降速度均小于 0.48cm/min，因此该压裂液体系具有良好的携砂性能。

2.4　超高温加重压裂液耐温能力测试

压裂液在通过管汇、井筒、炮眼时或在地层中推进都会受到很大的剪切作用，所以耐温耐剪切性能是考察压裂液性能好坏的首要参数。用德国 HAKKERS6000 流变仪对加重压裂液进行 220~260℃的耐温耐剪切性能测试，超高温加重压裂液体系的流变性能见表 3 和图 4。

图 3　常温静置 4h 后携砂状态

表 3　超高温加重压裂液配方

温度	压裂液配方（密度 1.518g/cm³）
220℃	1.5%XZ-UTT+1.0%XZ-TYJ
240℃	3.0%XZ-UTT+1.0%XZ-TYJ
260℃	3.5%XZ-UTT+1.0%XZ-TYJ

从图 4 可以看出，试验温度 220℃~260℃，剪切 120min 的加重压裂液体系黏度始终大于 100mPa·s，表明该体系具有较好的耐温耐剪切性能；在稠化剂加量一定的条件下，增加交联剂用量，耐温能力得到有效提升，交联剂可以一定程度抑制聚合物压裂液空间网状结构发生变形的能力，增强溶液结构的大尺寸和分子链间的强缔合作用。

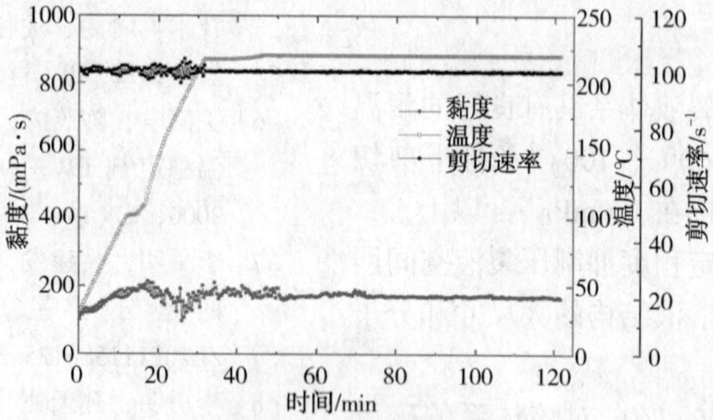

(a) 220℃下耐温耐剪切流变曲线

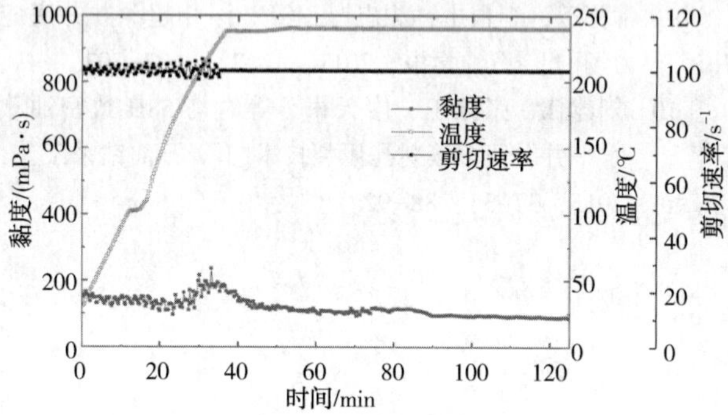

(b)240℃下耐温耐剪切流变曲线

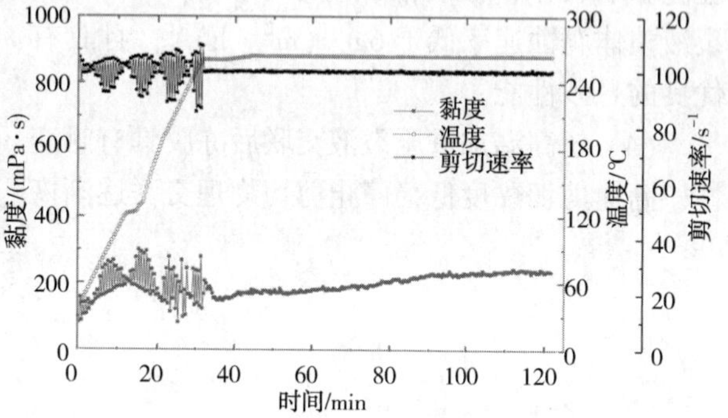

(c)260℃下耐温耐剪切流变曲线

图 4　不同温度下聚合物压裂液体系耐温能力曲线图

2.5　超高温加重压裂液破胶性能测试

按照 240℃条件下超高温加重压裂液配方配制压裂液并加入 0.5%~1.2%的破胶剂，搅拌均匀并移至老化罐中，密闭状态下 240℃恒温，冷却后取出破胶液，用毛细管黏度计测定黏度，并按《SY/T 7627—2021 水基压裂液技术要求》进一步测定破胶液的表面张力及界面张力，结果见表 4，性能均能满足行业标准。

表 4　240℃加重压裂液破胶性能测试

破胶剂用量/%	破胶时间/h	破胶液黏度/mPa·s	表面张力/(mN/m)	界面张力/(mN/m)
0.5	6	9.80	25.58	0.66
0.8	6	9.36	25.54	0.65
1.0	4	9.21	25.62	0.58
1.2	3	8.98	25.36	0.44

2.6 超高温加重压裂液腐蚀速率测定

将 N80 钢片放入超高温加重压裂液中，测试温度 240℃、测试时间 6h，实验完毕后取出钢片，先用去离子水清洗，再用丙酮浸泡腐蚀后的钢片去除腐蚀产物膜，然后用无水乙醇除水，干燥。肉眼观察形貌后，将钢片放入干燥器中，放置 1h 后测量尺寸和重量计算其腐蚀速率。结果显示，超高温加重压裂液对钢片的腐蚀较低。

表 5　超高温加重压裂液对钢片的均匀腐蚀速率

钢片编号	A_i/($10^{-6}m^2$)	m_0/g	m/g	Δm_i/g	V_i/[g·(m^2·h)$^{-1}$]
1#	1614.16	11.212	11.183	0.029	4.491
2#	1616.39	11.239	11.203	0.036	5.567
3#	1615.61	11.226	11.195	0.031	4.796

3 结论

（1）超高温加重压裂液体系具有良好的耐温耐剪切性能，在 220~260℃、$100s^{-1}$条件下剪切 120min，压裂液黏度保持在 100mPa·s 以上。

（2）交联剂可以一定程度抑制压裂液空间网状结构发生形变，增强溶液结构的大尺寸和分子链间的强缔合作用。

（3）复合加重剂 XZ-JZ01 对该体系的破胶性能影响较小，破胶液黏度小于 10mPa·s，压裂液整体腐蚀速率低于 6g·(m^2·h)$^{-1}$，且具有优良的悬砂性能。

（4）超高温加重压裂液交联后冻胶具有触变性，高速剪切黏度低，停止剪切物理交联逐渐恢复，黏度回升，可以保证泵送过程中摩阻降低，有效解决加重压裂液摩阻高的问题。

参 考 文 献

[1] 辛军，郭建春，赵金洲，等．新型超高温压裂液体系研制与评价[J]．钻井液与完井液，2009，26(6)：49-52.

[2] 靳剑霞，谭锐，王红科，等．新型改性羟丙基瓜胶及其在超高温压裂液中的应用[J]．钻井液与完井液，2018，35(2)：126-130.

[3] 刘萍，管保山，徐敏杰，等．220℃超高温聚合物压裂液性能研究[J]．石油化工应用，2018，037(008)：12-15.

[4] 邹国超，车光明，季晓红，等．超高温压裂缝型气藏分层压裂技术及应用[J]．天然气地球科学，2012，23(2)：365-369.

[5] 吴奇，胥云，王晓泉，等．非常规储集层体积改造技术：内涵、优化设计与实现[J]．石油勘探与开发，2012，39(3)：352-358.

[6] 王满学，陈茂涛，郭小莉，等．油基冻胶压裂液高温稳定剂 PW-1 的研究与应用[J]．油田化学，2000，17(1)：34-38.

[7] 李勇明，吴建发，付永强，等．一种以 β-CD 为核的超分子星形聚合物及其制备方法；ZL202111586125.3.[P].

[8] 李勇明，孙天礼，管彬，等．一种超高温有机交联压裂液体系；ZL202111586252.3.[P].

[9] 常德玉，李根生，沈忠厚，等．深井超深井井底应力场[J]．石油学报，2011，32(7)：697-703.

[10] 刘建伟，张佩玉，廖天彬，等．马 58H 致密油藏水平井分段多簇射孔压裂技术[J]．石油钻采工艺，2015，37(3)：88-92.

深井超深井井筒连续波高速数据传输技术研究与思考

李振宝[1]　伊　明[1,2]　张胜鹏[1]　孟　滢[1]

(1. 中国石油集团西部钻探工程有限公司；2. 长江大学)

摘　要　针对深井超深井井筒参数测量信号高速传输问题，阐述了技术的发展现状。根据深井超深井信号传输量大、传输速率高的需求，指出连续波高速脉冲传输技术是未来高速传输技术的发展方向；分析了国内外高速连续波泥浆脉冲传输系统技术现状，指出了国内外技术差距并提出了一种连续波泥浆脉冲传输系统的整体结构；结合井下系统的技术现状，提出了深井超深井连续波脉冲发生器定转子结构设计原则及编解码算法；根据地面系统的技术难点，指出自适应信号消噪算法与自适应均衡器是未来深井超深井地面压力信号消噪与信道均衡的发展趋势；总结了本文所提出的技术方案，预期深井超深井数据传输速率可达10bit/s，提出了深井超深井井筒高速数据传输技术的诸多挑战和发展趋势，为井筒高速脉冲传输技术研究与系统研制提供参考和借鉴。

关键词　深井超深井；高速脉冲传输；连续波；自适应信号处理；脉冲发生器

深层超深层油气勘探开发是“十四五”及今后寻找大油气田、开拓油气增储上产新领域的重点战略方向。据预测，我国深层石油和天然气储量分别占国内油、气总量的25%和23%。近3年，勘探在塔里木库车山前+台盆区、准噶尔南缘、川渝深层、柴达木阿尔金山前等7000~8000m以深层获重大油气发现，西部四大盆地深层油气储量发现快速增长，已成为国内油气资源重要战略接替区。

随着工程技术的不断进步，针对浅层已基本形成全产业链与系列工程技术利器，但针对深层超深层钻井，还存在钻井效率低下、事故复杂频发等难题。当前，井筒信息传输一般采用泥浆脉冲数据传输(Mud Pulse Telemetry，MPT)技术，与其他数据传输技术相比，因其可靠性、经济性，应用最为广泛。但是该技术信号传输速率仅可达0.5bit/s，且传输速率受井深影响进一步变慢，无法满足日益增加的井下信息测量需求，成为目前制约井筒测量技术发展和应用的瓶颈。

MPT技术以钻井液作为传输介质，在井下安装节流装置，通过一系列编码方式产生钻井液压力波动并传播至地面高压管路，实现井下数据的上传。按照压力脉冲信号的发生机理，可以将泥浆脉冲信号发生器分为负脉冲、正脉冲和连续波泥浆脉冲信号发生器。连续波泥浆脉冲信号传输技术在数据传输速率方面优势明显，是目前国内外相关机构和企业的重点研发内容，也是最适应深井超深井数据传输的技术手段。

1　深井超深井高速脉冲传输系统结构

20世纪70年代初，Mobil率先研制出连续波MPT系统，现场试验数据传输速率达到了3bit/s。1993年，斯伦贝谢推出PowerPulse旋转阀式连续波脉冲发生器，该脉冲发生器在10000m的超深井数据传输速率最高可达16bit/s，2008年，该公司又推出了DigiScope连续波脉冲发生器，数据传输速率最高可达36bit/s。贝克休斯的连续波脉冲发生器采用摆动阀式定转子结构设计，采用“摆动-停止-摆动”的转子运动方式，能够有效避免转阀的阻塞问题，同时也适用更多的编解码算法，该连续波脉冲传输系统在6400m深井数据传输速率达到了20bit/s。

国内连续波高速传输系统的研发目前还处于吸收和引进国外技术阶段，尚未形成成熟产品，但也进行了大量的研究工作。2008年，中国石油集团钻井工程技术研究院的苏义脑等人开发的连续波高速脉冲传输系统在实验环境下的数据传输速率可达10bit/s。2016年10月，中海油开发的连续波脉冲发生器完成了实井测试，在3016m井深条件下数据传输速率达到了12bit/s。

根据现有正脉冲泥浆脉冲传输系统结构，提出了一种连续波泥浆脉冲传输系统整体结构如图1所示，由井下系统、泥浆信道和地面信号处理系统组成。井下系统包括发电机/电池、整流稳压电路、数据采集系统、连续波脉冲发生器等，钻柱中的泥浆作为整个系统的信息传输通道，地面系统包括地面传感器数据采集网络、信号处理算法、地面解码软件等。

2　井下系统相关技术现状与技术难点

井下系统主要由供电系统、数据采集系统、泥浆脉冲发生器等组成。数据采集系统完成数据采集后，将测量数据进行压缩并格式化，通过控制连续波泥浆脉冲发生器转子运动完成数据编码和调制，连续波脉冲发生器通过改变定转子之间的相对位置调节节流孔面积大小，形成连续压力波脉冲信号并将测量数据经过泥浆信道传输至地面。

连续波泥浆脉冲发生器的信号发生原理如图2所示，通过转子不断旋转，使泥浆的过流面积发生连续变化，形成连续压力脉冲信号。

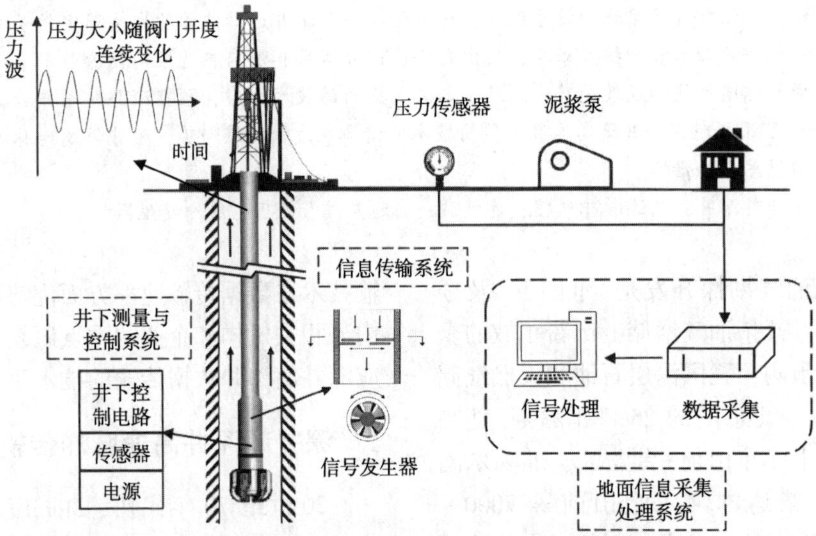

图1　连续波泥浆脉冲传输系统整体结构

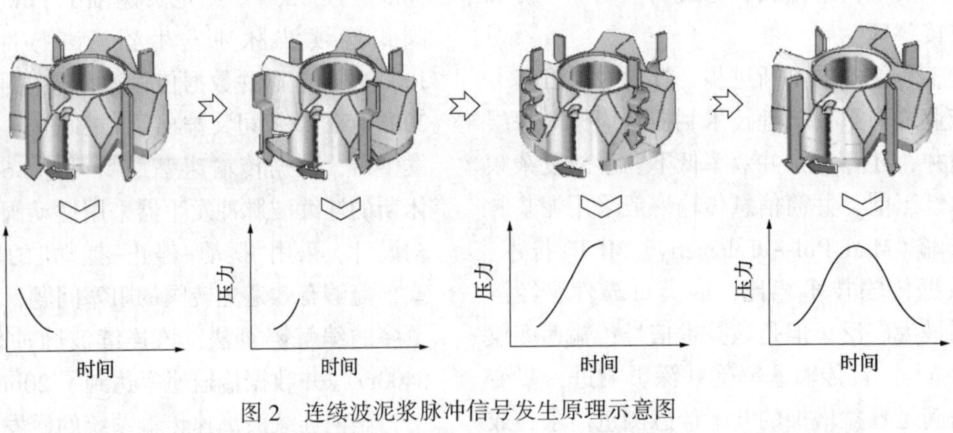

图2　连续波泥浆脉冲信号发生原理示意图

2.1　定转子阀口结构设计

定转子结构设计与优化研究内容主要包括叶片形状、个数、定转子间隙和倾角等参数对水力特性和压力场的影响。2011年，中海油王智明等人对扇形阀口、矩形阀口和三角形阀口进行了三维流场分析，得出转子阀口设计原则：三角形阀口形状的转子受力较好，压力波更接近于正弦波；应尽可能减小转子叶片厚度以减小其所受转矩；转子叶片选择4较为合适。2018年，中国石油大学的鄢志丹等人在三角形阀口结构的基础上优化设计了圆弧三角形阀口结构，通过计算流体力学仿真和地面水力实验均得到了与正弦高度相似的压力波信号。

目前连续波信号发生器的定转子设计原则主

要是依据薄壁小孔节流原理。如果假设把钻井液看作是定常流动不可压缩的流体，当钻井液的流量和密度不变时，根据薄壁小孔节流原理可得阀口变化前后压差为：

$$\Delta p(t)=\frac{\rho Q^2}{2{C_d}^2}\frac{1}{A(t)^2} \tag{1}$$

式中，ρ 为钻井液密度；Q 为流过阀口的钻井液流量；C_d 为阀口的流量系数，一般取 0.6~0.8；$A(t)$ 为阀口的通流面积；$\Delta p(t)$ 为阀口前后压差。

期望泥浆脉冲器产生的压力波为标准正弦信号压差 $\Delta p_0(t)$，因此可以得到：

$$\Delta p_0(t)=\frac{\Delta p_{\max}-\Delta p_{\min}}{2}\sin\left(n\omega t-\frac{\pi}{2}\right)+\frac{\Delta p_{\max}+\Delta p_{\min}}{2} \tag{2}$$

式中，ω 为转子的角速度；$\Delta p_{\max}$ 和 $\Delta p_{\min}$ 分别是标准正弦信号 $\Delta p_0(t)$ 的最大值和最小值。

结合式(1)和式(2)，可以得到转阀的流通面积 $A(t)$ 可以表示为：

$$A(t)=\frac{Q}{C_d}\sqrt{\frac{\rho_m}{(\Delta p_{\max}-\Delta p_{\min})\sin\left(n\omega t-\frac{\pi}{2}\right)+(\Delta p_{\max}+\Delta p_{\min})}} \tag{3}$$

设计时定子、转子结构时定子外径一般要大于转子外径，因此当转阀完全关闭时存在最小过流面积 $A_{\min}$，假设阀口过流面积为 $A_1(t)$，则转子在旋转时的总的过流面积 $A(t)$ 为：

$$A(t)=A_1(t)+A_{\min} \tag{4}$$

用标准正弦信号压差 $\Delta p_0(t)$ 和理论信号压差 $\Delta p(t)$ 的相关系数 ρ 作为评判转子结构设计好坏指标：

$$\rho=\frac{\int_0^T \Delta p(t)\times\Delta p_0(t)dt}{\sqrt{\int_0^T \Delta p^2(t)\Delta dt}\times\sqrt{\int_0^T {\Delta p_0}^2(t)\Delta dt}} \tag{5}$$

因此，通过设计定转子结构得到阀口过流面积为 $A_1(t)$，使得式(5)中 ρ 接近 1 时，说明定转子结构计设合理，可以得到近似正弦信号的连续波脉冲信号。

2.2 连续波脉冲编解码算法

连续波脉冲器常用的信息编码方式主要有二进制码和多进制码。二进制码有相移键控（Phase Shift Keying，PSK）、频移键控（Frequency Shift Keying，FSK）、幅移键控（Amplitude Shift Keying，ASK）等多种调制方式，与 PSK 相比 FSK 编码方式对电机控制精度要求较低且更易于实现，但是其占用带宽较高，在深井超深井条件下随着传输速率的提高，其信号衰减更为严重，因此二进制编码方式中，PSK 更具有优势且抗噪声干扰能力更强。国外先进的连续波脉冲器如斯伦贝谢、贝克休斯等大多采用更适应深井超深井数据传输的正交相移键控（Quadrature Phase Shift Keying，QPSK）多进制编码调制方式，可以增加码元过渡时间并提高功率有效性和带宽利用率，其调制原理框图如图 3 所示。

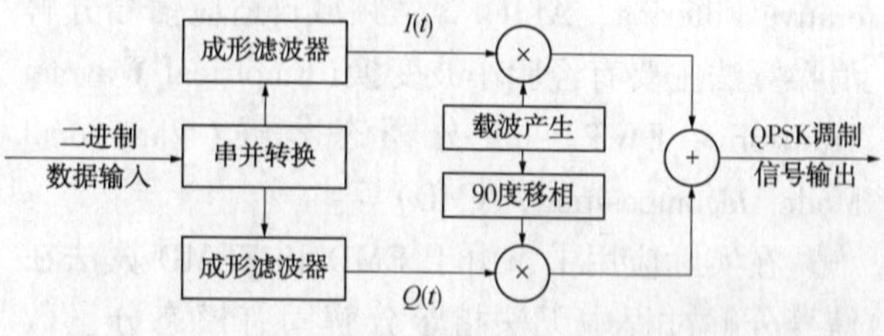

图 3　QPSK 调制原理框图

综上，深井超深井高速脉冲传输技术井下系统的技术难点主要有三点：第一，如何通过连续波脉冲器定转子阀口结构设计使其生成的连续压力脉冲近似于正弦信号；第二，如何通过设计有效的抗大负载扰动电机控制算法使连续波脉冲器转子具有较强的抗负载扰动和动态跟踪性能；第三，如何设计连续波脉冲器的编解码和调制算法使其在低功耗条件下承载更多的数据信息。

3　地面系统相关技术现状与技术难点

地面解码系统主要由数据采集、信号处理、解码软件等部分组成。首先通过安装在立管上的压力传感器采集地面泥浆压力波信号，然后对采集到的压力信号进行信号消噪、滤波、补偿失真等处理，随后对压力信号进行数据解调、同步和解码，最后经过校验、解析和解压缩后还原出井下数据。地面解码系统的主要难点在于信号的消噪和信道均衡。

3.1 泥浆压力脉冲信号消噪技术

目前国内外针对泥浆脉冲信号消噪问题主要有两个研究方向：第一是基于双压力传感器的泵噪声滤除技术；第二是基于自适应滤波手段的信号分解消噪算法。理论上，针对地面泵噪声信号消除问题，通过在地面泥浆管路上增加双压力传感器，使用延迟差分算法能够有效消除泵噪声，但是由于双压力传感器安装时对传感器间距有一定要求，大多数井场无法满足多压力传感器安装条件，导致其应用推广受限。

自适应滤波器可自动调整滤波系数跟踪有用信号实现最优滤波，无需预先提取噪声特征，可动态适应于各种条件下的泥浆脉冲信号去噪，并规避泥浆泵工况变化造成的噪声干扰。目前自适应信号消噪算法主要分为时域自适应信号分解消噪算法和频域自适应信号分解消噪算法，其中时域自适应信号分解消噪算法主要有集合经验模态分解(Ensemble Empirical Mode Decomposition，EEMD)、自适应局部迭代滤波(Adaptive Local Iterative Filtering，ALIF)等，频域自适应信号分解消噪算法主要有经验小波变换(Empirical Wavelet Transform，EWT)、变分模态分解(Variational Mode Decomposition，VMD)等。

在实际应用中，由于EMD和EEMD算法在信号分解过程中无法指定分解固有模态分量数量，且存在模态混叠现象，因此其对信噪比提升效果有限。而ALIF对正弦信号、非平稳信号的消噪效果较好，能够有效改善端点效应，具有较强的自适应性。EWT算法由于在信号分解消噪过程中易出现过分解问题，导致模态分解结果不够理想，而VMD算法在选择合适的模态数量后，可以得到理想的分解消噪结果。

针对深井超深井地面压力波脉冲信号衰减严重、信噪比低等问题，通过引入ALIF、VMD等自适应信号分解消噪算法可以有效滤除泥浆压力信号中的噪声成分，同时避免衰减有用信号，在深井超深井地面泥浆压力脉冲信号消噪方面具有巨大推广应用价值。

3.2 泥浆脉冲信号信道均衡技术

在实际钻井过程中，由于钻柱接头、仪器安装等原因，会导致泥浆信道中压力波信号发生反射现象，且反射量的大小与管道内径的变换量相关，深井超深井由于钻柱较长，会存在较大的时延扩展和多次反射叠加，导致严重的信道失真和码间干扰，因此需要对信道加以补偿，降低误码率。

自适应均衡技术对随机性和时变性泥浆脉冲信道具有更好的应用效果，包括训练过程和跟踪过程。在训练过程中，自适应均衡器根据训练样本及其标签以检测误码率最小为目标，对滤波器参数进行优化，通过对自适应滤波器进行训练，可以显著提高自适应滤波器的性能。

在深井超深井信道畸变较大的场合，自适应滤波器性能无法满足数据高速传输的需求。判决反馈均衡器(Decision Feedback Equalizer，DFE)可以从当前状态中减去由先前符号带来的时延干扰，在严重畸变的泥浆信道上有优异的解码性能，同时具有受定时误差和噪声影响小等优点，是目前适用于深井超深井条件下的自适应均衡器。

4 结论

深井超深井井筒高速传输技术涉及到机械、电子、流体力学、控制技术、通讯技术、钻井技术等多学科领域，是一项多学科综合性交叉课题。采用本文所提出的连续波脉冲器设计方法、QPSK编解码算法及自适应地面信号分解消噪和信道均衡算法，预期深井超深井数据传输速率可达10bit/s，但是深井超深井井筒高速数据传输技术仍面临诸多挑战，主要有以下三个方面：

1）深井超深井连续波脉冲发生器转子运动控制优化与节能研究，如抗大负载扰动电机控制算法研究，低功耗信号编码与数据压缩技术等；

2）深井超深井地面极低信噪比泥浆压力波信号的高效消噪与解码算法研究，如自适应泥浆压力波信号消噪算法研究、复杂信道畸变信号的均衡技术、高精度动态压力传感器技术等；

3）适应深井超深井连续波信号发生器的可靠性与经济性研究，如耐高压高速旋转阀内外压力平衡结构、耐高温高压承压结构材料优选、井下工具仪器的抗冲蚀抗振动设计等。

参 考 文 献

[1] 乔宗超. 深井高温MWD系统误差修正算法研究及实现[D]. 广州：广东工业大学 信息工程学院，2017.

[2] 贾梦之，耿艳峰，闫宏亮，等. 高速泥浆脉冲数据传输技术综述[J]. 仪器仪表学报，2018，39(12)：160-170.

[3] Antunes PD，Gonzalez FOC，Yamachita RA，et al. A review of telemetry data transmission in unconventional petroleum environments focused on information density and reliability[J]. Journal of Software Engineering and Applications，2015，8(9)：455-462.

[4] Cooper P，Santos LSB. New mud - pulse telemetry system delivers improved drilling dynamics and formation evaluation data[C]. SPE Russian Petroleum Technology

Conference，2015.

[5] Su Y N，Sheng L M，Li L，et al. Strategies in high data-rate MWD mud pulse telemetry [J]. Journal of Sustainable Energy Engineering，2014，2(3)：269-319.

[6] Sitka M A，Sherrill K，Winslow D. Mud powered inertia drive oscillating pulser：US，US 9000939 B2 [P]. 2015.

[7] Barbely J R. Mud-pulse telemetry system including a pulser for transmitting information along a drill string：US，US 20180128099 A1[P]. 2018.

[8] Burgess D E. Rotary pulser and method for transmitting information to the surface from a drill string down hole in a well：US，US 9238965 B2[P]. 2016.

[9] Klotz C，Bond P R，Wassermann I，et al. A new mud pulse telemetry system for enhanced MWD/LWD applications [C]. IADC/SPE Drilling Conference，2008：1-5.

[10] 苏义脑，李林，石荣，等．连续波压力脉冲发生器：中国，CN201221355Y[P]. 2009-04-15.

[11] 张祝军．摆动式连续波泥浆脉冲通信系统中的信道特性与消噪技术研究[D]. 杭州：浙江大学海洋学院，2018.

[12] Yan Z D，Geng Y F，Wei C M，et al. Design of a continuous wave mud pulse generator for data transmission by fluid pressure fluctuation[J]. Flow Measurement and Instrumentation，2018，59(3)：28-36.

[13] Yan Z D，Wei C M，Geng Y F，et al. Design of a rotary valve orifice for a continuous wave mud pulse generator [J]. Precision Engineering，2015，41 (7)：111-118.

[14] Namuq M A，Reich M，Al-zoubi A. Numerical simulation and modeling of a laboratory MWD mud siren pressure pulse propagation in fluid filled pipe[J]. Oil Gas European Magazine，2012，38(3)：125-130.

[15] 王智明，肖俊远，管志军．基于 CFD 的旋转阀泥浆脉冲器转子结构参数研究[J]. 设计与研究，2011，6(205)，3-4+26.

[16] Chin W，Su Y N，Sheng L M，et al. High-data-rate MWD system for very deep wells [J]. Well Logging Technology，2014，38(6)：713-721.

[17] 刘新平．DSP 控制连续波信号发生器机理与风洞模拟试验研究[D]. 青岛：中国石油大学，2009.

[18] 樊昌信，曹丽娜．通信原理[M]. 第 7 版．北京：国防工业出版社，2012.

[19] Li Z B，Jiang W L，Zhang S，et al. Hydraulic pump fault diagnosis method based on MEEMD and WKELM [J]. Sensors，2021，21，2599.

[20] 王腾．自适应信号分解算法对比研究及在液压泵故障诊断中的应用[D]. 秦皇岛：燕山大学 机械工程学院，2021.

[21] 边海龙，苏义脑，李永威，等．基于时延差分的连续波随钻测量信号提取算法[J]. 电子测量与仪器学报，2015，29(5)：669-675.

[22] Barak E. Mud pulse telemetry preamble for sequence detection and channel estimation：WO，WO 2017062009 A1[P]. 2017.

漂浮技术在深层水平井完井的工艺应用

马文宇　郑国涛

（大庆钻探工程有限公司）

摘　要　针对深层水平井眼轨迹的复杂性，在钻井完井过程中普遍存在水平段长、轨迹上倾等问题，这些特点对完井工具和工艺提出了更高的要求。在 SS20HC 井的勘探与开发过程中，漂浮技术的使用，有效解决了复杂地质条件下的完井作业。在 SS20HC 井的实践中，该工艺原理得到了充分应用。

关键词　水平井；完井工艺；漂浮技术；尾管悬挂器；井眼轨迹

1　工程概况

SS20HC 井井深 4930m。完钻垂深 3356.92m；造斜点 2950m；侧钻点 3100m；着陆点 3604m；水平段长 1326m。完钻钻井液密度 1.52g/cm³。悬挂器位置 2382.16m。水平段井眼轨迹整体上倾。井深结构见表 1。

表 1　SS20HC 井井身结构

套管层次	钻井深度/m	钻头尺寸/mm	套管外径/mm	套管壁厚/mm	套管顶深/m	套管底深/m
表层套管	305	444.5	339.7	10.03	0	305
技术套管	2584	311.2	244.5	10.03	0	2582
生产套管	5232	215.9	139.7	12.7	0	5230

2　技术难点

2.1　井眼轨迹上倾

SS20HC 井最大垂深 3440.91m，视平移 1608.11m。最大井斜 95.78°（4127m），水平段井眼轨迹整体上倾，上倾 83.17m。

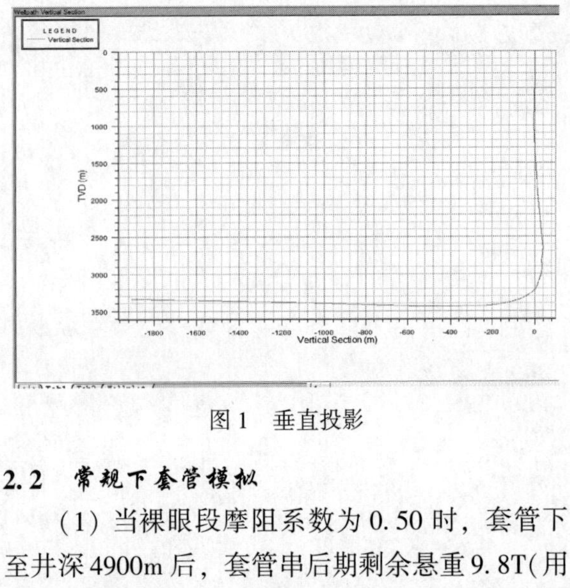

图 1　垂直投影

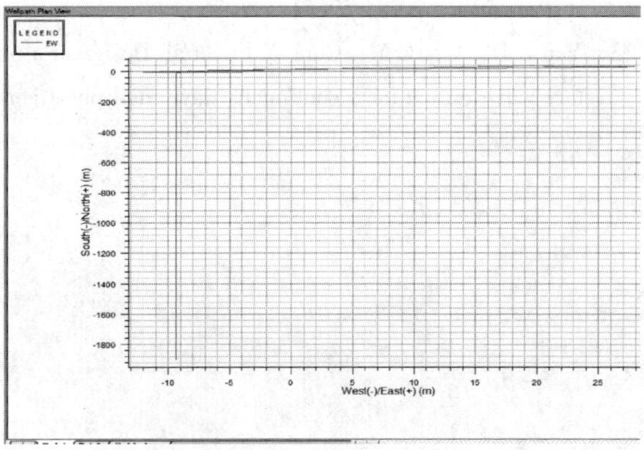

图 2　水平投影

2.2　常规下套管模拟

（1）当裸眼段摩阻系数为 0.50 时，套管下至井深 4900m 后，套管串后期剩余悬重 9.8T（用全井是套管模拟时的结果）。实际上尾管悬挂器上方是钻杆，悬重会减少 17.84T（后面有计算），剩余悬重-8.04T，难以将套管下至设计位置。

（2）当裸眼段摩阻系数为 0.45 时，套管下入到位后管串尚有 44.26T 的悬重（用全井是套管模拟时的结果），减去因钻杆减少的悬重 17.84T，实际剩余悬重 26.42T，剩余悬重不易克服套管屈曲所需的最小张力，不易将套管下至设计位置。

（3）漂浮破裂盘承受压力。

因本井使用尾管悬挂器是液压控制，需要确

定漂浮工具数量及位置，及破裂盘承受压力，避免高压破裂盘打开产生圈闭压力，使尾管悬挂器液压装置提前启动。

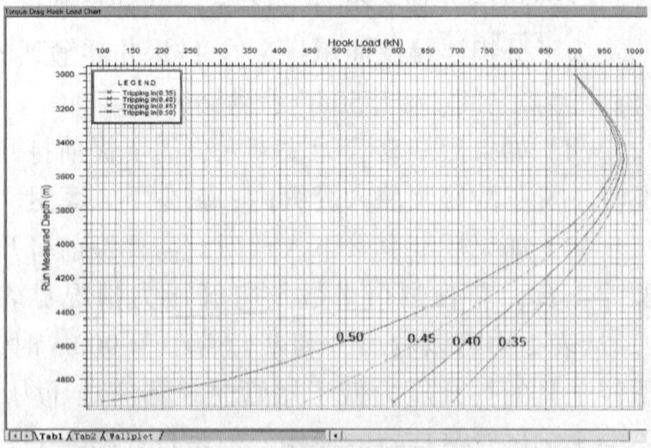

图 3　悬重变化曲线

Torque Drag Hook Load Chart

	Tripping In(0.35)		Tripping In(0.40)		Tripping In(0.45)		Tripping In(0.50)	
	Hook Load(kN)	Run Measured Depth(m)	Hook Load(kN)	Run Measured Depth(m)	Hook Load(kN)	Run Measured Depth(m)	Hook Load(kN)	Run Measured Depth(m)
1	900.34	3000.00	899.12	3000.00	897.92	3000.00	896.74	3000.00
2	924.91	3100.00	923.07	3100.00	921.27	3100.00	919.50	3100.00
3	948.44	3200.00	945.93	3200.00	943.48	3200.00	941.09	3200.00
4	968.19	3300.00	964.73	3300.00	961.36	3300.00	958.08	3300.00
5	982.00	3400.00	977.35	3400.00	972.85	3400.00	968.48	3400.00
6	987.30	3500.00	981.38	3500.00	975.60	3500.00	969.96	3500.00
7	982.92	3600.00	975.38	3600.00	967.86	3600.00	960.29	3600.00
8	972.79	3700.00	962.85	3700.00	952.50	3700.00	941.65	3700.00
9	961.31	3800.00	948.53	3800.00	934.71	3800.00	919.54	3800.00
10	945.28	3900.00	928.81	3900.00	910.94	3900.00	889.95	3900.00
11	925.66	4000.00	904.91	4000.00	879.91	4000.00	848.85	4000.00
12	906.67	4100.00	878.76	4100.00	844.18	4100.00	798.91	4100.00
13	884.21	4200.00	849.66	4200.00	804.24	4200.00	745.95	4200.00
14	859.71	4300.00	816.31	4300.00	759.83	4300.00	690.43	4300.00
15	833.83	4400.00	780.66	4400.00	713.73	4400.00	633.34	4400.00
16	807.38	4500.00	744.66	4500.00	668.27	4500.00	566.83	4500.00
17	780.54	4600.00	710.01	4600.00	625.13	4600.00	490.29	4600.00
18	752.91	4700.00	675.34	4700.00	574.18	4700.00	409.53	4700.00
19	726.38	4800.00	640.23	4800.00	518.80	4800.00	312.62	4800.00
20	699.63	4900.00	603.85	4900.00	466.62	4900.00	165.58	4900.00

图 4　模拟悬重数据

3　解决思路

（1）通过 SS20HC 通井悬重情况，采用 Landmark 软件推演的通井摩阻系数为 0.35 左右，考虑到本井套管壁厚较厚，且水平段井眼轨迹整体上倾，附加 0.15，漂浮下套管模拟系数取 0.50。套管内摩阻系数取 0.15，裸眼段摩阻系数取 0.50，套管下入到位时，剩余悬重为 65.39T。

图 5　悬重变化曲线

Torque Drag Hook Load Chart

	Tripping Out		Tripping In		Min Wt. Hel. Buckle (Tripping In)	
	Hook Load(kN)	Run Measured Depth(m)	Hook Load(kN)	Run Measured Depth(m)	Hook Load(kN)	Run Measured Depth(m)
1	749.7	3000.00	705.8	3000.00	534.6	3000.00
2	785.7	3100.00	732.4	3100.00	549.7	3100.00
3	822.3	3200.00	758.3	3200.00	592.7	3200.00
4	859.4	3300.00	783.9	3300.00	654.7	3300.00
5	900.9	3400.00	803.8	3400.00	597.2	3400.00
6	937.0	3500.00	819.2	3500.00	612.1	3500.00
7	964.0	3600.00	830.5	3600.00	626.8	3600.00
8	988.9	3700.00	835.7	3700.00	641.4	3700.00
9	1016.5	3800.00	840.0	3800.00	694.1	3800.00
10	1046.0	3900.00	840.6	3900.00	707.4	3900.00
11	1075.0	4000.00	835.2	4000.00	704.4	4000.00
12	1101.8	4100.00	826.0	4100.00	742.5	4100.00
13	1136.6	4200.00	818.3	4200.00	703.9	4200.00
14	1172.4	4300.00	810.4	4300.00	618.5	4300.00
15	1208.5	4400.00	802.1	4400.00	649.7	4400.00
16	1247.6	4500.00	794.0	4500.00	628.5	4500.00
17	1285.7	4600.00	785.8	4600.00	623.8	4600.00
18	1312.8	4700.00	768.3	4700.00	639.0	4700.00
19	1314.9	4800.00	718.8	4800.00	690.0	4800.00
20	1329.5	4900.00	668.8	4900.00	715.6	4900.00
21	1340.9	4930.00	653.9	4930.00	687.5	4930.00

图 6　模拟悬重数据

（2）尾管胶塞与球座自锁后通过漂浮工具是否会卡阻

钻杆胶塞的刚性部分外径为 58mm。尾管胶塞钢性部分外径为 90mm，皮碗最大外径为 126mm，尾管胶塞卡簧处的外径为 88mm。漂浮工具高压破裂盘破碎后内通径为 114.3mm，与套管内径一致，尾管胶塞过漂浮工具不会发生卡阻。

（3）高压破裂盘破碎后的颗粒残留能否影响尾管胶塞自锁的问题

SS20HC 井为上倾井，尾管悬挂器球座位于水平段，即使在卡簧槽处有颗粒残留，也会在下侧。卡簧槽处的槽深为 2.5mm，固井前要多次循环，即使有颗粒残留也会被钻井液带走。又因为卡簧收缩后的直径为 88mm，小于尾管胶塞刚性部分的外径 90mm，而高压破裂盘破碎后的颗粒细小，即使破裂盘颗粒在卡簧槽处有残留，也不会影响大胶塞进入。最坏的结果是卡簧不起作用，失去防倒反功能，但是不影响碰压作业。

（4）漂浮接箍工具数量、位置和压力

1）使用 1 支漂浮工具，漂浮工具下深在 3500m（受力中和点）之下某处位置，均有利于套管下入。考虑到工具与管串结构的一致性（3604.76～5232.00 采用 P110 套管），将漂浮工具下深 3650m，水平段空套管段长度为 1582m。

2）漂浮工具承受压力及解决方案：

漂浮工具下深 3650m 时，该处的垂深为 3435.80m，静液柱压力：$3435.80 \times 1.52 \times 0.00981 = 51.23MPa$。目前单支漂浮工具的最大承压能力为 50MPa，低于此处的静液柱压力。为了确保下套管过程中漂浮工具不提前打开，下套管后期上部部分套管串不灌钻井液。后期不灌浆套管长度。建议后期留 700m 钻具不灌钻井液，静液柱压力可以减少：(3435.80−2950)×1.52×0.00981=7.2MPa。此时，漂浮工具承受的静液柱压力为：50−7.2=42.8MPa<50MPa，可确保漂浮接箍不提前打开。当然，如果后期未遇阻卡，不灌浆套管长度越长越保险。700m钻具不灌钻井液，悬重减少：1/4×3.14×0.11862×0.11862×1.52×700=11.75T，剩余悬重为：54.5−11.75=42.75T。

4 施工工艺及措施

（1）下套管前，208mm双螺扶通井划眼，保证井眼清洁，避免岩屑床、缩径等对摩阻系数的影响，尽可能降低摩阻系数。

（2）在水平段注入封闭浆，钻井液中加入塑料小球，减小摩阻。

（3）尾管串结构：旋转引鞋+1#深井浮箍(舌板式)+2根套管+2#深井浮箍(弹簧式)+3根套管+3#深井浮箍(舌板式)+碰压座(与尾管悬挂器配套)+套管+漂浮接箍(下深3650m)+套管+尾管悬挂器(座挂井深2434m)+钻杆至井口。

为了分担浮箍反向承压，在1#深井浮箍到3#深井浮箍之间(大于50m)灌满钻井液。

（4）如果后期套管无法下入，需要提前打开漂浮工具。配轻浆灌入套管内，减少下入摩阻。

（5）如果后期套管下入遇阻，需要提前打开漂浮工具，套管剩余米数与打开压力情况见表2。从表2中可以看出，剩余套管小于900m时，漂浮工具的打开压力低于尾管悬挂器座挂压力，不会影响尾管悬挂器的使用，但是打开漂浮工具后，相当于常规下套管，摩阻很大，很难将套管下入到设计位置。但是本井的水垂比较小，理论上不会发生剩余1000m无法下入的可能。

表2　剩余套管米数与打开压力情况

序号	套管剩余米/m	漂浮位/m	垂深/m	漂浮打开的压力/MPa	悬挂器坐挂压/MPa
1	700	2950	2950	6.0	10~11
2	800	2850	2850	7.5	
3	900	2750	2750	9.0	
4	1000	2650	2650	10.5	

5 应用及结论

（1）按上述方案，后729m钻具不灌浆时，剩余悬重35.31T，套管可以顺利入。

（2）在SS20HC井通过使用漂浮工具，仅用45小时套管顺利下入到设计位置。提高了长水平段水平井完井管串的下入效率。通过减少套管与井壁之间的摩擦阻力，漂浮工具使得套管能够更顺利地下入到预定井深，从而降低了作业难度和风险。

（2）漂浮工具在SS20HC井中应用，是首次在尾管管串中加入漂浮工具，这一技术突破，它成功解决了复杂地质条件下钻井作业中的难题，更为今后的深层井完井提供了技术参考和依据。

参考文献

[1] 李强．LANDMARK软件在复杂井眼轨迹模拟中的应用[J]．钻井工程，2019，41(3)：30-35.
[2] 赵志刚．深层水平井套管下入摩阻分析与实践[J]．石油钻探技术，2021，49(2)：55-61.

徐深气田深层水基钻井液技术

秦　岩　邹大鹏　张晓君　王　艳

（大庆钻探工程有限公司）

摘　要　徐深气田营城组火山岩地层地质条件复杂、地温梯度高及储层裂缝发育易井漏，钻井液安全密度窗口窄，现场钻井液体系必须具有抗高温、强抑制、强封堵以及减摩降阻能力。相比油基钻井液，水基钻井液成功应用于徐深气田深层气水平井罕见。通过室内评价与现场应用，DQ-YS 钻井液体系成功应用于 X1-P8 井并顺利完井，电测一次成功，三开 215.9mm 井眼造斜段与水平段平均井径扩大率 3.28%，为松辽地区徐深气田首口采用聚胺复合盐水基钻井液体系施工深层水平井，具有一定的推广和应用前景。

关键词　深层；水平井；钻井液；水基

徐深气田位于松辽盆地北部深层规模较大的徐家围子断陷内，营城组为徐深气田天然气勘探开发主力层。油基钻井液技术已成功应用于徐深气田并已成熟，而水基钻井液仅仅应用于深层气直井。X1-P8 井是位于松辽盆地东南断陷区徐家围子断陷徐中构造带水平井，完钻井深 4181m，完钻垂深 3526m，完钻层位营城组一段，水平段长近 600m。

1　X1P8 井地质情况及井身结构

1.1　X1-P8 井地质情况

徐深气田位于徐中构造带，具有火山活动与构造运动双重成因机制。X1-P8 井自上而下钻遇第四系、上白垩统明水组、四方台组、下白垩统嫩江组、姚家组、青山口组、泉头组、登娄库组及营城组地层。目的层营城组一段主要发育火山岩，主产层主要发育晶屑凝灰岩、熔结角砾岩、火山角砾岩等。

1.2　X1-P8 井井身结构设计

X1-P8 井井身结构：Φ444.5mm×243.00m+Φ311.2mm×2859.00m+Φ215.9mm×4181.00m。其中二开 311mm 大井眼泥岩裸眼段长达 2600m，三开 215.9mm 井眼水平段近 600m。

2　现场技术难点

（1）二开大井眼 311mm 钻头钻嫩江组、青山口组易水化膨胀垮塌泥页岩，而且裸眼长达 2600m，对钻井液的抗污染性是考验；同时裸眼长，存在套管下入困难问题。

（2）目的层营城组一段预测地层温度

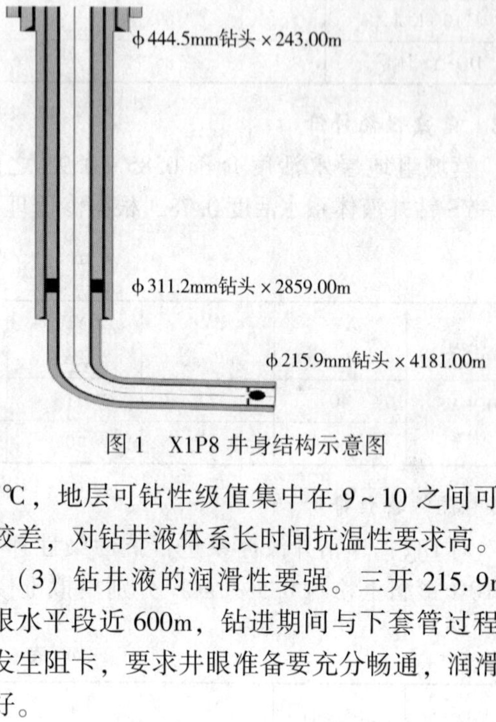

图 1　X1P8 井身结构示意图

137℃，地层可钻性级值集中在 9~10 之间可钻性较差，对钻井液体系长时间抗温性要求高。

（3）钻井液的润滑性要强。三开 215.9mm 井眼水平段近 600m，钻进期间与下套管过程中易发生阻卡，要求井眼准备要充分畅通，润滑性要好。

（4）目的层营城组火山岩储层孔渗分布范围大，裂缝发育程度高，邻井发生过多次井漏，易发生裂缝井漏，营城组裂缝密度见表 1。

表 1　营城组裂缝密度

营城组	厚度/m	裂缝密度/(条/m)
Ⅰ储层	34	0.99
Ⅱ储层	24	2.60
Ⅲ储层	25	7.20
平静裂缝密度	7.6	
最大裂缝密度	31	

3 室内实验

3.1 抑制性评价

通过难点分析，现场钻井液体系必须具有抗高温、强抑制性和抗土侵污染能力，确保钻井液性能稳定、井壁稳定。采用造浆能力极强的嫩江组二段易水化泥岩岩屑，评价了 DQ-YS 基液和 10%KCl 水溶液及清水的岩屑回收率，结果见表2。实验结果表明，DQ-YS 钻井液体系抑制性极强，能抑制黏土颗粒的分散与膨胀，其抑制性远高于常规水基钻井液。

表2　150℃滚动回收率评价

体系	岩屑滚动回收率(150℃ *16h)
清水	32.5%
10%KCl	69.7%
DQ-YS 体系	86.7%

3.2 活度性能评价

营城组地层水活度介于 0.85~0.95 之间，DQ-YS 钻井液体系水活度 0.78，根据渗透理论，钻井液水活度低于地层水活度，可抑制黏土矿物水化膨胀，减少水分从钻井液向地层迁移，减少地层应力变化，维持井壁稳定。活度性能评价见表3。

表3　不同体系水活度

名　称	水活度
清水	1.00
DQ-YS 体系	0.78
营城组地层水	0.85~0.95

3.3 抗温稳定性评价

DQ-YS 钻井液体系配方：3%膨润土+0.5%烧碱+0.8%大分子聚合物+1%中分子聚合物+0.5%小分子聚合物+3%防塌剂+2%聚合醇+2%润滑剂+0.2%胺基抑制剂+5%氯化钾+15%氯化钠+加重剂，密度 1.25g/cm^3。

抗温稳定性评价见表4。实验结果表明，同一密度下的 DQ-YS 钻井液在经过高温滚动后均保持了良好的性能，且高温高压滤失量均小于 10mL，抗温稳定性强。

表4　常温与热滚后性能

体系	AV/ mPa·s	PV/ mPa·s	YP Pa	Gel/ Pa/Pa	API/ mL	HTHP/ mL	pH	备注
DQ-YS 体系	40	27	11	4/6	1.8	9.8	9.0	常温
	36	25	10	3/5	1.6	9.6	9.0	150℃×48h

3.4 抗污染性评价

对 DQ-YS 钻井液体系进行抗污染性评价，以 10%膨润土粉与 0.5%$CaCl_2$ 分别模拟土侵污染与二价阳离子侵污染。实验结果表明，DQ-YS 钻井液体系受不同污染后性能变化极小。

表5　抗污染性能评价

体系	污染条件	AV/ mPa·s	PV/ mPa·s	YP/ Pa	Gel/ Pa/Pa	API/ mL	HTHP/ mL	pH
DQ-YS 体系	—	39	26	11	3/6	1.8	9.7	9.0
DQ-YS 体系	10%土粉	42	28	12	4/6	2.0	9.9	9.0
DQ-YS 体系	0.5%$CaCl_2$	39	27	11	3/6	1.9	9.8	9.0

4 胺基复合盐钻井液体系现场施工工艺

(1) 采用 DQ-YS 钻井液体系，尽量使用离心机清除有害固相，保持钻井液清洁。振动筛采用细目筛布(160 目)，加强钻井液清洁净化工作。坚持每钻进 200~300m 短起下一次，每次短起前要大排量循环，尽量带出环空钻屑，保持井眼清洁。

(2) 二开 311mm 大井眼钻进时，控制泥浆黏度保持在 45~60s，中压失水小于 4mL，保持聚合醇、胺基抑制剂、防塌剂等主要处理剂的有效含量。

(3) 造斜段保证钻井液的润滑性能，钻井液用润滑剂含量保持在 3%~5%，如果有托压现象可直接在泥浆罐面按照循环周补充快速补充润滑剂。

(4) 井斜超过45°后及时调整动切力不低于10Pa，强化钻井液携岩能力。

(5) 钻进过程中，模拟井下温度，每趟钻至少做一次高温滚动老化实验，掌握泥浆性能的变化趋势，如果发现异常，及时调整泥浆性能。

(6) 及时检测坂含，确保有效土含量在1%~2%，根据实钻情况，及时补充膨润土，改善泥饼质量，提高钻井液护壁能力。

(7) 每开次中完，大排量洗井，保证井眼清洁，配制适量封闭液替入井内，保证了电测和下套管各项施工的顺利完成。

(8) 三开215.9mm井眼钻进过程顺利完井，电测一次成功，造斜段与水平段平均井径扩大率3.28%，钻井液性能稳定性见表6。

表6　X1-P8井三开钻井液性能表

井深/m	井深/m	密度/(g/cm³)	塑性黏度/mPa·s	动切力/Pa	初终切/Pa/Pa	高温高压滤失量/mL	摩阻系数
登楼库组	2859	1.23	20	7.5	1/4	9.8	0.0787
	2979	1.23	21	8	1.5/4	9.8	0.0699
	3066	1.23	19	9	2/5	9.8	0.0787
	3202	1.23	19	9.5	2.5/4.5	9.8	0.0699
	3345	1.21	20	10	3.5/5	9.8	0.0699
	3489	1.21	21	10.5	3.5/5	9.8	0.0699
营城组	3693	1.22	22	10	2/6	9.8	0.0699
	3819	1.23	24	11	2/5.5	9.8	0.0612
	3948	1.20	23	10.5	1.5/5	9.8	0.0612
	4152	1.20	24	11	2/5.5	9.8	0.0612
	4181	1.22	25	11.5	2.5/6	9.8	0.0612

(9) 目的层防漏堵漏技术优化

施工中防漏工作如下：1)在保证井下安全前提下，钻井液密度尽可能保持设计下限；2)调整钻井液具有良好的流变性能，降低环空循环压耗；3)营城组钻进期间保持超细碳酸钙、非渗透封堵剂、随钻堵漏剂等封堵材料，总含量不低于5%。

施工中堵漏工作如下：营城组地层钻进期间，井深3830m与4117m发生两次漏失，制定了详细的施工方案和井漏应急预案，采用5%非渗透+5%超细碳酸钙+5%随钻801+5%复合细颗粒组合配堵漏浆，粒径级配能够满足对地层裂缝有效封堵，其中堵漏剂粒径D90粒径小于地层最大孔吼半径。采用架桥堵漏浆静堵与循环加压堵漏相结合方式，有效提高地层承压能力，避免采用承压堵漏方式导致高浓度堵漏剂进入裂缝。

5　结论与认识

(1) 建议二开311mm井眼穿大段泥岩层时钻井液体系必须具备超强的抑制性、稳定的流变性以及超强的抗污染特性，同时配合工程措施实现安全钻井。

(2) 针对营城组火山岩地层易漏特点，井控安全前提下执行钻井液密度设计下限，级配超细碳酸钙、非渗透封堵剂、随钻堵漏剂等封堵材料，提高体系封堵能力，做实防漏堵漏工作。

(3) 采用DQ-YS钻井液体系成功完成营城组火山岩近600m水平段进尺，电测一次成功率100%，造斜段与水平段井径扩大率3.28%。

(4) 通过X1-P8井常超长泥岩段与深层营城组火山岩现场施工，形成适用于徐深气田深层水基钻井液现场技术操作规范，为后续徐深气田水基钻井液施工奠定一定基础。

参考文献

[1] 王永卓，周学民，印长海，等．徐深气田成藏条件及勘探开发关键技术[J]．石油学报，2019，40(7)：866-885.

[2] 孙金声，杨景斌，白英睿，等．深层超深层钻井液技术研究进展与展望[J]．石油勘探与开发，2024，51(04)：889-898.

[3] 郝少军，徐珍焱，郭子枫，等．昆2加深井超高温

聚胺有机盐钻井液技术[J]. 钻井液与完井液，2019，36(4)：449-453.
[4] 刘美玲，崔明琳，杨金龙，等. 大庆深层气井钻井液使用浅析[J]. 采油工程，2023(024)：43-46.
[5] 任文希，李皋，孟英峰，等. 深层致密气藏钻井液技术难点及对策[J]. 石油天然气学报，2014，36(08)：103-106.
[6] 张连喜. 大庆徐深气田防漏技术研究与应用[J]. 西部探矿工程，2019(3)：32-34.
[7] 邱正松，暴丹，刘均一，等. 裂缝封堵失稳微观机理及致密承压封堵实验[J]. 石油学报，2018，39(5)：587-596.